Microbiologia
Médica
de Jawetz, Melnick & Adelberg

CB025936

Tradução técnica

Cláudio M. Rocha-de-Souza

Curador da Coleção de Culturas de Bactérias de Origem Hospitalar (CCBH) do Laboratório de Pesquisa em Infecção Hospitalar (LAPIH) do Instituto Oswaldo Cruz (Fiocruz). Doutor em Microbiologia Médica pela Universidade Federal do Rio de Janeiro (UFRJ).

Revisão técnica da edição anterior

José Procópio Moreno Senna

Pesquisador da vice-diretoria de desenvolvimento tecnológico do Instituto de Tecnologia de Imunobiológicos Bio-Manguinhos – Fiocruz.
Professor da disciplina de Bacteriologia do Mestrado Profissional em Tecnologia de Imunobiológicos Bio-Manguinhos – Fiocruz.
Doutor em Biologia Celular e Molecular pela Universidade Federal do Rio Grande do Sul (UFRGS).

M626	Microbiologia médica de Jawetz, Melnick & Adelberg / Stefan Riedel...[et al.] ; tradução técnica: Cláudio M. Rocha-de-Souza ; revisão técnica: José Procópio Moreno Senna. – 28. ed. – Porto Alegre : AMGH, 2022. xiii, 865 p. : il. color. ; 28 cm.
	ISBN 978-65-5804-016-3
	1. Microbiologia médica. I. Riedel, Stefan.
	CDU 579.61

Catalogação na publicação: Karin Lorien Menoncin – CRB 10/2147

Um livro médico LANGE

Stefan Riedel
Stephen A. Morse
Timothy A. Mietzner
Steve Miller

Microbiologia
Médica
de Jawetz, Melnick & Adelberg

28ª Edição

artmed

Porto Alegre
2022

Obra originalmente publicada sob o título *Jawetz, Melnick & Adelbergs Medical Microbiology*, 28th Edition
ISBN 9781260012026/1260012026

Original edition copyright ©2019 by McGraw-Hill Global Education Holdings, LLC, New York, New York 10121.
All rights reserved.

Portuguese language translation copyright © 2022 by AMGH Editora Ltda., a Grupo A Educação S.A. company. All rights reserved.

Gerente editorial: *Letícia Bispo de Lima*

Colaboraram nesta edição:

Coordenador editorial: *Alberto Schwanke*

Editora: *Simone de Fraga*

Preparação de originais: *Ana Laura Tisott Vedana, Carine Garcia Prates , Caroline Castilhos Melo e Tiele Patricia Machado*

Leitura final: *Ana Laura Tisott Vedana e Carine Garcia Prates*

Arte sobre capa original: *Kaéle Finalizando Ideias*

Editoração: *Clic Editoração Eletrônica Ltda.*

Nota

A microbiologia é uma ciência em constante evolução. À medida que novas pesquisas e a própria experiência clínica ampliam o nosso conhecimento, são necessárias modificações na terapêutica, em que também se insere o uso de medicamentos. Os autores desta obra consultaram as fontes consideradas confiáveis num esforço para oferecer informações completas e, geralmente, de acordo com os padrões aceitos à época da publicação. Entretanto, tendo em vista a possibilidade de falha humana ou de alterações nas ciências médicas, os leitores devem confirmar estas informações com outras fontes. Por exemplo, e em particular, os leitores são aconselhados a conferir a bula completa de qualquer medicamento que pretendam administrar para se certificar de que a informação contida neste livro está correta e de que não houve alteração na dose recomendada nem nas precauções e contraindicações para o seu uso. Essa recomendação é particularmente importante em relação a medicamentos introduzidos recentemente no mercado farmacêutico ou raramente utilizados.

Reservados todos os direitos de publicação, em língua portuguesa, à
AMGH EDITORA LTDA., uma empresa GRUPO A EDUCAÇÃO S.A.
Rua Ernesto Alves, 150 – Bairro Floresta
90220-190 – Porto Alegre – RS
Fone: (51) 3027-7000

SAC 0800 703 3444 – www.grupoa.com.br

É proibida a duplicação ou reprodução deste volume, no todo ou em parte, sob quaisquer formas ou por quaisquer meios (eletrônico, mecânico, gravação, fotocópia, distribuição na Web e outros), sem permissão expressa da Editora.

IMPRESSO NO BRASIL
PRINTED IN BRAZIL

Autores

Stefan Riedel, MD, PhD, D(ABMM)

Associate Professor of Pathology
Harvard Medical School
Associate Medical Director, Clinical Microbiology Laboratories
Beth Israel Deaconess Medical Center
Boston, Massachusetts

Jeffery A. Hobden, PhD

Associate Professor
Department of Microbiology, Immunology and Parasitology
LSU Health Sciences Center—New Orleans
New Orleans, Louisiana

Steve Miller, MD, PhD

Department of Laboratory Medicine
University of California
San Francisco, California

Stephen A. Morse, MSPH, PhD

International Health Resources and Consulting, Inc.
Atlanta, Georgia

Timothy A. Mietzner, PhD

Associate Professor of Microbiology
Lake Erie College of Osteopathic Medicine at Seton Hill
Greensburg, Pennsylvania

Barbara Detrick, PhD

Professor of Pathology and Medicine, School of Medicine
Professor of Molecular Microbiology and Immunology
Bloomberg School of Public Health
The Johns Hopkins University
Baltimore, Maryland

Thomas G. Mitchell, PhD

Associate Professor Emeritus
Department of Molecular Genetics and Microbiology
Duke University Medical Center
Durham, North Carolina

Judy A. Sakanari, PhD

Adjunct Professor
Department of Pharmaceutical Chemistry
University of California
San Francisco, California

Peter Hotez, MD, PhD

Dean, National School of Tropical Medicine
Professor, Pediatrics and Molecular Virology and Microbiology
Baylor College of Medicine
Houston, Texas

Rojelio Mejia, MD

Assistant Professor of Infectious Diseases and Pediatrics
National School of Tropical Medicine
Baylor College of Medicine
Houston, Texas

Prefácio

Da mesma forma que todas as edições anteriores deste livro, esta 28ª edição de *Microbiologia médica de Jawetz, Melnick e Adelberg* permanece fiel aos objetivos da 1ª edição, publicada em 1954, de "oferecer uma apresentação sucinta, precisa e atualizada dos aspectos da microbiologia médica particularmente relevantes às áreas de infecções clínicas e quimioterapia".

Na 27ª edição, sob coordenação da Dra. Karen Carroll, todos os capítulos foram atualizados para refletir a imensa expansão do conhecimento médico proporcionada pelos mecanismos e diagnósticos moleculares, pelos avanços em nossa compreensão sobre a patogênese microbiana e pela descoberta de novos patógenos. Ao passo que a Dra. Carroll decidiu descontinuar seu trabalho como organizadora e autora da 28ª edição, os demais autores gostariam de agradecer por sua liderança e contribuição na edição anterior, que foi extensamente ampliada. Nesta edição, o Capítulo 47, "Princípios de microbiologia médica diagnóstica", e o Capítulo 48, "Casos e correlações clínicas", foram novamente atualizados para refletir a expansão contínua em diagnósticos laboratoriais e em novas terapias antimicrobianas para o tratamento das doenças infecciosas.

O Capítulo 48, em específico, foi atualizado para mostrar os casos emergentes e clinicamente importantes em doenças infecciosas.

Como novos autores nesta edição, estão Peter Hotez, MD, PhD, Rojelio Mejia, MD, e Stefan Riedel, MD, PhD, D(ABMM). Dr. Hotez é o reitor da National School of Tropical Medicine no Baylor College of Medicine em Houston, TX, e também é professor de pediatria, virologia molecular e microbiologia; ele traz sua ampla experiência na área de parasitologia. Dr. Mejia é professor assistente no departamento de pediatria, divisão de medicina tropical, na National School of Tropical Medicine, Baylor College of Medicine em Houston, TX. Dr. Riedel é diretor médico associado do laboratório de microbiologia clínica no Beth Israel Deaconess Medical Center em Boston, MA, e possui o *ranking* acadêmico de professor associado de patologia na Harvard Medical School. Após a partida da Dra. Carroll como organizadora e autora deste livro, Dr. Riedel assumiu o papel de organizador principal desta 28ª edição revisada.

Esperamos que as mudanças desta edição sejam úteis aos estudantes de microbiologia e de doenças infecciosas.

Os autores

Sumário

P A R T E **I**

Fundamentos da microbiologia   1

Stephen A. Morse, MSPH, PhD, e Timothy A. Mietzner, PhD

1. A ciência da microbiologia   1
Introdução   1
Princípios biológicos ilustrados pela
    microbiologia   1
Vírus   2
Príons   3
Procariotos   4
Protistas   7
Resumo do capítulo   9
Questões de revisão   9

2. Estrutura celular   11
Métodos ópticos   11
Estrutura da célula eucariótica   13
Estrutura da célula procariótica   16
Coloração   38
Alterações morfológicas durante o crescimento   39
Resumo do capítulo   40
Questões de revisão   40

3. Classificação das bactérias   43
Taxonomia – A terminologia da microbiologia
    médica   43
Critérios para identificação das bactérias   43
Sistemas de classificação   46
Descrição das principais categorias e grupos de
    bactérias   48
Métodos para a identificação de microrganismos
    patogênicos sem o uso de culturas   52
Atualizações das mudanças taxonômicas   53
Objetivos   53
Questões de revisão   53

**4. Crescimento, sobrevida e morte dos
    microrganismos   55**
Sobrevida dos microrganismos no ambiente
    natural   55
Significado do crescimento   55
Crescimento exponencial   56
Curva de crescimento na cultura em batelada   57

Manutenção das células na fase exponencial   58
Crescimento em biofilme   58
Definição e medida da morte   59
Controle ambiental do crescimento microbiano   59
Estratégias de controle bacteriano no ambiente   59
Mecanismos gerais de ação dos biocidas   61
Ações específicas de determinados biocidas   63
Relação entre a concentração do biocida e o tempo
    de morte   64
Resumo   65
Conceitos-chave   65
Questões de revisão   66

5. Cultura de microrganismos   69
Exigências para o crescimento   69
Fontes de energia metabólica   69
Nutrição   70
Fatores ambientais que afetam o crescimento   71
Métodos de cultura   74
Resumo do capítulo   78
Questões de revisão   78

6. Metabolismo microbiano   81
Papel do metabolismo na biossíntese e no
    crescimento   81
Metabólitos focais e suas interconversões   81
Vias de assimilação   84
Vias de biossíntese   92
Padrões de metabolismo produtores de energia
    em micróbios   95
Regulação das vias metabólicas   101
Resumo do capítulo   103
Questões de revisão   103

7. Genética microbiana   105
Ácidos nucleicos e sua organização nos genomas
    eucarióticos, procarióticos e virais   105
Replicação   110
Transferência de DNA   111
Mutação e rearranjo de genes   114
Expressão gênica   115
Engenharia genética   119
Caracterização do DNA clonado   120
Mutagênese sítio-dirigida   123
Análise do DNA, do RNA ou de clones expressando
    proteínas   123

Manipulação do DNA clonado   124
Resumo do capítulo   125
Questões de revisão   125

PARTE II
Imunologia   127

Barbara Detrick, PhD

8. Imunologia   127
Visão geral   127
Imunidade inata   127
Imunidade adaptativa   131
Complemento   143
Citocinas   145
Microbioma e sistema imunológico   147
Hipersensibilidade   147
Deficiências da resposta imune   148
Imunologia dos tumores   149
Laboratório de imunologia
  clínica (exames diagnósticos)   150
Resumo do capítulo   151
Questões de revisão   152

PARTE III
Bacteriologia   155

Stefan Riedel, MD, PhD, D(ABMM), e Jeffery A. Hobden, PhD

9. Patogênese das infecções bacterianas   155
Identificação de bactérias que causam
  doenças   156
Transmissão do agente infeccioso   157
Processo infeccioso   157
Genômica e patogenicidade bacteriana   158
Regulação dos fatores de virulência
  bacterianos   159
Fatores de virulência bacterianos   159
Estrutura de resposta a danos – um novo paradigma
  de virulência microbiana e patogenicidade   167
Resumo do capítulo   167
Questões de revisão   168

10. Microbiota humana normal   171
Projeto microbioma humano   171
Papel da microbiota residente   171
Microbiota normal da pele   172
Microbiota normal da boca e do trato respiratório
  superior   174
Microbiota normal do trato intestinal   177
Microbiota normal da uretra   178
Microbiota normal da vagina   178
Microbiota normal da placenta e do útero   178
Microbiota normal da conjuntiva   179

Resumo do capítulo   179
Questões de revisão   179

**11. Bacilos Gram-positivos formadores de esporos:
espécies de *Bacillus* e de *Clostridium*   183**
Espécies de *Bacillus*   183
Bacillus anthracis   183
Bacillus cereus   186
Resumo do capítulo   186
Espécies de *Clostridium*   186
Clostridium botulinum   187
Clostridium tetani   188
Clostrídios associados a infecções invasivas   190
Clostridium difficile e doença diarreica   191
Questões de revisão   192

**12. Bacilos Gram-positivos aeróbios não
formadores de esporos: *Corynebacterium,
Listeria, Erysipelothrix, Nocardia* e patógenos
relacionados   195**
Corynebacterium diphtheriae   196
Outras bactérias corineformes   199
Listeria monocytogenes   200
Erysipelothrix rhusiopathiae   201
Rhodococcus equi   202
Nocardiose   202
Questões de revisão   203

13. Estafilococos   205
Resumo do capítulo   212
Questões de revisão   212

**14. Estreptococos, enterococos e outros gêneros
relacionados   215**
Classificação dos estreptococos   215
**Estreptococos, enterococos e gêneros
  relacionados de interesse médico   217**
Streptococcus pyogenes   217
Streptococcus agalactiae   222
Grupos C e G   222
Estreptococos do grupo D   223
Grupo do *streptococcus anginosus*   223
Estreptococos dos grupos E, F, G, H e K-U   223
Estreptococos viridans   223
Estreptococos nutricionalmente variantes   224
Peptostreptococos e gêneros relacionados   224
Streptococcus pneumoniae   224
Enterococos   228
Outros cocos gram-positivos
  catalase-negativos   231
Resumo do capítulo   231
Questões de revisão   232

**15. Bacilos entéricos Gram-negativos
(Enterobacteriaceae)   235**
Classificação   235
Doenças causadas por enterobactérias além de
  Salmonella e *Shigella*   238

Shigella   243
Salmonella   245
Resumo do capítulo   250
Questões de revisão   250

16. **Pseudomonas, Acinetobacter, Burkholderia e Stenotrophomonas   253**
Grupo das pseudomonas   253
Pseudomonas aeruginosa   253
Burkholderia pseudomallei e *burkholderia mallei*   256
Complexo *burkholderia cepacia*   257
Stenotrophomonas maltophilia   258
Acinetobacter   258
Resumo do capítulo   259
Questões de revisão   259

17. **Vibrio, Aeromonas, Campylobacter e Helicobacter   261**
Víbrios   261
Vibrio cholerae   261
Vibrio parahaemolyticus e *vibrio vulnificus*   265
Aeromonas   266
Campylobacter   267
Campylobacter jejuni   267
Helicobacter pylori   268
Resumo do capítulo   271
Questões de revisão   272

18. **Haemophilus, Bordetella, Brucella e Francisella   275**
Espécies de *Haemophilus*   275
Haemophilus influenzae   275
Haemophilus aegyptius   277
Aggregatibacter aphrophilus   278
Haemophilus ducreyi   278
Outras espécies de *Haemophilus*   278
Espécies de *Bordetella*   278
Bordetella pertussis   278
Bordetella parapertussis   280
Bordetella bronchiseptica   280
Brucelas   281
Francisella tularensis e tularemia   283
Questões de revisão   285

19. **Yersinia e Pasteurella   289**
Yersinia pestis e a peste   289
Yersinia enterocolitica e *Yersinia pseudotuberculosis*   292
Pasteurella multocida   293
Resumo do capítulo   293
Questões de revisão   293

20. **Neisseria   295**
Neisseria gonorrhoeae   295
Neisseria meningitidis   301
Outras espécies de *Neisseria*   303

Resumo do capítulo   304
Questões de revisão   304

21. **Infecções causadas por bactérias anaeróbias   307**
Fisiologia e condições de crescimento dos anaeróbios   307
Bactérias anaeróbias encontradas em infecções humanas   308
Bactérias associadas à vaginose   309
Gardnerella vaginalis   309
Patogênese das infecções anaeróbias   310
Natureza polimicrobiana das infecções anaeróbias   311
Diagnóstico das infecções anaeróbias   311
Tratamento das infecções anaeróbias   312
Resumo do capítulo   312
Questões de revisão   312

22. **Legionella, Bartonella e patógenos bacterianos incomuns   315**
Legionella pneumophila e outras legionelas   315
Bartonella   318
Streptobacillus moniliformis   320
Doença de Whipple   320
Questões de revisão   321

23. **Micobactérias   323**
Mycobacterium tuberculosis   323
Outras micobactérias   332
Mycobacterium leprae   334
Questões de revisão   335

24. **Espiroquetas: Treponema, Borrelia e Leptospira   339**
Treponema pallidum e a sífilis   339
Borrelia   343
Borrelia e febre recorrente   343
Borrelia burgdorferi e doença de Lyme   344
Leptospira e leptospirose   346
Questões de revisão   348

25. **Micoplasmas e bactérias com paredes celulares defeituosas   351**
Micoplasmas   351
Mycoplasma pneumoniae e pneumonias atípicas   353
Mycoplasma hominis   354
Ureaplasma urealyticum   354
Mycoplasma genitalium   354
Resumo do capítulo   354
Questões de revisão   355

26. **Riquétsias e gêneros relacionados   357**
Considerações gerais   357
Rickettsia e *orientia*   357
Ehrlichia e *anaplasma*   361

Coxiella burnetii 362
Questões de revisão 363

27. Espécies de *Chlamydia* 367
Chlamydia trachomatis: infecções oculares, genitais e respiratórias 370
Tracoma 370
Chlamydia trachomatis: infecções genitais e conjuntivite de inclusão 371
Chlamydia trachomatis e pneumonia neonatal 372
Linfogranuloma venéreo 372
Chlamydia pneumoniae e infecções respiratórias 373
Chlamydia psittaci e psitacose 374
Resumo do capítulo 376
Questões de revisão 376

28. Quimioterapia antimicrobiana 379
Mecanismos de ação dos antimicrobianos 379
Toxicidade seletiva 379
Inibição da síntese da parede celular 379
Alteração e inibição da função da membrana celular 382
Inibição da síntese proteica 382
Resistência aos antimicrobianos 384
Inibição da síntese dos ácidos nucleicos 384
Origem da resistência aos fármacos 385
Resistência cruzada 385
Limitação da resistência aos fármacos 385
Implicações clínicas da resistência aos fármacos 385
Atividade antimicrobiana *in vitro* 387
Fatores que afetam a atividade antimicrobiana 387
Medida da atividade antimicrobiana 387
Atividade antimicrobiana *in vivo* 388
Relações entre fármacos e patógeno 388
Relações entre hospedeiro e patógeno 389
Uso clínico dos antibióticos 390
Escolha dos antibióticos 390
Perigos do uso indiscriminado 390
Antimicrobianos usados em associação 390
Quimioprofilaxia antimicrobiana 392
Antimicrobianos para administração sistêmica 393
Penicilinas 393
Cefalosporinas 399
Outros fármacos β-lactâmicos 401
Tetraciclinas 402
Glicilciclinas 402
Cloranfenicol 403
Macrolídios 403
Clindamicina e lincomicina 404
Glicopeptídeos, lipopeptídeos, lipoglicopeptídeos 404
Estreptograminas 405
Oxazolidinonas 405

Bacitracina 405
Polimixinas 405
Aminoglicosídeos 405
Quinolonas 407
Sulfonamidas e trimetoprima 408
Outros fármacos de uso específico 409
Farmácos utilizados principalmente no tratamento das infecções por micobactérias 409
Questões de revisão 411

P A R T E **IV**
Virologia 413

Steve Miller, MD, PhD

29. Propriedades gerais dos vírus 413
Termos e definições em virologia 413
Origem evolutiva dos vírus 414
Classificação dos vírus 414
Princípios da estrutura viral 420
Composição química dos vírus 421
Cultura e detecção dos vírus 423
Purificação e identificação dos vírus 424
Segurança no laboratório 425
Reação a agentes físicos e químicos 425
Visão geral da replicação dos vírus 426
Genética dos vírus animais 430
História natural (ecologia) e mecanismos de transmissão dos vírus 432
Resumo do capítulo 433
Questões de revisão 434

30. Patogênese e controle das doenças virais 437
Princípios das doenças virais 437
Patogênese das doenças virais 437
Prevenção e tratamento das doenças virais 449
Resumo do capítulo 454
Questões de revisão 454

31. Parvovírus 457
Propriedades dos parvovírus 457
Infecções por parvovírus em humanos 457
Resumo do capítulo 461
Questões de revisão 461

32. Adenovírus 463
Propriedades dos adenovírus 463
Infecções por adenovírus em humanos 467
Resumo do capítulo 470
Questões de revisão 470

33. Herpes-vírus 473
Propriedades dos herpes-vírus 473
Infecções por herpes-vírus em humanos 475
Herpes-vírus simples 475

Vírus varicela-zóster   482
Vírus epstein-barr   486
Citomegalovírus   489
Herpes-vírus humano 6   493
Herpes-vírus humano 7   494
Herpes-vírus humano 8   494
Herpes-vírus B   494
Resumo do capítulo   495
Questões de revisão   495

34. Poxvírus   499
Propriedades dos poxvírus   499
Infecções por poxvírus em seres humanos: vaccínia e
   varíola   502
Infecções pelo vírus da varíola dos macacos   506
Infecções pelo vírus da varíola bovina   506
Infecções pelo vírus da varíola do búfalo   506
Infecções pelo vírus ORF   506
Molusco contagioso   506
Infecções pelo tanapoxvírus e yabapoxvírus tumoral
   dos macacos   508
Resumo do capítulo   509
Questões de revisão   509

35. Vírus da hepatite   511
Propriedades dos vírus da hepatite   511
Infecções por vírus da hepatite em humanos   516
Resumo do capítulo   528
Questões de revisão   528

**36. Picornavírus (grupos dos enterovírus e
   rinovírus)   531**
Propriedades dos picornavírus   531
Grupo dos enterovírus   532
Poliovírus   532
Coxsackievírus   537
Outros enterovírus   540
Enterovírus no ambiente   541
Grupo dos rinovírus   541
Grupo dos parecovírus   543
Doença mão-pé-boca (aftovírus de bovinos)   543
Resumo do capítulo   544
Questões de revisão   544

37. Reovírus, rotavírus e calicivírus   547
Reovírus e rotavírus   547
Rotavírus   548
Reovírus   551
Orbivírus e coltivírus   552
Calicivírus   552
Astrovírus   554
Resumo do capítulo   555
Questões de revisão   555

**38. Doenças virais transmitidas por artrópodes e
   roedores   557**
Infecções por arbovírus em humanos   557
Encefalites por togavírus e flavivírus   559

Vírus da febre amarela   567
Vírus da dengue   569
Encefalite por buniavírus   571
Doença viral febril transmitida pelo
   mosquito-pólvora   571
Vírus da febre do vale do Rift   571
Vírus da síndrome de febre grave com
   trombocitopenia   572
Vírus Heartland   572
Vírus da febre do carrapato do colorado   572
**Febres hemorrágicas transmitidas por
   roedores   572**
Doenças causadas por buniavírus   572
Doenças causadas por arenavírus   574
Doenças causadas por filovírus   576
Resumo do capítulo   578
Questões de revisão   578

39. Ortomixovírus (vírus influenza)   581
Propriedades dos ortomixovírus   581
Infecções pelo vírus influenza em humanos   586
Resumo do capítulo   592
Questões de revisão   592

40. Paramixovírus e vírusda rubéola   595
Propriedades dos paramixovírus   595
Infecção pelo vírus parainfluenza   599
Infecções pelo vírus sincicial respiratório   602
Infecções pelo metapneumovírus humano   604
Infecções pelo vírus da caxumba   605
Infecções pelo vírus do sarampo   607
Infecções pelos vírus Hendra e Nipah   610
Infecções pelo vírus da rubéola   611
Rubéola pós-natal   611
Síndrome da rubéola congênita   613
Resumo do capítulo   613
Questões de revisão   614

41. Coronavírus   617
Propriedades dos coronavírus   617
Infecções pelo coronavírus em humanos   618
Resumo do capítulo   621
Questões de revisão   621

**42. Raiva, infecções por vírus lentos e doenças
   causadas por príons   623**
Raiva   623
Doença de borna   629
Infecções por vírus lentos e doenças causadas por
   príons   629
Resumo do capítulo   632
Questões de revisão   632

43. Vírus oncogênicos humanos   635
Características gerais da carcinogênese viral   635
Mecanismos moleculares da carcinogênese   636
Interações dos vírus tumorais com seus
   hospedeiros   637

Vírus tumorais de RNA   638
Vírus da hepatite C   638
Retrovírus   638
Vírus tumorais de DNA   644
Vírus da hepatite B   645
Poliomavírus   645
Papilomavírus   647
Adenovírus   650
Herpes-vírus   650
Como provar que um vírus causa câncer humano   651
Poxvírus   651
Resumo do capítulo   651
Questões de revisão   652

44. **Aids e lentivírus   655**
Propriedades dos lentivírus   655
Infecções pelo HIV em humanos   659
Resumo do capítulo   669
Questões de revisão   670

P A R T E V
Micologia   673

Thomas G. Mitchell, PhD

45. **Micologia médica   673**
Propriedades gerais, virulência e classificação dos fungos patogênicos   674
Diagnóstico laboratorial das micoses   678
Micoses superficiais   681
Micoses cutâneas   682
Conceitos-chave: micoses superficiais e cutâneas   685
Micoses subcutâneas   685
Esporotricose   686
Cromoblastomicose   687
Feoifomicose   689
Micetoma   689
Conceitos-chave: micoses subcutâneas   690
Micoses endêmicas   690
Coccidioidomicose   691
Histoplasmose   695
Blastomicose   698
Paracoccidioidomicose   699
Conceitos-chave: micoses endêmicas   700
Micoses oportunistas   700
Candidíase   700
Criptococose   704
Aspergilose   706
Mucormicose   708
Pneumonia por *Pneumocystis*   709
Peniciliose   709
Outras micoses oportunistas   709

Patógenos emergentes   710
Conceitos-chave: micoses oportunistas   711
Profilaxia fúngica   711
Hipersensibilidade aos fungos   711
Micotoxinas   711
Quimioterapia antifúngica   712
Agentes antifúngicos tópicos   716
Conceitos-chave: quimioterapia antifúngica   716
Questões de revisão   717

P A R T E VI
Parasitologia   721

Judy A. Sakanari, PhD; Peter Hotez, MD, PhD; e Rojelio Mejia, MD

46. **Parasitologia médica   721**
Classificação dos parasitas   722
Infecções por protozoários intestinais   726
Giardia lamblia (flagelado intestinal)   726
Entamoeba histolytica (ameba intestinal e de tecidos)   727
Outras amebas intestinais   729
Cryptosporidium (esporozoário intestinal)   729
Infecções por protozoários sexualmente transmissíveis   730
Cyclospora (esporozoário intestinal)   730
Trichomonas vaginalis (flagelado geniturinário)   730
Hemoflagelados   730
Protozoários de infecções do sangue e tecidos   730
Trypanosoma brucei rhodesiense e *Trypanosoma brucei gambiense* (hemoflagelados)   731
Trypanosoma cruzi (hemoflagelado)   732
Espécies de *Leishmania* (hemoflagelados)   733
***Entamoeba histolytica* (ameba de tecidos)   734**
Naegleria fowleri, Acanthamoeba castellanii e *Balamuthia mandrillaris* (amebas de vida livre)   734
Espécies de *Plasmodium* (esporozoário sanguíneo)   735
Babesia microti (esporozoário sanguíneo)   738
Toxoplasma gondii (esporozoário de tecidos)   739
Microsporídios   739
Infecções intestinais por helmintos   740
Enterobius vermicularis (oxiúro – nematódeo intestinal)   740
Trichuris trichiura (tricurídeo – nematódeo intestinal)   741
Ascaris lumbricoides (verme cilíndrico humano – nematódeo intestinal)   745
Ancylostoma duodenale e *Necator americanus* (ancilóstomos humanos – nematódeos intestinais)   746

Strongyloides stercoralis (nematódeo intestinal e tecidual) 747

Trichinella spiralis (nematódeo intestinal e tecidual) 747

Fasciolopsis buski (trematódeo intestinal gigante) 748

Taenia saginata (tênia do boi – cestódeo intestinal) e *taenia solium* (tênia do porco – cestódeo intestinal de tecidos) 748

Diphyllobothrium latum (tênia gigante do peixe – cestódeo intestinal) 748

Infecções sanguíneas e teciduais por helmintos 749

Hymenolepis nana (tênia anã – cestódeo intestinal) 749

Dipylidium caninum (tênia do cão – cestódeo intestinal) 749

Wuchereria bancrofti, Brugia malayi e *Brugia timori* (filariose linfática – nematódeos teciduais) 749

Onchocerca volvulus (cegueira do rio – nematódeo tecidual) 750

Dracunculus medinensis (verme-da-guiné – nematódeo tecidual) 750

Larva migrans (zoonoses por larvas de nematódeos) 751

Clonorchis sinensis (trematódeo hepático chinês), *Fasciola hepatica* (trematódeo dos ovinos), *Paragonimus westermani* (trematódeo pulmonar) 752

Schistosoma mansoni, Schistosoma japonicum e *Schistosoma haematobium* (trematódeos sanguíneos) 752

Infecções de tecido por cestódeos (causadas pelo estágio larval) 753

Taenia solium – cisticercose/neurocisticercose 753

Echinococcus granulosus (cisto hidático) 753

Questões de revisão 754

P A R T E VII
Diagnóstico em microbiologia médica e correlação clínica 757

Steve Miller, MD, PhD e Stefan Riedel, MD, PhD, D(ABMM)

47. Princípios do diagnóstico em microbiologia médica 757

Comunicação entre o médico e o laboratório 757

Diagnóstico das infecções bacterianas e fúngicas 758

Importância da microbiota normal bacteriana e fúngica 769

Auxílio do laboratório na seleção da terapia antimicrobiana 770

Diagnóstico das infecções com base no sítio anatômico 771

Infecções anaeróbias 777

Diagnóstico das infecções por *Chlamydia* 777

Diagnóstico das infecções virais 778

Questões de revisão 784

48. Casos e correlações clínicas 787

Sistema nervoso central 787

Sistema respiratório 791

Sistema cardíaco 796

Abdome 797

Trato urinário 799

Ossos e tecidos moles 804

Infecções sexualmente transmissíveis 806

Infecções por *Mycobacterium tuberculosis* 809

Complexo *Mycobacterium avium* 812

Infecções em pacientes submetidos a transplantes 816

Infecções emergentes 819

Índice 823

A ciência da microbiologia

INTRODUÇÃO

A microbiologia é o estudo dos microrganismos, um grande e diverso grupo de organismos microscópicos que existem na forma de células isoladas ou em aglomerados, o qual inclui os vírus, que não são células propriamente ditas. Os microrganismos causam enorme impacto em todas as formas de vida, bem como na constituição física e química do planeta. Eles são responsáveis pela reciclagem dos elementos químicos essenciais à vida, como o carbono, nitrogênio, enxofre, hidrogênio e oxigênio; os microrganismos realizam mais fotossíntese do que as plantas verdes. Além disso, existem 100 milhões de vezes mais bactérias nos oceanos (13×10^{28}) do que estrelas no universo. A taxa de infecções virais nos oceanos é de cerca de 1×10^{23} por segundo, e essas infecções removem 20 a 40% de todas as células bacterianas a cada dia. Estima-se que existam 5×10^{30} células microbianas na Terra; excluindo-se a celulose, essas células constituem cerca de 90% da biomassa da biosfera. Os seres humanos também têm íntima relação com os microrganismos, uma vez que 50 a 60% das células do nosso corpo são micróbios (ver Capítulo 10). As bactérias presentes no intestino humano médio pesam aproximadamente 1 kg, sendo que um adulto humano excreta o seu próprio peso em bactérias fecais a cada ano. O número de genes presentes na microbiota intestinal supera em 150 vezes o contido dentro do nosso genoma; até mesmo em nosso próprio genoma, 8% do ácido desoxirribonucleico (DNA, do inglês *deoxyribonucleic acid*) são derivados de fragmentos de genomas virais.

PRINCÍPIOS BIOLÓGICOS ILUSTRADOS PELA MICROBIOLOGIA

Em nenhuma outra forma, a **diversidade biológica** mostra-se tão notável quanto em microrganismos, células ou vírus não diretamente observados a olho nu. Quanto à forma e à função, tratando-se de propriedades bioquímicas ou de mecanismos genéticos, a análise dos microrganismos transporta-nos até os limites da compreensão biológica. Assim, a necessidade de **originalidade** – uma prova do mérito de uma **hipótese** científica – pode ser totalmente satisfeita pela microbiologia. Para ser válida, uma hipótese deve fornecer elementos básicos para uma **generalização**, e a ampla diversidade microbiana fornece um verdadeiro palco em que esse desafio é constante.

A **previsão**, a consequência prática da ciência, é o produto resultante de uma combinação de técnica e teoria. A **bioquímica**, a **biologia molecular** e a **genética** fornecem as ferramentas necessárias para a análise dos microrganismos. A **microbiologia**, por sua vez, tem a função de ampliar os horizontes dessas disciplinas científicas. Um biólogo pode descrever esse tipo de troca como **mutualismo**, ou seja, que tem a capacidade de favorecer todas as partes envolvidas. Os liquens são um exemplo de mutualismo microbiano. Eles consistem em um fungo e um parceiro fototrófico, que pode ser uma alga (um eucarioto) ou uma cianobactéria (um procarioto) (Figura 1-1). O componente fototrópico é o produtor primário, e o fungo atua fornecendo, a esse componente, uma espécie de âncora de sustentação e proteção ao ambiente. Na biologia, o mutualismo é denominado **simbiose**, uma associação contínua que envolve diferentes organismos. Se a troca funciona principalmente em benefício de apenas uma das partes, a associação é descrita como **parasitismo** – uma relação em que um **hospedeiro** fornece o benefício primário ao parasita. O isolamento e a caracterização de um parasita, como uma bactéria patogênica ou um vírus, com frequência exigem procedimentos laboratoriais que mimetizam o ambiente de crescimento proporcionado pelas células hospedeiras. Essa exigência às vezes é um grande desafio para os pesquisadores.

Os termos *mutualismo*, *simbiose* e *parasitismo* estão relacionados com a ciência da **ecologia**, e os princípios da biologia ambiental estão implícitos na microbiologia. Os microrganismos são produtos da **evolução**, a consequência biológica da **seleção**

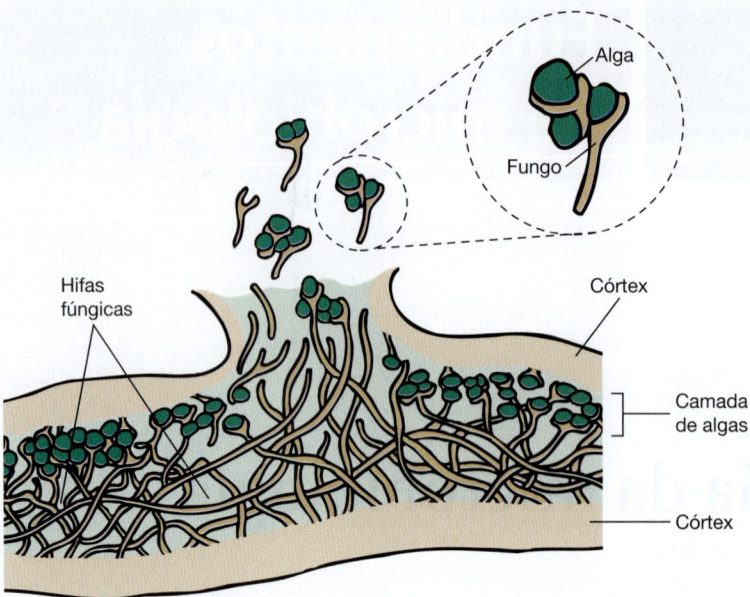

FIGURA 1-1   Desenho de um líquen, composto por células de um microrganismo fototrófico (uma alga ou uma cianobactéria) entrelaçadas pelas hifas de um fungo simbiota. (Reproduzida, com autorização, de Nester EW, Anderson DG, Roberts CE, et al.: *Microbiology: A Human Perspective*, 6th ed. McGraw-Hill, 2009, p. 293. © McGraw-Hill Education.)

natural que opera sobre uma ampla variedade de organismos geneticamente diversos. Convém não esquecer a complexidade da história natural antes de formular generalizações acerca dos microrganismos, que constituem o conjunto mais heterogêneo de todos os seres vivos.

Existe uma importante divisão biológica que distingue os eucariotos, organismos que possuem um núcleo delimitado por membrana, dos procariotos, organismos cujo DNA não está fisicamente separado do citoplasma. Como descrito neste capítulo, bem como no Capítulo 2, outras diferenças importantes podem ser citadas entre os eucariotos e os procariotos. Por exemplo, os eucariotos distinguem-se pelo seu tamanho relativamente grande, bem como pela presença de organelas especializadas e delimitadas por membrana, como as mitocôndrias.

Conforme será descrito adiante em mais detalhes, os microrganismos eucarióticos – ou, em termos filogenéticos, os Eukarya – são unificados por sua estrutura celular distinta e por sua história filogenética. Entre esses grupos de microrganismos estão as **algas**, os **protozoários**, os **fungos** e os **mixomicetos** (**bolores**). A classe de microrganismos que compartilha características, tanto com os procariotos quanto com os eucariotos, é denominada arqueobactérias e está descrita no Capítulo 3.

VÍRUS

As propriedades singulares dos vírus os distinguem das outras formas de vida. Os vírus não possuem muitos dos atributos das células, o que inclui a capacidade de autorreplicação. Um vírus adquire o atributo básico de um sistema vivo – a reprodução – somente quando infecta uma célula. Os vírus são conhecidos por infectarem ampla variedade de hospedeiros vegetais e animais, bem como

protistas, fungos e bactérias. Contudo, a maioria dos vírus apresenta capacidade seletiva de infectar tipos específicos de células de apenas uma única espécie hospedeira. Essa propriedade é denominada **tropismo**. Recentemente, descobriu-se que vírus denominados **virófagos** têm a capacidade de infectar outros vírus. As interações dos vírus com o hospedeiro tendem a ser altamente específicas, e a variedade biológica dos vírus existentes reflete a diversidade das células hospedeiras potenciais. A maior diversidade dos vírus é exibida pela ampla variedade de estratégias que eles usam para replicar-se e sobreviver.

As partículas virais são geralmente pequenas (p. ex., o adenovírus possui um diâmetro de 90 nm) e consistem em uma molécula de ácido nucleico de DNA ou de ácido ribonucleico (RNA, do inglês *ribonucleic acid*), envolta por uma camada de proteína, ou capsídeo (às vezes, revestido por um invólucro de lipídeos, proteínas e carboidratos). Proteínas (frequentemente glicoproteínas) formam o capsídeo ou fazem parte de um envelope lipídico (p. ex., proteína gp120 do envelope de vírus da imunodeficiência humana [HIV, do inglês *human immunodeficiency virus*]) e frequentemente determinam a especificidade da interação entre vírus e célula hospedeira. O capsídeo protege o ácido nucleico viral. As proteínas de superfície, tanto expressas no capsídeo quanto associadas ao envelope, promovem a aderência e a penetração do vírus na célula hospedeira. No interior da célula, o ácido nucleico viral direciona a maquinaria enzimática da célula hospedeira para desempenhar funções associadas à replicação do vírus. Em alguns casos, a informação genética do vírus pode ser incorporada como DNA dentro de um cromossomo do hospedeiro na forma de **provírus**. Em outros casos, a informação do material genético viral pode servir de base para a produção e a liberação de cópias virais. Esse processo demanda a replicação ativa do material genético viral e a síntese das proteínas virais específicas. A **maturação** consiste na organização do ácido nucleico e das subunidades proteicas recém-sintetizadas em partículas virais maduras que, em seguida, são liberadas no meio extracelular. Alguns vírus de tamanho muito pequeno necessitam do auxílio de outro vírus na célula hospedeira para sua replicação. O agente delta, também conhecido como vírus da hepatite D (HDV, do inglês *hepatitis D virus*), apresenta um genoma de RNA que é muito pequeno para codificar até mesmo uma única proteína do capsídeo (a única proteína codificada pelo HDV é o antígeno delta), sendo necessário o auxílio do vírus da hepatite B para sua montagem e transmissão.

Alguns vírus são grandes e complexos. Por exemplo, o Mimivirus, um vírus de DNA que infecta *Acanthamoeba* (uma ameba de vida livre encontrada no solo), apresenta um diâmetro de 400 a 500 nm e um genoma que codifica 979 proteínas, incluindo as quatro primeiras enzimas aminoacil-tRNA-sintetases, nunca encontradas fora de organismos celulares. Esse vírus também codifica enzimas para a biossíntese de polissacarídeos, um processo geralmente realizado pelas células infectadas. Um vírus marinho ainda maior foi recentemente descoberto (*Megavirus*); seu genoma (1.259.197 pares de bases) codifica para 1.120 proteínas putativas, sendo maior do que os presentes em algumas bactérias (ver Tabela 7-1). Devido ao seu grande tamanho, esses vírus podem assemelhar-se a bactérias quando observados em preparações de coloração para microscopia óptica. Entretanto, não realizam divisão celular nem possuem ribossomos.

Diversas doenças transmissíveis em plantas são causadas por **viroides** – pequenas moléculas de RNA circular de fita simples e covalentemente fechadas que se apresentam como estruturas semelhantes a bastonetes. Seu tamanho varia de 246 a 375 nucleotídeos de extensão. A forma extracelular de um viroide é de RNA nu – sem nenhum capsídeo de qualquer tipo. A molécula de RNA não contém genes que codificam proteínas, e, portanto, o viroide é totalmente dependente das funções do hospedeiro para sua replicação. O RNA do viroide é replicado pela RNA-polimerase dependente do DNA da planta hospedeira; a preferência por essa enzima pode contribuir para a patogenicidade dos viroides.

Observou-se que as moléculas de RNA dos viroides contêm sequências de bases repetidas e invertidas (também conhecidas como sequências de inserção) em suas extremidades terminais 3′ e 5′, uma característica dos transpósons (ver Capítulo 7) e de retrovírus. Sendo assim, é provável que tenham evoluído a partir dos transpósons ou retrovírus por meio da deleção de sequências internas.

As propriedades gerais dos vírus patogênicos de animais para os seres humanos são descritas no Capítulo 29. Os vírus bacterianos, conhecidos como bacteriófagos, são descritos no Capítulo 7.

PRÍONS

Várias descobertas notáveis, feitas nas últimas três décadas, levaram à caracterização molecular e genética do agente transmissível responsável pelo **scrapie** (tremor epizoótico), uma doença degenerativa do sistema nervoso central dos ovinos. Os estudos realizados identificaram uma proteína específica do *scrapie* em preparações de cérebros de carneiros infectados, que é capaz de reproduzir os sintomas da doença em carneiros previamente não infectados (Figura 1-2). Os esforços para identificar outros componentes, como

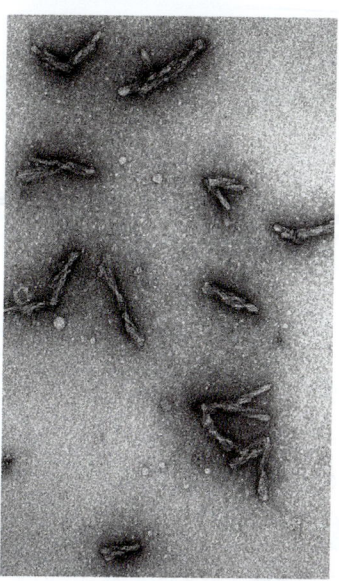

$\vdash\!\!\dashv$
50 µm

FIGURA 1-2 Príon. Príons isolados do cérebro de um *hamster* infectado por *scrapie*. Essa doença neurodegenerativa é causada por um príon. (Reproduzida, com autorização, de Stanley B. Prusiner.)

o ácido nucleico, não tiveram sucesso. Para distinguir esse agente dos vírus e viroides, foi introduzido o termo *príon* para ressaltar sua natureza proteácea e infecciosa. A proteína que compõe o **príon** (PrP, proteína priônica) é encontrada em todo o corpo, até mesmo em indivíduos e em animais saudáveis, e é codificada pelo DNA cromossômico do hospedeiro. A forma normal da proteína priônica é denominada PrP^c. A PrP^c é uma sialoglicoproteína com massa molecular de 35.000 a 36.000 dáltons e uma estrutura secundária α-helicoidal sensível a proteases e solúvel a detergente. A proteína apresenta várias formas topológicas: uma proteína de superfície celular ancorada por um glicolipídeo e duas formas transmembrânicas. O tremor epizoótico se manifesta ao ocorrer uma mudança conformacional da proteína priônica, alterando a sua forma normal ou celular PrP^c para a isoforma associada à doença infecciosa PrP^{Sc} (Figura 1-3). Essa mudança conformacional altera a maneira como as proteínas se interconectam. A exata estrutura tridimensional da proteína PrP^{Sc} ainda é desconhecida. Contudo, ela apresenta uma maior composição do padrão estrutural secundário proteico em folha β no lugar das estruturas normais α-hélice. Agregações das proteínas PrP^{Sc} formam fibras **amiloides** extremamente estruturadas, que se acumulam para formar placas. Ainda não está claro se esses agregados são a causa direta do dano celular ou se são simplesmente uma consequência indireta do curso da doença. Um modelo de replicação das proteínas priônicas sugere que a proteína PrP^c exista somente na forma de fibrilas, e que as extremidades da fibrila se liguem a PrP^c e a converta em PrP^{Sc}.

Existem várias doenças importantes causadas por príons (Tabela 1-1 e ver Capítulo 42). O kuru, a doença de Creutzfeldt-Jakob (DCJ), a doença de Gerstmann-Sträussler-Scheinker e a insônia familiar fatal acometem os seres humanos. A encefalopatia espongiforme bovina, que provavelmente é causada pela ingestão

Tanto a proteína príon normal (PN) quanto a proteína príon anormal (PP) estão presentes.

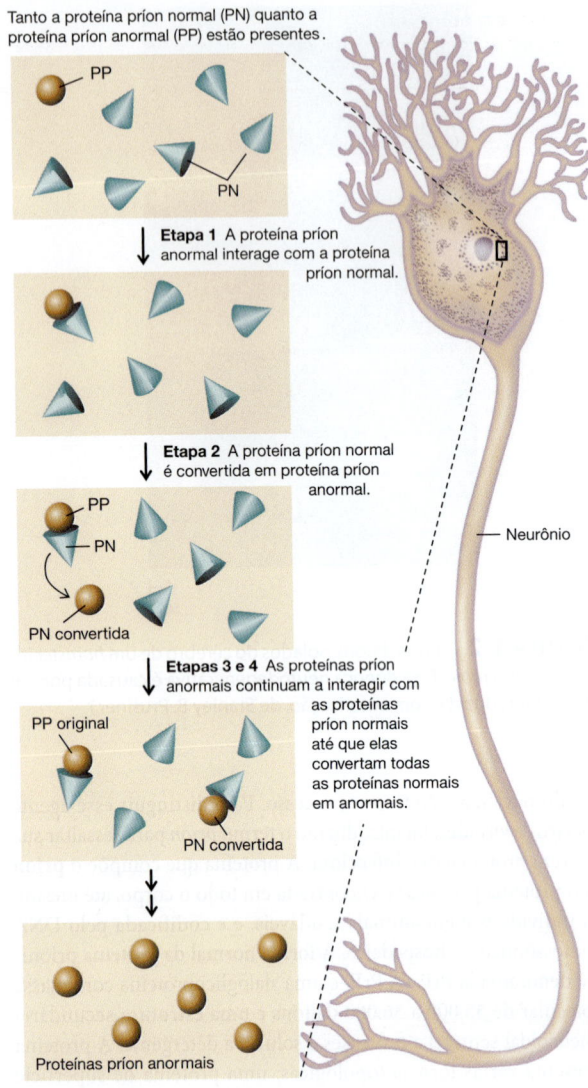

Etapa 1 A proteína príon anormal interage com a proteína príon normal.

Etapa 2 A proteína príon normal é convertida em proteína príon anormal.

PP
PN
PN convertida

Etapas 3 e 4 As proteínas príon anormais continuam a interagir com as proteínas príon normais até que elas convertam todas as proteínas normais em anormais.

PP original
PN convertida

Proteínas príon anormais

— Neurônio

FIGURA 1-3   Mecanismo proposto pelo qual os príons se replicam. As proteínas priônicas normais e anormais diferem entre si por sua estrutura terciária. (Reproduzida, com autorização, de Nester EW, Anderson DG, Roberts CE, et al.: *Microbiology: A Human Perspective*, 6th ed. McGraw-Hill, 2009, p. 342. © McGraw-Hill Education.)

de rações e farinhas de ossos preparadas com sobras de carneiros abatidos, tem sido responsável pela morte de mais de 184 mil cabeças de gado bovino na Grã-Bretanha desde a sua descoberta em 1985. Uma nova variante da DCJ (vDCJ) foi associada à ingestão de carne bovina infectada por príon no Reino Unido e na França. Uma característica comum a todas essas doenças é a conversão de uma sialoglicoproteína codificada pelo hospedeiro em uma forma resistente à protease como consequência da infecção. Recentemente, descobriu-se que um príon da proteína **α-sinucleína** causa uma doença neurodegenerativa denominada atrofia de sistemas múltiplos em humanos.

As doenças humanas causadas por príons são singulares, uma vez que se manifestam na forma de doenças esporádicas, genéticas e infecciosas. O estudo da biologia dos príons constitui uma área

importante da investigação biomédica em desenvolvimento, e ainda há muito conhecimento a ser adquirido.

As características gerais dos membros não vivos do mundo microbiano são descritas na Tabela 1-2.

PROCARIOTOS

As principais características que diferenciam os procariotos consistem em seu tamanho relativamente pequeno, em geral da ordem de 1 μm de diâmetro, e na ausência de membrana nuclear. A maioria das bactérias apresenta um DNA circular com cerca de 1 mM de comprimento, representando o cromossomo procarioto. As bactérias são seres **haploides** (em alguns casos, podem apresentar múltiplas cópias de um mesmo cromossomo). A maioria dos procariotos apresenta um único cromossomo grande e organizado em uma região especializada da célula denominada **nucleoide**. O DNA cromossômico encontra-se dobrado mais de 1.000 vezes, de forma a caber no interior da célula procariótica. Evidências substanciais sugerem a possibilidade de essas dobras serem ordenadas, permitindo uma proximidade de regiões específicas do DNA. O nucleoide pode ser visualizado por microscopia eletrônica bem como por microscopia óptica após o tratamento da célula para tornar o nucleoide visível. Assim, seria um erro concluir que a diferenciação subcelular, nitidamente demarcada por membranas nos eucariotos, está ausente nos procariotos. Na verdade, alguns procariotos formam estruturas subcelulares delimitadas por membrana, com funções especializadas, como os cromatóforos das bactérias fotossintéticas (ver Capítulo 2).

Diversidade dos procariotos

O pequeno tamanho do cromossomo haploide procariótico limita a quantidade de informação genética que ele pode conter. Dados recentes, baseados na determinação da sequência do genoma, indicam que o número de genes entre os procariotos pode variar de 468 no *Mycoplasma genitalium* a 7.825 no *Streptomyces coelicolor*, e que muitos desses genes devem ter funções essenciais, como a produção de energia, a síntese das macromoléculas e a replicação celular. Qualquer procarioto possui relativamente poucos genes que possibilitam a adaptação fisiológica do organismo ao seu ambiente. A variedade de ambientes potenciais dos procariotos é extraordinariamente ampla, e pode-se deduzir que o grupo dos procariotos abrange uma variedade heterogênea de especialistas, cada qual adaptado a um nicho estreitamente circunscrito.

A variedade de nichos procarióticos é ilustrada ao considerar as estratégias empregadas na produção de energia metabólica. A luz solar constitui a principal fonte de energia para a vida. Alguns procariotos, como as bactérias de cor púrpura, convertem a energia luminosa em energia metabólica sem produzir oxigênio. Outros procariotos, como as bactérias azul-esverdeadas (**cianobactérias**), produzem oxigênio capaz de fornecer energia por meio da respiração, na ausência de luz. Os **microrganismos aeróbios** dependem da respiração e utilizam o oxigênio para obter energia. Alguns **microrganismos anaeróbios** podem utilizar aceptores de elétrons diferentes do oxigênio na respiração. Muitos anaeróbios realizam **fermentações**, em que a energia é obtida mediante o rearranjo metabólico dos substratos químicos de crescimento. A extraordinária variedade química dos substratos de crescimento potenciais para

TABELA 1-1 Doenças causadas por príon comuns a seres humanos e a animais

Propriedade	Nome	Etiologia
Doenças causadas por príon no ser humano		
Adquirida	Variante da doença de Creutzfeldt-Jakob[a]	Associada à ingestão ou à inoculação de material infectado por príon
	Kuru	
	Doença iatrogênica de Creutzfeldt-Jakob[b]	
Esporádica	Doença de Creutzfeldt-Jakob	Fonte de infecção desconhecida
Familiar	Gerstmann-Sträussler-Scheinker	Associada a mutações específicas dentro do gene que codifica a PrP
	Insônia familiar fatal	
	Doença de Creutzfeldt-Jakob	
Doenças causadas por príon em animais		
Bovinos	Encefalopatia espongiforme bovina	Exposição a carnes e ossos (ração) contaminados por príon
Carneiros	*Scrapie* (tremor epizoótico)	Ingestão de material contaminado por proteína específica do *scrapie*
Veado, alce	Doença desgastante crônica	Ingestão de material contaminado por príon
Marta	Encefalopatia transmissível das martas	Fonte de infecção desconhecida
Gatos	Encefalite espongiforme felina[a]	Exposição a carnes e ossos (ração) contaminados por príon

PrP, proteína priônica.
[a] Associada à exposição a material contaminado com encefalopatia espongiforme bovina.
[b] Associada a materiais biológicos contaminados por príon, como enxertos de dura-máter, transplante de córnea, hormônio do crescimento humano obtido de cadáveres ou instrumentos cirúrgicos contaminados por príon.
Reproduzida, com autorização, da American Society for Microbiology. Priola SA: How animal prions cause disease in humans. *Microbe* 2008;3:(12):568.

o crescimento aeróbio ou anaeróbio reflete-se na diversidade dos procariotos que se adaptaram à sua utilização.

Comunidades dos procariotos

Uma estratégia útil à sobrevida dos especialistas consiste em formar **consórcios**, isto é, grupamentos em que as características fisiológicas dos diferentes organismos contribuem para a sobrevivência do grupo como um todo. Se os organismos existentes no interior de uma comunidade fisicamente interconectada provêm diretamente de uma única célula, a comunidade consiste em um **clone** que pode conter até 10^8 ou mais células. A biologia dessa comunidade difere substancialmente daquela representada por uma única célula. Por exemplo, o elevado número de células praticamente assegura a presença, no interior do clone, de pelo menos uma célula portadora de uma variante de qualquer gene no cromossomo. Assim, a variabilidade genética – a fonte do processo evolutivo denominado seleção

TABELA 1-2 Características diferenciais para vírus, viroides e príons

Vírus	Viroides	Príons
Agentes intracelulares obrigatórios	Agentes intracelulares obrigatórios	Proteína celular anormal
Apresentam DNA ou RNA revestido por uma camada de proteína	Consistem somente em RNA; sem camada proteica	Consistem somente em proteína; sem DNA ou RNA

Reproduzida, com autorização, de Nester EW, Anderson DG, Roberts CE, et al: *Microbiology: A Human Perspective*, 6th ed. McGraw-Hill, 2009, p. 13.
© McGraw-Hill Education.

natural – é garantida no interior do clone. O elevado número de células no interior dos clones também tende a proporcionar uma proteção fisiológica para pelo menos alguns membros do grupo. Por exemplo, os polissacarídeos extracelulares podem fornecer proteção contra agentes potencialmente letais, como os antibióticos ou íons de metais pesados. As grandes quantidades de polissacarídeos produzidas pelo elevado número de células dentro de um clone podem possibilitar que as células em seu interior sobrevivam à exposição a determinado agente letal em uma concentração capaz de matar células isoladas.

Muitas bactérias usam um mecanismo de comunicação intercelular denominado *quorum sensing* para regular a transcrição dos genes envolvidos em diversos processos fisiológicos, como a bioluminescência, a transferência por conjugação de plasmídeos e a produção de determinantes de virulência. O *quorum sensing* depende da produção de uma ou mais moléculas sinalizadoras solúveis (p. ex., N-acil-homosserina-lactona [AHL]), denominadas **autoindutores** ou **feromônios**, que permitem à bactéria monitorar a densidade da sua própria população celular (Figura 1-4). Todo o processo cooperativo que resulta na formação de **biofilme** é controlado por *quorum sensing*. Trata-se de um exemplo de comportamento multicelular nos procariotos.

Outra característica marcante dos procariotos é a sua capacidade de trocar pequenos fragmentos de informação genética. Essa informação pode ser transportada em **plasmídeos**, pequenos elementos genéticos especializados com capacidade de sofrer replicação dentro de pelo menos uma linhagem celular procariótica. Em alguns casos, os plasmídeos podem ser transferidos de uma célula para outra, sendo capazes de transportar conjuntos de informação genética especializada por meio de uma população. Alguns plasmídeos exibem **ampla variedade de hospedeiros**, que possibilita

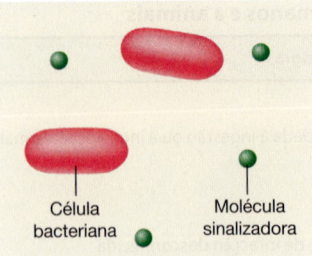 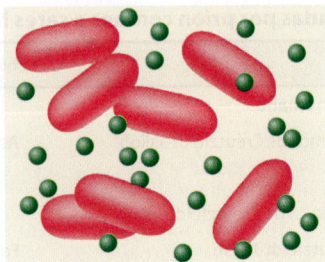

Célula bacteriana   Molécula sinalizadora

Quando poucas células estão presentes, a concentração das moléculas sinalizadoras *N*-acil--homosserina-lactona (AHL) é baixa.

Quando muitas células estão presentes, a concentração de AHL é alta. Concentrações elevadas dessa molécula induzem a expressão de genes específicos.

FIGURA 1-4   *Quorum sensing.* (Reproduzida, com autorização, de Nester EW, Anderson DG, Roberts CE, et al.: *Microbiology: A Human Perspective*, 6th ed. McGraw-Hill, 2009, p. 181. © McGraw-Hill Education.)

a transferência de conjuntos de genes a diversos microrganismos. Os **plasmídeos de resistência a fármacos**, que podem tornar diversas bactérias resistentes ao tratamento com antibióticos, são objeto de preocupação especial (Capítulo 7).

A estratégia de sobrevida de uma única linhagem de células procarióticas pode levar a uma variedade de interações com outros organismos. Entre essas interações, podem ser incluídas relações **simbióticas** ilustradas por complexas trocas nutricionais entre microrganismos no intestino humano. Essas trocas beneficiam tanto os microrganismos quanto o hospedeiro humano. As interações que envolvem **parasitas** podem ser deletérias para o hospedeiro. A simbiose avançada, ou parasitismo, pode levar à perda de funções que não permitem o crescimento do simbionte ou do parasita independentemente de seu hospedeiro.

Os **micoplasmas**, por exemplo, são parasitas procariotos que perderam a capacidade de formar parede celular. A adaptação desses microrganismos a seu ambiente parasitado resultou na incorporação de uma quantidade significativa de colesterol no interior de suas membranas celulares. O colesterol, não encontrado em outros procariotos, é assimilado a partir do ambiente metabólico fornecido pelo hospedeiro. A perda de função também é exemplificada pelos parasitas intracelulares obrigatórios, como as **clamídias** e as **riquétsias**. Essas bactérias são extremamente pequenas (0,2-0,5 µm de diâmetro) e dependem da célula hospedeira para obter muitos metabólitos e coenzimas essenciais. Essa perda de função reflete na presença de um genoma menor, com menos genes (ver Tabela 7-1).

Os exemplos mais amplamente distribuídos de simbiontes bacterianos parecem ser os cloroplastos e as mitocôndrias, as organelas produtoras de energia dos eucariotos. Existem consideráveis evidências que levam à conclusão de que os ancestrais dessas organelas eram **endossimbiontes**, procariotos (essencialmente "bactérias domesticadas") que estabeleceram simbiose no interior da membrana celular do hospedeiro eucariótico ancestral. A presença de inúmeras cópias dessas organelas pode ter contribuído para o tamanho relativamente grande das células eucarióticas e sua capacidade de especialização, característica que se reflete na evolução dos organismos multicelulares diferenciados.

Classificação dos procariotos

Para a compreensão de qualquer grupo de microrganismos, é necessário conhecer sua **classificação**. Um sistema de classificação

apropriado permite ao cientista selecionar as características que possibilitam uma rápida e acurada categorização de um organismo recém-descoberto. A categorização viabiliza a previsão de muitos outros traços compartilhados por outros membros da categoria. Em um ambiente hospitalar, a classificação bem-sucedida de determinado microrganismo patogênico pode fornecer a rota mais direta para sua eliminação. A classificação também pode proporcionar uma compreensão abrangente das relações entre diferentes organismos, informação capaz de assumir grande valor prático. Por exemplo, a eliminação de um microrganismo patogênico será relativamente prolongada se o seu hábitat estiver ocupado por uma variante não patogênica.

Os princípios de classificação dos procariotos são discutidos no Capítulo 3. No início, é preciso reconhecer que qualquer característica de um procarioto pode servir como um possível critério de classificação. Entretanto, nem todos os critérios são igualmente eficazes no agrupamento dos organismos. Possuir DNA, por exemplo, não é um critério útil para distinguir os organismos, visto que todas as células contêm DNA. A presença de um plasmídeo com ampla variedade de hospedeiros não constitui um critério útil, uma vez que esses plasmídeos podem ser encontrados em diversos hospedeiros e não estar presentes o tempo todo. Para serem úteis, os critérios devem ser estruturais, fisiológicos, bioquímicos ou genéticos. Os **esporos** – estruturas celulares especializadas que podem permitir a sobrevida do organismo em ambientes extremos – constituem critérios estruturais úteis para a classificação, visto que existem subgrupos bem-caracterizados de bactérias que formam esporos. Alguns grupos de bactérias podem ser efetivamente subdivididos com base na sua capacidade de fermentar carboidratos específicos. Esses critérios podem ser ineficazes quando aplicados a outros grupos de bactérias que não têm qualquer capacidade fermentativa. Um teste bioquímico, a **coloração de Gram**, constitui um critério eficaz de classificação, já que a resposta ao corante reflete diferenças fundamentais e complexas na parede celular bacteriana, dividindo a maior parte das bactérias em dois grupos principais.

Os critérios genéticos estão sendo cada vez mais usados para a classificação das bactérias, e muitos deles tornaram-se possíveis em virtude do desenvolvimento de tecnologias baseadas na detecção do DNA. Na atualidade, é possível construir sondas genéticas ou realizar ensaios de amplificação de DNA (p. ex., testes de reação em cadeia da polimerase [PCR, do inglês *polymerase chain reaction*]) capazes de identificar rapidamente os organismos que transportam regiões genéticas específicas com ancestral comum. A comparação de sequências de DNA para alguns genes levou à elucidação das **relações filogenéticas** entre os procariotos. Pode-se determinar a origem de linhagens celulares ancestrais, e os microrganismos podem ser agrupados com base nas suas afinidades evolutivas. Essas investigações levaram a algumas conclusões notáveis. Assim, por exemplo, a comparação de sequências do citocromo c sugere que todos os eucariotos, inclusive seres humanos, provêm de um dos três diferentes grupos de bactérias fotossintéticas de cor púrpura. Essa conclusão explica, em parte, a origem evolutiva dos eucariotos, mas não leva totalmente em conta o ponto de vista geralmente aceito de que a célula eucariótica se originou da fusão evolutiva de diferentes linhagens de células procarióticas.

Bactérias e arqueobactérias: as principais subdivisões dentro dos procariotos

Um grande sucesso na filogenia molecular consistiu na demonstração de que os procariotos são classificados em dois principais grupos. A maioria das pesquisas foi dirigida para um grupo, o das bactérias. O outro grupo, constituído pelas arqueobactérias, tem recebido relativamente pouca atenção até o momento, em parte pelo fato de muitos de seus representantes serem difíceis de estudar em laboratório. Por exemplo, algumas arqueobactérias morrem ao entrar em contato com o oxigênio, enquanto outras crescem em temperaturas superiores à da ebulição da água. Antes mesmo de obter evidências moleculares, os principais subgrupos de arqueobactérias pareciam distintos. Os metanógenos efetuam uma respiração anaeróbia que dá origem ao metano; os halófilos exigem concentrações de sal extremamente altas para o seu crescimento; e os termoacidófilos necessitam de temperaturas altas e acidez. Na atualidade, sabe-se que esses procariotos compartilham características bioquímicas, como componentes da parede celular ou da membrana, que distinguem totalmente o grupo de todos os outros organismos vivos. Uma característica curiosa, compartilhada por arqueobactérias e eucariotos, é a presença de **íntrons** no interior dos genes. A função dos íntrons – segmentos de DNA que interrompem o DNA informativo no interior dos genes – ainda não foi estabelecida. O que sabemos é que os íntrons representam uma característica fundamental compartilhada pelo DNA das arqueobactérias e dos eucariotos. Esse traço comum sugere que – assim como as mitocôndrias e os cloroplastos parecem representar derivados evolutivos das bactérias – o núcleo dos eucariotos teria se originado de um ancestral arqueobacteriano.

PROTISTAS

O "núcleo verdadeiro" dos eucariotos (do grego *karyon*, "núcleo") representa apenas uma de suas características diferenciais. As organelas delimitadas por membrana, os microtúbulos e os microfilamentos dos eucariotos formam uma estrutura intracelular complexa diferente da encontrada nos procariotos. As organelas responsáveis pela motilidade das células eucarióticas são os flagelos ou cílios – estruturas complexas constituídas de inúmeros filamentos que não se assemelham aos flagelos dos procariotos. A expressão gênica nos eucariotos ocorre por meio de uma série de eventos que levam à integração fisiológica do núcleo com o retículo endoplasmático, estrutura sem equivalência nos procariotos. Os eucariotos diferem pela organização de seu DNA celular em cromossomos separados por um aparelho mitótico distinto durante a divisão celular.

Em geral, a transferência genética entre os eucariotos depende da fusão dos **gametas haploides** para formar uma célula **diploide** que contém um conjunto completo de genes derivados de cada gameta. O ciclo de vida de muitos eucariotos encontra-se quase totalmente no estado diploide, forma não encontrada nos procariotos. A fusão dos gametas para formar uma progênie reprodutiva é um evento altamente específico que estabelece a base para a **espécie** eucariótica. Esse termo só pode ser aplicado metaforicamente aos procariotos, que trocam fragmentos de DNA no processo de recombinação. Atualmente, o termo *protista* é utilizado de maneira informal e mais abrangente para definir microrganismos eucarióticos unicelulares. Uma vez que os protistas, em sua maioria, são **parafiléticos**, os sistemas de classificação mais recentes separam as subdivisões taxonômicas tradicionais ou grupos com base em características morfológicas e bioquímicas.*

Tradicionalmente, os eucariotos microbianos – **protistas** – são membros dos quatro grupos principais: algas, protozoários, fungos e mixomicetos (bolores). Essas subdivisões tradicionais, amplamente baseadas em semelhanças superficiais, foram substituídas por classificações **filogenéticas**. Métodos moleculares aplicados pelos taxonomistas modernos têm sido utilizados para gerar dados que justificam a realocação de alguns representantes desses grupos em outros filos muitas vezes não relacionados. Por exemplo, os **bolores aquáticos** são agora considerados mais próximos filogeneticamente dos organismos fotossintéticos, como as algas marrons e as diatomáceas.

Algas

O termo *alga* foi utilizado durante muito tempo para descrever todos os organismos que geram O_2 como produto da fotossíntese. Um importante subgrupo desses organismos – as algas azul-esverdeadas, ou cianobactérias – consiste em procariotos, de modo que esses microrganismos não são mais denominados algas. Essa classificação é reservada exclusivamente a um grande grupo diversificado de organismos eucarióticos fotossintéticos. Antigamente, pensava-se que todas as algas continham clorofila na membrana fotossintética de seus cloroplastos, uma organela subcelular com estrutura semelhante à das cianobactérias. As abordagens taxonômicas modernas apontam que algumas algas não possuem clorofila e têm um tipo de vida heterotrófico ou parasitário de vida livre. Muitas espécies de algas são microrganismos unicelulares. Outras algas podem formar estruturas multicelulares extremamente grandes. Os *kelps*** de algas pardas possuem, às vezes, várias centenas de metros de extensão. Muitas algas produzem toxinas que são venenosas para o ser humano e outros animais. Os dinoflagelados, algas unicelulares, são relacionados à proliferação excessiva de algas, ou **maré vermelha**, nos oceanos (Figura 1-5). As marés vermelhas causadas pelas espécies de dinoflagelados *Gonyaulax* são preocupantes, pois esse organismo produz potentes neurotoxinas, como a **saxitoxina** e a **goniautoxina**, que se acumula em mariscos (p. ex., moluscos,

---

*N. de T. Grupos parafiléticos, em taxonomia filogenética ou cladística, são aqueles que incluem um ancestral comum e nem todos de seus descendentes. Diz-se que o maior grupo é parafilético em relação ao(s) subgrupo(s) excluído(s).

**N. de T. *Kelps* são algas grandes pertencentes ao filo Phaeophyta. Algumas espécies podem ser muito longas e formar "florestas de *kelps*".

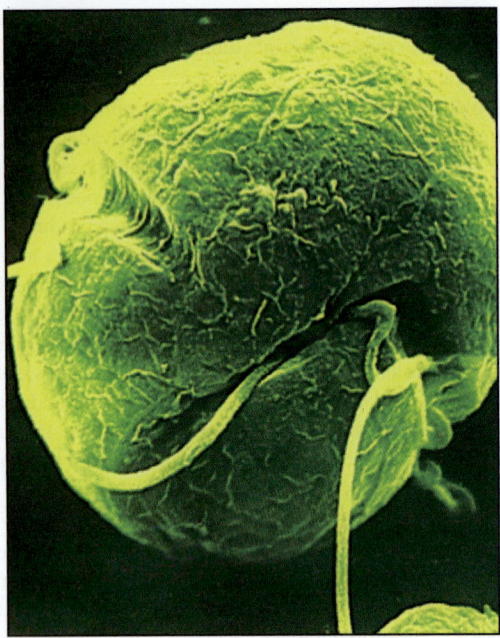

FIGURA 1-5 Microscopia eletrônica de varredura (ampliada 4.000 ×) do dinoflagelado *Gymnodinium*. (Reproduzida, com autorização, de Dr. David Phillips/Visuals Unlimited.)

mexilhões, vieiras e ostras) que se alimentam do organismo. A ingestão desses mariscos pelo ser humano resulta em sintomas de **paralisia por envenenamento**, que pode levar à morte. Algumas algas (p. ex., *Prototheca* e *Helicosporidium*) são parasitas de metazoários e de plantas. A **prototecose** é uma doença incomum que acomete cães, gatos, gado e raramente humanos, e é causada por um tipo de alga, a *Prototheca*, que não apresenta clorofila. As duas espécies mais comuns são *P. wickerhamii* e *P. zopfii*. A maioria dos casos em humanos, que estão associados à deficiência no sistema imunológico do hospedeiro, é causada por *P. wickerhamii*.

Protozoários

Protozoários é um termo informal para eucariotos não fotossintéticos unicelulares que são de vida livre ou parasitas. Os protozoários são abundantes em ambientes aquáticos e no solo. Eles variam em tamanho, desde 1 µm a vários milímetros. Todos os protozoários são **heterotróficos** e retiram nutrientes de outros organismos, tanto pela sua completa ingestão quanto pelo consumo de seus tecidos orgânicos ou de suas excretas metabólicas. Alguns protozoários absorvem os seus alimentos por **fagocitose**, engolfando partículas orgânicas pelos seus **pseudópodes** (p. ex., ameba), ou absorvendo o alimento através de uma abertura ou poro semelhante a uma boca denominada **citóstoma**. Outros protozoários absorvem nutrientes dissolvidos através de sua membrana celular, um processo denominado **osmotrofia**.

Historicamente, os principais grupos de protozoários incluíam **flagelados**, células móveis com organelas de locomoção tipo flagelo; **amebas**, células que se movem estendendo pseudópodes; e **ciliados**, células que possuem um grande número de organelas de motilidade semelhantes a pelos curtos. São conhecidas formas intermediárias que apresentam flagelos em um estágio do ciclo de vida e pseudópodes em outro estágio. Um quarto grupo importante de protozoários, os esporozoários, é constituído por parasitas estritos, em geral não móveis; a maior parte desses grupos reproduz-se sexuada ou assexuadamente, alternando gerações por meio de esporos. Estudos taxonômicos recentes demonstraram que somente os ciliados são **monofiléticos**, ou seja, uma linhagem de organismos que compartilham uma ancestralidade em comum. As outras classes de protozoários são polifiléticas constituídas por organismos que, apesar da similaridade na aparência (p. ex., flagelados) ou no modo de vida (p. ex., endoparasitas), não são necessariamente filogeneticamente relacionados. Os protozoários parasitas de seres humanos são discutidos no Capítulo 46.

Fungos

Os fungos são protistas não fotossintéticos que podem crescer ou não como uma massa de filamentos ramificados e entrelaçados ("hifas"), conhecida como **micélio**. Se um fungo cresce simplesmente como uma célula única, é denominado **levedura**; se cresce formando micélios, é denominado **bolor**. A maioria dos fungos de importância médica cresce dimorficamente, ou seja, eles apresentam a forma de bolores em temperatura ambiente e crescem como leveduras na temperatura corporal. Notavelmente, o maior micélio em extensão contínua produzido por um fungo foi encontrado no leste do Oregon, nos Estados Unidos, abrangendo uma área de 2.400 acres (9,7 km²). Embora as hifas exibam paredes transversais, essas paredes são perfuradas, permitindo a livre passagem dos núcleos e do citoplasma. Por conseguinte, o microrganismo como um todo é um **cenócito** (uma massa multinucleada de citoplasma contínuo) confinado dentro de uma série de tubos ramificados. Esses tubos, constituídos de polissacarídeos, como a quitina, são homólogos às paredes celulares.

Os fungos provavelmente representam um ramo evolutivo dos protozoários. Eles não têm qualquer relação com os actinomicetos, que consistem em bactérias miceliais com as quais se assemelham superficialmente. As principais subdivisões (filos) dos fungos são: Chytridiomycota, Zygomycota (os zigomicetos), Ascomycota (os ascomicetos), Basidiomycota (os basidiomicetos) e os "deuteromicetos" (ou fungos imperfeitos). A evolução dos ascomicetos a partir dos ficomicetos é observada em um grupo de transição cujos membros formam um zigoto, que, em seguida, transforma-se diretamente em asco. Acredita-se que os basidiomicetos tenham evoluído a partir dos ascomicetos. A classificação dos fungos e seu significado clínico são discutidos em detalhes no Capítulo 45.

Mixomicetos (bolores)

São microrganismos que se caracterizam pela presença, em um estágio do seu ciclo de vida, de uma massa de citoplasma multinucleada e ameboide denominada **plasmódio**. O plasmódio de um mixomiceto é uma estrutura análoga ao micélio de um fungo verdadeiro. Ambos são cenocíticos. No micélio, o fluxo citoplasmático limita-se à rede ramificada de tubos de quitina, ao passo que, no plasmódio, o citoplasma pode fluir em todas as direções. Esse fluxo faz o plasmódio migrar na direção de sua fonte alimentar, que frequentemente consiste em bactérias. Em resposta a um sinal químico (p. ex., o 3'-5'-AMP cíclico), o plasmódio, que atinge um tamanho macroscópico, diferencia-se em um corpo pedunculado capaz de produzir células móveis, que podem ser flageladas ou ameboides.

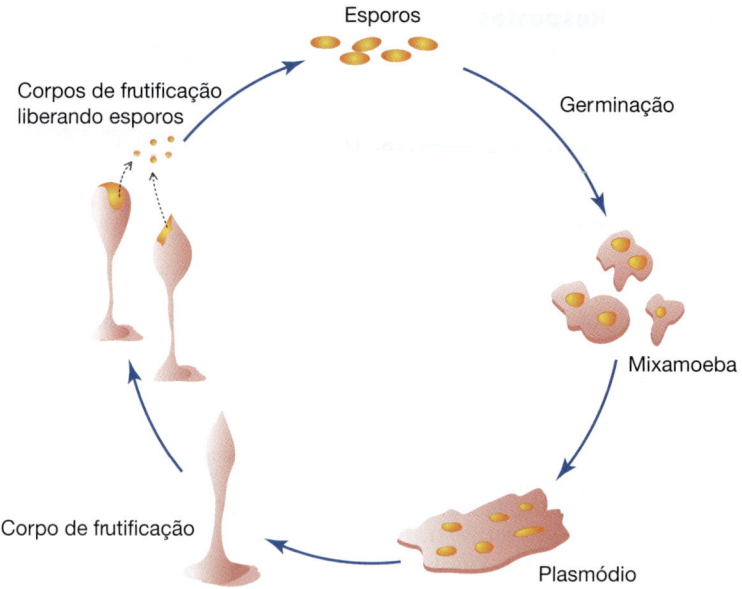

FIGURA 1-6 Mixomicetos (bolores). **A:** Ciclo de vida de um mixomiceto acelular. **B:** Corpo de frutificação de um mixomiceto celular. (Reproduzida, com autorização, de Carolina Biological Supply/DIOMEDIA.)

Essas células iniciam uma nova etapa no ciclo de vida do mixomiceto (Figura 1-6). Com frequência, o ciclo é iniciado por fusão sexual de células individuais.

O crescimento dos mixomicetos depende de nutrientes fornecidos por células bacterianas ou, em alguns casos, por células vegetais. A reprodução dos mixomicetos via plasmódios pode depender do reconhecimento intercelular e da fusão entre células da mesma espécie. O ciclo de vida dos mixomicetos ilustra um tema central deste capítulo: a interdependência das formas vivas. Para uma compreensão mais completa de qualquer microrganismo, é necessário não apenas o conhecimento dos outros organismos com os quais ele coevoluiu, mas também uma apreciação sobre a variedade de respostas fisiológicas capazes de contribuir para a sua sobrevivência.

RESUMO DO CAPÍTULO

- Os microrganismos são um grupo grande e diversificado de organismos que abrangem seres uni e pluricelulares; eles também incluem vírus, que são microscópicos, porém não celulares.
- Um vírus consiste em uma molécula de ácido nucleico (DNA ou RNA) envolvida por proteínas, que formam o capsídeo. Alguns vírus podem apresentar um envelope composto por lipídeos, proteínas e carboidratos.
- Um príon é uma proteína infectante capaz de causar doenças neurológicas crônicas.
- Procariotos são divididos em bactérias e arqueobactérias.
- Procariotos são haploides.
- Eucariotos inferiores, ou protistas, estão representados em quatro grupos principais: algas, protozoários, fungos e mixomicetos (bolores).
- Eucariotos possuem membrana nuclear e são diploides.

QUESTÕES DE REVISÃO

1. Qual dos seguintes termos caracteriza a interação entre o herpes-vírus simples e o ser humano?

   (A) Parasitismo
   (B) Simbiose
   (C) Endossimbiose
   (D) Endoparasitismo
   (E) Consórcio

2. Qual dos seguintes agentes não possui ácido nucleico?

   (A) Bactérias
   (B) Vírus
   (C) Viroides
   (D) Príons
   (E) Protozoários

3. Qual dos seguintes organismos é um procarioto?

   (A) Bactérias
   (B) Algas
   (C) Protozoários
   (D) Fungos
   (E) Mixomicetos (bolores)

4. Qual dos seguintes agentes contém, simultaneamente, DNA e RNA?

   (A) Bactérias
   (B) Vírus
   (C) Viroides
   (D) Príons
   (E) Plasmídeos

5. Qual dos seguintes não pode ser infectado por vírus?

   (A) Bactérias
   (B) Protozoários
   (C) Células humanas
   (D) Vírus
   (E) Nenhuma das respostas anteriores

6. Vírus, bactérias e protozoários são caracterizados unicamente por seus respectivos tamanhos. Verdadeiro ou falso?

   (A) Verdadeiro
   (B) Falso

7. *Quorum sensing* em procariotos envolve:

   (A) Comunicação intercelular
   (B) Produção de moléculas como as AHL
   (C) Um exemplo de comportamento multicelular
   (D) Regulação de genes envolvidos em diversos processos fisiológicos
   (E) Todas as opções anteriores

8. Uma paciente de 16 anos do sexo feminino relatou ao seu médico de família uma anormal secreção vaginal e prurido (coceira). A paciente nega atividade sexual prévia e recentemente completou o uso de doxiciclina para tratamento de acne. O exame pelo método de Gram do esfregaço vaginal revelou a presença de células ovais Gram-positivas de 4 a 8 µm de diâmetro. Essa vaginite é causada por qual dos seguintes agentes?

   (A) Bactéria
   (B) Vírus
   (C) Protozoário
   (D) Fungo
   (E) Príon

9. Um homem de 65 anos de idade desenvolveu demência progressiva no decorrer de alguns meses, com ataxia e sonolência. O perfil eletrencefalográfico mostrou paroxismos com altas voltagens e ondas lentas, sugestivos de doença de Creutzfeldt-Jakob. Qual dos seguintes agentes é o causador dessa doença?

   (A) Bactéria
   (B) Vírus
   (C) Viroide
   (D) Príon
   (E) Plasmídeo

10. Vinte minutos após a ingestão de mariscos crus, um homem de 35 anos de idade apresentou parestesia facial e nas extremidades, cefaleia e ataxia. Esses sintomas são o resultado de uma neurotoxina produzida por algas chamadas:

    (A) Ameba
    (B) Cianobactéria
    (C) Dinoflagelado
    (D) *Kelp*
    (E) Nenhuma das respostas anteriores

Respostas

1. A	**5.** E	**9.** D
2. D	**6.** B	**10.** C
3. A	**7.** E	
4. A	**8.** D	

REFERÊNCIAS

Abrescia NGA, Bamford DH, Grimes JM, et al: Structure unifies the viral universe. *Annu Rev Biochem* 2012;81:795.

Adi SM, Simpson AGB, Lane CE, et al: The revised classification of eukaryotes. *J Eukaryot Microbiol* 2012;59:429.

Arslan D, Legendre M, Seltzer V, et al: Distant *Mimivirus* relative with a larger genome highlights the fundamental features of Megaviridae. *Proc Natl Acad Sci U S A* 2011;108:17486.

Belay ED: Transmissible spongiform encephalopathies in humans. *Annu Rev Microbiol* 1999;53:283.

Colby DW, Prusiner SB: De novo generation of prion strains. *Nat Rev Microbiol* 2011;9:771.

Diener TO: Viroids and the nature of viroid diseases. *Arch Virol* 1999;15(Suppl):203.

Fournier PE, Raoult D: Prospects for the future using genomics and proteomics in clinical microbiology. *Annu Rev Microbiol* 2011;65:169.

Katz LA: Origin and diversification of eukaryotes. *Annu Rev Microbiol* 2012;63:411.

Lederberg J (editor): *Encyclopedia of Microbiology*, 4 vols. Academic Press, 1992.

Olsen GJ, Woese CR: The winds of (evolutionary) change: Breathing new life into microbiology. *J Bacteriol* 1994;176:1.

Priola SA: How animal prions cause disease in humans. *Microbe* 2008;3:568.

Prusiner SB: Biology and genetics of prion diseases. *Annu Rev Microbiol* 1994;48:655.

Prusiner SB, Woerman AL, Mordes DA, et al: Evidence for α-synuclein prions causing multiple system atrophy in humans with parkinsonism. *Proc Natl Acad Sci U S A* 2015;112:E5308-E5317.

Schloss PD, Handlesman J: Status of the microbial census. *Microbiol Mol Biol Rev* 2004;68:686.

Sleigh MA: *Protozoa and Other Protists*. Chapman & Hall, 1990.

Whitman WB, Coleman DC, Wiebe WJ: Prokaryotes: The unseen majority. *Proc Natl Acad Sci U S A* 1998;95:6578.

Estrutura celular

Neste capítulo, discutiremos a estrutura básica e a função dos componentes que constituem as células eucarióticas e as células procarióticas. Ele inicia com uma discussão sobre o microscópio. Historicamente, foi o microscópio que primeiramente revelou a presença das bactérias e, mais tarde, os segredos da estrutura celular. Hoje, ele continua sendo uma poderosa ferramenta em biologia celular.

MÉTODOS ÓPTICOS

Microscópio óptico

O poder de resolução do microscópio óptico, em condições ideais, corresponde aproximadamente à metade do comprimento de onda da luz utilizada. (O **poder de resolução** refere-se à distância que deve separar dois pontos de luz para que eles sejam vistos como duas imagens distintas.) No caso da luz amarela, cujo comprimento de onda é de 0,4 μm, o menor diâmetro separável é, portanto, de cerca de 0,2 μm (i.e., um terço da largura de uma célula procariótica típica). A ampliação útil no microscópio é a que possibilita a visualização das menores partículas passíveis de resolução. Vários tipos de microscópio óptico, que são frequentemente empregados em microbiologia, são discutidos a seguir.

A. Microscópio de campo luminoso (microscópio óptico comum)

O microscópio de campo luminoso é o mais empregado em microbiologia de rotina, e consiste em duas séries de lentes (**lente objetiva** e **lente ocular**), que funcionam em conjunto na resolução de imagens. Esses microscópios geralmente empregam uma objetiva com poder de aumento de 100 vezes, com uma ocular de aumento de 10 vezes, aumentando a amostra 1.000 vezes. Por conseguinte, as partículas com 0,2 μm de diâmetro são ampliadas até cerca de 0,2 mm, tornando-se nitidamente visíveis. A ampliação adicional não proporciona maior resolução dos detalhes, e pode reduzir a área visível (**campo**).

Com esse microscópio, as amostras são visualizadas devido a diferenças de **contraste** entre elas e o meio ao redor. Muitas bactérias são difíceis de visualizar devido à falta de contraste com o meio. Corantes podem ser usados para corar células ou suas organelas e aumentar seu contraste de modo a tornar mais fácil a visualização na microscopia de campo luminoso.

B. Microscópio de contraste de fase

O microscópio de contraste de fase foi desenvolvido para aumentar as diferenças de contraste entre as células e o meio ao redor,

possibilitando que as células vivas sejam vistas sem que precisem ser coradas; com microscópios de campo luminoso, é preciso empregar preparações que coram e matam a célula. O microscópio de contraste de fase tem como vantagem o fato de que as ondas de luz passam através de objetos transparentes, como as células. Assim, essas ondas aparecem em diferentes fases, dependendo das propriedades dos materiais através dos quais elas passam. Esse efeito é ampliado por um anel especial nas lentes da objetiva do microscópio de contraste de fase, o que leva à formação de imagem escura em forma de luz de fundo (Figura 2-1).

C. Microscópio de campo escuro

O microscópio de campo escuro é um microscópio óptico no qual o sistema de iluminação foi modificado para atingir somente os lados da amostra. Isso é obtido pelo uso de um condensador especial que bloqueia tanto os raios da luz direta quanto a luz refletida para o exterior através de um espelho posicionado ao lado do condensador em ângulo oblíquo. Cria-se, assim, um "campo escuro" que contrasta com a borda sombreada das amostras, surgindo quando os raios oblíquos são refletidos a partir das bordas da amostra em direção ascendente à objetiva do microscópio. A resolução obtida por um microscópio de campo escuro é bastante elevada. Assim, essa técnica tem sido particularmente valiosa na observação de certos organismos, como o *Treponema pallidum*, um espiroqueta com menos de 0,2 μm de diâmetro, que não pode ser observado com um microscópio óptico convencional ou de contraste de fase (Figura 2-2A).

D. Microscópio de fluorescência

O microscópio de fluorescência é utilizado para visualização de amostras que **fluorescem**, que é a capacidade de absorver a luz em comprimentos de onda curtos (ultravioleta) e não brilhar em comprimentos de onda mais longos (luz visível). Alguns organismos fluorescem naturalmente devido à presença de substâncias fluorescentes naturais no interior das células, como a clorofila. Aqueles que não apresentam fluorescência natural podem ser corados com um grupo de corantes fluorescentes, chamados **fluorocromos**. O microscópio de fluorescência é amplamente utilizado em diagnósticos de microbiologia clínica. Por exemplo, o fluorocromo auramina O, que tem um brilho amarelo quando exposto à luz ultravioleta, é fortemente absorvido pelo envelope celular do *Mycobacterium tuberculosis*, a bactéria que causa a tuberculose. Quando o corante é aplicado em uma amostra sob suspeita de conter o *M. tuberculosis* e exposto à luz ultravioleta, a bactéria pode ser detectada pela

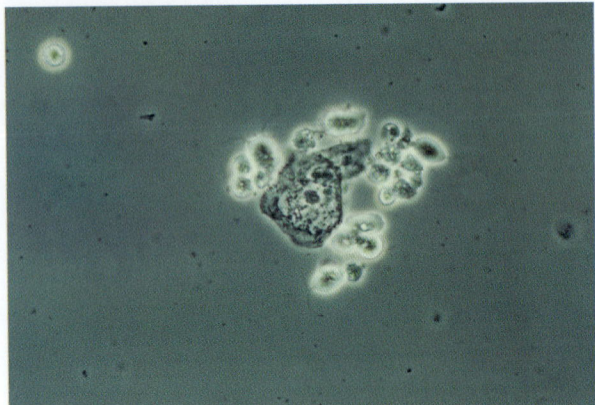

FIGURA 2-1 Utilizando a técnica de contraste de fase, esta fotomicroscopia de montagem molhada* de corrimento vaginal revelou a presença de um protozoário flagelado, o *Trichomonas vaginalis*. (Cortesia de Centers for Disease Control and Prevention, Public Health Image Library, ID# 5238.)

presença de organismos com um brilho amarelo contra um fundo escuro.

O principal uso da microscopia de fluorescência é na técnica de diagnóstico chamada **técnica do anticorpo fluorescente** (**FA**, do inglês *fluorescent-antibody*) ou **imunofluorescência**. Por essa técnica, anticorpos específicos (p. ex., anticorpos contra *Legionella pneumophila*) são marcados quimicamente com um fluorocromo, como o **isotiocianato de fluoresceína** (**FITC**, do inglês *fluorescein isothiocyanate*). Em seguida, esses anticorpos fluorescentes são adicionados a uma lâmina de microscópio que contém a amostra clínica. Se a amostra contiver *L. pneumophila*, o anticorpo fluorescente se liga aos antígenos de superfície da bactéria, produzindo fluorescência quando exposto à luz ultravioleta (Figura 2-2B).

E. Microscópio de interferência diferencial de contraste

Os microscópios de **interferência diferencial de contraste** (**DIC**, do inglês *differential interference contrast*) utilizam um polarizador para produzir luz polarizada. Os feixes de luz polarizada passam através de um prisma que gera dois tipos distintos de feixes, os quais passam através da amostra e entram nas lentes da objetiva, onde são recombinados em um feixe simples. Devido às ligeiras diferenças do índice de refração das substâncias para cada feixe que passa por elas, os feixes combinados não ficam totalmente na mesma fase; em vez disso, criam um efeito de interferência que intensifica as sutis diferenças na estrutura celular. Estruturas como esporos, vacúolos e grânulos aparecem em forma tridimensional. A microscopia de DIC é particularmente útil para a observação de células não coradas devido à sua capacidade de gerar imagens que revelam estruturas celulares internas, menos aparentes pelas técnicas de microscopia óptica.

---

*N. de T. A montagem molhada é um método rápido e de baixo custo para o diagnóstico de *Trichomonas vaginalis*, que consiste em colocar a secreção vaginal em uma lâmina e adicionar uma solução salina. Requer profissionais treinados e um microscópio, mas sempre com sensibilidade inferior quando comparada à cultura convencional, com a desvantagem de que pacientes infectadas pelo *T. vaginalis* podem receber um diagnóstico falso-negativo, o que pode resultar em complicações em curto e médio prazos.

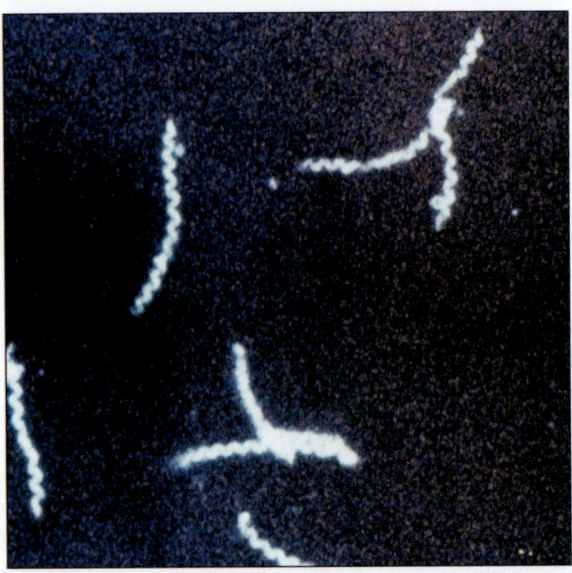

A

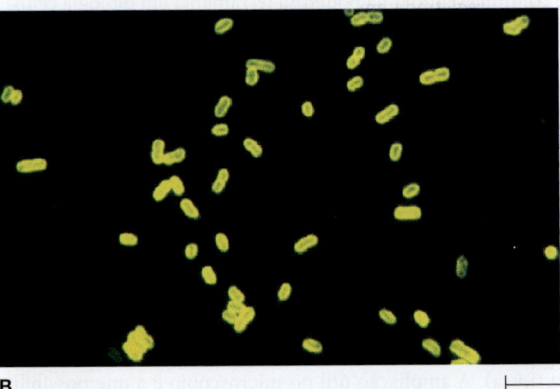

B

10 μm

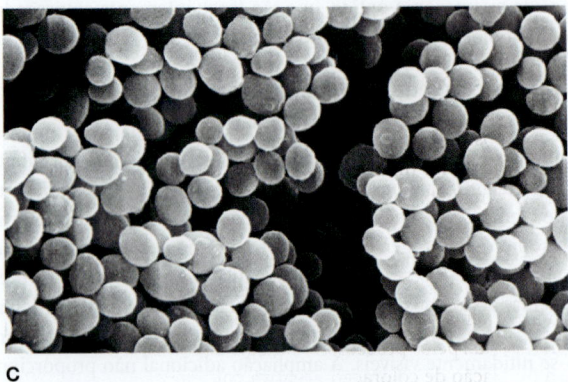

C

FIGURA 2-2 **A:** Exame positivo de microscopia de campo escuro. Os treponemas são reconhecíveis pela sua forma espiralada característica e pelos movimentos deliberados para a frente e para trás com rotação em torno do eixo longitudinal. (Reproduzida com autorização. © Charles Stratton/Visuals Unlimited.) **B:** Fotomicrografia de fluorescência. Bastonetes marcados com corante fluorescente. (© Evans Roberts.) **C:** Microscopia eletrônica de varredura de bactérias – *Staphylococcus aureus* (32.000 ×). (Reproduzida, com autorização, de David M. Phillips/Photo Researchers, Inc.)

Microscópio eletrônico

O alto poder de resolução dos microscópios eletrônicos possibilita que os cientistas observem, em detalhes, as estruturas das células procarióticas e das células eucarióticas. A resolução superior do microscópio eletrônico deve-se ao fato de os elétrons terem um comprimento de onda muito mais curto do que o dos fótons de luz branca.

Existem dois tipos de microscópio eletrônico de uso geral: o **microscópio eletrônico de transmissão (MET)**, que tem muitas características em comum com o microscópio óptico, e o **microscópio eletrônico de varredura (MEV)**. O MET foi o primeiro a ser desenvolvido, e utiliza um feixe de elétrons emitido de um canhão, que é direcionado ou focalizado por um condensador eletromagnético sobre uma amostra delgada. À medida que os elétrons incidem na amostra, são dispersos diferencialmente de acordo com o número e a massa de átomos na amostra; alguns elétrons atravessam a amostra, sendo reunidos e focalizados por uma lente objetiva eletromagnética que fornece uma imagem da amostra ao sistema de lentes projetoras para maior ampliação. A imagem é visualizada ao incidir em uma tela que fluoresce com a incidência dos elétrons, e pode ser registrada em filme fotográfico. O MET tem uma capacidade de resolução para partículas com 0,001 μm de distância. Assim, vírus com diâmetros de 0,01 a 0,2 μm são facilmente observados pelo MET.

Em geral, o MEV tem menor poder de resolução do que o MET, mas é particularmente útil ao fornecer imagens tridimensionais da superfície dos materiais microscópicos. Os elétrons são focados através de lentes em um ponto muito fino. A interação dos elétrons com a amostra resulta na liberação de diferentes formas de radiação (p. ex., elétrons secundários) da superfície do material, que podem ser capturadas por um detector apropriado, ampliadas e, em seguida, apresentadas em forma de imagem na tela de uma televisão (Figura 2-2C).

Uma técnica importante em microscopia eletrônica consiste no uso de "sombreamento". Essa técnica envolve a deposição de uma fina camada de metal pesado (p. ex., platina) sobre a amostra, colocando-a no trajeto de um feixe de íons metálicos no vácuo. O feixe é direcionado obliquamente até a amostra, de modo que esta adquire uma "sombra" na forma de uma área não revestida no lado oposto. Quando um feixe de elétrons atravessa a preparação recoberta no microscópio eletrônico e forma-se uma cópia positiva da imagem "negativa", obtém-se um efeito tridimensional (p. ex., ver Figura 2-24).

Outras técnicas importantes de microscopia eletrônica consistem no uso de cortes ultrafinos de material embebido; um método de congelamento-ressecamento de amostras que impede a deformação causada pelos procedimentos convencionais de ressecamento; e a utilização de coloração negativa com material de alta densidade de elétrons, como o ácido fosfotúngstico ou sais de uranila (p. ex., ver Figura 42-1). Na ausência desses sais de metais pesados, não haveria contraste suficiente para detectar os detalhes da amostra.

Microscópio de varredura confocal a *laser*

O **microscópio de varredura confocal a *laser* (MVCL)** acopla uma fonte de raio *laser* à luz do microscópio. No microscópio de varredura confocal, um feixe de *laser* é refletido em um espelho que o direciona através do dispositivo de varredura. Então, o feixe de *laser* é direcionado através de um orifício que ajusta, com

FIGURA 2-3 Usando a luz de *laser*, os cientistas do Centers for Disease Control and Prevention (CDC) muitas vezes utilizam o microscópio confocal para estudar vários patógenos. (Cortesia de James Gathany, Centers for Disease Control and Prevention, Public Health Image Library, ID# 1960.)

precisão, o plano de foco do feixe de *laser* para uma determinada camada vertical da amostra. Pela iluminação precisa de um único plano da amostra, a intensidade de iluminação cai rapidamente acima e abaixo do plano de foco, e a luz difusa proveniente de outros planos de focos é minimizada. Assim, em uma amostra relativamente espessa, podem-se observar várias camadas ao ajustar o plano de foco do feixe de *laser*.

As células são frequentemente coradas com corantes fluorescentes para que se tornem mais visíveis. Como alternativa, imagens com falsas cores podem ser geradas pelo ajuste do microscópio de modo que diferentes camadas apresentem diferentes colorações. Os MVCLs são equipados com um programa de computador para agrupar imagens digitais e processá-las posteriormente. Assim, as imagens obtidas de diferentes camadas podem ser armazenadas e superpostas digitalmente para reconstruir uma imagem tridimensional da amostra inteira (Figura 2-3).

Microscópios de varredura por sonda

Uma nova classe de microscópios, chamados de **microscópios de varredura por sonda**, mede as características da superfície pelo movimento de uma sonda pontiaguda sobre a superfície do objeto. O **microscópio de varredura por tunelamento** e o **microscópio de força atômica** são os exemplos dessa nova classe de microscópios, que possibilitam aos cientistas visualizar átomos ou moléculas na superfície de uma amostra. Por exemplo, as interações entre as proteínas de uma bactéria *Escherichia coli* podem ser estudadas com um microscópio de força atômica (Figura 2-4).

ESTRUTURA DA CÉLULA EUCARIÓTICA

Núcleo

O **núcleo** contém o genoma da célula. Ele é delimitado por uma membrana composta por uma bicamada lipídica: a membrana interna e a membrana externa. A membrana interna é geralmente um saco simples, mas a membrana externa é, em muitos casos, contínua ao retículo endoplasmático (RE). A **membrana nuclear** exibe permeabilidade seletiva devido à presença de poros que consistem

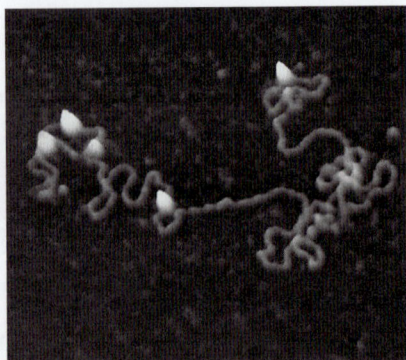

FIGURA 2-4   Microscópio de força atômica. Fotomicrografia de um fragmento de ácido desoxirribonucleico (DNA). Os picos brilhantes são enzimas ligadas ao DNA. (Reproduzida, com autorização, de Torunn Berg, Photo Researchers, Inc.)

em um complexo de diversas proteínas cuja função é importar substâncias para dentro e exportar substâncias para fora do núcleo. Os cromossomos das células eucarióticas contêm macromoléculas de ácido desoxirribonucleico (DNA, do inglês *deoxyribonucleic*

acid) linear, dispostas em dupla-hélice. Eles são visíveis ao microscópio óptico apenas quando a célula sofre divisão, e o DNA encontra-se em uma forma altamente condensada; nas outras fases do ciclo, os cromossomos não estão condensados e apresentam o aspecto mostrado na Figura 2-5. As macromoléculas de DNA da célula eucariótica estão associadas a proteínas básicas, denominadas **histonas**, que se ligam ao DNA por interações iônicas.

Uma estrutura frequentemente visível no interior do núcleo é o **nucléolo**, uma área rica em ácido ribonucleico (RNA, do inglês *ribonucleic acid*), o local da síntese do RNA ribossômico (ver Figura 2-5). As proteínas ribossômicas sintetizadas no citoplasma são transportadas ao nucléolo e combinam-se com o RNA ribossômico para formar as subunidades (grande e pequena) do ribossomo eucariótico. Em seguida, são exportadas para o citoplasma, onde se associam para formar um ribossomo intacto que pode funcionar na síntese das proteínas.

Estruturas citoplasmáticas

O citoplasma das células eucarióticas caracteriza-se pela presença do RE, dos vacúolos, de plastídeos autorreprodutivos e de um citoesqueleto elaborado, constituído de microtúbulos, microfilamentos e filamentos intermediários.

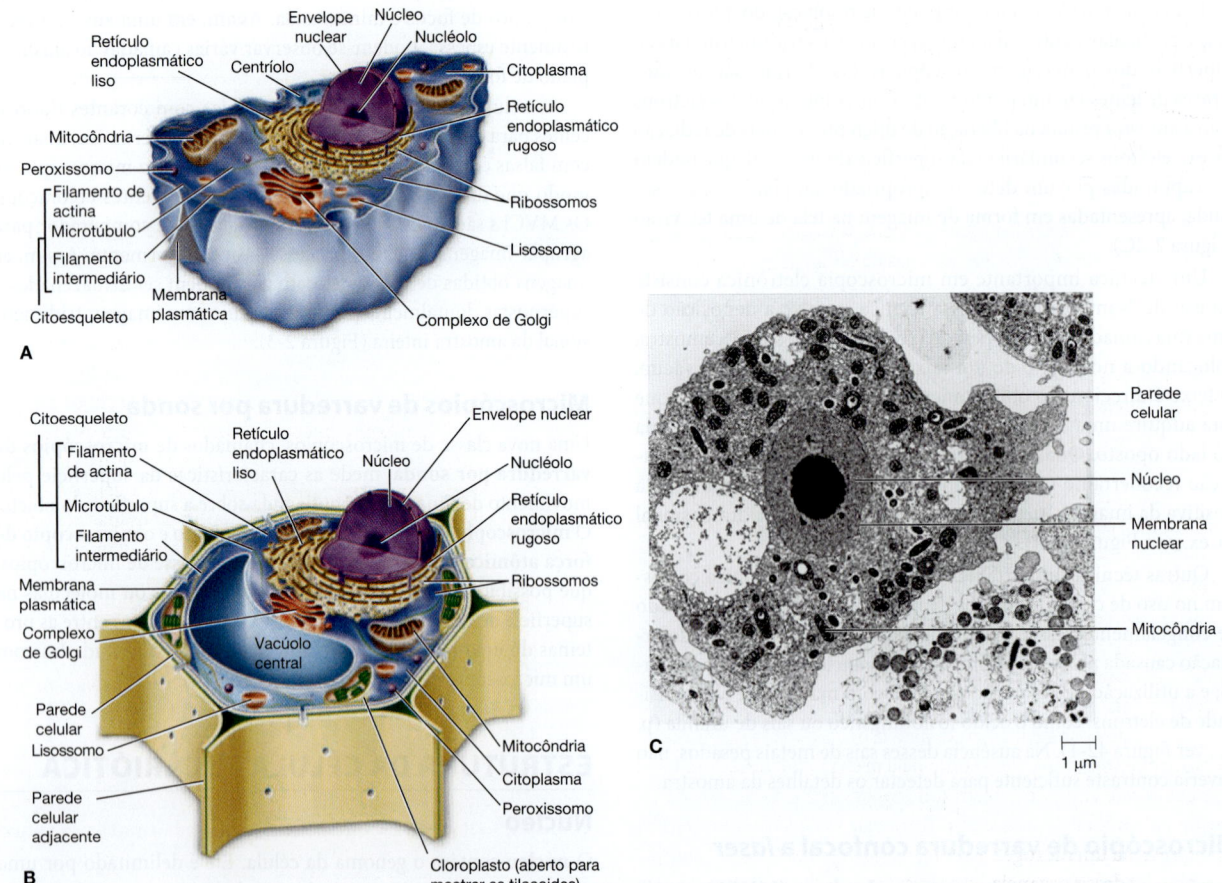

FIGURA 2-5   Células eucarióticas. **A:** Representação diagramática de uma célula animal. **B:** Representação diagramática de uma célula vegetal. **C:** Fotomicrografia de uma célula animal mostrando várias estruturas ligadas à membrana, incluindo mitocôndrias e um núcleo. (Fig. 2-3(A) e (B) Reproduzida, com autorização, de Nester EW, Anderson DG, Roberts CE, et al.: *Microbiology: A Human Perspective*, 6th ed. McGraw-Hill, 2009. © McGraw-Hill Education. Fig. 2-3(C) Reproduzida, com autorização, de Thomas Fritsche, MD, PhD.)

O **retículo endoplasmático** (RE) é uma rede de membranas ligadas por canais contínuos à membrana nuclear. São reconhecidos dois tipos de RE: o **rugoso**, ao qual os ribossomos 80S estão ligados; e o **liso**, que não apresenta ribossomos ligados (ver Figura 2-5). O RE rugoso é o principal produtor de glicoproteínas, além de material da nova membrana que é transportado através da célula. O RE liso participa da síntese dos lipídeos e, em alguns aspectos, do metabolismo dos carboidratos. O **complexo de Golgi** consiste em vesículas de membranas que funcionam em conjunto com o RE para modificar quimicamente e transformar os produtos do RE destinados a serem secretados e que atuam em outras estruturas da membrana da célula.

Os plastídeos consistem nas **mitocôndrias** e nos **cloroplastos**. Diversas linhas de evidência sugerem que as mitocôndrias e os cloroplastos surgiram do engolfamento de uma célula procariótica por uma célula maior (**endossimbiose**). As hipóteses mais atuais, com base nos dados do genoma mitocondrial e de proteômica, sugerem que o ancestral da mitocôndria está mais filogeneticamente relacionado às proteobactérias alfa e que os cloroplastos estão mais próximos das cianobactérias fixadoras de nitrogênio. As mitocôndrias apresentam o tamanho de procariotos (Figura 2-5), e sua membrana, que perdeu esteróis, é muito menos rígida que a membrana citoplasmática das células eucarióticas, que contém esteróis. A mitocôndria possui dois grupos de membranas. A membrana externa é semipermeável e possui inúmeros pequenos canais que permitem a passagem de íons e pequenas moléculas (p. ex., trifosfato de adenosina [ATP, do inglês *adenosine triphosphate*]). A invaginação da membrana externa forma um sistema de membranas dobradas internas, denominado de **cristas**. As cristas são os sítios das enzimas envolvidas na respiração celular e na produção de ATP. As cristas também contêm proteínas de transporte específicas que regulam a passagem dos metabólitos para dentro e para fora da **matriz** mitocondrial. Esta contém várias enzimas, em particular as ligadas ao ciclo do ácido cítrico. Os cloroplastos são as organelas de células fotossintéticas que podem converter a energia da luz solar em energia química por meio da fotossíntese. A clorofila e os outros componentes necessários à fotossíntese estão localizados em uma série de membranas de discos flutuantes que se chamam **tilacoides**. O formato, o tamanho e o número dos cloroplastos por célula variam bastante. Diferentemente da mitocôndria, os cloroplastos são, em geral, muito maiores do que os procariotos. As mitocôndrias e os cloroplastos contêm seu próprio DNA, que existe em uma forma covalente circular fechada e codifica para algumas proteínas (não todas) que o compõem e RNAs de transferência. As mitocôndrias e os cloroplastos também contêm ribossomos 70S, da mesma maneira que os procariotos.

Recentemente, descobriu-se que os microrganismos eucariontes primitivos, que antes eram considerados desprovidos de mitocôndria (**eucariontes amitocondriados**), contêm alguns resquícios mitocondriais, seja pela presença de organelas respiratórias delimitadas por membranas (formando uma espécie de bolsa) denominadas **hidrogenossomos**, bem como pela presença de **mitossomos** ou por genes nucleares de origem mitocondrial. Há dois tipos de eucariontes amitocondriados: tipo II (p. ex., *Trichomonas vaginalis*), que apresenta um hidrogenossomo, e tipo I (p. ex., *Giardia lamblia*), desprovido dessa organela envolvida no metabolismo energético. Alguns parasitas amitocondriais (p. ex., *Entamoeba histolytica*) são intermediários e parecem estar entre o tipo II e o tipo I. Identificou-se que alguns hidrogenossomos contêm DNA e ribossomos. O hidrogenossomo, de tamanho quase similar ao da mitocôndria, não possui cristas e nem as enzimas do ciclo do ácido tricarboxílico. O piruvato é retirado pelo hidrogenossomo, e são produzidos H_2, CO_2, acetato e ATP. Por outro lado, os mitossomos foram recentemente descobertos, e as suas funções ainda são desconhecidas.*

Os **lisossomos** são vesículas ligadas à membrana que contêm várias enzimas digestivas utilizadas pela célula para digerir as macromoléculas, como proteínas, ácidos graxos e polissacarídeos. O lisossomo permite que essas enzimas sejam separadas do citoplasma, pois elas podem destruir as macromoléculas celulares se não forem controladas. Após a hidrólise das macromoléculas nos lisossomos, os monômeros resultantes passam do lisossomo para o citoplasma, onde servem como nutrientes.

O **peroxissomo** é uma estrutura ligada à membrana cuja função é produzir H_2O_2 pela redução de O_2 a partir de vários doadores de hidrogênio. O H_2O_2 produzido no peroxissomo é subsequentemente degradado em H_2O e O_2 pela enzima **catalase**. Acredita-se que os peroxissomos sejam evolutivamente não relacionados com as mitocôndrias.

O **citoesqueleto** é uma estrutura tridimensional que preenche o citoplasma. As células eucarióticas apresentam três tipos de filamentos de citoesqueleto: **microfilamentos, filamentos intermediários** e **microtúbulos**. Cada tipo de filamento do citoesqueleto é formado pela polimerização de subunidades proteicas distintas, tendo sua própria forma e distribuição intracelular. Os microfilamentos possuem cerca de 7 nm de diâmetro e são polímeros compostos por subunidades da proteína **actina**. Essas fibras formam andaimes em torno da célula, definindo e mantendo a forma da célula. Os microfilamentos também podem ser responsáveis por transporte/tráfego intracelular e movimentos celulares, como os de deslizamento, contração e citocinese.

Os microtúbulos são tubos cilíndricos de cerca de 23 nm de diâmetro (lúmen de cerca de 15 nm de diâmetro), compreendendo geralmente 13 protofilamentos que, por sua vez, são formados por polímeros de **tubulina** alfa e beta. Essas estruturas auxiliam os microfilamentos na manutenção da estrutura celular, na formação de fibras finas para a separação dos cromossomos durante a mitose, e desempenham importante papel na motilidade celular. Os filamentos intermediários são compostos por várias proteínas (p. ex., **queratina, laminina** e **desmina**), dependendo do tipo celular no qual são encontradas. Eles normalmente possuem 8 a 12 nm de diâmetro e fornecem força tênsil à célula. Essas estruturas são mais conhecidas como sistema de suporte ou "andaime" para a célula e para o núcleo. Todos esses filamentos interagem com **proteínas acessórias** (p. ex., Rho e dineína) que regulam e conectam os filamentos a outros componentes celulares e uns aos outros.

Camadas de superfície

O citoplasma é limitado por uma membrana plasmática composta por proteínas e fosfolipídeos, semelhante à membrana da célula procariótica ilustrada adiante (ver Figura 2-13). A maioria das células animais não tem outras camadas superficiais; entretanto, as células vegetais apresentam uma parede celular externa composta por celulose (Figura 2-5B). Muitos microrganismos eucarióticos

---

*N. de T. Descritos em *Entamoeba histolytica*, os mitossomos também foram localizados em *Giardia lamblia*. Diversos genes de origem mitocondrial que foram identificados no genoma de *Giardia* mostraram evidências de que os mitossomos e as mitocôndrias possuem modos similares de sinalização e translocação de proteínas.

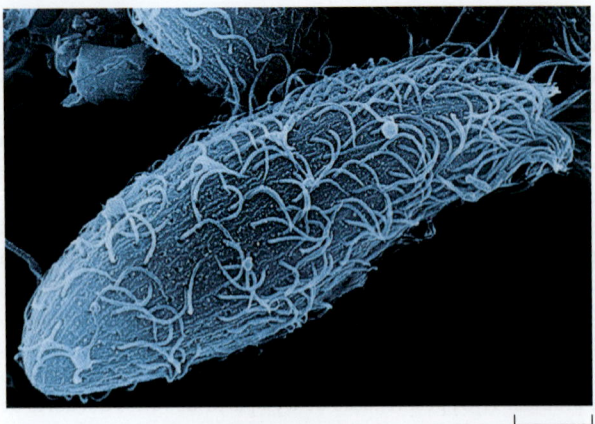

20 µm

FIGURA 2-6 Um paramécio movimenta-se com o auxílio de cílios presentes na superfície celular. (© Manfred Kage.)

também possuem uma **parede celular** externa, que pode ser constituída de um polissacarídeo, como a celulose ou a quitina, ou de material inorgânico, como a parede de sílica das diatomáceas.

Organelas de motilidade

Muitos microrganismos eucarióticos possuem organelas denominadas **flagelos** (p. ex., *T. vaginalis*) ou **cílios** (p. ex., *Paramecium*), que exibem movimento semelhante a uma onda para impulsionar a célula pela água. Os flagelos das células eucarióticas originam-se da região polar da célula, enquanto os cílios, mais curtos que os flagelos, circundam a célula (Figura 2-6). Tanto os flagelos quanto

os cílios das células eucarióticas possuem a mesma estrutura básica e composição bioquímica idêntica. Ambos consistem em uma série de microtúbulos, cilindros proteicos ocos constituídos de uma proteína denominada **tubulina**, circundados por uma membrana. A disposição dos microtúbulos é geralmente chamada de "arranjo 9 + 2", visto que consiste em nove duplas de microtúbulos circundando dois microtúbulos únicos centrais (Figura 2-7). Os pares de microtúbulos são conectados uns aos outros por uma proteína denominada **dineína**. Os braços da dineína se ligam ao microtúbulo, funcionando como motores moleculares.

ESTRUTURA DA CÉLULA PROCARIÓTICA

A célula procariótica é mais simples que a célula eucariótica em todos os níveis, com uma única exceção: seu envelope celular é mais complexo.

Nucleoide

Os procariotos não possuem um núcleo verdadeiro; em vez disso, o DNA é empacotado em uma estrutura conhecida como **nucleoide**. O DNA de carga negativa é, pelo menos em parte, neutralizado por pequenas poliaminas e íons magnésio. As proteínas associadas ao nucleoide presentes nas bactérias são diferentes das histonas presentes na cromatina dos eucariotos.

As micrografias eletrônicas de uma típica célula procariótica revelam a ausência de membrana nuclear e de um aparato mitótico. A exceção a essa regra é constituída pelos planctomicetos, um grupo divergente de bactérias aquáticas que possuem um nucleoide circundado por um envelope nuclear que consiste em duas membranas. A distinção entre procariotos e eucariotos ainda é baseada

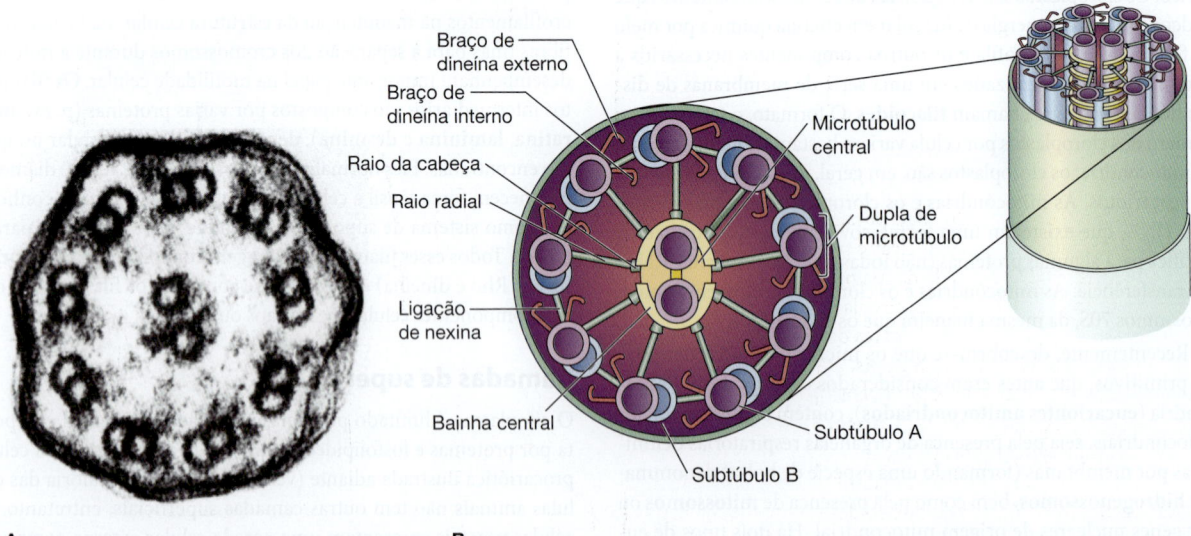

FIGURA 2-7 Estrutura ciliar e flagelar. **A:** Microscopia eletrônica de uma secção transversal de um cílio. Note os dois microtúbulos centrais circundados por nove duplas de microtúbulos (160.000 ×). (Reproduzida com autorização. © Kallista Images/Visuals Unlimited, Inc.) **B:** Diagrama da estrutura de um cílio e de um flagelo. (Reproduzida, com autorização, de Willey JM, Sherwood LM, Woolverton CJ: *Prescott, Harley, and Klein's Microbiology*, 7th ed. McGraw-Hill; 2008. © McGraw-Hill Education.)

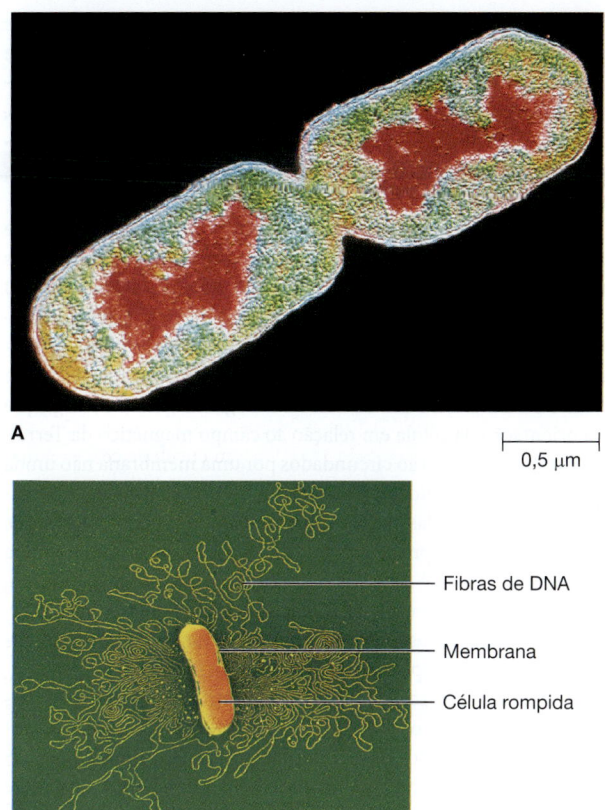

A

0,5 μm

Fibras de DNA

Membrana

Célula rompida

B

FIGURA 2-8 O nucleoide. **A:** Micrografia eletrônica de transmissão ampliada e colorida de uma *Escherichia coli* com seu ácido desoxirribonucleico (DNA) mostrado em *vermelho*. (Reproduzida com autorização. © CNRI/SPL/Photo Researchers, Inc.) **B:** Cromossomo liberado a partir da célula lisada de *E. coli*. Note como o DNA deve estar firmemente enovelado para poder caber dentro da bactéria. (Reproduzida com autorização. © Dr. Gopal Murti/SPL/Photo Researchers Inc.)

Estruturas citoplasmáticas

As células procarióticas carecem de plastídeos autônomos, como as mitocôndrias e os cloroplastos; as enzimas de transporte de elétrons localizam-se na membrana citoplasmática. Os pigmentos fotossintéticos (carotenoides, bacterioclorofila) das bactérias que efetuam a fotossíntese estão contidos na membrana intracitoplasmática, de morfologia variada. Vesículas de membrana (**cromatóforos**) ou lamelas costumam ser observadas nesse tipo de membrana. Algumas bactérias fotossintéticas têm estruturas não unitárias, em forma de membranas fechadas, chamadas de **clorossomos**. Em algumas cianobactérias (antigamente conhecidas como algas azul-esverdeadas), as membranas fotossintéticas frequentemente formam estruturas em inúmeras camadas, denominadas **tilacoides** (Figura 2-9). Os principais pigmentos acessórios utilizados para a captação da luz são as ficobilinas encontradas na superfície externa das membranas tilacoides.

As bactérias frequentemente armazenam materiais em forma de grânulos insolúveis, que aparecem como corpos refráteis no citoplasma quando vistos à microscopia de contraste de fase. Eles são chamados de **corpos de inclusão**, e quase sempre funcionam no armazenamento de energia ou como reservatório dos blocos de construção estruturais. A maioria das inclusões celulares é rodeada por fina membrana composta por lipídeo, que serve para separar adequadamente a inclusão do citoplasma. Um dos corpos de inclusão mais comuns consiste no **ácido poli-β-hidroxibutírico (PHB)**, um composto semelhante ao lipídeo que consiste em unidades de

no fato de que os procariotos não possuem um aparato mitótico como os eucariotos. A região nuclear é preenchida com fibrilas de DNA (Figura 2-8). O nucleoide da maioria das células bacterianas consiste em uma única molécula circular contínua, cujo tamanho vai de 0,58 a quase 10 milhões de pares de bases. Entretanto, algumas (poucas) bactérias podem ter dois, três ou até mesmo quatro cromossomos. Por exemplo, *Vibrio cholerae* e *Brucella melitensis* têm dois cromossomos desiguais. Existem exceções à regra da circularidade, pois alguns procariotos (p. ex., *Borrelia burgdorferi* e *Streptomyces coelicolor*) possuem um cromossomo linear.

Nas bactérias, o número de nucleoides e, consequentemente, o de cromossomos, depende das condições de crescimento. As bactérias de crescimento rápido têm mais nucleoides por célula do que as de crescimento lento; entretanto, quando múltiplas cópias estão presentes, são todas iguais (i.e., as células procarióticas são **haploides**).

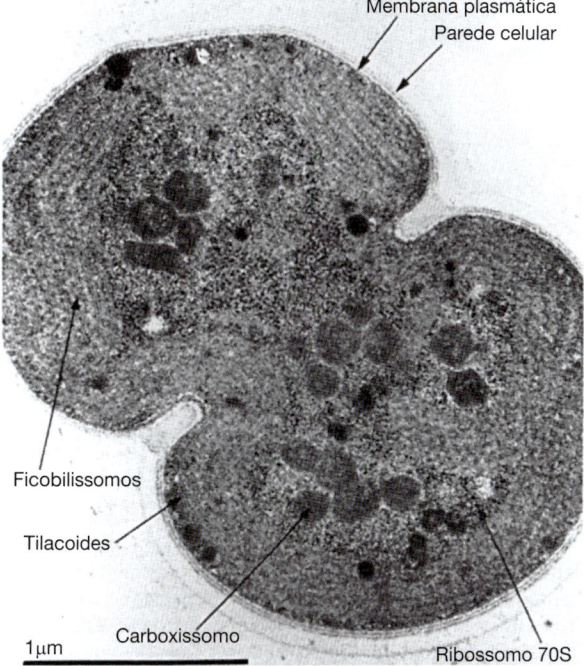

Membrana plasmática
Parede celular

Ficobilissomos

Tilacoides

1μm

Carboxissomo

Ribossomo 70S

FIGURA 2-9 Secção fina de *Synechocystis* durante a divisão. Diversas estruturas estão visíveis. (Reproduzida de Stanier RY: The position of cyanobacteria in the world of phototrophs. Carlsberg Res Commun 42:77-98, 1977. Com autorização de Springer + Business Media.)

cadeias de ácido β-hidroxibutírico conectadas por ligações éster. O PHB é produzido quando uma fonte de nitrogênio, enxofre ou fósforo se encontra limitada e existe um excesso de carbono no meio (Figura 2-10A). Outro produto da armazenagem formado por procariotos quando há um excesso de carbono é o **glicogênio**, um polímero da glicose. O PHB e o glicogênio são usados como fontes de carbono quando a síntese das proteínas e a síntese do ácido nucleico são reiniciadas. Uma variedade de procariotos é capaz de oxidar compostos de enxofre reduzidos, como o sulfito de hidrogênio e o tiossulfato, produzindo grânulos intracelulares de **enxofre** elementar (Figura 2-10B). Como as fontes de enxofre reduzido se tornam limitantes, o enxofre em grânulos é oxidado, geralmente em sulfato, e os grânulos desaparecem lentamente. Muitas bactérias

acumulam grandes reservas de fosfatos inorgânicos na forma de grânulos de **polifosfato**. Esses grânulos podem ser degradados e usados como fonte de fosfato para os ácidos nucleicos e para a síntese de fosfolipídeos para apoiar o crescimento. Esses grânulos são, às vezes, denominados **grânulos de volutina** ou **grânulos metacromáticos**, uma vez que se coram de vermelho com corante azul. Eles são característicos das corinebactérias (ver Capítulo 13).

Certos grupos de bactérias autotróficas que fixam dióxido de carbono para construir seus blocos bioquímicos contêm corpos poliédricos circundados por uma concha proteica (**carboxissomos**) que contêm a enzima-chave para a fixação de CO_2, a **ribulosebisfosfato-carboxilase** (ver Figura 2-9). Os **magnetossomos** são partículas de cristal do ferro mineral magnetita (Fe_3O_4) que permitem que certas bactérias aquáticas exibam **magnetotaxia** (i.e., migração ou orientação da célula em relação ao campo magnético da Terra). Os magnetossomos são circundados por uma membrana não unida que contém fosfolipídeos, proteínas e glicoproteínas. **Vesículas gasosas** são encontradas quase exclusivamente em microrganismos de hábitats aquáticos, proporcionando-lhes a flutuação. A membrana da vesícula gasosa é uma camada proteica de 2 nm de espessura, impermeável à água e a solutos, mas permeável a gases; dessa forma, as vesículas gasosas existem como estruturas cheias de gás, circundadas pelos componentes do citoplasma (Figura 2-11).

A estrutura intracelular mais abundante na maioria das bactérias é o **ribossomo**, o local da síntese de proteínas em todos os organismos vivos. Todos os procariotos apresentam ribossomos 70S em seu citoplasma, enquanto os eucariotos apresentam ribossomos

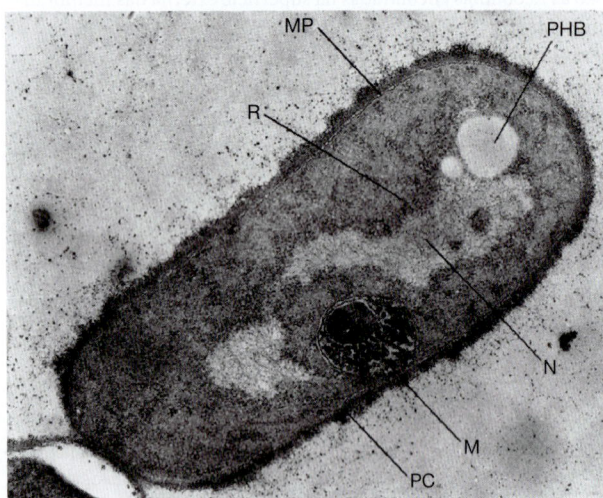

A

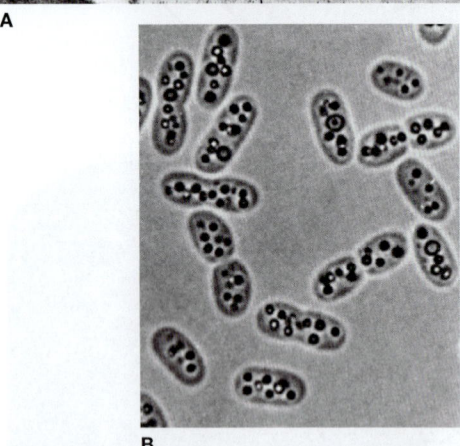

B

FIGURA 2-10 Corpos de inclusão em bactérias. **A:** Micrografia eletrônica de *Bacillus megaterium* (30.500 ×), mostrando corpos de inclusão de ácido poli-β-hidroxibutírico (PHB), parede celular (PC), nucleoide (N), membrana plasmática (MP), "mesossomo" (M) e ribossomos (R). (Reproduzida com autorização. © Ralph A. Slepecky/Visuals Unlimited.) **B:** *Cromatium vinosum*, uma sulfobactéria púrpura, com grânulos intracelulares de enxofre, microscopia de campo luminoso (2.000 ×). (Reproduzida, com autorização, de Holt J (editor): *The Shorter Bergey's Manual of Determinative Bacteriology*, 8th ed. Williams & Wilkins, 1977. Copyright Bergey's Manual Trust.)

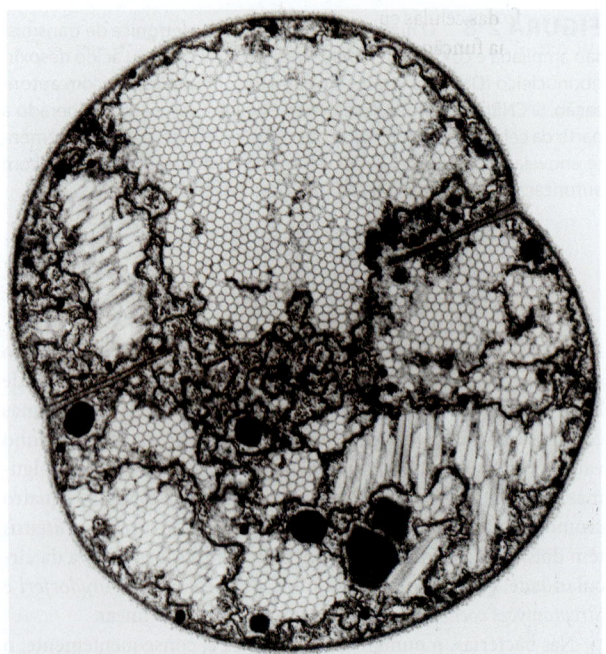

FIGURA 2-11 Corte transversal de uma célula em divisão de cianobactéria da espécie *Microcystis*, mostrando a distribuição hexagonal das vesículas gasosas cilíndricas (31.500 ×). (Micrografia obtida por HS Pankratz. Reproduzida, com autorização, de Walsby AE: Gas vesicles. *Microbiol Rev* 1994;58:94.)

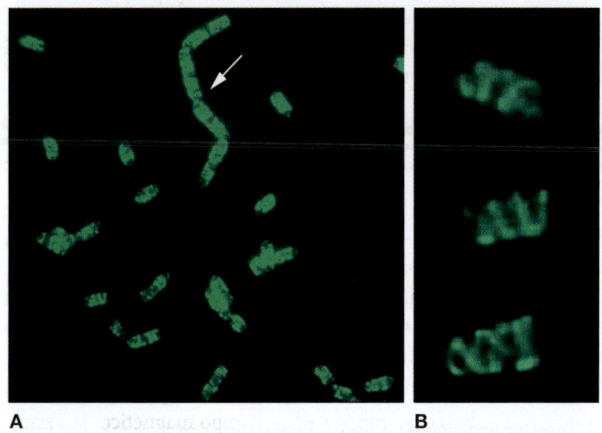

A   B

FIGURA 2-12 Citoesqueleto procariótico. Visualização da proteína de citoesqueleto semelhantes a MreB (Mbl) de *Bacillus subtilis*. A proteína Mbl foi fusionada com proteína verde fluorescente (PVF) e as células vivas foram examinadas por microscopia de fluorescência. **A:** *Setas* indicando os cabos helicoidais do citoesqueleto que se estendem ao longo das células. **B:** Três das células de *A* são mostradas com maior aumento. (Cortesia de Rut Carballido-Lopez e Jeff Errington.)

80S. O ribossomo 70S é formado por duas subunidades, a 50S e a 30S. A subunidade 50S apresenta o RNA ribossômico (rRNA) 23S e 5S, enquanto a subunidade 30S contém o rRNA 16S. Essas moléculas de rRNA se ligam a um número grande de proteínas ribossomais, formando um grande complexo. O citoplasma bacteriano também contém homólogos de todas as principais proteínas do citoesqueleto das células eucarióticas, bem como proteínas adicionais que têm uma função de citoesqueleto (Figura 2-12). Os homólogos

da actina (p. ex., MreB e Mbl) realizam várias funções, ajudando a determinar a forma celular, a segregar cromossomos e a localizar proteínas dentro da célula. Os homólogos sem actina (p. ex., FtsZ) e proteínas únicas no citoesqueleto bacteriano (p. ex., SecY e MinD) estão envolvidos na determinação da forma celular, na regulação da divisão da célula e na segregação cromossômica.

Envelope celular

As células procarióticas são circundadas por um complexo envelope composto por camadas que diferem em sua composição entre os grupos principais. Essas estruturas protegem os organismos de ambientes hostis, como extremos de osmolaridade, substâncias químicas e antibióticos.

Membrana plasmática

A. Estrutura

A membrana plasmática, também denominada **membrana citoplasmática bacteriana**, é visível em micrografias eletrônicas de cortes finos (ver Figura 2-9). Trata-se de uma típica "unidade de membrana" composta por fosfolipídeos e mais de 200 proteínas diferentes. As proteínas respondem por cerca de 70% da massa da membrana, proporção consideravelmente elevada quando comparada com a das membranas das células dos mamíferos. A Figura 2-13 ilustra um modelo de organização da membrana. As membranas dos procariotos diferenciam-se daquelas das células eucarióticas pela ausência de esteróis (com algumas exceções, p. ex., micoplasmas, que também não possuem uma parede celular, incorporam esteróis, como o colesterol, em suas membranas quando crescem em meios que contêm esterol). No entanto, muitas bactérias contêm compostos estruturalmente relacionados, chamados de

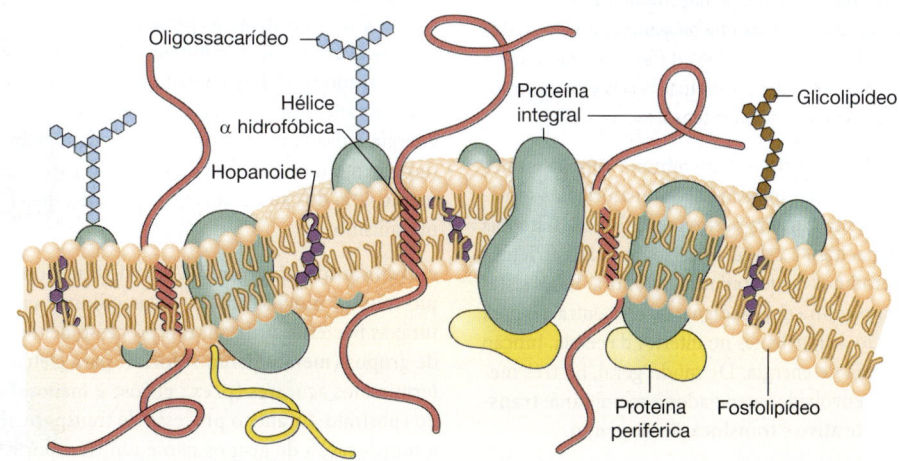

FIGURA 2-13 Estrutura da membrana plasmática bacteriana. Este diagrama do modelo de mosaico fluido da estrutura da membrana bacteriana mostra as proteínas integrais (*verde* e *vermelha*) inseridas na bicamada lipídica. Proteínas periféricas (*amarela*) estão frouxamente associadas à membrana de superfície interna. As pequenas esferas representam as extremidades hidrofílicas da membrana fosfolipídica, e as caudas duplas, as cadeias de ácidos graxos hidrofóbicos. Outros lipídeos de membrana, como os hopanoides (*púrpura*), podem estar presentes. Por razões de clareza, os fosfolipídeos são mostrados proporcionalmente em tamanho muito maior do que o tamanho real nas membranas. (Reproduzida, com autorização, de Willey JM, Sherwood LM, Woolverton CJ: *Prescott, Harley, and Klein's Microbiology*, 7th ed. McGraw-Hill; 2008. © McGraw-Hill Education.)

hopanoides, que provavelmente realizam a mesma função. Ao contrário dos eucariotos, as bactérias possuem uma grande variedade de ácidos graxos em suas membranas. Juntamente com os ácidos graxos saturados e insaturados típicos, as membranas bacterianas podem conter ácidos graxos com outros grupos funcionais, como metil, hidroxi ou cíclicos. As concentrações relativas desses ácidos graxos podem ser moduladas pelas bactérias com finalidade de otimizar a fluidez da membrana. Por exemplo, pelo menos 50% da membrana citoplasmática deve encontrar-se no estado semilíquido para que ocorra o crescimento celular. Em temperaturas baixas, esse estado é obtido mediante o aumento acentuado na síntese e na incorporação dos ácidos graxos insaturados em fosfolipídeos da membrana celular.

A membrana celular das arqueobactérias (ver Capítulo 1) difere da membrana das demais bactérias. Algumas membranas de arqueobactérias contêm lipídeos únicos, os **isoprenoides**, em vez de ácidos graxos, unidos ao glicerol por uma ligação éter em vez de éster. Alguns desses lipídeos não possuem grupamentos fosfato e, assim, não são fosfolipídeos. Em outras espécies, a membrana celular é feita por monocamada lipídica, que consiste em lipídeos longos (com cerca de duas vezes a extensão de um fosfolipídeo) com éteres de glicerol em ambas as extremidades (tetraéteres de diglicerol). As moléculas se orientam com os agrupamentos glicerol polares nas superfícies e a cadeia de hidrocarbonetos apolares no interior. Esses lipídeos atípicos contribuem para a habilidade de muitas arqueobactérias de crescer em condições ambientais como altas concentrações de sal, baixo pH ou temperaturas muito elevadas.

B. Função

As principais funções da membrana citoplasmática são (1) a permeabilidade seletiva e o transporte de solutos; (2) o transporte de elétrons e a fosforilação oxidativa em espécies aeróbias; (3) a excreção das exoenzimas hidrolíticas; (4) o armazenamento de enzimas e moléculas transportadoras que atuam na biossíntese do DNA, dos polímeros da parede celular e dos lipídeos da membrana; e (5) a localização dos receptores e de outras proteínas do sistema quimiotático e de outros sistemas de transdução sensorial.

1. Permeabilidade e transporte – A membrana citoplasmática forma uma barreira hidrofóbica impermeável à maioria das moléculas hidrofílicas. Entretanto, existem vários mecanismos (**sistemas de transporte**) que capacitam a célula a transportar os nutrientes para o seu interior e produtos de degradação para fora. Esses sistemas de transporte atuam contra um gradiente de concentração para aumentar a concentração de nutrientes no interior da célula, função que requer alguma forma de energia. De modo geral, há três mecanismos de transporte envolvidos associados à membrana: **transporte passivo**, **transporte ativo** e **translocação de grupo**.

a. Transporte passivo – Esse mecanismo depende de difusão, não emprega energia e opera somente quando o soluto se encontra em alta concentração no lado exterior da célula. A **difusão simples** responde pela entrada de poucos nutrientes, como o oxigênio dissolvido, o dióxido de carbono e a própria água. A difusão simples não proporciona velocidade nem seletividade. A **difusão facilitada** também não requer energia, de modo que o soluto nunca alcança

uma concentração interna maior que a do lado externo da célula. Entretanto, a difusão facilitada é seletiva. As **proteínas de canal** formam canais seletivos que facilitam a passagem de moléculas específicas. A difusão facilitada é comum nos microrganismos eucarióticos (p. ex., leveduras), mas rara nos procariotos. O glicerol é um dos poucos compostos que entram nas células procarióticas por difusão facilitada.

b. Transporte ativo – Muitos nutrientes encontram-se em uma concentração superior a 1.000 vezes como resultado do transporte ativo. Dependendo da fonte de energia empregada, existem dois tipos de mecanismo de transporte ativo: o **transporte acoplado a íons** e o **sistema de cassete de ligação ao ATP** (**transportador tipo ABC**).

1) *Transporte acoplado a íons* – Esse sistema movimenta uma molécula através da membrana celular à custa de um gradiente de íons previamente estabelecido, como a **força motriz de próton** ou a **força motriz de sódio**. Existem três tipos básicos: **uniporte**, **simporte** e **antiporte** (Figura 2-14). O transporte acoplado a íons é particularmente comum nos organismos aeróbios, que possuem um tempo de geração e uma forma motriz de íons mais fáceis do que nos anaeróbios. Os uniportadores catalisam o transporte de um substrato independente de qualquer íon acoplado. Os simportadores catalisam o transporte simultâneo de dois substratos na mesma direção por um único transportador; por exemplo, um gradiente de H^+ pode permitir o simporte de um íon de carga oposta (p. ex., glicina) ou de uma molécula neutra (p. ex., galactose). Os antiportadores catalisam o transporte simultâneo de dois compostos de carga semelhante em direções opostas por um transportador comum (p. ex., H^+:Na^+).

2) *Transporte tipo ABC* – Esse mecanismo emprega ATP diretamente para transportar os solutos para a célula. Nas bactérias Gram-negativas, o transporte de muitos nutrientes é facilitado por **proteínas de ligação** específicas localizadas no espaço periplasmático; nas células Gram-positivas, as proteínas de ligação estão presas junto à superfície externa da membrana celular. Essas proteínas funcionam transferindo o substrato ligado a um complexo de proteína ligada à membrana. Em seguida, a hidrólise do ATP é desencadeada, e a energia é usada para abrir os poros da membrana e permitir um movimento unidirecional do substrato para a célula. Aproximadamente 40% dos substratos transportados por *E. coli* utilizam esse mecanismo.

c. Translocação de grupos – Além do transporte verdadeiro, em que um soluto é movido através da membrana sem alteração da estrutura, as bactérias utilizam um processo denominado translocação de grupos (**metabolismo vetorial**) para efetuar a captação de determinados açúcares (p. ex., glicose e manose) com a fosforilação do substrato durante o processo de transporte. Em sentido estrito, a translocação de grupos não é um transporte ativo, pois não há gradiente de concentração envolvido. Esse processo possibilita que as bactérias utilizem, de maneira eficiente, suas fontes de energia ao acoplar o transporte com o metabolismo. Nesse processo, uma proteína transportadora da membrana é inicialmente fosforilada no citoplasma à custa do **fosfoenolpiruvato**; em seguida, a proteína fosforilada liga-se ao açúcar livre na face externa da membrana e o transporta para o citoplasma, liberando-o em forma de

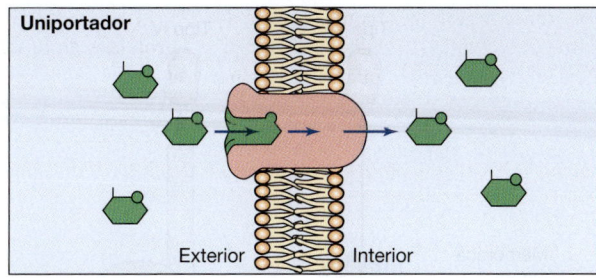

Uniportador

Exterior   Interior

A

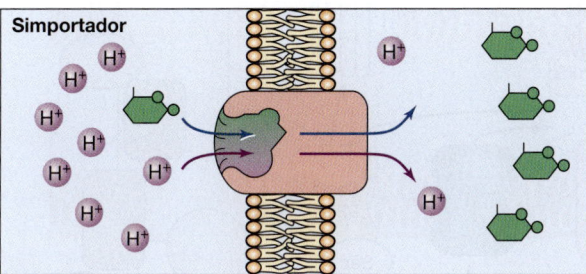

Simportador

B

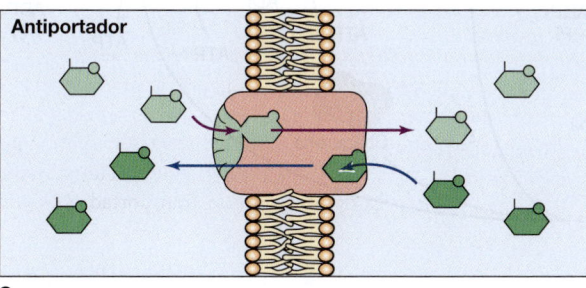

Antiportador

C

FIGURA 2-14   Três tipos de transportadores: **A:** uniportadores, **B:** simportadores e **C:** antiportadores. Os uniportadores catalisam o transporte de uma única molécula independentemente de qualquer outra. Os simportadores catalisam o transporte concomitante de duas moléculas distintas (em geral, um soluto e um íon de carga positiva, H^+) na mesma direção, enquanto os antiportadores catalisam o transporte pela troca de dois solutos similares em direções opostas. Uma única proteína de transporte pode catalisar apenas um, dois ou até mesmo todos os três processos, dependendo das condições. Observou-se que uniportadores, simportadores e antiportadores são estruturalmente semelhantes e relacionados do ponto de vista evolutivo, e atuam por mecanismos semelhantes. (Reproduzida, com autorização, de Saier MH Jr: Peter Mitchell and his chemiosmotic theories. *ASM News* 1997;63:13.)

açúcar-fosfato. Os referidos sistemas de transporte de açúcar são denominados sistemas de **fosfotransferase**. Esses sistemas também estão envolvidos no movimento direcionado para essas fontes de carbono (**quimiotaxia**) e na regulação de várias outras vias metabólicas (**repressão dos catabólitos**).

d. Processos especiais de transporte – O ferro (Fe) é um nutriente essencial para o crescimento de quase todas as bactérias. Em condições anaeróbias, geralmente encontra-se em estado de oxidação +2 e solúvel. Entretanto, em condições aeróbias, mostra-se geralmente em estado de oxidação +3 e insolúvel. Os compartimentos internos dos animais praticamente não contêm ferro livre; ele é sequestrado em complexos proteicos, como a **transferrina** e a **lactoferrina**. Algumas bactérias solucionam esse problema secretando **sideróforos** – compostos quelantes do Fe que promovem seu transporte como um complexo solúvel. Um grupo principal de sideróforos consiste em derivados do ácido hidroxâmico (–$CONH_2OH$), o qual quela o Fe^{3+} fortemente. O complexo ferro-hidroxamato é transportado ativamente para a célula por ação cooperativa de um grupo de proteínas que se estende pela membrana externa, pelo periplasma e pela membrana interna. O ferro é liberado, e o hidroxamato pode sair da célula e ser usado novamente no transporte de ferro.

Algumas bactérias patogênicas usam um mecanismo fundamentalmente diferente, que envolve receptores específicos que se ligam à transferrina e à lactoferrina do hospedeiro (bem como a outras proteínas do hospedeiro que contêm ferro). O ferro é removido e transportado para a célula usando um transportador do tipo ABC.

2. Transporte de elétrons e fosforilação oxidativa – Os citocromos, assim como outras enzimas e componentes da cadeia respiratória, inclusive certas desidrogenases, localizam-se na membrana citoplasmática. Por conseguinte, a membrana citoplasmática bacteriana constitui um análogo funcional da membrana mitocondrial – relação que tem sido utilizada por muitos biólogos para confirmar a teoria de que as mitocôndrias evoluíram a partir de bactérias simbióticas. No Capítulo 6, discutimos o mecanismo pelo qual a geração de ATP está acoplada ao transporte de elétrons.

3. Excreção de exoenzimas hidrolíticas e proteínas de patogenicidade – Todos os organismos que dependem dos polímeros orgânicos macromoleculares como fonte de nutrientes (p. ex., proteínas, polissacarídeos e lipídeos) excretam enzimas hidrolíticas que degradam esses polímeros em subunidades pequenas o suficiente para penetrar na membrana celular. Os animais superiores secretam essas enzimas no lúmen do trato digestório, enquanto as bactérias (Gram-positivas e Gram-negativas) fazem isso diretamente no meio externo ou no espaço periplasmático, entre a camada de peptidoglicano e a membrana externa da parede celular, no caso das bactérias Gram-negativas (ver seção "A parede celular", neste capítulo).

Nas bactérias Gram-positivas, as proteínas são secretadas diretamente através da membrana citoplasmática, mas, nas bactérias Gram-negativas, as proteínas secretadas precisam atravessar também a membrana externa. Foram descritas pelo menos seis vias de secreção de proteínas em bactérias: sistemas de secreção tipos I, II, III, IV, V e VI. Uma visão geral esquemática dos sistemas tipos I a V é apresentada na Figura 2-15. Os sistemas de secreção tipos I e IV foram descritos em bactérias Gram-negativas e Gram-positivas, enquanto os sistemas de secreção tipos II, III, V e VI foram encontrados somente em bactérias Gram-negativas. As proteínas secretadas pelas vias tipos I e III atravessam a membrana interna (MI) (citoplasmática) e a membrana externa (ME) em uma etapa, enquanto as proteínas secretadas pelas vias tipos II e V atravessam a MI e a ME em etapas distintas. As proteínas secretadas pelas vias tipos II e V são sintetizadas nos ribossomos citoplasmáticos,

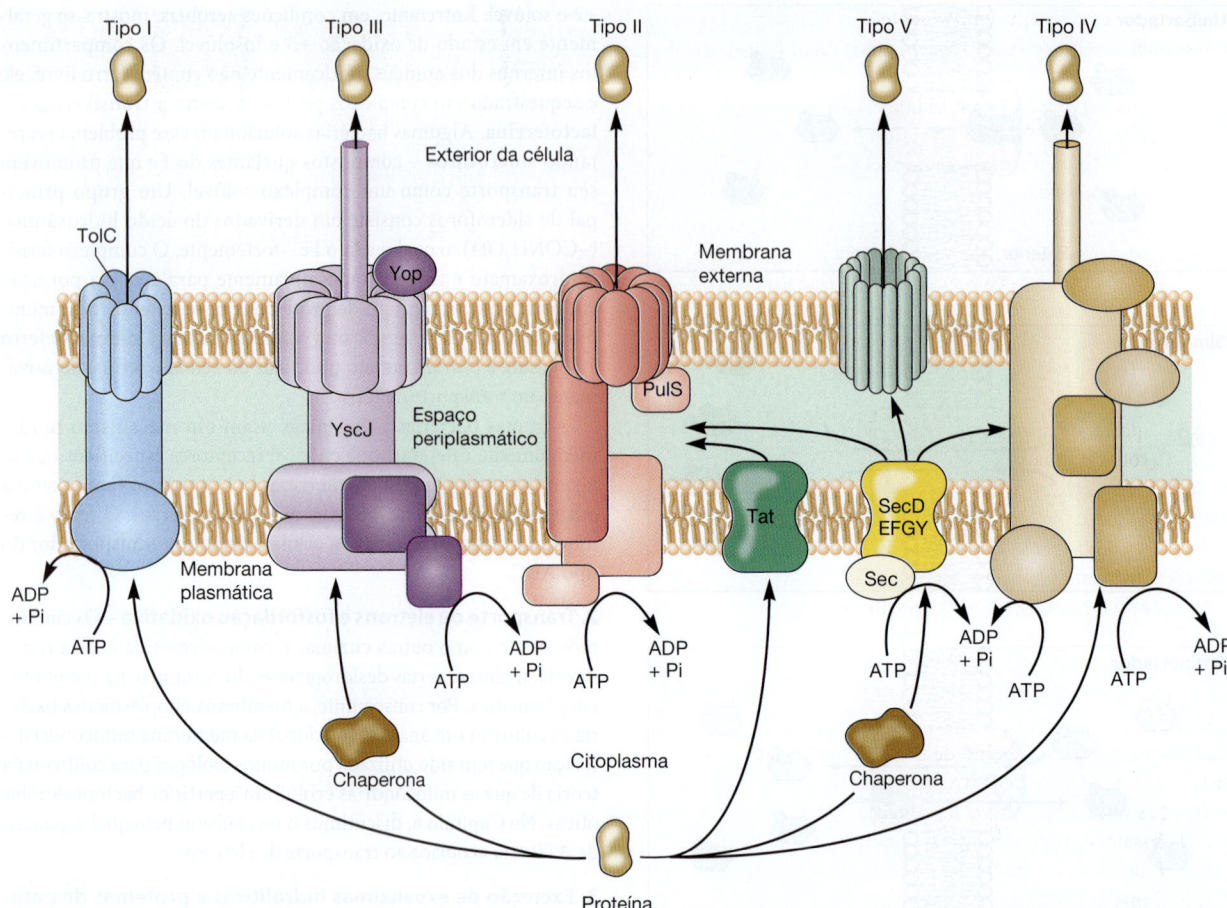

FIGURA 2-15 Sistemas de secreção de proteína em bactérias Gram-negativas. Cinco sistemas de secreção de bactérias Gram-negativas são mostrados. As vias Tat e dependente de Sec transportam proteínas do citoplasma para o espaço periplasmático. Os sistemas tipos II, V e, às vezes, do tipo IV completam o processo de secreção iniciado pela via dependente de Sec. O sistema Tat parece transportar proteínas somente para a via tipo II. Os sistemas tipos I e III desviam das vias Tat e dependente de Sec, movendo as proteínas diretamente do citoplasma, através da membrana externa para o espaço extracelular. O sistema de secreção tipo IV pode atuar tanto com a via dependente de Sec quanto sozinho para transportar proteínas para o espaço extracelular. As proteínas translocadas pela via dependente de Sec e pela via tipo III são transportadas para esses sistemas por proteínas chaperonas. ADP, difosfato de adenosina; ATP, trifosfato de adenosina; EFGY; PulS; SecD; TolC; Yop. (Reproduzida, com autorização, de Willey JM, Sherwood LM, Woolverton CJ: *Prescott, Harley, and Klein's Microbiology*, 7th ed. McGraw-Hill; 2008. © McGraw-Hill Education.)

em forma de pré-proteínas que contêm uma **sequência-líder** ou **sequência-sinal** adicional de 15 a 40 aminoácidos – mais comumente, cerca de 30 aminoácidos – na extremidade aminoterminal e que exigem a presença do sistema *sec* para o seu transporte através da MI. Em *E. coli*, a via *sec* compreende diversas proteínas da MI (SecD a SecF, SecY), uma ATPase associada à membrana celular (SecA) que fornece energia para exportação, uma proteína **chaperona** (SecB) que se liga à pré-proteína, e a **peptidase-sinal** periplasmática. Após translocação, a sequência-líder é clivada pela peptidase-sinal ligada à membrana, e a proteína madura é liberada no espaço periplasmático. Em contrapartida, as proteínas secretadas pelos sistemas tipos I e III não possuem sequência-líder e são exportadas intactas.

Nas bactérias Gram-negativas e Gram-positivas, outro sistema de membrana citoplasmática que utiliza a via de translocação duplo-arginina (**via *tat***) pode mover proteínas através da MI. Em bactérias Gram-negativas, essas proteínas são liberadas para o sistema tipo II (Figura 2-15). A via *tat* difere do sistema *sec*, pois faz a translocação das proteínas em sua conformação (dobra) final.

Embora as proteínas secretadas pelos sistemas tipos II e V sejam similares no mecanismo utilizado para atravessar a MI, existem diferenças na maneira como atravessam a ME. As proteínas secretadas pelo sistema tipo II são transportadas pela ME por um complexo multiproteico (ver Figura 2-15). Trata-se da principal via para a secreção das enzimas de degradação extracelulares por bactérias Gram-negativas. A elastase, a fosfolipase C e a exotoxina A são secretadas por esse sistema em *Pseudomonas aeruginosa*. Entretanto, as proteínas secretadas pelo sistema tipo V autotransportam-se através da membrana externa por uma sequência carboxiterminal removida enzimaticamente com a liberação de proteína da ME. Algumas proteínas extracelulares – por exemplo, protease de IgA da *Neisseria gonorrhoeae* e citotoxina de vacuolização do *Helicobacter pylori* – são secretadas por esse sistema.

As vias de secreção tipos I e III são independentes do *sec* e, por isso, não envolvem o processamento aminoterminal das proteínas secretadas. A secreção das proteínas por essas vias ocorre em um processo contínuo, sem a presença de qualquer intermediário citoplasmático. A secreção tipo I é exemplificada pela α-hemolisina da *E. coli* e pela adenilil-ciclase da *Bordetella pertussis*. A secreção tipo I requer três proteínas secretoras: um cassete de ligação ao ATP (transportador tipo ABC) da MI, que fornece energia para a secreção proteica; uma proteína da ME; e uma proteína de fusão da membrana, ancorada na membrana interna e que atravessa o espaço periplasmático (ver Figura 2-15). Em lugar do peptídeo de sinalização, a informação localiza-se dentro dos 60 aminoácidos carboxiterminais da proteína secretada.

A via de secreção tipo III é um sistema **dependente de contato**. Esse sistema é ativado pelo contato com a célula hospedeira e, então, injeta uma toxina proteica diretamente nessa célula. O aparelho de secreção tipo III é constituído por aproximadamente 20 proteínas, a maioria das quais localiza-se na MI. Muitos desses componentes da MI são homólogos ao aparelho de biossíntese flagelar de bactérias Gram-positivas e Gram-negativas. À semelhança da secreção tipo I, as proteínas secretadas pela via de secreção tipo III não estão sujeitas a processamento aminoterminal durante sua secreção.

As vias de secreção tipo IV secretam tanto toxinas polipeptídicas (direcionadas contra as células eucarióticas) quanto complexos proteína-DNA entre duas células bacterianas ou entre uma bactéria e uma célula eucariótica. A secreção tipo IV é exemplificada pelo complexo proteína-DNA liberado por *Agrobacterium tumefaciens* em células vegetais. Além desse microrganismo, *B. pertussis* e *H. pylori* possuem sistemas de secreção tipo IV que medeiam a secreção da toxina pertússis e do fator de indução da interleucina-8, respectivamente. O sistema de secreção tipo VI independente de *sec* foi recentemente descrito em *P. aeruginosa*, em que contribui para a patogenicidade em pacientes com fibrose cística. Esse sistema de secreção é composto por 15 a 20 proteínas cujas funções bioquímicas ainda não estão bem compreendidas. Entretanto, estudos recentes sugerem que algumas dessas proteínas partilham homologia com as proteínas da cauda de bacteriófagos.

As características dos sistemas de secreção de proteínas de bactérias estão sintetizadas na Tabela 9-5.

4. Funções de biossíntese – A membrana celular constitui o local dos peptídeos transportadores sobre o qual se organizam as subunidades da parede celular (ver discussão sobre a síntese das substâncias da parede celular no Capítulo 6), bem como das enzimas de biossíntese da parede celular. As enzimas para a síntese dos fosfolipídeos também se localizam na membrana celular.

5. Sistemas quimiotáticos – As substâncias atrativas e repelentes ligam-se a receptores específicos existentes na membrana bacteriana (ver seção "Flagelos", neste capítulo). Há pelo menos 20 quimiorreceptores diferentes na membrana de *E. coli*, alguns dos quais também atuam como primeira etapa no processo de transporte.

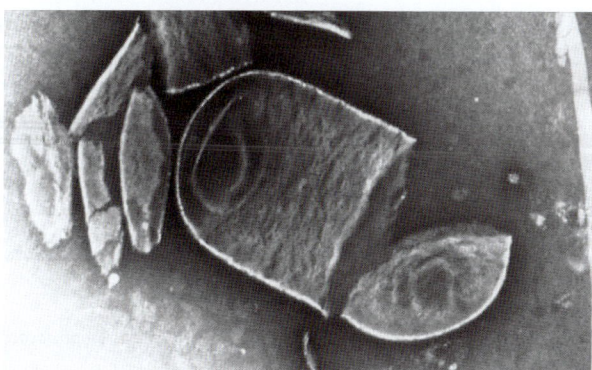

FIGURA 2-16 A rigidez da parede celular determina a forma da bactéria. Até mesmo quando a célula entra em divisão, a parede celular mantém a sua forma original. (Cortesia de Dale C. Birdsell.)

Parede celular

A pressão osmótica interna da maioria das bactérias varia de 5 a 20 atm devido à concentração de solutos obtida por meio do transporte ativo. Na maioria dos ambientes, essa pressão seria suficiente para provocar a ruptura da célula, se não fosse a presença de uma parede celular com elevada força de tensão (Figura 2-16). A parede celular bacteriana deve sua força a uma camada constituída por uma substância conhecida como **mureína**, **mucopeptídeo** ou **peptidoglicano** (todos são sinônimos, incluindo "parede celular"). A estrutura do peptidoglicano é discutida adiante.

A maioria das bactérias é classificada como Gram-positiva ou Gram-negativa, de acordo com sua resposta à coloração pelo método de Gram. Esse procedimento recebeu essa denominação a partir do histologista Hans Christian Gram, que desenvolveu essa técnica de coloração diferencial na tentativa de identificar bactérias em tecidos infectados. A coloração de Gram depende da capacidade de certas bactérias (as bactérias Gram-positivas) de reter o complexo cristal de violeta (um corante púrpura) e iodo após breve lavagem com álcool ou acetona. As bactérias Gram-negativas não retêm o complexo corante-iodo e se tornam translúcidas, mas podem ser contrastadas com safranina ou fucsina (corante vermelho). Assim, as bactérias Gram-positivas aparecem na cor púrpura ao microscópio, e as Gram-negativas, em vermelho. A distinção entre esses dois grupos reflete diferenças fundamentais em seus envelopes celulares (Tabela 2-1).

Além de proporcionar uma proteção osmótica, a parede celular desempenha papel essencial na divisão celular e atua como modelo para a sua própria biossíntese. Em geral, a parede celular não é seletivamente permeável; entretanto, uma camada da parede celular Gram-negativa – a membrana externa – impede a passagem das moléculas relativamente grandes (ver adiante).

A biossíntese da parede celular e os antibióticos que interferem nesse processo são discutidos no Capítulo 6.

A. Camada de peptidoglicano

O peptidoglicano é um polímero complexo constituído, para fins de descrição, de três partes: um arcabouço, composto pelo ácido *N*-acetilglicosamina e pelo ácido *N*-acetilmurâmico alternados conectados por ligações β1→4; um conjunto de cadeias laterais

TABELA 2-1 Diferenças entre as bactérias Gram-positivas e Gram-negativas

	Gram-positivas	Gram-negativas
Cor das células coradas pelo método de Gram	Púrpura	Rosa-avermelhada
Gêneros representativos	*Bacillus, Staphylococcus, Streptococcus*	*Escherichia, Neisseria, Pseudomonas*
Estruturas/componentes diferenciais		
Peptidoglicano	Camada espessa	Camada delgada
Ácidos teicoicos	Presentes	Ausentes
Membrana externa	Ausente	Presente
Lipopolissacarídeo (endotoxina)	Ausente	Presente
Porinas	Ausentes (não são necessárias pois não há membrana externa)	Presentes; permitem a passagem de moléculas através da membrana externa
Periplasma	Ausente	Presente
Características gerais		
Sensibilidade à penicilina	Geralmente mais sensível (com algumas exceções)	Geralmente menos sensível (com algumas exceções)
Sensibilidade à lisozima	Sim	Não

idênticas de tetrapeptídeos ligadas ao ácido *N*-acetilmurâmico; e um conjunto de ligações cruzadas peptídicas idênticas (Figura 2-17). O arcabouço é o mesmo em todas as espécies bacterianas; as cadeias laterais de tetrapeptídeos e as pontes cruzadas de peptídeos variam de uma espécie para outra. Em muitas paredes celulares de bactérias Gram-negativas, a ponte cruzada consiste em uma ligação peptídica direta entre o grupo amino de uma cadeia lateral do ácido diaminopimélico (DAP) e o grupo carboxila da D-alanina terminal de uma segunda cadeia lateral.

Todavia, as cadeias laterais de tetrapeptídeos de todas as espécies têm certas características importantes em comum. A maioria possui L-alanina na posição 1 (ligada ao ácido *N*-acetilmurâmico), D-glutamato ou D-glutamato substituído na posição 2, e D-alanina na posição 4. A posição 3 é a mais variável: a maioria das bactérias Gram-negativas tem o ácido diaminopimélico nessa posição, ao qual está ligado o componente lipoproteico da parede celular discutido adiante. As bactérias Gram-positivas geralmente possuem L-lisina na posição 3; entretanto, algumas podem ter o ácido diaminopimélico ou outro aminoácido nessa posição.

O **ácido diaminopimélico** é um elemento único presente na parede celular bacteriana. Ele não é encontrado na parede das arqueias e dos eucariontes. Ele também é o precursor imediato da lisina na biossíntese bacteriana desse aminoácido (ver Figura 6-19). Os mutantes bacterianos cuja via de biossíntese é bloqueada antes do ácido diaminopimélico crescem normalmente quando o meio contém esse ácido. Entretanto, quando recebem apenas L-lisina, sofrem lise, visto que continuam a crescer. Contudo, são incapazes de formar especificamente o peptidoglicano da nova parede celular.

O fato de todas as cadeias de peptidoglicano exibirem ligações cruzadas significa que cada camada de peptidoglicano é uma única molécula gigante. Nas bactérias Gram-positivas, existem até 40 camadas de peptidoglicano, constituindo até 50% do material da parede celular; nas bactérias Gram-negativas, parece haver apenas 1 ou 2 camadas, constituindo 5 a 10% do material da parede. As bactérias devem suas formas, que são características de cada espécie, à estrutura de sua parede celular.

B. Componentes especiais das paredes celulares das bactérias Gram-positivas

As paredes celulares da maioria das bactérias Gram-positivas contêm consideráveis quantidades de **ácidos teicoicos** e **ácidos teicurônicos**, que podem representar até 50% do peso seco da parede e 10% do peso seco da célula total. Além disso, algumas paredes Gram-positivas podem conter moléculas de polissacarídeos.

1. Ácidos teicoicos e ácidos teicurônicos – O termo *ácidos teicoicos* abrange toda a parede, membrana ou polímeros capsulares que contêm resíduos de glicerolfosfato ou ribitolfosfato. Esses poliálcoois são conectados por ligações fosfodiéster e geralmente possuem outros açúcares e D-alanina ligados (Figura 2-18A). Por serem negativamente carregados, os ácidos teicoicos são responsáveis, em parte, pela carga líquida negativa da superfície celular como um todo. Existem dois tipos de ácido teicoico: o **ácido teicoico da**

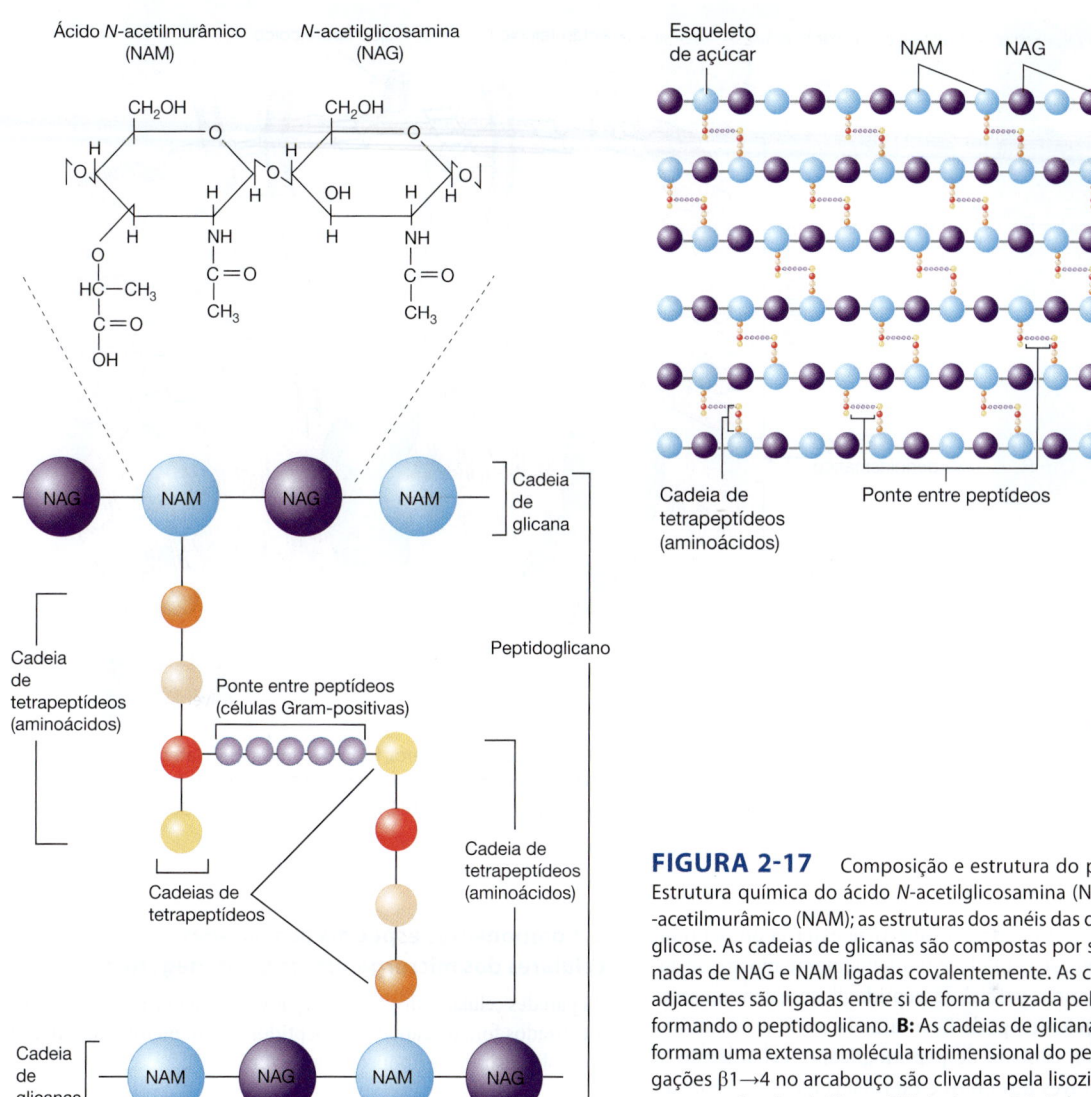

FIGURA 2-17 Composição e estrutura do peptidoglicano. **A:** Estrutura química do ácido *N*-acetilglicosamina (NAG) e do ácido *N*--acetilmurâmico (NAM); as estruturas dos anéis das duas moléculas são glicose. As cadeias de glicanas são compostas por subunidades alternadas de NAG e NAM ligadas covalentemente. As cadeias de glicanas adjacentes são ligadas entre si de forma cruzada pelos tetrapeptídeos, formando o peptidoglicano. **B:** As cadeias de glicanas interconectadas formam uma extensa molécula tridimensional do peptidoglicano. As ligações β1→4 no arcabouço são clivadas pela lisozima. (Reproduzida, com autorização, de Nester EW, Anderson DG, Roberts CE, et al.: *Microbiology: A Human Perspective*, 6th ed. McGraw-Hill, 2009. © McGraw-Hill Education.)

parede (**WTA**, do inglês *wall teichoic acid*), que apresenta ligação covalente com o peptidoglicano; e o **ácido teicoico da membrana**, ligado de modo covalente ao glicolipídeo da membrana. Em virtude de os dois tipos de ácido teicoico da membrana estarem intimamente associados aos lipídeos, são chamados de **ácidos lipoteicoicos** (**LTA**, do inglês *lipoteichoic acids*). Junto com o peptidoglicano, o WTA e o LTA fazem uma rede ou matriz polianiônica que proporciona funções relacionadas com a elasticidade, a porosidade, a força tensional e propriedades eletrostáticas do envelope. Embora nem todas as bactérias Gram-positivas possuam WTA e LTA convencionais, as que não têm esses polímeros geralmente têm similares para essas funções.

Os ácidos teicoicos contêm, em sua maioria, quantidades significativas de D-alanina, geralmente ligada à posição 2 ou 3 do glicerol, ou à posição 3 ou 4 do ribitol. Todavia, em alguns dos ácidos teicoicos mais complexos, a D-alanina liga-se a um dos resíduos de açúcar. Além da D-alanina, outras moléculas podem estar ligadas aos grupos hidroxila livres do glicerol e do ribitol (p. ex., glicose, galactose, *N*-acetilglicosamina, *N*-acetilgalactosamina ou succinato). Uma espécie pode exibir mais de um tipo de molécula de açúcar além da D-alanina; nesse caso, não se sabe ao certo se os diferentes açúcares ocorrem nas mesmas moléculas ou em moléculas distintas do ácido teicoico. A composição do ácido teicoico, formado por determinada espécie bacteriana, pode variar de acordo com a composição do meio de crescimento.

Os ácidos teicoicos constituem os principais antígenos de superfície das espécies de bactérias Gram-positivas que os possuem, e sua acessibilidade aos anticorpos foi tomada como

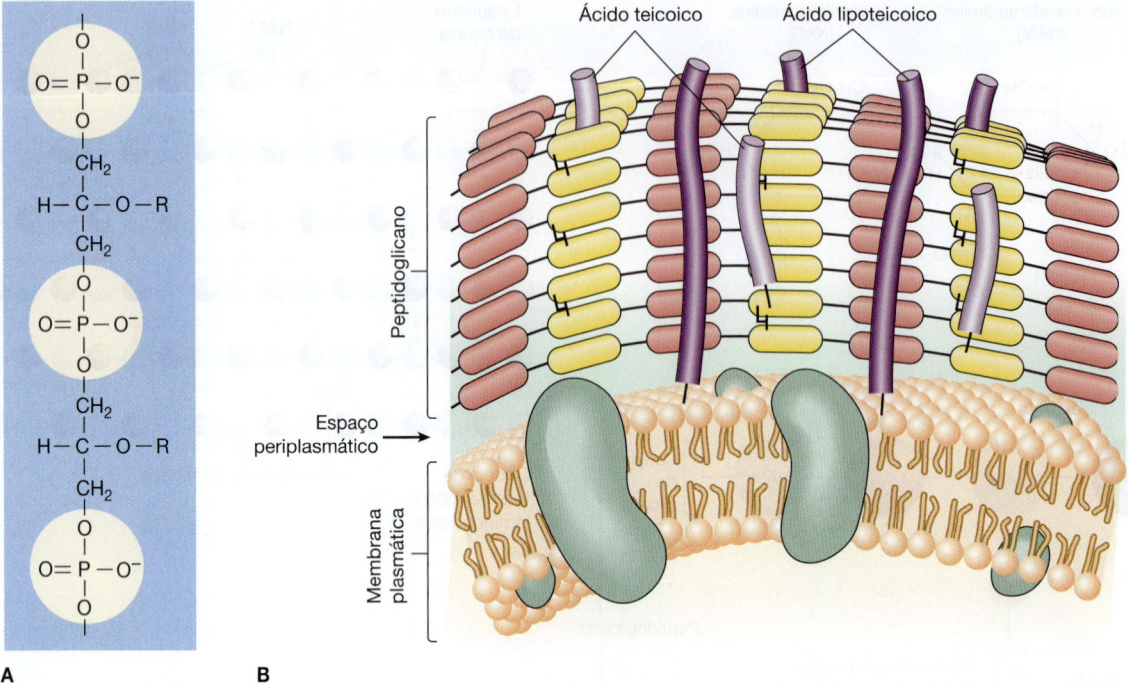

FIGURA 2-18   **A:** Estrutura do ácido teicoico. O segmento de um ácido teicoico feito de glicerol, fosfato e uma cadeia lateral, R. R pode representar D-alanina, glicose ou outras moléculas. **B:** Ácido teicoico e lipoteicoico da parede celular Gram-positiva. (Reproduzida, com autorização, de Willey JM, Sherwood LM, Woolverton CJ: *Prescott, Harley, and Klein's Microbiology*, 7th ed. McGraw-Hill; 2008. © McGraw-Hill Education.)

evidência de que eles ocupam a superfície externa do peptido-glicano. Entretanto, sua atividade frequentemente mostra-se aumentada pela digestão parcial do peptidoglicano; sendo assim, muito do ácido teicoico pode ficar situado entre a membrana citoplasmática e a camada de peptidoglicano, estendendo-se possivelmente através dos poros da última (Figura 2-18B). Nos pneumococos (*Streptococcus pneumoniae*), os ácidos teicoicos suportam determinantes antigênicos chamados de **antígenos de Forssman**. No *Streptococcus pyogenes*, o LTA está associado à proteína M que se projeta da membrana celular através da camada do peptidoglicano. As longas moléculas da proteína M, com o LTA, formam microfibrilas que facilitam a ligação do *S. pyogenes* às células animais (ver Capítulo 14).

Os **ácidos teicurônicos** são polímeros semelhantes, porém as unidades repetidas incluem os ácidos dos açúcares (p. ex., ácidos *N*-acetilmanosurônico ou D-glicosurônico) em vez dos ácidos fosfóricos. Eles são sintetizados no lugar dos ácidos teicoicos quando o fosfato constitui um fator limitante.

2. Polissacarídeos – A hidrólise das paredes Gram-positivas produz, em determinadas espécies, açúcares neutros, como a manose, a arabinose, a ramnose e a glicosamina, bem como açúcares ácidos, como os ácidos glicurônico e manurônico. Sugeriu-se que esses açúcares existem como subunidades dos polissacarídeos na parede celular; entretanto, a descoberta de que os ácidos teicoico e teicurônico podem conter uma variedade de açúcares (ver Figura 2-18A) faz a verdadeira origem desses açúcares permanecer incerta.

C. Componentes especiais das paredes celulares dos microrganismos Gram-negativos

As paredes celulares dos Gram-negativos contêm três componentes localizados fora da camada de peptidoglicano: membrana externa, lipopolissacarídeo e lipoproteína (Figura 2-19).

1. Membrana externa – A membrana externa é quimicamente distinta de todas as outras membranas biológicas. Forma uma estrutura em dupla camada; seu folheto interno assemelha-se, em sua composição, ao da membrana citoplasmática, enquanto os fosfolipídeos do folheto externo contêm um componente distintivo, um **lipopolissacarídeo** (**LPS**) (ver a seguir). Em consequência, a membrana é assimétrica, e as propriedades dessa dupla camada diferem de modo considerável daquelas de uma membrana biológica simétrica, como a membrana celular.

A capacidade da membrana externa de excluir moléculas hidrofóbicas constitui uma característica peculiar entre as membranas biológicas e serve para proteger a célula (no caso das bactérias entéricas) das substâncias deletérias, como os sais biliares. Em virtude de sua natureza lipídica, seria de se esperar que a membrana externa também excluísse as moléculas hidrofílicas. Entretanto, a membrana externa possui canais especiais, constituídos por moléculas proteicas denominadas **porinas**, que permitem a difusão passiva dos compostos hidrofílicos de baixo peso molecular, como açúcares, aminoácidos e certos íons. As grandes moléculas de antibióticos penetram, de modo relativamente lento, na membrana externa, contribuindo para a resistência relativamente alta das bactérias Gram-negativas a alguns antibióticos. A permeabilidade da membrana externa varia bastante de uma espécie bacteriana Gram-negativa

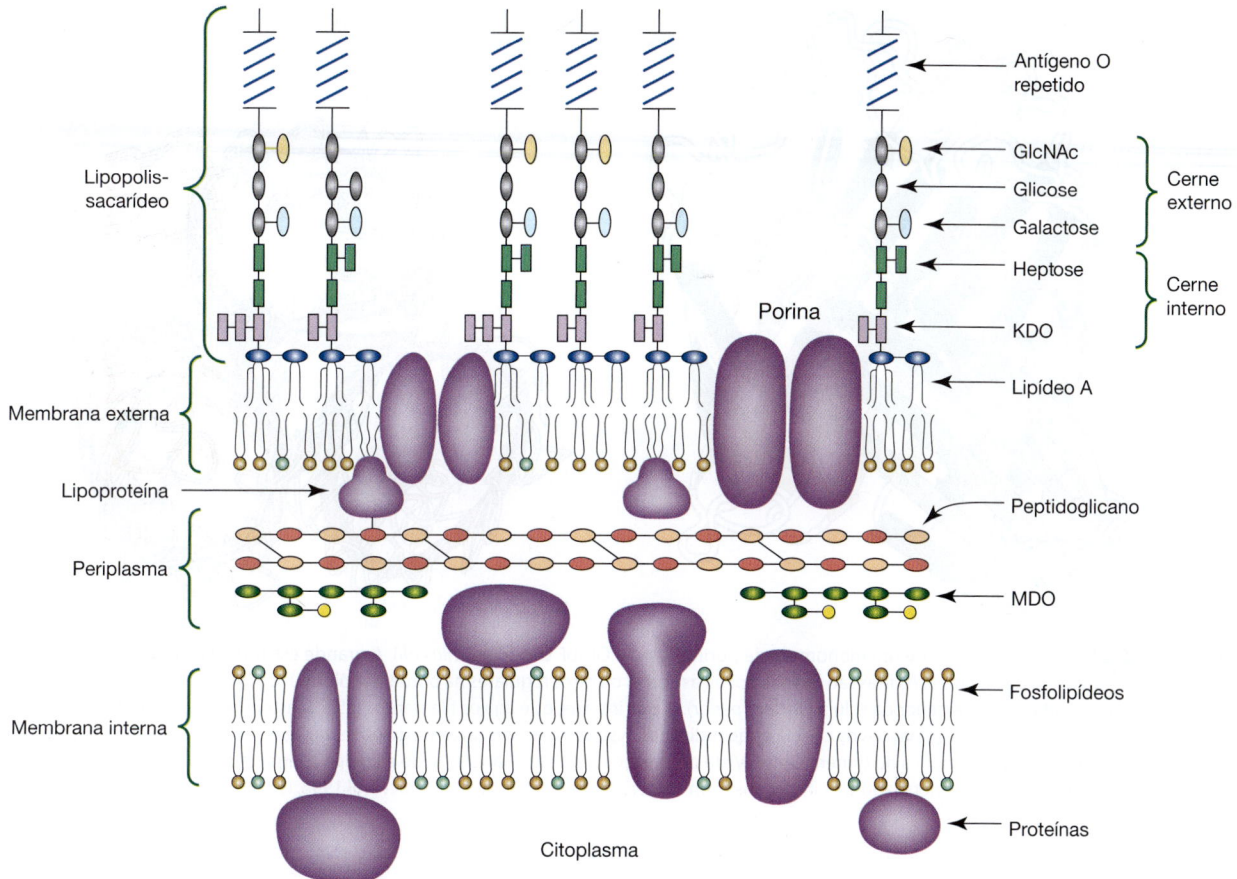

Antígeno O
repetido

GlcNAc

Glicose ⎱ Cerne
⎰ externo

Galactose

Heptose ⎱ Cerne
⎰ interno

KDO

Lipídeo A

Peptidoglicano

MDO

Fosfolipídeos

Proteínas

Lipopolis-
sacarídeo

Membrana externa

Lipoproteína

Periplasma

Membrana interna

Porina

Citoplasma

FIGURA 2-19 Representação molecular da parede de uma bactéria Gram-negativa. As formas *ovais* e *retangulares* representam resíduos de açúcar, e as formas *circulares* indicam os grupos polares dos glicerofosfolipídeos (fosfatidiletanolamina e fosfatidilglicerol). A região do cerne mostrada é a da *Escherichia coli* K-12, cepa que normalmente não contém um antígeno O repetido, a não ser que seja transformada com um plasmídeo apropriado. MDO, oligossacarídeos derivados da membrana. (Reproduzida, com autorização, de Raetz CRH: Bacterial endotoxins: Extraordinary lipids that activate eucaryotic signal transduction. *J Bacteriol* 1993;175:5745.)

para outra. Assim, por exemplo, em *P. aeruginosa*, que é extremamente resistente aos antibacterianos, a membrana externa é 100 vezes menos permeável do que a da *E. coli*.

As principais proteínas da membrana externa, denominadas de acordo com os genes que as codificam, foram classificadas em diversas categorias funcionais, com base nos mutantes em que estão ausentes, bem como em experimentos nos quais as proteínas purificadas foram reconstituídas em membranas artificiais. As porinas, exemplificadas por OmpC, D e F, assim como PhoE da *E. coli* e da *Salmonella typhimurium*,* são proteínas triméricas que penetram nos folhetos interno e externo da membrana externa (Figura 2-20). Elas formam poros relativamente inespecíficos que permitem a difusão livre de pequenos solutos hidrofílicos através da membrana externa. As porinas de espécies diferentes possuem

diferentes limites de exclusão que variam desde pesos moleculares de cerca de 600 na *E. coli* e na *S. typhimurium* até mais de 3.000 na *P. aeruginosa*.

Os membros de um segundo grupo de proteínas da membrana externa, que se assemelham em muitos aspectos às porinas, são exemplificados por LamB e Tsx. LamB, uma porina induzível que também é o receptor do bacteriófago lambda, responde pela maior parte da difusão transmembrana da maltose e da maltodextrina; Tsx, o receptor do bacteriófago T6, é responsável pela difusão transmembrana dos nucleosídeos e de alguns aminoácidos. A proteína LamB permite a passagem de outros solutos; entretanto, sua relativa especificidade pode refletir interações fracas de solutos com locais de configuração específica no interior do canal.

A OmpA é uma proteína abundante na membrana externa. Ela participa da ancoragem da membrana externa à camada de peptidoglicano como receptor de vários bacteriófagos, e atua como receptor do *pilus* sexual na conjugação bacteriana mediada pelo fator F (ver Capítulo 7).

A membrana externa também contém um conjunto de proteínas menos abundantes, envolvidas no transporte de moléculas específicas, como a vitamina B_{12} e complexos de ferro-sideróforos. Essas proteínas exibem alta afinidade pelos seus substratos, e é provável

---

*N. de T. A nomenclatura mais atual seria: *Salmonella enterica* subespécie *enterica* sorovar Typhimurium ou *Salmonella* Typhimurium. O gênero *Salmonella*, que apresenta uma taxonomia extremamente complexa, é formado por três espécies (*S. enterica*, *S. bongori* e *S. subterranea*). A espécie *S. enterica* apresenta seis subespécies (*enterica*, *salamae*, *arizonae*, *diarizonae*, *houtanae* e *indica*), além de mais de 2.460 sorovares, que são escritos com letra maiúscula e não em itálico.

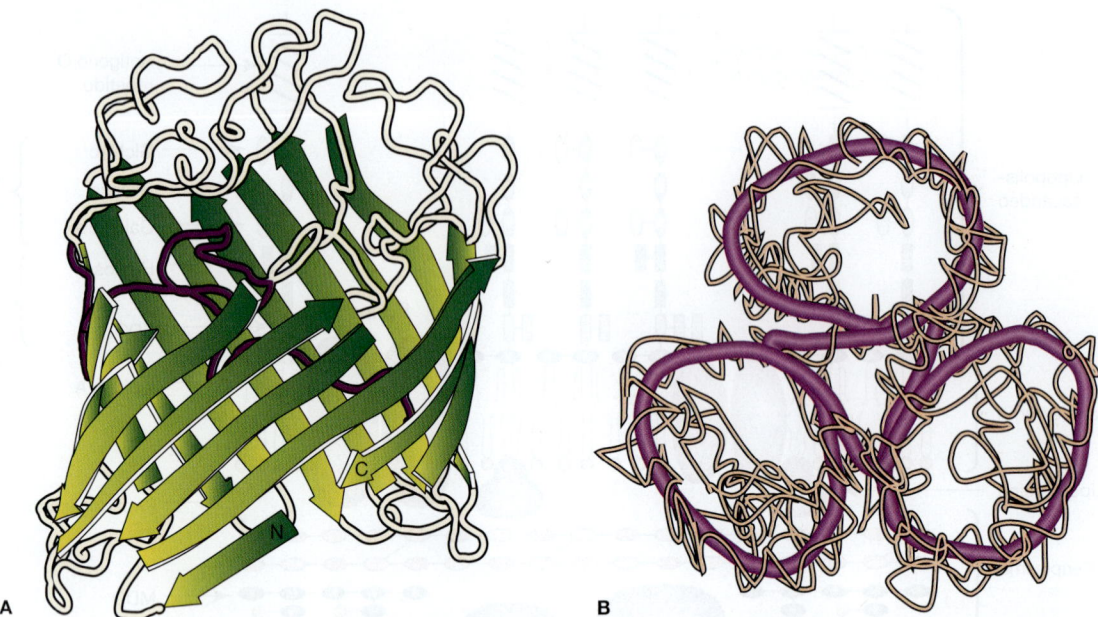

A   **B**

FIGURA 2-20 **A:** Dobra geral de um monômero de porina (porina OmpF de *Escherichia coli*). A grande estrutura oca em barril β é formada pelo arranjo antiparalelo de 16 fitas β. As fitas são ligadas por alças curtas ou giros regulares na borda periplasmática (*parte inferior*), e alças irregulares longas estão voltadas para o exterior da célula (*parte superior*). A alça interna, que liga os filamentos β 5 e 6, estendendo-se no interior do barril, está representada em *escuro*. As terminações da cadeia estão indicadas. A superfície mais próxima do observador é envolvida em contatos de subunidades. **B:** Representação esquemática do trímero OmpF. Vista do espaço extracelular ao longo do eixo de simetria molecular tripla. (Reproduzida, com autorização, de Schirmer T: General and specific porins from bacterial outer membranes. *J Struct Biol* 1998;121:101.)

que atuem como os sistemas clássicos de transporte da membrana interna (citoplasmática). A função adequada dessas proteínas requer energia acoplada através de uma proteína denominada **TonB**. Outras proteínas de menos importância incluem um número limitado de enzimas, entre elas fosfolipases e proteases.

A topologia das principais proteínas da membrana externa, com base em estudos de ligação cruzada e na análise de relações funcionais, é apresentada na Figura 2-19. A membrana externa está conectada tanto à camada do peptidoglicano quanto à membrana citoplasmática. A conexão com a camada do peptidoglicano é mediada principalmente pela lipoproteína da membrana externa (ver adiante). Cerca de um terço das moléculas de lipoproteína apresentam ligação covalente com o peptidoglicano, e ajudam a manter as duas estruturas unidas. Uma associação não covalente de algumas das porinas com a camada de peptidoglicano desempenha um papel menor na conexão da membrana externa com essa estrutura. As proteínas da membrana externa são sintetizadas em ribossomos ligados à superfície citoplasmática da membrana celular. Elas são translocadas para o espaço periplasmático via enzimas denominadas Sec-translocases. Em seguida, são dobradas no periplasma antes de serem inseridas na membrana externa. Em *E. coli*, YaeT parece funcionar na inserção das proteínas na membrana externa.

2. Lipopolissacarídeo (LPS) – O LPS das paredes celulares Gram-negativas consiste em um glicolipídeo complexo, denominado lipídeo A, ao qual está ligado um polissacarídeo constituído de um cerne e uma série terminal de unidades repetidas (Figura 2-21A). O componente do lipídeo A encontra-se embebido no folheto

externo da membrana, ancorando o LPS. O LPS é sintetizado sobre a membrana citoplasmática e transportado até sua posição exterior final. Em *E. coli*, a inserção é mediada por OstA. A presença do LPS é necessária para a função de muitas proteínas da membrana externa.

O **lipídeo A** consiste em unidades dissacarídicas de glicosamina fosforilada, às quais estão ligados vários ácidos graxos de cadeia longa (Figura 2-21). O ácido β-hidroximirístico, um ácido graxo de C14, está sempre presente e é exclusivo desse lipídeo. Os outros ácidos graxos, juntamente com grupos substituintes nos fosfatos, variam de acordo com a espécie bacteriana.

O **cerne** do polissacarídeo, mostrado nas Figuras 2-21A e B, é semelhante em todas as espécies de bactérias Gram-negativas que possuem LPS e inclui dois açúcares característicos, o **ácido cetodesoxioctanoico** (**KDO**, do inglês *ketodeoxyoctanoic acid*) e uma heptose. Todavia, cada espécie contém uma unidade repetida peculiar, como o da *Salmonella* que está ilustrada na Figura 2-21A. Em geral, as unidades de repetição consistem em trissacarídeos lineares ou em tetra ou pentassacarídeos ramificados. A unidade repetida é classificada como **antígeno O**. As cadeias hidrofílicas de carboidrato do antígeno O cobrem a superfície bacteriana e excluem os componentes hidrofóbicos.

As moléculas de LPS de carga negativa são ligadas de modo não covalente por cátions divalentes (i.e., Ca^{2+} e Mg^{2+}), formando pontes cruzadas; isso estabiliza a membrana e proporciona uma barreira contra as moléculas hidrofóbicas. A remoção dos cátions divalentes com agentes quelantes ou seu deslocamento por antibióticos

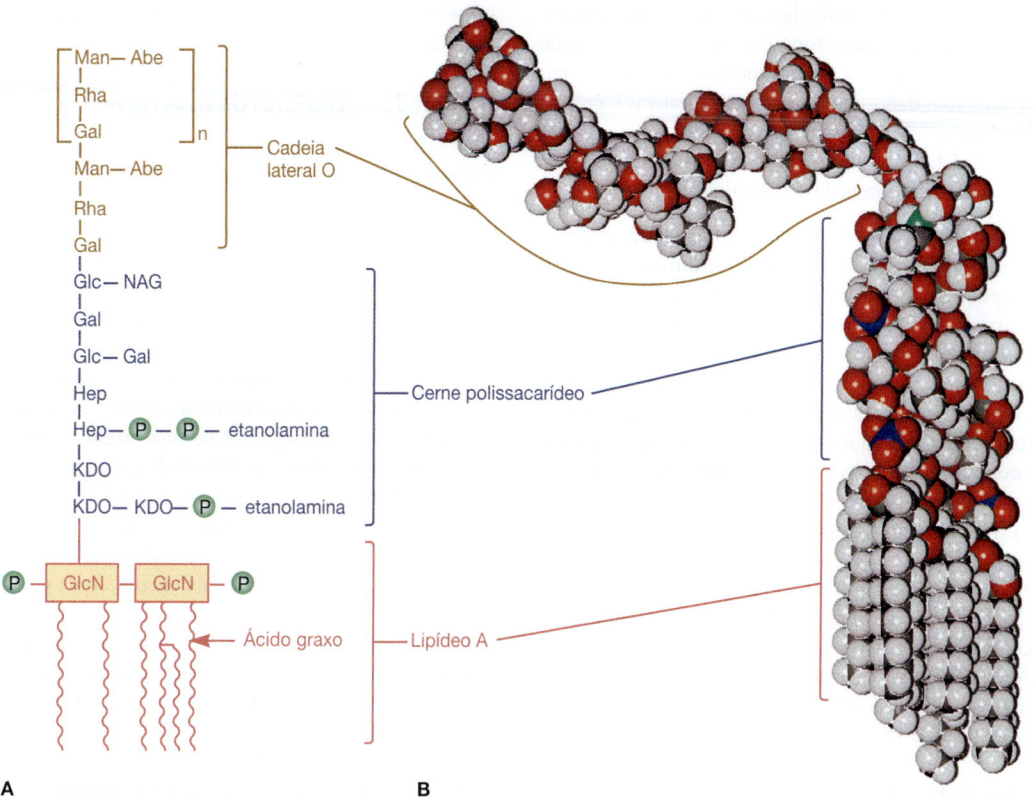

FIGURA 2-21 Estrutura de lipopolissacarídeo. **A:** Lipopolissacarídeo (LPS) de *Salmonella*. Este diagrama levemente simplificado ilustra uma forma de LPS. Abe, abequose; Gal, galactose; GlcN, glicosamina; Hep, heptulose; KDO, 2-ceto-3-desoxioctonato; Man, manose; NAG, *N*-acetilglicosamina; P, fosfato; Rha, L-ramnose. O lipídeo A está inserido na membrana externa. **B:** Modelo molecular de um lipopolissacarídeo de *Escherichia coli*. O lipídeo A e o cerne polissacarídeo estão em linha reta; a cadeia lateral O está dobrada em ângulo neste modelo. (Reproduzida, com autorização, de Willey JM, Sherwood LM, Woolverton CJ: *Prescott, Harley, and Klein's Microbiology*, 7th ed. McGraw-Hill; 2008. © McGraw-Hill Education.)

policatiônicos, como as polimixinas e os aminoglicosídeos, torna a membrana externa permeável às grandes moléculas hidrofóbicas.

O LPS, extremamente tóxico para os animais, já foi chamado de **endotoxina** das bactérias Gram-negativas por estar firmemente ligado à superfície celular, sendo liberado apenas quando as células sofrem lise. Quando o LPS é clivado em lipídeo A e polissacarídeo, toda a toxicidade está associada ao lipídeo A. O antígeno O é altamente imunogênico em animais vertebrados. A especificidade antigênica, apresentada pelo antígeno O, é decorrente de sua alta variabilidade entre as espécies e até mesmo em amostras dentro de uma mesma espécie bacteriana. O número de tipos antigênicos é altamente variável: mais de 1.000 foram reconhecidos apenas na *Salmonella*. Nem todas as bactérias Gram-negativas possuem o LPS na membrana externa composto por um número variável de unidades repetidas de oligossacarídeos (ver Figura 2-21); os glicolipídeos da membrana externa de bactérias que colonizam as mucosas (p. ex., *Neisseria meningitidis*, *N. gonorrhoeae*, *Haemophilus influenzae* e *Haemophilus ducreyi*) possuem glicanos multiantenares (i.e., ramificados) relativamente curtos. Esses glicolipídeos menores foram comparados com as estruturas truncadas do "tipo R" do LPS, que não têm antígenos O e são produzidas por mutantes de bactérias entéricas como a *E. coli*. Entretanto, as estruturas desses glicolipídeos assemelham-se mais estreitamente às dos glicoesfingolipídeos das membranas celulares

dos mamíferos, sendo mais apropriadamente denominadas **lipo-oligossacarídeos** (**LOS**). Essas moléculas exibem extensa diversidade antigênica e estrutural mesmo dentro de uma única cepa. O LOS é um importante fator de virulência. Foram identificados epítopos no LOS que imitam estruturas do hospedeiro e podem tornar esses microrganismos capazes de escapar da resposta imunológica do hospedeiro. Alguns LOS (p. ex., os da *N. gonorrhoeae*, da *N. meningitidis* e da *H. ducreyi*) possuem um resíduo de *N*-acetilactosamina terminal (Galβ-1→4-GlcNAc) que se assemelha, do ponto de vista imunoquímico, ao precursor do antígeno I das hemácias humanas. Na presença de uma enzima bacteriana denominada **sialiltransferase** e de um substrato do hospedeiro ou bacteriano (ácido citidina monofosfo-*N*-acetilneuramínico [CMP-NANA]), o resíduo de *N*-acetilactosamina sofre sialilação. Essa sialilação, que ocorre *in vivo*, confere ao microrganismo as vantagens ambientais do mimetismo molecular de um antígeno do hospedeiro e do mascaramento biológico proporcionado provavelmente pelos ácidos siálicos.

3. Lipoproteína – As moléculas de uma **lipoproteína** incomum entrelaçam-se entre a membrana externa e as camadas do peptidoglicano (ver Figura 2-19). A lipoproteína contém 57 aminoácidos, representando repetições de uma sequência de 15 aminoácidos; é um peptídeo ligado aos resíduos do DAP na cadeia lateral tetrapeptídica do peptidoglicano. O componente lipídico consiste em um diglicerídeo de tioéter ligado a uma cisteína terminal, inserido de modo não covalente na membrana externa. A lipoproteína é, numericamente, a proteína mais abundante de células Gram-negativas (cerca de 700 mil moléculas por célula). Sua função (baseada no comportamento de mutantes deficientes em lipoproteína) é estabilizar a membrana externa e ancorá-la na camada do peptidoglicano.

4. Espaço periplasmático – O espaço entre a membrana interna e a membrana externa, denominado **espaço periplasmático**, contém a camada de peptidoglicano e uma solução de proteínas semelhante a um gel. O espaço periplasmático representa cerca de 20 a 40% do volume celular, o que é bastante significativo. As proteínas periplasmáticas incluem proteínas de ligação para substratos específicos (p. ex., aminoácidos, açúcares, vitaminas e íons), enzimas hidrolíticas (p. ex., fosfatase alcalina e 5'-nucleotidase) que degradam substratos não transportáveis em formas passíveis de transporte, e enzimas de detoxificação (p. ex., β-lactamase e aminoglicosídeo-fosforilase), que inativam determinados antibióticos. O periplasma também contém altas concentrações de polímeros altamente ramificados de D-glicose com 8 a 10 resíduos de comprimento, variadamente substituídos por resíduos de glicerolfosfato e fosfatidiletanolamina; alguns contêm ésteres de O-succinil. Esses **oligossacárideos derivados de membrana** parecem desempenhar algum papel na osmorregulação, visto que as células cultivadas em meio de baixa osmolaridade aumentam 16 vezes a síntese desses compostos.

D. Parede de células álcool-ácido-resistentes

Algumas bactérias, notavelmente o bacilo da tuberculose (*M. tuberculosis*) e bactérias semelhantes, possuem paredes celulares que contêm uma grande quantidade de **ceras**, hidrocarbonetos complexos ramificados (70-90 carbonos de extensão), conhecidos como **ácidos micólicos**. A parede celular é composta por peptidoglicano e uma bicamada lipídica assimétrica; o folheto interno contém ácidos micólicos ligados ao arabinogalactano, e o folheto externo contém outros lipídeos. Esta é uma bicamada lipídica altamente ordenada, na qual proteínas estão embebidas, formando poros que contêm água, através dos quais os nutrientes e certos medicamentos podem passar lentamente. Alguns compostos também podem penetrar no domínio lipídico da parede celular, embora de maneira lenta. Essa estrutura hidrofóbica torna essas bactérias resistentes a muitos produtos químicos, como detergentes e ácidos fortes. Se um corante for introduzido nessas células por meio de um leve aquecimento ou tratamento com detergentes, o corante não pode ser removido por ácido clorídrico diluído, como em outras bactérias. Dessa forma, esses organismos são chamados de **álcool-ácido-resistentes**. A permeabilidade da parede celular às moléculas hidrofílicas é 100 a 1.000 vezes menor do que para a *E. coli* e pode ser responsável pela lenta taxa de crescimento observada nas micobactérias.

E. Parede celular das arqueobactérias

As arqueobactérias não possuem parede celular como as bactérias. Algumas possuem uma simples camada S (ver adiante) geralmente formada por glicoproteínas. Algumas arqueobactérias possuem uma parede celular rígida, composta por polissacárideos ou um peptidoglicano chamado de **pseudomureína**. A pseudomureína difere do peptidoglicano das bactérias por ter L-aminoácidos no lugar de D-aminoácidos e unidades dissacarídicas com uma ligação

α1→3 no lugar de β1→4. As arqueobactérias que possuem pseudomureína na parede celular são Gram-positivas.

F. Camadas cristalinas de superfície

Muitas bactérias, Gram-positivas e Gram-negativas, bem como as arqueobactérias, possuem uma camada em treliça, bidimensional e cristalina de moléculas de proteínas ou glicoproteínas (**camada S**) como o mais externo componente do envelope celular. Nas bactérias Gram-positivas e Gram-negativas, essa estrutura encontra-se, algumas vezes, em densas moléculas. Em algumas arqueobactérias, essa estrutura está somente na camada externa da membrana celular.

As camadas S geralmente são compostas por um único tipo de molécula, às vezes com carboidratos ligados. As moléculas isoladas são capazes de se autoagrupar, ou seja, fazem camadas similares ou idênticas àquelas presentes nas células. As proteínas da camada S são resistentes à ação das enzimas proteolíticas e aos agentes desnaturantes. A função da camada S é incerta, mas provavelmente tem ação protetora. Em alguns casos, foi demonstrado que protege a célula da ação das enzimas de degradação da parede celular, da invasão por *Bdellovibrio bacteriovorus* (um predador de bactérias) e dos bacteriófagos. A camada S também desempenha um papel na manutenção da forma celular em algumas espécies de arqueobactérias, e pode estar envolvida na adesão da célula às superfícies epidérmicas do hospedeiro.

G. Enzimas que atacam a parede celular

A ligação β1→4 glicano da estrutura do peptidoglicano é hidrolisada pela enzima **lisozima** (ver Figura 2-17), encontrada nas secreções animais (na lágrima, na saliva e nas secreções nasais), bem como na clara do ovo. Bactérias Gram-positivas tratadas com lisozima em meios de baixa força osmótica sofrem lise; se a força osmótica do meio é aumentada para equilibrar-se com a pressão osmótica da célula, são liberados corpos esféricos livres, chamados de **protoplastos**. A membrana externa da parede celular das bactérias Gram-negativas previne o acesso da lisozima, a menos que seja rompida por ação de um agente, como o ácido etilenodiaminotetracético (EDTA), um composto quelante de cátions divalentes; em meio osmoticamente protegido, as células tratadas com EDTA-lisozima formam **esferoplastos** que ainda possuem remanescentes do complexo da parede Gram-negativa, inclusive a membrana externa.

As próprias bactérias possuem um número de **autolisinas**, enzimas hidrolíticas que atacam o peptidoglicano, como as muramidases, as glicosaminidases, as endopeptidases e as carboxipeptidases. Essas enzimas catalisam a reciclagem ou a degradação do peptidoglicano na bactéria. Presume-se que essas enzimas participem do crescimento da parede celular, da reciclagem e da divisão celulares, porém sua atividade é mais evidente durante a dissolução das células mortas (autólise).

As enzimas que degradam as paredes das células bacterianas também são encontradas nas células que digerem bactérias (p. ex., os protozoários e as células fagocíticas dos animais superiores).

H. Crescimento da parede celular

A síntese da parede celular é necessária para a divisão celular; entretanto, a incorporação de novo material da parede celular varia de acordo com a forma da bactéria. As bactérias em forma de bastão

(p. ex., *E. coli* e *Bacillus subtilis*) possuem dois modos de síntese da parede celular; o novo peptidoglicano é inserido ao longo de uma via helicoidal que leva à elongação da célula, e é inserido em um anel em volta do futuro local de divisão, levando à formação de um septo de divisão. As células cocoides, como o *S. aureus*, parecem não ter um modo de elongação na síntese da parede celular. Em vez disso, o novo peptidoglicano é inserido somente no local de divisão. Uma terceira forma de crescimento da parede celular é exemplificada por *S. pneumoniae*, que não é um coco verdadeiro, pois não é totalmente redondo, mas tem a forma de uma bola de rúgbi. O *S. pneumoniae* sintetiza a parede celular não apenas pelo septo, mas também pelos chamados **anéis equatoriais** (Figura 2-22).

I. Protoplastos, esferoplastos e formas L

A remoção da parede bacteriana pode ser efetuada por hidrólise com a lisozima (como descrito anteriormente) ou por bloqueio da biossíntese do peptidoglicano com um antibiótico, como a penicilina. Em meios osmoticamente protegidos, esses tipos de tratamento liberam os **protoplastos** das células Gram-positivas e os **esferoplastos** (que retêm a membrana externa e o peptidoglicano aprisionado) das células Gram-negativas.

Se essas células forem capazes de crescer e sofrer divisão, denominam-se **formas L**. É difícil obter a cultura das formas L, que, em geral, exigem um meio solidificado com ágar bem como uma força osmótica adequada. As formas L são produzidas mais facilmente com penicilina do que com lisozima, sugerindo a necessidade de peptidoglicano residual.

Algumas formas L podem reverter à sua forma bacilar normal após a remoção do estímulo indutor. Assim, são capazes de reiniciar a síntese normal da parede celular. Outras são estáveis e nunca sofrem reversão. Nesse caso, o fator que determina sua capacidade de reversão pode também consistir na presença de peptidoglicano residual, que normalmente atua como modelo para a sua própria biossíntese.

Algumas espécies bacterianas produzem formas L espontaneamente. A formação de formas L, espontânea ou induzida por antibióticos no hospedeiro, pode provocar infecções crônicas, favorecendo a persistência desses microrganismos em regiões mais protegidas do corpo. Como as infecções pelas formas L são relativamente resistentes à antibioticoterapia, representam problemas especiais em quimioterapia. Sua reversão para a forma bacilar pode resultar em recidivas da infecção manifesta.

J. Micoplasmas

Os **micoplasmas** são bactérias que não possuem parede celular nem peptidoglicano (ver Figura 25-1). Existem também arqueobactérias sem parede, mas estas não têm sido tão bem estudadas. Análises genômicas colocam os micoplasmas próximo das bactérias Gram-positivas, das quais eles podem ter derivado. Os micoplasmas perdem o alvo para os agentes antimicrobianos que atuam na parede celular (p. ex., penicilinas e cefalosporinas) e, por conseguinte, são resistentes a eles. Alguns deles, como *Mycoplasma pneumoniae*, um agente da pneumonia, contêm esteróis em suas membranas. A diferença entre as formas L e os micoplasmas é que, quando é possível que a mureína (peptidoglicano) seja refeita, somente as formas L revertem à sua forma bacteriana original, enquanto isso nunca acontece com os micoplasmas.

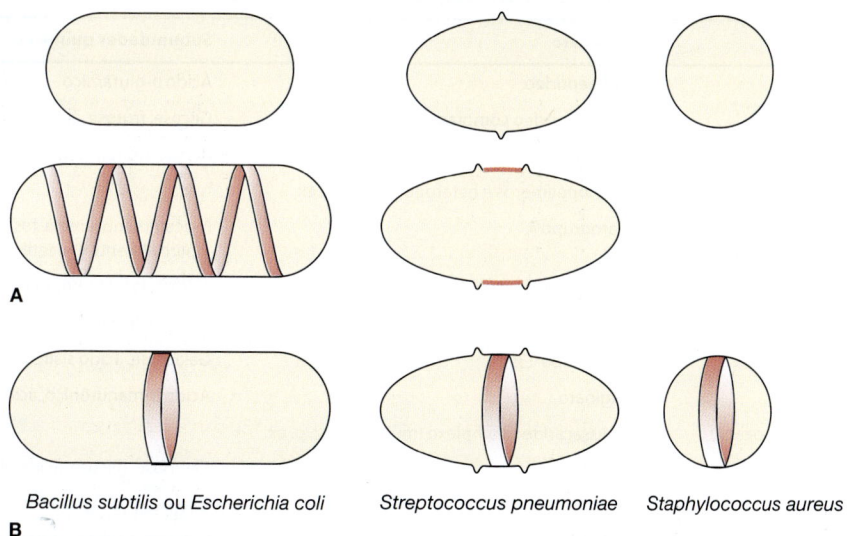

A

Bacillus subtilis ou *Escherichia coli*   *Streptococcus pneumoniae*   *Staphylococcus aureus*

B

FIGURA 2-22 Incorporação de nova parede celular em bactérias de diferentes formatos. Bastonetes, como *Bacillus subtilis* ou *Escherichia coli*, têm dois modos de síntese da parede celular: o novo peptidoglicano é inserido ao longo de uma via helicoidal (**A**), levando a uma elongação lateral da parede, e é inserido em um anel em volta do futuro septo de divisão, o que leva à formação de um septo de divisão (**B**). As células do *Streptococcus pneumoniae* têm a forma de uma bola de rúgbi e elongam-se pela inserção do novo material na parede celular, nos chamados **anéis equatoriais** (**A**), que correspondem a um crescimento extra da parede celular que engloba a célula. Um anel inicial é duplicado, e os dois anéis resultantes são progressivamente separados, delimitando os futuros septos da divisão das células-filhas. Em seguida, o septo de divisão é sintetizado no meio da célula (**B**). As células arredondadas, como *Staphylococcus aureus*, parecem não possuir um modo de elongação durante a síntese da parede celular. Em vez disso, o novo peptidoglicano é inserido somente no septo de divisão (**B**). (Reproduzida, com autorização, de Scheffers DJ, Pinho MG: Bacterial cell wall synthesis: new insights from localization studies. *Microbiol Mol Biol Rev* 2005;69:585.)

Cápsula e glicocálice

Muitas bactérias sintetizam grandes quantidades de polímeros extracelulares quando crescem em seus ambientes naturais. Esse material extracelular consiste em polissacarídeos, com poucas exceções conhecidas (as cápsulas de ácido poli-D-glutâmico do *Bacillus anthracis* e do *Bacillus licheniformis*), e a mistura de aminoácidos e cápsula de *Yersinia pestis* (Tabela 2-2). As denominações **cápsula** e **camada de muco** são usadas frequentemente para descrever as camadas de polissacarídeo; um termo mais inclusivo, **glicocálice**, também é utilizado. O glicocálice é definido como um material polissacarídico ligado ao lado exterior da célula. Uma camada condensada e bem-definida, circundando estreitamente a célula, que exclui partículas, como a tinta da Índia,* é denominada cápsula (Figura 2-23). Se o glicocálice estiver associado à célula, de maneira frouxa, e não excluir partículas, é referido como camada de muco. O polímero extracelular é sintetizado por enzimas localizadas na superfície da célula bacteriana. Por exemplo, o *Streptococcus mutans* utiliza duas enzimas – a glicosiltransferase e a frutosiltransferase – para sintetizar os dextranos de cadeia longa (poli-D-glicose) e os levanos (poli-D-frutose) a partir da sacarose. Esses polímeros são denominados **homopolímeros**. Os polímeros que contêm mais de um tipo de monossacarídeo denominam-se **heteropolímeros**.

A cápsula contribui para a capacidade de invasão das bactérias patogênicas – as células encapsuladas ficam protegidas da fagocitose, a não ser que sejam recobertas por anticorpo anticapsular. O glicocálice desempenha um papel na aderência das bactérias às superfícies em seu meio ambiente, incluindo as células dos hospedeiros vegetais e animais ou superfícies inanimadas para formar **biofilmes**. O *S. mutans*, por exemplo, deve a seu glicocálice a capacidade de aderir firmemente ao esmalte dos dentes. As células bacterianas da mesma espécie ou de espécies diferentes ficam aprisionadas no glicocálice, que forma a camada conhecida como placa na superfície dentária; os produtos ácidos excretados por essas bactérias provocam cáries dentárias (ver Capítulo 10). O papel essencial do glicocálice nesse processo – e sua formação a partir da sacarose – explica a correlação da cárie dentária com o consumo de sacarose pela população humana. Devido à ligação entre as camadas de polissacarídeo externas e quantidades significativas de água, a camada do glicocálice também pode desempenhar um papel na resistência à dessecação.

Flagelos

A. Estrutura

Os flagelos bacterianos são apêndices piliformes compostos totalmente por proteína com aproximadamente 20 nm de diâmetro. Tratam-se dos órgãos de locomoção das formas que os possuem. São conhecidos quatro tipos de disposição: **monotríquio** (flagelo polar único), **lofotríquio** (inúmeros flagelos polares), **anfitríquio** (um único flagelo em cada polo da célula bacteriana) e **peritríquio** (flagelos distribuídos por toda a superfície da célula). O arranjo dos flagelos é exclusivo das espécies observadas. Três desses tipos estão ilustrados na Figura 2-24.

TABELA 2-2 **Composição química do polímero extracelular em algumas bactérias**

Organismo	Polímero	Subunidades químicas
Bacillus anthracis	Polipeptídeo	Ácido D-glutâmico
Enterobacter aerogenes	Polissacarídeo complexo	Glicose, frutose, ácido glicurônico
Haemophilus influenzae	Sorogrupo B	Ribose, ribitol, fosfato
Neisseria meningitidis	Homopolímeros e heteropolímeros, p. ex.	
	Sorogrupo A	N-acetilmanosamina-fosfato parcialmente O-acetilado
	Sorogrupo B	Ácido N-acetilneuramínico (ácido siálico)
	Sorogrupo C	Ácido siálico acetilado
	Sorogrupo 135	Galactose, ácido siálico
Pseudomonas aeruginosa	Alginato	Ácido D-manurônico, ácido L-glicurônico
Streptococcus pneumoniae (pneumococo)	Polissacarídeo complexo (muitos tipos), p. ex.	
	Tipo II	Ramnose, glicose, ácido glicurônico
	Tipo III	Glicose, ácido glicurônico
	Tipo VI	Galactose, glicose, ramnose
	Tipo XIV	Galactose, glicose, N-acetilglicosamina
	Tipo XVIII	Ramnose, glicose
Streptococcus pyogenes (grupo A)	Ácido hialurônico	Ácido glicurônico, N-acetilglicosamina
Streptococcus salivarius	Levano	Frutose

---

*N. de T. Também conhecida como tinta da China ou nanquim.

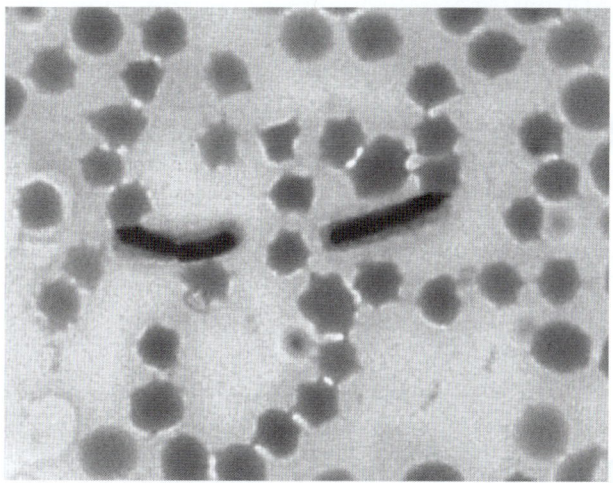

A

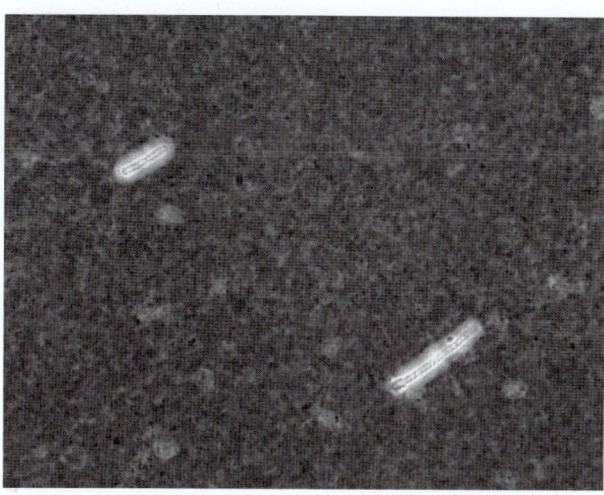

B

FIGURA 2-23 Cápsulas bacterianas. **A:** *Bacillus anthracis*, coloração de cápsula M'Faydean, crescimento a 35°C em sangue de cavalo desfibrinado. **B:** Demonstração da presença de cápsula no *B. anthracis* por coloração negativa com tinta da Índia. Esse método é útil para melhorar a visualização das bactérias encapsuladas em amostras clínicas, como sangue, garrafas de cultura de sangue (hemoculturas) ou líquido cerebrospinal. (CDC, cortesia de Larry Stauffer, Oregon State Public Health Laboratory.)

O flagelo bacteriano é constituído de vários protofilamentos, cada um composto por milhares de moléculas de uma subunidade proteica denominada **flagelina**. Em alguns microrganismos (p. ex., espécies de *Caulobacter*), os flagelos são constituídos de dois tipos de flagelina; entretanto, na maioria dos casos, observa-se apenas um tipo. O flagelo é formado pela agregação de subunidades, formando uma estrutura helicoidal. Se os flagelos são removidos pela

agitação mecânica de uma suspensão de bactérias, verifica-se a rápida formação de novos flagelos mediante a síntese, a agregação e a extrusão de subunidades de flagelina; a motilidade é restaurada em 3 a 6 minutos. As flagelinas de diferentes espécies bacterianas presumivelmente diferem umas das outras na sua estrutura primária. Elas são altamente antigênicas (**antígenos H**), e algumas das respostas imunológicas à infecção são dirigidas contra essas proteínas.

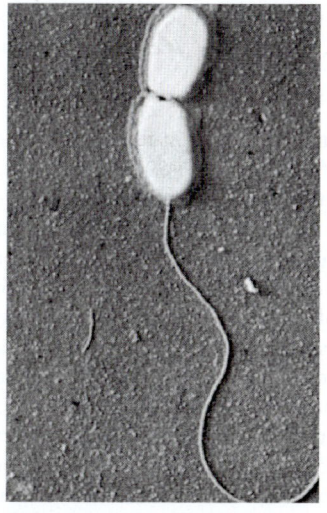

A

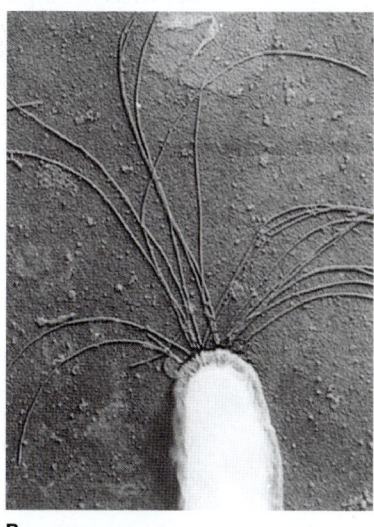

B

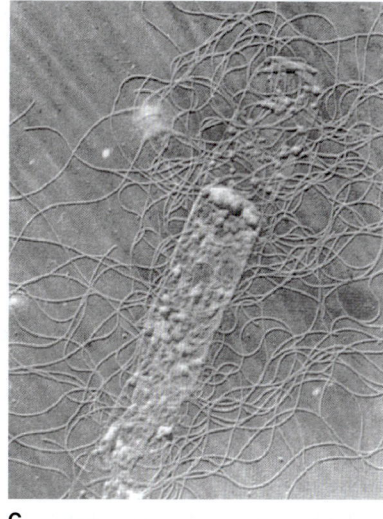

C

FIGURA 2-24 Tipos de flagelo bacteriano. **A:** *Vibrio metschnikovii*, uma bactéria monotríquia (7.500 ×). (Reproduzida, com autorização, de van Iterson W: *Biochim Biophys Acta* 1947;1:527.) **B:** Micrografia eletrônica de *Spirillum serpens*, mostrando a flagelação lofotríquia (9.000 ×). (Reproduzida, com autorização, de van Iterson W: *Biochim Biophys Acta* 1947;1:527.) **C:** Micrografia eletrônica de *Proteus vulgaris*, mostrando a flagelação peritríquia (9.000 ×). Observe os grânulos basais. (Reproduzida, com autorização, de Houwink A, van Iterson W: Electron microscopical observations on bacterial cytology; a study on flagellation. *Biochim Biophys Acta* 1950;5:10.)

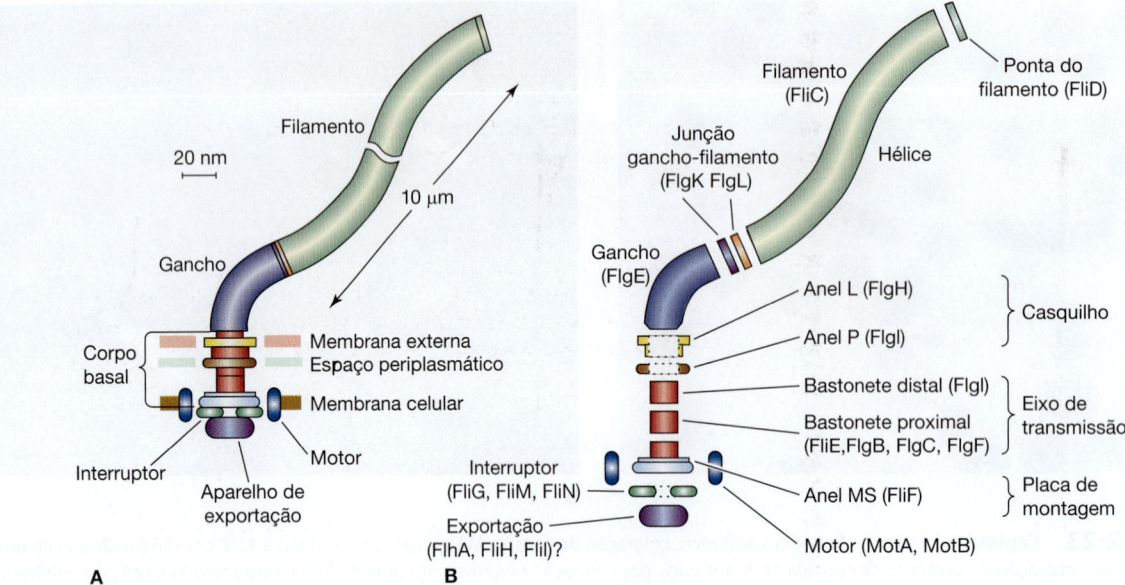

FIGURA 2-25   **A:** Estrutura geral do flagelo de uma bactéria Gram-negativa, como *Escherichia coli* ou *Salmonella typhimurium*. O complexo filamento-gancho-corpúsculo basal foi isolado e extensamente caracterizado. A localização do aparelho de exportação não foi demonstrada. **B:** Diagrama fragmentado do flagelo, mostrando as subestruturas e proteínas que o compõem. A proteína FliF é responsável pela característica dos anéis M e S, bem como do colar da subestrutura mostrada, denominada, em conjunto, como anel MS. A localização de FliE em relação ao anel MS e ao bastonete, bem como a ordem das proteínas FlgB, FlgC e FlgF dentro do bastonete proximal, não são conhecidas. (De Macnab RM: Genetics and biogenesis of bacterial flagella. *Annu Rev Genet* 1992;26:131. Reproduzida, com autorização, de *Annual Review of Genetics*, Volume 26, © 1992 by Annual Reviews.)

O flagelo está fixado ao corpo celular da bactéria por uma estrutura complexa constituída de um gancho e um corpúsculo basal. O gancho consiste em uma estrutura curta e recurvada, que parece atuar como articulação universal entre o motor na estrutura basal e o flagelo. O corpúsculo basal sustenta um conjunto de anéis, um par nas bactérias Gram-positivas e dois pares nas Gram-negativas. A Figura 2-25 mostra um diagrama representativo da estrutura Gram-negativa; os anéis designados por L e P estão ausentes nas células Gram-positivas. A complexidade do flagelo bacteriano é revelada por estudos genéticos, mostrando que mais de 40 produtos gênicos estão envolvidos em sua organização e sua função.

Os flagelos são produzidos em etapas (ver Figura 2-25). Primeiramente, o corpo basal é montado e inserido no envelope celular. Em seguida, o gancho é adicionado, e, por fim, o filamento é progressivamente produzido pela adição de subunidades de flagelina na extremidade nascente. As subunidades de flagelina são expelidas através de um canal central oco no flagelo; quando alcança a extremidade, ele se condensa com os predecessores, e, dessa forma, o filamento se elonga.

B. Motilidade

Os flagelos bacterianos são rotores helicoidais semirrígidos que conferem à célula um movimento de rotação. A rotação é impulsionada pelo fluxo de prótons no interior da célula ao longo do gradiente produzido pela bomba de prótons primária (ver anteriormente); na ausência de uma fonte de energia metabólica, a rotação pode ser impulsionada por uma força motriz de prótons gerada por ionóforos. As bactérias que vivem em ambientes alcalinos (alcalófilas) utilizam a energia do gradiente de íons sódio – em vez do gradiente de prótons – para impulsionar o motor flagelar (Figura 2-26).

Todos os componentes do motor flagelar localizam-se no envelope celular. Os flagelos fixados a envelopes celulares isolados e fechados sofrem rotação normal quando o meio contém um substrato apropriado à respiração, ou quando se estabelece artificialmente um gradiente de prótons.

Quando uma bactéria peritríquia se locomove, seus flagelos associam-se para formar um feixe posterior que impulsiona a célula para a frente, em linha reta, por rotação no sentido anti-horário. Em determinados intervalos, os flagelos invertem seu sentido de rotação e sofrem dissociação momentânea, fazendo a célula parar até que o movimento seja retomado e uma nova direção seja determinada aleatoriamente. Esse comportamento propicia a propriedade da **quimiotaxia**: uma célula que está se afastando da fonte de um agente químico atraente para e se reorienta mais frequentemente que uma célula que está se deslocando em direção ao agente de atração, resultando no movimento final da célula em direção à fonte. A presença de uma substância química atraente (p. ex., um açúcar ou um aminoácido) é percebida por receptores específicos localizados na membrana celular (em muitos casos, o mesmo receptor também participa do transporte de membrana dessa molécula). A célula bacteriana é muito pequena para ser capaz de detectar a existência de um gradiente químico espacial (i.e., um gradiente entre seus dois polos); em vez disso, experimentos mostram que a célula detecta gradientes temporais, isto é, concentrações que diminuem com o decorrer do tempo, quando a célula está se afastando da fonte de atração, e que aumentam com o decorrer do tempo, quando a célula está se movendo em sua direção.

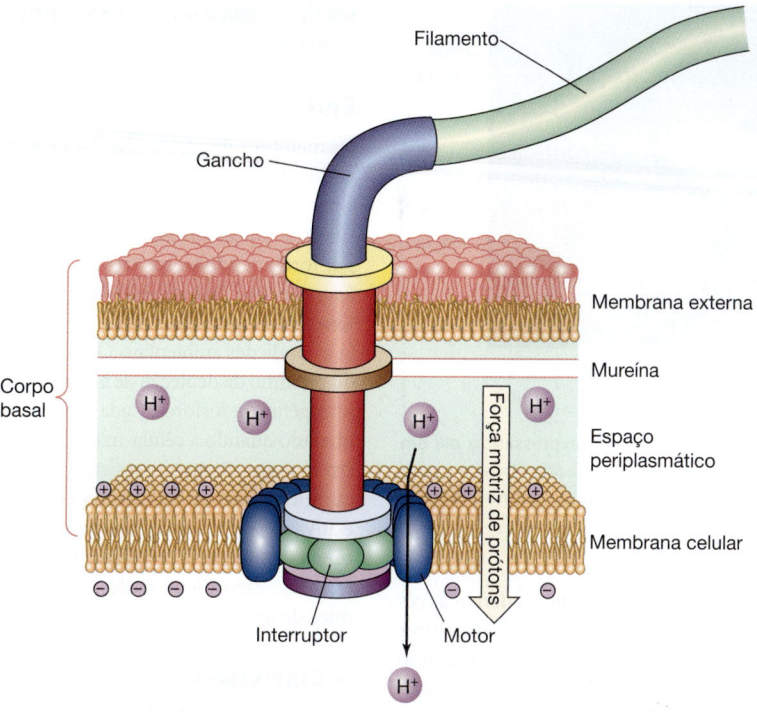

FIGURA 2-26　Componentes estruturais no interior do corpo basal do flagelo que permitem a rotação da porção interna dessa estrutura, dos bastonetes do corpo basal e do complexo gancho-filamento fixado. Os anéis externos permanecem estáticos em contato com as membranas celulares interna e externa e com a parede celular (mureína), ancorando o complexo do flagelo ao envelope da célula bacteriana. A rotação é impulsionada pelo fluxo de prótons, através do motor, a partir do espaço periplasmático, fora da membrana celular, para o citoplasma em resposta ao campo elétrico e ao gradiente de prótons através da membrana, que juntos constituem a força motriz de prótons. Um interruptor determina a direção da rotação, a qual estabelece se a bactéria se movimenta para a frente (devido à rotação do flagelo no sentido anti-horário) ou de modo inverso (devido à rotação do flagelo no sentido horário). (Reproduzida, com autorização, de Saier MH Jr: Peter Mitchell and his chemiosmotic theories. *ASM News* 1997;63:13.)

Alguns compostos atuam mais como repelentes do que como atraentes. Um mecanismo pelo qual as células respondem a substâncias atraentes e repelentes envolve metilação e desmetilação mediadas por monosfato de guanosina cíclico (cGMP, do inglês *cyclic guanosine monophosphate*) de proteínas específicas na membrana. Enquanto as substâncias atraentes provocam a inibição transitória da desmetilação dessas proteínas, as repelentes estimulam sua desmetilação.

O mecanismo pelo qual uma alteração do comportamento da célula é desencadeada em resposta a alguma mudança no meio ambiente denomina-se **transdução sensorial**. A transdução sensorial é responsável não apenas pela quimiotaxia, mas também pela **aerotaxia** (movimento em direção à concentração ideal de oxigênio), pela **fototaxia** (movimento das bactérias fotossintéticas em direção ao lúmen) e pela **taxia dos aceptores de elétrons** (movimento das bactérias respiratórias em direção aos aceptores de elétrons alternativos, como o nitrato e o fumarato). Nessas três respostas, bem como na quimiotaxia, o movimento final é determinado pela regulação da resposta de inversão do movimento.

Pili (fímbrias)

Muitas bactérias Gram-negativas apresentam estruturas de superfície rígidas denominadas **pili** (que significa "pelos") ou **fímbrias** (que significa "franjas") Elas são menores e mais finas que os

flagelos e similares em sua composição. Elas são compostas por subunidades proteicas denominadas **pilinas**. Alguns *pili* contêm um tipo de pilina, enquanto outros apresentam mais de um tipo. Proteínas menores, chamadas de **adesinas**, estão localizadas nas pontas dos *pili* e são responsáveis pelas propriedades de fixação. É possível distinguir duas classes: os *pili* comuns, que desempenham um papel na aderência das bactérias simbióticas e patogênicas às células hospedeiras, e os *pili* sexuais, responsáveis pela fixação das células doadoras e receptoras no processo de conjugação bacteriana (ver Capítulo 7). Os *pili* estão ilustrados na Figura 2-27, em que os *pili* sexuais foram recobertos por partículas de fagos para os quais atuam como receptores específicos.

A motilidade via *pili* é completamente diferente da motilidade por flagelos. As moléculas de pilina exibem disposição helicoidal, formando um cilindro que não sofre rotação nem possui corpúsculo basal completo. Suas extremidades aderem fortemente às superfícies distantes das células. Em seguida, os *pili* se despolimerizam de sua extremidade terminal, retraindo-se para dentro da célula. O resultado dessa manobra é que a bactéria se move na direção da ponta aderente. Esse tipo de motilidade de superfície é chamado de **contração**, sendo amplamente empregado pelas bactérias que possuem *pili*. Diferentemente dos flagelos, os *pili* crescem do interior para o exterior da célula.

A virulência de certas bactérias patogênicas depende da produção não apenas de toxinas como também de "antígenos de

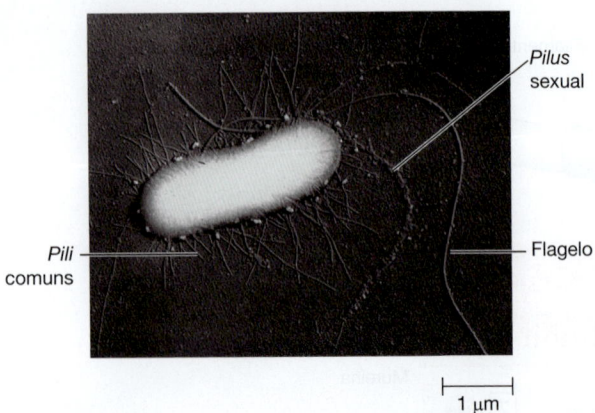

FIGURA 2-27   *Pili*. Uma *Escherichia coli* expressando *pili* em sua superfície. Os *pili* curtos (fímbrias) medeiam a aderência; e o *pilus* sexual está envolvido na transferência do ácido desoxirribonucleico (DNA). (Cortesia de Dr. Charles Brinton, Jr.)

colonização", reconhecidos como *pili* comuns, que conferem às células suas propriedades de aderência. Nas cepas enteropatogênicas de *E. coli*, tanto as enterotoxinas quanto os antígenos de colonização (*pili*) são geneticamente determinados por plasmídeos transmissíveis, conforme discutido no Capítulo 7.

Os *pili* de diferentes bactérias são antigenicamente distintos e desencadeiam a formação de anticorpos pelo hospedeiro. Os anticorpos contra os *pili* de uma espécie bacteriana não impedem a fixação de outra espécie. Algumas bactérias (ver Capítulo 21), como a *N. gonorrhoeae*, são capazes de formar *pili* de diferentes tipos antigênicos (**variação antigênica**) e, por conseguinte, ainda são capazes de aderir a células na presença de anticorpos contra o seu tipo original de *pili*. Assim como as cápsulas, os *pili* inibem a habilidade fagocítica dos leucócitos.

Endósporos

Os membros de vários gêneros de bactérias são capazes de formar **endósporos** (Figura 2-28). Os dois mais comuns são bastonetes Gram-positivos: o gênero *Bacillus*, aeróbio obrigatório, e o gênero *Clostridium*, anaeróbio obrigatório. As outras bactérias conhecidas por formar endósporos são *Thermoactinomyces, Sporolactobacillus, Sporosarcina, Sporotomaculum, Sporomusa* e *Sporohalobacter* spp. Esses microrganismos sofrem um ciclo de diferenciação em resposta a condições ambientais. O processo, **esporulação**, é desencadeado próximo da depleção de algum dos diversos nutrientes (carbono, nitrogênio ou fósforo). Cada célula forma um único esporo interno, liberado quando a célula-mãe sofre autólise. O esporo é uma célula em repouso, altamente resistente à dessecação, ao calor e a agentes químicos; quando reencontra condições nutricionais favoráveis e é ativado (ver adiante), o esporo **germina**, produzindo uma única célula vegetativa. A localização do endósporo no interior da célula é espécie-específico e pode ser utilizada para identificação taxonômica de uma bactéria.

A. Esporulação

O processo de esporulação começa quando as condições nutricionais se tornam desfavoráveis, sendo a proximidade da depleção da fonte de nitrogênio ou de carbono (ou de ambos) o fator mais significativo. A esporulação ocorre massivamente em culturas no final de crescimento exponencial em virtude dessa proximidade da depleção.

A esporulação envolve a produção de muitas estruturas, enzimas e metabólitos novos, juntamente com o desaparecimento

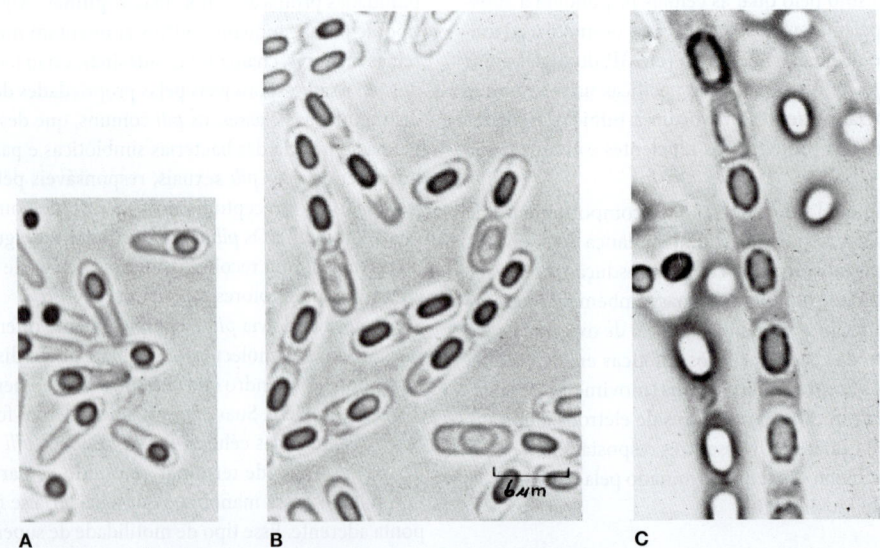

FIGURA 2-28   Células de *Bacillus* em esporulação. **A:** *Bacillus* não identificado do solo. **B:** *Bacillus cereus*. **C:** *Bacillus megaterium*. (Reproduzida, com autorização, de Robinow CF: Structure. In Gunsalus IC, Stanier RY [editors]. *The Bacteria: A Treatise on Structure and Function*, Vol 1. Academic Press, 1960.)

de vários componentes celulares vegetativos. Essas alterações representam um verdadeiro processo de **diferenciação**: uma série de genes cujos produtos determinam a formação e a composição final do esporo são ativados. Essas alterações envolvem modificações na especificidade de transcrição da RNA-polimerase, determinada pela associação da proteína central da polimerase com uma ou outra proteína específica promotora, denominadas **fatores sigma**. Durante o crescimento vegetativo, predomina um fator sigma denominado σ^A. Em seguida, no decorrer da esporulação, cinco outros fatores sigma são formados, o que causa a expressão de vários genes de esporos em tempos diversos, em localizações específicas.

A sequência de eventos na esporulação é altamente complexa: a diferenciação de uma célula vegetativa de *B. subtilis* em endósporo requer cerca de 7 horas em condições laboratoriais. São observados diferentes eventos morfológicos e químicos nos estágios sequenciais do processo. Sete estágios diferentes foram identificados.

Em termos morfológicos, a esporulação começa com a formação de um filamento axial (Figura 2-29). O processo prossegue com a invaginação da membrana, de modo a produzir uma estrutura de membrana dupla cujas superfícies correspondem à superfície de síntese da parede celular do envelope. Os locais de crescimento movem-se progressivamente em direção ao polo da célula, de modo a envolver o esporo em desenvolvimento.

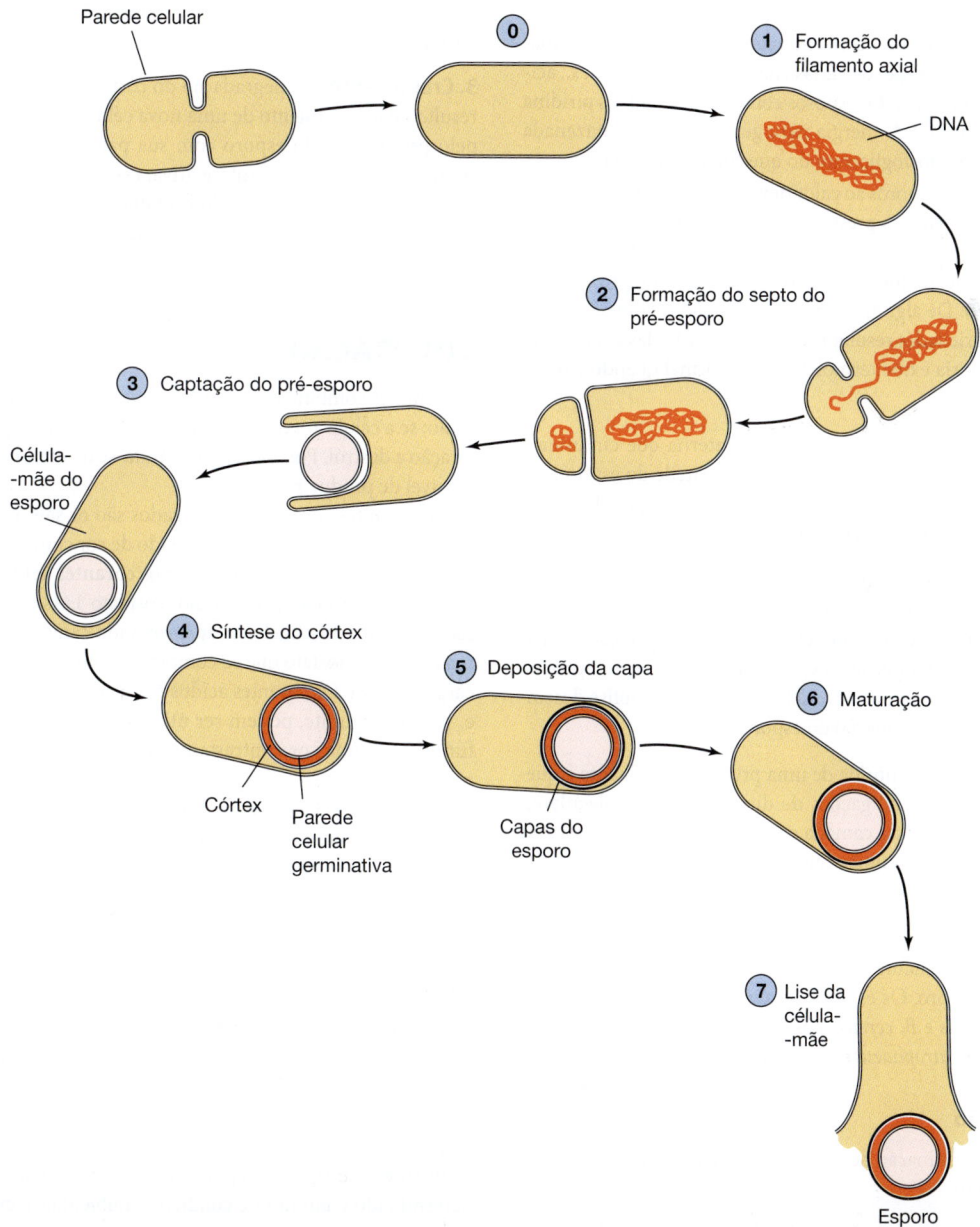

FIGURA 2-29 Estágios de formação do endósporo. (Reproduzida, com autorização, de Merrick MJ: Streptomyces. In: Parish JH [editor]. *Developmental Biology of Procaryotes*. Univ California Press, 1979.)

As duas membranas do esporo passam a atuar na síntese ativa de camadas especiais que formam o envelope celular: a **parede do esporo** e o **córtex**, situados fora das membranas. No citoplasma recém-isolado, ou cerne, ocorre a degradação de muitas enzimas da célula vegetativa, substituídas por um conjunto de componentes próprios do esporo.

B. Propriedades dos endósporos

1. Cerne – O cerne é o protoplasto do esporo. Ele contém um cromossomo completo, todos os componentes do aparelho de síntese das proteínas e um sistema gerador de energia baseado na glicólise. Os citocromos estão ausentes até mesmo nas espécies aeróbias, cujos esporos dependem de uma via curta de transporte de elétrons que envolve as flavoproteínas. Diversas enzimas da célula vegetativa são encontradas em maiores concentrações (p. ex., alanina-racemase), e verifica-se a formação de várias enzimas peculiares (p. ex., ácido dipicolínico-sintetase). Os esporos contêm nucleotídeos piridina não reduzidos ou ATP. A energia para germinação é armazenada mais em forma de 3-fosfoglicerato do que em forma de ATP.

A resistência dos esporos ao calor deve-se, em parte, a seu estado desidratado e, em parte, à presença, no cerne, de grandes quantidades (5-15% do peso seco do esporo) de **dipicolinato de cálcio**, formado a partir de um intermediário da via de biossíntese da lisina (ver Figura 6-19). De alguma maneira ainda não totalmente elucidada, essas propriedades resultam em estabilização das enzimas do esporo, cuja maioria exibe termolabilidade normal quando isolada na forma solúvel.

2. Parede do esporo – A camada mais interna que circunda a membrana interna do esporo é denominada parede do esporo. Ela contém o peptidoglicano normal e transforma-se na parede celular da célula vegetativa durante a germinação.

3. Córtex – O córtex é a camada mais espessa do envelope do esporo. Ele contém um tipo incomum de peptidoglicano, com um número muito menor de ligações cruzadas em comparação com as encontradas no peptidoglicano da parede celular. O peptidoglicano do córtex é extremamente sensível à lisozima, e sua autólise desempenha um papel na germinação do esporo.

4. Capa – A capa é constituída de uma proteína semelhante à queratina, contendo muitas ligações de dissulfeto intramoleculares. A impermeabilidade dessa camada confere aos esporos sua relativa resistência aos agentes químicos antibacterianos.

5. Exósporo – O exósporo é composto por proteínas, lipídeos e carboidratos. Consiste em uma camada basal paracristalina e uma região externa semelhante a pelos. Não se sabe exatamente qual é a função do exósporo. Os esporos de algumas espécies de *Bacillus* (p. ex., *B. anthracis* e *B. cereus*) possuem exósporo; porém, outras espécies (p. ex., *B. atrophaeus*) possuem esporos sem essa estrutura.

C. Germinação

O processo de germinação ocorre em três estágios: ativação, iniciação e crescimento.

1. Ativação – A maioria dos endósporos é incapaz de germinar imediatamente após a sua formação. Entretanto, podem germinar depois de permanecer em repouso por vários dias ou ser inicialmente ativados, em meio nutricionalmente rico, por um ou outro agente capaz de lesionar a capa do esporo. Entre os agentes que podem vencer o estado de dormência do esporo, destacam-se o calor, a abrasão, a acidez e os compostos que contêm grupos sulfidrila livres.

2. Iniciação – Após a ativação, o esporo inicia o processo de germinação se as condições ambientais forem favoráveis. Diferentes espécies desenvolveram receptores que reconhecem efetores (i.e., **germinadores**) distintos como sinalização de um meio propício. Assim, a iniciação é deflagrada pela L-alanina em uma espécie e pela adenosina em outra. A ligação do efetor ativa uma autolisina que degrada rapidamente o peptidoglicano do córtex. Ocorre a captação de água, o dipicolinato de cálcio é liberado, e verifica-se a degradação de uma variedade de componentes do esporo por enzimas hidrolíticas.

3. Crescimento – A degradação do córtex e das camadas externas resulta no aparecimento de uma nova célula vegetativa, constituída pelo protoplasto do esporo com sua parede circundante. Segue-se um período de biossíntese ativa; esse período, que termina na divisão celular, é denominado brotamento. O brotamento exige o suprimento de todos os nutrientes essenciais para o crescimento da célula.

COLORAÇÃO

Os corantes combinam-se quimicamente com o protoplasma bacteriano; se a célula ainda não estiver morta, o próprio processo de coloração a destrói. Por conseguinte, trata-se de um processo drástico, passível de produzir artefatos.

Os corantes comumente utilizados são os sais. Os **corantes básicos** consistem em um cátion dotado de cor com um ânion incolor (p. ex., azul de metileno$^+$ cloreto$^-$); os **corantes ácidos** comportam-se de modo inverso (p. ex., sódio$^+$ eosinato$^-$). As células bacterianas são ricas em ácido nucleico, apresentando cargas negativas em forma de grupos fosfato que se combinam com os corantes básicos de carga positiva. Os corantes ácidos não coram as células bacterianas e, por conseguinte, podem ser utilizados para corar o material de fundo com uma cor contrastante (ver seção "Coloração negativa", neste capítulo).

Os corantes básicos coram uniformemente as células bacterianas, a não ser que o RNA citoplasmático seja inicialmente destruído. Entretanto, podem-se utilizar técnicas especiais de coloração para diferenciar flagelos, cápsulas, paredes celulares, membranas celulares, grânulos, nucleoides e esporos.

Coloração de Gram

Uma importante característica taxonômica das bactérias consiste na sua resposta à coloração de Gram. A propriedade de coloração de Gram parece fundamental, visto que a reação está correlacionada com muitas outras propriedades morfológicas em formas filogeneticamente correlatas (ver Capítulo 3). Um microrganismo potencialmente Gram-positivo pode aparecer dessa maneira apenas em determinado conjunto de condições ambientais e em uma cultura jovem.

A coloração de Gram (ver Capítulo 47) começa com a aplicação de um corante básico, o cristal violeta. Em seguida, aplica-se uma solução de iodo, que forma um complexo com o cristal violeta. Todas as bactérias coram-se em azul nessa etapa do processo. Depois, as células são tratadas com álcool. As células Gram-positivas retêm o complexo cristal violeta-iodo, permanecendo azuis; as células Gram-negativas são totalmente descoradas pelo álcool. Como etapa final, aplica-se um contracorante (p. ex., o corante vermelho safranina*), de modo que as células Gram-negativas descoradas adquirem uma cor contrastante; nessa etapa, as células Gram-positivas exibem uma cor púrpura (Tabela 2-1).

A base da reação diferencial de Gram é a estrutura da parede celular, conforme discutimos anteriormente neste capítulo.

Coloração álcool-ácido-resistentes

As bactérias álcool-ácido-resistentes são as que retêm carbolfucsina (fucsina básica dissolvida em uma mistura de fenol-álcool--água) mesmo quando descoradas com ácido clorídrico em álcool. Um esfregaço de células em lâmina é banhado com carbolfucsina e aquecido no vapor. Após essa etapa, procede-se à etapa de descoloração com ácido-álcool e, por fim, aplica-se um contracorante contrastante (azul ou verde) (ver Capítulo 47). As bactérias álcool--ácido-resistentes (micobactérias e alguns dos actinomicetos relacionados) adquirem cor vermelha, enquanto as outras apresentam a cor do contracorante.

Coloração negativa

É um procedimento que envolve a coloração do material de fundo com um corante ácido, deixando as células incolores. O corante negro nigrosina é comumente utilizado. Esse método é empregado para as células ou estruturas difíceis de serem coradas diretamente (ver Figura 2-23B).

Coloração dos flagelos

Os flagelos são muito finos (cerca de 20 nm de diâmetro) para serem visíveis ao microscópio óptico. Entretanto, sua presença e sua distribuição podem ser demonstradas ao tratar as células com uma suspensão coloidal instável de sais de ácido tânico, provocando a formação de um precipitado maciço sobre as paredes celulares e os flagelos. Dessa maneira, o diâmetro aparente dos flagelos aumenta, de modo que a coloração subsequente com fucsina básica os torna visíveis ao microscópio óptico. A Figura 2-30 mostra células coradas por esse método.

Nas bactérias peritríquias, os flagelos formam feixes durante o movimento, podendo ser espessos o suficiente para serem observados em células vivas à microscopia de campo escuro ou de contraste de fase.

Coloração da cápsula

Em geral, as cápsulas são evidenciadas pelo processo de coloração negativa ou por uma modificação desta (ver Figura 2-23). Um desses "corantes-cápsula" (método Welch) envolve o tratamento com solução de cristal violeta aquecido, seguida de uma lavagem com solução de sulfato de cobre. Esta última é usada para remover o

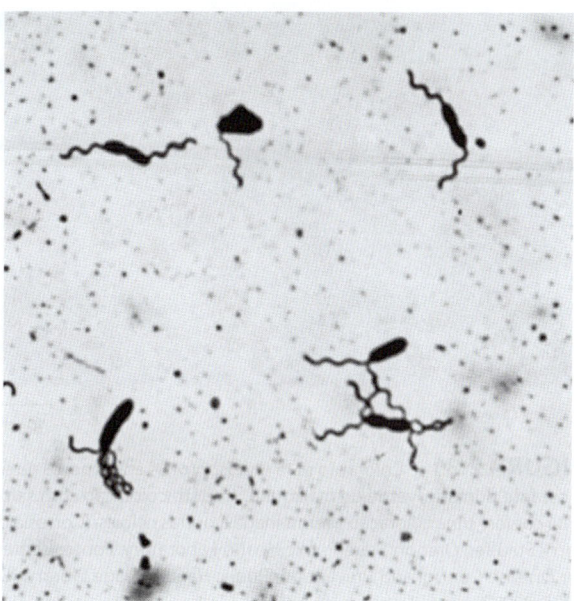

FIGURA 2-30 Coloração para flagelos de espécie de *Pseudomonas*. (Reproduzida, com autorização, de Leifson E: Staining, shape and arrangement of bacterial flagella. *J Bacteriol* 1951;62:377.)

excesso da primeira solução, uma vez que a lavagem convencional com água dissolveria a cápsula. O sal de cobre também cora o fundo, resultando em uma célula e fundo de cor azul-escura, enquanto a cápsula aparece em azul bem mais claro.

Coloração dos nucleoides

Os nucleoides podem ser corados pelo corante de Feulgen, específico do DNA. Os corantes intercalantes de DNA – DAPI (4′,6′-diamino-2-fenil-indol) e brometo de etídio – são amplamente utilizados para a microscopia de fluorescência dos nucleoides.

Coloração dos esporos

Os esporos são observados de maneira mais simples em forma de corpúsculos intracelulares refrativos (ver Figura 2-28) em suspensões de células não coradas ou como áreas incolores em células coradas por métodos convencionais. A parede do esporo é relativamente impermeável, porém os corantes podem atravessá-la mediante o aquecimento da preparação. Em seguida, a mesma impermeabilidade serve para evitar a descoloração do esporo pelo tratamento com álcool, suficiente para descorar as células vegetativas, que podem ser finalmente contracoradas. Comumente, os esporos são corados com verde de malaquita ou carbolfucsina (Figura 2-31).

ALTERAÇÕES MORFOLÓGICAS DURANTE O CRESCIMENTO

Divisão celular

A maioria das bactérias se divide por **fissão binária** em duas novas células-filhas idênticas. Em uma cultura em crescimento de um bacilo, como *E. coli*, as células elongam-se, formando uma partição

---

*N. de T. A fucsina também pode ser utilizada como contracorante no lugar da safranina.

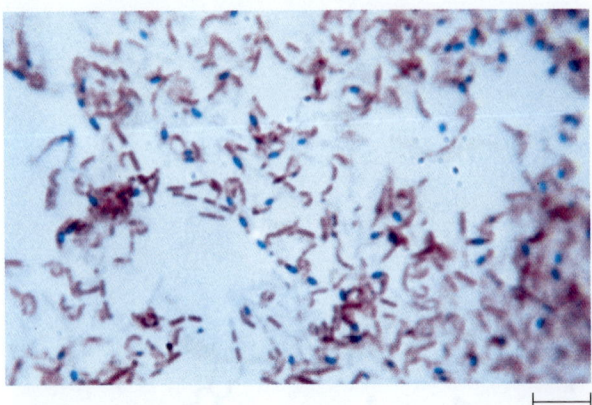

⊢——⊣ 10 μm

FIGURA 2-31 Coloração para endósporo. Os endósporos retêm o corante primário, verde de malaquita. A contracoloração com safranina confere uma coloração avermelhada a outras células. (Cortesia de Larry Stauffer, Oregon State Public Health Laboratory. Fonte: Centers for Disease Control and Prevention, Public Health Image Library, ID# 1895, 2002.)

que, por fim, separa a célula em duas células-filhas. A partição é referida como um **septo**, e é o resultado do crescimento interno da membrana citoplasmática e da parede celular em direções opostas até que as duas células-filhas sejam separadas. Os cromossomos, cujo número duplicou antes da divisão, distribuem-se igualmente para as duas células-filhas.

Embora as bactérias não tenham fuso mitótico, o septo é formado de modo a separar os dois cromossomos-filhos formados por replicação dos cromossomos. Esse processo é efetuado pela fixação do cromossomo à membrana celular. De acordo com o modelo, o término de um ciclo de replicação do DNA deflagra a síntese ativa da membrana entre os locais de fixação dos dois cromossomos-filhos. Então, os cromossomos são separados pelo crescimento interno do septo, e cada célula-filha recebe uma cópia.

Agrupamentos celulares

Quando as células permanecem temporariamente ligadas após a divisão, verifica-se o aparecimento de certos grupamentos característicos. Dependendo do plano de divisão e do número de divisões durante as quais as células permanecem ligadas, pode ocorrer a seguinte disposição em forma de cocos: cadeias (estreptococos), pares (diplococos), feixes cúbicos (sarcinas), aglomerados semelhantes a cachos de uva (estafilococos) ou placas achatadas. Os bastonetes podem formar pares ou cadeias.

Após a divisão de algumas bactérias, são observados movimentos pós-fissão característicos. Assim, por exemplo, um movimento "em chicote" pode colocar as células em posições paralelas; a divisão repetida e o movimento em chicote resultam no arranjo em "paliçada", típico dos bacilos diftéricos.

RESUMO DO CAPÍTULO

- A microscopia desempenhou um papel importante na compreensão sobre as estruturas celulares.

- As células eucarióticas são caracterizadas pela presença de membrana nuclear, retículo endoplasmático, ribossomos 80S e plastídeos (mitocôndrias e cloroplastos). A membrana plasmática é caracterizada pela presença de esteróis (colesterol). As células procarióticas não apresentam membrana nuclear e são haploides. Seu citoplasma contém ribossomos 70S e não possuem mitocôndrias e cloroplastos.

- As principais funções da membrana citoplasmática das células procarióticas são (1) permeabilidade seletiva e transporte de solutos; (2) transporte de elétrons e fosforilação oxidativa em espécies aeróbias; (3) excreção de enzimas hidrolíticas e de outras proteínas; (4) atuar como local das enzimas e moléculas carregadoras que participam da biossíntese do DNA, de polímeros da parede celular e de lipídeos de membrana; e (5) abrigar os receptores e as proteínas dos sistemas quimiotáticos e de transdução sensorial.

- A maioria das bactérias é classificada como Gram-positivas ou Gram-negativas, de acordo com sua resposta à coloração pelo método de Gram. A classificação dos dois grupos reflete diferenças fundamentais na composição de suas paredes celulares.

- A parede das bactérias Gram-positivas consiste em uma membrana plasmática e uma espessa camada de peptidoglicano; a parede celular das bactérias Gram-negativas é composta por membrana plasmática, uma delgada camada de peptidoglicano e uma membrana externa assimétrica contendo lipopolissacarídeo (endotoxina). O espaço entre a membrana plasmática e a membrana externa é denominado espaço periplasmático.

- Muitas bactérias sintetizam uma quantidade significativa de polímeros extracelulares. Quando esse polímero forma uma camada condensada e bem-definida ao redor da célula bacteriana, que exclui partículas como a tinta da Índia, isso é denominado cápsula. As cápsulas são importantes fatores de virulência, protegendo a célula bacteriana da fagocitose.

- As estruturas de superfície celular, como *pili* e flagelos, são importantes para a aderência e a motilidade, respectivamente.

- A formação de endósporo é uma característica dos gêneros *Bacillus* e *Clostridium*, sendo desencadeada pela falta de nutrientes no ambiente. Os endósporos (esporos) são células quiescentes, extremamente resistentes à dessecação, ao calor e a agentes químicos. Quando as condições nutricionais favoráveis retornam, os esporos germinam e produzem a célula vegetativa.

QUESTÕES DE REVISÃO

1. Um homem de 22 anos apresenta-se com úlcera indolor de 1 cm no corpo do pênis. Observa-se a presença de linfadenopatia inguinal. O paciente admite que negocia drogas por sexo e que teve diversas parceiras sexuais. O teste RPR deu positivo e suspeita-se de sífilis; entretanto, a coloração de Gram de uma amostra retirada da úlcera não mostrou a presença de bactérias. O *T. pallidum*, agente causador da sífilis, não pode ser visualizado por microscopia óptica, pois:

   (A) É transparente.
   (B) Não pode ser corado por corantes comuns.
   (C) Possui um diâmetro menor que 0,2 μm.
   (D) O comprimento de onda da luz branca é muito longo.
   (E) O rápido movimento do organismo impede a visualização.

2. O cloranfenicol, um antibiótico que inibe a síntese proteica bacteriana, também afeta qual das seguintes organelas eucarióticas?

(A) Mitocôndria
(B) Complexo de Golgi
(C) Microtúbulos
(D) Retículo endoplasmático
(E) Membrana nuclear

3. Qual das seguintes estruturas não é parte do envelope celular bacteriano?

(A) Peptidoglicano
(B) Lipopolissacarídeo
(C) Cápsula
(D) Vacúolo gasoso
(E) Camada S

4. Um grupo de adolescentes apresentou náuseas, vômitos, intensa dor abdominal e diarreia após ingerir carne malpassada de hambúrgueres de um restaurante local. Dois adolescentes foram hospitalizados com síndrome hemolítico-urêmica. A *E. coli* O157:H7 foi isolada das fezes de um paciente e de hambúrgueres crus. O O157 refere-se a qual estrutura bacteriana?

(A) Lipopolissacarídeo
(B) Cápsula
(C) Flagelos
(D) Fímbrias
(E) Camada S

5. Qual dos seguintes componentes está presente nas bactérias Gram-negativas, mas não nas Gram-positivas?

(A) Peptidoglicano
(B) Lipídeo A
(C) Cápsula
(D) Flagelos
(E) *Pili*

6. Os estreptococos do grupo A são a causa bacteriana mais comum de faringite em crianças em idade escolar de 5 a 15 anos. O mais importante componente celular envolvido na aderência dessa bactéria à fibronectina, que reveste a superfície epitelial da nasofaringe, é:

(A) Cápsula
(B) Ácido lipoteicoico
(C) Flagelos
(D) Lipoproteína
(E) Antígeno O

7. No outono de 2001, uma série de cartas que continham esporos de *B. anthracis* foram enviadas pelo correio para membros da mídia e do Senado dos Estados Unidos. O resultado foi 22 casos de antraz, com cinco mortes. A resistência ao aquecimento dos esporos bacterianos, como os do *B. anthracis*, deve-se, em parte, ao seu estado de desidratação e, em parte, à presença de quantidades significativas de:

(A) Ácido diaminopimélico
(B) Ácido D-glutâmico
(C) Dipicolinato de cálcio
(D) Proteínas que contêm sulfidrila
(E) Lipídeo A

8. Qual dos seguintes termos NÃO descreve o cromossomo bacteriano?

(A) Haploide
(B) Diploide
(C) Circular
(D) Nucleoide
(E) Feulgen positivo

9. A lisozima cliva as ligações β1→4 entre:

(A) D-Alanina e ponte pentaglicídica.
(B) Ácido *N*-acetilmurâmico e D-alanina.
(C) Lipídeo A e KDO.
(D) Ácido *N*-acetilmurâmico e *N*-acetilglicosamina.
(E) D-Alanina e D-alanina.

10. As espécies de *Mycoplasma* não apresentam qual dos seguintes componentes:

(A) Ribossomos.
(B) Membrana plasmática.
(C) DNA e RNA.
(D) Lipídeos.
(E) Peptidoglicano.

Respostas

1. C		**5.** B		**9.** D	
2. A		**6.** B		**10.** E	
3. D		**7.** C			
4. A		**8.** B			

REFERÊNCIAS

Balows A, et al (editors): *The Prokaryotes, A Handbook on the Biology of Bacteria: Ecophysiology, Isolation, Identification, Applications*, 2nd ed, 4 vols. Springer, 1992.

Barreteau H, et al: Cytoplasmic steps of peptidoglycan biosynthesis. *FEMS Microbiol Rev* 2008;32:168.

Barton LL: *Structural and Functional Relationships in Prokaryotes*. Springer, 2005.

Bermudes D, Hinkle G, Margulis L: Do prokaryotes contain microtubules? *Microbiol Rev* 1994;58:387.

Blair DF: How bacteria sense and swim. *Annu Rev Microbiol* 1995;49:489.

Burrows LL: Twitching motility: Type IV pili in action. *Annu Rev Microbiol* 2012;66:492.

Dautin N, Bernstein HD: Protein secretion in Gram-negative bacteria via the autotransporter pathway. *Annu Rev Microbiol* 2007;61:89.

Henderson JC, et al: The power of asymmetry: Architecture and assembly of the Gram-negative outer membrane lipid bilayer. *Annu Rev Microbiol* 2016;70:255.

Hinnebusch J, Tilly K: Linear plasmids and chromosomes in bacteria. *Mol Microbiol* 1993;10:917.

Henriques AO, Moran CP Jr: Structure, assembly, and function of the spore surface layers. *Annu Rev Microbiol* 2007;61:555.

Hueck CJ: Type III protein secretion systems in bacterial pathogens of animals and plants. *Microbiol Mol Biol Rev* 1998;62:379.

Konovalova A, Kahne DE, Silhavy TJ: Outer membrane biogenesis. *Annu Rev Microbiol* 2017;71:539.

Leiman PG, et al: Type VI secretion apparatus and phage tail-associated protein complexes share a common evolutionary origin. *Proc Natl Acad Sci U S A* 2009;106:4154.

Messner P, et al: Biochemistry of S-layers. *FEMS Microbiol Rev* 1997;20:25–46.

Naroninga N: Morphogenesis of *Escherichia coli*. *Microbiol Mol Biol Rev* 1998;62:110.

Nikaido H: Molecular basis of bacterial outer membrane permeability revisited. *Microbiol Mol Biol Rev* 2003;67:593.

Sauvage E, et al: The penicillin-binding proteins: structure and role in peptidoglycan biosynthesis. *FEMS Microbiol Rev* 2008;32:234.

Schirmer T: General and specific porins from bacterial outer membranes. *J Struct Biol* 1998;121:101. [PMID: 9615433]

Scott JR, Barnett TC: Surface proteins of Gram-positive bacteria and how they get there. *Annu Rev Microbiol* 2006;60:397.

Setlow P, Wang S, Li Y-Q: Germination of spores of the orders *Bacillales* and *Clostridiales*. *Annu Rev Microbiol* 2017;71:459.

Silverman JM, et al: Structure and regulation of the Type VI secretion system. *Annu Rev Microbiol* 2012;66:453.

Sonenshein AL, Hoch JA, Losick R: *Bacillus Subtilis and Its Closest Relatives*. American Society for Microbiology, 2002.

Strahl, H, Errington J: Bacterial membranes: Structure, domains, and function. *Annu Rev Microbiol* 2017;71:519.

Vaara M: Agents that increase the permeability of the outer membrane. *Microbiol Rev* 1992;56:395.

Walsby AE: Gas vesicles. *Microbiol Rev* 1994;58:94.

Whittaker CJ, Klier CM, Kolenbrander PE: Mechanisms of adhesion by oral bacteria. *Annu Rev Microbiol* 1996;50:513.

Classificação das bactérias

TAXONOMIA – A TERMINOLOGIA DA MICROBIOLOGIA MÉDICA

Uma olhada no sumário deste livro é suficiente para apreciarmos a diversidade dos patógenos clínicos que estão associados às doenças infecciosas. Estima-se que, atualmente, temos capacidade para identificar menos de 10% dos patógenos responsáveis por causar doenças ao ser humano, devido à nossa incapacidade de cultivar ou identificar esses microrganismos utilizando sondas moleculares. A diversidade dos patógenos identificáveis é tão grande que é importante conhecermos as sutilezas associadas a esses agentes infecciosos. A explicação para a importância de compreender essas diferenças é que cada agente infeccioso é especificamente adaptado a um ou mais modos de transmissão, à capacidade de crescer em um hospedeiro humano (colonização) e aos mecanismos para causar doença (patologia). Assim, uma terminologia que comunique, de modo consistente, as características únicas dos agentes infecciosos para estudantes, microbiologistas e agentes de saúde é crucial para evitar o caos que poderia ocorrer sem as diretrizes organizacionais da **taxonomia** bacteriana (do grego *taxon* = arranjo, organização; p. ex., a classificação de organismos em um sistema ordenado, indicando uma relação natural).

A **identificação**, a **classificação** e a **nomenclatura** constituem três áreas distintas, porém inter-relacionadas da taxonomia. Cada área é crítica para alcançar o objetivo final de estudar as doenças infecciosas com acurácia e conectá-las a outras áreas afins com precisão.

A **identificação** é o uso prático de um esquema de classificação para (1) isolar e distinguir organismos específicos no meio de uma microbiota complexa, (2) verificar a autenticidade ou as propriedades especiais de determinada cultura em um contexto clínico, e (3) isolar o agente etiológico de determinada doença. A última função pode levar à seleção de um tratamento farmacológico orientado para a erradicação do agente, de uma vacina que atenue sua patologia, ou de uma medida de saúde pública (p. ex., lavagem de mãos) que previna sua transmissão.

Os esquemas de identificação não são esquemas de classificação, embora possam ter alguma semelhança superficial. Por exemplo, a literatura popular relatou que *Escherichia coli* é agente etiológico da síndrome hemolítico-urêmica (SHU) em lactentes. Existem centenas de diferentes cepas que são classificadas como *E. coli*, mas poucas delas estão associadas à SHU. Essas cepas podem ser "identificadas" entre muitas outras cepas de *E. coli* pela reatividade com

anticorpos de seus antígenos O, H e K, como descrito no Capítulo 2 (p. ex., *E. coli* O157:H7). Contudo, elas são amplamente classificadas como membros da família Enterobacteriaceae.

No contexto da microbiologia, a **classificação** pode ser definida como a categorização de microrganismos em grupos taxonômicos. Técnicas experimentais e de observação são necessárias para a classificação taxonômica, uma vez que propriedades bioquímicas, fisiológicas, genéticas e morfológicas são historicamente necessárias para o estabelecimento de uma classificação taxonômica. Essa área da microbiologia é extremamente dinâmica, visto que as ferramentas continuam a evoluir (p. ex., novos métodos de microscopia, análises bioquímicas e biologia computacional dos ácidos nucleicos).

A **nomenclatura** refere-se à designação de um organismo segundo regras internacionais (estabelecidas por um grupo de cientistas), de acordo com suas características. Isso é, sem dúvida, o componente mais importante da taxonomia, pois permite que os cientistas se comuniquem entre si. Assim como nosso vocabulário social evolui, isso também ocorre com a terminologia da microbiologia clínica. Qualquer profissional cuja área de trabalho esteja associada às doenças infecciosas deve conhecer a taxonomia evolutiva dos microrganismos infecciosos.

Por fim, as categorias taxonômicas formam a base da organização das bactérias. A taxonomia de Lineu é o sistema mais conhecido entre os biólogos. Ela emprega as categorias formais de reino, filo (ou divisão), classe, ordem, família, gênero, espécie e subtipo. As menores categorias são aprovadas por um consenso de especialistas na comunidade científica. Entre essas categorias, a família, o gênero e a espécie são as mais úteis (Tabela 3-1).

CRITÉRIOS PARA IDENTIFICAÇÃO DAS BACTÉRIAS

Crescimento em meio de cultura

Os critérios apropriados à classificação das bactérias incluem muitas das propriedades descritas no capítulo anterior. Um desses critérios é o crescimento em tipos diferentes de meios bacteriológicos. O cultivo geral da maior parte das bactérias requer um meio enriquecido por nutrientes metabólicos. Esses meios geralmente incluem ágar, uma fonte de carbono e um ácido hidrolisado ou enzimaticamente degradado de uma fonte de material biológico (p. ex., caseína). Além disso, esses meios podem ser suplementados com vitaminas e até mesmo com hemácias intactas, como no caso

TABELA 3-1   Categorias taxonômicas

Categoria formal	Exemplo
Reino	Procarioto
Filo (ou divisão)	Gracilicutes
Classe	Scotobacteria
Ordem	Eubacteriales
Família	Enterobacteriaceae
Gênero	*Escherichia*
Espécie	*coli*
Subtipo	*Escherichia coli* O157:H7

do ágar-sangue. Devido à sua composição indefinida, esses tipos de meio são conhecidos como **meios complexos**.

Amostras clínicas de sítios normalmente não estéreis (p. ex., a garganta ou o cólon) contêm múltiplas espécies de microrganismos, inclusive possíveis patógenos da microbiota residente. Os meios podem ser **não seletivos** ou **seletivos**; os meios seletivos são usados para a diferenciação entre várias bactérias em uma amostra clínica que contém muitos microrganismos diferentes.

A. Meios não seletivos

O ágar-sangue e o ágar-chocolate são exemplos de meios complexos e não seletivos que permitem o crescimento de diferentes bactérias. Diferentes espécies bacterianas crescem nesses tipos de meios, dando origem a colônias com diferentes morfologias (p. ex., pequenas ou grandes, amarelas ou brancas, rugosas ou lisas). O padrão de crescimento colonial nos diferentes meios de cultura pode ser útil na identificação de uma espécie bacteriana específica.

B. Meios seletivos

Devido à diversidade de microrganismos que residem em alguns locais de obtenção de amostras (p. ex., a pele, o trato respiratório, os intestinos e a vagina), os meios seletivos são empregados para eliminar (ou reduzir) um grande número de bactérias contaminantes nessas amostras. A base para um meio seletivo é a incorporação de um agente que iniba especificamente o crescimento de bactérias irrelevantes. A seguir, são apresentados alguns exemplos desses agentes.

- A azida sódica seleciona bactérias Gram-positivas em vez de Gram-negativas.
- Os sais biliares (desoxicolato de sódio) selecionam bactérias Gram-negativas entéricas e inibem bactérias Gram-negativas de mucosas e a maioria das bactérias Gram-positivas.
- A colistina e o ácido nalidíxico inibem o crescimento de muitas bactérias Gram-negativas.

Exemplos de meios seletivos são o ágar de MacConkey (contém bile), que seleciona bacilos Gram-negativos, e o ágar-sangue CNA (contém colistina e ácido nalidíxico), que seleciona cocos Gram-positivos.

C. Meios diferenciais

Em cultura, algumas bactérias produzem pigmentos característicos, e outras podem ser diferenciadas com base na expressão de enzimas extracelulares. A atividade dessas enzimas pode ser detectada como zonas transparentes circundando colônias cultivadas na presença de substratos insolúveis (p. ex., zonas de **hemólise** ao redor de colônias em meio de ágar que contenha hemácias animais intactas).

Muitas enterobactérias podem ser diferenciadas pela sua capacidade de metabolizar a lactose. Por exemplo, salmonelas e shigelas patogênicas que não fermentam lactose formam colônias incolores em placas de ágar de MacConkey, enquanto outras espécies de enterobactérias fermentadoras de lactose (p. ex., *E. coli*) formam colônias cor-de-rosa ou vermelhas. Há vários tipos de meios diferenciais, muito mais do que é possível descrever em um capítulo focado em taxonomia.

Microscopia

Historicamente, a coloração de Gram, junto com a visualização em microscopia óptica, está entre os métodos mais informativos para a classificação das eubactérias. Essa técnica de coloração divide amplamente as bactérias com base em diferenças fundamentais na estrutura de suas paredes celulares (ver Capítulo 2). Em geral, é a primeira etapa na identificação individual de um espécime bacteriano (p. ex., se é Gram-negativo ou Gram-positivo) cultivado em um meio de cultura ou até diretamente de uma amostra clínica do paciente (p. ex., urina ou líquido cerebrospinal).

Testes bioquímicos

Testes como o **teste da oxidase**, que usa um aceptor de elétrons artificial, podem ser usados para distinguir organismos detectando presença ou ausência de uma enzima respiratória, o citocromo c, cuja ausência diferencia as enterobactérias de outros bacilos Gram-negativos. De modo similar, a atividade da **catalase** pode ser usada, por exemplo, para a diferenciação entre cocos Gram-positivos; as espécies de estafilococos são catalase-positivas, enquanto as espécies de estreptococos são catalase-negativas. Se o microrganismo for identificado como catalase-positivo (*Staphylococcus* spp.), o teste da coagulase pode identificá-lo como *Staphylococcus aureus* (coagulase-positivo) ou *Staphylococcus epidermidis* (coagulase-negativo),* como demonstrado na Figura 3-1.

Em última análise, existem muitos exemplos de testes bioquímicos que podem determinar a presença de funções metabólicas características e ser empregados para agrupar bactérias em um *táxon* específico. Uma pequena lista dos testes bioquímicos mais comuns está descrita na Tabela 3-2.

Testes imunológicos – sorotipos, sorogrupos e sorovares

A designação "sero/soro" simplesmente indica o uso de anticorpos (policlonais ou monoclonais) que reagem com uma estrutura específica da superfície bacteriana, como lipopolissacarídeos (LPS), flagelos ou antígenos capsulares. Os termos "sorotipo", "sorogrupos" e "sorovares" são, para finalidades práticas, idênticos – todos

---

*N. de T. Na realidade, a prova da coagulase somente diferencia *S. aureus* (coagulase-positivo) de um grupo heterogêneo de estafilococos coagulase-negativos (CoNS, do inglês *coagulase-negative staphylococci*), que inclui, entre outros: *S. epidermidis*, *S. saprophyticus* e *S. lugdunensis*. Para a identificação correta de *S. epidermidis*, são necessários diversos testes bioquímicos, incluindo produção de fosfatase, produção de acetoína, produção de urease, etc.

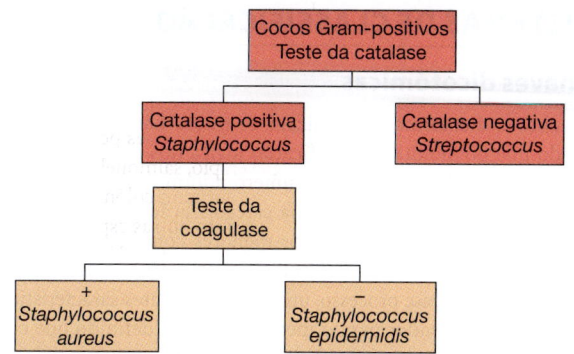

FIGURA 3-1 Diagrama simplificado para diferenciação de cocos Gram-positivos.

utilizam a especificidade desses anticorpos para subdividir cepas de uma determinada espécie bacteriana. Em essência, esses reagentes são agentes "forenses", estabelecendo uma impressão digital que associa um organismo a uma doença causada no indivíduo. Em certas circunstâncias (como no caso de uma epidemia), é importante distinguir entre cepas de determinada espécie ou identificar uma cepa específica. Esse processo é denominado **subtipagem** e consiste no exame de bactérias isoladas à procura de características que permitam uma discriminação abaixo do nível de espécie. Classicamente, a subtipagem é efetuada por biotipagem, sorotipagem, teste de sensibilidade a antimicrobianos e fagotipagem. Por exemplo, foram identificados mais de 130 sorogrupos de *Vibrio cholerae* com base em diferenças antigênicas no polissacarídeo O de seu LPS; entretanto, apenas os sorogrupos O1 e O139 estão associados

TABELA 3-2 Testes bioquímicos comuns usados na diferenciação de bactérias

1. **Quebra de carboidratos.** A capacidade de gerar metabólitos ácidos, por via fermentativa ou oxidativa, a partir de uma variedade de carboidratos (p. ex., glicose, sacarose e lactose), é usada na identificação da maioria dos grupos bacterianos (p. ex., espécies de *Escherichia* fermentam lactose, mas espécies de *Salmonella* não). Esses testes, embora imperfeitos na definição de mecanismos, provaram ser úteis para fins taxonômicos. A identificação por cromatografia gasosa de ácidos graxos de cadeia curta, produzidos na fermentação da glicose, também tem sido útil na classificação de diferentes bactérias anaeróbias.

2. **Produção de catalase.** A enzima catalase catalisa a conversão do peróxido de hidrogênio em água e oxigênio. Quando uma colônia bacteriana é misturada com o peróxido de hidrogênio, a liberação do oxigênio pode ser observada pelo aparecimento de bolhas de gás.* O teste é particularmente útil na diferenciação dos estafilococos (positivos) dos estreptococos (negativos), porém também tem aplicação taxonômica para bactérias Gram-negativas.

3. **Utilização do citrato.** Um meio de ágar que contém citrato de sódio como única fonte de carbono pode ser usado para determinar a capacidade de metabolizar o citrato. Bactérias como *Klebsiella pneumoniae*, que crescem nesse meio, são classificadas como **citrato-positivas**.

4. **Coagulase.** A enzima coagulase atua como um fator plasmático, convertendo o fibrinogênio em fibrina. É usada para diferenciar o *Staphylococcus aureus* dos estafilococos coagulase-negativos (CoNS).**

5. **Descarboxilases e desaminases.** A descarboxilação e a desaminação dos aminoácidos lisina, ornitina e arginina são detectadas pela presença de aminas alcalinas que modificam o pH. Essa modificação pode ser observada pela alteração na cor do meio. Esses testes são utilizados primariamente para identificação de bastonetes Gram-negativos.

6. **Sulfeto de hidrogênio.** A habilidade de algumas bactérias de produzir H_2S a partir de aminoácidos e compostos contendo enxofre é útil na classificação taxonômica. A coloração negra formada pela interação dos sais de sulfeto com metais pesados como o ferro é utilizada na detecção do H_2S. Esse teste é útil para diferenciação entre os bastonetes Gram-negativos.

7. **Indol.** A reação do indol testa a capacidade de um organismo de produzir o indol (benzopirrol) a partir da metabolização do aminoácido triptofano. O indol é detectado pela formação de uma coloração vermelha após a adição do p-dimetilaminobenzaldeído. O teste de *spot* pode ser realizado em segundos usando colônias isoladas. *Proteus vulgaris* é positivo para o indol.

8. **Redução do nitrato.** Bactérias podem reduzir nitratos por diferentes mecanismos. Essa habilidade é demonstrada pela detecção de nitrito e/ou gás nitrogênio formados nesse processo. Esse teste*** é geralmente incluído no teste-padrão de urinálise para detectar a presença de bastonetes Gram-negativos causadores de infecção urinária.

9. **Quebra do ortonitrofenil-β-D-galactopiranosídeo (ONPG).** O teste de ONPG está relacionado com a fermentação da lactose. As bactérias que possuem a enzima β-galactosidase necessária para fermentação da lactose, mas que não apresentam a enzima galactosídeo-permease, importante para o transporte da lactose para o citoplasma bacteriano, são ONPG-positivas e, geralmente, lactose-negativas ou lactose tardias.

10. **Produção de oxidase.** Os testes de oxidase detectam o componente c do complexo citocromo-oxidase. O reagente utilizado muda de transparente para colorido, quando convertido de sua forma reduzida para o estado oxidado. A reação de oxidase é comumente demonstrada em teste de *spot*, utilizando colônias isoladas. Esse teste pode ser utilizado para diferenciar bastonetes Gram-negativos, como *Pseudomonas aeruginosa* (oxidase +) de *E. coli* (oxidase –).

11. **Produção de proteinase.** A atividade proteolítica é detectada pelo crescimento do microrganismo na presença de substratos, como gelatina e ovo coagulado. Amostras produtoras de protease, como *P. aeruginosa* e *S. aureus*, são positivas para esse teste.

12. **Produção de urease.** A urease hidrolisa a ureia em duas moléculas de amônia e uma de CO_2. Essa reação pode ser detectada pelo aumento do pH no meio causado pela produção de amônia. Espécies urease-positivas variam na concentração da enzima produzida. Assim, as bactérias podem ser classificadas como positivas, fracamente positivas ou negativas. *Proteus vulgaris* pode ser diferenciado de outros bastonetes entéricos por meio desse teste.

13. **Teste de Voges-Proskauer.** O teste de Voges-Proskauer detecta o acetilmetilcarbinol (acetoína), um produto intermediário da fermentação da glicose pela via butilenoglicol. Esse teste* é usado para diferenciar bastonetes entéricos.****

Reproduzida, com autorização, de Ryan KJ, Ray CG: *Sherris Medical Microbiology*, 5th ed. McGraw-Hill, 2010, p. 88. © McGraw-Hill Education. Modificada por T.A. Mietzner, 2014.

*N. de T. Reações falso-positivas podem ocorrer se o teste for realizado em meio de cultura contendo sangue, pois as hemácias apresentam a enzima catalase.

**N. de T. Recentemente, foram isoladas, de infecções humanas, amostras de *Staphylococcus schleiferi* subespécie *schleiferi*, que se mostram positivas para coagulase e ainda produtoras de DNase termoestável, podendo, portanto, ser identificadas erroneamente como *S. aureus*. Nesse caso, são necessários testes de fermentação de maltose, lactose, manitol e sacarose. Todos devem resultar positivos para *S. aureus* e negativos para *Staphylococcus schleiferi* subespécie *schleiferi*.

***N. de T. Diversas fitas (*dip stick*) estão disponíveis comercialmente, permitindo detectar a redução do nitrato a nitrito (teste de Griess) diretamente mergulhando a fita na urina. Contudo, esses testes rápidos podem resultar em falso-positivo por contaminação com secreção vaginal ou em casos de infecção por *Trichomonas vaginalis*. Já a proteinúria intensa ou o uso de cefalosporinas podem resultar em falso-negativo. Deve-se ressaltar, ainda, que esses testes apresentam baixa sensibilidade (cerca de 55%) e alta especificidade (cerca de 95%). Assim, são usados apenas como testes presuntivos.

****N. de T. *Escherichia coli* é negativa para esse teste, enquanto *Serratia marcescens* é positiva.

ao cólera pandêmico e epidêmico, respectivamente. Dentro desses sorogrupos,* apenas as cepas que produzem *pili* corregulados pela toxina (TCP, do inglês *toxin-coregulated pili*) e a toxina do cólera (Ctx, do inglês *cholera toxin*) são virulentas e provocam cólera. Contudo, cepas não toxigênicas de *V. cholerae*, não associadas ao cólera epidêmico, são geralmente isoladas de amostras do ambiente, de alimentos e de pacientes com diarreia esporádica.

A clonalidade em termos de microrganismos isolados de um surto de origem comum (**fonte pontual de disseminação**) constitui um importante conceito na epidemiologia das doenças infecciosas. Agentes etiológicos associados a esses surtos de infecções são geralmente **clonais**; ou seja, eles são descendentes de uma única célula e, para todos os fins práticos, são geneticamente idênticos. Assim, a subtipagem desempenha um importante papel na discriminação desses microrganismos. Avanços recentes, obtidos em biotecnologia, melhoraram notavelmente nossa capacidade de subtipar microrganismos. A tecnologia do hibridoma resultou no desenvolvimento de anticorpos monoclonais contra antígenos de superfície celular que foram utilizados para desenvolver sistemas padronizados de subtipagem com base em anticorpos que são utilizados na diferenciação dos **sorotipos** bacterianos. Esta é uma importante ferramenta para definição da disseminação epidemiológica de uma infecção bacteriana.

Outros microrganismos não podem ser identificados como sorotipos únicos. Por exemplo, algumas bactérias (p. ex., *Neisseria gonorrhoeae*) ou vírus (p. ex., o vírus da imunodeficiência humana [HIV, do inglês *human immunodeficiency virus*] e o vírus da hepatite C) são transmitidos como um inóculo composto por **quasiespécies** (o que significa que existe uma extensa variação antigênica entre as bactérias presentes no inóculo). Nesses casos, grupos de hibridomas que reconhecem variantes dos microrganismos originais são empregados para categorizar sorovariantes ou **sorovares**.

Diversidade genética

O valor de um critério taxonômico depende do grupo biológico que está sendo comparado. Traços compartilhados por todos ou por nenhum dos membros de um grupo não podem ser usados para distinguir seus membros, mas podem definir um grupo (p. ex., todos os estafilococos produzem a enzima catalase). Hoje, os avanços no sequenciamento de ácido desoxirribonucleico (DNA, do inglês *deoxyribonucleic acid*) possibilitam a investigação da similaridade de genes ou genomas por comparação de sequências entre diferentes bactérias. Deve-se ressaltar que a instabilidade genética pode fazer alguns traços serem altamente variáveis dentro de um grupo biológico ou mesmo dentro de um grupo taxonômico específico. Por exemplo, os genes de resistência a antibióticos ou os genes que codificam toxinas podem ser transportados em **plasmídeos** ou **bacteriófagos** (ver Capítulo 7), elementos genéticos extracromossômicos que podem ser transferidos entre bactérias não relacionadas ou que podem ser perdidos de um subgrupo de cepas bacterianas idênticas em todos os outros aspectos. Muitos microrganismos são de difícil cultivo, e, nesses casos, técnicas que revelam o parentesco pela análise da sequência de DNA podem ser valiosas.

---

*N. de T. Em 1995, foi descrita uma linhagem de *Vibrio cholerae* O1 isolada de casos de diarreia com diagnóstico clínico e laboratorial de cólera, nas regiões ribeirinhas do Alto dos Solimões (no extremo sudoeste do Estado do Amazonas). Essa variante não apresenta Ctx nem TCP e não é geneticamente relacionada com os biotipos clássico e El Tor, sendo denominada *V. cholerae* O1 Amazonia.

SISTEMAS DE CLASSIFICAÇÃO

Chaves dicotômicas

As chaves dicotômicas organizam os traços bacterianos de um modo que possibilita a identificação lógica dos microrganismos. O sistema ideal deve conter o número mínimo de características necessárias para estabelecer uma categorização correta. Os grupos são divididos em subgrupos menores com base na presença (+) ou ausência (–) de determinada característica diagnóstica. A continuação desse processo, utilizando diferentes características, orienta o pesquisador para o menor subgrupo definido que contém o microrganismo analisado. Nas etapas iniciais desse processo, os microrganismos podem ser divididos em subgrupos com base em características que não refletem qualquer relação genética. Seria perfeitamente razoável, por exemplo, que uma chave para bactérias incluísse um grupo de "bactérias formadoras de pigmentos vermelhos quando propagadas em um meio definido", embora esse procedimento fosse incluir formas não relacionadas, como *Serratia marcescens* (ver Capítulo 15) e bactérias fotossintéticas purpúreas (ver Capítulo 6). Esses dois agrupamentos de bactérias desiguais ocupam nichos distintos e dependem de formas totalmente diferentes de metabolismo energético. Não obstante, o agrupamento preliminar dos referidos conjuntos seria útil, pois poderia possibilitar ao pesquisador a imediata identificação de uma cultura com pigmentação vermelha, limitando a margem de possibilidades a um número relativamente pequeno de grupos. Um exemplo de uma chave dicotômica é mostrado na Figura 3-1.

Taxonomia numérica utilizando características bioquímicas

A taxonomia numérica se tornou amplamente utilizada na década de 1970. Esses esquemas de classificação numérica utilizam um número de características não ponderadas e taxonomicamente úteis. Para esses ensaios, uma única colônia bacteriana deve ser isolada e usada para inocular o formato do teste. Um exemplo dessa ferramenta é o índice de perfil analítico (API, do inglês *analytical profile index*), que usa taxonomia numérica para identificar uma ampla gama de microrganismos de importância médica. Esses testes (APIs) consistem em diversas tiras plásticas, cada uma com cerca de 20 compartimentos em miniatura, contendo reagentes bioquímicos (Figura 3-2). Quase todos os grupos bacterianos cultiváveis e mais de 550 diferentes espécies podem ser identificados com a utilização dos resultados desses testes API. Esses sistemas de identificação possuem um grande banco de dados de reações bioquímicas microbianas. Os agrupamentos numéricos derivados desses testes identificam diferentes cepas de um nível de seleção a partir da similaridade total (geralmente > 80% no nível de espécie) com base na frequência com que essas características são compartilhadas. Além disso, a classificação numérica fornece percentuais de frequência de caracteres positivos para todas as cepas dentro de cada agrupamento. A limitação dessa abordagem é que se trata de um **sistema estático**, que não permite a avaliação da evolução bacteriana e a descoberta regular de novos patógenos bacterianos.

Taxonomia baseada em ácidos nucleicos

Desde 1975, desenvolvimentos no isolamento, na amplificação e na determinação da sequência dos ácidos nucleicos estimularam a evolução de sistemas de subtipagem baseados em ácidos nucleicos.

FIGURA 3-2   Teste API demonstrando como as bactérias podem ser diferenciadas usando uma série de testes bioquímicos. Cada compartimento pequeno contém pó desidratado que é inoculado de uma cultura bacteriana. Após incubação, as mudanças colorimétricas podem ser pontuadas numericamente, produzindo um número que corresponde a uma espécie e um gênero bacterianos específicos. (Cortesia de bioMerieux, Inc.)

Esses sistemas incluem análise de perfil plasmidial, análise da endonuclease de restrição, análise de sequências repetidas, ribotipagem, sequenciamento do RNA ribossômico (rRNA) 16S e sequenciamento genômico total. Esses métodos estão descritos a seguir.

Análise de plasmídeos

Os plasmídeos são elementos genéticos extracromossômicos (ver Capítulo 7). Eles podem ser purificados de uma bactéria isolada e separados por eletroforese em gel de agarose para determinar a quantidade e o tamanho. A análise dos plasmídeos mostrou-se extremamente útil para o estudo de surtos restritos no tempo e no espaço (p. ex., surto em um hospital), particularmente quando é combinada com outros métodos de identificação.

Análise de endonucleases de restrição

O uso de enzimas de restrição para a clivagem do DNA em fragmentos distintos constitui um dos procedimentos mais básicos em biologia molecular. As endonucleases de restrição reconhecem sequências curtas de DNA (sequências de restrição) e clivam o DNA de fita dupla no interior dessa sequência ou adjacente a ela. As sequências de restrição, cujo comprimento varia de 4 a mais de 12 bases, ocorrem em todo o cromossomo bacteriano. As enzimas de restrição que reconhecem sequências curtas (p. ex., 4 pares de base [pb]) ocorrem com maior frequência do que as que são específicas para sequências longas (p. ex., 12 pb). Assim, as enzimas que reconhecem as sequências curtas de DNA produzem mais fragmentos do que as enzimas que reconhecem sequências longas de DNA. Vários métodos de subtipagem empregam o DNA digerido por endonucleases de restrição.

Um desses métodos envolve o isolamento do **DNA plasmidial**, que geralmente apresenta várias quilobases (kb) de comprimento, e a sua digestão é feita com uma enzima de restrição. Após a clivagem enzimática, os segmentos dos plasmídeos fragmentados são separados por eletroforese em gel de agarose. Uma vez que os plasmídeos carregam material genético que contribui diretamente para a doença e geralmente são transferidos de uma bactéria para outra, a presença de um fragmento em comum pode confirmar se um isolado bacteriano específico era geneticamente idêntico (clone) a outros isolados associados a um surto.

Outro método envolve a análise do **DNA genômico**, que apresenta várias megabases de comprimento. Nesse caso, são empregadas endonucleases de restrição que clivam em sítios de restrição de baixa frequência no genoma bacteriano. Em geral, a digestão do DNA com essas enzimas resulta em 5 a 20 fragmentos, cujo comprimento varia de 10 a 800 kb. A separação desses grandes fragmentos de DNA é efetuada por uma técnica denominada **eletroforese em gel de campo pulsado** (PFGE, do inglês *pulsed field gel electrophoresis*),* que exige equipamento especializado. Teoricamente, todas as bactérias isoladas podem ser tipadas por esse método. Sua vantagem é que o perfil de restrição consiste em uma quantidade baixa de bandas de boa resolução, representando todo o cromossomo bacteriano em um único padrão de fragmento de DNA.

Análise genômica

Na biologia, a definição clássica de uma espécie é o maior grupo de organismos em que dois indivíduos podem produzir proles férteis, geralmente por reprodução sexual. A multiplicação das bactérias é quase totalmente vegetativa, e seus mecanismos de troca genética raras vezes envolvem uma recombinação entre grandes porções de seus genomas (ver Capítulo 7). Desse modo, o conceito de **espécie** – a unidade fundamental da filogenia dos eucariotos – tem um significado totalmente diferente quando aplicado às bactérias, o que torna o sequenciamento de genoma extremamente útil.

O uso rotineiro do sequenciamento do DNA genômico permite a comparação precisa de sequências de DNA divergentes, o que pode fornecer uma medida de sua relação. Os genes para diversas funções, como os que codificam antígenos de superfície para evasão do sistema imunológico, divergem em diferentes taxas em relação a genes constitutivos (*housekeeping*), como os que codificam citocromos. Assim, as diferenças na sequência do DNA entre genes ligeiramente divergentes podem ser utilizadas para estabelecer a distância genética entre grupos de bactérias estreitamente relacionados. Por outro lado, as diferenças de sequência entre genes organizadores constitutivos podem ser utilizadas para medir a relação de grupos amplamente divergentes de bactérias.

Há considerável diversidade genética entre as espécies de bactérias. A caracterização química do DNA genômico bacteriano revela ampla variedade nas composições das bases de nucleotídeos entre diferentes espécies bacterianas. Um exemplo disso é o conteúdo de guanina + citosina (G + C) em bactérias. A similaridade do conteúdo G + C entre duas espécies bacterianas distintas indica uma relação taxonômica.

Análise de sequências repetidas

Na era atual da genômica na medicina molecular, centenas de genomas microbianos têm sido sequenciados. Com essa era, surgiram as ferramentas de bioinformática para explorar a riqueza de informações sobre as sequências de DNA na identificação de novos

---

*N. de T. O PFGE é o padrão-ouro para os estudos epidemiológicos de *S. aureus* oxacilina resistente (MRSA) e *Enterococcus* vancomicina resistente (VRE). Contudo, é uma técnica bastante laboriosa e demorada.

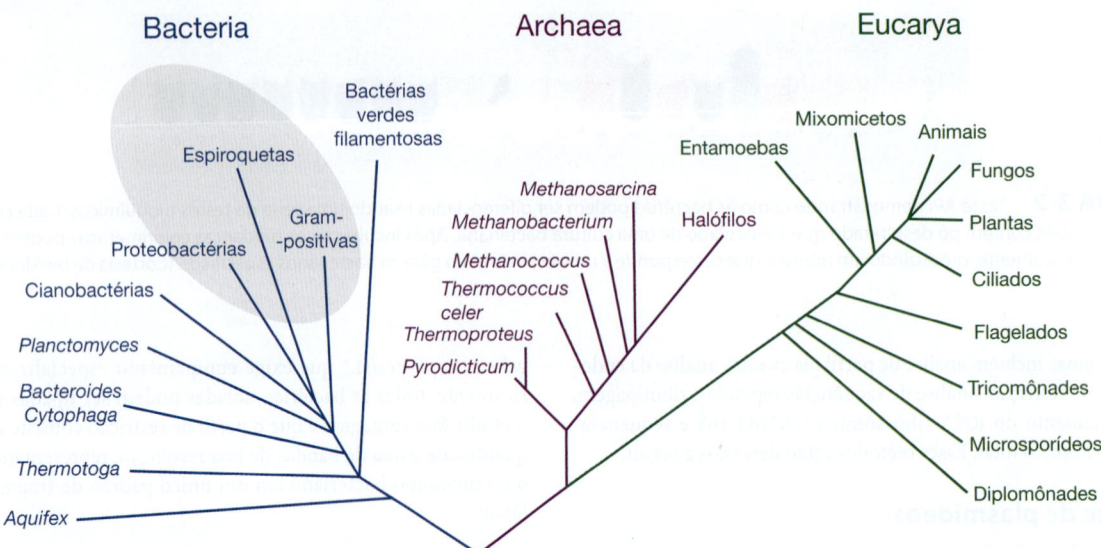

FIGURA 3-3 Árvore filogenética baseada em dados de sequenciamento do rRNA, mostrando a separação das famílias de bactérias, arqueias e eucariotos. Os grupos das principais bactérias patogênicas conhecidas são indicados na área em cinza. O único grupo de bactérias patogênicas que não está agrupado nessa área sombreada é o grupo *Bacteroides*.

alvos para subtipar patógenos, como as **sequências repetitivas** encontradas em diferentes espécies (ver Capítulo 7). Essas sequências repetitivas foram chamadas de **DNA-satélite** e possuem unidades repetitivas que variam de 10 a 100 pb. Em geral, elas são chamadas de **sequências repetidas de número variável** (VNTRs, do inglês *variable number tandem repeats*). As VNTRs foram encontradas em regiões que controlam a expressão gênica e dentro de fases abertas de leitura. A unidade repetida e o número de cópias repetidas lado a lado definem cada *locus* VNTR. Uma estratégia de genotipagem que emprega a reação em cadeia da polimerase (PCR, do inglês *polymerase chain reaction*), citada como **análise VNTR de múltiplos *loci*** (MLVA, do inglês *multiple-locus VNTR analysis*), tem como vantagem os níveis de diversidade gerados pelo tamanho das unidades repetidas e pela variação do número de cópias em um número conhecido de *loci*. Essa técnica mostrou-se especialmente útil na subtipagem de espécies monomórficas, como *Bacillus anthracis*, *Yersinia pestis* e *Francisella tularensis*.

Sequenciamento de RNA ribossômico

Os ribossomos desempenham papel essencial na síntese proteica para todos os organismos e, por isso, são indispensáveis. Sequências genéticas que codificam tanto o RNA ribossômico (rRNA) quanto as proteínas ribossômicas (ambos são necessários para a inclusão de um ribossomo funcional) são altamente conservadas em toda a evolução e divergiram mais lentamente do que outros genes cromossômicos. A comparação da sequência de nucleotídeos do rRNA 16S de uma variedade de fontes procarióticas revelou a existência de relações evolutivas entre organismos amplamente divergentes e levou à elucidação de um novo reino, o das **arqueobactérias**. A árvore filogenética baseada nos dados do rRNA, mostrando a separação entre as famílias de bactérias, arqueias e eucariotos, está representada na Figura 3-3, que mostra os três principais domínios da vida biológica como os conhecemos atualmente. A partir desse diagrama, dois reinos – as eubactérias (bactérias verdadeiras) e as arqueobactérias – são distintos do ramo dos eucariotos.

Ribotipagem

A técnica de *Southern blot* foi denominada em homenagem ao seu inventor, Edwin Mellor Southern, e tem sido utilizada como método de subtipagem para identificação de microrganismos isolados associados a surtos. Para essa análise, as preparações de DNA de isolados bacterianos são submetidas à digestão por endonucleases de restrição. Após eletroforese em gel de agarose, os fragmentos de restrição separados são transferidos para uma membrana de nitrocelulose ou náilon. Esses fragmentos de DNA de fita dupla são primeiramente convertidos em sequências lineares de fita simples. Com a utilização de um fragmento marcado de DNA como sonda, é possível identificar os fragmentos de restrição que contêm sequências (*loci*) homólogas à sonda por complementação com os fragmentos ligados à fita simples (Figura 3-4).

A análise por *Southern blot* pode ser usada para detectar polimorfismos de genes de rRNA, que são encontrados em todas as bactérias. Como as sequências ribossômicas são altamente conservadas, podem ser detectadas com uma sonda comum preparada a partir do rRNA 16S e 23S de uma eubactéria (ver Figura 3-6). Muitos organismos possuem várias cópias (5-7) desses genes, resultando em padrões com fragmentos suficientes para proporcionar um poder de discriminação satisfatório; entretanto, a ribotipagem é de valor limitado para alguns microrganismos, como as micobactérias, que só possuem uma cópia desses genes.

DESCRIÇÃO DAS PRINCIPAIS CATEGORIAS E GRUPOS DE BACTÉRIAS

Bergey's manual of systematic bacteriology

O trabalho definitivo em termos de organização taxonômica de bactérias é a última edição do *Bergey's manual of systematic bacteriology* (Manual de bacteriologia sistemática de Bergey). Publicado pela primeira vez em 1923, esse manual classifica, usando chaves

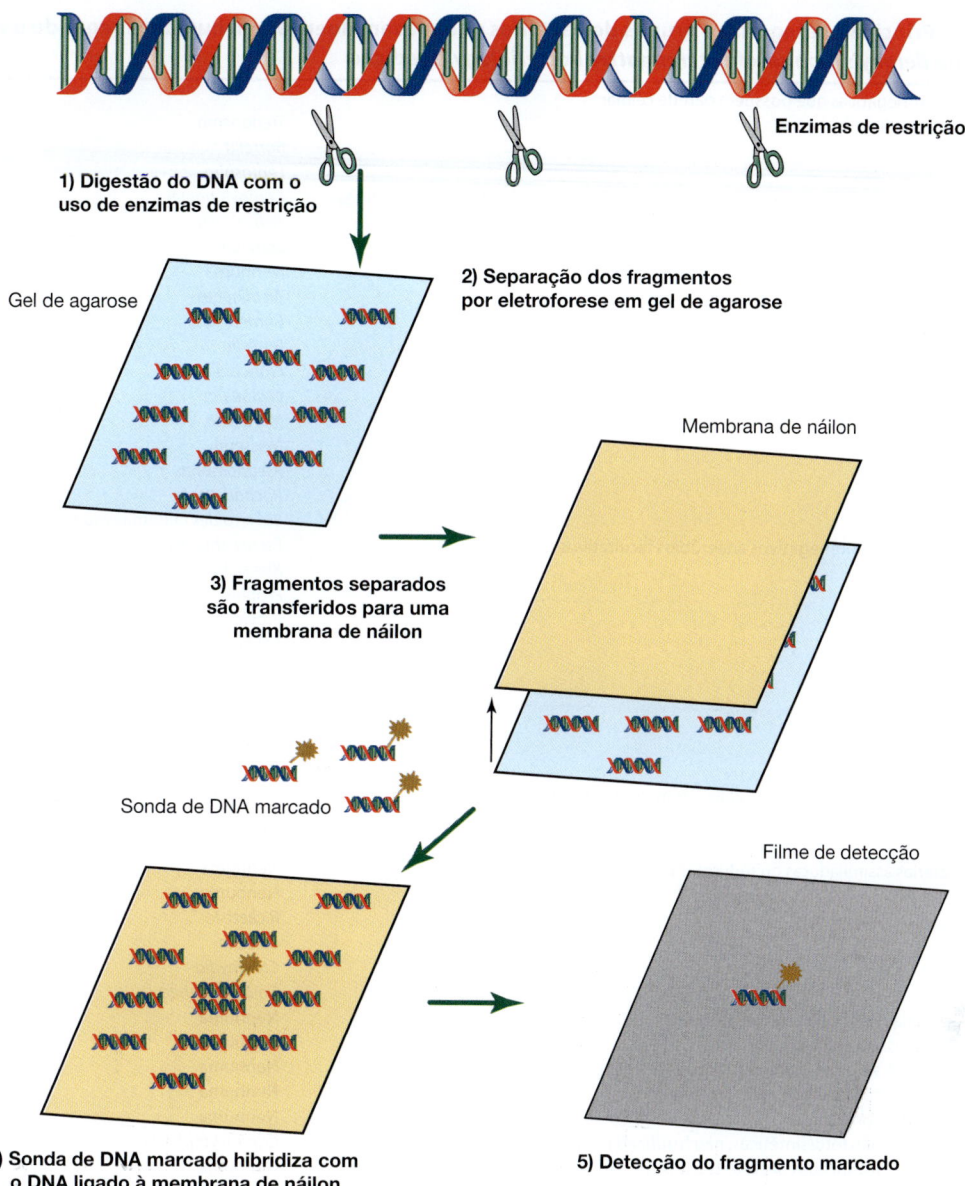

Enzimas de restrição

1) Digestão do DNA com o uso de enzimas de restrição

Gel de agarose

2) Separação dos fragmentos por eletroforese em gel de agarose

Membrana de náilon

3) Fragmentos separados são transferidos para uma membrana de náilon

Sonda de DNA marcado

Filme de detecção

4) Sonda de DNA marcado hibridiza com o DNA ligado à membrana de náilon

5) Detecção do fragmento marcado

FIGURA 3-4 Análise por *Southern blot* mostrando como *loci* específicos em fragmentos de DNA separados podem ser detectados com uma sonda de DNA marcado. Esse procedimento possibilita, em essência, a discriminação do DNA em três níveis: (1) no nível de reconhecimento por enzima de restrição, (2) pelo tamanho do fragmento de DNA e (3) pela hibridização de uma sonda de DNA a um *locus* específico definido por uma banda específica, em uma posição específica da membrana.

taxonômicas, bactérias conhecidas que já foram (ou não) cultivadas ou bem descritas. Um volume suplementar, o *Bergey's manual of determinative bacteriology* (Manual de bacteriologia determinativa de Bergey), serve para auxiliar na identificação das bactérias que já foram descritas e cultivadas. As principais bactérias que causam doenças infecciosas, como são classificadas no *Bergey's manual*, estão listadas na Tabela 3-3. Devido à probabilidade de surgirem informações sobre relações filogenéticas que resultem em modificações adicionais na organização dos grupos bacterianos no *Bergey's manual*, suas designações devem ser consideradas um trabalho em andamento.

Conforme discutido no Capítulo 2, existem dois grupos diferentes de procariotos: as eubactérias e as arqueobactérias. Ambas são pequenos organismos unicelulares que se replicam sexualmente. Eubactérias referem-se às bactérias clássicas como a ciência as conhece historicamente. Não possuem um núcleo verdadeiro, possuem lipídeos característicos que constituem suas membranas, são dotadas de parede celular composta por peptidoglicano e dispõem de um mecanismo para síntese de proteínas e ácidos nucleicos que podem ser inibidos seletivamente por agentes antimicrobianos. Em contrapartida, as arqueobactérias não possuem uma parede celular clássica, com peptidoglicano,

TABELA 3-3 **Principais categorias e grupos de bactérias que causam doenças em humanos segundo o esquema de identificação do *Bergey's manual of determinative bacteriology*, 9ª edição**

I. Eubactérias Gram-negativas que possuem parede celular	
Grupo 1: Espiroquetas	*Treponema*
	Borrelia
	Leptospira
Grupo 2: Bactérias Gram-negativas aeróbias/microaerófilas móveis helicoidais/vibrioides	*Campylobacter*
	Helicobacter
	Spirillum
Grupo 3: Bactérias curvas imóveis (ou raramente móveis)	Nenhuma
Grupo 4: Cocos e bastonetes Gram-negativos aeróbios/microaerófilos	*Alcaligenes*
	Bordetella
	Brucella
	Francisella
	Legionella
	Moraxella
	Neisseria
	Pseudomonas
	Rochalimaea
	Bacteroides (algumas espécies)
Grupo 5: Bastonetes Gram-negativos anaeróbios facultativos	*Escherichia* (e bactérias coliformes relacionadas)
	Klebsiella
	Proteus
	Providencia
	Salmonella
	Shigella
	Yersinia
	Vibrio
	Haemophilus
	Pasteurella
Grupo 6: Bastonetes Gram-negativos anaeróbios, retos, curvos e helicoidais	*Bacteroides*
	Fusobacterium
	Prevotella
Grupo 7: Bactérias assimiladoras ou redutoras de enxofre ou sulfato	Nenhuma
Grupo 8: Cocos Gram-negativos anaeróbios	Nenhuma
Grupo 9: Riquétsias e clamídias	*Rickettsia*
	Coxiella
	Chlamydia
	Chlamydophila
Grupo 10: Bactérias fototróficas anoxigênicas	Nenhuma
Grupo 11: Bactérias fototróficas oxigênicas	Nenhuma
Grupo 12: Bactérias aeróbias quimiolitotróficas e organismos variados	Nenhuma
Grupo 13: Bactérias com apêndices ou brotamentos	Nenhuma
Grupo 14: Bactérias com bainha	Nenhuma
Grupo 15: Bactérias não fotossintéticas, não frutificadas, deslizantes	*Capnocytophaga*
Grupo 16: Bactérias frutificadas deslizantes: mixobactérias	Nenhuma
II. Bactérias Gram-positivas que possuem parede celular	
Grupo 17: Cocos Gram-positivos	
	Enterococcus
	Peptostreptococcus
	Staphylococcus
	Streptococcus
Grupo 18: Bastonetes e cocos Gram-positivos formadores de endósporos	*Bacillus*
	Clostridium
Grupo 19: Bastonetes Gram-positivos regulares não formadores de esporos	*Erysipelothrix*
	Listeria
Grupo 20: Bastonetes Gram-positivos irregulares não formadores de esporos	*Actinomyces*
	Corynebacterium
	Mobiluncus
Grupo 21: Micobactérias	*Mycobacterium*
Grupos 22 a 29: Actinomicetos	*Nocardia*
	Streptomyces
	Rhodococcus
	Mycoplasma
	Ureaplasma

(continua...)

TABELA 3-3 **Principais categorias e grupos de bactérias que causam doenças em humanos segundo o esquema de identificação do** *Bergey's manual of determinative bacteriology*, **9ª edição** *(Continuação)*

III. Eubactérias desprovidas de parede celular: micoplasmas ou Mollicutes	*Mycoplasma*
Grupo 30: Micoplasmas	*Ureaplasma*
IV. Arqueobactérias	
Grupo 31: Metanógenos	Nenhuma
Grupo 32: Arqueobactérias redutoras de sulfato	Nenhuma
Grupo 33: Arqueobactérias halofílicas extremófilas	Nenhuma
Grupo 34: Arqueobactérias desprovidas de parede celular	Nenhuma
Grupo 35: Bactérias termofílicas extremas e hipertermofílicas metabolizadoras de enxofre	Nenhuma

e apresentam muitas características (p. ex., mecanismo de síntese proteica e de replicação de ácido nucleico) similares às das células eucarióticas.

Eubactérias

A. Eubactérias Gram-negativas

Trata-se de um grupo heterogêneo de bactérias que possuem um complexo envelope celular (do tipo Gram-negativo) constituído de membrana externa, espaço periplasmático contendo uma camada interna delgada de peptidoglicano (que contém ácido murâmico) e membrana citoplasmática. O formato da célula (Figura 3-5) pode ser esférico, oval, em bastonete reto ou curvo, helicoidal ou filamentoso; alguns desses formatos podem apresentar bainha ou ser encapsulados. A reprodução é feita por fissão binária; porém alguns grupos se reproduzem por brotamento. As mixobactérias podem formar corpos frutíferos e mixósporos. A motilidade, quando presente, ocorre por meio de flagelos ou por deslizamento. Os membros dessa categoria podem ser bactérias **fototróficas** ou **não fototróficas** (ver Capítulo 5) e incluir espécies **aeróbias**, **anaeróbias**, **anaeróbias facultativas** e **microaerófilas**.

B. Eubactérias Gram-positivas

Essas bactérias possuem uma parede celular do tipo Gram-positiva; em geral, mas nem sempre, as células exibem coloração Gram-positiva. O envelope dos organismos Gram-positivos consiste em uma espessa parede celular que determina o formato celular e uma

membrana citoplasmática. Essas células podem ser encapsuladas e exibir motilidade mediada por flagelos. As células podem ser esféricas, em formato de bastonete ou filamentos. Os bastonetes e os filamentos podem não ser ramificados ou exibir uma verdadeira ramificação. Em geral, a reprodução é feita por fissão binária. Algumas bactérias incluídas nessa categoria produzem **esporos** (p. ex., *Bacillus* e *Clostridium* spp.) como formas de latência que são altamente resistentes à desinfecção. Em geral, as eubactérias Gram-positivas são **heterotróficas quimiossintéticas** (ver Capítulo 5) e incluem espécies aeróbias, anaeróbias e anaeróbias facultativas. Os grupos que compõem essa categoria incluem bactérias asporogênicas (ou não esporogênicas) e esporogênicas simples, bem como actinomicetos estruturalmente complexos e formas correlatas.

C. Eubactérias desprovidas de parede celular

Trata-se de microrganismos que carecem de parede celular (comumente denominados **micoplasmas**, compreendendo a classe Mollicutes) e não sintetizam os precursores do peptidoglicano. São delimitados por uma membrana, a membrana plasmática (Figura 3-6). Essas bactérias se assemelham às **formas L**, que podem ser geradas durante a quebra da parede celular de bactérias Gram-positivas. Contudo, ao contrário das formas L, os micoplasmas nunca retornam ao estado normal da conformação da rede de mureína observada nas bactérias Gram-positivas.

Seis gêneros foram classificados como micoplasmas com base no seu hábitat; entretanto, apenas dois contêm patógenos de animais. Os micoplasmas são microrganismos altamente pleomórficos

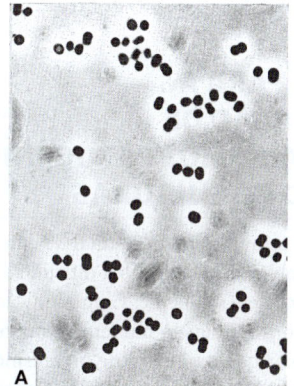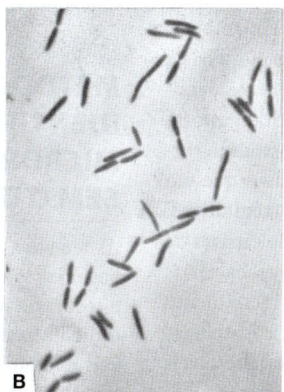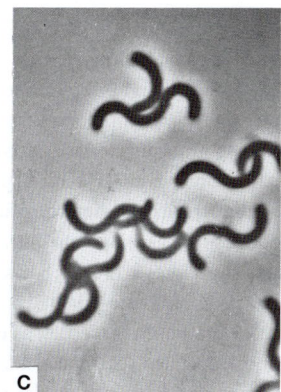

FIGURA 3-5 Os formatos celulares que ocorrem entre bactérias unicelulares verdadeiras. **A:** Coco. **B:** Bastonete. **C:** Espiroqueta. (Contraste de fase, 1.500 ×.) (Reproduzida, com autorização, de Stanier RY, Doudoroff M, Adelberg EA: *The Microbial World*, 3rd ed. Copyright © 1970. Reimpressa, com autorização, de Pearson Education, Inc., New York, New York.)

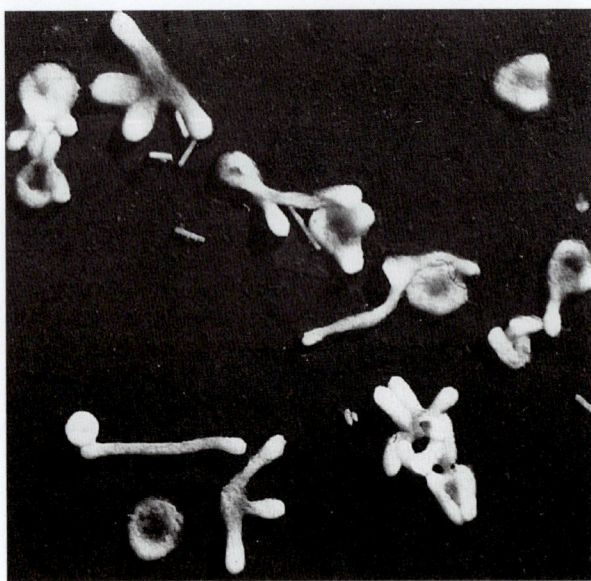

FIGURA 3-6 Micrografia eletrônica de células de um membro do grupo dos micoplasmas, o agente da broncopneumonia no rato (1.960 ×). (Reproduzida, com autorização, de Klieneberger-Nobel E, Cuckow FW: A study of organisms of the pleuropneumonia group by electron microscopy. *J Gen Microbiol* 1955;12:99.)

TABELA 3-4 Principais características compartilhadas por arqueobactérias e células eucarióticas que estão ausentes em eubactérias

Característica	Eubactérias	Arqueobactérias, eucariotos
Fator de elongação 2 (EF-2) contém o aminoácido diftamina e é, portanto, ADP-ribosilável pela toxina diftérica	Não	Sim
O iniciador metionil tRNA não é formilado	Não	Sim
Alguns genes tRNA contêm íntrons	Não	Sim, em eucariotos
A síntese proteica é inibida por anisomicina, mas não por cloranfenicol	Não	Sim
RNA-polimerases dependentes de DNA são enzimas multicomponentes insensíveis aos antimicrobianos rifampicina e estreptomicina	Não	Sim
RNA-polimerases dependentes de DNA são enzimas multicomponentes insensíveis aos antibióticos rifampicina e estreptolidigina	Não	Sim

ADP, difosfato de adenosina; DNA, ácido desoxirribonucleico; RNA, ácido ribonucleico; tRNA, RNA transportador.

cujo tamanho varia de formas vesiculares a formas filtráveis muito pequenas (0,2 μm) (são muito pequenos para serem capturados em filtros que rotineiramente retêm a maior parte das bactérias). A reprodução pode ocorrer por brotamento, fragmentação ou fissão binária, isoladamente ou em combinação. A maioria das espécies necessita de um meio de cultura complexo para crescer e tende a formar colônias características em formato de "ovo frito" em meio sólido. Uma característica peculiar dos Mollicutes é que alguns gêneros necessitam de colesterol para crescer; o colesterol não esterificado constitui um componente único das membranas tanto de espécies que necessitam de esterol quanto de espécies que não necessitam de esterol.

Arqueobactérias

Esses microrganismos habitam predominantemente em ambientes terrestres e aquáticos de condições extremas (elevado teor de sal, altas temperaturas, anaeróbios) e são frequentemente denominados *extremófilos*; alguns são simbiontes no trato digestório humano e de animais. As arqueobactérias consistem em microrganismos aeróbios, anaeróbios e anaeróbios facultativos que são **quimiolitotróficos**, **heterotróficos** ou **heterotróficos facultativos**. Algumas espécies são **mesofílicas**, enquanto outras são capazes de crescer a temperaturas superiores a 100 °C. Essas arqueobactérias hipertermofílicas são peculiarmente adaptadas ao crescimento em altas temperaturas. Com poucas exceções, as enzimas isoladas desses microrganismos são intrinsecamente mais termoestáveis do que as enzimas correspondentes encontradas nos microrganismos mesofílicos. Algumas dessas enzimas termoestáveis, como a

DNA-polimerase do *Thermus aquaticus* (Taq-polimerase), são um importante componente dos métodos de amplificação do DNA, como a PCR.

As arqueobactérias podem ser diferenciadas das eubactérias em parte pela ausência de parede celular com peptidoglicano, presença de lipídeos diéter isoprenoide ou tetraéter diglicerol, e sequências características do rRNA. As arqueobactérias também compartilham algumas características moleculares com as eubactérias (Tabela 3-4). As células podem exibir uma diversidade de formatos: esféricos, espiralados, em placas ou em bastonetes; além disso, ocorrem formas unicelulares e multicelulares, em filamentos ou agregados. A multiplicação ocorre por fissão binária, brotamento, constrição, fragmentação ou por outros mecanismos desconhecidos.

MÉTODOS PARA A IDENTIFICAÇÃO DE MICRORGANISMOS PATOGÊNICOS SEM O USO DE CULTURAS

As tentativas de estimar o número total de eubactérias e arqueobactérias são problemáticas devido a dificuldades como detecção e recuperação do meio ambiente. Como indicado anteriormente, estimativas demonstram que o número de micróbios não cultiváveis é muito maior que o número de organismos cultiváveis. Estimativas recentes sugerem que o total de espécies bacterianas no mundo situa-se entre 10^7 e 10^9. Até recentemente, a identificação microbiana exigia o isolamento de culturas puras seguido de testes para inúmeros traços fisiológicos e bioquímicos. Os médicos já estão familiarizados com as doenças humanas associadas a microrganismos visíveis, porém não cultiváveis. Na atualidade, os cientistas estão utilizando uma abordagem auxiliada pela PCR, usando o rRNA como um alvo para a identificação de microrganismos patogênicos *in situ*. A primeira fase dessa abordagem envolve a extração do DNA de uma amostra apropriada, a amplificação por PCR do DNA ribossômico, o sequenciamento da informação de sequências do rRNA e a análise comparativa das sequências recuperadas. Todos esses dados fornecem informações sobre a identidade ou a relação das sequências em comparação com a base de dados disponíveis. Essa abordagem está sendo utilizada na identificação de microrganismos patogênicos. Por exemplo, um patógeno previamente não caracterizado foi identificado como a bactéria, em forma de bastonete, associada à doença de Whipple, atualmente designado *Tropheryma whipplei*. A abordagem com o rRNA também foi utilizada para identificar o agente etiológico da angiomatose bacilar como *Bartonella henselae* e mostrar que o patógeno oportunista *Pneumocystis jirovecii* é um fungo. Indubitavelmente, esta e outras técnicas identificarão outros agentes etiológicos no futuro.

ATUALIZAÇÕES DAS MUDANÇAS TAXONÔMICAS

Os avanços tecnológicos nos campos da genética molecular e da pesquisa sobre microbioma levaram a uma explosão no número de espécies recém-identificadas, em comparação ao percentual das que foram descobertas até uma década atrás. Por esse motivo, novas atualizações precisam ser continuamente adicionadas à literatura. Em relação à microbiologia médica, atualizações bienais do campo da taxonomia de microbiologia são publicadas no *Journal of Clinical Microbiology*.

OBJETIVOS

1. Compreender como o vocabulário taxonômico é fundamental para a comunicação científica no campo das doenças infecciosas.
2. Conhecer as categorias taxonômicas.
3. Compreender as características de crescimento, bioquímicas e genéticas, que são usadas na identificação bacteriana.
4. Saber as diferenças entre eubactérias, arqueobactérias e eucariotos.
5. Entender como as diferentes técnicas moleculares podem auxiliar na taxonomia.

QUESTÕES DE REVISÃO

1. As eubactérias desprovidas de parede celular que não sintetizam precursores do peptidoglicano são chamadas de:

   (A) Bactérias Gram-negativas
   (B) Vírus
   (C) Micoplasmas
   (D) Sorovar
   (E) Bacilos

2. As arqueobactérias podem ser distinguidas das eubactérias pela ausência de:

   (A) DNA
   (B) RNA
   (C) Ribossomos
   (D) Peptidoglicano
   (E) Núcleo

3. Um paciente de 16 anos é admitido no hospital com fibrose cística. Uma cultura de escarro indica *Burkholderia cepacia*. Posteriormente, surgem dois outros pacientes com bacteriemia por *B. cepacia*, e o organismo é cultivado a partir do escarro de outros quatro pacientes. Durante esse surto hospitalar por *B. cepacia*, 50 isolados do ambiente e de 7 pacientes foram subtipados para identificação da origem do surto. Qual das seguintes técnicas pode ser a melhor nessa tentativa?

   (A) Cultura
   (B) Ribotipagem
   (C) Sequenciamento do rRNA 16S
   (D) Teste de sensibilidade aos antimicrobianos
   (E) Sequenciamento dos ácidos nucleicos

4. Um microrganismo Gram-positivo não cultivável foi visualizado em amostras de tecidos obtidas de pacientes com doença não descrita previamente. Qual das seguintes técnicas pode ser a mais útil na identificação desse microrganismo?

   (A) Sorologia
   (B) Amplificação por PCR e sequenciamento dos genes do rRNA
   (C) Análise multilócus VNTR
   (D) Eletroforese em gel de poliacrilamida-SDS
   (E) PFGE

5. A DNA-polimerase do *T. aquaticus* é um importante componente dos métodos de amplificação do DNA, como a PCR. Esse microrganismo é capaz de crescer em temperaturas superiores a 100 °C. Os microrganismos capazes de crescer a essa temperatura são chamados de:

   (A) Mesófilos
   (B) Psicrófilos
   (C) Halófilos
   (D) Termófilos
   (E) Quimiolitotróficos

6. Uma bactéria com um genoma apresentando conteúdo G + C de 45% alberga um plasmídeo que codifica um gene com um conteúdo de G + C de 55%. Qual das seguintes conclusões pode ser tirada?

   (A) Esse gene codifica uma peptidiltransferase da parede celular.
   (B) Esse gene codifica um citocromo bacteriano crítico.
   (C) Esse gene codifica um RNA transportador (tRNA) único.
   (D) Esse gene codifica uma DNA-polimerase dependente de RNA do plasmídeo.
   (E) Esse gene codifica um polissacarídeo capsular antigenicamente distinto.

Respostas

1. C	**3.** E	**5.** D
2. D	**4.** B	**6.** E

REFERÊNCIAS

Achtman M, Wagner M: Microbial diversity and the genetic nature of microbial species. *Nat Rev Microbiol* 2008;6:431.

Brenner DJ, Krieg NR, Staley JT (editors): Part A. Introductory essays. *Bergey's Manual of Systematic Bacteriology: The Proteobacteria*, vol 2. Springer, 2005.

Brenner DJ, Krieg NR, Staley JT (editors): Part B. The gammaproteobacteria. *Bergey's Manual of Systematic Bacteriology: The Proteobacteria*, vol 2. Springer, 2005.

Brenner DJ, Krieg NR, Staley JT (editors): Part C. The alpha-, beta-, delta-, and epsilonproteobacteria. *Bergey's Manual of Systematic Bacteriology: The Proteobacteria*, vol 3. Springer, 2005.

Colwell RR, Grimes DJ (editors): *Nonculturable Microorganisms in the Environment.* ASM Press, 2000.

Curtis TP, Sloan WT, Scannell JW: Estimating prokaryotic diversity and its limits. *Proc Natl Acad Sci U S A* 2002;99:10494.

Edman JC, et al: Ribosomal RNA sequence shows *Pneumocystis carinii* to be a member of the fungi. *Nature (London)* 1988;334:519.

Fernandez LA: Exploring prokaryotic diversity: There are other molecular worlds. *Molec Microbiol* 2005;55:5–15.

Fredericks DN, Relman DA: Sequence-based identification of microbial pathogens: A reconsideration of Koch's postulates. *Clin Microbiol Rev* 1996;9:18.

Holt JG, et al (editors): *Bergey's Manual of Determinative Bacteriology*, 9th ed. Williams & Wilkins, 1994.

Medini D, et al: Microbiology in the post-genomic era. *Nat Rev Microbiol* 2008;6:429.

Mizrahi-Man O, Davenport ER, Gilad Y: Taxonomic classification of bacterial 16S rRNA genes using short sequencing reads: Evaluation of effective study designs. *PLoS One* 2013;8:e532608

Munson E, Carroll KC: What's in a name? New bacterial species and changes to taxonomic status from 2012 through 2015. *J Clin Microbiol* 2017;55:24.

Persing DH, et al (editors): *Molecular Microbiology. Diagnostic Principles and Practice.* ASM Press, 2004.

Riley LW: *Molecular Epidemiology of Infectious Diseases. Principles and Practices.* ASM Press, 2004.

Rosello-Mora R, Amann R: The species concept for prokaryotes. *FEMS Microbiol Rev* 2001;25:39.

Schloss PD, Handelsman J: Status of the microbial census. *Microbiol Molec Biol Rev* 2004;68:686.

Stringer JR, et al: A new name (*Pneumocystis jiroveci*) for *Pneumocystis* from humans. *Emerg Infect Dis* 2002;8:891.

Whitman WB, Coleman DC, Wiebe WJ: Prokaryotes: The unseen majority. *Proc Natl Acad Sci U S A* 1998;95:6578.

Crescimento, sobrevida e morte dos microrganismos

SOBREVIDA DOS MICRORGANISMOS NO AMBIENTE NATURAL

A população de microrganismos na biosfera permanece aproximadamente constante, visto que o crescimento microbiano é contrabalanceado pela sua própria morte. A sobrevivência de qualquer grupo microbiano dentro de um nicho ambiente é, em última análise, influenciada pela competição bem-sucedida por nutrientes e pela manutenção de um reservatório de células vivas, frequentemente composto por células humanas e por um conjunto de diferentes microrganismos (chamado de microbioma ou microbiota). Entender a competição pelos recursos nutricionais dentro de um dado microambiente é essencial para compreender sobre o crescimento, a sobrevivência e a morte das espécies bacterianas (também conhecido como fisiologia).

A maior parte do conhecimento adquirido sobre a fisiologia microbiana provém do estudo em laboratórios de culturas crescidas em condições ideais (excesso de nutrientes). Entretanto, a maioria dos microrganismos competem no ambiente natural em condições de estresse nutricional. Além disso, é preciso entender que um nicho microbiano vazio no meio ambiente será logo preenchido por um microbioma diferente. Logo, compreender as complexas interações que asseguram a sobrevivência de um microbioma específico é um equilíbrio entre disponibilidade de nutrientes e eficácia fisiológica.

SIGNIFICADO DO CRESCIMENTO

O crescimento consiste no aumento ordenado da soma de todos os componentes de um organismo. O aumento de tamanho que ocorre quando uma célula capta água ou forma depósitos de lipídeos ou polissacarídeos não constitui um crescimento verdadeiro. A multiplicação celular é uma consequência da fissão binária que leva a um aumento no número de indivíduos que compõem uma população ou cultura.

Determinação das concentrações microbianas

As concentrações microbianas podem ser medidas em termos de concentração celular (o número de células viáveis por unidade de volume de cultura) ou de concentração de biomassa (peso seco de células por unidade de volume de cultura). Esses dois parâmetros nem sempre são equivalentes, visto que o peso seco médio da célula varia em diferentes estágios de uma cultura. Eles também não têm igual significado: por exemplo, em estudos de genética microbiana e de inativação microbiana, a concentração celular constitui fator significativo; já em estudos de bioquímica ou nutrição microbiana, o fator significativo passa a ser a concentração de biomassa.

A. Contagem de células viáveis

Em geral, a **contagem de células viáveis** (Tabela 4-1) é considerada uma medida da concentração celular. Para isso, um volume de 1 mL é removido de uma suspensão bacteriana e diluído de forma seriada de base 10, seguido de plaqueamento de alíquotas de 0,1 mL em um meio de ágar adequado. Cada bactéria invisível (ou grupo de bactérias) se multiplica e, assim, forma-se uma colônia visível que pode ser contada (ver Capítulo 5). Para fins estatísticos, placas contendo entre 30 e 300 colônias fornecem os dados mais precisos. A contagem das placas × a diluição × 10 resulta no número de unidades formadoras de colônias (UFC)/mL na suspensão bacteriana não diluída. Usando esse método, bactérias mortas na suspensão não contribuem para a contagem final da quantidade de bactérias na suspensão.

B. Turvação

Turvação é a nebulosidade ou névoa de um fluido causada por muitas partículas individuais que geralmente são invisíveis a olho nu. Para a maioria dos propósitos, a **turvação** de uma cultura, medida por métodos fotoelétricos, pode estar relacionada com a contagem viável na forma de uma **curva-padrão**. Como alternativa, é possível uma estimativa visual aproximada. Por exemplo, uma suspensão pouco turva de *Escherichia coli* contém cerca de 10^7 células por mililitro, enquanto uma suspensão bastante turva contém cerca de 10^8 células por mililitro. A correlação entre a turvação e a contagem de células viáveis pode variar durante o crescimento e a morte de uma cultura; as células podem perder a viabilidade sem produzir perda na turvação da cultura.

C. Densidade da biomassa

Em princípio, a biomassa pode ser medida diretamente ao determinar o peso seco de uma cultura microbiana após sua lavagem com água destilada. Na prática, esse procedimento é trabalhoso, e o pesquisador geralmente prepara uma curva-padrão que relaciona o peso seco com a contagem de células viáveis. Como alternativa, pode-se estimar indiretamente a concentração da biomassa ao medir um importante componente celular, como as proteínas, ou determinar o volume ocupado pelas células que se sedimentaram na suspensão.

TABELA 4-1 **Exemplo de contagem viável**

Diluição	Contagem de placas (colônias)[a]
Não diluído	Muito numerosas para contar
10^{-1}	Muito numerosas para contar
10^{-2}	510
10^{-3}	72
10^{-4}	6
10^{-5}	1

[a]Cada contagem corresponde à média de três placas (triplicata).

CRESCIMENTO EXPONENCIAL

Constante da velocidade de crescimento

A taxa de crescimento ilimitado de células mediada pelo nutriente é no primeiro momento: a velocidade de crescimento (medida em gramas de biomassa produzida por hora) é o produto do **tempo** (t), da **constante da velocidade de crescimento** (k) e da **concentração da biomassa** (B):

$$\frac{dB}{dt} = kB \tag{1}$$

O rearranjo da equação (1) demonstra que a constante da velocidade de crescimento é aquela em que as células produzem mais células:

$$k = \frac{B\,dt}{dB} \tag{2}$$

Uma constante da velocidade de crescimento de 4,3 h^{-1}, uma das mais altas registradas, significa que cada grama de células produz 4,3 g de células por hora durante esse período de crescimento. Os microrganismos de crescimento lento podem apresentar constantes de velocidade de crescimento muito baixas, de até 0,02 h^{-1}. Com essa constante de crescimento, cada grama de células da cultura produz 0,02 g de células por hora.

A integração da equação (2) fornece

$$\ln\frac{B_1}{B_0} = 2,3 \log_{10}\frac{B_1}{B_0} = k(t_1 - t_0) \tag{3}$$

O logaritmo natural da relação entre B_1 (a biomassa no tempo 1 [t_1]) e B_0 (a biomassa no tempo zero [t_0]) é igual ao produto da constante da velocidade de crescimento (k) e da diferença no tempo ($t_1 - t_0$). O crescimento que obedece à equação (3) é denominado exponencial porque a biomassa aumenta exponencialmente com relação ao tempo. Correlações lineares de crescimento exponencial são produzidas por meio da representação gráfica do logaritmo da concentração da biomassa (B) como uma função do tempo (t).

Cálculo da constante da velocidade de crescimento e previsão da quantidade de crescimento

As bactérias se reproduzem por **fissão binária**, e o tempo médio necessário para que a população ou a biomassa duplique é conhecido como **tempo de geração** ou **tempo de duplicação** (t_d). Em geral, o t_d é determinado ao traçar um gráfico da quantidade de

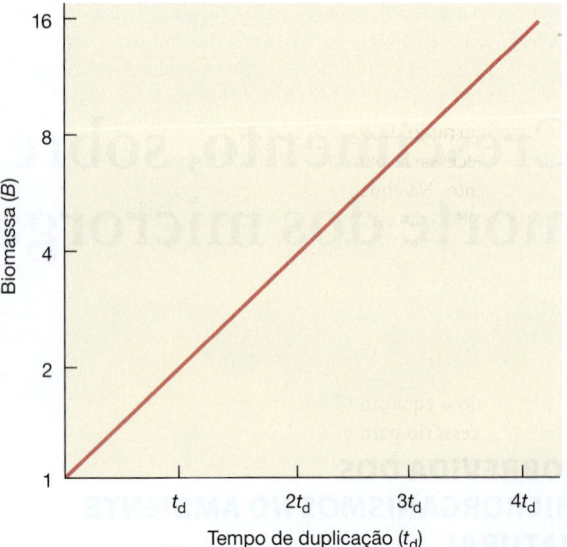

FIGURA 4-1 Um gráfico de biomassa *versus* tempo de duplicação mostrando o crescimento exponencial linear que ocorreria em um sistema fechado. A biomassa (B) duplica a cada tempo de duplicação (t_d).

crescimento em uma escala semilogarítmica em função do tempo; o tempo necessário para duplicar a biomassa é t_d (Figura 4-1). A constante da velocidade de crescimento pode ser calculada a partir do tempo de duplicação ao substituirmos B_1/B_0 pelo valor 2 e $t_1 - t_0$ por t_d na equação (3), o que resulta em

$$\ln 2 = kt_d$$
$$k = \frac{\ln 2}{t_d} \tag{4}$$

Um tempo de duplicação rápido corresponde a uma alta constante da velocidade de crescimento. Por exemplo, um tempo de duplicação de 10 minutos (0,17 h) corresponde a uma constante da velocidade de crescimento de 4,1 h^{-1}. O tempo de duplicação relativamente longo de 35 horas indica uma constante da velocidade de crescimento de 0,02 h^{-1}.

A constante da velocidade de crescimento calculada pode ser utilizada para determinar a quantidade de crescimento que ocorrerá em um período específico ou para calcular o tempo necessário para que ocorra um aumento específico de crescimento.

A quantidade de crescimento em um período específico pode ser prevista com base no seguinte rearranjo da equação (3):

$$\log_{10}\frac{B_1}{B_0} = \frac{k(t_1 - t_0)}{2,3} \tag{5}$$

É possível determinar a quantidade de crescimento que ocorrerá se uma cultura com constante de velocidade de crescimento de 4,1 h^{-1} crescer exponencialmente durante 5 horas:

$$\log_{10}\frac{B_1}{B_0} = \frac{4,1\ h^{-1} \times 5\ h}{2,3} \tag{6}$$

Nesse exemplo, o aumento da biomassa é de 10^9 g; uma única célula bacteriana com peso seco de 2×10^{-13} g originaria 2×10^{-4} g (0,2 mg) de biomassa, quantidade que povoaria densamente uma cultura de células de 5 mL. Um período adicional de 5 horas de crescimento a essa velocidade produziria 200 kg de peso seco de biomassa, ou aproximadamente 1 tonelada de células, assumindo que os nutrientes são ilimitados, o que é uma suposição que não ocorre na natureza.

Outro rearranjo da equação (3) permite calcular a quantidade de tempo necessária para que ocorra uma quantidade específica de crescimento. Na equação (7), a concentração de biomassa, B, é substituída pela concentração celular, N, para possibilitar o cálculo do tempo necessário para que haja um aumento específico no número de células.

$$t_1 - t_0 = \frac{2{,}3 \log_{10}(N_1/N_0)}{k} \qquad (7)$$

Utilizando a equação (7), é possível, por exemplo, determinar o tempo necessário para que um organismo de crescimento lento com constante da velocidade de crescimento de 0,02 h^{-1} cresça de uma única célula até uma suspensão celular pouco turva com concentração de 10^7 células por mililitro.

$$t_1 - t_0 = \frac{2{,}3 \times 7}{0{,}02 \ \mathrm{h}^{-1}} \qquad (8)$$

A solução da equação (8) revela que seriam necessárias cerca de 800 horas – pouco mais de 1 mês – para que ocorresse essa quantidade de crescimento. A sobrevida dos microrganismos de crescimento lento implica que a corrida pela sobrevida biológica nem sempre se baseia na velocidade – as espécies que crescem competem com êxito por nutrientes e evitam sua destruição por predadores e outros riscos ambientais.

CURVA DE CRESCIMENTO NA CULTURA EM BATELADA

Se um volume fixo de meio líquido for inoculado com células microbianas retiradas de uma cultura que previamente cresceu até a saturação e o número de células viáveis por mililitro for determinado periodicamente, bem como representado em forma de gráfico, em geral se obtém uma curva do tipo apresentado na Figura 4-2. As fases da curva de crescimento bacteriano mostradas na Figura 4-2 refletem os eventos em uma população de células, e não em células individuais. Esse tipo de cultura é classificado como **cultura em batelada**. Uma típica curva de crescimento pode ser analisada em quatro fases (Tabela 4-2). A cultura em batelada é um sistema fechado com recursos limitados, sendo muito diferente do ambiente de um hospedeiro humano, onde os nutrientes são metabolizados por bactérias e células humanas. Entretanto, compreender o crescimento da cultura em batelada fornece informações fundamentais sobre a genética e a fisiologia da replicação bacteriana, incluindo as fases de latência, exponencial, estacionária e declínio ou morte que compõem esse processo.

Fase de latência (fase *lag*)

A fase de latência representa um período durante o qual as células, com depleção de seus metabólitos e enzimas, em consequência das condições desfavoráveis existentes no final de sua cultura anterior, adaptam-se ao seu novo ambiente. Verifica-se a formação de enzimas e intermediários que se acumulam até alcançarem concentrações suficientes para permitir o reinício do crescimento.

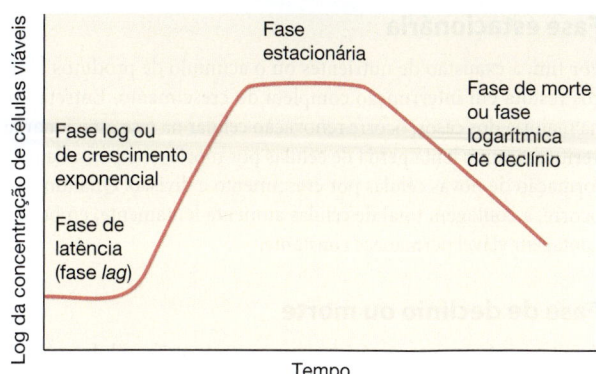

FIGURA 4-2 Curva de crescimento bacteriano idealizada, plotando a concentração de células viáveis em relação ao tempo. Na figura, estão as fases de latência, exponencial, estacionária, de declínio ou morte, com as taxas aproximadas de aumento ou diminuição representando o que se observaria ao inocular uma única colônia bacteriana em um sistema fechado de cultura em batelada.

Se as células forem obtidas de um meio totalmente diferente, às vezes elas são geneticamente incapazes de crescer no novo meio. Nesses casos, pode ocorrer uma fase de latência longa no crescimento, representando o período necessário para que algumas variantes presentes no inóculo possam multiplicar-se o suficiente para produzir um aumento efetivo e aparente no número de células.

Fase exponencial

Durante a fase exponencial, as células encontram-se em estado de equilíbrio dinâmico e crescem conforme apresentado nas equações 5 a 7. Novo material celular está sendo sintetizado a uma velocidade constante, porém o novo material é, em si, catalítico, e a massa aumenta de modo exponencial. Essa situação prossegue até que ocorra uma de duas alternativas: esgotamento de um ou mais nutrientes no meio, ou acúmulo de produtos metabólicos tóxicos que inibem o crescimento.* No caso dos microrganismos aeróbios, o oxigênio costuma ser o nutriente que se torna limitante. Quando a concentração de células ultrapassa cerca de 1 × 10^7/mL, a velocidade de crescimento diminui, a não ser que seja acrescentado oxigênio ao meio por agitação ou por borbulhamento de ar. Quando a concentração bacteriana atinge 4 a 5 × 10^9/mL, a velocidade de difusão do oxigênio não consegue suprir as demandas mesmo em um meio de cultura arejado, o que retarda progressivamente o crescimento.

TABELA 4-2 **Fases da curva de crescimento bacteriano**

Fase	Taxa de crescimento
Latência	Zero
Exponencial	Constante
Estacionária máxima	Zero
Declínio	Negativa (morte)

---

*N. de T. Segundo a lei do mínimo (formulada pelo químico alemão Justus von Liebig em 1840), o crescimento de um organismo é limitado pelo nutriente que se encontra no ambiente em menor concentração, não importando a concentração dos outros nutrientes.

Fase estacionária

Por fim, a exaustão de nutrientes ou o acúmulo de produtos tóxicos resulta em interrupção completa do crescimento. Entretanto, na maioria dos casos, ocorre renovação celular na fase estacionária: verifica-se uma lenta perda de células por morte, compensada pela formação de novas células por crescimento e divisão. Quando isso ocorre, a contagem total de células aumenta lentamente, embora a contagem viável permaneça constante.

Fase de declínio ou morte

Após o período estacionário, a concentração das células viáveis começa a decair em uma taxa definida. Isso varia de acordo com o microrganismo e as condições de cultura; a velocidade de morte aumenta até atingir o nível de equilíbrio dinâmico. A matemática da morte no estado de equilíbrio dinâmico será discutida adiante. Na maioria dos casos, a taxa de morte celular é mais lenta do que o crescimento exponencial. Com frequência, após ocorrer a morte da maioria das células, a velocidade de morte diminui drasticamente, de modo que um pequeno número de sobreviventes pode persistir durante meses ou até mesmo anos. Em alguns casos, essa persistência pode refletir renovação celular com o crescimento de algumas células à custa dos nutrientes liberados pelas células que morrem e sofrem lise.

Acredita-se que um fenômeno de cultura bacteriana no qual as células são chamadas de **viáveis, mas não cultiváveis** (**VMNC**) seja resultado de uma resposta genética desencadeada pela privação de nutrientes na fase estacionária. Assim como algumas bactérias formam esporos como mecanismo de sobrevivência, outras podem tornar-se dormentes, sem alteração em sua morfologia. Quando as condições adequadas estão disponíveis (p. ex., migração direta de um animal), os micróbios VMNC retomam o crescimento.

MANUTENÇÃO DAS CÉLULAS NA FASE EXPONENCIAL

Quimiostato

As células podem ser mantidas na fase exponencial mediante sua repetida transferência em meio de cultura fresco de composição idêntica, enquanto ainda estão crescendo de modo exponencial. Esse processo é conhecido como **cultura contínua**. Em um laboratório, culturas podem ser mantidas em um estágio de crescimento balanceado utilizando um aparelho de cultura contínua, ou quimiostato. O quimiostato consiste em um recipiente de cultura equipado com um sifão de fluxo e um mecanismo de gotejamento no meio de cultura fresco a partir de um reservatório, a uma velocidade controlada. O meio de cultura no recipiente é agitado por uma corrente de ar estéril; cada gota do meio de cultura fresco que entra determina a saída de uma gota da cultura pelo sifão. O meio é preparado de modo que um nutriente limite o crescimento. O recipiente é inoculado e as células crescem até a exaustão do nutriente limitante; em seguida, o meio de cultura fresco do reservatório flui a uma velocidade tal que as células utilizam o nutriente limitante à mesma velocidade com que ele é fornecido. Nessas condições, a concentração celular, que é determinada pela concentração limitada de nutrientes, permanece constante;

a velocidade de crescimento é diretamente proporcional à velocidade de fluxo do meio. Uma cultura contínua é mais similar às condições encontradas pelos microrganismos no mundo real (p. ex., corpo humano), onde os nutrientes limitados são constantemente substituídos.

CRESCIMENTO EM BIOFILME

Cada vez mais, sabe-se que muitas infecções são causadas por bactérias que não crescem individualmente (ou planctonicamente). Em vez disso, elas existem em comunidades pluricelulares complexas nas quais os micróbios são sésseis. Em geral, essas comunidades microbianas se formam em superfícies –"biofilmes". É rotina, por exemplo, escovar os dentes todos os dias para remover o biofilme de bactérias* que se acumula enquanto dormimos. De forma similar, os biofilmes estão associados ao *Streptococcus viridans* em valvas cardíacas, infecções pulmonares causadas por *Pseudomonas aeruginosa*, *Staphylococcus aureus* em sondas e à colonização de cisternas de hospitais por *Legionella pneumophila*, entre muitos outros. Na natureza, os biofilmes frequentemente são compostos por diferentes espécies de microrganismos (ver Capítulo 10). A compreensão da formação e do crescimento do biofilme bacteriano se tornou um importante aspecto da microbiologia médica.

Uma variedade de estressores desencadeia a formação de biofilme, e cada microrganismo é único nos sinais aos quais responde. O biofilme começa com uma única célula que se adere à superfície e sofre fissão binária simples e, depois de um dado tempo e de complexas interações biológicas e físico-químicas, resulta na formação de uma comunidade íntima de bactérias descendentes (ver Capítulo 10). Por fim, essa comunidade é envolvida por uma matriz polimérica ou glicocálice, que está associada à proteção ambiental. O glicocálice também tem função de manter a comunidade microbiana intacta. As bactérias no interior de um biofilme produzem pequenas moléculas, como as lactonas homosserinas, que são absorvidas por bactérias adjacentes e atuam funcionalmente como um sistema de "intercomunicações" da colônia, informando as bactérias individuais para que ativem certos genes em um determinado momento (*quorum sensing*). Esses sinais são conhecidos como sensores de densidade celular.

Conceitualmente, a estratégia da formação do biofilme tem um sentido lógico: ela promove maior diversidade metabólica. Por exemplo, as bactérias na periferia do biofilme podem ter mais acesso ao oxigênio e a outros nutrientes do que organismos nas partes internas do biofilme. Por outro lado, as células nas camadas mais internas podem ser protegidas contra a ação das células imunológicas do hospedeiro ou contra a ação de antibióticos. Bactérias intimamente aderidas entre si podem ser capazes de transferir, com eficiência, genes que resultariam em uma maior versatilidade fenotípica quando comparadas às células planctônicas. Devido a todas

---

*N. de T. O biofilme dental é, inicialmente, formado por proteínas e glicoproteínas salivares que são adsorvidas ao esmalte dentário, formando uma camada denominada película adquirida. Essa película permite a aderência dos microrganismos pioneiros, representados principalmente por bactérias dos gêneros *Streptococcus* e *Actinomyces*. A coagregação dos pioneiros com outras bactérias orais, além de causar multiplicação celular, resultam na formação do biofilme dental.

essas variáveis, é difícil modelar matematicamente o crescimento do biofilme em comparação ao crescimento na cultura em batelada. Essa é uma área importante da microbiologia médica que precisa ser considerada quando se pesquisa a patogênese das doenças infecciosas.

DEFINIÇÃO E MEDIDA DA MORTE

Significado da morte bacteriana

Para uma célula microbiana, a morte significa perda irreversível da capacidade de reprodução (crescimento e divisão). Observando a exceção dos organismos VMNC descritos anteriormente, o teste empírico da morte é a cultura de células em meio sólido: uma célula é considerada inviável se não conseguir formar uma colônia em um meio apropriado ao seu crescimento. Naturalmente, a confiabilidade do teste depende da escolha do meio de cultura e das condições: por exemplo, uma cultura em que 99% das células parecem "mortas" em termos de sua capacidade de formar colônias em determinado meio pode mostrar-se 100% viável se for testada em outro meio. Além disso, a detecção de algumas células viáveis em uma amostra clínica grande pode não ser possível por semeadura direta, visto que o seu fluido pode ser inibitório para o crescimento microbiano. Nessas circunstâncias, pode ser necessário diluir inicialmente a amostra em meio líquido, permitindo o crescimento das células viáveis antes dessa semeadura.

As condições de incubação na primeira hora após o tratamento também são decisivas para a determinação da "morte". Assim, por exemplo, se as células bacterianas forem irradiadas com luz ultravioleta e semeadas imediatamente em qualquer meio de cultura, pode parecer que 99,99% delas foram destruídas. Se essas células irradiadas forem inicialmente incubadas em meio apropriado durante 20 minutos, a semeadura pode indicar que apenas 10% delas morreram. Em outras palavras, a irradiação determina que uma célula "morrerá" se for semeada imediatamente, mas pode sobreviver se tiver a oportunidade de proceder ao reparo da lesão por irradiação antes de sua semeadura. Por conseguinte, uma célula microbiana não fisicamente rompida está "morta" apenas em termos das condições utilizadas para testar sua viabilidade.

Medida da morte bacteriana

Quando se trata de microrganismos, não se costuma determinar a morte de cada célula, mas de uma população. Esse aspecto constitui um problema estatístico: em qualquer condição passível de levar à morte celular, a probabilidade de determinada célula morrer é constante por unidade de tempo. Por exemplo, se for utilizada uma condição capaz de provocar a morte de 90% das células nos primeiros 10 minutos, a probabilidade de qualquer célula morrer em um intervalo de 10 minutos será de 0,9. Por conseguinte, pode-se esperar que 90% das células sobreviventes morram a cada intervalo sucessivo de 10 minutos, obtendo-se uma curva de morte. Assim, o número de células que morrem a cada intervalo de tempo constitui uma função do número de sobreviventes presentes, de modo que a morte de uma população segue um processo exponencial de acordo com a fórmula geral:

$$S = S_0 e^{-kt} \qquad (9)$$

em que S_0 é o número de sobreviventes no tempo zero, e S, o número de sobreviventes em qualquer tempo posterior t. Como no caso do crescimento exponencial, $-k$ representa a velocidade de morte exponencial quando a fração ln (S/S_0) é representada graficamente com relação ao tempo.

A cinética da morte celular bacteriana também é uma função do número de alvos que devem ser atingidos por um agente específico para matar um micróbio planctônico específico. Por exemplo, um único "acerto" poderia ter como alvo o cromossomo haploide de uma bactéria ou sua membrana celular. Em contrapartida, uma célula que contém várias cópias do alvo a ser inativado exibe curva de múltiplo impacto. Essa análise é demonstrada graficamente na Figura 4-3.

CONTROLE AMBIENTAL DO CRESCIMENTO MICROBIANO

A natureza vigorosa do crescimento microbiano descontrolado apresenta claramente um conflito com a vida humana. Para coexistir com as bactérias, espécies mais "complexas"* precisam controlar o crescimento bacteriano. Nós, seres humanos, fazemos esse controle a partir do nosso sistema imunológico e da limitação de nutrientes. Também usamos métodos físicos para prevenir a nossa exposição aos microrganismos. Termos como **esterilização**, **desinfecção**, **pasteurização** e **assepsia** precisam ser compreendidos com precisão para alcançarmos esse devido objetivo. Uma lista desses termos e suas definições são fornecidas na Tabela 4-3.

Como exemplo da importância de compreender esses termos, falamos da **esterilização** como o processo de destruir todos os organismos, incluindo esporos, em uma determinada preparação. A compreensão desse conceito seria particularmente importante para os instrumentos cirúrgicos, uma vez que não se deseja introduzir esporos no local da cirurgia. Por outro lado, "desinfetar" esses instrumentos pode eliminar as células vegetativas, mas não os esporos. Além disso, a "limpeza" física dos instrumentos pode não remover todas as células e esporos vegetativos, mas simplesmente diminuir a carga biológica no instrumento. A compreensão dos termos usados na Tabela 4-3 é fundamental para controlar o impacto ambiental dos microrganismos no contexto da saúde humana.

ESTRATÉGIAS DE CONTROLE BACTERIANO NO AMBIENTE

Na microbiologia médica, geralmente se considera o uso de antibióticos para controle de bactérias que infectam o ser humano como o padrão-ouro no tratamento dessas infecções. Embora seja verdadeira, a razão real é impedir a exposição a agentes infecciosos. Por exemplo, quase 240 mil mortes ocorrem por ano em todo o mundo em virtude do tétano neonatal. No entanto, esta doença é muito rara

---

*N. de T. Complexidade depende do ponto de vista e dos parâmetros que são determinados como mais evoluídos em relação a outros. Note que, embora uma bactéria seja um ser unicelular, sua capacidade e sua velocidade de adaptação a diferentes ambientes são infinitamente superiores às do ser humano.

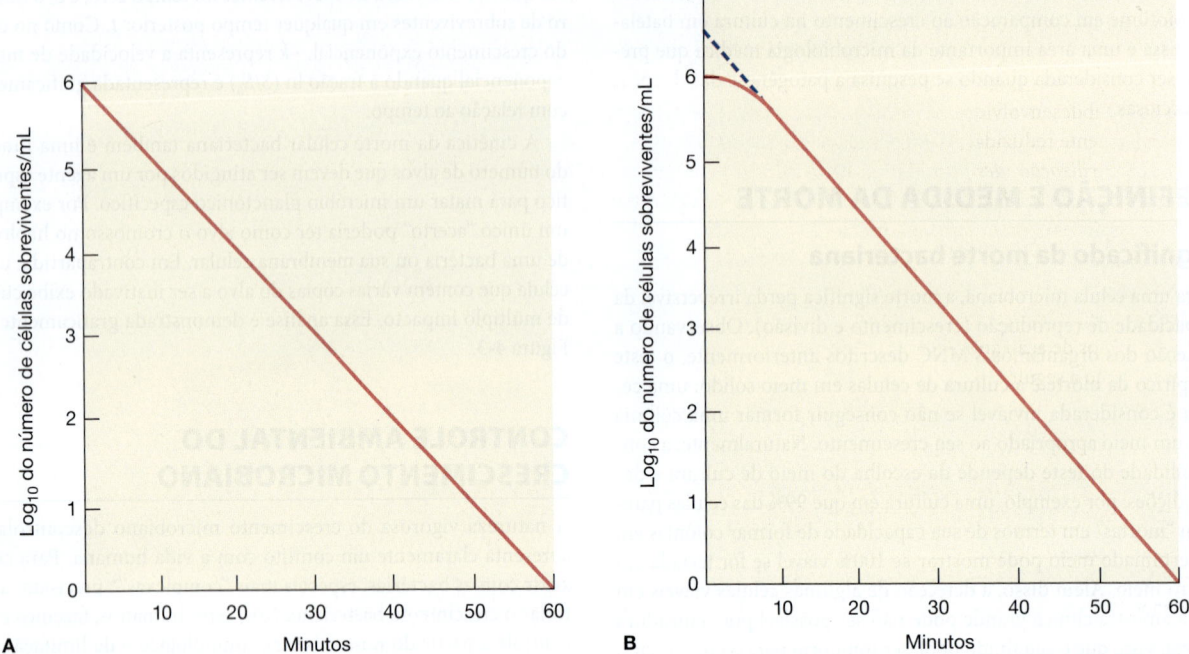

FIGURA 4-3 Curva da morte de uma suspensão de 10^6 organismos viáveis por mililitro. **A:** Curva de impacto único. A curva de impacto único é típica da cinética de inativação observada em muitos agentes antimicrobianos. O fato de ser uma linha reta a partir do tempo zero (dose zero) – em lugar de exibir um desvio inicial – significa que um único "impacto" pelo agente inativador é suficiente para matar a célula, ou seja, apenas um único alvo precisa ser lesionado para que toda a célula seja inativada. **B:** Curva de múltiplo impacto. Uma célula que contenha várias cópias do alvo a ser inativado. A porção da linha reta extrapolada para 6,5 corresponde a 4×10^6 células. Portanto, o número de alvos é de 4×10^6, ou quatro por célula.

TABELA 4-3 **Termos comuns relacionados ao controle microbiológico**

Termo	Definição
Esterilização	Processo de destruição de todos as formas de vida microbiana em um objeto ou ambiente. Isso inclui os esporos bacterianos mais resistentes.
Desinfecção	Processo de eliminação da maioria ou de todos os microrganismos patogênicos, exceto esporos, de um objeto ou ambiente.
Pasteurização	Processo de aplicação de calor, geralmente em leites e queijos,* por um período específico com o objetivo de matar ou retardar o crescimento de bactérias patogênicas.
Sanitização	Processo pelo qual os organismos patogênicos são reduzidos a níveis seguros em objetos inanimados, diminuindo a probabilidade de infecção cruzada.
Limpeza	Remoção de sujidades visíveis a olho nu (p. ex., material orgânico e inorgânico) de objetos e superfícies normalmente realizada manualmente ou mecanicamente usando água com detergentes ou produtos enzimáticos.
Biocida	Agente químico ou físico, em geral de amplo espectro, que inativa microrganismos.
Bactericida	Termo que se refere à propriedade pela qual um biocida é capaz de matar bactérias. A ação bactericida difere da bacteriostática apenas por ser irreversível, isto é, o microrganismo "morto" não pode mais se reproduzir mesmo após a remoção do contato com o agente. Em alguns casos, o agente provoca a lise (dissolução) das células; em outros, as células permanecem intactas, podendo até mesmo continuar metabolicamente ativas. (Os termos **fungicida**, **esporicida** e **virucida** referem-se à propriedade por meio da qual os biocidas são capazes de matar, respectivamente, fungos, esporos e vírus.)
Bacteriostático	Termo referente à propriedade pela qual um agente biocida inibe a multiplicação bacteriana que recomeça com a retirada do agente. (Os termos **fungistático** e **esporistático** referem-se aos biocidas que inibem, respectivamente, o crescimento de fungos e esporos.)
Séptico	Presença de micróbios patogênicos em tecido vivo ou líquidos corporais.
Asséptico	Livre de, ou que emprega métodos para ficar livre de, microrganismos.
Antisséptico	Agente que destrói ou inibe o crescimento de microrganismos em tecido vivo ou fluidos biológicos.
Conservantes	Substância adicionada a produtos alimentares ou a uma solução orgânica para impedir alterações químicas ou ação bacteriana.
Antibiótico	Substância natural ou semissintética que mata (bactericida) ou inibe o crescimento (bacteriostático) de uma bactéria.

*N. de T. Método amplamente utilizado na indústria de alimentos, não apenas para laticínios, mas também para sucos, bebidas de baixo teor alcoólico, comidas enlatadas, cerveja, vinhos, ovos, entre outros.

nos países desenvolvidos. Um fator importante que contribui para esse fato é a incapacidade de "esterilizar" os instrumentos (além da imunização de rotina com a vacina contra o tétano) em muitos países em desenvolvimento. Se práticas apropriadas fossem usadas em regiões subdesenvolvidas, a prevalência dessa doença poderia ser drasticamente reduzida. Assim, é preciso compreender os métodos de *esterilização*, *desinfecção* e *pasteurização*, entre outros. Os mecanismos de ação das técnicas usadas para reduzir infecções microbianas devem ser compreendidos, buscando aplicá-las de forma mais apropriada. A Tabela 4-4 representa uma lista reduzida de **biocidas** usados rotineiramente. É importante entender os termos **bacteriostático** e **bactericida**, conforme definido na Tabela 4-4. Os mecanismos de ação antimicrobiana desses biocidas estão resumidos na seção a seguir.

MECANISMOS GERAIS DE AÇÃO DOS BIOCIDAS

Ruptura da membrana ou da parede celular

A membrana celular atua como barreira seletiva, permitindo a passagem de alguns solutos e excluindo outros. Muitos compostos são transportados ativamente através da membrana, concentrando-se no interior da célula. A membrana também constitui o local das enzimas envolvidas na biossíntese de componentes do envelope celular. As substâncias que se concentram na superfície celular podem alterar as propriedades físicas e químicas da membrana, impedindo o desempenho de suas funções normais e, portanto, destruindo ou inibindo a viabilidade da célula.

TABELA 4-4 Alguns biocidas comuns usados em antissepsia, desinfecção, preservação e outras finalidades

Agente	Fórmula	Usos
Álcoois		
Etanol	CH_3-CHOH	Antissepsia, desinfecção, preservação
Isopropanol	$\begin{array}{c}CH_3\\CH_3\end{array}\!\!>\!CHOH$	
Aldeídos		
Glutaraldeído	$O=\overset{H}{C}CH_2CH_2CH_2\overset{H}{C}-O$	Desinfecção, esterilização, preservação
Formaldeído	$\begin{array}{c}H\\H\end{array}\!\!>\!C=O$	
Biguanidas		
Clorexidina	$Cl-\!\!\bigcirc\!\!-N(HCN)_2H(CH_2)_6N(HCN)_2H-\!\!\bigcirc\!\!-Cl$ (NH, NH)	Antissepsia, atividade antiplaca, preservação, desinfecção
Bisfenóis		
Triclosana		Antissepsia, atividade antiplaca
Hexaclorofeno		Desodorante, preservação
Agentes liberadores de halogênio		
Compostos clorados	$\rightarrow OCl^-$, $HOCl$, Cl_2	Desinfecção, antissepsia
Compostos iodados	$\rightarrow I_2$	
Derivados de metais pesados		
Compostos de prata	Ag	Preservação, antissepsia
Compostos de mercúrio	Hg	Desinfecção
Ácidos orgânicos		
Ácido benzoico	COOH	Preservação
Ácido propiônico	CH_3-CH_2-COOH	Sais de sódio ou cálcio usados para preservação
Peroxigênios		Desinfecção, esterilização
Peróxido de hidrogênio	H_2O_2	
Ozônio	O_3	
Ácido peracético	CH_3COOOH	

(continua...)

TABELA 4-4 **Alguns biocidas comuns usados em antissepsia, desinfecção, preservação e outras finalidades** *(Continuação)*

Agente	Fórmula	Usos
Fenóis e cresóis		
Fenol		Desinfecção, preservação
Cresol		
Compostos de amônio quaternário		Desinfecção, antissepsia, preservação
Cetrimida		Desinfecção, antissepsia, preservação
Cloreto de benzalcônio		
Fase de vapor		
Óxido de etileno		Esterilização, desinfecção
Formaldeído		
Peróxido de hidrogênio	H_2O_2	

A parede celular atua como estrutura de sustentação (mais bem caracterizada como uma rede – a rede de mureína), protegendo a célula contra a lise osmótica. Assim, os agentes que destroem a parede celular (p. ex., lisozima, que cliva ligações glicosídicas do peptidoglicano) ou impedem sua síntese normal (p. ex., penicilina, que interrompe as ligações cruzadas peptídicas) podem provocar a lise celular.

Desnaturação das proteínas

As proteínas ocorrem em um estado tridimensional compactado, determinado, primariamente, por ligações covalentes de dissulfeto intramoleculares e por várias interações não covalentes, como ligações iônicas, hidrofóbicas e de hidrogênio ou ligações covalentes de dissulfeto. Esse estado, denominado estrutura terciária da proteína, é facilmente desorganizado por diversos agentes físicos (p. ex.,

calor) ou químicos (p. ex., álcool), resultando em uma proteína não funcional. A ruptura da estrutura terciária de uma proteína é denominada **desnaturação proteica**.

Ruptura dos grupos sulfidrila livres

As enzimas que contêm cisteína possuem cadeias laterais que terminam em grupos sulfidrila. Além disso, as coenzimas, como a coenzima A e o di-hidrolipoato, contêm grupos sulfidrila livres. Essas enzimas e coenzimas não podem funcionar, a não ser que os grupos sulfidrila permaneçam livres e no estado reduzido. Por conseguinte, os agentes oxidantes interferem no metabolismo, formando ligações de dissulfeto entre grupos sulfidrila vizinhos:

$$R - SH + HS - R \xrightarrow{-2H} R - S - S - R$$

Muitos metais, como o íon mercúrico, também interferem ao combinar-se com grupos sulfidrila. Existem muitas enzimas sulfidrílicas na célula; por conseguinte, os agentes oxidantes e os metais pesados provocam lesão disseminada.

Dano ao DNA

Vários agentes físicos e químicos atuam danificando o DNA. Esses agentes incluem radiações ionizantes, luz ultravioleta e substâncias químicas que reagem com o DNA. Na última categoria, estão incluídos os agentes alquilantes e outros compostos que reagem de modo covalente com as bases purínicas e pirimidínicas para formar complexos de DNA ou ligações cruzadas entre filamentos. A radiação pode danificar o DNA de várias maneiras: a luz ultravioleta, por exemplo, induz a formação de ligações cruzadas entre pirimidinas adjacentes em um dos dois filamentos de polinucleotídeos, formando dímeros de pirimidina; as radiações ionizantes induzem quebras em filamentos simples ou duplos. As lesões do DNA induzidas pela radiação ou por agentes químicos destroem a célula principalmente por interferir na replicação do DNA. Ver, no Capítulo 7, uma discussão sobre os sistemas de reparo do DNA.

Antagonismo químico

A interferência de um agente químico na reação normal entre uma enzima e seu substrato é conhecida como **antagonismo químico**. O **antagonista** atua ao combinar-se com alguma parte da holoenzima (a apoenzima proteica, o ativador mineral ou a coenzima), impedindo, assim, a fixação do substrato normal. (O termo substrato é usado aqui no sentido amplo para incluir os casos em que o inibidor se combina com a apoenzima, impedindo a ligação com a coenzima.)

Um antagonista combina-se com uma enzima em razão de sua afinidade química por um local essencial existente na enzima. As enzimas desempenham sua função catalítica em virtude de sua afinidade por seus substratos naturais; por conseguinte, qualquer composto estruturalmente semelhante ao substrato em certos aspectos essenciais também pode exibir afinidade pela enzima. Se essa afinidade for intensa o suficiente, o "análogo" deslocará o substrato normal e impedirá a ocorrência da reação apropriada.

Muitas holoenzimas incluem um íon mineral como ponte entre a enzima e a coenzima ou entre a enzima e o substrato. As substâncias químicas que se combinam facilmente com esses minerais também impedem a ligação da coenzima ou do substrato (p. ex., o monóxido de carbono e o cianeto combinam-se com o átomo de ferro nas enzimas que contêm heme, impedindo sua função na respiração).

Os antagonistas químicos podem ser convenientemente classificados em duas categorias: (a) antagonistas de processos produtores de energia e (b) antagonistas de processos de biossíntese. Os primeiros incluem venenos que afetam as enzimas respiratórias (monóxido de carbono, cianeto) e a fosforilação oxidativa (dinitrofenol); os últimos incluem análogos de aminoácidos e ácidos nucleicos. Em alguns casos, o análogo simplesmente impede a incorporação do metabólito normal (p. ex., o 5-metiltriptofano impede a incorporação do triptofano a proteínas), ao passo que, em outros casos, o análogo substitui o metabólito normal na macromolécula, tornando-a não funcional. A incorporação da p-fluorofenilalanina em lugar da fenilalanina em proteínas constitui um exemplo do último tipo de antagonismo.

AÇÕES ESPECÍFICAS DE DETERMINADOS BIOCIDAS

Alguns agentes físicos e químicos importantes são descritos nas seções a seguir.

Métodos físicos

A. Calor

A aplicação de calor constitui a maneira mais simples de esterilizar materiais, contanto que o próprio material seja resistente ao calor. A temperatura de 100 °C destruirá todas as formas bacterianas, exceto os esporos, em 2 a 3 minutos nas culturas em escala laboratorial. A temperatura de 121 °C durante 15 minutos é usada para matar os esporos. Em geral, utiliza-se o vapor, visto que as bactérias são mais rapidamente destruídas em condições úmidas e o vapor proporciona um meio de distribuição do calor em todas as partes do recipiente de esterilização. No nível do mar, o vapor deve ser mantido a uma pressão de 15 lb/sq (meia atmosfera) acima da pressão atmosférica a fim de obter uma temperatura de 121 °C; para essa finalidade, utilizam-se autoclaves ou panelas de pressão. Em altitudes maiores, a pressão pode ser superior a 15 psi para alcançar 121 °C. Para esterilizar materiais que devem permanecer secos, dispõe-se de estufas elétricas com ar quente circulante; como o calor se mostra menos eficaz em material seco, é comum a aplicação de uma temperatura de 160 a 170 °C durante 1 hora ou mais. Nessas condições (i.e., temperaturas excessivas aplicadas por longos períodos), o calor atua desnaturando as proteínas e os ácidos nucleicos das células e rompendo as membranas celulares. Esse procedimento, quando realizado de forma correta, é esporicida.

B. Radiação

A radiação ultravioleta (UV)* que tem um comprimento de onda de cerca de 260 nm induz a formação de dímeros da timidina, resultando na impossibilidade de replicação do DNA bacteriano. Esse processo geralmente é bactericida, mas não esporicida.

A radiação ionizante** de 1 nm ou menos (gama ou raio-X) causa a formação de radicais livres que danificam proteínas, DNA e lipídeos. Esses tratamentos são tanto bactericidas quanto esporicidas.

Agentes químicos

As estruturas químicas e usos dos biocidas são mostrados na Tabela 4-4; atividades seletivas são descritas nas seções a seguir.

C. Álcoois

Esses agentes removem efetivamente a água dos sistemas biológicos. Assim, esses compostos atuam, de forma eficiente, como "dessecantes líquidos", desnaturando proteínas. O álcool etílico, o álcool isopropílico e o n-propanol exibem rápida atividade antimicrobiana de amplo espectro contra bactérias vegetativas, vírus e

---

*N. de T. Esse método de controle tem baixo poder de penetração; logo, é adequado apenas para superfícies inertes (p. ex., fluxos laminares).

**N. de T. Esse tipo de radiação apresenta alto poder de penetração e é considerado esterilizante. É empregado na indústria de alimentos (p. ex., em carnes) e na esterilização de materiais sensíveis a esterilização seca ou úmida (p. ex., luvas cirúrgicas e seringas).

fungos, mas não são esporicidas. A atividade é ideal quando estes são diluídos em uma concentração com 60 a 90% de água. Essa estratégia de tratamento é geralmente considerada bactericida, mas não esporicida.

D. Aldeídos

Compostos como glutaraldeído ou formaldeído são usados para desinfecção e esterilização de instrumentos, endoscópios e equipamentos cirúrgicos. Normalmente, são utilizados em forma de solução a 2% para obter atividade esporicida. Esses tratamentos são tanto bactericidas quanto esporicidas.

E. Biguanidas

A clorexidina é amplamente utilizada na lavagem das mãos e de produtos orais e como desinfetante e conservante. Esses tratamentos são bactericidas, mas não esporicidas. Em geral, as micobactérias são altamente resistentes a esses compostos, em virtude de sua parede celular rica em ácidos micólicos.

F. Bisfenóis

São amplamente utilizados em sabões antissépticos e para lavagem das mãos. Em geral, têm atividade de amplo espectro, porém exibem pouca atividade contra *P. aeruginosa* e bolores. A triclosana e o hexaclorofeno são bactericidas e esporistáticos (não esporicidas).

G. Agentes que liberam halogênio

Os tipos mais importantes de agentes que liberam cloro são o hipoclorito de sódio, o dióxido de cloro e o dicloroisocianurato de sódio, agentes oxidantes que têm a propriedade de destruir a atividade celular das proteínas. O ácido hipocloroso é o composto ativo responsável pelos efeitos bactericidas desses compostos. Em concentrações mais altas, esse grupo é esporicida. O iodo (I_2) é altamente bactericida e esporicida. Os iodóforos (p. ex., iodopovidona) são complexos de iodo com um agente solubilizante ou transportador, que atua como reservatório do I_2 ativo.

H. Derivados de metais pesados

A sulfadiazina de prata (Ag^+), uma combinação de dois antibacterianos, Ag^+ e sulfadiazina, tem amplo espectro de atividade. A ligação a componentes celulares, como o DNA, é a principal responsável pelas suas propriedades inibitórias. Esses compostos não são esporicidas.

I. Ácidos orgânicos

Os ácidos orgânicos são usados como preservativos na indústria farmacêutica e de alimentos. O ácido benzoico é fungistático; o ácido propiônico é bacteriostático e fungistático. Nenhum desses ácidos é esporicida.

J. Peroxigênios

O peróxido de hidrogênio (H_2O_2) tem atividade de amplo espectro contra vírus, bactérias, leveduras e esporos bacterianos. A atividade esporicida exige concentrações mais altas (10-30%) de H_2O_2 e maior tempo de contato.

K. Fenóis

O fenol e muitos compostos fenólicos têm propriedades antissépticas, desinfetantes ou conservantes. Em geral, não são esporicidas.

L. Compostos de amônio quaternário

Esses compostos têm duas regiões nas suas estruturas moleculares, ou seja, um grupo que repele a água (hidrofóbico) e outro que a atrai (hidrofílico). Os detergentes catiônicos, exemplificados pelos compostos de amônio quaternário (CAQs), são antissépticos e desinfetantes úteis. Os CAQs têm sido utilizados com várias finalidades clínicas (p. ex., desinfecção pré-operatória da pele íntegra), bem como para a limpeza de superfícies duras. São esporistáticos e inibem o desenvolvimento dos esporos, mas não o processo de germinação em si. Os CAQs apresentam atividade sobre os vírus envelopados, mas não sobre os vírus nus. Em geral, não são esporicidas.

M. Esterilizantes com fase de vapor

Os dispositivos médicos e os suprimentos cirúrgicos sensíveis ao calor podem ser efetivamente esterilizados por sistemas com fase de vapor que usam óxido de etileno, formaldeído, peróxido de hidrogênio ou ácido peracético. Esse método é esporicida.

RELAÇÃO ENTRE A CONCENTRAÇÃO DO BIOCIDA E O TEMPO DE MORTE

Quando os biocidas descritos anteriormente são usados para controlar as populações microbianas, as variáveis de tempo e concentração precisam ser consideradas. É comum verificar que a concentração empregada da substância está relacionada com o tempo necessário para destruir determinada fração da população por meio da seguinte expressão:

$$C^n t = K \qquad (10)$$

Nessa equação, C é a concentração do biocida, t é o tempo necessário para destruir determinada fração das células, e n e K são constantes.

Essa expressão mostra que, por exemplo, se $n = 6$ (como no caso do fenol), a duplicação da concentração do fármaco reduzirá o tempo necessário para obter o mesmo grau de inativação 64 vezes. O fato de a eficácia de um biocida variar de acordo com a sexta potência da concentração sugere que são necessárias seis moléculas dele para inativar uma célula, embora não haja evidências químicas diretas que corroborem essa conclusão.

Para determinar o valor de n de qualquer biocida, são obtidas curvas de inativação para cada uma das várias concentrações, determinando o tempo necessário, em cada concentração, para inativar uma fração fixa da população. Por exemplo, a primeira concentração usada pode ser denominada como C_1, e o tempo necessário para desativar 99% das células pode ser t_1. Da mesma forma, C_2 e t_2 são, respectivamente, a segunda concentração e o tempo necessários para desativar 99% das células. A partir da equação (10), verifica-se que

$$C_1^n t_1 = C_2^n t_2 \qquad (11)$$

Resolvendo a partir de *n*, tem-se

$$n = \frac{\log t_2 - \log t_1}{\log C_1 - \log C_2} \qquad (12)$$

Assim, é possível determinar *n* medindo a inclinação da linha que resulta quando o log *t* é representado graficamente contra o log *C* (Figura 4-4). Se *n* for determinado experimentalmente dessa maneira, *K* pode ser determinado ao substituir os valores observados para *C*, *t* e *n* na equação (10).

Reversão da ação biocida

Além da cinética dependente do tempo e da concentração, outras considerações sobre a atividade biocida envolvem a capacidade de reverter a atividade antimicrobiana. A Tabela 4-5 resume uma lista de diferentes mecanismos que podem reverter a atividade biocida. Isso inclui a remoção de agente, a competição de substrato e a inativação de agente. A neutralização dos biocidas deve ser considerada como parte da estratégia de esterilização/desinfecção.

RESUMO

Compreender os conceitos de crescimento e a morte de bactérias é fundamental para entender a complexa interação que existe entre bactérias patogênicas e seus hospedeiros. Caso não haja um controle exercido pelo sistema imunológico intacto ou pela limitação de nutrientes, o crescimento logarítmico de bactérias rapidamente supera o hospedeiro em busca de nutrientes. O controle ambiental do crescimento microbiano por biocidas limita a exposição a microrganismos potencialmente patogênicos. Os conceitos de esterilização, desinfecção, pasteurização e outros são fundamentais para

TABELA 4-5   Exemplos de mecanismos que podem reverter a atividade dos biocidas

Mecanismo	Exemplo
Remoção do agente	Quando as células inibidas pela presença de um agente bacteriostático são removidas por sucessivas lavagens ou centrifugações do meio, contendo a substância bacteriostática, elas readquirem sua capacidade de multiplicação normal.
Competição pelo substrato	Quando um antagonista químico do tipo análogo se liga reversivelmente a uma enzima, é possível deslocá-lo ao adicionar uma alta concentração do seu substrato normal. Esses casos são denominados **inibição competitiva**. A relação entre a concentração do inibidor e a concentração do substrato que reverte a inibição é denominada **índice antimicrobiano**; em geral, esse valor apresenta-se muito alto (100-10.000), indicando que a enzima tem uma afinidade muito maior com o análogo do que com o seu substrato normal.
Inativação do agente	Frequentemente, um agente pode ser inativado pela adição de uma substância que se combina ao meio, impedindo sua interação com os constituintes celulares. Por exemplo, o íon mercúrico pode ser inativado pelo acréscimo de compostos sulfidrílicos ao meio, como o ácido tioglicólico.

o controle bacteriano e, finalmente, para a saúde humana. Por fim, compreender o crescimento microbiano e a morte é o primeiro passo para o gerenciamento eficaz das doenças infecciosas.

CONCEITOS-CHAVE

1. As bactérias estão presentes nos seres humanos formando biossistemas complexos, conhecidos como microbiota.
2. A quantificação das células bacterianas pode ser realizada usando contagem das células viáveis, turvação e biomassa.
3. A biomassa e o tempo de geração são relacionados matematicamente.
4. A inoculação de uma única célula bacteriana em um determinado volume de meio líquido é conhecida como cultura em batelada. Nesse sistema, o crescimento bacteriano apresenta quatro fases – latência, exponencial, estacionária e declínio.
5. Algumas bactérias existem em um estado que é definido como viável, mas não cultivável.
6. O crescimento em cultura contínua ou em biofilme mimetiza melhor o crescimento bacteriano no hospedeiro humano.
7. Esterilização, desinfecção, pasteurização, entre outros processos (ver Tabela 4-3) são críticos na compreensão e na disseminação da microbiologia como ciência.
8. As estruturas gerais dos biocidas (ver Tabela 4-4) e seus mecanismos de ação devem ser compreendidos.
9. Dependendo do mecanismo de ação, diferentes biocidas são bacteriostáticos, bactericidas e/ou esporicidas.
10. A atividade biocida é dependente do tempo e da concentração. Sua atividade pode ser revertida pela remoção do agente, por competição ao substrato ou por inativação do agente.

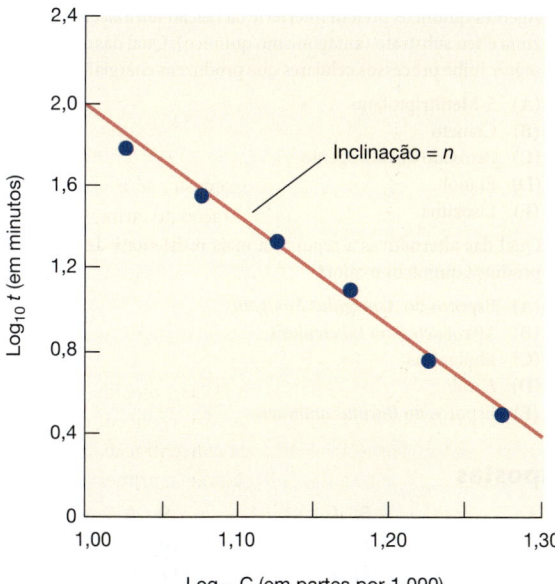

FIGURA 4-4   Relação entre a concentração (*C*) do biocida e o tempo (*t*) necessário para destruir determinada fração de população celular.

QUESTÕES DE REVISÃO

1. Uma mulher de 23 anos teve dez células de *E. coli* introduzidas em sua bexiga durante uma relação sexual. Esse microrganismo tem um tempo de geração de 20 minutos. Após 20 minutos em fase de latência, *E. coli* entra em fase exponencial de crescimento. Depois de 3 horas, o número total de células é:

   (A) 2.056
   (B) 5.012
   (C) 90
   (D) 1.028
   (E) 1.000.000

2. Uma mulher de 73 anos é internada em um hospital para tratamento intravenoso de abscesso causado por *Staphylococcus aureus*. Após o tratamento e a alta hospitalar, é necessário fazer a desinfecção do leito hospitalar. Mil células de *S. aureus* são expostas ao desinfetante. Após 10 minutos, 90% das células estão mortas. Quantas células permanecem viáveis após 20 minutos?

   (A) 500
   (B) 100
   (C) 10
   (D) 1
   (E) 0

3. Qual dos seguintes agentes ou processos tem ação sobre as bactérias não formadoras de esporo em que pode ser revertida?

   (A) Um desinfetante
   (B) Um agente bactericida
   (C) Um agente bacteriostático
   (D) Autoclavação a 121 °C por 15 minutos
   (E) Aquecimento a seco a 160 a 170 °C por 1 hora

4. A taxa de crescimento bacteriano durante a fase exponencial do crescimento é:

   (A) Zero
   (B) Crescente
   (C) Constante
   (D) Decrescente
   (E) Negativa

5. Um clínico coleta escarro de um paciente suspeito de tuberculose. Nessa amostra de escarro, foi isolado o *Mycobacterium tuberculosis* viável, um organismo com um tempo de duplicação lento *in vitro* de 48 horas, o que corresponde a uma taxa de crescimento constante *in vitro* de 0,04 h^{-1}. Estimando que a biomassa desse microrganismo é de $2,3 \times 10^{-13}$ g, e assumindo que esse microrganismo entra imediatamente no crescimento da fase logarítmica, quantas horas serão necessárias para produzir 10^{-6} g de biomassa?

   (A) 4 horas
   (B) 40 horas
   (C) 400 horas
   (D) 4.000 horas
   (E) 40.000 horas

6. Uma amostra de leite de cabra pasteurizado é cultivada pela presença de *Brucella melitensis*, um microrganismo conhecido por infectar animais em uma fazenda adjacente. O leite foi considerado seguro para o consumo humano; porém, algumas pessoas que o consumiram desenvolveram brucelose. Qual das seguintes alternativas melhor explica a disparidade entre os resultados da cultura e os indivíduos infectados?

   (A) A bactéria no leite estava viável, porém não cultivável.
   (B) Pasteurização do leite foi feita de forma incorreta.

   (C) O organismo no leite estava na fase de latência quando o teste foi realizado.
   (D) O leite continha uma alta concentração de antibióticos bactericidas quando foi testado.
   (E) Houve uma contaminação do leite após o teste.

7. Trabalhando como médico missionário na zona rural da Índia, você pulveriza o umbigo de um bebê recém-nascido com uma solução contendo a estrutura química da figura associada para evitar uma infecção por tétano. A qual classe de agente químico essa estrutura pertence?

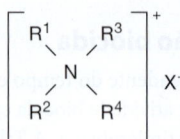

   (A) Álcool
   (B) Aldeído
   (C) Bisfenol
   (D) Peroxigênio
   (E) Amônio quaternário

8. Seu superior solicita que você esterilize alguns instrumentos cirúrgicos. Qual destes agentes você usaria?

   (A) Ácido benzoico (2%)
   (B) Álcool isopropílico (2%)
   (C) Glutaraldeído (2%)
   (D) Peróxido de hidrogênio (2%)
   (E) Composto de amônio quaternário (2%)

9. A taxa de crescimento bacteriano durante o pico da fase estacionária de crescimento é:

   (A) Zero.
   (B) Crescente.
   (C) Constante.
   (D) Decrescente.
   (E) Negativa.

10. Agentes químicos podem interferir na reação normal entre uma enzima e seu substrato (antagonismo químico). Qual das alternativas a seguir inibe processos celulares que produzem energia?

   (A) 5-Metiltriptofano
   (B) Cianeto
   (C) Peróxido de hidrogênio
   (D) Etanol
   (E) Lisozima

11. Qual das alternativas a seguir é a mais resistente à destruição por produtos químicos e calor?

   (A) Esporos do *Aspergillus fumigatus*
   (B) *Mycobacterium tuberculosis*
   (C) Ebolavírus
   (D) *E. coli*
   (E) Esporos do *Bacillus anthracis*

Respostas

1. A	**5.** C	**9.** A
2. C	**6.** A	**10.** B
3. C	**7.** E	**11.** E
4. C	**8.** C	

REFERÊNCIAS

Barcina I, Arana I: The viable but nonculturable phenotype: a crossroads in the life-cycle of non-differentiating bacteria? *Rev Environ Sci Biotechnol* 2009;8:245–255.

Block SS (editor): *Disinfection, Sterilization, and Preservation*, 5th ed. Lippincott Williams & Wilkins, 2001.

Colwell RR, Grimes DJ (editors): *Nonculturable Microorganisms in the Environment*. American Society for Microbiology Press, 2000.

Fraise A, Maillard J-Y, Sattar S (editors): *Russell, Hugo & Aycliffe's Principles and Practice of Disinfection, Preservation and Sterilization*, 5th ed. Blackwell Scientific Publications, 2013.

Gerhardt P, et al (editors): *Manual of Methods for General Bacteriology*. American Society for Microbiology, 1981.

Hans-Curt F, Jost W: The biofilm matrix. *Nat Rev Microbiol* 2010;8:623–633.

McDonnell GE: *Antisepsis, Disinfection, and Sterilization: Types, Action, and Resistance*. American Society for Microbiology Press, 2007.

McDonnell G, Russell AD: Antiseptics and disinfectants: Activity, action, and resistance. *Clin Microbiol Rev* 1999;12:147.

Rutala WA, Weber DJ, Health Care Practices Advisory Committee: *Guideline for Disinfection and Sterilization in Healthcare Facilities, 2008*. Centers for Disease Control and Prevention, 2008. http://www.cdc.gov/hicpac/Disinfection_Sterilization/acknowledg.html

Siegels DA, Kolter R: Life after log. *J Bacteriol* 1992;174:345.

Cultura de microrganismos

5

Cultura refere-se ao processo de propagação de microrganismos pelo fornecimento de condições ambientais apropriadas. Geralmente, parasitas, bactérias e vírus necessitam de cultivo prévio para estudos mais detalhados. O campo da microbiologia é o que apresenta a maior experiência no cultivo de bactérias. Esse é o tema do Capítulo 5.

As bactérias se dividem por **fissão binária** simples, uma reprodução assexuada em que uma única célula se divide em duas. Essas duas, por sua vez, dão origem a quatro células, e assim sucessivamente. Esse processo de replicação requer a incorporação de elementos necessários à composição química desses microrganismos. Os nutrientes do ambiente fornecem esses elementos em formas metabolicamente acessíveis. Além disso, os microrganismos necessitam de energia metabólica para sintetizar macromoléculas e manter gradientes químicos essenciais através de suas membranas. Os fatores que precisam ser controlados durante o crescimento consistem em nutrientes, pH, temperatura, aeração, concentração de sal e força iônica do meio.

EXIGÊNCIAS PARA O CRESCIMENTO

A maior parte do peso seco dos microrganismos consiste em matéria orgânica constituída dos elementos carbono, hidrogênio, nitrogênio, oxigênio, fósforo e enxofre. Além desses, são necessários íons inorgânicos, como potássio, sódio, ferro, magnésio, cálcio e cloreto, para facilitar a catálise enzimática e manter os gradientes químicos através da membrana celular.

Em sua maior parte, a matéria orgânica consiste em macromoléculas formadas pela introdução de **ligações de anidrido** entre as unidades formadoras. A síntese das ligações anidrido requer energia química, fornecida pelas duas ligações fosfodiéster do trifosfato de adenosina (ATP, do inglês *adenosine triphosphate*; ver Capítulo 6). A energia adicional necessária para manter uma composição citoplasmática relativamente constante durante o crescimento, em uma variedade de ambientes químicos extracelulares, provém da **força motriz dos prótons**. Essa força é a energia potencial que pode ser obtida pela passagem de um próton através de uma membrana. Nos eucariotos, essa membrana faz parte da mitocôndria ou do cloroplasto. Nos procariotos, essa membrana é a membrana citoplasmática da célula.

A força motriz dos prótons é um gradiente eletroquímico com dois componentes: uma diferença de pH (concentração de íons hidrogênio) e uma diferença na carga iônica. A carga existente do

lado externo da membrana bacteriana é mais positiva do que a do lado interno, e a diferença de carga contribui para a energia livre liberada quando um próton penetra no citoplasma a partir do lado externo da membrana. Os processos metabólicos que geram a força motriz dos prótons são discutidos no Capítulo 6. A energia livre pode ser utilizada para mover a célula, manter gradientes iônicos ou moleculares através da membrana, sintetizar ligações de anidrido no ATP ou para uma combinação desses fatores. Alternativamente, as células supridas com uma fonte de ATP podem utilizar a energia de suas ligações de anidrido para criar a força motriz dos prótons que pode ser empregada para mover a célula e manter os gradientes químicos.

Para crescer, uma bactéria necessita de todos os elementos que compõem sua matéria orgânica, além de todo o complemento de íons indispensáveis aos processos energéticos e à catálise. Além disso, deve haver uma fonte de energia disponível para estabelecer a força motriz dos prótons e possibilitar a síntese das macromoléculas. Há uma ampla variação nas demandas nutricionais e nas fontes de energia metabólica dos microrganismos.

FONTES DE ENERGIA METABÓLICA

Há três mecanismos principais de geração de energia metabólica: **fermentação**, **respiração** e **fotossíntese**. Pelo menos um desses mecanismos deve ser usado para que o organismo possa crescer.

Fermentação

A formação de ATP na fermentação não está acoplada à transferência de elétrons. A fermentação caracteriza-se pela **fosforilação de substratos**, processo enzimático em que uma ligação de pirofosfato é diretamente doada para o difosfato de adenosina (ADP, do inglês *adenosine diphosphate*) por um intermediário metabólico fosforilado. Os intermediários fosforilados são formados por rearranjo metabólico de um substrato passível de fermentação, como a glicose, a lactose ou a arginina. Como a fermentação não é acompanhada de qualquer alteração no estado de oxirredução global do substrato passível de fermentação, a composição elementar dos produtos de fermentação deve ser idêntica à dos substratos. Por exemplo, a fermentação de uma molécula de glicose ($C_6H_{12}O_6$) pela via de Embden-Meyerhof (ver Capítulo 6) resulta em um ganho líquido de duas ligações de pirofosfato no ATP e forma duas moléculas de ácido láctico ($C_3H_6O_3$).

Respiração

A respiração é análoga ao acoplamento de um processo dependente de energia à descarga de uma bateria. A redução química de um oxidante (aceptor de elétrons) por uma série específica de transportadores de elétrons na membrana estabelece a força motriz dos prótons através da membrana bacteriana. O redutor (doador de elétrons) pode ser orgânico ou inorgânico: por exemplo, o ácido láctico atua como redutor para alguns organismos, enquanto o gás hidrogênio é um redutor para outros. O oxigênio gasoso (O_2) é o oxidante mais usado pelas bactérias aeróbias, mas existem outros oxidantes usados por alguns organismos, como o dióxido de carbono (CO_2), o sulfato (SO_4^{2-}) e o nitrato (NO_3^-).

Fotossíntese

A fotossíntese assemelha-se à respiração, uma vez que a redução de um oxidante por uma série específica de transportadores de elétrons estabelece a força motriz dos prótons. A diferença entre os dois processos é que, na fotossíntese, o redutor e o oxidante são criados fotoquimicamente pela energia luminosa absorvida por pigmentos presentes na membrana. Por conseguinte, a fotossíntese só pode continuar enquanto houver uma fonte de energia luminosa. As plantas e algumas bactérias podem utilizar uma quantidade significativa de energia luminosa ao transformar a água em redutor para o dióxido de carbono. Há formação de oxigênio nesse processo, com a produção de matéria orgânica. A respiração – oxidação energeticamente favorável de matéria orgânica por um aceptor de elétrons, como o oxigênio – pode fornecer energia a microrganismos que realizam a fotossíntese na ausência de luz.

NUTRIÇÃO

Os nutrientes nos meios de crescimento devem conter todos os elementos necessários à síntese biológica de novos microrganismos. Na discussão a seguir, os nutrientes são classificados de acordo com os elementos que eles fornecem.

Fonte de carbono

Conforme mencionado anteriormente, as plantas e algumas bactérias podem utilizar a energia da fotossíntese para reduzir o dióxido de carbono à custa de água. Esses organismos são chamados de **autotróficos**, bactérias que não necessitam de nutrientes orgânicos para seu crescimento. Outros microrganismos autotróficos são os **quimiolitotróficos**, organismos que utilizam um substrato inorgânico, como o hidrogênio ou o tiossulfato, como redutor, e dióxido de carbono como fonte de carbono.

Os **heterotróficos** necessitam de carbono orgânico para seu crescimento, e esse carbono orgânico deve estar em uma forma passível de ser assimilada. Por exemplo, o naftaleno pode fornecer todo o carbono e a energia necessários para o crescimento heterotrófico respiratório; todavia, um número muito pequeno de microrganismos é dotado da via metabólica necessária à assimilação do naftaleno. Por outro lado, a glicose pode sustentar o crescimento fermentativo ou respiratório de muitos organismos. É importante que os substratos para o crescimento sejam fornecidos em níveis adequados para a cepa microbiana que está sendo cultivada: os níveis que sustentam o crescimento de determinado microrganismo podem inibir o crescimento de outro.

O dióxido de carbono é necessário para diversas reações de biossíntese. Muitos microrganismos respiratórios produzem dióxido de carbono em quantidades maiores do que as suficientes para preencher essa necessidade, enquanto outros precisam de uma fonte de dióxido de carbono em seu meio de crescimento.

Fonte de nitrogênio

O nitrogênio é um importante componente das proteínas, dos ácidos nucleicos e de outros compostos, e representa cerca de 5% do peso seco de uma célula bacteriana típica. O dinitrogênio inorgânico (N_2) é altamente prevalente, compreendendo 80% da atmosfera terrestre. É também um composto muito estável; isso se deve principalmente à alta energia de ativação necessária para quebrar a tripla ponte nitrogênio-nitrogênio. Entretanto, o nitrogênio pode ser fornecido de várias maneiras diferentes, e os microrganismos variam quanto à sua capacidade de assimilar o nitrogênio (Tabela 5-1). O produto final de todas as vias de assimilação do nitrogênio é a forma do elemento mais reduzida, a amônia (NH_3). Quando está disponível, a NH_3 difunde-se na maioria das bactérias por meio de canais transmembrânicos, como NH_3 dissolvida em forma gasosa, em vez do íon amônio (NH_4^+).

A capacidade de assimilar N_2 pela redução por NH_3, denominada **fixação do nitrogênio**, constitui uma propriedade exclusiva dos procariotos, e relativamente poucas bactérias são capazes de quebrar a ligação tripla nitrogênio-nitrogênio. Esse processo (ver Capítulo 6) exige grande quantidade de energia metabólica e é rapidamente inativado pelo oxigênio. A capacidade de fixação do nitrogênio é observada em bactérias amplamente divergentes que desenvolveram estratégias químicas muito diferentes para proteger, do oxigênio, suas enzimas fixadoras de nitrogênio.

A maioria dos microrganismos tem a capacidade de utilizar NH_3 como única fonte de nitrogênio, e muitos microrganismos têm a capacidade de produzir NH_3 a partir de aminas ($R–NH_2$) ou aminoácidos ($RCHNH_2COOH$), geralmente no modo intracelular. A produção de NH_3 a partir da desaminação de aminoácidos é denominada **amonificação**. A amônia é introduzida na matéria orgânica por vias bioquímicas que envolvem o glutamato e a glutamina. Essas vias são discutidas no Capítulo 6.

Muitos microrganismos possuem a capacidade de assimilar nitrato (NO_3^-) e nitrito (NO_2^-) de forma reduzida por conversão desses íons em NH_3. Esses processos são denominados **redução assimiladora de nitrato** e **redução assimiladora de nitrito**, respectivamente. Essas vias para assimilação diferem daquelas utilizadas para **dissimilação** de nitrato e nitrito. As vias de dissimilação são usadas por organismos que empregam esses íons como aceitantes de elétrons terminais na respiração. Algumas bactérias autotróficas

TABELA 5-1 **Fontes de nitrogênio na nutrição bacteriana**

Composto	Valência de N
NO_3^-	+5
NO_2^-	+3
N_2	0
NH_4^+	−3
$R–NH_2$[a]	−3

[a]R, radical orgânico.

(p. ex., *Nitrosomonas*, *Nitrobacter* spp.) são capazes de converter NH_3 em N_2 gasoso em condições anaeróbias; esse processo é conhecido como **denitrificação**.

Nossa compreensão do ciclo do nitrogênio continua a expandir-se. Em meados da década de 1990, a reação **anamox** foi descoberta. A reação

$$NH_4^+ + NO_2^- \rightarrow N_2 + 2H_2O$$

na qual a amônia é oxidada pelo nitrito, é um processo microbiano que ocorre em águas anóxicas dos oceanos e é a maior via pela qual o nitrogênio retorna para a atmosfera.

Fonte de enxofre

Assim como o nitrogênio, o enxofre é um componente de muitas substâncias orgânicas da célula. Ele forma parte da estrutura de várias coenzimas e é encontrado nas cadeias laterais cisteinil e metionil das proteínas. Plantas e animais não absorvem diretamente o elemento químico enxofre (S). Contudo, algumas bactérias autotróficas podem oxidar o enxofre a sulfato de enxofre (SO_4^{2-}). A maioria dos microrganismos tem a capacidade de utilizar sulfato como fonte de enxofre, reduzindo o sulfato ao nível de sulfeto de hidrogênio (H_2S). Alguns microrganismos podem assimilar diretamente o H_2S do meio de crescimento, mas esse composto pode ser tóxico para muitos deles.

Fonte de fósforo

O fosfato (PO_4^{3-}) é necessário como componente do ATP, dos ácidos nucleicos e de coenzimas, como NAD, NADP e flavinas. Além disso, muitos metabólitos, lipídeos (fosfolipídeos, lipídeo A), componentes da parede celular (ácido teicoico), alguns polissacarídeos capsulares e certas proteínas são fosforilados. O fosfato é sempre assimilado em forma de fosfato inorgânico livre (P_i).

Fontes de minerais

Vários minerais são necessários para a função das enzimas. O íon magnésio (Mg^{2+}) e o íon ferroso (Fe^{2+}) também são encontrados em derivados da porfirina: o magnésio na molécula da clorofila e o ferro como parte das coenzimas dos citocromos e das peroxidases. Tanto o Mg^{2+} quanto o K^+ são essenciais para a função e a integridade dos ribossomos. O Ca^{2+} é necessário como componente das paredes celulares dos microrganismos Gram-positivos, embora seja dispensável nas bactérias Gram-negativas. Muitos organismos marinhos necessitam de Na^+ para o seu crescimento.

Ao formular um meio para a cultura da maioria dos microrganismos, é necessário fornecer fontes de potássio, magnésio, cálcio e ferro, geralmente em forma de íons (K^+, Mg^{2+}, Ca^{2+} e Fe^{2+}). Muitos outros minerais (p. ex., Mn^{2+}, Mo^{2+}, Co^{2+}, Cu^{2+} e Zn^{2+}) são necessários como traços – com frequência, eles podem ser fornecidos por meio da água potável ou como contaminantes de outros ingredientes do meio.

A captação de ferro, que forma hidróxidos insolúveis em pH neutro, é facilitada em muitas bactérias e fungos pela produção de **sideróforos** – compostos que atuam como quelantes do ferro e promovem seu transporte em forma de complexo solúvel, como os hidroxamatos ($—CONH_2OH$) denominados sideraminas e derivados do catecol (p. ex., 2,3-di-hidroxibenzoilserina). Os sideróforos determinados por plasmídeos desempenham importante papel na capacidade de invasão de alguns patógenos bacterianos (ver Capítulo 7). Os mecanismos dependentes e não dependentes de sideróforo para captação de ferro pelas bactérias são discutidos no Capítulo 9.

Fatores de crescimento

Um fator de crescimento é um composto orgânico de que a célula necessita para crescer, mas que ela é incapaz de sintetizar. Muitos microrganismos, quando supridos com os nutrientes anteriormente citados, podem sintetizar todas as unidades formadoras de macromoléculas (Figura 5-1), que são aminoácidos, purinas, pirimidinas e pentoses (os precursores metabólicos dos ácidos nucleicos), carboidratos adicionais (precursores dos polissacarídeos), ácidos graxos e compostos isoprenoides. Além disso, os microrganismos de vida livre devem ser capazes de sintetizar as vitaminas complexas que atuam como precursores de coenzimas.

Cada um desses compostos essenciais é sintetizado por uma sequência distinta de reações enzimáticas; cada enzima é produzida sob o controle de um gene específico. Quando o organismo sofre mutação genética, resultando em incapacidade funcional de uma dessas enzimas, a cadeia é interrompida, e o produto final não é mais gerado. Como consequência, os organismos necessitam obter esse composto do ambiente. Esse composto se torna um **fator de crescimento** para esse organismo.

Diferentes espécies microbianas variam amplamente nas suas necessidades de fatores de crescimento. Os compostos envolvidos são encontrados em todos os organismos, sendo essenciais; as diferenças nas exigências refletem diferenças na capacidade de síntese. Algumas espécies não necessitam de fatores de crescimento, enquanto outras – como alguns lactobacilos – perderam, durante a evolução, a capacidade de sintetizar até 30 a 40 compostos essenciais, cuja presença no meio de cultura é necessária. Consequentemente, muitos organismos que não podem ser cultivados necessitam de fatores de crescimento que não foram completamente identificados até o momento.

FATORES AMBIENTAIS QUE AFETAM O CRESCIMENTO

Para ser apropriado, um meio de crescimento deve conter todos os nutrientes necessários à cultura do microrganismo, e determinados fatores, como pH, temperatura e aeração, precisam ser cuidadosamente controlados. Em geral, isso é realizado usando um meio líquido ou um meio semissólido gelificado pela adição de ágar (normalmente a 1,5% em peso por volume). O ágar, um extrato de polissacarídeo de uma alga marinha, é especialmente apropriado para cultura microbiana por ser resistente à ação microbiana e dissolver-se a 100 °C, porém não se solidifica até ser resfriado abaixo de 45 °C. É possível suspender algumas células (p. ex., hemácias de ovelhas) em um meio a 45 °C, resfriando-o rapidamente até a obtenção de um gel sem lesionar as células. Outro aspecto que deve ser considerado é que o ágar é um polissacarídeo carregado negativamente e que pode ligar-se a outras moléculas carregadas positivamente. Essa propriedade restringe a assimilação desse composto pelas bactérias em crescimento. Por exemplo, antibióticos livremente difusíveis são rotineiramente testados quanto à sua capacidade de inibir o crescimento bacteriano. Contudo, os peptídeos

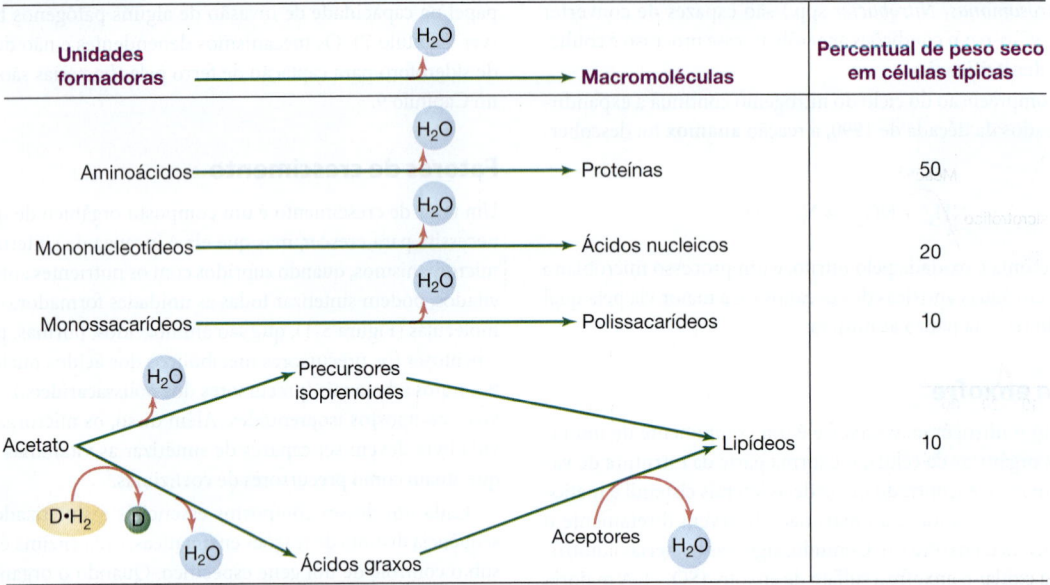

FIGURA 5-1 Síntese macromolecular. A polimerização das unidades formadoras nas macromoléculas é efetuada, em grande parte, pela introdução de ligações de anidrido. A formação de ácidos graxos a partir do acetato requer várias etapas de redução bioquímica por meio de doadores orgânicos de hidrogênio (D · H$_2$).

antimicrobianos catiônicos* (com carga positiva) são inibidos no meio, uma vez que se ligam ao ágar que apresenta carga negativa.

Nutrientes

Anteriormente, neste capítulo, foi descrita a função de cada tipo de nutriente e apresentada uma lista de substâncias apropriadas. Em geral, devem ser fornecidos os seguintes itens: (1) doadores e aceptores de hidrogênio, cerca de 2 g/L; (2) fonte de carbono, cerca de 1 g/L; (3) fonte de nitrogênio, cerca de 1 g/L; (4) minerais: enxofre e fósforo, cerca de 50 mg/L de cada, e oligoelementos, 0,1 a 1 mg/L de cada; (5) fatores de crescimento: aminoácidos, purinas e pirimidinas, cerca de 50 mg/L de cada, e vitaminas, 0,1 a 1 mg/L de cada. Para muitos organismos, um único composto (p. ex., um aminoácido) pode servir como fonte de energia, carbono e nitrogênio; outros necessitam de um composto distinto para cada uma dessas fontes.

Para estudos do metabolismo microbiano, geralmente é necessário preparar um meio completamente sintético no qual sejam conhecidas as características exatas e a concentração de cada ingrediente. Esse tipo de meio é denominado **meio definido**. Caso contrário, é muito mais barato e mais simples usar materiais naturais, como extrato de levedura, digestão de proteínas ou substâncias semelhantes. A maioria dos microrganismos de vida livre cresce bem com extrato de levedura. No entanto, alguns patógenos bacterianos não podem ser cultivados *in vitro*.

Concentração de íons hidrogênio (pH)

A maioria dos organismos apresenta uma faixa de pH ideal bastante reduzida. O pH ótimo para cada espécie deve ser determinado de maneira empírica. A maioria dos organismos (**neutralófilos**) cresce mais adequadamente a um pH de 6 a 8, embora algumas formas (**acidófilos**) tenham um pH ótimo de 3, e outras (**alcalófilos**), de 10,5.

Os microrganismos regulam seu pH interno dentro de uma ampla faixa de valores do pH externo. Os microrganismos acidófilos mantêm um pH interno de cerca de 6,5 com relação a uma faixa externa de 1 a 5. Os neutralófilos mantêm um pH interno de cerca de 7,5 em uma faixa externa de 5,5 a 8,5, e os alcalófilos mantêm um pH interno de cerca de 9,5 em uma faixa externa de 9 a 11. O pH interno é regulado por um conjunto de sistemas de transporte de prótons na membrana citoplasmática, inclusive uma bomba primária de prótons impulsionada por ATP e um intercambiador de Na$^+$/H$^+$. Também é sugerida a contribuição de um sistema de troca de K$^+$/H$^+$ na regulação do pH interno dos microrganismos neutralófilos.

Temperatura

As faixas de temperatura ótima para o crescimento das diferentes espécies microbianas variam amplamente (Figura 5-2): as **psicrófilas** crescem melhor a baixas temperaturas (−5-15 °C) e normalmente são encontradas em ambientes como o Ártico e regiões da Antártica; as **psicrotróficas** (ou **psicrotolerantes**) apresentam uma temperatura ótima de crescimento entre 20 e 30 °C, porém crescem muito bem em temperaturas menores. Esses microrganismos** são

---

*N. de T. Um exemplo são as polimixinas. Esses antibióticos polipeptídicos catiônicos apresentam uma grande estrutura molecular catiônica com baixa difusão no meio ágar. Assim, não é correto testá-los pelo método clássico do teste de sensibilidade aos antimicrobianos (TSA) por disco-difusão. O Comitê Brasileiro de Testes de Sensibilidade aos Antimicrobianos (BrCAST) preconiza que o seu teste seja realizado por microdiluição em caldo.

**N. de T. Além de *L. monocytogenes*, *Salmonella* sp., *S. aureus* e *Yersinia enterocolitica* podem suportar e manter-se viáveis em temperatura de refrigeração (−4 °C). Assim, esses microrganismos são importantes em saúde pública por contaminar alimentos como carnes e derivados, leite e derivados, vegetais e frutas mantidas sob refrigeração.

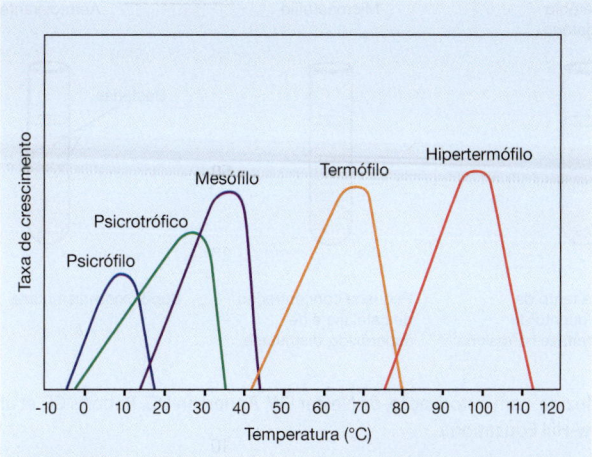

FIGURA 5-2 Temperatura necessária para o crescimento. Os procariontes são comumente classificados em cinco grupos com base na temperatura ótima de crescimento. Nota-se que a temperatura ótima de crescimento, no ponto em que a taxa de crescimento é maior, está próxima do limite superior da faixa de crescimento. (Reproduzida, com autorização, de Nester EW, Anderson DG, Roberts CE, et al.: *Microbiology: A Human Perspective*, 6th ed. McGraw-Hill, 2009, p. 91. © McGraw-Hill Education.)

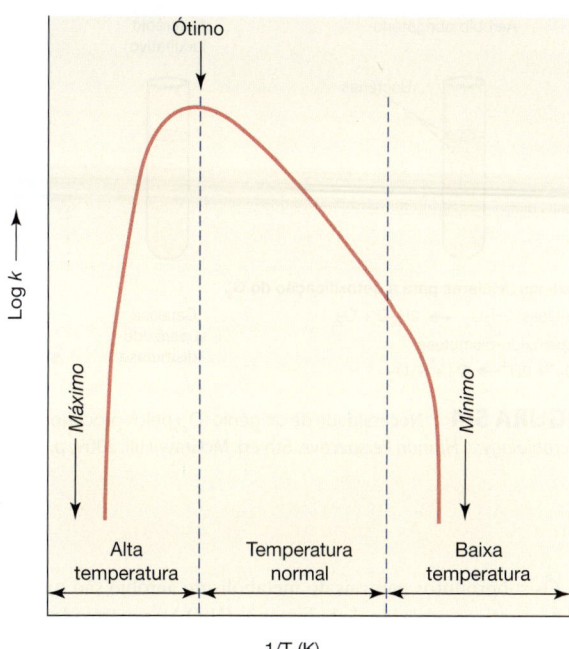

FIGURA 5-3 Forma geral de um gráfico de Arrhenius para o crescimento bacteriano. (Reproduzida, com autorização, de Ingraham JL: Growth of psychrophilic bacteria. *J Bacteriol* 1958;76(1):75-80.)

a principal causa da deterioração dos alimentos e, no caso da *Listeria monocytogenes*, pode causar doenças graves gastrintestinais e do sistema nervoso humano. As **mesófilas** crescem mais adequadamente entre 30 e 37 °C; enquanto a maioria das **termófilas** vive em temperaturas entre 50 e 60 °C. Alguns microrganismos são **hipertermófilos** e podem crescer melhor em temperatura de ebulição da água, o que ocorre em condição de alta pressão nas profundezas do oceano. Os microrganismos são, em sua maioria, formas mesófilas; a temperatura de 30 °C é ótima para muitas formas de vida livre, enquanto a temperatura corporal do hospedeiro é ideal para os simbiontes de animais de sangue quente.

A extremidade superior da faixa de temperatura tolerada por qualquer espécie correlaciona-se bem com a termoestabilidade geral das proteínas dessa espécie, conforme determinado em extratos celulares. Os microrganismos compartilham com as plantas e os animais a **resposta de choque térmico**, isto é, a síntese transitória de um conjunto de "proteínas de choque térmico" (*heat-shock proteins*) quando expostos a uma súbita elevação da temperatura acima do ideal para o crescimento. Essas proteínas parecem surpreendentemente termorresistentes e estabilizam outras proteínas celulares sensíveis ao calor.

A relação entre a velocidade de crescimento e a temperatura em determinado microrganismo pode ser observada em um gráfico típico de Arrhenius (Figura 5-3). Esse químico sueco mostrou que o logaritmo da velocidade de qualquer reação química (log k) é uma função linear da recíproca da temperatura ($1/T$); como o crescimento celular resulta de um conjunto de reações químicas, pode-se esperar esse tipo de relação. A Figura 5-3 demonstra que isso acontece na faixa normal de temperaturas para determinada espécie: o log k diminui linearmente com $1/T$. Todavia, acima e abaixo da faixa normal, o log k cai rapidamente, de modo que os valores máximo e mínimo de temperatura são definidos.

Além de terem efeitos sobre a velocidade do crescimento, os extremos de temperatura matam os microrganismos. O calor extremo é utilizado para esterilizar preparações (ver Capítulo 4); o frio extremo também mata as células microbianas, embora não possa ser utilizado para esterilização efetiva. As bactérias também exibem um fenômeno denominado **choque pelo frio**: a destruição de células por resfriamento rápido em vez de lento. Por exemplo, o resfriamento rápido da *Escherichia coli*, de 37 para 5 °C, pode matar 90% das células. Diversos compostos protegem as células do congelamento ou do choque pelo frio; o glicerol e o dimetil sulfóxido são os mais comumente utilizados.

Aeração

O papel do oxigênio como aceptor de hidrogênio é discutido no Capítulo 6. Muitos organismos são **aeróbios obrigatórios**, necessitando do oxigênio como aceptor de hidrogênio. Alguns são **anaeróbios facultativos** capazes de viver tanto de forma aeróbia quanto anaeróbia. Outros são **microaerófilos**,* que requerem pequenas quantidades de oxigênio (2-10%) para respiração aeróbia (concentrações mais altas são inibidoras). Alguns são **anaeróbios obrigatórios**, necessitando de uma substância diferente de oxigênio como aceptor de hidrogênio e são sensíveis à inibição de oxigênio. Outros são **anaeróbios aerotolerantes**, suportando a presença de oxigênio em pequenas concentrações. Eles crescem na presença do oxigênio, porém não o utilizam como aceptor de hidrogênio (Figura 5-4).

---

*N. de T. Em geral, microrganismos microaerófilos também crescem melhor quando incubados a 5% de CO_2 (microrganismos **capnofílicos**). Essa condição pode ser obtida incubando as placas semeadas em uma jarra com uma vela acesa, que depois é colocada na estufa. Quando a chama consumir o oxigênio necessário para manter a combustão, o CO_2 produzido no interior da jarra manterá a condição de capnofilia.

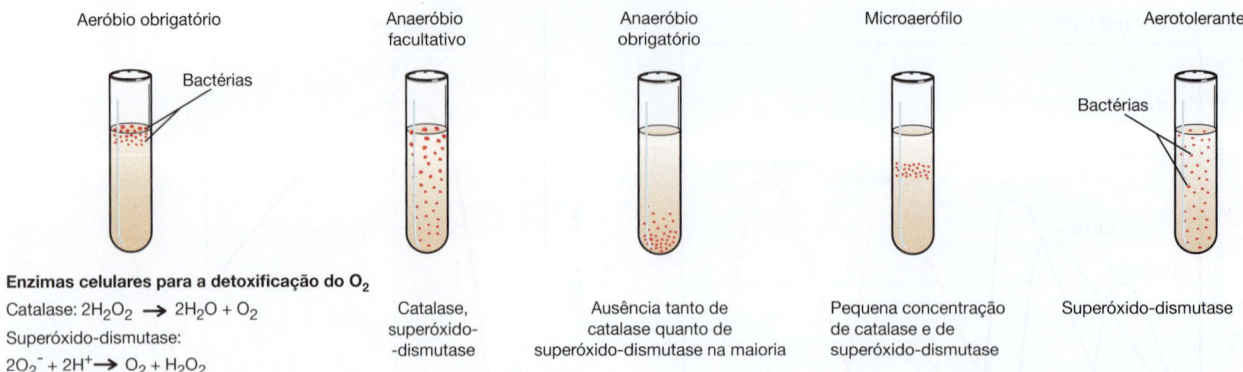

Aeróbio obrigatório Anaeróbio facultativo Anaeróbio obrigatório Microaerófilo Aerotolerante

Bactérias

Bactérias

Enzimas celulares para a detoxificação do O_2

Catalase: $2H_2O_2 \rightarrow 2H_2O + O_2$

Superóxido-dismutase:

$2O_2^- + 2H^+ \rightarrow O_2 + H_2O_2$

Catalase, superóxido--dismutase

Ausência tanto de catalase quanto de superóxido-dismutase na maioria

Pequena concentração de catalase e de superóxido-dismutase

Superóxido-dismutase

FIGURA 5-4 Necessidade de oxigênio (O_2) pelos procariontes. (Reproduzida, com autorização, de Nester EW, Anderson DG, Roberts CE, et al: *Microbiology: A Human Perspective*, 6th ed. McGraw-Hill, 2009, p. 92. © McGraw-Hill Education.)

Os subprodutos naturais do metabolismo aeróbio são os compostos reativos peróxido de hidrogênio (H_2O_2) e superóxido de hidrogênio (O_2^-). Na presença de ferro, essas duas espécies podem produzir radicais hidroxila ($\cdot OH$), passíveis de lesionar qualquer macromolécula biológica:

$$O_2^- + H_2O_2 \xrightarrow{Fe^{3+}/Fe^{2+}} O_2 + OH_2^- + \cdot OH$$

Muitos aeróbios e anaeróbios aerotolerantes são protegidos desses produtos pela presença da superóxido-dismutase, enzima que catalisa a reação

$$2O_2^- + 2H^+ \rightarrow O_2 + H_2O_2$$

e pela presença da catalase, enzima que catalisa a reação

$$2H_2O_2 \rightarrow 2H_2O + O_2$$

Alguns microrganismos fermentativos (p. ex., *Lactobacillus plantarum*) são aerotolerantes, mas não contêm catalase sem superóxido-dismutase. O oxigênio não é reduzido e, por conseguinte, não há produção de H_2O_2 e O_2^-. Todos os anaeróbios estritos não têm superóxido-dismutase nem catalase. Alguns microrganismos anaeróbios (p. ex., *Peptococcus anaerobius*) têm considerável tolerância ao oxigênio em virtude de sua capacidade de produzir altos níveis de NADH-oxidase, que reduz o oxigênio à água de acordo com a reação

$$NADH + H^+ + {}^1\!/_2 O_2 \longrightarrow NAD^+ + H_2O$$

O peróxido de hidrogênio deve grande parte de sua toxicidade à lesão que provoca no DNA. Os mutantes com deficiência de reparo do DNA são excepcionalmente sensíveis ao peróxido de hidrogênio; constatou-se que o produto do gene *recA*, que atua tanto na recombinação genética quanto no reparo genético, é mais importante que a catalase ou a superóxido-dismutase na proteção da *E. coli* contra a toxicidade do peróxido de hidrogênio.

O suprimento de ar a culturas líquidas de aeróbios constitui um sério problema técnico. Em geral, os recipientes são agitados mecanicamente para introduzir oxigênio no meio, ou o ar é forçado através do meio de cultura por pressão. Com frequência, a difusão de oxigênio torna-se o fator limitante no crescimento das bactérias aeróbias; quando a concentração celular atinge 4 a 5×10^9/mL, a velocidade de difusão do oxigênio para as células limita acentuadamente a velocidade do crescimento posterior.

Os anaeróbios obrigatórios, por outro lado, apresentam o problema da exclusão do oxigênio. Existem muitos métodos para isso: podem-se acrescentar agentes redutores, como o tioglicato de sódio, às culturas líquidas; os tubos de ágar podem ser selados com uma camada de petrolato e parafina; o recipiente de cultura pode ser colocado em outro recipiente a partir do qual o oxigênio é removido por evacuação ou por meios químicos; ou o microrganismo pode ser manipulado dentro de uma câmara de anaerobiose (*glove box*).

Força iônica e pressão osmótica

A maioria das bactérias pode tolerar uma ampla faixa de pressões osmóticas e forças iônicas externas em virtude de sua capacidade de regular a osmolalidade e a concentração iônica internas. A osmolalidade é regulada pelo transporte ativo de íons K^+ no interior da célula; a força iônica interna é mantida constante pela excreção compensatória de uma poliamina orgânica de carga positiva, a putrescina. Como a putrescina possui várias cargas positivas por molécula, obtém-se uma acentuada queda da força iônica com pequeno custo na força osmótica.

Para um pequeno grupo de bactérias altamente adaptadas à alta osmolalidade, fatores como pressão osmótica e concentração de sal devem ser controlados no cultivo *in vitro*. Por exemplo, bactérias marinhas necessitam da presença de alta concentração de sais e são denominadas **halófilas;*** já bactérias capazes de crescer em alta concentração de açúcar são denominadas **osmófilas**.

MÉTODOS DE CULTURA

Dois problemas práticos devem ser considerados na cultura de microrganismos: (1) a escolha de um meio de cultura apropriado e (2) o isolamento de um microrganismo em cultura pura.

---

*N. de T. A capacidade de crescer na presença de alta concentração de sal pode ser utilizada como uma prova fenotípica de identificação de determinadas espécies em um laboratório de microbiologia clínica (p. ex., espécies de *Enterococcus* crescem na presença de NaCl a 7,5%).

Meio de cultura

A técnica utilizada e o tipo de meio escolhido dependem da nature-za da investigação. Em geral, podem ser encontradas três situações: (1) repicar um determinado clone bacteriano com o objetivo de se obter a quantidade determinada de um produto desejado (p. ex., ácido nucleico ou proteína); (2) determinar a quantidade e quais os organismos presentes em uma determinada amostra; ou (3) isolar um tipo específico de microrganismo de uma amostra.

A. Repicar um determinado clone bacteriano

As bactérias evoluíram para crescer em ambientes específicos. Certos microrganismos, como *E. coli*, que são usados rotineiramente na clonagem de genes e na produção de proteínas, crescem com muito poucas restrições nutricionais e físico-químicas. Outros microrganismos, como *Legionella pneumophila*, são **fastidiosos** e requerem condições similares às encontradas em seus ambientes naturais. Para esses microrganismos fastidiosos, o pH, a temperatura e a aeração são, em geral, facilmente mimetizáveis. Contudo, é a formulação de nutrientes que apresenta o maior problema.

Uma bactéria fastidiosa pode necessitar de um extrato de um tecido do hospedeiro como um fator de crescimento adicional necessário à sua multiplicação. Pode ser necessária considerável experimentação para determinar as necessidades de um microrganismo, de modo que o sucesso depende do suprimento de uma fonte apropriada de cada categoria de nutriente relacionada no início deste capítulo. Alguns organismos, como Chlamydiae e Rickettsiae, são bactérias intracelulares obrigatórias e requerem células eucarióticas viáveis dentro das quais podem crescer. Nesses casos, é necessária uma cultura de células eucarióticas em laboratório seguida de infecção para que a bactéria se multiplique.

B. Exame microbiológico dos espécimes naturais

A população total de bactérias que existe em um determinado espécime, por exemplo, água de uma lagoa ou urina, é chamada de **microbioma**. Dentro de qualquer amostra, existem muitos microambientes. Por exemplo, a concentração de oxigênio na superfície de uma lagoa é muito maior do que no seu fundo. O crescimento de bactérias aeróbias seria favorecido na superfície da lagoa, enquanto as bactérias microaerófilas seriam favorecidas no fundo da lagoa. No entanto, uma amostra de água desse lago contém as duas espécies de bactérias. A determinação de quais microrganismos compõem o bioma total da amostra de água da lagoa depende de como a amostra é cultivada. A semeadura de amostra do material em determinado conjunto de condições (p. ex., na presença de oxigênio) permite que um grupo selecionado (nesse caso, aeróbios) produza colônias, mas muitos outros tipos (nesse caso, microaerófilos) passam despercebidos. Por essa razão, é habitual semear amostras do material em diferentes meios e condições de incubação. Seis a oito condições diferentes de cultura não representam um número exagerado quando se pretende descobrir a maioria das espécies presentes.

C. Isolamento de determinado tipo de microrganismo

Uma pequena amostra de solo, quando processada adequadamente, produz um tipo diferente de microrganismo para cada microambiente presente. No caso de solo fértil (úmido, arejado, rico em minerais e matéria orgânica), isso significa a possibilidade de isolar centenas ou até mesmo milhares de tipos de microrganismos. Esse isolamento é efetuado ao selecionar o tipo desejado. Por exemplo, se estiverem presentes organismos como fixadores de nitrogênio aeróbio (*Azotobacter*), eles podem ser isolados de um grama de solo fértil ao inocular um meio líquido que favoreça seu crescimento. Nesse caso, o meio não contém nitrogênio combinado, sendo incubado em condições aeróbias. Se houver *Azotobacter* no solo, as células crescerão bem nesse meio; as bactérias incapazes de fixar o nitrogênio só crescerão à medida que o solo tiver introduzido nitrogênio fixado contaminante no meio. Quando a cultura estiver totalmente crescida, a porcentagem de *Azotobacter* na população total terá aumentado acentuadamente. Esse método é denominado **cultura de enriquecimento**. A transferência de uma amostra dessa cultura para um novo meio resultará em maior enriquecimento de *Azotobacter*; depois de várias transferências seriadas, a cultura pode ser semeada em meio sólido de enriquecimento, podendo isolar colônias de *Azotobacter*. A cultura de enriquecimento simula o ambiente natural ("nicho") do microrganismo desejado, otimizando o seu isolamento (Figura 5-5). Um princípio importante dessa técnica é descrito a seguir: o organismo selecionado será aquele cujas exigências nutricionais não são inteiramente satisfeitas. O *Azotobacter*, por exemplo, cresce melhor em um meio de cultura que contém nitrogênio orgânico, porém sua exigência mínima consiste na presença de N_2; por conseguinte, ele será selecionado em um meio que contém N_2 como única fonte de nitrogênio. Se for acrescentado nitrogênio orgânico ao meio, as condições não mais selecionarão *Azotobacter*, mas sim outro microrganismo cuja exigência mínima seja a presença de nitrogênio orgânico.

Ao pesquisar um determinado tipo de microrganismo, que é parte de uma população mista, **meios seletivos** e **diferenciais** devem ser usados. Os meios seletivos inibem o crescimento de diferentes microrganismos, permitindo o crescimento dos microrganismos desejáveis. Por exemplo, o ágar Thayer-Martin é usado no isolamento de *Neisseria gonorrhoeae* (agente etiológico da gonorreia) de amostras vaginais que contêm microbiota complexa do colo do útero. Esse meio contém vancomicina, que mata a maioria das bactérias Gram-positivas. Colistina é adicionada, tendo ação nas Gram-negativas, exceto as neissérias. Nistatina também é adicionada para matar fungos. No meio Thayer-Martin, crescerão, predominantemente, amostras de *N. gonorrhoeae* a partir de um *swab* vaginal coletado de uma paciente com suspeita de gonorreia.

Os meios diferenciais contêm substâncias que podem ser metabolizadas ou não pelos microrganismos, permitindo a distinção entre eles. Em outro exemplo, as colônias de *E. coli* exibem um brilho metálico característico em ágar que contém os corantes eosina e azul de metileno (ágar-EMB). O ágar-EMB, que contém alta concentração de um açúcar, fará os microrganismos fermentarem esse açúcar e formarem colônias avermelhadas. São utilizados meios diferenciais para certos propósitos, como a identificação de bactérias entéricas em água ou leite e a presença de determinados patógenos em amostras clínicas. A Tabela 5-2 apresenta as características dos meios mais comuns usados para cultivar bactérias.

Isolamento de microrganismos em cultura pura

Para estudar as propriedades de determinado microrganismo, é necessário manipulá-lo em uma cultura pura livre de todos os outros

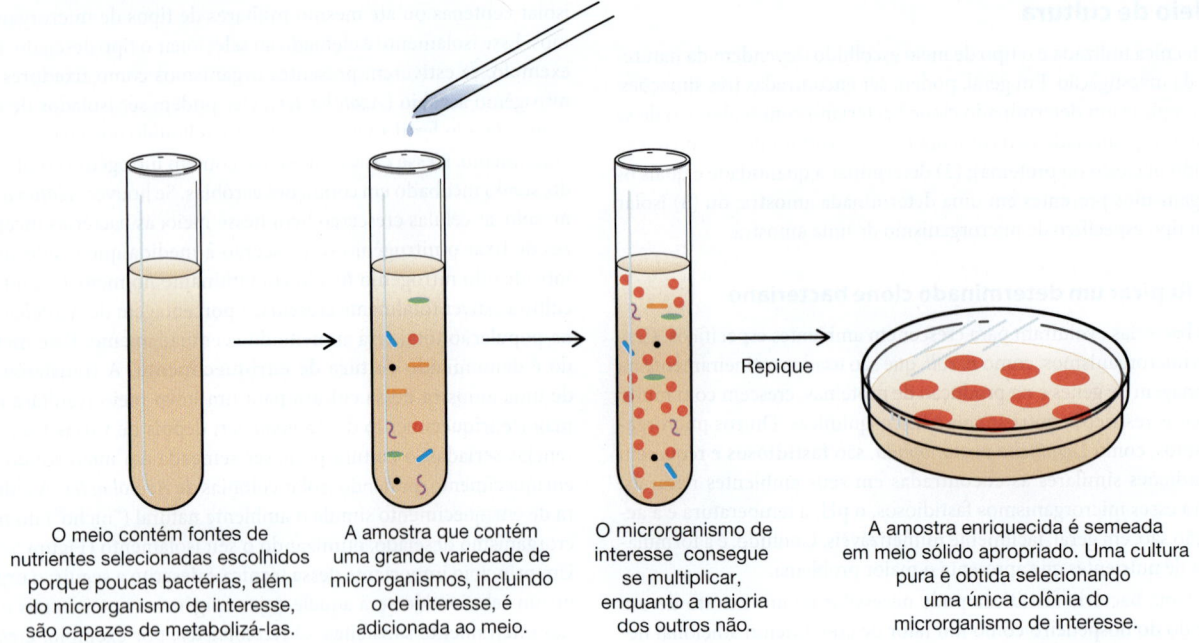

O meio contém fontes de nutrientes selecionadas escolhidos porque poucas bactérias, além do microrganismo de interesse, são capazes de metabolizá-las.

A amostra que contém uma grande variedade de microrganismos, incluindo o de interesse, é adicionada ao meio.

O microrganismo de interesse consegue se multiplicar, enquanto a maioria dos outros não.

A amostra enriquecida é semeada em meio sólido apropriado. Uma cultura pura é obtida selecionando uma única colônia do microrganismo de interesse.

FIGURA 5-5 Cultura de enriquecimento. As condições do meio e da incubação favorecem o crescimento da espécie desejada sobre outras bactérias na mesma amostra. (Reproduzida, com autorização, de Nester EW, Anderson DG, Roberts CE, et al: *Microbiology: A Human Perspective*, 6th ed. McGraw-Hill, 2009, p. 99. © McGraw-Hill Education.)

tipos de microrganismos. Para isso, é necessário isolar uma única célula de todas as demais; essa célula isolada deve ser cultivada de modo que sua progênie coletiva também permaneça isolada. Existem vários métodos disponíveis, como veremos a seguir.

A. Semeadura em placa

Diferentemente das células em meio líquido, as células em meio sólido ficam imobilizadas sobre o meio. Sendo assim, se células bacterianas suficientes forem semeadas no meio ágar, cada bactéria se

multiplicará por fissão binária simples e dará origem a uma colônia isolada. O **método de semeadura em profundidade** (**método de pour-plate**) usa uma suspensão diluída de células misturada com ágar liquefeito a 50 °C e distribuída em uma placa de Petri. Quando o ágar se solidifica, as células são imobilizadas no ágar e crescem em colônias. Se a suspensão de células tiver sido diluída o suficiente, as colônias ficarão bem separadas, de modo que cada uma delas terá alta probabilidade de originar-se de uma única célula (Figura 5-6). Entretanto, para ter certeza disso, é necessário escolher uma colônia do tipo desejado, suspendê-la em meio estéril e semeá-la

TABELA 5-2 **Características dos meios representativos usados para cultivar bactérias**

Meio	Característica
Ágar-sangue	Meio complexo usado rotineiramente em laboratório de microbiologia clínica. Diferencial, uma vez que as colônias dos microrganismos hemolíticos estão circundadas por uma zona de hemólise. Não seletivo.
Ágar-chocolate	Meio complexo usado no isolamento de bactérias fastidiosas, particularmente aquelas encontradas em espécimes clínicos. Não seletivo ou diferencial.
Glicose e sais	Meio quimicamente definido. Usado em laboratórios de pesquisa para o estudo das necessidades nutricionais das bactérias. Não seletivo ou diferencial.
Ágar MacConkey	Meio complexo usado no isolamento de bastonetes Gram-negativos entéricos. Seletivo, uma vez que são adicionados sais de bile e corantes que inibem o crescimento de microrganismos Gram-positivos e cocos Gram-negativos. Diferencial, uma vez que o indicador de pH torna-se vermelho quando a lactose é fermentada.
Ágar nutriente	Meio complexo usado na rotina laboratorial. Suporta o crescimento de uma variedade de bactérias não fastidiosas. Não seletivo ou diferencial.
Thayer-Martin	Meio complexo usado no isolamento de espécies de *Neisseria* (microrganismo fastidioso). Seletivo, uma vez que contém antibióticos que inibem várias espécies de bactérias e permitem o crescimento das espécies de *Neisseria*. Não diferencial.

(Reproduzida, com autorização, de Nester EW, Anderson DG, Roberts CE, et al: Microbiology: *A Human Perspective*, 6th ed. McGraw-Hill, 2009, p. 96. © McGraw-Hill Education.)

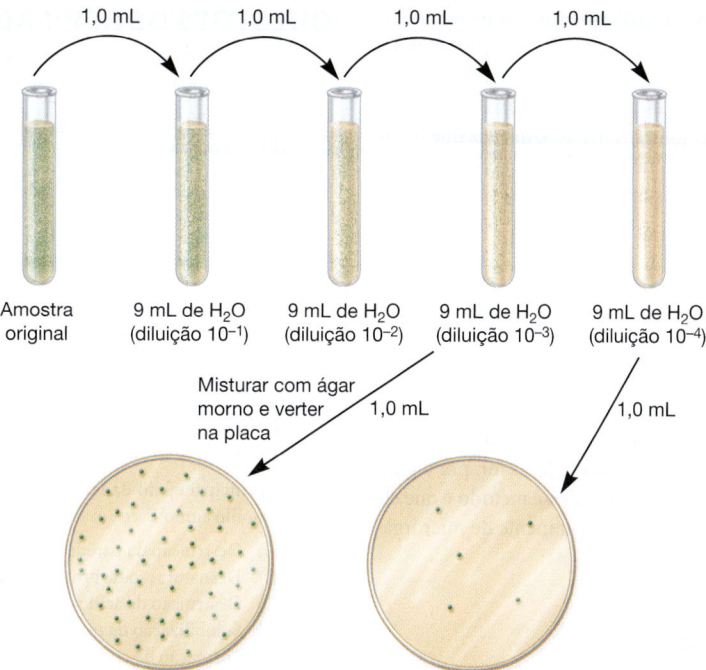

FIGURA 5-6   Técnica de semeadura em profundidade (método de *pour-plate*). A amostra original é diluída diversas vezes, a fim de reduzir a população. As amostras mais diluídas são misturadas com ágar morno e vertidas em placas de Petri. As células isoladas crescem em colônias e são usadas para a obtenção de culturas puras. As colônias de superfície são circulares; as colônias imersas no ágar são lenticulares (em formato de lente). (Reproduzida, com autorização, de Willey JM, Sherwood LM, Woolverton CJ: *Prescott, Harley, & Klein's Microbiology*, 7th ed. McGraw-Hill, 2008, p. 115. © McGraw-Hill Education.)

novamente. A repetição desse procedimento várias vezes garante a obtenção de uma cultura pura.

Uma alternativa consiste em semear a suspensão original na superfície de uma placa de ágar com alça de metal (**técnica da placa estriada**). À medida que são feitas as estrias no meio sólido, o número de células deixadas na alça torna-se cada vez menor, de modo que, finalmente, a alça poderá depositar células isoladas no ágar

(Figura 5-7). A placa é incubada, e qualquer colônia bem-isolada é removida, suspensa novamente em meio estéril e, mais uma vez, semeada na superfície do ágar. Se uma suspensão (e não apenas um pequeno crescimento de uma colônia ou de material em tubo inclinado) for semeada com alça, esse método será tão confiável quanto o método de semeadura em profundidade, além de ser muito mais rápido.

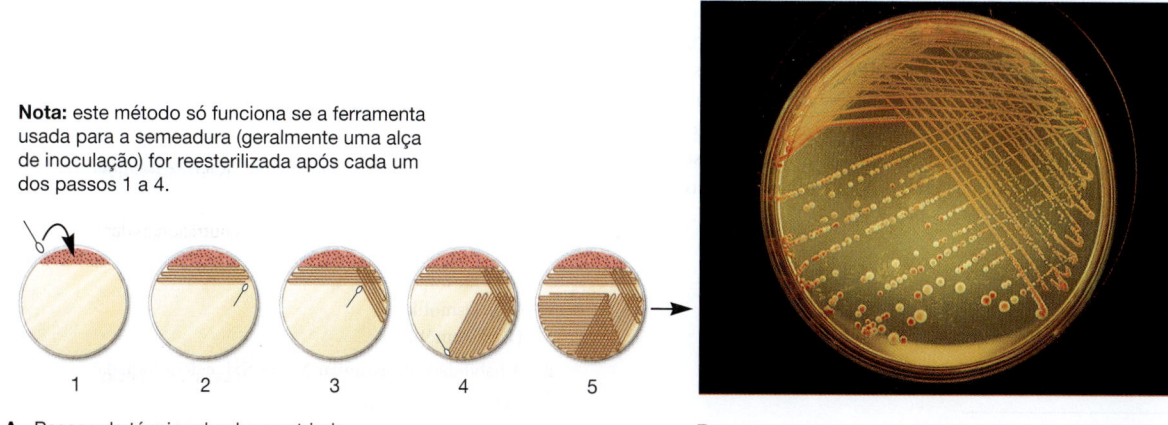

Nota: este método só funciona se a ferramenta usada para a semeadura (geralmente uma alça de inoculação) for reesterilizada após cada um dos passos 1 a 4.

A   Passos da técnica da placa estriada.

B

FIGURA 5-7   Técnica da placa estriada. **A:** Um típico padrão de semeadura. (Reproduzida, com autorização, de Willey JM, Sherwood LM, Woolverton CJ: *Prescott, Harley, & Klein's Microbiology*, 7th ed. McGraw-Hill, 2008, p. 115. © McGraw-Hill Education.) **B:** Um exemplo de uma semeadura em placa. (Reproduzida, com autorização, de Kathy Park Talaro.)

Na **técnica de semeadura por espalhamento**, um pequeno volume da suspensão microbiana diluída contendo 30 a 300 células é transferido para o centro de uma placa de ágar e espalhado igualmente sobre a superfície com uma alça de vidro estéril.* As células dispersas desenvolvem-se em colônias isoladas. Uma vez que o número de colônias deve ser igual ao número de organismos viáveis em uma amostra, podem-se usar as placas semeadas para contar a população microbiana.

B. Diluição

Um método muito menos confiável consiste em diluição até a extinção. A suspensão é diluída de modo seriado e faz-se a semeadura de amostras de cada diluição. Se apenas algumas amostras de determinada diluição exibirem crescimento, presume-se que algumas dessas culturas foram iniciadas a partir de células isoladas. Esse método só deve ser utilizado se a semeadura em placas for, por algum motivo, impossível. Um aspecto indesejável desse método é que ele só pode ser utilizado para isolar o tipo predominante de microrganismo em uma população mista.

RESUMO DO CAPÍTULO

- Todos os organismos necessitam de compostos orgânicos e inorgânicos necessários para o seu crescimento. Os nutrientes são classificados de acordo com os elementos que eles fornecem, incluindo fontes de carbono, nitrogênio, fósforo, enxofre e sais minerais.
- Fatores de crescimento são compostos orgânicos de que as células necessitam para o seu desenvolvimento, porém são incapazes de sintetizá-los.
- É necessária uma fonte de energia para manter uma força motriz de prótons e para permitir a síntese de macromoléculas. Há três principais mecanismos de metabolismo catabólico: fermentação, respiração e fotossíntese.
- Fatores ambientais, como pH, temperatura e aeração, são importantes para o crescimento microbiano. A maioria dos patógenos humanos são neutralófilos (crescem melhor em pH 6-8) e mesófilos (crescem melhor entre 30-37 °C).
- Os organismos variam enormemente sua habilidade de usar o oxigênio como aceptor de hidrogênio e sua capacidade de inativar produtos tóxicos do metabolismo aeróbio. Eles podem ser agrupados como: aeróbios obrigatórios, anaeróbios obrigatórios, anaeróbios facultativos, microaerófilos e aerotolerantes.
- Os meios microbiológicos podem ser formulados para permitir o crescimento de um microrganismo presente em menor número (meio enriquecido), distinguir entre as espécies presentes em uma amostra (meio diferencial) ou isolar um organismo presente em uma amostra mista (meio seletivo).

---

*N. de T. As alças de vidro empregadas em semeadura microbiológica também são conhecidas como alças de Drigalski.

QUESTÕES DE REVISÃO

1. A maior parte dos microrganismos patogênicos para seres humanos cresce melhor em laboratório quando incubada a:

   (A) 15 a 20 °C
   (B) 20 a 30 °C
   (C) 30 a 37 °C
   (D) 38 a 50 °C
   (E) 50 a 55 °C

2. O processo pelo qual os microrganismos formam ATP durante a fermentação da glicose é caracterizado por:

   (A) Acoplamento da produção de ATP com a transferência de elétrons
   (B) Desnitrificação
   (C) Redução do oxigênio
   (D) Fosforilação de substrato
   (E) Respiração anaeróbia

3. O principal efeito da temperatura de 60 °C no crescimento de um mesófilo como *E. coli* é:

   (A) Destruição da parede celular
   (B) Desnaturação de proteínas
   (C) Destruição de ácidos nucleicos
   (D) Solubilização da membrana citoplasmática
   (E) Formação de endósporos

4. A polimerização das unidades formadoras (p. ex., aminoácidos) em macromoléculas (p. ex., proteínas) é amplamente alcançada por:

   (A) Desidratação
   (B) Redução
   (C) Oxidação
   (D) Assimilação
   (E) Hidrólise

5. Uma cepa de *E. coli* não requer vitaminas para crescer em um meio definido que contém glicose, sais minerais e cloreto de amônio. Isso porque *E. coli*:

   (A) Não usa vitaminas para o seu crescimento.
   (B) Obtém vitaminas do seu hospedeiro humano.
   (C) É quimio-heterotrófica.
   (D) Pode sintetizar vitaminas a partir de compostos simples presentes no meio.
   (E) Cloreto de amônio e sais minerais contêm pequenas quantidades de vitaminas.

6. Qual das seguintes alternativas NÃO é um exemplo de metabolismo catabólico realizado por microrganismos?

   (A) Fermentação
   (B) Síntese proteica
   (C) Respiração
   (D) Fotossíntese
   (E) C e D

7. Qual dos seguintes termos melhor descreve um microrganismo que cresce a 20 °C?

   (A) Neutralófilo
   (B) Psicrotrófico
   (C) Mesófilo
   (D) Osmófilo
   (E) Termófilo

8. A habilidade de assimilar N_2 via NH_3 é denominada:

   (A) Amonificação
   (B) Anamox (oxidação anaeróbia de amônia)
   (C) Redução do nitrato

(D) Desaminação

(E) Fixação de nitrogênio

9. Qual das seguintes moléculas NÃO é absorvida pelas células eucarióticas?

(A) Glicose

(B) Lactato

(C) Sulfato (SO_4^{2-})

(D) Nitrogênio (N_2)

(E) Fosfato (PO_4^{3-})

10. As bactérias que são patógenos humanos intracelulares obrigatórios (p. ex., *Chlamydia trachomatis*) são consideradas:

(A) Autotróficas

(B) Fotossintéticas

(C) Quimiolitotróficas

(D) Hipertermófilas

(E) Heterotróficas

Respostas

1. C	**5.** D	**9.** D
2. D	**6.** B	**10.** E
3. B	**7.** B	
4. A	**8.** E	

REFERÊNCIAS

Adams MW: Enzymes and proteins from organisms that grow near or above 100°C. *Annu Rev Med* 1993;47:627.

Koch AL: Microbial physiology and ecology of slow growth. *Microbiol Mol Biol Rev* 1997;61:305.

Maier RM, Pepper IL, Gerba CP: *Environmental Microbiology.* Academic Press, 1992.

Marzlut GA: Regulation of sulfur and nitrogen metabolism in filamentary fungi. *Annu Rev Microbiol* 1993;42:89.

Pelczar MJ Jr, Chan ECS, Krieg NR: *Microbiology: Concepts and Applications.* McGraw-Hill, 1993.

Schloss PD, Handelsman J: Status of the microbial census. *Microbiol Mol Biol Rev* 2004;68:686.

Wood JM: Bacterial osmoregulation: A paradigm for the study of cellular homeostasis. *Annu Rev Microbiol* 2011;65:215.

6

Metabolismo microbiano

PAPEL DO METABOLISMO NA BIOSSÍNTESE E NO CRESCIMENTO

O crescimento microbiano exige a polimerização das subunidades bioquímicas em proteínas, ácidos nucleicos, polissacarídeos e lipídeos. As subunidades precursoras precisam estar presentes no meio ou ser sintetizadas pelas células em crescimento. A necessidade de coenzimas que participam da catálise enzimática constitui uma demanda adicional de biossíntese. As reações de polimerização nos processos de biossíntese exigem a transferência das ligações de anidrido a partir do trifosfato de adenosina (ATP, do inglês *adenosine triphosphate*). O crescimento requer uma fonte de energia metabólica para a síntese das ligações de anidrido, bem como manutenção dos gradientes transmembrânicos de íons e metabólitos.

O **metabolismo** apresenta dois componentes: **catabolismo** e **anabolismo** (Figura 6-1). O metabolismo catabólico engloba processos de obtenção de energia, liberada pela clivagem de diferentes compostos (p. ex., glicose), que é usada para síntese de **ATP**. O metabolismo anabólico, ou **biossíntese**, inclui processos que utilizam a energia armazenada no ATP para sintetizar e montar as subunidades das macromoléculas que compõem a célula. A sequência das subunidades em uma macromolécula é determinada de duas maneiras. Nos ácidos nucleicos e nas proteínas, a sequência é **dirigida por um modelo**: o DNA atua como modelo para sua própria síntese e para a síntese dos vários tipos de RNA; o RNA mensageiro serve de modelo para a síntese das proteínas. Já em carboidratos e lipídeos, a disposição das subunidades é totalmente determinada por especificidades enzimáticas. Uma vez sintetizadas, as macromoléculas organizam-se para formar as estruturas supramoleculares da célula, como ribossomos, membranas, parede celular, flagelos e *pili*.

A velocidade da síntese macromolecular e a atividade das vias metabólicas precisam ser reguladas, de modo que a biossíntese seja equilibrada. Todos os componentes necessários à síntese macromolecular devem estar presentes para que o crescimento seja ordenado, e o controle tem de ser exercido para que as reservas das células não sejam consumidas em produtos que não contribuem para o crescimento ou a sobrevida.

Este capítulo faz uma revisão sobre o metabolismo microbiano e sua regulação. Os microrganismos representam extremos de divergência evolutiva, encontrando enorme variedade de rotas metabólicas dentro desse grupo. Assim, por exemplo, qualquer uma de mais de meia dúzia de vias metabólicas diferentes pode ser utilizada para a assimilação de um composto relativamente simples, como o benzoato, e uma única via para a assimilação do benzoato pode ser regulada por qualquer um de mais de meia dúzia de mecanismos de controle. O objetivo é ilustrar os princípios subjacentes às vias metabólicas e sua regulação. O princípio básico que determina as vias metabólicas é que elas sejam seguidas mediante a organização de um número relativamente pequeno de reações bioquímicas em uma sequência específica. Muitas vias de biossíntese podem ser deduzidas pela verificação das estruturas químicas das substâncias de partida, do produto final e, talvez, de um ou dois intermediários metabólicos. O princípio básico subjacente à regulação metabólica consiste no fato de que as enzimas tendem a atuar apenas quando sua atividade catalítica é necessária. A atividade de uma enzima pode ser modificada ao variar a sua quantidade ou a do substrato. Em alguns casos, a atividade das enzimas pode ser alterada pela ligação de **efetores** específicos – metabólitos que modulam a atividade enzimática.

METABÓLITOS FOCAIS E SUAS INTERCONVERSÕES

Interconversões de glicose-6-fosfato e carboidratos

As origens da biossíntese das subunidades que formam as macromoléculas e as coenzimas podem ser rastreadas até os precursores denominados **metabólitos focais**. As Figuras 6-2 a 6-5 ilustram como os respectivos metabólitos focais (glicose-6-fosfato [G6PD], fosfoenolpiruvato, oxalacetato e α-cetoglutarato) dão origem à maioria dos produtos finais da biossíntese.

A Figura 6-2 ilustra como a G6PD é convertida em uma série de produtos finais de biossíntese por meio de ésteres de fosfato de carboidratos com cadeias de diferentes comprimentos. Os carboidratos possuem a fórmula empírica $(CH_2O)_n$, e o objetivo primeiro de seu metabolismo é modificar o valor de n, o comprimento da cadeia de carbonos. Os mecanismos pelos quais os comprimentos das cadeias de fosfatos de carboidratos são interconvertidos encontram-se resumidos na Figura 6-6. Em um caso, são utilizadas

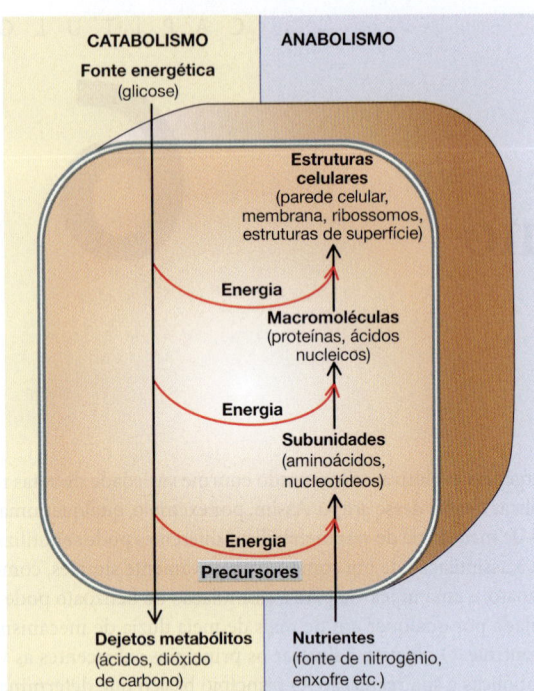

FIGURA 6-1 A relação entre o metabolismo catabólico e o metabolismo anabólico. O catabólico compreende processos que, pela clivagem de compostos, resultam na liberação de energia usada na síntese de trifosfato de adenosina (ATP), além de metabólitos precursores usados na biossíntese. O metabolismo anabólico, ou biossíntese, inclui processos que utilizam ATP e metabólitos precursores para sintetizar e montar as subunidades das macromoléculas que constituem a célula. (Reproduzida, com autorização, de Nester EW, Anderson DG, Roberts CE, et al: *Microbiology: A Human Perspective*, 6th ed. McGraw-Hill, 2009, p. 127. © McGraw-Hill Education.)

reações oxidativas para remover um único carbono da G6PD, produzindo o derivado de pentose, a ribulose-5-fosfato. As reações da isomerase e da epimerase interconvertem as formas bioquímicas mais comuns das pentoses: ribulose-5-fosfato, ribose-5-fosfato e xilulose-5-fosfato. As transcetolases transferem um fragmento de dois carbonos de um doador para uma molécula aceptora. Essas reações possibilitam às pentoses formar ou ser formadas a partir de carboidratos com cadeias de comprimentos variáveis. Como mostra a Figura 6-6, duas pentoses-5-fosfato ($n = 5$) são interconversíveis com a triose-3-fosfato ($n = 3$) e com a heptose-7-fosfato ($n = 7$); a pentose-5-fosfato ($n = 5$) e a tetrose-4-fosfato ($n = 4$) são interconversíveis com a triose-3-fosfato ($n = 3$) e a hexose-6-fosfato ($n = 6$).

A cadeia hexose de seis carbonos da frutose-6-fosfato pode ser convertida em dois derivados triose de três carbonos pela ação consecutiva de uma quinase e uma aldolase sobre a frutose-6-fosfato. Como alternativa, podem ser utilizadas aldolases, que atuam com fosfatases, para aumentar o comprimento das moléculas dos carboidratos: as trioses-fosfato dão origem à frutose-6-fosfato; uma triose-fosfato e uma tetrose-4-fosfato formam heptose-7-fosfato. A forma final da interconversão do comprimento das cadeias de carboidratos é a reação da transaldolase, que

interconverte a heptose-7-fosfato e a triose-3-fosfato em tetrose-4-fosfato e hexose-6-fosfato.

A coordenação das diferentes reações de rearranjo dos carboidratos, para atingir um objetivo metabólico global, é ilustrada pela derivação da hexose-monofosfato (Figura 6-7). Esse ciclo metabólico é utilizado pelas cianobactérias para a redução da nicotinamida-adenina-dinucleotídeo (NAD^+) em nicotinamida-adenina-dinucleotídeo reduzido (NADH), que atua como redutor para a respiração no escuro. Muitos microrganismos utilizam o derivado de hexose-monofosfato para reduzir a nicotinamida-adenina-dinucleotídeo-fosfato ($NADP^+$) em nicotinamida-adenina-dinucleotídeo-fosfato reduzido (NADPH), utilizado em reações de redução biossintéticas. As primeiras etapas na derivação da hexose-monofosfato são as reações oxidativas que encurtam seis hexoses-6-fosfato (abreviadas como seis C_6 na Figura 6-7) em seis pentoses-5-fosfato (abreviadas como seis C_5). As reações de rearranjo dos carboidratos convertem as seis moléculas C_5 em cinco moléculas C_6, de modo que o ciclo oxidativo possa continuar.

Evidentemente, todas as reações de interconversão de comprimentos de cadeias de carboidratos não atuam ao mesmo tempo. A seleção de conjuntos específicos de enzimas, essencialmente a determinação da via metabólica tomada, é condicionada pela fonte de carbono e pelas necessidades de biossíntese da célula. Assim, por exemplo, a célula que recebe uma triose-fosfato como fonte de carboidrato utilizará a combinação aldolase-fosfatase para formar frutose-6-fosfato; a quinase que atua sobre a frutose-6-fosfato na sua conversão em triose-fosfato não seria ativa nessas circunstâncias. Se as necessidades de pentose-5-fosfato forem altas, como no caso da assimilação fotossintética de dióxido de carbono, as transcetolases que poderão dar origem a pentoses-5-fosfato serão muito ativas.

Em suma, a G6PD pode ser considerada um metabólito focal, visto que atua tanto como precursor direto de subunidades metabólicas quanto como fonte de carboidratos de comprimento variável, utilizados para fins de biossíntese. A própria G6PD pode ser produzida a partir de outros carboidratos fosforilados pela seleção de vias a partir de um conjunto de reações para interconversão de comprimentos de cadeias. As reações escolhidas são determinadas pelo potencial genético da célula, pela fonte primária de carbono e pelas necessidades de biossíntese do microrganismo. É necessário haver uma regulação metabólica para garantir a escolha das reações que suprirão as demandas do organismo.

Formação e utilização do fosfoenolpiruvato

As trioses-fosfato, formadas pela interconversão de fosfoésteres de carboidratos, são convertidas em fosfoenolpiruvato pela série de reações mostradas na Figura 6-8. A oxidação do gliceraldeído-3-fosfato pelo NAD^+ é acompanhada pela formação da ligação acil-fosfato no carbono 1 do 1,3-difosfoglicerato. Esse radical é transferido mediante a **fosforilação do substrato** em difosfato de adenosina (ADP, do inglês *adenosine diphosphate*), produzindo uma ligação rica em energia (ATP). Outra ligação fosfato rica em energia é formada pela desidratação do 2-fosfoglicerato em fosfoenolpiruvato; por meio de outra fosforilação de substrato, o fosfoenolpiruvato pode doar a ligação rica em energia ao ADP com a consequente formação de ATP e piruvato. Por conseguinte, podem ser obtidas duas ligações ricas em energia do ATP pela conversão metabólica da triose-fosfato em piruvato. Trata-se de

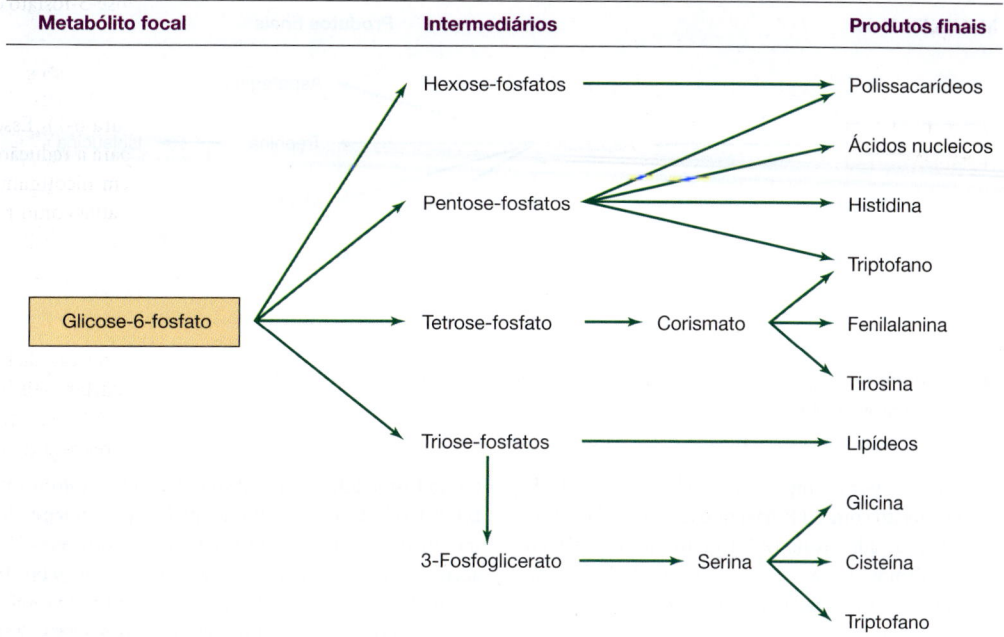

FIGURA 6-2 Produtos finais da biossíntese formados a partir da glicose-6-fosfato. Os ésteres de fosfato dos carboidratos com cadeias de comprimento variável atuam como intermediários nas vias biossintéticas.

um processo oxidativo, e, na ausência de um aceptor exógeno de elétrons, o NADH gerado pela oxidação do gliceraldeído-3-fosfato deve ser oxidado em NAD^+ pelo piruvato ou por metabólitos derivados do piruvato. Os produtos formados em consequência desse processo variam e, conforme descreveremos adiante neste capítulo, podem ser utilizados na identificação de bactérias de importância clínica.

A formação de fosfoenolpiruvato a partir do piruvato requer uma quantidade substancial de energia metabólica, e, no processo, são utilizadas invariavelmente duas ligações anidrido do ATP.

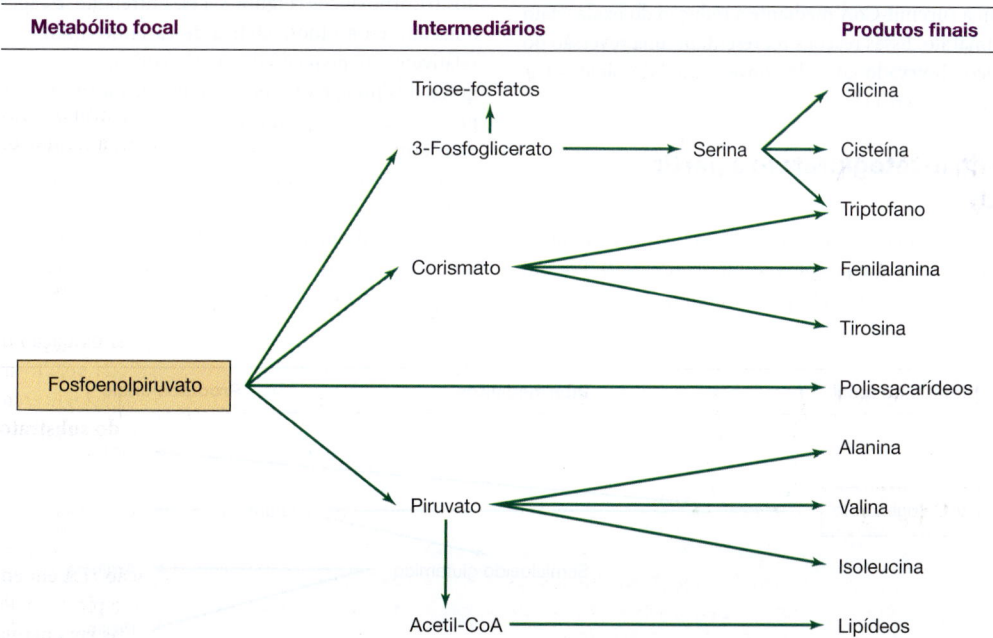

FIGURA 6-3 Produtos finais da biossíntese formados a partir do fosfoenolpiruvato.

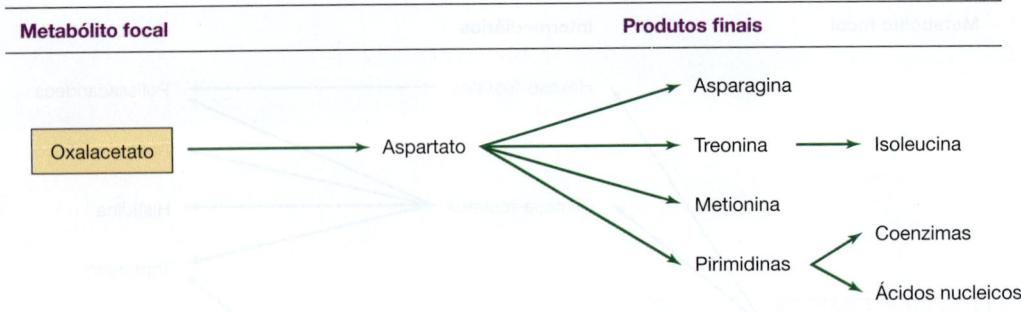

FIGURA 6-4 Produtos finais da biossíntese formados a partir do oxalacetato. Os produtos finais aspartato, treonina e pirimidinas atuam como intermediários na síntese de outros compostos.

Alguns microrganismos – por exemplo, *Escherichia coli* – fosforilam diretamente o piruvato com ATP, havendo, em seguida, a formação de monofosfato de adenosina (AMP) e fosfato inorgânico (P$_i$). Outros microrganismos utilizam duas etapas metabólicas: uma ligação pirofosfato do ATP é utilizada na carboxilação do piruvato em oxalacetato, e uma segunda ligação pirofosfato (frequentemente transportada mais pelo trifosfato de guanosina [GTP, do inglês *guanosine triphosphate*] do que pelo ATP) é utilizada para gerar fosfoenolpiruvato a partir do oxalacetato.

Formação e utilização do oxalacetato

Conforme previamente descrito, muitos microrganismos formam oxalacetato mediante a carboxilação dependente de ATP do piruvato. Outros microrganismos, como a *E. coli*, que formam fosfoenolpiruvato diretamente a partir do piruvato, sintetizam o oxalacetato por carboxilação do fosfoenolpiruvato.

A succinil-CoA é um precursor biossintético necessário à síntese das porfirinas e outros compostos essenciais. Alguns microrganismos formam a succinil-CoA mediante a redução do oxalacetato via malato e fumarato. Essas reações representam uma reversão do fluxo metabólico observado no ciclo convencional dos ácidos tricarboxílicos (ver Figura 6-11).

Formação do α-cetoglutarato a partir do piruvato

A conversão do piruvato em α-cetoglutarato requer uma via metabólica divergente e, em seguida, convergente (Figura 6-9). Por um caminho, o oxalacetato é formado por carboxilação do piruvato ou do fosfoenolpiruvato. Pelo outro, o piruvato sofre oxidação em acetil-CoA. É interessante assinalar que, independentemente do mecanismo enzimático utilizado para a formação do oxalacetato, a acetil-CoA é necessária como efetor metabólico positivo desse processo. Assim, a síntese do oxalacetato é equilibrada com a produção de acetil-CoA. A condensação do oxalacetato com acetil-CoA produz citrato. A isomerização da molécula de citrato produz isocitrato, que é descarboxilado de modo oxidativo em α-cetoglutarato.

VIAS DE ASSIMILAÇÃO

Crescimento com acetato

O acetato é metabolizado via acetil-CoA, e inúmeros microrganismos são capazes de formar acetil-CoA (Figura 6-10). O acetil-CoA é utilizado na biossíntese do α-cetoglutarato, e, na maioria dos microrganismos respiratórios, o fragmento acetil da acetil-CoA é oxidado por completo em dióxido de carbono pelo ciclo dos ácidos tricarboxílicos (Figura 6-11). Entretanto, a capacidade de usar o acetato como fonte efetiva de carbono limita-se a um número relativamente pequeno de microrganismos e vegetais. A síntese líquida dos precursores biossintéticos a partir do acetato é efetuada por reações de acoplamento do ciclo dos ácidos tricarboxílicos com duas outras reações catalisadas pela isocitrato-liase e pela malato-sintase. Conforme ilustra a Figura 6-12, essas reações possibilitam a conversão oxidativa *líquida* de duas porções acetil provenientes da acetil-CoA em uma molécula de succinato. O succinato pode ser utilizado para fins de biossíntese após sua conversão em oxalacetato, α-cetoglutarato, fosfoenolpiruvato ou G6PD.

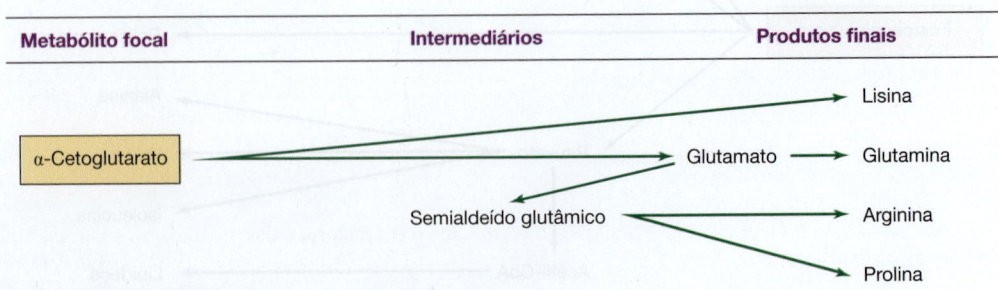

FIGURA 6-5 Produtos finais da biossíntese formados a partir do α-cetoglutarato.

Desidrogenases

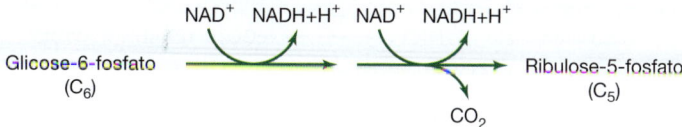

Transcetolases

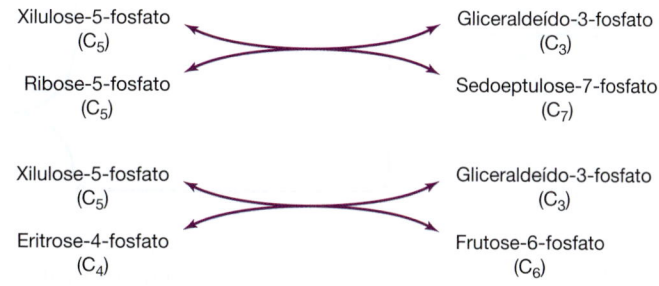

Quinase, aldolase

Aldolase, fosfatase

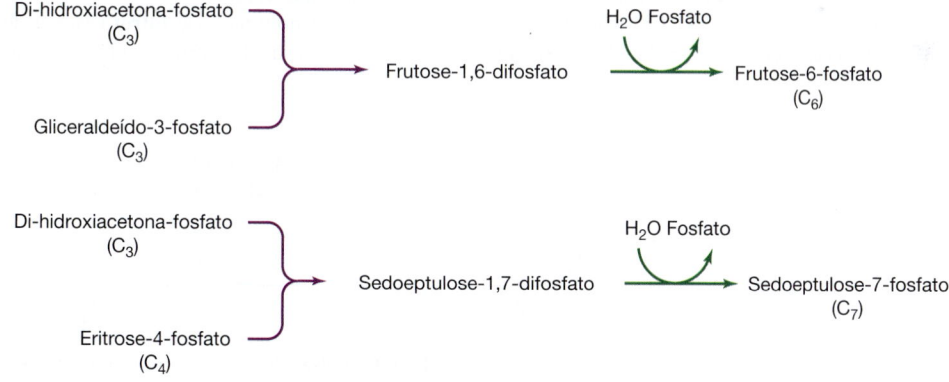

Transaldolase

FIGURA 6-6 Mecanismos bioquímicos para modificação do comprimento das moléculas dos carboidratos. A fórmula empírica geral dos ésteres de fosfato dos carboidratos – $(C_nH_{2n}O_n)$-N-fosfato – está abreviada (C_n) para enfatizar as alterações no comprimento das cadeias.

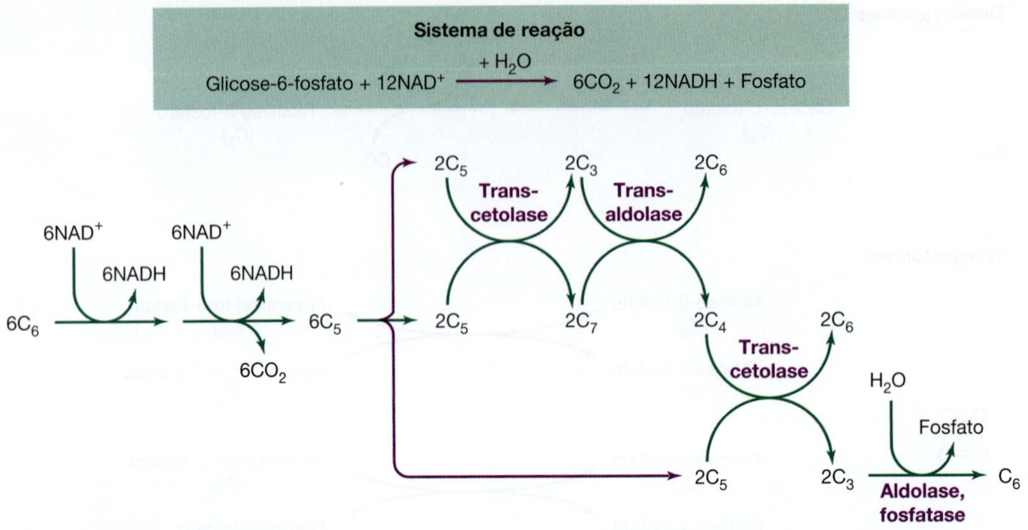

Sistema de reação

Glicose-6-fosfato + 12NAD$^+$ $\xrightarrow{+ H_2O}$ 6CO$_2$ + 12NADH + Fosfato

FIGURA 6-7 A derivação de hexose-monofosfato. As reações oxidativas (ver Figura 6-6) reduzem o NAD$^+$ (nicotinamida-adenina-dinucle-otídeo-fosfato) e produzem CO$_2$, resultando em encurtamento das seis hexoses-fosfato (abreviadas por C$_6$) em seis pentoses-fosfato (abreviadas por C$_5$). Os rearranjos dos carboidratos (ver Figura 6-6) convertem as pentoses-fosfato em hexoses-fosfato, de modo que o ciclo oxidativo possa prosseguir.

Crescimento com dióxido de carbono: o ciclo de Calvin

De forma similar às plantas e às algas, diversas espécies microbianas são capazes de utilizar o dióxido de carbono como única fonte de carbono. Em quase todos esses organismos, a principal via de assimilação do carbono é a do ciclo de Calvin, em que o dióxido de carbono e a ribulose-difosfato combinam-se para formar duas moléculas de 3-fosfoglicerato (Figura 6-13A). O 3-fosfoglicerato é fosforilado em 1,3-difosfoglicerato, composto reduzido no derivado triose, o gliceraldeído-3-fosfato. As reações de rearranjo dos carboidratos (ver Figura 6-6) possibilitam a conversão da triose-fosfato no derivado pentose, ribulose-5-fosfato, que sofre fosforilação para regenerar a molécula aceptora, ribulose-1,5-difosfato (Figura 6-13B). O carbono reduzido adicional, formado por assimilação redutora do dióxido de carbono, é convertido em metabólitos focais para as vias biossintéticas.

As células que usam o dióxido de carbono como única fonte de carbono são denominadas **autotróficas**, e as demandas desse padrão de assimilação de carbono podem ser resumidas da seguinte

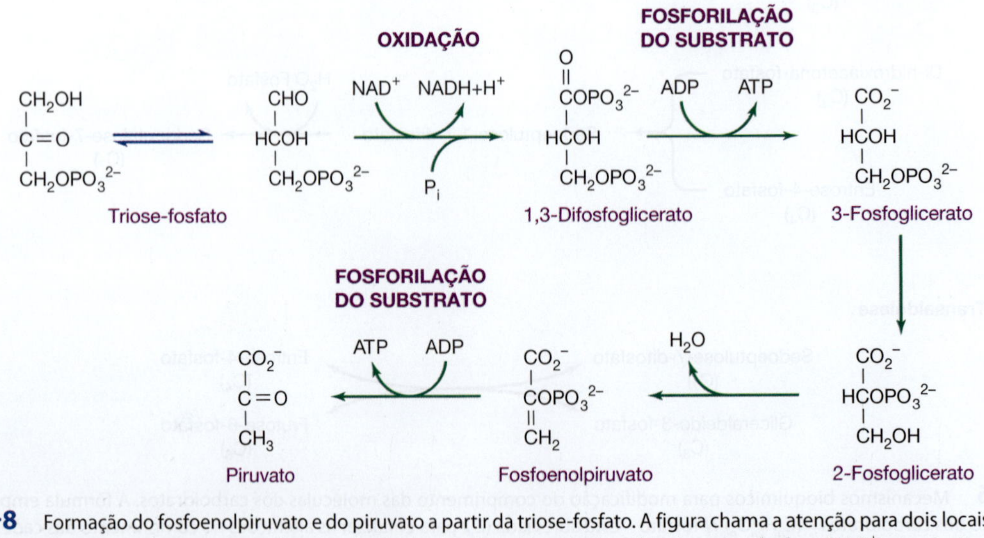

FIGURA 6-8 Formação do fosfoenolpiruvato e do piruvato a partir da triose-fosfato. A figura chama a atenção para dois locais de fosforilação do substrato e para a etapa oxidativa que resulta na redução de nicotinamida-adenina-dinucleotídeo-fosfato (NAD$^+$) em nicotinamida-adenina--dinucleotídeo-hidreto (NADH). A repetição dessa via de produção de energia requer um mecanismo para a oxidação do NADH em NAD$^+$. Os microrganismos fermentativos atingem esse objetivo ao utilizar o piruvato ou metabólitos derivados do piruvato como oxidantes. ADP, difosfato de adenosina; ATP, trifosfato de adenosina.

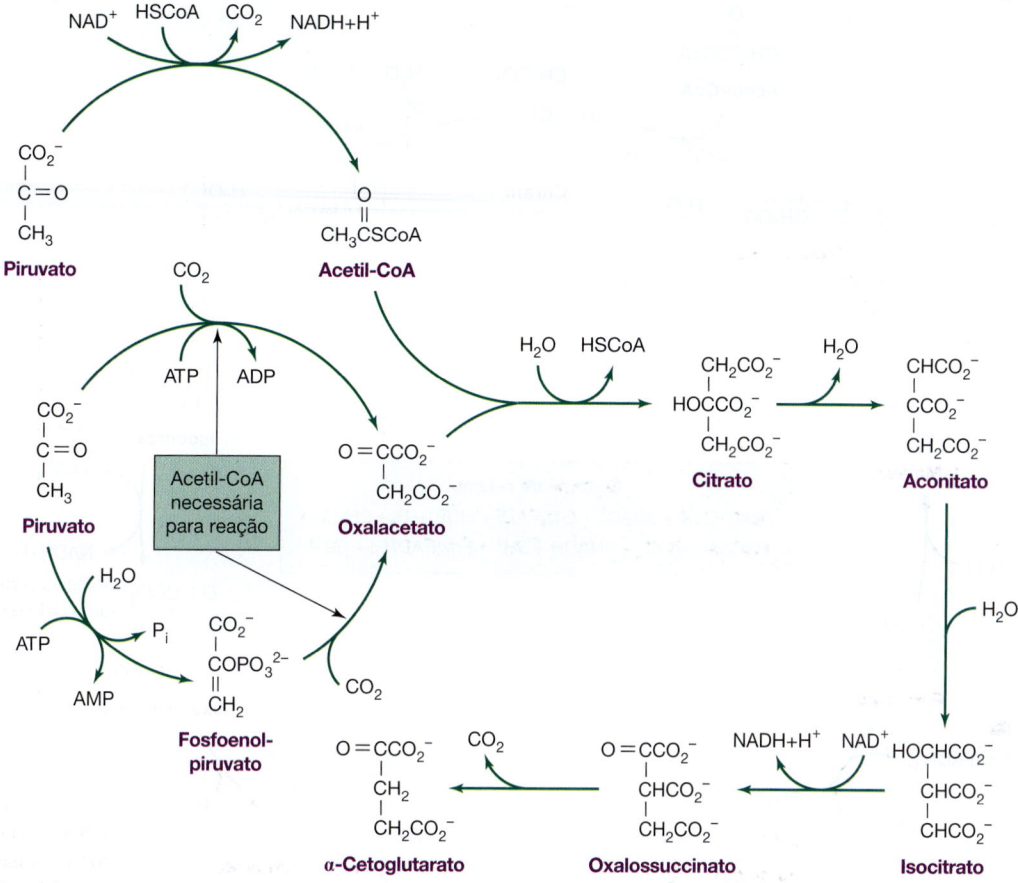

FIGURA 6-9 Conversão do piruvato em α-cetoglutarato. O piruvato é convertido em α-cetoglutarato por uma ramificação da rota de biossíntese. Em uma ramificação, o piruvato é oxidado em acetil-CoA; em outra, o piruvato é carboxilado em oxalacetato. ADP, difosfato de adenosina; AMP, monofosfato de adenosina; ATP, trifosfato de adenosina; P_i, fosfato inorgânico.

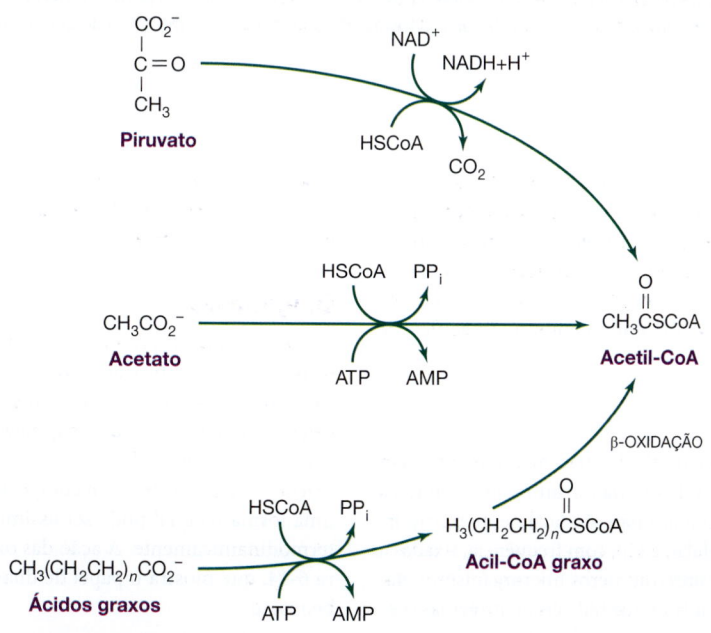

FIGURA 6-10 Fontes bioquímicas de acetil-CoA. AMP, monofosfato de adenosina; ATP, trifosfato de adenosina; PP_i, pirofosfato inorgânico.

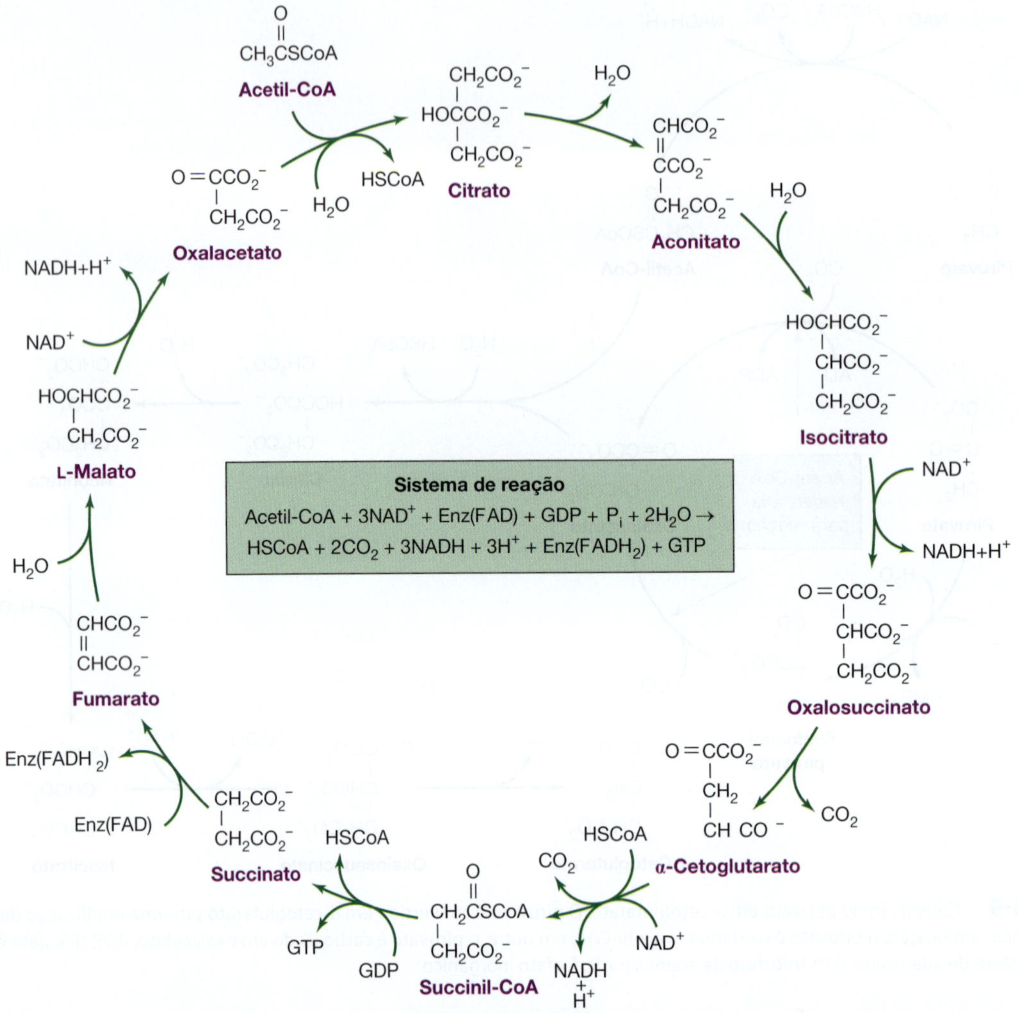

O
‖
CH_3CSCoA
Acetil-CoA

$CH_2CO_2^-$
|
$HOCCO_2^-$
|
$CH_2CO_2^-$
Citrato

H_2O

$O=CCO_2^-$
|
$CH_2CO_2^-$
Oxalacetato

HSCoA

H_2O

$CHCO_2^-$
‖
CCO_2^-
|
$CH_2CO_2^-$
Aconitato

H_2O

$HOCHCO_2^-$
|
$CHCO_2^-$
|
$CH_2CO_2^-$
Isocitrato

$NADH+H^+$

NAD^+

$HOCHCO_2^-$
|
$CH_2CO_2^-$
L-Malato

NAD^+

$NADH+H^+$

$O=CCO_2^-$
|
$CHCO_2^-$
|
$CH_2CO_2^-$
Oxalosuccinato

Sistema de reação
Acetil-CoA + $3NAD^+$ + Enz(FAD) + GDP + P_i + $2H_2O$ →
HSCoA + $2CO_2$ + 3NADH + $3H^+$ + Enz($FADH_2$) + GTP

H_2O

$CHCO_2^-$
‖
$CHCO_2^-$
Fumarato

Enz($FADH_2$)

Enz(FAD)

$CH_2CO_2^-$
|
$CH_2CO_2^-$
Succinato

HSCoA

GTP

GDP

O
‖
CH_2CSCoA
|
$CH_2CO_2^-$
Succinil-CoA

HSCoA

CO_2

$O=CCO_2^-$
|
CH_2
|
CH CO^-
α-Cetoglutarato

CO_2

NAD^+

NADH
+
H^+

FIGURA 6-11 Ciclo do ácido tricarboxílico. Existem quatro etapas oxidativas: três delas originam nicotinamida-adenina-dinucleotídeo-hidreto (NADH), enquanto uma dá origem a uma flavoproteína reduzida, Enz($FADH_2$). O ciclo só pode prosseguir se houver aceptores de elétrons disponíveis para oxidar o NADH e a flavoproteína reduzida. GDP, difosfato de guanosina; GTP, trifosfato de guanosina; P_i, fosfato inorgânico.

forma: além da reação primária de assimilação que dá origem ao 3-fosfoglicerato, deve existir um mecanismo para a regeneração da molécula aceptora, a ribulose-1,5-difosfato. Esse processo requer a redução dependente de energia do 3-fosfoglicerato para o nível do carboidrato. Assim, o autotrofismo exige a presença de dióxido de carbono, ATP, NADPH e um conjunto específico de enzimas.

Despolimerases

Existem muitos substratos potenciais de crescimento que servem como subunidades formadoras dentro da estrutura dos polímeros biológicos. Essas moléculas grandes não são facilmente transportadas através da membrana celular, e são, com frequência, fixadas a estruturas celulares ainda maiores. Inúmeros microrganismos elaboram despolimerases extracelulares que hidrolisam proteínas (i.e.,

proteases), ácidos nucleicos (i.e., nucleases), polissacarídeos (p. ex., amilase) e lipídeos (p. ex., lipases). O padrão das atividades de despolimerase pode ser útil na identificação de microrganismos.

Oxigenases

Muitos compostos presentes no meio ambiente são relativamente resistentes à modificação enzimática, de modo que a sua utilização como substratos para crescimento exige uma classe especial de enzimas, denominadas oxigenases. Essas enzimas usam diretamente o oxigênio molecular oxidante potente como substrato em reações que convertem um composto relativamente intratável em uma forma na qual pode ser assimilado por reações favorecidas termodinamicamente. A ação das oxigenases é ilustrada na Figura 6-14, que mostra o papel de duas oxigenases na utilização do benzoato.

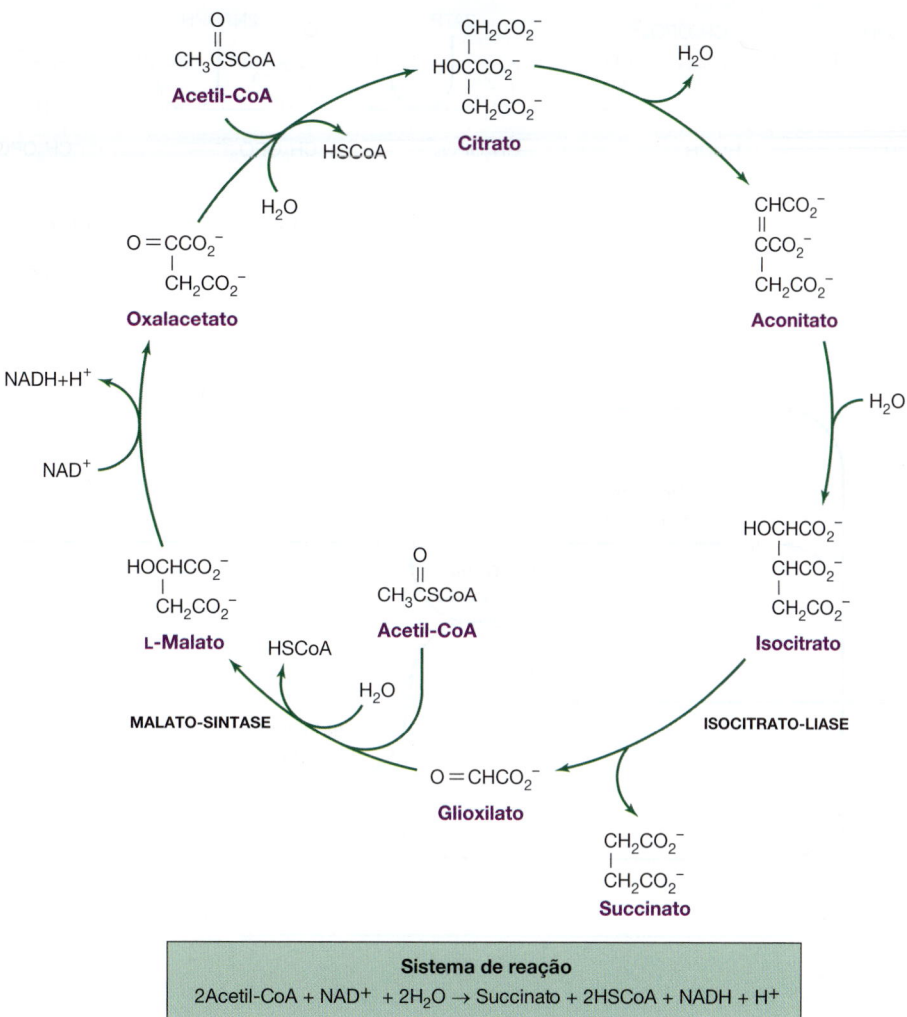

FIGURA 6-12 Ciclo do glioxilato. Observe que as reações que convertem o malato em isocitrato são compartilhadas pelo ciclo do ácido tricarboxílico (ver Figura 6-11). A divergência metabólica no nível do isocitrato e a ação de duas enzimas, a isocitrato-liase e malato-sintase, modificam o ciclo do ácido tricarboxílico, resultando em conversão redutora de duas moléculas de acetil-CoA em succinato.

Vias de redução

Alguns microrganismos vivem em ambientes extremamente redutores, os quais favorecem reações químicas que não ocorreriam em microrganismos que utilizam o oxigênio como aceptor de elétrons. Nesses microrganismos, podem ser utilizados redutores potentes para impulsionar reações que possibilitam a assimilação de compostos relativamente intratáveis. Um exemplo é a assimilação redutora do benzoato, processo em que o anel aromático é reduzido e aberto para formar o pimelato do ácido dicarboxílico. Reações metabólicas posteriores convertem o pimelato em metabólitos focais.

Assimilação do nitrogênio

A assimilação redutora do nitrogênio molecular, também conhecida como **fixação do nitrogênio**, é necessária para a manutenção da vida em nosso planeta. Essa fixação é efetuada por uma variedade de bactérias e cianobactérias que utilizam um sistema de inúmeros multicomponentes denominado **complexo enzimático nitrogenase**. Apesar da variedade dos microrganismos capazes de fixar o nitrogênio, na maioria deles o complexo nitrogenase é semelhante (Figura 6-15). A nitrogenase é um complexo de duas enzimas – uma (dinitrogenase-redutase) contém ferro e a outra (dinitrogenase) contém ferro e molibdênio. Juntas, elas catalisam a seguinte reação:

$$N_2 + 6H^+ + 6e^- + 12ATP \rightarrow 2NH_3 + 12ADP + 12P_i$$

Devido à alta energia de ativação para quebrar as fortes ligações triplas que unem dois átomos de nitrogênio, essa assimilação redutora do nitrogênio exige uma quantidade substancial de energia metabólica: 20 a 24 moléculas de ATP são hidrolisadas, enquanto uma única molécula de N_2 é reduzida a duas moléculas de NH_3.

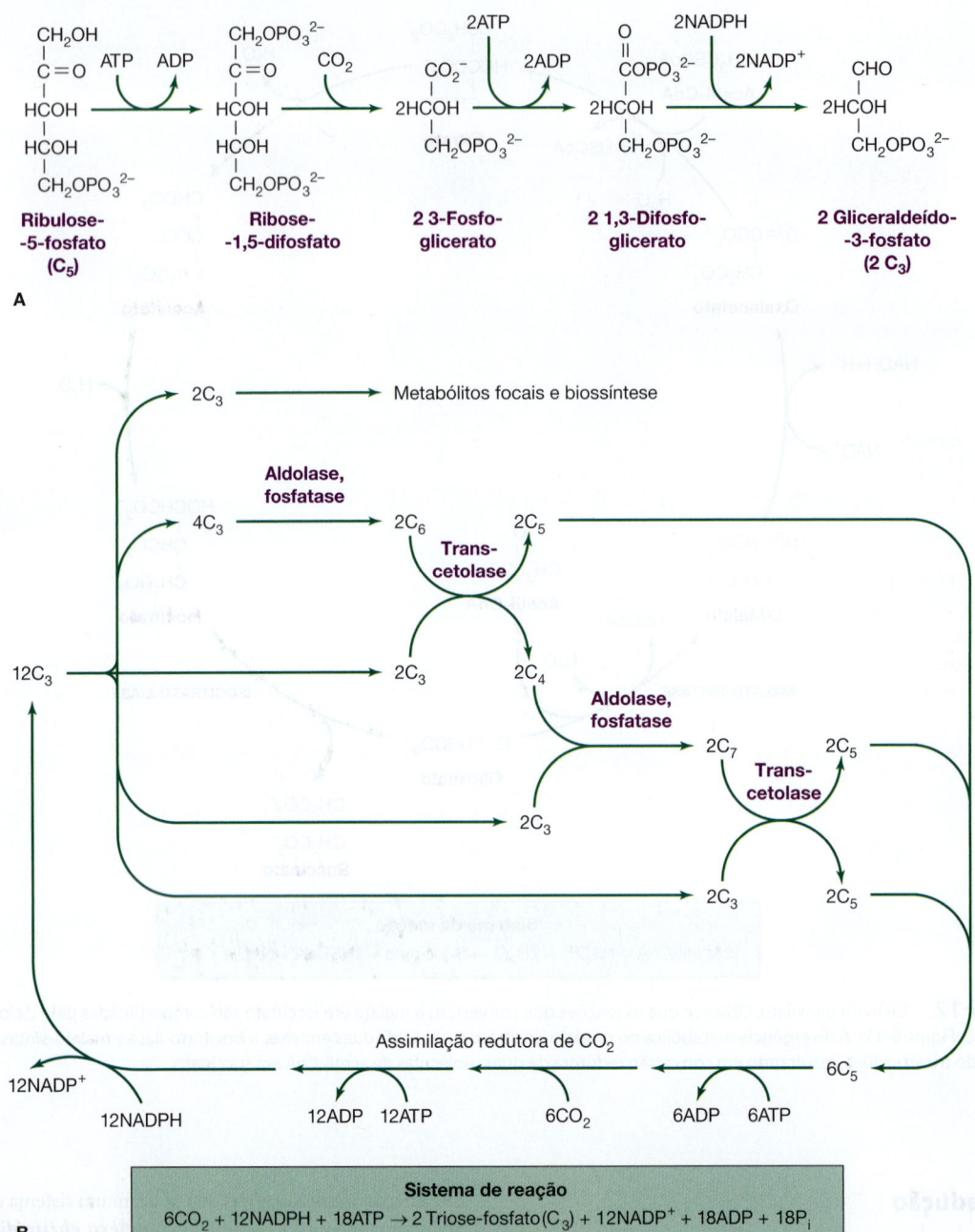

FIGURA 6-13 Ciclo de Calvin. **A:** Assimilação redutora do CO_2. O trifosfato de adenosina (ATP) e a nicotinamida-adenina-dinucleotídeo-fosfato (NADPH) são utilizados para conversão redutora da pentose-5-fosfato (C_5) em duas moléculas de triose-fosfato (C_3). **B:** O ciclo de Calvin é concluído por meio de reações de rearranjo dos carboidratos (Figura 6-6) que possibilitam a síntese final do carboidrato e a regeneração da pentose-fosfato, de modo que o ciclo possa continuar. ADP, difosfato de adenosina; P_i, fosfato inorgânico.

Outras demandas fisiológicas são impostas pelo fato de a nitrogenase ser facilmente inativada pelo oxigênio. Os microrganismos aeróbios que utilizam a nitrogenase desenvolveram mecanismos elaborados para proteger a enzima da inativação. Alguns formam células especializadas nas quais ocorre a fixação do nitrogênio, enquanto outros desenvolveram cadeias de transporte de elétrons elaboradas para proteger a nitrogenase da inativação pelo oxigênio.

As mais importantes dessas bactérias na agricultura são as Rhizobiaceae, microrganismos que fixam simbioticamente o nitrogênio nos nódulos das raízes das plantas leguminosas.

A capacidade de utilizar a amônia como fonte de nitrogênio é amplamente observada entre os microrganismos. A principal porta de entrada do nitrogênio no metabolismo do carbono é o glutamato, formado por aminação redutora do α-cetoglutarato. Conforme ilustra

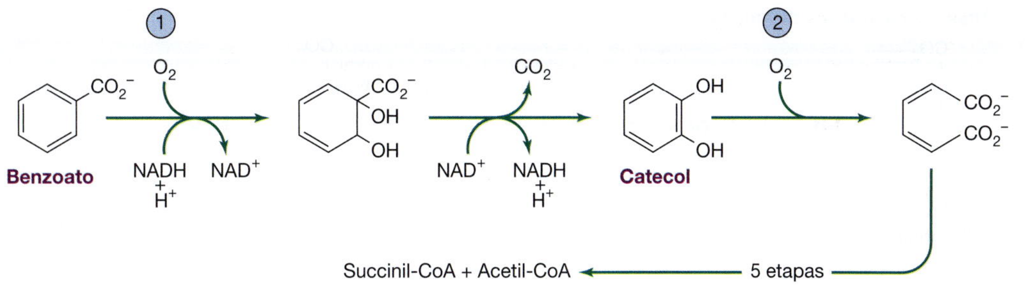

FIGURA 6-14 Papel das oxigenases na utilização aeróbia do benzoato como fonte de carbono. O oxigênio molecular participa diretamente das reações que rompem o anel aromático do benzoato e do catecol.

a Figura 6-16, existem dois mecanismos bioquímicos pelos quais isso pode ser feito. Um deles, que consiste na redução em uma única etapa catalisada pela glutamato-desidrogenase (Figura 6-16A), é efetivo em ambientes em que existe suprimento de amônia abundante. O outro, um processo em duas etapas em que a glutamina atua como intermediário (Figura 6-16B), é usado em ambientes nos quais há pouco suprimento de amônia. O último mecanismo possibilita que a célula utilize a energia livre formada por hidrólise de uma ligação pirofosfato no ATP para assimilar a amônia a partir do meio ambiente.

O nitrogênio amida da glutamina, um intermediário na assimilação em duas etapas da amônia em glutamato (ver Figura 6-16B), também é transferido diretamente para nitrogênio orgânico, que aparece nas estruturas das purinas, pirimidinas, arginina, triptofano e glicosamina. A atividade e a síntese da glutamina-sintase são reguladas pelo suprimento de amônia e pela disponibilidade de metabólitos que contêm nitrogênio, derivado diretamente do nitrogênio amida da glutamina.

A maior parte do nitrogênio orgânico nas células provém do grupo α-amino do glutamato, e o mecanismo primário pelo qual o nitrogênio é transferido consiste na **transaminação**. Nessas reações, o aceptor habitual é um α-cetoácido, que é transformado no α-aminoácido correspondente. O α-cetoglutarato, o outro produto da reação de transaminação, pode ser convertido em glutamato por aminação redutora (ver Figura 6-16).

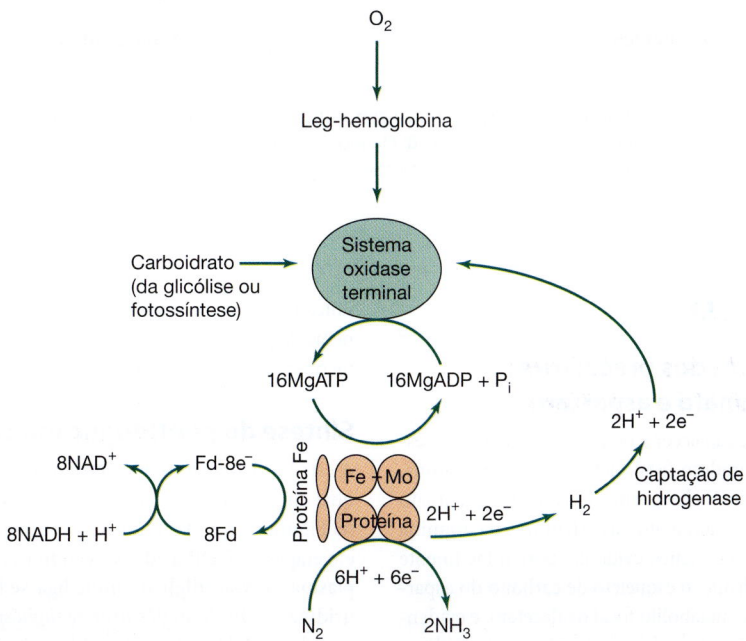

FIGURA 6-15 Redução do N_2 em duas moléculas de NH_3. Além do redutor, a reação da nitrogenase requer uma quantidade significativa de energia metabólica. O número de moléculas de trifosfato de adenosina (ATP) necessário para a redução de uma única molécula de nitrogênio em amônia é incerto, e parece situar-se entre 20 e 24. A reação global requer $8NADH + H^+$ (nicotinamida-adenina-dinucleotídeo reduzida). Seis são utilizados para reduzir o N_2 em $2NH_3$, enquanto dois são empregados para formar H_2. A hidrogenase de captação devolve o H_2 ao sistema, conservando, assim, a energia. ADP, difosfato de adenosina; P_i, fosfato inorgânico. (Redesenhada e reproduzida, com autorização, de Moat AG, Foster JW, Spector MP: *Microbial Physiology*, 4th ed. Wiley-Liss, 2002. Copyright © 2002 by Wiley-Liss, Inc., New York. Todos os direitos reservados.)

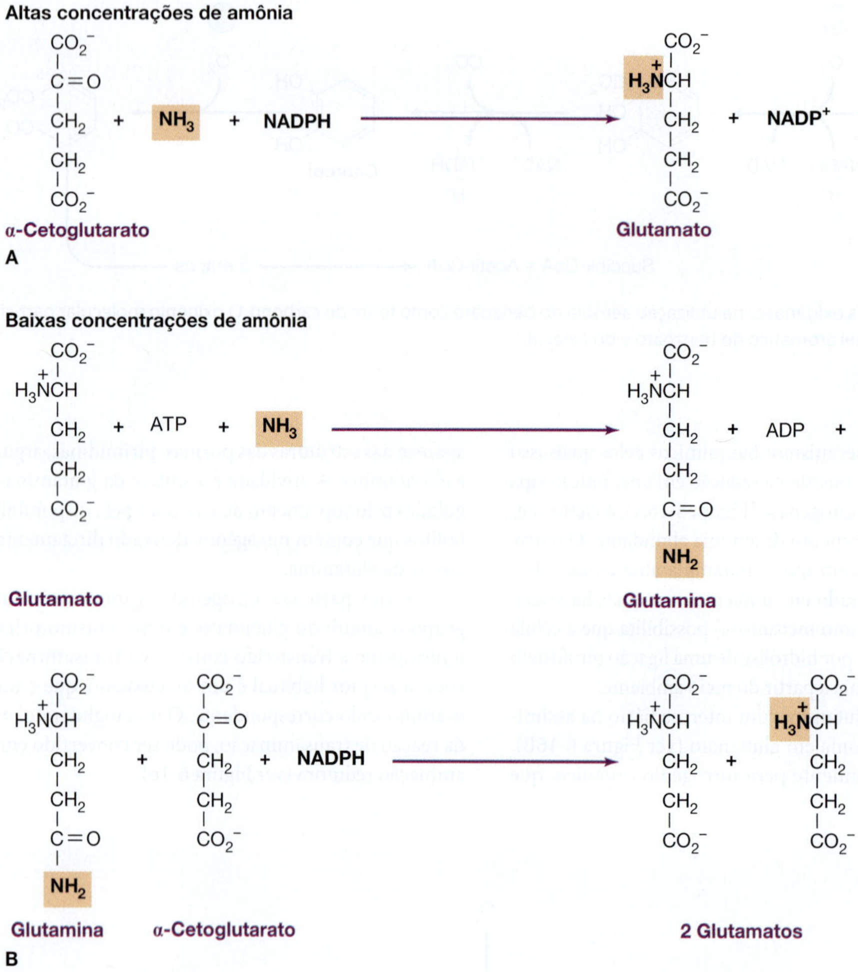

FIGURA 6-16 Mecanismos de assimilação do NH_3. **A:** Quando a concentração de NH_3 se apresenta elevada, as células são capazes de assimilar o composto por meio da reação da glutamato-desidrogenase. **B:** Quando a concentração de NH_3 é baixa, como ocorre mais frequentemente, as células acoplam as reações da glutamina-sintase e da glutamato-sintase para utilizar a energia produzida por hidrólise de uma ligação de pirofosfato na assimilação da amônia.

VIAS DE BIOSSÍNTESE

Traçado das estruturas dos precursores biossintéticos: glutamato e aspartato

Em muitos casos, é possível estabelecer a origem biossintética do esqueleto de carbono de um produto final metabólico. A glutamina, que fornece um exemplo óbvio, é claramente derivada do glutamato (Figura 6-17). O esqueleto do glutamato nas estruturas da arginina e da prolina (ver Figura 6-17) é menos evidente, porém facilmente discernível. De modo semelhante, o esqueleto de carbono do aspartato, derivado diretamente do metabólito focal oxalacetato, é evidente nas estruturas da asparagina, treonina, metionina e pirimidinas (Figura 6-18). Em alguns casos, diferentes esqueletos de carbono combinam-se em uma via de biossíntese. Assim, por exemplo, o aspartato-semialdeído e o piruvato combinam-se para formar os precursores metabólicos da lisina, o ácido diaminopimélico e o ácido dipicolínico (Figura 6-19). Os dois últimos compostos são encontrados

unicamente nos procariotos. O ácido diaminopimélico é um componente do peptidoglicano da parede celular, enquanto o ácido dipicolínico representa um componente majoritário dos endósporos.

Síntese do peptidoglicano da parede celular

A estrutura do peptidoglicano é mostrada na Figura 2-17; a via pela qual ele é sintetizado encontra-se ilustrada de modo simplificado na Figura 6-20A. A síntese do peptidoglicano começa com a síntese em etapas do UDP-ácido *N*-acetilmurâmico-pentapeptídeo no citoplasma. A *N*-acetilglicosamina liga-se inicialmente ao difosfato de uridina (UDP, do inglês *uridine diphosphate*) e, em seguida, é convertida em UDP-ácido *N*-acetilmurâmico por condensação com o fosfoenolpiruvato e redução. Os aminoácidos do pentapeptídeo são adicionados sequencialmente. Os ribossomos e o tRNA não estão envolvidos na formação das pontes peptídicas. Em vez disso, cada adição é catalisada por uma enzima diferente, envolvendo a clivagem do ATP em ADP + P_i.

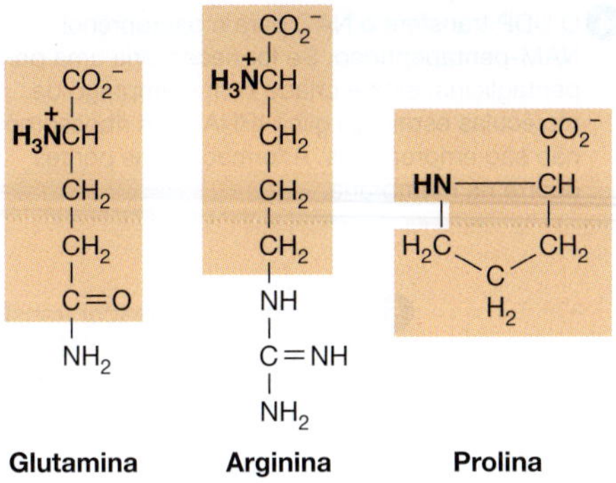

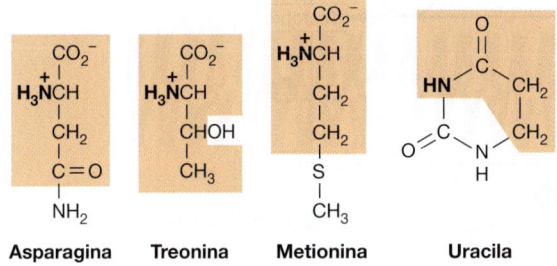

FIGURA 6-17   Aminoácidos formados a partir do glutamato.

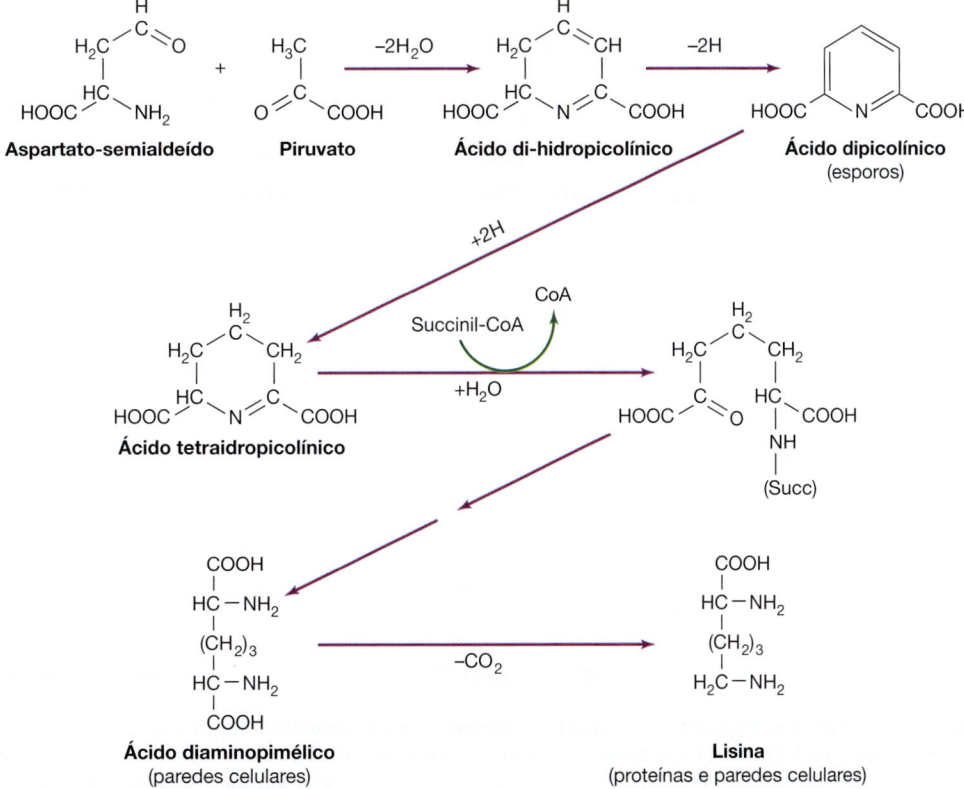

FIGURA 6-18   Produtos finais da biossíntese formados a partir do aspartato.

O UDP-ácido *N*-acetilmurâmico-pentapeptídeo liga-se ao bactoprenol (um lipídeo da membrana celular) e recebe uma molécula de *N*-acetilglicosamina do UDP. Algumas bactérias (p. ex., *Staphylococcus aureus*) formam um derivado pentaglicina em uma série de reações que utilizam glicil-tRNA como doador; o dissacarídeo obtido é polimerizado em um intermediário oligomérico antes de ser transferido para a porção terminal de um polímero de glicopeptídeo na parede celular.

A ligação cruzada final (Figura 6-20B) é efetuada por meio de uma reação de transpeptidação, em que o grupo amino livre de um resíduo de pentaglicina desloca o resíduo D-alanina terminal de um pentapeptídeo vizinho. A transpeptidação é catalisada por uma enzima de um conjunto de enzimas denominadas proteínas de ligação da penicilina (PBPs, do inglês *penicillin-binding proteins*). As PBPs ligam-se à penicilina e a outros antibióticos betalactâmicos de modo covalente, devido, em parte, a uma semelhança estrutural entre esses antibióticos e o pentapeptídeo precursor. Algumas PBPs exibem atividades de transpeptidase ou carboxipeptidase, sendo provável que suas velocidades relativas controlem o grau de formação de ligações cruzadas no peptidoglicano (um fator importante na septação celular).

A biossíntese do peptidoglicano é de particular importância na medicina, uma vez que serve de base para o uso de antibióticos que atuam de maneira seletiva. Diferentemente de suas células hospedeiras, as bactérias não são isotônicas com os líquidos biológicos. O conteúdo das bactérias encontra-se sob elevada pressão osmótica, e sua viabilidade depende da integridade da rede de

FIGURA 6-19   Produtos finais da biossíntese formados a partir do aspartato-semialdeído e do piruvato.

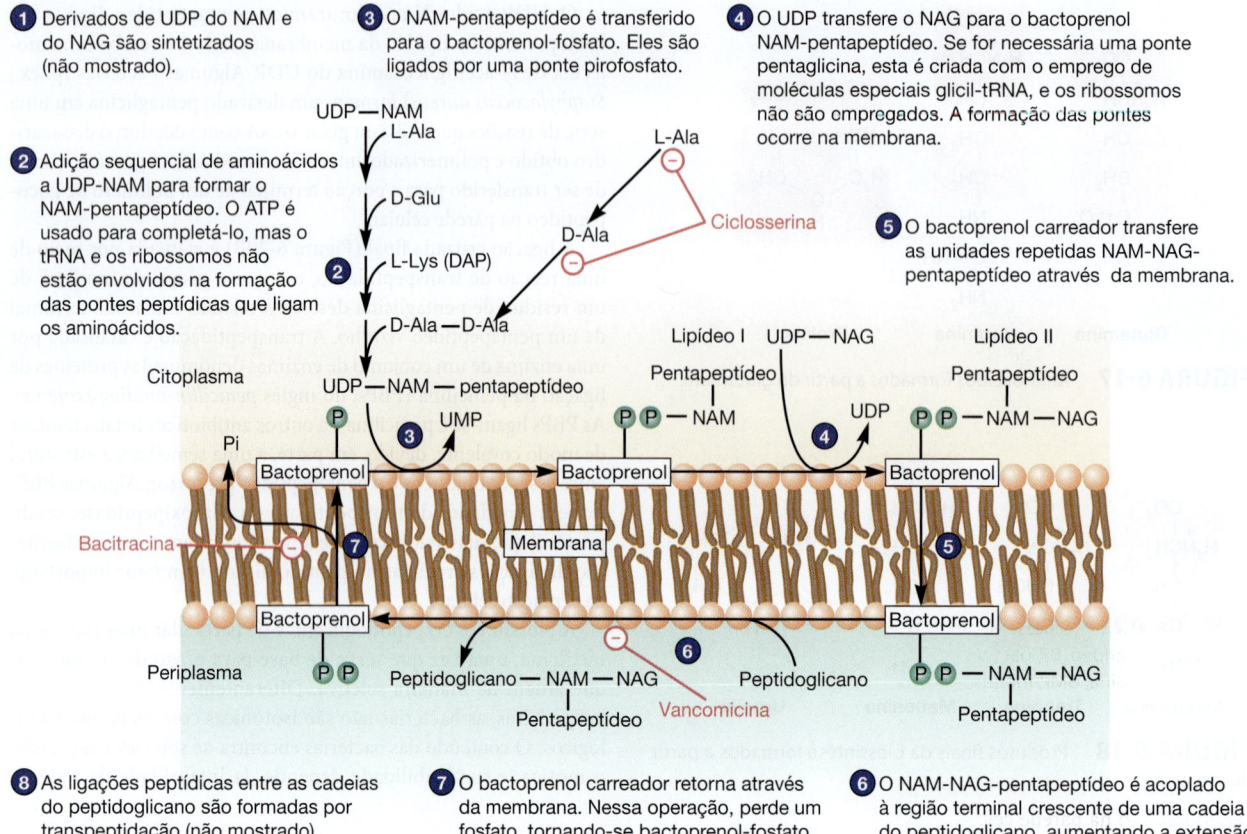

1 Derivados de UDP do NAM e do NAG são sintetizados (não mostrado).

2 Adição sequencial de aminoácidos a UDP-NAM para formar o NAM-pentapeptídeo. O ATP é usado para completá-lo, mas o tRNA e os ribossomos não estão envolvidos na formação das pontes peptídicas que ligam os aminoácidos.

3 O NAM-pentapeptídeo é transferido para o bactoprenol-fosfato. Eles são ligados por uma ponte pirofosfato.

4 O UDP transfere o NAG para o bactoprenol NAM-pentapeptídeo. Se for necessária uma ponte pentaglicina, esta é criada com o emprego de moléculas especiais glicil-tRNA, e os ribossomos não são empregados. A formação das pontes ocorre na membrana.

5 O bactoprenol carreador transfere as unidades repetidas NAM-NAG-pentapeptídeo através da membrana.

8 As ligações peptídicas entre as cadeias do peptidoglicano são formadas por transpeptidação (não mostrado).

A

7 O bactoprenol carreador retorna através da membrana. Nessa operação, perde um fosfato, tornando-se bactoprenol-fosfato, ficando pronto para iniciar um novo ciclo.

6 O NAM-NAG-pentapeptídeo é acoplado à região terminal crescente de uma cadeia do peptidoglicano, aumentando a extensão da cadeia em uma unidade repetida.

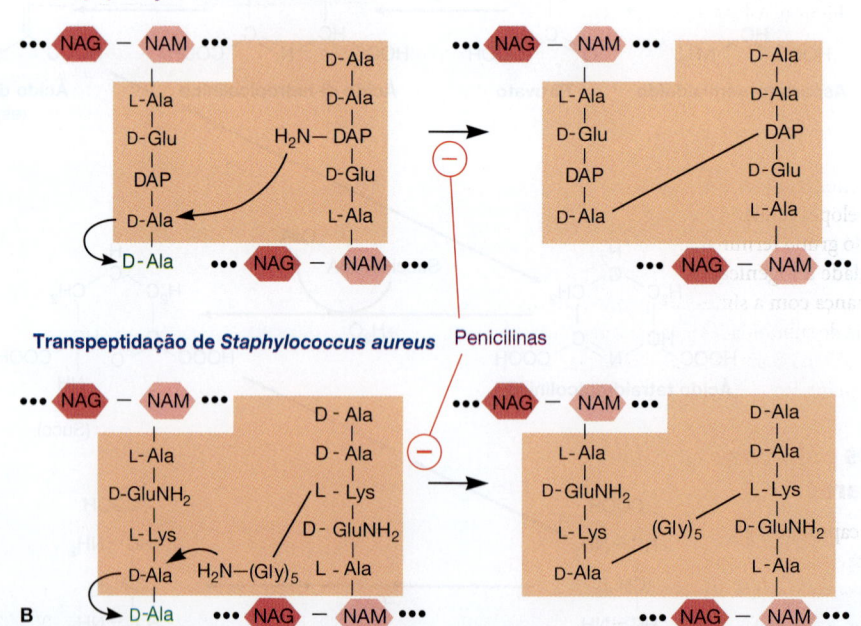

FIGURA 6-20   **A:** Síntese do peptidoglicano. O pentapeptídeo contém L-lisina no peptidoglicano de *Staphylococcus aureus* e ácido diaminopimélico (DAP) em *Escherichia coli*. Também é mostrada a inibição por bacitracina, ciclosserina e vancomicina. Os números correspondem a seis dos oito estágios discutidos no texto. O estágio 8 é mostrado na Figura 6-20B. NAG, *N*-acetilglicosamina; NAM, ácido *N*-acetilmurâmico; UDP, difosfato de uridina. **B:** Transpeptidação. As reações de transpeptidação na formação do peptidoglicano de *E. coli* e de *S. aureus*. (Reproduzida, com autorização, de Willey JM, Sherwood LM, Woolverton CJ: *Prescott, Harley, & Klein's Microbiology*, 7th ed. McGraw-Hill, 2008, pp. 233-234. © McGraw-Hill Education.)

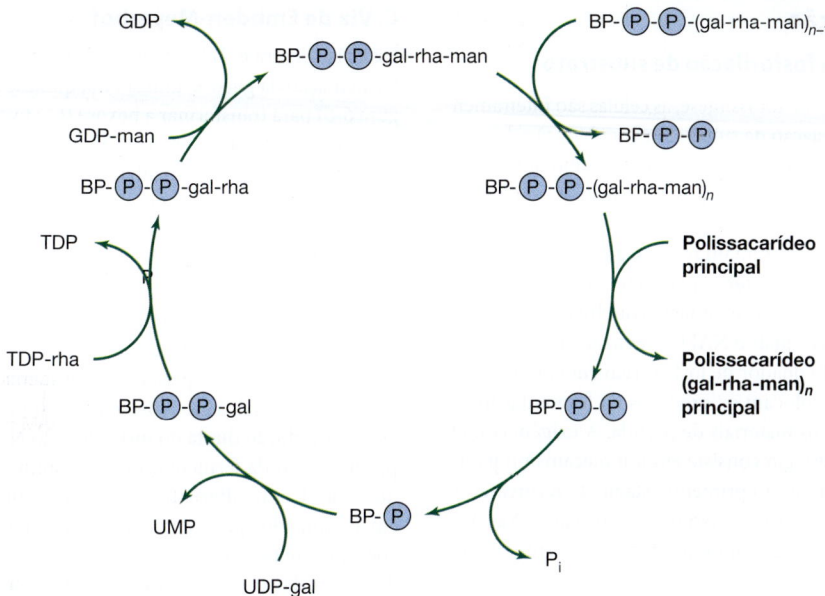

FIGURA 6-21   Síntese da unidade repetida da cadeia lateral do polissacarídeo da *Salmonella newington* e sua transferência para o cerne do lipopolissacarídeo. BP, bactoprenol; gal, galactose; GDP, difosfato de guanosina; man, manose; rha, ramnose; TDP, difosfato de timidina; UDP, difosfato de uridina; UMP, monofosfato de uridina.

peptidoglicano na parede celular, que deve ser mantida por todo o ciclo de crescimento. Qualquer composto capaz de inibir uma etapa no processo de biossíntese do peptidoglicano provoca o enfraquecimento da parede da célula bacteriana em crescimento e a lise celular. As Figuras 6-20A e B mostram os locais de ação de vários antibióticos.

Síntese do lipopolissacarídeo do envelope celular

A Figura 2-21 mostra a estrutura geral do lipopolissacarídeo antigênico dos envelopes celulares de microrganismos Gram-negativos. A biossíntese do grupo terminal repetitivo, que confere ao envelope sua especificidade antigênica, é apresentada na Figura 6-21. Observe a semelhança com a síntese do peptidoglicano: em ambos os casos, uma série de subunidades é organizada em um transportador lipídico na membrana e, em seguida, transferida para as extremidades abertas do polímero.

Síntese dos polímeros capsulares extracelulares

Os polímeros capsulares, alguns deles relacionados na Tabela 2-2, são sintetizados enzimaticamente a partir de subunidades ativadas. Nenhum transportador lipídico ligado à membrana foi envolvido nesse processo. A presença de uma cápsula é frequentemente determinada pelo ambiente: os dextranos e os levanos, por exemplo, só podem ser sintetizados com a utilização do dissacarídeo sacarose (frutose-glicose) como fonte da subunidade apropriada; por isso, sua síntese depende da presença de sacarose no ambiente de crescimento.

Síntese dos grânulos de reserva alimentar

Quando existe excesso de nutrientes em relação às necessidades de crescimento, as bactérias convertem alguns deles em grânulos intracelulares de reserva alimentar. Os principais são o amido, o glicogênio, o poli-β-hidroxibutirato e a volutina, que consiste principalmente em polifosfato inorgânico (ver Capítulo 2). O tipo de grânulo formado é próprio da espécie. Os grânulos são degradados quando ocorre a depleção dos nutrientes exógenos.

PADRÕES DE METABOLISMO PRODUTORES DE ENERGIA EM MICRÓBIOS

Conforme descrito no Capítulo 5, existem dois mecanismos metabólicos principais para a geração de ligações de pirofosfato ácido ricas em energia no ATP: **fosforilação do substrato** (a transferência direta de uma ligação acil-fosfato de um doador orgânico para o ADP) e fosforilação do ADP pelo P_i. A última reação é desfavorável do ponto de vista energético e deve ser impulsionada por um gradiente eletroquímico transmembrânico, a **força motriz de prótons**. Na respiração, o gradiente eletroquímico é criado a partir de um redutor e um oxidante fornecidos externamente. A energia liberada por transferência de elétrons do redutor para o oxidante por meio de transportadores ligados à membrana é acoplada à formação do gradiente eletroquímico transmembrânico. Na fotossíntese, a energia luminosa gera redutores e oxidantes associados à membrana; a força motriz de prótons é gerada à medida que esses transportadores de elétrons retornam ao estado basal. Esses processos são discutidos a seguir.

Vias de fermentação

A. Estratégias para a fosforilação de substratos

Na ausência de respiração ou fotossíntese, as células são inteiramente dependentes da fosforilação de substrato para obtenção de energia: a geração de ATP precisa ser acoplada ao rearranjo químico de compostos orgânicos. Muitos compostos podem atuar como substratos de crescimento passíveis de fermentação, e várias vias foram desenvolvidas. Essas vias apresentam três estágios gerais: (1) conversão do composto passível de fermentação no doador de fosfato para a fosforilação de substrato (esse estágio com frequência abrange reações metabólicas nas quais o NAD$^+$ é reduzido a NADH); (2) fosforilação do ADP pelo doador de fosfato rico em energia; e (3) etapas metabólicas que colocam os produtos da fermentação em equilíbrio químico com os materiais de partida. A exigência mais frequente neste último estágio consiste em um mecanismo para a oxidação do NADH, gerado no primeiro estágio de fermentação, em NAD$^+$, de modo que a fermentação possa prosseguir. Nas próximas seções, são fornecidos exemplos de cada um dos três estágios da fermentação.

B. Fermentação da glicose

A diversidade das vias é ilustrada ao considerar alguns dos mecanismos utilizados por microrganismos para efetuar a fosforilação de substratos à custa da glicose. Em princípio, a fosforilação do ADP em ATP pode ser acoplada a uma de duas transformações quimicamente balanceadas:

$$\text{Glicose} \longrightarrow 2 \text{ Ácido láctico}$$
$$(C_6H_{12}O_6) \qquad\qquad (C_3H_6O_3)$$

ou

$$\text{Glicose} \longrightarrow 2 \text{ Etanol} + 2 \text{ Dióxido de carbono}$$
$$(C_6H_{12}O_6) \qquad\quad (C_2H_6O) \qquad\qquad (CO_2)$$

Os mecanismos bioquímicos pelos quais essas transformações ocorrem variam de modo considerável.

Em geral, a fermentação da glicose é iniciada pela sua fosforilação em G6PD. Existem dois mecanismos pelos quais essa reação pode ser efetuada: (1) a glicose extracelular pode ser transportada, através da membrana citoplasmática, para o interior da célula e, em seguida, fosforilada pelo ATP, produzindo G6PD e ADP, e (2) em muitos microrganismos, a glicose extracelular é fosforilada à medida que está sendo transportada através da membrana citoplasmática por um sistema enzimático existente na membrana, que fosforila a glicose extracelular à custa do fosfoenolpiruvato, produzindo G6PD e piruvato intracelulares. O último processo é um exemplo do **metabolismo vetorial**, um conjunto de reações bioquímicas em que tanto a estrutura quanto a localização de um substrato são modificadas (ver Capítulo 2). Convém assinalar que a escolha do ATP ou do fosfoenolpiruvato como agente de fosforilação não altera a produção de ATP da fermentação, visto que o fosfoenolpiruvato é utilizado como fonte de ATP nos estágios finais da fermentação (ver Figura 6-8).

C. Via de Embden-Meyerhof

Essa via (Figura 6-22), um mecanismo comumente encontrado na fermentação da glicose, utiliza uma quinase e uma aldolase (ver Figura 6-6) para transformar a hexose (C_6) fosfato em duas moléculas de triose (C_3) fosfato. A conversão da triose-fosfato em duas moléculas de piruvato é acompanhada de quatro reações de fosforilação dos substratos. Por conseguinte, tendo em vista as duas ligações de pirofosfato do ATP necessárias para a formação de triose-fosfato a partir da glicose, a via de Embden-Meyerhof produz um ganho líquido de duas ligações de pirofosfato de ATP. A formação do piruvato a partir da triose-fosfato é um processo oxidativo, e o NADH formado na primeira etapa metabólica (ver Figura 6-22) deve ser convertido em NAD$^+$ para que a fermentação prossiga. A Figura 6-23 ilustra dois dos mecanismos mais simples para atingir esse objetivo. A redução direta do piruvato pelo NADH gera lactato como produto final da fermentação e, portanto, resulta em acidificação do meio. Como alternativa, o piruvato pode ser descarboxilado em acetaldeído, que é, então, utilizado para oxidar o NADH com a consequente formação do produto neutro etanol. A via escolhida é determinada pela história evolutiva do microrganismo e, em alguns deles, pelas condições de crescimento.

D. As fermentações de Entner-Doudoroff e do heterolactato

A Figura 6-24 mostra vias alternativas para a fermentação da glicose, inclusive algumas reações enzimáticas especializadas. A via de Entner-Doudoroff diverge das outras vias do metabolismo dos carboidratos em virtude de uma desidratação do 6-fosfogliconato, seguida de uma reação de aldose ou aldolase que produz piruvato e triose-fosfato (Figura 6-24A). A fermentação do heterolactato e outras vias fermentativas dependem de uma reação da fosfocetolase (Figura 6-24B), que cliva fosforoliticamente uma cetose-fosfato, produzindo acetilfosfato e triose-fosfato. O acetilfosfato pode ser utilizado para sintetizar o ATP, ou o metabolismo da triose-fosfato pode possibilitar a oxidação de duas moléculas de NADH em NAD$^+$ à medida que é reduzido a etanol.

Em linhas gerais, as vias de Entner-Doudoroff e do heterolactato estão descritas nas Figuras 6-25 e 6-26, respectivamente. Essas duas vias produzem apenas uma única molécula de triose-fosfato a partir da glicose, com produção de energia correspondentemente baixa. Diferentemente da via de Embden-Meyerhof, as vias de Entner-Doudoroff e do heterolactato produzem apenas uma fosforilação do substrato de ADP por molécula de glicose fermentada. Por que outras vias de fermentação da glicose têm sido selecionadas no ambiente natural? Para responder a essa pergunta, é preciso ter em mente dois fatos. Em primeiro lugar, na competição direta pelo crescimento entre duas espécies microbianas, a velocidade de utilização de substrato pode ser mais importante do que a quantidade de crescimento. Em segundo lugar, a glicose é apenas um dos inúmeros carboidratos encontrados pelos microrganismos em seu ambiente natural. Por exemplo, as pentoses podem ser fermentadas com muita eficiência pela via usada pelo heterolactato.

E. Outras variações na fermentação dos carboidratos

As vias de fermentação dos carboidratos podem englobar muitos outros substratos além dos já descritos, e os produtos finais podem

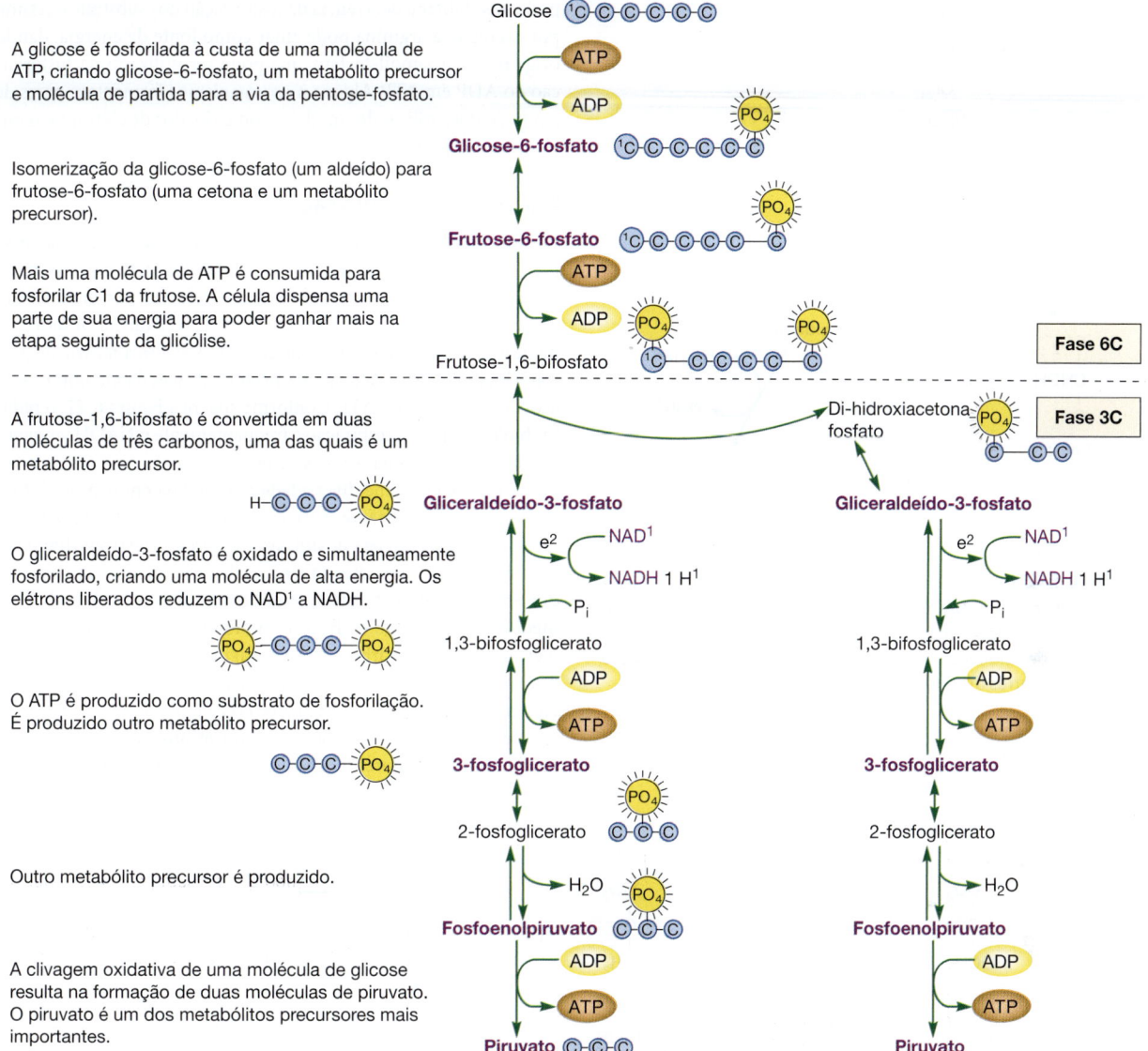

A glicose é fosforilada à custa de uma molécula de ATP, criando glicose-6-fosfato, um metabólito precursor e molécula de partida para a via da pentose-fosfato.

Isomerização da glicose-6-fosfato (um aldeído) para frutose-6-fosfato (uma cetona e um metabólito precursor).

Mais uma molécula de ATP é consumida para fosforilar C1 da frutose. A célula dispensa uma parte de sua energia para poder ganhar mais na etapa seguinte da glicólise.

A frutose-1,6-bifosfato é convertida em duas moléculas de três carbonos, uma das quais é um metabólito precursor.

O gliceraldeído-3-fosfato é oxidado e simultaneamente fosforilado, criando uma molécula de alta energia. Os elétrons liberados reduzem o NAD[1] a NADH.

O ATP é produzido como substrato de fosforilação. É produzido outro metabólito precursor.

Outro metabólito precursor é produzido.

A clivagem oxidativa de uma molécula de glicose resulta na formação de duas moléculas de piruvato. O piruvato é um dos metabólitos precursores mais importantes.

FIGURA 6-22 Via de Embden-Meyerhof. Esta é uma das três vias glicolíticas usadas para catabolizar a glicose em piruvato. Ela ocorre durante a respiração aeróbia, a respiração anaeróbia e a fermentação. Quando utilizada durante o processo respiratório, os elétrons aceitos pelo NAD^+ (nicotinamida-adenina-dinucleotídeo-fosfato) são transferidos para uma cadeia de transporte de elétrons e finalmente aceitos por um receptor exógeno de elétrons. Quando utilizada durante a fermentação, os elétrons aceitos pelo NAD^+ são doados para um aceptor de elétrons endógeno (p. ex., o piruvato). A via de Embden-Meyerhof é também uma importante via anfibólica, pois gera vários metabólitos precursores (mostrados em azul). ADP, difosfato de adenosina; ATP, trifosfato de adenosina. (Reproduzida, com autorização, de Willey JM, Sherwood LM, Woolverton CJ: *Prescott, Harley, & Klein's Microbiology*, 7th ed. McGraw-Hill, 2008, p. 195. © McGraw-Hill Education.)

ser muito mais diversificados do que os sugeridos até o presente. Por exemplo, existem vários mecanismos para a oxidação do NADH à custa do piruvato. Uma dessas vias consiste na formação do succinato por redução. Muitas bactérias de importância clínica formam piruvato a partir da glicose pela via de Embden-Meyerhof, podendo ser distinguidas com base nos produtos de redução formados a partir do piruvato, o que reflete a constituição enzimática de diferentes

espécies. Os principais produtos de fermentação, relacionados na Tabela 6-1, formam a base de muitos testes diagnósticos usados no laboratório clínico.

F. Fermentação de outros substratos

Os carboidratos não são os únicos substratos passíveis de fermentação. O metabolismo dos aminoácidos, das purinas e das pirimidinas

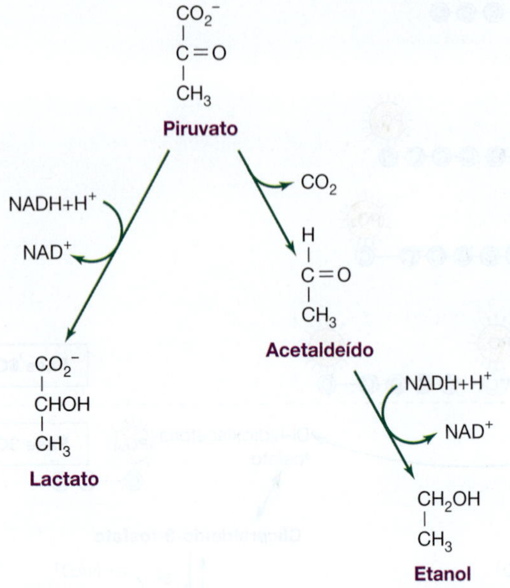

FIGURA 6-23 Dois mecanismos bioquímicos pelos quais o piruvato pode oxidar o NADH (nicotinamida-adenina-dinucleotídeo-hidreto). **À esquerda:** formação direta do lactato, resultando em produção efetiva de ácido láctico a partir da glicose. **À direita:** formação dos produtos neutros dióxido de carbono e etanol.

pode possibilitar a ocorrência da fosforilação dos substratos. Assim, por exemplo, a arginina pode atuar como fonte de energia, dando origem ao carbamoil-fosfato, que pode ser utilizado na fosforilação do ADP em ATP. Alguns microrganismos fermentam pares de aminoácidos, utilizando um deles como doador de elétrons e o outro como aceptor.

Padrões de respiração

A respiração exige uma membrana fechada. Nas bactérias, essa membrana é a própria membrana celular. Os elétrons passam de um redutor químico para um oxidante químico por meio de um conjunto específico de transportadores de elétrons no interior da membrana, resultando no estabelecimento da força motriz de prótons (Figura 6-27); o retorno dos prótons através da membrana está acoplado à síntese do ATP. Conforme sugere a Figura 6-27, o redutor biológico para a respiração é frequentemente o NADH, enquanto o oxidante costuma ser o oxigênio.

Existe uma enorme diversidade microbiana em relação às fontes de redutores utilizados para a geração do NADH, sendo muitos microrganismos capazes de utilizar aceptores de elétrons diferentes do oxigênio. Os substratos orgânicos de crescimento são convertidos em metabólitos focais, que podem reduzir o NAD^+ a NADH mediante a derivação de hexose-monofosfato (ver Figura 6-7) ou o ciclo do ácido tricarboxílico (ver Figura 6-11). Outros redutores podem ser gerados durante a degradação de alguns substratos de crescimento, como os ácidos graxos (ver Figura 6-10).

Algumas bactérias, denominadas **quimiolitotróficas**, são capazes de utilizar redutores inorgânicos para a respiração. Essas fontes

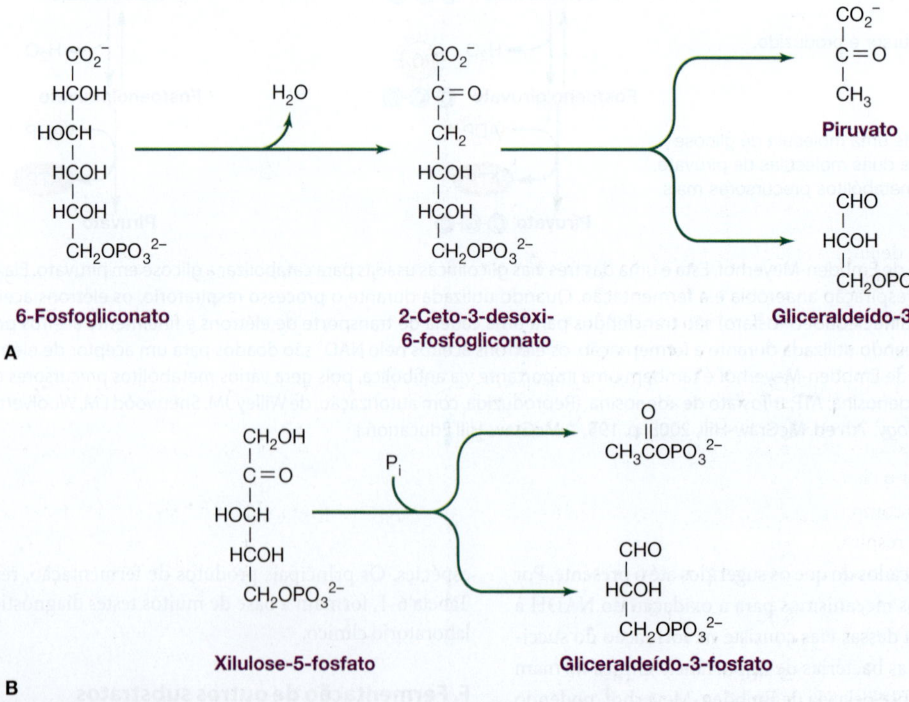

FIGURA 6-24 Reações associadas a vias específicas de fermentação dos carboidratos. **A:** Reações de desidratase e aldolase utilizadas na via de Entner-Doudoroff. **B:** Reação da fosfocetolase. Essa reação, encontrada em diversas vias de fermentação dos carboidratos, gera o ácido anidrido acetilfosfato misto, o qual pode ser utilizado para a fosforilação de substrato do difosfato de adenosina (ADP). P_i, fosfato inorgânico.

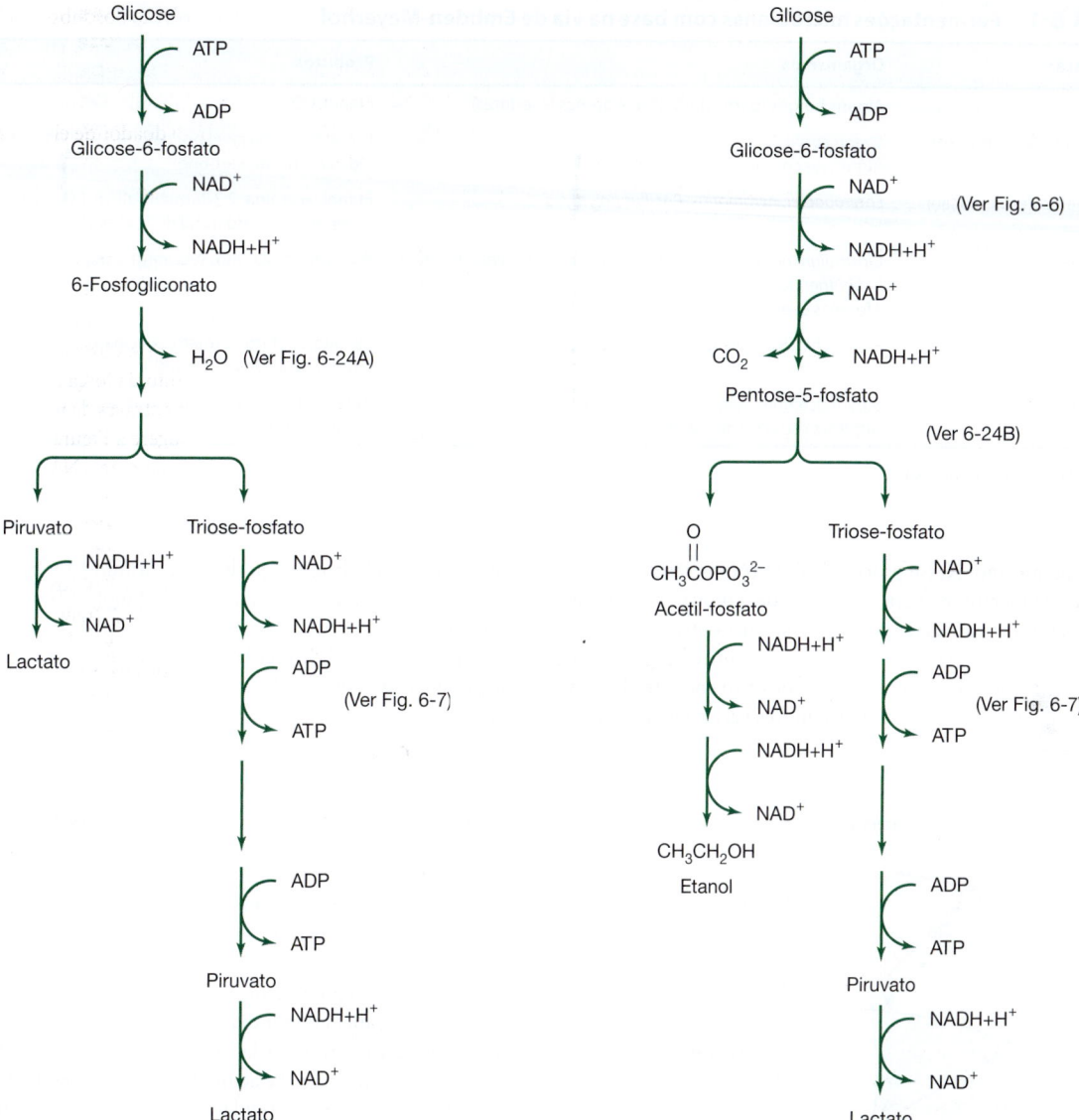

FIGURA 6-25 Via de Entner-Doudoroff. ADP, difosfato de adenosina; ATP, trifosfato de adenosina.

FIGURA 6-26 Fermentação heteroláctica da glicose (via do heterolactato). ADP, difosfato de adenosina; ATP, trifosfato de adenosina.

de energia consistem em hidrogênio, ferro ferroso, bem como várias formas reduzidas de enxofre e nitrogênio. O ATP derivado da respiração e o NADPH gerado a partir dos redutores podem ser utilizados para impulsionar o ciclo de Calvin (ver Figura 6-13).

Podem ser utilizados compostos e outros íons, além do O_2, como oxidantes terminais na respiração. Essa capacidade, a **respiração anaeróbia**, constitui uma característica microbiana disseminada. Os aceptores apropriados de elétrons consistem em nitrato, sulfato e dióxido de carbono. O metabolismo respiratório dependente de dióxido de carbono como aceptor de elétrons é uma propriedade encontrada entre os representantes de um grande grupo microbiano, as **arqueobactérias**. Algumas arqueobactérias (i.e., **metanógenos**) são os únicos organismos capazes de produzir metano (**metanogênese**). A metanogênese é a etapa final na decomposição da

matéria orgânica e, assim, no ciclo do carbono. A formação de metano pode ser compreendida como uma forma de respiração anaeróbia. Durante o processo de degradação, os aceptores de elétrons (p. ex., oxigênio, Fe^{3+}, sulfato e nitrato) ficam esgotados enquanto o gás hidrogênio (H_2) e o gás dióxido de carbono (CO_2) se acumulam junto com outros produtos de fermentação (p. ex., acetato, formato). Os microrganismos metanógenos não usam o oxigênio como aceptor de hidrogênio. Além disso, o oxigênio inibe o seu crescimento. Nesse processo, o gás hidrogênio é o doador de elétrons e o gás dióxido de carbono é o aceptor final de elétrons:

$$CO_2 + 4H_2 \rightarrow CH_4 + 2H_2O$$

Oito elétrons são transferidos de quatro moléculas de hidrogênio para uma molécula de dióxido de carbono para formar uma

TABELA 6-1 Fermentações microbianas com base na via de Embden-Meyerhof

Fermentação	Organismos	Produtos
Etanol	Alguns fungos (particularmente algumas leveduras)	Etanol, CO_2
Lactato (homofermentação)	*Streptococcus* Algumas espécies de *Lactobacillus*	Lactato (responsável por pelo menos 90% das fontes de energia do carbono)
Lactato (heterofermentação)	*Enterobacter, Aeromonas, Bacillus polymyxa*	Etanol, acetoína, 2,3-butilenoglicol, CO_2, lactato, acetato, formato (total de ácidos = 21 mol[a])
Propionato	*Clostridium propionicum, Propionibacterium, Corynebacterium diphtheriae* Algumas espécies de *Neisseria, Veillonella, Micromonospora*	Propionato, acetato, succinato, CO_2
Ácidos mistos	*Escherichia, Salmonella, Shigella, Proteus*	Lactato, acetato, formato, succinato, H_2, CO_2, etanol (total de ácidos = 159 mol[a])
Butanol-butirato	*Butyribacterium, Zymosarcina maxima* Algumas espécies de *Clostridium*	Butanol, butirato, acetona, isopropanol, acetato, etanol, H_2, CO_2

[a]Por 100 mol de glicose fermentada.

molécula de metano. Nesse processo, oito prótons são transferidos através da membrana para criar uma força motriz de prótons que pode ser usada para gerar ATP ou direcionar outros processos celulares que utilizam energia. Esse processo único requer enzimas especializadas com cofatores dedicados não encontrados em outros organismos na natureza. Existem três variações sobre esse tema geral: (1) o hidrogênio pode ser substituído por um composto orgânico (p. ex., formato, etanol, 2-butanol); (2) o dióxido de carbono pode ser substituído por um composto contendo grupo metil (p. ex., metanol, trimetilamina, dimetilsulfeto); e (3) o acetato pode servir como doador e aceptor, de acordo com a seguinte equação:

$$CH_3COOH \rightarrow CH_4 + CO_2$$

A metanogênese é um processo essencial nos animais ruminantes. No rúmen, microrganismos anaeróbios, incluindo metanógenos, digerem celulose em compostos nutritivos para o animal. Sem esses microrganismos, animais como os bovinos não seriam capazes de consumir grama. Os compostos úteis são absorvidos pelo intestino, mas o metano (um gás de efeito estufa) é liberado do animal por eructação (arrotos). Um bovino emite, em média, 250 L de metano por dia. Assim como no rúmen, o hidrogênio também é um resíduo da fermentação no intestino humano. Quando não é removido, ele acumula-se, e a retroalimentação negativa (*feedback*) inibe as atividades das bactérias fermentadoras. Para prevenir essa interrupção, microrganismos metanógenos (p. ex., *Methanobrevibacter smithii*) convergem em metano os gases hidrogênio e dióxido de carbono, bem como o formato, que são produzidos durante o processo fermentativo. O gás eliminado (flatulência) ajuda a expulsar o metano e qualquer gás hidrogênio e dióxido de carbono não utilizados para que a fermentação possa prosseguir com eficiência.

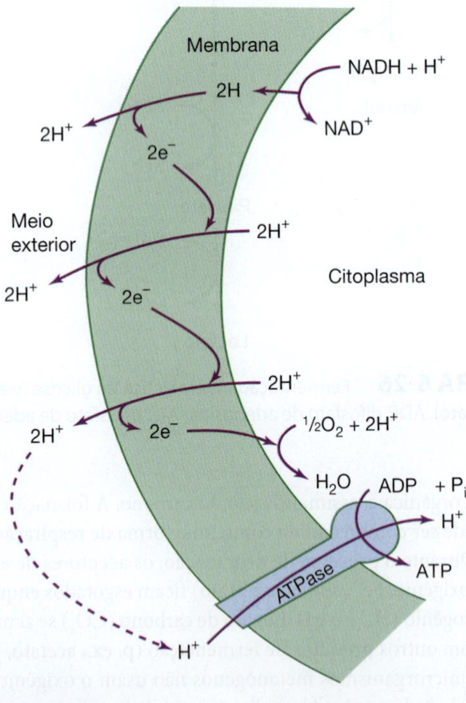

Fotossíntese bacteriana

Os organismos fotossintéticos utilizam a energia luminosa para separar cargas eletrônicas, a fim de criar redutores e oxidantes associados à membrana como resultado de um evento fotoquímico. A transferência de elétrons do redutor para o oxidante cria uma força motriz de prótons. Muitas bactérias utilizam um mecanismo fotossintético totalmente independente do oxigênio. A luz é utilizada como fonte de energia metabólica, e o carbono para o crescimento provém de compostos orgânicos (**foto-heterotróficos**) ou de uma combinação de redutor inorgânico (p. ex., tiossulfato) e dióxido de

FIGURA 6-27 Acoplamento do transporte de elétrons na respiração para a geração de trifosfato de adenosina (ATP). Os movimentos de prótons e elétrons indicados são mediados por transportadores (flavoproteína, quinona, citocromos) associados à membrana. O fluxo de prótons por meio de seu gradiente eletroquímico, via ATPase da membrana, fornece a energia para a geração de ATP a partir de difosfato de adenosina (ADP) e fosfato inorgânico (P_i). Ver explicação no texto.

carbono (**fotolitotróficos**). Essas bactérias possuem um único fotossistema que, apesar de suficiente para fornecer a energia necessária à síntese do ATP e a geração de gradientes iônicos transmembrânicos essenciais, não permite a redução altamente exergônica do NADP$^+$ à custa de água. Esse processo, essencial para a fotossíntese que envolve o oxigênio, baseia-se na energia aditiva proveniente do acoplamento de dois eventos fotoquímicos diferentes, impulsionados por dois sistemas fotoquímicos independentes. Entre os procariotos, essa característica só é encontrada nas cianobactérias (bactérias azul-esverdeadas). Entre os eucariotos, é compartilhada por algas e plantas nas quais a organela essencial que fornece energia é o cloroplasto.

REGULAÇÃO DAS VIAS METABÓLICAS

Em seu ambiente normal, as células microbianas geralmente regulam suas vias metabólicas de modo que não haja formação excessiva de qualquer intermediário. Cada reação metabólica é regulada não apenas em relação a todas as outras reações na célula, mas também às concentrações de nutrientes existentes no ambiente. Logo, quando uma fonte esporadicamente disponível de carbono se torna abundante de repente, as enzimas necessárias para o seu catabolismo aumentam tanto em quantidade quanto em atividade; em contrapartida, quando uma subunidade (p. ex., um aminoácido) se torna subitamente abundante, as enzimas necessárias para a sua biossíntese diminuem tanto em quantidade quanto em atividade.

A regulação da atividade e da síntese das enzimas proporciona um **controle aprimorado** e um **controle grosseiro** das vias metabólicas. Assim, por exemplo, a inibição da atividade enzimática pelo produto final de uma via constitui um mecanismo de controle aprimorado, visto que o fluxo de carbono por essa via é regulado instantaneamente e com precisão. No entanto, a inibição da síntese das enzimas pelo mesmo produto final constitui um mecanismo de controle grosseiro. As moléculas preexistentes de enzima continuam a funcionar até que sejam diluídas em consequência do crescimento adicional, embora a síntese desnecessária de proteína cesse imediatamente.

Os mecanismos pelos quais a célula regula a atividade enzimática são discutidos na próxima seção. A regulação da síntese das enzimas é discutida no Capítulo 7.

Regulação da atividade enzimática

A. Enzimas como proteínas alostéricas

Em muitos casos, a atividade de uma enzima que catalisa uma etapa inicial de uma via metabólica é inibida pelo produto final dessa via. Entretanto, a referida inibição não pode depender da competição pelo local de ligação do substrato da enzima, visto que as estruturas do produto final e do intermediário inicial (substrato) em geral são muito diferentes. Na verdade, a inibição depende do fato de as enzimas reguladas serem **alostéricas**: cada enzima possui não apenas um local catalítico, que se liga ao substrato, mas também um ou mais locais que se ligam a pequenas moléculas reguladoras, ou **efetores**. A ligação de um efetor ao seu local provoca uma alteração na configuração da enzima, de modo que a afinidade do local catalítico

pelo substrato diminui (inibição alostérica) ou aumenta (ativação alostérica).

Em geral, as proteínas alostéricas são oligoméricas. Em alguns casos, as subunidades são idênticas, e cada uma delas possui tanto um local catalítico quanto um efetor; em outros casos, as subunidades são diferentes, e um tipo tem apenas um local catalítico, enquanto o outro exibe somente um local efetor.

B. Inibição por retroalimentação (*feedback*)

O mecanismo geral que evoluiu nos microrganismos para regular o fluxo de carbono por meio das vias de biossíntese é mais eficaz do que se possa imaginar. Em cada caso, o produto final inibe alostericamente a atividade da primeira – e apenas dela – enzima da via. Por exemplo, a primeira etapa na biossíntese da isoleucina, que não envolve qualquer outra via, consiste na conversão da L-treonina em ácido α-cetobutírico catalisada pela treonina-desaminase. Essa enzima é inibida alostericamente e de modo específico pela L-isoleucina e por nenhum outro composto (Figura 6-28); as outras quatro enzimas da via não são afetadas (embora sua síntese seja reprimida).

C. Ativação alostérica

Em alguns casos, é vantajoso para a célula que o produto final, ou um intermediário, possa ativar determinada enzima em vez de inibi-la. No processo de degradação da glicose por *E. coli*, por exemplo, a produção excessiva dos intermediários G6PD e fosfoenolpiruvato assinala o desvio de alguma glicose para a via de síntese do glicogênio; esse processo é efetuado pela ativação alostérica da enzima que converte a glicose-1-fosfato em ADP-glicose (Figura 6-29).

D. Cooperatividade

Muitas enzimas oligoméricas, por exibirem mais de um local de ligação de substrato, apresentam interações cooperativas de moléculas de substrato. A ligação do substrato por um local catalítico aumenta a afinidade dos outros locais por moléculas adicionais de substrato. O efeito líquido dessa interação consiste em aumento exponencial da atividade catalítica em resposta a um aumento aritmético na concentração do substrato.

E. Modificação covalente das enzimas

As propriedades reguladoras de algumas enzimas são alteradas mediante a modificação covalente da proteína. Assim, por exemplo, a resposta da glutamina-sintetase a efetores metabólicos é alterada por adenilação, a fixação covalente do ADP a uma cadeia lateral de tirosil específica no interior de cada subunidade enzimática. As enzimas que controlam a adenilação também são controladas por modificação covalente. A atividade de outras enzimas é alterada pela sua fosforilação.

F. Inativação das enzimas

A atividade de algumas enzimas é eliminada por sua hidrólise. Esse processo pode ser regulado e, às vezes, sinalizado por modificação covalente da enzima destinada a ser removida.

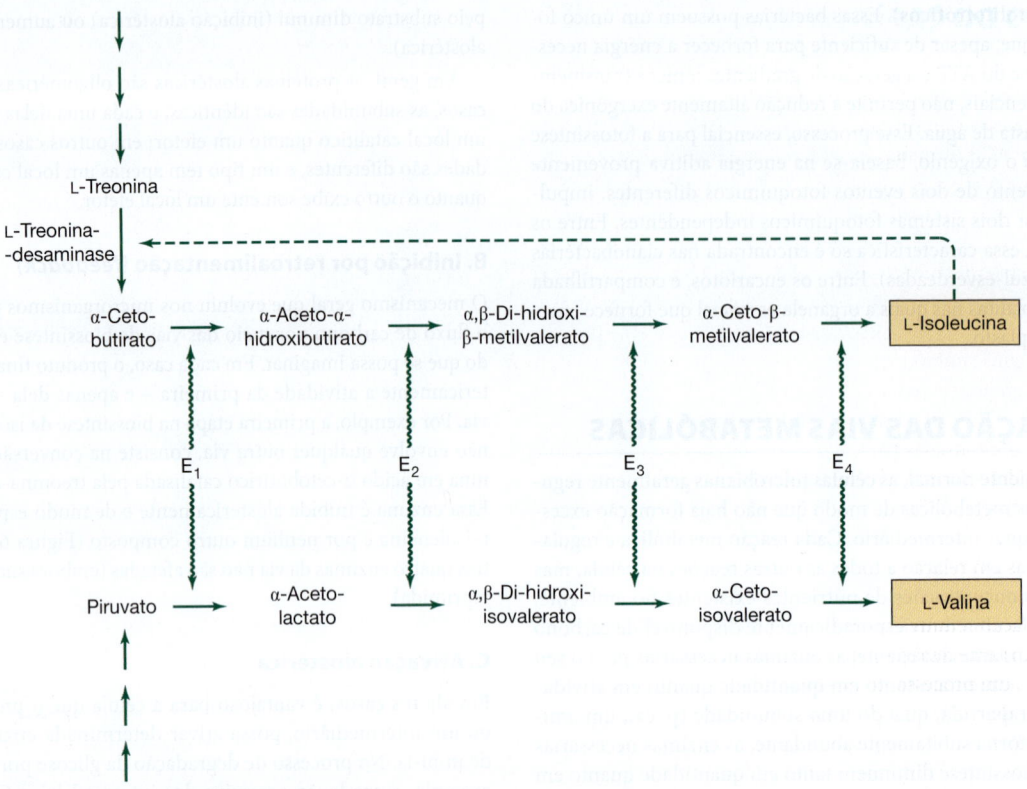

FIGURA 6-28 Inibição por retroalimentação da L-treonina-desaminase pela L-isoleucina (*linha tracejada*). As vias de biossíntese da isoleucina e da valina são mediadas por um conjunto comum de quatro enzimas, como representado na figura.

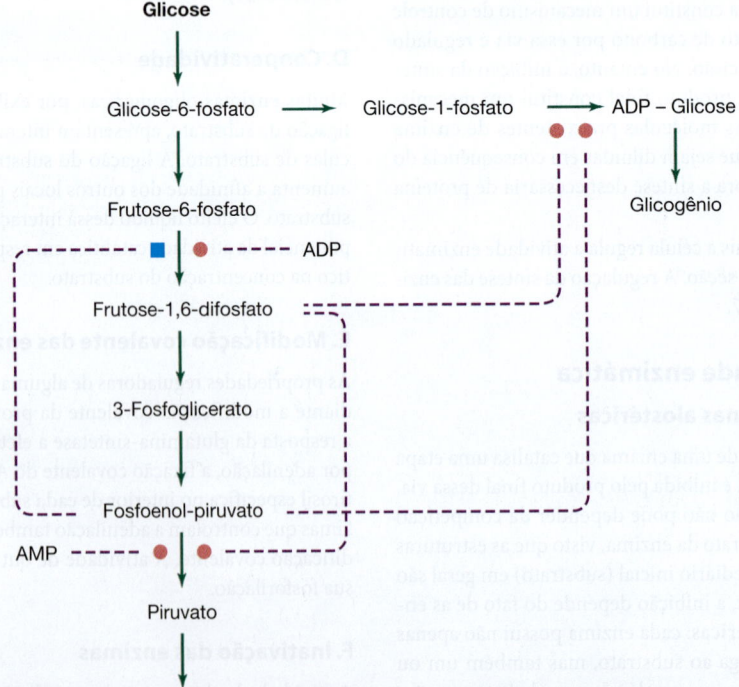

FIGURA 6-29 Regulação da utilização da glicose por uma combinação de ativação alostérica (●) e inibição alostérica (■) AMP, monofosfato de adenosina; ATP, trifosfato de adenosina. (Reproduzida, com autorização, de Stanier RY, Adelberg EA, Ingraham JL: *The Microbial World,* 4th ed. © 1976. Reimpressa, com autorização, de Pearson Education, Inc., New York, New York.)

RESUMO DO CAPÍTULO

- O metabolismo consiste em dois componentes: catabolismo e anabolismo. O catabolismo compreende processos de clivagem de diferentes compostos, produzindo energia que é usada para a síntese de ATP. O anabolismo (ou biossíntese) consiste em processos que usam a energia estocada na molécula de ATP para sintetizar as subunidades das macromoléculas que formam as células.
- A origem biossintética das subunidades pode ser rastreada até os precursores denominados metabólitos focais.
- A biossíntese do peptidoglicano é encontrada somente em bactérias. Alguns antibióticos destroem seletivamente bactérias, inibindo diferentes etapas da síntese dessa estrutura.
- As vias de Embden-Meyerhof, de Entner-Doudoroff e do heterolactato são usadas para o catabolismo da glicose em bactérias. O padrão dos produtos finais é uma característica usada na identificação bacteriana.
- Na ausência de respiração ou fotossíntese, bactérias são inteiramente dependentes da fosforilação de substrato para obtenção de energia.
- A assimilação redutiva do nitrogênio molecular (ou fixação do nitrogênio) é necessária para a manutenção da vida em nosso planeta. É um processo intensivo de energia realizado por uma variedade de bactérias e pelas cianobactérias, usando um complexo enzimático nitrogenase.
- A regulação da atividade enzimática possibilita controle específico e controle geral das vias metabólicas, de modo que não haja o acúmulo de nenhum metabólito intermediário em excesso.

QUESTÕES DE REVISÃO

1. Qual dos seguintes componentes da célula tem sua síntese dependente de um molde (*template*)?

    (A) Lipopolissacarídeo
    (B) Peptidoglicano
    (C) Polissacarídeo capsular
    (D) Ácido desoxirribonucleico
    (E) Fosfolipídeos.

2. Qual dos seguintes componentes da célula tem sua síntese totalmente determinada pela especificidade enzimática?

    (A) DNA
    (B) RNA ribossômico
    (C) Flagelos
    (D) Lipopolissacarídeo
    (E) Proteína

3. As principais etapas da síntese do peptidoglicano ocorrem no citoplasma, na membrana citoplasmática e no espaço extracelular. Qual antibiótico inibe a etapa extracelular na biossíntese do peptidoglicano?

    (A) Ciclosserina
    (B) Rifampicina
    (C) Penicilina
    (D) Bacitracina
    (E) Estreptomicina

4. Os aminoácidos são encontrados nas proteínas, no peptidoglicano e na cápsula das bactérias. Qual dos seguintes aminoácidos é encontrado somente no peptidoglicano?

    (A) L-Lisina
    (B) Ácido diaminopimélico
    (C) D-Glutamato
    (D) L-Alanina
    (E) Nenhuma das alternativas anteriores

5. A capacidade de empregar outros compostos e íons além do oxigênio como oxidante terminal na respiração é disseminada no trato microbiano. Essa capacidade é chamada de:

    (A) Fotossíntese
    (B) Fermentação
    (C) Respiração anaeróbia
    (D) Fosforilação de substrato
    (E) Fixação de nitrogênio

6. A rota primária da assimilação do carbono usado pelos organismos que usam o CO_2 como única fonte de carbono é:

    (A) Via hexose-monofosfato
    (B) Via Entner-Doudoroff
    (C) Via Embden-Meyerhof
    (D) Ciclo do glioxilato
    (E) Ciclo de Calvin

7. A biossíntese do peptidoglicano é de particular importância na medicina, uma vez que serve de base para o uso de antibióticos que atuam seletivamente. Todos os seguintes antibióticos inibem alguma etapa da síntese do peptidoglicano, EXCETO:

    (A) Ciclosserina
    (B) Vancomicina
    (C) Bacitracina
    (D) Estreptomicina
    (E) Penicilina

8. A regulação da atividade enzimática resulta no controle das vias metabólicas. Qual dos seguintes mecanismos regulatórios fornece um controle da via biossintética?

    (A) Repressão catabólica
    (B) Indução
    (C) Inibição por *feedback* (retroalimentação)
    (D) Atenuação
    (E) Nenhuma das alternativas anteriores

9. A origem biossintética das subunidades das macromoléculas e coenzimas pode ser rastreada pelos poucos precursores denominados metabólitos focais. Qual dos seguintes é um metabólito focal?

    (A) α-Cetoglutarato
    (B) Oxalacetato
    (C) Fosfoenolpiruvato
    (D) G6PD
    (E) Todas as alternativas anteriores

10. Qual das seguintes alternativas NÃO é um componente do peptidoglicano?

    (A) Ácido *N*-acetilmurâmico
    (B) *N*-Acetilglicosamina
    (C) Lipídeo A
    (D) Pentaglicina
    (E) Ácido diaminopimélico

11. Qual destas vias fornece à célula o potencial de produzir mais ATP?

    (A) Ciclo dos ácidos tricarboxílicos
    (B) Via das pentoses-fosfato
    (C) Glicólise
    (D) Fermentação do ácido láctico
    (E) Via Entner-Doudoroff

12. Durante o processo de fosforilação oxidativa, a energia da força motriz do próton é usada para gerar:

    (A) NADH
    (B) ADP
    (C) NADPH
    (D) Acetil-CoA
    (E) ATP

Respostas

1. D	5. C	9. E
2. D	6. E	10. C
3. C	7. D	11. A
4. B	8. C	12. E

REFERÊNCIAS

Atlas RM, Bartha R: *Microbial Ecology: Fundamentals and Applications*, 4th ed. Benjamin Cummings, 1998.

Downs DM: Understanding microbial metabolism. *Annu Rev Microbiol* 2006;60:533.

Fuchs G: Alternative pathways of carbon dioxide fixation: Insights into the early evolution of life? *Annu Rev Microbiol* 2011;65:631.

Gibson J, Harwood CS: Metabolic diversity in aromatic compound utilization by anaerobic microbes. *Annu Rev Microbiol* 2002;56:345.

Hillen W, Stülke J: Regulation of carbon catabolism in *Bacillus* species. *Annu Rev Microbiol* 2000;54:849.

Ishihama A: Functional modulation of *Escherichia coli* RNA polymerase. *Annu Rev Microbiol* 2000;54:499.

Leigh JA, Dodsworth JA: Nitrogen regulation in bacteria and archaea. *Annu Rev Microbiol* 2007;61:349.

Lovering AL, Safadi SS, Strynadka NCJ: Structural perspectives of peptidoglycan biosynthesis and assembly. *Annu Rev Biochem* 2012;81:451.

Moat AG, Foster JW: *Microbial Physiology*, 4th ed. Wiley-Liss, 2002.

Neidhardt FC, et al (editors): *Escherichia coli* and *Salmonella. Cellular and Molecular Biology*, vols 1 and 2, 2nd ed. ASM Press, 1996.

Peters JW, Fisher K, Dean DR: Nitrogenase structure and function. *Annu Rev Microbiol* 1995;49:335.

Roberts IS: The biochemistry and genetics of capsular polysaccharide production in bacteria. *Annu Rev Microbiol* 1996;50:285.

Russell JB, Cook GM: Energetics of bacterial growth: Balance of anabolic and catabolic reactions. *Microbiol Rev* 1995;59:48.

Schaechter M, Swanson M, Reguera G: *Microbe*, 2nd ed. ASM Press, 2016.

Yates MV, Nakatsu CH, Miller RV, Pillai SD (editors): *Manual of Environmental Microbiology*, 4th ed. ASM Press, 2016.

Genética microbiana

A ciência da **genética** define e analisa a **hereditariedade** da grande variedade de funções estruturais e fisiológicas que constituem as propriedades dos organismos. A unidade da hereditariedade é o **gene**, um segmento do ácido desoxirribonucleico (**DNA**, do inglês *deoxyribonucleic acid*) que codifica, em sua sequência de nucleotídeos, a informação sobre determinada propriedade fisiológica. A abordagem tradicional da genética tem sido identificar os genes com base na sua contribuição para o **fenótipo**, isto é, as propriedades estruturais e fisiológicas coletivas de um organismo. Uma propriedade fenotípica, seja ela a cor dos olhos ou a resistência a antibióticos em uma bactéria, é geralmente observada no nível do organismo. A base química para a variação no fenótipo consiste em alteração do **genótipo**, ou alteração na sequência de DNA, dentro de um gene ou na organização dos genes.

O **DNA** como elemento fundamental da hereditariedade foi sugerido na década de 1930 a partir de um experimento seminal realizado por Frederick Griffith (Figura 7-1). Nesse experimento, a inoculação, em camundongos, de *Streptococcus pneumoniae* tipo III-S virulento (que possui uma cápsula) morto junto com pneumococos vivos, mas não virulentos, do tipo II-R (sem cápsula) resultou em uma infecção letal, da qual foram recuperados pneumococos vivos do tipo III-S. Chegou-se à conclusão de que alguma "substância química" havia transformado a cepa viva (não virulenta) no fenótipo virulento. Uma década mais tarde, Avery, MacLeod e McCarty descobriram que o agente transformante era o DNA. Isso deu início à formação da biologia molecular como a conhecemos hoje.

A tecnologia de DNA recombinante nasceu nas décadas de 1960 e 1970, quando pesquisas com bactérias revelaram a presença de **enzimas de restrição** (endonucleases), proteínas que clivam o DNA em locais específicos, originando **fragmentos de restrição** de DNA. Aproximadamente no mesmo período, os **plasmídeos** foram identificados como pequenos elementos genéticos móveis, carreando genes capazes de replicar-se de maneira independente em bactérias e leveduras. Podem existir até 1.000 cópias de um mesmo plasmídeo em uma única célula.

A amplificação de regiões específicas do DNA também pode ser obtida com enzimas de arqueobactérias, utilizando o método da **reação em cadeia da polimerase** (**PCR**, do inglês *polymerase chain reaction*),* ou outros métodos de amplificação do ácido nucleico baseados em enzimas. O DNA amplificado por esse método e digerido com enzimas de restrição apropriadas pode ser inserido em plasmídeos. Os genes podem ficar sob o controle de **promotores** bacterianos de alta expressão, que permitem a expressão de proteínas codificadas em níveis aumentados. A genética bacteriana favoreceu o desenvolvimento da **engenharia genética** não somente em procariotos, mas também em eucariotos. Essa tecnologia é responsável pelos enormes avanços no campo da medicina atualmente.

ÁCIDOS NUCLEICOS E SUA ORGANIZAÇÃO NOS GENOMAS EUCARIÓTICOS, PROCARIÓTICOS E VIRAIS

A informação genética em bactérias é armazenada em forma de uma sequência de **bases no DNA** (Figura 7-2). O DNA consiste em um complexo de duas fitas ligadas por pontes de hidrogênio, que se formam a partir de **bases complementares:**** a adenina se liga com a timina (A-T) e a guanidina se liga com a citosina (G-C) (Figura 7-3). Cada uma das quatro bases está ligada à fosfo-2'-desoxirribose para formar um **nucleotídeo**. O esqueleto fosfodiéster do DNA, carregado negativamente, fica voltado para o solvente. A orientação das duas fitas do DNA é **antiparalela**: uma fita é quimicamente orientada na direção 5'→3', e sua fita complementar é orientada na direção 3'→5'. A complementaridade das bases permite que uma fita (**fita-modelo**) forneça a informação necessária à cópia ou à expressão da informação na outra fita (**fita de codificação**). Os pares de bases estão localizados no centro da dupla-hélice do DNA e determinam sua informação genética. Cada circunvolução da hélice possui uma fenda principal e uma fenda menor.

Em geral, o comprimento de uma molécula de DNA é expresso em milhares de pares de bases ou **pares de quilobases** (**kbp**). Enquanto um pequeno vírus pode conter uma única molécula de DNA de menos de 0,5 kbp, o genoma de *E. coli* é formado por mais de 4.000 kbp. Em ambos os casos, cada par de base é separado do par seguinte por uma distância de cerca de 0,34 nm, ou $3,4 \times 10^{-7}$ mm, de modo que o comprimento total do cromossomo de *E. coli* é de cerca de 1 mm. Como as dimensões globais da célula bacteriana são cerca de 1.000 vezes menores do que esse comprimento, é evidente

---

*N. de T. A reação em cadeia da polimerase (PCR) possibilita a síntese de fragmentos de DNA, usando a enzima DNA-polimerase, a mesma que participa da replicação do material genético nas células. Essa enzima sintetiza uma sequência complementar de DNA, desde que um pequeno fragmento (*primer*) se ligue a uma das cadeias do DNA no ponto escolhido para o início da síntese. O desenvolvimento dessa técnica teve um impacto imenso em diversos campos da ciência, como na análise de genes, no diagnóstico de doenças genéticas e de agentes infecciosos e na medicina forense. A técnica da PCR foi desenvolvida nos anos 1980 por Kary Mullis, que, em 1993, recebeu o Prêmio Nobel de Química.

**N. de T. Adenina e guanina são classificadas como purinas, pois elas são moléculas compostas por dois anéis aromáticos heterocíclicos. Citosina e timina são classificadas como pirimidinas, pois elas são moléculas formadas por um único anel aromático heterocíclico.

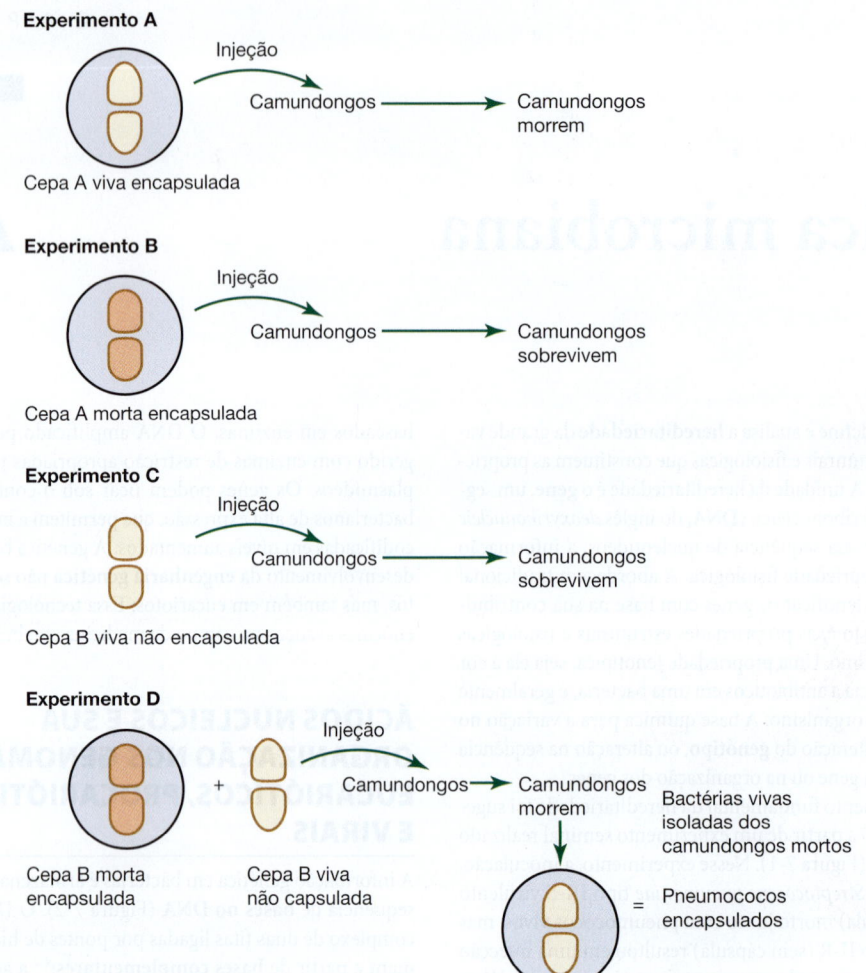

Experimento A

Cepa A viva encapsulada → Injeção → Camundongos → Camundongos morrem

Experimento B

Cepa A morta encapsulada → Injeção → Camundongos → Camundongos sobrevivem

Experimento C

Cepa B viva não encapsulada → Injeção → Camundongos → Camundongos sobrevivem

Experimento D

Cepa B morta encapsulada + Cepa B viva não capsulada → Injeção → Camundongos → Camundongos morrem → Bactérias vivas isoladas dos camundongos mortos = Pneumococos encapsulados

FIGURA 7-1 Experimento de Griffith mostrando a evidência do fator transformante, posteriormente identificado como o DNA. Em uma série de experimentos, camundongos receberam injeção de *Streptococcus pneumoniae*, vivos ou mortos, encapsulados ou não encapsulados, como indicam os experimentos A a D. O experimento-chave é o D, mostrando que a bactéria encapsulada morta poderia fornecer um fator que permitiria à bactéria não encapsulada matar os camundongos. Além de fornecer a ideia essencial da importância da cápsula para a virulência do pneumococo, o experimento D também ilustra o princípio do DNA como a base fundamental da transformação genética. (Reproduzida, com autorização, de McClane BA, Mietzner TA: *Microbial Pathogenesis: A Principles-Oriented Approach*. Fence Creek Publishing, 1999.)

que uma quantidade significativa de dobramentos, ou **superespiral** (*supercoiling*), contribui para a estrutura física da molécula *in vivo*.

O **ácido ribonucleico** (**RNA**, do inglês *ribonucleic acid*) ocorre mais frequentemente em forma de fita simples. A base uracila (U) substitui a base timina (T) no DNA, de modo que as bases complementares que determinam a estrutura do RNA são A-U e C-G. A estrutura global das moléculas de RNA de fita simples (ssRNA, do inglês *single-stranded RNA*) é determinada pelo pareamento entre as bases dentro das fitas que formam alças, de modo que as moléculas de ssRNA assumem uma estrutura compacta capaz de expressar a informação genética contida no DNA.

A função mais geral do RNA consiste na comunicação das sequências gênicas do DNA na forma de **RNA mensageiro** (**mRNA**, do inglês *messenger RNA*) para os **ribossomos**. Esses processos são denominados **transcrição** e **tradução**. O mRNA (também referido como +ssRNA) é transcrito como RNA complementar para codificar a fita de DNA. Esse mRNA é, então, traduzido pelos ribossomos.

Os ribossomos, que contêm **RNA ribossômico** (**rRNA**, do inglês *ribosomal RNA*) e proteínas, traduzem essa mensagem na estrutura primária das proteínas via aminoacil-**RNAs de transferência** (ou **RNA transportador** [**tRNAs**, do inglês *transfer RNAs*]). O tamanho das moléculas de RNA varia desde as pequenas, que contêm menos de 100 bases, até os mRNAs, capazes de transportar mensagens genéticas que se estendem por alguns milhares de bases. Os ribossomos bacterianos contêm três tipos de rRNA, com tamanhos respectivos de 120, 1.540 e 2.900 bases, juntamente com diversas proteínas (Figura 7-4). As moléculas correspondentes de rRNA nos ribossomos eucarióticos são um pouco maiores. A necessidade de expressão de cada gene muda em resposta às demandas fisiológicas, e as necessidades de expressão gênica flexível se refletem na rápida renovação metabólica da maioria dos mRNAs. Por outro lado, os tRNAs e os rRNAs – associados à função universalmente necessária de síntese proteica – tendem a ser estáveis e, juntos, são responsáveis por mais de 95% do RNA total em uma célula bacteriana.

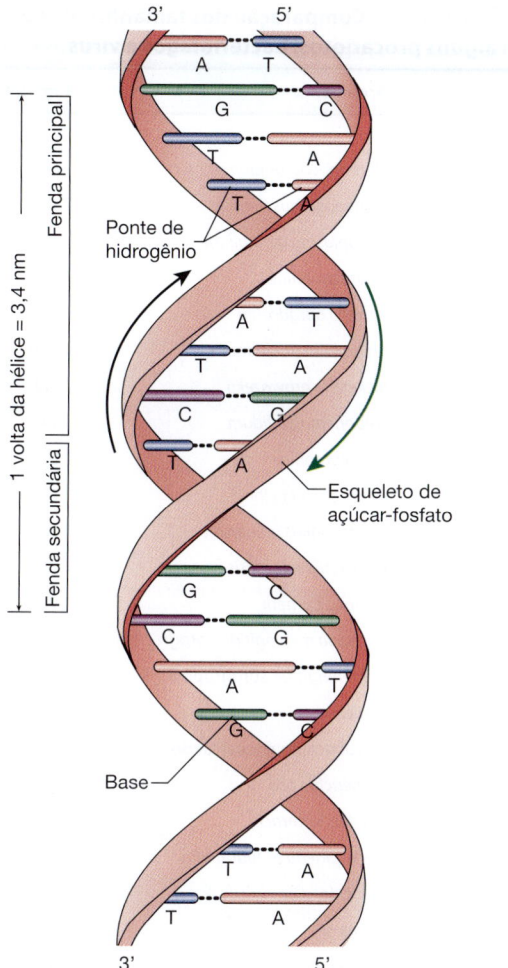

FIGURA 7-2 Desenho esquemático da estrutura do DNA segundo o modelo de Watson-Crick, mostrando o esqueleto de açúcar e fosfato helicoidal das duas fitas mantidas unidas por pontes de hidrogênio entre as bases. (Reproduzida, com autorização, de Snyder L, Champness W: *Molecular Genetics of Bacteria*, 2nd ed. Washington, DC: ASM Press, 2003. © 2003 American Society for Microbiology.)

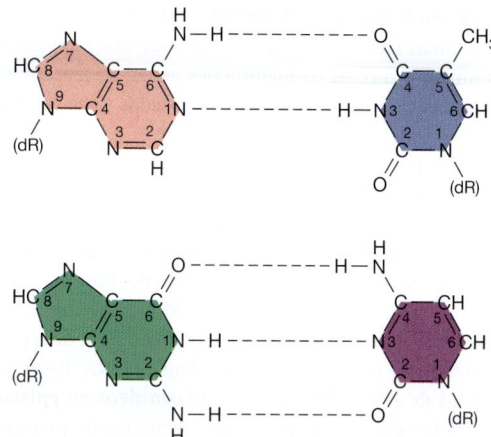

FIGURA 7-3 Pareamento normal de bases no ácido desoxirribonucleico (DNA). **Em cima:** par de adenina-timina (A-T); **embaixo:** par de guanosina-citosina (G-C). As pontes de hidrogênio estão indicadas por *linhas tracejadas*. Note que o par G-C compartilha três pontes de hidrogênio, enquanto o par A-T possui somente duas pontes. Consequentemente, as interações G-C são mais fortes do que as interações A-T. (dR, desoxirribose do esqueleto de açúcar e fosfato do DNA.)

Comprovou-se que poucas moléculas de RNA atuam como enzimas (**ribozimas**). Por exemplo, o RNA 23S, na subunidade ribossômica 50S (ver Figura 7-4), catalisa a formação da ponte peptídica durante a síntese proteica.

Genoma eucariótico

O **genoma** refere-se à totalidade da informação genética contida em determinado organismo. Quase todo o genoma eucariótico está contido em dois ou mais cromossomos, separados do citoplasma pela membrana do núcleo. As células eucarióticas **diploides** contêm dois **homólogos** (cópias evolutivas divergentes) de cada cromossomo. As **mutações**, ou alterações genéticas, frequentemente não podem ser detectadas nas células diploides, visto que a contribuição de uma cópia gênica compensa as alterações na função de sua homóloga. O gene que não consegue uma expressão fenotípica na presença de seu homólogo é **recessivo**, enquanto aquele que prevalece sobre

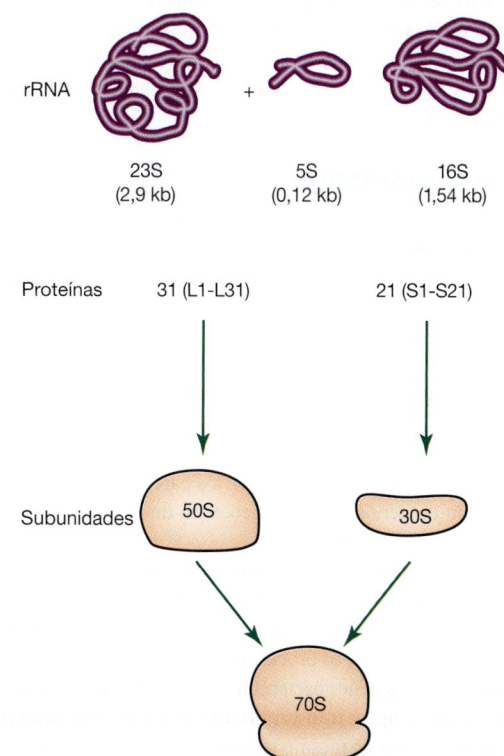

FIGURA 7-4 Composição de um ribossomo que contém uma cópia de cada um dos RNAs 16S, 23S e 5S, bem como muitas proteínas. As proteínas da grande subunidade 50S são designadas como L1 a L31. As proteínas da pequena subunidade 30S são designadas como S1 a S21. (Reproduzida, com autorização, de Snyder L, Champness W: *Molecular Genetics of Bacteria*, 2nd ed. Washington, DC: ASM Press, 2003. © 2003 American Society for Microbiology.)

o efeito de seu homólogo é **dominante**. Os efeitos das mutações podem ser mais facilmente percebidos nas células **haploides**, que contêm uma única cópia da maioria dos genes. As leveduras (que são eucarióticas) são frequentemente estudadas, visto que podem ser mantidas e analisadas no estado haploide.

As células eucarióticas contêm **mitocôndrias** e, no caso das plantas, **cloroplastos**. No interior de cada uma dessas organelas, encontra-se uma molécula circular de DNA que contém poucos genes, cuja função está relacionada com a organela. Entretanto, os genes associados à função da organela encontram-se, em sua maioria, nos cromossomos eucarióticos. Muitas leveduras contêm um elemento genético adicional, um círculo de 2 μm de replicação independente que contém cerca de 6,3 kbp de DNA. Esses pequenos círculos de DNA, denominados **plasmídeos** ou **epissomas**, são frequentemente associados com a genética de procariotos. O pequeno tamanho dos plasmídeos torna-os acessíveis à manipulação genética e, após sua alteração, possibilita sua introdução nas células.

O **DNA repetitivo**, que ocorre em grandes quantidades nas células eucarióticas, é raramente associado a regiões de codificação e localiza-se principalmente em regiões extragênicas. Essas repetições de sequência curta (SSR, do inglês *short-sequence repeats*) ou sequências curtas repetidas em série (STR, do inglês *short tandemly repeated*) ocorrem em milhares de cópias dispersas por todo o genoma. A presença de SSRs e STRs está bem documentada, algumas delas exibindo polimorfismos de longo comprimento. Muitos genes eucarióticos são interrompidos por **íntrons**, sequências intermediárias de DNA ausentes no mRNA processado quando traduzido. Os íntrons têm sido observados em arqueobactérias, mas, com algumas raras exceções, não são encontrados nas eubactérias (ver Tabela 3-4).

Genoma procariótico

A maioria dos genes procarióticos é disposta no cromossomo bacteriano como uma única cópia haploide. Os dados sobre a sequência do genoma de mais de 340 genomas microbianos demonstram que a maioria (> 90%) dos genomas procarióticos consiste em uma única molécula de DNA circular contendo desde 580 kbp até mais de 5.220 kbp de DNA (Tabela 7-1). Um número pequeno de bactérias (p. ex., *Brucella melitensis*, *Burkholderia pseudomallei* e *Vibrio cholerae*) possui genomas que consistem em duas moléculas de DNA circular. Muitas bactérias contêm genes adicionais em plasmídeos, cujo tamanho varia desde vários pares de bases a 100 kbp. Ao contrário do genoma eucariótico, 98% do genoma bacteriano são sequências codificantes.

Os círculos de DNA covalentemente fechados (cromossomos bacterianos e plasmídeos), que contêm a informação genética necessária à sua própria replicação, são denominados **réplicons** ou **epissomas**. Uma vez que os procariotos não contêm núcleo, a membrana não separa os genes bacterianos do citoplasma, como ocorre nos eucariotos. Logo, a transcrição do mRNA e a tradução pelos ribossomos ocorrem ao mesmo tempo.

Algumas espécies bacterianas são eficientes para causar doença em organismos superiores, pois possuem genes específicos para determinantes patogênicos. Esses genes estão frequentemente agrupados no DNA, sendo conhecidos como **ilhas de patogenicidade**. Esses segmentos de genes podem ser bastante grandes (até

TABELA 7-1   Comparação dos tamanhos dos genomas em alguns procariotos, bacteriófagos e vírus

	Organismo	Tamanho (kbp)
Procariotos		
Arqueias	*Methanococcus jannaschii*	1.660
	Archaeoglobus fulgidus	2.180
Eubactérias	*Mycoplasma genitalium*	580
	M. pneumoniae	820
	Borrelia burgdorferi	910
	Chlamydia trachomatis	1.040
	Rickettsia prowazekii	1.112
	Treponema pallidum	1.140
	C. pneumoniae	1.230
	Helicobacter pylori	1.670
	Haemophilus influenzae	1.830
	Francisella tularensis	1.893
	Coxiella burnetii	1.995
	Neisseria meningitidis sorogrupo A	2.180
	N. meningitidis sorogrupo B	2.270
	B. melitensis[a]	2.117 + 1.178
	Mycobacterium tuberculosis	4.410
	Escherichia coli	4.640
	Bacillus anthracis	5.227
	Burkholderia pseudomallei[a]	4.126 + 3.182
Bacteriófago	Lambda	48
Vírus	Ebola	19
	Varíola *major*	186
	Vaccínia	192
	Citomegalovírus	229

[a]Organismo contém dois cromossomos do tamanho X e Y.

200 kbp) e codificar uma coleção de genes de virulência. As ilhas de patogenicidade (1) possuem diferentes quantidades G + C do restante do genoma; (2) estão intimamente ligadas no cromossomo a genes do tRNA; (3) são flanqueadas por repetições diretas; e (4) contêm diversos genes importantes para a patogênese, incluindo resistência a antibióticos, adesinas, invasinas e exotoxinas, bem como outros genes que podem estar envolvidos na mobilização genética.

Os genes essenciais ao crescimento bacteriano (frequentemente chamados de "*housekeeping*") estão normalmente localizados no cromossomo, mas também podem ser encontrados em plasmídeos que carregam genes associados a funções especializadas (Tabela 7-2). Muitos plasmídeos também codificam sequências genéticas (p. ex., aquelas que codificam para *pili* sexuais) que medeiam sua transferência de um microrganismo para outro, bem como outros genes associados à aquisição genética ou ao rearranjo do DNA (p. ex., transposases). Por isso, genes de origens evolutivas

TABELA 7-2 **Exemplos de atividades metabólicas mediadas por plasmídeos**

Organismo	Atividade
Espécie de *Pseudomonas*	Degradação de cânfora, tolueno, octano e ácido salicílico
Bacillus stearothermophilus	α-Amilase termoestável
Alcaligenes eutrophus	Utilização do H_2 como fonte de energia oxidável, resistência a metais pesados
Escherichia coli	Captação e metabolismo de sacarose, captação de citrato
Espécie de *Klebsiella*	Fixação de nitrogênio
Streptococcus (grupo N)	Utilização de lactose, sistema galactose-fosfotransferase, metabolismo de citrato
Rhodospirillum rubrum	Síntese de pigmento fotossintético
Espécie de *Flavobacterium*	Degradação de náilon

independentes podem ser assimilados por plasmídeos amplamente disseminados entre as populações bacterianas. Uma consequência desses eventos genéticos tem sido observada na rápida propagação, entre populações bacterianas, da resistência a antibióticos transmitida por plasmídeos após o uso indiscriminado de antibióticos nos hospitais.

Transpósons são elementos genéticos que contêm vários genes, inclusive aqueles necessários para sua migração de um *locus* genético para outro. Ao fazer isso, eles criam **mutações de inserção**. O envolvimento de transpósons relativamente curtos (0,75-2 kbp de comprimento), conhecidos como **elementos de inserção**, produz a maioria das mutações de inserção. Esses elementos de inserção (também conhecidos como sequências de inserção [IS, do inglês *insertion sequence*]) transportam unicamente os genes até as enzimas necessárias para promover sua própria transposição para outro *locus* genético, mas não podem replicar em seu próprio *locus*. Quase todas as bactérias possuem elementos de IS, e cada espécie abriga seus próprios elementos de IS característicos. Às vezes, podem ser encontrados elementos de IS relacionados em diferentes bactérias, o que significa que em algum ponto da evolução eles cruzaram a barreira das espécies. Os plasmídeos também transportam elementos de IS importantes na formação de cepas recombinantes de alta frequência (**Hfr**, do inglês *high-frequency recombinant*). Os transpósons complexos contêm genes para funções especializadas, como para a resistência a antibióticos, e são flanqueados por IS.

Contudo, os transpósons não carreiam as informações genéticas necessárias para codificar sua própria replicação, sendo sua propagação dependente da sua integração física a um réplicon bacteriano. Essa associação, estimulada por enzimas, confere aos transpósons a capacidade de reproduzir-se várias vezes. Essas enzimas (**transposases**) podem permitir que transpósons se integrem a um mesmo réplicon ou a um réplicon independente. A especificidade da sequência no local da integração é geralmente baixa. Assim, essa inserção é frequentemente aleatória, porém há uma tendência a regiões do cromossomo codificadoras para tRNAs. Muitos plasmídeos são transferidos entre as células bacterianas. Além disso, a

inserção de transpósons nesses plasmídeos é um veículo que resulta na sua disseminação em uma população bacteriana.

Genoma viral

Os vírus são capazes de sobreviver, mas não de crescer, na ausência de uma célula hospedeira. A replicação do genoma viral depende da energia metabólica e da maquinaria macromolecular da síntese do hospedeiro. Com frequência, essa forma de parasitismo genético resulta em debilitação ou morte da célula hospedeira. Por conseguinte, a propagação bem-sucedida do vírus exige (1) uma forma estável que possibilite que ele sobreviva na ausência de seu hospedeiro, (2) um mecanismo de invasão de uma célula hospedeira, (3) a informação genética necessária à replicação dos componentes virais no interior da célula e (4) informações adicionais que possam ser necessárias para o acondicionamento dos componentes virais e para a liberação dos vírus resultantes da célula hospedeira.

Frequentemente, são feitas distinções entre vírus associados a eucariotos e vírus associados a procariotos, sendo os últimos denominados **bacteriófagos** ou **fagos**. Quando o DNA viral é integrado ao genoma eucariótico, é chamado de **provírus**; quando um fago é integrado a um genoma ou epissoma bacteriano, é chamado de **prófago**. Com mais de 5.000 isolados com morfologia conhecida, os fagos constituem o maior dos grupos virais. Grande parte do conhecimento a respeito dos vírus – na verdade, muitos conceitos fundamentais de biologia molecular – surgiu da pesquisa sobre os bacteriófagos.

Os bacteriófagos ocorrem em mais de 140 gêneros bacterianos e em diferentes hábitats. A molécula de ácido nucleico dos bacteriófagos é circundada por um envelope proteico. Observa-se considerável variabilidade no ácido nucleico dos fagos. Os genomas de fago podem ser formados por DNA de fita dupla (dsDNA, do inglês *double-stranded DNA*), RNA de fita dupla (dsRNA, do inglês *double-stranded RNA*), ssRNA ou DNA de fita simples (ssDNA, do inglês *single-stranded DNA*). Algumas vezes, são encontradas bases incomuns, como a hidroximetilcitosina, no ácido nucleico do fago. Muitos fagos contêm estruturas especializadas semelhantes a seringas (i.e., caudas), que se ligam a receptores sobre a superfície da célula e injetam o ácido nucleico para o interior de uma célula hospedeira (Figura 7-5).

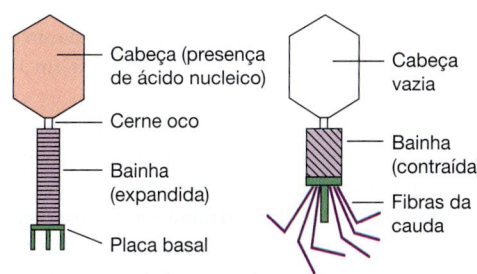

FIGURA 7-5 Ilustrações do fago T2 com e sem ácido nucleico. Note que, quando o fago contém ácido nucleico, ele toma uma forma diferente do que quando o ácido nucleico está ausente. Estes diagramas foram redesenhados a partir de observações de microscopia eletrônica.

Os fagos são diferenciados com base no seu modo de propagação. Os **fagos líticos** produzem muitas cópias de si mesmos à medida que matam a célula hospedeira. Entre os fagos líticos mais extensamente estudados, os fagos T pares (p. ex., T2, T4) de *E. coli* demonstraram necessidade de expressão precisamente cronometrada dos genes virais para coordenar os eventos associados à sua formação. Os **fagos temperados** entram em um estágio de **prófago** não lítico, no qual a replicação de seu material genético se associa à replicação do próprio DNA da célula hospedeira. As bactérias que transportam prófagos são denominadas **lisogênicas**, visto que um sinal fisiológico pode deflagrar um ciclo lítico, resultando em morte da célula hospedeira e liberação de inúmeras cópias do fago. O fago temperado mais bem caracterizado é o λ (lambda) da *E. coli*. Os **fagos filamentosos**, exemplificados pelo fago M13 da *E. coli*, que foi bem estudado, são excepcionais em vários aspectos. Seus filamentos, ou fitas, contêm ssDNA, formando complexo com proteínas, e são expelidos de seus hospedeiros bacterianos, que se mostram debilitados, mas que não são mortos pela infecção do fago. A engenharia do DNA no fago M13 produziu fitas simples que constituem fontes valiosas para a análise e a manipulação do DNA.

REPLICAÇÃO

O dsDNA é sintetizado por **replicação semiconservativa**. À medida que a dupla-hélice original se abre, cada fita funciona como molde para a replicação do DNA. As novas fitas são sintetizadas com suas bases em ordem complementar à das fitas preexistentes. Após a conclusão da síntese, cada molécula-filha contém uma fita original e uma fita recém-sintetizada.

Replicação de DNA bacteriano

A replicação do DNA bacteriano começa em um ponto e prossegue em ambas as direções (i.e., **replicação bidirecional**). No processo, as duas fitas antigas de DNA são separadas e utilizadas como modelos para a síntese de novas fitas (**replicação semiconservativa**). A estrutura em que as duas fitas são separadas e na qual ocorre a nova síntese é denominada **forquilha de replicação**. A replicação do cromossomo bacteriano é rigorosamente controlada, e o número de cada cromossomo (quando mais de um está presente) por célula em crescimento varia de 1 a 4. Alguns plasmídeos bacterianos podem apresentar até 30 cópias em uma célula bacteriana, e as mutações que provocam a redução do controle da replicação dos plasmídeos podem resultar em 10 vezes esse número de cópias.

A replicação do DNA bacteriano circular de fita dupla começa no *locus ori* e envolve interações com várias proteínas. Em *E. coli*, a replicação cromossômica termina em uma região denominada *ter*. A **origem** (*ori*) e os **locais de terminação** (*ter*) para replicação estão localizados em pontos opostos no DNA circular cromossômico. Os dois cromossomos-filhos são separados antes da divisão celular, de modo que cada progênie adquire um dos DNAs-filhos. Isso é feito com o auxílio de **topoisomerases**, enzimas que alteram o superenrolamento do dsDNA. As topoisomerases atuam cortando transitoriamente uma ou ambas as fitas do DNA para relaxar o enrolamento e estender a molécula de DNA. Como as topoisomerases

bacterianas são essenciais e únicas, elas são alvo dos **antibióticos** (p. ex., quinolonas). Processos semelhantes utilizados na replicação do DNA cromossômico são usados na replicação do DNA plasmidial, exceto quanto ao fato de que, em alguns casos, a replicação é unidirecional.

Replicação do fago

Os bacteriófagos exibem considerável diversidade em relação à natureza do genoma de seu ácido nucleico, e essa diversidade se reflete em diferentes modos de replicação. Os fagos líticos e os temperados exibem estratégias de propagação fundamentalmente diferentes. Os fagos líticos produzem muitas cópias de si mesmos em um único surto de crescimento; os fagos temperados se estabelecem como prófagos, tornando-se parte de um réplicon estabelecido (cromossomo ou plasmídeo) ou formando um réplicon independente.

O dsDNA de muitos fagos líticos é linear, e o primeiro estágio de sua replicação consiste na formação de DNA circular. Esse processo depende de **extremidades coesivas**, as quais consistem em caudas de fita simples complementares de DNA que sofrem hibridização. Em seguida, ocorre a **ligação**, que compreende a formação de uma ligação fosfodiéster entre as regiões 5′ e 3′ do DNA, originando um DNA fechado e circular ligado de modo covalente e que pode sofrer replicação semelhante à utilizada por outros réplicons. A clivagem dos círculos produz DNA linear, acondicionado em envelopes proteicos, formando fagos-filhos.

O ssDNA dos fagos filamentosos é convertido em uma forma replicativa circular de fita dupla. Uma fita da forma replicativa é utilizada como modelo em um processo contínuo que produz ssDNA. O modelo consiste em um círculo de rotação, e o ssDNA produzido é clivado e acondicionado com uma proteína para extrusão extracelular.

Os fagos de ssRNA estão entre as menores partículas extracelulares que contêm informação capaz de permitir sua própria replicação. Por exemplo, o RNA do fago MS2 contém (em menos de 4.000 nucleotídeos) três genes que podem atuar como mRNA após uma infecção. Um gene codifica a proteína do envelope, enquanto outro codifica uma RNA-polimerase que produz uma forma replicativa de dsRNA. O ssRNA, produzido a partir da forma replicativa, é o cerne de novas partículas infecciosas.

O genoma do bacteriófago temperado *E. coli* fago P1, quando submetido a um ciclo lisogênico, existe como um plasmídeo autônomo na bactéria. O dsDNA de outros bacteriófagos temperados se estabelece como prófago pela sua inserção no cromossomo do hospedeiro bacteriano. O local de inserção pode ser muito específico, conforme exemplifica a integração do fago λ da *E. coli* em um único *locus int* no cromossomo bacteriano. A especificidade da integração é determinada pela identidade da sequência de DNA compartilhada pelo *locus* cromossômico *int* e uma região correspondente no genoma do fago. Outros fagos temperados, como o Mu de *E. coli*, integram-se em qualquer um de uma ampla variedade de locais cromossômicos e, nesse aspecto, assemelham-se aos transpósons.

Os prófagos contêm genes necessários à replicação lítica (também denominada **replicação vegetativa**), e a expressão desses genes é reprimida durante a manutenção do estado de prófago. Uma manifestação de repressão está no fato de um prófago estabelecido frequentemente conferir imunidade celular contra a infecção lítica por um fago semelhante. Uma cascata de interações moleculares deflagra a **desrepressão** (liberação da repressão), de modo que o prófago sofre replicação vegetativa, resultando na formação de muitas partículas infecciosas. Certos estímulos artificiais, como a luz ultravioleta (UV), podem causar a desrepressão do prófago. A mudança entre a lisogenia – propagação do genoma do fago com o hospedeiro – e o crescimento do fago vegetativo à custa da célula pode ser determinada, em parte, pelo estado fisiológico da célula. Uma bactéria que não se encontra em fase de replicação não sustentará o crescimento vegetativo do fago; porém, uma célula em crescimento ativo contém energia e subunidades formadoras suficientes para sustentar a rápida replicação do fago.

TRANSFERÊNCIA DE DNA

Pode-se presumir que a natureza haploide do genoma bacteriano limita a plasticidade do genoma de uma bactéria. No entanto, a ubiquidade de bactérias diversas em um microbioma complexo fornece um conjunto abundante de genes que contribui para a sua notável diversidade genética, por meio de mecanismos de troca de material genético. A troca genética bacteriana é exemplificada pela transferência de um fragmento relativamente pequeno de um genoma doador para uma célula receptora, seguida de recombinação genética. A recombinação genética bacteriana é um tanto diferente da fusão dos gametas observada com eucariotos. Ela exige que esse DNA doador seja replicado no microrganismo recombinante. A replicação pode ser obtida pela integração do DNA doador no cromossomo do receptor ou pelo estabelecimento do DNA do doador como réplicon independente.

Restrição e outras limitações na transferência de genes

As **enzimas de restrição** (endonucleases de restrição) proporcionam às bactérias um mecanismo para diferenciar o seu próprio DNA daquele de outras fontes biológicas. Essas enzimas hidrolisam (clivam) o DNA em locais de restrição determinados por sequências específicas de DNA que variam de 4 a 13 bases. Cada cepa bacteriana que possui um sistema de restrição tem a capacidade de mascarar esses locais de reconhecimento no seu próprio DNA ao modificá-los mediante a metilação de um resíduo de adenina ou citosina. Esses sistemas de modificação de restrição podem ser divididos em duas grandes classes: os sistemas tipo I, em que as atividades de restrição e modificação são combinadas em uma única proteína de inúmeras subunidades, e os sistemas tipo II, que consistem em endonucleases e metilases distintas. Uma consequência biológica direta da restrição pode consistir na clivagem do DNA doador antes de ter a oportunidade de estabelecer-se como parte de um réplicon recombinante, tornando a bactéria "imune" a esse DNA.

A **compatibilidade** dos plasmídeos é uma restrição a mais na transferência dos genes. Alguns plasmídeos exibem limitada variedade de hospedeiros e se replicam unicamente em um grupo estritamente relacionado de bactérias. Outros, exemplificados por alguns plasmídeos de resistência a fármacos, replicam-se em uma ampla faixa de gêneros bacterianos. Em alguns casos, dois ou mais plasmídeos podem coexistir de modo estável em uma célula, porém outros pares interferem na replicação ou na divisão. Se esses plasmídeos forem introduzidos na mesma célula, um deles será perdido a uma taxa maior do que o normal quando a célula sofrer divisão. Esse fenômeno é denominado **incompatibilidade dos plasmídeos**; dois plasmídeos incapazes de coexistir de modo estável pertencem ao mesmo **grupo de incompatibilidade** (**Inc**), e dois plasmídeos capazes de exibir coexistência estável pertencem a grupos Inc diferentes.

Mecanismos de recombinação

O DNA doador que não transporta a informação necessária à sua própria replicação precisa recombinar-se com o DNA receptor para estabelecer-se em uma cepa receptora. A recombinação pode ser **homóloga**, uma consequência da estreita semelhança nas sequências do DNA doador e do DNA receptor, ou **não homóloga**, constituindo o resultado da recombinação enzimaticamente catalisada entre sequências diferentes de DNA. A recombinação homóloga quase sempre envolve uma troca entre genes que compartilham uma ancestralidade comum. O processo exige um conjunto de genes designados *rec*. A recombinação não homóloga depende de enzimas codificadas pelo DNA integrado, sendo mais claramente exemplificada pela inserção do DNA em um receptor para formar uma cópia de um transpóson doador.

O mecanismo de recombinação mediado pelos produtos gênicos *rec* é recíproco: a introdução de uma sequência doadora em um receptor se reflete pela transferência da sequência homóloga do receptor no DNA do doador. As atenções científicas estão sendo cada vez mais dirigidas para o papel desempenhado pela **conversão de genes** – a transferência não recíproca de sequências de DNA do doador para o receptor – na aquisição da diversidade genética.

Mecanismos de transferência de genes

A composição do DNA dos microrganismos é extraordinariamente fluida. O DNA pode ser transferido de um organismo para outro e incorporado de modo estável no receptor, alterando permanentemente sua composição. Esse processo é chamado de **transferência horizontal de genes** (THG), para diferenciá-lo da herança de genes parentais, um processo chamado de herança **vertical**. Três mecanismos principais são responsáveis pelo movimento eficiente do DNA entre as células – **conjugação**, **transdução** e **transformação**.

A **conjugação** requer o contato da célula doadora com a célula receptora para transferir apenas uma fita de DNA (Figura 7-6). O receptor completa a estrutura do dsDNA sintetizando a fita que complementa aquela adquirida a partir do doador. Na **transdução**, o DNA do doador é transportado em um envelope de fago e transferido para o receptor pelo mecanismo utilizado na infecção por fagos. A **transformação**, que se refere à captação direta do DNA "nu" do doador pela célula receptora, pode ser natural ou forçada. A transformação forçada é induzida em laboratório, em que, após tratamento com alta concentração de sal e choque térmico, muitas bactérias tornam-se competentes para a captação dos plasmídeos extracelulares. A capacidade de forçar bactérias a incorporar plasmídeos extracelulares por transformação é fundamental na engenharia genética.

A. Conjugação

Os plasmídeos são frequentemente transferidos por conjugação. As funções genéticas necessárias à transferência são codificadas pelos genes *tra*, transportados por **plasmídeos** autotransmissíveis. Alguns plasmídeos autotransmissíveis são capazes de mobilizar outros

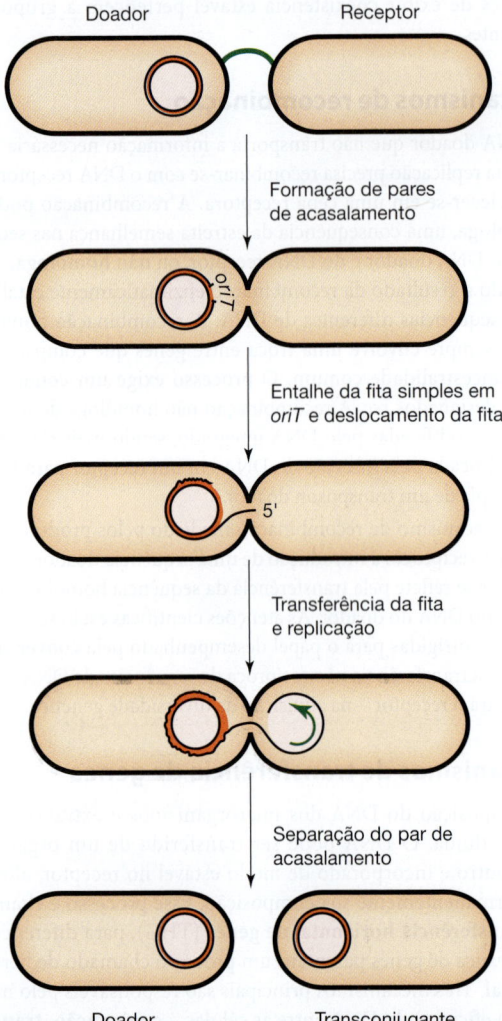

FIGURA 7-6 Mecanismo de transferência do DNA durante a conjugação. A célula doadora produz um *pilus*, codificado pelo plasmídeo, e estabelece contato com uma célula receptora potencial que não contém o plasmídeo. A retração do *pilus* determina um estreito contato entre as células, e forma-se um poro nas membranas celulares contíguas. A formação do par de acasalamento constitui o sinal para que o plasmídeo inicie a transferência a partir de um entalhe da fita simples na *oriT*. O entalhe é feito por funções *tra* codificadas pelo plasmídeo. A extremidade 5' de uma fita simples do plasmídeo é transferida para o receptor por meio do poro. Durante a transferência, o plasmídeo no doador é replicado, sendo a síntese do DNA iniciada pela 3' OH do entalhe *oriT*. A replicação da fita simples no receptor prossegue por um mecanismo diferente com *primers* de RNA. Nesse estágio, ambas as células contêm plasmídeos de fita dupla, e o par de acasalamento separa-se. (Reproduzida, com autorização, de Snyder L, Champness W: *Molecular Genetics of Bacteria*, 2nd ed. Washington, DC: ASM Press, 2003. © 2003 American Society for Microbiology.)

plasmídeos ou porções do cromossomo para a transferência. Em alguns casos, a mobilização é obtida pelo fato de os genes *tra* fornecerem as funções necessárias à transferência de um plasmídeo que, de outro modo, não seria transmissível (Figuras 7-7 e 7-8). Em outros casos, o plasmídeo autotransmissível integra-se ao DNA de outro réplicon e, como extensão de si próprio, transporta uma fita desse DNA para uma célula receptora.

A análise genética da *E. coli* progrediu enormemente com a elucidação dos fatores de **fertilidade** transportados por um plasmídeo denominado F+. Esse plasmídeo confere determinadas características do doador às células, como um *pilus* sexual, uma proteína de extrusão multimérica extracelular que liga as células doadoras aos

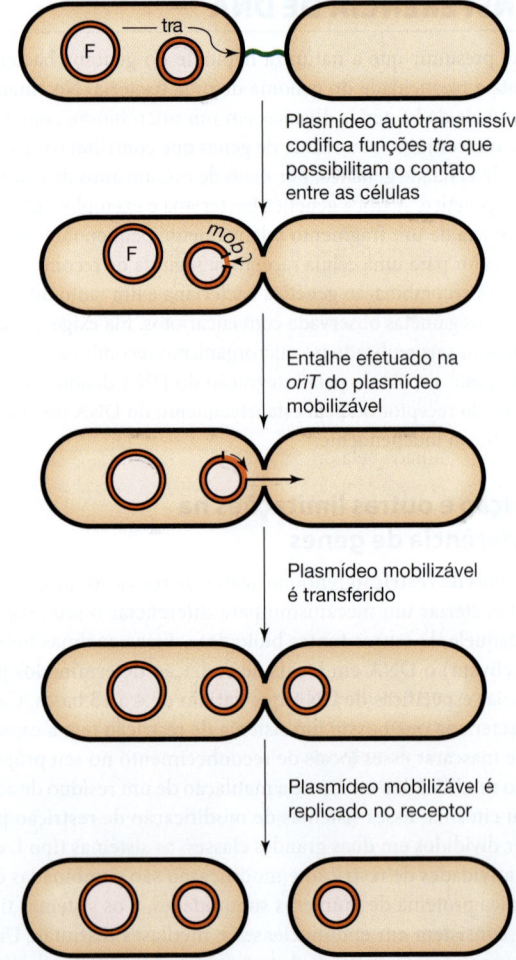

FIGURA 7-7 Mecanismo de mobilização de plasmídeos. A célula doadora transporta dois plasmídeos, um autotransmissível, F, o qual codifica as funções *tra* que promovem o contato entre as células e a transferência do plasmídeo, bem como um plasmídeo mobilizável. As funções *mob* codificadas pelo plasmídeo mobilizável efetuam um entalhe da fita simples em *oriT* na região *mob*. Em seguida, ocorrem a transferência e a replicação do plasmídeo mobilizável. O plasmídeo autotransmissível também pode ser transferido. (Reproduzida, com autorização, de Snyder L, Champness W: *Molecular Genetics of Bacteria*, 2nd ed. Washington, DC: ASM Press, 2003. © 2003 American Society for Microbiology.)

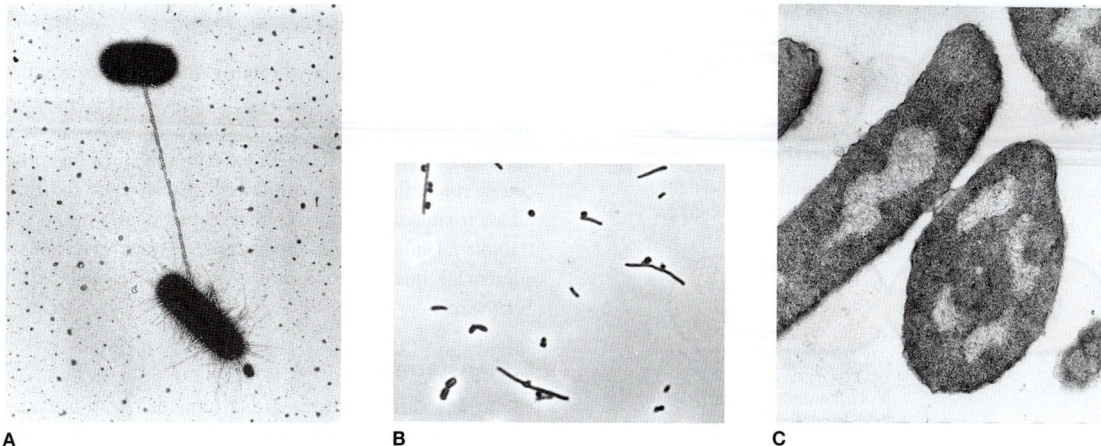

FIGURA 7-8 **A:** "Célula-macho" e "célula-fêmea" unidas por um *pilus* F (*pilus* sexual). **B:** Células de *E. coli* conjugadas. As células Hfr são elongadas. **C:** Micrografia eletrônica de um corte fino de um par em conjugação. As paredes celulares das bactérias acasaladas estão em íntimo contato na área da "ponte". (Fotografia [A]: Cortesia de Carnahan J e Brinton C. Fotografias [B] e [C] reproduzidas, com autorização, de Gross JD, Caro LG: DNA transfer in bacterial conjugation. *J Mol Biol* 1966;16:269.)

microrganismos receptores que carecem do fator de fertilidade. Uma ponte entre as células possibilita que uma fita do plasmídeo F⁺, sintetizado pelo doador, passe para o receptor, onde a fita complementar de DNA é formada. O fator de fertilidade F⁺ pode integrar-se em inúmeros *loci* no cromossomo das células doadoras. O fator de fertilidade integrado cria doadores de Hfr a partir dos quais o DNA cromossômico é transferido (do local de inserção) em uma direção determinada pela orientação da inserção (Figura 7-9).

A taxa de transferência cromossômica das células Hfr é constante, e a compilação dos resultados de muitos experimentos de conjugação possibilitou a preparação de um **mapa genético** da *E. coli*, em que as distâncias entre os *loci* são medidas em número de minutos necessários para que ocorra a transferência na conjugação. Um mapa semelhante foi construído para a *Salmonella typhimurium*, uma bactéria coliforme (tipo *E. coli*) relacionada, em que a comparação entre os dois mapas mostra padrões relacionados de organização genômica entre as duas espécies bacterianas. Atualmente, esse tipo de mapeamento foi substituído pelo sequenciamento do DNA genômico de alto rendimento.

A integração do DNA cromossômico em um plasmídeo conjugativo pode produzir um réplicon recombinante – um *prime* **F** (fertilidade) ou um *prime* **R** (resistência), dependendo do plasmídeo – no qual o DNA cromossômico integrado pode ser replicado no plasmídeo independentemente do cromossomo. Isso ocorre quando o plasmídeo integrado (p. ex., F) é flanqueado por duas cópias de um elemento de IS. As bactérias que transportam cópias de genes, um conjunto completo no cromossomo e um conjunto parcial em um *prime*, são **diploides parciais**, ou **merodiploides**, e mostram-se úteis para estudos de complementação. Com frequência, um gene do tipo selvagem complementa seu homólogo mutante, e a seleção do fenótipo do tipo selvagem pode possibilitar a manutenção de merodiploides em laboratório. Essas cepas possibilitam a análise das interações entre diferentes **alelos**, isto é, variantes genéticas do mesmo gene. Com frequência, os merodiploides são geneticamente instáveis, visto que a recombinação entre o plasmídeo e o

cromossomo homólogo pode resultar em perda ou troca de alelos mutantes ou do tipo selvagem. Muitas vezes, esse problema pode ser evitado pela manutenção de merodiploides em uma base genética em que o gene *recA*, necessário para a recombinação entre segmentos homólogos de DNA, tenha sido inativado.

Os genes homólogos de diferentes microrganismos podem ter divergido a ponto de impedir a recombinação homóloga entre eles, mas sem alterar a capacidade de um gene complementar a atividade ausente do outro. Por exemplo, é improvável que a origem genética de uma enzima necessária à biossíntese dos aminoácidos influencie a atividade catalítica no citoplasma de um hospedeiro biologicamente distante. Um merodiploide que transporta um gene para essa enzima também transportaria genes flanqueadores provenientes do microrganismo doador. Assim, a genética microbiana convencional, baseada na seleção de plasmídeos iniciais, pode ser utilizada para isolar genes de microrganismos exigentes em *E. coli* ou em *Pseudomonas aeruginosa*.

B. Transdução

A transdução é a recombinação genética mediada por fagos nas bactérias. Em termos mais simples, uma partícula transdutora pode ser considerada o ácido nucleico bacteriano em um envelope de fago. Em alguns casos, uma população de fagos líticos pode conter algumas partículas nas quais o envelope do fago circunda o DNA proveniente da bactéria, e não do fago. Essas populações têm sido utilizadas para transferir genes de uma bactéria para outra. Os fagos temperados são os veículos preferidos para a transferência de genes, visto que a infecção de bactérias receptoras em condições que favorecem a lisogenia minimiza a lise celular e, por isso, favorece a sobrevida das cepas recombinantes. De fato, uma bactéria receptora, transportando um prófago apropriado, pode formar um repressor, tornando a célula imune à superinfecção lítica; essas células podem, ainda, captar o DNA bacteriano de partículas transdutoras. Em condições que favoreçam o ciclo dos fagos líticos, é possível preparar misturas transdutoras transportando DNA do doador.

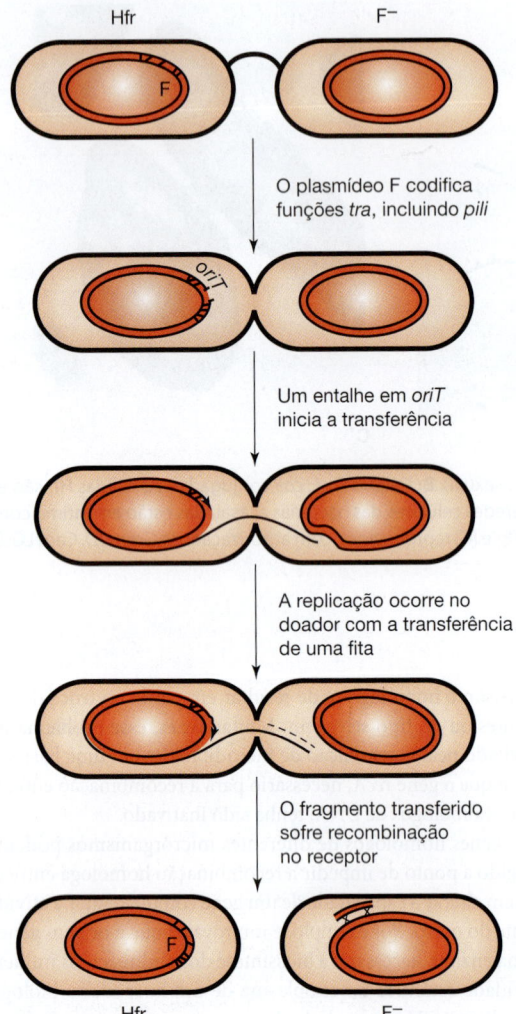

O plasmídeo F codifica funções *tra*, incluindo *pili*

Um entalhe em *oriT* inicia a transferência

A replicação ocorre no doador com a transferência de uma fita

O fragmento transferido sofre recombinação no receptor

FIGURA 7-9 Transferência do DNA cromossômico por um plasmídeo integrado. A formação de pares acasalados, o entalhamento ou corte da sequência *oriT* de F e a transferência da extremidade 5′ de uma fita simples de DNA do F prosseguem como na transferência do plasmídeo F. A transferência de um DNA cromossômico ligado covalentemente também ocorrerá enquanto o par acasalado for estável. A transferência cromossômica completa raramente ocorre, de modo que a célula receptora permanece F⁻ mesmo após o acasalamento. Em geral, a transferência do DNA é acompanhada de replicação no doador. Além disso, pode ocorrer alguma replicação da fita simples transferida. Uma vez no interior da célula receptora, o DNA transferido pode recombinar-se com sequências homólogas no cromossomo receptor. (Reproduzida, com autorização, de Snyder L, Champness W: *Molecular Genetics of Bacteria*, 2nd ed. Washington, DC: ASM Press, 2003. © 2003 American Society for Microbiology.)

Em geral, o tamanho do DNA nas partículas transdutoras não ultrapassa certa porcentagem do cromossomo bacteriano, de modo que a **cotransdução** – transferência de mais de um gene de uma vez – limita-se aos genes bacterianos ligados. A velocidade e a capacidade pela qual os fagos se recombinam e se replicam os tornaram

alvos importantes para o estudo da genética bacteriana e da engenharia genética.

Na natureza, as **ilhas de patogenicidade** são frequentemente transportadas por fagos. Por exemplo, dois fagos transportam ilhas de patogenicidade responsáveis pela conversão de uma forma benigna do *V. cholerae* na forma patogênica responsável pelo cólera epidêmico (ver Capítulo 17). Esses fagos codificam genes para a toxina do cólera (responsável pelos sintomas) e dos *pili* bfp (*bundle-forming pili* [*pili* formadores de tufos]) (responsáveis pela aderência), que, em conjunto, são responsáveis pela virulência do *V. cholerae*.

C. Transformação

Como descrito anteriormente, a transformação forçada é geralmente considerada um fenômeno de laboratório. No entanto, agora está claro que a **THG** de baixa frequência tem sido responsável por mecanismos comuns de resistência a antibióticos entre diversas espécies de bactérias. Isso não é surpreendente, dada a complexa diversidade e densidade da microbiota intestinal ou dos biofilmes que se formam em nossos dentes durante a noite. Além disso, a administração terapêutica de antibióticos que selecionam organismos resistentes cria a "tempestade perfeita" para a disseminação de material genético por meio dos limites das espécies.

Ao contrário da transformação forçada por eletroporação (descrito anteriormente), a competência natural não é comum entre as bactérias. A captação direta do DNA do doador por bactérias receptoras depende de sua **competência** para a transformação. Bactérias naturalmente competentes (propícias à transformação) e de importância médica são encontradas em vários gêneros e incluem *H. influenzae*, *Neisseria gonorrhoeae*, *N. meningitidis* e *S. pneumoniae*. A transformação natural é um processo ativo que exige proteínas específicas produzidas pela célula receptora. Além disso, são necessárias sequências de DNA específicas (**sequências de captação**) para a captação do DNA. Essas sequências de captação são específicas da espécie, o que restringe a troca genética a uma única espécie. O DNA não incorporado pode ser degradado e usado como fonte de nutrientes de apoio ao crescimento microbiano. É claro que a transformação genética é uma força importante na evolução microbiana.

MUTAÇÃO E REARRANJO DE GENES

Mutações espontâneas

Em geral, as mutações espontâneas para determinado gene em uma situação normal (gene selvagem) geralmente ocorrem a uma frequência de 10^{-6} a 10^{-8} em uma população proveniente de uma única bactéria (dependendo da espécie bacteriana e das condições usadas para identificar a mutação). As mutações consistem em **substituições**, **deleções**, **inserções** e **rearranjos de bases**. As substituições de bases podem surgir pelo emparelhamento incorreto entre bases complementares durante a replicação. Em *E. coli*, esse processo ocorre cerca de uma vez a cada 10^{10} vezes em que a DNA-polimerase incorpora um nucleotídeo; trata-se de um processo notavelmente raro. A ocorrência de bases não pareadas é minimizada por enzimas associadas ao **reparo de combinação imprópria**, mecanismo que essencialmente efetua a revisão de uma fita recém-sintetizada para assegurar que seja perfeitamente complementar ao seu molde. As enzimas de combinação imprópria distinguem a fita recém-sintetizada da fita preexistente com base na metilação da adenina nas sequências GATC da fita preexistente. Quando o dano ao DNA é grande, um sistema de reparo especial do DNA, a **resposta SOS**, recupera as células. A resposta SOS é uma pós-replicação do sistema de reparo do DNA que possibilita que a replicação do DNA burle erros extensos no DNA.

Muitas substituições de base escapam à detecção no nível fenotípico porque não alteram significativamente a função do produto gênico. Por exemplo, as **mutações de sentido errado (*missense*)**, que resultam na substituição de um aminoácido por outro, podem não ter efeito fenotípico discernível. Por outro lado, as **mutações sem sentido (*nonsense*)** interrompem a síntese das proteínas e, por isso, resultam em uma proteína truncada no local da mutação. Em geral, os produtos gênicos das mutações sem sentido são inativos.

Os **rearranjos** são o resultado de deleções que removem grandes porções ou até mesmo grupos de genes. Essas grandes deleções envolvem recombinação entre sequências diretamente repetidas (p. ex., elementos de IS) e quase nunca sofrem reversão. Outras mutações provocam a duplicação, frequentemente em série, de comprimentos comparáveis de DNA. Em geral, essas mutações são instáveis e revertem facilmente. Outras mutações podem inverter sequências longas de DNA ou transferi-las para novos *loci*. Mapas genéticos comparativos de cepas bacterianas relacionadas têm mostrado que esses rearranjos podem ser fixados nas populações naturais. Essas observações apontam para o fato de que a separação linear de *loci* de DNA em um cromossomo bacteriano não elimina por completo as possibilidades de interação física e química entre eles.

Mutagênicos

A frequência de mutação é amplamente aumentada pela exposição das células a agentes mutagênicos. A luz UV é um **mutagênico físico** que danifica o DNA pela ligação de bases timinas vizinhas formando dímeros. Erros de sequência podem ser introduzidos durante o reparo enzimático desse dano genético. Os **mutagênicos químicos** podem atuar ao alterar a estrutura química ou a estrutura física do DNA. As substâncias químicas reativas alteram a estrutura das bases no DNA. Por exemplo, o ácido nitroso (HNO_2) substitui grupos hidroxila por grupos amino na base do DNA. O DNA resultante apresenta atividade de modelo alterada durante os ciclos subsequentes de replicação. A **mutação por deslocamento (*frameshift*)** é uma **mutação genética** causada pela **inserção** ou **deleção** de vários **nucleotídeos** em uma sequência do DNA que não é divisível por três. Esse tipo de mutação é causado pelo deslizamento da polimerase e é favorecido pela exposição do DNA a corantes de acridina (p. ex., laranja de acridina), que podem intercalar-se entre as bases.

Em geral, os efeitos diretos dos mutagênicos químicos ou físicos constituem danos ao DNA. As mutações resultantes são introduzidas pelo processo de replicação e escapam das enzimas descritas anteriormente. As mutações que modificam a atividade de replicação ou reparo dessas enzimas podem tornar uma bactéria mais suscetível a mutagênicos biológicos, e são designadas como uma *cepa mutante*.

Reversão e supressão

A recuperação de uma atividade perdida em consequência da mutação, denominada **reversão fenotípica**, pode ou não resultar da restauração da sequência original do DNA, como seria exigido pela **reversão genotípica**. Com frequência, uma mutação em um segundo *locus*, denominada **mutação supressora**, restaura a atividade perdida. Na **supressão intragênica**, após a mutação primária ter modificado a estrutura de uma enzima com a consequente perda de sua atividade, a ocorrência de uma segunda mutação em local diferente no gene da enzima restaura a estrutura necessária à atividade. A **supressão extragênica** é produzida por uma segunda mutação fora do gene originalmente afetado, restaurando a atividade gênica.

EXPRESSÃO GÊNICA

A enorme separação evolutiva observada entre os genomas eucarióticos e procarióticos é ilustrada quando se comparam seus mecanismos de expressão gênica, que compartilham somente um pequeno subgrupo de propriedades. Em ambos os grupos, a informação genética é codificada pelo DNA, transcrita em mRNA e traduzida nos ribossomos pelo tRNA em estrutura de proteínas. Em geral, os códons de nucleotídeos triplos utilizados na tradução são compartilhados, e muitas enzimas associadas à síntese das macromoléculas nos dois grupos biológicos exibem propriedades semelhantes. O mecanismo pelo qual a sequência de nucleotídeos, em determinado gene, estabelece a sequência de aminoácidos em uma proteína é muito similar em eucariotos e procariotos, como segue:

1. A RNA-polimerase forma uma única fita de polirribonucleotídeo, denominada **mRNA**, utilizando o DNA como modelo; esse processo denomina-se **transcrição**. O mRNA possui uma sequência de nucleotídeos complementar a uma fita-modelo na dupla-hélice de DNA (lido na direção de 3'-5'). Desse modo, um mRNA é orientado na direção 5'-3'.

2. Os aminoácidos são ativados enzimaticamente e transferidos para moléculas adaptadoras específicas de RNA, denominadas **tRNA**. Cada molécula adaptadora possui uma tríade de bases (**anticódon**) complementar a uma tríade de bases no mRNA e em uma das extremidades do seu aminoácido específico. A tríade de bases no mRNA é denominada **códon** para esse aminoácido.

3. O mRNA e o tRNA juntam-se na superfície do ribossomo. À medida que cada tRNA encontra um códon complementar no mRNA, o aminoácido carregado pelo tRNA é colocado em uma ligação peptídica com o aminoácido da molécula de tRNA anterior (vizinho). A enzima **peptidiltransferase** (que é o RNA 23S, i.e., uma **ribozima**) catalisa a formação da ligação peptídica. O ribossomo move-se ao longo do mRNA, com crescimento sequencial do polipeptídeo nascente até que toda a molécula de mRNA tenha sido traduzida em uma sequência correspondente de aminoácidos. Esse processo, denominado **tradução**, é apresentado em forma de diagrama na Figura 7-10.

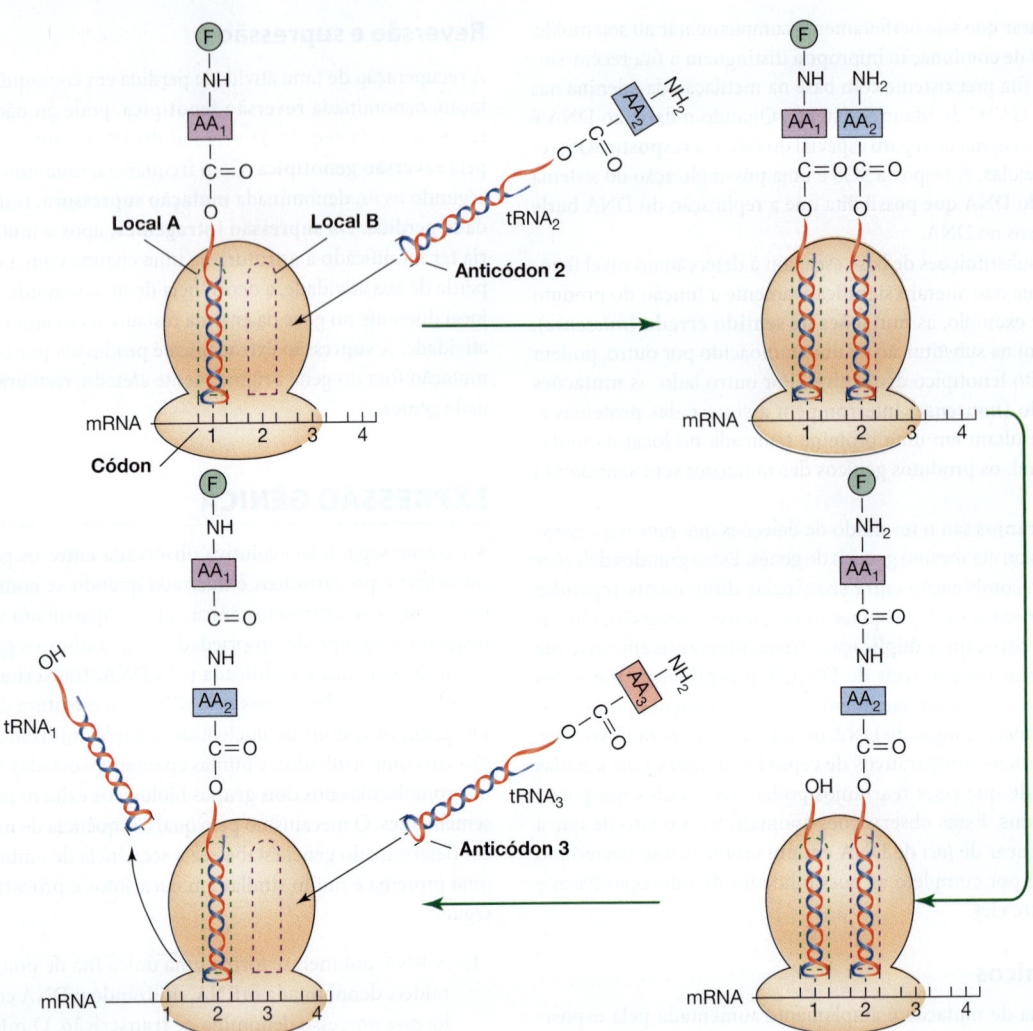

FIGURA 7-10 Quatro estágios no alongamento de uma cadeia polipeptídica sobre a superfície de um ribossomo 70S. **Em cima, à esquerda:** molécula de tRNA transportando o anticódon complementar ao códon 1 em uma das extremidades, e, na outra extremidade, AA$_1$ liga-se ao local A. AA$_1$ está ligado ao tRNA por meio do seu grupo carboxila; o nitrogênio amino apresenta um grupo formil (F). **Em cima, à direita:** molécula de tRNA, transportando AA$_2$, liga-se ao local B; seu anticódon é complementar ao códon 2. **Embaixo, à direita:** complexo enzimático catalisa a transferência de AA$_1$ para o grupo amino de AA$_2$, formando uma ligação peptídica. (Observe que a transferência na direção oposta é bloqueada pela formilação prévia do grupo amino de AA$_1$.) **Embaixo, à esquerda:** o ribossomo move-se para a direita, a fim de que os locais A e B fiquem agora opostos aos códons 2 e 3; no processo, o tRNA$_1$ é deslocado, e o tRNA$_2$ move-se para o local A. O local B novamente está desocupado e pronto para aceitar o tRNA$_3$ transportando AA$_3$. (Quando o polipeptídeo se encontra completo e é liberado, o grupo formil é removido enzimaticamente.) (Reproduzida, com autorização, de Adelberg EA, Doudoroff MJ, Fowlks RL, et al.: *The Microbial World* (Stanier), 3rd ed. © 1970. Reimpressa, com autorização, de Pearson Education, Inc., New York, New York.)

Em procariotos, genes associados a funções relacionadas estão normalmente agrupados em **óperons**. Uma vez que não há núcleo, os processos de transcrição e tradução se unem, o que significa que o mRNA produzido liga-se a um ribossomo e é traduzido ao mesmo tempo em que o mRNA é transcrito. Além disso, o mRNA bacteriano é rapidamente revertido, passando a ter uma meia-vida da ordem de segundos a minutos. Esse sistema acoplado de transcrição e tradução possibilita uma resposta rápida a mudanças no ambiente bacteriano.

Em eucariotos, esse tipo de agrupamento entre genes relacionados é incomum. As **sequências ativadoras** são regiões de DNA eucariótico que aumentam a transcrição, podendo estar localizadas a certa distância do gene transcrito. Os genes eucarióticos transportam **íntrons**, inserções de DNA que não são encontradas nos genes procarióticos. Os íntrons separam os **éxons**, isto é, as regiões de codificação dos genes eucarióticos. Os íntrons transcritos são removidos das transcrições eucarióticas durante o processamento do RNA por uma série de reações enzimáticas que ocorrem no núcleo. O mRNA dos eucariotos é poliadenilado na extremidade 3′, protegendo-o das exonucleases e podendo, dessa forma, atravessar a membrana nuclear para o citosol, onde os ribossomos estão localizados; nesse caso, a tradução é desacoplada da transcrição. Devido a essa poliadenilação, os mRNAs eucarióticos possuem meia-vida de horas ou dias.

Os ribossomos eucarióticos e procarióticos diferem em muitos aspectos. Os ribossomos eucarióticos são maiores, apresentando coeficiente de sedimentação de 80S em comparação com o coeficiente de sedimentação de 70S ribossomos procarióticos. As subunidades ribossômicas 40S e 60S dos eucariotos são maiores do que as correspondentes subunidades ribossômicas 30S e 50S dos procariotos, e os ribossomos eucarióticos são relativamente ricos em proteína. Diferenças significativas são inerentes à sensibilidade das atividades ribossômicas aos antibióticos (p. ex., tetraciclina), muitos dos quais inibem seletivamente a síntese das proteínas no citoplasma procariótico, mas não no eucariótico (ver Capítulo 9). Cabe ressaltar que os ribossomos **mitocondriais** nos eucariotos se assemelham aos dos procariontes e são suscetíveis aos inibidores da síntese de proteínas bacterianas.

Regulação da expressão gênica procariótica

Proteínas específicas, produtos de genes reguladores, determinam a expressão dos genes estruturais que codificam enzimas. A transcrição do DNA em mRNA começa no **promotor**, a sequência de DNA que se liga à RNA-polimerase. O nível de expressão gênica é determinado pela capacidade do promotor de ligar-se à polimerase, e a eficácia intrínseca dos promotores difere amplamente. Outros controles da expressão gênica são exercidos por proteínas reguladoras que podem ligar-se a regiões do DNA próximas aos promotores.

Muitos genes estruturais procarióticos, que codificam uma série de reações metabólicas relacionadas, são agrupados em **óperons**. Essas séries contíguas de genes são expressas em forma de um único mRNA transcrito, e a expressão da transcrição pode ser regida por um único gene regulador. Por exemplo, cinco genes associados à biossíntese do triptofano estão agrupados no óperon *trp* da *E. coli*. A expressão gênica é regida por atenuação, conforme descrito adiante, e também é controlada por repressão. A ligação do aminoácido triptofano por uma **proteína repressora** fornece a essa proteína uma configuração que possibilita sua fixação ao **operador** *trp*, uma curta sequência de DNA que ajuda a regular a expressão gênica. A ligação da proteína repressora ao operador impede a transcrição dos genes *trp*, uma vez que a bactéria percebe, com essa ligação, que já existe triptofano suficiente para seu metabolismo normal. A **repressão** pode ser encarada como um mecanismo de controle em curso, um enfoque tipo tudo ou nada para a regulação gênica. Essa forma de controle independe da atenuação, um mecanismo de sintonia fina que também é utilizado para determinar a expressão dos genes *trp*.

A **atenuação** é um mecanismo regulador de algumas rotas de biossíntese (p. ex., a via biossintética do triptofano) que controlam a eficiência da transcrição depois que ela tiver iniciado mas antes que a síntese do mRNA dos genes do óperon ocorra, especialmente quando o produto final da via está estocado em pequena quantidade. Por exemplo, em condições normais de crescimento, a maior parte dos mRNAs do *trp* transcritos termina antes de alcançarem os genes estruturais do óperon *trp*. Entretanto, durante os períodos

de grave escassez de triptofano, o término prematuro da transcrição é abolido, possibilitando a expressão do óperon em níveis 10 vezes mais altos do que em condições normais. A explicação para esse fenômeno baseia-se na sequência regulatória de 162 pb, situada à frente dos genes estruturais *trp* (Figura 7-11), conhecidos como **sequência-líder** ou *trpL*. A sequência-líder *trp* pode ser transcrita no mRNA e traduzida subsequentemente em um polipeptídeo de 14 aminoácidos com dois resíduos de triptofano adjacentes, uma sequência que ocorre muito raramente. No final do *trpL* e posteriormente aos sinais regulatórios que controlam a tradução dos genes estruturais *trp*, encontra-se um **terminador Rho-independente**. A sequência do DNA dessa região sugere que o mRNA codificado tem alta probabilidade de formar **estruturas secundárias em formato de alça**, nomeadas **alça de pausa** (1:2), **alça de terminação** (3:4) e **alça de antiterminação** (2:3). A atenuação do óperon *trp* usa a estrutura secundária do mRNA para sentir a quantidade de triptofano na célula (como *trp*-tRNA), conforme o modelo mostrado na Figura 7-11.

A prevenção da transcrição por uma proteína repressora é denominada **controle negativo**. A forma oposta de regulação da transcrição – a iniciação da transcrição em resposta à ligação de uma **proteína ativadora** – chama-se **controle positivo**. Ambas as formas de controle são exercidas sobre a expressão do óperon *lac*, genes associados à fermentação da lactose na *E. coli*. O óperon contém três genes estruturais. O transporte de lactose para o interior da célula é mediado pelo produto do gene *lacY*. A β-galactosidase, a enzima que hidrolisa a lactose em galactose e glicose, é codificada pelo gene *lacZ*. O produto do terceiro gene (*lacA*) é uma transacetilase; a função fisiológica dessa enzima para a utilização da lactose ainda não foi claramente elucidada.

Como subproduto de sua função normal, a β-galactosidase produz alolactose, um isômero estrutural da lactose. A própria lactose não influi na regulação transcricional; em vez disso, essa função é exercida pela alolactose, o **indutor** do óperon *lac*, uma vez que é o metabólito que evoca mais diretamente a expressão gênica. Na ausência de alolactose, o repressor *lac*, um produto do gene *lacI* controlado independentemente, exerce controle negativo sobre a transcrição do óperon *lac* ao ligar-se ao operador *lac*. Na presença do indutor, o repressor é liberado do operador, e ocorre a transcrição.

A expressão do óperon *lac* e de muitos outros óperons associados à geração de energia é intensificada pela ligação da **proteína de ligação do AMP cíclico (CAP**, do inglês *cyclic AMP-binding protein*) a uma sequência específica do DNA situada próximo ao promotor do óperon regulado. A proteína exerce controle positivo pelo aumento da atividade da RNA-polimerase. O metabólito que desencadeia o controle positivo pela ligação à CAP é o 3′,5′-AMP cíclico (AMPc). Esse composto, formado em células privadas de energia, atua por meio da CAP para aumentar a expressão das enzimas catabólicas que produzem energia metabólica.

O AMPc não é o único na sua capacidade de exercer controle sobre os genes não ligados na *E. coli*. Vários genes respondem ao nucleotídeo ppGpp (em que "pp" denota fosfodiéster, e "G", guanina) como um sinal de escassez de aminoácidos, e os genes não ligados são expressos como parte da resposta SOS ao dano ao DNA.

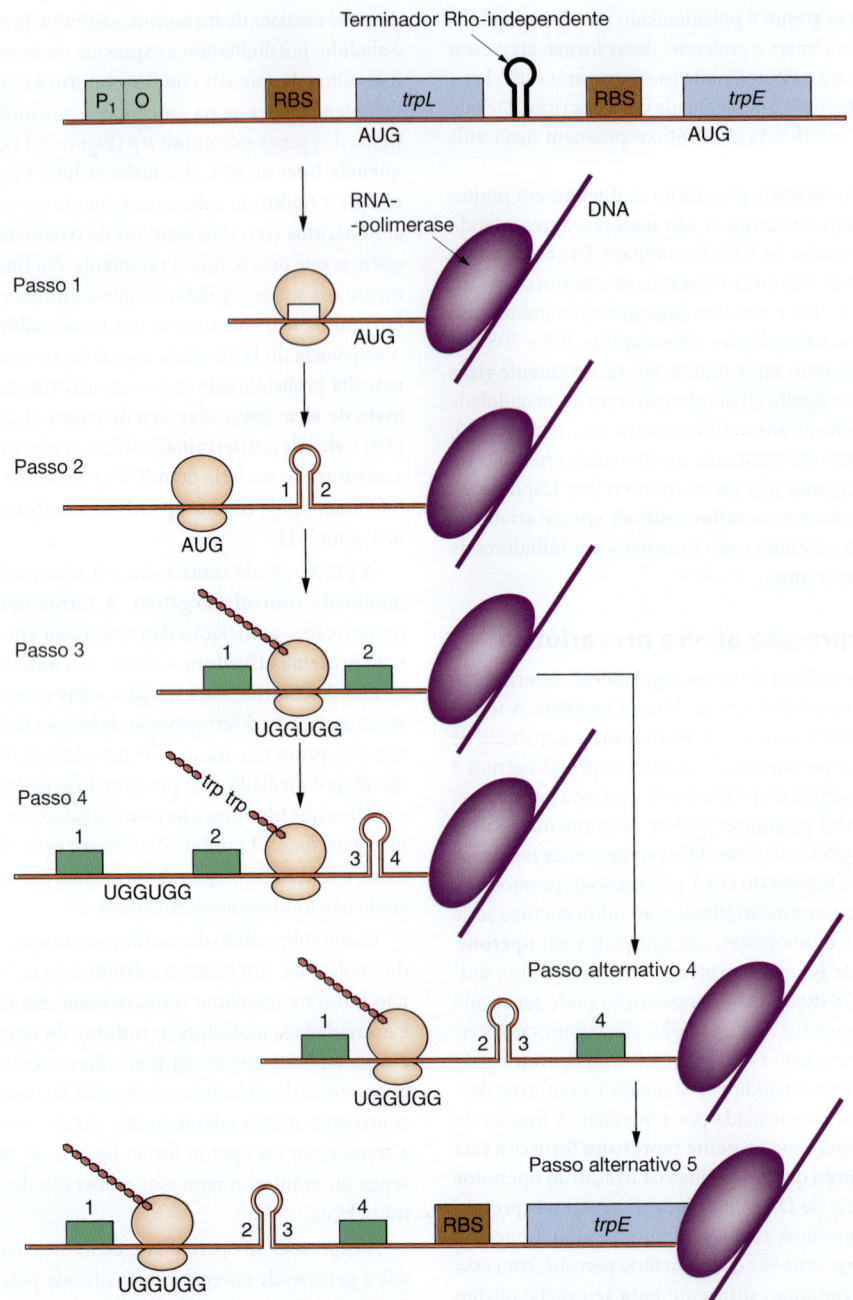

FIGURA 7-11 Modelo de atenuação da replicação bacteriana. (1) A transcrição/tradução ocorre da mesma maneira para qualquer gene bacteriano. (2) A RNA-polimerase para, e ocorre a formação de uma alça na posição 1:2. (3) Interrupção do ribossomo na alça 1:2 e encontro de dois códons *trp*. (4) Se existe triptofano em quantidade suficiente, os *trp*-tRNAs correspondentes serão apresentados, e os ribossomos traduzirão *trpL*. Isso levará a uma parada da RNA-polimerase no terminador Rho-independente, composto por uma alça em 3:4. (Passo alternativo 4) Se o triptofano é limitante (ausência de *trp*-tRNA), o ribossomo para em dois códons *trp*, enquanto a RNA-polimerase continua. Forma-se uma alça na posição 2:3. (Passo alternativo 5) O terminador 3:4 pode não se formar, e a RNA-polimerase continua a transcrição dos genes estruturais *trp*. Isso expõe o local de ligação do ribossomo (RBS) acima de *trpE*, possibilitando a tradução. (Reproduzida, com autorização, de Trun N, Trempy J: *Fundamental Bacterial Genetics*. Copyright © 2004 por Blackwell Science Ltd. Com autorização de Wiley.)

ENGENHARIA GENÉTICA

A engenharia é a aplicação da ciência às necessidades sociais. Nas últimas quatro décadas, a engenharia baseada na genética bacteriana transformou a biologia. É possível isolar e amplificar fragmentos específicos de DNA, e seus genes podem ser expressos em altos níveis. A especificidade de nucleotídeos necessária à clivagem por enzimas de restrição possibilita a ligação (ou incorporação) de fragmentos que contêm genes ou partes de genes em plasmídeos (vetores), que podem, por sua vez, ser usados para transformar células bacterianas. Os **clones** que transportam genes específicos podem ser identificados por **hibridização** do DNA ou do RNA com **sondas** marcadas (semelhante ao que se vê na Figura 3-4). Além disso, os produtos proteicos codificados pelos genes podem ser reconhecidos pela atividade enzimática ou por meio de técnicas imunológicas. Assim, as técnicas de engenharia genética podem ser utilizadas para isolar praticamente qualquer gene, para que uma propriedade reconhecível bioquimicamente possa ser estudada ou explorada.

Os genes isolados podem ser utilizados para vários propósitos. A **mutagênese sítio-dirigida** para o local pode identificar e alterar a sequência do DNA de um gene. Em seguida, resíduos de nucleotídeos essenciais à função do gene podem ser determinados e, se for desejável, alterados. Pelas técnicas de hibridização, o DNA pode ser utilizado como sonda para reconhecer os ácidos nucleicos correspondentes à sequência complementar de seu próprio DNA. Por exemplo, um vírus latente em um tecido animal pode ser detectado com uma sonda de DNA, mesmo na ausência de uma infecção viral evidente. Os produtos proteicos de genes virais isolados mostram-se muito promissores para uso como vacinas, visto que podem ser preparados sem os genes que codificam a replicação do ácido nucleico viral. Por exemplo, as proteínas do capsídeo do papilomavírus humano já foram clonadas e expressas. Essas proteínas são chamadas de partículas não infecciosas semelhantes a vírus (VLPs, do inglês *noninfectious virus-like particles*) e formam a base de uma vacina contra esse vírus. Além disso, certas proteínas que desempenham funções úteis, como a insulina, podem ser preparadas em grandes quantidades a partir de bactérias que expressam genes clonados.

Preparação de fragmentos de DNA com enzimas de restrição

A diversidade genética das bactérias reflete-se na sua extensa variedade de **enzimas de restrição** disponíveis, que exibem considerável seletividade, a qual possibilita o reconhecimento de regiões específicas do DNA para clivagem. As sequências de DNA reconhecidas pelas enzimas de restrição são predominantemente palindrômicas (repetições de sequências invertidas). Uma sequência palindrômica típica, reconhecida pela enzima de restrição frequentemente utilizada *Eco*R1, é GAATTC; a repetição invertida, inerente à complementaridade dos pares de bases G-C e A-T, resulta na sequência 5' TTC, refletida como AAG na fita 3'.

O comprimento dos fragmentos de DNA produzidos por enzimas de restrição varia muito, devido à individualidade das sequências de DNA. O comprimento médio do fragmento de DNA é determinado, em grande parte, pelo número de bases específicas reconhecidas por uma enzima. As enzimas de restrição reconhecem, em sua maioria, 4, 6 ou 8 sequências de bases; entretanto, outras enzimas de restrição reconhecem 10, 11, 12 ou 15 sequências

de bases. Estatisticamente, uma enzima de restrição que reconhece quatro bases produz fragmentos com comprimento médio de DNA de 250 pares de bases (pb) e, por conseguinte, é geralmente útil para a análise ou a manipulação de pequenos fragmentos de genes. Genes completos são frequentemente abrangidos por enzimas de restrição que reconhecem 6 bases e produzem fragmentos com tamanho médio de cerca de 4 kbp. As enzimas de restrição que reconhecem 8 bases produzem fragmentos com tamanho típico de 64 kbp e mostraram-se úteis para a análise de grandes regiões genéticas. As enzimas de restrição que reconhecem mais de 10 bases são úteis para a construção de um mapa físico e tipagem molecular por eletroforese em gel de campo pulsado.

Separação física de fragmentos de DNA de diferentes tamanhos

Grande parte da simplicidade subjacente às técnicas de engenharia genética reside no fato de que a **eletroforese em gel** possibilita a separação de fragmentos de DNA de acordo com seu tamanho (Figura 7-12): quanto menor o fragmento, mais rápida a velocidade de sua migração. A velocidade global de migração e a faixa de tamanho ótima para separação são determinadas pela natureza química do gel e pela quantidade de ligações cruzadas. Os géis com grande quantidade de ligações cruzadas otimizam a separação de pequenos fragmentos de DNA. O corante **brometo de etídio*** forma um complexo fluorescente brilhante ao ligar-se ao DNA, possibilitando que pequenas quantidades de fragmentos separados de DNA possam ser visualizadas nos géis (Figura 7-12A). Fragmentos específicos de DNA podem ser reconhecidos pelo uso de sondas contendo sequências complementares (Figuras 7-12B e C).

A **eletroforese em gel de campo pulsado** possibilita a separação de fragmentos de DNA contendo até 100 kbp que são separados em géis de poliacrilamida de alta resolução. A caracterização desses fragmentos grandes possibilitou a construção de um mapa físico para os cromossomos a partir de várias espécies bacterianas e tem sido inestimável na tipagem de isolados bacterianos associados a surtos de doenças infecciosas.

Clonagem dos fragmentos de restrição do DNA

Muitas enzimas de restrição clivam assimetricamente o DNA, produzindo fragmentos com **extremidades coesivas** (**aderentes**) que podem hibridizar entre si. Esse DNA pode ser utilizado como doador com receptores de plasmídeos para formar plasmídeos recombinantes geneticamente modificados. Por exemplo, a clivagem do DNA com *Eco*R1 produz DNA contendo a sequência final 5' AATT e a sequência final 3' complementar TTAA (Figura 7-13). A clivagem de um plasmídeo com a mesma enzima de restrição produz um fragmento linear com extremidades coesivas idênticas entre si. A remoção enzimática dos grupos fosfato livres dessas extremidades do plasmídeo digerido assegura que eles não serão ligados para formar o plasmídeo circular original. A ligação na presença

---

*N. de T. O brometo de etídio é um intercalante de DNA utilizado em procedimentos de biologia molecular como eletroforese em gel de agarose para a visualização de fragmentos de DNA. A capacidade de intercalação na molécula de DNA torna-o um produto de grande periculosidade de caráter mutagênico, moderado tóxico e possível carcinogênico. Atualmente, novos compostos fluorescentes menos tóxicos estão disponíveis no mercado.

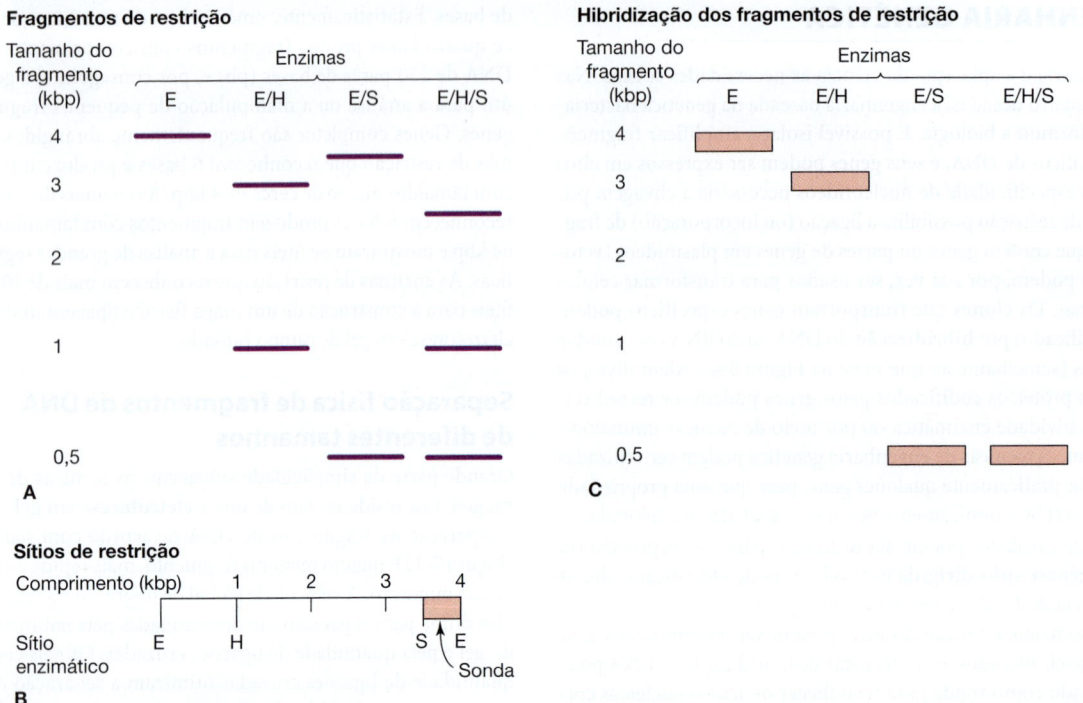

FIGURA 7-12 **A:** Separação de fragmentos de DNA, com base no seu tamanho, por eletroforese em gel. Os fragmentos menores migram mais rapidamente que os fragmentos grandes, e, dentro de uma faixa determinada pelas propriedades do gel, a distância de migração é aproximadamente proporcional ao logaritmo do tamanho do fragmento. Os fragmentos de DNA podem ser visualizados com base na sua fluorescência após coloração. **B:** O tamanho dos fragmentos de restrição é determinado pelo espaço onde ficam os locais de restrição no DNA. Neste exemplo, um fragmento de 4 quilobases de pares (kbp), formado pela enzima de restrição *Eco*R1 (E), contém sítios para as enzimas de restrição *Hin*dIII (H) e *Sal*I (S), em posições que correspondem a 1 e 3,5 kbp. O modelo eletroforético em **A** revela que a enzima de restrição E não corta o fragmento de 4 kbp (primeira coluna); a clivagem com a enzima de restrição H produz fragmentos de 3 e 1 kbp (segunda coluna); a clivagem com a enzima de restrição S produz fragmentos de 3,5 a 0,5 kbp (terceira coluna); e a clivagem com H e S forma fragmentos de 2,5, 1 e 0,5 kbp (quarta coluna). O fragmento de 0,5 kbp, situado entre os locais S e E, foi selecionado como sonda para determinar o DNA com sequências de hibridização, conforme ilustrado em C. **C:** Identificação de fragmentos hibridizados. Os fragmentos de restrição foram separados como em A. O procedimento de hibridização revela os fragmentos que hibridizaram com a sonda de 0,5 kbp, que incluem o fragmento de 4 kbp formado pela enzima de restrição E, o fragmento de 3 kbp situado entre os locais E e H, bem como o fragmento de 0,5 kbp situado entre os locais S e H.

de outros fragmentos de DNA contendo grupos fosfato livres produz **plasmídeos recombinantes**, que contêm fragmentos de DNA como inserções no DNA circular fechado por ligações covalentes. Os plasmídeos devem encontrar-se na forma circular para sofrer replicação em um hospedeiro bacteriano.

Os plasmídeos recombinantes podem ser introduzidos em um hospedeiro bacteriano, frequentemente *E. coli*, por **transformação forçada**. Alternativamente, a **eletroporação** é um processo desenvolvido para a introdução do DNA em bactérias, com o uso de um gradiente elétrico. As células transformadas podem ser selecionadas para um ou mais fatores de resistência a fármacos codificados por genes do plasmídeo. A população bacteriana resultante contém uma **biblioteca** de plasmídeos recombinantes contendo vários fragmentos de restrição inseridos clonados, derivados do DNA doador. Técnicas de hibridização podem ser utilizadas para identificar colônias bacterianas contendo fragmentos específicos de DNA (Figura 7-14), ou, se o plasmídeo expressa o gene inserido, as colônias podem ser verificadas quanto ao produto gênico por um anticorpo específico da proteína produzida.

CARACTERIZAÇÃO DO DNA CLONADO

Mapeamento de restrição

A manipulação do DNA clonado exige o conhecimento da sequência dos ácidos nucleicos. A preparação de um **mapa de restrição** constitui a primeira etapa para adquirir esse conhecimento. Um mapa de restrição é construído, de modo muito semelhante a um quebra-cabeça, a partir de fragmentos produzidos por **digestões únicas**, as quais são preparadas com enzimas de restrição individuais, e por **digestões duplas**, obtidas com pares de enzimas de restrição. Os mapas de restrição também constituem a etapa inicial para o sequenciamento do DNA, uma vez que identificam fragmentos que fornecerão **subclones** (fragmentos de DNA cada vez menores) que podem ser objeto de análise mais rigorosa, como o sequenciamento do DNA. Além disso, os mapas de restrição fornecem informações básicas altamente específicas que possibilitam que fragmentos de DNA, identificados em função do seu tamanho, sejam associados a funções gênicas específicas.

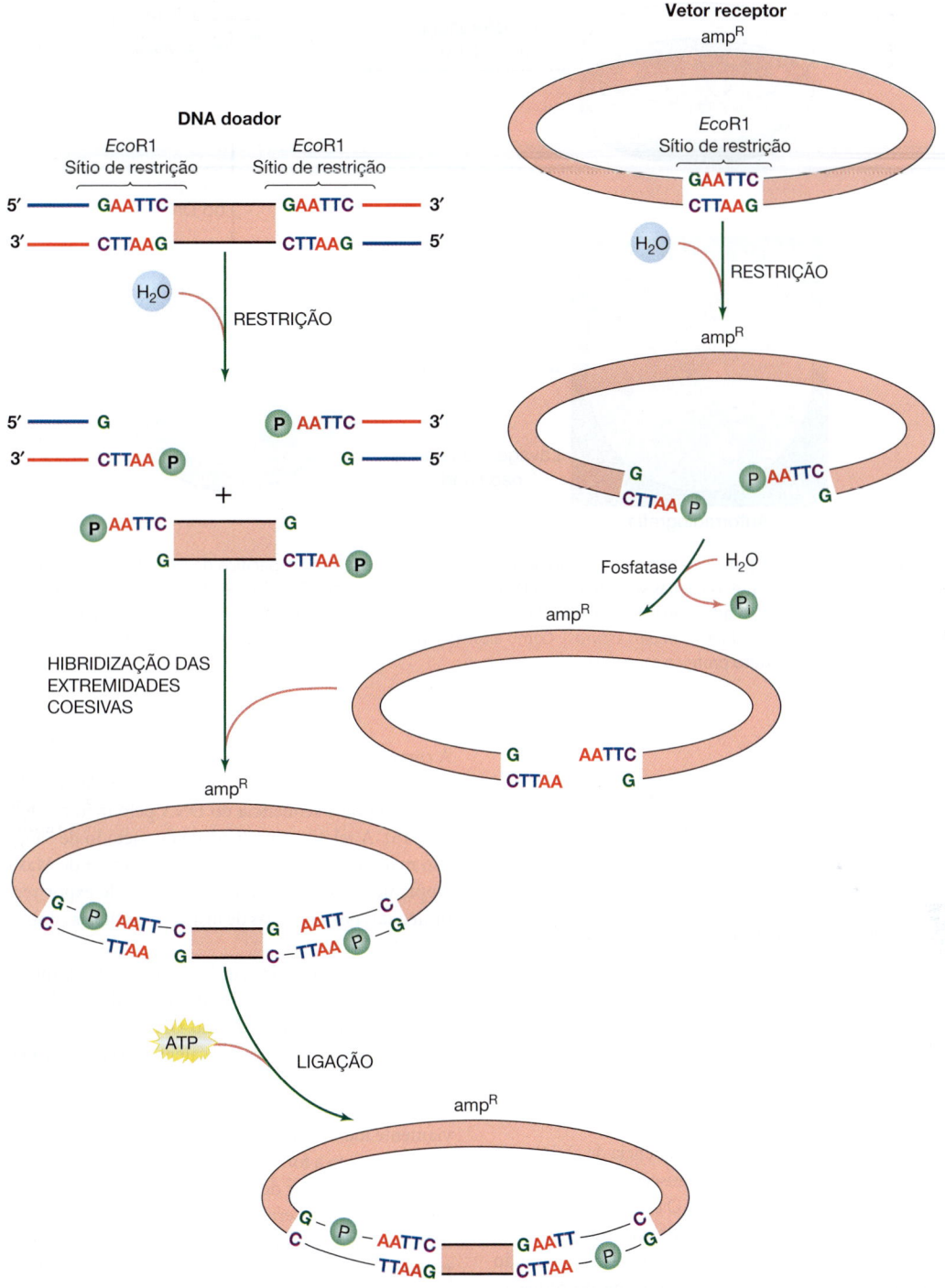

FIGURA 7-13 Formação de um plasmídeo recombinante ou quimérico a partir do DNA de doador e de um vetor receptor. O vetor, um plasmídeo que transporta um local de restrição *Eco*R1, é clivado pela enzima e preparado para ligação pela remoção dos grupos fosfato terminais. Essa etapa impede a ligação das extremidades coesivas do plasmídeo na ausência de uma inserção. O DNA do doador é tratado com a mesma enzima de restrição, e formam-se círculos fechados por ligações covalentes. Pode-se utilizar um marcador de resistência a fármacos, indicado por amp[R] no plasmídeo, a fim de selecionar os plasmídeos recombinantes após sua transformação dentro de *E. coli*. As enzimas da bactéria hospedeira completam a ligação covalente do DNA circular e medeiam sua replicação.

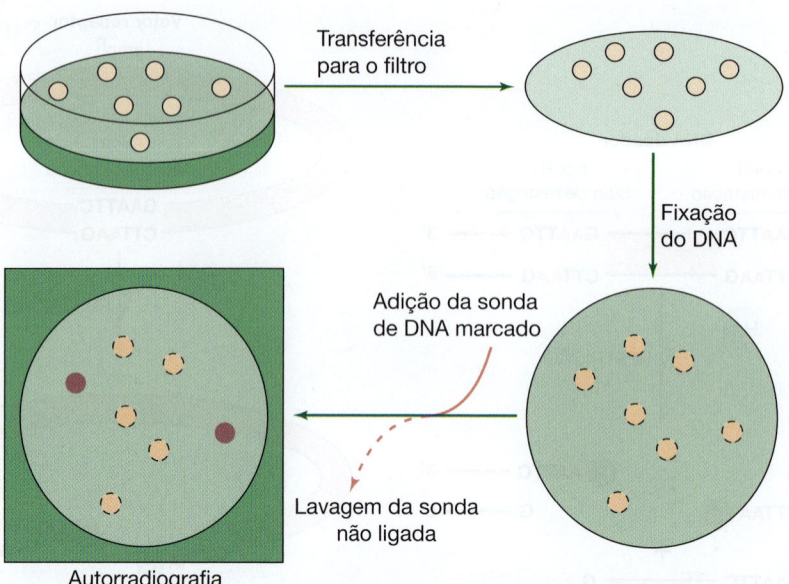

FIGURA 7-14 Uso de sondas para a identificação de clones que contêm um fragmento específico de DNA. As colônias podem ser transferidas para um filtro e tratadas para que as células sofram lise e o DNA possa ser aderido ao filtro. Em seguida, o filtro pode ser tratado com uma solução contendo uma sonda de DNA adequadamente marcada, a qual hibridiza especificamente com os clones desejados. A autorradiografia subsequente do filtro identifica esses clones (*círculos escuros*). Como alternativa, pode-se efetuar uma sondagem dos clones com anticorpos para determinar se sintetizaram um produto proteico específico.

Sequenciamento

O sequenciamento do DNA exibe a estrutura dos genes, possibilitando aos pesquisadores deduzir a sequência de aminoácidos dos produtos gênicos. Essa informação possibilita a manipulação dos genes para compreensão ou alteração de suas funções. Além disso, a análise da sequência do DNA revela regiões reguladoras que controlam a expressão gênica e "pontos quentes" (*hot spots*) genéticos particularmente suscetíveis à mutação. A comparação das sequências do DNA revela relações evolutivas que formam uma base para a classificação não ambígua de espécies bacterianas. Essas comparações podem facilitar a identificação de regiões conservadas, que podem ser especialmente úteis para a produção de sondas de hibridização específicas na detecção dos microrganismos ou vírus em amostras clínicas.

O método original de determinação da sequência de DNA usou a **técnica Maxam-Gilbert**, que se baseia na suscetibilidade química relativa de diferentes ligações nucleotídicas. O campo agora mudou amplamente para o **método de Sanger (terminação didesoxi)**, que interrompe o alongamento das sequências de DNA incorporando didesoxinucleotídeos nas sequências. Ambas as técnicas produzem um conjunto de oligonucleotídeos que se iniciam a partir de uma única origem e acarretam a separação sobre um gel de sequenciamento de fitas de DNA, diferenciando-se entre si pelo aumento de um único nucleotídeo. O gel de sequenciamento (poliacrilamida) separa as fitas que diferem no seu comprimento a partir de uma a algumas centenas de nucleotídeos e revela sequências de DNA de comprimento variável.

Quatro colunas paralelas no mesmo gel revelam o comprimento relativo dos filamentos, ou fitas, submetidos à interrupção didesoxi na adenina, na citidina, na guanidina e na timidina.

A comparação das quatro colunas contendo misturas de reação que diferem apenas no método de interrupção da cadeia possibilita que se determine a sequência do DNA pelo método de Sanger (Figura 7-15). A relativa simplicidade do método de Sanger levou a seu uso mais generalizado; entretanto, a técnica de Maxam-Gilbert* é amplamente utilizada, uma vez que pode expor regiões do DNA protegidas por proteínas de ligação específicas contra modificações químicas.

A determinação da sequência do DNA é muito facilitada pela manipulação genética do bacteriófago M13 da *E. coli*, que contém ssDNA. A forma replicativa do DNA do fago consiste em um círculo fechado por ligações covalentes do dsDNA manipulado por engenharia genética para conter um local de clonagem múltipla que permite a integração de fragmentos específicos de DNA previamente identificados por mapeamento de restrição. As bactérias infectadas com a forma replicativa secretam fagos modificados que contêm, no interior de seu revestimento proteico, ssDNA que inclui a sequência inserida. Esse DNA serve de **molde** para as reações de alongamento. A origem do alongamento é determinada por um *primer* (sequência iniciadora) de DNA, que pode ser sintetizado por máquinas altamente automatizadas para a **síntese química dos oligonucleotídeos**. Essas máquinas, que são capazes de produzir fitas de DNA contendo 75 ou mais oligonucleotídeos em uma sequência predeterminada, são essenciais para determinar o sequenciamento e para modificar o DNA por mutagênese sítio-dirigida.

---

*N. de T. A desvantagem dessa técnica de primeira geração é utilizar marcação radiativa. O DNA-alvo a ser sequenciado sofre marcação com fósforo radiativo (P^{32}). O P^{32} é ligado a um dATP, formando um P^{32}-dATP. Essa molécula é incorporada ao DNA-molde (extremidades 5' ou 3') pela enzima polinucleotídeo-quinase.

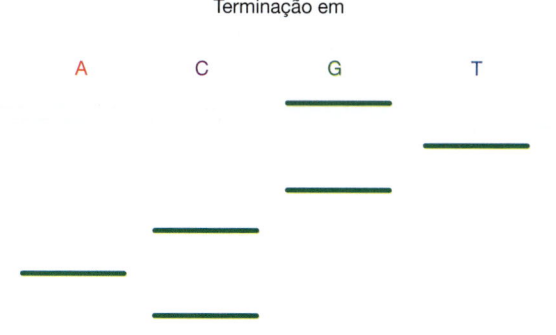

Sequência: CACGTG

FIGURA 7-15 Determinação de uma sequência de DNA pelo método de Sanger (terminadores de cadeia ou método didesoxi). O alongamento enzimático do DNA é interrompido pela inclusão de análogos didesoxi dos trinucleotídeos correspondentes a A, C, G e T separadamente, em misturas de reações paralelas. Os grupos resultantes de filamento elongados interrompidos são separados sob um gel de sequenciamento, e a sequência pode ser deduzida por observação da base correspondente a cada aumento do comprimento da cadeia. O gel de sequenciamento é lido a partir da extremidade superior; cada banda corresponde ao aumento de uma base.

Os oligonucleotídeos quimicamente sintetizados podem servir como *primers* para a PCR, procedimento que possibilita a amplificação e o sequenciamento do DNA situado entre os *primers*. Por isso, em muitos casos, o DNA não precisa ser clonado para ser sequenciado ou ficar disponível para engenharia genética.

O estudo da biologia foi radicalmente modificado pelo desenvolvimento da tecnologia que possibilita a determinação da sequência e a análise de genomas completos, desde os genomas de vírus, microrganismos procarióticos unicelulares e eucarióticos até os de seres humanos. Isso é facilitado pelo uso de uma técnica conhecida como **tiro de espingarda** (*shotgunning*). Nessa técnica, o DNA é quebrado em fragmentos pequenos e aleatórios para criar uma biblioteca de fragmentos. Esses fragmentos desordenados têm a sua sequência determinada por sequenciadores de DNA automáticos, e são reunidos na ordem correta pelo uso de um poderoso *software*. Um número suficiente de fragmentos é sequenciado para assegurar uma cobertura adequada do genoma, de modo que, quando forem reunidos, a maior parte do genoma esteja representada sem que haja um número excessivo de lacunas. (Para obter isso, o genoma completo é coberto 5 a 8 vezes, deixando cerca de 0,1% do DNA total sem sequenciamento.) Depois que os fragmentos aleatórios são reunidos por áreas de sequência superpostas, as lacunas remanescentes podem ser identificadas e fechadas. Um avançado processamento dos dados permite a anotação dos dados da sequência, em que supostas regiões de codificação, óperons e sequências reguladoras são identificados. Milhares de genomas microbianos já foram sequenciados por essa técnica. A análise contínua dos dados das sequências obtidas a partir de patógenos humanos importantes, combinada com estudos de patogênese molecular, facilitará nossa compreensão de como esses microrganismos causam doenças e, em última instância, possibilitará o desenvolvimento de estratégias terapêuticas e profiláticas melhores.

MUTAGÊNESE SÍTIO-DIRIGIDA

A síntese química dos oligonucleotídeos permite aos pesquisadores efetuar a introdução controlada de substituições de bases em uma sequência de DNA. A substituição específica pode ser utilizada para explorar o efeito de uma mutação predeterminada sobre a expressão do gene, examinar a contribuição de um aminoácido substituído na função das proteínas ou – com base em informações prévias sobre resíduos essenciais para função – inativar um gene. Os oligonucleotídeos de fitas simples que contêm a mutação específica são sintetizados quimicamente e hibridizados com DNA de bacteriófago de fita simples, o qual transporta a sequência do tipo selvagem em forma de inserção (Figura 7-16). O dsDNA parcialmente resultante é convertido enzimaticamente na forma replicativa de filamento duplo ou fita dupla. Esse DNA, que contém a sequência do tipo selvagem em uma das fitas e a sequência mutante na outra, é utilizado para infectar um hospedeiro bacteriano por transformação. A replicação resulta em segregação do DNA do tipo selvagem e mutante, e o gene mutante de fita dupla pode ser isolado e subsequentemente clonado a partir da forma replicativa do fago.

ANÁLISE DO DNA, DO RNA OU DE CLONES EXPRESSANDO PROTEÍNAS

As sondas de hibridização (*Southern blotting*; ver Figura 3-4) são utilizadas rotineiramente na clonagem do DNA. A sequência dos aminoácidos de uma proteína pode ser utilizada para deduzir a sequência do DNA, a partir da qual uma sonda pode ser construída e empregada para detectar uma colônia bacteriana contendo o gene clonado. O **DNA complementar**, ou **cDNA**, codificado pelo mRNA, pode ser utilizado para detectar o gene que codificou esse mRNA. A hibridização do cDNA em RNA por *Northern blots* pode fornecer informações quantitativas sobre a síntese do RNA. Sequências específicas de DNA nos fragmentos de restrição separados sobre géis podem ser reveladas por *Southern blots*, método que utiliza a hibridização do DNA em DNA. Essas manchas (*blots*) podem ser empregadas para a detecção de fragmentos de restrição superpostos. A clonagem desses fragmentos possibilita o isolamento de regiões flanqueadoras de DNA por uma técnica conhecida como **migração cromossômica**. Com o *Western blot*, outra técnica de detecção utilizada com frequência, anticorpos são usados para detectar a expressão de proteínas de genes clonados pela ligação de anticorpos a seus produtos proteicos.

As sondas podem ser utilizadas em uma ampla variedade de procedimentos analíticos. Algumas regiões do DNA humano exibem substancial variabilidade na distribuição dos locais de restrição. Essa variabilidade é denominada **polimorfismo do comprimento dos fragmentos de restrição** (**RFLP**, do inglês *restriction fragment length polymorphism*). As sondas dos oligonucleotídeos que hibridizam com fragmentos de DNA do RFLP podem ser utilizadas para identificar o doador humano do DNA de uma pequena amostra. Por conseguinte, essa técnica mostra-se valiosa para a ciência forense. As aplicações do RFLP em medicina incluem a identificação de regiões genéticas estreitamente ligadas a genes humanos com disfunções acopladas a doenças genéticas. Essa informação tem sido e continuará sendo valiosa no **aconselhamento genético**.

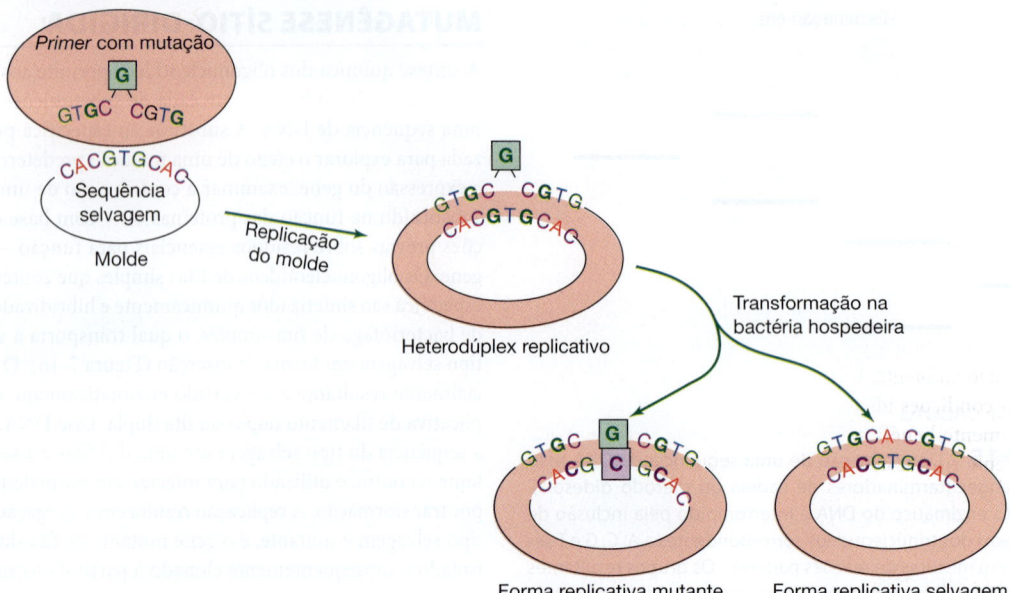

FIGURA 7-16 Mutagênese sítio-dirigida. Uma sequência iniciadora (*primer*) quimicamente sintetizada, contendo a mutação G (no quadra-do), é hibridizada com uma sequência do tipo selvagem inserida no DNA de um fago de fita simples. Reações de polimerização são utilizadas para formar o heterodúplex de fita dupla, transportando a mutação em uma das fitas. A introdução desse heterodúplex em uma bactéria hospedeira, seguida de segregação, produz cepas de derivação que transportam formas replicativas com a inserção do tipo selvagem ou uma inserção que adquiriu a mutação quimicamente produzida.

As sondas de DNA oferecem a promessa de técnicas para a rápida identificação de microrganismos exigentes em amostras clínicas, que dificilmente crescem em um laboratório de microbiologia. Além disso, extensões dessa técnica oferecem oportunidade para a identificação rápida e direta de agentes patogênicos em tecidos infectados. *Kits* para a identificação de muitos patógenos bacterianos e virais estão disponíveis comercialmente.

A aplicação de sondas diagnósticas de DNA exige uma avaliação (1) das próprias sondas, (2) dos sistemas empregados para detecção das sondas, (3) dos alvos (o DNA com o qual as sondas hibridizam) e (4) das condições de hibridização. As sondas podem consistir em fragmentos de restrição relativamente grandes, provenientes de DNA clonado ou de oligonucleotídeos que correspondem a uma região específica do DNA. As sondas maiores podem proporcionar maior exatidão, visto que são menos sensíveis a alterações de uma única base no DNA-alvo. Já as reações de hibridização ocorrem mais rapidamente com sondas pequenas, podendo ser planejadas contra regiões conservadas do DNA nas quais a ocorrência de substituições de bases é improvável. A amplificação de um alvo por PCR, seguida da detecção do produto amplificado após hibridização com uma sonda, tem-se mostrado mais sensível do que os métodos de detecção direta.

Recentemente, ocorreram melhorias significativas nos métodos de diagnóstico molecular, especialmente entre os que usam tecnologias de amplificação dos ácidos nucleicos, como a PCR. Vários instrumentos comerciais que combinam a amplificação por PCR de um alvo de DNA com a detecção dos âmplicons no mesmo recipiente fechado tornaram-se disponíveis. Por meio dessa tecnologia, conhecida como **PCR em tempo real**, os âmplicons da reação provocada pela PCR podem ser detectados e quantificados como uma função do tempo. Atualmente, o "tempo real" refere-se à detecção de âmplicons após cada ciclo de PCR. Os formatos das sondas de detecção envolvem a detecção de fluoróforos. Os resultados são semiquantitativos e podem ser obtidos em um tempo consideravelmente menor do que os alcançados pelos testes convencionais de PCR.

MANIPULAÇÃO DO DNA CLONADO

As técnicas de engenharia genética permitem a separação e a expressão totalmente independentes de genes associados a patógenos. As vacinas preparadas com genes manipulados por engenharia genética oferecem medidas de segurança previamente inatingíveis. Por exemplo, a atual vacina contra hepatite é composta somente por antígenos de superfície do vírus e sem presença de qualquer gene associado às funções de replicação viral. A vacinação com esse produto produzido por engenharia genética não apresenta riscos de introdução de vírus funcionais e provoca uma resposta imune que impede a infecção pelo vírus da hepatite B.

Cepas recombinantes no meio ambiente

Os maiores avanços científicos têm, algumas vezes, provocado reações adversas do público, de modo que é prudente considerar as possíveis consequências da engenharia genética. A preocupação mais imediata está relacionada com patógenos conhecidos que sofreram ligeiras modificações genéticas, os quais devem ser investigados somente em laboratórios especialmente preparados para abrigá-los. A necessidade de contenção diminui após a separação dos genes envolvidos em funções específicas, como o envelope proteico, dos genes associados à replicação ou à toxicidade de determinado patógeno. Na maioria das vezes, devem ser observadas as precauções padronizadas associadas aos laboratórios de microbiologia, a fim de criar hábitos valiosos a serem empregados quando um patógeno potencial entra no laboratório.

São exceções interessantes a essa regra geral os microrganismos manipulados por engenharia genética, que podem proporcionar benefício social se forem introduzidos no meio ambiente. Muitos provêm de bactérias não patogênicas de ocorrência natural, com uma frequência de até 10^5/g do solo. As evidências disponíveis sugerem que a predação e a competição eliminam rapidamente as cepas bacterianas obtidas por engenharia genética após sua introdução no meio ambiente. Por conseguinte, o principal desafio parece ser, em condições ideais, a manutenção dos microrganismos biologicamente benéficos obtidos por engenharia genética no meio ambiente em vez da sua eliminação. Entretanto, isso não ocorre sem uma consequência social. Entre os exemplos de microrganismos obtidos por engenharia genética, estão as cepas de *Pseudomonas* que produzem uma proteína que favorece a formação de cristais de gelo. O valor desses microrganismos do tipo selvagem é apreciado por proprietários de pistas de esqui que deliberadamente introduziram as bactérias no meio ambiente sem suscitar qualquer preocupação do público. Um efeito colateral prejudicial da introdução desses microrganismos é que os cristais de gelo assim produzidos podem afetar safras sensíveis, como as de alface, durante estações em que podem ocorrer geadas. Bactérias mutantes que não formam cristais de gelo foram elaboradas por microbiologistas que esperavam que os microrganismos mutantes pudessem proteger as plantações de alface, ocupando temporariamente os nichos normalmente habitados pelas cepas formadoras de gelo; entretanto, as tentativas de utilizar microrganismos mutantes em estudos de campo foram alvo de protestos significativos, e os estudos só foram conduzidos após adiamentos legais prolongados e dispendiosos. Os precedentes legais que surgiram desses procedimentos e, mais recentemente, de aplicações correlacionadas estabelecerão diretrizes para o uso progressivo e benéfico das técnicas de engenharia genética, facilitando a determinação de situações em que se justifica extrema cautela.

RESUMO DO CAPÍTULO

- Descrever a estrutura básica de um nucleotídeo, dos pares de base e da estrutura linear e tridimensional do dsDNA.
- Compreender as diferenças entre o RNA e o DNA em relação à sua estrutura, complexidade e tamanhos relativos.
- Conhecer as funções do RNA (p. ex., mRNA, rRNA e tRNA) e das ribozimas.
- Ser capaz de detalhar as diferenças básicas entre o cromossomo procariótico e o eucariótico.
- Explicar os termos associados à recombinação bacteriana e à transferência genética – transpósons, conjugação, transdução e transformação.
- Descrever os mecanismos de mutação bacteriana e rearranjo genético.
- Ser capaz de compreender os fundamentos pelos quais os genes bacterianos são transcritos, incluindo os conceitos de transcrição acoplada e tradução, ativador, repressor e atenuação.

- Compreender as diferenças entre os ribossomos procarióticos e eucarióticos e descrever as etapas da tradução ribossomal procariótica.
- Compreender o conceito de engenharia genética e discutir sobre as importantes ferramentas envolvidas nesse processo (p. ex., enzimas de restrição, ligação, clonagem e expressão).
- Descrever as ferramentas envolvidas na caracterização do DNA – mapeamento de restrição, sequenciamento, mutagênese, hibridização e outros métodos de detecção.
- Ser capaz de avaliar os benefícios e os possíveis aspectos negativos da recombinação bacteriana no ambiente.

QUESTÕES DE REVISÃO

1. As mutações em bactérias podem ocorrer por qual dos seguintes mecanismos?

   (A) Substituição de bases
   (B) Deleções
   (C) Inserções
   (D) Rearranjos
   (E) Todas as alternativas anteriores

2. A forma de troca genética na qual o DNA doado é introduzido no receptor por um vírus bacteriano é a:

   (A) Transformação
   (B) Conjugação
   (C) Transfecção
   (D) Transdução
   (E) Transferência horizontal

3. A enzima DNAse degrada o DNA nu. Se duas amostras de uma bactéria da mesma espécie forem misturadas na presença de uma DNAse, qual seria o método de transferência genética provavelmente inibido?

   (A) Conjugação
   (B) Transdução
   (C) Transformação
   (D) Transposição
   (E) Todas as alternativas anteriores

4. A replicação de qual das seguintes alternativas requer integração física com um réplicon bacteriano?

   (A) Bacteriófago de ssDNA
   (B) Bacteriófago de dsDNA
   (C) Bacteriófago de ssRNA
   (D) Plasmídeo
   (E) Transpóson

5. A formação de um cruzamento durante o processo de conjugação na *E. coli* requer:

   (A) A lise do doador
   (B) Um *pilus* sexual
   (C) A transferência das duas fitas do DNA
   (D) Uma endonuclease de restrição
   (E) A integração de um transpóson

6. Por que as bactérias apresentam enzimas de restrição?

   (A) Para clivar o RNA, permitindo a sua incorporação ao ribossomo.
   (B) Para ampliar o tamanho do cromossomo bacteriano.
   (C) Para prevenir a incorporação de DNA estranho ao genoma bacteriano.
   (D) Para processar os éxons do mRNA procariótico.
   (E) Para clivar promotores nucleares proteoliticamente.

7. Suponha que o arranjo de bases na fita de DNA codificante seja $^{5'}$**CATTAG**$^{3'}$. Então, qual será a fita correspondente de mRNA?

(A) $^{5'}$**GTAATC**$^{3'}$
(B) $^{5'}$**CUAAUG**$^{3'}$
(C) $^{5'}$**CTAATG**$^{3'}$
(D) $^{5'}$**GUAAUC**$^{3'}$
(E) $^{5'}$**CATTAG**$^{3'}$

Respostas

1. E   4. E   7. B
2. D   5. B
3. C   6. C

REFERÊNCIAS

Alberts B, et al: *Molecular Biology of the Cell*, 4th ed. Garland, 2002.

Avery O, Mcleod C, McCarty M: Studies on the chemical nature of the substance inducing transformation of pneumococcal types: Induction of transformation by a deoxyribonucleic acid fraction isolated from pneumococcus type III. *J Exp Med* 1944;79(2):137.

Barlow M: What antimicrobial resistance has taught us about horizontal gene transfer. *Methods Mol Biol* 2009;532:397–411.

Bushman F: *Lateral DNA Transfer. Mechanisms and Consequences*. Cold Spring Harbor Laboratory Press, 2002.

Condon C: RNA processing and degradation in *Bacillus subtilis*. *Microbiol Mol Biol Rev* 2003;67:157.

Fraser CM, Read TD, Nelson KE (editors): *Microbial Genomes*. Humana Press, 2004.

Grohmann E, Muuth G, Espinosa M: Conjugative plasmid transfer in Gram-positive bacteria. *Microbiol Mol Biol Rev* 2003;67:277.

Hatfull GF: Bacteriophage genomics. *Curr Opin Microbiol* 2008;5:447.

Kornberg A, Baker T: *DNA Replication*, 2nd ed. Freeman, 1992.

Lengler JW, Drews G, Schlegel HG (editors): *Biology of the Prokaryotes*. Blackwell Science, 1999.

Liebert CA, Hall RM, Summers AO: Transposon Tn*21*, flagship of the floating genome. *Microbiol Mol Biol Rev* 1999;63:507.

Murray NE: Type I restriction systems: Sophisticated molecular machines (a legacy of Bertani and Weigle). *Microbiol Mol Biol Rev* 2000;64:412.

Ptashne M: *A Genetic Switch: Phage Lambda and Higher Organisms*, 2nd ed. Blackwell, 1992.

Rawlings DE, Tietze E: Comparative biology of IncQ and IncQ-like plasmids. *Microbiol Mol Biol Rev* 2001;65:481.

Reischl U, Witter C, Cockerill F (editors): *Rapid Cycle Real-Time PCR—Methods and Applications*. Springer, 2001.

Rhodius V, Van Dyk TK, Gross C, et al: Impact of genomic technologies on studies of bacterial gene expression. *Annu Rev Microbiol* 2002;56:599.

Sambrook J, Russell NO: *Molecular Cloning: A Laboratory Manual*, 3rd ed. Cold Spring Harbor Laboratory, 2001.

Singleton P, Sainsbury D: *A Dictionary of Microbiology and Molecular Biology*, 3rd ed. Wiley, 2002.

Trun N, Trempy J: *Fundamental Bacterial Genetics*. Blackwell Science Ltd, 2004.

van Belkum A, Scherer S, van Alphen L, et al: Short-sequence DNA repeats in prokaryotic genomes. *Microbiol Mol Biol Rev* 1998;62:275.

CAPÍTULO

8

Imunologia

VISÃO GERAL

A difícil função do sistema imunológico é garantir proteção. Ele serve como um sistema de defesa do hospedeiro contra doenças infecciosas e contra antígenos externos (*nonself*). Para atingir esse objetivo, o sistema imunológico apresenta um mecanismo de resposta rápida e específica. Além disso, esse sistema também apresenta uma grande adaptabilidade, uma intrincada rede regulatória e de memória imunológica.

Nas últimas décadas, houve um progresso drástico no campo da imunologia. Como consequência, avanços significativos foram realizados não apenas no campo da pesquisa, mas também na área de diagnóstico e clínica. Esses avanços permitiram uma melhor compreensão de como o sistema imunológico funciona e sobre uma variedade de distúrbios imunológicos, como doenças infecciosas, alergias, doenças autoimunes, imunodeficiências, câncer e transplantes. Essas informações proporcionaram um melhor diagnóstico, novas estratégias de tratamento e melhorias na conduta clínica de pacientes com esses distúrbios.

Este capítulo apresenta os princípios básicos da imunologia, em particular ao que se refere à resposta contra infecção. Discussões mais detalhadas sobre vários aspectos do sistema imunológico estão disponíveis na seção de referências.

Resposta imune

Quando o sistema imunológico defende o hospedeiro contra um determinado patógeno, ele usa diferentes mecanismos de reconhecimento, visando eliminar o patógeno invasor ou seus produtos de forma eficiente. A resposta gerada contra um patógeno em potencial é denominada **resposta imune**. A primeira linha de defesa contra o patógeno invasor é denominada resposta imune inata. Essa resposta é inespecífica e rapidamente mobilizada para o sítio inicial da infecção, porém não produz memória imunológica, e é chamada de **imunidade inata**. O segundo sistema de defesa é chamado de **imunidade adaptativa**. É uma resposta específica para um patógeno que a induziu e confere imunidade protetora, para uma nova reinfecção ou contato com o mesmo patógeno. A imunidade adaptativa pode

reconhecer e destruir especificamente um patógeno porque os linfócitos expressam receptores celulares especializados e produzem anticorpos específicos. Uma proteína produzida em resposta a um patógeno específico é denominada **anticorpo**, e uma substância que induz a produção de anticorpos é denominada **antígeno**. Em resumo, a resposta imune inata é efetiva e crítica na eliminação da maioria dos patógenos. Contudo, se esse mecanismo inicial falhar, a resposta imune adaptativa inicia uma resposta mais específica e direcionada ao patógeno invasor. Assim, ambos os sistemas interagem e colaboram entre si para alcançar o objetivo final de destruir o patógeno.

IMUNIDADE INATA

A imunidade inata é uma resposta imediata contra um patógeno que não confere proteção duradoura ou memória imunológica. É um sistema de defesa inespecífico que inclui barreiras contra agentes infecciosos, como a pele (epitélio) e membranas mucosas. Também é composta por vários componentes importantes da resposta imune adaptativa, incluindo células fagocíticas, células NK (*natural killer*), receptores tipo *toll* (TLRs, do inglês *toll-like receptors*), citocinas e o sistema complemento.

Funções de barreira da imunidade inata

Poucos microrganismos apresentam capacidade de penetrar nas superfícies corporais. Essas superfícies possuem uma **camada de células epiteliais** como barreira, que está presente na **pele**, nas vias aéreas, no trato gastrintestinal (TGI) e no trato urogenital. Essa camada de células epiteliais possui junções estreitas (*tight junctions*) e produz uma série de peptídeos antimicrobianos importantes, que ajudam na proteção contra patógenos invasores. A lisozima é um exemplo de peptídeo antimicrobiano que cliva algumas paredes celulares bacterianas.* Outro importante peptídeo de defesa inata

---

*N. de T. A lisozima cliva as ligações 1,4-glicosídicas do peptidoglicano da parede celular bacteriana.

do hospedeiro com propriedades antimicrobianas é a **defensina**. As defensinas são peptídeos carregados positivamente, localizados principalmente no TGI e nas vias aéreas inferiores, que estão associadas à produção de poros nas paredes das células bacterianas e, portanto, lisam a membrana bacteriana. Os neutrófilos no intestino delgado contêm grânulos azurófilos que albergam as α-defensinas. Esses peptídeos são liberados após a ativação do TLR, enquanto as células epiteliais no trato respiratório secretam uma defensina diferente, chamada **β-defensina**. Além disso, as α-defensinas também demonstraram atividade antiviral. Por exemplo, as α-defensinas podem inibir a ligação do HIV (do inglês *human immunodeficiency virus* [vírus da imunodeficiência humana]) ao receptor de quimiocina C-X-C tipo 4 (CXCR4, do inglês *C-X-C chemokine receptor type 4*) e, dessa forma, interferir na entrada do vírus na célula hospedeira.

O epitélio da mucosa do trato respiratório também oferece outro modo de proteção contra infecções. O **muco**, uma mistura complexa de mucinas, proteínas, proteases e inibidores de protease, é o principal componente do epitélio da mucosa. Para alguns microrganismos, a primeira etapa no processo infeccioso consiste na sua aderência às células epiteliais superficiais por meio de proteínas adesivas da superfície bacteriana (p. ex., os *pili* dos gonococos e da *Escherichia coli*). Contudo, a presença de muco limita a aderência bacteriana à superfície celular. Além disso, uma vez aprisionadas pelo muco, as bactérias são removidas pela depuração ciliar. Assim, a superfície da mucosa e as células epiteliais ciliadas tendem a inibir a aderência microbiana e limitar o tempo de exposição. Da mesma forma, o TGI possui mecanismos para inibir bactérias. A acidez do estômago e as enzimas proteolíticas do intestino delgado tornam esses ambientes hostis a muitas bactérias.

Uma barreira adicional à invasão microbiana é o efeito do ambiente químico. Por exemplo, a presença de um pH ácido no suor e nas secreções sebáceas e, como mencionado anteriormente, o baixo pH do estômago têm propriedades antimicrobianas. A produção de ácidos graxos na pele também tende a eliminar microrganismos patogênicos.

Mecanismos da imunidade inata

Embora a resposta imune inata não estabeleça uma imunidade direcionada e protetora, dependente do reconhecimento específico de determinado patógeno, ela fornece uma importantíssima linha de defesa. Além das barreiras fisiológicas de proteção, o sistema inato possui células e proteínas (como citocinas e complemento) à sua disposição. Os leucócitos fagocíticos, como os leucócitos polimorfonucleares (PMNs, ou neutrófilos) e os macrófagos, junto com as células NK, são os componentes celulares primários na defesa contra um microrganismo invasor. A interação dessas células com os patógenos desencadeia a liberação de diferentes citocinas e a ativação das proteínas do sistema complemento. Muitas dessas citocinas são moléculas pró-inflamatórias, como a interleucina-1 (IL-1), o fator de necrose tumoral alfa (TNF-α, do inglês *tumor necrosis factor-alpha*), a interleucina-6 (IL-6) e as interferonas (IFNs), sendo induzidas por meio de interações TLR. Armado com essas ferramentas especiais, o hospedeiro inicia sua defesa contra o patógeno invasor.

A. Sensores microbianos

Quando um patógeno entra em contato com a pele, ele é confrontado por macrófagos e outras células fagocíticas, que possuem "sensores microbianos". Há três principais grupos de sensores microbianos: (1) **TLRs**, (2) **receptores tipo NOD** (**NLRs**, do inglês *NOD-like*

receptors) e (3) **helicases tipo RIG-1** (do inglês *retinoic acid-inducible gene 1* [gene induzível por ácido retinoico-1]) **e MDA-5** (do inglês *melanoma differentiation-associated protein 5* [proteína associada à diferenciação do melanoma 5]). Os TLRs são os sensores microbianos mais bem estudados. Eles são uma família de receptores de reconhecimento de padrões (PRRs, do inglês *pattern recognition receptors*) conservados que reconhecem padrões moleculares associados a patógenos (PAMPs, do inglês *pathogen-associated molecular patterns*). Eles constituem a primeira linha de defesa contra uma variedade de patógenos e desempenham um papel crítico no início da resposta imune inata. Os TLRs são proteínas transmembrânicas tipo 1 constituídas por um domínio extracelular, uma única α-hélice transmembrânica e um domínio citoplasmático. O reconhecimento dos padrões microbianos pelos TLRs leva a uma cascata de transdução de sinais, que resulta em uma rápida e intensa resposta inflamatória marcada por ativação celular e liberação de citocinas.

Até o momento, foram identificadas 10 moléculas humanas de TLRs, sendo que cada uma dessas moléculas reconhece um único grupo de moléculas microbianas. Por exemplo, TLR2 reconhece vários ligantes (p. ex., ácido teicoico) expressos por bactérias Gram-positivas, enquanto TLR3 se liga a RNA de fita dupla (dsRNA, do inglês *double-stranded RNA*) na replicação viral. O TLR1 e o TLR6 reconhecem múltiplos peptídeos diacil (p. ex., *Mycoplasma*). Já o TLR4 é específico para lipopolissacarídeo (LPS) de bactérias Gram-negativas. O TLR5, por outro lado, é capaz de reconhecer flagelina bacteriana, e o TLR7 e o TLR8 interagem com RNA de fita simples (ssRNA, do inglês *single-stranded RNA*) na replicação viral. O TLR9 liga-se ao DNA viral e bacteriano. Até o momento, o TLR10 permanece como um receptor-órfão.

Outra grande família de receptores da resposta inata são os NLRs, que estão localizados no citoplasma e servem como sensores intracelulares para produtos microbianos. Essas moléculas ativam o fator nuclear potenciador da cadeia leve kappa de células B ativadas (NF-κB, do inglês *nuclear factor kappa-light-chain-enhancer of activated B cells*) e medeiam respostas inflamatórias semelhantes aos TLRs. O terceiro grupo de sensores microbianos é constituído pelas helicases tipo RIG-1 e MDA-5, sendo sensores citoplasmáticos para o ssRNA viral. O envolvimento de ssRNA com esses sensores dispara a produção das IFNs tipo 1; essas citocinas são inibidores altamente eficazes da replicação viral.

B. Componentes celulares e fagocitose

Os elementos-chave na eficiência da imunidade inata são a rapidez, a inespecificidade e a curta duração da resposta. Essas características são a marca registrada do processo fagocitário. Durante a infecção, as células fagocíticas circulantes aumentam e podem participar da **quimiotaxia**, da **migração**, da **ingestão** e da **morte microbiana**. Qualquer antígeno (microrganismo) que penetre no corpo pelos vasos linfáticos, pelos pulmões ou pela corrente sanguínea pode ser reconhecido e fagocitado pelas células fagocíticas.

Portanto, os fagócitos, presentes no sangue, nos tecidos linfoides, no fígado, no baço, nos pulmões e em outros tecidos, são as células responsáveis pela captação e pela remoção do antígeno estranho. Os fagócitos incluem (1) **monócitos** e **macrófagos**; (2) **granulócitos** (incluindo **neutrófilos**, **eosinófilos** e **basófilos**); e (3) **células dendríticas**. Os **monócitos** são pequenos leucócitos que circulam na corrente sanguínea e se diferenciam em **macrófagos**, os quais estão presentes na maioria dos tecidos. Por exemplo, eles são denominados células de Kupffer no fígado e células microgliais no tecido nervoso. Os macrófagos são células críticas na fagocitose e na destruição de patógenos, no processamento e apresentação de antígenos e na regulação da resposta imunológica, pela produção de uma variedade de moléculas (p. ex., citocinas).

Os **granulócitos** são leucócitos que contêm grânulos densamente corados. Os **neutrófilos** (ou PMNs) apresentam meia-vida curta e são importantes células fagocitárias que destroem patógenos presentes em vesículas intracelulares. Os **eosinófilos** e os **basófilos** são menos abundantes e armazenam grânulos contendo enzimas e proteínas tóxicas que podem ser liberadas após a ativação das células. As **células dendríticas** também são células fagocitárias, porém sua principal função é a ativação de linfócitos T durante a resposta imune adaptativa, funcionando como células apresentadoras de antígeno (APCs, do inglês *antigen-presenting cells*) e produzindo citocinas regulatórias (p. ex., IFN-α).

A **fagocitose** é um processo em que a célula fagocitária, especialmente os PMNs, reconhece, engloba e destrói os patógenos fagocitados. Depois que um patógeno entra na corrente sanguínea ou nos tecidos, a célula fagocítica migra para esse local. Essa migração depende da liberação de sinais quimioatraentes produzidos pelas células do hospedeiro ou pelo patógeno. Um bom exemplo de quimioatraente é a IL-8 (CXCL8), uma potente citocina quimiotática que atrai neutrófilos. Mais recentemente, foi demonstrado que a IL-17* induz a IL-8 e, como consequência, essa quimiocina agora recruta células do sistema imunológico para os tecidos periféricos. No estágio inicial do processo de migração, os neutrófilos se aderem à superfície da célula endotelial por meio de moléculas de aderência, como a selectina-P. Os neutrófilos seguem a atração das quimiocinas e migram da circulação através do endotélio para os tecidos e para o sítio da infecção. No local, essas células reconhecem, envolvem e internalizam o patógeno em uma vesícula endocítica chamada de **fagossomo**. Uma vez dentro do neutrófilo, o patógeno é destruído.

Há vários mecanismos antibacterianos usados por esses fagócitos. Por exemplo, (1) a acidificação que ocorre dentro do fagossomo. O pH dessa vesícula é 3,5 a 4, e esse nível de acidez é bacteriostático ou bactericida. (2) Produtos tóxicos derivados de oxigênio são gerados e incluem o superóxido (O_2^-), o peróxido de hidrogênio (H_2O_2) e o oxigênio singlete (O_2). (3) Óxidos de nitrogênio tóxicos também são produzidos, e óxido nítrico (NO) é formado. (4) As células fagocíticas geram peptídeos antimicrobianos que participam da morte do patógeno. No macrófago, apresentam também catelicidina e peptídeos derivados da elastase. O neutrófilo, por outro lado, é rico em α-defensinas, β-defensina, catelicidina e lactoferricina. Todos esses mecanismos são utilizados pelos fagócitos para destruir os patógenos. Após realizar a sua função principal, o neutrófilo sofre apoptose e morre.

Como mencionado anteriormente, a fagocitose ocorre sem a necessidade da presença de anticorpos. Contudo, esse processo é mais eficiente quando anticorpos recobrem a superfície das bactérias e facilitam sua ingestão pelos fagócitos. Esse processo é denominado **opsonização**, e pode ocorrer pelos seguintes mecanismos: (1) o anticorpo em si pode atuar como opsonina, (2) o anticorpo ligado ao antígeno pode ativar o complemento através da via clássica, produzindo opsonina (C3b), e (3) pode haver a produção da opsonina C3b através da via alternativa. Os macrófagos têm receptores em suas membranas para a porção Fc de um anticorpo e para o

componente C3 do complemento. Ambos os receptores facilitam a fagocitose do patógeno revestido com anticorpo.

C. Células *natural killer*

As células *natural killer* (NK) são linfócitos grandes granulares morfologicamente relacionados com as células T, representando cerca de 10 a 15% dos leucócitos na circulação sanguínea. As células NK contribuem para a imunidade inata, fornecendo proteção contra infecções virais e outros patógenos intracelulares. As células NK têm a capacidade de reconhecer e matar células infectadas por vírus e células tumorais.** As células NK possuem dois tipos de receptores de superfície: (1) receptores de células NK semelhantes à lectina que se ligam a proteínas e não a carboidratos e (2) receptores NK semelhantes a imunoglobulinas (KIRs, do inglês *killer immunoglobulin-like receptors*) que reconhecem moléculas do complexo principal de histocompatibilidade (MHC, do inglês *major histocompatibility complex*) de classe I. Esses receptores de células NK têm propriedades de ativação e inibição. As células NK contêm grandes quantidades de granzimas e perforinas, substâncias que medeiam as ações citotóxicas das células NK.

Além disso, quando a produção de anticorpos é iniciada durante a resposta imune adaptativa, as células NK exercem um papel crítico na **citotoxicidade celular dependente de anticorpo** (ADCC, do inglês *antibody-dependent cellular cytotoxicity*). Nesse processo, o anticorpo específico se liga à superfície da célula-alvo. A célula NK possui receptores Fc que se ligam à fração Fc do anticorpo aderido e matam a célula. Essa propriedade permite à célula NK inibir a replicação de vírus e de bactérias intracelulares.

As células NK e o sistema de IFN interagem entre si e são parte integral da resposta imune inata. As células NK são fontes primárias de IFN-γ, uma potente citocina antiviral e imunorreguladora. Além disso, a atividade lítica das células NK é aumentada pelas IFNs tipo 1 (IFN-α e IFN-β). Essas duas citocinas são, na verdade, induzidas pelo vírus invasor.

As células linfoides inatas (ILCs, do inglês *innate lymphoid cells*) são um grupo recentemente descrito de células imunes inatas que desempenham um papel fundamental na regulação da imunidade dos tecidos. Embora essas células possam ser encontradas em órgãos linfoides e não linfoides, foi relatado que elas povoam preferencialmente os tecidos de barreira da pele, o intestino e os pulmões. Devido à sua localização única, as ILCs estão entre as primeiras células imunológicas a responder aos patógenos. Essas células são definidas por sua morfologia linfoide e pela falta de marcadores de linhagem celular para células T, células B ou outras células do sistema imunológico. Até o momento, três tipos de ILCs foram identificados pelo seu perfil de citocinas e por fatores de transcrição distintos: ILC1 produz IFN-γ, ILC2 produz IL-5 e IL-13, e ILC3 produz IL-17A e IL-22. Em geral, essas células desempenham um papel importante na proteção do indivíduo.***

---

*N. de T. Potente ativadora de PMNs, resultando em intensa resposta inflamatória. É produzida principalmente pelo linfócito T *helper* Th17.

**N. de T. A expansão e a ativação das células NK são estimuladas pela IL-15 e pela IL-12 produzidas por macrófagos. As células NK ativadas secretam citocinas pró-inflamatórias (IL-1, IL-2 e, principalmente, IFN-γ).

***N. de T. Essas células são essenciais na resposta imune inata devido à sua capacidade de secretar rapidamente citocinas imunorreguladoras. Por exemplo: as ILCs intestinais são expostas a metabólitos dietéticos, microbianos e endógenos. As ILC3s interagem diretamente com a microbiota normal, mantendo uma homeostase. As ILC3s controlam a colonização de bactérias potencialmente patogênicas, pela secreção de IL-22, estimulando, assim, a produção de peptídeos antimicrobianos pelas células epiteliais.

Contudo, recentemente elas foram implicadas na patogênese de certas doenças inflamatórias da pele, como a psoríase.*

D. Sistema complemento

O sistema complemento é outro componente-chave da resposta imune inata. Esse sistema é composto por aproximadamente 30 proteínas encontradas no soro ou na membrana de determinadas células que interagem em cascata. Quando o complemento é ativado, ele inicia uma série de reações bioquímicas que culminam na lise celular ou na fagocitose e destruição do patógeno. Existem três vias do complemento: via clássica, via alternativa e via da lectina. Mesmo que cada um tenha um mecanismo de iniciação diferente, todos resultam na lise ou fagocitose do antígeno celular. A via alternativa e a via da lectina servem como primeiras linhas críticas de defesa e fornecem proteção imediata contra microrganismos. A via alternativa do complemento pode ser ativada na superfície do antígeno celular e pode prosseguir na ausência de anticorpos. Da mesma forma, a via da lectina também não necessita de anticorpo e usa uma lectina (lectina de ligação à manose [MBL, do inglês *mannose-binding lectin*]) para iniciar o processo. As proteínas do complemento podem cumprir sua função de várias maneiras, incluindo opsonização, lise de bactérias e amplificação de respostas inflamatórias por meio das anafilatoxinas C5a e C3a. O sistema complemento é descrito com mais detalhes posteriormente neste capítulo.

Alguns microrganismos podem apresentar mecanismos que dificultam a ativação do sistema complemento, evitando, assim, a resposta imunológica. Por exemplo, os poxvírus, como o vírus vaccínia e da varíola, codificam uma proteína solúvel com atividade reguladora do complemento que leva à inibição do sistema do complemento.

E. Mediadores da inflamação e as interferonas

Na seção sobre mecanismos da imunidade inata, foi mencionado que várias células e componentes do complemento da imunidade inata desempenham suas funções por meio da produção de mediadores solúveis. Esses mediadores incluem citocinas, prostaglandinas e leucotrienos. Nesta seção, o papel desses mediadores na inflamação será analisado. Uma descrição detalhada separada sobre as citocinas é encontrada no tópico sobre a resposta imune adaptativa.

A lesão tecidual inicia uma resposta inflamatória. Essa resposta é desencadeada principalmente por mediadores solúveis, denominados citocinas. As **citocinas** podem incluir citocinas inflamatórias e anti-inflamatórias, quimiocinas, moléculas de aderência e fatores de crescimento. Durante a resposta imune inata, os leucócitos (p. ex., macrófagos) liberam uma variedade de citocinas, incluindo IL-1, TNF-α e IL-6. Os outros mediadores liberados por essas células ativadas são as prostaglandinas e os leucotrienos. Esses mediadores de inflamação começam a regular alterações nos vasos sanguíneos locais. Esse processo começa com a dilatação das arteríolas e dos capilares locais, a partir dos quais ocorre o extravasamento do plasma na área de lesão. A fibrina é formada, o que

obstrui os canais linfáticos, limitando a disseminação do microrganismo invasor.

Um segundo efeito desses mediadores é induzir mudanças na expressão de moléculas de aderência expressas na superfície das células endoteliais e leucócitos. As moléculas de aderência, como as selectinas e as integrinas, permitem a aderência dos leucócitos às células endoteliais dos vasos sanguíneos, promovendo, assim, seu movimento** através da parede do vaso. Assim, as células aderem às paredes dos capilares e, então, migram para fora (extravasamento) dos capilares na direção ao local da lesão. Essa migração (**quimiotaxia**) é estimulada por proteínas existentes no exsudato inflamatório, como, por exemplo, por pequenos polipeptídeos denominados quimiocinas.*** Uma variedade de tipos de células, incluindo macrófagos e células endoteliais, podem produzir quimiocinas. Uma vez que as células fagocíticas migram para o local da infecção, elas podem iniciar a fagocitose dos microrganismos invasores.

A febre constitui a manifestação sistêmica mais comum da resposta inflamatória, representando um sintoma essencial de doença infecciosa. O regulador final da temperatura corporal é o centro termorregulador localizado no hipotálamo. Entre as substâncias capazes de induzir febre (pirogênios) estão endotoxinas de bactérias Gram-negativas e as citocinas (p. ex., IL-1, IL-6, TNF-α e as IFNs) liberadas por uma variedade de células.

As **interferonas** (IFNs) são citocinas críticas que exercem um papel-chave na defesa contra infecções virais e diferentes microrganismos intracelulares, como *Toxoplasma gondii*. Embora essas moléculas tenham sido identificadas, em 1957, como proteínas antivirais, somente hoje elas são reconhecidas como proteínas imunorreguladoras fundamentais capazes de alterar vários processos celulares, como crescimento celular, diferenciação, transcrição e tradução gênica. A família das IFNs consiste em três grupos. As IFNs tipo I são codificadas por vários genes e incluem principalmente IFN-α e IFN-β. Já a IFN tipo II é codificada por um único gene que produz IFN-γ. IFN-λ é um terceiro grupo de citocinas semelhantes a IFNs que foram descritas mais recentemente. A infecção viral desencadeia a produção das IFNs tipo I. Após a entrada do vírus em uma célula, o vírus induz a sua replicação e o seu material genético interage com sensores microbianos específicos (TLR3, TLR7, TLR9, RIG-1 e MDA-5). Essa interação desencadeia a produção de IFN que é secretada pela célula infectada. Em contrapartida, a IFN tipo II, IFN-γ, é produzida por células NK ativadas na resposta imune inata e por células T especificamente sensibilizadas na resposta imune adaptativa. Além disso, as citocinas IL-2 e IL-12 podem desencadear a produção de IFN-γ pelas células T.

O sistema IFN consiste em uma série de eventos, que resultam na proteção da célula e no bloqueio da replicação viral. Uma vez que a IFN é produzida pela célula infectada, pela célula NK ou pela célula T imunologicamente ativada, a IFN se liga ao seu receptor específico na superfície de uma célula não infectada. Essa interação ativa as vias de sinalização Janus kinase (JAK)-transdutor de sinal e ativador de transcrição (STAT). Esse processo desencadeia a ativação de genes que iniciam a produção de proteínas específicas que inibem a replicação viral. As diferentes IFNs apresentam múltiplas e redundantes funções biológicas, como atividade antiviral, antiproliferativa e imunorreguladora. No entanto, essas citocinas têm

---

*N. de T. Outro efeito patológico é visto na asma. As células epiteliais pulmonares produzem IL-33 e IL-25 em resposta a vários alérgenos, fungos e vírus. Essas citocinas ativam fortemente as ILC2s. Assim, um grande número de ILC2s e de IL-4, IL-5 e IL-13 estão presentes em pacientes com asma alérgica. Essas citocinas contribuem para a inflamação alérgica pulmonar e promovem a diferenciação do linfócito T *helper* em célula Th2, que, por sua vez, produzem mais IL-13, amplificando, portanto, a resposta alérgica.

**N. de T. Fenômeno de diapedese.

***N. de T. Além das quimiocinas, produtos da ativação do sistema complemento apresentam elevada atividade de quimiotaxia, como a molécula C5a.

funções exclusivas que não se sobrepõem. Por exemplo, a IFN-β é usada com sucesso no tratamento de pacientes com esclerose múltipla, enquanto a IFN-γ parece exacerbar os sintomas da doença. Essas potentes funções das IFNs e os avanços da biotecnologia têm sido de grande relevância na clínica médica. De fato, muitas IFNs foram aprovadas pela Food and Drug Administration (FDA) para o tratamento de infecções, neoplasias, doenças autoimunes e imunodeficiências.

IMUNIDADE ADAPTATIVA

Ao contrário da imunidade inata, a imunidade adaptativa é altamente específica, apresenta memória imunológica e responde de forma rápida e intensa a uma segunda exposição ao mesmo antígeno (Tabela 8-1). A resposta imune adaptativa envolve a resposta imune mediada por anticorpos e mediada por células. Uma visão geral dos componentes e suas interações durante a resposta imune adaptativa é descrita a seguir, e os detalhes são apresentados ao longo deste capítulo.

Bases celulares da resposta imune adaptativa

As células linfoides desempenham um papel significativo na resposta imune adaptativa. Durante o desenvolvimento embrionário, os precursores das células sanguíneas (células-tronco hematopoéticas) são encontrados no fígado fetal e em outros tecidos. Já na vida pós-natal, as células-tronco localizam-se na medula óssea. As células-tronco podem diferenciar-se em células da série mieloide ou linfoide. As células progenitoras linfoides se desenvolvem em duas populações principais de linfócitos: as células B e as células T.

As células-tronco destinadas a diferenciar-se em linfócitos B se desenvolvem na medula óssea. Elas fazem rearranjo de seus genes de imunoglobulinas e expressam um único receptor para o antígeno em sua superfície celular. Depois dessa etapa, elas migram para um órgão linfoide secundário (p. ex., o baço) e podem ser ativadas pelo contato com um antígeno, diferenciando-se em plasmócitos secretores de anticorpos.

As células T são linfócitos oriundos da medula óssea na forma de células precursoras, que migram para o timo, onde se diferenciam e amadurecem. No timo, elas sofrem recombinação somática (VDJ, do inglês *variable diverse joining*),* tanto do DNA que codifica para o receptor de célula T (TCR, do inglês *T-cell receptor*) da cadeia β quanto para o DNA que codifica para o TCR da cadeia α. Após o rearranjo do TCR e as seleções positivas e negativas,** essas células se diferenciam em subclasses de células T com funções específicas (p. ex., células T CD4 e células T CD8). Essas recombinações são a fonte de imunidade mediada por células.

A Figura 8-1 apresenta um resumo dos processos imunológicos específicos que são revisados nesta seção. Os dois braços da resposta imune, a resposta mediada por células e a resposta mediada por anticorpos, desenvolvem-se concomitantemente. Na resposta imune **mediada por anticorpos**, os linfócitos T CD4 reconhecem os antígenos do patógeno apresentados por moléculas do MHC de classe II na superfície de uma APC (p. ex., macrófago, células dendríticas e células B) e, como consequência dessa interação, são produzidas citocinas que estimulam as células B a produzir anticorpos que apresentam especificidade para o antígeno. As células B sofrem proliferação clonal e se diferenciam em células plasmáticas. Na resposta imune **mediada por células**, o complexo antígeno-MHC de classe II é reconhecido pelos linfócitos T auxiliares (CD4), enquanto o complexo antígeno-MHC de classe I é reconhecido pelos linfócitos T citotóxicos (CD8). Cada classe de células T produz citocinas, as quais se tornam ativadas e sofrem expansão por proliferação clonal. As células T **CD4** que se desenvolvem estimulam as células B a produzir anticorpos e promovem hipersensibilidade tardia, enquanto as células T **CD8** direcionam sua atividade principalmente na destruição de células em enxertos de tecido, células tumorais ou células infectadas por vírus.

Antígenos

Um antígeno é qualquer molécula capaz de reagir com um anticorpo. Os imunógenos são moléculas que induzem uma resposta imune específica. Além disso, a maioria dos antígenos também são imunógenos. Diferentes características, descritas a seguir, determinam sua

TABELA 8-1 Características principais: resposta imune inata *versus* resposta imune adaptativa

Inata	Adaptativa
Características	
Rápida, resposta imediata	Resposta lenta
Sem especificidade para o antígeno específico	Altamente direcionada para o antígeno específico
Sem memória imunológica, sem proteção duradoura	Induz a memória imunológica, responde rápida e vigorosamente à segunda exposição ao antígeno
Componentes imunológicos	
Barreiras naturais à infecção: pele, membranas mucosas	
Células: fagócitos, células NK, células linfoides inatas	Linfócitos T mediados por células, linfócitos B mediados por anticorpos, APCs
Mediadores: complemento, defensinas, citocinas, sensores (TLR, receptores semelhantes a NOD, RAG-1)	Moléculas secretadas (citocinas, quimiocinas, complemento)

*N. de T. A recombinação VDJ ocorre em ambos os órgãos linfoides primários (medula óssea para células B e timo para células T). Esse processo é semialeatório, resultando no rearranjo dos segmentos gênicos V (variável), J (junção) e, em alguns casos, D (diversidade). O processo resulta em uma infinidade de sequências de aminoácidos diferentes nas regiões de ligação ao antígeno de Igs (célula B) e TCRs (célula T), que possibilitam o reconhecimento de antígenos de praticamente todos os patógenos, incluindo bactérias, vírus, parasitas, fungos e até células próprias alteradas, como nas neoplasias. O reconhecimento também pode ser alérgico (p. ex., de pólen e outros alérgenos) ou "autorreativo", o que leva à autoimunidade.

**N. de T. No microambiente especializado do timo, as células T sofrem dois tipos de seleção: positiva e negativa, as quais verificam as interações do TCR com os peptídeos próprios, associados às moléculas do MHC próprias na superfície das células tímicas. Na seleção positiva, as células T, cujos receptores e correceptores reconhecem moléculas de MHC próprias nas células epiteliais do córtex tímico, continuam sua maturação. Já na seleção negativa, as APCs profissionais, principalmente as células dendríticas e os macrófagos derivados da medula óssea, deletam as células T, cujos receptores reconhecem complexos peptídeo próprio-MHC próprio. Isso assegura a autotolerância por meio da criação de um repertório de células T maduras que não reage com os complexos peptídeo-MHC das células normais próprias. As células T maduras, que sobrevivem à seleção, saem do timo para o sangue e circulam através dos órgãos linfoides periféricos, em que encontram o antígeno específico, são ativadas e se diferenciam em células T efetoras de diferentes tipos.

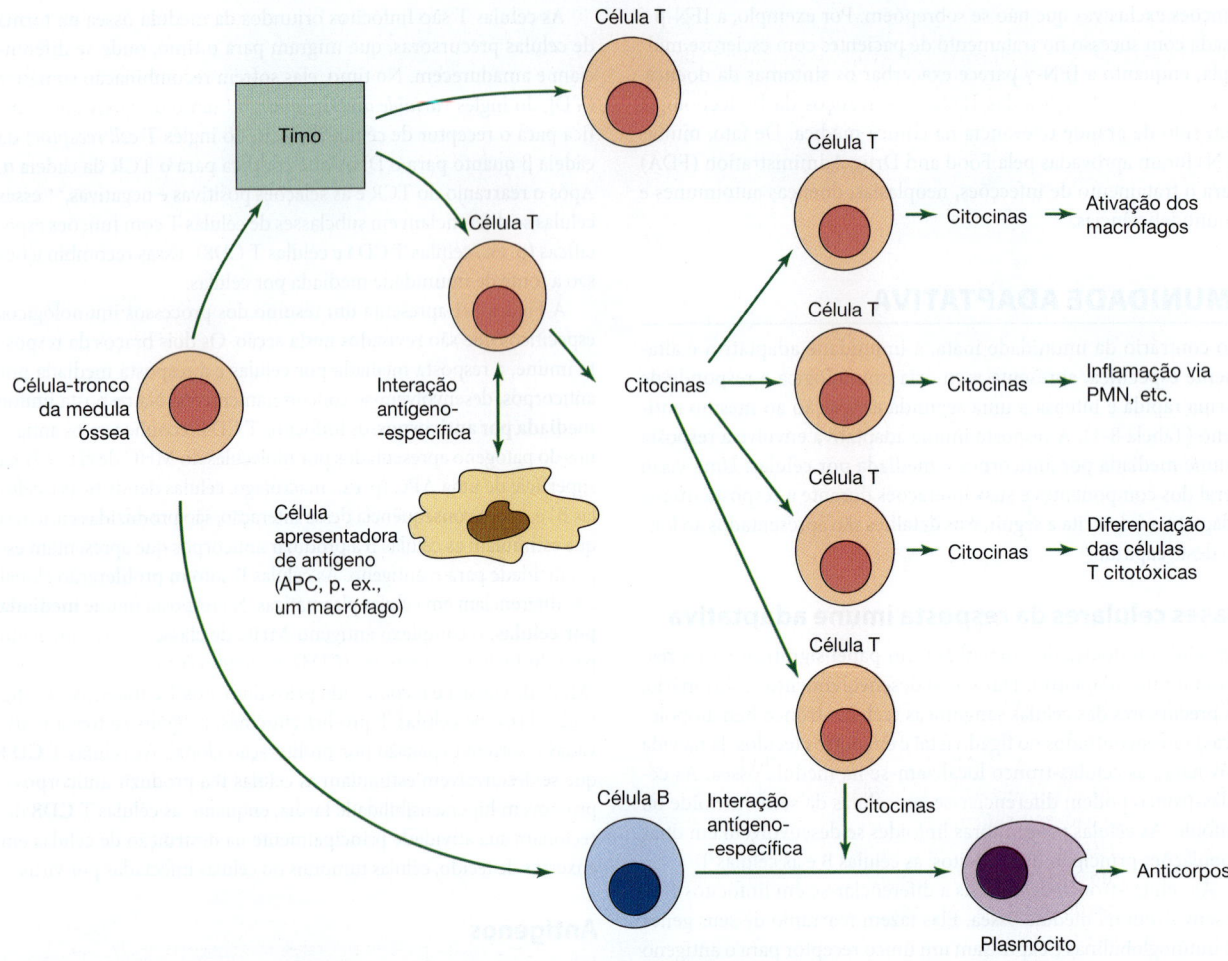

FIGURA 8-1   Diagrama esquemático das interações celulares na resposta imunológica.

imunogenicidade. (**1**) **Natureza estranha:** em geral, as moléculas reconhecidas como "próprias" (*self*) não são imunogênicas. Para serem imunogênicas, as moléculas devem ser reconhecidas como estranhas (não próprias [*nonself*]). (**2**) **Tamanho:** os imunógenos mais potentes geralmente são grandes proteínas. Moléculas com peso molecular inferior a 10.000 são fracamente imunogênicas e, como esperado, moléculas ainda menores são não imunogênicas. Algumas moléculas pequenas, chamadas de **haptenos**, só se tornam imunogênicas quando ligadas a uma proteína transportadora. Um exemplo são os lipídeos e os aminoácidos, que são haptenos não imunogênicos. Essas moléculas requerem a sua combinação com uma proteína transportadora ou com um polissacarídeo antes que possam ser imunogênicas ou gerar uma resposta imune. (**3**) **Complexidades química e estrutural:** a complexidade química é outra característica fundamental da imunogenicidade. Por exemplo, os homopolímeros de aminoácidos são menos imunogênicos do que os heteropolímeros que contêm dois ou mais aminoácidos diferentes. (**4**) **Constituição genética do hospedeiro:** em consequência das diferenças entre os alelos do MHC, dois indivíduos de uma mesma espécie de animal podem responder de maneira diferente a um mesmo antígeno. (**5**) **Dosagem, via de administração e momento de administração do antígeno:** outros fatores que afetam a imunogenicidade incluem a concentração do antígeno administrado, a via de administração e o momento da administração do antígeno.

Esses conceitos de imunogenicidade são importantes para o desenvolvimento de vacinas nas quais o aumento da imunogenicidade é fundamental. Contudo, os métodos para reduzir a imunogenicidade também devem ser levados em consideração para projetos visando ao desenvolvimento de fármacos proteicos. Isso pode ser observado em um indivíduo que pode responder a um determinado fármaco e produzir anticorpos antifármaco. Esses anticorpos antifármaco podem inibir a eficácia do fármaco.

É possível aumentar a imunogenicidade de uma substância ao combiná-la com um **adjuvante**. Os adjuvantes são substâncias que estimulam a resposta imunológica, por exemplo, ao facilitar a captação nas APCs.

Moléculas de reconhecimento de antígenos

Durante a resposta imunológica, um sistema de reconhecimento capaz de distinguir o próprio (*self*) do não próprio (*nonself*) é essencial para uma imunidade eficaz. Esta seção trata das moléculas utilizadas para o reconhecimento dos antígenos estranhos (*nonself*). As moléculas do MHC e a apresentação do antígeno são descritas primeiro, seguido por uma visão geral da estrutura e das funções dos anticorpos. Por último, é apresentada uma descrição geral dos receptores específicos para o reconhecimento do antígeno (i.e., o receptor de células B [BCR, do inglês *B-cell receptor*] e o TCR).

Complexo principal de histocompatibilidade

Historicamente, o complexo principal de histocompatibilidade (MHC, do inglês *major histocompatibility complex*) foi descrito pela primeira vez como um *locus* genético que codificava um grupo de antígenos responsáveis pela rejeição de enxertos tumorais. Hoje, sabe-se que os produtos gênicos dessa região são os principais antígenos reconhecidos na rejeição de transplantes. As moléculas do MHC ligam-se a antígenos peptídicos, apresentando-os às células T. Portanto, essas moléculas são responsáveis pelo reconhecimento do antígeno pelas células T e desempenham um papel significativo no controle de uma variedade de funções imunológicas básicas. Também se deve observar que o TCR é diferente do anticorpo. As moléculas do anticorpo interagem diretamente com o antígeno, enquanto o TCR só reconhece os peptídeos antigênicos apresentados por moléculas do MHC expressas na superfície de uma APC. O TCR é específico para o determinado antígeno, mas o antígeno deve ser apresentado em uma molécula de MHC própria. O TCR também é específico para a molécula do MHC. Esse fenômeno é conhecido como *restrição do MHC*.

O MHC é um agrupamento de genes bem-estudados intimamente associados em humanos e localizado no cromossomo 6. O MHC humano também é denominado complexo do **antígeno leucocitário humano** (**HLA**, do inglês *human leukocyte antigen*). Entre os muitos genes importantes no MHC humano estão aqueles que codificam as proteínas do MHC de classes I, II e III. Conforme indicado na Tabela 8-2, as proteínas do MHC de classe I são codificadas pelos genes HLA-A, HLA-B e HLA-C. Essas proteínas são constituídas de duas cadeias: (1) uma glicoproteína transmembrânica de 45.000 dáltons (Da), associada não covalentemente a (2) um polipeptídeo não codificado pelo MHC de 12.000 Da, conhecido como β_2-microglobulina. As moléculas do MHC de classe I são expressas em quase todas as células nucleadas do corpo. As principais exceções são observadas nas células da retina e do cérebro.

As proteínas de classe II são codificadas pela região HLA-D. As proteínas do MHC de classe II consistem em três famílias principais: moléculas codificadas por HLA-DP, HLA-DQ e HLA-DR (Tabela 8-2). Esse *locus* mantém o controle da capacidade de resposta imunológica e as diferentes formas alélicas desses genes conferem notáveis diferenças na capacidade de deflagrar uma resposta imunológica contra determinado antígeno.

As moléculas codificadas pelo *locus* HLA-D são heterodímeros da superfície celular que contêm duas subunidades designadas α e β que têm massas moleculares de aproximadamente 33.000 e 29.000 Da, respectivamente. Ao contrário das proteínas de classe I, as proteínas do MHC de classe II têm uma distribuição bastante restrita nos tecidos e são expressas constitutivamente em macrófagos, células dendríticas e células B. Contudo, sua expressão em outras células, como células endoteliais e epiteliais, pode ser induzida pela IFN-γ.

O *locus* do MHC de classe I também inclui genes que codificam proteínas envolvidas no processamento do antígeno, como os transportadores associados ao processamento de antígenos (TAPs, do inglês *transporters associated with antigen processing*) (Figura 8-2). O *locus* do MHC de classe III codifica proteínas do complemento e várias citocinas.

Os genes do MHC de classes I e II exibem extraordinária variabilidade genética. Estudos de mapeamento genético demonstram que existe alto grau de polimorfismo no MHC, e diferentes indivíduos geralmente expressam diferentes variantes alélicas do MHC (restrição do MHC). Até o momento, mais de 300 variantes alélicas diferentes foram definidas em alguns *loci* HLA. Atualmente, os genes do MHC* são os genes mais polimórficos conhecidos. Cada indivíduo herda dos pais um conjunto restrito de alelos. Um grupo de genes do MHC fortemente ligados é herdado como um bloco ou **haplótipo**.

Em 1987, a estrutura tridimensional das proteínas do MHC de classes I e II foi revelada usando cristalografia de raios X. Este elegante trabalho forneceu informações críticas sobre como as proteínas do MHC funcionam e desencadeiam a resposta imunológica. A análise de raios X da **proteína do MHC de classe I** (Figura 8-3) demonstra que toda a estrutura se parece com uma **fenda** cujos lados são formados pelas α-hélices e cujo fundo é formado pelas folhas β pregueadas. A análise de raios X também mostrou que a fenda era ocupada por um peptídeo. Em essência, o TCR situa-se diante do antígeno peptídico ligado em uma fenda formada pela proteína do MHC. A Figura 8-4A ilustra essa interação.

As proteínas do MHC exibem ampla especificidade para antígenos peptídicos. Na verdade, muitos peptídeos diferentes podem ser apresentados por um alelo MHC diferente. Uma chave para esse modelo é que o polimorfismo do MHC permite a ligação de muitos peptídeos específicos e diferentes na fenda. Isso significa que diferentes alelos podem ligar-se a diferentes antígenos peptídicos e apresentá-los.

Processamento e apresentação de antígenos

O processamento e a apresentação do antígeno representam etapas muito importantes da resposta imune adaptativa.** Esse complexo mecanismo de reconhecimento de antígenos começa com antígenos

TABELA 8-2 **Características importantes dos produtos gênicos do MHC humano de classes I e II**

	Classe I	Classe II
Loci genéticos (lista parcial)	HLA-A, HLA-B e HLA-C	HLA-DP, HLA-DQ e HLA-DR
Composição polipeptídica	Massa molecular (MM) de 45.000 Da + β_2M (MM de 12.000 Da)	Cadeia α (MM de 33.000 Da), cadeia β (MM de 29.000 Da), cadeia Ii (MM de 30.000 Da)
Distribuição celular	A maioria das células somáticas nucleadas, com exceção das células do encéfalo e da retina	APCs (macrófagos, células B, células dendríticas, etc.) e células ativadas por IFN-γ
Apresentação de antígenos peptídicos para	Células T CD8	Células T CD4
Tamanho do peptídeo ligado	8–10 resíduos	10–30 ou mais resíduos

---

*N. de T. O MHC é **poligênico**, visto que existem vários genes para cada classe de molécula.

**N. de T. Alguns fatos devem ser levados em consideração sobre o reconhecimento de antígenos. Os linfócitos T reconhecem peptídeos antigênicos, enquanto os linfócitos B reconhecem antígenos de diferentes naturezas químicas, como carboidratos, ácidos nucleicos e proteínas. Outro ponto importante é que um antígeno pode apresentar, em sua estrutura, diferentes determinantes antigênicos ou epítopos. Cada um desses determinantes pode ser reconhecido por um único clone específico de linfócito T ou B. Assim, um antígeno pode ser reconhecido por diferentes clones de linfócitos ao mesmo tempo, cada clone reconhecendo um determinante antigênico diferente. A ativação imune é assim: sempre policlonal.

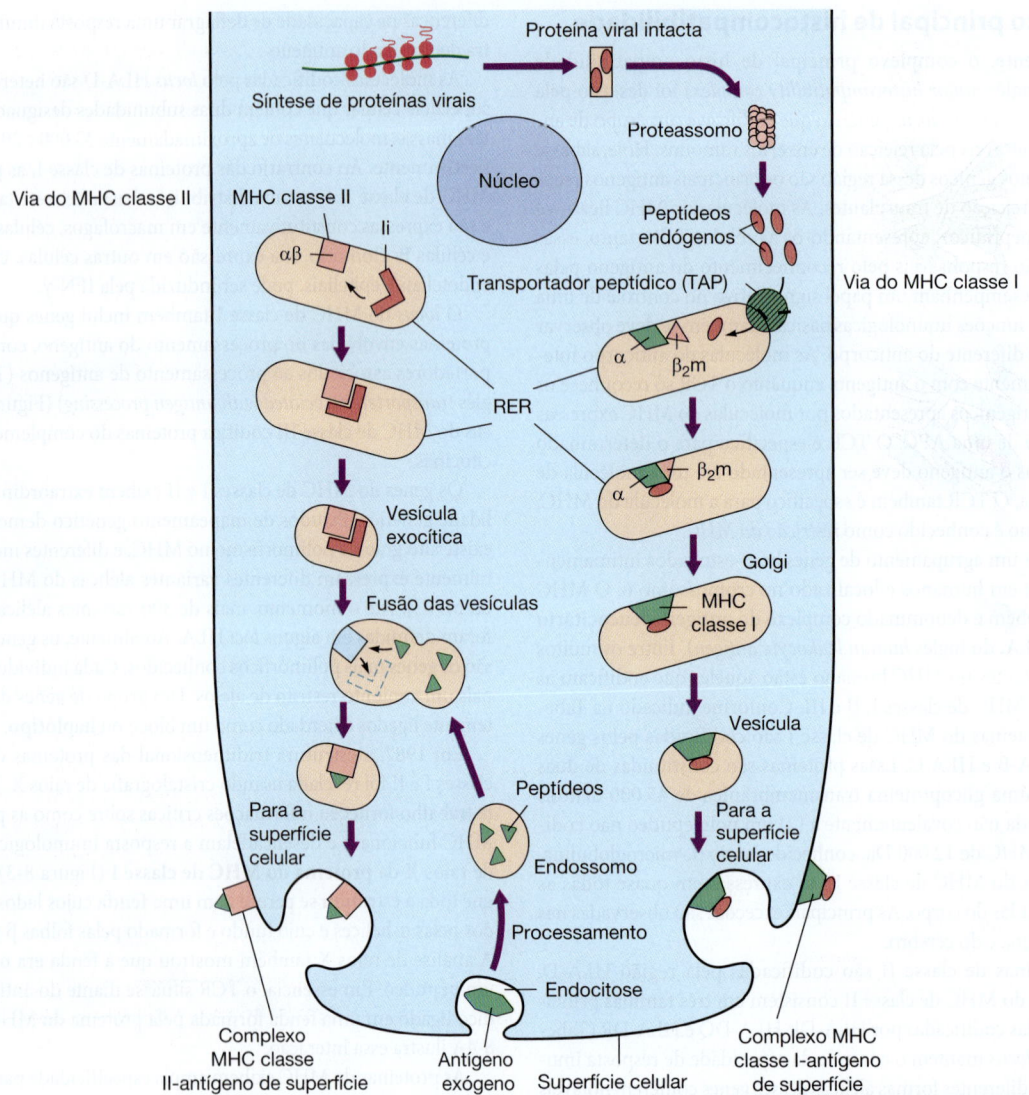

FIGURA 8-2 Vias de processamento de antígeno (MHC de classes I e II). (Modificada e reproduzida com autorização de Parslow TG, Stites DP, Terr AI, et al. [editors]: *Medical Immunology*, 10th ed. McGraw-Hill, 2001, p. 89. © McGraw-Hill Education.)

que se associam a moléculas de MHC próprias para apresentação às células T com receptores apropriados. Proteínas de antígenos exógenos, como bactérias, são internalizadas pelas APCs (células dendríticas ou macrófagos) e sofrem desnaturação ou proteólise parcial nas vesículas endocíticas dentro da APC. Enquanto no compartimento endossômico, esses fragmentos de peptídeo se fundem com vesículas exocíticas contendo moléculas do MHC de classe II. Conforme observado na Figura 8-2, esta etapa expõe o fragmento de peptídeo linear apropriado que, por fim, é expresso na superfície da APC (como o complexo peptídeo-MHC).

As moléculas do MHC de classe II são sintetizadas no retículo endoplasmático (RE) rugoso e, em seguida, passam pelo complexo de Golgi. A cadeia invariante, um polipeptídeo que ajuda a transportar as moléculas de MHC, combina-se com o complexo de MHC de classe II no endossoma. Essa vesícula é chamada de **compartimento MHC de classe II**. Essa cadeia invariável bloqueia a ligação de peptídeos celulares endógenos ao complexo MHC de classe II. Então, a cadeia invariável é removida enzimaticamente.

Por meio de uma série de etapas, o MHC de classe II se liga ao antígeno exógeno (fragmentos de peptídeo) e é transportado para a membrana celular para apresentação.

A interação dos antígenos endógenos no interior de uma célula infectada por um vírus e das moléculas do MHC de classe I está ilustrada na Figura 8-2. Resumidamente, as proteínas citosólicas são degradadas por um complexo proteolítico conhecido como **proteassomo**. Os peptídeos citosólicos têm acesso a moléculas do MHC de classe I nascentes no RE rugoso via sistemas transportadores de peptídeo (TAPs, do inglês *peptide transporter systems*). Os genes do TAP também são codificados no MHC. No interior do lúmen do RE, os antígenos peptídicos, com comprimento de cerca de 8 a 10 resíduos, formam complexos com as proteínas do MHC de classe I e cooperam com a β_2-microglobulina para criar um complexo antigênico MHC de classe I-peptídeo estável e totalmente dobrado, que é transportado, em seguida, até a superfície celular para exibição e reconhecimento por células T CD8 citotóxicas. O sulco de ligação da molécula de classe I é mais limitado do que o da molécula de

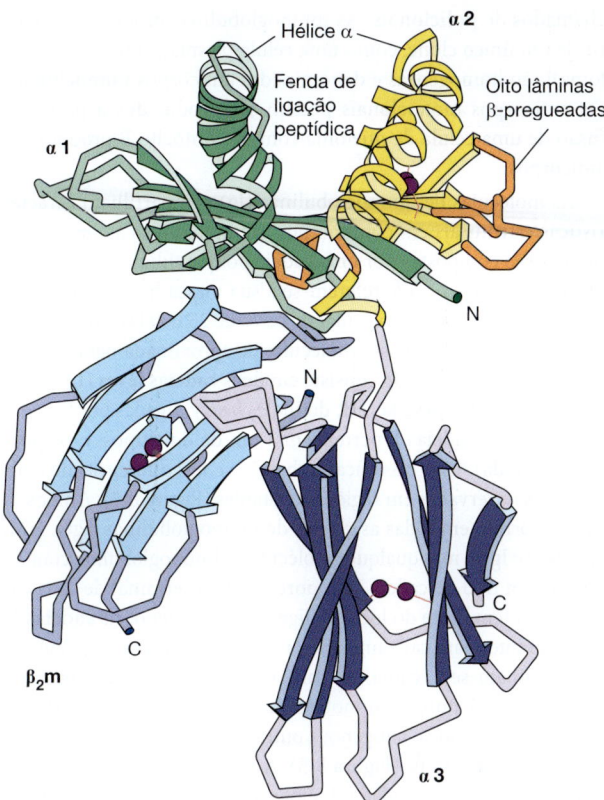

Hélice α
α 2
Fenda de ligação peptídica
Oito lâminas β-pregueadas
α 1
N
N
β₂m
C
C
α 3

FIGURA 8-3 Estrutura diagramática de uma molécula HLA de classe I. (Reproduzida, com autorização, de Macmillan Publishers Ltd: Bjorkman PJ, et al. Structure of the human class I histocompatibility antigen, HLA-A2. *Nature* 1987;329:506. Copyright © 1987.)

classe II, e, por essa razão, são encontrados peptídeos mais curtos nas moléculas do MHC de classe I do que nas moléculas do MHC de classe II. Uma vez que as células T citotóxicas reconheçam o peptídeo antigênico via molécula do MHC de classe I, elas podem destruir as células infectadas por um vírus.

Diversos vírus tentam vencer a resposta imunológica ao interferir nas vias de processamento dos antígenos. Por exemplo, uma proteína Tat do HIV é capaz de inibir a expressão de moléculas do MHC de classe I. Uma proteína de herpes-vírus se liga aos TAPs, impedindo o transporte de peptídeos virais para o RE, onde moléculas de classe I estão sendo sintetizadas. Como consequência desses mecanismos inibitórios, as células infectadas não são reconhecidas pelos linfócitos citotóxicos.

Alguns antígenos bacterianos e virais são capazes de ativar muitas células T por meio de uma via especial. Essas proteínas são chamadas de **superantígenos**. Os superantígenos não requerem processamento e, portanto, são capazes de ligar-se a moléculas do MHC fora da fenda de ligação ao peptídeo (Figura 8-4B). Em comparação com a resposta de células T induzida por antígeno-padrão, em que um pequeno número de células T é ativado, os superantígenos podem estimular um número muito maior (~25% a mais) de células T.* Exemplos clássicos de superantígenos incluem certas toxinas bacterianas, incluindo as enterotoxinas estafilocócicas, a toxina da síndrome do choque tóxico e a exotoxina pirogênica estreptocócica do grupo A. Uma consequência dessa ativação massiva de células T é a superprodução de citocinas, em particular, IFN-γ. A IFN-γ, por sua vez, ativa os macrófagos para produzir IL-1, IL-6 e TNF-α, e todas podem contribuir para uma "tempestade de citocinas", causando sintomas graves de choque e falência de múltiplos órgãos.

Células B e anticorpos

A imunidade humoral é mediada por anticorpos. Cada indivíduo apresenta um grande grupo de linfócitos B diferentes ($\sim10^{11}$), com uma vida útil de dias ou semanas. Eles são encontrados no sangue, na linfa, na medula óssea, nos linfonodos e nos tecidos linfoides associados a mucosas (p. ex., tecido linfoide associado ao intestino, tonsilas, placas de Peyer e apêndice).

A. Receptor de células B para antígeno

As células B expressam uma única molécula de imunoglobulina ($\sim10^5$ cópias/célula) em sua superfície. Essa imunoglobulina funciona como receptor (BCR) a um único antígeno específico. Logo, cada célula B responde a somente um antígeno ou a grupos de

---

*N. de T. Essa ativação é não específica e policlonal, resultando em exacerbação da resposta imune.

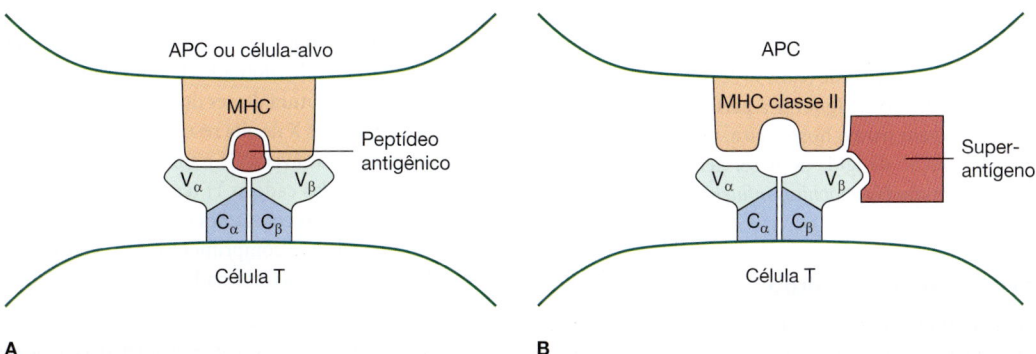

APC ou célula-alvo
MHC
V_α
V_β
C_α
C_β
Célula T
Peptídeo antigênico

A

APC
MHC classe II
V_α
V_β
C_α
C_β
Célula T
Super-antígeno

B

FIGURA 8-4 Ligação ao antígeno pelo MHC e pelo receptor de células T (TCR). No *painel A*, é mostrado um modelo da interação entre o antígeno peptídico, o MHC e o TCR. As regiões V_α e V_β do TCR são mostradas interagindo com as α-hélices que formam o sulco de ligação de peptídeo do MHC. No *painel B*, é mostrado um modelo da interação entre um superantígeno, o MHC, e o TCR. O superantígeno interage com a região V_β do TCR e com a região externa do sítio de ligação ao antígeno da molécula do MHC de classe II. (Adaptada, com autorização, de Stites DG, Terr AI, Parslow TG [editors]: *Medical Immunology*, 9th ed. McGraw-Hill, 1997, p. 132. © McGraw-Hill Education.)

antígenos molecularmente semelhantes. Todas as células B imaturas carregam imunoglobulina M (IgM) em sua superfície, e a maioria também expressa imunoglobulina D (IgD). Essas células também expressam, em sua superfície, receptores para fração Fc de imunoglobulinas e para diversas moléculas do sistema complemento.

Um antígeno interage com o linfócito B que expressa o melhor "ajuste" (especificidade) em virtude de seu receptor de superfície de imunoglobulina. Quando o antígeno interage com o BCR, a célula B é estimulada, entra em divisão e forma um clone (**seleção**, ou **expansão**, **clonal**). Essas células B selecionadas proliferam e se diferenciam para se tornarem células plasmáticas que secretam anticorpos. Uma vez que cada indivíduo pode apresentar 10^{11} moléculas de anticorpos diferentes, há um sítio de ligação na superfície da célula B para praticamente qualquer determinante antigênico.

A etapa inicial na formação do anticorpo começa com a ligação do antígeno à imunoglobulina de superfície por meio do BCR. Então, acontecem as etapas a seguir. (1) O complexo antígeno-BCR é internalizado pela célula B e o antígeno é degradado em pequenas moléculas, que são expressas na superfície celular via molécula do MHC de classe II. (2) O complexo peptídeo-MHC de classe II na célula B é reconhecido pela célula T CD4 específica para o antígeno apresentado. Em geral, essas células T já interagiram previamente com células dendríticas e se tornaram ativadas em resposta ao mesmo patógeno. Além disso, a interação das células B com as células T ocorre devido à migração dos antígenos nas áreas de fronteira entre esses dois tipos celulares presentes nos órgãos linfoides secundários. (3) Quimiocinas, como a quimiocina motivo C-X-C de ligante 13 (CXCL13, do inglês chemokine [C-X-C motif] ligand 13) e seu receptor C-X-C de quimiocina tipo 5 (CXCR5, do inglês C-X-C motif chemokine receptor), exercem um papel importante nessa interação. (4) O ligante CD40 (CD40L) nas células T liga-se ao cluster de diferenciação 40 (CD40) nas células B. Em seguida, a célula T produz IL-4, IL-5 e IL-6, que induzem proliferação das células B. (5) Por fim, as células B ativadas migram para os folículos e se proliferam para formar centros germinativos. Nesses sítios, ocorrem a hipermutação somática e a troca de classe de imunoglobulina. Nesses centros germinativos, as células B se diferenciam em plasmócitos produtores de anticorpos e em células B de memória. Mais detalhes sobre esse processo podem ser encontrados em Murphy e colaboradores (2017).

Deve-se ressaltar que alguns antígenos bacterianos podem estimular diretamente a produção de anticorpos e não necessitam de ajuda das células T para a ativação das células B. Esses antígenos são geralmente polissacarídeos bacterianos e LPS. Esses antígenos independentes da ativação de células T do timo induzem respostas das células B com mudança de classe (class switching) limitada e não induzem células B de memória. Ignorar a participação de células T pode ser uma vantagem para o hospedeiro, porque uma rápida resposta imune (produção de IgM) pode ser gerada contra organismos selecionados, como *Haemophilus influenzae* e *Streptococcus pneumoniae*.

B. Estrutura e função do anticorpo

Os anticorpos são imunoglobulinas que reagem especificamente com o antígeno que induziu a sua produção. Eles correspondem a cerca de 20% das proteínas plasmáticas. Os anticorpos gerados em resposta a um único antígeno complexo são heterogêneos porque são formados por muitos clones diferentes de células. Cada clone expressa um anticorpo capaz de reagir com um determinante antigênico diferente no antígeno complexo. Esses anticorpos são chamados de **policlonais**. As imunoglobulinas produzidas a partir de um único clone, como uma célula plasmática tumoral (mieloma), são homogêneas e denominadas anticorpos **monoclonais**. Os anticorpos monoclonais podem ser produzidos a partir da fusão de uma célula de mieloma com um linfócito B produtor de anticorpos.

As moléculas de imunoglobulinas (Ig) compartilham características estruturais em comum: por exemplo, todas as imunoglobulinas são compostas por uma cadeia polipeptídica leve e pesada. Os termos *leve* e *pesado* referem-se à sua massa molecular. As cadeias leves têm massa molecular de cerca de 25.000 Da, enquanto as cadeias pesadas têm massa molecular de aproximadamente 50.000 Da. Cada molécula de Ig consiste em duas **cadeias leves** (**L**) e duas idênticas **cadeias pesadas** (**H**, do inglês *heavy*) ligadas por ligações dissulfeto. As cadeias L pertencem a um de dois tipos: κ (kappa) ou λ (lambda). Essa classificação baseia-se nas diferenças de aminoácidos observadas em regiões constantes (Figura 8-5). Ambos os tipos ocorrem em todas as classes de imunoglobulinas (IgG, IgM, IgA, IgD e IgE), mas qualquer molécula de imunoglobulina contém apenas um tipo de cadeia L. A porção aminoterminal de cada cadeia L contém parte do local de ligação ao antígeno. As **cadeias H** são diferentes para cada uma das cinco classes de imunoglobulinas e denominam-se γ (gama), μ (mu), α (alfa), δ (delta) e ε (épsilon) (Tabela 8-3). A porção aminoterminal de cada cadeia H participa do local de ligação ao antígeno; a outra porção terminal (carboxila) forma o fragmento Fc (Figura 8-5). A porção Fc da molécula de Ig participa de várias atividades biológicas (funções efetoras), como a ativação do complemento.

Assim, uma molécula de anticorpo consiste em cadeias H e L idênticas. A molécula de anticorpo mais simples tem formato de Y (Figura 8-5) e consiste em quatro cadeias polipeptídicas: duas cadeias H e duas cadeias L. As quatro cadeias estão ligadas de modo covalente por ligações dissulfeto.

Ao estudar a estrutura da molécula de Ig, identificou-se experimentalmente que uma molécula de anticorpo, como a IgG, pode ser clivada em dois fragmentos pela enzima proteolítica papaína. Quando isso acontece, as ligações peptídicas na região da dobradiça são quebradas. A atividade de ligação ao antígeno está associada à porção Fab.* O segundo fragmento é a porção Fc que está envolvida na transferência placentária, na fixação do complemento, na fixação a várias células e em outras atividades biológicas.

As cadeias L e H de uma molécula de Ig são subdivididas em **regiões variáveis** e **regiões constantes**. As regiões são compostas por segmentos repetidos dobrados tridimensionalmente, chamados de **domínios**. A estrutura desses domínios foi determinada usando cristalografia de raios X de alta resolução. Uma cadeia L é composta por um domínio variável (V_L) e um domínio constante (C_L), enquanto a maioria das cadeias H tem um domínio variável (V_H) e três ou mais domínios constantes (C_H). Cada domínio possui cerca de 110 aminoácidos de comprimento. As regiões variáveis da molécula de Ig estão envolvidas na ligação ao antígeno, enquanto as

---

*N. de T. Na realidade, a palavra *anticorpo* se refere à função e não à molécula produzida pelas células B ativadas e diferenciadas. A denominação mais apropriada seria imunoglobulina com função de anticorpo. Assim, toda imunoglobulina, não importando a classe, tem como função primordial a ligação específica com o antígeno que estimulou a sua produção (função de neutralização, anticorpo). As demais funções efetoras estão condicionadas à fração Fc, que varia de acordo com a classe da imunoglobulina.

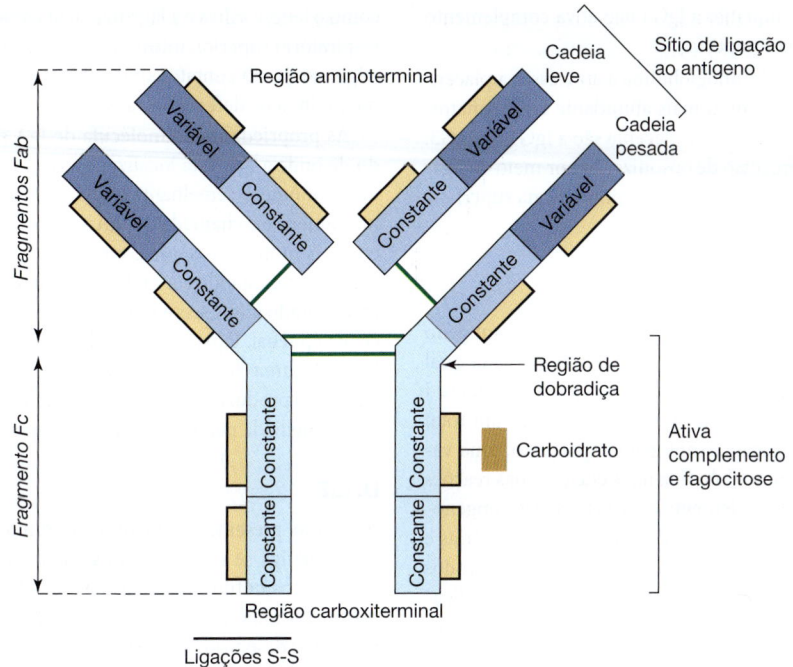

FIGURA 8-5 Representação esquemática de uma molécula de IgG, indicando as regiões constantes e variáveis das cadeias leves e pesadas. O fragmento Fab contém o sítio de ligação ao antígeno, e o fragmento Fc é região cristalizável.

regiões constantes são responsáveis pelas funções biológicas descritas posteriormente nesta seção.

No interior das regiões variáveis das cadeias L e H encontram-se sub-regiões, que consistem em sequências de aminoácidos extremamente variáveis (**hipervariáveis**), que formam o local de ligação ao antígeno. As regiões hipervariáveis formam o sítio da molécula de Ig complementar em estrutura ao determinante antigênico (epítopo). Essa área é conhecida como região determinante de complementaridade (CDR, do inglês *complementarity-determining region*). Apenas 5 a 10 aminoácidos em cada região hipervariável constituem o local de ligação ao antígeno. A ligação ao antígeno não é covalente e envolve forças de van der Waals, forças eletrostáticas e outras forças fracas.

Classes das imunoglobulinas

A. IgG

A IgG é a principal classe de imunoglobulina presente no soro. Cada molécula de IgG consiste em duas cadeias L e duas cadeias H ligadas por ligações dissulfeto (forma molecular H_2L_2) (Figura 8-5). Existem quatro subclasses de IgG: IgG1, IgG2, IgG3 e IgG4. Cada subtipo contém uma cadeia H distinta, mas relacionada. Além disso, cada subtipo difere em relação às suas atividades biológicas. A IgG1 representa 65% da IgG total. A IgG2 é dirigida contra antígenos polissacarídicos e pode representar uma importante defesa do hospedeiro contra as bactérias encapsuladas. A IgG3 é mais efetiva como ativador de complemento, em virtude de sua região

TABELA 8-3 Propriedades das imunoglobulinas humanas

	IgG	IgA	IgM	IgD	IgE
Símbolo da cadeia pesada	γ	α	μ	δ	ε
Valência	2	4[a]	5	2	2
Massa molecular (dáltons [Da])	143.000-160.000	159.000-447.000[a]	900.000	177.000-185.000	188.000-200.000
Concentração sérica (mg/mL) (adulto)	8-16	1,4-4	0,4-2	0,03	Traços
Meia-vida sérica (dias)	21[b]	7	7	2	2
Porcentagem do total de imunoglobulinas no soro	80	15	5	0,2	0,002
Ativação do complemento	Sim (+)	Não	Sim (++)	Não	Não
Transferência para o feto por via placentária[c]	+	–	–	–	–

[a]Em secreções – por exemplo, saliva, leite e lágrima, bem como em secreções dos tratos respiratório, intestinal e genital –, a IgA é geralmente encontrada como dímero ou tetrâmero, e no soro ela existe principalmente como um monômero.
[b]Subclasses 1, 2, 4. Subclasse 3 apresenta meia-vida de 7 dias.
[c]Principalmente os isotipos IgG1 e IgG3, porém todos os isotipos já foram detectados.

de dobradiça mais rígida, enquanto a IgG4 não ativa complemento devido à sua estrutura mais compacta.

A IgG é a única classe de imunoglobulina a atravessar a placenta e, portanto, é a imunoglobulina mais abundante em neonatos. As subclasses de IgG que atravessam a placenta são a IgG1 e a IgG3. A IgG também medeia o processo de opsonização por meio da ligação do complexo antígeno-anticorpo aos receptores Fc na superfície dos macrófagos e de outros tipos celulares.

B. IgM

A primeira imunoglobulina produzida em resposta a um antígeno é a IgM. A IgM é constituída de cinco unidades H_2L_2 (cada qual semelhante a uma unidade da IgG) e uma molécula da cadeia J (Figura 8-6). O pentâmero (MM de 900.000 Da) possui um total de 10 locais idênticos de ligação ao antígeno e, portanto, uma valência de 10. Trata-se da imunoglobulina mais eficiente nas reações de aglutinação, fixação do complemento e outras reações antígeno-anticorpo, e também é importante na defesa contra as bactérias e os vírus. Como sua interação com o antígeno pode envolver todos os 10 sítios de ligação, ela tem a maior capacidade de ligação e ligações cruzadas de todas as imunoglobulinas. A avaliação da presença de IgM sérica pode ser útil no diagnóstico de certas doenças infecciosas. Por exemplo, a IgM não atravessa a placenta, e sua presença no feto ou no neonato fornece evidências de infecção intrauterina.

C. IgA

A IgA é a principal imunoglobulina responsável pela imunidade de mucosa. Os níveis de IgA no soro são baixos, consistindo em apenas 10 a 15% do total de imunoglobulinas séricas presentes. Em contrapartida, a IgA é a classe predominante de imunoglobulina encontrada nas secreções extravasculares. Logo, os plasmócitos localizados nas glândulas e membranas mucosas produzem principalmente IgA. É também a imunoglobulina encontrada em secreções como o leite, a saliva e a lágrima, bem como nas secreções dos tratos respiratório superior, intestinal e genital. Esses locais permitem que a IgA esteja em contato com ambiente externo e, portanto, é a primeira linha de defesa contra bactérias e vírus.

As propriedades da molécula de IgA são diferentes dependendo de onde a IgA está localizada. No soro, a IgA é secretada como um monômero semelhante à IgG. Nas secreções mucosas, a IgA é um dímero e é chamada de IgA secretora. A IgA secretora consiste em dois monômeros que contêm dois polipeptídeos adicionais: a cadeia J que estabiliza a molécula e um componente secretor que é incorporado à IgA secretora quando é transportada através de uma célula epitelial. Existem pelo menos duas subclasses de IgA: IgA1 e IgA2. Algumas bactérias (p. ex., *Neisseria* spp.) são capazes de clivar a IgA1 ao produzirem uma protease e, assim, podem vencer a resistência mediada pelos anticorpos na superfície das mucosas.

D. IgE

A IgE está presente em quantidades muito baixas no soro. A região Fc da IgE liga-se a um receptor sobre a superfície de mastócitos, basófilos e eosinófilos. A IgE ligada atua como receptor para o antígeno que estimulou sua produção. Esse complexo antígeno-anticorpo resultante desencadeia a resposta alérgica do tipo imediato (anafilático) por meio da liberação de mediadores como a histamina.

E. IgD

A IgD sérica está presente apenas em pequenas quantidades. Contudo, a IgD é a principal imunoglobulina ligada à superfície em linfócitos B maduros que ainda não foram ativados pelo antígeno. Essas células B contêm IgD e IgM na proporção de 3:1. Até o momento, as funções da IgD não são completamente conhecidas.

Genes das imunoglobulinas e geração da diversidade

A capacidade de um indivíduo produzir um número extremamente grande de moléculas de imunoglobulina ($\sim 3 \times 10^{11}$) com um número relativamente pequeno de genes evoluiu por meio de mecanismos genéticos especiais. Esse fenômeno deve-se à recombinação somática observada nos genes das imunoglobulinas, resultando em uma enorme diversidade de especificidades de anticorpos.

Cada cadeia de imunoglobulina consiste em uma região variável (V) e uma região constante (C). Para cada tipo de cadeia de imunoglobulina (cadeia leve kappa [κ], cadeia leve lambda [λ] e as cinco cadeias pesadas [γH, μH, αH, εH e δH]) existe um reservatório distinto de segmentos gênicos localizado em diferentes cromossomos. Em seres humanos, as famílias multigenes são encontradas nos cromossomos 22 (λ) e 2 (κ). Já as famílias de cadeia pesada se encontram no cromossomo 14. Cada um dos três *loci* gênicos contém um conjunto de diferentes segmentos gênicos V que são separados dos segmentos gênicos C. Durante a diferenciação das células B, o DNA é reorganizado para trazer os segmentos de genes identificados adjacentes uns aos outros no genoma.

Em resumo, o processo de rearranjo gênico é complexo e envolve várias etapas. A região variável de cada cadeia L é codificada por dois segmentos: V e J. A região variável de cada cadeia H é codificada por três segmentos: V, D e J. Os segmentos são unidos em um único gene variável V funcional por rearranjo do DNA. Cada gene variável V organizado é transcrito com o gene constante C apropriado para produzir um RNA mensageiro (mRNA) que codifica a

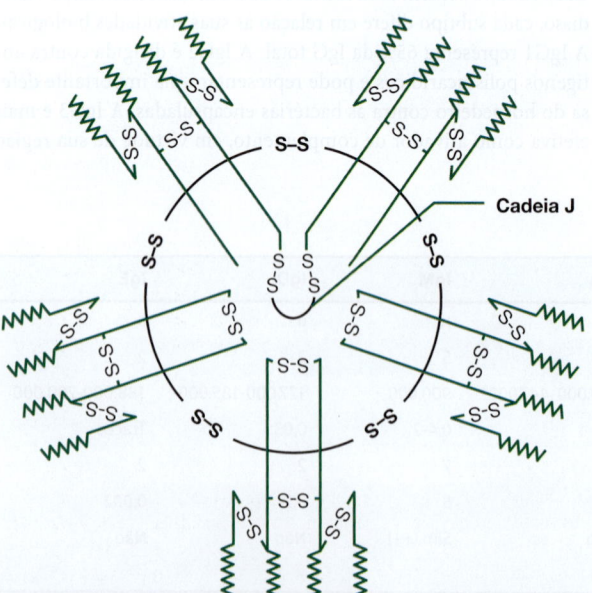

FIGURA 8-6 Diagrama esquemático da estrutura pentamérica da molécula de IgM humana. Os monômeros de IgM são conectados entre si e na cadeia J por ligações dissulfeto.

cadeia peptídica completa. As cadeias L e H são sintetizadas separadamente em polissomos e, por fim, reunidas no citoplasma para formar unidades H_2L_2 por meio de ligações dissulfeto. Em seguida, ocorre a adição de carboidrato durante a sua passagem pelos componentes da membrana celular (p. ex., complexo de Golgi), e a molécula de imunoglobulina é liberada da célula.

Esse mecanismo de rearranjo gênico gera uma enorme variedade de moléculas de imunoglobulina. A diversidade das moléculas de imunoglobulina depende: (1) de inúmeros segmentos gênicos V, D e J; (2) da associação de combinações, isto é, de qualquer segmento gênico V com qualquer segmento D ou J; (3) da combinação aleatória de diferentes cadeias L e H; (4) de hipermutações somáticas; e (5) da diversidade juncional criada pela junção imprecisa durante o rearranjo com a adição de nucleotídeos em que a enzima desoxinucleotidil-transferase terminal forma uma junção completa.

Mudança de classe das imunoglobulinas

Inicialmente, todas as células B ligadas a um antígeno expressam IgM específico para aquele antígeno e produzem IgM em resposta a esse antígeno. Em seguida, o rearranjo gênico permite a elaboração de anticorpos com a mesma especificidade antigênica, mas de diferentes classes de imunoglobulinas. Na **mudança de classe**, o mesmo gene V_H reunido é capaz de associar-se, de modo sequencial, a diferentes genes C_H, de modo que a imunoglobulina produzida posteriormente (IgG, IgA ou IgE) tenha a mesma especificidade da IgM original, porém com características biológicas diferentes.* A mudança de classe também depende das citocinas liberadas pelas células T. Recentemente, foi demonstrado que IL-4, IL-5, IFN-γ e fator de crescimento transformador β (TGF-β, do inglês *transforming growth factor-beta*) desempenham um papel na regulação da troca de classe de Ig.

Respostas de anticorpos

A. Resposta primária

Quando um indivíduo encontra um antígeno pela primeira vez, o anticorpo produzido em resposta a esse antígeno é detectável no soro dentro de dias ou semanas. Esse tempo pode variar dependendo da natureza, da dose do antígeno e da via de administração (p. ex., oral ou parenteral). A concentração sérica de anticorpos continua aumentando durante várias semanas e, em seguida, declina, podendo atingir níveis muito baixos (Figura 8-7). A primeira imunoglobulina produzida é a IgM, seguida pelas imunoglobulinas IgG e IgA. Além disso, os níveis de IgM tendem a declinar antes dos níveis de IgG.

B. Resposta secundária

No caso de um segundo encontro com o mesmo antígeno, meses ou anos após a resposta primária, a resposta humoral é mais rápida e os níveis de anticorpos atingem valores mais elevados que os observados durante a resposta primária (Figura 8-7). Essa alteração na resposta é atribuída à persistência das "células de memória" sensíveis ao antígeno após a primeira resposta imunológica. Na resposta

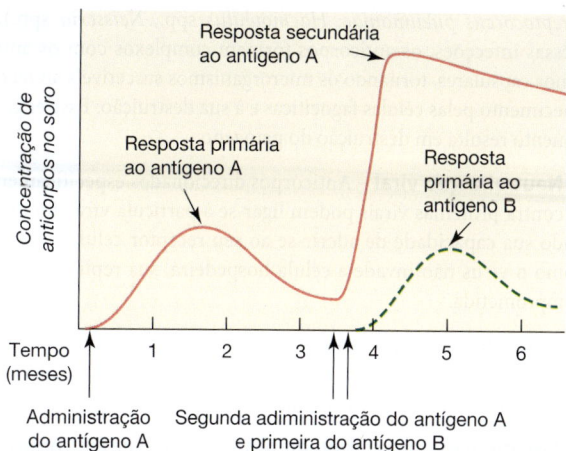

FIGURA 8-7 Velocidade da produção de anticorpos após a primeira administração de um antígeno e após a dose de reforço (segundo contato).

secundária, a concentração de IgM produzida é qualitativamente semelhante à observada após o primeiro contato com o antígeno; todavia, ocorre a produção de uma quantidade muito maior de IgG, e o nível dessa imunoglobulina tende a persistir por muito mais tempo do que na resposta primária. Além disso, esses anticorpos tendem a ligar-se com maior intensidade ao antígeno (i.e., exibe maior afinidade) e, assim, dissociam-se com menos facilidade.**

Funções protetoras dos anticorpos

O papel protetor dos anticorpos é baseado no fato de que são gerados anticorpos específicos que reconhecem e se ligam a patógenos específicos. Essa interação dispara uma série de respostas de defesa do hospedeiro. Os anticorpos podem produzir resistência à infecção por cinco principais mecanismos.

1. Aumento da fagocitose – Os anticorpos realizam opsonização de um antígeno estranho (revestimento), permitindo que este seja mais facilmente reconhecido por fagócitos. Além disso, a imunidade mediada por anticorpos contra patógenos é geralmente mais eficaz quando dirigida contra as infecções microbianas, cuja virulência está relacionada com cápsulas de polissacarídeos (p. ex.,

---

*N. de T. Ou seja, a capacidade da molécula de imunoglobulina de reconhecer, ligar-se e neutralizar o determinante antigênico específico que originalmente induziu a sua produção é mantida (função de anticorpo). Contudo, a imunoglobulina adquire diferentes funções efetoras associadas a alterações na sua fração Fc.

N. de T. As interações entre os antígenos e as imunoglobulinas são, de certa forma, semelhantes às interações enzima-substrato, sendo medidas em unidades de mol/L (M^{-1}). A classe IgM tem, em geral, uma baixa afinidade (Ka em torno de 10^7 M^{-1}), enquanto a classe IgG tem alta afinidade (10^9 M^{-1}). Contudo, a medição das constantes de afinidade Ka requer antígenos e anticorpos purificados, o que no caso destes últimos só é possível com anticorpos monoclonais. Para soros policlonais, em vez de falar de afinidade, é mais correto mencionar **avidez, que é uma medida global da força das interações entre o antígeno e os diversos anticorpos que o reconhecem e estão presentes nesse soro. A avidez tem um grande significado fisiológico, pois permite avaliar a imunidade de um indivíduo para um antígeno específico. Assim, ao contrário da afinidade, que é mensurada em medidas universais, a avidez é medida em termos relativos, sendo o padrão o soro pré-imune do mesmo indivíduo sem contato prévio com o antígeno. A avidez depende não só da afinidade das regiões determinantes da complementaridade de uma imunoglobulina, mas também do número dessas regiões por imunoglobulina. A IgM (pentamérica) tem uma avidez da mesma ordem de grandeza que a IgG (monomérica), formando redes de interações antígeno-anticorpo que atingem a zona de equivalência com títulos semelhantes, apesar da sua mais baixa afinidade em relação à IgG.

Streptococcus pneumoniae, Haemophilus spp., *Neisseria* spp.).* Nessas infecções, os anticorpos formam complexos com os antígenos capsulares, tornando os microrganismos suscetíveis ao reconhecimento pelas células fagocíticas e à sua destruição. Esse engolfamento resulta em destruição do patógeno.

2. Neutralização viral – Anticorpos direcionados especificamente contra proteínas virais podem ligar-se à partícula viral, bloqueando sua capacidade de aderir-se ao seu receptor celular. Assim, como o vírus não invade a célula hospedeira, sua replicação fica comprometida.

3. Neutralização de toxinas – Anticorpos podem neutralizar toxinas de diferentes microrganismos (p. ex., toxina diftérica, tetânica e botulínica) e inativar seus efeitos nocivos.

4. Lise mediada por complemento – A ligação de anticorpos às proteínas virais em células infectadas por um vírus, em células tumorais ou em uma parede celular microbiana pode ativar o sistema complemento, levando à lise celular.

5. Citotoxicidade celular dependente de anticorpo (ADCC, do inglês *antibody-dependent cell cytotoxicity*) – A ligação de anticorpos específicos a antígenos expressos na superfície de uma célula infectada por um vírus pode resultar na destruição dessa célula. Essa lise é mediada pela célula NK, por um macrófago ou por um neutrófilo. Essas células linfoides se ligam à porção Fc dos anticorpos específicos para os antígenos expressos na superfície das células infectadas, resultando na destruição dessas células.** Além disso, a ADCC mediada pelos eosinófilos é um importante mecanismo de defesa contra helmintos. A IgE reveste esses helmintos, permitindo que os eosinófilos se liguem à porção Fc da IgE, desencadeando sua degranulação.

Tipos de imunidade

Uma vez que os anticorpos são protetores, diferentes estratégias são utilizadas para induzir sua produção (imunidade ativa) ou para sua administração no hospedeiro (imunidade passiva).

A. Imunidade ativa

A imunidade ativa é conferida quando um indivíduo entra em contato com um antígeno (p. ex., um agente infeccioso). Essa imunidade pode ocorrer no contexto de uma infecção clínica ou subclínica, imunização com organismo vivo ou morto, exposição a produtos microbianos (p. ex., toxinas e toxoides) ou transplante de tecidos estranhos. Em todos esses exemplos, o indivíduo produz anticorpos ativamente. Os anticorpos produzidos durante a imunidade ativa

geralmente são de longa duração.*** Contudo, a proteção é adiada até que a sua produção alcance uma concentração efetiva.

B. Imunidade passiva

A imunidade passiva é gerada pela administração de anticorpos pré-formados. A principal vantagem da imunização passiva é que o receptor recebe uma grande concentração de anticorpos imediatamente. Essa imunidade não confere proteção de longo prazo, mas é útil quando o paciente não tem tempo para produzir sua própria resposta. A imunidade passiva é útil contra certos vírus (p. ex., o vírus da hepatite B), após uma lesão provocada por instrumentos perfurocortantes em alguém que não foi vacinado ou em casos de deficiência imunológica em que o anticorpo não pode ser produzido.****

Contudo, além dos efeitos protetores mediados por anticorpos, efeitos deletérios podem ocorrer. A imunidade passiva pode desencadear reações de hipersensibilidade, caso esses anticorpos sejam de outra espécie.***** Na imunidade ativa, a ligação de anticorpos ao antígeno resulta na formação de imunocomplexos circulantes. A deposição desses complexos pode ser uma característica importante no desenvolvimento das disfunções orgânicas. Por exemplo, imunocomplexos podem depositar-se nos rins e induzir glomerulonefrite, que pode ocorrer após infecções estreptocócicas.

Células T

A. Imunidade mediada por células

Dentro da resposta imune adaptativa, a interação cooperativa da imunidade mediada por anticorpos e por células fornece a melhor oportunidade para combater uma infecção. De fato, uma resposta mais eficiente dos anticorpos depende da ativação das células T. Esta seção direciona a atenção para o reconhecimento antigênico, a ativação das células T, suas subpopulações e funções, bem como seu desenvolvimento, proliferação e diferenciação.

1. Desenvolvimento das células T – Conforme mencionado anteriormente, as células T são derivadas das mesmas células-tronco hematopoiéticas que as células B. Dentro do timo, as células T amadurecem e sofrem diferenciação. Sob a influência dos hormônios

---

*N. de T. Deve-se ressaltar que a cápsula é, em muitos casos, a principal estrutura de virulência em muitas bactérias. Ela dificulta o processo de opsonização pelas moléculas do sistema complemento e pelos anticorpos, resultando em diminuição da fagocitose.

**N. de T. O mais comum desses receptores Fc na superfície de uma célula NK é o CD16 ou FcγRIII. Uma vez que o receptor Fc se liga à região Fc do anticorpo, a célula NK libera fatores citotóxicos que causam a morte da célula-alvo. A citólise mediada pelas células NK ocorre pela ação das enzimas perforinas, que criam poros na membrana das células-alvo, e granzimas, que penetram nas células e desencadeiam morte celular por apoptose.

***N. de T. Isso depende, em parte, da natureza química do antígeno, sua concentração, via de inoculação, características genéticas do indivíduo e suas condições imunológicas.

****N. de T. A imunidade passiva também pode ocorrer de forma natural. Anticorpos maternos do isotipo IgG passam pela barreira placentária, fornecendo imunidade temporária para o neonato. Outro mecanismo de transmissão ocorre durante a amamentação, principalmente durante a primeira, pela presença de uma grande quantidade de anticorpos, principalmente do isotipo IgA.

*****N. de T. Geralmente pode acontecer após administração de soro hiperimune de cavalo utilizado para soroterapia contra picada de ofídios ou neutralização da toxina tetânica, diftérica ou botulínica em indivíduos infectados. Embora esses anticorpos sejam específicos, eles são heterólogos, pois foram produzidos pelo cavalo e não pelo próprio indivíduo (anticorpos homólogos). Os soros são mais frequentemente associados a reações de hipersensibilidade (p. ex., doença do soro), embora sejam raras as reações graves. A frequência de reações à soroterapia parece ser menor quando o soro é administrado diluído. A diluição pode ser feita, a critério clínico, na razão de 1:2 a 1:5, em soro fisiológico ou glicosado a 5%, infundindo-se na velocidade de 8 a 12 mL/min, observando, entretanto, a possível sobrecarga de volume em crianças e em pacientes com insuficiência cardíaca. Quando possível, os soros devem ser substituídos por imunoglobulinas.

tímicos, as células T se diferenciam em células imunocompetentes que expressam TCR específico. Essas células T sofrem recombinação VDJ de sua cadeia β e, em seguida, rearranjo de suas cadeias α. Agora, essas células T passam por dois processos: um positivo e outro negativo. Durante a seleção positiva, as células que reconhecem autopeptídeos mais o MHC próprio com afinidade fraca sobreviverão. Essas células são agora restritas ao reconhecimento de moléculas de MHC próprias. Durante a seleção negativa, as células que reconhecem o autopeptídeo mais o próprio MHC com alta afinidade são destruídas. As células sobreviventes, células T duplamente positivas CD4$^+$ e CD8$^+$, continuam a amadurecer e a diferenciar-se em células T CD4$^+$ ou CD8$^+$. Apenas uma minoria de células T em desenvolvimento expressa os receptores apropriados para serem retidas e sair para a periferia, onde podem maturar em células T efetoras.

2. Receptor de células T para antígeno – O TCR é a molécula de reconhecimento das células T. Esse receptor é formado por uma proteína heterodimérica transmembrânica contendo duas cadeias ligadas por dissulfeto. É composto por duas classes diferentes de TCR denominadas **alfa-beta (α e β)** e **gama-delta (γ e δ)**. A maioria das células T contém o fenótipo TCR αβ. No entanto, um menor percentual de células T expressa o TCR γδ. As células T αβ são subdivididas por seus marcadores de superfície: CD4 ou CD8. Pouco se sabe sobre as atividades das células T γδ.* Essas células são principalmente encontradas no epitélio dos tratos reprodutivo e gastrintestinal.

A estrutura do TCR se assemelha ao fragmento Fab de uma molécula de imunoglobulina – ou seja, o TCR tem regiões variáveis e constantes. Mais especificamente, cada cadeia possui dois domínios extracelulares: uma região variável e uma região constante. A região constante está mais próxima da membrana celular, enquanto a região variável se liga ao complexo peptídeo-MHC. Quando o TCR reconhece o complexo peptídeo antigênico-MHC, ocorre uma série de eventos bioquímicos. Esses eventos serão discutidos ao longo do texto.

Conforme descrito para as imunoglobulinas, a diversidade do TCR é semelhante à descrita para o BCR. A cadeia α do TCR é o resultado da recombinação VJ, enquanto a cadeia β é gerada pela recombinação VDJ. Esses segmentos podem ser combinados aleatoriamente de diferentes maneiras para gerar o complexo TCR.

O complexo TCR é formado pelas cadeias α e β altamente variáveis do TCR mais as proteínas invariáveis CD3. As proteínas invariáveis do complexo CD3 são responsáveis pela transdução do sinal recebido pelo TCR ao reconhecer o antígeno. As diferentes proteínas do complexo CD3 são proteínas transmembrânicas que podem interagir com tirosinas-quinase citosólicas que, por sua vez, iniciam a transdução de sinal, levando à transcrição gênica, ativação celular e início das atividades funcionais das células T.

Além do complexo TCR, o sinal de células T também é intensificado pela presença de correceptores. As moléculas CD4 e CD8 na membrana das células T funcionam como moléculas correceptoras. Durante o reconhecimento do antígeno, as moléculas de CD4 e CD8 interagem com o complexo TCR e com moléculas do MHC na APC. A molécula CD4 liga-se a moléculas do MHC de classe II, enquanto a molécula CD8 liga-se a moléculas do MHC de classe I.

3. Proliferação e diferenciação de células T – A proliferação das células T depende de uma série de eventos. Na apresentação via molécula do MHC de classe II, dois sinais são necessários para que as células T CD4 "virgens" (*naïve*) sejam ativadas. O primeiro sinal é dado pela interação do TCR na superfície da célula T, com o complexo peptídeo-MHC da APC. A glicoproteína CD4 na célula T *naïve* atua como correceptor, ligando-se a moléculas do MHC de classe II. Essa ligação assegura a estabilidade entre a célula T e a APC. O segundo sinal (coestimulação), necessário para a ativação das células T, é derivado da interação das moléculas coestimulatórias da família B7 (B7-1/B7-2 também identificadas como CD80 e CD86) na APC com CD28 na superfície da célula T. Estas são as principais moléculas coestimulatórias. Após a conclusão dessas duas etapas de estimulação (ligação de TCR ao complexo MHC classe II-peptídeo e ligação de CD28 a B7-1/B7-2), um conjunto de vias bioquímicas é desencadeado na célula, o que resulta na transcrição de diferentes genes associados a citocinas e de várias outras moléculas importantes na resposta imunológica. Durante esses eventos, a célula T secreta citocinas (principalmente IL-2 e IFN-γ) e aumenta a expressão de receptores para IL-2. Essas células T são capazes de proliferar e diferenciar-se em células efetoras.

A ativação das células T CD8 ocorre quando seu TCR interage com o complexo peptídeo-MHC de classe I expresso na superfície das células infectadas. A glicoproteína CD8 na superfície da célula T atua como correceptor, ligando-se à molécula do MHC de classe I na APC. Novamente, essa interação mantém as duas células ligadas durante a ativação antígeno-específica. Uma vez ativada, a célula T citotóxica produz IL-2 e IFN-γ, multiplica-se e diferencia-se em célula efetora. Ao contrário da ativação da célula T CD4, a célula T CD8 é, em geral, independente de moléculas coestimulatórias, e as células infectadas por vírus são destruídas por meio de grânulos citotóxicos liberados pela célula T CD8.

Como o sistema imunológico é altamente regulado, ele também pode diminuir a ativação imunológica para limitar as respostas opressivas ou excessivas e, portanto, evitar danos ao hospedeiro. O sistema imunológico está equipado com um sistema de pontos de controle (*checkpoint*) e vários *checkpoints* regulatórios negativos, que executam essa função. A proteína 4 associada à célula T citotóxica (CTLA-4, do inglês *cytotoxic T-lymphocyte-associated protein 4*)** e a proteína de morte celular programada 1 (PD-1, do inglês *programmed cell death protein 1*) são dois receptores de superfície celular que podem "desligar" as células T ativadas quando elas interagem com seu ligante. Por exemplo, a CTLA-4 bloqueia o sinal 2 e, portanto, impede a ativação de células T.

B. Funções efetoras da célula T

1. Células CD4 efetoras – As células **T CD4** proliferativas podem diferenciar-se em uma das quatro principais categorias de células

---

*N. de T. Esses linfócitos diferem dos linfócitos αβ, pois seu TCR pode reconhecer antígenos mesmo na ausência de apresentação pela molécula do MHC. Os linfócitos γδ apresentam também memória imunológica, respondendo mais intensamente em um segundo encontro antigênico. Também podem apresentar citotoxicidade (característica primária dos linfócitos CD8$^+$). Essas células também apresentam função auxiliadora, liberando citocinas como IFN-γ (Th1) ou IL-4 (Th2), e podem, inclusive, atuar como APCs eficientes, pois possuem alta capacidade de apresentar antígenos aos linfócitos αβ. Além disso, são capazes de ativar células dendríticas e linfócitos B, ampliando tanto a resposta imune celular como a humoral.

**N. de T. Também conhecida como CD152.

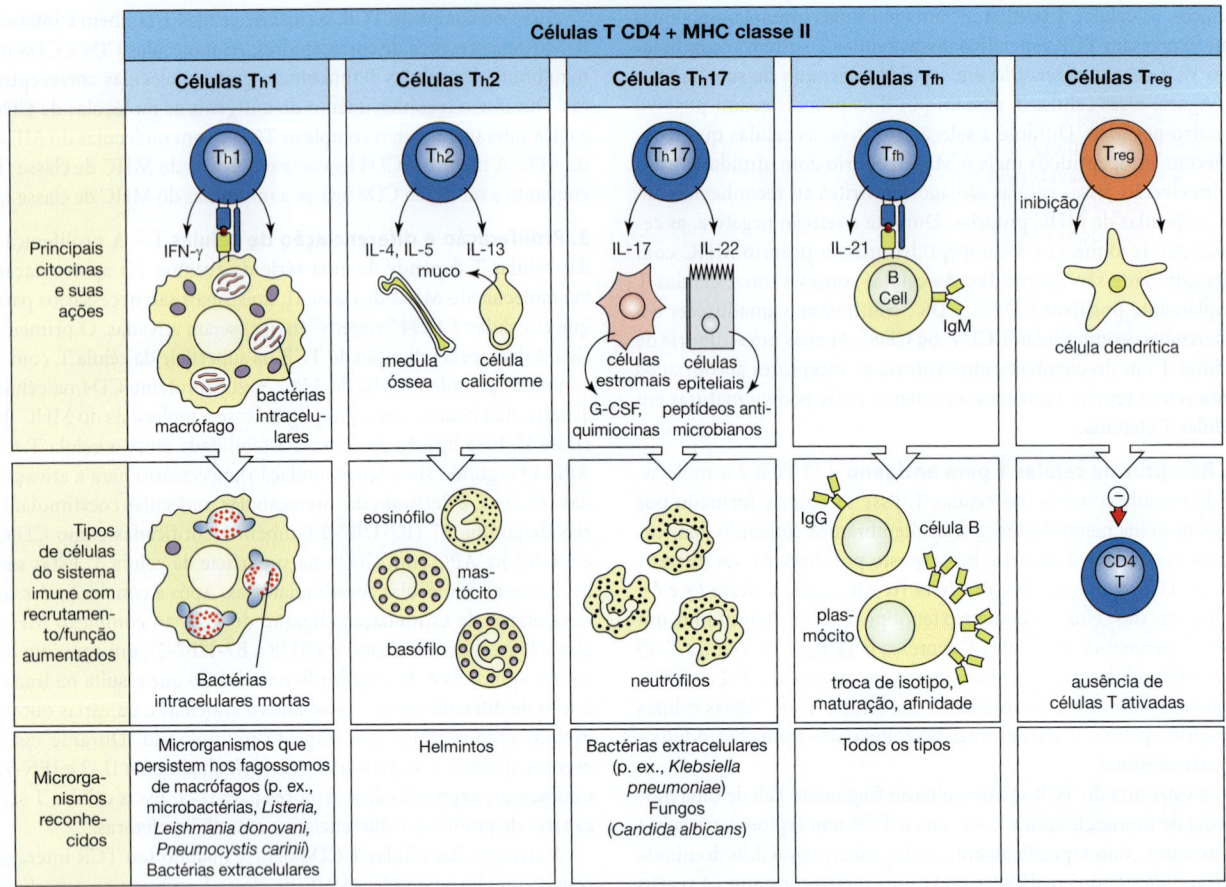

FIGURA 8-8 Células T CD4: peptídeo + MHC de classe II. (Reproduzida, com autorização, de Murphy K, Weaver C: *Janeway's Immunobiology*, 9th ed., Figure 9.30. Copyright © 2017 by Garland Science, Taylor & Francis Group, LLC. Utilizada com autorização de W. W. Norton & Company, Inc.)

efetoras: **células Th1**, **células Th2**, **células Th17**, **Tfh** ou **células T reguladoras** (**T reg**) (Figura 8-8).

Th1 – As células **Th1** são desencadeadas pela presença de IL-2 e IL-12, ativam macrófagos ou induzem troca de classe em células B, resultando na liberação de IgG. Ambos os casos resultam, por exemplo, na eliminação de um patógeno bacteriano tanto pela sua destruição direta por macrófagos ativados por IFN-γ quanto pela destruição facilitada por opsonização.* Essas células Th1 também produzem IL-2 e IFN-γ, o que amplifica a resposta imunológica (resposta autócrina).

Th2 – Em um ambiente onde a IL-4 está presente, as células **Th2** predominam e ativam os mastócitos e eosinófilos e induzem troca de classe em células B, o que resulta na liberação de IgE. Isso auxilia na resposta imune contra helmintos. As células Th2** também secretam IL-4, IL-5, IL-9 e IL-13.

Th17 – Quando TGF-β, IL-6 e IL-23 estão concomitantemente presentes, as células T CD4 se diferenciam em células **Th17**.*** Essas células produzem IL-17, IL-21 e IL-22. A IL-17 é uma citocina que induz as células estromais e epiteliais a produzirem IL-8 (CXCL8). A IL-8, por sua vez, é uma potente quimiocina responsável pelo recrutamento de neutrófilos e macrófagos em tecidos infectados.

Tfh – As células T *helper* CD4+ foliculares (**Tfh**) são um tipo de célula recentemente reconhecida que povoa os folículos dos linfonodos e participa da ajuda de células B específicas do antígeno. Essas células auxiliam na troca de isotipo e produção de anticorpos.

---

*N. de T. As células Th1 também induzem a proliferação, aumentam a capacidade citotóxica das células CD8+ e são essenciais para o controle de patógenos intracelulares.

**N. de T. A resposta Th2 também está associada com as doenças alérgicas, uma vez que a IL-4 induz a troca de classe nas células B para IgE e a IL-5 induz a produção e a ativação de eosinófilos. De forma análoga à IFN-γ, a IL-4 também está associada à retroalimentação positiva para a via Th2 e suprime a via Th1.

***N. de T. As células Th17 foram descritas pela primeira vez em modelos experimentais de doenças autoimunes, como encefalite autoimune e artrite induzida por colágeno, que antes se acreditava serem mediadas predominantemente por células Th1. Esse novo braço de linfócitos T CD4+ foi proposto pela descoberta da citocina IL-23 que, juntamente com IL-1 e IL-6, poderia levar ao desenvolvimento de doenças autoimunes em modelos murinos por seu importante papel pró-inflamatório e indutor da diferenciação e ativação de células Th17. Essas células também são potentes indutoras de inflamação, induzindo a infiltração celular de PMNs e a produção de outras citocinas pró-inflamatórias, como IL-1, IL-6 e IL-8.

As células Tfh* expressam o receptor de quimiocina CXCR5 e produzem IL-21, ambas necessárias para sua contribuição para a formação do centro germinativo.

T reg – As células T CD4 podem diferenciar-se em células **T reguladoras (T reg)** quando são expostas apenas ao TGF-β. As células T reg são responsáveis pela supressão da resposta imune. Elas são identificadas pela expressão de CD4 e de CD25 na superfície e pelo fator de transcrição Foxp3. As células T reg** produzem TGF-β e IL-10, as quais participam do processo de supressão da resposta imune.

2. Células CD8 efetoras – As células **CD8** se diferenciam em células citotóxicas efetoras pela interação do TCR e pelo complexo peptídeo-MHC de classe I na superfície de uma célula infectada. Após o reconhecimento, as células T CD8 promovem a destruição da célula infectada. O principal método de destruição é por meio da liberação de grânulos citotóxicos, contendo perforinas, granzimas e uma terceira proteína, recentemente identificada como granulisina. Assim, a liberação das perforinas pelas células T CD8 ajuda as granzimas e as granulisinas a penetrarem na célula infectada. As granzimas iniciam a apoptose*** (morte celular programada) pela ativação das caspases celulares. Esse mesmo fenômeno também ocorre durante o reconhecimento de células tumorais pelas células T CD8. Para mais informações sobre esse tópico, ver Murphy e colaboradores (2017).

COMPLEMENTO

O sistema complemento (uma cascata complexa e sofisticada de várias proteínas) é projetado para fornecer defesa contra invasores microbianos. O sistema complemento inclui soro e proteínas ligadas à membrana que participam das imunidades inata e adaptativa. Essas proteínas são altamente reguladas e interagem por meio de uma série de cascatas proteolíticas. Vários componentes do complemento são proenzimas, que devem ser clivadas para a formação de enzimas ativas.

Efeitos biológicos do complemento

As proteínas do complemento ativadas iniciam uma variedade de funções que resultam em quatro funções efetoras principais: (1) citólise, (2) quimiotaxia, (3) opsonização e (4) anafilatoxina.

1. *Citólise* é a lise de células, como bactérias, células infectadas e células tumorais. Esse processo ocorre por meio do desenvolvimento do complexo de ataque à membrana (MAC, do inglês *membrane attack complex*) (C5b, 6, 7, 8, 9), que é inserido na membrana de uma célula ou de um microrganismo. O MAC cria buracos na membrana celular, o que leva à perda da integridade osmótica e à ruptura do microrganismo ou célula.
2. *Quimiotaxia* é o movimento direcionado dos leucócitos em direção ao local da infecção. Esse movimento ocorre em resposta a um fator quimiotático. Uma das substâncias quimiotáticas mais importantes é o C5a, um fragmento de C5 que estimula o movimento de neutrófilos e monócitos para locais de inflamação.
3. *Opsonização* é um termo usado para descrever como os anticorpos ou C3b podem otimizar a fagocitose de diferentes microrganismos. Os macrófagos e os neutrófilos expressam receptores para C3b e, portanto, podem ligar-se a organismos revestidos de C3b, desencadeando o processo de fagocitose.
4. *Anafilatoxinas* promovem vasodilatação e aumento da permeabilidade vascular. Dois componentes do complemento, C3a e C5a, são anafilatoxinas potentes. Ambos se ligam a receptores na superfície dos mastócitos e dos basófilos, resultando na liberação de histamina. Essa função do complemento resulta no aumento do fluxo sanguíneo no sítio de infecção, permitindo a entrada de mais componentes do sistema complemento, anticorpos, citocinas, quimiocinas e células do sistema imune, que amplificarão cada vez mais a resposta imunológica.

Vias de ativação do complemento

Existem três principais vias de ativação do complemento: a via clássica, a via alternativa e a via da lectina (via de ativação mediada por lectina ligadora de manose [MBL, do inglês *mannose-binding lectin*]) (Figura 8-9). Todas as vias podem resultar na formação do MAC. Essas três vias também levam à liberação de C5-convertase, que, por sua vez, cliva a C5 em C5a e C5b. Como mencionado anteriormente, C5a é uma anafilatoxina e um fator quimiotático. C5b se liga a C6 e a C7 para formar um complexo que se insere na bicamada da membrana. Em seguida, C8 se liga ao complexo C5b-C6-C7, seguida da polimerização de até 16 moléculas de C9 para produzir o MAC. O MAC, então, gera um canal ou poro na membrana, causando citólise devido à passagem de água através da membrana da célula.

Via clássica

O componente C1, ligado a um local na região Fc, é constituído de três proteínas: C1q, C1r e C1s. A C1q é um agregado de polipeptídeos que se ligam à porção Fc da IgG e da IgM. O imunocomplexo antígeno-anticorpo ligado a C1 ativa C1s, que cliva C4 e C2, formando C4b2b. Esse complexo (C4b2b) é denominado C3-convertase ativa, que cliva moléculas de C3 em dois fragmentos: C3a e C3b. Como mencionado anteriormente, C3a é uma potente anafilatoxina. O fragmento C3b forma um complexo com C4b2b, produzindo uma nova enzima, a C5-convertase, que cliva o componente C5, formando C5a e C5b. Agora C5b está disponível para ligar-se a C6 e C7 e formar o complexo C5b/C6/C7. Finalmente, o C9 se liga a esse complexo recém-formado para produzir a

---

*N. de T. Recentemente, foi descrito outro tipo de célula T CD4⁺ especializada na regulação das interações entre as células Tfh e as células B que ocorrem nos centros germinativos, evitando a desregulação dessas respostas e prevenindo o desenvolvimento de doenças autoimunes. Esses linfócitos foram denominados **células T foliculares reguladoras (Tfr)**. Essas células se diferenciam nos órgãos linfoides secundários a partir das células T reguladoras formadas no timo e que expressam Foxp3.

**N. de T. Na realidade, atualmente são conhecidas outras células T CD4⁺ com funções regulatórias, como as células TR1 (que produzem IL-10 e suprimem o desenvolvimento de algumas respostas de células T *in vivo*), as células Th3 (capazes de impedir o desenvolvimento de doenças autoimunes pela produção de TGF-β), as células CD8⁺Qa-1⁺, as células T CD8⁺ CD28⁻ (CD8⁺ T$_R$), as células NK/T e as células T duplo-negativas (TCR αβ, mas CD4⁻ CD8⁻).

***N. de T. Essas células levam à apoptose pela expressão do receptor Fas L (CD178) que interage com a molécula Fas (CD95) nas células-alvo.

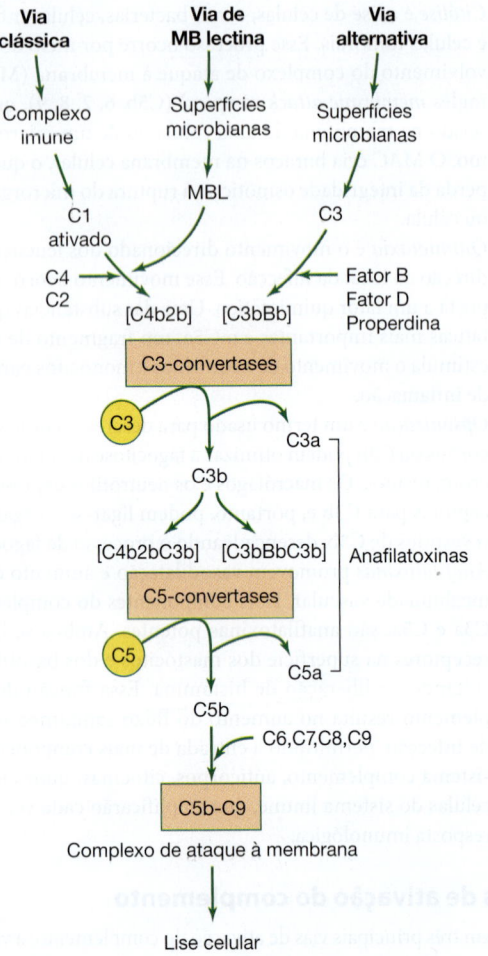

FIGURA 8-9 Sequência de reações do complemento.

formação do MAC. Uma vez que o MAC é formado, a lise celular ocorre logo em seguida. Apenas a IgM e a IgG fixam o complemento através da via clássica. Entre as IgGs, apenas as subclasses 1, 2 e 3 fixam o complemento, enquanto a subclasse IgG4 não apresenta essa capacidade.

Um exemplo da via clássica do complemento em ação pode ser observado nas infecções pelo herpes-vírus simples (HSV, do inglês *herpes simplex virus*). A replicação do HSV dentro das células é acompanhada pela inserção de proteínas do vírus na membrana da superfície celular. Anticorpos específicos contra o HSV se ligam na superfície das células infectadas pelo sítio Fab. Agora, a fração Fc do complexo antígeno-anticorpo está exposta e pronta para a ligação do C1. A via clássica é ativada, e a célula infectada é destruída pelo MAC.*

Via alternativa

A via alternativa do complemento pode ser ativada por agentes infecciosos que ativam o sistema complemento, desencadeando a produção celular dos fatores B, D e da properdina. Esses fatores clivam C3 e geram C3-convertase. A C3-convertase (C3bBb) que foi gerada durante a via alternativa produz mais C3b.** O C3b adicional liga-se à C3-convertase para formar C3bBbC3b. Essa enzima é a C5-convertase da via alternativa que gera C5b, resultando na produção do MAC descrito anteriormente.

Via da lectina ligadora de manose

A via da lectina é um componente importante da resposta imune inata e é semelhante à via clássica no ponto de clivagem de C4. No entanto, a principal diferença é que ela é iniciada pela ligação da MBL a polissacarídeos nas superfícies bacterianas. A ligação de MBL a um patógeno resulta na formação de um tricomplexo de MBL com duas serinas-protease (MASP-1 e MASP-2, do inglês *mannose-binding lectin-associated serine protease*). Esse tricomplexo agora está ativado para clivar C4 em C4a e C4b e C2 em C2a e C2b. O novo complexo C4bC2a é a C3-convertase dessa via e segue em cascata como a via clássica.

A. Regulação do sistema complemento

Para evitar a ativação constante do complemento, uma rede regulatória é responsável por encerrar a ativação prévia do complemento. O sistema complemento é regulado por diversas proteínas séricas em diferentes estágios: (1) a proteína inibidora de C1 se liga e inativa a atividade da serina-protease de C1r e C1s, fazendo elas se dissociarem de C1q; (2) o fator I cliva C3b e C4b, reduzindo, assim, a quantidade disponível de C5-convertase; (3) o fator H intensifica o efeito do fator I sobre C3b; e (4) o fator P (properdina) protege C3b e estabiliza a C3-convertase da via alternativa. A regulação também é realizada por proteínas com capacidade de acelerar o decaimento das proteínas do complemento, como o fator acelerador de decaimento (DAF, do inglês *decay-accelerating factor*) expresso nas células endoteliais. Essa proteína pode atuar para acelerar a dissociação das C3-convertases das três vias.

Deficiências do complemento e evasão do patógeno

Foram descritas muitas deficiências genéticas de proteínas do complemento que, em geral, resultam em aumento da suscetibilidade a doenças infecciosas (p. ex., deficiência de C2 leva frequentemente a graves infecções por bactérias piogênicas). A deficiência nos componentes do MAC aumenta acentuadamente a suscetibilidade do indivíduo a infecções por *Neisseria*. Também são conhecidas deficiências de componentes da via alternativa (p. ex., a deficiência de properdina, associada à maior suscetibilidade à doença meningocócica). Ocorrem também deficiências nas proteínas de regulação do complemento. Por exemplo, a perda do inibidor da proteína C1 leva a angioedema hereditário.

O sistema complemento é um importante mecanismo na proteção do hospedeiro. No entanto, algumas bactérias desenvolveram mecanismos para evitar a atividade do complemento. Por exemplo, elas podem interferir na opsonização ou dificultar a inserção do

---

*N. de T. Outro exemplo clássico é a lise mediada pelo MAC a *Neisseria meningitidis*. A deficiência dos componentes terminais (C5, C6, C7, C8 e C9) tem sido associada à suscetibilidade a infecções por *N. meningitidis*. Já a deficiência de C3 pode levar tanto a doenças autoimunes como a infecções meningocócicas.

**N. de T. Gera retroalimentação positiva.

MAC. A ativação do sistema complemento também pode ser inibido por determinadas proteínas expressas por microrganismos, como a proteína A e a proteína C, que se ligam à fração Fc da IgG (p. ex., *Staphylococcus aureus* e *Streptococcus pyogenes* do grupo A). Finalmente, eles podem gerar enzimas que degradam os componentes do complemento. Os microrganismos que possuem essas propriedades inibidoras são geralmente mais patogênicos.

O sistema complemento também desenvolveu estratégias para detectar o vírus fora das células, assim como as células infectadas por vírus. Em resposta, os vírus desenvolveram mecanismos para evitar o ataque do complemento. Alguns vírus, como o vírus da varíola, codificam proteínas que podem inibir a função do complemento do hospedeiro. Outros vírus envelopados, como o citomegalovírus, podem inserir algumas das proteínas reguladoras do complemento à medida que amadurecem por brotamento na célula infectada. Essas proteínas regulatórias (CD46, CD55 e CD59) no envelope viral podem diminuir a ativação do complemento. Finalmente, vários vírus (p. ex., vírus Epstein-Barr [EBV, do inglês *Epstein-Barr virus*] e vírus do sarampo) usam receptores de complemento para entrar e infectar células.

CITOCINAS

Nas últimas duas décadas, foi observado um "*boom*" na biologia das citocinas. As citocinas são potentes proteínas regulatórias de baixo peso molecular, produzidas transitória e localmente por diferentes tipos celulares. Hoje, sabe-se que as citocinas são proteínas multifuncionais, cujas propriedades biológicas são fundamentais na hematopoiese, na imunidade, nas doenças infecciosas, na oncogênese, na homeostasia, no reparo tecidual e no crescimento e desenvolvimento celular.

Em geral, as citocinas atuam como moléculas sinalizadoras, ligando-se aos seus receptores glicoproteicos específicos na membrana celular. Essa interação inicial é seguida por uma retransmissão de sinais para o núcleo celular. A transdução do sinal é realizada de forma similar a muitos sistemas hormônio-receptor, via fosforilação mediada por proteína-quinase de proteínas citoplasmáticas. De fato, a atividade tirosina-quinase é intrínseca a vários receptores de citocinas. Devido ao seu papel em várias atividades imunológicas, as citocinas são mencionadas ao longo deste capítulo. No texto a seguir, serão descritas as principais citocinas e suas funções.

Classificação e funções

As citocinas são classificadas em grupos baseados em funções comuns. Exemplos de categorias funcionais incluem: imunorregulatória, pró-inflamatória, anti-inflamatória, quimiocinas, moléculas de aderência, e diferenciação e crescimento celular. Uma importante citocina imunorregulatória, atuando na apresentação de antígenos, é a IFN-γ. As citocinas pró-inflamatórias são comumente encontradas durante as doenças infecciosas, incluindo IL-1, IL-6, TNF-α e IFNs. As citocinas anti-inflamatórias incluem TGF-β, IL-10, IL-11 e IFN-β. Isso pode ser necessário para atenuar ou diminuir uma resposta inflamatória hiperativa. As citocinas que apresentam um importante papel no crescimento e na diferenciação celular incluem os fatores de estimulação de colônia (CSFs, do inglês *colony-stimulating factors*) e o fator de célula-tronco. Diferentes citocinas, suas origens e funções estão indicadas na Tabela 8-4.

Citocinas no desenvolvimento de células imunes e na defesa do hospedeiro contra infecções

As células T CD4⁺ *naïve* podem diferenciar-se em diferentes linhagens, dependendo do ambiente de citocinas exógenas. As células Th1 se desenvolvem na presença de IL-12. As células Th2 se desenvolvem na presença de IL-4. As células Th17 se desenvolvem na presença de TGF-β, IL-6 e IL-23. A diferenciação das células Tfh inicia na presença de IL-6, e as células T reg são formadas na presença de TGF-β. Cada uma dessas cinco linhagens de células T produz citocinas que desempenham um papel fundamental na defesa do hospedeiro contra microrganismos. As células Th1 produzem IL-2 e IFN-γ, citocinas que podem controlar, de maneira eficaz, infecções virais e organismos intracelulares, como micobactérias e *T. gondii*. IFN-γ é uma citocina-chave na ativação dos macrófagos e das células T CD8⁺ citotóxicas. As células Th2 produzem IL-4, IL-5, IL-6, IL-10 e IL-13, citocinas que conduzem as respostas de IgE e ajudam a controlar as infecções parasitárias. As células Th17 produzem IL-17, uma citocina que atrai neutrófilos e desempenha funções de defesa do hospedeiro nas barreiras epiteliais e nas mucosas. Foi demonstrado que a IL-17 controla as infecções na pele por *Staphylococcus aureus*, no cólon por *Citrobacter rodentium*, no pulmão por *Klebsiella pneumoniae*, na boca por *Candida albicans* e na vagina por *Chlamydia trachomatis*. A IL-17 também demonstrou inibir infecções fúngicas causadas por *Pneumocystis carinii*. Estudos recentes demonstraram que mutações nos genes do receptor de IL-17 e da IL-17 predispõem os indivíduos à mucocandidíase crônica causada por *C. albicans*. As células Tfh participam da produção de anticorpos. Finalmente, as T reg são células T reguladoras que ajudam a suprimir a proliferação de células T e manter a tolerância aos autoantígenos. Foi sugerido que as funções das células T reg são facilitadas, em parte, pela produção de citocinas imunossupressoras, IL-10 e TGF-β.

O processo de diferenciação das células T demonstra como as subpopulações dessas células secretam seu próprio conjunto de citocinas que têm propriedades regulatórias distintas. Assim, as citocinas direcionam o tipo de resposta imune que será gerada.

Aplicações clínicas

Hoje, há pelo menos quatro aplicações clínicas importantes para as citocinas. Em primeiro lugar, as citocinas servem como biomarcadores de doenças e fornecem pistas dos seus mecanismos de patogênese. Por exemplo, as citocinas pró-inflamatórias, como TNF-α, IL-1 e IL-6, podem ser detectadas no soro de pacientes com choque séptico. Essas citocinas parecem exercer um papel crítico no desenvolvimento desse distúrbio, e a detecção de sua presença pode ter valor prognóstico em sepse grave. Em segundo lugar, a dosagem da produção das citocinas *in vitro* também é útil no monitoramento da condição imunológica. As funções das células T podem ser avaliadas por sua capacidade de produção de IFN-γ. Esse procedimento está sendo realizado no diagnóstico da reativação da tuberculose (TB), e será discutido posteriormente. Em terceiro lugar, as citocinas recombinantes são agentes-chave na terapêutica. Um exemplo desse procedimento é dado pelas moléculas de IFN. A FDA aprovou o uso de IFN-α para infecções pelo vírus da hepatite C, a IFN-β, para o tratamento da esclerose múltipla, e a IFN-γ, para a doença granulomatosa crônica (DGC). Por fim, em quarto lugar, as citocinas podem ser alvos para terapias. Recentemente, antagonistas para

TABELA 8-4   Citocinas: produção e atividades

Família da citocina	Principal fonte celular	Funções biológicas
Interferonas		
Alfa	Leucócitos	Antiviral, imunorreguladora (aumento da expressão de MHC de classe I e ativação das células NK), antiproliferativa
Beta	Fibroblastos, células epiteliais	Antiviral, imunorreguladora (aumento da expressão de MHC de classe I e ativação das células NK), antiproliferativa
Gama	Células T, células NK e células ILC1	Antiviral, imunorreguladora (aumento da expressão de MHC de classes I e II e ativação de macrófagos), antiproliferativa
TNF		
Alfa	Macrófagos e linfócitos	Ativação de macrófagos e células citotóxicas, indução da caquexia e da produção de proteínas de fase aguda e citocinas (p. ex., IL-1, IL-6)
Beta	Células T	Ativação de macrófagos e indução da produção de citocinas (p. ex., IL-1, IL-6)
Interleucinas		
IL-1	Diferentes tipos celulares, macrófagos e células dendríticas	Indução de inflamação, febre e sepse, indução da liberação de TNF-α
IL-2	Células T	Indução da proliferação e da maturação de células T
IL-4	Mastócitos, células Th2, eosinófilos e basófilos	Imunidade mediada por células Th2 e mudança de classe para IgE
IL-6	Diferentes tipos celulares	Ativação de células B, mediador de reação de fase aguda Ativação de células T citotóxicas, principal indutor de respostas pró-inflamatórias
IL-10	Células T, monócitos/macrófagos	Inibição da produção de citocinas pró-inflamatórias, como IFN-γ, IL-12, TNF-α e IL-6
IL-11	Células estromais da medula óssea, células mesenquimais	Efeitos sinérgicos na hematopoiese e na trombopoiese, efeitos citoprotetores em células epiteliais, indução da imunossupressão
IL-12	Células dendríticas, macrófagos, células B	Indução da produção de IFN-γ, TNF-α e IL-2 por células T e NK em repouso e ativadas
IL-15	Células T, astrócitos, micróglia, fibroblastos, células epiteliais	Atividade biológica semelhante a IL-2, indução da proliferação de células mononucleares do sangue periférico e maturação de células NK (IL-1, IFN-γ, TNF-α)
IL-17 (A-F)	Células Th17	Estimulação de células epiteliais, endoteliais e fibroblásticas para produzir IL-6, IL-8, G-CSF, ICAM-1, indução de resposta pró-inflamatória
IL-22	Células T, células NK, células ILC e neutrófilos	Promoção da resposta epitelial antimicrobiana
IL-23	Macrófagos, células dendríticas	Similar a IL-12 (indução de IFN-γ), ajuda na diferenciação de células T CD4 em Th17
Fatores de crescimento		
M-CSF	Monócitos	Proliferação de células precursoras de macrófagos
G-CSF	Macrófagos	Proliferação, diferenciação e ativação de neutrófilos
GM-CSF	Células T, macrófagos	Proliferação de células precursoras de granulócitos e macrófagos
Fator de célula-tronco	Células estromais da medula óssea, fibroblastos, células hepáticas fetais	Proliferação e diferenciação de células linfoides e mieloides (sinergia com outras citocinas)
TGF-β	Diferentes tipos celulares	Atividade anti-inflamatória, diferenciação de células T CD4 em células T reg; na presença de IL-6, diferencia células T CD4 em Th17
VEGF-A	Diferentes tipos celulares	Estimulação da vasculogênese e da angiogênese
Quimiocinas		
IL-8 (CXCL8)	Diferentes tipos celulares	Ativação de neutrófilos e quimiotaxia
RANTES (CCL5)	Diferentes tipos celulares	Quimiotático para células T, monócitos, eosinófilos e basófilos
CXCL9 CXCL10 CXCL11	Diferentes tipos celulares	Quimiotático para células Th1 (células T CXCR3-positivas), indução por IFNs
Moléculas de aderência		
ICAM-1	Células endoteliais	Aderência e migração
VCAM-1	Leucócitos	Aderência e migração
Selectina E	Células endoteliais	Aderência e migração

os receptores de citocinas e anticorpos monoclonais anticitocinas estão sendo utilizados, de forma satisfatória, em patologias, as quais resultam em superexpressão da resposta imune. Exemplos dessas terapias são os inibidores de TNF-α, usados para o controle da artrite reumatoide, e os inibidores de IL-2 e IL-15, usados no tratamento de determinadas neoplasias e em transplantes.

MICROBIOMA E SISTEMA IMUNOLÓGICO

Todos os microrganismos não são invasores. Na verdade, a presença de diferentes microrganismos nas superfícies das mucosas tem um papel-chave em várias respostas imunológicas. O conceito de identificação de espécies microbianas, como bactérias, fungos, vírus e outros microrganismos nas mucosas humanas individuais, foi possível apenas com o advento de técnicas de sequenciamento de DNA de alto rendimento. Usando esse novo conhecimento, ficou claro que a presença de microbiomas gastrintestinais e de outras mucosas pode influenciar o desenvolvimento e a diferenciação do sistema imunológico. Por exemplo, os microrganismos podem influenciar o desenvolvimento de células B e a produção de IgA, neutralizar patógenos e exotoxinas e estimular o desenvolvimento de células Th17 e células T reguladoras. Esse é um campo de estudo em rápida evolução que expande o conhecimento sobre as relações simbióticas. Uma discussão mais abrangente desse tópico está disponível na seção de referências.

HIPERSENSIBILIDADE

A **hipersensibilidade** é uma condição na qual ocorre uma resposta imune exagerada ou aumentada que é prejudicial ao hospedeiro. Esse estado patológico requer um estado de pré-sensibilização. Por exemplo, em um determinado indivíduo, essas reações ocorrem geralmente após o segundo encontro com aquele antígeno específico (alérgeno).

Em 1963, Coombs e Gell classificaram o processo de hipersensibilidade em quatro tipos: tipos I, II, III (mediados por anticorpos) e IV (mediado por células T).

Tipo I: hipersensibilidade imediata (alergia)

A hipersensibilidade tipo I manifesta-se por reações teciduais que ocorrem poucos segundos após a combinação do antígeno com o anticorpo IgE correspondente. Os sintomas podem ocorrer na forma de anafilaxia sistêmica (p. ex., após a administração intravenosa de proteínas heterólogas) ou como reação local (p. ex., alergia atópica, incluindo rinites como a que ocorre na febre do feno).

O mecanismo geral de hipersensibilidade imediata envolve uma série de etapas. Um antígeno induz a formação de anticorpo IgE, que se liga por sua porção Fc aos receptores IgE de alta afinidade presentes na superfície de mastócitos, basófilos e, possivelmente, eosinófilos. Em uma próxima oportunidade, uma segunda exposição ao mesmo antígeno desencadeia uma ligação cruzada das moléculas de IgE ligadas às células e, consequentemente, a liberação de mediadores farmacologicamente ativos. Os nucleotídeos cíclicos e o cálcio são essenciais para a liberação de mediadores.

Os mediadores farmacológicos de hipersensibilidade tipo I estão listados a seguir:

1. Histamina – Existe em um estado pré-formado nas plaquetas bem como nos grânulos de basófilos, mastócitos e eosinófilos. Sua liberação provoca vasodilatação, aumento da permeabilidade capilar e contração da musculatura lisa (p. ex., broncospasmo). Os anti-histamínicos têm a capacidade de bloquear os receptores locais de histamina, mostrando-se relativamente eficazes na rinite alérgica, mas não na asma. A histamina é um dos mediadores primários da reação tipo I.

2. Prostaglandinas e leucotrienos – As prostaglandinas e os leucotrienos derivam do ácido araquidônico através da via da cicloxigenase. As prostaglandinas induzem edema e broncoconstrição. O leucotrieno B4 é um quimioatraente que ativa e recruta leucócitos para o local da lesão. Os leucotrienos C4 e D4 induzem vasodilatação e permeabilidade vascular. Esses mediadores, juntamente com TNF-α e IL-4, são denominados mediadores secundários das reações tipo I.

A. Atopia

Os distúrbios de hipersensibilidade atópica exibem forte predisposição familiar e estão associados a níveis elevados de IgE. A predisposição à atopia é claramente genética; entretanto, os sintomas são induzidos em consequência da exposição do indivíduo a alérgenos específicos. Em geral, esses antígenos são ambientais (p. ex., alergia respiratória a pólen, ambrósia-americana ou ácaro-de-poeira) ou alimentares (p. ex., alergia intestinal a moluscos). As manifestações clínicas comuns consistem em febre do feno, asma, eczema e urticária. Muitos indivíduos sofrem reações tipo imediato a testes cutâneos (injeção, teste epicutâneo, teste de escarificação), em que se utiliza o antígeno agressor.

B. Tratamento e prevenção das reações anafiláticas

Os objetivos do tratamento são reverter a ação dos mediadores ao manter as vias aéreas (trato respiratório superior) desobstruídas, estabelecer uma ventilação artificial, se necessário, e fornecer suporte para a função cardíaca. Também são frequentemente prescritos epinefrina, anti-histamínicos e corticoides. No entanto, a melhor prevenção depende da identificação do antígeno (detectado por teste cutâneo ou sorologia para anticorpos IgE) e do fato de o indivíduo evitar subsequentemente a exposição ao alérgeno. Novas abordagens de tratamento incluem a indução de tolerância ao antígeno.

Tipo II: hipersensibilidade

A hipersensibilidade tipo II envolve a ligação dos anticorpos IgG a antígenos da superfície celular ou a moléculas da matriz extracelular. O anticorpo dirigido contra os antígenos da superfície celular pode ativar o complemento com a consequente lesão das células. Em consequência, pode ocorrer lise mediada pelo complemento, conforme se observa em anemias hemolíticas, reações transfusionais ABO e doença hemolítica Rh.

Certos fármacos, como a penicilina, podem ligar-se a proteínas de superfície sobre as hemácias, desencadeando a formação de anticorpos. Em seguida, esses anticorpos autoimunes podem combinar-se com a superfície da célula, resultando em hemólise. Na síndrome de Goodpasture,* por exemplo, o anticorpo é gerado

---

*N. de T. A síndrome de Goodpasture é uma patologia mediada pelo sistema imunológico, na qual autoanticorpos contra a cadeia alfa 3 (IV) do colágeno tipo IV se ligam à membrana basal, alveolar e glomerular, causando glomerulonefrite progressiva e hemorragia pulmonar. Foi descrita inicialmente como uma síndrome pulmão-rim, em 1919, por Goodpasture.

para as membranas basais do rim e do pulmão. Isso resulta em ativação do complemento, quimiotaxia de leucócitos e danos graves à membrana. Em alguns casos, os anticorpos dirigidos contra receptores de superfície celular alteram a função sem causar lesão celular (p. ex., na doença de Graves, um autoanticorpo liga-se ao receptor do hormônio estimulador da tireoide, causando hipertireoidismo por estimulação da tireoide).

Tipo III: hipersensibilidade mediada por imunocomplexo

Quando o anticorpo se combina com seu antígeno específico, formam-se imunocomplexos. Normalmente, esses imunocomplexos são imediatamente removidos, mas em certas ocasiões persistem e depositam-se nos tecidos. Nas infecções microbianas ou virais persistentes, os imunocomplexos podem depositar-se em órgãos (p. ex., rins), resultando em disfunção. Nos distúrbios autoimunes, os antígenos "próprios" podem induzir a formação de anticorpos que se ligam a antígenos dos órgãos ou que se depositam em órgãos ou tecidos em forma de complexos, particularmente nas articulações (artrite), nos rins (nefrite) e nos vasos sanguíneos (vasculite). Finalmente, antígenos ambientais, como esporos de fungos e certos medicamentos, podem causar a formação de imunocomplexos com danos em tecidos e órgãos.

Os imunocomplexos podem ativar o complemento em qualquer local onde sejam depositados. Uma vez que o complemento é ativado, macrófagos e neutrófilos migram para o local, e ocorrem inflamação e lesão tecidual. Existem duas formas principais de hipersensibilidade mediada por imunocomplexos. Uma delas é produzida localmente e é chamada de **reação de Arthus**. Essa reação ocorre quando uma dose baixa de antígeno é injetada na pele. Isso induz a produção de anticorpos IgG e a ativação do complemento. Além disso, mastócitos e neutrófilos são estimulados a liberar seus mediadores que aumentam a permeabilidade vascular. Essa reação geralmente ocorre em 12 horas. Outro exemplo de hipersensibilidade tipo III envolve uma doença sistêmica causada por imunocomplexos, como a glomerulonefrite pós-estreptocócica aguda.

A **glomerulonefrite pós-estreptocócica aguda** é uma doença causada por imunocomplexos bem conhecida. Seu início é observado algumas semanas após uma infecção por *Streptococcus pyogenes* β-hemolítico do grupo A, em particular da pele, e muitas vezes ocorre com infecções causadas por tipos nefritogênicos de *Streptococcus*. Em geral, o nível de complemento mostra-se baixo, sugerindo uma reação antígeno-anticorpo com o consumo do complemento. Depósitos de imunoglobulina e componente do complemento, C3, são observados ao longo da membrana basal glomerular. Essas membranas podem ser coradas por imunofluorescência e visualizadas sob microscopia UV. Esse tipo de padrão revela complexos antígeno-anticorpo. É provável que os complexos antígeno-anticorpo estreptocócicos sejam filtrados pelos glomérulos, fixem o complemento e atraiam neutrófilos. Essa série de eventos resulta em um processo inflamatório que provoca dano e falência real.

Tipo IV: hipersensibilidade mediada por células (ou hipersensibilidade tardia)

A hipersensibilidade mediada por células é uma resposta mediada por células T. A interação de um antígeno com células T sensibilizadas resulta na proliferação dessas células, na liberação de citocinas inflamatórias potentes (IFN-γ e IL-2) e na consequente ativação de macrófagos. Essa resposta inflamatória geralmente começa 2 ou 3 dias após o contato com o antígeno e dura vários dias.

A. Hipersensibilidade de contato

É observada após sensibilização com substâncias químicas simples (p. ex., níquel, formaldeído), materiais vegetais (hera, carvalho-venenoso), fármacos de uso tópico (p. ex., sulfonamidas, neomicina), alguns cosméticos, sabões e outras substâncias. Em todos os casos, pequenas moléculas penetram na pele e, em seguida, atuando como haptenos, ligam-se a proteínas corporais, resultando em um antígeno completo. A hipersensibilidade mediada por células é induzida particularmente na pele. Quando a pele entra novamente em contato com o agente agressor, o indivíduo sensibilizado desenvolve eritema, prurido, vesículas, eczema ou necrose da pele em 12 a 48 horas. Evitar o contato com o agente desencadeador da reação é importante para diminuir as recorrências posteriores. Um teste cutâneo pode identificar o antígeno em questão. As células de Langerhans na epiderme, que interagem com as células CD4 Th1, parecem desempenhar um papel na condução dessa resposta.

B. Hipersensibilidade tipo tuberculínico

A hipersensibilidade tardia a antígenos de microrganismos ocorre em muitas doenças infecciosas e tem sido utilizada como auxiliar no diagnóstico. A reação à tuberculina é um bom exemplo de resposta de hipersensibilidade tardia. Quando uma pequena quantidade de tuberculina é injetada na epiderme de um paciente previamente exposto a *Mycobacterium tuberculosis*, há pouca reação imediata. Gradualmente, no entanto, o endurecimento e a vermelhidão se desenvolvem e atingem um pico em 24 a 72 horas. Além disso, as células mononucleares, especialmente as células CD4 Th1, acumulam-se no tecido subcutâneo. O teste cutâneo positivo indica que o indivíduo já foi infectado pelo agente etiológico, mas não implica a presença de doença atual. Contudo, uma recente mudança da resposta ao teste cutâneo de negativa para positiva sugere infecção recente e possibilidade de atividade atual.

DEFICIÊNCIAS DA RESPOSTA IMUNE

Doenças por imunodeficiência

As imunodeficiências podem ser divididas em duas categorias: as imunodeficiências primárias e as imunodeficiências secundárias. As doenças por imunodeficiência primária consistem em distúrbios do sistema imunológico em que a falha é intrínseca às células que compõem esse sistema. Já as doenças por imunodeficiência secundária consistem em distúrbios do sistema imune em que a falha é induzida por fatores externos, como infecções virais, neoplasias e medicamentos. Essa seção é particularmente relevante para a microbiologia médica, pois essas doenças primárias são geralmente identificadas pelo tipo de organismo, pela duração e pela frequência de doenças infecciosas apresentadas por um indivíduo.

A. Imunodeficiências primárias

As imunodeficiências primárias são um grupo heterogêneo de doenças do sistema imunológico. A maioria das imunodeficiências primárias é determinada geneticamente e herdada como um defeito de um único gene. Até o momento, mais de 150 doenças de base genética foram identificadas. Esses distúrbios resultam em perda numérica e funcional das células T, células B, fagócitos, componentes do sistema complemento, citocinas ou TLRs. Claramente, a perda desses elementos funcionais resulta na suscetibilidade a infecções. Um exemplo é a doença granulomatosa crônica (DGC), na qual ocorre uma deficiência na função das células fagocitárias. Os indivíduos apresentam níveis normais de imunoglobulinas, células T, células B e fagócitos. Contudo, as células fagocíticas não são capazes de destruir os microrganismos fagocitados, por um defeito genético no cromossomo b-558. Essa mutação leva à incapacidade metabólica dessas células de produzir peróxidos e superóxidos. Essa anomalia pode ser detectada pelo teste do nitroazul de tetrazólio (NBT, do inglês *nitroblue tetrazolium*).* Essas células são incapazes de matar certas bactérias ou fungos, como *Staphylococcus*, *Escherichia coli* e *Aspergillus* spp. Se não tratada, essa doença é geralmente fatal na primeira década de vida da criança. A IFN-γ pode restaurar a função dessas células. Assim, na maioria dos casos, a administração dessa citocina ou o transplante de medula óssea é o tratamento efetivo para esse distúrbio. Outro exemplo é a imunodeficiência combinada grave. Na verdade, essa síndrome é a expressão final para diferentes distúrbios genéticos, que levam tanto a comprometimento das funções das células T quanto das células B. Os indivíduos acometidos são extremamente suscetíveis a infecções por praticamente todos os tipos de microrganismos. Caso não sejam tratados, os indivíduos morrem no primeiro ano de vida.

B. Imunodeficiências secundárias

As imunodeficiências secundárias são uma das principais causas que predispõem à infecção. As imunodeficiências secundárias são associadas a processos infecciosos, neoplasias e medicamentos.

C. Infecções

Determinadas infecções podem causar imunossupressão no hospedeiro. Historicamente, é bem conhecido que os pacientes infectados com EBV e que apresentam mononucleose tenham um teste cutâneo de hipersensibilidade tardia diminuído para TB e outros antígenos. Esse teste cutâneo negativo indica uma resposta de células T deficiente. A replicação do EBV pode revelar o possível mecanismo para essa imunossupressão. Curiosamente, o genoma viral codifica para um análogo da IL-10 humana. A IL-10 é uma citocina imunossupressora que impede que células Th1 se proliferem e produzam citocinas, como IFN-γ. Isso pode levar a um resultado negativo do teste cutâneo de hipersensibilidade tardia.

O exemplo mais óbvio de imunodeficiência induzida por vírus é a infecção pelo **HIV** e sua doença resultante, a síndrome da imunodeficiência adquirida (Aids, do inglês *acquired immunodeficiency syndrome*). O HIV infecta, primariamente, as células T CD4. O processo de infecção é possível pois o vírus usa a molécula de CD4 como receptor e o receptor de quimiocina, CCR5, como correceptor para entrar na célula. A replicação do HIV resulta em

uma progressiva destruição direta e indireta das células T CD4 e no desenvolvimento da Aids. Como consequência dessa infecção, o paciente com HIV desenvolve múltiplas infecções oportunistas. Como discutido anteriormente neste capítulo, as células T CD4 são críticas na geração de subpopulações Th1, Th2, Th17, Tfh e T reg. Esses tipos celulares são necessários para várias reações imunológicas, cooperando para a produção de anticorpos pelas células B e servindo como fontes de IL-2 e IFN-γ. Portanto, a replicação de um vírus citotóxico nesse tipo de célula é devastadora para a resposta imune.

D. Neoplasias

Leucemias, linfomas, mieloma múltiplo e outros tipos de neoplasias podem levar a imunodeficiências e, consequentemente, ao aumento das infecções oportunistas. Por exemplo, pacientes com leucemia podem apresentar deficiência em neutrófilos, resultando em perda da fagocitose e aumento das infecções bacterianas e fúngicas. Alguns tumores secretam altos níveis de TGF-β, o que pode suprimir várias respostas, incluindo as mediadas pelas células Th1.

E. Fármacos

Fármacos citotóxicos usados no tratamento de neoplasias (p. ex., cisplatina), fármacos imunossupressores (p. ex., ciclosporina) usados em pacientes transplantados e os novos fármacos anticitocinas (anti-TNF-α) usados no tratamento de doenças autoimunes podem resultar em risco de infecções oportunistas.

IMUNOLOGIA DOS TUMORES

Durante a última década, um progresso significativo foi feito na compreensão dos tumores humanos e de como amplificar o "poder de matar" do sistema imunológico. Como consequência desses avanços, desenvolveu-se um novo foco na área clínica: a imuno-oncologia. A imuno-oncologia é uma nova estratégia terapêutica usada atualmente para uma série de neoplasias humanas. Ao contrário das abordagens tradicionais de tratamento das neoplasias, que envolvem a destruição direta do tumor, a imunoterapia e o uso de agentes imunoterápicos, como os inibidores do ponto de verificação imune, liberaram o sistema imunológico para atacar o tumor. Essa abordagem se concentra no desenvolvimento de fármacos que visam as vias coestimuladoras e inibitórias de pontos de verificação imunes.

Conforme observado na seção sobre imunidade mediada por células T deste capítulo, as células imunes (i.e., células T e células B) têm receptores inibitórios, chamados de **pontos de verificação imunes** (*checkpoints*), que regulam negativamente a ativação imune para evitar a superestimulação ou ativação imune excessiva. Os tumores desenvolveram diferentes maneiras de explorar esse sistema de controle e manipular essas vias inibitórias. Os anticorpos direcionados a essas moléculas de ponto de verificação dificultam a capacidade do tumor de bloquear a imunidade antitumoral. O antígeno 4 de linfócito T citotóxico (CTLA-4, do inglês *cytotoxic T-lymphocyte antigen 4*) e a proteína da morte celular programada 1 (PD-1, do inglês *programmed death-1*) são duas moléculas de ponto de verificação coinibitórias populares atualmente em uso.

Até o momento, vários inibidores de ponto de verificação imune foram aprovados e geraram resultados promissores no tratamento de melanoma, câncer de pulmão de células não pequenas,

---

*N. de T. Embora seja um método simples e econômico, poucos laboratórios realizam o teste do nitroazul de tetrazólio (NBT). Dependendo do operador, podem ocorrer falsos-negativos. Em nosso meio, o NBT é indicado como teste de rastreamento para DGC por apresentar menor custo. No entanto, existem relatos na literatura de pacientes com a doença que apresentaram resultado do teste normal. Nesses casos, em pacientes com clínica bem-sugestiva e NBT normal, é muito importante realizar o DHR (teste de oxidação da di-hidrorrodamina) por citometria de fluxo.

carcinoma de células renais, carcinoma de células escamosas de cabeça e pescoço, linfoma de Hodgkin, câncer de bexiga e câncer gástrico. Esses tratamentos são revolucionários. No entanto, esse sucesso não é isento de efeitos adversos, como toxicidades e autoimunidade. Superar esses desafios, juntamente com o interesse na próxima geração de agentes de controle imunológico, usados sozinhos ou em combinação com outras imunoterapias (células T manipuladas, vacinas, etc.), oferece grande otimismo para o futuro da oncologia.

LABORATÓRIO DE IMUNOLOGIA CLÍNICA (EXAMES DIAGNÓSTICOS)

Diversas descobertas da biologia molecular, do DNA recombinante e proteínas, da biologia das citocinas e da genética humana contribuíram enormemente para a compreensão das doenças mediadas pelo sistema imunológico. Com esses avanços, o laboratório de imunologia clínica se desenvolveu e aumentou sua importância no diagnóstico desses distúrbios. Assim, o laboratório de microbiologia clínica é importante nos transplantes, na reumatologia, na oncologia, na dermatologia, nas doenças infecciosas, nas alergias e nas imunodeficiências. O objetivo primordial do laboratório de imunologia clínica é fornecer testes laboratoriais que validem o diagnóstico clínico e monitorem os indivíduos com distúrbios imunológicos. Várias tecnologias são usadas para avaliar tanto os anticorpos quanto os componentes celulares da resposta imune. Para uma revisão mais detalhada dos sistemas de testes imunológicos realizados no ambiente hospitalar, ver Detrick e colaboradores (2016). Alguns desses ensaios são comentados a seguir.

Ensaios de avaliação de anticorpos

A. Ensaios imunoenzimáticos

O sistema de teste de ensaio imunoenzimático (**EIA**, do inglês *enzyme immunoassay*) é um dos testes mais populares usados no laboratório clínico para monitorar várias especificidades de anticorpos. O ensaio imunoenzimático possui muitas variações, que dependem da conjugação de uma enzima com um anticorpo. A enzima é detectada pela determinação da atividade enzimática com seu substrato. Para medir o anticorpo, antígenos conhecidos são fixados a uma fase sólida (p. ex., placa de plástico de microdiluição), incubados com diluições do anticorpo do teste, lavados e novamente incubados com anti-imunoglobulina marcada com uma enzima (p. ex., peroxidase de "raiz forte" [*horseradish*]). A enzima conjugada com a molécula de detecção produz uma cor quando o substrato específico é adicionado. A maior quantidade de antígeno ligada ao anticorpo resulta em maiores concentrações de enzima, o que leva a uma cor mais intensa. Assim, a intensidade da cor desenvolvida é uma função direta da concentração do anticorpo ligado. Esse teste sorológico é usado para detectar anticorpos em diferentes doenças infecciosas, como anticorpos contra proteínas do HIV em amostras de sangue ou anticorpos contra *Treponema pallidum*, agente etiológico da sífilis. Esse sistema é igualmente usado na detecção de autoanticorpos presentes na circulação de indivíduos com doenças autoimunes sistêmicas ou órgão-específicas (p. ex., anticorpos no lúpus eritematoso sistêmico, escleroderma ou síndrome de Sjögren). Variações dos ensaios imunoenzimáticos incluem algumas novas tecnologias, como ensaios quimioluminescentes (CIA, do inglês *chemiluminescence assays*) e ensaios multiplex baseados em partículas.

B. Ensaios multiplex

A tecnologia multiplex, que se tornou uma ferramenta indispensável para o laboratório clínico e de pesquisa, permite a detecção e a quantificação de múltiplos analitos* (antígenos, anticorpos e outros analitos, como citocinas) em um único volume de amostra. O princípio de um sistema multiplex é semelhante ao clássico imunoensaio "sanduíche" EIA, com algumas diferenças importantes. Por exemplo, o uso de pequenas esferas (*beads*) magnéticas conjugadas com o anticorpo de captura fornece uma cinética de ensaio. A marcação das *beads* com vários corantes fluorescentes permite que as *beads* sejam utilizadas para diferentes ensaios específicos. Já o uso de um fluoróforo universal, acoplado ao segundo anticorpo específico pela reação biotina-estreptavidina,** permite que cada ensaio seja quantitativo. Esses procedimentos são bastante simples: primeiro as *beads* são incubadas com o analito a ser testado, em seguida, um anticorpo biotinilado é adicionado. Finalmente, a estreptavidina acoplada a uma sonda fluorescente é adicionada e as misturas são analisadas em um citômetro de fluxo.

C. Imunofluorescência

Quando um anticorpo é marcado com um corante fluorescente (p. ex., fluoresceína ou rodamina), a presença do anticorpo pode ser detectada utilizando uma fonte de luz ultravioleta em um microscópio de fluorescência. Esse sistema de ensaio pode ser aplicado de duas maneiras: um ensaio de imunofluorescência direta ou um ensaio de imunofluorescência indireta. No **ensaio de imunofluorescência direta**, um anticorpo específico conhecido é marcado com um corante fluorescente. Uma amostra contendo o alvo de análise é adicionada a uma lâmina, sendo em seguida incubada com o anticorpo específico (p. ex., anticorpo antiestreptocócico) marcado com um fluoróforo como a fluoresceína. A lâmina é lavada e avaliada em um microscópio de fluorescência. Caso a amostra desconhecida apresente o analito-alvo, este aparecerá corado pelo fluoróforo conjugado ao anticorpo específico. No **ensaio de imunofluorescência indireta**, um procedimento de duas etapas é usado para detectar a presença do analito pesquisado (p. ex., anticorpos treponêmicos em uma amostra de soro). Primeiramente, um antígeno conhecido (*Treponema pallidum*) é fixado a uma lâmina. Uma amostra de soro a ser testada é incubada com a lâmina. Após a incubação, a lâmina é lavada e um anticorpo anti-imunoglobulina marcado com um fluoróforo é adicionado. A lâmina é lavada e avaliada em um microscópio de fluorescência. Caso o soro do paciente contenha anticorpos antitreponêmicos, o microrganismo fixado à lâmina aparecerá fluorescente sob o microscópio de fluorescência. Historicamente, esse ensaio tem sido usado para detectar anticorpos para certos microrganismos (p. ex., *T. pallidum*) e é o procedimento-padrão para a detecção de autoanticorpos em doenças autoimunes (p. ex., anticorpos antinucleares).

---

*N. de T. Analito é uma molécula, composto químico, célula ou estrutura celular, presente em uma amostra, e que é alvo de análise em um ensaio.

**N. de T. A estreptavidina é uma proteína isolada de *Streptomyces avidinii* que se liga com altíssima afinidade a uma vitamina hidrossolúvel de baixo peso molecular denominada biotina. A ligação da estreptavidina à biotina é a associação não covalente mais forte já encontrada na natureza (constante de dissociação em torno de 10^{-14} a 10^{-15}).

D. Imunoblot

O Imunoblot ou *Western blot* é um método destinado a identificar antígenos específicos em uma mistura complexa de proteínas. A mistura complexa de proteínas é submetida à eletroforese em gel de poliacrilamida (PAGE, do inglês *polyacrylamide gel electrophoresis*)-dodecil sulfato de sódio (SDS, do inglês *sodium dodecyl sulfate*), procedimento que separa as proteínas de acordo com seu tamanho molecular. Em seguida, o gel é recoberto com uma membrana (frequentemente, uma folha de nitrocelulose) e as proteínas são "transferidas" por eletroforese para a membrana. A membrana de nitrocelulose (*blot*) agora contém as proteínas separadas. A membrana é incubada com uma amostra de soro ou um anticorpo específico. Se o soro apresentar anticorpos específicos que reagem com as proteínas da membrana, os anticorpos permanecerão ligados à membrana. Agora, a membrana é incubada com um anticorpo anti-imunoglobulina marcado com enzima, lavada e incubada com o substrato da enzima. A mistura da enzima com o substrato de enzima permite a detecção colorimétrica. Assim, o complexo antígeno-anticorpo é visível pela presença de bandas específicas. Essa técnica é amplamente usada como teste secundário para vírus da hepatite C (HVC, do inglês *hepatitis C virus*) e doença de Lyme, por exemplo. Recentemente, essa técnica também tem sido aplicada na identificação de autoanticorpos em determinadas doenças autoimunes (p. ex., polimiosites). Variações dessa técnica incluem os ensaios de *dot* ou *slot blot*, ambos usando antígenos purificados. Nessas técnicas, os antígenos purificados são fixados à membrana de nitrocelulose.

E. Outros ensaios de laboratório

Os testes disponíveis nos laboratórios de imunologia clínica incluem a eletroforese de proteínas e a eletroforese de imunofixação, que são importantes na identificação da produção anormal de imunoglobulinas no soro ou urina de pacientes com mieloma. A nefelometria é outro teste que quantifica uma grande variedade de analitos no soro ou no plasma. Esse é o método de escolha para quantificação dos componentes do sistema complemento, imunoglobulinas e outros analitos séricos. Esses testes são usados para avaliar anomalias associadas a certas infecções (p. ex., o HCV pode ser associado à proteína monoclonal e à presença de crioglobulinas).

Avaliação da resposta celular

A. Citometria de fluxo

A citometria de fluxo é um método baseado em *laser* usado para a análise de células e componentes celulares. Uma das aplicações mais populares da citometria de fluxo é a imunofenotipagem de populações celulares. Nesse método, a suspensão celular flui através de um conjunto de feixes de *laser* para sua detecção. Conforme as células passam pelo feixe de *laser*, elas dispersam a luz. Se as células forem marcadas com fluoróforos, essa fluorescência será detectada. Tanto a luz dispersa quanto a informação de luz fluorescente são registradas e analisadas para identificar subpopulações dentro da amostra. É relativamente fácil separar as células em populações, como pequenos linfócitos separados de granulócitos que são maiores e contêm mais grânulos (dispersam mais luz).

Uma segunda maneira de analisar essas células é avaliar as moléculas da superfície celular que podem ser marcadas com um corante fluorescente. A nomenclatura de *cluster* de diferenciação (CD)

é utilizada para a identificação de moléculas da superfície celular. Atualmente, existem mais de 300 moléculas de CD identificadas. Os anticorpos monoclonais conjugados com fluoróforos e específicos contra diferentes moléculas de CD estão disponíveis comercialmente. A incubação de uma população celular em estudo, com uma variedade de diferentes anticorpos fluorescentes anti-CD, permite a detecção por citometria de fluxo de populações celulares distintas ou de subpopulações na mistura. Usando esse método, pode-se identificar células CD4$^+$, células CD8$^+$, células B, macrófagos e células que expressam uma variedade de citocinas. Essa tecnologia é amplamente utilizada em medicina clínica e na pesquisa biomédica (p. ex., para quantificar as células T CD4 em pacientes HIV-positivos ou distinguir células tumorais de leucócitos normais).

B. Ensaios de função celular

Com a finalidade de avaliar o funcionamento da célula T *in vitro*, a sua habilidade de proliferação e a capacidade de produção de citocinas (como IFN-γ) são analisadas. Esse teste é um análogo ao teste cutâneo para TB para avaliação da hipersensibilidade tipo IV. Na pele, o antígeno de TB interage com células T específicas, que se proliferam e produzem IFN-γ, resultando em reação positiva. No teste *in vitro*, leucócitos de sangue periférico (PBLs, do inglês *peripherical blood leukocytes*) são incubados com um antígeno específico (p. ex., antígenos de TB) por 24 a 72 horas. Quando células T especificamente sensibilizadas nos PBLs interagem com seu antígeno específico (p. ex., antígeno de TB), as células se proliferam e produzem IFN-γ. Essa proliferação pode ser medida pela incorporação de timidina H^3, ou a produção de IFN-γ pode ser monitorada por EIA ou por citometria de fluxo. Esse teste é usado para avaliar a condição de um indivíduo, particularmente em pacientes que são imunossuprimidos, como consequência de uma doença infecciosa, neoplasia ou terapia medicamentosa.

RESUMO DO CAPÍTULO

- A **imunidade inata** é uma resposta imediata e não específica para um patógeno. Os componentes dessa resposta incluem fagócitos (macrófagos e neutrófilos), células NK, ILCs, TLRs, citocinas e proteínas do sistema complemento.

- A **fagocitose** é uma resposta imune que detecta e destrói patógenos. Esse processo inclui as seguintes etapas: quimiotaxia, migração, ingestão e destruição microbiana.

- A **imunidade adaptativa** é altamente específica, apresenta memória imunológica e responde de forma rápida e intensa a uma segunda exposição ao mesmo antígeno. Envolve respostas imunes mediadas por anticorpos ou por células ou ambas as respostas.

- A **apresentação de antígenos** é uma etapa crítica na resposta adaptativa. Proteínas a partir de antígenos exógenos são processadas por APCs e, então, apresentadas à superfície da célula como um complexo MHC de classe II-peptídeo. Esse complexo é reconhecido pelo TCR expresso pela célula T CD4. O CD4 é uma molécula que atua como correceptor. Um segundo sinal necessário para ativação das células T é derivado da interação entre a molécula CD80 na superfície da APC com a molécula de CD28 na superfície da célula T. As células T agora se proliferam e se diferenciam em células T efetoras. Os antígenos endógenos são processados por APCs por meio de um complexo MHC de classe I-peptídeo. Esse complexo é reconhecido pelo TCR expresso pela célula T CD8.

- **Produção de anticorpos:** as células B rearranjam os genes que codificam para imunoglobulina e expressam o receptor (BCR) para o antígeno. Quando o antígeno interage com o BCR, a célula B é estimulada, entra em divisão e forma um clone. A célula B se diferencia em plasmócitos secretores de anticorpos ou células B de memória.

- **Funções dos anticorpos:** os anticorpos melhoram a fagocitose, induzem neutralização de vírus e de toxinas bacterianas e participam de lise mediada por complemento e de ADCC.

- **Funções das células T.** (1) As células T CD4 se diferenciam em células Th1, Th2, Th17, Tfh ou T reg. As células Th1 podem produzir citocinas (IL-2, IFN-γ), ativar macrófagos ou desencadear a mudança de células B para a síntese de IgG. As células Th2 ativam mastócitos e eosinófilos e desencadeiam a mudança de células B para a síntese de IgE. As células Th17 podem produzir IL-17, desencadeando a produção de IL-8 e recrutamento de neutrófilos e macrófagos. As células Tfh (células T *helper* foliculares) povoam os folículos dos linfonodos e ajudam na ativação de células B específicas ao antígeno e na produção de IL-21. As células T reg produzem TGF-β e IL-10, as quais participam do processo de supressão da resposta imune. (2) As células T CD8 funcionam como células T citotóxicas.

- **Sistema complemento:** existem três vias principais para ativar o **complemento**: a via clássica, a via alternativa e a via da lectina ligadora de manose. Cada uma dessas vias leva à formação do MAC, resultando em lise celular. O complemento promove proteção contra patógenos por quatro mecanismos: (1) citólise, (2) quimiotaxia, (3) opsonização e (4) vasodilatação e permeabilidade vascular.

- As **citocinas** são reguladores celulares potentes de baixo peso molecular produzidos transitória e localmente por uma ampla gama de células, incluindo macrófagos, células dendríticas, células NK, células T e células B. As IFNs são moléculas antivirais e imunorreguladoras potentes.

- **Reações de hipersensibilidade:**
  - **Tipo I, imediata:** anticorpos IgE são induzidos pela presença do alérgeno e se ligam, pela sua fração Fc, a mastócitos e eosinófilos. Após um segundo contato, esse mesmo antígeno se liga de maneira cruzada com as moléculas de IgE na superfície das células sensibilizadas, resultando em sua degranulação e liberação de mediadores químicos, especialmente a histamina.
  - **Tipo II:** os antígenos na superfície celular combinam com anticorpos, resultando em lise celular mediada por complemento (p. ex., reações de transfusão sanguínea) ou outras reações citotóxicas de membrana (p. ex., anemia hemolítica autoimune).
  - **Tipo III, imunocomplexo:** os imunocomplexos antígeno-anticorpo são depositados nos tecidos, ativando o sistema complemento ou estimulando a migração de PMNs, resultando em dano tecidual.
  - **Tipo IV, tardia:** reação mediada por linfócitos T em que as células T são sensibilizadas por um antígeno e liberam citocinas em um segundo contato com o mesmo antígeno. Essas citocinas induzem inflamação e ativam macrófagos.

QUESTÕES DE REVISÃO

1. Qual das seguintes características não se aplica à imunidade adaptativa?
   - (A) É altamente direcionada para um antígeno específico.
   - (B) Induz memória imunológica.
   - (C) É rápida, uma resposta imediata.
   - (D) Induz a produção de citocinas.

2. As células NK contribuem para a imunidade inata de todas as seguintes maneiras, exceto:
   - (A) Matando células infectadas com vírus.
   - (B) Matando células tumorais.
   - (C) Induzindo a produção de IFN-γ.
   - (D) Participando da citotoxicidade celular dependente de anticorpo (ADCC).
   - (E) Iniciando a apresentação do antígeno.

3. Como parte da resposta imune inata, quais células participam da fagocitose?
   - (A) Macrófagos e mastócitos
   - (B) Macrófagos e plasmócitos
   - (C) Células NK e neutrófilos
   - (D) Macrófagos e neutrófilos
   - (E) Células T e mastócitos

4. A classe de imunoglobulinas mais frequentemente responsável pela inibição de bactérias nas superfícies mucosas é:
   - (A) IgG
   - (B) IgM
   - (C) IgA
   - (D) IgE
   - (E) IgD

5. Qual das seguintes propriedades está associada ao MHC?
   - (A) Liga-se ao antígeno peptídico e apresenta-o às células T.
   - (B) Liga-se às partículas virais e neutraliza o vírus.
   - (C) Liga-se ao LPS e interfere na fagocitose bacteriana.
   - (D) Liga-se aos autoantígenos e apresenta-os às células NK.

6. Qual dos itens a seguir em relação às células T localizadas nos folículos dos linfonodos participam da ajuda das células B na troca de isotipo e na produção de anticorpos?
   - (A) Células Th1
   - (B) Células Th2
   - (C) Células Th17
   - (D) Células T reg
   - (E) Células Tfh

7. Qual das seguintes propriedades funcionais não está associada à IFN-γ?
   - (A) Induz a produção de outras citocinas pró-inflamatórias.
   - (B) Tem atividade antiproliferativa.
   - (C) Tem atividade antiviral.
   - (D) Desencadeia a formação de plasmócitos e a produção de anticorpos.

8. Qual das seguintes citocinas pode inibir ou diminuir a resposta imunológica?
   - (A) IFN-β e IL-10
   - (B) IFN-γ e IL-10
   - (C) IFN-β e IL-2
   - (D) IL-17 e IL-2

9. A etapa inicial na formação do anticorpo começa com a ligação do antígeno à imunoglobulina de superfície da célula B por meio de:
   - (A) Molécula do MHC de classe I
   - (B) Molécula do MHC de classe II
   - (C) Receptor de célula B (BCR)
   - (D) KIRS

10. Qual das citocinas atrai neutrófilos e inibe bactérias?

    (A) IFN-γ
    (B) IL-8 (CXCL8)
    (C) IL-2
    (D) IL-6
    (E) TGF-β

11. As moléculas do MHC de classe I são extremamente importantes em qual processo imunológico?

    (A) Liberação de histamina mediada por IgE
    (B) Fagocitose
    (C) Troca de classe da imunoglobulina
    (D) Citotoxicidade de células T CD8$^+$
    (E) Opsonização

12. A resposta do hospedeiro à interação de um patógeno com seu TLR específico gera:

    (A) Produção de IgG
    (B) Ativação celular e produção de citocinas e quimiocinas
    (C) Troca de classe da imunoglobulina
    (D) Fagocitose
    (E) Apresentação do patógeno às células T *helper*

13. A interação de duas moléculas de IgG que se ligam ao antígeno seguida pela ligação de C1 à porção Fc do anticorpo resulta em:

    (A) Iniciação da apresentação do antígeno
    (B) Iniciação da via clássica do complemento
    (C) Iniciação da via alternativa do complemento
    (D) Iniciação da via da lectina do complemento

14. Qual mecanismo genético gera anticorpos com a mesma especificidade, mas de diferentes classes de imunoglobulinas?

    (A) Recombinação do segmento do gene V
    (B) Mudança de classe
    (C) Hipermutação somática
    (D) Variabilidade juncional decorrente da junção imprecisa de V, D e J
    (E) Duplicação gênica, isto é, inúmeros segmentos gênicos de V, D e J

15. Qual das classes de anticorpos tem a capacidade de atravessar a placenta?

    (A) IgG
    (B) IgA
    (C) IgM
    (D) IgE
    (E) IgD

16. Um homem de aproximadamente 20 anos de idade, que se encontra em um quarto de enfermaria de emergência, apresenta respiração curta e fadiga. Também está bastante pálido. Há 2 dias, recebeu uma injeção de penicilina para combater uma infecção. Ele já havia recebido penicilina antes sem problemas, e foi constatado que não tinha "alergia" à penicilina. Os testes laboratoriais mostraram que ele apresentava anticorpos contra a penicilina no soro e uma baixa na contagem de hemácias. Foi diagnosticada anemia hemolítica imune. Qual tipo de reação de hipersensibilidade esse paciente está sofrendo?

    (A) Tipo I
    (B) Tipo II
    (C) Tipo III
    (D) Tipo IV

17. Qual dos seguintes tipos de célula expressa receptores para a IgE em sua superfície celular que estimula a célula a montar uma resposta aos parasitas, como helmintos?

    (A) Células T
    (B) Células B
    (C) Células NK
    (D) Mastócitos
    (E) Células dendríticas

18. Qual tipo de reação de hipersensibilidade resulta na liberação de histamina mediada por IgE?

    (A) Tipo I
    (B) Tipo II
    (C) Tipo III
    (D) Tipo IV

19. Quais são as duas citocinas que desempenham um papel importante na atração de neutrófilos para o local de uma infecção?

    (A) IFN-α e IFN-γ
    (B) IL-8 e IL-17
    (C) IL-2 e IL-4
    (D) IL-6 e IL-12

20. Qual dos seguintes ensaios laboratoriais é considerado uma contraparte *in vitro* das reações de hipersensibilidade tipo IV observadas no teste cutâneo de TB?

    (A) Imunoblot para o antígeno de TB
    (B) EIA do soro de paciente TB-positivo
    (C) Imunofluorescência para anticorpos de TB
    (D) Produção de IFN-γ pelos leucócitos incubados com antígenos de TB

21. Qual dos seguintes testes de laboratório pode ser usado para detectar o número e os tipos de células imunológicas no sangue periférico?

    (A) Eletroforese de imunofixação
    (B) EIA
    (C) Citometria de fluxo
    (D) Imunoblot

22. As moléculas PD-1 e CTLA-4 são alvos para a terapia imune do câncer e são expressas em:

    (A) Plasmócitos
    (B) Mastócitos
    (C) Neutrófilos
    (D) Células T ativadas
    (E) Células tumorais

Respostas

1. C	9. C	17. D
2. E	10. B	18. A
3. D	11. D	19. B
4. C	12. B	20. D
5. A	13. B	21. C
6. E	14. B	22. D
7. D	15. A	
8. A	16. B	

REFERÊNCIAS

Abbas AK, Lichtman AH, Pillai S: *Cellular and Molecular Immunology*, 9th ed. Saunders Elsevier, 2017.

Detrick B, Schmitz J, Hamilton RG: *Manual of Molecular and Clinical Laboratory Immunology*, 8th ed. ASM Press, 2016.

Helbert M: *Immunology for Medical Students*, 3rd ed. Mosby/Elsevier, 2017.

Murphy K and Weaver C: *Janeway's Immunobiology*, 9th ed. Garland Science, 2017.

O'Gorman MRG and Donnenberg AD: *Handbook of Human Immunology*, 2nd ed. CRC Press, 2008.

Paul WE (editor): *Fundamental Immunology*, 7th ed. Lippincott Williams & Wilkins, 2013.

Patogênese das infecções bacterianas

A patogênese das infecções bacterianas abrange o início do processo infeccioso e os mecanismos que levam ao aparecimento dos sinais e sintomas da doença. Os fatores bioquímicos, estruturais e genéticos que desempenham um papel importante na patogênese bacteriana são discutidos neste capítulo e podem ser revistos nos capítulos específicos para cada microrganismo. As bactérias patogênicas caracterizam-se por sua capacidade de disseminação, aderência e persistência, bem como invasão de células e tecidos do hospedeiro, toxigenicidade e capacidade de escapar ou sobreviver ao sistema imunológico do hospedeiro. A resistência a antimicrobianos e a desinfetantes também pode contribuir para a **virulência**, ou seja, a capacidade do microrganismo de causar doença. Muitas infecções causadas por bactérias geralmente consideradas como patógenos são inaparentes ou assintomáticas. Ocorre doença se as bactérias ou as reações imunológicas à sua presença resultarem em danos ao hospedeiro.

Os termos frequentemente empregados para descrever os aspectos da patogênese estão definidos no Glossário a seguir.

GLOSSÁRIO

Aderência (adesão, fixação): processo pelo qual as bactérias se fixam à superfície das células do hospedeiro. Após as bactérias terem penetrado no organismo, a aderência constitui uma etapa inicial importante no processo de infecção.* Os termos *aderência*, *adesão* e *fixação* frequentemente são utilizados como sinônimos.

Infecção: multiplicação de um agente infeccioso no corpo. A multiplicação das bactérias que fazem parte da microbiota normal do trato gastrintestinal, da pele, entre outros, geralmente não é considerada uma infecção. Já a multiplicação de bactérias patogênicas (p. ex., espécies de *Salmonella*), mesmo quando o indivíduo se mostra assintomático, é considerada uma infecção.

Invasão: processo pelo qual bactérias, parasitas animais, fungos e vírus penetram nas células ou nos tecidos do hospedeiro e disseminam-se pelo corpo.

Microbiota: microrganismos que colonizam diferentes sítios de indivíduos saudáveis.

Não patógeno: microrganismo que não provoca doença. Pode fazer parte da microbiota normal.

Patogenicidade: capacidade de um agente infeccioso de provocar doença. (Ver também Virulência.)

Patógeno: microrganismo capaz de causar doença.

Patógeno oportunista: agente capaz de provocar doença apenas quando a resistência do hospedeiro está comprometida** (quando o paciente se encontra "imunocomprometido").

Portador: indivíduo ou animal sem infecção ou com infecção assintomática que pode transmitir o agente etiológico para outro indivíduo ou animal suscetível.

---

*N. de T. Muitas vezes, a aderência pode ser considerada o primeiro passo no processo de patogenicidade de um patógeno. Bactérias que não se aderem ou que apresentam baixa aderência são rapidamente eliminadas no sítio de infecção. Por exemplo, bactérias uropatogênicas que apresentam baixa capacidade de interagir com as células da uretra são rapidamente eliminadas pelo fluxo urinário.

**N. de T. Ou quando alcança um sítio onde possa apresentar uma vantagem seletiva como abundância de nutrientes ou de receptores para aderência e diminuição da competição com a microbiota residente.

Superantígenos: toxinas de origem proteica que ativam o sistema imunológico, ligando-se às moléculas do complexo principal de histocompatibilidade (MHC, do inglês *major histocompatibility complex*) e receptores de células T (TCRs, do inglês *T-cell receptors*), e resultando em intensa ativação policlonal de células T e na produção maciça de citocinas.

Toxigenicidade: capacidade de um microrganismo de produzir uma toxina que contribui para o desenvolvimento de doença.
Virulência: capacidade quantitativa de um agente provocar doença. Os agentes virulentos causam doença quando introduzidos no hospedeiro em pequeno número. A virulência envolve aderência, persistência, invasão e toxigenicidade (ver anteriormente).

IDENTIFICAÇÃO DE BACTÉRIAS QUE CAUSAM DOENÇAS

Os seres humanos e os animais possuem uma **microbiota** normal abundante que habitualmente não provoca doença (ver Capítulo 10), mas que atinge o equilíbrio com o hospedeiro, garantindo a sobrevivência, o crescimento e a propagação não apenas das bactérias, mas também do hospedeiro. Algumas bactérias que constituem importantes causas de doença crescem comumente com a microbiota normal (p. ex., *Streptococcus pneumoniae*, *Staphylococcus aureus*). Algumas vezes, verifica-se a presença de bactérias nitidamente patogênicas (p. ex., *Salmonella enterica* sorovar Typhi), porém a infecção permanece latente ou subclínica, de modo que o hospedeiro é um "portador" do microrganismo.

Pode ser difícil mostrar que determinada espécie bacteriana constitui a causa de uma doença específica. Em 1884, Robert Koch propôs uma série de postulados que foram amplamente aplicados para correlacionar muitas espécies bacterianas específicas com determinadas doenças. Os **postulados de Koch** estão resumidos na Tabela 9-1.

Os postulados de Koch continuam sendo uma base essencial da microbiologia. Contudo, desde o fim do século XIX, constatou-se que muitos microrganismos que não preenchem os critérios dos postulados de Koch também provocam doença. Assim, por exemplo, o *Treponema pallidum* (sífilis) e o *Mycobacterium leprae* (hanseníase) não podem ser cultivados *in vitro*. Entretanto, existem modelos de infecção em animais com esses agentes. Outro exemplo é a *Neisseria gonorrhoeae* (gonorreia), para a qual não há modelo de infecção em animais, embora possa ser facilmente cultivada *in vitro*. Além disso, infecções experimentais em seres humanos podem substituir o modelo animal.

Em outros casos, os postulados de Koch foram satisfeitos, pelo menos em parte, ao demonstrar a patogenicidade bacteriana em um modelo de infecção *in vitro*, em vez de em um modelo animal. Por exemplo, algumas formas de diarreia induzida por *Escherichia coli* (ver Capítulo 15) foram definidas pela interação dessa bactéria com células do hospedeiro em cultura tecidual.

As respostas imunológicas do hospedeiro também devem ser consideradas quando se investiga a presença de determinado microrganismo como possível causa de uma doença. Por conseguinte, a ocorrência de elevação nos títulos de anticorpos específicos durante a recuperação da doença constitui um importante auxiliar dos postulados de Koch.

A moderna genética microbiana abriu novas fronteiras para o estudo das bactérias patogênicas e sua diferenciação das não patogênicas. A clonagem molecular possibilitou aos pesquisadores isolar e modificar genes de virulência específicos, estudando-os em modelos de infecção. A capacidade de estudar genes associados à virulência levou à proposição dos **postulados moleculares de Koch**. Esses postulados estão resumidos na Tabela 9-1.

O crescimento de alguns patógenos em cultura é difícil ou mesmo impossível; por esse motivo, não é possível estabelecer a causa

TABELA 9-1   Diretrizes para o estabelecimento das causas das doenças infecciosas

Postulados de Koch	Postulados moleculares de Koch	Diretrizes moleculares para o estabelecimento da relação agente microbiano-doença
1. O microrganismo deve ser encontrado em todos os casos da doença em questão, e sua distribuição no corpo deve estar em concordância com as lesões observadas. 2. O microrganismo deve crescer em cultura pura *in vitro* (ou fora do corpo do hospedeiro) por diversas gerações. 3. Quando essa cultura pura for inoculada em um animal suscetível, deve resultar no surgimento da doença típica. 4. O microrganismo deve ser novamente isolado de lesões que produziram doença no modelo experimental.	1. O fenótipo ou propriedade sob investigação deve estar significativamente associado a cepas patogênicas de uma espécie e não a cepas não patogênicas. 2. A inativação específica de um gene ou genes associados à virulência deve levar a uma diminuição mensurável da patogenicidade ou da virulência. 3. A reversão ou substituição de um gene mutado com um gene selvagem deve levar à restauração da patogenicidade ou da virulência.	1. A sequência de ácidos nucleicos de um patógeno específico deve estar presente na maioria dos casos de uma doença infecciosa e preferencialmente em locais anatômicos onde o patógeno é evidente. 2. A sequência de ácidos nucleicos de um patógeno específico deve estar ausente na maioria dos controles saudáveis. Se a sequência for detectada em controles saudáveis, ela deve estar presente com baixa prevalência, quando comparada com o número de pacientes que têm a doença, e em um baixo número de cópias. 3. O número de cópias de uma sequência de ácidos nucleicos associados a um patógeno deve diminuir ou tornar-se não detectável com a resolução da doença (p. ex., com um tratamento eficaz) e deve aumentar em casos de recidiva ou recorrência da doença. 4. A presença de uma sequência de ácidos nucleicos associada a um patógeno em indivíduos sadios deve ajudar a prever o desenvolvimento subsequente da doença. 5. A natureza do patógeno inferido a partir da análise da sequência de ácidos nucleicos deve ser condizente com as características biológicas conhecidas dos organismos relacionados com a natureza da doença. A importância de uma sequência microbiana detectada está aumentada quando o genótipo microbiano prevê a morfologia e a patologia microbianas, as características clínicas da doença e a resposta do hospedeiro.

das doenças a eles associadas com base nos postulados de Koch ou nos postulados moleculares de Koch. Utiliza-se a reação em cadeia da polimerase para amplificar as sequências de ácidos nucleicos específicas do microrganismo isoladas de tecidos ou líquidos do hospedeiro, empregadas para a identificação dos microrganismos infectantes. As diretrizes moleculares para o estabelecimento da causa da doença microbiana estão relacionadas na Tabela 9-1. Essa abordagem foi utilizada para o estabelecimento das causas de várias doenças, como a doença de Whipple (*Tropheryma whipplei*), angiomatose bacilar (*Bartonella henselae*), erliquiose monocítica humana (*Ehrlichia chaffeensis*), síndrome pulmonar por hantavírus (vírus Sin Nombre) e sarcoma de Kaposi (herpes-vírus humano 8).

A análise da infecção e da doença mediante a aplicação de certos princípios, como os postulados de Koch, leva à classificação das bactérias como patógenos, patógenos oportunistas e não patógenos. Algumas espécies bacterianas são sempre consideradas patogênicas, e sua presença é anormal. Alguns exemplos são *Mycobacterium tuberculosis* (tuberculose) e *Yersinia pestis* (peste), bactérias que satisfazem facilmente os critérios dos postulados de Koch. Outras espécies fazem parte comumente da microbiota normal de seres humanos (e animais), mas também podem, com frequência, causar doença. Por exemplo, *E. coli* pertence à microbiota gastrintestinal dos seres humanos sadios, mas também representa uma causa comum das infecções do trato urinário, diarreia do viajante e outras doenças. As cepas da *E. coli* que provocam doença são diferentes das que não o fazem pela determinação (1) da existência ou não de virulência em animais e modelos de infecção *in vitro*, bem como (2) da constituição genética significativamente associada à produção da doença. Outras bactérias (p. ex., espécies de *Pseudomonas*, *Stenotrophomonas maltophilia* e muitas leveduras e bolores) só provocam doença em indivíduos imunodeprimidos ou debilitados, e constituem **patógenos oportunistas**.

TRANSMISSÃO DO AGENTE INFECCIOSO

As bactérias (e outros microrganismos) podem adaptar-se a vários ambientes que incluem fontes externas, como solo, água e matéria orgânica, ou ambientes internos encontrados nos insetos-vetor, animais e em seres humanos, onde normalmente habitam e subsistem. Assim, dotadas dessa capacidade, as bactérias asseguram sua sobrevida e aumentam a possibilidade de transmissão. Ao produzirem infecção assintomática ou doença leve, em vez de levarem à morte do hospedeiro, os microrganismos que normalmente habitam em seres humanos aumentam a possibilidade de transmissão de uma pessoa para outra.

Algumas bactérias que costumam provocar doença em seres humanos habitam principalmente em animais e infectam incidentalmente os seres humanos. Por exemplo, as espécies de *Salmonella* e *Campylobacter* infectam os animais, sendo transmitidas aos seres humanos por meio de produtos alimentares. Outras bactérias produzem infecções de modo inadvertido em seres humanos, constituindo um erro no ciclo de vida normal do microrganismo. Nesses casos, os microrganismos não se adaptam aos seres humanos, e a doença que provocam pode ser grave. Por exemplo, *Y. pestis* (peste) tem um ciclo de vida bem-estabelecido em roedores e pulgas de roedores, e a transmissão pelas pulgas a seres humanos é acidental. *Bacillus anthracis* (antraz), que é encontrado no meio ambiente, infecta animais ocasionalmente e é transmitido aos seres humanos por certos produtos de animais infectados, como pelos. As espécies

de *Clostridium* são onipresentes no meio ambiente, e são transmitidas aos seres humanos por ingestão (p. ex., gastrenterite por *C. perfringens* e *C. botulinum* [botulismo]), ou quando ocorre contaminação de feridas pelo solo (p. ex., *C. perfringens* [gangrena gasosa] e *C. tetani* [tétano]). Tanto *B. anthracis* quanto as espécies de *Clostridium* formam esporos que protegem o ácido nucleico de diferentes fatores ambientais hostis, como radiação ultravioleta, dessecação, detergentes químicos e alterações de pH. Esses esporos permitem a sobrevivência em ambientes externos, incluindo alimentos ingeridos por humanos. Após serem ingeridos ou inoculados, os esporos germinam, resultando na forma vegetativa e metabolicamente ativa do patógeno.

As manifestações clínicas das doenças (p. ex., diarreia, tosse, corrimento vaginal) causadas por microrganismos frequentemente promovem a transmissão dos agentes. A seguir, são apresentados alguns exemplos de síndromes clínicas e o modo como aumentam a transmissão das bactérias patogênicas. *Vibrio cholerae* pode causar diarreia aquosa intensa, que contamina a água do mar e a água doce. Assim, tanto a água potável quanto os frutos do mar, como ostras e caranguejos, podem ser contaminados. A ingestão de água ou frutos do mar contaminados pode provocar infecção e doença. De modo semelhante, a contaminação dos alimentos com água de esgoto que contenha *E. coli*, que causa diarreia, resulta na disseminação e transmissão desse microrganismo. *Mycobacterium tuberculosis* (tuberculose) infecta naturalmente apenas os seres humanos, provocando doença respiratória com tosse e produção de perdigotos, o que resulta em transmissão da bactéria de uma pessoa para outra.

Muitas bactérias são transmitidas de uma pessoa para outra por meio das mãos. Uma pessoa portadora de *S. aureus* na parte anterior das narinas pode esfregar o nariz, contaminar as mãos com os estafilococos e disseminá-los para outras partes do corpo ou para outra pessoa, resultando em infecção. Muitos patógenos oportunistas que provocam infecções hospitalares são transmitidos de um paciente para outro por meio das mãos de membros da equipe hospitalar. Por conseguinte, a lavagem das mãos constitui um importante componente no controle das infecções.

As mais frequentes **portas de entrada das bactérias patogênicas** são os sítios do corpo nos quais as mucosas entram em contato com a pele: vias aéreas (superiores e inferiores), trato gastrintestinal (principalmente a boca), trato genital e vias urinárias. As áreas anormais das mucosas e da pele (p. ex., cortes, queimaduras e outras lesões) também são portas de entrada frequentes. A pele e as membranas mucosas constituem o mecanismo de defesa primária contra a infecção. Para causar doença, os patógenos precisam vencer essas barreiras.

PROCESSO INFECCIOSO

No corpo, as bactérias que causam doenças têm de se aderir às células do hospedeiro, geralmente às células epiteliais. Estabelecido um local primário de infecção, as bactérias multiplicam-se e disseminam-se diretamente, através dos tecidos ou do sistema linfático, para a corrente sanguínea. Essa infecção (bacteriemia) pode ser transitória ou persistente, permitindo que essas bactérias se disseminem amplamente pelo corpo até alcançarem os tecidos particularmente apropriados para a sua multiplicação.

A pneumonia pneumocócica fornece um exemplo desse processo infeccioso. *Streptococcus pneumoniae* pode ser cultivado a partir de material da nasofaringe de 5 a 40% dos indivíduos sadios. Em certas ocasiões, os pneumococos da nasofaringe são aspirados para os pulmões, o que é mais comum nos indivíduos debilitados ou em determinadas situações, como o coma, quando os reflexos normais da tosse e do vômito estão diminuídos. Verifica-se o desenvolvimento de infecção nas vias aéreas terminais dos pulmões de indivíduos que não produzem anticorpos protetores contra o antígeno capsular pneumocócico. A multiplicação dos pneumococos e a consequente inflamação resultam em pneumonia. Os pneumococos penetram nos vasos linfáticos dos pulmões e dirigem-se para a corrente sanguínea. Entre 10 e 20% dos indivíduos com pneumonia pneumocócica apresentam bacteriemia por ocasião do diagnóstico de pneumonia. Quando ocorre bacteriemia, os pneumococos podem disseminar-se para locais secundários de infecção (p. ex., líquido cerebrospinal, valvas cardíacas, espaços articulares). As principais complicações da pneumonia pneumocócica consistem em meningite, artrite séptica e, raramente, endocardites.

O processo infeccioso no cólera envolve a ingestão de *V. cholerae*, a atração quimiotática das bactérias para o epitélio intestinal, a motilidade das bactérias por meio de um único flagelo polar e a penetração na camada mucosa da superfície intestinal. A aderência do *V. cholerae* à superfície das células epiteliais é mediada por *pili* e, possivelmente, por outras adesinas. A produção da toxina colérica resulta em fluxo de cloreto e água no lúmen intestinal, provocando diarreia e desequilíbrio eletrolítico.

GENÔMICA E PATOGENICIDADE BACTERIANA

As bactérias são haploides (ver Capítulo 7) e limitam as interações genéticas passíveis de alterar seus cromossomos e de afetar potencialmente sua adaptação e sua sobrevivência em nichos ambientais específicos. Uma importante consequência da conservação dos genes cromossômicos nas bactérias é o fato de os microrganismos serem clonais. Para a maioria dos patógenos, existem apenas um ou alguns tipos clonais que se disseminam no mundo durante certo período. Por exemplo, a meningite meningocócica epidêmica do sorogrupo A ocorre na Ásia, no Oriente Médio e na África e, em certas ocasiões, propaga-se para a Europa Setentrional e para as Américas. Em várias ocasiões, ao longo de várias décadas, observou-se o aparecimento de tipos clonais isolados de *Neisseria meningitidis* do sorogrupo A em uma região geográfica e, posteriormente, em outras regiões, resultando em doença epidêmica. Existem dois tipos clonais de *Bordetella pertussis*, ambos associados a doença. Entretanto, há mecanismos que a bactéria utiliza, ou que utilizou há muito tempo, para transmitir genes de virulência de uma para outra.

Elementos genéticos móveis

Os mecanismos primários de troca de informação genética entre bactérias incluem a transformação natural e a transmissão de elementos genéticos móveis, como plasmídeos, transpósons e bacteriófagos (frequentemente referidos como "fagos"). A transformação ocorre quando o ácido desoxirribonucleico (DNA, do inglês *deoxyribonucleic acid*) de um organismo é liberado para o ambiente e incorporado por um organismo diferente capaz de reconhecer e ligar-se a esse DNA. Em outros casos, os genes que codificam muitos

fatores de virulência bacteriana são carreados por plasmídeos,* transpósons ou fagos.* Esses plasmídeos são estruturas extracromossômicas de DNA e são capazes de replicar-se. Os transpósons são segmentos de DNA altamente móveis que podem mover-se de uma parte do DNA para outra. Esses dois fenômenos podem resultar em recombinação entre o DNA extracromossômico e o cromossômico (recombinação não homóloga; Capítulo 7). Se essa recombinação se verifica, os genes que codificam os fatores de virulência podem tornar-se cromossômicos. Por fim, vírus bacterianos ou fagos são outros mecanismos pelos quais o DNA pode ser transferido de um organismo para outro. A transferência desses elementos genéticos entre membros de uma mesma espécie (ou, menos comumente, interespécies) pode resultar em transferência de fatores de virulência, incluindo genes de resistência a antimicrobianos. Alguns exemplos de fatores de virulência codificados em fagos ou plasmídeos estão na Tabela 9-2.

Ilhas de patogenicidade

Grandes grupos de genes associados à patogenicidade e localizados no cromossomo bacteriano são chamados de **ilhas de patogenicidade** (**PAIs**, do inglês *pathogenicity islands*). Existem grandes grupos de genes organizados, com tamanho entre 10 e 200 quilobases (kb). As principais propriedades das PAIs são: possuem um ou mais genes de virulência; estão presentes no genoma dos membros patogênicos de uma espécie; são de grande tamanho; geralmente possuem um conteúdo de guanina mais citosina (G + C) diferente do restante do genoma bacteriano; estão normalmente associadas a genes do tRNA; são geralmente encontradas com partes do genoma associado a elementos genéticos móveis; e, com frequência, apresentam instabilidade genética e representam estruturas em mosaico

TABELA 9-2   Exemplos de fatores de virulência codificados por genes em elementos genéticos móveis

Gênero/espécie	Fator de virulência e doença
Codificados por plasmídeo	
Escherichia coli	Enterotoxinas termoestáveis e termolábeis que causam diarreia
E. coli	Hemolisina (citotoxina) de doença invasiva e infecções do trato urinário
E. coli e espécies de *Shigella*	Fatores de aderência e produtos gênicos envolvidos em invasão de mucosas
Bacillus anthracis	Cápsula, essencial para virulência (em um plasmídeo)
	Fator de edema, fator letal e antígeno protetor, todos essenciais para virulência (em outro plasmídeo)
Codificados por fago	
Clostridium botulinum	Toxina botulínica que causa paralisia
C. diphtheriae	Toxina diftérica que inibe a síntese de proteínas humanas
Vibrio cholerae	Toxina do cólera, que pode causar diarreia aquosa grave

*N de T. Muitos genes que codificam uma infinidade de mecanismos diferentes de resistência também são disseminados horizontalmente por plasmídeos conjugativos – por exemplo, o gene *bla*$_{KPC}$, que codifica para uma serino-carbapenemase associada à resistência para todos os β-lactâmicos além dos de largo espectro como os carbapenêmicos (imipeném, meropeném e ertapeném).

com componentes adquiridos em momentos diferentes. Em conjunto, as propriedades das PAIs sugerem que se originaram de transferência gênica a partir de diferentes espécies. Alguns exemplos de PAIs dos fatores de virulência encontram-se na Tabela 9-3.

REGULAÇÃO DOS FATORES DE VIRULÊNCIA BACTERIANOS

As bactérias patogênicas (e outros patógenos) adaptaram-se tanto ao estado saprofítico quanto ao estado de vida livre, possivelmente a ambientes extracorporais, bem como ao hospedeiro humano. Desenvolveram complexos sistemas de transdução de sinais para regular os genes importantes relacionados com a virulência. Os sinais ambientais frequentemente controlam a expressão dos genes de virulência. Os sinais comuns consistem em temperatura, disponibilidade de ferro, osmolalidade, fase de crescimento, pH e íons específicos (p. ex., Ca^{2+}) ou fatores nutrientes. Alguns exemplos são apresentados nos parágrafos a seguir.

O gene da toxina diftérica do *C. diphtheriae* é transportado por bacteriófagos temperados. A toxina só é produzida por cepas lisogenizadas pelos fagos. A produção de toxina aumenta acentuadamente quando *C. diphtheriae* cresce em um meio com baixo conteúdo de ferro.

A expressão dos genes de virulência de *B. pertussis* aumenta quando as bactérias crescem a 37 °C, mas é suprimida em temperaturas mais baixas ou na presença de altas concentrações de sulfato de magnésio ou ácido nicotínico.

Os fatores de virulência de *V. cholerae* são regulados em múltiplos níveis e inúmeros fatores ambientais. A expressão da toxina colérica é maior em pH de 6 do que em pH de 8,5, e também é maior a 30 °C do que a 37 °C.

A osmolalidade e a composição dos aminoácidos também são importantes. Até 20 outros genes do *V. cholerae* são regulados de maneira semelhante.

Yersinia pestis produz uma série de proteínas codificadas por plasmídeo de virulência. Uma delas é uma proteína capsular da fração antifagocítica 1 que resulta em função antifagocítica. Essa proteína tem sua expressão máxima entre 35 e 37 °C, a temperatura do hospedeiro, e minimamente entre 20 e 28 °C, que corresponde à temperatura da pulga, na qual a atividade antifagocítica não se faz necessária. A regulação dos outros fatores de virulência em espécies de *Yersinia* também é influenciada por fatores ambientais.

A motilidade das bactérias permite sua disseminação e multiplicação em seus nichos ambientais ou nos indivíduos. *Yersinia enterocolitica* e *Listeria monocytogenes* são comuns no ambiente onde a motilidade se torna importante para essas bactérias. Presumivelmente, a motilidade não é importante na patogênese das doenças causadas por essas espécies. *Yersinia enterocolitica* é móvel quando cresce a 25 °C, mas não quando cresce a 37 °C. De modo semelhante, *Listeria* é móvel quando cresce a 25 °C e imóvel ou com motilidade mínima quando cresce a 37 °C.

FATORES DE VIRULÊNCIA BACTERIANOS

Muitos fatores determinam a virulência bacteriana ou a capacidade de provocar infecção e doença.

Fatores de aderência

Após as bactérias penetrarem no hospedeiro, precisam aderir às células de um tecido. Se não conseguirem fazer isso, serão eliminadas pelo muco e por outros líquidos que banham a superfície tecidual. A aderência, que constitui apenas uma etapa no processo infeccioso, é seguida pelo desenvolvimento de microcolônias e por etapas subsequentes na patogênese da infecção.

As interações entre as bactérias e as superfícies celulares dos tecidos no processo de aderência são complexas. Diversos fatores desempenham importantes papéis: a hidrofobicidade superficial e a carga efetiva da superfície, as moléculas de ligação nas bactérias (ligantes) e interações dos receptores das células do hospedeiro. Bactérias e células hospedeiras geralmente têm cargas superficiais negativas e, portanto, forças eletrostáticas repulsivas. Essas forças são superadas por interações hidrofóbicas e outras mais específicas entre bactérias e células hospedeiras. Em geral, quanto mais hidrofóbica for a superfície da célula bacteriana, maior será sua aderência à célula do hospedeiro. Diferentes cepas de bactérias de uma mesma espécie podem variar bastante quanto às suas propriedades superficiais hidrofóbicas e à sua capacidade de aderir às células do hospedeiro.

As bactérias também possuem moléculas de superfície específicas que interagem com as células do hospedeiro. Muitas são dotadas

TABELA 9-3 **Alguns exemplos das diversas ilhas de patogenicidade em patógenos humanos**

Gênero/espécie	Nome da PAI	Características de virulência
Escherichia coli	PAI I$_{536}$, II$_{536}$	Alfa-hemolisina, fímbrias, aderências em infecções do trato urinário
E. coli	PAI I$_{J96}$	Alfa-hemolisina, *pilus* P, em infecções do trato urinário
E. coli (EHEC)	O157	Toxina de macrófagos em EHEC
Salmonella enterica sorovar Typhimurium	SPI-1	Invasão e destruição das células hospedeiras; diarreia
Yersinia pestis	HPI/pgm	Genes que aumentam a captação de ferro
Vibrio cholerae O1 biovar El Tor	VPI-1	Neuraminidase, utilização de aminoaçúcares
Staphylococcus aureus	SCC mec	Resistência à meticilina e a outros antibióticos
S. aureus	SaPI1	Toxina 1 da síndrome do choque tóxico, enterotoxina
Enterococcus faecalis	NP^m	Citolisina, formação de biofilme

EHEC, *E. coli* êntero-hemorrágica; HPI, ilha de alta patogenicidade; NP, não protease; PAI, ilha de patogenicidade; SaPI, ilha de patogenicidade de *S. aureus*; SCC, cassete cromossômico estafilocócico; SPI, ilha de patogenicidade de *Salmonella*; VPI, ilha de patogenicidade de *Vibrio*.

de *pili* ou de **fímbrias**, apêndices semelhantes a pelos que se estendem a partir da superfície da célula bacteriana e ajudam a mediar a aderência das bactérias à superfície das células do hospedeiro. Por exemplo, algumas cepas da *E. coli* possuem *pili* do tipo 1, que aderem a receptores de células epiteliais. Essa aderência pode ser bloqueada *in vitro* pela adição de D-manose ao meio. *Escherichia coli* que causa infecções do trato urinário não apresenta aderência mediada pela D-manose,* mas possui *pili* P, que se fixam a uma porção do antígeno de grupo sanguíneo P. A estrutura de reconhecimento mínima é o dissacarídeo α-D-galactopiranosil-(1 a 4)-β-D-galactopiranosídeo (adesina de ligação GAL-GAL). As amostras de *E. coli* que provocam doenças diarreicas (ver Capítulo 15) exibem aderência mediada por diferentes tipos de *pili* ou de fímbrias em células epiteliais do intestino. Os tipos de *pili* e os seus mecanismos moleculares específicos de aderência são diferentes, dependendo da cepa de *E. coli* que induz a diarreia.

Outros mecanismos específicos de ligantes-receptores estão envolvidos na aderência das bactérias às células do hospedeiro, ilustrando os diversos mecanismos empregados pelas bactérias. Os estreptococos do grupo A (*Streptococcus pyogenes*) (ver Capítulo 14) também possuem apêndices filiformes, denominados *fímbrias*, que se estendem a partir da superfície celular. Nas fímbrias, são encontrados o **ácido lipoteicoico**, a proteína F e a proteína M. O ácido lipoteicoico e a proteína F induzem a aderência de estreptococos às células epiteliais bucais, mediada pela fibronectina, que atua como molécula receptora da célula do hospedeiro. A proteína M atua como molécula antifagocítica e como um dos principais fatores de virulência.

Os anticorpos dirigidos contra os ligantes bacterianos específicos que promovem aderência (p. ex., *pili* e ácido lipoteicoico) podem bloquear a aderência às células do hospedeiro e, assim, protegê-lo de infecção.

Após a aderência, mudanças conformacionais ocorrem na célula hospedeira, provocando alterações do citoesqueleto de actina e resultando na endocitose do microrganismo pela célula. Algumas vezes, essas adesinas, após promoverem a aderência, ativam genes de virulência associados à invasão ou a outras mudanças patogênicas descritas adiante.

Invasão das células e dos tecidos do hospedeiro

Invasão é o termo comumente utilizado para descrever a entrada de bactérias nas células do hospedeiro e, para muitas bactérias causadoras de doenças, a invasão do epitélio do hospedeiro é fundamental para o processo infeccioso. Algumas bactérias (p. ex., espécies de *Salmonella*) invadem os tecidos através das junções existentes entre as células epiteliais. Outras bactérias (p. ex., espécies de *Yersinia*, *N. gonorrhoeae* e *C. trachomatis*) invadem tipos específicos

de células epiteliais do hospedeiro, podendo, subsequentemente, penetrar nos tecidos. Em muitas infecções, as bactérias produzem fatores de virulência que influenciam as células do hospedeiro, induzindo-as a ingerir as bactérias. As células do hospedeiro desempenham um papel muito ativo nesse processo.

No interior da célula do hospedeiro, as bactérias podem permanecer encerradas em um vacúolo constituído pela membrana celular do hospedeiro, ou a membrana do vacúolo pode dissolver-se, permitindo a dispersão das bactérias no citoplasma. Algumas bactérias (p. ex., espécies de *Shigella*) multiplicam-se no interior da célula do hospedeiro, enquanto outras não.

Em geral, a produção de toxinas e outras propriedades de virulência são independentes da capacidade das bactérias de invadir células e tecidos. Por exemplo, *C. diphtheriae* é capaz de invadir o epitélio da nasofaringe e provocar faringite sintomática mesmo quando as cepas de *C. diphtheriae* não são toxigênicas.

Estudos *in vitro* com células em cultura de tecido ajudaram a caracterizar os mecanismos de invasão de alguns patógenos; todavia, os modelos *in vitro* não fornecem necessariamente um quadro completo do processo de invasão. A compreensão global do processo, como ocorre na infecção adquirida naturalmente, exigiu o estudo de mutantes obtidos por engenharia genética bem como sua capacidade de infectar animais e seres humanos suscetíveis. Por conseguinte, a compreensão da invasão das células eucarióticas por bactérias exige que seja satisfeita grande parte dos postulados de Koch e dos postulados moleculares de Koch. Os parágrafos seguintes fornecem exemplos de invasão bacteriana de células do hospedeiro como parte do processo infeccioso.

As espécies de *Shigella* aderem às células do hospedeiro *in vitro*. Em geral, são utilizadas células HeLa, que consistem em células indiferenciadas não polarizadas obtidas de um carcinoma cervical. A aderência provoca a polimerização da actina na porção adjacente da célula HeLa, o que induz a formação de pseudópodos pelas células HeLa, com a consequente ingestão das bactérias. A aderência e a invasão são mediadas, pelo menos em parte, por produtos de genes localizados em um grande plasmídeo comum a muitas shigelas. Inúmeras proteínas, inclusive os **antígenos do plasmídeo de invasão D** (IpA-D, do inglês *invasion plasmid antigens*), contribuem para o processo. No interior das células HeLa, a *Shigella* é liberada ou escapa da vesícula fagocítica, multiplicando-se no citoplasma. A polimerização da actina impulsiona os microrganismos para o interior de uma célula HeLa e de uma célula para outra. *In vivo*, a *Shigella* se adere às integrinas na superfície das células M nas placas de Peyer, e não às células de absorção polarizadas da mucosa.** Normalmente, as células M selecionam antígenos e os apresentam aos macrófagos na submucosa. As shigelas são endocitadas pelas células M, passam através delas e escapam à ação dos macrófagos. Em seguida, no interior das células M e dos macrófagos, esse microrganismo mata essas células por ativação do processo de morte celular (apoptose). *Shigella* se dissemina pelas células adjacentes da mucosa de modo semelhante ao modelo de invasão celular *in vitro*, por polimerização da actina, que a impulsiona para a frente.

Com base em estudos que utilizaram células *in vitro*, o processo de aderência-invasão da *Yersinia enterocolitica* parece assemelhar-se ao da *Shigella*. *Yersinia* adere à membrana celular do hospedeiro

---

*N. de T. Na realidade, as fímbrias do tipo 1 (manose sensível) desempenham diferentes funções importantes no processo de patogenicidade das amostras de *E. coli* uropatogênica (UPEC). As fímbrias do tipo 1 se ligam às glicoproteínas uroepiteliais ricas em manose (uroplaquinas Ia e III) através da subunidade fimH, que funciona como adesina e está localizada na ponta da fímbria. Essa interação resulta na invasão e na apoptose das células uroepiteliais. As fímbrias do tipo 1, juntamente com as fímbrias P, também atuam em sinergia, facilitando a colonização renal que pode resultar em obstrução do néfron. Além disso, a proteína Tamm-Horsfall (THP), produzida por células renais, é liberada na urina humana e pode atuar como um receptor solúvel para fimH, obstruindo a interação célula-hospedeiro e limitando a capacidade de UPEC de colonizar o trato urinário.

**N. de T. Esse microrganismo utiliza a célula M como porta de entrada para acessar os receptores basolaterais dos enterócitos que compõem a mucosa intestinal, não disponíveis na região apical do lúmen.

e induz a projeção de extensões protoplasmáticas. Em seguida, as bactérias são ingeridas pela célula do hospedeiro, com a formação de vacúolos; posteriormente, a membrana do vacúolo se dissolve. A invasão aumenta quando as bactérias são cultivadas a 22 °C, e não a 37 °C. Após a penetração da *Yersinia* na célula, a membrana vacuolar dissolve-se, e as bactérias são liberadas no citoplasma. *In vivo*, acredita-se que as espécies de *Yersinia* possam aderir às células M das placas de Peyer e invadi-las, em vez de fazer isso nas células mucosas polarizadas de absorção, a exemplo da *Shigella*.

Listeria monocytogenes presente no ambiente é ingerida nos alimentos. Presumivelmente, as bactérias aderem à mucosa intestinal, invadem-na, alcançam a corrente sanguínea e disseminam-se. A patogênese desse processo foi estudada *in vitro*. *Listeria monocytogenes* adere aos macrófagos e às células intestinais indiferenciadas cultivadas, invadindo-os rapidamente. As espécies de *Listeria* induzem a sua própria ingestão pelas células do hospedeiro. Uma proteína, a **internalina**, desempenha um papel primordial nesse processo. O processo de ingestão, movimento no interior da célula e deslocamento entre células, exige a polimerização da actina para impulsionar as bactérias, como no caso da *Shigella*.

Legionella pneumophila infecta os macrófagos pulmonares, provocando pneumonia. A aderência de *Legionella* ao macrófago induz a formação de um pseudópodo longo e delgado que, em seguida, enrola-se ao redor da bactéria, formando uma vesícula (**fagocitose por enrolamento**). A vesícula permanece intacta; a fusão do fagolisossomo é inibida, e as bactérias multiplicam-se no interior da vesícula.

Neisseria gonorrhoeae utiliza os *pili* como adesinas primárias e as **proteínas associadas à opacidade** (**Opa**, do inglês *opacity-associated proteins*) como adesinas secundárias às células do hospedeiro. Certas proteínas Opa medeiam a aderência das bactérias às células polimorfonucleares. Alguns gonococos sobrevivem após fagocitose por essas células. Juntos, os *pili* e as proteínas Opa aumentam a

invasão das células cultivadas *in vitro*. Em culturas de tuba uterina, os gonococos aderem às microvilosidades das células não ciliadas e parecem induzir a sua ingestão por essas células. Os gonococos multiplicam-se no interior da célula e migram para o espaço subepitelial por um processo desconhecido.

Toxinas

As toxinas produzidas por bactérias são geralmente classificadas em dois grupos: endotoxinas, que estão presentes na membrana externa dos bastonetes Gram-negativos, e toxinas que são secretadas, como enterotoxinas e exotoxinas. As enterotoxinas e exotoxinas são frequentemente classificadas por mecanismos de ação e impacto nas células hospedeiras e são discutidas em mais detalhes a seguir. A Tabela 9-4 traz as principais características dos dois grupos.

A. Exotoxinas

Muitas bactérias Gram-positivas e Gram-negativas produzem exotoxinas de considerável importância clínica. Algumas dessas toxinas desempenharam importantes papéis na história mundial. Por exemplo, o tétano causado pela toxina do *C. tetani* matou até 50 mil soldados das forças do Eixo na Segunda Guerra Mundial; entretanto, as forças dos Aliados imunizaram os soldados contra tétano, de modo que apenas um número muito pequeno morreu por essa doença. Foram desenvolvidas vacinas para algumas das doenças mediadas por exotoxinas; essas vacinas continuam sendo importantes na prevenção de doenças. As vacinas (com **toxoides**) são preparadas a partir das exotoxinas, modificadas de modo a perder sua toxicidade. Muitas exotoxinas consistem em subunidades A e B (frequentemente chamadas de toxinas binárias, toxinas do tipo III ou do tipo AB). Em geral, a subunidade B medeia a aderência do complexo da toxina a uma célula do hospedeiro e ajuda na penetração da exotoxina no interior da célula. A subunidade A fornece

TABELA 9-4 Características de exotoxinas e endotoxinas (lipopolissacarídeos)

Exotoxinas	Endotoxinas
Excretadas pela célula viva; altas concentrações em meio líquido	Parte integrante da parede celular de bactérias Gram-negativas; liberadas com a morte bacteriana e, em parte, durante o crescimento; sua liberação pode não ser necessária para terem atividade biológica
Produzidas por bactérias Gram-positivas e Gram-negativas	Encontradas somente em bactérias Gram-negativas
Polipeptídeos com massa molecular de 10.000 a 900.000 Da	Lipopolissacarídeos complexos; a porção lipídeo A provavelmente é responsável pela toxicidade
Relativamente instáveis; com frequência, a toxicidade é rapidamente destruída por aquecimento a temperaturas > 60 °C	Relativamente estáveis; resistem ao aquecimento a temperaturas > 60 °C por horas sem perda da toxicidade
Altamente antigênicas; estimulam a formação de altos títulos de antitoxina; a antitoxina neutraliza a toxina	Fracamente imunogênicas; anticorpos são antitóxicos e protetores; a relação entre títulos de anticorpos e proteção contra doenças é menos nítida do que com exotoxinas
Convertidas em toxoides não tóxicos e antigênicos por formalina, ácidos, aquecimento, entre outros métodos; os toxoides são usados para imunização (p. ex., toxoide tetânico)	Não convertidas em toxoides
Altamente tóxicas; fatais para animais em microgramas ou menos	Moderadamente tóxicas; fatais para animais em dezenas a centenas de microgramas
Geralmente ligadas a receptores específicos em células	Não possuem receptores específicos em células
Em geral, não provocam febre no hospedeiro	Em geral, causam febre no hospedeiro por liberação de interleucina-1 e outros mediadores
Frequentemente controladas por genes extracromossômicos (p. ex., plasmídeos)	Síntese dirigida por genes cromossômicos

a atividade tóxica. A seguir, são apresentados exemplos de alguns mecanismos patogênicos associados a exotoxinas. Outras toxinas de bactérias específicas são discutidas nos capítulos dedicados a essas bactérias.

Clostridium diphtheriae é um bastonete Gram-positivo capaz de crescer nas mucosas das vias aéreas superiores ou em pequenas feridas cutâneas (ver Capítulo 12). As cepas de *C. diphtheriae* que transportam um corinebacteriófago lisogênico temperado (fago-β ou fago-ω) com o gene estrutural da toxina são toxigênicas e produzem **toxina diftérica**, causando **difteria**. Muitos fatores regulam a produção da toxina; quando a disponibilidade de ferro inorgânico constitui o fator limitante da velocidade de crescimento, ocorre a máxima produção de toxina. A molécula de toxina é secretada em forma de molécula polipeptídica isolada (massa molecular [MM] de 62.000 dáltons [Da]). Essa toxina nativa é degradada enzimaticamente em dois fragmentos, A e B, ligados entre si por uma ligação dissulfeto. O fragmento B (MM de 40.700 Da) liga-se a receptores específicos da célula do hospedeiro e facilita a entrada do fragmento A (MM de 21.150 Da) no citoplasma. O fragmento A inibe o fator de alongamento da cadeia peptídica EF-2 ao catalisar uma reação que retira um radical difosfato de adenosina-ribosil da molécula de NAD e o transfere para o EF-2. Com o complexo inativo de difosfato de adenosina-ribose-EF-2, ocorre a parada da síntese proteica que interrompe as funções fisiológicas normais da célula. A toxina diftérica é muito potente.

Clostridium tetani é um bastonete Gram-positivo anaeróbio que provoca o tétano (ver Capítulo 11). O *C. tetani* do ambiente contamina feridas, e os esporos germinam no ambiente anaeróbio do tecido desvitalizado. Com frequência, a infecção é insignificante e não se mostra clinicamente aparente. As formas vegetativas do *C. tetani* produzem a toxina **tetanospasmina** (MM de 150.000 Da), clivada por uma protease bacteriana em dois peptídeos (MM de 50.000 Da e MM de 100.000 Da) ligados por uma ligação dissulfeto. Inicialmente, a toxina liga-se a receptores existentes nas membranas pré-sinápticas dos neurônios motores. Em seguida, migra pelo sistema de transporte axônico retrógrado pelos corpos celulares desses neurônios até a medula espinal e o tronco encefálico. A toxina difunde-se nas terminações de células inibitórias, inclusive interneurônios glicinérgicos e neurônios secretores do ácido γ-aminobutírico (GABA) do tronco encefálico. A toxina degrada a sinaptobrevina, uma proteína necessária para ligar as vesículas neurotransmissoras à membrana pré-sináptica. A liberação da glicina inibitória e do GABA é bloqueada, porém os neurônios motores não são inibidos. Em consequência, ocorre paralisia espástica. Quantidades extremamente pequenas da toxina podem ser letais para os seres humanos. O tétano é uma doença totalmente passível de prevenção em indivíduos com sistema imunológico normal, mediante a imunização com toxoide tetânico.

Clostridium botulinum provoca botulismo. Trata-se de um microrganismo Gram-positivo e formador de esporos encontrado no solo ou na água, e que pode crescer em alimentos (p. ex., enlatados e pacotes embalados a vácuo) se o ambiente for apropriadamente anaeróbio. Uma toxina extremamente potente (a toxina mais potente conhecida) é produzida, sendo lábil ao calor e destruída por aquecimento. Existem 7 tipos sorológicos distintos de toxina. Os tipos A, B, E e F estão mais comumente associados à doença humana. A toxina assemelha-se muito à toxina tetânica, com a clivagem de uma proteína com MM de 150.000 Da em duas proteínas com MM de 100.000 Da e MM de 50.000 Da ligadas por uma ligação

dissulfeto. A toxina botulínica é absorvida pelo intestino e liga-se a receptores das membranas pré-sinápticas dos neurônios motores no sistema nervoso periférico e nos nervos cranianos. A proteólise pela cadeia leve da toxina botulínica das proteínas-alvo nos neurônios inibe a liberação da acetilcolina nas sinapses, resultando em ausência de contração muscular e paralisia flácida.

Esporos de *C. perfringens* são introduzidos em feridas por contaminação com solo ou fezes. Na presença de tecido necrótico (ambiente anaeróbio), os esporos germinam, e as células vegetativas podem produzir várias toxinas diferentes. Muitas dessas toxinas são necrosantes e hemolíticas, e – juntamente com a distensão do tecido pelo gás formado a partir dos carboidratos e da interferência no suprimento sanguíneo – favorecem a propagação da **gangrena gasosa**. A **toxina alfa** do *C. perfringens* é uma **lecitinase** que lesiona as membranas celulares por clivagem da lecitina em fosforilcolina e diglicerídeo. A toxina teta também exerce efeito necrosante. Os clostrídeos produzem colagenases e DNAses.

Algumas cepas de *S. aureus* que crescem em mucosas (p. ex., na vagina em associação com a menstruação) ou em feridas elaboram a **toxina 1 da síndrome do choque tóxico** (**TSST-1**, do inglês *toxic shock syndrome toxin-1*), que provoca a **síndrome do choque tóxico** (ver Capítulo 13). A doença caracteriza-se por choque, febre alta e exantema vermelho difuso que posteriormente se descama; além disso, ocorre o comprometimento de vários outros sistemas de órgãos. A TSST-1 é um superantígeno (também conhecido como toxina do tipo I). Essas toxinas não precisam entrar nas células para causar sua potente ruptura celular. A TSST-1 estimula a maioria das células T, ligando-se diretamente ao MHC de classe II e aos receptores das células T. O resultado é a produção de grandes quantidades das citocinas interleucina-2 (IL-2), interferona γ (IFN-γ) e fator de necrose tumoral (TNF, do inglês *tumor necrosis factor*) (ver Capítulo 8). As principais manifestações clínicas da doença parecem secundárias aos efeitos das citocinas. Os efeitos sistêmicos da TSST-1 devem-se à liberação massiva de citocinas. A infecção rapidamente progressiva dos tecidos moles por *Streptococcus* que produzem as **exotoxinas pirogênicas A e C** apresenta muitas manifestações clínicas semelhantes às observadas na síndrome do choque tóxico por estafilococos. As exotoxinas pirogênicas A e C também são superantígenos que atuam de modo semelhante à TSST-1.

As toxinas do tipo II são proteínas que normalmente afetam as membranas celulares, facilitando a invasão pelo patógeno que as secreta (consulte também "Enzimas que degradam tecidos", posteriormente neste capítulo). Os exemplos incluem hemolisinas e fosfolipases, que também são discutidas nos capítulos sobre organismos apropriados.

B. Exotoxinas associadas a doenças diarreicas e intoxicação alimentar

As exotoxinas associadas a doenças diarreicas são frequentemente chamadas de enterotoxinas, e muitas pertencem à família das toxinas do tipo III. (Ver também Tabela 48-4.) As características de algumas enterotoxinas importantes são discutidas a seguir.

Vibrio cholerae já provocou doença diarreica epidêmica (**cólera**) em muitas partes do mundo (ver Capítulo 17). Trata-se de outra doença causada por toxina de importância histórica e atual. Após entrar no hospedeiro pela água ou por alimentos contaminados, *V. cholerae* penetra na mucosa intestinal e fixa-se às microvilosidades da borda em escova das células epiteliais do intestino. Geralmente do sorotipo O1 (e O139), *V. cholerae* pode produzir uma enterotoxina com MM de 84.000 Da. A toxina consiste em duas subunidades: A (que é dividida em dois peptídeos – A_1 e A_2 – ligados por uma ligação dissulfeto) e B. A subunidade B possui cinco peptídeos idênticos e liga rapidamente a toxina às moléculas dos gangliosídeos da membrana celular. A subunidade A penetra na membrana celular e provoca grande aumento na atividade da adenilatociclase e na concentração de AMPc. O efeito final consiste em rápida secreção de eletrólitos no lúmen do intestino delgado, com o comprometimento da absorção de sódio e cloreto, bem como perda de bicarbonato. Pode ocorrer diarreia maciça e potencialmente fatal (p. ex., 20–30 L/dia), verificando-se, ainda, o desenvolvimento de acidose. Os efeitos deletérios do cólera decorrem da perda de líquido e do desequilíbrio acidobásico; logo, o tratamento consiste em reposição hidreletrolítica.

Algumas cepas de *S. aureus* produzem enterotoxinas quando crescem em carnes, laticínios ou outros alimentos. Nos casos típicos, o alimento foi recentemente preparado, mas não foi adequadamente refrigerado. Existem pelo menos sete tipos distintos de **enterotoxina estafilocócica**. Após a ingestão da toxina pré-formada, esta é absorvida no intestino, onde estimula os receptores do nervo vago. O estímulo é transmitido ao centro do vômito no sistema nervoso central. Vômitos, quase sempre em jato, ocorrem em poucas horas. Diarreia é menos frequente. A intoxicação alimentar por *Staphylococcus* constitui a forma de intoxicação alimentar mais comum. As enterotoxinas de *S. aureus* também são superantígenos.

As enterotoxinas também são produzidas por algumas cepas de *Y. enterocolitica* (ver Capítulo 19), *V. parahaemolyticus* (ver Capítulo 17), espécies de *Aeromonas* (ver Capítulo 17) e outras bactérias. Contudo, o papel dessas toxinas na patogênese ainda não foi definido. A enterotoxina produzida por *C. perfringens* é discutida no Capítulo 11.

C. Lipopolissacarídeos das bactérias Gram-negativas

Os LPSs (endotoxinas) das bactérias Gram-negativas são componentes da parede celular que frequentemente são liberados quando a bactéria sofre lise. Essas moléculas são termoestáveis, têm MM entre 3.000 e 5.000 Da (**lipo-oligossacarídeos [LOSs]**) e alguns milhões (**LPSs**) podem ser extraídos (p. ex., com fenol-água). Apresentam três regiões principais (ver Figura 2-19). O domínio do lipídeo A é a região reconhecida pelo sistema imunológico e é o componente responsável pela estimulação das citocinas (ver a seguir). Os outros dois componentes são um núcleo de oligossacarídeo e um polissacarídeo de antígeno O externo.

Os **efeitos fisiopatológicos dos LPSs** são semelhantes, independentemente de sua origem bacteriana, à exceção dos observados em espécies de *Bacteroides*, que possuem estrutura diferente e são menos tóxicas (ver Capítulo 21). Na corrente sanguínea, o LPS liga-se inicialmente a proteínas circulantes que, em seguida, interagem com os receptores presentes em macrófagos, neutrófilos e outras células do sistema reticuloendotelial. As citocinas pró-inflamatórias, como IL-1, IL-6, IL-8, TNF-α, entre outras, são liberadas, e as cascatas do complemento e da coagulação são ativadas. Dos pontos de vista clínico ou experimental, podem-se observar febre, leucopenia e hipoglicemia; hipotensão e choque, resultando em comprometimento da perfusão de órgãos essenciais (p. ex., cérebro, coração, rim); coagulação intravascular; e morte por disfunção orgânica maciça.

A injeção de LPS produz **febre** depois de 60 a 90 minutos, tempo necessário para a liberação de IL-1 pelo hospedeiro. A injeção de IL-1 provoca febre em 30 minutos. A injeção repetida de IL-1 produz a mesma reação febril todas as vezes. Contudo, a injeção repetida de LPS provoca uma resposta febril uniformemente decrescente em decorrência da tolerância, devida, em parte, ao bloqueio reticuloendotelial e, em parte, a anticorpos da IgM dirigidos contra o LPS.

A injeção de LPS provoca **leucopenia** precoce, assim como bacteriemia por microrganismos Gram-negativos. Posteriormente, ocorre leucocitose secundária. A leucopenia precoce coincide com o início da febre em consequência da liberação de IL-1. O LPS aumenta a glicólise em muitos tipos de célula, podendo levar à **hipoglicemia**.

Ocorre **hipotensão** na fase inicial da bacteriemia por microrganismos Gram-negativos ou após a injeção de LPS. Pode-se verificar o aparecimento de constrição arteriolar e venular disseminada, seguida de dilatação vascular periférica, aumento da permeabilidade vascular, diminuição do retorno venoso, redução do débito cardíaco, estagnação da microcirculação, vasoconstrição periférica, choque e redução da perfusão dos órgãos e suas consequências. A coagulação intravascular disseminada (CIVD) também contribui para essas alterações vasculares.

Os LPSs situam-se entre os inúmeros agentes diferentes que têm a capacidade de ativar a via alternativa da **cascata do complemento**, desencadeando uma variedade de reações mediadas pelo complemento (p. ex., anafilatoxinas, respostas quimiotáticas e lesão da membrana) e queda nos níveis séricos de componentes do complemento (C3, C5–C9).

A **coagulação intravascular disseminada** representa uma complicação frequente da bacteriemia por microrganismos Gram-negativos, embora também possa ocorrer em outras infecções. O LPS ativa o fator XII (fator de Hageman) – a primeira etapa no sistema da coagulação intrínseca – e desencadeia a cascata da coagulação, que culmina na conversão do fibrinogênio em fibrina. Ao mesmo tempo, o plasminogênio pode ser ativado pelo LPS em plasmina (uma enzima proteolítica), capaz de atacar a fibrina, com a consequente formação dos produtos de degradação da fibrina. A redução da contagem plaquetária e dos níveis de fibrinogênio, bem como a detecção dos produtos de degradação da fibrina, constituem evidências de CIVD. Algumas vezes, a heparina pode prevenir lesões associadas à CIVD.

O LPS provoca a aderência das plaquetas ao endotélio vascular e a oclusão dos pequenos vasos sanguíneos, ocasionando necrose isquêmica ou hemorrágica em diferentes órgãos.

Os níveis de endotoxina podem ser determinados pelo teste do límulo: um lisado de amebócitos do artrópode marinho límulo (*Limulus polyphemus*) se solidifica ou coagula na presença de 0,0001 µg/mL de endotoxina. Esse teste é raramente usado em laboratórios clínicos, uma vez que é difícil de ser realizado de maneira eficiente.

D. Peptidoglicano de bactérias Gram-positivas

O peptidoglicano das bactérias Gram-positivas é constituído por macromoléculas de ligação cruzada que circundam as células bacterianas (ver Capítulo 2 e Figura 2-15). Também podem ocorrer alterações vasculares que resultam em choque nas infecções causadas por bactérias Gram-positivas que não contêm LPS. As bactérias

Gram-positivas possuem consideravelmente mais peptidoglicano associado à parede celular do que as bactérias Gram-negativas. O peptidoglicano liberado durante a infecção pode ter muitas das mesmas atividades biológicas dos LPSs, embora seja invariavelmente muito menos potente do que estes.

Enzimas

Muitas espécies de bactérias produzem enzimas não intrinsecamente tóxicas, mas que desempenham importante papel no processo infeccioso. Algumas dessas enzimas são discutidas a seguir.

A. Enzimas que degradam tecidos

Muitas bactérias produzem enzimas que degradam tecidos. As mais bem caracterizadas são as enzimas de *C. perfringens* (ver Capítulo 11) e, em menor grau, das bactérias anaeróbias (ver Capítulo 21), de *S. aureus* (ver Capítulo 13) e dos estreptococos do grupo A (ver Capítulo 14). O papel das enzimas que degradam tecidos na patogênese das infecções parece óbvio, embora seja de difícil comprovação, particularmente no caso de determinadas enzimas. Por exemplo, os anticorpos dirigidos contra as enzimas dos estreptococos que degradam tecidos não modificam as características da doença estreptocócica.

Além da **lecitinase**, *C. perfringens* produz a enzima proteolítica **colagenase**, que degrada o colágeno, a principal proteína do tecido conectivo fibroso, promovendo a disseminação da infecção nos tecidos.

Streptococcus aureus produz a **coagulase**, que atua em combinação com fatores sanguíneos para coagular o plasma. A coagulase contribui para a formação das paredes de fibrina ao redor das lesões estafilocócicas, ajudando esses microrganismos a persistirem nos tecidos. Também provoca a deposição de fibrina sobre a superfície de alguns estafilococos, podendo ajudar a protegê-los contra fagocitose ou destruição no interior das células fagocíticas.

As **hialuronidases** são enzimas que hidrolisam o ácido hialurônico, um componente fundamental da substância do tecido conectivo. Essas enzimas são produzidas por muitas bactérias (p. ex., *Staphylococcus*, *Streptococcus* e anaeróbios) e ajudam em sua disseminação através dos tecidos.

Muitos estreptococos hemolíticos produzem **estreptoquinase** (**fibrinolisina**), substância que ativa uma enzima proteolítica do plasma. Em seguida, essa enzima é capaz de dissolver o plasma coagulado e, provavelmente, ajudar na rápida propagação dos estreptococos através dos tecidos. A estreptoquinase tem sido utilizada no tratamento do infarto agudo do miocárdio para dissolver os coágulos de fibrina.

Muitas bactérias produzem substâncias que são **citolisinas**, as quais têm a propriedade de dissolver hemácias (**hemolisinas**) ou destruir as células dos tecidos ou leucócitos (**leucocidinas**). Por exemplo, a **estreptolisina O**, produzida por estreptococos do grupo A, é letal para camundongos e hemolítica para as hemácias de muitos animais. A estreptolisina O é oxigênio-lábil, e pode, portanto, ser oxidada e inativada, embora seja reativada por agentes redutores. Além disso, é antigênica. Os mesmos estreptococos também produzem **estreptolisina S** oxigênio-estável, que é induzida pelo soro e não antigênica. Os clostrídeos produzem diversas hemolisinas, como a lecitinase já descrita. As hemolisinas são produzidas pela maioria das cepas de *S. aureus*. Esses microrganismos também produzem leucocidinas. A maioria dos bastonetes Gram-negativos isolados de locais de doença produz hemolisinas. Por exemplo, as cepas de *E. coli* que provocam infecções do trato urinário geralmente produzem hemolisinas, enquanto as que fazem parte da microbiota gastrintestinal normal podem ou não produzir hemolisinas.

B. IgA1-proteases

A imunoglobulina A é o anticorpo secretor existente na superfície das mucosas. Ocorre em duas formas primárias, IgA1 e IgA2, que diferem próximo ao centro ou na região da dobradiça das cadeias pesadas das moléculas (ver Capítulo 8). A IgA1 possui uma série de aminoácidos na região da dobradiça que não estão presentes na IgA2. Algumas bactérias que causam doença produzem enzimas, as **IgA1-proteases**, que clivam a IgA1 nas ligações prolina-treonina ou prolina-serina específicas na região da dobradiça, inativando sua atividade de anticorpo. A IgA1-protease é um importante fator de virulência dos patógenos *N. gonorrhoeae*, *N. meningitidis*, *Haemophilus influenzae* e *S. pneumoniae*. As enzimas também são produzidas por algumas cepas de *Prevotella melaninogenica*, certos estreptococos associados à doença dentária e algumas cepas de outras espécies que ocasionalmente provocam doença. As espécies não patogênicas dos mesmos gêneros não possuem genes que codificam a enzima e, portanto, não a produzem. A produção da IgA1-protease possibilita aos patógenos inativarem o anticorpo primário encontrado na superfície das mucosas, eliminando, assim, a proteção do hospedeiro conferida pelo anticorpo.

Fatores antifagocíticos

Muitos patógenos bacterianos são rapidamente destruídos após sua ingestão por células polimorfonucleares ou macrófagos. Alguns patógenos escapam da fagocitose ou dos mecanismos microbicidas dos leucócitos ao adsorverem componentes normais do hospedeiro à sua superfície. Por exemplo, *S. aureus* possui a proteína A de superfície, que se liga à porção Fc da IgG. Outros patógenos possuem fatores de superfície que impedem a fagocitose (p. ex., *S. pneumoniae* e *N. meningitidis*), e muitas outras bactérias apresentam cápsulas de polissacarídeo. *Streptococcus pyogenes* (estreptococo do grupo A) tem proteína M. Já *N. gonorrhoeae* apresenta *pili*. A maioria dessas estruturas de superfície antifagocíticas exibe muita heterogeneidade antigênica. Por exemplo, existem mais de 90 tipos de polissacarídeos capsulares pneumocócicos e mais de 150 tipos de proteína M de estreptococos do grupo A. Os anticorpos contra um tipo de fator antifagocítico (p. ex., polissacarídeo capsular, proteína M) protegem o hospedeiro contra as doenças causadas por bactérias desse tipo, mas não das causadas por outros tipos antigênicos do mesmo fator.

Algumas bactérias (p. ex., espécies de *Capnocytophaga* e de *Bordetella*) produzem fatores solúveis ou toxinas que inibem a quimiotaxia dos leucócitos e, portanto, evitam a fagocitose por um mecanismo diferente.

Patogenicidade intracelular

Algumas bactérias (p. ex., *M. tuberculosis*, *L. monocytogenes*, espécies de *Brucella* e de *Legionella*) vivem e crescem em ambiente hostil no interior das células polimorfonucleares, macrófagos ou monócitos. As bactérias vencem esse desafio por vários mecanismos: podem evitar sua entrada nos fagolisossomos, sobrevivendo no citosol dos fagócitos; podem impedir a fusão do fagossomo-lisossomo e sobreviver no interior do fagossomo; ou podem ser resistentes às enzimas lisossômicas e sobreviver no interior do fagolisossomo.

Muitas bactérias são capazes de sobreviver no interior de células não fagocíticas (ver seção anterior, "Invasão das células e dos tecidos do hospedeiro").

Heterogeneidade antigênica

As estruturas de superfície das bactérias (e de muitos outros microrganismos) exibem considerável heterogeneidade antigênica. Com frequência, esses antígenos são utilizados como parte de um sistema de classificação sorológica das bactérias. A classificação de 2 mil ou mais espécies diferentes de *Salmonella* baseia-se principalmente nos tipos de antígenos O (cadeia lateral do LPS) e H (flagelar). De modo semelhante, existem mais de 150 tipos de *E. coli* O e mais de 100 tipos de *E. coli* K (cápsula). O tipo antigênico das bactérias pode constituir um marcador de virulência, relacionado com a natureza clonal dos patógenos, embora possa não ser realmente o fator (ou fatores) de virulência. O tipo antigênico de *V. cholerae* O1 e o tipo antigênico O139 caracteristicamente produzem a toxina colérica, enquanto um número muito pequeno dos vários outros tipos O pode produzir ou não essa toxina. Apenas alguns dos tipos de proteína M de estreptococos do grupo A estão associados à elevada incidência de glomerulonefrite pós-estreptocócica. Os tipos de *N. meningitidis* com polissacarídeo capsular A e C estão associados à meningite epidêmica. Nos exemplos citados anteriormente, bem como em outros sistemas de tipagem que utilizam antígenos de superfície na classificação sorológica, os tipos antigênicos para determinado microrganismo isolado da espécie permanecem constantes durante a infecção e o repique das bactérias.

Algumas bactérias e outros microrganismos têm a capacidade de efetuar alterações frequentes na forma antigênica de suas estruturas de superfície *in vitro* e, presumivelmente, *in vivo*. Um exemplo bem-conhecido é *Borrelia recurrentis*, que provoca febre recorrente. Um segundo exemplo amplamente estudado é *N. gonorrhoeae* (ver Capítulo 20). O gonococo possui três antígenos de superfície expostos que mudam suas formas a uma taxa muito elevada, de cerca de 1 a cada 1.000: lipo-oligossacarídeo, 6 a 8 tipos; *pili*, inúmeros tipos; e proteína Opa, 10 a 12 tipos para cada cepa. O número de formas antigênicas é tão grande que cada cepa de *N. gonorrhoeae* parece antigenicamente distinta das outras cepas. A mudança de formas para cada um dos três antígenos parece estar sob o controle de diferentes mecanismos genéticos. Acredita-se que a frequente mudança de formas antigênicas possibilite aos gonococos escaparem do sistema imunológico do hospedeiro. Os gonococos não atacados pelo sistema imunológico sobrevivem e causam doença.

Sistemas de secreção bacteriana

Os sistemas de secreção bacteriana são importantes na patogênese da infecção e são essenciais para a interação da bactéria com as células eucarióticas do hospedeiro. As bactérias Gram-negativas possuem paredes celulares com membranas citoplasmáticas e membranas externas, e uma fina camada de peptidoglicano está presente. As bactérias Gram-positivas possuem uma membrana citoplasmática e uma espessa camada de peptidoglicano (ver Capítulo 2). Algumas bactérias Gram-negativas e algumas Gram-positivas

também possuem cápsulas. A complexidade e a rigidez das estruturas da parede celular exigem mecanismos de translocação de proteínas através das membranas. Esses sistemas de secreção estão envolvidos em funções celulares, como o transporte de proteínas que formam os *pili* ou flagelos, e na secreção de enzimas ou toxinas para o meio extracelular. As diferenças de estrutura da parede celular entre bactérias Gram-negativas e Gram-positivas resultam em diferenças nos sistemas de secreção. Os mecanismos básicos dos diferentes sistemas de secreção são discutidos no Capítulo 2. (Observação: os sistemas de secreção bacteriana foram nomeados segundo a ordem de sua descoberta, e não por seus mecanismos de ação.)

Bactérias Gram-negativas e Gram-positivas possuem uma via geral de secreção (*Sec*) como principal mecanismo de secreção proteica. Essa via está envolvida na inserção da maioria das proteínas de membrana bacterianas e fornece a principal via para proteínas que atravessam a membrana citoplasmática bacteriana. As bactérias Gram-negativas apresentam seis mecanismos adicionais, denominados sistemas de secreção (SS) 1 a 6, ou tipo I a VI, para secreção de proteínas. Esses sistemas também podem ser caracterizados como *Sec*-dependentes (tipos 2 e 5) e *Sec*-independentes (tipos 1, 3, 4, 6). O SS do tipo 2 usa o sistema *Sec* para transportar proteínas para o periplasma e, então, formar um canal na membrana externa composto por um complexo de proteínas formadoras de poros. Esse sistema é usado para a secreção de toxinas bacterianas do tipo AB, como a toxina colérica. De forma similar, o **SS do tipo 5** usa o sistema *Sec* para exportar moléculas denominadas autotransportadoras para o periplasma. Uma vez no periplasma, essas moléculas se autotransportam através da membrana externa. Um exemplo desse sistema inclui a IgA-protease secretada por *H. influenzae*. As vias independentes da *sec* incluem o **sistema de secreção do tipo 1** ou o **sistema de secreção ABC** (do inglês ATP-*binding cassette*) e o **sistema de secreção do tipo 3**. As vias de tipos 1 e 3 não interagem com proteínas que tenham sido transportadas através da membrana citoplasmática pelo sistema *Sec*. Em vez disso, esses sistemas translocam proteínas através da membrana citoplasmática e da membrana externa. O tipo 3, que é ativado sob contato com uma célula eucariótica hospedeira, promove o transporte de proteínas diretamente do interior da bactéria para o interior da célula hospedeira, empregando uma estrutura semelhante a uma agulha de seringa denominada injectossoma. *Pseudomonas aeruginosa* possui um sistema de secreção do tipo 3 que, quando expresso, pode estar associado a doenças mais graves. Uma vez no citoplasma da célula hospedeira, as proteínas transportadas podem manipular as funções da célula hospedeira. A **via do sistema de secreção do tipo 4** consiste em um complexo de proteínas que forma um canal capaz de transportar diretamente proteínas e moléculas de DNA. O mais recente SS a ser descoberto é o SS do **tipo 6**. Esse sistema desempenha um papel importante na secreção de proteínas de virulência em *V. cholerae*, *P. aeruginosa* e em outros patógenos Gram-negativos. Um sétimo SS foi descoberto em *M. tuberculosis* e ainda não está totalmente compreendido. Sua função parece ser o transporte de proteínas através das membranas interna e externa. Outros exemplos dos sistemas de secreção e seus papéis na patogênese são mostrados na Tabela 9-5. Esses exemplos são apenas uma pequena amostra concebida para ilustrar os papéis do grande número de atividades de secreção molecular usadas pelas bactérias para fornecer nutrientes e facilitar a sua patogênese.

TABELA 9-5 Exemplos de moléculas translocadas por sistemas de secreção bacteriana e sua relevância na patogênese

Sistema de secreção	Gênero/espécie	Substrato e papel na patogênese
Tipo 1 (*Sec*-independente)	*Escherichia coli*	α-Hemolisina faz poros na membrana das células
	Proteus vulgaris	Hemolisina
	Morganella morganii	Hemolisina
	Bordetella pertussis	Adenilatociclase que catalisa a síntese do AMPc
	Pseudomonas aeruginosa	Protease alcalina
	Serratia marcescens	Zn-protease produz danos à célula hospedeira
Tipo 2 (*Sec*-dependente)	*P. aeruginosa*	Elastase, exotoxina A, fosfolipase C, outros
	Legionella pneumophila	Fosfatase ácida, lipase, fosfolipase, protease, RNAse
	Vibrio cholerae	Toxina colérica
	S. marcescens	Hemolisina
Tipo 3 (*Sec*-independente e dependente de contato)	Espécies de *Yersinia*	Sistema Ysc-Yop; toxinas que bloqueiam fagocitose e induzem apoptose
	P. aeruginosa	Citotoxina
	Espécies de *Shigella*	Controla a sinalização, a invasão e a morte das células do hospedeiro
	Salmonella enterica subespécie *enterica* sorovares Choleraesuis, Dublin, Paratyphi, Typhi, Typhimurium, etc.	Efetores para ilhas de patogenicidade I e II (SPI1 e SPI2) de *Salmonella*, que promovem a fixação e a invasão das células hospedeiras
	E. coli	*E. coli* êntero-hemorrágica (EHEC) e *E. coli* enteropatogênica (EPEC); ruptura das barreiras epiteliais e das junções estreitas
	Vibrio parahaemolyticus	Citotoxicidade direta
Tipo 4 (*Sec*-dependente e *Sec*-independente)		
Substratos proteicos	*B. pertussis*	Toxina de pertússis
	Helicobacter pylori	Citotoxina
Substratos de DNA	*Neisseria gonorrhoeae*	Sistema de exportação de DNA
	H. pylori	Sistema de captação e liberação de DNA
Tipo 5 (*Sec*-dependente)	*N. gonorrhoeae*	IgA1-protease altera a região da dobradiça e destrói a atividade do anticorpo (*Sec*-dependente)
	Haemophilus influenzae	IgA1-protease, adesinas
	E. coli	Serina-protease, adesinas, *pili* do tipo 1, *pili* P
	Shigella flexneri	Serina-protease
	S. marcescens	Proteases
	Espécies de *Bordetella*	Adesinas
	B. pertussis	Hemaglutinina filamentosa
	Yersinia pestis	Antígeno capsular
Tipo 6 (*Sec*-independente)	*P. aeruginosa*	Toxina formadora de poros Hcp1
	V. cholerae	Fatores de virulência
Tipo 7 (*Sec*-dependente)	*Mycobacterium tuberculosis*	CFP-10, ESAT-6 e antígeno-alvo de células T

CFP-10, proteína de filtrado de cultura de 10 kDa; ESAT-6, antígeno-alvo precocemente secretado de 6 kDa.

Necessidade de ferro

O ferro é um nutriente essencial para o crescimento e o metabolismo de praticamente todos os microrganismos e é um cofator essencial de vários processos metabólicos e enzimáticos. A disponibilidade de ferro em seres humanos para a assimilação microbiana é limitada, pois o ferro é sequestrado pelas proteínas transferrina, de alta afinidade pelo ferro no soro, e pela lactoferrina, em superfícies mucosas. A habilidade de um patógeno microbiano para obter o ferro de maneira eficaz a partir do ambiente é fundamental para a sua habilidade de causar doenças. A necessidade de ferro, a maneira como a bactéria o adquire e o metabolismo bacteriano do ferro são discutidos no Capítulo 5.

A disponibilidade de ferro afeta a virulência de muitos patógenos. Por exemplo, o ferro é um fator de virulência essencial em *P. aeruginosa*. O uso de modelos em animais em infecção por *L. monocytogenes* mostrou que o aumento de ferro resulta em aumento da suscetibilidade à infecção, enquanto a depleção de ferro resulta em sobrevida prolongada; terapias de suplementação de ferro resultam em aumento de infecções letais.

A diminuição da disponibilidade de ferro também pode ser importante na patogênese. Por exemplo, o gene para a toxina diftérica reside em um bacteriófago lisogênico, e somente as cepas de *C. diphtheriae* que portam o bacteriófago lisogênico são toxigênicas. Na presença de pouco ferro disponível, ocorre produção aumentada de toxina diftérica e de doença potencialmente mais grave. A virulência de *N. meningitidis* em camundongos aumenta 1.000 vezes ou mais quando as bactérias crescem em condições de restrição de ferro.

A deficiência de ferro no homem também desempenha um papel no processo infeccioso. Ela acomete milhões de pessoas no mundo inteiro. A deficiência de ferro pode afetar múltiplos órgãos e sistemas, inclusive o sistema imunológico, e pode resultar em comprometimento da imunidade mediada por células e diminuição da função de células polimorfonucleares. A utilização de terapia de suplementação de ferro durante uma infecção ativa provavelmente deve ser adiada, pois muitos microrganismos patogênicos podem utilizar pequenas porções do ferro suplementar, resultando em aumento da virulência.

Papel dos biofilmes bacterianos

Um biofilme é um agregado de bactérias interativas ligadas a uma superfície sólida ou umas às outras, revestidas por matriz exopolissacarídica. Distingue-se da forma planctônica ou bacteriana de crescimento livre, na qual as interações entre os microrganismos não ocorrem da mesma maneira. Os biofilmes formam uma espécie de camada de limo em superfícies sólidas e ocorrem em toda a natureza. Uma única ou várias espécies de bactérias podem estar envolvidas, podendo coagregar-se para formar um biofilme. Os fungos (inclusive as leveduras) estão envolvidos ocasionalmente. Uma vez formado o biofilme, as moléculas de *quorum sensing* produzidas pela bactéria no biofilme acumulam-se, resultando em modificação da atividade metabólica bacteriana. A biologia básica dos biofilmes exopolissacarídicos (glicocálice) é discutida no Capítulo 2. As moléculas de *quorum sensing* são discutidas no Capítulo 1.

As bactérias na matriz exopolissacarídica podem estar protegidas dos mecanismos imunológicos do hospedeiro. A matriz também funciona como uma barreira à difusão de alguns antimicrobianos, enquanto outros podem ligar-se a ela. Algumas bactérias no interior do biofilme mostram acentuada resistência aos antimicrobianos em contrapartida à mesma cepa bacteriana que cresce em meio de cultura (forma planctônica), o que ajuda a explicar por que é tão difícil tratar as infecções associadas a biofilmes.

Os biofilmes são importantes em infecções humanas persistentes e difíceis de tratar. Alguns exemplos incluem infecções por *S. epidermidis* e *S. aureus* em cateteres venosos centrais, infecções oculares como as que ocorrem com lentes de contato e lentes intraoculares, na placa dental e em infecções em próteses. Talvez o melhor exemplo de biofilme em infecções humanas seja o biofilme nas infecções causadas por *P. aeruginosa* em pacientes com fibrose cística.

ESTRUTURA DE RESPOSTA A DANOS – UM NOVO PARADIGMA DE VIRULÊNCIA MICROBIANA E PATOGENICIDADE

Como evidenciado neste capítulo, as discussões sobre a relação patógeno-hospedeiro e patogênese microbiana têm-se concentrado principalmente no que os microrganismos trazem para a cena, em vez de como o hospedeiro afeta o desenvolvimento da doença clínica. Em 1999, Casadevall e Pirofski redefiniram os conceitos de virulência e patogenicidade, introduzindo a **estrutura de resposta a danos** para corrigir as inadequações que surgiram conforme a compreensão dos patógenos microbianos e da resposta imune do hospedeiro aos patógenos microbianos evoluiu. Nesse novo paradigma de patogênese microbiana, a resposta imune do hospedeiro passa a ter um papel mais dinâmico no desfecho da infecção. A adoção desse novo paradigma requer a aceitação de novas terminologias que, à primeira vista, podem parecer contraintuitivas. Por exemplo, a **infecção** é simplesmente definida como a aquisição de um microrganismo por um hospedeiro. A infecção é geralmente seguida pela multiplicação do organismo dentro do ambiente do hospedeiro.

Os dois extremos da infecção primária são a **eliminação** (remoção do microrganismo do hospedeiro por fatores físicos, pela resposta imunológica, terapia antimicrobiana ou competição por micróbios existentes) ou quando o agente etiológico promove danos suficientes ao hospedeiro que resulte em **morte**. O **dano** é definido como a interrupção da estrutura e/ou da função normal em nível celular, tecidual ou sistêmico. Se o organismo persiste dentro do hospedeiro e não causa danos ou danos clinicamente inaparentes ao longo do tempo, o organismo é considerado um **comensal**. Comensais que se beneficiam de colonizar um hospedeiro e fornecem um benefício para o hospedeiro são denominados **simbiontes**. **Patógenos** são organismos capazes de causar danos ao hospedeiro. Caso a infecção resulte em danos contínuos ao hospedeiro, então o hospedeiro é considerado **colonizado**. Se o dano ao hospedeiro aumentar ao longo do tempo durante a colonização, a resposta imune do hospedeiro pode eliminar ou reter o micróbio. Se ocorrer a retenção, a infecção é considerada **crônica** ou **persistente**.

Além disso, houve vários refinamentos na estrutura de resposta a danos ao longo dos anos, com as atualizações mais recentes redefinindo o conceito de "hospedeiro" à medida que o conhecimento sobre microbiomas se expande.

RESUMO DO CAPÍTULO

- Animais e humanos são colonizados por uma microbiota normal abundante que, em regra geral, não é patogênica e é benéfica ao hospedeiro.
- Bactérias virulentas causam doenças utilizando uma série de fatores de virulência que facilitam a aderência, a persistência, a invasão e a toxigenicidade.

- Genes que codificam fatores de virulência podem ser carreados por elementos genéticos móveis, como plasmídeos ou bacteriófagos, ou são localizados em grandes ilhas de patogenicidade no cromossomo bacteriano.
- *Pili* e fímbrias são estruturas em formato de bastão ou de fio de cabelo, respectivamente, que facilitam a aderência nas células do hospedeiro.
- A invasão das células do hospedeiro é um mecanismo complexo que envolve a elaboração de proteínas que facilitam a entrada.
- Toxinas bacterianas podem ser extracelulares (exotoxinas) ou ser componentes da parede da célula bacteriana (endotoxina, LPS) e estão entre as toxinas mais potentes na natureza (p. ex., toxina botulínica).
- Outros importantes mecanismos de sobrevivência e de virulência bacteriana incluem enzimas que degradam tecidos, fatores antifagocíticos, IgA-proteases, heterogeneidade antigênica e habilidade de quelar ferro.
- Há pelo menos sete sistemas de secreção bacterianos conhecidos, complexos proteicos ou canais responsáveis pelo transporte de proteínas e toxinas através da célula bacteriana.
- Um novo paradigma de patogênese microbiana, denominado estrutura de dano ao hospedeiro, foi desenvolvido para melhor compreender os conceitos de virulência e patogenicidade.

QUESTÕES DE REVISÃO

1. Uma mulher de 22 anos, que trabalha em uma creche, apresenta-se com história de febre e tosse há 2 meses. Durante esse período, perdeu 5 kg. A radiografia de pulmão mostrou infiltrado bilateral nos lobos inferiores com cavidades. Um esfregaço corado do seu escarro mostrou bacilos álcool-ácido-resistentes. O modo mais provável pelo qual a paciente adquiriu a infecção foi

   (A) Atividade sexual
   (B) Ingestão de microrganismos na comida
   (C) Ter segurado um corrimão contaminado ao entrar em um transporte público
   (D) Ter manuseado um pote que continha terra
   (E) Ter aspirado gotículas em aerossol contendo microrganismos

2. Durante uma pandemia por doença bem-caracterizada, um grupo de 175 passageiros voou de Lima, capital do Peru, para Los Angeles, nos Estados Unidos. O lanche servido no avião, que incluía salada de caranguejo, foi ingerido por cerca de 66% dos passageiros. Após o pouso em Los Angeles, muitos passageiros seguiram voo com destino a outras partes da Califórnia e outros Estados do Oeste dos Estados Unidos. Dois dos passageiros que permaneceram em Los Angeles desenvolveram diarreia aquosa grave. Não se sabe qual é o estado dos demais passageiros. A provável causa da diarreia dos dois passageiros foi

   (A) *Escherichia coli* O157:H7 (lipopolissacarídeo O, antígeno 157; antígeno flagelar 7)
   (B) *Vibrio cholerae* O139 (lipopolissacarídeo O, antígeno 139)
   (C) *Shigella dysenteriae* do tipo 1
   (D) *Campylobacter jejuni*
   (E) *Entamoeba histolytica*

3. Uma mulher de 65 anos recebeu um cateter venoso central para terapia intravenosa. Ela apresentou febre e posteriormente teve várias culturas de sangue positivas para *Staphylococcus epidermidis*. Todos os isolados de *S. epidermidis* apresentaram a mesma morfologia colônica e o mesmo padrão de suscetibilidade aos antimicrobianos, sugerindo ser a mesma cepa. Acredita-se que essa cepa formou um biofilme no cateter. Qual das seguintes afirmativas sobre essa infecção está correta?

   (A) O biofilme contendo *S. epidermidis* provavelmente foi retirado por lavagem do cateter.
   (B) A produção de um polissacarídeo extracelular inibe o crescimento de *S. epidermidis*, limitando a infecção.
   (C) A cepa de *S. epidermidis* presente no biofilme provavelmente é mais suscetível à terapia antimicrobiana, pois a bactéria apresenta diminuição de sua atividade metabólica.
   (D) A habilidade do sistema de *quorum sensing* da cepa de *S. epidermidis* resulta em diminuição da suscetibilidade à terapia antimicrobiana.
   (E) As complexas interações moleculares presentes no biofilme tornam difícil uma terapia antimicrobiana eficaz, sendo provável que o cateter tenha que ser removido para curar a infecção.

4. O primeiro microrganismo a satisfazer os postulados de Koch (no fim do século XIX) foi

   (A) *Treponema pallidum*
   (B) *Stenotrophomonas maltophilia*
   (C) *Mycobacterium leprae*
   (D) *Bacillus anthracis*
   (E) *Neisseria gonorrhoeae*

5. Qual das seguintes afirmativas sobre lipopolissacarídeos está correta?

   (A) Interagem com macrófagos e monócitos, produzindo liberação de citocinas.
   (B) O componente tóxico é a cadeia lateral O.
   (C) Formam poros na membrana das hemácias, produzindo hemólise.
   (D) Causam hipotermia.
   (E) Causam paralisia.

6. Um homem de 27 anos sofreu uma rinoplastia. Foi colocado um tampão nasal para controlar o sangramento. Aproximadamente 8 horas depois, ele desenvolveu cefaleia, dores musculares e cólicas abdominais com diarreia. Então, ele desenvolveu uma erupção eritematosa na pele (semelhante a uma queimadura de sol) de grande parte do corpo, incluindo as palmas das mãos e as plantas dos pés. A pressão arterial é de 80/50 mmHg. O paciente permaneceu com o tampão nasal. As enzimas hepáticas estavam elevadas, com evidências de moderada falência renal. Esse quadro provavelmente foi causado por qual das seguintes alternativas?

   (A) Lipopolissacarídeo
   (B) Peptidoglicano
   (C) Uma toxina que é um superantígeno
   (D) Uma toxina que possui subunidades A e B
   (E) Lecitinase (toxina alfa)

7. O microrganismo provavelmente responsável pela doença no paciente (Questão 6) é

   (A) *Escherichia coli*
   (B) *Corynebacterium diphtheriae*
   (C) *Clostridium perfringens*
   (D) *Neisseria meningitidis*
   (E) *Staphylococcus aureus*

8. Qual das seguintes alternativas tem maior probabilidade de estar associada à formação de biofilme bacteriano?

   (A) Colonização das vias aéreas em um paciente com fibrose cística com uma cepa mucoide (produtora de alginato) de *Pseudomonas aeruginosa*.
   (B) Infecção do trato urinário com *Escherichia coli*.
   (C) Meningite com *Neisseria meningitidis*.
   (D) Tétano por *Clostridium tetani*.
   (E) Impetigo causado por *Staphylococcus aureus*.

9. Em relação ao sistema de secreção bacteriana do tipo III, qual das seguintes afirmativas está correta?

(A) É encontrado normalmente em bactérias Gram-negativas.

(B) Desempenha importante papel na patogênese de doenças induzidas por toxinas da espécie *Clostridium*, tétano, botulismo, gangrena gasosa e pseudocolite membranosa.

(C) Causa a liberação de efetores da patogênese para o meio extracelular, promovendo colonização e multiplicação bacteriana.

(D) Injeta proteínas bacterianas diretamente nas células hospedeiras através das membranas da bactéria e da célula hospedeira, promovendo a patogênese de infecções.

(E) Mutações que previnem o funcionamento do sistema de secreção bacteriana do tipo III, reforçando a patogênese.

10. Qual das seguintes afirmativas está correta?

(A) Os lipopolissacarídeos fazem parte da parede celular de *Escherichia coli*.

(B) A toxina do cólera está ligada ao flagelo de *Vibrio cholerae*.

(C) A lecitinase de *Clostridium perfringens* causa diarreia.

(D) A toxina 1 da síndrome do choque tóxico é produzida por cepas hemolíticas de *Staphylococcus epidermidis*.

11. Uma menina de 15 anos, natural de Bangladesh, desenvolveu diarreia aquosa grave. As fezes assemelham-se à "água de arroz", e são volumosas (mais de 1 L em menos de 90 minutos). Ela não apresenta febre e parece normal, exceto pelos efeitos da perda de líquidos e eletrólitos. A causa mais provável de sua doença é

(A) Enterotoxina por *Clostridium difficile*

(B) Uma toxina com subunidades A e B

(C) *Shigella dysenteriae* do tipo 1, que produz toxina Shiga

(D) *Escherichia coli* enterotoxigênica, que produz toxinas termolábeis e termoestáveis

(E) Enterotoxina F estafilocócica.

12. A medida mais importante que se pode tomar para tratar a paciente da Questão 11 é

(A) Administrar ciprofloxacino.

(B) Administrar uma vacina de toxoide.

(C) Administrar a antitoxina apropriada.

(D) Tratar a paciente com reposição hídrica e eletrolítica.

(E) Fazer cultivo das fezes para estabelecer o diagnóstico correto, e então prover tratamento específico.

13. Uma mulher de 23 anos apresenta história de infecções do trato urinário recorrentes, inclusive com pelo menos um episódio de pielonefrite. A tipagem sanguínea mostra o antígeno do grupo sanguíneo P. Qual das seguintes alternativas é um provável componente desse microrganismo?

(A) *Escherichia coli* que produz toxina termoestável

(B) *E. coli* com antígeno K1 (capsular tipo 1)

(C) *E. coli* O139 (lipopolissacarídeo O, antígeno 139)

(D) *E. coli* com *pili* P (fímbrias)

(E) *E. coli* O157:H7 (lipopolissacarídeo O, antígeno 157; antígeno flagelar 7)

14. Um homem de 55 anos apresenta perda gradual de peso, dores abdominais, diarreia e artropatia. Durante o processo de avaliação, é realizada uma pequena biópsia de intestino. Após processamento, o exame da amostra por microscopia óptica revelou inclusões positivas para o ácido periódico de Schiff na parede intestinal. Qual dos seguintes testes pode ser feito para confirmar o diagnóstico de doença de Whipple, causada por *Tropheryma whipplei*?

(A) Cultura em ágar

(B) Amplificação por reação em cadeia da polimerase e posterior sequenciamento de um segmento apropriado do DNA

(C) Cultivo concomitante com *Escherichia coli*

(D) Hibridização *in situ*

(E) Teste de anticorpo por fluorescência direta

15. Qual das alternativas a seguir melhor descreve o mecanismo de ação da toxina diftérica?

(A) Forma poros nas hemácias, causando hemólise

(B) Degrada a lecitina na membrana de células eucarióticas

(C) Causa liberação do fator de necrose tumoral

(D) Inibe o fator 2 de elongação

(E) Causa aumento de atividade adenilatociclase

Respostas

1. E	**6.** C	**11.** B
2. B	**7.** E	**12.** D
3. E	**8.** A	**13.** D
4. D	**9.** D	**14.** B
5. A	**10.** A	**15.** D

REFERÊNCIAS

Barton LL: *Structural and Functional Relationships in Prokaryotes*. Springer, 2005.

Casadevall A, Pirofski L: Host-pathogen interactions: Redefining the basic concepts of virulence and pathogenicity. *Infect Immun* 1999;67:3703.

Casadevall A, Pirofski L: Host-pathogen interactions: Basic concepts of microbial commensalism, colonization, infection, and disease. *Infect Immun* 2000;68:6511.

Casadevall A, Pirofski L: What is a host? Attributes of individual susceptibility. *Infect Immun* 2018;86:1.

Coburn B, Sekirov, Finlay BB: Type III secretion systems and disease. *Clin Microbiol Rev* 2007;20:535.

Fredricks DN, Relman DA: Sequence-based identification of microbial pathogens: A reconsideration of Koch's postulates. *Clin Microbiol Rev* 1996;9:18.

Götz F: MicroReview: *Staphylococcus* and biofilms. *Mol Microbiol* 2002;43:1367.

Nickerson CA, Schurr MJ (editors): *Molecular Paradigms of Infectious Disease: A Bacterial Perspective*. Springer, 2006.

Ramachandran G: Gram-positive and Gram-negative bacterial toxins in sepsis. *Virulence* 2014;5:213–218.

Relman DA, Falkow S: A molecular perspective of microbial pathogenicity. In Bennett JE, Dolin R, Blaser MJ (editors). *Mandell, Douglas and Bennett's Principles and Practice of Infectious Diseases*, 8th ed. Elsevier, 2015.

Schmidt H, Hensel M: Pathogenicity islands in bacterial pathogenesis. *Clin Microbiol Rev* 2004;17:14.

Schroeder GN, Hilbi H: Molecular pathogenesis of *Shigella* spp.: Controlling host cell signaling, invasion, and death by type III secretion. *Clin Microbiol Rev* 2008;21:134.

Sun F, Qu F, Ling Y, et al: Biofilm-associated infections: Antibiotic resistance and novel therapeutic strategies. *Future Microbiol* 2013;8:877–886.

Wilson BA, Salyers AA, Whitt DD, et al: *Bacterial Pathogenesis*, 3rd ed. American Society for Microbiology, 2011.

Microbiota humana normal

O termo "flora microbiana normal " refere-se à população de microrganismos que habita a pele e as mucosas dos indivíduos normais e sadios. Dados anteriores sugeriam que esses microrganismos que vivem dentro e sobre os seres humanos (agora chamada de **microbiota normal**) superavam o número de células somáticas e germinativas humanas em 10 vezes. Contudo, estimativas mais recentes indicam que a proporção está muito mais próxima de 1:1. Os genomas desses microrganismos simbiontes são coletivamente definidos como **microbioma**. Diferentes pesquisas têm demonstrado que a "**microbiota normal**" fornece a primeira linha de defesa contra patógenos microbianos, auxilia na digestão, desempenha um papel na degradação das toxinas e contribui para a maturação do sistema imunológico. Mudanças na microbiota normal ou na estimulação de uma resposta inflamatória exacerbada por esses comensais podem causar doenças, como as doenças intestinais inflamatórias.

PROJETO MICROBIOMA HUMANO

Em uma ampla tentativa de compreender o papel exercido pelos ecossistemas microbianos residentes na saúde humana e na doença, em 2007, o National Institutes of Health (NIH) lançou o Projeto Microbioma Humano (HMP, do inglês *Human Microbiome Project*; https://commonfund.nih.gov/hmp). Um dos principais objetivos desse projeto é compreender a variação da genética, a diversidade fisiológica humana, o microbioma e os fatores que influenciam na distribuição e na evolução dos microrganismos. Um aspecto importante desse projeto diz respeito ao envolvimento simultâneo de diversos grupos de pesquisa fazendo a vigilância das comunidades microbianas na pele humana e em áreas da membrana mucosa, como a boca, o esôfago, o estômago, o colo e a vagina, com o emprego do sequenciamento do gene da subunidade menor do ácido ribonucleico ribossômico (rRNA, do inglês *ribosomal ribonucleic acid*) (16S). As seguintes questões estão entre os aspectos abordados pelo HMP. O quanto estável e resiliente é a microbiota de um indivíduo ao longo de um dia e durante sua vida? Qual é a similaridade entre os microbiomas dos indivíduos de uma mesma família, comunidade ou entre diferentes comunidades de ambientes diversos? Todos os seres humanos possuem um microbioma central identificável? Em caso afirmativo, como ele é adquirido e transmitido? O que afeta a diversidade genética do microbioma e como essa diversidade influencia a adaptação dos microrganismos e do hospedeiro a diferentes estilos de vida e a diversos estados fisiológicos ou fisiopatológicos?

Desde 2017, os pesquisadores do HMP publicaram mais de 650 estudos que foram citados mais de 70 mil vezes. O leitor precisa estar ciente de que esse campo da microbiologia está evoluindo rapidamente, e nosso conhecimento da microbiota humana necessariamente mudará quando estiverem disponíveis mais informações sobre as comunidades microbianas residentes pelo HMP.

PAPEL DA MICROBIOTA RESIDENTE

O corpo humano abriga uma variedade de microrganismos que podem ser organizados em dois grupos: (1) **microbiota residente**, que consiste em tipos relativamente fixos de microrganismos encontrados com regularidade em determinadas áreas e em certa idade, e que, quando perturbada, recompõe-se prontamente; e (2) **microbiota transitória**, que consiste em microrganismos não patogênicos ou potencialmente patogênicos, os quais permanecem em diversos sítios anatômicos por horas, dias ou semanas. Essa microbiota transitória é originária do meio ambiente, não causa doença e nem se estabelece de forma permanente. Em geral, os membros da microbiota transitória são de pouca importância, enquanto a microbiota residente normal permanece intacta. Entretanto, se a microbiota residente for perturbada, os microrganismos transitórios podem colonizar e proliferar-se, resultando em doença.

Os microrganismos frequentemente encontrados em amostras obtidas de sítios do corpo humano, e considerados microbiota normal, estão relacionados na Tabela 10-1. A classificação da microbiota normal anaeróbia é discutida no Capítulo 21.

É provável que os microrganismos que podem ser cultivados em laboratório representem apenas uma fração da microbiota normal ou transitória. Quando a reação em cadeia da polimerase (PCR, do inglês *polymerase chain reaction*) é usada para amplificar o rRNA 16S, muitas bactérias não identificadas podem ser detectadas, como em secreções de pacientes com vaginose bacteriana. O número de espécies que compõem a microbiota normal tem mostrado ser muito maior do que se conhece. Dessa forma, o conhecimento da microbiota normal está em transição. Como mencionado anteriormente, a relação entre os microrganismos previamente não identificados, que constituem uma parte potencial da microbiota normal, e a doença provavelmente está para mudar.

Os microrganismos que estão constantemente presentes nas superfícies do corpo são frequentemente descritos como **comensais** (i.e., um parceiro se beneficia, enquanto o outro parece não ser afetado). Contudo, em alguns locais (p. ex., intestino), o **mutualismo** (i.e.,

TABELA 10-1 **Microbiota bacteriana normal**

Pele
- *Staphylococcus epidermidis*
- *Staphylococcus aureus* (em pequeno número)
- Espécies de *Micrococcus*
- Estreptococos α-hemolíticos e não hemolíticos (p. ex., *Streptococcus mitis*)
- Espécies de *Corynebacterium*
- Espécies de *Propionibacterium*
- Espécies de *Peptostreptococcus*
- Espécies de *Acinetobacter*
- Outros microrganismos em pequenas quantidades (espécies de *Candida, Pseudomonas aeruginosa*, etc.)

Nasofaringe
- Qualquer quantidade das seguintes bactérias: difteroides, espécies de *Neisseria* não patogênicas, estreptococos α-hemolíticos, *S. epidermidis*, estreptococos não hemolíticos, anaeróbios (existem muitas espécies para listar; quantidades variadas de espécies de *Prevotella*, cocos anaeróbios, espécies de *Fusobacterium*, etc.)
- Pequenas quantidades dos seguintes agentes, quando acompanhados dos microrganismos listados anteriormente: leveduras, espécies de *Haemophilus, S. pneumoniae, S. aureus*, bacilos Gram-negativos, *Neisseria meningitidis*

Trato gastrintestinal e reto
- Várias enterobactérias, exceto *Salmonella, Shigella, Yersinia, Vibrio* e espécies de *Campylobacter*
- Bacilos Gram-negativos não fermentadores da glicose
- *Enterococcus*
- Estreptococos α-hemolíticos e não hemolíticos
- Difteroides
- *Staphylococcus aureus* em pequeno número
- Leveduras em pequeno número
- Anaeróbios em grande número (muitas espécies para listar)

Genitália
- Qualquer quantidade dos seguintes microrganismos: espécies de *Corynebacterium*, espécies de *Lactobacillus*, estreptococos α-hemolíticos e não hemolíticos, espécies de *Neisseria* não patogênicas
- As seguintes bactérias, quando misturadas e não predominantes: enterococos, enterobactérias e outros bacilos Gram-negativos, *S. epidermidis, Candida albicans* e outras leveduras
- Anaeróbios (muitas espécies para listar); os seguintes podem ser importantes quando isolados em cultura pura ou claramente predominantes: *Prevotella, Clostridium* e espécies de *Peptostreptococcus*

ambas as partes obtêm benefícios) pode ser uma melhor definição para essa relação. Seu crescimento em determinada área depende de fatores fisiológicos, como a temperatura e a umidade, bem como a presença de certos nutrientes e substâncias inibitórias. Sua presença não é essencial para a vida, visto que podem ser criados animais "livres de germes" (*germ-free*) na ausência completa da microbiota normal. Contudo, a microbiota residente de determinadas áreas desempenha um papel bem-definido na manutenção da saúde e na função normal. Membros da microbiota residente no trato intestinal sintetizam vitamina K, compostos bioativos como o ácido 3-indolpropiônico (IPA, do inglês *3-indolepropionic acid*), e auxiliam na absorção de nutrientes. O IPA é um potente antioxidante neuroprotetor que elimina os radicais de hidroxila. Esse composto também se liga ao receptor pregnano X* nas células epiteliais intestinais. Após a

---

*N. de T. O receptor pregnano X (PXR) é um receptor nuclear e age como fator de transcrição quando ativado pela ligação de moléculas específicas. Esse receptor possivelmente se originou da duplicação de um gene ancestral, sendo encontrado em abundância no fígado e no intestino, e está diretamente relacionado com o metabolismo de xenobióticos e hormônios esteroides.

absorção do intestino e a distribuição para o cérebro, acredita-se que o IPA exerça um efeito neuroprotetor contra a isquemia cerebral e a doença de Alzheimer. Nas mucosas e na pele, a microbiota residente pode impedir a colonização por patógenos e o possível desenvolvimento de doença por "**interferência bacteriana**". O mecanismo pode envolver a competição por receptores ou locais de ligação nas células do hospedeiro, competição por nutrientes, inibição mútua por produtos metabólicos ou tóxicos, por substâncias antibióticas ou bacteriocinas, ou outros mecanismos. A supressão da microbiota normal sem dúvida cria um local parcialmente vazio que tende a ser preenchido por microrganismos provenientes do ambiente ou de outras partes do corpo. Esses microrganismos comportam-se como oportunistas, podendo tornar-se patógenos.

Por outro lado, os próprios membros da microbiota normal podem provocar doença em certas circunstâncias. Esses microrganismos estão adaptados ao modo de vida não invasivo definido pelas limitações do meio ambiente. Se forem removidos à força das restrições desse ambiente e introduzidos na corrente sanguínea ou em tecidos, poderão tornar-se patogênicos. Assim, por exemplo, os estreptococos do grupo *viridans* constituem os microrganismos residentes mais comuns das vias respiratórias superiores. Se um grande número desses microrganismos for introduzido na corrente sanguínea (p. ex., após extração dentária ou cirurgia oral), podem instalar-se em valvas cardíacas defeituosas ou próteses valvares, causando endocardite infecciosa. Verifica-se a ocorrência transitória de pequeno número desses microrganismos na corrente sanguínea após traumatismo mínimo (p. ex., curetagem dentária ou escovação vigorosa dos dentes). As espécies de *Bacteroides* constituem as bactérias residentes mais comuns do intestino grosso, onde são inofensivas. Entretanto, se forem introduzidas na cavidade peritoneal livre ou nos tecidos pélvicos juntamente com outras bactérias em consequência de traumatismo, causam supuração e bacteriemia. Existem muitos outros exemplos, mas o principal aspecto é que as bactérias da microbiota residente normal são inócuas, podendo ser benéficas em sua localização normal no hospedeiro e na ausência de anormalidades concomitantes. Todavia, podem provocar doença se forem introduzidas em grande número em locais estranhos na presença de fatores predisponentes.

MICROBIOTA NORMAL DA PELE

A pele é o maior órgão do corpo humano e é colonizada por uma variedade de microrganismos não patogênicos e até mesmo benéficos para o hospedeiro. Em virtude de sua constante exposição e contato com o meio ambiente, a pele mostra-se particularmente propensa a abrigar microrganismos transitórios. Entretanto, existe uma microbiota residente constante e bem-definida, modificada em diferentes áreas anatômicas por secreções, uso habitual de roupas ou proximidade de membranas mucosas (boca, nariz e área perineal) (Figura 10-1).

Os microrganismos residentes encontrados predominantemente na pele são os bacilos difteroides aeróbios e anaeróbios (p. ex., *Corynebacterium, Propionibacterium*); estafilococos aeróbios e anaeróbios não hemolíticos (*Staphylococcus epidermidis* e outros estafilococos coagulase-negativos, ocasionalmente *Staphylococcus aureus* e espécies de *Peptostreptococcus*); bacilos Gram-positivos, aeróbios e formadores de esporos, ubíquos no ar, na água e no solo; estreptococos α-hemolíticos (estreptococos do grupo *viridans*) e espécies de *Enterococcus*; e bacilos Gram-negativos coliformes

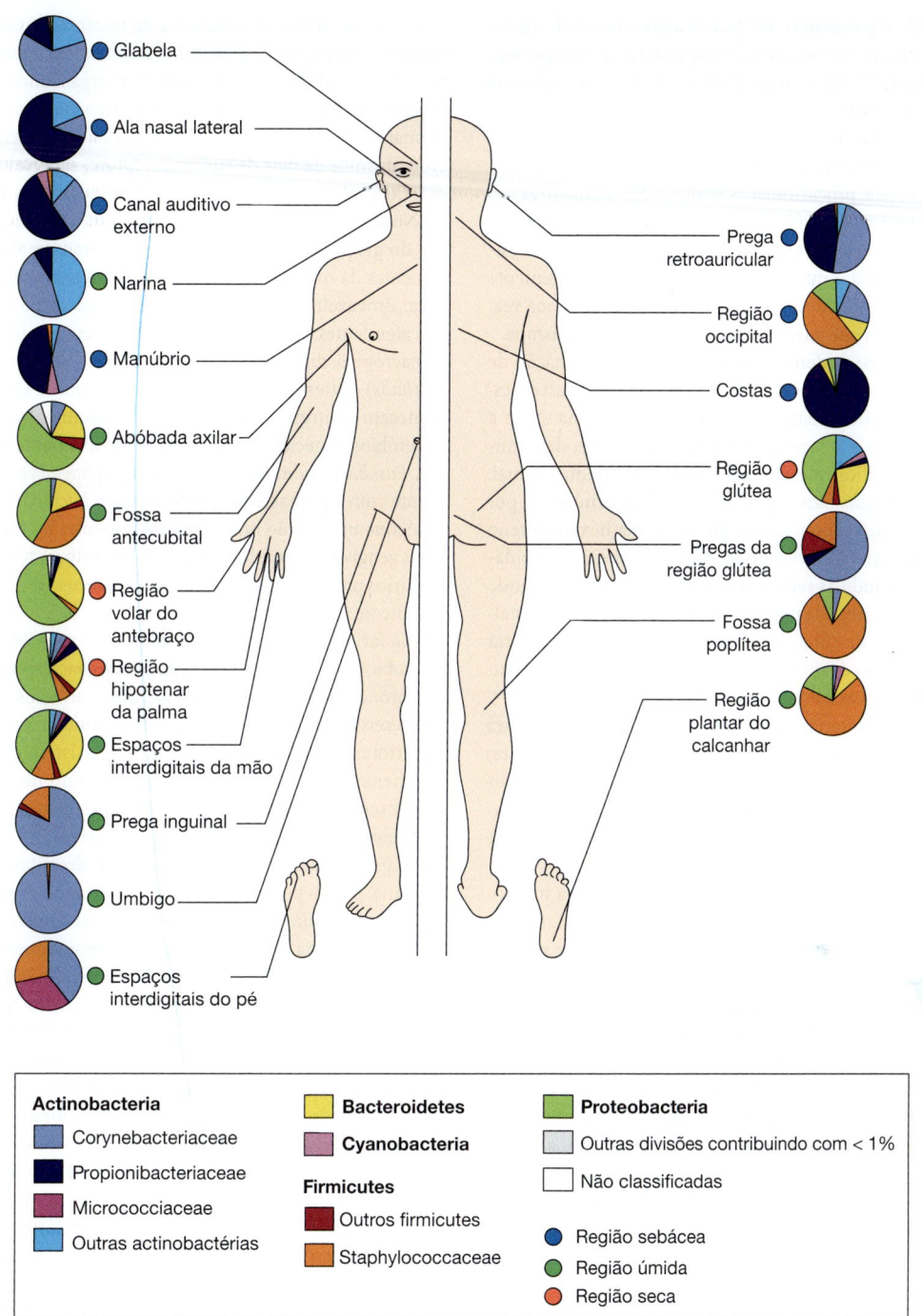

FIGURA 10-1   Distribuição topográfica das bactérias em diferentes sítios da pele. O microbioma da pele é extremamente dependente do microambiente de um determinado sítio. A classificação por famílias das bactérias colonizadoras em um indivíduo está representada com o filo em **negrito**. As regiões selecionadas apresentam uma predisposição a infecções cutâneas e foram agrupadas como sebáceas ou oleosas (*círculos azuis*); úmidas, características das regiões de pregas (*círculos verdes*); e secas, superfícies planas (*círculos vermelhos*). As regiões sebáceas ou úmidas são a glabela (região entre as sobrancelhas), as pregas alares (sítio da narina e o canal auditivo externo [dentro do ouvido]), a prega retroauricular (região atrás da orelha), a região occipital (atrás do couro cabeludo), a fossa antecubital (parte interna do cotovelo), os espaços interdigitais (regiões entre os dedos das mãos e dos pés), a prega inguinal (ao lado da virilha), as pregas da região glútea (parte superior da dobra entre os glúteos), a fossa poplítea (atrás do joelho), a região plantar do calcanhar (parte inferior do pé) e o umbigo. As regiões secas incluem a região volar do antebraço (região mediana do antebraço), a região hipotenar da palma (palma da mão, proximal ao dedo mínimo) e a região glútea. (Reproduzida, com autorização, de Macmillan Publishers Ltd: Grice EA, Segre JA, The skin microbiome. *Nature Rev Microbiol* 2011;9:244–253. Copyright © 2011.)

e *Acinetobacter*. Com frequência, verifica-se a presença de fungos e leveduras nas dobras cutâneas; ocorrem micobactérias não patogênicas álcool-ácido-resistentes em áreas ricas em secreções sebáceas (genitália, orelha externa).

Com base nas cópias do gene rRNA 16S, estudos recentes mostraram que espécies do domínio Archaea compreendem até 4,2% do microbioma da pele procariótica. A maioria das assinaturas gênicas analisadas pertenciam ao Thaumarchaeota, um filo recentemente proposto que inclui Archaea oxidantes de amônia (ver Capítulo 6). Deve-se ressaltar que a pele humana está constantemente excretando baixas quantidades de amônia, o que pode, por sua vez, proporcionar um ambiente adequado para esses microrganismos.

Entre os fatores que podem ser importantes na eliminação de microrganismos não residentes da pele, destacam-se pH baixo, ácidos graxos nas secreções sebáceas e presença de lisozima. Nem a sudorese profusa nem a lavagem e o banho são capazes de eliminar ou modificar significativamente a microbiota residente normal. O número de microrganismos superficiais pode ser diminuído por escovação vigorosa diária com sabão que contenha hexaclorofeno ou outros desinfetantes; todavia, a microbiota recupera-se rapidamente a partir das glândulas sebáceas e sudoríparas mesmo quando o contato com outras áreas da pele ou com o meio ambiente é totalmente evitado. O uso de curativo oclusivo na pele tende a resultar em aumento acentuado da população microbiana total e pode causar alterações qualitativas da microbiota.

Com frequência, bactérias anaeróbias e aeróbias unem-se para causar infecções sinérgicas (gangrena, fasceíte necrosante e celulite) na pele e nos tecidos moles. As bactérias frequentemente fazem parte da microbiota normal. Em geral, é difícil apontar um microrganismo específico como responsável pela lesão progressiva, visto que comumente estão envolvidas misturas de microrganismos.

Além de ser uma barreira física, a pele é uma barreira imunológica. Os queratinócitos continuamente reconhecem a microbiota da pele por meio dos **receptores de reconhecimento de padrão** (p. ex., receptores do tipo Toll, receptores de manose e receptores do tipo NOD). A ativação dos receptores de reconhecimento de padrão presentes nos queratinócitos pelos padrões moleculares associados a patógenos inicia a resposta imune inata, resultando na secreção de peptídeos antimicrobianos, citocinas e quimiocinas. Embora a pele seja exposta a muitos microrganismos, ela é capaz de distinguir microrganismos da microbiota normal de microrganismos potencialmente patogênicos. Os mecanismos que permitem essa seletividade não estão completamente esclarecidos. Para uma excelente discussão sobre a imunologia da pele, os leitores devem consultar a revisão de Kabashima e colaboradores (2019).

MICROBIOTA NORMAL DA BOCA E DO TRATO RESPIRATÓRIO SUPERIOR

A microbiota do nariz consiste em espécies de *Corynebacterium*, *Staphylococcus* (*S. epidermidis*, *S. aureus*) e *Streptococcus* proeminentes.

Ao contrário de suas mães, que apresentam uma microbiota normal complexa e diferenciada, os neonatos são inicialmente colonizados por uma comunidade microbiana simples e indiferenciada nos vários sítios do seu corpo, independentemente do tipo de parto realizado. Assim, nos primeiros estágios (menos de 5 minutos após o parto), a microbiota é homogeneamente distribuída pelo corpo. A composição da microbiota normal de neonatos nascidos

por parto normal é semelhante à da microbiota vaginal das mães, enquanto neonatos nascidos de cesariana raramente apresentam, na composição de sua microbiota, microrganismos vaginais (p. ex., espécies de *Lactobacillus*, *Prevotella*, *Atopobium* e *Sneathia*). Esses neonatos são colonizados nos diferentes sítios do seu corpo por microrganismos da pele de suas mães (p. ex., espécies de *Staphylococcus*, *Corynebacterium* e *Propionibacterium*).

No decorrer de 4 a 12 horas após o nascimento, os estreptococos do grupo *viridans* estabelecem-se como membros mais proeminentes da microbiota residente e assim permanecem por toda a vida. Provavelmente, originam-se das vias respiratórias da mãe e dos atendentes. No início da vida, aparecem estafilococos aeróbios e anaeróbios, diplococos Gram-negativos (*Neisseria*, *Moraxella catarrhalis*), difteroides e lactobacilos ocasionais. Quando os dentes começam a surgir, verifica-se o estabelecimento de espiroquetas anaeróbios, espécies de *Prevotella* (principalmente *P. melaninogenica*), *Fusobacterium*, *Rothia* e *Capnocytophaga* (ver adiante), juntamente com algumas espécies de *Vibrio* e *Lactobacillus*. As espécies de *Actinomyces* estão normalmente presentes no tecido das tonsilas e nas gengivas dos adultos, podendo-se verificar também a presença de vários protozoários. As leveduras (espécies de *Candida*) também são encontradas na boca.

Na faringe e na traqueia, verifica-se o estabelecimento de uma microbiota semelhante, enquanto poucas bactérias são encontradas nos brônquios normais. Os bronquíolos e alvéolos são normalmente estéreis. Os microrganismos predominantes nas vias respiratórias superiores, em particular na faringe, consistem em estreptococos não hemolíticos e α-hemolíticos, bem como neissérias. Também são observados estafilococos, difteroides, pneumococos e espécies de *Haemophilus*, *Mycoplasma* e *Prevotella*.

Mais de 600 espécies diferentes foram descritas na cavidade oral humana, porém pouco se conhece sobre essa microbiota normal em indivíduos saudáveis. O microbioma oral humano, representado pelo microbioma da saliva humana, foi recentemente caracterizado por sequência do rRNA 16S, a partir de amostras obtidas de 120 indivíduos saudáveis em 12 diferentes países. Existe uma considerável diversidade do microbioma da saliva em cada indivíduo, bem como entre eles. Contudo, o microbioma não varia substancialmente ao redor do mundo. As sequências do rRNA 16S revelaram 101 gêneros bacterianos conhecidos, dos quais 39 já foram previamente isolados da cavidade oral. Além disso, análises filogenéticas sugerem que outros 64 gêneros desconhecidos também estejam presentes na cavidade oral.

As infecções da boca e das vias respiratórias frequentemente incluem anaeróbios. Infecções periodontais, abscessos periorais, sinusite e mastoidite podem envolver predominantemente *P. melaninogenica* e espécies de *Fusobacterium* e de *Peptostreptococcus*. A aspiração de saliva (contendo até 10^2 desses organismos e aeróbios) pode resultar em pneumonia necrosante, abscesso pulmonar e empiema.

Papel da microbiota normal da boca no biofilme dental e na cárie

O biofilme dental (placa dental) pode ser definido simplificadamente como um depósito dental aderente que se forma sobre a superfície do esmalte dentário, composto quase inteiramente por bactérias provenientes da microbiota normal da boca (Figura 10-2). A placa dentária é a mais prevalente e a mais densa dos biofilmes humanos. As vantagens para os microrganismos presentes no biofilme incluem proteção contra agentes ambientais (inclusive antimicrobianos) e a otimização de arranjos espaciais que maximizam a energia por meio do movimento dos nutrientes. Esses microrganismos inseridos no biofilme interagem dinamicamente em inúmeros níveis metabólicos e moleculares. O biofilme dental é inicialmente formado a partir de uma estrutura denominada **película dental**, a qual é definida como uma fina camada orgânica e fisiológica que reveste a superfície mineralizada do dente, composta por proteínas e glicoproteínas derivadas a partir da saliva e de outras secreções orais (ver Figura 10-2).

A formação do biofilme dental envolve interações com a película adquirida e não diretamente com o esmalte dentário. Ela ocorre basicamente em duas etapas. A primeira é a localização anatômica do biofilme em relação à linha gengival. No início, ele é supragengival, estendendo-se gradativamente para a região subgengival. A segunda etapa consiste no crescimento e na maturação do biofilme em camadas, envolvendo interações bactéria-película adquirida e bactéria-bactéria. Os organismos colonizadores pioneiros são principalmente bactérias Gram-positivas, que utilizam interações

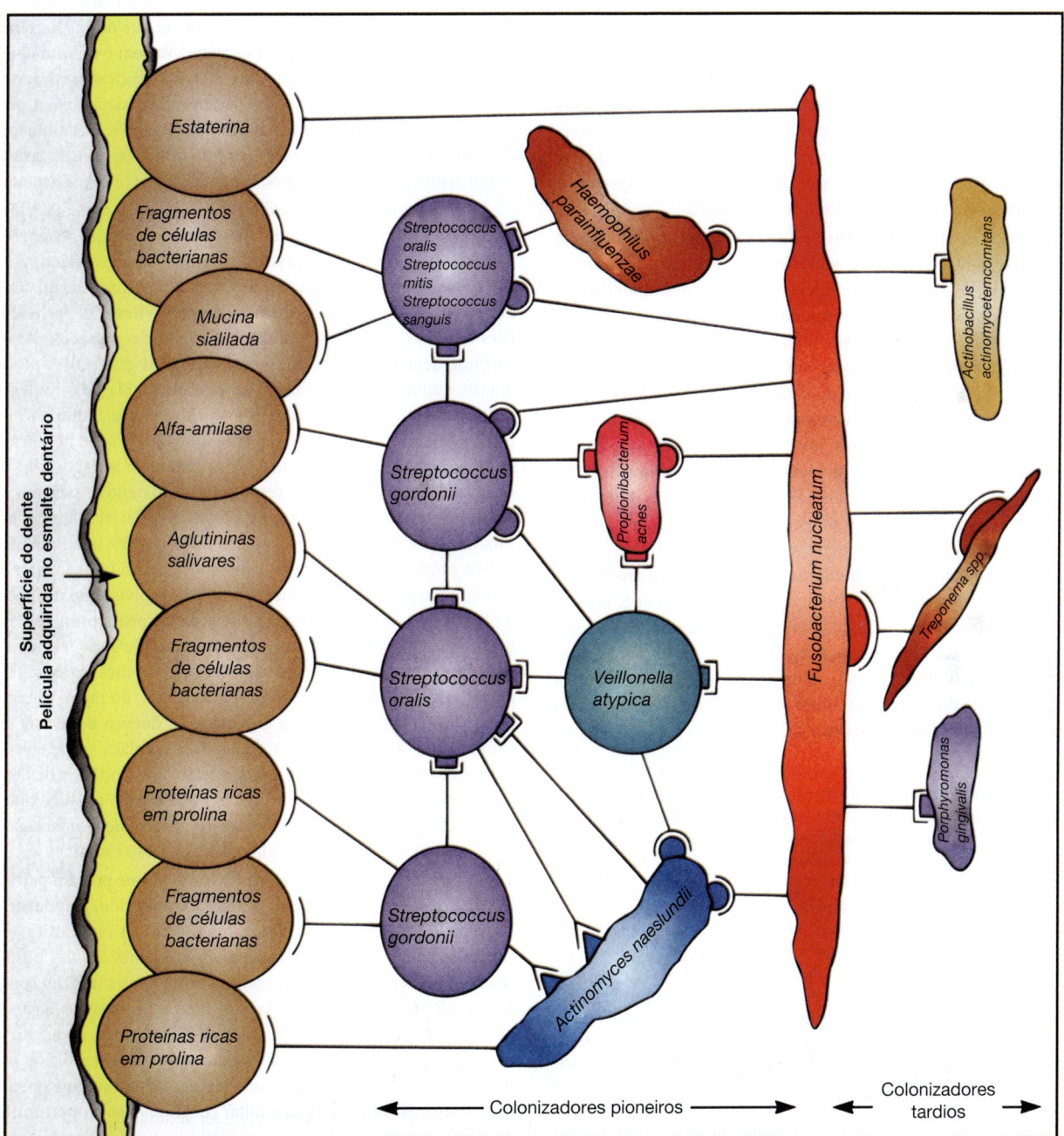

FIGURA 10-2 Biofilme dental. São mostrados os estágios na formação do biofilme dental, também conhecido como placa dental. Os colonizadores iniciais se ligam diretamente à película adquirida, enquanto os colonizadores tardios se ligam a diferentes bactérias direta ou indiretamente ligadas à película adquirida. (Reproduzida, com autorização, de Willey J, Sherwood L, Woolverton C [editors]: *Prescott's Principles of Microbiology*. McGraw-Hill, 2008. © McGraw-Hill Education.)

iônicas e hidrofóbicas bem como estruturas de superfície com atividade lectínica para aderir-se na película ou para coagregarem entre si. Um exemplo de colonizador pioneiro é o *Streptococcus sanguis*,* porém outros estreptococos (*S. mitis, S. salivarius, S. oralis, S. gordonii* e *S. mutans***) e espécies de *Lactobacillus* e de *Actinomyces* estão frequentemente presentes. Colonizadores tardios podem aparecer no biofilme entre 2 e 4 dias após os colonizadores pioneiros, constituindo-se primariamente por bactérias anaeróbias Gram-negativas (p. ex., espécies de *Porphyromonas, Prevotella, Fusobacterium**** e *Veillonella*), além de diferentes espécies de *Actinomyces* e de espiroquetas anaeróbios (p. ex., *Treponema denticola*). Essas bactérias geralmente usam os microrganismos pioneiros para se aderirem ao biofilme dental. Além disso, polímeros extracelulares de glucanas de alto peso molecular são sintetizados e funcionam como uma espécie de cimento, dando mais coesão ao biofilme dental. Esses polímeros são principalmente produzidos por espécies do gênero *Streptococcus* (*S. mutans*), possivelmente em associação às espécies de *Actinomyces*. Ao todo, acredita-se que existam 300 a 400 espécies de bactérias presentes em um biofilme dental maduro.

A **cárie** é uma desintegração do dente que começa pelo esmalte e progride para a dentina e a polpa dentária. Primeiramente, o esmalte dentário, o qual é inteiramente acelular, é desmineralizado. Esse processo é atribuído aos microrganismos presentes no biofilme dental que, pela atividade metabólica glicolítica, produzem ácidos orgânicos a partir de determinados substratos. Em seguida, a decomposição da dentina e do cemento da superfície radicular exposta envolve a digestão bacteriana da matriz proteica. *Streptococcus mutans* é considerado o microrganismo dominante para o início da cárie. Contudo, múltiplos membros do biofilme da placa participam da evolução das lesões. Estes incluem outras espécies de *Streptococcus* (*S. salivarius, S. sanguinis, S. sobrinus*), *Lactobacillus* (*L. acidophilus, L. casei*) e *Actinomyces* (*A. viscosus, A. naeslundii*). As grandes quantidades de produtos de ácido orgânico produzidos a partir da fermentação de carboidratos pela interação de *S. mutans* com essas outras espécies no biofilme dental são a causa subjacente da cárie. Já o acúmulo dos ácidos orgânicos causa uma rápida redução do pH no biofilme dental, sendo suficiente para reagir com a hidroxiapatita do esmalte e resultar em sua desmineralização pela solubilização dos íons cálcio e fosfato. A produção desses ácidos e a

diminuição do pH são mantidas pela disponibilidade do substrato, retornando a um pH mais elevado após sua exaustão.

Uma dieta à base de monossacarídeos (p. ex., glicose e frutose) e de dissacarídeos (p. ex., sacarose, lactose e maltose) proporciona um substrato fundamental para a glicólise bacteriana (ver Capítulo 6) e a produção de ácidos orgânicos que resultam em desmineralização do esmalte dentário. Alimentos com alto teor de açúcar, particularmente a sacarose, que se adere ao esmalte dentário e tem um tempo de retenção maior na cavidade oral, são mais cariogênicos em relação a alimentos líquidos menos retentivos, mesmo que contenham açúcar. Uma possível vantagem para *S. mutans* é a sua capacidade de metabolizar a sacarose de forma mais eficiente do que outras bactérias orais. Um fator adicional é que a sacarose também é utilizada para a síntese de poliglucanas extracelulares, como dextranas e levanas, por enzimas transferases presentes na superfície bacteriana. A produção dessas moléculas contribui para a agregação e a acumulação de *S. mutans* na estrutura dentária, e serve como reserva extracelular de nutrientes para *S. mutans* e outras bactérias do biofilme dental.

A bolsa periodontal na gengiva é particularmente uma região rica em microrganismos, incluindo anaeróbios raramente encontrados em outros sítios da cavidade oral. As doenças periodontais induzidas por microrganismos presentes no biofilme dental compreendem duas patologias distintas: as **gengivites** e as **periodontites crônicas**. Ambas as condições são causadas por bactérias do biofilme dental subgengival presente no sulco gengival. A periodontite é uma doença inflamatória crônica induzida pelas bactérias do biofilme que afeta os tecidos de suporte dentário. Embora o biofilme associado ao dente desempenhe um papel crucial no início e na progressão da periodontite, é principalmente a resposta inflamatória do hospedeiro que é responsável pelo dano ao periodonto e pela desmineralização do suporte ósseo alveolar, resultando, por fim, na perda do dente. Foi levantada a hipótese de que *Porphyromonas gingivalis* teria capacidade de modular a imunidade inata de maneira a resultar no crescimento e no desenvolvimento de todo o biofilme. Esse processo afetaria a interação hospedeiro-microbiota, normalmente homeostática no periodonto. Um estudo recente estabeleceu uma correlação entre a presença de doença periodontal e a presença de ácido desoxirribonucleico (DNA, do inglês *deoxyribonucleic acid*) de Archaea, a gravidade da doença periodontal e a abundância relativa de DNA de Archaea na placa subgengival e entre a resolução da doença e a diminuição da abundância de DNA de Archaea. As Archaea identificadas nesse estudo eram compostas por dois filotipos distintos dentro do gênero *Methanobrevibacter*. Contudo, não foi estabelecida uma associação causal.

Embora os microrganismos dentro do biofilme possam participar da doença periodontal e da destruição do tecido, grande atenção é dada a eles quando se disseminam para outros sítios (p. ex., induzindo endocardite infecciosa ou bacteriemia em um hospedeiro granulocitopênico). São exemplos as espécies de *Capnocytophaga* e *Rothia dentocariosa*. As espécies de *Capnocytophaga* são anaeróbios Gram-negativos fusiformes e deslizantes, enquanto as espécies de *Rothia* são bastonetes Gram-positivos aeróbios e pleomórficos. Em pacientes imunodeficientes com granulocitopenia, esses microrganismos podem resultar em graves lesões oportunistas em outros órgãos.

O controle das cáries envolve remoção física da placa, limitação da ingestão de sacarose, boa nutrição com ingestão adequada de proteínas e redução da produção de ácido na boca mediante a limitação dos carboidratos disponíveis e a limpeza frequente.

---

*N. de T. A grafia correta e atual é *Streptococcus sanguinis*. Embora esse microrganismo seja uma das principais bactérias pioneiras durante a maturação do biofilme dental em indivíduos saudáveis, ele está frequentemente associado a casos esporádicos de endocardites, principalmente em indivíduos com lesão cardíaca prévia ou próteses valvulares.

**N. de T. *Streptococcus mutans* faz parte de um grupo heterogêneo denominado estreptococos do grupo *mutans*, incluindo sete espécies: *S. mutans, S. sobrinus, S. cricetus, S. rattus, S. ferus, S. macaccae* e *S. downei*. No entanto, apenas *S. mutans* e *S. sobrinus* têm sido associados com a cárie em seres humanos. *Streptococcus mutans* possui um potencial patogênico particular, devido à sua capacidade de colonizar superfícies duras presentes na cavidade oral (não somente o esmalte dentário, mas também dentaduras e próteses), de produzir polissacarídeos extracelulares (glucanas e frutanas), de ser acidogênico (produz grande quantidade de ácidos orgânicos) e de ser acidúrico (apresenta capacidade de sobreviver na presença de um pH muito baixo).

***N. de T. *Fusobacterium nucleatum* é considerado um dos principais microrganismos colonizadores tardios, tanto em biofilmes dentais de pessoas sadias quanto em indivíduos com diferentes patologias orais, como doenças periodontais. Esse microrganismo funciona como um elo entre os colonizadores tardios (que não apresentam capacidade de ligar-se diretamente à película adquirida) e os colonizadores pioneiros.

A aplicação de fluoreto nos dentes ou sua ingestão na água resultam em aumento da resistência do esmalte aos ácidos. O controle da doença periodontal exige remoção do cálculo dentário (depósito calcificado, ou tártaro) e boa higiene bucal.

MICROBIOTA NORMAL DO TRATO INTESTINAL

O trato gastrintestinal humano é dividido em diferentes compartimentos, permitindo a digestão e a absorção de nutrientes na região proximal, que é separada de uma grande população microbiana presente no intestino grosso. Ao nascimento, o intestino é estéril, porém diferentes microrganismos são introduzidos com os alimentos. O ambiente (p. ex., a microbiota vaginal, fecal e da pele materna) é o principal fator determinante do perfil inicial da microbiota. Estudos anteriores apontavam que a microbiota intestinal de lactentes era composta predominantemente por espécies de *Bifidobacterium*. Contudo, estudos mais recentes, empregando ensaios de microarranjo e de PCR quantitativo, sugerem que essas bactérias não são encontradas antes de vários meses após o nascimento, persistindo posteriormente como uma população minoritária. Nos lactentes alimentados por mamadeiras, existe uma microbiota mais diversificada no intestino, e os lactobacilos são menos proeminentes. À medida que os hábitos alimentares evoluem para o padrão do adulto, a microbiota intestinal modifica-se. A dieta exerce acentuada influência sobre a composição relativa das microbiotas intestinal e fecal. Por exemplo, indivíduos em uma dieta baseada em proteína animal mostraram ter abundância de microrganismos tolerantes à bile (*Alistipes*, *Bilophila* e *Bacteroides*) e níveis diminuídos de *Firmicutes* que metabolizam polissacarídeos vegetais (*Roseburia*, *Eubacterium rectale* e *Ruminococcus bromii*). O intestino dos neonatos em berçários de tratamento intensivo tende a ser colonizado por Enterobacteriaceae, como *Klebsiella*, *Citrobacter* e *Enterobacter*.

No adulto normal, o esôfago contém microrganismos transportados pela saliva e pelos alimentos. A acidez do estômago mantém o número de microrganismos em nível mínimo (10^2-10^3/mL de conteúdo), a não ser que a obstrução do piloro favoreça a proliferação de cocos e bacilos Gram-positivos. Das centenas de filotipos detectados no estômago humano, somente o *Helicobacter pylori* persiste nesse ambiente. O pH ácido normal do estômago protege acentuadamente o indivíduo contra infecções por alguns patógenos entéricos (p. ex., *Vibrio cholerae*). A administração de antiácidos, antagonistas de receptor H_2 e inibidores de bomba de prótons para úlcera péptica e refluxo gastresofágico resulta em acentuado aumento da microbiota do estômago, inclusive muitos microrganismos prevalentes nas fezes. À medida que o pH do conteúdo intestinal se torna alcalino, a microbiota residente aumenta gradualmente. No duodeno de um adulto, existem 10^3 a 10^4 bactérias/mL de efluentes. Há uma maior população no jejuno (10^4-10^5/mL), no íleo (10^8 bactérias/mL), no ceco e no cólon transverso (10^{11}-10^{12} bactérias/mL). No intestino delgado, a população microbiana associada à mucosa inclui os filos Bacteroidetes e Clostridiales, enquanto, no lúmen, estão incluídos membros do filo Enterobacteriales e enterococos. No cólon sigmoide e no reto, as bactérias constituem 60% da massa fecal. Os anaeróbios são predominantes sobre os organismos facultativos em uma proporção de 1.000 para 1. Na diarreia, o conteúdo de bactérias pode diminuir acentuadamente, ao passo que a contagem aumenta na estase intestinal.

No cólon normal do adulto, 96 a 99% da microbiota residente consiste em anaeróbios. Seis filos são predominantes: Bacteroidetes, Firmicutes, Actinobacteria, Verrucomicrobia, Fusobacteria e Proteobacteria. Mais de 100 tipos distintos de microrganismos, que podem ser cultivados rotineiramente em laboratório, são regularmente encontrados na microbiota fecal normal. As Archaea são primariamente representadas por produtores de metano, o *Methanobrevibacter smithii* e, em menor proporção, *Methanosphaera stadtmanae*. *Methanobrevibacter smithii* é encontrado em mais de 50% da população humana, onde é a segunda ou terceira espécie procariótica mais prevalente (11-14%) na microbiota, enquanto *M. stadtmanae* é encontrado em 20 a 33% da população humana, sendo de baixa prevalência na microbiota. As Archaea podem desempenhar um papel importante na estabilização das comunidades microbianas intestinais. Existem provavelmente mais de 500 espécies de bactérias no cólon, muitas delas ainda não identificadas. Além das bactérias e das Archaea, outros tipos de microrganismos estão presentes, como os protozoários e os fungos, cuja função na microbiota é pouco compreendida. Os vírus, predominantemente os fagos, também são bastante comuns no cólon. Traumas leves, que ocorrem em cerca de 10% dos procedimentos (p. ex., sigmoidoscopia, enema opaco*), podem resultar em bacteriemia transitória.

As importantes funções da microbiota intestinal podem ser divididas em três categorias principais (ver revisão por O'Hara e Shanahan, 2006). A primeira desta são as funções de proteção,** nas quais as bactérias residentes deslocam e inibem indiretamente patógenos potenciais pela competição por nutrientes e receptores, ou diretamente por meio da produção de fatores antimicrobianos, como bacteriocinas e ácido láctico. Em segundo lugar, organismos comensais são importantes para o desenvolvimento e a função do sistema imunológico das mucosas. Eles induzem a secreção de imunoglobulina A (IgA), influenciam o desenvolvimento do sistema imunológico humoral intestinal e modulam a resposta T celular e os perfis de citocinas. A terceira categoria consiste em uma grande variedade de funções metabólicas. A microbiota do intestino delgado pode contribuir para as necessidades de aminoácidos apresentadas pelo hospedeiro, caso isso não seja fornecido pela alimentação. As bactérias intestinais produzem ácidos graxos de cadeia curta que controlam a diferenciação das células epiteliais intestinais. Elas sintetizam vitamina K, biotina e folato e melhoram a absorção de íons. Certas bactérias metabolizam substâncias carcinogênicas da dieta e auxiliam na fermentação de resíduos não digestíveis da dieta. Atualmente, existem evidências de que as bactérias intestinais podem influenciar a deposição de gorduras no hospedeiro, levando à obesidade.

As Archaea metanogênicas costumam ser microrganismos significativos da microbiota intestinal. Sua capacidade de reduzir pequenos compostos orgânicos (p. ex., CO_2, ácido acético, ácido fórmico, metanol ou compostos de metila [p. ex., mono-, di- e trimetilamina]) em metano na presença de H_2 tem consequências

---

*N. de T. O enema opaco é um procedimento que avalia o cólon e o reto. O exame é indicado para pesquisa de megacólon, constipação crônica, sangramento nas fezes, doença inflamatória intestinal (retocolite ulcerativa e doença de Crohn). O exame é realizado por meio da colocação de uma pequena sonda no reto. A sonda é conectada a uma bolsa que contém um agente de contraste, geralmente bário misturado com água, a fim de obter imagens essenciais para o diagnóstico.

**N. de T. Essa função também é conhecida como efeito-barreira ou interferência microbiana.

significativas, uma vez que a remoção do excesso de hidrogênio por meio da metanogênese impede a inibição da NADH-desidrogenase bacteriana. Esse processo, por sua vez, resulta em maior rendimento de trifosfato de adenosina (ATP, do inglês *adenosine triphosphate*) do metabolismo bacteriano (ver Capítulo 6) e maior obtenção de energia da dieta. Além disso, a redução da trimetilamina, produzida durante o metabolismo de colina, betaína, lecitina e carnitina pela microbiota intestinal, para formar metano, pode ajudar a prevenir doenças cardiovasculares e trimetilaminúria.

Nos seres humanos, a administração oral de antimicrobianos pode suprimir temporariamente os componentes da microbiota fecal suscetíveis aos fármacos. Os efeitos agudos da antibioticoterapia na microbiota intestinal nativa variam de uma diarreia autolimitada até uma colite pseudomembranosa. A supressão intencional da microbiota fecal é comumente efetuada pela administração oral pré--operatória de fármacos insolúveis. Por exemplo, a neomicina combinada com a eritromicina pode, em 1 a 2 dias, suprimir parte da microbiota intestinal, particularmente os aeróbios. O metronidazol exerce o mesmo efeito sobre os anaeróbios. Se for efetuada uma cirurgia de intestino grosso quando as contagens microbianas estiverem em seu valor mínimo, poderá ser obtida alguma proteção contra a infecção decorrente de extravasamento acidental. Entretanto, pouco depois, a contagem da microbiota fecal aumenta novamente e atinge níveis normais ou acima da faixa normal, incluindo principalmente alguns microrganismos em virtude de sua resistência relativa aos fármacos administrados. Os microrganismos sensíveis a fármacos são substituídos por microrganismos resistentes a fármacos, em particular espécies de *Staphylococcus*, *Enterobacter*, *Enterococcus*, *Proteus*, *Pseudomonas*, *Clostridium difficile* e leveduras.

A ingestão de grandes quantidades de *L. acidophilus* pode resultar em estabelecimento temporário desse microrganismo no intestino, com a supressão parcial concomitante de outra microbiota intestinal.

O **transplante de microbiota fecal** (TMF), também conhecido como **transplante de fezes**, é o processo de transplante de bactérias fecais de um indivíduo saudável para um receptor. Tem sido usado com sucesso como tratamento para pacientes que sofrem de infecção por *C. difficile* (ver Capítulo 11). A hipótese do sucesso do TMF consiste no conceito de **interferência bacteriana**, ou seja, usar bactérias de microbiota normal para deslocar bactérias patogênicas. O TMF restaura a microbiota colônica ao seu estado natural, substituindo as espécies ausentes de Bacteroidetes e Firmicutes. No entanto, estudos recentes sugerem que outros fatores podem ser importantes.

A microbiota anaeróbia do cólon, incluindo *B. fragilis* e espécies de *Clostridium* e de *Peptostreptococcus*, desempenha importante papel na formação de abscesso, resultando em perfuração intestinal. *Prevotella bivia* e *Prevotella disiens* são importantes na formação de abscessos pélvicos que se originam nos órgãos genitais femininos. A exemplo de *B. fragilis*, essas espécies são resistentes à penicilina, exigindo, portanto, o uso de outro agente.

Embora as bactérias da microbiota intestinal sejam normalmente inócuas para o hospedeiro, em indivíduos geneticamente suscetíveis, alguns componentes da microbiota podem resultar em doença. Por exemplo, a doença inflamatória intestinal pode estar associada a antígenos bacterianos pela baixa tolerância imunológica. Isso leva a uma intensa inflamação causada por uma exuberante resposta imunológica. Mecanismos similares podem ser importantes em malignidades intestinais, como o câncer de cólon.

MICROBIOTA NORMAL DA URETRA

A uretra anterior de ambos os sexos contém um pequeno número dos mesmos tipos de microrganismos encontrados na pele e no períneo. Esses microrganismos aparecem regularmente na urina normal eliminada em números de 10^2 a 10^4/mL.

MICROBIOTA NORMAL DA VAGINA

Pouco depois do nascimento, aparecem, na vagina, lactobacilos aeróbios que persistem enquanto o pH permanece ácido (várias semanas). Quando o pH se torna neutro (permanecendo assim até a puberdade), verifica-se a presença de uma microbiota mista de cocos e bacilos. Na puberdade, os lactobacilos aeróbios e anaeróbios reaparecem em grande número e contribuem para a manutenção do pH ácido com a produção de ácido a partir de carboidratos – em particular, glicogênio. Aparentemente, trata-se de um mecanismo importante para evitar o estabelecimento, na vagina, de outros microrganismos possivelmente prejudiciais. Caso os lactobacilos sejam suprimidos pela administração de antimicrobianos, o número de leveduras ou de várias outras bactérias aumentará, causando irritação e inflamação (**vaginite**). A **vaginose bacteriana** é uma síndrome caracterizada por alterações drásticas nas espécies da microbiota vaginal e em suas proporções relativas. Ocorrem mudanças a partir de um ecossistema vaginal saudável, caracterizado pela presença de lactobacilos, para um estado de doença caracterizado pela presença de microrganismos pertencentes a gêneros como *Gardnerella*, *Atopobium*, *Leptotrichia*, *Megasphaera*, *Prevotella*, *Sneathia* etc. Em um estudo recente sobre o microbioma vaginal de 396 mulheres assintomáticas em idade reprodutiva, foram encontradas variações no pH vaginal e no microbioma vaginal de diferentes grupos étnicos (i.e., branco, negro, hispânico e asiático), sugerindo a necessidade de considerar a etnia como um fator importante na avaliação da microbiota normal ou anormal.

Após a menopausa, o número de lactobacilos diminui novamente, e reaparece uma microbiota mista. A microbiota normal da vagina inclui os estreptococos do grupo B em aproximadamente 25% das mulheres no período da gravidez. Durante o parto, a criança pode adquirir estreptococos do grupo B, que podem, subsequentemente, causar sepse neonatal e meningite. A microbiota vaginal normal também inclui estreptococos α-hemolíticos, estreptococos anaeróbios (*Peptostreptococcus*), espécies de *Prevotella* e de *Clostridium*, *Gardnerella vaginalis*, *Ureaplasma urealyticum* e, mais raramente, espécies de *Listeria* ou de *Mobiluncus*. O muco cervical tem atividade antibacteriana e contém lisozima. Em algumas mulheres, o introito vaginal contém uma microbiota densa que se assemelha à microbiota do períneo e da área perineal, o que pode constituir um fator predisponente nas infecções recorrentes do trato urinário. Os microrganismos vaginais presentes na ocasião do parto podem infectar o neonato (p. ex., estreptococos do grupo B).

MICROBIOTA NORMAL DA PLACENTA E DO ÚTERO

Até recentemente, a placenta e o útero eram considerados ambientes estéreis. Contudo, foram identificadas espécies bacterianas não patogênicas comensais e gêneros que residem no tecido placentário. Uma variedade de microrganismos habita o útero de mulheres saudáveis e assintomáticas em idade reprodutiva. O microbioma do útero* difere significativamente do microbioma da vagina e do trato gastrintestinal.

MICROBIOTA NORMAL DA CONJUNTIVA

Os microrganismos predominantes da conjuntiva consistem em difteroides, *S. epidermidis* e estreptococos não hemolíticos. Com frequência, verifica-se também a presença de *Neisseria* e bacilos Gram-negativos semelhantes ao *Haemophilus* (espécies de *Moraxella*). A microbiota da conjuntiva normalmente é controlada pelo fluxo da lágrima, que contém lisozima antibacteriana.

RESUMO DO CAPÍTULO

- A microbiota normal compreende microrganismos que habitam a pele e as mucosas de indivíduos saudáveis. Ela fornece a primeira linha de defesa contra diferentes patógenos microbianos, ajuda na digestão e contribui para a maturação do sistema imunológico.

- A pele e a mucosa sempre são colonizadas por uma variedade de microrganismos que podem ser divididos em: (1) microbiota residente, a qual reflete os microrganismos regularmente encontrados em um determinado sítio e faixa etária e que, se perturbada, prontamente se restabelece, e (2) microbiota transitória, compreendendo microrganismos não patogênicos ou potencialmente patogênicos que podem ser encontrados na pele ou na mucosa por horas, dias ou semanas.

- Vários sítios na pele e nas mucosas são ambientes únicos com uma microbiota característica.

- Resultados do Projeto Microbioma Humano revelaram que a microbiota é mais complexa do que se imaginava anteriormente.

- A placa dental é um biofilme complexo composto por uma microbiota normal. O metabolismo de carboidratos por microrganismos pertencentes a esse biofilme, como *S. mutans*, é responsável pela patogênese da cárie.

- Mais de 500 espécies de bactérias foram identificadas no cólon. Os anaeróbios ultrapassam cerca de 1.000 vezes em números os microrganismos facultativos.

---

*N. de T. Uma recente investigação sobre o microbioma do trato reprodutivo feminino a partir de amostras endometriais obtidas por cateter transvaginal demonstrou uma predominância de espécies de *Lactobacillus*. Nesse artigo, os pesquisadores compararam a microbiota de uma mesma mulher em dois momentos diferentes: (1) antes de um aborto espontâneo clínico na 8ª semana com embriões euploides; e (2) durante uma gravidez bem-sucedida na qual o fluido endometrial foi coletado na 4ª semana de gestação. O perfil microbiano encontrado na amostra endometrial antes do aborto espontâneo apresentou maior diversidade bacteriana e menor abundância de *Lactobacillus* do que o líquido endometrial da gravidez saudável. Além disso, a metagenômica detectou diferentes espécies de *Lactobacillus* entre as duas amostras. Assim, há dois tipos de perfis de microbiota no endométrio – lactobacilos dominantes e lactobacilos não dominantes —, nos quais outros gêneros bacterianos estão presentes. Cogita-se que um perfil de lactobacilos não dominantes possa estar associado a uma taxa de gravidez mais baixa e a uma maior taxa de aborto. Fonte: *American Journal of Obstetrics and Gynecology*. DOI:https://doi.org/10.1016/j.ajog.2020.01.031.

QUESTÕES DE REVISÃO

1. Uma mulher de 26 anos consulta o médico em virtude de um corrimento vaginal não habitual. Ao exame, o médico observa a presença de um corrimento fino, homogêneo, de coloração branco-acinzentada, aderido à parede da vagina. O pH da amostra é de 5,5 (normal: < 4,3). Na coloração pelo método de Gram, observam-se muitas células epiteliais cobertas por bastonetes de coloração variável. Foi diagnosticada vaginose bacteriana. Qual dos seguintes microrganismos, componentes da microbiota vaginal normal, mostra-se em número muito baixo na vaginose bacteriana?

   (A) Espécies de *Corynebacterium*
   (B) *Staphylococcus epidermidis*
   (C) Espécies de *Prevotella*
   (D) *Candida albicans*
   (E) Espécies de *Lactobacillus*

2. Certos microrganismos nunca são considerados membros da microbiota normal. Eles são sempre considerados patógenos. Qual dos seguintes organismos se encaixa nessa categoria?

   (A) *Streptococcus pneumoniae*
   (B) *Escherichia coli*
   (C) *Mycobacterium tuberculosis*
   (D) *Staphylococcus aureus*
   (E) *Neisseria meningitidis*

3. Uma menina de 9 anos desenvolve febre e dor intensa no lado direito da garganta. Ao exame, foram vistos vermelhidão e inchaço na área peritonsilar direita, tendo sido diagnosticado um abscesso peritonsilar. O(s) organismo(s) mais provável(is) de ser(em) cultivado(s) a partir desse abscesso é(são)

   (A) *Staphylococcus aureus*
   (B) *Streptococcus pneumoniae*
   (C) Espécies de *Corynebacterium* e *Prevotella melaninogenica*
   (D) Microbiota normal oronasal
   (E) Estreptococos do grupo *viridans* e *Candida albicans*

4. Um homem de 70 anos com história de diverticulose do cólon sigmoide apresenta episódio súbito de dor acentuada no quadrante inferior esquerdo do abdome e febre elevada. A dor intensa regride gradualmente, sendo substituída por uma dor constante acompanhada de acentuada sensibilidade abdominal. É feito o diagnóstico sugestivo de ruptura do divertículo, e o paciente é levado à sala de cirurgia. O diagnóstico de provável ruptura do divertículo é confirmado, e é encontrado um abscesso próximo ao cólon sigmoide. A(s) bactéria(s) mais provável(is) de ser(em) encontrada(s) nesse abscesso é(são)

   (A) Microbiota gastrintestinal normal mista
   (B) *Bacteroides fragilis*
   (C) *Escherichia coli*
   (D) *Clostridium perfringens*
   (E) Espécies de *Enterococcus*

5. A terapia antimicrobiana pode diminuir a quantidade de bactérias sensíveis na microbiota intestinal e permitir a proliferação de bactérias colônicas relativamente resistentes. Qual das seguintes espécies pode proliferar-se e produzir uma toxina que causa diarreia?

   (A) Espécies de *Enterococcus*
   (B) *Staphylococcus epidermidis*
   (C) *Pseudomonas aeruginosa*
   (D) *Clostridium difficile*
   (E) *Bacteroides fragilis*

6. Qual dos seguintes microrganismos pode fazer parte da microbiota normal vaginal e causar meningite em neonatos?

   (A) *Candida albicans*
   (B) Espécies de *Corynebacterium*

(C) *Staphylococcus epidermidis*

(D) *Ureaplasma urealyticum*

(E) Estreptococos do grupo B

7. O biofilme dental e a doença periodontal podem ser vistos como uma continuidade de qual tipo de processo fisiológico?

(A) Formação de biofilme

(B) Envelhecimento normal

(C) Digestão anormal

(D) Resposta imunológica exagerada

(E) Mastigação de goma de mascar

8. Qual dos seguintes microrganismos está estreitamente relacionado com a cárie dentária?

(A) *Candida albicans*

(B) *Streptococcus mutans*

(C) *Prevotella melaninogenica*

(D) *Neisseria subflava*

(E) *Staphylococcus epidermidis*

9. Bactérias anaeróbias, como *Bacteroides fragilis*, são encontradas no cólon sigmoide em uma concentração de cerca de 10^{11}/g de fezes. Qual concentração de microrganismos facultativos, como *Escherichia coli*, pode ser encontrada?

(A) 10^{11}/g

(B) 10^{10}/g

(C) 10^{9}/g

(D) 10^{8}/g

(E) 10^{7}/g

10. *Streptococcus pneumoniae* pode fazer parte da microbiota normal de 5 a 40% das pessoas. Em qual local anatômico esse microrganismo pode ser encontrado?

(A) Conjuntiva

(B) Nasofaringe

(C) Cólon

(D) Uretra

(E) Vagina

11. Milhares de filotipos foram identificados no estômago humano; porém, o único microrganismo que persiste é

(A) *Lactobacillus casei*

(B) *Lactobacillus acidophilus*

(C) *Escherichia coli*

(D) *Helicobacter pylori*

(E) *Bifidobacterium*

12. Uma microbiota residente é comumente encontrada

(A) No fígado

(B) Na uretra

(C) Nos rins

(D) Nas glândulas salivares

(E) Na vesícula biliar

13. Uma microbiota é ausente

(A) Na faringe

(B) Nos pulmões

(C) No intestino delgado

(D) No líquido sinovial

(E) Na conjuntiva

14. Uma mulher de 65 anos foi internada com carcinoma celular escamoso da endocérvice. Após extensiva cirurgia ginecológica, foi mantida no pós-operatório com antibióticos intravenosos de largo espectro. A paciente teve um cateter venoso colocado no dia da cirurgia. Após 3 dias do pós-operatório, a paciente apresentou febre. No 8º dia, a hemocultura e a cultura da ponta do cateter central revelaram o crescimento de um microrganismo Gram-positivo ovoide e de crescimento em brotamento. Qual dos seguintes microrganismos é o responsável mais provável da condição da paciente?

(A) *Staphylococcus aureus*

(B) *Staphylococcus epidermidis*

(C) *Enterococcus faecalis*

(D) *Candida albicans*

(E) *Saccharomyces cerevisiae*

15. A mais provável porta de entrada do microrganismo na Questão 14 é

(A) Durante a cirurgia ginecológica

(B) Aspiração

(C) Durante o troca do cateter central

(D) Durante a troca da linha para administração da antibioticoterapia por via intravenosa

(E) Intubação durante a anestesia

Respostas

1. E	**6.** E	**11.** D
2. C	**7.** A	**12.** B
3. D	**8.** B	**13.** D
4. A	**9.** D	**14.** D
5. D	**10.** B	**15.** C

REFERÊNCIAS

Brennan CA, Garrett WS: Gut microbiota, inflammation, and colorectal cancer. *Annu Rev Microbiol* 2016;70:395.

Costello EK, Lauber CL, Hamady M, et al: Bacterial community variation in human body habitats across space and time. *Science* 2009;326:1694.

Dethlefsen L, Huse S, Sogin ML, Relman DA: The pervasive affects of an antibiotic on the human gut microbiota, as revealed by deep 16S rRNA sequencing. *PLoS Biol* 2008;6:2383.

Dominguez-Bello MG, Costello EK, Contreras M, et al: Delivery mode shapes the acquisition and structure of the initial microbiota across multiple body habitats in newborns. *Proc Natl Acad Sci U S A* 2010;107:11971.

Falony G, Vieira-Silva S, Raes J: Microbiology meets big data: The case of gut microbiota-derived trimethylamine. *Annu Rev Microbiol* 2015;69:305.

Fierer N, Hamady M, Lauber CL, Knight R: The influence of sex, handedness, and washing on the diversity of hand surface bacteria. *Proc Natl Acad Sci U S A* 2008;105:17994.

Fredericks DN, Fielder TL, Marrazzo JM: Molecular identification of bacteria associated with bacterial vaginosis. *N Engl J Med* 2005;353:1899.

Gilbert JA, Blaser MJ, Caporaso JG, et al: Current understanding of the human microbiome. *Nat Med* 2018;24:392.

Grice EA, Segre JA: The skin microbiome. *Nat Rev Microbiol* 2011;9:244.

Iwase T, Uehara Y, Shinji H, et al: *Staphylococcus epidermidis* Esp inhibits *Staphylococcus aureus* biofilm formation and nasal colonization. *Nature* 2010;465:346.

Kabashima K, Honda T, Ginhoux F, et al: The immunological anatomy of the skin. *Nat Rev Immunol* 2019;19:19.

Kelly CD, DeLeon L, Jasutkar N: Fecal microbiota transplantation for relapsing *Clostridium difficile* infection in 26 patients: Methodology and results. *J Clin Gastroenterol* 2012;46:145.

Khachatryan ZA, Ktsoyan ZA, Manukyan GP, et al: Predominant role of host genetics in controlling the composition of gut microbiota. *PLoS One* 2008;3:e3064.

Lepp PW, Brinig MM, Ouverney CC, et al: Methanogenic *Archaea* and human periodontal disease. *Proc Natl Acad Sci U S A* 2004;101:6176.

Lloyd-Price J, Mahurkar A, Rahnavard G, et al: Strains, functions, and dynamics in the expanded Human Microbiome Project. *Nature* 2017;550:61.

Nasidze I, Li J, Quinque D, et al: Global diversity in the human salivary microbiome. *Genome Res* 2009;19:636.

Oakley BB, Fiedler TL, Marrazzo JM, Fredricks DN: Diversity of human vaginal bacterial communities and associations with clinically defined bacterial vaginosis. *Appl Env Microbiol* 2008;74:4898.

O'Hara AM, Shanahan F. The gut flora as a forgotten organ. *EMBO Rep* 2006;7:688.

Palmer C, Bik EM, DiGiulio DB, et al: Development of the human infant intestinal microbiota. *PLoS Biol* 2007;5:1556.

Price LB, Liu CM, Johnson KE, et al: The effects of circumcision on the penis microbiome. *PLoS One* 2010;5:e8422.

Probst AJ, Averbach AK, Moissl-Eichinger C: Archae on human skin. *PLoS ONE* 2013;8:e65388.

Proctor LM: The human microbiome project in 2011 and beyond. *Cell Host Microb* 2011;10:287.

Ravel J, Gajer P, Abdo Z, et al: Vaginal microbiome of reproductive-age women. *Proc Natl Acad Sci U S A* 2011;108:4680.

Schwiertz A: *Microbiota of the Human Body: Implications in Health and Disease.* Springer, Switzerland 2016.

Seekatz AM, Aas J, Gessert CE, et al: Recovery of the gut microbiome following fecal microbiota transplantation. *mBio* 2014;5(3):e00893-14, doi:10.1128/mBio.00893-14.

Sender R, Fuchs S, Milo R: Are we really vastly outnumbered? Revisiting the ratio of bacterial to host cells in humans. *Cell* 2016;164:337.

Spor A, Koren O, Ley R: Unravelling the effects of the environment and host genotype on the gut microbiome. *Nat Rev Microbiol* 2011;9:279.

The Human Microbiome Project Consortium: Structure, function and diversity of the healthy human microbiome. *Nature* 2012;486:207.

Thomas JG, Nakaishi LA. Managing the complexity of a dynamic biofilm. *J Am Dent Assoc* 2006;137(Suppl):10S–15S.

Turnbaugh PJ, Ley RE, Mahowald MA, et al: An obesity-associated gut microbiome with increased capacity for energy harvest. *Nature* 2006;444:1027.

Walter J, Ley R: The human gut microbiome: Ecology and recent evolutionary changes. *Annu Rev Microbiol* 2011;65:411.

Willing BP, Russell SL, Finlay BB: Shifting the balance: Antibiotic effects on host-microbiota mutualism. *Nat Rev Microbiol* 2011;9:233.

Bacilos Gram-positivos formadores de esporos: espécies de *Bacillus* e de *Clostridium*

Os bacilos Gram-positivos formadores de esporos são pertencentes aos gêneros *Bacillus* e *Clostridium*. Essas bactérias são ubíquas e, por formarem esporos, podem sobreviver no meio ambiente por muitos anos. As espécies do gênero *Bacillus* são aeróbias, enquanto as espécies do gênero *Clostridium* são anaeróbias (ver também Capítulo 21).

Entre as inúmeras espécies do gênero *Bacillus* e gêneros relacionados, a maioria não provoca doença nem está bem caracterizada na microbiologia médica. Contudo, existem algumas espécies que causam doenças importantes nos seres humanos. O antraz, uma doença clássica na história da microbiologia, é causada pelo *Bacillus anthracis*. Essa doença continua sendo uma importante infecção em animais e, ocasionalmente, em humanos. Além disso, esse microrganismo pode ser considerado como um agente em bioterrorismo e na guerra biológica em virtude de sua potente toxina. Já o *Bacillus cereus* provoca intoxicação alimentar e, às vezes, infecções oculares ou outras infecções localizadas.

O gênero *Clostridium* é extremamente heterogêneo, e mais de 200 espécies foram descritas. A lista de microrganismos patogênicos, bem como de novas espécies isoladas de fezes humanas, cujo potencial patogênico permanece indeterminado, continua a crescer. Os clostrídios causam várias doenças mediadas por toxinas importantes, incluindo tétano (*C. tetani*), botulismo (*C. botulinum*), gangrena gasosa (*C. perfringens*) e diarreia associada a antibióticos e colite pseudomembranosa (*C. difficile*). Outros clostrídios também são encontrados em infecções anaeróbias mistas em seres humanos (ver Capítulo 21).

ESPÉCIES DE *BACILLUS*

O gênero *Bacillus* inclui grandes bastonetes Gram-positivos aeróbios que ocorrem em cadeias. Os membros desse gênero são intimamente relacionados, mas diferem tanto fenotipicamente quanto em termos de patogênese. As espécies patogênicas tendem a apresentar plasmídeos de virulência. Contudo, a maioria dos membros desse gênero consiste em microrganismos saprofíticos encontrados no solo, na água, no ar e na vegetação (p. ex., *B. subtilis*). Alguns são patógenos de insetos, como *B. thuringiensis*. *Bacillus cereus* pode desenvolver-se em alimentos e causar intoxicação alimentar pela produção tanto de enterotoxina (diarreia) quanto de toxina emética (vômitos). Além disso, *B. cereus* pode, ocasionalmente, provocar doença em indivíduos imunocomprometidos (p. ex., meningite, endocardite, endoftalmite, conjuntivite ou gastrenterite

aguda). *Bacillus anthracis*, responsável pelo **antraz**,* é o principal patógeno do gênero.

Morfologia e identificação

A. Microrganismos típicos

As células típicas, que medem $1 \times 3\text{-}4$ μm, têm extremidades quadradas e dispõem-se em cadeias longas. Os esporos estão localizados no centro dos bacilos.

B. Cultura

As colônias do *B. anthracis* são arredondadas e têm aspecto de "vidro lapidado" à luz transmitida. A hemólise é raramente observada nas colônias de *B. anthracis*, sendo, porém, comum nas infecções causadas por *B. cereus* e pelos bacilos saprofíticos. A gelatina é liquefeita, e o crescimento em gelatina solidificada em tubo assemelha-se a um pinheiro invertido.

C. Características de crescimento

Os bacilos saprofíticos utilizam fontes simples de nitrogênio e carbono para obter energia, bem como para o seu crescimento. Os esporos são resistentes a alterações ambientais, suportando o calor seco e certos desinfetantes químicos por períodos moderados, e persistindo durante anos em terra seca. Itens contaminados com esporos de antraz podem ser esterilizados por autoclave ou irradiação.

BACILLUS ANTHRACIS

Patogênese

O antraz é primariamente uma doença de herbívoros – bovinos, caprinos, ovinos, equinos, etc. Outros animais (p. ex., ratos) são relativamente resistentes à infecção. Essa doença é endêmica entre sociedades agrárias em países em desenvolvimento na África, no Oriente Médio e na América Central. Uma página de internet mantida pela Organização Mundial da Saúde (OMS) fornece informações atualizadas sobre a doença em animais (www.who.int/csr/disease/Anthrax/en/). Os seres humanos infectam-se casualmente por contato com animais infectados ou seus produtos. Nos animais, as portas de entrada são a boca e o trato gastrintestinal.

---

*N. de T. O antraz também é conhecido como carbúnculo, em especial nos países europeus.

Os esporos do solo contaminado têm fácil acesso quando ingeridos com vegetação irritante ou que tenha espinhos. Nos seres humanos, a infecção costuma ser adquirida pela entrada de esporos através de pele lesionada (antraz cutâneo), raramente pelas mucosas (antraz gastrintestinal) ou por inalação de esporos no pulmão (antraz por inalação). Uma quarta categoria da doença, o antraz por injeção, causou surtos entre as pessoas que injetam heroína contaminada com esporos de antraz. Os esporos germinam no tecido da porta de entrada, e o crescimento dos microrganismos na forma vegetativa leva à formação de edema gelatinoso e congestão. Os bacilos propagam-se pelos vasos linfáticos para a corrente sanguínea, multiplicando-se livremente no sangue e nos tecidos pouco antes e depois da morte do animal.

As amostras de *B. anthracis* (Figura 11-1) que não produzem cápsula não são virulentas nem provocam antraz em animais de laboratório. A cápsula do ácido poli-γ-D-glutâmico é antifagocítica. O gene da cápsula localiza-se em um plasmídeo (pXO2).

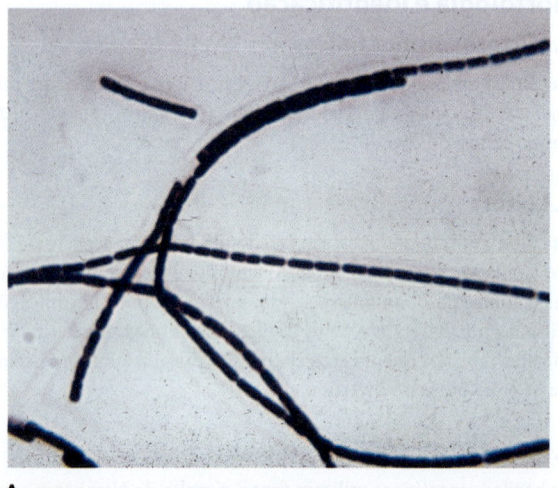

A

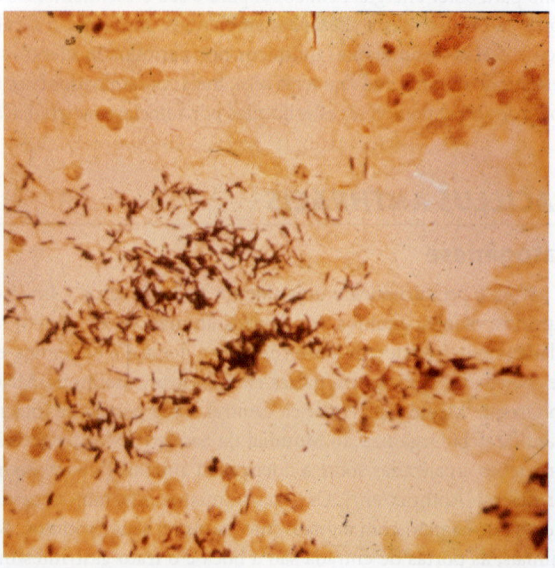

B

FIGURA 11-1   A: *Bacillus anthracis* em cultura em caldo (ampliada 1.000 ×). **B:** Em tecido (ampliada 400 ×). (Cortesia de PS Brachman.)

A toxina do antraz consiste em três proteínas: o antígeno protetor (PA, do inglês *protective antigen*), o fator do edema (EF, do inglês *edema factor*) e o fator letal (LF, do inglês *lethal factor*). O PA liga-se a receptores celulares específicos e, após ativação proteolítica, forma um poro na membrana que medeia a entrada do EF e do LF no interior da célula. O EF é uma adenililciclase que, com o PA, forma uma toxina conhecida como toxina de edema. A toxina de edema é responsável pelo edema observado nas células e nos tecidos. O LF, junto com o PA, forma uma toxina letal que constitui importante fator de virulência, resultando na morte dos animais e dos seres humanos infectados. Quando injetada em animais de laboratório (p. ex., ratos), a toxina letal pode matá-los rapidamente ao interferir na imunidade inata e adaptativa, permitindo a proliferação do microrganismo e a morte celular. Os genes da toxina do antraz estão codificados em outro plasmídeo (pXO1). No antraz por inalação ("doença dos classificadores de lã"), os esporos na poeira de lã, nos pelos ou no couro são inalados, fagocitados nos pulmões e transportados pela drenagem linfática até os linfonodos mediastínicos, onde ocorre germinação. Em seguida, ocorre a produção da toxina, bem como desenvolvimento de mediastinite hemorrágica e sepse, que costumam ser rapidamente fatais. Na sepse do antraz, o número de microrganismos no sangue ultrapassa 10^7/mL pouco antes da morte. No surto do antraz por inalação ocorrido em 1979 em Sverdlovsk, e no bioterrorismo, nos Estados Unidos, em 2001, a patogênese foi a mesma observada no antraz por inalação a partir de produtos animais.

Patologia

Nos animais suscetíveis e em seres humanos, os microrganismos proliferam-se na porta de entrada. As cápsulas permanecem intactas, e os microrganismos são circundados por uma grande quantidade de líquido proteináceo que contém alguns leucócitos. A partir do sítio de infecção, disseminam-se rapidamente, atingindo a corrente sanguínea.

Nos animais resistentes, os microrganismos proliferam-se por algumas horas, havendo o acúmulo maciço de leucócitos. As cápsulas sofrem desintegração gradual e desaparecem. Os microrganismos permanecem localizados.

Manifestações clínicas

Nos seres humanos, cerca de 95% dos casos consistem em antraz cutâneo, e 5%, em antraz por inalação. O antraz gastrintestinal é muito raro, tendo sido relatado na África, na Ásia e nos Estados Unidos após ocasiões em que os indivíduos ingeriram carne de animais infectados.

Os eventos de bioterrorismo ocorridos na primavera de 2001 (no Hemisfério Norte) resultaram em 22 casos de antraz – 11 por inalação e 11 cutâneos. Cinco dos pacientes com antraz por inalação morreram e todos os outros se recuperaram.

O antraz cutâneo geralmente ocorre em superfícies expostas dos braços ou das mãos, seguidas, por ordem de frequência, do rosto e do pescoço. Verifica-se a formação de pápula pruriginosa 1 a 7 dias após a penetração dos microrganismos ou esporos através de uma solução de continuidade da pele. A princípio, a pápula assemelha-se a uma picada de inseto, transformando-se rapidamente em uma vesícula ou um pequeno anel de vesículas que coalescem, formando lesão ulcerativa necrotizante. Com frequência, as lesões de 1 a 3 cm de diâmetro apresentam uma escara negra central característica e com edema pronunciado. Podem ocorrer linfangite e linfadenopatia, bem como sinais e sintomas sistêmicos de febre, mal-estar e cefaleia. Depois de 7 a 10 dias, a escara fica totalmente desenvolvida; por fim, seca e solta-se. A recuperação dos tecidos ocorre por granulação, deixando uma cicatriz. Podem ser necessárias muitas semanas para haver a cicatrização da lesão e desaparecimento do edema. A antibioticoterapia não parece modificar a evolução natural da doença, porém previne a disseminação. Em até 20% dos pacientes, o antraz cutâneo pode levar a infecções sistêmicas (incluindo meningite e sepse) e morte.

No antraz por inalação, o período de incubação pode ser de até 6 semanas. As manifestações clínicas iniciais estão associadas a necrose hemorrágica pronunciada e edema de mediastino. A dor subesternal pode ser proeminente, e a radiografia de tórax revela alargamento mediastínico pronunciado. O comprometimento da pleura é seguido de derrames pleurais hemorrágicos, sendo a tosse secundária aos efeitos sobre a traqueia. Ocorre sepse e pode haver disseminação hematogênica para o trato gastrintestinal, causando ulceração intestinal, ou para as meninges, provocando meningite hemorrágica. A taxa de mortalidade no antraz por inalação é alta em caso de exposição conhecida e maior quando não se suspeita do diagnóstico logo no início.

Os animais adquirem antraz por meio da ingestão de esporos e da disseminação dos microrganismos a partir do trato intestinal. Isso é raro em humanos, sendo o antraz gastrintestinal extremamente incomum. Dor abdominal, vômitos e diarreia sanguinolenta constituem sinais clínicos.

O antraz por injeção é caracterizado por um edema subcutâneo extenso e indolor e pela notável ausência da escara característica do antraz cutâneo. Os pacientes podem evoluir para instabilidade hemodinâmica devido à sepse.

Exames diagnósticos laboratoriais

As amostras a serem examinadas são líquido ou pus da lesão local, sangue, fluido pleural e líquido cerebrospinal, nos casos de antraz por inalação associados à sepse. Já em casos de antraz gastrintestinal, devem-se analisar as fezes e outros conteúdos intestinais. Os esfregaços corados, a partir da lesão local ou de amostra de sangue de animais mortos, frequentemente revelam cadeias de grandes bastonetes Gram-positivos. O antraz pode ser identificado em esfregaços secos por técnicas de imunofluorescência.

Quando crescem em placas de ágar-sangue, os microrganismos produzem colônias acinzentadas a brancas não hemolíticas, com textura rugosa e aspecto de vidro moído. Protuberâncias em formato de vírgula (cabeça de medusa, ou cabelo enrolado) podem projetar-se da colônia. A demonstração da cápsula necessita do crescimento do microrganismo em meio de cultura contendo bicarbonato em 5 a 7% de dióxido de carbono. A coloração pelo método de Gram revela grandes bastonetes Gram-positivos, e a fermentação de carboidratos não é útil. Em meio de cultura semissólido, os bacilos do antraz são sempre imóveis, enquanto os microrganismos não patogênicos relacionados (p. ex., *B. cereus*) exibem motilidade por "formação de véu". Os laboratórios clínicos que isolam grande quantidade de bacilos Gram-positivos do sangue, do líquido cerebrospinal ou de lesões suspeitas de pele, que apresentam características fenotípicas comuns à descrição de *B. anthracis*, como mencionado anteriormente, devem contatar imediatamente os laboratórios de saúde pública e enviar o material para confirmação. A identificação definitiva requer lise por um bacteriófago γ específico para

B. anthracis, detecção da cápsula por imunofluorescência ou identificação dos genes para a toxina por reação em cadeia da polimerase (PCR, do inglês *polymerase chain reaction*). Esses testes são realizados somente por laboratórios públicos de referência.

Um ensaio imunoenzimático rápido (Elisa) que mede a concentração de anticorpos totais foi aprovado pela Food and Drug Administration (FDA) dos Estados Unidos, porém o teste não é positivo na fase inicial da doença.

Resistência e imunidade

A imunização para prevenção contra o antraz baseia-se nos experimentos clássicos de Louis Pasteur. Em 1881, Pasteur provou que os microrganismos cultivados em caldo na temperatura de 42 a 52 °C durante vários meses perdiam grande parte de sua virulência, podendo ser injetados vivos em ovinos e bovinos sem provocar doença; subsequentemente, constatou que esses animais estavam imunizados. A imunidade ativa contra o bacilo do antraz pode ser induzida em animais suscetíveis por vacinação com bacilos vivos atenuados, suspensões de esporos ou do antígeno PA de filtrados de cultura. Os animais que pastam em regiões que apresentam antraz devem ser imunizados anualmente.

Nos Estados Unidos, a vacina já aprovada pela FDA (AVA BioThrax®, Emergent BioSolutions, Inc, Rockville, MD) é feita a partir do sobrenadante de uma cultura livre de células de uma cepa não encapsulada, mas toxigênica, de *B. anthracis* que contém o antígeno PA adsorvido a hidróxido de alumínio. O esquema de imunização é de 0,5 mL administrado por via intramuscular em 0 e 4 semanas e, então, em 6, 12 e 18 meses, seguido por reforços anuais. A vacina está disponível apenas para o Departamento de Defesa dos Estados Unidos e para pessoas sob risco de exposição repetida ao *B. anthracis*. Como as vacinas atuais contra o antraz fornecem imunidade de curta duração e, portanto, requerem vacinações repetidas, várias novas vacinas de PA recombinantes (rPA) foram desenvolvidas. Essas novas vacinas demonstraram ser muito bem toleradas e altamente imunogênicas (ver discussão em "Tratamento").

Tratamento

Muitos antibióticos são eficazes contra o antraz em seres humanos. Contudo, é necessário iniciar o tratamento no estágio precoce da doença. O ciprofloxacino é recomendado para tratamento. Outros agentes com atividade incluem penicilina G, doxiciclina, eritromicina e vancomicina. No contexto da exposição potencial ao *B. anthracis* como agente de guerra biológica, a profilaxia com doxiciclina ou ciprofloxacino deve ser mantida por 60 dias, enquanto se administram 3 doses de vacina (AVA BioThrax®).

O raxibacumabe (Abthrax®, GlaxoSmithKline, Londres, Reino Unido), um anticorpo monoclonal humano recombinante, foi aprovado pela FDA para tratamento e profilaxia contra antraz por inalação no final de 2012. O seu mecanismo de ação é a prevenção da ligação do PA aos seus receptores nas células hospedeiras. Esse medicamento é usado em combinação com agentes antimicrobianos apropriados.

A imunoglobulina intravenosa contra o antraz (AIGIV, Cangene Corp. Winnipeg, Manitoba, Canadá) não é aprovada pela FDA, mas pode ser disponibilizada por meio do Centers for Disease Control and Prevention (CDC). A AIGIV é um antissoro policlonal humano que também inibe a ligação do PA aos seus receptores. De modo semelhante ao raxibacumabe, é usado como adjuvante de agentes antimicrobianos para o tratamento de formas graves de antraz.

Epidemiologia, prevenção e controle

O solo é contaminado por esporos do antraz a partir de carcaças de animais mortos. Esses esporos permanecem viáveis durante décadas. É possível que os esporos possam germinar no solo com pH de 6,5 a uma temperatura apropriada. Os animais que pastam infectam-se através de lesões das mucosas e servem para perpetuar a cadeia da infecção. O contato com animais infectados ou com o couro, pelos e cerdas destes constitui a fonte de infecção em seres humanos. As medidas de controle consistem em (1) eliminação das carcaças de animais por incineração ou enterro em cova profunda coberta com cal, (2) descontaminação (geralmente por autoclavagem) dos produtos animais, (3) uso de roupas protetoras e luvas para manipulação de materiais potencialmente infectados, e (4) imunização ativa de animais domésticos com vacinas vivas atenuadas. As pessoas sob alto risco ocupacional devem ser imunizadas.

BACILLUS CEREUS

A intoxicação alimentar causada por *B. cereus* apresenta duas formas distintas: o tipo emético, que está associado ao arroz cozido, ao leite e a massas, e o tipo diarreico, que está associado a pratos de carne e molhos. *Bacillus cereus* produz toxinas causadoras de doença, que se manifesta mais como intoxicação do que como infecção transmitida por alimentos. A forma emética manifesta-se por náuseas, vômitos, cólica abdominal e, em certas ocasiões, diarreia autolimitada, e a recuperação ocorre em 24 horas. Ela começa 1 a 5 horas após a ingestão de um peptídeo cíclico pré-formado codificado por plasmídeo (toxina emética) nos produtos alimentícios contaminados. *Bacillus cereus* é um microrganismo do solo que costuma contaminar o arroz. Quando grandes quantidades de arroz são cozidas e esfriadas lentamente, os esporos do *B. cereus* germinam, e as células vegetativas produzem a toxina durante a fase log de crescimento ou durante a esporulação. A forma diarreica apresenta um período de incubação de 1 a 24 horas e manifesta-se por diarreia profusa com dor e cólicas abdominais. Não é comum a ocorrência de febre e vômitos. Nessa síndrome, os esporos ingeridos que se desenvolvem em células vegetativas de *B. cereus* secretam uma das três enterotoxinas possíveis que induzem o acúmulo de fluido e outras respostas fisiológicas no intestino delgado. A presença da bactéria nas fezes do paciente não é suficiente para estabelecer o diagnóstico de doença por *B. cereus*, visto que as bactérias podem estar presentes em amostras de fezes normais. A detecção de uma concentração de 10^5 bactérias ou mais por grama de alimento é considerada diagnóstica.

Bacillus cereus representa uma causa importante de infecções oculares, ceratite grave, endoftalmite e panoftalmite. Normalmente, os organismos são introduzidos nos olhos por corpos estranhos associados a traumas, mas também podem ocorrer infecções após a cirurgia. Esse microrganismo também foi associado a infecções localizadas, como infecções de feridas e infecções sistêmicas, incluindo endocardite, bacteriemia associada a cateter, infecções do sistema nervoso central, osteomielite e pneumonia. A presença de dispositivo médico ou uso de fármacos intravenosos também

predispõe a essas infecções. Foram relatados surtos de bacteriemia em unidades de terapia intensiva neonatal e outras unidades hospitalares durante a construção em unidades de saúde. *Bacillus cereus* é resistente a uma variedade de agentes antimicrobianos, inclusive penicilinas e cefalosporinas. Infecções graves de origem extra-alimentar devem ser tratadas com vancomicina ou clindamicina, com ou sem um aminoglicosídeo. O ciprofloxacino tem sido útil para o tratamento de infecções de feridas.

RESUMO DO CAPÍTULO

- As espécies de *Bacillus* compreendem um grande grupo de microrganismos ubíquos do solo, primariamente saprófitos, aeróbios e esporulados.
- O principal patógeno do gênero *Bacillus* é o *B. anthracis*, um microrganismo virulento, toxigênico e de importância histórica.
- Os seres humanos são infectados pela inoculação de esporos por meio de animais e produtos animais contaminados, como couro.
- *Bacillus anthracis* causa quatro categorias de doenças em seres humanos, dependendo do ponto de entrada do esporo: cutânea (95%), por inalação (5%), gastrintestinal (raro) e por injeção.
- A combinação do antígeno protetor com dois fatores (EF e LF) forma duas toxinas potentes: a toxina de edema e a toxina letal, respectivamente. Ambas apresentam atividade citotóxica e imunomoduladora. Essas toxinas são responsáveis pelo edema, destruição tecidual e hemorragia característica do antraz.
- *Bacillus cereus* causa intoxicação alimentar e infecções oportunistas em indivíduos imunocomprometidos.
- *Bacillus cereus* pode ser diferenciado de *B. anthracis* com base na morfologia colonial, na β-hemólise, na motilidade e no padrão de suscetibilidade a antibióticos.

ESPÉCIES DE CLOSTRIDIUM

Os clostrídios são bastonetes Gram-positivos grandes, anaeróbios e móveis. Muitos decompõem proteínas ou formam toxinas, e alguns fazem ambos os processos. Seu hábitat natural é o solo, sedimentos marinhos, esgoto e o trato intestinal de animais e humanos, onde vivem como saprófitas. Os clostrídios continuam a aumentar em número à medida que novas espécies são descobertas e várias espécies foram sequenciadas. Existem 19 grupos (*clusters*) com base na análise da sequência do gene rRNA 16S.* A maioria das espécies clinicamente relacionadas estão no RNA *cluster* I. Entre os patógenos nesse *cluster* estão os organismos que causam **botulismo**, **tétano**, **gangrena gasosa** e **colite pseudomembranosa**.

Morfologia e identificação

A. Microrganismos típicos

Em geral, os esporos dos clostrídios são maiores do que o diâmetro dos bastonetes nos quais se formam. Nas várias espécies, o esporo é

---

*N. de T. Atualmente, mais de 150 espécies do gênero *Clostridium* já foram descritas; entretanto, o número de espécies de importância clínica humana e animal é relativamente pequeno. Novas espécies identificadas no trato intestinal são: *C. disporicum*, *C. hiranonis*, *C. hylemonae*, *C. methylpentosum*, *C. orbiscindens* e *C. scindens*.

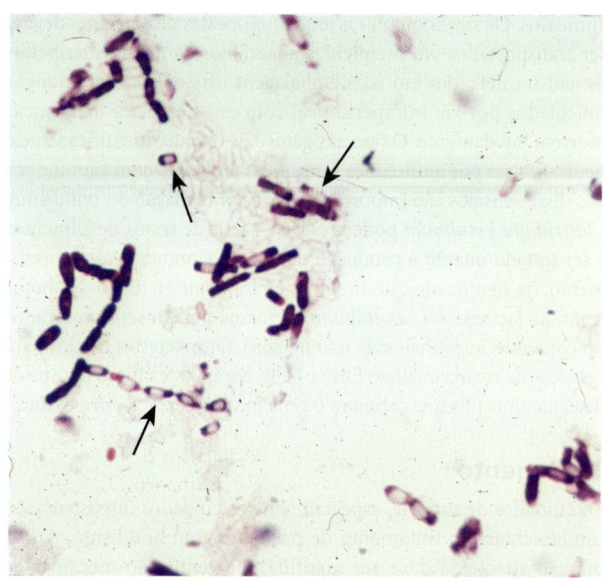

FIGURA 11-2 *Clostridium* corado pelo método de Gram. Observam-se bacilos Gram-positivos. Muitos estão em cadeias. Alguns bacilos apresentam esporos, que estão descorados ou em formas ovoides claras (*setas*).

de localização central, subterminal ou terminal. As espécies de clostrídios são, em sua maioria, móveis e possuem flagelos peritríquios. Uma coloração pelo método de Gram de uma espécie de *Clostridium* com esporos terminais é mostrada na Figura 11-2.

B. Cultura

Os clostrídios são anaeróbios e crescem em condições anaeróbias. Algumas espécies são aerotolerantes e também crescem no ar ambiente. As condições anaeróbias são discutidas no Capítulo 21. Em geral, os clostrídios crescem de modo satisfatório em meios enriquecidos com sangue e outros meios de cultura empregados para o cultivo de anaeróbios.

C. Formas das colônias

Alguns clostrídios produzem grandes colônias elevadas (p. ex., *C. perfringens*); outros produzem colônias menores (p. ex., *C. tetani*). Alguns clostrídios formam colônias que se espalham sobre a superfície do ágar (*C. septicum*). Muitos clostrídios produzem uma zona de β-hemólise em ágar-sangue. Caracteristicamente, *C. perfringens* produz uma dupla zona de β-hemólise ao redor das colônias.

D. Características do crescimento

Os clostrídios podem fermentar uma variedade de açúcares (sacarolíticos), e muitos podem digerir proteínas (proteolíticos); algumas espécies fazem ambos. Essas características metabólicas são usadas para dividir esses microrganismos em grupos sacarolíticos ou proteolíticos. O leite é acidificado por alguns clostrídios e digerido por outros, e sofre "fermentação tumultuosa" (i.e., o coágulo é rompido pela ação do gás) por um terceiro grupo (p. ex., *C. perfringens*). Várias enzimas são produzidas por diferentes espécies. As espécies de *Clostridium* produzem mais toxinas do que qualquer outro grupo de bactérias (ver a seguir).

CLOSTRIDIUM BOTULINUM

Clostridium botulinum, responsável pelo **botulismo**, tem distribuição mundial, sendo encontrado no solo e, às vezes, em fezes de animais.

Os tipos de *C. botulinum* distinguem-se pelo tipo antigênico de toxina que produzem. Os esporos dos microrganismos são altamente resistentes ao calor, suportando temperaturas de 100 °C por várias horas. A resistência ao calor diminui em pH ácido ou em altas concentrações de sal.

Toxinas

Durante o crescimento do *C. botulinum* e a autólise das células bacterianas, ocorre a liberação de toxina no ambiente. São conhecidas sete variedades antigênicas de toxina (A a G). Os tipos A, B, E e F constituem as principais causas de doença humana. Os tipos A e B foram associados a uma variedade de alimentos, enquanto o tipo E predomina em produtos à base de peixe. O tipo C provoca a hipotonia do pescoço em aves, e o tipo D, o botulismo nos mamíferos. Até o momento, não foi determinada a participação do tipo G na patogênese da doença. A toxina botulínica apresenta três domínios.* Dois dos domínios facilitam a ligação e a entrada da toxina na célula nervosa. O terceiro domínio é a toxina (uma proteína de 150.000 dáltons [Da]) que é clivada em uma cadeia pesada (H [*heavy*], 100.000 Da) e em uma cadeia leve (L, 50.000 Da), as quais estão ligadas por uma ligação dissulfeto. A toxina do botulismo, absorvida pelo intestino, liga-se a receptores de membranas pré-sinápticas de neurônios motores do sistema nervoso periférico e de nervos cranianos. Contudo, a toxina não atravessa a barreira hematencefálica nem afeta o sistema nervoso central. A proteólise (pela cadeia leve da toxina do botulismo) de proteínas-alvo SNARE nos neurônios inibe a liberação da acetilcolina na sinapse, resultando em ausência de contração muscular e paralisia. As proteínas SNARE são sinaptobrevina (também conhecida como proteína de membrana associada à vesícula [VAMP, do inglês *vesicle-associated membrane protein*]), SNAP 25 e sintaxina. As toxinas do *C. botulinum* dos tipos A, C e E clivam a proteína SNAP 25 de massa molecular (MM) de 25 kDa (i.e., 25.000 Da), enquanto o tipo C também cliva a sintaxina. As toxinas dos tipos B, D, F e G clivam apenas a sinaptobrevina. As toxinas de *C. botulinum* estão entre as substâncias mais tóxicas conhecidas: a dose letal para um ser humano é provavelmente cerca de 1 a 2 µg/kg. As toxinas são inativadas por aquecimento por 20 minutos a 100 °C. As cepas que produzem as toxinas A, B ou F estão associadas ao botulismo infantil. Detalhes adicionais sobre a produção e a função da toxina são descritos na revisão de Rossetto e colaboradores (ver Referências).

Patogênese

O ressurgimento do botulismo de feridas causado por toxinas dos tipos A ou B ocorreu recentemente nos Estados Unidos, no Reino Unido e na Alemanha, em associação com heroína contaminada com "alcatrão negro". Contudo, a maioria dos casos é representada por intoxicação em decorrência da ingestão de alimentos, nos

---

*N. de T. A toxina é do tipo A-B, em que uma porção (dois domínios) apresenta atividade de adesina e a segunda porção (terceiro domínio) apresenta atividade enzimática.

quais o *C. botulinum* cresceu e produziu toxina. Os alimentos condimentados, defumados, embalados a vácuo ou alimentos alcalinos enlatados (que são consumidos sem cozimento) são os alimentos mais comumente contaminados. Esporos de *C. botulinum* germinam nesses alimentos, isto é, em condiçõcs anacróbias, as formas vegetativas crescem e produzem toxinas.

No botulismo infantil, o mel é o veículo mais frequente de contaminação. A patogênese difere da via pela qual o adulto adquire a infecção. A criança ingere esporos de *C. botulinum,* e os esporos germinam dentro do trato intestinal. As células vegetativas produzem toxina quando se multiplicam. Então, a neurotoxina é absorvida pela corrente sanguínea. Em casos raros, adultos com anormalidades anatômicas gastrintestinais ou distúrbios funcionais podem desenvolver "botulismo infantil".

O botulismo de feridas é o resultado da contaminação do tecido com esporos e é visto principalmente em usuários de drogas injetáveis. Muito raramente, o botulismo inalatório ocorre quando a toxina entra no trato respiratório.

A toxina atua ao bloquear a liberação da acetilcolina nas sinapses e nas junções neuromusculares (ver discussão prévia). Em consequência, ocorre paralisia flácida. O eletromiograma e os testes de força com edrofônio são típicos.

Manifestações clínicas

Os sintomas aparecem 18 a 24 horas após a ingestão do alimento contaminado com a toxina. Eles consistem em distúrbios visuais (descoordenação dos músculos oculares, visão dupla), incapacidade de deglutir e dificuldade na fala. Os sinais de paralisia bulbar são progressivos, ocorrendo morte por paralisia respiratória ou parada cardíaca. Os sintomas gastrintestinais não são regularmente proeminentes, e não ocorre febre. O paciente permanece totalmente consciente até pouco antes da morte. A taxa de mortalidade é elevada. Os pacientes que se recuperam não desenvolvem antitoxina no sangue.

Nos Estados Unidos, o botulismo em lactentes é tão ou até mais comum que a forma clássica de botulismo paralítico associado à ingestão de alimentos contaminados com a toxina. Lactentes nos primeiros meses de vida apresentam pouco apetite, fraqueza e sinais de paralisia ("bebê desengonçado"). O botulismo do lactente pode constituir uma das causas de síndrome da morte súbita em lactentes. *Clostridium botulinum* e a toxina botulínica são encontrados nas fezes, mas não no soro.

Exames diagnósticos laboratoriais

Os médicos que suspeitam de botulismo devem entrar em contato com as autoridades de saúde pública apropriadas antes de enviar as amostras ao laboratório.* A detecção da toxina, e não do microrganismo, é necessária para o diagnóstico definitivo. Com frequência, pode-se demonstrar a toxina no soro, na secreção gástrica e nas fezes do paciente. A toxina também pode ser encontrada em restos de

*N. de T. O botulismo é doença de notificação compulsória e imediata, de acordo com a Portaria GM/MS nº 104, de 25 de janeiro de 2011. Devido à gravidade da doença e à possibilidade de ocorrência de outros casos resultantes da ingestão da mesma fonte de alimentos contaminados, a ocorrência de apenas um caso já é considerada surto e emergência de saúde pública. A suspeita de um caso de botulismo exige notificação à vigilância epidemiológica municipal e estadual, bem como investigação imediata. Fonte: http://bvsms.saude.gov.br/bvs/saudelegis/gm/2011/prt0104_25_01_2011.html.

alimentos. Os *swabs* ou outras amostras obtidas de pacientes devem ser transportados em recipientes anaeróbios. Alimentos suspeitos devem ser deixados em suas embalagens originais. Camundongos inoculados por via intraperitoneal com essas espécies toxigênicas morrem rapidamente. O tipo antigênico de toxina é identificado pela neutralização por antitoxinas específicas em testes com camundongos. Esses ensaios são importantes para confirmação do botulismo. *Clostridium botulinum* pode crescer a partir de restos de alimentos e ser testado quanto à produção de toxina. Contudo, esse procedimento, de significado questionável, é raramente efetuado. No botulismo do lactente, o *C. botulinum* e a toxina podem ser encontrados no conteúdo intestinal, mas não no soro. Outros testes usados para detecção da toxina incluem Elisa e PCR, porém este último teste pode detectar amostras que carreiam o gene mas não expressam a toxina.

Tratamento

Os cuidados de suporte, especialmente os cuidados intensivos, são fundamentais no tratamento de pacientes com botulismo. A respiração adequada deve ser mantida por ventilação mecânica se necessário e, em casos graves, pode precisar ser mantida por até 8 semanas. Essas medidas reduziram a taxa de mortalidade de 65% para menos de 25%. Foram preparadas antitoxinas potentes contra três tipos de toxina botulínica em cavalos. Como o tipo responsável para cada caso costuma ser desconhecido, é necessário administrar imediatamente, por via intravenosa, a antitoxina trivalente (A, B, E) com as precauções habituais. A antitoxina não reverte a paralisia, mas, se for administrada precocemente, pode impedir seu avanço. Embora a maioria dos lactentes com botulismo se recupere apenas com cuidados de suporte, o tratamento com imunoglobulina botulínica de origem humana (BIG, do inglês *human-derived botulinum immune globulin*) também é recomendado.

Epidemiologia, prevenção e controle

Como os esporos de *C. botulinum* se encontram amplamente distribuídos no solo, eles frequentemente contaminam legumes, verduras, frutas e outros produtos. Um grande surto em restaurantes foi associado ao consumo de cebolas fritas. Quando esses alimentos são enlatados ou conservados de outra maneira, precisam ser aquecidos o suficiente para assegurar a destruição dos esporos ou fervidos durante 20 minutos antes do consumo. A rigorosa regulamentação para os enlatados comerciais superou, em grande parte, o perigo dos surtos disseminados. Entretanto, o consumo de enlatados tem causado mortes. Atualmente, o principal fator de risco para botulismo reside nas conservas caseiras, particularmente vagem, milho, pimenta, azeitona, ervilha e peixe defumado ou fresco embalado a vácuo em sacos plásticos. Os alimentos contaminados podem ficar estragados ou rançosos, e os recipientes podem "estufar" ou ter aspecto normal. O risco oferecido por esses alimentos pode ser reduzido se eles forem fervidos durante mais de 20 minutos antes do consumo.

A toxina botulínica é considerada um dos principais agentes para bioterrorismo e guerra biológica.

CLOSTRIDIUM TETANI

Clostridium tetani, responsável pelo **tétano**, tem distribuição mundial, e está presente no solo e nas fezes de equinos e de outros animais. Podem-se distinguir vários tipos de *C. tetani* com base nos antígenos flagelares específicos. Todos têm em comum o antígeno O (somático), que pode estar mascarado, e produzem o mesmo tipo antigênico de neurotoxina, a tetanospasmina.

Toxina

As células vegetativas de *C. tetani* produzem a toxina tetanospasmina (MM de 150.000 Da), que é clivada por uma protease bacteriana em dois peptídeos (MM de 50.000 e 100.000 Da) ligados por uma ligação dissulfeto. Inicialmente, a toxina liga-se a receptores existentes nas membranas pré-sinápticas dos neurônios motores. Em seguida, migra pelo sistema de transporte axônico retrógrado para os corpos celulares desses neurônios até a medula espinal e o tronco encefálico. A toxina difunde-se para as terminações de células inibitórias, incluindo interneurônios glicinérgicos e neurônios secretores do ácido γ-aminobutírico (GABA) do tronco encefálico. O peptídeo menor degrada a sinaptobrevina (também chamada de VAMP2; ver anteriormente em "Toxinas", da seção *Clostridium botulinum*"), uma proteína necessária para a ligação das vesículas do neurotransmissor na membrana pré-sináptica. A liberação da glicina e do GABA inibitórios é bloqueada, e os neurônios motores não são inibidos. Em consequência, ocorrem hiper-reflexia, espasmos musculares e paralisia espástica. Quantidades extremamente pequenas da toxina podem ser letais para os seres humanos.

Patogênese

Clostridium tetani não é um microrganismo invasor. A infecção permanece estritamente localizada na área do tecido morto (ferida, queimadura, lesão, coto umbilical, sutura cirúrgica) onde os esporos foram introduzidos. O volume de tecido infectado é pequeno, e a doença consiste quase totalmente em toxemia. A germinação do esporo e o desenvolvimento de microrganismos na forma vegetativa que produzem toxinas são favorecidos (1) pela presença de tecido necrótico, (2) por sais de cálcio e (3) por infecções piogênicas associadas. Todos esses fatores contribuem para o estabelecimento de um baixo potencial de oxidação-redução.

A toxina liberada pelas células vegetativas atinge o sistema nervoso central e fixa-se rapidamente a receptores na medula espinal e no tronco encefálico, exercendo as ações descritas anteriormente.

Manifestações clínicas

O período de incubação pode variar de 4 a 5 dias até 3 semanas. A doença caracteriza-se pela contração tônica dos músculos voluntários. Com frequência, os espasmos musculares afetam, a princípio, a área de lesão e infecção, bem como, em seguida, os músculos da mandíbula (trismo), que se contraem de modo que a boca não pode ser aberta. Gradualmente, outros músculos voluntários são acometidos, resultando em espasmos tônicos. Qualquer estímulo externo pode desencadear espasmo muscular generalizado tetânico. O paciente fica totalmente consciente, e a dor pode ser intensa. Em geral, a morte resulta da interferência na mecânica da respiração. A taxa de mortalidade do tétano generalizado é muito elevada.

Diagnóstico

O diagnóstico baseia-se no quadro clínico e na história de lesão, embora apenas 50% dos pacientes com tétano tenham uma lesão que os leve a procurar assistência médica. O diagnóstico diferencial primário do tétano é envenenamento por estricnina. A cultura dos tecidos das feridas contaminadas em condição anaeróbia pode levar

ao crescimento do *C. tetani*. Todavia, nunca se deve aguardar a demonstração do microrganismo para o uso preventivo ou terapêutico da antitoxina. A prova do isolamento do *C. tetani* deve basear-se na produção de toxina e na sua neutralização por antitoxina específica.

Prevenção e tratamento

Os resultados do tratamento do tétano não são satisfatórios. Assim, a prevenção é de suma importância. A prevenção do tétano depende de (1) da imunização ativa com o toxoide, (2) dos cuidados apropriados das feridas contaminadas com o solo, (3) do uso profilático de antitoxina e (4) da administração de penicilina.

A administração intramuscular de 250 a 500 unidades de antitoxina humana (imunoglobulina antitetânica) proporciona proteção sistêmica adequada (0,01 unidade ou mais por mililitro de soro) durante 2 a 4 semanas, o que neutraliza a toxina que ainda não se fixou ao tecido nervoso. A profilaxia com antitoxina deve ser acompanhada de imunização ativa com toxoide tetânico.

Os pacientes que desenvolvem sintomas de tétano devem receber relaxantes musculares, sedação e ventilação assistida. Algumas vezes, são administradas doses muito grandes de antitoxina (3.000–10.000 unidades de imunoglobulina antitetânica) por via intravenosa, em um esforço de neutralizar a toxina que ainda não se fixou ao tecido nervoso. Todavia, a eficácia da antitoxina como tratamento é duvidosa, exceto no tétano neonatal, em que ela pode salvar vidas.

O desbridamento cirúrgico é de vital importância, pois remove o tecido necrótico essencial para a proliferação dos microrganismos. A administração de oxigênio hiperbárico não tem qualquer efeito comprovado.

A penicilina inibe fortemente o crescimento do *C. tetani* e interrompe qualquer produção adicional de toxina. Os antibióticos também podem controlar a infecção piogênica associada.

Quando um indivíduo previamente imunizado sofre um ferimento potencialmente perigoso, convém injetar uma dose adicional de toxoide para estimular novamente a produção de antitoxina. Essa injeção de "reforço" do toxoide pode ser acompanhada de uma dose de antitoxina se o paciente não tiver recebido imunização atual nem reforços, ou se a história de imunização for desconhecida.

Controle

O tétano é uma doença que pode ser totalmente evitada. A imunização ativa universal com toxoide tetânico deve ser obrigatória. O toxoide tetânico é produzido por detoxificação da toxina com formol e sua concentração posterior. São empregados toxoides adsorvidos em sais de alumínio. O esquema inicial de imunização consiste em 3 injeções, seguidas de outra dose em cerca de 1 ano. A imunização inicial deve ser efetuada em todas as crianças durante o 1º ano de vida. Administra-se 1 dose de reforço de toxoide na época do ingresso escolar. Posteriormente, os reforços podem ser administrados a intervalos de 10 anos para manter níveis séricos de mais de 0,01 unidade de antitoxina por mililitro. Nas crianças menores, o toxoide tetânico é frequentemente combinado com toxoide diftérico e vacina acelular contra coqueluche.*

As medidas de controle ambientais não são possíveis devido à ampla disseminação do microrganismo no solo e à sobrevivência prolongada de seus esporos.

---

*N. de T. No Brasil, é empregada a *Bordetella pertussis* inativada, e não a acelular.

CLOSTRÍDIOS ASSOCIADOS A INFECÇÕES INVASIVAS

Diferentes clostrídios produtores de toxina (*C. perfringens* e clostrídios relacionados) (Figura 11-3) podem causar infecção invasiva (como **mionecrose** e **gangrena gasosa**) se forem introduzidos em tecidos lesionados. Cerca de 30 espécies de clostrídios podem exercer esse efeito, porém a mais comum encontrada na doença invasiva é *C. perfringens* (90%), cuja enterotoxina constitui uma causa comum de intoxicação alimentar.

Toxinas

Os clostrídios invasivos produzem uma grande variedade de toxinas e enzimas que resultam em infecção disseminada. Muitas dessas toxinas têm propriedades letais, necrosantes e hemolíticas. Em alguns casos, trata-se de propriedades diferentes de uma única substância; em outros casos, são decorrentes de entidades químicas diferentes. A toxina α do *C. perfringens* tipo A consiste em uma lecitinase, cuja ação letal é proporcional à velocidade com que degrada a lecitina (importante componente das membranas celulares) em fosforilcolina e diglicerídeo. A toxina α também agrega plaquetas, resultando na formação de trombos em pequenos vasos sanguíneos e na profusão de tecido pobre, estendendo as consequências da anaerobiose, ou seja, destruição de tecido viável (gangrena gasosa). A toxina θ exerce efeitos hemolíticos e necrosantes semelhantes, mas não é uma lecitinase. Ela é um membro das citolisinas dependentes do colesterol que atuam formando poros nas membranas celulares. Já a toxina ε é uma proteína que causa edema, e a hemorragia é muito potente. Também são produzidas DNase e hialuronidase, uma colagenase que digere o colágeno do tecido subcutâneo e do músculo.

Algumas cepas do *C. perfringens* produzem uma potente enterotoxina (a enterotoxina de *C. perfringens* [CPE, do inglês *C. perfringens enterotoxin*]), particularmente quando crescem em pratos feitos à base de carne. A CPE é produzida quando mais de 10^8 células vegetativas são ingeridas e esporuladas no intestino. A CPE é

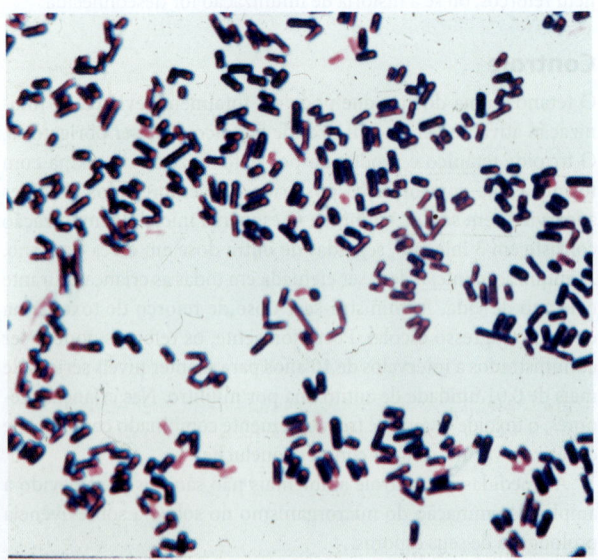

FIGURA 11-3 Bacilos da gangrena gasosa. Em geral, *Clostridium perfringens* não forma esporos quando cresce em meios laboratoriais.

uma proteína (MM de 35.000 Da) que pode ser um componente não essencial do revestimento de esporos, sendo diferente de outras toxinas clostridiais. Ela induz intensa diarreia em 7 a 30 horas. A ação da CPE envolve hipersecreção acentuada no jejuno e no íleo, com perda de líquidos e eletrólitos na diarreia. Sintomas observados com menos frequência consistem em náuseas, vômitos e febre. A doença tende a ser autolimitada, assemelhando-se àquela causada por *B. cereus*. Além disso, amostras de *C. perfringens* produtoras de enterotoxina podem desempenhar um papel importante em casos de diarreia associada ao uso de antibióticos e enterocolite necrosante em crianças pequenas.

Patogênese

Nas infecções por clostrídios invasivos, os esporos atingem o tecido pela contaminação (solo, fezes) de áreas traumatizadas ou a partir do trato intestinal. Os esporos germinam a um baixo potencial de oxidação-redução. As células vegetativas multiplicam-se, fermentam os carboidratos presentes nos tecidos e produzem gás. A distensão do tecido e a interferência no suprimento sanguíneo, juntamente com a secreção de toxina necrosante e hialuronidase, favorecem a disseminação da infecção. A necrose tecidual estende-se, proporcionando oportunidade de maior crescimento bacteriano, desenvolvimento de anemia hemolítica, bem como, por fim, toxemia grave e morte.

Na gangrena gasosa (mionecrose por clostrídios), o desenvolvimento de uma infecção mista é a regra geral. Além dos clostrídios toxigênicos, verifica-se habitualmente a presença de clostrídios proteolíticos, bem como vários cocos e microrganismos Gram-negativos. *Clostridium perfringens* ocorre no trato genital de 5% das mulheres. Antes da legalização do aborto nos Estados Unidos, os abortos provocados por instrumentos eram seguidos de infecções urinárias por clostrídios. *Clostridium sordellii* possui muitas das características fenotípicas e genotípicas de *C. perfringens*, sendo descrito como causador de uma síndrome do choque tóxico após procedimento de aborto medicamentoso com mifepristona e misoprostol vaginal. A infecção do endométrio também está relacionada com a presença do *C. sordellii*. A bacteriemia por clostrídios, especialmente por *C. septicum*, é frequente em pacientes com neoplasia. Na Nova Guiné, o *C. perfringens* tipo C provoca enterite necrosante (*pigbel*), que pode ser altamente fatal em crianças. A imunização com toxoide tipo C parece ter valor preventivo.

Manifestações clínicas

A partir de uma ferida contaminada (p. ex., fratura exposta, útero pós-parto), a infecção dissemina-se em 1 a 3 dias, causando crepitação no tecido subcutâneo e no músculo, secreção de odor fétido, necrose rapidamente progressiva, febre, hemólise, toxemia, choque e morte. O tratamento consiste em cirurgia precoce (amputação) e administração de antibióticos. Antes do advento da terapia específica, a amputação precoce era o único tratamento. Algumas vezes, a infecção resulta apenas em fasceíte ou celulite anaeróbia.

Em geral, a intoxicação alimentar por *C. perfringens* ocorre após a ingestão de grande número de clostrídios que cresceram em carnes aquecidas. A toxina forma-se quando os microrganismos esporulam no intestino, com o aparecimento de diarreia – geralmente sem vômitos ou febre – em 7 a 30 horas. A duração da doença é de apenas 1 a 2 dias.

Exames diagnósticos laboratoriais

As amostras consistem em material coletado de feridas, pus e tecido. A presença de grandes bastonetes Gram-positivos em esfregaços corados pelo método de Gram sugere clostrídios produtores de gangrena gasosa. Contudo, os esporos não estão presentes regularmente.

O material é inoculado em meio de glicose com carne moída e meio de tioglicolato, bem como em placa de ágar-sangue com incubação anaeróbia. Culturas puras obtidas pela seleção das colônias a partir das placas de sangue incubadas em condições anaeróbias são identificadas por reações bioquímicas (vários açúcares em tioglicolato, ação sobre o leite), hemólise e morfologia colonial. A atividade da lecitinase é avaliada pelo precipitado formado ao redor das colônias em meio de gema de ovo. A espectrometria de massa pela técnica de ionização por dessorção a *laser*, assistida por matriz seguida de análise por tempo de voo em sequência (MALDI-TOF MS, do inglês *matrix-assisted laser desorption/ionization time-of-flight mass spectrometry*) é um método rápido e sensível para a identificação de espécies invasivas de *Clostridium* recuperadas em cultura. *Clostridium perfringens* raramente produz esporos quando cultivado em ágar em laboratório.

Tratamento

O aspecto mais importante do tratamento consiste em desbridamento cirúrgico imediato e extenso da área acometida, bem como excisão de todo o tecido desvitalizado, em que os microrganismos tendem a crescer. Ao mesmo tempo, inicia-se a administração de antimicrobianos, em particular penicilina. O oxigênio hiperbárico pode ser útil no tratamento clínico das infecções teciduais por clostrídios. Afirma-se que ele tem a propriedade de "detoxificar" rapidamente os pacientes.

Existem antitoxinas contra as toxinas de *C. perfringens*, *C. novyi*, *C. histolyticum* e *C. septicum*, geralmente na forma de imunoglobulinas concentradas. Uma antitoxina polivalente (que contém anticorpos dirigidos contra várias toxinas) tem sido utilizada. Embora essa antitoxina seja, algumas vezes, administrada a indivíduos com feridas contaminadas contendo grande quantidade de tecido morto, não há evidências de sua eficácia. A intoxicação alimentar causada pela CPE geralmente só exige tratamento sintomático.

Prevenção e controle

A limpeza precoce e adequada das feridas contaminadas, assim como o desbridamento cirúrgico, juntamente com a administração de antimicrobianos contra clostrídios (p. ex., penicilina), constituem as melhores medidas preventivas disponíveis. Não se deve confiar nas antitoxinas. Embora tenham sido preparados toxoides para imunização ativa, estes ainda não têm aplicação clínica.

CLOSTRIDIUM DIFFICILE E DOENÇA DIARREICA

Colite pseudomembranosa

A colite pseudomembranosa pode ser diagnosticada pela detecção de uma ou ambas as toxinas do *Clostridium difficile* nas fezes, e pela observação endoscópica de pseudomembranas ou microabscessos

em pacientes com diarreia que receberam antibióticos. Pode-se verificar a presença de placas e microabscessos localizados em uma área do intestino. A diarreia pode ser aquosa ou sanguinolenta, e com frequência o paciente apresenta cólicas abdominais associadas, leucocitose e febre. Embora muitos antibióticos tenham sido associados à colite pseudomembranosa, os mais comuns consistem em ampicilina e clindamicina e, mais recentemente, as fluoroquinolonas. A doença é tratada interrompendo a administração do antibiótico indutor e administrando metronidazol, vancomicina ou fidaxomicina por via oral. O transplante fecal se tornou um método bem-sucedido e de rotina para doenças recorrentes e refratárias. Isso geralmente envolve a administração das fezes de um doador compatível saudável por meio de colonoscopia ou, menos comumente, por meio de um tubo nasogástrico no trato gastrintestinal do paciente.

A administração de antibióticos resulta em proliferação do *C. difficile* resistente aos fármacos, que produz duas toxinas. A toxina A, potente enterotoxina que também exerce certa atividade citotóxica, liga-se às membranas com borda em escova do intestino, nos locais receptores. Já a toxina B é uma poderosa citotoxina. As toxinas do *C. difficile* têm atividade de glicosiltransferase e agem modificando moléculas de sinalização que controlam várias funções celulares. Isso resulta em apoptose, vazamento capilar, estimulação de citocinas e outras consequências que levam à colite. Ambas as toxinas são encontradas nas fezes dos pacientes com colite pseudomembranosa, embora infecções tenham sido reportadas com amostras da toxina A-negativa e da toxina B-positiva. Nem todas as cepas de *C. difficile* produzem as toxinas, e os genes que codificam essas toxinas são encontrados em uma grande ilha de patogenicidade cromossômica junto com três outros genes que regulam a sua expressão.

O diagnóstico é feito clinicamente e apoiado pela demonstração da toxina nas fezes por uma variedade de métodos que incluem cultura toxigênica anaeróbia, Elisa e testes moleculares que detectam os genes que codificam as toxinas A ou B. Consulte a referência de Burnham para uma discussão mais completa sobre o diagnóstico de *C. difficile*.

Acredita-se que o aumento de infecções por *C. difficile* desde o início do século XXI esteja relacionado a uma combinação de fatores do hospedeiro e do microrganismo. Os fatores responsáveis pelo hospedeiro incluem o envelhecimento da população, o aumento da sobrevida de indivíduos suscetíveis imunocomprometidos e o aumento da administração de antibióticos e agentes supressores de ácido gástrico. Os fatores do microrganismo estão relacionados principalmente ao surgimento de certos tipos de cepas que são mais virulentas devido a mutações no *locus* de patogenicidade.

Diarreia associada a antibióticos

A administração de antibióticos resulta frequentemente em uma forma leve a moderada de diarreia, denominada **diarreia associada a antibióticos**. Em geral, essa doença é menos grave que a forma clássica de colite pseudomembranosa. Até 25% dos casos de diarreia associada a antibióticos são causados por infecções por *C. difficile*. Outras espécies de *Clostridium*, como *C. perfringens* e *C. sordellii*, também foram implicadas. Contudo, estas duas últimas espécies não estão associadas à colite pseudomembranosa.

Verificação de conceitos

- As espécies de *Clostridium* são bastonetes grandes, Gram-positivos anaeróbios formadores de esporos. Elas são encontradas no ambiente e no trato gastrintestinal humano e de diferentes animais.
- As espécies de *Clostridium* são caracterizadas pela habilidade de fermentar carboidratos e degradar proteínas e toxinas.
- A produção de toxinas pelas espécies de *Clostridium* é responsável por várias doenças graves, incluindo botulismo, tétano e gangrena gasosa.
- *Clostridium botulinum* produz a toxina botulínica, uma das mais potentes neurotoxinas conhecidas no planeta, responsável pelo botulismo, uma doença caracterizada pela paralisia flácida.
- *Clostridium tetani* produz uma neurotoxina, a tetanospasmina, que bloqueia a liberação de neurotransmissores inibitórios, resultando no tétano, uma doença caracterizada por paralisia espástica.
- Outras espécies de *Clostridium* causam infecções cutâneas invasivas (gangrena), sepse, diarreia associada a antibióticos e intoxicação alimentar, dependendo das circunstâncias epidemiológicas e dos tipos de enzimas ou toxinas envolvidas.

QUESTÕES DE REVISÃO

1. Uma dona de casa que vive em uma pequena fazenda é encaminhada a um serviço de emergência, queixando-se de visão dupla e dificuldade de falar. Nas últimas 2 horas, sentiu a boca seca e fraqueza generalizada. Na noite anterior, ela tinha servido vagens (feijão-verde) em conserva feitas em casa. Experimentou as vagens antes de fervê-las. Nenhum outro membro da família ficou doente. Ao exame médico, foi observada paralisia descendente simétrica dos nervos cranianos, dos membros superiores e do tronco. O diagnóstico correto entre as seguintes alternativas é

   (A) Tétano
   (B) Envenenamento por estricnina
   (C) Botulismo
   (D) Superdosagem de morfina
   (E) Intoxicação por ricina

2. Qual das seguintes alternativas é um importante fator de virulência do *Bacillus anthracis*?

   (A) Antígeno protetor
   (B) Lipopolissacarídeo
   (C) *Pili*
   (D) Uma toxina que inibe a cadeia peptídica do fator de elongação EF-2
   (E) Lecitinase

3. Um homem jovem sofre uma grande lesão cutânea e fratura exposta na perna direita, em um acidente de motocicleta. No dia seguinte, sua temperatura é de 38 °C, e verificam-se aumento dos batimentos cardíacos, suores e inquietação. Ao exame médico, observa-se que a perna está inchada e tensa, com uma secreção fina e escura drenando das feridas. A pele da perna mostra-se fria, pálida, branca e brilhante. Pode-se sentir crepitação na perna. O hematócrito é de 20% (~50% do normal), enquanto a hemoglobina circulante se apresenta normal. O soro encontra-se livre de hemoglobina. Qual dos seguintes microrganismos provavelmente está causando essa infecção?

   (A) *Clostridium tetani*
   (B) *Staphylococcus aureus*
   (C) *Escherichia coli*
   (D) *Bacillus anthracis*
   (E) *Clostridium perfringens*

4. Para o paciente descrito na Questão 3, qual dos seguintes é responsável pela hemólise?

   (A) Fator de elongação
   (B) Tetanospasmina
   (C) Lecitinase
   (D) Estreptolisina O
   (E) Toxina B

5. O período de incubação relatado para a inalação do antraz pode ser de até

   (A) 2 dias
   (B) 10 dias
   (C) 3 semanas
   (D) 6 semanas
   (E) 6 meses

6. Um alimento comumente associado à intoxicação alimentar pelo *Bacillus cereus* é

   (A) Arroz cozido
   (B) Batata cozida
   (C) Arroz cru
   (D) Feijão-verde (vagem)
   (E) Mel

7. A toxina do tétano (tetanospasmina) difunde-se para os terminais das células inibitórias na medula espinal e no tronco encefálico, e bloqueia

   (A) A liberação de acetilcolina
   (B) A clivagem das proteínas SNARE
   (C) A liberação da glicina e do ácido γ-aminobutírico inibitórios
   (D) A liberação do antígeno protetor
   (E) A ativação da acetilcolina-esterase

8. Um homem de 45 anos que migrou para os Estados Unidos há 5 anos queixa-se de lesão causada por picada na parte inferior da perna direita, quando uma máquina cortadora de grama arremessou uma pequena vara em sua direção. Após 6 dias, queixou-se de espasmos nos músculos da perna direita; no 7º dia, os espasmos aumentaram. Hoje (8º dia), ele apresenta espasmos musculares generalizados, particularmente nos músculos da mandíbula. Não consegue abrir a boca, e foi encaminhado a um serviço de emergência. No quarto da emergência, você vê um homem em estado de alerta, quieto em um leito. A porta da entrada se abre e repentinamente o homem tem um espasmo muscular que o faz arquear o corpo para trás. Das alternativas a seguir, qual corresponde ao diagnóstico correto do quadro descrito?

   (A) Botulismo
   (B) Antraz
   (C) Gangrena gasosa
   (D) Tétano
   (E) Síndrome do choque tóxico

9. Qual das seguintes afirmativas sobre o tétano e o toxoide tetânico está correta?

   (A) A toxina tetânica mata os neurônios.
   (B) A imunização com o toxoide tetânico tem uma taxa de 10% de falha.
   (C) A taxa de mortalidade generalizada do tétano é menos de 1%.
   (D) Visão dupla geralmente é o primeiro sinal de tétano.
   (E) A toxina tetânica atua inibindo as sinapses interneuronais.

10. Um homem de 67 anos de idade sofreu uma cirurgia pela ruptura em um divertículo no cólon sigmoide com um abscesso. O reparo foi feito, e o abscesso, drenado. O paciente foi tratado com genta-

micina e ampicilina intravenosas. Dez dias depois e 4 dias após sua alta do hospital, o paciente apresentou mal-estar, febre, dores e cólicas abdominais. Teve vários episódios de diarreia. As fezes foram positivas para o teste de sangue oculto e para a presença de células polimorfonucleares. A sigmoidoscopia revelou mucosa eritematosa, aparentando estar inflamada, onde foram vistas muitas pequenas placas branco-amareladas de 4 a 8 mm de diâmetro. Qual das seguintes alternativas é a causa mais provável desse quadro?

(A) Enterotoxina do *Staphylococcus aureus*
(B) Toxina do *Bacillus cereus*
(C) Toxinas do *Clostridium difficile*
(D) Toxina do *Clostridium perfringens*
(E) *Escherichia coli* êntero-hemorrágica

11. Qual dos seguintes itens alimentares está mais frequentemente associado ao botulismo infantil?

(A) Xarope de milho
(B) Leite em pó infantil enlatado
(C) Polivitamínicos líquidos
(D) Mel
(E) Papinha infantil industrializada

12. Qual das seguintes afirmativas a respeito da vacinação contra *Bacillus anthracis* está correta?

(A) Está disponível para todos os cidadãos nos Estados Unidos.
(B) Os testes de uma vacina recombinante têm mostrado boa segurança e eficácia.
(C) A vacina atualmente em uso é bem tolerada.
(D) Uma única dose é suficiente, após exposição a esporos.
(E) Não é necessário vacinar animais.

Respostas

1. C	**5.** D	**9.** E
2. A	**6.** A	**10.** C
3. E	**7.** C	**11.** D
4. C	**8.** D	**12.** B

REFERÊNCIAS

Abbara A, Brooks T, Taylor GP, et al: Lessons for control of heroin-associated anthrax in Europe from 2009-2010 outbreak case studies, London, UK. *Emerg Infect Dis* 2014;20:1115–1122.

Aronoff DM: *Clostridium novyi, sordellii,* and *tetani*: mechanisms of disease. *Anaerobe* 2013;24:98–101.

Bottone EJ. *Bacillus cereus*, a volatile human pathogen. *Clin Microbiol Rev* 2010;23:382–398.

Burnham CA, Carroll KC: Diagnosis of *Clostridium difficile* infection: an ongoing conundrum for clinicians and for clinical laboratories. *Clin Microbiol Rev* 2013;26:604–630.

Campbell JR, Hulten K, Baker CJ: Cluster of *Bacillus* species bacteremia cases in neonates during a hospital construction project. *Infect Control Hosp Epidemiol* 2011;32:1035–1038.

Hendricks KA, Wright ME, Shadomy SV, et al: Centers for disease control and prevention expert panel meetings on prevention and treatment of anthrax in adults. *Emerg Infect Dis* 2014;20:e130687.

Kalka-Moll WM, Aurbach U, Schaumann R, et al: Wound botulism in injection drug users. *Emerg Infect Dis* 2007;13:942–943.

Kummerfeldt CE. Raxibacumab: potential role in the treatment of inhalational anthrax. *Infect Drug Resist* 2014;7:101–109.

Liu S, Moayeri M, Leppla SH: Anthrax lethal and edema toxins in anthrax pathogenesis. *Trends Microbiol* 2014;22:317–325.

Reddy P, Bleck TP: *Clostridium tetani* (Tetanus). In Mandell GL, Bennett JE, Dolin R (editors). *Mandell, Douglas and Bennett's Principles and Practice of Infectious Diseases*, 8th ed. Churchill Livingstone, 2015.

Rossetto O, Pirazzini M, Montecucco C: Botulinum neurotoxins: genetic, structural and mechanistic insights. *Nat Rev Microbiol* 2014;12:535–540.

Stevens DL, Bryant AE, Carroll K: *Clostridium*. In Versalovic J, Carroll KC, Funke G, et al (editors). *Manual of Clinical Microbiology*, 11th ed. ASM Press, 2015.

Bacilos Gram-positivos aeróbios não formadores de esporos: *Corynebacterium*, *Listeria*, *Erysipelothrix*, *Nocardia* e patógenos relacionados

Os bacilos Gram-positivos não formadores de esporos constituem um grupo diverso de bactérias aeróbias e anaeróbias. Este capítulo tem como foco os membros aeróbios desse grupo. Os bacilos Gram-positivos anaeróbios, não formadores de esporos, como as espécies *Propionibacterium* e *Actinomyces*, serão discutidos no Capítulo 21, que trata de infecções anaeróbias. Os gêneros específicos dos dois grupos – espécies de *Corynebacterium* e espécies de *Propionibacterium* – são membros da microbiota normal da pele e das mucosas dos seres humanos e, assim, são frequentemente contaminantes de amostras clínicas submetidas à avaliação de diagnóstico. Contudo, entre os bacilos Gram-positivos aeróbios estão patógenos significativos, como *Corynebacterium diphtheriae*, o membro mais importante do grupo e um microrganismo que tem a propriedade de produzir uma poderosa exotoxina que provoca difteria em seres humanos, e *Mycobacterium tuberculosis* (ver Capítulo 23), agente causador da tuberculose. *Listeria monocytogenes* e *Erysipelothrix rhusiopathiae* são encontrados principalmente em animais e, às vezes, causam doenças graves em seres humanos. Espécies de *Nocardia* e de *Rhodococcus* são encontradas no solo e são patógenos emergentes em pacientes imunocomprometidos.

Espécies de *Corynebacterium* e bactérias correlatas tendem a ser claviformes ou exibir formato irregular; embora nem todos os microrganismos isolados tenham formatos irregulares, as denominações "bactérias corineformes" ou "difteroides" são convenientes para o grupo. Essas bactérias apresentam alto conteúdo de guanosina e citosina e incluem os gêneros *Corynebacterium*, *Arcanobacterium*, *Mycobacterium* e outros (Tabela 12-1). As bactérias pertencentes aos gêneros *Actinomyces* e *Propionibacterium* são classificadas como anaeróbias; entretanto, alguns desses microrganismos isolados crescem bem em condições aeróbias (aerotolerantes), devendo ser diferenciados das bactérias corineformes aeróbias. Outros bacilos Gram-positivos não formadores de esporos exibem formatos mais regulares e com menos conteúdo de guanosina e citosina. Os gêneros incluem *Listeria* e *Erysipelothrix*, as quais são bactérias mais estreitamente relacionadas com as espécies anaeróbias de *Lactobacillus* (que, às vezes, crescem bem na presença de oxigênio), com espécies de *Bacillus* e de *Clostridium* formadoras de esporos, e com cocos Gram-positivos dos gêneros *Staphylococcus* e *Streptococcus*, do que com as bactérias corineformes. Os gêneros clinicamente importantes de bacilos Gram-positivos aeróbios estão relacionados na Tabela 12-1. As bactérias anaeróbias são discutidas no Capítulo 21.

Não existe um método de consenso para a identificação dos bacilos Gram-positivos. São poucos os laboratórios equipados para determinar o conteúdo de guanosina e citosina. O crescimento que só ocorre em condições anaeróbias indica que o microrganismo isolado é um anaeróbio; entretanto, muitos microrganismos isolados de espécies de *Lactobacillus*, de *Actinomyces* e de *Propionibacterium* e outros são aerotolerantes. A maioria dos microrganismos isolados das espécies de *Mycobacterium*, de *Nocardia* e de *Rhodococcus* é álcool-ácido-resistente, de modo que são facilmente diferenciados das bactérias corineformes. Muitas espécies dos gêneros *Bacillus* e *Clostridium* (mas não todas) produzem esporos; a presença de esporos diferencia as bactérias isoladas das bactérias corineformes quando presentes. A identificação do *Lactobacillus* (ou *Propionibacterium*) pode exigir o uso de cromatografia de líquido-gás para medição dos produtos metabólicos do ácido láctico (ou do ácido propiônico); todavia, esse procedimento, em geral, não é prático. Outros testes utilizados para ajudar a identificar um bacilo Gram-positivo não formador de esporos como membro de um gênero ou de uma espécie consistem na produção de catalase ou de indol, na redução do nitrato e na fermentação de carboidratos, entre outros. Muitos laboratórios clínicos desenvolveram tecnologias de sequenciamento do gene rRNA 16S ou outros alvos para a identificação de muitos desses microrganismos, mas especialmente para espécies de *Mycobacterium* e *Nocardia* isoladas a partir de amostras clínicas. Uma tecnologia relativamente nova que foi introduzida em laboratórios de microbiologia consiste no uso da espectrometria de massa pela técnica de ionização por dessorção a *laser*, assistida por matriz seguida de análise por tempo de voo em sequência (MALDI-TOF MS, do inglês *matrix-assisted laser desorption/ionization time-of-flight mass spectrometry*), que permite avaliar as proteínas ribossômicas, cujos padrões espectrais são únicos e suficientes para identificar organismos no nível da espécie. Essa tecnologia apresenta bom desempenho para identificação de um largo espectro de bactérias, incluindo corinebactérias e anaeróbios, embora menos dados estejam disponíveis para bactérias mais complexas, como espécies de *Mycobacterium*. Essa tecnologia é discutida em detalhes no Capítulo 47.

TABELA 12-1   Bacilos Gram-positivos aeróbios comuns e doenças associadas

Microrganismo	Características gerais	Doenças associadas
Corynebacterium *C. diphtheriae*	Bastonetes em formato de clava que apresentam grânulos metacromáticos; colônias negras em meio ágar contendo telurito*	Cepas toxigênicas – difteria Cepas não toxigênicas – bacteriemia, endocardite Cepas toxigênicas podem causar difteria
C. ulcerans	Colônias branco-acinzentadas; urease-positivas	Cepas toxigênicas podem causar difteria
C. pseudotuberculosis	Colônias branco-amareladas; urease-positivas	Infecções adquiridas em ambiente hospitalar (p. ex., infecções do trato respiratório inferior)
Arcanobacterium hemolyticum	Cocobacilos catalase-negativos; β-hemolíticos	Faringite; infecções de feridas; sepse
Listeria monocytogenes	Bastonetes Gram-positivos pequenos e finos; móveis, catalase-positivos, não formadores de esporos; β-hemolíticos	Gastrenterites associadas a alimentos contaminados em indivíduos imunocomprometidos; meningite e sepse neonatal; infecções puerperais; meningoencefalite, bacteriemia, sepse em pacientes imunocomprometidos
Erysipelothrix rhusiopathiae	Aparece isoladamente, disposto em cadeias curtas ou filamentos ramificados; α-hemolítico no ágar-sangue; produz H₂S	Erisipeloide, bacteriemia, endocardite

Nocardia
  Complexo *N. brevicatena/*
    N. paucivorans
  Complexo *N. abscessus*
  Complexo *N. nova*
  Complexo *N. transvalensis*
  Complexo *N. farcinica*
  Complexo *N. cyriacigeorgica*
	Bastonetes positivos, finos e ramificados, álcool--ácido-resistentes fracos	Infecções respiratórias, feridas, abscesso cerebral

Rhodococcus equi	Organismos cocoides que são álcool-ácido-resistentes positivos modificados; colônias lisas rosa-salmão	Pneumonia, frequentemente com formação cavitária em pacientes imunocomprometidos

* N. de T. Como o ágar-chocolate telurito.

CORYNEBACTERIUM DIPHTHERIAE

Morfologia e identificação

As corinebactérias têm 0,5 a 1 μm de diâmetro e alguns micrômetros de comprimento. Suas características exibem tumefações irregulares em uma das extremidades, que lhes conferem o "aspecto de clava" (Figura 12-1). No interior do bastonete (frequentemente próximo aos polos), observam-se grânulos de distribuição irregular, que se coram intensamente com corantes de anilina (grânulos metacromáticos), conferindo ao bastonete um aspecto em contas de colar. As corinebactérias individuais em esfregaços corados tendem a situar-se paralelamente ou em ângulos agudos umas em relação às outras.* Raramente se observam ramificações verdadeiras em culturas.

Em meio de ágar-sangue, as colônias de *C. diphtheriae* são pequenas, granulosas e acinzentadas, com bordas irregulares, podendo exibir pequenas zonas de hemólise. Em ágar contendo telurito de potássio, as colônias adquirem coloração acastanhada a preta, com halo castanho-escuro, uma vez que o telurito é reduzido no interior das células (os estafilococos e os estreptococos também podem produzir colônias pretas). Foram reconhecidos quatro biotipos do *C. diphtheriae*: gravis, mitis, intermedius e belfanti. Essas variantes foram classificadas com base nas características de crescimento, como a morfologia das colônias, as reações bioquímicas e a gravidade da doença produzida pela infecção. Poucos laboratórios de referência estão equipados com métodos moleculares que fornecem uma caracterização confiável dos biotipos. A incidência de difteria

diminuiu acentuadamente, e a associação da gravidade da doença com o biotipo não é importante em termos clínicos nem de saúde pública para o tratamento dos casos ou surtos. Quando necessário, em casos de epidemias, podem-se utilizar métodos imunoquímicos e moleculares para determinar o tipo dos isolados de *C. diphtheriae*.

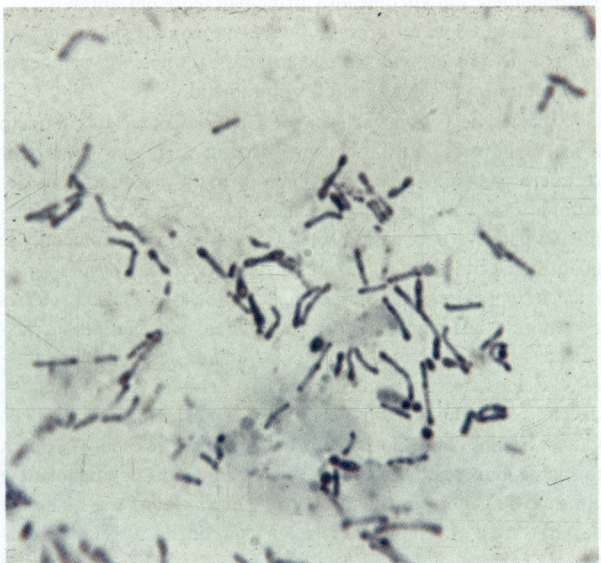

FIGURA 12-1   *Corynebacterium diphtheriae* a partir do meio de cultura Pai, corado com azul de metileno. Tipicamente, seu tamanho é 0,5-1 × 3-4 μm. Algumas bactérias apresentam extremidades em formato de bastão (aumento original de 1.000 ×).

---

*N. de T. Na microscopia óptica, essa distribuição das corinebactérias em esfregaço é chamada de organização em paliçada ou em caracteres chineses.

Corynebacterium diphtheriae e outras corinebactérias crescem em condições aeróbias na maioria dos meios laboratoriais comuns. Em meio de soro de Löeffler,* as corinebactérias crescem muito mais rapidamente do que os outros patógenos das vias respiratórias, e sua morfologia é típica nos esfregaços feitos a partir dessas colônias.

As corinebactérias tendem a exibir pleomorfismo na morfologia microscópica e das colônias. Quando alguns microrganismos não toxigênicos produtores de difteria são infectados por bacteriófagos de determinados bacilos diftéricos toxigênicos, a progênie das bactérias expostas é lisogênica e toxigênica, sendo esse caráter subsequentemente hereditário. Quando bacilos diftéricos toxigênicos são cultivados de modo seriado em antissoro específico contra o fago temperado que transportam, tendem a tornar-se não toxigênicos. Portanto, a aquisição do fago resulta em toxigenicidade (conversão lisogênica). A verdadeira produção de toxina só ocorre talvez quando o prófago do *C. diphtheriae* lisogênico é induzido e causa a lise da célula. Enquanto a toxigenicidade está sob controle do gene do fago, a capacidade de invasão é controlada por genes bacterianos.

Patogênese

O principal patógeno humano do gênero *Corynebacterium* é o *C. diphtheriae*, agente causador da difteria cutânea ou respiratória. Na natureza, *C. diphtheriae* ocorre nas vias respiratórias, em feridas ou na pele de indivíduos infectados ou portadores normais. Esse patógeno propaga-se por perdigotos ou por contato com indivíduos suscetíveis. Então, os bacilos crescem nas mucosas ou em abrasões cutâneas, e os microrganismos toxigênicos começam a produzir toxina.

Todos os *C. diphtheriae* toxigênicos são capazes de produzir a mesma exotoxina produtora de doença. A produção dessa toxina *in vitro* depende, em grande parte, da concentração de ferro, sendo ótima na presença de uma concentração de 0,14 μg de ferro por mililitro de meio, porém praticamente suprimida em uma concentração de 0,5 μg/mL. Outros fatores que influenciam a produção da toxina *in vitro* são pressão osmótica, concentração de aminoácidos, pH e disponibilidade de fontes adequadas de carbono e nitrogênio. Os fatores que controlam a produção de toxina *in vivo* ainda não foram bem esclarecidos.

A **toxina diftérica**** é um polipeptídeo termolábil (massa molecular [MM] de 62.000 dáltons [Da]) que pode ser letal em uma dose de 0,1 μg/kg. Se as ligações dissulfeto forem rompidas, a molécula pode ser clivada em dois fragmentos. O fragmento B (MM de 38.000 Da) não tem atividade independente, mas é necessário para o transporte do fragmento A, funcionalmente dividido em um domínio receptor e um domínio de translocação. A ligação do domínio receptor às proteínas de membrana da célula hospedeira CD-9 e ao precursor fator de crescimento epidérmico de ligação à heparina (HB-EGF, do inglês *heparin-binding epidermal growth factor*) desencadeia a entrada da toxina na célula por endocitose mediada por receptores. A acidificação do domínio de translocação dentro de um endossoma

em desenvolvimento leva à criação de um canal proteico que facilita o deslocamento do fragmento A para o citoplasma da célula hospedeira. O fragmento A inibe o alongamento da cadeia polipeptídica – contanto que haja dinucleotídeo de nicotinamida-adenina (NAD, do inglês *nicotinamide adenine dinucleotide*) – ao inativar o fator de alongamento EF-2 (do inglês *elongation factor*), necessário à translocação do polipeptidil-RNA de transferência do aceptor para o local doador no ribossomo eucariótico. O fragmento A da toxina inativa o EF-2 ao catalisar uma reação que produz nicotinamida livre mais um complexo inativo de difosfato de adenosina-ribose-EF-2 (ADP-ribosilação). Acredita-se que a parada abrupta na síntese da proteína seja responsável pelos efeitos necrosantes e neurotóxicos da toxina diftérica. Uma exotoxina com modo de ação semelhante pode ser produzida por cepas de *Pseudomonas aeruginosa*.

Patologia

A toxina diftérica é absorvida pelas mucosas e provoca a destruição do epitélio, bem como resposta inflamatória superficial. O epitélio necrótico fica imerso em fibrina exsudativa, hemácias e leucócitos, com a consequente formação de uma "pseudomembrana" acinzentada, que surge comumente nas tonsilas, na faringe ou na laringe. Qualquer tentativa de remover a pseudomembrana expõe os capilares e os rompe, resultando em sangramento. Os linfonodos regionais no pescoço aumentam de tamanho, podendo ocorrer edema pronunciado de todo o pescoço, com alterações nas vias respiratórias, frequentemente referidas como "pescoço de touro". Os bacilos diftéricos no interior da membrana continuam a produzir ativamente a toxina. Esta é absorvida, o que resulta em lesão tóxica a distância, em particular degeneração parenquimatosa, infiltração gordurosa e necrose do músculo cardíaco (miocardite), do fígado, dos rins (necrose tubular) e das glândulas suprarrenais, às vezes acompanhadas de hemorragia visível. A toxina também provoca lesão nervosa (desmielinização), resultando, frequentemente, em paralisia do palato mole, dos músculos oculares ou dos membros.

A difteria de feridas ou cutânea ocorre principalmente nos trópicos, embora casos tenham sido descritos em regiões de clima temperado em indivíduos alcoolistas, moradores de rua e de baixa condição socioeconômica. Sobre a ferida infectada, verifica-se a formação de uma membrana que não cicatriza. Entretanto, a absorção da toxina costuma ser pequena, com efeitos sistêmicos desprezíveis. A reduzida quantidade de toxina absorvida durante a infecção cutânea promove o desenvolvimento de anticorpos antitoxina. A "virulência" dos bacilos diftéricos deve-se à sua capacidade de estabelecer infecção, crescer rapidamente e elaborar – também rapidamente – uma toxina absorvida de modo efetivo. *Corynebacterium diphtheriae* não precisa ser toxigênico para induzir infecção localizada – por exemplo, na nasofaringe ou na pele —, mas as cepas não toxigênicas não exercem os efeitos tóxicos localizados ou sistêmicos. Em geral, *C. diphtheriae* não invade ativamente os tecidos profundos e quase nunca penetra na corrente sanguínea. Contudo, nas últimas duas décadas, foi relatado um aumento das infecções invasivas, como endocardites e sepses, provocadas por amostras de *C. diphtheriae* não toxigênicas.

Manifestações clínicas

Quando a inflamação diftérica começa nas vias respiratórias, em geral verifica-se o desenvolvimento de faringite e febre baixa. Em pouco tempo, surgem prostração e dispneia, em virtude da obstrução causada pela membrana. Essa obstrução pode result

---

*N. de T. Meio contendo soro coagulado de cavalo, que estimula o rápido crescimento das bactérias do gênero *Corynebacterium*, principalmente *C. diphtheriae*. Esse meio estimula a produção dos grânulos metacromáticos característicos dessa bactéria, que pode ser mais bem observada após coloração por azul de metileno ou pela colocação de Albert-Laybourn com verde de malaquita.

**N. de T. Essa toxina é do tipo A-B, em que a porção B tem função de adesina, ligando-se a um receptor específico na superfície da célula hospedeira. Já a porção A apresenta a atividade tóxica.

em asfixia se não for imediatamente revertida por intubação ou traqueostomia. As irregularidades do ritmo cardíaco indicam lesão cardíaca. Posteriormente, podem surgir dificuldades de visão, de fala, de deglutição ou do movimento dos braços ou das pernas. Todas essas manifestações tendem a desaparecer espontaneamente.

Em geral, a variedade gravis tende a causar doença mais grave que a variedade mitis, porém todos os tipos podem provocar doença semelhante.

Exames diagnósticos laboratoriais

Servem para confirmar a impressão clínica e, além disso, têm importância epidemiológica. *Observação:* o tratamento específico nunca deve ser adiado à espera dos resultados laboratoriais se o quadro clínico for fortemente sugestivo de difteria. Os médicos devem notificar o laboratório clínico antes da coleta ou do envio de amostras para cultivo.

Antes da administração de antimicrobianos, devem ser obtidos *swabs* de dácron do nariz, da garganta ou de outras lesões sob suspeita. Os *swabs* devem ser coletados abaixo de qualquer membrana visível. O *swab* deve ser colocado em meio de transporte semissólido, como o meio de Amies. Os esfregaços corados com azul de metileno alcalino ou pelo método de Gram revelam bastonetes em disposição típica em contas de colar.

As amostras devem ser inoculadas em uma placa de ágar-sangue (para excluir a possibilidade de estreptococos hemolíticos) e em um meio seletivo – como o ágar-sangue cistina-telurito (CTBA, do inglês *cystine-tellurite blood agar*) ou o meio Tinsdale modificado – e incubadas a 37 °C em 5% de CO_2. As placas devem ser examinadas em 18 a 24 horas. Em 36 a 48 horas, as colônias em meio de telurito são suficientemente definidas para a identificação do *C. diphtheriae*. Em ágar cistina-telurito, as colônias são negras (pela redução do telurito a telúrio livre) com halo marrom.

Um provável isolado do *C. diphtheriae* deve ser submetido a testes para avaliação de sua toxigenicidade. Esses testes são realizados somente por laboratórios públicos de referência. Existem diversos métodos:

1. Método de Elek modificado, descrito pela Unidade de Referência em Difteria da Organização Mundial da Saúde (OMS).

   Um disco de filtro de papel contendo antitoxina (10 UI/disco) é colocado em uma placa de ágar. As culturas a serem testadas (pelo menos 10 colônias devem ser usadas) quanto à toxigenicidade são semeadas em ponto (*spot*) a 7 a 9 mm de distância do disco. Depois de um período de incubação de 48 horas, a antitoxina se difunde do disco de papel, precipitando a toxina que se difunde das culturas toxigênicas, resultando em bandas de precipitado entre o disco de papel e o crescimento bacteriano.

2. Métodos baseados na reação em cadeia da polimerase (PCR, do inglês *polymerase chain reaction*) foram descritos para a detecção do gene da toxina diftérica (gene *tox*). Os ensaios de PCR para detecção de *tox* também podem ser usados diretamente em amostras de pacientes antes de o resultado da cultura estar disponível. Uma cultura positiva confirma o teste positivo por PCR. Cultura negativa, seguida de antibioticoterapia, com um resultado de PCR positivo sugere que o paciente provavelmente teve difteria.

3. Ensaios imunoenzimáticos (Elisa) podem ser usados para detectar a toxina diftérica a partir de isolados clínicos do *C. diphtheriae*.

4. Um ensaio imunocromatográfico em fita possibilita a detecção da toxina diftérica em algumas horas. Esse ensaio é altamente sensível.

Os dois últimos ensaios não estão amplamente disponíveis.

Resistência e imunidade

Como a difteria resulta principalmente da ação da toxina formada pelo microrganismo, mais do que da invasão, a resistência à doença depende, em grande parte, da existência de antitoxina neutralizante específica na corrente sanguínea e nos tecidos. Em geral, é verdadeira a afirmação de que a difteria só ocorre em indivíduos que não possuem antitoxina (ou cujos níveis estejam abaixo de 0,1 UI/mL). A melhor maneira de avaliar a imunidade dos pacientes à toxina diftérica consiste em rever as imunizações documentadas com toxoide diftérico e proceder a uma imunização primária ou de reforço, se necessário.

Tratamento

O tratamento da difteria baseia-se, em grande parte, na rápida supressão das bactérias produtoras de toxina com antimicrobianos e administração precoce de antitoxina específica contra a toxina formada pelos microrganismos no local de penetração e multiplicação. A antitoxina diftérica é produzida em vários animais (cavalos, carneiros, cobras e coelhos) mediante injeções repetidas de toxoide purificado e concentrado. O tratamento com antitoxina é obrigatório se houver forte suspeita clínica de difteria. Devem ser injetadas 20.000 a 120.000 unidades por via intramuscular ou intravenosa, dependendo da duração dos sintomas e da gravidade da doença e após serem tomadas as devidas precauções (teste cutâneo), para excluir a possibilidade de hipersensibilidade ao soro animal. A antitoxina deve ser administrada por via intravenosa, no mesmo dia em que se estabelece o diagnóstico clínico de difteria, não havendo necessidade de repetir a administração. Pode-se utilizar a injeção intramuscular nos casos leves. A antitoxina diftérica neutraliza somente a toxina circulante, mas não a ligada ao tecido do hospedeiro.

Os antimicrobianos (penicilina, eritromicina) inibem o crescimento dos bacilos diftéricos. Embora praticamente não exerçam efeito algum sobre o processo clássico da doença, esses fármacos interrompem a produção de toxina. Além disso, ajudam a eliminar os estreptococos coexistentes e o *C. diphtheriae* das vias respiratórias dos pacientes ou portadores. Resistência a esses antibióticos é incomum.

Epidemiologia, prevenção e controle

Antes da imunização artificial, a difteria era uma doença que acometia principalmente crianças pequenas. A infecção ocorria nas formas clínica ou subclínica, nos primeiros anos de vida, e resultava em produção disseminada de antitoxina na população. A infecção assintomática durante a adolescência e a vida adulta servia como estímulo à manutenção de níveis elevados de antitoxina. Por conseguinte, a maioria dos membros da população, à exceção das crianças, era imune.

Nos países em desenvolvimento, onde as infecções cutâneas por *C. diphtheriae* são comuns, cerca de 75% das crianças com idade entre 6 e 8 anos apresentam níveis séricos protetores de antitoxina.

A absorção de pequenas quantidades da toxina diftérica a partir da infecção cutânea fornece, presumivelmente, o estímulo antigênico para desencadear a resposta imunológica; a quantidade de toxina absorvida não provoca doença.

No final do século XX, a maioria dos países desenvolvidos previu a eliminação da difteria como resultado de estratégias bem-sucedidas de vacinação infantil. No entanto, de 1990 a 1998, ocorreu um ressurgimento da difteria epidêmica, principalmente entre adultos, na Federação Russa e nos Novos Estados Independentes (NEI) da antiga União Soviética.* Esses surtos foram resultado de uma redução da cobertura vacinal, entre outros fatores sociais. Atualmente, a Índia tem o maior número total de casos registrados de difteria, seguido de Indonésia e Madagascar. Esse surtos claramente enfatizam a importância da manutenção da imunização global.

A imunização ativa na infância com o toxoide diftérico resulta em níveis de antitoxina geralmente adequados até a vida adulta. Os adultos jovens devem receber reforços do toxoide, visto que os bacilos diftéricos toxigênicos não são suficientemente prevalentes na população de muitos países desenvolvidos para proporcionar o estímulo da infecção subclínica com estimulação da resistência. Os níveis de antitoxina declinam com o decorrer do tempo, e muitos indivíduos idosos apresentam concentrações de antitoxina circulante insuficientes para protegê-los da difteria.

Os principais objetivos da prevenção consistem em limitar a distribuição dos bacilos diftéricos toxigênicos na população e manter o nível mais alto possível de imunização ativa.

Para limitar o contato com bacilos diftéricos, tornando-o mínimo, é necessário isolar os pacientes que têm difteria. Sem tratamento, grande porcentagem de indivíduos infectados continua eliminando bacilos diftéricos durante semanas ou meses após a recuperação (portadores convalescentes). Esse risco pode ser bastante reduzido mediante tratamento precoce e ativo com antibióticos.

O toxoide diftérico é combinado com o toxoide tetânico (Td) e com a vacina acelular de pertússis (DaPT) como uma única vacina para imunização de crianças (3 doses: a primeira no 1° ano de vida, a segunda aos 15-18 meses, e a terceira aos 4-6 anos). Para a injeção de reforço em adolescentes e adultos, são utilizados apenas o toxoide Td ou o toxoide Td combinado com a vacina contra pertússis acelular (Tdap) (para uma injeção em dose única em indivíduos que receberam a vacina contra pertússis celular quando crianças), que combinam uma dose total de toxoide tetânico com uma dose 10 vezes menor de toxoide diftérico, para diminuir a probabilidade de reações adversas.**

Todas as crianças devem receber tratamento inicial de imunização e reforços. Os reforços regulares com o Td são particularmente importantes para adultos que viajam para países em desenvolvimento, onde a incidência de difteria clínica pode ser 1.000 vezes maior do que nos países desenvolvidos, nos quais a imunização é universal.***

OUTRAS BACTÉRIAS CORINEFORMES

Existem mais de 88 espécies conhecidas do gênero *Corynebacterium*, sendo que 53 delas já foram isoladas de infecções clínicas humanas. As bactérias corineformes são classificadas como lipofílicas ou não lipofílicas, dependendo do aumento de seu crescimento com o acréscimo de lipídeo ao meio de crescimento. As colônias de corinebactérias lipofílicas crescem lentamente em ágar-sangue de carneiro, produzindo colônias com menos de 0,5 mm de diâmetro após 24 horas de incubação. Outras reações importantes para a classificação das bactérias corineformes incluem os seguintes testes: metabolismo fermentativo ou oxidativo, produção de catalase, motilidade, redução do nitrato, produção de urease e hidrólise da esculina. As espécies de *Corynebacterium* são geralmente imóveis e catalase-positivas. As bactérias corineformes são habitantes normais das mucosas da pele, das vias respiratórias, do trato urinário e da conjuntiva.

Corynebacterium ulcerans e *C. pseudotuberculosis* estão estreitamente relacionados com *C. diphtheriae*, e podem transportar o gene *tox* da difteria. *Corynebacterium ulcerans* toxigênico pode causar doença semelhante à difteria clínica, enquanto *C. pseudotuberculosis* raramente provoca doença em seres humanos. Recentemente, foram identificados animais domésticos como portadores assintomáticos de *C. ulcerans*. Esses achados sugerem um novo reservatório em potencial para transmissão da difteria a humanos.

Outros gêneros corineformes

Existem muitos outros gêneros e espécies de bactérias corineformes. *Arcanobacterium haemolyticum* produz β-hemólise em ágar-sangue. Em certas ocasiões, essa espécie está associada à faringite em adolescentes e adultos, podendo crescer em meios de cultura seletivos para os estreptococos. *Arcanobacterium haemolyticum* é catalase-negativo, devendo, por sua semelhança aos estreptococos do grupo A, ser diferenciado com base na sua morfologia por meio da coloração pelo método de Gram (bastonetes vs. cocos) e nas características bioquímicas. Esse microrganismo também está associado a infecções de feridas e sepse. A maioria das bactérias corineformes dos outros gêneros constitui uma causa infrequente de doença, e esses microrganismos não costumam ser identificados no laboratório clínico.

Verificação de conceitos

- O grupo de bacilos Gram-positivos aeróbios compreende um grande número de espécies, desde microrganismos da microbiota normal a patógenos virulentos.

---

*N. de T. Após três décadas de controle da doença, a difteria ressurgiu nesses países em números alarmantes: Rússia e Ucrânia (157 mil casos), Bielorrússia (230 casos), Estônia (7 casos), Lituânia (31 casos), Moldávia (372 casos) e Polônia (250 casos). Além disso, segundo a Organização Mundial da Saúde, ainda hoje há um número elevado de casos epidêmicos e endêmicos em diferentes países da Ásia, do Leste Europeu e da América Latina.

**N. de T. No Brasil, esse esquema é diferente. Segundo o Programa Nacional de Imunizações (PNI), a vacina aplicada é a tetravalente (DTP [toxoide diftérico + toxoide tetânico + *Bordetella pertussis* inativada, e não a acelular] associada em uma mesma formulação com a Hib [contra *Haemophilus influenzae* tipo b]). A tetravalente é administrada em 3 doses (a primeira aos 2 meses de idade, a segunda aos 4 meses, e a terceira aos 6 meses) somadas a 2 reforços com a DTP somente. O primeiro reforço é administrado aos 15 meses, e o segundo entre 4 e 6 anos.

***N. de T. Cabe ressaltar que a vacinação com o toxoide diftérico protege apenas contra toxigenicidade, mas não elimina o processo de aderência, colonização e invasão do bacilo diftérico não toxigênico, por exemplo. Assim, deve-se observar com preocupação a presença desse microrganismo em uma população sem cobertura vacinal ou incompleta, primeiramente porque ele é capaz de causar infecções invasivas. Além disso, a introdução de uma amostra carreadora do gene *tox* pode desencadear uma epidemia de difteria por conversão lisogênica.

- O gênero *Corynebacterium* inclui o microrganismo patogênico *C. diphtheriae*, agente etiológico da difteria, pela ação de uma potente exotoxina (toxina diftérica) que causa inibição da síntese proteica.
- A toxina diftérica é codificada por um bacteriófago lisogênico, sendo responsável tanto pelas manifestações locais (em geral, faringite membranosa) quanto sistêmicas (p. ex., miocardite e falência renal).
- Nos países desenvolvidos, a difteria é geralmente rara, pois é controlada por programas de vacinação primária e de reforço. O ressurgimento em forma epidêmica foi observado com lapsos de vacinação primária.

LISTERIA MONOCYTOGENES

Há várias espécies do gênero *Listeria*. Destas, *L. monocytogenes* é importante por causar diferentes doenças em animais e em seres humanos. *Listeria monocytogenes* é capaz de crescer e sobreviver em uma ampla variedade de condições ambientais. Essa bactéria pode sobreviver a temperaturas do interior de refrigeradores (4 °C), em condições de baixo pH e em altas concentrações salinas. Portanto, é capaz de superar as barreiras de segurança e preservação de alimentos, o que o torna um importante patógeno de origem alimentar. Dados recentes do Centers for Disease Control and Prevention (CDC) indicam que os surtos de listeriose transmitida por alimentos podem estar aumentando; de 1998 a 2008, houve uma média de 3 surtos por ano.* Entre 2009 e 2016, o número médio de surtos aumentou para 7 por ano, com um pico de 11 surtos em 2014. A maioria desses surtos está associada a produtos lácteos ou produtos crus pré-embalados. Esses surtos enfatizam a natureza ubíqua desse microrganismo e sua habilidade de contaminar facilmente uma variedade de alimentos durante qualquer estágio do processamento de manipulação.

Morfologia e identificação

Listeria monocytogenes é um bastonete Gram-positivo curto e não formador de esporos (Figura 12-2). É catalase-positiva, com motilidade rotatória de uma extremidade sobre a outra de 22 a 28 °C, mas não a 37 °C. O teste de motilidade distingue rapidamente entre *Listeria* e os difteroides que fazem parte da microbiota normal da pele.

Cultura e características de crescimento

Listeria cresce bem em meios de cultura como ágar-sangue de carneiro a 5%, onde apresenta a pequena zona característica de hemólise ao redor das colônias e sob elas. O microrganismo é um anaeróbio facultativo, catalase-positivo, hidrólise da esculina positiva e móvel. *Listeria* produz ácido, mas não gás, a partir da utilização de uma variedade de carboidratos.

A motilidade à temperatura ambiente e a produção de hemolisina constituem achados primários que ajudam a diferenciar entre *Listeria* e as bactérias corineformes.

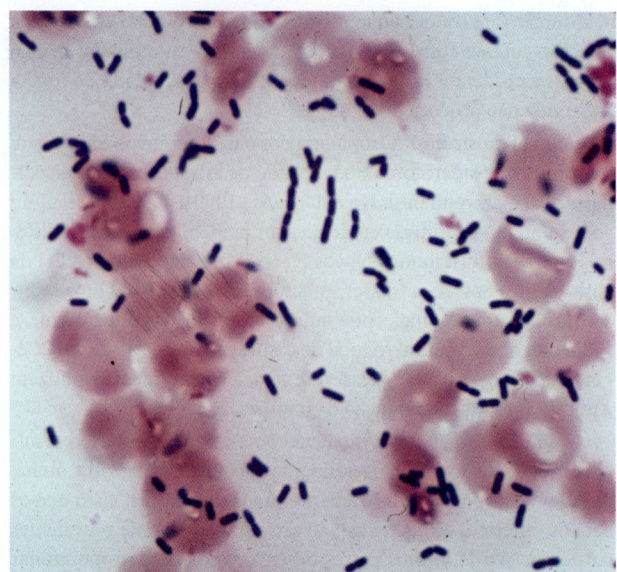

FIGURA 12-2   Coloração de Gram do bacilo Gram-positivo *Listeria monocytogenes* em hemocultura. Ampliação do original de 1.000 ×. Hemácias estão presentes no plano de fundo. *Listeria* isoladas de amostras clínicas frequentemente apresentam variação no comprimento e, às vezes, no formato. Em geral, apresentam 0,4 a 0,5 μm de diâmetro e 0,5 a 2 μm de comprimento. (Cortesia de H. Tran.)

Classificação antigênica

A classificação sorológica só é feita em laboratórios de referência, e é utilizada principalmente para estudos epidemiológicos. Há 13 sorotipos conhecidos baseados no antígeno O (somático) e no antígeno H (flagelar). Os sorotipos 1/2a, 1/2b e 4b constituem mais de 95% dos microrganismos isolados de seres humanos. O sorotipo 4b causa a maioria dos surtos a partir de alimentos. Métodos menos trabalhosos e baseados em genômica foram desenvolvidos, mas a sorotipagem continua sendo o padrão-ouro.

Patogênese e imunidade

Listeria monocytogenes penetra no corpo pelo trato gastrintestinal, após a ingestão de alimentos contaminados, como queijo, frutas ou vegetais. O microrganismo possui diversas adesinas proteicas (proteínas Ami, Fbp A e flagelina) que facilitam a ligação da bactéria com as células hospedeiras, contribuindo para a virulência. Ele também possui proteínas de superfície na parede celular denominadas **internalinas A e B**, que interagem com a caderina-E, um receptor existente nas células epiteliais, promovendo a fagocitose nessas células. Após a fagocitose, a bactéria é envolvida em um fagolisossomo, onde o pH baixo estimula a bactéria a produzir listeriolisina O. Essa enzima provoca a lise da membrana do fagolisossomo, de modo que o microrganismo escapa para o citoplasma da célula epitelial. No interior do citoplasma, esse microrganismo se prolifera, e a ActA, uma proteína de superfície da *Listeria*, induz a polimerização da actina na célula do hospedeiro, impulsionando-os para a membrana celular. Ao serem empurrados contra a membrana da célula hospedeira, causam a formação de protrusões alongadas, denominadas **filópodes**. Os filópodes são ingeridos por células epiteliais adjacentes, macrófagos e hepatócitos; as listérias são liberadas, e o ciclo recomeça. *Listeria monocytogenes* pode migrar de

---

*N. de T. No Brasil, a listeriose não é uma doença de notificação compulsória; assim, não há dados centralizados de surtos, e sim de casos esporádicos. Em 2010, por exemplo, foi descrito um surto de listeriose, possivelmente pelo consumo de queijo produzido com leite não pasteurizado.

uma célula para outra sem se expor a anticorpos, complemento ou células polimorfonucleares. *Shigella flexneri* e as riquétsias também usurpam a actina e o sistema contrátil das células do hospedeiro para propagar suas infecções.

O ferro constitui um importante fator de virulência. As listérias produzem sideróforos e são capazes de obter ferro a partir da transferrina.

A imunidade contra *L. monocytogenes* é primariamente mediada por células, conforme mostram a localização intracelular da infecção e a notável associação da infecção a condições de comprometimento da imunidade celular, como gravidez, idade avançada, síndrome da imunodeficiência adquirida (Aids, do inglês *acquired immunodeficiency syndrome*), linfoma e transplante de órgãos. A imunidade pode ser transferida por linfócitos sensibilizados, mas não por anticorpos.

Manifestações clínicas

Existem duas formas de listeriose humana perinatal. A síndrome de início precoce (**granulomatose infantisséptica**) é o resultado de uma infecção no útero, sendo uma forma disseminada da doença caracterizada por sepse neonatal, lesões pustulosas e granulomas contendo *L. monocytogenes* em vários órgãos. A morte pode ocorrer antes ou depois do parto. A síndrome de início tardio leva ao desenvolvimento de meningite entre o nascimento e a 3ª semana de vida; com frequência, é causada pelo sorotipo 4b e está associada a uma taxa de mortalidade significativa.

Após ingestão de alimentos contaminados com *L. monocytogenes*, pessoas saudáveis podem não manifestar nenhuma sintomatologia clínica ou desenvolver uma gastrenterite febril e autolimitada, que persiste por 1 a 3 dias. A listeriose desenvolve-se após um período de incubação de 6 a 48 horas. Os sintomas incluem febre, tremores, cefaleia, mialgias, dor abdominal e diarreia. Indivíduos imunossuprimidos podem desenvolver meningoencefalite, bacteriemia e (raramente) infecções focais por *Listeria*. *Listeria* é uma das principais causas de meningite nesse grupo de indivíduos. A apresentação clínica da meningite por *Listeria* nesses pacientes varia de insidiosa a fulminante, sendo inespecífica. A maioria dos laboratórios clínicos não faz rotineiramente o cultivo para *Listeria* a partir das fezes dos pacientes. O diagnóstico de listeriose sistêmica baseia-se no isolamento do microrganismo em hemoculturas e culturas do líquido cerebrospinal.

Ocorre infecção espontânea em muitos animais selvagens e domésticos. Em ruminantes (p. ex., carneiros), *Listeria* pode causar meningoencefalite com ou sem bacteriemia. Em animais de menor porte (p. ex., coelhos, galinhas), ocorre sepse com abscessos focais no fígado e no músculo cardíaco, além de monocitose pronunciada.

Vários antimicrobianos são capazes de inibir o crescimento de *Listeria in vitro*. A cura clínica é alcançada com a administração de ampicilina, eritromicina ou sulfametoxazol-trimetoprima intravenoso. As cefalosporinas e as fluoroquinolonas não são ativas contra *L. monocytogenes*. Com frequência, recomenda-se como tratamento o uso de ampicilina combinada com gentamicina, mas esta não penetra nas células do hospedeiro nem pode ajudar a tratar a infecção por *Listeria*. O sulfametoxazol-trimetoprima é o fármaco de escolha terapêutica para infecções do sistema nervoso central em pacientes com alergia a penicilinas.

ERYSIPELOTHRIX RHUSIOPATHIAE

Erysipelothrix rhusiopathiae é um bacilo Gram-positivo que produz pequenas colônias brilhantes e transparentes. Pode ser α-hemolítico em ágar-sangue. Na coloração pelo método de Gram, adquire, às vezes, um aspecto de microrganismo Gram-negativo devido à fácil descoloração. As bactérias podem aparecer isoladamente, em cadeias curtas, aleatoriamente ou em longos filamentos não ramificados. A morfologia das colônias e o aspecto na coloração pelo método de Gram variam conforme o meio de crescimento, a temperatura de incubação e o pH. *Erysipelothrix* é negativo para a catalase, a oxidase e o indol. Quando cresce em ágar tríplice açúcar-ferro (TSI, do inglês *triple sugar iron*), ocorre a produção de sulfeto de hidrogênio (H_2S), que torna o TSI preto.

Erysipelothrix rhusiopathiae deve ser diferenciado de *L. monocytogenes* e de *A. haemolyticum*. Estas duas últimas espécies são β-hemolíticas e não produzem H_2S quando crescem em meio TSI. É mais difícil diferenciar *E. rhusiopathiae* dos lactobacilos aerotolerantes; ambos podem ser α-hemolíticos. Eles são catalase-negativos e resistentes à vancomicina (80% dos lactobacilos). Além disso, assim como *E. rhusiopathiae*, alguns lactobacilos produzem H_2S.

Erysipelothrix rhusiopathiae apresenta distribuição mundial em animais terrestres e marinhos, inclusive em uma variedade de vertebrados e invertebrados. Ele provoca doença em suínos, perus, patos e carneiros domésticos, mas não em peixes. O impacto mais importante é observado em suínos, nos quais causa erisipela. Nos seres humanos, a erisipela é provocada por estreptococos β-hemolíticos do grupo A e difere acentuadamente da erisipela dos suínos. Os humanos adquirem a infecção por *E. rhusiopathiae* por inoculação direta de animais ou produtos de origem animal. Os indivíduos que correm maior risco são os pescadores, manipuladores de peixes, pessoas que trabalham em matadouros, açougueiros e outros que têm contato com produtos de origem animal.

Nos seres humanos, a infecção mais comum causada por *E. rhusiopathiae* é denominada **erisipeloide**. Em geral, ocorre nos dedos das mãos em consequência de inoculação direta no local de um corte ou escoriação (denominada "**dedo de foca**" e "**dedo de baleia**"). Depois de um período de incubação de 2 a 7 dias, ocorrem dor, que pode ser intensa, e edema. A lesão apresenta-se elevada, bem circunscrita e de cor violácea. Em geral, não há pus no local de infecção, o que ajuda a diferenciá-la das infecções cutâneas estafilocócicas e estreptocócicas. O erisipeloide pode regredir rapidamente depois de 3 a 4 semanas ou mais com tratamento antibiótico. As outras formas clínicas de infecção (raras) consistem em uma forma cutânea difusa e em bacteriemia com endocardite. Casos de artrite séptica também foram relatados. *Erysipelothrix* é altamente sensível à penicilina G, que constitui o fármaco de escolha para as infecções graves. O microrganismo é intrinsecamente resistente à vancomicina.

Verificação de conceitos

- Tanto *L. monocytogenes* quanto *E. rhusiopathiae* são espécies amplamente distribuídas na natureza, podendo causar doenças significativas na espécie humana.
- *L. monocytogenes* é normalmente transmitida pela ingestão de alimentos processados contaminados, como carnes e derivados, leites e derivados, vegetais e frutas.
- Após a ingestão, o organismo induz sua fagocitose por meio de vários tipos celulares, sendo capaz de sobreviver no ambiente intracelular e disseminar-se, resultando em bacteriemia e

meningite em indivíduos com deficiência na imunidade mediada por células.

- *Erysipelothrix* é normalmente adquirido pelo contato direto com animais ou produtos de origem animal, resultando em erisipeloide, uma celulite do tipo nodular.
- *Erysipelothrix rhusiopathiae* é o único bastonete Gram-positivo a produzir H_2S em meio TSI.
- *Erysipelothrix rhusiopathiae* é sensível à penicilina, e *L. monocytogenes*, à ampicilina.

RHODOCOCCUS EQUI

Rhodococcus equi pode assemelhar-se a um bacilo após poucas horas de incubação em caldo, mas, com uma incubação mais prolongada, passa a apresentar formato cocoide. Essa espécie de *Rhodococcus* também produz, com frequência, colônias pigmentadas após 24 horas de incubação, que varia do rosa-salmão ao vermelho. Essas bactérias são geralmente álcool-ácido-positivo fracas, quando coradas pelo método de Kinyoun modificado. *Rhodococcus equi* ocasionalmente causa infecções, como pneumonia necrosante em pacientes imunossuprimidos com imunidade celular anormal (p. ex., pacientes com vírus da imunodeficiência humana [HIV, do inglês *human immunodeficiency virus*]). Esse microrganismo é encontrado no solo e no esterco de animais herbívoros. *Rhodococcus equi* é causa de doença em bovinos, ovinos e suínos e pode causar infecções pulmonares e extrapulmonares graves em potros. Outras espécies do gênero *Rhodococcus* estão presentes no ambiente, mas raramente causam doença em seres humanos.

NOCARDIOSE

O gênero *Nocardia* continua a sofrer extensiva reclassificação taxonômica. Novas espécies continuam a ser reconhecidas, e pelo menos 30 foram associadas a infecções humanas.

As espécies mais comuns associadas à maioria dos casos de infecções humanas estão listadas na Tabela 12-1. Cada uma delas é responsável por uma variedade de doenças, e cada espécie/complexo possui um único padrão de suscetibilidade a fármacos. As nocárdias patogênicas, a exemplo de muitas espécies não patogênicas de *Nocardia*, são encontradas no mundo inteiro, presentes no solo e na água. A nocardiose surge em consequência de inalação dessas bactérias. A manifestação habitual consiste em infecção pulmonar subaguda a crônica que pode disseminar-se para outros órgãos, em geral o cérebro ou a pele. A nocardiose não é transmitida de uma pessoa para outra.

Morfologia e identificação

As espécies de *Nocardia* são aeróbias e crescem em vários meios. Microscopicamente, em espécimes clínicos, as nocárdias aparecem como organismos filamentosos com ramificação semelhante a hifas. Em meios laboratoriais comuns, essas bactérias desenvolvem colônias irregulares e amontoadas após incubação a 35 a 37 °C por vários dias. As cepas variam quanto à sua pigmentação, que pode ser branca, laranja ou vermelha. Essas bactérias são Gram-positivas, catalase-positivas e urease-positivas. As nocárdias formam extensos substratos ramificados e filamentos aéreos que se fragmentam, dando origem a células cocobacilares. As paredes celulares contêm

ácidos micólicos, que possuem cadeias mais curtas que as das micobactérias. São consideradas fracamente álcool-ácido-resistentes quando coradas com o reagente álcool-ácido-resistente de rotina (carbol-fucsina) e descoradas com ácido sulfúrico a 1 a 4% em vez do descolorante ácido-álcool mais forte. As espécies de *Nocardia* são identificadas principalmente por métodos moleculares, como o sequenciamento do gene do RNA ribossômico 16S e a análise por polimorfismo de comprimento de fragmentos de restrição (RFLP, do inglês *restriction fragment length polymorphism*) de fragmentos de genes amplificados, como *hsp* ou *secA*.

Patogênese e manifestações clínicas

Na maioria dos casos, a nocardiose é uma infecção oportunista associada a diversos fatores de risco, e a maioria deles compromete as respostas imunológicas celulares, incluindo tratamento com corticoides, imunossupressão, transplante de órgãos, Aids e alcoolismo. A nocardiose pulmonar é a principal apresentação clínica, uma vez que a inalação é a via mais comum de exposição bacteriana. Podem ocorrer vários sintomas, incluindo febre, sudorese noturna, perda de peso, dor no peito, tosse com ou sem produção de escarro e dispneia. As manifestações clínicas não são típicas, simulando a tuberculose e outras infecções. Da mesma forma, as radiografias de tórax revelam infiltrados focais, nódulos multifocais e até formação de cavidades. Pode haver o desenvolvimento de consolidações pulmonares, porém a formação de granulomas com caseificação é rara. O processo patológico habitual consiste na formação de abscessos. A disseminação hematogênica a partir dos pulmões frequentemente afeta o sistema nervoso central, com a formação de abscessos no cérebro, resultando em uma variedade de manifestações clínicas. Alguns pacientes apresentam comprometimento pulmonar subclínico e lesões cerebrais (inflamação neutrofílica). Além disso, pode ocorrer disseminação para a pele, os rins, os olhos ou outras partes do corpo.

Nocardia brasiliensis está associado à maioria das infecções cutâneas primárias que geralmente resultam de trauma. Essas doenças raramente são disseminativas.

Exames diagnósticos laboratoriais

As amostras consistem em escarro, pus, líquido cerebrospinal e material de biópsia. Os esfregaços corados pelo método de Gram revelam bacilos Gram-positivos, células cocobacilares e filamentos ramificados. Com a coloração álcool-ácido-resistente modificada, a maioria dos microrganismos isolados é álcool-ácido-resistentes. As espécies de *Nocardia* crescem na maioria dos meios laboratoriais. Os testes sorológicos disponíveis não são úteis. Métodos moleculares são necessários para identificação das espécies, sendo importantes para o tratamento e os estudos epidemiológicos.

Tratamento

O tratamento de escolha consiste na administração de sulfametoxazol-trimetoprima. Se não houver resposta, podem ser utilizados, com sucesso, vários outros antibióticos, como amicacina, imipeném, meropeném, fluoroquinolonas, minociclina, linezolida e cefotaxima. Contudo, como o perfil de resistência e suscetibilidade varia entre as espécies, o teste de suscetibilidade aos antimicrobianos deve ser realizado para auxiliar o tratamento. Além do tratamento antimicrobiano muitas vezes prolongado, pode ser necessária drenagem cirúrgica ou ressecção.

Verificação de conceitos

- *Nocardia* e *R. equi* são álcool-ácido-resistentes fracos.
- As espécies de *Nocardia* são bastonetes Gram-positivos ramificados e filamentosos encontradas no solo e em outras fontes ambientais, causando infecções principalmente em pacientes imunossuprimidos.
- As espécies de *Nocardia* são mais bem identificadas, após cultura, por métodos moleculares, como sequenciamento do gene do rRNA 16S.
- O sulfametoxazol-trimetoprima é o fármaco de escolha terapêutica para as infecções por *Nocardia*. O uso de outros antibióticos deve ser feito após teste de sensibilidade a antimicrobianos.

QUESTÕES DE REVISÃO

1. Há 3 meses, uma mulher de 53 anos passou por cirurgia e quimioterapia para um câncer de mama. Há 4 semanas, desenvolveu uma tosse ocasional, produtiva de escarro purulento. Cerca de 2 semanas atrás, sentiu uma fraqueza leve, mas progressiva, no braço e na perna esquerdos. Ao exame de pulmão, foi auscultado um sopro na parte posterior superior do pulmão esquerdo enquanto a paciente respirava fundo. O exame neurológico confirmou fraqueza no braço e na perna esquerdos. A radiografia de pulmão mostrou a presença de infiltrado no lobo superior do pulmão esquerdo. A tomografia computadorizada por contraste do cérebro mostrou duas lesões no hemisfério direito. A coloração de Gram do escarro purulento revelou a presença de bacilos Gram-positivos ramificados parcialmente álcool-ácido-resistentes. Qual dos seguintes microrganismos é o causador da doença dessa paciente?

   (A) *Actinomyces israelii*
   (B) *Corynebacterium ulcerans*
   (C) *Aspergillus fumigatus*
   (D) Espécies de *Nocardia*
   (E) *Erysipelothrix rhusiopathiae*

2. O fármaco de escolha para tratar a infecção da paciente da Questão 1 é

   (A) Penicilina G
   (B) Sulfametoxazol-trimetoprima
   (C) Gentamicina
   (D) Anfotericina B
   (E) Uma cefalosporina de terceira geração

3. O movimento da *Listeria monocytogenes* no interior das células do hospedeiro é causado por

   (A) Indução da polimerização da actina da célula hospedeira
   (B) Formação de *pili* (fímbrias) na superfície da bactéria
   (C) Formação de pseudópodes
   (D) Movimento do flagelo da listéria
   (E) Motilidade rotatória

4. Um menino de 8 anos, que recentemente chegou aos Estados Unidos, apresentou grave faringite. Ao exame, observou-se um exsudato acinzentado com pseudomembrana na região das tonsilas e da faringe. O diagnóstico diferencial de faringite grave como esse caso inclui infecção por estreptococo do grupo A, infecção pelo vírus Epstein-Barr (EBV), faringite por *Neisseria gonorrhoeae* e difteria. A causa mais provável da faringite do garoto é

   (A) Um bacilo Gram-negativo
   (B) Um vírus de RNA de fita simples com polaridade positiva
   (C) Um coco Gram-positivo, catalase-positivo, que cresce em aglomerados
   (D) Um bacilo Gram-positivo em formato de clava
   (E) Um vírus de RNA de fita dupla

5. O mecanismo primário da patogênese da doença do menino da Questão 4 é

   (A) Nítido aumento intracelular do monofosfato de adenosina cíclico
   (B) Ação de uma exotoxina pirogênica (um superantígeno)
   (C) Inativação da acetilcolina-esterase
   (D) Ação da enterotoxina A
   (E) Inativação do fator de alongamento 2

6. Qual dos seguintes bacilos Gram-positivos aeróbios é álcool-ácido-resistente positivo?

   (A) *Nocardia brasiliensis*
   (B) *Lactobacillus acidophilus*
   (C) *Erysipelothrix rhusiopathiae*
   (D) *Listeria monocytogenes*

7. Com frequência, a difteria cutânea que se verifica em crianças em áreas tropicais:

   (A) Não ocorre em crianças vacinadas com o toxoide diftérico.
   (B) É clinicamente distinta das infecções de pele (piodermites, impetigo) causadas por *Streptococcus pyogenes* e *Staphylococcus aureus*.
   (C) Também é comum no Hemisfério Norte.
   (D) Resulta na produção de níveis protetores de antitoxina na maioria das crianças quando elas têm entre 6 e 8 anos de idade.
   (E) Produz miocardiopatia mediada por toxina.

8. Um pescador de 45 anos de idade enganchou um anzol no dedo indicador direito. Retirou o objeto e não procurou tratamento médico imediato. Após 5 dias, notou febre, dor e inchaço nodular do dedo. Então, buscou tratamento médico. Um nódulo violáceo foi aspirado e, depois de 48 horas de incubação, foram observadas colônias de bacilo Gram-positivo que causaram manchas esverdeadas do ágar e formaram filamentos longos no caldo de cultura. O causador mais provável dessa infecção é

   (A) *Lactobacillus acidophilus*
   (B) *Erysipelothrix rhusiopathiae*
   (C) *Listeria monocytogenes*
   (D) *Rhodococcus equi*
   (E) *Nocardia brasiliensis*

9. Uma reação bioquímica útil para identificação do agente causador da infecção na Questão 8 é

   (A) Catalase-positiva
   (B) Álcool-ácido-resistente, usando a coloração de Kinyoun modificada
   (C) Hidrólise da esculina
   (D) Motilidade rotatória
   (E) Produção de H_2S

10. *Listeria monocytogenes* é, frequentemente, um patógeno associado à contaminação de alimentos, pois

    (A) Sobrevive a 4 °C.
    (B) Sobrevive em condição de pH baixo.
    (C) Sobrevive em condição de alta concentração de sal.
    (D) Todas as respostas anteriores.

11. Qual das afirmações sobre *Rhodococcus equi* é correta?

    (A) É transmitido de pessoa para pessoa.
    (B) Causa tuberculose em bovinos.
    (C) Raramente causa infecções pulmonares em seres humanos.
    (D) Produz pigmento negro em ágar-sangue de carneiro.

Respostas

1. D	**5.** E	**9.** E
2. B	**6.** A	**10.** D
3. A	**7.** D	**11.** C
4. D	**8.** B	

REFERÊNCIAS

Bernard K: The genus *Corynebacterium* and other medically relevant coryneforms-like bacteria. *J Clin Microbiol* 2012;50:3152–3158.

Conville PS, Brown-Elliot BA, Smith T, et al: The complexities of *Nocardia* taxonomy and identification. *J Clin Microbiol* 2018, 56:1–10.

Conville PS, Witebsky FG: *Nocardia, Rhodococcus Gordonia, Actinomadura, Streptomyces, and other aerobic Actinomycetes*. In Versalovic J, Carroll KC, Funke G, et al (editors). *Manual of Clinical Microbiology*, 10th ed. ASM Press, 2011.

Fatahi-Bafghi M: Nocardiosis from 1888 to 2017. *Microb Pathog* 2017; 114:369–384.

Freitag NE, Port GC, Miner MD: *Listeria monocytogenes*—from saprophyte to intracellular pathogen. *Nat Rev Microbiol* 2009;7:623–628.

Funke G, Bernard KA: Coryneform Gram-positive rods. In Versalovic J, Carroll KC, Funke G, et al (editors). *Manual of Clinical Microbiology*, 10th ed. ASM Press, 2011.

MacGregor RR: *Corynebacterium diphtheriae*. In Mandell GL, Bennett JE, Dolin R (editors). *Mandell, Douglas, and Bennett's Principles and Practice of Infectious Diseases*, 8th ed. Elsevier, 2015.

Reboli AC, Farrar WE: *Erysipelothrix rhusiopathiae*: An occupational pathogen. *Clin Microbiol Rev* 1989;2:354.

Zasada AA, Mosiej E: Contemporary microbiology and identification of *Corynebacterium* spp. causing infections in human. *Lett Appl Microbiol* 2018; 66:472–483.

Estafilococos

Os estafilococos são células esféricas Gram-positivas, geralmente dispostas em cachos irregulares semelhantes a cachos de uvas. Crescem rápido em muitos tipos de meio de cultura e são metabolicamente ativos, fermentando carboidratos e produzindo pigmentos que variam do branco ao amarelo intenso. Alguns são membros da microbiota normal da pele e das mucosas dos seres humanos; outros causam supuração, formação de abscessos, várias infecções piogênicas e até mesmo septicemia fatal. Com frequência, os estafilococos patogênicos hemolisam o sangue, coagulam o plasma e produzem uma variedade de enzimas e toxinas extracelulares. O tipo mais comum de intoxicação alimentar é causado por uma enterotoxina estafilocócica termoestável. Os estafilococos desenvolvem rapidamente resistência a numerosos antimicrobianos, resultando, assim, em problemas na conduta terapêutica.

O gênero *Staphylococcus* é constituído por pelo menos 45 espécies. As quatro espécies de importância clínica encontradas com mais frequência são *Staphylococcus aureus*,* *Staphylococcus epidermidis*, *Staphylococcus lugdunensis* e *Staphylococcus saprophyticus*. *Staphylococcus aureus* é **coagulase-positivo**,** o que o distingue das outras espécies. Ele é o principal patógeno humano do gênero. Quase todos os indivíduos sofrem algum tipo de infecção causada por *S. aureus* durante a vida, cuja gravidade varia de uma intoxicação alimentar ou infecção cutânea de pouca importância até infecções graves e potencialmente fatais. Os estafilococos **coagulase-negativos** (ECNs) são membros da microbiota humana normal, e às vezes causam infecções frequentemente associadas a dispositivos e aparelhos implantados, como próteses de articulações ou cateteres intravasculares, especialmente em pacientes muito jovens, idosos e imunocomprometidos. Cerca de 75% dessas infecções causadas por ECNs devem-se a *S. epidermidis*; as infecções causadas por *Staphylococcus lugdunensis*, *Staphylococcus warneri*, *Staphylococcus hominis* e outras espécies são menos comuns. *Staphylococcus saprophyticus* representa uma causa relativamente comum de infecções do trato urinário em mulheres jovens, embora raramente cause infecções em pacientes hospitalizados. Outras espécies são importantes na medicina veterinária.

Morfologia e identificação

A. Microrganismos típicos

Os estafilococos são células esféricas com cerca de 1 µm de diâmetro, dispostas em cachos irregulares (Figura 13-1). Também são observados como cocos isolados, aos pares, tétrades e cadeias em culturas líquidas. Os cocos jovens são fortemente Gram-positivos; com o envelhecimento, muitas células tornam-se Gram-negativas. Os estafilococos são imóveis e não formam esporos. Sob a influência de fármacos, como a penicilina, os estafilococos sofrem lise.

As espécies de *Micrococcus* são frequentemente semelhantes aos estafilococos. Elas são encontradas em forma de vida livre no ambiente e formando agrupamentos regulares de 4 (tétrades) ou 8 cocos. Suas colônias podem ser amarelas, vermelhas ou alaranjadas. Os micrococos raramente estão associados a doenças.

B. Cultura

Os estafilococos crescem rapidamente na maioria dos meios bacteriológicos, em condições aeróbias ou em microaerofilia. Eles crescem mais rapidamente a 37 °C, porém formam pigmentos com maior facilidade à temperatura ambiente (20-25 °C). Suas colônias em meio sólido são arredondadas, lisas, elevadas e brilhantes (Figura 13-2). Em geral, *S. aureus* forma colônias acinzentadas a amarelo-douradas intensas. No isolamento primário, as colônias de *S. epidermidis* costumam ser de cor cinza a branca; muitas colônias só apresentam pigmento após incubação prolongada. Não há produção de pigmento em condições anaeróbias ou em caldo. Vários graus de hemólise são provocados pelo *S. aureus* e ocasionalmente por outras espécies. As espécies de *Peptostreptococcus* e *Peptoniphilus*, que são cocos anaeróbios, frequentemente assemelham-se aos estafilococos quanto à sua morfologia. O gênero *Staphylococcus* contém duas espécies, *S. saccharolyticus* e *S. aureus* subsp. *anaerobius*, que inicialmente só crescem em condições de anaerobiose, mas tornam-se aerotolerantes em subculturas. Esse fenômeno também pode ser observado, mais raramente, em algumas amostras de *S. epidermidis*.

C. Características de crescimento

Os estafilococos produzem catalase, que os diferencia dos estreptococos. Eles podem fermentar lentamente carboidratos adicionados no meio, produzindo ácido láctico, mas não gás. A atividade proteolítica varia bastante de uma cepa para outra. Os estafilococos patogênicos produzem muitas substâncias extracelulares, que serão discutidas adiante.

---

*N. de T. A espécie *Staphylococcus aureus* é composta por duas subespécies: *Staphylococcus aureus* subsp. *aureus* e *Staphylococcus aureus* subsp. *anaerobius*.

**N. de T. Como mencionado em nota (ver Tabela 3-2), *Staphylococcus schleiferi* subsp. *schleiferi* também é coagulase-positivo.

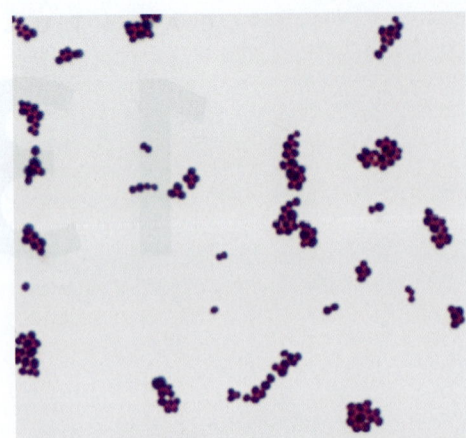

FIGURA 13-1 Coloração do *Staphylococcus aureus* pelo método de Gram mostrando cocos Gram-positivos em pares, tétrades e cachos. Ampliação do original de 1.000 ×. (Cortesia de L. Ching.)

Os estafilococos mostram-se relativamente resistentes a ressecamento, calor (suportam temperatura de 50 °C durante 30 minutos) e cloreto de sódio (NaCl) a 10%, porém são rapidamente inibidos por certas substâncias químicas, como hexaclorofeno a 3%.

Os estafilococos exibem sensibilidade variável a muitos antimicrobianos. A resistência pode ser causada por diferentes mecanismos:

1. A produção de β-lactamase, sob o controle de genes plasmidiais, é comum e torna os microrganismos resistentes a muitas penicilinas (penicilina G, ampicilina, piperacilina e similares). Os plasmídeos são transmitidos por transdução e talvez por conjugação.
2. A resistência à nafcilina (bem como à meticilina e à oxacilina) independe da produção de β-lactamase. A resistência à nafcilina é codificada e regulada por uma sequência de genes encontrados em uma região do cromossomo chamada de cassete cromossômico estafilocócico *mec* (*SCCmec*, do inglês *sta-*

phylococcal cassette chromosome mec). Os genes *mecA* e *mecC* nesse *locus* codificam especificamente uma proteína de ligação à penicilina (PBP, do inglês *penicillin-binding protein*) de baixa afinidade (PBP2a), que é responsável pela resistência. Existem 12 tipos diferentes de *SCCmec*. Os tipos I, II, III, VI e VIII são encontrados em *S. aureus* resistentes à meticilina e associados a infecções adquiridas em hospitais (HA-MRSA, do inglês *hospital-acquired methicillin-resistant S. aureus*) e podem conter genes que codificam resistência a outros antimicrobianos. O *SCCmec* tipo IV tem sido encontrado principalmente em cepas de *S. aureus* resistentes à meticilina adquiridas na comunidade (CA-MRSA, do inglês *community-acquired MRSA*), e tende a ser menos resistente e mais transmissível. Esse tipo de *SCCmec* também foi responsável por surtos epidêmicos na última década nos Estados Unidos e em alguns países da Europa. Os tipos IX e X são associados a amostras isoladas de animais (LA-MRSA, do inglês *livestock-associated MRSA*), e o tipo IX apresenta o gene *mecC*. Outros tipos têm a sua distribuição limitada em diferentes localizações geográficas no mundo.

3. Nos Estados Unidos, *S. aureus* e *S. lugdunensis* são considerados sensíveis à vancomicina se a concentração inibitória mínima (CIM) for de 2 μg/mL ou menos; de sensibilidade intermediária se a CIM for de 4 a 8 μg/mL; e resistente se a CIM for de 16 μg/mL ou mais. Cepas do *S. aureus* com sensibilidade intermediária à vancomicina foram isoladas no Japão, nos Estados Unidos e em alguns outros países. Essas cepas são conhecidas como VISA (do inglês *vancomycin-intermediate S. aureus*). Em geral, essas cepas de *S. aureus* têm sido isoladas de pacientes com infecções complexas que receberam terapia prolongada com vancomicina. Às vezes, há falha do tratamento com vancomicina. O mecanismo de resistência está associado a uma síntese aumentada de parede celular e alterações na parede celular, e não é provocado pelos genes *van* encontrados nos enterococos. As cepas de *S. aureus* com suscetibilidade intermediária à vancomicina costumam ser resistentes à nafcilina, mas em geral são sensíveis a oxazolidinonas e a quinupristina-dalfopristina.

4. Desde 2002, diversas cepas de *S. aureus* resistentes à vancomicina (VRSA, do inglês *vancomycin-resistant S. aureus*) (CIMs ≥ 16 μg/mL) foram isoladas de pacientes nos Estados Unidos. Essas amostras continham o gene de resistência à vancomicina *vanA* dos enterococos (ver Capítulo 14) e o gene *mecA* de resistência à nafcilina (ver anteriormente). Essas cepas eram sensíveis a outros antimicrobianos. A resistência à vancomicina em *S. aureus* é uma grande preocupação no mundo inteiro.*

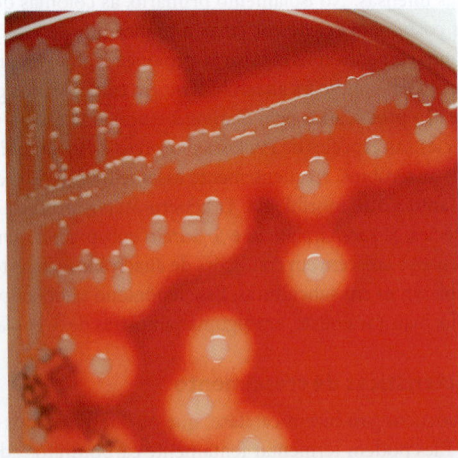

FIGURA 13-2 Colônias de *Staphylococcus aureus* em uma placa de ágar-sangue após incubação de 24 horas. As colônias amarelo-acinzentadas apresentam 3 a 4 mm de diâmetro em uma placa de 10 cm. As colônias são cercadas por zonas claras de hemólise de cerca de 1 cm de diâmetro. (Cortesia de H. Reyes.)

*N. de T. A história sobre a resistência de *S. aureus* pode ser contada por "ondas". O consumo indiscriminado da penicilina resultou na primeira onda, em 1940, com os primeiros casos de amostras hospitalares resistentes a esse antibiótico. Essas amostras apresentavam uma β-lactamase mediada pelo gene plasmidial *blaZ*. Em 1950, as amostras resistentes já eram epidêmicas. O uso das meticilinas marca o início da segunda onda. Os primeiros casos de MRSA ocorreram em 1960. A resistência já era mediada pelo gene cromossômico *mecA*. Entre os primeiros clones isolados e mais bem estudados está a amostra COL. Esses clones arcaicos circularam na Europa e nos Estados Unidos até a década de 1970. O início da terceira onda é marcado pelo aparecimento de amostras descendentes desses clones arcaicos (clone ibérico, clone romano e clone epidêmico brasileiro, entre outros) responsáveis por diferentes surtos na Europa, nos Estados Unidos e na América do Sul, incluindo o Brasil. A invasão de determinados clones de MRSA na comunidade em meados de 1990 marca a quarta onda, com os primeiros casos relatados na comunidade indígena da Austrália.

5. A resistência mediada por plasmídeos às tetraciclinas, às eritromicinas, aos aminoglicosídeos e a outros fármacos é frequente nos estafilococos.

6. O termo "tolerância" implica que os estafilococos são inibidos, mas não destruídos por um fármaco – isto é, existe uma grande diferença entre a concentração inibitória mínima e a concentração bactericida mínima de um antimicrobiano. Os pacientes com endocardite causada por *S. aureus* tolerante podem apresentar uma evolução clínica prolongada em comparação com os pacientes que têm endocardite provocada por *S. aureus* totalmente suscetível. Às vezes, a tolerância pode ser atribuída à ausência de ativação das enzimas autolíticas na parede celular.

D. Variação

Uma cultura de estafilococos contém algumas bactérias que diferem da maioria da população na expressão de determinadas características da colônia (tamanho, presença de pigmento, ocorrência de hemólise), na elaboração de enzimas, na resistência a fármacos e na patogenicidade. A expressão dessas características *in vitro* é influenciada pelas condições de crescimento. Quando *S. aureus* resistente à nafcilina é incubado a 37 °C em ágar-sangue, 1 a cada 10^7 microrganismos expressa resistência à nafcilina; quando incubado a 30 °C em ágar contendo NaCl a 2 a 5%, 1 a cada 10^3 microrganismos expressa essa resistência. Alguns isolados podem desenvolver alterações no seu fenótipo, como redução de tamanho (colônias puntiformes) e perda da hemólise. Essas amostras são referidas como variantes de pequenas colônias (SCVs, do inglês *small colony variants*), e as variações nas características fenotípicas permitem a sobrevivência intracelular, favorecendo a persistência e resultando em infecções crônicas.

Estrutura antigênica

Staphylococcus aureus apresenta uma extraordinária capacidade adaptativa. O sequenciamento do genoma total de várias amostras (www.ncbi.nlm.nih.gov/genome/genomes/154) contribuiu para o nosso conhecimento de várias estruturas, toxinas e enzimas que esse organismo desenvolveu ao longo do tempo. Esse microrganismo adquiriu muitos elementos genéticos móveis (p. ex., sequências de inserção, transpósons etc.) que determinam tanto a patogenicidade quanto a resistência antimicrobiana (ver a seção "Regulação dos determinantes da virulência").

Os estafilococos contêm polissacarídeos e proteínas antigênicas, bem como outras substâncias importantes na estrutura da parede celular. O peptidoglicano, um polímero de polissacarídeos contendo subunidades ligadas, proporciona o rígido exoesqueleto da parede celular e fixa as adesinas (ver a seguir). O peptidoglicano pode ser clivado na presença de ácidos fortes e de lisozima. Esse processo é importante na patogênese da infecção: isso induz a produção de interleucina (IL)-1 (pirogênio endógeno) e de anticorpos opsônicos pelos monócitos. Além disso, pode atuar como quimioatraente para os leucócitos polimorfonucleares, apresenta atividade semelhante à de uma endotoxina e ativa o complemento. A montagem do peptidoglicano é um alvo dos agentes antimicrobianos β-lactâmicos e glicopeptídeos.

Os ácidos teicoicos, que são polímeros polirribitol-fosfato, são ligados de maneira cruzada ao peptidoglicano e são antigênicos. Essas moléculas são importantes no metabolismo da parede celular.

Em pacientes com endocardite ativa causada por *S. aureus*, pode-se verificar a presença de anticorpos contra o ácido teicoico detectáveis por difusão em gel.

A proteína A é um componente da parede celular de amostras de *S. aureus*, sendo caracterizada como uma proteína de superfície dentro do grupo de adesinas, denominadas *componentes de superfície microbiana reconhecedores de moléculas adesivas de matriz* (MSCRAMMs, do inglês *microbial surface components recognizing adhesive matrix molecules*). A fixação bacteriana à célula hospedeira é mediada por MSCRAMMs, sendo estes importantes fatores de virulência. A proteína A liga-se à porção Fc das moléculas de IgG, exceto IgG3. A porção Fab da IgG ligada à proteína A permanece livre para combinar-se com um antígeno específico. A proteína A tornou-se um importante reagente em imunologia e na tecnologia laboratorial diagnóstica. Assim, por exemplo, a proteína A, ligada a moléculas de IgG dirigidas contra um antígeno bacteriano específico, aglutina bactérias que apresentam esse antígeno em sua superfície ("**coaglutinação**" [*clumping factor*]). Outro importante MSCRAMM é o fator de agregação* presente na superfície da parede celular. O fator de agregação se liga, de forma não enzimática, ao fibrinogênio e a plaquetas, resultando em agregação da bactéria. Existem muitos outros MSCRAMMs para serem descritos (ver referências), os quais desempenham importantes funções na colonização e na invasão de *S. aureus* em infecções importantes como endocardites.

A maioria das amostras clínicas de *S. aureus* é dotada de cápsulas de origem polissacarídica que inibem a fagocitose por leucócitos polimorfonucleares, a menos que haja anticorpos específicos. Pelo menos 11 sorotipos já foram identificados, e os sorotipos 5 e 8 são responsáveis pela maioria das infecções. Esses tipos capsulares são alvos para vacinas conjugadas. Testes sorológicos apresentam utilidade limitada na identificação dos estafilococos.

Enzimas e toxinas

Os estafilococos podem causar doença em virtude de sua capacidade de multiplicação e ampla disseminação nos tecidos, bem como pela produção de muitas substâncias extracelulares. Algumas dessas substâncias são enzimas e outras são consideradas toxinas, embora possam atuar como enzimas. Muitas toxinas estão sob o controle genético de plasmídeos; outras podem estar sob controle tanto cromossômico quanto extracromossômico. Em outros casos, o mecanismo de controle genético não está bem definido.

A. Catalase

Os estafilococos produzem catalase, que converte o peróxido de hidrogênio em água e oxigênio. O teste da catalase diferencia os estafilococos, que são positivos, dos estreptococos, que são negativos.

B. Coagulase e fator de agregação

Staphylococcus aureus produz uma coagulase extracelular (coagulase livre), uma proteína semelhante a enzima que coagula o plasma oxalatado ou citratado. A coagulase liga-se à protrombina e, juntas, tornam-se enzimaticamente ativas, iniciando a polimerização da fibrina. A coagulase pode depositar fibrina na superfície dos estafilococos, interferindo na ingestão por células fagocíticas ou na sua

---

*N. de T. O fator de agregação também é denominado coagulase ligada.

destruição no interior dessas células. A produção de coagulase é considerada sinônimo de potencial patogênico invasivo.

O **fator de agregação** é ligado à parede celular e é outro exemplo de MSCRAMM (ver anteriormente), que é responsável pela aderência dos organismos ao fibrinogênio e à fibrina. Quando misturados com o plasma, os *S. aureus* formam agregados. O fator de agregação é distinto da coagulase. Uma vez que induz uma forte resposta imunogênica do hospedeiro, esse antígeno tem sido investigado como possível candidato a uma vacina. Contudo, até o momento, nenhuma vacina humana baseada nesse fator está disponível.

C. Outras enzimas

Outras enzimas produzidas pelos estafilococos são a hialuronidase, ou fator de propagação – uma estafiloquinase que provoca fibrinólise, mas tem ação muito mais lenta que a estreptoquinase, as proteinases, as lipases e a β-lactamase.

D. Hemolisinas

Staphylococcus aureus apresenta quatro hemolisinas, que são reguladas pelo gene *agr* (ver a seção "Regulação dos determinantes da virulência"). A α-hemolisina é uma proteína heterogênica que tem ação sobre vários tipos eucarióticos de membrana celular. A β-toxina degrada a esfingomielina, sendo, portanto, tóxica para muitos tipos de célula, inclusive os eritrócitos humanos. A δ-toxina é heterogênea, dissociando-se em subunidades em detergentes não iônicos. Ela desestrutura membranas biológicas e pode ter um papel nas doenças diarreicas causadas por *S. aureus*. A γ-hemolisina é uma leucocidina que lisa leucócitos, sendo composta por duas proteínas denominadas S e F. Essa hemolisina pode interagir com duas proteínas, compreendendo a leucocidina de Panton-Valentine (PVL; ver discussão adiante), para formar seis potenciais toxinas de dois componentes. Todas essas seis toxinas proteicas são capazes de lisar, de maneira eficiente, os leucócitos pela formação de poros nas membranas intracelulares, o que aumenta a permeabilidade dos cátions. Isso leva a uma liberação maciça de mediadores inflamatórios, como a IL-8, leucotrienos e histamina, que são responsáveis por necrose e inflamação grave.

E. Leucocidina de Panton-Valentine

A toxina PVL do *S. aureus* possui dois componentes que, ao contrário das hemolisinas codificadas cromossomicamente, são codificadas por um fago móvel. Essa toxina pode lisar os leucócitos humanos e de coelhos. Os dois componentes, designados como S e F, atuam sinergisticamente na membrana dos leucócitos, como descrito anteriormente para a γ-toxina. Essa toxina constitui um importante fator de virulência em infecções causadas por CA-MRSA.

F. Toxinas esfoliativas

As toxinas epidermolíticas do *S. aureus* são compostas por duas proteínas de massa molecular (MM) igual. A toxina esfoliativa A (esfoliatina) é codificada pelo gene *eta* localizado em um fago, sendo termoestável (resiste à fervura por 20 minutos). A esfoliatina B é mediada por plasmídeo, e é termolábil. Essas toxinas epidermolíticas produzem descamação generalizada na síndrome estafilocócica da pele escaldada por dissolução da matriz mucopolissacarídica da epiderme. As toxinas são **superantígenos** (ver Capítulo 8).

G. Toxina da síndrome do choque tóxico

A maioria das cepas de *S. aureus* isoladas de pacientes com a síndrome do choque tóxico produz uma toxina denominada **toxina 1 da síndrome do choque tóxico** (TSST-1, do inglês *toxic shock syndrome toxin-1*), semelhante à enterotoxina F. A TSST-1 é o protótipo de um **superantígeno** (ver Capítulo 9). Essa toxina se liga a moléculas do complexo principal de histocompatibilidade (MHC, do inglês *major histocompatibility complex*) de classe II, levando à estimulação das células T, que promove as inúmeras manifestações da síndrome do choque tóxico. A toxina está associada a febre, choque e comprometimento multissistêmico, inclusive erupção cutânea descamativa. O gene da TSST-1 é encontrado em cerca de 20% dos isolados de *S. aureus*, inclusive em MRSA.

H. Enterotoxinas

Há 15 enterotoxinas (A-E, G-P) que, assim como a TSST-1, são superantígenos. Aproximadamente 50% das cepas de *S. aureus* podem produzir uma ou mais enterotoxinas. As enterotoxinas são termoestáveis e resistem à ação das enzimas intestinais. Importante causa da intoxicação alimentar, as enterotoxinas são produzidas quando *S. aureus* cresce em alimentos que contêm carboidratos e proteínas. A ingestão de 25 µg de enterotoxina B resulta em vômitos e diarreia. É provável que o efeito emético da enterotoxina resulte da estimulação do sistema nervoso central (centro dos vômitos) após a toxina atuar sobre receptores neurais no intestino.

Os genes das toxinas esfoliativas, da TSST-1 e das enterotoxinas estão em um elemento cromossômico chamado de *ilha de patogenicidade*, que interage com elementos genéticos acessórios – bacteriófagos – para produzir as toxinas.

Patogênese

Os estafilococos, em particular *S. epidermidis*, são membros da microbiota normal da pele humana, das vias aéreas e do trato gastrintestinal. O estado de portador nasal do *S. aureus* é observado em 20 a 50% dos seres humanos. Os estafilococos também são encontrados regularmente no vestuário, nas roupas de cama e em outros fômites em ambientes humanos.

A capacidade patogênica de uma determinada cepa de *S. aureus* reside no efeito combinado dos fatores extracelulares e toxinas, juntamente com as propriedades invasivas da cepa. Em uma extremidade do espectro patológico, encontra-se a intoxicação alimentar estafilocócica, atribuível meramente à ingestão de enterotoxina pré-formada; no outro extremo, estão a bacteriemia estafilocócica e abscessos disseminados em todos os órgãos.

Staphylococcus aureus patogênico e invasivo produz coagulase, tendendo a formar um pigmento amarelo e ser hemolítico. Estafilococos não patogênicos e não invasivos, como *S. epidermidis*,* são coagulase-negativos e tendem a ser não hemolíticos. Esses microrganismos raramente produzem supuração, porém estão associados a infecções ortopédicas e cardiovasculares vinculadas a próteses ou causam infecções em imunossuprimidos. Podem ser refratários ao

---

*N. de T. *Staphylococcus epidermidis* pode ser considerado como um microrganismo oportunista, estando altamente relacionado a infecções por cateteres vasculares, endocardites relacionadas ao uso de próteses valvares, infecções urinárias em indivíduos com sonda vesical e infecções em indivíduos submetidos à diálise peritoneal, entre outros.

tratamento devido à formação de biofilmes.* *Staphylococcus lugdunensis* tem emergido como um patógeno associado a um espectro de infecções similar ao do *S. aureus*. Além disso, essas duas espécies compartilham características fenotípicas, como as hemolisinas e o fator de agregação. Em geral, *S. saprophyticus* não é pigmentado, mostra-se resistente à novobiocina e não é hemolítico, e causa infecções das vias urinárias em mulheres jovens.

Regulação dos determinantes da virulência

A expressão dos determinantes de virulência em estafilococos é regulada por diversos sistemas sensíveis que reagem aos sinais do ambiente. O primeiro desses sistemas consiste em duas proteínas (sistema de dois componentes), como o gene regulador acessório (*agr*, do inglês *accessory gene regulator*). Outros dois sistemas incluem as proteínas de ligação ao DNA (p. ex., proteínas Sar) e os pequenos RNAs reguladores (microRNAs; p. ex., RNAIII), os quais têm papéis importantes na regulação da expressão gênica. A ligação dos sensores a ligantes extracelulares específicos, ou a um receptor, resulta em uma cascata de fosforilação que leva à ligação do regulador a uma sequência de DNA específica. Esse processo resulta na ativação das funções de regulação-transcrição. Existem diversos sistemas regulatórios de dois componentes no *S. aureus*: o sistema *agr* (o mais bem descrito), o *saeRS*, o *srrAB*, o *arlSR* e o *lytRS*. Um resumo de como esses sistemas interagem está brevemente descrito a seguir.

O *agr* é essencial no controle de expressão gênica por *quorum-sensing*. Ele controla a expressão preferencial das adesinas de superfície (proteína A, coagulase e proteína de ligação ao fibrinogênio) e a produção de exoproteínas (toxinas como TSST-1), dependendo da fase de crescimento (e, portanto, da densidade bacteriana).

Em baixa densidade celular, o promotor P2 fica reprimido, e a transcrição da proteína transmembrânica (AgrB), do peptídeo precursor (AgrD), do sensor transmembrânico (AgrC) e do regulador da transcrição (AgrA) encontra-se em baixos níveis. À medida que a densidade celular aumenta durante a fase estacionária de crescimento, o sensor AgrC ativa o regulador AgrA. AgrA é uma proteína de ligação ao DNA que ativa o promotor P2 e o promotor P3. O promotor P3 inicia a transcrição da δ-hemolisina e de um efetor chamado RNAIII, que reprime a expressão das adesinas de superfície e ativa a secreção de exoproteínas em níveis transcricional e de tradução. *Agr* também é controlado positivamente por uma proteína de ligação ao DNA chamada SarA (codificada por *sar*) e possivelmente por outros sistemas regulatórios.

Até o momento, foram descritos pelo menos 10 sistemas reguladores de dois componentes, que afetam a expressão de genes de virulência e também estão envolvidos no controle metabólico. Aqueles envolvidos na virulência incluem *sae* (exoproteínas de *S. aureus*), *srrAB* (resposta respiratória estafilocócica), *arlS* (sensor de *locus* relacionado à autólise) e *lytRS*. *Sae* regula a expressão gênica em nível transcricional, sendo essencial para a produção de α-toxina, β-hemolisinas e coagulase. Sua atividade independe da atividade de *agr*. *SrrAB* é importante na regulação da expressão dos fatores de virulência influenciados pelo oxigênio do ambiente. O *locus arlSR* é importante no controle da autólise e diminui a ativação do *locus agr*. O *locus lytRS* também está envolvido na autólise. Discussões mais detalhadas sobre a regulação da patogênese podem ser encontradas na referência Que & Moreillon no final do capítulo.

Patologia

O protótipo de uma lesão estafilocócica é o furúnculo ou outros abscessos localizados. *Staphylococcus aureus* estabelecido em grupos, em um folículo piloso, provoca necrose tecidual (fator dermonecrótico). A coagulase produzida coagula a fibrina ao redor da lesão e no interior dos vasos linfáticos, resultando na formação de uma parede que limita o processo, sendo reforçada pelo acúmulo de células inflamatórias e, posteriormente, de tecido fibroso. No centro da lesão, ocorre liquefação do tecido necrótico (intensificada por hipersensibilidade tardia), e o abscesso "aponta" na direção da menor resistência. A drenagem do líquido do centro do tecido necrótico é seguida de lento preenchimento da cavidade por tecido de granulação, com cicatrização final.

A supuração focal (abscesso) é típica da infecção estafilocócica. A partir de qualquer foco, os microrganismos podem propagar-se, pelos vasos linfáticos e pela corrente sanguínea, para outras partes do corpo. A supuração no interior das veias, associada à trombose, constitui uma característica comum dessa disseminação. Na osteomielite, o foco primário de crescimento do *S. aureus* consiste, em geral, em um vaso sanguíneo terminal da metáfise de um osso longo, resultando em necrose do osso e supuração crônica. *Staphylococcus aureus* pode causar pneumonia, meningite, empiema, endocardite ou sepse, com supuração em qualquer órgão. Os estafilococos pouco invasivos estão envolvidos em muitas infecções cutâneas (p. ex., acne, piodermatite ou impetigo). Os cocos anaeróbios (espécies de *Peptostreptococcus*) participam das infecções anaeróbias mistas.

Os estafilococos também causam doença por meio da elaboração de toxinas, sem infecção invasiva aparente. A esfoliação bolhosa – a síndrome da pele escaldada – é causada pela produção de toxinas esfoliativas. A síndrome do choque tóxico está associada à TSST-1.

Manifestações clínicas

A infecção estafilocócica localizada aparece em forma de "espinha", infecção de folículo piloso ou abscesso. Em geral, verifica-se intensa reação inflamatória localizada e dolorosa que sofre supuração central e cicatriza rapidamente quando o pus é drenado. A parede de fibrina e células em torno do centro do abscesso tende a impedir a disseminação dos microrganismos, não devendo ser rompida por manipulação ou traumatismo.

---

*N. de T. A formação de biofilme é o principal fator de virulência de *S. epidermidis*, possibilitando a esse microrganismo colonizar rapidamente diferentes superfícies inanimadas, como cateteres e sondas, além de proteger da ação dos antimicrobianos. A produção do biofilme é basicamente realizada em duas etapas. A primeira é adesão das células bacterianas à superfície, e a segunda é a acumulação. Na primeira, ocorrem interações físico-químicas e hidrofóbicas. Diferentes proteínas bacterianas auxiliam nessa fase, como proteínas de superfície de *Staphylococcus* (SSP1 e SSP2) que se ligam a poliestireno e a proteínas de matriz extracelular. Além disso, atuam nesse processo outras proteínas, como BAP (proteína associada a biofilme) e PS/A (polímero adesina-capsular). A segunda etapa na formação do biofilme envolve a multiplicação, a aderência intercelular e a formação da matriz do biofilme, que consiste em um material polissacarídico. Desse processo, participam a proteína AAP (proteína associada à acumulação) e a molécula polissacarídica PIA (adesina polissacarídica intercelular), que é o componente mais abundante do *slime*. Outros fatores de virulência incluem hemolisinas, metaloproteases, lipases, proteases e bacteriocinas.

A infecção por *S. aureus* também pode resultar da contaminação direta de uma ferida, como infecção estafilocócica pós-operatória da ferida ou infecção após traumatismo (osteomielite crônica após fratura exposta, meningite após fratura do crânio).

Se houver disseminação do *S. aureus* e bacteriemia, pode ocorrer endocardite, osteomielite hematogênica aguda, meningite ou infecção pulmonar. O quadro clínico assemelha-se ao observado em outras infecções hematogênicas. A localização secundária em determinado órgão ou sistema é acompanhada de sinais e sintomas de disfunção orgânica, bem como intensa supuração focal.

A intoxicação alimentar causada por enterotoxina estafilocócica caracteriza-se por um curto período de incubação (1–8 horas), fortes náuseas, vômitos e diarreia, assim como rápida convalescença. Não ocorre febre.

A síndrome do choque tóxico manifesta-se por início abrupto com febre alta, vômitos, diarreia, mialgias, erupção escarlatiniforme e hipotensão, com insuficiência cardíaca e renal nos casos mais graves. Com frequência, essa síndrome ocorre até 5 dias após o início da menstruação em mulheres jovens que usam absorventes internos de alta absorção, mas também é observada em crianças e em homens com infecções de feridas por estafilococos. A síndrome pode ter recidiva. *Staphylococcus aureus* associado à síndrome do choque tóxico pode ser encontrado na vagina, em absorventes internos, feridas ou outras infecções localizadas, ou na garganta, mas quase nunca na corrente sanguínea.

Exames diagnósticos laboratoriais

A. Amostras

São amostras apropriadas para cultivo: pus coletado por *swab* de superfície ou aspirado a partir de um abscesso, sangue, aspirado endonasotraqueal, escarro expectorado ou líquido cerebrospinal para cultura, dependendo da localização do processo infeccioso. A nasofaringe anterior é a região para coleta de material por *swab* para determinação de colonização nasal, tanto por cultura clássica quanto por testes de amplificação do ácido nucleico.

B. Esfregaços

Estafilococos típicos aparecem como cocos Gram-positivos em aglomerados, em esfregaços corados de pus ou escarro. É impossível diferenciar um microrganismo ECN (p. ex., *S. epidermidis*) do *S. aureus* patogênico a partir de um esfregaço.

C. Cultura

As amostras semeadas em placas de ágar-sangue produzem colônias típicas em 18 horas a 37 °C, porém a hemólise e a formação de pigmento podem não ocorrer em um prazo de alguns dias, sendo seu aparecimento ótimo à temperatura ambiente. *Staphylococcus aureus*, mas não outros estafilococos, fermenta o manitol. As amostras contaminadas com microbiota mista podem ser cultivadas em meio que contenha NaCl a 7,5%;* o sal inibe a maior parte da microbiota normal, mas não *S. aureus*. O ágar manitol salgado ou diferentes meios cromogênicos disponíveis comercialmente podem ser utilizados para a pesquisa de portadores nasais assintomáticos

de *S. aureus* ou para isolar esse microrganismo de amostras respiratórias de pacientes com fibrose cística.

D. Teste da catalase

Esse teste é usado para detectar a presença de enzimas citocromo-oxidase. Deposita-se 1 gota de solução de peróxido de hidrogênio a 3% sobre uma lâmina e acrescenta-se uma pequena quantidade do crescimento bacteriano na solução. A formação de bolhas (liberação de oxigênio) indica resultado positivo no teste.

E. Teste da coagulase

O plasma citratado de coelhos (ou de seres humanos), diluído a 1:5, é misturado com um volume igual de caldo de cultura ou crescimento de colônias em ágar, sendo incubado a 37 °C. Um tubo de plasma misturado com caldo estéril é incluído como controle.** Se houver a formação de coágulos em 1 a 4 horas, o resultado do teste será positivo. O teste de aglutinação em látex ou aglutinação são mais convenientes e, na maioria dos casos, mais sensíveis na diferenciação entre *S. aureus* e os ECNs. Esses testes detectam a proteína A e o fator de agregação. Alguns testes também apresentam anticorpos monoclonais contra polissacarídeo capsular.

F. Teste de sensibilidade

Os laboratórios clínicos adotam métodos recomendados pelo Clinical and Laboratory Standards Institute (CLSI) ou pelo European Committee on Antimicrobial Susceptibility Testing (EUCAST)*** para a realização de testes de suscetibilidade para os estafilococos. A microdiluição em caldo usando métodos comerciais manuais ou automatizados, ou testes de sensibilidade por difusão em disco (TSA), devem ser realizados rotineiramente em isolados estafilocócicos de infecções clinicamente significativas. É possível prever a resistência à penicilina G pelo resultado do teste positivo para a β-lactamase. Cerca de 90% de *S. aureus* produzem β-lactamase. A resistência à nafcilina (e à oxacilina, bem como à meticilina) ocorre em cerca de 65% dos *S. aureus* e em aproximadamente 75% dos isolados de *S. epidermidis*. A resistência à nafcilina se correlaciona com a presença de *mecA* ou *mecC*, os genes que codificam para uma proteína de ligação à penicilina (PBP2a), que não é afetada pelos β-lactâmicos. Esses genes podem ser detectados usando a técnica de reação em cadeia da polimerase (PCR, do inglês *polymerase chain reaction*) ou outro teste baseado na amplificação do ácido nucleico. Vários sistemas aprovados pela Food and Drug Administration (FDA) combinam a identificação e a detecção do gene *mecA*, como marcador de resistência, diretamente de hemoculturas positivas. Dois exemplos são o teste Verigene® (Luminex, Inc., Chicago, IL) e o teste BioFire FilmArray® BCID (Biomerieux, Durham, NC). Alternativamente, um ensaio para o produto do gene *mecA*, a PBP2a, está disponível comercialmente e é muito mais rápido do

---

*N. de T. Deve-se ter em mente que essa concentração de NaCl também permite o crescimento de *Enterococcus*, mas que são facilmente diferenciados pela morfologia colonial e por outras provas bioquímicas.

**N. de T. O teste deve ser lido após 4 horas de incubação. Testes negativos devem ser lidos após 24 horas para visualizar amostras positivas fracas. Além disso, devem ser mantidos em temperatura ambiente, pois algumas amostras podem produzir fibrolisina, que cliva a rede de fibrina induzida pela coagulase, produzindo resultados falso-negativos.

***N. de T. No Brasil, o Ministério da Saúde, juntamente com a Agência Nacional de Vigilância Sanitária (Anvisa), recomenda a adoção das normas preconizadas pelo Comitê Brasileiro de Testes de Sensibilidade aos Antimicrobianos (BrCAST), que é membro permanente do EUCAST.

que a PCR para *mecA* ou do que o teste de resistência usando métodos fenotípicos tradicionais.

Ao usar a difusão em disco para detectar a resistência à nafcilina, o teste em disco com cefoxitina é recomendado para testar *S. aureus*, *S. lugdunensis* e *S. saprophyticus*. Tamanhos de zona inferiores a 22 mm indicam resistência. Ao usar a microdiluição em caldo, a oxacilina ou a cefoxitina podem ser utilizadas para detectar a resistência à oxacilina. Se o último fármaco for testado, NaCl a 2% é adicionado ao meio e o teste deve ser incubado por 24 horas a 35 °C.

Um microrganismo positivo para *mecA* ou *mecC*, ou que seja fenotipicamente resistente à nafcilina, à oxacilina ou à meticilina, também é resistente a todas as penicilinas, carbapenêmicos e cefalosporinas de amplo espectro, com exceção da ceftarolina, uma nova cefalosporina com atividade contra o MRSA.

G. Testes sorológicos e tipagem

Os testes sorológicos para o diagnóstico de infecções por *S. aureus* têm pouco valor prático.

Os padrões de sensibilidade a antibióticos mostram-se úteis na avaliação das infecções por *S. aureus* e para determinar se vários isolados do *S. epidermidis* de hemoculturas representam bacteriemia causada pela mesma cepa, disseminada por um nicho de infecção.

As técnicas de tipagem molecular têm sido utilizadas para documentar a disseminação de clones do *S. aureus* produtores de doença epidêmica. A eletroforese em gel de campo pulsado e a tipagem por sequenciamento de múltiplos *loci* são altamente discriminativas. A tipagem do gene *spa* é menos discriminatória, mas mais fácil de ser realizada.

Tratamento

A maioria dos indivíduos abriga estafilococos na pele, no nariz ou na garganta. Mesmo que fosse possível remover da pele os estafilococos (p. ex., no eczema), ocorreria reinfecção quase imediatamente por perdigotos. Como os microrganismos patogênicos se disseminam geralmente a partir de uma lesão (p. ex., furúnculo) para outras áreas da pele por meio dos dedos e das roupas, é importante proceder a uma rigorosa assepsia local para controlar a furunculose recidivante.

As infecções cutâneas múltiplas graves (acne, furunculose) ocorrem mais frequentemente em adolescentes. Verifica-se a ocorrência de infecções cutâneas semelhantes em pacientes que recebem tratamento prolongado com corticosteroides. Na acne, as lipases dos estafilococos e das corinebactérias liberam ácidos graxos dos lipídeos e, assim, causam irritação tecidual. As tetraciclinas são utilizadas para tratamento em longo prazo.

Abscessos e outras lesões supurativas fechadas são tratados por drenagem, que é essencial, e terapia com antimicrobianos. Muitos desses antibióticos apresentam algum efeito contra os estafilococos *in vitro*, mas é difícil erradicar os estafilococos patogênicos dos indivíduos infectados, visto que esses microrganismos desenvolvem resistência a muitos antimicrobianos rapidamente. Além disso, esses fármacos não conseguem atuar na parte necrótica central da lesão supurativa.

Também pode ser problemática a erradicação dos portadores assintomáticos nasais de *S. aureus*. Tem sido relatado algum sucesso com o tratamento de indivíduos colonizados com mupirocina intranasal. A literatura demonstra sucesso na redução de infecções pós-cirúrgicas e na prevenção de bacteriemia em pacientes hospitalizados e tratados com 5 dias de mupirocina, com ou sem banho usando clorexidina (um antisséptico tópico).

A osteomielite hematogênica aguda responde satisfatoriamente aos antimicrobianos. Na osteomielite crônica e recidivante, a drenagem cirúrgica e a remoção do osso morto são acompanhadas de administração prolongada de fármacos apropriados, embora seja difícil erradicar os estafilococos infectantes. Oxigênio hiperbárico e aplicação de retalhos miocutâneos vascularizados ajudam na cicatrização em caso de osteomielite crônica.

A bacteriemia, a endocardite, a pneumonia e outras infecções causadas por *S. aureus* exigem tratamento intravenoso prolongado com penicilina resistente à β-lactamase. Com frequência, a vancomicina é reservada para os estafilococos resistentes à nafcilina. Nos últimos anos, o aumento da CIM à vancomicina, entre diversas cepas de MRSA isoladas de pacientes hospitalizados, levou os clínicos a procurar outras terapias. Os agentes alternativos para o tratamento de bacteriemias e endocardites por MRSA incluem novos antimicrobianos, como a daptomicina, a linezolida e a quinupristina-dalfopristina (ver Capítulo 28). Além disso, esses agentes podem ser bactericidas e oferecem alternativas quando alergias impedem o emprego de outros compostos ou quando ocorrer falha clínica no tratamento. Entretanto, o uso desses agentes deve ser discutido com os infectologistas e os farmacêuticos, pois os efeitos colaterais e a farmacocinética são característicos de cada agente. Uma nova classe de cefalosporinas denominada ceftarolina, que apresenta atividade contra MRSA (outras bactérias Gram-positivas e algumas Gram-negativas), foi aprovada para o tratamento de infecções cutâneas de tecidos moles e de pneumonias adquiridas na comunidade. Quando combinado com daptomicina, esse antimicrobiano pode servir como tratamento da bacteriemia. Se a infecção for causada por *S. aureus* não produtor de β-lactamase, a penicilina G é o fármaco de escolha, mas atualmente essas cepas de *S. aureus* raramente são encontradas.

É difícil curar as infecções por *S. epidermidis*, visto que esse microrganismo pode colonizar próteses e formar biofilme. *Staphylococcus epidermidis* é mais frequentemente resistente a antimicrobianos do que *S. aureus*. Cerca de 75% das cepas de *S. epidermidis* são resistentes à nafcilina. Vários agentes mais novos que têm atividade contra ECNs, *Staphylococcus aureus* suscetível à meticilina (MSSA, do inglês *methicillin-susceptible Staphylococcus aureus*) e MRSA foram recentemente liberados pela FDA para o tratamento de infecções cutâneas. Estes incluem a dalbavancina (um lipoglicopeptídeo intravenoso de ação prolongada), o fosfato de tedizolida (uma oxazolidinona intravenosa e oral, semelhante ao linezolida) e a oritavancina (um glicopeptídeo semissintético).

Devido à frequência de cepas resistentes a fármacos, é conveniente fazer antibiogramas com os estafilococos isolados para ajudar na escolha dos fármacos sistêmicos. A resistência a fármacos do grupo da eritromicina tende a surgir tão rapidamente que eles não devem ser utilizados isoladamente no tratamento de infecção crônica. A resistência a fármacos (penicilinas, tetraciclinas, aminoglicosídeos, eritromicinas, entre outros) determinada por plasmídeos pode ser transmitida entre os estafilococos por transdução e, talvez, por conjugação.

As cepas de *S. aureus* resistentes à penicilina G, provenientes de infecções clínicas, sempre produzem penicilinase. Atualmente, essas cepas constituem mais de 95% dos *S. aureus* comunitários isolados nos Estados Unidos. Elas são frequentemente suscetíveis às penicilinas resistentes à β-lactamase, às cefalosporinas ou à vancomicina. A resistência à nafcilina é independente da produção de β-lactamase, e sua incidência clínica varia muito em diferentes países e em diferentes momentos. A pressão seletiva dos antimicrobianos resistentes a β-lactamases pode não constituir o único determinante na resistência a esses fármacos. Na Dinamarca, por exemplo, *S. aureus* resistente à nafcilina representou 40% dos microrganismos isolados em 1970 e apenas 10% em 1980, sem qualquer alteração notável no uso da nafcilina ou de fármacos semelhantes. Nos Estados Unidos, *S. aureus* resistente à nafcilina foi responsável por apenas 0,1% dos microrganismos isolados em 1970, mas, na década de 1990, passou a constituir 20 a 30% dos microrganismos isolados de infecções em alguns hospitais. Atualmente, cerca de 60% de *S. aureus* nosocomiais entre pacientes de unidades de terapia intensiva (UTIs) nos Estados Unidos são resistentes à nafcilina. Felizmente, os isolados de *S. aureus* de sensibilidade intermediária à vancomicina têm sido relativamente incomuns, e o isolamento de cepas resistentes à vancomicina é raro.

Epidemiologia e controle

Os estafilococos são patógenos humanos ubíquos. As principais fontes de infecção consistem em lesões humanas, fômites contaminados por essas lesões, vias aéreas e pele humanas. A propagação da infecção por contato assumiu maior importância nos hospitais, onde grande proporção da equipe e dos pacientes abriga estafilococos resistentes a antibióticos no nariz ou na pele. Embora a limpeza, a higiene e a manipulação asséptica das lesões possam controlar a disseminação dos estafilococos a partir das lesões, dispõe-se de poucos métodos para impedir a ampla disseminação dos estafilococos a partir dos portadores. Os aerossóis (p. ex., glicóis) e a irradiação ultravioleta do ar têm pouco efeito.

Nos hospitais, as áreas de maior risco de infecções estafilocócicas graves são os berçários, as UTIs, o centro cirúrgico e as enfermarias de quimioterapia para tratamento do câncer. A introdução maciça de *S. aureus* patogênico "epidêmico" nessas áreas pode resultar em doença clínica grave. Os indivíduos com lesões ativas por *S. aureus* e os portadores devem ser excluídos dessas áreas. Nesses indivíduos, a aplicação de antissépticos tópicos, como a mupirocina, no nariz ou no períneo, pode diminuir a disseminação de microrganismos perigosos. A rifampicina, associada a um segundo fármaco antiestafilocócico oral, às vezes proporciona supressão por longo tempo e possivelmente a eliminação do estado de portador nasal; em geral, essa forma de tratamento é reservada para os graves problemas de portador estafilocócico, visto que esses microrganismos têm a capacidade de desenvolver rapidamente resistência à rifampicina.

Para diminuir a transmissão dentro de hospitais, os pacientes de alto risco, como os internados em UTIs e pacientes transferidos para enfermarias de recuperação de pacientes crônicos, em que a prevalência é alta, precisam ser monitorados com frequência quanto à colonização das narinas anteriores. Os pacientes com culturas ou PCR positivas devem ser colocados sob precauções de contato (isolamento), a fim de minimizar a disseminação pelo manuseio por agentes de saúde. Os agentes de saúde devem seguir estritamente as normas de controle de infecção, usando luvas e lavando as mãos antes e depois do contato com o paciente.

No passado, o MRSA era limitado principalmente ao ambiente hospitalar. A disseminação mundial de alguns clones distintos de CA-MRSA e, agora, LA-MRSA resultou em um aumento de infecções de pele e tecidos moles e pneumonia necrosante, principalmente em pacientes mais jovens sem fatores de risco conhecidos para a aquisição de MRSA. Essas cepas parecem ser mais virulentas. Os isolados de CA-MRSA são caracterizados pela presença de PVL e pela presença de *SCCmec* tipo IV, o que pode explicar o aumento da suscetibilidade a outros agentes antimicrobianos em comparação com as cepas de MRSA associadas à assistência médica.

RESUMO DO CAPÍTULO

- As espécies de estafilococos são catalase-positivas e Gram-positivas, crescem em agregados e são habitantes comuns da pele e das mucosas de humanos e de diferentes animais.

- O principal patógeno do gênero *Staphylococcus* é o *S. aureus*. Esse microrganismo provoca hemólise em ágar-sangue, é positivo para o teste da coagulase e produz uma variedade de enzimas extracelulares e toxinas que o tornam virulento.

- *Staphylococcus aureus* apresenta um sistema regulatório complexo que responde a estímulos ambientais para a expressão de vários dos seus genes de virulência codificados em ilhas de patogenicidade.

- *Staphylococcus aureus* está associado a uma ampla variedade de infecções invasivas e toxigênicas. Os ECNs são menos virulentos e estão geralmente mais associados a infecções oportunistas (*S. epidermidis*) ou a síndromes específicas, como infecções causadas por *S. saprophyticus* e infecções do trato urinário.

- A resistência a antimicrobianos entre as espécies de *Staphylococcus* é bem ampla e é codificada por vários mecanismos, como a produção de β-lactamases, expressão de PBP alterada (PBP2a) e codificada pelo gene cromossômico *mecA*, *mecC* e outros determinantes de resistência.

QUESTÕES DE REVISÃO

1. Uma mulher de 54 anos de idade desenvolve um abscesso no ombro direito causado por uma cepa de *Staphylococcus aureus* resistente à nafcilina. Ela foi tratada durante 2 semanas com vancomicina intravenosa e melhorou. Após 3 semanas (na 5ª semana), a infecção reapareceu, e a paciente recebeu vancomicina intravenosa por mais 2 semanas, melhorando novamente. Depois de 4 semanas (na 11ª semana), a infecção retornou, e a paciente foi novamente submetida à vancomicina intravenosa. A concentração inibitória mínima (CIM) para a vancomicina dos isolados de *S. aureus* foi a seguinte: primeiro isolado (1º dia), 1 μg/mL; 5ª semana, 2 μg/mL; e 11ª semana, 8 μg/mL. A paciente não apresentou mais melhora no terceiro tratamento com vancomicina, e outra terapia foi empregada. O mecanismo que melhor explica a resistência à vancomicina da cepa do *S. aureus* dessa paciente é

   (A) Aquisição do gene *vanA* de outro microrganismo

   (B) Transporte ativo da vancomicina para fora da célula do *S. aureus*

   (C) Ação da β-lactamase

   (D) Síntese aumentada da parede celular e alterações na estrutura da parede celular

   (E) Fosforilação e resultante inativação da vancomicina

2. Um menino de 11 anos de idade desenvolve febre moderada e dor na parte superior de um braço. Uma radiografia do braço mostrou uma lesão lítica (dissolução) na parte superior do úmero com elevação periósitea sobre a lesão. O paciente foi encaminhado para cirurgia, e foi feito desbridamento da lesão (remoção de tecido ósseo morto

e pus). A cultura da lesão apresentou cocos Gram-positivos. Os testes culturais mostraram que o microrganismo era um estafilococo, e não um estreptococo. Com base nessa informação, você sabe que o microrganismo é

(A) Sensível à nafcilina
(B) β-Lactamase positivo
(C) Produtor de proteína A
(D) Encapsulado
(E) Catalase-positivo

3. Um homem de 36 anos de idade teve um abscesso com uma cepa do *S. aureus* β-lactamase-positivo. Isso indica que o microrganismo é resistente a quais dos seguintes antimicrobianos?

(A) Penicilina G, ampicilina e piperacilina
(B) Sulfametoxazol-trimetoprima
(C) Eritromicina, claritromicina e azitromicina
(D) Vancomicina
(E) Cefazolina e ceftriaxona

4. Há 7 dias, uma estudante de medicina de 27 anos de idade retornou da América Central, onde passou o verão trabalhando em uma clínica de atendimento a pessoas de uma comunidade indígena. Há 4 dias, ela desenvolveu uma erupção cutânea eritematosa semelhante a uma queimadura de sol. Ela também teve cefaleia, mialgia e cólicas abdominais com diarreia. A pressão sanguínea está em 70/40 mmHg. Ao exame pélvico, constatou-se que durante o período menstrual ela utilizou um absorvente interno; afora isso, o exame pélvico mostrou-se normal. Os testes de função renal (ureia e creatinina sérica) mostraram resultados alterados, indicando falência renal moderada. O teste em lâmina para malária deu resultado negativo. Sua doença provavelmente está sendo causada por uma

(A) Toxina que resulta em níveis mais altos de monofosfato de adenosina cíclico (AMPc) intracelular
(B) Toxina que degrada a esfingomielina
(C) Toxina que se liga ao complexo principal de histocompatibilidade (MHC) de classe II de uma célula apresentadora de antígeno e na região Vβ de uma célula T
(D) Toxina de dois componentes que forma poros em leucócitos e aumenta a permeabilidade aos cátions
(E) Toxina que bloqueia o fator de elongação 2 (EF2)

5. Em um período de 3 semanas, 5 recém-nascidos em uma enfermaria hospitalar desenvolveram infecção e bacteriemia por *S. aureus*. Todos os isolados tinham a mesma morfologia e propriedades hemolíticas das colônias e padrões idênticos de suscetibilidade antimicrobiana, sugerindo que eram a mesma amostra. (Métodos moleculares posteriores mostraram que os isolados eram o mesmo clone.) Qual das seguintes alternativas deve ser seguida agora?

(A) Tratamento profilático dos recém-nascidos com vancomicina intravenosa
(B) Isolamento protetor dos recém-nascidos
(C) Fechamento da enfermaria e transferência das mulheres grávidas para outro hospital
(D) Contratação de nova equipe para as enfermarias do hospital
(E) Cultura empregando ágar-manitol hipertônico das narinas anteriores dos médicos, das enfermeiras e de todos os que trabalham em contato direto com os bebês

6. Toxinas esfoliativas, TSST-1 e enterotoxinas são superantígenos. Os genes para essas toxinas estão

(A) Presentes em todas as cepas de *S. aureus*.
(B) Amplamente distribuídos no cromossomo dos estafilococos.
(C) Tanto no cromossomo (TSST-1 e toxinas esfoliativas) quanto nos plasmídeos (enterotoxinas) dos estafilococos.
(D) No cromossomo dos estafilococos em uma ilha de patogenicidade.
(E) Nos plasmídeos.

7. Em um paciente de 16 anos de idade que recebeu transplante de medula óssea foi instalado um cateter venoso central que permaneceu por 2 semanas. Também foi colocado um cateter urinário, igualmente por 2 semanas. O paciente desenvolveu febre, e seus leucócitos estavam muito baixos antes do transplante. Três hemoculturas foram feitas, e em todas houve o crescimento de *S. epidermidis*. Qual das seguintes afirmativas está correta?

(A) Os *S. epidermidis* isolados provavelmente são sensíveis à penicilina G.
(B) Os *S. epidermidis* isolados provavelmente estavam na superfície do cateter urinário.
(C) Os *S. epidermidis* isolados provavelmente são resistentes à vancomicina.
(D) Os *S. epidermidis* isolados provavelmente são originários da pele.
(E) Os *S. epidermidis* isolados provavelmente estão em um biofilme na superfície do cateter venoso central.

8. Um homem de 65 anos de idade desenvolve um abscesso na parte posterior do pescoço. A cultura mostra a presença de *S. aureus*. O isolado é testado e dá resultado positivo para o gene *mecA*, significando que o isolado é

(A) Sensível à vancomicina
(B) Resistente à vancomicina
(C) Sensível à nafcilina
(D) Resistente à nafcilina
(E) Sensível à clindamicina
(F) Resistente à clindamicina

9. A resistência aos antimicrobianos tornou-se um problema significativo. Qual das seguintes alternativas é uma das principais preocupações no mundo inteiro?

(A) Resistência à nafcilina em *S. aureus*
(B) Resistência à penicilina em *Streptococcus pneumoniae*
(C) Resistência à penicilina em *Neisseria gonorrhoeae*
(D) Resistência à vancomicina em *S. aureus*
(E) Resistência à tobramicina em *Escherichia coli*

10. Um grupo de 6 crianças menores de 8 anos vive em um país semitropical. Cada uma tem diversas feridas com crostas e lesões na pele decorrentes de impetigo (piodermite). As lesões predominam na área dos braços e na face. Qual dos seguintes microrganismos é o provável causador dessas lesões?

(A) *Escherichia coli*
(B) *Chlamydia trachomatis*
(C) *Staphylococcus aureus*
(D) *Streptococcus pneumoniae*
(E) *Bacillus anthracis*

11. Qual das seguintes afirmativas em relação ao papel da proteína A em infecções causadas por *S. aureus* está correta?

(A) Essa proteína é responsável pelo eritema na síndrome do choque tóxico.
(B) Converte o peróxido de hidrogênio em água e oxigênio.
(C) É uma potente enterotoxina.
(D) É diretamente responsável pela lise de neutrófilos.
(E) É uma proteína de superfície bacteriana que se liga à porção Fc de IgG1.

12. Qual dos seguintes estafilococos produz coagulase e está associado a infecções por mordida de cães?

(A) *Staphylococcus intermedius*
(B) *Staphylococcus epidermidis*
(C) *Staphylococcus saprophyticus*
(D) *Staphylococcus hominis*
(E) *Staphylococcus hemolyticus*

13. Todas as seguintes afirmações sobre PVL estão corretas, *exceto*

    (A) É uma toxina de dois componentes.

    (B) É normalmente produzida por cepas de MRSA adquiridas na comunidade (CA-MRSA).

    (C) É um importante fator de virulência.

    (D) É idêntica a uma das enterotoxinas estafilocócicas.

    (E) Forma poros nas membranas dos leucócitos.

14. Qual das seguintes afirmações descreve melhor a função do *agr* em *S. aureus*?

    (A) Esse gene regula a produção de β-hemolisinas.

    (B) É influenciado pelo oxigênio ambiental.

    (C) Controla a expressão preferencial de adesinas de superfície.

    (D) É importante no controle da autólise.

15. Todas as seguintes alternativas são importantes nas estratégias de controle de infecções para contenção da disseminação de MRSA em hospitais, *exceto*

    (A) Intensa higiene das mãos

    (B) Vigilância rotineira de colonização nasal em indivíduos de alto risco

    (C) Isolamento de pacientes que estão colonizados ou infectados por MRSA

    (D) Profilaxia antimicrobiana de rotina para todos os pacientes hospitalizados por mais de 48 horas

    (E) Manuseio asséptico de lesões de pele

Respostas

1. D	6. D	11. E
2. E	7. E	12. A
3. A	8. D	13. D
4. C	9. D	14. C
5. E	10. C	15. D

REFERÊNCIAS

Becker K, Ballhausen B, Kock R, Kriegeskorte A: Methicillin resistance in *Staphylococcus* isolates: the "mec alphabet" with specific consideration of mec, C a mec homolog associated with *S. aureus* lineages. *Int J Med Microbiol* 2014;304:794.

Que YA, Moreillon P: Chapter 196, *Staphylococcus aureus* (including staphylococcal toxic shock). In Bennett JE, Dolin R, Blaser MJ (editors). *Mandell, Douglas and Bennett's Principles and Practice of Infectious Diseases*, 8th ed. Churchill Livingstone, Elsevier, 2015.

Estreptococos, enterococos e outros gêneros relacionados

14

Os estreptococos, enterococos e microrganismos relacionados são bactérias cocoides Gram-positivas que formam pares ou cadeias durante o seu crescimento. Esses microrganismos estão amplamente distribuídos na natureza. Alguns são membros da microbiota humana normal, enquanto outros estão associados a doenças humanas importantes, atribuíveis diretamente a infecções ou indiretamente pela própria resposta imunológica contra esses patógenos. Os estreptococos elaboram uma variedade de substâncias extracelulares e enzimas.

Os estreptococos formam um grande grupo heterogêneo de bactérias, de modo que nenhum sistema é suficientemente adequado para classificá-los. No entanto, compreender a sua taxonomia é a chave para entender sua importância médica.

CLASSIFICAÇÃO DOS ESTREPTOCOCOS

Durante muitos anos, a classificação dos estreptococos em categorias principais tem sido baseada em uma série de observações: (1) morfologia das colônias e reações hemolíticas em ágar-sangue, (2) especificidade sorológica da substância da parede celular específica do grupo (antígenos de Lancefield) e outros antígenos capsulares ou da parede celular, (3) reações bioquímicas, bem como resistência a fatores físicos e químicos e (4) aspectos ecológicos. Mais recentemente, métodos moleculares têm substituído os métodos fenotípicos na identificação taxonômica desses microrganismos. A classificação dos estreptococos de importância médica está resumida na Tabela 14-1.

A. Hemólise

Muitos estreptococos são capazes de hemolisar hemácias *in vitro* em vários níveis. A completa ruptura dos eritrócitos com um clareamento em torno da região de crescimento bacteriano (colônia) é chamada de **β-hemólise**. A lise incompleta dos eritrócitos com a redução da hemoglobina e formação de um pigmento esverdeado denomina-se **α-hemólise**. Outros estreptococos são não hemolíticos (às vezes, são chamados de γ-hemolíticos).

Os padrões de hemólise em estreptococos de importância clínica para os seres humanos são mostrados na Tabela 14-1. Os estreptococos clinicamente importantes são comumente diferenciados com base no seu padrão de hemólise: estreptococos β-hemolíticos *versus* não hemolíticos.* Os estreptococos β-hemolíticos são também referidos

como estreptococos piogênicos, que incluem algumas espécies patogênicas a humanos, como *S. pyogenes*, *S. agalactiae* e *S. dysgalactiae*. A classificação dos padrões hemolíticos é usada principalmente com os estreptococos, embora outras bactérias que causam doenças também possam normalmente produzir uma variedade de hemolisinas.

B. Substância específica do grupo (classificação de Lancefield)

Este carboidrato encontra-se presente na parede celular de muitos estreptococos e forma as bases do grupamento sorológico nos **grupos de Lancefield A a H e K a U**. A especificidade sorológica de um carboidrato específico do grupo é determinada por um aminoaçúcar. Para os estreptococos do grupo A, uma ramnose-*N*-acetilglicosamina; para os do grupo B, um polissacarídeo ramnose-glicosamina; para os do grupo C, uma ramnose-*N*-acetilgalactosamina; para os do grupo D, um glicerol-ácido teicoico contendo D-alanina e glicose; e, para os do grupo F, uma glicopiranosil-*N*-acetilgalactosamina.

Extratos de antígenos específicos do grupo para o grupamento de estreptococos são preparados por uma variedade de métodos, incluindo extração de cultura centrifugada tratada com ácido clorídrico, ácido nitroso ou formamida; lise enzimática de células de estreptococos (p. ex., com pepsina ou tripsina); ou autoclavagem de suspensões celulares. Esses extratos contêm molécula específica do grupo carboidrato que produzirá reações de precipitação com antissoros específicos, o que possibilita o agrupamento de muitos estreptococos em grupos A a H e K a U. A tipagem é feita geralmente apenas para os grupos A, B, C, F e G (ver Tabela 14-1), que estão associados a doenças em seres humanos e para os quais há disponibilidade de reagentes que permitem a tipagem por meio de reações de aglutinação simples ou colorimétricas.

C. Polissacarídeos capsulares

A especificidade antigênica dos polissacarídeos capsulares é utilizada para classificar *S. pneumoniae* em mais de 90 tipos e tipar os estreptococos do grupo B (*S. agalactiae*).

D. Reações bioquímicas

Os testes bioquímicos consistem em reações de fermentação de açúcares, testes para a presença de enzimas e testes de sensibilidade ou resistência a determinados agentes químicos. Os testes bioquímicos são utilizados com mais frequência para classificação dos estreptococos após a observação do crescimento das colônias e de suas características hemolíticas. Os testes bioquímicos são utilizados

---

*N. de T. Deve-se ressaltar aqui que uma das principais bactérias associadas a pneumonias adquiridas na comunidade, o *Streptococcus pneumoniae*, é α-hemolítica. O padrão de hemólise pode ser útil na diferenciação do *S. pyogenes* (principal causador de faringite) dos estreptococos orais do grupo viridans.

TABELA 14-1 Características dos estreptococos clinicamente importantes

Nome	Substância específica do grupo[a]	Hemólise[b]	Hábitat	Critérios laboratoriais importantes	Doenças comuns e importantes
Estreptococos piogênicos					
Streptococcus pyogenes	A	β	Garganta, pele	Colônias grandes (> 0,5 mm), teste PYR[c] positivo, inibidas pela bacitracina	Faringite, impetigo, infecções de tecidos moles, bacteriemia, febre reumática, glomerulonefrite, choque tóxico
Streptococcus agalactiae	B	β	Trato urogenital, trato GI baixo	Hidrólise do hipurato, teste CAMP positivo[d]	Sepse neonatal e meningite, bacteriemia, ITU,[e] meningite em adultos
Streptococcus dysgalactiae subsp. *equisimilis*; outros	A, C, G	β (infecções humanas), α, nenhuma	Garganta	Colônias grandes (> 0,5 mm)	Faringite, infecções piogênicas similares às dos estreptococos do grupo A
Estreptococos viridans					
Grupo *Streptococcus bovis*[f]	D	Ausente	Cólon, trato biliar	Crescimento em presença de bile, hidrolisa a esculina, ausência de crescimento em NaCl a 6,5%, degrada amido	Endocardite, normalmente isolada no sangue em câncer de cólon, doença biliar
Grupo *Streptococcus anginosus* (*S. anginosus*, *Streptococcus intermedius*, *Streptococcus constellatus*)	F (A, C, G) e não tipável	α, β, ausente	Garganta, cólon, trato urogenital	Colônias pequenas (< 0,5 mm) variantes de espécies β-hemolíticas; os microrganismos do grupo A são resistentes à bacitracina e PYR-negativos; padrão de fermentação de carboidratos; arginina, esculina, VP-positivos[g]	Infecções piogênicas, incluindo abcessos pulmonares, hepáticos e cerebrais
Grupo mutans	Em geral, não tipáveis	α, ausente	Cavidade oral	Padrão de fermentação a carboidratos; esculina, VP-positivos	Cárie dental (*S. mutans*), endocardite, abscessos (com muitas outras espécies bacterianas)
Grupo mitis-sanguinis					
Streptococcus pneumoniae	Ausente	α	Nasofaringe	Suscetível à optoquina; colônias solúveis em bile; reação de Neufeld-Quellung positiva	Pneumonia, meningite, bacteriemia, otite média, sinusite
Streptococcus mitis	Ausente	α, ausente	Cavidade oral	VP-negativo;[g] padrões de fermentação de carboidratos	Endocardite, bacteriemia, sepse em indivíduos imunossuprimidos; alta resistência à penicilina
Grupo salivarius	Ausente	α, ausente	Cavidade oral	VP-negativo;[g] padrões de fermentação de carboidratos	Bacteriemia, endocardite, meningite

GI, gastrintestinal; NaCl, cloreto de sódio.

[a] Classificação de Lancefield.

[b] Hemólise observada em ágar-sangue de carneiro a 5% com incubação durante uma noite.

[c] Hidrólise de L-pirrolidonil-β-naftilamida (PYR).

[d] Teste de CAMP, Christie, Atkins, Munch-Peterson.

[e] ITU, infecção do trato urinário.

[f] Inclui as espécies humanas: *Streptococcus gallolyticus* subsp. *gallolyticus*; *Streptococcus gallolyticus* subsp. *macedonicus*; *Streptococcus gallolyticus* subsp. *pasteurianus*; *Streptococcus infantarius* subsp. *infantarius*.

[g] VP, Voges Proskauer; todos os estreptococos do grupo viridans são VP-positivos, exceto o grupo mitis.

para as espécies que geralmente não reagem com as preparações de anticorpos comumente empregadas para as substâncias específicas do grupo: os grupos A, B, C, F e G. Por exemplo, os estreptococos viridans são α-hemolíticos ou não hemolíticos e não reagem com os anticorpos comumente utilizados para a classificação de Lancefield. A determinação das espécies dos estreptococos viridans exige uma bateria de testes bioquímicos (ver Tabela 14-1). Como as reações bioquímicas são trabalhosas e muitas vezes têm resultados não confiáveis, os laboratórios capacitados a trabalhar com técnicas moleculares, como sequenciamento genético, ou que tenham implementado espectrometria de massa para a identificação do organismo (espectrometria de massa pela técnica de ionização por dessorção a *laser*, assistida por matriz seguida de análise por tempo de voo em sequência [MALDI-TOF MS, do inglês *matrix-assisted laser desorption ionization-time of flight mass spectrometry*]), estão substituindo os testes fenotípicos quando é necessária a identificação dos estreptococos viridans.

ESTREPTOCOCOS, ENTEROCOCOS E GÊNEROS RELACIONADOS DE INTERESSE MÉDICO

Os estreptococos e os enterococos mencionados a seguir são de particular relevância clínica.

STREPTOCOCCUS PYOGENES

A maioria dos isolados clínicos de estreptococos que apresentam o antígeno do grupo A é representada pelo *S. pyogene*s, que é um típico patógeno humano. Esse microrganismo será usado para ilustrar as características gerais e específicas do gênero. *Streptococcus pyogenes* é o principal patógeno humano associado à invasão local ou sistêmica e aos distúrbios imunológicos pós-estreptocócicos. É comum que *S. pyogenes* produza grandes zonas (1 cm de diâmetro) de β-hemólise ao redor de colônias com mais de 0,5 mm de diâmetro. Elas são PYR-positivas (hidrólise de L-pirrolidonil-β-naftilamida) e geralmente se mostram sensíveis à bacitracina.

Morfologia e identificação

A. Microrganismos típicos

Os cocos são esféricos ou ovoides, e estão dispostos em cadeias (Figura 14-1). Eles dividem-se em um plano perpendicular ao eixo longitudinal da cadeia. Os membros da cadeia frequentemente exibem um notável aspecto de diplococos, e em certas ocasiões são observadas formas semelhantes a bastonetes. O comprimento das cadeias varia amplamente, sendo condicionado por fatores ambientais. Os estreptococos são Gram-positivos; entretanto, à medida que a cultura envelhece e as bactérias morrem, perdem sua característica Gram-positiva e podem parecer Gram-negativos; para alguns estreptococos, essa transformação pode ocorrer depois de uma noite de incubação.

A maioria das cepas do grupo A (ver Tabela 14-1) produz cápsulas compostas por ácido hialurônico. Essas cápsulas são mais evidentes em culturas muito jovens e impedem a opsonização e a fagocitose. A cápsula de ácido hialurônico provavelmente desempenha um papel na virulência mais importante do que o que lhe é atribuído, juntamente com a proteína M, sendo considerados fatores importantes para o ressurgimento da febre reumática (FR) nos Estados Unidos nas décadas de 1980 e 1990. A cápsula se liga à proteína de ligação ao ácido hialurônico, CD44, presente em células epiteliais humanas. A ligação induz a ruptura das junções intercelulares, permitindo que os microrganismos permaneçam extracelulares como quando penetram no epitélio (ver Stollerman e Dale, 2008). As cápsulas de outros estreptococos (p. ex., *S. agalactiae* e *S. pneumoniae*) são diferentes. A parede celular do *S. pyogenes* contém proteínas (antígenos M, T, R), carboidratos (específicos do grupo) e peptidoglicanos. *Pili* finos e curtos podem ser observados

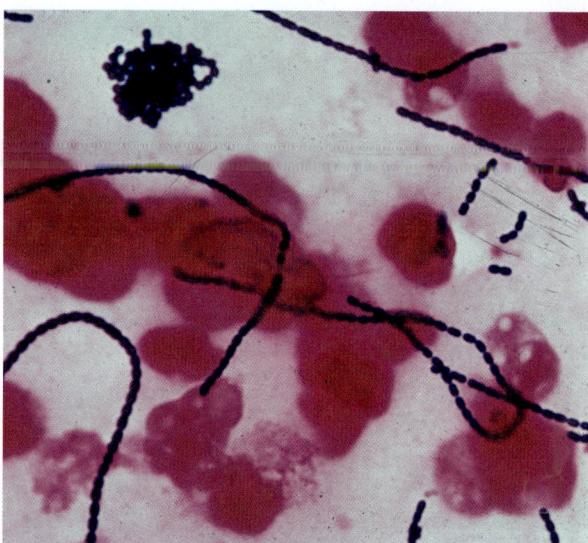

FIGURA 14-1   Crescimento de estreptococos em hemocultura, mostrando cocos Gram-positivos em cadeias. Ampliação do original de 1.000 ×.

atravessando a cápsula de estreptococos do grupo A. Os *pili* são parcialmente compostos pela proteína M e complexados com **ácido lipoteicoico**. Este último é importante na aderência dos estreptococos às células epiteliais.

B. Cultura

A maioria dos estreptococos cresce em meios sólidos formando colônias convexas, geralmente com 1 a 2 mm de diâmetro. *Streptococcus pyogenes* é β-hemolítico (Figura 14-2). Outras espécies têm características hemolíticas variáveis (ver Tabela 14-1).

C. Características de crescimento

A energia é obtida principalmente a partir da utilização de glicose, com o ácido láctico como produto final. O crescimento dos estreptococos tende a ser deficiente em meios sólidos ou em caldo, a não ser que sejam enriquecidos com sangue ou líquidos teciduais. As exigências nutricionais variam amplamente entre diferentes espécies. Os patógenos humanos são mais exigentes e necessitam de uma variedade de fatores de crescimento. O crescimento e a hemólise são favorecidos por incubação em CO_2 a 10%. A maioria dos estreptococos hemolíticos patogênicos cresce melhor a 37 °C. A maioria dos estreptococos consiste em anaeróbios facultativos e cresce em condições de aerobiose e anaerobiose.

D. Variação

Variantes das mesmas amostras de *Streptococcus* podem apresentar formas coloniais diferentes. Esse fenômeno é particularmente observado em amostras de *S. pyogenes* formando colônias opacas ou brilhantes. As colônias opacas consistem em microrganismos que produzem grandes quantidades de proteína M e geralmente são virulentos. As colônias brilhantes tendem a produzir pouca proteína M, e com frequência não são virulentas.

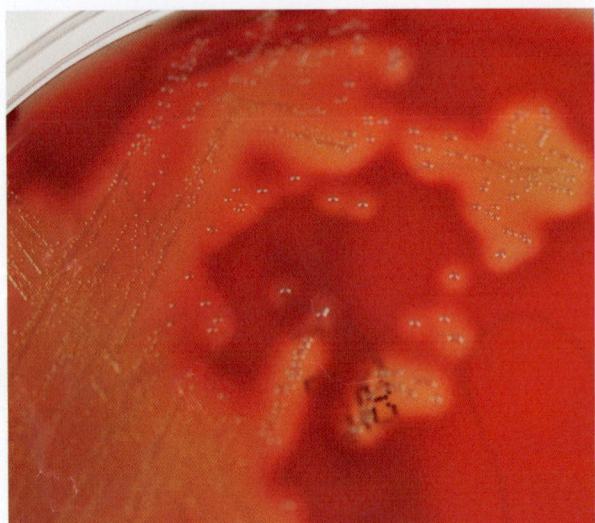

FIGURA 14-2 Estreptococos do grupo A β-hemolíticos (*S. pyogenes*) após crescimento durante uma noite em uma placa de ágar-sangue de carneiro a 5%. As colônias brancas pequenas (0,5-1 mm de diâmetro) estão circundadas por uma zona difusa de β-hemólise, de 7 a 10 mm de diâmetro. (Cortesia de H. Reyes.)

Estrutura antigênica

A. Proteína M

Essa molécula constitui o principal fator de virulência do *S. pyogenes*. A proteína M é uma estrutura filamentosa ancorada à membrana celular que penetra e se projeta para fora da parede celular dos estreptococos. Na presença dela, esses microrganismos são virulentos e, na ausência de anticorpos tipo M-específicos, são capazes de resistir à fagocitose pelos leucócitos polimorfonucleares, por meio da inibição da ativação do complemento por via alternativa. Os *S. pyogenes* que não têm proteína M não são virulentos. A imunidade à infecção por estreptococos do grupo A está relacionada à presença de anticorpos específicos que reconhecem proteína M. Como existem mais de 150 tipos de proteína M, um indivíduo pode contrair repetidas infecções por *S. pyogenes* de diferentes tipos M. Os estreptococos dos grupos C e G apresentam genes homólogos aos da proteína M do grupo A. Além disso, várias proteínas semelhantes à proteína M do grupo A foram descobertas em estreptococos dos grupos C e G.

A molécula da proteína M tem uma estrutura espiralada semelhante a um bastonete, que separa os domínios funcionais. Essa estrutura permite a ocorrência de um grande número de alterações de sequência, com manutenção de sua função, de modo que os imunodeterminantes da proteína M podem mudar facilmente.* Existem duas classes estruturais principais de proteína M: I e II.

A proteína M e talvez outros antígenos da parede celular dos estreptococos parecem desempenhar importante papel na patogênese da FR. As membranas das paredes celulares purificadas de estreptococos induzem a formação de anticorpos que reagem contra

---

*N. de T. Esse fenômeno é denominado variação antigênica e é um dos principais problemas na obtenção de uma imunidade protetora duradoura para um determinado patógeno e também para o desenvolvimento de uma vacina eficiente.

o sarcolema cardíaco humano; as características dos antígenos de reatividade cruzada não são claras. Um componente da parede celular dos tipos M selecionados induz a formação de anticorpos que reagem contra o tecido muscular cardíaco. Os domínios antigênicos conservados na proteína M da classe I exibem reação cruzada com o músculo cardíaco humano, sugerindo que esses determinantes antigênicos apresentem um importante papel na FR.

Toxinas e enzimas

Mais de 20 produtos extracelulares antigênicos são elaborados pelo *S. pyogenes*, como os mostrados a seguir.

A. Estreptoquinase (fibrinolisina)

A estreptoquinase é produzida por muitas cepas de estreptococos β-hemolíticos do grupo A. Essa enzima converte o plasminogênio do plasma humano em plasmina, uma enzima proteolítica ativa que digere a fibrina e outras proteínas, permitindo que a bactéria escape da rede de fibrina. Esse processo de clivagem pode ser afetado por inibidores séricos inespecíficos e por um anticorpo específico, a antiestreptoquinase. A estreptoquinase tem sido utilizada na clínica médica por via intravenosa no tratamento da embolia pulmonar, bem como de tromboses venosas e da artéria coronária.

B. Desoxirribonucleases

As desoxirribonucleases estreptocócicas A, B, C e D degradam o DNA (DNases) e, de forma semelhante às estreptoquinases, facilitam a disseminação dos estreptococos no tecido pela dissociação do exsudato mucopurulento. A atividade enzimática dessas moléculas pode ser medida pela diminuição da viscosidade de soluções contendo DNA. Os exsudatos purulentos devem sua viscosidade, em grande parte, à desoxirribonucleoproteína. Misturas de estreptoquinase e de DNases são utilizadas no "desbridamento enzimático", pois ajudam a liquefazer exsudatos e facilitam a remoção da secreção purulenta viscosa e do tecido necrótico, para que os agentes antimicrobianos tenham melhor acesso e as superfícies infectadas se recuperem mais rapidamente. Um anticorpo contra a DNase desenvolve-se após infecções estreptocócicas (limite normal = 100 unidades), em particular após infecções cutâneas.

C. Hialuronidase

A hialuronidase cliva o ácido hialurônico, um importante componente do tecido conectivo, ajudando, assim, na propagação dos microrganismos invasivos (fator de propagação). As hialuronidases são antigênicas e específicas de cada fonte bacteriana ou tecidual. Após infecção por microrganismos produtores de hialuronidase, anticorpos específicos são encontrados no soro.

D. Exotoxinas pirogênicas (toxina eritrogênica)

As exotoxinas pirogênicas são elaboradas por *S. pyogenes*. Existem três **exotoxinas pirogênicas estreptocócicas** antigenicamente distintas (**Spe**): **A**, **B** e **C**. A SpeA tem sido a mais amplamente estudada. É produzida por estreptococos do grupo A que transportam um fago lisogênico. As exotoxinas pirogênicas estreptocócicas foram associadas à **síndrome do choque tóxico por estreptococos** e à **escarlatina**. A maioria das cepas de estreptococos do grupo A isoladas de pacientes com a síndrome do choque tóxico produz SpeA ou tem o gene que a codifica. Contudo, apenas cerca de 15%

dos estreptococos do grupo A, isolados de pacientes com outras patologias, apresentam esse gene. A SpeC também pode contribuir para a síndrome, enquanto SpeB, uma potente protease, interfere na fagocitose. Os estreptococos do grupo A associados à síndrome do choque tóxico têm, primariamente, proteína M dos tipos 1 e 3.

As exotoxinas pirogênicas atuam como superantígenos, estimulando, de forma inespecífica, as células T pela sua ligação à região V_β do complexo principal de histocompatibilidade de classe II expresso na superfície da célula T. As células T ativadas liberam citocinas, que medeiam o choque e a lesão tecidual. Os mecanismos de ação parecem similares aos causados pela toxina-1 da síndrome do choque tóxico estafilocócico e pelas enterotoxinas estafilocócicas.

E. Hemolisinas

Streptococcus pyogenes β-hemolítico do grupo A expressa duas hemolisinas (estreptolisinas) que, além de provocarem lise à membrana de eritrócitos, causam danos a uma variedade de tipos celulares. A **estreptolisina O** é uma proteína (massa molecular [MM] de 60.000 Da [dáltons]) hemoliticamente ativa no estado reduzido (grupos SH disponíveis), porém rapidamente inativada na presença de oxigênio. A estreptolisina O é responsável por parte da hemólise observada quando o crescimento do microrganismo ocorre em picadas profundas no meio de cultura em placas de ágar-sangue. Ela se combina quantitativamente com **antiestreptolisina O** (**ASO** ou **ASLO**), um anticorpo que aparece nos seres humanos após infecção por qualquer estreptococo capaz de produzir a estreptolisina O. Esse anticorpo bloqueia a hemólise por meio da estreptolisina O. Esse fenômeno forma a base de um teste quantitativo para o anticorpo. Títulos séricos de ASO superiores a 160 a 200 unidades são considerados anormalmente altos e sugerem infecção recente por *S. pyogenes* ou níveis persistentemente elevados de anticorpos devido a uma resposta imunológica exagerada a alguma exposição anterior em indivíduo hipersensível. A **estreptolisina S** é o agente responsável pelas zonas hemolíticas ao redor das colônias estreptocócicas que crescem sobre a superfície das placas de ágar-sangue. Ela é elaborada na presença de soro – por isso é chamada de estreptolisina S – e não é antigênica. A maioria dos isolados de *S. pyogenes* produz ambas as hemolisinas, e cerca de 10% produzem apenas uma.

Patogênese e manifestações clínicas

Várias enfermidades estão associadas às infecções causadas pelo *S. pyogenes*. As infecções podem ser divididas em várias categorias.

A. Doenças atribuíveis à invasão por *S. pyogenes*, estreptococos β-hemolíticos do grupo A

A porta de entrada determina o principal quadro clínico, mas em cada caso existe uma infecção difusa e de rápida disseminação que afeta os tecidos e se estende ao longo das vias linfáticas, com supuração local mínima. A partir das vias linfáticas, a infecção pode estender-se para a corrente sanguínea.

1. **Erisipela** – se a porta de entrada for a pele, será observado o desenvolvimento de erisipela. Essa patologia é caracterizada por lesões elevadas e avermelhadas. Há a produção de um intenso edema com uma margem da lesão nitidamente demarcada e de rápida progressão.
2. **Celulite** – a celulite estreptocócica é uma infecção aguda da pele e dos tecidos subcutâneos de rápida disseminação. Ocorre após infecção associada a traumatismo leve, queimaduras, feridas ou incisões cirúrgicas. Há dor, hipersensibilidade, edema e eritema. A celulite diferencia-se da erisipela por dois achados clínicos: na celulite, a lesão não se mostra elevada, e a demarcação entre o tecido acometido e o tecido ileso não é nítida.
3. **Fascite necrosante (gangrena estreptocócica)** – nesse processo infeccioso, ocorre uma extensa necrose da pele, dos tecidos e da fáscia, em que se dissemina rapidamente. Outras bactérias além de *S. pyogenes* também podem causar fascite necrosante. Os estreptococos do grupo A que provocam fascite necrosante são, às vezes, denominados *bactérias devoradoras de carne*.
4. **Febre puerperal** – se houver penetração de estreptococos no útero após o parto, a febre puerperal se desenvolve, e consiste essencialmente em septicemia que se origina a partir da ferida infectada (endometrite).
5. **Bacteriemia ou sepse** – a infecção de feridas traumáticas ou cirúrgicas por estreptococos resulta em bacteriemia, que pode ser rapidamente fatal. As bacteriemias por *S. pyogenes* também podem ser seguidas de infecções da pele, como celulite e, raramente, faringite.

B. Doenças atribuíveis à infecção localizada por *S. pyogenes* e seus subprodutos

1. **Faringite estreptocócica** – a infecção mais comum causada por *S. pyogenes* β-hemolítico é a faringite estreptocócica. Os *S. pyogenes* aderem ao epitélio da faringe por meio do ácido lipoteicoico que recobre os *pili* superficiais e por meio de ácido hialurônico em cepas encapsuladas. A glicoproteína fibronectina (MM de 440.000 Da) sobre as células epiteliais provavelmente atua como ligante do ácido lipoteicoico. Em lactentes e crianças pequenas, a faringite ocorre como nasofaringite subaguda, com fina secreção serosa e pouca febre, mas com tendência à propagação da infecção para a orelha média e para o mastoide. Em geral, ocorre aumento dos linfonodos cervicais. A doença pode persistir por várias semanas. Em crianças de mais idade e adultos, a doença é mais aguda e caracteriza-se por nasofaringite intensa, tonsilite, bem como hiperemia e edema intensos das mucosas, com exsudato purulento, aumento e hipersensibilidade dos linfonodos cervicais, além de (em geral) febre alta. Em 20% dos casos, a infecção é assintomática. Pode-se observar um quadro clínico semelhante na mononucleose infecciosa, na difteria, na infecção gonocócica e na infecção por adenovírus.

    Em geral, a infecção das vias aéreas superiores por *S. pyogenes* não afeta os pulmões. A pneumonia, quando ocorre, é rapidamente progressiva e grave, representando mais comumente sequela de infecções virais (p. ex., influenza ou sarampo) que parecem aumentar acentuadamente a predisposição a superinfecções bacterianas com diferentes patógenos, como *S. pneumoniae*.
2. **Piodermatite estreptocócica** – a infecção localizada das camadas superficiais da pele, particularmente em crianças, é denominada **impetigo**. Ela consiste em vesículas superficiais que se rompem e áreas que sofrem erosão e cuja superfície exposta é recoberta de pus e, posteriormente, crostas. Propaga-se por continuidade, sendo altamente transmissível, sobretudo em climas quentes e úmidos. Infecção mais disseminada ocorre

na pele eczematosa ou ferida, ou em queimaduras, podendo progredir para celulite. As infecções cutâneas causadas por estreptococos do grupo A são frequentemente atribuíveis aos tipos M 49, 57 e 59 a 61, podendo preceder a glomerulonefrite (GN), mas frequentemente não resultam em FR.

Uma infecção clinicamente semelhante pode ser causada por *S. aureus*, e às vezes *S. pyogenes* e *S. aureus* estão presentes ao mesmo tempo.

C. Infecções invasivas por estreptococos do grupo A, síndrome do choque tóxico estreptocócico e escarlatina

As infecções fulminantes por *S. pyogenes* invasivos, com a **síndrome do choque tóxico estreptocócico**, caracterizam-se por choque, bacteriemia, insuficiência respiratória e falência múltiplas de órgãos. Ocorre morte em cerca de 30% dos pacientes. As infecções tendem a ocorrer após pequenos traumas em pessoas saudáveis, com várias apresentações de infecções de tecidos moles. Estas incluem fascite necrosante, miosite, infecções em outros tecidos moles e bacteriemia. Em alguns pacientes, particularmente nos infectados por estreptococos do grupo A tipos M 1 ou 3, a doença manifesta-se em forma de infecção focal dos tecidos moles, acompanhada de febre e choque rapidamente progressivo, com falência múltipla de órgãos. Podem ocorrer eritema e descamação. Os *S. pyogenes* tipos M 1 e 3 (e tipos 12 e 28) que produzem a exotoxina pirogênica A ou B estão associados a infecções graves.

As exotoxinas pirogênicas A a C também causam **escarlatina** em associação com faringite por *S. pyogenes* ou infecção cutânea ou dos tecidos moles. A faringite pode ser grave. O exantema aparece no tronco após 24 horas de doença e dissemina-se, atingindo os membros. A síndrome do choque tóxico estreptocócico e a escarlatina são doenças clinicamente superpostas.

D. Doenças pós-estreptocócicas (febre reumática, glomerulonefrite)

Após uma infecção aguda por *S. pyogenes*, existe um período latente de 1 a 4 semanas (em média, 7 dias) após o qual ocasionalmente se verifica o desenvolvimento de nefrite ou FR. O período latente sugere que essas doenças pós-estreptocócicas não são atribuíveis ao efeito direto das bactérias disseminadas, mas representam uma resposta de hipersensibilidade. A nefrite é mais comumente precedida de infecção cutânea, enquanto a FR é precedida de infecções das vias aéreas.

1. **Glomerulonefrite aguda** – essa manifestação pós-estreptocócica se desenvolve entre 1 e 5 semanas (em média, 7 dias) após infecção cutânea por *S. pyogenes* (piodermite, impetigo) ou faringites. Algumas amostras são nefritogênicas, principalmente as que expressam a proteína M 2, 42, 49, 56, 57 e 60 (de pele). Os tipos M 1, 4, 12 e 25 são cepas nefritogênicas associadas à infecção de garganta e à GN. Após infecções estreptocócicas aleatórias, a incidência de nefrite é inferior a 0,5%.

A GN pode ser iniciada pela formação de complexos antígeno-anticorpo sobre a membrana basal glomerular. Os antígenos mais importantes parecem ser o SpeB e o receptor de plasmina associado à nefrite. Na nefrite aguda, o paciente apresenta sangue e proteína na urina, com edema, hipertensão e retenção de nitrogênio ureico; os níveis séricos de complemento mostram-se baixos.* Poucos pacientes morrem; outros desenvolvem GN crônica que evolui para insuficiência renal; a maioria recupera-se por completo.

2. **Febre reumática** – trata-se da sequela mais grave da infecção por *S. pyogenes*, visto que resulta em lesão do músculo e das valvas cardíacas. Certas cepas de estreptococos do grupo A contêm antígenos da membrana celular que exibem reação cruzada com antígenos do tecido cardíaco humano. O soro dos pacientes com FR contém anticorpos dirigidos contra esses antígenos.

O início da febre reumática aguda (FRA) frequentemente ocorre entre 1 a 5 semanas (média de 19 dias) após faringite por *S. pyogenes*, embora a infecção possa ser branda ou assintomática. Todavia, em geral, os pacientes com faringite estreptocócica mais grave têm maior probabilidade de desenvolver FR. Até o momento, não há evidências de que a FR possa estar associada a infecções cutâneas estreptocócicas. Na década de 1950, as infecções estreptocócicas sem tratamento foram seguidas de FR em até 3% dos militares e 0,3% das crianças da população civil. Nos anos de 1980 a 2000, foi detectado um ressurgimento da FRA nos Estados Unidos. As amostras M 1, 3, 5, 6 e 18 estavam mais frequentemente envolvidas. Desde então, a incidência entrou em declínio. A FR é até 100 vezes mais frequente em países tropicais e é a causa mais importante de complicações cardíacas em crianças e em adolescentes em países em desenvolvimento.

Os sinais e sintomas típicos de FR consistem em febre, mal-estar, poliartrite não supurativa migratória e evidências de inflamação de todas as partes do coração (endocárdio, miocárdio e pericárdio). A cardite comumente acarreta espessamento e deformidade das valvas cardíacas, bem como o aparecimento de pequenos granulomas perivasculares no miocárdio (corpúsculos de Aschoff) que acabam sendo substituídos por tecido fibroso. Os pacientes podem desenvolver insuficiência cardíaca congestiva grave e progressiva. A coreia reumática de Sydenham** é outra manifestação da FRA, e é caracterizada por movimentos involuntários e descoordenados e fraqueza muscular associada. Foi levantada a hipótese de que outros tipos de condições neurocomportamentais também possam se manifestar após infecções estreptocócicas. Elas são denominadas distúrbios neuropsiquiátricos autoimunes pós-infecções estreptocócicas (PANDAS, do inglês *post-streptococcal autoimmune, neuropsychiatric disorders associated with streptococci*). Mais pesquisas são necessárias para estabelecer definitivamente uma associação positiva entre essas síndromes e as infecções por *S. pyogenes*.

Para avaliar a atividade reumática, utilizam-se a velocidade de hemossedimentação, os níveis séricos de transaminases, o eletrocardiograma e outros exames.

---

*N. de T. O complemento se apresenta baixo pois está sendo gasto devido à formação de imunocomplexos (antígeno-anticorpos) que estão se depositando nos glomérulos, ativando o complemento e resultando em lesão tecidual (hipersensibilidade do tipo III).

**N. de T. Do grego *khorea*, que significa dança. Anticorpos contra os estreptococos reconhecem, por reação cruzada, os núcleos da base e suas conexões com a região límbica, o lobo frontal e o tálamo. O dano aos núcleos da base, partes do cérebro responsáveis pelo controle dos movimentos, resulta em movimentos espasmódicos incontroláveis dos membros, da face ou do corpo.

A FR exibe acentuada tendência a ser reativada por infecções estreptocócicas recorrentes, o que não ocorre na nefrite. Em geral, a primeira crise de FR produz unicamente lesão cardíaca leve, que aumenta a cada crise subsequente. Assim, é importante proteger esses pacientes de infecções recidivantes por *S. pyogenes* por meio da administração profilática de penicilina.

Exames diagnósticos laboratoriais

A. Amostras

As amostras a serem obtidas dependem da natureza da infecção estreptocócica. Obtêm-se um *swab* da garganta, bem como amostra de pus ou sangue para cultura. O soro é obtido para determinação dos anticorpos.

B. Esfregaços

Os esfregaços de pus frequentemente revelam cocos isolados ou aos pares em vez de cadeias definidas. Algumas vezes, os cocos são Gram-negativos, visto que os microrganismos não são mais viáveis e perderam sua capacidade de reter o corante azul (cristal violeta) e ser Gram-positivos. Quando esfregaços de pus apresentam estreptococos, mas as culturas não se desenvolvem, deve-se suspeitar da presença de microrganismos anaeróbios. Esfregaços de amostras de *swabs* da garganta raramente são úteis, uma vez que os estreptococos viridans estão sempre presentes e têm o mesmo aspecto dos estreptococos do grupo A quando corados.

C. Cultura

As amostras sob suspeita de conter estreptococos devem ser cultivadas em placas de ágar-sangue. Se houver suspeita de anaeróbios, também deverão ser inoculadas em meios anaeróbios apropriados. Com frequência, a incubação em CO_2 a 10% acelera a hemólise. A inoculação em cortes no ágar-sangue tem efeito semelhante, visto que o oxigênio não se difunde facilmente através do meio até os microrganismos localizados profundamente, já que inativa a estreptolisina O.

As hemoculturas favorecem o crescimento de estreptococos hemolíticos do grupo A (p. ex., na sepse) em algumas horas ou poucos dias. Certos estreptococos α-hemolíticos e enterococos podem crescer lentamente, de modo que as hemoculturas, em casos de suspeita de endocardite, às vezes levam 1 semana ou mais para se tornarem positivas.

O grau e o tipo de hemólise (bem como o aspecto das colônias) podem ajudar a classificar um microrganismo em um grupo definido. Os *S. pyogenes* podem ser rapidamente identificados por testes rápidos e específicos para a presença do antígeno específico do grupo A e pelo teste de PYR. Os estreptococos que pertencem ao grupo A podem ser identificados, de modo presuntivo, por inibição do crescimento com bacitracina, que só deve ser utilizada quando não houver disponibilidade de testes mais definitivos.

D. Testes para detecção de antígenos

Vários *kits* estão comercialmente disponíveis para detecção rápida de antígenos estreptocócicos do grupo A a partir de *swabs* da garganta. Esses *kits* utilizam métodos enzimáticos ou químicos para extrair o antígeno do *swab*; em seguida, são utilizados ensaios imunoenzimáticos (Elisa) ou testes de aglutinação para demonstrar a presença do antígeno. Os testes podem ser realizados minutos a horas após a obtenção da amostra. Eles exibem sensibilidade de 60 a 90%, dependendo da prevalência da doença na população, e especificidade de 98 a 99% em comparação com os métodos de cultura. Ensaios mais sensíveis que usam sondas de DNA ou técnicas de amplificação de ácidos nucleicos estão agora disponíveis e estão começando a substituir os testes anteriores de detecção de antígenos, embora continuem sendo mais caros.

E. Testes sorológicos

É possível determinar uma elevação dos títulos de anticorpos contra muitos antígenos estreptocócicos do grupo A. Esses anticorpos incluem: a ASO (em particular na doença respiratória), a anti-DNase B e a anti-hialuronidase (sobretudo em infecções cutâneas), a antiestreptoquinase, os anticorpos anti-M específicos, entre outros. Entre esses anticorpos, os títulos de anti-ASO são mais amplamente utilizados.

Imunidade

A imunidade contra doenças estreptocócicas é tipo M-específica. Assim, um hospedeiro que se recuperou de uma infecção por um sorotipo M específico do estreptococo do grupo A é imune à reinfecção pelo mesmo sorotipo, mas totalmente suscetível à infecção por outro sorotipo de proteína M. A proteína M interfere na fagocitose, mas, na presença de anticorpo tipo-específico para a proteína M, os estreptococos são mortos pelos leucócitos humanos.

Os anticorpos contra a estreptolisina O são produzidos após a infecção. Eles bloqueiam a hemólise pela estreptolisina O, mas não conferem imunidade. Títulos elevados (> 250 unidades) indicam infecções recentes ou repetidas, e são mais frequentemente encontrados em indivíduos com doença reumática do que naqueles com infecções estreptocócicas sem complicações.

Tratamento

Todas as amostras de *S. pyogenes* são uniformemente sensíveis à penicilina G. Os macrolídeos, como a eritromicina e a claritromicina, são indicados para pacientes com história de alergia à penicilina ou com fascite necrosante. Contudo, têm sido relatados casos de resistência a esses antibióticos na Europa e nos Estados Unidos. Alguns são resistentes às tetraciclinas. Os antimicrobianos não exercem efeito algum sobre a GN e a FR já instaladas. Todavia, nas infecções estreptocócicas agudas, todos os esforços devem ser feitos para erradicar rapidamente os estreptococos do paciente, eliminar o estímulo antigênico (antes do 8º dia) e, assim, evitar a ocorrência de doença pós-estreptocócica. As doses de penicilina ou eritromicina que resultam em níveis teciduais eficazes durante 10 dias geralmente atingem esse objetivo. Os antimicrobianos também são muito úteis na prevenção de reinfecção por estreptococos β-hemolíticos do grupo A em pacientes com FR.

Epidemiologia, prevenção e controle

Embora os seres humanos possam ser portadores assintomáticos de *S. pyogenes* na nasofaringe ou no períneo, o microrganismo deve ser considerado significativo se for detectado por cultura ou outros métodos. A fonte final dos estreptococos do grupo A é uma pessoa que abriga esses microrganismos. O indivíduo pode ter infecção clínica ou subclínica, ou ser um portador que dissemina estreptococos diretamente para outras pessoas por meio de gotículas ou aerossóis do trato respiratório ou da pele. As secreções nasais de uma pessoa portadora de *S. pyogenes* são a fonte mais perigosa de disseminação desses microrganismos.

Muitos outros estreptococos (p. ex., estreptococos viridans e enterococos) são membros da microbiota normal do corpo humano. Eles causam doença apenas quando instalados em partes do corpo onde normalmente não ocorrem (p. ex., valvas cardíacas). Para evitar esses acidentes, particularmente durante procedimentos cirúrgicos nas vias aéreas, no trato gastrintestinal e no trato urinário que resultam em bacteriemia temporária, é comum prescrever antimicrobianos profiláticos a indivíduos com deformidade valvar cardíaca conhecida e àqueles com próteses valvares ou articulares. As diretrizes publicadas pela American Heart Association e outras associações profissionais têm dado suporte a algumas dessas recomendações (ver Wilson e colaboradores, 2007).

Os procedimentos de controle visam principalmente à fonte humana:

1. Detecção e tratamento antimicrobiano precoce das infecções respiratórias e cutâneas causadas por estreptococos do grupo A. A erradicação imediata dos estreptococos de infecções iniciais pode prevenir com eficiência o desenvolvimento de doença pós-estreptocócica. Isso requer a manutenção de níveis adequados de penicilina nos tecidos durante 10 dias (p. ex., penicilina G benzatina, intramuscular [IM], administrada em dose única). A eritromicina é um fármaco de escolha alternativo, embora muitas amostras de *S. pyogenes* já sejam resistentes.

2. Quimioprofilaxia antiestreptocócica em indivíduos que sofreram uma crise de FR. Requer a administração de injeção IM de penicilina G benzatina, a cada 3 a 4 semanas, ou de penicilina ou sulfonamida diariamente por via oral. A primeira crise de FR raramente provoca lesão cardíaca significativa. Entretanto, esses indivíduos são particularmente suscetíveis a reinfecções por estreptococos que precipitam recidivas da atividade reumática, resultando em lesão cardíaca. A quimioprofilaxia nesses indivíduos, em particular em crianças, deve ser mantida por vários anos. A quimioprofilaxia não é utilizada na GN devido ao pequeno número de tipos nefritogênicos de estreptococos. Uma exceção pode ser observada em grupos familiares com alta taxa de nefrite pós-estreptocócica.

3. Erradicação de *S. pyogenes* dos portadores. É particularmente importante quando os portadores estão em locais como sala de parto, centro cirúrgico, salas de aula ou berçários. Infelizmente, quase sempre é difícil erradicar os estreptococos β-hemolíticos de portadores permanentes, e, em certas ocasiões, pode ser necessário afastar esses indivíduos das áreas "sensíveis" por algum tempo.

Verificação de conceitos

- Os estreptococos compreendem um grande grupo de microrganismos Gram-positivos que são catalase-negativos e tendem a crescer em pares ou em cadeias longas.

- Hoje, nenhum sistema classifica corretamente todas as espécies de estreptococos, e sua taxonomia continua em constante atualização. As principais classificações incluem o tipo de hemólise (α, β e não hemolítico), condição de cultivo e capacidade de provocar doença.

- As amostras de estreptococos crescem melhor em ágar-sangue suplementado com 5% de sangue de carneiro desfibrinado e em outros meios que suportam o crescimento dos cocos Gram-positivos.

- *Streptococcus pyogenes* (estreptococo β-hemolítico do grupo A) é o patógeno mais virulento da família *Streptococcus*. Esse microrganismo produz uma série de fatores de virulência, como hemolisinas, enzimas e toxinas responsáveis por uma ampla gama de infecções supurativas (p. ex., celulites) e doenças imunológicas (GN e FR pós-infecções estreptocócicas).

STREPTOCOCCUS AGALACTIAE

São **estreptococos do grupo B**. Em geral, são β-hemolíticos e produzem zonas de hemólise apenas ligeiramente maiores do que as próprias colônias (1–2 mm de diâmetro). Os estreptococos do grupo B hidrolisam o hipurato de sódio e produzem uma resposta positiva no teste de CAMP (Christie, Atkins, Munch-Peterson).

Os estreptococos do grupo B fazem parte da microbiota normal da vagina e do trato gastrintestinal baixo em 5 a 30% das mulheres. As infecções por estreptococos do grupo B durante o 1º mês de vida podem causar sepse fulminante, meningite ou síndrome da angústia respiratória. Reduções significativas na incidência de infecções neonatais precoces por estreptococos do grupo B têm sido observadas após as recomendações de 1996 para o rastreamento de gestantes com 35 a 37 semanas de gravidez. Esse rastreamento é feito usando um caldo de cultura enriquecido, ou métodos moleculares a partir de *swabs* retais e vaginais. Ampicilina intravenosa é administrada às mães colonizadas por estreptococos do grupo B e que estão em trabalho de parto, visando prevenir a colonização do lactente e as doenças subsequentes causadas por esse microrganismo. As infecções por estreptococos do grupo B estão aumentando entre adultos e mulheres não grávidas. Duas populações em expansão, os idosos e os hospedeiros imunodeprimidos, são os de maior risco para doença invasiva. Os fatores predisponentes incluem diabetes melito, câncer, idade avançada, cirrose hepática, terapia com corticosteróides, infecção por vírus da imunodeficiência humana (HIV, do inglês *human immunodeficiency virus*) e outros estados de imunocomprometimento. Bacteriemia, lesões de pele e tecidos, infecções respiratórias e urogenitais, em ordem decrescente de frequência, são as principais manifestações clínicas.

GRUPOS C E G

Esses estreptococos são, às vezes, observados na nasofaringe e podem causar faringite, sinusite, bacteriemia ou endocardite. Com frequência, assemelham-se aos *S. pyogenes* do grupo A em meio de cultura de ágar-sangue e são β-hemolíticos. São identificados por reações com antissoros específicos para os grupos C ou G. Os estreptococos dos grupos C e G possuem hemolisinas e podem ter proteínas M análogas às dos *S. pyogenes*. Sequelas pós-infecções estreptocócicas de GN aguda e FR são raramente observadas associadas a esses dois sorotipos.

ESTREPTOCOCOS DO GRUPO D

Os estreptococos do grupo D sofreram recentes mudanças taxonômicas. Existem oito espécies nesse grupo, e muitas não causam infecções em seres humanos. O grupo *S. bovis* é o mais importante em doenças humanas, e é subdividido em biotipos (classificação antiga), os quais são epidemiologicamente importantes, e, mais recentemente, em quatro grupos de DNA. As espécies animais do grupo *bovis* foram classificadas como espécies *S. equinus* (grupo DNA I). Os isolados do biotipo I (grupo DNA II) fermentam o manitol e são atualmente designados como *S. gallolyticus* subsp. *gallolyticus*. Esse microrganismo causa endocardite na espécie humana e está, com frequência, associado a carcinoma de cólon. O grupo DNA II inclui as espécies *S. gallolyticus* subsp. *pasteurianus* (anteriormente *S. bovis* biotipo II.2) e *S. gallolyticus* subsp. *macedonius*. As amostras de *S. bovis* biotipo II.1 são atualmente alocadas no grupo DNA III, que inclui a espécie *Streptococcus infantarius*, a qual inclui duas subespécies (subsp. *infantarius* e subsp. *coli*). As bacteriemias provocadas pelo biotipo II estão, muitas vezes, associadas a fontes biliares e, com menos frequência, a endocardites. Por fim, o grupo DNA IV possui uma espécie, *S. alactolyticus*. Devido à taxonomia confusa e à incapacidade dos sistemas automatizados ou *kits* comerciais de identificarem esses microrganismos em subespécie, os laboratórios de microbiologia de diagnóstico normalmente continuam a se referir a esses microrganismos como grupo *S. bovis* ou grupo D não enterococos. Todos os estreptococos do grupo D são não hemolíticos e PYR-negativos. Crescem em presença de bile e hidrolisam a esculina (bile-esculina positivos), mas não crescem em cloreto de sódio (NaCl) a 6,5%. Eles fazem parte da microbiota entérica normal humana e da de vários animais.

GRUPO DO *STREPTOCOCCUS ANGINOSUS*

As outras espécies que compreendem o grupo *S. anginosus* são: *Streptococcus intermedius* e *Streptococcus constellatus*. Esses estreptococos são normalmente integrantes da microbiota normal da orofaringe, do cólon e do trato urogenital, podendo ser β, α ou não hemolíticos. O grupo *S. anginosus* inclui estreptococos β-hemolíticos que formam colônias diminutas (< 0,5 mm de diâmetro) e reagem com antissoros dos grupos A, C ou G e todos os estreptococos β-hemolíticos do grupo F. Aqueles pertencentes ao grupo A são PYR-negativos. *Streptococcus anginosus* é positivo no teste de Voges-Proskauer. Esses estreptococos podem ser classificados como estreptococos viridans. Esses microrganismos são frequentemente associados a graves infecções, como abscessos cerebrais, pulmonares e hepáticos. Eles podem ser facilmente identificados no laboratório clínico por uma de suas características presuntivas – o odor de manteiga ou caramelo.

ESTREPTOCOCOS DOS GRUPOS E, F, G, H E K-U

Esses estreptococos ocorrem principalmente em animais em vez de em seres humanos. *Streptococcus canis*, uma das várias espécies de estreptococos do grupo G, causa infecções cutâneas em cães, mas não é comum em humanos. Outras espécies de estreptococos do grupo G podem infectar seres humanos.

Verificação de conceitos

- As espécies de estreptococos não pertencentes ao grupo A de Lancefield estão alocadas em diversos grupos, incluindo outros estreptococos piogênicos (grupos B, C e G), estreptococos primariamente isolados de animais (E, H e K-U), o grupo *S. bovis* (grupo D) e membros variantes produtores de colônias pequenas pertencentes ao grupo *S. anginosus* (inicialmente grupo F).
- *Streptococcus agalactiae* (estreptococos do grupo B) é um importante patógeno entre gestantes e neonatos. O rastreamento retal e vaginal de gestantes com 35 a 37 semanas e o tratamento das parturientes com penicilina reduzem significativamente a incidência de infecções prematuras por estafilococos do grupo B em neonatos.
- Os estreptococos dos grupos C e G causam infecções similares às provocadas pelos estreptococos do grupo A, incluindo raros relatos de sequelas como GN aguda e FR.
- O grupo *S. bovis* (grupo D não enterococos) passou por uma extensa reclassificação taxonômica. Esses microrganismos são PYR-negativos e bile-esculina positivos, porém não crescem em NaCl a 6,5%. Eles estão associados à bacteriemia e a endocardites em pacientes com infecções biliares e patologias do cólon, incluindo carcinoma.
- Membros do grupo *S. anginosus* (incluindo *S. intermedius* e *S. constellatus*) podem expressar antígenos A, C, F e G de Lancefield, produzem colônias pequenas variante (< 0,5 mm) e são associados a abscessos cerebrais, pulmonares e hepáticos.

ESTREPTOCOCOS VIRIDANS

As diversas espécies de estreptococos viridans são classificadas em diferentes grupos, incluindo o grupo *Streptococcus mitis*, o grupo *Streptococcus anginosus* (ver anteriormente), o grupo *Streptococcus mutans*, o grupo *Streptococcus salivarius* e o grupo *Streptococcus bovis* (ver anteriormente). Em geral, são α-hemolíticos, mas podem ser não hemolíticos. Como discutido anteriormente, membros do grupo *S. anginosus* podem ser β-hemolíticos. Seu crescimento não é inibido pela optoquina, e as colônias não são solúveis em bile (desoxicolato). Os estreptococos viridans são os membros mais prevalentes da microbiota normal das vias aéreas superiores e são importantes para a integridade das mucosas do trato respiratório. Podem alcançar a corrente sanguínea em consequência de traumatismo e constituem importante causa de endocardite em valvas cardíacas anormais. Alguns estreptococos viridans (p. ex., *S. mutans*) sintetizam polissacarídeos grandes, como os dextranos ou levanos, a partir da sacarose, e contribuem significativamente para a gênese das cáries dentárias.*

No decorrer de uma bacteriemia, estreptococos viridans, pneumococos ou enterococos podem instalar-se em valvas cardíacas normais ou previamente deficientes, produzindo **endocardite aguda**. A rápida destruição das valvas leva, frequentemente, à falência cardíaca fatal em dias ou meses, a menos que possa ser inserida uma prótese durante a antibioticoterapia microbiana. Com frequência, os estreptococos viridans estão associados a sintomas subagudos.

A **endocardite subaguda** geralmente envolve valvas anormais (deformidades congênitas e lesões reumáticas ou ateroscleróticas).

---

*N. de T. O grupo *S. mutans* é formado por duas espécies cariogênicas: *S. mutans* e *S. sobrinus*.

Embora qualquer microrganismo que alcance a corrente sanguínea possa instalar-se em lesões trombóticas que se desenvolvem no endotélio lesionado como resultado de estresse circulatório, a endocardite subaguda é causada mais frequentemente por membros da microbiota normal do trato respiratório ou do trato intestinal que tenham alcançado acidentalmente a corrente circulatória. Após extração dentária, pelo menos 30% dos pacientes têm bacteriemia por estreptococos viridans. Esses estreptococos, geralmente os membros mais prevalentes da microbiota do trato respiratório superior, também são a causa mais comum da endocardite bacteriana subaguda. Os estreptococos do grupo D (enterococos e *S. bovis*) também são causas comuns de endocardite subaguda. Cerca de 5 a 10% dos casos são provocados por enterococos do intestino ou do trato urinário. A lesão progride lentamente, e a cicatrização é acompanhada de inflamação ativa; vegetações são compostas por fibrina, plaquetas, células sanguíneas e bactérias aderentes ao folheto valvar. A evolução clínica é gradual, mas a doença é invariavelmente fatal se não for tratada. O quadro clínico típico inclui febre, anemia, fraqueza, sopro cardíaco, fenômenos embólicos, esplenomegalia e lesões renais.

Os estreptococos α-hemolíticos e os enterococos têm sensibilidade variável aos antimicrobianos. Os testes de sensibilidade aos antimicrobianos são especialmente úteis nas endocardites bacterianas para determinar os melhores fármacos a serem empregados no tratamento. Os aminoglicosídeos geralmente reforçam a taxa de atividade bactericida da penicilina em estreptococos, em especial nos enterococos.

ESTREPTOCOCOS NUTRICIONALMENTE VARIANTES

Os estreptococos nutricionalmente variantes são classificados no gênero *Abiotrophia* (*Abiotrophia defectiva* é a única espécie) e no gênero *Granulicatella* (contendo duas espécies, *Granulicatella adiacens* e *Granulicatella elegans*). Também são conhecidos como "estreptococos nutricionalmente deficientes" e "estreptococos dependentes de piridoxal", além de outras designações. Necessitam de piridoxal ou cisteína para o seu crescimento em ágar-sangue, ou crescem em forma de colônias-satélites ao redor de colônias de estafilococos e outras bactérias que produzem piridoxal. A suplementação rotineira do meio de ágar-sangue com piridoxal possibilita o isolamento desses microrganismos. São geralmente α-hemolíticos, mas também podem ser não hemolíticos. A MALDI-TOF MS tem sido utilizada para diferenciar essas espécies dos estreptococos e de outros cocos Gram-positivos catalase-negativos. Os estreptococos nutricionalmente variantes fazem parte da microbiota normal e às vezes provocam bacteriemia ou endocardite, e podem ser encontrados em abscessos cerebrais e em outras infecções. Clinicamente, mostram-se muito semelhantes aos estreptococos viridans.

PEPTOSTREPTOCOCOS E GÊNEROS RELACIONADOS

Crescem apenas em condições anaeróbias ou microaerofílicas, e produzem hemolisinas de modo variável. Fazem parte da microbiota normal da boca, das vias aéreas superiores, do intestino e do trato genital feminino. Frequentemente participam, com muitas outras espécies bacterianas, de infecções anaeróbias mistas (ver Capítulo 21). Essas infecções podem ocorrer em feridas, no peito, em endometrite pós-parto, seguidas de rupturas de uma víscera abdominal, no cérebro ou em supuração pulmonar crônica. O pus geralmente apresenta odor fétido.

STREPTOCOCCUS PNEUMONIAE

Streptococcus pneumoniae (pneumococos) é um integrante do grupo *S. mitis* (ver Tabela 14-1) e é indistinguível das outras espécies do grupo com base no rRNA 16S. Os pneumococos são diplococos Gram-positivos que frequentemente exibem formato de lanceta ou estão dispostos em cadeias. Esses microrganismos também apresentam uma cápsula polissacarídica que permite sua tipagem com antissoros específicos. Os pneumococos são facilmente lisados por agentes tensoativos, como os sais biliares, que provavelmente removem ou inativam os inibidores das autolisinas da parede celular. Os pneumococos são habitantes normais das vias aéreas superiores de 5 a 40% dos seres humanos e podem causar pneumonia, sinusite, otite, bronquite, bacteriemia, meningite, peritonite e outros processos infecciosos.

Morfologia e identificação

A. Microrganismos típicos

Os diplococos Gram-positivos típicos em formato de lanceta (Figura 14-3) são frequentemente observados em amostras de culturas recentes. Também são observados cocos isolados ou em cadeias no escarro ou no pus. Com o envelhecimento, os microrganismos tornam-se rapidamente Gram-negativos e tendem a sofrer lise espontânea. A autólise dos pneumococos é grandemente aumentada por agentes tensoativos. A lise dos pneumococos ocorre em poucos minutos quando se acrescenta bile (10%) ou desoxicolato de sódio (2%) a um caldo de cultura ou suspensão de microrganismos em pH neutro. Os estreptococos viridans não sofrem lise e, por conseguinte, são facilmente diferenciados dos pneumococos. Em meios de cultura sólidos, o crescimento dos pneumococos é inibido ao redor de um disco de optoquina; os estreptococos viridans não são inibidos pela optoquina (Figura 14-4).

Outros aspectos úteis para a identificação consistem na virulência quase uniforme em camundongos, quando inoculados por via intraperitoneal, e o "teste de intumescimento capsular" ou reação de Neufeld-Quellung (ver adiante).

B. Cultura

Os pneumococos formam pequenas colônias redondas, que inicialmente têm formato de cúpula e, mais tarde, desenvolvem depressão central com borda elevada. Também podem apresentar colônias brilhantes devido à expressão de cápsula polissacarídica. São α-hemolíticos em ágar-sangue. O crescimento é intensificado na presença de CO_2 a 5 a 10%.

C. Características de crescimento

A maioria da energia provém da fermentação da glicose; o processo é acompanhado de rápida produção de ácido láctico, que limita o crescimento. A neutralização dos caldos de cultura com álcalis a determinados intervalos resulta em crescimento maciço.

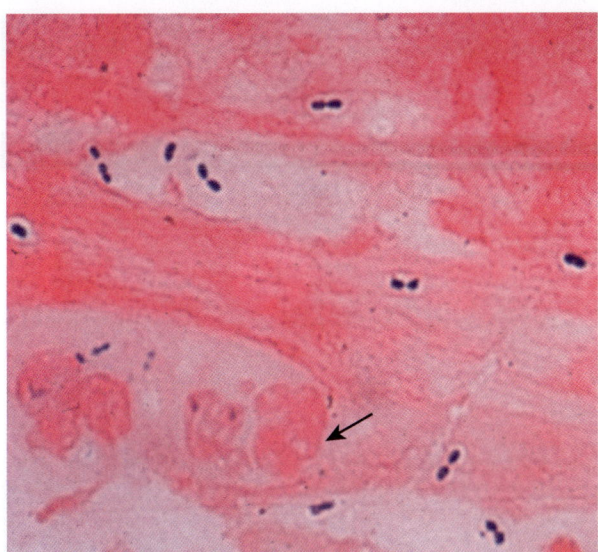

FIGURA 14-3 *Streptococcus pneumoniae* no escarro são vistos como diplococos Gram-positivos em formato de lanceta. Os núcleos de células polimorfonucleadas degradados são as manchas vermelhas irregulares (*seta*). Muco e debris amorfos estão presentes ao fundo. Ampliação do original de 1.000 ×.

D. Variação

Os pneumococos isolados que produzem grandes quantidades de cápsulas formam grandes colônias mucoides. A produção da cápsula não é essencial para o crescimento do microrganismo em meio de ágar; por isso, a produção capsular é perdida após um pequeno número de repiques. Todavia, os pneumococos produzirão cápsulas novamente e apresentarão maior virulência se forem inoculados em camundongos.

Estrutura antigênica

A. Estruturas dos componentes

A parede celular dos pneumococos possui peptidoglicano e ácido teicoico, como os outros estreptococos. O polissacarídeo capsular é ligado covalentemente ao peptidoglicano e ao polissacarídeo da parede celular. O polissacarídeo capsular é imunologicamente distinto para cada um dos 91 sorotipos. O polissacarídeo C, que é encontrado na parede celular de todos os *S. pneumoniae*, pode ser detectado na urina e no líquido cerebrospinal (LCS), sendo útil em testes de diagnóstico para infecções pneumocócicas.

B. Reação de Neufeld-Quellung

Quando os pneumococos de determinado tipo são misturados com soro antipolissacarídeo específico do mesmo tipo – ou com antissoro polivalente – em lâmina de microscopia, verifica-se um acentuado intumescimento da cápsula, e o microrganismo aglutina-se por ligações cruzadas com os anticorpos (ver Figura 14-4C). Essa reação é útil para a rápida identificação e tipagem dos microrganismos em amostras de escarro ou em culturas. O antissoro polivalente, que contém anticorpos contra todos os tipos ("omnissoro"), é um bom reagente para a rápida detecção microscópica da presença ou não de pneumococos em amostra recente de escarro. Esse teste

raramente é usado devido aos altos custos de reagentes e à experiência necessária no desempenho e na interpretação dos ensaios.

Patogênese

A. Tipos de pneumococo

Em adultos, os tipos 1 a 8 são responsáveis por cerca de 75% dos casos de pneumonia pneumocócica e por mais de 50% dos casos fatais na bacteriemia pneumocócica. Em crianças, as causas mais frequentes são os tipos 6, 14, 19 e 23.*

B. Produção de doença

Os pneumococos provocam doença em virtude de sua capacidade de multiplicação nos tecidos. A virulência do microrganismo depende de sua cápsula, que impede ou retarda a ingestão por fagócitos. O soro que contém anticorpos contra o polissacarídeo específico do tipo protege o indivíduo contra a infecção. Se esse soro for absorvido com o polissacarídeo específico do tipo, perde seu poder protetor. Os animais ou seres humanos imunizados com determinado tipo de polissacarídeo pneumocócico tornam-se subsequentemente imunes a esse tipo de pneumococo, podendo ter anticorpos precipitantes ou opsonizantes para esse tipo de polissacarídeo.

C. Perda da resistência natural

Como 40 a 70% dos seres humanos são, em algum momento, portadores de pneumococos virulentos, a mucosa respiratória normal deve ter grande resistência natural a eles. Entre os fatores que provavelmente diminuem essa resistência e, portanto, predispõem à infecção pneumocócica, destacam-se:

1. Infecções virais e outras infecções do trato respiratório que lesionam as células superficiais; acúmulo anormal de muco (p. ex., alergia), o que protege os pneumococos da fagocitose; obstrução brônquica (p. ex., atelectasia); e lesão do trato respiratório por substâncias irritantes que comprometem sua função mucociliar.
2. Intoxicação por álcool ou drogas, os quais deprimem a atividade fagocítica e o reflexo da tosse, bem como facilitam a aspiração de material estranho.
3. Dinâmica circulatória anormal (p. ex., congestão pulmonar e insuficiência cardíaca).
4. Outros mecanismos, como desnutrição, debilitação geral, anemia falciforme, hipoesplenismo, nefrose ou deficiência de complemento.

Patologia

A infecção pneumocócica provoca o extravasamento de líquido fibrinoso do edema no interior dos alvéolos, seguido de eritrócitos e leucócitos, com a consequente consolidação de partes do pulmão. Muitos pneumococos são encontrados nesse exsudato, e podem alcançar a corrente sanguínea pela drenagem linfática dos pulmões.

---

*N. de T. Cabe ressaltar que esses não são os sorotipos mais prevalentes que causam infecções em crianças no Brasil. Por isso, a vacina conjugada 7-valente (sorotipos 4, 6B, 9V, 14, 18C, 19F e 23F) não apresenta grande eficiência, quando comparada com a vacina pneumocócica conjugada (VPC) 13-valente (que inclui também os sorotipos 1, 3, 5, 6A, 7F e 19A), prevalecendo, no Brasil, os sorotipos 1, 5, 6A, 14 e 19A.

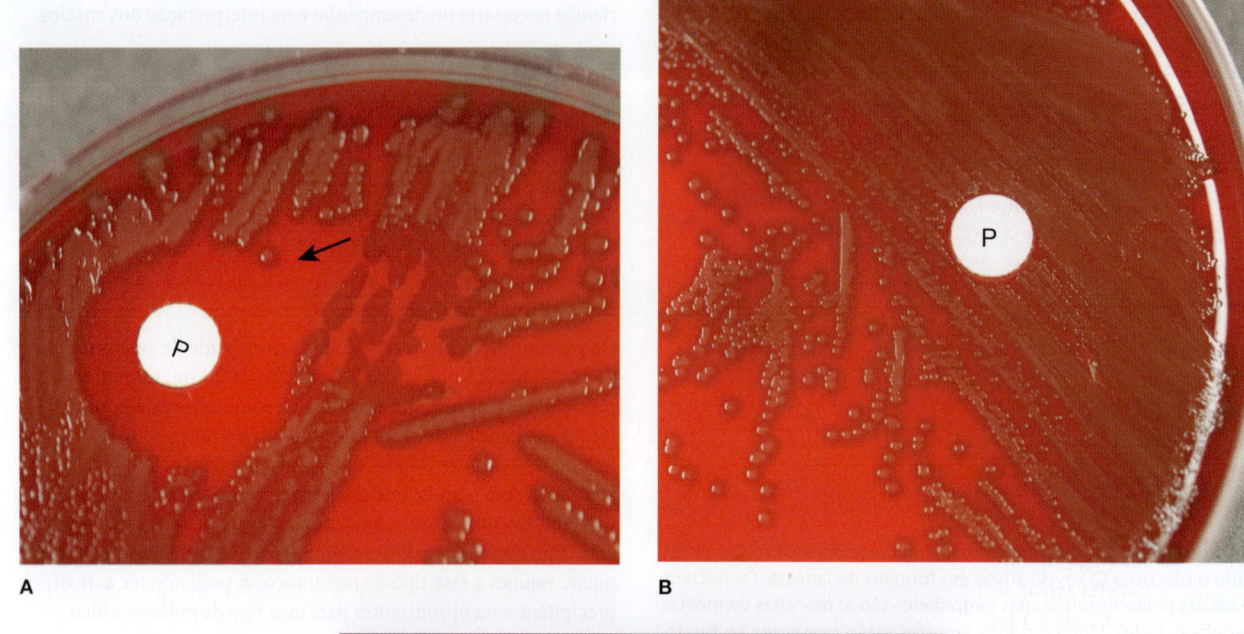

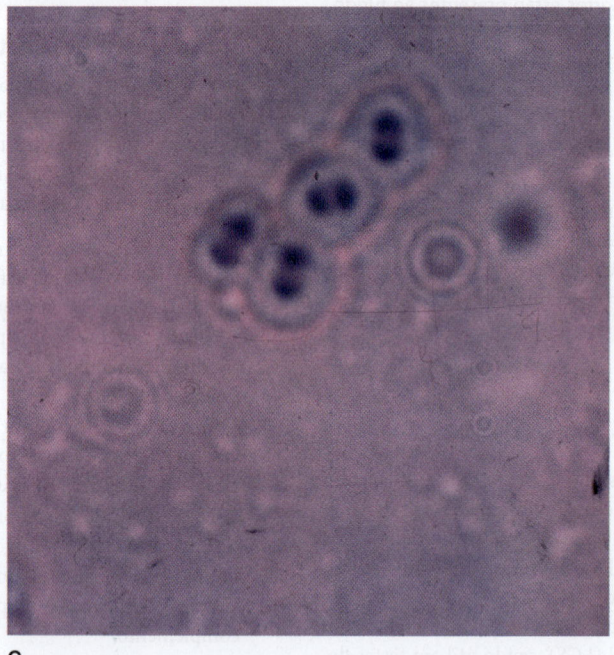

FIGURA 14-4 **A:** Inibição da optoquina e solubilidade do *Streptococcus pneumoniae* em bile. A bactéria foi cultivada durante a noite em ágar-sangue de carneiro a 5%. A optoquina (etil-hidrocupreína HCl) ou disco P foi colocada quando a placa foi inoculada. Os pneumococos são α-hemolíticos em ágar-sangue, apresentando um halo esverdeado em torno da colônia. A zona de inibição ao redor do disco P é maior que 14 mm, indicando que os microrganismos são pneumococos e não estreptococos viridans. Uma gota de solução de desoxicolato (bile) foi colocada sobre o crescimento ocorrido durante a noite, logo à direita da área do disco P (*seta*); após cerca de 20 minutos à temperatura ambiente, as colônias de pneumococos foram solubilizadas (solúveis em bile). **B:** O crescimento dos estreptococos Viridans parece similar ao dos pneumococos, mas o crescimento dos estreptococos viridans não é inibido pela optoquina. **C:** Reação de Neufeld-Quellung para *S. pneumoniae*: uma pequena quantidade das colônias é misturada com solução salina, antissoro contra o polissacarídeo capsular e corante azul de metileno. Após incubação à temperatura ambiente por 1 hora, a reação é observada ao microscópio. Os microrganismos são mostrados em azul-claro. Uma reação positiva mostra aglutinação devido à ligação entre os anticorpos e os pneumococos. O efeito de halo em torno dos pneumococos deve-se ao intumescimento da cápsula. Um controle negativo deve mostrar ausência de aglutinação ou de intumescimento capsular. (Cortesia de H. Reyes.)

As paredes alveolares permanecem normalmente íntegras durante a infecção. Posteriormente, as células mononucleares fagocitam os resíduos ativamente, e essa fase líquida é reabsorvida aos poucos. Os pneumococos são capturados por fagócitos e digeridos no interior das células.

Manifestações clínicas

Em geral, o início da pneumonia pneumocócica é súbito, com febre, calafrios e dor pleural aguda. O escarro assemelha-se ao exsudato alveolar, sendo, com frequência, sanguinolento ou com cor de ferrugem. No estágio inicial da doença, quando a febre está alta, ocorre bacteriemia em 10 a 20% dos casos. Com a administração de tratamento antimicrobiano, a doença costuma ser controlada imediatamente; se os fármacos forem administrados logo no início, o desenvolvimento da consolidação será interrompido.

A pneumonia pneumocócica pode ser diferenciada do infarto pulmonar, da atelectasia, das neoplasias, da insuficiência cardíaca congestiva e da pneumonia causada por muitas outras bactérias. O empiema (presença de pus no espaço pleural) é uma complicação importante que exige aspiração e drenagem.

A partir das vias aéreas, os pneumococos podem atingir outros locais. Os seios nasais e a orelha média são os locais acometidos com mais frequência. Algumas vezes, a infecção estende-se do mastoide às meninges. A bacteriemia da pneumonia exibe uma tríade de complicações graves: meningite, endocardite e artrite séptica. Com o uso precoce de quimioterapia, a endocardite pneumocócica aguda e a artrite tornaram-se raras.

Exames diagnósticos laboratoriais

Coleta-se uma amostra de sangue para cultura, e obtém-se uma amostra de LCS e escarro para a demonstração dos pneumococos por esfregaços e cultura. O LCS e a urina podem ser utilizados para detecção de polissacarídeo C por ensaios de imunocromatografia. Testes para detecção de anticorpos séricos não são práticos. Todos os espécimes clínicos devem ser imediatamente enviados para o laboratório de microbiologia, visto que os pneumococos tendem a apresentar autólise, e um atraso em seu processamento resulta em um impacto negativo no isolamento do microrganismo em cultura. A amostra de escarro pode ser examinada de diversas maneiras.

A. Esfregaços corados

O esfregaço de escarro de cor ferrugem, corado pelo método de Gram, revela microrganismos típicos, muitos neutrófilos polimorfonucleares e inúmeros eritrócitos.

B. Testes de intumescimento capsular

O escarro fresco emulsificado e misturado com antissoro causa intumescimento capsular (reação de Neufeld-Quellung) para a identificação dos pneumococos.

C. Cultura

A cultura é realizada inoculando escarro em ágar-sangue e incubando a placa em CO_2 a 37 °C. Hemocultura também é geralmente realizada.

D. Testes de amplificação do ácido nucleico

Vários fabricantes incluíram *S. pneumoniae* em painéis para identificação de garrafas de hemocultura positiva, e vários desses ensaios foram aprovados pela Food and Drug Administration (FDA). Além disso, estão em desenvolvimento testes de painel para meningite e painéis moleculares separados para detecção direta de *S. pneumoniae* em amostras respiratórias obtidas de pacientes suspeitos de ter pneumonia adquirida na comunidade ou associada à assistência médica.

E. Imunidade

A imunidade à infecção por pneumococos é específica do tipo e depende tanto dos anticorpos dirigidos contra o polissacarídeo capsular quanto da integridade da função fagocítica. As vacinas podem induzir a produção de anticorpos contra os polissacarídeos capsulares (ver adiante).

Tratamento

Nas últimas décadas, os pneumococos se tornaram cada vez mais resistentes a uma ampla gama de agentes antimicrobianos. A penicilina G não é mais considerada o antimicrobiano de escolha para o tratamento empírico. Cerca de 15% dos pneumococos não associados a meningites são resistentes à penicilina (concentração inibitória mínima [CIM] ≥ 8 µg/mL). A penicilina G em altas doses parece ser mais eficaz no tratamento de pneumonias causadas por amostras de pneumococos com CIMs para penicilina abaixo de 8 µg/mL (ponto de interrupção [*breakpoint*]). Contudo, pode não ser eficaz no tratamento da meningite causada pelas mesmas amostras. Algumas cepas resistentes à penicilina também são resistentes à cefotaxima. Ocorre igualmente resistência às tetraciclinas, à eritromicina e às fluoroquinolonas. Os pneumococos permanecem sensíveis à vancomicina. Como o perfil de resistência não é previsível, devem ser realizados, como rotina, testes que detectem os valores de CIM para todas as amostras de pneumococos isoladas de infecção em sítios estéreis.

Epidemiologia, prevenção e controle

A pneumonia pneumocócica é responsável por cerca de 60% dos casos de pneumonia bacteriana. No processo de desenvolvimento da doença, os fatores predisponentes (ver anteriormente) são mais importantes do que a exposição ao agente infeccioso, e o portador sadio é mais importante na propagação dos pneumococos do que o paciente doente.

É possível imunizar indivíduos com polissacarídeos tipo-específicos. Essas vacinas provavelmente podem proporcionar uma proteção de 90% contra a pneumonia bacteriêmica. Uma vacina polissacarídica contendo 23 sorotipos (PPSV23) foi liberada nos Estados Unidos. Uma VPC contém polissacarídeos capsulares conjugados com a proteína CRM_{197}* da *Corynebacterium diphtheriae*. A vacina conjugada atual é a 13-valente (VPC-13, Prevnar 13, Wyeth

---

*N. de T. A proteína CRM_{197} é uma forma não tóxica da toxina da difteria, porém imunologicamente indistinguível desta. CRM_{197} é produzida por uma amostra de *C. diphtheriae* infectada pelo corinefago não toxigênico (β197.sup.tox) criado pela mutagênese do corinefago toxigênico β.

Pharmaceuticals). A VPC-13* contém os polissacarídeos conjugados dos sorotipos encontrados na VPC-7 (4, 6B, 9V, 14, 18C, 19F, 23F) mais os sorotipos 1, 3, 5, 6A, 7F e 19A. Ela é recomendada para todas as crianças com o esquema vacinal de quatro doses (2, 4, 6 e 12–15 meses). Crianças menores de 24 meses que começaram sua vacinação com a VPC-7 e receberam uma ou mais doses devem completar o esquema vacinal com a VPC-13.** Crianças mais velhas, com vacinação completa com VPC-7, devem tomar dose única da VPC-13.

Adultos com idade ≥ 19 anos e imunossuprimidos devem receber PPSV23 e VPC-13. O cronograma para a administração da vacina depende do momento e do tipo de vacinação anterior. Para recomendações mais recentes publicadas pelo Centers for Disease Control and Prevention (CDC) e para obter diretrizes e horários atuais, acesse http://www.cdc.gov/vaccines/schedules/downloads/adult/adult-combined-schedule.pdf.*** Em 2014, além da recomendação existente de receber PPSV23, pessoas com idade > 65 anos também receberam uma dose de VPC-13. Veja as diretrizes do CDC recomendadas anteriormente para informações completas.

ENTEROCOCOS

Os enterococos são bactérias Gram-positivas, catalase-negativas, anaeróbias facultativas, geralmente de formato oval e dispostas em pares ou em cadeias curtas. Contudo, ocasionalmente, células únicas também podem ser observadas. Os enterococos possuem uma substância específica do grupo D, e foram anteriormente classificados como estreptococos do grupo D. Como o antígeno específico do grupo D é um ácido teicoico, ele não é um bom marcador de antigenicidade; em geral, os enterococos são identificados por outras características, diferentes da reação imunológica com o antissoro grupo-específico. Existem pelo menos 47 espécies de enterococos. Entretanto, menos de um terço dessas espécies estão associadas a doenças em humanos. *Enterococcus faecalis* e *Enterococcus faecium* são as duas espécies mais comumente isoladas de amostras clínicas. Os enterococos também fazem parte da microbiota normal intestinal.

Morfologia e identificação

As espécies de *Enterococcus* crescem normalmente em meios não seletivos, como ágar-sangue e ágar-chocolate. Em geral, esses microrganismos são não hemolíticos. Contudo, ocasionalmente podem ser α-hemolíticos e, raramente, β-hemolíticos. Embora os

enterococos possam assemelhar-se a *S. pneumoniae* em esfregaços corados pelo método de Gram e preparados diretamente a partir de amostras clínicas, esses microrganismos podem ser facilmente diferenciados com base em vários testes bioquímicos simples. As espécies de *Enterococcus* são resistentes à optoquina e as colônias não se dissolvem quando expostas à bile, enquanto *S. pneumoniae* é suscetível à optoquina e solúvel na bile. Além disso, os enterococos são PYR-positivos, crescem na presença de bile, hidrolisam a esculina (bile-esculina positiva) e, ao contrário dos estreptococos não enterocócicos do grupo D, crescem bem em NaCl a 6,5%. Os enterococos crescem em uma larga faixa de temperatura (10–45 °C). Já os estreptococos apresentam uma faixa mais estreita de temperatura. No laboratório, os enterococos podem ser facilmente identificados, usando sistemas de identificação bacteriana semiautomatizados ou automatizados disponíveis no mercado. A identificação desses microrganismos com base em propriedades bioquímicas pode ser complicada e demorada. Alternativamente, os enterococos podem ser identificados por MALDI-TOF MS ou por métodos moleculares (p. ex., reação em cadeia da polimerase [PCR]).

Patogênese e patologia

Até o momento, a patogênese das infecções enterocócicas é pouco conhecida; porém, vários fatores potenciais de virulência já foram identificados. A maioria das infecções enterocócicas parece estar associada à microbiota endógena via translocação de seu principal local de colonização (trato gastrintestinal). Em geral, a virulência é mediada por duas propriedades principais, incluindo a resistência antimicrobiana (intrínseca) dos enterococos, bem como sua capacidade de aderir às células e aos tecidos e formar biofilmes. Vários fatores de virulência em potencial foram identificados e podem desempenhar um papel na patogênese das infecções enterocócicas. Esses fatores de virulência incluem proteínas de adesão à superfície, glicolipídeos de membrana, toxinas secretadas (p. ex., citolisina e hemolisina), proteases secretadas (p. ex., gelatinase) e superóxido extracelular. No entanto, nenhum desses fatores de virulência foi estabelecido como um dos principais contribuintes e/ou causa de infecções enterocócicas em humanos.

Manifestações clínicas

Os enterococos são bactérias comensais e fazem parte da microbiota normal intestinal. *Enterococcus faecalis* e *E. faecium* são as espécies enterocócicas mais comumente isoladas e associadas a infecções em seres humanos. Outros enterococos encontrados com menos frequência incluem *Enterococcus gallinarum*, *Enterococcus casseliflavus* e *Enterococcus raffinosus*. Historicamente, *E. faecalis* tem sido reconhecido como a espécie mais comumente isolada, causando 85 a 90% das infecções enterocócicas; *E. faecium* é responsável por 5 a 10%. No entanto, nos últimos anos, esses percentuais têm mudado, observando-se um aumento de infecções causadas por *E. faecium*, particularmente como causa de infecções na corrente sanguínea. Em pacientes hospitalizados, as principais infecções são do trato urinário, queimaduras, feridas cirúrgicas, trato biliar e bacteriemia. As infecções do trato urinário (ITUs) são, de longe, as infecções enterocócicas mais comuns, e estão frequentemente associadas a cateteres, instrumentação ou anormalidades estruturais do trato urogenital. As infecções intra-abdominais e

---

*N. de T. Atualmente, a VPC-20 está em fase clínica 3. Apresenta todos os sorotipos presentes na VPC-13 mais sete novos sorotipos de distribuição global associados a doenças pneumocócicas invasivas, alta resistência a antibióticos e meningites (8, 10A, 11A, 12F, 15BC, 22F e 33F).

**N. de T. No Brasil, a VPC-13 não está disponível no esquema vacinal adotado pelo Ministério da Saúde para campanha de vacinação infantil, e sim em uma versão anterior – VPC-10 – contendo os sorotipos presentes na VPC-7 mais os sorotipos 1, 5 e 7F. O esquema vacinal também é diferente, sendo administrado em duas doses (2 e 4 meses) e uma dose de reforço aos 12 meses.

***N de T. Para mais informações sobre o Programa Nacional de Imunizações (PNI), consultar o *site* do Ministério da Saúde do Brasil (https://www.saude.go.gov.br/files/imunizacao/calendario/Calendario.Nacional.Vacinacao.2020.atualizado.pdf).

pélvicas também são frequentemente causadas por enterococos. Contudo, essas infecções geralmente são polimicrobianas, assim como ITUs e infecções de feridas. Nesses casos, pode ser difícil definir o papel patogênico exato dos enterococos na infecção. A bacteriemia e a endocardite também são formas comuns de infecções enterocócicas e estão frequentemente associadas a abscessos metastáticos com alta taxa de mortalidade. As infecções do trato respiratório (p. ex., pneumonia, otite e sinusite) e/ou do sistema nervoso central (SNC) (p. ex., meningite) foram descritas, mas ocorrem raramente. Duas formas de meningite enterocócica foram descritas: meningite espontânea e meningite pós-operatória. Em geral, a meningite espontânea é uma infecção associada à comunidade em pacientes com comorbidades graves (p. ex., diabetes, insuficiência renal crônica e imunossupressão), enquanto a meningite pós-operatória é uma infecção adquirida no hospital (p. ex., associada a dispositivo de derivação ventricular externa, eletrodos para estimulação do SNC). Infecções neonatais por enterococos também foram relatadas. Os enterococos fazem parte da microbiota vaginal adulta normal e, portanto, podem ser transmitidos para os neonatos durante o parto vaginal. Em geral, as infecções enterocócicas neonatais são sepse de início tardio e pneumonia, mas outras infecções, como ITU, infecções de sítio cirúrgico e meningite, também foram descritas.

Tratamento e resistência aos antibióticos

O tratamento das infecções enterocócicas pode ser um desafio para os médicos devido ao fato de esses microrganismos serem frequentemente resistentes a vários antibióticos. Tradicionalmente, a terapia para as infecções enterocócicas sistêmicas consiste na combinação de um antibiótico ativo na parede celular (p. ex., ampicilina ou vancomicina) associado a um aminoglicosídeo. No entanto, alguns antibióticos ativos na parede celular (p. ex., oxacilina e cefalosporinas) não têm atividade contra os enterococos. Além disso, os enterococos desenvolveram resistência contra alguns dos antibióticos ativos na parede celular comumente utilizados (p. ex., vancomicina). Embora antibióticos mais recentes tenham sido desenvolvidos, incluindo linezolida, quinupristina-dalfopristina, daptomicina, várias amostras de enterococos já apresentam resistência a alguns desses antibióticos mais recentes. *Enterococcus faecium* é geralmente muito mais resistente aos antibióticos quando comparado a *E. faecalis*. A resistência antimicrobiana é classificada como intrínseca ou adquirida. A resistência intrínseca está relacionada a padrões de resistência cromossômicos inerentes ou naturais, muitos dos quais estão presentes em todos ou na maioria dos enterococos.

A. Resistência intrínseca

Os enterococos são intrinsecamente resistentes a cefalosporinas, penicilinas resistentes à penicilinase e monobactâmicos. Eles têm baixa resistência intrínseca a inúmeros aminoglicosídeos, suscetibilidade intermediária ou resistência às fluoroquinolonas e menor suscetibilidade do que os estreptococos (10–1.000 vezes) à penicilina e à ampicilina. São inibidos pelos β-lactâmicos (p. ex., ampicilina), mas geralmente não são destruídos por esses agentes. A resistência de alto nível à penicilina e à ampicilina é mais frequentemente devida às alterações nas proteínas de ligação a penicilinas (PBPs, do inglês *penicillin-binding proteins*). As amostras

produtoras de β-lactamases foram raramente identificadas. Além disso, poucos enterococos (p. ex., *E. casseliflavus* e *E. gallinarum*) são considerados intrinsecamente resistentes à vancomicina. Essa é uma resistência intrínseca de baixo nível que é codificada cromossomicamente pelo gene *VanC*.

B. Resistência aos aminoglicosídeos

O tratamento com combinações de um antibiótico ativo contra a parede celular (penicilina ou vancomicina) com um aminoglicosídeo (estreptomicina ou gentamicina) é essencial nas infecções enterocócicas graves, como a endocardite. Apesar de os enterococos exibirem baixa resistência intrínseca aos aminoglicosídeos (CIM < 500 µg/mL), apresentam suscetibilidade sinérgica quando tratados com um antibiótico ativo contra a parede celular em associação com um aminoglicosídeo. Todavia, alguns enterococos exibem alta resistência aos aminoglicosídeos (CIM > 500 µg/mL) e não são suscetíveis ao sinergismo. A elevada resistência aos aminoglicosídeos deve-se à presença das enzimas enterocócicas que modificam esses fármacos. Os genes que codificam a maioria dessas enzimas encontram-se geralmente em plasmídeos conjugativos ou transpósons. Essas enzimas exibem atividade diferencial contra os aminoglicosídeos. A resistência à gentamicina indica resistência aos outros aminoglicosídeos, exceto à estreptomicina. (A suscetibilidade à gentamicina não indica suscetibilidade a outros aminoglicosídeos.) A resistência à estreptomicina não indica resistência do microrganismo a outros aminoglicosídeos. Em consequência, apenas a estreptomicina ou gentamicina (ou ambas ou nenhuma) tendem a exibir atividade sinérgica com um antibiótico ativo contra a parede celular dos enterococos. Nas infecções graves por enterococos, devem ser efetuados testes de suscetibilidade para a alta resistência a aminoglicosídeos (CIM > 500 µg/mL para a gentamicina e > 1.000 µg/mL para a estreptomicina em caldo) para o prognóstico da eficácia terapêutica.

C. Resistência à vancomicina

O glicopeptídeo vancomicina é o principal medicamento alternativo à combinação β-lactâmico/aminoglicosídeo (p. ex., penicilina mais gentamicina ou estreptomicina) para o tratamento de infecções enterocócicas. Nos Estados Unidos, tem-se observado um aumento da frequência dos enterococos resistentes à vancomicina. Esses enterococos não são sinergicamente suscetíveis à associação de vancomicina com um aminoglicosídeo. A resistência à vancomicina tem sido mais comum em *E. faecium*, mas também ocorrem cepas de *E. faecalis* resistentes à vancomicina.

Existem vários **genótipos e fenótipos de resistência à vancomicina**. O fenótipo VanA manifesta-se por elevada resistência induzida à vancomicina e à teicoplanina. Os fenótipos VanB exibem resistência induzida à vancomicina, porém são sensíveis à teicoplanina. As cepas VanC exibem resistência intermediária a moderada à vancomicina. O fenótipo VanC é constitutivo nas espécies isoladas com menor frequência, como *E. gallinarum* (VanC-1) e *E. casseliflavus* (VanC-2/VanC-3). O fenótipo VanD manifesta-se por resistência moderada à vancomicina e resistência de baixo nível ou suscetibilidade à teicoplanina. O fenótipo VanE é classificado como resistente de baixo nível à vancomicina e suscetível à teicoplanina. Os fenótipos VanG e VanL isolados (em geral, *E. faecalis*) apresentam baixa resistência à vancomicina e são sensíveis à teicoplanina.

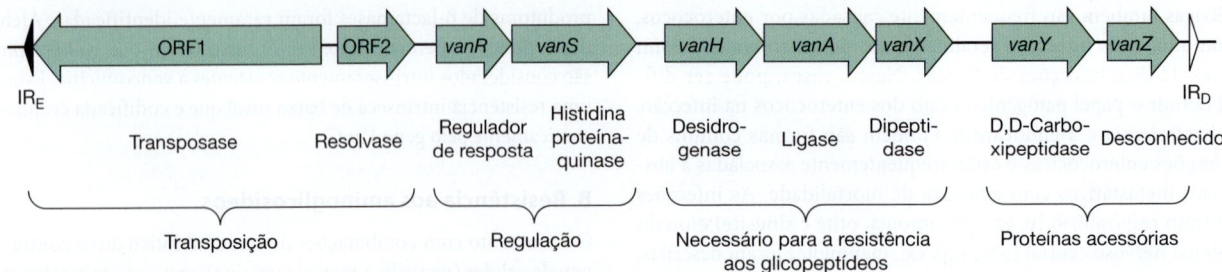

FIGURA 14-5   Mapa esquemático do transpóson Tn*1546* de *Enterococcus faecium*, que codifica para a resistência à vancomicina. IR$_E$ e IR$_D$ indicam as repetições invertidas à esquerda e à direita do transposon, respectivamente. (Adaptada e reproduzida com autorização de Arthur M, Courvalin P: Genetics and mechanisms of glycopeptide resistance in enterococci. *Antimicrob Agents Chemother* 1993;37:1563.)

A teicoplanina é um glicopeptídeo com grande similaridade à vancomicina. Ela está disponível para pacientes na Europa, mas não nos Estados Unidos.* A investigação do fenótipo de resistência à vancomicina dos enterococos apresenta grande importância.

A vancomicina e a teicoplanina interferem na síntese da parede celular das bactérias Gram-positivas ao interagirem com o grupo D-alanil-D-alanina (D-Ala-D-Ala) das cadeias pentapeptídicas dos precursores do peptidoglicano. O determinante de resistência à vancomicina mais bem estudado é o óperon VanA. Esse óperon contém diferentes genes agrupados em um plasmídeo autotransferível que contém um transpóson estreitamente relacionado com o Tn*1546* (Figura 14-5). Existem duas estruturas de leitura abertas que codificam a transposase e a resolvase; os sete genes restantes codificam a resistência à vancomicina e as proteínas acessórias. Os genes *vanR* e *vanS* formam um sistema regulador de dois componentes sensível à presença de vancomicina ou teicoplanina no ambiente. É necessária a presença de *vanH*, *vanA* e *vanX* para a resistência à vancomicina. Os genes *vanH* e *vanA* codificam proteínas envolvidas na produção do depsipeptídeo (D-Ala-D-lactato) em vez do peptídeo normal (D-Ala-D-Ala). O depsipeptídeo, quando ligado ao UDP-muramil-tripeptídeo, forma um precursor pentapeptídico que não se ligará à vancomicina e à teicoplanina. O gene *vanX* codifica uma dipeptidase que causa a depleção do dipeptídeo D-Ala-D-Ala normal do ambiente. Os genes *vanY* e *vanZ* não são essenciais para a resistência à vancomicina. O gene *vanY* codifica uma carboxipeptidase que cliva a D-Ala terminal do pentapeptídeo, causando a depleção de qualquer pentapeptídeo funcional do ambiente que possa ter sido produzido pelo processo de síntese normal da parede celular. Não se sabe exatamente a função do gene *vanZ*.

De forma similar a *vanA*, *vanB* e *vanD* codificam D-Ala-D-Lac, enquanto *vanC* e *vanE* codificam D-Ala-D-Ser.

Como os enterococos que são resistentes à vancomicina frequentemente carreiam plasmídeos que conferem resistência à ampicilina e a aminoglicosídeos, novos agentes, como daptomicina, linezolida, quinupristina-dalfopristina e tigeciclina, são usados no tratamento de infecções causadas por enterococos resistentes à vancomicina (ver Capítulo 28).

D. Resistência a sulfametoxazol-trimetoprima

Os enterococos frequentemente exibem suscetibilidade a sulfametoxazol-trimetoprima em testes *in vitro*, mas esses fármacos não são eficazes no tratamento de infecções. Essa discrepância decorre da capacidade dos enterococos de utilizarem folatos exógenos disponíveis *in vivo*, escapando, assim, da inibição pelos fármacos.

Epidemiologia, prevenção e controle

Enterococcus faecalis e *E. faecium* são as espécies enterocócicas mais comumente isoladas e associadas a infecções em seres humanos. De modo geral e com base em suas propriedades intrínsecas, os enterococos são capazes de sobreviver em condições ambientais adversas, e adaptaram-se a vários nichos ecológicos. Em humanos, são predominantemente habitantes da microbiota intestinal e são considerados um importante patógeno oportunista. Considerando o alto número de enterococos presentes nas fezes, combinado com sua capacidade de sobreviver a condições ambientais adversas, os enterococos também podem servir como indicadores de contaminação fecal e qualidade higiênica (p. ex., alimentos e água). Os enterococos estão entre as causas mais frequentes de infecções relacionadas à assistência à saúde, principalmente em unidades de terapia intensiva, e são selecionados por terapia com cefalosporinas e outros antibióticos aos quais são resistentes. Além disso, esses microrganismos podem ser transmitidos de um paciente para outro, principalmente pelas mãos dos profissionais de saúde, alguns dos quais podem até transportar os organismos em seus tratos gastrintestinais. Os enterococos podem sobreviver nas mãos, nas luvas e nos jalecos dos profissionais de saúde por longos períodos, representando provavelmente a fonte mais comum de transmissão das amostras resistentes à vancomicina em ambientes de saúde. Em certas ocasiões, os enterococos são transmitidos por meio de dispositivos médicos. A Society for Healthcare Epidemiology of America publicou um guia de referência para prevenir a transmissão dos enterococos. No entanto, a prevenção e o controle de infecções enterocócicas no ambiente da saúde continuam a apresentar grandes desafios. O uso cuidadoso e restritivo de antibióticos e a implementação de práticas

---

*N. de T. Esses dois medicamentos possuem registro na Agência Nacional de Vigilância Sanitária (Anvisa).

TABELA 14-2 Cocobacilos e cocos Gram-positivos, catalase-negativos e não estreptocócicos encontrados com mais frequência

Gênero[a]	Catalase	Coloração pelo método de Gram	Suscetibilidade à vancomicina	Comentários
Abiotrophia[b] (variante nutricional de estreptococo)	Negativo	Cocos em pares, cadeias curtas	Suscetível	Microbiota normal da cavidade oral; isolado de casos de endocardite
Aerococcus	Negativo a fracamente positivo	Cocos em tétrades ou aglomerados	Suscetível	Microrganismos do ambiente isolados ocasionalmente do sangue, da urina ou de locais estéreis
E. faecalis, E. faecium (e outros enterococos)	Negativo	Cocos em pares, cadeias curtas, ou ocorrem como células isoladas	Alguns são resistentes, principalmente E. faecium	Abscesso abdominal, infecção do trato urinário, endo-cardite
Gemella	Negativo	Cocos em pares, tétra-des, aglomerados e em cadeias curtas	Suscetível	Perde a cor facilmente, podendo parecer Gram--negativo; cresce lentamente (48 horas); faz parte da microbiota normal humana; isolado ocasionalmente do sangue e de locais estéreis
Granulicatella[b] (variante nutricional de estreptococo)	Negativo	Cocos em cadeias, aglo-merados	Suscetível	Microbiota normal da cavidade oral; isolado de casos de endocardite
Leuconostoc	Negativo	Cocos em pares e em cadeias; cocobacilos, bastonetes	Resistente	Microrganismos ambientais; assemelham-se aos en-terococos em ágar-sangue; isolados de uma ampla variedade de infecções
Pediococcus	Negativo	Cocos em pares, tétrades e aglomerados	Resistente	Presente em alimentos e em fezes humanas; isolados ocasionalmente do sangue e de abscessos
Lactobacillus	Negativo	Cocobacilos, bastonetes em pares e cadeias	Resistente (90%)	Anaeróbios aerotolerantes geralmente classificados como bacilos; microbiota vaginal normal; encon-trados ocasionalmente em infecções de locais profundos

[a] Outros gêneros em que isolados de seres humanos são raros ou incomuns: Dolosicoccus, Dolosigranulum, Facklamia, Globicatella, Helcococcus, Ignavigranum, Lactococcus, Tetragenococcus, Vagococcus e Weissella.
[b] Requer piridoxal para crescer.

apropriadas de controle de infecção continuam sendo os pilares para reduzir o risco de colonização e/ou infecção por enterococos.

OUTROS COCOS GRAM-POSITIVOS CATALASE-NEGATIVOS

Existem cocos ou cocobacilos Gram-positivos não estreptocóci-cos que ocasionalmente causam doenças (Tabela 14-2). Esses mi-crorganismos apresentam muitas características morfológicas e de crescimento semelhantes às dos estreptococos viridans. Podem ser α-hemolíticos ou não hemolíticos. A maioria é catalase-negativa, enquanto outros podem ser fracamente catalase-positivos. *Pedio-coccus* e *Leuconostoc* são gêneros cujos membros se mostram **re-sistentes à vancomicina**. Os lactobacilos são anaeróbios que po-dem ser aerotolerantes e α-hemolíticos, assumindo, algumas vezes, formas cocobacilares semelhantes às dos estreptococos viridans. Os **lactobacilos** são, em sua maioria (80-90%), resistentes à van-comicina. Outros microrganismos que às vezes provocam doença, devendo ser diferenciados dos estreptococos e dos enterococos, são *Lactococcus*, *Aerococcus* e *Gemella*, gêneros que geralmente exibem **suscetibilidade à vancomicina**. *Rothia mucilaginosa* era anterior-mente considerado *Staphylococcus*, mas é catalase-negativo; as co-lônias exibem aderência distinta ao ágar.

RESUMO DO CAPÍTULO

- As espécies de estreptococos viridans e de enterococos fazem parte da microbiota normal humana oral e gastrintestinal, po-rém podem também estar associadas a infecções graves, como bacteriemia e endocardites sob certas condições.
- *Streptococcus pneumoniae* é um microrganismo α-hemolítico e sensível à optoquina. Sua virulência está associada à presen-ça de uma cápsula polissacarídica que inibe a fagocitose e a opsonização.
- *Streptococcus pneumoniae* é a principal causa de pneumonias co-munitárias, podendo disseminar-se por via hematogênica para o sistema nervoso central. Doenças invasivas são preveníveis por vacinação, tanto com a vacina polissacarídica 23-valente (adul-tos) quanto pela vacina conjugada 13-valente (crianças). A resis-tência a diferentes antibióticos tem sido um problema em certas regiões geográficas.
- Os enterococos são caracterizados pela variedade de determi-nantes de resistência para β-lactâmicos, glicopeptídeos, amino-glicosídeos, entre outros. Agentes mais recentes, como linezo-lida e tedizolida, são utilizados no tratamento de infecções por enterococos resistentes à vancomicina. Esses microrganismos desempenham um papel proeminente nas infecções associadas aos cuidados de saúde.

QUESTÕES DE REVISÃO

1. Um homem alcoólatra de 48 anos de idade é admitido em um hospital devido a estupor. Desabrigado, vive em um acampamento com outras pessoas, também desabrigadas, recolhidas pelas autoridades. A temperatura corporal é de 38,5 °C, e a pressão sanguínea é de 125/80 mmHg. Ele reclama quando se tenta estimulá-lo. O paciente tem sinais de Kernig e de Brudzinski positivos, sugestivos de irritação das meninges. O exame físico e a radiografia de tórax mostraram evidências de consolidação no lobo inferior do pulmão esquerdo. O aspirado endotraqueal mostrou escarro cor de ferrugem. O exame de um esfregaço do escarro corado por Gram revelou inúmeras células polimorfonucleares e muitos diplococos Gram-positivos em formato de lanceta. Na punção lombar, foi obtido líquido cerebrospinal turvo e com contagem de leucócitos de 570/μL, com 95% de células polimorfonucleares; a coloração de Gram mostrou diplococos Gram-positivos. Com base nessas informações, o provável diagnóstico é

   (A) Pneumonia e meningite causadas por *S. aureus*

   (B) Pneumonia e meningite causadas por *S. pyogenes*

   (C) Pneumonia e meningite causadas por *S. pneumoniae*

   (D) Pneumonia e meningite causadas por *E. faecalis*

   (E) Pneumonia e meningite causadas por *Neisseria meningitidis*

2. O paciente da Questão 1 iniciou antibioticoterapia para os possíveis microrganismos. Posteriormente, a cultura do escarro e do líquido cerebrospinal apresentou diplococos Gram-positivos com concentração inibitória mínima à penicilina G > 2 μg/mL. Até que o teste de suscetibilidade possa ser feito, o paciente deve receber

   (A) Penicilina G

   (B) Nafcilina

   (C) Sulfametoxazol-trimetoprima

   (D) Gentamicina

   (E) Vancomicina

3. A infecção (na Questão 1) poderia ter sido prevenida por

   (A) Administração profilática de penicilina benzatina, intramuscular, a cada 3 semanas.

   (B) Vacina polissacarídica capsular 23-valente.

   (C) Vacina contra os sorogrupos A, C e Y, bem como contra o polissacarídeo capsular W135.

   (D) Vacina do polissacarídeo capsular polirribosilribitol ligada covalentemente a uma proteína.

   (E) Penicilina, por via oral, 2 ×/dia.

4. A patogênese do microrganismo causador da infecção (na Questão 1) inclui qual das seguintes alternativas?

   (A) Invasão das células adjacentes aos alvéolos e entrada pelas vênulas da circulação pulmonar.

   (B) Resistência à fagocitose mediada pelas proteínas M.

   (C) Migração para os linfonodos mediastinais, onde ocorre hemorragia.

   (D) Lise do vacúolo fagocítico e disseminação para a circulação.

   (E) Inibição da fagocitose pela cápsula polissacarídica.

5. A vacina conjugada 13-valente do polissacarídeo capsular conjugado à proteína para o patógeno da Questão 1 é recomendada

   (A) Para pacientes de até 18 anos de idade e adultos selecionados.

   (B) Somente no caso de exposição de um paciente com a doença causada pelo microrganismo.

   (C) Para todas as crianças de 2 a 23 meses, além de crianças mais velhas e adultos em condições de imunossupressão.

   (D) Para crianças de 24 a 72 meses.

   (E) Para todos os grupos em idade acima de 2 meses.

6. Um menino de 8 anos de idade desenvolve dor de garganta grave. Ao exame, um exsudato branco-acinzentado é visto nas tonsilas e na faringe. O diagnóstico diferencial inclui infecção por estreptococo do grupo A, vírus Epstein-Barr, infecção grave por adenovírus e difteria. (Faringite por *Neisseria gonorrhoeae* também poderia ser incluída, mas o paciente não sofreu abuso sexual.) A causa mais provável da faringite do garoto é

   (A) Cocos Gram-positivos, catalase-negativos, que crescem em cadeias.

   (B) Um vírus de RNA de fita simples com polaridade positiva.

   (C) Um coco Gram-positivo, catalase-positivo, que cresce em aglomerados.

   (D) Bacilo Gram-positivo, catalase-negativo.

   (E) Um vírus de RNA de fita dupla.

7. Um mecanismo primário, responsável pela patogênese da doença do menino (na Questão 6), consiste em

   (A) Nítido aumento intracelular do monofosfato de adenosina cíclica

   (B) Ação da proteína M

   (C) Ação da protease IgA1

   (D) Ação da enterotoxina A

   (E) Inativação do fator de alongamento 2

8. Uma mulher de 40 anos de idade desenvolve dor de cabeça grave e febre. O exame neurológico está normal. Uma tomografia cerebral mostra lesão em formato de anel no hemisfério esquerdo. Na cirurgia, é encontrado um abscesso cerebral. A cultura do fluido de abscesso resultou no isolamento de um bacilo Gram-negativo anaeróbio (*Fusobacterium nucleatum*) e de um coco Gram-positivo, catalase-negativo, que, na coloração de Gram, foi encontrado em pares e em cadeias. O organismo é β-hemolítico e forma colônias muito pequenas (< 0,5 mm de diâmetro). O microbiologista observou um odor semelhante à manteiga. O microrganismo aglutinou com o antissoro contra o grupo F. O microrganismo mais provável é

   (A) *S. pyogenes* (grupo A)

   (B) *E. faecalis* (grupo D)

   (C) *S. agalactiae* (grupo B)

   (D) Grupo *S. anginosus*

   (E) *S. aureus*

9. Métodos importantes para classificar e tipar os estreptococos são

   (A) Aglutinação com o uso de antissoro contra a substância específica do grupo da parede celular

   (B) Testes bioquímicos

   (C) Propriedades hemolíticas (α, β, não hemolíticos)

   (D) Reação de capsular de Quellung

   (E) Todas as alternativas anteriores

10. Uma menina de 8 anos de idade desenvolve a síndrome de Sydenham ("dança de São Vito") com movimentos rápidos e desordenados da face bem como movimentos involuntários dos membros, fortemente sugestivos de febre reumática aguda. Ela não apresentou outras das principais manifestações da febre reumática (cardite, artrite, nódulos subcutâneos, eritema cutâneo). O exame de cultura do material da garganta é negativo para *S. pyogenes* (estreptococo do grupo A). Entretanto, ela, seu irmão e sua mãe tiveram dor de garganta 2 meses atrás. Um teste que, se for positivo, pode indicar infecção recente por *S. pyogenes* é

   (A) Títulos de anticorpos antiestreptolisina S

   (B) Reação em cadeia da polimerase para os anticorpos contra a proteína M

   (C) Título de anticorpos antiestreptolisina O

   (D) Hidrólise da esculina

   (E) Título de anticorpos antiácido hialurônico

11. Todas as afirmações a seguir a respeito da cápsula de ácido hialurônico de *S. pyogenes* estão corretas, *exceto*

   (A) É responsável pelo aspecto mucoide das colônias *in vitro*.
   (B) É antifagocítica.
   (C) Liga-se ao CD44 em células epiteliais humanas.
   (D) É um importante fator de virulência.
   (E) Existe uma vacina disponível contra a cápsula.

12. Os enterococos podem ser distinguidos dos estreptococos do grupo D não enterocócicos com base em qual das seguintes características?

   (A) γ-Hemólise
   (B) Hidrólise da esculina
   (C) Crescimento em NaCl a 6,5%
   (D) Crescimento na presença de bile
   (E) Morfologia pelo método de Gram

13. Qual das seguintes afirmativas em relação a *S. bovis* está correta?

   (A) Essa bactéria expressa o antígeno D de Lancefield.
   (B) Algumas amostras são resistentes à vancomicina.
   (C) As infecções causadas por esses microrganismos são benignas.
   (D) Todas as subespécies são PYR-positivas.
   (E) Todas as subespécies são β-hemolíticas.

14. Qual dos seguintes gêneros requer piridoxal para crescer?

   (A) *Aerococcus*
   (B) *Granulicatella*
   (C) *Enterococcus*
   (D) *Leuconostoc*
   (E) *Pediococcus*

15. Qual dos seguintes gêneros é, em geral, resistente à vancomicina?

   (A) *Aerococcus*
   (B) *Gemella*
   (C) *Pediococcus*
   (D) *Streptococcus*
   (E) *Abiotrophia*

Respostas

1. C	**6.** A	**11.** E
2. E	**7.** B	**12.** C
3. B	**8.** D	**13.** A
4. E	**9.** E	**14.** B
5. C	**10.** C	**15.** C

REFERÊNCIAS

Arias CA, Murray BE: *Enterococcus* species, *Streptococcus gallolyticus* group, and *Leuconostoc* species. In Bennett JE, Dolin R, Blaser ME (editors). *Mandell, Douglas, and Bennett's Principles and Practice of Infectious Diseases*, 8th ed. Elsevier, 2015.

Bryant AE, Stevens DL: *Streptococcus pyogenes*. In Bennett JE, Dolin R, Blaser ME (editors). *Mandell, Douglas, and Bennett's Principles and Practice of Infectious Diseases*, 8th ed. Elsevier, 2015.

Cunningham MW: Pathogenesis of group A streptococcal infections and their sequelae. *Adv Exp Med Biol* 2008;609:29.

Edwards MS, Baker CJ: *Streptococcus agalactiae* (group B streptococcus). In Bennett JE, Dolin R, Blaser ME (editors). *Mandell, Douglas, and Bennett's Principles and Practice of Infectious Diseases*, 8th ed. Elsevier, 2015.

Murray BE: The life and times of the *Enterococcus. Clin Microbiol Rev* 1990;3:46–65.

Paradiso PR: Advances in pneumococcal disease prevention: 13-valent pneumococcal conjugate vaccine for infants and children. *Clin Infect Dis* 2011;52:1241.

Ruoff KL, Christensen JJ: *Aerococcus, Abiotrophia*, and other catalase-negative Gram-positive cocci. In Jorgensen JH, Pfaller MA, Carroll KC (editors). *Manual of Clinical Microbiology*, 11th ed. ASM Press, 2015.

Schlegel L, Grimont F, Ageron E, et al: Reappraisal of the taxonomy of the *Streptococcus bovis/Streptococcus equinus* complex and related species: Description of *Streptococcus gallolyticus* subsp. *gallolyticus* subsp. nov., *S. gallolyticus* subsp. *macedonicus* subsp. nov. and *S. gallolyticus* subsp. *pasteurianus* subsp. nov. *Int J Syst Evol Microbiol* 2003;3:631–645.

Sendi P, Johansson L, Norrby-Teglund A: Invasive group B streptococcal disease in non-pregnant adults. *Infection* 2008;36:100.

Shulman ST, Bisno AL: Nonsuppurative poststreptococcal sequelae: Rheumatic fever and glomerulonephritis. In Bennett JE, Dolin R, Blaser ME (editors). *Mandell, Douglas, and Bennett's Principles and Practice of Infectious Diseases*, 8th ed. Elsevier, 2015.

Spellberg B, Brandt C: *Streptococcus*. In Jorgensen JH, Pfaller MA, Carroll KC, Funke G, et al (editors). *Manual of Clinical Microbiology*, 11th ed. ASM Press, 2015.

Stollerman GH, Dale JB: The importance of the group A streptococcus capsule in the pathogenesis of human infections: A historical perspective. *Clin Infect Dis* 2008;46:1038.

Teixeira LM, et al: *Enterococcus*. In Jorgensen JH, Pfaller MA, Carroll KC, et al (editors). *Manual of Clinical Microbiology*, 11th ed. ASM Press, 2015.

Wilson W, Taubert KA, Gewitz M, et al: Prevention of infective endocarditis: Guidelines from the American Heart Association: A guideline from the American Heart Association Rheumatic Fever, Endocarditis, and Kawasaki Disease Committee, Council on Cardiovascular Disease in the Young, and the Council on Clinical Cardiology, Council on Cardiovascular Surgery and Anesthesia, and the Quality of Care and Outcomes Research Interdisciplinary Working Group. *Circulation* 2007;116:1736–1754.

Bacilos entéricos Gram-negativos (Enterobacteriaceae)

15

As Enterobacteriaceae constituem um grande grupo heterogêneo de bacilos Gram-negativos cujo hábitat natural é o trato intestinal de seres humanos e animais. A família abrange muitos gêneros (*Escherichia*, *Shigella*, *Salmonella*, *Enterobacter*, *Klebsiella*, *Serratia*, *Proteus* e outros). Alguns microrganismos entéricos, como *Escherichia coli*, fazem parte da microbiota normal e acidentalmente provocam doenças, enquanto outros, como as salmonelas e as shigelas, são regularmente patogênicos para os seres humanos. As Enterobacteriaceae são anaeróbios facultativos ou aeróbios, que fermentam ampla variedade de carboidratos, têm uma estrutura antigênica complexa e produzem diversas toxinas e outros fatores de virulência. Os termos Enterobacteriaceae, bacilos entéricos Gram-negativos e bactérias entéricas são utilizados neste capítulo, mas essas bactérias também podem ser denominadas coliformes.

CLASSIFICAÇÃO

As Enterobacteriaceae constituem o grupo mais comum de bacilos Gram-negativos cultivados em laboratório clínico, e estão entre as bactérias mais comuns que causam doença, juntamente com os estafilococos e os estreptococos. A taxonomia das Enterobacteriaceae é complexa e está sofrendo rápidas mudanças desde a introdução das técnicas que medem a distância evolutiva, como a hibridização e o sequenciamento de ácidos nucleicos. De acordo com o banco de dados de taxonomia da *National Library of Medicine* (disponível em https://www.ncbi.nlm.nih.gov/Taxonomy/Browser/wwwtax.cgi?mode=Tree&id=543&lvl=3&lin=f&keep=1&srchmode=1&unlock), 63 gêneros foram definidos; porém, as Enterobacteriaceae de importância clínica compreendem 20 a 25 espécies, enquanto outras espécies são raramente encontradas. Neste capítulo, as complexidades taxonômicas serão minimizadas, e serão utilizados, em geral, os termos comumente empregados na literatura médica. Uma abordagem abrangente da identificação das Enterobacteriaceae é apresentada nos Capítulos 33, 37 e 38 de Jorgensen e colaboradores, 2015.

Os membros da família Enterobacteriaceae têm as seguintes características: as bactérias dessa família são bastonetes Gram-negativos, móveis com flagelos peritríquios, ou não móveis. Elas podem crescer em caldo peptona, ou extrato de carne, ambos sem a adição de cloreto de sódio ou outros suplementos. Também crescem bem em ágar MacConkey em condição de aerobiose ou anaerobiose (são anaeróbios facultativos). Os integrantes dessa família apresentam metabolismo fermentativo da glicose e não oxidativo, geralmente com produção de gás. Essas bactérias são catalase-positivas, oxidase-negativas (exceto para *Plesiomonas*), reduzem o nitrato a nitrito e

têm um conteúdo de DNA G + C de 39 a 59%. Os membros da família Enterobacteriaceae podem ser diferenciados entre espécies por uma variedade de testes bioquímicos. Diversos *kits* comerciais ou sistemas automatizados são usados para essa finalidade pela maioria dos laboratórios de microbiologia clínica nos Estados Unidos. Contudo, nos últimos anos, esses métodos tradicionais de identificação de microrganismos estão sendo substituídos por métodos mais modernos. A implementação da espectrometria de massa pela técnica de ionização por dessorção a *laser*, assistida por matriz seguida de análise por tempo de voo em sequência (MALDI-TOF MS, do inglês *matrix-assisted laser desorption ionization-time of flight mass spectrometry*) para identificação de isolados de cultura está substituindo os painéis bioquímicos tradicionais atualmente em uso na maioria dos laboratórios de microbiologia clínica. Essa nova tecnologia apresenta grande acurácia* na identificação da maioria das espécies comuns de Enterobacteriaceae isoladas de material clínico, exceto para espécies de *Shigella*. No entanto, a MALDI-TOF MS é incapaz de diferenciar com confiança espécies de *Shigella* de *E. coli*.**

Os gêneros e as principais espécies clinicamente relevantes de Enterobacteriaceae são discutidos brevemente nos parágrafos seguintes. As características específicas de *Salmonella*, *Shigella* e outros bastonetes entéricos Gram-negativos clinicamente importantes e as doenças associadas são discutidas separadamente na segunda parte deste capítulo.

Morfologia e identificação

A. Microrganismos típicos

As Enterobacteriaceae são bacilos Gram-negativos curtos (Figura 15-1A). Sua morfologia típica é observada durante o crescimento em meios sólidos *in vitro*, mas é altamente variável em amostras clínicas. As cápsulas são grandes e regulares nas espécies de

---

*N. de T. Estudos comparando MALDI-TOF com métodos fenotípicos automatizados demonstram que MALDI-TOF tem especificidade no mínimo tão alta e até maior que os métodos automatizados, com taxas de identificação correta, geralmente superiores a 95%. Essa alta especificidade pode ser explicada pelo fato de que a maioria das moléculas detectadas por essa metodologia são proteínas ribossomais, que são altamente conservadas e pouco suscetíveis a alterações decorrentes de variação das condições ambientais.

**N. de T. *Shigella* e *E. coli* são filogeneticamente muito próximas, com mais de 90% de similaridade em seus nucleotídeos. Contudo, na maioria das vezes, podem ser diferenciadas por duas provas bioquímicas simples: o indol e a fermentação da lactose. Em ambas as provas, *E. coli* apresenta percentual de 99% de positividade e *Shigella* é negativa.

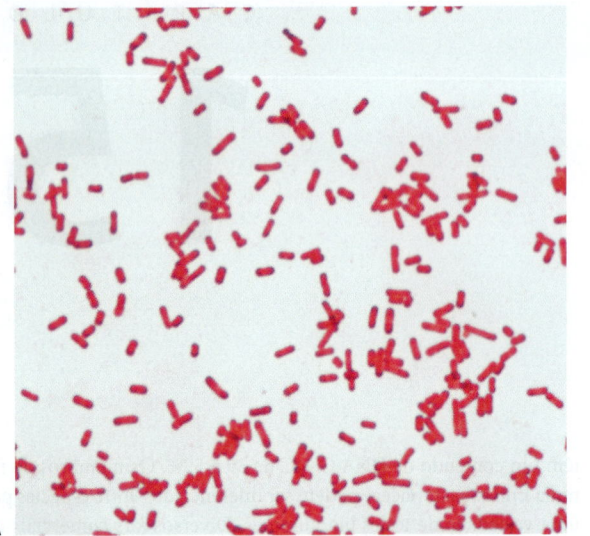

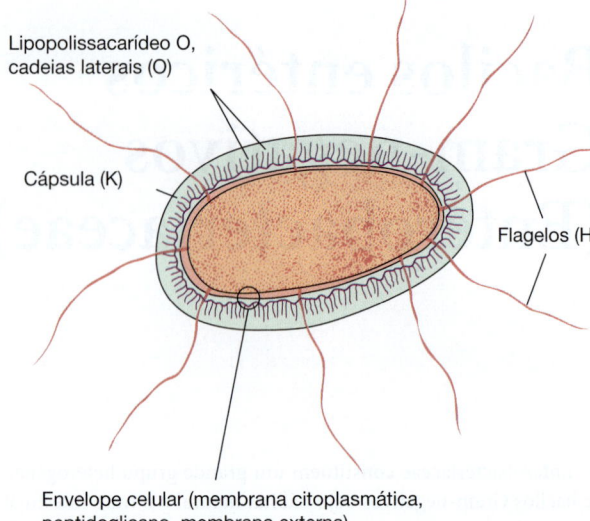

Lipopolissacarídeo O, cadeias laterais (O)

Cápsula (K)

Flagelos (H)

Envelope celular (membrana citoplasmática, peptidoglicano, membrana externa)

A

B

FIGURA 15-1 **A:** Coloração de Gram de *Escherichia coli*. Ampliação do original de 1.000 ×. (Cortesia de H. Reyes.) **B:** Estrutura antigênica das Enterobacteriaceae.

Klebsiella, menores nas espécies de *Enterobacter* e incomuns nas outras espécies.

B. Cultura

Escherichia coli e a maioria das outras bactérias entéricas formam colônias lisas, circulares e convexas com margens distintas. As colônias de *Enterobacter* são semelhantes, porém um pouco mais mucoides. As colônias de *Klebsiella* são grandes e muito mucoides, tendendo a coalescer com incubação prolongada. As salmonelas e as shigelas produzem colônias semelhantes às de *E. coli*, mas não fermentam a lactose. Algumas cepas de *E. coli* causam hemólise em ágar-sangue.

C. Características de crescimento

Os padrões de fermentação dos carboidratos e a atividade dos aminoácidos descarboxilases e outras enzimas são utilizados na diferenciação bioquímica. Alguns testes (p. ex., a produção de indol a partir do triptofano) são comumente utilizados em sistemas de identificação rápida, enquanto outros, como a reação de Voges--Proskauer (produção de acetilmetilcarbinol a partir da dextrose), são utilizados com menos frequência. A cultura em meios "diferenciais" que contenham corantes especiais e carboidratos (p. ex., eosina-azul de metileno [EMB, do inglês *eosin-methylene blue*], meio de MacConkey ou desoxicolato) distingue as colônias fermentadoras de lactose (coloridas) das que não fermentam a lactose (não pigmentadas), e pode permitir uma rápida identificação presuntiva das bactérias entéricas (Tabela 15-1).

Muitos meios de cultura complexos foram elaborados para ajudar na identificação das bactérias entéricas. Um deles é o ágar com açúcar e ferro tríplice (TSI, do inglês *triple sugar iron*), frequentemente utilizado para ajudar a diferenciar salmonelas e shigelas de outros bacilos entéricos Gram-negativos em coproculturas. O meio contém glicose a 0,1%, sacarose a 1%, lactose a 1%, sulfato ferroso (para a detecção da produção de H_2S), extratos teciduais (substrato de crescimento proteico) e um indicador de pH (vermelho-fenol). O meio é distribuído em tubo de ensaio inclinado para a formação

de uma base profunda, sendo inoculado para que ocorra crescimento bacteriano no interior dessa base. Se houver apenas fermentação da glicose, a área inclinada e a base se tornam inicialmente amarelas em consequência da pequena quantidade de ácido produzido; à medida que os produtos de fermentação são subsequentemente oxidados em CO_2 e H_2O, bem como liberados a partir da área inclinada, e conforme prossegue a descarboxilação oxidativa das proteínas com a formação de aminas, a área inclinada torna-se alcalina (vermelha). Se a lactose ou a sacarose forem fermentadas, haverá a produção de uma quantidade tão grande de ácido que a área inclinada e a base permanecerão amarelas (ácidas). Em geral, as salmonelas e as shigelas resultam em área inclinada alcalina e base ácida. Embora espécies de *Proteus*, *Providencia* e *Morganella* produzam uma área

TABELA 15-1 Identificação presuntiva rápida de bactérias entéricas Gram-negativas

Fermentação rápida da lactose

Escherichia coli: brilho metálico em meio diferencial; móveis; colônias planas e não viscosas

Enterobacter aerogenes:* colônias aumentadas, ausência de brilho metálico; frequentemente móveis; mais viscosas

Enterobacter cloacae: similares a *Enterobacter aerogenes*

Klebsiella pneumoniae: colônias muito viscosas e mucoides; imóveis

Fermentação lenta da lactose

Edwardsiella, Serratia, Citrobacter, Salmonella enterica subsp. *arizonae, Erwinia*, algumas amostras de *Shigella sonnei* (em incubação prolongada)

Não fermentação da lactose

Espécies de *Shigella*: imóveis; não produzem gás a partir de dextrose

Espécies de *Salmonella*: móveis; formação de ácido e geralmente gás a partir da dextrose

Espécies de *Proteus*: "véu" (em inglês, *swarming*) no ágar; ureia rapidamente hidrolisada (odor de amônia)

Espécies de *Providencia*, exceto *P. stuartii*

Espécies de *Morganella*

Espécies de *Yersinia*

*N. de T. Essa espécie foi realocada no gênero *Klebsiella* em 2017, recebendo a denominação de *Klebsiella aerogenes*. Amostra tipo ATCC 13048.

inclinada alcalina e base ácida, podem ser identificadas pela rápida formação da cor vermelha em meio de ureia de Christensen. Os microrganismos que produzem ácido na área inclinada, bem como ácido e gás (bolhas) na base, são outras bactérias entéricas.

1. **Escherichia** – *Escherichia coli* apresenta reações positivas para os testes de indol, lisina-descarboxilase e fermentação do manitol, produzindo gás a partir da glicose. Os microrganismos isolados da urina podem ser rapidamente identificados como *E. coli* por hemólise em ágar-sangue, pela morfologia típica das colônias com "brilho" iridescente em meios diferenciais, como ágar EMB, e por teste do indol positivo. Mais de 90% das *E. coli* isoladas são positivas para β-glicuronidase quando se utiliza o substrato 4-metilumbeliferil-β-glicuronídeo (MUG). Os microrganismos isolados de locais anatômicos, além da urina, com propriedades características (inclusive as anteriormente citadas, além de testes negativos para a oxidase), quase sempre podem ser identificados como *E. coli* pelo resultado positivo no teste do MUG.

2. Grupo **Klebsiella-Enterobacter-Serratia** – As espécies de *Klebsiella* exibem crescimento mucoide, grandes cápsulas de polissacarídeo e ausência de motilidade. Em geral, apresentam reações positivas para os testes de lisina-descarboxilase e citrato. A maioria das espécies de *Enterobacter* apresenta resultados positivos nos testes para motilidade, citrato e ornitina-descarboxilase, produzindo gás a partir da glicose. *Enterobacter aerogenes* possui cápsulas pequenas. Algumas espécies de *Enterobacter* foram transferidas para o gênero *Cronobacter*. As espécies de *Serratia* produzem DNase, lipase e gelatinase. Já as espécies de *Klebsiella*, de *Enterobacter* e de *Serratia*, em geral, apresentam reações de Voges-Proskauer positivas.

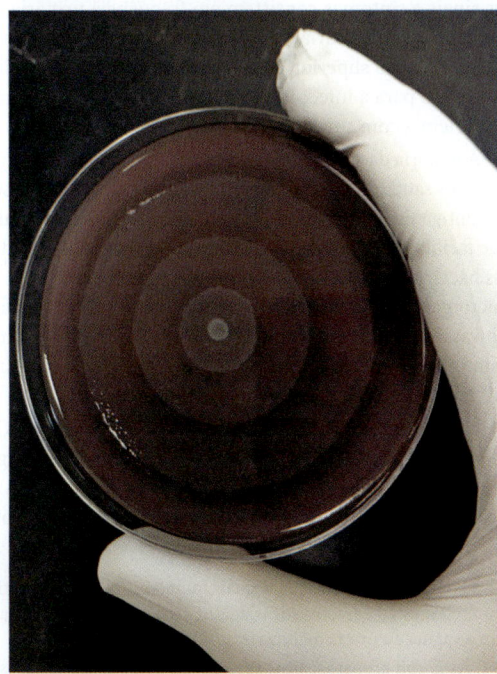

FIGURA 15-2 *Proteus mirabilis* cultivado em ágar-sangue de carneiro. As espécies de *Proteus* exibem um padrão de "véu" característico, causando uma aparência semelhante a uma onda. As colônias individuais não são distinguíveis. (Cortesia de S. Riedel.)

3. Grupo **Proteus-Morganella-Providencia** – Os membros desse grupo desaminam a fenilalanina, são móveis, crescem em meio de cianeto de potássio (KCN) e fermentam a xilose. As espécies de *Proteus* movem-se de forma muito ativa por meio de flagelos peritríquios, resultando na formação de um "véu" em meios sólidos (Figura 15-2), a menos que a motilidade seja inibida por substâncias químicas (p. ex., álcool feniletílico ou meio CLED [deficiente em cistina-lactose-eletrólitos]). As espécies de *Proteus* e *Morganella morganii* são urease-positivas, enquanto as espécies de *Providencia* geralmente são urease-negativas. O grupo *Proteus-Providencia* fermenta a lactose muito lentamente ou não o faz.

4. **Citrobacter** – Essas bactérias são, em geral, citrato-positivas e diferem das salmonelas, uma vez que não descarboxilam a lisina. Fermentam a lactose muito lentamente ou não o fazem.

5. **Shigella** – As espécies de *Shigella* não são móveis e, em geral, não fermentam a lactose, enquanto fermentam outros carboidratos, produzindo ácido, mas não gás. Não produzem H_2S. As quatro espécies de *Shigella* estão estreitamente relacionadas com *E. coli*. Muitas compartilham antígenos entre si e com outras bactérias entéricas (p. ex., *Hafnia alvei* e *Plesiomonas shigelloides*).

6. **Salmonella** – As salmonelas são bacilos móveis que, em geral, fermentam a glicose e a manose sem a produção de gás, mas não fermentam a lactose nem a sacarose. A maioria produz H_2S. São frequentemente patogênicas para seres humanos e animais quando ingeridas. Organismos originalmente descritos no gênero *Arizona* estão incluídos como subespécies no grupo das salmonelas.

7. **Outras Enterobacteriaceae** – As espécies de *Yersinia* são discutidas no Capítulo 19. Outros gêneros ocasionalmente encontrados em infecções humanas incluem *Cronobacter*, *Edwardsiella*, *Ewingella*, *Hafnia*, *Cedecea*, *Plesiomonas* e *Kluyvera*.

Estrutura antigênica

As espécies de Enterobacteriaceae possuem uma estrutura antigênica complexa. São classificadas por mais de 150 diferentes antígenos somáticos O (lipopolissacarídeos) termoestáveis, mais de 100 antígenos K (capsulares) termolábeis e mais de 50 antígenos H (flagelares) (Figura 15-1B). Na *Salmonella enterica* sorovar Typhi, os antígenos capsulares são denominados antígenos Vi. A classificação antigênica das Enterobacteriaceae com frequência indica a presença de cada antígeno específico. Assim, a fórmula antigênica de *E. coli* pode ser O55:K5:H21.

Os **antígenos O** constituem a parte mais externa do lipopolissacarídeo da parede celular e consistem em unidades repetidas de polissacarídeo. Alguns polissacarídeos O-específicos contêm açúcares singulares. Os antígenos O são resistentes ao calor e ao álcool, sendo geralmente detectados por aglutinação bacteriana. Os anticorpos dirigidos contra os antígenos O são predominantemente IgM.

Embora cada gênero de Enterobacteriaceae esteja associado a grupos O específicos, um único organismo pode expressar vários antígenos O. Assim, a maioria das espécies de *Shigella* compartilha um ou mais antígenos O com *E. coli*. Além disso, *E. coli* também pode apresentar reação cruzada com algumas espécies de *Providencia*, *Klebsiella* e *Salmonella*. Ocasionalmente, os antígenos O podem estar associados a doenças humanas específicas (p. ex., os tipos O específicos de *E. coli* são encontrados na diarreia e em infecções do trato urinário).

Os **antígenos K** são externos aos antígenos O em algumas Enterobacteriaceae, mas não em todas. Alguns são polissacarídeos, inclusive os antígenos K de *E. coli*, enquanto outros são proteínas. Os antígenos K podem interferir na aglutinação por antissoros O e estar associados à virulência (p. ex., as cepas de *E. coli* produtoras de antígeno K1 são proeminentes na meningite neonatal, enquanto os antígenos K de *E. coli* provocam a fixação das bactérias às células epiteliais antes da invasão do trato gastrintestinal ou das vias urinárias).

Os membros do gênero *Klebsiella* produzem cápsulas viscosas constituídas de polissacarídeos (antígenos K) que cobrem os antígenos somáticos (O ou H) e podem ser identificados por testes de intumescimento capsular com antissoros específicos. As infecções humanas das vias respiratórias são causadas particularmente pelos tipos capsulares 1 e 2, enquanto as do trato urinário são provocadas pelos tipos 8, 9, 10 e 24.

Os **antígenos H** localizam-se nos flagelos, e são desnaturados ou removidos pelo calor ou pelo álcool. São preservados quando variantes bacterianas móveis são tratadas com formol. Os antígenos H aglutinam-se com anticorpos anti-H, principalmente IgG. Os determinantes nos antígenos H dependem da sequência de aminoácidos na proteína flagelar (flagelina). Dentro de um único sorotipo, os antígenos flagelares podem estar presentes em uma ou duas formas, denominadas **fase 1** (convencionalmente designada por letras minúsculas) e **fase 2** (convencionalmente designada por algarismos arábicos), conforme indica a Tabela 15-3. O microrganismo tende a mudar de uma fase para a outra; esse processo é conhecido como variação de fase. Os antígenos H na superfície bacteriana podem interferir na aglutinação por anticorpos anti-O.

Existem muitos exemplos de estruturas antigênicas superpostas entre as Enterobacteriaceae e outras bactérias. A maioria das Enterobacteriaceae compartilha o antígeno O14 de *E. coli*. O polissacarídeo capsular tipo 2 de *Klebsiella* é muito semelhante ao polissacarídeo tipo 2 dos pneumococos. Alguns antígenos K exibem reação cruzada com polissacarídeos capsulares de *Haemophilus influenzae* ou *Neisseria meningitidis*. Por isso, *E. coli* O75:K100:H5 pode induzir os anticorpos que reagem com *H. influenzae* tipo b.

Toxinas e enzimas

A maioria das bactérias Gram-negativas tem lipopolissacarídeos complexos em suas paredes celulares. Essas substâncias, endotoxinas do envelope celular (membrana citoplasmática, peptidoglicano e membrana externa), exercem uma variedade de efeitos fisiopatológicos, que estão resumidos no Capítulo 9. Muitas bactérias entéricas Gram-negativas também produzem exotoxinas de importância clínica. Algumas toxinas específicas são discutidas nas seções subsequentes.

DOENÇAS CAUSADAS POR ENTEROBACTÉRIAS ALÉM DE *SALMONELLA* E *SHIGELLA*

Microrganismos causadores

Exemplares de *E. coli* são membros da microbiota intestinal normal (ver Capítulo 10). Outras bactérias entéricas (espécies de *Proteus*, *Enterobacter*, *Klebsiella*, *Morganella*, *Providencia*, *Citrobacter* e *Serratia*) também aparecem como membros da microbiota intestinal normal, mas são consideravelmente menos comuns que *E. coli*. Às vezes, as bactérias entéricas são encontradas em pequeno

número, como parte da microbiota normal das vias respiratórias superiores e do trato genital. Em geral, as bactérias entéricas não provocam doenças e, no intestino, podem até contribuir para a função normal e a nutrição. Infecções clinicamente importantes geralmente são causadas por *E. coli*. Contudo, outras bactérias entéricas também causam infecções hospitalares e ocasionalmente provocam infecções adquiridas na comunidade. As bactérias tornam-se patogênicas somente quando atingem tecidos fora do trato intestinal ou outros locais com microbiota normal menos comum. Os locais de infecção mais frequentes e clinicamente importantes são o trato urinário, o trato biliar e outras áreas da cavidade abdominal, embora qualquer local anatômico (p. ex., corrente sanguínea, próstata, pulmões, ossos e meninges) possa ser o sítio da doença. Algumas das bactérias entéricas (p. ex., *Serratia marcescens* e *E. aerogenes*) são patógenos oportunistas. Quando as defesas normais do hospedeiro são inadequadas (em particular no lactente ou no idoso), nos estágios terminais de outras doenças, após imunossupressão ou em decorrência do uso prolongado de cateteres venosos ou uretrais, podem ocorrer infecções localizadas clinicamente importantes. Essas bactérias podem alcançar a corrente sanguínea, causando sepse.

Patogênese e manifestações clínicas

As manifestações clínicas das infecções causadas por *E. coli* e outras bactérias entéricas dependem do local da infecção, e não podem ser diferenciadas dos processos causados por outras bactérias pelos sinais e sintomas.

A. *Escherichia coli*

1. *Infecção do trato urinário (ITU)* – *Escherichia coli* constitui a causa mais comum de ITU e é responsável por cerca de 90% das primeiras ITUs em mulheres jovens* (ver Capítulo 48). Os sinais e sintomas consistem em frequência urinária, disúria, hematúria e piúria. A dor no flanco está associada à infecção do trato superior. Nenhum desses sintomas ou sinais é específico para a infecção por *E. coli*. A ITU pode resultar em bacteriemia com sinais clínicos de sepse.

   A maioria das ITUs que envolvem a bexiga ou os rins em hospedeiros saudáveis é causada por um pequeno número de sorotipos antigênicos O. Esses sorotipos possuem fatores de virulência que facilitam a colonização e a infecção clínica subsequente. Essas bactérias são conhecidas como *E. coli* uropatogênicas. Esses microrganismos produzem hemolisina, que é citotóxica e facilita a invasão de tecidos. As cepas que causam pielonefrite expressam o antígeno K e elaboram um tipo específico de *pilus*, a fímbria P,** que se liga à substância P do grupo sanguíneo.

   Na última década, um clone pandêmico, *E. coli* O25b/ST131, emergiu como um patógeno significativo. Esse organismo teve sucesso em grande parte como resultado de sua aquisição de fatores de resistência mediados por plasmídeos que

---

*N. de T. Há diversos motivos pelos quais mulheres são mais suscetíveis à ITU. Entre eles, estão características anatômicas como a proximidade do ânus com a vagina e a uretra mais curta.

**N. de T. As *E. coli* uropatogênicas apresentam dois *pili* importantes: o *pilus* do tipo 1, que é essencial na aderência, na colonização e na invasão das células uroepiteliais da bexiga. Esse *pilus* reconhece moléculas manosiladas na superfície das células da bexiga. A segunda adesina é o *pilus* P, que reconhece moléculas de α-D-galactopiranosil-(1-4)-β-D-galactopiranosídeo presente na superfície das células renais.

codificam resistência a antibióticos β-lactâmicos (produção de β-lactamases de espectro estendido), fluoroquinolonas e aminoglicosídeos (ver a revisão de Johnson e colaboradores, 2010).

2. **Síndromes diarreiogênicas associadas a *Escherichia coli*** – As amostras de *E. coli* que causam diarreia são extremamente comuns em todo o mundo. As *E. coli* são classificadas com base nas características de virulência (ver adiante), e cada patotipo provoca doença por diferentes mecanismos. Há pelo menos seis* diferentes patotipos já caracterizados. As propriedades de aderência nas células epiteliais do intestino delgado ou do intestino grosso são codificadas por genes nos plasmídeos. De modo semelhante, as toxinas são frequentemente mediadas por plasmídeos ou fagos. Algumas manifestações clínicas das doenças diarreicas são discutidas no Capítulo 48.

Escherichia coli **enteropatogênica (EPEC)** representa uma importante causa da diarreia em lactentes, particularmente nos países em desenvolvimento. EPEC se adere às células da mucosa do intestino delgado. Dois importantes fatores são necessários na patogenicidade desse microrganismo: o *pilus* formador de feixe codificado por um plasmídeo, denominado fator de aderência de EPEC, e uma ilha de patogenicidade denominada *locus* cromossômico da destruição do enterócito, que está localizado no gene cromossomal que codifica as proteínas intimina e Tir (presentes no gene *eae* [EPEC *attaching and effacing*) responsáveis pela firme aderência ao enterócito. Após a aderência, ocorre a perda das microvilosidades (apagamento), formação de filamentos de actina ou estruturas semelhantes a um platô, e, em certas ocasiões, penetração de EPEC nas células mucosas. Lesões características podem ser observadas nas micrografias eletrônicas do intestino delgado, a partir de amostras obtidas por biópsia. A infecção desencadeada por EPEC em bebês é caracterizada por diarreia aquosa intensa, vômitos e febre, que geralmente são autolimitados, mas podem se prolongar ou se cronificar. A diarreia por EPEC foi associada a múltiplos sorotipos específicos de *E. coli*. As cepas são identificadas pelo antígeno O e, ocasionalmente, pela tipagem do antígeno H. Um modelo de infecção de dois estágios usando células HEp-2 ou HeLa também pode ser realizado. Os testes para a identificação de EPEC são realizados em laboratórios de referência. A duração da diarreia causada por EPEC pode ser reduzida, e a diarreia crônica pode ser curada por tratamento com antibióticos.

Escherichia coli **enterotoxigênica (ETEC)** constitui uma causa comum da "diarreia dos viajantes" e uma causa muito importante de diarreia em crianças menores de 5 anos em países em desenvolvimento. A aderência de ETEC nas células

epiteliais do intestino delgado é promovida por fatores de colonização (*pili* também conhecidos como fatores de colonização antigênicos [CFAs, do inglês *colonization factor antigens*])** de ETEC específicos dos seres humanos. Algumas cepas da ETEC produzem uma enterotoxina **termolábil** (LT) (massa molecular [MM] de 80.000 dáltons [Da]), que se encontra sob o controle genético de um plasmídeo e é semelhante à toxina colérica. Sua subunidade B liga-se ao gangliosídeo GM_1 na membrana apical dos enterócitos, e facilita a penetração da subunidade A (MM de 26.000 Da) na célula, em que ativa a adenilatociclase. Esse processo aumenta acentuadamente a concentração local de monofosfato de adenosina cíclico AMPc, desencadeando uma complexa cascata que envolve o regulador da condutância transmembrânica na fibrose cística (CFTR, do inglês *cystic fibrosis transmembrane conductance regulator*).*** O resultado final é uma hipersecreção intensa e prolongada de água e cloretos que inibe a reabsorção de sódio. O lúmen intestinal sofre distensão com líquido, ocorrendo hipermotilidade e diarreia de vários dias de duração. A LT**** é antigênica e exibe reação cruzada com a enterotoxina do *Vibrio cholerae*, que apresenta um mecanismo idêntico de ação. A LT estimula a produção de anticorpos neutralizantes no soro (e talvez na superfície intestinal) de indivíduos previamente infectados por ETEC. Os indivíduos que residem em regiões onde esses microrganismos são altamente prevalentes (p. ex., em alguns países em desenvolvimento) tendem a apresentar anticorpos e estão menos sujeitos a ter diarreia por ocasião de reexposição a *E. coli* produtora de LT. Os ensaios para LT consistem em (1) acúmulo de líquido no intestino de animais de laboratório, (2) alterações citológicas típicas em células ovarianas de *hamsters* chineses (células CHO) ou outras linhagens celulares em cultura, (3) estímulo da produção de esteroides em células tumorais suprarrenais cultivadas, (4) ensaios de ligação e imunológicos com antissoros padronizados contra LT e (5) detecção dos genes que codificam as toxinas. Esses ensaios são feitos apenas em laboratórios de referência.

Algumas cepas de ETEC produzem a **enterotoxina termoestável** ST_a (MM de 1.500-4.000 Da), sob o controle genético de um grupo heterogêneo de plasmídeos. A ST_a ativa a

---

*N de T. Dados mais recentes descrevem três outros patotipos além de subtipos, totalizando nove patotipos: I) exemplares de *E. coli* enteropatogênica (EPEC), que são subclassificados em EPEC típicas (tEPEC) e EPEC atípicas (aEPEC); II) *E. coli* toxinogênica (ETEC); III) exemplares de *E. coli* enteroagregativa (EAEC), que são subclassificados em EAEC típicas (tEAEC) e EAEC atípicas (aEAEC); IV) *E. coli* de aderência difusa (DEAEC); V) *E. coli* enteroinvasiva (EIEC); VI) *E. coli* produtora de toxina de *Shigella* (STEC), que apresenta uma subcategoria denominada *E. coli* êntero-hemorrágica (EHEC); VII) *E. coli* aderente invasiva (AIEC), que aparentemente está associada à doença de Crohn; VIII) *E. coli* enteroagregativa produtora de toxina de *Shigella* (STEAEC), que foi responsável pelo surto de *E. coli* (O104:H4) em 2011 na Alemanha, vinculado a hortaliças contaminadas; e IX) *E. coli* causadora de descolamento celular (CDEC), associada à produção de fator citotóxico necrotizante.

**N. de T. A classificação dos CFAs é confusa e inconsistente, sendo cada CFA um conjunto de fímbrias diferentes. Os CFAs podem ser divididos com base em características morfológicas: rígidos e curtos (CFA I), longos e flexíveis (CFA II e IV) e flexíveis formando feixes (em inglês, *blundle-forming pili*; CFA III).

***N. de T. Essa proteína é encontrada na membrana apical de células epiteliais do trato respiratório, do trato gastrintestinal, de glândulas submucosas e do trato reprodutivo, entre outros sítios. Nesses locais, a sua principal função é agir como canal de cloro regulando o balanço entre íons e água através do epitélio. Ela recebe esse nome pois, em indivíduos com fibrose cística, sua disfunção diminui a permeabilidade da membrana celular ao cloreto, trazendo dificuldades ao transporte e à secreção desse íon. Consequentemente, a concentração de cloretos na membrana apical das células epiteliais se eleva. Cada órgão que depende da proteína CFTR – pulmões, pâncreas, intestino, glândulas sudoríparas e vasos deferentes – expressa essa disfunção de maneira diferente, de acordo com a sensibilidade de cada um deles ao déficit funcional.

****N. de T. LT é uma toxina do tipo AB codificada pelos genes *etxA* e *etxB* inseridos no plasmídeo ent. Essa toxina se divide em dois tipos: LT I e LT II, que não apresentam reação cruzada. LT I ainda apresenta duas variantes que exibem reatividade cruzada: LTh I e LTp I, produzidas por amostras humanas e suínas, respectivamente.

guanililciclase nas células epiteliais entéricas e estimula a secreção de líquidos. Muitas cepas ST_a-positivas também produzem LT. As cepas com ambas as toxinas causam diarreia mais grave.

Os plasmídeos que transportam os genes das enterotoxinas (LT, ST) também podem transportar genes para os CFAs que facilitam a fixação de cepas de *E. coli* ao epitélio intestinal. Os fatores de colonização reconhecidos ocorrem com especial frequência em alguns sorotipos. Certos sorotipos de ETEC ocorrem no mundo inteiro, enquanto outros apresentam distribuição limitada. É possível que praticamente qualquer *E. coli* possa adquirir um plasmídeo que codifica enterotoxinas. Não existe associação definida de ETEC com as cepas de EPEC que causam diarreia em crianças. De modo semelhante, não há associação entre as cepas enterotoxigênicas e as cepas capazes de invadir as células epiteliais intestinais.

Recomenda-se muita cautela na seleção e no consumo de alimentos potencialmente contaminados com ETEC, para ajudar a prevenir a diarreia do viajante. A profilaxia antimicrobiana pode ser eficaz, mas pode resultar em aumento da resistência das bactérias a antibióticos e provavelmente não deve ser recomendada de modo uniforme. Uma vez instalada a diarreia, o tratamento com antibióticos reduz a duração da doença de maneira eficaz.

Escherichia coli* produtora de toxina Shiga (STEC) é assim chamada em virtude da toxina que produz. Existem pelo menos duas formas antigênicas da toxina, conhecidas como toxina do tipo Shiga 1 e toxina do tipo Shiga 2. STEC é associada à diarreia leve não sanguinolenta, à colite hemorrágica (uma forma grave de diarreia) e à síndrome hemolítico-urêmica (uma doença que resulta em insuficiência renal aguda, anemia hemolítica microangiopática e trombocitopenia). A toxina do tipo Shiga 1 é idêntica à toxina Shiga produzida por *Shigella dysenteriae* tipo 1, enquanto a toxina do tipo Shiga 2 conserva somente algumas propriedades. Além disso, as duas toxinas são antigênicas e geneticamente distintas. Uma dose infecciosa baixa (< 200 unidades formadoras de colônias [UFCs]) está associada à infecção. Dos mais de 150 sorotipos de *E. coli* que produzem toxina Shiga, O157:H7 é o mais comum e é o mais facilmente identificado em amostras clínicas. STEC O157:H7 não utiliza o sorbitol, ao contrário da maioria de outras *E. coli*. Além disso, é negativa (produz colônias incolores) em ágar MacConkey com sorbitol (utiliza-se sorbitol em vez de lactose). As cepas O157:H7 também são negativas no teste MUG (ver anteriormente). Muitos dos sorotipos não O157 podem ser sorbitol-positivos quando cultivados. Utilizam-se antissoros específicos para identificação de cepas O157:H7. Ensaios para detecção de ambas as toxinas de Shiga por meio de ensaios imunoenzimáticos (Elisa) comerciais são feitos em muitos laboratórios. Outros métodos sensíveis incluem o teste da citotoxina em cultura de células com o uso de células Vero e a reação em cadeia da polimerase para detecção direta dos genes da citotoxina em amostras de fezes. Muitos casos de colite hemorrágica e suas complicações associadas podem ser evitados com o cozimento completo da carne moída e o não consumo de produtos não pasteurizados, como sidras de maçã.

Em 2011,** o maior surto de colite hemorrágica atribuído a um sorotipo não O157 (*E. coli* O104:H4) estava relacionado ao consumo de brotos contaminados na Alemanha. Esse organismo tem virulência aumentada caracterizada por maior aderência, bem como pela produção de toxinas do tipo Shiga (ver referência de Buchholz e colaboradores, 2011).

***Escherichia coli* enteroinvasiva (EIEC)** produz uma doença muito semelhante à shigelose. A doença ocorre mais comumente em crianças em países em desenvolvimento e em viajantes para esses países. Ao exemplo de *Shigella*, as cepas de EIEC são imóveis e não fermentam a lactose ou são fermentadoras tardias. EIEC causa doença ao invadir as células epiteliais da mucosa intestinal.

Escherichia coli* enteroagregativa (EAEC)** provoca diarreia aguda e crônica (mais de 14 dias de duração) em indivíduos nos países em desenvolvimento. Esse microrganismo constitui uma importante causa de toxi-infecções vinculadas por alimentos em países industrializados e ainda está associado à diarreia dos viajantes e à diarreia em pacientes HIV-positivos. Caracteriza-se pelo padrão agregativo de aderência às células humanas. Essa cepa de *E. coli* diarreiogênica constitui um grupo bastante heterogêneo, e seus mecanismos de patogenicidade ainda não estão inteiramente compreendidos. Algumas cepas de EAEC produzem toxina STX (ver discussão anterior sobre *E. coli* O104:H11); outras, uma enterotoxina plasmidial que produz dano celular; e ainda outras, uma hemolisina. O diagnóstico pode ser presuntivo, porém necessita de confirmação por testes de aderência em células de linhagem contínua, não disponível na maioria dos laboratórios clínicos.****

3. ***Sepse*** – Quando as defesas normais do hospedeiro não estão adequadas, *E. coli* pode alcançar a corrente sanguínea e provocar sepse. Os recém-nascidos podem ser altamente suscetíveis à sepse por *E. coli*, uma vez que não têm anticorpos IgM. A sepse pode ocorrer de maneira secundária à ITU; frequentemente, o principal clone associado à invasão é *E. coli* O25b/ST131.

4. ***Meningite*** – *Escherichia coli* e os estreptococos do grupo B constituem as principais causas da meningite em lactentes. Aproximadamente 80% das amostras de *E. coli* de casos de meningite têm o antígeno K1. Esse antígeno apresenta reação cruzada com o polissacarídeo capsular do grupo B de *N. meningitidis*. Os mecanismos de virulência associados ao antígeno K1 são revisados na referência de Kim e colaboradores (2005).

---

*N. de T. STEC é também denominada *E. coli* êntero-hemorrágica (EHEC) quando associada a quadros infecciosos em seres humanos.

**N. de T. Na realidade, estudos moleculares posteriores demonstraram que essa amostra era positiva para o gene *stx-2* da toxina Shiga, mas era negativa para o gene *eae*. Contudo, apresentava a fímbria AAF (em inglês, *aggregative adherence fimbriae* [fímbria de aderência agregativa]) presente na *E. coli* enteroagregativa. Assim, essa amostra foi denominada *E. coli* enteroagregativa produtora de STX (STEAEC).

***N. de T. A aderência agregativa provoca uma intensa secreção de muco pelo enterócito, favorecendo a aderência de EAEC e, assim, contribuindo para a formação de biofilme e para a persistência desse microrganismo na mucosa intestinal, observadas em casos de diarreia crônica. O padrão agregativo está relacionado com a expressão de estruturas fimbriais denominadas fímbria AAF.

****N. de T. Além do padrão agregativo de aderência utilizando células de linhagem contínua, pode-se observar a formação de biofilme em poliestireno, ou a formação de uma película esbranquiçada na superfície de meio líquido. Também estão disponíveis sondas genéticas para reconhecimento das fímbrias AAF.

B. *Klebsiella-Enterobacter-Serratia, Proteus-Morganella-Providencia e Citrobacter*

A patogênese das doenças causadas por esses grupos de bacilos entéricos Gram-negativos assemelha-se aos fatores inespecíficos na doença causada por *E. coli*.

1. **Klebsiella** – As espécies de *Klebsiella* estão presentes na nasofaringe e nas fezes de cerca de 5% dos indivíduos normais. As espécies mais comumente isoladas são *K. pneumoniae* e *K. oxytoca*. Embora *K. pneumoniae* possa ser isolado com mais frequência do que *K. oxytoca* pelos laboratórios clínicos, ambas as espécies são patógenos humanos importantes, conhecidos por causar pneumonia adquirida na comunidade e também hospitalar. *Klebsiella pneumoniae* pode produzir uma pneumonia lobar com extensa consolidação necrosante hemorrágica do pulmão e tem características clínicas distintas, incluindo sua gravidade e propensão a afetar os lobos superiores, a produção de secreção ("escarro de geleia de groselha") como resultado da hemoptise associada e formação de abscesso. As espécies de *Klebsiella* também causam ITUs, infecções de feridas e tecidos moles e bacteriemia/sepse. Recentemente, um clone específico de *K. pneumoniae* surgiu como causa de abscesso hepático piogênico adquirido na comunidade, visto principalmente entre homens asiáticos em todo o mundo. Essa cepa encapsulada K1 apresenta fenótipo hipermucoviscoso quando cultivada em cultura. Espécies de *Klebsiella* estão classificadas entre os 10 principais patógenos causadores de infecções hospitalares. A tipagem de sequência multilócus identificou a emergência global de dois clones particularmente importantes. A sequência tipo 16 (ST16) expressa β-lactamases de espectro estendido, resultando em resistência a uma ampla gama de penicilinas e cefalosporinas (mas não a antibióticos carbapenêmicos). ST 258* é uma cepa multirresistente chamada de "produtora de carbapenamase" porque é resistente a todos os antibióticos β-lactâmicos, incluindo os agentes carbapenêmicos de amplo espectro. Normalmente, *K. pneumoniae* também é resistente a outros agentes antimicrobianos como resultado da aquisição de plasmídeos que carregam vários genes de resistência.

   Klebsiella granulomatis (anteriormente *Calymmatobacterium granulomatis*) causa uma doença ulcerativa genital crônica (**granuloma inguinal**), a qual é considerada uma infecção sexualmente transmissível. O granuloma inguinal ocorre predominantemente em regiões tropicais (p. ex., Caribe, América do Sul e Sudeste Asiático) e é uma doença rara nos Estados Unidos. Esse microrganismo não cresce em meios de cultura comuns de um laboratório clínico. Seu diagnóstico é baseado na visualização de "corpos de Donovan" em esfregaços de tecido ou espécimes de biópsia (bacilos pleomórficos presentes no citoplasma de macrófagos e neutrófilos demonstrado por coloração de Giemsa ou coloração de Wright). O esquema de tratamento recomendado é azitromicina 1 g, por via oral (VO), uma vez por semana (ou 500 mg por dia), por pelo menos 3 semanas, e até que todas as lesões tenham cicatrizado

completamente. Existem esquemas alternativos, usando ciprofloxacino, doxiciclina ou sulfametoxazol + trimetoprima.

   Duas outras espécies de *Klebsiella* estão associadas a condições inflamatórias do trato respiratório superior, mas são relativamente incomuns nos Estados Unidos. *Klebsiella pneumoniae* subsp. *ozaenae* foi isolado da mucosa nasal e é a causa de ozena (rinite atrófica), uma atrofia progressiva fétida das membranas mucosas. *Klebsiella pneumoniae* subsp. *rhinoscleromatis* causa rinoscleroma, uma doença granulomatosa destrutiva das vias nasais, mas pode se estender à faringe, à laringe e até mesmo à traqueia. Ambas as doenças aparecem mais comumente nas regiões tropicais do mundo e parecem se disseminar por transmissão de pessoa para pessoa.

2. **Enterobacter** – Três espécies de *Enterobacter* – complexo *E. cloacae*, complexo *E. aerogenes* (recentemente transferida para o gênero *Klebsiella*) e *E. sakazakii* (recentemente transferida para o gênero *Cronobacter*) – causam a maioria das infecções por *Enterobacter*. Muitas espécies de *Enterobacter* são comumente encontradas no ambiente (p. ex., solo, água e esgoto). *Enterobacter aerogenes* e *E. cloacae* também ocorrem em vários alimentos (p. ex., carne, laticínios e vegetais), em ambientes hospitalares, na pele e no trato intestinal de humanos e de animais. Essas bactérias fermentam lactose; muitas contêm cápsulas que produzem colônias mucoides e são móveis. Esses microrganismos causam um largo espectro de infecções hospitalares, como pneumonia, ITUs, feridas e dispositivos infeccionados. A maioria das cepas possui uma β-lactamase cromossômica chamada de *ampC*, que as torna intrinsecamente resistentes à ampicilina e a cefalosporinas de primeira e segunda gerações. Mutantes podem expressar hiperprodução de β-lactamase, conferindo resistência a cefalosporinas de terceira geração. Assim como *K. pneumoniae*, algumas cepas adquiridas em hospitais têm plasmídeos que as tornam multirresistentes, incluindo a classe dos carbapenêmicos.

3. **Serratia** – As espécies de *Serratia* são patógenos oportunistas comuns e colonizadores de pacientes hospitalizados. *Serratia marcescens* é provavelmente a espécie de *Serratia* mais frequentemente isolada por laboratórios clínicos. Embora as espécies de *Serratia* sejam normalmente transmitidas de pessoa para pessoa, a transmissão por meio de aparatos médicos, fluidos intravenosos e cateteres internos também foi descrita. Em crianças, o trato gastrintestinal costuma servir como reservatório para infecções. Algumas espécies de *Serratia* produzem um pigmento vermelho característico (prodigiosina). Em *S. marcescens*, a produção de pigmentos pode ser um indicador da origem ambiental das cepas. Entretanto, apenas cerca de 10% dos isolados clínicos de *S. marcescens* produzem esse pigmento. Os locais mais comuns de infecção incluem o trato urinário. Contudo, *S. marcescens* também causa pneumonia, bacteriemia, infecções de feridas, infecções ósseas e de tecidos moles e endocardite (esta última frequentemente em usuários de drogas intravenosas). O tratamento de infecções por *S. marcescens* costuma ser difícil devido à resistência a vários antibióticos. *Serratia marcescens* é resistente à penicilina, à ampicilina e a cefalosporinas de primeira geração porque contém uma β-lactamase AmpC cromossômica induzível. A resistência a fluoroquinolonas e a sulfametoxazol + trimetoprima também foi descrita. Como a suscetibilidade aos antibióticos varia de acordo com a cepa, não há protocolos empíricos disponíveis para o tratamento de infecções causadas por *S. marcescens*.

---

*N. de T. No Brasil, *K. pneumoniae* produtor de carbapenamase codificado pelo gene plasmidial *bla*~KPC-2~ (Klebsiella pneumoniae *carbapenamase*, KPC) já é amplamente disseminado em todo o território nacional, facilitado por clones de *K. pneumoniae* pertencentes ao globalmente disseminado complexo clonal CC258 (ST258, ST437 e ST11).

4. *Proteus* – As espécies de *Proteus* são comuns no meio ambiente e são habitantes normais do trato intestinal humano. As duas espécies que mais comumente produzem infecções em humanos são *P. mirabilis* e *P. vulgaris*. Ambas as espécies produzem urease, resultando em rápida hidrólise da ureia, com liberação de amônia. Assim, nas ITUs causadas por *Proteus*, a urina torna-se alcalina, favorecendo a formação de cálculos e tornando a acidificação praticamente impossível. Além disso, a rápida motilidade de *Proteus* também pode contribuir para invasão do trato urinário pelo microrganismo. O teste *spot*-indol é útil para a diferenciação entre as duas espécies de *Proteus* mais comuns: *P. vulgaris* é indol-positivo, enquanto *P. mirabilis* é indol-negativo. *Proteus mirabilis* causa ITUs e, ocasionalmente, outras infecções, como infecção da corrente sanguínea (muitas vezes, secundária a uma ITU) e infecções do trato respiratório. *Proteus vulgaris* é provavelmente mais frequentemente implicado em infecções de feridas e tecidos moles do que ITUs.

   As cepas de *Proteus* variam enormemente quanto à sua sensibilidade a antibióticos. *Proteus mirabilis* é resistente à nitrofurantoína, mas mais frequentemente suscetível às penicilinas (p. ex., ampicilina e amoxicilina), sulfametoxazol + trimetoprima, cefalosporinas, aminoglicosídeos e imipeném. Já o *P. vulgaris* é geralmente mais resistente a vários antibióticos (especificamente ampicilina, amoxicilina e piperacilina). Os antibióticos mais ativos contra *P. vulgaris* e outros membros do grupo são aminoglicosídeos e cefalosporinas de amplo espectro.

5. *Providencia* – As espécies de *Providencia* (*P. rettgeri*, *P. alcalifaciens* e *P. stuartii*) estão presentes na microbiota intestinal normal. Todas causam infecções das vias urinárias e, ocasionalmente, outras infecções, e às vezes são resistentes ao tratamento com antimicrobianos.

6. *Morganella* – O gênero *Morganella* consiste em uma única espécie, *M. morganii*. Esse organismo é comumente encontrado no meio ambiente e no trato intestinal de humanos, mamíferos e répteis. Foi descrito como causa infrequente de infecções nosocomiais do trato urinário e de feridas. Casos raros de bacteriemia também foram relatados. *Morganella morganii* é geralmente resistente a penicilinas (p. ex., ampicilina e amoxicilina) e cefalosporinas de primeira e segunda gerações. No entanto, geralmente é suscetível a cefalosporinas de amplo espectro, aminoglicosídeos, aztreonam e imipeném.

7. *Citrobacter* – As espécies de *Citrobacter* podem causar ITUs, sepse, infecções do trato respiratório, infecções intra-abdominais e infecções de feridas, principalmente entre pacientes imunocomprometidos e/ou hospitalizados debilitados. Além disso, *Citrobacter koseri* é associado à meningite em bebês com menos de 2 meses de idade.

Exames diagnósticos laboratoriais

A. Amostras

Incluem urina, sangue, pus, líquido cerebrospinal (LCS), escarro ou outro material, conforme indicar a localização do processo infeccioso.

B. Esfregaços

As Enterobacteriaceae assemelham-se umas às outras do ponto de vista morfológico. A presença de grande produção de cápsulas sugere espécies de *Klebsiella*.

C. Cultura

As amostras são semeadas em ágar-sangue e vários meios diferenciais. Uma rápida e presuntiva identificação de bactérias entéricas Gram-negativas, usando meios diferenciais, geralmente é possível. Além disso, vários sistemas de fenotipagem estão disponíveis comercialmente para a identificação desses microrganismos (ver Capítulo 47). Métodos alternativos baseados em perfis de proteínas ou análise de sequência de DNA estão se tornando disponíveis para laboratórios clínicos. A espectrometria de massa MALDI-TOF (ver anteriormente) mostrou ser útil para a identificação de várias enterobactérias.

D. Testes de amplificação do ácido nucleico

Uma variedade de testes de amplificação do ácido nucleico (NAATs, do inglês *nucleic acid amplification tests*) multiplex projetados para detectar os patógenos mais comuns responsáveis por síndromes específicas estão atualmente disponíveis, e muitos outros estão entrando em ensaios clínicos. Esses testes de painel detectam membros de Enterobacteriaceae em amostras, como hemoculturas positivas, LCS, amostras respiratórias e fezes. Em alguns desses ensaios, marcadores de resistência também são detectados. O leitor deve consultar a literatura para obter as informações mais atualizadas sobre esses ensaios.

Imunidade

O desenvolvimento de anticorpos específicos é verificado nas infecções sistêmicas, mas não há certeza sobre se a imunidade contra os microrganismos é significativa.

Tratamento

Não há tratamento específico. Em geral, sulfonamidas, ampicilina, cefalosporinas, fluoroquinolonas e aminoglicosídeos têm eficácia antimicrobiana boa contra muitos dos entéricos. Entretanto, a variação na suscetibilidade é grande nos gêneros e nas espécies (ver discussões anteriores). Portanto, o teste laboratorial de suscetibilidade aos antibióticos (TSA e CIM) é essencial para definir o tratamento adequado para infecções por várias Enterobacteriaceae. Agora, a multirresistência é um problema crescente entre muitos membros das Enterobacteriaceae, uma vez que a maioria dos genes associados à resistência é mediada por plasmídeos e pode ser facilmente transmitida entre os vários microrganismos.

Certas condições que predispõem à infecção por esses microrganismos exigem correção cirúrgica (p. ex., desobstrução do trato urinário, fechamento de perfuração em órgão abdominal ou ressecção de porção bronquiectática do pulmão).

O tratamento da bacteriemia por microrganismos Gram-negativos e do choque séptico iminente exige rápida instituição de terapia antimicrobiana, restauração do equilíbrio hidreletrolítico e tratamento da coagulação intravascular disseminada.

Vários procedimentos foram propostos para a prevenção da diarreia do viajante, incluindo a ingestão diária de suspensão de subsalicilato de bismuto (o subsalicilato de bismuto pode inativar a enterotoxina de *E. coli in vitro*) e doses regulares de tetraciclinas ou outros fármacos antimicrobianos por períodos limitados. Como nenhum desses métodos é totalmente bem-sucedido ou não apresenta efeitos adversos, é amplamente recomendado ter cuidado com alimentos e bebidas em áreas onde o saneamento ambiental é deficiente e substituir o tratamento precoce e breve (p. ex., com ciprofloxacino ou sulfametoxazol + trimetoprima) por profilaxia.

Epidemiologia, prevenção e controle

As bactérias entéricas instalam-se no trato intestinal normal poucos dias após o nascimento e, a partir desse momento, passam a constituir uma importante parte da microbiota aeróbia (anaeróbia facultativa) normal. *Escherichia coli* é o protótipo. A identificação de microrganismos entéricos na água ou no leite é aceita como prova de contaminação fecal de esgoto ou outras fontes.

As medidas de controle não são viáveis em relação à microbiota endógena normal. Os sorotipos de *E. coli* enteropatogênica devem ser controlados assim como as salmonelas (ver adiante). Algumas bactérias entéricas representam um grave problema nas infecções hospitalares. É particularmente importante reconhecer que muitas bactérias entéricas são "oportunistas" que causam doenças quando introduzidas em pacientes debilitados. No ambiente hospitalar ou em outras instituições, essas bactérias são comumente transmitidas por agentes de saúde, por instrumentos ou por medicamentos parenterais. Seu controle depende da lavagem das mãos, de assepsia rigorosa, da esterilização do equipamento, de desinfecção, da restrição da terapia intravenosa e de precauções restritas para manter as vias urinárias estéreis (i.e., drenagem fechada). Para controle de patógenos multirresistentes, especialmente produtores de carbapenamases, deve ser empregada a vigilância de pacientes hospitalizados com a implementação imediata de precauções de contato para pacientes colonizados.

SHIGELLA

O hábitat natural das shigelas limita-se ao trato intestinal de seres humanos e outros primatas, no qual provocam disenteria bacilar.

Morfologia e identificação

A. Microrganismos típicos

As bactérias do gênero *Shigella* são bastonetes Gram-negativos delgados e não móveis. As formas cocobacilares ocorrem em culturas jovens.

B. Cultura

As shigelas são anaeróbios facultativos, apesar de crescerem melhor em condições aeróbias. As colônias convexas, circulares e transparentes com bordas regulares atingem um diâmetro de cerca de 2 mm em 24 horas.

C. Características de crescimento

Todas as espécies de *Shigella* fermentam glicose. Com exceção da *S. sonnei*, todas as espécies não fermentam a lactose. A incapacidade de fermentação da lactose distingue as espécies de *Shigella* em meios diferenciais de outros microrganismos fermentadores de lactose da família Enterobacteriaceae (p. ex., *E. coli*). As espécies de *Shigella* formam ácidos a partir dos carboidratos, mas raramente produzem gás. As espécies também podem ser divididas em microrganismos que fermentam ou não o manitol (Tabela 15-2).

Estrutura antigênica

As shigelas exibem um padrão antigênico complexo. Verifica-se acentuada superposição no comportamento sorológico de diferentes espécies, e a maioria compartilha antígenos O com outros bacilos entéricos.

Os antígenos O somáticos das espécies de *Shigella* são lipopolissacarídeos. Sua especificidade sorológica depende do polissacarídeo. Existem mais de 40 sorotipos. A classificação das espécies baseia-se em características bioquímicas e antigênicas. As espécies patogênicas são *S. sonnei*, *S. flexneri*, *S. dysenteriae* e *S. boydii* (ver Tabela 15-2).

Patogênese e patologia

As infecções causadas por *Shigella* são quase sempre limitadas ao trato gastrintestinal. A ocorrência de invasão para a corrente sanguínea é muito rara. As espécies de *Shigella* são altamente transmissíveis, sendo a dose infecciosa baixa (10^2 organismos) em comparação à dose infecciosa para *Salmonella* e *Vibrio* (geralmente 10^5-10^8). O processo patológico básico consiste na invasão das células epiteliais da mucosa (p. ex., células M) por fagocitose induzida, escape do vacúolo fagocítico, multiplicação e disseminação no citoplasma das células epiteliais, bem como passagem para as células adjacentes. A formação de microabscessos na parede do intestino grosso e no íleo terminal acarreta necrose da mucosa, ulceração superficial, sangramento e formação de "pseudomembrana" na área ulcerada. Essa pseudomembrana consiste em fibrina, leucócitos, restos celulares, mucosa necrótica e bactérias. À medida que o processo cede, o tecido de granulação preenche as úlceras, e forma-se o tecido cicatricial.

Toxinas

A. Endotoxina

Após autólise, todas as espécies de *Shigella* liberam seu lipopolissacarídeo tóxico (lipídeo A, endotoxina). Essa endotoxina provavelmente contribui para a indução da resposta inflamatória observada na parede intestinal durante a infecção.

B. Exotoxina de *Shigella dysenteriae*

Shigella dysenteriae tipo 1 (bacilo Shiga) produz uma exotoxina termolábil que afeta tanto o intestino quanto o sistema nervoso central (SNC). A exotoxina é uma proteína antigênica (que estimula a produção de antitoxina) letal para animais de laboratório. Ao atuar como enterotoxina, provoca diarreia da mesma forma que a toxina do tipo Shiga de *E. coli*, talvez pelo mesmo mecanismo. Nos seres humanos, a exotoxina também inibe a absorção de açúcar e aminoácidos no intestino delgado. Ao atuar como "neurotoxina", essa toxina pode contribuir para a extrema gravidade e a natureza fatal das infecções por *S. dysenteriae*, bem como para as reações observadas no SNC (p. ex., meningismo, coma). Os pacientes com infecções causadas por *S. flexneri* ou *S. sonnei* desenvolvem uma antitoxina que neutraliza a exotoxina de *S. dysenteriae* in vitro. A atividade tóxica é distinta da propriedade invasiva das shigelas na disenteria. As duas podem atuar em sequência: a toxina provoca uma diarreia inicial

TABELA 15-2   **Espécies patogênicas de *Shigella***

Designação presente	Grupo e tipo	Manitol	Ornitina--descarboxilase
Shigella dysenteriae	A	–	–
Shigella flexneri	B	+	–
Shigella boydii	C	+	–
Shigella sonnei	D	+	+

volumosa e não sanguinolenta, e a invasão do intestino grosso resulta em posterior disenteria com sangue e pus nas fezes.

Manifestações clínicas

Membros do gênero *Shigella* causam diarreia tanto com sangue quanto sem sangue. Depois de um curto período de incubação (1-4 dias), há o início súbito de dor abdominal, febre e diarreia aquosa. Alguns dias depois, como a infecção envolve o íleo e o cólon, o volume de fezes aumenta. Cada evacuação é acompanhada por esforço e tenesmo (espasmos retais), com dor abdominal inferior resultante. Em mais de 50% dos casos em adultos, a febre e a diarreia desaparecem espontaneamente dentro de 2 a 5 dias. Contudo, em crianças e idosos, a perda de água e eletrólitos pode resultar em desidratação, acidose e até mesmo morte. A doença causada por *S. dysenteriae* pode ser particularmente grave.

Já na convalescença, a maioria dos indivíduos infectados eliminou os bacilos por apenas um curto período. Durante a recuperação da infecção, a maioria dos pacientes desenvolve anticorpos circulantes contra a shigela que não protegem o indivíduo contra reinfecção. As infecções da corrente sanguínea raramente ocorrem como uma complicação da shigelose. Outras sequelas da shigelose incluem a síndrome hemolítico-urêmica (SHU), geralmente associada a *S. dysenteriae* tipo 1, e a síndrome da artrite crônica de Reiter, associada a *S. flexneri*.

Exames diagnósticos laboratoriais

A. Amostras

Para a recuperação ideal do organismo, as amostras fecais devem ser coletadas durante os estágios iniciais da doença. As amostras consistem em fezes frescas e *swabs* retais para cultura. Embora as fezes sejam geralmente a amostra preferida para exames laboratoriais de diarreia, os esfregaços retais com coloração fecal visível podem ser a amostra preferida para o isolamento de shigela.

B. Cultura

Os materiais são semeados em meios diferenciais (p. ex., ágar Mac-Conkey ou ágar EMB) e em meios seletivos (p. ex., ágar Hektoen entérico ou ágar xilose-lisina-desoxicolato), que inibem outras enterobactérias e bactérias Gram-positivas (Figura 15-3A). Colônias incolores (lactose-negativas) são inoculadas em ágar TSI inclinado. Todos os microrganismos imóveis e H_2S-negativos, produtores de ácidos (sem gás) na base do tubo (coloração amarelada), mas que alcalinizam (coloração avermelhada) o ápice do tubo ágar TSI, devem ser submetidos à aglutinação em lâmina com antissoros específicos contra *Shigella* (Figura 15-3B). Cabe ressaltar que as espécies de *Shigella* e de *E. coli* não são diferenciadas por MALDI-TOF MS de forma confiável.

C. Sorologia

Pessoas saudáveis costumam ter aglutininas contra várias espécies de *Shigella*. Entretanto, os títulos de anticorpos podem demonstrar uma elevação de anticorpos específicos. A sorologia não é utilizada para estabelecer o diagnóstico de infecções por *Shigella*.

D. Testes de amplificação do ácido nucleico

Existem vários NAATs comerciais que detectam diretamente as espécies de *Shigella* em amostras fecais, juntamente com outros patógenos entéricos relevantes.

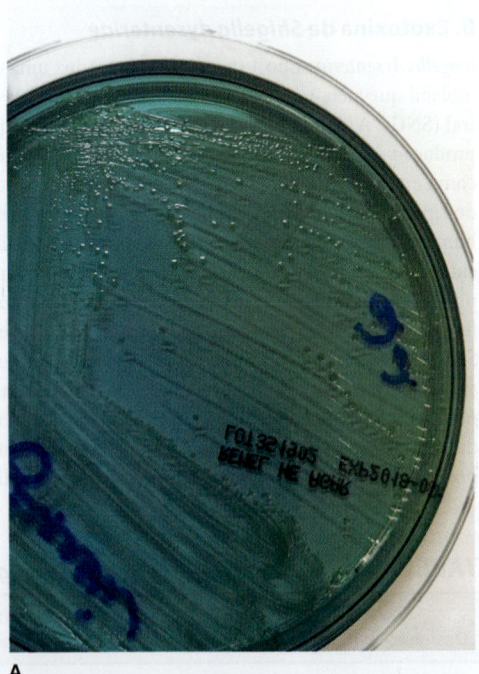

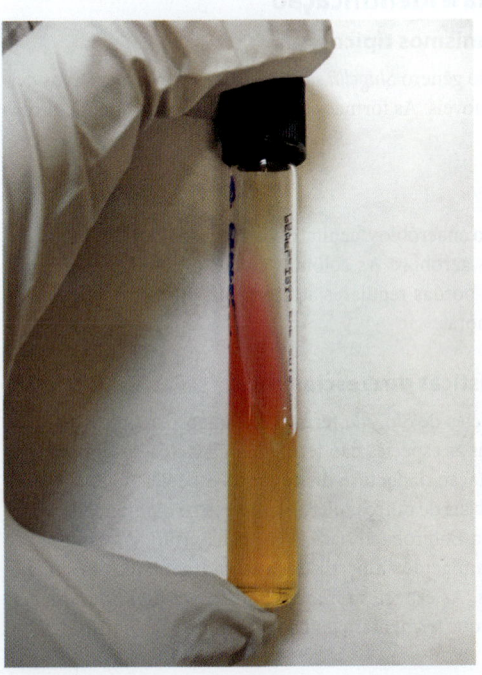

FIGURA 15-3   **A:** Espécie de *Shigella* crescida em ágar Hektoen entérico (HE). **B:** Espécie de *Shigella* crescida em ágar TSI inclinado. As amostras de espécies de *Shigella* não fermentam lactose, salicina ou sacarose e, portanto, aparecem como colônias translúcidas e incolores em ágar HE. As amostras de espécies de *Shigella* fermentam a glicose, mas não a lactose e a sacarose presentes no ágar TSI inclinado. Portanto, elas produzem uma reação alcalina no ápice e uma reação ácida na base (K/A) e não produzem H_2S ou gás. (Cortesia de S. Riedel.)

Imunidade

A infecção é seguida de uma resposta de anticorpos tipo-específicos. A inoculação de shigelas mortas estimula a produção de anticorpos no soro, mas não consegue proteger os seres humanos contra a infecção. Os anticorpos IgA no intestino podem ser importantes para limitar a reinfecção, podendo ser estimulados por cepas vivas atenuadas administradas por via oral em forma de vacinas experimentais. Os anticorpos séricos dirigidos contra antígenos somáticos de *Shigella* são do isotipo IgM.

Tratamento

Em geral, a shigelose é uma doença autolimitada, e muitos pacientes se recuperam sem tratamento em 5 a 7 dias. A mortalidade é geralmente baixa na shigelose, exceto em crianças desnutridas, lactentes e pacientes idosos. Desidratação grave, convulsões febris, septicemia e pneumonia são complicações potenciais da shigelose grave. Em geral, a reposição eletrolítica oral é considerada suficiente para o tratamento da shigelose não complicada, mas, em populações de pacientes de alto risco, a reposição com fluidos intravenosos pode ser necessária. Os medicamentos antidiarreicos (p. ex., loperamida e opioides) devem ser evitados na disenteria por *Shigella*, pois esses medicamentos podem piorar os sintomas da doença. O tratamento com antibióticos é recomendado para as infecções graves e para prevenir a propagação secundária entre pessoas que vivem juntas (p. ex., membros da família) ou durante surtos. Em virtude da resistência generalizada nos Estados Unidos, o sulfametoxazol + trimetoprima e a ampicilina não são mais recomendados como agentes de primeira linha para o tratamento da shigelose. O ciprofloxacino e a ceftriaxona são antibióticos de escolha. No entanto, nos últimos anos, o Centers for Disease Control and Prevention (CDC) identificou amostras emergentes de *Shigella* com suscetibilidade potencialmente reduzida ao ciprofloxacino. A ceftriaxona é outro antibiótico comumente usado para o tratamento de crianças com shigelose. A azitromicina tem mostrado ser um antibiótico útil para o tratamento de infecções por amostras de *Shigella* resistentes a antibióticos isoladas de adultos e de crianças.

Epidemiologia, prevenção e controle

Os seres humanos são o único reservatório de *Shigella*. Esses microrganismos são mais comumente transmitidos por "alimentos, dedos, fezes e moscas" de pessoa para pessoa. A transmissão sexual de espécies de *Shigella* também foi descrita entre homens que fazem sexo com homens. Em geral, uma dose infecciosa baixa (10-100 bactérias) é capaz de causar doenças. A shigelose é uma doença que ocorre normalmente em situações de baixa higiene. Nos Estados Unidos,* estima-se que 500 mil casos de shigelose ocorram a cada ano, e até 15% desses casos podem estar relacionados a viagens internacionais. Contudo, em comparação, estima-se que ocorram 90 milhões de casos em todo o mundo. A maioria dos casos de infecção por *Shigella* ocorre em crianças com menos de 10 anos de idade. A shigelose, causada principalmente por *Shigella sonnei*, é responsável por até 85% dos casos nos Estados Unidos e se tornou um problema comum e

importante em creches. *Shigella flexneri* é a causa predominante de shigelose nos países em desenvolvimento. Já *S. dysenteriae* apresenta uma ampla disseminação e é uma causa comum de disenteria epidêmica, com alta morbidade e mortalidade associadas, particularmente em países em desenvolvimento. Como os seres humanos constituem o principal hospedeiro reconhecido das shigelas patogênicas, os esforços de controle devem ser voltados para a eliminação dos microrganismos desse reservatório por meio de (1) controle sanitário da água, dos alimentos e do leite, bem como disponibilidade de esgotos e de controle das moscas; (2) isolamento dos pacientes e desinfecção das fezes; (3) detecção de casos subclínicos e portadores assintomáticos, em particular em indivíduos que manipulam alimentos; e (4) tratamento com antibiótico dos indivíduos infectados.

SALMONELLA

As salmonelas são comensais e patogênicas para os seres humanos e diversos animais, incluindo mamíferos, répteis, pássaros e insetos. As salmonelas geralmente causam doença clínica quando adquiridas por via oral. Elas são normalmente transmitidas por meio de água ou alimentos contaminados. Clinicamente, as salmonelas são a causa de enterite, infecção sistêmica e febre entérica. Contudo, também pode ocorrer colonização assintomática.

Morfologia e identificação

As salmonelas são bacilos Gram-negativos, não esporulados, anaeróbios facultativos, que variam em comprimento. A maioria dos microrganismos isolados é móvel, com flagelos peritríquios. As salmonelas crescem facilmente em meio de ágar simples, são capazes de utilizar citrato como única fonte de carbono e lisina como fonte de nitrogênio, mas quase nunca fermentam lactose ou sacarose. As salmonelas não produzem citocromo-oxidase; portanto, são oxidase-negativas. Produzem ácidos e, ocasionalmente, gás pela fermentação de glicose e manose. Em geral, também produzem H_2S. Esses microrganismos também são capazes de sobreviver em água congelada por longos períodos. São resistentes a determinados produtos químicos (p. ex., verde brilhante, tetrationato de sódio e desoxicolato de sódio) que inibem outras bactérias entéricas. Esses compostos são, portanto, úteis para inclusão em meio de ágar para selecionar especificamente o isolamento de espécies de *Salmonella* nas fezes.

Classificação

A classificação das salmonelas é complexa, uma vez que os microrganismos representam um *continuum* em vez de uma espécie definida. Os membros do gênero *Salmonella* foram originalmente classificados com base na epidemiologia, no tipo de hospedeiros, em reações bioquímicas e nas estruturas dos antígenos O, H e Vi (de acordo com o esquema de Kauffman-White). Os nomes (p. ex., *Salmonella* Typhi e *Salmonella typhimurium*) foram originalmente escritos como se fossem gênero e espécie. Embora essas nomenclaturas ainda possam ser encontradas, elas estão incorretas. Os estudos de hibridização do DNA com DNA demonstraram que existem sete grupos evolutivos. Atualmente, o gênero *Salmonella* está dividido em duas espécies,** cada uma com várias subespécies e sorotipos.

---

*N. de T. No Brasil, a prevalência dessa bactéria é de 8 a 10% em crianças menores de 1 ano e de 15 a 18% em crianças maiores de 2 anos. Os índices de prevalência nos adultos são semelhantes aos encontrados em crianças com mais de 2 anos. Esses dados são do Ministério da Saúde, e podem ser acessados em http://bvsms.saude.gov.br/bvs/publicacoes/doencas_infecciosas_parasitaria_guia_bolso.pdf.

**N. de T. Em 2004, uma nova espécie foi isolada de sedimento subterrâneo. Estudos filogenéticos mostraram 96% de homologia com *Salmonella bongori*, sendo nomeada *Salmonella subterranea*. Fonte: https://aem.asm.org/content/70/5/2959.long.

As duas espécies são *Salmonella enterica* e *Salmonella bongori* (anteriormente subespécies V). Com base nos perfis fenotípicos, *S. enterica* é subdividida em seis subespécies: subsp. *enterica* (subespécie I), subsp. *salamae* (subespécie II), subsp. *arizonae* (subespécie IIIa), subsp. *diarizonae* (subespécie lllb), subsp. *houtenae* (subespécie IV) e subsp. *indica* (subespécie VI). A maioria das infecções humanas é causada por cepas de *S. enterica* subsp. *enterica*, que geralmente são encontradas em animais de sangue quente e em seres humanos. Raramente as infecções humanas são causadas pelas outras subespécies, que são frequentemente encontradas em animais de sangue frio ou no meio ambiente. As infecções causadas pelas subespécies *arizonae* e *diarizonae* são comumente associadas a animais de estimação exóticos, como répteis.

Além disso, as salmonelas podem ser classificadas por seu sorotipo. Os sorotipos são atribuídos de acordo com as estruturas de superfície antigenicamente diversas: antígenos O e antígenos H flagelares. As duas espécies de *Salmonella* e suas respectivas subespécies consistem em mais de 2.500 sorotipos (sorovares), incluindo mais de 1.400 no grupo I de hibridização de DNA. Menos de 100 sorotipos respondem pela maioria de todas as infecções humanas em todo o mundo. Atualmente, a nomenclatura amplamente aceita para classificação é: *Salmonella enterica* subsp. *enterica* sorovar Typhimurium, que pode ser encurtado para *Salmonella* Typhimurium (com o nome do gênero, espécie e subespécie em itálico e o nome do sorovar em romano e com a primeira letra em maiúsculo). Os laboratórios de referência nacionais e internacionais podem utilizar as fórmulas antigênicas após o nome da subespécie, visto que proporcionam uma informação mais precisa sobre os microrganismos isolados (Tabela 15-3).

Com base em seu sorotipo, as espécies de *Salmonella* (especificamente *S. enterica*) também são classificadas como "tifoide" e "não tifoide". Salmonela tifoide refere-se aos sorovares específicos que causam febre tifoide ("entérica") e incluem os sorovares Typhi, Paratyphi A, Paratyphi B e Paratyphi C. Salmonela não tifoide refere-se a todos os outros sorovares. Os sorovares não tifoides de *Salmonella* mais comumente relatados nos Estados Unidos são os sorovares Enteritidis e Typhimurium. As mais de 1.400 outras salmonelas isoladas em laboratórios clínicos são soroagrupadas pelos seus antígenos O como A, B, C_1, C_2, D e E. Contudo, alguns não são tipáveis. Então, esses isolados são enviados a laboratórios de referência para identificação sorológica definitiva. A tipagem sorológica definitiva permite que as autoridades de saúde pública monitorem e avaliem a epidemiologia das infecções por *Salmonella* em nível estadual e nacional.

TABELA 15-3   Fórmulas antigênicas representativas das salmonelas

Grupo O	Sorotipo	Fórmula antigênica[a]
D	*Salmonella* Typhi	9, 12 (Vi):d: –
A	*Salmonella* Paratyphi A	1, 2, 12:a –
C_1	*Salmonella* Choleraesuis	6, 7:c:1,5
B	*Salmonella* Typhimurium	1, 4, 5, 12:i:1, 2
D	*Salmonella* Enteritidis	1, 9, 12:g, m: –

[a]Antígenos O: numerais em negrito.
(Vi): antígeno Vi, se presente.
Antígeno H fase 1: letras minúsculas.
Antígeno H fase 2: numeral.

Variação

Algumas salmonelas podem perder o antígeno H e tornar-se imóveis. A perda do antígeno O está associada a uma alteração das colônias, que passam de lisas para rugosas. O antígeno Vi pode ser perdido em parte ou completamente. Os antígenos podem ser adquiridos (ou perdidos) no processo de transdução.

Patogênese e manifestações clínicas

Os sorovares Typhi e Paratyphi de salmonelas tifoides são extremamente adaptados aos seres humanos e não possuem outro hospedeiro natural conhecido. A infecção por esses microrganismos implica a aquisição a partir de uma fonte humana. Os sorovares de salmonelas não tifoides são a principal causa de gastrenterite em todo o mundo. As salmonelas não tifoides podem ser transmitidas por diferentes animais ou pelo ambiente. Além disso, muitos animais são infectados por salmonelas em seu hábitat natural, por meio do contato com outros animais, que podem naturalmente albergar esse microrganismo em seu intestino de forma assintomática. Os animais que comumente contêm salmonelas incluem animais de fazenda, bem como animais de estimação (p. ex., aves, porcos, gado, gatos, cães, roedores, tartarugas, papagaios e outros animais de estimação exóticos).

Os humanos quase sempre adquirem a bactéria por via oral, geralmente com alimentos ou bebidas contaminados. A dose infecciosa média para produzir infecção clínica ou subclínica em humanos é de 10^5 a 10^8 bactérias. No entanto, a dose infecciosa para a febre tifoide causada por *Salmonella* Typhi é significativamente mais baixa (talvez $\leq 10^3$ bactérias). Entre os fatores do hospedeiro que contribuem para a resistência à infecção por *Salmonella* destacam-se acidez gástrica, microbiota intestinal normal e imunidade intestinal local (ver adiante).

As salmonelas produzem três tipos principais de doenças em humanos, mas podem ocorrer formas mistas (Tabela 15-4).

A. "Febres entéricas" (febre tifoide)

A febre entérica é uma doença sistêmica grave causada pela *Salmonella* Typhi (mais comum) ou pela *Salmonella* Paratyphi. Embora a doença seja comum em muitas partes do mundo, ela ocorre com menos frequência em países desenvolvidos (p. ex., Estados Unidos, Canadá e Europa Ocidental). Anualmente, cerca de 300 casos são relatados nos Estados Unidos – muitos destes relacionados a viagens ao exterior. Após a ingestão de alimentos ou bebidas contaminados, as salmonelas atingem o intestino delgado, de onde passam através do epitélio por meio de células M especializadas, que recobrem as placas de Peyer. Em seguida, entram nos vasos linfáticos intestinais com subsequente invasão na corrente sanguínea. Pela corrente sanguínea, as salmonelas se espalham para muitos outros órgãos (p. ex., medula óssea e fígado). Esses microrganismos também se multiplicam no tecido linfoide intestinal e são excretados nas fezes. As principais lesões são hiperplasia e necrose do tecido linfoide (p. ex., nas placas de Peyer), hepatite (com necrose focal do fígado) e inflamação da vesícula biliar, do periósteo, dos pulmões e de outros órgãos.

Após um período de incubação de 10 a 14 dias, ocorrem febre, mal-estar, cefaleia, prisão de ventre, bradicardia e mialgia. A febre atinge um patamar elevado (39-40 °C), e o baço e o fígado aumentam de tamanho. As manchas rosadas (máculas rosadas esbranquiçadas de 1-4 mm) são a manifestação cutânea clássica da febre

TABELA 15-4   Doenças clínicas causadas por salmonelas

	Febres entéricas	Septicemias	Enterocolites
Período de incubação	7-20 dias	Variável	8-48 horas
Início	Insidioso	Abrupto	Abrupto
Febre	Gradual, passando para alto platô, com estado "tifoidal"	Aumento rápido, com pico de temperatura "séptica"	Geralmente baixa
Duração da doença	Algumas semanas	Variável	2-5 dias
Sintomas gastrintestinais	Prisão de ventre precoce (com frequência); posteriormente, diarreia com sangue	Frequentemente ausentes	Náuseas, vômitos, diarreia no início
Culturas de sangue	Positivas na primeira e na segunda semanas da doença	Positivas durante a febre alta	Negativas
Culturas de fezes	Positivas a partir da segunda semana; depois, negativas	Geralmente negativas	Positivas logo após o início

entérica. As manchas rosadas são tipicamente observadas no tórax e no abdome. Contudo, elas são bastante incomuns (< 5%) em pacientes com febre tifoide não complicada. Os sintomas abdominais podem incluir diarreia, constipação e dor abdominal geral. No entanto, a diarreia invasiva geralmente não é observada na febre tifoide. Ao contrário das contagens elevadas de leucócitos em pacientes com sepse, os leucócitos em pacientes com febre tifoide são normais ou baixos. Na era pré-antibiótica, as principais complicações da febre entérica eram hemorragia e perfuração intestinal. A taxa de mortalidade chegava a 10 a 15%. Com o advento do tratamento com antibióticos, a taxa de mortalidade diminuiu para menos de 1%.

B. Bacteriemia e outras infecções invasivas por *Salmonella*

A bacteriemia e a infecção vascular ocorrem em cerca de 8% dos pacientes com infecções não tifoides por *Salmonella*. Casos de meningite, artrite séptica e osteomielite foram relatados como complicações da bacteriemia por *Salmonella*, mas são eventos extremamente raros. A bacteriemia e as infecções vasculares são frequentemente causadas pelos sorovares *Salmonella* Choleraesuis e *Salmonella* Dublin, mas podem ser causadas por qualquer outro sorovar. A bacteriemia é mais comum entre pacientes com comorbidades (p. ex., imunossupressão), bem como em lactentes e idosos. Além disso, as salmonelas frequentemente causam infecções de locais vasculares ou bacteriemia persistente. A infecção endovascular facilitada pela bacteriemia geralmente envolve a aorta, e está frequentemente associada a placas ateroscleróticas ou aneurismas. Os indivíduos com mais de 50 anos têm maior risco de desenvolver essas complicações. Geralmente, a mortalidade por bacteriemia causada por *Salmonella* em crianças é inferior a 10%. Contudo, o risco de morte e outras complicações é maior em adultos e pacientes com doenças subjacentes. A mortalidade também aumenta com a duração da bacteriemia e potencial progressão para choque séptico. As taxas variam de 14 a 60% em pacientes com invasão endovascular concomitante.

C. Enterocolite

Trata-se da manifestação mais comum de infecção por *Salmonella*. Nos Estados Unidos, *Salmonella* Typhimurium e *Salmonella* Enteritidis podem ser as causas mais comuns, mas a enterocolite pode ser causada por qualquer um dos mais de 1.400 sorovares de *Salmonella*. Entre 8 a 48 horas após a ingestão de alimentos ou água contaminados, ocorre náusea, cefaleia, vômito e diarreia abundante. Entretanto, períodos de incubação de até 7 dias também já foram relatados. Os exames microscópicos das fezes geralmente mostram leucócitos, e as hemácias são observadas com menos frequência. Há lesões inflamatórias nos intestinos delgado e grosso. Febre baixa (38-39 °C) e cólicas abdominais são sintomas clínicos muito comuns. A diarreia geralmente é autolimitada, com duração típica de 3 a 7 dias. A bacteriemia é uma complicação rara (2-4%), exceto em pacientes imunocomprometidos. Os resultados da hemocultura geralmente são negativos. Contudo, as culturas de fezes que são positivas para *Salmonella* podem permanecer positivas por várias semanas após a recuperação clínica. A duração média de permanência do microrganismo após a resolução da infecção é de 4 a 5 semanas. A terapia com antibióticos pode aumentar essa duração.

Testes laboratoriais de diagnóstico

A. Amostras

As fezes recém-eliminadas são a amostra preferida para o diagnóstico de salmonelas não tifoide. Espécimes coletados durante os estágios iniciais da doença entérica têm o maior rendimento para a recuperação do agente etiológico. A coleta de várias amostras de fezes pode aumentar a taxa de recuperação de *Salmonella*, bem como de outros patógenos entéricos (p. ex., *Shigella*).

Para o diagnóstico definitivo de febre entérica, *Salmonella* Typhi ou *Salmonella* Paratyphi devem ser isoladas em cultura. Os espécimes clínicos mais apropriados são sangue, medula óssea, urina ou secreções intestinais. Embora as hemoculturas sejam o método de diagnóstico mais comumente usado, o sangue frequentemente deve ser colhido repetidamente para aumentar o rendimento da recuperação do microrganismo. Nas febres entéricas e septicemias, muitas vezes as hemoculturas são positivas na primeira semana da doença. A adição de culturas de fezes pode aumentar o percentual de recuperação do agente etiológico. Embora as culturas de medula óssea tenham a maior sensibilidade (80–95%), elas são clinicamente menos práticas para pacientes com suspeita de febre entérica. Os resultados da cultura de urina podem ser positivos após a segunda semana da doença. Uma cultura positiva da drenagem duodenal estabelece a presença de salmonelas no trato biliar em pacientes portadores dos organismos.

B. Métodos bacteriológicos para isolamento das salmonelas

1. **Culturas com meios diferenciais** – Ágar EMB, ágar MacConkey ou meio desoxicolato permitem a detecção rápida de não fermentadores de lactose (não apenas *Salmonella* e

Shigella, mas também *Proteus*, *Pseudomonas*, etc.). Os microrganismos Gram-positivos são geralmente inibidos. O meio de cultura com sulfito de bismuto possibilita uma rápida detecção de salmonelas, as quais formam colônias pretas devido à produção de H_2S. A maioria das salmonelas produz H_2S (Figura 15-4A).

2. **Culturas com meios seletivos** – A amostra também pode ser semeada em ágar salmonela-shigela (SS), ágar Hektoen entérico (HE) (Figura 15-4B), ágar xilose-lisina-desoxicolato (XLD) ou ágar desoxicolato-citrato. Todos esses meios favorecem o crescimento de salmonelas e shigelas sobre outras enterobactérias. Meios de cultura cromogênicos específicos para recuperação de salmonela também estão disponíveis.

3. **Culturas de enriquecimento** – A amostra (geralmente fezes) também pode ser colocada em selenito F ou caldo de tetrationato, os quais inibem a replicação de bactérias da microbiota intestinal e permitem a multiplicação de salmonelas. Após incubação por 1 a 2 dias, uma alíquota desse caldo é semeada em meio diferencial e seletivo.

4. **Identificação final** – Colônias suspeitas crescidas em meio sólido são identificadas por provas bioquímicas e testes de aglutinação em lâmina com soros específicos.

C. Métodos sorológicos

As técnicas sorológicas são utilizadas para identificar culturas desconhecidas com soros conhecidos (ver adiante). Essas técnicas também podem ser utilizadas para determinar os títulos de anticorpos em pacientes com doença desconhecida, mas isso não é muito útil no diagnóstico de infecções por *Salmonella*.

1. **Teste de aglutinação** – Soros conhecidos e o material de cultura desconhecido são misturados em uma lâmina. A aglutinação, quando ocorre, pode ser observada em poucos minutos. Esse teste é particularmente útil para a identificação rápida e preliminar das culturas. Existem *kits* disponíveis comercialmente para aglutinação e determinação dos sorogrupos das salmonelas pelos seus antígenos O: A, B, C_1, C_2, D e E.

2. **Teste de aglutinação e diluição em tubo (reação de Widal)** – Os níveis séricos de aglutininas aumentam acentuadamente durante a segunda e a terceira semanas de infecção pelo sorovar Typhi. A reação de Widal para detectar esses anticorpos contra os antígenos O e H tem sido utilizada há décadas. São necessárias pelo menos duas amostras de soro, coletadas a um intervalo de 7 a 10 dias, para comprovar uma elevação nos títulos de anticorpos. Diluições seriadas de soro desconhecido

A

B

FIGURA 15-4 **A:** Espécie de *Salmonella* crescida em ágar TSI inclinado. **B:** Espécie de *Salmonella* crescida em ágar HE. Espécies de *Salmonella* não fermentam os carboidratos presentes no ágar HE. Entretanto, o organismo produz H_2S, e o citrato férrico de amônio no ágar HE provoca o enegrecimento das colônias de *Salmonella*. No ágar TSI inclinado, espécies de *Salmonella* fermentam glicose, mas não a lactose; elas produzem H_2S e gás [K/A,G H_2S^+]. (Cortesia de S. Riedel.)

são testadas contra antígenos de salmonelas representativas. Resultados falso-positivos e falso-negativos podem ocorrer. O critério interpretativo varia quando se testa uma única amostra de soro, mas um título contra o antígeno O maior que 1:320 e contra o antígeno H maior que 1:640 é considerado positivo. Títulos elevados de anticorpos contra o antígeno Vi são observados em alguns portadores. Alternativas à reação de Widal incluem o método colorimétrico rápido e os métodos de ensaios imunoenzimáticos. Há relatos conflitantes na literatura sobre a superioridade desses métodos em relação à reação de Widal. Resultados de testes sorológicos para a infecção por *Salmonella* não podem ser usados para estabelecer um diagnóstico definitivo para a febre tifoide e são mais frequentemente utilizados em áreas no mundo de poucos recursos, quando as culturas de sangue não estão prontamente disponíveis.

D. Testes de amplificação do ácido nucleico

Conforme mencionado anteriormente para as shigelas, vários NAATs comerciais estão disponíveis para detecção direta de salmonelas em amostras fecais de pacientes com diarreia aguda. Como esses ensaios são novos, as características de desempenho dos ensaios e seu impacto na vigilância em saúde pública ainda estão sob investigação.

Imunidade

As infecções por *Salmonella* Typhi ou *Salmonella* Paratyphi costumam conferir certo grau de imunidade. Embora a reinfecção possa ocorrer, geralmente é mais branda do que a infecção inicial. Os anticorpos circulantes contra os antígenos O e Vi estão relacionados com resistência à infecção e doença. Entretanto, podem ocorrer recidivas 2 a 3 semanas após a recuperação, apesar da produção de anticorpos. Os anticorpos IgA secretores podem impedir a aderência das salmonelas ao epitélio intestinal.

Pacientes, especificamente crianças, com doença falciforme ou traço falciforme são extremamente mais suscetíveis a infecções por *Salmonella* e particularmente à bacteriemia e suas complicações (p. ex., osteomielite), quando comparados a pessoas com hemoglobina normal.

Tratamento

O diagnóstico precoce e o início imediato da antibioticoterapia apropriada evitam complicações da febre entérica e da bacteriemia/sepse por *Salmonella*. Conforme mencionado anteriormente, o tratamento imediato e adequado com antibióticos resulta em redução significativa da taxa de mortalidade (< 1%). A taxa de mortalidade em casos não tratados de febre entérica é superior a 10%. Febre entérica não complicada pode ser tratada ambulatorialmente com azitromicina VO (1 g uma vez, seguido de 500 mg por dia durante 7 dias). Os pacientes com complicações devem ser hospitalizados, e o tratamento com cefalosporina parenteral de terceira geração ou fluoroquinolona por pelo menos 10 dias é recomendado. A bacteriemia por salmonelas não tifoides deve ser tratada empiricamente com uma cefalosporina de terceira geração (p. ex., ceftriaxona) e uma fluoroquinolona, até que os resultados do teste de sensibilidade antimicrobiana (TSA) estejam disponíveis. Em casos de infecção endovascular comprovada (ou suspeita) (p. ex., aneurisma infectado), os pacientes devem ser tratados com ceftriaxona

intravenosa, ampicilina ou fluoroquinolona por 6 semanas, seguido de terapia VO. A ressecção cirúrgica precoce do aneurisma infectado também é recomendada.

Como a gastrenterite por salmonelas não tifoides é geralmente uma doença autolimitada, a terapia antimicrobiana muitas vezes não é necessária e não é recomendada. Na verdade, os sintomas clínicos e a excreção das salmonelas podem ser prolongados pela terapia antimicrobiana. Em casos de diarreia intensa, a reposição de fluidos e eletrólitos é essencial. Contudo, o tratamento antimicrobiano da gastrenterite deve ser considerado em neonatos, bem como em pacientes com imunossupressão (p. ex., quimioterapia, HIV) e naqueles com mais de 50 anos com suspeita ou confirmação de aterosclerose, valvopatia cardíaca e doença endovascular.

Para amostras suscetíveis, preconiza-se a terapia VO com amoxicilina, sulfametoxazol + trimetoprima ou fluoroquinolona. Para pacientes imunocomprometidos, o tratamento pode durar 7 a 14 dias. A resistência a múltiplos medicamentos mediada por plasmídeos tem sido cada vez mais observada entre isolados de *Salmonella*, especificamente no sorovar Typhi. O TSA é um teste laboratorial importante, especificamente para isolados de *Salmonella* de amostras extraintestinais, com finalidade de selecionar o antibiótico mais apropriado para a terapia.

Na maioria dos pacientes que são portadores, os organismos persistem na vesícula biliar (principalmente se houver cálculos biliares) e no trato biliar. Alguns portadores crônicos foram curados apenas com ampicilina; porém, na maioria dos casos, é necessário combinar a colecistectomia com tratamento de antibióticos.

Epidemiologia

A incidência e a mortalidade da febre entérica (tifoide) devido a *Salmonella* Typhi e Paratyphi variam significativamente por região. As taxas são mais baixas em países desenvolvidos, como Estados Unidos, Canadá e Europa Ocidental. Como os sorovares Typhi e Paratyphi são patógenos restritos apenas a humanos, a transmissão ocorre de um portador ou de uma pessoa infectada para outras pessoas. Além disso, alimentos e água contaminados com fezes são fontes importantes de infecção. Os organismos podem persistir por semanas após a passagem na água e em superfícies ambientais e alimentos.

Embora a incidência de infecção humana por salmonelas não tifoides tenha aumentado significativamente nas últimas décadas em muitos países, sua incidência nos Estados Unidos não mudou significativamente durante os últimos 15 anos. Na verdade, o CDC relatou uma ligeira diminuição durante os anos 2012 e 2013. De acordo com o CDC, estima-se que 1,2 milhão de casos de salmonelose de origem alimentar ocorram anualmente nos Estados Unidos. Ao contrário dos sorovares Typhi e Paratyphi, outras salmonelas não tifoides podem ser adquiridas de vários reservatórios, humanos, animais ou de uma fonte ambiental contaminada. As fezes de pessoas com infecção subclínica ou que são portadoras são uma fonte mais importante de contaminação do que casos clínicos agudos, que geralmente são isolados imediatamente após o reconhecimento. Portadores assintomáticos disseminadores, que trabalham como manipuladores de alimentos (p. ex., indústria de preparação de alimentos), são uma fonte importante de surtos de salmonelose. Além disso, muitos animais, inclusive bovinos, roedores e aves domésticas, são naturalmente infectados por uma variedade de salmonelas e apresentam as bactérias em seus tecidos, excrementos ou ovos. A elevada incidência de salmonelas em frangos comercialmente preparados tem sido amplamente divulgada. Esse problema é agravado pelo uso generalizado de rações para animais contendo antimicrobianos que, por sua vez, favorecem a proliferação de salmonelas resistentes a fármacos e sua potencial transmissão para humanos. Por fim, a salmonelose humana associada à exposição a animais domésticos é um problema recorrente de saúde pública nos Estados Unidos. Casos individuais ou mesmo pequenos surtos têm sido relatados.

A. Portadores

Após a ocorrência de infecção manifesta ou subclínica, alguns indivíduos continuam a abrigar salmonelas em seus tecidos por um período variável (i.e., portadores convalescentes ou permanentes sadios). Cerca de 3% dos sobreviventes da febre tifoide tornam-se portadores permanentes, abrigando os microrganismos na vesícula biliar, no trato biliar ou, raramente, no intestino ou no trato urinário.

B. Fontes de infecção

Consistem em bebidas e alimentos contaminados com salmonelas. As seguintes fontes são importantes:

1. **Água** – A contaminação com fezes frequentemente resulta em epidemias explosivas.
2. **Leite e outros produtos derivados (sorvete, queijo, creme)** – Contaminação com fezes e pasteurização inadequada ou manipulação imprópria. Algumas epidemias podem ser atribuídas à fonte do abastecimento.
3. **Frutos do mar** – Em virtude de água contaminada.
4. **Ovos desidratados ou congelados** – Provenientes de aves infectadas ou contaminados durante o processamento.
5. **Carnes e derivados** – A partir de animais infectados (aves domésticas) ou contaminação com fezes de roedores ou seres humanos.
6. **Drogas recreativas** – Maconha e outras drogas.
7. **Corantes de origem animal** – Corantes (p. ex., carmina) utilizados em medicamentos, alimentos e cosméticos.
8. **Animais de estimação** – Cães, gatos, ouriços, pássaros e animais de estimação exóticos, como répteis (p. ex., tartarugas, iguanas, cobras).

Prevenção e controle

Devem-se tomar medidas sanitárias para evitar a contaminação da água e dos alimentos por roedores ou outros animais que excretam salmonelas. É preciso cozinhar muito bem as carnes de aves domésticas, gado e ovos. Os portadores assintomáticos não devem ser autorizados a trabalhar como manipuladores de alimentos ou em áreas de preparação de alimentos e devem observar estritas precauções de higiene pessoal.

Duas vacinas contra febre tifoide estão atualmente disponíveis nos Estados Unidos: uma vacina oral atenuada (Ty21a) e uma vacina parenteral de polissacarídeo capsular Vi (Vi CPS) para uso intramuscular. A vacinação é recomendada para indivíduos em viagem para áreas endêmicas, especialmente regiões rurais e pequenas cidades, onde as opções de comida são limitadas. Ambas as vacinas apresentam um grau de eficiência de 50 a 80%. O tempo necessário para imunização e a idade-limite variam para cada tipo de vacina. Os indivíduos devem consultar o *site* do CDC ou obter orientações de clínicas médicas em relação às últimas informações sobre vacinas.

RESUMO DO CAPÍTULO

- Os membros da família Enterobacteriaceae são bastonetes Gram-negativos curtos, que geralmente apresentam bom crescimento em meios laboratoriais padrão.
- Os membros desse grupo são catalase-positivos e nitrato-positivos e, com exceção de *Plesiomonas*, são todos oxidase-positivos. Esses microrganismos podem ser rapidamente identificados pela habilidade de fermentar a lactose em meio MacConkey e outras reações bioquímicas, ou, ainda, por novas tecnologias como MALDI-TOF MS.
- As Enterobacteriaceae expressam uma variedade de antígenos que incluem o antígeno somático O (lipopolissacarídeo), o K capsular e o H flagelar. As espécies de *Salmonella* expressam os antígenos Vi. Esses antígenos são fatores de virulência e podem ser usados para sorotipagem desses microrganismos.
- As Enterobacteriaceae causam uma série de infecções humanas que podem ser classificadas em doenças entéricas e doenças extraintestinais (p. ex., infecções urinárias, bacteriemia e meningites).
- Os gêneros associados a doenças entéricas incluem *Salmonella*, *Shigella* e *Escherichia coli* diarreiogênica. *Escherichia coli* apresenta pelo menos seis cepas baseadas em diferentes mecanismos de patogenicidade e fatores de virulência (p. ex., capacidade toxigênica ou invasiva).
- A infecção extraintestinal mais comum causada por esses microrganismos é a infecção urinária. *Escherichia coli* é o agente etiológico mais comum, porém microrganismos urease-positivos, como espécies de *Proteus*, podem causar cistites e induzir a formação de cálculos renais.
- Enterobacteriaceae adquiridas no ambiente hospitalar são frequentemente resistentes a muitos agentes antimicrobianos geralmente mediados por determinantes de resistência codificados por plasmídeo.

QUESTÕES DE REVISÃO

1. Uma estudante universitária de 20 anos de idade foi ao centro de saúde por apresentar disúria, frequência e urgência urinária durante 24 horas. Ela tornou-se sexualmente ativa recentemente. Ao exame de urina, foram vistas muitas células polimorfonucleares. O microrganismo que tem maior probabilidade de ser o responsável por esses sinais e sintomas é

   (A) *Staphylococcus aureus*
   (B) *Streptococcus agalactiae*
   (C) *Gardnerella vaginalis*
   (D) Espécie de *Lactobacillus*
   (E) *Escherichia coli*

2. Uma mulher de 27 anos de idade é internada em um hospital com febre, anorexia progressiva, dor de cabeça, fraqueza e estado mental alterado; esses sintomas já estão presentes há 2 dias. Ela trabalha em uma companhia aérea como aeromoça, voando entre a Índia e outras regiões do Sudeste Asiático e a Costa-Oeste dos Estados Unidos. Dez dias antes de sua admissão no hospital, apresentou diarreia que durou cerca de 36 horas. Nos últimos 3 dias, apresentou prisão de ventre. A temperatura é de 39 °C, frequência cardíaca de 68 bati-

mentos por minuto, pressão arterial de 120/80 mmHg e 18 respirações por minuto. A paciente sabe quem ela é e onde está, mas não se lembra da data. Apresenta lucidez para pegar suas roupas de cama. Observam-se manchas rosadas em seu tronco. O restante do exame físico é normal. São realizadas hemoculturas e um acesso intravenoso é colocado. O mais provável agente causador de sua doença é

(A) *Escherichia coli* enterotoxigênica (ETEC)

(B) *Shigella sonnei*

(C) *Salmonella enterica* subsp. *enterica* sorovar Typhimurium (*Salmonella* Typhimurium)

(D) *Salmonella enterica* subsp. *enterica* sorovar Typhi (*Salmonella* Typhi)

(E) *Escherichia coli* enteroinvasiva (EIEC)

3. Na hemocultura da paciente da Questão 2, houve o crescimento de bacilo Gram-negativo não fermentador de lactose. Qual das seguintes alternativas é um provável componente desse microrganismo?

(A) Antígeno O 157, antígeno H 7 (O157:H7)

(B) Antígeno Vi (cápsula; antígeno de virulência)

(C) Antígeno O 139 (O139)

(D) Urease

(E) K1 (antígeno capsular tipo 1)

4. Uma mulher de 37 anos de idade com história de infecções do trato urinário foi internada em enfermaria de emergência com ardência ao urinar, além de frequência e urgência urinária. Relata que sua urina está com odor de amônia. A causa mais provável de sua infecção urinária é

(A) *Enterobacter aerogenes*

(B) *Proteus mirabilis*

(C) *Citrobacter freundii*

(D) *Escherichia coli*

(E) *Serratia marcescens*

5. Um estudante de 18 anos de idade teve cólicas abdominais e diarreia. Uma placa de ágar seletiva é inoculada e crescem bastonetes Gram-negativos suspeitos. O ágar triplo de açúcar e ferro (TSI) é usado para identificar os isolados como salmonelas ou shigelas. Um resultado sugestivo de um desses dois patógenos pode ser

(A) Produção de urease

(B) Motilidade no meio

(C) Incapacidade de fermentar lactose e sacarose

(D) Fermentação da glicose

(E) Produção de gás no meio

6. Um sorovar incomum de *Salmonella enterica* subsp. *enterica* foi encontrado pelos laboratórios de saúde de Estados adjacentes. Todos os isolados eram de uma pequena área geográfica situada entre os dois Estados, sugerindo uma fonte comum para os isolados. (Os isolados eram provenientes de adultos jovens e saudáveis que haviam fumado maconha. A mesma salmonela foi isolada de uma amostra de maconha.) Por qual método os laboratórios de saúde pública determinaram que esses isolados eram iguais?

(A) Tipagem capsular (antígeno K)

(B) Tipagem do antígeno O e do antígeno H

(C) Sequenciamento do DNA

(D) Determinação do padrão de fermentação de açúcares

(E) Determinação do padrão de reação da descarboxilase

7. Um homem de 43 anos de idade, diabético, teve uma úlcera aberta de 4 cm no pé. Na cultura de material da úlcera, cresceram *Streptococcus aureus*, *Bacteroides fragilis* e um bacilo Gram-negativo, o qual formou um véu que cobriu a superfície da placa de ágar após 36 horas. O bacilo Gram-negativo é um membro do gênero

(A) *Escherichia*

(B) *Enterobacter*

(C) *Serratia*

(D) *Salmonella*

(E) *Proteus*

8. Um menino de 4 anos de idade, de Kansas City, nos Estados Unidos, que começou a frequentar a pré-escola recentemente e fica em uma creche depois da escola, é levado ao seu pediatra devido a uma doença diarreica, caracterizada por febre de 38,2 °C, dor abdominal grave e início de diarreia aquosa. Sua mãe ficou preocupada, pois as fezes agora estão sanguinolentas e, 24 horas após a doença, a criança parece estar muito doente. A mãe relata que outras duas crianças da mesma creche tiveram doença diarreica recentemente, uma das quais provavelmente apresentou fezes sanguinolentas. Qual dos patógenos seguintes é o mais provável causador da doença nessa criança?

(A) Uma cepa enterotoxigênica de *Escherichia coli*

(B) *Salmonella enterica* subsp. *enterica* sorovar Typhi (*Salmonella* Typhi)

(C) *Shigella sonnei*

(D) *Edwardsiella tarda*

(E) *Klebsiella oxytoca*

9. Uma menina de 5 anos de idade foi a uma festa de aniversário em um restaurante de *fast food*. Depois de cerca de 48 horas, ela apresentou cólicas e dores abdominais, febre baixa e teve 5 episódios de fezes com sangue. A criança foi levada a uma enfermaria de emergência na tarde seguinte, pois a diarreia continuava e ela estava pálida e letárgica. À apresentação, sua temperatura era de 38 °C, estava hipotensa e com taquicardia. O exame do abdome revelou sensibilidade no quadrante inferior. Os exames laboratoriais revelaram creatinina de 2 mg/dL, hemoglobina de 8 mg/dL, trombocitopenia e evidência de hemólise. Qual é o mais provável agente causador da doença dessa criança?

(A) *Escherichia coli* O157:H7

(B) *Salmonella enterica* subsp. *enterica* sorovar Typhimurium

(C) *Escherichia coli* enteropatogênica

(D) *Edwardsiella tarda*

(E) *Plesiomonas shigelloides*

10. Um morador de rua de 55 anos com alcoolismo apresenta pneumonia multilobar grave, e necessita de intubação e ventilação mecânica. A coloração pelo método de Gram de seu escarro revelou inúmeros leucócitos polimorfonucleares e bastonetes Gram-negativos que parecem possuir cápsula. O organismo é fermentador de lactose em ágar de MacConkey e está muito mucoide. É imóvel e lisina-descarboxilase-positivo. Qual microrganismo é o mais provável causador da doença desse paciente?

(A) *Serratia marcescens*

(B) *Enterobacter aerogenes*

(C) *Proteus mirabilis*

(D) *Klebsiella pneumoniae*

(E) *Morganella morganii*

11. Qual das seguintes afirmativas sobre os antígenos O está correta?

(A) Todas as Enterobacteriaceae possuem antígenos O idênticos.

(B) São encontrados no polissacarídeo capsular de bactérias entéricas.

(C) São ligados covalentemente ao cerne do polissacarídeo.

(D) Não estimulam resposta imunológica no hospedeiro.

(E) Não são importantes na patogênese da infecção causada por bactérias entéricas.

12. Qual dos seguintes testes é o procedimento menos sensível para o diagnóstico de colite causada pela toxina Shiga produzida por *Escherichia coli*?

(A) Cultura em ágar de MacConkey sorbitol

(B) Teste de toxina usando ensaios imunoenzimáticos

(C) Ensaio de citotoxicidade em cultivo celular utilizando células Vero

(D) Reação em cadeia da polimerase para detecção de genes que codificam a toxina Shiga

13. Um homem HIV-positivo recentemente viajou de férias para o Caribe por 2 semanas. Ele desenvolveu diarreia aquosa e dores abdominais, sem relato de febre durante a segunda semana de férias. Após 3 semanas, foi à clínica médica com sintomas persistentes e perda de peso. Considerando esse histórico, a suspeita seria

(A) *Escherichia coli* enteroinvasiva

(B) *Salmonella* Typhi

(C) *Escherichia coli* enteropatogênica

(D) *Shigella flexneri*

(E) *Escherichia coli* enteroagregativa

14. Qual é o mecanismo de ação da toxina termolábil de ETEC?

(A) Achatamento e aplainamento

(B) Ativação da adenilatociclase

(C) Aderência agregativa

(D) Disfunção ribossomal

(E) Nenhuma das respostas anteriores

15. Uma mulher jovem apresenta infecção urinária recorrente causada pela mesma amostra de *Proteus mirabilis*. Qual é a maior preocupação nesse caso?

(A) Ela não tomar o medicamento corretamente.

(B) Ela ser gestante e nessa condição se tornar mais suscetível a ITUs.

(C) Ela poder desenvolver cálculos na bexiga ou nos rins.

(D) O seu parceiro também estar contaminado.

(E) Ela poder apresentar diabetes e uma possível tolerância ao teste de glicose.

Respostas

1.	E	6.	B	11.	C
2.	D	7.	E	12.	A
3.	B	8.	C	13.	E
4.	B	9.	A	14.	B
5.	C	10.	D	15.	C

REFERÊNCIAS

Buchholz U, et al: German outbreak of *Escherichia coli* O104:H4 associated with sprouts. *N Engl J Med* 2011; 365: 1763–1770.

Donnenberg MS: *Enterobacteriaceae*. In: Bennett JE, Dolin R, Blaser MJ (editors). *Mandell, Douglas and Bennett's Principles and Practice of Infectious Diseases*, 8th ed. Elsevier, 2015.

DuPont HL. Bacillary Dysentery: *Shigella* and Enteroinvasive *Escherichia coli*. In: Bennett JE, Dolin R, Blaser MJ (editors). *Mandell, Douglas and Bennett's Principles and Practice of Infectious Diseases*, 8th ed. Elsevier, 2015.

Eigner U, et al: Performance of a matrix-assisted laser desorption ionization-time-of-flight mass spectrometry system for the identification of bacterial isolates in the clinical routine laboratory. *Clin Lab* 2009; 55: 289–296.

Erlanger D, Assous MV, Wiener-Well Y, Yinnon AM, Ben-Chetrit E. Clinical manifestations, risk factors, and prognosis of patients with *Morganella morganii* sepsis. *J Microbiol Immunol Infect* 2017; S1684-1182(17)30193-7. doi: 10.1016/j.jmii.2017.08.010. [Epub ahead of print]

Forsythe SS, Pitout J, Abbott S: *Klebsiella, Enterobacter, Citrobacter, Cronobacter, Serratia, Plesiomonas*, and other *Enterobacteriaceae*. In: Jorgensen JH, Pfaller MA, Carroll KC, et al (editors). *Manual of Clinical Microbiology*, 11th ed. ASM Press, 2015.

Johnson JR, et al: *E. coli* sequence type ST131 as the major cause of serious multidrug-resistant *E. coli* infections in the United States. *Clin Infect Dis* 2010; 51: 286–294.

Kim BY, Kang J, Kim KS: Invasion processes of pathogenic *Escherichia coli*. *Int J Med Microbiol* 2005; 295: 463–470.

Liu H, Zhu J, Hu Z, Rao X. *Morganella morganii*, a non-negligent opportunistic pathogen. *Int J Infect Dis* 2016; 50: 10-17.

Strockbine NA, et al: *Escherichia, Shigella*, and *Salmonella*. In: Jorgensen JH, Pfaller MA, Carroll KC, et al (editors). *Manual of Clinical Microbiology*, 11th ed. ASM Press, 2015.

Pegues DA, Miller SI: *Salmonella* species. In: Bennett JE, Dolin R, Blaser MJ (editors). *Mandell, Douglas and Bennett's Principles and Practice of Infectious Diseases*, 8th ed. Elsevier, 2015.

Pseudomonas, Acinetobacter, Burkholderia e Stenotrophomonas

As espécies *Pseudomonas* e *Acinetobacter* encontram-se amplamente distribuídas no solo e na água. Algumas vezes, *Pseudomonas aeruginosa* coloniza seres humanos e constitui o principal patógeno humano do grupo. *Pseudomonas aeruginosa* é um microrganismo invasivo e toxigênico, provoca infecções em pacientes com defesas anormais, e constitui um importante patógeno hospitalar. Entre as espécies de *Acinetobacter*, *Acinetobacter baumannii* é a principal espécie associada a infecções humanas. É um importante patógeno associado a infecções relacionadas à assistência à saúde (IRASs), especialmente em unidades de terapia intensiva (UTIs) ou crítica, e frequentemente apresenta um perfil de multirresistência a antibióticos. O gênero *Burkholderia* consiste em muitas espécies, mas apenas o complexo *B. cepacia*, *B. pseudomallei*, *B. mallei* e *B. gladioli* são patógenos humanos ou animais. Semelhantemente às espécies de *Pseudomonas*, as espécies do gênero *Burkholderia* são microrganismos geralmente ambientais e patógenos oportunistas. Em geral, *Stenotrophomonas maltophilia* não é patogênico para pessoas saudáveis. Entretanto, esse microrganismo pode ser um patógeno oportunista e associado às IRASs.

GRUPO DAS PSEUDOMONAS

As espécies do gênero *Pseudomonas* são bacilos Gram-negativos, móveis e aeróbios. Algumas espécies podem produzir pigmentos hidrossolúveis. As pseudomonas habitam uma variedade de ambientes, como solo, água, plantas e animais. Dados do Projeto do Microbioma Humano demonstraram que *P. aeruginosa* é raramente encontrada na pele e na nasofaringe de indivíduos saudáveis. Contudo, algumas espécies de *Pseudomonas* podem ser encontradas, em menor percentual, como parte da microbiota intestinal e oral. Mudanças no microbioma podem levar à diminuição da resistência à colonização e à subsequente colonização de sítios específicos do corpo (p. ex., pele, mucosas e trato gastrintestinal) por *Pseudomonas aeruginosa*. As espécies de *Pseudomonas* clinicamente relevantes podem ser divididas em dois grupos distintos com base em sua capacidade de produzir certos pigmentos fluorescentes. O grupo fluorescente de *Pseudomonas* inclui *P. aeruginosa*, *P. fluorescens*, *P. putida*, *P. monteilii*, *P. veronii* e *P. mosselii*. Esses microrganismos produzem um pigmento verde-amarelado solúvel em água (pioverdina), que fica com fluorescência azul-esverdeada sob a luz ultravioleta. Muitas das cepas de *P. aeruginosa* também produzem piocianina (pigmento azul), que, combinada com a pioverdina, resulta na cor verde-brilhante característica desse microrganismo.

As seguintes espécies de *Pseudomonas* pertencem ao grupo não fluorescente: *P. stutzeri*, *P. mendocina*, *P. alcaligenes*, *P. pseudoalcaligenes*, *P. luteola* e *P. oryzihabitans*. Enquanto *P. aeruginosa* é considerado o principal patógeno no grupo das pseudomonas, outras espécies também podem ser isoladas com menos frequência em laboratórios clínicos como causa de infecção. A classificação das espécies de *Pseudomonas* baseia-se na homologia rRNA/DNA e nas características comuns de cultura.

PSEUDOMONAS AERUGINOSA

Pseudomonas aeruginosa encontra-se amplamente distribuído na natureza e costuma ser encontrado em ambientes úmidos nos hospitais. Embora não faça parte do microbioma humano normal, *P. aeruginosa* é capaz de colonizar vários locais do corpo (p. ex., mucosas, trato respiratório e trato gastrintestinal). Esse microrganismo está associado a diferentes infecções em humanos, especialmente em indivíduos com defesa alterada ou diminuída (p. ex., neutropenia, quimioterapia e queimaduras). A colonização por *P. aeruginosa* e subsequente infecção pode ser endógena ou exógena. A infecção endógena ocorre após a colonização (p. ex., bacteriemia após a colonização do trato gastrintestinal). Já a infecção exógena geralmente ocorre a partir de um reservatório ambiental por meio de uma porta de entrada suscetível (p. ex., infecções após queimaduras ou foliculite em banheira de hidromassagem).

Morfologia e identificação

A. Microrganismos típicos

Pseudomonas aeruginosa é um microrganismo móvel, em forma de bastonete, que mede cerca de 0,6 × 2 μm (Figura 16-1). É um microrganismo Gram-negativo, e apresenta-se na forma de células isoladas, em pares ou, ocasionalmente, em cadeias curtas.

B. Cultura

Pseudomonas aeruginosa é um microrganismo aeróbio obrigatório, que cresce facilmente em muitos tipos de meios de cultura, às vezes produzindo um odor doce ou semelhante ao de uva. Algumas cepas são hemolíticas em ágar-sangue. *Pseudomonas aeruginosa* forma colônias lisas e redondas, de coloração esverdeada fluorescente. Como mencionado anteriormente, muitas cepas de *P. aeruginosa* produzem um pigmento azulado não fluorescente, a **piocianina**, que se difunde no ágar. Assim como todas as espécies fluorescentes,

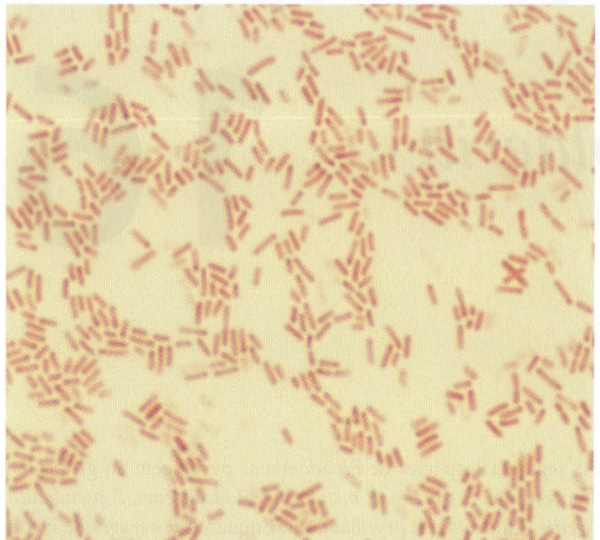

FIGURA 16-1 *Pseudomonas aeruginosa* corado pelo método de Gram, com cerca de 0,6 × 2 μm. Ampliação do original de 1.000 ×. (Cortesia de H. Reyes.)

P. aeruginosa também produz o pigmento fluorescente **pioverdina**, resultando em cor esverdeada do ágar quando combinado com a piocianina (Figura 16-2). Algumas cepas também podem produzir um pigmento vermelho-escuro (**piorrubina**) ou um pigmento marrom-escuro (**piomelanina**).

Pseudomonas aeruginosa em cultura pode produzir vários tipos de colônias (Figura 16-3). Os isolados a partir desses diferentes tipos de colônias também podem ter diferentes perfis bioquímicos e enzimáticos e diferentes padrões de suscetibilidade aos antimicrobianos. Algumas vezes, pode não estar claro se os tipos de colônia representam diferentes cepas de *P. aeruginosa* ou se são variantes da mesma cepa. As culturas das amostras obtidas de pacientes com fibrose cística (FC) frequentemente produzem colônias mucoides de *P. aeruginosa* em consequência da superprodução de alginato, um exopolissacarídeo. Nos pacientes com FC, essa cápsula de alginato parece fornecer uma matriz para que os organismos permaneçam em um biofilme (ver Capítulos 2 e 9).

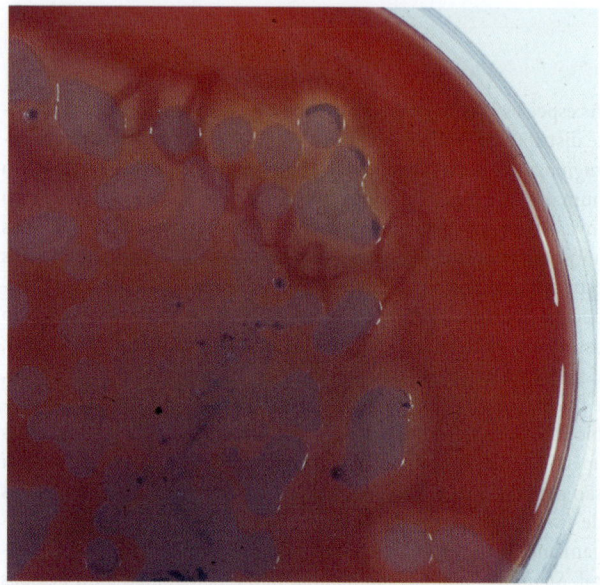

A

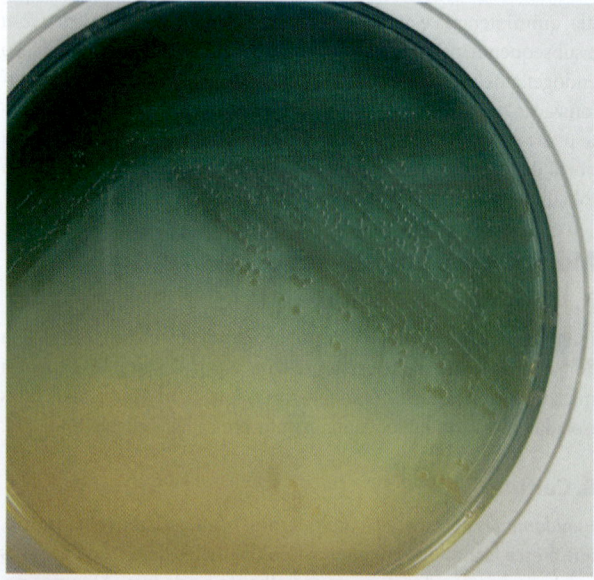

FIGURA 16-2 *Pseudomonas aeruginosa* em ágar Mueller-Hinton de 10 cm. As colônias individuais apresentam 3 a 4 mm de diâmetro. O microrganismo produz piocianina (pigmento azul) e pioverdina (pigmento verde). Em conjunto, esses pigmentos produzem a coloração azul-esverdeada, que é observada em torno das colônias crescidas no ágar. (Cortesia de S. Lowe.)

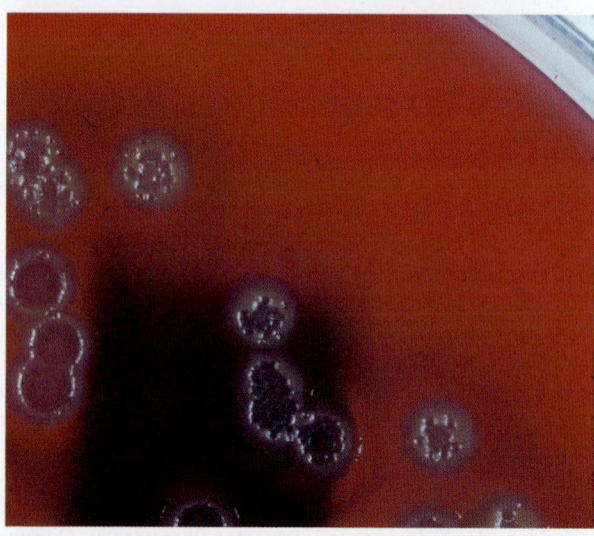

B

FIGURA 16-3 Variação da morfologia colonial de *Pseudomonas aeruginosa*. **A:** Colônias cinza-esverdeadas com 6 a 8 mm de diâmetro em uma placa de 10 cm de ágar-sangue. É possível observar hemólise ao redor das colônias. **B:** Colônias secas e cinza-prateadas em ágar-sangue. Não se observa hemólise (a *sombra escura* na parte inferior da figura é de uma etiqueta colada no fundo da placa). (Cortesia de H. Reyes.)

C. Características de crescimento

Pseudomonas aeruginosa cresce bem entre 37 e 42 °C. Contudo, o crescimento a 42 °C ajuda a diferenciá-la de outras espécies de *Pseudomonas* que produzem pigmentos fluorescentes. *Pseudomonas aeruginosa*, como todas as outras espécies do gênero, não fermenta carboidratos. Entretanto, muitas cepas oxidam glicose, sendo, portanto, positivas para a oxidase. A identificação é geralmente baseada na morfologia colonial, na presença de pigmentos característicos, na positividade para oxidase e no crescimento a 42 °C. A diferenciação de *P. aeruginosa* de outras espécies com base no perfil bioquímico requer testes com uma grande bateria de substratos.

Estrutura antigênica e toxinas

As pseudomonas – e *Pseudomonas aeruginosa*, especificamente – expressam uma variedade de fatores de virulência, incluindo adesinas, enzimas e toxinas. Os *pili* estendem-se a partir da superfície celular e promovem a aderência da bactéria às células epiteliais do hospedeiro. O exopolissacarídeo de **alginato** é responsável pelas colônias mucoides vistas em culturas de pacientes com FC. O lipopolissacarídeo, que existe em vários imunotipos, é responsável por muitas das propriedades endotóxicas do microrganismo. *Pseudomonas aeruginosa* pode ser tipada de acordo com variações do lipopolissacarídeo e pela suscetibilidade à piocina (bacteriocina). A maioria das cepas de *P. aeruginosa* isoladas de infecções clínicas produz enzimas extracelulares, como elastases, proteases e duas hemolisinas (a fosfolipase C termolábil e um glicolipídeo termoestável). Além disso, a piocianina produzida por *P. aeruginosa* é responsável pela indução da produção de peróxido de hidrogênio e superóxido, e estimula a liberação de interleucina (IL)-8 pelas células do hospedeiro. O aumento da liberação de IL-8 funciona como quimiotático para neutrófilos. O outro pigmento, pioverdina, serve como sideróforo, ligando-se ao ferro.

Muitas cepas de *P. aeruginosa* produzem **exotoxina A**, que provoca necrose tecidual e é letal para os animais quando injetada em forma purificada. A toxina bloqueia a síntese das proteínas por um mecanismo de ação idêntico ao da toxina diftérica, embora as estruturas das duas toxinas não sejam idênticas. Antitoxinas contra a exotoxina A são encontradas em alguns soros humanos, como os de pacientes que se recuperaram de infecções graves por *P. aeruginosa*.

Pseudomonas aeruginosa produz quatro toxinas secretadas do tipo III que causam morte celular e interferem na resposta imune do hospedeiro à infecção. A **exoenzima S** e a **exoenzima T** são enzimas bifuncionais com atividade de GTPase e de ADP-ribosil-transferase; a **exoenzima U** é uma fosfolipase; e a **exoenzima Y** é uma adenilil-ciclase.

Patogênese

Pseudomonas aeruginosa só é patogênica quando introduzida em áreas desprovidas de defesas normais (p. ex., quando as mucosas e a pele são rompidas por lesão tecidual direta, em caso de queimaduras); pela introdução de cateteres intravenosos ou urinários; ou quando há neutropenia, como na quimioterapia de neoplasias. A bactéria se liga e coloniza as membranas mucosas ou a pele, invade localmente e, subsequentemente, produz doença sistêmica (p. ex., infecções da corrente sanguínea). Esses processos são promovidos pelos *pili*, enzimas e toxinas já descritos. O lipopolissacarídeo desempenha um papel direto no desencadeamento de febre, choque, oligúria, leucocitose e leucopenia, coagulação intravascular

disseminada e síndrome de angústia respiratória do adulto. A capacidade de *P. aeruginosa* de formar biofilme no lúmen de cateteres e nos pulmões de pacientes com FC contribui muito para a virulência desse microrganismo.

Pseudomonas aeruginosa e outras espécies do gênero são resistentes a muitos agentes antimicrobianos, resultando em vantagem seletiva em relação a bactérias mais suscetíveis que fazem parte da microbiota normal e são suprimidas.

Manifestações clínicas

Pseudomonas aeruginosa provoca infecção de feridas e queimaduras, originando, frequentemente, pus azul-esverdeado, meningite (quando introduzida por punção lombar ou durante neurocirurgias) e infecção das vias urinárias (quando introduzida através de cateteres e instrumentos ou em soluções de irrigação). O comprometimento das vias respiratórias, sobretudo por respiradores contaminados, resulta em pneumonia necrosante. Em pacientes com FC, *P. aeruginosa* provoca pneumonia crônica, uma causa significativa de morbidade e mortalidade nessa população. Esse microrganismo é frequentemente encontrado associado à otite externa leve em nadadores. Pode provocar otite externa invasiva (maligna) em pacientes diabéticos. A infecção ocular, que pode levar à rápida destruição do tecido ocular, é mais comum após lesão ou procedimentos cirúrgicos. Em lactentes ou indivíduos debilitados, *P. aeruginosa* pode invadir a corrente sanguínea e provocar sepse fatal, situação comumente observada em pacientes com leucemia ou linfoma tratados com antineoplásicos ou radioterapia, bem como naqueles com queimaduras graves. Na maioria das infecções causadas por *P. aeruginosa*, os sinais e sintomas são inespecíficos e estão relacionados com o órgão acometido. Às vezes, é possível detectar produtos de degradação da hemoglobina ou pigmento fluorescente em feridas, queimaduras ou urina por fluorescência com ultravioleta. A necrose hemorrágica da pele ocorre frequentemente na sepse causada por *P. aeruginosa*. As lesões, denominadas **ectima gangrenoso**, são circundadas por eritema e, com frequência, não contêm secreção purulenta. *Pseudomonas aeruginosa* pode ser observado em amostras de lesões de ectima coradas pelo método de Gram, ou a partir de culturas positivas. O ectima gangrenoso é raro na bacteriemia causada por outros microrganismos, além de *P. aeruginosa*. Uma forma de foliculite associada à não higienização e ao controle do cloro em piscinas, banheiras de hidromassagem e ofurôs tem sido observada em indivíduos saudáveis.

Exames diagnósticos laboratoriais

A. Amostras

As amostras de lesões cutâneas, secreção purulenta, urina, sangue, líquido cerebrospinal, escarro e outros materiais devem ser obtidas conforme indicado pelo tipo de infecção.

B. Esfregaços

Bacilos Gram-negativos são frequentemente observados nos esfregaços. Não existe característica morfológica específica capaz de diferenciar as espécies do gênero *Pseudomonas* em amostras de outros bacilos Gram-negativos ou entéricos.

C. Cultura

As amostras são semeadas em ágar-sangue e nos diferentes meios comumente empregados para o crescimento de bacilos

Gram-negativos entéricos. Esses microrganismos crescem facilmente na maioria desses meios, porém mais lentamente que os bacilos entéricos. *Pseudomonas aeruginosa* não fermenta carboidratos, incluindo lactose, e é facilmente diferenciada das bactérias fermentadoras de lactose. A cultura constitui o teste específico para o diagnóstico de infecção por *P. aeruginosa*. *Pseudomonas aeruginosa* pode ser presumivelmente identificada como supradescrito. Entretanto, a identificação definitiva, assim como a diferenciação e a identificação de outras espécies do gênero, requer diferentes testes bioquímicos. Vários sistemas de teste comerciais manuais e automatizados estão disponíveis. Nos últimos anos, a espectrometria de massa pela técnica de ionização por dessorção a *laser*, assistida por matriz seguida de análise por tempo de voo em sequência (MALDI-TOF MS, do inglês *matrix-assisted laser desorption ionization-time of flight mass spectrometry*) demonstrou identificar, de forma confiável, as várias espécies de *Pseudomonas* fluorescentes e não fluorescentes.

Tratamento

Tradicionalmente, o tratamento de infecções por *P. aeruginosa* com um único antibiótico não é recomendado. A antibioticoterapia combinada é necessária para o tratamento das infecções graves. Há duas razões pelas quais a antibioticoterapia das infecções graves por *P. aeruginosa* pode ser desafiadora: pacientes com infecções por *P. aeruginosa* são geralmente imunocomprometidos e, além disso, esse microrganismo é frequentemente resistente a várias classes de agentes antimicrobianos. Uma penicilina de largo espectro, como a piperacilina ativa contra *P. aeruginosa*, é normalmente usada em combinação com um aminoglicosídeo – em geral, a tobramicina. Outros fármacos ativos contra *P. aeruginosa* são o aztreonam, os carbapenêmicos (como imipeném ou meropeném) e as fluoroquinolonas (como o ciprofloxacino). Entre as cefalosporinas mais novas, a ceftazidima, a cefoperazona e a cefepima mostraram-se ativas contra *P. aeruginosa*. A ceftazidima é frequentemente prescrita com um aminoglicosídeo no tratamento primário das infecções por *P. aeruginosa*, especialmente em pacientes com neutropenia.

Pseudomonas aeruginosa é intrinsecamente resistente a muitos agentes antimicrobianos e pode adquirir resistência adicional a muitos outros por meio de transferência horizontal de genes e/ou mutações. Os mecanismos responsáveis pela resistência intrínseca incluem várias bombas de efluxo de múltiplos fármacos (p. ex., afetando β-lactâmicos, fluoroquinolonas, macrolídeos e outros antibióticos), bem como uma β-lactamase AmpC* cromossômica induzível (conferindo resistência à ampicilina, à amoxicilina, à amoxicilina-clavulanato, a cefalosporinas de primeira e de segunda gerações, bem como à ceftriaxona e à cefotaxima). Os padrões de suscetibilidade/resistência de *P. aeruginosa* variam

geograficamente, e o teste de suscetibilidade a antimicrobianos (TSA) deve ser realizado rotineiramente para apoiar a escolha da antibioticoterapia e programas hospitalares de administração de antibióticos. Além disso, a resistência a múltiplos fármacos tornou-se um grande problema no manejo de infecções hospitalares por *P. aeruginosa* em decorrência da aquisição de β-lactamases cromossômicas, β-lactamases de espectro estendido, carbapenemases**, mutações nos canais de porina e bombas de efluxo. A porcentagem de isolados multirresistentes de *P. aeruginosa* varia consideravelmente (< 1% a > 50%) de acordo com a região e o país.

Epidemiologia e controle

Pseudomonas aeruginosa é, primariamente, um patógeno hospitalar, e os métodos de controle da infecção assemelham-se aos empregados para as outras infecções nosocomiais. De acordo com dados da National Healthcare Safety Network (NHSN), *P. aeruginosa* é atualmente o quinto patógeno mais comum implicado em infecções adquiridas em hospitais nos Estados Unidos. O percentual de infecção é especialmente alto em UTIs e em hospitais de terapia intensiva de longo prazo. Como crescem em ambiente úmido, deve-se dar atenção especial a pias, banheiras, chuveiros e outras áreas úmidas. No entanto, dada a presença ubíqua desse microrganismo no ambiente hospitalar, todas as tentativas de eliminar sua presença são praticamente ineficazes. Em vez disso, medidas eficazes de prevenção de controle de infecção devem concentrar-se na prevenção da contaminação de equipamentos médicos, potencial contaminação cruzada entre pacientes e seleção de diretrizes de antibioticoterapia apropriadas para prevenir o surgimento de resistência aos medicamentos. Para fins epidemiológicos, as cepas de *P. aeruginosa* podem ser tipadas usando técnicas de tipagem molecular; essas técnicas são especialmente úteis durante investigações de "surto".

BURKHOLDERIA PSEUDOMALLEI E BURKHOLDERIA MALLEI

Burkholderia pseudomallei é um bacilo Gram-negativo aeróbio, pequeno, móvel, oxidase-positivo, que também é indol-negativo e resistente à colistina e à gentamicina. Cresce em meio bacteriológico padrão (p. ex., ágar-sangue), formando colônias que são inicialmente (24-48 horas) mucoides e lisas/cremosas, mas após a duração da incubação podem mudar a aparência para ásperas e enrugadas e de cor de creme para laranja. Esse microrganismo cresce a 42 °C e oxida a glicose, a lactose e uma variedade de outros carboidratos. *Burkholderia pseudomallei* é a causa da melioidose (também chamada de doença de Whitmore), que ocorre predominantemente no Sudeste Asiático e no norte da Austrália. Nessas regiões de

---

*N. de T. AmpC é expressa em níveis basais não apresentando resistência relevante, sendo *P. aeruginosa* suscetível às ureidopenicilinas (p. ex., azlocilina, piperacilina e mezlocilina), combinações com inibidores, cefalosporinas e carbapenêmicos. Porém, essa enzima pode ser induzível ou pode ocorrer uma desrepressão do regulador do gene *ampC*, levando a altos níveis de AmpC. Quando esse fenômeno ocorre, os isolados de *P. aeruginosa* podem desenvolver resistência a todos os β-lactâmicos, com exceção dos carbapenêmicos. A superexpressão de AmpC, normalmente, também está associada a outros mecanismos não enzimáticos, como a perda de porinas ou a expressão de bombas de efluxo, o que eleva os níveis de resistência a todos os β-lactâmicos. Essa enzima pode ser inibida pelo avibactam, um novo inibidor de β-lactamase de classe A utilizado na prática clínica.

**N. de T. As carbapenemases são divididas em três classes: A, B e D. Destas, as de maior importância e mais disseminadas em isolados de *P. aeruginosa* são as de classe B, também chamadas de metalo-β-lactamases (MBLs). Entre as MBLs mais importantes isoladas em *P. aeruginosa* no Brasil estão: VIM (do inglês *Verona integron-encoded metallo-β-lactamase*), SPM (São Paulo metalo-β-lactamase), IMP (imipenemase) e NDM (do inglês *New Delhi metallo-β-lactamase*). A carbapenemase de classe A mais disseminada mundialmente e de grande importância epidemiológica é a do tipo KPC (*Klebsiella pneumoniae* carbapenemase). Em *P. aeruginosa*, a primeira detecção de KPC no Brasil ocorreu em Recife, no Estado de Pernambuco (PE), a partir de isolados de secreção traqueal de 2 pacientes na UTI em 2010, sendo suscetível apenas à gentamicina e à polimixina B.

endemicidade, a infecção é geralmente sazonal, com maiores taxas de ocorrência durante a estação chuvosa de monções. O microrganismo é um saprófita natural cultivado a partir do solo, da água, de arrozais e de hortas. As infecções humanas provavelmente se originam dessas fontes pela ingestão ou inalação de poeira ou água contaminada e pelo contato com solo contaminado por meio de abrasões cutâneas. A infecção epizoótica por *B. pseudomallei* ocorre em carneiros, cabras, suínos, cavalos e outros animais, embora os animais não pareçam constituir um reservatório primário do microrganismo. Como o organismo foi usado como agente biológico/de bioterrorismo por alguns países no passado, *B. pseudomallei* é atualmente classificado como um agente de categoria B de bioterrorismo pelo Centers for Disease Control and Prevention (CDC). Caso fosse utilizada como arma biológica, essa bactéria seria fácil de disseminar (p. ex., aerossolização), resultando em morbidade moderada a grave e alta mortalidade se não tratada. No entanto, a mortalidade é provavelmente muito mais baixa (menos de 2 a cada 10 pessoas de acordo com as informações do CDC) se o tratamento antibiótico adequado e oportuno for administrado.

A melioidose pode manifestar-se em forma de infecção aguda, subaguda ou crônica. O período de incubação pode ser curto, de apenas 2 a 3 dias, mas também ocorrem períodos latentes de vários meses a anos. Uma infecção supurativa localizada pode ocorrer no local de inoculação, onde existir uma abertura na pele. Essa infecção localizada pode levar à forma septicêmica aguda da infecção, com comprometimento de muitos órgãos. Os sinais e sintomas dependem dos principais locais de acometimento. A forma de melioidose mais comum é a infecção pulmonar, que pode consistir em pneumonite primária (*B. pseudomallei* transmitida por meio das vias respiratórias superiores ou da nasofaringe) ou secundária a infecção supurativa localizada e bacteriemia. O paciente pode apresentar febre e leucocitose, com a consolidação dos lobos superiores. Posteriormente, pode não apresentar febre, enquanto ocorre o desenvolvimento de cavidades dos lobos superiores, produzindo um aspecto semelhante ao da tuberculose em radiografias de tórax. Alguns pacientes desenvolvem infecção supurativa crônica, com abscessos na pele, no cérebro, nos pulmões, no miocárdio, no fígado, nos ossos e em outros locais. Os pacientes com infecções supurativas crônicas podem ser afebris e apresentar doença indolente. Algumas vezes, a infecção latente é reativada em decorrência de imunossupressão.

Deve-se considerar o diagnóstico de melioidose em um paciente que resida em área endêmica e apresente doença pulmonar fulminante dos lobos superiores ou doença sistêmica inexplicada. A coloração de uma amostra apropriada pelo método de Gram revela a presença de pequenos bacilos Gram-negativos. Coloração bipolar (aspecto de alfinete de segurança) é observada em amostras coradas pelo método de Wright ou por azul de metileno. Uma cultura positiva é diagnóstica. A positividade do teste sorológico é útil para o diagnóstico e constitui evidência de infecção passada.

A melioidose possui uma elevada taxa de mortalidade, quando não tratada. Pode ser necessária drenagem cirúrgica da infecção localizada. *Burkholderia pseudomallei* é intrinsecamente resistente à penicilina, à ampicilina, a cefalosporinas (de primeira e segunda gerações), à gentamicina, à tobramicina e a macrolídeos. *Burkholderia pseudomallei* é geralmente suscetível à ceftazidima, ao imipeném, ao meropeném, à amoxicilina-ácido clavulânico, à ceftriaxona, à cefotaxima e ao sulfametoxazol-trimetoprima (SMX-TMP). Contudo, o TSA deve ser realizado para determinar os padrões reais de suscetibilidade para uma cepa ou para um microrganismo específico. A resistência ao SMX-TMP foi relatada em *B. pseudomallei* e depende da região geográfica onde o microrganismo é endêmico (as taxas variam entre 2-16%). Dependendo do quadro clínico, a antibioticoterapia inicial deve ser feita por um período mínimo de 10 a 14 dias com ceftazidima, imipeném ou meropeném; SMX-TMP pode ser considerado em pacientes com alergia grave a antimicrobianos β-lactâmicos. A terapia de erradicação com SMX-TMP ou doxiciclina deve seguir a terapia inicial intensiva e ser continuada por um período mínimo de 3 meses. A doença recorrente devido à falha na erradicação do organismo pode ocorrer por várias razões, incluindo resistência a SMX-TMP ou qualquer outro antibiótico de escolha. Contudo, a causa mais importante é provavelmente o não cumprimento da terapia de erradicação de longo prazo.

Burkholderia mallei é uma causa do mormo, uma doença altamente transmissível que afeta geralmente animais de fazenda (p. ex., cavalos). Embora raro, pode ser transmitido a seres humanos. Desde a década de 1940, nenhum caso de mormo em animais foi relatado nos Estados Unidos. O último caso humano nos Estados Unidos foi relatado em 1934. Junto com o antraz, *B. mallei* foi usado como agente da guerra biológica durante a Primeira Guerra Mundial. Assim como *B. pseudomallei*, ele também é atualmente classificado como um agente de bioterrorismo de categoria B pelo CDC. O microrganismo é um pequeno bacilo aeróbio Gram-negativo e oxidase-positivo. Ao contrário de *B. pseudomallei*, *B. mallei* é imóvel e não persiste no meio ambiente. Esse microrganismo pode ser isolado de sangue, expectoração, urina ou lesões cutâneas. O mormo humano pode ser agudo ou crônico. Após a inalação do microrganismo, pode ocorrer uma doença febril aguda, com necrose ulcerativa das vias aéreas superiores, podendo levar à broncopneumonia, seguida de septicemia e disseminação para outros órgãos internos. A exposição percutânea causa lesões cutâneas supurativas locais com linfadenopatia regional associada. O tratamento recomendado para mormo é o mesmo que para a melioidose. Com a quarentena animal e outras medidas de controle, o mormo equino foi erradicado na maioria dos países, em todo o mundo, e os casos humanos são extremamente raros.

COMPLEXO *BURKHOLDERIA CEPACIA*

Burkholderia cepacia e 17 outras genomespécies compreendem o **complexo *B. cepacia*.** Dessa forma, a classificação dessas bactérias é complexa; sua identificação específica é difícil. Trata-se de microrganismos ambientais, aptos a crescer em água, solo, plantas, animais e vegetais em decomposição. Nos hospitais, membros do complexo *B. cepacia* são isolados de uma ampla variedade de fontes ambientais e da água, a partir das quais podem ser transmitidos aos pacientes. Indivíduos com FC ou com doença granulomatosa crônica são particularmente vulneráveis à infecção por bactérias no complexo *B. cepacia*. É provável que *B. cepacia* possa ser transmitido de um paciente com FC para outros por contato próximo. Esses pacientes podem apresentar a condição de portadores assintomáticos, deterioração progressiva ao longo de meses, ou rápida deterioração progressiva com pneumonia necrosante e bacteriemia. Embora um percentual relativamente pequeno dos pacientes com FC adquira a infecção, a associação com doença progressiva torna *B. cepacia* um grave problema para esses indivíduos. O diagnóstico de infecção por *B. cepacia* em um paciente com FC pode mudar significativamente a vida do paciente, pois pode não ser permitida a proximidade com outros pacientes com FC (isolamento), e esses pacientes podem ter seu nome retirado da lista de candidatos a transplante de pulmão. *Burkholderia gladioli*, embora seja um patógeno vegetal, é conhecido por causar infecções em pacientes com FC ou com doenças granulomatosas crônicas e/ou outra imunossupressão.

Burkholderia cepacia cresce na maioria dos meios empregados em cultivo de amostras de pacientes para bactérias Gram-negativas. Além disso, podem-se utilizar meios de cultura seletivos que contenham colistina (p. ex., ágar seletivo *B. cepacia*), principalmente quando o espécime clínico é proveniente de um paciente com FC. *Burkholderia cepacia* cresce mais lentamente que os bacilos Gram-negativos entéricos, e as colônias podem levar 3 dias para se tornarem visíveis. *Burkholderia cepacia* são oxidase-positivos e lisina-descarboxilase-positivos e produzem ácido a partir da glicose, mas a diferenciação entre *B. cepacia* e outras pseudomonas, inclusive *Stenotrophomonas maltophilia*, exige uma bateria de testes bioquímicos, e pode ser difícil. Recomenda-se encaminhar os microrganismos isolados para laboratórios de referência devido às implicações prognósticas de colonização em pacientes com FC. Nos Estados Unidos, há um laboratório de referência que emprega métodos fenotípicos e genotípicos para confirmar a identidade dos microrganismos no complexo *B. cepacia*. O TSA deve ser realizado em isolados do complexo *B. cepacia*, embora o crescimento lento possa dificultar os testes de rotina. As amostras do complexo *B. cepacia* isoladas em laboratórios clínicos frequentemente expressam resistência a um ou mais antibióticos. Já as amostras isoladas de pacientes com FC geralmente são multirresistentes ou panresistentes. A resistência antimicrobiana é normalmente mediada por bombas de efluxo, degradação antimicrobiana ou enzimas modificadoras e/ou funções de membrana alteradas. Carbapenêmicos (p. ex., meropeném), SMX-TMP, cloranfenicol e minociclina são tratamentos efetivos. A ceftazidima e o ciprofloxacino têm demonstrado boa atividade contra *B. cepacia*, principalmente na forma planctônica ou quando incorporados em um biofilme.

STENOTROPHOMONAS MALTOPHILIA

Stenotrophomonas maltophilia é um bastonete Gram-negativo de vida livre amplamente distribuído no meio ambiente, especificamente em ambientes aquáticos e úmidos. No ágar-sangue e em outros meios bacteriológicos enriquecidos, as colônias podem ter uma cor verde-lavanda. Um odor semelhante ao da amônia também pode ser observado. O microrganismo é geralmente oxidase-negativo e positivo para lisina-descarboxilase, DNase e oxidação da glicose e da maltose. A oxidação da maltose é particularmente forte (por isso o nome "maltofilia").

Stenotrophomonas maltophilia é uma causa cada vez mais importante de infecções adquiridas em hospitais em pacientes que estão recebendo terapia antimicrobiana de amplo espectro e em pacientes imunocomprometidos. O microrganismo é isolado de inúmeros locais anatômicos, como secreções das vias respiratórias, urina, feridas e sangue. Os microrganismos isolados frequentemente fazem parte da microbiota mista presente nas amostras. Quando os resultados das hemoculturas são positivos, a infecção está comumente associada ao uso de cateteres intravenosos permanentes.

Stenotrophomonas maltophilia é geralmente suscetível a SMX-TMP e a ticarcilina-ácido clavulânico, mas resistente a muitos outros antimicrobianos comumente usados, incluindo as cefalosporinas, os aminoglicosídeos, o imipeném e as quinolonas. Além disso, o organismo também é resistente a vários metais pesados, o que torna *S. maltophilia* tolerante a cateteres revestidos de prata. Embora *S. maltophilia* seja, com frequência, intrinsecamente resistente a muitos antibióticos, esse microrganismo também pode desenvolver resistência rapidamente durante a infecção quando exposto a outros antibióticos e por meio de transferência horizontal de genes de resistência. O uso generalizado de antimicrobianos desempenha um papel importante no aumento da frequência com que *S. maltophilia* causa doenças e desenvolve resistências adicionais.

ACINETOBACTER

As espécies do gênero *Acinetobacter* são bactérias aeróbias Gram-negativas, catalase-positivas e oxidase-negativas. Esses microrganismos são ubíquos na natureza e amplamente distribuídos no solo e na água.

Acinetobacter baumannii é a espécie do gênero mais comumente isolada em laboratórios clínicos. Outras espécies do gênero *Acinetobacter* clinicamente relevantes que estão associadas a infecções humanas são: *A. nosocomialis*, *A. pittii* e *A. ursingii*. *Acinetobacter lwoffii* e *A. radioresistens* foram descritos colonizando a pele humana e provocando infecções ocasionais em pacientes imunocomprometidos. Todas as outras espécies de *Acinetobacter* (algumas ainda sem nomes de espécies, mas chamadas de genomespécies) são normalmente encontradas na água e no solo. As espécies de *Acinetobacter* geralmente são cocobacilares ou cocos na aparência, mas também podem ser observadas em forma de bastonete. As espécies de *Acinetobacter* também podem aparecer como diplococos em esfregaços, assemelhando-se com espécies do gênero *Neisseria*. Contudo, as espécies de *Neisseria* são oxidase-positivas, e as espécies de *Acinetobacter* não. *Acinetobacter* cresce bem na maioria dos meios de cultura utilizados para cultura das amostras de pacientes. Enquanto a maioria das espécies desse gênero crescem entre 20 e 35 °C, a maioria das espécies clinicamente importantes crescem melhor entre 35 e 37 °C. Algumas cepas de *A. baumannii* são capazes de crescer a 44 °C. A identificação precisa desses microrganismos em nível de espécie usando testes bioquímicos convencionais e/ou sistemas de identificação fenotípica comercialmente disponíveis é um desafio.* Métodos mais recentes, como MALDI-TOF MS, mostraram identificar, de maneira confiável, várias espécies de *Acinetobacter*, especificamente aquelas que são clinicamente relevantes.

As espécies de *Acinetobacter* são patógenos oportunistas, conhecidos por causar infecções nosocomiais. *Acinetobacter baumannii* pode ser isolado de sangue, expectoração, pele, líquido pleural e urina. Com frequência, o gênero *Acinetobacter* tem sido isolado de pacientes hospitalizados em UTIs ou nos que requerem ventilação mecânica, resultando no aumento da morbidade, do tempo de internação e da mortalidade. A diferenciação entre colonização

---

*N. de T. A grande similaridade fenotípica entre suas espécies do gênero, principalmente as de importância clínica, limita a identificação laboratorial. Especialmente as espécies *A. baumannii*, *A. calcoaceticus*, *A. pittii* e *A. nosocomialis* são difíceis de serem separadas por meio de testes convencionais devido às suas similaridades fenotípicas e genotípicas, formando o complexo *A. calcoaceticus*-*A. baumannii* (Acb).

e infecção verdadeira (pneumonia) é criticamente importante, mas pode ser difícil quando as espécies de *Acinetobacter* são isoladas de amostras respiratórias (p. ex., expectoração). As espécies de *Acinetobacter* respondem por até 2% de todas as infecções da corrente sanguínea e são comumente associadas a dispositivos intravasculares. Outras manifestações clínicas associadas às infecções por *Acinetobacter* incluem meningite após procedimentos neurocirúrgicos, infecções de feridas (p. ex., trauma grave e queimaduras) e infecções do trato urinário (associadas à produção de biofilme em cateteres urinários). A patogenicidade das espécies de *Acinetobacter* está relacionada à capacidade do microrganismo de produzir biofilme em superfícies e em células humanas, além de sua crescente resistência antimicrobiana. Muitas amostras isoladas no ambiente hospitalar são multirresistentes, e o tratamento dessas infecções pode ser difícil. Em muitos casos, o único agente antimicrobiano ativo pode ser a colistina. Essas cepas multirresistentes de *A. baumannii* foram responsáveis por infecções de feridas graves entre militares no Iraque que sofreram ferimentos traumáticos. A contaminação ambiental durante a lesão, bem como a aquisição durante o atendimento médico, foi proposta como uma fonte potencial para essas infecções. Desde então, a disseminação global do *A. baumannii* multirresistente* como causa de IRASs tornou-se um grande problema de saúde pública. O TSA deve ser realizado antes da antibioticoterapia. As cepas de *Acinetobacter* mais suscetíveis respondem mais comumente à gentamicina, à amicacina ou à tobramicina, bem como aos carbapenêmicos ou às cefalosporinas mais recentes. A tigeciclina tem sido usada com sucesso no tratamento de infecções causadas por amostras de *Acinetobacter* resistentes aos carbapenêmicos. O tratamento combinado pode ser necessário, especificamente para infecções mais complexas e microrganismos multirresistentes. Dada a capacidade das espécies de *Acinetobacter* de sobreviver em superfícies ambientais por longos períodos, medidas preventivas (p. ex., desinfecção de superfícies e antissepsia das mãos) são importantes para o controle de infecções em hospitais para prevenir surtos ou apenas a propagação desses microrganismos entre os indivíduos hospitalizados.

RESUMO DO CAPÍTULO

- *Pseudomonas aeruginosa* é um microrganismo oxidase-negativo, frequentemente pigmentado, bastonete Gram-negativo não fermentador de glicose e produtor de diferentes enzimas (como elastase) e de outros fatores de virulência importantes em sua patogênese. Esse microrganismo causa uma variedade de manifestações clínicas, desde infecções cutâneas, foliculites em usuários de piscinas e ofurôs, até septicemia e ectima gangrenoso em pacientes neutropênicos.
- *Burkholderia pseudomallei* é encontrado no solo e na água do Sudeste Asiático e do norte da Austrália. As infecções humanas por *B. pseudomallei* podem ser agudas, subagudas ou crônicas e envolvem múltiplos órgãos. *Burkholderia pseudomallei* também é considerado um agente de bioterrorismo de categoria B pelo CDC.

- O complexo *B. cepacia* é um grupo de microrganismos ambientais intimamente relacionado, perdendo apenas para *P. aeruginosa* como causa de morbidade e mortalidade em pacientes com FC.
- As espécies de *Acinetobacter* e *Stenotrophomonas maltophilia* são microrganismos frequentemente associados a infecções adquiridas em hospitais, e são muito resistentes a vários antibióticos. Em alguns casos, colistina é o único antibiótico de escolha terapêutica para amostras de *Acinetobacter* multirresistentes.

QUESTÕES DE REVISÃO

1. *Pseudomonas aeruginosa* foi isolado de uma cultura de escarro de um paciente com fibrose cística, formando colônias muito mucoides. Qual das alternativas a seguir corresponde à implicação dessa observação?

   (A) *Pseudomonas aeruginosa* é altamente suscetível ao aminoglicosídeo tobramicina.

   (B) *Pseudomonas aeruginosa* está infectado com uma piocina (uma bacteriocina).

   (C) As colônias são mucoides devido à cápsula polissacarídica de ácido hialurônico.

   (D) O gene da exotoxina A foi desativado e *P. aeruginosa* não é mais capaz de bloquear a síntese de proteínas da célula hospedeira.

   (E) *Pseudomonas aeruginosa* produz biofilme no trato respiratório do paciente.

2. Um bacilo Gram-negativo do ambiente resistente a cefalosporinas, aminoglicosídeos e quinolonas tornou-se um importante patógeno hospitalar devido à seleção pelo emprego desses antimicrobianos. Esse bacilo Gram-negativo pode levar 2 a 3 dias para crescer, devendo ser diferenciado de *Burkholderia cepacia*. Essa bactéria é

   (A) *Pseudomonas aeruginosa*

   (B) *Acinetobacter baumannii*

   (C) *Alcaligenes xylosoxidans*

   (D) *Klebsiella pneumoniae*

   (E) *Stenotrophomonas maltophilia*

3. Uma adolescente de 17 anos de idade com fibrose cística teve um ligeiro aumento na frequência da tosse e produção de escarro mucoide. Uma amostra de escarro foi obtida e semeada em meio de cultura de rotina. O crescimento predominante foi de bacilos Gram-negativos que formam colônias muito mucoides após 48 horas de incubação. Esses bacilos são oxidase-positivos, crescem a 42 °C e apresentam odor de uva. Qual destas alternativas corresponde a esse bacilo Gram-negativo?

   (A) *Klebsiella pneumoniae*

   (B) *Pseudomonas aeruginosa*

   (C) *Staphylococcus aureus*

   (D) *Streptococcus pneumoniae*

   (E) *Burkholderia cepacia*

4. O escarro de um paciente de 26 anos com fibrose cística foi semeado em um ágar contendo colistina. Após 72 horas de incubação, cresceram bacilos Gram-negativos oxidase-positivos, mas que são difíceis de identificar. Esse microrganismo é uma grande preocupação. Ele foi enviado para o laboratório de referência para que métodos moleculares pudessem ser usados para identificar ou descartar qual dos seguintes microrganismos?

   (A) *Pseudomonas aeruginosa*

   (B) *Burkholderia cepacia*

   (C) *Haemophilus influenzae*

   (D) *Pseudomonas putida*

   (E) *Burkholderia pseudomallei*

---

*N. de T. Entre as enzimas que hidrolisam os β-lactâmicos, as oxacilinases (grupo D) são as mais importantes no contexto das espécies de *Acinetobacter*. Algumas dessas enzimas apresentam atividade de carbapenemase (OXA-23-*like*, OXA-24-*like*, OXA-51-*like*, OXA-58-*like* e OXA-143-*like*). A OXA-51 é intrínseca de *A. baumannii*.

5. As espécies de *Acinetobacter*

   (A) São encontradas apenas em ambiente hospitalar.
   (B) São bastonetes Gram-positivos.
   (C) Podem assemelhar-se à morfologia de espécies de *Haemophilus* na coloração de Gram de secreções endocervicais.
   (D) Podem ser uma causa significativa de pneumonia associada à ventilação em pacientes de unidade de terapia intensiva.
   (E) São suscetíveis à maioria dos antibióticos.

6. Um bombeiro de 37 anos de idade inalou fumaça e foi hospitalizado para receber suporte ventilatório. Ele apresentou tosse grave e começou a expectorar escarro purulento. A coloração de Gram de sua amostra de escarro mostra numerosas células polimorfonucleares e numerosos bastonetes Gram-negativos. A cultura de escarro produz numerosos bastonetes Gram-negativos, oxidase-positivos e com bom crescimento a 42 °C. Além disso, o microrganismo produziu uma coloração esverdeada no ágar. O ágar contendo as colônias verdes fica fluorescente quando exposto à luz ultravioleta. O microrganismo causador da infecção nesse paciente é

   (A) *Pseudomonas aeruginosa*
   (B) *Klebsiella pneumoniae*
   (C) *Escherichia coli*
   (D) *Burkholderia cepacia*
   (E) *Burkholderia pseudomallei*

7. O mecanismo de ação da exotoxina A de *Pseudomonas aeruginosa* é

   (A) Ativação da acetilcolina-esterase.
   (B) Bloqueio do fator 2 de alongamento.
   (C) Formação de poros em leucócitos e aumento da permeabilidade aos cátions.
   (D) Aumento do monofosfato de adenosina intracelular.
   (E) Transformação da lecitina em fosforilcolina e diacilglicerol.

8. Pacientes com deficiência nestas células estão particularmente em alto risco de desenvolver infecções sistêmicas graves por *Pseudomonas aeruginosa*:

   (A) Eosinófilos
   (B) Neutrófilos
   (C) Macrófagos
   (D) Células *natural killer*
   (E) Células T CD4+

9. Uma fuzileira naval ferida no Afeganistão volta para sua casa como paraplégica. Sua história médica anterior incluía cirurgia para amputar ambas as pernas abaixo do joelho e a colocação de um cateter suprapúbico para reparar danos à bexiga. Agora, ela está no ambulatório com uma infecção recorrente do trato urinário que não respondeu aos esquemas de antibióticos para cistite adquirida na comunidade. Sua urina é positiva para cocobacilos Gram-negativos pequenos. Quando cultivado, esse microrganismo não fermenta carboidratos, não hidrolisa a ureia, não reduz os nitratos e não produz sulfeto de hidrogênio. O microrganismo que mais provavelmente está causando a infecção na fuzileira é

   (A) *Klebsiella oxytoca*
   (B) *Escherichia coli*
   (C) *Staphylococcus saprophyticus*
   (D) *Proteus mirabilis*
   (E) *Acinetobacter baumannii*

10. Um paciente neutropênico de 70 anos foi diagnosticado com ectima gangrenoso 3 dias após desenvolver febre de 39 °C. As hemoculturas colhidas no dia em que sua febre começou a crescer durante a noite em um bastonete Gram-negativo estritamente aeróbio que era oxidase-positivo e não fermentava lactose. Qual dos seguintes esquemas de antibioticoterapia seria mais apropriado para o tratamento desse paciente?

    (A) Tobramicina + piperacilina-tazobactam
    (B) Vancomicina + metronidazol
    (C) Cefazolina
    (D) Tigeciclina
    (E) Oxacilina

Respostas

1. E	5. D	9. E
2. E	6. A	10. A
3. B	7. B	
4. B	8. B	

REFERÊNCIAS

Galle M, Carpentier I, Beyaert R: Structure and function of the type III secretion system of *Pseudomonas aeruginosa. Curr Protein Pept Sci* 2012;13:831.

Høiby N, Ciofu O, Bjarnsholt T. *Pseudomonas.* In Jorgensen JH, Pfaller MA, Carroll KC, et al (editors). *Manual of Clinical Microbiology,* 11th ed. ASM Press, 2015.

LiPuma JJ, et al. *Burkholderia, Stenotrophomonas, Ralstonia, Cupriavidus, Pandoraea, Brevundimonas, Comamonas, Delftia,* and *Acidovorax.* In Jorgensen JH, Pfaller MA, Carroll KC, et al (editors). *Manual of Clinical Microbiology,* 11th ed. ASM Press, 2015.

Safdar A: *Stenotrophomonas maltophilia* and *Burkholderia cepacia.* In Bennett JE, Dolin R, Blaser MJ (editors). *Mandell, Douglas and Bennett's Principles and Practice of Infectious Diseases,* 8th ed. Elsevier, 2015.

D'Agata E. *Pseudomonas aeruginosa* and other *Pseudomonas* species. In Bennett JE, Dolin R, Blaser MJ (editors). *Mandell, Douglas and Bennett's Principles and Practice of Infectious Diseases,* 8th ed. Elsevier, 2015.

Steinberg JP, Burd EM. Other Gram-negative and Gram-variable bacilli. In Bennett JE, Dolin R, Blaser MJ (editors). *Mandell, Douglas and Bennett's Principles and Practice of Infectious Diseases,* 8th ed. Elsevier, 2015.

Vaneechoutte M, Nemec A, et al: *Acinetobacter, Chryseobacterium, Moraxella,* and other nonfermentative Gram-negative rods. In Jorgensen JH, Pfaller MA, Carroll KC, et al (editors). *Manual of Clinical Microbiology,* 11th ed. ASM Press, 2015.

Vibrio, Aeromonas, Campylobacter e Helicobacter

Vibrio, Aeromonas, Campylobacter e Helicobacter são bastonetes Gram-negativos amplamente distribuídos na natureza. As espécies do gênero Vibrio são encontradas em águas marinhas e superficiais. As espécies do gênero Aeromonas são habitantes de ecossistemas aquáticos em todo o mundo e são encontradas em águas doces e salobras. As espécies do gênero Campylobacter são isoladas em inúmeras espécies de animais, inclusive muitos animais domesticados. As espécies do gênero Helicobacter são encontradas nos tratos gastrintestinal e hepatobiliar de humanos e vários outros mamíferos (p. ex., cães, gatos, gado e golfinhos), bem como galinhas e pássaros selvagens. Vibrio cholerae produz uma enterotoxina que causa cólera e diarreia aquosa profusa, que pode levar rapidamente à desidratação e à morte. Campylobacter jejuni constitui uma causa comum de enterite em seres humanos. Helicobacter pylori é associado à gastrite e à úlcera duodenal.

VÍBRIOS

Os víbrios estão entre as bactérias mais comuns encontradas em águas superficiais no mundo inteiro. Esses microrganismos se apresentam no formato de vírgula, curvos e, às vezes, retos (ao exame microscópico). São bactérias anaeróbias facultativas, catalase e oxidase-positivas. A maioria das espécies é móvel, apresentando flagelos polares monotríquios ou lofotríquios. Os víbrios podem crescer dentro de uma ampla faixa de temperatura (14-40 °C), e todas as espécies requerem cloreto de sódio (NaCl) para o crescimento – são halofílicas. Os sorogrupos O1 e O139 de V. cholerae causam cólera em humanos. Outros víbrios, mais comumente V. parahaemolyticus e V. vulnificus, são patógenos humanos importantes, causando infecções de pele e de tecidos moles, sepse ou gastrenterite. Os víbrios de importância clínica estão relacionados na Tabela 17-1.

VIBRIO CHOLERAE

Vibrio cholerae é o agente etiológico do cólera. A epidemiologia do cólera apresenta um estreito paralelo entre o reconhecimento da transmissão do V. cholerae pela água e o desenvolvimento de sistemas sanitários de abastecimento de água. O cólera está profundamente associado ao saneamento deficiente, bem como ao contato direto ou ao consumo de água e/ou alimentos contaminados (p. ex., água usada para beber, cozinhar, tomar banho e irrigar plantações).

Morfologia e identificação

A. Microrganismos típicos

Ao ser isolado, V. cholerae é um bacilo curvo, em formato de vírgula, de 2 a 4 µm de comprimento (Figura 17-1). Tem motilidade ativa devido à presença de um flagelo polar. Em culturas prolongadas, os organismos podem apresentar-se na forma de bastonetes retos, que se assemelham a outras bactérias Gram-negativas entéricas.

B. Cultura

Vibrio cholerae produz colônias convexas, lisas e redondas, opacas e granulosas à luz transmitida. Vibrio cholerae e a maioria das outras espécies do gênero Vibrio crescem bem a 37 °C em meios de rotina para o isolamento de bactérias entéricas (p. ex., ágar-sangue e ágar MacConkey). Contudo, meios seletivos para o isolamento dessas bactérias, como o **ágar tiossulfato-citrato-bile-sacarose** (**TCBS**) e os caldos de enriquecimento (p. ex., caldo peptonado alcalino), são frequentemente utilizados para o seu isolamento, principalmente a partir de espécime fecal, quando uma mistura de microrganismos é esperada. Todos os víbrios, incluindo V. cholerae, crescem bem em ágar TCBS. Vibrio cholerae produz colônias amarelas (pela fermentação da sacarose) nesse meio, que são facilmente visíveis contra o fundo verde-escuro do ágar (Figura 17-2). Víbrios não fermentadores de sacarose (p. ex., a maioria das cepas de V. parahaemolyticus e de V. vulnificus) produzem colônias verdes em ágar TCBS. Em geral, os víbrios crescem a um pH muito alto (8,5-9,5) e são rapidamente destruídos por ácidos. Para garantir um ótimo isolamento desses microrganismos, as amostras de fezes devem ser coletadas no início do curso da doença diarreica, sendo necessária a inoculação imediata em meio apropriado. Caso o processamento das amostras seja postergado, a amostra de fezes deve ser semeada em um meio de transporte Cary-Blair e refrigerada.

Em áreas onde o cólera é endêmico, são recomendadas culturas diretas de fezes em meio seletivo, como TCBS, e culturas de caldo de enriquecimento (p. ex., caldo peptonado alcalino com NaCl a 1%, pH de 8,5). Nos Estados Unidos e em outros países onde o cólera é raro, o uso rotineiro de ágar TCBS para culturas de fezes em laboratórios clínicos geralmente não é necessário ou tem boa relação

TABELA 17-1 **Víbrios de importância médica**

Microrganismo	Doença humana
Vibrio cholerae sorogrupos O1 e O139	Cólera epidêmico e pandêmico
Vibrio cholerae sorogrupos não O1/não O139	Diarreias tipo cólera; diarreia moderada; infecção extraintestinal (raramente)
Vibrio parahaemolyticus	Gastrenterite, infecção de feridas, sepse
Vibrio vulnificus	Gastrenterite, infecção de feridas, sepse

custo-benefício. Exceções podem ser feitas se o isolamento de outros víbrios (p. ex., *V. parahaemolyticus*) for uma ocorrência frequente e/ou sazonal (p. ex., regiões costeiras dos Estados Unidos com consumo regular e frequente de moluscos bivalves e crustáceos).

C. Características de crescimento

Vibrio cholerae fermenta regularmente a sacarose e a manose, mas não a arabinose. A positividade do teste da oxidase constitui uma etapa essencial na identificação preliminar do *V. cholerae* e outros víbrios. Enquanto a maioria das espécies de *Vibrio* é halofílica, exigindo a presença de NaCl (variação de < 0,5-4,5% para crescer, *V. cholerae* pode crescer na maioria dos meios sem a adição de sal.

Estrutura antigênica e classificação biológica

Muitos víbrios compartilham um único antígeno H flagelar termolábil. Os anticorpos dirigidos contra o antígeno H provavelmente não estão envolvidos na proteção dos hospedeiros suscetíveis.

Vibrio cholerae apresenta lipopolissacarídeos O que conferem especificidade sorológica. Com base no antígeno O, existem mais de 200 sorogrupos. Entretanto, somente as cepas de *V. cholerae* dos sorogrupos O1 e O139 causam cólera epidêmico e pandêmico.

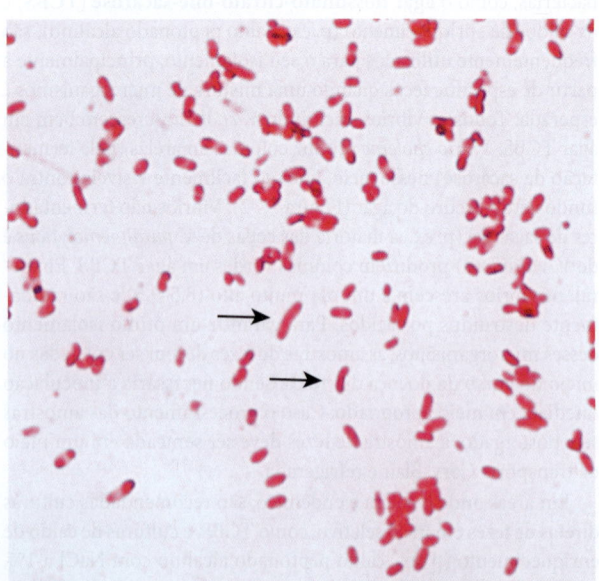

FIGURA 17-1 *Vibrio cholerae* corado pelo método de Gram. Frequentemente, esse microrganismo apresenta-se no formato de vírgula ou ligeiramente curvo (*setas*) com 1 × 2-4 μm. Ampliação do original de 1.000 ×.

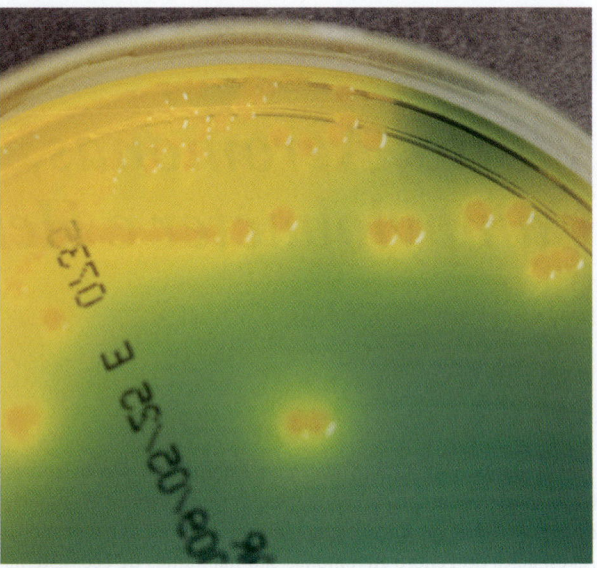

FIGURA 17-2 Colônias de *Vibrio cholerae* crescendo em ágar tiossulfato-citrato-bile-sacarose (TCBS). As colônias amarelo-brilhantes têm 2 a 3 mm de diâmetro e são circundadas por um halo amarelado difuso de até 1 cm de diâmetro em ágar. A placa tem 10 cm de diâmetro.

Ocasionalmente, cepas não O1/não O139 de *V. cholerae* têm sido descritas como causadoras de diarreia semelhante ao cólera. Os anticorpos dirigidos contra os antígenos O tendem a proteger animais de laboratório contra infecções por *V. cholerae*.

O antígeno O1 do sorogrupo *V. cholerae* apresenta determinantes que possibilitam uma subtipagem posterior. Esses sorotipos são Ogawa, Inaba e Hikojima. Além disso, *V. cholerae* do sorogrupo O1 apresenta dois biotipos – clássico e El Tor. O biotipo El Tor produz uma hemolisina, é positivo para o teste de Voges-Proskauer e mostra-se resistente à polimixina B. Técnicas moleculares também podem ser utilizadas para a tipagem de *V. cholerae*. Utiliza-se a tipagem para estudos epidemiológicos, e, em geral, os testes são realizados apenas em laboratórios de referência.

Vibrio cholerae O139 é muito semelhante a *V. cholerae* O1* do biotipo El Tor. *Vibrio cholerae* O139 não produz o lipopolissacarídeo O1 e não possui todos os genes necessários para produzir esse antígeno. *Vibrio cholerae* O139 e outras cepas de *V. cholerae* não O1, bem como *V. vulnificus*, produzem cápsulas de polissacarídeo ácidas. Contudo, *V. cholerae* O1 não produz cápsula.

Enterotoxina de *Vibrio cholerae*

Vibrio cholerae produz uma enterotoxina termolábil com massa molecular (MM) de cerca de 84.000 dáltons (Da), constituída das subunidades A (MM de 28.000 Da) e B (ver Capítulo 9). O gangliosídeo GM_1 atua como receptor da mucosa para a subunidade B, promovendo a entrada da subunidade A no interior da célula. A ativação da subunidade A_1 resulta em níveis mais altos de monofosfato

*N. de T. Como já mencionado no Capítulo 3 (nota do tradutor), o sorogrupo O1 apresenta uma variante, que foi isolada nas regiões ribeirinhas do alto dos Solimões, de casos de diarreia com diagnóstico clínico e laboratorial de cólera. Essa variante foi denominada *V. cholerae* Amazonia e não é geneticamente relacionada com os biotipos clássico e El Tor.

de adenosina cíclico (AMPc) intracelular, bem como hipersecreção prolongada de água e de eletrólitos. Verifica-se aumento na secreção de cloreto dependente do sódio, e a absorção de sódio e cloreto pelas microvilosidades é inibida. Ocorre diarreia eletrolítica (de até 20-30 L/dia) com consequentes desidratação, choque, acidose e morte. Os genes da enterotoxina do *V. cholerae* localizam-se no cromossomo bacteriano. A enterotoxina do cólera está antigenicamente relacionada com a LT de *Escherichia coli* enterotoxigênico, podendo estimular a produção de anticorpos neutralizantes. Todavia, o exato papel dos anticorpos antitoxinas e antibacterianos na proteção contra o cólera não está bem esclarecido.

Patogênese e patologia

Embora *V. cholerae* seja patogênico apenas para humanos, o microrganismo não depende apenas do hospedeiro humano para sua multiplicação. *Vibrio cholerae* também cresce em águas salobras e marinhas em associação próxima com copépodes e zooplâncton.* Ele também pode sobreviver em água de baixa salinidade quando está quente e há substratos orgânicos disponíveis para favorecer o crescimento. Uma pessoa com acidez gástrica normal provavelmente necessita ingerir até 10^{10} ou mais de *V. cholerae* para se infectar; portanto, alimentos e água contaminados são as principais fontes de contaminação de infecções, em vez do contato com indivíduos infectados. Entretanto, a dose infecciosa é significativamente mais baixa (10^2-10^4) em uma pessoa com acloridria ou hipocloridria. Qualquer medicamento (p. ex., inibidores da bomba de prótons [IBPs]) ou condição que diminua a acidez do estômago torna a pessoa mais suscetível à infecção por *V. cholerae*.

Geralmente, *V. cholerae* não invade a mucosa do hospedeiro. Esses microrganismos não alcançam a corrente sanguínea, mas permanecem no trato intestinal. *Vibrio cholerae* se adere** às microvilosidades da borda em escova das células epiteliais. Nesse sítio, multiplica-se e libera a toxina colérica (CT, do inglês *cholera toxin*) e, provavelmente, mucinases e endotoxinas.

Manifestações clínicas

O espectro da doença desencadeada por *V. cholerae* varia de colonização intestinal assintomática a diarreia leve, moderada ou grave. Cerca de 50% das infecções por *V. cholerae* clássico são assintomáticas, assim como cerca de 75% das infecções estão associadas ao biotipo El Tor. O período de incubação após a ingestão de uma dose infecciosa de *V. cholerae* é de 12 horas a 3 dias para que um indivíduo desenvolva sintomas (dependendo, em grande parte, da concentração do inóculo ingerido). Há um início súbito de náuseas e vômitos,

seguido por diarreia profusa com cólicas abdominais. As fezes, semelhantes a "água de arroz", contêm muco, células epiteliais e grande número de víbrios. Em casos de cólera grave, o volume de perda de fluido diarreico pode exceder 1 L/h. A perda rápida de líquido e eletrólitos pode causar desidratação profunda, espasmos musculares dolorosos, acidose metabólica, hipocalemia e choque hipovolêmico com colapso circulatório e anúria com insuficiência renal associada. A taxa de mortalidade sem tratamento fica entre 25 e 50%, podendo chegar a 70%. Contudo, a mortalidade em pacientes prontamente tratados com reposição eletrolítica é de menos de 1%. O diagnóstico de um caso de cólera totalmente desenvolvido não representa problema na presença de uma epidemia. Entretanto, não é fácil diferenciar casos esporádicos ou leves de outras doenças diarreicas. *Vibrio cholerae* O1 biotipo El Tor tende a causar doença mais branda do que o biotipo clássico.

Exames diagnósticos laboratoriais

A. Amostras

Conforme mencionado anteriormente, as amostras de fezes devem ser coletadas no início do curso da doença diarreica e inoculadas entre 2 e 4 horas após a coleta em meio de ágar apropriado para garantir o bom isolamento dos víbrios. Caso o processamento das amostras seja postergado, a amostra de fezes deve ser semeada em um meio de transporte Cary-Blair e refrigerada.

B. Esfregaços

A detecção direta do *V. cholerae* em esfregaços feitos de amostras de fezes não diferencia o microrganismo e, portanto, não é recomendada de rotina. A microscopia de campo escuro ou de contraste de fase pode ser usada para detectar *V. cholerae* O1 diretamente de amostras de fezes ou do caldo de enriquecimento. A observação da motilidade de "estrela cadente" é sugestiva de *V. cholerae* O1. Caso a motilidade seja interrompida após a mistura da amostra com um antissoro O1 polivalente, o microrganismo é confirmado como *V. cholerae* O1. Porém, se não houver motilidade ou se o tipo de motilidade não mudar após a aplicação do antissoro, o organismo não é *V. cholerae* O1.

C. Cultura

Em geral, os víbrios, incluindo *V. cholerae*, crescem bem na maioria dos meios (incluindo ágar MacConkey e ágar-sangue) usados em laboratórios clínicos. Algumas cepas de *V. cholerae* podem, entretanto, ser inibidas no ágar MacConkey. O crescimento é rápido em caldo peptonado alcalino ou salina, contendo NaCl a 1% com pH de 8,5, ou em ágar TCBS. Colônias típicas podem ser observadas em 18 horas de crescimento. Para enriquecimento, algumas gotas de fezes podem ser incubadas por 6 a 8 horas em caldo peptonado contendo taurocolato de sódio (pH de 8-9). Microrganismos dessa cultura podem, então, ser corados ou subcultivados em outro meio apropriado. A identificação precisa de víbrios, incluindo *V. cholerae*, usando sistemas comerciais e *kit*, apresenta sensibilidade e especificidade variáveis. A espectrometria de massa pela técnica de ionização por dessorção a *laser*, assistida por matriz seguida de análise por tempo de voo em sequência (MALDI-TOF MS, do inglês *matrix-assisted laser desorption ionization-time of flight mass spectrometry*) é uma metodologia mais nova e promissora para a identificação dos víbrios. Estudos têm demonstrado que a identificação é rápida e precisa para *V. parahaemolyticus*.

---

*N. de T. A determinação das espécies de zooplâncton que atuam como vetores para *V. cholerae* e outras espécies patogênicas é importante devido à sua implicação em saúde pública, como modelos de predição de bactérias no ambiente aquático e o risco de surgimento de novas endemias e pandemias.

**N. de T. *Vibrio cholerae* apresenta duas adesinas que favorecem sua aderência e permitem a síntese da toxina CT. O TCP (do inglês *toxin-coregulated pilus*) é uma adesina proteica do tipo IV semelhante aos *pili* do tipo IV encontrados em ETEC, EPEC e em *Pseudomonas aeruginosa*. O TCP é formado por duas subunidades idênticas de pilina codificada pelo gene *tcpA*, que está localizado em uma ilha de patogenicidade VPI (do inglês *Vibrio pathogenicity island*), presente em um fago VPIΦ. Outra adesina é a MSHA (do inglês *mannose-sensitive hemagglutinin*), responsável pela aderência em superfícies inanimadas e nas células do hospedeiro, além de formação de biofilme. MSHA favorece a aderência do *V. cholerae* O1, El Tor e O139 em diferentes zooplânctons, permitindo sua sobrevivência em vários ambientes aquáticos.

D. Testes específicos

Outros métodos de detecção rápida para *V. cholerae* incluem imunofluorescência, aglutinação em látex e ensaios de coagulação. *Vibrio cholerae* pode ser identificado por meio de testes de aglutinação em lâmina com a utilização de antissoro O1 ou O139, bem como pelos padrões de reações bioquímicas. O diagnóstico de cólera tem sido facilitado pelo uso de imunocromatografia em fita (*lateral flow*).

Imunidade

O ácido gástrico fornece alguma proteção contra víbrios, incluindo *V. cholerae*.

O surto de cólera é seguido de imunidade contra a reinfecção, porém a duração e o nível da imunidade permanecem desconhecidos. Em animais de laboratório, anticorpos IgA específicos ocorrem no lúmen intestinal. Verifica-se o desenvolvimento de anticorpos semelhantes no soro após a infecção, porém sua permanência é de apenas alguns meses. A presença de anticorpos vibriocidas no soro (título ≥ 1:20) é associada à proteção do indivíduo contra a colonização e a doença. A existência de anticorpos antitoxinas não tem sido associada à proteção.

Tratamento

A parte mais importante do tratamento de pacientes com cólera consiste na reposição de água e eletrólitos para corrigir a desidratação grave e a depleção de sal. Diferentes diretrizes para reidratação do paciente infectado estão disponíveis, incluindo as da Organização Mundial da Saúde (OMS), as quais estão listadas como referência no fim deste capítulo. Muitos antimicrobianos mostram-se eficazes contra *V. cholerae*, porém exercem papel secundário no tratamento do paciente. A terapia antimicrobiana adequada também pode reduzir a duração e a quantidade de eliminação do microrganismo nas fezes. A escolha do antibiótico deve ser baseada no perfil de resistência antimicrobiana laboratorial (teste de suscetibilidade a antimicrobianos [TSA]). A tetraciclina demonstrou ser o tratamento de escolha mais eficaz para o cólera, e geralmente tem melhor eficácia do que a furazolidona e o cloranfenicol. A eritromicina e/ou a azitromicina são uma escolha apropriada de terapia antimicrobiana em crianças e mulheres grávidas. Outros agentes antimicrobianos eficazes incluem sulfametoxazol + trimetoprima, fluoroquinolonas e doxiciclina. O aumento da resistência antimicrobiana em amostras de *V. cholerae* tem sido observado globalmente. Especificamente, em áreas onde o cólera é endêmico ou epidêmico, a resistência à tetraciclina tem sido relatada com frequência crescente. Os genes de resistência são carreados por plasmídeos transmissíveis. Além disso, outro provável fator de risco para a resistência antimicrobiana emergente é o uso generalizado de antibióticos, incluindo a distribuição em massa para profilaxia em indivíduos assintomáticos. Durante epidemias anteriores, a resistência aos antibióticos emergiu no contexto da profilaxia antibiótica para contatos domiciliares de pacientes com cólera.

Epidemiologia, prevenção e controle

O cólera e outras doenças semelhantes foram mencionados em vários escritos na antiguidade. Desde 1817, sete pandemias de cólera (epidemias mundiais) foram registradas. Seis pandemias de cólera ocorreram entre 1817 e 1923, causadas provavelmente por *V. cholerae* O1 do biotipo clássico. Essas pandemias se originaram na Ásia, particularmente no subcontinente indiano. A sétima pandemia começou em 1961, nas Ilhas Celebes, Indonésia, com disseminação para a Ásia, o Oriente Médio e a África. Essa pandemia foi causada por *V. cholerae* do biotipo El Tor. A partir de 1991, a sétima pandemia* alastrou-se até o Peru e, em seguida, para outros países das Américas do Sul e Central. Subsequentemente, cepas variantes atípicas ou híbridas de *V. cholerae* O1 El Tor surgiram na África e na Ásia. Essas cepas parecem ser mais virulentas do que o biotipo El Tor original ou do que as cepas clássicas. Em 2011, a OMS relatou uma ocorrência estimada de 600 mil casos de cólera com cerca de 8 mil mortes, anualmente, em 58 países. No entanto, é razoável afirmar que esses números de morbidade e mortalidade subestimam a carga global dessa doença. Estimativas mais recentes sugerem que aproximadamente 3 milhões de casos com mortalidade associada de 95 mil casos ocorrem por ano no mundo todo. Em 1992, um novo sorogrupo de *V. cholerae*, *V. cholerae* O139 Bengal, surgiu na Índia e em Bangladesh. Acredita-se que a transferência horizontal de genes de um novo antígeno somático e capsular de uma bactéria desconhecida para o biotipo El Tor tenha induzido o aparecimento desse novo sorogrupo. A doença clínica desse sorogrupo é muito semelhante ao cólera causado pelo sorogrupo O1. Entretanto, os adultos são mais frequentemente afetados pelo O139, uma vez que a infecção prévia com as cepas O1 não confere imunidade. Alguns consideram a epidemia de cólera causada por cepas do sorogrupo O139 como a oitava pandemia que começou no subcontinente indiano em 1992–1993, considerando a propagação subsequente por todo o Sudeste Asiático. No entanto, até o momento, nenhum caso de *V. cholerae* O139 foi relatado fora da Ásia. Em 2011, a China foi o único país que notificou casos de cólera causados pelo sorogrupo O139.

O cólera é endêmico na Índia e no Sudeste Asiático. A partir desses epicentros, é levado por rotas de navios, de comércio e de migração de peregrinos. Entre 1996 e 2009, a maioria dos casos de cólera foi relatada em países da África. Nas Américas, os casos foram relatados com pouca frequência. No entanto, em 2010, o Haiti experimentou um terremoto de magnitude 7.0 (que devastou a infraestrutura do país) e, posteriormente, uma grave epidemia de cólera se iniciou no Haiti, na ilha caribenha de Hispaniola. Em 2012, foram registrados mais de 600 mil casos de cólera e 7.400 mortes associadas à doença. Posteriormente, o cólera se espalhou para a República Dominicana, também localizada na ilha de Hispaniola, e depois para Cuba. Desde então, casos importados foram relatados em muitos outros países das Américas, incluindo os Estados Unidos. Vários estudos epidemiológicos forneceram evidências de que as forças de paz da Organização das Nações Unidas (ONU) originárias de países do Sudeste Asiático (que foram convidadas a ir ao Haiti para fornecer apoio) podem ter introduzido *V. cholerae* O1 (biotipo El Tor, sorotipo Ogawa). Essas pessoas provavelmente

---

*N. de T. No Brasil, o cólera chegou por ocasião da terceira pandemia, com os primeiros casos registrados no Rio de Janeiro em 1852. A quarta pandemia voltou a fazer vítimas no Brasil, atingindo os Estados do litoral, além das tropas brasileiras e argentinas que lutavam na Guerra do Paraguai. Durante essa pandemia, o agente etiológico foi isolado pela primeira vez pelo bacteriologista Robert Koch. Por ocasião da sétima pandemia, o cólera retornou ao Brasil pelo Estado do Amazonas, disseminando-se para os Estados do Nordeste, do Sudeste e do Sul.

eram portadoras assintomáticas, e *V. cholerae* O1 foi introduzido nos cursos da água locais, que eram usados pela população local como fonte de água para beber, cozinhar e tomar banho. Essa epidemia de cólera foi a pior da história recente. Foram relatados mais de 665 mil casos com mais de 8 mil mortes associadas, sendo o cólera agora endêmico nesse país caribenho.

O cólera é uma doença transmitida pelo contato envolvendo indivíduos com doenças leves ou iniciais e por água, comida e moscas. Em muitos casos, apenas 1 a 5% dos indivíduos suscetíveis expostos desenvolvem a doença. O estado de portador raramente ultrapassa 3 a 4 semanas, e sua importância na transmissão não está totalmente entendida.

Vibrio cholerae não tem hospedeiro animal conhecido além dos humanos. Entretanto, os organismos são capazes de sobreviver em vários ambientes aquáticos por algum tempo. Esses ambientes aquáticos são considerados o reservatório natural dos víbrios, onde *V. cholerae* vive em estreita associação com algas, copépodes e crustáceos.

Pessoas infectadas com cólera eliminam esse microrganismo apenas durante os primeiros dias da doença, não existindo a condição de portador de longo prazo. O controle da infecção depende da educação e da melhoria do saneamento. Essas medidas envolvem gestão adequada de esgoto, sistemas de purificação de água e métodos para prevenir a contaminação de alimentos. As medidas adicionais para prevenir a propagação do cólera durante os surtos incluem o isolamento dos pacientes, a desinfecção e a eliminação adequada das suas fezes. A terapia antimicrobiana pode ser benéfica, pois reduz os sintomas clínicos e a transmissão do microrganismo de pacientes para indivíduos saudáveis. Da mesma forma, a quimioprofilaxia com antibióticos administrados a contatos domiciliares de pacientes com cólera pode ajudar a limitar a disseminação do microrganismo. Além disso, vacinas orais e parenterais estão disponíveis. Em junho de 2016, a Food and Drug Administration (FDA) aprovou uma vacina atenuada oral contra o cólera de dose única para uso em adultos (18-64 anos) que viajam para áreas de endemicidade e transmissão do cólera. Três outras vacinas orais inativadas são pré-qualificadas pela OMS e estão atualmente disponíveis fora dos Estados Unidos: 1) uma vacina de célula inteira contra *V. cholerae* O1 combinada com a subunidade B recombinante de toxina do cólera (usada principalmente como vacina para viajantes para áreas endêmicas de cólera), 2) uma vacina de célula inteira contra *V. cholerae* O1 e O139 (disponível para uso apenas no Vietnã), e 3) outra vacina de célula inteira contra *V. cholerae* O1 e O139 (disponível para uso no mercado global). Embora a vacina injetável contra cólera feita a partir de cepas de *V. cholerae* inativadas por fenol ainda seja fabricada em alguns países, essa vacina não é mais recomendada pela OMS devido à sua eficácia limitada e à sua curta duração de proteção. Como as vacinas contra o cólera oferecem proteção incompleta contra a doença, a vacinação não deve substituir as outras medidas-padrão de prevenção e controle descritas anteriormente neste parágrafo.

VIBRIO PARAHAEMOLYTICUS E VIBRIO VULNIFICUS

Além de *V. cholerae* O1 e O139, várias outras espécies de *Vibrio* foram claramente associadas às infecções em humanos. Entre os víbrios não halofílicos, os sorogrupos de *V. cholerae* não O1/O139 estão associados a um amplo espectro de doenças diarreicas que variam de diarreia aquosa grave a diarreia mais branda do viajante. Entre os víbrios halofílicos, *V. parahaemolyticus* e *V. vulnificus* são provavelmente as duas espécies mais comuns que causam infecções.

Vibrio parahaemolyticus é uma bactéria halofílica que provoca gastrenterite aguda após a ingestão de frutos do mar contaminados, como peixe cru ou mariscos. Após um período de incubação de 12 a 24 horas, ocorrem náuseas e vômitos, cólicas abdominais, febre e uma diarreia aquosa explosiva. Exceto em casos graves, sangue grosseiramente evidente e/ou muco não é encontrado nas amostras de fezes. Clinicamente, a enterite varia de diarreia aquosa leve a uma síndrome semelhante à disenteria direta, mas tende a ceder espontaneamente em 1 a 4 dias sem nenhum tratamento além da restauração do equilíbrio eletrolítico. Ainda não foi detectada a expressão de enterotoxinas a partir desse microrganismo. Como *V. parahaemolyticus* é ubíquo nas águas costeiras, gastrenterites por esse microrganismo ocorrem em todo o mundo, com maior incidência na Ásia. Nos Estados Unidos, *V. parahaemolyticus* é a espécie de *Vibrio* mais frequentemente isolada em laboratórios na Louisiana e na Flórida. No geral, nos Estados Unidos, doenças associadas às espécies halofílicas patogênicas são detectadas com mais frequência entre os meses de abril e outubro, provavelmente refletindo mudanças sazonais associadas ao consumo de moluscos e atividades recreativas aquáticas. *Vibrio parahaemolyticus* é um bastonete Gram-negativo anaeróbio facultativo que não cresce bem em alguns dos meios diferenciais de rotina usados para cultivar *Salmonella* e *Shigella*, mas cresce bem em ágar-sangue. Esse microrganismo cresce bem em ágar TCBS, no qual produz colônias verdes (não fermenta a sacarose). A identificação final desse microrganismo é obtida por meio de vários testes bioquímicos. Normalmente, nenhum tratamento específico além da reidratação é necessário, uma vez que a gastrenterite é autolimitada. No entanto, a terapia antimicrobiana pode ser considerada para pacientes nos quais a diarreia persiste por mais de 5 dias. Doxiciclina e/ou fluoroquinolonas são a escolha apropriada para a antibioticoterapia e diminuem a duração da doença.

Entre as espécies não *V. cholerae*, *V. vulnificus* é uma espécie particularmente virulenta e é conhecida principalmente por causar feridas graves e infecções de tecidos moles, bem como bacteriemia/sepse em vez de gastrenterites. É uma bactéria de vida livre e faz parte da microbiota marinha em associação com bivalves e crustáceos. Nos Estados Unidos, *V. vulnificus* é encontrado ao longo das Costas do Atlântico e do Pacífico e, especialmente, da Costa do Golfo. Infecções devidas a *V. vulnificus* foram observadas nos Estados Unidos, particularmente em associação com o consumo de ostras da Costa do Golfo. A associação desse microrganismo com ostras já foi observada há muito tempo. Diferentes estudos descobriram que quase todas as ostras colhidas durante os meses de verão na Baía de Chesapeake contêm esse patógeno, assim como cerca de 10% dos caranguejos. As duas apresentações clínicas mais comuns da infecção por *V. vulnificus* são infecções de feridas rapidamente progressivas devido a lesões de pele/tecidos moles (após a exposição à água do mar contaminada) e bacteriemia/sepse primária (após o consumo de ostras cruas contaminadas). Após o consumo de alimentos contaminados (p. ex., ostras), *V. vulnificus* pode invadir a corrente sanguínea sem causar sintomas gastrintestinais.

O quadro clínico da sepse subsequente é caracterizado pelo início abrupto de calafrios e febre, seguido de hipotensão e do desenvolvimento de lesões cutâneas "metastáticas". Essas lesões começam como descolorações eritematosas da pele, que rapidamente progridem para vesículas e bolhas hemorrágicas e, em seguida, ulcerações necróticas. A septicemia por *V. vulnificus* apresenta uma taxa de letalidade superior a 50%. Os fatores de risco adicionais para o desenvolvimento de septicemia por *V. vulnificus*, além do consumo de frutos do mar crus e contaminados, incluem cirrose, outras doenças hepáticas, hemocromatose, anemia hemolítica, neoplasias, imunossupressão e insuficiência renal crônica. As infecções de feridas por *V. vulnificus* frequentemente se desenvolvem quando uma ferida superficial entra em contato com água do mar contaminada. Infecções se desenvolvem e se disseminam rapidamente em pacientes saudáveis e imunocomprometidos. As infecções da ferida apresentam-se inicialmente com eritema e edema, mas logo evoluem para celulite intensa, com lesões cutâneas bolhosas, miosite, ulceração e necrose. A mortalidade em pacientes com infecções da ferida por *V. vulnificus* varia de 20 a 30%. Devido à rápida progressão da infecção, costuma ser necessário administrar antibioticoterapia antes da confirmação da etiologia pela cultura. O diagnóstico é feito por meio da cultura do microrganismo em meios rotineiros de um laboratório de microbiologia clínica (p. ex., ágar-sangue e ágar MacConkey). O ágar TCBS é o meio preferido para culturas de fezes, em que a maioria das cepas produz colônias azul-esverdeadas (sacarose-negativas). A identificação definitiva do microrganismo é obtida pelo uso de vários testes bioquímicos.

As infecções de feridas causadas por *V. vulnificus* respondem bem aos agentes antimicrobianos apropriados. As fluoroquinolonas, cefalosporinas de terceira geração (p. ex., ceftriaxona) e a doxiciclina são altamente ativas contra *V. vulnificus*. Contudo, em casos graves, o desbridamento de todo o tecido necrótico ou mesmo amputações podem ser necessários.

Verificação de conceitos

- As espécies de *Vibrio* são bastonetes curvos Gram-negativos, halofílicos, móveis e oxidase-positivos. São encontrados em ambientes aquáticos marinhos e estuarinos em todo o mundo.
- Muitas espécies de vibriões são patógenos humanos, porém *V. cholerae* é a espécie de maior importância global e responsável por pandemias de cólera. Embora haja mais de 200 sorotipos de *V. cholerae*, os sorotipos O1 e O139 estão associados à epidemia e à pandemia de cólera.
- *Vibrio cholerae* O1 pode ser classificado nos biotipos clássico e El Tor. O biotipo clássico foi responsabilizado pela maioria das pandemias e provoca a maioria dos casos de infecções sintomáticas. Já o biotipo El Tor causou pandemias recentes.
- *Vibrio cholerae* causa diarreia aquosa aguda (após a ingestão de muitos microrganismos em água ou alimentos contaminados) pela elaboração de uma enterotoxina termolábil, que possui uma estrutura clássica de toxina do tipo A-B. A subunidade B se liga ao receptor gangliosídeo GM_1, e a subunidade A induz a ativação do AMPc, resultando na secreção de cloreto e bloqueando a reabsorção do sódio pelas microvilosidades.
- O diagnóstico definitivo de cólera é estabelecido pela cultura de fezes em meio seletivo, como ágar TCBS ou caldo peptonado alcalino, e pela identificação bioquímica e sorológica de *V. cholerae*. O tratamento envolve reidratação e uso de tetraciclina ou doxiciclina.
- Outras espécies importantes do gênero *Vibrio* incluem *V. parahaemolyticus* (a causa mais comum de gastrenterite de origem alimentar na Ásia) e *V. vulnificus* (uma causa de infecções de feridas e sepse grave em pacientes com cirrose).

AEROMONAS

As bactérias pertencentes ao gênero *Aeromonas* são habitantes ubíquos de água doce e salobra. Os microrganismos do gênero *Aeromonas* são bastonetes Gram-negativos, anaeróbios facultativos, que fermentam diferentes carboidratos e podem assemelhar-se morfologicamente a membros da família de Enterobacteriaceae. Contudo, esses microrganismos são oxidase-positivos, enquanto as Enterobacteriaceae são oxidase-negativas. Esses microrganismos crescem bem em ágar-sangue e vários meios entéricos diferenciais e seletivos. Em ágar-sangue, são geralmente β-hemolíticos. Atualmente, 24 espécies do gênero *Aeromonas* já foram descritas. Entretanto, *A. hydrophila*, *A. caviae* e *A. veronii* biovar *sobria* são os mais comumente associados a infecções humanas. *Aeromonas*, mais frequentemente *A. caviae*, é uma causa de gastrenterite, variando de diarreia aquosa (mais comum) a doenças semelhantes à disenteria. Os sintomas associados são dor abdominal, febre, náuseas e vômitos. A gastrenterite geralmente ocorre após a ingestão de alimentos ou água contaminados. As taxas de infecção são mais altas durante os meses quentes de verão, quando a concentração desse microrganismo na água é mais alta. Em geral, a infecção é autolimitada, mas diarreia grave com desidratação e infecções em crianças podem exigir hospitalização. Normalmente, não há necessidade de antibioticoterapia para gastrenterite por *Aeromonas*. No entanto, em alguns casos, uma rápida melhora clínica é observada com antibioticoterapia, sobretudo quando os sintomas são mais graves.

As aeromonas também foram isoladas de vários locais extraintestinais. *Aeromonas hydrophila* já foi descrito como uma causa de infecções de feridas, ocorrendo após prévia lesão traumática de tecidos moles com exposição subsequente à água doce ou salobra, em geral. Mais comumente, a celulite não complicada se desenvolve dentro de 48 horas após a lesão, mas sintomas sistêmicos também podem ocorrer. Além da antibioticoterapia, pode ser necessário desbridamento cirúrgico em casos de necrose supurativa ao redor da ferida. Com menos frequência, fascite, mionecrose e/ou osteomielite podem desenvolver-se como complicações. Embora seja rara e incomum, a infecção dos tecidos moles por aeromonas também foi reconhecida como uma complicação do uso de sanguessugas medicinais. A bacteriemia por aeromonas é uma manifestação clínica incomum e ocorre raramente em pessoas saudáveis. A maioria dos casos de sepse por aeromonas é causada por *A. hydrophila* e foi descrita em pacientes com neoplasias hematológicas e/ou doença hepática. As aeromonas clinicamente significativas são resistentes à penicilina e à ampicilina, e frequentemente resistentes à cefazolina e à ticarcilina. Contudo, as aeromonas são geralmente suscetíveis às cefalosporinas de terceira geração, ao aztreonam e aos carbapenêmicos, bem como aos aminoglicosídeos (no entanto, foi descrita resistência à tobramicina e à gentamicina). As fluoroquinolonas são altamente ativas contra espécies de *Aeromonas* clinicamente relevantes. Com a resistência antimicrobiana emergente, a terapia empírica geralmente inclui o uso de dois ou mais antibióticos, até que os resultados dos TSAs estejam disponíveis.

CAMPYLOBACTER

As espécies do gênero *Campylobacter* causam doenças diarreicas e sistêmicas e estão entre as causas mais disseminadas de infecção em todo o mundo. As infecções de animais domesticados por *Campylobacter* também são disseminadas. *Campylobacter jejuni* é o microrganismo mais importante do gênero e uma causa muito comum de diarreia em seres humanos. Outras espécies de *Campylobacter*, menos comumente isolados de humanos, incluem *C. fetus*, *C. coli* e *C. upsaliensis*.

CAMPYLOBACTER JEJUNI

Campylobacter jejuni* emergiu como um patógeno humano comum, causando principalmente gastrenterite e, em alguns casos, infecções sistêmicas. Esse microrganismo é a causa mais comum de gastrenterite bacteriana nos Estados Unidos.** De acordo com os dados de vigilância do Centers for Disease Control and Prevention (CDC), estima-se que 2 milhões de casos ocorram a cada ano.

Morfologia e identificação

A. Microrganismos típicos

Campylobacter jejuni e outras espécies do gênero *Campylobacter* são bastonetes Gram-negativos curvos, em formato de vírgula ou de S e não esporulados. Esses microrganismos também foram descritos como tendo formato de "asas de gaivota" (Figura 17-3). Esses microrganismos são móveis, com um único flagelo polar em uma ou ambas as extremidades, mas alguns organismos podem não ter flagelos todos juntos.

B. Cultura

As espécies de *Campylobacter*, incluindo *C. jejuni*, multiplicam-se a uma taxa mais lenta em comparação com outras bactérias entéricas Gram-negativas. Portanto, meios seletivos, contendo vários antibióticos (p. ex., ágar Campy-Blood e meio de Skirrow [ágar Campylobacter]), são necessários para o isolamento desses microrganismos a partir de amostras de fezes. As espécies de *Campylobacter* requerem uma atmosfera microaerofílica, contendo oxigênio (O_2) reduzido (5-7%) e 10% de dióxido de carbono (CO_2) aumentado para incubação e crescimento ideal. Uma forma relativamente simples de produzir a atmosfera de incubação consiste em colocar as placas em uma jarra de incubação anaeróbia sem o catalisador e produzir o gás com um gerador de gás comercial ou pela troca de gases.

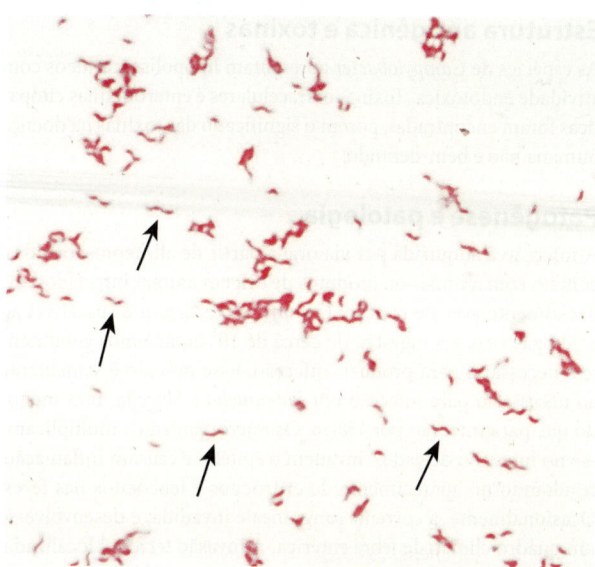

FIGURA 17-3 *Campylobacter jejuni* corado pelo método de Gram. Observam-se bacilos Gram-negativos em formato de vírgula ou de "asa de gaivota" (*setas*). *Campylobacter* cora-se fracamente e pode ser difícil visualizá-lo. Ampliação do original de 1.000 ×.

Além disso, a maioria das espécies de *Campylobacter* cresce melhor a 42 °C, embora o crescimento possa ser visto em meio de ágar com incubação entre 36 e 42 °C. A incubação das placas primárias para isolamento de *C. jejuni* deve ser sempre a 42 °C. Vários meios de ágar seletivos são amplamente utilizados para o isolamento de *Campylobacter*. O meio de Skirrow contém vancomicina, polimixina B e trimetoprima para inibir o crescimento de outras bactérias. Entretanto, esse meio pode ser menos sensível do que outros produtos comerciais contendo carvão, outros compostos inibidores, bem como cefalosporinas. Esses meios seletivos são adequados para o isolamento de *C. jejuni* e de *C. coli* a 42 °C. *Campylobacter upsaliensis*, embora cresça a 42 °C, não cresce nesses meios seletivos. Já *C. fetus* apresenta crescimento variável a 42 °C e pode não ser isolado a essa temperatura. As colônias das espécies de *Campylobacter* podem ter aparências diferentes. Geralmente, as colônias tendem a ser incolores ou cinza. Elas podem ser lisas, convexas, brilhantes e com bordas perfeitas ou planas, translúcidas, lustrosas, com bordas irregulares e com tendência a disseminar-se pela placa. Ambos os tipos de colônia podem aparecer em uma placa de ágar. Não se observa hemólise em ágar contendo sangue.

C. Características de crescimento

Pelo uso de meios seletivos e das condições de incubação para o crescimento, uma bateria reduzida de testes bioquímicos geralmente é suficiente para uma posterior identificação desses microrganismos. *Campylobacter jejuni* e *C. coli* são positivos para oxidase e para catalase. As espécies de *Campylobacter* não oxidam nem fermentam carboidratos. Os esfregaços corados pelo método de Gram revelam uma morfologia típica. Podem ser utilizados testes de redução do nitrato, produção de sulfeto de hidrogênio, hidrólise do hipurato e TSA para posterior identificação das espécies. Um teste de hidrólise de hipurato positivo distingue *C. jejuni* de outras espécies do gênero *Campylobacter*.

---

*N. de T. A espécie *Campylobacter jejuni* se subdivide em duas subespécies: *C. jejuni* subsp. *jejuni* e *C. jejuni* subsp. *doylei*. Contudo, *C. jejuni* subsp. *jejuni* apresenta a maior frequência de isolamento entre essas duas subespécies, e é referida simplesmente como *C. jejuni*.

**N. de T. O Brasil não tem um programa de vigilância para notificação de campilobacterioses, e, consequentemente, não é possível fazer uma estimativa real do número de casos de gastrenterite em humanos que sejam causados por espécies pertencentes ao gênero *Campylobacter*, tampouco determinar a incidência da doença em termos de densidade populacional.

Estrutura antigênica e toxinas

As espécies de *Campylobacter* apresentam lipopolissacarídeos com atividade endotóxica. Toxinas extracelulares e enterotoxinas citopáticas foram encontradas, porém o significado das toxinas na doença humana não é bem-definido.

Patogênese e patologia

A infecção é adquirida por via oral a partir de alimentos, bebidas, contato com animais ou produtos de origem animal infectados, especialmente aves de criação. *Campylobacter jejuni* é suscetível ao ácido gástrico, e a ingestão de cerca de 10^4 organismos geralmente é necessária para produzir infecção. Esse inóculo é semelhante ao necessário para infecção por *Salmonella* e *Shigella*, mas menos do que para infecção por *Vibrio*. Os microrganismos multiplicam-se no intestino delgado,* invadem o epitélio e causam inflamação, resultando no aparecimento de eritrócitos e leucócitos nas fezes. Ocasionalmente, a corrente sanguínea é invadida, e desenvolve-se um quadro clínico de febre entérica. A invasão tecidual localizada, associada à atividade tóxica, parece ser responsável pela enterite.

Manifestações clínicas

Campylobacter jejuni e *C. coli* causam mais comumente gastrenterite, enquanto *C. fetus* causa bacteriemia e infecções extraintestinais em mulheres grávidas e em pacientes imunocomprometidos. Com menos frequência, *c. upsaliensis*, uma espécie de *Campylobacter* termotolerante, é isolado de seres humanos como causa de diarreia e/ou bacteriemia. Esse microrganismo também está associado às gastrenterites canina e felina. As manifestações clínicas da gastrenterite por *C. jejuni* são de início agudo com cólicas abdominais, diarreia abundante (que pode ser muito sanguinolenta), cefaleia, mal-estar e febre. Normalmente, a doença é autolimitada por um período de 5 a 8 dias, mas às vezes continua por períodos prolongados. Os isolados de *C. jejuni* são geralmente suscetíveis a macrolídeos (p. ex., eritromicina), e a terapia encurta a duração da eliminação fecal do microrganismo. Embora a maioria dos casos se resolva sem antibioticoterapia, os sintomas podem reaparecer em 5 a 10% dos pacientes, e o uso de antibióticos pode ser necessário para debelar a infecção. Certos serotipos de *C. jejuni* e de *C. upsaliensis* foram associados à síndrome de Guillain-Barré** pós-diarreica, uma forma de paralisia ascendente. Artrite reativa e síndrome de Reiter também podem ocorrer após diarreia aguda por *Campylobacter*.

Exames diagnósticos laboratoriais

A. Amostras

Fezes com diarreia são a amostra preconizada para o isolamento de *Campylobacter* em pacientes com doenças gastrintestinais. Os *swabs* retais também podem ser aceitáveis. *Campylobacter jejuni* e *C. fetus*

---

*N. de T. A adesão de *C. jejuni* às células do epitélio intestinal do hospedeiro é um importante pré-requisito para a colonização mediada por várias adesinas na superfície bacteriana, as quais são expressas pelos genes *cadF*, *racR*, *dnaJ* e *docA*.

**N. de T. Segundo alguns estudos, o gene *wlaN* (que codifica a produção da β-1,3-galactosiltransferase, responsável pela estrutura específica do lipopolissacarídeo) é considerado crucial para o desenvolvimento dessa neuropatia.

podem ser isolados ocasionalmente de hemoculturas, geralmente de pacientes imunocomprometidos ou idosos.

B. Esfregaços

Os esfregaços de fezes corados pelo método de Gram podem revelar os bacilos típicos em formato de "asa de gaivota". A microscopia em campo escuro ou com contraste de fase pode mostrar a motilidade típica desses microrganismos.

C. Cultura

A cultura nos meios seletivos descritos anteriormente constitui o teste definitivo para o diagnóstico de enterite por *C. jejuni*. Caso haja suspeita de *C. fetus* ou outra espécie de *Campylobacter*, é necessário usar um meio sem cefalosporinas e incubação a 36 a 37 °C.

Epidemiologia e controle

As espécies de *Campylobacter* são a causa de várias infecções zoonóticas em todo o mundo. Em geral, esses microrganismos são bactérias comensais no trato gastrintestinal de vários animais selvagens ou domesticados. Os hospedeiros reservatórios comuns para *C. jejuni* incluem aves, gado e ovelhas. *Campylobacter coli* é geralmente encontrado em porcos, ovelhas e pássaros. *Campylobacter fetus* é isolado de ovelhas, gado e aves, e *C. upsaliensis* é mais comumente isolado de cães domésticos. A maioria das infecções humanas resulta tipicamente do consumo de alimentos e/ou água contaminados. Como as aves criadas comercialmente são quase sempre colonizadas por *C. jejuni*, os procedimentos de matadouro são conhecidos por amplificar a contaminação de carnes de frango e de peru, que são comumente vendidas em lojas e supermercados nos Estados Unidos e em outros países desenvolvidos. O consumo de carnes de aves malcozidas (comerciais) tem forte associação com gastrenterite por *C. jejuni*. Em alguns casos, o consumo de leite não pasteurizado (cru) foi identificado como a fonte da infecção. Assim como acontece com outros patógenos entéricos, foi documentada a transmissão fecal-oral de *C. jejuni* de pessoa a pessoa. Contudo, esse modo de transmissão parece ocorrer com menos frequência em comparação com a aquisição do microrganismo por meio de alimentos e água contaminados. Em contrapartida, *C. upsaliensis* é mais comumente adquirido por contato próximo com cães domesticados (de estimação), que estão doentes com diarreia ou que podem apenas eliminar esse microrganismo de forma intermitente.

HELICOBACTER PYLORI

Os membros do gênero *Helicobacter* são geralmente bactérias Gram-negativas espiraladas ou bastonetes fusiformes. As espécies do gênero *Helicobacter* já foram isoladas dos tratos gastrintestinal e hepatobiliar de muitos hospedeiros mamíferos diferentes, incluindo humanos, cães, gatos, porcos, gado e outros animais domésticos e selvagens. As espécies do gênero *Helicobacter* podem ser divididas em dois grupos: aquelas que colonizam principalmente o estômago (espécies gástricas) e aquelas que colonizam os intestinos (espécies êntero-hepáticas). Os humanos são o hospedeiro-reservatório primário para *H. pylori*, que é um bastonete espiralado, Gram-negativo, catalase-positivo, oxidase-positivo e urease-positivo. *Helicobacter pylori* está associado à gastrite antral, à úlcera duodenal (péptica), a úlceras gástricas, ao adenocarcinoma gástrico e a linfomas de tecido linfoide associado à mucosa gástrica (MALT, do inglês *mucosa-associated lymphoid tissue*).

Morfologia e identificação

A. Microrganismos típicos

As espécies de *Helicobacter*, incluindo *H. pylori*, têm muitas características em comum com as espécies de *Campylobacter*. As espécies de *Helicobacter* são móveis e têm flagelos monotríquios e/ou lofotríquios e podem variar muito em sua morfologia.

B. Cultura

Embora *H. pylori* possa ser facilmente isolado de amostras de biópsia gástrica, a sensibilidade da cultura pode ser limitada por vários fatores, incluindo transporte e processamento tardio da amostra, terapia antimicrobiana prévia ou contaminação com outras bactérias da mucosa. Meios de transporte especiais (p. ex., meio de transporte de Stuart) devem ser usados para manter a viabilidade do microrganismo quando o transporte para o laboratório exceder 2 horas. *Helicobacter pylori* geralmente cresce dentro de 3 a 6 dias quando incubado a 37 °C em uma atmosfera microaerófila e úmida. No entanto, pode ser necessária uma incubação de até 14 dias antes de considerar a cultura como negativa. Para obter um melhor isolamento desse microrganismo, a amostra da biópsia pode ser homogeneizada antes de ser semeada na placa de ágar. Os meios de cultura para isolamento primário incluem meios enriquecidos suplementados com sangue e/ou produtos sanguíneos (p. ex., ágar-chocolate) ou meios contendo antibióticos (p. ex., o meio de Skirrow), a fim de suprimir o crescimento excessivo da microbiota normal. As colônias têm diferentes aparências no ágar-sangue, variando de cinza a translúcidas, e têm 1 a 2 mm de diâmetro.

C. Características de crescimento

Helicobacter pylori é oxidase-positivo e catalase-positivo, e tem morfologia de coloração de Gram característica. O microrganismo é móvel e é um forte produtor de urease.

Patogênese e patologia

Helicobacter pylori é capaz de sobreviver no ambiente ácido do estômago e, por fim, estabelecer a colonização permanente da mucosa gástrica na ausência de tratamento antimicrobiano. *Helicobacter pylori* cresce de maneira ideal em um pH de 6 a 7. Assim, no pH do lúmen gástrico (pH de 1-3), esse microrganismo teria seu crescimento inviável se não fossem alguns fatores: como a capacidade do *H. pylori* de superar o ambiente ácido do estômago, contribuindo para a colonização, inflamação, mudanças na produção de ácido gástrico e destruição do tecido. O muco gástrico é relativamente impermeável ao ácido e tem forte capacidade de tamponamento. No lúmen, o pH é baixo (1-3), ao passo que, no epitélio, o pH é de 5 a 7. Após entrar no estômago, *H. pylori* utiliza sua enzima urease para neutralizar o ácido gástrico. A ação da urease intracelular, bem como a urease localizada na superfície da célula bacteriana, permite a clivagem da ureia em amônia e CO_2. A amônia (NH_3) é convertida em íon amônio (NH_4^+) e excretada da célula bacteriana, resultando na neutralização do ácido gástrico. A motilidade mediada por flagelos permite que os organismos, protegidos do ácido gástrico, movam-se pelo muco gástrico em direção ao epitélio.

Helicobacter pylori é encontrado na camada mucosa profunda perto da superfície epitelial, onde um pH próximo ao fisiológico está presente. Então, esse microrganismo coloniza as células epiteliais do tipo gástrico (mas não do tipo intestinal) e libera várias proteínas efetoras e toxinas, incluindo fatores de adesão, proteína A ativadora de neutrófilos, uma proteína de choque térmico e várias citotoxinas. Várias proteínas da membrana externa de *H. pylori* são envolvidas na adesão celular. Essas proteínas incluem a adesina de ligação ao antígeno sanguíneo (BabA, do inglês *blood group antigen-binding adhesin*), que se liga ao receptor Lewis b fucosilado* nas células epiteliais gástricas. Outra adesina é a adesina de ligação ao ácido siálico (SabA, do inglês *sialic acid-binding adhesin*), que se liga a receptores sialil Lewis X. *Helicobacter pylori* não parece invadir a mucosa gástrica, mas sim liberar várias toxinas e enzimas que acabam causando danos aos tecidos. Entre elas estão a mucinase, a fosfolipase, a proteína de *H. pylori* ativadora de neutrófilos (HP-Nap, do inglês *H. pylori neutrophil-activating protein*), a proteína 60 de choque térmico (Hsp60, do inglês *heat shock protein 60*), o gene associado à citotoxina A (CagA, do inglês *cytotoxin-associated gene A*) e a citotoxina A vacuolizante (VacA, do inglês *vacuolating cytotoxin A*). CagA é secretado por *H. pylori* e, então, translocado para as células epiteliais gástricas por meio de um sistema de secreção do tipo IV. Essa toxina interfere na estrutura do citoesqueleto das células epiteliais e induz a produção de interleucina (IL)-8, levando à quimiotaxia de neutrófilos. VacA afeta o equilíbrio entre a morte e a proliferação celular e atua como um ativador da inflamação aguda mediada por IL-8. Além desses dois fatores, CagA e VacA, responsáveis pela extensa inflamação e dano tecidual, *H. pylori* também pode secretar urease, que atua como quimioatraente e ativador das células fagocíticas e inflamatórias do hospedeiro. Vários estudos indicam que CagA está diretamente associado à gastrite aguda, à úlcera gástrica e ao carcinoma gástrico. Enquanto a prevalência de *H. pylori* CagA-positivo é de cerca de 60% nos países ocidentais, a prevalência de *H. pylori* CagA-positivo nos países do Sudeste Asiático é cerca de 90%. Talvez isso seja responsável pela incidência relativamente maior de câncer gástrico nessa parte do mundo.

Em voluntários humanos, a ingestão de *H. pylori* resultou no desenvolvimento de gastrite e hipocloridria. Também há uma forte associação entre a presença de infecção por *H. pylori* e úlcera péptica, bem como ulceração duodenal. A antibioticoterapia resulta em eliminação do *H. pylori* e melhora da gastrite e da úlcera duodenal.

Do ponto de vista histológico, a gastrite caracteriza-se por inflamação aguda e crônica. Infiltrados de células polimorfonucleares e mononucleares são observados no interior do epitélio e na lâmina própria. Com frequência, os vacúolos existentes no interior das células são pronunciados. É comum haver a destruição do epitélio, e pode ocorrer atrofia glandular. Assim, *H. pylori* pode constituir um importante fator de risco para o desenvolvimento de câncer gástrico. A infecção por *H. pylori* é um conhecido fator de risco independente para o desenvolvimento de gastrite atrófica, úlcera gástrica, adenocarcinomas gástricos e linfomas de MALT.

---

*N. de T. O gene H (*FLUT1*) humano codifica uma enzima chamada fucosiltransferase que adiciona uma L-fucose à galactose, formando o antígeno H presente na superfície de inúmeras células (p. ex., eritrócitos). Como os indivíduos do grupo sanguíneo O não expressam os produtos secundários dos genes do sistema ABO, eles são mais suscetíveis à infecção por *H. pylori* (pois expressam elevada concentração de L-fucose).

Manifestações clínicas

Após a contaminação por *H. pylori*, a infecção aguda geralmente produz uma doença gastrintestinal superior ("intoxicação alimentar") com náusea, dor gástrica, vômitos e febre. Os sintomas agudos podem durar menos de 1 semana ou perdurar por até 2 semanas. Após o estágio agudo inicial da infecção, a colonização por *H. pylori* ocorre em muitos pacientes. Essa colonização persiste por anos, talvez décadas, ou mesmo por toda a vida. No entanto, nem toda exposição a *H. pylori* resulta em colonização persistente. A falta de adaptação do microrganismo a determinados hospedeiros e a antibioticoterapia concomitante podem prevenir a colonização persistente. Outro fato é que, na ausência de ulceração induzida por medicamento, cerca de 90% dos pacientes com úlceras duodenais apresentam infecção por *H. pylori*. Foi demonstrado que a colonização por *H. pylori* está presente em 50 a 80% dos pacientes com ulceração gástrica benigna. Por fim, a colonização de longa duração por *H. pylori*, que está associada à gastrite crônica e ao subsequente desenvolvimento de metaplasia intestinal e gastrite atrófica, é um fator de risco bem-conhecido para o desenvolvimento de adenocarcinoma gástrico.

Exames diagnósticos laboratoriais

A. Amostras

Amostras de biópsia gástrica podem ser utilizadas para exame histológico ou fragmentadas em solução salina e usadas para cultura. Amostras de sangue são coletadas para a determinação dos anticorpos séricos. Amostras de fezes podem ser utilizadas para detecção de antígenos de *H. pylori*. Os métodos de teste de diagnóstico estão resumidos na Tabela 17-2.

B. Esfregaços

O diagnóstico de gastrite e infecção por *H. pylori* pode ser feito histologicamente. Essa abordagem é geralmente mais sensível do que a cultura. É necessário proceder à gastroscopia com biópsia. Colorações de rotina (p. ex., coloração de hematoxilina e eosina) detectam gastrite aguda/crônica. Giemsa ou colorações especiais (p. ex., coloração por prata ou colorações imuno-histoquímicas) podem mostrar os microrganismos curvos ou espiralados.

C. Cultura

Como *H. pylori* adere intensamente à mucosa gástrica, ele raramente é isolado das amostras de fezes como outros patógenos gastrintestinais. Conforme descrito anteriormente, a cultura geralmente é realizada quando os pacientes não estão respondendo ao tratamento e há a necessidade de realizar um TSA. O tecido para cultura é obtido por endoscopia e biópsia da mucosa gástrica.

D. Anticorpos

Vários ensaios foram desenvolvidos para a detecção de anticorpos séricos específicos contra *H. pylori*. Embora o teste de anticorpos IgG séricos contra *H. pylori* seja útil para confirmar a exposição ao organismo (seja para fins epidemiológicos ou para avaliação de um paciente sintomático), os títulos de anticorpos normalmente não se correlacionam com a gravidade da doença. Além disso, os anticorpos IgM desaparecem rapidamente durante o curso inicial de uma infecção aguda e têm pouco valor diagnóstico. A relevância do teste de IgA permanece controversa. Os anticorpos séricos IgA e IgG persistem mesmo após a erradicação da infecção por *H. pylori*. Portanto, o papel do teste de anticorpos na diferenciação

TABELA 17-2 **Métodos de diagnóstico para *Helicobacter pylori***

Modalidade do teste	Vantagens	Desvantagens
Testes invasivos		
Histologia	Permite a detecção do microrganismo e a avaliação da extensão do dano tecidual (p. ex., ulceração)	Requer biópsia da mucosa e processamento de amostra por patologia; são necessários vários dias para obtenção dos resultados
Detecção de urease no tecido	Teste rápido, com a maioria dos resultados positivos sendo obtidos em 2 horas	Requer biópsia da mucosa; pode produzir resultados falso-positivos com supercrescimento bacteriano; testes resultam falso-negativos quando o paciente recebe tratamento com inibidores de bomba de prótons
Cultura microbiológica	Permite o isolamento do microrganismo e a realização do teste de suscetibilidade a antimicrobianos (TSA)	Requer vários dias para obtenção dos resultados (crescimento lento de organismos); requer processamento cuidadoso da amostra (resultados falso-negativos devido ao transporte prolongado de amostra e processamento em condições abaixo do ideal)
Testes não invasivos		
Sorologia	Não invasivo; barato; tempo de resposta "rápido" para resultados Útil para fins epidemiológicos e avaliação de pacientes sintomáticos	Não fornece avaliação da extensão do dano/patologia do tecido; não é adequado para avaliar a conclusão da antibioticoterapia; em geral, não é possível diferenciar entre infecção aguda e passada
Teste respiratório da ureia	Não invasivo e rápido; é valioso para avaliação da terapia (erradicação da infecção)	Requer instrumentação de alto custo para teste; é menos conveniente do que a sorologia; resulta falso-negativo quando o paciente recebe tratamento com inibidores de bomba de prótons; não fornece avaliação da extensão do dano/patologia do tecido
Teste de detecção de antígenos nas fezes	Não invasivo, conveniente, rápido e barato; é mais valioso para avaliar a resposta à terapia antimicrobiana	Não é útil para avaliar a extensão do dano/patologia do tecido

da infecção por *H. pylori* ativa de uma infecção anterior e/ou conclusão da terapia é limitado.

E. Outros métodos de teste especiais

Outros testes para diagnóstico incluem exame histológico de amostras de biópsia gástrica, detecção da produção de urease e detecção do antígeno de *H. pylori*. O último é realizado com amostras de fezes. O exame histopatológico de amostras de biópsia gástrica é amplamente utilizado para o diagnóstico de *H. pylori* em pacientes submetidos à endoscopia com biópsia para avaliação. Embora o método-padrão de coloração com hematoxilina e eosina seja insuficiente para visualizar o microrganismo, métodos de coloração com prata (p. ex., Warthin-Starry ou GMS) ou colorações imuno-histoquímicas especificamente direcionadas contra antígenos específicos são usados para detecção do *H. pylori*. O exame histológico das amostras de biópsia gástrica tem sensibilidade e especificidade de 95 a 100% para detecção de *H. pylori*. No momento, os testes de amplificação de ácido nucleico (reação em cadeia da polimerase [PCR, do inglês *polymerase chain reaction*]) para *H. pylori* e outras espécies de *Helicobacter* em várias amostras clínicas são restritos apenas para uso em pesquisa. Testes rápidos para detecção da atividade de urease são amplamente utilizados para identificação presuntiva de *H. pylori* nas amostras. O material de biópsia gástrica pode ser colocado em meio que contenha ureia com indicador colorimétrico. Na presença de *H. pylori*, a urease cliva rapidamente a ureia (1–2 horas), e o consequente aumento do pH resulta em mudança de cor do meio. Além disso, a produção e a atividade da urease também podem ser detectadas por testes *in vivo*, como o teste respiratório com ureia (TRU). No TRU, ureia marcada (^{13}C ou ^{14}C) é ingerida pelo paciente. Caso *H. pylori* esteja presente, a atividade da urease gerará CO_2 marcado com ^{13}C ou ^{14}C, que será detectado na expiração do paciente. A sensibilidade e a especificidade do TRU variam entre 94 e 98%.

A detecção do antígeno de *H. pylori* em amostras de fezes, usando testes de imunoabsorção enzimática (Elisa), demonstrou ter grande valor no diagnóstico de infecção ativa por *H. pylori*. Além disso, o teste do antígeno fecal também é apropriado como um teste de cura para pacientes com infecção comprovada por *H. pylori*, que completaram seu curso de antibioticoterapia.

Imunidade

Os indivíduos infectados com *H. pylori* desenvolvem rapidamente uma resposta de anticorpos IgM à infecção. Subsequentemente, anticorpos IgG e IgA são detectados. Esses anticorpos persistem tanto sistemicamente quanto na mucosa, em alto título em pessoas com infecção crônica, enquanto os anticorpos IgM diminuem e, por fim, desaparecem. A antibioticoterapia precoce da infecção por *H. pylori* demonstrou atenuar a resposta do anticorpo. Acredita-se que esses pacientes estejam sujeitos a infecções repetidas.

Tratamento

A terapia tripla com um IBP (dose-padrão, 2 vezes ao dia) mais amoxicilina (1 g, 2 vezes ao dia) mais claritromicina (500 mg, 2 vezes ao dia) é o esquema recomendado para a terapia inicial por 7 a 14 dias. Como alternativa, uma terapia quádrupla com um IBP mais metronidazol (250 mg, 4 vezes ao dia) mais tetraciclina (500 mg, 4 vezes ao dia) mais bismuto (dose-dependente da preparação) por 10 a 14 dias pode ser prescrita. Esses esquemas de terapia

administrados por 14 dias geralmente erradicam a infecção por *H. pylori* em 70 a 95% dos pacientes. Os IBPs inibem diretamente o *H. pylori* e parecem constituir inibidores potentes da urease. Antibioticoterapias personalizadas podem ser necessárias com base em infecções recorrentes ou persistentes devido a cepas de *H. pylori* resistentes. Finalmente, vários medicamentos administrados por 4 a 6 semanas para supressão da produção de ácido gástrico e após a terapia inicial mostraram aumentar a cicatrização da úlcera.

Epidemiologia e controle

Helicobacter pylori foi isolado de humanos em todo o mundo, e é provável que estes sejam o principal, senão o único, reservatório desse microrganismo. Embora o modo exato de transmissão de pessoa para pessoa permaneça indefinido, os estudos epidemiológicos fornecem fortes evidências para apoiar a transmissão oral-oral e/ou fecal-oral desse microrganismo. Na maioria das populações, *H. pylori* parece ser adquirido durante a primeira infância. Uma vez adquirido, é provável que a colonização persista ao longo da vida, a menos que o indivíduo seja tratado com antibióticos apropriados. A prevalência da infecção por *H. pylori* difere visivelmente entre os países em desenvolvimento e desenvolvidos. O nível socioeconômico mais baixo mostrou ser um fator de risco para a aquisição do *H. pylori*. A prevalência mais alta foi relatada em países em desenvolvimento, especialmente no Sudeste Asiático, onde a maioria das crianças é infectada por volta dos 10 anos de idade, e a prevalência permanece alta (até 90%) entre adultos de todas as idades. Em países desenvolvidos, como os Estados Unidos, foi observada uma prevalência geral significativamente mais baixa (cerca de 40%) entre adultos (mais velhos), provavelmente devido à melhoria da higiene e ao tratamento disponível para pessoas com infecção ativa. Nos Estados Unidos,* quando comparados a outros países, um número significativamente menor de crianças e adultos jovens é infectado por *H. pylori*. A bactéria está presente na mucosa gástrica de menos de 20% das pessoas com menos de 30 anos, mas aumenta em prevalência para 40 a 60% das pessoas com 60 anos ou mais, incluindo pessoas assintomáticas. A justificativa para a transmissão oral-oral do *H. pylori* foi baseada em estudos que demonstraram a capacidade de detectar organismos viáveis no conteúdo gástrico regurgitado. Parece que *H. pylori* pode colonizar temporariamente a cavidade oral. A transmissão de pessoa para pessoa do *H. pylori* também é apoiada por estudos que descrevem o agrupamento intrafamiliar de infecção. A transmissão oral-fecal do *H. pylori* parece ser mais provável em países em desenvolvimento, onde o saneamento (ou a falta dele) contaminado e os suprimentos de água contaminados podem ser um fator de risco mais significativo para adquirir a infecção. Em raras ocasiões, a transmissão do *H. pylori* de pessoa para pessoa por meio de endoscópios inadequadamente limpos também foi descrita.

RESUMO DO CAPÍTULO

- As espécies de *Campylobacter* são oxidase-positivos, em formato de vírgula, de S ou "de asa de gaivota". *Campylobacter jejuni* é o principal patógeno do gênero associado primariamente à

---

*N. de T. No Brasil, a prevalência gira em torno de 60% nos Estados das Regiões Sul e Sudeste, atingindo quase 100% em algumas áreas, como no norte de Minas Gerais e nas Regiões Norte e Nordeste.

diarreia febril que pode ser sanguinolenta. Alimentos contaminados, principalmente aves, são os principais veículos de infecção.

- *Campylobacter jejuni* cresce bem a 42 °C em um ambiente microaerofílico de 5% de O_2 e 10% de CO_2. Meios seletivos que contêm antibióticos são geralmente usados no isolamento desse microrganismo, nas fezes.

- As espécies de *Helicobacter* são patógenos curvos ou espiralados. *Helicobacter pylori* está associado a doenças gastrintestinais superiores, como gastrite, úlcera duodenal, adenocarcinoma gástrico e linfoma de MALT. Esse microrganismo é urease-positivo, o que o protege da acidez gástrica. O diagnóstico é realizado por diferentes métodos, como biópsia, teste respiratório com ureia marcada e pesquisa de antígenos nas fezes. O esquema de tratamento triplo ou quádruplo que inclui IBPs é necessário para o sucesso do tratamento.

QUESTÕES DE REVISÃO

1. O estado de portador persistente tem maior probabilidade de ocorrer após infecção gastrintestinal com qual das seguintes espécies?

   (A) *Escherichia coli* O157:H7
   (B) *Shigella dysenteriae*
   (C) *Vibrio cholerae*
   (D) *Campylobacter jejuni*
   (E) *Salmonella* Typhi

2. Um homem de 63 anos visitou seu restaurante favorito de ostras em uma pequena cidade na costa leste da Costa do Golfo do Texas. Ele comeu 2 dúzias de ostras. Dois dias depois, ele foi internado no hospital em virtude de um início repentino de calafrios, febre e tontura ao levantar-se. (Na emergência, sua pressão arterial era 60/40 mmHg.) Enquanto estava na emergência, desenvolveu lesões cutâneas eritematosas, as quais evoluíram rapidamente para bolhas hemorrágicas, que formaram úlceras. Esse homem bebia 6 latas de cerveja e meia garrafa de uísque por dia. O microrganismo mais preocupante para esse paciente é

   (A) *Vibrio vulnificus*
   (B) *Escherichia coli*
   (C) *Salmonella* Typhi
   (D) *Clostridium perfringens*
   (E) *Streptococcus pyogenes* (estreptococo do grupo A)

3. Uma família de 4 pessoas fez uma refeição que incluía carne de frango malpassada. Nos 3 dias seguintes, 3 membros desenvolveram um quadro caracterizado por febre, cefaleia, mialgia e mal-estar. Dois pacientes tiveram diarreia e dores abdominais simultaneamente. Uma terceira pessoa desenvolveu diarreia após os sintomas sistêmicos terem desaparecido. *Campylobacter jejuni* cresceu em culturas de fezes. Para isolar *C. jejuni*, qual das seguintes condições de cultivo provavelmente foi utilizada?

   (A) Ágar tiossulfato-citrato-bile-sacarose incubado a 37 °C com 5% de O_2 e 10% de CO_2
   (B) Ágar *Salmonella-Shigella* incubado a 37 °C em meio ambiente
   (C) Ágar MacConkey e ágar Hektoen entérico incubado a 42 °C com 5% de O_2 e 10% de CO_2
   (D) Ágar-sangue de carneiro a 5% incubado a 37 °C em ar ambiente
   (E) Ágar contendo vancomicina, polimixina B e sulfametoxazol + trimetoprima incubado a 42 °C com 5% de O_2 e 10% de CO_2

4. Bacteriemia associada à infecção gastrintestinal tem mais probabilidade de ocorrer com qual dos seguintes patógenos?

   (A) *Salmonella* Typhi
   (B) *Vibrio cholerae*
   (C) *Shigella boydii*
   (D) *Vibrio parahaemolyticus*
   (E) *Campylobacter jejuni*

5. Durante os anos em que ocorreu o fenômeno El Niño, na década de 1990, as águas do Puget Sound, entre o Estado de Washington e a Colúmbia Britânica, nos Estados Unidos, sofreram um considerável aquecimento. Durante esse período, muitas pessoas que comeram ostras e moluscos dessas águas ficaram doentes, apresentando diarreia explosiva e cólicas abdominais moderadamente graves. A diarreia normalmente era aquosa, mas em alguns pacientes apresentava-se sanguinolenta. Em geral, a diarreia iniciava 24 horas após a ingestão de frutos do mar. As culturas de fezes apresentavam bacilos Gram-negativos patogênicos típicos. O possível microrganismo é

   (A) *Escherichia coli* enterotoxigênica
   (B) *Vibrio cholerae*
   (C) *Escherichia coli* êntero-hemorrágica
   (D) *Vibrio parahaemolyticus*
   (E) *Shigella dysenteriae*

6. Um paciente atendido na emergência apresentava diarreia sem sangue há 12 horas. O paciente mora na cidade de Washington, DC, nos Estados Unidos, e não viajou para fora da cidade recentemente. Qual das seguintes alternativas é *improvável* de ser o agente causador de diarreia nesse paciente?

   (A) *Salmonella* Typhimurium
   (B) *Campylobacter jejuni*
   (C) *Shigella sonnei*
   (D) *Vibrio cholerae*
   (E) *Escherichia coli*

7. Uma mulher de 18 anos, moradora da área rural de Bangladesh, desenvolve diarreia profusa (8 L/dia). Ela não apresenta sintomas além da diarreia e de manifestações clínicas decorrentes da perda de líquidos e eletrólitos causada pela diarreia. O mais provável causador da diarreia é

   (A) *Campylobacter jejuni*
   (B) *Escherichia coli* enterotoxigênica
   (C) *Salmonella* Typhimurium
   (D) *Vibrio cholerae*
   (E) *Shigella dysenteriae*

8. A idade e a geografia são os principais fatores na prevalência de colonização por *Helicobacter pylori*. Em países em desenvolvimento, a prevalência de colonização pode ser maior que 80% em adultos. Nos Estados Unidos, a prevalência de colonização com esse microrganismo em adultos de mais de 60 anos de idade é de

   (A) 1 a 2%
   (B) 5 a 10%
   (C) 15 a 20%
   (D) 40 a 60%
   (E) 80 a 95%

9. Um homem de 59 anos de idade chega à sala de emergência no período da tarde devido a uma inflamação aguda e dor na perna direita. Naquela manhã, ele trabalhou em um pequeno barco de pesca desportiva em um estuário na Costa do Golfo do Texas. Enquanto caminhava ao redor do barco em águas rasas, ele coçou a perna, rompendo a pele no local, que agora apresenta dor e inchaço. Ele não estava usando botas. Cerca de 1 hora após a lesão, o arranhão

tornou-se vermelho e doloroso. Desenvolveu-se um inchaço no local. Em 3 horas, foi observado um grande edema abaixo do joelho. A pele mostrava-se vermelha e edemaciada. Houve drenagem serosa da ferida, que sofreu ulceração e agora estava aumentada. Perto da ferida, formaram-se bolhas, a maior com aproximadamente 2,5 cm de diâmetro. A causa mais provável dessa emergência médica é

- **(A)** *Staphylococcus aureus*
- **(B)** *Streptococcus pyogenes*
- **(C)** *Clostridium perfringens*
- **(D)** *Escherichia coli*
- **(E)** *Vibrio vulnificus*

10. O fator de *Vibrio cholerae* responsável pela diarreia é uma toxina que

- **(A)** Bloqueia o fator de alongamento 2 (EF-2).
- **(B)** Aumenta os níveis intracelulares de AMPc.
- **(C)** Cliva o SNARE.
- **(D)** Bloqueia a ligação do EF-1 dependente do aminoacil-tRNA dos ribossomos.
- **(E)** Cliva o VAMP.

11. Em setembro de 1854, ocorreu uma grave epidemia de cólera na área do Soho/Golden Square, em Londres, na Inglaterra. O Dr. John Snow, pai da epidemiologia, estudou a epidemia e ajudou a debelá-la por qual das seguintes ações?

- **(A)** Banimento da venda de maçãs nos mercados locais
- **(B)** Remoção do manuseio da bomba de água da Broad Street
- **(C)** Proibição da venda de peixe importado da Normandia
- **(D)** Pasteurização do leite
- **(E)** Incentivo à higienização de vegetais que eram consumidos crus

12. Um homem de 45 anos de idade desenvolve uma úlcera que pode ser visualizada mediante radiografia com um meio de contraste de fase do seu estômago. Uma amostra para biópsia é coletada da mucosa gástrica no local da úlcera. Um diagnóstico presuntivo pode ser obtido mais rapidamente, inoculando-se parte da amostra em

- **(A)** Meio usado para detectar urease incubado a 37 °C
- **(B)** Meio que contenha vancomicina, polimixina B e sulfametoxazol + trimetoprima incubado a 42 °C
- **(C)** Ágar MacConkey incubado a 37 °C
- **(D)** Ágar tiossulfato-citrato-bile-sacarose incubado a 42 °C
- **(E)** Ágar-sangue incubado a 37 °C

Respostas

1. E	**5.** D	**9.** E
2. A	**6.** D	**10.** B
3. E	**7.** D	**11.** B
4. A	**8.** D	**12.** A

REFERÊNCIAS

Tarr CL, Bopp CA, Farmer JJ III: *Vibrio* and Related Organisms. In Jorgensen JH, Pfaller MA, Carroll KC, et al (editors). *Manual of Clinical Microbiology*, 11th ed. ASM Press, 2015.

Allos BM, Iovine NM, Blaser MJ: *Campylobacter jejuni* and related species. In Bennett JE, Dolin R, Blaser MJ (editors). *Mandell, Douglas and Bennett's Principles and Practice of Infectious Diseases*, 8th ed. Elsevier, 2015.

Cover TL, Blaser MJ: *Helicobacter pylori* and other gastric *Helicobacter* species. In Bennett JE, Dolin R, Blaser MJ (editors). *Mandell, Douglas and Bennett's Principles and Practice of Infectious Diseases*, 8th ed. Elsevier, 2015.

Fitzgerald C, Nachamkin I: *Campylobacter* and *Arcobacter*. In Jorgensen JH, Pfaller MA, Carroll KC, et al (editors). *Manual of Clinical Microbiology*, 11th ed. ASM Press, 2015.

Horneman AJ, Ali A: *Aeromonas*. In Jorgensen JH, Pfaller MA, Carroll KC, et al (editors). *Manual of Clinical Microbiology*, 11th ed. ASM Press, 2015.

Kao C-Y, Sheu B, Wu J-J. *Helicobacter pylori* infection: An overview of bacterial virulence factors and pathogenesis. *Biomed J* 2016; 39 (1): 14–23.

Lawson AJ: *Helicobacter*. In Jorgensen JH, Pfaller MA, Carroll KC, et al (editors). *Manual of Clinical Microbiology*, 11th ed. ASM Press, 2015.

Neill MA, Carpenter CCJ: Other pathogenic vibrios. In Bennett JE, Dolin R, Blaser MJ (editors). *Mandell, Douglas and Bennett's Principles and Practice of Infectious Diseases*, 8th ed. Elsevier, 2015.

Seas C, DuPont HL, Valdez LM, et al: Practical guidelines for the treatment of cholera. *Drugs* 1996; 51: 966–973.

Waldor MK, Ryan ET: *Vibrio cholerae*. In Bennett JE, Dolin R, Blaser MJ (editors). *Mandell, Douglas and Bennett's Principles and Practice of Infectious Diseases*, 8th ed. Elsevier, 2015.

Steinberg JP, Burd EM: Other Gram-negative and Gram-variable bacilli. In Bennett JE, Dolin R, Blaser MJ (editors). *Mandell, Douglas and Bennett's Principles and Practice of Infectious Diseases*, 8th ed. Elsevier, 2015.

Wang XY, Ansaruzzaman M, Vaz R, et al: Field evaluation of a rapid immunochromatographic dipstick test for the diagnosis of cholera in a high-risk population. *BMC Infect Dis* 2006; 6: 17.

World Health Organization: *Guidelines for Cholera Control*. Geneva: World Health Organization, 1993.

World Health Organization: Immunization, Vaccines and Biologicals: Cholera. available at: http://www.who.int/immunization/diseases/cholera/en/

Haemophilus, Bordetella, Brucella e Francisella

ESPÉCIES DE *HAEMOPHILUS*

Trata-se de um grupo de pequenas bactérias Gram-negativas, pleomórficas, cujo isolamento exige meios de cultura enriquecidos, que contenham geralmente sangue ou hemoderivados. *Haemophilus influenzae* é um importante patógeno humano; *Haemophilus ducreyi* é um patógeno sexualmente transmissível associado ao cancroide; 6 outras espécies de *Haemophilus* estão entre a microbiota normal das mucosas e apenas ocasionalmente causam doenças humanas. *Haemophilus aphrophilus* e *Haemophilus paraphrophilus* foram combinados em uma única nova espécie *Aggregatibacter aphrophilus*. Da mesma forma, *Haemophilus segnis* agora é membro do gênero *Aggregatibacter* (Tabela 18-1).

HAEMOPHILUS INFLUENZAE

É encontrado nas mucosas das vias respiratórias superiores dos seres humanos. Trata-se de uma causa importante de meningite em crianças não vacinadas, e provoca infecção das vias respiratórias inferior e superior tanto em crianças quanto em adultos.

Morfologia e identificação

A. Microrganismos típicos

Em amostras coletadas de pacientes com infecções agudas, os microrganismos consistem em bacilos cocoides curtos (1,5 μm), que às vezes ocorrem em pares ou cadeias curtas. Nas culturas, a morfologia depende tanto da duração da incubação quanto do meio de cultura. Depois de 6 a 8 horas em meio enriquecido, predominam as formas cocobacilares pequenas. Posteriormente, são observados bastonetes mais longos e formas muito pleomórficas.

Alguns microrganismos que crescem em culturas jovens (6-18 horas), em meio enriquecido, apresentam uma cápsula bem-definida. Essa cápsula é o antígeno usado para a "tipagem" do *H. influenzae* (ver adiante).

B. Cultura

Em ágar-chocolate, colônias achatadas, de cor marrom, translúcidas, com diâmetro de 1 a 2 mm, estão presentes após 24 horas de incubação. Em meios de cultura, o IsoVitaleX® intensifica o crescimento. *Haemophilus influenzae* não cresce em ágar-sangue de carneiro, exceto em torno de colônias de estafilococos (fenômeno conhecido como "satelitismo"). *Haemophilus haemolyticus*

e *Haemophilus parahaemolyticus* são variantes hemolíticas de *H. influenzae* e de *H. parainfluenzae*, respectivamente.

C. Características de crescimento

A identificação de microrganismos do grupo *Haemophilus* depende, em parte, da demonstração da necessidade de certos fatores de crescimento denominados X e V. O fator X atua fisiologicamente como hemina; o fator V pode ser substituído pelo dinucleotídeo de nicotinamida-adenina (NAD, do inglês *nicotinamide adenine dinucleotide*) ou por outras coenzimas. Colônias de estafilococos em ágar-sangue de carneiro causam a liberação do NAD, produzindo o fenômeno de crescimento satélite. Na Tabela 18-1, estão assinaladas as necessidades de fatores X e V por parte de várias espécies de *Haemophilus*. A fermentação de carboidratos é útil na identificação das espécies, assim como a presença ou a ausência do padrão de hemólise.

Além da sorotipagem baseada no antígeno polissacarídico capsular (ver adiante), *H. influenzae* e *H. parainfluenzae* podem ser biotipados por características bioquímicas, como produção de indol, descarboxilação da ornitina e produção da urease. A maioria das infecções invasivas causadas por *H. influenzae* pertence aos biotipos I e II (há um total de 8).

Estrutura antigênica

Haemophilus influenzae encapsulado contém **polissacarídeos capsulares** (massa molecular > 150.000 dáltons [Da]) de um de seis tipos (a-f). O antígeno capsular tipo b é uma polirribosil-ribitol-fosfato (PRP, do inglês *polyribosylribitol phosphate*). *Haemophilus influenzae* encapsulado pode ser tipado por aglutinação em lâmina, coagulação com estafilococos ou aglutinação com partículas de látex revestidas com anticorpos tipo-específicos. O teste de intumescimento capsular com antissoro específico é análogo ao teste de Quellung para pneumococos. Pode-se efetuar uma tipagem comparável por imunofluorescência. A maioria das amostras de *H. influenzae* na microbiota normal do trato respiratório superior não é encapsulada e é referida como não tipável (NTHi).

Os antígenos somáticos do *H. influenzae* consistem em proteínas da membrana externa. Os lipo-oligossacarídeos (endotoxinas) compartilham muitas estruturas com os das neissérias.

Patogênese

Haemophilus influenzae não produz exotoxinas. O microrganismo não encapsulado é um membro regular da microbiota

TABELA 18-1 **Características e necessidades de crescimento das espécies dos gêneros _Haemophilus_ e _Aggregatibacter_ de importância médica**

Espécies	Necessitam de		Hemólise
	X	V	
Haemophilus influenzae (H. aegyptius)	+	+	–
Haemophilus parainfluenzae	–	+	–
Haemophilus ducreyi	+	–	–
Haemophilus haemolyticus	+	+	+
Aggregatibacter aphrophilus[a]	–	+/–	–
Haemophilus parahaemolyticus	–	+	+
Aggregatibacter segnis[b]	–	+	–

X, heme; V, dinucleotídeo de nicotinamida-adenina (NAD).
[a] Anteriormente denominado _H. aphrophilus_ e _H. paraphrophilus_.
[b] Anteriormente denominado _H. segnis_.

respiratória normal dos seres humanos. A cápsula é antifagocítica na ausência de anticorpos anticapsulares específicos. A cápsula de PRP do _H. influenzae_ tipo b (Hib) constitui o principal fator de virulência.

A incidência do estado de portador do Hib nas vias respiratórias superiores era de 2 a 5% antes da implementação das vacinas conjugadas, sendo hoje menos de 1%. O percentual de portadores assintomáticos de NTHi é de 50 a 80% ou mais. Hib provoca meningite, pneumonia e empiema, epiglotite, celulite, artrite séptica e, em certas ocasiões, outras formas de infecção invasiva. Os NTHis tendem a causar bronquite crônica, otite média, sinusite e conjuntivite após a quebra dos mecanismos normais de defesa do hospedeiro. A incidência do estado de portador para os tipos encapsulados a, c, d, e e f é baixa (1-2%), e esses tipos encapsulados raramente provocam doença. Embora Hib possa causar bronquite crônica, otite média, sinusite e conjuntivite, ele é muito menos comum que o NTHi. Da mesma forma, NTHi* ocasionalmente causa doença invasiva (cerca de 5% dos casos).

Manifestações clínicas

Hib penetra no trato respiratório. Pode ocorrer extensão local do microrganismo com comprometimento dos seios da face e do ouvido médio. As amostras de _H. influenzae_ não tipáveis e os pneumococos constituem dois dos agentes etiológicos mais comuns da otite média bacteriana e da sinusite aguda. As infecções do trato respiratório inferior, como bronquite e pneumonia, podem ser observadas em pacientes com condições que diminuem a depuração mucociliar, como tabagismo, doença pulmonar obstrutiva crônica e fibrose cística. Os microrganismos encapsulados podem atingir a corrente sanguínea e ser transportados até as meninges ou, com menos frequência, podem instalar-se nas articulações, onde causam artrite séptica. Antes do emprego da vacina conjugada, Hib era a causa mais comum de meningite bacteriana em crianças de 5 meses a 5 anos nos Estados Unidos. Clinicamente,

---

*N. de T. Esse percentual vem aumentando desde a implementação da vacina conjugada contra Hib; possivelmente, pela pressão seletiva provocada pela vacina.

assemelha-se a outras formas de meningite infantil, e o estabelecimento do diagnóstico baseia-se na demonstração bacteriológica do microrganismo.

Em certas ocasiões, verifica-se o desenvolvimento de laringotraqueíte obstrutiva fulminante com epiglote edematosa e de coloração vermelho-cereja em lactentes, exigindo traqueostomia ou intubação imediatas para salvar a vida do paciente. Podem ocorrer pneumonite e epiglotite por _H. influenzae_ após infecções das vias respiratórias superiores em crianças menores e em indivíduos idosos ou debilitados. Os adultos podem apresentar bronquite ou pneumonia por _H. influenzae_.

Exames diagnósticos laboratoriais

A. Amostras

As amostras consistem em escarro expectorado e outros tipos de espécimes respiratórios, pus, sangue e líquido cerebrospinal (LCS) para esfregaços e culturas, dependendo do processo infeccioso.

B. Identificação direta

Existem _kits_ disponíveis comercialmente para detecção imunológica de antígenos do _H. influenzae_ no LCS. Esses testes de detecção de antígenos geralmente não são mais sensíveis do que a coloração de Gram. Logo, não são amplamente utilizados, principalmente porque a incidência de meningite por _H. influenzae_ é muito baixa. Seu uso ainda é desencorajado em todos os locais, exceto em áreas com recursos limitados e onde a prevalência da doença permanece alta. Uma coloração pelo método de Gram de _H. influenzae_ em escarro é mostrada na Figura 18-1. Testes de amplificação de ácido nucleico (NAATs, do inglês _nucleic acid amplification tests_) foram desenvolvidos por alguns laboratórios e em breve podem estar

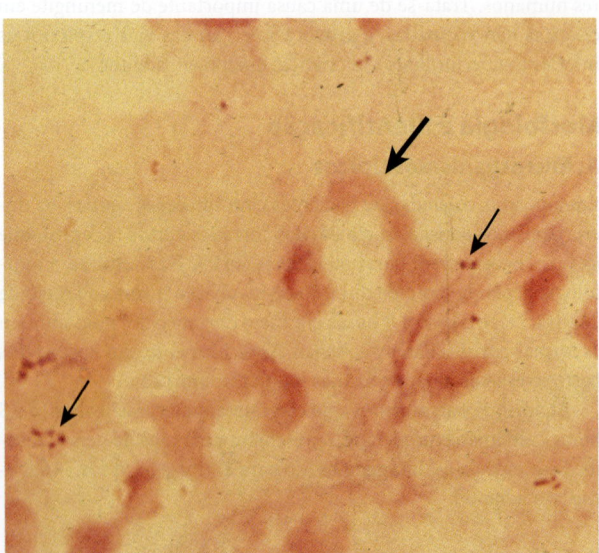

FIGURA 18-1 Coloração pelo método de Gram de _Haemophilus influenzae_ em escarro. Os microrganismos são cocobacilos Gram-negativos muito pequenos (0,3 × 1 μm) (_setas pequenas_). Os objetos grandes de formatos irregulares (_seta grande_) são núcleos de células polimorfonucleares. O muco está fracamente corado de cor-de-rosa no fundo.

comercialmente disponíveis para detecção direta de LCS e infecções do trato respiratório inferior.

C. Cultura

As amostras são cultivadas em ágar-chocolate enriquecido com Iso-VitaleX® até o aparecimento de colônias típicas (ver anteriormente). *Haemophilus influenzae* é diferenciado dos bacilos Gram-negativos relacionados pela sua necessidade dos fatores X e V, bem como pela ausência de hemólise em ágar-sangue (ver Tabela 18-1).

Os testes para a exigência dos fatores X (heme) e V (NAD) podem ser feitos de diversas maneiras. As espécies de *Haemophilus* que necessitam do fator V crescem ao redor de tiras ou discos de papel contendo o fator V aplicado à superfície do ágar autoclavado antes do acréscimo de sangue (o fator V é termolábil). Uma alternativa consiste em colocar uma tira contendo o fator X paralelamente a outra que contenha o fator V em ágar com deficiência desses nutrientes. O crescimento de *Haemophilus* na área entre as tiras indica a necessidade de ambos os fatores. Um teste mais apropriado para estabelecer a necessidade do fator X baseia-se na incapacidade do *H. influenzae* (e de algumas outras espécies de *Haemophilus*) de sintetizar o heme a partir do ácido δ-aminolevulínico. O inóculo é incubado com esse ácido. As espécies de *Haemophilus* que não necessitam do fator X sintetizam porfobilinogênio, porfirinas, protoporfirina IX e heme. A presença de fluorescência vermelha sob luz ultravioleta (cerca de 360 nm) indica a existência de porfirinas e um teste positivo. As espécies de *Haemophilus* que sintetizam porfirinas (e, portanto, heme) não são *H. influenzae* (ver Tabela 18-1.)

Imunidade

Lactentes com menos de 3 meses de vida podem apresentar anticorpos séricos transmitidos pelas mães. Durante esse período, a infecção por *H. influenzae* é rara; todavia, subsequentemente ocorre a perda desses anticorpos. Com frequência, as crianças contraem infecções por *H. influenzae*, que costumam ser assintomáticas, mas podem manifestar-se em forma de doença respiratória ou meningite. *Haemophilus influenzae* foi a causa mais comum de meningite bacteriana em crianças de 5 meses a 5 anos, até o início da década de 1990, quando as vacinas conjugadas se tornaram disponíveis (ver adiante). Dos 3 aos 5 anos, muitas crianças não imunizadas já adquiriram naturalmente anticorpos anti-PRP que promovem a fagocitose e a destruição bactericida dependente do complemento. A imunização de crianças com a vacina conjugada contra Hib induz a formação dos mesmos anticorpos.

Existe uma correlação entre a presença de anticorpos bactericidas e a resistência às principais infecções por Hib. Contudo, não se sabe se esses anticorpos isoladamente são responsáveis pela imunidade. Podem ocorrer pneumonia ou artrite por *H. influenzae* em adultos com esses anticorpos.

Tratamento

A taxa de mortalidade de indivíduos acometidos por meningite por *H. influenzae* sem tratamento pode atingir 90%. Muitas cepas de Hib são sensíveis à ampicilina, mas até 25% produzem β-lactamase sob o controle de um plasmídeo transmissível e, portanto, são resistentes. Essencialmente, todas as amostras são suscetíveis às cefalosporinas de terceira geração e aos carbapenêmicos. A cefotaxima,

administrada por via intravenosa (IV), dá excelentes resultados. O diagnóstico e a terapia antimicrobiana imediatos são essenciais para minimizar o comprometimento neurológico e intelectual tardio. Entre as complicações tardias da meningite por Hib, destaca-se o acúmulo subdural localizado de líquido, que exige drenagem cirúrgica. Até 27% do NTHi nos Estados Unidos também produz β-lactamases.

Epidemiologia, prevenção e controle

Hib encapsulado é transmitido de uma pessoa para outra por via respiratória. A doença causada por Hib pode ser evitada pela administração de **vacina conjugada contra Hib** a crianças. Atualmente, existem três vacinas conjugadas monovalentes de PRP polissacarídeo-proteína (polissacarídeo conjugado ao complexo de proteínas da membrana externa) disponíveis para uso nos Estados Unidos: PRP-OMP (PedvaxHIB, Merck and Co., Inc.), PRP-T (ActHIB, Sanofi Pasteur, Inc.) e PRP-T (Hiberix, GlaxoSmithKline). Na PRP-OMP, o complexo das proteínas de membrana externa do sorogrupo B de *Neisseria meningitidis* é o conjugado proteico, enquanto na PRP-T é o toxoide tetânico. Também existem três vacinas combinadas que contêm a vacina conjugada contra Hib: PRP-OMP-HepB (Merck and Co., Inc.), DTaP-IPV/PRP-T (difteria, pertússis acelular e vírus da pólio inativado são adicionados à PRP-T; Sanofi Pasteur) e MenCY/PRP-T (antígenos capsulares C e Y de meningococos são adicionados à PRP-T; GlaxoSmithKline). Para uma discussão mais detalhada sobre essas vacinas, consultar a referência de Briere. A partir dos 2 meses de vida, todas as crianças devem ser imunizadas com uma das vacinas conjugadas. Dependendo da vacina escolhida, as séries consistem em três doses aos 2, 4 e 6 meses de vida ou duas doses administradas aos 2 e 4 meses de vida. Outra dose de reforço é dada em um período entre 12 e 18 meses de vida. Vacinas conjugadas monovalentes podem ser dadas concomitantemente à administração de outras vacinas, como a DTPa (difteria, tétano e pertússis acelular).* O uso disseminado da vacina contra Hib reduziu mais de 95% a incidência de meningite causada por Hib em crianças. A vacina reduz a incidência do estado de portador de Hib.

O contato com pacientes acometidos de infecção clínica por Hib está associado a pouco risco para os adultos, mas constitui um risco bem-definido para irmãos não imunizados e outras crianças não imunes com menos de 4 anos que tenham contato próximo com o paciente. Recomenda-se a profilaxia com rifampicina para essas crianças.

HAEMOPHILUS AEGYPTIUS

Esse microrganismo, antigamente denominado bacilo de Koch-Weeks, foi associado a uma forma de conjuntivite extremamente infecciosa em crianças. *Haemophilus aegyptius* está filogeneticamente relacionado com *H. influenzae* biotipo III, o causador da febre purpúrica brasileira. Esta última é uma doença que acomete crianças e é caracterizada por febre, púrpura, choque e morte. No passado, essas infecções foram atribuídas erroneamente a *H. aegyptius*.

---

*N. de T. No Brasil, a vacina contra Hib é conjugada com a DTP, e não com a DTPa.

AGGREGATIBACTER APHROPHILUS

Microrganismos pertencentes às espécies *H. aphrophilus* e *H. paraphrophilus* foram recentemente combinados na mesma espécie, e a denominação foi mudada para *Aggregatibacter aphrophilus*. *Haemophilus segnis* e *Actinobacillus actinomycetemcomitans* também foram adicionados ao gênero *Aggregatibacter*. Os isolados de *A. aphrophilus* são encontrados com frequência como causadores de endocardite infecciosa e pneumonia. Esses microrganismos estão presentes na cavidade oral como parte da microbiota respiratória normal, juntamente com outras espécies do grupo HACEK (espécies de *Haemophilus*, espécies de *Actinobacillus/Aggregatibacter*, *Cardiobacterium hominis*, *Eikenella corrodens* e *Kingella kingae*) (ver Capítulo 16).

HAEMOPHILUS DUCREYI

Haemophilus ducreyi provoca o cancroide (cancro mole), uma infecção sexualmente transmissível, que consiste em uma úlcera irregular da genitália, com edema e hipersensibilidade acentuados. Os linfonodos regionais ficam aumentados e dolorosos. A doença deve ser diferenciada da sífilis, da infecção por herpes simples e do linfogranuloma venéreo.

Esses microrganismos são bastonetes Gram-negativos e podem ser encontrados na borda das lesões e normalmente em associação com outros microrganismos piogênicos. *Haemophilus ducreyi* requer o fator X, mas não o fator V. Esse microrganismo cresce melhor a partir de raspagens da base da úlcera que são inoculadas em ágar-chocolate contendo 1% de IsoVitaleX® e vancomicina (3 µg/mL). O ágar é incubado em 10% de dióxido de carbono (CO_2) a 33 °C. Os NAATs são mais sensíveis que a cultura. Não há imunidade permanente contra *H. ducreyi* após o cancroide. O tratamento preconizado pelo Centers for Disease Control and Prevention (CDC) é 1 g de azitromicina por via oral (VO). Outras condutas incluem ceftriaxona por via intramuscular (IM) e ciprofloxacino ou eritromicina VO por 2 semanas.

OUTRAS ESPÉCIES DE HAEMOPHILUS

Haemophilus haemolyticus é o microrganismo mais acentuadamente hemolítico do grupo *in vitro*, sendo encontrado tanto na nasofaringe normal quanto em associação com infecções raras das vias respiratórias superiores de gravidade moderada na infância. *Haemophilus parainfluenzae* assemelha-se a *H. influenzae*, e é um habitante normal das vias respiratórias humanas; em certas ocasiões, é encontrado na endocardite infecciosa e na uretrite.

Verificação de conceitos

- As espécies de *Haemophilus* são formadas por bastonetes Gram-negativos pleomórficos que necessitam do fator X (hemina), do fator V (NAD) ou de ambos para seu crescimento. A maioria das espécies desse gênero é colonizadora do trato respiratório superior em seres humanos.
- *Haemophilus influenzae* é o principal patógeno do grupo e o mais virulento. Esse microrganismo é encapsulado (especialmente o sorotipo b) e está associado a diferentes infecções invasivas, incluindo bacteriemia e meningite em indivíduos não imunizados.
- *Haemophilus influenzae* tipo b (Hib) foi uma causa importante de morbidade e de mortalidade em crianças. Porém, hoje é menos frequente em países desenvolvidos, com a implementação das vacinas conjugadas no esquema vacinal infantil.
- *Haemophilus aphrophilus* e *H. paraphrophilus* foram combinados em um único gênero e espécie, *Aggregatibacter aphrophilus*. Outros membros do gênero *Aggregatibacter* incluem *A. actinomycetemcomitans* e *A. segnis*. Esses microrganismos estão associados a uma variedade de infecções, incluindo endocardite.
- *Haemophilus ducreyi* está associado ao cancro mole, uma infecção sexualmente transmissível.

ESPÉCIES DE BORDETELLA

Existem várias espécies de *Bordetella*. *Bordetella pertussis*, um patógeno altamente contagioso e importante nos seres humanos, provoca a coqueluche (pertússis). *Bordetella parapertussis* pode causar uma doença semelhante. *Bordetella bronchiseptica* (*Bordetella bronchicanis*) causa doenças em animais, como tosse do canil em cães e doença respiratória superior (*snuffles*) em coelhos. Contudo, ocasionalmente pode causar doenças respiratórias e bacteriemia em humanos. Novas espécies e suas doenças associadas são *Bordetella hinzii* (bacteriemia, doença respiratória e artrite); *Bordetella holmesii* (bacteriemia entre pacientes imunodeprimidos); e *Bordetella trematum* (feridas e otite média). *Bordetella pertussis*, *B. parapertussis* e *B. bronchiseptica* estão estreitamente relacionados, com 72 a 94% de homologia do DNA e diferenças muito limitadas na análise enzimática de múltiplos *loci*. As três espécies podem ser consideradas três subespécies de uma espécie.

BORDETELLA PERTUSSIS

Morfologia e identificação

A. Microrganismos típicos

Consistem em diminutos cocobacilos Gram-negativos que se assemelham a *H. influenzae*. Verifica-se a presença de cápsula.

B. Cultura

O isolamento primário de *B. pertussis* exige meios enriquecidos. Pode ser usado o ágar Bordet-Gengou (ágar batata-sangue-glicerol) que contém penicilina G 0,5 µg/mL. No entanto, um meio contendo carvão vegetal suplementado com sangue de cavalo, cefalexina e anfotericina B (Regan-Lowe) é preferível devido ao prazo de validade mais longo. As placas são incubadas a 35 a 37 °C por 3 a 7 dias em aerobiose e em ambiente úmido (p. ex., bolsa plástica selada). Os pequenos bastonetes Gram-negativos que se coram fracamente são identificados por imunofluorescência. *Bordetella pertussis* não é móvel.

C. Características de crescimento

O microrganismo é um aeróbio estrito, oxidase e catalase-positivo, porém nitrato, citrato e ureia-negativo. Esses resultados são úteis para diferenciá-lo de outras espécies de *Bordetella*. Não exige o fator X nem o fator V na repicagem.

Estrutura antigênica, patogênese e patologia

Bordetella pertussis produz diversos fatores envolvidos na patogênese da doença. Um *locus* no cromossomo de *B. pertussis* atua como regulador central dos genes de virulência. Esse *locus* possui dois óperons, **bvgA** e **bvgS**. Os produtos dos *loci* A e S assemelham-se aos sistemas regulatórios de dois componentes. O *bvgS* responde a sinais do ambiente, enquanto o *bvgA* é um ativador transcricional de genes de virulência. A **hemaglutinina filamentosa** (uma grande proteína de superfície) e as fímbrias (apêndices de superfície) atuam como mediadoras da adesão às células epiteliais ciliadas e são essenciais para a colonização traqueal. A **toxina pertússis** (uma toxina do tipo A/B) promove linfocitose, sensibilização à histamina e aumento da secreção de insulina. Além disso, tem atividade de ribosilação do difosfato de adenosina (ADP, do inglês *adenosine diphosphate*), que interrompe a função da transdução de sinal em muitos tipos de células. A hemaglutinina filamentosa e a toxina pertússis são proteínas secretadas, encontradas fora das células de *B. pertussis*. A **toxina adenilatociclase** (**ACT**, do inglês *adenylate cyclase toxin*), a **toxina dermonecrótica** (**DNT**, do inglês *dermonecrotic toxin*) e a **hemolisina** também são reguladas pelo sistema bvg. A ACT é um importante fator de virulência que inibe a função de fagocitose das células fagocíticas. O papel da DNT na virulência de pertússis ainda é desconhecido. A **citotoxina traqueal** não é regulada por *bvg*, apresentando um efeito citotóxico em células epiteliais respiratórias *in vitro*. O lipopolissacarídeo na parede celular também pode ser importante na produção de lesão das células epiteliais das vias respiratórias superiores.

Bordetella pertussis sobrevive apenas por um breve período fora do hospedeiro humano. Não existe vetor. A transmissão ocorre, em grande parte, pela via respiratória a partir de casos iniciais e, possivelmente, por meio de portadores. O microrganismo adere à superfície epitelial da traqueia e dos brônquios, onde se multiplica rapidamente e interfere na ação ciliar. Não há invasão do sangue. As bactérias liberam as toxinas e as substâncias que irritam as células superficiais, provocando tosse e linfocitose acentuada. Mais tarde, podem ocorrer necrose de partes do epitélio e infiltração polimorfonuclear (PMN) com inflamação peribrônquica e pneumonia intersticial. Os invasores secundários, como estafilococos ou *H. influenzae*, podem dar origem à pneumonia bacteriana. A obstrução dos bronquíolos menores por muco resulta em atelectasia e diminuição da oxigenação do sangue. Esse processo provavelmente contribui para a frequência de convulsões em lactentes com coqueluche.

Manifestações clínicas

Após um período de incubação de cerca de 2 semanas, o estágio "catarral" se desenvolve, com tosse e espirros leves. Durante esse período, grande número de microrganismos é liberado em forma de aerossol em perdigotos, e o paciente mostra-se altamente infeccioso, embora sem outras manifestações clínicas aparentes. Já no estágio "paroxístico", ocorre tosse de caráter explosivo com o característico "sibilo" à inspiração, resultando em rápida exaustão e

podendo estar associado a vômitos, cianose e convulsões. Os "sibilos" e as principais complicações são observados predominantemente em lactentes, enquanto a tosse paroxística predomina em crianças maiores e adultos. A contagem de leucócitos mostra-se elevada (16.000-30.000/μL), com linfocitose absoluta. A convalescença é lenta. *Bordetella pertussis* é causa comum das tosses prolongadas (4-6 semanas) em adultos. Em raras ocasiões, a coqueluche é seguida de encefalite, complicação grave e potencialmente fatal (convulsões e encefalopatia). Vários tipos de adenovírus e *Chlamydia pneumoniae* podem provocar um quadro clínico semelhante ao causado por *B. pertussis*.

Exames diagnósticos laboratoriais

A. Amostras

As amostras preferidas consistem em *swab* da nasofaringe ou lavado nasofaríngeo com solução salina. Os *swabs* devem ter ponta de Dacron ou *rayon* e não alginato de cálcio, pois este inibe a reação em cadeia da polimerase (PCR, do inglês *polymerase chain reaction*), nem de algodão, pois o algodão mata os microrganismos. Para adultos, gotículas de tosse expelidas diretamente em uma "placa de tosse" mantida na frente da boca do paciente durante um paroxismo consistem em um método menos aconselhável de coletar amostras.

B. Teste do anticorpo fluorescente direto

Pode-se utilizar o reagente para anticorpo fluorescente (AF) a fim de examinar as amostras de *swab* nasofaríngeo. Todavia, podem ser obtidos resultados falso-positivos e falso-negativos; a sensibilidade do teste é de cerca de 50%. O teste do AF é mais útil na identificação de *B. pertussis* após cultura em meios sólidos.

C. Cultura

O aspirado da nasofaringe ou *swabs* são semeados em meios sólidos (ver anteriormente). Os antibióticos no meio tendem a inibir os outros microrganismos da microbiota respiratória, mas permitem o crescimento de *B. pertussis*. Os microrganismos são identificados por imunofluorescência ou por aglutinação em lâmina com antissoro específico.

D. Reação em cadeia da polimerase

A PCR e outros NAATs constituem os métodos mais sensíveis para estabelecer o diagnóstico de coqueluche. Devem-se incluir sequências iniciadoras (*primers*) para *B. pertussis* e para *B. parapertussis*. Quando disponível, o teste da PCR deve substituir o teste do AF direto, que pode apresentar reação cruzada com outras espécies de *Bordetella*.

E. Sorologia

A produção de anticorpos IgA, IgG e IgM ocorre após a exposição a *B. pertussis*, e esses anticorpos podem ser detectados por ensaios imunoenzimáticos. Os testes sorológicos em pacientes são de pouco auxílio para o diagnóstico, visto que a elevação dos anticorpos aglutinantes ou precipitantes só é observada a partir da terceira semana de doença. A sorologia pode ser útil na avaliação de pacientes entre 2 e 4 semanas da doença. Um único soro com anti-PT IgG de alto título pode ser útil para diagnosticar a causa de uma tosse prolongada com duração superior a 4 semanas.

Imunidade

A recuperação da coqueluche ou a imunização são seguidas de imunidade não duradoura. Pode ocorrer uma segunda infecção, porém leve. Já as reinfecções que ocorrem depois de vários anos em adultos podem ser graves. É provável que a primeira defesa contra a infecção por *B. pertussis* seja a produção do anticorpo que impede a fixação das bactérias aos cílios do epitélio respiratório. Anticorpos contra a PT apresentam alta afinidade e especificidade.

Tratamento

Bordetella pertussis mostra-se sensível a vários antimicrobianos *in vitro*. A administração de eritromicina durante o estágio catarral da doença promove a eliminação dos microrganismos, podendo ter valor profilático. O tratamento após o início da fase paroxística raramente altera a evolução clínica. Inalação de oxigênio e sedação podem impedir a lesão do cérebro por anoxia.

Prevenção

Durante o primeiro ano de vida, todos os lactentes devem receber três injeções de vacina contra coqueluche, seguidas de uma série de reforço, em um total de cinco doses. Existem diversas vacinas contra pertússis acelulares liberadas nos Estados Unidos e em outros países. O uso dessas vacinas é recomendado. As vacinas acelulares têm pelo menos dois dos seguintes antígenos: toxina pertússis inativada, hemaglutinina filamentosa, proteínas de fímbria e pertactina.

Como diferentes vacinas contêm diferentes antígenos, deve-se utilizar o mesmo produto durante a série de imunização. A vacina contra coqueluche costuma ser administrada em combinação com os toxoides diftérico e tetânico (DTPa). São recomendadas cinco doses da vacina contra pertússis antes do ingresso da criança na escola. O calendário usual é a administração de doses no 2º, 4º, 6º e 15º ao 18º meses de vida e uma dose de reforço entre 4 e 6 anos de idade. Em 2005, foi recomendado pelo Advisory Committee on Immunization Practices (ACIP), nos Estados Unidos, que todos os adolescentes e adultos recebam uma dose única de reforço da DTPa (difteria, tétano e pertússis acelular) para substituir a dose de reforço de difteria e tétano (dT) sozinhos. Uma estratégia para controlar a doença em bebês com menos de 6 meses de idade consiste em vacinar mulheres grávidas com DTPa. Várias vacinas contra pertússis acelulares estão disponíveis nos Estados Unidos para uso em adolescentes e adultos.

A administração profilática de eritromicina durante 5 dias também pode ser benéfica para lactentes não imunizados ou adultos intensamente expostos.

Epidemiologia e controle

A coqueluche é endêmica nas áreas mais densamente povoadas do mundo inteiro e ocorre de modo intermitente em epidemias. Em geral, a fonte de infecção é um paciente que se encontra na fase catarral inicial da doença. A contagiosidade é alta, variando de 30 a 90%. A maioria dos casos é observada em crianças com menos de 5 anos, e a maioria das mortes ocorre durante o primeiro ano de vida.

Nas últimas duas décadas, o declínio acentuado nos casos de coqueluche nos Estados Unidos começou a reverter, e, no fim dos anos 1990 e início dos anos 2000, a incidência de doenças em adolescentes aumentou significativamente. Esse fato levou à recomendação, em 2005, para uso da DTPa aos 11 e 12 anos (ver anteriormente) e cobertura de adolescentes não vacinados entre 13 e 17 anos. Assim, essa recomendação resultou no declínio da incidência da coqueluche entre os adolescentes. No entanto, entre 2010 e 2012, foram observadas epidemias de coqueluche em crianças pequenas totalmente vacinadas (DTPa) (crianças de 7-10 anos). Existem várias hipóteses para essa falta de resposta duradoura: a diminuição da proteção iniciada após 3 anos de vacinação completa, possíveis alterações nos antígenos de superfície de *B. pertussis* e alterações nas características genotípicas do microrganismo. Mais pesquisas são necessárias para elucidar essas tendências.

Apesar desse fato preocupante, o controle da coqueluche baseia-se principalmente na imunização ativa adequada de todos os bebês e de crianças, adolescentes e adultos que mantêm contato próximo com eles.

BORDETELLA PARAPERTUSSIS

Esse microrganismo pode provocar uma doença semelhante à coqueluche, mas é geralmente menos grave. A infecção é frequentemente subclínica. *Bordetella parapertussis* apresenta crescimento mais rápido que *B. pertussis* típico e produz colônias maiores. Além disso, cresce em ágar-sangue. *Bordetella parapertussis* tem uma cópia silenciosa do gene da toxina pertússis.

BORDETELLA BRONCHISEPTICA

Consiste em um pequeno bacilo Gram-negativo que habita as vias respiratórias dos caninos, nos quais pode causar a "tosse do canil" e pneumonite. Provoca coriza em coelhos e rinite atrófica em suínos. Raramente, é responsável por infecção crônica das vias respiratórias em seres humanos, principalmente em indivíduos com doenças de base. Cresce em meio de ágar-sangue. *Bordetella bronchiseptica* tem uma cópia silenciosa do gene da toxina pertússis. Esse microrganismo expressa uma β-lactamase que confere resistência a penicilinas e cefalosporinas.

Verificação de conceitos

- As espécies de *Bordetella* compreendem cocobacilos Gram-negativos. O gênero inclui diversas espécies, que vão desde microrganismos fastidiosos e virulentos, como *B. pertussis* (causador da coqueluche), a espécies relacionadas a diferentes animais.
- *Bordetella pertussis* elabora diferentes fatores de virulência que são responsáveis por sua patogênese, como hemaglutinina filamentosa, que promove a aderência, e uma variedade de toxinas (toxina pertússis, citotoxina traqueal, hemolisina e DNT) que estão relacionadas com os sintomas respiratórios graves e com a linfocitose observados na coqueluche.
- *Bordetella pertussis* é um microrganismo fastidioso de crescimento lento, necessitando de meios seletivos como ágar Regan-Lowe, que é incubado entre 35 e 37 °C por até 7 dias.

- Os NAATs combinados com a cultura são os métodos de escolha na identificação do microrganismo.
- A coqueluche inicia com uma fase catarral seguida por uma tosse paroxística, que pode durar semanas e termina com a fase de convalescença.
- O tratamento da coqueluche é de suporte. A administração de eritromicina reduz a infectividade, mas não altera o curso natural da doença. A coqueluche pode ser evitada por vacinação com a DTPa.
- Outras espécies de *Bordetella* podem causar infecções respiratórias, mas não estão associadas a casos clássicos de coqueluche.

BRUCELAS

As brucelas são parasitas obrigatórios de animais e seres humanos, sendo geralmente de localização intracelular. Consistem em microrganismos relativamente inativos do ponto de vista metabólico. Em geral, *Brucella melitensis* infecta cabras; *Brucella suis*, suínos; *Brucella abortus*, o gado bovino; e *Brucella canis*, cães. Outras espécies são encontradas apenas em animais. Embora descritas como espécies, os estudos de relação do DNA mostraram a existência de apenas uma espécie no gênero, *B. melitensis*, com vários biotipos. A doença em seres humanos, denominada brucelose (febre ondulante, febre de Malta), caracteriza-se por uma fase bacteriêmica aguda, seguida de um estágio crônico que pode estender-se por muitos anos, podendo acometer muitos tecidos.

Morfologia e identificação

A. Microrganismos típicos

O aspecto das culturas jovens varia de cocos a bastonetes de 1,2 µm de comprimento, com predomínio de formas cocobacilares curtas. Os microrganismos são Gram-negativos, mas coram-se frequentemente de modo irregular, sendo aeróbios, imóveis e não formadores de esporos.

B. Cultura

Em meios enriquecidos, surgem colônias pequenas, convexas e lisas em 2 a 5 dias.

C. Características de crescimento

As brucelas estão adaptadas a um hábitat intracelular, e suas exigências nutricionais são complexas. Algumas cepas foram cultivadas em meios definidos contendo aminoácidos, vitaminas, sais e glicose. Em geral, amostras frescas de origem animal ou humana são inoculadas em ágar de tripticase-soja ou meios de hemocultura. *Bordetella abortus* necessita de 5 a 10% de CO_2 para crescer, enquanto as outras três espécies crescem na presença de ar.

As brucelas utilizam carboidratos, mas não produzem ácido nem gás em quantidades suficientes para sua classificação. As quatro espécies que infectam seres humanos produzem catalase e oxidase. O sulfeto de hidrogênio (H_2S) é produzido por muitas cepas, e os nitratos são reduzidos a nitritos.

As brucelas são moderadamente sensíveis ao calor e à acidez. São destruídas no leite pela pasteurização.

Estrutura antigênica

A diferenciação entre as espécies ou biotipos de *Brucella* tornou-se possível com base na sua sensibilidade característica a corantes e na sua produção de H_2S. Poucos laboratórios mantiveram os procedimentos para a realização desses testes, de modo que as brucelas raramente são classificadas nas espécies tradicionais. Como o manuseio das brucelas em laboratório é perigoso, os testes de classificação das brucelas devem ser realizados somente em laboratórios de referência, tomando as devidas precauções de biossegurança.

Patogênese e patologia

Embora cada espécie de *Brucella* tenha um hospedeiro preferido, todas podem infectar grande variedade de animais, inclusive seres humanos.

Nos seres humanos, as vias comuns de infecção consistem no trato intestinal (ingestão de leite infectado), mucosas (perdigotos) e pele (contato com tecidos infectados de animais). O queijo preparado a partir de leite de cabra não pasteurizado é um vetor de infecção particularmente comum. A partir da porta de entrada, os microrganismos seguem seu trajeto pelos canais linfáticos e linfonodos regionais, dirigindo-se para o ducto torácico e a corrente sanguínea, que os distribui para os órgãos parenquimatosos. Formam-se nódulos granulomatosos, que podem evoluir para abscessos, no tecido linfático, no fígado, no baço, na medula óssea e em outras partes do sistema reticuloendotelial. Nessas lesões, as brucelas são encontradas principalmente no interior das células. Em certas ocasiões, ocorrem também osteomielite, meningite ou colecistite. A principal reação histológica na brucelose consiste em proliferação de células mononucleares, exsudação de fibrina, necrose de coagulação e fibrose. Os granulomas consistem em células epitelioides e gigantes, com necrose central e fibrose periférica.

As brucelas que infectam seres humanos exibem nítidas diferenças na sua patogenicidade. Em geral, *B. abortus* provoca doença leve sem qualquer complicação supurativa; verifica-se a formação de granulomas não caseosos no sistema reticuloendotelial. *Bordetella canis* também causa doença leve. A infecção por *B. suis* tende a ser crônica, com lesões supurativas; além disso, pode haver granulomas caseosos. A infecção causada por *Brucella melitensis* é mais aguda e grave.

Os indivíduos com brucelose ativa reagem mais acentuadamente (febre, mialgia) à injeção de endotoxina de *Brucella* do que os indivíduos normais. Por conseguinte, a sensibilidade à endotoxina pode desempenhar um papel na patogênese.

A placenta e as membranas fetais de bovinos, suínos, ovinos e caprinos contêm eritritol, um fator de crescimento para brucelas. A proliferação dos microrganismos em fêmeas prenhes resulta em placentite e aborto nessas espécies. A placenta humana não contém eritritol, de modo que a ocorrência de aborto não faz parte da infecção por *Brucella* em seres humanos.

Manifestações clínicas

O período de incubação varia de 1 a 4 semanas. O início é insidioso, com mal-estar, febre, fraqueza, dores e sudorese. A febre geralmente aumenta à tarde e cai durante a noite. Ela é acompanhada de intenso suor. Podem ocorrer sintomas gastrintestinais e nervosos. Os linfonodos aumentam de tamanho, e o baço torna-se palpável. A hepatite pode ser acompanhada de icterícia. Dor intensa e ocorrência de distúrbios da motilidade, particularmente dos corpos vertebrais, sugerem osteomielite. Esses sintomas de infecção generalizada por *Brucella* geralmente desaparecem em semanas ou meses, embora possam persistir lesões e sintomas localizados.

Após a infecção inicial, pode surgir um estágio crônico, caracterizado por fraqueza, dor, febre baixa, nervosismo e outras manifestações inespecíficas, compatíveis com sintomas psiconeuróticos. As brucelas não podem ser isoladas do paciente nesse estágio, mas os títulos de aglutininas podem mostrar-se elevados. É difícil estabelecer com certeza o diagnóstico de "brucelose crônica", a não ser que haja lesões locais.

Exames diagnósticos laboratoriais

A. Amostras

Devem-se obter amostras de sangue para cultura, material de biópsia para cultura (linfonodos, osso etc.) e soro para testes sorológicos.

B. Cultura

O ágar-*Brucella* foi desenvolvido especificamente para o cultivo de espécies de *Brucella*. O meio é altamente enriquecido e, na forma reduzida, é usado principalmente em culturas para bactérias anaeróbias. Na forma oxigenada, o meio permite que espécies de *Brucella* cresçam muito bem. Entretanto, uma vez que frequentemente não se suspeita de infecção por *Brucella* quando são feitas as culturas de pacientes, o ágar-*Brucella*, incubado em aerobiose, raramente é usado. As espécies de *Brucella* crescem nos meios comumente usados, inclusive o meio tripticase-soja com ou sem sangue de carneiro a 5%, o meio de infusão cérebro-coração (BHI, do inglês *brain-heart infusion*) e o ágar-chocolate. As espécies de *Brucella* crescem rapidamente em hemoculturas (ver adiante). Meios líquidos usados para o cultivo do *Mycobacterium tuberculosis* também sustentam o crescimento de algumas cepas. Todas as culturas devem ser incubadas com 8 a 10% de CO_2, a 35 a 37 °C, e devem ser observadas durante 3 semanas antes de serem descartadas como negativas. Deve ser feito um cultivo cego com meios de cultura líquidos durante esse período.

Aspirado de medula óssea e sangue são os materiais dos quais as brucelas são isoladas com maior frequência. O método de escolha para amostras de medula óssea é utilizar tubos isoladores pediátricos, que não requerem centrifugação, com incubação de todo o conteúdo em meio sólido. As brucelas crescem facilmente em meios empregados em sistemas automatizados ou semiautomatizados de hemoculturas, geralmente em 1 semana. Contudo, recomenda-se manter as culturas por pelo menos 3 semanas. Culturas negativas para *Brucella* não excluem a presença de doença, pois as brucelas só podem ser cultivadas de pacientes durante a fase aguda da doença ou recidiva da atividade.

Após poucos dias de incubação em ágar, as brucelas formam colônias com menos de 1 mm de diâmetro nas estrias de semeadura primária. Elas são não hemolíticas. A observação de cocobacilos que coram fracamente como Gram-negativos, catalase e oxidase--positivos, sugere espécies de *Brucella*. Todo o manuseio posterior

deve ser feito em cabines de segurança biológica. Deve-se inocular um tubo de ureia de Christensen e observar com frequência. O resultado positivo para ureia é característico das espécies de *Brucella*. *Brucella suis* e algumas cepas de *B. melitensis* podem produzir um resultado positivo em menos de 5 minutos após a inoculação do microrganismo. Já outras cepas levam de algumas horas a 24 horas. Uma bactéria com essas características deve ser rapidamente enviada a um laboratório público de referência para identificação presuntiva. As espécies de *Brucella* estão na lista de agentes de notificação compulsória nos Estados Unidos.* Foram desenvolvidos métodos moleculares para rápida diferenciação de vários sorotipos de brucelas.

C. Sorologia

O diagnóstico laboratorial da brucelose é realizado com mais frequência por testes sorológicos. Os níveis de anticorpos IgM aumentam durante a primeira semana de doença aguda, atingem valores máximos em 3 meses e podem persistir durante a fase crônica da doença. Mesmo com antibioticoterapia apropriada, os níveis elevados de IgM podem persistir por até 2 anos em um pequeno percentual de pacientes. Os níveis de anticorpos IgG aumentam cerca de 3 semanas após o início da doença aguda, atingem valores máximos em 6 a 8 semanas e permanecem elevados durante a fase crônica da doença. Os níveis de IgA acompanham os níveis de IgG. Os testes sorológicos comuns podem falhar na detecção de infecção por *B. canis* porque os antígenos utilizados geralmente são para detecção de *B. abortus* ou *B. melitensis*. Recomenda-se uma combinação de testes sorológicos (em geral, testes de aglutinação com ensaios não aglutinantes) para diagnosticar a brucelose definitivamente.

1. Teste de aglutinação – para serem confiáveis, os testes séricos de aglutinação devem ser efetuados com antígenos padronizados de *Brucella* de colônias lisas, mortas pelo calor e fenolizadas. Títulos de aglutinina IgG superiores a 1:80 indicam infecção ativa. Os indivíduos que receberam vacina contra cólera podem desenvolver títulos de aglutinação para brucelas. Se o teste de aglutinação do soro for negativo em pacientes com forte evidência clínica de infecção por *Brucella*, devem ser efetuados testes para a presença de anticorpos "bloqueadores", que podem ser detectados pelo acréscimo de antiglobulina humana à mistura de antígeno-soro. As aglutininas da brucelose exibem reatividade cruzada com as aglutininas da tularemia, e os testes para ambas as doenças devem ser efetuados em soros positivos. Em geral, os títulos para uma doença são muito mais elevados do que para outra.

2. Anticorpos bloqueadores – são anticorpos IgA que interferem na aglutinação pelos anticorpos IgG e IgM, resultando em teste sorológico negativo com baixas diluições do soro (pró-zona), porém positivo com diluições mais altas. Esses anticorpos aparecem durante o estágio subagudo da infecção, tendem a persistir por muitos

---

*N. de T. No Brasil, a brucelose não é de notificação compulsória para o Sistema de Informação de Agravos de Notificação (Sinan). Contudo, é necessário comunicar o Serviço de Vigilância Epidemiológica municipal e estadual, por meio do preenchimento da ficha de investigação de brucelose humana, fornecida pelo Estado, por meio da área técnica de zoonoses.

anos, independentemente da atividade da infecção, e são detectados pelo método da antiglobulina de Coombs.

3. Brucellacapt® (Vircell, Granada, Espanha) – este é um método rápido de aglutinação de imunocaptura baseado no teste de Coombs que detecta anticorpos IgG e IgA não aglutinantes. É fácil de executar e possui alta sensibilidade e especificidade. Esse teste não está disponível nos Estados Unidos.

4. Elisa – os anticorpos IgA, IgG e IgM podem ser detectados utilizando testes de Elisa (*enzyme-linked immunosorbent assay*), que usam proteínas citoplasmáticas como antígenos. Esses testes tendem a ser mais sensíveis e específicos que o teste de aglutinação, especialmente na doença crônica.

Imunidade

Observa-se resposta humoral à infecção, e é provável que apareça alguma resistência a crises subsequentes. As frações imunogênicas das paredes celulares de *Brucella* apresentam alto conteúdo de fosfolipídeos, predomínio da lisina em oito aminoácidos e ausência de heptose (distinguindo, assim, as frações da endotoxina).

Tratamento

As brucelas podem ser suscetíveis às tetraciclinas, à rifampicina, ao sulfametoxazol + trimetoprima, aos aminoglicosídeos e a algumas quinolonas. Pode ocorrer alívio sintomático poucos dias após o início do tratamento com esses fármacos. Todavia, em virtude de sua localização intracelular, os microrganismos não são facilmente erradicados por completo do hospedeiro. Para obter melhores resultados, o tratamento precisa ser prolongado. Recomenda-se o tratamento combinado com uma tetraciclina (p. ex., doxiciclina) e estreptomicina ou gentamicina por 2 a 3 semanas ou rifampicina por 6 a 8 semanas. Em pacientes com endocardite ou evidência de doença neurológica, sugere-se terapia tripla com doxiciclina, rifampicina e um aminoglicosídeo.

Epidemiologia, prevenção e controle

As brucelas são patógenos de animais transmitidos aos seres humanos por contato acidental com fezes, urina, leite e tecidos de animais infectados. As fontes comuns de infecção de seres humanos consistem em leite não pasteurizado, laticínios e queijos, bem como contato profissional (p. ex., fazendeiros, veterinários, pessoas que trabalham em abatedouros) com animais infectados.

O queijo de leite de cabra não pasteurizado é um veículo de transmissão particularmente comum para a transmissão da brucelose. Em certas ocasiões, a via respiratória pode ser importante como meio de transmissão. Devido ao contato ocupacional, a infecção por *Brucella* é muito mais frequente em homens. A maioria das infecções permanece assintomática (latente).

As taxas de infecção variam acentuadamente com diferentes animais e países. Fora dos Estados Unidos, a infecção é mais prevalente. Pode-se tentar a erradicação da brucelose no gado bovino por meio de exame e sacrifício dos animais, imunização ativa dos novilhos com vacina da cepa 19 viva avirulenta ou testes combinados, segregação e imunização. O gado deve ser examinado por meio de testes de aglutinação.

A imunização ativa dos seres humanos contra a infecção por *Brucella* é experimental. O controle baseia-se na limitação da propagação e na possível erradicação da infecção nos animais, na pasteurização do leite e dos laticínios, assim como na redução dos riscos ocupacionais, sempre que possível.

Verificação de conceitos

- As espécies de *Brucella* são patógenos intracelulares obrigatórios encontrados em animais. A brucelose, zoonose também conhecida como febre de malta ou febre ondulante, é causada primariamente pelo contato com animais e produtos de origem animal, especialmente leite e queijos não pasteurizados.
- O período de incubação varia de 1 a 4 semanas. A infecção inicia de forma abrupta com febre, calafrios, sudorese e astenia, progredindo para esplenomegalia, linfadenopatia e osteomielite. As infecções crônicas podem durar anos.
- O diagnóstico é difícil e muitos casos dependem da sorologia, uma vez que o microrganismo é fastidioso, o que dificulta seu cultivo mesmo em meios seletivos.
- O tratamento consiste em uso prolongado de antimicrobianos efetivos contra patógenos intracelulares, como rifampicina, sulfametoxazol + trimetoprima, fluoroquinolonas, aminoglicosídeos e tetraciclinas.

FRANCISELLA TULARENSIS E TULAREMIA

As espécies de *Francisella* são amplamente encontradas em reservatórios animais e ambientes aquáticos. A taxonomia desse gênero tem sofrido inúmeras mudanças nos últimos anos. Existem sete espécies no gênero, a mais importante delas é *Francisella tularensis*. Há três subespécies reconhecidas de *F. tularensis*: *tularensis* (tipo A), *holarctica* (tipo B) e *mediasiatica*. A subespécie *tularensis* (tipo A) é a mais virulenta desse grupo e a mais patogênica para seres humanos. Está associada a coelhos selvagens, carrapatos e moscas tabanídeas. As cepas da subespécie *holarctica* causam infecções moderadas e estão associadas a lebres, carrapatos, mosquitos e moscas tabanídeas. *Francisella tularensis* é transmitida a seres humanos por picadas de artrópodes e moscas, contato direto com tecido de animal infectado, inalação de aerossóis ou ingestão de água ou alimentos contaminados. A apresentação clínica depende da via de infecção; seis síndromes principais estão descritas (ver Patogênese e manifestações clínicas, a seguir).

Duas outras espécies de *Francisella*, *Francisella philomiragia* e *Francisella novicida*, foram associadas a doenças humanas. *Francisella philomiragia* geralmente é encontrado em situações de quase afogamento. Esses organismos não serão discutidos em detalhes.

Morfologia e identificação

A. Microrganismos típicos

Francisella tularensis é um pequeno cocobacilo Gram-negativo. Raramente é observado em esfregaços de tecido (Figura 18-2).

B. Amostras

Amostras de sangue devem ser obtidas para testes sorológicos. O microrganismo pode ser obtido a partir de culturas de aspirados

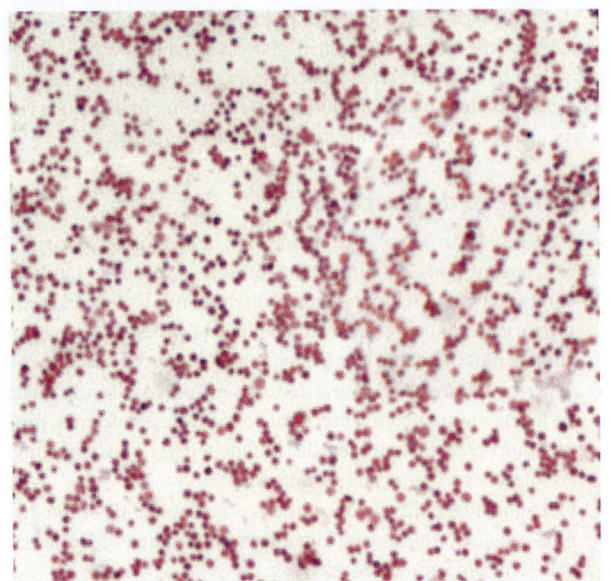

FIGURA 18-2   Coloração pelo método de Gram de *Francisella tularensis*. Essas bactérias são minúsculos cocobacilos Gram-negativos de aproximadamente 0,2 × 0,7 μm. Aumento original de 1.000 ×. (Cortesia de CDC Public Health Image Library.)

dos linfonodos, medula óssea, sangue periférico, tecidos profundos e biópsias de úlceras.

C. Cultura

O crescimento requer meio enriquecido que contenha cisteína. No passado, o ágar-sangue glicose-cisteína era preferido, mas *F. tularensis* cresce bem em meios disponíveis comercialmente que contenham hemina, como o ágar-chocolate, o ágar Thayer-Martin e o ágar tamponado de carvão e extrato de levedura (BCYE, do inglês *buffered charcoal yeast extract*) usado para o crescimento de espécies de *Legionella*. Os meios devem ser incubados em CO_2 a 35 a 37 °C durante 2 a 5 dias. **Cuidado:** para evitar infecção adquirida em laboratório, devem ser utilizadas cabines de biossegurança de nível III ao trabalhar com culturas vivas sob suspeita de conter *F. tularensis*. As amostras clínicas devem ser trabalhadas em cabines de biossegurança de nível II.

D. Sorologia

Todos os microrganismos isolados são sorologicamente idênticos e apresentam um antígeno polissacarídico e um ou mais antígenos proteicos que exibem reação cruzada com as brucelas. Todavia, existem dois biogrupos principais de cepas, denominados Jellison tipo A e Jellison tipo B. O tipo A ocorre somente na América do Norte e é letal em coelhos. Esse tipo provoca doença grave em seres humanos, fermenta o glicerol e contém citrulina-ureidase. O tipo B, que não apresenta essas características bioquímicas, não é letal em coelhos, e provoca doença mais leve em seres humanos. Esse tipo é, com frequência, isolado de roedores ou da água na Europa, na Ásia e na América do Norte. Os outros biogrupos exibem baixa patogenicidade.

A resposta humoral habitual consiste na produção de aglutininas 7 a 10 dias após o início da doença.

Patogênese e manifestações clínicas

Francisella tularensis é altamente infecciosa: a penetração na pele ou nas mucosas ou a inalação de 50 organismos podem resultar em infecção. Com mais frequência, os microrganismos penetram através de escoriações na pele. Em 2 a 6 dias, observa-se o desenvolvimento de uma pápula inflamatória ulcerada. Os linfonodos regionais aumentam de tamanho, podendo tornar-se necróticos, às vezes drenando durante semanas (tularemia ulceroglandular). A inalação de aerossol infeccioso resulta em inflamação peribrônquica e pneumonite localizada (tularemia pneumônica). Pode ocorrer tularemia oculoglandular quando um dedo infectado ou perdigoto entra em contato com a conjuntiva. As lesões granulomatosas amareladas que aparecem nas pálpebras podem ser acompanhadas de adenopatia pré-auricular. As outras formas da doença são a tularemia glandular (linfadenopatia, mas sem úlceras), a tularemia orofaríngea e a tularemia tifoide (septicemia). Em todos os casos, os pacientes apresentam febre, mal-estar, cefaleia e dor na região acometida, bem como nos linfonodos regionais.

Devido à natureza altamente infecciosa de *F. tularensis*, esse organismo é um agente potencial de bioterrorismo e atualmente é classificado na lista de agentes selecionados como agente de nível 1. Os laboratórios que identificam uma suspeita de *F. tularensis* devem notificar as autoridades de saúde pública e enviar o isolado a um laboratório de referência capaz de realizar uma identificação definitiva.*

Exames diagnósticos laboratoriais

Francisella tularensis pode ser isolada a partir das amostras clínicas listadas anteriormente e pela realização de estudos sorológicos. O teste de aglutinação no formato tubular ou microaglutinação é um padrão de teste. Amostras de soro pareadas, obtidas em intervalos de 2 semanas, podem revelar elevação dos títulos de aglutinação. A obtenção de um único título sérico de 1:160 será altamente sugestiva se a história clínica e os achados físicos forem compatíveis com o diagnóstico. Como os anticorpos reativos no teste de aglutinação para tularemia também reagem no teste de brucelose, ambos devem ser feitos para soros positivos; o título para a doença que acomete o paciente geralmente é 4 vezes superior ao da outra doença.

Tratamento

O tratamento com estreptomicina ou gentamicina durante 10 dias resulta em rápida melhora. A tetraciclina pode ser igualmente eficaz, mas ocorrem recidivas com mais frequência. As fluoroquinolonas são outros antimicrobianos em potencial utilizados no tratamento. *Francisella tularensis* é resistente a todos os antibióticos β-lactâmicos pela expressão de β-lactamases.

Prevenção e controle

Os seres humanos adquirem tularemia em decorrência da manipulação de coelhos ou ratos-almiscarados infectados, ou por picadas de carrapatos ou mosca de cervos infectados. Com menos frequência, a fonte de contaminação consiste em água ou alimentos contaminados, ou contato com cão ou gato que tenha caçado um

---

*N. de T. A tularemia também é um agravo de notificação compulsória imediata.

animal selvagem infectado. O aspecto mais importante da prevenção é saber evitar essas situações. É impossível controlar a infecção em animais selvagens.

A vacina utilizando o microrganismo atenuado (*F. tularensis*) não está mais disponível para indivíduos de alto risco. Novas vacinas ainda estão em desenvolvimento.

Verificação de conceitos

- *Francisella tularensis* é um cocobacilo Gram-negativo que se cora fracamente pelo método de Gram e causa a tularemia, uma zoonose que é transmitida por carrapatos por meio do contato direto com animais ou, raramente, por ingestão.
- Há três subespécies de *F. tularensis*. A subespécie *tularensis* (tipo A) é a mais virulenta e patogênica para o ser humano.
- Há várias manifestações clínicas da tularemia, dependendo do tipo de exposição. As formas glandulares são bem localizadas e associadas a menor mortalidade do que as formas sépticas e inalantes.
- O diagnóstico da tularemia pode ser realizado pelo isolamento do microrganismo e por testes sorológicos.
- Os antimicrobianos utilizados como escolha terapêutica incluem: estreptomicina, gentamicina, tetraciclinas e fluoroquinolonas. Em virtude de sua virulência, *F. tularensis* é considerado um agente potencial para bioterrorismo.

QUESTÕES DE REVISÃO

1. Uma mulher de 68 anos de idade foi à consulta por apresentar febre e aumento da dor e do inchaço no joelho esquerdo durante as últimas 3 semanas. Quatro anos atrás, colocou uma prótese no mesmo joelho. Ao ser observado, o joelho apresentava-se inchado e com a presença de líquido. Foi obtido um aspirado do fluido. Havia 15.000 células polimorfonucleares/mL no líquido. Não foram vistos microrganismos na coloração pelo método de Gram. Foi feita uma cultura de rotina. No 4º dia de incubação, foram observadas colônias descoradas com diâmetro < 1 mm em placas de ágar-sangue e ágar-chocolate. O microrganismo consistia em pequenos cocobacilos Gram-negativos, catalase e oxidase-positivos. Foi inoculado um tubo de ureia que deu resultado positivo para a atividade de urease após incubação de 12 horas. O microrganismo com o qual a paciente provavelmente estava infectada era

    (A) *Haemophilus influenzae*
    (B) *Haemophilus ducreyi*
    (C) *Francisella tularensis*
    (D) Espécies de *Brucella*
    (E) *Staphylococcus aureus*

2. Após a cultura (Questão 1) ficar positiva, foram obtidos outros dados da história clínica. Aproximadamente 4 semanas antes de iniciarem as dores no joelho, a paciente havia visitado parentes em Israel e viajado para outros países da região do Mediterrâneo. Durante a viagem, teve predileção por um alimento que foi o provável veículo de sua infecção. O produto mais provável foi

    (A) Bananas
    (B) Queijo de cabra não pasteurizado
    (C) Hambúrguer cru
    (D) Suco de laranja fresco
    (E) Chá-verde

3. Um guarda de um parque de diversões, de 55 anos de idade, encontrou um rato-almiscarado morto em um banco próximo a um riacho

em Vermont, no nordeste dos Estados Unidos. Pegou o animal, pensando que poderia ter sido abatido ilegalmente, e enterrou-o. Quatro dias depois, desenvolveu uma ulceração dolorida de 1,5 cm no dedo indicador, uma ulceração de 1 cm na testa e dores na axila direita. Ao exame físico, revelou-se uma linfadenopatia na axila direita. O mais provável é que esse paciente tenha sido infectado por

    (A) Espécies de *Brucella*
    (B) *Rickettsia rickettsii*
    (C) *Salmonella* Typhi
    (D) *Haemophilus ducreyi*
    (E) *Francisella tularensis*

4. Um garoto de 1 ano e meio estava brincando com uma criança maior que teve meningite por *Haemophilus influenzae*. Os pais do garoto consultaram o pediatra, que os tranquilizou, afirmando que o menino estaria bem, pois havia sido completamente imunizado pela vacina conjugada de proteína–polirribosil-ribitol-fosfato (PRP). Qual é a razão para imunizar crianças entre 2 meses e 2 anos de idade com vacinas conjugadas proteína-polissacarídeo?

    (A) A proteína conjugada é o toxoide diftérico, e o objetivo é que a criança desenvolva imunidade simultânea à difteria.
    (B) Crianças de 2 meses a 2 anos de idade não respondem imunologicamente a vacinas polissacarídicas que não estejam conjugadas a proteínas.
    (C) A vacina conjugada é destinada a crianças maiores e adultos, bem como a bebês.
    (D) Anticorpos maternos (transplacentários) contra *H. influenzae* são passados para a circulação de crianças de 2 meses de vida.
    (E) Nenhuma das respostas anteriores.

5. Um menino peruano de 11 anos de idade foi encaminhado ao Instituto de Tumores Cerebrais. Três meses antes, desenvolveu cefaleia e fraqueza lenta progressiva no lado direito. Uma tomografia do cérebro mostrou uma lesão no hemisfério esquerdo. Pensou-se que o menino estaria com um tumor cerebral. Não foi feita punção lombar por receio de causar um aumento na pressão intracraniana e herniação cerebral através do tentório cerebelar. Durante a cirurgia, foi encontrada a lesão no hemisfério esquerdo. Foram feitas secções de tecido da lesão enquanto o paciente estava na sala de cirurgia. A análise microscópica das secções mostrou uma reação granulomatosa inflamatória. Não foi visto tumor. O tecido foi submetido à cultura para *Mycobacterium tuberculosis*. Foi utilizado meio caldo Middlebrook 7H9. Seis dias após o cultivo, o sistema automatizado detectou que a cultura estava positiva. Foram feitas coloração álcool-ácida e coloração pelo método de Gram da amostra, e ambas deram resultado negativo. Realizaram-se subculturas. Dois dias depois, foram vistas colônias muito pequenas em placa de ágar-sangue. O microrganismo consistia em pequenos cocobacilos Gram-negativos, catalase e oxidase-positivos. A amostra apresentou atividade urease-positiva após 2 horas de incubação de meio contendo ureia. A criança teve uma infecção causada por

    (A) Espécies de *Brucella*
    (B) *Mycobacterium tuberculosis*
    (C) *Francisella tularensis*
    (D) *Haemophilus influenzae*
    (E) *Moraxella catarrhalis*

6. Uma criança de 3 anos de idade desenvolveu meningite por *Haemophilus influenzae*. Iniciou-se terapia com cefotaxima. Por que é usada essa cefalosporina de terceira geração em vez de ampicilina?

    (A) Cerca de 80% dos *H. influenzae* possuem proteínas ligadoras de penicilinas modificadas que conferem resistência à ampicilina.
    (B) O fármaco de escolha, sulfametoxazol-trimetoprima, não pode ser usado, pois a criança é alérgica a sulfonamidas.

(C) É mais fácil administrar cefotaxima IV do que ampicilina.

(D) Existe uma preocupação de que a criança desenvolva alergia à penicilina rapidamente.

(E) Cerca de 20% dos *H. influenzae* possuem um plasmídeo que codifica a β-lactamase.

7. Um homem de 55 anos de idade com cárie dental grave apresenta febre há 1 mês, mal-estar e dor nas costas; agora, apresenta-se com redução moderada da respiração. O exame clínico revela um homem febril, pálido e com dispneia. Outras manifestações clínicas incluem petéquias conjuntivais, murmúrio sistólico de grau III/VI e espessamento do baço. A hemocultura apresentou um bacilo Gram-negativo pleomórfico, não hemolítico e que, quando testado para os fatores X e V, resultou negativo. O mais provável agente causador desse quadro é

(A) *Haemophilus influenzae*

(B) *Haemophilus ducreyi*

(C) *Aggregatibacter aphrophilus*

(D) *Actinobacillus hominis*

(E) *Haemophilus parainfluenzae*

8. A respeito das vacinas contra pertússis acelulares, todas as afirmativas a seguir estão corretas, *exceto*

(A) Todas as formulações dessas vacinas contêm pelo menos dois antígenos.

(B) A vacina acelular foi substituída pela vacina celular nas séries de vacinações infantis.

(C) Todas as crianças devem receber cinco doses da vacina antes de ingressar na escola.

(D) A vacina está aprovada somente para crianças e adolescentes.

(E) A vacina é tão segura e imunogênica quanto as demais vacinas celulares.

9. Qual das seguintes subespécies de *Francisella tularensis* é mais virulenta em humanos?

(A) *tularensis*

(B) *holarctica*

(C) *mediasiatica*

(D) *novicida*

10. Sobre o agente etiológico do cancroide, todas as afirmativas a seguir estão corretas, *exceto*

(A) O microrganismo é um bastonete Gram-negativo pequeno.

(B) O microrganismo requer o fator X, mas não o fator V.

(C) O microrganismo cresce bem em ágar-chocolate-padrão.

(D) Na coloração pelo método de Gram de lesões, o microrganismo ocorre em fitas.

(E) O microrganismo é sensível à eritromicina.

11. Uma criança com 3 meses de idade deu entrada na emergência pediátrica com angústia respiratória grave. A criança apresentou-se desidratada e com linfocitose periférica acentuada. A radiografia de tórax revelou infiltrados peri-hilares. A avó, que cuida da criança, teve episódios de tosse seca por 2 semanas. O agente causador mais provável é

(A) *Haemophilus influenzae* tipo b (Hib)

(B) *Bordetella pertussis*

(C) *Streptococcus agalactiae*

(D) *Chlamydia pneumoniae*

(E) *Bordetella bronchiseptica*

12. Na Questão 11, o fator responsável pela presença de linfocitose é

(A) Uma hemaglutinina

(B) Uma cápsula polissacarídica

(C) Uma toxina do tipo A/B

(D) Uma toxina termolábil

(E) Uma neuraminidase

13. Todos os seguintes microrganismos causam zoonoses, *exceto*

(A) *Francisella tularensis*

(B) *Brucella melitensis*

(C) *Bordetella pertussis*

(D) *Bacillus anthracis*

(E) *Leptospira interrogans*

14. Qual das seguintes moléculas não é um fator de virulência de *Bordetella pertussis*?

(A) Toxina termolábil

(B) Hemaglutinina filamentosa

(C) Citotoxina traqueal

(D) Toxina pertússis

(E) Toxina dermonecrótica

15. Qual patógeno discutido neste capítulo está presente na lista de agentes potenciais para bioterrorismo?

(A) *Haemophilus influenzae*

(B) *Aggregatibacter aphrophilus*

(C) *Bordetella pertussis*

(D) *Francisella tularensis*

(E) Todas as opções anteriores

Respostas

1.	D	6.	E	11.	B
2.	B	7.	C	12.	C
3.	E	8.	D	13.	C
4.	B	9.	A	14.	A
5.	A	10.	C	15.	D

REFERÊNCIAS

Araj GF: Brucella. In Jorgensen JH, Pfaller MA, Carroll KC (editors). *Manual of Clinical Microbiology*, 11th ed. ASM Press, 2015.

Briere EC, Rubin L, Moro PL, et al: Prevention and control of *Haemophilus influenzae* type b disease: Recommendations of the advisory committee on immunization practices (ACIP). *MMWR Recomm Rep* 2014;63(RR-01):1–14.

Centers for Disease Control and Prevention: Updated recommendations for use of tetanus toxoid, reduced diphtheria toxoid and acellular pertussis (Tdap) vaccine from the Advisory Committee on Immunization Practices, 2010. *MMWR* 2011;60(RR-3):13–15.

Clark TA: Changing pertussis epidemiology: Everything old is new again. *J Infect Dis* 2014;209:978–981.

Gul HC, Erdem H: Brucellosis (*Brucella* species). In Bennett JE, Dolin R, Blaser ME (editors). *Mandell, Douglas, and Bennett's Principles and Practice of Infectious Diseases*, 8th ed. Elsevier, 2015.

Ledeboer NA, Doern GV: *Haemophilus*. In Jorgensen JH, Pfaller MA, Carroll KC (editors). *Manual of Clinical Microbiology*, 11th ed. ASM Press, 2015.

Murphy TF: *Haemophilus* species, including *H. influenza* and *H. ducreyi* (Chancroid). In Bennett JE, Dolin R, Blaser ME (editors). *Mandell, Douglas, and Bennett's Principles and Practice of Infectious Diseases,* 8th ed. Elsevier, 2015.

Nigrovic LE, Wingerter SL: Tularemia. *Infect Dis Clin North Am* 2008;22:489.

Pappas G, Akritidis N, Bosilkovski M, et al: Brucellosis. *N Engl J Med* 2005;352:2325–2336.

Penn RL: *Francisella tularensis* (Tularemia). In Bennett JE, Dolin R, Blaser ME (editors). *Mandell, Douglas, and Bennett's Principles and Practice of Infectious Diseases,* 8th ed. Elsevier, 2015.

Petersen JM, Schriefer ME, Araj GF: *Francisella.* In Jorgensen JH, Pfaller MA, Carroll KC (editors). *Manual of Clinical Microbiology,* 11th ed. ASM Press, 2015.

Pfaller MA, Farrell DJ, Sader HS, et al: AWARE Ceftaroline Surveillance Program (2008-2010): Trends in resistance patterns among *Streptococcus pneumoniae, Haemophilus influenzae,* and *Moraxella catarrhalis* in the United States, *Clin Infect Dis* 2012;55 (Suppl 3):S187–S193.

Von Konig CHW, Riffelmann M, Coenye T: *Bordetella* and related genera. In Jorgensen JH, Pfaller MA, Carroll KC (editors). *Manual of Clinical Microbiology,* 11th ed. ASM Press, 2015.

Waters V, Halperin SA. *Bordetella pertussis.* In Bennett JE, Dolin R, Blaser ME (editors). *Mandell, Douglas, and Bennett's Principles and Practice of Infectious Diseases,* 8th ed. Elsevier, 2015.

Yersinia e Pasteurella

Os microrganismos discutidos neste capítulo consistem em bastonetes Gram-negativos, pleomórficos e curtos que frequentemente exibem coloração bipolar. São catalase-positivos e microaerófilos ou anaeróbios facultativos. Embora a maioria dos microrganismos discutidos neste capítulo tenham animais como hospedeiros naturais, eles são conhecidos por causar infecções zoonóticas e, às vezes, doenças graves nos seres humanos.

O gênero *Yersinia* é composto por 17 espécies diferentes. Contudo, apenas três espécies são patogênicas para os humanos, enquanto as outras 14 são consideradas espécies ambientais e não patogênicas. Os três patógenos humanos incluem *Yersinia pestis*, *Yersinia enterocolitica* e *Yersinia pseudotuberculosis*. Essas três espécies de *Yersinia* geralmente causam doenças em animais domésticos e selvagens (p. ex., porcos, roedores e pássaros) e os humanos são geralmente considerados hospedeiros acidentais. *Yersinia pestis* é o agente etiológico da peste. *Yersinia enterocolitica* e *Y. pseudotuberculosis* são patógenos zoonóticos de origem alimentar. Ambos causam, em geral, uma doença diarreica leve, após a ingestão de alimentos e/ou água contaminados. As espécies do gênero *Pasteurella* são principalmente comensais e/ou patógenos em uma variedade de animais selvagens e domésticos. No entanto, *Pasteurella multocida* também pode produzir doenças nos seres humanos.

YERSINIA PESTIS E A PESTE

Embora o ciclo epizoótico da peste não tenha sido completamente compreendido, a infecção por *Y. pestis* é fundamentalmente uma doença de roedores, sendo a peste considerada endêmica em várias regiões do mundo. Os seres humanos são hospedeiros acidentais, "sem saída", que são infectados quando o bacilo da peste é transmitido pela picada da pulga ou pela exposição a fluidos e tecidos de um animal infectado. Como resultado dessa exposição, o indivíduo pode apresentar uma infecção grave, geralmente com alta mortalidade (40-100%). A peste causou pelo menos três grandes pandemias nos séculos anteriores. A primeira pandemia ocorreu durante a época do Império Bizantino no século VI. A segunda pandemia, muitas vezes chamada de "Peste Negra", começou na Ásia Central e posteriormente se espalhou ao longo de antigas rotas de comércio. Ela atingiu a Europa em 1346, por onde se espalhou rapidamente entre os anos 1347 e 1354, matando cerca de um terço da população. Durante os 300 anos que se seguiram à "Peste Negra", esse microrganismo causou inúmeras epidemias menores em vários

países europeus. A terceira pandemia* começou em 1850 na China, de onde se espalhou por meio de rotas comerciais e por navios a vapor para vários países do mundo. Embora *Y. pestis* seja um microrganismo de considerável importância histórica e de interesse, seu uso potencial como agente de bioterrorismo também foi bem reconhecido e documentado. A habilidade desse microrganismo de ser transmitido por aerossol, e a gravidade e a alta mortalidade associadas à peste pneumônica tornam *Y. pestis* uma potencial arma biológica.

Morfologia e identificação

Yersinia pestis é um bastonete Gram-negativo que exibe acentuada coloração bipolar com corantes especiais, como Wright, Giemsa, Wayson e azul de metileno (Figura 19-1). Não é móvel. Além disso, esse microrganismo é anaeróbio facultativo e pode ser facilmente isolado de sangue ou aspirado de linfonodo, quando semeado em ágar-sangue de carneiro. O crescimento é mais rápido quando as placas de ágar são incubadas a 28 °C. Em ágar-sangue de carneiro incubado a 37 °C, as colônias podem ser menores quando comparadas às colônias obtidas a 28 °C. Para aumentar a recuperação de *Y. pestis* de uma amostra não estéril (p. ex., expectoração), recomenda-se inocular a amostra em ágar cefsulodina-irgasan-novobiocina (CIN) e incubar as placas de ágar entre 25 e 28 °C. Em geral, as colônias de *Y. pestis* são branco-acinzentadas, às vezes opacas. Têm entre 1 e 1,5 mm de diâmetro com bordas irregulares. Esse microrganismo não é hemolítico em ágar-sangue.

Estrutura antigênica

Todas as espécies de *Yersinia* possuem lipopolissacarídeos com atividade endotóxica quando liberados. *Yersinia pestis* e *Y. enterocolitica* também produzem antígenos e toxinas que atuam como fatores de virulência. Essas espécies também possuem um sistema de secreção tipo III que consiste em um complexo transmembrânico que possibilita à bactéria injetar proteínas diretamente no citoplasma da célula hospedeira. Os microrganismos virulentos produzem os antígenos

---

*N. de T. A peste chegou ao Brasil em outubro de 1899 pelo porto de Santos, onde ocorreu o primeiro caso humano. Em seguida, atingiu várias cidades litorâneas (Peste Portuária), e penetrou pelas cidades do interior (Peste Urbana), onde foi eliminada por medidas sanitárias adequadas, mas fixou-se na zona rural (Peste Silvestre) entre os roedores silvestres. A partir de 1930, passou a atingir áreas rurais, com focos esparsos em pequenos distritos, fazendas e sítios, assumindo, finalmente, seu caráter de enzootia.

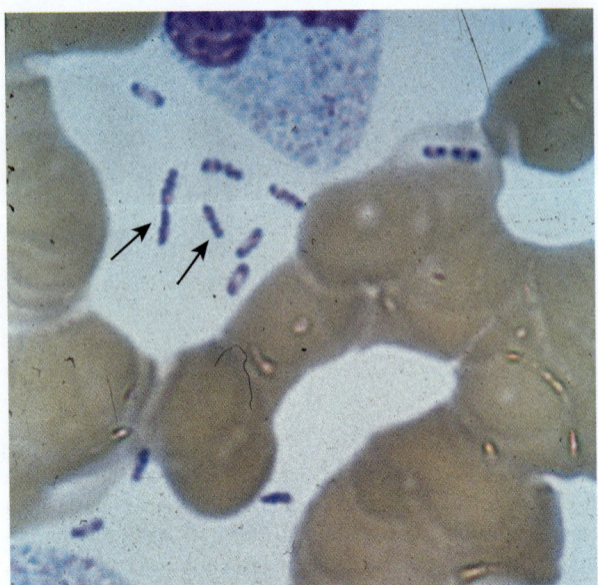

FIGURA 19-1 *Yersinia pestis* (*setas*) no sangue, coloração pelo método de Wright-Giemsa. Algumas células de *Y. pestis* têm coloração bipolar, que lhes dá um aspecto de grampo. Ampliação do original de 1.000 ×. (Cortesia de K. Gage, Plague Section, Centers for Disease Control and Prevention, Ft. Collins, CO.)

V e W, codificados por genes localizados em um plasmídeo de aproximadamente 70 quilobases (kb). Esses antígenos são essenciais para a virulência desses microrganismos. Os antígenos V e W necessitam de cálcio para o seu crescimento a 37 °C. Comparada com outras espécies patogênicas, *Y. pestis* também apresenta plasmídeos adicionais. O pPCP1 é um plasmídeo de 9,5 kb que contém genes que codificam para uma protease ativadora do plasminogênio com atividade de coagulase dependente da temperatura (20-28 °C, temperatura da pulga) e atividade fibrinolítica (35-37 °C, temperatura do hospedeiro). Esse fator está envolvido na disseminação do microrganismo da pulga para o sítio de inoculação a partir da picada. O plasmídeo pFra/pMT (80-101 kb) codifica uma proteína capsular (fração F1) que é produzida principalmente a 37 °C e confere propriedades antifagocíticas. Além disso, esse plasmídeo contém genes que codificam para uma fosfolipase D, que é necessária para a sobrevida do microrganismo no trato intestinal da pulga.

Yersinia pestis e *Y. enterocolitica* possuem uma ilha de patogenicidade que codifica um sideróforo (ver Capítulo 9), denominado yersiniabactina.

Patogênese e patologia

Quando uma pulga se alimenta de um roedor infectado por *Y. pestis*, os microrganismos ingeridos multiplicam-se no intestino da pulga e, favorecidos pela coagulase, bloqueiam o seu proventrículo, de modo que nenhum alimento possa passar. Subsequentemente, a pulga "bloqueada" e faminta pica ferozmente, e o sangue aspirado, contaminado por *Y. pestis* proveniente da pulga, é regurgitado na lesão da picada. Os microrganismos inoculados podem ser fagocitados por células polimorfonucleares e macrófagos. *Yersinia pestis* é destruída pelas células polimorfonucleares, mas multiplica-se nos macrófagos. Como as bactérias se multiplicam a 37 °C, produzem uma proteína antifagocítica e, posteriormente, tornam-se capazes de

resistir à fagocitose. Os patógenos alcançam rapidamente os vasos linfáticos, e verifica-se o desenvolvimento de intensa inflamação hemorrágica nos linfonodos aumentados, que podem sofrer necrose e tornar-se flutuantes. Embora a invasão possa ser interrompida nesse estágio, *Y. pestis* frequentemente alcança a corrente sanguínea e se dissemina rapidamente. Podem surgir lesões hemorrágicas e necróticas em todos os órgãos. Meningite, pneumonia e pleuropericardite serossanguinolenta constituem características proeminentes.

A peste pneumônica primária resulta da inalação de perdigotos infecciosos (geralmente de um paciente com tosse) e é caracterizada por consolidação hemorrágica, sepse e morte.

Manifestações clínicas

As manifestações clínicas da peste dependem da via de exposição. Três formas da doença já foram descritas: peste bubônica, peste pneumônica e peste septicêmica. A peste bubônica é, de longe, a apresentação clínica mais comum da infecção por *Y. pestis*. Na peste bubônica, depois de um período de incubação de 2 a 7 dias, o paciente apresenta febre alta e linfadenopatia dolorosa, geralmente com acentuado aumento e hipersensibilidade dos linfonodos ("bubões") no pescoço, na virilha ou nas axilas. A peste septicêmica pode ocorrer espontaneamente ou como uma complicação da peste bubônica não tratada. Nessa forma da doença, *Y. pestis* se multiplica por via intravascular e pode ser observada em esfregaços de sangue. Em geral, os pacientes apresentam início súbito de febre alta, calafrios e fraqueza, progredindo rapidamente para choque séptico com coagulação intravascular disseminada associada, hipotensão (choque séptico), estado mental alterado e insuficiência renal e cardíaca. Também pode ocorrer sangramento na pele e nos órgãos. Observam-se vômitos e diarreia na forma séptica inicial da doença. Por fim, podem aparecer sinais de pneumonia e meningite. A peste pneumônica primária resulta da inalação direta do microrganismo para o pulmão. Essa forma da doença geralmente ocorre por meio do contato próximo e direto com outro indivíduo com peste pneumônica. Os sintomas começam entre 1 e 4 dias após a exposição. Os indivíduos frequentemente têm um curso fulminante com dor torácica, tosse, hemoptise e angústia respiratória grave. A peste pneumônica secundária é uma complicação em aproximadamente 10% dos indivíduos com peste bubônica por meio da disseminação hematogênica dos microrganismos a partir dos bubões e, frequentemente, no contexto de tratamento antibiótico tardio ou inadequado.

Exames diagnósticos laboratoriais

Deve-se suspeitar da presença de peste em pacientes febris que foram expostos a roedores em áreas sabidamente endêmicas. O rápido reconhecimento e a confirmação laboratorial da doença são essenciais para instituir um tratamento que possa salvar a vida do paciente.

A. Amostras

Pode ser utilizada uma amostra de sangue para cultura e aspirados dos linfonodos aumentados para esfregaços e culturas. O soro da fase aguda e o soro da fase convalescente podem ser examinados para determinação dos níveis de anticorpos. Na pneumonia, faz-se uma cultura da amostra de escarro; na possibilidade de meningite, obtém-se uma amostra de líquido cerebrospinal para esfregaço e cultura.

B. Esfregaços

Yersinia pestis é um pequeno bacilo Gram-negativo que aparece como células únicas, como pares ou cadeias curtas em materiais clínicos. As colorações de Wright, Giemsa e Wayson podem ser mais úteis quando o material a ser corado provém de bubões suspeitos ou de uma hemocultura positiva devido ao fato de o patógeno exibir notável aspecto bipolar (apresentando formato de pinos de segurança) com o uso desses corantes, o que não é tão evidente em uma coloração direta pelo método de Gram. Métodos de coloração direta mais específicos (possivelmente disponíveis em laboratórios de referência) incluem o uso de anticorpos fluorescentes direcionados contra o antígeno capsular F1.

C. Cultura

Todos os materiais obtidos são cultivados em ágar-sangue, ágar--chocolate e placas de ágar de MacConkey, bem como em caldo de infusão cérebro-coração. O crescimento em meios de cultura sólidos pode ser lento, necessitando de mais de 48 horas, porém as hemoculturas são frequentemente positivas em 24 horas. É possível identificar as culturas por meio de reações bioquímicas. *Yersinia pestis* produz colônias não fermentadoras de lactose em ágar de MacConkey e cresce melhor a 25 °C do que a 37 °C. O microrganismo é catalase-positivo, indol, oxidase e urease-negativo, e imóvel. As duas últimas reações são úteis para diferenciar *Y. pestis* de outras espécies patogênicas. O uso de sistemas de identificação automatizados (comerciais) usando vários testes bioquímicos não é recomendado para a identificação de *Y. pestis*. Qualquer microrganismo com as características supramencionadas deve ser encaminhado a um laboratório de saúde pública para mais testes confirmatórios. A identificação definitiva das culturas é mais bem efetuada por imunofluorescência ou por lise por um bacteriófago específico de *Y. pestis* (confirmação obtida de laboratórios do departamento de saúde estatal e do Centers for Disease Control and Prevention [CDC], Plague Branch, Fort Collins, Colorado, Estados Unidos).

Todas as culturas são altamente infecciosas e devem ser manipuladas com extrema cautela, em cabines de segurança biológica.

D. Sorologia

Em pacientes que não foram previamente vacinados, um título de anticorpos séricos de 1:16 ou mais é evidência presuntiva de infecção por *Y. pestis*. A elevação dos títulos em duas amostras sequenciais confirma o diagnóstico sorológico.

Tratamento

A não ser que seja imediatamente tratada, a peste pode estar associada a uma taxa de mortalidade de quase 50%, e a peste pneumônica tem uma taxa de mortalidade de quase 100%. A estreptomicina constitui o fármaco de escolha, mas a gentamicina tem-se mostrado igualmente eficiente. Como a estreptomicina é nefrotóxica e ototóxica, deve ser utilizada com cautela em pacientes idosos, mulheres grávidas e crianças. Para esses grupos de pacientes, bem como outros com contraindicações ao uso de aminoglicosídeos, doxiciclina ou ciprofloxacino (e outras fluoroquinolonas) são considerados medicamentos alternativos para o tratamento da peste. Esses fármacos também podem ser administrados em combinação com a estreptomicina ou a gentamicina. A resistência a antimicrobianos em *Y. pestis* nunca foi documentada nos Estados Unidos e raramente foi observada em isolados em outras partes do mundo.

Epidemiologia e controle

A peste é uma infecção de roedores silvestres (camundongos-do--campo, gerbilos, toupeiras, gambás e outros animais) que ocorre em muitas partes do mundo. As principais áreas enzoóticas são a Índia, o Sudeste Asiático (particularmente o Vietnã), a África e as Américas do Norte e do Sul. Os Estados do oeste dos Estados Unidos e o México também contêm reservatórios* do microrganismo. Ocorrem surtos epizoóticos de maneira intermitente, com elevada taxa de mortalidade; nessas ocasiões, a infecção pode propagar-se para roedores domésticos (p. ex., ratos) e outros animais (p. ex., gatos), de modo que os seres humanos podem ser infectados por picadas de pulgas ou por contato. O vetor mais comum da peste é a pulga-do-rato (*Xenopsylla cheopis*), embora outras pulgas também possam transmitir o microrganismo. *Yersinia pestis* não forma esporos e é extremamente suscetível à radiação ultravioleta (UV) (p. ex., luz solar) e à dessecação. Portanto, é razoável esperar que a maioria desses microrganismos se torne inviável dentro de 1 hora após sua liberação no meio ambiente. Contudo, estudos também demonstraram que esses microrganismos são capazes de sobreviver no solo por períodos prolongados. O controle da peste exige investigação dos animais infectados, vetores e contatos humanos (nos Estados Unidos,** essa responsabilidade cabe aos órgãos municipais e do Estado, com apoio do Plague Branch do CDC) e sacrifício dos animais infectados pela peste. Se for diagnosticado algum caso em um ser humano, deve-se notificar imediatamente as autoridades sanitárias. Todos os pacientes sob suspeita de peste devem ser isolados, particularmente nos casos em que não foi excluída a possibilidade de comprometimento pulmonar. Todas as amostras devem ser tratadas com extrema cautela. A profilaxia pós-exposição com doxiciclina ou ciprofloxacino é indicada para pessoas que têm exposição conhecida ou documentada ao microrganismo. As exposições típicas incluem contato próximo com um paciente com peste pneumônica ou contato direto com fluidos e/ou tecidos contaminados/infectados. A profilaxia pós-exposição geralmente é administrada por 7 dias após a exposição. A quimioprofilaxia em massa é considerada uma provável resposta de saúde pública após uma liberação intencional de *Y. pestis*. O CDC e os Departamentos Estaduais de Saúde Pública formularam diretrizes detalhadas para a resposta a esse evento. Além da quimioprofilaxia, as medidas preventivas de doenças para o risco de exposição ocupacional (p. ex., pessoal de atendimento de emergência) incluem o uso de equipamento de

---

*N. de T. No Brasil, existem duas principais áreas de foco: o foco da Região Nordeste e o foco da Serra dos Órgãos. O foco da Região Nordeste está localizado na região semiárida do Polígono da Seca, que se estende do Estado do Ceará ao norte de Minas Gerais. O foco da Serra dos Órgãos abrange os municípios de Teresópolis, Sumidouro e Nova Friburgo, no Estado do Rio de Janeiro. Existem outras áreas pestígenas localizadas no território mineiro do Vale do Rio Doce e Vale do Jequitinhonha, que podem ser consideradas como extensão do foco do Nordeste. O foco do Nordeste encontra-se distribuído nos Estados do Ceará, Rio Grande do Norte, Paraíba, Pernambuco (com pequena extensão para o Piauí), Alagoas e Bahia. Até o momento, o Brasil não registra casos humanos de peste desde 2005. O último caso ocorreu no Estado do Ceará, no município de Pedra Branca. Fonte: http://www.saude.gov.br.

**N. de T. De acordo com a Portaria de Consolidação nº 4 do Ministério da Saúde, de 28 de setembro de 2017, todo caso de peste é de notificação obrigatória às autoridades locais de saúde. Deve-se realizar a investigação epidemiológica em até 48 horas após a notificação, avaliando a necessidade de adoção de medidas de controle pertinentes. A investigação deve ser encerrada até 60 dias após a notificação. A unidade de saúde notificadora deve utilizar a ficha de notificação/investigação do Sistema de Informação de Agravos de Notificação (Sinan), encaminhando-a para ser processada, conforme o fluxo estabelecido pela Secretaria Municipal de Saúde.

proteção pessoal de nível 3 de biossegurança (i.e., macacões, botas, luvas e respiradores com filtro HEPA).

As vacinas de células inativadas não estão mais disponíveis nos Estados Unidos. Devido à preocupação de *Y. pestis* ser uma potencial arma biológica e de bioterrorismo, várias vacinas estão atualmente em desenvolvimento.

YERSINIA ENTEROCOLITICA E YERSINIA PSEUDOTUBERCULOSIS

Yersinia enterocolitica e *Y. pseudotuberculosis* são patógenos zoonóticos de origem alimentar que se disseminam pela via fecal-oral. *Yersinia enterocolitica* é um patógeno humano bem-conhecido, que raramente causa doenças em animais. Já *Y. pseudotuberculosis* é um patógeno animal bem-conhecido, que causa doenças em humanos muito raramente. Ambos são bastonetes Gram-negativos que não fermentam a lactose, sendo urease-positivos e oxidase-negativos. Crescem melhor a 25 °C e são móveis a essa temperatura, porém imóveis a 37 °C. Costumam ser encontrados no trato intestinal de vários animais, nos quais podem causar doença. São transmissíveis aos seres humanos, nos quais podem provocar várias síndromes clínicas.

Yersinia enterocolitica apresenta mais de 70 sorotipos, e a maioria dos microrganismos isolados de doença humana pertence aos sorotipos O:3, O:8 e O:9. Existem notáveis diferenças geográficas na distribuição dos sorotipos de *Y. enterocolitica*. *Yersinia enterocolitica* pode produzir uma enterotoxina termoestável, mas o papel dessa toxina na diarreia associada à infecção não está bem definido.

Yersinia enterocolitica foi isolado de roedores, animais domesticados (p. ex., carneiros, gado bovino, suínos, cães e gatos) e água contaminada por esses animais. É provável que ocorra transmissão para os seres humanos pela contaminação de alimentos, bebidas ou fômites. A transmissão de uma pessoa para outra é provavelmente rara no caso desses microrganismos.

Yersinia pseudotuberculosis é comumente encontrado na água e no solo, bem como em vários animais domésticos e selvagens. Esse microrganismo é menos frequentemente isolado nos Estados Unidos, mas é mais comumente encontrado no norte da Europa e na Ásia. Roedores, coelhos e pássaros selvagens são os principais reservatórios naturais de *Y. pseudotuberculosis*. Os seres humanos geralmente são contaminados por meio de alimentos e água contaminados.

Patogênese e manifestações clínicas

É necessária a penetração de um inóculo de 10^8 a 10^9 de yersínias no trato alimentar para causar infecção. Durante o período de incubação de 4 a 7 dias, os microrganismos multiplicam-se na mucosa intestinal, em particular no íleo. Essa multiplicação resulta em inflamação e ulceração, e aparecem leucócitos nas fezes. O processo pode estender-se aos linfonodos mesentéricos e raramente resulta em bacteriemia.

Yersinia enterocolitica geralmente causa enterocolite, e os primeiros sintomas incluem febre, dor abdominal e diarreia. A diarreia varia de aquosa a sanguinolenta e pode ser causada por uma enterotoxina ou por invasão da mucosa. Alguns pacientes podem apresentar adenite mesentérica ou ileíte terminal. Algumas vezes, a dor abdominal pode ser intensa e localizada no quadrante inferior direito, sugerindo, clinicamente, apendicite. Cerca de 1 a 2 semanas após o início do quadro infeccioso, alguns pacientes com antígeno de

histocompatibilidade HLA-B27 desenvolvem artralgia, artrite e eritema nodoso, o que sugere uma reação imunológica à infecção. Outras complicações imunológicas mais raras incluem espondilite anquilosante e artrite reativa aguda (antes conhecida como síndrome de Reiter, com artrite, uretrite e conjuntivite). Em casos muito raros, a infecção por *Y. enterocolitica* provoca pneumonia, meningite ou sepse. Em geral, a maioria das infecções gastrintestinais são autolimitadas.

Yersinia enterocolitica tem sido associado a infecções pós-transfusionais causadas por bolsas de sangue contaminadas. Isso é consequência da capacidade desse microrganismo (transmitido por um doador assintomático) de multiplicar-se em temperaturas de refrigeração.

Yersinia pseudotuberculosis geralmente afeta crianças e adultos jovens e se apresenta clinicamente como adenite mesentérica, uma síndrome semelhante à apendicite aguda. Quando uma laparotomia exploratória ou apendicectomia é realizada, em geral o apêndice tem uma aparência normal. Entretanto, muitas vezes são observados linfonodos mesentéricos aumentados e uma inflamação do íleo terminal. A infecção geralmente é autolimitada, e é provável que a antibioticoterapia não seja necessária para pacientes com adenite mesentérica.

Exames diagnósticos laboratoriais

A. Amostras

As amostras podem ser de fezes, sangue ou material obtido por meio de exploração cirúrgica. Esfregaços corados não contribuem para o diagnóstico.

B. Cultura

O número de microrganismos nas fezes pode ser pequeno e pode ser aumentado por "enriquecimento a frio": uma pequena quantidade de fezes ou um *swab* retal são colocados em solução salina tamponada (pH de 7,6) e mantidos a 4 °C durante 2 a 4 semanas. Muitos microrganismos fecais não sobrevivem, mas ocorre multiplicação de *Y. enterocolitica*. Os repiques efetuados posteriormente em ágar de MacConkey podem favorecer o aparecimento de colônias desses microrganismos. Como alternativa, a maioria dos laboratórios clínicos usa os meios seletivos para *Yersinia*, como o ágar CIN incubado à temperatura ambiente por vários dias. *Yersinia enterocolitica* forma colônias rosa-pálidas com um centro vermelho-escuro (colônia "olho de boi") em ágar CIN. *Yersinia pseudotuberculosis* pode ser diferenciado de outras espécies não *pestis* por vários testes bioquímicos.

C. Sorologia

Em sorologia pareada, coletadas a intervalos de 2 ou mais semanas, pode-se observar uma elevação nos títulos de anticorpos aglutinantes. Contudo, as reações cruzadas entre esse microrganismo e outras bactérias (*Vibrio*, *Salmonella* e *Brucella*) podem confundir os resultados.

Tratamento

As infecções causadas por *Y. enterocolitica* ou por *Y. pseudotuberculosis* causam uma diarreia leve que geralmente é autolimitada, e os possíveis benefícios da antibioticoterapia são desconhecidos. Em geral, *Y. enterocolitica* é suscetível a aminoglicosídeos, cloranfenicol, tetraciclina, sulfametoxazol + trimetoprima, piperacilina, cefalosporinas de terceira geração e fluoroquinolonas. Com frequência, a espécie mostra-se resistente à ampicilina e às cefalosporinas de primeira geração. *Yersinia pseudotuberculosis* é geralmente suscetível à ampicilina, à tetraciclina, ao cloranfenicol, às cefalosporinas e aos aminoglicosídeos. Sepse e meningite devidas a *Y. enterocolitica* e *Y. pseudotuberculosis* apresentam alta taxa de mortalidade, mas as mortes ocorrem principalmente em pacientes imunocomprometidos. Sepse devida a espécies de *Yersinia* não *pestis* podem ser tratadas com sucesso com cefalosporinas de terceira geração (possivelmente em combinação com um aminoglicosídeo) ou uma fluoroquinolona (possivelmente em combinação com outro antimicrobiano). No entanto, sepse por *Y. pseudotuberculosis* tem uma alta taxa de mortalidade, mesmo quando é administrada a antibioticoterapia apropriada. Nos casos em que as manifestações clínicas indicam fortemente a possibilidade de apendicite ou adenite mesentérica, a exploração cirúrgica tem sido a regra, a não ser que vários casos simultâneos indiquem a probabilidade de infecção por *Yersinia*.

Prevenção e controle

O contato com animais domésticos e de fazenda, bem como com suas fezes ou materiais contaminados por elas, provavelmente é responsável pela maioria das infecções humanas. Carne contaminada (especialmente carne de porco e produtos derivados) e, ocasionalmente, produtos lácteos têm sido indicados como fontes de infecções. Surtos frequentemente foram atribuídos a alimentos ou bebidas contaminados. Precauções sanitárias convencionais são provavelmente úteis, e o consumo de carnes cruas ou malcozidas deve ser evitado. Além disso, medidas de saúde pública com foco em práticas seguras de manuseio e processamento de alimentos podem ser úteis para diminuir o risco de contaminação de alimentos e laticínios. Em bancos de sangue e centros de doação de sangue, os voluntários devem ser questionados sobre febre recente, dor abdominal ou diarreia antes da doação de sangue, a fim de diminuir o risco de coleta de produtos sanguíneos potencialmente contaminados.

PASTEURELLA MULTOCIDA

As pasteurelas são cocobacilos Gram-negativos imóveis, que exibem aspecto bipolar nos esfregaços corados. São microrganismos aeróbios ou anaeróbios facultativos que crescem rapidamente em meios bacteriológicos comuns a 37 °C. Todas as espécies são oxidase e catalase-positivas, mas diferem quanto às outras reações bioquímicas.

Pasteurella multocida ocorre no mundo inteiro nas vias respiratórias e no trato gastrintestinal de muitos animais silvestres e domésticos. Talvez seja o microrganismo mais comum em feridas de seres humanos causadas por mordidas de cães e gatos. Trata-se de uma das causas comuns de sepse hemorrágica em vários animais, como coelhos, ratos, cavalos, carneiros, aves domésticas, gatos e suínos. Além disso, pode provocar infecções humanas em muitos sistemas e, às vezes, fazer parte da microbiota humana normal.

Manifestações clínicas

A apresentação mais comum consiste em história de mordida de animal, seguida, em poucas horas, pelo aparecimento agudo de vermelhidão, edema e dor. A linfadenopatia regional é variável, e a febre costuma ser baixa. Às vezes, as infecções por *Pasteurella* manifestam-se em forma de bacteriemia ou infecção respiratória crônica, sem conexão evidente com animais.

Pasteurella multocida é sensível à maioria dos antimicrobianos. A penicilina G é considerada o fármaco de escolha para as infecções por *P. multocida* resultantes de mordidas de animais. As tetraciclinas e as fluoroquinolonas são os fármacos alternativos.

RESUMO DO CAPÍTULO

- As espécies de *Yersinia* são patógenos que causam zoonoses, desde infecções gastrintestinais brandas a doenças graves com alto índice de mortalidade como a peste.
- *Yersinia pestis* é transmitida para seres humanos por meio da picada da pulga infectada, embora a inalação possa ser outra importante via de infecção. *Yersinia pestis* expressa diferentes fatores de virulência codificados por plasmídeos, que permitem sua sobrevivência no intestino da pulga e contribuem para as manifestações clínicas graves observadas no hospedeiro humano.
- Um bubão (um linfonodo supurado aumentado) formado próximo da ferida, acompanhado de febre, é a forma mais comum da peste. A partir da lesão localizada, a infecção pode disseminar-se, provocando a forma septicêmica da doença.
- O tratamento consiste em tratamento de suporte e antibioticoterapia com estreptomicina, gentamicina, doxiciclina ou uma fluoroquinolona.
- *Yersinia enterocolitica* causa gastrenterite ou linfadenite mesentérica após a ingestão de alimentos ou água contaminados.
- *Yersinia enterocolitica* pode ser recuperado das fezes de indivíduos infectados usando meio seletivo chamado de ágar CIN incubado em temperatura ambiente.
- O tratamento para gastrenterite causada por *Y. enterocolitica* consiste em sulfametoxazol + trimetoprima, doxiciclina ou uma fluoroquinolona.
- *Pasteurella multocida* ocorre no mundo inteiro nas vias respiratórias e no trato gastrintestinal de muitos animais silvestres e domésticos.
- Em humanos, em geral, *P. multocida* causa infecções de feridas e linfadenopatia associada após mordidas de animais, especificamente mordidas de gato e cachorro.
- *Pasteurella multocida* é imóvel, Gram-negativo com padrão de coloração bipolar e com aparência cocobacilar. Seu crescimento ocorre em meios bacteriológicos comuns a 37 °C, e é oxidase e catalase-positivo.
- *Pasteurella multocida* é suscetível à maioria dos antibióticos. A penicilina G é considerada o fármaco de escolha.

QUESTÕES DE REVISÃO

1. Um homem de 18 anos de idade residente no Arizona, Estados Unidos, chegou a uma unidade de emergência queixando-se de febre, dor na virilha esquerda e diarreia nos últimos 2 dias. Ao ser examinado, mostrava-se afebril; o pulso era de 126 batimentos por minuto (bpm), a frequência respiratória, 20 por minuto, e a pressão arterial, 130/80 mmHg. Foi constatada a presença de edema e hipersensibilidade da virilha esquerda. Diagnosticou-se uma distensão no músculo da virilha, atribuída a uma queda ocorrida 2 dias antes. O paciente foi tratado com anti-inflamatório não esteroide e liberado. No dia seguinte, relatou estar sentindo-se fraco, com dificuldade para respirar, e que tinha sofrido uma queda durante o banho. Foi levado para um hospital de emergência, onde morreu logo após dar entrada. Foram feitas hemoculturas, que resultaram positivo para *Yersinia pestis*. A investigação epidemiológica indicou que o paciente provavelmente se infectou como resultado de picada de pulga infectada com *Y. pestis* enquanto caminhava sobre uma colônia de cães-da-pradaria (roedores do gênero *Cynomys*) (ver Capítulo 48). Qual das seguintes afirmativas sobre a patogênese da praga é correta?

   (A) *Y. pestis* produz uma coagulase quando incubada a 28 °C.
   (B) Não existe risco de pneumonia causada pela transmissão de *Y. pestis* de pessoa para pessoa.

(C) Os microrganismos de *Y. pestis* multiplicam-se em células po-limorfonucleares.

(D) Após a picada por uma pulga infectada, a infecção por *Y. pestis* raramente dissemina-se para fora do local da picada e dos linfonodos regionais.

(E) *Y. pestis* é transmitido para animais (e seres humanos) pelas fezes da pulga quando esta se alimenta.

2. O fármaco de escolha para o tratamento do paciente da Questão 1 pode ser:

(A) Ampicilina
(B) Cefotaxima
(C) Levofloxacino
(D) Eritromicina
(E) Estreptomicina

3. *Yersinia pestis* entrou na América do Norte por São Francisco, em 1890, levada por ratos em navios oriundos de Hong Kong, local onde ocorreu uma epidemia de peste. Os reservatórios correntes de *Y. pestis* nos Estados Unidos são

(A) Gatos urbanos selvagens
(B) Ratos urbanos
(C) Vacas domesticadas
(D) Coiotes
(E) Roedores rurais silvestres

4. Qual das seguintes alternativas geralmente não é considerada um agente potencial de bioterrorismo e guerra biológica?

(A) *Yersinia pestis*
(B) Toxina botulínica
(C) *Streptococcus pyogenes*
(D) Espécies de *Brucella*
(E) *Bacillus anthracis*

5. Um garoto de 8 anos de idade foi mordido por um gato de rua. Após 2 dias, a ferida estava vermelha e inchada, drenando um líquido purulento. *Pasteurella multocida* foi cultivado a partir da ferida. O fármaco de escolha para tratar essa infecção é

(A) Amicacina
(B) Eritromicina
(C) Gentamicina
(D) Penicilina G
(E) Clindamicina

6. Indivíduos que tiveram contato com pacientes com suspeita de peste pneumônica devem receber qual dos seguintes agentes como quimioprofilaxia?

(A) Gentamicina
(B) Cefazolina
(C) Rifampicina
(D) Penicilina
(E) Doxiciclina

7. Em um paciente com a forma bubônica da peste, todas as amostras a seguir são aceitáveis para o diagnóstico, *exceto*

(A) Cultura de fezes em ágar Hektoen entérico
(B) Hemocultura com o uso dos meios laboratoriais de rotina
(C) Cultura de um aspirado de linfonodo do sangue em ágar de MacConkey
(D) Sorologia de fases aguda e convalescente
(E) Coloração de imuno-histoquímica de tecidos de linfonodo

8. Todas as afirmativas a seguir sobre o plasmídeo pFra/pMT de *Yersinia pestis* são verdadeiras, *exceto*

(A) Codifica para a proteína capsular (fração FI) que confere propriedades antifagocíticas.

(B) Contém genes que produzem protease ativadora do plasminogênio, que apresenta uma atividade de coagulase dependente da temperatura.

(C) Contém genes que codificam a fosfolipase D, a qual é necessária para a sobrevivência do microrganismo no intestino da pulga.

(D) É único em *Y. pestis*.

(E) Codifica fatores importantes para a sobrevivência do microrganismo na pulga e no homem.

9. Todas as afirmativas a seguir sobre a epidemiologia de infecções causadas por *Yersinia enterocolitica* estão corretas, *exceto*

(A) A maioria das infecções humanas é causada pelo sorotipo O:1.

(B) Os seres humanos adquirem a infecção pela ingestão de alimentos ou bebidas contaminados por animais ou produtos animais.

(C) A disseminação de pessoa para pessoa é bastante comum.

(D) É necessário um grande inóculo para causar infecção.

(E) A infecção é mais prevalente em pessoas com o antígeno de histocompatibilidade HLA-B27.

10. No isolamento de *Yersinia enterocolitica* das fezes de um paciente com gastrenterite, qual é o meio de cultura utilizado?

(A) Ágar cefsulodina-irgasan-novobiocina
(B) Ágar xilose-lisina-desoxicolato
(C) Ágar Hektoen entérico
(D) Ágar de Regan-Lowe
(E) Ágar de MacConkey

11. Um microrganismo suspeito de ser *Yersinia pestis* é isolado de um paciente com sepse. O isolado é catalase-positivo, mas oxidase e urease-negativo, e imóvel. Nesse ponto, o que deveria ser feito?

(A) Nada; o laboratório confirmou o diagnóstico.

(B) Inocular o isolado em um *kit* de identificação ou em um sistema automatizado para confirmação.

(C) Chamar a polícia, pois trata-se de uma possível ação terrorista.

(D) Enviar o isolado para o laboratório de referência para confirmação.

(E) Enviar o isolado para sequenciamento.

Respostas

1. A	**5.** D	**9.** C
2. E	**6.** E	**10.** A
3. E	**7.** A	**11.** D
4. C	**8.** B	

REFERÊNCIAS

Mead PS: *Yersinia* species, including plague. In Mandell GL, Bennett JE, Dolin R (editors).

In Bennett JE, Dolin R, Blaser ME (editors). *Mandell, Douglas, and Bennett's Principles and Practice of Infectious Diseases*, 8th ed. Elsevier, 2015.

Inglesby TV, Dennis DT, Henderson DA, et al: Plague as a biological weapon: Medical and public health management: Working Group on Civilian Biodefense. *JAMA* 2000;283 (17):2281–2290.

Ke Y, Chen Z, Yang R: *Yersinia pestis*: mechanisms of entry into and resistance to the host cell. *Front Cell Infect Microbiol* 2013;3:1.

Petersen JM, Gladney LM, Schriefer ME: *Yersinia*. In Jorgensen JH, Pfaller MA, Carroll KC (editors). *Manual of Clinical Microbiology*, 11th ed. ASM Press, 2015.

Wilson BA, Ho M: *Pasteurella multocida*: from zoonosis to cellular microbiology. *Clin Microbiol Rev* 2013;26:631.

Zbinden R. *Aggregatibacter, Capnocytophaga, Eikenella, Kingella, Pasteurella*, and other fastidious or rarely encountered Gram-negative rods. In Jorgensen JH, Pfaller MA, Carroll KC (editors). *Manual of Clinical Microbiology*, 11th ed. ASM Press, 2015. Zurlo JJ: *Pasteurella* species.

In Bennett JE, Dolin R, Blaser ME (editors). *Mandell, Douglas, and Bennett's Principles and Practice of Infectious Diseases*, 8th ed. Elsevier, 2015.

Neisseria

A família Neisseriaceae abrange os gêneros *Neisseria*, *Kingella* e *Eikenella*, além de outros 32 gêneros. As espécies de *Neisseria* são cocos Gram-negativos que habitualmente ocorrem em pares (diplococos). *Neisseria gonorrhoeae* (gonococos) e *Neisseria meningitidis* (meningococos) são patogênicos para os seres humanos e, em geral, são encontrados em associação com células polimorfonucleares (PMNs) ou no interior dessas células. Algumas espécies são habitantes normais das vias respiratórias humanas, raramente ou nunca provocam doença, e são encontradas fora das células. A Tabela 20-1 mostra uma lista dos membros do grupo.

Os gonococos e os meningococos estão intimamente relacionados, com homologia de DNA de 70%, e são diferenciados por alguns testes laboratoriais e características específicas. Os meningococos expressam uma cápsula polissacarídica, enquanto os gonococos não apresentam essa estrutura. Os meningococos raramente apresentam plasmídeos, ao contrário da maioria dos gonococos. Além disso, as duas espécies podem ser diferenciadas pelas apresentações clínicas usuais das doenças que causam. Os meningococos geralmente são encontrados no trato respiratório superior, provocando meningite. Já os gonococos causam infecções genitais. Todavia, pode ocorrer uma superposição nos espectros clínicos das doenças causadas por gonococos e meningococos.

Morfologia e identificação

A. Microrganismos típicos

As espécies típicas do gênero *Neisseria* são diplococos Gram-negativos imóveis, com cerca de 0,8 µm de diâmetro (Figuras 20-1 e 20-2). Os cocos isolados são reniformes. Quando os microrganismos ocorrem aos pares, os lados adjacentes são achatados ou côncavos.

B. Cultura

As várias espécies de *Neisseria* patogênicas e não patogênicas podem ser diferenciadas por sua capacidade de crescer em ágar-sangue, ágar-chocolate e ágar seletivo (p. ex., ágar Thayer-Martin modificado, ágar Martin-Lewis, ágar GC-Lect e ágar New York City; ver também Tabela 20-1). Enquanto *N. meningitidis* cresce em ágar-sangue, bem como em meios seletivos, *N. gonorrhoeae* requer ágar-chocolate enriquecido e/ou meios seletivos para um crescimento ideal. Como o ágar-chocolate permite o crescimento de outras bactérias comensais, o cultivo de *N. gonorrhoeae* a partir de amostra de mucosa e de outros sítios não estéreis exige o uso de meios seletivos (p. ex., ágar Thayer-Martin). Os meios seletivos contêm vancomicina (inibe bactérias Gram-positivas), colistina (inibe bactérias

Gram-negativas) e outras substâncias inibidoras para suprimir o crescimento de muitos dos microrganismos comensais desses sítios. *Neisseria gonorrhoeae*, *Neisseria meningitidis* e *Neisseria lactamica* são resistentes à colistina e, portanto, podem crescer nesses meios seletivos. Quando cultivados em ágar adequado, os gonococos e os meningococos formam colônias mucoides convexas, brilhantes e elevadas com 1 a 5 mm de diâmetro. As colônias são transparentes ou opacas, não pigmentadas e não hemolíticas. *Neisseria flavescens*, *Neisseria cinerea*, *Neisseria subflava* e *Neisseria lactamica* podem exibir pigmentação amarela. *Neisseria sicca* produz colônias opacas, quebradiças e rugosas. *Moraxella catarrhalis* forma colônias opacas não pigmentadas ou cinza-rosadas.

C. Características de crescimento

As neissérias crescem melhor em aerobiose. No entanto, algumas espécies de *Neisseria* (p. ex., *N. gonorrhoeae*) também são capazes de crescer em anaerobiose. As espécies do gênero *Neisseria* produzem ácido, mas não gás, por oxidação de vários carboidratos (não por fermentação). O teste da oxidase é, portanto, um teste-chave para identificação desses microrganismos. Quando as bactérias são colocadas em papel-filtro embebido com cloridrato de tetrametilparafenilenodiamina (oxidase), as neissérias rapidamente adquirem uma cor púrpura-escura. Além disso, todas as espécies de *Neisseria*, com exceção de *Neisseria elongata*, são catalase-positivas. Os padrões pelos quais as diferentes espécies de *Neisseria* oxidam carboidratos são um meio importante para a diferenciação entre as espécies (ver Tabela 20-1).

Embora a maioria das espécies de *Neisseria* não seja nutricionalmente exigente, os meningococos e os gonococos crescem melhor em meios de cultura que contenham substâncias orgânicas complexas, como sangue aquecido, hemina e proteínas animais, em uma atmosfera que contenha 5% de dióxido de carbono (CO_2) (p. ex., recipiente com vela). Os microrganismos são rapidamente destruídos por ressecamento, exposição prolongada à luz solar, calor úmido e por muitos desinfetantes. Produzem enzimas autolíticas que resultam em rápido intumescimento, bem como lise *in vitro* a 25 °C e em pH alcalino.

NEISSERIA GONORRHOEAE

Os gonococos oxidam apenas a glicose e diferem antigenicamente de outras espécies de *Neisseria*. Em geral, esse microrganismo produz colônias menores do que as outras do gênero *Neisseria*. Os gonococos que necessitam de arginina, hipoxantina e uracila

TABELA 20-1   **Reações bioquímicas das espécies de *Neisseria* e de *Moraxella catarrhalis***

	Crescimento em meio TMM, ML ou NYC[a]	Ácido formado a partir de				
		Glicose	Maltose	Lactose	Sacarose ou frutose	DNAse
Neisseria gonorrhoeae	+	+	–	–	–	–
Neisseria meningitidis	+	+	+	–	–	–
Neisseria lactamica	+	+	+	+	–	–
Neisseria sicca	–	+	+	–	+	–
Neisseria subflava	–	+	+	–	±	–
Neisseria mucosa	–	+	+	–	+	–
Neisseria flavescens	–	–	–	–	–	–
Neisseria cinerea	±	–	–	–	–	–
Neisseria polysaccharea	±	+	+	–	–	–
Neisseria elongata	–	–/w	–	–	–	–
Moraxella catarrhalis	–	–	–	–	–	+

[a] ML, meio Martin-Lewis; NYC, meio New York City; TMM, meio Thayer-Martin modificado.

(auxotipo Arg⁻, Hyx⁻ e Ura⁻) tendem a crescer mais lentamente em cultura primária. Os gonococos isolados de amostras clínicas ou mantidos por repicagem seletiva formam pequenas colônias típicas de bactérias dotadas de *pili*. No repique não seletivo, também podem aparecer colônias maiores de gonococos não fimbriados. Ocorrem variantes opacas e transparentes de ambos os tipos de colônias, pequenas e grandes. As colônias opacas estão associadas à presença de uma proteína superficial exposta denominada Opa.

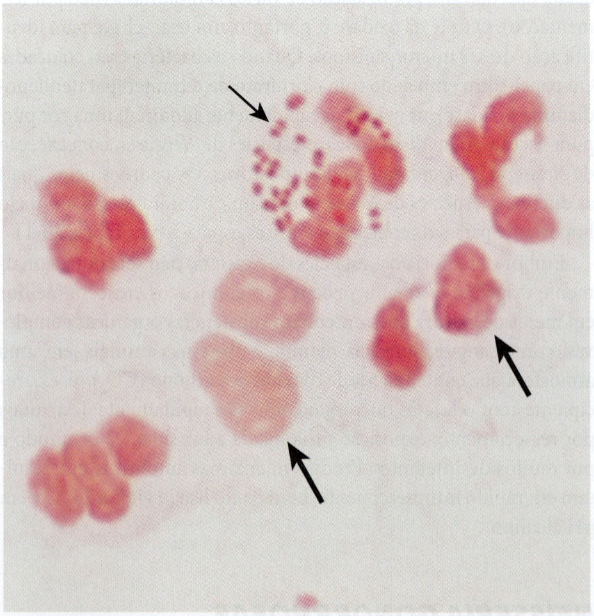

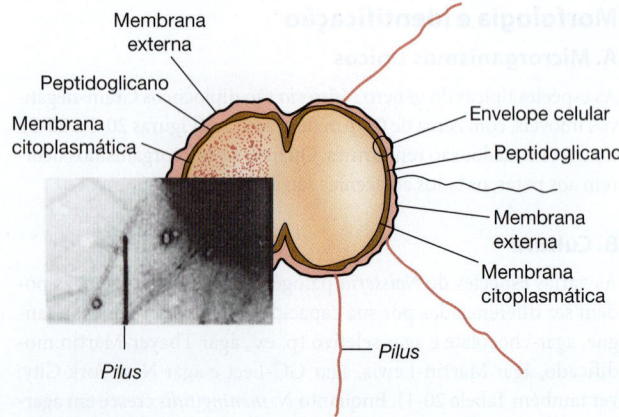

FIGURA 20-1   Coloração de exsudato uretral de paciente com gonorreia pelo método de Gram. Observam-se núcleos de várias células polimorfonucleares (*setas grandes*). Os diplococos Gram-negativos intracelulares (*Neisseria gonorrhoeae*) em uma célula polimorfonuclear estão indicados pela *seta pequena*.

Estrutura antigênica

Neisseria gonorrhoeae é antigenicamente heterogêneo e tem a capacidade de modificar suas estruturas de superfície *in vitro* – e provavelmente *in vivo* – para evitar as defesas do hospedeiro. As estruturas de superfície são especificadas a seguir.

A. *Pili* (fímbrias)

Os *pili** são apêndices piliformes que se estendem por vários micrômetros a partir da superfície do gonococo. Eles aumentam a aderência do microrganismo às células do hospedeiro e a resistência à fagocitose. São constituídos de proteínas alongadas (massa molecular [MM] de 17.000-21.000 dáltons [Da]) denominadas pilinas. A extremidade aminoterminal da molécula de pilina, que contém

Membrana externa
Peptidoglicano
Membrana citoplasmática
Envelope celular
Peptidoglicano
Membrana externa
Membrana citoplasmática
Pilus
Pilus

FIGURA 20-2   Colagem e desenho de *Neisseria gonorrhoeae* que mostra os *pili* e as três camadas do envelope celular.

*N. de T. Os *pili* são codificados pelo gene *pilE*. Neissérias patogênicas iniciam o processo de colonização após se ligarem às células do hospedeiro utilizando os *pili* tipo IV.

elevada porcentagem de aminoácidos hidrofóbicos, é conservada. A sequência de aminoácidos próximos à porção média da molécula também é conservada, servindo para aderência da bactéria às células do hospedeiro e sendo menos proeminente na resposta imunológica. A sequência de aminoácidos próximos à extremidade carboxiterminal é altamente variável, sendo mais proeminente na resposta imunológica. As pilinas de quase todas as cepas de *N. gonorrhoeae* são antigenicamente diferentes,* e uma única cepa pode produzir muitas formas antigenicamente distintas de pilinas.

B. Por

A proteína Por** estende-se através da membrana celular dos gonococos. Ocorre em trímeros, formando poros na superfície, através dos quais alguns nutrientes penetram na célula. As proteínas Por podem dificultar a morte intracelular dos gonococos no interior dos neutrófilos, evitando a fusão fagossomo-lisossomo. Além disso, a resistência variável dos gonococos à ação bactericida do soro humano normal depende de como a proteína Por liga-se seletivamente aos componentes do complemento C3b e C4b. A MM da proteína Por varia de 32.000 a 36.000 Da. Cada cepa de gonococo expressa apenas um dos dois tipos de Por, mas a Por de diferentes cepas é antigenicamente distinta. A tipagem sorológica da proteína Por por reações de aglutinação com anticorpos monoclonais já foi um método-padrão para estudar a epidemiologia de *N. gonorrhoeae*. Contudo, esse método foi substituído por métodos genotípicos, como eletroforese em gel de campo pulsado, tipagem das proteínas Opa e sequenciamento total do DNA.

C. Proteínas Opa

Essas proteínas atuam na coagregação dos gonococos e na aderência desses microrganismos às células do hospedeiro, particularmente células que expressam receptores celulares, como compostos relacionados com a heparina e CD66 ou moléculas de adesão celular relacionadas com antígenos carcinoembrionários. Uma porção da molécula de Opa localiza-se na membrana externa do gonococo, enquanto o restante fica exposto sobre a superfície. A MM da Opa varia de 20.000 a 28.000 Da. Uma cepa de gonococo pode expressar nenhum, um, dois ou, em certas ocasiões, três tipos de Opa, embora cada cepa tenha 11 a 12 genes para diferentes Opas. Um método útil de tipagem de cepas de gonococos é a reação em cadeia da polimerase (PCR, do inglês *polymerase chain reaction*) dos genes *opa* seguida de digestão com endonuclease de restrição e análise de fragmentos subsequentes por eletroforese em gel, realizada por laboratórios de referência.

D. Rmp (proteína III)

Essa proteína (MM de 30.000-31.000 Da) é antigenicamente conservada em todos os gonococos. Trata-se de uma proteína passível

de modificação por redução (Rmp, do inglês *reduction-modifiable protein*), que modifica sua MM aparente quando se encontra no estado reduzido. Associa-se à proteína Por na formação de poros na superfície celular.

E. Lipo-oligossacarídeo

Diferentemente dos bastonetes Gram-negativos entéricos (ver Capítulos 2 e 15), o lipopolissacarídeo (LPS) gonocócico não apresenta cadeias laterais de antígeno O longas, sendo denominado lipo-oligossacarídeo (LOS). Apresenta MM de 3.000 a 7.000 Da. Os gonococos podem expressar mais de uma cadeia de LOS antigenicamente diferente ao mesmo tempo. A toxicidade observada nas infecções gonocócicas deve-se, em grande parte, aos efeitos endotóxicos do LOS. Especificamente, em modelo de implante em tuba uterina, o LOS causa perda ciliar e morte das células de mucosa.

Em uma forma de mimetismo molecular, os gonococos produzem moléculas de LOS que se assemelham, do ponto de vista estrutural, aos glicoesfingolipídeos das membranas celulares humanas. Essa estrutura está apresentada na Figura 20-3. O LOS dos gonococos e o glicoesfingolipídeo humano da mesma classe estrutural reagem ao mesmo anticorpo monoclonal, indicando mimetismo molecular (reação cruzada). A presença, sobre a superfície dos gonococos, das mesmas estruturas superficiais observadas nas células humanas ajuda esses microrganismos a escaparem do reconhecimento imunológico.

A galactose terminal dos glicoesfingolipídeos humanos é frequentemente conjugada com o ácido siálico. O ácido siálico é um ácido de 9 carbonos, 5-*N*-acetilado cetulosônico, também chamado de ácido *N*-acetilneuramínico (NANA). Os gonococos não produzem ácido siálico, mas sintetizam uma sialiltransferase que funciona para adquirir o NANA do nucleotídeo-açúcar humano, ácido 5′-*N*-acetilneuramínico citidina monofosfato (CMP-NANA), e colocá-lo na galactose terminal de um LOS aceptor gonocócico. Essa sialilação afeta a patogênese da infecção gonocócica, tornando os gonococos resistentes à destruição pelo complexo anticorpo-complemento humano,*** e interfere na ligação dos gonococos a receptores sobre as células fagocíticas.

Neisseria meningitidis e *Haemophilus influenzae* produzem muitas das mesmas estruturas do LOS expresso por *N. gonorrhoeae*. A biologia do LOS para as três espécies e para algumas das espécies não patogênicas de *Neisseria* é semelhante. Quatro dos vários sorogrupos de *N. meningitidis* formam diferentes cápsulas de ácido siálico (ver adiante), indicando que também possuem vias de biossíntese diferentes daquelas observadas nos gonococos. Esses quatro sorogrupos sialilam o LOS, utilizando o ácido siálico de seus reservatórios endógenos.

F. Outras proteínas

Várias proteínas antigenicamente constantes dos gonococos desempenham papéis pouco definidos na patogênese. **Lip** (**H8**) é uma proteína de superfície exposta, termomodificável como a Opa. A **proteína de ligação ao ferro** (**Fbp**, do inglês *ferric-binding protein*), cuja MM se assemelha à da Por, é expressa quando o suprimento disponível de ferro torna-se limitado (p. ex., na infecção

---

*N. de T. O *pilus* tipo IV, especificamente, é o primeiro fator de virulência no ataque inicial da bactéria às células das mucosas dos tecidos humanos, e somente as bactérias que o possuem são capazes de produzir infecção. A antigenicidade dos *pili* resulta da recombinação de eventos entre o gene que codifica a principal subunidade da pilina (*pilE*) e múltiplas cópias de *loci* silenciosos dessa pilina.

**N. de T. A porina (Por) ou proteína I é a principal proteína da membrana externa de *N. gonorrhoeae*, sendo essencial para a sobrevivência e a viabilidade do patógeno. É codificada pelo gene *porB*, o qual possui dois alelos – *porB1b* e *porA1a* —, e uma de suas funções é controlar a entrada e a saída de moléculas para o espaço periplasmático.

***N. de T. Gonococos com LOS contendo ácido siálico tornam-se resistentes, evitando a adesão do complexo de ataque à membrana (MAC) do sistema complemento.

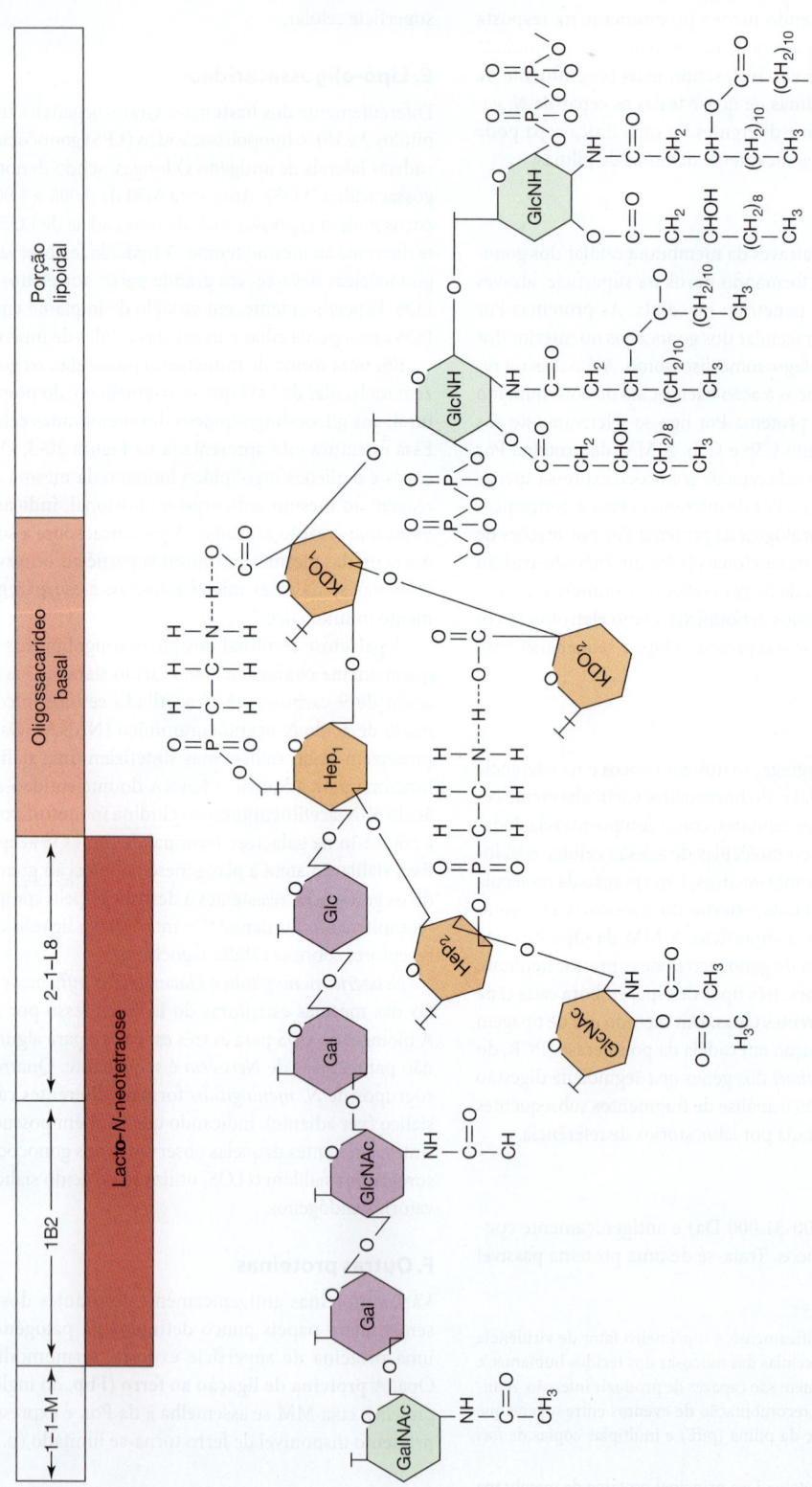

FIGURA 20-3 Estrutura do lipo-oligossacarídeo do gonococo, que possui lacto-N-neotetraose e uma galactosamina terminal em estrutura semelhante à série de gangliosídeos glicoesfingolipídeos humanos. O oligossacarídeo basal está em *vermelho-claro*, e a lacto-N-neotetraose, em *vermelho-escuro*. (Cortesia de JM Griffiss.)

humana). Os gonococos elaboram uma **IgA1-protease** que cliva e inativa a IgA1, importante imunoglobulina da mucosa dos seres humanos. *Neisseria meningitidis*, *Haemophilus influenzae* e *Streptococcus pneumoniae* elaboram IgA1-proteases semelhantes.

Genética e heterogeneidade antigênica

Os gonococos desenvolveram mecanismos que frequentemente permitem a mudança de uma forma antigênica (pilina, Opa ou LPS) para outra forma antigênica da mesma molécula. Essa mudança ocorre em 1 a cada $10^{2,5}$ a 10^3 gonococos, o que representa uma taxa extremamente rápida de mudança para bactérias. Por serem antígenos de superfície expostos nos gonococos, a pilina, a Opa e o LPS são importantes na resposta imunológica à infecção. A rápida mudança das moléculas de uma forma antigênica para outra ajuda os gonococos a escaparem do sistema imunológico do hospedeiro.

O mecanismo de mudança para a pilina, o mais extensamente estudado, difere do envolvido para a Opa.

Os gonococos possuem inúmeros genes que codificam a pilina, mas apenas um gene é inserido no local de expressão. Os gonococos podem remover todo o gene da pilina, ou parte dele, e substituí-lo por outro gene de pilina, ou parte dele. Esse mecanismo lhes permite expressar muitas moléculas de pilina antigenicamente diferentes no decorrer do tempo.

O mecanismo de mudança da Opa envolve, pelo menos em parte, a adição ou a remoção do DNA de uma ou mais das repetições de codificação pentaméricas que precedem a sequência que codifica o gene estrutural da Opa. O mecanismo de mudança para o LPS permanece desconhecido.

Os gonococos contêm vários plasmídeos; 95% das cepas exibem um pequeno plasmídeo "críptico" (MM de $2,6 \times 10^6$ Da) de função desconhecida. Dois outros plasmídeos (MM de $3,4 \times 10^6$ Da e $4,7 \times 10^6$ Da) contêm genes que codificam a produção de β-lactamase tipo TEM-1 (penicilinase), a qual resulta em resistência do microrganismo à penicilina. Esses plasmídeos são transmissíveis por conjugação entre os gonococos; assemelham-se a um plasmídeo encontrado em espécies de *Haemophilus* produtoras de penicilinase, e podem ter sido adquiridos a partir de *Haemophilus* ou de outros microrganismos Gram-negativos. Cerca de 5 a 20% dos gonococos contêm um plasmídeo (MM de $2,45 \times 10^7$ Da) com genes que codificam a conjugação; a incidência é maior nas áreas geográficas onde os gonococos produtores de penicilinase são mais comuns. O desenvolvimento de alto nível de resistência à tetraciclina (concentração inibitória mínima [CIM] $\geq$ 16 mg/mL) nos gonococos deve-se à inserção, no plasmídeo conjugativo, de um gene de estreptococo *tetM* que codifica a resistência à tetraciclina.

Patogênese, patologia e manifestações clínicas

Os gonococos exibem vários tipos morfológicos de colônias (ver anteriormente), mas apenas as bactérias dotadas de *pili* parecem virulentas. A expressão da proteína Opa varia de acordo com o tipo de infecção. Os gonococos que formam colônias opacas são isolados de homens com uretrite sintomática e de culturas de amostra do colo do útero de mulheres na metade do ciclo menstrual. Os gonococos que formam colônias transparentes são frequentemente isolados de homens com infecção uretral assintomática, de mulheres durante a menstruação e de formas invasivas de gonorreia, como salpingite e infecção disseminada. A variação antigênica de proteínas de superfície durante a infecção permite ao organismo burlar a resposta imunológica do hospedeiro.

Os gonococos infectam as mucosas do trato urogenital, dos olhos, do reto e da garganta, causando supuração aguda que pode levar à invasão tecidual. Esse processo é seguido de inflamação crônica e fibrose. Em homens, geralmente ocorre uretrite, com pus espesso e amarelado, além de micção dolorosa. O processo pode estender-se ao epidídimo. Com o desaparecimento da supuração na infecção sem tratamento, ocorre fibrose, resultando, às vezes, em estenoses uretrais. A infecção uretral em homens pode ser assintomática. Em mulheres, a infecção primária é observada na endocérvice e estende-se à uretra e à vagina, resultando em corrimento mucopurulento. Em seguida, pode progredir para as tubas uterinas, causando salpingite, fibrose e obliteração das tubas. Ocorre infertilidade em 20% das mulheres com salpingite gonocócica. A cervicite ou proctite gonocócica crônica é frequentemente assintomática.

A bacteriemia gonocócica resulta em lesões cutâneas (particularmente pápulas hemorrágicas e pústulas) em mãos, antebraços, pés e pernas, bem como em tenossinovite e artrite supurativa, geralmente nos joelhos, nos tornozelos e nos punhos. Os gonococos podem ser cultivados a partir de amostras de sangue ou líquido articular de apenas 30% dos pacientes com artrite gonocócica. A endocardite gonocócica é uma infecção incomum, porém grave. Às vezes, os gonococos causam meningite e infecções oculares em adultos. Esses casos apresentam manifestações semelhantes às causadas por meningococos. Muitas vezes, a deficiência de complemento é observada em pacientes com bacteriemia gonocócica. Pacientes com bacteriemia, especialmente se for recorrente, devem ser testados quanto à atividade hemolítica total do complemento.

A oftalmia neonatal gonocócica, uma infecção dos olhos do lactente, é contraída durante a passagem pelo canal do parto infectado. A conjuntivite inicial progride rapidamente e, se não for tratada, resulta em cegueira. Para evitar a oftalmia neonatal gonocócica, a aplicação de tetraciclina, eritromicina ou nitrato de prata no saco conjuntival dos recém-nascidos é obrigatória nos Estados Unidos.

Os gonococos que causam infecção localizada são frequentemente sorossensíveis (i.e., mortos por anticorpos e complemento).

Exames diagnósticos laboratoriais

A. Amostras

Devem ser obtidas amostras de pus e secreções da uretra, do colo, do reto, da conjuntiva, da garganta ou do líquido sinovial para cultura e esfregaço. A hemocultura é necessária na doença sistêmica. Entretanto, o uso de um sistema de cultura especial é útil, visto que os gonococos (e os meningococos) podem ser suscetíveis ao sulfonato de polianetol presente nos meios de hemocultura padrão. O uso de *swabs* pode ser necessário para ensaios moleculares de diagnóstico. Os médicos devem verificar com os laboratórios clínicos os dispositivos de coleta apropriados para os ensaios usados pela instituição.

B. Esfregaços

Os esfregaços de exsudato uretral ou endocervical, corados pelo método de Gram, revelam inúmeros diplococos no interior dos leucócitos, assim fornecendo um diagnóstico presuntivo. Os esfregaços corados do exsudato uretral de homens apresentam sensibilidade de cerca de 90% e especificidade de 99%. Os esfregaços corados de exsudatos endocervicais exibem sensibilidade de cerca de 50% e especificidade de aproximadamente 95% quando examinados por um microscopista experiente. Outros testes diagnósticos de exsudato uretral de homens não são necessários quando o resultado da coloração de Gram é positiva, mas testes de amplificação de ácido nucleico

(NAATs, do inglês *nucleic acid amplification tests*) ou culturas devem ser realizados com amostras obtidas de mulheres.* Esfregaços corados de exsudatos conjuntivais também podem ter valor diagnóstico. Contudo, as colorações de Gram de espécimes de orofaringe ou reto geralmente não são úteis para a identificação de espécies patogênicas de *Neisseria*, considerando que esses locais são frequentemente colonizados por neissérias comensais não patogênicas.

C. Cultura

Imediatamente após a coleta, o pus ou muco deve ser semeado em meio seletivo enriquecido (p. ex., meio Thayer-Martin modificado [TMM]), com incubação em atmosfera que contenha 5% de CO_2 (recipiente com vela) a 37 °C. Para evitar o crescimento excessivo de contaminantes, o meio seletivo deve conter antimicrobianos (p. ex., vancomicina, colistina, nistatina e trimetoprima). Caso a incubação imediata não seja possível, a amostra deve ser colocada em um sistema de transporte de cultura contendo CO_2. Quarenta e oito horas após a cultura, a identificação presuntiva pode ser obtida pelo aparecimento dos microrganismos em um esfregaço de Gram e por um teste de oxidase positivo. A identificação da espécie das bactérias subcultivadas pode ser determinada por sua capacidade de produzir ácido a partir de certos carboidratos por oxidação. O único carboidrato usado por *N. gonorrhoeae* é a glicose (ver Tabela 20-1). Outros testes laboratoriais para a identificação definitiva de *N. gonorrhoeae* incluem testes de substrato enzimático cromogênico e métodos de teste imunológico (p. ex., ensaios de coaglutinação). A espectrometria de massa pela técnica de ionização por dessorção a *laser*, assistida por matriz seguida de análise por tempo de voo em sequência (MALDI-TOF MS, do inglês *matrix-assisted laser desorption ionization-time of flight mass spectrometry*) apresenta um potencial de identificação (no mesmo dia) dos isolados em culturas. Os gonococos isolados de locais anatômicos diferentes do trato genital ou de crianças devem ser identificados quanto ao nível de espécie pela realização de dois testes confirmatórios diferentes, devido às implicações legais e sociais das culturas positivas. A maioria dos laboratórios abandonou a cultura em favor dos NAATs.** Em virtude da mudança na metodologia de diagnóstico, pode ser difícil monitorar rotineiramente o aumento da resistência a múltiplos fármacos em *N. gonorrhoeae* (ver discussão a seguir). A cultura deve ser considerada em um paciente que apresenta falha no tratamento-padrão inicial para a infecção.

D. Testes de amplificação do ácido nucleico

Diversos NAATs estão disponíveis (protocolos da Food and Drug Administration [FDA] dos Estados Unidos) para a detecção direta de *N. gonorrhoeae* em amostras do trato urogenital. Em geral, esses testes têm excelentes sensibilidade e especificidade em populações sintomáticas de alta prevalência. Entre as vantagens estão melhor detecção, resultados mais rápidos e a possibilidade de usar a urina como fonte de amostra. As desvantagens incluem a fraca especificidade de alguns ensaios devido à reatividade cruzada com espécies de *Neisseria* não gonocócicas. Alguns desses testes não são recomendados para uso em diagnóstico de infecções gonocócicas

extragenitais ou infecções em crianças. Os NAATs não são recomendados como testes de cura, uma vez que os ácidos nucleicos podem persistir nas amostras de pacientes por até 3 semanas após tratamento bem-sucedido. Os pacientes com falha no tratamento são mais bem reavaliados usando cultura para que o microrganismo possa ser testado quanto à resistência antimicrobiana (ver discussão a seguir, em Tratamento).

E. Sorologia

O soro e o fluido genital contêm anticorpos imunoglobulina G (IgG) e imunoglobulina A (IgA) contra os *pili* gonocócicos, as proteínas da membrana externa e o LPS. Parte da imunoglobulina M (IgM) do soro humano é bactericida para os gonococos *in vitro*.

Em indivíduos infectados, pode-se detectar a presença de anticorpos dirigidos contra os *pili* gonocócicos e as proteínas da membrana externa por meio de *immunoblotting*, radioimunoensaio e Elisa (ensaio de imunoabsorção ligado à enzima). Todavia, esses testes não são úteis como auxiliares diagnósticos por vários motivos, incluindo heterogeneidade antigênica dos gonococos, demora na produção de anticorpos na presença de infecção aguda e nível basal elevado de anticorpos na população sexualmente ativa.

Imunidade

É comum a ocorrência de infecções gonocócicas repetidas. A imunidade protetora contra a reinfecção não parece fazer parte do processo patológico devido à variedade antigênica dos gonococos. Embora se possa demonstrar a presença de anticorpos, inclusive IgA e IgG nas superfícies das mucosas, eles são altamente específicos contra cepas ou exibem pouca capacidade protetora.

Tratamento

Desde o desenvolvimento e o uso disseminado da penicilina, a resistência dos gonococos a esse antibiótico vem aumentando de modo gradual, devido à seleção de mutantes cromossômicos e pelo aumento de amostras de *N. gonorrhoeae* produtoras de penicilinase (PPNG, do inglês *penicillinase-producing N. gonorrhoeae*). Desde 1989, o Centers for Disease Control and Prevention (CDC) não recomenda mais a penicilina para o tratamento de infecções gonocócicas. As tetraciclinas foram descobertas na década de 1940 e inicialmente usadas como um tratamento alternativo para a gonorreia, principalmente em pacientes alérgicos à penicilina. No entanto, as CIMs da tetraciclina aumentaram com o tempo, e agora a resistência mediada por cromossomos a esse antibiótico (CIM ≥ 2 µg/mL) é muito comum. Também ocorre resistência extrema à tetraciclina (CIM ≥ 32 µg/mL). Foi observada, ainda, resistência à espectinomicina, bem como às fluoroquinolonas. A administração de dose única de fluoroquinolonas foi recomendada para o tratamento de infecções gonocócicas de 1993 até 2006. Durante os anos 2000, a prevalência de *N. gonorrhoeae* resistente à fluoroquinolona aumentou de forma constante, com cerca de 20% dos isolados em 2014 resistentes (segundo o Gonococcal Isolate Surveillance Project [GISP; Projeto de Vigilância de Isolados Gonocócicos] do CDC). As taxas de resistência em isolados de homens que fazem sexo com homens chegam a 30%. Desde 2007, o CDC não recomenda mais o uso de fluoroquinolonas para o tratamento da gonorreia. As fluoroquinolonas atuam por meio da inibição da DNA-girase e da topoisomerase IV do microrganismo. A resistência é devida a mutações nos genes *gyrA* e *gyrB*, resultando na diminuição da afinidade de ligação da DNA-girase às fluoroquinolonas. A espectinomicina foi usada inicialmente como um

---

*N. de T. Em mulheres, neissérias saprófitas (p. ex., *Neisseria lactamica*) são encontradas no trato vaginal e uretral e apresentam a mesma morfologia quando observadas em esfregaço.

**N. de T. A cultura ainda é bastante empregada em vários países em desenvolvimento.

tratamento alternativo para PPNG. No entanto, após o surgimento de resistência de alto e de baixo nível, a espectinomicina foi finalmente abandonada no fim da década de 1980 como monoterapia contra *N. gonorrhoeae*. Desde 2005, a espectinomicina não está mais disponível nos Estados Unidos para o tratamento da gonorreia. Devido ao aumento da resistência em *N. gonorrhoeae*, o CDC recomendou que os indivíduos com infecções genitais ou retais não complicadas fossem tratados com ceftriaxona (250 mg) administrada por via intramuscular (IM) em dose única e azitromicina (1 g) administrada por via oral (VO) em dose única, ambos os medicamentos administrados juntos no mesmo dia. Com base na experiência com outras bactérias que desenvolveram resistência antimicrobiana, as recomendações do CDC para a antibioticoterapia dupla são baseadas no conceito teórico de que essa abordagem provavelmente melhorará a eficácia do tratamento e talvez retardará o surgimento da resistência antimicrobiana. Além disso, indivíduos infectados com *N. gonorrhoeae* são frequentemente coinfectados com *Chlamydia trachomatis*, sendo a terapia dupla eficaz no tratamento da coinfecção. No caso de alergia à azitromicina, o paciente pode ser tratado com doxiciclina (100 mg, VO, 2 vezes ao dia, por 7 dias) como alternativa à azitromicina. No entanto, devido às taxas mais altas de resistência às tetraciclinas observadas em *N. gonorrhoeae*, é preferível o uso da azitromicina como um medicamento secundário em relação a uma cefalosporina. Uma dose única de 400 mg de cefixima VO juntamente com uma dose única de 1 g de azitromicina VO também podem ser administradas como um regime alternativo. Contudo, dados recentes do CDC demonstraram aumento no percentual de isolados, apresentando CIMs elevadas para cefixima VO e para ceftriaxona. Essa observação, combinada com relatos de falhas no tratamento com cefixima em outros países, resultou em diretrizes de tratamento revisadas. Uma vez que a ceftriaxona é mais potente do que a cefixima, o CDC não recomenda mais a cefixima como um tratamento eficaz. A ceftriaxona injetável 250 mg, IM, em dose única, mais azitromicina ou doxiciclina, conforme descrito anteriormente, é o tratamento recomendado para casos de uretrite não complicada, cervicite e proctite. Embora a azitromicina tenha se mostrado segura e eficaz em mulheres grávidas, a doxiciclina é contraindicada. Recomendam-se modificações desses tratamentos para outros tipos de infecção por *N. gonorrhoeae*. Esses esquemas de tratamento modificados para infecções por *N. gonorrhoeae* em outros sítios do corpo ou para infecções gonocócicas disseminadas estão disponíveis no *site* do CDC e nas 2015 Sexually Transmitted Diseases Treatment Guidelines (Diretrizes de Tratamento de Infecções Sexualmente Transmissíveis de 2015) (https://www.cdc.gov/std/tg2015/tg-2015-print.pdf).*

Uma vez que outras infecções sexualmente transmissíveis (ISTs) podem ser adquiridas ao mesmo tempo que a gonorreia, devem-se também tomar medidas para diagnosticá-las e tratá-las (ver discussões sobre *Chlamydia* e sífilis).

Epidemiologia, prevenção e controle

A gonorreia tem distribuição mundial. Nos Estados Unidos, a incidência aumentou de maneira uniforme desde 1955 até o fim da década de 1970, quando ficou entre 400 e 500 casos a cada 100 mil indivíduos da população. Entre 1975 e 1997, houve declínio de 74% na taxa de infecções gonocócicas relatadas. Posteriormente, as taxas estabilizaram durante 10 anos e diminuíram de 2006 a 2009, mas, desde 2009, as taxas voltaram a aumentar ligeiramente a cada ano.** A gonorreia é transmitida exclusivamente por contato sexual, frequentemente por mulheres e homens com infecções assintomáticas. A infecciosidade do microrganismo é alta, de forma que a probabilidade de contrair a infecção a partir de uma única exposição a um parceiro sexual infectado é de 20 a 30% para homens e ainda maior para mulheres. A taxa de infecção pode ser reduzida pelas seguintes medidas: evitar relações sexuais com vários parceiros; erradicar rapidamente os gonococos dos indivíduos infectados mediante diagnóstico e tratamento precoces; e detectar os casos e contatos por meio de educação e rastreamento das populações de alto risco. A profilaxia mecânica (uso de preservativos) proporciona proteção parcial. A quimioprofilaxia tem valor limitado em virtude do aumento da resistência dos gonococos aos antibióticos.

A oftalmia neonatal gonocócica pode ser evitada pela aplicação local de pomada oftálmica de eritromicina a 0,5% ou de tetraciclina a 1% na conjuntiva dos lactentes. Embora a instilação de solução de nitrato de prata também seja eficaz e constitua o método clássico de prevenção de oftalmia neonatal, o nitrato de prata é de difícil conservação, além de provocar irritação conjuntival. Seu uso foi substituído, em grande parte, por pomada de eritromicina ou de tetraciclina.

NEISSERIA MENINGITIDIS

Estrutura antigênica

Foram identificados pelo menos 13 sorogrupos de meningococos com base na especificidade imunológica dos polissacarídeos capsulares. Os sorogrupos mais importantes, associados a doença em seres humanos, são A, B, C, X, Y e W-135. Ao contrário dos outros sorogrupos capsulares, nos quais a cápsula é composta por porções de ácido siálico, o polissacarídeo do grupo A é um polímero de *N*-acetil-manosamina-1-fosfato. A incorporação de derivados de ácido siálico humano, como NANA, nas cápsulas meningocócicas permite que esse microrganismo não seja reconhecido plenamente pelo sistema imunológico do hospedeiro ("mimetismo molecular"). Os antígenos meningocócicos são encontrados no sangue e no líquido cerebrospinal (LCS) dos pacientes com doença ativa.

A membrana externa de *N. meningitidis* consiste em proteínas e no LPS, os quais desempenham papéis importantes na virulência desse microrganismo. Existem duas proteínas porinas (Por A e Por B) que são importantes no controle da difusão de nutrientes do interior do microrganismo e interagem com as células hospedeiras. Essas porinas têm sido alvos de interesse no desenvolvimento de vacinas. As proteínas de opacidade (Opa) são comparáveis às Opas dos gonococos e desempenham um papel na aderência.

---

*N. de T. Em 2016, foi iniciado um projeto denominado SenGono (parceria do Departamento de Vigilância, Prevenção e Controle das ISTs, do HIV/Aids e das Hepatites Virais [DIAHV] com o laboratório de referência localizado na Universidade Federal de Santa Catarina [UFSC]). Esse projeto analisou 550 cepas provenientes de sete locais de coleta distribuídos em todas as regiões do Brasil, e constatou-se elevada resistência do gonococo à penicilina, à tetraciclina e ao ciprofloxacino (47–78% dos isolados). Além disso, evidenciou-se uma resistência em franca expansão à azitromicina. As cefalosporinas de terceira geração (ceftriaxona e cefixima) também foram testadas, e não foram encontradas cepas resistentes a essa classe de fármaco. Os resultados do projeto culminaram na atualização da recomendação nacional para o tratamento da gonorreia, havendo a substituição do ciprofloxacino 500 mg, VO, pela ceftriaxona 500 mg, IM, na terapia dupla com azitromicina 1 g, VO.

**N. de T. No Brasil, estima-se que ocorram cerca de 500 mil novos casos por ano. O gonococo já é considerado um microrganismo multirresistente.

Os meningococos são fimbriados, sendo essas estruturas importantes na aderência às células epiteliais da nasofaringe e a outras células hospedeiras, como no endotélio e nos eritrócitos. O lipídeo A do LPS dos meningococos é responsável por muitos dos efeitos tóxicos observados na doença meningocócica. Os mais altos níveis de endotoxina medidos durante a sepse foram encontrados em pacientes com meningococemia (50-100 vezes maior do que com outras infecções Gram-negativas). Coletivamente, essas estruturas e proteínas são responsáveis pelos quadros clínicos tão característicos das infecções meningocócicas.

Patogênese, patologia e manifestações clínicas

Os seres humanos são os únicos hospedeiros naturais dos meningococos. A porta de entrada desses microrganismos é a nasofaringe, onde eles se aderem às células epiteliais com o auxílio dos *pili*. Podem fazer parte da microbiota transitória sem causar sintomas. A doença meningocócica invasiva (DMI) ocorre em apenas um pequeno número de indivíduos, os quais foram infectados por esse microrganismo e são portadores transitórios. Lactentes e adolescentes têm a maior incidência de DMI em países desenvolvidos. A partir da nasofaringe, o microrganismo pode atingir a corrente sanguínea, produzindo bacteriemia meningocócica. Os sintomas iniciais durante esse estágio da infecção podem ser semelhantes aos de uma infecção do trato respiratório superior, infecção "semelhante a um resfriado comum", mas a DMI apresenta uma rápida progressão, com agravamento do quadro clínico. A DMI geralmente manifesta-se por meningite, sepse (i.e., meningococemia) ou como uma combinação de ambas. A meningite constitui a complicação mais comum da bacteriemia meningocócica. Em geral, surge de modo abrupto, com cefaleia intensa, vômitos e rigidez da nuca, evoluindo para coma em poucas horas. A meningococemia fulminante é mais grave, apresentando febre alta e erupção cutânea hemorrágica. O paciente também pode desenvolver coagulação intravascular disseminada e colapso circulatório final com necrose hemorrágica bilateral das glândulas suprarrenais com subsequente insuficiência suprarrenal (síndrome de Waterhouse-Friderichsen).

Durante a meningococemia, ocorre trombose de vários vasos sanguíneos de pequeno calibre em muitos órgãos, com infiltração perivascular e hemorragias petequiais. Podem ocorrer miocardite intersticial, artrite e lesões cutâneas. Na meningite, as meninges apresentam inflamação aguda com trombose dos vasos sanguíneos e exsudação de leucócitos polimorfonucleares, de modo que a superfície do cérebro é recoberta por um espesso exsudato purulento.

Os mecanismos exatos que modulam a transição de uma colonização assintomática da nasofaringe para bacteriemia meningocócica, subsequentemente desencadeando a meningococemia e a meningite, não são muito bem compreendidos. No entanto, a invasão da corrente sanguínea pode ser evitada por anticorpos bactericidas específicos do soro contra o sorotipo infectante. A bacteriemia por *Neisseria* é favorecida pela ausência de anticorpo bactericida (IgM e IgG), pela inibição da ação bactericida do soro por um anticorpo IgA bloqueador, ou pela deficiência de componentes do complemento (C5, C6, C7 ou C8). Os meningococos são facilmente fagocitados na presença de uma opsonina específica.

Exames diagnósticos laboratoriais

A. Amostras

As amostras típicas para isolamento de *N. meningitidis* incluem sangue para cultura e LCS para esfregaço e cultura. O material obtido de petéquias por punção pode ser utilizado para esfregaço e cultura. As culturas de material obtido com *swab* nasofaríngeo são apropriadas para detecção de portadores.

B. Esfregaços

Os esfregaços do sedimento do LCS centrifugado ou do aspirado de petéquias, corados pelo método de Gram, frequentemente revelam a presença de neissérias típicas no interior dos leucócitos polimorfonucleares ou fora das células.

C. Cultura

Embora as espécies de *Neisseria* sejam inibidas por certos fatores presentes nos meios de cultura e pelo polianetol sulfonato (anticoagulante) presente em caldos de hemocultura comerciais, isso parece não ser um problema para a capacidade de isolar *N. meningitidis* de hemoculturas, em comparação com *N. gonorrhoeae*. As amostras de LCS são semeadas em ágar-chocolate e incubadas a 37 °C em atmosfera de 5% de CO_2. O TMM favorece o crescimento das neissérias e inibe muitas outras bactérias, sendo utilizado para culturas de amostras da nasofaringe. As colônias de *N. meningitidis* são acinzentadas, convexas e brilhantes, com bordas inteiras. O teste de oxidase positivo e a coloração de Gram mostrando diplococos Gram-negativos fornecem identificação presuntiva do microrganismo. Em geral, o LCS e o sangue produzem culturas puras que podem ser posteriormente identificadas por meio das reações de fermentação dos carboidratos (ver Tabela 20-1) e subsequente aglutinação com soro tipo-específico ou polivalente.

D. Sorologia

Os anticorpos contra polissacarídeos meningocócicos podem ser determinados por testes de aglutinação em látex ou hemaglutinação, ou pela sua atividade bactericida. Esses testes devem ser feitos apenas em laboratórios de referência.

Imunidade

A imunidade à infecção meningocócica está associada à presença de anticorpos bactericidas específicos dependentes de complemento no soro. Esses anticorpos são produzidos após infecções subclínicas por diferentes cepas ou após injeção de antígenos, e são específicos do grupo, do tipo ou de ambos. Os antígenos imunizantes para os grupos A, C, Y e W-135 são os polissacarídeos capsulares. Para o grupo B, duas vacinas – 4CMenB (Bexsero®) e Trumenba® – são licenciadas pela FDA para uso nos Estados Unidos.* Atualmente, existem três tipos de vacina contra os sorogrupos A, C, Y e

---

*N. de T. Um dos maiores problemas para o desenvolvimento de uma vacina eficiente contra o sorogrupo B é a expressão pelo meningococo de uma cápsula composta por NANA, igualmente presente na superfície das células humanas, resultando em ineficiência no reconhecimento antigênico. Contudo, em 2013, foi aprovada a primeira vacina de DNA recombinante contra esse sorogrupo (Bexsero®). Ela apresenta a seguinte composição: vesícula de membrana externa de *N. meningitidis* sorogrupo B e as proteínas recombinantes NadA (adesina A de *Neisseria*), NHBA (antígeno de *Neisseria* de ligação à heparina) e fHpb (proteína de ligação ao fator H). Já a Trumenba® é uma vacina composta por duas variantes da fHpb. A fHpb é encontrada na superfície das bactérias meningocócicas e é essencial para que elas evitem o hospedeiro defesas imunológicas. As variantes de fHpb segregam-se em duas subfamílias imunologicamente distintas, A e B, e mais de 96% dos isolados meningocócicos do sorogrupo B expressam variantes de fHpb de qualquer subfamília na superfície bacteriana.

W-135 disponíveis nos Estados Unidos.* Uma vacina polissacarídica tetravalente (Menomune®, Sanofi Pasteur), na qual cada dose consiste em quatro polissacarídeos capsulares purificados, é fracamente imunogênica em crianças com idade < 18 meses, não confere imunidade prolongada nem causa redução sustentável na colonização da nasofaringe. É aprovada como dose única para indivíduos com idade ≥ 2 anos. Uma vacina tetravalente conjugada aprovada em 2005 (Menactra®, Sanofi Pasteur) está licenciada para uso em pessoas de 9 meses a 55 anos. Essa vacina contém polissacarídeo capsular conjugado ao toxoide diftérico. São necessárias duas doses em crianças de 9 a 23 meses. A Menveo® (Novartis) é outra vacina tetravalente conjugada, na qual o oligossacarídeo A, C, Y e W-135 é conjugado com *Corynebacterium diphtheriae* CRM197. Essa vacina foi aprovada para uso em indivíduos de 2 a 55 anos de idade. A vacina conjugada Hib-MenCY-TT (GlaxoSmithKline) é uma vacina em série de quatro doses aprovada para crianças de 6 semanas a 18 meses de idade. Na Europa, está disponível uma vacina meningocócica quadrivalente na qual o toxoide tetânico é a proteína conjugada (MenACWY-TT; Nimenrix®). A vantagem das vacinas conjugadas é que uma resposta vacinal dependente de células T é induzida. Isso aumenta a resposta primária entre lactentes e reduz substancialmente a condição de portador assintomático.

A vacinação de rotina de todos os jovens adolescentes (idades entre 11–12 anos) antes do ensino médio com uma dose de reforço aos 16 anos usando uma vacina conjugada aprovada é agora recomendada. A vacinação também é recomendada para indivíduos com idade ≥ 2 meses que estão entre os seguintes grupos de risco: pessoas com asplenia (ausência do baço) funcional ou cirúrgica e pessoas com deficiências no sistema complemento. Indivíduos com idade ≥ 9 meses que viajam ou residem em áreas altamente endêmicas (p. ex., África Subsaariana), "populações fechadas", como universitários morando em repúblicas de estudantes e militares, populações em surto comunitário e funcionários de laboratórios clínicos (microbiologistas) são outros grupos de risco que devem ser vacinados rotineiramente.

Tratamento

A penicilina G é o fármaco de escolha para o tratamento de indivíduos com doença meningocócica. Em indivíduos alérgicos às penicilinas, utilizam-se cloranfenicol ou uma cefalosporina de terceira geração, como cefotaxima ou ceftriaxona.

Epidemiologia, prevenção e controle

A meningite meningocócica ocorre em surtos epidêmicos (p. ex., em acampamentos militares, em peregrinos religiosos, bem como na África Subsaariana, na área conhecida como "cinturão africano da meningite") e em um número menor de casos esporádicos interepidêmicos. Os surtos e casos esporádicos no Hemisfério Ocidental, na última década do século XX, foram causados principalmente pelos grupos B, C, W-135 e Y. Os surtos no sul da Finlândia e em São Paulo, no Brasil, foram causados pelos grupos B e C. Surtos na Nova Zelândia foram causados por uma cepa específica do grupo

B. Os surtos da África foram devidos principalmente ao grupo A. O grupo C e, em particular, o grupo A estão associados à doença epidêmica.

O sorogrupo A é responsável pela maioria dos surtos na África Subsaariana, enquanto o sorogrupo B é mais frequentemente a causa de infecções esporádicas. Cerca de 5 a 30% da população normal pode abrigar meningococos (frequentemente, microrganismos isolados não tipáveis) na nasofaringe durante os períodos interepidêmicos. Durante as epidemias, a taxa de portadores atinge 70 a 80%. O aumento no número de casos é precedido de um aumento no número de portadores respiratórios. O tratamento com penicilina VO e outros antibióticos não erradica o estado de portador. Recomenda-se a quimioprofilaxia para contatos domésticos e outros contatos próximos após a exposição com indivíduo infectado (para adultos: rifampicina 600 mg, VO; para crianças com idade ≥ 1 mês: 10 mg/kg, 2 vezes ao dia, por 2 dias; e para crianças com idade < 1 mês: 5 mg/kg). São agentes alternativos: ciprofloxacino para adultos (500 mg, em dose única) e ceftriaxona para crianças com idade < 15 anos (125 mg, IM, em dose única). Embora os casos clínicos de meningite sejam uma fonte insignificante de infecção (sendo que o isolamento de pacientes individuais tem apenas utilidade limitada), são recomendadas, pelo CDC, precauções-padrão para as primeiras 24 horas de terapia antimicrobiana. A prevenção da doença meningocócica tem-se concentrado em aumentar a imunidade por meio da administração de vacinas em uma população de risco, conforme discutido. Outra abordagem é a redução de contatos pessoais em uma população com alta taxa de portadores. Isso pode ser feito evitando aglomerações.

OUTRAS ESPÉCIES DE *NEISSERIA*

Neisseria lactamica raramente provoca doença, porém é importante em virtude de seu crescimento nos meios seletivos (p. ex., meio TMM) utilizados para culturas de gonococos e meningococos de amostras clínicas. Pode ser cultivado de amostras da nasofaringe de 3 a 40% dos indivíduos, e é mais frequentemente encontrado em lactentes e crianças. Ao contrário das demais espécies de *Neisseria*, oxida a lactose, além da glicose e da maltose.

Neisseria sicca, *N. subflava*, *N. cinerea*, *N. mucosa* e *N. flavescens* também são membros da microbiota normal das vias respiratórias, em particular da nasofaringe, e muito raramente causam doença. Algumas vezes, *N. cinerea* assemelha-se a *N. gonorrhoeae* devido à sua morfologia e à sua reação positiva para a hidroxipropil-aminopeptidase.

Moraxella catarrhalis é um diplococo estritamente aeróbio, oxidase-positivo e Gram-negativo, ocorrendo predominantemente em pares ou, às vezes, em cadeias curtas. Esse microrganismo era antigamente denominado *Branhamella catarrhalis* e, antes disso, *Neisseria catarrhalis*. Trata-se de um membro da microbiota normal em 40 a 50% das crianças saudáveis em idade escolar. *Moraxella catarrhalis* provoca bronquite, pneumonia, sinusite, otite média e conjuntivite. Também é motivo de preocupação como causa de infecção em pacientes imunocomprometidos. *Moraxella catarrhalis* cresce bem em ágar-sangue, ágar-chocolate e até mesmo ágar seletivo, como o TMM. Esse microrganismo pode ser diferenciado das outras neissérias pela ausência de oxidação dos carboidratos e pela produção de DNase. Além disso, produz butirato-esterase, que forma a base dos testes fluorométricos rápidos para a sua identificação. A maioria das cepas de *M. catarrhalis* de infecções clinicamente

---

*N. de T. No Brasil, o Ministério da Saúde recomenda e disponibiliza gratuitamente a vacina meningocócica C conjugada para crianças com idade < 5 anos (até 4 anos, 11 meses e 29 dias) e adolescentes de 11 a 14 anos. Rotina: 3 doses – aos 3, 5 e 12 meses de idade. Crianças de 1 a 4 anos de idade não vacinadas: uma dose. Administrar reforço ou dose única para adolescentes de 11 a 14 anos.

significativas produz β-lactamases e é resistente às penicilinas. No entanto, a maioria desses isolados clínicos permanece suscetível a muitos outros antibióticos, incluindo cefalosporinas, macrolídeos, tetraciclinas e a combinação de β-lactâmicos com um inibidor de β-lactamase (p. ex., amoxicilina + ácido clavulânico).

RESUMO DO CAPÍTULO

- O gênero *Neisseria* compreende dois principais patógenos: *N. gonorrhoeae* e *N. meningitidis*. Ambos apresentam fatores de virulência elaborados, importantes em sua patogênese. As outras espécies fazem parte da microbiota normal humana do trato respiratório e de outras mucosas, podendo raramente estar associadas a infecções.
- Membros desse gênero são diplococos Gram-negativos que variam em suas necessidades nutricionais. *Neisseria gonorrhoeae* é um microrganismo extremamente fastidioso, sendo usados meios seletivos contendo antibióticos e aminoácidos para o seu isolamento a partir do espécime clínico. Outras espécies são menos fastidiosas, crescendo em meios de rotina.
- *Neisseria gonorrhoeae* causa gonorreia, uma IST, caracterizada por cervicite purulenta em mulheres e uretrite purulenta em homens. Neonatos de mulheres infectadas durante o parto podem desenvolver conjuntivite purulenta.
- O diagnóstico é realizado por NAATs. O tratamento consiste em ceftriaxona IM ou cefixima VO, mais azitromicina ou doxiciclina para o tratamento concomitante de infecções por *Chlamydia*.
- *Neisseria meningitidis* causa meningite endêmica e epidêmica. Seu maior fator de virulência é a cápsula polissacarídica. Há aproximadamente 13 sorotipos; os mais comuns são A, B, C, X, Y e W-135.
- Meningite meningocócica é uma infecção grave que apresenta alta taxa de morbidade e mortalidade e está frequentemente associada à sepse, devido à presença de LOS. A penicilina é o fármaco de escolha terapêutica.
- O diagnóstico é realizado por cultura do LCS em ágar-chocolate incubado a 37 °C em CO_2.
- A prevenção consiste em imunização com uma das duas vacinas conjugadas (rotineiramente recomendada para crianças de 11-12 anos) ou com a vacina polissacarídica.

QUESTÕES DE REVISÃO

1. Os habitantes de um grupo de pequenos vilarejos na zona rural da África Subsaariana sofreram uma epidemia de meningite. Cerca de 10% das pessoas morreram, a maioria com idade < 15 anos. O microrganismo que mais provavelmente causou essa epidemia é

   (A) *Streptococcus agalactiae* (grupo B)
   (B) *Escherichia coli* K1 (tipo capsular 1)
   (C) *Haemophilus influenzae* sorotipo b
   (D) *Neisseria meningitidis* sorotipo A
   (E) Vírus do Nilo Ocidental

2. Um menino de 9 anos de idade foi ao clínico apresentando corrimento uretral nas últimas 24 horas. A partir da amostra, foi cultivado *Neisseria gonorrhoeae*, que se mostrou β-lactamase-positivo e resistente a altos níveis de tetraciclina (≥ 32 µg/mL). Qual das se-

guintes afirmativas sobre esses fatores de resistência aos antimicrobianos é correta?

   (A) A produção de β-lactamase e o alto nível de resistência à tetraciclina são mediados por genes plasmidiais.
   (B) A produção de β-lactamase é mediada por um gene presente no cromossomo bacteriano, e o alto nível de resistência à tetraciclina é mediado por um gene plasmidial.
   (C) A produção de β-lactamase é mediada por um gene plasmidial, e o alto nível de resistência à tetraciclina é mediado por um gene presente no cromossomo bacteriano.
   (D) A produção de β-lactamase e o alto nível de resistência à tetraciclina são mediados por genes presentes no cromossomo bacteriano.

3. Um menino de 6 anos de idade desenvolve febre e dor de cabeça. Ele é levado a um setor de emergência, onde se nota enrijecimento da nuca, sugerindo irritação das meninges. Uma punção lombar é realizada, e, na cultura do líquido cerebrospinal, cresceu *Neisseria meningitidis* sorogrupo B. Qual das seguintes alternativas deve ser levada em consideração pelos membros da família do menino?

   (A) Não são necessárias profilaxia ou outras precauções.
   (B) Devem receber uma vacina de pilina de *N. meningitidis*.
   (C) Devem receber uma vacina de polissacarídeo capsular de *N. meningitidis* sorogrupo B.
   (D) Devem fazer profilaxia com rifampicina.
   (E) Devem fazer profilaxia com sulfonamida.

4. Uma mulher de 18 anos de idade relatou ter tido relações sexuais sem proteção com um novo parceiro 2 semanas antes de desenvolver febre e dor no quadrante esquerdo do abdome, com mal-estar associado ao período menstrual. Ao exame pélvico feito na emergência, observou-se inchaço bilateral à palpação do útero. Uma massa de 2 a 3 cm de diâmetro foi observada no lado esquerdo, sugestiva de abscesso tubo-ovariano. *Neisseria gonorrhoeae* foi observado em cultura de material da endocérvice da paciente. O diagnóstico foi doença inflamatória pélvica gonocócica. A sequela comum dessa infecção é

   (A) Câncer do colo do útero
   (B) Estreitamento uretral
   (C) Tumores fibroides uterinos
   (D) Infertilidade
   (E) Fístula retovaginal

5. Um oficial de polícia de 38 anos de idade deu entrada no setor de emergência de um hospital queixando-se de "estar novamente com uma infecção gonocócica disseminada". Ele estava certo. As culturas da uretra e do joelho apresentaram *Neisseria gonorrhoeae*. O paciente teve cinco episódios prévios de infecção gonocócica disseminada, e deve ser investigado para

   (A) Deficiência seletiva de IgA
   (B) Defeito quimiotático das células polimorfonucleares
   (C) Deficiência de um componente tardio do complemento C5, C6, C7 ou C8
   (D) Ausência de atividade de adenosina-desaminase dos linfócitos
   (E) Deficiência de mieloperoxidase

6. Qual dos seguintes indivíduos deve receber rotineiramente vacinação com a vacina meningocócica conjugada?

   (A) Pré-adolescentes saudáveis que estão ingressando no ensino médio
   (B) Crianças sadias que estão entrando no jardim de infância
   (C) Um homem de 60 anos com diabetes insulinodependente
   (D) Um homem saudável de 40 anos que trabalha como técnico em um laboratório de pesquisa contra câncer
   (E) Uma mulher de 65 anos com doença arterial coronariana

7. Uma mulher de 25 anos sexualmente ativa apresenta corrimento vaginal purulento e disúria 7 dias após ter tido relação sexual sem proteção com um novo parceiro. Qual é o método diagnóstico mais sensível para determinar o provável agente etiológico?

   (A) Coloração pelo método de Gram
   (B) Um ensaio imunoenzimático (Elisa)
   (C) Cultura bacteriana em meio seletivo
   (D) Um teste de amplificação de ácido nucleico (NAAT)
   (E) Sorologia

8. Qual é o tratamento atualmente recomendado para uretrite gonocócica em homem que tem relações sexuais com outros homens nos Estados Unidos?

   (A) Fluoroquinolona por via oral, em dose única.
   (B) Doxiciclina por via oral, durante 7 dias.
   (C) Ceftriaxona intramuscular, em dose única.
   (D) Espectinomicina intramuscular, em dose única.
   (E) Amoxicilina por via oral, durante 7 dias.

9. Qual dos seguintes componentes celulares produzidos por *Neisseria gonorrhoeae* é responsável pela ligação às células hospedeiras?

   (A) Lipo-oligossacarídeo
   (B) *Pili* (fímbrias)
   (C) IgA1-protease
   (D) Proteína porina de membrana externa
   (E) Proteína de ligação ao ferro

10. Um homem de 60 anos de idade com grave doença pulmonar crônica apresenta febre, tosse produtiva com escarro purulento e agravamento por hipoxemia. Uma amostra de escarro é coletada e enviada imediatamente ao laboratório. O exame microscópico pela coloração de Gram revela inúmeros leucócitos polimorfonucleares e predomínio de diplococos Gram-negativos intracelulares e extracelulares. O microrganismo cresceu bem em ágar-sangue de carneiro a 5% e ágar-chocolate, e é positivo para a reação de butirato-esterase. Qual microrganismo é o mais provável causador da doença desse paciente?

    (A) *Neisseria gonorrhoeae*
    (B) *Neisseria lactamica*
    (C) *Moraxella catarrhalis*
    (D) *Haemophilus influenzae*
    (E) *Neisseria meningitidis*

11. Uma grande vantagem das vacinas meningocócicas conjugadas em comparação com a vacina polissacarídica é

    (A) Estimulação da produção de IgA secretora
    (B) Menos efeitos colaterais
    (C) Resposta dependente de linfócito T induzida pela vacina
    (D) Inclusão do sorogrupo B

12. Uma mulher de 25 anos de idade apresenta artrite séptica do joelho. No líquido do aspirado, cresceu um diplococo Gram-negativo em ágar-chocolate após incubação por 48 horas. O isolado era oxidase-positivo e oxidou a glicose, mas não a maltose, a lactose ou a sacarose. Você suspeita de infecção por

    (A) *Neisseria meningitidis*
    (B) *Neisseria lactamica*
    (C) *Moraxella catarrhalis*
    (D) *Neisseria gonorrhoeae*
    (E) Nenhuma das respostas anteriores

13. Um teste útil para diferenciar *Moraxella catarrhalis* de neissérias saprófitas em amostra do trato respiratório é

    (A) Butirato-esterase
    (B) Coloração pelo método de Gram
    (C) Crescimento em ágar-sangue de carneiro a 5%
    (D) PYR
    (E) Oxidase

Respostas

1. D	6. A	11. C
2. A	7. D	12. D
3. D	8. C	13. A
4. D	9. B	
5. C	10. C	

REFERÊNCIAS

Apicella MA: *Neisseria meningitidis*. In Mandell GL, Bennett JE, Dolin R (editors). *Mandell, Douglas, and Bennett's Principles and Practice of Infectious Diseases*, 7th ed. Churchill Livingstone Elsevier, 2010.

Centers for Disease Control and Prevention: *Sexually Transmitted Disease Surveillance 2012*. Retrieved from: http://www.cdc.gov/std/stats12/default.htm.

Centers for Disease Control and Prevention: *Sexually Transmitted Disease Surveillance 2016*. Retrieved from: https://www.cdc.gov/std/stats16/default.htm.

del Rio C, Hall G, Holmes K, et al: Update to CDCs *Sexually Transmitted Treatment Guidelines*, 2010. *MMWR Recomm Rep* 2012; 61(RR12): 590–594.

Elias J, Frosch M, Vogel U: *Neisseria*. In Jorgensen JH, Pfaller MA, Carroll KC, et al (editors). *Manual of Clinical Microbiology*, 11th ed. ASM Press, 2015.

Kirkcaldy RD, Harvey A, Papp JR, et al: *Neisseria gonorrhoeae* antimicrobial susceptibility surveillance – the Gonococcal Isolate Surveillance Project, United States, 2014. *MMWR Surveill Summ* 2016; 65 (7): 1–19.

MacNeil JR, Rubin L, McNamara L, et al: Use of MenACWY-CRM vaccine in children aged 2 through 23 months at increased risk for meningococcal disease: Recommendations of the Advisory Committee on Immunization Practices, 2013. *MMWR* 2014; 63: 527–530.

Marrazzo JM: *Neisseria gonorrhoeae*. In Mandell GL, Bennett JE, Dolin R (editors). *Mandell, Douglas, and Bennett's Principles and Practice of Infectious Diseases*, 7th ed. Churchill Livingstone Elsevier, 2010.

Rouphael NG, Stephens DS: *Neisseria meningitidis*: Biology, microbiology and epidemiology. In Christodoulides M (editor). *Neisseria Meningitidis: Advanced Methods and Protocols*. Humana Press, 2012, pp. 1–20.

Vaneechoutte M, Nemec A, Kämpfer P, et al: *Acinetobacter, Chryseobacterium, Moraxella*, and other nonfermentative Gram-negative rods. In Jorgensen JH, Pfaller MA, Carroll KC, et al (editors). *Manual of Clinical Microbiology*, 11th ed. ASM Press, 2015.

Workowski KA, Bolan GA, et al: Sexually Transmitted Diseases Treatment Guidelines, 2015. *MMWR Recomm Rep* 2015; 64 (3): 60–69. Available at: https://www.cdc.gov/std/tg2015/tg-2015-print.pdf

Infecções causadas por bactérias anaeróbias

As infecções clinicamente importantes causadas por bactérias anaeróbias são comuns. Com frequência, essas infecções são polimicrobianas – isto é, as bactérias anaeróbias são encontradas em infecções mistas causadas por outros anaeróbios, anaeróbios facultativos e aeróbios (ver as definições no Glossário). As bactérias anaeróbias são encontradas em todo o corpo humano (p. ex., na pele, nas mucosas e, em concentração elevada, na boca e no trato gastrintestinal) como parte da microbiota normal (ver Capítulo 10). Ocorre infecção quando anaeróbios e outras bactérias da microbiota normal contaminam locais do corpo normalmente estéreis.

Várias doenças importantes são causadas por espécies anaeróbias de *Clostridium* provenientes do meio ambiente ou da microbiota normal: botulismo, tétano, gangrena gasosa, intoxicação alimentar e colite pseudomembranosa. Essas doenças são discutidas nos Capítulos 9 e 11.

GLOSSÁRIO

Anaeróbios facultativos: bactérias que conseguem crescer de modo oxidativo, utilizando o oxigênio como aceptor terminal de elétrons, ou em anaerobiose, utilizando reações de fermentação para a obtenção de energia. Essas bactérias são patógenos comuns. As espécies de *Streptococcus* e as Enterobacteriaceae (p. ex., *Escherichia coli*) estão entre os inúmeros anaeróbios facultativos que causam doença. Com frequência, as bactérias anaeróbias facultativas são chamadas de "aeróbias".

Bactérias aeróbias: bactérias que necessitam de oxigênio como aceptor terminal de elétrons e que não crescem em condições anaeróbias (i.e., na ausência de oxigênio [O_2]). Algumas espécies de *Bacillus* e *Mycobacterium tuberculosis* são aeróbios obrigatórios (i.e., precisam de oxigênio para sua sobrevivência).

Bactérias anaeróbias: bactérias que não utilizam oxigênio para o seu crescimento e seu metabolismo, obtendo energia a partir de reações de fermentação. Uma definição funcional dos anaeróbios é que esses microrganismos necessitam de uma tensão de oxigênio reduzida para seu crescimento e não conseguem crescer na superfície de meios de cultura sólidos com 10% de dióxido de carbono (CO_2) na atmosfera ambiental. As espécies de *Bacteroides* e de *Clostridium* são exemplos de anaeróbios.

FISIOLOGIA E CONDIÇÕES DE CRESCIMENTO DOS ANAERÓBIOS

As bactérias anaeróbias não crescem na presença de oxigênio, sendo destruídas pelo oxigênio ou pelos radicais tóxicos de oxigênio (ver adiante). O pH e o potencial de oxirredução (E_h) também são importantes no estabelecimento das condições que favorecem o crescimento dos anaeróbios, os quais crescem na presença de um E_h baixo ou negativo.

Com frequência, os aeróbios e os anaeróbios facultativos possuem os sistemas metabólicos relacionados adiante, enquanto as bactérias anaeróbias frequentemente não dispõem desses sistemas.

1. Sistemas de citocromos para o metabolismo do O_2.

2. Superóxido-dismutase (SOD), que catalisa a seguinte reação:

$$O_2^- + O_2^- + 2H^+ \rightarrow H_2O_2 + O_2$$

3. Catalase, que catalisa a seguinte reação:

$$2H_2O_2 \rightarrow 2H_2O + O_2 \text{ (bolhas de gás)}$$

As bactérias anaeróbias carecem de sistemas de citocromos para o metabolismo do oxigênio. Os anaeróbios menos exigentes podem apresentar baixos níveis de SOD e ter ou não catalase. A maioria das bactérias do grupo *Bacteroides fragilis* apresenta pequenas quantidades de catalase e de SOD. Parecem existir vários mecanismos para a toxicidade do oxigênio. Presumivelmente, quando os anaeróbios possuem SOD ou catalase (ou ambas), são capazes de anular os efeitos tóxicos dos radicais de oxigênio e do peróxido de hidrogênio, tolerando, assim, o oxigênio. Em geral, os **anaeróbios obrigatórios** carecem de SOD e catalase, mostrando-se suscetíveis aos efeitos letais do oxigênio; esses anaeróbios obrigatórios estritos são raramente isolados de infecções humanas, e a maioria das infecções por anaeróbios em seres humanos é causada por "anaeróbios moderadamente obrigatórios".

A capacidade dos anaeróbios de tolerar o oxigênio ou crescer na sua presença varia de uma espécie para outra. De modo semelhante, existe variação entre cepas de determinada espécie (p. ex., uma cepa de *Prevotella melaninogenica* pode crescer em uma concentração de O_2 de 0,1%, mas não de 1%, enquanto outra pode fazê-lo em uma concentração de 2%, mas não de 4%). Além disso, na ausência de oxigênio, algumas bactérias anaeróbias crescerão na presença de um E_h mais positivo.

Os **anaeróbios facultativos** crescem tão bem ou até melhor em condições anaeróbias do que em condições aeróbias. As bactérias que são anaeróbios facultativos costumam ser denominadas *aeróbios*. Quando um anaeróbio facultativo, como *E. coli*, encontra-se no local de uma infecção (p. ex., abscesso abdominal), pode consumir rapidamente todo o oxigênio disponível e passar para o metabolismo anaeróbio, produzindo um ambiente anaeróbio e de baixo E_h, permitindo, assim, que as bactérias anaeróbias presentes cresçam e provoquem doença.

BACTÉRIAS ANAERÓBIAS ENCONTRADAS EM INFECÇÕES HUMANAS

A partir da década de 1990, a classificação taxonômica das bactérias anaeróbias mudou significativamente devido à aplicação das técnicas de sequenciamento molecular e hibridização DNA-DNA. A nomenclatura empregada neste capítulo refere-se aos gêneros de anaeróbios frequentemente encontrados em infecções humanas e a certas espécies reconhecidas como importantes patógenos dos seres humanos. A Tabela 21-1 mostra uma lista dos anaeróbios comumente encontrados em infecções humanas.

Anaeróbios Gram-negativos

A. Bacilos Gram-negativos

1. *Bacteroides* – as espécies do gênero *Bacteroides* são anaeróbios muito importantes associados a infecções em seres humanos. Trata-se de um grande grupo de bacilos Gram-negativos, delgados, resistentes à bile, não formadores de esporos, os quais podem aparecer em forma de cocobacilos. Muitas espécies previamente incluídas no gênero *Bacteroides* foram reclassificadas nos gêneros *Prevotella* ou *Porphyromonas*. Essas espécies mantidas no gênero *Bacteroides* são membros do grupo *B. fragilis* (cerca de 20 espécies).

As espécies de *Bacteroides* são habitantes normais do intestino e de outros locais. As fezes normais contêm 10^{11} de *B. fragilis* por grama (em comparação com 10^8/g de anaeróbios facultativos). Outros microrganismos comumente isolados do grupo *B. fragilis* incluem *Bacteroides ovatus*, *Bacteroides distasonis*, *Bacteroides vulgatus* e *Bacteroides thetaiotaomicron*. As espécies de *Bacteroides* estão implicadas, com mais frequência, em infecções intra-abdominais, em geral em circunstâncias de ruptura da parede intestinal, como ocorre em perfurações relacionadas com cirurgia ou traumatismo, apendicite aguda e diverticulite. Essas infecções costumam ser polimicrobianas. *Bacteroides fragilis* e *B. thetaiotaomicron* estão implicados em infecções intrapélvicas graves, como a doença inflamatória pélvica e o abscesso ovariano. As espécies do grupo *B. fragilis* estão entre as espécies mais comuns isoladas em algumas bacteriemias anaeróbias, e esses microrganismos estão associados a uma alta mortalidade. Como discutido adiante neste capítulo, *B. fragilis* é capaz de elaborar inúmeros fatores de virulência que contribuem para a sua patogenicidade e mortalidade no hospedeiro.

2. *Prevotella* – as espécies do gênero *Prevotella* são bacilos Gram-negativos que podem aparecer em forma de bastonetes delgados ou cocobacilos. Os microrganismos mais comumente isolados são *Prevotella melaninogenica*, *Prevotella bivia* e *Prevotella disiens*. *Prevotella melaninogenica* e espécies semelhantes são encontrados em infecções associadas às vias respiratórias superiores. *Prevotella bivia* e *P. disiens* ocorrem no trato genital feminino. As espécies de *Prevotella* são encontradas em abscessos cerebrais e pulmonares, no empiema, na doença inflamatória pélvica e em abscessos tubo-ovarianos.

Nessas infecções, as espécies de *Prevotella* estão, com frequência, associadas a outros microrganismos anaeróbios que fazem parte da microbiota normal (particularmente com espécies dos gêneros *Peptostreptococcus* e *Fusobacterium* e bacilos Gram-positivos anaeróbios), bem como com anaeróbios facultativos Gram-positivos e Gram-negativos.

3. *Porphyromonas* – as espécies do gênero *Porphyromonas* também são bacilos Gram-negativos que fazem parte da microbiota oral normal, além de serem encontrados também em outros sítios anatômicos.* Podem ser cultivadas a partir de amostras de infecções gengivais e dentárias periapicais e, mais comumente, de infecções de mama, axilares, perianais e do trato genital masculino.

TABELA 21-1 **Bactérias anaeróbias de importância clínica**

Gênero	Local anatômico
Bacilos (bastonetes)	
Gram-negativos	
Grupo *Bacteroides fragilis*	Cólon, boca
Prevotella melaninogenica	Boca, cólon, trato urogenital
Fusobacterium	Boca
Gram-positivos	
Actinomyces	Boca
*Cutibacterium**	Pele
Clostridium	Cólon
Cocos (esferas)	
Gram-positivos	
Peptoniphilus	Cólon, boca, pele, trato urogenital
Peptostreptococcus	Cólon, boca, pele, trato urogenital
Peptococcus	

* *Cutibacterium acnes*, anteriormente denominado *Propionibacterium acnes* (ver referência: Scholz CFP, Kilian M. The natural history of cutaneous propionibacteria and reclassification of selected species within the genus *Propionibacterium* to the proposed novel genera *Acidipropionibacterium* gen. nov., *Cutibacterium* gen. nov. and *Pseudopropionibacterium* gen. nov. *Int J Syst Evol Microbiol* 2016;66(11):4422–4432).

---

*N. de T. A análise da microbiota revela que os indivíduos com periodontite são colonizados por *Porphyromonas gingivalis*, *Prevotella intermedia* e *Aggregatibacter actinomycetemcomitans*. Essa colonização parece relacionada com a transição de uma gengivite marginal crônica para uma periodontite, com destruição do ligamento periodontal e perda do suporte ósseo alveolar, denotando uma infecção específica. A periodontite é a principal causa de perda dentária, sendo, em muitos casos, uma sequela comum das gengivites não tratadas e uma extensão do processo inflamatório, em direção ao ligamento periodontal, ao cemento radicular e ao osso alveolar, que circunda o dente. Além disso, a maioria das infecções endodônticas também é polimicrobiana, com predomínio de anaeróbios representados pelos gêneros: *Prevotella* (p. ex., *P. melaninogenica*), *Porphyromonas* (p. ex., *P. gingivalis*), *Fusobacterium* (p. ex., *F. nucleatum*), *Eubacterium* (p. ex., *E. nodatum*), *Aggregatibacter* (p. ex., *A. actinomycetemcomitans*) e *Treponema* (p. ex., *T. denticola*).

4. Fusobacterium – o gênero *Fusobacterium* apresenta 13 espécies, mas a maioria das infecções humanas é causada por *Fusobacterium necrophorum* e *Fusobacterium nucleatum*. Ambas as espécies diferem quanto à morfologia e ao hábitat, bem como quanto à variedade de infecções associadas. *Fusobacterium necrophorum* é um bastonete longo, muito pleomórfico, com extremidades arredondadas e tendência a apresentar formatos irregulares. Esse microrganismo não é um componente da cavidade oral sadia. *Fusobacterium necrophorum* é bastante virulento, causando infecções graves na cabeça e no pescoço que podem progredir para uma infecção complicada, chamada de doença de Lemierre. Essa doença é caracterizada por tromboflebite séptica aguda da veia jugular, que progride para sepse com abscessos metastáticos nos pulmões, no mediastino, no espaço pleural e no fígado. A doença de Lemierre é mais comum entre adolescentes e adultos jovens e muitas vezes ocorre em associação com mononucleose infecciosa. *Fusobacterium necrophorum* também é observado em infecções intra-abdominais polimicrobianas. *Fusobacterium nucleatum*, um bastonete fino com extremidades pontiagudas (morfologia em formato de agulha), é um componente significativo da microbiota gengival, bem como dos tratos genital, gastrintestinal e respiratório superior. Com frequência, esse microrganismo também é encontrado em uma variedade de infecções clínicas, como infecções pleuropulmonares, infecções obstétricas, corioamnionites e, ocasionalmente, em abscessos cerebrais complicados por doença periodontal. Raramente, causa bacteriemia em pacientes neutropênicos.

BACTÉRIAS ASSOCIADAS À VAGINOSE

A vaginose bacteriana é uma condição vaginal comum em mulheres em idade reprodutiva. Ela está associada à ruptura prematura das membranas coriônicas e ao trabalho de parto prematuro. As vaginoses bacterianas têm uma complexa microbiologia. Um microrganismo – *Gardnerella vaginalis* – tem sido o mais especificamente relacionado com a patogênese da doença.

GARDNERELLA VAGINALIS

Gardnerella vaginalis é um microrganismo sorologicamente distinto, presente tanto na microbiota vaginal normal quanto associado a casos de vaginose. Em esfregaços, essa vaginite "inespecífica", ou **vaginose bacteriana**, apresenta "células indicadoras" (*clue cells*) representadas por células do epitélio vaginal, cobertas com inúmeros bacilos Gram-variáveis, além da ausência de outras causas comuns de vaginite, como *Trichomonas vaginalis* ou leveduras. Muitas vezes, o corrimento vaginal tem um odor característico de peixe, contendo, além de *G. vaginalis*, muitas bactérias anaeróbias. O pH da secreção vaginal é maior que 4,5 (normal: pH < 4,5). A vaginose causada por esse microrganismo pode ser controlada pelo uso de metronidazol, sugerindo sua associação com anaeróbios. O metronidazol oral geralmente é suficiente para debelar o processo infeccioso.

Anaeróbios Gram-positivos

A. Bacilos Gram-positivos

1. Actinomyces – o gênero *Actinomyces* abrange diversas espécies que causam actinomicose, entre as quais *Actinomyces israelii* e *Actinomyces gerencseriae* são as mais comumente encontradas. Diversas espécies novas, recentemente descritas, que não estão associadas à actinomicose, foram associadas a infecções de virilha, área urogenital, mamas e axilas e infecções pós-operatórias de mandíbula, olhos, cabeça e pescoço. Algumas espécies têm sido implicadas em casos de endocardites, particularmente entre usuários de drogas. Essas espécies recém-descritas são aerotolerantes e formam colônias pequenas incomuns, que podem ser confundidas com contaminantes. Pela coloração pelo método de Gram, variam consideravelmente de comprimento. Podem ser curtos e em formato de clava, ou consistir em longos filamentos finos em contas. Podem ou não ser ramificados. Devido ao seu crescimento muitas vezes lento, pode ser necessária incubação prolongada da cultura para obter a confirmação laboratorial do diagnóstico clínico de actinomicose. Algumas cepas produzem colônias em ágar que se assemelham a dentes molares. Algumas espécies de *Actinomyces* são tolerantes ao oxigênio (aerotolerantes), crescendo na presença de ar. Essas cepas podem ser confundidas com espécies de *Corynebacterium* (difteroides; ver Capítulo 12). A actinomicose é uma infecção granulomatosa crônica e supurativa que provoca lesões piogênicas com interconexão com o trato sinusal que contém grânulos compostos por microcolônias da bactéria embebida em elementos teciduais (Figura 21-1). A infecção inicia por traumatismo, que introduz essas bactérias endógenas na mucosa. Os microrganismos crescem em um nicho anaeróbio, induzem uma resposta inflamatória mista e disseminam-se com formação de sínus, que contêm grânulos e podem drenar para a superfície. A infecção causa inchaço e pode espalhar-se para os órgãos vizinhos, inclusive os ossos.

Com base no local envolvido, as três formas comuns de actinomicose são cervicofacial, torácica e abdominal. A doença cervicofacial apresenta-se como um processo eritematoso com inchaço em uma área do maxilar (conhecido como mandíbula protuberante [*lumpy jaw*]). Com a progressão desse processo, a massa torna-se flutuante, produzindo fístulas com drenagem. A doença se estende pelo tecido contíguo, ossos e linfonodos da cabeça e do pescoço. Os sintomas da actinomicose torácica assemelham-se a uma infecção pulmonar subaguda, incluindo febre baixa, tosse e escarro purulento. Por fim, o tecido pulmonar é destruído, e o trato sinusal pode irromper através da parede do peito e invadir as costelas. Com frequência, a actinomicose abdominal é seguida por uma ruptura de apêndice ou uma úlcera. Na cavidade peritoneal, a patologia é a mesma, mas nenhum dos diversos órgãos pode estar envolvido. A actinomicose genital é uma ocorrência rara na mulher, e resulta de colonização de um dispositivo intrauterino com invasão subsequente.

O diagnóstico pode ser feito por meio do exame do pus drenado dos sínus, do escarro ou de amostras de tecidos para a presença de grânulos de enxofre. Os grânulos são lobulados, pesados e compostos por tecido e filamentos bacterianos, com formato de bastão (formato de taco [*club-shaped*]) na periferia. As amostras devem ser cultivadas em condições de anaerobiose em meios apropriados. O tratamento requer administração prolongada de penicilina (6-12 meses). Clindamicina ou eritromicina é eficaz em pacientes alérgicos à penicilina. Excisão cirúrgica e drenagem podem ser necessárias.

2. Cutibacterium – as espécies do gênero *Cutibacterium* (anteriormente *Propionibacterium*) são membros da microbiota normal da pele, da cavidade oral, do intestino, da conjuntiva e do canal do ouvido externo. Seus produtos metabólicos incluem o ácido propiônico, de onde provém seu nome. À coloração pelo método de Gram, mostram-se altamente pleomórficas e exibem extremidades encurvadas, em formato de clava ou pontiagudas; formas longas

A

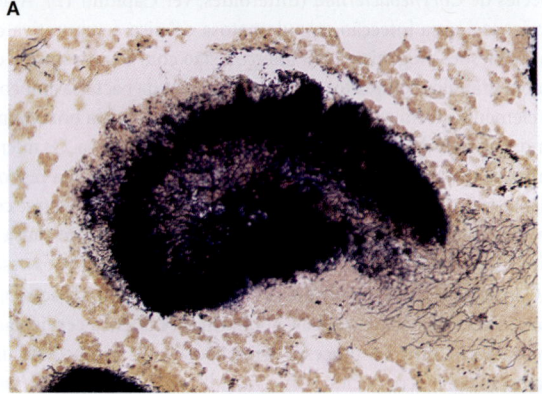

B

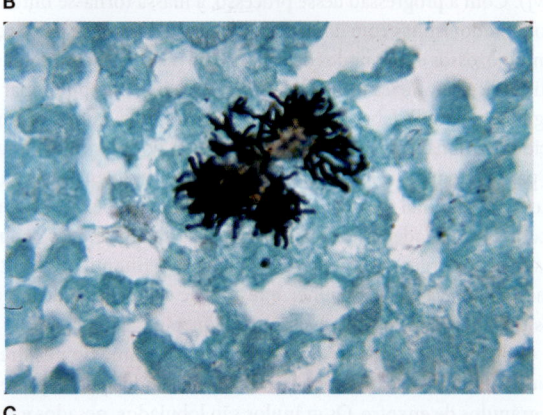

C

FIGURA 21-1 Espécies de *Actinomyces*. **A:** Colônia de *Actinomyces* após 72 horas de crescimento em ágar de infusão cérebro-coração (BHI). É possível observar colônias de cerca de 2 mm de diâmetro, as quais são, com frequência, chamadas de colônias "dente molar". (Cortesia de CDC Public Health Image Library, L Georg.) **B:** Grânulos de *Actinomyces* em tecido com a coloração de Brown e Breen. Ampliação do original em 400 ×. Filamentos dos bacilos ramificados são visíveis na periferia do grânulo. Esses grânulos são conhecidos como "grânulos de enxofre" devido à sua coloração amarelada. (Cortesia de CDC Public Health Image Library.) **C:** *Actinomyces naeslundii* em um abscesso cerebral corado com coloração de metilamina de prata. As ramificações bacilares estão visíveis. Ampliação do original de 1.000 ×. (Cortesia de CDC Public Health Image Library, L Georg.)

com coloração irregular e em contas; e, em certas ocasiões, formas cocoides ou esféricas. *Cutibacterium acnes* (antes chamado de *Propionibacterium acnes*), com frequência considerado um patógeno oportunista, causa a doença da acne vulgar e está associado a várias condições inflamatórias. Esse patógeno causa acne pela produção de lipases que alteram os ácidos graxos livres a partir dos lipídeos da pele. Esses ácidos graxos podem produzir inflamação dos tecidos que contribuem para a formação de acne. Além disso, *C. acnes* é uma causa frequente de infecções de feridas pós-cirúrgicas, particularmente naquelas que envolvem a inserção de dispositivos, como as infecções de próteses, em especial as de ombro, infecções em cateteres do sistema nervoso central, osteomielite, endocardite e endoftalmite. Por fazer parte da microbiota normal da pele, *C. acnes* pode contaminar as hemoculturas ou culturas de líquido cerebrospinal obtidas por punção da pele. Assim, é importante diferenciar uma cultura contaminada de uma cultura positiva indicando infecção.

3. *Clostridium* – as espécies do gênero *Clostridium* são bacilos Gram-positivos formadores de esporos (ver Capítulo 11).

B. Cocos Gram-positivos

O grupo dos cocos Gram-positivos anaeróbios sofreu uma significativa expansão taxonômica. Muitas espécies do gênero *Peptostreptococcus* foram reclassificadas como novos gêneros, como *Anaerococcus*, *Finegoldia* e *Peptoniphilus*. As espécies contidas nesses gêneros, bem como *Peptococcus niger*, são membros importantes da microbiota normal da pele, da cavidade oral, do trato respiratório superior, do trato gastrintestinal e do trato urogenital feminino. Os membros desse grupo são patógenos oportunistas, encontrados mais frequentemente em infecções mistas, particularmente a partir de amostras que não tenham sido cuidadosamente pesquisadas. Entretanto, esses microrganismos têm sido associados a infecções graves, como abscessos cerebrais, infecções pleuropulmonares, fasceíte necrosante e outras infecções de tecidos profundos e tecidos moles, infecções intra-abdominais e infecções do trato genital feminino.

PATOGÊNESE DAS INFECÇÕES ANAERÓBIAS

As infecções causadas por anaeróbios em geral são decorrentes de associações de bactérias que atuam em patogenicidade sinérgica. Embora os estudos sobre a patogênese das infecções anaeróbias tenham, muitas vezes, considerado uma única espécie, é importante reconhecer que as infecções anaeróbias são, com mais frequência, causadas por várias espécies de anaeróbios que atuam em conjunto para causar infecção.

Bacteroides fragilis é um patógeno muito importante entre os anaeróbios que fazem parte da microbiota normal. A patogênese da infecção anaeróbia foi mais extensamente estudada com *B. fragilis*, por meio de um modelo murino de infecção intra-abdominal, que imita, em muitos aspectos, a doença humana. Verifica-se a ocorrência de uma sequência característica após a inoculação do conteúdo do cólon (incluindo *B. fragilis* e um anaeróbio facultativo, como *E. coli*) através de agulha, cápsula gelatinosa ou outro meio no abdome de ratos. Um alto percentual dos animais do estudo morre de sepse causada pelo anaeróbio facultativo. Todavia, se os animais forem inicialmente tratados com gentamicina, um antimicrobiano eficaz contra o anaeróbio facultativo, mas não contra espécies de *Bacteroides*, só ocorrerá a morte de um pequeno número de animais, e, depois de alguns dias, os animais sobreviventes desenvolverão abscessos intra-abdominais em decorrência da infecção por *Bacteroides*. O tratamento dos animais, tanto com gentamicina quanto com clindamicina, um fármaco eficaz contra espécies de *Bacteroides*, impede tanto a sepse inicial quanto o desenvolvimento posterior de abscessos abdominais.

Os polissacarídeos capsulares de *Bacteroides* constituem importantes fatores de virulência. Uma característica marcante das infecções por *B. fragilis* é a capacidade de induzir a formação de abscessos como único microrganismo infectante. Quando injetados no abdome de ratos, os polissacarídeos capsulares purificados de *B. fragilis* induzem a formação de abscessos, enquanto os de outras bactérias (p. ex., *Streptococcus pneumoniae* e *E. coli*) não o fazem. Não está bem elucidado o mecanismo pelo qual a cápsula de *B. fragilis* induz a formação de abscessos.

As espécies de *Bacteroides* apresentam lipopolissacarídeos (endotoxinas; ver Capítulo 9), mas carecem das estruturas lipopolissacarídicas com atividade endotóxica (inclusive o ácido β-hidroximirístico). Os lipopolissacarídeos de *B. fragilis* são muito menos tóxicos do que os de outras bactérias Gram-negativas. Logo, a infecção causada por *Bacteroides* não induz diretamente os sinais clínicos de sepse (p. ex., febre e choque), tão importantes nas infecções causadas por outras bactérias Gram-negativas. Quando esses sinais clínicos aparecem na infecção por *Bacteroides*, resultam da resposta imunológica inflamatória à infecção.

Bacteroides fragilis expressa inúmeras enzimas importantes para a doença. Além de proteases e neuraminidases, ocorre a produção de duas citolisinas que atuam em conjunto para causar hemólise dos eritrócitos. Uma enterotoxina capaz de causar diarreia e cujo gene está associado a uma ilha de patogenicidade é encontrada na maioria dos isolados que são obtidos de culturas de sangue.

Bacteroides fragilis produz SOD, podendo sobreviver na presença de oxigênio durante vários dias. Quando existe um anaeróbio facultativo, como *E. coli*, no local da infecção, esse microrganismo pode consumir todo o oxigênio disponível e, assim, produzir um ambiente favorável ao crescimento de *Bacteroides* e de outros anaeróbios (ver anteriormente).

Igualmente, *F. necrophorum* possui fatores de virulência importantes que o capacitam a causar a síndrome de Lemierre e outras doenças invasivas graves. Um desses fatores é uma leucotoxina provavelmente responsável pela necrose observada nessas infecções. Outros fatores incluem uma hemaglutinina, uma hemolisina e um lipopolissacarídeo (endotoxina). Além disso, *F. necrophorum* é capaz de causar agregação de plaquetas. A exata inter-relação patogênica, se houver, entre esses fatores na patogênese das infecções humanas ainda precisa ser elucidada.

Muitas bactérias anaeróbias produzem heparinase, colagenase e outras enzimas que lesionam ou destroem os tecidos. É provável que essas enzimas desempenhem algum papel na patogênese das infecções anaeróbias mistas, embora os experimentos laboratoriais não tenham definido qualquer papel específico.

NATUREZA POLIMICROBIANA DAS INFECÇÕES ANAERÓBIAS

As infecções anaeróbias estão associadas, em sua maioria, à contaminação de tecidos pela microbiota normal da mucosa da boca, da faringe e dos tratos gastrintestinal ou genital. Em geral, são encontradas várias espécies (5 ou 6 espécies ou mais quando se utilizam

TABELA 21-2 **Bactérias anaeróbias e infecções representativas associadas**

Abscessos cerebrais
Peptostreptococos, *Fusobacterium Nucleatum* e outros
Infecções de orofaringe
Anaeróbios de orofaringe; *Actinomyces* sp., *Prevotella melaninogenica*, *Fusobacterium* sp.
Infecções pleuropulmonares
Peptostreptococos; *Fusobacterium* sp.; *Prevotella melaninogenica*, *Bacteroides fragilis* em 20-25%; e outros
Infecções intra-abdominais
Abscesso hepático: anaeróbios mistos em 40-90%; microrganismos facultativos
Abscessos abdominais: *Bacteroides fragilis*; outros microrganismos da microbiota gastrintestinal
Infecções do trato genital feminino
Abscessos vulvares: peptostreptococos e outros
Abscessos pélvicos e tubo-ovarianos: *Prevotella* sp., peptostreptococos; e outros
Infecções da pele, dos tecidos moles e dos ossos
Microbiota anaeróbia mista; *Cutibacterium acnes**
Bacteriemia
Bacteroides fragilis; peptostreptococos; *Cutibacterium* sp.; *Fusobacterium* sp.; *Clostridium* sp.; e outros
Endocardite
B. fragilis; *Actinomyces*

* *Cutibacterium acnes*, anteriormente denominado *Propionibacterium acnes* (ver referência: Scholz CFP, Kilian M. The natural history of cutaneous propionibacteria and reclassification of selected species within the genus *Propionibacterium* to the proposed novel genera *Acidipropionibacterium* gen. nov., *Cutibacterium* gen. nov. and *Pseudopropionibacterium* gen. nov. *Int J Syst Evol Microbiol* 2016;66(11):4422–4432).

condições padronizadas de cultura), inclusive anaeróbios e anaeróbios facultativos. As infecções orofaríngeas, pleuropulmonares, abdominais e pélvicas femininas associadas à contaminação pela microbiota normal da mucosa exibem uma distribuição relativamente igual de anaeróbios e anaeróbios facultativos como agentes etiológicos: cerca de 25% dos casos apresentam apenas anaeróbios; cerca de 25%, apenas anaeróbios facultativos; e cerca de 50% exibem anaeróbios e anaeróbios facultativos. Além disso, pode-se verificar a presença de bactérias aeróbias; entretanto, os aeróbios obrigatórios são muito menos comuns do que os anaeróbios e anaeróbios facultativos. A Tabela 21-2 mostra uma lista das bactérias anaeróbias e infecções representativas associadas.

DIAGNÓSTICO DAS INFECÇÕES ANAERÓBIAS

Os sinais clínicos sugestivos de possível infecção por anaeróbios consistem em:

1. Secreção de odor fétido (devido à presença de produtos dos ácidos graxos de cadeia curta do metabolismo anaeróbio).
2. Infecção na proximidade de uma superfície mucosa (os anaeróbios fazem parte da microbiota normal).

3. Presença de gás nos tecidos (produção de CO_2 e H_2).
4. Culturas aeróbias negativas.

O diagnóstico de infecção anaeróbia pode ser estabelecido com base na cultura anaeróbia de amostras corretamente coletadas e transportadas (ver Capítulo 47). Os anaeróbios crescem mais facilmente em meios de cultura complexos, como ágar-base tripticase-soja, ágar-sangue de Schaedler, ágar para brucela, ágar de infusão cérebro-coração, e outros meios – todos suplementados (p. ex., com hemina, vitamina K_1 e sangue). Um meio complexo seletivo contendo canamicina pode ser usado em paralelo. A canamicina (como todos os aminoglicosídeos) não inibe o crescimento dos anaeróbios obrigatórios. Logo, permite a proliferação desses microrganismos sem a interferência de anaeróbios facultativos de crescimento rápido. As culturas são incubadas entre 35 e 37 °C em atmosfera anaeróbia contendo CO_2.

A morfologia das colônias, a pigmentação e a fluorescência são úteis na identificação dos anaeróbios. As atividades bioquímicas e a produção de ácidos graxos de cadeia curta, determinadas por cromatografia gasoso-líquida, podem ser utilizadas para confirmação laboratorial.

TRATAMENTO DAS INFECÇÕES ANAERÓBIAS

O tratamento das infecções anaeróbias mistas consiste em drenagem cirúrgica (na maioria das circunstâncias) juntamente com terapia antimicrobiana.

O grupo *B. fragilis* de microrganismos encontrados em infecções abdominais e em outras infecções produz intrinsecamente β-lactamases, assim como muitas das cepas de *P. bivia* e *P. disiens* encontradas em infecções do trato genital de mulheres. Felizmente, essas β-lactamases são inibidas por associações β-lactâmico + inibidor de β-lactamases, como ampicilina + sulbactam. A terapia com antimicrobianos (exceto penicilina G) é necessária para tratar as infecções causadas por esses microrganismos. Pelo menos 66% das cepas de *P. melaninogenica* de infecções pulmonares e orofaríngeas também produzem β-lactamase.

Os fármacos mais ativos para o tratamento das infecções anaeróbias consistem em clindamicina e metronidazol, embora a resistência à clindamicina entre *B. fragilis* tenha aumentado na última década. A clindamicina é preferida para tratar infecções localizadas acima do diafragma. Um número relativamente pequeno de anaeróbios mostra-se resistente à clindamicina (exceto o grupo *B. fragilis*), com poucos ou nenhum exibindo resistência ao metronidazol. Outros fármacos são cefoxitina, cefotetana, algumas das outras cefalosporinas mais recentes e piperacilina. Todavia, esses fármacos não são tão ativos quanto a clindamicina e o metronidazol. Os antibióticos carbapenêmicos ertapeném, imipeném, meropeném e doripeném apresentam boa atividade contra muitos anaeróbios, e a resistência ainda é incomum. A tigeciclina tem boa atividade *in vitro* contra uma variedade de espécies anaeróbias, incluindo o grupo *B. fragilis*. A penicilina G continua sendo o fármaco de escolha para o tratamento das infecções anaeróbias que não envolvem espécies de *Bacteroides* e de *Prevotella* produtoras de β-lactamase.

RESUMO DO CAPÍTULO

- As bactérias anaeróbias são microrganismos que não crescem na presença de oxigênio e requerem métodos de isolamento especiais a partir do espécime clínico.
- Os anaeróbios constituem um grupo importante na composição da microbiota normal, em que muitos integrantes produzem potentes exotoxinas que podem estar associadas a infecções graves.
- Os anaeróbios estão, com frequência, associados a infecções bacterianas mistas, sobretudo quando a barreira da mucosa está comprometida, como em casos de traumas.
- *Bacteroides fragilis* é um dos principais anaeróbios Gram-negativos mais frequentemente isolados de material clínico. Esse microrganismo expressa uma cápsula, cuja expressão está associada à formação de abscessos.
- O tratamento das infecções anaeróbias inclui drenagem dos abscessos e antibioticoterapia com fármacos, como penicilina (para os não produtores de β-lactamases), clindamicina, cefoxitina, metronidazol e carbapenemas.

QUESTÕES DE REVISÃO

1. Um homem de 55 anos de idade consultou seu médico, queixando-se de tosse grave com produção de escarro purulento. Sua respiração apresentava odor fétido muito desagradável. A radiografia de tórax mostrou grande quantidade de líquido no espaço pleural esquerdo, e cerca de 5 cm da cavidade pulmonar apresentavam um volume de ar. Foi feita punção com seringa através da parede pulmonar, e o líquido da cavidade pleural foi removido, apresentando-se espesso, amarelo-acinzentado e com odor fétido. Qual dos seguintes grupos de microrganismos é o que apresenta maior probabilidade de ser cultivado a partir do líquido pleural desse paciente?

(A) *Bacteroides fragilis*, *Escherichia coli* e enterococos
(B) *Prevotella bivia*, peptostreptococos e *Staphylococcus epidermidis*
(C) *Prevotella melaninogenica*, espécies de *Fusobacterium* e estreptococos viridans
(D) Espécies de *Propionibacterium*, peptostreptococos e *Staphylococcus aureus*
(E) *Streptococcus pneumoniae*

2. Um jovem de 18 anos de idade desenvolve febre com dor no quadrante inferior direito do abdome. Após avaliação inicial, ele é encaminhado para a sala de cirurgia. Durante a cirurgia, foi encontrado rompimento do apêndice com presença de um abscesso. *Bacteroides fragilis* foi cultivado a partir de uma amostra do abscesso. Qual dos seguintes fatores promove a formação de abscesso por *B. fragilis*?

(A) Lipopolissacarídeo
(B) Cápsula
(C) Superóxido-dismutase
(D) Pili
(E) Toxina leucocidina

3. Infecções causadas por espécies de *Bacteroides* podem ser tratadas com todos os seguintes antibióticos, *exceto*

(A) Ampicilina + sulbactam
(B) Clindamicina
(C) Metronidazol
(D) Penicilina
(E) Cefoxitina

4. Um estudante do ensino médio de 17 anos de idade desenvolveu mononucleose infecciosa. Cerca de 2 semanas depois, apresentou febre alta, dor de garganta, incapacidade de deglutir e dor intensa no peito e no pescoço. Durante a admissão hospitalar, ele apresentava sinais de sepse e dificuldade respiratória. Qual é o mais provável agente causador dessa complicação?

(A) *Fusobacterium necrophorum*
(B) *Bacteroides ovatus*
(C) *Prevotella melaninogenica*
(D) *Clostridium tetani*
(E) *Actinomyces israelii*

5. O fármaco de escolha para o tratamento de infecções causadas por espécies de *Actinomyces* é

(A) Tigeciclina
(B) Cefoxitina
(C) Metronidazol
(D) Imipeném
(E) Penicilina

6. Todas as seguintes afirmações sobre os anaeróbios são verdadeiras, *exceto*

(A) Todas as espécies expressam a enzima citocromo-oxidase.
(B) Muitas espécies são parte da microbiota normal humana.
(C) Eles são, com frequência, encontrados juntos aos microrganismos aeróbios em infecções complicadas.
(D) Técnicas especiais são necessárias para assegurar seu isolamento do material clínico.
(E) Algumas espécies são mais tolerantes à exposição ao oxigênio que outras.

7. A doença de Lemierre é uma grave infecção de cabeça e pescoço associada ao anaeróbio

(A) *Prevotella melaninogenica*
(B) *Bacteroides thetaiotamicron*
(C) *Porphyromonas gingivalis*
(D) *Peptococcus niger*
(E) *Fusobacterium necrophorum*

8. A identificação definitiva de um anaeróbio é mais bem acompanhada por

(A) Análise da morfologia colonial do microrganismo crescido em meios e condições de anaerobiose.
(B) Presença de pigmentos.
(C) Suscetibilidade a vários antibióticos comprovada por teste de suscetibilidade a antimicrobianos.
(D) Análise da composição dos ácidos graxos da parede celular por cromatografia líquida.
(E) Morfologia pela coloração de Gram.

9. Um paciente com dentição comprometida e com baixa saúde bucal apresentou intumescimento e vermelhidão da região mandibular. No exame, foi notado material purulento drenado por uma pequena lesão. O material apresentava-se amarelado e com alguns grânulos visíveis. A coloração de Gram revelou bastonetes pleomórficos Gram-positivos com ramificações curtas, juntamente com células sugestivas de inflamação aguda e crônica. Qual seria o microrganismo suspeito?

(A) *Bacteroides fragilis*
(B) *Lactobacillus acidophilus*
(C) *Clostridium perfringens*
(D) *Actinomyces israelii*
(E) *Staphylococcus aureus*

Respostas

1.	C	**4.**	A	**7.**	E
2.	B	**5.**	E	**8.**	D
3.	D	**6.**	A	**9.**	D

REFFRÊNCIAS

Baron EJ: Approaches to identification of anaerobic bacteria. In Jorgensen JH, Pfaller MA, Carroll KC (editors). *Manual of Clinical Microbiology*, 11th ed. ASM Press, 2015.

Cohen-Poradosu R, Kasper DL: Anaerobic infections: General concepts. In Bennett JE, Dolin R, Blaser ME (editors). *Mandell, Douglas, and Bennett's Principles and Practice of Infectious Diseases*, 8th ed. Elsevier, 2015.

Garrett WS, Onderdonk AB: *Bacteroides, Prevotella, Porphyromonas*, and *Fusobacterium* species (and other medically important Gram-negative bacilli). In Bennett JE, Dolin R, Blaser ME (editors). *Mandell, Douglas, and Bennett's Principles and Practice of Infectious Diseases*, 8th ed. Elsevier, 2015.

Hall V, Copsey SD: *Propionibacterium, Lactobacillus, Actinomyces*, and other non-spore- forming anaerobic Gram-positive rods. In Jorgensen JH, Pfaller MA, Carroll KC (editors). *Manual of Clinical Microbiology*, 11th ed. ASM Press, 2015.

Hall V: *Actinomyces*—Gathering evidence of human colonization and infection. *Anaerobe* 2008;14:1.

Hodowanec A, Bleck TP: Botulism (*Clostridium botulinum*). In Bennett JE, Dolin R, Blaser ME (editors). *Mandell, Douglas, and Bennett's Principles and Practice of Infectious Diseases*, 8th ed. Elsevier, 2015.

Hodowanec A, Bleck TP: Tetanus (*Clostridium tetani*). In Bennett JE, Dolin R, Blaser ME (editors). *Mandell, Douglas, and Bennett's Principles and Practice of Infectious Diseases*, 8th ed. Elsevier, 2015.

Kononen E: Anaerobic cocci and anaerobic Gram-positive nonsporulating bacilli. In Bennett JE, Dolin R, Blaser ME (editors). *Mandell, Douglas, and Bennett's Principles and Practice of Infectious Diseases*, 8th ed. Elsevier, 2015.

Kononen E, Wade WG, Citron DM: *Bacteroides, Porphyromonas, Prevotella, Fusobacterium*, and other anaerobic Gram-negative rods. In Jorgensen JH, Pfaller MA, Carroll KC (editors). *Manual of Clinical Microbiology*, 11th ed. ASM Press, 2015.

Onderdonk AB, Garrett WS: Gas gangrene and other *Clostridium*-associated diseases. In Bennett JE, Dolin R, Blaser ME (editors). *Mandell, Douglas, and Bennett's Principles and Practice of Infectious Diseases*, 8th ed. Elsevier, 2015.

Riordan T: Human infection with *Fusobacterium necrophorum* (Necrobacillosis) with a focus on Lemierre's syndrome. *Clin Microbiol Rev* 2007;20:622.

Scholz CFP, Kilian M: The natural history of cutaneous propionibacteria and reclassification of selected species within the genus *Propionibacterium* to the proposed novel genera *Acidipropionibacterium* gen. nov., *Cutibacterium* gen. nov. and *Pseudopropionibacterium* gen. nov. *Int J Syst Evol Microbiol* 2016;66(11):4422–4432.

Song Y, Finegold SM: *Peptostreptococcus, Finegoldia, Anaerococcus, Peptoniphilus, Veillonella*, and other anaerobic cocci. In Jorgensen JH, Pfaller MA, Carroll KC (editors). *Manual of Clinical Microbiology*, 11th ed. ASM Press, 2015.

Stevens DL, Bryant AE, Berger A, von Eichel-Streiber C: *Clostridium*. In Jorgensen JH, Pfaller MA, Carroll KC (editors). *Manual of Clinical Microbiology*, 11th ed. ASM Press, 2015.

Wexler HM. *Bacteroides*: The good, the bad and the nitty-gritty. *Clin Microbiol Rev* 2007;20:593.

Legionella, Bartonella e patógenos bacterianos incomuns

LEGIONELLA PNEUMOPHILA E OUTRAS LEGIONELAS

Um surto de pneumonia amplamente divulgado, que acometeu pessoas que compareceram a uma convenção dos legionários americanos na Filadélfia, nos Estados Unidos, em 1976,* levou à realização de pesquisas que acabaram definindo a espécie *Legionella pneumophila*, bem como as outras legionelas. Outros surtos de doença respiratória, provocados por microrganismos relacionados desde 1947, foram retrospectivamente diagnosticados. Existem dezenas de espécies do gênero *Legionella*,** algumas com vários sorogrupos. *Legionella pneumophila* é a principal causa de doença em seres humanos, sendo que *Legionella micdadei* e outras espécies ocasionalmente provocam pneumonia. As outras legionelas raramente são isoladas de pacientes ou foram isoladas apenas a partir do meio ambiente.

Morfologia e identificação

Legionella pneumophila é o protótipo do grupo. A Tabela 22-1 mostra uma lista das legionelas de importância clínica primária.

A. Microrganismos típicos

As legionelas são bactérias Gram-negativas aeróbias e exigentes. Essas bactérias apresentam 0,5 a 1 μm de largura e 2 a 50 μm de comprimento (Figura 22-1). Com frequência, coram-se fracamente pelo método de Gram e não são facilmente visualizadas em colorações de amostras clínicas. São necessários esfregaços corados pelo método de Gram quando se suspeita do crescimento de *Legionella* em meios de ágar. Deve-se utilizar fucsina básica (0,1%) como contracorante, visto que a safranina cora muito pouco essas bactérias. As colorações pela prata, como Warthin-Starry e Dieterle, podem ser usadas para detectar esse microrganismo em cortes histológicos de tecidos. Além disso, a espécie *L. micdadei* pode ser positiva para coloração álcool-ácido-resistente.

B. Cultura e características de crescimento

As legionelas podem ser cultivadas em meios complexos, como ágar de extrato de levedura com carvão tamponado (BCYE, do inglês *buffered charcoal yeast extract*) enriquecido com α-cetoglutarato, L-cisteína e ferro com pH de 6,9. A temperatura ótima de crescimento é de 35 °C, com umidade de 90%. Podem-se adicionar antibióticos, a fim de tornar o meio seletivo para as espécies de *Legionella*. O carvão atua como um agente destoxificante. As legionelas crescem lentamente; em geral, aparecem colônias visíveis depois de 3 dias de incubação. As colônias que surgem depois de uma noite de incubação não são de *Legionella*. As colônias são redondas ou planas, com bordas intactas. A coloração varia de incolor a cor-de-rosa ou azul iridescente, sendo translúcidas ou salpicadas. É comum haver variação na morfologia das colônias, que podem perder rapidamente sua coloração e as marcas. Muitos outros gêneros de bactérias crescem no ágar BCYE, devendo ser diferenciados de *Legionella* com base na coloração pelo método de Gram e outros testes.

Colônias suspeitas requerem identificação definitiva por outros métodos, e não por provas bioquímicas convencionais, uma vez que as legionelas são, em geral, bioquimicamente inertes. Os testes confirmatórios incluem testes usando anticorpos fluorescentes contra antígenos do microrganismo, sequenciamento do gene rRNA 16S e o uso da espectrometria de massa pela técnica de ionização por dessorção a *laser*, assistida por matriz seguida de análise por tempo de voo em sequência (MALDI-TOF MS, do inglês *matrix-assisted laser desorption ionization-time of flight mass spectrometry*).

As legionelas são catalase-positivas. Além disso, *L. pneumophila* é oxidase-positivo, enquanto as outras legionelas mostram-se variáveis na sua atividade de oxidase. *Legionella pneumophila* hidrolisa o hipurato, enquanto as outras legionelas são negativas para essa prova bioquímica. A maioria das legionelas produz gelatinase e β-lactamases, enquanto *L. micdadei* é negativo para essas enzimas.

Antígenos e produtos celulares

Acredita-se que a especificidade antigênica de *L. pneumophila* seja decorrente de estruturas antigênicas complexas. Existem ao menos 16 sorogrupos de *L. pneumophila*. O sorogrupo 1 foi responsável pelo surto da doença dos legionários em 1976, e continua sendo o sorogrupo mais comum isolado em seres humanos. As espécies de *Legionella* não podem ser identificadas com base apenas no sorogrupo, uma vez que ocorre reatividade cruzada entre diferentes espécies. É possível que outras bactérias Gram-negativas exibam reatividade cruzada com antissoros para *L. pneumophila*.

---

*N. de T. No Brasil, o primeiro caso de insuficiência respiratória aguda com isolamento de *Legionella* confirmado sorologicamente ocorreu na cidade de São Paulo, em 1988.

**N. de T. Atualmente, foram identificadas mais de 60 espécies distintas de *Legionella*, abrangendo 70 sorogrupos, sendo que aproximadamente metade foram isoladas a partir de amostras clínicas e todas consideradas potencialmente patogênicas.

TABELA 22-1 **Espécies de *Legionella* isoladas de humanos**

Espécie	Pneumonia	Febre de Pontiac
Legionella pneumophila	+	Sorogrupos 1 e 6
Legionella micdadei	+	
Legionella gormanii	+	
Legionella dumoffii	+	
Legionella bozemanae	+	
Legionella longbeachae	+	
Legionella wadsworthii	+	
Legionella jordanis	+	
Legionella feeleii	+	+
Legionella oakridgensis	+	
Legionella birminghamensis	+	
Legionella cincinnatiensis	+	
Legionella hackeliae	+	
Legionella lansingensis	+	
Legionella parisiensis	+	
Legionella sainthelensi	+	
Legionella tusconensis	+	

As legionelas produzem ácidos graxos distintos de cadeia ramificada, de 14 a 17 carbonos. Pode-se utilizar a cromatografia líquido-gasosa para ajudar a caracterizar e determinar as espécies de legionelas.

Esses microrganismos também produzem proteases, fosfatase, lipase, DNase e RNase. Uma proteína secretora importante, a metaloprotease, tem atividades hemolítica e citotóxica. No entanto, essa proteína não é considerada um fator de virulência obrigatório.

Patologia e patogênese

As legionelas são onipresentes em ambientes quentes e úmidos, sendo encontradas em lagos, termas e outras fontes de água. Podem multiplicar-se em amebas de vida livre e coexistir com elas em biofilmes (ver tópico Epidemiologia e controle, adiante). A infecção de indivíduos debilitados ou imunocomprometidos ocorre comumente após a inalação das bactérias de aerossóis gerados por sistemas de ar-condicionado, chuveiros e fontes de água semelhantes contaminados. Em geral, *L. pneumophila* induz a infiltração pulmonar lobar, segmentar ou focal. Do ponto de vista histológico, o aspecto assemelha-se ao produzido por muitos outros patógenos bacterianos. Ocorre pneumonia aguda que afeta os alvéolos, com exsudato intra-alveolar denso de macrófagos, leucócitos polimorfonucleares, eritrócitos e material proteináceo. A maioria das legionelas nas lesões encontra-se no interior de células fagocíticas. Ocorre pouca infiltração intersticial, e verifica-se pouca ou nenhuma inflamação dos bronquíolos e das vias respiratórias superiores.

O conhecimento da patogênese da infecção por *L. pneumophila* provém do estudo de células isoladas de seres humanos e de animais suscetíveis, como cobaias.

Legionella pneumophila penetra e cresce rapidamente no interior dos macrófagos alveolares e monócitos humanos. As espécies de *Legionella* não necessitam da opsonização por C3b ou por anticorpos

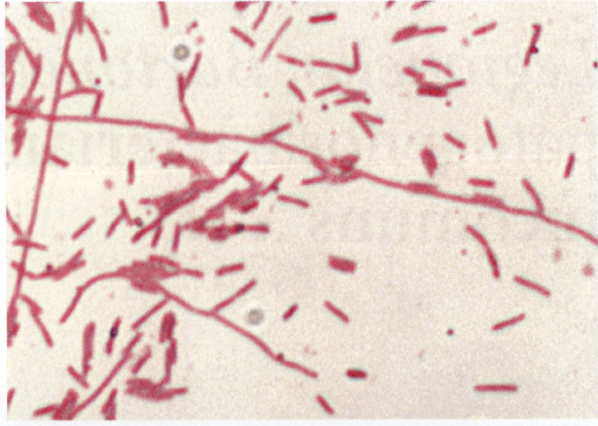

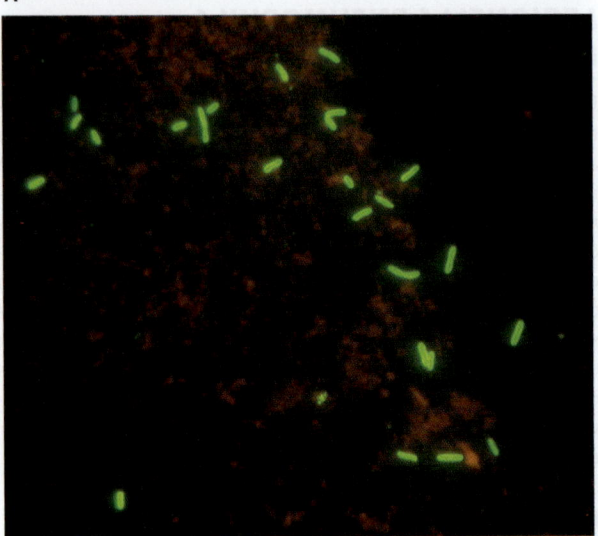

FIGURA 22-1 **A:** Coloração pelo método de Gram de *Legionella pneumophila*. As legionelas coram-se fracamente com a fucsina básica e de modo deficiente com a safranina. Ampliação do original de 1.000 ×. (Cortesia da CDC Public Health Image Library.) **B:** Coloração direta com anticorpos fluorescentes contra *Legionella* crescida em cultura mista, com o emprego de anticorpos contra antígenos desse microrganismo conjugados com fluoresceína. Ampliação do original de 1.000 ×. (Cortesia de R. Nadarajah.)

IgG para penetrar nos macrófagos. Um importante fator de virulência para a invasão de macrófagos é a proteína Mip, a qual promove aderência e fagocitose. No interior da célula, as bactérias individuais estão contidas em vacúolos fagossômicos (vacúolo contendo *Legionella* [LCV, do inglês *Legionella-containing vacuole*]), mas os mecanismos de defesa dos macrófagos se limitam apenas a esse processo. Em vez disso, o LCV não consegue se fundir com os grânulos lisossomais, sendo a atividade metabólica oxidativa do fagócito reduzida. Assim, o LCV não acidifica quando ocorre a fusão fagossomo-lisossomo. Ribossomos, mitocôndrias e pequenas vesículas se acumulam em torno dos LCVs, impedindo o reconhecimento pelo sistema imunológico celular. Além desse processo, a sobrevivência do microrganismo no fagossomo e a sua replicação são facilitadas pela expressão de um sistema de secreção tipo IV denominado Dot/Icm, essencial para a virulência de *L. pneumophila*.

As bactérias multiplicam-se no interior dos vacúolos até atingirem grande número. Em seguida, as células são destruídas e as bactérias são liberadas, ocorrendo a infecção de outros macrófagos. A presença de ferro (ferro transferrina) também é essencial para o processo de crescimento intracelular do microrganismo.

Manifestações clínicas

A infecção assintomática é comum em todos os grupos etários, conforme se observa pelos títulos elevados de anticorpos específicos. A incidência da doença clinicamente significativa é maior em homens com mais de 55 anos de idade. Embora relatadas, as infecções em crianças são raras. Fatores associados a alto risco incluem tabagismo, uso indevido de álcool, diabetes melito, bronquite crônica e enfisema ou doença cardiovascular, tratamento com esteroide e outros imunossupressores (como no transplante renal), quimioterapia do câncer e, mais recentemente, como uma complicação no uso de agentes anti-TNF-α (especialmente o uso do infliximabe ou adalimumabe). Quando ocorre pneumonia em pacientes com esses fatores de risco, é necessário investigar a presença de *Legionella* como causa.

A infecção pode resultar em doença febril indefinida de curta duração ou em doença grave e rapidamente progressiva, com febre alta, calafrios, mal-estar, tosse improdutiva, hipoxia, diarreia e *delirium*. As radiografias de tórax revelam consolidação focal frequentemente multilobar. Pacientes imunocomprometidos podem desenvolver pneumonia cavitária e derrames pleurais. Pode haver leucocitose, hiponatremia, hematúria (e mesmo insuficiência renal) ou anormalidades da função hepática. Durante alguns surtos, a taxa de mortalidade atingiu 10%. O diagnóstico baseia-se no quadro clínico e na exclusão de outras causas de pneumonia por meio de exames laboratoriais. A demonstração de *Legionella* em amostras clínicas pode estabelecer rapidamente um diagnóstico específico. A pesquisa de antígenos de *Legionella* na urina pode ser útil no início do curso da infecção por *L. pneumophila* sorogrupo 1. O diagnóstico também pode ser estabelecido com base na cultura de legionelas ou em testes sorológicos, mas os resultados desses testes costumam ser demorados, ultrapassando o tempo necessário para a instituição do tratamento específico.

Legionella pneumophila também causa uma doença denominada "febre de Pontiac" devido à ocorrência da síndrome clínica em um surto em Michigan, nos Estados Unidos. A síndrome é caracterizada por febre e calafrios, mialgia, mal-estar e cefaleia que se desenvolvem ao longo de 6 a 12 horas e persistem por 2 a 5 dias. Além disso, ocorre tontura, fotofobia, rigidez de nuca e confusão. Os sintomas respiratórios são muito menos proeminentes em pacientes com febre de Pontiac do que nos acometidos pela doença dos legionários, consistindo em tosse branda e faringite. Essa infecção é autolimitada e não necessita de antibioticoterapia.

Diagnósticos laboratoriais

A. Amostras

Em infecções humanas, os microrganismos podem ser isolados do escarro expectorado (quando disponível), lavagens brônquicas, líquido pleural, amostras de biópsia pulmonar ou (raramente) sangue. O isolamento das espécies de *Legionella* da expectoração é mais difícil devido à predominância de bactérias da microbiota normal e pela tosse seca. Espécies de *Legionella* raramente são isoladas de outros locais anatômicos.

B. Esfregaços

As legionelas não são observadas em esfregaços de amostras clínicas corados pelo método de Gram. Os testes de anticorpos fluorescentes diretos de amostras podem ser usados no diagnóstico. Entretanto, exibem baixa sensibilidade em comparação com a cultura. Pode-se utilizar colorações pela prata em amostras de tecido.

C. Cultura

As amostras são cultivadas em ágar BCYE com e sem antibióticos (ver discussão anterior). Os microrganismos cultivados podem ser rapidamente identificados por imunofluorescência utilizando anticorpos específicos contra antígenos bacterianos. A MALDI-TOF MS tem o potencial de fornecer diagnóstico rápido em isolados de cultura.

D. Testes específicos

Algumas vezes, pode-se demonstrar a presença de antígenos de *Legionella* na urina do paciente por métodos imunológicos. O teste de antígeno na urina é específico para *L. pneumophila* sorogrupo 1. Dessa forma, o teste de antígeno urinário de legionela não é útil para diagnosticar 20 a 70% das infecções por espécies de *Legionella*, dependendo da localização geográfica, e não deve ser considerado o único teste para o diagnóstico de infecções por *Legionella*. Ensaios moleculares, como a reação em cadeia da polimerase (PCR, do inglês *polymerase chain reaction*), que amplificam genes como *mip* e rRNA 16S, entre outros, têm sido utilizados por laboratórios capazes de desenvolver e verificar seus próprios ensaios. No entanto, a especificidade tem sido um problema relacionado à contaminação de reagentes com DNA de *Legionella* encontrados em fontes de água. Nos Estados Unidos, não existem ensaios aprovados pela Food and Drug Administration (FDA) para a detecção de *Legionella*.

E. Testes sorológicos

Os níveis de anticorpos dirigidos contra as legionelas aumentam lentamente durante a doença. As provas sorológicas exibem sensibilidade de 60 a 80% e especificidade de 95 a 99%. Os testes sorológicos são mais úteis para estabelecer um diagnóstico retrospectivo em surtos de infecção por *Legionella*.

Imunidade

Os pacientes infectados produzem anticorpos contra *Legionella*, porém a resposta humoral máxima pode não ser observada até 4 a 8 semanas após a infecção. O papel dos anticorpos e das respostas celulares na imunidade protetora dos seres humanos ainda não foi definido. Os animais aos quais são administradas doses subletais de *L. pneumophila* virulento, *L. pneumophila* avirulento ou de vacina com proteína secretora principal são imunes a doses letais subsequentes de *L. pneumophila*. Ocorre resposta imunológica tanto humoral quanto celular. A resposta mediada por células é importante na imunidade protetora, devido à infecção e ao crescimento intracelular de *Legionella*.

Tratamento

Legionella pneumophila é um parasita intracelular de macrófagos e de outras células fagocíticas, e provavelmente de outras células humanas. Outras espécies de *Legionella* também podem mostrar crescimento significativo dentro de macrófagos humanos. Assim, os antimicrobianos empregáveis para tratar infecções por *Legionella* precisam penetrar nos fagócitos e ter atividade biológica nesses locais. Os macrolídeos (eritromicina, azitromicina, telitromicina e claritromicina), as quinolonas (ciprofloxacino e levofloxacino) e as tetraciclinas (doxiciclina) são eficazes. Os β-lactâmicos, os monobactâmicos e os aminoglicosídeos não são eficazes. Além disso, muitas legionelas produzem β-lactamases. Pode ser necessária terapia prolongada, por até 3 semanas, dependendo da situação clínica. A terapia não deve ser interrompida até que o paciente esteja afebril por 48 a 72 horas.

Epidemiologia e controle

A maior incidência de infecções por *Legionella* vai do final do verão ao outono. Nesse período, o turismo em navios de cruzeiro pode ser um fator de risco. A transmissão geralmente é o resultado da inalação ou da ingestão seguida pela aspiração de aerossóis de sistemas de água contaminados. Os hábitats naturais das legionelas são os lagos, os rios e, especialmente, sistemas de água aquecida e solo. As legionelas crescem melhor em água quente, na presença de amebas e bactérias aquáticas. Proliferam em amebas* da mesma forma que o fazem nos macrófagos pulmonares. Quando as condições do ambiente são adversas, as amebas encistam-se. Assim, as amebas e as legionelas sobrevivem até que ocorram melhores condições do meio ambiente, permitindo o desencistamento. As legionelas, as amebas e outros microrganismos existem em biofilmes, onde as legionelas se encontram em estado séssil. Esses microrganismos sobrevivem a processos de tratamento de água, e alguns entram nos sistemas de distribuição de água, onde se proliferam.

As torres de resfriamento e condensadores evaporativos podem ser intensamente contaminados com *L. pneumophila*. Presumivelmente, os aerossóis que existem nessas torres ou condensadores disseminam os microrganismos para pessoas suscetíveis. De modo semelhante, existe uma ligação entre a contaminação dos sistemas de água residenciais e a doença dos legionários adquirida na comunidade, bem como entre a contaminação de sistemas de água hospitalares e a infecção hospitalar por *L. pneumophila*. A hipercloração e o superaquecimento da água podem ajudar a controlar a multiplicação das legionelas na água e em sistemas de ar-condicionado. Medidas mais eficazes incluem uso de filtros de alta eficiência, ionização por cobre/prata e uso de dióxido de cloro ou monocloramina (ver Lin e colaboradores, 2011).

Verificação de conceitos

• As espécies de *Legionella* são microrganismos ubiquitários, que se coram fracamente pelo método de Gram. Esses microrganismos são normalmente isolados em água doce e em diferentes sistemas de água potável, onde sobrevivem no interior de amebas ou na proteção de biofilmes. As infecções humanas ocorrem pela inalação de água (aerossóis) contaminada.

• Há mais de 50 espécies de *Legionella*, porém a maioria das infecções é causada por *L. pneumophila* sorogrupo 1. Os pacientes de

---

*N. de T. A bactéria consegue resistir à destruição e multiplicar-se no interior de protozoários como *Acanthamoeba castellanii*, *Hartmannella vermiformis*, espécies de *Naegleria* e *Dictyostelium discoideum*. Os mecanismos celulares envolvidos na replicação das legionelas dentro da ameba, o seu hospedeiro natural, são semelhantes aos observados em células humanas, especialmente macrófagos e células epiteliais, hospedeiros acidentais da bactéria.

risco incluem pacientes imunossuprimidos, como transplantados de medula óssea ou de órgãos sólidos, indivíduos tabagistas ou com doença pulmonar crônica, e pacientes diabéticos.

• A doença dos legionários é uma infecção multissistêmica, que inclui pneumonia, sintomas gastrintestinais, *delirium* e várias alterações laboratoriais. A pneumonia por *Legionella* é indistinguível de outras bactérias que causam infecções no trato respiratório inferior.

• O diagnóstico se baseia na pesquisa de antígenos na urina e na cultura bacteriológica. A sorologia é puramente retrospectiva e apresenta baixa sensibilidade e especificidade. Testes moleculares de diagnóstico podem apresentar baixa especificidade e não estão amplamente disponíveis.

• As espécies de *Legionella* são patógenos intracelulares, portanto, devem ser usados no tratamento somente antibióticos capazes de penetrar na célula hospedeira, como macrolídeos e fluoroquinolonas.

• Os hospitais que tratam pacientes imunossuprimidos deveriam monitorar com atenção o sistema de abastecimento de água para presença de *Legionella*. Autoridades de saúde pública locais – e, nos Estados Unidos, o Centers for Disease Control and Prevention – devem disponibilizar orientação para o correto isolamento desse microrganismo e para o tratamento das infecções.

BARTONELLA

As três espécies de maior importância médica do gênero *Bartonella* são *Bartonella bacilliformis* (a causa da febre de Oroya e da verruga peruana), *Bartonella quintana* (a causa da febre das trincheiras e de alguns casos de angiomatose bacilar) e *Bartonella henselae* (associada à doença da arranhadura do gato e à angiomatose bacilar). Essas doenças exibem muitas características em comum. Existe um pequeno grupo adicional de espécies e subespécies de *Bartonella* raramente associado a doenças humanas, primariamente endocardites, como *Bartonella elizabethae*, *Bartonella vinsonii* subsp. *berkhoffi*, *Bartonella vinsonii* subsp. *arupensis*, *Bartonella koehlerae* e *Bartonella alsatica*. Também existem várias outras espécies associadas a animais, sendo que a transmissão para humanos a partir desses reservatórios animais ainda não foi descrita.

As espécies de *Bartonella* são bastonetes Gram-negativos intracelulares pleomórficos, de crescimento lento e isolamento difícil em laboratório. Podem ser detectadas em tecidos infectados corados pelo método de impregnação de prata de Warthin-Starry.

Bartonella bacilliformis

Existem dois estágios da infecção por *B. bacilliformis*. O estágio inicial é a **febre de Oroya**, uma grave anemia infecciosa. O segundo é o estágio eruptivo, a **verruga peruana**, que surge comumente em 2 a 8 semanas, embora a verruga também possa ocorrer na ausência da febre de Oroya.

A febre de Oroya caracteriza-se por rápido desenvolvimento de anemia grave causada por destruição dos eritrócitos, aumento de tamanho do baço e do fígado e ocorrência de hemorragia nos linfonodos. O citoplasma das células que revestem os vasos sanguíneos é preenchido por inúmeras células do microrganismo, de modo que o edema endotelial pode resultar em oclusão vascular e trombose. A taxa de mortalidade da febre de Oroya não tratada pode chegar a 85%. O diagnóstico é estabelecido com base no exame de esfregaços sanguíneos corados e hemoculturas em meio semissólido.

Semanas a meses após a infecção aguda, surge um segundo estágio de infecção chamado de verruga peruana, caracterizado por lesões vasculares nodulares na pele. Essa infecção dura cerca de 1 ano e produz pouca reação sistêmica, com taxa de mortalidade baixa. Lesões mucosas e internas também foram descritas. As bartonelas podem ser vistas nos granulomas. Os resultados da hemocultura costumam ser positivos, mas não há anemia.

Bartonella bacilliformis produz uma proteína extracelular chamada de deformina, que promove a deformidade (recuo) das membranas dos eritrócitos. Já os flagelos fornecem a essas bactérias a força mecânica para invadir os eritrócitos. A replicação do microrganismo ocorre dentro de um vacúolo endocítico facilitado por proteínas da membrana externa e fragmentos de membrana de eritrócitos criados no momento da aderência e da deformidade da membrana. Esse microrganismo também invade as células endoteliais e outros tipos de células humanas *in vitro*.

A bartonelose limita-se às regiões montanhosas dos Andes, na região tropical do Peru, da Colômbia e do Equador, sendo transmitida por mosquitos do gênero *Lutzomyia*.

Bartonella bacilliformis cresce em ágar nutriente semissólido que contenha 10% de soro de coelho e 0,5% de hemoglobina. Depois de 10 dias ou mais de incubação a 28 °C, verifica-se o aparecimento de turvação no meio de cultura, e podem-se observar microrganismos granulosos, bem como em formato de bastonete nos esfregaços corados pelo método de Giemsa.

Ciprofloxacino, doxiciclina, macrolídeos ou sulfametoxazol + trimetoprima, administrados por pelo menos 10 dias, têm sido usados com sucesso para o tratamento dos pacientes. A terapia parenteral pode ser utilizada se o paciente não conseguir absorver a medicação oral. Cloranfenicol por 14 dias tem sido usado para tratar infecções por *B. bacilliformis*, particularmente na América do Sul. Juntamente com transfusões de sangue, quando indicadas, a terapia antimicrobiana reduz as taxas de mortalidade. O controle da doença depende da eliminação dos mosquitos-pólvora vetores. O uso de inseticidas e de repelentes de insetos e a eliminação das áreas de reprodução dos mosquitos-pólvora constituem medidas valiosas. A prevenção com antibióticos pode ser útil.

Bartonella henselae e *Bartonella quintana*

A. Doença da arranhadura do gato

Em geral, a doença da arranhadura do gato é uma doença autolimitada e benigna que se manifesta em forma de febre e linfadenopatia por cerca de 1 a 3 semanas após contato com um gato (comumente, arranhadura, lambida, mordida ou, talvez, picada de pulga). Verifica-se o aparecimento de uma lesão cutânea primária (pápula ou pústula) no local. O indivíduo geralmente parece bem, mas pode ter febre baixa e, ocasionalmente, cefaleia, mal-estar e faringite. Os linfonodos regionais (comumente os axilares, os epitrocleares e os cervicais) mostram-se acentuadamente aumentados e, algumas vezes, hipersensíveis, e o quadro pode persistir por várias semanas ou até meses. Os linfonodos podem supurar e liberar pus. Os casos atípicos (5-10%) podem ser caracterizados por linfadenopatia pré-auricular e conjuntivite (síndrome oculoglandular de Parinaud). Características sistêmicas mais graves, como meningite, encefalopatia, lesões ósseas e retinite, foram descritas. Nos Estados Unidos, acredita-se que ocorram mais de 22 mil casos por ano.

O diagnóstico da doença da arranhadura do gato baseia-se (1) na história clínica e nos achados físicos sugestivos; (2) na aspiração de pus de linfonodos que não contêm bactérias passíveis de cultura pelos métodos habituais; e (3) nos achados histopatológicos característicos, com lesões granulomatosas, que podem incluir bactérias coradas por métodos de impregnação de prata. A obtenção de um teste cutâneo positivo também foi incluída como critério, mas somente com interesse histórico. Um título de 1:64 ou superior em um único soro no teste de anticorpo fluorescente indireto (IFA, do inglês *indirect fluorescent antibody*) apoia fortemente o diagnóstico, mas o desenvolvimento de um título diagnóstico pode ser atrasado ou não ocorrer em pacientes imunocomprometidos. Ensaios imunoenzimáticos estão disponíveis nos Estados Unidos, porém são menos sensíveis que o IFA.

A doença da arranhadura do gato é causada por *B. henselae*, um pequeno bastonete Gram-negativo pleomórfico observado principalmente nas paredes dos capilares, próximo à hiperplasia folicular ou no interior de microabscessos. Os microrganismos são mais bem visualizados em cortes histológicos corados pelo método de impregnação de prata de Warthin-Starry; também podem ser detectados por corantes imunofluorescentes. Comumente, não se recomenda a cultura de *B. henselae* para essa doença relativamente benigna.

O reservatório de *B. henselae* é o gato doméstico, podendo ser infectados 33% ou mais dos gatos (e, possivelmente, suas pulgas). Acredita-se que o contato com gatos infectados por meio de lesões cutâneas possa transmitir a infecção.

A doença da arranhadura do gato, que ocorre comumente em indivíduos imunocompetentes, costuma ser autolimitada. O tratamento é, em grande parte, de suporte: sedativos, aplicação de compressas quentes e úmidas, e uso de analgésicos. A aspiração do pus ou a remoção cirúrgica de um linfonodo excessivamente aumentado podem aliviar os sintomas. Embora relatos demonstrem que a terapia com tetraciclina, azitromicina, sulfametoxazol + trimetoprima, rifampicina, gentamicina ou fluoroquinolona possa ser útil, análises mais recentes não apoiam o tratamento com antibióticos.

B. Angiomatose bacilar

A angiomatose bacilar é uma doença que ocorre predominantemente em indivíduos imunossuprimidos, sobretudo em pacientes com síndrome da imunodeficiência adquirida (Aids, do inglês *acquired immunodeficiency syndrome*). São raros os casos registrados em indivíduos imunocompetentes. Do ponto de vista histopatológico, a angiomatose bacilar caracteriza-se por lesões circunscritas com proliferação capilar lobular, bem como vasos redondos e abertos, havendo células endoteliais cuboides que se projetam no lúmen vascular. Um achado proeminente consiste em histiócitos epitelioides circundados por matriz fibromixoide frouxa. Podem-se observar os bacilos pleomórficos no tecido subendotelial quando corado pelo método de impregnação de prata de Warthin-Starry. As lesões podem ser infiltradas por leucócitos polimorfonucleares.

Na sua forma comum, a angiomatose bacilar manifesta-se como uma pápula vermelha, frequentemente com escama e eritema circundantes. As lesões aumentam, podendo atingir vários centímetros de diâmetro e sofrer ulceração. Pode haver uma ou várias lesões. O quadro clínico assemelha-se com frequência ao do sarcoma de Kaposi em pacientes com Aids, embora as duas doenças sejam histologicamente diferentes. A angiomatose bacilar acomete praticamente qualquer órgão. O comprometimento do fígado (e do baço) caracteriza-se pela proliferação de espaços císticos repletos de sangue, circundados por uma matriz fibromixoide contendo as bactérias. Essa forma da doença, denominada **peliose hepática**, é, em geral, acompanhada de febre, perda de peso e dor abdominal. Ocorre também uma forma bacteriêmica de infecção com sinais inespecíficos de mal-estar, febre e perda de peso.

O diagnóstico é confirmado pelos achados histopatológicos característicos e pela demonstração dos bacilos pleomórficos em cortes corados pela prata. *Bartonella henselae* e *B. quintana* podem ser isolados por meio de cultura direta de amostras de biópsia de tecido acometido obtidas com cuidado, de modo a não haver qualquer bactéria cutânea contaminante. As amostras de biópsia devem ser homogeneizadas em meio de cultura de tecido suplementado e inoculadas em ágar-chocolate fresco e ágar de infusão de coração com 5% de sangue de coelho. As hemoculturas obtidas pelo método de lise-centrifugação podem ser inoculadas nos mesmos meios de cultura. As culturas devem ser incubadas em 5% de CO_2 a 36 °C durante um período mínimo de 3 semanas. As amostras também podem ser cultivadas em monocamadas de cultura de células eucarióticas. Do ponto de vista bioquímico, *B. henselae* e *B. quintana* são relativamente inertes, apresentando inclusive reações negativas da catalase e da oxidase, assim como testes negativos de utilização dos carboidratos. Pode-se detectar uma atividade enzimática com os substratos de aminoácidos por métodos que testam as enzimas pré-formadas. A identificação definitiva é obtida pelo sequenciamento de todo ou parte do gene do RNA ribossômico 16S amplificado pela PCR. Em função da dificuldade no isolamento das espécies de *Bartonella*, a partir de espécimes clínicos e da falta de testes moleculares, os testes sorológicos ainda são considerados por muitos como a melhor opção. Os testes IFAs são os mais usados.

A angiomatose bacilar é tratada com eritromicina oral (medicamento de primeira escolha) ou doxiciclina (mais gentamicina para pacientes críticos) por um período mínimo de 2 meses. Acredita-se que a resposta frequentemente rápida das lesões cutâneas à eritromicina seja devida aos seus efeitos anti-inflamatórios e antiangiogênicos. As recidivas são comuns, mas podem ser tratadas com o mesmo esquema medicamentoso inicial.

C. Febre das trincheiras

A febre das trincheiras (também conhecida como febre de cinco dias, ou "*febris quintana*") é caracterizada pelo início súbito de febre acompanhada de dor de cabeça, mal-estar, inquietação e dor na tíbia. Os sintomas coincidem com a liberação de *B. quintana* no sangue a cada 3 a 5 dias, com cada episódio durando 5 dias. *Bartonella quintana* foi um problema frequente observado durante a Primeira Guerra Mundial. Hoje em dia, esse microrganismo é mais frequentemente observado como uma causa de endocardite sem cultura e bacteriemia em indivíduos sem-teto.

O reservatório de *B. henselae* é habitualmente o gato doméstico, e os pacientes com angiomatose bacilar causada por esse microrganismo com frequência têm contato com gatos ou fornecem história de picada de pulgas de gato. Os únicos reservatórios conhecidos de *B. quintana* são os seres humanos e o piolho-do-corpo.

Verificação de conceitos

- As espécies de *Bartonella* compreendem bastonetes curtos Gram-negativos encontrados entre animais, seres humanos e seus vetores.
- Os patógenos humanos incluem *B. bacilliformis* (que causa febre de Oroya aguda e verruga peruana crônica principalmente entre as populações dos Andes) e *B. quintana* (responsável pela

febre das trincheiras, pela endocardite e pela angiomatose bacilar). *Bartonella henselae* pode causar endocardite, doença da arranhadura do gato e angiomatose bacilar. O agente infeccioso é adquirido pela mordida e pela arranhadura do gato ou pela picada da pulga do gato.

- O diagnóstico das infecções por *B. henselae* é prejudicado pelo crescimento lento do microrganismo, que cresce melhor em ágar-sangue ou ágar-chocolate. É possível a demonstração desses microrganismos em tecido usando a coloração de Warthin-Starry. O diagnóstico sorológico é o preconizado.
- O tratamento das infecções por *Bartonella* inclui macrolídeos (azitromicina), fluoroquinolonas e doxiciclina.

STREPTOBACILLUS MONILIFORMIS

Streptobacillus moniliformis é um microrganismo Gram-negativo, aeróbio e altamente pleomórfico que forma cadeias irregulares de bacilos intercalados com dilatações fusiformes e grandes corpúsculos redondos. Esse microrganismo cresce melhor a 37 °C em meio contendo proteína sérica, gema de ovo ou amido, mas deixa de crescer a 22 °C. As formas L podem ser facilmente demonstradas na maioria das culturas do microrganismo. O repique de colônias puras de formas L em meios de cultura líquidos com frequência resulta no reaparecimento dos estreptobacilos. Anteriormente considerada a única espécie do gênero, recentemente foi adicionada ao gênero uma nova espécie, oficialmente chamada de *Streptobacillus hongkongensis*. *Streptobacillus moniliformis* é um habitante normal da orofaringe de ratos, podendo infectar o ser humano pela mordida. A doença humana (**febre da mordida do rato**) caracteriza-se por febre séptica, exantemas petequiais e eritematosos, bem como poliartrite muito dolorosa. Outros tipos de apresentações incluem bacteriemia, endocardite e abscessos. O diagnóstico baseia-se em hemoculturas e culturas de líquido articular ou pus, na inoculação em camundongos (não realizada em laboratórios clínicos) e em testes de soroaglutinação. Esse microrganismo também pode provocar infecção após ingestão de leite contaminado. A doença é denominada febre de Haverhill e tem ocorrido em surtos epidêmicos.

O reservatório de *S. hongkongensis* é desconhecido. Esse microrganismo já foi isolado de um abscesso periamigdaliano e de um cotovelo séptico de pacientes em Hong Kong.

A penicilina, as cefalosporinas de terceira geração e algumas fluoroquinolonas têm atividade contra *S. moniliformis* e *S. hongkongensis*.

A febre da mordida do rato com quadro clínico ligeiramente diferente (*sodoku*) é causada por *Spirillum minus* (ver Capítulo 24).

DOENÇA DE WHIPPLE

A doença de Whipple é caracterizada por febre, dor abdominal, diarreia, perda de peso e poliartralgia migratória, e ocorre com maior frequência em homens de meia-idade. Os principais locais de envolvimento são o intestino delgado e os linfonodos mesentéricos, mas qualquer órgão pode ser afetado. Também são observadas manifestações musculoesqueléticas, neurológicas, cardíacas e oftálmicas. Histologicamente, há uma infiltração predominante de macrófagos e deposição de glicoproteínas. Vacúolos característicos dentro do macrófago (macrófagos espumosos) que se coram com ácido periódico de Schiff (PAS, do inglês *periodic acid-Schiff*) são patognomônicos da doença. Os materiais intracelular e extracelular PAS-positivos consistem em bacilos. Historicamente, as culturas de rotina das amostras clínicas davam resultados negativos, porém, mais recentemente, o microrganismo tem sido cultivado em associação com células eucarióticas (fibroblastos humanos, monócitos do sangue periférico desativados). Antes que o microrganismo fosse cultivado com sucesso, a amplificação por PCR do RNA ribossômico 16S permitiu a identificação de uma sequência única da bactéria nas lesões. A análise filogenética demonstrou que o microrganismo é um actinomiceto Gram-positivo diferente de qualquer gênero conhecido. O microrganismo foi denominado *Tropheryma whipplei*. O diagnóstico da doença de Whipple é feito por PCR a partir de uma amostra apropriada (biópsia de intestino, biópsia de cérebro, etc.) para *T. whipplei*.

QUESTÕES DE REVISÃO

1. O ser humano pode infectar-se com *Legionella pneumophila* por
   - (A) Beijar uma pessoa portadora de *Legionella*
   - (B) Inalar aerossóis de fontes ambientais de água
   - (C) Ser picado por um mosquito
   - (D) Consumir carne de porco malcozida

2. Uma menina de 11 anos de idade desenvolveu um princípio de febre aguda, calafrios, cefaleia, vômitos graves, artralgia migratória (dor nas articulações) e mialgias (dores musculares). Após 2 dias, desenvolveu um exantema maculopapular nas palmas das mãos, nas plantas dos pés e nas extremidades. Ao mesmo tempo, o joelho esquerdo tornou-se extremamente doloroso e inchado. Ao exame, foi demonstrada a presença de líquido no joelho. História posterior revelou que a paciente tinha um rato de estimação. A cultura do líquido do joelho em ágar-sangue de carneiro a 5% mostrou colônias de 2 mm após 3 dias de incubação. O caldo de cultura mostrou pequeno crescimento em formato de bolas no fundo do tubo. A coloração de Gram mostrou um bacilo Gram-negativo com 0,5 m de largura e 1 a 4 μm de comprimento. Foram observadas algumas formas extremamente longas (até 150 μm) com dilatações fusiformes e grandes corpúsculos redondos. O microbiologista que observou o esfregaço de Gram soube imediatamente que a infecção na menina era causada por
   - (A) *Pasteurella multocida*
   - (B) *Streptobacillus moniliformis*
   - (C) *Francisella tularensis*
   - (D) *Bartonella bacilliformis*
   - (E) *Yersinia pestis*

3. Um homem de 70 anos de idade apresenta-se com pneumonia bilateral. O teste de antígenos urinários para *Legionella* teve resultado positivo. Qual das seguintes alternativas é a causa mais provável dessa pneumonia?
   - (A) *Legionella pneumophila* sorogrupo 1
   - (B) *Legionella micdadei* sorogrupo 4
   - (C) *Legionella bozemanii* sorogrupo 2
   - (D) *Legionella longbeachae* sorogrupo 2
   - (E) Todas as alternativas anteriores, uma vez que o teste de antígeno urinário é específico do gênero, e não específico do sorotipo ou da espécie.

4. Um homem de 65 anos de idade chega à sala de emergência com febre e sentindo-se "muito cansado". Ele apresenta uma tosse crônica causada pelo cigarro, que aumentou drasticamente na última semana e vem produzindo expectoração esbranquiçada. No dia anterior, sua temperatura era de 38 °C e ele apresentou diarreia. O exame físico revelou sibilos inspiratórios e expiratórios e estertores sobre o campo inferior do pulmão direito. A radiografia de tórax mostra o lobo inferior direito desigual com infiltrado. O diagnóstico diferencial da doença desse paciente é
   - (A) Pneumonia por *Streptococcus pneumoniae*
   - (B) Pneumonia por *Legionella pneumophila*
   - (C) Pneumonia por *Haemophilus influenzae*
   - (D) Pneumonia por *Mycoplasma pneumoniae*
   - (E) Todas as opções anteriores

5. As culturas de escarro de rotina para o paciente da Questão 4 desenvolvem microbiota normal. O tratamento com ampicilina por 2 dias não mostrou melhora do quadro clínico. Foi considerado o diagnóstico de doença dos legionários, tendo sido feita broncoscopia para obtenção de lavado broncoalveolar e secreção das vias respiratórias. Qual das seguintes alternativas pode sugerir um diagnóstico de doença causada por *Legionella pneumophila* sorogrupo 1?
   - (A) Teste de antígeno na urina para *Legionella*
   - (B) Teste de anticorpos por fluorescência direta no fluido do lavado broncoalveolar
   - (C) Cultura do lavado broncoalveolar em ágar de extrato de levedura com carvão tamponado (BCYE) com antibióticos
   - (D) Teste de anticorpos em soros pareados (fases aguda e convalescente)
   - (E) Todas as opções anteriores

6. O carvão está presente no ágar de extrato de levedura com carvão tamponado (BCYE) para isolar *Legionella pneumophila* para
   - (A) Fornecer fatores de crescimento ordinários oriundos de amebas de vida livre presentes na água ambiental.
   - (B) Servir como fonte de carbono para o crescimento de *L. pneumophila*.
   - (C) Prevenir a hemólise de eritrócitos no meio.
   - (D) Fornecer um fundo escuro.
   - (E) Atuar como agente destoxificante.

7. Uma mulher de 23 anos, saudável em outros aspectos, apresenta história de 3 dias de febre baixa e cefaleia. O exame clínico revela linfonodos levemente inchados próximos da axila esquerda. Aproximadamente 2 semanas atrás, ela visitou uma amiga e sofreu um arranhão do gato dela no braço esquerdo; nesse local, desenvolveu-se posteriormente uma pápula avermelhada. Qual das seguintes afirmativas sobre esse caso é a mais correta?
   - (A) A histopatologia característica em resposta à infecção é a inflamação neutrofílica aguda.
   - (B) O diagnóstico é baseado em uma história sugestiva e no exame físico.
   - (C) As combinações de β-lactâmico/inibidor de β-lactamase são os agentes de escolha para o tratamento.
   - (D) O diagnóstico é baseado em resultados negativos dos cultivos bacterianos de rotina de pus aspirado dos linfonodos envolvidos.
   - (E) A doença leva rapidamente à sepse, mesmo em pessoas imunocompetentes.

8. Qual das seguintes afirmativas sobre a angiomatose bacilar é a mais correta?
   - (A) É causada por *Bartonella bacilliformis*.
   - (B) É tipicamente confinada à pele.
   - (C) O principal diagnóstico diferencial é o sarcoma de Kaposi.
   - (D) O agente etiológico pode crescer em 1 a 2 dias em ágar-sangue de carneiro (cultura de rotina).
   - (E) Os cães são o reservatório do agente etiológico.

9. Um importante fator na patogênese da doença dos legionários é o fato de que
   - (A) *Legionella pneumophila* mata as células polimorfonucleares.
   - (B) Os macrófagos alveolares fagocitam *Legionella pneumophila* empregando pseudópodes espiralados.

(C) *Legionella pneumophila* invade os capilares pulmonares, levando à disseminação e à doença sistêmica.

(D) *Legionella pneumophila* induz a fusão dos macrófagos alveolares com os lisossomos.

(E) A proteína de superfície externa A (OspA) de *L. pneumophila* é importante para a invasão dos macrófagos alveolares.

10. Todas as afirmações a seguir sobre *T. whipplei* são verdadeiras, *exceto*

(A) É facilmente cultivável em ágar-chocolate após 3 dias de incubação.

(B) É um actinomiceto Gram-positivo.

(C) Causa febre, dor abdominal, diarreia, perda de peso e poliartralgia migratória.

(D) Cora-se com o ácido periódico de Schiff (PAS).

11. Todas as afirmações a seguir sobre infecções causadas por *Legionella* são verdadeiras, *exceto*

(A) Hospitais que atendem pacientes imunossuprimidos com risco de infecções por *Legionella* deveriam monitorar o sistema de água potável para a presença do microrganismo.

(B) O contato pessoa a pessoa é o principal mecanismo de transmissão do microrganismo.

(C) As espécies de *Legionella* podem ser visualizadas pelo método de Gram, caso a carbolfucsina seja utilizada como contracorante.

(D) A radiografia de tórax de uma paciente com pneumonia provocada por *Legionella* é indistinguível das pneumonias causadas por outras bactérias.

(E) Os macrolídeos e as quinolonas são os fármacos de primeira escolha no tratamento das infecções por *Legionella*.

12. Qual destas afirmações melhor representa o papel da proteína Mip na patogênese de *Legionella*?

(A) Previne a fusão fagossomo-lisossomo.

(B) Atua como siderófora para captura de ferro.

(C) Previne a fagocitose.

(D) Facilita a aderência ao macrófago e estimula a invasão celular.

(E) Nenhuma das respostas anteriores.

13. A febre de Pontiac é uma forma grave de pneumonia causada por *Legionella pneumophila* sorogrupos 1 e 6.

(A) Verdadeiro

(B) Falso

14. Todas as afirmações a seguir sobre *Streptobacillus moniliformis* são verdadeiras, *exceto*

(A) É sensível à penicilina.

(B) Causa a febre da mordida do rato.

(C) Causa a febre de Haverhill pela ingestão de alimentos contaminados.

(D) O microrganismo apresenta forma espiralada.

15. O diagnóstico da doença de Whipple é mais bem determinado por

(A) Sorologia pareada obtida com intervalo de 8 semanas.

(B) Cultura em meios para micobactérias.

(C) Amplificação do ácido nucleico a partir de amostra de tecido.

(D) Histopatologia.

(E) Nenhuma das respostas anteriores.

Respostas

1. B	**6.** E	**11.** B
2. B	**7.** B	**12.** D
3. A	**8.** C	**13.** B
4. E	**9.** B	**14.** D
5. E	**10.** A	**15.** C

REFERÊNCIAS

Angelakis E, Raoult D: Pathogenicity and treatment of *Bartonella* infections. *Int J Antimicrob Agents* 2014;44:16–25.

Edelstein PH, Lück C: *Legionella*. In Jorgensen JH, Pfaller MA, Carroll KC (editors). *Manual of Clinical Microbiology*, 11th ed. ASM Press, 2015.

Edelstein PH, Roy CR: Legionnair's Disease and Pontiac Fever. In Bennett JE, Dolin R, Blaser ME (editors). *Mandell, Douglas, and Bennett's Principles and Practice of Infectious Diseases*, 8th ed. Elsevier, 2015.

Gandhi TN, Slater LN, Welch DF, et al: *Bartonella*, including cat-scratch disease. In Bennett JE, Dolin R, Blaser ME (editors). *Mandell, Douglas, and Bennett's Principles and Practice of Infectious Diseases*, 8th ed. Elsevier, 2015.

Lin YE, Stout JE, Yu VL: Prevention of hospital-acquired legionellosis. *Curr Opin Infect Dis* 2011;24:350–356.

Phin N, Parry-Ford F, Harrison T, et al: Epidemiology and clinical management of Legionnaires' disease. *Lancet Infect Dis* 2014;14:1011–1012.

Scorpio DG, Dumler JS: *Bartonella*. In Jorgensen JH, Pfaller MA, Carroll KC (editors). *Manual of Clinical Microbiology*, 11th ed. ASM Press, 2015.

Schwartzman S, Schwartzman M: Whipple's disease. *Rheum Dis Clin North Am* 2013;39:313–321.

Woo PCY, Wu AKL, Tsang CC, et al: *Streptobacillus hongkongensis* sp. nov., isolated from patients with quinsy and septic arthritis, and emended descriptions of the genus *Streptobacillus* and *Streptobacillus moniliformis*. *Int J Syst Evol Microbiol* 2014;64:3034–3039.

Zbinden R. *Aggregatibacter, Capnocytophaga, Eikinella, Kingella, Pasteurella*, and other fastidious or rarely encountered Gram-negative rods. In Jorgensen JH, Pfaller MA, Carroll KC (editors). *Manual of Clinical Microbiology*, 11th ed. ASM Press, 2015.

Micobactérias

As micobactérias são bactérias aeróbias em formato de bastonete que não formam esporos. A parede celular desses microrganismos contém peptidoglicolipídeos, ácidos micólicos, ácidos graxos e ceras. Muitos desses compostos são responsáveis pelas várias características das micobactérias (p. ex., crescimento lento, resistência aos ácidos, resistência a detergentes e antibióticos comuns). Uma vez que as micobactérias apresentam alto conteúdo de lipídeos nas paredes celulares, não se coram bem com os corantes de anilina comuns, incluindo o método regular de coloração de Gram. Métodos especiais de coloração, usando corantes à base de fenol (p. ex., carbolfucsina), são usados para corar as micobactérias. Devido ao alto teor de ácidos micólicos em sua parede celular, as micobactérias retêm esses corantes mesmo após a exposição a soluções de ácido-álcool forte. Assim, as micobactérias são descritas como microrganismos "álcool-ácido-resistentes". Existem mais de 200 espécies de *Mycobacterium*, inclusive muitas que são saprófitas. As micobactérias que infectam os seres humanos estão relacionadas na Tabela 23-1. As micobactérias patogênicas mais importantes em humanos em todo o mundo são *Mycobacterium tuberculosis*, *Mycobacterium leprae* e *Mycobacterium ulcerans*. *Mycobacterium tuberculosis* é um patógeno muito importante em seres humanos e está associado à tuberculose (TB). *Mycobacterium leprae* é o agente etiológico da hanseníase (doença de Hansen), que é uma doença granulomatosa crônica e debilitante. *Mycobacterium ulcerans* causa infecções necrosantes da pele e dos tecidos moles, que são caracterizadas pela formação de úlceras que aumentam progressivamente com o tempo, se não tratadas. Na África, a doença é conhecida como úlcera de Buruli, enquanto, na Austrália, a doença é chamada de úlcera de Bairnsdale. *Mycobacterium avium-intracellulare* (complexo *M. avium* ou MAC) e outras micobactérias não tuberculosas (NTMs, do inglês *nontuberculous mycobacteria*), que com frequência infectam pacientes com síndrome da imunodeficiência humana (Aids, do inglês *acquired immunodeficiency virus*), são patógenos oportunistas em indivíduos imunocomprometidos, e ocasionalmente causam doenças em pacientes com o sistema imunológico normal.

MYCOBACTERIUM TUBERCULOSIS

Morfologia e identificação

A. Microrganismos típicos

Em cortes histológicos de tecidos, *M. tuberculosis* e outras micobactérias aparecem como bastonetes retos e delgados, medindo

cerca de $0,4 \times 3$ μm (Figura 23-1). Já em meios artificiais, são observadas formas cocoides e filamentosas, com morfologia variável de uma espécie para outra. Uma vez que as micobactérias apresentam alto conteúdo de lipídeos nas paredes celulares, não se coram bem com os corantes de anilina comuns, incluindo o método regular de coloração de Gram. Esses microrganismos normalmente aparecem como "Gram-invisíveis" ou como zonas claras ("fantasmas"). Algumas micobactérias, especificamente as de crescimento rápido, podem aparecer como bastonetes Gram-positivos, mas a ramificação pode não ser observada. O grau de resistência a ácidos depende da integridade e da quantidade de ácidos micólicos dentro da parede celular desses microrganismos. Além das micobactérias, outras bactérias também expressam essa característica de coloração álcool-ácido-resistente. Esses microrganismos incluem os gêneros *Nocardia*, *Rhodococcus*, *Gordonia* e *Tsukamurella*. A **técnica de Ziehl-Neelsen** de coloração é empregada para a identificação das bactérias álcool-ácido-resistentes. O método é descrito de modo detalhado no Capítulo 47. Nos esfregaços de escarro ou de cortes de tecidos, as micobactérias também podem ser observadas pela sua fluorescência amarelo-alaranjada após coloração com fluoróforos (p. ex., auramina e rodamina). A facilidade com que os bacilos álcool-ácido-resistentes podem ser visualizados com as colorações com fluoróforos faz dessa técnica a preferida para amostras clínicas (Figura 23-1B). A disponibilidade de microscópios de diodo emissor de luz (alguns dos quais não requerem eletricidade) foi um avanço para a microscopia de fluorescência em países em desenvolvimento.

B. Cultura

Os meios para a cultura primária das micobactérias devem incluir um meio não seletivo e um meio seletivo. Os meios seletivos contêm antibióticos para evitar o crescimento excessivo de bactérias e fungos contaminantes. Existem três formulações gerais que podem ser utilizadas tanto para os meios seletivos quanto para os não seletivos. Os meios sólidos à base de ágar são úteis para observação da morfologia colonial, detecção de culturas mistas, teste de sensibilidade aos antimicrobianos (TSA) e podem fornecer alguma indicação da concentração do microrganismo em uma determinada amostra.

1. Meios de ágar semissintéticos – esses meios (p. ex., Middlebrook 7H10 e 7H11) contêm sais definidos, vitaminas, cofatores,

TABELA 23-1   Micobactérias que infectam seres humanos

Espécie	Reservatório	Manifestações clínicas comuns e comentários
ESPÉCIES SEMPRE CONSIDERADAS PATOGÊNICAS		
Mycobacterium tuberculosis	Seres humanos	Tuberculose pulmonar e disseminada; milhões de casos anualmente no mundo
Mycobacterium leprae	Seres humanos	Hanseníase
Mycobacterium bovis	Seres humanos, bovinos	Doença semelhante à tuberculose; rara na América do Norte; *M. bovis* é filogeneticamente relacionado com *M. tuberculosis*
ESPÉCIES POTENCIALMENTE PATOGÊNICAS EM SERES HUMANOS		
Causas comuns de doenças		
Complexo *Mycobacterium avium*	Solo, água, aves, galinhas, suínos, bovinos, meio ambiente	Disseminada, pulmonar; muito comum em pacientes com Aids não tratados; ocorre em outros pacientes imunodeprimidos; incomum em pacientes com o sistema imunológico normal
Mycobacterium kansasii	Água, bovinos	Pulmonar, outros locais
Mycobacterium ulcerans	Seres humanos, ambiente	Nódulos e úlceras subcutâneas; pode ser grave; *M. ulcerans* está filogeneticamente relacionado com *M. marinum*; o microrganismo leva 6-12 semanas para crescer em meio ágar; o crescimento a 33 °C sugere uma fonte ambiental para a infecção; o percentual global de doenças tem sido subestimado há muito tempo, e hoje a doença por *M. ulcerans* é a terceira doença micobacteriana mais comum, depois de *M. tuberculosis* e *M. leprae*
Causas pouco frequentes a muito raras de doença		
Mycobacterium africanum	Seres humanos, macacos	Cultura pulmonar; semelhante a *M. tuberculosis*; raro
Mycobacterium genavense	Seres humanos, pássaros domésticos	Sangue em pacientes com Aids; crescem em meio líquido (BACTEC) e meio sólido suplementado com micobactina J; crescimento em 2-8 semanas
Mycobacterium haemophilum	Desconhecido	Nódulos subcutâneos e úlceras principalmente em pacientes com Aids; necessita de hemoglobina ou hemina; cresce à temperatura de 28-32 °C; raro
Mycobacterium malmoense	Desconhecido, ambiente	Pulmonar, doença semelhante à tuberculose (adultos), linfonodos (crianças); a maioria dos casos relatados é da Suécia, mas o microrganismo pode estar muito mais disseminado; *M. malmoense* é filogeneticamente relacionado com *M. avium intracellulare*; leva 8-12 semanas para crescer
Mycobacterium marinum	Peixe, água	Nódulos subcutâneos e abscessos, úlceras cutâneas
Mycobacterium scrofulaceum	Solo, água, alimentos mofados	Linfadenite cervical; geralmente curada por incisão, drenagem e remoção dos linfonodos envolvidos
Mycobacterium nonchromogenicum	Ambiente	O patógeno principal é o complexo *M. terrae*; causa tenossinovite nas mãos
Mycobacterium simiae (novos membros do complexo *M. simiae* incluem *M. lentiflavum*, *M. triplex* e *M. europaeum*)	Macacos, água	Pulmonar, disseminado em pacientes com Aids; raro
Mycobacterium szulgai	Desconhecido	Pulmonar, tipo tuberculose; raro
Mycobacterium xenopi	Água, aves	Pulmonar, tipo tuberculose com doença pulmonar preexistente; raro
De crescimento rápido		
Mycobacterium abscessus	Solo, água, animais	A mais frequente micobactéria de crescimento rápido isolada de infecções pulmonares, de pele e de tecidos moles; frequentemente resistente a vários fármacos
Mycobacterium chelonae	Solo, água, animais, vida marinha	Lesões cutâneas (mais comum), abscessos subcutâneos, infecções disseminadas em pacientes imunocomprometidos
Mycobacterium fortuitum	Solo, água, animais	Consiste em um complexo de microrganismos que só podem ser diferenciados por métodos moleculares; associado à furunculose de unhas; infecções pulmonares similares às causadas por *M. abscessus*
Mycobacterium immunogenum	Ambiente	Associado a pseudossurtos ligados a material hospitalar contaminado; os isolados têm sido associados a doenças de articulações, úlcera de pele, infecções de cateteres e doença pulmonar; estreitamente relacionado com *M. chelonae--abscessus*
Mycobacterium mucogenicum	Desconhecido	Infecções associadas a CVC são as mais importantes ligadas a esse microrganismo; o nome reflete sua aparência mucoide em cultura

(continua)

TABELA 23-1   **Micobactérias que infectam seres humanos**   *(Continuação)*

Espécie	Reservatório	Manifestações clínicas comuns e comentários
ESPÉCIES SAPROFÍTICAS QUE RARAMENTE CAUSAM DOENÇA EM SERES HUMANOS		
Mycobacterium gordonae	Água	Essas espécies saprofíticas de *Mycobacterium* são raros causadores de doença
Mycobacterium flavescens	Solo, água	em seres humanos; culturas positivas para essas micobactérias em geral re-
Mycobacterium fallax	Solo, água	presentam contaminação do ambiente nas amostras, e não doença; muitas
Mycobacterium gastri	Lavados gástricos	dessas micobactérias saprofíticas crescem melhor a temperaturas < 33 °C;
Mycobacterium smegmatis	Solo, água	existem muitas outras espécies saprofíticas de *Mycobacterium* não relacio-
Complexo *Mycobacterium terrae*	Solo, água	nadas aqui que podem raramente aparecer em culturas de amostras de
		pacientes

Aids, síndrome da imunodeficiência adquirida; CVC, cateter venoso central.

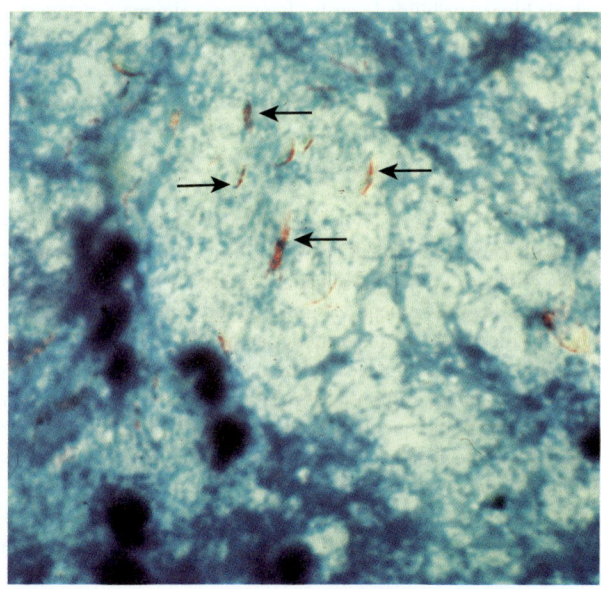

A

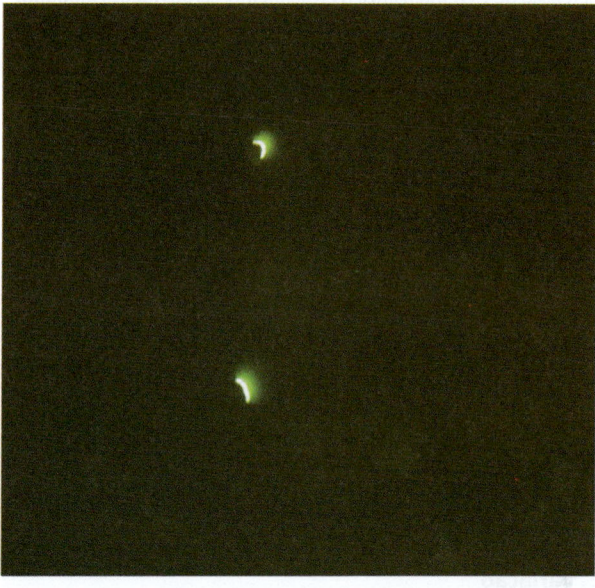

B

FIGURA 23-1   **A:** *Mycobacterium tuberculosis* (*setas*) em uma amostra de escarro processada e corada pela técnica de Ziehl-Neelsen. *Mycobacterium tuberculosis* está em vermelho contra um fundo azul-claro. **B:** O corante fluorescente Auramina O foi usado para corar uma amostra de escarro. É possível observar duas células de *M. tuberculosis* fluorescentes. Ampliação do original de 1.000 ×. (Cortesia de G Cunningham.)

ácido oleico, albumina, catalase e glicerol. O meio 7H11 também contém hidrolisado de caseína. A albumina neutraliza os efeitos tóxicos e inibitórios dos ácidos graxos na amostra ou no meio. Os inóculos grandes crescem nesses meios de cultura em algumas semanas. Devido à possível necessidade de grandes inóculos, esses meios de cultura podem ser menos sensíveis que os outros para o isolamento primário das micobactérias.

2. Meios à base de ovo – esses meios (p. ex., Löwenstein-Jensen) contêm sais definidos, glicerol e substâncias orgânicas complexas (p. ex., ovos frescos ou gemas de ovo, farinha de batata e outros ingredientes em várias combinações). O verde de malaquita é incluído para inibir outras bactérias. Os pequenos inóculos em amostras de pacientes crescem nesses meios de cultura em 3 a 6 semanas.

Esses meios com antibióticos adicionados (Gruft e Mycobactosel)* são utilizados como meios seletivos.

3. Meios líquidos – meios de caldo (p. ex., Middlebrook 7H9 e 7H12) permitem a proliferação de pequenos inóculos. Normalmente, as micobactérias crescem em agregados ou massas devido ao caráter hidrofóbico da superfície celular. Se forem adicionados *tweens*

---

*N. de T. Meios seletivos que contêm antibióticos, como meio Gruft (modificação de Löwenstein-Jensen) e meio Mycobactosel, são, algumas vezes, usados em combinação com meios não seletivos para aumentar o isolamento de micobactérias de amostras contaminadas. O meio Gruft contém penicilina e ácido nalidíxico, e o meio Mycobactosel contém ciclo-heximida, lincomicina e ácido nalidíxico. Basicamente, apresentam, em sua composição, gema de ovos, farinha de batata e glicerol com variações mínimas em sais definidos, leite e batata, além de verde de malaquita para suprimir o crescimento de bactérias Gram-positivas.

(ésteres hidrossolúveis de ácidos graxos), eles umedecem a superfície e, dessa maneira, possibilitam o crescimento em meios líquidos como uma dispersão. O crescimento é frequentemente mais rápido do que em meios de cultura complexos. Há várias empresas que comercializam esses meios usados em muitos laboratórios de pesquisa de diagnóstico e de referência. Além disso, podem ser empregados em processos automatizados, como o sistema MGIT (Becton Dickinson, Sparks, Maryland, Estados Unidos), o VersaTREK® Culture System (ThermoFisher Scientific, Houston, Texas, Estados Unidos) e o MB Redox (Heipha Diagnostica Biotest, Eppelheim, Alemanha).*

C. Características de crescimento

As micobactérias são aeróbios obrigatórios que obtêm a sua energia da oxidação de muitos compostos simples de carbono. O aumento da tensão de CO_2 intensifica o crescimento. As atividades bioquímicas não são características, e a velocidade de crescimento é muito mais lenta do que a da maioria das bactérias. O tempo de duplicação dos bacilos da TB é de cerca de 18 horas. As formas saprofíticas tendem a crescer mais rápido, proliferam bem entre 22 e 33 °C, produzem mais pigmento e são menos álcool-ácido-resistentes do que as formas patogênicas.

D. Reação a agentes físicos e químicos

As micobactérias tendem a ser mais resistentes a agentes químicos do que as outras bactérias, devido à natureza hidrofóbica da superfície celular e ao seu crescimento em agregados. Corantes (p. ex., verde de malaquita) ou antibacterianos (p. ex., penicilina) bacteriostáticos para outras bactérias podem ser incorporados aos meios de cultura sem inibir o crescimento dos bacilos da TB. Os ácidos e os álcalis permitem a sobrevivência de alguns bacilos da TB expostos, sendo utilizados para ajudar a eliminar os microrganismos contaminantes e para a "concentração" de amostras clínicas. Os bacilos da TB são resistentes ao ressecamento e sobrevivem por longos períodos em escarro seco.

E. Variação

Pode ocorrer variação no aspecto das colônias, na pigmentação, na virulência, na temperatura ideal de crescimento e em muitas outras características celulares ou de crescimento.

F. Patogenicidade das micobactérias

São observadas diferenças remarcáveis na capacidade das diferentes micobactérias de provocar lesões em várias espécies de hospedeiros.

---

*N. de T. Os três sistemas são semelhantes. O MGIT é um método automatizado para isolamento primário de micobactérias, a partir de amostras clínicas pulmonares e extrapulmonares mais TSA para *M. tuberculosis*. Os tubos de cultura contêm um composto fluorescente embebido em silicone, que é sensível à presença do oxigênio (O_2) dissolvido no meio. Inicialmente, uma grande quantidade do O_2 dissolvido extingue as emissões do composto, e pouca fluorescência pode ser detectada. Posteriormente, o metabolismo oxidativo do microrganismo consome o O_2, o que ocasiona a emissão da fluorescência e sua detecção pelo equipamento. Em relação ao TSA, trata-se de um procedimento qualitativo, realizado a partir de culturas de *M. tuberculosis* para os seguintes fármacos: estreptomicina, isoniazida, rifampicina e etambutol. A análise da fluorescência no tubo contendo fármaco comparado à fluorescência no tubo-controle de crescimento é o que determina os resultados do TSA, sendo realizada automaticamente pelo equipamento. Após essa análise, ele interpreta os resultados, utilizando algoritmo específico, e libera o teste de sensibilidade, como S (sensível) ou R (resistente). Já o sistema MB Redox é um método colorimétrico baseado na aquisição de cor por parte do meio de cultura, por meio de uma reação de redução secundária ao consumo de O_2 por *M. tuberculosis*.

Os seres humanos e as cobaias são altamente suscetíveis à infecção por *M. tuberculosis*, enquanto as aves comestíveis e o gado bovino são resistentes. *Mycobacterium tuberculosis* e *Mycobacterium bovis* são igualmente patogênicos para os seres humanos. A via de infecção (respiratória *versus* intestinal) determina o padrão das lesões. Nos países desenvolvidos, *M. bovis* tornou-se muito raro. Algumas micobactérias "atípicas", atualmente designadas como NTMs (p. ex., *Mycobacterium kansasii*), causam doença humana indistinguível da TB, enquanto outras (p. ex., *Mycobacterium fortuitum*) só provocam lesões superficiais ou atuam como agentes oportunistas.

Componentes dos bacilos da tuberculose

Os constituintes descritos a seguir são encontrados principalmente na parede celular. A parede celular das micobactérias é capaz de induzir hipersensibilidade tardia, bem como alguma resistência à infecção, podendo substituir células micobacterianas integrais no adjuvante de Freund. O conteúdo celular das micobactérias desencadeia somente reações de hipersensibilidade tardia em animais previamente sensibilizados.

A. Lipídeos

As micobactérias são ricas em lipídeos, que incluem ácidos micólicos (ácidos graxos de cadeia longa de C78 a C90), ceras e fosfatídeos. Na célula, os lipídeos são ligados, em grande parte, a proteínas e polissacarídeos. O dipeptídeo muramil (do peptidoglicano) complexado com ácidos micólicos pode causar a formação de granuloma, enquanto os fosfolipídeos induzem necrose caseosa. Os lipídeos são, até certo ponto, responsáveis pela álcool-ácido-resistência. Sua remoção com ácido quente destrói a álcool-ácido-resistência, que depende da integridade da parede celular e da presença de certos lipídeos. A álcool-ácido-resistência também é perdida após a sonicação das células micobacterianas. A análise dos lipídeos por cromatografia gasosa revela padrões que ajudam na classificação de diferentes espécies.

As cepas virulentas dos bacilos da TB formam "cordões serpentiformes" microscópicos, nos quais os bacilos álcool-ácido-resistentes dispõem-se em cadeias paralelas. A formação de cordões está correlacionada com a virulência. Um "fator corda" (trealose-6,6'-dimicolato) é extraído a partir de bacilos virulentos com éter de petróleo. Esse fator inibe a migração dos leucócitos, induz a formação de granulomas crônicos e pode atuar como um "adjuvante" imunológico.

B. Proteínas

Cada tipo de micobactéria contém várias proteínas que induzem a reação tuberculínica. As proteínas ligadas a uma fração graxa podem, se forem injetadas, induzir sensibilidade à tuberculina. Além disso, podem induzir a formação de uma variedade de anticorpos.

C. Polissacarídeos

As micobactérias contêm uma variedade de polissacarídeos. Seu papel na patogênese da doença permanece incerto. Esses polissacarídeos podem induzir a hipersensibilidade do tipo imediato e atuar como antígenos em reações com soro de indivíduos infectados.

Patogênese

As micobactérias são emitidas em gotículas de diâmetro < 25 μm, quando pessoas infectadas tossem, espirram ou falam. As gotículas evaporam, levando os microrganismos, que são pequenos o suficiente, quando inalados, para serem depositados nos alvéolos. Uma vez no interior do alvéolo, o sistema imunológico do hospedeiro responde com a liberação de citocinas e linfocinas que estimulam monócitos e macrófagos. As micobactérias iniciam sua multiplicação no interior dos macrófagos. Alguns macrófagos desenvolvem maior habilidade de matar o microrganismo, enquanto outros podem ser mortos pelo bacilo. Lesões patogênicas associadas à infecção aparecem no pulmão 1 a 2 meses após a exposição. Podem desenvolver-se dois tipos de lesões, como as descritas no tópico Patologia, adiante. A resistência e a hipersensibilidade do hospedeiro influenciam fortemente o desenvolvimento da doença e o tipo de lesões observadas.

Patologia

A produção e o desenvolvimento das lesões e sua cura ou progressão são determinados principalmente por dois fatores: (1) o número de micobactérias no inóculo e sua multiplicação subsequente e (2) o hospedeiro e a sua resposta imune.

A. Duas lesões principais

1. Tipo exsudativo – esse tipo consiste em uma reação inflamatória aguda com fluido de edema e infiltração de polimorfonucleares e, posteriormente, monócitos ao redor dos bacilos da TB. Esse tipo de lesão é observado particularmente no tecido pulmonar, em que se assemelha ao da pneumonia bacteriana. Pode cicatrizar por resolução, de modo que todo o exsudato é absorvido, o que pode ocasionar necrose maciça do tecido, ou pode evoluir para um segundo tipo (produtivo) de lesão. Durante a fase exsudativa, o teste tuberculínico torna-se positivo.

2. Tipo produtivo (proliferativo) – quando totalmente estabelecido, nesse tipo de lesão é possível observar a formação de um granuloma crônico, que consiste em três zonas: (1) uma área central de células gigantes multinucleares, contendo bacilos da TB, (2) uma zona média de células epitelioides pálidas, com frequência dispostas de modo radial, e (3) uma zona periférica de fibroblastos, linfócitos e monócitos. Posteriormente, verifica-se a formação de tecido fibroso periférico, e a área central sofre necrose caseosa. Essa lesão é denominada *tubérculo*. Um tubérculo caseoso pode romper em um brônquio, esvaziar seu conteúdo e formar uma cavidade. Posteriormente, pode cicatrizar por fibrose ou por calcificação.

B. Disseminação dos microrganismos no hospedeiro

Os bacilos da TB propagam-se no hospedeiro por extensão direta, via canais linfáticos e corrente sanguínea, e via brônquios e trato gastrintestinal.

Na primoinfecção, os bacilos da TB propagam-se sempre do local inicial pelos vasos linfáticos para os linfonodos regionais. Os bacilos podem propagar-se ainda mais e alcançar a corrente sanguínea, que os distribui para todos os órgãos (distribuição miliar). A corrente sanguínea também pode ser invadida pela erosão de uma veia por um tubérculo caseoso ou linfonodo. Se a lesão caseosa liberar seu conteúdo em um brônquio, o material será aspirado e distribuído para outras partes dos pulmões ou deglutido e levado para o estômago e o intestino.

C. Local de crescimento intracelular

Uma vez instaladas no tecido, as micobactérias residem principalmente no interior dos monócitos, das células reticuloendoteliais e das células gigantes. A localização intracelular constitui uma das características que dificultam a quimioterapia e favorecem a persistência dos micróbios. No interior das células de animais imunes, a multiplicação dos bacilos da TB é grandemente inibida.

Infecção primária e reativação dos tipos de tuberculose

Quando um hospedeiro entra em contato pela primeira vez com o bacilo da TB, são em geral observadas as seguintes manifestações. (1) Lesão exsudativa aguda se desenvolve o rapidamente se propaga para os vasos linfáticos e linfonodos regionais. A lesão exsudativa no tecido com frequência apresenta rápida cicatrização. (2) O linfonodo sofre caseificação maciça, que em geral se calcifica (lesão de Ghon). (3) O teste tuberculínico torna-se positivo.

Conforme descrito no início do século XX, o tipo de infecção primária ocorria geralmente na infância e envolvia qualquer parte do pulmão, mais frequentemente os lobos pulmonares médio e inferior. São também frequentemente observados linfonodos hilares e mediastinais aumentados.

Em geral, o tipo de reativação é causado pelos bacilos da TB que sobreviveram na lesão primária. A reativação da TB caracteriza-se por lesões teciduais crônicas, formação de tubérculos, caseificação e fibrose. Os linfonodos regionais mostram-se apenas ligeiramente afetados, e não ocorre caseificação. O tipo de reativação começa quase sempre no ápice do pulmão, onde a pressão de oxigênio (PO_2) é maior.

Essas diferenças entre a infecção primária e a reinfecção ou reativação são atribuídas (1) à resistência e (2) à hipersensibilidade induzidas pela primeira infecção. Contudo, não está claro até que ponto cada um desses componentes participa da resposta modificada na TB de reativação.

Imunidade e hipersensibilidade

Durante a primoinfecção pelos bacilos da TB, alguma resistência é adquirida, e há um aumento na capacidade de localizar os bacilos da TB, retardar sua multiplicação, limitar sua propagação e reduzir a disseminação linfática. Essa capacidade pode ser atribuída ao desenvolvimento da imunidade celular, com evidente capacidade dos fagócitos mononucleares de limitar a multiplicação dos microrganismos ingeridos e até mesmo de destruí-los.

Durante a evolução da infecção primária, o hospedeiro também adquire hipersensibilidade aos bacilos da TB. Essa hipersensibilidade torna-se evidente pelo aparecimento de reação positiva à tuberculina (ver adiante). A sensibilidade à tuberculina pode ser induzida por bacilos da TB totais ou pela tuberculoproteína em combinação com a cera D solúvel em clorofórmio do bacilo da TB, mas não pela tuberculoproteína isolada. A hipersensibilidade e a resistência parecem representar aspectos distintos de reações correlatas mediadas por células.

Teste tuberculínico

A. Material

A tuberculina envelhecida é um filtrado concentrado de caldo em que os bacilos da TB cresceram durante 6 semanas. Além das tuberculoproteínas reativas, esse material contém uma variedade de outros constituintes dos bacilos da TB e do meio de cultura. Um derivado proteico purificado (PPD, do inglês *purified protein derivative*) é obtido por fracionamento químico da tuberculina envelhecida. O PPD é padronizado, em termos de sua reatividade biológica, em unidades de tuberculina (UT). Por acordo internacional, a UT é definida como a atividade existente em determinada massa de PPD de Siebert, lote n° 49.608, em um tampão especificado. Trata-se do PPD-S, o padrão de tuberculina contra o qual a potência de todos os produtos deve ser estabelecida por ensaio biológico (pela extensão da reação em seres humanos). A tuberculina de primeira potência possui 1 UT, a de potência intermediária possui 5 UT, e a de segunda potência possui 250 UT. A bioequivalência dos produtos de PPD não se baseia na massa do material, mas na atividade comparativa.

B. Dose de tuberculina

A injeção de uma grande quantidade de tuberculina em um hospedeiro hipersensível pode resultar em reações locais graves e exacerbação da inflamação, bem como necrose nos principais locais de infecção (reações focais). Por esse motivo, os testes tuberculínicos em levantamentos empregam 5 UT em 0,1 mL de solução, e, nos indivíduos sob suspeita de extrema hipersensibilidade, o teste cutâneo deve ser iniciado com 1 UT. Em geral, o volume injetado por via intracutânea é de 0,1 mL, de uso comum na porção volar do antebraço. A preparação de PPD deve ser estabilizada com polissorbato 80 para evitar adsorção no vidro.

C. Reações à tuberculina

Após o teste tuberculínico ser realizado, a área é examinada para a presença de endurecimento em até 72 horas após a inoculação. É imperativo que uma pessoa treinada na leitura cuidadosa desses testes examine a área em questão. A presença de eritema, por si só, não deve ser interpretada como um resultado positivo. O Centers for Disease Control and Prevention (CDC) estabeleceu três pontos de corte para definição de um resultado positivo, baseados na sensibilidade, na especificidade do teste e na prevalência da TB em várias populações. Para os pacientes com maior risco de desenvolver a doença (p. ex., pessoas infectadas pelo vírus da imunodeficiência humana [HIV, do inglês *human immunodeficiency virus*]* ou indivíduos que tiveram exposição a pessoas com TB ativa), 5 mm ou mais de endurecimento é considerado positivo; maior que 10 mm é considerado positivo para pessoas com probabilidade aumentada de infecção recente. Essa categoria pode incluir indivíduos como os imigrantes de países com alta prevalência de TB, usuários de drogas injetáveis e profissionais de saúde, expostos a pacientes com TB ou a laboratório de diagnóstico. Para as pessoas com baixo risco para a TB, uma área de endurecimento ≥ 15 mm é considerada um resultado positivo. Em um indivíduo que não teve contato com micobactérias, em geral não há reação de PPD-S. Resultados positivos tendem a persistir por vários dias. Reações fracas podem desaparecer de forma mais rápida.

O teste tuberculínico torna-se positivo 4 a 6 semanas após a infecção (ou injeção de bacilos avirulentos). O teste pode ser negativo na presença de infecção tuberculosa, quando o indivíduo desenvolve "anergia" em consequência de TB maciça, sarampo, doença de Hodgkin, sarcoidose, Aids ou imunossupressão. Por ocasião, um teste tuberculínico positivo pode tornar-se negativo após tratamento com isoniazida (INH) em um paciente com conversão recente. Após vacinação com o bacilo de Calmette-Guérin (BCG), os indivíduos podem converter a reação positiva, mas esta pode persistir por apenas 3 a 7 anos. Somente a eliminação dos bacilos da TB viáveis resulta em reversão do teste tuberculínico para negativo. Todavia, os indivíduos PPD-positivos há vários anos e que são saudáveis podem não apresentar teste cutâneo positivo. Quando esses indivíduos são submetidos a um novo teste em 2 semanas, o teste cutâneo com PPD ("reforçado" pela injeção recente de antígenos) resulta novamente em induração de tamanho positivo.

Um teste tuberculínico positivo indica que o indivíduo foi infectado no passado, o que não implica doença ativa ou imunidade à doença. Os indivíduos tuberculina-positivos correm risco de desenvolver doença por reativação da infecção primária, enquanto os indivíduos tuberculina-negativos que nunca foram infectados não estão sujeitos a esse risco, embora possam ser infectados a partir de uma fonte externa.

D. Ensaios de liberação de interferona γ para detecção da tuberculose

Às vezes, os resultados do teste tuberculínico são ambíguos, em especial para pessoas que foram vacinadas com BCG ou que vivem em áreas nas quais as NTMs são altamente prevalentes no meio ambiente. Em um esforço para melhorar a sensibilidade do diagnóstico, foram desenvolvidos ensaios de liberação de interferona γ (IGRAs, do inglês *interferon-gamma release assays*) de sangue total e estão disponíveis comercialmente. Esses ensaios são baseados na resposta imune do hospedeiro a antígenos específicos de *M. tuberculosis*, como o alvo antigênico secretor-6 precoce (ESAT-6, do inglês *early secretory antigenic target-6*), a proteína 10 da cultura de filtrado (CFP-10, do inglês *culture filtrate protein-10*) e o antígeno TB7.7 (uma proteína rica em aminoácido alanina), que estão ausentes na maioria das NTMs e no BCG. Os testes detectam a interferona-γ, que é liberada por células T CD4 sensibilizadas em resposta a esses antígenos. Atualmente, existem dois ensaios disponíveis comercialmente nos Estados Unidos. O teste *Quantiferon-Gold In-Tube* (QFT-GIT) (Cellestis Limited, Carnegie, Victoria, Austrália) é um ensaio imunoenzimático (Elisa) que detecta interferona-γ no sangue total. O T-SPOT-TB (Oxford Immunotec, Oxford, Reino Unido) é um Elisa ImmunoSpot que usa células mononucleares purificadas do sangue periférico. Os resultados de dois testes são relatados como positivo, negativo ou indeterminado. Esses ensaios ainda estão em fase de extensa avaliação. Eles são sensíveis à variação biológica na resposta imunológica. No entanto, vários estudos têm demonstrado que esses ensaios são comparáveis ao teste tuberculínico na avaliação de infecção latente, particularmente em pessoas que receberam BCG. Contudo, eles não devem ser usados em indivíduos gravemente imunocomprometidos ou em crianças muito pequenas (idade < 5 anos). O CDC elaborou diretrizes atualizadas para recomendações sobre o uso dos IGRAs (ver Mazurek e colaboradores, 2010).

Pacientes recém-convertidos (anteriormente negativo e agora com resultado positivo do teste cutâneo ou para o IGRA), bem como outros que tiveram um resultado positivo e atendem a certos critérios para aumento do risco de doença ativa, normalmente são submetidos à profilaxia com INH diariamente durante 9 meses. Recentemente, o CDC publicou novas recomendações para tratamento da TB latente, reduzindo significativamente a duração da terapêutica para 12 semanas. O novo esquema consiste no tratamento com INH e rifapentina, 1 vez por semana. Esse novo esquema mostrou ser equivalente ao tratamento antigo preconizado em três ensaios clínicos randomizados.

---

*N. de T. Cabe ressaltar que, sendo o PPD um teste de hipersensibilidade tardia do tipo IV (mediado por linfócitos T helper CD4+), pacientes HIV-positivos com baixa contagem de CD4 e alta carga viral podem apresentar resultados falso-negativos.

Manifestações clínicas

Como o bacilo da TB pode afetar qualquer órgão, suas manifestações clínicas são inúmeras. Fadiga, fraqueza, perda de peso, febre e tremores noturnos podem ser sinais de TB. O comprometimento pulmonar, que causa tosse crônica e hemoptise, em geral está associado a lesões muito avançadas. Meningite ou comprometimento do trato urinário podem ocorrer na ausência de outros sinais de TB. A disseminação pela corrente sanguínea resulta em TB miliar, com lesões em muitos órgãos e taxa elevada de mortalidade.

Exames diagnósticos laboratoriais

A positividade do teste tuberculínico não confirma a presença de doença ativa causada por bacilos da TB. Apenas o isolamento do bacilo da TB confirma o diagnóstico.

A. Amostras

As amostras consistem em escarro fresco, lavado gástrico, urina, líquido pleural, líquido cerebrospinal, líquido articular, material de biópsia, sangue ou outro material suspeito.

B. Descontaminação e concentração das amostras

As amostras de escarro e de outros locais não estéreis devem ser liquefeitas com N-acetil-L-cisteína, descontaminadas com NaOH (que destrói muitas outras bactérias e fungos), neutralizadas com tampão e concentradas por centrifugação. As amostras assim processadas podem ser utilizadas para coloração álcool-ácido--resistente e cultura. As amostras de locais estéreis, como o líquido cerebrospinal, não precisam ser submetidas ao procedimento de descontaminação, podendo ser diretamente centrifugadas, examinadas e cultivadas.

C. Esfregaços

O escarro, os exsudatos ou outros materiais são examinados por coloração para os bacilos álcool-ácido-resistentes. Em geral, a coloração dos lavados gástricos e da urina não é recomendada, uma vez que micobactérias saprofíticas podem estar presentes e fornecer uma cor positiva. A microscopia de fluorescência com coloração por auramina-rodamina é mais sensível que a coloração tradicional álcool-ácido-resistente, como Ziehl-Neelsen, e são as colorações preferidas para materiais clínicos. Se microrganismos álcool-ácido--resistentes forem encontrados em uma amostra apropriada, trata--se de evidência presuntiva de infecção micobacteriana.

D. Cultura, identificação e teste de sensibilidade

As amostras processadas de locais não estéreis e as amostras centrifugadas de locais estéreis podem ser cultivadas diretamente em meios seletivos e não seletivos (ver anteriormente). A cultura seletiva em caldo é, com frequência, o método mais sensível e fornece resultados mais rapidamente. Um meio de ágar seletivo (p. ex., Löwenstein-Jensen ou dupla placa de Middlebrook 7H10/7H11 com antibióticos) deve ser inoculado paralelamente às culturas em caldo. A incubação deve ser realizada entre 35 e 37 °C em 5 a 10% de CO_2 por até 8 semanas. Se as culturas forem negativas na presença de coloração álcool-ácido-resistente positiva, ou se houver suspeita de NTMs de crescimento lento (ver adiante), um conjunto de meios de cultura inoculados deve ser incubado a uma temperatura mais baixa (p. ex., 24-33 °C), ambos durante 12 semanas.

A amostra de sangue para a cultura do complexo de micobactérias (em geral, MAC) deve ser anticoagulada e processada por um dos dois métodos seguintes: (1) sistema de centrifugação para a lise comercialmente disponível; ou (2) inoculação em meios de cultura em caldo disponíveis no comércio, preparados especificamente para hemoculturas. Do ponto de vista clínico, é importante caracterizar e diferenciar o complexo *M. tuberculosis* das outras espécies de micobactérias. As micobactérias isoladas devem ser identificadas até o nível de espécie. Os métodos convencionais para identificação das micobactérias incluem observação da velocidade de crescimento, morfologia das colônias, pigmentação e perfis bioquímicos. Os métodos convencionais com frequência exigem 6 a 8 semanas para identificação e são inadequados para identificação de um crescente número de espécies clinicamente relevantes. A maioria dos laboratórios de análises clínicas abandonou os testes bioquímicos de identificação. A velocidade de crescimento separa as micobactérias de crescimento rápido (em 7 dias ou menos) das outras micobactérias (Tabela 23-2). Os **fotocromógenos** produzem pigmentos na presença de luz, mas não no escuro; os **escotocromógenos** produzem

TABELA 23-2 Classificação tradicional de Runyon para as micobactérias

Classificação	Microrganismo
Complexo TB	*Mycobacterium tuberculosis* *Mycobacterium bovis* *M. bovis*, bacilo de Calmette-Guérin (BCG) *Mycobacterium africanum* *Mycobacterium caprae* *Mycobacterium microti* *Mycobacterium canettii* *Mycobacterium pinnipedii*
Fotocromógenos	*Mycobacterium asiaticum* *Mycobacterium kansasii* *Mycobacterium marinum* *Mycobacterium simiae* *Mycobacterium szulgai* (quando incubado a 25 °C)
Escotocromógenos	*Mycobacterium flavescens* *Mycobacterium gordonae* *Mycobacterium scrofulaceum* *M. szulgai* (quando incubado a 37 °C)
Não cromógenos	Complexo *Mycobacterium avium* *Mycobacterium celatum* *Mycobacterium haemophilum* *Mycobacterium gastri* *Mycobacterium genavense* *Mycobacterium malmoense* *Mycobacterium nonchromogenicum* *Mycobacterium shimoidei* *Mycobacterium terrae* *Mycobacterium trivale* *Mycobacterium ulcerans* *Mycobacterium xenopi*
De crescimento rápido	*Mycobacterium abscessus* Grupo *Mycobacterium fortuitum* Grupo *Mycobacterium chelonae* *Mycobacterium cosmeticum* *Mycobacterium immunogenum* *Mycobacterium mucogenicum* *Mycobacterium phlei* *Mycobacterium smegmatis* *Mycobacterium vaccae*

pigmentos quando crescem no escuro. Já os **não cromógenos** (não fotocromógenos) não são pigmentados nem apresentam colônias de cor castanho-amarelada ou amarelo-clara. Existem métodos com sondas moleculares para quatro espécies (ver adiante), cuja execução é muito mais rápida que a dos métodos convencionais. As sondas podem ser utilizadas em micobactérias que crescem em meios de cultura sólidos ou em culturas de caldo. As sondas de DNA específicas para sequências de RNA ribossômico (rRNA) do microrganismo são utilizadas em um procedimento de hibridização. Existem cerca de 10.000 cópias de rRNA por célula micobacteriana, proporcionando um sistema de amplificação natural que aumenta a detecção. Os híbridos de fita dupla são separados das sondas não hibridizadas de fita simples. As sondas de DNA estão ligadas a substâncias químicas ativadas nos híbridos e detectadas por quimioluminescência. Estão disponíveis sondas para o complexo *M. tuberculosis* (*M. tuberculosis*, *M. bovis*, *M. africanum*, *M. caprae*, *M. microti*, *M. canettii* e *M. pinnipedii*), complexo MAC (*M. avium*, *M. intracellulare* e outras micobactérias relacionadas), *M. kansasii* e *M. gordonae*. O uso dessas sondas reduz, de várias semanas para apenas 1 dia, o tempo necessário para a identificação das micobactérias clinicamente importantes.

Nos Estados Unidos, esses quatro grupos (complexo *M. tuberculosis*, complexo *M. avium*, *M. kansasii* e *M. gordonae*) constituem 95% ou mais dos isolados clínicos de micobactérias.

Para as espécies que não são identificadas com sondas de DNA, muitos laboratórios têm usado sequenciamento do gene rRNA 16S para identificar rapidamente espécies sonda-negativas, ou enviado o microrganismo para laboratórios de referência com capacidade de sequenciamento.

A cromatografia líquida de alta eficiência (HPLC, do inglês *high-performance liquid chromatography*) tem sido aplicada à identificação de micobactérias. O método baseia-se no desenvolvimento de perfis de ácidos micólicos, que variam de uma espécie para outra. A HPLC está disponível em laboratórios de referência para determinação da espécie para a maioria das micobactérias.

Outros métodos para a identificação em nível de espécie de micobactérias isoladas de cultura incluem a espectrometria de massa pela técnica de ionização por dessorção a *laser*, assistida por matriz seguida de análise por tempo de voo em sequência (MALDI-TOF MS, do inglês *matrix-assisted laser desorption ionization-time of flight mass spectrometry*). O teste de sensibilidade para micobactérias é um importante auxiliar na seleção de fármacos para o tratamento eficaz do paciente. Uma técnica de cultura em caldo radiométrica padronizada pode ser empregada para avaliar a suscetibilidade do microrganismo a fármacos de primeira linha. A técnica convencional à base de ágar, mais complexa e trabalhosa, geralmente é posta em prática em laboratórios de referência; fármacos de primeira e segunda linhas podem ser testados por esse método. Uma modificação das culturas de caldo líquido envolve a inoculação de micobactérias em uma placa de múltiplos poços com e sem adição de antibióticos (ensaio MODS [do inglês *microscopic observation drug susceptibility*]) e o exame de cordões característicos do complexo *M. tuberculosis*. Esse método é amplamente empregado fora dos Estados Unidos.

E. Testes de amplificação de ácido nucleico (NAATs)

Os NAATs estão disponíveis para a detecção rápida e direta de *M. tuberculosis* em amostras clínicas. Um avanço sobre os testes de reação em cadeia da polimerase (PCR, do inglês *polymerase chain reaction*) desenvolvidos em laboratório (*in house*) e os ensaios comerciais existentes liberados pela Food and Drug Administration (FDA) é o teste GeneXpert MTB/RIF (Cepheid, Sunnyvale, Califórnia, Estados Unidos).* Esse teste é uma PCR multiplex em tempo real que identifica o complexo Mtb e detecta genes que codificam resistência à rifampicina. Uma das publicações anteriores sobre esse método (ver referência Boehme) relatou sensibilidade para amostras respiratórias com esfregaço positivo de 98,2% e para amostras com esfregaço negativo de 72,5%. O teste também apresentou especificidade geral de 99,2%. Em termos de detecção de resistência à rifampicina, o ensaio detecta as mutações comuns, mas as discrepâncias entre os resultados do teste fenotípico e os resultados genotípicos ainda desafiam a confiança completa nesse componente do teste. Esse ensaio ainda não está amplamente disponível nos Estados Unidos, mas está disponível em outros países.

A caracterização de cepas específicas de *M. tuberculosis* pode ser importante para finalidades epidemiológicas. Isso facilita o rastreamento da transmissão, a análise de surtos de TB e a demonstração de reativação *versus* reinfecção em um indivíduo. A tipagem molecular por perfil de DNA (DNA *fingerprinting*) é feita com o uso de protocolos padronizados baseados no polimorfismo de comprimento dos fragmentos de restrição. Muitas cópias da sequência de inserção *6110* (IS*6110*) estão presentes no cromossomo da maioria das cepas de *M. tuberculosis* e estão localizadas em posições variáveis. São gerados fragmentos de DNA por digestão com endonucleases de restrição e separados por eletroforese. Uma sonda contra IS*6110* é usada para determinar os genótipos. Outros testes úteis na caracterização das amostras incluem a espoligotipagem,** uma técnica baseada em PCR, e a análise MIRU-VNTR, que consiste na tipagem baseada no número variável de repetições em *tandem* (VNTR, do inglês *variable number of tandem repeats*) de unidades repetitivas intercaladas de micobactérias (MIRUs, do inglês *mycobacterial interspersed repetitive units*)***. Este último método tem substituído lentamente a genotipagem baseada na sequência de inserção IS*6110*. A genotipagem é feita no CDC, em alguns laboratórios do departamento de saúde do estado, e em laboratórios de pesquisa.

Tratamento

O tratamento primário da infecção micobacteriana é a quimioterapia específica. Os fármacos utilizados no tratamento das infecções micobacterianas são discutidos no Capítulo 28. Dois casos de TB são apresentados no Capítulo 48.

---

*N. de T. O teste detecta simultaneamente sequências específicas no DNA de *M. tuberculosis* e o gene *rpoB* relacionado à resistência para rifampicina, diretamente do escarro, em aproximadamente 2 horas. Ele dá resultados com risco mínimo de contaminação.

**N. de T. A espoligotipagem baseia-se na análise de unidades repetitivas intercaladas em micobactérias e possibilita a detecção e tipificação das micobactérias do complexo *M. tuberculosis*, sendo indicada como técnica de eleição para comparação de amostras com poucas cópias de IS*6110*, além de permitir diferenciação de amostras de *M. bovis* e *M. tuberculosis*.

***N. de T. Esta técnica baseia-se na amplificação do *locus* DR (*Direct Repeat*) do complexo *M. tuberculosis*, ou seja, este método detecta a presença ou ausência de espaçadores no *locus* DR, diferenciando as amostras isoladas e podendo ser empregado na investigação epidemiológica, que são fundamentais para um melhor controle e erradicação da doença. Ambas têm representado alternativas para análises de isolados de *M. tuberculosis* geneticamente relacionados.

Entre 1 a cada 10^6 e 1 a cada 10^8 bacilos da TB são mutantes espontâneos resistentes aos fármacos anti-TB de primeira linha. Quando os fármacos são utilizados isoladamente, bacilos da TB resistentes emergem rapidamente e multiplicam-se. Por conseguinte, os esquemas terapêuticos utilizam fármacos em combinação para obter taxas de cura superiores a 95%.

Os dois principais fármacos utilizados no tratamento da TB são a **isoniazida** (**INH**) e a **rifampicina** (**RMP**). Os outros fármacos de primeira linha são a **pirazinamida** (**PZA**) e o **etambutol** (**EMB**). Os fármacos de segunda linha são mais tóxicos ou menos eficazes (ou ambos), só devendo ser utilizados para tratamento em circunstâncias excepcionais (p. ex., falha do tratamento e resistência a múltiplos fármacos). Os fármacos de segunda linha abrangem canamicina, capreomicina, etionamida, ciclosserina, ofloxacino e ciprofloxacino.

Um esquema de quatro fármacos (INH, RMP, PZA e EMB) é recomendado, nos Estados Unidos, para indivíduos que apresentem risco leve a moderado de estar infectados com bacilo resistente a fármacos. São fatores de risco a emigração recente da América Latina ou da Ásia, pessoas infectadas pelo HIV ou que apresentam alto risco de infecção pelo HIV e vivem em área de baixa prevalência de bacilos da TB multirresistentes a fármacos, bem como pessoas que tenham sido previamente tratadas com um esquema que não incluiu a RMP. Esses quatro fármacos são administrados por 2 meses. Se o isolado for sensível à INH e à RMP, o uso da PZA e do EMB pode ser descontinuado, e o tratamento continua com a INH e a RMP por mais 6 meses. Em pacientes com lesão caseosa, ou nos quais a baciloscopia ainda é positiva após 2 meses de tratamento, são necessários mais 3 meses de uso (em um total de 9 meses) para prevenir recidiva. Em pacientes relapsos, o tratamento supervisionado é imperativo.

A resistência de *M. tuberculosis* a fármacos é um problema mundial. Os mecanismos que explicam o fenômeno da resistência de muitas cepas, mas não de todas, foram definidos. A resistência à INH foi associada a deleções ou mutações no gene da catalase-peroxidase (*katG*). Esses microrganismos isolados tornam-se catalase-negativos ou exibem redução da atividade da catalase. A resistência à INH também está associada a alterações no gene *inhA*, o qual codifica uma enzima que atua na síntese do ácido micólico. A resistência à estreptomicina está associada a mutações nos genes que codificam a proteína S12 ribossômica e o rRNA 16S (*rpsL* e *rrs*, respectivamente). A resistência à RMP está associada a alterações na subunidade B da RNA-polimerase, o gene *rpoB*. A ocorrência de mutações no gene *gyrA* da DNA-girase está associada à resistência às fluoroquinolonas. A possibilidade de *M. tuberculosis* isolado de um paciente ser resistente a fármacos deve ser levada em consideração na escolha do tratamento.

Mycobacterium tuberculosis multirresistente a fármacos (resistente tanto à INH quanto à RMP) é o principal problema no tratamento e controle da TB. Essas cepas são prevalentes em determinadas áreas geográficas e certas populações (hospitais e prisões). Inúmeros surtos de TB por cepas multirresistentes a fármacos têm ocorrido. São particularmente importantes em indivíduos com infecção pelo HIV de países em desenvolvimento ou pobres. Os indivíduos infectados por microrganismos multirresistentes ou que correm alto risco de contrair essas infecções, inclusive exposição a outro indivíduo com esse tipo de infecção, devem ser tratados de acordo com os resultados do teste de sensibilidade para a cepa infectante. Se os resultados do teste de sensibilidade não estiverem disponíveis, os fármacos devem ser selecionados de acordo com o padrão conhecido de suscetibilidade na comunidade e modificados quando forem obtidos os resultados do teste. A terapia deve incluir no mínimo 3 e, de preferência, mais de 3 fármacos aos quais os microrganismos apresentam suscetibilidade comprovada.

Cepas altamente resistentes a fármacos (XDR, do inglês *extensively drug-resistant*) são hoje reconhecidas globalmente. Elas são definidas pela Organização Mundial da Saúde (OMS) como isolados de *M. tuberculosis* com resistência à INH, à RMP, a uma fluoroquinolona e ao menos 3 fármacos injetáveis de segunda linha, como amicacina, capreomicina ou canamicina. A prevalência real de TB-XDR é subestimada em países de recursos limitados devido à falta de diagnóstico disponível e de testes de suscetibilidade. Os fatores que têm contribuído para a epidemia global incluem tratamento inefetivo da TB, falta de testes diagnósticos corretos e, o mais importante, fracas práticas de controle de infecção. As pessoas infectadas com TB-XDR têm pior prognóstico clínico e 64% têm maior probabilidade de morrer durante o tratamento, em comparação com pacientes infectados com cepas suscetíveis. Em 2006, a Global Task Force em TB-XDR da OMS lançou recomendações multifacetadas e abrangentes direcionadas às epidemias por TB-XDR (disponíveis no *site* http://www.who.int/tb/features_archive/global_taskforce_report/en/).

Epidemiologia

A fonte mais frequente de infecção é o ser humano, que elimina um grande número de bacilos da TB, particularmente das vias respiratórias. O contato próximo (p. ex., com a família) e a exposição maciça (p. ex., com o pessoal médico) tornam mais provável a transmissão por perdigotos.

A suscetibilidade à TB é uma função do risco de contrair a infecção e desenvolver doença clínica após a ocorrência da infecção. Para o indivíduo tuberculina-negativo, o risco de adquirir bacilos da TB depende da exposição a fontes de bacilos infecciosos (principalmente pacientes com escarro positivo). Esse risco é proporcional à taxa de infecção ativa na população em aglomerações, condições socioeconômicas desfavoráveis e por assistência médica inadequada.

O desenvolvimento de doença clínica após a infecção pode ter um componente genético (comprovado em animais e sugerido em seres humanos por uma incidência maior da doença em indivíduos com o antígeno de histocompatibilidade HLA-Bw15). O risco é influenciado pela idade (alto risco no lactente e no idoso), desnutrição, estado imunológico do indivíduo, doenças coexistentes (p. ex., silicose, diabetes) e outros fatores de resistência do hospedeiro.

A infecção ocorre em uma faixa etária menor nas populações urbanas em comparação às populações rurais. A doença verifica-se apenas em uma pequena proporção de indivíduos infectados. Atualmente, nos Estados Unidos,* a doença ativa exibe vários padrões epidemiológicos em que os indivíduos correm maior risco, incluindo minorias predominantemente de afro-americanos e hispânicos, imigrantes de países com alta endemicidade, pacientes

---

*N. de T. No Brasil, em 2019, foram diagnosticados 73.864 novos casos de TB, o que correspondeu a uma incidência de 35 casos a cada 100 mil habitantes. Embora tenha sido observada uma constante tendência de queda entre os anos 2010 e 2016, o coeficiente de incidência da TB no País aumentou nos anos 2017 e 2018 em relação ao período anterior. Fonte: Boletim Tuberculose 2020, Ministério da Saúde.

infectados pelo HIV, pessoas sem moradia e indivíduos muito jovens ou muito idosos. A incidência de TB é particularmente elevada em uma minoria de indivíduos com infecção pelo HIV. A infecção primária pode ocorrer em qualquer pessoa exposta a uma fonte infecciosa. Os pacientes que tiveram TB podem ser infectados uma segunda vez por via exógena. A TB de reativação endógena é mais comum entre indivíduos com Aids e imunossupressão, idosos desnutridos e indigentes alcoolistas.

Prevenção e controle

1. O tratamento imediato e eficaz dos pacientes com TB ativa, bem como o cuidadoso acompanhamento dos contatos desses pacientes com testes tuberculínicos, radiografias e tratamento apropriado, constituem a base do controle da TB pela saúde pública.

2. O tratamento farmacológico dos indivíduos tuberculina-positivos e assintomáticos nos grupos etários mais sujeitos a complicações (p. ex., crianças) e dos indivíduos tuberculina-positivos que devem receber imunossupressores reduz acentuadamente a reativação da infecção.

3. Diversos fatores inespecíficos podem reduzir a resistência do hospedeiro, favorecendo, assim, a conversão de uma infecção assintomática em doença. Esses fatores consistem em inanição, gastrectomia e supressão da imunidade celular por fármacos (p. ex., corticosteroides) ou infecção. A infecção pelo HIV constitui um importante fator de risco para TB.

4. Vários bacilos da TB atenuados avirulentos, particularmente o BCG (um microrganismo bovino atenuado), são utilizados para induzir certo grau de resistência em indivíduos com exposição intensa à infecção. A vacinação com esses microrganismos substitui a infecção primária pelo bacilo da TB virulento, sem o perigo inerente do último. As vacinas disponíveis são inadequadas por muitas razões técnicas e biológicas. Todavia, a vacina BCG* é administrada em crianças em muitos países. As evidências estatísticas indicam um aumento da resistência por um período limitado após a vacinação com BCG.

5. A erradicação da TB no gado bovino e a pasteurização do leite reduziram acentuadamente as infecções causadas por *M. bovis*.

Verificação de conceitos

- As micobactérias são bastonetes aeróbios e álcool-ácido-resistentes devido à complexa composição de sua parede celular composta por ácidos micólicos.

- As micobactérias crescem mais lentamente do que outras bactérias cultiváveis. Na forma sólida ou líquida, tanto meios seletivos quanto não seletivos podem ser usados para o isolamento desses microrganismos a partir do material clínico.

- Embora haja mais de 200 espécies de micobactérias, o complexo de crescimento lento *M. tuberculosis* é o principal grupo de interesse médico e de saúde pública.

- A principal característica da infecção por *M. tuberculosis* é o granuloma, uma estrutura concêntrica que apresenta uma região central necrótica (necrose caseosa), envolvida por uma zona de células gigantes multinucleadas, monócitos, histiócitos e um anel externo de fibroblastos.

- A TB humana ocorre pela inalação de gotículas ou de aerossóis contendo o bacilo.

- O teste cutâneo tuberculínico ou os IGRAs podem ser usados para o rastreamento de indivíduos infectados.

- O diagnóstico da TB requer baciloscopia e o isolamento pela cultura do microrganismo. NAATs, quando realizados em espécime clínico com baciloscopia positiva, são geralmente muito úteis.

- O pilar da terapia é o esquema inicial com quatro fármacos (INH, RMP, PZA e EMB) seguido por 4 meses de INH e RMP. Esquemas alternativos aceitáveis também estão disponíveis. Casos de TB multirresistente e XDR têm-se tornado um grande problema de saúde pública mundial.

OUTRAS MICOBACTÉRIAS

Além dos microrganismos do complexo *M. tuberculosis*, outras micobactérias de vários graus de patogenicidade foram isoladas de fontes humanas nas últimas décadas. Essas NTMs foram inicialmente agrupadas de acordo com a velocidade de seu crescimento em diferentes temperaturas e com a produção de pigmentos (ver anteriormente). Várias dessas micobactérias são atualmente identificadas por sondas ou sequenciamento de DNA. A maioria das NTMs ocorre no meio ambiente (p. ex., solo, água, plantas e animais), não é facilmente transmitida de pessoa para pessoa e, em geral, consiste em patógenos oportunistas (ver Tabela 23-1).

As espécies ou os complexos importantes causadores de doença são descritos a seguir.

Complexo *Mycobacterium avium*

O complexo *M. avium* é frequentemente denominado MAC ou complexo MAI (*M. avium-intracellulare*). Esses microrganismos exibem crescimento ótimo a 41 °C e produzem colônias lisas, delicadas e não pigmentadas. São onipresentes no meio ambiente, sendo cultivados a partir da água, do solo, dos alimentos e dos animais, inclusive aves.

Os microrganismos do MAC raramente provocam doença em seres humanos imunocompetentes. Todavia, nos Estados Unidos, a infecção disseminada pelo MAC é uma das infecções oportunistas de origem bacteriana mais comum em pacientes com Aids. O risco de desenvolver infecção disseminada pelo MAC em indivíduos infectados pelo HIV aumenta acentuadamente quando a contagem de linfócitos CD4+ declina para níveis < 100/μL. (Ver Caso 17 no Capítulo 48.) O sexo, o grupo étnico e os fatores de risco individuais para infecção pelo HIV não influenciam o desenvolvimento de infecção disseminada pelo MAC. Entretanto, infecção anterior por *Pneumocystis jirovecii*, anemia grave e interrupção da terapia antirretroviral podem aumentar o risco.

Durante os primeiros 15 anos de epidemia da Aids, aproximadamente 25% e talvez até 50% dos pacientes infectados pelo HIV desenvolveram bacteriemia e infecção disseminada pelo MAC durante a evolução da Aids. Subsequentemente, o uso da terapia com antirretrovirais altamente ativos (HAART, do inglês *highly active antiretroviral therapy*) e a profilaxia com azitromicina ou

---

*N. de T. A vacina BCG (bacilo de Calmette-Guérin), ofertada no Sistema Único de Saúde (SUS), protege as crianças das formas mais graves da doença, como a TB miliar e a TB meníngea. A vacina está disponível nas salas de vacinação das unidades básicas de saúde e maternidades. Essa vacina deve ser dada às crianças ao nascer ou, no máximo, até os 4 anos de idade.

claritromicina reduziram acentuadamente a incidência de infecção disseminada pelo MAC em pacientes com Aids.

Outros grupos de risco incluem os indivíduos com fibrose cística e com proteinose alveolar pulmonar.* As doenças pulmonares provocadas por MAC também têm sido descritas em mulheres de meia-idade e idosas na ausência de doença pulmonar crônica, sendo denominadas como síndrome de Lady Windermere. Essa forma da doença é indolente e, ao longo do tempo, é caracterizada pela presença de nódulos nos lobos médio e na língula, que evoluem para cavitação. A linfadenite cervical é a apresentação mais comum em crianças pequenas (idade < 5 anos). A principal manifestação é a adenopatia unilateral, sendo a febre geralmente ausente.

A exposição ambiental pode levar à colonização das vias respiratórias ou do trato gastrintestinal pelo MAC. A bacteriemia transitória ocorre seguida por invasão dos tecidos. Há desenvolvimento de bacteriemia persistente e extensa infiltração dos tecidos, com consequente disfunção orgânica. Qualquer órgão pode ser acometido. Nos pulmões, é comum a presença de nódulos, infiltrados difusos, cavidades e lesões endobrônquicas. Outras manifestações consistem em pericardite, abscessos dos tecidos moles, lesões cutâneas, comprometimento dos linfonodos, infecção óssea e lesões do sistema nervoso central. Com frequência, os pacientes apresentam sintomas inespecíficos de febre, sudorese noturna, dor abdominal, diarreia e perda de peso. O diagnóstico é estabelecido com base na cultura de microrganismos do MAC a partir de amostras de sangue ou tecido.

Os microrganismos do MAC são rotineiramente resistentes aos fármacos anti-TB de primeira linha. A terapia inicial preferida consiste em claritromicina ou azitromicina mais EMB. Outros medicamentos que podem ser úteis são rifabutina (ansamicina), clofazimina e fluoroquinolonas. A amicacina e a estreptomicina têm atividade, mas são menos desejáveis devido à toxicidade. Vários fármacos frequentemente são usados em combinação. O tratamento deve ser mantido durante toda a vida do paciente. O tratamento resulta em declínio das contagens de microrganismos do MAC no sangue e melhora dos sintomas clínicos.

Mycobacterium kansasii

Mycobacterium kansasii está em segundo lugar, depois do complexo MAC, como causa de doença pulmonar bacteriana não tuberculosa nos Estados Unidos e em muitos outros países. Esse microrganismo produz uma doença pulmonar indistinguível da TB. As infecções extrapulmonares também foram descritas e incluem linfadenite cervical em crianças, infecções cutâneas e de tecidos moles e pericardite. *Mycobacterium kansasii* raramente causa doença disseminada, exceto em pacientes imunocomprometidos (p. ex., indivíduos com Aids e transplantados de órgãos sólidos). Esse microrganismo é um fotocromogênio que requer meios complexos para crescer a 37 °C. Geralmente é suscetível à RMP, e as infecções costumam ser tratadas com a combinação de RMP, EMB e INH com uma boa resposta clínica. A água da torneira foi identificada como o principal reservatório ambiental de *M. kansasii*, sendo uma possível fonte de

contaminação humana. Não houve, até o momento, nenhuma evidência de transmissão de pessoa para pessoa de *M. kansasii*.

Mycobacterium scrofulaceum

Trata-se de um escotocromógeno ocasionalmente encontrado na água e como saprófita em adultos com doença pulmonar crônica. Provoca linfadenite cervical crônica em crianças e, raramente, outra doença granulomatosa. A excisão cirúrgica dos linfonodos cervicais acometidos pode ser curativa, e a resistência aos fármacos anti-TB é comum. (*Mycobacterium szulgai* e *Mycobacterium xenopi* são semelhantes.)

Mycobacterium marinum

Mycobacterium marinum causa infecções granulomatosas da pele e dos tecidos moles após um trauma na pele com subsequente exposição à água contaminada com o microrganismo. O microrganismo está associado a peixes de água doce e salgada, sendo que infecções em humanos geralmente seguem uma exposição a tanques de peixes de água doce contaminados ("granuloma de aquário") ou água salgada. Nos Estados Unidos, a doença ocorre mais comumente nas regiões costeiras do sul. A apresentação clínica típica é de uma única pápula ou nódulo violáceo pequeno confinado a uma extremidade (p. ex., dedo do pé, cotovelo ou joelho) que se desenvolve cerca de 2 a 3 semanas após o trauma/exposição. Durante o curso da infecção, essas lesões podem tornar-se verrucosas ou ulceradas. Ocasionalmente, a infecção pode ascender ao longo dos vasos linfáticos, assemelhando-se à esporotricose cutânea. Outras complicações, embora raras, também podem ocorrer, incluindo tenossinovite, bursite e osteomielite. *Mycobacterium marinum* é um fotocromogênio e cresce melhor entre 28 e 30 °C. Nenhum esquema de antibioticoterapia específico foi estabelecido. No entanto, além da excisão cirúrgica, o tratamento combinado com RMP e EMB tem-se mostrado bem-sucedido. A monoterapia com doxiciclina, ou minociclina, ou claritromicina ou sulfametoxazol + trimetoprima (administrada por um período de 3 meses) também se mostrou eficaz.

Mycobacterium ulcerans

As infecções por *M. ulcerans* foram, por muito tempo, subestimadas. Contudo, atualmente é globalmente a terceira causa de infecções micobacterianas mais comuns em humanos, depois da TB e da hanseníase. *Mycobacterium ulcerans* causa infecções necrosantes da pele e dos tecidos moles, que são caracterizadas pela formação de úlceras que aumentam progressivamente com o tempo, se não tratadas. A doença também pode manifestar-se como um nódulo subcutâneo, placa ou como uma infecção edematosa agressiva dos tecidos moles. *Mycobacterium ulcerans* está intimamente associado a áreas úmidas tropicais, e foi proposto que a sua transmissão para humanos provavelmente possa ocorrer por meio de mosquitos e artrópodes aquáticos picadores. Esse microrganismo é fastidioso e de crescimento extremamente lento; a temperatura ótima para incubação é de 30 °C. Técnicas moleculares (PCR) para identificação do microrganismo foram desenvolvidas e podem agilizar o seu diagnóstico. De acordo com as recomendações da OMS, a terapia antimicrobiana para o tratamento da infecção por *M. ulcerans* é uma combinação composta por rifampicina + estreptomicina, rifampicina + claritromicina ou rifampicina + moxifloxacino. Esses diferentes esquemas de tratamento são geralmente administrados por

---

*N. de T. A proteinose alveolar pulmonar é uma doença caracterizada pelo acúmulo de material lipoproteináceo no interior dos alvéolos, o que interfere de forma significativa nas trocas gasosas pulmonares. A apresentação clínica é variável, porém os sintomas usuais são dispneia e tosse. Febre, dor torácica e hemoptise são manifestações menos comuns que também podem ocorrer principalmente na presença de infecção pulmonar secundária.

8 semanas. As modalidades de tratamento complementar incluem desbridamento cirúrgico, enxerto de pele e tratamento de feridas.

Complexo *Mycobacterium fortuitum*

São saprófitas encontradas no solo e na água que crescem rapidamente (3-6 dias) em cultura e não produzem pigmento. Raramente, podem causar doença sistêmica e superficial em seres humanos. Esses microrganismos são, com frequência, resistentes aos antimicrobianos, mas podem responder à amicacina, à doxiciclina, à cefoxitina, à eritromicina ou à RMP.

Mycobacterium chelonae-abscessus

Essas bactérias de crescimento rápido devem ser diferenciadas uma das outras, pois os tipos e a gravidade das doenças são diferentes, e também por ser a terapia para *M. chelonae* mais fácil, uma vez que esse microrganismo é mais suscetível aos agentes antimicrobianos. Ambas as espécies podem causar infecções de pele, de tecidos moles e nos ossos após traumatismo ou cirurgia, que podem disseminar-se em pacientes imunocomprometidos. *Mycobacterium abscessus* também é frequentemente recuperado de pacientes com doença respiratória nos Estados Unidos, especialmente nas regiões do sudeste. Os indivíduos mais comumente infectados são mulheres idosas, brancas e não fumantes. Pacientes com fibrose cística também correm risco e podem sucumbir diante de doença fulminante, rapidamente progressiva. *Mycobacterium chelonae* é tipicamente suscetível à tobramicina, à claritromicina, à linezolida e ao imipeném. Claritromicina, amicacina e cefoxitina geralmente são usadas para o tratamento de *M. abscessus*, embora a resistência aos fármacos seja um dos maiores problemas desse microrganismo.

Outras espécies de *Mycobacterium*

O elevado risco de infecção por micobactérias em pacientes com Aids levou a um maior reconhecimento das infecções micobacterianas em geral. Espécies anteriormente consideradas curiosidades e extremamente raras passaram a ser amplamente identificadas (ver Tabela 23-1). *Mycobacterium malmoense* foi descrito principalmente na Europa setentrional. Provoca uma doença pulmonar semelhante à TB em adultos e à linfadenite em crianças. *Mycobacterium haemophilum* e *Mycobacterium genavense* causam doença em pacientes com Aids. A importância dessas duas espécies ainda não está totalmente elucidada.

MYCOBACTERIUM LEPRAE

A hanseníase, também denominada doença de Hansen, é causada por *M. leprae*, sendo conhecida desde a antiguidade. Embora esse microrganismo tenha sido descrito pela primeira vez por Hansen em 1873 (9 anos antes da descoberta de Koch do bacilo da TB), os esforços para cultivar o organismo *in vitro* em ágar e outros meios bacteriológicos permaneceram sem sucesso. A hanseníase ocorre em uma de duas apresentações clínicas: hanseníase lepromatosa (multibacilar) ou hanseníase tuberculoide (paucibacilar). Desde a década de 1940, quando a dapsona foi reconhecida como uma terapia antimicrobiana eficaz, a incidência global da doença foi significativamente reduzida, devido ao uso bem-sucedido da terapia antimicrobiana e ao início dos esforços de campanha da OMS para

eliminar a hanseníase em 1991. De acordo com o banco de dados da OMS, 136 países notificaram novos casos de hanseníase em 2015. Globalmente, a maioria dos casos ocorre na Índia (60%), no Brasil (13%) e na Indonésia (9%). Nos Estados Unidos, a hanseníase é uma doença rara. Em 2015, foram notificados 178 novos casos, sendo a maioria deles notificados nos seguintes Estados: Arkansas, Califórnia, Flórida, Havaí, Louisiana, Nova York e Texas. A epidemiologia de hanseníase nos Estados Unidos reflete de perto os padrões de imigração, e a maioria dos pacientes (aproximadamente 60%) nasceu fora dos Estados Unidos. Dados detalhados estão disponíveis no CDC, no Programa Nacional de Hanseníase dos Estados Unidos e na OMS.

Os bacilos álcool-ácido-resistentes típicos – isoladamente, em feixes paralelos ou em massas globulares – são encontrados regularmente em raspados de pele ou de mucosas (particularmente do septo nasal) em pacientes com hanseníase lepromatosa. Os bacilos são frequentemente encontrados no interior das células endoteliais dos vasos sanguíneos ou em células mononucleares. Quando bacilos da hanseníase humana (raspados de tecido nasal) são inoculados no coxim plantar de camundongos, desenvolvem-se lesões granulomatosas locais, com a multiplicação limitada dos bacilos. Os tatus inoculados desenvolvem hanseníase lepromatosa extensa. Animais naturalmente infectados com o microrganismo têm sido encontrados no Texas (Estados Unidos) e no México. *Mycobacterium leprae* no tatu ou nos tecidos humanos contém uma o-difenoloxidase única, talvez uma enzima característica dos bacilos da hanseníase.

Manifestações clínicas

O início da hanseníase é insidioso. As lesões afetam os tecidos mais frios do corpo, incluindo pele, nervos superficiais, nariz, faringe, laringe, olhos e testículos. As lesões cutâneas podem ocorrer em forma de máculas pálidas e anestésicas, de 1 a 10 cm de diâmetro; nódulos infiltrados eritematosos, difusos ou distintos, de 1 a 5 cm de diâmetro; ou infiltração difusa da pele. Os distúrbios neurológicos manifestam-se em forma de infiltração e espessamento dos nervos, com consequentes anestesia, neurite, parestesia, úlceras tróficas, bem como reabsorção óssea e encurtamento dos dedos. A desfiguração em decorrência da infiltração da pele e do comprometimento dos nervos pode ser extrema nos casos não tratados.

A doença é dividida em dois tipos principais: lepromatosa e tuberculoide, com vários estágios intermediários (ver o sistema de classificação de Ridley-Jopling). No tipo lepromatoso, a evolução é progressiva e maligna, com lesões cutâneas nodulares, acometimento simétrico e lento dos nervos, inúmeros bacilos álcool-ácido-resistentes nas lesões cutâneas, bacteriemia contínua e teste cutâneo negativo com lepromina (extrato de tecido lepromatoso). A imunidade celular encontra-se bastante deficiente, e a pele mostra-se infiltrada com células T supressoras. No tipo tuberculoide, o curso é benigno e não progressivo, com pequeno número de lesões maculares na pele com poucos bacilos, comprometimento assimétrico, abrupto e grave do nervo e resultado positivo no teste cutâneo de lepromina. A imunidade celular permanece intacta, e a pele mostra-se infiltrada com células T auxiliares.

Manifestações sistêmicas de anemia e linfadenopatia também podem ocorrer. É comum haver comprometimento ocular. Pode desenvolver-se amiloidose.

Diagnóstico

Os raspados de pele ou de mucosa nasal com bisturi ou uma amostra de biópsia da pele do lóbulo da orelha são corados em lâmina pela técnica de Ziehl-Neelsen. A biópsia de pele ou de um nervo espessado revela um quadro histológico típico. Não existem testes sorológicos de valor. Os testes sorológicos não treponêmicos para sífilis frequentemente fornecem resultados falso-positivos na hanseníase.

Tratamento

As sulfonas, como a dapsona (ver Capítulo 28), constituem a terapia de primeira linha para a hanseníase tuberculoide e para a hanseníase lepromatosa. A RMP e/ou a clofazimina geralmente são incluídas nos esquemas de tratamento iniciais. Outros fármacos ativos contra *M. leprae* são a minociclina, a claritromicina e algumas fluoroquinolonas. Os esquemas recomendados pela OMS são práticos. Podem ser necessários vários anos de terapia para tratar adequadamente a hanseníase.

Epidemiologia

Embora atualmente não se saiba exatamente como *M. leprae* se dissemina entre as pessoas, a transmissão do microrganismo é mais provável de ocorrer por gotículas respiratórias (p. ex., tosse e espirros) de um indivíduo infectado para uma pessoa saudável. O contato próximo e prolongado com indivíduos infectados é necessário para a transmissão efetiva do microrganismo. As secreções nasais são o material infeccioso mais provável para contatos familiares. O contato casual (p. ex., aperto de mão) com uma pessoa com hanseníase não apresenta risco de transmissão do microrganismo. O período de incubação de *M. leprae* é provavelmente de 2 a 10 anos. Sem profilaxia, cerca de 10% das crianças expostas podem adquirir a doença. O tratamento tende a reduzir e eliminar a infecciosidade do paciente. No sul dos Estados Unidos (p. ex., Texas) e no México, alguns tatus são naturalmente infectados com *M. leprae*. Estudos recentes sugerem que os tatus podem ser uma fonte de infecção humana no sul dos Estados Unidos. No entanto, o risco de transmissão para humanos parece ser baixo, especificamente quando as precauções apropriadas são usadas ao lidar com animais potencialmente infectados.

Prevenção e controle

Nos Estados Unidos, as recomendações atuais para a prevenção da hanseníase incluem um exame completo dos contatos domiciliares e parentes próximos. Isso deve incluir um exame de pele completo e um exame do sistema nervoso periférico. O *US Public Health Service National Hansen's Disease Program* não recomenda o uso de dapsona como profilaxia. Um esquema terapêutico pode ser indicado aos pacientes cujos sinais e sintomas sejam sugestivos de hanseníase, mas que não tenham diagnóstico definitivo.

O BCG oferece alguma proteção contra a hanseníase, especialmente entre os contatos domiciliares.

Verificação de conceitos

- As NTMs constituem um grupo heterogêneo de microrganismos comumente encontrados no ambiente, incluindo saprófitas e patógenos humanos.

- As NTMs podem apresentar crescimento rápido (< 7 dias) ou crescimento lento. Cada grupo pode ser subdividido com base na produção de pigmentos.
- Os membros do MAC estão entre os isolados mais frequentes das NTMs, sendo responsáveis por infecções em pacientes com Aids e com doença pulmonar crônica.
- *M. kansasii* causa infecções pulmonares que se assemelham ao quadro de TB. Seu tratamento consiste em INH, RIF e EMB.
- As NTMs de crescimento rápido formam um grupo diverso. O complexo *M. fortuitum*, *M. chelonae* e *M. abscessus* são os mais prevalentes. *Mycobacterium abscessus* é responsável pelas infecções mais graves entre os representantes desse grupo e está, com frequência, associado à multirresistência aos diferentes antimicrobianos.
- *Mycobacterium leprae* é o agente etiológico da hanseníase. Esse microrganismo não é cultivável; portanto, o diagnóstico é difícil. O tratamento da infecção geralmente leva vários anos e consiste no uso de dapsona, RMP e clofazimina.

QUESTÕES DE REVISÃO

1. Um homem de 60 anos de idade está, há 5 meses, com fraqueza progressiva e perda de peso (13 kg), com febre intermitente, tremor e tosse crônica produtiva de escarro amarelado, contendo sangue ocasionalmente. Amostra do escarro foi obtida, e inúmeros bacilos álcool-ácido-resistentes foram vistos no esfregaço corado. A cultura do escarro deu resultado positivo para *M. tuberculosis*. Qual é o regime de tratamento mais apropriado para terapia inicial?

   (A) Isoniazida e rifampicina
   (B) Sulfametoxazol + trimetoprima e estreptomicina
   (C) Isoniazida, rifampicina, pirazinamida e etambutol
   (D) Isoniazida, ciclosserina e ciprofloxacino
   (E) Rifampicina e estreptomicina

2. Se *Mycobacterium tuberculosis* isolado do paciente da Questão 1 mostrar-se resistente à isoniazida, o provável mecanismo de resistência é constituído por

   (A) β-Lactamase
   (B) Mutações no gene da catalase-peroxidase
   (C) Alterações na subunidade β da RNA-polimerase
   (D) Mutações no gene da DNA-girase
   (E) Mutações nos genes que codificam a proteína S12 e rRNA 16S

3. Uma mulher de 47 anos de idade apresenta história de tosse progressiva há 3 meses, bem como perda de peso e febre. A radiografia de tórax mostrou doença cavitária bilateral sugestiva de TB. Na cultura de escarro, cresceu um bacilo álcool-ácido-resistente fotocromogênico (produz um pigmento laranja quando exposto à luz). O microrganismo mais provável é

   (A) *Mycobacterium tuberculosis*
   (B) *Mycobacterium kansasii*
   (C) *Mycobacterium gordonae*
   (D) Complexo *M. avium*
   (E) *Mycobacterium fortuitum*

4. Uma mulher de origem asiática de 31 anos de idade é admitida em um hospital com história de 7 semanas de crescente mal-estar, mialgia, tosse não produtiva e respiração difícil. Apresentou febre de 38 a 39 °C diariamente e perdeu cerca de 5 kg. A radiografia de tórax mostrou-se negativa quando ela chegou aos Estados Unidos, 7 anos atrás. A avó morreu de TB quando a paciente era criança. A radiografia de tórax atual resultou normal, e os resultados dos demais exames mostram hematócrito diminuído e anomalias nos testes de

função hepática. Biópsias de fígado e medula revelam granulomas com células gigantes e bacilos álcool-ácido-resistentes. A paciente provavelmente está infectada por

(A) *Mycobacterium leprae*
(B) *Mycobacterium fortuitum*
(C) *Mycobacterium ulcerans*
(D) *Mycobacterium gordonae*
(E) *Mycobacterium tuberculosis*

5. É muito importante que a paciente da Questão 4 também seja avaliada para

(A) HIV/Aids
(B) Febre tifoide
(C) Abscesso hepático
(D) Linfoma
(E) Malária

6. Uma preocupação em relação à paciente da Questão 4 é que ela pode estar infectada com uma micobactéria

(A) Sensível somente à isoniazida
(B) Resistente à estreptomicina
(C) Resistente à claritromicina
(D) Sensível somente ao ciprofloxacino
(E) Resistente à isoniazida e à rifampicina

7. Você observa um homem de 40 anos de idade mendigando em uma cidade da Índia. Ele não tem parte do quarto e do quinto dedos, com perda da parte distal dos dedos de ambas as mãos, sugerindo fortemente hanseníase. O agente causador dessa doença

(A) É sensível à isoniazida e à rifampicina.
(B) Cresce em partes do corpo com temperatura < 37 °C.
(C) Pode ser cultivado em laboratório com o uso do meio de Middlebrook 7H11.
(D) É visto em grande quantidade em biópsias de lesões de hanseníase tuberculoide.
(E) Infecta comumente pessoas no Texas (Estados Unidos), local onde os tatus são hospedeiros naturais de *Mycobacterium leprae*.

8. Qual das seguintes afirmativas sobre o derivado proteico purificado (DPP) e o teste cutâneo de tuberculina é a mais correta?

(A) É fortemente recomendado que estudantes de Medicina ou de cursos relacionados às ciências da saúde submetam-se ao teste da tuberculina a cada 5 anos.
(B) As pessoas imunizadas com BCG raramente ou nunca convertem em positivos os testes cutâneos de DPP.
(C) O teste cutâneo intradérmico é interpretado, em geral, 4 horas após a aplicação.
(D) Um teste de tuberculina positivo indica que o indivíduo foi infectado com *M. tuberculosis* no passado, e pode continuar sendo um portador de micobactérias viáveis.
(E) Um teste DPP positivo implica que a pessoa está imune contra a TB ativa.

9. Uma mulher de 72 anos de idade recebeu uma prótese de quadril devido a uma doença degenerativa nessa articulação. Uma semana após o procedimento, apresentou febre e dor na articulação. Foi feita aspiração na região da prótese, e o líquido foi submetido à cultura de rotina e à cultura para microrganismos álcool-ácido-resistentes. Após 2 dias de incubação, não foi observado crescimento nos meios de cultura. Entretanto, após 4 dias, foram vistos alguns bacilos crescendo em ágar-sangue e bacilos semelhantes crescendo em meio específico para as bactérias álcool-ácido-resistentes. A paciente provavelmente está infectada com

(A) *Mycobacterium tuberculosis*
(B) *Mycobacterium chelonae*

(C) *Mycobacterium leprae*
(D) *Mycobacterium kansasii*
(E) Complexo *Mycobacterium avium*

10. Uma criança de 10 anos teve uma infecção pulmonar primária por *M. tuberculosis*. Qual das características da TB mostradas a seguir é a mais correta?

(A) Na TB primária, desenvolve-se lesão exsudativa ativa que se dissemina rapidamente para os vasos linfáticos e linfonodos.
(B) Frequentemente, a lesão exsudativa da TB primária regride lentamente.
(C) Se a TB se desenvolver anos mais tarde, isso se deve a outra exposição a *M. tuberculosis*.
(D) Na TB primária, todos os microrganismos de *M. tuberculosis* infectantes são mortos pelo sistema imunológico.
(E) Na TB primária, o sistema imunológico é estimulado, mas o teste cutâneo do DPP permanece negativo até que ocorra uma segunda exposição a *M. tuberculosis*.

11. Qual das seguintes afirmações sobre os ensaios de liberação de interferona-γ (IGRAs) está correta?

(A) São úteis para avaliação de pacientes imunocomprometidos para TB ativa.
(B) Detectam antígenos presentes em todas as espécies de *Mycobacterium*.
(C) Ainda não estão disponíveis para testes nos Estados Unidos.
(D) São realizados com o uso de sondas moleculares que detectam o DNA do microrganismo.
(E) São empregados como alternativas ao teste cutâneo da tuberculina para avaliação de TB latente.

12. *Mycobacterium abscessus* causa doença pulmonar com maior frequência em qual grupo de indivíduos?

(A) Crianças pequenas expostas à sujeira
(B) Afro-americanos fumantes
(C) Mulheres idosas, brancas e não fumantes
(D) Homens hispânicos que trabalham ao ar livre
(E) Pessoas que vivem no nordeste dos Estados Unidos

13. Uma micobactéria de crescimento rápido recentemente identificada que surgiu como uma causa importante de infecções associadas a cateter venoso central é

(A) *Mycobacterium phlei*
(B) *Mycobacterium mucogenicum*
(C) *Mycobacterium xenopi*
(D) *Mycobacterium smegmatis*
(E) *Mycobacterium terrae*

14. A definição de tuberculose altamente resistente a fármacos (XDR) inclui

(A) Resistência à isoniazida
(B) Resistência a fluoroquinolonas
(C) Resistência à capreomicina, à amicacina e à canamicina
(D) Resistência à rifampicina
(E) Todas as opções anteriores

15. Todos os microrganismos mostrados a seguir são micobactérias de crescimento rápido, *exceto*

(A) *Mycobacterium fortuitum*
(B) *Mycobacterium abscessus*
(C) *Mycobacterium mucogenicum*
(D) *Mycobacterium nonchromogenicum*
(E) *Mycobacterium chelonae*

Respostas

1.	C	6.	E	11.	E
2.	B	7.	B	12.	C
3.	B	8.	D	13.	B
4.	E	9.	B	14.	E
5.	A	10.	A	15.	D

REFERÊNCIAS

Boehme CC, Nabeta P, Hillemann D, et al: Rapid molecular detection of tuberculosis and rifampin resistance. *N Engl J Med* 2010;363:1005–1015.

Brown-Elliott BA, Wallece RJ: *Mycobacterium*: Clinical and Laboratory Characteristics of Rapidly Growing Mycobacteria. In Jorgensen JH, Pfaller MA, Carroll KC, et al (editors). *Manual of Clinical Microbiology*, 11th ed.; Washington, DC; ASM Press, 2015.

Brown-Elliott BA, Wallace RJ Jr: Infections due to nontuberculous mycobacteria other than *Mycobacterium avium-intracellulare*. In Bennett JE, Dolin R, Blaser ME (editors). *Mandell, Douglas, and Bennett's Principles and Practice of Infectious Diseases*, 8th ed. Philadelphia, Elsevier, 2015.

Centers for Disease Control and Prevention: Recommendations for use of an isoniazid-rifapentine regimen with direct observation to treat latent *Mycobacterium tuberculosis* infection. *MMWR Morb Mortal Wkly Rep* 2011;60(48):1650–1653.

Cohn DL, O'Brien RJ, Geiter LJ, et al: Targeted tuberculin testing and treatment of latent tuberculosis infection. ATS/CDC Statement Committee on Latent Tuberculosis Infection. *MMWR Recomm Rep* 2000; 49(RR-6):1–51.

Fitzgerald D, Sterling TR, Haas DW: *Mycobacterium tuberculosis*. In Bennett JE, Dolin R, Blaser ME (editors). *Mandell, Douglas, and Bennett's Principles and Practice of Infectious Diseases*, 8th ed. Philadelphia; Elsevier, 2015.

Gordon FM, Horsburgh CR Jr: *Mycobacterium avium* complex. In Bennett JE, Dolin R, Blaser ME (editors). *Mandell, Douglas, and Bennett's Principles and Practice of Infectious Diseases*, 8th ed. Philadelphia; Elsevier, 2015.

Griffith DE, Aksamit T, Brown-Elliott BA, et al: ATS Mycobacterial Diseases Subcommittee; American Thoracic Society; Infectious Disease Society of America: An Official ATS/IDSA Statement: Diagnosis, treatment, and prevention of nontuberculous mycobacterial diseases. *Am J Respir Crit Care Med* 2007;175:367–416.

Mazurek GH, Jereb J, Vernon A, et al: IGRA Expert Committee; Centers for Disease Control and Prevention: Updated guidelines for using interferon gamma release assays to detect *Mycobacterium tuberculosis* infection—United States, 2010. *MMWR Recomm Rep* 2010;59 (No. RR-5):1–25.

O'Brien DP, Jeanne I, Blasdell K, et al: The changing epidemiology worldwide of *Mycobacterium ulcerans*. *Epidemiol Infect* 2018;8:1–8.

Pfyffer GE: *Mycobacterium*: General characteristics, laboratory detection, isolation, and staining procedures. In Jorgensen JH, Pfaller MA, Carroll KC, Funke G, et al (editors). *Manual of Clinical Microbiology*, 11th ed.; Washington, DC; ASM Press, 2015.

Renault CA, Ernst JD: *Mycobacterium leprae*. In Bennett JE, Dolin R, Blaser MJ (editors). *Mandell, Douglas, and Bennett's Principles and Practice of Infectious Diseases*, 8th ed. Philadelphia; Elsevier, 2015.

Ridley DS, Jopling WH: Classification of leprosy according to immunity: A five group system. *Int J Lepr Other Mycobact Dis* 1966;34:255–273.

Simner PJ, Stenger S, Richter E, et al: *Mycobacterium*: Laboratory characteristics of slowly growing mycobacteria. In Jorgensen JH, Pfaller MA, Carroll KC, et al (editors). *Manual of Clinical Microbiology*, 11th ed.; Washington, DC; ASM Press, 2015.

Sharma R, Singh P, Loughry WJ, et al: Zoonotic leprosy in the Southern United States. *Emerg Infect Dis* 2015;21(12):2127–2134.

Singh A, Mcbride WJH, Govan B, et al: Potential animal reservoir of *Mycobacterium ulcerans*: a systematic review. *Trop Med Infect Dis* 2018;3(2):E56.

Truman RW, Singh P, Sharma R, et al: Probable zoonotic leprosy in the southern United States. *N Engl J Med* 2011;364(17):1626–1633.

White C, Franco-Paredes C: Leprosy in the 21st century. *Clin Microbiol Rev* 2015;28(1):80–94.

World Health Organization: Guidelines on the management of latent tuberculosis infection. WHO Press, 2015, available at www.who.int.

Yew WW, Sotgiu G, Migliori GB: Update in tuberculosis and nontuberculous mycobacterial disease 2010. *Am J Respir Crit Care Med* 2011;184:180–185.

Espiroquetas: *Treponema, Borrelia e Leptospira*

Os espiroquetas constituem um grupo grande e heterogêneo de bactérias espiraladas e móveis. Uma das famílias (Spirochaetaceae) da ordem Spirochaetales é constituída de dois gêneros de microrganismos associados a patologias humanas: *Borrelia* e *Treponema*. A outra família (Leptospiraceae) inclui um gênero de importância médica: *Leptospira*.

Os espiroquetas têm muitas características estruturais em comum, conforme pode ser observado na espécie tipo *Treponema pallidum* (Figura 24-1). São bacilos Gram-negativos longos, delgados, de forma helicoidal, espiralada ou em saca-rolha. O *T. pallidum* é dotado de uma **bainha externa** ou revestimento de glicosaminoglicano. Internamente à bainha, encontra-se a membrana externa, que contém peptidoglicano e mantém a integridade estrutural do microrganismo. Os **endoflagelos** (filamentos axiais) são organelas semelhantes a flagelos no espaço periplasmático delimitado pela membrana externa. Originam-se em cada extremidade do microrganismo e enrolam-se em torno dele, estendendo-se e recobrindo o ponto médio. Internamente aos endoflagelos, encontra-se a membrana interna (membrana citoplasmática), que proporciona estabilidade osmótica e recobre o cilindro protoplasmático. No interior da célula, existe uma série de túbulos citoplasmáticos (fibrilas corpusculares) próximos à membrana interna. Os treponemas reproduzem-se por divisão transversa.

TREPONEMA PALLIDUM E A SÍFILIS

Morfologia e identificação

A. Microrganismos típicos

São microrganismos espiralados e delgados, que medem cerca de 0,2 μm de largura e 5 a 15 μm de comprimento. As espirais apresentam-se regularmente espaçadas, com distância de 1 μm entre cada uma. Os microrganismos exibem motilidade ativa e giram constantemente em torno dos endoflagelos mesmo após sua fixação às células por meio de suas extremidades afiladas. O eixo longitudinal da espiral costuma ser reto, mas às vezes pode encurvar-se de modo que o microrganismo forma um círculo completo por determinados momentos, retornando, em seguida, à sua posição reta normal.

De tão delgadas, as espirais não são facilmente observadas, a menos que sejam empregadas a coloração imunofluorescente ou a iluminação de campo escuro. Esses microrganismos não se coram bem com corantes de anilina, mas podem ser detectados em tecidos quando corados por um método de impregnação pela prata.

B. Cultura

O *T. pallidum* patogênico nunca foi cultivado continuamente em meios artificiais, ovos férteis ou cultura de tecidos.

Na presença de substâncias redutoras suspensas em líquidos apropriados, o *T. pallidum* pode permanecer móvel durante 3 a 6 dias a 25 °C. No sangue total ou no plasma conservado a 4 °C, o microrganismo permanece viável durante pelo menos 24 horas, sendo esse aspecto de importância potencial nas transfusões de sangue.

C. Reações a agentes físicos e químicos

O ressecamento mata rapidamente os espiroquetas, assim como a elevação da temperatura a 42 °C. Os treponemas são rapidamente imobilizados e destruídos por arsenicais inorgânicos trivalentes ($KAsO_2$), mercúrio e bismuto (contidos em fármacos de interesse histórico no tratamento da sífilis). A penicilina é treponemicida em concentrações mínimas, porém a velocidade da morte é lenta, presumivelmente devido à inatividade metabólica e à lenta velocidade de multiplicação do *T. pallidum* (o tempo de divisão estimado é de 30 horas). Não foi ainda demostrada resistência à penicilina em *T. pallidum*.

D. Genoma

O genoma do *T. pallidum* consiste em um cromossomo circular de aproximadamente 1.138.000 pares de bases, considerado pequeno para uma bactéria. A maior parte das bactérias patogênicas possui transposons, com exceção do *T. pallidum*, o que sugere que seu genoma é altamente conservado e pode explicar sua constante sensibilidade à penicilina. Existem poucos genes envolvidos na produção de energia e síntese dos nutrientes, indicando que o *T. pallidum* os obtém do hospedeiro.

Estrutura antigênica

O fato de o *T. pallidum* não poder ser cultivado *in vitro* limita acentuadamente a caracterização de seus antígenos. A membrana externa circunda o espaço periplasmático e o complexo peptidoglicano-membrana citoplasmática. Proteínas membranares que contêm lipídeos ligados covalentemente aos aminoácidos terminais estão presentes. Os lipídeos parecem ancorar as proteínas à membrana citoplasmática ou a membranas externas, mantendo-as inacessíveis aos anticorpos. Os endoflagelos encontram-se no espaço periplasmático. O *T. pallidum* subespécie *pallidum* possui hialuronidase, que degrada o ácido hialurônico na substância fundamental do tecido e que presumivelmente aumenta a capacidade de invasão do microrganismo. Os endoflagelos são constituídos de três proteínas

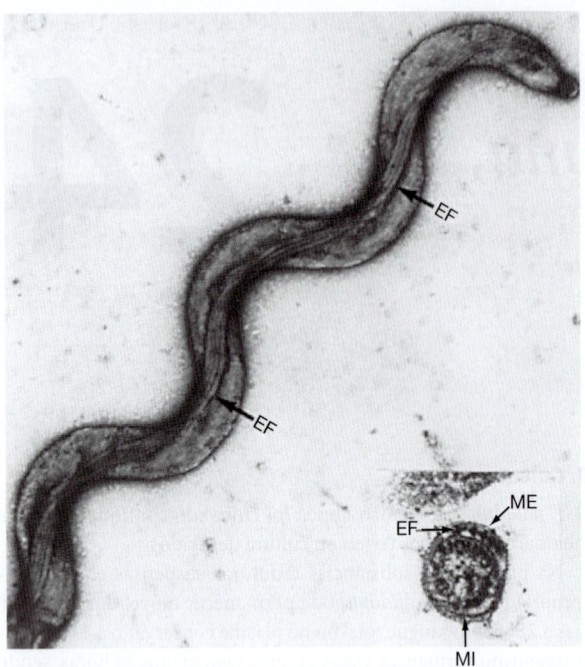

FIGURA 24-1 Micrografia eletrônica do *T. pallidum* subespécie *pallidum*. Os endoflagelos estão nitidamente visíveis. **No detalhe:** Micrografia eletrônica de um corte fino do *T. pallidum*. Observe a posição dos endoflagelos (EF) no espaço periplasmático, entre a membrana interna (MI) e a membrana externa (ME). (Cortesia de EM Walker.)

centrais, homólogas às outras proteínas flagelinas bacterianas, bem como de uma proteína da bainha não relacionada. A cardiolipina é um importante componente dos antígenos treponêmicos.

Os seres humanos com sífilis desenvolvem anticorpos capazes de corar o *T. pallidum* por imunofluorescência indireta, imobilizando e destruindo o *T. pallidum* móvel e fixando o complemento na presença de uma suspensão do *T. pallidum* ou de espiroquetas relacionados. Os espiroquetas também induzem o desenvolvimento de reagina, uma substância distinta, semelhante a anticorpo, que produz reação positiva nos testes de fixação do complemento (FC) e de floculação com suspensões aquosas de cardiolipina extraída de tecidos de mamíferos normais. Tanto a reagina quanto o anticorpo antitreponêmico podem ser utilizados para o diagnóstico sorológico da sífilis.

Patogênese, patologia e manifestações clínicas

A. Sífilis adquirida

A infecção natural por *T. pallidum* limita-se ao hospedeiro humano. A infecção humana em geral é transmitida por contato sexual, e a lesão infecciosa localiza-se na pele ou nas mucosas da genitália. Entretanto, em 10 a 20% dos casos, a lesão primária é intrarretal, perianal ou oral, podendo aparecer em qualquer parte do corpo. O *T. pallidum* provavelmente pode penetrar em mucosas íntegras ou através de aberturas (ou cortes) da epiderme. Com base em experimentos com coelhos, a dose infectante é baixa, sendo necessários apenas de 4 a 8 espiroquetas para se iniciar o processo infeccioso.

Os espiroquetas multiplicam-se no local de entrada, e alguns propagam-se para os linfonodos vizinhos, alcançando, assim, a corrente sanguínea. No decorrer de duas a 10 semanas após a infecção, uma pápula se desenvolve no local de infecção e sofre ruptura, originando

uma úlcera com base limpa e endurecida ("cancro duro"). A inflamação caracteriza-se por um predomínio de linfócitos e plasmócitos. Essa "lesão primária" sempre cicatriza espontaneamente, mas duas a 10 semanas depois aparecem as lesões "secundárias". Estas consistem em exantema maculopapular avermelhado em qualquer parte do corpo, inclusive as mãos e os pés, bem como em pápulas pálidas e úmidas (condilomas) na região anogenital, nas axilas e na boca. Além disso, podem ocorrer meningite sifilítica, coriorretinite, hepatite, nefrite (do tipo por imunocomplexos) ou periostite. As lesões secundárias também desaparecem espontaneamente. Tanto as lesões primárias quanto as secundárias são ricas em espiroquetas e altamente infecciosas. As lesões contagiosas podem reaparecer três a 5 anos após a infecção; entretanto, depois desse período, o indivíduo não é mais contagioso. A infecção sifilítica pode permanecer subclínica, e o paciente pode passar pelo estágio primário ou pelo secundário (ou por ambos) sem qualquer sinal ou sintoma, desenvolvendo, entretanto, lesões terciárias.

Em cerca de 30% dos casos, a infecção sifilítica inicial progride de forma espontânea para cura completa sem qualquer tratamento. Em outros 30%, a infecção sem tratamento permanece latente (sendo principalmente evidente pelos testes sorológicos positivos). Nos demais casos, a doença evolui para a "fase terciária*", caracterizada pelo desenvolvimento de lesões granulomatosas (gomas) na pele, nos ossos e no fígado. A fase terciária também se caracteriza por alterações degenerativas no sistema nervoso central (SNC) (sífilis meningovascular, paresia, tabes) e por lesões cardiovasculares (aortite, aneurisma aórtico, insuficiência valvar aórtica). Em todas as lesões terciárias, os treponemas são muito raros, devendo a resposta tecidual exagerada ser atribuída à hipersensibilidade do hospedeiro aos microrganismos. Todavia, os treponemas podem ser ocasionalmente encontrados nos olhos ou no SNC durante a sífilis tardia.

B. Sífilis congênita

Uma gestante com sífilis pode transmitir o *T. pallidum* ao feto através da placenta a partir de 10 a 15 semanas de gestação. Alguns fetos infectados morrem, resultando em aborto ou em natimortos. Outros, ainda, nascem vivos, porém desenvolvem os sinais de sífilis congênita na infância, incluindo ceratite intersticial, dentes de Hutchinson**, nariz em sela, periostite e uma variedade de anomalias do SNC. O tratamento adequado da mãe durante a gravidez evita a sífilis congênita. Os títulos de reagina no sangue da criança aumentam com a infecção ativa, porém declinam com o decorrer do tempo se os anticorpos tiverem sido transmitidos passivamente pela mãe. Na infecção congênita, a criança produz anticorpos antitreponêmicos IgM.

---

*N. de T. As mucosas também são comprometidas. Pode-se observar a formação de gengivas separadas, infiltração difusa com gengivas ou elementos da erupção cutâneos. No final, a cicatriz resultante gradualmente contrai a língua, complicando seriamente o processo de articulação, mastigação e reduzindo as sensações gustativas. Como resultado, uma passagem não natural é formada entre a cavidade nasal e a boca. Isso impossibilita a articulação normal e complica o processo de mastigação e deglutição de alimentos. Além disso, a secreção nasal entra na boca, criando as condições prévias para infecções bacterianas secundárias.

**N. de T. Tríade de Hutchinson inclui: malformações dentárias (o *T. pallidum* se aloja entre as células que formam o esmalte dentário, resultando em hipoplasia dentária, mau desenvolvimento dos primeiros molares [molares em amora] e incisivos chanfrados), ceratite ocular intersticial e otite média, com possibilidade desta última manifestação levar à surdez por envolver o oitavo par de nervos cranianos.

Exames diagnósticos laboratoriais

A. Amostras

As amostras incluem o líquido tecidual, obtido das lesões superficiais iniciais, para a demonstração dos espiroquetas por microscopia de campo escuro ou de imunofluorescência, ou ainda por amplificação do ácido nucleico por reação em cadeia da polimerase (PCR, do inglês *polymerase chain reaction*). Amostras de sangue podem ser obtidas para testes sorológicos, e o líquido cerebrospinal (LCS) pode ser útil para realização do teste Veneral Disease Research Laboratory (VDRL).

B. Exame em campo escuro

Uma gota de líquido tecidual ou exsudato deve ser colocada sobre uma lâmina, e uma lamínula deve ser pressionada sobre ela para formar uma camada fina. Em seguida, a preparação deve ser examinada durante 20 minutos sob óleo de imersão com iluminação de campo escuro para a identificação dos espiroquetas móveis típicos. A microscopia de campo escuro não é recomendada para realização a partir de lesões na cavidade oral, uma vez que não é possível diferenciar entre a forma patogênica e os espiroquetas saprófitos presentes na microbiota oral.

Os treponemas desaparecem das lesões poucas horas após o início do tratamento com antibióticos.

C. Imunofluorescência

O líquido tecidual, ou exsudato, deve ser espalhado em uma lâmina de microscopia, seco ao ar e enviado ao laboratório. A lâmina deve ser fixada, corada com anticorpos antitreponêmicos marcados com fluoresceína e examinada por meio de microscopia de imunofluorescência para a detecção de espiroquetas fluorescentes típicos.

D. Provas sorológicas para sífilis

Estes testes usam tanto antígenos treponêmicos quanto não treponêmicos.

1. Testes não treponêmicos – Os testes não treponêmicos são utilizados universalmente como testes de rastreamento para sífilis. Os testes são amplamente disponíveis, podendo ser executados em sistemas automatizados com facilidade de execução em grande quantidade e a baixo custo. Além da sua função de teste de rastreamento, podem ser usados para acompanhamento da eficácia do tratamento. A limitação dos testes não treponêmicos é a baixa sensibilidade nos estágios iniciais da sífilis, podendo não dar resultados positivos até poucas semanas depois da infecção inicial. Resultados falso-positivos podem ocorrer por várias outras doenças. Pode ocorrer também fenômeno pró-zona, particularmente na sífilis secundária (o excesso de anticorpos produz um resultado negativo em baixas diluições do soro, porém o resultado é positivo em diluições mais altas). Os antígenos desses testes contêm quantidades conhecidas de cardiolipina, colesterol e lecitina purificada em quantidades suficientes para produzir um padrão de reatividade. Historicamente, a cardiolipina era extraída de coração ou fígado de bovinos e acrescida de lecitina e colesterol para realçar a reação com os anticorpos sifilíticos "reagina". A reagina é uma mistura de anticorpos imunoglobulina M e G (IgM e IgG) reagentes com o complexo cardiolipina-colesterol-lecitina. Todos esses testes são baseados no fato de que partículas do antígeno lipídico permanecem dispersas no soro normal, mas floculam quando combinadas com a reagina. Os testes **VDRL** e o **teste da reagina sérica não aquecida** (USR, do inglês *unheated serum reagin*) exigem exame microscópico para detectar a floculação. Os testes **reagina plasmática rápida (RPR)** e **soro não aquecido em vermelho de toluidina (TRUST,** do inglês *toluidine red unheated serum test*) possuem partículas coloridas que ficam presas na malha do complexo antígeno-anticorpo e que permitem que os testes sejam interpretados sem ampliação microscópica. Os resultados desenvolvem-se em alguns minutos, sobretudo se a suspensão for agitada.

Os testes não treponêmicos podem dar resultados quantitativos quando se usam diluições seriadas. Uma estimativa da quantidade de reagina presente no soro pode ser expressa como título ou como a maior diluição que dá um resultado positivo. Os resultados quantitativos são valiosos para se estabelecer um diagnóstico e avaliar o efeito do tratamento. Testes não treponêmicos positivos desenvolvem-se após duas a três semanas de sífilis não tratada e são positivos em altos títulos na sífilis secundária. Testes não treponêmicos positivos tipicamente revertem para negativos, muitas vezes em 6 a 18 meses e em geral por 3 anos após um tratamento eficaz da sífilis. Um teste não treponêmico positivo tardio após o tratamento para sífilis sugere tratamento ineficaz ou reinfecção.

O teste VDRL é padronizado para uso no LCS e torna-se positivo na neurossífilis. Os anticorpos reagina geralmente não chegam ao LCS a partir da circulação sanguínea, mas provavelmente são formados no SNC em resposta à infecção sifilítica. O diagnóstico sorológico de **neurossífilis** é complexo.

2. Testes treponêmicos – Os testes treponêmicos detectam os anticorpos contra os antígenos do *T. pallidum*. Esses testes são empregados para se determinar se um resultado positivo de um teste não treponêmico é um positivo verdadeiro ou um falso-positivo. Um resultado positivo para um teste treponêmico em uma amostra clínica de soro que também é positivo pelo teste não treponêmico é uma forte indicação de infecção por *T. pallidum*. Os testes treponêmicos são menos úteis como método de rastreamento porque, uma vez que o resultado seja positivo seguido de uma infecção sifilítica inicial, os testes permanecem positivos por toda a vida, independentemente da terapia para a sífilis. Não são feitas diluições seriadas no soro em testes treponêmicos, e os testes são relatados como reativo ou não reativo (ou ocasionalmente inconclusivo). Os testes de anticorpos treponêmicos tendem a ser mais caros que os testes não treponêmicos, o que é importante quando se faz rastreamento em um grande número de pessoas (p. ex., doadores de sangue).

O teste de **aglutinação de partículas de *T. pallidum*** (TP-PA, do inglês *T. pallidum-particle agglutination*) talvez seja o teste treponêmico mais usado nos Estados Unidos. Partículas de gelatina sensibilizadas com antígenos de *T. pallidum* subespécie *pallidum* são adicionadas a um soro-padrão diluído. Quando os anticorpos anti-*T. pallidum* (IgG, IgM, ou ambos) reagem às partículas sensibilizadas, forma-se um grumo de partículas aglutinadas no poço da placa de microdiluição. As partículas de gelatina não sensibilizadas são testadas com soro diluído para excluir aglutinação inespecífica.

O teste de **hemaglutinação do *T. pallidum*** (TPHA, do inglês *T. pallidum hemagglutination*) e o teste de **micro-hemaglutinação do *T. pallidum*** (MHA-TP, do inglês *microhemagglutination T. pallidum*) são baseados nos mesmos princípios do TP-PA, mas empregam hemácias de carneiro em vez de partículas de gelatina e podem ser mais propensos à aglutinação não específica.

A **prova de absorção de anticorpo treponêmico fluorescente (FTA-ABS,** do inglês *fluorescent treponemal antibody absorbed*) é um teste de anticorpos treponêmicos empregado há muitos anos.

Devido à dificuldade de realização, esse teste só é usado em circunstâncias especiais. O teste usa imunofluorescência indireta para detectar anticorpos reativos: *T. pallidum* mortos, soro do paciente absorvido com espiroquetas saprofíticos de Reiter sonicados, mais γ-globulina anti-humana marcada com um composto fluorescente. A presença de IgM FTA no sangue de recém-nascidos é uma boa evidência de infecção no útero (i.e., sífilis congênita). Um FTA-ABS negativo no LCS tende a excluir a neurossífilis, mas um FTA-ABS positivo no LCS pode ocorrer por transferência de anticorpos do soro, não sendo útil para o diagnóstico de neurossífilis.

Estão disponíveis vários testes similares para pesquisa do *T. pallidum* baseados na detecção de anticorpos treponêmicos específicos, usando ensaios imunoenzimáticos (Elisa, do inglês *enzyme-linked immunosorbent assay*) ou quimiluminescentes (CIA, do inglês *chemiluminescense immunoassay*). Esses testes usam antígenos obtidos a partir da sonificação de células do *T. pallidum* ou a partir da tecnologia do DNA recombinante. Uma alíquota do soro diluído é adicionada a placas sensibilizadas. Após lavagem e adição do conjugado, o substrato é adicionado. A alteração colorimétrica ou os ensaios quimiluminescentes indicam soro reativo e, assim, positividade. Como alguns desses ensaios estão disponíveis em plataformas automatizadas, muitos laboratórios inverteram o algoritmo tradicional de rastreamento. Em vez do rastreamento por meio de testes não treponêmicos e a posterior confirmação por testes de um ensaio treponêmico, esses ensaios permitem um rastreamento de maior sensibilidade. A vantagem dessa abordagem é que os pacientes com doença precoce ou doença latente não tratada são mais prováveis de serem detectados.

Contudo, existem algumas preocupações sobre a variabilidade no desempenho desses ensaios, que podem levar a resultados falso-positivos ao testar populações de baixa prevalência. Devido a isso, o Centers for Disease Control and Prevetion (CDC) recomendou um algoritmo para confirmação de um resultado positivo ao teste Elisa ou CIA a partir da realização do teste RPR quantitativo ou outro teste não treponêmico. Um resultado positivo no teste RPR pode indicar uma infecção recente ou tardia de sífilis. Caso o resultado do RPR seja negativo, será necessária realização de testes treponêmicos tradicionais, como o TP-PA. Um resultado positivo no TP-PA indica sífilis, e um resultado negativo geralmente reflete negatividade para sífilis.

Imunidade

O indivíduo com sífilis ativa ou latente (ou com framboesia) parece resistente à superinfecção por *T. pallidum*. Entretanto, se a sífilis, em seu estágio inicial, for tratada adequadamente e a infecção for erradicada, o paciente mais uma vez irá tornar-se completamente suscetível. As várias respostas imunológicas geralmente não conseguem erradicar a infecção ou deter sua evolução.

Tratamento

A penicilina, em concentrações de 0,003 U/mL, tem atividade treponemicida definida, sendo o tratamento de escolha. A sífilis com menos de 1 ano de duração é tratada com injeção única de penicilina G benzatina intramuscular (2,4 milhões de unidades). Na sífilis de maior duração ou latente, deve-se administrar penicilina G benzatina 3 vezes por via intramuscular, a intervalos semanais. Na neurossífilis, o mesmo tratamento é aceitável, mas às vezes são recomendadas doses maiores de penicilina intravenosa. Outros antibióticos (p. ex., as tetraciclinas ou eritromicina) podem, ocasionalmente, substituir a penicilina. Acredita-se que o tratamento da gonorreia pode curar a sífilis em incubação. O acompanhamento

prolongado é essencial. Na neurossífilis, os treponemas sobrevivem algumas vezes a esse tratamento. Recidivas neurológicas graves da sífilis tratada têm ocorrido em pacientes com síndrome da imunodeficiência adquirida (Aids, do inglês *acquired immunodeficiency syndrome*) infectados tanto pelo vírus da imunodeficiência humana (HIV, do inglês *human immunodeficiency virus*) quanto pelo *T. pallidum*. Uma reação de Jarisch-Herxheimer pode ocorrer horas após o início do tratamento, devendo-se à liberação de produtos tóxicos a partir dos espiroquetas mortos ou que estão morrendo.

Epidemiologia, prevenção e controle

À exceção da sífilis congênita e da exposição ocupacional rara da equipe médica, a sífilis é adquirida por contato sexual. É comum haver reinfecção em indivíduos tratados. Uma pessoa infectada pode ser contagiosa por 3 a 5 anos durante o estágio "inicial" da sífilis. A sífilis "tardia", de mais de 5 anos de duração, em geral não é contagiosa. Consequentemente, as medidas de controle dependem: (1) do tratamento imediato e adequado de todos os casos diagnosticados; (2) do acompanhamento das fontes de infecção e dos contatos, de modo que possam ser tratados; (3) de prática sexual segura com preservativo. Várias doenças sexualmente transmissíveis podem ser transmitidas simultaneamente. Assim, é importante considerar a possibilidade de sífilis quando for encontrada qualquer doença sexualmente transmissível*.

Verificação de conceitos

- O *T. pallidum* não é cultivado em meios artificiais. Assim, ele somente pode ser detectado diretamente dos tecidos infectados ou de exsudatos usando microscopia de campo escuro, de imunofluorescência ou por testes moleculares.
- As infecções pelo *T. pallidum* subespécie *pallidum* são limitadas à espécie humana. O microrganismo é transmitido pelo contato sexual direto, pela passagem transplacentária (sífilis congênita) ou por meio de exposição ocupacional.
- A lesão primária típica (cancro duro) no sítio de infecção é indolor e geralmente se manifesta como lesão ulcerativa genital.
- Infecções primárias não tratadas levam à doença secundária com disseminação sistemática do espiroqueta, resultando em um período de latência caracterizado pela ausência de sintomas, porém com resultados sorológicos positivos. O estágio terciário envolve comprometimento do SNC e cardíaco grave.
- Além da detecção direta do espiroqueta no espécime clínico, o diagnóstico da sífilis é rotineiramente realizado por testes sorológicos. O algoritmo tradicional envolve o rastreamento por meio de testes não treponêmicos, seguidos pela confirmação com testes treponêmicos, tais como TP-PA.
- A disponibilidade de Elisa e CIA automatizados levou alguns laboratórios a adotar uma inversão na sequência de rastreamento,

---

*N. de T. A sífilis, tanto a congênita como a adquirida, apresenta aumento de casos no Brasil nos últimos anos. De acordo com Boletim Epidemiológico de Sífilis 2019, dados de notificação compulsória apontaram que as taxas da doença adquirida passaram de dois casos para cada 100 mil habitantes em 2010 para 42,5 casos em 2016, ano em que o agravo foi considerado epidemia pelo Ministério da Saúde. Em 2018, foram notificados 158.051 casos de sífilis adquirida em todo o país, com aumento de 28,3% em relação ao ano anterior. Em gestantes, foram 62.599 casos – ampliação de 25,7% dos casos na comparação com 2017. Já em lactentes, foram registrados 26.219 casos de sífilis congênita, representando aumento de 5,2% em relação a 2017. Fonte: Ministério da Saúde.

realizado por um teste específico treponêmico, que é seguido por um teste não treponêmico para confirmação do diagnóstico. A preocupação pela possibilidade de resultados falso-positivos levou o CDC a recomendar um algoritmo que confirme o resultado negativo, em um teste não treponêmico com um teste treponêmico tradicional.

- A penicilina é o antibiótico de escolha terapêutica para todos os estágios da sífilis.

BORRELIA

BORRELIA E FEBRE RECORRENTE

A febre recorrente na forma epidêmica é causada por *Borrelia recurrentis*, transmitida pelo piolho do corpo humano, não ocorrendo nos Estados Unidos. A febre recorrente endêmica é causada por borrélias transmitidas por carrapatos do gênero *Ornithodoros*. O nome da espécie do gênero *Borrelia* é muitas vezes o mesmo do carrapato vetor. A *Borrelia hermsii*, que causa febre recorrente no oeste dos Estados Unidos, é transmitida pelo *Ornithodoros hermsii*. Nos últimos anos, *Borrelia miyamotoi* (um espiroqueta associado à febre recorrente) foi isolada nos Estados Unidos como a causa de uma doença febril aguda semelhante à doença de Lyme. Esse microrganismo é transmitido pelos mesmos carrapatos de corpo duro (*Ixodes scapularis*) que transmitem a *Borrelia burgdorferi* e outras espécies de *Borrelia* que causam a doença de Lyme (ver discussão abaixo).

Morfologia e identificação

A. Microrganismos típicos

As borrélias formam espirais irregulares de 10 a 30 μm de comprimento e 0,3 μm de largura. A distância entre as espirais varia de 2 a 4 μm. Esses microrganismos são altamente flexíveis e se movem tanto por rotação quanto por torção. As borrélias coram-se facilmente com corantes bacteriológicos e hematológicos, como os dos métodos de Giemsa ou de Wright (Figura 24-2).

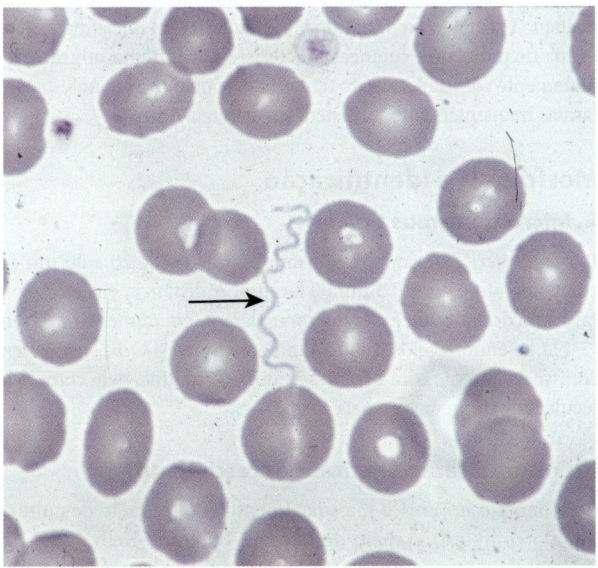

FIGURA 24-2   *Borrelia* (seta) em esfregaço do sangue periférico de paciente com febre recorrente. Ampliação do original de 1.000 ×.

B. Cultura

O microrganismo pode ser cultivado em meios líquidos que contenham sangue, soro ou tecido, mas perde rapidamente sua patogenicidade para os animais quando transferido repetidamente *in vitro*. A multiplicação é rápida em embriões de galinha, quando o sangue de pacientes é inoculado na membrana corioalantoide.

C. Características de crescimento

Pouco se sabe a respeito das necessidades metabólicas ou da atividades das borrélias. À temperatura de 4 °C, os microrganismos sobrevivem alguns meses em sangue infectado ou em cultura. Em alguns carrapatos (mas não em piolhos), os espiroquetas são transmitidos de uma geração para outra.

D. Variação

A única variação significativa da *Borrelia* está relacionada com a sua estrutura antigênica.

Estrutura antigênica

Anticorpos são produzidos em altos títulos após infecção por borrélias. A estrutura antigênica dos microrganismos modifica-se no decorrer de uma única infecção. Os anticorpos produzidos inicialmente atuam como fator seletivo, permitindo a sobrevida apenas das variantes antigenicamente distintas. A evolução recidivante da doença parece dever-se à multiplicação dessas variantes antigênicas contra as quais o hospedeiro deve produzir novos anticorpos. A recuperação final (depois de 3-10 recidivas) está associada à presença de anticorpos contra diversas variantes antigênicas.

Patologia

Os casos fatais demonstram espiroquetas em grande número no baço e no fígado, com focos necróticos em outros órgãos parenquimatosos e lesões hemorrágicas nos rins e no trato gastrintestinal. Espiroquetas têm sido ocasionalmente demonstrados no LCS e no cérebro de indivíduos que tiveram meningite. Em animais de laboratório (cobaias, ratos), o cérebro pode servir de reservatório de borrélias após o desaparecimento destas do sangue.

Patogênese e manifestações clínicas

O período de incubação é de 3 a 10 dias. O início é súbito, com calafrios e elevação abrupta da temperatura. Durante esse período, verifica-se a presença de inúmeros espiroquetas no sangue. A febre persiste por 3 a 5 dias e, em seguida, declina, deixando o paciente fraco, mas não doente. O período afebril, cuja duração é de 4 a 10 dias, é seguido de um segundo ataque de calafrios, febre, cefaleia intensa e mal-estar. Ocorrem 3 a 10 dessas recidivas, geralmente de gravidade decrescente. Durante a fase febril (particularmente quando a temperatura está aumentando), os microrganismos são observados no sangue, mas durante o período afebril estão ausentes.

Os anticorpos dirigidos contra os espiroquetas aparecem durante a fase febril, e o ataque provavelmente é interrompido em virtude de seus efeitos aglutinantes e líticos. Esses anticorpos podem selecionar diversas variantes antigenicamente distintas, que se multiplicam e provocam recidiva. Diversas variantes antigênicas distintas de borrélias podem ser isoladas de um único paciente com recidivas sequenciais, mesmo após a inoculação experimental de um único microrganismo. A infecção pelo patógeno emergente *B. miyamotoi* tipicamente se apresenta como uma doença febril, com febre alta (≥ 40 °C), fadiga, cefaleia, mialgia, artralgia e náusea. Em alguns pacientes, foram também relatadas leucopenia, trombocitopenia e transaminases elevadas. Ao contrário da doença de Lyme, as lesões cutâneas típicas (eritema migratório) estão ausentes na infecção por *B. miyamotoi*. Os sintomas de infecção geralmente remitem em 1 semana após o início da antibioticoterapia. Em pacientes gravemente imunocomprometidos, a meningoencefalite foi descrita como uma complicação da infecção por *B. miyamotoi*. A infecção por *B. miyamotoi* deve ser considerada em pacientes com doença febril aguda após exposição a carrapatos *Ixodes* em áreas onde a doença de Lyme também está presente.

Exames diagnósticos laboratoriais

A. Amostras

As amostras de sangue devem ser obtidas durante a elevação da temperatura para esfregaços e inoculação em animais.

B. Esfregaços

Esfregaços sanguíneos finos ou espessos, corados pelo método de Wright ou de Giemsa, revelam a presença de grandes espiroquetas com espirais largas entre os eritrócitos.

C. Inoculação em animais

Camundongos brancos ou ratos jovens são inoculados com sangue por via intraperitonial. Esfregaços corados do sangue da cauda dos animais são examinados à procura de espiroquetas após 2 a 4 dias.

D. Sorologia

Os espiroquetas cultivados podem servir como antígenos para os testes de FC; entretanto, é difícil efetuar uma preparação de antígenos satisfatória. Os pacientes com febre recorrente epidêmica (transmitida por piolhos) podem desenvolver uma reação VDRL positiva.

E. Outros testes

Atualmente, não há testes aprovados pela Food and Drug Administration (FDA) para o diagnóstico de infecção por *B. miyamotoi*. Nenhum teste sorológico está disponível hoje, e, em alguns casos, foi relatada reatividade cruzada com testes sorológicos para *B. burgdorferi*. No entanto, vários testes de PCR foram descritos para a detecção de *B. miyamotoi* em sangue total, plasma, LCS e tecido.

Imunidade

A imunidade após a infecção geralmente é de curta duração.

Tratamento

A grande variabilidade das remissões espontâneas da febre recorrente dificulta a avaliação da eficácia do tratamento quimioterápico. Acredita-se que as tetraciclinas, a eritromicina e a penicilina sejam eficazes. O tratamento durante um único dia pode ser suficiente para interromper uma crise.

Epidemiologia, prevenção e controle

A febre recorrente é endêmica em muitas partes do mundo. O principal reservatório é a população de roedores, que serve como fonte de infecção para os carrapatos do gênero *Ornithodoros*. A distribuição de focos endêmicos e a incidência sazonal da doença são largamente determinadas pela ecologia dos carrapatos em diferentes regiões. Nos Estados Unidos, carrapatos infectados são encontrados em todo o Oeste, particularmente nas áreas montanhosas, mas os casos clínicos são raros. No carrapato, as espécies de *Borrelia* podem ser transmitidas por via transovariana de uma geração para outra.

Os espiroquetas são encontrados em todos os tecidos do carrapato, podendo ser transmitidos por picada ou esmagamento do animal. A doença transmitida pelo carrapato não é epidêmica. Entretanto, quando um indivíduo infectado tem piolhos, estes se tornam infectados ao sugar o sangue, e em 4 a 5 dias podem servir como fonte de infecção para outros indivíduos. A infecção dos piolhos não é transmitida para a geração seguinte, e a doença resulta do ato de esfregar piolhos esmagados nas feridas causadas pelas picadas. Epidemias graves podem ocorrer em populações infectadas por piolhos, sendo a transmissão favorecida por aglomerações, desnutrição e clima frio.

Nas áreas endêmicas, a infecção humana pode ocasionalmente resultar de contato com sangue e tecidos de roedores infectados. A taxa de mortalidade da doença endêmica é baixa, mas, nas epidemias, pode atingir 30%.

A prevenção baseia-se em evitar a exposição a carrapatos e piolhos, bem como em sua eliminação (limpeza e uso de inseticidas).

BORRELIA BURGDORFERI E DOENÇA DE LYME

A doença de Lyme recebeu esse nome em homenagem à cidade de Lyme, Connecticut (Estados Unidos), local em que foram inicialmente identificados vários casos em crianças. Desde 1992, três espécies de *Borrelia* foram associadas à doença de Lyme: *Borrelia burgdorferi* (a principal espécie), *Borrelia afzelii* e *Borrelia garinii*. Todas as três espécies causam doença na Europa, porém apenas *B. burgdorferi* é responsável pela doença na América do Norte. O espiroqueta *B. burgdorferi* é transmitido aos seres humanos pela picada de um pequeno carrapato *Ixodes*. A doença manifesta-se, inicialmente, em forma de uma lesão cutânea característica, o **eritema migratório**, juntamente com sintomas do tipo gripal, enquanto as manifestações tardias frequentemente consistem em artralgia e artrite.

Morfologia e identificação

A. Microrganismos típicos

B. burgdorferi é um microrganismo espiralado de 20 a 30 μm de comprimento e 0,2 a 0,3 μm de largura. A distância entre as espirais varia de 2 a 4 μm. Esses microrganismos têm números variáveis (7-11) de endoflagelos, sendo altamente móveis. O *B. burgdorferi* cora-se facilmente com corantes ácidos e de anilina, bem como por técnicas de impregnação pela prata.

B. Cultura e características de crescimento

O *B. burgdorferi* cresce mais facilmente em um meio de cultura líquido complexo, o meio de Barbour-Stoenner-Kelly (BSK II). A rifampicina, fosfomicina (fosfonomicina) e anfotericina B podem ser adicionadas ao BSK II para reduzir o percentual de contaminação da cultura por outras bactérias e fungos. O *B. burgdorferi* é mais facilmente isolado das lesões cutâneas do eritema migratório; o isolamento do microrganismo de outros locais é difícil. O microrganismo também pode ser cultivado a partir de carrapatos. Como a cultura do microrganismo constitui um procedimento complexo e especializado com baixo índice diagnóstico, raramente é utilizada.

Estrutura e variação antigênica

O *B. burgdorferi* tem um aspecto morfológico semelhante ao de outros espiroquetas. O genoma de *B. burgdorferi* foi sequenciado, permitindo a previsão de muitas estruturas antigênicas. Existe um cromossomo linear incomum de cerca de 950 kb juntamente com vários plasmídeos circulares e lineares. Observa-se um grande número de sequências de lipoproteínas, inclusive as proteínas de superfície externa OspA a F. Acredita-se que a expressão diferencial dessas proteínas possa ajudar *B. burgdorferi* a sobreviver em hospedeiros muito diferentes, como carrapatos e mamíferos. A OspA e a OspB, juntamente com a lipoproteína 6.6, são expressas primariamente no carrapato. Outras proteínas da superfície externa são reguladas durante a alimentação do carrapato, quando os microrganismos migram do intestino médio do carrapato para as glândulas salivares, o que pode explicar por que o carrapato deve alimentar-se durante 24 a 48 horas para que ocorra a transmissão de *B. burgdorferi*.

Patogênese e manifestações clínicas

A transmissão do *B. burgdorferi* a seres humanos ocorre por meio da inoculação do microrganismo na saliva do carrapato ou por regurgitação do conteúdo intestinal do carrapato. O microrganismo adere aos proteoglicanos nas células do hospedeiro, processo mediado por um receptor de glicosaminoglicano da borrélia. Após inoculação pelo carrapato, os microrganismos migram a partir do local de picada, originando a lesão cutânea característica. A disseminação ocorre pelos vasos linfáticos ou pelo sangue para outras áreas da pele, locais musculoesqueléticos e muitos outros órgãos.

A doença de Lyme, a exemplo de outras doenças causadas por espiroquetas, ocorre em fases, com manifestações iniciais e tardias. Uma lesão cutânea única que surge 3 dias a 4 semanas após a picada de carrapato frequentemente marca o Estágio 1. A lesão, conhecida como eritema migratório, surge em forma de área avermelhada e plana próxima à picada do carrapato, expandindo-se lentamente, com palidez central. Juntamente com a lesão cutânea, verifica-se com frequência uma doença de tipo gripal, com febre, calafrios, mialgia e cefaleia. O Estágio 2 ocorre semanas a meses depois, e inclui artralgia e artrite, manifestações neurológicas com meningite, paralisia de nervos faciais e radiculopatia dolorosa, além de doença cardíaca com defeitos de condução e miopericardite. O Estágio 3 começa meses a anos mais tarde, com comprometimento crônico da pele, do sistema nervoso e das articulações. Espiroquetas foram isolados de todos esses locais, sendo provável que algumas das manifestações tardias sejam causadas pela deposição de complexos de antígeno-anticorpo.

Exames diagnósticos laboratoriais

Em alguns pacientes sintomáticos, o diagnóstico de doença de Lyme no estágio inicial pode ser estabelecido clinicamente pela observação da lesão cutânea. Quando essa lesão cutânea não está presente e em estágios mais tardios da doença, que devem ser diferenciados daqueles de muitas outras doenças, é necessário efetuar exames diagnósticos laboratoriais. Todavia, não existe um teste ao mesmo tempo sensível e específico.

A. Amostras

Devem ser obtidas amostras de sangue para testes sorológicos. Amostras do LCS ou do líquido articular podem ser obtidas, porém a cultura geralmente não é recomendada. Essas e outras amostras podem ser utilizadas para a detecção do DNA de *B. burgdorferi* por PCR.

B. Esfregaços

O *B. burgdorferi* foi identificado em cortes de amostras de biópsia, mas o exame de esfregaços corados não é um método sensível para se estabelecer o diagnóstico de doença de Lyme. Em cortes histológicos, *B. burgdorferi*, às vezes, pode ser identificado por meio do uso de anticorpos e métodos imuno-histoquímicos.

C. Cultura

Em geral, a cultura não é efetuada, visto que carece de sensibilidade e requer 6 a 8 semanas.

D. Métodos de amplificação do ácido nucleico

O teste de PCR tem sido utilizado para detectar o DNA de *B. burgdorferi* em muitos fluidos orgânicos. Trata-se de um teste rápido, sensível e específico, mas que não diferencia o DNA do *B. burgdorferi* vivo na doença ativa do DNA do *B. burgdorferi* morto na doença tratada ou inativa. Apresenta sensibilidade de cerca de 85% quando aplicado a amostras de líquido sinovial, porém a sensibilidade é muito menor quando são usadas amostras do LCS de pacientes com neuroborreliose.

E. Sorologia

A sorologia tem sido a base para o diagnóstico de doença de Lyme. Entretanto, 3 a 5% dos indivíduos normais e pacientes com outras doenças (p. ex., artrite reumatoide, muitas doenças infecciosas) podem ser soropositivos por ensaios iniciais de Elisa ou de anticorpo de fluorescência indireta (IFA, do inglês *indirect fluorescent antibody*). Quando a prevalência da doença de Lyme é baixa, como ocorre em muitas áreas geográficas, existe probabilidade muito maior de que uma reação positiva seja de um paciente que não tenha a doença de Lyme do que de um paciente portador da doença (valor preditivo positivo < 10%). Assim, a sorologia para a doença de Lyme só deve ser efetuada na presença de achados clínicos altamente sugestivos. Um diagnóstico de doença de Lyme não deve basear-se em um resultado positivo dos testes de Elisa ou IFA na ausência de achados clínicos sugestivos. Uma abordagem em dois estágios para o sorodiagnóstico é fortemente recomendada: Elisa ou IFA seguidos por um ensaio *immunoblot* para a reatividade com antígenos específicos de *B. burgdorferi*.

Os testes mais amplamente utilizados são os testes IFA e Elisa. Foram comercializadas muitas variações desses ensaios, que utilizam diferentes preparações de antígenos, técnicas e parâmetros de avaliação final. Os resultados dos testes iniciais são geralmente relatados como positivo, negativo ou indeterminado.

O ensaio *immunoblot* é geralmente efetuado para confirmar os resultados obtidos no Elisa. Os antígenos recombinantes ou antígenos de lisados celulares de *B. burgdorferi* são separados por eletroforese, transferidos para uma membrana de nitrocelulose e expostos ao soro do paciente. A interpretação do *immunoblot* baseia-se no número e no tamanho molecular dos anticorpos que reagem com as proteínas de *B. burgdorferi*. Os *blots* podem ser analisados para IgG ou IgM. Os padrões de bandas antígeno-anticorpo dos *immunoblots* devem ser interpretados com conhecimento de resultados conhecidos de pacientes em vários estágios de borreliose. Deve-se ter cautela para evitar falsas interpretações de *blots* minimamente reativos.

Imunidade

A resposta imunológica a *B. burgdorferi* desenvolve-se lentamente. Os soros obtidos no Estágio 1 são positivos em 20 a 50% dos pacientes. Os soros obtidos no Estágio 2 são positivos em 70 a 90% dos casos, com IgG e IgM reativas; IgG predomina em infecções de longa duração. No Estágio 3, aproximadamente 100% dos pacientes apresentam IgG reativa contra o *B. burgdorferi*. A resposta humoral pode expandir-se no decorrer de meses a anos, e parece ser dirigida sequencialmente contra uma série de proteínas de *B. burgdorferi*. O tratamento antimicrobiano precoce diminui a resposta humoral. Os títulos de anticorpos declinam lentamente após o tratamento, porém a maioria dos pacientes com manifestação tardia da doença de Lyme permanece soropositiva durante anos.

Tratamento

A infecção em sua fase inicial, seja local ou disseminada, deve ser tratada com doxiciclina ou amoxicilina – ou axetilcefuroxima – durante 14 a 21 dias. O tratamento alivia os sintomas iniciais e promove a resolução das lesões cutâneas. A doxiciclina pode ser mais eficaz que a amoxicilina na prevenção das manifestações tardias. A artrite estabelecida pode responder à terapia prolongada com doxiciclina ou amoxicilina por via oral ou penicilina G ou ceftriaxona intravenosas. Nos casos refratários, a ceftriaxona é eficaz. Quase 50% dos pacientes tratados com doxiciclina ou amoxicilina no início da evolução da doença de Lyme desenvolvem complicações tardias mínimas (p. ex., cefaleia e dores articulares).

Epidemiologia, prevenção e controle

O *B. burgdorferi* é transmitido por um pequeno carrapato do gênero *Ixodes*. O vetor é o *I. scapularis* (também denominado *Ixodes dammini*) no Nordeste e Meio-Oeste dos Estados Unidos, bem como *Ixodes pacificus* na Costa Oeste. Na Europa, o vetor é o *Ixodes ricinus*, e outros carrapatos vetores parecem importantes em outras regiões do mundo. Os carrapatos *Ixodes* são bastante pequenos e, com frequência, não são observados quando estão sugando a pele. As larvas têm cerca de 1 mm; as ninfas, cerca de metade de uma semente de papoula ou de pimenta quebrada (cerca de 2 mm); e uma fêmea adulta, 3 a 4 mm. Todos os estágios têm metade ou menos da metade da duração dos estágios do carrapato de cães (*Dermacentor variabilis*). Dependendo do estágio de desenvolvimento e da espécie de *Ixodes*, o carrapato precisa alimentar-se por 2 a 4 dias para obter um repasto de sangue. A transmissão de *B. burgdorferi* ocorre no final do processo de alimentação. Camundongos e cervos constituem os principais reservatórios animais de *B. burgdorferi*, porém outros roedores e aves também podem ser infectados. Na parte leste dos Estados Unidos, 10 a 50% dos carrapatos são infectados, enquanto

nos estados do oeste, a taxa de infecção nos carrapatos é bem menor, de cerca de 2%.

A maioria das exposições ocorre de maio a julho, quando o estágio de ninfa dos carrapatos é mais ativo. Entretanto, o estágio larvar (agosto e setembro) e o estágio adulto (primavera e outono) também se alimentam em seres humanos, podendo transmitir *B. burgdorferi*.

A prevenção consiste em evitar exposição aos carrapatos. Recomenda-se usar camisas de mangas compridas e colocar as barras das calças por dentro das meias. O exame cuidadoso da pele, após a pessoa ter permanecido em ambientes externos, possibilita a detecção dos carrapatos e sua remoção antes de transmitirem *B. burgdorferi*.

O controle ambiental dos carrapatos por meio da aplicação de inseticidas teve sucesso moderado na redução do número de ninfas durante uma estação.

Verificação de conceitos

- Uma variedade de espécies de *Borrelia* causa doença, em geral após mordida de um artrópode ou outro vetor.
- O *B. recurrentis* é transmitido pelo piolho do corpo humano e causa a febre recorrente epidêmica. Já na forma endêmica, o microrganismo é transmitido por carrapatos do gênero *Ornithodoros*. O *B. hermsii* é a causa da febre recorrente observada no oeste dos Estados Unidos.
- A febre recorrente é caracterizada pelo aumento abrupto da temperatura, que persiste por 3 a 5 dias. Depois de um breve intervalo afebril, um segundo ciclo febril ocorre, muitas vezes relacionado com a variação antigênica que há no microrganismo.
- O diagnóstico da febre recorrente é mais bem realizado pelo esfregaço de sangue periférico corado por Wright ou Giemsa.
- O tratamento é realizado com penicilina, tetraciclina e eritromicina.
- O *B. burgdorferi* é responsável pela doença de Lyme, que é, com frequência, transmitida pela picada de um pequeno carrapato *Ixodes* em seu estágio ninfal.
- A doença de Lyme ocorre em estágios. O Estágio 1 é caracterizado pelo eritema migratório no sítio da picada do carrapato. Os Estágios 2 e 3 são caracterizados por artrite e manifestações cardíacas e neurológicas.
- O diagnóstico baseia-se em duas abordagens sorológicas que começam com um teste de Elisa ou IFA, seguido por um ensaio *immunoblot* para reatividade a antígenos específicos, caso o resultado do teste de rastreamento for positivo.
- O tratamento depende do estágio da infecção. Penicilina, doxiciclina, cefuroxima e ceftriaxona parenteral têm sido utilizados com sucesso.

LEPTOSPIRA E LEPTOSPIROSE

A leptospirose é uma zoonose de distribuição mundial causada por espiroquetas do gênero *Leptospira*. Existe uma espécie patogênica, *Leptospira interrogans*, com mais de 200 sorovares. Esses sorovares são ainda organizados em mais de duas dúzias de sorogrupos. Os sorogrupos baseiam-se na antigenicidade compartilhada, sendo principalmente para uso laboratorial.

Morfologia e identificação

A. Microrganismos típicos

As leptospiras são espiroquetas flexíveis, delgados e altamente espiralados, de 5 a 15 μm de comprimento, com espirais muito finas de 0,1 a 0,2 μm de largura. Uma extremidade do microrganismo mostra-se frequentemente encurvada, formando um gancho. As leptospiras exibem motilidade ativa, mais bem vista à microscopia de campo escuro. As micrografias eletrônicas revelam a existência de um filamento axial delgado e membrana delicada. O espiroqueta é tão delicado que, à microscopia de campo escuro, aparece apenas como uma cadeia de minúsculos cocos. Não se cora facilmente, mas pode ser impregnado pela prata.

B. Cultura

As leptospiras crescem melhor em condições aeróbias à temperatura de 28 a 30 °C em meios de cultura semissólidos (p. ex., meio de Ellinghausen-MacCullough-Johnson-Harris [EMJH]), em tubos de 10 mL contendo 0,1% de ágar e 5-fluoruracila. (Ver também Exames diagnósticos laboratoriais, adiante. Depois de 1 a 2 semanas, as leptospiras produzem uma zona difusa de crescimento próximo à parte superior do tubo e, mais tarde, um anel de crescimento no tubo, correspondendo ao nível de pressão de oxigênio ideal para os microrganismos.

C. Exigências de crescimento

As leptospiras obtêm energia a partir da oxidação dos ácidos graxos de cadeia longa e não conseguem utilizar os aminoácidos ou carboidratos como principais fontes de energia. Os sais de amônio são a principal fonte de nitrogênio. As leptospiras podem sobreviver durante semanas em água, particularmente em pH alcalino.

Estrutura antigênica

As principais cepas (sorovares) de *L. interrogans* são todas sorologicamente relacionadas e exibem reatividade cruzada em testes sorológicos. Isso indica a sobreposição considerável na estrutura antigênica. Testes quantitativos e de absorção de anticorpos são necessários para um diagnóstico sorológico específico. O envelope externo contém grandes quantidades de lipopolissacarídeo (LPS), cuja estrutura antigênica varia de uma cepa para outra. Tal variação forma a base da classificação sorológica das espécies de *Leptospira*, além de determinar a especificidade da resposta imunológica dos seres humanos às leptospiras. Essas variações do LPS também determinam a especificidade da resposta imunológica humana ao microrganismo.

Patogênese e manifestações clínicas

Em geral, a infecção humana decorre das leptospiras, frequentes em fontes de água, entrando no corpo através de cortes ou ferimentos na pele e pelas mucosas (boca, nariz, conjuntivas). A ingestão é considerada uma via de menor importância. Depois de um período de incubação de 1 a 2 semanas, ocorre início febril variável, durante o qual os espiroquetas encontram-se na corrente sanguínea. Em seguida, instalam-se nos órgãos parenquimatosos (sobretudo no fígado e nos rins), onde acarretam hemorragia e necrose tecidual, com a consequente disfunção desses órgãos (icterícia, hemorragia, retenção de nitrogênio). A doença tem frequência bifásica. Após

melhora inicial, desenvolve-se a segunda fase, quando os títulos de anticorpos IgM aumentam. Manifesta-se em forma de "meningite asséptica", com cefaleia intensa, rigidez da nuca e pleocitose do LCS. Além disso, pode ocorrer recidiva da nefrite e da hepatite, e podem surgir lesões cutâneas, musculares e oculares. O grau e a distribuição do acometimento dos órgãos variam nas doenças causadas por diferentes leptospiras em várias partes do mundo. Muitas infecções são leves ou subclínicas. A hepatite é frequente em pacientes com leptospirose.

Em muitas espécies animais, o comprometimento renal é crônico, resultando em eliminação de um grande número de leptospiras na urina, provavelmente a principal fonte de contaminação ambiental que resulta em infecção humana. A urina humana também pode conter espiroquetas nas segunda e terceira semanas de doença.

Durante a infecção, desenvolvem-se anticorpos aglutinantes, fixadores do complemento e líticos. O soro dos pacientes convalescentes protege os animais de laboratório contra uma infecção que, de outro modo, seria fatal. A imunidade resultante da infecção em seres humanos e animais parece específica do sorotipo.

Exames diagnósticos laboratoriais

A. Amostras

As amostras consistem em sangue coletado por técnica asséptica em tubo contendo heparina, LCS ou amostras de tecido para exame microscópico e cultura. A urina deve ser obtida com muito cuidado para evitar contaminação. O soro é coletado para testes de aglutinação.

B. Exame microscópico

O exame em campo escuro ou esfregaços espessos corados pela técnica de Giemsa ocasionalmente demonstram a presença de leptospiras no sangue recém-coletado de pacientes com infecção no estágio inicial. O exame em campo escuro da urina centrifugada também pode ser positivo. Anticorpos conjugados com fluoresceína ou outras técnicas imuno-histoquímicas também podem ser usados.

C. Cultura

Sangue fresco total ou urina pode ser cultivado em meio semissólido. Devido à presença de substâncias inibidoras no sangue, apenas uma ou duas gotas devem ser colocadas em cada um de cinco tubos contendo 5 ou 10 mL do meio de cultura. Até 0,5 mL de LCS pode ser usado. Uma gota de urina não diluída pode ser utilizada, seguida de uma gota de urina diluída seriadamente até 10 vezes, para um total de quatro tubos. Uma amostra de tecido de cerca de 5 mm de diâmetro deve ser esmagada e utilizada como inóculo. O crescimento é lento, e as culturas devem ser mantidas durante pelo menos 8 semanas.

D. Sorologia

O diagnóstico da leptospirose, na maioria dos casos, é confirmado por meio da sorologia. Anticorpos aglutinantes aparecem inicialmente 5 a 7 dias após a infecção e desenvolvem-se lentamente, alcançando um pico em 5 a 8 semanas. Títulos muito elevados podem ser atingidos (> 1:10.000). Os testes-padrão dos laboratórios de referência para detecção dos anticorpos de leptospiras usam aglutinação microscópica de microrganismos vivos, o que pode ser perigoso. O teste é altamente sensível, mas difícil de padronizar; o ponto final é 50% de aglutinação, que é difícil de determinar. A aglutinação de suspensões vivas é mais específica para o sorotipo das leptospiras infectantes. Os testes de aglutinação geralmente são realizados somente por laboratórios de referência. Os soros pareados devem mostrar uma mudança significativa no título de um único soro, com alto título de aglutininas mais um quadro clínico compatível com o diagnóstico. Devido à dificuldade de realização de um teste de aglutinação definitivo, uma variedade de outros testes tem sido desenvolvida para uso como rastreamento primário.

Imunidade

A infecção é acompanhada de imunidade específica do sorotipo, mas pode ocorrer reinfecção por diferentes sorotipos.

Tratamento

O tratamento da leptospirose leve consiste em doxiciclina, ampicilina ou amoxicilina via oral. A doença moderada ou grave deve ser tratada com penicilina, ampicilina intravenosa ou ceftriaxona.

Epidemiologia, prevenção e controle

As leptospiroses são infecções que acometem essencialmente os animais. A infecção humana* é apenas acidental, após contato com água ou outros materiais contaminados com excrementos de animais hospedeiros. As principais fontes de infecção humana incluem ratos**, camundongos, roedores silvestres, cães, porcos e gado bovino, animais que eliminam leptospiras na urina durante a doença ativa, bem como no estado de portador assintomático. As leptospiras permanecem viáveis na água estagnada por várias semanas, de modo que beber, nadar, tomar banho ou ingerir alimentos contaminados pode resultar em infecção humana. Os indivíduos com maior probabilidade de entrar em contato com água contaminada por ratos (p. ex., mineiros, pessoas que trabalham na limpeza de esgotos, fazendeiros e pescadores) correm maior risco de infecção. As crianças contraem a infecção a partir de cães com mais frequência do que os adultos. O controle consiste em evitar exposição a água potencialmente contaminada e reduzir a contaminação mediante o controle dos roedores. A profilaxia eficaz consiste em doxiciclina, 200 mg, via oral, 1 vez por semana, durante a exposição maciça. Os cães podem receber vacina contra cinomose-hepatite-leptospirose.

Verificação de Conceitos

- A leptospirose é uma zoonose de distribuição mundial causada por espiroquetas do gênero *Leptospira interrogans*. As leptospiras

são mantidas na natureza por meio de infecção renal crônica de animais portadores, especificamente roedores.
- As principais cepas (sorovares) de *L. interrogans* são todas sorologicamente relacionadas e exibem reatividade cruzada em testes sorológicos.
- As infecções geralmente ocorrem após a exposição ocupacional ou recreativa ao solo e/ou à água contaminados com urina de roedor.
- O microrganismo pode penetrar nas membranas mucosas intactas ou na pele por meio de pequenos cortes e escoriações.
- Em humanos, as infecções por *Leptospira* podem se apresentar como uma doença subclínica, como uma doença febril leve semelhante à influenza ou como uma doença sistêmica grave com insuficiência renal e hepática, vasculite e miocardite.
- O diagnóstico clínico requer um alto índice de suspeita. O diagnóstico laboratorial é baseado na sorologia, mas os testes sorológicos podem ter pouca sensibilidade durante a primeira semana da doença.
- O tratamento requer penicilina, amoxicilina, ampicilina ou doxiciclina.
- A prevenção da doença reside na redução do risco de exposição ao solo e/ou à água contaminados com urina de roedor.

QUESTÕES DE REVISÃO

1. Uma mulher de 28 anos de idade, com 10 semanas de gravidez, procurou uma clínica de obstetrícia pré-natal. Ela tem uma história clínica de tratamento para sífilis sete anos atrás. Os resultados dos exames sorológicos para sífilis foram os seguintes: teste não treponêmico, RPR, não reativo; teste treponêmico (TP-PA), reativo. Qual das seguintes afirmativas é a mais correta?

   (A) O tratamento prévio da mãe foi ineficaz.
   (B) A criança corre sério risco de apresentar sífilis congênita.
   (C) A mãe precisa ser tratada novamente contra sífilis.
   (D) A mãe precisa ser submetida a uma punção lombar e realizar um VDRL em seu LCS para neurossífilis.

2. Um escoteiro de 12 anos de idade foi para um acampamento de verão por 2 semanas no final de agosto, em um local nos arredores de Mystic, Connecticut (Estados Unidos). Quando ele voltou para casa, sua mãe notou uma erupção cutânea em forma de olho de boi na parte de trás da panturrilha esquerda de seu filho. Pouco depois, o menino desenvolveu uma doença semelhante à gripe que se resolveu após 4 dias de repouso na cama. Três semanas depois, o menino reclamou com a mãe que seu corpo doía toda vez que ele se movia. Em visita ao pediatra, foi solicitada uma investigação de doenças infecciosas. Qual é a fonte mais provável de infecção do menino?

   (A) Transmissão respiratória por outro escoteiro doente
   (B) Ingestão de água de um riacho contaminada com urina
   (C) Picada de um mosquito que abriga um parasita
   (D) Ingestão de alimentos contaminados com fezes
   (E) Picada de um carrapato infectado com espiroquetas

3. Em relação aos testes sorológicos não treponêmicos:

   (A) São úteis na identificação definitiva de uma infecção por *T. pallidum*.
   (B) Detectam os títulos de anticorpos contra *T. pallidum*.
   (C) Podem ser usados para monitorar o tratamento com antibióticos da sífilis primária ou secundária.
   (D) Detectam os anticorpos contra os lipídeos liberados pelas células danificadas.
   (E) São úteis no diagnóstico de uma infecção gonocócica disseminada.

---

*N. de T. No Brasil, a leptospirose é considerada um problema de saúde pública. O microrganismo se dissemina principalmente em épocas de chuvas, pois muitas áreas estão sujeitas a alagamentos e possuem saneamento básico deficiente. São relatados mais de 10.000 casos de leptospirose grave todo ano. Na pecuária, a leptospirose tem causado grandes perdas econômicas por influenciar o potencial reprodutivo do rebanho. Nos bovinos, por exemplo, provoca infertilidade, mastites, abortos, natimortalidade e decréscimo na produção de leite e de carne.

**N. de T. Em áreas urbanas, os principais reservatórios de leptospiras são os roedores sinantrópicos das espécies *Rattus norvegicus* (rato de esgoto), *Rattus rattus* (rato de telhado) e *Mus musculus* (camundongo).

4. Uma mulher de 42 anos de idade foi acampar nas montanhas de Serra Nevada (Estados Unidos), onde dormiu duas noites em uma cabana abandonada. Após a segunda noite, observou uma marca de picada no ombro. Seis dias depois, desenvolveu febre de 38 °C, que durou quatro dias. Dez dias mais tarde, teve outro episódio similar de febre. O exame em lâmina com esfregaço de sangue corado pelo método de Wright mostrou espiroquetas sugestivos de *Borrelia*. Qual das seguintes afirmações sobre febre recorrente é a correta?

   (A) Cada recorrência está associada a uma variante antigenicamente distinta.

   (B) Deverão ser feitos esfregaços de sangue quando a paciente estiver afebril.

   (C) As borrélias não passam pela via transovariana de uma geração a outra no carrapato.

   (D) O principal reservatório da *Borrelia* é o veado.

   (E) A *Borrelia* é resistente à penicilina e tetraciclina.

5. Um jovem de 23 anos de idade apresenta-se com erupções maculopapulares no tronco, mas não na boca nem nas palmas das mãos e plantas dos pés. Devido ao fato de, no diagnóstico diferencial, ter sido considerada sífilis secundária, foi feito um teste RPR, cujo resultado foi positivo, com um título em uma diluição de 1:2. Entretanto, o teste de TP-PA deu resultado negativo. Qual das seguintes doenças pode ser descartada?

   (A) Sífilis secundária

   (B) Sarampo atípico

   (C) Infecção por coxsackievírus

   (D) Infecção aguda por HIV-1

   (E) Reação alérgica a fármacos

6. Qual dos seguintes animais é fonte de *L. interrogans*?

   (A) Jacarés

   (B) Patos

   (C) Sapos

   (D) Peixe-gato

   (E) Suínos

7. Um médico residente de 27 anos de idade foi admitido em um hospital em virtude de febre súbita de 39 °C e cefaleia. Duas semanas antes, ele passara férias em uma região rural do Oregon (Estados Unidos), onde nadou com frequência em um canal de irrigação que fazia limite com o campo onde as vacas pastavam. Logo após sua admissão, foram feitos testes de sangue, que indicaram anormalidades na função renal, bilirrubina e outros testes hepáticos elevados. As culturas de sangue, urina e LCS foram negativas. Suspeita-se de leptospirose. Qual das seguintes alternativas mais provavelmente confirma este diagnóstico?

   (A) Análise em soro de fase aguda e convalescente por meio do teste RPR.

   (B) Cultura de urina em células de fibroblastos diploides humanos.

   (C) Teste no soro por microscopia de campo escuro para a presença de leptospiras.

   (D) Testes em soro das fases aguda e convalescente para anticorpos antileptospira.

   (E) Hemocultura ou LCS em ágar-chocolate.

   (F) Coloração de Gram do LCS e do sangue total.

8. Um homem de 47 anos de idade apresenta-se com artrite de progressão lenta nos joelhos. Ele gosta de caminhar nas áreas costeiras do Norte da Califórnia (Estados Unidos), onde a prevalência de *B. burgdorferi* em carrapatos *Ixodes* é estimada em 1 a 3% (considerada baixa). O paciente está preocupado com doença de Lyme. Ele não observou a presença de carrapato em seu corpo e não reparou em nenhuma erupção vermelha em expansão. O Elisa para borreliose de Lyme deu positivo. O que deve ser feito agora?

   (A) Uma amostra de biópsia da sinóvia de uma articulação do joelho deve ser examinada para *B. burgdorferi*.

   (B) O paciente deve receber antibiótico para tratar doença de Lyme.

   (C) Deve ser feito um PCR do plasma do paciente para detectar *B. burgdorferi*.

   (D) Uma amostra de soro do paciente deve ser submetida ao ensaio *immunoblot* para detecção de anticorpos reativos com antígenos de *B. burgdorferi*.

   (E) Cultura do líquido sinovial e hemocultura em ágar-chocolate.

9. Qual dos seguintes microrganismos infecta principalmente o fígado e os rins?

   (A) *Leptospira interrogans*

   (B) *Staphylococcus aureus*

   (C) *Escherichia coli*

   (D) *Enterococcus faecalis*

   (E) *Treponema pallidum*

10. Todas as afirmações a seguir sobre a febre recorrente são verdadeiras, *exceto*:

   (A) A doença epidêmica apresenta um maior percentual de mortalidade do que a doença endêmica.

   (B) A doença endêmica que ocorre na América do Norte é causada por *B. recurrentis*.

   (C) Os episódios de febre recorrente são causados por variação antigênica entre os espiroquetas.

   (D) A penicilina é o fármaco de escolha terapêutica.

   (E) Esmagar o carrapato pode transmitir o espiroqueta e desencadear a infecção.

Respostas

1. A	**5.** A	**9.** A
2. E	**6.** E	**10.** B
3. D	**7.** D	
4. A	**8.** D	

REFERÊNCIAS

Centers for Disease Control and Prevention: Discordant results from reverse sequence syphilis screening—Five laboratories, United States, 2006–2010. *MMWR Morb Mortal Wkly Rep* 2011;60:133–137.

Haake DA, Levett PN: *Leptospira* species (Leptospirosis). In Bennett JE, Dolin R, Blaser MJ (editors). *Mandell, Douglas and Bennett's Principles and Practice of Infectious Diseases*, 8th ed. Elsevier, 2015.

Hook EW III: Endemic treponematoses. In Bennett JE, Dolin R, Blaser MJ (editors). *Mandell, Douglas and Bennett's Principles and Practice of Infectious Diseases*, 8th ed. Elsevier, 2015.

Horton JM: Relapsing fever caused by *Borrelia* species. In Bennett JE, Dolin R, Blaser MJ (editors). *Mandell, Douglas and Bennett's Principles and Practice of Infectious Diseases*, 8th ed. Elsevier, 2015.

Krause PJ, Fish D, Narasimhan S, et al: *Borrelia miyamotoi* infection in nature and in humans. *Clin Microbiol Infect* 2015;21:631–639.

Levett PN: *Leptospira*. In Jorgensen JH, Pfaller MA, Carroll KC, et al (editors). *Manual of Clinical Microbiology*, 11th ed. ASM Press, 2015.

Radolf JD, Tramont EC, Salazar JC: Syphilis (*Treponema pallidum*). In Bennett JE, Dolin R, Blaser MJ (editors). *Mandell, Douglas and Bennett's Principles and Practice of Infectious Diseases*, 8th ed. Elsevier, 2015.

Schriefer ME: *Borrelia*. In Jorgensen JH, Pfaller MA, Carroll KC, et al (editors). *Manual of Clinical Microbiology*, 11th ed. ASM Press, 2015.

Seña AC, White BL, Sparling PF: Novel *Treponema pallidum* serologic tests: A paradigm shift in syphilis screening for the 21st century. *Clin Infect Dis* 2010;51:700–708.

Seña AC, Pillay A, Cox DL, Radolf JD: *Treponema* and *Brachyspira*, human host-associated spirochetes In Jorgensen JH, Pfaller MA, Carroll

KC, et al (editors). *Manual of Clinical Microbiology*, 11th ed. ASM Press, 2015.

Steere AC: Lyme disease (Lyme borreliosis) due to *Borrelia burgdorferi*. In Bennett JE, Dolin R, Blaser MJ (editors). *Mandell, Douglas and Bennett's Principles and Practice of Infectious Diseases*, 8th ed. Elsevier, 2015.

Vijayachari P, Sugunan AP, Shriram AN, et al: Leptospirosis: An emerging global public health problem. *J Biosci* 2008;33:557–569.

Wormser GP, Shapiro ED, Fish D: *Borrelia miyamotoi*: An emerging tick-borne pathogen. *Am J Med 2019;132(2):136-137.*

Micoplasmas e bactérias com paredes celulares defeituosas

MICOPLASMAS

Existem mais de 200 espécies de microrganismos incluídos na classe Mollicutes (bactérias que carecem de paredes celulares). Acredita-se que pelo menos 16 dessas espécies sejam de origem humana, enquanto outras foram isoladas de animais e plantas. Nos seres humanos, existem 4 espécies de importância primária. O *Mycoplasma pneumoniae* provoca pneumonia, sendo associado a infecções articulares e outras infecções. O *Mycoplasma hominis* pode causar febre puerperal, e foi detectado com outras bactérias em infecções das tubas uterinas. O *Ureaplasma urealyticum* constitui uma causa da uretrite não gonocócica em homens, e está associado à doença pulmonar em prematuros de baixo peso. O *Mycoplasma genitalium* é estreitamente relacionado com *M. pneumoniae*, sendo associado a infecções uretrais e outras infecções urogenitais. Outros membros do gênero *Mycoplasma* são patógenos humanos e de diferentes animais, acometendo as vias respiratórias, o trato urogenital e as articulações.

O menor genoma dos micoplasmas conhecidos, *M. genitalium*, corresponde a pouco mais de duas vezes o tamanho do genoma de alguns vírus grandes. Os micoplasmas são os menores microrganismos que podem ser de vida livre na natureza e capazes de se autorreplicar em meios de cultura em laboratório. Apresentam as seguintes características: (1) os menores micoplasmas têm 125 a 250 nm de tamanho; (2) são altamente pleomórficos, visto que carecem de parede celular rígida, sendo delimitados por uma "unidade de membrana" de três camadas que contém um esterol (os micoplasmas necessitam da adição de soro ou colesterol ao meio para produzirem os esteróis necessários ao seu crescimento); (3) os micoplasmas são totalmente resistentes à penicilina, pois carecem das estruturas da parede celular sobre as quais a penicilina atua, mas são inibidos pela tetraciclina ou pela eritromicina; (4) os micoplasmas podem multiplicar-se em meios de cultura acelulares; em ágar, o centro da colônia fica caracteristicamente mergulhado abaixo da superfície do meio (o aspecto se assemelha a um "ovo frito"); (5) o crescimento dos micoplasmas é inibido por anticorpos específicos; e (6) os micoplasmas exibem afinidade pelas membranas celulares dos mamíferos.

Morfologia e identificação

A. Microrganismos típicos

Os micoplasmas não podem ser estudados pelos métodos bacteriológicos habituais devido ao pequeno tamanho de suas colônias e à plasticidade e à delicadeza de suas células. O crescimento em meios de cultura líquidos dá origem a inúmeras formas. O cultivo em meios de cultura sólidos consiste principalmente em massas protoplasmáticas de formas indefinidas, facilmente deformadas. Essas estruturas variam acentuadamente de tamanho, de 50 a 300 nm de diâmetro. A morfologia aparece em formas diferentes, de acordo com o método de observação empregado (p. ex., microscopia em campo escuro, imunofluorescência, esfregaços feitos a partir de cultura líquida ou sólida corados por Giemsa).

B. Cultura

As culturas de micoplasmas que causam doenças em seres humanos requerem meios com soro, substratos metabólicos, tais como glicose ou ureia, e fatores de crescimento, como extrato de levedura. Não existe um meio que seja ótimo para todas as espécies, devido às diferentes propriedades e necessidades de substratos. Após incubação a 37 °C durante um período entre 48 e 96 horas, pode não haver turvação no caldo de cultura. Contudo, a coloração do sedimento centrifugado pelo método de Giemsa revela as estruturas pleomórficas características, sendo que o repique em meios de cultura sólidos apropriados produz colônias minúsculas.

Depois de 2 a 6 dias em meio bifásico (caldo sobre ágar) e em ágar incubado em placa de Petri selada para evitar evaporação, podem-se detectar, com o uso de uma lupa, colônias isoladas das espécies de *Mycoplasma* de crescimento mais rápido, que medem 20 a 500 μm. As colônias são redondas e exibem uma superfície granulosa com centro escuro, geralmente mergulhado no ágar. É possível repicar as colônias, cortando-se um pequeno quadrado de ágar contendo uma ou mais colônias e aplicando esse material em uma placa nova ou o colocando em meio de cultura líquido.

C. Características de crescimento

Os micoplasmas são únicos na microbiologia em virtude (1) da ausência de parede celular, (2) do seu tamanho extremamente pequeno e (3) de seu crescimento em meios complexos, porém acelulares.

Os micoplasmas passam através de filtros com poros de 450 nm e, assim, são comparáveis às clamídias ou aos grandes vírus. Todavia, os micoplasmas crescem em meios de cultura acelulares que contenham lipoproteína e esterol. Essa necessidade de esterol para o crescimento e síntese de membrana é exclusiva desses microrganismos.

Muitos micoplasmas utilizam a glicose como fonte de energia. Já os ureaplasmas necessitam de ureia.

Alguns micoplasmas humanos produzem peróxidos e hemolisam eritrócitos. Em culturas de células e *in vivo*, os micoplasmas desenvolvem-se de forma predominante na superfície das células. Muitas culturas de linhagens de células humanas e de animais estabelecidas podem ser contaminadas por micoplasmas, sendo com frequência intracelulares.

D. Variação

O extremo pleomorfismo dos micoplasmas constitui uma de suas principais características.

Estrutura antigênica

Pelo menos 16 espécies antigenicamente distintas podem ser identificadas em humanos, incluindo *M. hominis*, *M. pneumoniae*, *M. genitalium* e *U. urealyticum*. A maioria das espécies do gênero *Mycoplasma* tem sistemas altamente evoluídos para variação de antígenos da membrana externa (variação antigênica), possivelmente para evitar a resposta imune do hospedeiro durante a infecção.

As espécies são classificadas de acordo com suas características bioquímicas e sorológicas. Os antígenos de fixação do complemento (FC) dos micoplasmas consistem em glicolipídeos. Os antígenos para os ensaios imunoadsorventes ligados à enzima (Elisa, do inglês *enzyme-linked immunosorbent assay*) são proteínas. Algumas espécies apresentam mais de um sorotipo.

Patogênese

Muitos micoplasmas patogênicos exibem formas filamentosas ou semelhantes a um frasco, sendo dotados de estruturas polares especializadas que medeiam sua aderência às células do hospedeiro. Essas estruturas consistem em um complexo grupo de proteínas, adesinas e proteínas acessórias de aderência (p. ex., a adesina P1 de *M. pneumoniae* e a adesina MgPa de *M. genitalium*). As proteínas são ricas em prolina, o que influencia seu dobramento e sua ligação e é importante na aderência às células. Os micoplasmas se aderem à superfície das células ciliadas e das não ciliadas, provavelmente por meio dos sialoglicoconjugados e glicolipídeos sulfatados das células mucosas. Alguns micoplasmas carecem das estruturas polares distintas, porém utilizam proteínas adesinas ou dispõem de outros mecanismos para aderir às células do hospedeiro. Os eventos subsequentes no processo de infecção não estão bem elucidados, mas podem incluir diversos fatores: (1) citotoxicidade direta (em virtude da produção de peróxido de hidrogênio e radicais superóxido); (2) citólise mediada (por reações antígeno-anticorpo ou por quimiotaxia e ação das células mononucleares); e (3) competição por e depleção dos nutrientes.

Infecção pelo micoplasma

Os micoplasmas foram cultivados a partir das mucosas e dos tecidos humanos, particularmente do trato genital, do trato urinário e das vias respiratórias. Eles fazem parte da microbiota normal da boca, podendo ser cultivados a partir de saliva normal, mucosa oral, escarro ou tecido das tonsilas. O *M. hominis* é encontrado na orofaringe de menos de 5% dos adultos. A presença de *M. pneumoniae* na orofaringe está em geral associada à ocorrência de doença (ver adiante).

Alguns micoplasmas são habitantes do trato geniturinário, em particular nas mulheres. Em ambos os sexos, a presença de micoplasmas nas vias genitais está diretamente relacionada com o número de parceiros sexuais durante a vida. O *M. hominis* pode ser isolado de 1 a 5% dos homens assintomáticos e de 30 a 70% das mulheres assintomáticas. Em clínicas para doenças sexualmente transmissíveis, esses percentuais aumentam para 20% e mais de 90% em homens e mulheres, respectivamente. O *U. urealyticum* é encontrado no trato genital de 5 a 20% dos homens sexualmente ativos e de 40 a 80% das mulheres sexualmente ativas. Cerca de 10% das mulheres que se tratam em clínicas para doenças sexualmente transmissíveis apresentam *M. genitalium* no trato genital inferior. A presença de *M. genitalium* na uretra masculina está tipicamente associada à doença, uma síndrome denominada uretrite não gonocócica. Outros micoplasmas também ocorrem no trato genital inferior.

Exames diagnósticos laboratoriais

A. Amostras

As amostras consistem em *swab* de garganta, escarro, exsudatos inflamatórios e secreções respiratórias, uretrais ou genitais.

B. Exame microscópico

A pesquisa direta de micoplasma a partir de amostras clínicas é inútil. As culturas são examinadas conforme descrito anteriormente.

C. Culturas

O material deve ser inoculado em meios sólidos ou líquidos especiais, dependendo do microrganismo. Meios sólidos são melhores quando incubados a 37 °C com 5 a 10% de CO_2, em condições de microaerofilia ou mesmo de anaerobiose. Já os meios líquidos necessitam de incubação a 37 °C em condição de aerobiose. A duração da incubação varia de 2 a 4 dias para espécies como *M. hominis* e *U. urealyticum* ou até 4 semanas para *M. pneumoniae*.

Pode ser necessário efetuar um ou dois repiques antes que ocorra crescimento adequado para exame microscópico por coloração ou imunofluorescência. As colônias de *M. hominis* podem exibir um típico aspecto de "ovo frito" no ágar, porém as colônias de *M. pneumoniae* e de *M. genitalium* são menores, sem o típico aspecto colonial observado em *M. hominis*.

Os espécimes clínicos para detecção de espécies de *Ureaplasma* são geralmente inoculados em caldo ou ágar (p. ex., ágar A8) contendo ureia. O crescimento é detectado por alteração colorimétrica, resultante da hidrólise da ureia.

D. Sorologia

Nos seres humanos infectados por micoplasmas, pode-se verificar a produção de anticorpos, detectados por vários métodos. Podem-se efetuar testes de FC com antígenos glicolipídicos extraídos de micoplasmas cultivados com clorofórmio-metanol. *M. pneumoniae* e *M. genitalium* reagem cruzadamente no teste de FC. Os testes de inibição da hemaglutinação podem ser aplicados a eritrócitos tanizados com antígenos adsorvidos de *Mycoplasma*. Pode-se utilizar a imunofluorescência indireta. O teste que mede a inibição do crescimento por anticorpos é muito específico. Os de Elisa são considerados mais confiáveis do que os testes de FC e estão disponíveis na maioria dos laboratórios, porém apresentam sensibilidade e especificidade variáveis, dependendo do teste escolhido. Em geral, os testes imunoenzimáticos são considerados melhores do que o FC. Com todas essas técnicas sorológicas, existe uma especificidade adequada para diferentes espécies humanas de *Mycoplasma*. Contudo, é necessário um título crescente de anticorpos para que se possa estabelecer o diagnóstico, em razão da elevada incidência de provas sorológicas positivas em indivíduos normais.

E. Testes de amplificação do ácido nucleico

Métodos moleculares para detecção de espécies humanas de micoplasma e ureaplasma estão disponíveis em muitos laboratórios de referência, e vários *primers* (sequências iniciadoras) e sondas genéticas foram publicados em diferentes artigos científicos. Contudo, poucos ensaios estão aprovado pela Food and Drug Administration (FDA), embora muitas plataformas estejam em desenvolvimento, e a situação deve melhorar. Testes de amplificação de ácidos nucleicos (NAATs, do inglês *nucleic acid amplification tests*) são particularmente úteis para microrganismos que são de difícil cultivo, como *M. pneumoniae* e *M. genitalium*, mas menos importantes para microrganismos de crescimento mais rápido. As dificuldades podem ser evidenciadas quando esses testes são positivos, mesmo com ausência de sintomatologia clínica. Esses testes são mais bem utilizados em combinação a outras técnicas tradicionais de diagnóstico, como testes sorológicos, até que mais informações clínicas estejam disponíveis.

Tratamento

Muitas cepas de micoplasmas são inibidas por uma variedade de antimicrobianos; entretanto, a maioria mostra-se resistente a penicilinas, cefalosporinas e vancomicina. As tetraciclinas e eritromicinas mostram-se eficazes tanto *in vitro* quanto *in vivo*, e hoje constituem os fármacos de escolha na pneumonia por micoplasma. Alguns ureaplasmas são resistentes à tetraciclina. O tratamento da uretrite pelo *M. genitalium* em homens é geralmente feito por meio de uma única dose de azitromicina administrada na clínica. Esse esquema garante conformidade e reduz a probabilidade de transmissão sexual para outros parceiros.

Epidemiologia, prevenção e controle

O *M. pneumoniae* se comporta como um patógeno respiratório (ver adiante), e é capaz de causar infecções endêmicas e epidêmicas. Os micoplasmas e ureaplasmas são transmitidos pelo contato genital ou orogenital e podem ser igualmente transmitidos em associação com outros patógenos sexualmente adquiridos. Práticas sexuais seguras reduzem sua disseminação. Não existem vacinas para proteger contra qualquer um desses microrganismos.

MYCOPLASMA PNEUMONIAE E PNEUMONIAS ATÍPICAS

O *M. pneumoniae* constitui uma causa proeminente de pneumonia, particularmente em indivíduos de 5 a 20 anos de idade.

Patogênese

O *M. pneumoniae* é transmitido de uma pessoa a outra por secreções respiratórias infectadas. A infecção começa com a fixação da extremidade do microrganismo a um receptor existente na superfície das células epiteliais respiratórias (Figura 25-1). A fixação é mediada por uma proteína específica, a adesina, sobre a estrutura terminal diferenciada do microrganismo. Durante o processo infeccioso, os microrganismos permanecem extracelulares.

Manifestações clínicas

Em geral, a pneumonia por micoplasma é uma doença leve. O espectro clínico da infecção por *M. pneumoniae* abrange desde uma infecção assintomática até a ocorrência de pneumonite grave com comprometimento neurológico e hematológico (i.e., anemia hemolítica) ocasional, bem como uma variedade de lesões cutâneas possíveis. Ocorre miringite bolhosa nos casos espontâneos e em voluntários inoculados experimentalmente.

O período de incubação varia de 1 a 3 semanas. Em geral, o início é insidioso, com cansaço, febre, cefaleia, faringite e tosse. De início, a tosse é improdutiva, embora em certas ocasiões seja paroxística. Posteriormente, pode haver escarro com estrias de sangue e dor torácica. No início da evolução da doença, o paciente apresenta um aspecto apenas moderadamente doente, e os sinais físicos de consolidação pulmonar são frequentemente insignificantes em comparação com a notável consolidação observada em radiografias. Mais tarde, quando a infiltração se torna máxima, a doença pode ser grave. A resolução da infiltração pulmonar e a melhora clínica ocorrem lentamente, no decorrer de 1 a 4 semanas. Apesar de a evolução da doença ser extremamente variável, a morte é muito rara e, em geral, atribuível à insuficiência cardíaca. Complicações são raras, mas pode ocorrer anemia hemolítica. Os achados patológicos mais comuns consistem em pneumonites intersticial e peribrônquica, bem como bronquiolite necrosante. Outras doenças possivelmente relacionadas com *M. pneumoniae* são eritema multiforme, comprometimento do sistema nervoso central (SNC) (incluindo meningite,

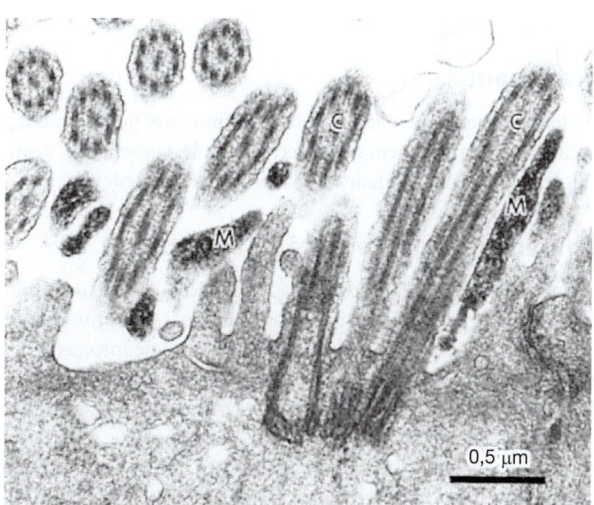

FIGURA 25-1 Micrografia eletrônica de *M. pneumoniae* aderido a células epiteliais respiratórias ciliadas em amostra de escarro de paciente com pneumonia comprovada por cultura. Os microrganismos (M) podem ser observados na borda luminal fixados entre cílios (C). (Cortesia de AM Collier, Department of Pediatrics, University of North Carolina, EUA.)

meningoencefalite, além de mono e polineurite), miocardite, pericardite, artrite e pancreatite.

Entre as causas mais comuns das pneumonias bacterianas comunitárias, além do *M. pneumoniae*, estão o *Streptococcus pneumoniae*, *Legionella pneumophila*, *Chlamydia pneumoniae* e *Haemophilus influenzae*. As apresentações clínicas dessas infecções podem ser muito similares, e o reconhecimento das sutilezas de sinais e sintomas é importante. Os agentes causadores podem ser determinados por exame e cultivo do escarro, hemoculturas e outros testes.

Exames laboratoriais

O diagnóstico de pneumonia por *M. pneumoniae* é estabelecido, em grande parte, pelo reconhecimento clínico da síndrome. Os exames laboratoriais têm valor secundário. A contagem de leucócitos pode estar ligeiramente elevada. A coloração de uma amostra de escarro pelo método de Gram tem valor pelo fato de não indicar outro patógeno bacteriano (p. ex., *S. pneumoniae*). O micoplasma responsável pode ser isolado em cultura a partir de amostras da faringe e do escarro; todavia, a cultura é um teste altamente especializado, e quase nunca é efetuado para se estabelecer o diagnóstico de infecção por *M. pneumoniae*. Em cerca de 50% dos pacientes que não recebem tratamento, aparecem crio-hemaglutininas contra os eritrócitos humanos do grupo O em títulos crescentes, com valor máximo obtido na terceira ou na quarta semana após o início do processo. A obtenção de um título de 1:64 ou mais corrobora o diagnóstico de infecção por *M. pneumoniae*. Verifica-se uma elevação dos títulos de anticorpos específicos contra o *M. pneumoniae*, que pode ser demonstrada por testes de FC. São necessárias amostras de soro das fases aguda e convalescente para se comprovar uma elevação de 4 vezes nos anticorpos FC. O Elisa para a detecção de anticorpos imunoglobulina M e G (IgM e IgG) pode ser altamente sensível, específico, e é considerado mais confiável do que os testes de FC. O teste por reação em cadeia da polimerase (PCR, do inglês *polymerase chain reaction*) das amostras de *swabs* da garganta ou outro material clínico pode ser realizado.

Tratamento

As tetraciclinas, macrolídios ou fluoroquinolonas podem induzir melhora clínica, mas nem sempre erradicam *M. pneumoniae*, possivelmente por sua habilidade de invadir a célula hospedeira.

Epidemiologia, prevenção e controle

As infecções pelo *M. pneumoniae* são endêmicas em todo o mundo. Em populações de crianças e adultos jovens, nas quais prevalece o contato próximo, bem como em famílias, a taxa de infecção pode ser elevada (50-90%), porém a incidência de pneumonite é variável (3-30%). Para cada caso de pneumonite manifesta, existem vários casos de doença respiratória mais leve. Aparentemente, o *M. pneumoniae* é transmitido sobretudo por contato direto envolvendo as secreções respiratórias. É rara a ocorrência de uma segunda infecção. A presença de anticorpos contra *M. pneumoniae* foi associada a uma resistência à infecção, embora essa observação não seja totalmente clara. Ocorrem reações imunológicas mediadas por células. O processo pneumônico pode ser atribuído, em parte, a uma resposta imunológica, e não apenas à infecção.

MYCOPLASMA HOMINIS

O *M. hominis* foi associado a uma variedade de doenças, embora constitua uma causa demonstrada em apenas algumas delas. A evidência de uma relação causal provém de culturas e estudos sorológicos. O *M. hominis* pode ser cultivado a partir das vias urinárias superiores em cerca de 10% dos pacientes com pielonefrite, estando ainda fortemente associado à infecção das tubas uterinas (salpingite) e abscessos tubo-ovarianos. É possível isolar o microrganismo das tubas uterinas de cerca de 10% das pacientes com salpingite, mas não de mulheres sem sinais da doença. A presença de anticorpos anti-*M. hominis* é mais comum em mulheres com salpingite do que em mulheres saudáveis. O *M. hominis* foi isolado do sangue de cerca de 10% das mulheres com febre pós-aborto ou puerperal e, em certas ocasiões, de culturas do líquido articular de pacientes com artrite.

UREAPLASMA UREALYTICUM

A exemplo do *M. hominis*, o *U. urealyticum* foi associado a uma variedade de doenças, embora constitua uma causa demonstrada em apenas algumas delas. O *U. urealyticum*, que necessita de 10% de ureia para o seu crescimento, provoca uretrite não gonocócica em homens. Dados recentes demonstram que essa uretrite está associada ao biotipo 2, e não ao biotipo 1 (*Ureaplasma parvum*). *U. urealyticum* também é comum no trato genital feminino, porém sua associação com doença é questionável. *U. urealyticum* é associado à ocorrência de doença pulmonar em prematuros de baixo peso que adquiriram o microrganismo durante o parto, mas um efeito causal não foi claramente demonstrado. Contudo, em neonatos sintomáticos com alterações radiográficas no pulmão, além da ausência de outras causas perceptíveis de pneumonia, justifica-se a associação das espécies de *Ureaplasma* e *M. hominis* com doença pulmonar. A evidência de uma associação de *U. urealyticum* com infertilidade involuntária é, quando muito, secundária.

MYCOPLASMA GENITALIUM

O *M. genitalium* foi originalmente isolado de culturas uretrais de dois homens com uretrite não gonocócica; todavia, a cultura do *M. genitalium* é difícil, e as observações subsequentes basearam-se em dados obtidos com o uso de PCR, sondas moleculares e testes sorológicos. Os dados sugerem a associação do *M. genitalium* no homem com alguns casos de uretrite não gonocócica aguda e crônica. Na mulher, o *M. genitalium* é associado a inúmeras infecções, tais como cervicite, endometrite, salpingite, e à infertilidade.

RESUMO DO CAPÍTULO

- Os principais patógenos de importância médica incluem *M. pneumoniae* (a causa de infecções endêmicas e epidêmicas no trato respiratório) e micoplasmas urogenitais, tais como *M. hominis*, *M. genitalium* e *U. urealyticum*.
- O *M. hominis* e o *U. urealyticum* são facilmente cultiváveis em virtude de seu rápido crescimento, enquanto o *M. genitalium* e o *M. pneumoniae* requerem um maior tempo de incubação.

- O *M. pneumoniae* é uma importante causa de pneumonias co-munitárias. A infecção é insidiosa e com frequência prolongada. O diagnóstico é clínico e confirmado por sorologia (títulos de IgG ou IgM elevados em 4 vezes), por NAATs ou ambos.
- Os micoplasmas urogenitais estão associados à uretrite não gonocócica e não clamidial no homem (*U. urealyticum*). Tanto o *M. hominis* quanto o *U. urealyticum* podem causar febre pós-parto e infecções respiratórias em neonatos. O *M. hominis* é mais prevalente em mulheres com vaginose bacteriana do que em mulheres saudáveis.
- Infecções por *Mycoplasma* e por *Ureaplasma* não respondem a antibióticos β-lactâmicos. Tetraciclinas, macrolídios e quinolonas são os antimicrobianos de escolha terapêutica.

QUESTÕES DE REVISÃO

1. O *U. urealyticum* é assim chamado porque:

   (A) Prolifera no trato urinário superior
   (B) Necessita de ureia como um substrato de crescimento
   (C) É uma causa frequente de infecção urinária sintomática da bexiga em mulheres jovens
   (D) Causa infecções crônicas do trato urinário em recém-nascidos de mães portadoras de ureaplasmas em sua flora genital

2. Uma jovem de 18 anos de idade, sexualmente ativa, desenvolve dor no quadrante inferior esquerdo e febre. Ao exame pélvico, constatam-se inchaço do lado esquerdo e massa sugestiva de abscesso da tuba uterina à apalpação. É estabelecido o diagnóstico de doença inflamatória pélvica. Qual das seguintes bactérias é considerada uma causa comum de doença inflamatória pélvica?

   (A) *Bacillus cereus*
   (B) *Haemophilus influenzae*
   (C) *Neisseria subflava*
   (D) *Mycoplasma pneumoniae*
   (E) *Chlamydia trachomatis*

3. Qual das seguintes opções é um aspecto importante na patogênese das infecções por micoplasmas?

   (A) O peptidoglicano da parede celular de micoplasmas
   (B) A presença de lacto-*N*-neotetraose com uma galactosamina terminal como receptor da célula hospedeira
   (C) As estruturas e proteínas interativas que medeiam a adesão às células hospedeiras
   (D) A ausência de cílios na superfície das células hospedeiras
   (E) O crescimento em um sítio anatômico onde proliferam organismos anaeróbios

4. Uma mulher de 25 anos de idade foi encaminhada a uma clínica de doenças sexualmente transmissíveis devido a contato sexual com parceiro com gonorreia. Essa mulher teve 15 parceiros sexuais desde que se tornou sexualmente ativa. A probabilidade de que apresente também infecção genital por *M. hominis* é de:

   (A) 1%
   (B) 5%
   (C) 15%
   (D) 40%
   (E) 90%

5. Um estudante de medicina de 25 anos de idade teve contato com um paciente que tinha pneumonia, com febre e tosse. Quatro dias depois, o estudante desenvolveu febre e tosse, e os raios X de pulmão mostraram consolidação no lobo inferior direito. A cultura de escarro de rotina deu resultados negativos. Suspeita-se de pneumonia causada por *M. pneumoniae*. Todas as alternativas a seguir são métodos para confirmar o diagnóstico clínico, *exceto*:

   (A) Amplificação do DNA de *M. pneumoniae* por PCR a partir do escarro
   (B) Cultura de escarro para *M. pneumoniae*
   (C) Coloração de Gram a partir de esfregaço de escarro
   (D) Cultura de um aspirado pulmonar para *M. pneumoniae*
   (E) Ensaios imunoenzimáticos em soro de fase aguda e convalescente

6. Qual é o tipo de teste mais fácil de ser empregado para se obter confirmação laboratorial de infecção por *M. pneumoniae*?

   (A) Cultivo em caldo contendo soro, glicose e penicilina (para inibir outra microbiota)
   (B) PCR
   (C) Microscopia eletrônica
   (D) Testes de Elisa em soros de fase aguda e convalescente

7. Um menino de 13 anos de idade desenvolveu uma infecção por *M. pneumoniae*. Qual é o risco de infecção de outros membros de sua casa?

   (A) Nenhum; esse microrganismo é transmitido sexualmente.
   (B) 1 a 3%
   (C) 10 a 15%
   (D) 20 a 40%
   (E) 50 a 90%

8. Um rapaz de 19 anos de idade desenvolveu tosse e febre. Raios X de pulmão mostraram consolidação no lobo inferior esquerdo. Foi feito um diagnóstico de pneumonia. Qual bactéria é uma causa frequente de pneumonia adquirida na comunidade?

   (A) *Legionella pneumophila*
   (B) *Chlamydia pneumoniae*
   (C) *Streptococcus pneumoniae*
   (D) *Mycoplasma pneumoniae*
   (E) *Klebsiella pneumoniae*

9. O início da infecção por *M. pneumoniae* começa com:

   (A) Elaboração de uma cápsula polissacarídica que inibe a fagocitose
   (B) Secreção de uma exotoxina potente
   (C) Endocitose pelas células epiteliais respiratórias ciliadas
   (D) Aderência a células epiteliais respiratórias ciliadas, mediada pela adesina P1
   (E) Fagocitose por macrófagos alveolares

10. A infecção por *M. genitalium*:

   (A) Não se restringe ao trato geniturinário.
   (B) Resulta em inflamação causando uretrite em homens e cervicite em mulheres.
   (C) É melhor tratada com uma cefalosporina de primeira geração.
   (D) Está associada apenas à uretrite não gonocócica em homens.
   (E) É assintomática, a menos que uma coinfecção com *Chlamydia trachomatis* esteja presente.

Respostas

1. B	**5.** C	**9.** D
2. E	**6.** D	**10.** B
3. C	**7.** E	
4. E	**8.** E	

REFERÊNCIAS

Bajantri B, Venkatram S, Diaz-Fuentes: *Mycoplasma pneumoniae*: A potentially severe infection. *J Clin Med Res* 2018; 10:535.

Kletzel HH, Rotem R, Barg M, Michaeli J, et al: *Ureaplasma urealyticum*: The role as a pathogen in women's health, a systematic review. *Curr Infect Dis Resp* 2018; 20:33.

Martin DH. Genital Mycoplasmas: *Mycoplasma genitalium, Mycoplasma hominis,* and *Ureaplasma* Species. In Mandell GL, Bennett JE, Dolin R, et al (editors). *Mandell, Douglas, and Bennett's Principles and Practice of Infectious Diseases*, 8th ed. Elsevier, 2015.

Riquétsias e gêneros relacionados

CONSIDERAÇÕES GERAIS

Os patógenos humanos pertencentes à família Rickettsiaceae são pequenas bactérias dos gêneros *Rickettsia* e *Orientia*. Esses dois gêneros são intimamente relacionados com os membros da família Anaplasmataceae que incluem os gêneros *Ehrlichia* e *Anaplasma*. Esses organismos são parasitas intracelulares obrigatórios, sendo transmitidos aos seres humanos por artrópodes. Muitas riquétsias são transmitidas por via transovariana nos artrópodes, que atuam tanto como vetores quanto como reservatórios. Em geral, as riquetsioses, mas não as erliquioses, se manifestam em forma de febre, exantema e vasculite. São agrupadas com base nas suas manifestações clínicas, nos aspectos epidemiológicos e nas características imunológicas (Tabela 26-1). A *Coxiella burnetii* faz parte da família Coxiellaceae e está mais intimamente relacionada com o gênero *Legionella*; por conveniência, será discutida no final deste capítulo.

RICKETTSIA E ORIENTIA

Propriedades das riquétsias

As riquétsias são cocobacilos pleomórficos que ocorrem em forma de bastonetes curtos (0,3 × 1-2 µm) ou cocos (0,3 µm de diâmetro). Não se coram adequadamente pelo método de Gram, porém são facilmente visualizadas à microscopia óptica quando coradas pelos métodos de Giemsa, Gimenez, laranja acridina ou outros corantes. Além disso, imuno-histoquímica e imunofluorescência realizadas em laboratórios de referência são os métodos mais úteis no diagnóstico das infecções por riquétsias.

As riquétsias crescem facilmente no saco vitelino de ovos embrionados. Podem-se obter preparações puras de riquétsias para uso em testes laboratoriais com a centrifugação diferencial de suspensões do saco vitelino. Muitas cepas de riquétsias também crescem em cultura de células, em que o tempo de geração é de 8 a 10 horas a 34 °C. A cultura de células tem substituído a inoculação em animais (exceto para as espécies de *Orientia*) e o crescimento em saco vitelino de ovos embrionados para o isolamento desses organismos. Por motivos de biossegurança, o isolamento das riquétsias só deve ser efetuado em laboratórios de referência.

As riquétsias possuem estruturas de parede celular Gram--negativas que incluem peptidoglicanos contendo ácidos murâmico e diaminopimélico. O gênero é dividido em vários grupos. O grupo do tifo, o grupo da febre maculosa e o grupo de transição

têm espécies que são patogênicas para os humanos. As riquétsias apresentam lipopolissacarídeos, e as proteínas da parede celular incluem as proteínas de superfície OmpA e OmpB. Essas proteínas de superfície são importantes na aderência às células hospedeiras e na resposta imune humoral e fornecem a base para a sorotipagem.

As riquétsias crescem em diferentes partes da célula. As que pertencem ao grupo do tifo são habitualmente encontradas no citoplasma, enquanto as do grupo da febre maculosa ocorrem no núcleo. O crescimento das riquétsias é intensificado na presença de sulfonamidas, sendo as riquetsioses agravadas por esses fármacos. As tetraciclinas e o cloranfenicol inibem o crescimento de tais bactérias, podendo ser eficazes terapeuticamente.

A maior parte das riquétsias sobrevive apenas por um curto período fora do vetor ou do hospedeiro, sendo rapidamente destruídas por calor, dessecação e substâncias químicas bactericidas. As fezes secas de piolhos infectados podem conter a *Rickettsia prowazekii* infecciosa por vários meses à temperatura ambiente.

Antígenos e sorologia das riquétsias

Pode-se utilizar o teste do anticorpo imunofluorescente direto para detectar a presença de riquétsias em carrapatos e cortes de tecidos. Esse teste tem sido mais útil para a detecção da *Rickettsia rickettsii* em amostras de biópsia cutânea, para ajudar a estabelecer o diagnóstico de febre maculosa das Montanhas Rochosas (RMSF, do inglês *Rocky Mountain spotted fever*). Contudo, esse teste só é feito em alguns laboratórios de referência.

As evidências sorológicas de infecção só aparecem a partir da segunda semana de doença em qualquer riquetsiose. Assim, os testes sorológicos só se mostram úteis para confirmar o diagnóstico, que se baseia nos achados clínicos (p. ex., febre, cefaleia e exantema) e na informação epidemiológica (p. ex., picada de carrapato). O esquema terapêutico para as doenças potencialmente graves, como RMSF e tifo, deve ser iniciado antes que ocorra a soroconversão.

São utilizados diversos testes sorológicos para o diagnóstico das riquetsioses. A maioria desses testes só é feita em laboratórios de referência. Antígenos para **imunofluorescência indireta**, aglutinação em látex, testes de imunoperoxidase indireta e ensaios imunoenzimáticos para RMSF estão disponíveis comercialmente. Os reagentes necessários para outros testes são preparados apenas em laboratórios de saúde pública ou laboratórios de referência. A técnica do anticorpo fluorescente indireta é provavelmente o método mais

TABELA 26-1   Doenças causadas por *Rickettsia*, *Ehrlichia* e febre Q

Grupo	Microrganismo	Doença	Distribuição geográfica	Vetor	Reservatório em mamíferos	Manifestações clínicas	Testes diagnósticos[a]
Grupo do tifo	*Rickettsia prowazekii*	Tifo epidêmico (tifo de piolhos), doença de Brill-Zinsser	Mundial: América do Sul, África, Ásia, América do Norte	Piolho	Seres humanos	Febre, tremores, mialgia, cefaleia, erupção cutânea (sem escaras). Doença grave se não for tratada	Sorologia
	Rickettsia typhi	Tifo murino, tifo endêmico, tifo da pulga	Mundial (focos pequenos)	Pulga	Roedores	Febre, cefaleia, mialgia, erupção cutânea (sem escaras). Doença mais leve que o tifo epidêmico	Sorologia
Grupo do tifo rural (tifo do mato)	*Orientia tsutsugamushi*	Tifo rural	Ásia, Pacífico Sul, norte da Austrália	Ácaro	Roedores	Febre, cefaleia, erupção cutânea (50% com escaras), linfadenopatia, linfócitos atípicos	
Grupo da febre maculosa[b]	*Rickettsia rickettsii*	Febre maculosa das Montanhas Rochosas	Hemisfério Ocidental (Estados Unidos, América do Sul)	Carrapato[c]	Roedores, cães	Febre, cefaleia, erupção cutânea (sem escaras). Muitas manifestações sistêmicas	Teste direto de AF para riquétsias em tecido, sorologia, PCR
	Rickettsia conorii	Febre botonosa, febre maculosa do Mediterrâneo, febre maculosa de Israel, febre do carrapato da África do Sul, tifo do carrapato africano (Quênia), tifo do carrapato indiano	Países mediterrâneos, África, Oriente Médio, Índia	Carrapato[c]	Roedores, cães	Febre, cefaleia, erupções cutâneas, *tache noire* (máculas negras)	Teste direto de AF para riquétsias em tecido, sorologia
	Rickettsia sibirica	Tifo do carrapato da Sibéria (tifo do carrapato do norte da Ásia)	Sibéria, Mongólia	Carrapato[c]	Roedores	Febre, erupções cutâneas (escaras)	Sorologia
Grupo transitório	*Rickettsia akari*	Riquetsiose variceliforme	Estados Unidos, Rússia, Coreia, África do Sul	Ácaro[c]	Camundongo	Doença leve, febre, cefaleia, erupção cutânea vesicular (escaras)	Sorologia
	Rickettsia australis	Tifo do carrapato de Queensland	Austrália	Carrapato[c]	Roedores, marsupiais	Febre, erupções cutâneas no tronco e nos membros (escaras)	Sorologia
Febre Q	*Coxiella burnetii*	Febre Q	Mundial	Vias respiratórias, fômites, carrapato	Ovelhas, gado bovino, carneiros, outros	Cefaleia, febre, fadiga, pneumonia (sem erupções cutâneas). Pode apresentar complicações maiores	Teste de FC positivo para antígenos de fases I e II
Ehrlichia	*Ehrlichia chaffeensis*	Erliquiose de monócitos humanos	Regiões Centro-Sul, Sudeste e Oeste dos Estados Unidos	Carrapato	Veado, cães, seres humanos	Febre, cefaleia, leucócitos atípicos	Inclusões nos monócitos circulantes, anticorpos para teste indireto de AF
	Anaplasma phagocytophilum	Anaplasmose de granulócitos humanos	Alto Meio-Oeste, Noroeste e Costa Oeste dos Estados Unidos, e Europa	Carrapato	Camundongo, outros mamíferos	Febre, cefaleia, mialgia	Inclusões em granulócitos, anticorpos para teste indireto de AF
	Ehrlichia ewingii	Erliquiose ewingii	Centro-Oeste dos EUA	Carrapato	Cães	Febre, cefaleia, mialgia	Inclusões em granulócitos, anticorpos para teste indireto de AF

[a]Ensaio imunoadsorvente ligado à enzima (Elisa, do inglês *enzyme-linked immunosorbent assay*), aglutinação do látex, entre outras, dependendo do gênero e da espécie.
[b]Outras espécies de riquétsias no grupo da febre maculosa que infectam seres humanos são *Rickettsia africae*, *Rickettsia japonica*, *Rickettsia honei* e *Rickettsia slovaca*.
[c]Também serve como reservatório para artrópodes, pela manutenção das riquétsias por meio de transmissão transovariana.
AF, teste de anticorpos imunofluorescentes; FC, fixação do complemento; PCR, reação em cadeia da polimerase.

amplamente utilizado devido à disponibilidade dos reagentes e à facilidade de sua execução. O teste é relativamente sensível, exige pouco antígeno, e pode ser utilizado para a detecção da IgM e IgG. Riquétsias parcialmente purificadas de material infectado do saco vitelino são testadas com diluições do soro do paciente, Detectam-se anticorpos reativos com uma antiglobulina humana marcada com fluoresceína. Os resultados indicam a presença de anticorpos parcialmente próprios da espécie, mas são observadas algumas reações cruzadas.

Patologia

As riquétsias multiplicam-se nas células endoteliais dos pequenos vasos sanguíneos, causando vasculite caracterizada por infiltrado linfocitário ao longo dos vasos sanguíneos. As células tornam-se intumescidas e sofrem necrose; ocorre trombose vascular com consequentes ruptura e necrose. As lesões vasculares são proeminentes na pele; todavia, a vasculite é observada em muitos órgãos e parece constituir a base de distúrbios hemostáticos. Pode-se verificar o desenvolvimento de coagulação intravascular disseminada (CIVD) e oclusão vascular. No cérebro, agregados de linfócitos, leucócitos polimorfonucleares e macrófagos estão associados aos vasos sanguíneos da substância cinzenta, sendo denominados nódulos do tifo. O coração apresenta lesões semelhantes às dos vasos sanguíneos de pequeno calibre. Outros órgãos também podem ser acometidos.

Imunidade

Em culturas celulares de macrófagos, as riquétsias são fagocitadas e multiplicam-se no interior das células mesmo na presença de anticorpos. O acréscimo de linfócitos de animais imunes interrompe essa multiplicação *in vitro*. Em seres humanos, a infecção é seguida de imunidade parcial à reinfecção de fontes externas, mas ocorrem recidivas (ver doença de Brill-Zinsser, adiante).

Manifestações clínicas

As riquetsioses caracterizam-se por febre, cefaleia, mal-estar, prostração, exantema e hepatoesplenomegalia.

A. Grupo do tifo

1. Tifo epidêmico (*R. prowazekii*) – A doença é transmitida pelo piolho do corpo em um ciclo humano-piolho. O tifo epidêmico é caracterizado por uma infecção sistêmica grave com prostração e febre persistente por cerca de 2 semanas. A doença é mais grave e frequentemente fatal em pacientes com mais de 40 anos. Durante as epidemias, a taxa de casos fatais é de 6 a 30%.

2. Tifo endêmico ou tifo murino (*R. typhi*) – As fezes de pulgas infectadas esfregadas na lesão da picada constituem o método de transmissão. O quadro clínico do tifo endêmico exibe muitos aspectos em comum com o do tifo epidêmico, porém a doença é mais leve e raramente fatal, exceto em pacientes idosos.

B. Grupo da febre maculosa

O grupo da febre maculosa assemelha-se ao tifo clinicamente. No entanto, ao contrário das erupções observadas em outras doenças rickettsiais, as erupções do grupo da febre maculosa geralmente aparecem após 3 a 5 dias da doença. Surgindo primeiro nas extremidades, as erupções movem-se de forma centrípeta e envolvem as palmas das mãos e plantas dos pés. Algumas, como a febre

maculosa brasileira* e a RMSF, podem produzir infecções graves, possivelmente devido à infecção das células endoteliais que levam à permeabilidade vascular e, consequentemente, complicações como edema pulmonar e hemorragias; outras, como a febre maculosa do Mediterrâneo, são leves. A taxa de casos fatais varia acentuadamente. A RMSF é fatal para todos os grupos etários, mas a mortalidade é geralmente muito maior em pessoas idosas (até 50%) do que em adultos jovens ou crianças.

C. Grupo transitório

A **riquetsiose variceliforme** (*Rickettsia akari*) é uma doença leve, com erupção cutânea vesicular semelhante à da varicela. Cerca de 1 semana antes do início da febre, verifica-se o aparecimento de uma pápula vermelha de consistência firme no local da picada do ácaro, que evolui para uma vesícula profunda, a qual forma uma escara preta (ver adiante).

D. Tifo rural

O **tifo do mato** (*Orientia tsutsugamushi*) é uma doença que se assemelha clinicamente ao tifo epidêmico. Uma característica é a escara ulcerativa coberta por uma crosta escurecida, indicando o local da picada do ácaro. A presença de linfadenopatia e linfocitose é comum, além do envolvimento cardíaco e cerebral que pode ser grave, levando à morte em cerca de 30% dos pacientes.

Exames laboratoriais

Do ponto de vista técnico, o isolamento das riquétsias é difícil e pouco útil para o diagnóstico. Também é perigoso e deve ser realizado em um laboratório de nível 3 de biossegurança. A inoculação animal foi substituída por métodos de cultura de células para o cultivo da maioria das riquétsias. As amostras apropriadas incluem plasma heparinizado, capa leucocitária e lesões cutâneas. Esse microrganismo pode ser detectado em culturas de células por métodos moleculares ou por coloração por imunofluorescência.

Na RMSF e em outras riquetsioses, biópsias de pele retiradas de pacientes entre o quarto e o oitavo dias de doença podem revelar riquétsias por colorações imuno-histoquímicas. Esses testes estão disponíveis em um laboratório especializado no Centers for Disease Control and Prevention (CDC).

A reação em cadeia da polimerase (PCR, do inglês *polymerase chain reaction*) tem sido usada para ajudar no diagnóstico de RMSF, assim como em outras doenças do grupo da febre maculosa, do tifo murino e do tifo esfoliante. Os métodos de PCR em tempo real apresentam maior sensibilidade e permitem o diagnóstico antes da conversão sorológica. Esses testes são realizados a partir de diferentes espécimes clínicos, incluindo tecidos, plasma e sangue

---

*N. de T. A doença começa de forma repentina com um conjunto de sintomas semelhantes aos de outras infecções: febre alta, mialgia, cefaleia, inapetência e astenia. Depois, aparecem pequenas manchas avermelhadas que crescem e tornam-se salientes. Essas lesões, parecidas com uma picada de pulga, às vezes apresentam pequenas hemorragias sob a pele. Elas aparecem em todo o corpo e na palma das mãos e na planta dos pés. No Brasil, a maior parte dos casos de febre maculosa ocorre na região Sudeste, e os animais que geralmente são hospedeiros desse tipo de carrapato são a capivara e o cavalo. No Brasil, o principal vetor é o carrapato da espécie *Amblyomma cajennense*. Entretanto, qualquer espécie de carrapato pode ser potencialmente um reservatório, como ocorre com o *Amblyomma cooperi*, possível transmissor da doença para os cães.

periférico. Técnicas moleculares também são aplicadas para a detecção de riquétsias nos vetores. Esses ensaios estão disponíveis de forma limitada, principalmente em laboratórios de referência.

A sorologia é o principal método à disposição dos laboratórios clínicos para o diagnóstico de infecções por riquetsioses. Os testes sorológicos mais amplamente utilizados são imunofluorescência indireta e ensaios imunoenzimáticos (ver discussão anterior). O teste de fixação do complemento não é mais usado na maioria dos laboratórios. Uma elevação do anticorpo deve ser demonstrada durante a evolução da doença. Na RMSF, a resposta mediada por anticorpo pode não ocorrer antes da terceira semana da doença.

Tratamento

As tetraciclinas, preferencialmente a doxiciclina, são eficazes, contanto que o tratamento seja iniciado precocemente. A doxiciclina é administrada por via oral diariamente, devendo ser mantida por 3 a 4 dias após a defervescência. Em pacientes gravemente enfermos, as doses iniciais podem ser administradas por via intravenosa. O cloranfenicol também pode ser eficaz.

As sulfonamidas agravam a doença, sendo contraindicadas. Existem poucos dados clínicos experimentais sobre o uso de fluoroquinolonas, embora esses antibióticos apresentem boa atividade *in vitro*.

Epidemiologia

Diversos artrópodes, principalmente carrapatos e ácaros, abrigam microrganismos semelhantes às riquétsias nas células que revestem o trato alimentar. Muitos desses microrganismos não são evidentemente patogênicos para os seres humanos.

Os ciclos de vida das diferentes riquétsias variam. A *R. prowazekii* apresenta um ciclo de vida nos seres humanos e no piolho humano (*Pediculus humanus corporis* e *Pediculus humanus capitis*). O piolho adquire o microrganismo ao picar seres humanos infectados e transmite o agente por meio de excreção fecal sobre a superfície da pele de outra pessoa. Enquanto pica, o piolho defeca ao mesmo tempo. O ato de coçar o local de picada propicia a penetração na pele das riquétsias excretadas nas fezes. Em consequência da infecção, o piolho morre, porém os microrganismos permanecem viáveis por algum tempo nas fezes secas. As riquétsias não são transmitidas de uma geração de piolhos para outra. As epidemias de tifo têm sido controladas pela eliminação do parasita em grandes proporções da população com o uso de inseticidas.

A **doença de Brill-Zinsser** é uma recrudescência de uma antiga infecção de tifo. As riquétsias podem persistir por muitos anos nos linfonodos de um indivíduo, sem desencadear nenhum sintoma. As riquétsias isoladas desses casos comportam-se como a *R. prowazekii* clássica, o que sugere que os próprios seres humanos atuam como reservatórios das riquétsias do tifo epidêmico. As epidemias de tifo têm sido associadas a guerras e à deterioração dos padrões de higiene pessoal, o que tem aumentado a oportunidade de proliferação dos piolhos humanos. Se isso acontecer no momento da recrudescência de uma infecção antiga de tifo, poderá ser desencadeada uma epidemia. A doença de Brill-Zinsser ocorre em populações locais de áreas de tifo e em indivíduos que migram dessas áreas para locais onde a doença não existe. As características sorológicas distinguem rapidamente a doença de Brill do tifo epidêmico primário. Os anticorpos, que aparecem mais cedo, são do tipo IgG em vez do tipo IgM detectado após a infecção primária. Esses anticorpos atingem um título máximo em torno do décimo dia da doença. Tal

resposta humoral precoce da IgG e a evolução benigna da doença sugerem que o indivíduo ainda apresenta imunidade parcial em decorrência da infecção primária.

Nos Estados Unidos, a *R. prowazekii* tem como reservatório extra-humano o esquilo voador do sul, *Glaucomys volans*. Nas áreas onde tais esquilos voadores são nativos (sul do Maine até a Flórida e a região central dos Estados Unidos), têm ocorrido infecções humanas após picadas por ectoparasitas desses roedores. A infecção entre humanos ocorre pelo piolho do corpo humano (*P. humanus corporis*). Relatórios recentes indicam que o tifo epidêmico pode estar aumentando em algumas áreas. A *R. prowazekii* é considerada um agente de arma biológica.

A *R. typhi* tem o seu reservatório no rato, no qual a infecção é inaparente e de longa duração. As pulgas do rato transportam as riquétsias de um rato para outro e, algumas vezes, do rato para humanos, que desenvolvem tifo endêmico. As pulgas dos gatos podem servir como vetores. No tifo endêmico, a pulga não pode transmitir riquétsia por via transovariana.

A *O. tsutsugamushi* tem o seu verdadeiro reservatório nos ácaros que infestam roedores. As riquétsias podem persistir nos ratos por mais de 1 ano após a infecção. Os ácaros transmitem a infecção por via transovariana. Em certas ocasiões, os ácaros ou as pulgas de ratos infectados picam seres humanos, resultando em tifo rural. As riquétsias persistem no ciclo ácaro-rato-ácaro nos serrados ou na vegetação da mata secundária que substituiu a mata nativa em áreas parcialmente cultivadas. Essas regiões podem tornar-se infestadas por ratos e ácaros trombiculídeos.

A *R. rickettsii* pode ser encontrada em carrapatos de madeira sadios (*Dermacentor andersoni*), sendo transmitida por via transovariana. No oeste dos Estados Unidos, os carrapatos infectados algumas vezes picam vertebrados, como roedores, cervos e seres humanos. Para serem infecciosos, os carrapatos que abrigam as riquétsias precisam ficar ingurgitados de sangue, visto que isso aumenta o número de riquétsias no carrapato. Por conseguinte, ocorre uma demora de 45 a 90 minutos entre o momento da fixação do carrapato e o aparecimento de sua capacidade infectante. No leste dos Estados Unidos, os carrapatos *Dermacentor variabilis* e o *Rhipicephalus sanguineus* transmitem o agente etiológico da RMSF. Os cães são hospedeiros desses carrapatos, podendo atuar como reservatórios para a infecção. Os pequenos roedores constituem outro reservatório. A maioria dos casos de RMSF nos Estados Unidos ocorre nas regiões leste e sudeste.

A *R. akari* tem seu vetor nos ácaros hematófagos da espécie *Liponyssoides sanguineus*. Esses ácaros podem ser encontrados nos camundongos (*Mus musculus*) que circulam em prédios de apartamentos nos Estados Unidos onde ocorreu a riquetsiose variceliforme. A transmissão transovariana das riquétsias ocorre nos ácaros. Assim, o ácaro pode atuar como verdadeiro reservatório e como vetor. A *R. akari* também foi isolada no Leste Europeu, na África do Sul e na Coreia.

Distribuição geográfica

A. Tifo epidêmico

Esta infecção potencialmente mundial desapareceu dos Estados Unidos, Grã-Bretanha e Escandinávia*. Ainda está presente nos

---

*N. de T. No Brasil, o tifo epidêmico nunca foi descrito. Há apenas o tifo murino do grupo do tifo exantemático, e foi descrito nos Estados de Minas Gerais, São Paulo e Rio de Janeiro.

Balcãs, Ásia, África, México e nas montanhas dos Andes da América do Sul. Em virtude de sua longa duração nos seres humanos em forma de infecção latente (doença de Brill-Zinsser), pode surgir e disseminar-se rapidamente em condições ambientais apropriadas, como as que ocorreram na Europa durante a Segunda Guerra Mundial, em consequência da deterioração da higiene nas comunidades.

B. Tifo murino endêmico

Esta doença apresenta distribuição mundial, particularmente em áreas com elevada infestação por ratos. Pode existir nas mesmas áreas onde ocorrem tifo epidêmico ou tifo rural, podendo ser confundido com estes.

C. Tifo rural

A infecção é vista no Extremo Oriente, especialmente em Mianmar (Birmânia), Índia, Sri Lanka, Nova Guiné, Japão, Austrália Ocidental, Rússia Oriental, China e Taiwan. O estágio de larva de vários ácaros trombiculídeos (família Trombiculidae) atua como reservatório, por meio da transmissão transovariana, e como vetor para a infecção de seres humanos e roedores.

D. Grupo da febre maculosa

Tais infecções ocorrem em todas as partes do mundo, exibindo, como regra, algumas diferenças epidemiológicas e imunológicas em diferentes áreas. A transmissão por um carrapato da família Ixodidae é comum ao grupo. As doenças que são agrupadas incluem a RMSF e febre maculosa colombiana, brasileira, mexicana e mediterrânea, a febre do carrapato da África do Sul e do Quênia, o tifo do carrapato do Norte de Queensland e as rickettsioses transmitidas por carrapatos do Norte da Ásia.

E. Riquetsiose variceliforme

A doença humana foi observada entre moradores de apartamentos no norte dos Estados Unidos, mas a infecção também ocorre na Rússia, África e Coreia.

Ocorrência sazonal

O tifo epidêmico é mais comum nos climas frios, atingindo o ápice no inverno, com declínio de sua incidência na primavera. Isso provavelmente é resultado da aglomeração de pessoas, da falta de combustível e dos baixos padrões de higiene pessoal, que favorecem a infestação por piolhos.

As riquetsioses transmitidas aos seres humanos por um vetor atingem sua incidência máxima na época em que o vetor é mais prevalente – ou seja, nos meses de verão e outono.

Controle

O controle deve basear-se em quebra da cadeia de infecção, tratamento dos pacientes com antibióticos e imunização, quando possível. Os pacientes com riquetsioses que não apresentam ectoparasitas não são contagiosos nem transmitem a infecção.

A. Prevenção da transmissão pela quebra da cadeia de infecção

1. Tifo epidêmico – Despiolhamento com inseticida.

2. Tifo murino – Moradias à prova de ratos e uso de raticidas.

3. Tifo rural – Limpeza dos locais de vegetação secundária onde vivem ratos e ácaros.

4. Febre maculosa – Podem-se utilizar medidas semelhantes para as febres maculosas: limpeza da terra infestada, profilaxia pessoal em forma de roupas protetoras (como uso de botas de cano longo, meias colocadas por cima das calças), repelentes de carrapatos e remoção frequente dos carrapatos fixados

5. Riquetsiose variceliforme – Eliminação dos roedores e seus parasitas dos domicílios humanos.

Verificação de conceitos

- As riquétsias são cocobacilos pleomórficos, intracelulares obrigatórios e semelhantes a bactérias Gram-negativas, porém não se coram pelo método convencional de Gram.
- As riquétsias podem ser cultivadas em células de linhagem contínua e em saco vitelino de ovos embrionados, mas colorações imuno-histoquímica e por imunofluorescência, sorologia e métodos moleculares são em geral usados em sua detecção a partir de diferentes espécimes clínicos.
- A vasculite é característica das riquetsioses.
- As espécies de *Rickettsia* estão associadas ao tifo, à febre maculosa e aos grupos transitórios. A *O. tsutsugamushi* é o agente etiológico do tifo esfoliante. Vetores, manifestações clínicas e distribuições geográficas variam por grupo.
- A doença pode ser leve, como no caso de riquetsiose variceliforme, ou grave, como na RMSF.
- A doxiciclina é o fármaco de escolha para as riquetsioses.

EHRLICHIA E *ANAPLASMA*

As bactérias do gênero *Ehrlichia* que causam doenças em humanos foram classificadas em um número limitado de espécies, com base, em grande parte, na análise das sequências dos genes do rRNA. Os patógenos são os seguintes: (1) a *Ehrlichia chaffeensis*, que provoca a erliquiose monocitotrópica humana (EMH); (2) a *Ehrlichia ewingii*, que causa a erliquiose *ewingii*; (3) e a *Anaplasma phagocytophilum*, que causa a anaplasmose monocitotrópica humana (AMH). O mesmo gênero contém outras espécies que infectam animais*, mas aparentemente não infectam humanos. Os patógenos humanos no grupo possuem reservatório animal e podem causar doenças em animais.

O gênero *Ehrlichia* é constituído por microrganismos intracelulares obrigatórios, agrupados taxonomicamente com as riquétsias. Possuem como vetores os carrapatos (ver Tabela 26-1).

Propriedades das espécies do gênero *Ehrlichia*

As espécies do gênero *Ehrlichia* e *Anaplasma* são bactérias Gram-negativas pequenas (0,5 μm) e intracelulares obrigatórias. Infectam os leucócitos circulantes, eritrócitos e plaquetas. No interior dessas células, se multiplicam em vacúolos fagocíticos, formando

---

*N. de T. No Brasil, estudos sorológicos e moleculares têm avaliado a ocorrência de espécies de *Ehrlichia* em cães, gatos, animais selvagens e seres humanos. A *Ehrlichia canis* é a principal espécie em cães no Brasil. O DNA de *E. chaffeensis* já foi detectado e caracterizado em cervo-do-pantanal. A erliquiose monocítica canina causada pela *E. canis* parece ser altamente endêmica em muitas regiões do Brasil, embora dados de prevalência não estejam disponíveis em muitas delas.

agregados com aspecto semelhante a uma inclusão denominados **mórulas**, termo que se origina da palavra latina que designa amora. Essas bactérias assemelham-se às clamídias (ver Capítulo 27) pelo fato de serem encontradas em vacúolos intracelulares. Contudo, esses microrganismos apresentam capacidade de sintetizar trifosfato de adenosina (ATP, do inglês *adenosine triphosphate*), enquanto as clamídias não apresentam essa capacidade.

Manifestações clínicas

O período de incubação após a picada do carrapato para ambas as manifestações clínicas (EMH e AGH) é, em média, de 5 a 21 dias. As manifestações clínicas da erliquiose nos seres humanos são inespecíficas, incluindo febre, calafrios, cefaleia, mialgia, náuseas ou vômitos, anorexia e perda de peso. Essas manifestações são muito semelhantes às da RMSF sem erupção cutânea. A *E. chaffeensis* com frequência causa doença grave ou fatal, enquanto a *A. phagocytophilum* apresenta menor frequência. Complicações da EMH incluem meningoencefalite, miocardite, falência real e respiratória e choque. Os estudos de soroprevalência sugerem a ocorrência frequente de erliquiose subclínica.

Exames laboratoriais

Alterações laboratoriais presentes na EMH e na AGH incluem leucopenia, linfopenia, trombocitopenia e alterações nas enzimas hepáticas. O diagnóstico pode ser confirmado pela observação de mórulas típicas nos leucócitos (granulócitos na AGH e na doença por *E. ewinngii*, ou células mononucleares na EMH). A sensibilidade do diagnóstico por microscopia para detecção das mórulas é maior durante a primeira semana de infecção, com taxa de 25 a 75%.

Pode-se utilizar também o teste do anticorpo fluorescente indireto para confirmar o diagnóstico. Os anticorpos são medidos contra a *E. chaffeensis* e *A. phagocytophilum*. A *E. chaffeensis* também é utilizada como substrato para *E. ewingii*, visto que as duas espécies compartilham antígenos. A soroconversão de menos de 1:64 para 1:128 ou mais ou uma elevação de 4 vezes ou mais nos títulos estabelecem o diagnóstico sorológico de EMH em um paciente com doença clinicamente compatível.

Foram descritos vários métodos para detecção dos microrganismos por PCR em amostra de sangue não coagulado por ácido etilenodiaminotetracético (EDTA, do inglês *ethylenediaminetetraacetic acid*). Além disso, pode-se efetuar uma cultura utilizando uma variedade de linhagens celulares. Tanto a PCR quanto a cultura são realizadas em laboratórios de referência experientes e em um pequeno número de laboratórios comerciais.

Tratamento

As tetraciclinas, geralmente a doxiciclina, são eficazes contra esses microrganismos e constituem o tratamento de escolha. A terapia é administrada por 5 a 14 dias. As rifamicinas também atuam ao destruir esses microrganismos. Dados limitados sugerem que as fluoroquinolonas e o cloranfenicol não são recomendados para o tratamento das erliquioses.

Epidemiologia e prevenção

A incidência das espécies associadas a infecções humanas não está bem definida. A *E. chaffeensis* foi encontrada no interior de carrapatos em pelo menos 14 estados das regiões Sudeste, Centro-Sul

e Meio Atlântico dos Estados Unidos. Além disso, casos de EMH foram reportados em mais de 30 estados. Essas áreas correspondem à área de distribuição do carrapato-da-estrela-solitária, *Amblyomma americanum*. Casos registrados de erliquiose monocitotrópica humana no oeste dos Estados Unidos, bem como na Europa e na África, sugerem outros carrapatos vetores, como o *Dermacentor variabilis*. Em Oklahoma (Estados Unidos), que tem a maior incidência de RMSF, a erliquiose monocitotrópica humana também é, no mínimo, tão comum quanto. Mais de 90% dos casos são observados entre abril e outubro, e mais de 80% dos casos acometem os homens. Na maioria dos pacientes, observa-se história de exposição a carrapatos no mês anterior ao início da doença.

São observados casos de erliquiose granulocitotrópica humana no Meio-Oeste e nos estados da Costa Leste, bem como nos estados da Costa Oeste dos Estados Unidos. Essas áreas correspondem à distribuição dos carrapatos vetores *Ixodes scapularis* e *Ixodes pacificus*, respectivamente.

Verificação de conceitos

- Os patógenos que causam a erliquiose humana incluem *E. chaffeensis* (agente etiológico da EMH), *E. ewingii* (agente etiológico da erliquiose *ewingii*) e *A. phagocytophilum* (agente etiológico da AGH).
- O gênero *Ehrlichia* consiste em bactérias intracelulares obrigatórias transmitidas por carrapatos.
- As espécies dos gêneros *Ehrlichia* e *Anaplasma* infectam leucócitos circulantes, nos quais se multiplicam dentro de vacúolos fagocíticos e formam mórulas.
- As manifestações clínicas das erliquioses são inespecíficas, incluindo febre, calafrios, cefaleia, mialgia, náuseas, vômitos, anorexia e perda ponderal.
- O diagnóstico é realizado pela demonstração da mórula no interior dos leucócitos, por sorologia ou por PCR.
- A doxiciclina é o fármaco de escolha terapêutica.

COXIELLA BURNETII

Características

A *C. burnetii* é um microrganismo pequeno que apresenta uma parede semelhante à das bactérias Gram-negativas. Contudo, não se cora pelo método convencional de Gram, mas pela coloração de Gimenez. A *C. burnetii*, que é o agente etiológico da febre Q, é resistente à dessecação. Esse microrganismo pode sobreviver à pasteurização a 60 °C por 30 minutos e pode sobreviver por meses em fezes secas ou leite. Essa resistência pode ser explicada pela formação de estruturas semelhantes a endósporos pela *C. burnetii*. Esse microrganismo cresce somente no interior de vacúolos citoplasmáticos.

Antígenos e variação antigênica

Quando crescida em cultura celular, a *C. burnetii* exibe várias fases. Essas fases estão associadas a diferenças na virulência desse microrganismo. A fase I é a forma virulenta encontrada em humanos com febre Q ou em animais vertebrados infectados. Essa é a forma infecciosa do microrganismo, sendo a expressão do lipopolissacarídeo um fator de virulência chave em sua patogênese. A fase II não é infecciosa e ocorre somente após passagens seriadas do microrganismo em cultura de células. Pacientes com sintomatologia clínica apresentam anticorpos tanto para antígenos de fase I quanto de fase II.

Epidemiologia

A *C. burnetii* é encontrada em carrapatos, que transmitem o agente para carneiros, cabras e gado bovino, porém a transmissão para seres humanos é incomum. As pessoas que trabalham em matadouros e fábricas de processamento de lã e pele de gado bovino contraem a doença em decorrência da manipulação dos tecidos de animais infectados. A transmissão da *C. burnetii* é maior pela via respiratória do que através da pele. Pode ocorrer infecção crônica do úbere das vacas. Nesses casos, as riquétsias são excretadas no leite e raramente podem ser transmitidas aos seres humanos pela ingestão de leite não pasteurizado.

Os carneiros infectados podem excretar *C. burnetii* nas fezes e na urina, com a contaminação maciça de sua pele e da lã. A placenta de vacas, ovelhas, cabras e gatas contém riquétsias, e o parto produz aerossóis infectantes. O solo pode ser intensamente contaminado por uma dessas fontes, e a inalação de poeira infectada resulta em infecção de seres humanos e animais de criação. Foi sugerido que os endósporos formados por *C. burnetii* contribuem para sua persistência e sua disseminação. Na atualidade, a infecção pela *Coxiella* está disseminada entre o gado bovino e ovino nos Estados Unidos. A *Coxiella* pode provocar endocardite (com a elevação dos títulos de anticorpos contra *C. burnetii*, fase I), além de pneumonite e hepatite.

Manifestações clínicas

A. Febre Q

A doença é disseminada mundialmente e ocorre principalmente em indivíduos que estão em contato com cabras, carneiros, vacas leiteiras ou gatas em trabalho de parto. Essa doença tem chamado a atenção de veterinários por surtos em centros médicos onde um grande número de indivíduos foi exposto a animais infectados com espécies de *Coxiella*.

Essa doença pode ser aguda ou crônica. A doença aguda assemelha-se à gripe, pneumonia não bacteriana (atípica) e hepatite. Observa-se uma elevação dos títulos de anticorpos específicos contra antígenos de fase II de *C. burnetii*. A transmissão resulta da inalação de poeira contaminada com o microrganismo proveniente de fezes secas, placenta, urina ou leite, ou de aerossóis em abatedouros.

Já na doença crônica, que pode se prolongar por mais de 6 meses, o desenvolvimento de uma endocardite infecciosa é comum. As hemoculturas para bactérias são negativas, e ocorrem títulos elevados de anticorpos contra *C. burnetii*, fase I. Praticamente todos os pacientes apresentam anormalidades valvares preexistentes ou algum comprometimento imunológico.

Exames laboratoriais

A *C. burnetii* pode ser cultivada em cultura de células, porém esse procedimento deve ser somente realizado em laboratórios de nível 3 de biossegurança. A sorologia é usada para o diagnóstico, e a imunofluorescência indireta é o método de escolha. A PCR também é útil no diagnóstico de endocardites com culturas negativas causadas por *C. burnetii*.

Tratamento

A doxiciclina é o fármaco de escolha terapêutico para a fase aguda da doença. Novos macrolídios também têm sido efetivos no tratamento da pneumonia aguda provocada por esse microrganismo. A manifestação crônica requer tratamento prolongado por 18 meses ou mais com associação de doxiciclina e hidroxicloroquina, sendo determinado pela avaliação dos níveis de anticorpos contra antígenos da fase I. Na endocardite infecciosa, a combinação terapêutica é necessária para prevenção de recidiva; ocasionalmente, a troca de valva é necessária.

Prevenção

As condições atualmente recomendadas de pasteurização de "alta temperatura e curto tempo" a 71,5 °C por 15 segundos são adequadas para destruir espécies viáveis de *Coxiella*.

Para a *C. burnetii*, uma vacina produzida a partir de saco vitelino de ovos embrionados está disponível. Essa vacina é administrada em indivíduos que trabalham em laboratórios onde esse microrganismo é manipulado e está disponível comercialmente apenas na Austrália.

Verificação de conceitos

- A *C. burnetii* é um microrganismo pequeno que apresenta parede celular semelhante à das bactérias Gram-negativas, não se corando pelo método convencional de Gram. Esse microrganismo se multiplica no interior de vacúolos citoplasmáticos e causa a febre Q.
- A *C. burnetii* apresenta duas formas antigênicas denominadas fase I e fase II. A fase I é a forma virulenta encontrada em humanos com febre Q e animais vertebrados infectados, e é a forma infecciosa, enquanto a fase II é a forma avirulenta.
- A *C. burnetii* é encontrada em cabras, ovelhas, vacas e em vários outros animais, que em geral são assintomáticos. A transmissão ao ser humano ocorre por inalação de poeira contaminada por fezes animais, produtos da concepção ou poeira de produtos animais, como peles contaminadas.
- A febre Q é caracterizada por uma infecção aguda ou crônica. A pneumonia aguda e a hepatite estão associadas a anticorpos contra antígenos de fase II; já endocardite infecciosa (a manifestação clínica mais comum da infecção crônica) está associada a anticorpos contra antígenos de fase I.
- O diagnóstico clínico é confirmado com testes sorológicos ou PCR realizados em laboratórios de referência que tenham desenvolvido e verificado seus próprios ensaios.
- A doxiciclina é o fármaco de escolha terapêutica nas infecções agudas e crônicas. Nas infecções crônicas, ela está associada à hidroxicloroquina.

QUESTÕES DE REVISÃO

1. As mórulas (inclusões intracelulares em leucócitos) são características de qual das seguintes doenças?

   (A) Malária decorrente de infecção por *Plasmodium falciparum*, mas não por *Plasmodium malariae*

   (B) Dengue

   (C) Infecção por *Babesia* (babesiose)

(D) Infecção por *Ehrlichia*

(E) *Loa loa*

2. Qual das seguintes afirmativas sobre o tifo epidêmico (*R. prowazekii*) é a mais correta?

(A) A doença ocorre principalmente na África Subsaariana.

(B) É transmitido por carrapatos.

(C) Os camundongos são reservatórios da bactéria.

(D) Historicamente, a doença ocorre em períodos de prosperidade.

(E) O recrudescimento da doença pode ocorrer muitos anos após a infecção inicial.

3. O fármaco de maior utilidade para tratar erliquiose é:

(A) Doxiciclina

(B) Penicilina G

(C) Sulfametoxazol-trimetoprima

(D) Gentamicina

(E) Nitrofurantoína

4. Uma doença caracterizada por mal-estar, cefaleia e febre desenvolveu-se em membros de diversas famílias que vivem em uma casa não aquecida e danificada pela guerra em um país do Leste Europeu. Exantemas eritematosos maculosos avermelhados de 2 a 6 mm apareceram nas pessoas na região do tronco e, posteriormente, nas extremidades. Algumas pessoas apresentaram tosse. Uma pessoa idosa, embora doente, apresentou-se com menos sintomas do que os demais adultos. As pessoas ficavam muito próximas para se aquecerem, e a presença de piolhos era comum. Qual das seguintes afirmativas é a mais correta?

(A) A doença que essas pessoas tiveram é comum nos Estados Unidos, nos estados das Montanhas Rochosas.

(B) A pessoa idosa pode ter tido um quadro agudo de tifo epidêmico muitos anos atrás e tifo recrudescente agora.

(C) As pulgas de roedores presentes na casa disseminaram *R. typhi*.

(D) O hospedeiro primário dos piolhos que infectaram as pessoas é o rato.

(E) O tifo epidêmico pode ser prevenido por uma vacina.

5. Qual das seguintes afirmativas sobre *Ehrlichia* e erliquiose é a mais correta?

(A) Os cães e camundongos são considerados reservatórios.

(B) Os mosquitos são vetores.

(C) O tratamento de escolha é o uso de ampicilina.

(D) A cultura é o melhor método para se confirmar o diagnóstico.

(E) As espécies de *Ehrlichia* são encontradas tipicamente nos linfócitos.

6. Um grupo de adolescentes urbanos visitou um rancho de criação de ovelhas em um grande estado do Oeste dos Estados Unidos por um período de 2 semanas. Nesse período, muitas ovelhas prenhes deram à luz, para deleite dos jovens observadores. Cerca de 10 dias mais tarde, três dos adolescentes desenvolveram um quadro semelhante ao da gripe, caracterizado por mal-estar, tosse e febre. Um deles apresentou uma infiltração ao exame de raios X, indicando pneumonia. Os três adolescentes visitaram diferentes médicos, os quais solicitaram coleta de sangue e enviaram à unidade de saúde para a realização de testes sorológicos. As três amostras deram resultado positivo para febre Q. Os pesquisadores de saúde pública observaram que os três adolescentes haviam estado no rancho de criação de ovelhas. Quando contataram o rancho, foram informados de que não houvera qualquer caso de febre Q e que nenhuma das pessoas que viviam no rancho apresentara a doença. A explicação mais provável para a doença nos adolescentes e o fato de nenhuma das pessoas do rancho ter contraído a doença é:

(A) Não houve febre Q no rancho, tendo eles adquirido a doença em outro lugar.

(B) As pessoas do rancho estavam previamente imunizadas contra a febre Q.

(C) Os adolescentes contraíram febre Q no rancho, e as pessoas que viviam no rancho tiveram febre Q anteriormente, estando imunes à doença.

(D) Os adolescentes tiveram outras doenças, e o diagnóstico de febre Q foi mal relatado.

(E) O laboratório de saúde pública cometeu um erro nos testes diagnósticos de febre Q.

7. Um esportista de meia-idade, residente em área rural no estado de Oklahoma, Estados Unidos, fez uma caminhada por uma floresta de madeira de corte próxima a sua casa. Na manhã seguinte, observou e retirou um carrapato grande (> 1 cm) de seu antebraço. Cerca de 1 semana depois, apresentou um início gradual de febre e mal-estar. Procurou atendimento médico porque estava preocupado com a possibilidade de infecção transmitida por carrapatos. Qual das seguintes doenças é a mais provável de ser adquirida de carrapatos?

(A) Dengue

(B) Febre maculosa das Montanhas Rochosas

(C) Tifo

(D) Febre amarela

(E) Malária

8. Qual dos seguintes fármacos *não* deve ser empregado para tratar febre maculosa das Montanhas Rochosas (infecção por *R. rickettsii*)?

(A) Sulfametoxazol-trimetoprima

(B) Cloranfenicol

(C) Doxiciclina

9. Qual das seguintes alternativas deve ser usada para prevenir febre maculosa das Montanhas Rochosas (infecção por *R. rickettsii*)?

(A) Vacina atenuada de *R. rickettsii*

(B) Doxiciclina profilática

(C) Prevenção de picadas de carrapato com o uso de roupas apropriadas

(D) Despiolhamento com inseticida

10. Uma semana após uma caçada a veados em uma floresta, um homem de 33 anos de idade desenvolveu febre de 39 °C com cefaleia e mal-estar. Nas 24 horas subsequentes, desenvolveu náuseas, vômitos, dores abdominais e diarreia. No quarto dia, surgiu exantema, inicialmente nos punhos e tornozelos, que evoluiu progressivamente, atingindo os braços, o tronco, as palmas das mãos e plantas dos pés. De início, o exantema era macular, mas evoluiu de forma rápida para maculopápulas, algumas com petéquias centrais. Foi diagnosticada febre maculosa das Montanhas Rochosas, causada por *R. rickettsii*. Qual das seguintes afirmativas sobre a febre maculosa das Montanhas Rochosas está correta?

(A) Os vetores da *R. rickettsii* são os carrapatos do gênero *Ixodes*.

(B) Um exantema característico surge consistentemente no quarto dia após a infecção.

(C) A *R. rickettsii* forma inclusões em monócitos.

(D) A resposta humoral do paciente pode não ocorrer até a terceira semana de doença.

(E) Nos Estados Unidos, a incidência mais alta da doença ocorre nos estados das Montanhas Rochosas.

11. O tratamento para endocardite observada na febre Q é:

(A) Cirurgia de emergência; antibióticos não são efetivos no tratamento.

(B) Levofloxacino por 6 semanas

(C) Dezoito meses em terapia combinada com doxiciclina e hidroxicloroquina

(D) Penicilina mais gentamicina, usando títulos de IgG para determinação da duração da terapia

12. A *C. burnetii* pode ser transmitida pelo leite de animais, tais como cabras e vacas infectadas. Atualmente, se recomenda o processo de pasteurização de "alta temperatura e curto tempo", visando à destruição do microrganismo viável.

    (A) Verdadeiro
    (B) Falso

13. A principal característica histopatológica da infecção causada por *R. rickettsii* é

    (A) Mórula com granulócitos
    (B) Mórula com monócitos
    (C) Inflamação granulomatosa
    (D) Vacúolos intracelulares
    (E) Linfócitos perivasculares

14. Todas as seguintes afirmações sobre a riquetsiose variceliforme são corretas, *exceto*:

    (A) A causa da doença é a *R. akari*.
    (B) O carrapato do gênero *Amblyomma* é considerado o vetor.
    (C) É uma doença branda.
    (D) A doença é mais comum na área urbana do que na rural.

15. As razões pelas quais a *C. burnetii* é considerada um agente potencial para bioterrorismo incluem

    (A) É adquirida por inalação.
    (B) É extremamente infecciosa.
    (C) Pode ser difícil de ser tratada, dependendo da fase de infecção.
    (D) A pneumonia pode ser grave.
    (E) Todas as opções anteriores.

Respostas

1. D	6. C	11. C
2. E	7. B	12. A
3. A	8. A	13. E
4. D	9. C	14. B
5. A	10. D	15. E

REFERÊNCIAS

Graves SR, Massung RF: *Coxiella*. In Jorgensen JH, Pfaller MA, Carroll KC, et al (editors). *Manual of Clinical Microbiology*, 11th ed. Washington, DC: ASM Press, 2015.

Million M, Raoult D: Recent advances in the study of Q fever epidemiology, diagnosis, ana management. *J Infect* 2015; 71:52–59.

Ismail N, McBride JW: Tick-borne emerging infections, erlichiosis and anaplasmosis. *Clin Lab Med* 2017; 37:317–340.

Reller ME, Dumler JS: *Ehrlichia, Anaplasma*, and related intracellular bacteria. In Jorgensen JH, Pfaller MA, Carroll KC, et al (editors). *Manual of Clinical Microbiology*, 11th ed. Washington, DC: ASM Press, 2015.

Thomas RJ, Dumler JS, Carlyon JA: Current management of human granulocytic anaplasmosis, human monocytic ehrlichiosis, and *Ehrlichia ewingii* ehrlichiosis. *Expert Rev Anti Infect Ther* 2009; 7:709–722.

Walker DH, Bouyer DH: *Rickettsia* and *Orientia*. In Jorgensen JH, Pfaller MA, Carroll KC, et al (editors). *Manual of Clinical Microbiology*, 11th ed. Washington, DC: ASM Press, 2015.

Espécies de *Chlamydia*

As clamídias que infectam os seres humanos são divididas em três espécies: *Chlamydia trachomatis*, *Chlamydia pneumoniae* e *Chlamydia psittaci*. Essa divisão é baseada na composição antigênica desses microrganismos, na presença de inclusões intracelulares, na suscetibilidade a sulfonamidas e no quadro clínico. A separação do gênero *Chlamydia* nos gêneros *Chlamydia* e *Chlamydophila* é controversa. Neste capítulo, as três espécies patogênicas para seres humanos são consideradas pertencentes ao gênero *Chlamydia*. Outras espécies de gênero *Chlamydia* infectam animais, mas raramente infectam os seres humanos. Todas as clamídias exibem características morfológicas semelhantes, compartilham alguns antígenos em comum e multiplicam-se no citoplasma das células do hospedeiro por um ciclo de desenvolvimento distinto. As clamídias podem ser consideradas bactérias Gram-negativas que carecem de mecanismos para a produção de energia metabólica e que, portanto, são incapazes de sintetizar trifosfato de adenosina (ATP, do inglês *adenosine triphosphate*). Isso as restringe a uma existência intracelular, em que a célula do hospedeiro fornece intermediários ricos em energia. Assim, as clamídias são **parasitas intracelulares obrigatórios**.

Ciclo de desenvolvimento (bifásico)

Todas as clamídias compartilham um único ciclo de desenvolvimento bifásico. A partícula infecciosa estável no meio ambiente (forma transmissível) consiste em uma pequena célula chamada **corpo elementar** (**CE**). As clamídias têm cerca de 0,3 μm de diâmetro (Figura 27-1), com nucleoide eletrondenso. As proteínas da membrana do CE possuem acentuada ligação cruzada. Os CEs também apresentam alta afinidade com as células epiteliais do hospedeiro, penetrando nelas rapidamente. A primeira etapa da invasão envolve a interação entre as proteínas da membrana externa do CE e os proteoglicanos de heparam sulfato presentes na superfície das células hospedeiras e na matriz extracelular. A segunda etapa envolve a ligação adicional e irreversível a uma variedade de outros receptores da célula hospedeira. Entre essas adesinas potenciais, estão a proteína de membrana externa principal (**MOMP**, do inglês *major outer membrane protein*), a MOMP glicosilada e outras proteínas de superfície. Após a aderência à célula hospedeira, os mecanismos envolvidos na invasão da célula hospedeira por esse microrganismo também variam e envolvem o rearranjo do citoesqueleto celular e a ativação de sistemas de secreção do tipo III, entre outros fatores. No geral, os CEs se aderem próximo à base das microvilosidades, onde são subsequentemente endocitados pela célula hospedeira. Mais de um mecanismo parece funcional: a endocitose mediada

por receptores nas regiões de depressões recobertas por clatrina* e a pinocitose através de depressões não recobertas. A fusão dos lisossomos é inibida, criando-se um ambiente protegido, delimitado por membrana, em torno das clamídias. Pouco depois da entrada dos microrganismos na célula hospedeira, as ligações dissulfeto das proteínas de membrana do CE não exibem mais ligação cruzada. Em seguida, o CE reorganiza-se em uma grande estrutura, denominada **corpo reticulado** (**CR**), de cerca de 0,5 a 1 μm (Figura 27-1), desprovido de nucleoide eletrondenso. No interior do vacúolo delimitado por membrana, o CR aumenta de tamanho e divide-se repetidamente por divisão binária. Posteriormente, observa-se o total preenchimento do vacúolo por CEs provenientes dos CRs, formando uma **inclusão** citoplasmática. Os CEs recém-formados podem ser liberados da célula hospedeira, infectando novas células. O ciclo de desenvolvimento dura 48 a 72 horas.

Estrutura e composição química

Nas clamídias, a **parede celular** externa assemelha-se à das bactérias Gram-negativas. Apresenta um alto percentual lipídico, incluindo lipopolissacarídeo de baixa atividade endotóxica. Essa estrutura é rígida e não contém um peptidoglicano bacteriano típico. Conforme mencionado acima, outro componente estrutural importante é a MOMP codificada pelo gene *ompA*. As variantes antigênicas da MOMP expressadas pela *C. trachomatis* estão associadas a diferentes síndromes clínicas. As proteínas de ligação às penicilinas (PBPs, do inglês *penicillin-binding proteins*) estão presentes nas clamídias, e a formação da parede celular desses microrganismos é inibida por penicilinas e outros fármacos que inibem a transpeptidação do peptidoglicano bacteriano. Contudo, a lisozima não tem efeito sobre as paredes celulares das clamídias. Parece não haver o ácido *N*-acetilmurâmico nas paredes celulares das clamídias. Tanto DNA quanto RNA são encontrados nos CEs e nos CRs. Os CRs contêm cerca de quatro vezes mais RNA do que DNA, enquanto os CEs apresentam quantidades aproximadamente iguais de RNA e DNA. Nos CEs, a maior parte do DNA concentra-se no nucleoide central eletrondenso. A maior parte do RNA é encontrada nos ribossomos. O genoma

---

*N. de T. A clatrina é uma proteína composta por três eixos, sendo que cada eixo contém uma cadeia leve e uma pesada que desempenham um importante papel na formação de vesículas no interior das células eucariontes. A clatrina tem a função de aumentar a eficiência da endocitose mediada por receptores, pois ela agrupa o maior número possível de complexos receptores ligantes na pequena região da membrana onde se formará a vesícula.

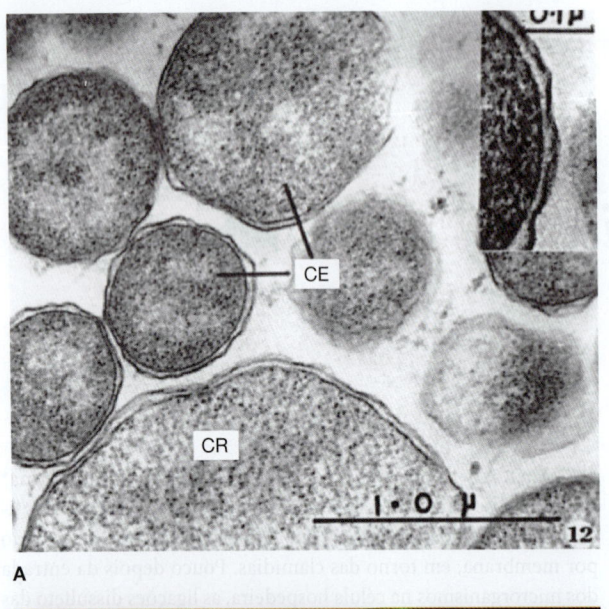

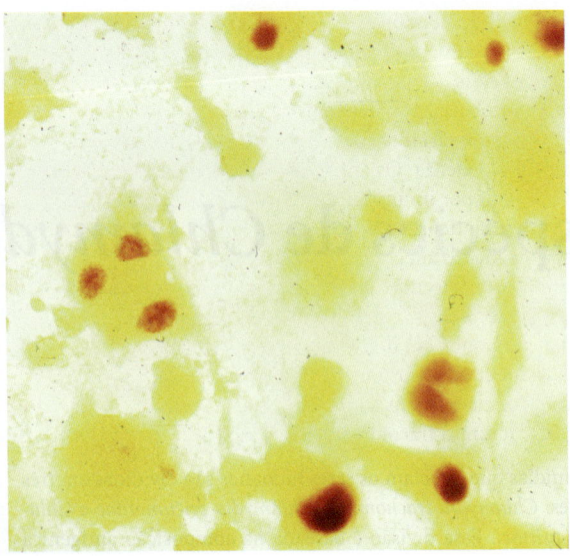

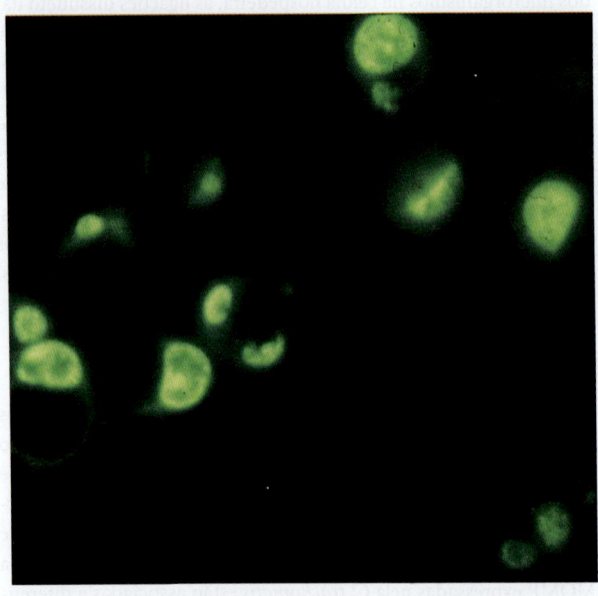

FIGURA 27-1   Clamídias. **A:** Microscopia eletrônica da clamídia em vários estágios de desenvolvimento. CE, partículas de corpos elementares com paredes celulares (inserção); CR, corpo reticulado. **B:** *C. trachomatis* cultivada em células McCoy e coradas com iodo. As células de McCoy coram-se em amarelo-fraco ao fundo. As inclusões intracitoplasmáticas ricas em glicogênio de *C. trachomatis* estão coradas em marrom-escuro. **C:** Crescimento similar de *C. trachomatis* em células McCoy coradas com anticorpo marcado com fluoresceína contra antígenos de *C. trachomatis*. As inclusões intracitoplasmáticas de *C. trachomatis* estão coradas de amarelo-esverdeado brilhante. Os contornos das células de McCoy estão visíveis. (Cortesia de J. Schachter.)

circular da clamídia apresenta 1,04 megabases de comprimento, codifica 900 genes e é um dos menores genomas bacterianos.

Diversos genomas de clamídias foram sequenciados, fornecendo informações sobre a biologia básica desses microrganismos. Por exemplo, as clamídias possuem o sistema de secreção tipo III, que lhes permite injetar proteínas efetoras no interior das células hospedeiras como parte do processo infeccioso (ver discussão acima em Ciclo de desenvolvimento).

Propriedades de coloração

As clamídias exibem propriedades de coloração distintas (semelhantes às das riquétsias). Os CEs coram-se de púrpura pelo método de Giemsa, em contraste com a cor azul do citoplasma da célula hospedeira. Os CRs maiores e não infecciosos coram-se de azul pelo método de Giemsa. A coloração de Gram das clamídias é negativa ou variável, não sendo útil para a identificação desses agentes.

As partículas das clamídias e suas inclusões coram-se intensamente por imunofluorescência, com anticorpos específicos do grupo, da espécie ou do sorovariante.

As inclusões intracelulares maduras e totalmente formadas de *C. trachomatis* consistem em massas compactas localizadas próximo ao núcleo, que se coram de púrpura-escuro pelo método de Giemsa devido a sua natureza densa. Se forem coradas com solução de iodo de Lugol diluída, algumas das inclusões de *C. trachomatis* (mas não de *C. pneumoniae* nem de *C. psittaci*) apresentam coloração castanha devido à matriz de glicogênio que circunda as partículas (ver Figura 27-1). Em contrapartida, as inclusões de *C. psittaci* aparecem como agregados intracitoplasmáticos difusos.

Antígenos

As clamídias compartilham **antígenos de grupo específicos (do gênero)**. Trata-se de lipopolissacarídeos termoestáveis, cujo componente imunodominante é o ácido 2-ceto-3-desoxioctanoico. É possível detectar a presença de anticorpos dirigidos contra esses antígenos específicos do gênero por **fixação do complemento** (FC) e imunofluorescência. Os antígenos **específicos da espécie** ou **específicos do sorovariante** consistem principalmente em proteínas da membrana externa. Os antígenos específicos podem ser mais bem detectados por imunofluorescência, particularmente quando são utilizados anticorpos monoclonais. Os antígenos específicos são compartilhados apenas por um número limitado de clamídias. Entretanto, um determinado microrganismo pode conter vários antígenos específicos. Existem pelo menos 15 **sorovares** de *C. trachomatis* separados em dois biovariantes que causam síndromes clínicas diferentes. Os sorovares que vão de D até K (incluindo Da, Ga, Ia) estão relacionados a infecções urogenitais. Os sorovares A, B, Ba e C causam o tracoma ocular, e os sorovares L1, L2 e L3, o linfogranuloma venéreo. Vários sorovares de *C. psittaci* podem ser detectados por FC ou por **microimunofluorescência** (**MIF**). Até o momento, foi descrito apenas um único sorovar de *C. pneumoniae*.

Crescimento e metabolismo

As clamídias requerem um hábitat intracelular devido ao seu pequeno tamanho do genoma, o que as torna dependentes das células hospedeiras para sua replicação e necessidades energéticas. Além disso, crescem em culturas de uma variedade de linhagens celulares eucarióticas. Para isolar clamídias, costumam ser utilizadas células McCoy tratadas com ciclo-heximida; a *C. pneumoniae* cresce melhor em células HL-60 ou Hep-2*. Todas as espécies de *Chlamydia* proliferam em ovos embrionados, particularmente no saco vitelino.

Algumas clamídias apresentam metabolismo endógeno semelhante ao de outras bactérias, sendo capazes de liberar CO_2 a partir de glicose, piruvato e glutamato. Além disso, contêm desidrogenases. Contudo, necessitam de intermediários ricos em energia produzidos pela célula hospedeira para efetuar suas atividades de biossíntese.

---

*N. de T. Célula McCoy (fibroblasto de camundongo), célula HL-60 (linhagem celular representativa de leucemia mieloide aguda) e Hep-2 (célula derivada de carcinoma epitelial de laringe humana).

A replicação das clamídias pode ser inibida por inúmeros antibacterianos. Os inibidores da parede celular, como as penicilinas e as cefalosporinas, resultam na produção de formas morfologicamente defeituosas, mas não são eficazes no tratamento de doenças clínicas. Os inibidores da síntese proteica (tetraciclinas, macrolídios) mostram-se eficazes na maioria das infecções clínicas. As cepas da *C. trachomatis* sintetizam folatos e são suscetíveis à inibição por sulfonamidas. Os aminoglicosídeos não são inibitórios.

Características da relação parasita-hospedeiro

O aspecto biológico notável da infecção por clamídias consiste no equilíbrio atingido entre o hospedeiro e o parasita, resultando em persistência prolongada do processo infeccioso. A infecção subclínica é normalmente observada (a doença franca é uma exceção) nos hospedeiros naturais desses microrganismos. A disseminação de uma espécie para outra (p. ex., das aves para os seres humanos, como na psitacose) resulta com mais frequência em doença. O hospedeiro infectado produz regularmente anticorpos dirigidos contra vários antígenos de clamídias. Esses anticorpos exercem pouco efeito protetor contra uma reinfecção. Em geral, o agente infeccioso persiste na presença de títulos elevados de anticorpos. O tratamento com antimicrobianos eficazes (p. ex., tetraciclinas) durante períodos prolongados pode eliminar as clamídias do hospedeiro infectado. Em uma fase muito precoce, o tratamento intensivo pode suprimir a formação de anticorpos. O tratamento tardio com antimicrobianos em doses moderadas pode suprimir a doença, mas propicia a persistência do agente infectante nos tecidos.

Singularmente, a imunização dos seres humanos não tem sido bem-sucedida em termos de proteção contra a reinfecção. Infecção ou imunização anteriores tendem, quando muito, a resultar em doença mais leve em caso de reinfecção, mas às vezes a hipersensibilização concomitante agrava a inflamação e dificulta o processo de cicatrização (p. ex., no tracoma).

Classificação

As clamídias são classificadas de acordo com seu potencial patogênico, variedade de hospedeiros, diferenças antigênicas e outros métodos. Três espécies que infectam os seres humanos foram caracterizadas (Tabela 27-1).

TABELA 27-1 Características das clamídias

	Chlamydia trachomatis	*Chlamydia pneumoniae*	*Chlamydia psittaci*
Morfologia das inclusões	Redondas, vacuolares	Redondas, densas	Grandes, formas variáveis, densas
Glicogênio nas inclusões	Sim	Não	Não
Morfologia dos corpos elementares	Redondos	Piriformes, redondos	Redondos
Sensíveis a sulfonamidas	Sim	Não	Não
Plasmídeo	Sim	Não	Sim
Sorotipos	15	1	≥ 4
Hospedeiro natural	Seres humanos	Seres humanos, animais	Aves
Modo de transmissão	Pessoa para pessoa, mãe para filho	Pelo ar, de pessoa para pessoa	Pelo ar, excrementos de aves para seres humanos
Principais doenças	Tracoma, ISTs, pneumonia infantil, LGV	Pneumonia, bronquite, faringite, sinusite	Psitacose, pneumonia, febre de origem inexplicada

IST, infecção sexualmente transmissível; LGV, linfogranuloma venéreo.

A. *Chlamydia trachomatis*

Essa espécie produz inclusões intracitoplasmáticas compactas que contêm glicogênio, e é comumente sensível às sulfonamidas. Esse microrganismo é o agente etiológico de infecções em seres humanos, como o tracoma, conjuntivite de inclusão, uretrite não gonocócica, salpingite, cervicite, pneumonite de lactentes e linfogranuloma venéreo (LGV).

B. *Chlamydia pneumoniae*

Esse microrganismo produz inclusões intracitoplasmáticas que carecem de glicogênio. Em geral, é resistente às sulfonamidas e causa infecções das vias respiratórias em seres humanos.

C. *Chlamydia psittaci*

Esse microrganismo produz inclusões intracitoplasmáticas difusas que carecem de glicogênio. Em geral, é resistente às sulfonamidas. Consiste em agentes da psitacose nos seres humanos, da ornitose em aves, da pneumonite em felinos e de outras doenças em animais.

CHLAMYDIA TRACHOMATIS: INFECÇÕES OCULARES, GENITAIS E RESPIRATÓRIAS

Os seres humanos são os hospedeiros naturais da *C. trachomatis*. Os macacos e chimpanzés podem ser infectados nos olhos e no trato genital. A *C. trachomatis* também se multiplica em células em cultura de tecido. As *C. trachomatis* de diferentes sorotipos multiplicam-se por diferentes mecanismos. Os microrganismos isolados do tracoma não crescem tão bem quanto os do LGV ou os das infecções genitais. A replicação intracitoplasmática resulta na formação de inclusões compactas com uma matriz de glicogênio na qual estão mergulhados os CEs.

TRACOMA

O tracoma é uma doença ocular antiga, bem descrita no Papiro de Ebers, escrito no Egito há 3.800 anos. Trata-se de uma ceratoconjuntivite crônica que começa com alterações inflamatórias agudas na conjuntiva e na córnea, progredindo para a formação de cicatrizes e cegueira. Os sorotipos de *C. trachomatis* A, B, Ba e C estão associados ao tracoma clínico.

Manifestações clínicas

O período de incubação da infecção da conjuntiva por clamídias é de 3 a 10 dias. Nas áreas endêmicas, ocorre infecção inicial no início da infância, e a instalação da consequência a longo prazo, o tracoma, é insidiosa. A infecção por clamídias está frequentemente associada à conjuntivite bacteriana nas áreas endêmicas, e as duas infecções juntas produzem o quadro clínico. Os primeiros sintomas de tracoma consistem em lacrimejamento, secreção mucopurulenta, hiperemia conjuntival e hipertrofia folicular. O exame microscópico da córnea revela ceratite epitelial, infiltrados subepiteliais e extensão dos vasos límbicos na córnea (*pannus*, do latim para

"pano")*. À medida que o *pannus* se estende para baixo, através da córnea, ocorrem cicatrização da conjuntiva, deformidades das pálpebras (entrópio, triquíase) e outras lesões provocadas pelos cílios movendo-se ao longo da córnea (triquíase). Na presença de infecção bacteriana secundária, a perda da visão avança no decorrer de alguns anos. Entretanto, não há sinais nem sintomas sistêmicos de infecção. A Organização Mundial da Saúde (OMS) possui um esquema de classificação para avaliação do tracoma (ver referência de Batteiger e Tan).

Diagnóstico laboratorial

O diagnóstico laboratorial das infecções por clamídias é discutido também no Capítulo 47.

A. Cultura

Inclusões citoplasmáticas típicas são encontradas em células epiteliais de raspados da conjuntiva corados com anticorpo fluorescente ou pelo método de Giemsa. Essas inclusões são observadas com mais frequência nos estágios iniciais da doença e na conjuntiva tarsal superior.

A inoculação de raspados da conjuntiva em culturas de células de McCoy tratadas com ciclo-heximida favorece o crescimento da *C. trachomatis* se o número de partículas infecciosas viáveis for suficientemente alto. A centrifugação do inóculo nas células aumenta a sensibilidade do método. Geralmente, é possível estabelecer o diagnóstico na primeira passagem depois de 2 a 3 dias de incubação, pesquisando a presença de inclusões por imunofluorescência, coloração por iodo ou pelo método de Giemsa.

B. Sorologia

Os indivíduos infectados com frequência desenvolvem anticorpos específicos do grupo e da sorovariante no soro e nas secreções oculares. A imunofluorescência constitui o método mais sensível para sua detecção. Nem os anticorpos oculares nem os anticorpos séricos conferem resistência significativa à reinfecção.

C. Métodos moleculares

Em países em desenvolvimento, onde o tracoma é endêmico, em geral não existem recursos para realização da reação em cadeia da polimerase (PCR, do inglês *polymerase chain reaction*) ou de outros métodos moleculares no diagnóstico das infecções oculares causadas por *C. trachomatis*. Nos países desenvolvidos, há relativamente poucos casos e pouca necessidade de empregar esses métodos. Assim, os testes moleculares foram desenvolvidos para o diagnóstico de infecções genitais. Somente projetos de pesquisa utilizam a PCR em estudos sobre o tracoma.

Tratamento

Testes clínicos realizados em povoados onde o tracoma era endêmico, como o emprego do tratamento com azitromicina em massa, mostraram que as infecções e a doença clínica diminuíram bastante 6 a 12 meses após a terapia, mesmo com o emprego da terapia em

---

*N. de T. *Pannus corneal*, vascularização superficial da córnea com a infiltração de tecido de granulação.

dose única. Desse modo, a azitromicina substituiu a eritromicina e a doxiciclina no tratamento em massa do tracoma epidêmico. A terapia tópica tem pouco valor clínico.

Epidemiologia e controle

Acredita-se que mais de 400 milhões de indivíduos em todo o mundo estejam infectados com tracoma, e que 20 milhões tenham cegueira em razão disso. A doença é predominante na África, Ásia e bacia do Mediterrâneo, onde as condições higiênicas são precárias e a água é escassa. Nessas áreas hiperendêmicas, a infecção infantil pode ser universal, sendo comum a ocorrência grave que causa cegueira (em consequência de superinfecção bacteriana frequente). Nos Estados Unidos, o tracoma ocorre de modo esporádico em algumas regiões, verificando-se a persistência de focos endêmicos.

A OMS iniciou o programa S-A-F-E para eliminar a cegueira causada pelo tracoma e ao menos reduzir significativamente a doença clinicamente ativa. O programa S-A-F-E consiste nas seguintes etapas: *Surgery*, ou "cirurgia" (cirurgia para deformidades oculares), **A**zitromicina (terapia periódica), *Face* (lavagem e higiene da face), *Environmental improvements,* ou "melhoramentos do meio ambiente" (com a construção de latrinas e diminuição do número de moscas que se alimentam de exsudatos conjuntivais). Fica claro que a melhora das condições socioeconômicas reforça o desaparecimento do tracoma endêmico.

CHLAMYDIA TRACHOMATIS: INFECÇÕES GENITAIS E CONJUNTIVITE DE INCLUSÃO

A *C. trachomatis* das sorovariantes D a K provoca doenças sexualmente transmissíveis, particularmente nos países desenvolvidos, e pode causar infecção ocular (conjuntivite de inclusão). Em homens sexualmente ativos, a *C. trachomatis* causa **uretrite não gonocócica** e, em certas ocasiões, **epididimite**. Em mulheres, a *C. trachomatis* provoca **uretrite**, **cervicite** e **doença inflamatória pélvica**, que pode resultar em **esterilidade** e predispor à **gravidez ectópica**. Proctite e proctocolite podem ocorrer em homens e mulheres, embora tais infecções aparentem ser mais comuns em homens que praticam sexo com homens. Qualquer um desses locais anatômicos de infecção pode dar origem a sinais e sintomas, ou a infecção pode permanecer assintomática, porém contagiosa para os parceiros sexuais. Até 50% dos casos de uretrite não gonocócica (em homens) ou de síndrome uretral (em mulheres) são atribuídos a clamídias, ocasionando disúria, secreção não purulenta e frequência urinária. As secreções genitais em adultos infectados podem ser autoinoculadas na conjuntiva, com a consequente conjuntivite de inclusão, uma infecção ocular muito semelhante ao tracoma agudo.

O recém-nascido adquire a infecção durante a passagem pelo canal do parto infectado. Provavelmente, 30 a 50% dos lactentes de mães infectadas adquirem a infecção, e 15 a 20% dos lactentes infectados apresentam sintomas oculares, enquanto 10 a 40% exibem comprometimento do trato respiratório. A **conjuntivite de inclusão do recém-nascido** manifesta-se inicialmente em forma de conjuntivite mucopurulenta 5 a 12 dias após o parto, tendendo a

desaparecer mediante tratamento com eritromicina ou tetraciclina, ou de forma espontânea depois de várias semanas ou meses. Por vezes, a conjuntivite de inclusão persiste na forma de infecção crônica por clamídias, com quadro clínico indistinguível daquele observado no tracoma infantil, subagudo ou crônico, em áreas não endêmicas; em geral, não está associada à conjuntivite bacteriana.

Diagnóstico laboratorial

A. Coleta de amostras

A coleta de amostras correta é a chave do diagnóstico laboratorial das infecções por clamídia. Pelo fato de as clamídias serem bactérias intracelulares obrigatórias, é importante que a amostra contenha células humanas infectadas, bem como material extracelular no qual podem também estar presentes. São obtidas amostras endocervicais após a remoção do corrimento e das secreções do colo uterino. Utiliza-se um *swab* ou uma escova de citologia para obter raspados de células epiteliais de 1 a 2 cm de profundidade na endocérvice. Para a coleta da amostra, deve-se utilizar *swab* de plástico com dácron, algodão ou raiom; outros materiais (alginato de cálcio) ou *swabs* de madeira são tóxicos para as clamídias. Um método similar é usado para coletar amostras da vagina, da uretra ou da conjuntiva. Os testes de diagnóstico comerciais não cultiváveis para clamídia não requerem microrganismos viáveis. Em geral, esses testes incluem *swabs* para a coleta de amostra e tubos de transporte que se mostraram adequados para os testes específicos. Para a cultura, os espécimes de esfregaço devem ser colocados em um meio de transporte de clamídia, como sacarose fosfato suplementado com soro bovino e antibióticos que inibem a microbiota normal. Esses meios devem ser mantidos em temperatura de refrigeração antes do transporte para o laboratório.

A urina também pode ser testada para a presença de ácidos nucleicos de clamídias. Somente os primeiros 20 mL devem ser coletados, pois um volume maior de urina pode diluir a urina inicial que passa pela uretra, o que gera resultados negativos devido à diluição da amostra.

B. Detecção dos ácidos nucleicos

Os testes de amplificação de ácidos nucleicos (NAATs, do inglês *nucleic acid amplification tests*) são os testes de escolha para o diagnóstico das infecções genitais por *C. trachomatis*. Existem vários ensaios aprovados pela Food and Drug Administration (FDA) disponíveis no mercado norte-americano. Esses testes usam uma variedade de métodos moleculares que têm como alvo o críptico plasmídeo da *C. trachomatis* ou o rRNA 23S, incluindo PCR e amplificação mediada por transcrição (TMA, do inglês *transcription-mediated amplification*). Esses testes estão se tornando amplamente difundidos e vêm substituindo os ensaios de hibridização. Contudo, apesar de serem altamente sensíveis e específicos, não são perfeitos.

Os espécimes clínicos que podem ser usados para os NAATs incluem urina de primeiro jato para homens e *swab* vaginal, cervical e uretral para mulheres. Algumas das empresas comerciais que comercializam essas plataformas estão em processo de validação ou têm fontes extragenitais validadas, como amostras conjuntivais, orofaríngeas e retais. Alguns testes de detecção de ácidos nucleicos foram adaptados para detectar simultaneamente *Neisseria gonorrhoeae*.

C. Exame citológico direto (anticorpo fluorescente direto) e ensaios imunoenzimáticos

Os testes comercialmente disponíveis de anticorpo fluorescente direto (AFD) e de ensaios imunoadsorventes ligados à enzima (Elisa, do inglês *enzyme–linked immunosorbent assay*) para detecção de *C. trachomatis* continuam a ser utilizados por vários laboratórios. O teste AFD usa anticorpos monoclonais direcionados contra um antígeno específico associado à espécie na MOMP clamidial. Os testes de Elisa detectam a presença de antígenos específicos do gênero extraídos dos CEs da espécie. Os testes AFD continuam úteis na detecção de microrganismo em amostras extragenitais, como *swab* da conjuntiva. Contudo, por apresentarem baixa sensibilidade, estão sendo desconsiderados como testes aceitáveis para rastreamento, tanto de infecções por clamídias quanto por gonococos.

D. Cultura

A cultura de *C. trachomatis* foi utilizada historicamente para o diagnóstico das infecções por clamídia. A cultura, entretanto, é custosa e trabalhosa. Os resultados são muito demorados quando comparados com os NAATs e outros testes. Em geral, a cultura é muito menos sensível do que os NAATs; o grau de (baixa) sensibilidade é largamente dependente do método de cultivo empregado. Atualmente, o cultivo é feito em um número limitado de laboratórios de referência. Várias células de linhagem contínua podem ser usadas (mais frequentemente, McCoy, HeLa 229 ou HEp-2). As células são cultivadas em monocamadas em garrafas ou frascos de cultivo de células. Alguns laboratórios utilizam placas de fundo chato com poços de microdiluição, mas o cultivo por este método não é tão sensível como aquele obtido quando se empregam frascos de cultivo. As células devem ser tratadas com ciclo-heximida para inibir o metabolismo e aumentar a sensibilidade de isolamento das clamídias. O inóculo da amostra contida no *swab* é centrifugado em monocamada e incubado entre 35 a 37 °C por 48 a 72 horas. Uma segunda monocamada pode ser inoculada e, após a incubação, pode ser sonicada e passada para outra monocamada, para aumentar a sensibilidade. As monocamadas são examinadas por imunofluorescência direta para pesquisa das inclusões citoplasmáticas. O cultivo de clamídias por esse método tem 80% de sensibilidade e 100% de especificidade.

E. Sorologia

Em virtude da massa antigênica relativamente grande de clamídias nas infecções do trato genital, os anticorpos séricos ocorrem com muito mais frequência do que no tracoma e aparecem em títulos mais elevados. Verifica-se uma elevação dos títulos durante e após a infecção aguda por clamídias. Em algumas sociedades, em razão da alta prevalência de infecções do trato genital por clamídias, observa-se a existência de anticorpos contra as clamídias na população; as provas sorológicas para se estabelecer o diagnóstico de infecção do trato genital por clamídias geralmente não são úteis.

Nas secreções genitais (p. ex., cervicais), os anticorpos podem ser detectados durante a infecção ativa e são dirigidos contra o imunotipo infectante (sorovar).

Tratamento

É essencial que as infecções por clamídias sejam tratadas simultaneamente em ambos os parceiros sexuais e na progênie para evitar a ocorrência de reinfecção. As tetraciclinas (p. ex., doxiciclina) são comumente utilizadas na uretrite não gonocócica e em mulheres infectadas não grávidas. A azitromicina mostra-se eficaz, podendo ser administrada a mulheres grávidas. A tetraciclina ou a eritromicina para uso tópico são utilizadas para infecções neonatais por *N. gonorrhoeae*, mas podem não ser eficazes na prevenção de infecção neonatal por *C. trachomatis*. A terapia sistêmica deve ser usada na conjuntivite de inclusão, visto que a terapia tópica pode não curar as infecções nos olhos nem prevenir doença respiratória.

Epidemiologia e controle

A infecção genital e a conjuntivite por inclusão de clamídias são doenças sexualmente transmissíveis que se disseminam por contato com parceiros sexuais infectados. A conjuntivite de inclusão neonatal origina-se no trato genital infectado da mãe. A prevenção de doença ocular neonatal depende do diagnóstico e do tratamento da gestante e do seu parceiro sexual. Como em todas as doenças sexualmente transmissíveis, deve-se considerar a presença de vários agentes etiológicos (gonococos, treponemas, tricomonas, herpes etc.). A instilação de eritromicina ou tetraciclina nos olhos do recém-nascido não impede o desenvolvimento de conjuntivite por clamídias. O controle final dessa e de todas as doenças sexualmente transmissíveis depende de práticas sexuais seguras e de diagnóstico e tratamento precoces dos indivíduos infectados. Assim, o Centers for Disease Control and Prevention (CDC) recomenda o rastreamento anual de todas as mulheres sexualmente ativas com 25 anos ou menos de idade.

CHLAMYDIA TRACHOMATIS E PNEUMONIA NEONATAL

Entre os recém-nascidos infectados pela mãe, 10 a 20% podem desenvolver comprometimento das vias respiratórias 2 a 12 semanas após o nascimento, culminando em pneumonia. Os neonatos apresentam secreção e obstrução nasal, taquipneia, tosse paroxística característica, ausência de febre e eosinofilia. Nas radiografias, podem-se observar infiltrado intersticial e hiperinflação. Deve-se suspeitar do diagnóstico se houver desenvolvimento de pneumonite em recém-nascido que apresente conjuntivite de inclusão. O diagnóstico pode ser estabelecido por isolamento de *C. trachomatis* das secreções respiratórias. Na pneumonia neonatal, a observação de títulos de 1:32 ou mais de anticorpo imunoglobulina M (IgM) contra a *C. trachomatis* é considerada diagnóstico positivo. A azitromicina oral por 5 dias é o antibiótico recomendado. Já a azitromicina sistêmica proporciona um tratamento eficaz para os casos graves.

LINFOGRANULOMA VENÉREO

O LGV é uma doença sexualmente transmissível causada por *C. trachomatis* e é caracterizada por adenite inguinal supurativa. A doença é mais comum nos climas tropicais.

Propriedades do agente

As partículas contêm antígenos de grupo termoestáveis fixadores do complemento, compartilhados com todas as outras clamídias.

Além disso, contêm um dos três antígenos sorovariantes (L1-L3), que podem ser identificados por imunofluorescência.

Manifestações clínicas

Vários dias a semanas após a exposição, surge uma pequena pápula ou vesícula evanescente em qualquer parte da genitália externa, do ânus, do reto ou em outro local. A lesão pode sofrer ulceração, mas costuma passar despercebida, cicatrizando em poucos dias. Em pouco tempo (dias ou algumas semanas), os linfonodos regionais aumentam de tamanho, tendendo a tornar-se opalescentes e dolorosos. Em homens, os linfonodos inguinais são mais comumente acometidos tanto acima quanto abaixo do ligamento de Poupart, e a pele sobrejacente com frequência adquire uma tonalidade púrpura à medida que os linfonodos supuram (formação de bubo) e, por fim, liberam pus através de vários tratos sinusais. Em homens homossexuais e mulheres, os linfonodos perirretais ficam proeminentemente acometidos, com proctite e corrimento anal mucopurulento e sanguinolento. Durante o estágio de linfadenite ativa, surgem frequentemente sintomas sistêmicos pronunciados, inclusive febre, cefaleia, meningismo, conjuntivite, exantema, náuseas, vômitos e artralgias. De forma rara, ocorrem meningite, artrite e pericardite. A não ser que seja instituído um tratamento eficaz com antimicrobianos nesse estágio, o processo inflamatório crônico evolui para fibrose, obstrução linfática e estenose retal. A obstrução linfática pode resultar em elefantíase do pênis, do escroto ou da vulva. A proctite crônica de homens homossexuais ou mulheres pode resultar em estenose retal progressiva, obstrução retossigmoide e formação de fístulas.

Diagnóstico laboratorial

A. Esfregaços

O pus, os bubões ou o material de biópsia podem ser corados, mas as partículas raramente são identificadas.

B. Testes de amplificação do ácido nucleico

Todos os NAATs comerciais detectam todos os sorovares associados ao LGV, mas não podem diferenciá-los de outros sorovares de *C. trachomatis*.

C. Cultura

O material sob suspeita deve ser inoculado em culturas de células de McCoy. O inóculo pode ser tratado com aminoglicosídeo (mas não com penicilina), para se reduzir a contaminação bacteriana. O agente é identificado com base na sua morfologia e em testes sorológicos.

Sorologia

Os anticorpos são demonstrados pela reação de FC. O teste torna-se positivo 2 a 4 semanas após o início da doença. Em um caso clinicamente compatível, a elevação dos níveis de anticorpos ou a obtenção de um único título > 1:64 fornecem boa evidência de infecção ativa. Quando o tratamento erradica o LGV, observa-se uma queda nos títulos de anticorpos FC. O diagnóstico sorológico do LGV pode basear-se na imunofluorescência, mas os anticorpos exibem ampla reatividade contra muitos antígenos de clamídias.

Imunidade

As infecções não tratadas tendem a ser crônicas, com persistência do agente durante muitos anos. Pouco se sabe a respeito da imunidade ativa. A coexistência de infecção latente, anticorpos e reações mediadas por células é típica de muitas infecções por clamídias.

Tratamento

A doxiciclina oral e a eritromicina por 21 dias são terapias eficazes. Em alguns indivíduos tratados com esses fármacos, observa-se um acentuado declínio dos anticorpos fixadores do complemento, o que pode indicar a eliminação do agente infeccioso do organismo. Os estágios avançados exigem cirurgia.

Epidemiologia e controle

Embora a maior incidência de LGV tenha sido registrada em áreas subtropicais e tropicais, a infecção é observada em todo o mundo. Com maior frequência, a doença é transmitida por contato sexual, porém não de modo exclusivo. Às vezes, a porta de entrada pode ser o olho (conjuntivite com síndrome oculoglandular). O trato genital e o reto de indivíduos cronicamente infectados (porém, às vezes, assintomáticos) atuam como reservatórios da infecção. Os funcionários de laboratórios expostos a aerossóis de *C. trachomatis* dos sorovares L1 a L3 podem desenvolver pneumonite por clamídia com adenopatia mediastínica e hilar. Se a infecção for reconhecida, o tratamento com tetraciclina ou eritromicina será eficaz.

As medidas empregadas para o controle de outras infecções sexualmente transmissíveis também se aplicam ao controle do LGV. O achado do primeiro caso e o tratamento precoce e o controle das pessoas infectadas são essenciais.

CHLAMYDIA PNEUMONIAE E INFECÇÕES RESPIRATÓRIAS

A primeira cepa de *C. pneumoniae* foi obtida na década de 1960 em cultura de saco vitelino de embrião de pinto. Após o desenvolvimento de métodos de cultura celular, essa cepa inicial foi considerada membro da espécie *C. psittaci*. Posteriormente, *C. pneumoniae* foi definitivamente estabelecida como nova espécie causadora de doença respiratória em humanos e animais.

Propriedades do agente

A *C. pneumoniae* produz inclusões redondas, densas e sem glicogênio que se mostram resistentes às sulfonamidas, de modo muito semelhante a *C. psittaci* (ver Tabela 27-1). Geralmente, os CEs exibem aspecto piriforme. A relação genética das *C. pneumoniae* isoladas é superior a 95%. Até o momento, foi observado apenas um sorovar.

Manifestações clínicas

A maioria das infecções causadas por *C. pneumoniae* é assintomática ou associada à doença discreta, embora existam relatos da ocorrência de doença grave. Não há sinais nem sintomas capazes de diferenciar especificamente as infecções por *C. pneumoniae* daquelas causadas por muitos outros agentes. Ocorre doença das vias respiratórias tanto superiores quanto inferiores. Também é comum ocorrer quadros de faringite. Podem ocorrer sinusite e otite média, acompanhadas de doença das vias respiratórias inferiores. A doença primária reconhecida consiste em pneumonia atípica, semelhante à causada pelo *Mycoplasma pneumoniae*. O percentual de casos de pneumonia adquirida na comunidade causada por *C. pneumoniae* varia na literatura de 0 a 40%, mas parece ser menor nas séries mais recentes (< 5%).

Diagnóstico laboratorial

A. Esfregaços

A detecção direta de CE em amostras clínicas com o uso de técnicas de anticorpo fluorescente não é sensível. Outros corantes tampouco comprovam efetivamente a presença do microrganismo.

B. Cultura

As amostras de *swab* da faringe podem ser colocadas em meio de transporte para clamídias e mantidas a 4 °C. A *C. pneumoniae* é rapidamente inativada à temperatura ambiente, crescendo inadequadamente em cultura de células e formando inclusões menores do que as formadas por outras clamídias. Esse microrganismo cresce melhor em células HL-60 e em HEp-2 em comparação com as células HeLa 229 ou McCoy. No entanto, as células McCoy são amplamente utilizadas para a cultura de *C. trachomatis*. Aumenta-se a sensibilidade da cultura por incorporação de ciclo-heximida ao meio de cultura para inibir o metabolismo das células eucarióticas e por centrifugação do inóculo na camada celular. O crescimento é melhor a 35 °C do que a 37 °C. Depois de três dias de incubação, as células são fixadas, e as inclusões são detectadas por anticorpo fluorescente com anticorpo específico do gênero ou da espécie, ou, de preferência, anticorpo monoclonal específico de *C. pneumoniae* conjugado com fluoresceína. A coloração pelo método de Giemsa não é sensível, e as inclusões negativas para glicogênio não se coram com iodo. O crescimento de *C. pneumoniae* é de certo modo difícil, conforme evidencia o número de microrganismos isolados descritos em comparação com a incidência de infecção.

C. Sorologia

A sorologia que utiliza um teste de MIF constitui o método mais sensível para o diagnóstico de infecção por *C. pneumoniae*. O teste, específico da espécie, pode detectar a presença de anticorpos imunoglobulina G (IgG) ou IgM ao utilizar os reagentes apropriados. Os indivíduos com infecção primária produzem anticorpos IgM depois de cerca de três semanas, seguidos de anticorpos IgG em 6 a 8 semanas. Em caso de reinfecção, a resposta dos anticorpos IgM pode estar ausente ou mínima, enquanto ocorre a resposta dos anticorpos IgG em 1 a 2 semanas. Os seguintes critérios foram sugeridos para o diagnóstico sorológico de infecção por *C. pneumoniae*: (1) um único título de IgM de 1:16 ou superior; (2) um único título de IgG de 1:512 ou superior; e (3) sorologia pareada com um aumento de 4 vezes nos títulos de IgM ou IgG.

Pode-se fazer o FC, mas este reage de acordo com o grupo, não diferencia a infecção por *C. pneumoniae* da psitacose nem do LGV, e é menos sensível que o teste de MIF.

D. Métodos de amplificação do ácido nucleico

Embora muitos laboratórios de pesquisa e de referência tenham tentado desenvolver ensaios moleculares baseados na detecção do rRNA 16S e no gene *ompA*, entre outros, esse progresso tem sido prejudicado pela falta de um padrão-ouro. Contudo, a BioFire Diagnostics, Inc. (Salt Lake City, em Utah, nos Estados Unidos) oferece uma PCR multiplex aninhada em um formato fechado de "*lab-in-a-pouch*"* para testar amostras nasofaríngeas. Tais testes são necessários de modo que a contribuição real da *C. pneumoniae* a doenças clínicas possa ser completamente determinada.

Imunidade

Pouco se sabe acerca da imunidade ativa ou potencialmente protetora. Podem ocorrer infecções prolongadas por *C. pneumoniae*, e os portadores assintomáticos podem ser comuns.

Tratamento

A *C. pneumoniae* mostra-se suscetível aos macrolídios e tetraciclinas, bem como a algumas fluoroquinolonas. O tratamento com doxiciclina, azitromicina ou claritromicina parece beneficiar de forma significativa os pacientes com infecção por *C. pneumoniae*, mas os dados sobre a eficácia da antibioticoterapia são limitados. Os relatos indicam que os sintomas podem continuar ou sofrer recidiva após cursos rotineiros de terapia com eritromicina, doxiciclina ou tetraciclina, devendo esses fármacos ser administrados durante 10 a 14 dias.

Epidemiologia

A infecção por *C. pneumoniae* é comum. Em todo o mundo, 30 a 50% dos indivíduos apresentam anticorpos dirigidos contra *C. pneumoniae*. Um número pequeno de crianças de pouca idade apresenta anticorpos, mas depois dos 6 a 8 anos a prevalência dos anticorpos aumenta até a idade adulta. A infecção é tanto endêmica quanto epidêmica, e vários surtos foram atribuídos a *C. pneumoniae*. Não existe reservatório animal conhecido, e acredita-se que a transmissão ocorra de uma pessoa para outra, predominantemente por via respiratória.

As evidências sugerindo que a *C. pneumoniae* está associada à coronariopatia aterosclerótica e à doença cerebrovascular consistem em estudos soroepidemiológicos, detecção de *C. pneumoniae* em tecidos ateroscleróticos, culturas de células, modelos animais e estudos clínicos de prevenção com antibióticos. Entretanto, outros estudos não mostraram associação. A possível ligação entre infecção por *C. pneumoniae* e doença arterial coronariana permanece controversa.

CHLAMYDIA PSITTACI E PSITACOSE

O termo psitacose é utilizado para descrever tanto a doença humana por *C. psittaci*, adquirida em decorrência do contato do indivíduo com aves, quanto a infecção de aves psitacídeas (p. ex., papagaios, periquitos e cacatuas). O termo *ornitose* é aplicado para descrever a infecção por agentes semelhantes em todos os tipos de ave doméstica (p. ex., pombos, galinhas, patos, gansos e perus) e em pássaros de vida livre (p. ex., gaivotas, garças e petréis). Nos seres humanos, a *C. psittaci* produz um espectro de manifestações clínicas que inclui

---

*N. de T. Conceito relacionado com praticidade, rapidez e sem necessidade de grande conhecimento técnico para operação.

desde pneumonia grave e sepse com elevada taxa de mortalidade até infecções leves e inaparentes.

Propriedades do agente

A *C. psittaci* pode propagar-se em ovos embrionados, camundongos e outros animais, bem como em algumas culturas de células O antígeno FC reativo do grupo e termoestável mostra-se resistente às enzimas proteolíticas e parece consistir em um lipopolissacarídeo. O tratamento da infecção por *C. psittaci* com desoxicolato e tripsina produz extratos que contêm antígenos FC reativos do grupo, enquanto as paredes celulares retêm o antígeno específico da espécie. Os anticorpos dirigidos contra o antígeno específico da espécie têm a capacidade de neutralizar a toxicidade e a infecciosidade. Pode-se demonstrar a existência de sorovariantes específicas e características de determinadas espécies de mamíferos e aves pela tipagem por imunofluorescência. A neutralização da infecciosidade do agente por anticorpos específicos ou por proteção cruzada de animais imunizados também pode ser utilizada para sorotipagem, e os resultados obtidos são semelhantes aos da tipagem por imunofluorescência.

Patogênese e patologia

O agente, que penetra através das vias respiratórias, é encontrado no sangue durante as primeiras duas semanas de doença e pode ser detectado também no escarro quando ocorre comprometimento pulmonar.

A psitacose causa inflamação focal dos pulmões com acentuada demarcação das áreas de consolidação. Os exsudatos são predominantemente mononucleares. Verifica-se apenas a ocorrência de alterações mínimas nos bronquíolos maiores e nos brônquios. As lesões assemelham-se àquelas observadas na pneumonite causada por alguns vírus e por micoplasmas. Com frequência, o fígado, o baço, o coração e os rins mostram-se aumentados e congestionados.

Manifestações clínicas

A psitacose é sugerida por início súbito de doença, que assume a forma de influenza ou pneumonia não bacteriana em pessoa exposta a aves. O período de incubação é, em média, de 10 dias. Em geral, o início é súbito, com mal-estar, febre, anorexia, faringite, fotofobia e cefaleia intensa. A doença pode não evoluir, e o paciente pode melhorar em poucos dias. Nos casos graves, os sinais e sintomas de broncopneumonia aparecem no final da primeira semana de doença. Com frequência, o quadro clínico assemelha-se ao da influenza, da pneumonia não bacteriana ou da febre tifoide. A taxa de mortalidade pode atingir 20% nos casos sem tratamento, em particular em idosos.

Diagnóstico laboratorial

A. Cultura

A cultura de *C. psittaci* pode ser perigosa, devendo-se preferir a identificação do microrganismo por ensaios imunoenzimáticos ou PCR. Se houver necessidade, a *C. psittaci* poderá ser cultivada a partir de amostra de sangue ou escarro, ou de tecido pulmonar em células de cultura tecidual, ovos embrionados ou camundongos em um laboratório de nível 3 de biossegurança. O isolamento de

C. psittaci pode ser confirmado por transmissão seriada do microrganismo, detecção ao microscópio e identificação sorológica.

B. Detecção do antígeno de *C. psittaci*

A detecção do antígeno por AFD, Elisa ou diagnóstico molecular por PCR deve ser efetuada em laboratórios de referência ou de pesquisa.

C. Sorologia

Em geral, o diagnóstico de psitacose é confirmado pela demonstração de anticorpos fixadores do complemento ou microimunofluorescentes em amostras de soro. A definição para um teste positivo com clínica compatível é de um título de IgG maior que 4 vezes (pelo menos 1:32) em relação ao título anterior em sorologia pareada ou de um título de IgM em MIF de pelo menos 1:16. Um caso provável está associado à presença de doença compatível ligada epidemiologicamente a um caso confirmado ou a um título de pelo menos 1:32 em uma única amostra. O teste de FC exibe reatividade cruzada com *C. trachomatis* e *C. pneumoniae*. O teste de MIF é mais sensível e específico que o teste de FC, mas ocorrem reações cruzadas. O teste de MIF possibilita a detecção de IgM e IgG. Embora os anticorpos sejam habitualmente produzidos em 10 dias, o uso de antibióticos pode retardar seu aparecimento para 20 a 40 dias ou suprimi-los por completo.

Em aves, a infecção é sugerida por um teste de FC positivo e pelo aumento de tamanho do baço ou do fígado. O diagnóstico pode ser confirmado pela demonstração de partículas em esfregaços ou cortes de órgãos, ou pela passagem do agente infeccioso em camundongos e ovos.

D. Métodos moleculares

Diversos testes de PCR foram desenvolvidos para detectar *C. psittaci* em amostras de trato respiratório, tecidos vasculares, soro e células mononucleares do sangue periférico. Esses testes são realizados em laboratórios de pesquisa ou de referência.

Imunidade

A imunidade em animais e seres humanos é incompleta. O estado de portador em seres humanos pode persistir por 10 anos após a recuperação. Durante esse período, o agente pode ser excretado no escarro.

As vacinas atenuadas ou inativadas só induzem resistência parcial nos animais, não tendo sido utilizadas em seres humanos.

Tratamento

Devido à dificuldade de se obter confirmação laboratorial de infecções por *C. psittaci*, a maioria das infecções é tratada com base somente no diagnóstico clínico. A informação sobre a eficácia terapêutica provém de diversos ensaios clínicos. A doxiciclina e a tetraciclina são os agentes de escolha para o tratamento. Os macrolídios e fluoroquinolonas podem ser alternativas.

Epidemiologia e controle

Podem ocorrer surtos de doença humana toda vez que houver contato próximo ou contínuo entre seres humanos e aves infectadas que excretem ou eliminem grandes quantidades do agente infeccioso.

Com frequência, as aves adquirem a infecção ainda no ninho, podem desenvolver doença diarreica ou não desenvolver doença, e costumam tornar-se portadoras do agente infeccioso durante seu ciclo de vida normal. Quando submetidas a estresse (p. ex., desnutrição ou migração), as aves podem adoecer e morrer. O agente é encontrado nos tecidos (p. ex., baço), sendo frequentemente excretado nas fezes de aves sadias. A inalação de fezes ressecadas e infectadas de aves constitui uma forma comum de infecção humana. Outra fonte de infecção consiste na manipulação de tecidos infectados (p. ex., aviários e abatedores) e inalação de aerossóis infectados.

As aves de estimação continuam sendo uma importante fonte de infecção humana. Entre elas, destacam-se muitas aves psitacídeas importadas. Com frequência, as infecções latentes sofrem exacerbação nessas aves durante o transporte e sua aglomeração, e as aves doentes excretam quantidades extremamente grandes do agente infeccioso. O controle do embarque de aves, a quarentena, a pesquisa de psitacose nas aves importadas e o uso profilático de tetraciclinas nas rações para aves ajudam a controlar essa fonte. Os pombos criados para fins esportivos, como animais de estimação ou para alimentação também são importantes fontes de infecção. Os pombos que vivem em edifícios e vias públicas de muitas cidades, quando infectados, eliminam quantidades relativamente pequenas do agente.

RESUMO DO CAPÍTULO

- As clamídias são microrganismos pequenos que se multiplicam no citoplasma das células hospedeiras usando um ciclo de desenvolvimento bifásico.
- O CE é a partícula infectante e estável. Já o CR é a forma metabolicamente ativa que se divide por fissão binária dentro do vacúolo.
- Há três espécies de *Chlamydia* que causam infecções humanas: *C. trachomatis*, *C. pneumoniae* e *C. psittaci*.
- A *C. trachomatis* é responsável por infecções sexualmente transmissíveis, tais como cervicite, doença inflamatória pélvica, uretrite, epididimite, LGV e proctite. Quando transmitida para neonatos a partir de parturientes infectadas, pode provocar conjuntivite e pneumonia eosinofílica.
- O diagnóstico das infecções urogenitais provocadas por *C. trachomatis* é realizado por NAATs. Cultura ou AFD são utilizados para as síndromes pediátricas. O tratamento requer a administração de doxiciclina ou azitromicina.
- A *C. pneumoniae* causa uma variedade de infecções do trato respiratório superior e inferior. A faringite é comum, e a pneumonia atípica semelhante à provocada por *M. pneumoniae* é responsável por aproximadamente 5% dos casos de pneumonias comunitárias.
- A sorologia usando MIF é o teste mais sensível para o diagnóstico das infecções por *C. pneumoniae*. NAATs estão disponíveis apenas em laboratórios de pesquisa e de referência, porém apresentam graus variáveis de sensibilidade. Existe um ensaio comercial aprovado pela FDA para detecção de *C. pneumoniae*.
- A *C. psittaci* é transmitida pelo contato com aves infectadas, tais como papagaios, pombas e várias aves de criação.
- A psitacose pode se manifestar por um quadro clínico assintomático ou brando ou por pneumonia grave associada à sepse, que resulta em alta taxa de mortalidade.
- O diagnóstico é realizado por sorologia. A doxiciclina é usada para o tratamento.

QUESTÕES DE REVISÃO

1. Qual das seguintes afirmativas sobre antígenos de clamídia é a mais correta?

   (A) As clamídias compartilham antígenos específicos do grupo ou do gênero.
   (B) Não existem reações cruzadas entre os antígenos de *C. trachomatis* e *C. pneumoniae*.
   (C) Existem 5 sorovares de *C. pneumoniae*, que apresentam reação cruzada com *C. psittaci*.
   (D) Um sorovar de *C. trachomatis* causa infecções oculares, e um segundo sorovar causa infecções genitais.
   (E) As clamídias frequentemente variam os epítopos de seus antígenos para evitar o reconhecimento imunológico.

2. Faz parte do controle de *C. psittaci* e psitacose em aves:

   (A) Todas as aves psitacídeas importadas para os Estados Unidos são vacinadas primeiro.
   (B) Os psitacídeos criados nos Estados Unidos são preferidos como animais de estimação.
   (C) Todas as aves são testadas para infecção por *C. psittaci*.
   (D) O envio de todas as aves entre os estados é altamente regulamentado.
   (E) A penicilina G é administrada de forma profilática em todos os psitacídeos.

3. As infecções perinatais por *C. trachomatis* frequentemente se manifestam como:

   (A) Doença urogenital
   (B) Pneumonia necrotizante
   (C) Conjuntivite de inclusão
   (D) Lesão pustular
   (E) Endoftalmites

4. Uma adolescente procura uma clínica em razão de um corrimento vaginal recente e incomum. Ela tornou-se sexualmente ativa recentemente e teve dois parceiros no mês anterior. Ao exame pélvico, foi visto um corrimento purulento na abertura do canal endocervical. Qual das seguintes afirmativas sobre este caso é a mais correta?

   (A) O teste sorológico para sífilis não é indicado, pois os sintomas da adolescente não são de sífilis.
   (B) Uma coloração pelo método de Gram de amostra endocervical pode mostrar *C. trachomatis* no interior das células polimorfonucleares.
   (C) O diagnóstico diferencial inclui infecção por *N. gonorrhoeae*, *C. trachomatis*, ou ambos.
   (D) A amostra de endocérvice deve ser analisada para herpes simples.
   (E) O tratamento inicial é com ampicilina.

5. Qual das seguintes afirmações sobre o tracoma é mais correta?

   (A) Ocorre uma infecção ocular aguda por *C. trachomatis*.
   (B) Milhões de pessoas nos Estados Unidos apresentam tracoma.
   (C) Não existe vacina clamidial para prevenir o tracoma.
   (D) A progressão do tracoma é acelerada pelo tratamento intermitente com azitromicina.
   (E) O tracoma envolve dano direto ao epitélio da córnea.

6. Qual das alternativas a seguir não é eficaz na eliminação do tracoma?

   (A) Administração periódica de azitromicina
   (B) Lavagem e higiene do rosto
   (C) Rastreamento por cultura periódica de *swabs* da conjuntiva para *C. trachomatis*
   (D) Melhorias ambientais e tratamento de esgotos para diminuição do número de moscas
   (E) Cirurgia em pálpebras deformadas

7. Qual das seguintes afirmativas sobre *C. pneumoniae* é a mais correta?

   (A) A transmissão de pessoa para pessoa se dá pelo ar.
   (B) Produzem inclusões ricas em glicogênio que se coram com iodo.
   (C) Existem vários sorotipos, inclusive três que causam uma doença sistêmica.
   (D) São resistentes aos macrolídios.
   (E) O reservatório são os gatos domésticos.

8. Os sorotipos de *C. trachomatis* geralmente podem ser divididos em grupos representando suas infecções clínicas/locais anatômicos infectados. Qual das seguintes afirmativas sobre os sorotipos de *C. trachomatis* é a mais correta?

   (A) Não existe reação imunológica cruzada entre os sorovares A, B, Ba e D de *C. trachomatis* e o sorovar de *C. pneumoniae*.
   (B) Os sorovares L1, L2 e L3 estão associados ao linfogranuloma venéreo.
   (C) Os mesmos sorotipos de *C. trachomatis* estão associados à cegueira por tracoma e a infecções sexualmente transmissíveis.
   (D) O título de anticorpos começa a aumentar cerca de 6 a 8 anos após infecções com *C. trachomatis*, sorovares D a K.

9. Nos Estados Unidos, há muito se sabe que a soroprevalência positiva para infecções por *C. trachomatis* aumenta consideravelmente durante os anos de ensino fundamental 1 (crianças de 6 a 10 anos de idade). A provável explicação para isto é:

   (A) Infecções frequentes por adenovírus
   (B) Incidência aumentada de infecções por *Chlamydia trachomatis*
   (C) Reação cruzada de anticorpos com a proteína M de estreptococos do grupo A (*Streptococcus pyogenes*)
   (D) Crianças têm psitacose com frequência
   (E) Infecções frequentes com *Chlamydia pneumoniae*

10. Qual das seguintes afirmações sobre o linfogranuloma venéreo (LGV) é a mais correta?

    (A) A proctite crônica pelo LGV pode levar ao prolapso retal.
    (B) A doença é mais comum em regiões de clima tropical.
    (C) Existem poucos sintomas sistêmicos na infecção.
    (D) A inflamação crônica pelo LGV pode produzir obstrução linfática.
    (E) Os linfonodos inguinais não são afetados.

11. Quais dos seguintes métodos são considerados testes de escolha para o diagnóstico das infecções urogenitais causadas por *C. trachomatis*?

    (A) Sorologia usando teste de fixação de complemento
    (B) Cultura de célula usando células McCoy mais ciclo-heximida
    (C) Teste de detecção direta de anticorpos fluorescentes a partir de amostras uretrais e cervicais
    (D) Métodos de amplificação do ácido nucleico
    (E) Testes imunoenzimáticos a partir de espécimes urogenitais

12. Qual das seguintes amostras não é aceitável para os testes de amplificação de ácido nucleico no diagnóstico de infecções por clamídias:

    (A) *Swab* vaginal autocoletado
    (B) Amostras de urina de primeiro jato em homens
    (C) *Swab* retal obtido de crianças com 12 anos ou menos
    (D) *Swab* uretral obtido de homens adultos
    (E) *Swab* cervical obtido de mulheres adolescentes

13. A pneumonia provocada por *C. pneumoniae* é semelhante à pneumonia provocada por qual microrganismo?

    (A) *Streptococcus pneumoniae*
    (B) *Mycoplasma pneumoniae*
    (C) *Haemophilus influenzae*
    (D) *Chlamydia trachomatis*
    (E) Rinovírus

14. A conjuntivite no neonato:

    (A) É uma conjuntivite mucopurulenta que ocorre 7 a 12 dias após a infecção.
    (B) É causada por *C. psittaci*.
    (C) É o resultado do contato com aves de estimação.
    (D) O seu tratamento é com penicilina sistêmica porque pode evoluir para pneumonia.
    (E) Nenhuma das respostas anteriores.

15. O diagnóstico de escolha para pneumonia provocada por *C. trachomatis* em neonatos é:

    (A) Teste de amplificação do ácido nucleico que tem como alvo o gene *ompA*.
    (B) Cultura das secreções respiratórias em células McCoy.
    (C) Testes imunoenzimáticos a partir de secreções respiratórias.
    (D) Detecção de anticorpos IgG por fixação do complemento.

Respostas

1. A	**6.** C	**11.** D
2. B	**7.** A	**12.** C
3. C	**8.** B	**13.** B
4. C	**9.** E	**14.** A
5. C	**10.** B	**15.** B

REFERÊNCIAS

Batteiger BE, Tan M: Chapter 182, *Chlamydia trachomatis* (trachoma, genital infections, perinatal infections, and lymphogranuloma venereum). In Bennett JE, Dolin R, Blaser MJ (editors). *Mandell, Douglas, and Bennett's Principles and Practice of Infectious Diseases*, 8th ed. Elsevier, 2015.

Gaydos C, Essig A: *Chlamydiaceae*. In Jorgensen J, Pfaller M, Carroll KC, et al (editors). *Manual of Clinical Microbiology*, 11th ed. ASM Press, 2015.

Hammerschlag MR, Kohlhoff SA, Gaydos CA: Chapter 184, *Chlamydia pneumoniae*. In Bennett JE, Dolin R, Blaser MJ (editors). *Mandell, Douglas, and Bennett's Principles and Practice of Infectious Diseases*, 8th ed. Elsevier, 2015.

Schlossberg D: Chapter 183, Psittacosis (due to *Chlamydia psittaci*). In Bennett JE, Dolin R, Blaser MJ (editors), *Mandell, Douglas and Bennett's Principles and Practices of Infectious Diseases*, 8th ed. Elsevier, 2015.

Quimioterapia antimicrobiana

28

O uso de fármacos para o tratamento de doenças infecciosas vem sendo feito desde o século XVII (p. ex., a quinina para malária, a emetina para amebíase). Contudo, a quimioterapia como ciência só teve início na primeira década do século XX, com o conhecimento dos princípios da toxicidade seletiva, das relações químicas específicas entre patógenos microbianos e fármacos, do desenvolvimento de resistência aos fármacos e do papel da terapia combinada. Experimentos conduzidos pelo médico e pesquisador alemão Paul Ehrlich resultaram no uso das arsfenaminas* para o tratamento da sífilis, constituindo o primeiro esquema quimioterapêutico planejado.

A era atual da quimioterapia antimicrobiana começou em 1935, com a descoberta das sulfonamidas pelo médico e pesquisador alemão Gerhard Domagk. Em 1940, foi demonstrado que a penicilina**, descoberta em 1929 pelo médico e cientista escocês Sir Alexander Fleming, poderia ser uma substância terapêutica eficaz. Durante os 25 anos seguintes, as pesquisas de agentes quimioterápicos concentraram-se, em grande parte, em substâncias de origem microbiana, denominadas antibióticos. O isolamento, a concentração, a purificação e produção da penicilina em grande escala foram acompanhados pelo desenvolvimento da estreptomicina, das tetraciclinas, do cloranfenicol e de muitos outros agentes. Essas substâncias foram originalmente isoladas de filtrados dos meios de cultura de seus respectivos bolores e bactérias filamentosas. A modificação

sintética dos fármacos descobertos passou a ser fundamental na elaboração de novos agentes antimicrobianos.

Os antimicrobianos comumente utilizados no tratamento das infecções bacterianas são apresentados neste capítulo. A quimioterapia dos vírus, fungos e parasitas será discutida nos Capítulos 30, 45 e 46, respectivamente. O Capítulo 47 traz mais comentários sobre os testes de sensibilidade antimicrobiana para bactérias.

MECANISMOS DE AÇÃO DOS ANTIMICROBIANOS

Os antimicrobianos atuam em uma ou várias vias: por toxicidade seletiva, inibição da síntese da membrana celular e de sua função, inibição da síntese proteica ou inibição da síntese dos ácidos nucleicos.

TOXICIDADE SELETIVA

Um agente antimicrobiano ideal deve exibir toxicidade seletiva. Essa expressão significa que o fármaco deve ser prejudicial para o patógeno, mas não para o hospedeiro. Com frequência, a toxicidade seletiva é mais relativa que absoluta, ou seja, um fármaco, em uma concentração tolerada pelo hospedeiro, pode ter ação em um microrganismo infectante.

A toxicidade seletiva pode ser uma função de um receptor específico necessário para a ligação do fármaco, ou pode depender da inibição dos eventos bioquímicos essenciais para o patógeno, mas não para o hospedeiro. Os mecanismos de ação dos antimicrobianos podem ser divididos em quatro categorias:

1. Inibição da síntese da parede celular
2. Inibição da função da membrana celular
3. Inibição da síntese das proteínas (i.e., inibição da tradução e transcrição do material genético)
4. Inibição da síntese do DNA

INIBIÇÃO DA SÍNTESE DA PAREDE CELULAR

As bactérias têm uma camada externa rígida, denominada parede celular, que mantém a forma e o tamanho do microrganismo e possui uma pressão osmótica interna elevada. A lesão da parede celular (p. ex., pela lisozima) ou a inibição de sua formação podem levar à lise da célula. Em um ambiente hipertônico (p. ex., sacarose a 20%), o comprometimento da formação da parede celular leva ao

---

*N. de T. A arsfenamina ("bala mágica") foi comercializada sob a marca Salvarsan em 1910. Também é conhecida como 606, por ser a ordem do teste desse composto sintético. Convencido que o arsênico era a chave de cura da sífilis, Ehrlich sintetizou centenas de compostos à base de arsênico. Mais tarde, injetou diferentes dosagens desses compostos em coelhos previamente infectados com o *Treponema pallidum*. Alguns dos 605 compostos testados mostraram certos sinais promissores, mas muitos coelhos morriam. Em seguida, fabricou e testou o composto 606, a arsfenamina, que curava totalmente os coelhos infectados. Graças a esse descobrimento, foi concedido a ele o Prêmio Nobel de Medicina em 1908.

**N. de T. Segundo a narrativa, a penicilina foi descoberta de forma acidental pelo médico e pesquisador escocês Alexander Fleming. Fleming dedicou-se ao estudo do *Staphylococcus aureus*, responsável na época pelos abscessos em feridas abertas provocadas por armas de fogo na Primeira Guerra Mundial. Estudou tão intensamente que, um dia, exausto, resolveu se dar de presente alguns dias de férias. Saiu, deixando todas as placas com as culturas da bactéria sem supervisão. Estava prestes a jogar todo o material fora quando, ao olhar para algumas placas, percebeu que onde tinha se formado bolor, não havia o crescimento da bactéria. Concluiu que o mofo, oriundo do fungo *Penicillium*, agia secretando uma substância que destruía o *S. aureus*. Ainda que por acaso, estava descoberto o primeiro antibiótico da história da humanidade, a penicilina.

aparecimento de "protoplastos" bacterianos específicos nos microrganismos Gram-positivos ou "esferoplastos" nos microrganismos Gram-negativos, formas delimitadas pela frágil membrana citoplasmática. Se esses **protoplastos** ou **esferoplastos** forem colocados em meio de tonicidade normal, irão rapidamente absorver líquido e intumescer, podendo sofrer ruptura. Amostras obtidas de pacientes em tratamento com antibióticos que atuam na parede celular mostram com frequência bactérias degradadas ou disformes.

A parede celular contém um polímero complexo e quimicamente distinto, o "mucopeptídeo" ("peptidoglicano"), que consiste em polissacarídeos e em um polipeptídeo com grande número de ligações cruzadas. Os polissacarídeos contêm regularmente os aminoaçúcares N-acetilglicosamina e ácido N-acetilmurâmico, o último encontrado apenas em bactérias. Os aminoaçúcares ligam-se a cadeias peptídicas curtas. A rigidez final da parede celular é conferida pela ligação cruzada das cadeias peptídicas (p. ex., por meio das ligações de pentaglicina) em consequência das reações de transpeptidação efetuadas por diversas enzimas. A camada de peptidoglicano é muito mais espessa na parede celular das bactérias Gram-positivas do que na das Gram-negativas.

Todos os fármacos β-lactâmicos são inibidores seletivos da síntese da parede celular bacteriana e, portanto, mostram-se ativos contra as bactérias em crescimento. Tal inibição constitui apenas uma das várias atividades distintas desses fármacos, porém é a mais compreendida de todas. A etapa inicial na ação farmacológica consiste na ligação do fármaco a receptores celulares (**proteínas de ligação da penicilina** [**PBPs**, do inglês *penicillin-binding proteins*]). Existem pelo menos seis tipos diferentes de PBPs (massa molecular [MM], 40.000-120.000 dáltons [Da]), sendo algumas delas enzimas de transpeptidação. Diferentes receptores possuem afinidades diversas por um fármaco, e cada qual pode mediar um efeito distinto. Assim, por exemplo, a ligação da penicilina a uma PBP pode resultar principalmente em alongamento anormal da célula, enquanto a ligação a outra PBP pode levar a um defeito na periferia da parede celular com consequente lise celular. As PBPs estão sob controle cromossômico, sendo que a ocorrência de mutações pode alterar seu número ou a sua afinidade por agentes β-lactâmicos.

Após a ligação de um fármaco β-lactâmico a um ou mais receptores, a reação da transpeptidação é inibida, e ocorre bloqueio na síntese do peptidoglicano. A etapa seguinte envolve provavelmente a remoção ou inativação de um inibidor das enzimas autolíticas na parede celular. Esse processo ativa as enzimas líticas, resultando em lise se o ambiente for isotônico. Em um ambiente acentuadamente hipertônico, os microrganismos transformam-se em protoplastos ou esferoplastos, envolvidos apenas pela frágil membrana celular. Nessas células, a síntese das proteínas e dos ácidos nucleicos pode prosseguir por algum tempo.

A inibição das enzimas de transpeptidação pelas penicilinas e cefalosporinas pode decorrer de uma semelhança estrutural desses fármacos com a acil-D-alanil-D-alanina. A reação de transpeptidação envolve a perda de uma D-alanina do pentapeptídeo.

A notável ausência de toxicidade dos fármacos β-lactâmicos para as células de mamíferos deve ser atribuída à ausência, nas células animais, de uma parede celular do tipo bacteriano com seu peptidoglicano. A diferença na suscetibilidade das bactérias Gram-positivas e Gram-negativas às várias penicilinas ou cefalosporinas provavelmente depende de diferenças estruturais nas paredes celulares (p. ex., quantidade de peptidoglicano, presença de receptores e lipídeos, natureza da ligação cruzada e atividade das enzimas

autolíticas) que determinam a penetração, a ligação e a atividade dos fármacos.

A resistência às penicilinas pode ser determinada pela produção, pelo microrganismo, de enzimas que destroem as penicilinas (β-lactamases). As **α-lactamases** rompem o anel β-lactâmico das penicilinas e cefalosporinas, inativando, assim, sua atividade antimicrobiana. Foram descritas diversas β-lactamases em muitas espécies de bactérias Gram-positivas e Gram-negativas. Algumas β-lactamases são mediadas por plasmídeos (p. ex., a penicilinase do *Staphylococcus aureus*), enquanto outras o são por cromossomos (p. ex., muitas espécies de bactérias Gram-negativas). Todas as β-lactamases mediadas por plasmídeos são produzidas constitutivamente e exibem alta capacidade de transmissão de uma espécie de bactéria para outra (p. ex., *Neisseria gonorrhoeae*, *Haemophilus influenzae* e *Enterococcus* spp.). As β-lactamases mediadas por cromossomos também podem ser produzidas constitutivamente (p. ex., *Bacteroides* e *Acinetobacter* spp.) ou podem ser induzíveis (p. ex., *Enterobacter*, *Citrobacter* e *Pseudomonas* spp.).

Existe um grupo de β-lactamases que, em certas ocasiões, é encontrado em determinadas espécies de bacilos Gram-negativos, como a *Klebsiella pneumoniae*. Essas enzimas são denominadas **β-lactamases de espectro estendido** (**ESBL**, *extended-spectrum β-lactamases*)*, uma vez que conferem às bactérias a capacidade adicional de hidrolisar os anéis β-lactâmicos da cefotaxima, da ceftazidima ou do aztreonam.

A classificação das β-lactamases é complexa e baseia-se na genética, em propriedades bioquímicas e na afinidade de substrato por um inibidor da β-lactamase (ácido clavulânico) (Tabela 28-1 apresenta os dois principais sistemas de classificação). O ácido clavulânico, o sulbactam e o tazobactam são inibidores das β-lactamases que têm alta afinidade com algumas dessas enzimas e ligam-se irreversivelmente a elas (p. ex., penicilinase do *S. aureus*), mas sem sofrer hidrólise. Tais inibidores protegem simultaneamente da destruição as penicilinas hidrolisáveis presentes (p. ex., ampicilina, amoxicilina e piperacilina). Certas penicilinas (p. ex., cloxacilina) também exibem alta afinidade pelas β-lactamases.

Logo após a sua primeira descrição, quase três décadas atrás, as ESBLs mais comuns eram as da classe A: TEM e SHV (mediadas por plasmídeo) (ver Tabela 28-1). Hoje, na maior parte do mundo, as **enzimas cefotaxima** (**CTX-M**) têm se tornado mais prevalentes. Essas enzimas são mais ativas contra a cefotaxima e a ceftriaxona do que a ceftazidima. Além disso, parecem mais inibidas pelo tazobactam do que por outros inibidores de β-lactamases. A principal preocupação é a emergência das **carbapenemases de K. pneumoniae** (**KPCs**, do inglês, *K. pneumoniae carbapenemases*)***, que são enzimas que conferem resistência a cefalosporinas de terceira e quarta gerações e também aos carbapenêmicos. Esse mecanismo de resistência é mediado por plasmídeos e tem se disseminado

---

*N. de T. As ESBLs são enzimas das classes moleculares A (penicilinases) ou D (oxacilinases). Atualmente, existem diferentes ESBL, descritas, sendo as mais frequentemente encontradas aquelas da família TEM, SHV e CTX-M. No entanto, as do tipo OXA, PER, VEB, BES e GES (algumas variantes de GES são carbapenemases) também têm sido bastante reportadas na literatura. Hoje, as ESBL mais disseminadas em todo o mundo são do tipo CTX-M, que hidrolisam preferencialmente cefotaxima. As mais observadas mundialmente são as do tipo CTX-M-1, CTX-M-2, CTX-M-8 e CTX-M-15.

**N. de T. As carbapenemases são classificadas nas classes moleculares A (serino-carbapenemases; p. ex., KPC, GES, BKC), B (metalo-carbapenemases; p. ex., IMP, VIM e NDM) e D (oxacilinases; p. ex., OXA-48-like).

TABELA 28-1 **Classificação de β-lactamases**

Grupo do Sistema Bush-Jacoby e Medeiros	Tipo de enzima	Inibição por clavulanato	Sistema de Ambler	Principais atributos
1	Cefalosporinase	Não	C	Cromossômicas, enzimas do tipo AMP-C, resistente a todos os β-lactâmicos, exceto carbapenêmicos
2a	Penicilinase	Sim	A (serina)	Penicilinase estafilocócica, *Bacillus cereus*
2b	Largo espectro	Sim	A	TEM-1, TEM-2, SHV-1
2be	Espectro estendido	Sim	A (serina)	Variantes de TEM e de SHV, variantes de CTX-M, GES-1 e 2, VEB-1 e 2
2br	Resistência a inibidores	Diminuída	A	TEM-30 resistente a inibidores
2c	Carbenicilinase	Sim	A	Hidrolisante da carbenicilina
2d	Cloxacilinase	Sim	D* ou A	Hidrolisante das oxacilinas (OXA)
2e	Cefalosporinase	Sim	A	Cefalosporinase
2f	Carbapenemase	Sim	A	Carbapenemases inibidas por clavulanato (p. ex., IMI, KPC, SME-1)
3	Metaloenzimas	Não	B (Zn^{2+})	Carbapenemases zinco-dependentes (p. ex., IMP, VIM, NDM-1, GIM, SPM, SIM)
4	Penicilinase	Não	Não classificada	Enzimas diversas

AMP, ampicilina; CTX, cefotaxima; GES, β-lactamases de espectro estendido da Guiana; GIM, imipenemase alemã; IMI, imipeném; IMP, imipenemase; KPC, carbapenemase de *Klebsiella pneumoniae*; NDM, Nova Délhi metalo-β-lactamase; OXA, oxacilinas; SHV, variável de sufidril; SIM, imipenemase de Seul; SME, β-lactamases de espectro estendido de *Serratia marcescens*; SPM, São Paulo metalo-β-lactamase; TEM, β-lactamases de espectro estendido TEMoniera**; VEB, Verona metalo-β-lactamase codificada por integron; VIM, Verona imipenemase.
* Inclui a família OXA de amplo espectro em *Pseudomonas aeruginosa*, as carbapenemases derivadas de OXA encontradas em *Acinetobacter* e as enzimas derivadas de OXA de espectro estendido produzidas por *P. aeruginosa*.
Reproduzida, com autorização, de Opal SM, Pop-Vicas A: Molecular mechanisms of antibiotic resistance in bacteria. In Bennett JE, Dolin R, Blaser MJ (editors). *Mandell, Douglas and Bennett's Principles and Practice of Infectious Diseases*, 8th ed, Elsevier, p. 240, 2015. Copyright Elsevier.
**N. de T. A enzima TEM-1 foi originalmente encontrada em uma cepa de *Escherichia coli* isolada de uma paciente na Grécia de nome Temoniera, daí sua designação TEM.

nosocomialmente entre muitos hospitais nos Estados Unidos e em outros países*.

Embora elas tenham sido descobertas por volta de 1960, a disseminação dos genes que codificam metalo-β-lactamases** favoreceu a propagação dessas enzimas resistentes a inibidores de β-lactamases entre diferentes patógenos Gram-negativos. Isso marcou uma era de ampla propagação de enterobactérias resistentes aos carbapenêmicos e produtoras de carbapenemases do tipo Verona imipenemase (VIM) e do tipo Nova Délhi metalo-β-lactamase (NDM). As enzimas do tipo VIM foram primeiramente detectadas em amostras de *P. aeruginosa* e de *Acinetobacter baumannii*, porém, nas últimas décadas, se disseminaram para as enterobactérias. Existem mais de 20 enzimas desse tipo, sendo prevalentes na Europa, Oriente Médio e Ásia. A NDM-1 foi descrita pela primeira vez em uma amostra de

K. pneumoniae isolada na Suécia, a partir de um paciente que havia viajado para a Índia. Esse tipo de metalo-β-lactamase também tem sido detectada em amostras de *A. baumannii* e outras espécies do gênero. Uma vez que esse microrganismo frequentemente já expressa vários genes que codificam para resistência a diferentes classes de antimicrobianos (tais como fluoroquinolonas e aminoglicosídeos), as opções para o tratamento são limitadas, como o uso de colistina. Assim, esses pacientes com frequência são colocados em isolamento de contato, para evitar a transmissão desse microrganismo para outros pacientes em ambientes hospitalares.

Uma outra preocupação tem sido o surgimento e a disseminação global dos **determinantes da resistência à colistina móveis** (*mcr*, do inglês *mobilized colistin resistance determinants*)***. O gene *mcr* confere resistência à colistina e à polimixina B, reduzindo a carga negativa do lipídeo A do lipopolissacarídeo (LPS)****. O gene *mcr-1******* foi descoberto pela primeira vez no sul da China no final de 2015,

---

*N. de T. No Brasil, a KPC foi descrita primeiramente em 2009, quando foram identificadas 4 amostras de *K. pneumoniae* isoladas em 2006 de pacientes internados em unidade de terapia intensiva (UTI). Todas as cepas apresentaram resistência às cefalosporinas de amplo espectro e aos carbapenêmicos, e carregavam a variante alélica KPC2 e a ESBL CTX-M-2. Hoje, essa enzima está amplamente disseminada em diferentes espécies das Enterobacteriales isoladas em todo território nacional. A grande capacidade de disseminação do gene bla$_{KPC}$ está relacionada à sua associação com elementos genéticos móveis que facilitariam sua dispersão, tais como transposons e plasmídeos conjugativos, principalmente o transposon *Tn4401*.

**N. de T. A primeira MβL foi descrita em 1966, em isolado de *Bacillus cereus*, codificada cromossomicamente. Devido ao surgimento das MβL mediadas por plasmídeos em patógenos de importante relevância clínica (p. ex., Enterobacteriales, *P. aeruginosa* e *Acinetobacter baumannii*), esse mecanismo de resistência tem se tornado um sério problema, pois limita as opções de tratamento para infecções causadas por estes patógenos. Além disso, não há inibidor de β-lactamase para uso clínico capaz de inibir eficientemente essas enzimas.

***N. de T. Nos últimos anos, o aumento da resistência aos carbapenêmicos resultou na reintrodução à clínica médica de antimicrobianos antigos com elevada neurotoxicidade e nefroxicidade, como a colistina (polimixina E) e a polimixina B. Esse grupo passou a ser empregado com maior frequência no tratamento das infecções causadas por microrganismos Gram-negativos resistentes aos carbapenêmicos.

****N. de T. Em pH fisiológico, as polimixinas possuem resíduos amina protonados, apresentando natureza catiônica que permite a afinidade eletrostática com grupos fosfato (aniônicos) presentes no LPS. Assim, essa interação desloca íons cálcio e magnésio, estabiliza a carga do LPS e permite a inserção da cauda lipofílica presente na molécula das polimixinas. Essa inserção ocasiona o desarranjo e a desestabilização da membrana externa e resulta na morte celular bacteriana devido ao desequilíbrio osmótico.

*****N. de T. Desde então, o gene *mcr-1* e outros 9 variantes alélicos (*mcr-2-10*) têm sido detectados em diferentes países da Europa, das Américas, da Ásia e da África em amostras ambientais, de alimentos e clínicas.

carreado em plasmídeos isolados de enterobactérias, se disseminando para mais de 40 países em cinco dos sete continentes. É apenas uma questão de tempo até que surjam infecções causadas por enterobactérias produtoras de β-lactamases que são essencialmente intratáveis.

Existem dois outros tipos de mecanismo de resistência. Um deles é devido à ausência de algumas PBPs e ocorre em consequência de mutação cromossômica; o outro decorre da incapacidade do fármaco β-lactâmico de ativar as enzimas autolíticas na parede celular. Assim, o microrganismo é inibido, mas não é destruído. Essa **tolerância** é observada particularmente nos estafilococos e em certos estreptococos.

Exemplos de agentes que atuam por inibição da síntese da parede celular são fármacos β-lactâmicos (tais como as penicilinas, as cefalosporinas e os carbapenêmicos), o monobactam aztreonam, antibióticos glicopeptídicos (tais como vancomicina e teicoplanina) e os lipoglicopeptídicos (tais como oritavancina, telavancina e dalbavancina). Vários outros fármacos, incluindo a fosfomicina, bacitracina, ciclosserina e a novobiocina, inibem as etapas iniciais da biossíntese do peptidoglicano. Como os estágios iniciais da síntese ocorrem no interior da membrana citoplasmática, esses fármacos precisam penetrar na membrana para serem eficazes.

ALTERAÇÃO E INIBIÇÃO DA FUNÇÃO DA MEMBRANA CELULAR

O citoplasma de todas as células vivas é delimitado pela membrana citoplasmática, que atua como barreira de permeabilidade seletiva, desempenhando funções de transporte ativo e controlando, assim, a composição interna da célula. Se a integridade funcional da membrana citoplasmática for rompida, as macromoléculas e os íons escaparão da célula, com as consequentes lesão e morte celular. A membrana citoplasmática das bactérias e dos fungos tem uma estrutura diferente daquela das células animais, podendo ser mais facilmente rompida por determinados agentes. Em consequência, é possível usar uma quimioterapia seletiva.

Os detergentes, que contêm grupamentos hidrofílicos e lipofílicos, rompem as membranas citoplasmáticas e matam a célula (ver Capítulo 4). Uma classe de antibióticos, as polimixinas, consiste em peptídeos cíclicos com atividade detergente que danificam seletivamente as membranas que contenham fosfatidiletanolamina, um dos principais componentes das membranas bacterianas. A daptomicina é um antibiótico lipopeptídico e rapidamente bactericida por ligar-se à membrana celular de modo dependente de cálcio, causando a despolarização do potencial de membrana bacteriano, o que leva ao extravasamento intracelular de potássio e à morte celular. Esse agente foi aprovado para uso no tratamento de infecções sistêmicas por *S. aureus* e das infecções da pele e dos tecidos superficiais causadas por bactérias Gram-positivas, especialmente por microrganismos altamente resistentes aos β-lactâmicos e à vancomicina.

INIBIÇÃO DA SÍNTESE PROTEICA

É sabido que os macrolídios, as lincosamidas, as tetraciclinas, as glicilciclinas, os aminoglicosídeos e o cloranfenicol podem inibir a síntese proteica na bactéria. Entretanto, os mecanismos precisos de ação desses fármacos diferem entre si.

As bactérias possuem ribossomos 70S, enquanto as células dos mamíferos apresentam ribossomos 80S. As subunidades de cada tipo de ribossomo, sua composição química e suas especificidades funcionais são suficientemente diferentes para explicar por que os antimicrobianos são capazes de inibir a síntese das proteínas nos ribossomos bacterianos sem exercer efeito significativo sobre os ribossomos dos mamíferos.

Na síntese normal das proteínas microbianas, a mensagem do mRNA é "lida" simultaneamente por vários ribossomos ao longo do filamento do mRNA, denominados **polissomos**.

Aminoglicosídeos

O modo de ação da estreptomicina foi mais extensamente estudado do que o dos outros aminoglicosídeos, mas todos provavelmente atuam de forma semelhante. A primeira etapa consiste na ligação do aminoglicosídeo a uma proteína receptora específica (P 12 no caso da estreptomicina), localizada na subunidade 30S do ribossomo microbiano. Na segunda etapa, o aminoglicosídeo bloqueia a atividade normal do "complexo de iniciação" para a formação de peptídeos (mRNA + formilmetionina + tRNA). Na terceira etapa, a mensagem do mRNA é lida de maneira equivocada na "região de reconhecimento" do ribossomo. Assim, ocorre a inserção de um aminoácido incorreto no peptídeo com a consequente formação de uma proteína não funcional. Na quarta etapa, a ligação do aminoglicosídeo resulta em quebra dos polissomos e sua separação em **monossomos** incapazes de sintetizar proteína. Essas atividades ocorrem de modo mais ou menos simultâneo, e o efeito global em geral consiste em um evento irreversível: a morte da bactéria.

A resistência cromossômica dos micróbios aos aminoglicosídeos depende principalmente da ausência de um receptor proteico específico na subunidade 30S do ribossomo (modificação do sítio-alvo causada por mutações). A resistência plasmidial dos aminoglicosídeos depende da produção pelos microrganismos das enzimas* de adenilação, fosforilação ou acetilação que destroem os fármacos. Um terceiro tipo de resistência consiste em um "defeito de permeabilidade", isto é, uma modificação na membrana externa que reduz o transporte ativo do aminoglicosídeo para o interior da célula, de modo que o fármaco fica incapaz de alcançar o ribossomo. Com frequência, essa resistência é mediada por plasmídeos.

Macrolídios e cetolídeos

Esses fármacos (eritromicina, azitromicina, claritromicina, fidaxomicina e o cetolídeo telitromicina) se ligam à subunidade 50S do ribossomo, sendo o local de ligação o domínio V do rRNA 23S. Eles

---

*N. de T. Esse é o mecanismo mais comum de resistência aos aminoglicosídeos encontrado nas bactérias. Essas enzimas são ainda subdivididas em subclasses, com base no local de modificação do aminoglicosídeo e no espectro de resistência dentro da classe. As acetilases, por exemplo, conseguem promover modificações nas funções da gentamicina e canamicina nas posições 3, 2' e 6' (AAC); as nucleotidiltransferases, nas posições 4' e 2" (ANT); e fosfotransferases, nas posições 2' e 3" (APH). Dessa forma, essa numeração é utilizada na nomenclatura dessas enzimas, como, por exemplo: AAC(6') e ANT-2a. A família AAC(6') é provavelmente a acetilase clinicamente mais relevante, sendo responsável pela resistência à amicacina e a outros aminoglicosídeos em vários Gram-negativos pertencentes aos gêneros *Acinetobacter, Pseudomonas, Vibrio* e à ordem Enterobacteriales, visto que tem sido descrita em aproximadamente 70% dos Gram-negativos de origem clínica. Em 2003, foi identificado em amostras clínicas de *P. aeruginosa* e *K. pneumoniae* outro mecanismo enzimático de resistência aos aminoglicosídeos, a metilação da subunidade 16S do RNA ribossômico (16S rRNA) por meio das RNA-metilases. Hoje, existem dez classes de 16s rRNA-metilases descritas: ArmA, RmtA, RmtB, RmtC, RmtD, RmtE, RmtF, RmtG, RmtH e NpmA.

podem interferir na formação dos complexos de iniciação para a síntese da cadeia peptídica ou podem interferir nas reações de translocação de aminoacil. Algumas bactérias resistentes aos macrolídios perdem o receptor no ribossomo (por meio de metilação do rRNA 23S). A metilação ribossômica por eritromicina, que é codificada pelos genes *erm* (*erythromycin ribosome methylation*), pode estar sob controle plasmidial ou cromossômico. Esses genes podem ser expressos constitutivamente ou podem ser induzidos por concentrações subinibitórias de macrolídios. Outro mecanismo menos comum de resistência inclui produção de enzimas inativadoras ou por bomba de efluxo codificada pelos genes *mef* e *msr*. A resistência mediada por bomba de efluxo não induz resistência aos cetolídeos.

Lincosamidas

A clindamicina e a lincomicina ligam-se à subunidade 50S do ribossomo microbiano e assemelham-se aos macrolídios quanto ao local de ligação, à atividade antibacteriana e ao modo de ação. Mutantes cromossômicos são resistentes devido à perda do local de ligação na subunidade 50S.

Tetraciclinas

As tetraciclinas ligam-se à subunidade 30S dos ribossomos microbianos, inibindo a síntese de proteínas ao bloquear a ligação do aminoacil-tRNA. Logo, esses fármacos impedem a introdução de novos aminoácidos na cadeia peptídica em crescimento. Em geral, a ação é inibitória e reversível com a suspensão do fármaco. A resistência à tetraciclina ocorre por três mecanismos: efluxo*, proteção ribossômica e modificação química.

Os dois primeiros são os mais importantes e ocorrem da seguinte forma: bombas de efluxo, localizadas na membrana citoplasmática da célula bacteriana, são responsáveis pelo bombeamento do fármaco para fora da célula. Os produtos do gene *Tet* são responsáveis pela proteção do ribossomo, provavelmente por meio de mecanismos que induzem mudanças conformacionais. Essas mudanças também previnem a ligação das tetraciclinas ou causam sua dissociação do ribossomo. Esses mecanismos são controlados frequentemente por plasmídeos. Células de mamíferos não concentram ativamente as tetraciclinas.

Glicilciclinas

As glicilciclinas são análogos sintéticos das tetraciclinas. O agente disponível para uso nos Estados Unidos e na Europa é a tigeciclina, um derivado da minociclina. As glicilciclinas inibem a síntese proteica de modo similar ao das tetraciclinas. Entretanto, são bactericidas, provavelmente devido à sua maior avidez por ligação com o ribossomo. A tigeciclina é ativa contra uma ampla variedade de bactérias Gram-positivas e Gram-negativas, inclusive as cepas resistentes às tetraciclinas convencionais. Esse fármaco é indicado para o tratamento de infecções cutâneas, intra-abdominais e para o tratamento de pneumonias comunitárias, particularmente aquelas causadas por patógenos bacterianos resistentes a uma variedade de outros agentes antimicrobianos. Além disso, esse fármaco tem sido amplamente usado no tratamento de infecções nosocomiais multirresistentes** (exceto *P. aeruginosa*). Em 2013, a Food and Drug Administration (FDA) emitiu um alerta com base em uma análise de 13 ensaios clínicos que demonstraram um risco aumentado de morte com tigeciclina (https://www.accessdata.fda.gov/drugsatfda_docs/label/2013/021821s026s031lbl.pdf). Em virtude desse fato, esse medicamento deve ser reservado para situações em que outros agentes não estejam disponíveis ou não possam ser usados por causa da resistência.

Cloranfenicol

O cloranfenicol liga-se à subunidade 50S do ribossomo, interferindo na ligação de novos aminoácidos à cadeia peptídica em formação, devido, em grande parte, à inibição da peptidiltransferase pelo fármaco. O cloranfenicol é principalmente bacteriostático, e o crescimento dos microrganismos recomeça quando se interrompe sua administração. Os microrganismos resistentes ao cloranfenicol normalmente produzem as enzimas cloranfenicol-acetiltransferases, que inibem a atividade do fármaco. Geralmente, a produção dessas enzimas encontra-se sob o controle de um plasmídeo (gene *cat, cloranfenicol acetiltransferase*). Outros mecanismos de resistência incluem bombas de efluxo e diminuição da permeabilidade da membrana.

Estreptograminas

A quinupristina-dalfopristina é uma combinação de dois derivados da pristinamicina. Para apresentar atividade bactericida contra as bactérias Gram-positivas, esses dois agentes atuam em sinergia, não sendo verificada a mesma ação com apenas um dos agentes. O mecanismo de ação parece ser a ligação irreversível a diferentes sítios da subunidade 50S do ribossomo bacteriano 70S. A resistência pode ocorrer a partir de mudanças conformacionais no alvo, efluxo e inativação enzimática.

Oxazolidinonas

As oxazolidinonas possuem um mecanismo peculiar de inibição da síntese proteica, principalmente nas bactérias Gram-positivas. Esses compostos interferem na tradução por inibição da formação de *N*-formilmetionil-tRNA, o complexo de iniciação no ribossomo 23S. A linezolida foi o primeiro agente a se tornar comercialmente disponível e tem sido amplamente utilizado no tratamento de uma variedade de infecções Gram-positivas graves, incluindo aquelas causadas por *Enterococcus* resistentes à vancomicina e até mesmo infecções por micobactérias. A segunda oxazolidinona a se tornar disponível é o fosfato de tedizolida. A tedizolida é semelhante em espectro de atividade, mecanismo de ação e farmacologia à linezolida.

---

*N. de T. Os sistemas de efluxo são amplamente distribuídos em bactérias e constituem um mecanismo de extrusão de moléculas tóxicas da célula para fora. Esses sistemas muitas vezes são hiperexpressos e apresentam resistência cruzada a diferentes classes de antimicrobianos, além de serem associados à baixa permeabilidade da membrana pelas porinas. As porinas podem ser classificadas de acordo com a sua atividade, estrutura e regulação. Em *P. aeruginosa*, por exemplo, são bem conhecidas as porinas OprC, OprD, OprE e OprF. Existem cinco famílias de sistemas de efluxo classificadas de acordo com a fonte de energia utilizada, relação filogenética e especificidade de substratos: as famílias ABC (do inglês *ATP binding cassette*), MFS (do inglês *major facilitator superfamily*), SMR (do inglês *small multidrug resistance*), MATE (do inglês *multidrug and toxic compound extrusion*) e RND (do inglês *resistance nodulation division*). Dentre as cinco famílias, a que mais se destaca causando resistência aos antimicrobianos são as da família RND.

**N. de T. A resistência à tigeciclina já tem sido reportada em várias espécies de Enterobacteriales, como *E. coli*, *K. pneumoniae*, *Enterobacter* spp. e *S. enterica*, e tem sido associada ao aumento da expressão da bomba de efluxo AcrAB-TolC.

INIBIÇÃO DA SÍNTESE DOS ÁCIDOS NUCLEICOS

Entre os exemplos de fármacos que atuam por inibição da síntese dos ácidos nucleicos estão as quinolonas, pirimetamina, rifampicina, sulfonamidas, trimetoprima e trimetrexato. A rifampicina inibe o crescimento bacteriano devido à sua forte ligação ao RNA dependente de polimerase do DNA das bactérias, inibindo, assim, a síntese do RNA bacteriano. A resistência à rifampicina resulta de uma alteração na RNA-polimerase devido à mutação cromossômica que ocorre com a alta frequência.

Todas as quinolonas e fluoroquinolonas inibem a síntese do DNA microbiano ao bloquearem as enzimas DNA-girase e topoisomerase, que exercem um papel-chave na replicação e no reparo do DNA*.

Para muitos microrganismos, o ácido *p*-aminobenzoico (PABA, do inglês *p-aminobenzoic acid*) é um metabólito essencial, cujo modo específico de ação envolve uma condensação dependente do trifosfato de adenosina (ATP, do inglês *adenosine triphosphate*) de uma pteridina com o PABA, produzindo o ácido di-hidropteroico, subsequentemente convertido em ácido fólico. O PABA está envolvido na síntese do ácido fólico, um importante precursor na síntese dos ácidos nucleicos. As sulfonamidas são análogos estruturais do PABA e inibem a di-hidropteroato-sintetase.

Ácido
p-aminobenzoico
(PABA)

Anel básico
da estrutura
de sulfonamidas

As sulfonamidas podem entrar na reação no lugar do PABA e competir pelo centro ativo da enzima. Em consequência, formam-se análogos não funcionais do ácido fólico, impedindo o crescimento da célula bacteriana. A ação inibitória das sulfonamidas sobre o crescimento bacteriano pode ser contrabalançada por um excesso de PABA no ambiente (inibição competitiva). As células animais são incapazes de sintetizar o ácido fólico e, portanto, dependem de fontes exógenas. Algumas bactérias, a exemplo das células animais, não são inibidas pelas sulfonamidas. Todavia, muitas outras bactérias sintetizam o ácido fólico, conforme foi mencionado anteriormente, e, em consequência, são suscetíveis à ação das sulfonamidas.

A trimetoprima (3,4,5-trimetoxibenzilpirimidina) inibe a ácido di-hidrofólico-redutase com eficácia 50.000 vezes maior nas bactérias do que nas células dos mamíferos. Essa enzima reduz o ácido di-hidrofólico a ácido tetra-hidrofólico, uma etapa na sequência que leva à síntese das purinas e, por fim, do DNA. As sulfonamidas e a trimetoprima podem ser utilizadas isoladamente para inibir o crescimento bacteriano. Quando administradas em combinação, provocam bloqueio sequencial, resultando em acentuado aumento (sinergia) da atividade. Essas associações de sulfonamida (cinco partes) mais trimetoprima (uma parte) têm sido utilizadas no tratamento de pneumonia por *Pneumocystis*, malária, enterite por *Shigella*, infecções sistêmicas por *Salmonella*, infecções do trato urinário e muitas outras.

A pirimetamina também inibe a di-hidrofolato-redutase, porém é mais ativa contra a enzima encontrada nas células dos mamíferos, sendo, por isso, mais tóxica que a trimetoprima. Associada à sulfonamida ou clindamicina, constitui o tratamento atual de escolha da toxoplasmose e algumas outras infecções causadas por protozoários.

RESISTÊNCIA AOS ANTIMICROBIANOS

Existem vários mecanismos pelos quais os microrganismos podem exibir resistência aos fármacos.

1. Os microrganismos produzem enzimas que destroem o fármaco ativo. *Exemplos:* Os estafilococos resistentes à penicilina G produzem uma β-lactamase que destrói o fármaco. Outras β-lactamases são produzidas por bastonetes Gram-negativos (ver Tabela 28-1). As bactérias Gram-negativas resistentes aos aminoglicosídeos (devido a um plasmídeo) produzem enzimas de adenilação, fosforilação ou acetilação que destroem o fármaco.

2. Os microrganismos modificam sua permeabilidade ao fármaco. *Exemplos:* As tetraciclinas acumulam-se em bactérias suscetíveis, mas não em bactérias resistentes. A resistência às polimixinas também está associada a uma alteração na permeabilidade aos fármacos. Os estreptococos possuem uma barreira natural de permeabilidade aos aminoglicosídeos, que em parte pode ser compensada pela presença simultânea de um fármaco ativo contra a parede celular, como, por exemplo, uma penicilina. A resistência à amicacina e a alguns outros aminoglicosídeos pode depender da ausência de permeabilidade a esses fármacos, aparentemente devido a uma alteração da membrana externa que compromete o transporte ativo para o interior da célula.

3. Os microrganismos desenvolvem um alvo estrutural alterado para o fármaco (ver também o item 5, adiante). *Exemplos:* Os microrganismos resistentes à eritromicina possuem um receptor alterado na subunidade 50S do ribossomo, devido à metilação de um RNA ribossômico 23S. A resistência a algumas penicilinas e cefalosporinas pode constituir uma função da perda ou alteração das PBPs. A resistência do *Streptococcus pneumoniae* e dos *Enterococcus* é decorrente de uma alteração das PBPs.

4. Os microrganismos desenvolvem uma via metabólica alterada que omite a reação inibida pelo fármaco. *Exemplo:* Algumas bactérias resistentes às sulfonamidas não necessitam de PABA extracelular, mas são capazes de utilizar, como as células dos mamíferos, o ácido fólico pré-formado.

5. Os microrganismos elaboram uma enzima alterada que ainda tem a capacidade de desempenhar sua função metabólica, mas é bem menos afetada pelo fármaco. *Exemplo:* Nas bactérias resistentes à trimetoprima, a enzima di-hidrofolato-redutase é inibida com menos eficácia do que nas bactérias suscetíveis à trimetoprima.

---

*N. de T. Os fenômenos de resistência às quinolonas têm sido um problema desde a introdução do primeiro antimicrobiano da classe, o ácido nalidíxico. Diferentes mecanismos de resistência são relacionados a essa classe de antimicrobianos, tais como: (i) mutações no sítio de ação do antimicrobiano; (ii) alteração de permeabilidade e aumento da expressão de bombas de efluxo; (iii) resistência às quinolonas mediada por genes plasmidiais (PMQR, do inglês *plasmid-mediated quinolone resistance*). Um dos principais mecanismos de resistência às quinolonas é o acúmulo de mutações nas enzimas bacterianas que são alvo de ação dos antimicrobianos: a DNA-girase e a DNA-topoisomerase IV. Ambas as enzimas são proteínas complexas compostas por dois pares de subunidades. As subunidades da DNA-girase são: GyrA, uma proteína de 97 kDa codificada pelo gene *gyrA*, e GyrB, uma proteína de 90 kDa codificado pelo gene *gyrB*. Os correspondentes das subunidades da topoisomerase IV são ParC (75 kDa) e ParE (70 kDa).

6. Os microrganismos podem desenvolver bombas de efluxo que transportam os antibióticos para fora da célula. Muitos organismos Gram-positivos e, especialmente, Gram-negativos desenvolveram esse mecanismo para tetraciclinas (comum), macrolídios, fluoroquinolonas e até mesmo para β-lactâmicos.

ORIGEM DA RESISTÊNCIA AOS FÁRMACOS

Origem não genética da resistência aos fármacos

A replicação ativa das bactérias constitui um requisito para a maioria das ações dos fármacos antibacterianos. Em consequência, os microrganismos metabolicamente inativos (que não estão se multiplicando) podem ser fenotipicamente resistentes aos fármacos. Todavia, os descendentes são totalmente suscetíveis. *Exemplo:* As micobactérias com frequência sobrevivem nos tecidos durante muitos anos após a infecção, porém são contidas pelas defesas do hospedeiro e não se multiplicam. Esses microrganismos "persistentes" mostram-se resistentes ao tratamento, não podendo ser erradicados por fármacos. Contudo, se começarem a multiplicar-se (p. ex., após a supressão da imunidade celular no paciente), irão se tornar totalmente suscetíveis aos mesmos fármacos.

Alternativamente, os microrganismos podem perder a estrutura específica do alvo de um fármaco no decorrer de várias gerações, tornando-se, assim, resistentes. *Exemplo:* Os microrganismos sensíveis à penicilina podem transformar-se em formas L deficientes de parede celular durante a administração de penicilina. Como essas formas não têm parede celular, mostram-se resistentes aos fármacos inibidores da parede celular (penicilinas, cefalosporinas), podendo permanecer assim por várias gerações. Quando tais microrganismos revertem para suas formas bacterianas originais com o reinício da síntese da parede celular, tornam-se novamente sensíveis à penicilina.

Os microrganismos podem infectar o hospedeiro em locais onde os antimicrobianos são excluídos ou não são ativos. *Exemplos:* Os aminoglicosídeos, como a gentamicina, não são eficazes no tratamento da febre entérica por *Salmonella* pelo fato de esses microrganismos serem intracelulares e os aminoglicosídeos não penetrarem nas células. De modo semelhante, apenas os fármacos que penetram no interior das células são eficazes no tratamento da doença dos legionários, devido à localização intracelular da *Legionella pneumophila*.

Origem genética da resistência aos fármacos

Em sua maioria, os micróbios resistentes aos fármacos surgem em decorrência de alterações genéticas e processos subsequentes de seleção pelos antimicrobianos.

A. Resistência cromossômica

Desenvolve-se em consequência da mutação espontânea em determinado *locus* que controla a suscetibilidade a um determinado antimicrobiano. A presença do antimicrobiano atua como mecanismo seletivo, suprimindo os microrganismos sensíveis e favorecendo o crescimento de mutantes resistentes ao fármaco. Ocorre mutação espontânea em uma frequência de 10^{-12} a 10^{-7}, constituindo, portanto, uma causa pouco frequente de desenvolvimento de resistência clínica aos fármacos em determinado paciente. Todavia, os mutantes cromossômicos resistentes à rifampicina ocorrem com alta frequência (cerca de 10^{-7}-10^{5}). Em consequência, o tratamento das infecções bacterianas com rifampicina como único fármaco frequentemente fracassa. Os mutantes cromossômicos são mais comumente resistentes devido a uma alteração no receptor estrutural

de um fármaco. Assim, a proteína P 12, na subunidade 30S do ribossomo bacteriano, atua como receptor para a ligação da estreptomicina. A mutação do gene que controla tal proteína estrutural resulta em resistência à estreptomicina. Além disso, a mutação pode resultar em perda das PBPs, tornando os referidos mutantes resistentes aos fármacos β-lactâmicos.

B. Resistência extracromossômica

Com frequência, as bactérias contêm elementos genéticos extracromossômicos denominados plasmídeos, cujas características são descritas no Capítulo 7.

Alguns plasmídeos transportam genes para resistência a um antimicrobiano – muitas vezes, para resistência a vários. Os genes dos plasmídeos para resistência antimicrobiana com frequência controlam a formação de enzimas capazes de destruir os antimicrobianos. Por conseguinte, os plasmídeos determinam a resistência às penicilinas e cefalosporinas ao transportarem genes para a formação de β-. Os plasmídeos codificam as enzimas que acetilam, adenilam ou fosforilam vários aminoglicosídeos; as enzimas que determinam o transporte ativo das tetraciclinas através da membrana; e várias outras enzimas.

O material genético e os plasmídeos podem ser transferidos por transdução, transformação e conjugação. Esses processos são discutidos no Capítulo 7.

RESISTÊNCIA CRUZADA

Os microrganismos resistentes a determinado fármaco também podem exibir resistência a outros fármacos que compartilhem um mecanismo particular de ação. Essas relações são observadas principalmente entre agentes estreitamente relacionados do ponto de vista químico (p. ex., diferentes aminoglicosídeos) ou que exibam um modo de ligação ou ação semelhante (p. ex., macrolídios e lincosamidas). Em certas classes de fármacos, o núcleo ativo da substância química é tão semelhante entre muitos congêneres (p. ex., tetraciclinas) que se espera a ocorrência de extensa resistência cruzada.

LIMITAÇÃO DA RESISTÊNCIA AOS FÁRMACOS

O aparecimento da resistência aos fármacos nas infecções pode ser minimizado das seguintes maneiras: (1) pela manutenção de níveis elevados do fármaco nos tecidos, o suficiente para inibir tanto a população original quanto os primeiros mutantes; (2) por administração simultânea de dois fármacos que não exibam resistência cruzada, atrasando cada um o aparecimento de mutantes resistentes ao outro fármaco (p. ex., rifampicina e isoniazida [INH] no tratamento da tuberculose); (3) ao evitar-se a exposição dos microrganismos a um fármaco particularmente valioso, limitando sua administração, especialmente em hospitais.

IMPLICAÇÕES CLÍNICAS DA RESISTÊNCIA AOS FÁRMACOS

Alguns poucos exemplos irão ilustrar o impacto do aparecimento de microrganismos resistentes aos fármacos e sua seleção pelo uso disseminado de antimicrobianos.

Gonococos

Quando as sulfonamidas foram empregadas pela primeira vez no final da década de 1930 para o tratamento da gonorreia, praticamente todos os gonococos isolados mostraram-se sensíveis, com a consequente cura da maioria das infecções. Alguns anos depois, a maioria das cepas tornou-se resistente às sulfonamidas, e a gonorreia raramente era curada com esses fármacos. A maioria dos gonococos ainda era altamente sensível à penicilina. Nas décadas seguintes, constatou-se um aumento gradual da resistência à penicilina, embora a administração de grandes doses desse fármaco ainda fosse curativa. Na década de 1970, surgiram gonococos produtores de β-lactamase, inicialmente nas Filipinas e na África Ocidental, e depois esses microrganismos propagaram-se, formando focos endêmicos no mundo inteiro. Tais infecções não podiam ser tratadas de maneira eficaz com penicilina, mas foram tratadas com espectinomicina, até que também surgiu resistência a esse fármaco. Recomendou-se, então, o uso de cefalosporinas de terceira geração ou quinolona para o tratamento da gonorreia. Entretanto, a emergência da resistência às quinolonas em algumas regiões limitou subsequentemente o seu uso, não sendo mais recomendadas como antibióticos de primeira linha. A maior preocupação hoje em dia é com as recentes observações sobre falhas no tratamento com cefalosporinas orais de terceira geração devido ao aumento das concentrações inibitórias mínimas (CIM) entre *N. gonorrhoeae*. As cefalosporinas de terceira geração, administradas por via oral ou parenteral, continuam como agentes de escolha contra a gonorreia. Contudo, em casos de recidiva aparente, culturas para *N. gonorrhoeae* seguidas de testes de sensibilidade são recomendadas para monitorar a tendência de resistência emergente à cefalosporina.

Meningococos

Até 1962, os meningococos eram uniformemente sensíveis às sulfonamidas, eficazes tanto para profilaxia quanto para tratamento. Em seguida, houve ampla disseminação dos meningococos resistentes às sulfonamidas, de modo que hoje esses fármacos perderam a utilidade contra as infecções meningocócicas. As penicilinas continuam sendo eficazes no tratamento, e, até recentemente, a rifampicina era usada para profilaxia. Entretanto, surgiram meningococos resistentes à rifampicina (cerca de 27% dos isolados), os quais podem então causar infecções invasivas. As fluoroquinolonas vêm amplamente substituindo a rifampicina na profilaxia.

Estafilococos

Em 1944, a maioria dos estafilococos era sensível à penicilina G, embora se tenha observado o aparecimento de algumas cepas resistentes. Após o uso maciço da penicilina, 65 a 85% dos estafilococos isolados de hospitais em 1948 eram produtores de β-lactamase e, portanto, resistentes à penicilina G. O advento das penicilinas resistentes à β-lactamase (p. ex., nafcilina, meticilina e oxacilina) proporcionou uma trégua temporária, mas atualmente as infecções por *S. aureus* resistentes à meticilina (MRSA, do inglês *methicillin-resistant S. aureus*) são comuns. Hoje, os estafilococos resistentes à penicilina incluem não apenas os adquiridos em hospitais, como também 80 a 90% dos isolados na comunidade. Esses microrganismos também tendem a ser resistentes a outros fármacos (p. ex., as tetraciclinas). Da mesma forma, os MRSA são comuns tanto nas infecções comunitárias mediadas por clones, como o USA 300, quanto em infecções hospitalares. Infecções hospitalares podem ser causadas por várias amostras comunitárias sensíveis ou por clones multirresistentes adquiridos no próprio ambiente hospitalar. A vancomicina tem sido o principal fármaco prescrito para tratamento das infecções por MRSA. Porém, a recuperação de isolados com resistência intermediária à vancomicina e os relatos de diversos casos de alto nível de resistência à vancomicina têm estimulado a pesquisa de novos agentes. Alguns desses novos agentes, com atividade contra amostras de MRSA, incluem a daptomicina, a linezolida, a quinupristina-dalfopristina e um novo agente cefalosporínico: a ceftarolina.

Pneumococos

Até 1963, o *S. pneumoniae* era uniformemente sensível à penicilina G, quando foram encontradas cepas relativamente resistentes à penicilina na Nova Guiné. Subsequentemente, foram observados pneumococos resistentes à penicilina na África do Sul, no Japão, na Espanha e, mais tarde, no mundo inteiro. Nos Estados Unidos, aproximadamente 10% dos pneumococos mostram-se resistentes à penicilina G (CIM > 2 μg/mL), e cerca de 18% são intermediários (CIM de 0,1-1 μg/mL). A resistência à penicilina é decorrente de uma alteração das PBPs. A resistência dos pneumococos à penicilina tende a ser clonal. Os pneumococos também são frequentemente resistentes à combinação de sulfametoxazol e trimetoprima, bem como à de eritromicina e tetraciclina. Estão começando a surgir isolados resistentes às quinolonas, devido a mutações no DNA topoisomerase IV ou nas subunidades GyrA e GyrB do DNA-girase.

Enterococos

Os enterococos têm resistência intrínseca a inúmeros antimicrobianos: penicilina G e ampicilina (com CIM elevada), cefalosporinas (com CIM muito elevada), pouca resistência aos aminoglicosídeos e resistência ao sulfametoxazol-trimetoprima *in vivo*. Os enterococos também adquiriram resistência a quase todos os outros antimicrobianos da seguinte maneira: alteração das PBPs e resistência aos β-lactâmicos; resistência de alto nível aos aminoglicosídeos; e resistência a fluoroquinolonas, macrolídios, azalídeos e tetraciclinas. Alguns enterococos adquiriram um plasmídeo que codifica a β-lactamase, tornando-os totalmente resistentes à penicilina e à ampicilina. De maior importância é o desenvolvimento de resistência à vancomicina, que se tornou comum na Europa e na América do Norte, embora haja variação geográfica na porcentagem de enterococos que se mostram resistentes. O *Enterococcus faecium* é a espécie mais comumente resistente à vancomicina. Em surtos de infecções causadas por enterococos resistentes à vancomicina (VRE, do inglês *vancomycin-resistant enterococci*), os microrganismos isolados podem ser clonais ou geneticamente diversos. Ocorre também resistência às estreptograminas (quinupristina-dalfopristina) nos enterococos. O aumento da resistência aos fármacos de escolha terapêutica, como a linezolida para o tratamento das infecções por VRE, é atualmente um grande motivo de preocupação.

Bactérias entéricas Gram-negativas

A maior parte da resistência aos fármacos nas bactérias entéricas é atribuída à transmissão disseminada dos plasmídeos de resistência entre diferentes gêneros. Na atualidade, cerca de 50% das cepas das espécies de *Shigella*, em muitas partes do mundo, mostram-se resistentes a vários fármacos.

As salmonelas transportadas por animais também desenvolveram resistência, sobretudo aos fármacos (em particular, às tetraciclinas) incorporados às rações dos animais. A prática de incorporar fármacos às rações faz com que os animais de fazenda cresçam mais rapidamente; entretanto, essa prática está associada a um aumento no número de microrganismos entéricos resistentes aos fármacos na microbiota fecal das pessoas que trabalham em fazendas. Na Grã-Bretanha, a elevação concomitante das infecções por salmonela resistente aos fármacos levou à restrição do uso de suplementos antibióticos nas rações dos animais. Nos Estados Unidos, o uso contínuo de suplementos de tetraciclina nas rações dos animais pode contribuir para a disseminação dos plasmídeos de resistência e de salmonelas resistentes aos fármacos. No final de 1990, um clone de *Salmonella enterica* sorovar Typhimurium (fagotipo DT104) emergiu e se disseminou globalmente. Esse clone é particularmente resistente a ampicilina, cloranfenicol, estreptomicina, sulfonamidas e tetraciclinas.

Existem plasmídeos que transportam genes resistentes aos fármacos em muitas bactérias Gram-negativas da microbiota intestinal normal. O uso exagerado de antimicrobianos (particularmente em pacientes hospitalizados) resulta na supressão dos microrganismos sensíveis aos fármacos na microbiota intestinal e favorece a persistência e o crescimento das bactérias resistentes aos fármacos, como *Enterobacter*, *Klebsiella*, *Proteus*, *Pseudomonas* e *Serratia*, bem como fungos. Esses microrganismos representam um problema particularmente difícil em pacientes com granulocitopenia e nos imunocomprometidos. Os ambientes fechados dos hospitais favorecem a transmissão desses microrganismos resistentes por meio da equipe hospitalar e fômites, bem como por contato direto.

Mycobacterium tuberculosis

Ocorre resistência primária aos fármacos em cerca de 10% dos isolados de *M. tuberculosis*, mais comumente à INH ou à estreptomicina. A resistência à rifampicina ou ao etambutol é menos comum. A INH e a rifampicina constituem os fármacos primários utilizados na maioria dos esquemas-padrões de tratamento. Os outros fármacos de primeira linha são a pirazinamida, o etambutol e a estreptomicina. A resistência à INH e à rifampicina é considerada um padrão de multirresistência (MDR, do inglês *multiple drug resistance*). Nos Estados Unidos, o *M. tuberculosis* multirresistente (MDR-TB) tem diminuído significativamente. Em nível mundial, as maiores taxas de MDR-TB são relatadas em países do Leste Europeu, especialmente entre os que formavam a antiga União Soviética. A observância inadequada dos pacientes ao tratamento farmacológico constitui um importante fator no desenvolvimento da resistência aos fármacos durante o tratamento. O controle da MDR-TB constitui um problema significativo de âmbito mundial. Recentemente, amostras de *M. tuberculosis* extensivamente resistentes a antibióticos (XDR-TB, do inglês *extensively drug-resistant Mycobacterium tuberculosis*) têm se mostrado um desafio global no controle da tuberculose. Em adição à resistência à INH e à rifampicina, esse microrganismo é também resistente a quinolonas e antibióticos injetáveis, como aminoglicosídeos e capreomicina (agentes de segunda linha).

ATIVIDADE ANTIMICROBIANA *IN VITRO*

A atividade antimicrobiana é medida *in vitro* para se determinar: (1) a potência de um agente antimicrobiano em solução; (2) a sua concentração nos líquidos ou tecidos corporais; (3) a sensibilidade de determinado microrganismo a concentrações conhecidas do fármaco.

FATORES QUE AFETAM A ATIVIDADE ANTIMICROBIANA

Entre os vários fatores que afetam a atividade antimicrobiana *in vitro*, é preciso considerar os seguintes aspectos, uma vez que influem significativamente nos resultados dos testes.

pH do ambiente

Alguns fármacos são mais ativos em pH ácido (p. ex., nitrofurantoína), enquanto outros exibem maior atividade em pH alcalino (p. ex., aminoglicosídeos e sulfonamidas).

Componentes do meio

O polianetolsulfonato de sódio (em meio para hemocultivo) e outros detergentes aniônicos inibem os aminoglicosídeos. O PABA em extratos teciduais antagoniza as sulfonamidas. As proteínas séricas ligam-se às penicilinas em graus variáveis, de 40% para a meticilina até 98% para a dicloxacilina. A adição de NaCl ao meio de cultura melhora a detecção da resistência à meticilina no *S. aureus*.

Estabilidade do fármaco

À temperatura de incubação, vários antimicrobianos perdem a atividade. As penicilinas são inativadas lentamente, enquanto os aminoglicosídeos e o ciprofloxacino são bastante estáveis por longos períodos.

Tamanho do inóculo

Em geral, quanto maior o inóculo bacteriano, menor a "sensibilidade" aparente do microrganismo. A inibição de grandes populações bacterianas é menos rápida e menos completa que a observada em pequenas populações. Além disso, é muito mais provável que surja um mutante resistente em grandes populações.

Tempo de incubação

Em muitos casos, os microrganismos não são destruídos, mas apenas inibidos após curta exposição a antimicrobianos. Quanto mais prolongada a incubação, maior a probabilidade de desenvolvimento de mutantes resistentes ou de multiplicação dos membros menos suscetíveis da população antimicrobiana à medida que o fármaco se deteriora.

Atividade metabólica dos microrganismos

Em geral, os microrganismos em crescimento ativo e rápido são mais sensíveis à ação farmacológica do que os que se encontram na fase de repouso. Os microrganismos metabolicamente inativos que sobrevivem à exposição prolongada a determinado fármaco podem produzir uma progênie totalmente suscetível ao mesmo fármaco.

MEDIDA DA ATIVIDADE ANTIMICROBIANA

A determinação da suscetibilidade de um patógeno bacteriano a antimicrobianos pode ser efetuada por um de dois métodos principais: diluição ou difusão. É importante usar um método padronizado que controle todos os fatores que afetam a atividade antimicrobiana. Nos Estados Unidos, os testes são realizados de acordo com os métodos do *Clinical and Laboratory Standards Institute* (CLSI)*. Esses testes também são discutidos no Capítulo 47.

Quando se utilizam um microrganismo-padrão apropriado para teste e uma amostra conhecida do fármaco para comparação, podem-se empregar esses métodos para estimar a potência do antibiótico na amostra ou a sensibilidade do microrganismo.

Método de diluição

Concentrações conhecidas de substâncias antimicrobianas são incorporadas a meios bacteriológicos líquidos ou sólidos. Comumente, utilizam-se as diluições em dobro ($\log_2$) dos agentes antimicrobianos. Em seguida, os meios são inoculados com bactérias do teste e incubados. O parâmetro final é considerado a quantidade de substância antimicrobiana necessária para inibir o crescimento das bactérias do teste ou destruí-las. Os testes de sensibilidade por diluição em ágar são demorados, e seu uso é limitado a circunstâncias especiais. Os testes de diluição em caldo eram trabalhosos e pouco utilizados devido à necessidade de se efetuarem diluições em tubo de ensaio. Todavia, o advento das placas de microdiluição para as séries de diluições em caldo preparadas para vários fármacos diferentes melhorou e simplificou sobremaneira o método. A vantagem dos testes de microdiluição é que eles permitem a obtenção de resultados quantitativos, indicando a concentração necessária de determinado fármaco para inibir ou destruir os microrganismos testados.

Método de difusão

Esse método mais amplamente utilizado em pequenos laboratórios consiste no teste de difusão em disco. Um disco de papel de filtro contendo determinada concentração de fármaco é colocado sobre a superfície de um meio sólido cuja superfície foi inoculada com o microrganismo do teste. Após a incubação, o diâmetro da zona de inibição ao redor do disco é utilizado como medida do poder inibidor do fármaco contra o microrganismo testado. Esse método está sujeito a muitos fatores físicos e químicos, além da simples interação entre o fármaco e os microrganismos (p. ex., a natureza do meio de cultura e a capacidade de difusão, o tamanho molecular e a estabilidade do fármaco). Todavia, a padronização das condições permite que se determine a sensibilidade do microrganismo.

A interpretação dos resultados dos testes de difusão deve basear-se em comparações entre os métodos de diluição e difusão. Essas comparações levaram ao estabelecimento de padrões de referência. As linhas de regressão lineares podem expressar a relação entre o log da CIM nos testes de diluição e o diâmetro das zonas de inibição nos testes de difusão.

O uso de um único disco para cada antibiótico com a cuidadosa padronização das condições do teste permite que se estabeleça a suscetibilidade ou resistência de determinado microrganismo ao se comparar o tamanho da zona de inibição com um padrão do mesmo fármaco. A inibição ao redor de um disco contendo determinada quantidade de antimicrobiano não sugere sensibilidade à mesma concentração do fármaco por mililitro do meio de cultura, de sangue ou urina.

---

*N. de T. No Brasil, o CLSI também é utilizado em muitos laboratórios clínicos. Contudo, nos últimos anos, há um movimento para que se adote o BrCast (Comitê Brasileiro de Testes de Sensibilidade aos Antimicrobianos), que é associado ao EUCast. O BrCast tem duas grandes vantagens em relação ao CLSI: traz pontos de corte baseados no perfil de sensibilidade de amostras isoladas no Brasil e é gratuito, além de indicado pelo Ministério da Saúde. Para saber mais, acesse http://brcast.org.br/.

Uma alternativa ao uso de discos são tiras de plástico com um gradiente pré-definido de antibiótico cobrindo uma faixa de concentração contínua. Impressa na tira está uma escala com valores que correspondem à concentração do antibiótico formando um gradiente. Quando colocado em uma placa de ágar Mueller-Hinton semeada com um inóculo bacteriano previamente padronizado, o antibiótico difunde-se de forma concentração-dependente da tira de plástico para o meio, sendo o crescimento bacteriano inibido. Em vez de produzir uma zona circular de inibição, uma elipse é formada, daí o nome do teste, um **teste Epsilômetro** (ou Etest). O valor da CIM é lido na escala em termos de µg/mL onde a borda da elipse intercepta a tira.

ATIVIDADE ANTIMICROBIANA *IN VIVO*

A análise da atividade dos antimicrobianos *in vivo* é muito mais complexa do que em circunstâncias *in vitro*. A atividade envolve não apenas o fármaco e o microrganismo, mas também um terceiro fator, o hospedeiro. As relações fármaco-patógeno e hospedeiro-patógeno são discutidas nos parágrafos que se seguem. As relações entre o hospedeiro e o fármaco (absorção, excreção, distribuição, metabolismo e toxicidade) são tratadas de modo pormenorizado em livros de farmacologia.

RELAÇÕES ENTRE FÁRMACOS E PATÓGENO

Nas páginas anteriores, foram citadas várias interações importantes entre fármacos e patógenos. A seguir, são considerados outros fatores *in vivo* importantes.

Ambiente

No hospedeiro, existem influências ambientais variáveis que afetam os microrganismos localizados em diferentes tecidos e partes do corpo – ao contrário de um teste em tubo ou placa de Petri, onde o ambiente é constante para todos os membros de uma população microbiana. Por conseguinte, a resposta da população microbiana é muito menos uniforme no hospedeiro do que em um tubo de ensaio.

A. Estado de atividade metabólica

No corpo, o estado de atividade metabólica é diverso. Sem dúvida, muitos microrganismos encontram-se em baixo nível de atividade de biossíntese e, portanto, são relativamente resistentes à ação dos fármacos. Esses microrganismos "dormentes" com frequência sobrevivem à exposição a altas concentrações de fármacos e, subsequentemente, podem causar uma recidiva clínica da infecção. As bactérias que formam biofilmes frequentemente tornam-se metabolicamente menos ativas (ou dormentes) quando incorporadas em uma matriz de biofilme, e são mais difíceis de erradicar com antibióticos do que os microrganismos planctônicos.

B. Distribuição do fármaco

No corpo, o antimicrobiano exibe uma distribuição desigual nos tecidos e líquidos. Muitos fármacos não atingem efetivamente o sistema nervoso central (SNC). Com frequência, a concentração do fármaco na urina é muito maior do que a alcançada no sangue ou em outros tecidos. A resposta tecidual induzida pelo microrganismo pode protegê-lo do fármaco. O tecido necrótico ou o pus podem adsorver o fármaco, impedindo, assim, seu contato com as bactérias.

C. Localização dos microrganismos

No corpo, os microrganismos localizam-se com frequência no interior das células dos tecidos. Os fármacos penetram nas células a diferentes velocidades. Alguns (p. ex., tetraciclinas) atingem aproximadamente a mesma concentração no interior dos monócitos e no fluido extracelular. Já outros (p. ex., gentamicina) não penetram nas células hospedeiras. Essas condições *in vivo* são completamente diferentes das observadas em um tubo de ensaio, onde os microrganismos entram em contato direto com o fármaco.

D. Interferência de substâncias

O ambiente bioquímico dos microrganismos no corpo é muito complexo e resulta em interferência significativa na ação farmacológica. O fármaco pode ligar-se a proteínas ou fosfolipídeos sanguíneos e teciduais. Além disso, pode reagir com os ácidos nucleicos no pus e sofrer adsorção física a exsudatos, células e resíduos necróticos. No tecido necrótico, o pH pode estar altamente ácido e, portanto, desfavorável à ação do fármaco (p. ex., aminoglicosídeos).

Concentração

No corpo, os microrganismos não estão expostos a uma concentração constante do fármaco, ao passo que , no teste em tubo (*in vitro*), a concentração é constante.

A. Absorção

A absorção dos fármacos pelo trato intestinal (quando administrados por via oral) ou pelos tecidos (quando injetados) é irregular. Além disso, também ocorre excreção contínua, bem como inativação do fármaco. Logo, os níveis dos fármacos nos compartimentos corporais flutuam continuamente, e os microrganismos ficam expostos a concentrações variáveis do antimicrobiano.

B. Distribuição

A distribuição dos fármacos varia enormemente em diferentes tecidos. Alguns fármacos penetram inadequadamente em certos tecidos (p. ex., SNC, próstata e osso). Por conseguinte, as concentrações dos fármacos após administração sistêmica podem ser inadequadas para um tratamento eficaz. Nas feridas de superfície ou nas membranas mucosas, tais como a conjuntiva, a aplicação local (tópica) de fármacos cuja absorção é deficiente permite a obtenção de concentrações locais altamente eficazes sem efeitos colaterais tóxicos. Alternativamente, alguns fármacos de aplicação tópica em feridas de superfície são bem absorvidos. As concentrações dos fármacos na urina costumam ser muito mais altas do que as alcançadas no sangue.

C. Variabilidade da concentração

É de suma importância manter uma concentração eficaz do fármaco no local de proliferação dos microrganismos. Essa concentração deve ser mantida por um período suficiente para erradicar os microrganismos. Como o fármaco é administrado de modo intermitente e sofre absorção e excreção de forma irregular, os níveis flutuam constantemente no local da infecção. Para manter concentrações suficientes do fármaco durante um tempo adequado, é necessário considerar a relação entre tempo e dose. Quanto maior a dose do fármaco, maior o intervalo permitido entre elas. Quanto menor a dose individual, menor o intervalo que irá garantir níveis adequados do fármaco.

D. Efeito pós-antibiótico

O efeito pós-antibiótico consiste em novo crescimento tardio de bactérias após exposição a antimicrobianos. Trata-se de uma propriedade da maioria dos fármacos antimicrobianos, à exceção da de muitos β-lactâmicos que não exibem o efeito pós-antibiótico na presença de bacilos Gram-negativos. Os carbapenêmicos exercem efeito pós-antibiótico sobre os bacilos Gram-negativos. Os aminoglicosídeos e as fluoroquinolonas têm um efeito pós-antibiótico *in vitro* prolongado (de até várias horas) contra bacilos Gram-negativos.

RELAÇÕES ENTRE HOSPEDEIRO E PATÓGENO

As relações entre hospedeiro e patógeno podem ser alteradas de diversas maneiras pelos antimicrobianos.

Alteração da resposta tecidual

A resposta inflamatória do tecido a infecções poderá ser alterada se o fármaco suprimir a multiplicação dos microrganismos, mas não os erradica do corpo. Assim, um processo agudo pode ser transformado em um processo crônico. De maneira contrária, a supressão das reações inflamatórias nos tecidos em consequência da redução da imunidade celular em receptores de transplante de tecido ou na terapia antineoplásica, ou devido a imunocomprometimento decorrente de doença (p. ex., síndrome da imunodeficiência adquirida [Aids, do inglês *acquired immunodeficiency syndrome*]), provoca maior suscetibilidade a infecções e redução da capacidade de resposta aos antimicrobianos.

Alteração da resposta imunológica

Se uma infecção for modificada por algum antimicrobiano, a resposta imunológica do hospedeiro também poderá ser alterada. Um exemplo ilustra esse fenômeno: a infecção de faringe por estreptococos β-hemolíticos do grupo A é, com frequência, seguida do desenvolvimento de anticorpos antiestreptocócicos e, se houver uma resposta imune exacerbada, a infecção poderá ser seguida de febre reumática. Se for possível interromper o processo infeccioso no início e de forma completa com antimicrobianos, o desenvolvimento de resposta imunológica e febre reumática poderá ser evitado (presumivelmente devido à rápida eliminação do antígeno). Os fármacos e as doses que erradicam rapidamente os estreptococos infectantes (p. ex., penicilina) são mais eficazes na prevenção da febre reumática do que aqueles que apenas suprimem os microrganismos temporariamente (p. ex., tetraciclina).

Alteração da microbiota normal

Os antimicrobianos afetam não apenas os microrganismos que causam doença, como também os membros sensíveis da microbiota normal. Logo, cria-se um desequilíbrio que, por si só, pode resultar em doença. Seguem-se alguns exemplos de interesse.

1. Em pacientes hospitalizados que recebem antimicrobianos, ocorre a supressão da microbiota normal, criando uma perda parcial substituída pelos microrganismos mais prevalentes no ambiente, em particular bactérias aeróbias Gram-negativas

resistentes aos fármacos (p. ex., pseudomonas e estafilococos). Subsequentemente, esses microrganismos resistentes aos fármacos podem provocar graves infecções.

2. Em mulheres que tomam antibióticos por via oral, a microbiota vaginal normal pode ser suprimida, favorecendo o crescimento excessivo de *Candida*, situação que resulta em inflamação local (vulvovaginite) desagradável e prurido, ambos de difícil controle.

3. Na presença de obstrução das vias urinárias, verifica-se alta tendência a infecções da bexiga. Quando a infecção das vias urinárias causada por microrganismo suscetível (p. ex., *Escherichia coli*) é tratada com um fármaco apropriado, torna-se possível erradicar o microrganismo. Contudo, após a eliminação dos microrganismos suscetíveis, frequentemente ocorre reinfecção por outro bacilo Gram-negativo resistente aos fármacos. Um processo semelhante é responsável pelas superinfecções das vias respiratórias em pacientes tratados com antimicrobianos para bronquite crônica.

4. Em indivíduos que recebem antimicrobianos durante vários dias, parte da microbiota intestinal normal pode ser suprimida. Em consequência, pode-se verificar o estabelecimento de grande quantidade de microrganismos resistentes aos fármacos no intestino, podendo provocar enterocolite grave (p. ex., diarreia associada ao uso de antibióticos causada por *Clostridium difficile*).

USO CLÍNICO DOS ANTIBIÓTICOS

ESCOLHA DOS ANTIBIÓTICOS

A escolha racional dos antimicrobianos depende das considerações que se seguem.

Diagnóstico

A "melhor suposição" do agente etiológico baseia-se nas seguintes considerações, entre outras: (1) o local da infecção (p. ex., pneumonia ou infecção do trato urinário); (2) idade do paciente (p. ex., meningite neonatal, criança de pouca idade, adulto); (3) local onde a infecção foi contraída (hospital *versus* comunidade); (4) fatores mecânicos predisponentes (cateter intravascular, cateter urinário, ventilador, exposição ao vetor); e (5) fatores predisponentes do hospedeiro (imunodeficiência, uso de corticosteroides, transplante, quimioterapia para câncer, entre outros).

Na maioria das infecções, a relação entre o agente etiológico e o quadro clínico não é constante. Assim, é importante obter amostras apropriadas para a identificação bacteriológica do agente etiológico. Logo após a coleta dessas amostras, pode-se iniciar a quimioterapia com base na "melhor suposição". Em geral, a antibioticoterapia empírica consiste em um medicamento de amplo espectro que cobre os microrganismos mais prováveis de estarem causando aquela infecção específica. Para ajudar na tomada de decisões corretas e baseadas em evidências sobre qual antibiótico escolher, hospitais e outras organizações de saúde geralmente publicam antibiogramas, que são tabelas de patógenos frequentemente encontrados (> 10 isolados de pacientes diferentes) com a porcentagem de isolados vistos pelo laboratório de microbiologia clínica que são suscetíveis a um determinado antibiótico. Alguns antibiogramas também oferecem sugestões para esquemas de antibioticoterapia com base em

sucessos anteriores, custo e o que está disponível na farmácia do hospital. Após a identificação do agente etiológico, o laboratório fornecerá um perfil de suscetibilidade, e a terapia empírica de amplo espectro deve ser adaptada a um esquema de antibióticos mais definido com agentes de um espectro mais estreito.

Testes de sensibilidade

Os testes laboratoriais para a determinação da sensibilidade aos antibióticos são indicados nas seguintes circunstâncias: (1) quando o microrganismo isolado é frequentemente resistente aos antimicrobianos (p. ex., bactérias entéricas Gram-negativas); (2) quando o processo infeccioso tende a ser fatal, a não ser que seja tratado especificamente (p. ex., meningite, septicemia); e (3) em certas infecções nas quais a erradicação dos microrganismos infecciosos exige o uso de fármacos rapidamente bactericidas, e não apenas bacteriostáticos (p. ex., endocardite infecciosa). Os princípios básicos dos testes de sensibilidade aos antimicrobianos já foram apresentados anteriormente neste capítulo. No Capítulo 47, constam outros aspectos laboratoriais dos testes de sensibilidade aos antimicrobianos.

PERIGOS DO USO INDISCRIMINADO

Às vezes, as indicações para administração de antibióticos precisam ser qualificadas pelas seguintes considerações:

1. Sensibilização generalizada da população, resultando em hipersensibilidade, anafilaxia, erupções cutâneas, febre, distúrbios hematológicos, hepatite aguda colestática e, talvez, doenças vasculares do colágeno.

2. Alterações da microbiota normal do corpo, com o desenvolvimento de doença em consequência de "superinfecção", devido à proliferação exagerada de microrganismos resistentes aos fármacos.

3. Mascaramento de infecção grave sem erradicá-la (p. ex., as manifestações clínicas de um abscesso podem ser suprimidas enquanto persiste o processo infeccioso).

4. Toxicidade direta do fármaco (p. ex., granulocitopenia ou trombocitopenia com o uso de cefalosporinas e penicilinas, bem como lesão renal ou lesão do nervo auditivo em decorrência do uso de aminoglicosídeos).

5. Desenvolvimento de resistência aos fármacos em populações microbianas, sobretudo pela eliminação dos microrganismos suscetíveis aos fármacos dos ambientes saturados de antibióticos (p. ex., hospitais) e sua substituição por microrganismos resistentes.

ANTIMICROBIANOS USADOS EM ASSOCIAÇÃO

Indicações

Os principais motivos para o uso simultâneo de dois ou mais antimicrobianos em vez da administração de um único fármaco são as seguintes:

1. Tratar imediatamente os pacientes em estado crítico sob suspeita de infecção microbiana grave. Deve-se estabelecer uma boa suposição, normalmente baseada nos dados disponíveis do antibiograma, acerca dos dois ou três patógenos mais prováveis, devendo os fármacos serem ativos contra esses micror-

ganismos. Antes de se iniciar tal tipo de tratamento, é essencial obter amostras adequadas para a identificação laboratorial do agente etiológico. A suspeita de sepse por microrganismos Gram-negativos ou estafilococos em pacientes imunocomprometidos e de meningite bacteriana em crianças constitui a principal indicação nessa categoria.

2. Retardar o aparecimento de mutantes microbianos resistentes a um fármaco em infecções crônicas mediante o uso de um segundo ou terceiro fármaco sem reação cruzada. O exemplo mais proeminente é o tratamento da tuberculose ativa.

3. Tratar as infecções mistas, em particular as que ocorrem após traumatismo maciço ou que afetam estruturas vasculares. Cada fármaco é dirigido contra um importante microrganismo patogênico.

4. Obter sinergia bactericida ou proporcionar uma ação bactericida (ver adiante). Em algumas infecções, como a sepse enterocócica, a combinação de fármacos tende a erradicar a infecção mais do que um fármaco administrado isoladamente. Essa sinergia é apenas parcialmente previsível, e a associação de dois fármacos pode ser sinérgica apenas para uma cepa microbiana. Em certas ocasiões, o uso simultâneo de dois fármacos permite uma redução significativa da dose, evitando-se, dessa forma, a toxicidade e proporcionando, ainda assim, uma ação antimicrobiana satisfatória.

Desvantagens

As seguintes desvantagens no uso de antimicrobianos em combinações devem ser sempre consideradas:

1. O médico pode acreditar que, como vários fármacos já estão sendo administrados, tudo o que foi possível fazer pelo paciente já foi feito, resultando em relaxamento do empenho em estabelecer o diagnóstico específico, o que, além disso, pode proporcionar uma falsa sensação de segurança.

2. Quanto maior o número de fármacos administrados, maior a probabilidade de ocorrência de reações farmacológicas ou sensibilização do paciente aos fármacos.

3. O custo torna-se desnecessariamente elevado.

4. Em geral, as combinações de antimicrobianos não resultam em uma resposta melhor do que aquela obtida com a administração de um único fármaco eficaz.

5. Muito raramente, um fármaco pode antagonizar outro administrado concomitantemente (ver adiante).

Mecanismos

Quando dois antimicrobianos atuam simultaneamente em uma população microbiana homogênea, pode-se obter um dos seguintes efeitos: (1) indiferença, isto é, a ação combinada não se mostra superior à obtida quando o fármaco mais eficaz é administrado isoladamente; (2) aditivo, ou seja, a ação combinada é equivalente à soma das ações de cada fármaco quando utilizado isoladamente; (3) sinergia, ou seja, a ação combinada é significativamente superior à soma de ambos os efeitos; ou (4) antagonismo, ou seja, a ação combinada é inferior à ação do agente mais eficaz quando administrado isoladamente. Todos esses efeitos podem ser observados tanto *in vitro* (particularmente em termos de taxa bactericida) quanto *in vivo*.

Os efeitos que podem ser obtidos com combinações de antimicrobianos variam de acordo com diferentes associações e são específicos de cada cepa de microrganismo. Por conseguinte, nenhuma combinação é uniformemente sinérgica.

A terapia combinada não deve ser utilizada de modo indiscriminado; todos os esforços devem ser feitos para se utilizar um único antibiótico de primeira escolha. Nas infecções resistentes, os exames laboratoriais podem, algumas vezes, definir as combinações sinérgicas de fármacos que podem ser essenciais para a erradicação dos microrganismos.

Pode ocorrer **sinergismo antimicrobiano** em vários tipos de situação.

1. Dois fármacos podem bloquear sequencialmente uma via metabólica microbiana. As sulfonamidas inibem o uso do PABA extracelular por alguns micróbios para a síntese do ácido fólico. A trimetoprima ou a pirimetamina inibe a etapa metabólica seguinte, isto é, a redução do ácido di-hidrofólico a tetra-hidrofólico. O uso simultâneo de uma sulfonamida mais trimetoprima mostra-se eficaz em algumas infecções bacterianas (p. ex., shigelose, salmonelose, infecção por espécies de *Serratia*) e outras não bacterianas (p. ex., pneumocistose, malária). Utiliza-se a combinação de pirimetamina mais uma sulfonamida ou clindamicina na toxoplasmose.

2. Um fármaco como um agente inibidor da síntese de parede celular (uma penicilina ou cefalosporina) pode facilitar a entrada de um aminoglicosídeo nas bactérias, exercendo, assim, efeitos sinérgicos. As penicilinas aumentam a captação de gentamicina ou estreptomicina pelos enterococos. Por conseguinte, a combinação de ampicilina com gentamicina pode ser essencial para a erradicação do *Enterococcus faecalis*, em particular na endocardite. De forma semelhante, a piperacilina combinada com a tobramicina pode ser sinérgica contra algumas cepas de *Pseudomonas*.

3. Um fármaco pode afetar a membrana celular e facilitar a penetração do segundo fármaco. O efeito combinado pode ser, então, superior à soma de suas partes. Assim, por exemplo, a anfotericina mostra-se sinérgica com a flucitosina contra determinados fungos (p. ex., *Cryptococcus* e *Candida*).

4. Um fármaco pode impedir a inativação de um segundo fármaco por enzimas microbianas. Assim, os inibidores da β-lactamase (p. ex., ácido clavulânico, sulbactam, tazobactam) podem proteger a amoxicilina, a ticarcilina ou a piperacilina da inativação pelas β-lactamases. Nessas circunstâncias, ocorre uma forma de sinergismo.

O **antagonismo antimicrobiano** é nitidamente limitado por relações de tempo e dose e, por conseguinte, representa um evento raro na terapia antimicrobiana clínica. O antagonismo que resulta em maiores taxas de morbidade e mortalidade foi mais claramente demonstrado na meningite bacteriana. Ocorre quando um bacteriostático (que inibe a síntese das proteínas nas bactérias), como o cloranfenicol ou a tetraciclina, é administrado com um bactericida, como a penicilina ou um aminoglicosídeo. O antagonismo ocorre principalmente quando o bacteriostático atinge o local da infecção antes do bactericida; quando a destruição das bactérias é essencial para a cura; e se houver apenas doses eficazes mínimas de cada fármaco utilizado na combinação. Outro exemplo é dado pela combinação de agentes β-lactâmicos no tratamento das infecções por *P. aeruginosa* (p. ex., imipeném e piperacilina, em que o imipeném atua como potente indutor da β-lactamase, e a β-lactamase degrada a piperacilina menos estável).

QUIMIOPROFILAXIA ANTIMICROBIANA

A quimioprofilaxia anti-infecciosa consiste na administração de antimicrobianos para evitar infecção. Em sentido mais amplo, inclui também o uso de antimicrobianos logo após a aquisição de microrganismos patogênicos (p. ex., após fratura composta), porém antes do aparecimento de sinais de infecção.

A utilidade da quimioprofilaxia limita-se à ação de um fármaco específico contra um microrganismo específico. O esforço para impedir que todos os tipos de microrganismo no ambiente se estabeleçam apenas seleciona os microrganismos mais resistentes aos fármacos como causa da infecção subsequente. Em todos os usos propostos de antimicrobianos profiláticos, o risco de o paciente contrair uma infecção deve ser avaliado com relação à toxicidade, ao custo, à inconveniência e ao maior risco de superinfecção em decorrência do fármaco profilático.

Profilaxia em indivíduos com sensibilidade normal expostos a um patógeno específico

Nessa categoria, administra-se um fármaco específico para evitar o desenvolvimento de infecção específica. Alguns exemplos consistem em: (1) injeção de penicilina G benzatina por via intramuscular, uma vez a cada 3 a 4 semanas, para evitar a reinfecção por estreptococos hemolíticos do grupo A em pacientes reumáticos; (2) prevenção da meningite por erradicação do estado de portador de meningococos com rifampicina ou ciprofloxacino; (3) prevenção da sífilis com injeção de penicilina G benzatina; (4) prevenção da peste pneumônica por administração oral de tetraciclina a indivíduos expostos a perdigotos infecciosos; (5) prevenção de leptospirose com administração oral de doxiciclina em um ambiente hiperendêmico; e (6) prevenção da malária em indivíduos em viagem para áreas endêmicas por meio da administração de fármacos, como malarone.

O tratamento precoce de uma infecção assintomática é, algumas vezes, denominado *profilaxia*. Logo, a administração de INH, 6 a 10 mg/kg/dia (máximo de 300 mg/dia), via oral, durante 6 meses, a um indivíduo assintomático que apresente conversão do teste tuberculínico negativo para positivo, pode evitar o desenvolvimento posterior de tuberculose clinicamente ativa.

Profilaxia em indivíduos com maior sensibilidade

A presença de certas anormalidades anatômicas ou funcionais predispõe a infecções graves. É possível prevenir ou evitar essas infecções com a administração de um fármaco específico durante um curto período. A seguir, são fornecidos alguns exemplos importantes.

A. Cardiopatia

Os indivíduos com anormalidades valvares cardíacas ou próteses valvares são inusitadamente suscetíveis à implantação de microrganismos que circulam na corrente sanguínea. Em alguns casos, essa endocardite infecciosa poderá ser evitada se for possível administrar o fármaco apropriado durante os períodos de bacteriemia. Grandes quantidades de estreptococos viridans são levadas para a circulação durante procedimentos dentários e cirurgias da boca ou garganta, circunstâncias em que o maior risco justifica o uso de um antimicrobiano profilático dirigido contra os estreptococos Viridans. Por exemplo, a amoxicilina, administrada por via oral antes

do procedimento e 2 horas depois, pode ser eficaz. Os indivíduos alérgicos à penicilina podem tomar eritromicina ou clindamicina por via oral. As recomendações para profilaxia após procedimentos não odontológicos variam de acordo com o tipo de anormalidade valvar. Por exemplo, a profilaxia não é mais recomendada após procedimentos gastrintestinais ou geniturinários em pacientes com complicação valvar em decorrência de febre reumática, mas ainda pode ser indicada em pacientes com doença cardíaca congênita ou naqueles pacientes com prótese. Para maiores informações e recomendações mais recentes, consulte as últimas diretrizes da American Heart Association (www.heart.org).

B. Doença das vias respiratórias

Utilizam-se sulfametoxazol-trimetoprima por via oral ou pentamidina em forma de aerossol para profilaxia contra pneumonia por *Pneumocystis jirovecii* em pacientes com Aids.

C. Infecção recorrente das vias urinárias

Para certas mulheres sujeitas a infecções frequentemente recidivantes das vias urinárias, a ingestão oral de nitrofurantoína ou sulfametoxazol-trimetoprima uma vez por dia ou três vezes por semana pode reduzir acentuadamente a frequência de recidivas sintomáticas durante longos períodos.

Algumas mulheres tendem a desenvolver sintomas de cistite após as relações sexuais. A ingestão de uma única dose de antimicrobiano (nitrofurantoína ou sulfametoxazol-trimetoprima) pode evitar a cistite pós-coito, inibindo o crescimento das bactérias que, durante o ato sexual, se deslocam do introito para a uretra proximal ou para a bexiga.

D. Infecções oportunistas na presença de granulocitopenia grave

Os pacientes imunocomprometidos submetidos a transplante de órgãos ou quimioterapia antineoplásica frequentemente desenvolvem leucopenia profunda. Quando a contagem de neutrófilos cai para menos de 1.000/μL, esses indivíduos tornam-se extremamente suscetíveis a infecções oportunistas, mais frequentemente sepse por microrganismos Gram-negativos. Algumas vezes, tais indivíduos recebem fluoroquinolona ou cefalosporina ou uma combinação de fármacos (p. ex., vancomicina, gentamicina e cefalosporina) contra os patógenos oportunistas mais prevalentes ao primeiro sinal de infecção (ou mesmo na ausência de qualquer sinal clínico). Esse esquema é mantido por vários dias até ocorrer elevação da contagem de granulócitos novamente. Vários estudos sugerem que esse procedimento é benéfico em terapia empírica. Dois casos clínicos (transplantes de fígado e medula óssea) descritos no Capítulo 48 ilustram as infecções que ocorrem nesses pacientes e os antimicrobianos utilizados para profilaxia e tratamento.

Profilaxia em cirurgias

Uma porcentagem significativa dos antimicrobianos utilizados em hospitais é empregada em cirurgias com o objetivo de profilaxia.

Várias características gerais da profilaxia cirúrgica merecem consideração:

1. O benefício de agentes antimicrobianos profiláticos para cirurgia limpa foi estabelecido.
2. O tipo de agente antimicrobiano escolhido depende de vários fatores: (1) tipo de cirurgia e conhecimento da microbiota endógena; (2) tipos de patógenos que causam infecções de feridas

e seus padrões de resistência em uma instituição particular; (3) alergias do paciente; (4) penetração do agente no sítio cirúrgico; (5) custo e outras considerações.

3. Os agentes preferidos são as cefalosporinas, mais comumente a cefazolina.

4. O objetivo da administração de agentes profiláticos é garantir níveis adequados do fármaco nos tecidos durante todo o procedimento cirúrgico. Isso pode exigir uma redefinição durante procedimentos longos (ver lista de recomendações para agentes e esquemas de dosagem em Bratzler e colaboradores).

5. A dose inicial de antibiótico profilático sistêmico deve ser administrada dentro de 60 minutos após a incisão ou dentro de 120 minutos caso vancomicina ou fluoroquinolona forem usadas.

6. A administração prolongada de antimicrobianos tende a alterar a microbiota normal dos órgãos, suprimindo os microrganismos suscetíveis e favorecendo a implantação de microrganismos resistentes aos fármacos. Assim, a profilaxia antimicrobiana em geral não deve ser mantida por mais de 24 horas após o procedimento, e o ideal é que seja administrada apenas no período intraoperatório.

7. Em geral, os níveis sistêmicos de antimicrobianos não impedem a ocorrência de infecção de ferida cirúrgica, pneumonia ou infecção das vias urinárias na presença de anormalidades fisiológicas ou de corpos estranhos.

Os antimicrobianos tópicos para profilaxia (p. ex., no local de instalação de cateter intravenoso, na drenagem urinária fechada, dentro de ferida cirúrgica, no cimento ósseo acrílico, entre outros) têm utilidade limitada.

Estudos mostraram morbidade e mortalidade aumentadas com infecções de feridas pós-cirúrgicas por *S. aureus*, particularmente se a infecção for causada por MRSA. Muitos hospitais realizam triagens pré-cirúrgicas nas narinas para MRSA empregando tanto a cultura quanto métodos moleculares de detecção. Pacientes que estejam colonizados são tratados com mupirocina tópica nas narinas por 3 a 5 dias e banhos com clorexidina, na tentativa de eliminar a colonização prévia ao procedimento. Alguns pesquisadores defendem a adição de vancomicina a uma cefalosporina para profilaxia intraoperatória em pacientes sabidamente portadores de MRSA.

Desinfetantes

Os desinfetantes e antissépticos diferem dos antimicrobianos sistemicamente ativos pelo fato de apresentarem pouca toxicidade seletiva: são tóxicos não apenas para os patógenos microbianos, mas também para as células do hospedeiro. Assim, só podem ser utilizados para inativar microrganismos em ambiente inanimado ou, de modo limitado, na superfície cutânea, não podendo ser administrados por via sistêmica.

A ação antimicrobiana dos desinfetantes é determinada pela concentração, pelo tempo e pela temperatura, e a avaliação de seus efeitos pode ser complexa. A Tabela 28-2 traz alguns exemplos de desinfetantes utilizados em medicina ou em saúde pública.

ANTIMICROBIANOS PARA ADMINISTRAÇÃO SISTÊMICA

Consultar, na Tabela 28-3, a lista de microrganismos infectantes e as respectivas escolhas farmacológicas primárias e alternativas.

TABELA 28-2   Desinfetantes químicos, antissépticos e agentes antimicrobianos tópicos

Desinfecção de ambientes inanimados	
Tampo de mesa, instrumentos	Lisol ou outros compostos fenólicos Formaldeído Glutaraldeído aquoso Compostos de amônio quaternário
Secreções, bandagens, comadres hospitalares	Hipoclorito de sódio Lisol ou outros compostos fenólicos
Ar	Propilenoglicol aspergido ou em aerossol Vapor de formaldeído
Instrumentos sensíveis ao calor	Óxido de etileno em gás (alquilatos de ácidos nucleicos; o gás residual precisa ser removido por aeração)
Antissepsia de pele ou feridas	Lavagem com água e sabão Sabão ou detergentes que contenham hexaclorofeno, triclorocarbanilida ou clorexidina Tintura de iodo Álcool etílico, álcool isopropílico Iodopovidona (hidrossolúvel) Peróxidos (peróxido de hidrogênio, ácido peracético) Nitrofurazona em gel ou em solução
Fármacos tópicos para pele ou mucosas	
Na candidíase	Nistatina em creme Pomada de candicidina Miconazol em creme
Em queimaduras	Acetato de mafenida em creme Sulfadiazina de prata
Nas dermatofitoses	Ácido undecilênico em pó ou creme Tolnaftato em creme Azol em creme
Nas piodermites	Pomada de bacitracina-neomicina-polimixina Permanganato de potássio
Na pediculose	Loção de malation ou permetrina
Na descolonização nasal	Mupirocina
Aplicação tópica de fármacos nos olhos	
Para profilaxia da gonorreia	Eritromicina ou tetraciclina em pomada
Para conjuntivite bacteriana	Sulfacetamida em pomada Gentamicina ou tobramicina em pomada Ciprofloxacino em pomada Moxifloxacino, solução oftálmica Gatifloxacino em solução Levofloxacino em solução

PENICILINAS

As penicilinas são derivadas de fungos do gênero *Penicillium* (p. ex., *Penicillium notatum*). A penicilina natural mais amplamente utilizada é a penicilina G. A partir da fermentação de *Penicillium*, é isolado o ácido 6-aminopenicilânico em larga escala. Isso possibilita a síntese de uma variedade quase ilimitada de compostos de penicilina pela associação do grupo amino livre do ácido penicilânico a grupos carboxila livres de diferentes radicais.

TABELA 28-3 **Fármacos de escolha para patógenos microbianos sob suspeita ou comprovados**

Agente etiológico sob suspeita ou comprovado	Fármaco(s) de primeira escolha	Fármaco(s) alternativo(s)
Cocos Gram-negativos		
Moraxella catarrhalis	Cefuroxima, uma fluoroquinolona[a]	SMZ-TMP[b], cefotaxima, ceftizoxima, cefpodoxima, eritromicina[c], doxiciclina[d], azitromicina, amoxicilina-ácido clavulânico, claritromicina
Neisseria gonorrhoeae (gonococo)	Ceftriaxona mais azitromicina ou doxiciclina	Cefixima mais azitromicina ou doxiciclina
Neisseria meningitidis (meningococo)	Penicilina G[e]	Cefotaxima, ceftizoxima, ceftriaxona, cloranfenicol, fluoroquinolona
Cocos Gram-positivos		
Streptococcus pneumoniae (pneumococo)[g]	Penicilina G[e] ou V, amoxicilina	Uma eritromicina[c], uma cefalosporina[f], vancomicina, SMZ-TMP[b], clindamicina, azitromicina, claritromicina, uma tetraciclina[d], imipeném, meropeném, doripeném ou ertapeném, quinupristina-dalfopristina, certas fluoroquinolonas[a], linezolida, telavancina
Streptococcus, hemolíticos, grupos A, B, C e G	Penicilina G[e] ou V; ampicilina	Uma eritromicina[c], uma cefalosporina[f], vancomicina, clindamicina, azitromicina, claritromicina, linezolida, daptomicina, telavancina
Estreptococos viridans	Penicilina G[e] ± gentamicina	Uma cefalosporina[f], vancomicina, telavancina
Staphylococcus, resistentes à meticilina (MRSA)	Vancomicina ± gentamicina ± rifampicina	SMZ-TMP[b], doxiciclina, uma fluoroquinolona[a], linezolida, quinupristina-dalfopristina, daptomicina, tigeciclina, ceftarolina, lipoglicopeptídeos mais novos
Staphylococcus, não produtores de penicilinase	Penicilina[e]	Uma cefalosporina[g], vancomicina, imipeném, meropeném, uma fluoroquinolona[a], clindamicina
Staphylococcus, produtores de penicilinase, sensíveis à meticilina	Penicilina resistente à penicilinase[h]	Vancomicina, uma cefalosporina[f], clindamicina, amoxicilina-ácido clavulânico, ampicilina-sulbactam, piperacilina-tazobactam, imipeném, meropeném, uma fluoroquinolona[a], SMZ-TMP[b], daptomicina, linezolida, telavancina
Enterococcus faecalis	Ampicilina + gentamicina[j]	Vancomicina + gentamicina ou estreptomicina, linezolida, daptomicina, quinupristina-dalfopristina, telavancina, tigeciclina, lipoglicopeptídeos mais novos
Enterococcus faecium (sensível à vancomicina)	Vancomicina + gentamicina[i]	Quinupristina-dalfopristina, linezolida, daptomicina
Enterococcus faecium (resistente à vancomicina)	Linezolida ou quinupristina-dalfopristina	Daptomicina + aminoglicosídeo, doxiciclina
Bastonetes Gram-negativos		
Acinetobacter	Imipeném ou meropeném	Doxiciclina, SMZ-TMP[b], doxiciclina, aminoglicosídeos[j], ceftazidima, ciprofloxacino[a], piperacilina-tazobactam, sulbactam, colistina, tigeciclina
Prevotella, cepas de orofaringe	Clindamicina	Penicilina[e], metronidazol, cefoxitina, cefotetana
Bacteroides	Metronidazol	Imipeném, meropeném, ertapeném, ampicilina-sulbactam, piperacilina-tazobactam; amoxicilina-ácido clavulânico
Brucella	Tetraciclina + rifampicina[d]	SMZ-TMP[b] ± gentamicina, cloranfenicol ± gentamicina, doxiciclina + gentamicina, ciprofloxacino + rifampicina
Campylobacter jejuni	Eritromicina[c] ou azitromicina	Uma fluoroquinolona[a], tetraciclina
Enterobacter	Imipeném, meropeném ou cefepima	Aminoglicosídeo, ciprofloxacino, piperacilina-tazobactam, SMZ-TMP[b], cefalosporina de terceira geração, tigeciclina, aztreonam
Escherichia coli (sepse)	Cefotaxima, ceftriaxona, ceftazidima, cefepima	Imipeném, meropeném, doripeném ou ertapeném, aminoglicosídeos[j], uma fluoroquinolona[a], piperacilina-tazobactam
Escherichia coli (infecção urinária não complicada)	SMZ-TMP[b], nitrofurantoína	Fluoroquinolonas[a], cefalosporina oral, fosfomicina
Haemophilus (meningite e outras infecções graves)	Cefotaxima, ceftriaxona	Cloranfenicol, meropeném

(continua)

TABELA 28-3   Fármacos de escolha para patógenos microbianos sob suspeita ou comprovados   *(Continuação)*

Agente etiológico sob suspeita ou comprovado	Fármaco(s) de primeira escolha	Fármaco(s) alternativo(s)
Bastonetes Gram-negativos *(Continuação)*		
Haemophilus (infecções respiratórias, otite)	Amoxicilina-ácido clavulânico	Ampicilina, amoxicilina, doxiciclina, azitromicina, claritromicina, cefotaxima, ceftizoxima, ceftriaxona, cefuroxima, cefuroxima axetil, uma fluoroquinolona, uma tetraciclina, SMZ-TMP[b], amoxicilina-ácido clavulânico
Helicobacter pylori	Inibidor da bomba de próton + claritromicina + amoxicilina ou metronidazol	Subsalicilato de bismuto + metronidazol + tetraciclina HCl + inibidor da bomba de próton ou bloqueador de H$_2$
Klebsiella pneumoniae	Cefotaxima, ceftriaxona, cefepima ou ceftazidima	SMZ-TMP[b], aminoglicosídeo[j], imipeném, meropeném, doripeném ou ertapeném, uma fluoroquinolona[a], piperacilina-tazobactam, aztreonam, tigeciclina
Espécies de *Legionella* (pneumonia)	Azitromicina ou fluoroquinolonas[a] ± rifampicina	SMZ-TMP[b], doxiciclina ± rifampicina, eritromicina
Proteus mirabilis	Ampicilina	Um aminoglicosídeo[j], SMZ-TMP[b], uma fluoroquinolona[a], uma cefalosporina[f], imipeném, meropeném, doripeném ou ertapeném, piperacilina-tazobactam, cloranfenicol
Proteus vulgaris e outras espécies (*Morganella, Providencia*)	Cefotaxima, ceftriaxona, ceftazidima, cefepima	Aminoglicosídeo[j], SMZ-TMP[b], uma fluoroquinolona[a], imipeném, meropeném, doripeném, ertapeném, aztreonam, piperacilina-tazobactam, ampicilina-sulbactam, amoxicilina-ácido clavulânico
Pseudomonas aeruginosa	Aminoglicosídeo[j] + penicilina antipseudomonas[k]	Ceftazidima ± aminoglicosídeo, imipeném, meropeném ou doripeném ± aminoglicosídeo, aztreonam ± aminoglicosídeo, ciprofloxacino, cefepima
Burkholderia pseudomallei (melioidose)	Ceftazidima, imipeném	Cloranfenicol + tetraciclina[d], SMZ-TMP[b], amoxicilina-ácido clavulânico, meropeném
Burkholderia mallei (mormo)	Estreptomicina + uma tetraciclina[d]	Cloranfenicol + estreptomicina, imipeném
Salmonella (bacteriemia)	Cefotaxima, ceftriaxona ou uma fluoroquinolona[a]	SMZ-TMP[b], ampicilina, cloranfenicol
Serratia	Imipeném ou meropeném	SMZ-TMP[b], aminoglicosídeos[j], uma fluoroquinolona[a], ceftriaxona, cefotaxima, ceftizoxima, ceftazidima, cefepima
Shigella	Uma fluoroquinolona[a]	Ampicilina, SMZ-TMP[b], ceftriaxona, azitromicina
Vibrio (cólera, sepse)	Azitromicina ou eritromicina, tetraciclina[d]	SMZ-TMP[b], uma fluoroquinolona[a]
Yersinia enterocolitica	Tetraciclina, SMZ-TMP	Uma fluoroquinolona, um aminoglicosídeo, cefotaxima
Yersinia pestis (peste)	Estreptomicina ou gentamicina ± doxiciclina	Tetraciclina, cloranfenicol, SMZ-TMP[b], ciprofloxacino, levofloxacino
Bastonetes Gram-positivos		
Actinomyces	Penicilina[e]	Doxiciclina[d], clindamicina, eritromicina
Bacillus (inclusive antraz)	Penicilina[e] (ciprofloxacino ou doxiciclina para o antraz)	Eritromicina[c], tetraciclina[d], uma fluoroquinolona[a]
Bacillus anthracis	Ciprofloxacino, uma tetraciclina	Penicilina G, amoxicilina, eritromicina, imipeném, clindamicina, levofloxacino
Bacillus cereus (*subtilis*)	Vancomicina	Imipeném ou meropeném, clindamicina
Clostridium (p. ex., gangrena gasosa, tétano)	Penicilina G[e]; clindamicina	Metronidazol, cloranfenicol, imipeném, meropeném, doripeném ou ertapeném
Corynebacterium diphtheriae	Eritromicina[c]	Penicilina G[e]
Corynebacterium jeikeium	Vancomicina	Penicilina G + gentamicina, eritromicina
Listeria monocytogenes	Ampicilina ± aminoglicosídeo[j]	SMZ-TMP[b]

(continua)

TABELA 28-3   Fármacos de escolha para patógenos microbianos sob suspeita ou comprovados   *(Continuação)*

Agente etiológico sob suspeita ou comprovado	Fármaco(s) de primeira escolha	Fármaco(s) alternativo(s)
Bastonetes álcool-ácido-resistentes		
Mycobacterium tuberculosis[j]	INH + rifampicina + pirazinamida ± etambutol	Uma fluoroquinolona, ciclosserina, capreomicina ou canamicina ou amicacina, etionamida, PAS
Mycobacterium leprae	Dapsona + rifampicina ± clofazimina	Minociclina; ofloxacino; claritromicina
Mycobacterium kansasii	INH + rifampicina ± etambutol	Etionamida, ciclosserina, claritromicina ou azitromicina
Complexo *Mycobacterium avium*	Claritromicina ou azitromicina + um ou mais dos seguintes: etambutol ± rifabutina	Amicacina, ciprofloxacino
Mycobacterium fortuitum-chelonae	Amicacina + claritromicina	Cefoxitina, sulfonamida, doxiciclina, linezolida, rifampicina, etambutol
Nocardia	SMZ-TMP[b]	Imipeném ou meropeném, sulfisoxazol, linezolida, uma tetraciclina, amicacina, ceftriaxona, ciclosserina
Espiroquetas		
Borrelia burgdorferi (doença de Lyme)	Doxiciclina, amoxicilina, axetilcefuroxima	Ceftriaxona, cefotaxima, penicilina G, azitromicina, claritromicina
Borrelia recurrentis (febre recorrente)	Doxiciclina[d] ou outra tetraciclina	Penicilina G[e]; eritromicina
Leptospira	Penicilina G[e]	Doxiciclina[d], ceftriaxona
Treponema pallidum (sífilis)	Penicilina G[e]	Doxiciclina, ceftriaxona
Treponema pertenue (bouba)	Penicilina G[e]	Doxiciclina[d]
Micoplasmas	Eritromicina[c] ou doxiciclina, claritromicina, azitromicina	Uma fluoroquinolona[a]
Clamídias		
Chlamydia psittaci	Uma tetraciclina	Cloranfenicol
Chlamydia trachomatis (uretrite ou doença inflamatória pélvica)	Doxiciclina ou azitromicina	Levofloxacino, eritromicina, amoxicilina
C. trachomatis (LGV)	Doxiciclina	Eritromicina
Chlamydia pneumoniae	Uma tetraciclina, eritromicina[c], claritromicina, azitromicina	Uma fluoroquinolona[a, m]
Riquétsias	Doxiciclina	Cloranfenicol, uma fluoroquinolona[a]

INH, isoniazida; LGV, linfogranuloma venéreo; PAS, ácido paraminossalicílico; SMZ-TMP, sulfametoxazol-trimetoprima.

[a]As fluoroquinolonas incluem ciprofloxacino, ofloxacino, levofloxacino, moxifloxacino e outros (ver o texto). Gatifloxacino, levofloxacino e moxifloxacino têm a melhor atividade contra microrganismos Gram-positivos, inclusive *S. pneumoniae* resistente à penicilina e *S. aureus* sensível à meticilina. A atividade contra *Enterococcus* e *Staphylococcus epidermidis* é variável. O ciprofloxacino tem a melhor atividade contra *P. aeruginosa*.

[b]SMZ-TMP é uma mistura de cinco partes de sulfametoxazol e uma parte de trimetoprima.

[c]O estolato de eritromicina é melhor absorvido oralmente, porém apresenta como complicação importante a hepatite medicamentosa. A eritromicina também está disponível na forma de estearato de eritromicina e de etilsuccinato de eritromicina.

[d]Todas as tetraciclinas têm atividade similar contra a maioria dos microrganismos. Minociclina (e seus derivados, como a tigeciclina) e doxiciclina têm atividade aumentada contra *S. aureus*. A dosagem é determinada pelas taxas de absorção e excreção de várias preparações. Esses fármacos não são recomendados para gestantes ou para crianças menores de 8 anos.

[e]A penicilina G é preferida para injeção parenteral, e a penicilina V, para administração oral, para serem usadas somente no tratamento de infecções causadas por microrganismos altamente sensíveis.

[f]A maioria das cefalosporinas intravenosas (com exceção da ceftazidima) têm boa atividade contra cocos Gram-positivos.

[g]Resistência de alto nível e intermediária à penicilina foi descrita. As infecções causadas por cepas com resistência intermediária podem responder a altas doses de penicilina, cefotaxima ou ceftriaxona. Infecções causadas por cepas altamente resistentes devem ser tratadas com vancomicina ± rifampicina ou linezolida, quinupristina-dalfopristina ou telavancina. Muitas cepas de pneumococos resistentes à penicilina são resistentes à eritromicina, macrolídios, SMZ-TMP e cloranfenicol.

[h]Nafcilina ou oxacilina parenterais; dicloxacilina, cloxacilina ou oxacilina orais.

[i]A adição de gentamicina é indicada somente para infecções graves por enterococos (p. ex., endocardites, meningite).

[j]Aminoglicosídeos (gentamicina, tobramicina, amicacina, netilmicina) devem ser escolhidos com base nos padrões locais de sensibilidade.

[k]Penicilina antipseudomona: piperacilina.

[l]A resistência pode ser um problema, e devem ser realizados testes de sensibilidade.

[m]O ciprofloxacino tem uma atividade anticlamídica inferior à das novas fluoroquinolonas.

Modificada, com permissão, do *Treatment Guidelines from The Medical Letter*, 2010;8(94):43. www.medicalletter.org. Dados do *Treatment Guidelines from The Medical Letter*, 2013;11(131):65–74.

Todas as penicilinas compartilham a mesma estrutura básica (ver o ácido 6-aminopenicilânico na Figura 28-1). Um anel tiazolidina liga-se a um anel β-lactâmico que transporta um grupo amino livre. Os radicais ácidos ligados ao grupo amino podem ser clivados por amidases bacterianas e outras amidases. A integridade estrutural do núcleo do ácido 6-aminopenicilânico é essencial para a atividade biológica dos compostos. Se o anel β-lactâmico for clivado enzimaticamente por β-lactamases (penicilinases), o produto resultante, o ácido peniciloico, carecerá de atividade antibacteriana. Entretanto, transportará um determinante antigênico das penicilinas e atuará como hapteno sensibilizante quando ligado a proteínas transportadoras.

As diferentes cadeias laterais ligadas ao ácido aminopenicilânico determinam as propriedades farmacológicas essenciais dos fármacos resultantes. As penicilinas clinicamente importantes são divididas em cinco grupos principais: (1) de maior atividade contra microrganismos Gram-positivos, espiroquetas e alguns outros microrganismos, porém suscetíveis à hidrólise pelas β-lactamases e pelos ácidos lábeis (p. ex., penicilina G); (2) de resistência relativa às β-lactamases, porém com menor atividade contra os microrganismos Gram-positivos e inatividade contra os microrganismos Gram-negativos (p. ex., nafcilina, meticilina e oxacilina); (3) com atividade relativamente alta contra microrganismos Gram-positivos e Gram-negativos, porém inativadas pelas β-lactamases (p. ex.,

Local de ação da amidase

R—C—N—CH—CH—C—CH₃ / CH₃ ... C—N—CH—COOH ... O

Local de ação da penicilinase (quebra do anel β-lactâmico)

Ácido 6-aminopenicilâmico

As estruturas a seguir podem ser substituídas em R para produzir uma nova penicilina.

Penicilina G (benzilpenicilina):
Alta atividade contra bactérias Gram-positivas.
Baixa atividade contra bactérias Gram-negativas.
Acidolábil. Destruída por β-lactamases.
60% de ligação a proteínas.

Oxacilina (sem átomos de Cl); cloxacilina (um Cl na estrutura); dicloxacilina (dois Cl na estrutura); flucloxacilina (um Cl e um F na estrutura) (penicilinas isoxazolil)
Similares à meticilina na resistência a β-lactamases, mas acidoestáveis.
Podem ser administrados por via oral. Alta ligação a proteínas (95-98%).

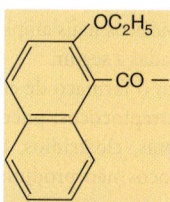

Nafcilina (etoxinaftamidopenicilina):
Similar a penicilinas isoxazolil. Ligação a proteínas na ordem de 90%. Pode ser administrada por via oral ou via venosa. Resistente a β-lactamases estafilocócicas.

Ampicilina (alfa-aminobenzilpenicilina):
Similar à penicilina G (destruída por β-lactamases), mas estável a ácidos e mais ativa contra bactérias Gram-negativas.
A carbenicilina possui –COONa em vez de um grupo –NH₂.

Ticarcilina:
Similar à carbenicilina, mas alcança altos níveis no sangue.
Piperacilina, azlocilina e mezlocilina assemelham-se à ticarcilina na ação contra aeróbios Gram-negativos.

Amoxicilina:
Similar à ampicilina, mas é melhor absorvida, alcança altos níveis no sangue.

FIGURA 28-1 Estruturas de algumas penicilinas. R, cadeia lateral.

ampicilina, amoxicilina); (4) as ureidopenicilinas, que possuem atividade contra espécies de *Pseudomonas* e outros bastonetes Gram-negativos resistentes (piperacilina), (5) carboxipenicilinas*, que não estão mais disponíveis nos Estados Unidos (p. ex., carbenicilina e ticarcilina). A maioria das penicilinas é apresentada em forma de sais de sódio ou potássio do ácido livre. A penicilina G potássica contém cerca de 1,7 mEq de K^+ por milhão de unidades (2,8 mEq/g). Os sais de procaína e os de benzatina de penicilina são formas de depósito para injeção intramuscular. Em forma de pó, as penicilinas são estáveis, porém as soluções perdem rapidamente a atividade, devendo ser preparadas no momento da administração.

Atividade antimicrobiana

A etapa inicial da ação da penicilina consiste na ligação do fármaco a receptores celulares, as PBPs. Pelo menos algumas dessas proteínas consistem em enzimas envolvidas em reações de transpeptidação. Pode-se verificar a presença de 3 a 6 (ou mais) PBPs por célula. Após a ligação das moléculas de penicilina aos receptores, a síntese do peptidoglicano é inibida devido ao bloqueio da transpeptidação final. O evento bactericida final consiste na remoção ou inativação de um inibidor das enzimas autolíticas na parede celular. A ativação das enzimas autolíticas resulta em lise celular. Os microrganismos com deficiência da função de autolisina são inibidos, mas não destruídos, por fármacos β-lactâmicos, sendo, por isso, considerados "tolerantes".

Como a síntese ativa da parede celular é necessária para a ação das penicilinas, os microrganismos metabolicamente inativos não são suscetíveis a esses fármacos.

Com frequência, a penicilina G e a penicilina V são medidas em unidades (1 milhão de unidades = 0,6 g), mas as penicilinas semissintéticas são medidas em gramas. Enquanto 0,002 a 1 µg/mL de penicilina G são letais para a maioria dos microrganismos Gram-positivos sensíveis, é necessária uma quantidade 10 a 100 vezes maior para destruir as bactérias Gram-negativas (à exceção de neissérias).

Resistência

A resistência às penicilinas pode ser dividida em diversas categorias:

1. Produção de β-lactamases por estafilococos, bactérias Gram-negativas, *Haemophilus* sp., gonococos e outros microrganismos. São conhecidas mais de 50 β-lactamases diferentes, sendo a maioria produzida sob o controle dos plasmídeos bacterianos. Algumas β-lactamases são induzíveis pelas cefalosporinas mais novas.
2. Ausência ou alteração de PBPs (p. ex., pneumococos, enterococos) ou inacessibilidade dos receptores devido à existência de barreiras de permeabilidade nas membranas externas bacterianas (comum em bactérias Gram-negativas), frequentemente sob controle cromossômico.
3. Efluxo do fármaco (via bombas de efluxo) para fora da célula. Os genes que codificam essas bombas são comuns em bactérias Gram-negativas (p. ex., *OprD* em *P. aeruginosa*).

---

*N. de T. No Brasil, a ticarcilina associada ao ácido clavulânico está disponível em unidades hospitalares.

4. Incapacidade de sintetizar o peptidoglicano, como, por exemplo, nos micoplasmas, nas formas L ou nas bactérias metabolicamente inativas.

Absorção, distribuição e excreção

Após administração intramuscular ou intravenosa, a absorção da maioria das penicilinas é rápida e completa. Após administração oral, a absorção é variável (desde 15 até 80%), dependendo da estabilidade ácida, da ligação a alimentos, da presença de tampões, etc. A amoxicilina é bem absorvida. Após absorção, as penicilinas distribuem-se amplamente pelos tecidos e líquidos corporais.

Foram desenvolvidas formas posológicas especiais para absorção tardia, a fim de se obterem níveis do fármaco por longos períodos. Após dose única intramuscular de penicilina benzatina, 1,5 g (2,4 milhões de unidades), são mantidos níveis séricos de 0,03 unidade/mL durante 10 dias e níveis de 0,005 unidade/mL durante 3 semanas. A penicilina procaína, administrada por via intramuscular, produz níveis terapêuticos durante 24 horas.

Em muitos tecidos, as concentrações de penicilina assemelham-se às observadas no soro. São encontrados níveis mais baixos nos olhos, na próstata e no SNC. Todavia, na meningite, verifica-se um aumento da penetração do fármaco, e ocorrem níveis de 0,5 a 5 µg/mL no líquido cerebrospinal (LCS), com uma dose parenteral diária de 12 g.

As penicilinas são, em sua maioria, rapidamente excretadas pelos rins. Cerca de 10% da excreção renal ocorre por filtração glomerular, e 90%, por secreção tubular, podendo esta última ser parcialmente bloqueada pela probenecida, o que resulta em maiores níveis sistêmicos e no LCS. Nos neonatos e em indivíduos com insuficiência renal, a excreção de penicilina apresenta-se reduzida, e os níveis sistêmicos permanecem elevados por mais tempo. Algumas penicilinas (p. ex., nafcilina) são eliminadas principalmente por mecanismos não renais.

Usos clínicos

As penicilinas são os antibióticos mais amplamente utilizados, em especial nas condições tratadas a seguir.

A penicilina G constitui o fármaco de escolha na maioria das infecções causadas por estreptococos, pneumococos suscetíveis, meningococos, espiroquetas, clostrídios, bastonetes Gram-positivos aeróbios, estafilococos não produtores de penicilinase e actinomicetos.

A penicilina G é inativa para os enterococos (*E. faecalis*), devendo-se adicionar um aminoglicosídeo para a obtenção de efeitos bactericidas (p. ex., na endocardite enterocócica). A penicilina G, administrada em doses habituais, é excretada na urina em altas concentrações suficientes para inibir alguns microrganismos Gram-negativos, a não ser que estes produzam β-lactamases em grandes quantidades.

A penicilina G benzatina é um sal de solubilidade muito baixa, administrado por via intramuscular para obtenção de níveis baixos, porém prolongados do fármaco. Uma única injeção de 1,2 milhão de unidades (0,7 g) constitui um tratamento satisfatório para faringite por estreptococos do grupo A e sífilis primária. A mesma injeção, uma vez a cada 3 a 4 semanas, constitui profilaxia satisfatória contra a reinfecção por estreptococos do grupo A em pacientes com febre reumática.

A infecção por estafilococos produtores de β-lactamases constitui a única indicação de uso das penicilinas resistentes a penicilinase, como, por exemplo, nafcilina e oxacilina. A cloxacilina ou a dicloxacilina por via oral podem ser administradas para tratamento de infecções estafilocócicas mais leves. Os estafilococos resistentes a oxacilina e nafcilina possuem o gene *mecA* e produzem uma PBP (PBP2a) de baixa afinidade pelos β-lactâmicos (ver Tabela 28-1).

A amoxicilina por via oral é mais bem absorvida que a ampicilina e produz níveis mais elevados. A amoxicilina, administrada juntamente com o ácido clavulânico, mostra-se eficaz contra o *H. influenzae* produtor de β-lactamase. A piperacilina é mais eficaz contra os bastonetes Gram-negativos aeróbios, especialmente pseudomonas. Associada ao inibidor de β-lactamase tazobactam, apresenta maior atividade contra alguns bastonetes Gram-negativos produtores de β-lactamases. Entretanto, a combinação de piperacilina com tazobactam não é mais ativa do que apenas a piperacilina contra *P. aeruginosa*.

Efeitos colaterais

As penicilinas possuem menos toxicidade direta do que a maioria dos outros antimicrobianos. Os efeitos colaterais mais graves são decorrentes da hipersensibilidade.

Todas as penicilinas exibem sensibilidade e reação cruzada. Qualquer material (inclusive leite e cosméticos) que contenha penicilina pode provocar sensibilização. Os antígenos responsáveis consistem em produtos de degradação (p. ex., ácido peniciloico) ligados a proteínas do hospedeiro. Os testes cutâneos com peniciloil-polilisina (PPL), produtos de hidrólise alcalina e penicilina não degradada identificam hipersensibilidade em muitas pessoas. Entre os indivíduos que reagem de modo positivo aos testes cutâneos, a incidência de reações alérgicas imediatas significativas é elevada. Tais reações estão associadas a anticorpos imunoglobulina E (IgE) ligados às células. Os anticorpos IgG contra a penicilina são comuns e não estão associados a reações alérgicas, exceto em raros casos de anemia hemolítica. História pregressa de reação à penicilina não é confiável; todavia, o fármaco precisa ser administrado com cautela a esses indivíduos, ou deve-se prescrever um fármaco substituto.

Podem ocorrer reações alérgicas em forma de choque anafilático típico, reações típicas da doença do soro (urticária, edema das articulações, edema angioneurótico, prurido, dificuldade respiratória 7 a 12 dias após a administração de penicilina), e uma variedade de erupções cutâneas, febre, nefrite, eosinofilia e vasculite. A incidência de hipersensibilidade à penicilina é desprezível em crianças, mas pode atingir 1 a 5% entre os adultos nos Estados Unidos. As reações anafiláticas agudas potencialmente fatais são muito raras (0,5%). Algumas vezes, os corticosteroides podem suprimir as manifestações alérgicas às penicilinas.

A administração de doses muito altas pode resultar em concentrações irritantes no SNC. Em pacientes com insuficiência renal, o uso de doses menores pode provocar encefalopatia, *delirium* e convulsões. Com essas doses, pode ocorrer também toxicidade direta do cátion (K⁺). Em certas ocasiões, a nafcilina causa granulocitopenia. As penicilinas orais podem induzir diarreia. As penicilinas em altas doses podem resultar em tendência hemorrágica. Algumas penicilinas tornaram-se obsoletas devido à sua elevada

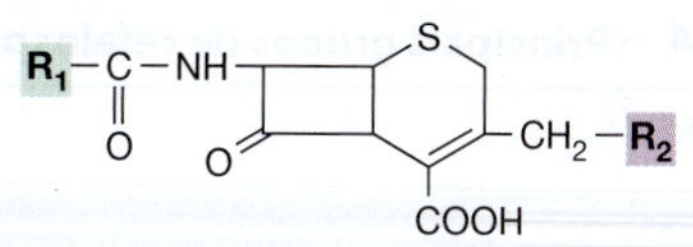

Núcleo do ácido 7-aminocefalosporâmico. As estruturas a seguir podem ser substituídas em R₁ e R₂ para produzir os derivados nomeados.

FIGURA 28-2 Estrutura básica das cefalosporinas. Várias estruturas podem ser adicionadas em R₁ e R₂ para criar os diferentes tipos de cefalosporinas. R, cadeia lateral.

toxicidade. A meticilina provoca nefrite intersticial com demasiada frequência. A carbenicilina diminui frequentemente a agregação plaquetária normal, podendo resultar em sangramento clinicamente significativo.

CEFALOSPORINAS

Alguns fungos cefalospóreos produzem substâncias antimicrobianas denominadas cefalosporinas. São compostos β-lactâmicos, com um núcleo de ácido 7-aminocefalosporânico (Figura 28-2), em vez do ácido 6-aminopenicilânico das penicilinas. As cefalosporinas naturais têm baixa atividade antibacteriana, porém a ligação de vários grupos laterais R resultou na proliferação de enorme variedade de fármacos com propriedades farmacológicas e espectros e atividades antimicrobianos variáveis. As cefamicinas assemelham-se às cefalosporinas, mas derivam de actinomicetos.

O mecanismo de ação das cefalosporinas é análogo ao das penicilinas: (1) ligação às PBPs específicas que atuam como receptores de fármacos nas bactérias; (2) inibição da síntese da parede celular pelo bloqueio da transpeptidação do peptidoglicano; e (3) ativação das enzimas autolíticas na parede celular, capazes de produzir lesões com a consequente morte da bactéria. A resistência às cefalosporinas pode ser atribuída (1) à penetração deficiente do fármaco nas bactérias, (2) à ausência de PBP para um fármaco específico ou alteração de uma PBP, o que reduz a afinidade pelo fármaco, (3) à degradação do fármaco por β-lactamases, (4) aos mecanismos de bomba de efluxo. Certas cefalosporinas de segunda e terceira gerações são capazes de induzir β-lactamases especiais em bactérias Gram-negativas. Contudo, as cefalosporinas em geral tendem a ser resistentes às β-lactamases produzidas por estafilococos e bactérias Gram-negativas comuns que hidrolisam e inativam muitas penicilinas.

Para maior facilidade de referência, as cefalosporinas foram divididas em três grandes grupos ou "gerações", discutidos adiante (Tabela 28-4). Muitas cefalosporinas são excretadas principalmente pelo rim, podendo acumular-se e induzir toxicidade em indivíduos com insuficiência renal.

Cefalosporinas de primeira geração

As cefalosporinas de primeira geração são muito ativas contra os cocos Gram-positivos, com exceção dos *Enterococcus* e do MRSA, e são moderadamente ativas contra alguns bastonetes Gram-negativos (principalmente *E. coli*, *Proteus* e *Klebsiella*). Além disso, os cocos anaeróbios são frequentemente sensíveis, exceto as amostras de *Bacteroides fragilis*.

TABELA 28-4 **Principais grupos de cefalosporinas**

Primeira geração
Cefalotina[+]
Cefapirina[+]
Cefazolina
Cefalexina[a]
Cefradina[a,+]
Cefadroxila[a]

Segunda geração
Cefamandol[+]
Cefuroxima
Cefonicida[+]
Cefaclor[a,+]
Cefoxitina[b]
Cefotetana[b]
Cefprozila[a]
Axetilcefuroxima[a]
Cefmetazol[b]
Loracarbefe[+]

Terceira geração
Cefotaxima
Ceftizoxima[+]
Ceftriaxona
Ceftazidima
Cefoperazona[+]
Moxalactam[+]
Cefixima[a]
Cefpodoxima proxetil[a]
Ceftibuteno[a]
Cefdinir[a]
Cefditoreno[a]

Quarta geração
Cefepima
Cefpiroma[+]

Ativo em MRSA
Ceftarolina
Ceftobiprol[+]

[+]Não comercializado nos Estados Unidos.
[a]Agentes orais.
[b]São cefamicinas e apresentam atividade anaeróbia aumentada, mas são semelhantes em espectro às cefalosporinas de segunda geração.
Modificada, com autorização, de Craig WA, Andes DR: Cephalosporins. In Bennett JE, Dolin R, Blaser MJ (editors). *Mandel, Douglas and Bennett's Principles and Practice of Infectious Diseases*, 8th ed, Elsevier, 2015, p. 280. Copyright Elsevier.

A cefalexina, a cefadroxila e a cefradina (não mais disponíveis nos Estados Unidos) são absorvidas do intestino em extensão variável e podem ser usadas para tratar infecções não complicadas do trato urinário e faringite estreptocócica. Outras cefalosporinas de primeira geração devem ser injetadas para produzir níveis adequados no sangue e nos tecidos. A cefazolina constitui um fármaco de escolha para a profilaxia cirúrgica, uma vez que produz os maiores níveis (90-120 µg/mL) com uma dose a cada 8 horas, enquanto cefalotina, cefapirina e cefradina (não mais disponíveis nos Estados Unidos) na mesma dose fornecem níveis mais baixos. Nenhuma das cefalosporinas de primeira geração penetra no SNC, de modo que não constituem fármacos de primeira escolha para nenhuma infecção.

Cefalosporinas de segunda geração

As cefalosporinas de segunda geração formam um grupo heterogêneo, sendo todas ativas contra os microrganismos sensíveis às cefalosporinas de primeira geração. Contudo, possuem extensa cobertura contra os bastonetes Gram-negativos, incluindo *Klebsiella* e *Proteus*, mas não contra *P. aeruginosa*.

Algumas das cefalosporinas de segunda geração por via oral (mas não todas) podem ser utilizadas no tratamento de sinusite e otite média causadas por *H. influenzae*, inclusive cepas produtoras de β-lactamase.

A cefoxitina e a cefotetana mostram-se ativas contra o *B. fragilis* e, assim, são utilizadas no tratamento das infecções anaeróbias mistas, como peritonite ou doença inflamatória pélvica. Entretanto, a resistência a esses fármacos entre amostras de *B. fragilis* vem aumentando rapidamente.

Cefalosporinas de terceira geração

As cefalosporinas de terceira geração exibem menor atividade contra os cocos Gram-positivos, exceto *S. pneumoniae*. Os *Enterococcus* são intrinsecamente resistentes às cefalosporinas e frequentemente produzem superinfecções durante seu uso. A maioria das cefalosporinas de terceira geração mostra-se ativa contra os *Staphylococcus* sensíveis à meticilina, porém a ceftazidima é apenas fracamente ativa. Uma importante vantagem das cefalosporinas de terceira geração é sua atividade contra os bastonetes Gram-negativos. Enquanto os fármacos de segunda geração tendem a fracassar contra a *P. aeruginosa*, a ceftazidima ou a cefoperazona podem ter êxito. Logo, as cefalosporinas de terceira geração são muito úteis no tratamento da bacteriemia adquirida em ambiente hospitalar por microrganismos Gram-negativos. A ceftazidima também pode salvar a vida de pacientes com melioidose grave (infecção por *Burkholderia pseudomallei*).

Outra característica importante das várias cefalosporinas de terceira geração (à exceção da cefoperazona) é sua capacidade de alcançar o SNC, aparecendo no LCS em concentrações suficientes para tratar a meningite causada por bastonetes Gram-negativos. A cefotaxima, a ceftriaxona ou a ceftizoxima, administradas por via intravenosa, podem ser usadas para o tratamento da sepse e da meningite por bactérias Gram-negativas.

Cefalosporinas de quarta geração

Atualmente, a cefepima é a única cefalosporina de quarta geração de uso clínico nos Estados Unidos. Tem atividade elevada contra espécies de *Enterobacter* e *Citrobacter*, que se mostram resistentes a cefalosporinas de terceira geração. A cefepima tem atividade comparável à da ceftazidima contra a *P. aeruginosa*. A atividade contra os estreptococos e estafilococos sensíveis à meticilina é maior do que a da ceftazidima e comparável à das outras cefalosporinas de terceira geração. A cefpiroma é outra cefalosporina de quarta geração disponível fora dos Estados Unidos.

Diversos novos agentes foram aprovados recentemente nos Estados Unidos. O cefditoreno (cefditoren pivoxil) é uma cefalosporina de terceira geração, de uso oral, com excelente atividade contra muitas espécies Gram-negativas e Gram-positivas. Esse agente possui atividade bactericida e estabilidade contra muitas β-lactamases. O cefditoreno é a cefalosporina de administração por via oral mais

potente contra *S. pneumoniae*. Dois outros novos agentes, a ceftarolina e o ceftobiprol*, apresentam atividade contra MRSA. A ceftarolina possui atividade aumentada contra Gram-positivos, inclusive
MRSA, *E. faecalis* sensível à ampicilina e pneumococos resistentes
à penicilina. É indicada para o tratamento de infecções bacterianas
agudas cutâneas, bem como para pneumonia adquirida na comunidade. Existem relatos de seu uso bem-sucedido em infecções mais
graves, como infecções bacterianas causadas por MRSA. O ceftobiprol também possui um espectro de ação similar ao das cefalosporinas, mas, além disso, é ativo contra MRSA, *E. faecalis* sensível à ampicilina e *S. pneumoniae* resistente à penicilina. O ceftobiprol não é
comercializado nos Estados Unidos. Esses dois fármacos também
são referidos como "cefalosporinas ativas contra MRSA". Contudo, é
importante notar que esses fármacos não apresentam boa atividade
contra *P. aeruginosa*, *Acinetobacter* ou enterobactérias produtoras
de ESBL.

Devido ao número crescente de β-lactamases, algumas cefalosporinas estão sendo combinadas com inibidores de β-lactamase.
Os fármacos mais promissores até agora incluem a ceftazidima e
a ceftarolina combinadas com avibactam (um inibidor novo da
β-lactamase). Essas associações têm um espectro de atividade semelhante aos carbapenêmicos. Uma nova cefalosporina (a ceftolozana) com atividade aumentada contra *P. aeruginosa* foi combinada
com tazobactam em ensaios clínicos para tratar amostras de *Enterobacter* hiperprodutoras de AmpC e KPC positivo. Tanto a ceftazi-
dima-avibactam quanto a ceftolozana-tazobactam foram liberadas
pela FDA.

Efeitos adversos das cefalosporinas

As cefalosporinas são sensibilizadoras, podendo induzir uma variedade de reações de hipersensibilidade, como anafilaxia, febre, erupções cutâneas, nefrite, granulocitopenia e anemia hemolítica. A frequência da alergia cruzada entre as cefalosporinas e as penicilinas é
de cerca de 5%. Os pacientes com alergia discreta à penicilina com
frequência podem tolerar as cefalosporinas, o que não ocorre com
os que apresentam história pregressa de anafilaxia.

Pode ocorrer tromboflebite após injeção intravenosa. A hipo-
protrombinemia é frequente com a administração de cefalosporinas que apresentam um grupo metiltiotetrazol (p. ex., cefamandol,
cefmetazol, cefotetana e cefoperazona). Essa complicação pode ser
evitada com a administração oral de vitamina K (10 mg, 2 vezes por
semana). Esses mesmos fármacos também podem causar reações
graves do tipo dissulfiram, devendo-se evitar o consumo de álcool.

Os efeitos colaterais gastrintestinais, principalmente diarreia,
ocorrem com pouca frequência. A litíase biliar reversível ("pseu-
dolitíase") foi descrita com a administração de ceftriaxona em altas
doses.

Como muitas cefalosporinas de segunda, terceira e quarta gerações exibem pouca atividade contra os microrganismos Gram-positivos, em particular os *Enterococcus*, podem ocorrer superinfecções
por esses microrganismos e por fungos.

---

*N. de T. Esses dois fármacos são denominados cefalosporinas de quinta
geração.

OUTROS FÁRMACOS β-LACTÂMICOS

Monobactâmicos

Os monobactâmicos possuem um anel β-lactâmico monocíclico
e são resistentes às β-lactamases. Esses fármacos são ativos contra os bastonetes Gram-negativos (principalmente por meio da
sua ligação à PBP3), mas não contra bactérias Gram-positivas ou
anaeróbios. O primeiro desses fármacos a se tornar disponível foi
o aztreonam, cuja atividade se assemelha à dos aminoglicosídeos,
sendo administrado por via intravenosa ou intramuscular a cada 8
ou 12 horas. Os pacientes com alergia à penicilina mediada pela IgE
podem tolerar o aztreonam sem qualquer reação, e, à exceção dos
exantemas cutâneos e distúrbios mínimos da aminotransferase, não
foi relatada toxicidade significativa. Podem ocorrer superinfecções
por estafilococos e enterococos.

Carbapenêmicos

São fármacos estruturalmente relacionados com os antibióticos
β-lactâmicos. O imipeném, o primeiro desses agentes, tem boa atividade contra vários bastonetes Gram-negativos, microrganismos
Gram-positivos e anaeróbios, sendo resistente às β-lactamases, porém inativado pelas di-hidropeptidases nos túbulos renais. Em consequência, é administrado em associação com um inibidor da pep-
tidase, a cilastatina.

O imipeném penetra adequadamente nos tecidos e líquidos orgânicos, inclusive no LCS. O fármaco é administrado por via intravenosa a cada 6 a 8 horas, devendo sua posologia ser reduzida na
presença de insuficiência renal. Pode ser indicado para tratar infecções causadas por microrganismos resistentes a outros fármacos.
Comparado com os outros carbapenêmicos, o imipeném pode ter
melhor cobertura de Gram-positivos. Já o meropeném e doripeném
apresentam melhor cobertura nos Gram-negativos.

Os efeitos adversos do imipeném consistem em vômitos, diarreia, exantemas e reações no local de infusão. Níveis séricos ex-
cessivos em pacientes com insuficiência renal podem resultar em
convulsões. Os pacientes alérgicos a penicilinas também podem
apresentar alergia ao imipeném.

O meropeném assemelha-se ao imipeném quanto à farmacologia e ao espectro de atividade antimicrobiana. Todavia, não é inativado pelas dipeptidases e tem menor probabilidade de causar convulsões do que o imipeném.

O ertapeném tem meia-vida longa, desejável para administração
em dose única. É útil para tratamento de infecções complicadas que
não envolvam patógenos hospitalares. Possui fraca atividade contra
espécies de *Enterococcus*, *P. aeruginosa* e outros bacilos Gram-negativos não fermentadores de glicose.

O doripeném é o carbapenêmico mais recente aprovado para
uso nos Estados Unidos. Possui um grupamento sulfamoilaminoe-
til-pirrolidiniltio na posição 2 de sua cadeia lateral que aumenta sua
atividade contra bacilos Gram-negativos não fermentadores de glicose. Esse fármaco apresenta uma forte afinidade com PBPs que são
específicas da espécie. Por exemplo, o doripeném possui afinidade
com a PBP3 de *P. aeruginosa*. Foi relatado que o doripeném é mais
ativo contra *P. aeruginosa* do que o imipeném, mas possui atividade
similar à do meropeném. Nenhum carbapenêmico possui atividade
contra *Stenotrophomonas maltophilia*.

TETRACICLINAS

As tetraciclinas formam um grupo de fármacos que diferem nas suas características físicas e farmacológicas, mas que apresentam propriedades antimicrobianas praticamente idênticas e exibem resistência cruzada completa. Todas as tetraciclinas são facilmente absorvidas pelo trato intestinal e distribuem-se amplamente pelos tecidos, apesar de penetrarem inadequadamente no LCS (exceto a doxiciclina). Algumas também podem ser administradas por via intramuscular ou por via intravenosa. As tetraciclinas são excretadas nas fezes, bem como na bile e na urina a taxas variáveis. Com a administração de cloridrato de tetraciclina, 2 g/dia, via oral, são alcançados níveis sanguíneos de 8 µg/mL. A minociclina e a doxiciclina são excretadas mais lentamente, sendo por isso administradas a intervalos maiores.

As tetraciclinas possuem a estrutura básica mostrada a seguir.

	R	R$_1$	R$_2$	Depuração renal (mL/min)
Tetraciclina	—H	—CH$_3$	—H	65
Doxiciclina	—H	—CH$_3$	—OH	16
Minociclina	—N(CH$_3$)$_2$	—H	—H	< 10

Atividade antimicrobiana

As tetraciclinas são concentradas por bactérias suscetíveis e inibem a síntese das proteínas pela inibição da ligação do aminoacil-tRNA à unidade 30S dos ribossomos bacterianos. As bactérias resistentes não conseguem concentrar o fármaco. Essa resistência encontra-se sob o controle de plasmídeos transmissíveis.

As tetraciclinas são agentes principalmente bacteriostáticos. Inibem o crescimento das bactérias Gram-positivas e Gram-negativas sensíveis (inibidas por 0,1-10 µg/mL) e constituem os fármacos de escolha para infecções causadas por *Rickettsia*, *Anaplasma*, *Chlamydia* e *Mycoplasma pneumoniae*. As tetraciclinas são utilizadas no cólera para reduzir a excreção dos víbrios. O cloridrato de tetraciclina ou a doxiciclina por via oral, durante 7 dias, mostra-se eficaz contra as infecções genitais causadas por clamídias. Algumas vezes, as tetraciclinas são utilizadas em combinação com a estreptomicina no tratamento das infecções por *Brucella*, *Yersinia* e *Francisella*. Com frequência, a minociclina é ativa contra infecções por *Nocardia* e pode erradicar o estado de portador de meningococos. A tetraciclina em doses baixas, administrada durante muitos meses, é prescrita para acne a fim de suprimir tanto as bactérias da pele quanto suas lipases, que promovem alterações inflamatórias.

As tetraciclinas não inibem os fungos. Elas suprimem temporariamente parte da microbiota intestinal normal, embora possam ocorrer superinfecções, em particular por *Pseudomonas*, *Proteus*, *Staphylococcus* e leveduras resistentes às tetraciclinas.

Efeitos colaterais

As tetraciclinas produzem graus variáveis de desconforto gastrintestinal (náuseas, vômitos, diarreia), exantemas, lesões das mucosas e febre em muitos pacientes, particularmente quando a administração é prolongada e a dose é elevada. A fotossensibilidade que resulta em erupção em áreas expostas ao sol também é comum. É comum a ocorrência de substituição da microbiota bacteriana (ver anteriormente). O crescimento excessivo de leveduras nas mucosas anal e vaginal durante a administração de tetraciclinas resulta em inflamação e prurido. O crescimento excessivo de microrganismos no intestino pode provocar enterocolite.

As tetraciclinas depositam-se nas estruturas ósseas e nos dentes, particularmente no feto e durante os primeiros 6 anos de vida. Ocorrem descoloração e fluorescência nos dentes em recém-nascidos cujas mães ingeriram tetraciclinas por períodos prolongados durante a gravidez. Pode ocorrer lesão hepática. A minociclina pode causar distúrbios vestibulares acentuados.

Exame bacteriológico

Os microrganismos sensíveis à tetraciclina também são considerados sensíveis à doxiciclina e à minociclina. Entretanto, a resistência à tetraciclina não pode ser usada para prever a resistência a outros agentes.

GLICILCICLINAS

As glicilciclinas são agentes sintéticos análogos às tetraciclinas. Somente a tigeciclina está disponível para uso. Este fármaco é um derivado 9-*tert*-butil-glicilamido da minociclina, que partilha os mesmos locais de ligação no ribossomo que as tetraciclinas. Liga-se com maior avidez ao ribossomo, sendo essa força de ligação responsável pela atividade melhorada contra os microrganismos resistentes à tetraciclina. É ativa contra um amplo espectro de patógenos Gram-positivos e Gram-negativos. Comparada com as tetraciclinas, mostra-se mais ativa contra MRSA, *S. epidermidis*, *S. pneumoniae* (sensíveis e resistentes a fármacos) e *Enterococcus*. Em termos de aeróbios Gram-negativos, além do espectro das outras tetraciclinas, a tigeciclina tem maior atividade contra diversas enterobactérias (inclusive espécies de *Salmonella* e *Shigella*) e contra *Acinetobacter*. Não possui boa atividade contra *P. aeruginosa*, *S. maltophilia* ou *Burkholderia cepacia*. Também apresenta boa atividade contra muitas bactérias anaeróbias, como *B. fragilis*.

A tigeciclina está disponível somente como agente parenteral devido à sua baixa biodisponibilidade. O fármaco tem distribuição rápida e extensiva nos tecidos. A ligação às proteínas varia de 73 a 79%. A tigeciclina não é metabolizada em metabólitos farmacologicamente ativos, e sua meia-vida é longa, de aproximadamente 40 horas. A principal rota de eliminação é pelo trato biliar e pelas fezes, sendo a depuração renal uma rota secundária de eliminação. A tigeciclina está aprovada para comercialização nos Estados Unidos, para tratamento das infecções complicadas da pele e dos tecidos superficiais, assim como para infecções intra-abdominais complicadas. Em 2013, a FDA emitiu um alerta sobre o aumento do risco de morte em pacientes que tomam esse medicamento em comparação com outros agentes antimicrobianos. Em virtude desse fato, esse medicamento deve ser reservado para situações em que outros agentes não estejam disponíveis ou não possam ser usados devido à resistência.

CLORANFENICOL

O cloranfenicol é uma substância originalmente produzida a partir de culturas de *Streptomyces venezuelae*, mas hoje é fabricado sinteticamente.

O cloranfenicol cristalino é um composto estável que sofre rápida absorção pelo trato gastrintestinal, distribuindo-se amplamente nos tecidos e líquidos orgânicos, como o SNC e o LCS, e penetrando adequadamente nas células. A maior parte do fármaco é inativada no fígado por conjugação com o ácido glicurônico ou redução a arilaminas inativas. A excreção ocorre principalmente na urina, 90% na forma inativa. Apesar de o cloranfenicol ser em geral administrado por via oral, o succinato pode ser injetado por via intravenosa em uma dose similar.

Cloranfenicol

O cloranfenicol é um potente inibidor da síntese de proteínas nos microrganismos, bloqueando a ligação dos aminoácidos à cadeia peptídica nascente sobre a unidade 50S dos ribossomos, o que interfere na ação da peptidiltransferase. É principalmente bacteriostático, e tanto seu espectro quanto a posologia e os níveis sanguíneos alcançados assemelham-se aos das tetraciclinas. Esse fármaco era usado no tratamento de muitos tipos de infecção (p. ex., causadas por *Salmonella*, meningococos e *H. influenzae*), porém não constitui mais o fármaco de escolha para nenhuma infecção.

A resistência ao cloranfenicol é decorrente da destruição do fármaco por uma enzima (cloranfenicol-acetiltransferase) que está sob o controle de plasmídeos.

O cloranfenicol raramente provoca desconforto gastrintestinal. Todavia, a administração regular de mais de 3 g/dia induz distúrbios na maturação dos eritrócitos, elevação dos níveis séricos de ferro e anemia. Essas alterações são reversíveis com a interrupção do uso do fármaco. Muito raramente, o indivíduo exibe idiossincrasia aparente ao cloranfenicol e desenvolve anemia aplásica grave ou fatal, distinta do efeito reversível relacionado com a dose, conforme descrito anteriormente. Por essas razões, em geral o uso do cloranfenicol é restrito às infecções contra as quais constitui nitidamente o fármaco mais eficaz com base nos exames laboratoriais ou na experiência.

Em prematuros e neonatos, o cloranfenicol pode induzir colapso ("síndrome cinzenta"), visto que o mecanismo normal de destoxificação (conjugação com o glicuronídeo no fígado) ainda não está desenvolvido.

MACROLÍDIOS

A eritromicina, cuja fórmula química é $C_{37}H_{67}NO_{13}$, é obtida do *Streptomyces erythreus*. Os fármacos relacionados com a eritromicina são a claritromicina, a azitromicina, entre outros. Os macrolídios ligam-se a um receptor (rRNA 23S) sobre a subunidade 50S do ribossomo bacteriano, inibindo a síntese das proteínas ao interferir nas reações de translocação e formação de complexos de iniciação. A resistência aos macrolídios resulta de uma alteração (metilação) do receptor de rRNA, que está sob o controle de um plasmídeo transmissível. Essa resistência encontra-se sob o controle de plasmídeos transmissíveis. Outros mecanismos incluem a inativação enzimática e a bomba de efluxo codificada pelos genes *mef* e *msr*. A atividade das eritromicinas aumenta acentuadamente em pH alcalino.

Os macrolídios, em concentrações de 0,1 a 2 μg /mL, mostram-se ativos contra as bactérias Gram-positivas, como pneumococos, estreptococos e corinebactérias. O *M. pneumoniae*, a *Chlamydia trachomatis*, a *L. pneumophila* e o *Campylobacter jejuni* também são sensíveis. Ocorrem variantes resistentes em populações microbianas suscetíveis, que tendem a surgir durante o tratamento, particularmente nas infecções estafilocócicas.

As eritromicinas podem constituir os fármacos de escolha para as infecções causadas pelos microrganismos anteriormente citados e substituem as penicilinas em indivíduos hipersensíveis à penicilina. O estearato, succinato ou estolato de eritromicina, 4 vezes/vezes ao dia, via oral, produzem níveis séricos de 0,5 a 2 μg/mL. As outras formas são administradas por via intravenosa.

Os efeitos colaterais indesejáveis consistem em febre medicamentosa, desconforto gastrintestinal leve e hepatite colestática como reação de hipersensibilidade, sobretudo ao estolato. A hepatotoxicidade pode aumentar durante a gravidez. Arritmias cardíacas, especificamente taquicardia ventricular com prolongamento do intervalo QT, foram descritas com eritromicina oral e intravenosa. A coadministração de inibidores do CYP3A aumenta significativamente o risco de essas arritmias ocorrerem. A eritromicina tende a aumentar os níveis de anticoagulantes administrados simultaneamente, da ciclosporina e de uma variedade de outros fármacos, ao deprimir as enzimas microssomais.

A claritromicina e a azitromicina são azalídeos quimicamente relacionados com a eritromicina. A exemplo da eritromicina, tanto a claritromicina quanto a azitromicina mostram-se ativas contra estafilococos e estreptococos. A claritromicina tem alta atividade contra *L. pneumophila*, *Helicobacter pylori*, *Moraxella catarrhalis*, *C. trachomatis* e *Borrelia burgdorferi*. A azitromicina exibe atividade elevada contra *C. jejuni*, *H. influenzae*, *M. pneumoniae*, *M. catarrhalis*, *N. gonorrhoeae* e *B. burgdorferi*. Ambos os fármacos exibem atividade contra o complexo do *Mycobacterium avium*, e inibem a maioria das cepas de *Mycobacterium chelonae* e *Mycobacterium fortuitum*. As bactérias resistentes à eritromicina também são resistentes à claritromicina e à azitromicina. As modificações químicas impedem o metabolismo da claritromicina e da azitromicina em formas inativas, sendo administradas duas vezes ao dia (claritromicina) ou uma vez ao dia (azitromicina). Ambos os fármacos estão associados a uma incidência muito menor de efeitos colaterais gastrintestinais em comparação com a eritromicina.

Os cetolídeos são derivados semissintéticos da eritromicina. Mostram-se mais ativos que os macrolídios, especialmente contra algumas bactérias resistentes aos macrolídios, e possuem maior farmacocinética. A telitromicina é o agente correntemente aprovado para uso nos Estados Unidos, sendo administrada em forma oral no tratamento das infecções agudas do trato respiratório superior e inferior. O mecanismo de ação e os efeitos colaterais são similares aos dos macrolídios. Relatos raros de hepatotoxicidade grave limitaram seu uso nos Estados Unidos.

Anel macrolídeo
Desosamina
Cladinose
Eritromicina (R = CH₃)

CLINDAMICINA E LINCOMICINA

A lincomicina (derivada do *Streptomyces lincolnensis*) e a clindamicina (um derivado da substituição do cloro) assemelham-se às eritromicinas quanto ao modo de ação, ao espectro antibacteriano e ao local do receptor ribossômico, apesar de quimicamente distintas. A clindamicina mostra-se ativa contra *Bacteroides* (embora a resistência entre as amostras de *B. fragilis* esteja aumentando) e outros anaeróbios.

Esses fármacos acidoestáveis podem ser administrados por via oral ou intravenosa e distribuem-se amplamente pelos tecidos, com exceção do SNC. A excreção ocorre principalmente por meio do fígado, da bile e da urina.

Provavelmente, a indicação mais importante para uso de clindamicina intravenosa seja no tratamento de infecções graves por anaeróbios, como as causadas pelo *B. fragilis*. Foi relatado tratamento bem-sucedido de infecções estafilocócicas ósseas com lincomicina. A clindamicina foi muito usada recentemente no tratamento das infecções de pele e de superfícies cutâneas causadas por cepas de MRSA associadas à comunidade. As lincomicinas não devem ser utilizadas na meningite. A clindamicina ocupa um lugar proeminente no tratamento da colite associada a antibióticos causada por *C. difficile*. Entretanto, a maioria dos antimicrobianos tem sido associada à colite por *C. difficile*.

GLICOPEPTÍDEOS, LIPOPEPTÍDEOS, LIPOGLICOPEPTÍDEOS

Vancomicina

A vancomicina é produzida pelo *Streptomyces orientalis* e é pouco absorvida pelo intestino.

É acentuadamente bactericida contra os estafilococos, alguns clostrídeos e certos bacilos. O fármaco inibe os estágios iniciais na síntese do peptidoglicano da parede celular. O desenvolvimento de cepas resistentes ao fármaco não ocorre rapidamente. A vancomicina é administrada por via intravenosa para tratamento de infecções

estafilocócicas sistêmicas graves como a endocardite, em particular quando resistentes à nafcilina. No caso de endocardite ou sepse enterocócica, a vancomicina pode ser eficaz quando combinada com um aminoglicosídeo. A vancomicina oral é indicada para o tratamento de colite pseudomembranosa associada a antibióticos.

O desenvolvimento de resistência à vancomicina nos enterococos teve grande impacto no tratamento das infecções enterocócicas graves resistentes a vários fármacos. Consulte a seção Implicações clínicas da resistência aos fármacos neste capítulo e o Capítulo 14.

O *S. aureus* de sensibilidade intermediária à vancomicina (VISA, do inglês *vancomycin-intermediate S. aureus*) *in vitro* já foi isolado de pacientes de vários países, inclusive dos Estados Unidos. Esses pacientes demonstraram tendência a apresentar doenças complexas que incluíam tratamento por longo tempo com vancomicina. Em alguns casos, as infecções aparentemente não responderam à terapia com vancomicina.

A resistência em altos níveis à vancomicina no *S. aureus* é uma das maiores preocupações internacionais. O mecanismo é o mesmo ou similar ao da resistência à vancomicina mediada por transposons em *Enterococcus* (aquisição dos genes *vanA* [ver Capítulo 14]). Tais isolados foram cultivados a partir de diversos pacientes, podendo ocorrer em outros pacientes no futuro.

Os efeitos colaterais indesejáveis consistem em tromboflebite, exantemas, surdez nervosa, leucopenia e, talvez, lesão renal quando a vancomicina é utilizada em combinação com um aminoglicosídeo.

Teicoplanina

A teicoplanina tem estrutura semelhante à da vancomicina e é ativa contra estafilococos (inclusive as cepas resistentes à nafcilina), estreptococos, enterococos e muitas outras bactérias Gram-positivas. Os enterococos com resistência *vanA* à vancomicina também são resistentes à teicoplanina, enquanto os enterococos com resistência *vanB* à vancomicina são sensíveis. A teicoplanina tem meia-vida longa, e é administrada 1 vez ao dia. Os efeitos adversos consistem em irritação nos locais de injeção, hipersensibilidade, bem como potencial de ototoxicidade e nefrotoxicidade. A teicoplanina está disponível na Europa e na Ásia, mas não nos Estados Unidos.

Daptomicina

A daptomicina é um lipopeptídeo de ocorrência natural produzido por *Streptomyces roseosporus*. Estruturalmente, possui um anel de dez aminoácidos, um ácido decanoico (dez carbonos) ligado a uma L-triptofana terminal. É bactericida por causar a despolarização da membrana bacteriana de uma forma dependente de cálcio. Está disponível em forma parenteral para administração 1 vez ao dia. Apresenta alta ligação à proteína e é excretada pela via renal. São necessários ajustes na dose em pacientes com depuração da creatinina abaixo de 30 mL/min.

O principal efeito colateral da daptomicina é a miopatia reversível. Esse efeito colateral parece ocorrer com mais frequência com a dose mais elevada (6 mg/kg/dia) usada para tratar bacteriemia por *S. aureus*. Recomenda-se o monitoramento semanal da creatinofosfoquinase (CPK), e o uso do fármaco deve ser interrompido quando os níveis alcançarem 5 vezes os valores normais. Atualmente, a daptomicina está aprovada para uso nos Estados Unidos para tratamento de infecções superficiais e de pele causadas por cocos Gram-positivos sensíveis e resistentes e para bacteriemia causada por *S. aureus*. A sinergia *in vitro* é observada quando a daptomicina é combinada com gentamicina. Outras interações medicamentosas com outros agentes, como rifampicina e antibióticos β-lactâmicos, estão sendo exploradas.

Telavancina, dalbavancina e oritavancina

Alguns glicopeptídeos mais recentes com componentes hidrofóbicos apresentam duplo mecanismo de ação. A cadeia lateral lipofílica entre esse grupo de agentes prolonga sua meia-vida. Eles inibem a transglicosilação da síntese de peptidoglicano da parede celular por meio da formação de um complexo com os resíduos de D-alanil-D--alanina, além de também despolarizarem a membrana da célula bacteriana. A telavancina tem meia-vida prolongada de 7 a 9 horas, tendo boa penetração nos tecidos. Esse fármaco foi o primeiro agente deste grupo a obter aprovação nos Estados Unidos para infecções bacterianas agudas da pele e da estrutura da pele, bem como para o tratamento de pneumonia nosocomial por *S. aureus* refratária. É principalmente excretada pelos rins.

A dalbavancina foi recentemente aprovada pela FDA, e sua meia-vida de 8,5 dias permite a administração uma vez por semana. Sua indicação é semelhante à da telavancina. Já a oritavancina foi aprovada em 2014.

Esses lipoglicopeptídeos são mais ativos que a vancomicina contra uma ampla variedade de patógenos Gram-positivos, que incluem MRSA, VISA e *S. aureus* resistente à vancomicina (VRSA, do inglês *vancomycin-resistant S. aureus*). Eles têm atividade contra alguns organismos Gram-positivos que podem ser resistentes à linezolida e à daptomicina. Reações adversas mais comuns incluem alterações no paladar, náuseas, vômitos e disfunção renal reversível.

ESTREPTOGRAMINAS

O combinado quinupristina-dalfopristina é um antibiótico injetável, consistindo em uma mistura de dois derivados semissintéticos da pristinamicina (estreptogramina do grupo B) e da dalfopristina (estreptogramina do grupo A) em uma proporção de 30:70. Os dois componentes atuam de modo sinérgico inibindo uma ampla variedade de bactérias Gram-positivas, como as MRSA, VRE e pneumococos resistentes à penicilina. Tal combinado mostra-se ativo contra alguns anaeróbios e certas bactérias Gram-negativas (p. ex., *N. gonorrhoeae, H. influenzae*), mas não contra enterobactérias, *P. aeruginosa* e *Acinetobacter*. A resistência dos VRE à associação quinupristina-dalfopristina pode ocorrer, mas é rara. Os principais eventos adversos incluem flebite, artralgias e mialgias.

OXAZOLIDINONAS

As oxazolidinonas constituem uma classe de antimicrobianos sintéticos descobertos em 1987. A linezolida foi o primeiro agente disponível apenas comercialmente. O espectro antimicrobiano é similar ao dos glicopeptídeos. O mecanismo de ação da linezolida ocorre no início da síntese proteica – interferência na tradução por inibição da formação do *N*-formilmetionil-tRNA, o complexo de iniciação do ribossomo 30S. A linezolida é 100% biodisponível e superior à vancomicina pelo fato de apresentar excelente penetração nas secreções respiratórias. O fármaco se difunde bem nos ossos, nos tecidos graxos e na urina. A linezolida é empregada mais frequentemente para tratar pneumonia, bacteriemia e infecções da pele e dos tecidos moles causadas por estafilococos e enterococos resistentes aos glicopeptídeos. Seu principal efeito colateral é a trombocitopenia reversível. A tedizolida foi aprovada em 2014 para o tratamento de infecções bacterianas agudas da pele e da estrutura da pele causadas por organismos Gram-positivos suscetíveis. A tedizolida está disponível como medicamento intravenoso ou oral administrado em dose única diária. Seu espectro de ação é semelhante ao da linezolida, embora alguns cocos Gram-positivos resistentes à linezolida possam ser suscetíveis à tedizolida. Os principais eventos adversos são gastrintestinais e incluem náuseas, vômitos e diarreia. Também podem ocorrer cefaleia e tonturas. A trombocitopenia pode ser menor do que a observada com a linezolida.

BACITRACINA

A bacitracina é um polipeptídeo obtido de uma cepa (cepa de Tracy) do *Bacillus subtilis*. Esse fármaco é estável e sofre pouca absorção pelo trato intestinal, sendo utilizado apenas para aplicação tópica à pele, a feridas ou mucosas.

Mostra-se principalmente bactericida para as bactérias Gram-positivas, inclusive os estafilococos resistentes à penicilina. Para uso tópico, são utilizadas concentrações de 500 a 2.000 unidades/mL de solução ou grama de pomada. Em combinação com polimixina B ou neomicina, a bacitracina mostra-se útil para a supressão da microbiota bacteriana mista nas lesões superficiais.

É tóxica para os rins, causando proteinúria, hematúria e retenção de nitrogênio. Por essa razão, a bacitracina não deve ser usada para tratamento sistêmico. Também não há relatos de indução de hipersensibilidade.

POLIMIXINAS

As polimixinas são polipeptídeos catiônicos básicos, nefrotóxicos e neurotóxicos. Podem ser bactericidas para muitos bastonetes aeróbios Gram-negativos ao se ligarem às membranas celulares ricas em fosfatidiletanolamina e inativarem as funções da membrana de transporte ativo e a barreira de permeabilidade. Até recentemente, em virtude de sua toxicidade e sua distribuição deficiente nos tecidos, as polimixinas eram principalmente utilizadas em forma tópica e raras vezes no tratamento de infecções sistêmicas. No entanto, a polimixina E (colistina), disponível por via parenteral como colistimetato de sódio, tem sido alvo de renovado interesse e vem aumentando sua utilização como agente alternativo para o tratamento de *A. baumannii* e *P. aeruginosa* resistentes a vários fármacos e como terapia de resgate para infecções por *Klebsiella* resistentes aos carbapenêmicos. A colistina é bactericida contra esses microrganismos Gram-negativos. Quando usada com cautela, observa-se uma toxicidade menor do que a previamente descrita.

AMINOGLICOSÍDEOS

Constituem um grupo de fármacos que compartilham características químicas, antimicrobianas, farmacológicas e tóxicas. Atualmente, o grupo inclui a estreptomicina, neomicina, canamicina, amicacina, gentamicina, tobramicina, sisomicina, netilmicina, arbecacina e dibecacina. A sisomicina, arbecacina e dibecacina estão disponíveis fora dos Estados Unidos. Todas inibem a síntese das proteínas de bactérias por sua ligação à subunidade 30S do ribossomo bacteriano, inibindo sua função. A resistência baseia-se (1) na deficiência de receptores ribossômicos (mutação ou metilação do sítio de ligação ao rRNA 16S); (2) na destruição enzimática do fármaco (resistência de importância clínica e de transmissão mediada por plasmídeos); ou (3) na ausência de permeabilidade às moléculas do fármaco, ausência de transporte ativo no interior das células ou por ativação de bombas de efluxo. As bactérias anaeróbias são frequentemente resistentes aos aminoglicosídeos, visto que o transporte através da membrana celular é um processo que requer energia e depende de oxigênio.

Todos os aminoglicosídeos são mais ativos em pH alcalino do que em pH ácido, sendo potencialmente ototóxicos e nefrotóxicos, embora em diferentes níveis. Além disso, todos os aminoglicosídeos acumulam-se em indivíduos com insuficiência renal, daí a necessidade de ajustes posológicos rigorosos quando ocorre retenção de nitrogênio. Os aminoglicosídeos são utilizados mais amplamente contra as bactérias entéricas Gram-negativas ou quando há suspeita de sepse. No tratamento de bacteriemia ou endocardite causadas por estreptococos, enterococos ou por algumas bactérias Gram-negativas, são administrados juntamente com uma penicilina que facilita a entrada do aminoglicosídeo. São selecionados de acordo com padrões atualizados de suscetibilidade em determinada área ou hospitais, até a obtenção dos resultados dos testes de sensibilidade efetuados com microrganismos isolados específicos. A utilidade clínica dos aminoglicosídeos diminuiu com o advento das cefalosporinas e das quinolonas, mas eles continuam sendo utilizados em associações (p. ex., com cefalosporinas para o tratamento das bacteriemias por microrganismos Gram-negativos resistentes a vários fármacos). Todos os aminoglicosídeos de carga positiva são inibidos em hemoculturas pelo polianetolsulfonato de sódio e outros detergentes polianiônicos. Alguns aminoglicosídeos (em especial, a estreptomicina) mostram-se úteis como antimicobacterianos.

Neomicina e canamicina

A canamicina tem estreita relação com a neomicina, exibindo atividade semelhante e resistência cruzada completa. A paromomicina também está estreitamente relacionada, sendo utilizada no tratamento da amebíase. Esses fármacos são estáveis e pouco absorvidos pelo trato intestinal e outras superfícies. Nenhum deles é utilizado sistemicamente, devido à ototoxicidade e à neurotoxicidade. São utilizadas doses orais de neomicina e canamicina para reduzir a microbiota intestinal antes de cirurgias intestinais de grande porte, frequentemente em combinação com a eritromicina. Nos demais contextos, esses fármacos limitam-se principalmente à aplicação tópica em superfícies infectadas (pele e feridas).

Amicacina

A amicacina é um derivado semissintético da canamicina. Ela é relativamente resistente às enzimas que inativam a gentamicina e a tobramicina, podendo então ser utilizada contra alguns microrganismos resistentes a esses fármacos. Todavia, a resistência bacteriana em consequência da impermeabilidade à amicacina está aumentando lentamente. Muitas bactérias entéricas Gram-negativas são

inibidas pela amicacina em concentrações obtidas após sua injeção. As infecções do SNC exigem injeção intratecal ou intraventricular.

A exemplo de todos os aminoglicosídeos, a amicacina é nefrotóxica e ototóxica (em particular para a porção auditiva do oitavo nervo craniano). É importante que os seus níveis séricos sejam monitorados em pacientes com insuficiência renal.

Gentamicina

Em concentrações de 0,5 a 5 µg/mL, a gentamicina mostra-se bactericida para muitas bactérias Gram-positivas e Gram-negativas, incluindo várias cepas de *Proteus*, *Serratia* e *Pseudomonas*, porém é ineficaz contra *Streptococcus* e *Bacteroides*.

A gentamicina tem sido utilizada no tratamento de infecções graves causadas por bactérias Gram-negativas resistentes a outros fármacos. As penicilinas podem precipitar a gentamicina *in vitro* (razão pela qual não devem ser misturadas). Contudo, *in vivo*, podem facilitar a penetração dos aminoglicosídeos nos *Streptococcus* e nos bastonetes Gram-negativos, resultando em sinergismo bactericida, benéfico no tratamento de sepse e endocardite.

A gentamicina é tóxica, em particular na presença de comprometimento da função renal. O sulfato de gentamicina a 0,1% tem sido utilizado topicamente, em forma de cremes ou soluções, para queimaduras infectadas ou lesões cutâneas. Esses cremes tendem a selecionar as bactérias resistentes à gentamicina; dessa forma, os pacientes que os utilizam devem permanecer em isolamento estrito.

Tobramicina

Esse aminoglicosídeo assemelha-se estreitamente à gentamicina, e há certa resistência cruzada entre ambos os fármacos. É aconselhável solicitar testes de sensibilidade distintos. A tobramicina possui atividade ligeiramente superior contra *P. aeruginosa* quando comparada à gentamicina. Formulações inalantes desse fármaco têm sido usadas no tratamento de infecções por *P. aeruginosa* em pacientes fibrocísticos.

As propriedades farmacológicas da tobramicina são praticamente idênticas às da gentamicina, e a maior parte desse fármaco é excretada por filtração glomerular. Na presença de insuficiência renal, é necessário reduzir a dose e, de preferência, monitorar os níveis do fármaco no sangue.

A exemplo de outros aminoglicosídeos, a tobramicina é ototóxica, mas talvez menos nefrotóxica que a gentamicina. Não deve ser utilizada concomitantemente com outros fármacos que tenham efeitos adversos semelhantes ou com diuréticos, que tendem a aumentar as concentrações dos aminoglicosídeos nos tecidos.

Netilmicina

A netilmicina compartilha muitas características com a gentamicina e a tobramicina, porém não é inativada por algumas bactérias resistentes a outros fármacos.

A principal indicação da netilmicina são as infecções iatrogênicas em pacientes imunocomprometidos e gravemente doentes, com risco muito alto de sepse por bactérias Gram-negativas no ambiente hospitalar.

Pode ser levemente menos ototóxica e nefrotóxica que os outros aminoglicosídeos.

Estreptomicina

A estreptomicina (o primeiro aminoglicosídeo) foi descoberta na década de 1940 como produto do metabolismo do *Streptomyces griseus*. Ela foi estudada detalhadamente e se tornou o protótipo dessa classe de fármacos. Por esse motivo, suas propriedades são mencionadas aqui, embora a resistência disseminada que se observa entre microrganismos tenha reduzido sobremaneira sua utilidade clínica.

Após injeção intramuscular, sofre rápida absorção e distribui-se amplamente pelos tecidos, à exceção do SNC. Apenas 5% da concentração extracelular de estreptomicina alcançam o interior da célula. A estreptomicina absorvida é excretada na urina por filtração glomerular. Após administração oral, é pouco absorvida pelo intestino, sendo a maior parte excretada nas fezes.

Pode ser bactericida para os *Enterococcus* (p. ex., na endocardite) quando combinada com uma penicilina. Na tularemia e na peste, pode ser administrada com uma tetraciclina. Na tuberculose, é utilizada em combinação com outros fármacos antituberculose (INH, rifampicina). Contudo, não deve ser usada sozinha para tratar qualquer tipo de infecção.

A eficácia terapêutica da estreptomicina é limitada em virtude do rápido desenvolvimento de mutantes resistentes. Todas as cepas microbianas produzem mutantes cromossômicos resistentes à estreptomicina a uma frequência relativamente alta. Os mutantes cromossômicos exibem uma alteração no receptor P 12 da subunidade 30S do ribossomo. A resistência mediada por plasmídeos resulta em destruição enzimática do fármaco. Os *Enterococcus* resistentes a altos níveis de estreptomicina (2.000 µg/mL) ou gentamicina (500 µg/mL) exibem resistência às ações sinérgicas desses fármacos com a penicilina.

A hipersensibilidade à estreptomicina pode resultar em febre, exantema e outras manifestações alérgicas. Ocorre mais frequentemente após contato prolongado com o fármaco, em pacientes que recebem tratamento prolongado (p. ex., para tuberculose) e em técnicos que preparam e manipulam o fármaco. (As pessoas que preparam soluções devem usar luvas.)

A estreptomicina é acentuadamente tóxica para a porção vestibular do oitavo nervo craniano, provocando zumbido, vertigem e ataxia, frequentemente irreversíveis. O fármaco é moderadamente nefrotóxico.

Espectinomicina

A espectinomicina é um antibiótico aminociclitol (relacionado com os aminoglicosídeos) para administração intramuscular. Sua única aplicação, em dose única, consiste no tratamento da gonorreia causada por gonococos produtores de β-lactamase ou que ocorre em indivíduos hipersensíveis à penicilina. Cerca de 5 a 10% dos gonococos se mostram resistentes a esse fármaco. Em geral, ocorre dor no local da injeção, e o paciente pode apresentar náuseas e febre, porém não se observa nefrotoxicidade ou ototoxicidade. Esse fármaco não está mais disponível nos Estados Unidos.

QUINOLONAS

As quinolonas são análogos sintéticos do ácido nalidíxico. O modo de ação de todas as quinolonas envolve a inibição da síntese de DNA bacteriano pelo bloqueio da DNA-girase e da topoisomerase IV.

As primeiras quinolonas (ácidos nalidíxico e oxolínico, assim como cinoxacino) não atingiam níveis antibacterianos sistêmicos após administração oral e, portanto, eram úteis apenas como antissépticos urinários (ver adiante). Os derivados fluorados (p. ex., ciprofloxacino e norfloxacino; ver Figura 28-3) têm maior atividade antibacteriana e baixa toxicidade, atingindo níveis clinicamente úteis no sangue e nos tecidos.

Atividade antimicrobiana

As fluoroquinolonas inibem muitos tipos de bactéria, apesar de o espectro de atividade variar de um fármaco para outro. São altamente ativas contra as enterobactérias, inclusive as espécies resistentes às cefalosporinas de terceira geração, *Haemophilus*, *Neisseria*, *Chlamydia*, entre outras. A *P. aeruginosa* e a *Legionella* são inibidas por concentrações ligeiramente superiores desses fármacos.

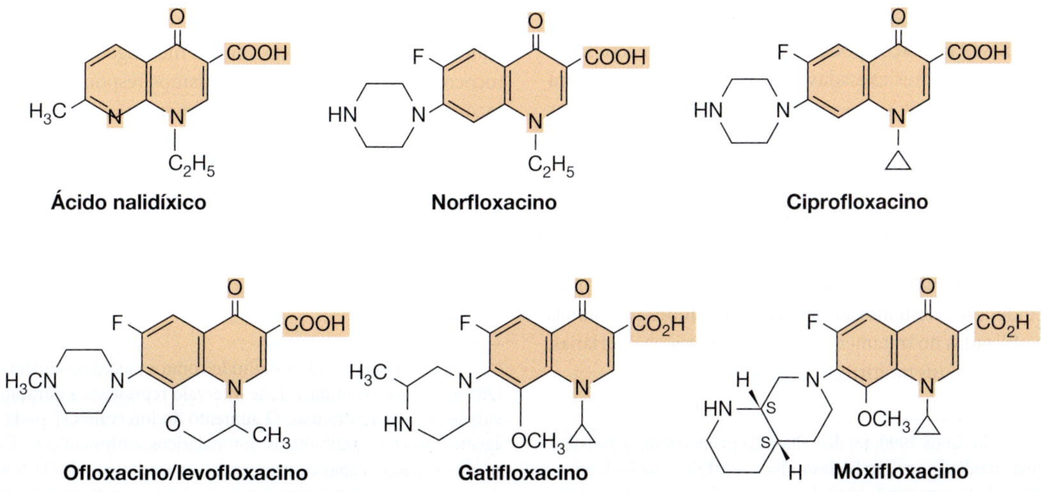

FIGURA 28-3 Estruturas de algumas fluoroquinolonas.

As quinolonas variam quanto à sua atividade contra os patógenos Gram-positivos. Algumas são ativas contra amostras de *S. pneumoniae* multirresistentes. Além disso, podem ser ativas contra *Staphylococcus* sensíveis à meticilina e contra *E. faecalis*. Contudo, os VREs costumam exibir resistência às quinolonas. As fluoroquinolonas mais novas são muito ativas contra as bactérias anaeróbias, o que permite seu uso como monoterapia no tratamento das infecções aeróbias e anaeróbias mistas.

As fluoroquinolonas também podem ter atividade contra *M. tuberculosis*, *M. fortuitum*, *Mycobacterium kansasii* e, às vezes, contra *M. chelonae*.

Durante a terapia com fluoroquinolonas, pode-se observar o desenvolvimento de resistência em *Pseudomonas*, em *Staphylococcus* e em outros patógenos. Até o momento, dois principais mecanismos de resistência para as quinolonas foram descritos. A resistência cromossômica* desenvolve-se por mutação e envolve tanto alterações na subunidade A ou B da DNA-girase quanto mutações nas subunidades ParC ou ParE da topoisomerase IV. Uma mudança na permeabilidade da membrana externa também resulta na diminuição do acúmulo de fármaco na bactéria. Finalmente, bombas de efluxo codificadas por plasmídeo, como QepA e OqxAB, também foram descritas.

Absorção e excreção

Após administração oral, as fluoroquinolonas são bem absorvidas e distribuídas amplamente pelos tecidos e líquidos orgânicos em graus variáveis, mas não alcançam o SNC em concentrações significativas. A meia-vida sérica é variável (3-8 h), podendo ser prolongada na insuficiência renal, dependendo do fármaco utilizado.

As fluoroquinolonas são excretadas principalmente na urina pelos rins, porém parte da dose pode ser metabolizada no fígado.

Usos clínicos

Em geral, as fluoroquinolonas mostram-se eficazes nas infecções do trato urinário, e várias delas são benéficas na prostatite. Algumas fluoroquinolonas (p. ex., ofloxacino) mostram-se valiosas no tratamento de infecções sexualmente transmissíveis causadas por *N. gonorrhoeae* e *C. trachomatis*, mas não têm efeito algum sobre *T. pallidum*. Contudo, o desenvolvimento da resistência tem dificultado seu uso como fármaco de primeira linha no tratamento da gonorreia. Esses fármacos podem controlar as infecções das vias respiratórias inferiores causadas pelo *H. influenzae* (embora possam não ser os fármacos de escolha) e a enterite causada por *Salmonella*, *Shigella* e *Campylobacter*. As fluoroquinolonas podem ser apropriadas para o tratamento das infecções bacterianas ginecológicas importantes e infecções dos tecidos moles, bem como para a osteomielite causada por microrganismos Gram-negativos. Embora possam ser benéficos em algumas exacerbações da fibrose cística causada por *Pseudomonas*, cerca de 33% desses microrganismos mucoides são resistentes aos fármacos. As fluoroquinolonas também são utilizadas no tratamento de infecções micobacterianas, incluindo *M. tuberculosis* multirresistente.

Efeitos colaterais

Os efeitos adversos mais proeminentes consistem em náuseas, insônia, cefaleia e tontura. Em certas ocasiões, ocorrem outros distúrbios gastrintestinais, comprometimento da função hepática, exantema e superinfecções, em particular por *Enterococcus* e *Staphylococcus*. Nos filhotes de cães, a administração prolongada de fluoroquinolonas causa lesão articular, motivo pelo qual raramente são prescritas para crianças, mas, quando necessário, são utilizadas em pacientes com fibrose cística. A FDA emitiu um alerta de segurança de medicamentos em relação à ocorrência de tendinite em adultos, resultando em ruptura do tendão, mais frequentemente do tendão de Aquiles. Outros eventos adversos mais graves incluem o prolongamento do intervalo QTc**. Distúrbios glicêmicos, levando à hipoglicemia significativa, foram relatados com os novos agentes, tais como gatifloxacino, causando a descontinuação de seu uso nos Estados Unidos. Acredita-se também que o uso extensivo de fluoroquinolonas seja responsável pelo aumento global da colite por *C. difficile*.

SULFONAMIDAS E TRIMETOPRIMA

As sulfonamidas formam um grupo de compostos cuja fórmula básica é fornecida no início deste capítulo. Com a substituição de vários radicais R, obtém-se uma série de compostos com propriedades físicas, farmacológicas e antibacterianas ligeiramente variáveis. O mecanismo básico de ação de todos esses compostos consiste em inibição competitiva da utilização do PABA. O uso simultâneo de sulfonamidas com trimetoprima resulta em inibição das etapas metabólicas sequenciais e possível sinergismo antibacteriano.

As sulfonamidas são bacteriostáticas para algumas bactérias Gram-negativas e Gram-positivas, *Chlamydia*, *Nocardia* e protozoários.

As sulfonamidas "solúveis" (p. ex., trissulfapirimidinas e sulfisoxazol) são rapidamente absorvidas pelo trato intestinal após administração oral e distribuem-se por todos os tecidos e líquidos orgânicos. A maioria das sulfonamidas é excretada rapidamente na urina. Algumas (p. ex., sulfametoxipiridazina) são excretadas muito lentamente e, por isso, tendem a ser tóxicas. Atualmente, as sulfonamidas são particularmente úteis no tratamento da nocardiose e nas crises iniciais das infecções do trato urinário causadas por bactérias coliformes. Por outro lado, muitos meningococos, *Shigella*, estreptococos do grupo A e microrganismos responsáveis por infecções recorrentes do trato urinário atualmente são resistentes. Utiliza-se, em ampla escala, uma mistura de cinco partes de sulfametoxazol mais uma parte de trimetoprima no tratamento das infecções das vias urinárias, shigelose e salmonelose, bem como em infecções causadas por outras bactérias Gram-negativas e na pneumonia por *Pneumocystis*.

---

*N. de T. No final dos anos 1990, foi descrita pela primeira vez a resistência às quinolonas mediada por genes plasmidiais (PMQR), que incluem os genes *qnr*, *aac(6)-Ib-cr*, *qep*, *oqxA*, *oqxB*. Devido à facilidade de disseminação de determinantes genéticos associados a elementos genéticos móveis, epidemiologicamente a resistência plasmidial às quinolonas tem grande importância.

**N. de T. O intervalo QT é definido como a medida do início do complexo QRS até o final da onda T. Esse intervalo representa a duração total da atividade elétrica ventricular. O aumento do intervalo QT pode ser devido a agentes externos (antibióticos, antimaláricos, antipsicóticos). É difícil prever se um fármaco é capaz de promover o aparecimento de QT longo, resultando em arritmias ventriculares malignas em um determinado paciente, uma vez que este fenômeno parece estar ligado não só à ação do fármaco nos canais iônicos, mas também à presença de variabilidade genética destes canais e a situações metabólicas e autonômicas.

O trimetoprima isoladamente pode ser eficaz no tratamento das infecções sem complicações das vias urinárias.

Resistência

São resistentes às sulfonamidas os microrganismos que não utilizam PABA extracelular mas que, assim como as células dos mamíferos, podem utilizar o ácido fólico pré formado. Em alguns mutantes resistentes às sulfonamidas, a enzima ácido tetraidropteroico sintetase tem afinidade muito maior pelo PABA do que pelas sulfonamidas, observando-se o oposto nos microrganismos sensíveis às sulfonamidas.

Efeitos colaterais

As sulfonamidas solúveis podem provocar efeitos colaterais divididos em duas categorias: alergia e toxicidade. Muitos indivíduos desenvolvem hipersensibilidade às sulfonamidas após contato inicial com elas e, em caso de nova exposição, podem apresentar febre, urticária, exantemas e doenças vasculares crônicas, como poliarterite nodosa. Os efeitos tóxicos manifestam-se em forma de febre, exantema, distúrbios gastrintestinais, depressão da medula óssea (que leva ao desenvolvimento de anemia ou agranulocitose) anemia hemolítica e anormalidades das funções hepática e renal. A toxicidade é particularmente frequente em pacientes com Aids.

OUTROS FÁRMACOS DE USO ESPECÍFICO

Trimetrexato

É um análogo do ácido folínico cujo mecanismo de ação consiste em inibição da enzima di-hidrofolato-redutase. É utilizado principalmente no tratamento das infecções causadas pela *Pneumocystis jirovecii* em pacientes com Aids intolerantes ou refratários à combinação sulfametoxazol-trimetoprima e ao isetionato de pentamidina. Como o trimetrexato é lipofílico, sofre difusão passiva através das membranas celulares do hospedeiro, consistindo em toxicidade associada principalmente à supressão da medula óssea. Por conseguinte, o trimetrexato deve ser administrado concomitantemente com a leucovorina cálcica, uma coenzima do folato reduzido que é transportada nas células do hospedeiro, mas não na *P. jirovecii*, protegendo, assim, o hospedeiro.

Dapsona

A dapsona é uma sulfona estreitamente relacionada com as sulfonamidas. Com frequência, administra-se terapia combinada com dapsona e rifampicina no tratamento inicial da hanseníase. Também pode ser indicada para tratamento de pneumonia pelo *Pneumocystis* em pacientes com Aids. Ela é bem absorvida pelo trato gastrintestinal e distribui-se amplamente pelos tecidos. Os efeitos colaterais são comuns, consistindo em anemia hemolítica, intolerância gastrintestinal, febre, prurido e exantema.

Dapsona

Metronidazol

O metronidazol é um antiprotozoário utilizado no tratamento das infecções causadas por *Trichomonas*, *Giardia* e *Amoeba*. Além disso, exerce efeitos notáveis em infecções por bactérias anaeróbias, como, por exemplo, as causadas por espécies de *Bacteroides*, bem como na vaginose bacteriana. Parece eficaz na preparação pré-operatória do cólon e na diarreia associada a antibióticos causada por *C. difficile* toxigênico. Os efeitos adversos consistem em estomatite, diarreia e náuseas.

Antissépticos urinários

São fármacos com efeitos antibacterianos limitados à urina. Não atingem níveis significativos nos tecidos e, portanto, não exercem efeito algum sobre as infecções sistêmicas. Contudo, reduzem efetivamente as contagens de bactérias na urina e, por isso, diminuem acentuadamente os sintomas das infecções das vias urinárias inferiores, sendo utilizados apenas no tratamento das infecções do trato urinário.

Os antissépticos urinários comumente utilizados consistem em nitrofurantoína, fosfomicina, ácido nalidíxico, mandelato de metenamina e hipurato de metenamina. A nitrofurantoína mostra-se ativa contra muitas bactérias, mas pode causar desconforto gastrintestinal. A fosfomicina é um derivado do ácido fosfônico e é usada principalmente nos Estados Unidos em terapia de dose única para infecções do trato urinário causadas por *E. coli* e outras enterobactérias e *Enterococcus*. O ácido nalidíxico, uma quinolona, é eficaz apenas na urina, mas pode-se verificar o rápido desenvolvimento de bactérias resistentes na urina. Tanto o mandelato de metenamina quanto o hipurato de metenamina acidificam a urina e liberam formaldeído. Outras substâncias que acidificam a urina (p. ex., metionina, suco de *cranberry*) podem ter atividade bacteriostática na urina.

Os fármacos de uso oral absorvidos sistemicamente que são excretados em altas concentrações na urina costumam ser preferidos nas infecções agudas do trato urinário e consistem em ampicilina, amoxicilina, sulfonamidas, quinolonas e outros.

FÁRMACOS UTILIZADOS PRINCIPALMENTE NO TRATAMENTO DAS INFECÇÕES POR MICOBACTÉRIAS

Isoniazida

A INH exerce pouco efeito sobre a maioria das bactérias, porém é notavelmente ativa contra as micobactérias, em particular o *M. tuberculosis*. Em sua maioria, os bacilos da tuberculose são inibidos e destruídos *in vitro* por INH a 0,1 a 1 μg/mL. Entretanto, as grandes populações de bacilos da tuberculose geralmente contêm alguns microrganismos resistentes à isoniazida. Por esse motivo, a INH é utilizada em combinação com outros antimicobacterianos (principalmente etambutol ou rifampicina) para reduzir o aparecimento de bacilos da tuberculose resistentes. A INH atua sobre as micobactérias inibindo a síntese de ácidos micólicos e a enzima catalase-peroxidase. A INH e a piridoxina são análogos estruturais. Os pacientes que recebem INH excretam piridoxina em quantidades excessivas com o consequente desenvolvimento de neurite periférica, complicação que pode ser evitada pela administração de piridoxina, a qual não interfere na ação antituberculose da INH.

A INH sofre rápida e completa absorção pelo trato gastrintestinal, sendo em parte acetilada e em parte excretada na urina. Quando administrada em doses habituais, é raro haver manifestações tóxicas, como, por exemplo, hepatite. Difunde-se livremente nos líquidos teciduais, como o LCS.

Isoniazida

Piridoxina

Em indivíduos com conversão positiva do teste tuberculínico e que não apresentam qualquer evidência de doença, pode-se utilizar INH como profilaxia.

Etambutol

O etambutol consiste em um isômero D sintético, hidrossolúvel e termoestável, cuja estrutura é fornecida a seguir.

Etambutol

Muitas cepas de *M. tuberculosis* e das micobactérias "atípicas" são inibidas *in vitro* pelo etambutol na dose de 1 a 5 μg/mL.

O etambutol é bem absorvido pelo intestino. Cerca de 20% do fármaco são excretados nas fezes e 50% são excretados na urina em forma inalterada. A excreção é retardada na insuficiência renal. Na presença de meningite, o etambutol aparece no LCS.

A resistência ao etambutol surge rapidamente entre as micobactérias quando o fármaco é utilizado isoladamente. Por conseguinte, o etambutol deve ser sempre administrado em combinação com outros fármacos antituberculose.

Em geral, o etambutol é prescrito em dose única diária por via oral e raramente desencadeia hipersensibilidade. O efeito colateral mais comum consiste em distúrbios visuais, embora sejam raros nas doses-padrão: ocorrem redução da acuidade visual, neurite óptica e, talvez, lesão retiniana em alguns pacientes tratados com altas doses durante vários meses. A maior parte dessas alterações normalmente regride quando se interrompe o uso do etambutol. Todavia, é obrigatório proceder a uma avaliação periódica da acuidade visual

durante o tratamento. É muito raro haver distúrbios visuais quando são administradas baixas doses.

Rifamicinas

A rifampicina é um derivado semissintético da rifamicina, um antibiótico produzido por *Streptomyces mediterranei*. Esse fármaco é ativo *in vitro* contra algumas bactérias Gram-positivas e Gram-negativas, algumas bactérias entéricas, micobactérias, clamídias e poxvírus. Embora muitos meningococos e micobactérias sejam inibidos por menos de 1 μg/mL, ocorrem mutantes altamente resistentes em todas as populações microbianas a uma frequência de 10^{-6} a 10^{-5}. A administração prolongada de rifampicina, em forma de monoterapia, permite o aparecimento desses mutantes altamente resistentes. Não se observa resistência cruzada com outros antimicrobianos.

A rifampicina liga-se fortemente à RNA-polimerase dependente do DNA e, portanto, inibe a síntese do RNA nas bactérias. Esse fármaco penetra adequadamente nas células fagocíticas e pode destruir microrganismos intracelulares. Os mutantes resistentes à rifampicina exibem alteração da RNA-polimerase.

A rifampicina é bem absorvida após administração oral, distribuindo-se em ampla escala pelos tecidos e sendo excretada principalmente por meio do fígado e, em menor quantidade, da urina.

Na tuberculose, administra-se dose oral única em associação com etambutol, INH ou outro agente antituberculose, a fim de se retardar o aparecimento das micobactérias resistentes à rifampicina. Um esquema terapêutico semelhante pode ser aplicado a micobactérias não tuberculosas. Em esquemas terapêuticos de curta duração para a tuberculose, a rifampicina é administrada por via oral, inicialmente 1 vez ao dia (em combinação com a INH) e, em seguida, 2 ou 3 vezes por semana durante 6 a 9 meses. No entanto, devem-se administrar pelo menos 2 doses por semana, para evitar o desenvolvimento de "síndrome gripal" e anemia. A rifampicina utilizada em associação com uma sulfona é eficaz na hanseníase.

A rifampicina por via oral pode eliminar a maioria dos meningococos dos indivíduos portadores. Infelizmente, algumas cepas de meningococos altamente resistentes são selecionadas com esse procedimento. Indivíduos em contato íntimo com crianças que tenham infecção pelo *H. influenzae* (p. ex., na família ou em creches) podem receber rifampicina como profilaxia. Nas infecções das vias urinárias e na bronquite crônica, a rifampicina não é útil devido ao rápido desenvolvimento de resistência.

A rifampicina confere uma coloração alaranjada inócua à urina, ao suor e às lentes de contato. Os efeitos adversos ocasionais consistem em exantema, trombocitopenia, proteinúria de cadeias leves e comprometimento da função hepática. A rifampicina induz as enzimas microssomais (p. ex., citocromo P450).

A **rifabutina** é um antimicobacteriano relacionado que se mostra ativo na prevenção de infecção causada pelo complexo *M. avium*.

A **rifaximina** é um derivado da rifampicina que possui um anel piridoimidazol adicional. É um agente oral não absorvido, útil no tratamento da diarreia do viajante e como terapia de resgate para doença recorrente por *C. difficile*.

A **rifapentina** é usada no tratamento da tuberculose e, por ter uma ação mais longa, é útil em esquemas administrados uma ou duas vezes por semana. É observada uma maior absorção desse fármaco pela ingestão de alimentos.

Pirazinamida

A pirazinamida está relacionada com a nicotinamida e é rapidamente absorvida pelo trato gastrintestinal, distribuindo-se em ampla escala pelos tecidos. O *M. tuberculosis* desenvolve resistência à pirazinamida rapidamente, mas não se observa resistência cruzada com a INH nem com outros fármacos antituberculose. Os principais efeitos adversos da pirazinamida consistem em hepatotoxicidade (1-5%), náuseas, vômitos, hipersensibilidade e hiperuricemia.

Pirazinamida (PZA)

QUESTÕES DE REVISÃO

1. O agente antimicrobiano cuja estrutura é mostrada a seguir é considerado o fármaco de escolha para o tratamento de infecções causadas por qual dos seguintes microrganismos?

(A) *B. fragilis*
(B) *P. aeruginosa*
(C) Herpes-vírus simples
(D) *Streptococcus pyogenes* (estreptococos do grupo A)
(E) *M. tuberculosis*

2. A resistência do *Staphylococcus aureus* ao fármaco mostrado na Questão 1 é causada por

(A) Ação da acetiltransferase
(B) Ação da β-lactamase
(C) Substituição do dipeptídeo D-Ala-D-Ala pelo dipeptídeo D-Ala-D-Lac na parede celular do peptidoglicano
(D) Diminuição da permeabilidade da parede celular bacteriana ao fármaco
(E) *S. aureus* atuando como um patógeno intracelular

3. A resistência do *S. pneumoniae* ao fármaco mostrado na Questão 1 é causada por

(A) Ação da acetiltransferase
(B) Ação da β-lactamase
(C) Substituição do dipeptídeo D-Ala-D-Ala pelo dipeptídeo D-Ala-D-Lac na parede celular do peptidoglicano
(D) Diminuição da permeabilidade da parede celular bacteriana ao fármaco
(E) Proteínas de ligação geneticamente modificadas na parede celular bacteriana

4. Todas as afirmativas a seguir sobre a resistência aos antimicrobianos pelos enterococos estão corretas, *exceto*:

(A) Os enterococos são resistentes ao combinado sulfametoxazol-trimetoprima *in vivo*.

(B) As cefalosporinas não são ativas contra os enterococos.
(C) Têm sido relatados casos de resistência às estreptograminas (quinupristina-dalfopristina).
(D) Os enterococos resistentes à vancomicina são raros na Europa e nos Estados Unidos.
(E) Os enterococos resistentes à vancomicina, que eram predominantemente clonais, são atualmente heterogêneos.

5. Uma mulher asiática de 20 anos de idade que emigrou recentemente para os Estados Unidos desenvolve febre com tosse produtiva e escarro sanguinolento. Perdeu 6 kg nas últimas 6 semanas. A radiografia de pulmão mostrou infiltrados bilaterais com cavidades nos lobos superiores. Dado seu histórico e os achados dos raios X, qual dos seguintes esquemas de antibioticoterapia pode ser o mais apropriado como terapia inicial enquanto se aguardam os resultados da cultura?

(A) Isoniazida, rifampicina, pirazinamida e etambutol
(B) Penicilina G e rifampicina
(C) Cefotaxima, clindamicina e sulfametoxazol-trimetoprima
(D) Ampicilina-sulbactam
(E) Vancomicina, gentamicina e clindamicina

6. Qual dos seguintes efeitos adversos é causado tipicamente por aminoglicosídeos?

(A) Anemia aplásica
(B) Estimulação não específica das células B
(C) Ototoxicidade e nefrotoxicidade
(D) Fotossensibilidade

7. Qual dos seguintes grupos de agentes antimicrobianos atua por inibição da síntese proteica?

(A) Fluoroquinolonas
(B) Aminoglicosídeos
(C) Penicilinas
(D) Glicopeptídeos (p. ex., vancomicina)
(E) Polimixinas

8. Existem muitas combinações de bactérias resistentes a antibióticos. Qual das seguintes opções denota um problema maior de escala internacional?

(A) Resistência à sulfonamida na *N. meningitidis*
(B) Resistência à penicilina G na *N. gonorrhoeae*
(C) Resistência à ampicilina no *H. influenzae*
(D) Resistência à eritromicina no *S. pyogenes* (estreptococos do grupo A)
(E) Resistência à vancomicina em *S. aureus*

9. Qual dos seguintes fatores geralmente não é considerado quando se faz a seleção da terapia antimicrobiana inicial para uma infecção?

(A) A idade do paciente
(B) O local anatômico da infecção (p. ex., meningite ou infecção do trato urinário)
(C) Se o paciente está ou não imunocomprometido
(D) Se o paciente possui ou não algum dispositivo implantado (p. ex., prótese articular de quadril, válvula cardíaca artificial e cateter urinário)
(E) Espera pelos resultados da cultura e pelos testes de sensibilidade aos antimicrobianos

10. Todos os seguintes agentes têm boa atividade contra microrganismos Gram-positivos, exceto:

(A) Daptomicina
(B) Vancomicina
(C) Aztreonam
(D) Quinupristina-dalfopristina
(E) Tigeciclina

11. A tigeciclina, uma nova glicilciclina com boa atividade contra uma variedade de patógenos, é melhor usada para o tratamento de qual das seguintes infecções?

    (A) Meningite
    (B) Infecções intra-abdominais causadas por bactérias aeróbias e anaeróbias mistas
    (C) Sepse neonatal
    (D) Uretrite causada por *C. trachomatis*
    (E) Como monoterapia para bacteriemia causada por *A. baumannii*

12. Qual dos seguintes antibióticos carbapenêmicos não possui atividade contra *Pseudomonas aeruginosa*?

    (A) Imipeném
    (B) Meropeném
    (C) Doripeném
    (D) Ertapeném

13. De qual dos seguintes agentes não se pode esperar que demonstre um efeito pós-antibiótico contra bacilos Gram-negativos?

    (A) Imipeném
    (B) Ciprofloxacino
    (C) Gentamicina
    (D) Ampicilina

14. Todas as alternativas a seguir são mecanismos comuns de resistência à penicilina, *exceto*:

    (A) Produção de β-lactamases
    (B) Alterações nos alvos receptores (PBPs)
    (C) Incapacidade de ativar enzimas autolíticas
    (D) Falha na síntese do peptidoglicano
    (E) Metilação do RNA ribossômico

15. O fármaco de primeira escolha para o tratamento de infecções anaeróbias graves causadas por *Bacteroides fragilis* é:

    (A) Clindamicina
    (B) Ampicilina
    (C) Cefoxitina
    (D) Metronidazol
    (E) Amoxacilina–ácido clavulânico

Respostas

1. D	6. C	11. B
2. B	7. B	12. D
3. E	8. E	13. D
4. D	9. E	14. E
5. A	10. C	15. D

REFERÊNCIAS

Bratzler DW, Dellinger EP, Olsen KM, et al: Clinical practice guidelines for antimicrobial prophylaxis in surgery. *Am J Health Syst Pharm* 2013;70:195–283.

Opal SM, Pop-Vicas A: Molecular mechanisms of antibiotic resistance in bacteria. In Bennett JE, Dolin R, Blaser MJ (editors). *Mandell, Douglas, and Bennett's Principles and Practice of Infectious Diseases*, 8th ed. Philadelphia: Elsevier, 2015, pp. 235–251.

Pillai SK, Eliopoulis GM, Moellering RC: Principles of anti-infective therapy. In Bennett JE, Dolin R, Blaser MJ (editors). *Mandell, Douglas, and Bennett's Principles and Practice of Infectious Diseases*, 8th ed. Elsevier, 2015.

REFERÊNCIAS ELETRÔNICAS

Com o advento dos *smartphones* e dos *tablets*, existem versões eletrônicas de dois guias bem conhecidos de terapia antimicrobiana, o *Johns Hopkins Antibiotic Guide* (https://www.unboundmedicine.com/) e o *Sanford Guide to Antimicrobal Therapy* (https://www.sanfordguide.com/), disponíveis como aplicativos. Eles são serviços de assinatura e oferecem atualizações frequentes.

C A P Í T U L O

29

Propriedades gerais dos vírus

Os vírus são os menores agentes infecciosos (com diâmetro que varia de cerca de 20 nm a 300 nm) e contêm apenas um tipo de ácido nucleico (RNA ou DNA) como genoma, circundado por um envelope proteico que pode ser delimitado por membrana contendo lipídeo. O ácido nucleico é revestido por um envoltório proteico, que pode ser delimitado por uma membrana lipídica. A unidade infecciosa completa é denominada *virion*. Os vírus são parasitas* no nível genético, replicam apenas nas células vivas e são inertes no ambiente extracelular. O ácido nucleico viral contém a informação necessária para programar a célula infectada do hospedeiro para sintetizar macromoléculas específicas do vírus necessárias à produção da progênie viral. Durante o ciclo de replicação, são produzidas várias cópias de ácido nucleico viral e proteínas do envelope. As proteínas do envelope organizam-se para formar o capsídeo, que envolve e estabiliza o ácido nucleico viral, protegendo-o do ambiente extracelular, bem como facilitando a fixação e a penetração do vírus ao entrar em contato com novas células suscetíveis. A infecção por vírus pode ter pouco ou nenhum efeito sobre a célula hospedeira, ou resultar em lesão ou morte celular.

O universo dos vírus apresenta grande diversidade. Eles variam enormemente na sua estrutura, organização e expressão do genoma, bem como nas estratégias de replicação e transmissão. A variedade de hospedeiros para determinado vírus pode ser ampla ou extremamente limitada. Sabe-se que os vírus infectam os microrganismos unicelulares, como micoplasmas, bactérias e algas, bem como todas

as plantas e animais superiores. No Capítulo 30, são fornecidos os detalhes gerais dos efeitos da infecção viral sobre o hospedeiro.

Grande parte da informação sobre as relações entre vírus e hospedeiro foi obtida de estudos com bacteriófagos, isto é, vírus que atacam bactérias. Este assunto é discutido no Capítulo 7. As propriedades de cada vírus são discutidas nos Capítulos 31 a 44.

TERMOS E DEFINIÇÕES EM VIROLOGIA

Diagramas esquemáticos de vírus com simetria icosaédrica e helicoidal estão mostrados na Figura 29-1. Os componentes virais indicados estão descritos a seguir.

Capsídeo: Envelope proteico que envolve e confina o genoma do ácido nucleico.

Capsômeros: Unidades morfológicas observadas ao microscópio eletrônico na superfície das partículas virais icosaédricas. Os capsômeros representam aglomerados de polipeptídeos, porém as unidades morfológicas não correspondem necessariamente às unidades estruturais definidas quimicamente.

Envelope: Membrana contendo lipídeos que circunda algumas partículas virais. O envelope é adquirido durante a maturação do vírus por um processo de brotamento através da membrana celular da célula hospedeira (ver Figura 29-3). As glicoproteínas codificadas pelo vírus estão expostas na superfície do envelope. Tais projeções são denominadas **peplômeros**.

Nucleocapsídeo: Complexo de proteína-ácido nucleico que representa a forma acondicionada do genoma viral. O termo é comumente utilizado nos casos em que o nucleocapsídeo constitui subestrutura de uma partícula viral mais complexa.

Subunidade: Cadeia polipeptídea viral dobrada.

Unidades estruturais: Subunidades proteicas básicas do envelope. Em geral, trata-se de uma coleção de mais de uma subunidade proteica não idêntica. A unidade estrutural é frequentemente descrita como **protômero**.

---

*N. de T. Segundo vários virologistas, a definição de parasita pode não ser muito adequada para os vírus, uma vez que, por definição, um parasita seria um organismo que, apesar de depender do hospedeiro em maior ou menor grau, apresenta metabolismo próprio. Os vírus não apresentam metabolismo e são, portanto, melhor definidos como partículas que apresentam capacidade de infecção e que guardam todas as informações genéticas para que a célula hospedeira replique ativamente o seu material genético e todas as proteínas e enzimas necessárias para sua montagem.

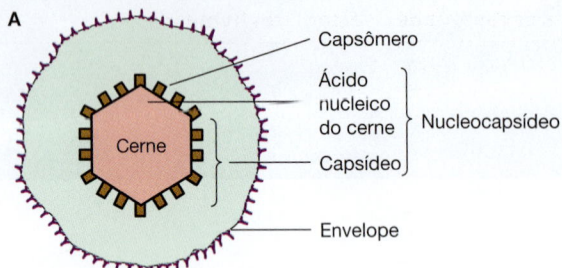

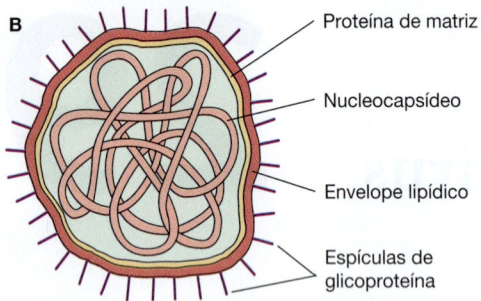

FIGURA 29-1   Diagrama esquemático que ilustra os componentes da partícula viral completa (o virion). **A:** Vírus com envelope de simetria icosaédrica. Nem todos os vírus icosaédricos apresentam envelopes. **B:** Vírus de simetria helicoidal.

Virion: A partícula viral completa. Em alguns casos (p. ex., papilomavírus, picornavírus), o virion é idêntico ao nucleocapsídeo. Nos vírus mais complexos (herpes-vírus, ortomixovírus), o virion inclui o nucleocapsídeo mais um envelope circundante. Tal estrutura, o virion, serve para transferir o ácido nucleico viral de uma célula para outra.

Vírus defectivo: Partícula viral funcionalmente deficiente em algum aspecto da replicação.

ORIGEM EVOLUTIVA DOS VÍRUS

A origem dos vírus ainda não é conhecida. Existem profundas diferenças entre os vírus de DNA, os de RNA e os que utilizam tanto o DNA quanto o RNA como material genético durante diferentes estágios do seu ciclo de vida. É possível que os diferentes tipos de agentes tenham origens distintas. Duas teorias sobre a origem dos vírus podem ser resumidas da seguinte maneira:

1. Os vírus podem ser derivados do DNA ou do RNA dos ácidos nucleicos de células hospedeiras que adquiriram a capacidade de replicação autônoma e evoluíram independentemente. Assemelham-se a genes que adquiriram a capacidade de existir independentemente da célula. Algumas sequências virais estão relacionadas com porções de genes celulares que codificam domínios funcionais proteicos. É provável que pelo menos alguns vírus tenham evoluído dessa maneira.
2. Os vírus podem consistir em formas degeneradas de parasitas intracelulares. Não há evidências de que os vírus tenham evoluído a partir de bactérias, embora exista a probabilidade de que outros microrganismos intracelulares obrigatórios (p. ex.,

riquétsias e clamídias) tenham feito isso. Todavia, os poxvírus são tão grandes e complexos que podem representar produtos evolutivos de algum ancestral celular.

CLASSIFICAÇÃO DOS VÍRUS

Bases da classificação

Foram utilizadas as propriedades mostradas a seguir como base para classificação dos vírus. A quantidade de informações disponíveis em cada categoria não é a mesma para todos os vírus. O sequenciamento do genoma é atualmente realizado no início da identificação do vírus. As sequências obtidas são comparadas com os bancos de dados para fornecer informações detalhadas sobre a classificação viral, a composição proteica prevista e a relação taxonômica com outros vírus.

1. Morfologia do virion, incluindo o tamanho, a forma, o tipo de simetria, a presença ou ausência de peplômeros e a presença ou ausência de membranas.
2. Propriedades do genoma do vírus, incluindo o tipo de ácido nucleico (DNA ou RNA), o tamanho do genoma, o número de fitas (simples ou dupla), se é linear ou circular, o sentido/polaridade (positivo, negativo, com ambos os sentidos), os segmentos (número e tamanho), a sequência de nucleotídeos, o conteúdo de guanina-citosina (GC) e a presença de características especiais (elementos repetitivos, isomerização, estrutura nucleotídica cap 5'-terminal, proteína de ligação covalente 5'-terminal, trato poli(A) 3'-terminal).
3. Organização genômica e de replicação, incluindo a ordem dos genes, número e posição das sequências de leitura aberta (ORF, do inglês *open reading frames*), estratégia de replicação (padrões de transcrição e de tradução) e sítios celulares (acúmulo de proteínas, montagem e liberação do virion).
4. Propriedades das proteínas virais, incluindo número, tamanho, sequência de aminoácidos, modificações (glicosilação, fosforilação, miristilação) e atividades funcionais das proteínas estruturais e não estruturais (transcriptase, transcriptase reversa, neuraminidase, atividades de fusão).
5. Propriedades antigênicas, particularmente reações a vários antissoros.
6. Propriedades físico-químicas do virion, inclusive a massa molecular (MM), a densidade de flutuação, a estabilidade em pH, a termoestabilidade e a suscetibilidade a agentes físicos e químicos, particularmente éter e detergentes.
7. Propriedades biológicas, inclusive a variedade de hospedeiros naturais, o modo de transmissão, as relações com vetores, a patogenicidade, os tropismos teciduais e a patologia.

Sistema universal de taxonomia dos vírus

Foi desenvolvido um sistema em que os vírus são distribuídos em grandes grupos – denominados **famílias** – com base na morfologia do virion, na estrutura do genoma e nas estratégias de replicação. Os nomes das famílias de vírus têm o sufixo **-viridae**. Na Tabela 29-1, é fornecido um esquema conveniente utilizado para classificação. Diagramas de famílias de vírus de animais são mostrados na Figura 29-2.

TABELA 29-1 **Famílias de vírus de animais que contêm membros capazes de infectar seres humanos**

Cerne do ácido nucleico	Simetria do capsídeo	Virion: envelopado ou desnudo	Sensibilidade ao éter	Número de capsômeros	Tamanho da partícula viral (nm)[a]	Tamanho do ácido nucleico no virion (kb/kbp)	Tipo físico de ácido nucleico[b]	Família viral
DNA	Icosaédrico	Desnudo	Resistente	32	18-26	5,6	ss	Parvoviridae
				12	30	2,0-3,9	ss circular	Anelloviridae
				72	45	5	ds circular	Polyomaviridae
				72	55	8	ds circular	Papillomaviridae
				252	70-90	26-45	ds	Adenoviridae
		Envelopado	Sensível	180	40-48	3,2	ds circular[c]	Hepadnaviridae
				162	150-200	125-240	ds	Herpesviridae
	Complexo	Revestimento complexo	Resistente[d]		230 × 400	130-375	ds	Poxviridae
RNA	Icosaédrico	Desnudo	Resistente	32	28-30	7,2-8,4	ss	Picornaviridae
				32	28-30	6,4-7,4	ss	Astroviridae
				32	27-40	7,4-8,3	ss	Caliciviridae
				180	27-34	7,2	ss	Hepeviridae
				12	35-40	4	ds segmentado	Picornaviridae
				32	60-80	16-27	ds segmentado	Reoviridae
		Envelopado	Sensível	42	50-70	9,7-11,8	ss	Togaviridae
	Desconhecido ou complexo	Envelopado	Sensível		40-60	9,5-12,5	ss segmentado	Flaviviridae
					50-300	10-14	ss	Arenaviridae
					120-160	27-32	ss	Coronaviridae
					80-110	7-11[e]	ss diploide	Retroviridae
	Helicoidal	Envelopado	Sensível		80-120	10-13,6	ss segmentado	Orthomyxoviridae
					80-120	11-21	ss segmentado	Bunyaviridae
					80-125	8,5-10,5	ss	Bornaviridae
					75 × 180	13-16	ss	Rhabdoviridae
					150-300	16-20	ss	Paramyxoviridae
					80 × 1.000[f]	19,1	ss	Filoviridae

[a] Diâmetro ou diâmetro × comprimento.
[b] ds (fita dupla); ss (fita simples).
[c] A fita de sentido negativo tem um comprimento constante de 3,2 kb; a outra varia em comprimento, deixando um grande espaço de fita simples.
[d] O gênero *Orthopoxvirus*, que inclui os poxvírus mais bem estudados (p. ex., vaccínia) é resistente ao éter; alguns poxvírus pertencentes a outros gêneros são sensíveis ao éter.
[e] Tamanho do monômero.
[f] Formas filamentosas variam bastante em comprimento.

Dentro de cada família, as subdivisões, denominadas **gêneros**, em geral baseiam-se em diferenças biológicas, genômicas, físico-químicas ou sorológicas. Os critérios empregados para definição dos gêneros variam de uma família para outra. Os nomes dos gêneros têm o sufixo *–virus*. Várias famílias (Herpesviridae, Paramyxoviridae, Parvoviridae, Poxviridae, Reoviridae, Retroviridae) apresentam um grupo maior, denominado **subfamília**, refletindo a complexidade das relações entre os membros. Podem-se utilizar as ordens dos vírus para reunir famílias que apresentem características em comum. Por exemplo, a ordem Mononegavirales engloba as

famílias Bornaviridae, Filoviridae, Paramyxoviridae e Rhabdoviridae. Até 2017, o International Committee on Taxonomy of Viruses havia organizado mais de 4.400 espécies de vírus de animais e plantas em 122 famílias e 735 gêneros.

As propriedades das principais famílias de vírus de animais que contêm importantes membros que causam doença em seres humanos estão resumidas na Tabela 29-1. Esses vírus são discutidos a seguir de modo sucinto, na ordem mostrada na Tabela 29-1, e considerados em mais detalhe nos próximos capítulos.

Vírus de DNA

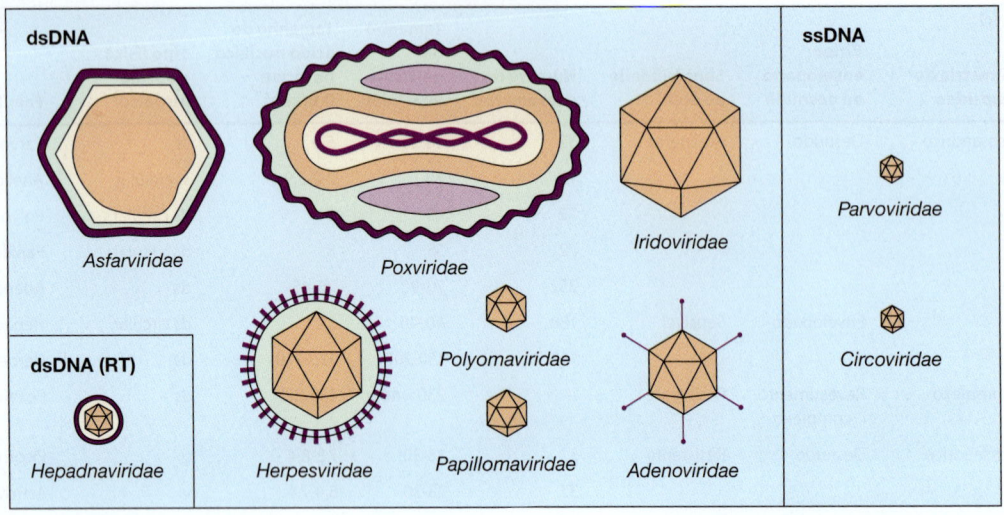

Vírus de RNA

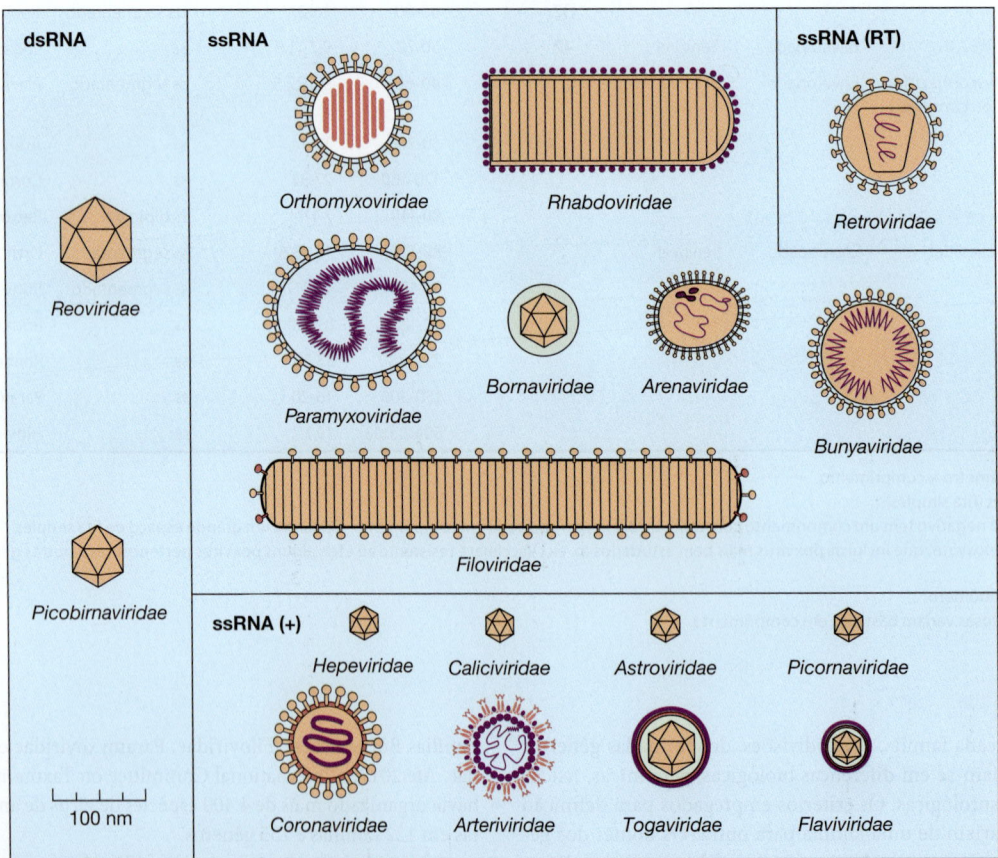

FIGURA 29-2   Formas e tamanhos relativos de vírus de animais de famílias que infectam vertebrados. Em alguns diagramas, certas estruturas internas das partículas estão representadas. Apenas as famílias que incluem os patógenos humanos estão relacionadas na Tabela 29-1 e descritas no texto. (Reproduzida, com autorização, de van Regenmortel MHV, Fauquet CM, Bishop DHL et al. [editors.]: *Virus Taxonomy: Classification and Nomenclature of Viruses. Seventh Report of the International Committee on Taxonomy of Viruses*. Academic Press, 2000.)

Resumo das famílias que contêm vírus de DNA

A. Parvoviridae

Os parvovírus são vírus muito pequenos, com cerca de 18 a 26 nm de tamanho. As partículas exibem simetria cúbica, com 32 capsômeros, mas não apresentam envelope. O genoma consiste em DNA de fita simples linear, de 5 kb de tamanho. A replicação só ocorre em células que se dividem ativamente; a organização dos capsídeos é observada no núcleo da célula infectada. O parvovírus humano B19 sofre replicação em células eritroides imaturas e traz várias consequências adversas, inclusive crise aplástica, quinta doença e morte fetal (ver Capítulo 31)

B. Anelloviridae

Os anelovírus são vírus de pequeno tamanho (de aproximadamente 30 nm de diâmetro), icosaédricos e não envelopados. O genoma viral é circular, de tamanho entre 2 a 4 kb, e formado por DNA de fita simples e de sentido negativo. Os anelovírus, que incluem o torque teno vírus, apresentam uma distribuição cosmopolita na população humana e também em muitas espécies de animais. Até o momento, nenhuma doença foi associada a esses vírus.

C. Polyomaviridae

Os poliomavírus são pequenos vírus (45 nm) não envelopados, termoestáveis e resistentes ao éter, exibindo simetria cúbica, com 72 capsômeros. O nome deriva do grego *poly-* (muitos) e *-oma* (tumor) e refere-se à capacidade de alguns desses vírus de induzir tumores nos hospedeiros infectados. O genoma consiste em DNA circular de fita dupla, com 5 kb de tamanho. Esses agentes apresentam um ciclo de crescimento lento, estimulam a síntese do DNA da célula e replicam-se no interior do núcleo. Os poliomavírus humanos mais bem conhecidos são o vírus JC (agente da leucoencefalopatia multifocal progressiva), o vírus BK (associado a nefropatias em pacientes transplantados) e o vírus da célula de Merkel (associado à maioria dos carcinomas de pele de células de Merkel). O SV40, um vírus primata, também foi isolado de tumores humanos. A maioria das espécies animais apresenta infecções crônicas com um ou mais poliomavírus (ver Capítulo 43).

D. Papillomaviridae

Os papilomavírus são vírus semelhantes aos poliomavírus em alguns aspectos, mas possuem um genoma grande (8 kb) e com partículas entre 55 e 60 nm. O nome deriva do latim *papilla* (mamilo) e do grego *-oma* (tumor) e descreve lesões semelhantes a verrugas produzidas por essas infecções virais. Existem vários tipos de papilomavírus humanos, e certos tipos de alto risco são agentes causadores de câncer genital em humanos (ver Capítulo 43).

E. Adenoviridae

Os adenovírus (do latim *adenos*, que significa glândula) são vírus não envelopados de tamanho médio (70-90 nm) que exibem simetria cúbica, com espículas saindo dos capsômeros que ajudam na fixação do hospedeiro. O genoma consiste em DNA de fita dupla linear, de 26 a 48 kb de tamanho. A replicação ocorre no núcleo. Padrões complexos de junção (*splicing*) produzem mRNAs. Pelo menos 67 tipos de adenovírus infectam os seres humanos, particularmente as mucosas. Alguns tipos podem persistir no tecido linfoide. Certos adenovírus provocam doenças respiratórias agudas, conjuntivite e gastrenterite. Determinados adenovírus de seres humanos podem induzir tumores em hamsters recém-nascidos. Muitos sorotipos infectam animais (ver Capítulos 32 e 43).

F. Hepadnaviridae

Os hepadnavírus (do latim *hepa*, que significa fígado) são vírus pequenos (40-48 nm) e envelopados que contêm moléculas de DNA de fita dupla circular, com 3,2 kbp de tamanho. A replicação envolve o reparo do hiato de fita simples no DNA, transcrição do RNA e transcrição reversa do RNA para produzir DNA genômico. O vírus consiste em um cerne de nucleocapsídeo icosaédrico de 27 nm em um envelope estreitamente aderente que contém lipídeos e o antígeno de superfície viral. Tipicamente, ocorre a produção excessiva da proteína de superfície durante a replicação do vírus no fígado, com liberação na corrente sanguínea. Os hepadnavírus (como o vírus da hepatite B) causam hepatites aguda e crônica. As infecções persistentes estão associadas ao elevado risco de desenvolvimento de câncer hepático. Esses vírus infectam mamíferos e patos (ver Capítulo 35).

G. Herpesviridae

Os herpes-vírus formam uma grande família de vírus com diâmetro de 150 a 200 nm. O nome deriva do latim *herpes* (fluência), descrevendo a natureza disseminada das lesões de pele causadas por esses vírus. O nucleocapsídeo tem 100 nm de diâmetro, com simetria cúbica e 162 capsômeros, sendo circundado por um envelope lipídico. O genoma consiste em DNA de fita dupla linear, com 120 a 240 kb de tamanho. As infecções latentes podem persistir por toda a vida do hospedeiro, geralmente em células ganglionares e linfoblastoides. Os herpes-vírus humanos abrangem os herpes-vírus simples tipos 1 e 2 (lesões orais e genitais), vírus varicela-zóster (herpes-zóster e varicela), citomegalovírus, vírus Epstein-Barr (mononucleose infecciosa e associação com neoplasias humanas), bem como os herpes-vírus humanos 6 e 7 (linfotrópico T), além do herpes-vírus humano 8 (associado ao sarcoma de Kaposi). Outros herpes-vírus podem infectar vários animais (ver Capítulos 33 e 43).

H. Poxviridae

Os poxvírus são grandes vírus ovoides ou em forma de tijolo, de 220 a 450 nm de comprimento por 140 a 260 nm de largura e 140 a 260 nm de espessura. A estrutura das partículas é complexa, com um envelope contendo lipídeo. O nome deriva do anglo-saxão *pokkes* (bolsa), referindo-se às suas lesões cutâneas vesiculares características. O genoma consiste em DNA de fita dupla linear, fechado de modo covalente, com 130 a 375 kb de tamanho. As partículas de poxvírus contêm cerca de 100 proteínas, inclusive muitas com atividades enzimáticas, como a RNA-polimerase dependente do DNA. A replicação ocorre totalmente no interior do citoplasma da célula. Alguns são patogênicos para os seres humanos (varíola, vaccínia, molusco contagioso); outros patogênicos para animais, podem infectar os seres humanos (varíola bovina, varíola de símios).

Resumo dos vírus de RNA

A. Picornaviridae

Os picornavírus são vírus pequenos (28-30 nm) e resistentes ao éter que exibem simetria cúbica. O genoma de RNA é de fita simples e polaridade positiva, ou seja, pode servir como mRNA, com 7,2 a 8,4 kb de tamanho. Os grupos que infectam os seres humanos são os enterovírus (poliovírus, coxsackievírus, ecovírus e rinovírus [com mais de 100 sorotipos que causam o resfriado comum]) e os hepatovírus (vírus da hepatite A). Os rinovírus são acidolábeis e apresentam alta densidade; os enterovírus são acidoestáveis e exibem menor densidade. Os picornavírus que infectam animais abrangem aqueles que causam a febre aftosa em bovinos e a encefalomiocardite de roedores (ver Capítulo 36).

B. Astroviridae

Os astrovírus são vírus semelhantes aos picornavírus em tamanho (28-30 nm). Contudo, as partículas exibem um contorno distinto em forma de estrela na superfície. O genoma consiste em RNA linear de fita simples e polaridade positiva, com 6,8 a 7 kb de tamanho. Esses vírus estão associados à gastrenterite em humanos e a doenças neurológicas em alguns animais (ver Capítulo 37).

C. Caliciviridae

Os calicivírus são semelhantes aos picornavírus, porém ligeiramente maiores (27-40 nm). As partículas parecem apresentar depressões em forma de taça na superfície. O genoma consiste em RNA de fita simples e polaridade positiva, com 7,3 a 8,3 kb de tamanho. O virion não tem envelope. Os norovírus são um importante patógeno humano (p. ex., o vírus Norwalk), responsável pela gastrenterite aguda epidêmica. Outros vírus infectam gatos e leões-marinhos, bem como primatas (ver Capítulo 37).

D. Hepeviridae

Os hepevírus são vírus semelhantes aos calicivírus. As partículas são pequenas (32-34 nm) e são resistentes ao éter. O genoma é de fita simples, formado por RNA de polaridade positiva, com 7,2 kb de tamanho e sem a presença da proteína ligada ao genoma viral (VPg, do inglês *genome-linked viral protein*). O vírus da hepatite E humana pertence a esse grupo (ver Capítulo 35).

E. Picobirnaviridae

Os picobirnavírus são vírus pequenos (35-40 nm) não envelopados e com estrutura icosaédrica. Seu genoma é linear, formado por RNA de fita dupla e segmentado (2 segmentos), totalizando em cerca de 4 kb. Sua associação com infecções humanas não é clara.

F. Reoviridae

Os reovírus apresentam tamanho médio (60-80 nm), são resistentes ao éter, são não envelopados e exibem simetria icosaédrica. As partículas têm duas ou três proteínas de capsídeo com canais que se estendem da superfície até o núcleo. Pequenas espículas estendem-se a partir da superfície do virion. O genoma consiste em RNA linear de fita dupla segmentado (10-12 segmentos), com tamanho total de 18 a 30 kbp. Os segmentos de RNA variam de 200 a 3.000 bp. A replicação ocorre no citoplasma; o rearranjo dos segmentos do genoma ocorre com facilidade. Os reovírus de seres humanos incluem os

rotavírus, que exibem aspecto distinto em forma de roda e causam gastrenterite. Os reovírus antigenicamente semelhantes infectam muitos animais. O gênero *Coltivirus* inclui o vírus de seres humanos causador da febre transmitida pelo carrapato do Colorado (ver Capítulo 37).

G. Arbovírus e os vírus transmitidos por roedores

Esses dois grupos ecológicos de vírus (não constituem famílias de vírus verdadeiras) apresentam diferentes propriedades físicas e químicas. Os arbovírus (existem mais de 350) apresentam um complexo ciclo que envolve artrópodes como vetores que transmitem os vírus a hospedeiros vertebrados através de picada. A replicação viral não parece prejudicar o artrópode infectado. Os arbovírus infectam seres humanos, mamíferos, aves e cobras utilizando mosquitos e carrapatos como vetores. Os patógenos humanos incluem os vírus da dengue, da febre amarela, da encefalite e o vírus do Oeste do Nilo. Já os vírus transmitidos por roedores provocam infecções persistentes em roedores e não são transmitidos por artrópodes. As doenças humanas incluem as infecções por hantavírus e a febre de Lassa. Os vírus desses grupos ecológicos pertencem a várias famílias de vírus, incluindo Arenaviridae, Bunyaviridae, Flaviviridae, Reoviridae, Rhabdoviridae e Togaviridae (ver Capítulo 38).

H. Togaviridae

Muitos arbovírus que são importantes patógenos humanos, os denominados **alfavírus**, bem como o vírus da rubéola, pertencem a esse grupo. Possuem envelope lipídico e são sensíveis ao éter. O genoma consiste em RNA de fita simples e polaridade positiva, com 9,7 a 11,8 kb de tamanho. O virion com envelope mede 65 a 70 nm. As partículas virais amadurecem por brotamento a partir da membrana da célula hospedeira. Um exemplo é o vírus da encefalite equina do leste. O vírus da rubéola não é transmitido por um vetor artrópode (ver Capítulos 38 e 40)

I. Flaviviridae

Os flavivírus são vírus envelopados, de 40 a 60 nm de diâmetro, contendo RNA de fita simples e polaridade positiva. Seu genoma varia entre 9,5 a 12 kb. Os virions maduros acumulam-se no interior das cisternas do retículo endoplasmático. Esse grupo de arbovírus abrange o vírus da febre amarela e o da dengue. A maioria dos membros é transmitida por artrópodes hematófagos. O vírus da hepatite C é um flavivírus que não apresenta disseminação por artrópodes (ver Capítulos 35 e 38).

J. Arenaviridae

Os arenavírus são vírus envelopados e pleomórficos, cujo tamanho varia de 60 a 300 nm (com média de 110 a 130 nm). O genoma consiste em RNA de fita simples circular e segmentado, de polaridade negativa ou de ambos os sentidos, com tamanho total de 10 a 14 kb. Ocorre replicação no citoplasma, com organização por brotamento na membrana plasmática. Os virions incorporam-se aos ribossomos da célula hospedeira durante a maturação, o que confere às partículas um aspecto "arenoso". A maioria dos membros dessa família é típica da América tropical (i.e., o complexo Tacaribe). Todos os arenavírus patogênicos para os seres humanos causam infecções crônicas em roedores. O vírus da febre de Lassa da África é um exemplo dessa família. Esses vírus exigem condições de segurança máxima em laboratório (ver Capítulo 38).

K. Coronaviridae

Os coronavírus são vírus envelopados com partículas de 120 a 160 nm, contendo um genoma não segmentado de RNA de fita simples e polaridade positiva, com 27 a 32 kb de tamanho. Os coronavírus assemelham-se aos ortomixovírus, porém exibem projeções superficiais em forma de pétalas dispostas em uma franja que lembra uma coroa solar. Os nucleocapsídeos dos coronavírus desenvolvem-se no citoplasma e amadurecem por brotamento em vesículas citoplasmáticas. Esses vírus possuem estreita variedade de hospedeiros. Classicamente, os coronavírus humanos causam doenças agudas leves do trato respiratório superior ("resfriados"). Contudo, algumas variantes* de coronavírus descobertas causam síndrome respiratória aguda grave (SARS, do inglês *severe acute respiratory syndrome*) e síndrome respiratória do Oriente Médio (MERS, do inglês *Middle East respiratory syndrome*). Os torovírus, que provocam gastrenterite, formam um gênero distinto. Os coronavírus de animais provocam prontamente infecções persistentes e incluem o vírus da hepatite de camundongo e o vírus da bronquite infecciosa aviária (ver Capítulo 41).

L. Retroviridae

Os retrovírus são vírus envelopados e esféricos (80-110 nm de diâmetro) cujo genoma contém duas cópias de RNA de fita simples linear com polaridade positiva, da mesma polaridade do mRNA viral. Cada monômero de RNA tem 7 a 11 kb de tamanho. As partículas contêm um nucleocapsídeo helicoidal dentro de um capsídeo icosaédrico. A replicação é peculiar; o vírus possui uma enzima transcriptase reversa que produz uma cópia de DNA a partir do genoma do RNA. Esse DNA torna-se circular e integra-se ao DNA cromossômico do hospedeiro. Em seguida, o vírus sofre replicação a partir da cópia de DNA "pró-viral" integrada. A montagem do virion ocorre por brotamento na membrana plasmática. Os hospedeiros permanecem cronicamente infectados. Os retrovírus exibem ampla distribuição, tratando-se de pró-vírus endógenos resultantes de infecções antigas de células germinativas, transmitidos como genes hereditários na maioria das espécies. Estão incluídos nesse grupo os vírus da leucemia e do sarcoma de animais e seres humanos (ver Capítulo 43), os vírus espumosos dos primatas e os lentivírus (vírus da imunodeficiência humana [HIV, do inglês *human immunodeficiency virus*]; Maedi-Visna [MV] de ovinos) (ver Capítulos 42 e 44). Os retrovírus causam a síndrome da imunodeficiência adquirida (Aids, do inglês *acquired immunodeficiency syndrome*) (ver Capítulo 44) e tornam possível a identificação dos oncogenes celulares (ver Capítulo 43).

---

*N. de T. Mais recentemente, um novo coronavírus (SARS-CoV-2, Covid-19) foi detectado pela primeira vez em dezembro de 2019 na cidade de Wuhan, China. Essa variante se tornou o agente infeccioso responsável pela primeira pandemia do século XXI. Segundo a Organização Mundial da Saúde, até o momento (agosto de 2020), há mundialmente cerca de 17.660.523 casos confirmados com 680.894 mortes. No Brasil, estima-se 2.662.485 casos confirmados e 92.475 mortes.

M. Orthomyxoviridae

Os ortomixovírus são vírus envelopados de tamanho médio, de 80 a 120 nm, que exibem simetria helicoidal. As partículas são redondas ou filamentosas, com projeções superficiais que contêm atividade de hemaglutinina ou neuraminidase. O genoma consiste em RNA de fita simples, linear, segmentado e de polaridade negativa, com tamanho total de 10 a 13,6 kb. Os segmentos possuem, cada qual, de 890 a 2.350 nucleotídeos. O vírus amadurece por brotamento na membrana celular. O vírus influenza é um representante dos ortomixovírus que infecta seres humanos ou animais. A natureza segmentada do genoma viral permite um rápido rearranjo genético quando dois vírus influenza infectam a mesma célula, propiciando, presumivelmente, a elevada taxa de variação natural observada entre os vírus influenza. Acredita-se que o rearranjo viral e a transmissão de outras espécies possam explicar o aparecimento de novas cepas pandêmicas humanas do vírus influenza A (ver Capítulo 39).

N. Bunyaviridae

Os buniavírus são vírus esféricos ou pleomórficos e envelopados de tamanho médio, de 80 a 120 nm. O genoma consiste em RNA de fita simples, segmentado em três partes, circular e de polaridade negativa ou de ambos os sentidos, com tamanho global de 11 a 19 kb. As partículas de virion contêm 3 nucleocapsídeos simétricos helicoidais e circulares, com cerca de 2,5 nm de diâmetro e 200 a 3.000 nm de comprimento. A replicação ocorre no citoplasma, e o envelope é adquirido por brotamento para dentro do complexo de Golgi. A maioria desses vírus é transmitida para vertebrados por artrópodes (arbovírus). Os hantavírus não são transmitidos por artrópodes, mas por roedores persistentemente infectados, por meio de aerossóis de excrementos contaminados. Causam febre hemorrágica e nefropatia, bem como síndrome pulmonar grave (ver Capítulo 38).

O. Bornaviridae

Os bornavírus são vírus envelopados e esféricos (70-130 nm). O genoma consiste em RNA de fita simples, linear, não segmentado e de polaridade negativa, com 8,5 a 10,5 kb de tamanho. São singulares entre os vírus de RNA de sentido negativo, uma vez que a replicação e a transcrição do genoma viral ocorrem no núcleo. O vírus da doença de Borna é neurotrópico em animais e pode estar associado a transtornos neuropsiquiátricos em seres humanos (ver Capítulo 42).

P. Rhabdoviridae

Os rabdovírus são vírus envelopados que se assemelham a uma bala, achatados em uma das extremidades e arredondados na outra, medindo cerca de 75 × 180 nm. O envelope apresenta espículas de 10 nm. O genoma consiste em RNA de fita simples, linear, não segmentado e de polaridade negativa, com 11 a 15 kb de tamanho. As partículas são formadas por brotamento a partir da membrana celular. Os vírus apresentam uma ampla variedade de hospedeiros. O vírus da raiva é um membro desse grupo (ver Capítulo 42).

Q. Paramyxoviridae

Os paramixovírus se assemelham aos ortomixovírus, porém são maiores (150-300 nm). Suas partículas são pleomórficas.

O nucleocapsídeo interno mede 13 a 18 nm, e o RNA de fita simples linear, de polaridade negativa e não segmentado tem 16 a 20 kb de tamanho. Tanto o nucleocapsídeo quanto a hemaglutinina são formados no citoplasma. Os vírus que infectam os seres humanos incluem os da caxumba, sarampo, parainfluenza, metapneumovírus e o sincicial respiratório. Esses vírus possuem estreita variedade de hospedeiros. Diferente dos vírus influenza, os paramixovírus são geneticamente estáveis (ver Capítulo 40).

R. Filoviridae

Os filovírus são vírus envelopados e pleomórficos que podem ser muito longos e filiformes. Tipicamente, apresentam 80 nm de largura e cerca de 1.000 nm de comprimento. O envelope contém grandes peplômeros. O genoma consiste em RNA de fita simples, linear e de polaridade negativa, com 18 a 19 kb de tamanho. Na África, os vírus Marburg e ebola provocam febre hemorrágica grave. Esses vírus exigem condições de segurança máxima (nível de biossegurança 4) para sua manipulação (ver Capítulo 38).

S. Vírus emergentes

Novos vírus estão sendo descobertos com grande frequência. A maioria pertence a famílias existentes, mas raramente alguns agentes não são classificáveis. Alguns deles estão associados a doenças humanas, enquanto muitos afetam outras espécies (ver Capítulo 48).

T. Viroides

Viroides são pequenos agentes infecciosos que causam doenças em plantas. Os viroides são agentes que não se encaixam na definição dos vírus clássicos. Consistem em moléculas de ácido nucleico sem revestimento proteico. Os viroides de plantas são moléculas de RNA de fita simples, circulares e fechadas por ligações covalentes, constituídas por cerca de 360 nucleotídeos, com uma estrutura em forma de bastonete e alto pareamento de bases. Esses agentes sofrem replicação por um mecanismo totalmente novo. O RNA viroide não codifica qualquer produto proteico; as doenças devastadoras em plantas provocadas pelos viroides ocorrem por um mecanismo desconhecido. O vírus da hepatite D em humanos apresenta propriedades similares às dos viroides.

U. Príons

Os príons são partículas infecciosas compostas unicamente por proteína, sem ácido nucleico detectável. São altamente resistentes à inativação por calor, formaldeído e radiação UV, que inativam vírus. A proteína priônica infecciosa é dobrada e capaz de alterar a conformação da proteína priônica nativa que é codificada por um único gene celular. As doenças causadas por príons, chamadas "encefalopatias espongiformes transmissíveis", incluem a paraplexia enzoótica (*scrapie*) em ovelhas, a doença da vaca louca no gado, o *kuru* e a doença de Creutzfeldt-Jakob em seres humanos (ver Capítulo 42).

PRINCÍPIOS DA ESTRUTURA VIRAL

Os vírus exibem muitas formas e tamanhos. É necessário dispor de informações sobre a estrutura dos vírus para a sua classificação e o estabelecimento de relações entre a estrutura e a função das proteínas virais. As características estruturais peculiares de cada família de vírus são determinadas pelas funções do virion: morfogênese e liberação das células infectadas; transmissão para novos hospedeiros; e fixação, penetração e desnudamento em células recém-infectadas. O conhecimento da estrutura dos vírus é necessário para que se compreendam os mecanismos de certos processos, como a interação das partículas virais com receptores de superfície celular e anticorpos neutralizantes, o que também pode levar ao planejamento racional de fármacos antivirais capazes de bloquear a fixação, o desnudamento ou a organização dos vírus em células suscetíveis.

Tipos de simetria das partículas virais

A microscopia eletrônica, a microscopia crioeletrônica e as técnicas de difração dos raios X possibilitaram a resolução de pequenas diferenças na morfologia básica dos vírus. O estudo da simetria viral pela microscopia eletrônica-padrão exige o uso de corantes de metais pesados (p. ex., fosfotungstato de potássio) para realçar a estrutura superficial. O metal pesado penetra na partícula viral como uma nuvem e revela a estrutura superficial do vírus em virtude de "coloração negativa". O nível típico de resolução é de 3 a 4 nm. (O tamanho de uma hélice dupla de DNA é de 2 nm.) Todavia, os métodos convencionais de preparação das amostras frequentemente produzem deformações e alterações na morfologia das partículas. A microscopia crioeletrônica utiliza amostras de vírus rapidamente congeladas em gelo vítreo; assim, as características estruturais finas são preservadas e evita-se o uso de corantes negativos. Podem-se obter informações sobre a estrutura tridimensional com o uso de procedimentos de processamento de imagens por computador. Exemplos de reconstrução de imagens de partículas virais são mostrados nos Capítulos 32 e 37.

A cristalografia de raios X pode proporcionar informações em nível de resolução atômica, em geral de 0,2 a 0,3 nm. A amostra deve ser cristalina, o que só pode ser obtido com pequenos vírus não envelopados. Todavia, é possível obter dados estruturais de alta resolução de subestruturas bem definidas preparadas a partir dos vírus mais complexos.

A economia genética exige que a estrutura de um vírus seja formada a partir de várias moléculas idênticas de uma ou de algumas proteínas. A arquitetura do vírus pode ser agrupada em três tipos, com base no arranjo das subunidades morfológicas: (1) simetria cúbica (p. ex., os adenovírus), (2) simetria helicoidal (p. ex., os ortomixovírus) e (3) estruturas complexas (p. ex., os poxvírus).

A. Simetria cúbica

Toda simetria cúbica observada em vírus de animais exibe o padrão icosaédrico, que constitui o arranjo mais eficaz para subunidades dentro de um envelope fechado. O icosaedro tem 20 faces (cada qual representada por um triângulo equilátero), 12 vértices e eixos duplos, triplos e quíntuplos de simetria rotacional. As unidades do vértice possuem cinco vizinhos (pentavalentes), enquanto as outras têm seis (hexavalentes).

Existem exatamente 60 subunidades idênticas na superfície de um icosaedro. Para a construção de uma partícula de tamanho adequado para envolver os genomas virais em um capsídeo, os envelopes virais são constituídos de múltiplos de 60 unidades estruturais. Estruturas capsídicas maiores são formadas em alguns casos para acomodar o tamanho do genoma viral com a associação de subunidades proteicas adicionais.

A maioria dos vírus que apresentam simetria icosaédrica não tem forma icosaédrica; na verdade, o aspecto físico da partícula é esférico.

O ácido nucleico viral é condensado no interior das partículas isométricas; as proteínas do cerne codificadas pelo vírus – ou, no caso dos poliomavírus e dos papilomavírus, as histonas celulares – são envolvidas na condensação do ácido nucleico em uma forma apropriada para empacotamento. As "sequências de empacotamento" no ácido nucleico viral estão envolvidas no acondicionamento em partículas virais. Existem restrições de tamanho para as moléculas de ácido nucleico que podem ser empacotadas em determinado capsídeo icosaédrico. Os capsídeos icosaédricos são formados independentemente do ácido nucleico. A maioria das preparações de vírus isométricos contém algumas partículas "vazias" destituídas de ácido nucleico viral. A expressão de proteínas de capsídeo a partir de genes clonados com frequência resulta em autoempacotamento e formação de "partículas semelhantes a vírus" vazias. Tanto os vírus de DNA quanto os de RNA apresentam exemplos de simetria cúbica.

B. Simetria helicoidal

Nos casos de simetria helicoidal, as subunidades proteicas estão ligadas de forma periódica ao ácido nucleico viral, girando até formar uma hélice. Em seguida, o complexo proteína-ácido nucleico viral filamentoso (nucleocapsídeo) é enrolado no interior de um envelope que contém lipídeo. Assim, diferentemente das estruturas icosaédricas, existe uma interação regular e periódica entre a proteína do capsídeo e o ácido nucleico nos vírus com simetria helicoidal. Não é possível haver a formação de partículas helicoidais "vazias".

Todos os exemplos conhecidos de vírus de animais com simetria helicoidal contêm genomas de RNA e, à exceção dos rabdovírus, exibem nucleocapsídeos flexíveis que se enrolam em uma bola no interior do envelope (ver Figuras 29-1B, 29-2 e 42-1).

C. Estruturas complexas

Algumas partículas virais não exibem simetria cúbica ou helicoidal simples, porém apresentam uma estrutura mais complicada. Por exemplo, os poxvírus têm a forma de um tijolo, com cristas na superfície externa e cerne e corpúsculos laterais no interior (ver Figuras 29-2 e 34-1).

Medida do tamanho dos vírus

O pequeno tamanho e a capacidade de atravessar filtros que retêm bactérias são atributos clássicos dos vírus. Entretanto, como algumas bactérias podem ser menores que os vírus de maior tamanho, a capacidade de filtração não é mais considerada uma característica peculiar dos vírus.

A observação direta ao microscópio eletrônico é o método mais usado para se estimar o tamanho da partícula viral. Os vírus podem ser visualizados em preparações de extratos teciduais e em cortes ultrafinos de células infectadas. Outro método que pode ser utilizado é a sedimentação em ultracentrífuga. A relação entre o tamanho e a forma de uma partícula e sua velocidade de sedimentação permite que se determine a densidade da partícula.

A. Medidas comparativas

Os vírus apresentam uma faixa de diâmetro entre 20 nm e 300 nm (ver Tabela 29-1). Para fins de referência, convém lembrar os seguintes dados: (1) o *Staphylococcus* possui um diâmetro de cerca de 1.000 nm (1 μm); (2) os vírus bacterianos (bacteriófagos) variam de tamanho (10-100 nm), e alguns são esféricos ou hexagonais e apresentam cauda longa ou curta; (3) as moléculas proteicas representativas têm diâmetro que varia desde o da albumina sérica (5 nm) e o da globulina (7 nm) até o de certas hemocianinas (23 nm); (4) os ribossomos apresentam uma faixa de 25 a 30 nm, enquanto as mitocôndrias são muito maiores (1-10 μm); (5) as hemácias têm diâmetro de 6 a 8 μm; e (6) a largura de um fio de cabelo humano é de cerca de 100 μm.

A Figura 29-2 mostra os tamanhos relativos e a morfologia de várias famílias de vírus. As partículas com diferença de diâmetro de duas vezes apresentam uma diferença de volume de 8 vezes. Então, a massa de um poxvírus é cerca de 1.000 vezes maior do que a da partícula do poliovírus, enquanto a massa de uma pequena bactéria é 50.000 vezes maior.

COMPOSIÇÃO QUÍMICA DOS VÍRUS

Proteína viral

As proteínas estruturais dos vírus desempenham várias funções importantes. Seu principal objetivo é facilitar a transferência do ácido nucleico viral de uma célula hospedeira para outra. Servem para proteger o genoma viral contra a inativação por nucleases; além disso, participam na fixação da partícula viral a uma célula suscetível e são responsáveis pela simetria estrutural da partícula viral.

As proteínas determinam as características antigênicas do vírus. A resposta imunológica protetora do hospedeiro é dirigida contra determinantes antigênicos das proteínas ou glicoproteínas expostas na superfície da partícula viral. Algumas proteínas de superfície também podem exibir atividades específicas (p. ex., a hemaglutinina do vírus influenza, que aglutina eritrócitos).

Alguns vírus podem carregar enzimas em seu interior. As enzimas estão presentes em quantidades muito pequenas e provavelmente não são importantes na estrutura das partículas virais. Entretanto, são essenciais para a iniciação do ciclo de replicação viral quando o virion penetra em uma célula hospedeira. São exemplos de enzimas a RNA-polimerase transportada por vírus com genomas de RNA de sentido negativo (p. ex., ortomixovírus, rabdovírus), necessária para copiar os primeiros mRNAs, e a transcriptase reversa, uma enzima de retrovírus que efetua uma cópia do DNA a partir do RNA viral, etapa essencial no processo de replicação e transformação. No outro extremo, encontram-se os poxvírus, cujos cernes contêm um sistema de transcrição; existem muitas enzimas diferentes acondicionadas nas partículas dos poxvírus.

Ácido nucleico viral

Os vírus contêm um único tipo de ácido nucleico, DNA ou RNA, que codifica a informação genética necessária à sua replicação. O genoma pode consistir em fita simples ou dupla, circular ou linear e segmentada ou não segmentada. O tipo de ácido nucleico, a natureza de suas fitas e seu peso constituem as principais características utilizadas para classificação dos vírus em famílias (ver Tabela 29-1).

O tamanho do genoma do DNA viral varia de 3,2 kbp (hepadnavírus) a 375 kbp (poxvírus). O tamanho do genoma do RNA viral varia de cerca de 4 kb (picobirnavírus) a 32 kb (coronavírus).

Todos os principais grupos de vírus de DNA apresentados na Tabela 29-1 exibem genomas que consistem em moléculas simples de DNA de configuração linear ou circular.

Existem várias formas de RNA viral. O RNA pode consistir em uma única molécula linear (p. ex., picornavírus). Em outros vírus (p. ex., ortomixovírus), o genoma consiste em vários segmentos de RNA que podem estar frouxamente associados no interior do virion. O RNA isolado de vírus com genomas de polaridade positiva (p. ex., picornavírus, togavírus) é infeccioso, e a molécula funciona como mRNA no interior da célula infectada. O RNA isolado de vírus com RNA de polaridade negativa, como os rabdovírus e os ortomixovírus, não é infeccioso. Para essas famílias de vírus, os virions transportam uma RNA-polimerase que, no interior da célula, transcreve as moléculas de RNA do genoma em várias moléculas complementares de RNA, e cada uma delas pode atuar como mRNA.

A sequência e a composição dos nucleotídeos de cada ácido nucleico viral são distintas. Foi estabelecida a sequência de muitos genomas virais. As sequências podem revelar relações genéticas entre vírus isolados, inclusive relações inesperadas entre vírus que não se acreditava serem estreitamente relacionados. O número de genes em um vírus pode ser estimado a partir das estruturas de leitura aberta deduzidas da sequência de ácido nucleico.

Técnicas moleculares, como ensaios de reação em cadeia da polimerase (PCR, do inglês *polymerase chain reaction*) e sequenciamento de ácidos nucleicos, permitem o estudo da transcrição do genoma viral dentro da célula infectada, bem como a comparação do parentesco de diferentes vírus. O ácido nucleico viral pode ser caracterizado por seu conteúdo de GC, por perfil baseado no uso de endonucleases de restrição (enzimas que clivam o DNA em sequências nucleotídicas específicas) e por sequência do genoma total. A comparação com bancos de dados de sequência de ácido nucleico ou proteína pode ser usada para classificar agentes virais.

Envelopes de lipídeos dos vírus

Diversos vírus diferentes contêm envelopes de lipídeos como parte de sua estrutura. O lipídeo é adquirido quando o nucleocapsídeo viral brota através de uma membrana celular durante o processo de maturação. O brotamento só ocorre em locais onde foram inseridas proteínas específicas do vírus na membrana da célula do hospedeiro. O processo de brotamento varia acentuadamente, dependendo da estratégia de replicação do vírus e da estrutura do nucleocapsídeo. O brotamento em vírus influenza está ilustrado na Figura 29-3.

A composição específica de fosfolipídeos de um envelope de virion é determinada pelo tipo específico de membrana celular envolvida no processo de brotamento. Por exemplo, os herpes-vírus brotam através da membrana nuclear da célula do hospedeiro, de modo que a composição de fosfolipídeos do vírus purificado reflete os lipídeos da membrana nuclear. A aquisição de uma membrana contendo lipídeos constitui uma etapa integral na morfogênese do virion de alguns grupos de vírus (ver Replicação dos vírus, adiante).

Os vírus que contêm lipídeos são sensíveis ao tratamento com éter e outros solventes orgânicos (ver Tabela 29-1), indicando que a ruptura ou a perda dos lipídeos resultam em perda da infecciosidade. Em geral, os vírus que não contêm lipídeos são resistentes ao éter.

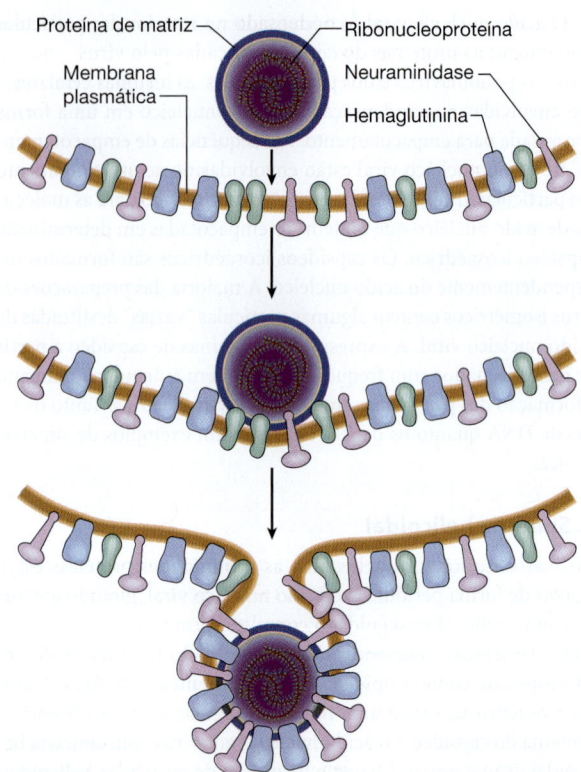

FIGURA 29-3 Liberação do vírus influenza por brotamento na membrana plasmática. Primeiro, as proteínas do envelope viral (hemaglutinina e neuraminidase) são inseridas na membrana plasmática da célula hospedeira. Em seguida, o nucleocapsídeo aproxima-se da superfície externa da membrana e liga-se a ela. Ao mesmo tempo, as proteínas virais aproximam-se do local, e as proteínas de membrana da célula hospedeira são excluídas. Ao final, a membrana plasmática sofre brotamento para formar simultaneamente o envelope viral e liberar o virion maduro. (Reproduzida, com autorização, de Willey JM, Sherwood LM, Woolverton CJ: *Prescott, Harley and Klein's Microbiology*, 7th ed. McGraw-Hill, 2008. © McGraw-Hill Education.)

Glicoproteínas virais

Os envelopes dos vírus contêm glicoproteínas. Diferentemente dos lipídeos das membranas virais, que derivam da célula do hospedeiro, as glicoproteínas do envelope são codificadas pelo vírus. Entretanto, os açúcares adicionados às glicoproteínas virais com frequência refletem a natureza da célula hospedeira na qual o vírus se desenvolve.

As glicoproteínas de superfície de um vírus com envelope são as que fixam a partícula viral a uma célula-alvo mediante sua interação com um receptor celular. Com frequência, as glicoproteínas também são envolvidas na etapa da infecção em que ocorre a fusão da membrana. As glicoproteínas também são importantes antígenos virais. Em virtude de sua localização na superfície externa do virion, estão frequentemente envolvidas na interação da partícula viral com o anticorpo neutralizante. A extensiva glicosilação das proteínas de superfície virais pode prevenir a neutralização efetiva de uma partícula viral por um anticorpo específico. As estruturas tridimensionais das regiões externas expostas de algumas glicoproteínas virais foram determinadas por cristalografia de raios X (ver Figura 39-2). Esses estudos proporcionam uma melhor compreensão da estrutura antigênica e das atividades funcionais das glicoproteínas virais.

CULTURA E DETECÇÃO DOS VÍRUS

Cultura dos vírus

Muitos vírus podem crescer em culturas de células ou em ovos férteis em condições estritamente controladas. O crescimento dos vírus em animais ainda é utilizado para o isolamento primário de determinados vírus e para o estudo da patogênese das doenças virais e da oncogênese viral. Os laboratórios de diagnóstico tentam isolar vírus de amostras clínicas para estabelecer as causas das doenças (ver Capítulo 47). Os laboratórios de pesquisa cultivam o vírus visando a análises detalhadas da expressão e replicação dos vírus.

O crescimento celular *in vitro* é central para a cultura e caracterização dos vírus. Existem três tipos básicos de cultura celular. As culturas primárias são efetuadas com células dispersas (geralmente com tripsina) derivadas de tecidos removidos do hospedeiro. Em geral, são incapazes de crescer durante mais de algumas passagens. As linhagens de células diploides são culturas secundárias que sofreram alteração, permitindo uma cultura limitada (até 50 passagens), mas que retêm seu padrão cromossômico normal. Já as linhagens celulares contínuas são culturas capazes de crescimento mais prolongado, e talvez indefinido, provenientes de linhagens de células diploides ou de tecidos malignos. De forma invariável, apresentam números alterados ou irregulares de cromossomos. O tipo de cultura celular utilizado para cultura de vírus depende da sensibilidade das células a determinado vírus.

A. Detecção de células infectadas por vírus

A multiplicação de um vírus pode ser monitorada de diversas maneiras:

1. Desenvolvimento de efeitos citopáticos, isto é, alterações morfológicas nas células. Os tipos de efeitos citopáticos induzidos por vírus incluem lise ou necrose celular, formação de inclusões, formação de células gigantes e vacuolização citoplasmática (Figuras 29-4A, B e C).
2. Aparecimento de uma proteína codificada pelo vírus, como a hemaglutinina do vírus influenza. Podem-se utilizar antissoros específicos para detectar a síntese das proteínas virais nas células infectadas.
3. Detecção de ácidos nucleicos específicos de vírus. Ensaios moleculares, tais como a PCR, proporcionam métodos de detecção rápidos, sensíveis e específicos.
4. Adsorção de eritrócitos às células infectadas, denominada **hemadsorção**, devido à presença de hemaglutinina codificada pelo vírus (parainfluenza, influenza) nas membranas celulares. Essa reação torna-se positiva antes de as alterações citopáticas serem visíveis e, em alguns casos, ocorre na ausência de efeitos citopáticos (Figura 29-4D).
5. O crescimento do vírus em ovo de galinha embrionado pode resultar em morte do embrião (p. ex., vírus da encefalite), produção de pústulas ou placas na membrana corioalantoi-

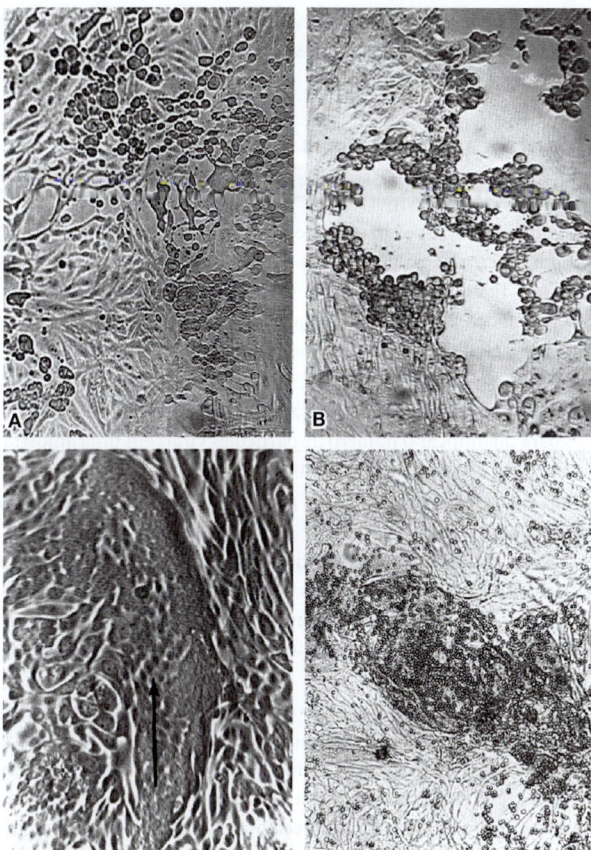

FIGURA 29-4 Efeitos citopáticos produzidos em monocamadas de células cultivadas por diferentes vírus. As culturas são mostradas como normalmente seriam visualizadas no laboratório, sem fixador nem corante (ampliada 60 ×). **A.** Enterovírus – rápido arredondamento das células, progredindo para a destruição celular completa. **B.** Herpes-vírus – áreas focais de células arredondadas e intumescidas. **C.** Paramixovírus – áreas focais de células fundidas (sincícios). **D.** Hemadsorção. Os eritrócitos aderem às células na monocamada que foram infectadas por um vírus que induz a incorporação de uma hemaglutinina na membrana plasmática. Muitos vírus com envelope que amaduram por brotamento a partir de membranas citoplasmáticas produzem hemadsorção. (Cortesia de I Jack.)

de (p. ex., herpes, varíola, vaccínia), ou desenvolvimento de hemaglutininas nos líquidos ou tecidos embrionários (p. ex., influenza).

B. Formação de corpúsculos de inclusão

Durante a multiplicação dos vírus no interior das células, pode-se verificar a presença de estruturas específicas do vírus, denominadas **corpúsculos de inclusão**. Essas estruturas se tornam muito maiores do que a partícula viral e com frequência exibem afinidade por corantes ácidos (p. ex., eosina), podendo localizar-se no núcleo (herpes-vírus; ver Figura 33-3), no citoplasma (poxvírus, vírus da raiva) ou em ambos (vírus do sarampo; ver Figura 40-5). Em muitas infecções virais, os corpúsculos de inclusão são locais de desenvolvimento de virions (as fábricas virais). As variações no aspecto do material de inclusão dependem, em grande parte, do fixador tecidual empregado.

Quantificação dos vírus

A. Métodos físicos

Os testes quantitativos baseados em ácidos nucleicos, como a PCR, podem determinar o número de cópias do genoma viral em uma amostra. Tanto os genomas infecciosos quanto os não infecciosos são detectados. A variação da sequência viral pode reduzir a detecção viral e a quantificação por esses métodos.

Diversos testes sorológicos, como os radioimunoensaios e os ensaios imunoenzimáticos (ver Capítulo 47), podem ser padronizados para quantificar o número de partículas virais em uma amostra. Esses testes não distinguem as partículas infecciosas das não infecciosas e algumas vezes detectam proteínas virais não reunidas nas partículas.

Certos vírus contêm uma proteína (hemaglutinina) que tem a capacidade de aglutinar glóbulos vermelhos de humanos ou de algum animal. Os ensaios de hemaglutinação fornecem um método para quantificar as partículas infecciosas e não infecciosas desses tipos de vírus (ver Capítulo 47).

As partículas virais podem ser contadas diretamente em microscopia eletrônica para comparação com uma suspensão-padrão de partículas de látex de tamanho similar. Entretanto, para esse procedimento, é necessária uma preparação relativamente concentrada de vírus, e as partículas virais infecciosas não podem ser distinguidas das não infecciosas.

B. Métodos biológicos

Os ensaios biológicos com parâmetros de avaliação final dependem da morte e da infecção do animal, ou dos efeitos citopáticos em cultura de tecido em uma série de diluições do vírus que está sendo testado. O título é expresso como 50% da dose infecciosa (DI_{50}), recíproca da diluição do vírus que produz o efeito em 50% das células ou animais inoculados. A relação entre o número de partículas infecciosas e o número total de partículas varia amplamente, desde quase a unidade até menos de 1 por 1.000, mas com frequência pode ser de uma para alguns milhares. Os ensaios precisos exigem o uso de grande número de testes.

O ensaio mais amplamente utilizado na pesquisa de vírus infecciosos é o ensaio em placa, porém somente pode ser usado para vírus que sejam replicados em cultura de tecidos. Monocamadas de células hospedeiras são inoculadas com diluições apropriadas do vírus e, após adsorção, são recobertas com meio contendo ágar ou carboximetilcelulose, a fim de evitar a propagação do vírus pela cultura. Depois de alguns dias, as células inicialmente infectadas produzem vírus que só se propagam para as células circundantes. Vários ciclos de replicação e a morte celular produzem uma pequena área de infecção, ou placa. O intervalo de tempo desde a infecção até o momento em que as placas possam ser visualizadas para contagem depende do ciclo de replicação viral, que pode variar de alguns dias (p. ex., poliovírus) a 2 semanas ou mais (p. ex., SV40). Em condições controladas, uma placa isolada pode originar-se de uma única partícula viral infecciosa, denominada unidade formadora de placa. O efeito citopático das células infectadas na placa

pode ser diferenciado das células não infectadas da monocamada. Há testes mais rápidos baseados na determinação do número de células infectadas produtoras de partículas virais, detectadas por técnicas de imunofluorescência.

Alguns vírus (p. ex., o herpes-vírus e o vírus vaccínia) formam pústulas quando inoculados na membrana corioalantoide de um ovo embrionado. Esses vírus podem ser quantificados ao se relacionar o número de pústulas contadas com a diluição do vírus inoculado.

PURIFICAÇÃO E IDENTIFICAÇÃO DOS VÍRUS

Purificação das partículas virais

É necessário dispor de vírus purificados para efetuar certos tipos de estudo sobre as propriedades e a biologia molecular do agente. Para estudos de purificação, o material inicial consiste, em geral, em grandes volumes de meio de cultura de tecido, líquidos orgânicos ou células infectadas. O primeiro passo frequentemente envolve a concentração das partículas virais por ultrafiltração ou por precipitação com sulfato de amônio, etanol ou polietilenoglicol. A hemaglutinação e a eluição podem ser utilizadas para concentrar os ortomixovírus (ver Capítulo 39). Uma vez concentrados, os vírus podem ser então separados dos materiais do hospedeiro por meio de centrifugação diferencial, centrifugação com gradiente de densidade, cromatografia em coluna e eletroforese.

Em geral, é necessária mais de uma etapa para se obter uma purificação adequada. A purificação preliminar remove a maior parte do material não viral. Essa primeira etapa pode incluir centrifugação. A etapa final de purificação quase sempre envolve centrifugação com gradiente de densidade. Na centrifugação zonal, coloca-se uma amostra de vírus concentrado em um gradiente de densidade linear pré-formado de sacarose ou glicerol, e, durante a centrifugação, o vírus sedimenta-se em forma de banda a uma velocidade determinada principalmente pelo tamanho e pelo peso da partícula viral.

Os vírus também podem ser purificados por centrifugação em alta velocidade em gradientes de densidade de cloreto de césio, tartarato de potássio, citrato de potássio ou sacarose. O material de escolha para o gradiente deve ser o menos tóxico para o vírus. As partículas virais migram para uma posição de equilíbrio em que a densidade da solução é igual à sua densidade de flutuação, formando uma banda visível.

Outros métodos de purificação baseiam-se nas propriedades químicas da superfície do vírus. Na cromatografia em coluna, o vírus liga-se a uma substância, como o dietilaminoetil ou a fosfocelulose, e, em seguida, sofre eluição por alterações no pH e na concentração de sal. A eletroforese zonal permite a separação das partículas virais de contaminantes com base na carga elétrica. Além disso, podem-se utilizar antissoros específicos para remover partículas virais do material do hospedeiro.

É mais fácil purificar os vírus icosaédricos do que os vírus envelopados. Como os últimos em geral contêm quantidades variáveis de envelope por partícula, a população viral é heterogênea tanto no seu tamanho quanto na sua densidade.

É muito difícil obter a purificação completa dos vírus. Pequenas quantidades de material celular tendem a sofrer adsorção às partículas com a consequente copurificação. Os critérios mínimos de pureza consistem no aspecto homogêneo em micrografias eletrônicas e na impossibilidade de outros métodos de purificação de remover "contaminantes" sem reduzir a infecciosidade.

Identificação de uma partícula como vírus

Uma vez obtida uma partícula física típica, ela deve preencher os seguintes critérios para que seja identificada como partícula viral:

1. A partícula só pode ser obtida de células ou tecidos infectados.
2. As partículas obtidas de várias fontes são idênticas independentemente da origem celular em que o vírus está crescendo.
3. As partículas contêm ácido nucleico (DNA ou RNA), e a sequência não é a mesma das espécies das células do hospedeiro de onde as partículas foram obtidas.
4. O grau de atividade infecciosa da preparação varia de forma diretamente relacionada com o número de partículas presentes.
5. A destruição da partícula física por meios químicos ou físicos está associada à perda da atividade viral.
6. É necessário demonstrar que certas propriedades das partículas e da infecciosidade são idênticas, como, por exemplo, o seu comportamento de sedimentação na ultracentrífuga e suas curvas de estabilidade em pH.
7. Os antissoros preparados contra o vírus infeccioso devem reagir com a partícula característica e vice-versa. A observação direta de um vírus desconhecido deve ser efetuada por exame ao microscópio eletrônico da formação de agregado em uma mistura de antissoros e suspensão viral não purificada.
8. As partículas devem ser capazes de induzir a doença característica *in vivo* (se tal experimento for possível).
9. A passagem das partículas em cultura de tecido deve resultar na produção de uma progênie com propriedades biológicas e antigênicas do vírus.

SEGURANÇA NO LABORATÓRIO

Muitos vírus são patógenos humanos; por conseguinte, podem ocorrer infecções adquiridas em laboratório. Com frequência, os procedimentos laboratoriais são potencialmente perigosos se não forem adotadas técnicas apropriadas. Entre os riscos comuns que podem expor a equipe do laboratório ao risco de infecção, destacam-se os seguintes: (1) aerossóis produzidos com a homogeneização de tecidos infectados, centrifugação, vibração ultrassônica ou vidraria quebrada; (2) ingestão ao se pipetar a amostra com a boca, comer ou fumar no laboratório ou lavar de modo inadequado as mãos; (3) penetração através da pele por picadas de agulha, vidraria quebrada, contaminação das mãos por recipientes que vazam, manipulação de tecidos infectados ou picadas de animais; (4) salpicos nos olhos ou nas mucosas.

As boas práticas de biossegurança consistem em: (1) treinamento sobre e uso de técnicas assépticas; (2) proibição de pipetar com a boca; (3) proibição de comer, ingerir líquidos ou fumar no laboratório; (3) uso de equipamento protetor (p. ex., roupas, luvas e máscaras), que não deve ser utilizado fora do laboratório; (4) esterilização de restos de material experimental; (5) uso de cabines de biossegurança; (6) imunização, se houver vacinas disponíveis. Outras preparações e dispositivos especiais de segurança (nível de biossegurança 4) tornam-se necessários quando os profissionais estão trabalhando com agentes de alto risco, como os filovírus (ver Capítulo 38) e o vírus da raiva (ver Capítulo 42).

REAÇÃO A AGENTES FISÍCOS E QUÍMICOS

Calor e frio

Os diferentes vírus exibem grande variabilidade na sua termoestabilidade. Os vírus icosaédricos tendem a ser estáveis, com pouca perda da infecciosidade depois de algumas horas a 37 °C. Os vírus com envelope são muito mais termolábeis, com rápida queda dos títulos a 37 °C. Em geral, a infecciosidade do vírus é destruída por aquecimento a 50 a 60 °C durante 30 minutos, embora existam algumas exceções notáveis (p. ex., vírus da hepatite B, poliomavírus).

Os vírus podem ser preservados por armazenamento a temperaturas de subcongelamento, e alguns podem resistir à liofilização, podendo ser preservados no estado seco a 4 °C ou mesmo à temperatura ambiente. Os vírus envelopados tendem a perder a infecciosidade após armazenamento prolongado mesmo a –80 °C, mostrando-se, desse modo, particularmente sensíveis ao congelamento e descongelamento repetidos.

Estabilização dos vírus por sais

Muitos vírus podem ser estabilizados por sais para resistir à inativação pelo calor, o que é importante na preparação de vacinas. A vacina da pólio oral não estabilizada deve ser conservada a temperaturas de congelamento para se preservar a sua potência. Todavia, com o acréscimo de sais para a estabilização do vírus, a potência pode ser mantida durante semanas à temperatura ambiente, mesmo às altas temperaturas dos trópicos.

pH

Em geral, os vírus são estáveis entre valores de pH de 5 a 9. Alguns vírus (p. ex., enterovírus) mostram-se resistentes a condições ácidas. Todos os vírus são destruídos por condições alcalinas. As reações de hemaglutinação podem ser bastante sensíveis às mudanças no pH.

Radiação

A luz UV, os raios X e as partículas de alta energia inativam os vírus. A dose varia de acordo com os diferentes vírus. A infecciosidade constitui a propriedade mais sensível à radiação, visto que a replicação requer a expressão de todo o conteúdo genético. As partículas irradiadas incapazes de sofrer replicação ainda podem ter a capacidade de expressar algumas funções específicas nas células do hospedeiro.

Suscetibilidade ao éter

Pode-se utilizar a suscetibilidade ao éter para distinguir os vírus que têm envelope daqueles que não o possuem. A sensibilidade de diferentes grupos de vírus ao éter é apresentada na Tabela 29-1.

Detergentes

Os detergentes não iônicos (p. ex., Nonidet P40 e Triton X-100) solubilizam os componentes lipídicos das membranas virais. As proteínas virais do envelope são liberadas (não desnaturadas). Os detergentes aniônicos (p. ex., dodecil sulfato de sódio) também solubilizam o envelope viral; além disso, rompem os capsídeos em polipeptídeos distintos.

Formaldeído

O formaldeído destrói a infecciosidade viral ao reagir com o ácido nucleico. Os vírus com genomas de fita simples são inativados muito mais rapidamente do que os que apresentam genomas de fita dupla. O formaldeído exerce efeitos adversos mínimos sobre a antigenicidade das proteínas, e por isso tem sido utilizado com frequência na produção de vacinas com vírus inativados.

Inativação fotodinâmica

Os vírus deixam-se penetrar em graus variáveis por corantes vitais, como o azul de toluidina, o vermelho neutro e a proflavina. Esses corantes ligam-se ao ácido nucleico viral, de modo que o vírus se torna suscetível à inativação pela luz visível.

Antibióticos e outros antibacterianos

Os antibióticos antibacterianos* e as sulfonamidas não exercem efeito algum sobre os vírus. Entretanto, alguns antivirais estão disponíveis (ver Capítulo 30).

Certos desinfetantes, como compostos quaternários de amônio e iodo orgânico, não são eficazes contra vírus. São necessárias concentrações maiores de cloro para destruir os vírus do que para matar as bactérias, sobretudo na presença de proteínas estranhas. Por exemplo, o tratamento das fezes com cloro, adequado para inativar os bacilos da febre tifoide, mostra-se inadequado para destruir os vírus da poliomielite presentes nas fezes. Os alcoóis, como o isopropanol e o etanol, são relativamente ineficazes contra determinados vírus, em particular os picornavírus.

Métodos comuns de inativação dos vírus para várias finalidades

Os vírus podem ser inativados por várias razões: para esterilizar materiais de laboratório e equipamentos, desinfetar superfícies ou a pele, tornar a água potável segura e produzir vacinas com vírus inativados. São utilizados diferentes métodos e substâncias químicas para essas finalidades.

A esterilização pode ser alcançada por meio de vapor sob pressão, calor seco, óxido de etileno e irradiação gama (γ). A desinfecção de superfícies inclui o emprego de hipoclorito de sódio, glutaraldeído, formaldeído e ácido peracético. Entre os desinfetantes da pele, incluem-se a clorexidina, o etanol a 70% e os iodóforos. A produção de vacinas pode envolver o uso de formaldeído,

---

*N. de T. Os antibióticos amplamente utilizados em infecções bacterianas atuam em diferentes etapas do metabolismo do microrganismo e na síntese das suas estruturas. Como os vírus não apresentam metabolismo próprio nem se replicam ativamente, esses fármacos não apresentam ação contra eles.

β-propiolactona, psoraleno mais irradiação UV ou detergentes (vacinas de subunidades) para inativar os vírus vacinais.

VISÃO GERAL DA REPLICAÇÃO DOS VÍRUS

Os vírus só se multiplicam em células vivas. A célula hospedeira deve fornecer a energia e o mecanismo de síntese, bem como os precursores de baixo peso molecular para síntese das proteínas e dos ácidos nucleicos virais. O ácido nucleico viral transporta a especificidade genética para codificar todas as macromoléculas específicas do vírus de uma forma altamente organizada.

Para que ocorra a replicação do vírus, é necessária a síntese das proteínas virais pelo mecanismo de síntese proteica da célula hospedeira. Por conseguinte, o genoma do vírus deve ser capaz de produzir um mRNA. Foram identificados vários mecanismos que permitem aos RNAs virais competir de forma bem-sucedida com os mRNAs celulares, a fim de produzir quantidades adequadas de proteínas virais.

O traço característico da multiplicação viral é que, logo após a interação com a célula hospedeira, o virion infectante se rompe e perde sua infecciosidade detectável. Essa fase do ciclo de crescimento é denominada **período de eclipse**, cuja duração varia de acordo com o vírus e a célula hospedeira, sendo seguida de um intervalo de rápido acúmulo de uma progênie infectante de partículas virais. Na verdade, o período de eclipse é de intensa atividade de síntese, visto que a célula é redirecionada para suprir as necessidades do "pirata" viral. Em alguns casos, assim que o ácido nucleico viral penetra na célula hospedeira, o metabolismo celular é redirecionado exclusivamente para a síntese de novas partículas virais, com a subsequente destruição da célula. Em outros casos, os processos metabólicos da célula hospedeira não são significativamente alterados, apesar de a célula sintetizar proteínas e ácidos nucleicos virais, não ocorrendo a morte da célula.

Após a síntese do ácido nucleico e das proteínas virais, os componentes organizam-se para formar novos virions infecciosos. A produção de vírus infecciosos por célula varia amplamente: desde números moderados até mais de 100.000 partículas. A duração do ciclo de replicação do vírus também varia amplamente: desde 6 a 8 horas (picornavírus) até mais de 40 horas (alguns herpes-vírus).

Nem todas as infecções levam a uma nova progênie viral. As infecções **produtivas** ocorrem em células **permissivas** e resultam na produção de vírus infecciosos. As infecções **abortivas** não produzem progênie infecciosa, visto que a célula pode ser **não permissiva** e incapaz de sustentar a expressão de todos os genes virais, ou que o vírus infectante pode ser **defectivo**, apresentando carência de algum gene viral funcional. Pode ocorrer infecção **latente**, com a persistência dos genomas virais, expressão de nenhum ou de alguns genes virais, e sobrevida da célula infectada. O padrão de replicação pode variar para um determinado vírus, dependendo do tipo de célula hospedeira infectada.

Etapas gerais nos ciclos de replicação viral

Os vírus desenvolveram uma variedade de estratégias para a sua multiplicação nas células parasitadas do hospedeiro. Apesar de os detalhes variarem de um grupo para outro, o perfil geral dos ciclos de replicação é semelhante. Os ciclos de crescimento de um vírus de DNA de fita dupla e de um vírus de RNA de fita simples, de polaridade positiva, estão esquematizados na Figura 29-5. Nos próximos capítulos, estão inclusos detalhes dedicados a grupos específicos de vírus.

A. Aderência, penetração e desnudamento

A primeira etapa na infecção viral é a **aderência**, a interação de um virion com um local receptor específico sobre a superfície da célula. As moléculas receptoras diferem para diferentes vírus, mas, em geral, são glicoproteínas. Em alguns casos, o vírus liga-se a sequências de proteína (p. ex., picornavírus) e, em outros, a oligossacarídeos

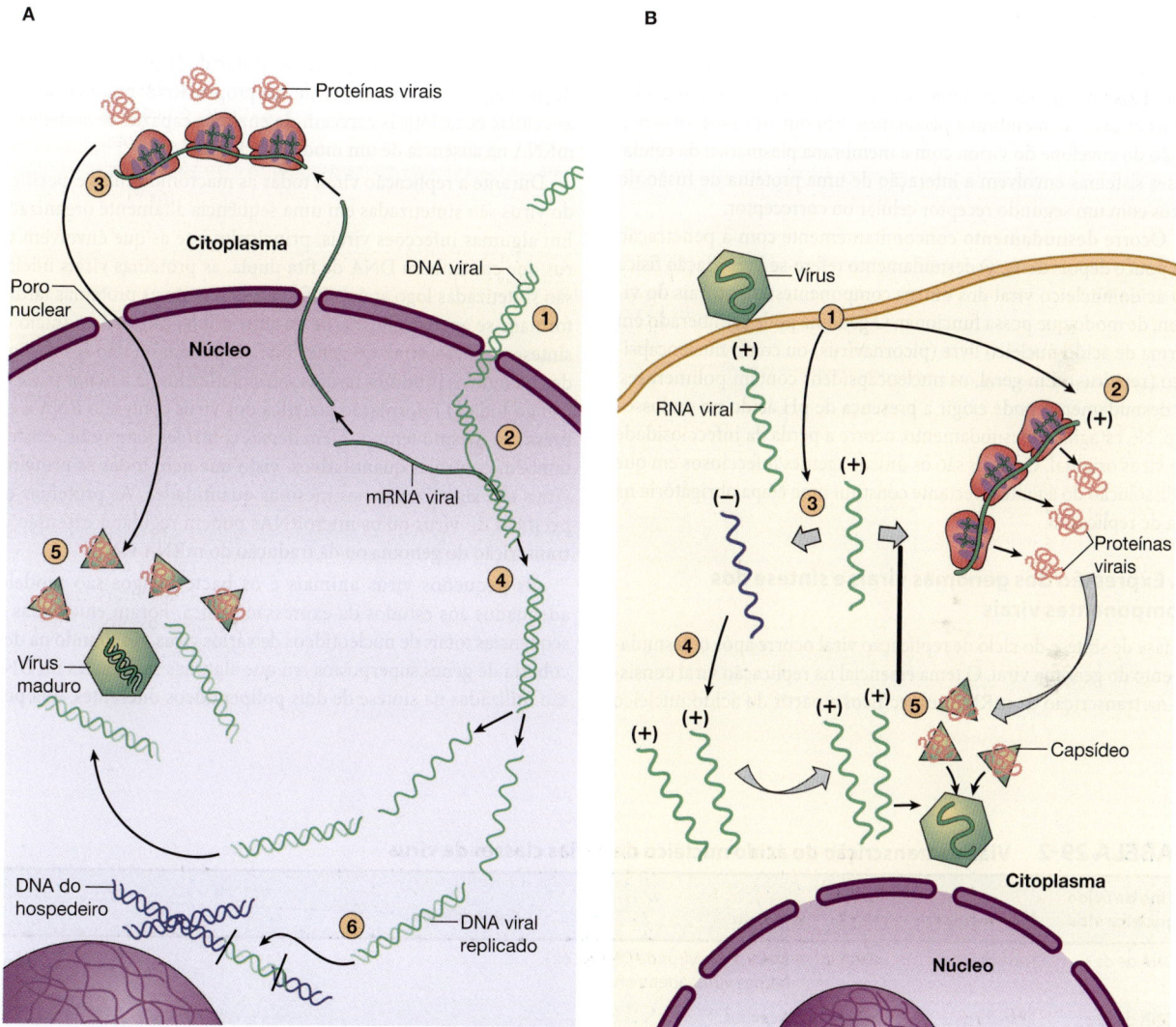

FIGURA 29-5   Exemplo de ciclo de crescimento viral. **A:** Ciclo de crescimento de um vírus de DNA de fita dupla sem envelope. Nesse exemplo, múltiplas etapas do ciclo de replicação ocorrem no núcleo da célula hospedeira. (1) Após penetração, o vírus é desnudado e o DNA viral é introduzido no citoplasma. (2) Os genes virais são transcritos. (3) Os mRNAs são traduzidos no citoplasma e as proteínas recém-sintetizadas voltam para o núcleo. As proteínas recém-sintetizadas entram no núcleo. (4) O DNA viral é replicado no núcleo, em alguns casos com a ajuda das proteínas virais recém-sintetizadas. (5) As proteínas virais se unem, formando o capsídeo, envolvendo o DNA viral e constituindo o nucleocapsídeo. (6) Em raras ocasiões, o DNA viral pode se integrar ao DNA da célula hospedeira como consequência do processo infeccioso. **B:** Ciclo de crescimento de um vírus de RNA de fita simples de polaridade positiva. Nesse exemplo, todo o ciclo replicativo ocorre no citoplasma. (1) A partícula viral adere à célula hospedeira e o RNA viral é introduzido no citoplasma. (2) Sendo de sentido positivo e de fita simples, o RNA viral é diretamente traduzido (funciona como mRNA), produzindo proteínas virais. (3) Uma cópia de RNA de sentido negativo é sintetizada, usando a fita de RNA de sentido positivo como molde. (4) Essa fita negativa é usada como molde para síntese de múltiplas cópias de RNA de fita simples de sentido positivo. (5) As moléculas de RNA de fita simples de sentido positivo são montadas com as proteínas virais, produzindo novos virions. (Reproduzida, com autorização, de Talaro KP: *Foundations in Microbiology: Basic Principles*, 6th ed. McGraw-Hill, 2008. © McGraw-Hill Education.)

(p. ex., ortomixovírus e paramixovírus). A presença ou ausência de receptores desempenha um papel de determinante importância no tropismo celular e na patogênese viral. Nem todas as células em um hospedeiro suscetível irão expressar os receptores necessários; por exemplo, o poliovírus é capaz de ligar-se apenas a células do sistema nervoso central (SNC) e do trato intestinal de primatas. Cada célula suscetível pode conter até 100.000 locais receptores para determinado vírus.

Após ocorrer a ligação, a partícula viral é captada no interior da célula. Essa etapa é denominada **penetração** ou engolfamento e, em alguns sistemas, é efetuada por endocitose mediada por receptores, com captação das partículas virais ingeridas no interior de endossomos. Existem também exemplos de penetração direta de partículas virais através da membrana plasmática. Em outros casos, ocorre a fusão do envelope do virion com a membrana plasmática da célula. Esses sistemas envolvem a interação de uma proteína de fusão do vírus com um segundo receptor celular ou correceptor.

Ocorre **desnudamento** concomitantemente com a penetração ou pouco depois desta. O desnudamento refere-se à separação física do ácido nucleico viral dos outros componentes estruturais do virion, de modo que possa funcionar. O genoma pode ser liberado em forma de ácido nucleico livre (picornavírus) ou como nucleocapsídeo (reovírus). Em geral, os nucleocapsídeos contêm polimerases. O desnudamento pode exigir a presença de pH ácido no endossomo. No estágio de desnudamento, ocorre a perda da infecciosidade do vírus original. Os vírus são os únicos agentes infecciosos em que a dissolução do agente infectante constitui uma etapa obrigatória na via de replicação.

B. Expressão dos genomas virais e síntese dos componentes virais

A fase de síntese do ciclo de replicação viral ocorre após o desnudamento do genoma viral. O tema essencial na replicação viral consiste na transcrição de mRNAs específicos a partir do ácido nucleico viral para a expressão e duplicação bem-sucedidas da informação genética. Uma vez concluída essa etapa, os vírus utilizam componentes celulares para a tradução do mRNA. Várias classes de vírus utilizam diferentes vias para sintetizar os mRNAs, dependendo da estrutura do ácido nucleico viral. A Tabela 29-2 fornece um resumo das diversas vias de transcrição (mas não necessariamente as da replicação) dos ácidos nucleicos de diferentes classes de vírus. Alguns vírus (p. ex., rabdovírus) transportam RNA-polimerases para sintetizar os mRNAs. Os vírus de RNA desse tipo são denominados **vírus de fita negativa (polaridade negativa)**, visto que o genoma de RNA de fita simples é complementar ao mRNA, convencionalmente designado de **fita positiva (polaridade positiva)**. Os vírus de fita negativa devem dispor de sua própria RNA-polimerase, pois as células eucarióticas carecem de enzimas capazes de sintetizar o mRNA na ausência de um modelo de RNA.

Durante a replicação viral, todas as macromoléculas específicas do vírus são sintetizadas em uma sequência altamente organizada. Em algumas infecções virais, principalmente as que envolvem vírus que contenham DNA de fita dupla, as proteínas virais iniciais são sintetizadas logo após a infecção, enquanto as proteínas tardias formam-se apenas mais tarde durante a infecção, após o início da síntese do DNA viral. Os genes iniciais podem ou não ser desligados quando os produtos tardios são sintetizados. Já a maior parte da (senão toda a) informação genética dos vírus contendo RNA é expressa ao mesmo tempo. Além desses controles temporais, existem também controles quantitativos, visto que nem todas as proteínas virais são sintetizadas nas mesmas quantidades. As proteínas específicas do vírus ou os microRNAs podem regular a extensão da transcrição do genoma ou da tradução do mRNA viral.

Os pequenos vírus animais e os bacteriófagos são modelos adequados aos estudos da expressão gênica. Foram elucidadas as sequências totais de nucleotídeos de vários vírus, resultando na descoberta de genes superpostos em que algumas sequências no DNA são utilizadas na síntese de dois polipeptídeos diferentes, seja pelo

TABELA 29-2 Vias de transcrição do ácido nucleico de várias classes de vírus

Tipo de ácido nucleico viral	Intermediários	Tipo de mRNA	Exemplo	Comentários
DNA de ds ±	Ausente	mRNA +	A maioria dos vírus de DNA (p. ex., herpes-vírus, adenovírus)	
DNA de ss +	DNA de ds ±	mRNA +	Parvovírus	
RNA de ds ±	Ausente	mRNA +	Reovírus	O virion contém RNA-polimerase que transcreve cada segmento ao mRNA.
RNA de ss +	RNA de ds ±	mRNA +	Picornavírus, togavírus, flavivírus	O ácido nucleico viral é infeccioso e serve como mRNA. Quanto aos togavírus, o menor mRNA + também é formado para certas proteínas.
RNA de ss −	Ausente	mRNA +	Rabdovírus, paramixovírus, ortomixovírus	O ácido nucleico viral não é infeccioso. O virion contém RNA-polimerase que forma mRNAs + menores que o genoma. Quanto aos ortomixovírus, os mRNAs + são transcritos a partir de cada segmento.
RNA de ss +	DNA −, DNA ±	mRNA +	Retrovírus	O virion contém a transcriptase reversa. O RNA viral não é infeccioso, mas o DNA complementar a partir da célula transformada é.

−, fita negativa; +, fita positiva; ±, uma hélice contendo uma fita positiva e uma negativa; ds, fita dupla; ss, fita simples.

uso de duas estruturas distintas de leitura ou por duas moléculas de mRNA por meio da mesma estrutura de leitura, porém com diferentes fontes de início. Um sistema viral (adenovírus) revelou pela primeira vez o fenômeno de processamento do mRNA denominado "junção" (*splicing*), pelo qual as sequências do mRNA que codificam determinada proteína são geradas a partir de sequências distintas no modelo, com a excisão das sequências interpostas não codificadas na transcrição. Recentemente, foi demonstrado que diversos vírus de DNA (herpes-vírus, poliomavírus) codificam microRNAs; esses pequenos RNAs (com cerca de 22 nucleotídeos) funcionam em um novo nível de regulação gênica pós-transcricional, seja mediando a degradação dos mRNAs-alvo ou induzindo a inibição da tradução de tais mRNAs.

A maior variação nas estratégias da expressão gênica é observada entre vírus que contêm RNA (Tabela 29-3). Alguns virions possuem polimerases (ortomixovírus, reovírus), e certos sistemas utilizam mensagens subgenômicas, algumas geradas por junção (ortomixovírus, retrovírus). Determinados vírus sintetizam grandes precursores poliproteicos processados e clivados para formar os produtos gênicos finais (picornavírus, retrovírus). No HIV, a protease viral é necessária para essa função, permitindo que esse vírus seja alvo para medicamentos inibidores da protease.

O grau de atuação das enzimas específicas do vírus nesses processos varia de um grupo para outro. Os vírus de DNA que se replicam no núcleo em geral utilizam DNA e RNA-polimerases, bem como enzimas de processamento da célula hospedeira. Os vírus maiores (herpes-vírus, poxvírus) são mais independentes das funções celulares do que os vírus menores. Esse é um dos motivos pelos quais os vírus maiores são mais suscetíveis à quimioterapia antiviral (ver Capítulo 30), visto que existem mais processos específicos do vírus à disposição como alvos para a ação farmacológica.

Os locais intracelulares onde ocorrem os diferentes eventos da replicação viral variam de um grupo para outro (Tabela 29-4). Entretanto, é possível formular algumas generalizações. A proteína viral é sintetizada no citoplasma em polirribossomos constituídos de mRNA específico do vírus e em ribossomos da célula hospedeira. Muitas proteínas virais sofrem modificações (glicosilação, acilação, clivagem etc.). Em geral, o DNA viral é replicado no núcleo. O RNA do genoma viral costuma ser duplicado no citoplasma da célula, embora haja exceções.

C. Morfogênese e liberação

Os genomas virais recém-sintetizados e os polipeptídeos do capsídeo unem-se para formar a progênie de vírus. Os capsídeos icosaédricos podem condensar-se na ausência de ácido nucleico, enquanto os nucleocapsídeos dos vírus com simetria helicoidal não podem se formar na ausência de RNA viral. Em geral, os vírus não envelopados acumulam-se em células infectadas, as quais eventualmente sofrem um processo de lise e liberação de partículas virais.

Os vírus envelopados amadurecem por um processo de brotamento. As glicoproteínas do envelope específicas do vírus são introduzidas nas membranas celulares. Em seguida, os nucleocapsídeos virais brotam através da membrana nesses locais modificados e, ao fazê-lo, adquirem um envelope. Com frequência, o brotamento ocorre na membrana plasmática, embora possa envolver outras membranas da célula. Os vírus envelopados não são infecciosos até adquirirem o envelope. Assim, a progênie de virions infecciosos tipicamente não se acumula no interior da célula infectada.

Algumas vezes, a maturação viral é um processo ineficaz. Quantidades excessivas de componentes virais podem acumular-se e envolver-se na formação de corpúsculos de inclusão no interior da

TABELA 29-3   Comparação das estratégias de replicação de diversas famílias importantes de vírus de RNA

| Características | Agrupamento baseado no RNA genômico[a] | | | | | |
| | Vírus de fita positiva | | | Vírus de fita negativa | | Vírus de fita dupla |
	Picornaviridae	Togaviridae	Retroviridae	Orthomyxoviridae	Paramyxoviridae e Rhabdoviridae	Reoviridae
Estrutura do RNA genômico	ss	ss	ss	ss	ss	ds
Polaridade do RNA genômico	Positivo	Positivo	Positivo	Negativo	Negativo	
Genoma segmentado	0	0	0[b]	+	0	+
RNA genômico infeccioso	+	+	0	0	0	0
RNA genômico atua como mensageiro	+	+	+	0	0	0
Polimerase associada ao virion	0	0	+[c]	+	+	+
Mensagens subgenômicas	0	+	+	+	+	+
Precursores de poliproteína	+	+	+	0	0	0

[a]+, propriedade indicada aplica-se a esta família viral; 0, propriedade indicada não se aplica à família viral; ds, fita dupla; negativa, complementar ao mRNA; positiva, mesma polaridade que o mRNAss; fita simples.
[b]Os retrovírus contêm um genoma diploide (duas cópias de genoma RNA não segmentado).
[c]Os retrovírus contêm uma transcriptase reversa (DNA-polimerase dependente de RNA).

TABELA 29-4 Resumo dos ciclos de replicação das principais famílias de vírus

| Família viral | Presença de envelope no virion | Localização intracelular | | | Ciclo de multiplicação (horas)[b] |
		Replicação do genoma	Formação do nucleocapsídeo[a]	Maturação do virion	
Vírus de DNA					
Parvoviridae	0	N	N	N	24
Polyomaviridae	0	N	N	N	48
Adenoviridae	0	N	N	N	25
Hepadnaviridae	+	N	C	M-E	12-24
Herpesviridae	+	N	N	M	15-72
Poxviridae	0	C	C	C	20
Vírus de RNA					
Picornaviridae	0	C	C	C	6-8
Reoviridae	0	C	C	C	15
Togaviridae	+	C	C	M-P	10-24
Flaviviridae	+	C	C	M-E	8-10
Retroviridae	+	N	C	M-P	24
Bunyaviridae	+	C	C	M-G	24
Orthomyxoviridae	+	N	N	M-P	15-30
Paramyxoviridae	+	C	C	M-P	10-48
Rhabdoviridae	+	C	C	M-P	6-10

[a]C, citoplasma; M, membranas; M-E, membranas do retículo endoplasmático; M-G, membranas do complexo de Golgi; M-P, membranas plasmáticas; N, núcleo.
[b]A síntese das proteínas virais sempre ocorre no citoplasma. [c]Os valores apresentados para a duração do ciclo de multiplicação são aproximados. As faixas indicam que vários membros de uma família replicam com cinéticas diferentes. Os diferentes tipos de células hospedeiras também influenciam a cinética da replicação viral.

célula. Em consequência dos profundos efeitos deletérios da replicação viral, verifica-se o desenvolvimento subsequente de efeitos citopáticos celulares, ocorrendo morte da célula. Entretanto, existem casos em que a célula não é lesada pelo vírus, verificando-se a ocorrência de infecções persistentes a longo prazo (ver Capítulo 30). A apoptose, um evento geneticamente programado que leva à autodestruição das células, pode ser regulada por mecanismos induzidos por vírus. Algumas infecções virais retardam a apoptose precoce, dando tempo suficiente para a produção de grande quantidade de progênie viral. Além disso, alguns vírus induzem ativamente a apoptose em estágios tardios, facilitando a propagação da progênie viral para novas células.

GENÉTICA DOS VÍRUS ANIMAIS

A análise genética é uma poderosa ferramenta para se elucidarem a estrutura e a função do genoma viral, seus produtos gênicos, bem como seu papel na infecção e na doença. Variantes virais podem ocorrer naturalmente, com alterações nas propriedades biológicas como resultado de mutações genéticas. A variação nas propriedades virais é de suma importância para a medicina humana. Os vírus que possuem antígenos estáveis em sua superfície

(poliovírus, vírus do sarampo) podem ser controlados por vacinação. Outros vírus que existem em forma de muitos tipos antigênicos (rinovírus) ou que sofrem alterações frequentes (vírus influenza A) são de difícil controle por vacinação. A genética viral pode favorecer o desenvolvimento de vacinas mais eficazes. Alguns tipos de infecção viral sofrem repetidas recidivas (vírus parainfluenza) ou persistem (retrovírus) na presença de anticorpos, podendo ser mais bem controlados pelo uso de antivirais. A análise genética irá ajudar na identificação de processos específicos dos vírus passíveis de atuar como alvos apropriados ao desenvolvimento da terapia antiviral.

Alguns termos, citados a seguir, são básicos para uma discussão da genética. **Genótipo** refere-se à constituição genética de um microrganismo. **Fenótipo** relaciona-se com as propriedades observadas de um microrganismo, produzidas pelo genótipo em cooperação com o meio ambiente. **Mutação** é uma alteração do genótipo passível de ser herdada. **Genoma** é a soma dos genes de um organismo. **Vírus tipo selvagem** refere-se ao vírus original a partir do qual são produzidos mutantes e com o qual os mutantes são comparados; esse termo pode não caracterizar exatamente o vírus em sua forma isolada na natureza. Os vírus isolados do hospedeiro natural são descritos como vírus **isolados de campo** ou **isolados primários**.

Mapeamento dos genomas virais

As técnicas rápidas e precisas de biologia molecular facilitaram a identificação dos produtos gênicos virais e o mapeamento desses produtos no genoma viral. O mapeamento bioquímico, genético e físico pode ser feito usando técnicas clássicas. A análise de sequências e a comparação com vírus conhecidos é frequentemente usada para mapeamento de genomas virais, filogenia comparativa e predicação de propriedades ativas.

As endonucleases de restrição podem ser utilizadas para identificação de cepas específicas de vírus do DNA. O DNA viral é isolado e incubado com uma endonuclease específica até haver a clivagem de sequências de DNA suscetíveis à nuclease. Em seguida, os fragmentos são separados, de acordo com o tamanho, por eletroforese em gel. Os fragmentos grandes têm sua migração retardada pelo efeito de filtração do gel, de modo que se observa uma relação inversa entre o tamanho e a migração.

É possível correlacionar os mapas físicos com os genéticos, o que permite que os produtos dos genes virais sejam mapeados em regiões do genoma definidas pelos fragmentos das enzimas de restrição. A transcrição de mRNA durante o ciclo de replicação pode ser atribuída a fragmentos específicos de DNA. Com o uso da mutagênese, mutações podem ser introduzidas em regiões definidas do genoma para estudos funcionais.

Tipos de vírus mutantes

Os mutantes condicional-letais são mutantes letais (no sentido de não haver a produção de qualquer vírus infeccioso) em um conjunto de condições (denominadas **condições não permissivas**), mas que produzem uma progênie infecciosa normal em outras condições (denominadas **condições permissivas**). Os mutantes termossensíveis crescem a temperaturas baixas (permissivas), mas não a temperaturas altas (não permissivas). Os mutantes com variedade de hospedeiros são capazes de crescer em um tipo de célula (célula permissiva), enquanto ocorre infecção abortiva em outro tipo de célula (célula não permissiva). Os estudos de infecção mista com pares de mutantes em condições permissivas e não permissivas podem fornecer informações sobre a função dos genes e os mecanismos de replicação viral em nível molecular.

Vírus defeituosos

Um vírus defeituoso é aquele que carece de um ou mais genes funcionais necessários para a replicação viral. Os vírus defeituosos necessitam da atividade auxiliar de outro vírus para alguma etapa do processo de replicação ou maturação.

Um tipo de vírus defeituoso é composto por vírus que carecem de parte do seu genoma (i.e. mutantes por deleção). A extensão da perda por deleção pode variar de uma curta sequência de bases até uma grande porção do genoma. Os mutantes por deleção espontânea podem interferir na replicação de vírus homólogos, sendo denominados **partículas virais de interferência defeituosa**. As partículas de interferência defeituosa perderam segmentos essenciais do genoma, porém contêm proteínas normais do capsídeo. Necessitam de vírus homólogo infeccioso como auxiliar para sua replicação e interferem na multiplicação desse vírus homólogo.

Outra categoria de vírus defeituosos exige um vírus não relacionado e competente para replicação como vírus auxiliar. São exemplos os vírus-satélites associados a adenovírus e o vírus da hepatite D (agente delta), que só se replicam na presença de adenovírus humano coinfectante ou vírus da hepatite B, respectivamente.

Os pseudovirions, um tipo diferente de partícula defectiva, contêm DNA celular em vez do genoma viral. Durante a replicação viral, o capsídeo, algumas vezes, engloba porções aleatórias do ácido nucleico do hospedeiro em vez do ácido nucleico viral. Essas partículas assemelham-se a partículas virais comuns quando observadas à microscopia eletrônica, porém não se replicam. Teoricamente, os pseudovirions poderiam transduzir o ácido nucleico celular de uma célula para outra.

Em geral, os retrovírus transformadores são defeituosos. Uma porção do genoma viral sofreu deleção e foi substituída por um fragmento de DNA de origem celular que codifica uma proteína transformadora. Esses vírus permitiram a identificação de oncogenes celulares (ver Capítulo 43). É necessário outro retrovírus como auxiliar para a replicação do vírus transformador.

Interações entre vírus

Quando duas ou mais partículas infectam a mesma célula hospedeira, podem interagir de diversas maneiras. Elas devem estar estreitamente relacionadas o suficiente, em geral dentro da mesma família, para que a maior parte das interações ocorra. A interação genética resulta em alguma progênie geneticamente diferente de ambas as células originais. A progênie produzida em consequência de interação não genética é semelhante aos vírus originais.

A. Recombinação

Resulta na produção de uma progênie viral (recombinante) com traços não encontrados em qualquer dos vírus parentais. O mecanismo clássico consiste em ruptura das fitas de ácido nucleico, de modo que parte do genoma de um vírus original se une a uma parte do genoma do segundo vírus. O vírus recombinante é geneticamente estável, produzindo uma progênie igual a ele próprio durante a replicação. Os vírus variam amplamente quanto à frequência com que sofrem recombinação. No caso de vírus com genomas segmentados (p. ex., o vírus influenza), a formação de recombinantes é decorrente de **recombinação** de fragmentos do genoma, e não de um verdadeiro evento de permuta (*crossing-over*), e ocorre com grande frequência (ver Capítulo 39).

B. Complementação

Refere-se à interação de produtos gênicos virais em células infectadas por dois vírus, podendo um deles ou ambos serem defeituosos, o que resulta em replicação de um ou ambos em condições nas quais a replicação normalmente não ocorreria. A base para complementação é a de que um vírus fornece um produto gênico para o qual o segundo é defeituoso, permitindo o crescimento desse segundo vírus. Os genótipos de ambos os vírus permanecem inalterados.

C. Mistura fenotípica

Um caso especial de complementação é a mistura fenotípica, ou a associação de um genótipo com um fenótipo heterólogo. Esse fenômeno constitui um caso especial de complementação em que o genoma de um vírus se torna incorporado aleatoriamente a proteínas do capsídeo codificadas por um vírus diferente ou a um capsídeo consistindo de componentes de ambos os vírus. Se o genoma estiver envolto por um envelope proteico totalmente heterólogo, esse exemplo extremo de mistura fenotípica poderá ser denominado "mascaramento fenotípico" ou "transcapsidação". Tal mistura não constitui alteração genética estável, visto que, durante a replicação, o vírus parenteral fenotipicamente misturado irá produzir uma progênie com capsídeos homólogos ao genótipo.

Em geral, a mistura fenotípica ocorre entre membros diferentes da mesma família de vírus; as proteínas do capsídeo intermisturadas devem ser capazes de interagir corretamente para formar um capsídeo intacto em nível estrutural. Todavia, a mistura fenotípica também pode ser observada entre vírus com envelope e, nesse caso, os vírus não precisam estar estreitamente relacionados. O nucleocapsídeo de um vírus torna-se revestido por um envelope especificado por outro vírus, fenômeno denominado "formação de pseudotipo". Há muitos exemplos de formação de pseudotipos entre os vírus tumorais de RNA (ver Capítulo 43). O nucleocapsídeo do vírus da estomatite vesiculosa, um rabdovírus, tem uma propensão incomum a ser envolvido na formação de pseudotipo com material do envelope não relacionado.

D. Interferência

A infecção de culturas de células ou de animais inteiros por dois vírus frequentemente resulta em inibição da multiplicação de um deles (efeito denominado **interferência**). A interferência em animais é distinta da imunidade específica. Além disso, não ocorre interferência com todas as combinações virais; dois vírus podem infectar e multiplicar-se na mesma célula com tanta eficiência quanto em infecções isoladas.

Diversos mecanismos já foram elucidados como causas de interferência: (1) um vírus pode inibir a capacidade de adsorção do segundo à célula hospedeira, bloqueando seus receptores (retrovírus, enterovírus) ou destruindo-os (ortomixovírus); (2) um vírus pode competir com o segundo por componentes do aparelho de replicação (p. ex., polimerase, fator de iniciação da tradução); e (3) o primeiro vírus pode fazer a célula infectada produzir um inibidor (interferona; ver Capítulo 30), impedindo a replicação do segundo vírus.

Vetores virais

A tecnologia do DNA recombinante revolucionou a produção de materiais biológicos, hormônios, vacinas, interferona e outros produtos gênicos. Os genomas virais vêm sendo manipulados de modo a servirem como vetores de replicação e de expressão para genes tanto virais quanto celulares. Praticamente qualquer vírus pode ser convertido em vetor se houver conhecimento suficiente sobre as suas funções de replicação, controles de transcrição e sinais de empacotamento. A atual tecnologia de vetores virais está baseada tanto em vírus do DNA (p. ex., SV40, parvovírus, papilomavírus bovino, adenovírus, herpes-vírus, vírus vaccínia) como em vírus do RNA (p. ex., poliovírus, vírus Sindbis e retrovírus). Cada sistema apresenta vantagens e desvantagens distintas.

Os vetores de expressão eucariótica típicos contêm elementos reguladores virais (promotores ou intensificadores) que controlam a transcrição do gene clonado desejado colocado em posição adjacente, os sinais para terminação e poliadenilação eficientes de transcrições, bem como a sequência intrônica delimitada por locais doadores e aceptores. Pode haver sequências que aumentam a tradução ou que afetam a expressão em determinado tipo celular. Os princípios da tecnologia do DNA recombinante são descritos e ilustrados no Capítulo 7. Essa abordagem oferece a possibilidade de se produzirem grandes quantidades de antígeno puro para estudos estruturais e para vacinas.

HISTÓRIA NATURAL (ECOLOGIA) E MECANISMOS DE TRANSMISSÃO DOS VÍRUS

A ecologia é o estudo das interações entre os organismos vivos e seu ambiente. Os diferentes vírus desenvolveram mecanismos engenhosos e frequentemente complicados para sua sobrevivência na natureza e para sua transmissão de um hospedeiro para outro. O modo de transmissão utilizado por determinado vírus depende da natureza da interação entre o vírus e o hospedeiro.

Os vírus podem ser transmitidos das seguintes maneiras:

1. Transmissão direta de uma pessoa para outra por contato. Os principais meios de transmissão incluem perdigotos ou aerossóis (p. ex., influenza, rinovírus, sarampo, varíola), contato sexual (p. ex., papilomavírus, hepatite B, herpes simples tipo 2, HIV), contato mão-boca, mão-olhos ou boca-boca (p. ex., herpes simples, vírus Epstein-Barr) ou sangue contaminado (p. ex., hepatite B, hepatite C, HIV).
2. Transmissão indireta pela via orofecal (p. ex., enterovírus, rotavírus, hepatite A infecciosa) ou por fômites (p. ex., vírus Norwalk, rinovírus).
3. Transmissão de um animal para outro, sendo o ser humano um hospedeiro acidental. A transmissão pode ocorrer por meio de mordida (raiva) ou perdigotos ou aerossóis de locais contaminados por roedores (p. ex., arenavírus, hantavírus).
4. Transmissão por um vetor artrópode (p. ex., arbovírus, hoje classificados principalmente como togavírus, flavivírus e buniavírus).

Foram reconhecidos pelo menos três diferentes padrões de transmissão entre os vírus transmitidos por artrópodes:

1. **Ciclo artrópode-humano.** *Exemplos:* febre amarela urbana, dengue. Ocorre em áreas densamente povoadas, infestadas de vetores competentes.

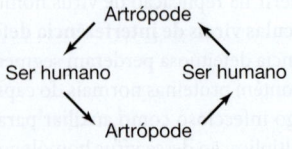

2. **Ciclo artrópode-vertebrado inferior com infecção tangencial de seres humanos.** *Exemplos:* febre amarela da selva, en-

cefalite de St. Louis. Este é um mecanismo mais comum entre os seres humanos como um hospedeiro acidental "sem saída".

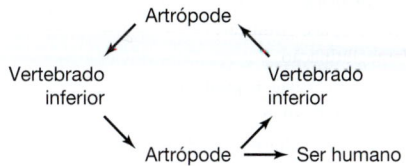

3. **Ciclo artrópode-artrópode com infecção ocasional de seres humanos e vertebrados inferiores.** *Exemplos:* febre do carrapato do Colorado, encefalite de La Crosse.

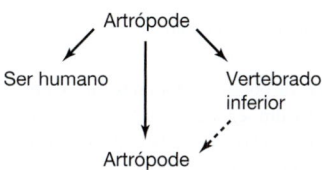

Neste ciclo, o vírus pode ser transmitido do artrópode adulto para a sua progênie por meio dos ovos (passagem transovariana). Em consequência, o ciclo pode prosseguir com ou sem a intervenção de um hospedeiro vertebrado com viremia.

Nos vertebrados, a invasão da maioria dos vírus provoca uma reação violenta, muitas vezes de curta duração. O resultado é decisivo. Ou o hospedeiro morre, ou sobrevive mediante a produção de anticorpos que neutralizam o vírus. Seja qual for a evolução, a permanência do vírus ativo é em geral curta, embora possam ocorrer infecções persistentes ou latentes que duram meses a anos (hepatite B, herpes simples, citomegalovírus, retrovírus). Nos vetores artrópodes dos vírus, a relação é, com frequência, muito diferente. Os vírus exercem pouco ou nenhum efeito deletério e permanecem ativos no artrópode durante toda a vida natural do animal. Por conseguinte, os artrópodes, ao contrário dos vertebrados, atuam como hospedeiros permanentes e reservatórios.

Doenças virais emergentes

Devido a mudanças de longo alcance nas atitudes sociais, na tecnologia e no ambiente (associadas à reduzida eficácia das abordagens anteriores no controle das doenças), o espectro das doenças infecciosas está se expandindo atualmente. Novos agentes estão surgindo, e a incidência de doenças antes consideradas sob controle vem aumentando com a evolução e a propagação dos patógenos. A expressão "doenças infecciosas emergentes" descreve esses fenômenos.

As doenças virais surgem após a ocorrência de um de três padrões gerais: reconhecimento de um novo agente, aumento abrupto de doenças causadas por um agente endêmico e invasão de uma nova população de hospedeiros.

Combinações de fatores contribuem para o aparecimento de doenças. Alguns fatores aumentam a exposição humana a patógenos antes obscuros, enquanto outros propiciam a disseminação de infecções anteriormente localizadas. Outros fatores ainda induzem alterações nas propriedades virais e nas respostas do hospedeiro à infecção. Esses fatores incluem: (1) alterações ambientais (desmatamento, represamento ou outras alterações em ecossistemas aquáticos, enchentes ou secas, fome); (2) comportamento humano

(comportamento sexual, uso de drogas, lazer ao ar livre); (3) fenômenos socioeconômicos e demográficos (guerra, pobreza, crescimento da população e migração, deterioração das condições urbanas); (4) viagens e comércio (estradas de rodagem, viagens aéreas internacionais); (5) produção de alimentos (globalização dos suprimentos de alimentos, mudanças nos métodos de processamento e acondicionamento dos produtos); (6) assistência à saúde (novos aparelhos médicos, transfusões de sangue, transplante de órgãos e tecidos, fármacos que causam imunossupressão, uso disseminado de antibióticos); (7) adaptação microbiana (novas cepas virais surgidas a partir de mutação, recombinação ou recomposição, resultando em alterações na transmissibilidade, virulência ou desenvolvimento de resistência a fármacos); e (8) medidas de saúde pública (condições sanitárias e medidas de controle de vetores inadequadas, restrição de programas de prevenção, falta de pessoas treinadas em números suficientes).

São exemplos de infecções virais emergentes em diferentes regiões do mundo: zika, chikungunya, ebola, influenza aviária, Nipah, hantavírus, dengue, vírus do Nilo Ocidental, febre do Vale do Rift e encefalopatia espongiforme bovina (uma doença causada por príon).

O possível uso de órgãos animais como xenoenxertos em seres humanos também está sendo objeto de muita preocupação. Como o número de doadores humanos de órgãos disponíveis pode não suprir as necessidades de todos os pacientes que necessitam de transplante, o xenotransplante de órgãos de primatas não humanos e porcos está sendo considerado uma alternativa. Há preocupação quanto à possível introdução acidental de novos patógenos virais em seres humanos a partir das espécies doadoras.

Agentes de bioterrorismo

Os agentes de bioterrorismo são microrganismos (ou toxinas) que podem ser usados para causar morte e doenças em seres humanos, animais ou plantas com finalidades de terrorismo. Tais microrganismos podem ser geneticamente modificados para aumentar sua virulência, torná-los resistentes a fármacos ou vacinas, ou reforçar sua capacidade de disseminação no ambiente.

Os agentes com uso potencial para fins de bioterrorismo são classificados em categorias de risco baseadas na facilidade de disseminação ou transmissão de pessoa para pessoa, nas taxas de mortalidade, na capacidade de causar pânico na população e na necessidade de capacitação dos órgãos de saúde pública. Os agentes virais da categoria de mais alto risco são o vírus da varíola e os das febres hemorrágicas. As bactérias de maior risco são o antraz (carbúnculo), o botulismo, a praga (peste bubônica) e a tularemia.

RESUMO DO CAPÍTULO

- Os vírus são os menores agentes infecciosos conhecidos, contendo somente um tipo de ácido nucleico (DNA ou RNA).
- Os vírus conhecidos são bastante diversos, variando em tamanho, forma, material genético e na presença ou ausência de envelope.
- Os vírus são classificados em grupos (denominados famílias) baseados em propriedades em comum, tais como morfologia do

virion, estrutura genômica, propriedades das proteínas virais e estratégias de replicação.

- Os vírus são agentes infecciosos intracelulares obrigatórios, sendo multiplicados pela maquinaria da célula hospedeira viva. O material nucleico viral codifica para proteínas virais, enquanto a célula hospedeira fornece energia, precursores bioquímicos e sua maquinaria de biossíntese.

- Os passos de replicação viral incluem aderência à célula hospedeira (via receptores específicos), entrada na célula, desnudamento do genoma viral, regulação da transcrição viral, síntese das proteínas virais, replicação do ácido nucleico, montagem das novas partículas virais e liberação dos novos virions. A duração do ciclo de replicação varia conforme o tipo do vírus. Durante a fase de liberação, pode ocorrer a morte ou danos à célula hospedeira. Nem todas as infecções causam uma nova progênie viral.

- Novas doenças virais podem ser consideradas doenças infecciosas emergentes. Esses novos agentes podem ter evoluído a partir de mutações e se disseminado, infectando novos hospedeiros em potencial.

- Alguns vírus são agentes potenciais de bioterrorismo, baseados na facilidade de transmissão hospedeiro-hospedeiro e nas altas taxas de mortalidade.

QUESTÕES DE REVISÃO

1. Alguns vírus são caracterizados pela simetria helicoidal do nucleocapsídeo viral. Qual das seguintes afirmativas sobre vírus com simetria helicoidal é a mais correta?

    (A) Todos os vírus com envelope e com simetria helicoidal são classificados na mesma família viral.

    (B) Os nucleocapsídeos helicoidais são encontrados principalmente em vírus de DNA.

    (C) Todos os vírus humanos com nucleocapsídeo helicoidal possuem envelope.

    (D) Um excesso de partículas helicoidais vazias sem ácido nucleico é produzido normalmente em células infectadas.

2. Células infectadas por vírus com frequência desenvolvem mudanças morfológicas conhecidas como efeitos citopáticos. Qual das seguintes afirmativas sobre mudanças citopáticas induzidas por vírus é a mais correta?

    (A) São patognomônicas para um vírus infectante.

    (B) Raramente estão associadas à morte celular.

    (C) Podem incluir a formação de células gigantes.

    (D) Podem ser vistas somente por microscopia eletrônica.

3. Os vírus em geral iniciam uma infecção por uma interação inicial com receptores na superfície das células. Qual das seguintes afirmativas é a mais correta sobre receptores celulares para vírus?

    (A) Os receptores celulares para vírus não têm função celular conhecida.

    (B) Todos os vírus pertencentes a uma mesma família usam o mesmo receptor celular.

    (C) Todas as células em um hospedeiro suscetível irão expressar o receptor viral.

    (D) Infecções sucessivas de uma célula por um vírus podem envolver a interação com mais de um tipo de receptor.

4. Qual das seguintes alternativas indica o procedimento que pode ser usado para quantificar os títulos de uma infecção viral?

    (A) Teste de placa

    (B) Microscopia eletrônica

    (C) Hemaglutinação

    (D) Reação em cadeia da polimerase

    (E) Ensaio imunoenzimático

5. Qual das seguintes alternativas denota um princípio em relação ao ácido nucleico viral?

    (A) Os vírus contêm tanto DNA como RNA.

    (B) Alguns vírus contêm um genoma segmentado.

    (C) O ácido nucleico viral purificado de alguns vírus geralmente é infeccioso.

    (D) Os tamanhos dos genomas virais são similares entre os vírus humanos conhecidos.

6. Dois mutantes de poliovírus foram isolados: um (MutX) com mutação no gene X e um segundo (MutY) com mutação no gene Y. Se células forem infectadas com cada mutante isoladamente, não ocorre a produção de novos vírus. Se uma célula for coinfectada com MutX e MutY, qual das seguintes alternativas terá a maior probabilidade de ocorrer?

    (A) Poderá ocorrer um rearranjo dos segmentos genômicos, originando um vírus tipo selvagem viável.

    (B) Os genomas poderão ser transcritos reversamente para o DNA, e ambos MutX e MutY poderão ser produzidos.

    (C) Poderá ocorrer complementação entre os produtos gênicos mutantes, e ambos MutX e MutY poderão ser produzidos.

    (D) As células irão transformar-se em alta frequência e não poderão ser mortas por mutantes de poliovírus.

7. Qual dos seguintes vírus possui um genoma RNA infeccioso quando purificado?

    (A) Vírus influenza

    (B) Poliovírus

    (C) Papilomavírus

    (D) Vírus do sarampo

    (E) Rotavírus

8. Qual dos seguintes grupos de vírus é capaz de estabelecer infecções latentes?

    (A) Poxvírus

    (B) Filovírus

    (C) Herpes-vírus

    (D) Vírus influenza

    (E) Calicivírus

9. Alguns vírus codificam uma RNA-polimerase viral dependente de RNA. Qual das seguintes afirmativas denota um princípio sobre as RNA-polimerases virais?

    (A) Todos os vírus de RNA portam moléculas de RNA-polimerase no interior da partícula viral, pois são necessárias para iniciar o próximo ciclo infeccioso.

    (B) Anticorpos contra a RNA-polimerase viral neutralizam a infectividade viral.

    (C) Os vírus de RNA de polaridade negativa fornecem sua própria RNA-polimerase dependente de RNA, pois as células eucarióticas não possuem tais enzimas.

    (D) A proteína da RNA-polimerase viral também serve como a principal proteína do cerne da partícula viral.

10. Qual das seguintes afirmativas sobre a morfologia viral é verdadeira?

    (A) Todos os vírus de RNA têm forma esférica.
    (B) Alguns vírus contêm flagelos.
    (C) Algum vírus com genoma DNA contêm um núcleo primitivo.
    (D) As proteínas de superfície virais protegem o genoma viral das endonucleases.
    (E) Os nucleocapsídeos helicoidais são encontrados em vírus de DNA de fita simples.

11. Muitos vírus podem ser cultivados em laboratório. Qual das seguintes afirmativas sobre a propagação viral não é verdadeira?

    (A) Alguns vírus podem propagar-se em meios livres de células.
    (B) Alguns vírus de mamíferos podem ser cultivados em ovos de galinha.
    (C) Alguns vírus com grande variedade de hospedeiros podem multiplicar-se em muitos tipos de células.
    (D) Alguns vírus humanos podem crescer em camundongos.
    (E) A maioria das preparações virais tem uma relação partícula:unidade infecciosa maior que 1.

12. Infecções laboratoriais podem ser adquiridas quando se trabalha com vírus, a menos que sejam seguidas as boas práticas laboratoriais de biossegurança. Qual das seguintes alternativas não é uma boa prática de biossegurança?

    (A) Uso de exaustores de biossegurança.
    (B) Usar equipamento pessoal como jaleco e luva.
    (C) Não pipetar com a boca.
    (D) Derramar resíduos experimentais na pia do laboratório.
    (E) Não comer nem beber no laboratório.

13. Os vírus pequenos estão na mesma faixa de tamanho comparável a:

    (A) Espécies de *Staphylococcus*
    (B) Globulina sérica
    (C) Hemácias
    (D) Ribossomos eucarióticos
    (E) Mitocôndria

14. Qual das seguintes condições não é um importante fator na emergência de novas infecções virais?

    (A) Viagens internacionais
    (B) Resistência a antibióticos
    (C) Desmatamento
    (D) Guerra
    (E) Transplantes de órgãos e tecidos

15. Os arbovírus são classificados em diferentes famílias virais com base na seguinte característica:

    (A) Se replicam somente em seres humanos.
    (B) Contêm DNA e RNA.
    (C) São transmitidos por vetores.
    (D) Causam febre hemorrágica.
    (E) Causam encefalites.

Respostas

1. C	**6.** C	**11.** A
2. C	**7.** B	**12.** D
3. D	**8.** C	**13.** D
4. A	**9.** C	**14.** B
5. B	**10.** D	**15.** C

REFERÊNCIAS

Centers for Disease Control and Prevention, Association of Public Health Laboratories: Guidelines for biosafety laboratory competency. *MMWR Morb Mortal Wkly Rep* 2011;60(suppl.):1.

Espy MJ, Uhl JR, Sloan LM, et al: Real-time PCR in clinical microbiology: Applications for routine laboratory testing. *Clin Microbiol Rev* 2006;19:165.

Girones R: Tracking viruses that contaminate environments. *Microbe* 2006;1:19.

Guideline for hand hygiene in health-care settings. Recommendations of the Healthcare Infection Control Practices Advisory Committee and the HICPAC/SHEA/APIC/IDSA Hand Hygiene Task Force. *MMWR Recomm Rep* 2002;51(RR-16):1.

Lefkowitz EJ, Adams MJ, Davidson AJ, et al (editors): *Virus Taxonomy: Classification and Nomenclature of Viruses. Online (10th) Report of the International Committee on Taxonomy of Viruses.* Academic Press, 2017.

Knipe DM, Howley PM (editors-in-chief): *Fields Virology*, 6th ed. Lippincott Williams & Wilkins, 2013.

Preventing emerging infectious diseases: A strategy for the 21st century. Overview of the updated CDC plan. *MMWR Morb Mortal Wkly Rep* 1998;47(RR-15):1.

Society for Healthcare Epidemiology of America/Association for Professionals in Infection Control/Infectious Diseases Society of America.

Woolhouse MEJ: Where do emerging pathogens come from? *Microbe* 2006;1:511.

Patogênese e controle das doenças virais

30

PRINCÍPIOS DAS DOENÇAS VIRAIS

O processo fundamental da infecção viral consiste no ciclo de replicação do vírus. A resposta celular à infecção pode variar de efeitos não aparentes a efeitos citopatológicos com a consequente morte celular, até hiperplasia ou câncer.

Doença viral refere-se a patologias decorrentes da infecção de um hospedeiro por um vírus. A **doença clínica** em um hospedeiro consiste em sinais e sintomas manifestados. A **síndrome** refere-se a um grupo específico de sinais e sintomas. As infecções virais que não produzem sintomas no hospedeiro são conhecidas como inaparentes (infecções subclínicas). Na verdade, a maioria das infecções virais não leva à doença sintomática (Figura 30-1).

Os princípios importantes relacionados com as doenças virais compreendem os seguintes: (1) muitas infecções virais são subclínicas; (2) a mesma doença pode ser causada por uma variedade de vírus; (3) o mesmo vírus pode causar uma variedade de doenças; e (4) a evolução de qualquer caso específico é determinada pelos fatores virais e do hospedeiro, sendo influenciada pela genética e pelo contexto ambiental de ambos.

A **patogênese viral** é o processo que ocorre quando um vírus infecta um hospedeiro. A **patogênese da doença** é um subconjunto de eventos durante uma infecção que resultam em manifestação de doença no hospedeiro. Um vírus é **patogênico** para determinado hospedeiro quando se mostra capaz de infectar e desencadear sinais de doença nesse hospedeiro. Uma cepa de determinado vírus é mais **virulenta** do que outra se ela costuma induzir doença mais grave em um hospedeiro suscetível. A virulência viral em animais sadios não deve ser confundida com a citopatogenicidade de células cultivadas; vírus altamente citocidas *in vitro* podem ser inócuos *in vivo* e, de modo inverso, vírus não citocidas podem causar doença grave.

Na Tabela 30-1, é possível observar uma comparação sobre as características importantes das duas categorias gerais de doenças virais agudas (locais e sistêmicas).

PATOGÊNESE DAS DOENÇAS VIRAIS

Para provocar doença, é necessário que os vírus penetrem em um hospedeiro, entrem em contato com células suscetíveis, sofram replicação e causem lesão celular. A compreensão dos mecanismos da patogênese viral em nível molecular é necessária para o planejamento de estratégias antivirais específicas e eficazes. Grande parte dos nossos conhecimentos acerca da patogênese viral baseia-se em culturas celulares e em modelos animais, visto que tais sistemas podem ser mais facilmente manipulados e estudados.

Etapas da patogênese viral

As etapas específicas da patogênese viral são as seguintes: penetração do vírus no hospedeiro, replicação viral primária, disseminação do vírus, lesão celular, resposta imunológica do hospedeiro, eliminação do vírus ou estabelecimento de infecção persistente e disseminação viral.

A. Penetração e replicação primária

Para que ocorra infecção em um hospedeiro, é necessário que o vírus se adira inicialmente às células de uma das superfícies corporais (pele, tratos respiratório, gastrintestinal e urogenital ou conjuntiva) e depois induza sua invasão. A maioria dos vírus penetra em seus hospedeiros através da mucosa dos tratos respiratório ou gastrintestinal (Tabela 30-2). No entanto, alguns vírus podem penetrar diretamente nos tecidos ou na corrente sanguínea através de feridas na pele, agulhas (p. ex., vírus da hepatite B e C [HBV e HCV] e vírus da imunodeficiência humana [HIV]), transfusões de sangue ou vetores, como insetos (arbovírus).

Após a entrada, o ácido nucleico viral e as proteínas associadas ao virion interagem com as macromoléculas celulares para, finalmente, produzir novos virions que são liberados da célula hospedeira por brotamento ou por lise celular. Os mecanismos específicos de replicação viral são altamente variáveis e podem ser bastante complexos, apresentando um ou mais estágios intermediários nesse processo. Os virions liberados são então capazes de se aderir e de infectar outras células próximas, causando disseminação local da infecção.

B. Propagação viral e tropismo celular

Alguns vírus, como o vírus influenza (infecções respiratórias) e os norovírus (infecções gastrintestinais), provocam doença na porta de entrada e não produzem disseminação sistêmica. Outros podem se disseminar para sítios distantes (p. ex., citomegalovírus [CMV], HIV e vírus da raiva) e causar manifestações adicionais da doença (Figura 30-2). Os mecanismos de propagação viral são variáveis, porém a via mais comum é observada por meio da corrente sanguínea e dos vasos linfáticos. A presença do vírus na corrente sanguínea é denominada **viremia**. Os virions podem ser encontrados livres no plasma (p. ex., enterovírus, togavírus) ou associados a

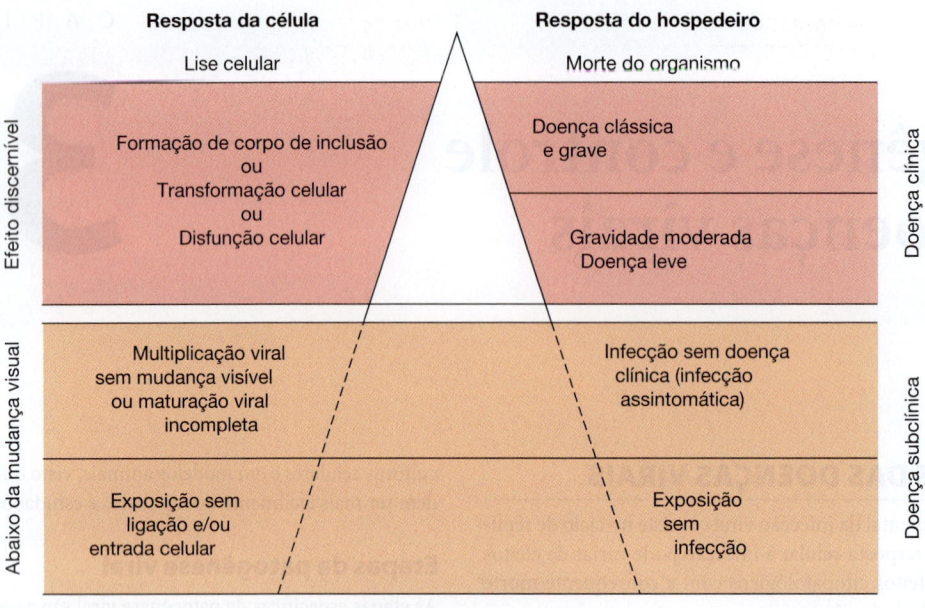

FIGURA 30-1 Tipos de resposta celular e do hospedeiro à infecção viral. (Modificada, com autorização, de Evans AS: Epidemiological concepts. In Evans AS, Brachman PS [editors]: *Bacterial Infections of Humans*, 3rd ed. Plenum, 1998. Reproduzida, com autorização, de Springer Science+Business Media.)

tipos celulares específicos (p. ex., vírus do sarampo) (Tabela 30-3). Os vírus podem se multiplicar dentro dessas células (p. ex., o vírus Epstein-Barr [EBV] é linfotrófico e pode se replicar dentro dos glóbulos brancos à medida que se dissemina). Alguns vírus penetram ao longo dos axônios neuronais e se disseminam no hospedeiro (p. ex., o vírus da raiva migra para o cérebro, o herpes-vírus simples [HSV, do inglês *herpes simplex virus*] se dissemina ao longo dos gânglios para produzir infecção latente).

Os vírus tendem a exibir especificidades a órgãos e a células (**tropismo viral**). Dessa forma, o tropismo determina o padrão de doença sistêmica produzida durante uma infecção viral. O HBV, por exemplo, possui um tropismo por hepatócitos, sendo a hepatite a principal doença causada pelo vírus.

O tropismo celular e tecidual exibido por determinado vírus reflete, em geral, a presença de **receptores de superfície celular**

para tal vírus. Os receptores são componentes da superfície celular com os quais uma região da superfície viral (capsídeo ou envelope) pode interagir especificamente, iniciando a infecção. Os receptores são componentes celulares que atuam no metabolismo normal da célula, mas que também exibem afinidade por determinado vírus. A identidade de um receptor celular específico é conhecida para alguns vírus, mas em muitos casos é desconhecida.

O nível de expressão dos receptores da superfície celular e as modificações pós-traducionais afetam a capacidade dos vírus de infectar vários tipos de células. Por exemplo, o vírus influenza necessita que as proteases celulares clivem a hemaglutinina por ele codificada para permitir que novas células sejam infectadas e que a expressão de uma enzima glicolítica (neuraminidase) libere virions recém-formados. Vários ciclos de replicação viral não irão ocorrer nos tecidos que não expressam as proteínas apropriadas.

C. Dano celular e doença clínica

A destruição das células infectadas por vírus nos tecidos alvos e as alterações fisiológicas induzidas no hospedeiro pela lesão tecidual são, em parte, responsáveis pelo desenvolvimento de doença. Alguns tecidos, como o epitélio intestinal, têm a capacidade de sofrer rápida regeneração e suportar lesões extensas muito mais do que outros, como o cérebro. Alguns efeitos fisiológicos podem resultar do comprometimento não letal de funções celulares especializadas, como a perda de produção de hormônios. A doença clínica decorrente de infecção viral resulta de uma complexa série de eventos, e muitos dos fatores que determinam a gravidade da doença permanecem desconhecidos. Os elementos da resposta do hospedeiro, como a produção de citocinas, podem resultar em sintomas generalizados associados a muitas infecções virais, como mal-estar e anorexia. A doença clínica é um indicador insensível

TABELA 30-1 Características importantes das doenças virais agudas

	Infecções locais	Infecções sistêmicas
Exemplo de doença específica	Influenza	Sarampo
Sítio da patologia	Porta de entrada	Sítio distante
Período de incubação	Relativamente curto	Relativamente longo
Viremia	Ausente	Presente
Duração da imunidade	Variável – pode ser curta	Geralmente por toda a vida
Papel de anticorpos secretores (IgA) na resistência	Geralmente importante	Geralmente sem importância

TABELA 30-2   Vias comuns das infecções virais em seres humanos

Via de entrada	Grupo viral	Produção de sintomas locais na porta de entrada	Produção de infecção generalizada mais doença específica nos órgãos
Trato respiratório	Parvovírus		B19
	Adenovírus	Maioria dos tipos	
	Herpes-vírus	Vírus Epstein-Barr, herpes-vírus simples	Vírus varicela-zóster
	Poxvírus		Vírus da varíola
	Picornavírus	Rinovírus	Alguns enterovírus
	Togavírus		Vírus da rubéola
	Coronavírus	Maioria dos tipos	
	Ortomixovírus	Vírus influenza	
	Paramixovírus	Vírus parainfluenza, vírus sincicial respiratório	Vírus da caxumba, vírus do sarampo
Boca, trato intestinal	Adenovírus	Tipos 40 e 41	
	Calicivírus	Norovírus	
	Herpes-vírus	Vírus Epstein-Barr, herpes-vírus simples	Citomegalovírus
	Picornavírus		Alguns enterovírus, inclusive poliovírus e vírus da hepatite A
	Reovírus	Rotavírus	
Pele			
Traumatismo leve	Papilomavírus	Maioria dos tipos	
	Herpes-vírus	Herpes-vírus simples	
	Poxvírus	Vírus do molusco contagioso, vírus orf	
Injeção	Hepadnavírus		Hepatite B
	Herpes-vírus		Vírus Epstein-Barr, citomegalovírus
	Retrovírus		Vírus da imunodeficiência humana
Mordidas	Togavírus		Muitas espécies, inclusive o vírus da encefalite equina do leste
	Flavivírus		Muitas espécies, inclusive o vírus da febre amarela
	Rabdovírus		Vírus da raiva

de infecção viral, visto que as infecções virais inaparentes são muito comuns.

D. Recuperação da infecção

Após uma infecção viral, o hospedeiro pode ir a óbito, se recuperar ou estabelecer uma infecção crônica. Os mecanismos de recuperação incluem as respostas imunológicas inata e adaptativa. A interferona (IFN) e outras citocinas, a imunidade humoral e a imunidade mediada por células e possivelmente outros fatores de defesa do hospedeiro estão envolvidos. A importância relativa de cada componente difere de acordo com o vírus e a doença.

A importância dos fatores do hospedeiro na evolução das infecções virais é ilustrada por um incidente ocorrido na década de 1940, quando 45.000 militares foram vacinados com a vacina contra o vírus da febre amarela que estava contaminada pelo HBV. Embora esses indivíduos presumivelmente tenham sido submetidos a exposições comparáveis, ocorreu hepatite clínica em apenas 2% (914 casos), dos quais apenas 4% desenvolveram doença grave. As bases genéticas da **suscetibilidade do hospedeiro** estão em vias de serem determinadas para a maior parte das infecções.

Nas infecções agudas, a recuperação está associada à depuração viral e à produção de anticorpos específicos para o vírus. O estabelecimento de uma infecção crônica envolve uma interação complexa entre os fatores virais e fatores imunológicos do hospedeiro. O vírus pode entrar e permanecer em um estado de latência por toda a vida do hospedeiro, ou posteriormente reativar e causar a doença meses ou anos mais tarde.

E. Disseminação do vírus

O último estágio da patogênese consiste em disseminação do vírus infeccioso no ambiente. Trata-se de uma etapa necessária para manter a infecção viral em populações de hospedeiros. Em geral, ocorre disseminação a partir das superfícies corporais envolvidas na penetração do vírus (ver Figura 30-2). A disseminação é observada em diferentes estágios da doença, dependendo do agente específico envolvido. Durante a disseminação viral, um indivíduo infectado é infeccioso, transmitindo esse vírus para outros indivíduos. Em algumas infecções virais, como a raiva, os seres humanos representam infecções terminais, não havendo disseminação. Dois exemplos da patogênese causada por infecções virais disseminadas são mostrados na Figura 30-3.

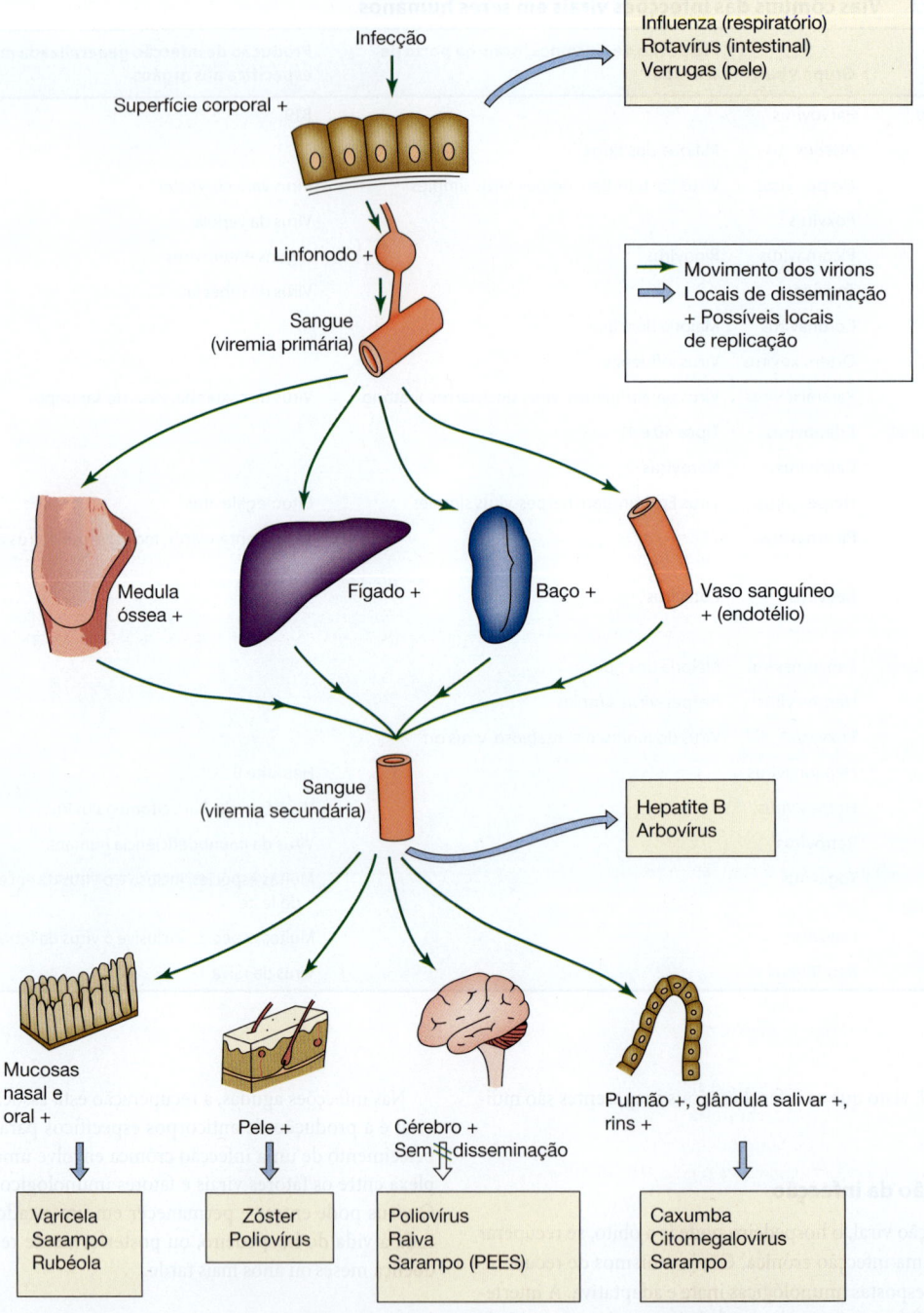

Infecção

Superfície corporal +

Influenza (respiratório)
Rotavírus (intestinal)
Verrugas (pele)

Linfonodo +

Sangue
(viremia primária)

→ Movimento dos virions
⇒ Locais de disseminação
+ Possíveis locais
de replicação

Medula
óssea +

Fígado +

Baço +

Vaso sanguíneo
+ (endotélio)

Sangue
(viremia secundária)

Hepatite B
Arbovírus

Mucosas
nasal e
oral +

Pele +

Cérebro +
Sem disseminação

Pulmão +, glândula salivar +,
rins +

Varicela
Sarampo
Rubéola

Zóster
Poliovírus

Poliovírus
Raiva
Sarampo (PEES)

Caxumba
Citomegalovírus
Sarampo

FIGURA 30-2 Mecanismos de propagação dos vírus através do corpo nas infecções virais humanas. O sinal + indica os possíveis locais de replicação viral, e as *setas grandes* indicam os locais de disseminação do vírus, com exemplos ilustrativos de doenças nas quais essa via de excreção é importante. A transferência a partir do sangue ocorre por transfusão nos casos de hepatite B e por picada de mosquito em certas infecções por arbovírus. PEES, panencefalite esclerosante subaguda. (Modificada, com autorização, de Mims CA, White DO: *Viral Pathogenesis and Immunology.* Copyright © 1984 by Blackwell Science Ltd. Com permissão de Wiley.)

TABELA 30-3 Disseminação viral pela corrente sanguínea

Tipo celular associado	Exemplos	
	Vírus de DNA	**Vírus de RNA**
Linfócitos	Vírus Epstein-Barr, ci-tomegalovírus, vírus da hepatite B, vírus JC, vírus BK	Caxumba, sarampo, rubéola, vírus da imunodeficiência humana
Monócitos--macrófagos	Citomegalovírus	Poliovírus, vírus da imunodeficiência humana, vírus do sarampo
Neutrófilos		Vírus influenza
Hemácias	Parvovírus B19	Vírus da febre do carra-pato do Colorado
Nenhum (livre no plasma)		Togavírus, picornavírus

Modificada, com autorização, de Tyler KL, Fields BN: Pathogenesis of viral infections. In Fields BN, Knipe DM, Howley PM, et al (editors). *Fields Virology*, 3rd ed. Lippincott-Raven, 1996.

Resposta imunológica do hospedeiro

O resultado das infecções virais reflete a interação entre o vírus e os fatores do hospedeiro. Os mecanismos não específicos de resposta imunológica do hospedeiro em geral são estimulados logo após a ocorrência de uma infecção viral. Entre as respostas da imunidade inata, a mais proeminente é a indução de IFN (ver adiante). Essas respostas auxiliam na inibição do crescimento viral no momento em que o microrganismo induz a resposta imunológica humoral e mediada por células.

A. Resposta imune inata

A resposta imune inata é largamente mediada por IFNs, que são proteínas codificadas pelo hospedeiro, membros da grande família das citocinas e que inibem a replicação viral. São produzidas muito rapidamente (em horas) em resposta à infecção viral ou a outros indutores e fazem parte da primeira linha de defesa do organismo contra a infecção viral. As IFNs também modulam a imunidade humoral e celular e têm amplas atividades reguladoras do crescimento celular.

Existem várias moléculas de IFNs, classificadas em três grupos gerais, designados por IFN-α, IFN-β e IFN-γ (Tabela 30-4). As IFN-α e β são consideradas de tipo I, ou interferonas virais, enquanto a IFN-γ é considerada de tipo II, ou imune. A infecção por vírus constitui um potente estímulo que leva à indução. Os vírus do RNA são indutores mais fortes de IFNs do que os vírus do DNA. As IFNs também podem ser induzidas por RNA de fita dupla e endotoxina bacteriana. A IFN-γ não é produzida em resposta à maioria dos vírus, mas é induzida por estimulação de mitógenos.

As IFNs são rapidamente detectadas após infecção viral em animais sadios; em seguida, observa-se uma diminuição da produção viral (Figura 30-4). Os anticorpos só aparecem no sangue do animal vários dias após a redução da produção do vírus. Essa relação temporal sugere que a IFN desempenha um papel primordial na defesa

inespecífica do hospedeiro contra infecções virais, bem como o fato de que indivíduos agamaglobulinêmicos geralmente se recuperam de infecções virais primárias tanto quanto as pessoas normais.

A IFN é secretada e liga-se aos receptores celulares, onde induz um estado antiviral por meio de estímulo da síntese de outras proteínas que inibem a replicação viral. Diversas vias parecem envolvidas, incluindo: (1) uma proteína-quinase dependente de RNA de fita dupla (PKR, de *dsRNA-dependent protein kinase*), que fosforila e inativa o fator de iniciação celular eIF-2, prevenindo, assim, a formação do complexo de iniciação necessário à síntese das proteínas virais; (2) uma oligonucleotídeo-sintetase, o 2-5A-sintetase, que ativa a endonuclease celular (RNase L), a qual degrada o mRNA; (3) uma fosfodiesterase, que inibe a elongação da cadeia peptídica; (4) uma óxido nítrico-sintetase, induzida pelo IFN-γ em macrófagos.

Os vírus exibem diferentes mecanismos que bloqueiam as atividades inibitórias das IFNs na replicação do vírus. Os exemplos incluem diferentes proteínas virais específicas que podem bloquear a indução da expressão das IFNs (herpes-vírus, papilomavírus, filovírus, HCV, rotavírus), bloquear a ativação da PKR essencial (adenovírus, herpes-vírus), ativar um inibidor celular da PKR (vírus influenza, poliovírus), bloquear a transdução de sinais induzidos pelas IFNs (adenovírus, herpes-vírus, HBV) ou neutralizar a IFN-γ ao atuarem como receptores da IFN solúvel (vírus do mixoma).

B. Resposta imune adaptativa

Tanto os componentes humorais quanto os celulares da resposta imunológica estão envolvidos no controle das infecções virais. Os vírus desencadeiam uma resposta tecidual diferente da resposta às bactérias patogênicas. Enquanto os leucócitos polimorfonucleares (PMN) constituem a principal resposta celular à inflamação aguda causada por bactérias piogênicas, a infiltração por células mononucleares e linfócitos caracteriza a reação inflamatória das lesões virais sem complicações.

As proteínas codificadas pelos vírus atuam como alvos da resposta imunológica. As células infectadas por vírus podem ser lisadas por linfócitos T citotóxicos em consequência do reconhecimento dos polipeptídeos virais na superfície celular. A imunidade humoral protege o hospedeiro contra reinfecção pelo mesmo vírus. Os anticorpos neutralizantes dirigidos contra as proteínas do capsídeo bloqueiam o desencadeamento da infecção viral, provavelmente no estágio de fixação, entrada ou desnudamento do vírus. O anticorpo imunoglobulina A (IgA) secretor é importante na proteção contra infecção por vírus através do trato respiratório ou gastrintestinal.

As características específicas de determinados vírus podem ter profundos efeitos sobre a resposta imunológica do hospedeiro. Alguns vírus infectam e lesam as células do sistema imunológico. O exemplo mais apropriado é o HIV, um retrovírus humano que infecta linfócitos T e destrói sua capacidade funcional, resultando na síndrome da imunodeficiência adquirida (Aids, do inglês *acquired immunodeficiency syndrome*) (ver Capítulo 44).

Os vírus desenvolveram diversas maneiras de suprimir a resposta imunológica do hospedeiro ou escapar dela, evitando, dessa maneira, sua erradicação. Frequentemente, as proteínas virais envolvidas na modulação da resposta do hospedeiro não são essenciais para o crescimento do vírus em cultura de tecidos, sendo suas

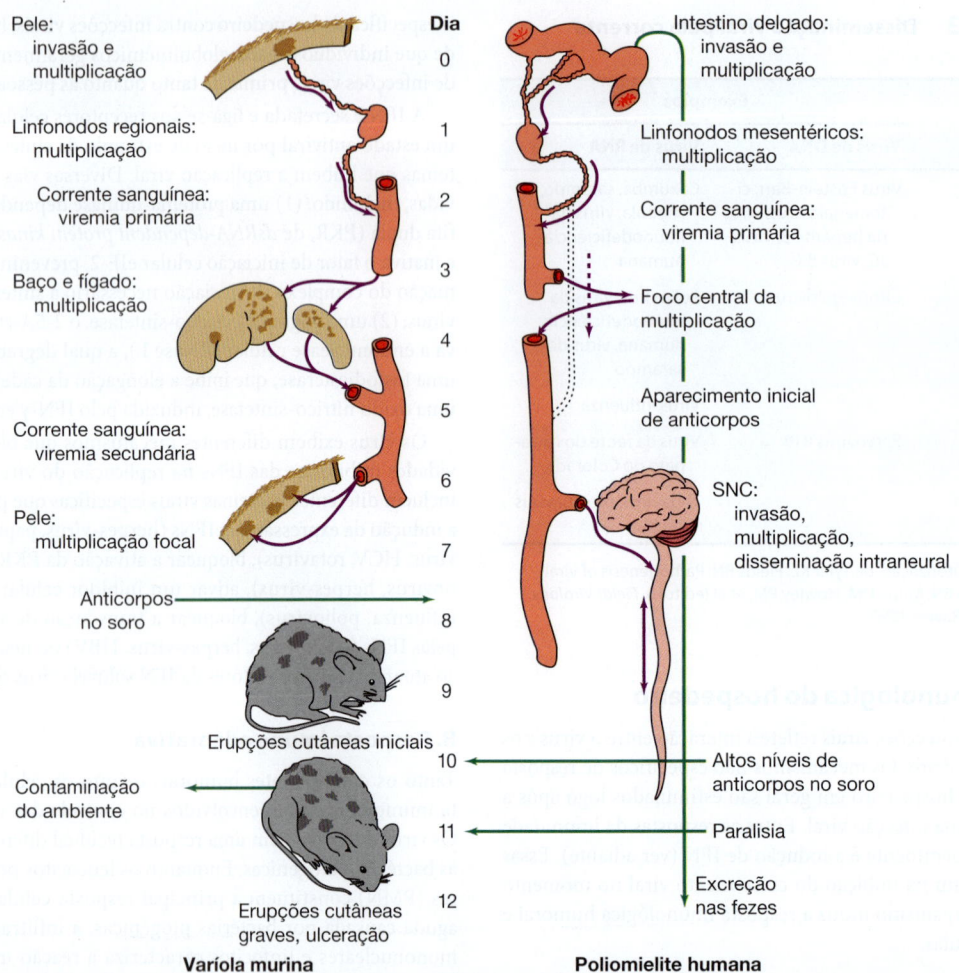

FIGURA 30-3 Ilustrações esquemáticas da patogênese das infecções virais disseminadas (varíola murina e poliomielite). Esses vírus se aderem e se replicam localmente, se disseminando por meio das correntes sanguínea e linfática para sítios distantes, onde se multiplicam ainda mais e podem produzir doenças. Em seguida, se disseminam para o ambiente a partir do local inicial da infecção. SNC, sistema nervoso central. (Cortesia de F Fenner.)

propriedades percebidas somente em experimentos de patogênese em modelos animais. Além de infectar células do sistema imunológico e inibir sua função (HIV), os vírus podem infectar neurônios que expressam pouca ou nenhuma molécula do complexo principal de histocompatibilidade classe I (MHC I, do inglês *major histocompatibility complex I*) (herpes-vírus), podem codificar proteínas imunomoduladoras que inibem a função dos MHC (adenovírus, herpes-vírus), ou podem inibir a atividade das citocinas (poxvírus, sarampo). Os vírus podem sofrer mutações e modificar seus locais antigênicos ou proteínas do virion (vírus influenza, HIV), ou podem atenuar o nível de expressão de proteínas da superfície viral (herpes-vírus). Diferentes microRNAs virais podem direcionar transcrições celulares específicas, reprimindo diferentes proteínas importantes na resposta imune inata do hospedeiro (poliomavírus, herpes-vírus).

A resposta imune a um vírus ou vacina pode exacerbar a doença causada por infecção subsequente com cepas semelhantes. Por exemplo, a febre hemorrágica induzida pelo vírus da dengue pode se desenvolver em pessoas que já tiveram pelo menos uma infecção anterior por outro sorotipo da dengue devido à intensa resposta do hospedeiro à infecção.

Outro efeito adverso potencial da resposta imunológica consiste no desenvolvimento de autoanticorpos por um processo conhecido como *mimetismo molecular*. Se o antígeno viral induzir a produção de anticorpos que, de forma cruzada, reconhecem um determinante antigênico expresso por proteína celular nos tecidos normais do hospedeiro, podem ocorrer lesão celular ou perda da função, sem qualquer relação com a infecção viral. O hospedeiro pode então sofrer doença autoimune pós-infecciosa, como a síndrome de Guillain-Barre associada à infecção prévia pelo sarampo.

Persistência viral: infecções virais crônicas e latentes

As infecções são **agudas** quando um vírus infecta pela primeira vez um hospedeiro suscetível. As infecções virais são geralmente autolimitadas, mas algumas podem persistir por longos períodos no hospedeiro. A interação prolongada entre vírus e hospedeiro pode assumir várias formas. As **infecções crônicas** (também chamadas

TABELA 30-4 Propriedades das interferonas humanas

Propriedade	Tipo		
	Alfa	Beta	Gama
Nomenclatura atual	IFN-α	IFN-β	IFN-γ
Designação antiga	Leucócito	Fibroblasto	Interferona imune
Designação do tipo	Tipo I	Tipo I	Tipo II
Número de genes que codificam a família	≥ 20	1	1
Principal fonte celular	Maioria dos tipos celulares	Maioria dos tipos celulares	Linfócitos
Agente indutor	Vírus; dsRNA	Vírus; dsRNA	Mitógenos
Estabilidade em pH 2,0	Estável	Estável	Lábil
Glicosilação	Não	Sim	Sim
Íntrons nos genes	Não	Não	Sim
Localização cromossômica dos genes	9	9	12
Tamanho da proteína secretada (número de aminoácidos)	165	166	143
Receptor de IFN	IFNAR	IFNAR	IFNGR
Localização cromossômica dos genes receptores de IFN	21	21	6

dsRNA, RNA de fita dupla; IFN, interferona.

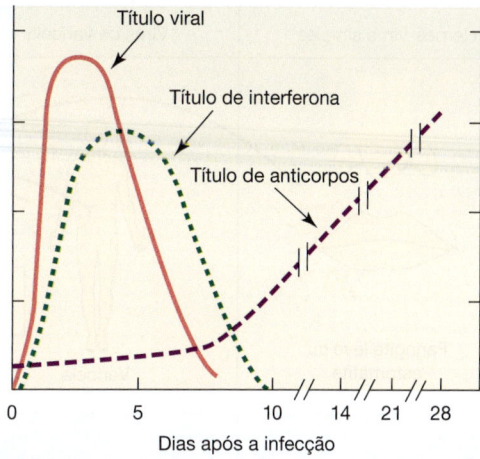

FIGURA 30-4 Ilustração da cinética da interferona (IFN) e da síntese dos anticorpos após infecção viral respiratória. As relações temporais sugerem que as IFNs estão envolvidas na resposta precoce do sistema de defesa do hospedeiro contra infecções virais.

infecções persistentes) são aquelas em que o vírus replicante pode ser continuamente detectado, quase sempre em níveis baixos, podendo haver ou não sintomas clínicos leves. As **infecções latentes** são aquelas em que o vírus persiste em uma forma oculta (escondida ou críptica) na maior parte do tempo quando não são produzidas novas partículas virais. Ocorrem exacerbações intermitentes da doença clínica, podendo o vírus infeccioso ser isolado durante essas exacerbações. As sequências virais podem ser detectadas por técnicas moleculares em tecidos com infecções latentes. As **infecções inaparentes** ou **subclínicas** são aquelas que não produzem sinais aparentes da presença do vírus.

Diversos vírus de animais provocam infecções crônicas, e a persistência, em certos casos, depende da idade do hospedeiro quando é infectado. Nos seres humanos, por exemplo, a infecção pelo vírus da rubéola e a infecção pelo citomegalovírus, quando contraídas *in utero*, caracteristicamente resultam em persistência limitada do vírus, provavelmente devido ao desenvolvimento da capacidade imunológica de reagir à infecção à medida que o lactente amadurece. Os lactentes infectados pelo HBV com frequência apresentam infecção persistente (portadores crônicos), sendo a maioria dos portadores assintomática (ver Capítulo 35).

Em geral, os herpes-vírus provocam infecções latentes. Os HSVs penetram nos gânglios sensoriais e persistem em um estado não infeccioso (Figura 30-5). Podem ocorrer reativações periódicas, durante as quais surgem lesões que contêm vírus infecciosos em locais periféricos (p. ex., vesículas febris). O vírus da varicela (varicela-zóster) também se torna latente nos gânglios sensoriais. As recidivas, que são raras, ocorrem depois de vários anos, seguindo habitualmente a distribuição de um nervo periférico (zóster). Outros membros da família dos herpes-vírus também estabelecem infecções latentes, como o CMV e o EBV. Todos esses vírus podem ser reativados por imunossupressão. Por conseguinte, as infecções reativadas por herpes-vírus podem representar uma grave complicação em indivíduos submetidos à terapia imunossupressora.

As infecções virais persistentes podem desempenhar um papel muito importante na doença humana. Elas estão associadas a certos tipos de câncer nos seres humanos (ver Capítulo 43), bem como a doenças degenerativas progressivas do sistema nervoso central (SNC) em seres humanos (ver Capítulo 42). A Figura 30-6 traz exemplos de diferentes tipos de infecção viral persistente.

As encefalopatias espongiformes formam um grupo de infecções crônicas, progressivas e fatais do SNC causadas por agentes não convencionais transmissíveis denominados **príons** (ver Capítulo 42). Os príons não são vírus, mas são proteínas cujas alterações estruturais podem causar alterações conformacionais nas proteínas hospedeiras, resultando em agregação e disfunção. Essas proteínas infectantes são transmissíveis de maneira semelhante a outros agentes infecciosos. Os melhores exemplos desse tipo de infecção por vírus "lento" são a paraplexia enzoótica (*scrapie*) em carneiros, a encefalopatia espongiforme bovina no gado, bem como o *kuru* e a doença de Creutzfeldt-Jakob que ocorrem em seres humanos.

Visão geral das infecções respiratórias virais agudas

Muitos tipos de vírus têm acesso ao corpo humano por meio do trato respiratório, principalmente em forma de perdigotos ou saliva. Trata-se da via mais frequente de entrada dos vírus no

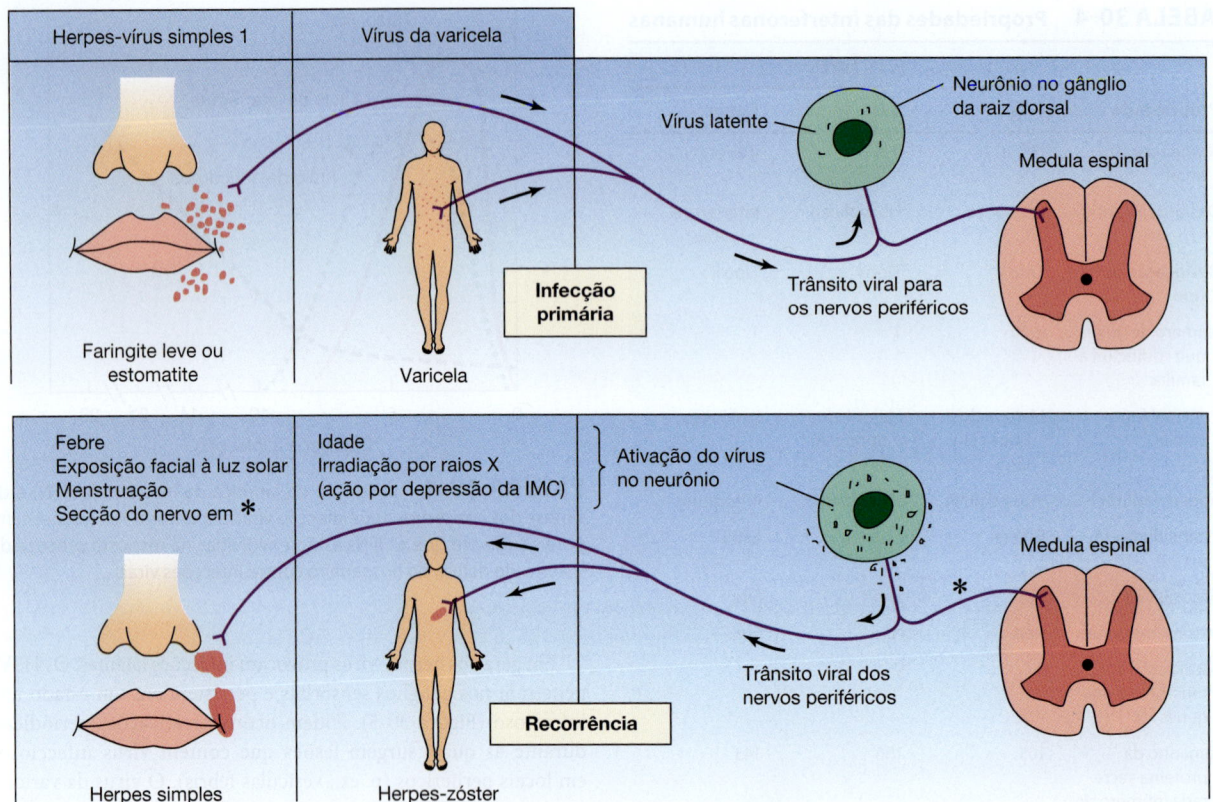

FIGURA 30-5 Infecções latentes por herpes-vírus. São apresentados exemplos do HSV e do vírus varicela-zóster. Ocorrem infecções primárias na infância ou na adolescência, seguidas pelo estabelecimento do vírus latente em gânglios cerebrais ou espinais. A ativação subsequente provoca herpes simples ou herpes-zóster recorrentes. IMC, imunidade mediada por células. (Modificada, com autorização, de Mims CA, White DO: *Viral Pathogenesis and Immunology.* Copyright © 1984 by Blackwell Science Ltd. Com permissão de Wiley.)

hospedeiro. Ocorre infecção bem-sucedida apesar dos mecanismos protetores normais do hospedeiro, incluindo o muco que recobre a maioria das superfícies, a ação ciliar, as coleções de células linfoides, os macrófagos alveolares e a IgA secretora. Muitas infecções permanecem localizadas no trato respiratório, embora alguns vírus provoquem sintomas característicos de doença após disseminação sistêmica (p. ex., varicela, sarampo, rubéola; ver Tabela 30-2 e Figura 30-2).

As infecções respiratórias apresentam um profundo impacto em todo o mundo. Essas infecções são uma das principais causas de morbidade e de mortalidade em crianças menores de 5 anos, superando o percentual das doenças gastrintestinais (segunda causa mundial). Os sintomas de doença exibidos pelo hospedeiro dependem de a infecção estar concentrada no trato respiratório superior ou no inferior (Tabela 30-5). A gravidade da infecção respiratória pode variar desde inaparente até fulminante. Apesar do diagnóstico definitivo exigir o isolamento do vírus, a identificação de uma sequência gênica viral ou a demonstração de elevação nos títulos de anticorpos, frequentemente se pode deduzir a doença viral específica com base nos principais sintomas observados, na idade do paciente, na época do ano e em qualquer padrão da doença na comunidade.

Visão geral das infecções virais do trato gastrintestinal

Muitos vírus iniciam a infecção por meio do trato alimentar. Os vírus no trato intestinal são expostos à IgA secretora e a elementos adstringentes envolvidos na digestão dos alimentos: ácido, sais biliares (detergentes) e enzimas proteolíticas. Em consequência, todos os vírus capazes de iniciar uma infecção por essa via mostram-se resistentes aos ácidos e sais biliares.

Gastrenterite aguda é a expressão utilizada para designar uma doença gastrintestinal de curta duração com sintomas que variam desde diarreia aquosa leve até doença febril grave, caracterizada por vômitos, diarreia e manifestações sistêmicas. Os rotavírus, o norovírus e os calicivírus constituem as principais causas da gastrenterite. Lactentes e crianças são afetados com mais frequência, e grandes surtos podem ocorrer, tornando esses grupos uma preocupação significativa à saúde pública.

Os enterovírus, os coronavírus e os adenovírus também infectam o trato gastrintestinal, porém essas infecções com frequência são assintomáticas. Alguns enterovírus, especialmente os poliovírus e o vírus da hepatite A, constituem importantes causas de doença sistêmica, mas não acarretam sintomas intestinais.

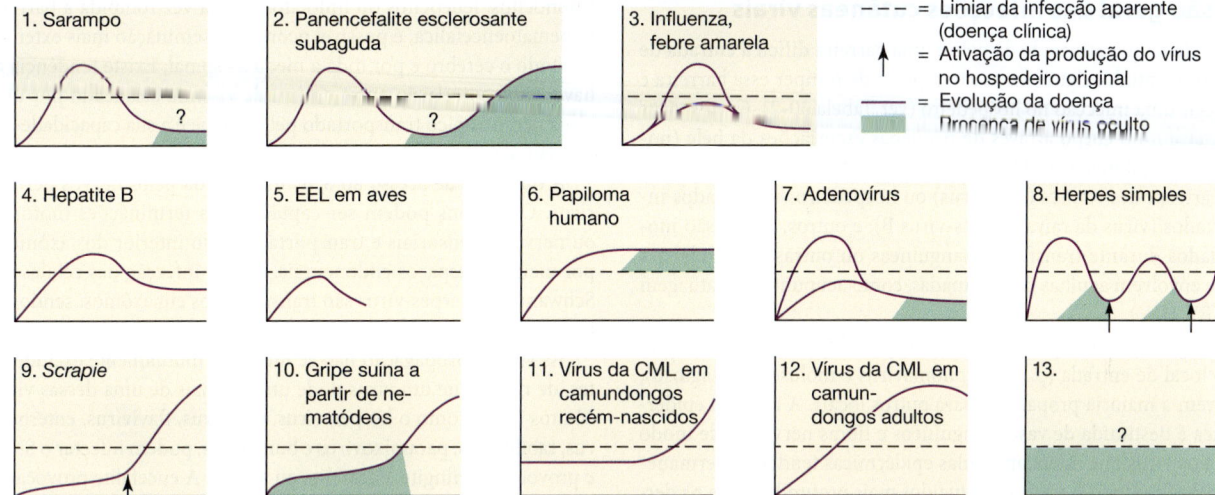

FIGURA 30-6 Diferentes tipos de interação entre vírus e hospedeiro: infecção aparente (doença clínica), inaparente (subclínica), crônica, latente, oculta e lenta. **(1)** O sarampo segue uma evolução aguda e quase sempre clinicamente aparente que resulta em imunidade duradoura. **(2)** O sarampo também pode estar associado à persistência de infecção latente na panencefalite esclerosante subaguda (ver Capítulo 40). **(3)** A febre amarela e a influenza obedecem a um padrão semelhante ao do sarampo, exceto quanto ao fato de que a infecção pode ser subclínica com mais frequência do que clínica. **(4)** Na hepatite viral tipo B, a recuperação da doença clínica pode estar associada à infecção crônica, caracterizada por persistência do vírus totalmente ativo no sangue. **(5)** Algumas infecções são, em determinadas espécies, sempre subclínicas, como a encefalomielite equina do leste (EEL) em algumas espécies de aves, que funcionam como reservatório do vírus. **(6)** No papilomavírus humano, a evolução da infecção é crônica; quando o câncer cervical se desenvolve, o vírus está oculto (não replicante). **(7)** A infecção de seres humanos por determinados adenovírus pode ser clínica ou subclínica. Pode ocorrer infecção latente prolongada, durante a qual o vírus é encontrado em pequenas quantidades; os vírus também podem persistir após a doença. **(8)** A reativação periódica do HSV latente, que pode sofrer recidiva durante toda a vida nos seres humanos, ocorre com frequência depois de um episódio agudo inicial de estomatite na infância. **(9)** A infecção pode permanecer latente durante longo tempo antes de ser ativada. São exemplos dessas infecções "lentas", caracterizadas por longos períodos de incubação, o *scrapie* (paraplexia enzoótica) em carneiros e o *kuru* em seres humanos (acredita-se que sejam causados por príons, não por vírus). **(10)** Em suínos que ingeriram nematódeos pulmonares contendo vírus, a gripe suína permanece oculta até que o estímulo apropriado induza a produção de vírus e, por sua vez, doença clínica. **(11)** O vírus da coriomeningite linfocitária (CML) pode estabelecer-se em camundongos mediante infecção *in utero*. Verifica-se o desenvolvimento de uma forma de tolerância imunológica, em que não ocorre a ativação das células T específicas do vírus. Ocorre a produção de anticorpos contra as proteínas virais; esses anticorpos e o vírus da CML circulante formam complexos de antígeno-anticorpo que provocam doença por imunocomplexos no hospedeiro. A presença do vírus da CML em tal infecção crônica (vírus circulante com doença leve ou inaparente) pode ser revelada por transmissão a um hospedeiro indicador, como, por exemplo, camundongos adultos isentos de vírus. **(12)** Todos os camundongos adultos desenvolvem os sintomas agudos clássicos da CML e com frequência morrem. **(13)** Possibilidade de infecção latente por vírus oculto não facilmente ativado. A prova da presença desses vírus continua sendo uma tarefa difícil que, entretanto, está atraindo a atenção de pesquisadores do câncer (ver Capítulo 43).

TABELA 30-5 Infecções virais do trato respiratório

Síndromes	Principais sintomas	Bebês	Crianças	Adultos
		Causas virais mais comuns[a]		
Resfriado comum	Obstrução nasal, corrimento nasal	Rino Adeno	Rino Adeno	Rino Corona
Faringite	Dor de garganta	Adeno	Adeno Coxsackie	Adeno Coxsackie
Laringite/crupe	Rouquidão, tosse "de cachorro"	Parainfluenza Influenza	Parainfluenza Influenza	Parainfluenza Influenza
Traqueobronquite	Tosse	Parainfluenza Sincicial respiratório	Parainfluenza Influenza	Influenza Adeno
Bronquiolite	Tosse, dispneia	Sincicial respiratório Parainfluenza	Raro	Raro
Pneumonia	Tosse, dor no peito	Sincicial respiratório Influenza	Influenza Parainfluenza	Influenza Adeno

[a]Os vírus respiratórios mais comumente reportados variam, dependendo do tipo de estudo, da população estudada, dos métodos de detecção e de outros fatores (p. ex., época do ano).

Visão geral das infecções cutâneas virais

O epitélio queratinizado da pele é uma barreira difícil à entrada de vírus. Contudo, alguns vírus são capazes de romper essa barreira e iniciar uma infecção no hospedeiro (ver Tabela 30-2). Certos vírus penetram no corpo através de pequenas escoriações da pele (poxvírus, papilomavírus, HSV), outros são introduzidos pela picada de artrópodes vetores (arbovírus) ou hospedeiros vertebrados infectados (vírus da raiva, herpes-vírus B), e outros, ainda, são inoculados durante transfusões sanguíneas ou outras manipulações que envolvem agulhas contaminadas, como acupuntura e tatuagem (HBV, HIV).

Alguns poucos agentes permanecem localizados e causam lesões no local de entrada (p. ex., papilomavírus e molusco contagioso), porém a maioria propaga-se para outros locais. A camada epidérmica é destituída de vasos sanguíneos e fibras nervosas, de modo que os vírus que infectam células epidérmicas tendem a permanecer localizados. Os vírus introduzidos mais profundamente na derme têm acesso aos vasos sanguíneos, linfáticos, células dendríticas e macrófagos, e em geral se propagam, causando infecções sistêmicas.

Muitas das erupções cutâneas generalizadas associadas a infecções virais surgem em consequência da propagação do vírus para a pele por meio da corrente sanguínea, após sua replicação em algum outro local. Essas infecções originam-se por outra via (p. ex., as infecções pelo vírus do sarampo ocorrem por meio do trato respiratório), de modo que a pele se torna infectada a partir do meio interno.

As lesões nas erupções cutâneas são denominadas máculas, pápulas, vesículas ou pústulas. As máculas, causadas por dilatação local de vasos sanguíneos da derme, evoluirão para pápulas se houver edema e infiltração celular na área. Ocorrem vesículas quando a epiderme é afetada. Essas vesículas se transformarão em pústulas se a reação inflamatória atrair leucócitos PMNs para a lesão. Em seguida, verifica-se a formação de úlceras e crostas. Ocorrem erupções hemorrágicas e petequiais quando há o comprometimento mais grave dos vasos da derme.

Com frequência, as lesões cutâneas não desempenham papel algum na transmissão dos vírus. O vírus infeccioso não é eliminado a partir da erupção maculopapular do sarampo ou das erupções associadas às infecções por arbovírus. Já no caso dos poxvírus e do HSV, as lesões cutâneas são importantes na disseminação. Verifica-se a presença de partículas virais infecciosas em títulos elevados no líquido dessas erupções vesicopustulares, sendo tais partículas capazes de dar início à infecção por contato direto com outros hospedeiros. Todavia, mesmo nesses casos, acredita-se que os virions nas secreções orofaríngeas podem ser mais importantes para a transmissão da doença do que as lesões cutâneas.

Visão geral das infecções virais do sistema nervoso central

Os vírus podem alcançar o cérebro por duas vias: pela corrente sanguínea (disseminação hematogênica) e pelas fibras nervosas periféricas (disseminação neuronal). Pode ocorrer o acesso do vírus a partir do sangue por meio de multiplicação no endotélio dos pequenos vasos cerebrais, transporte passivo através do endotélio vascular, passagem para o líquido cerebrospinal (LCS) por meio do plexo coroide ou por transporte no interior de várias células infectadas (monócitos, leucócitos ou linfócitos). Uma vez rompida a barreira hematoencefálica, é possível ocorrer disseminação mais extensa por todo o cérebro e por toda a medula espinal. Existe tendência a haver uma correlação entre o nível de viremia alcançado por um vírus neurotrópico transportado pelo sangue e a sua capacidade de invasão neural.

A outra via de acesso ao SNC é fornecida pelos nervos periféricos. Os virions podem ser captados nas terminações motoras ou nervosas sensoriais e transportados pelo interior dos axônios, por meio dos espaços endoneurais, ou por infecção das células de Schwann. Os herpes-vírus são transportados em axônios, sendo liberados nos neurônios dos gânglios das raízes dorsais.

As vias de propagação não se mostram mutuamente excludentes, de modo que um vírus pode utilizar mais de uma dessas vias. Muitos vírus, como o herpes-vírus, togavírus, flavivírus, enterovírus, rabdovírus, paramixovírus e buniavírus, podem infectar o SNC e provocar meningite, encefalite ou ambas. A encefalite provocada pelo HSV constitui a causa mais comum de encefalite esporádica em seres humanos.

As reações patológicas a infecções virais por citocidas do SNC incluem necrose, inflamação e fagocitose por células gliais. A causa dos sintomas em algumas outras infecções do SNC, como a raiva, não está bem elucidada. A encefalite pós-infecciosa, que ocorre após o sarampo (cerca de 1 em 1.000 casos) e, mais raramente, após a rubéola, caracteriza-se por desmielinização sem degeneração neuronal, constituindo provavelmente doença autoimune.

Existem vários distúrbios neurodegenerativos raros, denominados infecções por vírus lentos, que são uniformemente fatais. Essas infecções caracterizam-se por um longo período de incubação (meses a anos), seguido de início da doença clínica e deterioração progressiva, resultando em morte em semanas ou meses. Em geral, apenas o SNC é acometido. Algumas infecções por vírus lento, como a leucoencefalopatia multifocal progressiva (poliomavírus JC) em hospedeiros imunocomprometidos e a panencefalite esclerosante subaguda (vírus do sarampo), são provocadas por vírus típicos. Em contrapartida, as encefalopatias espongiformes subagudas, exemplificadas pelo *scrapie*, são as doenças priônicas, causadas por agentes não convencionais conhecidos como príons. Nessas infecções, ocorrem alterações neuropatológicas características, porém não se observa qualquer resposta inflamatória ou imunológica.

Visão geral das infecções virais congênitas

Poucos vírus causam doença no feto humano. A maioria das infecções virais maternas não resulta em viremia e comprometimento fetal. Entretanto, se o vírus atravessar a placenta e ocorrer infecção *in utero*, o feto poderá sofrer lesão grave.

Os três princípios envolvidos na produção de defeitos congênitos são: (1) a capacidade do vírus de infectar a mulher grávida e ser transmitido ao feto; (2) o estágio da gestação em que ocorre a infecção; (3) a capacidade do vírus de causar lesão diretamente ao feto (por infecção fetal) ou indiretamente (por infecção da mãe), com a consequente alteração do ambiente fetal (p. ex., febre). A Figura 30-7 mostra a sequência dos eventos que podem ocorrer antes e depois da invasão viral do feto.

Na atualidade, o vírus da rubéola e o citomegalovírus constituem os agentes primários responsáveis por defeitos congênitos em

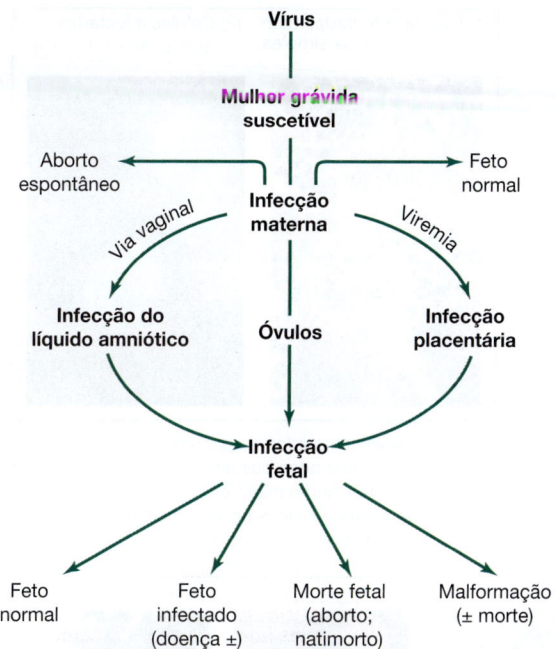

FIGURA 30-7 Infecção viral do feto. (Cortesia de L Catalano e J Sever.)

seres humanos (ver Capítulos 33 e 40). Além disso, podem ocorrer infecções congênitas pelo HSV, vírus varicela-zóster, HBV, vírus do sarampo, vírus da caxumba, HIV, parvovírus e alguns enterovírus (Tabela 30-6).

As infecções *in utero* podem resultar em morte fetal, nascimento prematuro, atraso do crescimento intrauterino ou infecção pós-natal persistente. Em consequência, podem ocorrer malformações de desenvolvimento, como defeitos cardíacos congênitos, catarata, surdez, microcefalia e hipoplasia dos membros. A infecção e a multiplicação do vírus podem destruir as células ou alterar sua função. Os vírus líticos, como o HSV, podem resultar em morte fetal. Os vírus menos citolíticos, como o da rubéola, podem reduzir a velocidade de divisão celular. Se isso ocorrer durante uma fase crítica do desenvolvimento dos órgãos, poderão surgir defeitos estruturais e anomalias congênitas.

Muitos desses vírus podem provocar doença grave em recém-nascidos (ver Tabela 30-6). Tais infecções podem ser contraídas da mãe durante o parto (perinatal), a partir de secreções genitais, fezes ou sangue contaminados. Com menor frequência, as infecções podem ser adquiridas durante as primeiras semanas após o parto (pós-natais), a partir de fontes maternas, membros da família, da equipe hospitalar ou de transfusões de sangue. O HIV pode ser transmitido pelo leite materno produzido por mães infectadas.

Efeito da idade do hospedeiro

A idade do hospedeiro representa um fator na patogenicidade viral. As formas mais graves de doença são com frequência induzidas em recém-nascidos. Além da maturação da resposta imunológica com a idade, parecem existir alterações relacionadas com a idade na suscetibilidade de determinados tipos de célula à infecção viral. Em geral, podem ocorrer infecções virais em todos os grupos etários, embora possam ter maior impacto em diferentes momentos da vida. São exemplos a rubéola, que é mais grave durante a gestação; a infecção por rotavírus, de maior gravidade em lactentes; e a encefalite de St. Louis, mais grave em idosos.

Diagnóstico das infecções virais

Há diferentes modos pelos quais as infecções virais podem ser diagnosticadas (Figura 30-8) (ver Capítulo 47). Os métodos de detecção rápida de antígeno usam anticorpos monoclonais específicos para vírus. Os testes de ácido nucleico ou reação em cadeia da polimerase (PCR, do inglês *polymerase chain reaction*) usam iniciadores (*primers*) e sondas específicos para detectar o ácido nucleico viral. Os testes de PCR podem ser multiplex, permitindo a detecção de múltiplos vírus simultaneamente. A cultura das partículas virais e os testes sorológicos clássicos fornecem resultados de forma mais demorada, porém são úteis no estudo epidemiológico. Mais recentemente, a tecnologia baseada em ácidos nucleicos, como PCR multiplex automatizada, microarranjos de alta

TABELA 30-6 Aquisição de infecções virais perinatais importantes

| Vírus | Gravidade pelo tempo de infecção | | | |
	Pré-natal (*in utero*)	Natal (durante o nascimento)	Pós-natal (após o nascimento)	Incidência neonatal (por 1.000 nascidos vivos)
Rubéola	+	–	Rara	0,1-0,7
Citomegalovírus	+	++	+	5-25
Herpes simples	+	++	+	0,03-0,5
Varicela-zóster	+	Rara	Rara	Rara
Hepatite B	+	++	+	0-7
Enterovírus	+	++	+	Incomum
Vírus da imunodeficiência human	+	++	+	Variável
Parvovírus B19	+	–	Rara	Rara

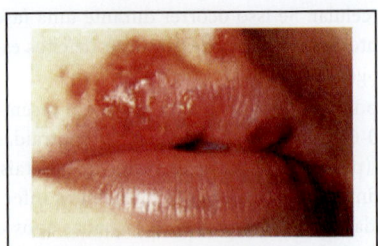

Sinais e sintomas: manifestações clínicas típicas da infecção viral podem ser observadas no paciente. Nesse caso, a figura revela lesões típicas do herpes-vírus simples tipo 1.

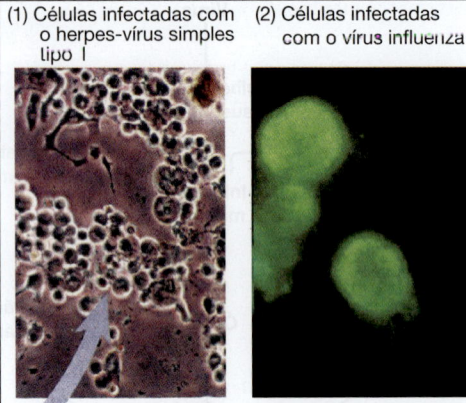

(1) Células infectadas com o herpes-vírus simples tipo I

(2) Células infectadas com o vírus influenza

Células coletadas do paciente (espécime clínico) são examinadas buscando evidências de infecção viral, tais como efeito citopático (*1*) ou detecção de antígenos virais na superfície da célula hospedeira (p. ex., por imunofluorescência) (*2*).

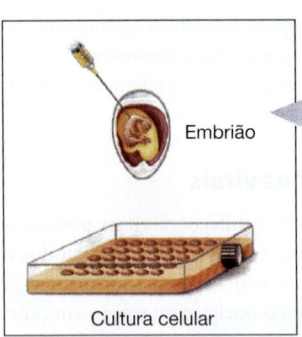

Embrião

Cultura celular

Técnicas de cultivo. Os vírus requerem um hospedeiro vivo para se multiplicar.

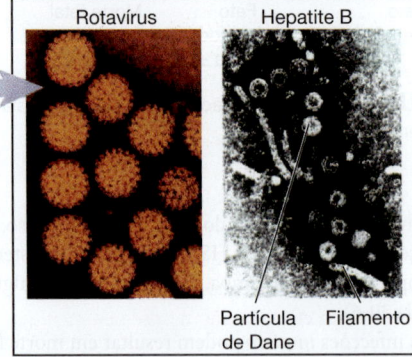

Rotavírus

Hepatite B

Partícula de Dane

Filamento

A microscopia eletrônica é usada para observação direta do vírus. Os vírus apresentam uma estrutura única que pode ser usada na sua diferenciação em família ou gênero.

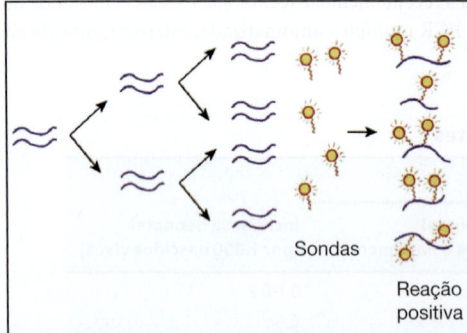

Sondas

Reação positiva

Análise genética da reação em cadeia da polimerase (PCR): detecção do ácido nucleico viral usando sondas específicas

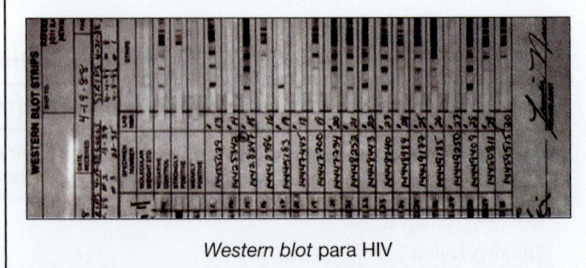

Western blot para HIV

Testes sorológicos para detecção de anticorpos específicos

FIGURA 30-8 Resumo dos métodos usados no diagnóstico das infecções virais. Testes de detecção de antígenos e ensaios de ácido nucleico estão entre os testes mais comuns usados no diagnóstico laboratorial, uma vez que os resultados podem ser obtidos de forma rápida. (Reproduzida, com autorização, de Talaro KP: *Foundations in Microbiology: Basic Principles*, 6th ed. McGraw-Hill, 2008. © McGraw-Hill Education.)

densidade e sequenciamento total de segunda geração, permite a detecção de vários vírus em um único ensaio. Como existem relativamente poucas terapias antivirais direcionadas, o conhecimento do agente viral infectante específico pode não alterar o tratamento do paciente, mas pode ser útil para determinar o prognóstico e o gerenciamento do paciente.

PREVENÇÃO E TRATAMENTO DAS DOENÇAS VIRAIS

Quimioterapia antiviral

Ao contrário dos vírus, as bactérias e os protozoários não dependem do mecanismo celular do hospedeiro para sua multiplicação, de modo que os processos específicos desses microrganismos provêm alvos fáceis para o desenvolvimento de antibacterianos e antiprotozoários. Como os vírus são parasitas intracelulares obrigatórios, os antivirais devem ser capazes de inibir seletivamente as funções virais sem lesar o hospedeiro, tornando o desenvolvimento de tais fármacos bastante difícil. Outra limitação é que muitos ciclos de replicação viral ocorrem durante o período de incubação, e o vírus dissemina-se antes de surgirem os sintomas, tornando o tratamento com fármacos relativamente ineficaz.

Há necessidade de antivirais ativos contra vírus para os quais não existem vacinas, ou nos casos em que as existentes não são altamente eficazes – talvez devido à multiplicidade de sorotipos (p. ex., rinovírus) ou a mudanças constantes do vírus (p. ex., vírus influenza, HIV). Os antivirais podem ser empregados para tratar infecções bem caracterizadas quando as vacinas contra esses patógenos não se mostram eficazes. São necessários antivirais para reduzir a morbidade e a perda econômica associadas às infecções virais, bem como para tratar o crescente número de pacientes imunossuprimidos que correm risco elevado de infecção.

Os estudos de virologia molecular estão tendo sucesso na identificação das funções específicas dos vírus que podem atuar como alvos para a terapia antiviral. Os estágios mais apropriados como alvos nas infecções virais são a fixação do vírus à célula hospedeira, o desnudamento do genoma viral, a síntese do ácido nucleico viral, a tradução de proteínas virais, e a organização e liberação de partículas virais da progênie. Tem sido muito desafiador desenvolver novos antivirais que possam distinguir os processos replicativos virais dos processos das células hospedeiras. Contudo, já foram desenvolvidos medicamentos bem-sucedidos, particularmente para infecções crônicas (p. ex., HIV, hepatite C). Vários compostos já foram desenvolvidos e são valiosos no tratamento de diferentes infecções virais (Tabela 30-7). Os mecanismos de ação variam entre os antivirais e podem ou ter como alvo as atividades enzimáticas das proteínas virais ou bloquear a interação proteína-vírus hospedeiro. Com frequência, o fármaco deve ser ativado por enzimas na célula antes de poder atuar como inibidor da replicação viral. Os agentes mais seletivos são ativados por enzimas codificadas pelo vírus no interior da célula infectada.

São necessárias pesquisas futuras para se compreender como minimizar o aparecimento de vírus resistentes a fármacos, reduzir a citotoxicidade e planejar antivirais mais específicos com base nos conhecimentos moleculares da estrutura e replicação dos agentes

virais, bem como desenvolver fármacos contra infecções virais que ainda não possuem tratamento efetivo.

A. Análogos nucleosídeos e nucleotídeos

A maioria dos antivirais disponíveis consiste em análogos nucleosídeos. Estes fármacos inibem a replicação das polimerases essenciais necessárias à replicação do ácido nucleico. Além disso, alguns análogos são incorporados no ácido nucleico como terminadores de cadeia, bloqueando a síntese adicional.

Os análogos podem inibir as enzimas celulares, bem como as enzimas codificadas pelo vírus. Os análogos mais efetivos são aqueles capazes de inibir especificamente enzimas codificadas pelo vírus, com a mínima inibição das enzimas análogas das células do hospedeiro. Em geral, por conta das altas taxas de mutação, surgem variantes virais resistentes ao fármaco com o decorrer do tempo, algumas vezes de maneira muito rápida. O uso de combinações de antivirais pode retardar o aparecimento de variantes resistentes (p. ex., a "terapia tríplice" utilizada no tratamento da infecção pelo HIV).

B. Inibidores da transcriptase reversa

Inibidores da transcriptase reversa não nucleosídeos atuam ligando-se diretamente à transcriptase reversa codificada pelo vírus e inibindo sua atividade. No entanto, os mutantes resistentes emergem rapidamente, tornando-os úteis apenas no contexto da terapia multifármacos.

C. Inibidores da protease

Consistem em um agente peptidomimético desenvolvido por um modelo computadorizado como molécula capaz de se encaixar no local ativo da enzima protease do HIV. Esses fármacos inibem a protease viral necessária no estágio avançado do ciclo de replicação para clivar os precursores do polipeptídeo *gag* e *gag-pol*, formando o cerne do virion maduro e ativando a transcriptase reversa que será utilizada no ciclo de infecção seguinte. Os inibidores de protease foram utilizados com sucesso no tratamento de infecções por HIV e HCV.

D. Inibidores da integrase

Os inibidores da integrase do HIV bloqueiam a atividade da integrase viral, uma enzima essencial na replicação do HIV. Sem a integração do DNA codificado viralmente no cromossomo hospedeiro, o ciclo de replicação viral é interrompido. O raltegravir foi o primeiro inibidor da integrase a ser aprovado em 2007.

E. Inibidores da fusão

Os inibidores da fusão do HIV agem interrompendo a fusão do envelope viral com a membrana celular, impedindo a infecção celular. O agente protótipo é a enfuvirtida, um peptídeo que se liga à gp41 e bloqueia a alteração conformacional necessária que inicia a fusão da membrana.

F. Outros tipos de agentes antivirais

Constatou-se que vários outros tipos de composto possuem alguma atividade antiviral em certas condições.

TABELA 30-7   **Exemplos de compostos antivirais usados no tratamento de infecções virais**

Fármaco	Análogo nucleosídeo	Mecanismo de ação	Espectro viral
Aciclovir	Sim	Inibidor da polimerase viral	Herpes simples, varicela-zóster
Adefovir	Sim	Inibidor da polimerase viral	HBV
Amantadina	Não	Bloqueio do desnudamento viral	Influenza A
Boceprevir	Não	Inibidor da protease do HCV	HCV
Cidofovir	Não	Inibidor da polimerase viral	Citomegalovírus, herpes simples, poliomavírus
Didanosina (ddl)	Sim	Inibidor da transcriptase reversa	HIV-1, HIV-2
Entecavir	Sim	Inibidor da transcriptase reversa	HBV
Foscarnete	Não	Inibidor da polimerase viral	Herpes-vírus, HIV-1, HBV
Enfuvirtida	Não	Inibidor da fusão do HIV (bloqueia a entrada viral)	HIV-1
Ganciclovir	Sim	Inibidor da polimerase viral	Citomegalovírus
Indinavir	Não	Inibidor da protease do HIV	HIV-1, HIV-2
Interferona (interferona peguilada)	Não	Ativador da resposta imune	HCV, HBV, entre outros
Lamivudina (3TC)	Sim	Inibidor da transcriptase reversa	HIV-1, HIV-2, HBV
Lopinavir	Não	Inibidor da protease do HIV	HIV-1
Maraviroque	Não	Inibidor de entrada (bloqueia a ligação com CCR5)	HIV-1
Nevirapina	Não	Inibidor da transcriptase reversa	HIV-1
Oseltamivir	Não	Inibidor da neuraminidase viral	Influenza A e B
Raltegravir	Não	Inibidor da integrase	HIV-1
Ribavirina	Sim	Provavelmente bloqueie o capeamento do mRNA viral	Vírus sincicial respiratório, influenza A e B, febre de Lassa, HCV, outros
Ritonavir	Não	Inibidor da protease do HIV	HIV-1, HIV-2
Saquinavir	Não	Inibidor da protease do HIV	HIV-1, HIV-2
Simeprevir	Não	Inibidor da protease do HCV	HCV
Sofosbuvir	Sim	Inibidor da polimerase viral	HCV
Estavudina (d4T)	Sim	Inibidor da transcriptase reversa	HIV-1, HIV-2
Telaprevir	Não	Inibidor da protease do HCV	HCV
Telbivudina	Sim	Inibidor da polimerase viral	HBV
Tenofovir	Sim	Inibidor da polimerase viral	HBV
Trifluridina	Sim	Inibidor da polimerase viral	Herpes simples, citomegalovírus, vaccínia
Valaciclovir	Sim	Inibidor da polimerase viral	Herpes-vírus
Vidarabina	Sim	Inibidor da polimerase viral	Herpes-vírus, vaccínia, HBV
Zalcitabina (ddC)	Sim	Inibidor da transcriptase reversa	HIV-1, HIV-2, HBV
Zidovudina (AZT)	Sim	Inibidor da transcriptase reversa	HIV-1, HIV-2, HTLV-1

HBV, vírus da hepatite B; HCV, vírus da hepatite C; HIV-1 e HIV-2, vírus da imunodeficiência humana tipos 1 e 2; HTLV-1, vírus da leucemia de células T humanas tipo 1.

A **amantadina** e a **rimantadina** inibem especificamente os vírus influenza A ao bloquearem o desnudamento viral. Elas devem ser administradas na fase inicial da infecção para ter um efeito significativo.

O **oseltamivir** é um inibidor da neuraminidase que impede a liberação de partículas do vírus influenza das células infectadas.

O **foscarnete** (ácido fosfonofórmico) é um análogo orgânico do pirofosfato inorgânico. Esse fármaco inibe seletivamente polimerases de DNA viral e a transcriptase reversa no local de ligação ao pirofosfato.

O **aciclovir** é um inibidor da DNA-polimerase análogo da guanosina usado no tratamento de infecções por HSV e vírus varicela-zóster. O pró-fármaco valaciclovir é uma versão esterificada que pode ser tomada por via oral e metabolizada, resultando no aciclovir.

O **ganciclovir** é um inibidor da DNA-polimerase nucleosídeo ativo contra o CMV cuja especificidade decorre da fosforilação por quinases específicas do vírus apenas nas células infectadas pelo vírus. O valganciclovir é o pró-fármaco disponível por via oral do ganciclovir.

Vacinas virais

O propósito das vacinas virais é utilizar a resposta imunológica do hospedeiro para evitar a ocorrência de doença viral. Diversas vacinas mostraram-se notavelmente eficazes ao reduzir a incidência anual de doenças virais (Figura 30-9). A vacinação constitui o método de prevenção de infecções virais graves mais eficaz em termos de custo.

A. Princípios gerais

A imunidade à infecção viral baseia-se no desenvolvimento de resposta imunológica contra antígenos específicos localizados na superfície das partículas virais ou das células infectadas por vírus. No caso dos vírus envelopados, os antígenos importantes consistem nas glicoproteínas de superfície. Embora os animais infectados possam desenvolver anticorpos contra proteínas do cerne do virion ou contra proteínas não estruturais envolvidas na replicação viral, acredita-se que a resposta imunológica desempenhe um papel pequeno ou mesmo nenhum papel no desenvolvimento da resistência à infecção.

Existem vacinas para a prevenção de várias doenças humanas importantes. As vacinas atualmente disponíveis (Tabela 30-8) são descritas de modo pormenorizado nos capítulos que tratam de cada família de vírus e das doenças causadas por eles.

A patogênese de determinada infecção viral influi nos objetivos da imunoprofilaxia. A imunidade das mucosas (IgA local) é importante na resistência a infecções por vírus que se replicam nas mucosas (rinovírus, vírus influenza, rotavírus) ou invadem através da mucosa (papilomavírus). Os vírus cuja propagação é virêmica (poliovírus, hepatites A e B, febre amarela, varicela, caxumba e sarampo) são controlados por anticorpos séricos. A imunidade celular também está envolvida na proteção contra as infecções sistêmicas (sarampo, herpes).

Certas características de um vírus ou de uma doença viral podem complicar o desenvolvimento de uma vacina eficaz. A existência de vários sorotipos, conforme se observa com os rinovírus, e a ocorrência de um grande número de reservatórios animais, como

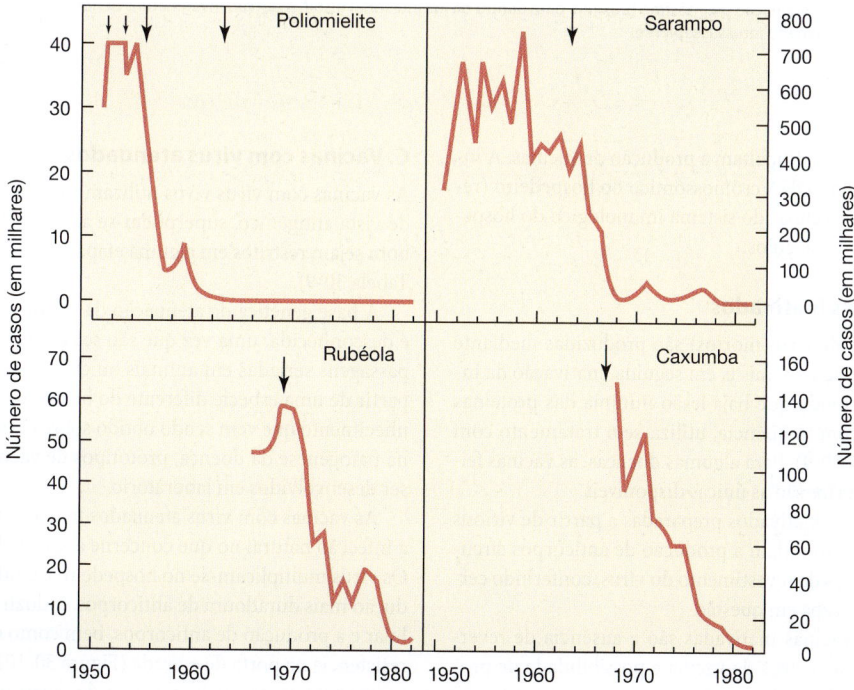

FIGURA 30-9 Incidência anual de várias doenças virais nos Estados Unidos. A data da introdução da vacina é indicada pelas *setas*. (Dados do Centers for Disease Control and Prevention.)

TABELA 30-8   **Vacinas virais aprovadas nos Estados Unidos**

Uso	Vacina	Propriedade	Substrato celular
Comum	Hepatite A	Inativada	Fibroblastos diploides humanos (MRC-5)
	Hepatite B	Subunidade (HBsAg)	Levedura (DNA recombinante)
	Influenza A e B	Inativada	Ovos de galinha embrionados
	Influenza A e B	Atenuada (intranasal)	Ovos de galinha embrionados
	Sarampo	Atenuada	Fibroblastos de embriões de galinha
	Caxumba	Atenuada	Ovos de galinha embrionados e fibroblastos de embriões de galinha
	Papiloma	Subunidade (L1)	Levedura (DNA recombinante)
	Poliovírus (IPV)	Inativada	Células de rins de macaco (Vero)
	Poliovírus (OPV)	Atenuada	Células de rins de macaco
	Raiva	Inativada	Fibroblastos diploides humanos (MRC-5) ou células diploides de pulmão de feto de macaco *rhesus* ou fibroblastos de galinha
	Rotavírus[a]	Atenuada	Células de rins de macaco (Vero)
	Rubéola	Atenuada	Fibroblastos diploides humanos (WI-38)
	Varicela	Atenuada	Fibroblastos diploides humanos (MRC-5)
	Zóster	Atenuada	Fibroblastos diploides humanos (MRC-5)
Situações especiais	Adenovírus[b]	Atenuada	Fibroblastos diploides humanos (WI-38)
	Encefalite japonesa[c]	Inativada	Cérebro de camundongo
	Varíola	Atenuada	Linfa de bezerro
	Febre amarela[c]	Atenuada	Ovos de galinha embrionados

HBsAg, antígeno de superfície do vírus da hepatite B; IPV, vacina de pólio inativada; OPV, vacina da pólio oral.
[a]Uma vacina atenuada contra rotavírus foi retirada do mercado em 1999 devido a uma associação com intussuscepção* de crianças. As vacinas aprovadas em 2006 e 2008 são diferentes e não têm sido associadas à intussuscepção.
[b]Usada pelo exército dos Estados Unidos.
[c]Usada em viagens para áreas endêmicas.
* N. de T. A intussuscepção é uma das causas mais comuns de abdome agudo na infância. Depois da apendicite, é a segunda emergência abdominal mais comum na criança e consiste em uma invaginação do intestino proximal para dentro da luz intestinal distal. A porção invaginada é denominada intussuscepto, e o intestino que o recebe é denominado intussuscepiente.

no caso do vírus influenza, dificultam a produção de vacinas. A integração do DNA viral no DNA cromossômico do hospedeiro (retrovírus) e a infecção de células do sistema imunológico do hospedeiro (HIV) são outros obstáculos.

B. Vacinas com vírus inativados

As vacinas inativadas (de vírus mortos) são produzidas mediante a purificação de preparações virais e, em seguida, inativação da infecciosidade viral, de modo que haja lesão mínima das proteínas estruturais do vírus; com frequência, utiliza-se o tratamento com formol diluído (Tabela 30-9). Para algumas doenças, as vacinas feitas a partir de vírus mortos são as únicas disponíveis.

As vacinas com vírus inativados preparadas a partir de virions completos geralmente estimulam a produção de anticorpos circulantes contra as proteínas de revestimento do vírus, conferindo certo grau de resistência à cepa em questão.

As vantagens das vacinas inativadas são a ausência de reversão para a virulência pelo vírus da vacina e possibilidade de produzir vacinas quando não se dispõe de vírus atenuados aceitáveis. As desvantagens das vacinas inativadas incluem: imunidade relativamente curta, exigindo doses de reforço para manter a eficácia, má resposta de base celular e hipersensibilidade ocasional à infecção subsequente.

C. Vacinas com vírus atenuados

As vacinas com vírus vivos utilizam mutantes virais que, do ponto de vista antigênico, superpõem-se ao vírus do tipo selvagem, embora sejam restritos em alguma etapa na patogênese da doença (ver Tabela 30-9).

A base genética da atenuação da maior parte das vacinas virais é desconhecida, uma vez que são selecionadas empiricamente por passagens seriadas em animais ou culturas de células (em geral, a partir de uma espécie diferente do hospedeiro natural). Com o conhecimento que vem sendo obtido sobre os genes virais envolvidos na patogênese da doença, protótipos de vacinas atenuadas podem ser desenvolvidos em laboratório.

As vacinas com vírus atenuados têm a vantagem de atuar como a infecção natural no que concerne a seu efeito sobre a imunidade. Os vírus multiplicam-se no hospedeiro e tendem a estimular a produção mais duradoura de anticorpos, induzir uma boa resposta celular e a produção de anticorpos, bem como o desenvolvimento de resistência na porta de entrada (Figura 30-10). As desvantagens das vacinas atenuadas incluem: risco de reversão viral, infecção grave em hospedeiros imunocomprometidos, e armazenamento e prazo de validade limitados em alguns casos. Além disso, agentes adventícios não reconhecidos foram encontrados nos estoques de vacinas (p. ex., poliomavírus símio SV40 e circovírus suíno).

TABELA 30-9 Comparação das características das vacinas virais inativadas e atenuadas

Características	Vacinas inativadas	Vacinas atenuadas
Número de doses	Várias	Única
Necessidade de adjuvante	Sim	Não
Duração da imunidade	Curta	Longa
Eficácia da proteção (mimetiza melhor a infecção natural)	Menor	Maior
Imunoglobulinas produzidas	IgG	IgA e IgG
Produção de imunidade de mucosa	Fraca	Sim
Produção de imunidade mediada por células	Fraca	Sim
Reversão da virulência	Não	Possível
Excreção do vírus vacinal e transmissão para contatos não imunes	Não	Possível
Interferência de outros vírus no hospedeiro	Não	Possível
Estabilidade à temperatura ambiente	Alta	Baixa

D. Uso adequado das vacinas

Nunca é demais enfatizar o fato de que uma vacina eficaz não protege contra determinada doença até que seja administrada na dose apropriada aos indivíduos suscetíveis. A incapacidade de atingir todos os setores da população com ciclos completos de imunização reflete-se na contínua ocorrência de sarampo em indivíduos não vacinados. O termo imunidade coletiva ou de rebanho (*herd immunity*) se refere ao risco de que uma infecção entre indivíduos suscetíveis em uma população específica seja reduzida pela presença de um número de indivíduos imunes nessa mesma população. Esse efeito é refletido em uma queda drástica da incidência de doença, mesmo quando todos os indivíduos suscetíveis não tenham sido vacinados. No entanto, o limite da imunidade necessária para esse efeito protetor indireto depende de muitos fatores, incluindo a transmissibilidade do agente infeccioso, a natureza da imunidade induzida pela vacina e a distribuição dos indivíduos imunes. Os indivíduos protegidos pela imunidade de rebanho permanecem suscetíveis à infecção após a exposição. Indivíduos protegidos pela imunidade coletiva continuam suscetíveis à infecção pela exposição, podendo resultar em surto epidêmico quando o percentual desses indivíduos aumenta (como ocorrido em surtos de sarampo entre estudantes universitários nos Estados Unidos).

Certas vacinas virais são recomendadas para uso pelo público geral. Outras vacinas são recomendadas apenas para os indivíduos que correm risco especial devido a ocupação, viagens ou estilo de vida. Em geral, as vacinas feitas com vírus atenuados são contraindicadas para mulheres grávidas.

E. Perspectivas futuras

A biologia molecular e as tecnologias modernas estão se associando a fim de permitir novas abordagens para o desenvolvimento de vacinas. Muitas dessas abordagens evitam a incorporação do ácido nucleico viral no produto final, melhorando a segurança da vacina. Exemplos do que está ocorrendo nesse campo são listados a seguir. O sucesso definitivo dessas novas abordagens ainda não foi estabelecido.

1. Uso das técnicas de DNA recombinante para inserir o gene que codifica a proteína de interesse no genoma de um vírus avirulento que possa ser administrado como vacina (p. ex., vírus vaccínia).

2. Inclusão na vacina somente dos componentes subvirais necessários à estimulação dos anticorpos protetores, minimizando a ocorrência de reações adversas da vacina.

3. Uso de proteínas purificadas isoladas de vírus purificados ou sintetizados a partir de genes clonados (uma vacina recombinante do HBV contendo proteínas sintetizadas em células de leveduras). A expressão de genes clonados algumas vezes pode resultar na formação de partículas virais vazias.

4. Uso de peptídeos sintéticos que correspondem a determinantes antigênicos de uma proteína viral, evitando-se, assim, qualquer possibilidade de reversão da virulência, uma vez que não existe ácido nucleico viral – embora a resposta imunológica induzida por peptídeos sintéticos seja consideravelmente mais fraca que a induzida pela proteína intacta.

5. Desenvolvimento de vacinas comestíveis, em que plantas transgênicas sintetizando antígenos para vírus patogênicos possam fornecer vias de baixo custo para a administração de vacinas.

6. O uso de vacinas de DNA* – uma abordagem potencialmente simples, barata e segura – nas quais plasmídeos recombinantes

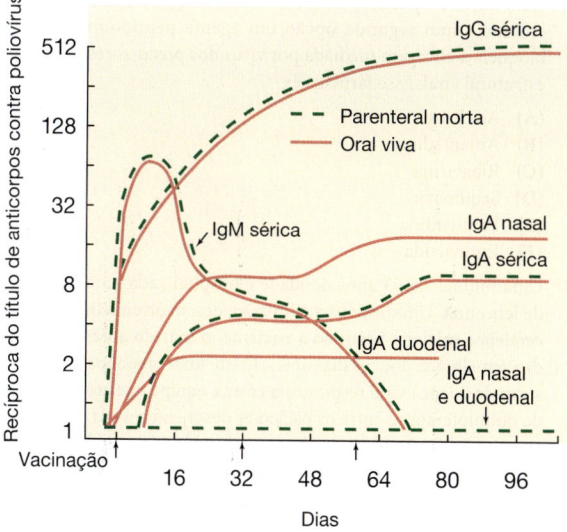

FIGURA 30-10 Resposta dos anticorpos séricos e secretores à vacina com poliovírus atenuado administrada por via oral e à inoculação intramuscular de vacina com poliovírus inativado. (Reproduzida, com autorização, de Ogra PL, Fishaut M, Gallagher MR: Viral vaccination via the mucosal routes. *Rev Infect Dis* 1980;2:352. Com autorização da Oxford University Press.)

---

*N. de T. Há riscos que podem ser gerados com vacinas de DNA, como a integração do plasmídio ao genoma hospedeiro, gerando mutagênese pela ativação de proto-oncogenes ou pela inativação de genes supressores de tumor (esses riscos são baixos, mas não devem ser descartados). Outros riscos incluem a indução de tolerância, devido à apresentação do antígeno em longo prazo, e as reações autoimunes, devido à indução de anticorpos anti-DNA.

contendo o gene para a proteína de interesse são injetados no hospedeiro, e o DNA produz a proteína imunizante.

7. Administração local de vacina para estimular a produção de anticorpos locais na porta de entrada do vírus (como vacinas em aerossol para vírus de doenças respiratórias).

RESUMO DO CAPÍTULO

- Patogênese viral é definida como o processo de infecção do hospedeiro pelo agente viral.
- A maioria dos vírus entra no hospedeiro por meio dos tratos gastrintestinal e respiratório.
- A maioria das infecções virais é subclínica ou não apresenta nenhuma sintomatologia clínica visível.
- A maioria das infecções virais é autolimitada e é prontamente controlada pelo sistema imunológico do hospedeiro. Entretanto, algumas podem resultar em infecções persistentes com tendência a cronificação.
- Tanto a resposta imune inata quanto a adaptativa (humoral ou de base celular) são importantes no controle das infecções virais.
- As interferonas são citocinas fundamentais na resposta imune inata antiviral do hospedeiro.
- Tanto os fatores de virulência do agente viral quanto os fatores do hospedeiro determinam o desfecho das infecções virais.
- Alguns vírus causam infecções localizadas no sítio primário de infecções, já outros se disseminam e produzem infecções em diferentes tecidos e órgãos.
- Poucos vírus podem causar infecção intrauterina, resultando em sérias complicações para o feto, como doenças congênitas e morte.
- Medicamentos antivirais eficazes devem inibir seletivamente as funções virais, e não os processos celulares.
- A vacinação é o método mais eficiente na prevenção das infecções virais. Várias vacinas estão disponíveis para diferentes agentes virais.
- Tanto vacinas formuladas com vírus mortos quanto com vírus atenuados estão disponíveis. Cada tipo apresenta vantagens e desvantagens.
- Novas tecnologias e pesquisas estão permitindo o desenvolvimento de medicamentos antivirais e novas abordagens de vacinas.

QUESTÕES DE REVISÃO

1. As interferonas são uma parte importante das defesas do hospedeiro contra as infecções virais. Qual é o principal modo de ação da interferona?

   (A) Está presente no soro dos indivíduos sadios, exercendo um papel de vigilância viral.
   (B) Reveste as partículas virais e bloqueia sua fixação às células.
   (C) Induz a síntese de uma ou mais proteínas celulares que inibem a tradução e a transcrição.
   (D) Protege a célula infectada por vírus que a produziu contra a morte celular.

2. Uma menina de 9 meses foi encaminhada a uma unidade de emergência em virtude de febre e tosse persistente. Ao exame físico, percebem-se ruídos no pulmão esquerdo, no qual foi visto um infiltrado na radiografia de pulmão. Um infiltrado no pulmão esquerdo

é visto na radiografia de tórax. Foi diagnosticada pneumonia. Qual das seguintes alternativas é a causa mais provável desse quadro?

   (A) Rotavírus
   (B) Rinovírus
   (C) Adenovírus
   (D) Vírus respiratório sincicial
   (E) Coxsackievírus

3. Qual das seguintes alternativas é um princípio fundamental da doença viral?

   (A) Um tipo de vírus induz uma única síndrome (doença).
   (B) Muitas infecções virais são subclínicas e não causam doença clínica.
   (C) O tipo de doença causado por um vírus pode ser estimado pela morfologia viral.
   (D) Uma doença tem uma única causa viral.

4. A pele é uma barreira impenetrável à entrada dos vírus em geral, mas uns poucos vírus são capazes de romper essa barreira e iniciar uma infecção no hospedeiro. Qual das seguintes alternativas é um exemplo de vírus que penetra através de abrasões na pele?

   (A) Adenovírus
   (B) Rotavírus
   (C) Rinovírus
   (D) Papilomavírus
   (E) Vírus influenza

5. Um homem de 40 anos de idade é portador de HIV/Aids, caracterizada por baixa contagem de CD4 e alta carga viral. A terapia com antirretrovirais altamente ativos (HAART, do inglês *highly active antiretroviral therapy*) será iniciada. Um dos agentes sob consideração é um análogo do nucleosídeo que inibe a transcriptase reversa e é ativo contra o HIV e o HBV. Esse fármaco é:

   (A) Aciclovir
   (B) Amantadina
   (C) Ribavirina
   (D) Saquinavir
   (E) Lamivudina
   (F) Enfuvirtida

6. Em relação ao paciente com HIV/Aids da questão anterior, foi escolhido como segunda opção um agente peptidomimético que bloqueia a clivagem mediada por vírus dos precursores da proteína estrutural viral. Esse fármaco é:

   (A) Aciclovir
   (B) Amantadina
   (C) Ribavirina
   (D) Saquinavir
   (E) Lamivudina
   (F) Enfuvirtida

7. Uma mulher de 63 anos de idade é hospitalizada para tratamento de leucemia. Um dia após a admissão, desenvolveu febre, tremores, cefaleia e mialgia. Segundo a paciente, o marido apresentara quadro semelhante poucos dias antes. Existe uma preocupação com um surto de doença viral respiratória entre a equipe que atende no setor de quimioterapia e entre os pacientes dessa enfermaria. Uma amina sintética que inibe o vírus influenza A por bloqueio do desnudamento viral é escolhida como tratamento profilático da equipe e dos pacientes. Esse fármaco é:

   (A) Aciclovir
   (B) Amantadina
   (C) Ribavirina
   (D) Saquinavir
   (E) Lamivudina
   (F) Enfuvirtida

8. Qual das seguintes afirmativas descreve uma vantagem das vacinas de vírus inativados sobre as vacinas de vírus atenuados?

   (A) As vacinas de vírus inativados induzem respostas imunológicas de maior espectro que as induzidas por vacinas de vírus atenuados.

   (B) As vacinas de vírus inativados mimetizam melhor a infecção natural do que as vacinas de vírus atenuados.

   (C) As vacinas de vírus inativados não apresentam risco de transmitir o vírus vacinal a contatos suscetíveis.

   (D) As vacinas de vírus inativados são eficazes contra as infecções por vírus respiratórios, pois induzem boa imunidade de mucosa.

9. Qual é o tipo de vacina contra a hepatite B empregada nos Estados Unidos?

   (A) Vacina de peptídeos sintéticos

   (B) Vacina de vírus inativados

   (C) Vacina de vírus atenuados

   (D) Vacina de subunidades produzidas com o emprego de DNA recombinante

10. Qual das seguintes frases descreve os anticorpos neutralizantes virais de forma precisa?

    (A) São direcionados contra determinantes da proteína viral localizados no exterior da partícula viral.

    (B) Aparecem no hospedeiro logo após a infecção viral, antes da interferona.

    (C) São dirigidos contra sequências de ácido nucleico viral.

    (D) São induzidos somente por doenças causadas por vírus.

    (E) São de pouca importância para a imunidade a infecções virais.

11. Muitos vírus utilizam o trato respiratório como porta de entrada para iniciar infecções. Qual dos seguintes grupos virais não segue essa premissa?

    (A) Adenovírus

    (B) Coronavírus

    (C) Hepadnavírus

    (D) Paramixovírus

    (E) Poxvírus

12. Qual das seguintes vacinas virais licenciadas é uma vacina de subunidade preparada por tecnologia do DNA recombinante?

    (A) Sarampo-caxumba-rubéola

    (B) Varicela

    (C) Vírus da hepatite A

    (D) Papilomavírus

    (E) Rotavírus

    (F) Raiva

13. Qual dos seguintes vírus é a causa mais comum de infecções neonatais nos Estados Unidos?

    (A) Rubéola

    (B) Parvovírus B19

    (C) Hepatite B

    (D) Citomegalovírus

    (E) Varicela

    (F) HIV

14. Qual das seguintes afirmações em relação às interferonas é *menos* precisa?

    (A) As interferonas são proteínas que influenciam as defesas do hospedeiro por diversos mecanismos, como, por exemplo, a indução de um estado antiviral.

    (B) As interferonas são sintetizadas apenas por células infectadas por um vírus.

    (C) As interferonas inibem uma grande variedade de tipos virais, não apenas a espécie que induziu sua produção.

    (D) As interferonas inibem a síntese de uma ribonuclease que degrada o mRNA viral.

15. Todas as seguintes afirmações em relação às vacinas virais são verdadeiras, *exceto*:

    (A) Nas vacinas atenuadas, o vírus perde sua habilidade de causar doença, porém mantém sua capacidade de induzir anticorpos neutralizantes.

    (B) Nas vacinas atenuadas, a possibilidade de reversão da virulência é uma preocupação relevante.

    (C) As vacinas inativadas geralmente induzem uma imunidade de mucosa com produção de IgA.

    (D) As vacinas inativadas promovem imunidade protetora principalmente por produção de IgG.

Respostas

1. C	**6.** D	**11.** C
2. D	**7.** B	**12.** D
3. B	**8.** C	**13.** D
4. D	**9.** D	**14.** B
5. E	**10.** A	**15.** C

REFERÊNCIAS

Bonjardim CA: Interferons (IFNs) are key cytokines in both innate and adaptive antiviral immune responses—and viruses counteract IFN action. *Microbes Infect* 2005;7:569.

Dropulic LK, Cohen JI: Update on new antivirals under development for the treatment of double-stranded DNA virus infections. *Clin Pharmacol Ther* 2010;88:610.

Espy MJ, Uhl JR, Sloan LM, et al: Real-time PCR in clinical microbiology: Applications for routine laboratory testing. *Clin Microbiol Rev* 2006;19:165.

Hawley RJ, Eitzen EM Jr: Biological weapons—A primer for microbiologists. *Annu Rev Microbiol* 2001;55:235.

McGavern DB, Kang SS: Illuminating viral infections in the nervous system. *Nat Rev Immunol* 2011;11:318.

Pereira L, Maidji E, McDonagh S, Tabata T: Insights into viral transmission at the uterine-placental interface. *Trends Microbiol* 2005;13:164.

Plotkin SA: Correlates of vaccine-induced immunity. *Clin Infect Dis* 2008;47:401.

Randall RE, Goodbourn S: Interferons and viruses: An interplay between induction, signalling, antiviral responses and virus countermeasures. *J Gen Virol* 2008;89:1.

Rathinam VAK, Fitzgerald KA: Innate immune sensing of DNA viruses. *Virology* 2011;411:153.

Recommendations of the Advisory Committee on Immunization Practices (ACIP): General recommendations on immunization. *MMWR Morb Mortal Wkly Rep* 2011;60(2).

Recommendations of the Advisory Committee on Immunization Practices (ACIP): Immunization of health-care personnel. *MMWR Morb Mortal Wkly Rep* 2011;60(7).

Recommended adult immunization schedule—United States, 2012. *MMWR Morb Mortal Wkly Rep* 2012;61(4).

Tregoning JS, Schwarze J: Respiratory viral infections in infants: Causes, clinical symptoms, virology, and immunology. *Clin Microbiol Rev* 2010;23:74.

Virgin S: Pathogenesis of viral infection. In Knipe DM, Howley PM (editors-in-chief). *Fields Virology*, 5th ed. Lippincott Williams & Wilkins, 2007.

Parvovírus

Os parvovírus são os menores vírus de DNA de animais. Em virtude da capacidade limitada de codificação do seu genoma, a replicação viral depende das funções desempenhadas pelas células do hospedeiro ou por vírus auxiliares coinfectantes. O parvovírus B19 é patogênico para seres humanos e exibe tropismo para as células progenitoras eritroides. Constitui a causa de eritema infeccioso ("quinta doença"), um exantema infantil comum, de uma síndrome de poliartralgia-artrite em adultos normais, de crise aplásica em pacientes com distúrbios hemolíticos, de anemia crônica em indivíduos imunocomprometidos e de morte fetal. O bocavírus humano tem sido detectado em amostras respiratórias de crianças com doença respiratória aguda e em amostras de fezes, mas seu papel na doença não foi comprovado.

PROPRIEDADES DOS PARVOVÍRUS

Na Tabela 31-1, é fornecida uma lista das propriedades importantes dos parvovírus. É interessante assinalar que existem parvovírus tanto defeituosos quanto de replicação autônoma.

Estrutura e composição

As partículas icosaédricas não envelopadas têm 18 a 26 nm de diâmetro (Figura 31-1). As partículas têm massa molecular de 5,5 a $6,2 \times 10^6$ e densidade de flutuação de 1,39 a 1,42 g/cm^3. Os virions mostram-se extremamente resistentes à inativação. Eles são estáveis a pH de 3 a 9 e suportam o aquecimento a 56 °C durante 60 minutos; entretanto, podem ser inativados por formol, β-propiolactona e agentes oxidantes.

Os virions contêm duas proteínas de revestimento codificadas por uma sequência de DNA superposta; assim, a VP2 é idêntica à sequência da porção carboxi da VP1. A proteína do capsídeo principal, VP2, representa cerca de 90% da proteína do virion. O genoma consiste em DNA de fita simples linear de cerca de 5 kb. Em geral, os parvovírus autônomos só produzem capsídeo para as fitas de DNA complementares ao mRNA viral. Os vírus defeituosos tendem a formar capsídeos para os filamentos de DNA de ambas as polaridades com igual frequência em virions distintos.

Classificação

Existem duas subfamílias de Parvoviridae: a **Parvovirinae** (que infecta vertebrados) e a **Densovirinae**, que infecta insetos. A subfamília Parvovirinae compreende cinco gêneros. O parvovírus humano

B19 é o membro mais comum do gênero *Erythroparvovirus*. Há três vírus humanos pertencentes ao gênero *Bocaparvovirus*. O vírus da panleucopenia felina e o parvovírus canino, ambos sérias causas de doenças veterinárias, são classificados como membros do gênero *Protoparvovirus*, e são isolados de muitos outros animais. O gênero *Dependovirus* contém membros defeituosos e que dependem de um vírus auxiliar (um adenovírus ou herpes-vírus) para sua replicação. Os vírus adenoassociados humanos (AAVs, do inglês *human adeno-associated viruses*) não foram associados a nenhuma doença, mas são vetores candidatos para tratamentos de terapia gênica.

Replicação dos parvovírus

O parvovírus B19 humano é extremamente difícil de ser cultivado. O vírus exibe elevado tropismo para as células eritroides humanas. O receptor celular do B19 é o antígeno do grupo sanguíneo P (globosídeo). O antígeno P é expresso nos eritrócitos maduros, progenitores eritroides, megacariócitos, células endoteliais, placenta, fígado e coração fetais, o que ajuda a explicar o estreito tropismo por tecidos do vírus B19. É possível que a integrina α5β1 possa funcionar como correceptor para a entrada do vírus B19 na célula hospedeira.

Os parvovírus dependem extremamente das funções celulares para sua replicação. A replicação do DNA viral ocorre no núcleo. Os parvovírus carecem da capacidade de estimular as células em repouso a iniciarem a síntese do DNA, assim, somente infectam células que estejam em processo de divisão celular. Uma ou mais DNA-polimerases polimerases celulares estão envolvidas na replicação viral. Uma proteína não estrutural denominada NS1 também é necessária nesse processo. Há duas proteínas que formam o capsídeo. A replicação viral resulta em morte celular.

INFECÇÕES POR PARVOVÍRUS EM HUMANOS

Patogênese e patologia

A evolução típica da infecção por parvovírus humano B19 em adultos está ilustrada na Figura 31-2. O B19 foi implicado como agente etiológico de várias doenças (Tabela 31-2). As células imaturas da linhagem eritroide constituem os principais alvos do parvovírus B19 humano. Por conseguinte, acredita-se que os principais locais de replicação do vírus em pacientes sejam a medula óssea do adulto, algumas células sanguíneas e o fígado fetal. A replicação viral provoca morte celular, interrompendo a produção de eritrócitos.

TABELA 31-1 **Propriedades importantes dos parvovírus**

Virion: icosaédrico, 18-26 nm de diâmetro, 32 capsômeros
Composição: DNA (20%), proteínas (80%)
Genoma: DNA de fita simples, linear, 5,6 kb, MM de 1,5-2 milhões
Proteínas: uma principal (VP2) e uma menor (VP1)
Envelope: ausente
Replicação: núcleo, dependente das funções de divisão das células hospedeiras
Características marcantes:
Ambientalmente estável
Patógeno humano, B19, possui tropismo para os precursores de eritrócitos

MM, massa molecular.

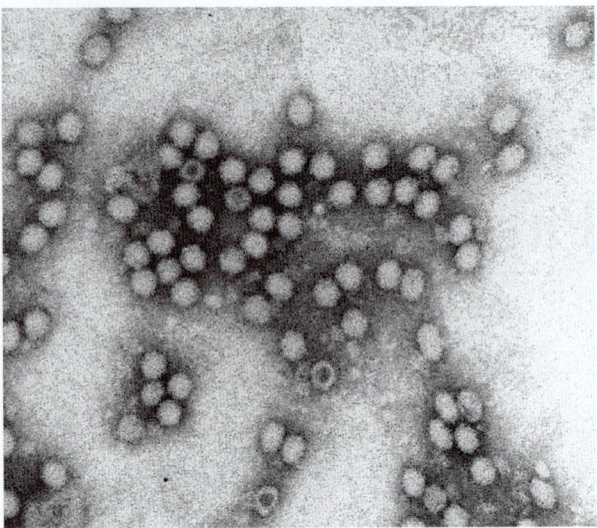

FIGURA 31-1 Micrografia eletrônica de partículas do parvovírus. (Cortesia de FA Murphy e EL Palmer.)

As biópsias da medula óssea de pacientes infectados mostram interrupção na maturação eritrocitária, com inclusões intranucleares de eritroblastos. Em pacientes imunocomprometidos, ocorrem infecções persistentes pelo vírus B19, resultando em anemia crônica. Nos casos de morte fetal, é possível que a infecção crônica tenha provocado anemia grave no feto.

Como os parvovírus não defectivos necessitam de células hospedeiras em divisão para que possam replicar, as doenças conhecidas causadas por parvovírus refletem a especificidade por alvos (Figura 31-3).

Após infecções pelo parvovírus B19, são produzidos anticorpos imunoglobulina M e G (IgM e IgG) específicos do vírus. Ocorrem infecções persistentes por parvovírus em pacientes com imunodeficiência que são incapazes de produzir anticorpos neutralizantes contra o vírus, resultando em anemia. A persistência de níveis baixos do DNA do vírus B19 foram detectados no sangue, na pele, nas tonsilas, no fígado e no líquido sinovial de indivíduos imunocompetentes. O exantema associado a eritema infeccioso é, pelo menos em parte, mediado por imunocomplexos.

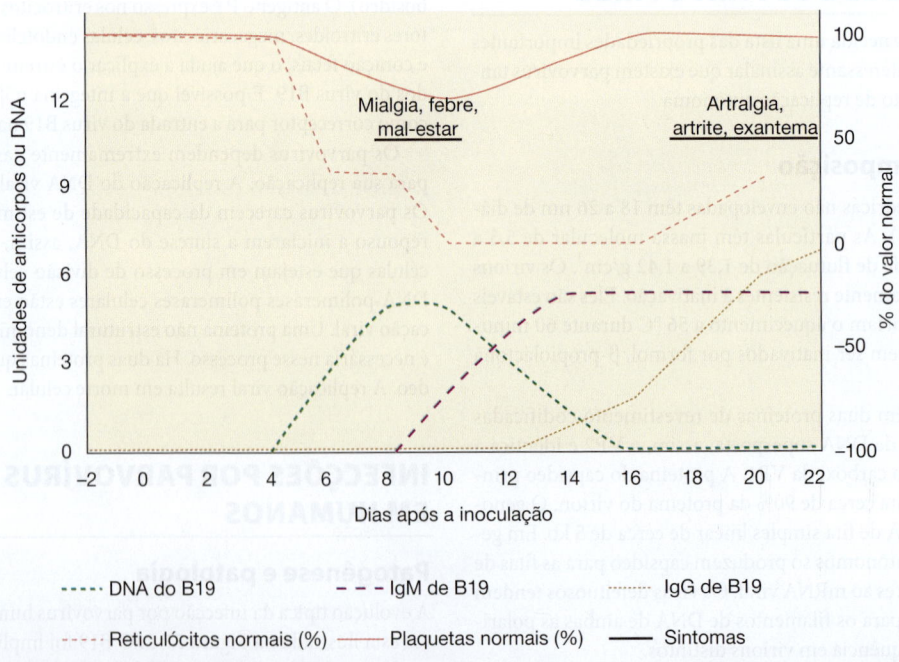

FIGURA 31-2 Dados clínicos e laboratoriais durante a evolução da infecção por parvovírus B19 em voluntários adultos. A primeira fase da doença com sintomas gripais coincide com a viremia (dias 6-12); a segunda fase da doença com erupções ocorre por volta do 18° dia. (Reproduzida, com autorização, de Anderson LJ, Erdman DD: Human parvovirus B19. In Richmann DD, Whitley RJ, Hayden FG [editors]. *Clinical Virology*, 3rd ed. Washington DC: ASM Press, 2009; ©2009 American Society for Microbiology. No further reproduction or distribution is permitted without the prior written permission of American Society for Microbiology. Data taken from Anderson MJ, Higgins PG, Davis LR, et al: Experimental parvoviral infection in humans. *J Infect Dis* 1985;152:257–265.)

TABELA 31-2 Doenças humanas associadas ao parvovírus B19

Síndrome	Hospedeiro ou condição	Manifestações clínicas
Eritema infeccioso	Crianças (quinta doença) Adultos	Eritema cutâneo Artralgia-artrite
Crise aplásica transitória	Hemólise subjacente	Anemia aguda grave
Aplasia eritrocitária pura	Imunodeficiências	Anemia crônica
Hidropsia fetal	Feto	Anemia fatal

Modificada, com autorização, de Young NS: Parvoviruses. In Fields BN, Knipe DM, Howley PM (editors-in-chief). *Fields Virology*, 3rd ed. Lippincott-Raven, 1996.

O parvovírus B19 pode ser encontrado no sangue e nas secreções respiratórias de pacientes infectados. A transmissão ocorre presumivelmente por via respiratória. Não há evidências de excreção do vírus nas fezes ou na urina. O vírus pode ser transmitido por via parenteral, por meio de transfusões sanguíneas ou hemoderivados infectados (concentrados de imunoglobulina e coagulados), bem como verticalmente da mãe para o feto. Como o B19 pode estar presente em títulos extremamente altos e é resistente a tratamentos agressivos (que inativam vírus envelopados), os concentrados dos fatores plasmáticos de coagulação podem acabar contaminados e devem ser rastreados quanto à presença de DNA do B19. A prevalência de anticorpos contra o parvovírus B19 é mais alta entre os hemofílicos do que entre a população geral. Entretanto, o nível mínimo de vírus em hemoderivados capaz de causar infecções é desconhecido.

A patogênese da infecção por bocavírus humano ainda não é conhecida, embora alguns estudos tenham associado sua presença a doenças respiratórias. Como esse vírus tem sido encontrado em amostras respiratórias, presume-se que infecta o trato respiratório e seja transmitido pela rota respiratória. O vírus também tem sido detectado em amostras de fezes e soro.

Diversos parvovírus patogênicos de animais replicam nas células da mucosa intestinal e causam enterite. Pela sua natureza

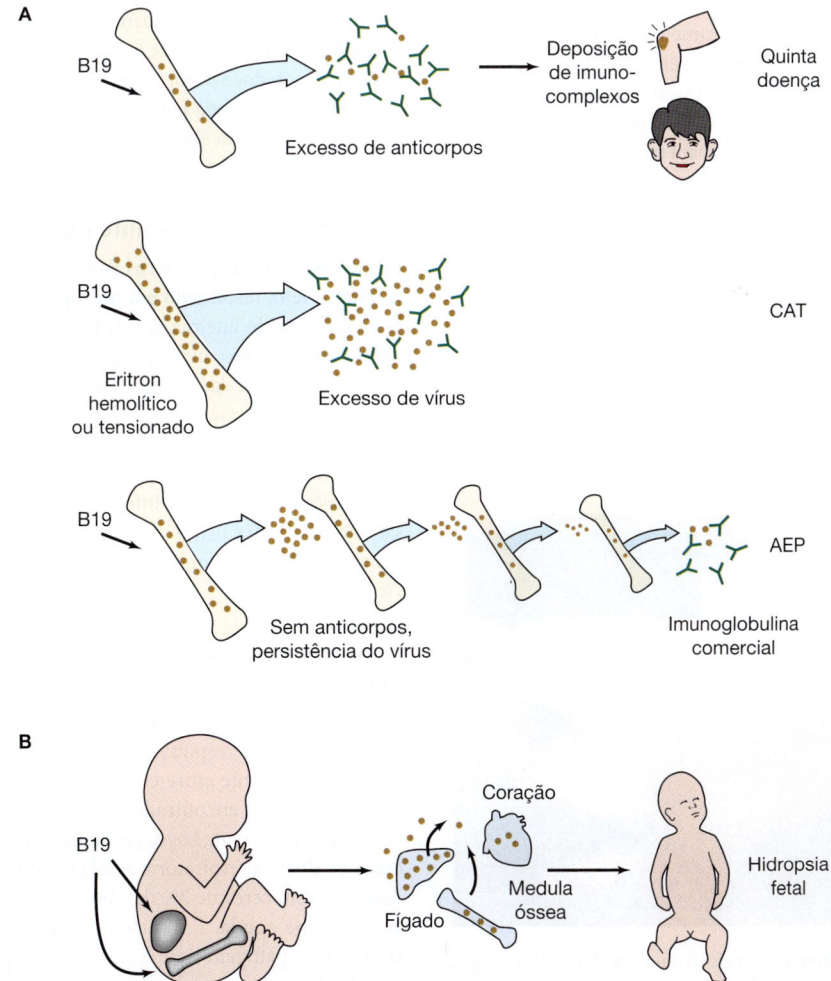

FIGURA 31-3 Patogênese das doenças causadas pelo parvovírus B19. **A:** Em crianças e adultos. (AEP, aplasia eritrocitária pura; CAT, crise aplásica transitória). **B:** Em infecções fetais. (Modificada, com autorização, de Brown KE, Young NS: Parvovirus B19 infection and hematopoiesis. *Blood Rev* 1995;9:176. Copyright Elsevier.)

altamente estável, os parvovírus também foram encontrados contaminando reagentes de laboratório.

Manifestações clínicas

A. Eritema infeccioso (quinta doença)

A manifestação mais comum da infecção por parvovírus B19 humano é o eritema infeccioso, ou quinta doença, uma afecção eritematosa mais comum em crianças no início da idade escolar, mas que, em certas ocasiões, também acomete adultos. A erupção cutânea, que exibe um aspecto típico de "tapa na bochecha" (Figura 31-4), pode ser acompanhada de sintomas brandos e febre. Foram descritos tanto casos esporádicos como epidemias. O comprometimento articular constitui uma característica proeminente em adultos. As articulações das mãos e dos joelhos são com mais frequência acometidas. Os sintomas imitam a artrite reumatoide, e a artropatia pode persistir por semanas, meses ou anos.

Em geral, o período de incubação é de 1 a 2 semanas, mas pode se estender para 3 semanas. A viremia, que ocorre 1 semana após a infecção, persiste durante cerca de 5 dias. Durante o período de viremia, o vírus é encontrado em lavados nasais e amostras de gargarejo, identificando o trato respiratório superior – mais provavelmente a faringe – como local de disseminação viral. A primeira fase da doença ocorre no final da primeira semana; os sintomas assemelham-se aos da gripe e consistem em febre, mal-estar, mialgia, calafrios e prurido. O primeiro episódio da doença coincide cronologicamente com a viremia, reticulocitopenia e detecção de imunocomplexos circulantes de IgM para o parvovírus. Depois de um período de incubação de cerca de 2 semanas, começa a segunda fase da doença. O aparecimento de exantema facial eritematoso e erupção semelhante à renda nos membros ou no tronco pode ser acompanhado de sintomas articulares, particularmente em adultos. A doença é de curta duração, e a erupção desaparece depois de 2 a 4 dias, embora os sintomas articulares possam persistir por mais tempo. Anticorpos IgG específicos aparecem cerca de 15 dias após a infecção.

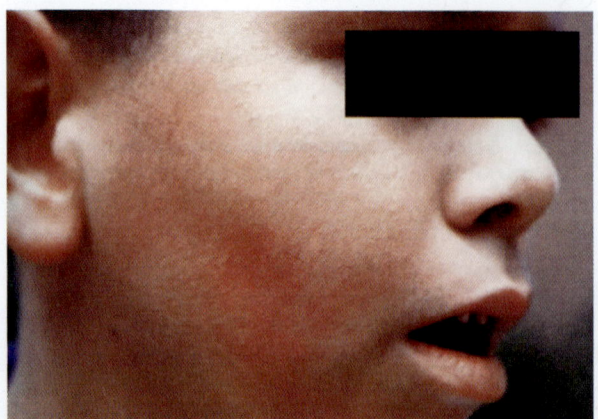

FIGURA 31-4 Eritema infeccioso (quinta doença). Erupção cutânea com a aparência típica de "tapa na bochecha". (Cortesia de CDC Public Health Image Library).

B. Crise aplásica transitória

O parvovírus B19 constitui a causa de crise aplásica transitória que pode complicar a anemia hemolítica crônica, como, por exemplo, em pacientes com anemia falciforme, talassemia e anemias hemolíticas adquiridas em adultos. Além disso, pode ocorrer crise aplásica transitória após transplante de medula óssea. A síndrome consiste em interrupção abrupta da produção de eritrócitos na medula óssea, que se reflete na ausência de precursores eritroides na medula, acompanhada de rápido agravamento da anemia. A infecção diminui a produção de eritrócitos, causando declínio dos níveis de hemoglobina no sangue periférico. A parada temporária na produção de eritrócitos só se torna aparente em pacientes com anemia hemolítica crônica devido à curta sobrevida dos eritrócitos. Uma interrupção da eritropoiese por um período de 7 dias não deve induzir anemia detectável no indivíduo normal. Alguns pacientes com anemia apresentam erupção. Os sintomas de crise aplásica transitória ocorrem durante a fase virêmica da infecção.

C. Infecção por B19 em pacientes imunodeficientes

O parvovírus B19 pode estabelecer infecções persistentes e causar supressão crônica da medula óssea e anemia crônica em pacientes imunocomprometidos. A doença é denominada aplasia eritrocitária pura. A anemia é grave, e os pacientes necessitam de transfusões sanguíneas. A doença foi observada em populações de pacientes com imunodeficiência congênita, neoplasias malignas, síndrome da imunodeficiência adquirida (Aids, do inglês *acquired immunodeficiency syndrome*) e transplantados.

D. Infecção por B19 durante a gravidez

A infecção materna pelo vírus B19 pode representar um sério risco para o feto, resultando em hidropsia fetal e morte do feto em consequência de anemia grave. O risco global de infecção pelo parvovírus humano durante a gravidez é baixo; ocorre perda fetal em menos de 10% das infecções maternas primárias. A morte fetal ocorre mais comumente antes de 20 semanas de gravidez. Embora ocorra transmissão intrauterina frequente do parvovírus humano (com estimativas de taxas de transmissão de 30% ou superiores), não há evidências de que a infecção pelo parvovírus B19 possa causar anormalidades físicas. A transmissão da mãe para o feto pode ocorrer mais comumente em mulheres grávidas com altas cargas virais plasmáticas.

E. Infecção respiratória por bocavírus humano e infecções gastrintestinais

O bocavírus humano tem sido detectado em 1,5 a 11,3% das amostras do trato respiratório de crianças com infecções respiratórias. É prevalente entre crianças com chiado agudo. Entretanto, o bocavírus é encontrado com frequência em infecções mistas com outros vírus. Logo, permanece incerto se o bocavírus é a causa de doença respiratória aguda em crianças. O vírus tem sido detectado em cerca de 3% das amostras de fezes de crianças com gastrenterite aguda. Em virtude do percentual das coinfecções com outros patógenos entéricos ser elevado, a participação efetiva dos bocavírus nas doenças gastrintestinais ainda permanece desconhecida.

Diagnóstico laboratorial

Os testes mais sensíveis detectam o DNA viral. Os testes disponíveis consistem em reação em cadeia da polimerase (PCR, do inglês *polymerase chain reaction*) e hibridização com sondas de DNA a partir do soro ou extratos teciduais, e hibridização *in situ* de tecido fixado. Contudo, a PCR é o teste mais sensível. O DNA do parvovírus B19 foi detectado no soro, em células sanguíneas, amostras de tecidos e secreções respiratórias. Durante as infecções agudas, as cargas virais no sangue podem atingir aproximadamente 10^{11} cópias do genoma/mL. Os ensaios por PCR para a identificação do parvovírus B19 não detectam outros parvovírus devido a diferenças entre as sequências genômicas. O único ensaio atualmente disponível para o bocavírus humano é a PCR. O DNA de bocavírus tem sido encontrado no soro e em amostras de fezes e do trato respiratório.

Os testes sorológicos são realizados para determinar a exposição recente e passada ao parvovírus B19. A detecção do anticorpo IgM antiB19 indica infecção recente, e verifica-se sua presença 2 a 3 meses após a infecção. Os anticorpos IgG antiB19 contra epítopos conformacionais em VP1 e VP2 persistem por vários anos, embora a resposta contra os epítopos lineares decline meses após a infecção. Os anticorpos podem não ser encontrados em pacientes imunodeficientes com infecções crônicas pelo parvovírus B19. Nesses pacientes, a infecção crônica é diagnosticada pela detecção do DNA viral.

Os testes para detecção de antígenos podem identificar altos títulos do vírus B19 em amostras clínicas. A imuno-histoquímica tem sido empregada para detectar antígenos B19 em tecidos fetais e na medula óssea.

O crescimento dos vírus humanos B19 e do bocavírus é difícil. O isolamento do vírus não é utilizado para detectar a infecção.

Epidemiologia

O vírus B19 é disseminado. Podem ocorrer infecções durante todo o ano, em todos os grupos etários e em forma de surtos ou casos esporádicos. As infecções são mais comumente observadas em forma de epidemias em escolas. A infecção por parvovírus é comum na infância; com maior frequência, surgem anticorpos entre 5 e 19 anos de idade. Até 60% dos adultos e 90% dos indivíduos idosos são soropositivos.

A infecção pelo vírus B19 parece ser transmitida por meio do trato respiratório. Os vírus são estáveis no meio ambiente, e superfícies contaminadas podem estar envolvidas na transmissão. A transmissão entre irmãos e entre crianças em escolas e creches constitui a principal via de transmissão. A fonte de infecção materna durante a gravidez provém frequentemente do filho mais velho. Muitas infecções são subclínicas. As estimativas das taxas de ataque em contatos suscetíveis variam de 20 a 50%.

Já foi documentada a transmissão do vírus B19 de pacientes com crise aplásica para membros da equipe hospitalar. Os pacientes com crise aplásica são provavelmente infecciosos durante a evolução da doença, enquanto os pacientes com a quinta doença talvez já não sejam mais infecciosos no momento do aparecimento do exantema.

A epidemiologia do bocavírus humano não é conhecida. Esse vírus tem sido encontrado em crianças pequenas e parece ter distribuição global.

Tratamento

A quinta doença e a crise aplásica transitória são tratadas de modo sintomático. A anemia grave devido a esta última pode requerer terapia transfusional.

As preparações comerciais de imunoglobulinas contêm anticorpos neutralizantes contra o parvovírus humano. Esses medicamentos podem, às vezes, melhorar as infecções persistentes pelo parvovírus B19 em pacientes imunocomprometidos e com anemia.

Não existe tratamento para as infecções por bocavírus humano.

Prevenção e controle

Não existe vacina contra o parvovírus humano, embora haja boas expectativas quanto ao possível desenvolvimento de uma vacina. Existem vacinas eficazes contra parvovírus animais para uso em gatos, cães e suínos. Não existe farmacoterapia antiviral.

Boas práticas de higiene, tais como lavagem das mãos e não compartilhamento de copos com outras pessoas, podem ajudar a prevenir a disseminação do B19 por secreções respiratórias, aerossóis e fômites. Precauções de contato e limpeza extensiva do quarto do paciente podem ajudar a impedir a transmissão de B19 a partir de pacientes com crise aplásica e de pacientes imunodeficientes com infecção crônica por B19 para outros indivíduos.

RESUMO DO CAPÍTULO

- Os parvovírus são vírus pequenos com um genoma DNA de fita simples.
- O vírus B19 humano apresenta elevado tropismo pelas células eritroides humanas.
- O vírus B19 humano está associado ao eritema infeccioso (quinta doença), à crise aplásica transitória, à aplasia eritrocitária pura e à hidropsia fetal (mais comumente no início da gestação).
- Os bocavírus humanos têm sido associados à doença respiratória aguda e a gastrenterites em crianças. Contudo, sua participação nessas patologias ainda não está devidamente comprovada.
- Os vírus B19 e os bocavírus são difíceis de serem cultivados. Seu diagnóstico depende de sorologia e testes moleculares.

QUESTÕES DE REVISÃO

1. Qual das seguintes alternativas melhor descreve uma propriedade físico-química dos parvovírus?

   (A) Partícula viral envelopada
   (B) Genoma de DNA de fita simples
   (C) A infectividade é inativada por tratamento com éter
   (D) O virion exibe simetria helicoidal
   (E) O virion tem aproximadamente o mesmo tamanho dos herpes-vírus

2. Uma criança de 8 anos de idade teve recentemente um eritema infeccioso. A mãe, de 33 anos, desenvolveu, subsequentemente, uma artralgia seguida de artrite dolorosa com inchaço nas articulações das mãos. Além do aparente tropismo por articulações, o parvovírus humano B19 apresenta alto tropismo por qual tipo de célula?

   (A) Linfócitos T CD4+
   (B) Células dos túbulos renais
   (C) Células eritroides

(D) Células gliais

(E) Placas de Peyer

3. A criança de 8 anos de idade da Questão 2 tinha uma doença com mais de uma fase. Qual sintoma coincide com a segunda fase da doença?

(A) Dor de garganta

(B) Erupções cutâneas

(C) Cefaleia

(D) Diarreia

(E) Tosse

4. Um homem de 42 anos de idade com HIV/Aids apresenta-se com anemia aplásica. Por meio de PCR, detectou-se o parvovírus B19 em seu soro. O paciente presumivelmente adquiriu essa infecção de outra pessoa. A via de transmissão mais provável é

(A) Por contato com secreções respiratórias ou aerossóis.

(B) Por contato com erupções cutâneas.

(C) Por meio de atividade sexual.

(D) Por meio de transfusão de sangue recente.

5. Qual das seguintes alternativas indica uma doença na qual o papel do parvovírus B19 não está bem esclarecido?

(A) Eritema infeccioso (quinta doença)

(B) Crise aplásica transitória

(C) Hidropsia fetal

(D) Hepatite fulminante

6. Qual das seguintes alternativas melhor descreve a replicação do parvovírus humano B19?

(A) Estimula células em repouso a proliferar.

(B) Usa o antígeno do grupo sanguíneo P como receptor celular.

(C) Estabelece facilmente infecções persistentes.

(D) O ciclo completo de replicação ocorre no citoplasma.

(E) A produção da progênie infecciosa requer a presença de vírus auxiliares.

7. Qual das seguintes afirmativas é a mais correta em relação às infecções causadas por parvovírus humano B19?

(A) O parvovírus B19 é transmitido facilmente durante o intercurso sexual.

(B) Os pacientes com doença disseminada causada por parvovírus B19 devem ser tratados com aciclovir.

(C) O parvovírus B19 não causa doença humana.

(D) Não existe vacina contra o parvovírus humano.

8. O bocavírus humano é um parvovírus recém-descoberto. Esse vírus tem sido detectado com maior frequência em qual tipo de amostra?

(A) Urina

(B) Sangue do cordão umbilical

(C) Secreções respiratórias

(D) Fígado do feto

(E) Medula óssea

9. Qual das seguintes alternativas está disponível como tratamento ou prevenção para infecções por parvovírus B19?

(A) Imunoglobulina humana comercial

(B) Vacina contendo antígeno viral recombinante VP2

(C) Transplante de medula óssea

(D) Fármacos antivirais que bloqueiam a interação vírus-receptor

10. Os eritrovírus e os bocavírus humanos compartilham as seguintes propriedades, *exceto*:

(A) São vírus pequenos e não envelopados.

(B) São de difícil cultivo.

(C) Causam anemia.

(D) Apresentam distribuição global.

(E) Não existe vacina.

Respostas

1.	B	5.	D	9.	A
2.	C	6.	B	10.	C
3.	B	7.	D		
4.	A	8.	C		

REFERÊNCIAS

Allander T, Jartti T, Gupta S, et al: Human bocavirus and acute wheezing in children. *Clin Infect Dis* 2007;44:904.

Corcoran A, Doyle S: Advances in the biology, diagnosis, and host-pathogen interactions of parvovirus B19. *J Med Microbiol* 2004;53:459.

Faisst S, Rommelaere J (editors): *Parvoviruses: From Molecular Biology to Pathology and Therapeutic Uses.* Karger, 2000.

Magro CM, Dawood MR, Crowson AN: The cutaneous manifestations of human parvovirus B19 infection. *Hum Pathol* 2000;31:488.

Norja P, Hokynar K, Aaltonen LM, et al: Bioportfolio: Lifelong persistence of variant and prototypic erythrovirus DNA genomes in human tissue. *Proc Natl Acad Sci USA* 2006;103:7450.

Saldanha J, Lelie N, Yu MW, et al: Establishment of the first World Health Organization International Standard for human parvovirus B19 DNA nucleic acid amplification techniques. *Vox Sang* 2002;82:24.

Servant-Delmas A, Lefrère JJ, Morinet F, et al: Advances in human B19 erythrovirus biology. *J Virol* 2010;84:9658.

Wang K, Wang W, Yan H, et al: Correlation between bocavirus infection and humoral response, and co-infection with other respiratory viruses in children with acute respiratory infection. *J Clin Virol* 2010;47:148.

Adenovírus

Os adenovírus podem replicar-se e causar doença nos tratos respiratório, gastrintestinal e urinário e nos olhos. Muitas infecções por adenovírus são subclínicas, e o vírus pode persistir no hospedeiro durante meses. Cerca de 33% dos 57 sorotipos humanos conhecidos são responsáveis pela maioria dos casos de doença humana por adenovírus. Poucos tipos servem como modelos para a indução de câncer em animais. Os adenovírus são sistemas particularmente valiosos para os estudos moleculares e bioquímicos dos processos que ocorrem nas células eucarióticas. Eles também são importantes vetores para terapias genéticas.

PROPRIEDADES DOS ADENOVÍRUS

Na Tabela 32-1, é fornecida uma lista de propriedades importantes dos adenovírus.

Estrutura e composição

Os adenovírus têm 70 a 90 nm de diâmetro e exibem simetria icosaédrica, com capsídeos constituídos de 252 capsômeros. Não possuem envelope e são peculiares entre os vírus icosaédricos, devido à presença de uma estrutura denominada "fibra", que se projeta a partir de cada um dos 12 vértices, ou bases pêntons (Figuras 32-1 e 32-2). O restante do capsídeo é composto por 240 capsômeros de éxons. Os éxons, os pêntons e as fibras constituem os principais antígenos adenovirais importantes na classificação do vírus e no diagnóstico da doença.

O DNA genômico (26-45 kbp) é de fita dupla linear. O conteúdo de guanina-citosina (GC) do DNA é menor (48-49%) nos adenovírus do grupo A (tipos 12, 18 e 31). Esse percentual de GC é observado nos tipos mais fortemente oncogênicos, podendo atingir até 61% em outros tipos. Esse critério é empregado na classificação dos vírus humanos isolados. O DNA viral contém uma proteína codificada pelo vírus ligada covalentemente a cada extremidade 5' do genoma linear. O DNA pode ser isolado em uma forma infecciosa, e a infecciosidade relativa desse DNA diminuirá pelo menos 100 vezes se a proteína terminal for removida por proteólise. O DNA está condensado no núcleo do virion; uma proteína codificada pelo vírus, o polipeptídeo VII (ver Figura 32-2B), é importante na formação da estrutura do núcleo.

Existem cerca de 11 proteínas do virion, cujas exposições estruturais são apresentadas na Figura 32-2B. Os capsômeros dos éxons e dos pêntons são os principais componentes na superfície da partícula viral. Existem epítopos específicos do grupo e específicos do tipo nos polipeptídeos dos éxons e das fibras. Todos os adenovírus humanos exibem essa antigenicidade comum de éxon. Os pêntons ocorrem nos 12 vértices do capsídeo e apresentam fibras que se projetam. A base pênton tem atividade semelhante à de uma toxina, que induz o rápido aparecimento de efeitos citopáticos e de descolamento das células da superfície na qual estão crescendo. A base pênton exibe outro antígeno grupo-reativo. As fibras contêm antígenos específicos do tipo importantes na sorotipagem. As fibras estão associadas à atividade de hemaglutinação. Como a hemaglutinina é específica do tipo, os testes de inibição da hemaglutinação são comumente utilizados para a tipagem dos vírus isolados. Todavia, é possível isolar vírus recombinantes e que provocam reações divergentes nos ensaios de neutralização e de inibição da hemaglutinação.

Classificação

Os adenovírus foram isolados de uma ampla variedade de espécies, sendo classificados em cinco gêneros. Todos os adenovírus humanos são classificados no gênero *Mastadenovirus*. Pelo menos 57 tipos antigênicos distintos foram isolados a partir dos seres humanos, assim como muitos outros tipos de vários animais.

Os adenovírus humanos são divididos em sete grupos (A-G) com base nas suas propriedades genéticas, físicas, químicas e biológicas (Tabela 32-2). Os adenovírus de alguns grupos apresentam fibras de comprimento característico, exibem considerável homologia do DNA (> 85% em comparação com < 20% para os membros de outros grupos) e apresentam capacidade semelhante de aglutinar os eritrócitos de macacos e de ratos. Os membros de determinado grupo de adenovírus assemelham-se entre si quanto ao conteúdo GC do DNA e ao seu potencial de induzir tumores em roedores recém-nascidos. É importante assinalar que os vírus de determinado grupo tendem a comportar-se de modo semelhante em relação à propagação epidemiológica e associação com doenças.

Replicação dos adenovírus

Os adenovírus só se replicam adequadamente em células de origem epitelial. O ciclo de replicação é claramente dividido em eventos iniciais e tardios. A expressão cuidadosamente regulada dos eventos sequencias no ciclo dos adenovírus encontra-se resumida na Figura 32-3. A distinção entre eventos iniciais e tardios não é absoluta nas

TABELA 32-1 Propriedades importantes dos adenovírus

Virion: icosaédrico, 70-90 nm de diâmetro, 252 capsômeros; fibras que se projetam de cada vértice

Composição: DNA (13%), proteína (87%)

Genoma: DNA de fita dupla, linear, 26-45 kbp, proteína ligada à porção terminal, que é infecciosa

Proteínas: antígenos importantes (éxon, base pênton, fibra) estão associados às principais proteínas externas do capsídeo

Envelope: ausente

Replicação: núcleo

Características marcantes: excelentes modelos para estudos moleculares de processos celulares eucarióticos

células infectadas; os genes precoces continuam sendo expressos durante todo o ciclo, enquanto alguns genes começam a ser expressos em uma fase "intermediária"; baixos níveis de transmissão de genes tardios podem ocorrer logo após a infecção.

A. Fixação, penetração e desnudamento do vírus

O vírus fixa-se às células por meio das fibras. O receptor celular para alguns sorotipos é o receptor de coxsackie-adenovírus (CAR, do inglês *coxsackie-adenovirus receptor*), membro de uma superfamília de imunoglobulinas. A interação da base pênton com integrinas celulares após a fixação promove a etapa de internalização. A adsorção e a internalização constituem etapas distintas no processo de infecção dos adenovírus, exigindo a interação das proteínas das fibras e dos pêntons com diferentes proteínas-alvo celulares. O vírus adsorvido é internalizado em endossomos. Em seguida, a maioria das partículas (cerca de 90%) desloca-se

rapidamente dos endossomos para o citosol (meia-vida de cerca de 5 minutos) por meio de um processo deflagrado pelo pH ácido do endossomo. É provável que haja a participação de microtúbulos no transporte das partículas virais através do citoplasma até o núcleo. O desnudamento começa no citoplasma e termina no núcleo, ocorrendo a liberação do DNA talvez na membrana nuclear. O desnudamento é um processo organizado e sequencial que sistematicamente destrói as interações estabilizantes que se formaram durante a maturação da partícula viral.

B. Eventos iniciais

As etapas que ocorrem antes do início da síntese do DNA viral são definidas como eventos iniciais. O objetivo desses eventos iniciais é induzir a célula do hospedeiro a entrar na fase S do ciclo celular para criar condições favoráveis à replicação do vírus, a expressar funções virais que protegem a célula infectada dos mecanismos de defesa do hospedeiro e a sintetizar os produtos gênicos virais necessários à replicação do DNA viral.

As transcrições iniciais ("E", do inglês *early*) provêm de sete regiões amplamente distintas do genoma viral e de ambas as fitas do DNA viral. Mais de 20 proteínas iniciais, muitas das quais não são estruturais e estão envolvidas na replicação do DNA viral, são sintetizadas nas células infectadas por adenovírus. O gene inicial *E1A* é particularmente importante, devendo ser expresso para que as outras regiões iniciais sejam transcritas. A modulação do ciclo celular é efetuada pelos produtos do gene *E1A*. A região inicial *E1B* codifica proteínas que bloqueiam a morte celular (apoptose) que ocorre devido às funções de *E1A*, o que é necessário para impedir a morte celular prematura que afetaria adversamente a produção de vírus. As regiões *E1A* e *E1B* contêm os únicos genes dos adenovírus envolvidos na transformação celular, cujos produtos gênicos formam proteínas celulares (p. ex., pRb, p300, p53) que regulam a progressão do ciclo celular. As proteínas

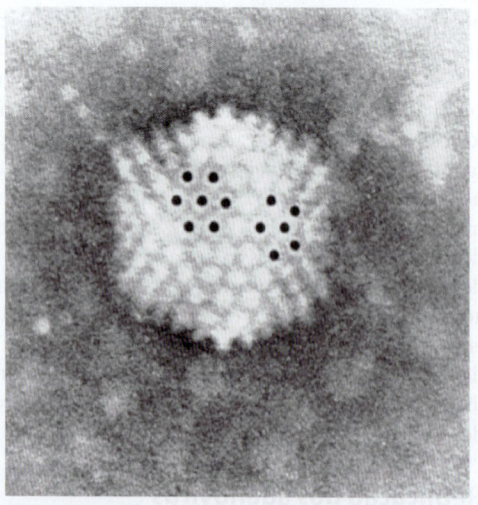
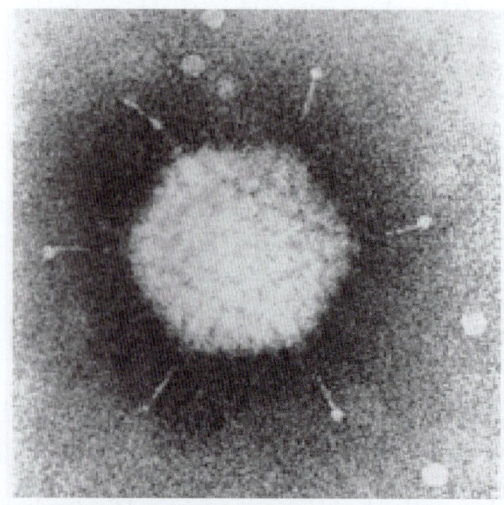

A **B**

FIGURA 32-1 Micrografias eletrônicas de adenovírus. **A:** A partícula viral exibe simetria cúbica e não apresenta envelope. Um capsômero de éxon (circundado por 6 éxons idênticos) e um capsômero de pênton (circundado por 5 éxons) estão assinalados com pontos. **B:** Observe as fibras que se projetam dos vértices dos capsômeros de pênton (ampliada 285.000 ×). (Reproduzida, com autorização, de Valentine RC, Pereira HG: Antigens and structure of the adenovirus. *J Mol Biol* 1965;13:13.)

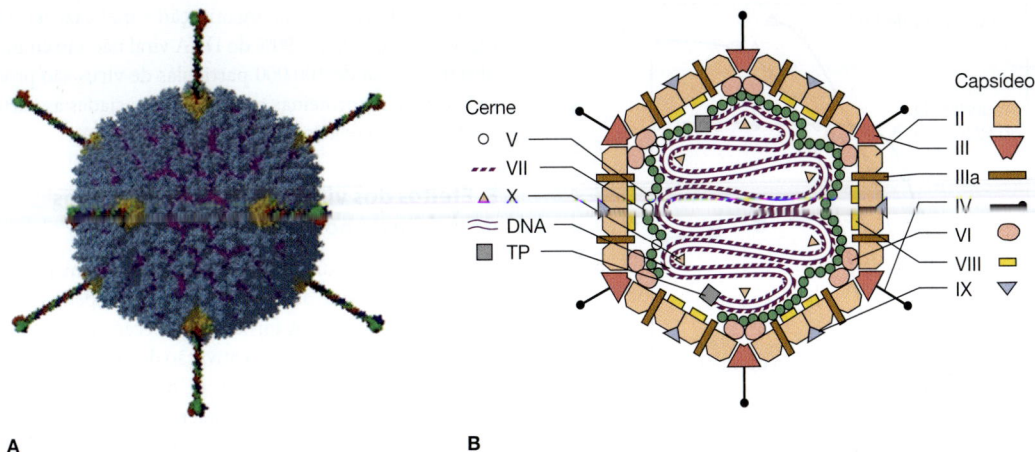

FIGURA 32-2 Modelos de virions de adenovírus. **A:** Reconstrução tridimensional da partícula intacta de adenovírus vista ao longo de um eixo triplo icosaédrico. (Reproduzida, com autorização, de Liu H, Wu L, Zhou ZH: Model of trimeric fiber and its interactions with the pentameric penton base of human adenovirus by cryo-electron microscopy. *J Mol Biol* 2011;406:764. [Graphical abstract]. Copyright Elsevier.) **B:** Corte estilizado da partícula de adenovírus que mostra os componentes polipeptídicos e o DNA. Nenhuma seção verdadeira do virion icosaédrico poderia conter todos os componentes. Os constituintes do virion são designados pelos números de polipeptídeos, com exceção da proteína terminal (TP, do inglês *terminal protein*). (Reproduzida, com autorização, de Stewart PL, Burnett RM: Adenovirus structure as revealed by x-ray crystallography, electron microscopy and difference imaging. *Jpn J Appl Phys* 1993;32:1342.)

iniciais são representadas pela proteína de ligação do DNA de 75 kDa, ilustrada na Figura 32-3.

C. Replicação do DNA viral e eventos tardios

A replicação do DNA viral ocorre no núcleo. A proteína terminal de ligação covalente codificada pelo vírus atua como iniciador (*primer*) para a síntese do DNA viral.

Os eventos tardios surgem concomitantemente ao início da síntese do DNA viral. O promotor tardio principal controla a expressão dos genes tardios ("L", do inglês *late*), que codificam as proteínas estruturais do vírus. Existe uma única transcrição primária (com cerca de 29.000 nucleotídeos de comprimento), processada por junção (*splicing*), produzindo pelo menos 18 mRNAs. Esses mRNAs são agrupados (L1-L5) com base na utilização de locais comuns de acréscimo de poli(A). As transcrições processadas são transportadas para o citoplasma, onde as proteínas virais são sintetizadas.

Embora os genes do hospedeiro continuem a ser transcritos no núcleo em uma etapa tardia da evolução da infecção, poucas sequências genéticas do hospedeiro são transportadas para o citoplasma. Um complexo envolvendo o polipeptídeo E1B de 55 kDa e o polipeptídeo E4 de 34 kDa inibe o acúmulo citoplasmático de mRNA celular e facilita o acúmulo de mRNA virais, talvez por

TABELA 32-2 Esquemas de classificação para os adenovírus humanos

Grupo	Sorotipos	Hemaglutinação Grupo	Hemaglutinação Resultado	Percentual de G + C[a] no DNA	Tumorigenicidade *in vivo*[b]	Transformação das células
A	12, 18, 31	IV	Nenhum	48-49	Alta	+
B	3, 7, 11, 14, 16, 21, 34, 35, 50, 55	I	Macaco (completa)	50-52	Moderada	+
C	1, 2, 5, 6, 57	III	Rato (parcial)	57-59	Baixa ou nenhuma	+
D	8-10, 13, 15, 17, 19, 20, 22-30, 32, 33, 36-39, 42-49, 51, 53, 54, 56	II	Rato (completa)	57-61	Baixa ou nenhuma[c]	+
E	4	III	Rato (parcial)	57	Baixa ou nenhuma	+
F	40, 41	III	Rato (parcial)	57-59	Baixa ou nenhuma	+
G	52	Desconhecido		55	Desconhecida	Desconhecida

[a]Guanina mais citosina.
[b]Indução de tumor em hamsters recém-nascidos.
[c]Adenovírus 9 pode induzir tumores mamários em ratos.

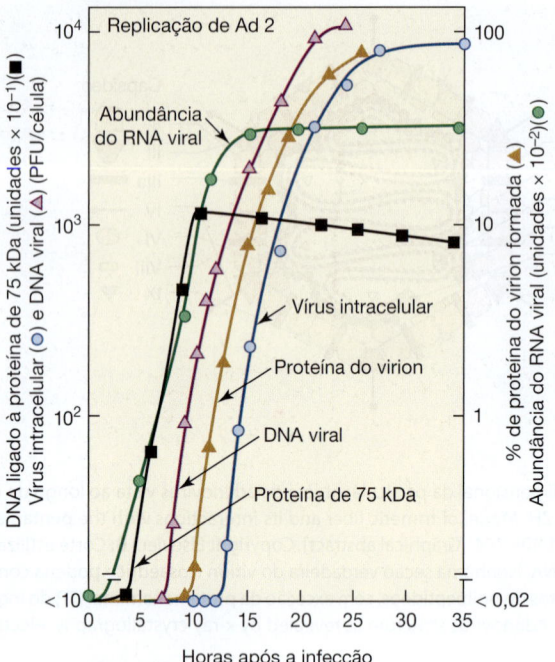

FIGURA 32-3 Evolução cronológica do ciclo de replicação do adenovírus. O tempo transcorrido entre a infecção e o aparecimento da progênie viral é conhecido como período de eclipse. Observe a regulação sequencial de eventos específicos no ciclo de replicação viral. PFU (do inglês *plaque-forming unit*) significa "unidade formadora de placa", uma medida do vírus infeccioso. (Cortesia de M Green.)

relocalização de um suposto fator celular necessário para o transporte do mRNA. É produzida uma grande quantidade de proteínas estruturais virais.

É interessante assinalar que os estudos com mRNA do éxon de adenovírus levaram à notável descoberta de que os mRNAs eucarióticos em geral não são colineares com seus genes, mas constituem produtos de junção de regiões de codificação distintas do DNA genômico.

D. Organização e maturação do vírus

A morfogênese do virion ocorre no núcleo. Cada éxon do capsômero é um trímero de polipeptídeos idênticos. O pênton é constituído por cinco polipeptídeos de base pênton e três polipeptídeos de fibra. Uma "proteína de suporte" L4 codificada tardiamente ajuda na agregação dos polipeptídeos do éxon, mas não faz parte da estrutura final.

Os capsômeros reúnem-se dentro de capsídeos com envelope vazio no núcleo. Em seguida, o DNA desnudo penetra no capsídeo pré-formado. Um elemento de DNA de ação *cis*, próximo à extremidade esquerda do cromossomo viral, atua como sinal de empacotamento, necessário ao evento de reconhecimento do DNA-capsídeo. Outra proteína de suporte viral, codificada no grupo L1, facilita a formação de capsídeo para o DNA. Por fim, as proteínas precursoras do núcleo são clivadas, permitindo que a partícula adote a sua configuração, e os pêntons são acrescentados. Uma cisteína-proteinase codificada pelo vírus atua em algumas clivagens das proteínas precursoras. A partícula madura torna-se estável, infecciosa e resistente a nucleases. O ciclo infeccioso do adenovírus leva cerca de

24 horas. O processo de organização é ineficaz; cerca de 80% dos capsômeros do éxon e 90% do DNA viral não são empregados. Não obstante, cerca de 100.000 partículas de vírus são produzidas por cada célula. As proteínas estruturais associadas às partículas virais maduras estão relacionadas na Figura 32-2B.

E. Efeitos dos vírus sobre os mecanismos de defesa do hospedeiro

Os adenovírus codificam vários produtos gênicos que se opõem aos mecanismos de defesa antivirais do hospedeiro. Os pequenos e abundantes RNAs VA fornecem proteção contra o efeito antiviral da interferona, prevenindo a ativação de uma quinase induzível por interferona que fosforila e inativa o fator de iniciação eucariótico 2. As proteínas da região E3 do adenovírus, que não são essenciais para o crescimento viral em cultura de tecido, inibem a citólise das células infectadas pela resposta do hospedeiro. A proteína E3 gp de 19 kDa bloqueia a expressão do antígeno, juntamente com o complexo de histocompatibilidade principal cIasse I (MHC I, do inglês *major histocompatibility complex class I*) na superfície celular, protegendo, assim, a célula infectada da lise mediada pelos linfócitos T citotóxicos (CTL, do inglês *cytotoxic T lymphocytes*). Outras proteínas codificadas por E3 bloqueiam a indução da citólise pela citocina fator de necrose tumoral α (TNF-α, do inglês *tumor necrosis factor α*).

F. Efeitos dos vírus sobre as células

Os adenovírus são citopáticos em culturas de células humanas, particularmente células renais e células epiteliais contínuas de cultura primária. Em geral, o efeito citopático consiste em arredondamento acentuado, aumento de tamanho e agregação das células afetadas, formando agregados semelhantes a cachos de uva. As células infectadas não sofrem lise, apesar de ficarem arredondadas e se desprenderem da superfície de vidro sobre a qual cresceram.

Inclusões intranucleares arredondadas contendo DNA são observadas em células infectadas por alguns tipos de adenovírus (Figura 32-4). Essas inclusões nucleares podem ser confundidas com as do citomegalovírus; todavia, as infecções causadas por adenovírus não induzem a formação de sincícios ou células gigantes multinucleares. Embora as alterações citológicas não sejam patognomônicas dos adenovírus, são úteis para fins diagnósticos em cultura de tecidos e amostras de biópsia.

As partículas virais no núcleo frequentemente exibem arranjos cristalinos. As células infectadas por vírus do grupo B também contêm cristais constituídos de proteína sem ácido nucleico. As partículas virais permanecem no interior da célula até que o ciclo se complete e a célula morra.

Os adenovírus do grupo C provocam infecções latentes nas tonsilas e nas adenoides de crianças, predominantemente no interior de linfócitos T. Espécimes clínicos da maioria das crianças menores contêm o DNA viral. No entanto, este é menos frequentemente detectado nos tecidos de adolescentes e de adultos. Os tipos 1, 2 e 5 são mais comumente detectados. A replicação do vírus é rara nos linfócitos.

Os adenovírus humanos exibem estreita variedade de hospedeiros. Quando ocorre infecção de células de outras espécies que não as dos seres humanos, os adenovírus humanos em geral sofrem um ciclo de replicação abortivo, e a progênie infecciosa não é produzida.

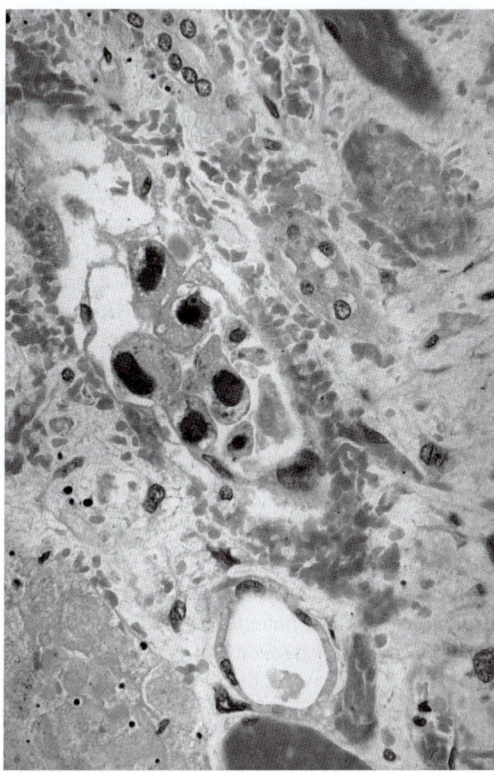

FIGURA 32-4 Citopatologia do adenovírus em tecido humano. Células epiteliais tubulares com corpúsculos de inclusão basofílicos de paciente com nefrite tubulointersticial necrosante (ampliada 450 ×). (Cortesia de M Ito).

Terapia gênica

Os adenovírus estão sendo usados como veículos de liberação de genes para a terapia contra o câncer, terapia gênica e estudos de imunização genética. São atraentes porque os vírus recombinantes de replicação defeituosa apresentam vantagens de alta eficiência de transdução para muitos tipos de célula e altos níveis de expressão por tempo reduzido dos genes transduzidos; entretanto, sua alta imunogenicidade e a alta prevalência de imunidade preexistente em seres humanos para os adenovírus do subgrupo C (os tipos 2 e 5 são largamente utilizados como vetores) constituem significativas limitações. Outras limitações são a expressão do receptor variável (CAR) em diferentes células e a dificuldade de integração no DNA cromossômico para facilitar a expressão transgênica por longos períodos. Estão sendo feitos esforços no desenho dos vetores para superar tais limitações.

Uma nova terapia anticâncer utiliza um adenovírus atenuado, replicação-competente, desenvolvido para se replicar somente nas células cancerígenas (células-alvo). Essa "terapia oncolítica" tem como finalidade matar diretamente as células tumorais devido à replicação virolítica.

Suscetibilidade animal e transformação de células

A maioria dos animais de laboratório não é facilmente infectada por adenovírus humanos, embora hamsters recém-nascidos apresentem infecção fatal pelo tipo 5, e os animais adultos jovens permitam a replicação do adenovírus tipo 5 nos pulmões. Vários sorotipos,

particularmente os tipos 12, 18 e 31, são capazes de induzir tumores quando inoculados em hamsters recém-nascidos (ver Tabela 32-2). Todos os adenovírus são capazes de induzir transformação morfológica de células em cultura, independentemente do seu potencial oncogênico *in vivo* (ver Capítulo 43). Apenas uma pequena fração (< 20%) do genoma do adenovírus é encontrada na maioria das células transformadas.

Os genes de transformação dos adenovírus humanos localizam-se na região inicial (*E1A* e *E1B*), na extremidade esquerda do genoma viral. Uma exceção é o tipo 9; com este, o gene *E4* é necessário para a tumorigênese mamária em ratos. Estudos sobre genes de transformação de adenovírus revelaram a existência de mecanismos de controle do crescimento celular alterados em muitos tipos de célula cancerosa.

A natureza altamente oncogênica do adenovírus tipo 12 pode estar relacionada com a observação de que um dos efeitos de sua região inicial consiste em interromper a síntese dos antígenos de histocompatibilidade principais de classe I (H2 ou HLA) em algumas células infectadas e transformadas, impedindo, assim, a destruição pelos CTLs.

Os adenovírus não são considerados importantes causadores de câncer em seres humanos.

INFECÇÕES POR ADENOVÍRUS EM HUMANOS

Patogênese

Os adenovírus infectam e se replicam nas células epiteliais dos tratos respiratório, gastrintestinal e urinário e dos olhos. Em geral, não sofrem disseminação além dos linfonodos regionais. Os vírus do grupo C persistem durante anos como infecções latentes nas adenoides e tonsilas, sendo eliminados nas fezes muitos meses após a infecção inicial. Com efeito, o termo "adenovírus" reflete o isolamento dos primeiros vírus de explantes de adenoides humanas.

A maioria dos adenovírus sofre replicação no epitélio intestinal após a sua ingestão, porém geralmente produzem infecções subclínicas mais do que sintomas francos. As exceções são os sorotipos 40 e 41, que podem causar doenças gastrintestinais.

Manifestações clínicas

Cerca de 33% dos sorotipos humanos conhecidos estão comumente associados à doença humana. É necessário assinalar que um único sorotipo pode provocar diferentes doenças clínicas, porém mais de um tipo pode causar a mesma doença clínica. Os adenovírus 1 a 7 são os tipos mais comuns em todo o mundo, sendo responsáveis pela maioria dos casos de doença associada a adenovírus.

Os adenovírus são responsáveis por cerca de 5% das doenças respiratórias agudas em crianças de pouca idade, mas contribuem com uma porcentagem muito menor nos adultos. A maior parte das infecções é benigna e autolimitada. Em certas ocasiões, os vírus provocam doença em outros órgãos, particularmente nos olhos e no trato gastrintestinal.

A. Doenças respiratórias

São sintomas típicos: tosse, congestão nasal, febre e dor de garganta. Essa síndrome manifesta-se com mais frequência em lactentes e crianças, e em geral envolve vírus do grupo C (principalmente os tipos 1, 2 e 5). Infecções com os tipos 3, 4 e 7 são mais frequentes em adolescentes e em adultos. Esses casos são difíceis de distinguir de outras infecções respiratórias virais benignas que podem apresentar sintomas similares.

Os adenovírus, particularmente os tipos 3, 7 e 21, são considerados responsáveis por cerca de 10 a 20% das pneumonias na infância. A pneumonia por adenovírus é responsável por mais de 10% da taxa de mortalidade em lactentes.

Em 2007, ocorreu uma epidemia de uma doença respiratória grave, algumas vezes fatal, causada por uma nova variante do adenovírus 14. Pacientes de todas as idades foram acometidos, inclusive jovens adultos sadios.

Os adenovírus são a causa de uma síndrome respiratória entre os recrutas militares. Essa síndrome é caracterizada por febre, dor de garganta, congestão nasal, tosse e mal-estar, algumas vezes resultando em pneumonia. Ocorre na forma epidêmica em recrutas militares jovens em condições de fadiga, estresse e aglomeração, logo após seu engajamento. A doença é causada pelos tipos 4 e 7 e, ocasionalmente, pelo tipo 3. A vacinação de militares tem sido usada para evitar epidemias em larga escala em instalações de treinamento.

B. Infecções oculares

O comprometimento ocular leve pode fazer parte das síndromes faringorrespiratórias causadas por adenovírus. A febre faringoconjuntival tende a ocorrer em surtos epidêmicos, tais como os dos acampamentos de verão para crianças ("conjuntivite de piscina"), e está associada aos tipos 3 e 7. A duração da conjuntivite é de 1 a 2 semanas, e a recuperação completa sem deixar sequelas é a evolução mais comum.

A ceratoconjuntivite epidêmica é uma doença mais grave. Essa doença é provocada pelos tipos 8, 19 e 37. Essa doença ocorre principalmente em adultos e é altamente contagiosa. Os adenovírus podem permanecer viáveis por várias semanas em pias e toalhas de rosto, as quais podem ser uma fonte de transmissão. A doença caracteriza-se por conjuntivite aguda seguida de ceratite, que em geral regride em 2 semanas, mas que pode deixar opacidades subepiteliais na córnea por um período de até 2 anos. As infecções na córnea provocadas por adenovírus induzem intensa inflamação pela interação das proteínas que compõem o capsídeo viral com o sistema imune do hospedeiro.

Um estudo realizado no Japão (1990-2001), onde o tipo 37 foi a principal causa de ceratoconjuntivite epidêmica, demonstrou que ocorreram mutações no genoma viral cronologicamente, e que certas mutações foram correlacionadas à doença epidêmica.

C. Doença gastrintestinal

Muitos adenovírus replicam-se nas células intestinais e são encontrados nas fezes, porém a presença da maioria dos sorotipos não está associada à doença gastrintestinal. Todavia, dois sorotipos (tipos 40 e 41) foram associados etiologicamente à gastrenterite infantil e podem ser responsáveis por 5 a 15% dos casos de gastrenterite viral em crianças de pouca idade. Os adenovírus dos tipos 40 e 41 são encontrados em quantidades abundantes em fezes diarreicas. A cultura dos adenovírus entéricos é muito difícil de ser realizada.

D. Outras doenças

Os pacientes imunocomprometidos podem sofrer uma variedade de infecções por adenovírus casuais e graves. O problema mais comum provocado pela infecção por adenovírus em pacientes submetidos a transplante é a doença respiratória, que pode evoluir para pneumonia grave e ser fatal (em geral, causada pelos tipos 1-7). As crianças submetidas a transplante de fígado podem desenvolver hepatite por adenovírus no aloenxerto. Além disso, crianças com transplante de coração que tenham desenvolvido infecção do miocárdio por adenovírus correm maior risco de insucesso do transplante. Os pacientes pediátricos de transplante de medula óssea podem desenvolver infecções por uma grande variedade de tipos de adenovírus. Os pacientes com síndrome da imunodeficiência adquirida (Aids, do inglês *acquired immunodeficiency syndrome*) podem sofrer infecções por adenovírus, especialmente no trato gastrintestinal.

A infecção por adenovírus pode causar cistite hemorrágica aguda em crianças e em pacientes transplantados renais e de medula óssea. Geralmente, vírus é eliminado pela urina desses pacientes.

Imunidade

Os adenovírus induzem imunidade eficaz e duradoura contra a reinfecção. Isso pode refletir o fato de também infectarem os linfonodos regionais e as células linfoides do trato gastrintestinal. A resistência à doença clínica parece estar diretamente relacionada com a presença de anticorpos neutralizantes circulantes, que provavelmente persistem durante toda a vida do indivíduo. Embora anticorpos neutralizantes específicos do tipo possam proteger o indivíduo contra os sintomas da doença, nem sempre podem impedir a reinfecção. (As infecções por adenovírus com frequência ocorrem sem que a doença se manifeste.)

Em geral, os anticorpos maternos protegem os lactentes contra as infecções respiratórias graves por adenovírus. Anticorpos neutralizantes contra um ou mais tipos são detectados em mais de 50% dos lactentes de 6 a 11 meses. Em geral, os adultos sadios normais apresentam anticorpos contra vários tipos de adenovírus.

A resposta humoral dos anticorpos reativos ao grupo, diferente daquela dos anticorpos neutralizantes específicos do tipo, pode ser medida pelos testes de fixação de complemento (FC), imunofluorescência (IF) ou ensaio imunoenzimático (Elisa, do inglês *enzyme-linked immunosorbent assay*). Os anticorpos específicos do grupo não são protetores e não revelam os sorotipos de infecções virais anteriores, e seus títulos declinam com o decorrer do tempo.

Diagnóstico laboratorial

A. Detecção, isolamento e identificação do vírus

As amostras devem ser coletadas dos locais afetados no início da doença para otimizar o isolamento do vírus. Dependendo da doença clínica, o vírus pode ser encontrado em amostras respiratórias, conjuntiva, garganta, sangue, fezes ou urina. A duração da eliminação do adenovírus varia entre diferentes doenças: infecção respiratória de adultos (1-7 dias) e crianças (3-6 semanas), febre faringoconjuntival (3-14 dias), ceratoconjuntivite (2 semanas) e infecção disseminada em pacientes imunocomprometidos (2-12 meses).

O isolamento do vírus em cultura exige a presença de células humanas. As células embrionárias renais humanas primárias são mais suscetíveis, mas em geral não estão disponíveis. As linhagens de células epiteliais humanas estabelecidas, como HEp-2, HeLa e KB, são sensíveis, mas de manutenção difícil sem que haja degeneração no decorrer do tempo necessário (28 dias) para detecção de alguns vírus isolados de crescimento lento. Os vírus isolados podem ser identificados como adenovírus por testes de imunofluorescência por meio de um anticorpo antiéxon em células infectadas. Os testes de inibição da hemaglutinação e neutralização modem antígenos específicos do tipo, podendo ser efetuados para a identificação de sorotipos específicos.

A detecção dos adenovírus infecciosos pode ser mais rápida pela técnica do "frasco em concha". Amostras virais são centrifugadas diretamente em células de cultura de tecido; as culturas são incubadas durante 1 a 2 dias e, em seguida, testadas com anticorpos monoclonais dirigidos contra um epítopo reativo ao grupo no antígeno éxon. Além disso, as células epiteliais nasais de um paciente podem ser coradas diretamente para detecção de antígenos virais.

Os ensaios que empregam a reação em cadeia da polimerase (PCR, do inglês *polymerase chain reaction*) podem ser usados para o diagnóstico das infecções por adenovírus em amostras de tecido ou fluidos corporais, em geral com o emprego de *primers* (sequências iniciadoras) para uma sequência viral conservada (p. ex., éxon ou VA I) que possa ser detectada em todos os sorotipos. Foram descritos ensaios por PCR que empregam um único par de *primers* direcionados para segmentos conservados que flanqueiam uma região hipervariável no gene do éxon. Esses ensaios podem detectar todos os sorotipos conhecidos de adenovírus humanos, e o sequenciamento do *amplicon* permite a identificação do sorotipo. Esse método é rápido em comparação com as semanas necessárias para o isolamento do vírus seguido dos testes de neutralização. A PCR para adenovírus é comumente incluída nos painéis de detecção viral respiratória. Entretanto, a sensibilidade do ensaio por PCR pode resultar na detecção de adenovírus latentes em alguns pacientes.

A caracterização do DNA viral por hibridização ou por padrões de digestão com endonuclease de restrição pode identificar um vírus isolado como adenovírus e estabelecer o seu grupo. Essas abordagens mostram-se particularmente úteis para os tipos de cultura difícil.

Os adenovírus entéricos exigentes podem ser detectados por exame direto de extratos fecais por microscopia eletrônica, Elisa ou testes de aglutinação do látex*. Podem ser isolados com dificuldade em uma linhagem de células renais embrionárias humanas transformadas com um fragmento do DNA do adenovírus 5 (293 células).

Como os adenovírus podem persistir por longos períodos no intestino e no tecido linfoide, e como a disseminação viral recrudescente pode ser precipitada por outras infecções, é necessário interpretar com cautela o significado do isolamento do vírus. O isolamento dos vírus dos olhos, dos pulmões ou do trato genital estabelece o diagnóstico de infecção atual. O isolamento do vírus a partir de secreções nasofaríngeas ou da garganta de paciente com doença respiratória pode ser considerado relevante para a doença clínica. A detecção viral nas fezes de pacientes com gastrenterite é inconclusiva, a menos que demonstre ser um dos tipos enteropatogênicos. Ensaios imunoenzimáticos estão disponíveis para detectar especificamente esses sorotipos 40 e 41.

N. de T. Dentre os testes rápidos para detecção de adenovírus comercialmente disponíveis, há o SAS Adenotest e o RPS Adenodetector*. Esses *kits* utilizam a tecnologia baseada na imunocromatografia de fluxo lateral. Antígenos adenovirais, quando presentes no paciente, são capturados entre dois anticorpos monoclonais específicos de antígenos. Além disso, também existem no mercado testes que detectam conjuntamente adenovírus e rotavírus, como o RIDA*QUICK Rotavírus/Adenovírus Kombi.

B. Sorologia

A infecção de seres humanos por qualquer tipo de adenovírus estimula uma elevação dos anticorpos fixadores do complemento contra antígenos de grupo compartilhados por todos os tipos de adenovírus. O teste de FC é um método de fácil aplicação para a detecção de infecção causada por qualquer membro do grupo dos adenovírus, embora esse teste tenha baixa sensibilidade. A observação de elevação de 4 vezes ou mais nos títulos de anticorpos fixadores do complemento entre o soro da fase aguda e o da fase convalescente indica infecção recente por adenovírus, embora não forneça qualquer indício sobre o tipo específico envolvido.

Se for necessária a identificação específica da resposta sorológica do paciente, os testes de neutralização ou de inibição da hemaglutinação poderão ser empregados. O teste de neutralização é o mais sensível. Na maioria dos casos, os títulos de anticorpos neutralizantes de indivíduos infectados exibem elevação de 4 vezes ou mais contra o tipo de adenovírus isolado do paciente.

Epidemiologia

Os adenovírus são encontrados em todas as partes do mundo. Ocorrem durante todo o ano e, em geral, não produzem surtos de doença na comunidade. Os sorotipos mais comuns em amostras clínicas são os tipos respiratórios de baixos números (1, 2, 3, 5 e 7) e os tipos das gastrenterites (40 e 41). Os adenovírus propagam-se por contato direto, via orofecal, perdigotos ou fômites contaminados. A maior parte das doenças relacionadas com adenovírus não é clinicamente patognomônica, e muitas infecções são subclínicas.

As infecções pelos tipos 1, 2, 5 e 6 ocorrem principalmente nos primeiros anos de vida; os tipos 3 e 7 são contraídos durante os anos escolares; e os outros tipos (tais como 4, 8 e 19) não são encontrados até a idade adulta.

Enquanto os adenovírus provocam apenas 2 a 5% das doenças respiratórias na população geral, a doença respiratória causada pelos tipos 3, 4 e 7 é comum entre recrutas militares e jovens adultos em ambientes institucionais ou coletivos.

As infecções oculares podem ser transmitidas de diversas maneiras, porém a transferência da mão para o olho é particularmente importante. As epidemias de conjuntivite de piscina são presumivelmente transmitidas pela água; em geral, ocorrem no verão e costumam ser causadas pelos tipos 3 e 7. A ceratoconjuntivite epidêmica é uma doença grave e altamente contagiosa. A doença, causada pelo tipo 8, propagou-se em 1941 a partir da Austrália, passando pelas ilhas do Havaí até a costa do Pacífico. A doença alastrou-se rapidamente por estaleiros (por isso a denominação "conjuntivite do estaleiro"), cruzando o território dos Estados Unidos. Nos Estados Unidos, a incidência de anticorpos neutralizantes contra o tipo 8 na população geral é muito baixa (cerca de 1%), ao passo que, no Japão, ultrapassa 30%. Mais recentemente, os adenovírus dos tipos 19 e 37 provocaram epidemias de ceratoconjuntivite epidêmica típica. Os surtos de conjuntivite atribuídos aos consultórios de oftalmologistas foram presumivelmente causados por soluções oftálmicas ou equipamento diagnóstico contaminados.

A incidência de infecção por adenovírus em pacientes submetidos a transplante de medula óssea foi estimada em cerca de 5 até 30%. A incidência registrada é maior em pacientes pediátricos do que em adultos. Os pacientes podem desenvolver infecções disseminadas fatais. Os tipos 34 e 35 são detectados com mais frequência em receptores de transplante de medula óssea e transplante renal.

A fonte mais provável de infecção por adenovírus em pacientes transplantados consiste em reativação endógena dos vírus, embora as infecções primárias possam constituir um fator na população pediátrica.

Tratamento

Não existe um tratamento específico para as infecções por adenovírus.

Prevenção e controle

A cuidadosa lavagem das mãos é a maneira mais fácil de prevenir infecções por adenovírus. As superfícies podem ser desinfetadas com hipoclorito de sódio. Em ambientes coletivos, as toalhas de papel são as mais recomendáveis, pois as toalhas sujas podem constituir fonte de infecção em surtos epidêmicos. O risco de surtos de conjuntivite transmitida pela água pode ser minimizado por meio da cloração das piscinas e dos vasos sanitários. A assepsia estrita durante o exame oftalmológico, juntamente com a esterilização adequada do equipamento, é essencial para o controle da ceratoconjuntivite epidêmica.

As tentativas de controlar as infecções por adenovírus em militares focam a atenção em vacinas. Vacinas feitas a partir de adenovírus atenuados contendo os tipos 4 e 7, em cápsulas gelatinosas e administradas oralmente, foram apresentadas em 1971. Nessa forma, o vírus evita o trato respiratório, onde poderia causar doença, sendo liberado no intestino, onde se replica e induz a formação de anticorpos neutralizantes. A vacina se mostrou altamente eficaz, mas foi descontinuada em 1999 e reaprovada em 2011 apenas para militares dos Estados Unidos.

RESUMO DO CAPÍTULO

- Os adenovírus são vírus de DNA não envelopados e icosaédricos.
- Os adenovírus apresentam uma distribuição cosmopolita e ocorrem durante todo o ano. Surtos epidêmicos provocados por esse agente viral são incomuns.
- Os adenovírus são excelentes modelos para realização de estudos moleculares em células eucarióticas.
- Vários sorotipos induzem tumores em animais de laboratório, servindo como modelo para estudo de processos cancerígenos.
- Os vírus do grupo C promovem infecções latentes de longa duração nas tonsilas e nas adenoides.
- Os vírus do grupo C causam infecções respiratórias em crianças (tipos 1-7) e em recrutas militares (tipos 3, 4 e 7).
- Os tipos 8, 19 e 37 causam infecções oculares graves (ceratoconjuntivite epidêmica).
- Os adenovírus entéricos (tipos 40 e 41) causam gastrenterites em crianças.
- Os adenovírus podem causar doença disseminada grave em pacientes imunocomprometidos e transplantados.
- Não há tratamento específico para as infecções por adenovírus.

QUESTÕES DE REVISÃO

1. Qual proteína de adenovírus regula a transcrição precoce dos genes virais e modula o ciclo celular?

   (A) Fibra
   (B) Éxon
   (C) Pênton
   (D) Proteína terminal
   (E) Proteína da região E1
   (F) Cisteína-proteinase
   (G) Proteína da região E3

2. Qual proteína de adenovírus serve como *primer* para a iniciação da síntese do DNA viral?

   (A) Fibra
   (B) Éxon
   (C) Pênton
   (D) Proteína terminal
   (E) Proteína da região E1
   (F) Cisteína-proteinase
   (G) Proteína da região E3

3. Qual proteína de adenovírus constitui a maior parte dos capsômeros que compõem o capsídeo viral?

   (A) Fibra
   (B) Éxon
   (C) Pênton
   (D) Proteína terminal
   (E) Proteína da região E1
   (F) Cisteína-proteinase
   (G) Proteína da região E3

4. Um bebê de 3 meses teve diarreia aquosa e febre durante 10 dias. Suspeita-se que os agentes causadores sejam rotavírus ou adenovírus tipos 40 e 41. Qual tipo de amostra seria mais apropriada para a detecção dos adenovírus tipos 40 e 41 nesse paciente?

   (A) Sangue
   (B) Urina
   (C) *Swab* da conjuntiva
   (D) Fezes
   (E) *Swab* da garganta
   (F) Líquido cerebrospinal

5. Qual das seguintes doenças humanas não é associada ao adenovírus?

   (A) Câncer
   (B) Resfriado comum
   (C) Doenças respiratórias agudas
   (D) Ceratoconjuntivite
   (E) Gastrenterite
   (F) Cistite hemorrágica

6. Uma criança de 2 anos e meio de idade, que frequenta creche, adquiriu uma infecção respiratória branda. Outra criança, da mesma creche, apresentou um quadro similar. Quais tipos de adenovírus são os mais prováveis causadores dessa doença?

   (A) Tipos 40 e 41
   (B) Tipos 8, 19 e 37
   (C) Tipos 1, 2, 5 e 6
   (D) Tipos 3, 4 e 7
   (E) Tipos 21, 22, 34 e 35

7. Quais tipos de adenovírus são causas frequentes de doença respiratória aguda entre recrutas militares?

(A) Tipos 40 e 41
(B) Tipos 8, 19 e 37
(C) Tipos 1, 2, 5 e 6
(D) Tipos 3, 4 e 7
(E) Tipos 21, 22, 34 e 35

8. Qual dos seguintes eventos levou ao reaparecimento de surtos de doença respiratória aguda entre recrutas militares dos Estados Unidos no final da década de 1990?

(A) Emergência de novas cepas virulentas de adenovírus
(B) Interrupção do programa de vacinação contra adenovírus para os recrutas militares
(C) Mudanças nas condições de treinamento e acampamento militares para os recrutas
(D) Interrupção do emprego de terapia antiviral contra adenovírus para os recrutas

9. Seu projeto de pesquisa é estudar os vírus que causam as gastrenterites. Você recupera um vírus de uma amostra de fezes e observa seu crescimento no meio das culturas infectadas, ácidas (pH < 7,0). Você identifica o genoma viral como DNA de fita dupla. Das seguintes alternativas, qual indica a conclusão mais apropriada a que você pode chegar?

(A) Existe alta probabilidade de que o agente seja um rotavírus.
(B) Você precisa determinar o sorotipo viral para estabelecer se o vírus em questão é uma causa importante de doença.
(C) O paciente deveria ter sido tratado com o fármaco antiviral amantadina para encurtar a duração dos sintomas.
(D) A partícula viral pode conter uma enzima transcriptase reversa.

10. Qual dos seguintes grupos de indivíduos apresenta o mais baixo risco de contrair doença causada por adenovírus?

(A) Adultos saudáveis
(B) Crianças pequenas
(C) Pacientes que receberam transplante de medula óssea
(D) Recrutas militares
(E) Pacientes com Aids

11. Os adenovírus podem causar infecções oculares que são altamente contagiosas. Qual das seguintes alternativas indica a menor probabilidade de ser um modo de transmissão durante um surto epidêmico de ceratoconjuntivite por adenovírus?

(A) Piscinas
(B) Toalhas de rosto
(C) Picadas de mosquito
(D) Colocar as mãos nos olhos
(E) Equipamento oftalmológico contaminado

12. Existem 57 sorotipos de adenovírus humanos. Qual das seguintes afirmativas é a mais correta?

(A) Os tipos não podem ser distinguidos sorologicamente.
(B) Todos causam infecções respiratórias em crianças.
(C) A maioria replica-se bem nos linfócitos T.
(D) Apenas dois tipos causam gastrenterites.

13. As afirmações abaixo sobre os adenovírus estão corretas, *exceto*:

(A) Os adenovírus apresentam DNA de fita dupla e não são envelopados.
(B) Os adenovírus causam faringites e pneumonias.
(C) Os adenovírus apresentam apenas um único tipo sorológico.
(D) Os adenovírus estão implicados como causa de tumores em animais, porém não em seres humanos.

14. Qual das seguintes patologias é raramente associada aos adenovírus?

(A) Conjuntivite
(B) Pneumonias
(C) Faringites
(D) Glomerulonefrites

Respostas

1. E	**6.** C	**11.** C
2. D	**7.** D	**12.** D
3. B	**8.** B	**13.** C
4. D	**9.** B	**14.** D
5. A	**10.** A	

REFERÊNCIAS

Berk AJ: *Adenoviridae:* The viruses and their replication. In Knipe DM, Howley PM (editors-in-chief). *Fields Virology*, 5th ed. Lippincott Williams & Wilkins, 2007.

Berk AJ: Recent lessons in gene expression, cell cycle control, and cell biology from adenovirus. *Oncogene* 2005;24:7673.

Kolavic-Gray SA, Binn LN, Sanchez JL, et al: Large epidemic of adenovirus type 4 infection among military trainees: Epidemiological, clinical, and laboratory studies. *Clin Infect Dis* 2002;35:808.

Mahony JB: Detection of respiratory viruses by molecular methods. *Clin Microbiol Rev* 2008;21:716.

Russell WC: Adenoviruses: Update on structure and function. *J Gen Virol* 2009;90:1.

Sarantis H, Johnson G, Brown M, et al: Comprehensive detection and serotyping of human adenoviruses by PCR and sequencing. *J Clin Microbiol* 2004;42:3963.

Tate JE, Bunning ML, Lott L, et al: Outbreak of severe respiratory disease associated with emergent human adenovirus serotype 14 at a US Air Force training facility in 2007. *J Infect Dis* 2009;199:1419.

33

Herpes-vírus

A família dos herpes-vírus compreende vários dos patógenos humanos virais de maior importância. Do ponto de vista clínico, os herpes-vírus são responsáveis por um amplo espectro de doenças. Alguns apresentam grande variedade de células hospedeiras, enquanto outros exibem variedade restrita. A propriedade mais notável dos herpes-vírus é a sua capacidade de estabelecer infecções persistentes durante toda a vida de seus hospedeiros, sofrendo reativação periódica. A frequente reativação dos herpes-vírus em pacientes imunossuprimidos causa sérias complicações à saúde. Curiosamente, a infecção reativada pode ser, do ponto de vista clínico, muito diferente da doença causada pela infecção primária. Os herpes-vírus possuem grande número de genes, alguns dos quais têm se mostrado suscetíveis à quimioterapia antiviral.

Os herpes-vírus que geralmente infectam seres humanos são denominados herpes-vírus humano 1 (HHV-1, do inglês *human herpesvirus 1*) a HHV-8. Eles são também comumente referidos por seus nomes de vírus individuais, conforme a seguinte ordem: herpes-vírus simples tipos 1 e 2 (HSV-1, HSV-2, do inglês *herpes simplex virus*), vírus varicela-zóster (VZV, do inglês *varicella-zoster virus*), vírus Epstein-Barr (EBV, do inglês *Epstein-Barr virus*), citomegalovírus (CMV), herpes-vírus humano 6 (HHV-6), herpes-vírus humano 7 (HHV-7) e herpes-vírus humano 8 (HHV-8, também conhecido como herpes-vírus associado ao sarcoma de Kaposi [KSHV, de *Kaposi sarcoma-associated herpesvirus*]). O herpes-vírus B de macacos também pode infectar os seres humanos. Existem quase 100 vírus do grupo do herpes que infectam inúmeras espécies animais.

PROPRIEDADES DOS HERPES-VÍRUS

Na Tabela 33-1, é fornecida uma lista das propriedades importantes dos herpes-vírus.

Estrutura e composição

Os herpes-vírus são vírus grandes. Os diferentes membros do grupo compartilham certos detalhes de arquitetura e não são distinguíveis à microscopia eletrônica. Todos os herpes-vírus apresentam um núcleo de DNA de fita dupla, na forma de toroide, circundado por um revestimento proteico que exibe simetria icosaédrica com 162 capsômeros. O nucleocapsídeo é circundado por um envelope proveniente da membrana nuclear da célula infectada e contém espículas de glicoproteína viral de cerca de 8 nm de comprimento.

Uma estrutura amorfa e algumas vezes assimétrica, localizada entre o capsídeo e o envelope, é denominada tegumento. A forma envelopada mede 150 a 200 nm, enquanto o virion "desnudo" mede 125 nm.

O genoma do DNA de fita dupla (125-240 kbp) é linear. Uma característica notável do DNA dos herpes-vírus é o arranjo das sequências (Figura 33-1). Os genomas dos herpes-vírus possuem sequências repetidas terminais e internas. Alguns membros, como os HSVs, sofrem rearranjos do genoma, dando origem a diferentes "isômeros" de genoma. A composição de bases dos DNAs dos herpes-vírus varia de 31 a 75% (guanina+citosina [G + C]). Existe pouca homologia do DNA entre os diferentes herpes-vírus, exceto para os HSV-1 e HSV-2, que exibem 50% de homologia em suas sequências, e os herpes-vírus humanos 6 e 7 (HHV-6 e HHV-7), que apresentam homologia de sequência limitada (30-50%). O tratamento com endonucleases de restrição resulta em padrões de clivagem tipicamente diferentes para os herpes-vírus e para as diferentes cepas de cada tipo. Essa "impressão digital" permite o rastreamento epidemiológico de determinada cepa.

O genoma dos herpes-vírus é grande, codificando pelo menos 100 proteínas diferentes. Destas, mais de 35 polipeptídeos estão envolvidos na estrutura da partícula viral, enquanto pelo menos 10 fazem parte do envelope viral. Os herpes-vírus codificam um arranjo de enzimas específicas do vírus envolvidas no metabolismo dos ácidos nucleicos, síntese do DNA, expressão gênica e regulação proteica (DNA-polimerase, helicase-primase, timidina-quinase, fatores de transcrição e proteína-quinases). Muitos genes de herpes-vírus aparentam ser homólogos virais de genes celulares.

Classificação

A classificação taxonômica dos inúmeros membros da família dos herpes-vírus é complicada. Existe uma divisão conveniente em subfamílias que se baseia nas propriedades biológicas dos agentes (Tabela 33-2). Os alfa-herpes-vírus são vírus citolíticos de crescimento rápido, que tendem a estabelecer infecções latentes nos neurônios. Os membros desse grupo incluem o HSV (gênero *Simplexvirus*) e o VZV (gênero *Varicellovirus*). Os beta-herpes-vírus têm crescimento lento, podem ser citomegálicos (aumento maciço das células infectadas) e tornam-se latentes nas glândulas secretoras, bem como nos rins. O CMV é classificado no gênero *Cytomegalovirus*. Neste grupo, estão também incluídos os herpes-vírus HHV-6 e HHV-7, no gênero *Roseolovirus*. Com base em critérios biológicos, tais vírus são

TABELA 33-1   Propriedades importantes dos herpes-vírus

Virion: esférico, 150-200 nm de diâmetro (Icosaédrico)

Genoma: DNA de fita dupla, linear, 125-240 kbp, com sequências repetidas

Proteínas: mais de 35 proteínas no virion

Envelope: contém glicoproteínas virais, receptores Fc

Replicação: núcleo, brotamento a partir da membrana nuclear

Características marcantes:

Codificam muitas enzimas

Estabelecem infecções latentes

Persistem indefinidamente nos hospedeiros infectados

Frequentemente reativados em hospedeiros imunossuprimidos

Alguns causam câncer

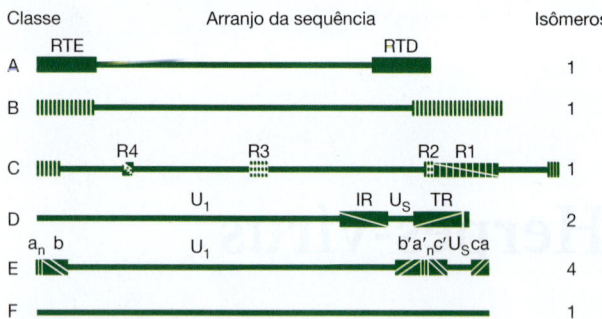

FIGURA 33-1   Diagrama esquemático de arranjos de sequência do DNA do herpes-vírus. Os genomas das classes A, B, C, D, E e F são exemplificados pelo vírus do peixe-gato, *herpesvirus saimiri*, EBV, VZV, HSV e *herpesvirus tupaia*, respectivamente. As *linhas horizontais* representam regiões únicas. Os domínios repetidos são mostrados em forma de *retângulos*: repetições terminais à esquerda e à direita (RTE e RTD) para a classe A; repetições R1 a R4 para as repetições internas da classe C; e repetições internas e terminais (RI e RT) da classe D. Na classe B, as sequências terminais são repetidas inúmeras vezes em ambas as terminações. As terminações da classe E consistem em dois elementos. As sequências terminais (ab e ca) são inseridas em uma orientação invertida, separando as sequências exclusivas em domínios longos (U_1) e curtos (U_s). Os genomas da classe F não apresentam repetições terminais. Os componentes dos genomas nas classes D e E estão invertidos. Na classe D (VZV), o componente curto encontra-se invertido com relação ao longo. O DNA forma duas populações (isômeros), diferindo na orientação do componente curto. Na classe E (HSV), tanto os componentes curtos quanto os longos podem estar invertidos, e o DNA viral consiste em 4 isômeros. (Reproduzida, com autorização, de Roizman B: Herpesviridae: A brief introduction. In Fields BN, Knipe DM [editors-in-chief]. *Virology*, 2nd ed. Raven Press, 1990, pp. 1787–1793.)

similares aos gama-herpes-vírus, uma vez que infectam os linfócitos (linfotrópicos T), mas as análises moleculares de seus genomas revelam que estão mais estreitamente relacionados com os beta-herpes-vírus. Os gama-herpes-vírus, exemplificados pelo EBV (gênero *Lymphocryptovirus*), infectam as células linfoides e tornam-se latentes. O HHV-8 (KSHV) é classificado no gênero *Rhadinovirus*.

Muitos herpes-vírus infectam animais, sendo os mais notáveis os herpes-vírus B (p. ex., o *Herpesvirus simiae* e o *Cercopithecine herpesvirus 1*) do gênero *Simplexvirus*; o beta-herpes-vírus saimiriine e o herpes-vírus dos macacos do gênero *Ateles* (macaco-prego), ambos pertencentes ao gênero *Rhadinovirus*; o herpes-vírus das marmotas (gênero *Simplexvirus*); e o vírus pseudorrábico dos suínos e o vírus do gado bovino (responsável pela rinotraqueíte bovina infecciosa), ambos pertencentes ao gênero *Varicellovirus*.

Existe pouca correlação antigênica entre os membros do grupo dos herpes-vírus. Apenas os HSV-1 e o HSV-2 compartilham um número significativo de antígenos. Os herpes-vírus HHV-6 e HHV-7 exibem alguns poucos epítopos de reação cruzada.

Replicação dos herpes-vírus

O ciclo de replicação do HSV encontra-se resumido na Figura 33-2. O vírus penetra na célula através de sua fusão com a membrana celular e, em seguida, liga-se a receptores celulares específicos por meio das glicoproteínas do envelope. Vários herpes-vírus ligam-se aos glicosaminoglicanos da superfície celular, principalmente o sulfato de heparano. A fixação viral também envolve a ligação de um de diversos correceptores (p. ex., membros da superfamília das imunoglobulinas). Após a fusão, o capsídeo é transportado por meio do citoplasma até um poro nuclear, ocorre desnudamento, e o DNA associa-se ao núcleo. O DNA viral forma um círculo imediatamente após sua liberação do capsídeo. A expressão do genoma viral é estreitamente regulada e ordenada de modo sequencial, em forma de cascata. A VP16, uma proteína do tegumento, complexa-se com diversas proteínas celulares e ativa a expressão gênica viral inicial. Os genes iniciais imediatos são expressos, produzindo proteínas "α", que permitem a expressão do conjunto inicial de genes, traduzidos em proteínas "β". A replicação do DNA viral começa, e as transcrições tardias são iniciadas, originando as proteínas "γ". Mais de 50

proteínas diferentes são sintetizadas nas células infectadas por herpes-vírus. Muitas proteínas α e β são enzimas ou proteínas de ligação do DNA, e a maioria das proteínas γ são componentes estruturais.

O DNA viral é transcrito durante o ciclo de replicação pela RNA-polimerase II celular, porém com a participação de fatores virais. O DNA viral é sintetizado por um mecanismo de rolamento circular. Os herpes-vírus diferem dos outros vírus de DNA nuclear pelo fato de codificarem grande número de enzimas envolvidas na síntese do DNA. Essas enzimas são bons alvos para os antivirais. O DNA viral recém-sintetizado é acondicionado em nucleocapsídeos vazios pré-formados no núcleo da célula.

A maturação ocorre por brotamento dos nucleocapsídeos através da membrana nuclear interna alterada. Em seguida, as partículas virais envelopadas são transportadas por movimento vesicular para a superfície celular.

A duração do ciclo de replicação varia entre cerca de 18 horas para o HSV até mais de 70 horas para o CMV. As células infectadas por herpes-vírus são invariavelmente destruídas. A síntese macromolecular do hospedeiro é interrompida precocemente na infecção. A síntese celular normal do DNA e proteínas é praticamente interrompida quando começa a replicação do vírus. Os efeitos citopáticos induzidos pelos herpes-vírus humanos são muito distintos (Figura 33-3).

O número de potenciais sequências de leitura aberta (ORF, do inglês *open reading frames*) codificando proteínas nos genomas dos herpes-vírus varia de cerca de 70 a mais de 200. No caso dos HSVs,

TABELA 33-2 Classificação dos herpes-vírus humanos

Subfamília ("-herpesvirinae")	Propriedades biológicas			Exemplos	
	Ciclo de crescimento e citopatologia	Infecções latentes	Gênero ("-virus")	Nome oficial ("herpes vírus humanos")	Nome comum
Alfa	Curto, citolítico	Neurônios	Simplex	1	Herpes-vírus simples tipo 1
				2	Herpes-vírus simples tipo 2
			Varicello	3	Vírus varicela-zóster
Beta	Longo, citomegálico	Glândulas, rins	Cytomegalo	5	Citomegalovírus
	Longo, linfoproliferativo	Tecido linfoide	Roseolo	6	Herpes-vírus humano 6
				7	Herpes-vírus humano 7
Gama	Variável, linfoproliferativo	Tecido linfoide	Lymphocrypto	4	Vírus Epstein-Barr
			Rhadino	8	Herpes-vírus associado ao sarcoma de Kaposi

cerca de 50% dos genes não são necessários para o crescimento em cultura de células. Os outros genes provavelmente são necessários para a sobrevivência *in vivo* no hospedeiro natural.

Recentemente, foi demonstrado que os herpes-vírus expressam múltiplos microRNAs, RNAs de fita simples pequenos (cerca de 22 nucleotídeos) que funcionam de modo pós-transcricional para regular a expressão gênica. Esses microRNAs virais são importantes na regulação das funções celulares e na entrada ou saída da fase latente do ciclo de vida do vírus, fornecendo alvos atraentes para o desenvolvimento de novas terapias antivirais.

Visão geral das doenças causadas por herpes-vírus

Uma ampla variedade de doenças está associada à infecção por herpes-vírus. A infecção primária e a doença reativada por determinado vírus podem afetar diferentes tipos de célula e ocasionar quadros clínicos diversos.

O HSV-1 e o HSV-2 infectam as células epiteliais e estabelecem infecções latentes nos neurônios. Classicamente, o vírus tipo 1 está associado a lesões orofaríngeas e provoca crises recorrentes de "herpes labial". O tipo 2 infecta principalmente a mucosa genital e é responsável principalmente pelo herpes genital, embora a especificidade anatômica desses vírus esteja diminuindo. Ambos os vírus também causam doença neurológica. O HSV-1 é a principal causa de encefalite esporádica nos Estados Unidos. Tanto o tipo 1 quanto o tipo 2 podem causar infecções neonatais frequentemente graves.

O VZV provoca varicela como infecção primária e estabelece uma infecção latente nos neurônios. Por ocasião de sua reativação, o vírus causa o zóster (cobreiro). Os adultos infectados pela primeira vez pelo VZV estão sujeitos a desenvolver pneumonia viral grave.

O CMV replica-se nas células epiteliais do trato respiratório, das glândulas salivares e dos rins, persistindo nos linfócitos. Esse vírus provoca a mononucleose infecciosa. Em recém-nascidos, pode causar a doença de inclusão citomegálica disseminada. O CMV representa uma importante causa de defeitos congênitos e deficiência intelectual.

O EBV replica-se nas células epiteliais da orofaringe e das glândulas parótidas, estabelecendo infecções latentes nos linfócitos. É responsável pela mononucleose infecciosa e causa distúrbios linfoproliferativos, especialmente em pacientes imunocomprometidos.

O HHV-6 infecta os linfócitos T. É tipicamente adquirido no início da infância e provoca exantema súbito (roséola do lactente), assim como infecções em pacientes imunocomprometidos. O HHV-7, também um vírus linfotrópico T, ainda não foi associado a qualquer doença específica. O HHV-8 parece estar associado ao desenvolvimento do sarcoma de Kaposi, tumor vascular comum em pacientes com síndrome da imunodeficiência adquirida (Aids, do inglês *acquired immunodeficiency syndrome*).

O herpes-vírus B de macacos pode infectar seres humanos após exposição a animais vivos ou amostras de tecidos. Tais infecções são raras, porém as que ocorrem geralmente resultam em doença neurológica grave, sendo com frequência fatais.

Os herpes-vírus humanos costumam ser reativados em pacientes idosos e imunossuprimidos (p. ex., pacientes transplantados e com câncer) e podem causar doenças graves, como pneumonia ou linfomas.

Os herpes-vírus têm sido associados a doenças malignas em seres humanos e animais inferiores. O EBV foi associado ao linfoma de Burkitt em crianças africanas, a carcinomas nasofaríngeos e a outros linfomas. O KSHV foi associado ao sarcoma de Kaposi, e o vírus da doença de Marek, a um linfoma de galinhas. Vários outros herpes-vírus de primatas foram associados aos sarcomas de células reticulares e aos linfomas em macacos.

INFECÇÕES POR HERPES-VÍRUS EM HUMANOS

HERPES-VÍRUS SIMPLES

Os HSVs são amplamente disseminados na população humana. Eles exibem ampla variedade de hospedeiros, sendo capazes de sofrer replicação em muitos tipos de célula e infectar vários animais diferentes. Crescem rapidamente e são altamente citolíticos. Os HSVs são responsáveis por um espectro de doenças que vai desde gengivoestomatite até ceratoconjuntivite, encefalite, doença genital e infecções de recém-nascidos. Os HSVs estabelecem infecções latentes nas células nervosas, e as recidivas são comuns.

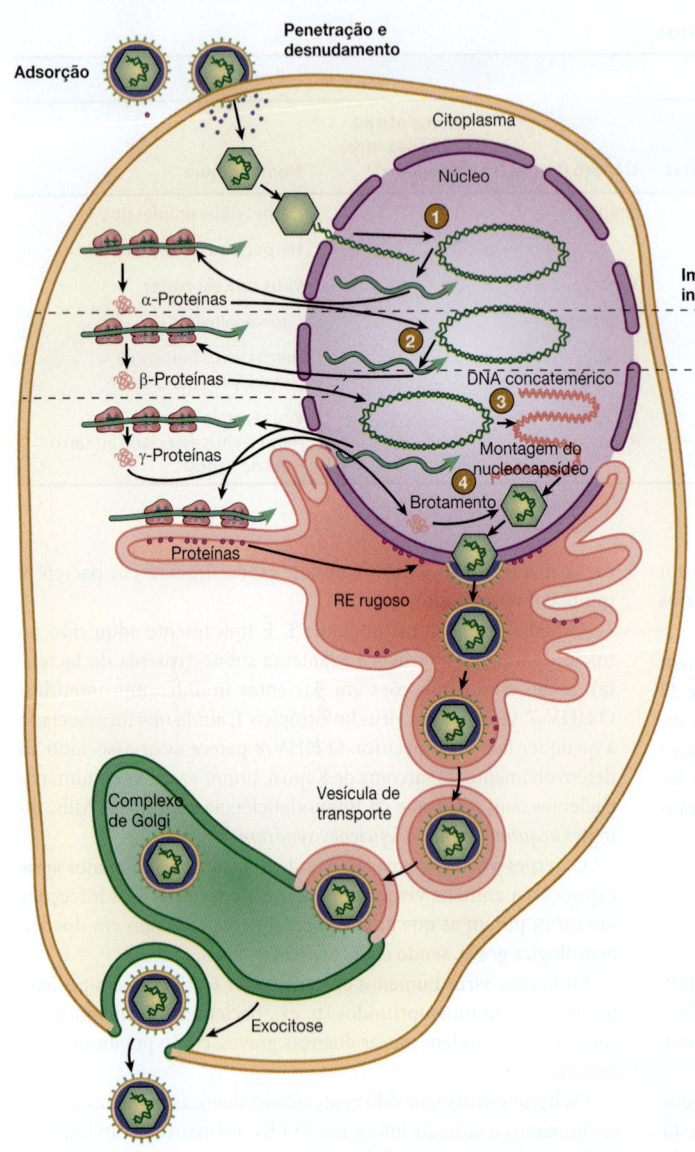

FIGURA 33-2 Ciclo de replicação do herpes-vírus simples. **(1)** O vírus funde-se com a membrana plasmática, e o DNA viral é liberado do capsídeo ao poro nuclear, seguido de circularização do genoma e transcrição dos genes imediatos iniciais. **(2)** As α-proteínas, produtos dos genes iniciais, estimulam a transcrição de genes iniciais. **(3)** As β-proteínas, produtos dos genes iniciais, funcionam na replicação do DNA, produzindo DNA concatemérico. Os genes tardios são transcritos. **(4)** As γ-proteínas, produtos dos genes tardios e consistindo principalmente em proteínas estruturais virais, participam na montagem do virion. O DNA viral de unidade de comprimento é clivado a partir dos concatâmeros e acondicionado nos capsídeos. As partículas virais envoltas acumulam-se no retículo endoplasmático (RE) e são transportadas da célula. (Reproduzida, com autorização, de Willey JM, Sherwood LM, Woolverton CJ: *Prescott, Harley and Klein's Microbiology*, 7th ed. McGraw-Hill, 2008. © McGraw-Hill Education.)

Propriedades dos vírus

Existem dois HSVs distintos: tipo 1 e tipo 2 (Tabela 33-3). Seus genomas se assemelham em organização e exibem significativa homologia de sequência. Entretanto, podem ser distinguidos por análise da sequência ou por análise com enzimas de restrição do DNA viral. Ambos os vírus exibem reação cruzada sorológica, porém cada tipo tem algumas proteínas próprias. O HSV-1 propaga-se por contato, geralmente envolvendo saliva infectada, enquanto o HSV-2 é transmitido sexualmente ou a partir de infecção genital materna para o recém-nascido. Contudo, esses padrões estão se tornando menos distintos e os dois vírus podem causar qualquer uma das apresentações.

O ciclo de crescimento do HSV prossegue rapidamente, levando 8 a 16 horas para ser concluído. O genoma do HSV é grande (cerca de 150 kbp), podendo codificar pelo menos 70 polipeptídeos. As funções de muitas das proteínas envolvidas na replicação ou no período de latência não são conhecidas. Pelo menos 8 glicoproteínas virais estão entre os produtos gênicos tardios do vírus. Uma delas (gD) é o mais potente indutor de anticorpos neutralizantes. A glicoproteína C é uma proteína de ligação do complemento (C3b), enquanto a gE é um receptor Fc que se liga à fração de Fc da imunoglobulina G (IgG). A glicoproteína G é específica do tipo e permite a discriminação antigênica entre HSV-1 (gG-1) e HSV-2 (gG-2).

Patogênese e patologia

A. Patologia

Como o HSV provoca infecções citolíticas, as alterações patológicas são causadas por necrose das células infectadas juntamente com a resposta inflamatória. As lesões produzidas na pele e nas mucosas pelo HSV-1 e pelo HSV-2 são idênticas, assemelhando-se às induzidas pelo VZV. As alterações provocadas pelo HSV são semelhantes

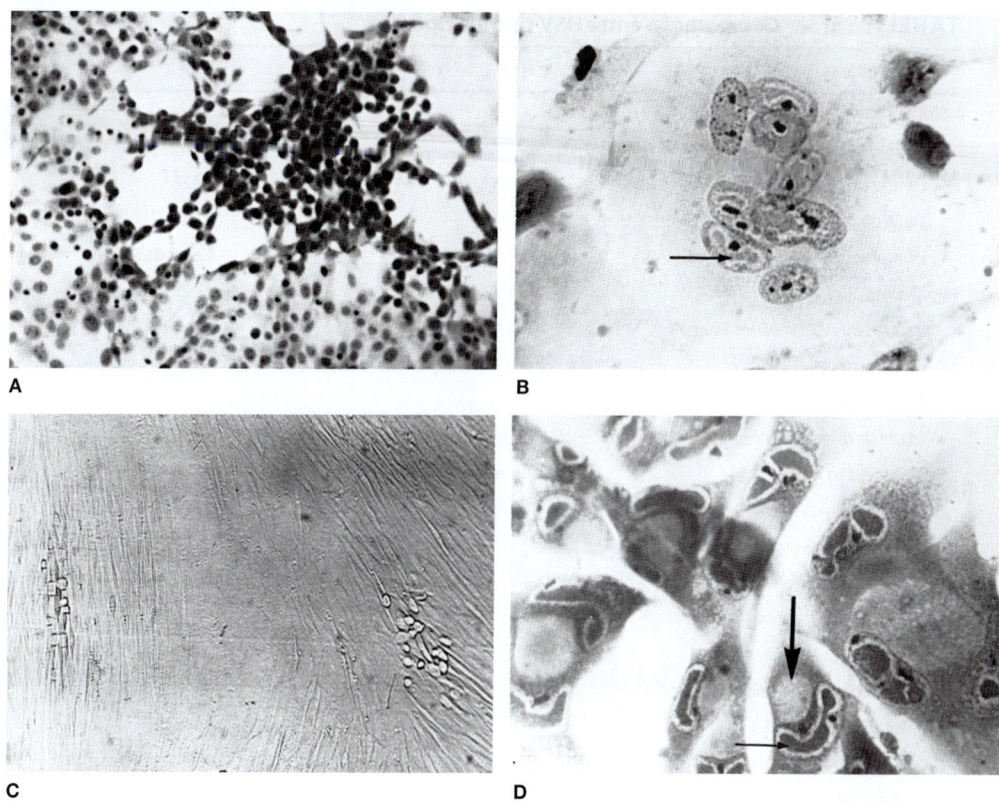

FIGURA 33-3 Efeitos citopáticos induzidos por herpes-vírus. **A:** HSV em células HEp-2 (coloração por hematoxilina e eosina [H&E], ampliada 57 ×) com foco inicial nas células arredondadas e intumescidas. **B:** VZV em células renais humanas (coloração por H&E, ampliada 228 ×) com célula gigante multinuclear contendo inclusões intranucleares acidófilas (*seta*). **C:** CMV em fibroblastos humanos (sem coloração, ampliada 35 ×) com dois focos de efeitos citopáticos de desenvolvimento lento. **D:** CMV em fibroblastos humanos (coloração por H&E, ampliada 228 ×) mostrando células gigantes com inclusões acidófilas nos núcleos (*seta pequena*) e no citoplasma (*seta grande*), sendo as últimas em geral grandes e arredondadas. (Cortesia de I Jack. Reproduzida, com autorização, de White DO, Fenner FJ: *Medical Virology*, 3rd ed. Academic Press, 1986.)

nas infecções primárias e recorrentes, mas variam quanto ao grau, refletindo a extensão da citopatologia viral.

As alterações histopatológicas características consistem em balonização das células infectadas, produção de corpúsculos de inclusão intranucleares de *Cowdry* tipo A, marginação da cromatina e formação de células gigantes multinucleares. A fusão celular constitui um método eficaz de propagação do HSV de uma célula para outra, mesmo na presença de anticorpos neutralizantes.

B. Infecção primária

O HSV é transmitido por contato de uma pessoa suscetível com um indivíduo que está excretando vírus. O vírus deve entrar em contato com uma superfície mucosa ou solução de continuidade da pele para que a infecção seja iniciada (a pele normal é resistente). A replicação do vírus ocorre inicialmente no local da infecção. Em seguida, o vírus invade as terminações nervosas locais e é transportado, por fluxo axônico retrógrado, até os gânglios das raízes dorsais, onde, após posterior replicação, a latência é estabelecida. As infecções orofaríngeas pelo HSV-1 resultam em infecções latentes nos gânglios do trigêmeo, enquanto as infecções genitais pelo HSV-2 resultam em infecção latente dos gânglios sacrais.

Em geral, as infecções primárias pelo HSV são leves; na verdade, a maioria é assintomática. Raramente se desenvolve doença sistêmica. Ocasionalmente, o HSV pode penetrar no sistema nervoso central (SNC) e causar meningite ou encefalite. O comprometimento disseminado de órgãos pode ocorrer quando um hospedeiro imunocomprometido é incapaz de limitar a replicação do vírus, resultando em viremia.

C. Infecção latente

O vírus localiza-se em gânglios com infecção latente, em um estado que não sofre replicação; apenas um número muito pequeno de genes virais é expresso. A persistência dos vírus nos gânglios com infecção latente dura pelo resto da vida do hospedeiro. Não é possível isolar o vírus entre as recidivas ou próximo ao local habitual das lesões recorrentes. Estímulos provocativos podem reativar o vírus do estado de latência, inclusive dano axônico, febre, estresse físico ou emocional e exposição à luz ultravioleta. O vírus segue o trajeto dos axônios de volta ao local periférico, ocorrendo replicação na pele ou nas mucosas. Reativações espontâneas ocorrem a despeito da imunidade humoral e celular específica do HSV do hospedeiro. Todavia, essa imunidade limita a replicação local do vírus, de

TABELA 33-3   Comparação entre HSV tipo 1 e tipo 2

Características	HSV-1	HSV-2
Bioquímicas		
Composição de bases do DNA viral (G + C) (%)	67	69
Densidade de flutuação do DNA (g/cm³)	1,726	1,728
Densidade de flutuação dos virions (g/cm³)	1,271	1,267
Homologia entre os DNAs virais (%)	Cerca de 50%	Cerca de 50%
Biológicas		
Vetores ou reservatórios animais	Ausente	Ausente
Sítio típico de latência	Gânglios trigêmeos	Gânglios sacrais
Epidemiológicas		
Idade da infecção primária	Crianças de pouca idade	Jovens adultos
Transmissão típica	Contato (frequentemente a saliva)	Sexual
Associação clínica típica		
Infecção primária:		
Gengivoestomatite	+	–
Faringoamigdalite	+	–
Ceratoconjuntivite	+	–
Infecções neonatais	±	+
Infecções recorrentes:		
Dor de garganta, febre	+	–
Ceratite	+	–
Infecção primária ou recorrente:		
Herpes cutâneo		
Pele acima da cintura	+	±
Pele abaixo da cintura	±	+
Mãos ou braços	+	+
Paroníquia herpética	+	+
Eczema herpético	+	–
Herpes genital	±	+
Encefalite herpética	+	–
Meningite por herpes	±	+

Modificada, com autorização, de Oxman MN: Herpes stomatitis. In Braude AI, Davis CE, Fierer J (editors). *Infectious Diseases and Medical Microbiology*, 2nd ed. Saunders, 1986:752.

modo que as infecções recorrentes são menos extensas e de menor gravidade. Muitas recidivas são assintomáticas, refletindo-se apenas na eliminação dos vírus nas secreções. Quando sintomáticos, os episódios de infecção recorrente pelo HSV-1 manifestam-se, em geral, em forma de herpes perto dos lábios. Mais de 80% da população humana abrigam o HSV-1 em forma latente, mas apenas uma pequena proporção sofre recidivas. Não se sabe por que alguns indivíduos sofrem reativações e outros não.

Manifestações clínicas

Os HSVs tipos 1 e 2 podem causar muitas entidades clínicas, e as infecções podem ser primárias ou recorrentes (ver Tabela 33-3). As infecções primárias são observadas em indivíduos sem anticorpos e, na maioria dos casos, mostram-se clinicamente inaparentes, mas resultam na produção de anticorpos e no estabelecimento de infecções latentes nos gânglios sensoriais. Lesões recorrentes são comuns.

A. Doença orofaríngea

As infecções primárias pelo HSV-1 em geral são assintomáticas. A doença sintomática ocorre com maior frequência em crianças pequenas (1-5 anos) e acomete as mucosas bucal e gengival (Figura 33-4A). O período de incubação é curto (cerca de 3-5 dias, com variação de 2-12 dias), e a doença clínica dura 2 a 3 semanas. Os sintomas consistem em febre, faringite, lesões vesiculares e ulcerativas, gengivoestomatite e mal-estar. A gengivite (edema e hipersensibilidade das gengivas) é a lesão mais notável e comum. Em adultos, as infecções primárias costumam causar faringite e amigdalite. Pode ocorrer linfadenopatia localizada.

A doença recorrente caracteriza-se por um grupo de vesículas mais comumente localizadas na borda dos lábios (Figura 33-4D). No início, ocorre dor intensa, que desaparece em 4 a 5 dias. As lesões progridem para os estágios pustular e crostoso, e a cicatrização em geral se completa em 8 a 10 dias, sem deixar qualquer cicatriz. As lesões podem sofrer recidivas repetidamente e a vários intervalos no mesmo local. A frequência das recidivas varia amplamente entre os indivíduos. Muitas recorrências de disseminação oral são assintomáticas e de curta duração (24 horas).

B. Ceratoconjuntivite

As infecções pelo HSV-1 podem ocorrer nos olhos, causando ceratoconjuntivite grave. As lesões oculares recorrentes são comuns, manifestando-se em forma de ceratite dendrítica ou úlceras de córnea, ou em forma de vesículas nas pálpebras. Na presença de ceratite recidivante, pode haver comprometimento progressivo do estroma corneano com opacificação permanente e cegueira. As infecções pelo HSV-1 são, depois dos traumatismos, a segunda causa de cegueira corneana nos Estados Unidos.

C. Herpes genital

A doença genital em geral é causada pelo HSV-2, embora o HSV-1 também possa provocar episódios clínicos de herpes genital. As infecções genitais primárias por herpes podem ser graves, com duração de cerca de 3 semanas. O herpes genital caracteriza-se por lesões vesicoulcerativas do pênis no homem ou do colo uterino, da vulva, da vagina e do períneo na mulher. As lesões são muito dolorosas, podendo estar associadas à febre, mal-estar, disúria e linfadenopatia inguinal. As complicações incluem lesões extragenitais (cerca de 20% dos casos) e meningite asséptica (cerca de 10% dos casos). A excreção do vírus persiste por cerca de 3 semanas.

Devido à reatividade cruzada antigênica entre o HSV-1 e o HSV-2, a imunidade preexistente proporciona alguma proteção contra a infecção heterotípica. Uma infecção inicial pelo HSV-2 em um indivíduo já imune ao HSV-1 tende a ser menos grave.

As recidivas das infecções herpéticas genitais são comuns e tendem a ser leves. As vesículas aparecem em número limitado e cicatrizam em cerca de 10 dias. O vírus sofre disseminação durante apenas alguns dias. Algumas recidivas são assintomáticas com disseminação anogenital de menos de 24 horas de duração. Independentemente de a recidiva ser sintomática ou assintomática, o indivíduo que elimina vírus pode transmitir a infecção a seus parceiros sexuais.

D. Infecções cutâneas

A pele íntegra é resistente ao HSV, de modo que as infecções cutâneas são raras em indivíduos sadios. Podem ocorrer lesões localizadas causadas por HSV-1 ou HSV-2 em escoriações que se tornam contaminadas pelo vírus (herpes traumático). Essas lesões são observadas nos dedos de dentistas e do pessoal hospitalar (paroníquia herpética), bem como no corpo de lutadores (herpes *gladiatorum* ou herpes do gladiador).

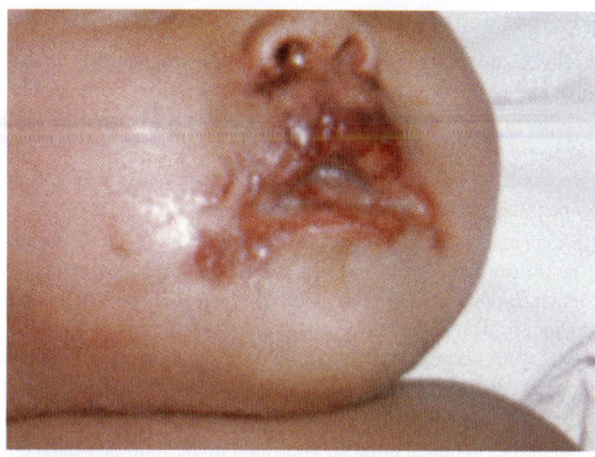

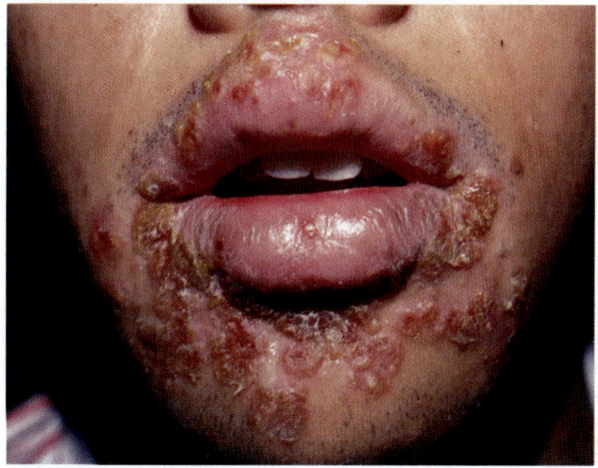

FIGURA 33-4 **A:** Gengivoestomatite primária por herpes-vírus simples. (Cortesia de JD Millar. Fonte: Centers for Disease Control and Prevention, Public Health Image Library, ID# 2902, 2008.) **B:** Herpes simples labial recorrente. (Reproduzida, com autorização, de Berger TG, Dept Dermatology, UCSF. Reproduzida de McPhee SJ, Papadakis MA [editors]: *Current Medical Diagnosis & Treatment*, 48th ed. McGraw-Hill, 2009. © McGraw-Hill Education.)

As infecções cutâneas são frequentemente graves e põem em risco a vida quando ocorrem em indivíduos com distúrbios da pele, como eczema ou queimaduras, que permitem a extensa replicação local e disseminação dos vírus. O eczema herpético é uma infecção primária, habitualmente causada pelo HSV-1, em uma pessoa com eczema crônico. Em casos raros, a doença pode ser fatal.

E. Encefalite/meningite

O herpes-vírus pode produzir uma forma grave de encefalite. As infecções pelo HSV-1 são consideradas a causa mais comum de encefalite esporádica fatal nos Estados Unidos. A doença está associada à elevada taxa de mortalidade, e os sobreviventes frequentemente apresentam defeitos neurológicos residuais. Cerca de 50% dos pacientes com encefalite pelo HSV parecem apresentar infecções primárias, enquanto o restante parece ter infecção recorrente.

F. Herpes neonatal

A infecção do recém-nascido pelo HSV pode ser adquirida no útero, durante o parto ou após o nascimento. Em todos os casos, a mãe é a fonte mais comum de infecção. Estima-se que o herpes neonatal ocorra em cerca de 1 a cada 5.000 partos por ano. O recém-nascido parece incapaz de limitar a replicação e a propagação do HSV, tendo propensão ao desenvolvimento de doença grave.

A via mais comum de infecção (cerca de 75% dos casos) consiste na transmissão do HSV ao recém-nascido durante o parto, pelo contato com lesões herpéticas no canal do parto. Para evitar a infecção, tem sido empregada a cesariana em mulheres grávidas com lesões genitais herpéticas. Entretanto, o número de casos de infecção neonatal pelo HSV é bem menor do que de casos de herpes genital recorrente, mesmo quando o vírus está presente a termo.

O herpes neonatal pode ser contraído no período pós-natal em consequência de exposição ao HSV-1 ou ao HSV-2. As fontes de infecção incluem familiares e equipe hospitalar que estejam disseminando o vírus. Cerca de 75% das infecções herpéticas neonatais são causadas pelo HSV-2. Não parece haver diferença entre a natureza e a gravidade do herpes neonatal em prematuros ou lactentes a termo, em infecções causadas pelo HSV-1 ou pelo HSV-2, ou na doença quando o vírus é adquirido durante o parto ou no pós-parto.

As infecções herpéticas neonatais são quase sempre sintomáticas. A taxa de mortalidade global da doença sem tratamento é de 50%. Os lactentes com herpes neonatal exibem três tipos de doença: (1) lesões localizadas na pele, nos olhos e na boca; (2) encefalite com ou sem envolvimento cutâneo localizado; e (3) doença disseminada que acomete vários órgãos, inclusive o SNC. O prognóstico mais sombrio (taxa de mortalidade de cerca de 80%) é observado em lactentes com infecção disseminada, muitos dos quais desenvolvem encefalite. A causa da morte de lactentes com doença disseminada geralmente é pneumonite viral ou coagulopatia intravascular. Muitos sobreviventes de infecções graves apresentam dano neurológico permanente.

G. Infecções em hospedeiros imunocomprometidos

Os pacientes imunocomprometidos correm maior risco de contrair infecções graves pelo HSV. Esse grupo inclui pacientes imunossuprimidos em consequência de doença ou de terapia (particularmente os que apresentam deficiência da imunidade celular) e indivíduos com desnutrição. Os receptores de transplante de rim, coração e medula óssea correm risco especial de contrair infecções herpéticas graves. Os pacientes com neoplasias malignas hematológicas e os pacientes com Aids contraem infecções pelo HSV com maior frequência e maior gravidade. As lesões herpéticas podem se disseminar e afetar o trato respiratório, o esôfago e a mucosa intestinal. As crianças desnutridas estão sujeitas a contrair infecções disseminadas e fatais pelo HSV. Na maioria dos casos, a doença reflete a reativação de infecção latente pelo HSV.

Imunidade

Muitos recém-nascidos adquirem passivamente anticorpos maternos, os quais desaparecem durante os primeiros 6 meses de vida, de modo que o período de maior suscetibilidade à infecção herpética primária é observado entre 6 meses e 2 anos de idade. Os anticorpos adquiridos da mãe por via transplacentária não são totalmente protetores contra a infecção no recém-nascido, mas parecem atenuar a infecção ou mesmo preveni-la. Os anticorpos anti-HSV-1 começam a aparecer na população no início da infância e são encontrados na maioria dos indivíduos na adolescência. Os anticorpos anti-HSV-2 aumentam durante a adolescência e atividade sexual.

Nas infecções primárias, verifica-se o aparecimento transitório de anticorpos IgM, seguidos dos anticorpos IgG e IgA, que persistem por um longo período. Quanto mais grave a infecção primária ou mais frequentes as recidivas, maior o nível de resposta humoral. Entretanto, o padrão de resposta humoral não tem correlação com a frequência de recidiva da doença. A imunidade celular e certos fatores inespecíficos do hospedeiro (células destruidoras naturais [*natural killer*] e interferona [IFN]) são importantes no controle das infecções pelo HSV tanto primárias quanto recorrentes.

Após a recuperação de uma infecção primária (inaparente, leve ou grave), o vírus permanece em estado latente na presença de anticorpos. Esses anticorpos não previnem a reinfecção ou reativação do vírus latente, mas podem modificar a doença subsequente.

Diagnóstico laboratorial

A. Detecção molecular

Os ensaios de reação em cadeia da polimerase (PCR, do inglês *polymerase chain reaction*) são sensíveis e específicos e podem ser usados para a detecção viral a partir de *swabs*, sangue, líquido cerebrospinal (LCS) e tecidos. A amplificação por PCR do DNA viral do LCS é o meio de detecção mais sensível e é recomendado para o diagnóstico de meningite/encefalite por herpes.

B. Isolamento e identificação do vírus

A cultura de vírus é comumente usada, principalmente para o diagnóstico de doença mucocutânea. O vírus pode ser isolado das lesões herpéticas e encontrado em amostras respiratórias, nos tecidos e em fluidos corporais, tanto durante a infecção primária quanto durante os períodos assintomáticos. Assim, o isolamento do HSV não constitui evidência suficiente para indicar que o vírus seja o agente etiológico da doença investigada.

A inoculação em culturas de tecido é utilizada para isolamento do vírus. O HSV é fácil de ser cultivado, e os efeitos citopáticos geralmente ocorrem em 2 a 3 dias. Em seguida, o agente é identificado por meio do teste de neutralização ou por imunofluorescência com antissoro específico. A cultura em *shell vial* pode ser usada para detectar a replicação do HSV nas células após 24 horas de incubação usando anticorpos fluorescentes. A tipagem dos HSVs isolados pode ser efetuada utilizando anticorpos monoclonais, análise de sequência ou análise do DNA viral com endonuclease de restrição.

C. Citopatologia

Um método citológico rápido consiste na coloração de esfregaços obtidos da base da vesícula (p. ex., com coloração de Giemsa). A presença de células gigantes multinucleares indica que o herpes-vírus (HSV-1, HSV-2 ou varicela-zóster) está presente, distinguindo essas lesões daquelas causadas por coxsackievírus e patógenos não virais. Uma técnica mais sensível é a detecção direta de antígeno fluorescente em lâminas contendo células infectadas por vírus.

D. Sorologia

Os anticorpos aparecem 4 a 7 dias após a infecção e atingem um pico em 2 a 4 semanas. Eles persistem por toda a vida do hospedeiro, com flutuações mínimas. Os métodos disponíveis incluem teste de neutralização, imunofluorescência e ensaio imunoadsorvente ligado à enzima (Elisa, do inglês *enzyme-linked immunosorbent assay*).

O valor diagnóstico das provas sorológicas é limitado devido aos inúmeros antígenos compartilhados pelo HSV-1 e pelo HSV-2. Além disso, pode haver algumas respostas anamnésicas heterotípicas ao VZV em indivíduos infectados pelo HSV e vice-versa. O uso de anticorpos anti-HSV específicos permite a realização de testes sorológicos mais significativos.

Epidemiologia

Os HSVs têm distribuição mundial. Não existe reservatório ou vetor animal envolvido com os vírus humanos. A transmissão ocorre por contato com secreções infectadas. A epidemiologia dos HSVs tipos 1 e 2 é diferente.

A infecção primária por HSV-1 ocorre nos primeiros anos de vida e em geral é assintomática; ocasionalmente, provoca doença orofaríngea (gengivoestomatite em crianças de pouca idade, faringite em adultos jovens). Anticorpos se desenvolvem, porém o vírus não é eliminado do organismo; um estado de portador é estabelecido durante toda a vida, interrompido por episódios recorrentes transitórios de herpes.

A maior incidência de infecção pelo HSV-1 é observada entre crianças dos 6 meses aos 3 anos de idade. Na vida adulta, 70 a 90% dos indivíduos apresentam anticorpos dirigidos contra o tipo 1. Existe alta taxa de variação geográfica na soroprevalência. Nos países desenvolvidos, os indivíduos de classe média desenvolvem anticorpos mais tarde do que aqueles de populações socioeconômicas menos favorecidas. Presumivelmente, isso reflete as condições de vida em maiores aglomerações e os padrões de higiene mais precários nos grupos socioeconômicos mais baixos. O vírus se propaga por contato direto com saliva infectada ou por meio de utensílios contaminados pela saliva de um indivíduo que esteja eliminando o vírus. A fonte de infecção em crianças geralmente é proveniente de um adulto com lesão herpética sintomática ou disseminação viral assintomática na saliva.

A frequência de infecções recorrentes pelo HSV-1 varia amplamente entre os indivíduos. A qualquer momento, 1 a 5% dos adultos normais estão excretando o vírus, frequentemente na ausência de sintomas clínicos.

Em geral, o HSV-2 é adquirido como infecção sexualmente transmissível, de modo que os anticorpos dirigidos contra esse vírus raramente são encontrados antes da puberdade. Estima-se que existam cerca de 40 a 60 milhões de indivíduos infectados nos Estados Unidos. Os estudos de prevalência de anticorpos foram dificultados em virtude da reatividade cruzada entre o HSV tipo 1 e tipo 2. Levantamentos em que se utilizaram antígenos glicoproteicos específicos recentemente determinaram que 17% dos adultos nos Estados Unidos apresentam anticorpos anti-HSV-2, com soroprevalência maior em mulheres do que em homens e maior em negros do que em brancos, além de ter uma relação com a idade do indivíduo (cerca de 56% dos negros com sorologia positiva encontram-se na faixa de 30 a 49 anos de idade).

Períodos de latência e reatividade do processo infeccioso ocorrem em ambos os sorotipos (HSV-1 e HSV-2). Estudos baseados em PCR frequentemente demonstram reativações em indivíduos imunocompetentes que duram menos de 12 horas. Tanto infecções assintomáticas quanto sintomáticas proporcionam um reservatório viral para transmissão a indivíduos suscetíveis. Estudos têm estimado que a transmissão de herpes genital em mais de 50% dos casos resulta de contato sexual na ausência de lesões ou sintomas.

As infecções genitais maternas pelo HSV constituem um risco tanto para a mãe quanto para o feto. Raramente, as mulheres grávidas podem desenvolver doença disseminada após a infecção primária, com elevada taxa de mortalidade. A infecção primária antes de 20 semanas de gestação tem sido associada à ocorrência de aborto espontâneo. O feto pode adquirir a infecção em consequência da disseminação viral a partir de lesões recorrentes no canal do parto por ocasião do nascimento. As estimativas da frequência de disseminação cervical do vírus entre mulheres grávidas variam amplamente.

As infecções genitais pelo HSV aumentam a aquisição de infecções pelo vírus da imunodeficiência humana (HIV, do inglês *human immunodeficiency virus*) do tipo 1, pois as lesões ulcerativas são aberturas na superfície das mucosas.

Tratamento, prevenção e controle

Vários antivirais mostraram-se eficazes contra as infecções pelo HSV, como aciclovir, valaciclovir e vidarabina (ver Capítulo 30). Todos são inibidores da síntese do DNA viral. O aciclovir*, um análogo de nucleosídeo, é monofosforilado pela timidina-quinase do HSV, sendo convertido para a forma trifosfato pelas quinases celulares. O trifosfato de aciclovir é incorporado de maneira eficiente ao DNA viral pela polimerase do HSV, prevenindo a extensão da cadeia do DNA. Os antivirais podem suprimir as manifestações clínicas, diminuindo o tempo da doença e reduzindo as recorrências do herpes genital. Todavia, o HSV permanece latente nos gânglios sensoriais. Podem surgir cepas de vírus resistentes aos fármacos.

Os recém-nascidos e indivíduos com eczema devem ser protegidos da exposição a pessoas com lesões herpéticas ativas.

Os pacientes com herpes genital devem ser informados de que a disseminação assintomática é frequente, e que o risco de transmissão pode ser reduzido por terapia antiviral e uso de preservativo.

Estão sendo desenvolvidas vacinas experimentais de vários tipos. Uma abordagem consiste em utilizar antígenos glicoproteicos purificados encontrados no envelope viral, expressos em algum sistema recombinante. Essas vacinas podem ser úteis na prevenção das infecções primárias. Contudo, uma vacina baseada em uma

---

*N. de T. Estudos recentes demonstram que o uso de omeprazol aumenta a eficiência do tratamento com aciclovir. Os inibidores da bomba de prótons pantoprazol, rabeprazol, lansoprazol e dexlansoprazol aumentaram os efeitos antivirais do aciclovir de maneira semelhante ao omeprazol, indicando que este é um efeito específico da classe do medicamento. Em conclusão, os inibidores da bomba de prótons aumentam a atividade anti-HSV do aciclovir e são candidatos a terapias antivirais em combinação com o aciclovir, em particular para preparações tópicas para o tratamento de indivíduos imunocomprometidos com maior probabilidade de sofrer complicações graves. *Frontiers in Microbiology* (2019). DOI: 10.3389/fmicb.2019.02790.

glicoproteína recombinante* do HSV-2 falhou em prevenir infecções provocadas pelo herpes-vírus em um grande ensaio clínico realizado em 2010.

VÍRUS VARICELA-ZÓSTER

A varicela (catapora) é uma doença leve e altamente contagiosa que acomete principalmente crianças. Do ponto de vista clínico, caracteriza-se por erupção vesicular generalizada da pele e das mucosas. A doença pode ser grave em adultos e indivíduos imunocomprometidos.

O herpes-zóster (cobreiro) é uma doença esporádica e incapacitante de adultos ou indivíduos imunocomprometidos, caracterizada por dor e exantema cuja distribuição se limita à pele inervada por um gânglio sensorial. As lesões assemelham-se às da varicela.

Ambas as doenças são causadas pelo mesmo vírus. A varicela representa a doença aguda que ocorre após contato primário com o vírus, enquanto o zóster constitui a resposta do hospedeiro parcialmente imune à reativação do vírus da varicela presente, em forma latente, em neurônios dos gânglios sensoriais.

Propriedades do vírus

O VZV é morfologicamente idêntico ao HSV. O vírus não apresenta reservatório animal. O vírus propaga-se em culturas de tecido embrionário humano e produz corpúsculos de inclusão intranucleares típicos (ver Figura 33-3B). As alterações citopáticas são mais focais e disseminam-se muito mais lentamente do que as induzidas pelo HSV. O vírus infeccioso permanece fortemente associado às células, e a propagação seriada é mais facilmente efetuada mediante a passagem de células infectadas do que por líquidos de cultura de tecido.

O mesmo vírus provoca a varicela e o zóster. Os vírus isolados das vesículas de pacientes com varicela ou zóster não exibem variação genética significativa. A inoculação do líquido de vesículas do zóster em crianças produz varicela.

Patogênese e patologia

A. Varicela

A via de infecção é a mucosa das vias respiratórias superiores ou a conjuntiva (Figura 33-5). Após a replicação inicial nos linfonodos regionais, a viremia primária dissemina-se e leva o vírus a se replicar no baço e no fígado. A viremia secundária envolve monócitos infectados que transportam o vírus para a pele, onde se desenvolvem as erupções cutâneas típicas. O intumescimento das células epiteliais, a degeneração em balão e o acúmulo de líquido tecidual resultam na formação de vesículas (Figura 33-6).

A replicação e a disseminação do VZV são limitadas pelas respostas imunológicas humorais e celulares do hospedeiro. A interferona também pode estar envolvida. Além disso, foi demonstrado que uma proteína codificada pelo VZV (ORF61) antagoniza com a via da IFN-β, provavelmente contribuindo para a patogênese da infecção viral.

B. Herpes-zóster

Do ponto de vista histopatológico, as lesões cutâneas do zóster são idênticas às da varicela. Verifica-se também a ocorrência de inflamação aguda dos nervos e gânglios sensoriais. Frequentemente, apenas um gânglio pode ser acometido. Em geral, a distribuição das lesões na pele corresponde estreitamente às áreas de inervação de determinado gânglio da raiz dorsal.

Não se sabe ao certo o fator que deflagra a reativação das infecções latentes pelo VZV nos gânglios. Acredita-se que o declínio da imunidade permita a ocorrência da replicação do vírus em um gânglio, provocando inflamação intensa e dor. O vírus segue seu trajeto pelo nervo até a pele e induz a formação de vesículas. A imunidade celular é provavelmente a defesa mais importante do hospedeiro para conter o VZV. As reativações são esporádicas e raramente sofrem recidiva.

Manifestações clínicas

A. Varicela

A varicela subclínica é incomum. O período de incubação da doença típica é de 10 a 21 dias. Os sintomas iniciais consistem em mal-estar e febre, seguidos rapidamente do exantema, que surge no tronco e, em seguida, no rosto, nos membros e nas mucosas oral e faríngea. Vesículas novas aparecem sucessivamente durante os 2 a 4 dias seguintes, de modo que todos os estágios de máculas, pápulas, vesículas e crostas podem ser observados em determinado momento (Figura 33-7). O exantema persiste por 5 dias, e a maioria das crianças desenvolve centenas de lesões de pele.

As complicações são raras em crianças sadias quanto aos demais aspectos, e a taxa de mortalidade é muito baixa. Raramente ocorre encefalite, que pode representar uma ameaça à vida. Os pacientes que tiveram encefalite por varicela podem ficar com sequelas permanentes. Na varicela neonatal, a infecção é contraída da mãe pouco antes do nascimento ou após; entretanto, não há resposta imunológica suficiente para modificar a doença. Com frequência, o vírus está amplamente disseminado, podendo ser fatal. Foram descritos casos de síndrome de varicela congênita após casos maternos de catapora durante a gravidez.

A pneumonia por varicela é rara em crianças saudáveis, sendo, porém, a complicação mais comum em neonatos, adultos e pacientes imunocomprometidos. É responsável por muitas mortes causadas por varicela.

Os pacientes imunocomprometidos apresentam maior risco de desenvolver complicações da varicela, incluindo aqueles com doenças malignas, transplantes de órgãos ou infecção pelo HIV e aqueles recebendo altas doses de corticosteroides. Coagulação

---

*N. de T. Embora o estudo com a Herpevac (usando glicoproteína recombinante gB2/gD2 associada como adjuvante MF59) não tenha mostrado eficácia contra infecção pelo HSV-2, os achados demonstram que a infecção pelo HSV-1 pode ser evitada, e a existência de um correlato imunológico de proteção já é um avanço no campo do HSV. Esses resultados fornecem prova de conceito de que a imunidade da mucosa pode ser alcançada por meio da vacinação. Nos últimos 2 anos, 4 candidatos adicionais entraram em estudos de fase I/II como vacinas terapêuticas. Esses candidatos vacinais têm novos adjuvantes, que estimulam a imunidade das células T. Resultados preliminares foram relatados para GEN-003 (uma vacina de subunidade proteica gD/ICP4 com adjuvante Matrix M) com 50% de declínio na taxa de eliminação do HSV-2 após a série de vacinas terapêuticas. Outros resultados de fase II da HerpV (uma vacina de 32 peptídeos ligada ao HSP e ao adjuvante QS-21), mostraram uma redução de 15% na eliminação viral após a série inicial de vacina. Outra vacina de DNA (com gD/UL46/UL47, adjuvada com o Vaxfectin®) também entrou nos ensaios de fase I para uma indicação terapêutica. Dados da OMS, 2020.

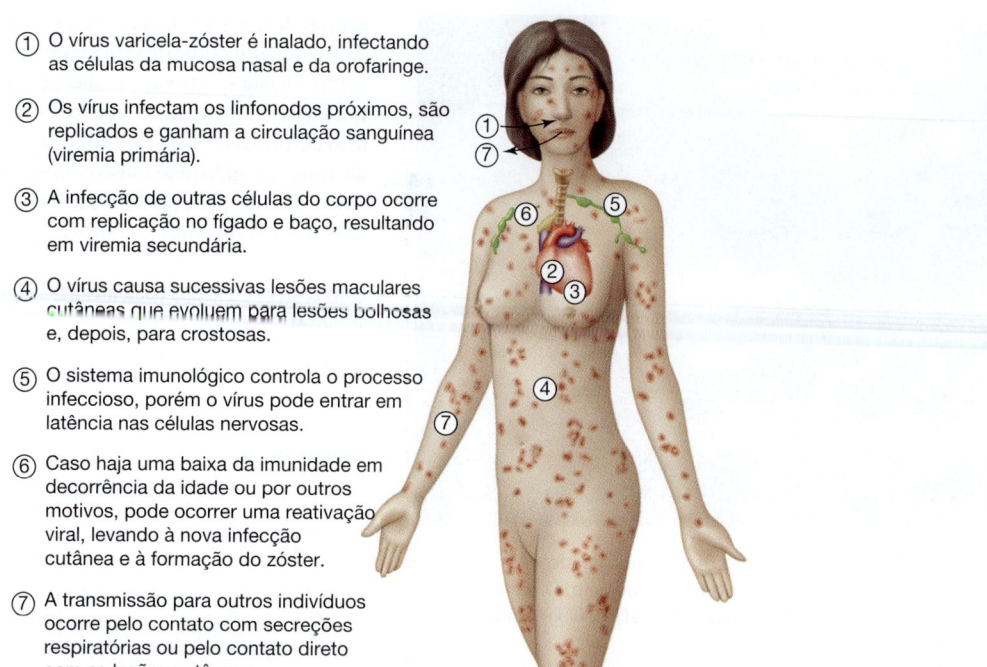

(1) O vírus varicela-zóster é inalado, infectando as células da mucosa nasal e da orofaringe.

(2) Os vírus infectam os linfonodos próximos, são replicados e ganham a circulação sanguínea (viremia primária).

(3) A infecção de outras células do corpo ocorre com replicação no fígado e baço, resultando em viremia secundária.

(4) O vírus causa sucessivas lesões maculares cutâneas que evoluem para lesões bolhosas e, depois, para crostosas.

(5) O sistema imunológico controla o processo infeccioso, porém o vírus pode entrar em latência nas células nervosas.

(6) Caso haja uma baixa da imunidade em decorrência da idade ou por outros motivos, pode ocorrer uma reativação viral, levando à nova infecção cutânea e à formação do zóster.

(7) A transmissão para outros indivíduos ocorre pelo contato com secreções respiratórias ou pelo contato direto com as lesões cutâneas.

FIGURA 33-5 Patogênese da infecção primária pelo vírus varicela-zóster. O período de incubação com viremia primária dura 10 a 21 dias. Uma fase virêmica secundária resulta no transporte do vírus até a pele e a mucosa respiratória, onde a replicação nas células epidérmicas provoca o exantema característico da varicela, conhecido como catapora. A indução da imunidade específica contra o vírus varicela-zóster é necessária para interromper a replicação viral. O vírus tem acesso às células dos gânglios trigêmeos e das raízes dorsais durante a infecção primária, estabelecendo um estado de latência. (Reproduzida, com autorização, de Nester EW, Andreson DG, Roberts CE, et al: *Microbiology: A Human Perspective*, 6th ed. McGraw-Hill, 2009, p. 293. © McGraw-Hill Education.)

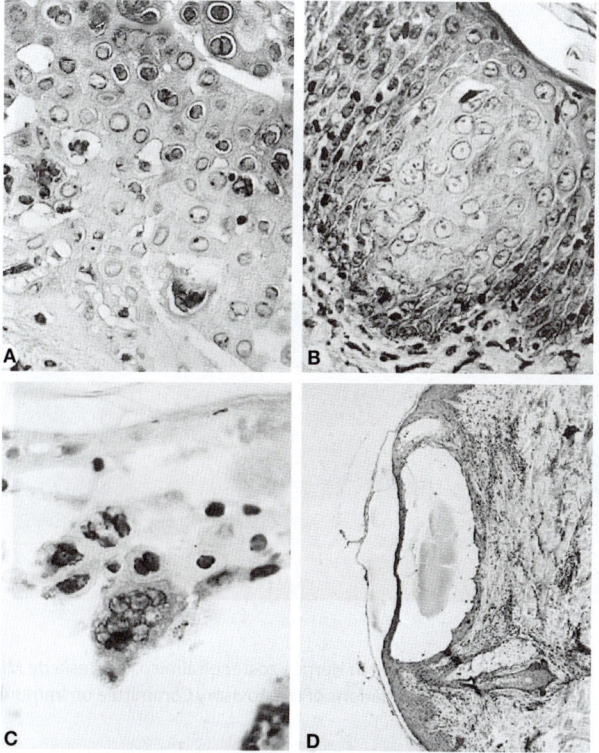

FIGURA 33-6 Alterações histológicas características da infecção pelo vírus varicela-zóster. As amostras de biópsias por punção de vesículas produzidas pelo vírus varicela-zóster foram fixadas e coradas por H&E. **A:** A infecção inicial mostra a "degeneração em balão" de células com núcleos basofílicos e cromatina marginada (480 ×). **B:** Infecção tardia que mostra inclusões intranucleares eosinofílicas circundadas por grandes zonas claras (480 ×). **C:** Célula gigante multinuclear no teto de uma vesícula de varicela (480 ×). **D:** Vista em pequeno aumento de vesícula inicial, mostrando a separação da epiderme (acantólise), edema da derme e infiltração com células mononucleares (40 ×). (Reproduzida, com autorização, de Gelb LD: Varicella-zoster virus. In Fields BN, Knipe DM [editors-in-chief]. *Virology*, 2nd ed. Raven Press, 1990.)

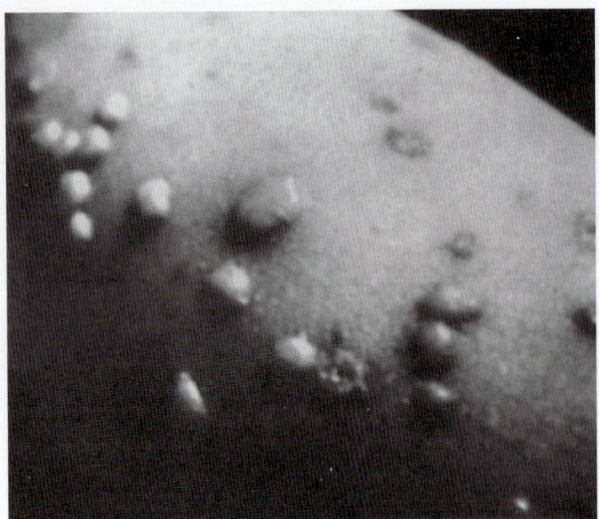

FIGURA 33-7 Vários estágios ou "erupções" de lesões cutâneas da varicela. (Reproduzida, com autorização, de Gelb LD: Varicella-zoster virus. In Fields BN, Knipe DM [editors-in-chief]. *Virology*, 2nd ed. Raven Press, 1990.)

intravascular disseminada pode ocorrer, sendo de evolução rápida e fatal. As crianças com leucemia estão particularmente sujeitas a desenvolver doença disseminada e grave pelo VZV.

B. Herpes-zóster

Ocorre geralmente em pessoas imunocomprometidas como resultado de doença, tratamento ou idade, mas ocasionalmente se desenvolve em adultos jovens sadios. Em geral, a doença começa com dor intensa na área da pele ou na mucosa inervada por um ou mais grupos de nervos e gânglios sensoriais. Poucos dias após o início da doença, um grupo de vesículas surge sobre a pele inervada pelos nervos afetados. O tronco, a cabeça e o pescoço são mais comumente afetados (Figura 33-8), com a divisão oftálmica do nervo trigêmeo envolvida em 10 a 15% dos casos. A complicação mais comum do zóster no indivíduo idoso consiste em neuralgia pós-herpética – uma dor que pode persistir por meses. É particularmente comum após o zóster oftálmico. A doença visceral, principalmente a pneumonia, é responsável por mortes em pacientes imunossuprimidos com zóster (< 1% dos pacientes).

As infecções do SNC causadas pelo VZV, principalmente a meningite, frequentemente não apresentam as erupções cutâneas típicas das demais infecções causadas por esse agente viral.

Imunidade

O vírus da varicela e o vírus do zóster são idênticos, resultando ambas as doenças de diferentes respostas do hospedeiro. Acredita-se que a infecção anterior pelo vírus da varicela possa conferir imunidade permanente à varicela. Os anticorpos induzidos pela vacina contra a varicela persistem por pelo menos 20 anos. O herpes-zóster ocorre na presença de anticorpos neutralizantes contra a varicela.

Elevações nos títulos de anticorpos antivaricela podem ocorrer em pessoas com infecções pelo HSV.

O desenvolvimento de imunidade celular específica contra o VZV é importante na recuperação tanto na varicela quanto no zóster. O aparecimento de interferona local também pode contribuir para a recuperação.

O VZV, assim como outros herpes-vírus, possui maneiras de evasão ao sistema imunológico do hospedeiro. Por exemplo, ele diminui a expressão do complexo principal de histocompatibilidade classes I e II e na via da IFN-β.

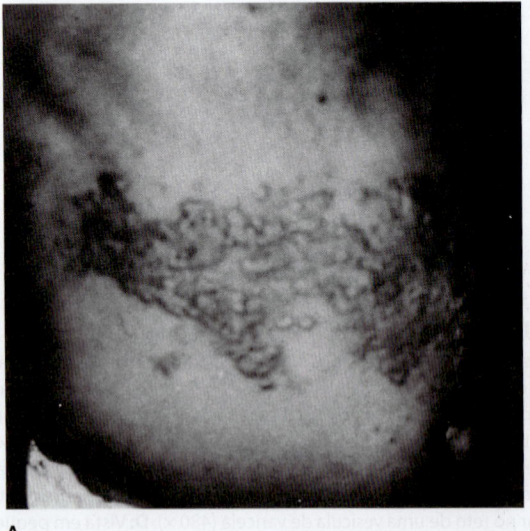

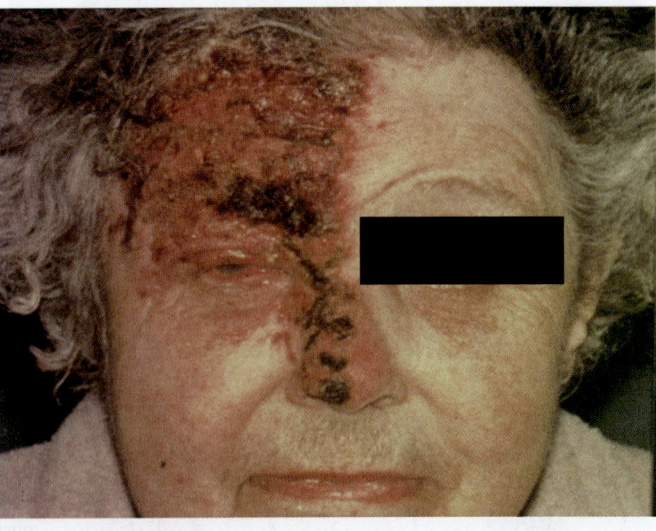

A   B

FIGURA 33-8 **A:** Herpes-zóster na distribuição de nervos torácicos. (Cortesia de AA Gershon.) **B:** Herpes-zóster oftálmico. (Cortesia de MN Oxman, University of California, San Diego. Reproduzida de Prevention of herpes zoster. Recommendations of the Advisory Committee on Immunization Practices [ACIP]. *MMWR Morb Mortal Wkly Rep* 2008;57[RR-5]:1.)

Diagnóstico laboratorial

Os procedimentos diagnósticos rápidos são clinicamente úteis para o VZV. A detecção direta de antígenos fluorescentes e os ensaios de PCR são úteis pela sensibilidade, especificidade e rapidez. O DNA viral também pode ser detectado nos líquidos das vesículas, em raspados de pele ou em material de biópsia.

A presença de células gigantes multinucleares é observada em esfregaços corados obtidos de raspados ou de *swabs* da base das vesículas (esfregaço de Tzanck) (ver Figura 33-6). Tais células estão ausentes nas vesículas não herpéticas. A presença de antígenos virais intracelulares pode ser demonstrada por coloração imunofluorescente de esfregaços similares. Os herpes-vírus podem ser diferenciados dos poxvírus pelo aspecto morfológico das partículas nos líquidos vesiculares examinados por microscopia eletrônica (Figura 33-9).

O vírus pode ser isolado do líquido da vesícula na evolução inicial da infecção por meio de culturas de células humanas em 3 a 7 dias. O VZV no líquido da vesícula é muito lábil, devendo as culturas de células ser inoculadas imediatamente.

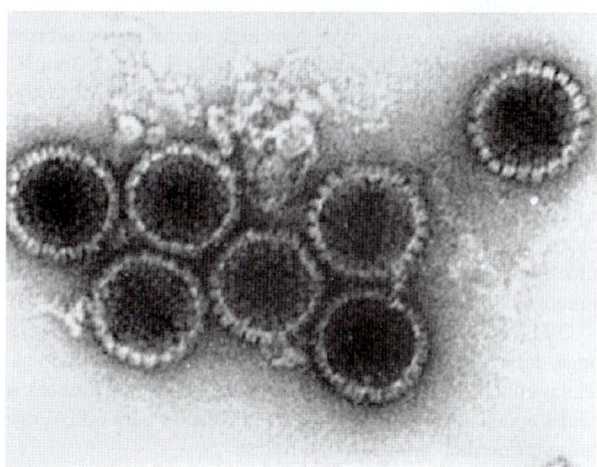

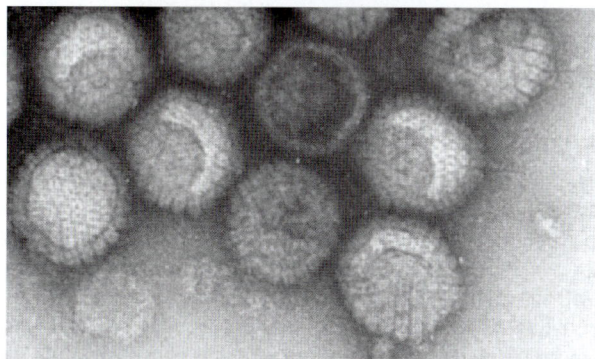

FIGURA 33-9   **Parte superior**: Partículas de herpes-vírus do líquido de vesícula de ser humano coradas com acetato de uranila para mostrar o cerne do DNA (ampliada 140.000 ×). **Parte inferior**: Virions corados para mostrar os capsômeros proteicos do envelope viral (ampliada 140.000 ×). Observação: Herpes-vírus diferentes não podem ser distinguidos por microscopia eletrônica. (Cortesia de KO Smith e JL Melnick.)

A PCR para VZV é o método preferido para o diagnóstico de encefalite por VZV. No entanto, o DNA viral pode ser indetectável no LCS no momento da coleta. Alguns estudos demonstraram que a inclusão de pesquisa de anticorpos IgM no LCS para VZV pode melhorar a sensibilidade do diagnóstico.

Uma elevação dos títulos de anticorpos específicos pode ser detectada no soro do paciente por vários testes, como os dos anticorpos fluorescentes e ensaios imunoenzimáticos. A escolha do ensaio depende do propósito do teste e dos recursos laboratoriais disponíveis. A imunidade celular é importante, porém a sua demonstração é difícil.

Epidemiologia

A varicela e o zóster ocorrem no mundo inteiro. A varicela (catapora) é uma doença epidêmica altamente contagiosa e comum da infância (a maior parte dos casos ocorre em crianças de até 10 anos de idade). Todavia, ocorrem casos em adultos. Nos climas temperados, é muito mais comum no inverno e na primavera do que no verão. O herpes-zóster ocorre de modo esporádico, principalmente em adultos, e não exibe prevalência sazonal. Cerca de 10 a 20% dos adultos apresentam pelo menos um episódio de zóster durante a vida, geralmente após os 50 anos.

Uma vacina viva atenuada encontra-se disponível. Na era pré-vacinal, a varicela causou cerca de 4 milhões de casos, 11.000 hospitalizações e 100 mortes por ano nos Estados Unidos. Desde que a vacina foi introduzida, em 1995, tem ocorrido um declínio na incidência de casos, mas surtos de varicela continuam a ocorrer em crianças em idade escolar, pois algumas não estão vacinadas, e a eficácia de uma dose da vacina é de 80 a 85% nas pessoas vacinadas.

A varicela dissemina-se facilmente por aerossóis (perdigotos) e contato direto. Um paciente com varicela pode transmitir a doença desde um curto período antes do surgimento das primeiras erupções até os primeiros dias após o seu surgimento. A infecção por contato é menos comum no zóster, talvez em virtude de o vírus estar ausente no trato respiratório superior em casos típicos. Os pacientes com zóster podem ser fonte de varicela em crianças suscetíveis, possivelmente pela presença do DNA viral em suas salivas. Os pacientes com suspeita de doença por VZV são colocados isolados no ambiente hospitalar para evitar a disseminação do vírus para outros pacientes suscetíveis. O DNA do VZV tem sido detectado pelo método de amplificação por PCR em amostras do ar de enfermarias com pacientes com varicela ativa (82%) e com zóster (70%).

Tratamento

A varicela em crianças normais é uma doença leve, não necessitando de tratamento. Contudo, recém-nascidos e pacientes imunocomprometidos com infecções graves devem ser tratados.

A γ-globulina com altos títulos de anticorpos contra o VZV (imunoglobulina anti-varicela-zóster) pode ser utilizada para impedir o desenvolvimento da doença em pacientes imunocomprometidos expostos à varicela, que estão sob alto risco de desenvolvimento de doença grave. Todavia, não tem valor terapêutico, uma vez iniciada a varicela. A imunoglobulina padrão não tem utilidade devido ao seu baixo título de anticorpos contra a varicela. A imunoglobulina varicela-zóster (VariZIG) está atualmente disponível para profilaxia pós-exposição de pacientes de alto risco que não possuem evidências sorológicas de imunidade.

Vários antivirais mostram-se terapeuticamente eficazes contra a varicela, como aciclovir, valaciclovir, fanciclovir e foscarnete. O aciclovir pode impedir o desenvolvimento de doença sistêmica em pacientes imunossuprimidos infectados por varicela e interromper a progressão do herpes-zóster em adultos. O aciclovir não parece prevenir a ocorrência de neuralgia pós-herpética.

Prevenção e controle

Uma vacina do vírus atenuada para varicela foi aprovada em 1995 para uso geral nos Estados Unidos. Uma vacina semelhante foi usada com sucesso no Japão durante cerca de 30 anos. A vacina é altamente eficaz, induzindo proteção contra varicela em crianças (eficácia de 80-85%), mas menos eficaz em adultos (70%). A vacina tem eficácia próxima de 95% na prevenção de doença grave. Cerca de 5% dos indivíduos desenvolvem um exantema benigno associado à vacina 1 mês após a imunização. Em 2006, foram recomendadas duas doses da vacina* para crianças, em decorrência de uma maior eficiência (maior do que 98%) na prevenção da varicela. A transmissão do vírus vacinal é rara, mas pode ocorrer quando a pessoa vacinada apresenta o exantema. A duração da imunidade protetora induzida pela vacina é desconhecida, mas provavelmente é longa. As infecções por varicela podem ocorrer em pessoas vacinadas, mas geralmente são doenças leves.

Uma vacina contra o herpes-zóster (cobreiro) foi licenciada nos Estados Unidos em 2006. Constitui uma versão 14 vezes mais potente da vacina contra a varicela. Tem se mostrado mais eficaz em adultos idosos, reduzindo a frequência de varicela e de zóster, bem como a gravidade das doenças, quando ocorrem. A vacina contra o zóster é recomendada para pacientes com condições clínicas crônicas e pessoas com mais de 60 anos de idade.

VÍRUS EPSTEIN-BARR

O EBV é um herpes-vírus onipresente. É o agente etiológico da mononucleose infecciosa aguda e está associado a carcinoma nasofaríngeo, linfomas de Burkitt, linfomas de Hodgkin e não Hodgkin, outros distúrbios linfoproliferativos em indivíduos imunodeficientes e carcinoma gástrico.

Propriedades do vírus

O genoma de DNA do EBV contém cerca de 172 kbp, apresenta um conteúdo G + C de 59% e codifica cerca de 100 genes. Existem dois tipos principais de EBV, os tipos A e B.

A. Biologia do vírus Epstein-Barr

O linfócito B constitui a principal célula-alvo do EBV. Quando linfócitos B humanos são infectados pelo EBV, linhagens celulares contínuas podem ser estabelecidas, indicando que as células foram imortalizadas pelo vírus. Um número muito pequeno de células imortalizadas produz vírus infecciosos. Os estudos laboratoriais do EBV são dificultados pela falta de um sistema celular totalmente permissivo capaz de propagar o vírus.

O EBV inicia a infecção das células B mediante sua ligação ao receptor viral, que também é o receptor do componente C3d do complemento (CR2 ou CD21). O EBV entra diretamente em um estado latente no interior do linfócito, sem passar por um período de replicação completa. As características marcantes da latência são a persistência viral, expressão restrita do vírus e o potencial de reativação e replicação lítica.

A eficácia da imortalização das células B pelo EBV é muito alta. Quando o vírus se liga à superfície celular, as células são ativadas e entram no ciclo celular. Posteriormente, ocorre a expressão de um repertório limitado de genes do EBV, e as células são capazes de proliferar indefinidamente. O genoma linear do EBV forma um círculo e sofre amplificação durante o ciclo celular da fase S. A maior parte do DNA viral nas células imortalizadas ocorre em forma de epissomas circulares.

Os linfócitos B imortalizados pelo EBV expressam funções diferenciadas, como a secreção de imunoglobulinas. Além disso, ocorre a expressão de produtos de ativação das células B (p. ex., CD23). Diversos padrões de expressão do gene viral latente são reconhecidos, com base no espectro de proteínas e transcritos expressos. Estes incluem os antígenos nucleares do EBV (EBNA1, 2, 3A a 3C, e LP), duas proteínas de membrana do estado latente (LMP1 e 2) e pequenos RNAs não traduzidos (EBERs).

A qualquer momento, um número muito pequeno de células (< 10%) em uma população imortalizada libera partículas virais. A latência pode ser interrompida, e o genoma do EBV ativado replica-se em uma célula por diversos estímulos, como agentes químicos indutores ou ligações cruzadas entre a superfície celular e imunoglobulinas.

O EBV pode replicar-se *in vivo* nas células epiteliais da orofaringe, das glândulas parótidas e do colo uterino. É encontrado nas células epiteliais de alguns carcinomas nasofaríngeos. Embora as células epiteliais *in vivo* contenham um receptor para o EBV, esse receptor é perdido nas células cultivadas.

O EBV está associado a inúmeros distúrbios linfoproliferativos. A expressão dos genes virais nessas células é limitada e varia de um único EBNA1 à totalidade das proteínas do complemento encontradas em células B infectadas de modo latente.

B. Antígenos virais

Os antígenos do EBV estão divididos em três classes com base na fase do ciclo de vida do vírus em que se expressam. No primeiro grupo, estão os antígenos da fase latente, que são sintetizados por células infectadas por vírus latente. Estes incluem o EBNA e a LMP. Sua expressão revela a presença de um genoma do EBV. Apenas o EBNA1, necessário para manter os epissomas do DNA viral, é invariavelmente expresso; a expressão dos outros antígenos da fase latente pode ser regulada em diferentes células. A LMP1 imita um receptor de fator de crescimento ativado. No segundo grupo, estão os antígenos iniciais, que são proteínas não estruturais cuja síntese não depende da replicação do DNA viral. A expressão dos antígenos iniciais indica o início da replicação viral. Por fim, no terceiro grupo, estão os antígenos tardios, que constituem os

---

*N. de T. No esquema vacinal brasileiro, a vacina contra o VZV (vacina tetravalente: sarampo, caxumba, rubéola e varicela) é dada em dose única aos 15 meses.

componentes estruturais do capsídeo (antígeno do capsídeo viral) e do envelope (glicoproteínas) do vírus. Eles são produzidos em quantidades abundantes nas células que sofrem infecção viral.

C. Infecções em animais de laboratório

O EBV é altamente específico de espécie para seres humanos. Entretanto, saguis inoculados com EBV frequentemente desenvolvem linfomas malignos fatais.

Patogênese e patologia

A. Infecção primária

O EBV é comumente transmitido pela saliva infectada e inicia a infecção na orofaringe. A replicação do vírus ocorre nas células epiteliais (ou na superfície de linfócitos B) da faringe e nas glândulas salivares. Muitos indivíduos eliminam baixos níveis do vírus durante semanas a meses após a infecção. As células B infectadas disseminam a infecção da orofaringe para o corpo todo. Em indivíduos normais, a maioria das células infectadas pelo vírus é eliminada, porém um pequeno número de linfócitos infectados persiste durante toda a vida do hospedeiro (1 em 10^5 a 10^6 células B).

As infecções primárias em crianças geralmente são subclínicas, mas, se ocorrerem em jovens adultos, frequentemente irá se desenvolver mononucleose infecciosa aguda. A mononucleose é uma estimulação policlonal dos linfócitos. As células B infectadas por EBV sintetizam imunoglobulinas. Os autoanticorpos são típicos da doença, com anticorpos heterófilos que reagem com antígenos em eritrócitos de carneiro observados em casos agudos.

B. Reativação após latência

Podem ocorrer reativações de infecções latentes pelo EBV, conforme comprovado pela detecção de níveis aumentados do vírus na saliva e de DNA nas células sanguíneas. Entretanto, essas reações costumam ser clinicamente silenciosas. Sabe-se que a imunossupressão reativa a infecção, algumas vezes com consequências graves.

Manifestações clínicas

As infecções primárias em crianças são, em sua maioria, assintomáticas. Em adolescentes e jovens adultos, a síndrome clássica associada à infecção primária é a mononucleose infecciosa (cerca de 50% das infecções). O EBV também está associado a diversos tipos de câncer.

A. Mononucleose infecciosa

Depois de um período de incubação de 30 a 50 dias, surgem sintomas como febre, cefaleia, mal-estar, fadiga e faringite. O aumento dos linfonodos e do baço é característico. Alguns pacientes desenvolvem sinais de hepatite.

A doença típica é autolimitada, com duração de 2 a 4 semanas. Durante a doença, verifica-se um aumento no número de leucócitos circulantes, com predomínio de linfócitos. Muitas dessas células consistem em linfócitos T grandes e atípicos. A febre baixa e o mal-estar podem persistir por semanas a meses após a doença aguda. As complicações são raras em hospedeiros normais.

B. Câncer

O EBV está associado a linfoma de Burkitt, carcinoma nasofaríngeo, linfomas de Hodgkin e não Hodgkin e carcinoma gástrico. Distúrbios linfoproliferativos pós-transplante associados ao EBV são uma complicação para pacientes imunodeficientes. O soro de pacientes com linfoma de Burkitt ou carcinoma nasofaríngeo contém elevados níveis de anticorpos para antígenos específicos de vírus, e os tecidos tumorais contêm DNA de EBV e expressam um número limitado de genes virais.

O linfoma de Burkitt é um tumor da mandíbula que geralmente se apresenta em crianças e jovens adultos africanos (ver Capítulo 43). A maioria dos tumores africanos (> 90%) contém o DNA do EBV e expressa o antígeno EBNA1. Em outras partes do mundo, apenas cerca de 20% dos linfomas de Burkitt contêm o DNA do EBV. Acredita-se que o EBV pode estar envolvido no estágio inicial do linfoma de Burkitt por imortalizar as células B. A malária, um cofator conhecido, pode favorecer o aumento do reservatório de células transformadas pelo EBV. Por fim, existem translocações cromossômicas características que envolvem genes das imunoglobulinas, resultando em desregulação da expressão do proto-oncogene c-*myc*.

O carcinoma nasofaríngeo é um câncer de células epiteliais comum em indivíduos do sexo masculino de origem chinesa e do Sudeste Asiático. O DNA do EBV é regularmente encontrado em células de carcinoma nasofaríngeo, e os pacientes apresentam níveis elevados de anticorpos dirigidos contra o EBV. O EBNA1 e o LMP1 também são expressos. Acredita-se que os fatores genéticos e ambientais também sejam importantes no desenvolvimento do carcinoma nasofaríngeo.

Os pacientes imunodeficientes são suscetíveis a doenças linfoproliferativas induzidas pelo EBV que podem ser fatais. Cerca de 1 a 10% dos pacientes transplantados desenvolvem distúrbios linfoproliferativos associados ao EBV, frequentemente quando apresentam uma infecção primária. Linfomas agressivos das células B monoclonais podem ocorrer.

Os pacientes com Aids são suscetíveis de desenvolver várias lesões associadas ao EBV – linfomas policlonais difusos, pneumonite intersticial linfocítica e leucoplaquia oral pilosa, um crescimento semelhante à verruga que se desenvolve na língua e que é um foco epitelial de replicação do EBV. Praticamente todos os linfomas não Hodgkin do SNC estão associados ao EBV, enquanto menos de 50% dos linfomas sistêmicos são positivos para o EBV. Além disso, o EBV está associado à doença clássica de Hodgkin, sendo o genoma viral detectado em células malignas de Reed-Sternberg em até 50% dos casos.

Imunidade

As infecções pelo EBV desencadeiam intensa resposta imunológica, que consiste em produção de anticorpos contra muitas proteínas específicas do vírus, em várias respostas mediadas por células e em secreção de linfocinas. A imunidade mediada por células e as células T citotóxicas são importantes para limitar as infecções primárias e controlar as infecções crônicas.

Os testes sorológicos empregados para a determinação do padrão de anticorpos específicos contra diferentes classes de antígenos do EBV são os métodos habituais para o estabelecimento do estado do paciente em termos de infecção pelo EBV.

Diagnóstico laboratorial

A. Detecção molecular

Os ensaios de PCR para DNA viral do EBV podem detectar o vírus no sangue, nos fluidos corporais e nos tecidos. Os métodos quantitativos de PCR podem determinar a carga viral e são usados para monitorar o desenvolvimento precoce do distúrbio linfoproliferativo pós-transplante (DLPT) em pacientes transplantados. O teste de plasma detecta a viremia circulante (geralmente associada à progressão de DLPT), enquanto o sangue total pode detectar EBV integrado em genomas de leucócitos ou infecções latentes. A hibridação do ácido nucleico pode detectar o EBV nos tecidos dos pacientes. Os RNAs EBER são abundantemente expressos em células infectadas latente e liticamente, fornecendo um alvo útil para o diagnóstico por hibridização das células infectadas. Os antígenos virais podem ser demonstrados diretamente nos tecidos linfoides e carcinomas nasofaríngeos. Durante a fase aguda da infecção, cerca de 1% dos linfócitos circulantes contém marcadores do EBV; após a recuperação da infecção, cerca de 1 em 1 milhão de linfócitos B transportará o vírus.

B. Isolamento do vírus

O EBV pode ser isolado da saliva, do sangue periférico ou do tecido linfoide por imortalização dos linfócitos humanos normais, geralmente obtidos do sangue do cordão umbilical. Esse ensaio é trabalhoso e lento (6-8 semanas) e exige recursos especializados, sendo raramente feito. Além disso, é possível cultivar linfócitos B "espontaneamente transformados" de pacientes infectados pelo vírus. Qualquer agente imortalizante isolado é considerado EBV com base na detecção do DNA do vírus ou de antígenos específicos do EBV nos linfócitos imortalizados.

C. Sorologia

Os procedimentos sorológicos comuns para a detecção de anticorpos dirigidos contra o EBV consistem nos testes de Elisa, ensaios *immunoblot*, e ensaios e testes de imunofluorescência indireta com a utilização de células linfoides positivas para o EBV.

A Figura 33-10 mostra o padrão típico de respostas humorais a antígenos específicos do EBV após infecção primária. No estágio inicial da doença aguda, ocorre a elevação transitória dos anticorpos IgM contra o antígeno do capsídeo viral (VCA, do inglês *viral capsid antigen*). Tais anticorpos são substituídos, em poucas semanas, por anticorpos IgG dirigidos contra esse antígeno, que persistem por toda a vida do indivíduo. Pouco mais tarde, surgem anticorpos contra o antígeno inicial, que persistem por vários meses. Algumas semanas após a infecção aguda, são produzidos anticorpos contra o EBNA e o antígeno de membrana, que persistem por toda a vida.

O teste de aglutinação heterófila menos específico pode ser utilizado para estabelecer o diagnóstico de infecção pelo EBV. Durante o curso da mononucleose infecciosa, a maioria dos pacientes produz anticorpos heterófilos transitórios que aglutinam células de carneiro. Os testes *spot* disponíveis comercialmente são convenientes.

Os testes sorológicos para anticorpos contra o EBV requerem alguma interpretação. A presença de anticorpo do tipo IgM contra o VCA é indicativa de infecção ativa. O anticorpo do tipo IgG contra VCA é um marcador de infecção anterior e indica imunidade.

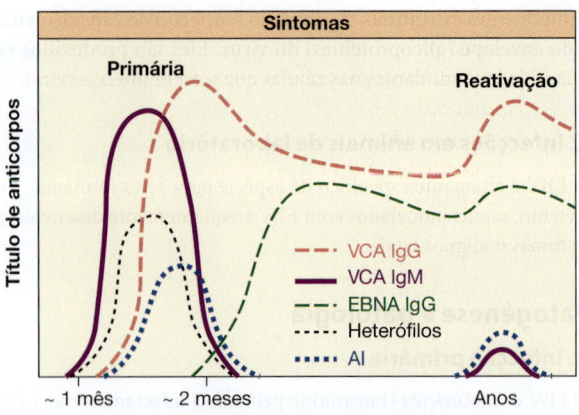

FIGURA 33-10 Padrão típico da formação de anticorpos contra antígenos específicos do EBV após infecção primária. Os indivíduos com infecção recente apresentam anticorpos IgM e IgG contra o antígeno do capsídeo viral (VCA IgM, VCA IgG). Apenas os anticorpos IgG persistem durante vários anos. Desenvolve-se anticorpos heterófilos transitórios que podem aglutinar hemácias de carneiro. São produzidos anticorpos contra os antígenos iniciais (AI) em muitos pacientes, que persistem por vários meses. Algumas semanas após a infecção aguda, aparecem anticorpos contra os antígenos nucleares do EBV (EBNA) e contra o antígeno de membrana, que persistem durante toda a vida do indivíduo. (Reimpressa de Gulley ML, Tang W: Laboratory assays for Epstein-Barr virus-related disease. *J Mol Diagn* 2008;10:279–292, com autorização da American Society for Investigative Pathology e da Association for Molecular Pathology.)

Em geral, os anticorpos contra antígenos iniciais fornecem uma evidência de infecção viral ativa, embora esses anticorpos sejam frequentemente encontrados em pacientes com linfoma de Burkitt ou com carcinoma nasofaríngeo. Os anticorpos anti-EBNA revelam infecção anterior pelo EBV, embora a detecção de uma elevação nos títulos de anticorpos anti-EBNA possa sugerir uma infecção primária. Nem todos os indivíduos produzem anticorpos anti-EBNA.

Epidemiologia

O EBV é comum em todas as partes do mundo, com mais de 90% de soropositividade entre os adultos. É transmitido principalmente por contato com secreções da orofaringe. Nos países em desenvolvimento, as infecções ocorrem no início da vida, e mais de 90% das crianças são infectadas aos 6 anos de idade. Em geral, essas infecções observadas no início da infância ocorrem sem qualquer doença reconhecível. As infecções inaparentes resultam em imunidade permanente contra a mononucleose infecciosa. Nos países industrializados, mais de 50% das infecções pelo EBV ocorrem no final da adolescência e início da vida adulta. Em quase 50% dos casos, a infecção manifesta-se em forma de mononucleose infecciosa. Existe uma estimativa de que ocorrem 100.000 casos por ano nos Estados Unidos.

Prevenção, tratamento e controle

Não existe vacina disponível contra o EBV.

O aciclovir diminui a eliminação do EBV da orofaringe durante o período de administração do fármaco, mas não afeta o número de células B imortalizadas pelo vírus. O aciclovir não tem efeito sobre os sintomas da mononucleose nem apresenta qualquer benefício comprovado no tratamento dos linfomas associados ao EBV em pacientes imunocomprometidos.

A transferência adotiva das células T reativas ao EBV mostra-se promissora como tratamento para a doença linfoproliferativa relacionada com o EBV.

CITOMEGALOVÍRUS

O CMV é um herpes-vírus onipresente que constitui causas comuns de doença humana. O CMV é a causa mais comum de infecção congênita, que pode levar a anormalidades graves. Infecção inaparente é comum durante a infância e a adolescência. Com frequência, são observadas infecções graves por CMV em adultos imunossuprimidos.

As infecções por CMV podem se manifestar como doença de inclusão citomegálica, cujo nome deriva da propensão ao aumento maciço de células infectadas por CMV com corpos de inclusão intranucleares.

Propriedades do vírus

O CMV apresenta o maior conteúdo genético dos herpes-vírus humanos. Seu genoma de DNA (240 kbp) é significativamente maior do que o do HSV. Apenas algumas das inúmeras proteínas codificadas pelo vírus (cerca de 200) foram caracterizadas. Uma delas, uma glicoproteína de superfície celular, atua como receptor de Fc, capaz de se ligar de modo inespecífico à porção Fc das imunoglobulinas. Isso pode ajudar as células infectadas a escapar dos processos imunológicos de eliminação ao proporcionar um revestimento protetor de imunoglobulinas irrelevantes do hospedeiro.

O principal promotor imediato do CMV é um dos mais fortes promotores conhecidos, devido à concentração de locais de ligação para os fatores de transcrição celular. Ele é usado experimentalmente para assegurar altos níveis de expressão de genes desconhecidos (vetores de expressão).

Muitas cepas geneticamente diferentes do CMV circulam na população humana. Entretanto, as cepas são suficientemente relacionadas do ponto de vista antigênico, e assim as diferenças entre elas provavelmente não são determinantes importantes na doença humana.

Os CMVs são muito espécie-específicos e apresentam forte tropismo por determinados tipos celulares. Todas as tentativas de infectar animais com CMVs humanos falharam. Existem vários CMVs animais, todos específicos da espécie.

O CMV humano replica-se *in vitro* apenas em fibroblastos humanos, embora seja frequentemente isolado de células epiteliais do hospedeiro. O CMV replica-se muito lentamente em culturas de células, com um crescimento mais lento que o do HSV ou o do VZV. Uma quantidade muito pequena de vírus torna-se livre das células, e a infecção é transmitida principalmente de uma célula para outra. Esse processo pode levar algumas semanas até provocar um comprometimento de toda a monocamada.

O CMV produz um efeito citopático característico (ver Figura 33-3C). Formam-se inclusões citoplasmáticas perinucleares além das inclusões intranucleares típicas dos herpes-vírus. A presença de células multinucleares é observada. Muitas células afetadas

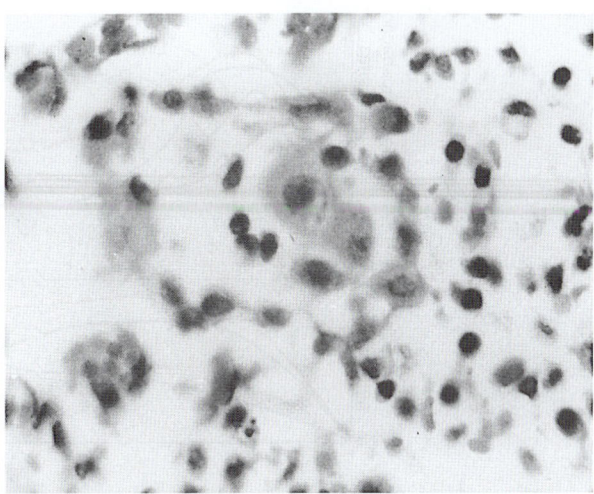

FIGURA 33-11 Células "citomegálicas" aumentadas de forma maciça, típicas da infecção por citomegalovírus, presentes no pulmão de bebê prematuro que morreu de doença disseminada por citomegalovírus. (Cortesia de GJ Demmler.)

tornam-se acentuadamente aumentadas. Células citomegálicas com inclusões podem ser encontradas em amostras de indivíduos infectados (Figura 33-11).

Patogênese e patologia

A. Hospedeiros normais

O CMV pode ser transmitido de pessoa para pessoa de várias maneiras diferentes, exigindo, em todos os casos, um estreito contato com material que contenha o vírus. O período de incubação é de 4 a 8 semanas em crianças de mais idade e adultos normais após exposição ao vírus. O vírus causa uma infecção sistêmica, tendo sido isolado dos pulmões, fígado, esôfago, colo, rins, monócitos e linfócitos T e B. A doença é uma síndrome semelhante à mononucleose infecciosa, embora a maior parte das infecções por CMV seja subclínica. Tal como ocorre com todos os herpes-vírus, o CMV estabelece infecções latentes durante toda a vida do hospedeiro. O vírus pode ser eliminado intermitentemente a partir da faringe e na urina durante meses a anos após a infecção primária (Figura 33-12). A infecção renal prolongada por CMV não parece prejudicial em indivíduos normais. O comprometimento das glândulas salivares é comum e provavelmente crônico.

A imunidade celular apresenta-se diminuída nas infecções primárias (ver Figura 33-12), o que pode contribuir para a persistência da infecção viral. Podem ser necessários alguns meses para recuperação das respostas celulares.

B. Hospedeiros imunossuprimidos

As infecções primárias por CMV em hospedeiros imunossuprimidos são muito mais graves do que as observadas em hospedeiros normais. Os indivíduos com maior risco de desenvolver doença por CMV são aqueles que recebem transplantes de células-tronco hematopoiéticas e de órgãos sólidos, pacientes com tumores malignos tratados com quimioterapia e indivíduos com Aids. A excreção viral é aumentada e prolongada, e a infecção apresenta maior

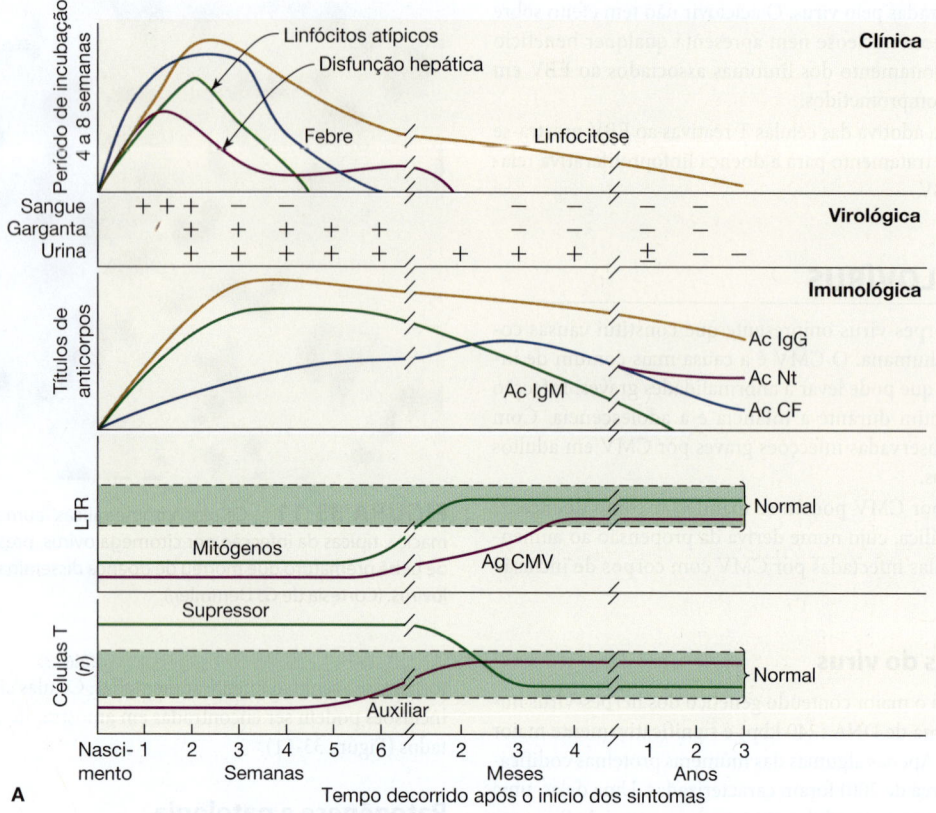

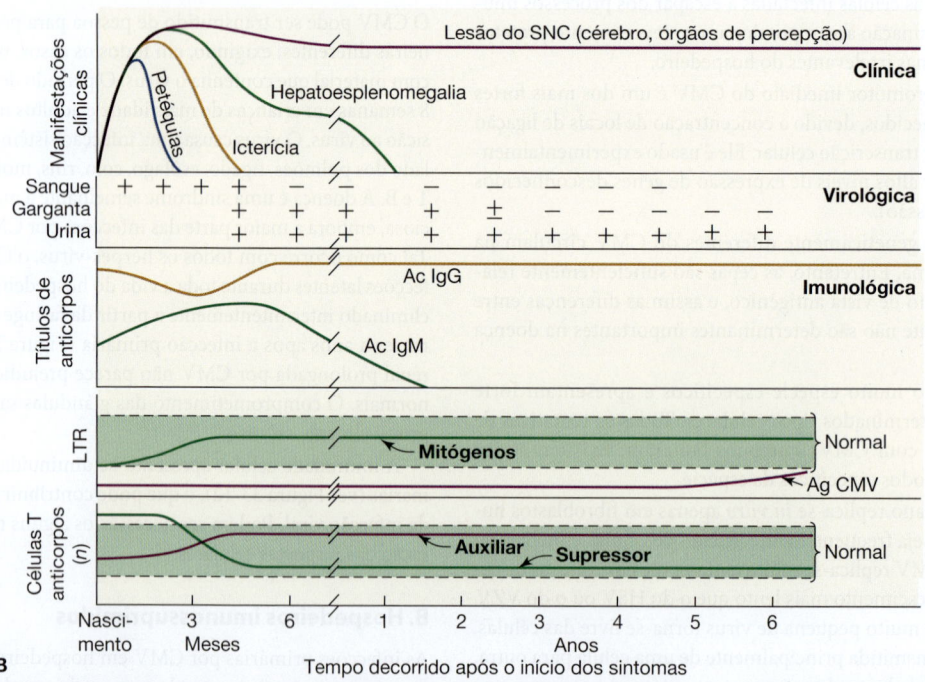

FIGURA 33-12 Características clínicas, virológicas e imunológicas da infecção por citomegalovírus (CMV) (**A**) em indivíduos normais e (**B**) em lactentes com infecção congênita. Ac, anticorpo; Ag, antígeno; FC, fixação do complemento; CMV, citomegalovírus; SNC, sistema nervoso central; Ig, imunoglobulina; RTL, resposta à transformação de linfócitos; Nt, neutralização. Reproduzida, com autorização, de Alford CA, Britt WJ: Cytomegalovirus. In Fields BN, Knipe DM [editors-in-chief]. *Virology*, 2nd ed. Raven Press, 1990.)

tendência a se tornar disseminada. Pneumonia e colite são as complicações mais comuns.

A resposta imunológica do hospedeiro provavelmente mantém o CMV em estado de latência em indivíduos soropositivos. As infecções reativadas estão associadas a doença muito mais frequentemente nos pacientes imunocomprometidos do que nos hospedeiros normais. Apesar de serem geralmente menos graves, as infecções reativadas podem ser tão virulentas quanto as infecções primárias.

C. Infecções congênitas e perinatais

As infecções do feto e do recém-nascido por CMV podem ser graves (Figura 33-13). Cerca de 1% dos nascidos vivos por ano nos Estados Unidos apresenta infecções congênitas por CMV, e cerca de 5 a 10% desses casos desenvolverão doença de inclusão citomegálica. Uma porcentagem alta de lactentes com essa doença apresentará defeitos do desenvolvimento e deficiência intelectual.

O vírus pode ser transmitido *in utero* com infecções maternas tanto primárias quanto reativadas. Cerca de um terço das mulheres grávidas com infecção primária o transmitem aos filhos. A doença de inclusão citomegálica generalizada resulta mais frequentemente de infecção materna primária. Não há evidências de que a idade gestacional por ocasião da infecção materna afeta a expressão da doença no feto. A transmissão intrauterina ocorre em cerca de 1% das mulheres soropositivas. A lesão do feto raramente resulta de infecções maternas reativadas; a infecção do lactente permanece subclínica, embora seja crônica (ver Figura 33-12).

O CMV também pode ser adquirido pelo lactente em consequência de exposição ao vírus no trato genital da mãe durante o parto ou a partir do leite materno. Nesses casos, os lactentes geralmente receberam alguns anticorpos maternos, e as infecções por CMV adquiridas no período perinatal tendem a ser subclínicas. As infecções por CMV adquiridas por transfusão em recém-nascidos variam conforme a quantidade de vírus recebida e o estado sorológico do doador. Independentemente de o CMV ser adquirido *in utero* ou no período perinatal, ocorre uma infecção mais crônica (em termos de excreção do vírus) do que quando o vírus é adquirido em uma fase posterior da vida (ver Figura 33-12).

Manifestações clínicas

A. Hospedeiros normais

A infecção primária por CMV em crianças de maior idade e adultos geralmente é assintomática, mas ocasionalmente provoca uma síndrome espontânea de mononucleose infecciosa. Estima-se que o CMV seja responsável por 20 a 50% dos casos de mononucleose heterófilo-negativa (não EBV).

A mononucleose por CMV é uma doença leve, e as complicações são raras. É comum a ocorrência de hepatite subclínica. Em crianças com menos de 7 anos, frequentemente se observa a presença de hepatoesplenomegalia.

B. Hospedeiros imunocomprometidos

Tanto a taxa de morbidade quanto a de mortalidade mostram-se aumentadas nas infecções primárias e recorrentes por CMV em indivíduos imunocomprometidos. O vírus pode se encontrar restrito a um único órgão, causando pneumonia, colite, retinite ou hepatite ou provocando infecções disseminadas. A reativação viral geralmente ocorre em transplantados de medula óssea.

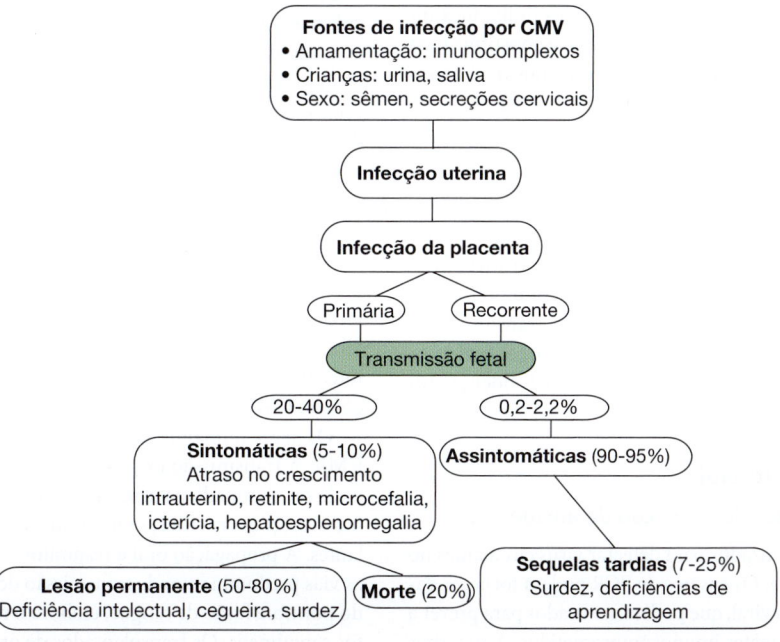

FIGURA 33-13   Infecções congênitas por CMV e defeitos ao nascimento em crianças sintomáticas e assintomáticas. As infecções por CMV são as infecções intrauterinas mais comuns associadas a defeitos congênitos. (Reproduzida, com autorização, de Pereira L, Maidji E, McDonagh S, Tabata T: Insights into viral transmission at the uterine-placental interface. *Trends Microbiol* 2005;13:164–174. Copyright Elsevier.)

A leucopenia associada ao vírus é comum em pacientes que receberam transplantes de órgãos sólidos, observando-se também bronquiolite obstrutiva em pacientes com transplante de pulmão, transplante de coração e rejeição a transplante renal relacionada com o CMV. O CMV frequentemente causa doença disseminada em pacientes com Aids; colite e coriorretinite constituem problemas comuns. A coriorretinite frequentemente acarreta cegueira progressiva.

C. Infecções congênitas e perinatais

A infecção congênita pode resultar em morte do feto *in utero* (ver Figura 33-13). A doença de inclusão citomegálica de recém-nascidos caracteriza-se por comprometimento do SNC e do sistema reticuloendotelial. As características clínicas consistem em atraso do crescimento intrauterino, icterícia, hepatoesplenomegalia, trombocitopenia, microcefalia e retinite. A taxa de mortalidade é de cerca de 20%. A maioria dos sobreviventes desenvolve anomalias significativas do SNC em 2 anos, e é comum a ocorrência de perda auditiva grave, anormalidades oculares e deficiência intelectual. Cerca de 10% dos lactentes com infecção congênita subclínica por CMV desenvolvem surdez. Estima-se que 1 em cada 1.000 lactentes nos Estados Unidos apresenta deficiência intelectual grave em consequência de infecção congênita por CMV.

Muitas mulheres previamente infectadas por CMV sofrem reativação e começam a eliminar o vírus pelo colo uterino durante a gravidez. Ao nascimento, os lactentes podem infectar-se pelo contato com o canal do parto infectado, embora apresentem títulos elevados de anticorpos maternos adquiridos por via transplacentária. Esses lactentes começam a eliminar o vírus com cerca de 8 a 12 semanas de vida e continuam a excretá-lo por vários anos, mas permanecem saudáveis.

A infecção adquirida por CMV é comum e geralmente inaparente. O vírus é eliminado na saliva e na urina dos indivíduos infectados durante semanas ou meses. O CMV pode constituir uma causa de pneumonia isolada em lactentes com menos de 6 meses de vida.

Imunidade

Nos Estados Unidos, anticorpos para CMV no soro humano aumentam de acordo com a idade, de cerca de 40% em adolescentes para mais de 80% em pessoas com mais de 60 anos. A reativação da infecção latente ocorre na presença de imunidade humoral. A detecção de anticorpos no leite materno não impede a transmissão da infecção a lactentes amamentados no peito. Os anticorpos maternos protegem mais o lactente contra o desenvolvimento de doença grave do que contra a transmissão do vírus.

Diagnóstico laboratorial

A. Cultura, PCR e testes de detecção de antígenos

Os ensaios de PCR são utilizados para detectar vírus circulantes no sangue, no LCS e na urina. Os ensaios de PCR podem fornecer dados quantitativos de carga viral, que podem ser usados para prever a doença por CMV em pacientes imunocomprometidos. Anticorpos monoclonais contra antígenos virais podem ser empregados para detecção de leucócitos vírus-positivos em pacientes.

B. Isolamento do vírus

Os fibroblastos humanos são empregados na tentativa de isolar o vírus, o qual pode ser recuperado mais facilmente de tecidos, fluidos corporais, lavados de garganta e urina. Em culturas, em geral são necessárias 2 a 3 semanas para o aparecimento de mudanças citológicas, que consistem em pequenos focos de células translúcidas e intumescidas com grandes inclusões intranucleares (ver Figuras 33-3C e D). As culturas *shell vial* permitem a detecção dos antígenos do CMV usando anticorpos fluorescentes antes do desenvolvimento do efeito citopático para um diagnóstico mais rápido.

C. Sorologia

Muitos tipos de ensaios podem detectar anticorpos IgG do CMV, indicativos de infecção anterior e de potencial para sofrer reativação. A detecção de anticorpos virais IgM sugere infecção recente. As técnicas sorológicas não são informativas sobre os pacientes imunocomprometidos. Além disso, as técnicas sorológicas são incapazes de distinguir diferenças entre cepas nos vírus isolados de amostras clínicas.

D. Teste de resistência

O teste de resistência ao CMV envolve o sequenciamento dos genes da quinase viral (UL97) e da polimerase do DNA (UL54). As sequências obtidas são comparadas com diversas outras depositadas em um banco de dados de mutações de resistência conhecidas. As mutações no UL97 podem conferir resistência ao ganciclovir, enquanto as mutações no UL54 podem conferir resistência ao ganciclovir, cidofovir e foscarnete.

Epidemiologia

O CMV é endêmico em todas as partes do mundo, sendo desconhecida a ocorrência de epidemias. O vírus é observado durante todo o ano, não havendo variação sazonal nas taxas de infecção.

A prevalência da infecção varia de acordo com a condição socioeconômica, as condições de vida e as práticas de higiene do indivíduo. A prevalência dos anticorpos pode ser moderada (40-70%) em adultos de grupos socioeconômicos altos em países desenvolvidos – em contraste com uma prevalência de 90% em crianças e adultos de países em desenvolvimento e de grupos socioeconômicos baixos em países desenvolvidos.

As novas infecções são quase sempre assintomáticas. Após a infecção, o vírus é eliminado a partir de vários locais. A eliminação viral pode prosseguir por vários anos, frequentemente de modo intermitente, quando o vírus latente sofre reativação. Logo, exposições ao CMV são disseminadas e comuns.

Os seres humanos são os únicos hospedeiros conhecidos do CMV. A transmissão exige estreito contato entre pessoas. O vírus pode ser eliminado na urina, na saliva, no sêmen, no leite materno e nas secreções cervicais, sendo transportado pelos leucócitos circulantes. A propagação oral e respiratória provavelmente constituem as vias predominantes de transmissão do CMV. Pode ser transmitido por transfusão de sangue, embora o risco seja baixo com produtos sanguíneos. Os transplantados de órgãos sólidos soronegativos apresentam alto risco de infecção ao receber um transplante de órgãos de indivíduos soropositivos.

A infecção intrauterina pode causar doença grave no recém-nascido. Nos Estados Unidos, cerca de 1% dos lactentes é infectado pelo CMV. A maioria apresenta infecções subclínicas, porém crônicas; cerca de 5 a 10% têm a doença de inclusão citomegálica com defeitos de desenvolvimento e alta mortalidade. Muito mais lactentes tornam-se infectados pelo CMV nos primeiros meses de vida, frequentemente a partir do leite materno infectado ou da transmissão no berçário. Essas infecções são, em sua maioria, subclínicas, mas costumam ser crônicas, com persistência da eliminação do vírus.

Nos Estados Unidos, muitas mulheres na idade fértil formam um grupo de risco para infecções primárias pelo CMV durante a gestação. A transmissão intrauterina ocorre em cerca de 40% das infecções primárias nas mães. Tais infecções maternas primárias durante a gravidez são responsáveis pela maioria dos casos de doença de inclusão citomegálica. Outras infecções congênitas são causadas por reativações de infecções maternas latentes, com transmissão incomum (cerca de 1%) devido ao efeito protetor dos anticorpos maternos.

As infecções por CMV mostram-se acentuadamente aumentadas na população imunossuprimida. Os pacientes que receberam transplante frequentemente desenvolvem infecções, cuja maioria é causada por reativações de vírus latente.

Tratamento e controle

O tratamento farmacológico para o CMV apresenta alguns resultados animadores. O ganciclovir, um nucleosídeo relacionado com o aciclovir do ponto de vista estrutural, é utilizado com sucesso no tratamento de infecções potencialmente fatais por CMV em pacientes imunossuprimidos. Ele reduz a gravidade da retinite, esofagite e colite causadas por CMV. Além disso, o tratamento precoce com ganciclovir diminui a incidência de pneumonia por CMV em receptores de aloenxerto de medula óssea. O ganciclovir também controla a surdez progressiva em neonatos com infecções congênitas. O cidofovir (um inibidor da DNA-polimerase) e o foscarnete (um análogo do pirofosfato inorgânico) podem ser usados para o tratamento da retinite por CMV e para cepas de CMV resistentes ao ganciclovir. O aciclovir e o valaciclovir mostram alguns benefícios em pacientes que receberam transplante de medula e rins.

Não existem medidas específicas de controle para evitar a propagação do CMV. É aconselhável o isolamento dos recém-nascidos com doença generalizada de inclusão citomegálica.

O rastreamento de doadores e receptores de órgãos quanto à presença de anticorpos contra o CMV pode evitar algumas transmissões primárias. A população de receptores de órgãos soronegativa para o CMV representa um grupo de alto risco de infecção. Os pacientes transplantados de órgãos sólidos podem receber tratamento profilático com ganciclovir para prevenir o desenvolvimento da doença por CMV. Esse tratamento deve ser avaliado em virtude da propensão de o ganciclovir induzir leucopenia. A administração de IgG humana, preparada a partir de misturas de plasma obtido de indivíduos sadios com títulos elevados de anticorpos contra o CMV (imunoglobulina anti-CMV), produziu resultados divergentes em testes realizados com a finalidade de reduzir a incidência de infecções virais em receptores de órgãos. O suprimento de imunoglobulina anti-CMV é limitado.

O uso de sangue de doadores soronegativos tem sido recomendado para lactentes que necessitam de várias transfusões ou para pacientes de transplante de medula óssea.

Uma vacina de CMV atenuado e uma vacina recombinante estão em desenvolvimento.

HERPES-VÍRUS HUMANO 6

O HHV-6 linfotrópico T foi reconhecido pela primeira vez em 1986. Foi isolado inicialmente de culturas de células mononucleares do sangue periférico de pacientes com distúrbios linfoproliferativos.

Propriedades do vírus

O DNA viral do HHV-6 tem cerca de 160 a 170 kbp de tamanho e composição média de 43 a 44% (G + C). O arranjo genético do seu genoma assemelha-se ao do CMV humano.

O HHV-6 não parece antigenicamente relacionado com outros herpes-vírus humanos conhecidos, à exceção de alguma reatividade cruzada limitada com o HHV-7. Os HHV-6 isolados são alocados em dois grupos antigênicos estreitamente relacionados porém distintos, designados por A e B.

O vírus cresce bem nos linfócitos T CD4. Outros tipos celulares também servem para a replicação viral, como as células B e as células de origem glial, fibroblastoide e megacariocítica. As células na orofaringe podem tornar-se infectadas devido à presença do vírus na saliva. Não se sabe quais células do corpo apresentam infecção latente. A molécula CD46 humana é o receptor celular do vírus.

Epidemiologia e manifestações clínicas

Os estudos soroepidemiológicos que utilizam testes de imunofluorescência para anticorpos séricos ou ensaios de PCR para o DNA viral na saliva ou no sangue demonstraram que o HHV-6 encontra-se disseminado na população. Estima-se que mais de 90% das crianças com mais de 1 ano de idade e adultos sejam soropositivos.

As infecções pelo HHV-6 ocorrem tipicamente no início da infância. A infecção primária provoca exantema súbito (roséola do lactente ou "sexta doença"), uma doença infantil comum e discreta, caracterizada por febre alta e erupção cutânea. A variante 6B parece ser a causa dessa doença. O vírus está associado a convulsões febris em crianças.

Presume-se que o modo de transmissão do HHV-6 seja por secreções da via oral. O fato de constituir um agente ubiquitário sugere que ele precisa estar espalhado no meio ambiente a partir de um portador infectado.

As infecções persistem durante toda a vida. A reativação parece comum em pacientes que receberam transplante e durante a gravidez. As consequências da infecção reativada ainda não foram estabelecidas. A reativação do HHV-6 ocorre em quase 50% dos pacientes que sofreram transplante de células germinativas hematopoiéticas e pode ser detectada por PCR. Essas reativações ocorrem logo após o transplante e estão associadas a atraso do enxerto, disfunção do SNC e maior mortalidade.

HERPES-VÍRUS HUMANO 7

O herpes-vírus humano linfotrópico T, denominado HHV-7, foi isolado pela primeira vez em 1990 a partir de células T ativadas obtidas de linfócitos do sangue periférico de um indivíduo sadio.

Do ponto de vista imunológico, o HHV-7 é distinto do HHV-6, apesar de compartilharem 50% de homologia a nível de DNA.

O HHV-7 parece um agente onipresente, e a maioria das infecções observadas na infância ocorre mais tarde que a infecção pelo herpes-vírus HHV-6. Infecções persistentes são estabelecidas nas glândulas salivares, e o vírus pode ser isolado da saliva da maioria dos indivíduos. Em um estudo longitudinal realizado com adultos sadios, 75% dos participantes excretaram vírus infeccioso na saliva uma ou mais vezes durante um período de observação de 6 meses. De modo similar ao que ocorre com o HHV-6, a infecção primária com o HHV-7 tem sido associada à roséola infantil em crianças. Quaisquer outras associações do HHV-7 a doenças ainda não foram estabelecidas.

HERPES-VÍRUS HUMANO 8

Um novo herpes-vírus, designado HHV-8 ou KSHV (herpes-vírus associado ao sarcoma de Kaposi), foi detectado pela primeira vez em 1994, em amostras de sarcoma de Kaposi. O KSHV é linfotrópico e está mais estreitamente relacionado com o EBV e o herpes-vírus saimiri do que com outros herpes-vírus conhecidos. O genoma do KSHV (cerca de 165 kbp) contém inúmeros genes relacionados com genes celulares regulatórios envolvidos na proliferação celular, apoptose e em respostas do hospedeiro (ciclina D, citocinas, receptor de quimiocinas) que presumivelmente contribuem para a patogênese viral. Essa "pirataria" molecular dos genes regulatórios celulares é uma característica marcante do vírus. O KSHV é a causa dos sarcomas de Kaposi, tumores vasculares de composição celular mista, e está envolvido na patogênese dos linfomas de cavidades corporais que ocorrem em pacientes com Aids e com doença de Castleman multicêntrica.

O KSHV não é tão onipresente quanto os outros herpes-vírus; nos Estados Unidos e no norte da Europa, cerca de 5% da população geral apresentam evidências sorológicas de infecção pelo KSHV. O contato com secreções orais parece a rota mais comum de transmissão. O vírus também pode ser transmitido por via sexual, verticalmente, pelo sangue e por órgãos transplantados. O DNA viral também tem sido detectado em amostras de leite materno na África, onde as infecções são comuns (> 50%) e são adquiridas no início da vida.

O DNA viral pode ser detectado em amostras de pacientes com o emprego de testes de PCR. O cultivo direto do vírus é difícil e impraticável. Testes sorológicos encontram-se disponíveis para medir a persistência de anticorpos para o KSHV usando imunofluorescência indireta, *Western blot* e Elisa.

O foscarnete, o fanciclovir, o ganciclovir e o cidofovir têm atividade contra a replicação do KSHV. A taxa da replicação do KSHV e de novos sarcomas de Kaposi é fortemente reduzida em pacientes HIV-positivos em terapia antirretroviral efetiva, provavelmente refletindo a vigilância do sistema imunológico reconstituído contra as células infectadas pelo KSHV.

HERPES-VÍRUS B

O herpes-vírus B dos macacos do Velho Mundo é atualmente patogênico para os seres humanos. A transmissão do vírus para os seres humanos é limitada, mas as infecções que ocorrem estão associadas à elevada taxa de mortalidade (cerca de 60%). A doença causada pelo vírus B em seres humanos consiste em mielite ascendente aguda e encefalomielite.

Propriedades do vírus

O vírus B é um herpes-vírus típico nativo dos macacos do Velho Mundo na Ásia. O herpes-vírus B é enzoótico em macacos *rhesus*, macacos cinomolgos e outros macacos (gênero *Macaca*). Ele é designado *Macacine herpesvirus* ou *Herpesvirus simiae*, substituindo o nome antigo de *Cercopithecine herpesvirus* 1. A organização de seu genoma é similar à dos HSV, com muitos genes arranjados colinearmente. O genoma possui 75% de G + C, o mais alto entre os herpes-vírus. A exemplo de todos os herpes-vírus, o herpes-vírus B estabelece infecções latentes nos hospedeiros infectados. O vírus cresce bem em culturas de rim de macaco, rim de coelho e células humanas, com ciclo de crescimento curto. Os efeitos citopáticos assemelham-se aos dos HSV.

Patogênese e patologia

As infecções pelo herpes-vírus B raramente causam doença em macacos *rhesus*. Lesões vesiculares da orofaringe podem ocorrer e assemelham-se às induzidas em seres humanos pelo HSV. Lesões genitais também ocorrem. Muitos macacos *rhesus* apresentam infecções latentes pelo vírus B, que podem ser reativadas por condições de estresse.

O vírus é transmissível a outros macacos, coelhos, cobaias, ratos e camundongos. Os coelhos rotineiramente desenvolvem infecções fatais após a inoculação do herpes-vírus B.

Nos seres humanos, as infecções pelo herpes-vírus B geralmente resultam da mordida de macacos, embora a infecção pela via respiratória ou por exposição a secreções oculares seja possível. A característica notável das infecções pelo herpes-vírus B nos seres humanos reside na sua acentuada tendência a provocar doença neurológica. Muitos dos sobreviventes apresentam grave comprometimento neurológico.

Epidemiologia e manifestações clínicas

O herpes-vírus B é transmitido por contato direto com o vírus ou com material contendo o vírus. A transmissão ocorre entre macacos do gênero *Macaca* e entre macacos e seres humanos, e raramente entre seres humanos. O vírus pode estar presente na saliva, nos líquidos conjuntival e vesicular, em áreas genitais e nas fezes de macacos. Pode ocorrer transmissão respiratória. Outras fontes de infecção consistem em contato direto com gaiolas de animais e com culturas de células de macaco infectadas.

A infecção no hospedeiro natural raramente está associada à doença óbvia. As infecções por herpes-vírus B são muito comuns em colônias de macacos *rhesus*. Nos animais adultos, a soroprevalência atinge 70% ou mais. Como as infecções latentes podem ser reativadas, os animais soropositivos são reservatórios para a transmissão da infecção pelo herpes-vírus B. A frequência da liberação dos herpes-vírus B por macacos provavelmente não ultrapassa 3%.

Correm risco de contrair infecção pelo herpes-vírus B pessoas que tratam de animais (em particular de macacos do gênero *Macaca*), incluindo médicos pesquisadores, veterinários, donos de animais de estimação e tratadores de zoológicos. Os indivíduos que têm contato íntimo com pessoas expostas aos macacos também correm certo risco.

Tratamento e controle

Não existe tratamento específico quando a doença clínica se manifesta. Entretanto, recomenda-se o tratamento imediato com aciclovir após a exposição. Os testes de PCR e de sorologia estão disponíveis para indivíduos expostos e para amostras de tecidos de macacos no *National B virus Resource Center* (nos Estados Unidos). A γ-globulina não provou ser um tratamento eficaz para infecções pelo vírus B em humano. Não existe vacina disponível.

O risco de infecção pelo vírus B pode ser reduzido por meio de procedimentos apropriados no laboratório e na manipulação de macacos do gênero *Macaca*. O risco torna esses macacos inapropriados enquanto animais de estimação.

RESUMO DO CAPÍTULO

- Os herpes-vírus compreendem vírus grandes e de DNA de fita dupla. Cerca de 100 diferentes herpes-vírus são conhecidos e infectam diferentes espécies.
- Membros da família herpes-vírus variam enormemente em suas propriedades biológicas.
- Todos os herpes-vírus apresentam uma fase de latência em sua patogênese.
- Vários herpes-vírus são importantes patógenos humanos, causando uma variedade de patologias.
- Infecções primárias e infecções recidivantes causadas pelos herpes-vírus podem variar marcadamente.
- Os herpes-vírus causam doenças graves em indivíduos imunocomprometidos.
- Os herpes-vírus simples tipo 1 e tipo 2 compartilham algumas sequências homólogas em seu genoma, apresentam uma ampla variedade de hospedeiros, crescem rapidamente e estabelecem infecções latentes em células nervosas.
- O herpes-vírus simples tipo 1 está geralmente associado a lesões na orofaringe, e o tipo 2, a infecções genitais.
- Vários fármacos antivirais são efetivos contra o herpes-vírus simples.
- O herpes-vírus simples tipo 1 é a principal causa de encefalites esporádicas e fatais.
- O vírus varicela-zóster causa a varicela (catapora) como infecção primária em crianças e o zóster (cobreiro) em adultos após reativação.
- Vacinas atenuadas contra o vírus varicela-zóster estão disponíveis. Uma versão mais eficiente está disponível na prevenção do zóster em indivíduos mais velhos.
- O vírus Epstein-Barr provoca infecções latentes em linfócitos B.
- O vírus Epstein-Barr causa a mononucleose infecciosa e está associado com diferentes tipos de neoplasias humanas, incluindo o linfoma de Burkitt e o carcinoma nasofaríngeo.
- O citomegalovírus é uma importante causa de comprometimento mental e de déficit de desenvolvimento após infecções congênitas.

- Infecções assintomáticas causadas por citomegalovírus são comuns na infância.
- Transplantados apresentam grande risco de reativação de doenças causadas pelo citomegalovírus, especialmente a pneumonia.
- O herpes-vírus associado ao sarcoma de Kaposi causa o sarcoma de Kaposi, um tumor vascular.

QUESTÕES DE REVISÃO

1. Um menino saudável, de 3 anos de idade, desenvolve uma clássica doença viral da infância. Qual das seguintes infecções virais infantis geralmente é assintomática?

   (A) Citomegalovírus
   (B) Vírus Epstein-Barr
   (C) Vírus da hepatite B
   (D) Vírus varicela-zóster
   (E) Parvovírus B19

2. Qual das seguintes alternativas é uma terapia recomendada para infecções genitais por herpes-vírus simples?

   (A) Aciclovir
   (B) Vacina de vírus atenuado
   (C) Imunoglobulina contra o herpes
   (D) Interferona-α
   (E) Ribavirina

3. A maioria das infecções por herpes-vírus é endêmica em todo o mundo. Qual dos seguintes vírus apresenta marcadas diferenças geográficas na soroprevalência?

   (A) Citomegalovírus
   (B) Vírus Epstein-Barr
   (C) Herpes-vírus simples tipo 2
   (D) Herpes-vírus associado ao sarcoma de Kaposi
   (E) Vírus varicela-zóster

4. Uma estudante de 19 anos de idade teve febre, dor de garganta e linfadenopatia acompanhada de linfocitose com células atípicas e aumento nas aglutininas de células de carneiro. O diagnóstico mais provável é:

   (A) Hepatite infecciosa
   (B) Mononucleose infecciosa
   (C) Catapora
   (D) Infecção por herpes-vírus simples
   (E) Meningite viral

5. Um esfregaço de Tzanck, obtido de raspado de vesícula da pele, apresenta células gigantes multinucleares. Este tipo de célula está associado a qual dos seguintes vírus?

   (A) Vírus varicela-zóster
   (B) Vírus da varíola
   (C) Coxsackievírus
   (D) Vírus do molusco contagioso

6. Qual das seguintes afirmativas sobre os beta-herpes-vírus está incorreta?

   (A) Estabelecem infecções latentes e persistem indefinidamente no hospedeiro.
   (B) São reativados em pacientes imunocomprometidos.
   (C) A maior parte das infecções é subclínica.
   (D) Podem infectar células linfoides.
   (E) Apresentam ciclos de crescimento citolítico curtos nas células cultivadas.

7. Uma mulher de 28 anos de idade tem herpes genital recorrente. Qual das seguintes afirmativas sobre as infecções por herpes genital é verdadeira?

   (A) A reativação do vírus latente durante a gravidez não implica tratamento do recém-nascido.
   (B) O vírus não pode ser transmitido na ausência de lesões aparentes.
   (C) Os episódios recorrentes devidos à reativação do vírus latente tendem a ser mais graves do que a infecção primária.
   (D) Podem ser causadas por herpes-vírus simples tipo 1 ou tipo 2.
   (E) O herpes-vírus simples latente pode ser encontrado nas células dendríticas.

8. Qual dos seguintes vírus causa sintomas semelhantes aos da síndrome de mononucleose e é excretado na urina?

   (A) Citomegalovírus
   (B) Vírus Epstein-Barr
   (C) Herpes-vírus humano 6
   (D) Vírus varicela-zóster
   (E) Herpes-vírus simples tipo 2

9. Uma mulher de 53 anos de idade desenvolve febre e sinais neurológicos focais. As imagens por ressonância magnética mostram uma lesão no lobo temporal esquerdo. Qual dos seguintes testes pode ser o mais apropriado para se confirmar um diagnóstico de encefalite por herpes-vírus simples nessa paciente?

   (A) Biópsia cerebral
   (B) Esfregaço de Tzanck
   (C) Teste de PCR para o DNA viral a partir do líquido cerebrospinal
   (D) Teste sorológico para os anticorpos IgM virais

10. Qual dos seguintes tumores é causado por um vírus que não o Epstein-Barr?

    (A) Linfomas pós-transplante
    (B) Doença de Hodgkin
    (C) Sarcoma de Kaposi
    (D) Linfomas não Hodgkin do SNC relacionados com Aids
    (E) Linfoma de Burkitt

11. Um surto de uma erupção cutânea conhecida como herpes do gladiador ocorreu entre estudantes de ensino médio que haviam participado de um torneio de luta livre. Qual das seguintes afirmativas é a mais correta?

    (A) A erupção cutânea não é contagiosa entre os lutadores.
    (B) O agente causador é o herpes-vírus simples tipo 1.
    (C) O agente causador é o vírus varicela-zóster.
    (D) As lesões geralmente duram 1 mês ou mais.
    (E) Os estudantes devem ser vacinados antes de participar de torneios de luta livre.

12. A vacina contra o zóster (cobreiro) é recomendada para qual dos seguintes grupos?

    (A) Adolescentes saudáveis
    (B) Indivíduos com mais de 60 anos
    (C) Mulheres grávidas
    (D) Pessoas que nunca tiveram varicela

13. A infecção congênita mais comum é causada por

    (A) Vírus varicela-zóster
    (B) Herpes-vírus simples tipo 2
    (C) Herpes-vírus humano 8 (herpes-vírus associado ao sarcoma de Kaposi)

(D) Citomegalovírus
(E) Parvovírus

14. Qual dos seguintes grupos tem risco aumentado para herpes-zóster?

    (A) Pessoas de idade avançada
    (B) Pacientes com dermatite atópica
    (C) Mulheres grávidas
    (D) Pessoas que foram vacinadas com a vacina contra varicela
    (E) Crianças com infecções congênitas

15. Qual das seguintes afirmações melhor explica a ação seletiva do aciclovir (acicloguanosina) em células infectadas pelo herpes-vírus simples?

    (A) O aciclovir se liga especificamente ao receptor viral somente na superfície de uma célula infectada pelo herpes-vírus simples.
    (B) O aciclovir é fosforilado por uma fosfoquinase codificada pelo vírus somente em células infectadas pelo herpes-vírus simples.
    (C) O aciclovir seletivamente inibe a RNA-polimerase do herpes-vírus simples.
    (D) O aciclovir especificamente bloqueia a proteína matriz do herpes-vírus simples, assim prevenindo a liberação de novos virions.

16. Todas as afirmações em relação à latência do herpes-vírus estão corretas, *exceto*:

    (A) O estímulo exógeno estimula a reativação da infecção latente com o aparecimento de sintomatologia clínica.
    (B) Durante a latência, anticorpos antivirais não são detectados no soro dos indivíduos infectados.
    (C) A reativação da latência do herpes-vírus é mais comum em pacientes com deficiência de imunidade de base celular do que em indivíduos imunocompetentes.
    (D) Os vírus podem ser isolados a partir de cocultivo de células infectadas de indivíduos em latência com células suscetíveis.

17. Em qual das seguintes situações as vacinas têm demonstrado ser eficientes na prevenção de infecções causadas por herpes-vírus?

    (A) Na infecção primária pelo herpes-vírus simples tipo 1
    (B) Na reativação do herpes-vírus simples tipo 2
    (C) Na reativação do vírus varicela-zóster
    (D) Na infecção primária pelo citomegalovírus
    (E) Na reativação do vírus Epstein-Barr

18. O herpes-vírus simples e o citomegalovírus compartilham muitas características em comum. Qual das seguintes características é *menos* provável de ser compartilhada?

    (A) São importantes causas de morbidade e mortalidade em neonatos.
    (B) Causam anomalias congênitas pela passagem transplacentária.
    (C) Causam sérias infecções em indivíduos imunossuprimidos.
    (D) Causam infecções brandas ou assintomáticas.

19. O herpes-vírus simples tipo 1 (HSV-1) é distinto do herpes-vírus simples tipo 2 (HSV-2) de várias maneiras diferentes. Qual das seguintes alternativas é a afirmação *menos* precisa?

    (A) O HSV-1 causa infecções supraumbilicais mais comumente que o HSV-2.
    (B) A infecção pelo HSV-1 não está associada à formação de tumores em seres humanos.
    (C) Anticorpos anti-HSV-1 neutralizam o HSV-1 de forma mais eficiente do que neutralizam o HSV-2.
    (D) Enquanto o HSV-1 causa recorrências frequentes, o HSV-2 raramente recorre.

20. As seguintes afirmações sobre o vírus Epstein-Barr estão corretas, *exceto*:

(A) Muitas infecções são leves ou assintomáticas.

(B) Quanto mais cedo na vida ocorre infecção primária, mais é provável que a mononucleose infecciosa se manifeste tipicamente.

(C) Linfócitos infectados permanecem viáveis em latência após um episódio de infecção aguda.

(D) A infecção confere imunidade contra um segundo episódio de mononucleose infecciosa.

Respostas

1. D	**8.** A	**15.** B
2. A	**9.** C	**16.** B
3. D	**10.** C	**17.** C
4. B	**11.** B	**18.** B
5. A	**12.** B	**19.** D
6. E	**13.** D	**20.** B
7. D	**14.** A	

REFERÊNCIAS

Baines JD: Herpes simplex virus capsid assembly and DNA packaging: A present and future antiviral drug target. *Trends Microbiol* 2011;19:606.

Espy MJ, Uhl JR, Sloan LM, et al: Real-time PCR in clinical microbiology: Applications for routine laboratory testing. *Clin Microbiol Rev* 2006;19:165.

Gulley ML, Tang W: Laboratory assays for Epstein-Barr virus-related disease. *J Mol Diagn* 2008;10:279.

Hassan J, Connell J: Translational mini-review series on infectious disease: Congenital cytomegalovirus infection: 50 years on. *Clin Exp Immunol* 2007;149:205.

Huff JL, Barry PA: B-virus (*Cercopithecine herpesvirus* 1) infection in humans and macaques: Potential for zoonotic disease. *Emerg Infect Dis* 2003;9:246.

Jackson SE, Mason GM, Wills MR: Human cytomegalovirus immunity and immune evasion. *Virus Res* 2011;157:151.

Kimberlin DW, Whitley RJ: Human herpesvirus-6: Neurologic implications of a newly-described viral pathogen. *J Neurovirol* 1998;4:474.

Knipe DM, Howley PM (editors-in-chief): Herpesviridae. In *Fields Virology*, 5th ed. Lippincott Williams & Wilkins, 2007.

Oxman MN: Zoster vaccine: Current status and future prospects. *Clin Infect Dis* 2010;51:197.

Recommendations of the Advisory Committee on Immunization Practices (ACIP): Prevention of herpes zoster. *MMWR Morb Mortal Wkly Rep* 2008;57(RR-5):1.

Recommendations of the Advisory Committee on Immunization Practices (ACIP): Prevention of varicella. *MMWR Morb Mortal Wkly Rep* 2007;56(RR-4):1.

Weinberg A, Cannon M, Pereira L (guest editors): Congenital CMV supplement, 2008 Congenital Cytomegalovirus (CMV) Conference. *J Clin Virol* 2009;46(Suppl 4). [Entire issue.]

34

Poxvírus

Os poxvírus são os maiores e mais complexos dos vírus associados a infecções humanas. A família abrange um grande grupo de agentes que apresentam semelhanças morfológicas e têm um antígeno nucleoproteico comum. As infecções pela maioria dos poxvírus caracterizam-se por exantema, embora as lesões induzidas por alguns membros da família sejam acentuadamente proliferativas. O grupo inclui o vírus da varíola, o agente etiológico da varíola – uma doença viral que vem acometendo os seres humanos por toda a história.

Embora a varíola tenha sido declarada erradicada do mundo em 1980 após intensa campanha coordenada pela Organização Mundial de Saúde (OMS), há uma preocupação de que o vírus possa ser reintroduzido como arma biológica. Existe uma necessidade contínua de se estudar o vírus vaccínia (usado para vacinas contra a varíola) e de suas possíveis complicações em humanos. Além disso, é importante o contínuo monitoramento de outras doenças causadas pelos poxvírus que podem se assemelhar à varíola, devendo ser diferenciadas por meios laboratoriais. Por fim, o vírus vaccínia está sendo objeto de estudo intensivo como vetor para a introdução de genes imunizantes ativos, como vacinas de vírus atenuado para uma variedade de doenças virais que acometem seres humanos e animais domésticos.

PROPRIEDADES DOS POXVÍRUS

Na Tabela 34-1, é fornecida uma lista das propriedades importantes dos poxvírus.

Estrutura e composição

Os poxvírus são grandes o suficiente para serem visualizados como partículas sem traços característicos à microscopia óptica. Pela microscopia eletrônica, aparecem como partículas em forma de tijolo ou elipsoides, que medem cerca de 300 a 400 × 230 nm. Sua estrutura é complexa e não tem simetria icosaédrica ou helicoidal. A superfície externa das partículas contém cristas. Existe uma membrana lipoproteica externa ou envelope que envolve um núcleo e duas estruturas de função desconhecida, denominadas corpúsculos laterais (Figura 34-1).

O núcleo contém o grande genoma viral de DNA de fita dupla linear (130-375 kbp). A sequência completa do genoma é conhecida em vários poxvírus, inclusive os vaccínia e os vírus da varíola. O genoma do vírus vaccínia contém cerca de 185 fases de leitura abertas (ORF, do inglês *open reading frames*). O DNA contém repetições terminais invertidas de comprimento variável, e as fitas estão unidas nas extremidades por alças terminais em forma de grampo. As repetições terminais invertidas podem incluir regiões de codificação, de modo que alguns genes são encontrados em ambas as extremidades do genoma. O DNA é rico em bases de adenina e timina.

A composição química do poxvírus assemelha-se à de uma bactéria. O vírus vaccínia é constituído predominantemente de proteínas (90%), lipídeos (5%) e DNA (3%). Mais de 100 polipeptídeos estruturais foram detectados nas partículas virais. Várias das proteínas são glicosiladas ou fosforiladas. Os lipídeos consistem em colesterol e fosfolipídeos.

O virion contém uma multiplicidade de enzimas, inclusive um sistema de transcrição capaz de sintetizar, poliadenilar, realizar o capeamento e metilar o mRNA viral.

Classificação

Os poxvírus são divididos em duas subfamílias com base na sua infecção de hospedeiros vertebrados ou de insetos. Os poxvírus de vertebrados são divididos em nove gêneros, e os membros de cada gênero exibem morfologia e uma variedade de hospedeiros semelhantes, bem como alguma relação antigênica.

Em sua maioria, os poxvírus capazes de provocar doença em seres humanos pertencem aos gêneros *Orthopoxvirus* e *Parapoxvirus*. Além disso, existem vários poxvírus classificados nos gêneros *Yatapoxvirus* e *Molluscipoxvirus* (Tabela 34-2).

Os ortopoxvírus apresentam ampla variedade de hospedeiros, afetando diversos vertebrados. Estão inclusos os vírus da ectromelia (varíola do camundongo), varíola dos camelos, varíola bovina, varíola dos macacos, vaccínia e varíola humana. Os últimos quatro vírus são infecciosos para os seres humanos. O vírus vaccínia se difere dos vírus das varíolas humana e bovina unicamente em aspectos morfológicos mínimos. Trata-se do protótipo dos poxvírus em termos de estrutura e replicação. O vírus da varíola dos macacos pode infectar tanto macacos e roedores quanto seres humanos e, do ponto de vista clínico, pode assemelhar-se à varíola.

Alguns poxvírus têm uma variedade restrita de hospedeiros e só infectam ou apenas coelhos (fibroma e mixoma) ou apenas aves. Outros infectam principalmente ovinos e caprinos (varíolas ovina e caprina) ou o gado bovino (pseudovaríola ou nódulo do ordenhador).

Os parapoxvírus são morfologicamente distintos. Quando comparados com os ortopoxvírus, são partículas um pouco menores (260 × 160 nm), e sua superfície exibe um padrão em xadrez

TABELA 34-1 Propriedades importantes dos poxvírus

Virion: estrutura complexa, em forma oval ou de tijolo, 300-400 nm de diâmetro; a superfície externa apresenta cristas e contém núcleo e corpúsculos laterais

Composição: DNA (3%), proteína (90%), lipídeos (5%)

Genoma: DNA de fita dupla linear; tamanho de 130-375 kbp; possui alças terminais e baixo conteúdo G + C (30-40%), à exceção do gênero *Parapoxvirus* (63%)

Proteínas: os virions contêm mais de 100 polipeptídeos; muitas enzimas estão presentes no núcleo, inclusive o sistema de transcrição

Envelope: a organização do virion envolve a formação de várias membranas

Replicação: fábricas citoplasmáticas

Características marcantes:
São os maiores e mais complexos entre os vírus; muito resistentes à inativação
As proteínas codificadas pelos vírus ajudam-no a escapar do sistema imunológico do hospedeiro
A varíola foi a primeira doença viral a ser erradicada do mundo

G + C, guanina+citosina.

(Figura 34-2). Seus genomas são menores (cerca de 135 kbp) e apresentam maior conteúdo de guanina+citosina (G + C) (63%) do que os dos ortopoxvírus.

Todos os poxvírus dos vertebrados têm um antígeno nucleoproteico em comum no interior do núcleo. Ocorre reatividade cruzada sorológica entre vírus de determinado gênero, porém a reatividade é muito limitada entre gêneros diferentes. Assim, a imunização com vírus vaccínia não fornece proteção alguma contra doença causada por outros gêneros de poxvírus.

Replicação dos poxvírus

O ciclo de replicação do vírus vaccínia está resumido na Figura 34-3. Os poxvírus são peculiares entre os vírus de DNA, visto que todo o ciclo de multiplicação ocorre no citoplasma das células infectadas. Entretanto, é possível que fatores nucleares estejam envolvidos na transcrição e organização dos virions. Além disso, os poxvírus são distintos dos outros vírus de animais pelo fato de a etapa de desnudamento exigir uma proteína recém-sintetizada, codificada pelo vírus.

A. Fixação, penetração e desnudamento do vírus

As partículas virais estabelecem contato com a superfície celular e, em seguida, fundem-se com a membrana celular. Algumas partículas podem aparecer no interior de vacúolos. Os núcleos virais são liberados no citoplasma. Entre as várias enzimas encontradas no interior da partícula do poxvírus, existe uma RNA-polimerase viral que transcreve cerca de metade do genoma viral em mRNA inicial. Esses mRNAs são transcritos no interior do núcleo do vírus e, em seguida, liberados no citoplasma. Como as enzimas necessárias estão contidas no núcleo do vírus, a transcrição precoce não é afetada por inibidores da síntese proteica. A proteína de "desnudamento" que atua sobre o núcleo é um dos mais de 50 polipeptídeos produzidos logo após a infecção. O segundo estágio do desnudamento libera o DNA viral dos núcleos, processo que requer a síntese do RNA e das proteínas. A síntese das macromoléculas da célula hospedeira é inibida nesse estágio.

Os poxvírus inativados pelo calor podem ser reativados por poxvírus viáveis ou poxvírus inativados por mostardas nitrogenadas, que inativam o DNA. Tal processo, denominado **reativação não genética**, deve-se à ação da proteína de desnudamento. O vírus inativado pelo calor não consegue produzir o segundo estágio do desnudamento devido à termolabilidade da RNA-polimerase.

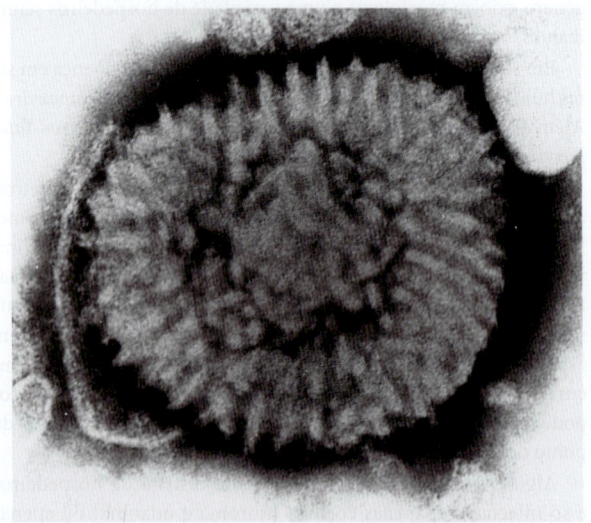

A

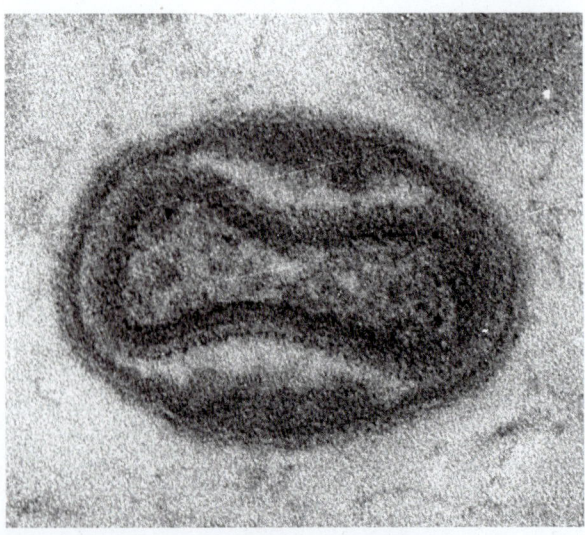

B

FIGURA 34-1 Micrografias eletrônicas dos virions vaccínia (*Orthopoxvirus*). **A:** Partícula de coloração negativa que mostra crista ou elementos tubulares que recobrem a superfície (ampliada 228.000 ×). (Reproduzida, com autorização, de Dales S: The uptake and development of vaccinia virus in strain L cells followed with labeled viral deoxyribonucleic acid. *J Cell Biol* 1963;18:51.) **B:** Corte delgado de virion vaccínia que mostra um núcleo bicôncavo central, dois corpúsculos laterais e membrana externa (ampliada 220.000 ×). (Reproduzida, com autorização, de Pogo BGT, Dales S: Two deoxyribonuclease activities within purified vaccinia virus. *Proc Natl Acad Sci USA* 1969;63:820.)

TABELA 34-2 Poxvírus que causam doenças em seres humanos

Gênero	Vírus	Hospedeiro primário	Doença
Orthopoxvirus	Varíola (*major* e *minor*)	Seres humanos	Varíola (atualmente erradicada)
	Vaccínia	Seres humanos	Lesões localizadas; utilizada para vacinação contra a varíola
	Varíola do búfalo	Búfalo indiano	Infecções humanas são raras; doença localizada
	Varíola dos macacos	Roedores, macacos	Infecções humanas são raras; doença generalizada
	Varíola bovina	Bovinos	Infecções humanas são raras; lesão ulcerativa localizada
Parapoxvirus	Orf	Carneiros	Infecções humanas são raras; doença localizada
	Pseudovaríola bovina	Bovinos	
	Estomatite papular bovina	Bovinos	
Molluscipoxvirus	Vírus do molusco contagioso	Seres humanos	Muitos nódulos cutâneos benignos
Yatapoxvirus	Tanapox	Macacos	Infecções humanas são raras; doença localizada
	Yabapox	Macacos	Infecções humanas são muito raras e acidentais; tumores cutâneos localizados

Aparentemente, o vírus destruído pelo calor fornece o modelo, enquanto o segundo vírus proporciona as enzimas necessárias à transcrição. Qualquer poxvírus de vertebrados é capaz de reativar qualquer outro poxvírus de vertebrados.

B. Replicação do DNA viral e síntese das proteínas virais

Entre as proteínas iniciais produzidas após infecção pelo vírus vaccínia, destacam-se as enzimas envolvidas na replicação do DNA, tais como uma DNA-polimerase e a timidinoquinase. A replicação do DNA viral ocorre no citoplasma e parece ser atingida por enzimas codificadas pelo vírus. A replicação do DNA viral começa logo após a liberação do DNA viral no segundo estágio do desnudamento. Isso ocorre 2 a 6 horas após a infecção em áreas distintas do citoplasma, que aparecem como "fábricas" ou corpúsculos de inclusão em micrografias eletrônicas. O número de corpúsculos de inclusão por célula é proporcional à multiplicidade da infecção, sugerindo que cada partícula infecciosa é capaz de induzir a formação de uma "fábrica". Ocorrem taxas elevadas de recombinação homóloga no interior das células infectadas por poxvírus. Isso tem sido explorado experimentalmente para a construção e o mapeamento de mutações.

O padrão de expressão dos genes virais modifica-se acentuadamente com o início da replicação do DNA viral. A síntese de muitas proteínas iniciais é inibida. Existe uma pequena classe intermediária de genes, cuja expressão precede temporalmente a expressão da classe tardia de genes. O mRNA viral tardio é traduzido em grandes quantidades de proteínas estruturais e em pequenas quantidades de outras proteínas e enzimas virais.

C. Maturação

A montagem da partícula viral a partir dos componentes produzidos é um processo complexo. Algumas das partículas são liberadas da célula por brotamento, porém a maioria das partículas de poxvírus permanece dentro da célula do hospedeiro. Cerca de 10.000 partículas virais são produzidas por célula. O processo pelo qual os vários componentes do sistema de transcrição são incorporados ao interior do núcleo da partícula viral em organização permanece desconhecido.

D. Genes modificadores do hospedeiro codificados pelo vírus

Um polipeptídeo codificado por um dos genes iniciais do vírus vaccínia está estreitamente relacionado com o fator de crescimento epidérmico e o fator transformador de crescimento α. A produção de fatores de crescimento semelhantes ao fator de crescimento epidérmico por células infectadas pelo vírus pode contribuir para o desenvolvimento das doenças proliferativas associadas aos

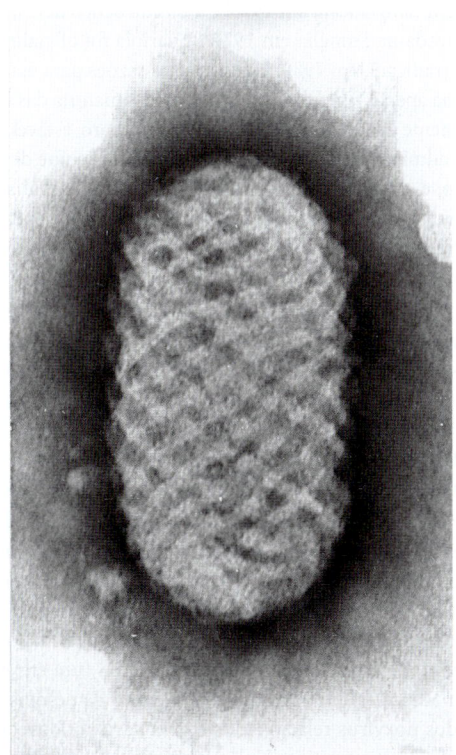

FIGURA 34-2 Micrografia eletrônica do vírus orf (*Parapoxvirus*). Observe o padrão em xadrez distinto da superfície do virion (ampliada 200.000 ×). (Cortesia de FA Murphy and EL Palmer.)

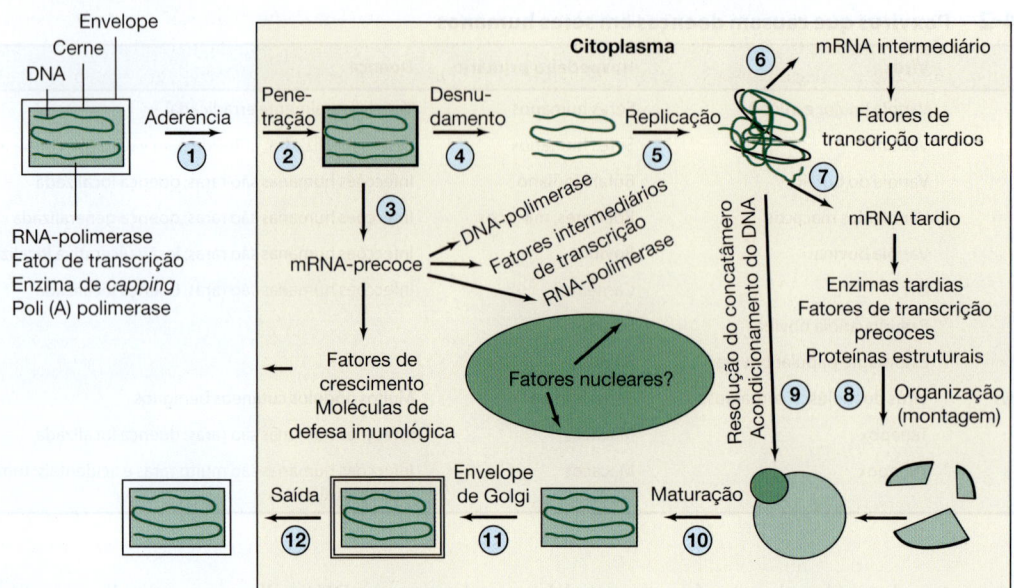

FIGURA 34-3 Resumo do ciclo de replicação do vírus vaccínia. A replicação desse vírus de DNA ocorre no citoplasma celular. (1) A partícula viral se adere à célula hospedeira. (2) Ocorre sua fusão com a membrana celular e a liberação do núcleo viral no citoplasma. (3) Ocorre a síntese de mRNAs usando enzimas e fatores de transcrição virais contidos no interior do núcleo viral. Esses mRNAs são traduzidos em proteínas virais importantes na replicação viral. (4) O núcleo é desnudado e (5) o DNA viral é replicado. (6 e 7) Os genes intermediários e tardios são transcritos, e os produtos incluem proteínas estruturais virais. (8-10) Ocorre a montagem dos virions infecciosos nas estruturas de membrana. (11) O envelope é adquirido no Golgi e na membrana da célula hospedeira, resultando na (12) liberação dos novos virions envelopados por brotamento. (Reproduzida, com autorização, de Moss B: Poxviridae: The viruses and their replication. In Fields BN, Knipe DM, Howley PM [editors-in-chief]. *Fields Virology*, 3rd ed. Lippincott-Raven, 1996.)

membros da família dos poxvírus, como os vírus do fibroma de Shope (coelhos), do tumor de Yaba (macacos) e do molusco contagioso (humano).

Vários genes dos poxvírus assemelham-se a genes de mamíferos para as proteínas passíveis de inibir os mecanismos de defesa do hospedeiro. São exemplos o receptor do fator de necrose tumoral, o receptor de interferona-γ, o receptor de interleucina 1 (IL-1) e uma proteína de ligação do complemento. Esses modificadores da defesa do hospedeiro, codificados pelos poxvírus, presumivelmente neutralizam as redes de citocina e de complemento importantes na resposta imunológica do hospedeiro à infecção viral, permitindo uma maior replicação do vírus e talvez facilitando sua transmissão.

INFECÇÕES POR POXVÍRUS EM SERES HUMANOS: VACCÍNIA E VARÍOLA

Controle e erradicação da varíola

O controle da varíola por meio de infecção deliberada com formas leves da doença foi praticado durante séculos. Este processo, denominado variolização, era perigoso, mas reduzia os efeitos desastrosos das grandes epidemias, diminuindo a taxa de mortalidade de 25% para 1%. Edward Jenner introduziu a vacinação com vírus vaccínia vivo em 1798.

Em 1967, a OMS implantou uma campanha mundial para erradicação da varíola. As características epidemiológicas da doença (descritas adiante) tornaram exequível a tentativa de uma erradicação total. Naquela época, existiam 33 países com varíola endêmica, havendo 10 a 15 milhões de casos por ano. O último caso na Ásia

ocorreu em Bangladesh, em 1975, e a última ocorrência natural foi diagnosticada na Somália em 1977. A varíola foi oficialmente declarada erradicada em 1980. Houve várias razões para esse notável sucesso: há apenas um único sorotipo viral; a maioria das infecções é clinicamente aparente; a vacina é de fácil preparo, estável, segura e pode ser administrada de maneira simples pela equipe de trabalho de campo; e a vacinação em massa da população mundial não foi necessária. Os casos de varíola foram investigados, e as pessoas que haviam tido contato com os pacientes e aquelas que se encontravam em regiões próximas foram vacinadas.

Embora não houvesse evidências de transmissão da varíola em qualquer parte do mundo, a OMS coordenou a investigação de 173 possíveis casos de varíola entre 1979 e 1984. Todos os casos eram doenças diferentes da varíola, mais comumente varicela ou outras doenças que causam exantema. Mesmo assim, um caso suspeito de varíola torna-se uma emergência de saúde pública, devendo ser imediatamente investigado por meio de avaliação clínica, coleta de amostras para exame e isolamento do paciente.

A presença de estoques de vírus virulentos da varíola em laboratórios gera preocupação devido ao perigo de infecção laboratorial e posterior propagação para a comunidade. Os estoques de vírus da varíola foram supostamente destruídos em todos os laboratórios, exceto em dois centros de colaboração da OMS (um em Atlanta e outro em Moscou), que realizam um trabalho de pesquisa e diagnóstico dos poxvírus relacionados com a varíola. Entretanto, em 1990, soube-se que a extinta União Soviética teria usado o vírus da varíola em seu programa de guerra biológica. Além disso, é possível que o vírus tenha sido transferido para outros países também. O vírus da varíola é considerado um potencial agente de bioterrorismo, e é teoricamente possível que vírus congelados no permafrost* possam reinfectar a população humana. Como o vírus da varíola foi erradicado no mundo inteiro, a população humana possui imunidade baixa ou inexistente, sendo assim altamente suscetível à infecção pelo vírus da varíola.

Os cientistas e pesquisadores podem obter partes do genoma do vírus da varíola a partir de centros de colaboração, mas não o genoma completo. A distribuição, a síntese e o manuseio do DNA do vírus da varíola são regidos por recomendações da OMS.

Comparação do vírus vaccínia com o vírus da varíola

O vírus vaccínia, o agente utilizado para vacinação contra a varíola, é uma espécie distinta do gênero *Orthopoxvirus*. Os mapas do genoma do vírus vaccínia por endonuclease de restrição são nitidamente diferentes daqueles do vírus varíola bovina, que se acreditava ser seu ancestral. Algum tempo após o uso original do vírus da "varíola bovina" por Jenner, o vírus da vacina tornou-se o "vírus da vaccínia" O vírus vaccínia pode ser o produto de recombinação genética, uma nova espécie derivada do vírus da varíola bovina ou do vírus da varíola humana por meio de passagem seriada, ou o descendente de um gênero de vírus atualmente extinto.

A varíola tem estreita variedade de hospedeiros (apenas seres humanos e macacos), enquanto o vírus vaccínia apresenta amplo espectro de hospedeiros que inclui coelhos e camundongos. Algumas cepas do vírus vaccínia podem causar uma doença grave em coelhos de laboratório, denominada varíola do coelho. O vírus vaccínia também infecta bovinos e o búfalo indiano, e a doença no búfalo persiste na Índia (varíola do búfalo). Tanto o vírus vaccínia quanto o da varíola crescem na membrana corioalantoide de embriões de galinha com 10 a 12 dias de idade, porém o vírus da varíola produz pústulas muito menores. Ambos crescem em vários tipos de linhagem celular de galinhas e primatas.

As sequências de nucleotídeos da varíola (186 kb) e da vaccínia (192 kb) são semelhantes, e a maior diferença é observada nas regiões terminais dos genomas. Entre as 187 supostas proteínas, 150 exibiram acentuada similaridade na sequência dos dois vírus. As 37 proteínas restantes divergiram ou foram específicas da varíola, podendo representar determinantes potenciais de virulência. As sequências não revelam as origens do vírus da varíola nem explicam sua estrita variedade de hospedeiros humanos ou a sua virulência específica.

Patogênese e patologia da varíola

Embora a varíola tenha sido erradicada, a patogênese da doença (descrita aqui com os verbos no passado) é instrutiva para outras infecções causadas por poxvírus.

A porta de entrada do vírus da varíola era constituída pelas mucosas do trato respiratório superior. Após a penetração do vírus, acreditava-se que ocorriam os seguintes eventos: (1) multiplicação primária no tecido linfoide, drenando o local de entrada; (2) viremia transitória e infecção das células reticuloendoteliais em todo o corpo; (3) uma fase de multiplicação secundária nessas células, que levava à (4) viremia secundária mais intensa; e (5) doença clínica.

Na fase pré-eruptiva, a doença era pouco contagiosa. Entre o sexto e o nono dia, as lesões na boca tendiam a ulcerar, eliminando o vírus. Por conseguinte, no estágio inicial da doença, o vírus infeccioso originava-se nas lesões da boca e das vias respiratórias superiores. Em seguida, as pústulas sofriam ruptura e descarregavam os vírus no ambiente do paciente acometido.

O exame histopatológico da pele revelava proliferação de células da camada basal, as quais continham muitas inclusões citoplasmáticas. Ocorria infiltração com células mononucleares, particularmente ao redor dos vasos no cório. As células epiteliais da camada de Malpighi ficavam intumescidas em consequência da distensão do citoplasma e sofriam "degeneração em balão", com aumento de tamanho nos vacúolos no citoplasma. A membrana celular sofria ruptura e fundia-se com as células vizinhas afetadas de modo semelhante, resultando na formação de vesículas. As vesículas aumentavam de tamanho e ficavam repletas de leucócitos e de restos teciduais. Todas as camadas da pele eram afetadas, e verificava-se uma subsequente necrose dérmica. Assim, havia a formação de cicatriz após a infecção da varíola. Um quadro histopatológico semelhante é observado no vírus vaccínia, embora este vírus normalmente cause lesões pustulares localizadas apenas no local de inoculação.

Manifestações clínicas

O período de incubação da varíola era de 10 a 14 dias. O início da doença costumava ser súbito. Após 1 a 5 dias de febre e mal-estar, havia aparecimento de exantema, que se iniciava com máculas, depois pápulas seguidas de vesículas e finalmente pústulas. Estas formavam crostas que se desprendiam após 2 semanas, deixando cicatrizes róseas que desapareciam lentamente. Em cada área acometida, as lesões geralmente encontravam-se no mesmo estágio de desenvolvimento (diferentemente da varicela).

O "Cartão de Identificação da Varíola" preparado pela OMS mostra o exantema típico (Figura 34-4). As lesões eram mais abundantes no rosto e menos abundantes no tronco. Nos casos graves, a erupção era hemorrágica. A taxa de mortalidade variava de 5 a 40%. Na varíola *minor*, menos comum e mais benigna (também erradicada), ou em pessoas vacinadas, a taxa de mortalidade era inferior a 1%.

Imunidade

Todos os vírus do gênero *Orthopoxvirus* mostram-se tão estreitamente relacionados do ponto de vista antigênico que é impossível diferenciá-los com facilidade em testes sorológicos. A infecção por um vírus induz a resposta imunológica contra todos os outros membros do grupo.

Um surto de varíola conferia proteção completa contra a reinfecção. A vacinação com o vírus vaccínia induzia imunidade contra o vírus da varíola durante pelo menos 5 anos e, algumas vezes, por mais tempo. Os anticorpos isoladamente não são suficientes para a recuperação da infecção primária por poxvírus. No hospedeiro humano, anticorpos neutralizantes aparecem poucos dias após o início da varíola, mas não previnem a evolução das lesões, podendo ocasionar óbito nos pacientes em estágio pustular com títulos elevados de anticorpos. A imunidade mediada por células é provavelmente mais importante que os anticorpos circulantes. Em geral, os pacientes com hipogamaglobulinemia reagem normalmente à vacinação e desenvolvem imunidade, apesar da aparente ausência

---

*N. de T. Permafrost é o nome dado ao solo composto por terra, sedimentos e rochas (até então) permanentemente congelado. Com o aquecimento global, ele está derretendo e revelando seus segredos ocultos. Além de fósseis do pleistoceno, o degelo está liberando grandes emissões de carbono e metano, mercúrio tóxico, vírus e bactérias causadores de doenças antigas.

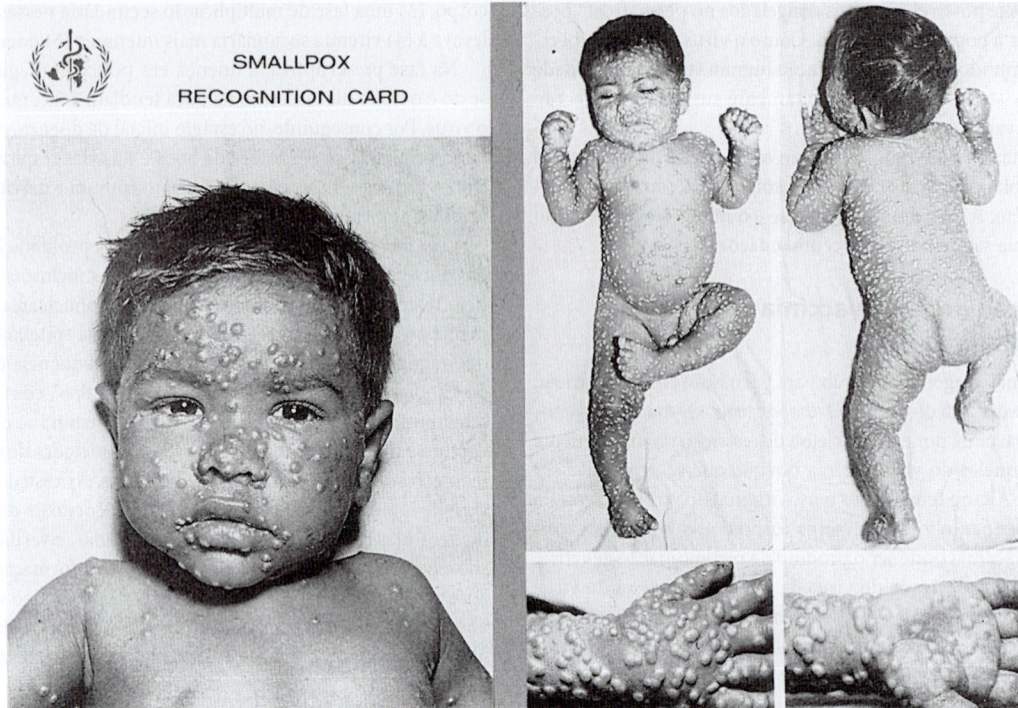

FIGURA 34-4   Erupção da varíola. O "Cartão de Identificação de Varíola", da OMS, ilustra a distribuição e a natureza da erupção típica da varíola em criança não vacinada. (Reproduzida, com autorização da OMS, de Fenner F et al: Smallpox and Its Eradication. Geneva: World Health Organization, 1988.)

de anticorpos. Os pacientes com defeitos nas respostas imunológicas celular e humoral desenvolvem uma doença progressiva e geralmente fatal após a vacinação.

A produção de interferona (ver Capítulo 30) é outro possível mecanismo imunológico. Animais irradiados sem anticorpos detectáveis ou hipersensibilidade tardia recuperaram-se da infecção por vaccínia tão rapidamente quanto os animais de controle não tratados.

Diagnóstico laboratorial

Vários testes estão disponíveis para confirmação do diagnóstico de varíola. Como hoje a doença encontra-se presumivelmente erradicada, é importante diagnosticar qualquer caso que se assemelhe à varíola. Os testes dependem da identificação do DNA viral ou antígeno a partir da lesão, do exame microscópico direto de material obtido das lesões cutâneas, do isolamento do vírus do paciente e, menos importante, da demonstração de anticorpos no sangue.

A. Isolamento e identificação do vírus

As lesões cutâneas são as melhores amostras para isolamento do vírus. Os poxvírus são estáveis e permanecem viáveis em amostras durante várias semanas, mesmo sem qualquer refrigeração.

Os testes de reação em cadeia da polimerase (PCR, do inglês *polymerase chain reaction*) que são específicos para vários poxvírus estão disponíveis em laboratórios e podem ser utilizados para fins de detecção e identificação.

O exame direto do material clínico ao microscópio eletrônico é utilizado para a identificação rápida de partículas virais (em cerca de 1 hora), podendo diferenciar rapidamente entre uma infecção por poxvírus de uma por varicela (esta última é causada por um herpes-vírus). Os ortopoxvírus não podem ser distinguidos uns dos outros à microscopia eletrônica em virtude de sua semelhança quanto ao tamanho e à morfologia. Entretanto, podem ser facilmente diferenciados dos tanapoxvírus e dos parapoxvírus.

O antígeno viral pode ser detectado por imuno-histoquímica em tecidos e material coletados de lesões da pele. Muitos antígenos apresentam reação cruzada e identificam os ortopoxvírus como um grupo. O uso de PCR, a clivagem do DNA viral com enzimas de restrição ou a análise de polipeptídeos em células infectadas podem demonstrar características distintas para varíola, vaccínia, varíola de macacos e varíola bovina.

Culturas de células também podem ser usadas para o isolamento do vírus. Contudo, culturas do vírus da varíola só podem ser realizadas em instalações de nível 4 de biossegurança. Os ortopoxvírus crescem adequadamente em culturas de células; já os parapoxvírus e os tanapoxvírus não crescem tão bem, e o vírus do molusco contagioso não pode ser cultivado.

O isolamento do vírus é efetuado por inoculação de líquido vesicular na membrana corioalantoide de embriões de galinha. Trata-se do exame laboratorial que mais facilmente distingue entre os casos de varíola e os de vaccínia generalizados, visto que as lesões provocadas por esses vírus na membrana corioalantoide diferem acentuadamente. Em 2 a 3 dias, as pústulas de vaccínia tornam-se grandes, com centros necróticos, enquanto as da varíola são bem menores. Os vírus da varíola bovina e da varíola dos macacos causam lesões hemorrágicas distintas. Os parapoxvírus, o vírus do molusco contagioso e o tanapoxvírus não crescem na membrana corioalantoide.

B. Sorologia

Ensaios com anticorpos podem ser utilizados para confirmar o diagnóstico da infecção pelo poxvírus. Os anticorpos aparecem depois da primeira semana de infecção, podendo ser detectados por testes de inibição da hemaglutinação, de neutralização, ensaio imunoadsorvente ligado à enzima (Elisa, do inglês *enzyme–linked immunosorbent assay*) e radioimunoensaios ou por imunofluorescência. Nenhum desses testes distingue os ortopoxvírus uns dos outros.

Tratamento

O tratamento da varíola é primariamente de suporte. Imunoglobulinas contra o vaccínia não se mostraram úteis para a doença já estabelecida.

A metisazona é um agente quimioterapêutico historicamente avaliado contra poxvírus. Esse medicamento é eficaz na profilaxia, porém inútil no tratamento da doença estabelecida. O cidofovir, um análogo de nucleotídeo, mostra atividade contra os poxvírus *in vitro* e *in vivo*. Esse medicamento tem sido utilizado no tratamento das infecções pelo molusco contagioso e pelo vírus orf.

Epidemiologia

A transmissão da varíola ocorria por contatos entre os casos. A varíola era altamente contagiosa. O vírus mostrava-se estável no ambiente extracelular, mas comumente era transmitido por aerossóis respiratórios. O vírus ressecado em crostas de lesões cutâneas podia sobreviver em roupas ou outros materiais, resultando em infecções; essa propriedade era ocasionalmente utilizada nos primeiros episódios de guerra biológica.

Os pacientes ficavam altamente contagiosos durante a primeira semana de erupções, assim que a febre tivesse começado. Os perdigotos se tornavam infecciosos antes das lesões cutâneas.

Certas características epidemiológicas tornaram o vírus da varíola passível de erradicação total. Em primeiro lugar, não existia reservatório não humano conhecido. A vacina era efetiva, levando à imunidade tanto contra a varíola *major* quanto contra a varíola *minor*. Não ocorriam casos infecciosos subclínicos. Não havia portadores assintomáticos crônicos do vírus. Como o vírus presente no ambiente do paciente originava-se das lesões da boca e garganta (e mais tarde da pele), os pacientes com infecção grave o suficiente para transmitir a doença provavelmente ficavam tão doentes que despertavam rapidamente a atenção das autoridades médicas. O contato próximo necessário para a efetiva propagação da doença em geral permitia uma rápida identificação das pessoas que haviam tido contato com o paciente, possibilitando a instituição de medidas específicas de controle para interromper o ciclo de transmissão.

A OMS foi bem sucedida na erradicação da varíola por meio de um programa de vigilância e contenção. A origem de cada surto era determinada, e todos os contatos suscetíveis eram identificados e vacinados.

Vacinação com o vírus vaccínia

O vírus vaccínia para vacinação é preparado a partir de lesões vesiculares ("linfa") na pele de bezerros ou carneiros, ou pode ser cultivado em embriões de galinha. A vacina final contém 40% de glicerol para estabilizar o vírus e 0,4% de fenol para destruir as bactérias. Os critérios da OMS exigem que as vacinas antivariólicas tenham uma potência não inferior a 10^8 unidades formadoras de pústulas por mililitro. Uma nova vacina atenuada, produzida em cultura de células, foi aprovada para uso nos Estados Unidos em 2007. A vacina com o vírus vaccínia não contém o vírus da varíola.

A vacinação contra a varíola estava associada a um risco mensurável definido. Nos Estados Unidos, o risco de morte devido a todas as complicações era de 1 por milhão na primeira vacinação e de 0,6 por milhão na revacinação. Nas crianças com menos de 1 ano de idade, o risco de morte era de 5 por milhão de vacinações primárias. As complicações graves da vacinação ocorriam em associação com imunodeficiência, imunossupressão, neoplasias e gravidez (Figura 34-5). Essas condições são contraindicações para o uso da vacina contra o vaccínia, bem como o eczema, a alergia aos componentes da vacina ou morar com alguém que tenha contraindicação à vacinação.

O sucesso da erradicação da varíola fez com que a vacinação de rotina não fosse mais recomendada. Nos Estados Unidos, a vacinação rotineira de crianças contra a varíola foi interrompida em 1971.

O vírus vaccínia é utilizado em pesquisa e já resultou em infecções adquiridas em laboratório. As recomendações correntes são que os técnicos que manuseiam culturas ou animais infectados com vaccínia ou outros ortopoxvírus que infectam seres humanos devem ser vacinados a cada 10 anos. Preocupações recentes sobre um possível ataque terrorista envolvendo varíola resultaram em vacinação em escala limitada para militares e equipes de emergência.

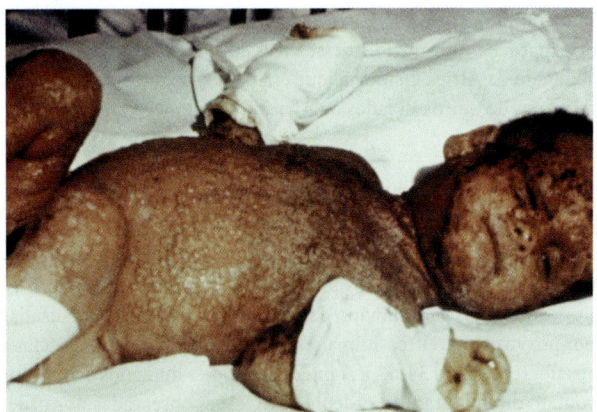

FIGURA 34-5   Eczema de vacinação em uma criança. A doença desenvolve-se após exposição a um membro da família recém-vacinado. (Cortesia de AE Kaye; Centers for Disease Control and Prevention Public Health Image Library.)

INFECÇÕES PELO VÍRUS DA VARÍOLA DOS MACACOS

O vírus da varíola dos macacos é uma espécie do gênero *Orthopoxvirus*. A doença foi reconhecida pela primeira vez em macacos cativos em 1958. Infecções humanas por esse vírus foram descobertas no início da década de 1970 na África Ocidental e na África Central após a erradicação da varíola de tais regiões.

A doença é uma zoonose rara, detectada em vilarejos remotos em áreas de florestas tropicais, particularmente nos países da bacia do Congo e talvez na África Ocidental. A doença é provavelmente adquirida por contato direto com animais selvagens mortos para alimentação ou para obtenção de sua pele. O hospedeiro reservatório primário não é conhecido, mas esquilos, coelhos e roedores podem ser infectados.

As características clínicas da varíola dos macacos no ser humano são semelhantes às da varíola, mas geralmente menos graves. A linfadenopatia pronunciada ocorria na maioria dos pacientes, característica não observada nem na varíola nem na varicela.

As complicações eram comuns e frequentemente graves. Em geral, consistiam em deficiência pulmonar e infecções bacterianas secundárias. Nos pacientes não vacinados, a taxa de mortalidade era de cerca de 10%. A vacinação com o vírus vaccínia protege contra a varíola dos macacos ou diminui a gravidade da doença. Desde a interrupção da vacinação contra o vírus da varíola, o número de casos de varíola dos macacos aumentou marcadamente na África tropical.

Em geral, acredita-se que a infecção humana pelo vírus da varíola dos macacos não é facilmente transmitida de uma pessoa para outra. Estimativas anteriores eram de que apenas cerca de 15% dos contatos familiares suscetíveis adquiriam a varíola dos macacos de pacientes. Entretanto, um surto ocorrido no Zaire em 1996 e 1997 sugeriu maior potencial de transmissão interpessoal.

O primeiro surto de varíola dos macacos no hemisfério ocidental ocorreu nos Estados Unidos em 2003. Mais de 80 casos em seres humanos (sem mortes) foram diagnosticados, principalmente nos Estados do Meio-Oeste. A fonte identificada era uma loja de animais exóticos que aparentemente havia importado um rato africano que disseminara o vírus entre os cães domésticos, os quais o transmitiram aos seres humanos. Provavelmente, o vírus da varíola dos macacos introduzido nesse caso era um vírus naturalmente atenuado da África Ocidental que era menos patogênico para seres humanos do que os isolados da África Central.

INFECÇÕES PELO VÍRUS DA VARÍOLA BOVINA

O vírus da varíola bovina é outra espécie do gênero *Orthopoxvirus*. Essa doença do gado bovino é mais leve que as doenças causadas por poxvírus em outros animais, sendo as lesões limitadas às tetas e aos úberes (Figura 34-6A). A infecção de seres humanos ocorre por contato direto durante a ordenha, e as lesões observadas nos ordenhadores em geral se limitam às mãos (Figura 34-6D). A doença é mais grave em pessoas não vacinadas do que nas vacinadas com o vírus vaccínia.

O vírus da varíola bovina assemelha-se ao vaccínia do ponto de vista imunológico e quanto à variedade de hospedeiros. Além disso, exibe estreita relação imunológica com o vírus da varíola. Jenner observou que os indivíduos que contraíram a varíola bovina eram imunes à varíola humana. O vírus da varíola bovina pode ser distinguido do vírus vaccínia pelas lesões hemorrágicas de coloração vermelho-intensa que a varíola bovina produz na membrana corioalantoide do embrião de galinha.

O reservatório natural do vírus da varíola bovina parece ser um roedor, e tanto o gado bovino quanto os seres humanos são apenas hospedeiros acidentais. Os gatos domésticos também são suscetíveis ao vírus da varíola bovina. Mais de 50 casos foram relatados em felinos no Reino Unido, mas acredita-se que a transmissão do gato para o ser humano seja incomum. O vírus da varíola bovina não é mais enzoótico em bovinos, embora ocasionalmente ocorram casos em bovinos e casos associados em seres humanos. A varíola em felinos é esporádica, e a transmissão ocorre provavelmente por meio de um pequeno roedor selvagem. Podem ocorrer casos humanos com lesões cutâneas hemorrágicas, febre e mal-estar geral sem qualquer contato animal conhecido, os quais podem não ser diagnosticados. Não existe tratamento específico.

INFECÇÕES PELO VÍRUS DA VARÍOLA DO BÚFALO

O vírus da varíola do búfalo é um derivado do vírus vaccínia que persistiu na Índia em búfalos desde a interrupção da vacinação antivariólica. A doença no búfalo – e, em certas ocasiões, no gado bovino – é indistinguível da varíola bovina. A varíola do búfalo pode ser transmitida a seres humanos, e verifica-se o aparecimento de lesões localizadas. Existe certa preocupação quanto à possível ocorrência de transmissão entre seres humanos.

INFECÇÕES PELO VÍRUS ORF

O vírus orf é uma espécie do gênero *Orthopoxvirus*. Provoca doença em bovinos e caprinos, com prevalência mundial (Figura 34-6C). A doença também é denominada dermatite pustular contagiosa ou úlcera bucal.

O vírus orf é transmitido a seres humanos por contato direto com animais infectados. Trata-se de uma doença ocupacional de pessoas que lidam com cabras e carneiros. Relatos recentes dos Estados Unidos enfatizaram a associação temporal entre lesões humanas e vacinação recente de rebanhos com o vírus vivo. A infecção pelo vírus orf é facilitada por traumatismos de pele. Em geral, a infecção em seres humanos ocorre em forma de lesão isolada em um dedo, na mão ou no antebraço (Figura 34-6F), podendo aparecer também no rosto ou no pescoço. As lesões consistem em nódulos grandes e bastante dolorosos, circundados por pele inflamada. A infecção raramente é generalizada. A cicatrização leva algumas semanas.

A microscopia eletrônica pode confirmar infecções por parapoxvírus, mas somente métodos de testagem por ácido nucleico podem identificar definitivamente um parapoxvírus como um vírus orf.

MOLUSCO CONTAGIOSO

O molusco contagioso é um tumor epidérmico benigno que só ocorre em seres humanos (embora haja evidências da existência de um vírus estreitamente relacionado em cavalos). O agente etiológico é classificado como único membro do gênero *Molluscipoxvirus*.

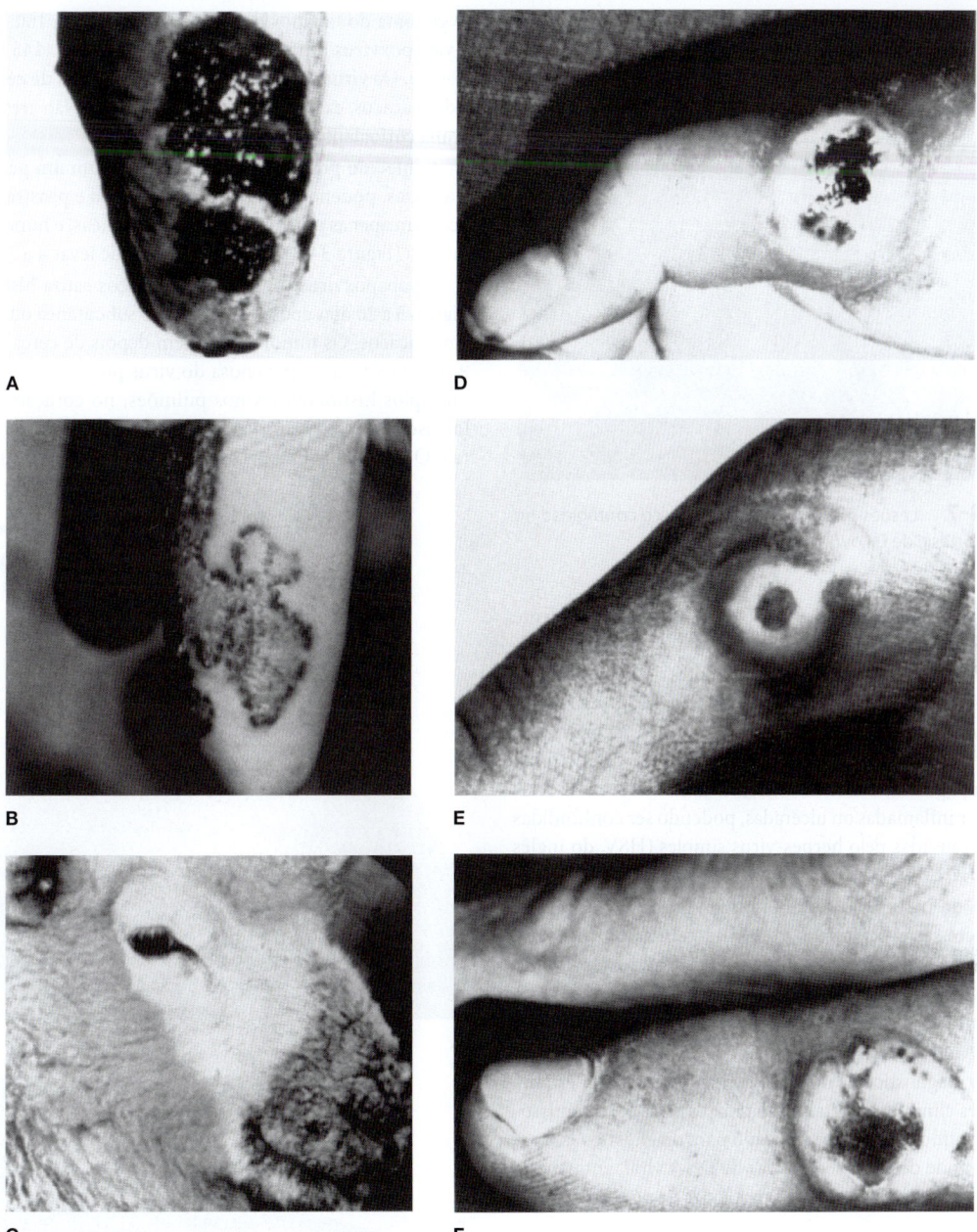

FIGURA 34-6   Vírus da varíola bovina, pseudovaríola e orf em animais e seres humanos. **A:** Úlcera de varíola bovina em teta de vaca 7 dias após o aparecimento dos sinais. **B:** Pseudovaríola (vírus do nódulo do ordenhador) em teta de vaca. **C:** Crostas na boca do cordeiro, causadas pelo vírus orf. **D, E, F:** Lesões nas mãos causadas pelos vírus indicados. **D:** Vírus da varíola bovina. **E:** Nódulo do ordenhador (pseudovaríola). **F:** Orf. (A e B, cortesia de EPJ Gibbs; C, cortesia do Dr. Anthony J. Robinson; D, cortesia de AD McNae; E e F, cortesia de J Nagington.)

O vírus ainda não foi transmitido a animais nem cresce em culturas de tecido. Foi estudado em lesões humanas por microscopia eletrônica. O vírus purificado é oval ou em forma de tijolo e mede cerca de 230 × 330 nm, assemelhando-se ao vírus vaccínia. Os anticorpos produzidos contra esse vírus não exibem reação cruzada com quaisquer outros poxvírus.

O DNA viral assemelha-se ao do vírus vaccínia em virtude da ligação cruzada terminal e das repetições terminais invertidas. Tem conteúdo global de G + C de cerca de 60%. A sequência de todo o genoma do vírus do molusco contagioso (cerca de 190 kbp) é conhecida. Contém pelo menos 163 genes, dos quais cerca de 66% assemelham-se aos genes dos vírus da varíola e da varíola bovina.

As lesões dessa doença consistem em pequenos tumores rosados, semelhantes a verrugas, que aparecem no rosto, nos braços, nas costas e nas nádegas (Figura 34-7). Elas são raramente encontradas nas palmas das mãos, plantas dos pés ou mucosas. A doença ocorre em todo o mundo, tanto na forma esporádica quanto na epidêmica, sendo mais frequente em crianças do que em adultos. Propaga-se por contatos direto e indireto (p. ex., em barbearias, com o uso comum de toalhas, e em piscinas).

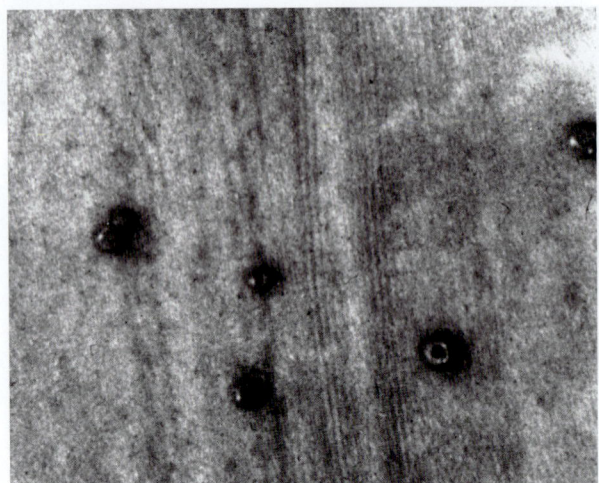

FIGURA 34-7 Lesões provocadas pelo molusco contagioso no ser humano. (Cortesia de D Lowy.)

A incidência do molusco contagioso como infecção sexualmente transmissível em adultos jovens está aumentando. O molusco contagioso também é observado em alguns pacientes com síndrome da imunodeficiência adquirida (Aids, do inglês *acquired immunodeficiency syndrome*). A pele dos pacientes com Aids no estágio avançado pode se mostrar coberta de inúmeras pápulas. Apesar de a lesão típica ser uma pápula umbilicada, as lesões nas áreas genitais úmidas podem ficar inflamadas ou ulceradas, podendo ser confundidas com as lesões causadas pelo herpes-vírus simples (HSV, do inglês *herpes simplex virus*).

O período de incubação pode estender-se por até 6 meses. As lesões podem ser pruriginosas, resultando em autoinoculação. As lesões podem persistir por até 2 anos, embora acabem sofrendo regressão espontânea. O vírus é um imunógeno fraco; cerca de 33% dos pacientes nunca produzem anticorpos contra o vírus. Episódios secundários são comuns.

Em geral, o diagnóstico de molusco contagioso pode ser estabelecido em bases clínicas. Entretanto, um material caseoso semissólido pode ser obtido das lesões e utilizado para diagnóstico laboratorial. A PCR pode detectar sequências de DNA viral, enquanto a microscopia eletrônica pode detectar partículas de poxvírus.

INFECÇÕES PELO TANAPOXVÍRUS E YABAPOXVÍRUS TUMORAL DOS MACACOS

O tanapoxvírus provoca uma infecção cutânea muito comum em partes da África, principalmente no Quênia e na República Democrática do Congo. O hospedeiro natural é provavelmente o macaco, embora seja possível a existência de outro reservatório, sendo os macacos hospedeiros apenas incidentais. O modo de transmissão é desconhecido.

Os tanapoxvírus e o yabapoxvírus tumoral dos macacos estão sorologicamente relacionados entre si, embora sejam diferentes dos outros poxvírus. Eles são classificados no gênero *Yatapoxvirus*. Do ponto de vista morfológico, assemelham-se aos ortopoxvírus.

O genoma do tanapoxvírus tem o tamanho de 160 kbp, enquanto o yabapoxvírus tumoral dos macacos é menor (145 kbp; 32,5% de G + C). Os vírus crescem somente em culturas de células humanas e de macacos, exercendo efeitos citopáticos. Não crescem na membrana corioalantoide de ovos embrionados.

A infecção por tanapoxvírus começa com um período febril de 3 a 4 dias, podendo incluir cefaleia intensa e prostração. Em geral, ocorrem apenas uma ou duas lesões cutâneas, e nunca aparece pustulação (Figura 34-8). A cicatrização pode levar 4 a 7 semanas.

O yabapoxvírus tumoral dos macacos causa histiocitomas benignos 5 a 20 dias após administração subcutânea ou intramuscular em macacos. Os tumores regridem depois de cerca de 5 semanas. A administração intravenosa do vírus provoca o aparecimento de múltiplos histiocitomas nos pulmões, no coração e nos músculos esqueléticos. Não ocorrem alterações neoplásicas verdadeiras. O vírus é facilmente isolado do tecido tumoral, e inclusões

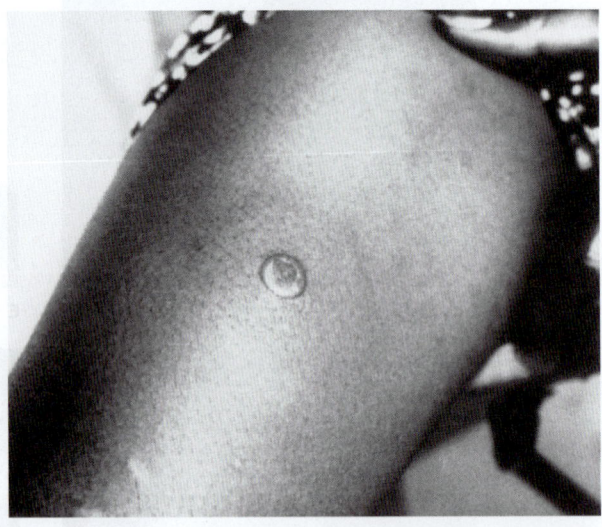

A

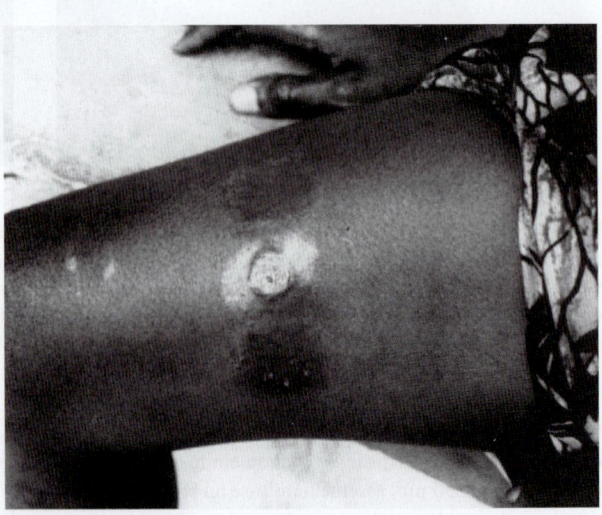

B

FIGURA 34-8 Lesões produzidas pelo tanapoxvírus. **A:** Dez dias após o aparecimento da lesão. **B:** Trinta e um dias após o aparecimento da lesão. (Cortesia de Z Jezek.)

características são encontradas nas células tumorais. Os macacos de várias espécies e os seres humanos são suscetíveis aos efeitos proliferativos celulares do vírus, enquanto outros animais de laboratório não o são. Infecções pelo yabapoxvírus foram observadas em tratadores de animais na África.

RESUMO DO CAPÍTULO

- Os poxvírus são vírus grandes e complexos que apresentam muitas enzimas, incluindo um sistema transcricional.
- A família Poxviridae inclui o vírus da varíola, que, segundo dados da OMS, foi a primeira doença viral erradicada.
- Os poxvírus codificam proteínas que inibem o sistema imunológico do hospedeiro.
- O vírus vaccínia é usado para vacinação contra o vírus da varíola e como modelo laboratorial para o estudo dos poxvírus.
- Existe um risco da vacinação de indivíduos imunodeficientes, imunossuprimidos, gestantes e indivíduos com câncer.
- A maioria das infecções pelos poxvírus resulta em exantema vesicular.
- O vírus da varíola é um agente potencial de bioterrorismo, uma vez que a população mundial atual apresenta baixa ou nenhuma imunidade contra esse agente viral.
- Vários vírus da varíola em animais, incluindo o de macacos e de bovinos, podem infectar humanos, além dos vírus orf e tanapoxvírus.
- Pacientes com sintomas sugestivos de varíola precisam ser isolados e submetidos a tratamento de suporte até que a varíola seja excluída do diagnóstico.
- O molusco contagioso causa tumores epidérmicos benignos.

QUESTÕES DE REVISÃO

1. Um paciente apresenta-se na sala de emergência com lesões vesiculares em ambas as mãos, potencialmente semelhantes à varíola. Uma investigação de saúde pública é iniciada para descartar a varíola. O paciente é um imigrante que trabalha como pastor em vários estados. Qual é a causa mais provável de suas lesões?

    (A) Vírus vaccínia
    (B) Vírus da varíola
    (C) Vírus da varíola dos macacos
    (D) Tanapoxvírus
    (E) Vírus orf

2. Um agente de saúde de uma ala do setor de emergência é vacinado contra a varíola devido ao potencial de bioterrorismo. Qual das seguintes condições não é uma contraindicação ao uso da vacina (vaccínia) contra varíola em condições de rotina, em casos que não são de emergência?

    (A) Imunossupressão
    (B) Alergia grave a um dos componentes da vacina
    (C) Contato com pessoa com eczema
    (D) Gravidez
    (E) Vacinação prévia contra varíola

3. Qual dos seguintes poxvírus infecta somente seres humanos?

    (A) Vírus da varíola dos macacos
    (B) Vírus do molusco contagioso
    (C) Tanapoxvírus
    (D) Vírus da varíola bovina
    (E) Yabapoxvírus tumoral

4. Um menino de 7 anos de idade teve lesões semelhantes às causadas pela varíola no braço e na mão esquerdos. O menino possuía um roedor doméstico importado da África Ocidental. Foi diagnosticada varíola dos macacos no menino e no roedor. Qual das seguintes afirmativas sobre o vírus da varíola dos macacos é a mais correta?

    (A) A doença clínica assemelha-se à varíola humana.
    (B) Infecções em humanos nunca são fatais.
    (C) A vacinação contra varíola não confere proteção.
    (D) As infecções são facilmente transmitidas entre os membros da família.
    (E) As partículas virais podem ser distinguidas do vírus da varíola por microscopia eletrônica.

5. Qual das seguintes alternativas melhor descreve a vacina contra varíola (vaccínia) atualmente licenciada?

    (A) Vacina atenuada do vírus da varíola
    (B) Vírus da varíola inativado
    (C) Vírus vaccínia atenuado
    (D) Vírus vaccínia inativado
    (E) Vacina mista que contém os vírus vaccínia e o da varíola

6. Qual das seguintes alternativas não se aplica à replicação do vírus vaccínia em culturas de células?

    (A) O ciclo da replicação viral ocorre no citoplasma das células infectadas.
    (B) A etapa do desnudamento que leva à liberação do genoma viral requer a síntese de nova proteína viral.
    (C) A transcrição precoce de mais de 50 genes virais ocorre dentro dos núcleos virais e precede a replicação do DNA viral.
    (D) As partículas virais recém-formadas tornam-se maduras por brotamento através da membrana nuclear.

7. Qual característica do vírus da varíola o torna uma ameaça extrema de bioterrorismo?

    (A) Ampla disponibilidade do vírus
    (B) Cepas presentes em vários laboratórios
    (C) Imunidade limitada da população atual
    (D) Baixos estoques de medicamentos eficazes para tratamento
    (E) Emergência potencial de reservatórios animais

8. Um paciente apresenta lesões cutâneas com aparência semelhante ao molusco contagioso. Como é realizado o diagnóstico dessa infecção?

    (A) Cultura do vírus
    (B) Teste rápido de antígeno
    (C) PCR para o DNA viral
    (D) Aparência clínica
    (E) Inoculação da membrana corioalantoide de embriões de galinha

9. Qual das seguintes alternativas não preenche o critério para exposição ao vírus vaccínia?

    (A) Vacinação contra varíola
    (B) Contato próximo com pessoa vacinada contra varíola
    (C) Exposição intrauterina
    (D) Injeção de imunoglobulina contra vaccínia

10. Um pesquisador deseja obter o genoma completo do vírus da varíola para estudos vacinais. Qual das seguintes alternativas é a fonte apropriada de DNA viral?

    (A) O Centers for Disease Control and Prevention (CDC)
    (B) Um centro de colaboração da OMS
    (C) A American Type Culture Collection (ATCC)
    (D) Um colega com um clone de varíola
    (E) A distribuição do genoma viral completo é proibida.

11. Cientistas de um laboratório que trabalham com culturas de células infectadas ou animais infectados pelo vírus vaccínia estão em risco de exposição acidental ao vírus. Qual dos seguintes procedimentos é o menos benéfico para proteger os técnicos contra uma infecção acidental com o vírus vaccínia?

    (A) Uso correto dos equipamentos de proteção, tais como luvas e óculos.

    (B) Limpeza da área de trabalho antes da realização dos experimentos.

    (C) Vacinação contra varíola.

    (D) Práticas de segurança no manuseio de agulhas.

    (E) Uso de exaustores de biossegurança.

12. O vírus vaccínia apresenta os seguintes atributos, *exceto*:

    (A) Pode causar doença localizada e disseminada grave.

    (B) É um vírus semelhante ao da varíola atenuado.

    (C) Induz imunidade que dura poucos anos.

    (D) Tem sido usado por mais de 200 anos.

    (E) Sequências gênicas de outras proteínas virais podem ser inseridas em seu genoma.

13. A erradicação da varíola foi facilitada por diversas características atribuídas ao agente viral. Qual das afirmações *menos* contribuiu para a erradicação?

    (A) Apresenta apenas um único sorotipo.

    (B) Infecções assintomáticas são raras.

    (C) A administração da vacina atenuada induz imunidade de forma confiável.

    (D) Se multiplica no citoplasma das células infectadas.

14. A vacinação com o vírus vaccínia protege contra infecções pelos seguintes poxvírus, *exceto*:

    (A) Vírus do molusco contagioso

    (B) Vírus da varíola

    (C) Vírus da varíola bovina

    (D) Vírus da varíola dos macacos

Respostas

1. E	6. D	11. B
2. E	7. C	12. B
3. B	8. D	13. D
4. A	9. D	14. A
5. C	10. E	

REFERÊNCIAS

Li Y, Carroll DS, Gardner SN, et al: On the origin of smallpox: Correlating variola phylogenics with historical smallpox records. *Proc Natl Acad Sci USA* 2007;104:15787.

MacNeil A, Reynolds MG, Damon IK: Risks associated with vaccinia virus in the laboratory. *Virology* 2009;385:1.

McFadden G: Poxvirus tropism. *Nat Rev Microbiol* 2005;3:201.

Moss B: Genetically engineered poxviruses for recombinant gene expression, vaccination, and safety. *Proc Natl Acad Sci USA* 1996;93:11341.

Casey C, Vellozzi C, Mootrey GT, et al: Surveillance guidelines for smallpox vaccine (vaccinia) adverse reactions. *MMWR Recomm Rep* 2006;55(RR-1):1–16.

Rotz LD, Dotson DA, Damon IK, et al: Vaccinia (smallpox) vaccine: Recommendations of the Advisory Committee on Immunization Practices (ACIP), 2001. *MMWR Recomm Rep* 2001;50(RR-10):1–25.

Wharton M, Strikas RA, Harpaz R, et al: Recommendations for using smallpox vaccine in a pre-event vaccination program: Supplemental recommendations of the Advisory Committee on Immunization Practices (ACIP) and the Healthcare Infection Control Practices Advisory Committee (HICPAC). *MMWR Recomm Rep* 2003;52(RR-7):1.

WHO recommendations concerning the distribution, handling and synthesis of variola virus DNA, May 2008. *World Health Org Wkly Epidemiol Rec* 2008;83:393.

Vírus da hepatite

A hepatite viral é uma doença sistêmica que afeta primariamente o fígado. Os casos de hepatite viral aguda em crianças e adultos são causados, em sua maioria, por um dos cinco seguintes agentes: vírus da hepatite A (HAV, do inglês *hepatitis A virus*), o agente etiológico da hepatite viral tipo A (hepatite infecciosa); vírus da hepatite B (HBV, do inglês *hepatitis B virus*), associado à hepatite viral B (hepatite sérica); vírus da hepatite C (HCV, do inglês *hepatitis C virus*), o agente da hepatite C (causa comum das hepatites pós-transfusionais); vírus da hepatite D (HDV, do inglês *hepatitis D virus*), um vírus defectivo e dependente da coinfecção com o vírus HBV; ou vírus da hepatite E (HEV, do inglês *hepatitis E virus*), o agente da hepatite transmitida por via entérica. Além disso, outros vírus bem caracterizados passíveis de provocar hepatite esporádica, como o vírus da febre amarela, o citomegalovírus, o vírus Epstein-Barr, o herpes-vírus simples, o vírus da rubéola e os enterovírus, são discutidos em outros capítulos. Os vírus da hepatite causam inflamação aguda do fígado, resultando em doença clínica caracterizada por febre, sintomas gastrintestinais, como náuseas e vômitos, e icterícia. Os vírus da hepatite causam lesões histopatológicas semelhantes no fígado durante a doença aguda.

PROPRIEDADES DOS VÍRUS DA HEPATITE

As características dos cinco vírus da hepatite conhecidos estão apresentadas na Tabela 35-1. A nomenclatura dos vírus da hepatite, de seus antígenos e anticorpos é fornecida na Tabela 35-2.

Hepatite tipo A

O HAV é um membro distinto da família dos picornavírus (ver Capítulo 36). O HAV é uma partícula esférica de 27 a 32 nm, de simetria cúbica, que contém um genoma de RNA de fita única linear com tamanho de 7,5 kb. Os picornavírus são alocados no gênero *Hepatovirus*. Além disso, apenas um sorotipo é conhecido. Não ocorre qualquer reatividade cruzada com os outros vírus da hepatite. A análise da sequência do genoma de uma região variável envolvendo a junção dos genes *1D* e *2A* levou à divisão dos HAV isolados em 7 genótipos. Na Tabela 36-1, é fornecida uma lista das propriedades importantes da família Picornaviridae.

O HAV é estável ao tratamento com éter a 20%, ácido (pH de 1,0 durante 2 horas) e calor (60 °C durante 1 hora). Sua infecciosidade pode ser preservada durante pelo menos 1 mês após ser desidratado e conservado a 25 °C, ou por vários anos a –20 °C. O vírus é destruído por autoclavagem (121 °C durante 20 minutos), fervura em água durante 5 minutos, calor seco (180 °C durante 1 hora),

irradiação ultravioleta (1 minuto a 1,1 W), tratamento com formol (1:4.000 durante 3 dias a 37 °C) ou tratamento com cloro (10-15 ppm durante 30 minutos). O aquecimento de alimentos a mais de 85 °C durante 1 minuto e a desinfecção das superfícies com hipoclorito de sódio (água sanitária em uma diluição de 1:100) são necessários para inativar o HAV. A resistência relativa do HAV a procedimentos de desinfecção reforça a necessidade de precauções adicionais ao se lidar com pacientes portadores de hepatite e seus produtos.

O HAV foi inicialmente identificado em preparações de fezes e de fígado utilizando-se a imunomicroscopia eletrônica como sistema de detecção (Figura 35-1). Os ensaios sorológicos sensíveis e os métodos de reação em cadeia da polimerase (PCR, do inglês *polymerase chain reaction*) tornaram possível a detecção do HAV em fezes e outras amostras, bem como a determinação de anticorpos específicos no soro.

Várias linhagens celulares de primatas sustentam o crescimento do HAV, embora a adaptação e o crescimento de vírus recém-isolados sejam difíceis. Em geral, não se observa qualquer efeito citopático aparente. Mutações no genoma viral são selecionadas durante a adaptação à cultura de tecido.

Hepatite tipo B

O HBV é classificado como um vírus do gênero *Hepadnavirus* (Tabela 35-3). É causador de infecções crônicas, particularmente em lactentes. Trata-se de um fator importante no desenvolvimento eventual de hepatopatia e carcinoma hepatocelular nesses indivíduos.

A. Estrutura e composição

A microscopia eletrônica do soro positivo para hepatite B revela três morfologias para o antígeno HBsAg (Figuras 35-2 e 35-3A). As mais numerosas são as partículas esféricas com 22 nm de diâmetro (Figura 35-3B). Essas partículas são constituídas exclusivamente de HBsAg – assim como as formas tubulares e filamentosas, que apresentam o mesmo diâmetro, mas cujo comprimento pode ultrapassar 200 nm –, resultando na superprodução de HBsAg. Virions esféricos maiores, de 42 nm (originalmente denominados partículas de Dane), são observados com menor frequência (ver Figura 35-2). A superfície externa, ou envelope, contém HBsAg e circunda um nucleocapsídeo interno de 27 nm que contém HBcAg (Figura 35-3C). O comprimento variável de uma região de fita simples do genoma de DNA circular resulta em partículas geneticamente heterogêneas com ampla faixa de densidades de flutuação.

TABELA 35-1 Características dos vírus da hepatite

Vírus	Hepatite A	Hepatite B	Hepatite C	Hepatite D	Hepatite E
Família	Picornaviridae	Hepadnaviridae	Flaviviridae	Não classificado	Hepeviridae
Gênero	*Hepatovirus*	*Orthohepadnavirus*	*Hepacivirus*	*Deltavirus*	*Hepevirus*
Virion	27 nm, icosaédrico	42 nm, esférico	60 nm, esférico	35 nm, esférico	30-32 nm, icosaédrico
Envelope	Não	Sim (associado ao HBsAg)	Sim	Sim (associado ao HBsAg)	Não
Genoma	ssRNA	dsDNA	ssRNA	ssRNA	ssRNA
Tamanho do genoma (kb)	7,5	3,2	9,4	1,7	7,2
Estabilidade	Termoestável e acido-estável	Sensível a ácido	Sensível a ácido e a éter	Sensível a ácido	Termoestável
Transmissão	Orofecal	Parenteral	Parenteral	Parenteral	Orofecal
Prevalência	Alta	Alta	Moderada	Baixa, regional	Regional
Doença fulminante	Rara	Rara	Rara	Frequente	Durante a gravidez
Doença crônica	Nunca	Frequente	Frequente	Frequente	Nunca
Oncogênico	Não	Sim	Sim	Desconhecido	Ausente

ds, fita dupla; HbsAg, antígeno de superfície do HBV; ss, fita simples.

TABELA 35-2 Nomenclatura e definições dos vírus da hepatite, antígenos e anticorpos

Doença	Componente do sistema	Definição
Hepatite A	HAV	Vírus da hepatite A. Agente etiológico da hepatite infecciosa. Picornavírus, protótipo do gênero *Hepatovirus*.
	Anti-HAV	Anticorpo anti-HAV. Detectável no início dos sintomas; persistência por toda a vida.
	IgM anti-HAV	Anticorpo de classe IgM anti-HAV. Indica infecção recente por hepatite A; positivo até 4 a 6 meses após a infecção.
Hepatite B	HBV	Vírus da hepatite B. Agente etiológico da hepatite sérica. Hepadnavírus.
	HBsAg	Antígeno de superfície da hepatite B. Antígenos de superfície do HBV detectáveis em grande quantidade no soro. Vários subtipos identificados.
	HBeAg	Antígeno e da hepatite B. Associado ao nucleocapsídeo de HBV; indica replicação viral; circula como antígeno solúvel no soro.
	HBcAg	Antígeno do núcleo da hepatite B.
	Anti-HBs	Anticorpo anti-HBsAg. Indica infecção passada com imunidade ao HBV, presença de anticorpos passivos de HBIG ou resposta imunológica à vacina contra o HBV.
	Anti-HBe	Anticorpo anti-HBeAg. Sua presença no soro dos portadores de HBV sugere baixos títulos de HBV.
	Anti-HBc	Anticorpo anti-HBcAg. Indica infecção pelo HBV em algum momento indefinido no passado.
	IgM anti-HBc	Anticorpo da classe IgM anti-HBcAg. Indica infecção recente provocada pelo HBV; positivo durante 4 a 6 meses após a infecção.
Hepatite C	HCV	Vírus da hepatite C, agente etiológico comum da hepatite pós-transfusional. Flavivírus do gênero *Hepacivirus*.
	Anti-HCV	Anticorpo anti-HCV.
Hepatite D	HDV	Vírus da hepatite D. Agente etiológico da hepatite delta; causa infecção somente na presença de HBV.
	HDAg	Antígeno delta (delta-Ag). Detectável no início da fase aguda da infecção por HDV.
	Anti-HDV	Anticorpo contra o antígeno delta (anti-delta). Indica infecção passada ou presente pelo HDV.
Hepatite E	HEV	Vírus da hepatite E. Vírus da hepatite transmitido por via entérica. Causa grandes epidemias na Ásia, Norte da África e África Ocidental e México; transmissão orofecal ou pela água. Hepevírus.
	IgM anti-HEV	Anticorpo IgM para o vírus da hepatite E. Indica infecção recente pelo HEV. Resultado positivo por 4 a 6 meses após a infecção.
Imunoglobulinas	Ig	Tratamento com imunoglobulina administrada por via intravenosa. Contém anticorpos anti-HAV; nenhum anticorpo anti-HBsAg, HCV ou vírus da imunodeficiência humana (HIV).
	HBIG	Imunoglobulina da hepatite B. Contém altos títulos de anticorpos anti-HBV.

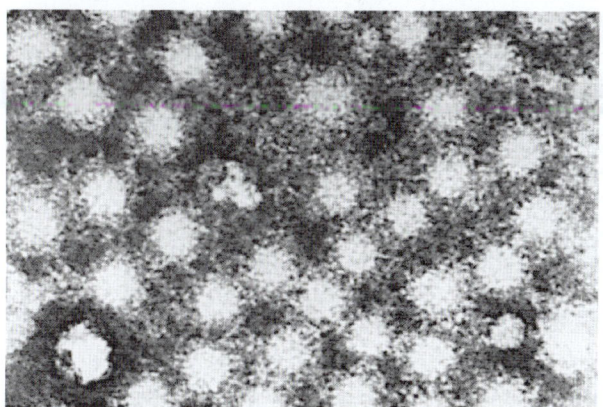

FIGURA 35-1 Micrografia eletrônica do vírus da hepatite A de 27 nm agregado a anticorpo (ampliada 222.000×). Observar a presença de um "halo" de anticorpos em torno de cada partícula. (Cortesia de DW Bradley, CL Hornbeck e JE Maynard.)

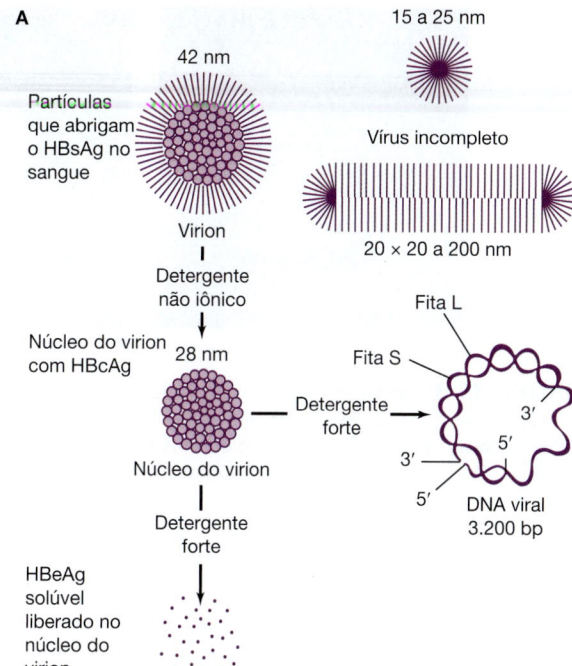

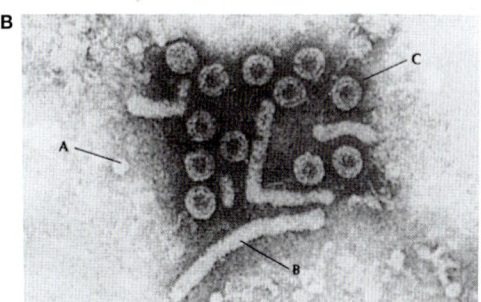

FIGURA 35-2 Formas viral e subviral da hepatite B. **A:** Representação esquemática de três formas contendo HBsAg que podem ser identificadas no soro dos portadores de vírus da hepatite B (HBV). A partícula de Dane esférica de 42 nm pode ser rompida por detergentes não iônicos, liberando o núcleo de 28 nm que contém o genoma de DNA viral de fita parcialmente dupla. Um antígeno solúvel, denominado antígeno e da hepatite B (HBeAg), pode ser liberado das partículas do núcleo mediante tratamento com detergente forte. HBcAg, antígeno do núcleo da hepatite B. **B:** Micrografia eletrônica que mostra três formas distintas que apresentam antígeno de superfície da hepatite B (HBsAg): (A) partículas esféricas pleomórficas de 20 nm, (B) formas filamentosas e (C) partículas de Dane esféricas de 42 nm, a forma infecciosa do HBV. (Cortesia de FB Hollinger.)

O genoma viral (Figura 35-4) consiste em DNA circular de fita parcialmente dupla com 3.200 bp de comprimento. Diferentes HBVs isolados compartilham uma homologia de sequência de nucleotídeos de 90 a 98%. A fita negativa de DNA de comprimento total (fita L ou longa) é complementar a todos os mRNAs do HBV. A fita positiva (fita S ou curta) é variável, com comprimento de unidades de 50 a 80%.

Existem quatro fases de leitura aberta (ORF, do inglês *open reading frames*) que codificam sete polipeptídeos. Estes incluem proteínas estruturais da superfície e do núcleo do virion, um pequeno transativador de transcrição (X) e uma grande proteína polimerase (P), que apresenta atividades de DNA-polimerase, transcriptase reversa e RNase H. O gene S apresenta três códons de iniciação, codificando o HBsAg principal e os polipeptídeos que contêm sequências pré-S2 ou sequências pré-S1 e pré-S2. O gene C tem dois códons de iniciação e codifica o HBcAg mais a proteína HBe, processada para produzir o HBV e o HBeAg solúvel.

As partículas que contêm HBsAg são antigenicamente complexas. Cada uma contém um antígeno específico do grupo (*a*), além de dois pares de subdeterminantes mutuamente exclusivos, *d/y* e *w/r*. Assim, quatro fenótipos do HBsAg* foram observados: *adw*,

TABELA 35-3 Propriedades importantes dos hepadnavírus[a]

Virion: Cerca de 42 nm de diâmetro total (nucleocapsídeos, 18 nm).

Genoma: Uma molécula de DNA de fita dupla circular de 3,2 kbp. No virion, a fita de DNA negativa está presente em toda a sua extensão, enquanto a fita positiva é parcialmente completa. A lacuna deve ser completada no início do ciclo de replicação.

Proteínas: Dois polipeptídeos principais (um glicosilado) estão presentes no HBsAg; um polipeptídeo está presente no HBcAg.

Envelope: Contém HBsAg e lipídeos.

Replicação: Por meio de uma cópia intermediária de RNA do genoma do DNA (HBcAg no núcleo; HBsAg no citoplasma). Tanto o vírus maduro quanto as partículas esféricas de 22 nm consistem em HBsAg secretado pela superfície celular.

Características marcantes:

A família é constituída por muitos tipos que infectam seres humanos e animais inferiores (p. ex., marmotas, esquilos e patos).

Causam hepatites aguda e crônica, progredindo frequentemente para um estado de portador permanente e para carcinoma hepatocelular.

HBcAg, antígeno do núcleo do HBV; HBsAg, antígeno de superfície do HBV.
[a]Quanto ao HAV, ver propriedades dos picornavírus (ver Tabela 36-1); para o HCV, ver descrição dos flavivírus (ver Tabela 38-1).

*N. de T. Dados mais recentes demonstram que o HBsAg apresenta nove subtipos sorológicos. Com base em determinantes e subdeterminantes de seu antígeno de superfície pesquisados por anticorpos monoclonais, os nove subtipos são: *adw2, adw4, ayw1, ayw2, ayw3, ayw4, adrq⁺, adrq⁻ e ayr*.

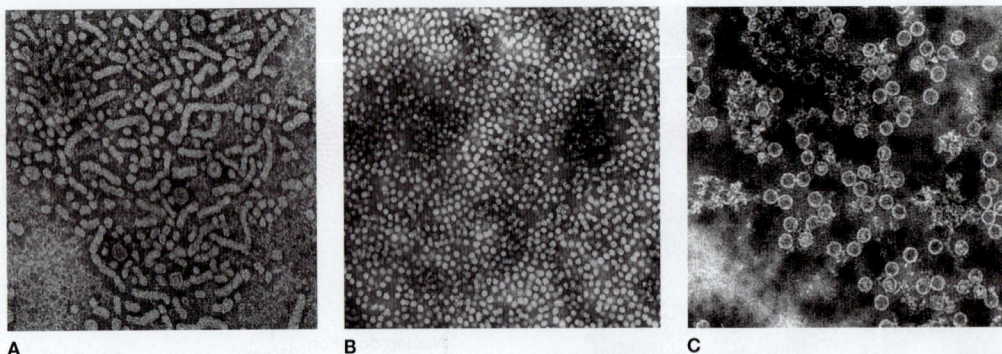

FIRURA 35-3 **A:** Plasma humano não fracionado positivo para o antígeno HBsAg do vírus da hepatite B. Podem-se observar filamentos, partículas esféricas de 22 nm e alguns virions de 42 nm (ampliada 77.000 ×). **B:** HBsAg purificado (ampliada 55.000 ×). (Cortesia de RM McCombs e JP Brunschwig.) **C:** Antígeno do núcleo do vírus da hepatite B (HBcAg) purificado de núcleos de hepatócitos infectados (ampliada 122.400 ×). O diâmetro das partículas do núcleo é de 27 nm. (Cortesia de HA Fields, GR Dreesman e G Cabral.)

ayw, adr e *ayr.* Nos Estados Unidos*, o subtipo predominante é *adw.* Esses marcadores específicos do vírus são úteis em pesquisas

epidemiológicas, visto que os casos secundários apresentam o mesmo subtipo do caso-índice.

A estabilidade do HBsAg nem sempre coincide com a do agente infeccioso. Entretanto, ambos se mostram estáveis a –20 °C durante mais de 20 anos e estáveis a congelamento e descongelamento repetidos. O vírus também exibe estabilidade a 37 °C durante 60 minutos e permanece viável após ser desidratado e conservado a 25 °C

---

*N. de T. No Brasil, predominam na região Norte os subtipos *adw2* e *adw4*; no Nordeste, Sudeste e Centro-Oeste, o subtipo *adw2*; e, no Sul, os subtipos *ayw2* e *ayw3*.

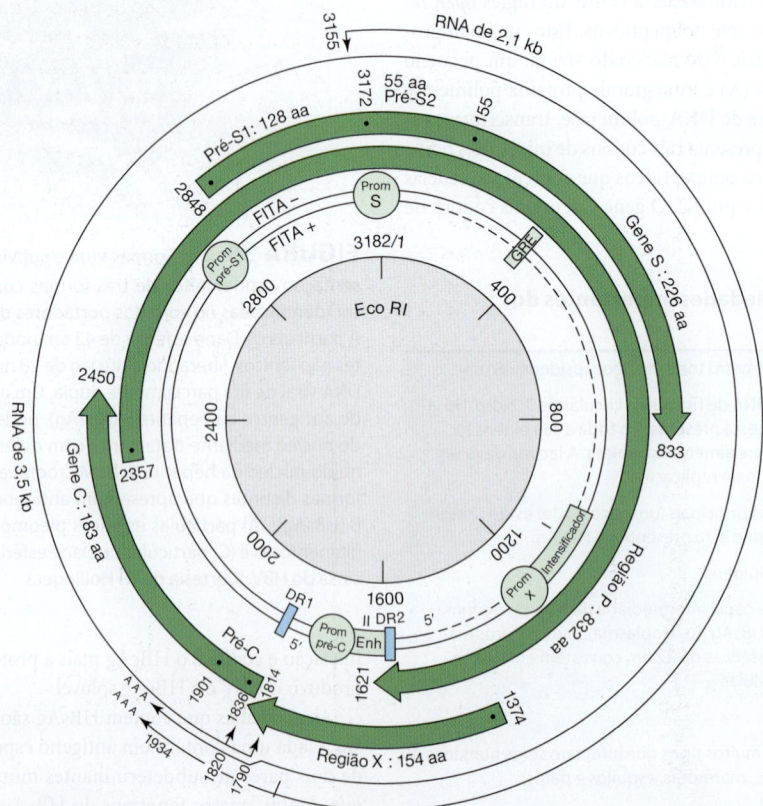

FIGURA 35-4 Organização genética do genoma do vírus da hepatite B. Quatro fases de leitura abertas, que codificam sete peptídeos, estão indicadas por *setas grandes*. A figura também mostra as sequências reguladoras (promotores [prom], intensificadores [Enh, do inglês *enhancers*] e elemento responsivo aos glicocorticoides [GRE, do inglês *glucocorticoid-responsive element*]). Apenas as duas principais transcrições (núcleo/pré-genoma e mRNAs S) estão representadas. DR1 e DR2 são duas sequências diretamente repetidas de 11 bp nas extremidades 5′ do DNA de fita negativa e fita positiva. (Reproduzida, com autorização, de Buendia MA: Hepatitis B viruses and hepatocellular carcinoma. *Adv Cancer Res* 1992;59:167. Academic Press, Inc.)

durante pelo menos 1 semana. O HBV (mas não o HBsAg) é sensível a temperaturas mais elevadas (100 °C durante 1 minuto) ou a longos períodos de incubação (60 °C durante 10 horas). O HBsAg é estável a pH de 2,4 durante um período de até 6 horas, porém a infecciosidade do HBV se perde. Hipoclorito de sódio a 0,5% (p. ex., água sanitária a 1:10) destrói a antigenicidade em 3 minutos em baixas concentrações de proteínas; entretanto, as amostras de soro não diluídas exigem maiores concentrações (5%). O HBsAg não é destruído por irradiação ultravioleta do plasma ou de outros hemoderivados, e a infecciosidade do vírus também pode resistir a esse tratamento.

B. Replicação do vírus da hepatite B

O virion infeccioso fixa-se às células e sofre desnudamento (Figura 35-5). No núcleo, o genoma viral parcialmente de fita dupla é convertido em DNA circular de fita dupla covalentemente fechado (cccDNA). Este serve de modelo para todas as transcrições do vírus, inclusive um RNA pré-genômico de 3,5 kb, que adquire um capsídeo com HBcAg recém-sintetizado. No interior do núcleo, a polimerase viral sintetiza uma cópia de DNA de fita negativa por transcrição reversa. A polimerase começa a sintetizar a fita positiva de DNA, porém o processo não se completa. Os núcleos brotam das membranas pré-Golgi, adquirindo envelopes que contêm HBsAg, e podem sair da célula. Alternativamente, os núcleos podem ser novamente importados para o núcleo, dando início a outro ciclo de replicação na mesma célula.

Hepatite tipo C

Os estudos clínicos e epidemiológicos e os experimentos de estimulação (desafio) cruzada em chimpanzés sugeriram a existência de vários agentes da hepatite não A e não B (NANB) que, com base em testes sorológicos, não eram relacionados com o HAV nem com o HBV. O principal agente foi identificado como o HCV, um vírus de RNA de fita positiva classificado na família Flaviviridae, gênero *Hepacivirus*. Diversos vírus podem ser diferenciados por análise de sequência do RNA em seis genótipos principais (clades) e mais de 100 subtipos. As clades diferem entre si por 25 a 35% no nível dos nucleotídeos, e os subtipos diferem entre si por 15 a 25%. O genoma tem 9,4 kb de tamanho e codifica uma proteína do núcleo, duas glicoproteínas do envelope e várias proteínas não estruturais (Figura 35-6). A expressão de clones do HCV de cDNA em leveduras levou ao desenvolvimento de testes sorológicos para os anticorpos contra o HCV. A maioria dos casos de hepatite NANB pós-transfusional foi provocada pelo HCV.

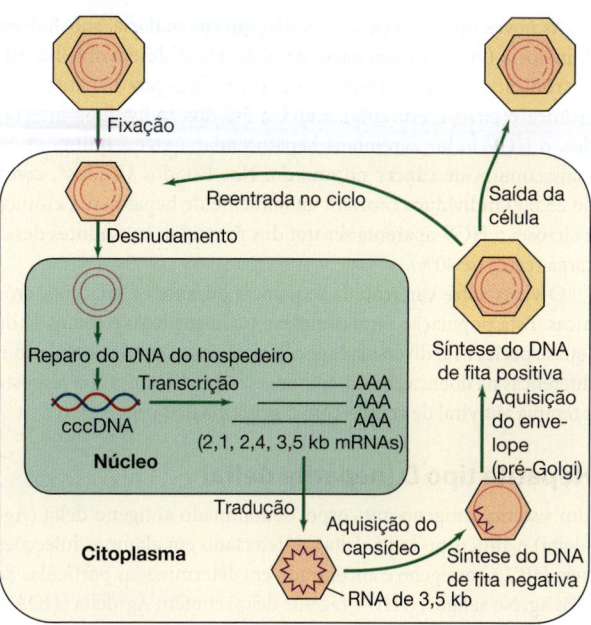

FIGURA 35-5 Ciclo de replicação do vírus da hepatite B (HBV). A fixação do HBV a um receptor na superfície dos hepatócitos ocorre pela porção da região pré-S do HBsAg. Após desnudamento do vírus, enzimas celulares não identificadas convertem o DNA de fita parcialmente dupla em DNA circular covalente fechado (cccDNA), que pode ser detectado no núcleo. O cccDNA atua como modelo para a produção de mRNA do HBV e do pré-genoma de RNA de 3,5 kb. O pré-genoma adquire um capsídeo por meio de um sinal de acondicionamento localizado próximo à extremidade 5' do RNA, resultando em partículas do núcleo recém-sintetizadas, em que atua como modelo para a transcriptase reversa do HBV codificada no gene da polimerase. Uma atividade RNase H da polimerase remove o modelo de RNA, à medida que ocorre a síntese do DNA de fita negativa. A síntese do DNA de fita positiva não se completa no interior do núcleo, resultando em intermediários replicativos que consistem em DNA de fita negativa completo e em DNA de fita positiva de comprimento variável (20-80%). As partículas do núcleo que contêm esses intermediários replicativos de DNA brotam a partir das membranas pré-Golgi (adquirindo HBsAg durante o processo) e podem sair da célula ou entrar novamente no ciclo de infecção intracelular. (Reproduzida, com autorização, de Butel JS, Lee TH, Slagle BL: Is the DNA repair system involved in hepatitis-B-virus-mediated hepatocelular carcinogenesis? *Trends Microbiol* 1996;4:119.)

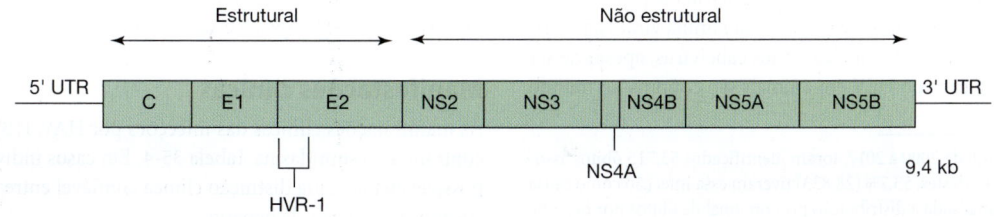

FIGURA 35-6 Organização genética do genoma do vírus da hepatite C. A única fase de leitura aberta é expressa em forma de uma poliproteína que é processada; as posições dos domínios estruturais e não estruturais estão indicadas. HVR-1 representa a região altamente variável de uma glicoproteína do envelope. (Redesenhada, com autorização, a partir de Chung RT, Liang TJ: Hepatitis C virus and hepatocellular carcinoma. In Parsonnet J [editor]. *Microbes and Malignancy: Infection as a Cause of Human Cancers*. Oxford University Press, 1999. Reproduzida, com autorização, de Licensor through PLSclear.)

As novas infecções pelo HCV são, em sua maioria, subclínicas. A maioria (70-90%) dos pacientes com HCV desenvolve hepatite crônica, e muitos correm o risco de evoluir para hepatite ativa crônica e cirrose (10-20%). Em 1 a 5% dos indivíduos infectados, o HCV induz carcinoma hepatocelular, que é a quinta causa mais comum de câncer no mundo. Nos Estados Unidos*, cerca de 25.000 indivíduos morrem anualmente de hepatopatia crônica e cirrose; o HCV aparenta ser um dos principais causadores dessa carga (cerca de 40%).

O vírus sofre variação de sequência durante as infecções crônicas. Esta população viral complexa no hospedeiro é chamada de "quasispécies". Tal diversidade genética não está correlacionada com diferenças na doença clínica, embora existam diferenças na resposta à terapia antiviral de acordo com o genótipo do vírus.

Hepatite tipo D (hepatite delta)

Um sistema antígeno-anticorpo, denominado antígeno delta (Ag-delta) e anticorpo (anti-delta), é detectado em algumas infecções pelo HBV. O antígeno é encontrado em determinadas partículas de HBsAg. No sangue, o HDV (agente delta) contém Ag-delta (HDAg) circundado por um envelope de HBsAg. Possui um tamanho de partículas de 35 a 37 nm e densidade de flutuação de 1,24 a 1,25 g/mL em CsCl. O genoma do HDV consiste em RNA circular de fita simples e polaridade negativa, com 1,7 kb de tamanho. O HDV é o menor dos patógenos humanos conhecidos e assemelha-se aos patógenos subvirais de plantas, ou seja, viroides. Não existe homologia com o genoma do HBV. O HDAg é a única proteína codificada pelo RNA do HDV e difere dos determinantes antigênicos do HBV. O HDV é um vírus defeituoso que adquire um envelope de HBsAg para a sua transmissão. Está frequentemente associado às formas mais graves de hepatite em pacientes HBsAg-positivos. O HDV é classificado no gênero *Deltavirus*, que não é atribuído a nenhuma família de vírus.

Hepatite tipo E

O HEV é transmitido por via entérica e ocorre de modo epidêmico nos países em desenvolvimento, onde o abastecimento da água e dos alimentos é algumas vezes contaminado com fezes. O HEV foi documentado pela primeira vez em amostras coletadas durante a epidemia de 1955 em Nova Delhi, quando foram registrados 29.000 casos de hepatite ictérica após contaminação da água potável da cidade por esgoto. Outra epidemia ocorreu em Kashmir, Índia, em 1978, resultando em aproximadamente 1.700 mortes. As mulheres grávidas podem apresentar elevada taxa de mortalidade (20%) caso uma hepatite fulminante se desenvolva. O genoma viral foi clonado e consiste em RNA de fita simples e polaridade positiva, com 7,2 kb de tamanho. O vírus é classificado na família viral Hepeviridae (gênero *Hepevirus*). Assemelha-se aos calicivírus, apesar de ser distinto destes. Cepas do HEV em animais são comuns no mundo

inteiro. Nos Estados Unidos, há evidências de infecções por HEV ou vírus similares ao HEV em roedores, porcos, ovinos e no gado bovino, com transmissão ocasional a seres humanos.

INFECÇÕES POR VÍRUS DA HEPATITE EM HUMANOS

Patologia

Hepatite é um termo geral que designa inflamação no fígado. Microscopicamente, observa-se a ocorrência de degeneração pontilhada das células parenquimatosas, com necrose dos hepatócitos, reação inflamatória lobular difusa e ruptura dos cordões hepáticos. Essas alterações parenquimatosas são acompanhadas de hiperplasia das células reticuloendoteliais (de Kupffer), infiltração periportal por células mononucleares e degeneração celular. Áreas localizadas de necrose são frequentemente observadas. Em um estágio mais avançado da doença, verifica-se acúmulo de macrófagos próximo aos hepatócitos em degeneração. A preservação do arcabouço reticular permite a regeneração dos hepatócitos, de modo que a arquitetura altamente ordenada do lóbulo hepático pode ser finalmente recuperada. Em geral, o tecido hepático lesado é restaurado em 8 a 12 semanas.

Os portadores crônicos de HBsAg podem ou não apresentar sinais evidentes de hepatopatia. A hepatite viral persistente (que não sofre resolução), uma doença benigna discreta que pode ocorrer após a hepatite B aguda em 8 a 10% dos pacientes adultos, caracteriza-se por níveis esporadicamente anormais de transaminase e hepatomegalia. Histologicamente, a arquitetura lobular é preservada, com infiltração portal, intumescimento e palidez dos hepatócitos (com organização em "paralelepípedo") e fibrose discreta a ausente. Com frequência, essa lesão é observada em portadores assintomáticos, geralmente não evolui para cirrose e apresenta prognóstico favorável.

A hepatite ativa crônica caracteriza-se por um espectro de alterações histológicas que incluem desde inflamação e necrose até colapso do arcabouço reticular normal com a formação de pontes entre as tríades portais ou veias hepáticas terminais. O HBV é detectado em 10 a 50% desses pacientes.

Ocasionalmente, durante a hepatite viral aguda, pode ocorrer uma lesão mais extensa, impedindo a regeneração ordenada dos hepatócitos. Essa necrose hepatocelular fulminante ou maciça é observada em 1 a 2% dos pacientes ictéricos com hepatite B, sendo 10 vezes mais comum em pacientes com infecção concomitante pelo HDV do que na ausência deste vírus.

Tanto o HBV quanto o HCV desempenham papéis significativos no desenvolvimento do carcinoma hepatocelular que pode surgir muitos anos (15-60) após o estabelecimento da infecção crônica.

Manifestações clínicas

As manifestações clínicas das infecções por HAV, HBV e HCV encontram-se resumidas na Tabela 35-4. Em casos individuais, não é possível efetuar uma distinção clínica confiável entre os casos provocados pelos vírus da hepatite.

Outras doenças virais que podem manifestar-se em forma de hepatite são a mononucleose infecciosa, a febre amarela, a infecção por citomegalovírus e por herpes-vírus simples, a rubéola e algumas infecções por enterovírus. A hepatite pode ocorrer ocasionalmente

---

* N. de T. No Brasil, de 2000 a 2017, foram identificados 53.715 óbitos associados à hepatite C; destes, 53,7% (28.823) tiveram essa infecção como causa básica. Quando analisada a distribuição proporcional de óbitos por hepatite C como causa básica entre as regiões brasileiras, verifica-se que 56,5% foram registrados no Sudeste, 23,7% no Sul, 10,7% no Nordeste, 4,8% no Norte e 4,3% no Centro-Oeste. Fonte: Ministério da Saúde (http://www.aids.gov.br/system/tdf/pub/2016/66453/boletim_hepatites_2019_c_.pdf?file=1&type=node&id=66453&force=1).

TABELA 35-4 Características clínicas e epidemiológicas das hepatites virais A, B e C

Característica	Hepatite viral tipo A	Hepatite viral tipo B	Hepatite viral tipo C
Período de incubação	10-50 dias (média, 25-30)	50-180 dias (média, 60-90)	15-160 dias (média, 50)
Principal distribuição etária	Crianças[a], jovens adultos	15-29 anos[b], bebês	Adultos[b]
Incidência sazonal	Durante todo o ano, mas com tendência a atingir o pico no outono	Durante todo o ano	Durante todo o ano
Rota de infecção	Predominantemente orofecal	Predominantemente parenteral	Predominantemente parenteral
Ocorrência do vírus			
Sangue	2 semanas antes a ≤ 1 semana após a icterícia	Meses a anos	Meses a anos
Fezes	2 semanas antes a 2 semanas após a icterícia	Ausente	Provavelmente ausente
Urina	Rara	Ausente	Provavelmente ausente
Saliva, sêmen	Rara (saliva)	Frequentemente presente	Presente (saliva)
Características clínicas e laboratoriais			
Início	Abrupto	Insidioso	Insidioso
Febre acima de 38 °C	Comum	Menos comum	Menos comum
Duração da elevação das aminotransferases	1-3 semanas	1-6 meses ou mais	1-6 meses ou mais
Imunoglobulinas (níveis de IgM)	Elevadas	Normais ou levemente aumentadas	Normais ou levemente aumentadas
Complicações	Incomuns, ausência de cronicidade	Cronicidade em 5-10% (95% dos recém-nascidos)	Cronicidade em 70-90%
Taxa de mortalidade (casos ictéricos)	< 0,5%	< 1-2%	0,5-1%
Imunidade			
Homóloga	Presente	Presente	Provavelmente ausente
Heteróloga	Ausente	Ausente	Ausente
Duração	Provavelmente permanente	Provavelmente permanente	Provavelmente permanente
Imunoglobulina intramuscular (Ig, γ-globulina, ISG)	Previne regularmente a icterícia	Previne a icterícia somente se a imunoglobulina tiver potência suficiente contra o HBV	Previne a icterícia somente se a imunoglobulina tiver potência suficiente contra o HCV

HBV, vírus da hepatite B; HCV, vírus da hepatite C; Ig, imunoglobulina; IgM, imunoglobulina do isotipo M; ISG, imunoglobulina sérica.
[a]A hepatite não ictérica é comum em crianças.
[b]Na faixa etária entre 15 e 29 anos, as hepatites B e C estão frequentemente associadas ao uso de drogas, práticas sexuais de alto risco e exposição a agulha não esterilizada. Os pacientes com HBV e HCV associadas à transfusão geralmente têm idade superior a 29 anos.

como uma complicação de leptospirose, sífilis, tuberculose, toxoplasmose e amebíase, todas suscetíveis a tratamento farmacológico específico. As causas não infecciosas consistem em obstrução biliar, cirrose biliar primária, doença de Wilson, toxicidade e reações de hipersensibilidade a fármacos.

Na hepatite viral, o aparecimento de icterícia é frequentemente precedido de sintomas gastrintestinais, como náuseas, vômitos, anorexia e febre baixa. A icterícia pode aparecer poucos dias após o período prodrômico, porém a hepatite anictérica é mais comum.

As manifestações extra-hepáticas da hepatite viral (principalmente do tipo B) consistem em pródromo transitório semelhante à doença do soro (incluindo febre, exantema e poliartrite), vasculite necrosante (poliarterite nodosa) e glomerulonefrite. Foi sugerida a atuação de imunocomplexos circulantes como a causa dessas síndromes. As doenças associadas a infecções crônicas pelo HCV são a crioglobulinemia mista e a glomerulonefrite. As manifestações extra-hepáticas são incomuns nas infecções causadas pelo HAV.

A hepatite viral não complicada raramente persiste por mais de 10 semanas sem qualquer melhora. Recidivas ocorrem em 5 a 20% dos casos e manifestam-se por anormalidades da função hepática com ou sem recidiva dos sintomas clínicos.

O período de incubação mediano difere para cada tipo de hepatite viral (ver Tabela 35-4). Todavia, verifica-se considerável superposição na duração dos períodos, e o paciente pode não saber quando ocorreu a exposição, de modo que o período de incubação não tem muita utilidade na determinação da etiologia viral específica.

O início da doença tende a ocorrer de modo abrupto com o HAV (em 24 horas), diferente do início mais insidioso observado com o HBV e o HCV. A recuperação completa ocorre na maioria dos casos de hepatite A; não tem sido observada cronicidade (Tabela 35-5). A doença é mais grave em adultos do que em crianças, nas quais frequentemente passa despercebida. Recidivas da infecção pelo HAV podem ocorrer dentro de 1 a 4 meses após a resolução dos sintomas iniciais.

TABELA 35-5   Evoluções da infecção pelo vírus da hepatite A[a]

Evolução	Crianças	Adultos
Infecção inaparente (subclínica) (%)	80-95	10-25
Doença ictérica (%)	5-20	75-90
Recuperação completa (%)	> 98	> 98
Doença crônica (%)	Ausente	Ausente
Taxa de mortalidade (%)	0,1	0,3-2,1

[a]Adaptada, com autorização, de Hollinger FB, Ticehurst JR: Hepatitis A virus. In Fields BN, Knipe DM, Howley PM (editors-in-chief). *Fields Virology*, 3rd ed. Lippincott-Raven, 1996.

A evolução após a infecção pelo HBV varia desde recuperação completa até evolução para hepatite crônica e, raramente, para a morte em decorrência de doença fulminante. Em adultos, 65 a 80% das infecções são inaparentes, e 90 a 95% dos pacientes recuperam-se por completo. Em contrapartida, 80 a 95% dos lactentes e crianças pequenas infectados pelo HBV tornam-se portadores crônicos (Tabela 35-6), permanecendo o soro desses pacientes positivo quanto ao HBsAg. A maioria dos indivíduos com infecção crônica pelo HBV permanece assintomática durante muitos anos; pode ou não haver evidências bioquímicas ou histológicas de hepatopatia. Os portadores crônicos correm alto risco de desenvolver carcinoma hepatocelular.

Ocasionalmente, desenvolve-se hepatite fulminante durante a hepatite viral aguda, definida como encefalopatia hepática nas primeiras 8 semanas da doença em pacientes sem doença hepática prévia. É fatal em 70 a 90% dos casos, sendo a sobrevida incomum depois dos 40 anos de idade. Doença fulminante pelo HBV está associada à superinfecção por outros agentes, como o HDV. Na maioria dos pacientes que sobrevivem, é regra a ocorrência de recuperação completa do parênquima hepático e normalização da função hepática. A doença fulminante raramente ocorre em infecções pelo HAV ou pelo HCV.

TABELA 35-6   Transmissão do vírus da hepatite B e espectro de evolução da infecção

Característica	Transmissão[a]		
	Vertical (Ásia)	**Por contato (África)**	**Parenteral, sexual**
Idade no momento da infecção	Recém--nascidos, lactentes	Crianças de pouca idade	Adoles-centes, adultos
Recuperação da infecção aguda (%)	5	20	90-95
Progressão para infecção crônica (%)	95	80	5-10
Portadores crônicos[b] (% do total da população)	10-20	10-20	0,5

[a]A transmissão vertical e a transmissão associada ao contato ocorrem em regiões endêmicas. As transmissões parenteral e sexual estão entre os principais modos de transmissão nas regiões não endêmicas.
[b]Com alto risco de desenvolvimento de carcinoma hepatocelular.

Em geral, a hepatite C é clinicamente leve, com apenas elevação mínima a moderada das enzimas hepáticas. A hospitalização é rara, e ocorre icterícia em menos de 25% dos casos. A despeito da natureza branda da doença, 70 a 90% dos casos evoluem para a hepatopatia crônica. A maioria dos pacientes é assintomática, porém a avaliação histológica frequentemente revela sinais de hepatite crônica ativa, em particular em indivíduos cuja doença é adquirida em consequência de transfusão. Muitos pacientes (20-50%) desenvolvem cirrose e são de alto risco para o desenvolvimento de carcinoma hepatocelular (5-25%) décadas mais tarde. Cerca de 40% dos casos de hepatopatia crônica estão relacionados com o HCV, resultando em uma estimativa de 8.000 a 10.000 mortes por ano nos Estados Unidos. A hepatopatia de estágio terminal associada ao HCV constitui a indicação mais frequente para o transplante de fígado em adultos.

Características laboratoriais

A biópsia hepática permite o estabelecimento do diagnóstico histológico de hepatite. As provas de função hepática anormais, como alanina-aminotransferase (ALT), aspartato-aminotransferase (AST) e bilirrubina séricas, complementam os achados clínicos, patológicos e epidemiológicos.

A. Hepatite A

A Figura 35-7 mostra os eventos clínicos, virológicos e sorológicos observados após a exposição ao HAV. Partículas virais foram detectadas por meio de imunomicroscopia eletrônica em extratos fecais de pacientes com hepatite A (ver Figura 35-1). O vírus aparece em um estágio inicial da doença e desaparece 2 semanas após o início da icterícia.

O HAV pode ser detectado no fígado, nas fezes, na bile e no sangue de seres humanos infectados naturalmente e de primatas não humanos infectados experimentalmente por meio de ensaios imunoenzimáticos, ensaios de hibridização do ácido nucleico ou PCR. O HAV é detectado nas fezes cerca de 2 semanas antes até 2 semanas depois do aparecimento de icterícia.

A anti-HAV aparece na fração imunoglobulina M (IgM) durante a fase aguda, atingindo o valor máximo cerca de 2 semanas após a elevação das enzimas hepáticas (Tabela 35-7). Em geral, a IgM anti-HAV declina para níveis não detectáveis em 3 a 6 meses. A IgG anti-HAV aparece pouco depois do início da doença e persiste por várias décadas. Assim, a detecção de anti-HAV específica da IgM no sangue de paciente com infecção aguda confirma o diagnóstico de hepatite A. O ensaio imunoadsorvente ligado à enzima (Elisa, do inglês *enzyme–linked immunosorbent assay*) é o método de escolha para a determinação dos anticorpos anti-HAV.

B. Hepatite B

Os eventos clínicos e sorológicos que se seguem à exposição ao HBV são descritos na Figura 35-8 e resumidos na Tabela 35-8. A atividade da DNA-polimerase, o DNA do HBV e o HBeAg, representativos do estado virêmico da hepatite B, aparecem no início do período de incubação, concomitantemente ao ou logo após o aparecimento inicial do HBsAg. Concentrações elevadas de partículas HBV podem estar presentes no sangue (até 10^{10} partículas/mL) durante a fase inicial da infecção; o percentual de contágio é maior nesse período. Em geral, o HBsAg pode ser detectado 2 a 6 semanas antes do aparecimento de sinais clínicos e bioquímicos da hepatite, persistindo durante toda a evolução clínica da doença,

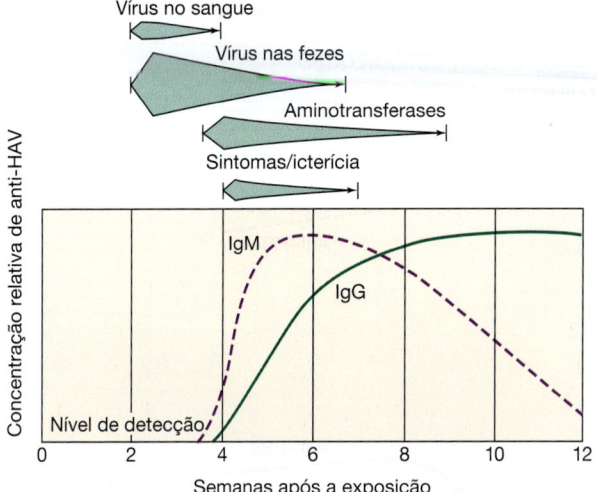

FIGURA 35-7 Eventos imunológicos e biológicos associados à infecção humana pelo vírus da hepatite A. IgG, imunoglobulina G; IgM, imunoglobulina M. (Reproduzida, com autorização, de Hollinger FB, Ticehurst JR: Hepatitis A virus. In Fields BN, Knipe DM, Howley PM [editors-in-chief]. *Fields Virology*, 3rd ed. Lippincott-Raven, 1996. Modificada, com autorização, de Hollinger FB, Dienstag JL: Hepatitis viruses. In Lennette EH [editor]. *Manual of Clinical Microbiology*, 4th ed. American Society for Microbiology, 1985.)

mas em geral desaparecendo 6 meses após a exposição. Acredita-se que o desaparecimento do HBsAg esteja associado ao processo de recuperação da infecção; contudo, alguns pacientes continuam a ter infecção silenciosa pelo HBV com DNA detectável do HBV e ainda podendo transmitir o vírus.

Níveis elevados de anti-HBc específico da IgM são frequentemente detectados no início da doença clínica. Como esse anticorpo é dirigido contra o componente do núcleo interno de 27 nm do HBV, seu aparecimento no soro indica a ocorrência de replicação viral. O anticorpo dirigido contra o HBsAg é detectado pela primeira vez no decorrer de um período variável após o desaparecimento

TABELA 35-7 Interpretação dos marcadores sorológicos das hepatites A, C e D em pacientes com hepatite

Resultados dos testes	Interpretação
Positivo para IgM anti-HAV	Infecção aguda pelo HAV
Positivo para IgG anti-HAV	Infecção passada pelo HAV
Positivo para anti-HCV	Infecção corrente ou passada pelo HCV
Positivo para anti-HDV e para HBsAg	Infecção pelo HDV
Positivo para anti-HDV e para IgM anti-HBc	Coinfecção com HDV e HBV
Positivo para anti-HDV e negativo para IgM anti-HBc	Superinfecção de infecção crônica de HBV com HDV

Anti-HAV, anticorpos contra o vírus da hepatite A (HAV); anti-HBc, anticorpos contra antígeno do núcleo do vírus da hepatite B (HBV); anti-HCV, anticorpos contra o vírus da hepatite C (HCV); anti-HDV, anticorpos contra o vírus da hepatite D (HDV); HBsAg, antígeno de superfície do HBV; IgG, imunoglobulina do isotipo G; IgM, imunoglobulina do isotipo M.

do HBsAg. Ocorre em baixas concentrações. Antes do desaparecimento do HBsAg, o HBeAg é substituído pelo anti-HBe, indicando o início do processo de resolução da doença. No entanto, alguns pacientes podem desenvolver hepatite crônica apresentando HBeAg negativo pela presença de mutantes pré-núcleo de HBV, geralmente associados a uma mutação do códon de parada no nucleotídeo 1896. Essa mutação resulta na ausência de produção de HBeAg, mas com progressão viral contínua.

Por definição, os portadores crônicos de HBV são aqueles em que o HBsAg persiste por mais de 6 meses na presença de HBeAg ou anti-HBe. O HBsAg pode persistir por vários anos após a perda do HBeAg. Diferentemente dos títulos elevados de IgM anti-HBc observados na doença aguda, baixos títulos de IgM anti-HBc são encontrados no soro da maioria dos portadores crônicos de HBsAg. Pequenas quantidades de DNA do HBV são em geral detectáveis no soro enquanto o HBsAg estiver presente.

Os métodos mais úteis de detecção consistem em Elisa para os antígenos e anticorpos HBV e PCR para o DNA viral*.

C. Hepatite C

Os eventos clínicos e sorológicos associados às infecções pelo HCV são mostrados na Figura 35-9. A maior parte das infecções primárias é assintomática ou clinicamente leve (20-30% apresentam icterícia, e 10-20% apresentam somente sintomas inespecíficos, como anorexia, mal-estar e dor abdominal). Ensaios sorológicos estão disponíveis para o diagnóstico de infecção pelo HCV. Os ensaios imunoenzimáticos detectam anticorpos dirigidos contra o HCV, porém não distinguem entre infecção aguda, crônica ou que foi resolvida (ver Tabela 35-7). Os anticorpos anti-HCV podem ser detectados em 50 a 70% dos pacientes no início dos sintomas, enquanto em outros o surgimento de anticorpos pode levar 3 a 6 semanas. Os anticorpos são direcionados contra o núcleo, o envelope e as proteínas NS3 e NS4, tendendo a apresentar títulos relativamente baixos. Os testes baseados nos ácidos nucleicos (p. ex., PCR com transcriptase reversa [RT-PCR, do inglês *reverse transcriptase PCR*]) detectam a presença de RNA do HCV circulante e mostram-se úteis para a monitoração de pacientes submetidos à terapia antiviral. Os ensaios dos ácidos nucleicos também são utilizados para genotipagem dos HCV isolados.

D. Hepatite D

A Figura 35-10 e a Tabela 35-7 mostram os padrões sorológicos observados após a infecção pelo HDV. Como o HDV depende da

---

* N. de T. Em infecções com variantes de HBV que não expressam HBeAg, não é possível diferenciar pacientes com ou sem replicação viral significativa. Mutações resultam em inabilidade do HBV de produzir o HBeAg, embora o vírus esteja se reproduzindo ativamente. Isto significa que, por culpa destas mutações, pode-se ter um resultado negativo do HBeAg, apesar de o vírus se encontrar ativo nestes indivíduos. Logo, é importante que testes de PCR quantitativos para avaliação da carga viral sejam realizados. Atualmente, no Brasil, a quantificação da carga viral é realizada por quatro metodologias distintas: (1) PCR em tempo real; (2) PCR-Elisa quantitativo; (3) ensaio baseado na amplificação da sequência do ácido nucleico (NASBA, do inglês *nucleic acid sequence based assay*); e (4) DNA de cadeia ramificada (bDNA, do inglês *branched-chain DNA*). As três primeiras metodologias fazem a detecção e a quantificação de forma direta, amplificando o alvo. No bDNA, a detecção e a quantificação ocorrem de forma indireta, por amplificação do sinal. Ocorre a hibridização do genoma viral com sondas e depois a amplificação do sinal do produto hibridizado.

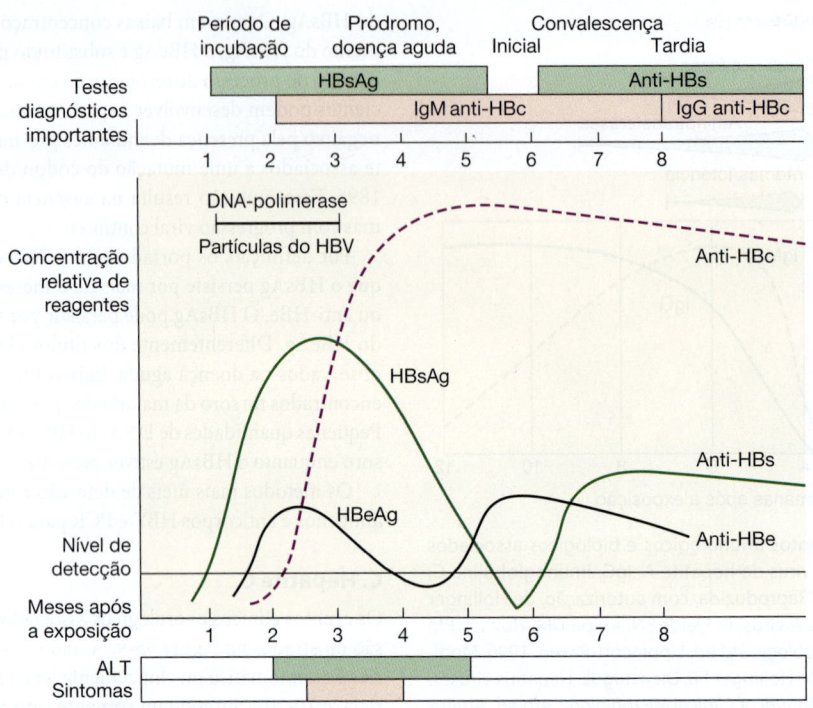

FIGURA 35-8 Eventos clínicos e sorológicos que ocorrem em um paciente com infecção aguda pelo vírus da hepatite B. Os testes diagnósticos comuns e sua interpretação são apresentados na Tabela 35-8. ALT, alanina-aminotransferase; anti-HBc, anticorpo contra antígeno do núcleo do HBV; anti-HBe, anticorpo contra o antígeno e do HBV; anti-HBs, anticorpo contra antígeno de superfície do HBV; HBeAg, antígeno e do HBV; HBsAg, antígeno de superfície do HBV; HBV, vírus da hepatite B; IgG, imunoglobulina do isotipo G; IgM, imunoglobulina do isotipo M). (Reproduzida, com autorização, de Hollinger FB, Dienstag JL: Hepatitis B and D viruses. In Murray PR [editor]. *Manual of Clinical Microbiology*, 7th ed. Washington DC: ASM Press, 1999. ©1999 American Society for Microbiology. Nenhuma reprodução ou distribuição permitida sem prévia permissão da American Society for Microbiology.)

TABELA 35-8 **Interpretação dos marcadores sorológicos do HBV em pacientes com hepatite[a]**

Resultados dos testes			
HBsAg	**Anti-HBs**	**Anti-HBc**	**Interpretação**
Positivo	Negativo	Negativo	Estágio inicial da infecção. É necessária a confirmação para se excluir reatividade inespecífica.
Positivo	(±)	Positivo	Infecção aguda ou crônica pelo HBV. Diferenciar com a IgM anti-HBc. Determinar o nível de atividade de replicação (infectividade) com HBeAg ou com o DNA do HBV.
Negativo	Positivo	Positivo	Indica infecção prévia pelo HBV e imunidade contra a hepatite B.
Negativo	Negativo	Positivo	Infecção pelo HBV em passado remoto; portador de HBV de "baixo nível"; "janela" entre o desaparecimento do HBsAg e o aparecimento de anti-HBs; ou reação falso-positiva ou inespecífica. Investigar a presença de IgM anti-HBc e DNA do HBV. Quando presente, o anti-HBe ajuda a validar a reatividade anti-HBc.
Negativo	Negativo	Negativo	Nunca foi infectado pelo HBV. Possivelmente outros agentes infecciosos, lesão tóxica no fígado, distúrbios imunológicos, hepatopatia hereditária ou doença do trato biliar.
Negativo	Positivo	Negativo	Resposta tipo vacinal contra o HBV.

Anti-HBc, anticorpos contra anticorpos antígeno do núcleo do HBV; anti-HBe, anticorpos para o antígeno e do HBV; anti-HBs, anticorpos contra o antígeno de superfície do HBV; HBsAg, antígeno de superfície do HBV; HBeAg, antígeno e do HBV; HBV, vírus da hepatite B; IgM, imunoglobulina do isotipo M.
[a]Modificada e reproduzida, com autorização, de Hollinger FB: Hepatitis B virus. In Fields BN, Knipe DM, Howley PM (editors-in-chief). *Fields Virology*, 3rd ed. Lippincott-Raven, 1996.

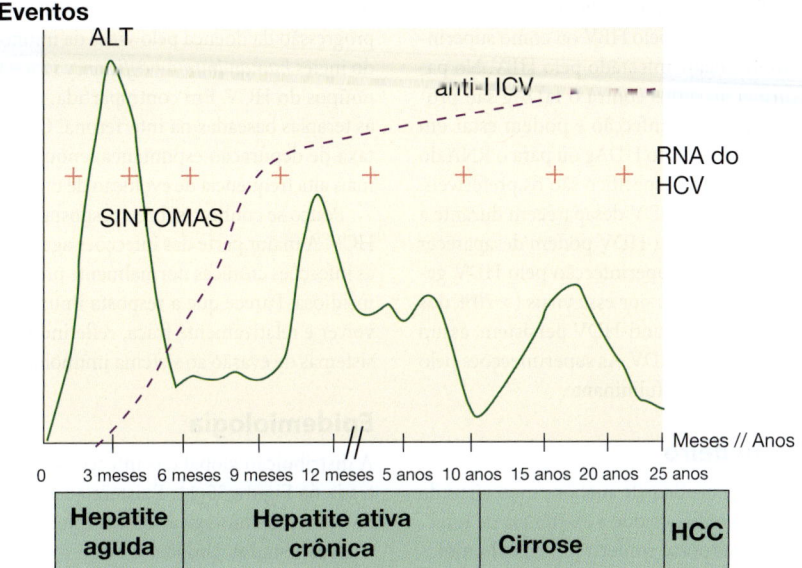

FIGURA 35-9   Eventos clínicos e sorológicos associados a infecções pelo vírus da hepatite C (HCV). ALT, alanina-aminotransferase; anti-HCV, anticorpos contra o HVC; HCC, carcinoma hepatocelular. (Reproduzida, com autorização, de Garnier L, Inchauspé G, Trépo C: Vírus da hepatite C. In Richmann DD, Whitley RJ, Hayden FG [editors]. *Clinical Virology*, 2nd ed. ASM Press, 2002. Washington, DC. ©2002 American Society for Microbiology. Nenhuma reprodução ou distribuição permitida sem prévia permissão da American Society for Microbiology.)

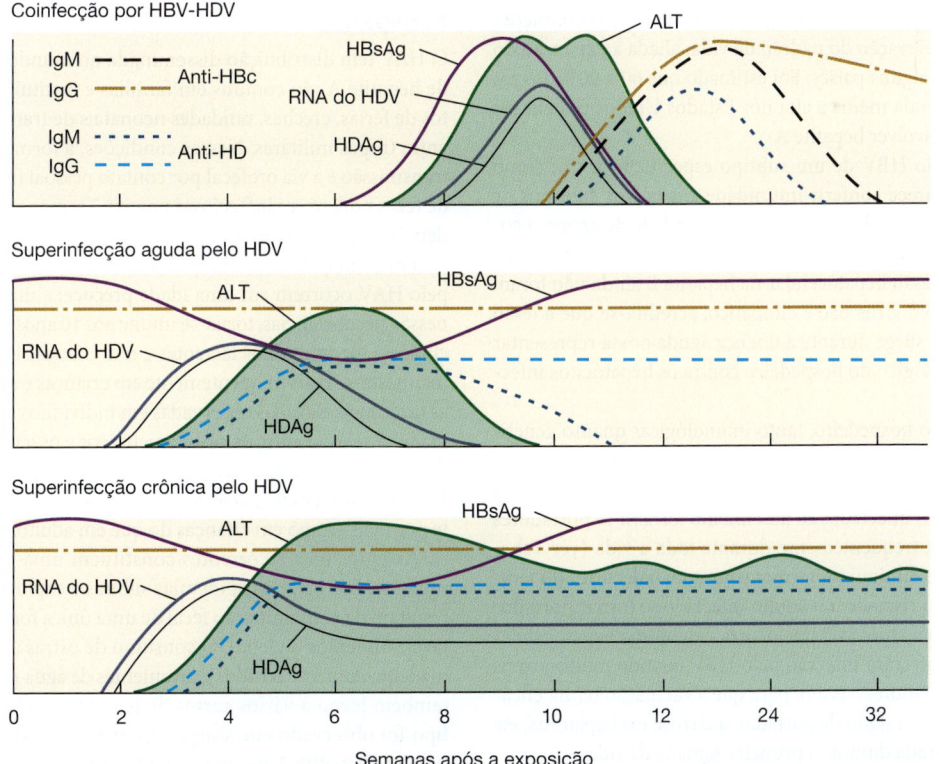

FIGURA 35-10   Padrões sorológicos da hepatite D após coinfecção ou superinfecção do indivíduo com infecção pelo HBV. **Parte superior**: Hepatites B e D agudas coexistentes. **Parte central**: Hepatite D aguda superposta a uma infecção crônica pelo vírus da hepatite B. **Parte inferior**: Hepatite D aguda que evolui para hepatite crônica, superposta a uma infecção crônica pelo vírus da hepatite B. ALT, alanina-aminotransferase; anti-HBC, anticorpos contra antígeno do núcleo do HBV; anti-HD, anticorpos contra o antígeno delta; HBsAg, antígeno de superfície do HBV; HDAg, antígeno delta; HDV, vírus da hepatite D; IgG, imunoglobulina do isotipo G; IgM, imunoglobulina do isotipo M. (Reproduzida, com autorização, de Purcell RH et al: Hepatitis. In Schmidt NJ, Emmons RW [editors]. *Diagnostic Procedures for Viral, Rickettsial and Chlamydial Infections*, 6th ed. American Public Health Association, 1989.)

infecção coexistente pelo HBV, a infecção aguda do tipo D ocorre como infecção simultânea (coinfecção) pelo HBV ou como superinfecção de um indivíduo cronicamente infectado pelo HBV. No padrão de coinfecção, anticorpos dirigidos contra o HDAg são produzidos tardiamente na fase aguda da infecção e podem estar em títulos baixos. Os ensaios para detecção do HDAg ou para o RNA do HDV no soro, ou para IgM anti-HDV específico são os preferíveis. Todos os marcadores da replicação do HDV desaparecem durante a convalescença; mesmo os anticorpos anti-HDV podem desaparecer dentro de meses a anos. Entretanto, a superinfecção pelo HDV geralmente resulta em infecção persistente por esse vírus (> 70% dos casos). Os níveis elevados de IgM e IgG anti-HDV persistem, assim como os níveis de HDAg e de RNA do HDV. As superinfecções pelo HDV podem estar associadas à hepatite fulminante.

Interações vírus-hospedeiro

Atualmente, há provas da existência de pelo menos cinco vírus da hepatite: tipos A, B, C, D e E. Acredita-se que a existência de infecção isolada por qualquer um deles possa conferir proteção homóloga, mas não heteróloga, contra a reinfecção. Uma possível exceção pode ser o HCV, em que a reinfecção pode ocorrer.

A maioria dos casos de hepatite A presumivelmente ocorre sem icterícia na infância, e, em uma fase avançada da vida adulta, verifica-se o aparecimento de resistência disseminada à reinfecção. Entretanto, os estudos sorológicos realizados nos Estados Unidos e em diversos países asiáticos indicam que a incidência de infecção pode estar diminuindo em decorrência da melhora das condições sanitárias, com a elevação do padrão de vida, aliada à expansão do uso de vacina em alguns países. Foi estimado que 60 a 90% dos jovens adultos de renda média a alta nos Estados Unidos podem ser suscetíveis a desenvolver hepatite A.

A infecção pelo HBV de um subtipo específico (p. ex., como o HBsAg/*adw*) parece conferir imunidade aos outros subtipos de HBsAg, provavelmente devido à sua especificidade de grupo *a* comum. Os mecanismos imunopatogenéticos que resultam em persistência do vírus e lesão hepatocelular na hepatite B ainda não foram elucidados. Como o vírus não é citopático, acredita-se que a lesão hepatocelular que surge durante a doença aguda possa representar um ataque imunológico do hospedeiro contra os hepatócitos infectados pelo HBV.

As respostas do hospedeiro, tanto imunológicas quanto genéticas, são consideradas responsáveis pela frequência de cronicidade do HBV em indivíduos infectados quando lactentes. Cerca de 95% dos recém-nascidos infectados ao nascimento tornam-se portadores crônicos do vírus, frequentemente durante toda a vida (ver Tabela 35-6). Esse risco diminui uniformemente com o decorrer do tempo, de modo que o risco de um adulto infectado se tornar portador cai para 10%. É mais provável que ocorra carcinoma hepatocelular em adultos que sofreram infecção pelo HBV quando muito jovens e se tornaram portadores. Assim, para que a vacinação tenha eficácia máxima contra o estado de portador, a cirrose e o hepatoma, ela deve ser administrada durante a primeira semana de vida.

Os genótipos 1 a 4 do HCV são os tipos predominantes em circulação nos países do Ocidente e apresentam algumas características diferenciais. O genótipo 1 é predominante na América do Norte, no Japão e na Europa Ocidental*. Apresenta a resposta mais fraca à terapia

por interferona (IFN) e pode apresentar um efeito mais deletério na progressão da doença pelo vírus da imunodeficiência humana (HIV, do inglês *human immunodeficiency virus*) tipo 1 do que os outros genótipos do HCV. Em contrapartida, o genótipo 2 responde melhor às terapias baseadas na interferona. O genótipo 3 apresenta a maior taxa de depuração espontânea, enquanto o genótipo 4 parece ter a mais alta frequência de evolução de uma infecção aguda para crônica.

Pouco se conhece sobre a resposta imunológica do hospedeiro ao HCV. A maior parte das infecções agudas é assintomática ou suave, e as infecções crônicas normalmente progridem lentamente e de forma insidiosa. Parece que a resposta imunológica é lenta para se desenvolver e relativamente fraca, refletindo o fato de que o HCV possui sistemas de evasão ao sistema imunológico particularmente eficazes.

Epidemiologia

A distribuição global das infecções pelas hepatites A, B e C é mostrada na Figura 35-11. Existem acentuadas diferenças nas características epidemiológicas dessas infecções (ver Tabela 35-4).

Nos Estados Unidos, o risco de transmissão desses vírus por transfusão sofreu uma redução acentuada em decorrência de testes de rastreamento aprimorados, incluindo o teste do ácido nucleico e o estabelecimento de populações de doadores voluntários. Em 2012, calculou-se que o risco de transmissão do HBV por transfusão sanguínea era de 1 para 1,7 milhão, e do HCV, era de 1 para 6 a 7 milhões de doações.

A. Hepatite A

O HAV tem distribuição disseminada no mundo inteiro. Os surtos de hepatite A são comuns em famílias e instituições, acampamentos de férias, creches, unidades neonatais de tratamento intensivo e entre tropas militares. Nessas condições, a forma mais provável de transmissão é a via orofecal por contato pessoal íntimo. As amostras de fezes podem ser infecciosas por até 2 semanas antes e 2 semanas depois do surgimento de icterícia.

Em condições sanitárias precárias e de aglomeração, as infecções pelo HAV ocorrem em uma idade precoce; a maioria das crianças, nessas circunstâncias, torna-se imune aos 10 anos de idade. A doença clínica é incomum nos lactentes e nas crianças em geral. A doença manifesta-se mais frequentemente em crianças e adolescentes, sendo as taxas mais elevadas observadas em indivíduos entre 5 e 14 anos de idade. A relação entre os casos anictéricos e os ictéricos em adultos é de cerca de 1 para 3; em crianças, essa relação pode chegar a 12 para 1. Entretanto, a excreção fecal do antígeno e do RNA do HAV persiste por mais tempo em crianças do que em adultos.

As epidemias recorrentes constituem uma caraterística proeminente. Em geral, as epidemias súbitas e explosivas de hepatite A resultam da contaminação fecal de uma única fonte (p. ex., água potável, alimentos ou leite). O consumo de ostras cruas ou mexilhões inadequadamente cozidos provenientes de água poluída com esgoto também levou a vários surtos de hepatite A. O maior surto desse tipo foi observado em Xangai em 1988, quando mais de 300.000 casos de hepatite A foram atribuídos a mexilhões não cozidos provenientes de água poluída. Nos Estados Unidos, em 1997, um surto decorrente da transmissão por meio de alimentos ocorreu em vários estados e foi atribuído a morangos congelados.

Outras fontes identificadas de infecção potencial são representadas por primatas não humanos. Houve mais de 35 surtos em que primatas, geralmente chimpanzés, infectaram seres humanos que mantinham contato pessoal próximo com eles.

---

* N. de T. No Brasil, os genótipos 1 e 3 são os mais prevalentes, sendo que 50 a 70% dos casos de hepatites pelo HCV são causados pelo tipo 1.

O HAV é raramente transmitido pelo uso de agulhas e seringas contaminadas ou pela administração de sangue. A hepatite A associada à transfusão é rara, uma vez que o estágio virêmico da infecção ocorre durante a fase prodrômica e é de curta duração, os títulos de anticorpos no sangue são baixos e não existe estado de portador. Entretanto, um relatório publicado em 1996 documentou a transmissão do HAV para hemofílicos por concentrados dos fatores de coagulação. Existem poucas evidências de transmissão do HAV por exposição a urina ou secreções nasofaríngeas de pacientes infectados. A hemodiálise não desempenha papel algum na propagação da hepatite A tanto para pacientes quanto para a equipe médica.

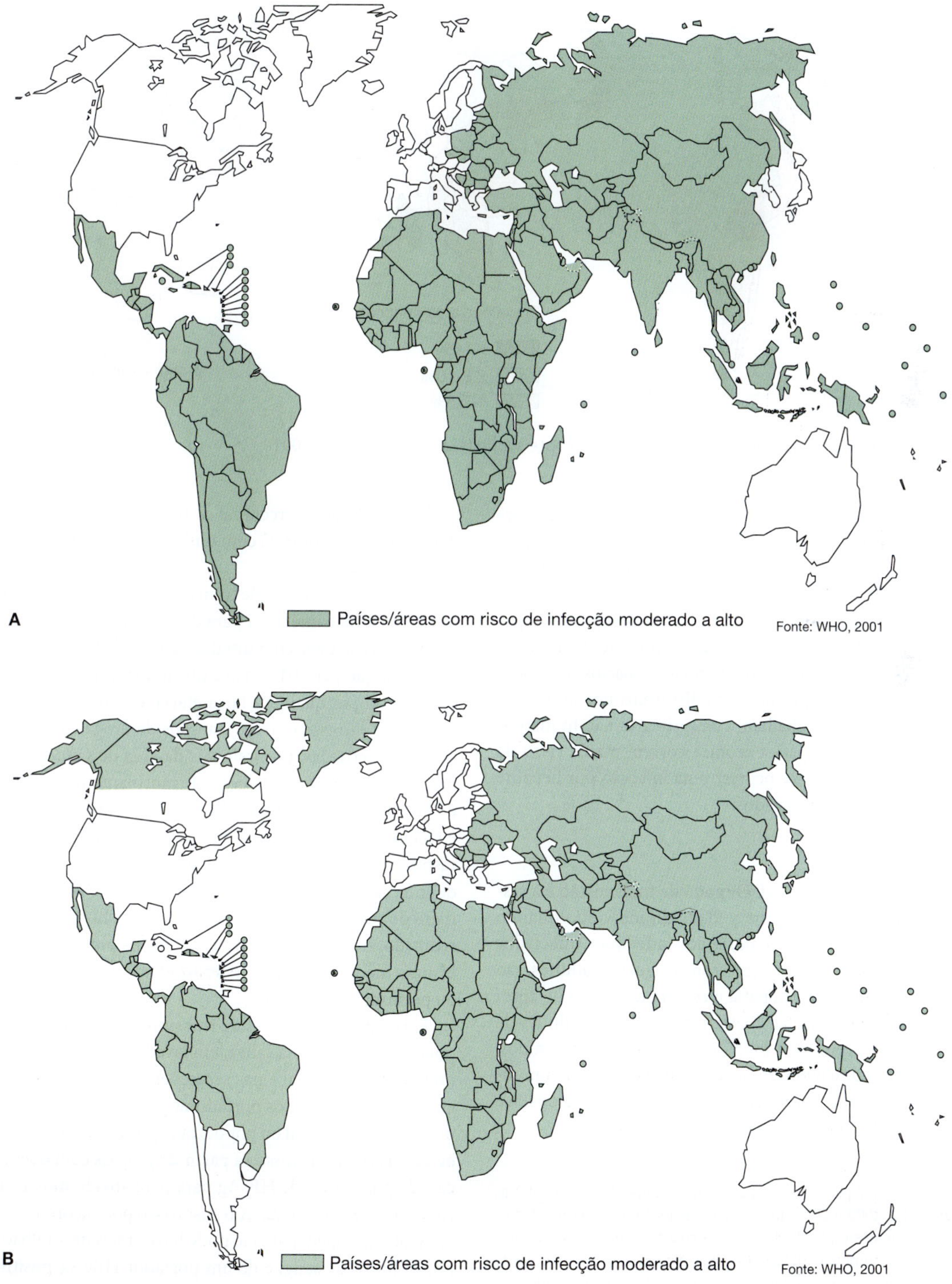
A
Países/áreas com risco de infecção moderado a alto
Fonte: WHO, 2001
B
Países/áreas com risco de infecção moderado a alto
Fonte: WHO, 2001

FIGURA 35-11 Distribuição global dos vírus das hepatites que causam doença em seres humanos. **A:** Vírus da hepatite A. **B:** Vírus da hepatite B. (Fonte: World Health Organization, 2011.)

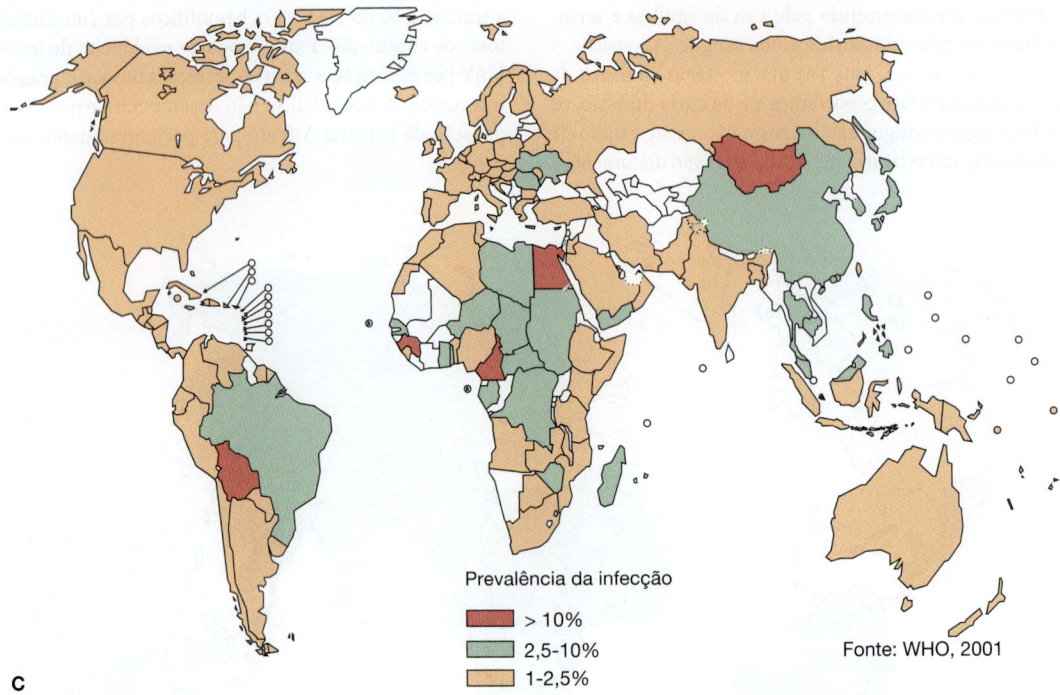

Prevalência da infecção

> 10%

2,5-10%

1-2,5%

Fonte: WHO, 2001

C

FIGURA 35-11 *(Continuação)* **C:** Vírus da hepatite C. (Fonte: World Health Organization, 2001.)

Nos Estados Unidos, na era pré-vacina, estimava-se que ocorriam 271.000 infecções por ano. Desde o advento das vacinas contra a hepatite A, as taxas de infecção caíram expressivamente para um número estimado de 2.700 casos em 2011.

Entre os grupos que apresentam maior risco de contrair hepatite A estão os viajantes para países em desenvolvimento, homens que têm relações sexuais com outros homens, usuários de drogas injetáveis e não injetáveis, pessoas com distúrbios nos fatores de coagulação e pessoas que trabalham com primatas não humanos. Indivíduos com doença hepática crônica correm maior risco de contrair hepatite fulminante se ocorrer uma infecção por hepatite A. Esses grupos devem ser vacinados.

B. Hepatite B

O HBV tem distribuição mundial. O modo de transmissão e a resposta à infecção variam conforme a idade do indivíduo quando infectado (ver Tabela 35-6). A maioria dos indivíduos infectados quando lactentes desenvolve infecção crônica. Quando adultos, são propensos a desenvolver hepatopatia e correm alto risco de apresentar carcinoma hepatocelular. Existem mais de 350 milhões de portadores, dos quais cerca de 1 milhão reside nos Estados Unidos; 25% dos portadores desenvolvem hepatite ativa crônica. No mundo*, cerca de 600.000 mortes por ano são atribuídas à hepatopatia e ao carcinoma hepatocelular relacionados com o HBV.

---

* N. de T. No Brasil, a hepatite B é a segunda maior causa de óbitos entre as hepatites virais. De 2000 a 2017, foram registrados 15.033 óbitos relacionados a esse agravo; destes, 54,8% tiveram a hepatite B como causa básica, em sua maior parte na região Sudeste (41,5%). No entanto, a região Norte foi a que apresentou os maiores coeficientes de mortalidade em todo este período, chegando a 0,4 óbito por 100 mil habitantes em 2017. Fonte: http://www.aids.gov.br/system/tdf/pub/2016/66453/boletim_hepatites_2019_c_.pdf?file=1&type=node&id=66453&force=1.

Há um elevado percentual de infecções pelo HBV entre indivíduos infectados por HIV, com uma prevalência de 36% em 2008 nos Estados Unidos.

Os principais modos de transmissão de HBV durante a infância são de uma mãe infectada para o recém-nascido durante o parto e por contato do bebê com um domicílio infectado.

A infecção pelo HBV não exibe tendência sazonal nem predileção notável por qualquer faixa etária, embora existam grupos definidos de alto risco, como usuários de drogas por via parenteral, pessoas internadas, profissionais da área de saúde, pacientes submetidos a várias transfusões e a transplante de órgãos, pacientes de hemodiálise e equipe médica, pessoas com alta atividade sexual e recém-nascidos de mães com hepatite B. Desde a instituição do rastreamento obrigatório dos doadores de sangue para marcadores de infecção por HBV (HBsAg, anti-HBc e DNA do HBV), o número de casos de hepatite associada a transfusões foi notavelmente reduzido. Indivíduos já foram infectados por seringas, agulhas ou bisturis inadequadamente esterilizados, e até mesmo por tatuagem ou perfuração de orelhas.

Existem outros modos de transmissão da hepatite B. O HBsAg pode ser detectado na saliva, em lavados nasofaríngeos, no sêmen, no líquido menstrual e nas secreções vaginais, bem como no sangue. A transmissão dos portadores para contatos próximos ocorre por via oral ou sexual ou por outra exposição íntima. Existem fortes evidências de transmissão a partir de pessoas com doença subclínica e de portadores de HBsAg para parceiros homossexuais e heterossexuais de longa data. A transmissão por via orofecal não foi documentada. Salienta-se que pode haver mais de 1 bilhão de virions por mililitro de sangue de um portador HBeAg-positivo, e que o vírus mostra-se resistente à desidratação, por isso é preciso admitir que todos os líquidos corporais dos pacientes infectados pelo HBV podem ser infecciosos. As infecções subclínicas são comuns, e essas infecções não reconhecidas constituem o principal risco para a equipe hospitalar.

Os profissionais da área de saúde (médicos-cirurgiões, cirurgiões-dentistas, patologistas e outros médicos, enfermeiros, técnicos de laboratório e equipes dos bancos de sangue) apresentam maior incidência de hepatite e prevalência de HBsAg ou anti-HBs detectáveis do que as pessoas que não têm exposição ocupacional a pacientes ou a hemoderivados. O risco que esses portadores de HBsAg aparentemente sadios (sobretudo cirurgiões-clínicos e cirurgiões-dentistas) representam para os pacientes sob seus cuidados ainda não foi determinado, embora provavelmente seja pequeno.

As infecções pelo vírus da hepatite B são comuns entre os pacientes e as equipes de unidades de hemodiálise. Até 50% dos pacientes submetidos à diálise renal que contraem hepatite B podem tornar-se portadores crônicos de HBsAg em comparação com 2% da equipe médica, o que ressalta as diferenças na resposta imunológica do hospedeiro. Os contatos familiares também correm risco elevado.

O período de incubação da hepatite B é de 50 a 180 dias, com duração média de 60 a 90 dias. O período de incubação parece variar de acordo com a dose de HBV e a via de administração, sendo prolongado em pacientes que recebem uma dose baixa do vírus ou que são infectados por via não percutânea.

C. Hepatite C

As infecções pelo HCV são observadas em todo o mundo. Em 1997, a Organização Mundial da Saúde (OMS) estimou que cerca de 1% da população mundial estava infectada, com altas taxas de prevalência de até 10% em subgrupos de populações na África. Outras áreas de prevalência elevada são encontradas na América do Sul e na Ásia. Estima-se que existam mais de 70 milhões de portadores crônicos no mundo inteiro com risco de desenvolver cirrose hepática, câncer hepático ou ambos, e que mais de 3 milhões destes residam nos Estados Unidos.

O HCV é transmitido principalmente por meio de exposição percutânea direta ao sangue, embora não se possa identificar a origem do HCV em 10 a 50% dos casos. Por ordem aproximadamente decrescente de prevalência, encontram-se os usuários de drogas injetáveis (cerca de 80%), hemofílicos tratados com produtos que contenham fatores de coagulação antes de 1987, receptores de transfusão a partir de doadores HCV-positivos, pacientes submetidos à hemodiálise crônica (10%), pessoas que têm práticas sexuais de alto risco e profissionais da área de saúde (1%). O vírus pode ser transmitido da mãe para o lactente, embora não tão frequentemente quanto o HBV. Estima-se que a transmissão vertical de mãe para filho varie de 3 a 10%. As mães com altas cargas virais de HCV ou coinfecção pelo HIV transmitem com mais frequência o HCV. Não há risco de transmissão associado ao aleitamento materno.

O HCV foi encontrado na saliva de mais de 33% dos pacientes com HCV coinfectados pelo HIV. Já foi observada a transmissão do HCV por meio de preparações comerciais de imunoglobulina intravenosa, e inclusive foi documentado um surto nos Estados Unidos em 1994. A população do Egito apresenta elevada prevalência do HCV (cerca de 20%); nesse país, a transmissão do HCV foi associada a uma tentativa (da década de 1950 até a de 1980) de tratar a doença parasitária esquistossomose por meio de uma terapia que envolvia várias injeções, muitas vezes com agulhas inadequadamente esterilizadas ou reutilizadas. A infecção pelo HCV tem sido associada à aplicação de tatuagens e, em alguns países, a práticas de medicina popular. O HCV pode ser transmitido para um transplantado de órgãos de um doador HCV-positivo.

O período de incubação do HCV é, em média, de 6 a 7 semanas. O tempo médio entre a exposição e a soroconversão é de 8 a 9 semanas, e cerca de 90% dos pacientes são anti-HCV positivos em 5 meses.

D. Hepatite D (agente delta)

O HDV é encontrado em todo o mundo, mas sua distribuição não é uniforme. A maior prevalência foi registrada na Itália, no Oriente Médio, na Ásia Central, na África Ocidental e na América do Sul. Infecta indivíduos de todas as faixas etárias. Os indivíduos que correm alto risco são os que receberam várias transfusões, os usuários de drogas injetáveis e os contatos íntimos desses grupos.

Acredita-se que as vias primárias de transmissão sejam semelhantes às do HBV, embora o HDV não pareça ser uma doença transmitida sexualmente. A infecção depende da replicação do HBV, visto que o HBV fornece um envelope de HBsAg para o HDV. O período de incubação varia de 2 a 12 semanas, sendo mais curto em portadores de HBV superinfectados pelo agente do que em indivíduos suscetíveis simultaneamente infectados pelo HBV e pelo HDV. O HDV já foi transmitido no período perinatal, mas felizmente não se mostra prevalente nas regiões do mundo (como a Ásia) onde a transmissão perinatal do HBV é frequente.

Dois padrões epidemiológicos de infecção pelo agente delta (δ) foram identificados. Nos países do Mediterrâneo, a infecção pelo agente delta é endêmica entre as pessoas com hepatite B, e acredita-se que a maioria das infecções seja transmitida por contato íntimo. Em áreas não endêmicas, como nos Estados Unidos e na Europa Setentrional, a infecção pelo agente delta limita-se a indivíduos expostos frequentemente a sangue e hemoderivados, principalmente dependentes de drogas e hemofílicos.

A hepatite delta pode ocorrer em surtos explosivos, afetando populações localizadas de portadores da hepatite B inteiras. Surtos graves de hepatite delta, frequentemente fulminante e crônica, ocorreram durante décadas em populações isoladas nas bacias do Orinoco e da Amazônia na América do Sul. Nos Estados Unidos, foi constatada a participação do HDV em 20 a 30% dos casos de hepatite B crônica, em exacerbações agudas de hepatite B crônica e na hepatite B fulminante, e 3 a 12% dos doadores de sangue com HBsAg sérico apresentam anticorpos dirigidos contra o HDV. A hepatite delta não é uma doença nova, visto que lotes de globulina preparados a partir de plasma coletado nos Estados Unidos há mais de 40 anos contêm anticorpos anti-HDV.

Tratamento

O tratamento dos pacientes com hepatite A, D e E é de suporte e objetiva permitir a resolução e o reparo da lesão hepatocelular. O HBV e o HCV têm tratamentos específicos, com alguns pacientes atingindo a depuração viral, conhecida como resposta virológica sustentada (ver Tabela 30-7).

A. Tratamento da hepatite B

O tratamento das infecções por HBV é recomendado para pacientes com hepatite ativa crônica para prevenir a progressão da fibrose hepática e o desenvolvimento de carcinoma hepatocelular. A alfainterferona 2a peguilada, o entecavir e o tenofovir são os fármacos de primeira linha para o tratamento da hepatite B. Os testes de resistência podem indicar mutações virais específicas que influenciam a escolha da terapia. O tratamento com interferona pode levar a uma queda de aproximadamente 25% na taxa de presença do DNA do HBV. O entecavir é um inibidor análogo da guanosina da polimerase do HBV. O tratamento resulta na queda de 67% na detecção do DNA do HBV em pacientes HBeAg-positivos e de 90% na detecção do DNA do HBV em pacientes HBeAg-negativos. O tenofovir é um inibidor análogo de nucleotídeo da transcriptase reversa e da polimerase do HBV, com taxas de resposta de 76% e 93% em pacientes HBeAg-positivos e HBeAg-negativos, respectivamente. Após 5 anos de terapia, essas taxas diminuíram para 65% e 83%, respectivamente.

A telbivudina é um análogo de nucleosídeo da citosina que é um agente de terapia de segunda linha e inibidor da DNA-polimerase do HBV. A lamivudina (conhecida como 3TC) e o adefovir são inibidores da polimerase viral análogos de nucleosídeos que são agentes de terceira linha para a terapia. Progressos contínuos estão sendo feitos no tratamento do HBV, e espera-se que outros medicamentos sejam aprovados no futuro. Para pacientes com coinfecção por HIV e HBV, os medicamentos podem ser escolhidos para atingir os dois patógenos simultaneamente.

B. Tratamento da hepatite C

A interferona peguilada combinada à ribavirina tem sido o tratamento padrão para a hepatite C crônica. A probabilidade de os pacientes obterem resposta virológica sustentada depende de vários fatores, incluindo idade do paciente, carga viral, grau de fibrose hepática, genótipo do HCV e polimorfismo do receptor da IL28B. Marcadores genéticos de mau prognóstico estão relacionados com o genótipo 1 do HCV e com o polimorfismo do genótipo TT do gene humano da interleucina 28B* no rs12979860. A terapia antiviral é administrada por 24 ou 48 semanas, dependendo do genótipo viral, com a interrupção da terapia caso não seja provável a obtenção de uma resposta virológica sustentada. Essa terapia clássica leva a uma resposta virológica sustentada em 30 a 35% dos pacientes infectados com o genótipo 1 do HCV e 75 a 80% dos pacientes infectados com o genótipo 2 ou 3.

Foram obtidas grandes melhorias no tratamento do HCV com os medicamentos inibidores de protease de primeira geração telaprevir e boceprevir. Esses fármacos têm como alvo a protease viral, que divide o polipeptídeo viral traduzido em proteínas funcionais. Eles são administrados para infecções pelo genótipo 1 do HCV em combinação com interferona e ribavirina. Essa combinação medicamentosa mostrou aproximadamente 60 a 80% de taxas de resposta virológica sustentada, mesmo em pacientes que falharam no tratamento anterior. Contudo, esses medicamentos são bastante tóxicos e a resistência viral selecionada é uma preocupação.

---

*N. de T. Em 2009, foi descrito pela primeira vez o polimorfismo de nucleotídeo único (SNP, do inglês *single nucleotide polymorphism*) rs12979860, localizado 3 kb acima do gene *IL28B*, que codifica a IFN-λ (IL28) e que demonstrou grande associação com a resposta virológica. De acordo com esse estudo, foi classificado como genótipo respondedor o genótipo homozigoto para o alelo C, enquanto o genótipo homozigoto para o alelo T e heterozigoto têm menores chances de sucesso na terapia. Esse resultado foi confirmado posteriormente, acrescentando-se que mesmo pacientes coinfectados pelo vírus HIV, monoinfectados pelo HCV ou de gênero diferente podem alcançar a resposta viral sustentada se o genótipo respondedor for identificado. Fonte: Nature. 2009 Sep 17;461(7262):399-401.

Os antivirais de segunda geração para infeções pelo HCV foram recentemente aprovados para uso com base em ensaios clínicos que mostram mais de 90% de resposta virológica sustentada. O sofosbuvir é um inibidor da RNA-polimerase viral do HCV análogo ao nucleotídeo, e o simeprevir é um inibidor da protease do HCV. Esses medicamentos têm menos toxicidade do que os antivirais de primeira geração e maior eficácia. Mais estudos estão em andamento para se determinar o efeito de mutações virais específicas na eficácia do medicamento. Os esquemas de tratamento sem interferona estão agora disponíveis para o tratamento da infecção pelo HCV com toxicidade geral reduzida.

O transplante ortotópico** de fígado é um tratamento para as hepatites B e C crônicas em estágio final de dano hepático. Entretanto, o risco de reinfecção do órgão transplantado é de pelo menos 80% com o HBV e de 50% com o HCV, presumivelmente como consequência dos reservatórios extra-hepáticos no corpo. Como fígados de doadores são escassos, os fígados positivos para HBV ou HCV podem ser transplantados para receptores soropositivos com doença hepática terminal.

Prevenção e controle

Existem vacinas virais e preparações de imunoglobulina protetora disponíveis contra o HAV e o HBV. Entretanto, atualmente não se dispõe de qualquer tipo de reagente para prevenção das infecções pelo HCV.

A. Precauções universais

Procedimentos ambientais simples podem limitar o risco de infecção em profissionais da área de saúde, equipes de laboratório e outras pessoas. Com essa abordagem, todos os líquidos orgânicos, o sangue e os materiais contaminados por eles devem ser tratados como se fossem infecciosos para HIV, HBV, HCV e outros patógenos transmitidos pelo sangue. As exposições que podem colocar trabalhadores em risco de infecção incluem acidentes com perfurações cutâneas (p. ex. agulha de injeção) ou contato da mucosa ou da pele lesionada (ressecamento, cortes, dermatites) com sangue, tecido ou outros fluidos corporais potencialmente infecciosos. Foram desenvolvidos métodos para evitar o contato com esses tipos de amostra. São exemplos de precauções específicas o uso de luvas ao manipular qualquer material potencialmente infeccioso; a utilização de roupas protetoras, que devem ser retiradas antes de se deixar a área de trabalho; o uso de máscara e de proteção para os olhos, se houver a possibilidade de respingos ou gotículas de material infeccioso; o uso exclusivo de agulhas descartáveis; as agulhas devem ser descartadas diretamente em recipientes especiais; as superfícies de trabalho devem ser descontaminadas com solução de alvejante; e a equipe do laboratório deve evitar pipetar com a boca, consumir alimentos, ingerir líquidos e fumar na área de trabalho. Os objetos e instrumentos metálicos podem ser desinfetados por autoclavagem ou por exposição ao gás óxido de etileno.

**N. de T. A cirurgia de transplante de fígado consiste em retirar o fígado doente e colocar o fígado doado na mesma posição anatômica original. Este tipo de transplante é chamado de ortotópico, diferentemente do transplante renal, em que o rim doado é posicionado na região inguinal, normalmente sem a retirada do rim doente (transplante heterotópico).

B. Hepatite A

As vacinas com HAV* inativado por formol, preparadas a partir de vírus adaptados em cultura de células, foram aprovadas nos Estados Unidos em 1995. As vacinas são seguras, eficazes e recomendadas para uso a partir de 1 ano de idade.

A vacinação rotineira de todas as crianças agora é recomendada, assim como a vacinação de pessoas com risco aumentado, incluindo viajantes internacionais, homens que praticam relações sexuais com outros homens, e usuários de drogas.

Até que todos os grupos de risco suscetíveis sejam imunizados, a prevenção e o controle da hepatite A ainda devem dar ênfase à interrupção da cadeia de transmissão e ao uso de imunização passiva.

O aparecimento de hepatite em acampamentos ou instituições é frequentemente uma indicação de condições sanitárias e de higiene pessoal precárias. As medidas de controle visam à prevenção da contaminação fecal da água, dos alimentos e de outras fontes pelo indivíduo. Uma higiene razoável, como lavar as mãos, usar pratos e talheres descartáveis, bem como utilizar hipoclorito de sódio a 0,5% (p. ex., diluição de 1:10 de água sanitária como desinfetante), é essencial para se prevenir a disseminação do HAV durante a fase aguda da doença.

A imunoglobulina (γ-globulina) (Ig) é preparada a partir de grandes misturas de plasma normal de adultos e confere proteção passiva em cerca de 90% dos indivíduos expostos ao vírus, quando administrada 1 a 2 semanas após a exposição à hepatite A. Contudo, seu valor profilático diminui com o tempo, e sua administração não é indicada 2 semanas após a exposição ao vírus ou após o aparecimento dos sintomas clínicos. Nas doses geralmente prescritas, a Ig não impede a infecção, mas torna-a discreta ou subclínica, permitindo o desenvolvimento de imunidade ativa. A vacina contra o HAV confere imunidade mais duradoura e deverá substituir o uso da Ig.

C. Hepatite B

Uma vacina para a hepatite B está disponível desde 1982. A vacina inicial era preparada por purificação do HBsAg associado a partículas de 22 nm de portadores sadios HBsAg-positivos e tratamento das partículas com agentes inativadores de vírus (formol, ureia, calor). As preparações que contêm partículas intactas de 22 nm são altamente eficazes na redução da infecção pelo HBV. Embora as vacinas derivadas do plasma ainda sejam utilizadas em certos países, nos Estados Unidos elas foram substituídas por vacinas derivadas do DNA recombinante. Essas vacinas consistem em HBsAg produzido por DNA recombinante em leveduras ou em linhagens celulares contínuas de mamíferos. O HBsAg expresso nas leveduras forma partículas de 15 a 30 nm de diâmetro, com as características morfológicas do antígeno de superfície livre no plasma, embora o antígeno polipeptídico produzido por levedura recombinante não seja glicosilado. A vacina formulada com a utilização desse material purificado apresenta potência semelhante à da vacina preparada a partir de antígeno derivado do plasma.

Atualmente, a OMS, o Centers for Disease Control and Prevention (CDC) e o Advisory Committee on Immunization Practices recomendam a profilaxia pré-exposição com a vacina contra a hepatite B comercialmente disponível para todos os grupos de alto risco suscetíveis. Nos Estados Unidos**, a vacina contra o HBV é recomendada para todas as crianças como parte do esquema regular de imunização.

A vacinação contra a hepatite B é a medida mais eficaz para prevenir o HBV e suas consequências. Existe uma estratégia de saúde pública abrangente para eliminar a transmissão do HBV nos Estados Unidos. Ela envolve a vacinação universal das crianças, o rastreamento de rotina de todas as mulheres grávidas para o HBsAg, imunoprofilaxia para as crianças recém-nascidas de mães HBsAg-positivas, vacinação de crianças e adolescentes que não tenham sido vacinados previamente e vacinação dos adultos não vacinados sob maior risco de infecção.

Os grupos imunossuprimidos, como os pacientes submetidos à hemodiálise, os que recebem quimioterapia para câncer ou os que estão infectados pelo HIV, respondem menos satisfatoriamente à vacinação do que os indivíduos sadios.

Estudos sobre a imunização passiva com imunoglobulina específica da hepatite B (HBIG) demonstraram um efeito protetor quando administrada logo após a exposição. A HBIG não é recomendada para profilaxia pré-exposição visto que a vacina contra o HBV está disponível e é eficaz. Os indivíduos expostos ao HBV por via percutânea ou por contaminação de mucosas devem receber imediatamente HBIG e vacina com HBsAg, administradas simultaneamente em locais diferentes para proporcionar proteção imediata com anticorpos adquiridos passivamente, seguida de imunidade ativa obtida com a vacina.

A Ig isolada do plasma pelo método de fracionamento com etanol a frio não foi documentada como transmissora de HBV, HAV, HCV ou HIV nos Estados Unidos. As imunoglobulinas preparadas fora dos Estados Unidos por outros métodos foram implicadas em surtos de hepatites B e C.

As mulheres portadoras de HBV ou que adquirem hepatite B durante a gravidez podem transmitir a doença aos filhos. A eficácia da vacina contra a hepatite e da HBIG na prevenção da hepatite B em lactentes nascidos de mães HBV-positivas foi comprovada. A redução no custo da vacina para os programas de saúde pública tornou viável a vacinação de recém-nascidos em áreas de elevada endemicidade. O alto custo da HBIG impede o seu uso na maioria dos países.

Em geral, os pacientes com hepatite B aguda não necessitam de isolamento, contanto que seja observada estrita cautela com sangue e instrumentos, tanto nas áreas de assistência geral dos pacientes quanto nos laboratórios. Como os cônjuges e contatos íntimos de pessoas com hepatite B aguda correm alto risco de contrair hepatite B clínica, estes devem ser orientados quanto às práticas que podem aumentar o risco de infecção ou transmissão. Não existem evidências de que pessoas assintomáticas HBsAg-positivas que manipulam alimentos possam constituir um risco de saúde para a população geral.

D. Hepatite C

Não existe vacina para a hepatite C, embora diversas vacinas candidatas estejam em teste. As medidas de controle focalizam atividades de prevenção que reduzem o risco de contrair o HCV. Estas incluem o rastreamento e o teste de doadores de sangue, plasma,

---

*N. de T. A vacinação para hepatite A é garantida no SUS, e o esquema vacinal preconizado pelo PNI prevê dose única da vacina, recomendada para aplicação em crianças entre 15 meses de idade e 5 anos incompletos.

**N. de T. No Brasil, a primeira dose da vacina contra a hepatite B deve ser administrada na maternidade, nas primeiras 12 horas de vida do recém-nascido. O esquema básico é constituído de três doses, com intervalos de 30 dias entre a primeira e a segunda dose e 180 dias entre a primeira e a terceira dose.

órgãos, tecidos e sêmen; a inativação do vírus de produtos derivados do plasma; o aconselhamento a usuários de drogas ou pessoas que adotam práticas sexuais de alto risco; a implementação de práticas de controle da infecção na assistência à saúde e outros locais; e a educação profissional e da população geral.

E. Hepatite D

É possível prevenir a hepatite delta pela vacinação dos indivíduos suscetíveis ao HBV com vacina contra a hepatite B. Entretanto, a vacinação não protege os portadores da hepatite B de superinfecção por HDV.

RESUMO DO CAPÍTULO

- Cinco diferentes vírus são considerados agentes causadores de hepatite: vírus da hepatite A (HAV), vírus da hepatite B (HBV), vírus da hepatite C (HCV), vírus da hepatite D (HDV) e vírus da hepatite E (HEV).
- Os cinco vírus associados a quadros de hepatite são classificados em diferentes famílias e gêneros, variando em virion, características genômicas e padrão de replicação.
- HAV e HEV são transmitidos por contaminação orofecal. HBV, HCV e HDV são transmitidos por vias parenterais.
- O HAV causa surtos com frequência em escolas, creches, instituições de idosos e acampamentos militares, entre outros.
- Enquanto HBV, HCV e HDV causam infecções crônicas, HAV e HEV estão apenas associados a infecções assintomáticas ou agudas.
- Os marcadores sorológicos ajudam a determinar o agente causal de um determinado caso de hepatite viral.
- A maioria dos indivíduos infectados com HBV na infância desenvolve infecções crônicas, sendo um grupo de risco para o desenvolvimento de doenças hepáticas na fase adulta.
- A maioria das infecções causadas pelo HCV resulta em infecções crônicas mesmo em adultos, sendo um grande risco para o desenvolvimento tardio de doenças hepáticas.
- As doenças hepáticas associadas ao HCV são frequentemente causadas por transplantes hepáticos ou por transfusões sanguíneas.
- Superinfecções pelo HDV em portadores de HBV podem resultar em hepatite fulminante fatal.
- HBV e HCV causam câncer hepático, que em geral se manifesta anos após a infecção.
- Vacinas estão disponíveis para o HAV e para o HBV.

QUESTÕES DE REVISÃO

1. Em Nova York, uma mulher de 24 anos de idade é admitida em um hospital em virtude de icterícia. Verificou-se que ela estava com uma infecção pelo vírus da hepatite C. O principal fator de risco para as infecções pelo HCV nos Estados Unidos é:

   (A) Tatuagem
   (B) Uso de drogas injetáveis
   (C) Transfusão de sangue
   (D) Atividade sexual
   (E) Trabalhar em atividades da área de saúde

2. Qual das exposições a seguir representa um risco de se contrair hepatite?

   (A) Uma enfermeira segura uma seringa com agulha enquanto aspira insulina, para administrar a paciente diabético infectado pelo HBV.
   (B) Uma auxiliar de limpeza, com a pele íntegra, tem contato com fezes enquanto limpa um banheiro.
   (C) Um técnico de enfermagem, com as mãos ressecadas e arranhadas, avisa que há sangue em suas luvas após prestar assistência em operação de paciente com infecção pelo HCV.
   (D) Uma criança bebe água no mesmo copo da mãe, que tem infecção pelo HAV.
   (E) Um consumidor come um sanduíche preparado por um trabalhador com infecção assintomática pelo HBV.

3. Uma icterícia epidêmica, causada por HEV, ocorreu em Nova Delhi. O HEV é:

   (A) Encontrado em roedores e porcos.
   (B) Uma causa importante da hepatite transmitida pelo sangue.
   (C) Uma causa de doença semelhante à hepatite C.
   (D) Capaz de estabelecer infecções crônicas.
   (E) Associado a maior risco de câncer hepático.

4. O HDV (agente delta) é encontrado somente em pacientes que tenham sofrido infecção crônica ou aguda pelo HBV. Qual das seguintes alternativas é a mais correta?

   (A) O HDV é um mutante defectivo do HBV.
   (B) O HDV depende do antígeno de superfície do HBV para a formação do virion.
   (C) O HDV induz uma resposta imunológica indistinguível daquela causada pelo HBV.
   (D) O HDV está relacionado com o HCV.
   (E) O HDV contém um DNA de genoma circular.

5. Uma jovem de 23 anos de idade está planejando uma viagem de 1 ano pela Europa, pelo Egito e subcontinente indiano, e recebe uma vacina contra a hepatite A. A vacina de uso corrente contra a hepatite A é um(a):

   (A) Vacina de vírus atenuado
   (B) Vacina de DNA recombinante
   (C) Vacina por vírus inativado por formalina
   (D) Vacina de subunidade de glicoproteína de envelope
   (E) Poliovírus quimérico que expressa epítopos neutralizantes de HAV

6. As alternativas a seguir sobre infecção pelo HCV e doença hepática crônica associada ao HCV nos Estados Unidos estão corretas, *exceto*:

   (A) O HCV é responsável por 40% das doenças hepáticas crônicas.
   (B) A infecção crônica desenvolve-se na maior parte (70-90%) das pessoas infectadas pelo HCV.
   (C) A doença hepática associada ao HCV é a principal causa de transplante hepático.
   (D) A viremia do HCV ocorre de forma transitória durante os estágios iniciais da infecção.
   (E) Os pacientes infectados pelo HCV são de alto risco (5-20%) para hepatocarcinoma.

7. Um homem de meia-idade queixa-se de febre aguda recente, náuseas e dor no quadrante abdominal superior direito. Apresenta-se ictérico, e sua urina está escura há vários dias. Um teste laboratorial deu resultado positivo para os anticorpos IgM contra o HAV. O médico pode relatar ao paciente que ele:

   (A) Provavelmente adquiriu a infecção por transfusão de sangue recente.
   (B) Provavelmente desenvolverá hepatite crônica.
   (C) Terá alto risco de desenvolver carcinoma hepatocelular.

(D) Será resistente à infecção pela hepatite E.

(E) Pode transmitir a infecção a familiares, por contato entre as pessoas, por até 2 semanas.

8. Alguns vírus diferentes podem causar a hepatite. Qual das seguintes alternativas aplica-se a todos os seguintes vírus: HAV, HCV, HDV e HEV?

(A) Contêm genoma de RNA de fita simples.

(B) São transmitidos principalmente pela via parenteral.

(C) São transmitidos principalmente por via orofecal.

(D) Estão associados à hepatite fulminante.

(E) Sofrem variação de sequência durante infecção crônica.

9. Uma estudante de 30 anos de idade dirige-se a um setor de emergência hospitalar por apresentar febre e anorexia nos últimos 3 dias. Ela aparenta estar ictérica. O fígado mostra-se aumentado e sensível. O exame laboratorial mostra aminotransferases elevadas. A estudante relata ter sido vacinada contra hepatite B há 2 anos, mas não tomou a vacina contra hepatite A. Os resultados dos testes laboratoriais sorológicos são os seguintes: HAV IgM-negativo, HAV IgG-positivo, HBsAg-negativo, HBsAb-positivo, HBcAb-negativo, HCVAb-positivo. A conclusão mais correta é de que a paciente provavelmente:

(A) Apresenta hepatite A no momento, não foi infectada pelo HBV e teve hepatite C no passado.

(B) Tem hepatite A no momento e foi infectada pelo HBV e pelo HCV no passado.

(C) Foi infectada pelo HAV e HCV no passado, e está com hepatite B no momento.

(D) Foi infectada pelo HAV no passado, não foi infectada pelo HBV e tem hepatite C no momento.

(E) Foi infectada pelo HAV e pelo HCV no passado, não foi infectada pelo HBV e está com hepatite E no momento.

10. Uma enfermeira de 36 anos de idade mostra-se HBsAg- e HBeAg--positiva. Mais provavelmente, ela:

(A) Tem hepatite aguda e está infectada.

(B) Tem infecções por HBV e HEV.

(C) Tem infecção crônica pelo HBV.

(D) Eliminou uma infecção pelo HBV no passado.

(E) Foi imunizada com uma vacina anti-HBV preparada a partir de portadores saudáveis HBsAg-positivos.

11. As seguintes pessoas apresentam maior risco de infecção pelo HAV e devem ser vacinadas rotineiramente, *exceto*:

(A) Pessoas que viajam para ou trabalham em países com alta incidência de infecções pelo HAV.

(B) Homens que têm relações sexuais com outros homens.

(C) Consumidores de drogas ilegais (injetáveis e não injetáveis).

(D) Pessoas que apresentam risco ocupacional de infecção.

(E) Pessoas com distúrbios nos fatores de coagulação.

(F) Pessoas suscetíveis que têm doença hepática crônica.

(G) Professores do ensino fundamental.

12. Existe uma variação global na prevalência das infecções pelo HBV. Qual das seguintes áreas geográficas possui baixa endemicidade (prevalência de HBsAg < 2%)?

(A) Sudeste da Ásia

(B) Ilhas do Pacífico

(C) Leste Europeu

(D) Austrália

(E) África Subsaariana

13. A qual dos seguintes grupos de pessoas não se recomenda vacinação contra hepatite B devido ao fato de apresentarem alto risco de contrair infecção pelo HBV?

(A) Pessoas sexualmente ativas que não estejam em uma relação monogâmica de longa duração.

(B) Usuários de drogas injetáveis

(C) Mulheres grávidas

(D) Pessoas que vivem em ambientes com uma pessoa que é HBsAg-positiva

(E) Pessoas que procuram tratamento para infecção sexualmente transmissível

14. Qual das seguintes alternativas sobre a HBIG não é verdadeira?

(A) A HBIG fornece proteção temporária quando administrada em doses padrão.

(B) A HBIG geralmente é usada em vez da vacina contra hepatite B para imunoprofilaxia pós-exposição para prevenção de infecção pelo HBV.

(C) Não existem evidências de que HBV, HCV ou HIV tenham sido transmitidos uma vez sequer por HBIG nos Estados Unidos.

(D) A HBIG não é usada como proteção contra infecção pelo HCV.

15. As seguintes alternativas sobre o HAV estão corretas, *exceto*:

(A) A vacina contra a hepatite A contém HAV inativado como imunógeno.

(B) O HAV comumente causa infecções assintomáticas em crianças.

(C) O diagnóstico da hepatite A é normalmente realizado pelo isolamento do HAV em cultura de célula.

(D) A γ-imunoglobulina é usada na prevenção de indivíduos expostos ao vírus HAV.

16. Qual dos seguintes padrões sorológicos é sugestivo de um paciente com hepatite B crônica com uma mutação pré-nuclear?

(A) HBsAg-positivo, HBsAb-negativo, anti-HBc-positivo, HBeAg--positivo, HBV DNA-positivo

(B) HBsAg-positivo, HBsAb-negativo, anti-HBc-positivo, HBeAg--positivo, HBV DNA-positivo

(C) HBsAg-positivo, HBsAb-positivo, anti-HBc-positivo, HBeAg--negativo, HBV DNA-positivo

(D) HBsAg-negativo, HBsAb-positivo, anti-HBc-positivo, HBeAg--negativo, HBV DNA-negativo

17. Um usuário de drogas injetáveis de 35 anos de idade é portador de HBsAg há 10 anos. Repentinamente, ele desenvolveu um quadro de hepatite fulminante aguda que resultou em óbito em 10 dias. Qual dos seguintes testes laboratoriais poderia contribuir para o diagnóstico?

(A) Anticorpos anti-HBs

(B) HBeAg

(C) Anticorpos anti-HBc

(D) Anticorpos anti-vírus delta

18. Todas as alternativas sobre o HCV e o HDV estão corretas, *exceto*:

(A) O HCV é um vírus de RNA.

(B) O HDV é transmitido primariamente por via orofecal.

(C) O HDV é um vírus defectivo que é somente replicado caso a célula hospedeira já esteja previamente infectada pelo HBV.

(D) Indivíduos infectados com o HCV comumente se tornam portadores crônicos e predispostos a carcinoma hepatocelular.

19. Qual das alternativas sobre o HBV é *falsa*?

(A) Sua replicação envolve uma transcriptase reversa.

(B) O indivíduo infectado pode apresentar um grande número de partículas virais não infecciosas circulantes na corrente sanguínea.

(C) A infecção pode resultar em cirrose.

(D) Infecções assintomáticas podem se prolongar por vários anos.

(E) Nos Estados Unidos, a incidência de infecções tem aumentado nos últimos anos.

20. O tratamento da hepatite C pode envolver fármacos de quais das seguintes classes?

   (A) Inibidores da protease, inibidores da polimerase e interleucinas
   (B) Inibidores não nucleosídeos da polimerase, inibidores da protease e interferonas
   (C) Inibidores da transcrição e interferonas
   (D) Inibidores da protease, inibidores da polimerase e interferonas
   (E) Inibidores da transcriptase reversa e interferonas

Respostas

1. B	8. A	15. C
2. C	9. D	16. C
3. A	10. A	17. D
4. B	11. G	18. B
5. C	12. D	19. E
6. D	13. C	20. D
7. E	14. B	

REFERÊNCIAS

Ahmad I, Holla RP, Jameel S: Molecular virology of hepatitis E virus. *Virus Res* 2011;161:47.

Centers for Disease Control and Prevention. A comprehensive immunization strategy to eliminate transmission of hepatitis B virus infection in the United States: Recommendations of the Advisory Committee on Immunization Practices (ACIP); Part 1: Immunization of Infants, Children, and Adolescents. *MMWR* 2005;54(RR-16).1-39.

Centers for Disease Control and Prevention. A comprehensive immunization strategy to eliminate transmission of hepatitis B virus infection in the United States: Recommendations of the Advisory Committee on Immunization Practices (ACIP); Part 2: Immunization of Adults. *MMWR* 2006;55(RR-16).1-40.

Centers for Disease Control and Prevention. Prevention of hepatitis A through active or passive immunization: Recommendations of the Advisory Committee on Immunization Practices (ACIP). *MMWR* 1996;45(No. RR-15):1-38.

Chun HM, Fieberg AM, Hullsiek KH, et al: Epidemiology of hepatitis B virus infection in a US cohort of HIV-infected individuals during the past 20 years. *Clin Infect Dis* 2010;50:426.

Deuffic-Burban S, Delarocque-Astagneau E, Abiteboul D, et al: Blood-borne viruses in health care workers: Prevention and management. *J Clin Virol* 2011;52:4.

Emerson SU, Purcell RH: Hepatitis E virus. In Knipe DM, Howley PM (editors-in-chief). *Fields Virology*, 5th ed. Lippincott Williams & Wilkins, 2007.

Hepatitis B vaccines. WHO position paper. *World Health Org Wkly Epidemiol Rec* 2009;84:405.

Hepatitis C. *Nature* 2011;474(7350):S1. [Entire issue.]

Hollinger FB, Emerson SU: Hepatitis A virus. In Knipe DM, Howley PM (editors-in-chief). *Fields Virology*, 5th ed. Lippincott Williams & Wilkins, 2007.

Lemon SM, Walker C, Alter MJ, et al: Hepatitis C virus. In Knipe DM, Howley PM (editors-in-chief). *Fields Virology*, 5th ed. Lippincott Williams & Wilkins, 2007.

O'Brien SF, Yi QL, Fan W, et al: Current incidence and residual risk of HIV, HBV, and HCV at Canadian Blood Services. *Vox Sang* 2012;103:83.

Papatheodoris GV, Hadziyannis SJ: Diagnosis and management of pre-core mutant chronic hepatitis B. *J Viral Hepat* 2001;8:311.

Purdy MA, Khudyakov YE: The molecular epidemiology of hepatitis E virus infection. *Virus Res* 2011;161:31.

Said ZNA: An overview of occult hepatitis B virus infection. *World J Gastroentero* 2011;17:1927.

Seeger C, Zoulim F, Mason WS: Hepadnaviruses. In Knipe DM, Howley PM (editors-in-chief). *Fields Virology*, 5th ed. Lippincott Williams & Wilkins, 2007.

Taylor JM, Farci P, Purcell RH: Hepatitis D (delta) virus. In Knipe DM, Howley PM (editors-in-chief). *Fields Virology*, 5th ed. Lippincott Williams & Wilkins, 2007.

Centers for Disease Control and Prevention. Updated U.S. Public Health Service Guidelines for the Management of Occupational Exposures to HBV, HCV, and HIV and Recommendations for Postexposure Prophylaxis. *MMWR* 2001;50(RR-11):1-67.

Weinbaum C, Lyerla R, Margolis HS: Prevention and control of infections with hepatitis viruses in correctional settings. *MMWR* 2003;52(RR-1):1-33.

Picornavírus (grupos dos enterovírus e rinovírus)

Os picornavírus representam uma família muito grande de vírus com relação ao número de membros, porém uma das menores em termos de tamanho dos virions e complexidade genética. Abrangem dois grandes grupos de patógenos humanos: os **enterovírus** e os **rinovírus.** Os enterovírus, habitantes transitórios do trato alimentar humano, podem ser isolados da garganta e da porção inferior do intestino. Os rinovírus estão associados ao trato respiratório e podem ser isolados principalmente do nariz e da garganta. Os picornavírus menos comuns associados à doença humana incluem vírus da hepatite A, o parecovírus, o cardiovírus e o aichivírus*. Vários gêneros de picornavírus também estão associados às infecções em animais, vegetais e insetos.

Muitos picornavírus provocam doenças em seres humanos, que vão desde paralisia grave até meningite asséptica, pleurodinia, miocardite, lesões cutâneas vesiculares e exantematosas, lesões mucocutâneas, doenças respiratórias, doença febril indiferenciada, conjuntivite e doença generalizada grave de lactentes. Todavia, a infecção subclínica mostra-se muito mais comum que a doença clinicamente ativa. É difícil estabelecer a etiologia, visto que diferentes vírus podem causar a mesma síndrome. Além disso, o mesmo picornavírus pode causar mais de uma síndrome, e alguns sintomas clínicos observados podem não ser distinguidos daqueles causados por outros tipos de vírus. A poliomielite constitui a doença mais grave causada por enterovírus.

Na atualidade, está sendo feito um esforço mundial cuja meta é a total erradicação da poliomielite.

PROPRIEDADES DOS PICORNAVÍRUS

Na Tabela 36-1, é fornecida uma lista das propriedades importantes dos picornavírus.

Estrutura e composição

O virion dos enterovírus e dos rinovírus consiste em um capsídeo de 60 subunidades, cada qual constituída de quatro proteínas (VP1-VP4) dispostas em simetria icosaédrica em torno de um genoma formado de uma única fita de RNA de sentido positivo (Figura 36-1). Os parecovírus são semelhantes, exceto quanto ao

fato de que os capsídeos só contêm três proteínas, uma vez que a VP0 não é clivada em VP2 e VP4.

Com base em estudos de difração com raios X, foram estabelecidas as estruturas moleculares dos poliovírus e dos rinovírus. As três proteínas virais maiores, VP1, VP2 e VP3, apresentam uma estrutura central muito semelhante, em que o arcabouço peptídico da proteína se enrola em torno de si mesmo, formando um cilindro de oito filamentos mantidos entre si por ligações de hidrogênio (barril β). A cadeia de aminoácidos entre o barril β e as porções aminoterminais e carboxiterminais da proteína contêm uma série de alças. Essas alças apresentam os principais locais antigênicos encontrados na superfície do virion e estão envolvidas na neutralização da infecção viral.

Existe uma fenda, ou "desfiladeiro", proeminente em torno de cada vértice pentamérico na superfície da partícula viral. Acredita-se que o local de ligação do receptor utilizado para a fixação do virion a uma célula hospedeira seja próximo à base da fenda. Essa localização presumivelmente deve proteger o importante local de fixação celular contra variações estruturais influenciadas pela seleção de anticorpos nos hospedeiros, visto que a fenda é muito estreita para permitir a penetração profunda de moléculas de anticorpo (Figura 36-1).

O tamanho do RNA do genoma varia de 7,2 kb (rinovírus humano) a 7,4 kb (poliovírus, vírus da hepatite A) e 8,4 kb (aftovírus). A organização do genoma é semelhante em todos os vírus (Figura 36-2). O genoma é poliadenilado na extremidade 3' e apresenta uma pequena proteína codificada pelo vírus (VPg), ligada de modo covalente à extremidade 5'. O RNA genômico de sentido positivo é infeccioso.

Enquanto os enterovírus são estáveis a pH ácido (3-5) durante 1 a 3 horas, os rinovírus são acidolábeis. Os enterovírus e alguns rinovírus são estabilizados por cloreto de magnésio contra a inativação térmica. Os enterovírus apresentam uma densidade de flutuação em cloreto de césio de cerca de 1,34 g/mL, e os rinovírus humanos, de cerca de 1,4 g/mL.

Classificação

A família **Picornaviridae** é constituída de 12 gêneros, incluindo: *Enterovirus* (enterovírus e rinovírus), *Hepatovirus* (vírus da hepatite A), *Kobuvirus* (aichivírus), *Parechovirus* (parecovírus), *Cardiovirus* (cardiovírus) e o *Aphthovirus* (vírus da doença mão-pé-boca). Os cinco primeiros grupos contêm importantes patógenos humanos. Os rinovírus historicamente eram alocados em um gênero separado (*Rhinovirus*), porém hoje são considerados pertencentes ao gênero *Enterovirus*.

Os enterovírus de origem humana estão subdivididos em sete espécies (enterovírus humanos A-D e rinovírus humanos A-C)

---

*N. de T. O aichivírus (antigo vírus Aichi [AiV]) é um pequeno vírus citopático de RNA de fita simples (ssRNA) e de sentido positivo. Originalmente identificado após um surto de gastrenterite aguda em 1989 na província de Aichi (Japão), está provavelmente ligado ao consumo de ostras cruas.

TABELA 36-1 Propriedades importantes dos picornavírus

Virion: Icosaédrico, de 28-30 nm de diâmetro; contém 60 subunidades.

Composição: RNA (30%), proteínas (70%).

Genoma: RNA de fita simples, linear, de sentido positivo, com 7,2-8,4 kb de tamanho, MM de 2,5 milhões, infeccioso; contém uma proteína ligada ao genoma (VPg).

Proteínas: Quatro polipeptídeos principais clivados de uma grande poliproteína precursora. As proteínas de superfície do capsídeo VP1 e VP3 constituem os principais locais de ligação dos anticorpos. A VP4 é uma proteína interna.

Envelope: Ausente.

Replicação: Citoplasma.

Características marcantes: A família é constituída por inúmeros tipos de enterovírus e rinovírus que infectam seres humanos e animais inferiores, causando várias doenças que incluem desde poliomielite até meningite asséptica e resfriado comum.

MM, massa molecular.

com base principalmente na análise das suas sequências. A antiga taxonomia para esses vírus incluía os seguintes: (1) poliovírus tipos 1 a 3; (2) coxsackievírus do grupo A, tipos 1 a 24 (não existem os tipos 15, 18 ou 23); (3) coxsackievírus do grupo B, tipos 1 a 6; (4) ecovírus tipos 1 a 33 (não existem os tipos 8, 10, 22, 23, 28 ou 34); e (5) enterovírus tipos 68 a 116 (não existe o tipo 72) (Tabela 36-2). Desde 1969, novos tipos de enterovírus foram designados por números de tipos de enterovírus, em vez de subclassificados como coxsackievírus ou ecovírus. Os termos vernaculares dos enterovírus previamente identificados foram mantidos. Os coxsackievírus do tipo A são classificados principalmente em espécies de enterovírus humanos (HEV, do inglês *human enterovirus*) HEV-A e HEV-C, e os coxsackievírus do tipo B e ecovírus, em HEV-B.

Os rinovírus humanos (HRV, do inglês *human rhinovirus*) abrangem mais de 100 tipos antigênicos divididos em três espécies: A, B e C. Os rinovírus de outras espécies incluem os dos equinos e bovinos.

O vírus da hepatite A foi originalmente classificado como enterovírus do tipo 72, porém é atualmente designado por um gênero distinto. O vírus da hepatite A está descrito no Capítulo 35.

Constatou-se que os parecovírus, previamente classificados como ecovírus 22 e 23, diferem significativamente dos enterovírus tanto nas suas propriedades biológicas quanto nas suas características moleculares, de modo que foram incluídos em um novo gênero (*Parechovirus*).

Os outros picornavírus são o vírus que causa a febre aftosa em bovinos (*Aphthovirus*) e o vírus da encefalomiocardite de roedores (*Cardiovirus*).

A variedade de hospedeiros dos picornavírus muda acentuadamente de um tipo para outro e mesmo entre cepas do mesmo tipo. Muitos enterovírus (poliovírus, ecovírus e alguns coxsackievírus) podem crescer a 37 °C em culturas de células humanas e de macaco; a maioria das cepas de rinovírus pode ser isolada apenas em células humanas a 33 °C. Os coxsackievírus são patogênicos para camundongos neonatos.

Replicação dos picornavírus

O ciclo de replicação dos picornavírus ocorre no citoplasma das células (Figura 36-3). A princípio, o virion fixa-se a um receptor específico na membrana plasmática. Os receptores de poliovírus e rinovírus humanos são membros da superfamília dos genes das imunoglobulinas, que inclui anticorpos e algumas moléculas de adesão da superfície celular. Já os ecovírus reconhecem um membro da superfamília da molécula de adesão integrina. Nem todos os rinovírus ou ecovírus utilizam o mesmo receptor celular. O vírus que causa a doença mão-pé-boca (enterovírus 71 e coxsackievírus A16) usa os receptores SCARB2 (do inglês *scavenger receptor B2*) e o PSGL-1 (do inglês *P-selectin glycoprotein ligand-1*). A ligação ao receptor deflagra uma alteração estrutural no virion que resulta em liberação de RNA viral no citosol da célula. A VPg é removida do RNA viral e associa-se aos ribossomos. A tradução ocorre por um mecanismo independente de *cap*, por meio do local interno de entrada no ribossomo (IRES, do inglês *internal ribosomal entry site*) após a extremidade 5' do genoma viral. Esse desvio precisa do complexo de fator de iniciação celular (elF4F, do inglês *eukaryotic initiation factor 4F*) intacto, necessário a muitos mRNAs encapados. O elF4F em geral é clivado por uma protease viral, levando à interrupção da síntese proteica e tradução preferencial do RNA viral.

O RNA do vírus infectante é traduzido em uma poliproteína que contém as proteínas do envoltório e as proteínas essenciais à replicação. Essa poliproteína é rapidamente clivada em fragmentos por proteinases codificadas na poliproteína (ver Figura 36-2). A síntese de um novo RNA viral só pode começar após a produção das proteínas de replicação codificadas pelo vírus, inclusive uma RNA-polimerase dependente de RNA. A fita de RNA do vírus infectante é copiada, e essa fita complementar serve de modelo para a síntese de novas fitas de sentido positivo. Várias fitas de sentido positivo são produzidas a partir de cada molde de sentido negativo. Algumas novas fitas de sentido positivo são recicladas como modelos para amplificar o reservatório de RNA da progênie; muitas fitas de sentido positivo são acondicionadas em virions.

O processo de maturação envolve diversos eventos de clivagem. A proteína precursora do envelope P1 (ver Figura 36-2) é clivada para formar agregados de VP0, VP3 e VP1. Ao atingirem uma concentração adequada, esses "protômeros" organizam-se em pentâmeros que acondicionam o VPg-RNA de filamento positivo, formando "pró-virions". Os pró-virions não são infecciosos até a ocorrência de uma clivagem final que transforma VP0 em VP4 e VP2. As partículas virais maduras são liberadas quando a célula hospedeira sofre desintegração. O ciclo de multiplicação da maioria dos picornavírus leva 5 a 10 horas.

GRUPO DOS ENTEROVÍRUS

POLIOVÍRUS

A poliomielite* é uma doença infecciosa aguda que, em sua forma grave, afeta o sistema nervoso central (SNC). A destruição dos neurônios motores na medula espinal resulta em paralisia flácida. Entretanto, a maioria das infecções causadas por poliovírus é subclínica.

O poliovírus serviu como modelo de enterovírus em muitos estudos laboratoriais de biologia molecular da replicação dos picornavírus.

---

*N. de T. Conforme determina a Lei nº 6.259 de 30/10/1975 e o Decreto nº 78.321 de 12/08/1976, regulamentado pela Portaria de Consolidação nº 4 de 28/09/2017 (GM/MS), Portaria Estadual 74/2005 e Resolução nº 004/2013-GAB/SES-GO, deve-se notificar imediatamente o Serviço de Vigilância Epidemiológica Municipal e Estadual sobre a ocorrência de casos suspeitos e/ou confirmados de poliomielite.

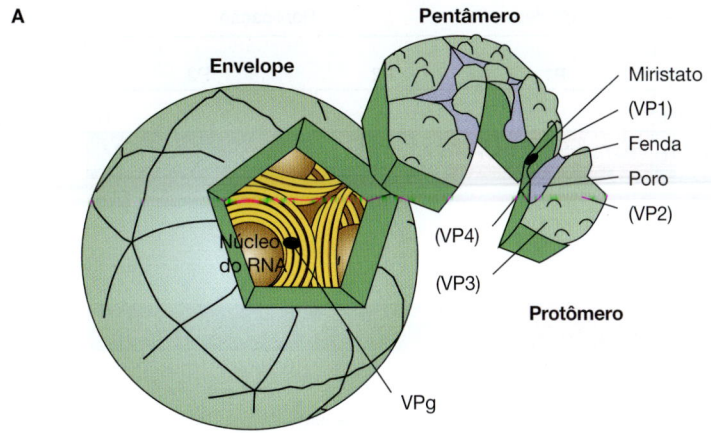

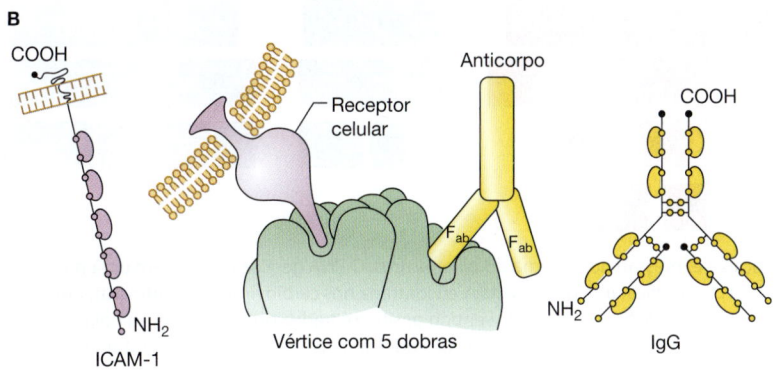

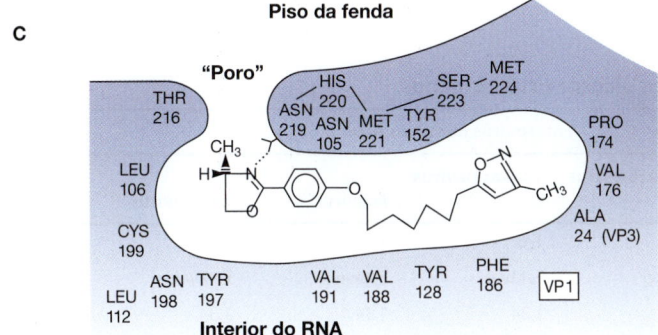

FIGURA 36-1 Estrutura de um picornavírus típico. **(A)** Diagrama segmentado, mostrando a localização interna do genoma de RNA circundado pelo capsídeo composto por pentâmeros das proteínas VP1, VP2, VP3 e VP4. Observe a depressão em fenda que circunda o vértice do pentâmero. **(B)** Ligação do receptor celular à base da fenda. O principal receptor do rinovírus (molécula de adesão intercelular do tipo 1 [ICAM-1, do inglês *intercellular adhesion molecule-1*]) apresenta um diâmetro que corresponde aproximadamente a 50% do diâmetro de uma molécula de anticorpo imunoglobulina G (IgG). **(C)** Localização de um local de ligação de fármaco na VP1 de um rinovírus. O antiviral ilustrado, WIN 52084, impede a fixação do vírus ao deformar parte do soalho da fenda. (Reproduzida, com autorização, de Rueckert RR: Picornaviridae: The viruses and their replication. In Fields BN, Knipe DM, Howley PM [editors-in-chief]. *Fields Virology*, 3rd ed. Lippincott-Raven, 1996.)

Propriedades dos vírus

A. Propriedades gerais

As partículas de poliovírus são enterovírus típicos (ver anteriormente). Elas são inativadas quando aquecidas a 55 °C durante 30 minutos. Todavia, a adição de Mg^{2+} a 1 mol/L impede essa inativação. Embora o poliovírus purificado seja inativado por uma concentração de cloro de 0,1 ppm, são necessárias concentrações muito mais elevadas de cloro para desinfetar esgotos que contenham vírus em suspensões fecais e na presença de outras matérias orgânicas. Os poliovírus não são afetados pelo éter nem pelo desoxicolato de sódio.

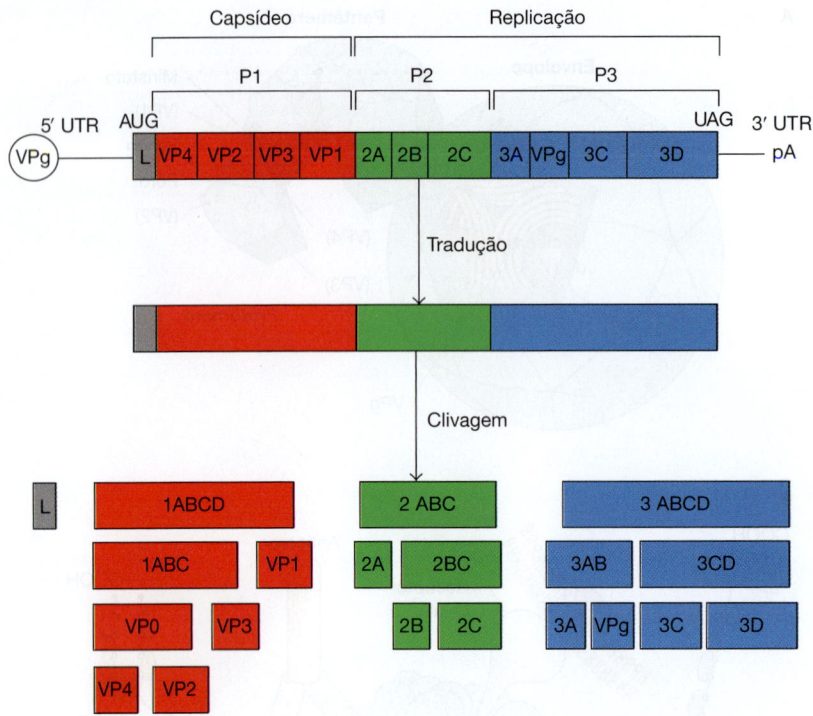

FIGURA 36-2 Organização e expressão do genoma do picornavírus. O RNA genômico viral tem uma proteína VPg ligada no terminal 5´e é poliadenilatado no terminal 3´. O L especifica uma proteína líder encontrada nos cardiovírus e nos aftovírus, porém não nos enterovírus, rinovírus humanos e no vírus da hepatite A. O RNA de fita simples e de sentido positivo é traduzido em uma única poliproteína. O domínio P1 (*vermelho*) codifica para proteínas do capsídeo, e os domínios P2 (*verde*) e P3 (*azul*) codificam para proteínas não estruturais, utilizadas no processamento proteico e na replicação. A clivagem da poliproteína é realizada pelas proteinases 2A e 3C virais. A proteína 2A realiza as clivagens iniciais da poliproteína, e todas as outras clivagens são realizadas pela protease 3C. (Reproduzida, com autorização, de Kerkvliet J, Edukulla R, Rodriguez M: Novel roles of the picornaviral 3D polymerase in viral pathogenesis. *Adv Virol* 2010;368068. Copyright © 2010 Jason Kerkvliet et al.)

TABELA 36-2   Características dos picornavírus humanos

Propriedade	Enterovírus humanos A-D					Rinovírus humanos A-C[c]	Parecovírus humanos[d]
	Poliovírus	Coxsackievírus A[a]	Coxsackievírus B	Ecovírus[a]	Enterovírus[b]		
Sorotipos	1-3	1-24	1-6	1-33	68-116	> 150	1-19
pH ácido (pH 3,0)	Estável	Estável	Estável	Estável	Estável	Lábil	Estável
Densidade (g/mL)	1,34	1,34	1,34	1,34	1,34	1,4	
Temperatura ideal de crescimento	37 °C	37 °C	37 °C	37 °C	37 °C	33 °C	37 °C
Locais de isolamento comuns em seres humanos							
Nariz	0	0	0	0	0	+	0
Garganta	+	+	+	+	+	+	
Porção inferior do intestino	+	+	+	+	+	0	+
Infecção em camundongos neonatos[e]	0	+	+	0	0		

[a]Devido a reclassificações, não existem os coxsackievírus A15, A18 e A23, os ecovírus do tipos 8, 10, 22, 23, 28 e 34 e o enterovírus tipo 72.
[b]Desde 1969, novos enterovírus receberam um número em vez de serem subclassificados como coxsackievírus ou ecovírus. Os enterovírus 103, 108, 112 e 115 esperam parecer do International Committee on Taxonomy of Viruses Classification.
[c]O rinovírus 87 foi reclassificado como enterovírus 68.
[d]Os parecovírus 1 e 2 eram previamente classificados como ecovírus dos tipos 22 e23.
[e]Existe alguma variabilidade nessa propriedade.

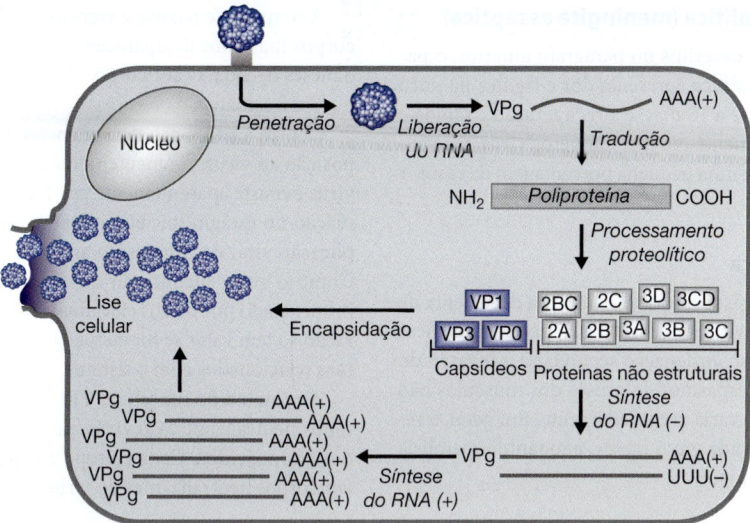

FIGURA 36-3 Visão geral do ciclo de infecção dos picornavírus. (Reproduzida, com autorização, de Zoll J, Heus HA, van Kupperveld FJ, et al: The structure–function relationship of the enterovirus 3´-UTR. *Virus Res* 2009;139:209–216. Copyright Elsevier.)

B. Suscetibilidade dos animais e crescimento do vírus

Os poliovírus apresentam uma variedade muito restrita de hospedeiros. A maioria das cepas infecta macacos quando os vírus são inoculados diretamente no cérebro ou na medula espinal. Chimpanzés e macacos cinomolgos (*Macaca fasciculares*) também podem ser infectados por via oral; em chimpanzés, a infecção costuma ser assintomática, e os animais tornam-se portadores intestinais do vírus.

A maioria das cepas pode crescer em culturas de linhagens celulares primárias ou contínuas derivadas de uma variedade de tecidos humanos ou de rim, testículo ou músculo de macacos, mas não de tecidos de animais inferiores.

Os poliovírus exigem um receptor de membrana específico de primata para provocar infecção, e a ausência desse receptor na superfície de células não primatas torna-as resistentes ao vírus. Essa restrição pode ser superada pela transfecção de RNA de poliovírus infecciosos em células resistentes. A introdução do gene do receptor viral transforma células resistentes em células suscetíveis. Foram desenvolvidos camundongos transgênicos que possuem o gene do receptor de primatas, os quais se mostram suscetíveis aos poliovírus humanos.

C. Propriedades antigênicas

Há três tipos antigênicos de poliovírus baseados em epítopos encontrados nas proteínas VP1, VP2 e VP3.

Patogênese e patologia

A boca constitui a porta de entrada do vírus, ocorrendo multiplicação primária na orofaringe ou no intestino. O vírus é regularmente encontrado na garganta e nas fezes antes do início da doença. Uma semana após o início da infecção, encontram-se poucos vírus na garganta, porém sua excreção nas fezes prossegue por várias semanas, apesar da presença de níveis elevados de anticorpos no sangue.

O vírus pode ser encontrado no sangue de pacientes com poliomielite não paralítica. Os anticorpos dirigidos contra o vírus aparecem no estágio inicial da doença, geralmente antes de ocorrer paralisia.

Acredita-se que o vírus se multiplique inicialmente nas tonsilas, nos linfonodos do pescoço, nas placas de Peyer e no intestino delgado. Em seguida, o SNC pode ser invadido por meio do sangue circulante.

O poliovírus pode propagar-se ao longo dos axônios dos nervos periféricos até o SNC, onde continua a progredir ao longo das fibras dos neurônios motores inferiores, afetando cada vez mais a medula espinal ou o cérebro. O vírus invade certos tipos de célula nervosa, e, no processo de sua multiplicação intracelular, pode lesar ou destruir essas células por completo.

O poliovírus não se multiplica no músculo *in vivo*. As alterações que ocorrem nos nervos periféricos e nos músculos voluntários são secundárias à destruição das células nervosas. Algumas células que perdem sua função podem recuperar-se por completo. Ocorre inflamação secundária ao ataque às células nervosas.

Além das alterações patológicas observadas no sistema nervoso, podem ocorrer miocardite, hiperplasia linfática e ulceração das placas de Peyer.

Manifestações clínicas

Quando um indivíduo suscetível à infecção é exposto ao vírus, a resposta observada varia desde uma infecção inaparente sem qualquer sintoma até uma doença febril leve, bem como paralisia grave e permanente. As infecções são, em sua maioria, subclínicas, e apenas cerca de 1% resulta em doença clínica.

O período de incubação geralmente é de 7 a 14 dias, mas pode variar de 3 a 35 dias.

A. Doença branda

Trata-se da forma mais comum da doença. O paciente só apresenta doença discreta, caracterizada por febre, mal-estar, sonolência, cefaleia, náuseas, vômitos, prisão de ventre e faringite em várias combinações. A recuperação ocorre em poucos dias.

B. Poliomielite não paralítica (meningite asséptica)

Além dos sinais e sintomas descritos no parágrafo anterior, o paciente com a forma não paralítica apresenta dor e rigidez na nuca e nas costas. A doença dura 2 a 10 dias, e a recuperação é rápida e completa. O poliovírus é somente um dos inúmeros vírus que causam meningite asséptica. Em uma pequena porcentagem de casos, a doença evolui para paralisia.

C. Poliomielite paralítica

A queixa predominante consiste em paralisia flácida decorrente de lesão dos neurônios motores inferiores. Todavia, pode-se verificar também a ocorrência de descoordenação secundária à invasão do tronco cerebral, bem como espasmos dolorosos dos músculos não paralisados. O grau de lesão varia acentuadamente. Em geral, a recuperação máxima é observada em 6 meses, enquanto a paralisia residual persiste por mais tempo.

D. Atrofia muscular progressiva pós-poliomielite

Tem sido observada a ocorrência de recrudescência da paralisia e degradação muscular várias décadas após a poliomielite paralítica. Apesar de a atrofia muscular progressiva pós-poliomielite ser rara, trata-se de uma síndrome específica. Não parece representar a consequência de infecção persistente, mas sim o resultado de alterações fisiológicas e da idade em pacientes paralíticos já acometidos pela perda de funções neuromusculares.

Diagnóstico laboratorial

O vírus pode ser isolado a partir de *swabs* de garganta, obtidos pouco depois do início da doença, bem como de *swabs* retais ou amostras de fezes coletadas durante longos períodos. Portadores permanentes não são identificados entre os indivíduos imunocompetentes, mas a excreção de poliovírus por um longo período é observada em algumas pessoas imunodeficientes. O poliovírus raramente é isolado do líquido cerebrospinal (LCS), ao contrário de alguns coxsackievírus e ecovírus.

As amostras devem ser enviadas imediatamente ao laboratório e congeladas se ocorrer atraso na realização do teste. As culturas de células humanas ou de macacos devem ser inoculadas, incubadas e observadas. Surgem efeitos citopatogênicos em 3 a 6 dias. O vírus isolado é identificado e tipado por neutralização com antissoro específico. O vírus também pode ser identificado por reação em cadeia da polimerase (PCR, do inglês *polymerase chain reaction*).

São necessárias amostras pareadas de soro para se demonstrar uma elevação dos títulos de anticorpos durante a evolução da doença. Apenas a primeira infecção por poliovírus produz respostas estritamente específicas do tipo. As infecções subsequentes por poliovírus heterotípicos induzem a produção de anticorpos dirigidos contra um grupo de antígenos compartilhados pelos três tipos.

Imunidade

A imunidade é permanente para o tipo de vírus responsável pela infecção e é predominantemente mediada por anticorpos. Pode haver um baixo grau de resistência heterotípica induzida pela infecção, particularmente entre os poliovírus tipos 1 e 2.

A imunidade passiva é transferida da mãe para o filho. Os anticorpos maternos desaparecem gradualmente durante os primeiros 6 meses de vida. O anticorpo administrado passivamente dura apenas 3 a 5 semanas.

Ocorre a produção do anticorpo neutralizante logo após a exposição ao vírus, frequentemente antes do início da doença, e esse vírus persiste aparentemente por toda a vida do indivíduo. Sua formação no estágio inicial da doença reflete a ocorrência de multiplicação viral no organismo antes da invasão do sistema nervoso. Como o vírus encontrado no cérebro e na medula espinal não é influenciado por títulos elevados de anticorpos no sangue, a imunização só tem valor se for efetuada antes do aparecimento dos sintomas relacionados com o sistema nervoso.

A proteína de superfície VP1 do poliovírus contém vários epítopos neutralizantes do vírus, podendo cada um conter menos de dez aminoácidos. Cada epítopo é capaz de induzir a produção de anticorpos neutralizantes do vírus.

Erradicação global

Em 1988, a Organização Mundial da Saúde (OMS) lançou uma grande campanha para erradicar o poliovírus do mundo, a exemplo do vírus da varíola. Foram estimados 350.000 casos de pólio no mundo inteiro naquele ano. As Américas foram consideradas livres do poliovírus selvagem em 1994; a região do Pacífico Ocidental, em 2000; e a Europa, em 2002. Estão sendo observados progressos em todo o mundo; menos de 2.000 casos de poliomielite ocorrem a cada ano, principalmente na África e no subcontinente indiano. Nenhum caso de poliovírus tipo 2 foi registrado desde 1999.

Em 2016, somente três países (Afeganistão, Nigéria e Paquistão) permaneciam endêmicos para a poliomielite. A Índia foi certificada como livre da pólio em março de 2014. Contudo, surtos do poliovírus selvagem ocorrem por vezes em países previamente considerados livres da pólio, principalmente por importação do vírus por viajantes ou imigrantes. A vigilância dos casos de paralisia flácida aguda, a procura do poliovírus em esgotos e as campanhas de vacinação infantil são estratégias importantes para identificação e interrupção da transmissão do poliovírus.

Epidemiologia

A poliomielite teve três fases epidemiológicas: endêmica, epidêmica e fase da era da vacina. As duas primeiras refletem os padrões existentes antes da introdução da vacina. A explicação geralmente aceita é de que a melhora dos sistemas de higiene e condições sanitárias em climas mais frios promoveu a transição da doença paralítica endêmica para a forma epidêmica nessas sociedades.

Antes de os esforços de erradicação global se iniciarem, a poliomielite ocorria no mundo inteiro, sendo observada durante todo o ano nos trópicos e durante o verão e o outono nas regiões temperadas. É rara a ocorrência de surtos no inverno.

A doença ocorre em todos os grupos etários, mas as crianças geralmente são mais suscetíveis que os adultos em virtude da imunidade adquirida da população adulta. Nos países em desenvolvimento, onde as condições de vida favorecem a ampla disseminação do vírus, a poliomielite é uma doença do início da infância ("paralisia infantil"). Nos países desenvolvidos, antes do advento da vacinação, houve uma mudança na distribuição etária, de modo que a maioria dos pacientes tinha mais de 5 anos, enquanto 25% tinha mais de 15 anos. A taxa de mortalidade mostra-se variável. É maior nos pacientes de mais idade e pode atingir 5 a 10%.

Antes do início das campanhas de vacinação nos Estados Unidos, havia cerca de 21.000 casos de paralisia por poliomielite por ano.

Os seres humanos constituem o único reservatório conhecido da infecção. Em condições de aglomeração, bem como em condições higiênicas e sanitárias precárias em áreas de clima quente, onde quase todas as crianças se tornam imunes nos primeiros anos de vida, os poliovírus mantêm-se mediante a infecção contínua de uma pequena parcela da população. Nas regiões temperadas com altos níveis de higiene, as epidemias ocorrem após períodos de baixa disseminação dos vírus, até que um número suficiente de crianças suscetíveis tenha crescido, proporcionando um reservatório para transmissão no local. O vírus pode ser isolado da faringe e do intestino de pacientes e portadores sadios. A prevalência da infecção é maior entre os contatos domésticos.

Nos climas temperados, a infecção por enterovírus, inclusive o poliovírus, é observada principalmente durante o verão. O vírus é encontrado em esgotos durante períodos de alta prevalência e pode servir de fonte de contaminação da água usada para beber, tomar banho ou fazer irrigação. Existe uma correlação direta entre condições higiênicas e sanitárias precárias e aglomerações e a aquisição da infecção, assim como a produção de anticorpos nos primeiros anos de vida.

Prevenção e controle

Existem vacinas disponíveis com vírus vivos e mortos. A vacina formolizada (Salk) é preparada a partir de vírus cultivados em culturas de rins de macacos. A vacina com vírus mortos induz a produção de anticorpos humorais, mas não resulta em imunidade intestinal local, de modo que o vírus ainda é capaz de multiplicar-se no intestino. A vacina atenuada (Sabin) é cultivada em culturas primárias de macaco ou células diploides humanas e é administrada por via oral. A vacina pode ser estabilizada com cloreto de magnésio para que possa ser mantida sem perda de potência a 4 °C por um ano e por semanas em temperatura ambiente moderada (cerca de 25 °C). A vacina não estabilizada deve ser mantida congelada até ser utilizada.

A vacina atenuada contra a poliomielite infecta, multiplica e imuniza o hospedeiro contra cepas virulentas. No processo, a progênie infecciosa do vírus da vacina é disseminada na comunidade. A vacina produz não apenas anticorpos IgM e IgG no sangue, mas também anticorpos IgA secretores no intestino, que, assim, torna-se resistente à reinfecção (ver Figura 30-10).

Tanto a vacina com vírus atenuado quanto a com vírus morto induzem anticorpos e protegem o SNC de uma invasão subsequente por vírus selvagens. Entretanto, o intestino desenvolve um grau muito maior de resistência após a administração da vacina com vírus atenuado.

A interferência constitui um fator limitante potencial para a vacina oral. Se o trato alimentar da criança estiver infectado por outros enterovírus na época de administração da vacina, o estabelecimento de infecção por poliovírus e a imunização poderão ser bloqueados. Esse problema pode tornar-se importante em áreas (particularmente regiões tropicais) nas quais as infecções por enterovírus são comuns.

Os vírus vacinais – particularmente os dos tipos 2 e 3 – podem sofrer mutação durante sua multiplicação em crianças vacinadas, tornando-se mais virulentos. Entretanto, somente casos extremamente raros de poliomielite paralítica ocorreram em pacientes vacinados com a vacina oral ou seus contatos próximos (não mais do que um caso associado à vacina em cada 2 milhões de pessoas vacinadas).

Nos Estados Unidos, utilizou-se geralmente a vacina oral trivalente contra a poliomielite. Entretanto, em 2000, o Advisory Committee on Immunization Practices recomendou uma mudança para uso exclusivo de vacina com vírus inativado (quatro doses) para crianças nos Estados Unidos*. Tal mudança foi feita em razão do risco reduzido de doença associada ao vírus selvagem em decorrência da contínua progressão da erradicação global do poliovírus. Esse esquema irá reduzir a incidência de doença associada à vacina e ao mesmo tempo manterá a imunidade dos indivíduos e da população contra os poliovírus.

A vacina oral contra a pólio está sendo usada no programa de erradicação global. Após o alcance desse objetivo, ocorrerá a sua interrupção. A continuidade do seu uso pode levar à reemergência da pólio em virtude de mutações e transmissibilidade aumentada, bem como por neurovirulência do vírus vacinal.

A gravidez não é indicação nem contraindicação à imunização. Não se deve administrar vacina de vírus atenuado a indivíduos imunodeficientes ou imunossuprimidos, nem a seus contatos domésticos. Em tais casos, utiliza-se apenas a vacina com vírus mortos (Salk).

Não existe antiviral para o tratamento da infecção por poliovírus, sendo o tratamento sintomático e paliativo. As imunoglobulinas podem fornecer proteção por poucas semanas contra a doença paralítica, mas não previnem infecção subclínica. São eficazes somente se forem administradas pouco antes de a infecção ocorrer, não sendo válidas depois que os sintomas clínicos se desenvolverem. A principal resposta de saúde pública à interrupção da transmissão de casos reimportados é a vacinação em larga escala.

COXSACKIEVÍRUS

Os coxsackievírus, que formam um grande subgrupo de enterovírus, foram inicialmente divididos em dois grupos (A e B), tendo potenciais patogênicos diferentes em camundongos. Esses grupos são, hoje, classificados nos HEV-A, B e C. Esses vírus são causadores de uma variedade de doenças em seres humanos, inclusive a meningite asséptica, bem como doenças respiratórias e febris

---

*N. de T. No Brasil, o esquema básico deixa de ser sequencial e passa a utilizar 3 doses da vacina inativada contra a poliomielite (VIP) aos 2, 4 e 6 meses de idade. Para os reforços, passa a ser utilizada a vacina oral contra a poliomielite bivalente (VOPb) (poliovírus 1 e 3). Essas recomendações fazem parte do Plano Global de Erradicação da Poliomielite 2013-2018, que trata também da redução gradual de utilização de vacinas orais contra a poliomielite. Acima de 5 anos de idade, em viajantes internacionais sem comprovação vacinal, devem ser administradas 3 doses da VOPb, com intervalo de 60 dias entre as doses. Nos casos de esquema incompleto, deve-se completá-lo com VOPb. Nessa faixa etária não há necessidade de reforço.

não diferenciadas. A herpangina (faringite vesiculosa), a doença mão-pé-boca e a conjuntivite hemorrágica aguda são provocadas por certos sorotipos de coxsackievírus do grupo A. A pleurodinia (mialgia epidêmica), miocardite, pericardite e doença generalizada grave de lactentes são causadas por alguns coxsackievírus do grupo B. Além desses vírus, vários sorotipos dos grupos A e B podem causar meningoencefalite e paralisia. Em geral, a paralisia causada por enterovírus diferentes dos poliovírus é incompleta e reversível. Os coxsackievírus do grupo B constituem os agentes causais mais comumente identificados na cardiopatia viral em seres humanos (Tabela 36-3). Os coxsackievírus tendem a ser mais patogênicos que os ecovírus. Alguns dos isolados mais recentes de enterovírus exibem propriedades similares às dos coxsackievírus.

Propriedades dos vírus

Os coxsackievírus são altamente infecciosos para camundongos recém-nascidos, diferentemente da maior parte dos demais enterovírus humanos. Certas cepas (B1-6, A7, 9, 16 e 24) também crescem em cultura de células renais de macacos. Algumas cepas do grupo A crescem em células amnióticas humanas e em fibroblastos pulmonares de embriões humanos. O tipo A14 provoca lesões semelhantes às da poliomielite em camundongos adultos e macacos, mas somente miosite em camundongos lactentes. As cepas tipo A7 provocam paralisia e lesões graves do SNC em macacos. Os vírus do grupo A causam miosite disseminada na musculatura esquelética de camundongos recém-nascidos, resultando em paralisia flácida, sem qualquer outra lesão evidente. A constituição genética das cepas consanguíneas de camundongos determina sua suscetibilidade aos coxsackievírus B.

Patogênese e patologia

O vírus foi isolado do sangue nos estágios iniciais da infecção natural em seres humanos. Também é encontrado na garganta durante alguns dias no estágio inicial da infecção, bem como nas fezes por um período de 5 a 6 semanas. A distribuição do vírus assemelha-se à dos outros enterovírus.

TABELA 36-3   **Enterovírus e parecovírus humanos e síndromes clínicas comumente associadas[a]**

Síndrome	Enterovírus humanos A-D					
	Poliovírus tipos 1 a 3	Coxsackievírus A tipos 1-24	Coxsackievírus B tipos 1-6	Ecovírus tipos 1-33	Enterovírus tipos 68-116	Parecovírus tipos 1-19
Neurológica						
Meningite asséptica	1-3	Muitos	1-6	Muitos	68, 71	1
Paralisia	1-3	7, 9	2-5	2, 4, 6, 9, 11, 30	68, 70, 71	3
Encefalite		2, 5-7, 9	1-5	2, 6, 9, 19	68, 70, 71	
Pele e mucosa						
Herpangina		2-6, 8, 10			71	
Doença mão-pé-boca		5, 10, 16	1		71	
Exantemas		Muitos	5	2, 4, 6, 9, 11, 16, 18		
Cardíaca e muscular						
Pleurodinia (mialgia epidêmica)			1-5	1, 6, 9		
Miocardite, pericardite			1-5	1, 6, 9, 19		1
Ocular						
Conjuntivite hemorrágica aguda		24			70	
Respiratória						
Resfriados		21, 24	1, 3, 4, 5	4, 9, 11, 20, 25	68	1
Pneumonia			4, 5		68	1
Pneumonite de lactentes		9, 16			71	
Edema pulmonar						
Gastrintestinal						
Diarreia		18, 20-22, 24[b]		Muitos[b]		1
Hepatite		4, 9	5	4, 9		
Outras						
Doença febril indiferenciada	1-3		1-6			
Doença generalizada de lactentes			1-5	11		
Diabetes melito			3, 4			

[a]Os exemplos não estão todos incluídos. Outros tipos de enterovírus podem estar associados à síndrome citada.
[b]A casualidade não foi estabelecida.

Manifestações clínicas

O período de incubação da infecção por coxsackievírus varia de 2 a 9 dias. As manifestações clínicas da infecção por vários coxsackievírus são diversas, podendo ocorrer em forma de entidades mórbidas distintas (ver Tabela 36-3). Elas variam de doença febril leve a doenças do SNC, de pele, cardíacas e respiratórias. Os exemplos fornecidos não são completos, e diferentes sorotipos podem estar associados a determinado surto.

A **meningite asséptica** é causada por todos os tipos de coxsackievírus do grupo B e por muitos coxsackievírus do grupo A, mais comumente A7 e A9. Os sinais iniciais comuns consistem em febre, mal-estar, cefaleia, náuseas e dor abdominal. Às vezes, a doença evolui para fraqueza muscular leve, sugerindo poliomielite paralítica. Os pacientes quase sempre se recuperam por completo da paresia não causada por poliovírus.

A **herpangina** é uma faringite febril grave causada por certos vírus do grupo A. Apesar do nome, não tem relação com os herpes-vírus. Verifica-se o início abrupto de febre e faringite, com vesículas discretas isoladas na metade posterior do palato, na faringe, nas tonsilas ou na língua. A doença é autolimitada e mais frequente em crianças de pouca idade.

A **doença mão-pé-boca** caracteriza-se por ulcerações orais e faríngeas, assim como por erupção vesiculosa das palmas das mãos e plantas dos pés que pode propagar-se para os braços e as pernas. As vesículas cicatrizam sem formar crostas, o que as diferencia clinicamente das vesículas induzidas por herpes-vírus e poxvírus. Essa doença é associada particularmente ao coxsackievírus A16, embora a cepa B1 e o enterovírus 71 possam, também, ser associados a essa patologia. O coxsackievírus A6 também surgiu como uma causa da doença mão-pé-boca grave, às vezes seguida de perda de unhas. O vírus pode ser isolado das fezes e secreções faríngeas e do líquido vesicular. Tal doença não deve ser confundida com a febre aftosa de bovinos, causada por um picornavírus não relacionado que normalmente não infecta seres humanos.

A **pleurodinia** (também conhecida como mialgia epidêmica) é causada por vírus do grupo B. Em geral, a febre e a dor torácica em pontada têm início abrupto, embora sejam às vezes precedidas de mal-estar, cefaleia e anorexia. A dor torácica pode durar 2 dias a 2 semanas. Ocorre dor abdominal em cerca de 50% dos casos, podendo constituir a principal queixa em crianças. A doença mostra-se autolimitada, e a recuperação é completa, embora seja comum a ocorrência de recidivas.

A **miocardite** é uma doença grave. Trata-se de uma doença aguda do coração e de suas membranas (pericardite). As infecções pelo coxsackievírus B constituem uma causa de doença primária do miocárdio tanto em adultos quanto em crianças. Cerca de 5% das infecções sintomáticas pelos coxsackievírus resultam em cardiopatia. As infecções podem ser fatais em recém-nascidos ou causar lesão cardíaca permanente em qualquer idade. Podem ocorrer infecções virais persistentes do músculo cardíaco, com consequente inflamação crônica.

Estima-se que os enterovírus causem 15 a 20% das infecções do trato respiratório, especialmente entre o verão e o outono. Vários coxsackievírus foram associados a **resfriados comuns** e **doenças febris não identificadas**.

A **doença generalizada de lactentes** é extremamente grave, sendo o lactente acometido maciçamente por infecções virais simultâneas de vários órgãos, incluindo o coração, o fígado e o cérebro. A evolução clínica pode ser rapidamente fatal, ou o paciente pode recuperar-se por completo. A doença é causada por coxsackievírus do grupo B. Nos casos graves, podem ocorrer miocardite ou pericardite nos primeiros 8 dias de vida, podendo ser precedidas de um breve episódio de diarreia e anorexia. Algumas vezes, a doença pode ser adquirida por via transplacentária.

Embora o trato gastrintestinal seja seu local primário de replicação, os enterovírus não causam doença marcante neste local. Certos coxsackievírus do grupo A têm sido associados à **diarreia** em crianças, mas a casuística não está comprovada.

Diagnóstico laboratorial

A. Isolamento do vírus

O vírus pode ser isolado de lavados de garganta durante os primeiros dias da doença, bem como das fezes no decorrer das primeiras semanas. Nas infecções causadas pelo coxsackievírus A21, a maior quantidade de partículas virais é encontrada nas secreções nasais. Nos casos de meningite asséptica, foram isoladas cepas do LCS e do trato alimentar. Nos casos de conjuntivite hemorrágica, o vírus A24 foi isolado de *swabs* da conjuntiva, da garganta e de amostras de fezes.

As amostras são inoculadas em culturas de tecido e em camundongos recém-nascidos. Na cultura de tecido, aparece um efeito citopático em 5 a 14 dias. Em camundongos recém-nascidos, os sinais de doença geralmente surgem em 1 a 2 semanas. Devido às dificuldades dessa técnica, raramente ela é empregada para isolamento do vírus.

B. Detecção dos ácidos nucleicos

Os métodos para detecção direta de enterovírus fornecem testes rápidos e sensíveis para amostras clínicas. Os testes de PCR baseados em transcrição reversa podem ser largamente reativos (detectam muitos sorotipos) ou mais específicos. Tais ensaios apresentam vantagens sobre os métodos de cultura de células, como o fato de que muitos enterovírus isolados de amostras clínicas apresentam um fraco crescimento nesses meios. Os testes de PCR em tempo real são comparáveis em sensibilidade aos testes de PCR convencionais, mas são mais fáceis de realizar.

C. Sorologia

Os anticorpos neutralizantes, que aparecem precocemente durante a evolução da infecção, tendem a ser específicos contra o vírus infectante e persistem por vários anos. Os anticorpos séricos também podem ser detectados por outras técnicas, tais como a imunofluorescência. É difícil avaliar os testes sorológicos (devido à multiplicidade dos tipos virais), a não ser que o antígeno empregado no teste tenha sido isolado de um paciente ou durante um surto epidêmico.

Os adultos apresentam anticorpos dirigidos contra um número maior de tipos de coxsackievírus do que as crianças, o que indica que a exposição múltipla a esses vírus é comum e aumenta com a idade.

Epidemiologia

Os vírus do grupo coxsackievírus já foram encontrados em todo o mundo, tendo sido isolados principalmente de fezes humanas, *swabs* de faringe e esgotos. São detectados anticorpos dirigidos contra vários coxsackievírus no soro coletado de indivíduos no mundo inteiro, bem como em imunoglobulina misturada.

Os tipos mais frequentes de coxsackievírus isolados em todo o mundo no decorrer de um período de 8 anos (1967-1974) foram os tipos A9 e B2 a B5. Nos Estados Unidos, no período de 1970 a 2005, os coxsackievírus mais comumente detectados foram os tipos A9, B2 e B4 em padrões endêmicos, e o tipo B5, em um padrão epidêmico. De 2006 a 2008, o tipo B1 se tornou o enterovírus mais predominante detectado nos Estados Unidos. Todavia, em anos ou regiões específicas, pode ser que ocorra o predomínio de outro tipo. Enquanto o padrão epidêmico é caracterizado por flutuações nos níveis de circulação, o padrão endêmico mostra circulação estável e em níveis baixos com poucos picos.

Os coxsackievírus são isolados com maior frequência no verão e início do outono. As crianças desenvolvem anticorpos durante o verão, indicando infecção pelo coxsackievírus nesse período. Tais crianças exibem uma taxa de incidência muito mais elevada de doenças febris benignas agudas durante o verão do que aquelas que não produzem anticorpos contra os coxsackievírus.

A exposição familiar é importante na aquisição de infecções causadas pelos coxsackievírus. Após a introdução do vírus em um domicílio, as pessoas suscetíveis em geral tornam-se infectadas, embora nem todas desenvolvam doença clinicamente aparente.

Os coxsackievírus compartilham muitas propriedades com outros enterovírus. Em virtude de suas semelhanças epidemiológicas, vários enterovírus podem ocorrer juntos na natureza, inclusive no mesmo hospedeiro humano ou nas mesmas amostras de esgoto.

Controle

Não existem vacinas nem antivirais para prevenção ou tratamento das doenças causadas por coxsackievírus; o tratamento dado é sintomático.

OUTROS ENTEROVÍRUS

Os ecovírus (vírus entéricos citopatogênicos humanos órfãos), baseados na terminologia histórica, foram reunidos em um grupo pelo fato de infectarem o trato entérico humano e serem isolados de seres humanos apenas por meio de inoculação em culturas de determinados tecidos. São conhecidos mais de 30 sorotipos, mas nem todos foram associados à doença humana. Os isolados mais recentes são designados como enterovírus numerados. Os enterovírus do grupo D consistem em cinco sorotipos (68, 70, 94, 111 e 120). Meningite asséptica, encefalite, doenças febris com ou sem exantema, resfriados comuns e doenças oculares estão entre as doenças causadas pelos ecovírus e outros enterovírus.

Manifestações clínicas

Para se estabelecer a associação etiológica de um enterovírus com doença, são utilizados os seguintes critérios: (1) deve haver uma taxa muito mais alta de isolamento do vírus de pacientes com a doença do que de indivíduos sadios de mesma idade e condição socioeconômica que vivem na mesma região ao mesmo tempo; (2) ocorre a produção de anticorpos contra o vírus durante a evolução da doença, e, nos casos em que a síndrome clínica pode ser causada por outros agentes conhecidos, a evidência virológica ou sorológica deve ser negativa para infecção concomitante por esses agentes; e (3) o vírus é isolado de líquidos orgânicos ou tecidos com lesões manifestas, como, por exemplo, do LCS na presença de meningite asséptica.

Muitos ecovírus foram associados a meningite asséptica. O exantema é a ocorrência mais comum em crianças de pouca idade. A diarreia em crianças pode estar associada a alguns tipos de ecovírus, mas a causalidade não foi estabelecida. Para muitos ecovírus, nenhuma síndrome foi definida.

Um grande surto de enterovírus 68 foi reconhecido em 2014 nos Estados Unidos, causando doenças respiratórias graves em mais de 1.000 indivíduos em todo o país, principalmente entre crianças com asma ou sibilos anteriores. Enquanto a maioria dos pacientes se recuperou, uma pequena fração desses casos foi associada à paralisia flácida aguda, fazendo deste um gravíssimo problema de saúde pública. O enterovírus 68 compartilha várias características dos rinovírus, incluindo a labilidade ácida e a temperatura ideal de crescimento mais baixa, e já havia sido classificado anteriormente como rinovírus 87. Uma revisão retrospectiva demonstrou casos em 2012, e a análise de sequenciamento total demonstrou que os vírus associados à mielite flácida aguda agrupavam-se em uma cepa do clado B1 que surgiu em 2010.

O enterovírus 70 é a principal causa da **conjuntivite hemorrágica aguda**. Foi isolado da conjuntiva de pacientes com essa impressionante doença ocular que ocorreu de forma pandêmica entre 1969 e 1971 na África e no Sudeste Asiático. A conjuntivite hemorrágica aguda tem início repentino de um quadro de hemorragia subconjuntival. A doença é mais comum em adultos, com um período de incubação de 1 dia e duração de 8 a 10 dias. A recuperação completa é a regra geral. O vírus é altamente contagioso e dissemina-se rapidamente em condições de falta de higiene e aglomeração.

O enterovírus 71 foi isolado de pacientes com **meningite, encefalite** e **paralisia** semelhante à poliomielite. É uma das principais causas de doença do SNC, às vezes fatal, no mundo inteiro. Um surto da **doença mão-pé-boca** causada por enterovírus 71 ocorreu na China em 2008 e envolveu cerca de 4.500 casos e 22 mortes em crianças e recém-nascidos.

Com a potencial eliminação da poliomielite em países desenvolvidos, as síndromes do SNC, associadas a coxsackievírus, ecovírus e outros enterovírus, assumiram grande importância. O grupo constituído por outros enterovírus pode causar sequelas neurológicas e comprometimento mental em crianças com menos de 1 ano de idade. Os enterovírus isolados de amostras de fezes de pacientes com **paralisia flácida aguda** na Austrália, entre 1996 e 2004, incluíam os coxsackievírus A24 e B5; os ecovírus 9, 11 e 18; e os enterovírus 71 e 75. O enterovírus 71 foi o mais comum.

Diagnóstico laboratorial

Em um caso isolado, é impossível estabelecer o diagnóstico de infecção pelo ecovírus em bases clínicas. Entretanto, deve-se considerar a presença do ecovírus nas seguintes situações epidêmicas: (1) surtos de meningite asséptica no verão; (2) epidemias de doença febril com exantema durante o verão, especialmente em crianças de pouca idade.

O diagnóstico depende dos exames laboratoriais. Os ensaios de detecção dos ácidos nucleicos, como a PCR, são mais rápidos do que o isolamento do vírus para diagnóstico. Embora vírus específicos não possam ser identificados pela PCR, frequentemente não é necessário determinar o sorotipo específico de um enterovírus associado a uma doença.

O isolamento do vírus pode ser acompanhado de *swabs* de garganta, amostras de fezes, *swabs* retais e, na meningite asséptica, LCS. Os testes sorológicos não são práticos em virtude dos inúmeros tipos de vírus, exceto quando se isola um vírus de um paciente ou durante um surto de doença clínica típica. Os anticorpos neutralizantes e os anticorpos inibidores da hemaglutinação são específicos do tipo e podem persistir durante vários anos.

Se determinado agente for isolado em cultura de tecido, poderá ser testado contra diferentes misturas de antissoros dirigidos contra os enterovírus. A determinação do tipo de vírus presente depende de testes de imunofluorescência ou de neutralização. Pode ocorrer infecção simultânea por dois ou mais enterovírus.

Epidemiologia

A epidemiologia dos ecovírus assemelha-se a dos outros enterovírus. Ocorrem em todas as partes do mundo e tendem a ser encontrados mais em indivíduos jovens do que em idosos. Nas regiões temperadas, as infecções são observadas principalmente no verão e no outono e são cerca de 5 vezes mais frequentes em crianças de famílias de baixa renda do que naquelas que vivem em situações mais favoráveis.

Os ecovírus mais comumente isolados em todo o mundo, no período de 1967 a 1974, foram os tipos 4, 6, 9, 11 e 30. De 1970 a 2005, nos Estados Unidos, os ecovírus detectados com maior frequência foram os tipos 6, 9, 11, 13 e 30, juntamente com os coxsackievírus A9, B2, B4 e B5 e com o enterovírus 71. As doenças observadas com maior frequência nesses pacientes foram meningite asséptica e encefalite. Entretanto, como no caso de todos os enterovírus, pode ocorrer a disseminação de diferentes sorotipos, que podem espalhar-se amplamente.

Parece haver um núcleo consistente de circulação de enterovírus que determina o volume da doença. Quinze sorotipos respondem por 83% dos casos relatados nos Estados Unidos de 1970 a 2005. Crianças de até 1 ano de idade respondem por 44% dos relatos da doença.

Os estudos de famílias nas quais foram introduzidos enterovírus mostraram a facilidade com que esses vírus se propagam e a alta frequência de infecção em indivíduos que não produziram anticorpos devido a exposições anteriores. Isso se aplica a todos os enterovírus.

Controle

É aconselhável evitar o contato de crianças de pouca idade com pacientes que exibem doença febril aguda. Não existem antivirais nem vacinas (além daquelas contra os poliovírus) para tratamento ou prevenção de qualquer doença causada por enterovírus.

ENTEROVÍRUS NO AMBIENTE

Os seres humanos constituem os únicos reservatórios conhecidos de membros do grupo dos enterovírus humanos. Em geral, esses vírus são eliminados por períodos mais prolongados nas fezes do que nas secreções do trato gastrintestinal superior. Por conseguinte, a contaminação fecal (mãos, utensílios, alimentos, água) constitui a via habitual de disseminação do vírus. Os enterovírus são encontrados em quantidades variáveis em esgotos. Assim, podem constituir uma fonte de contaminação do suprimento de água para beber, tomar banho ou para irrigações ou fins recreativos (Figura 36-4). Os enterovírus sobrevivem à exposição ao tratamento e cloração dos esgotos, e os dejetos humanos em grande parte do mundo são descarregados em águas naturais, com pouco ou nenhum tratamento. É difícil reconhecer os surtos por enterovírus transmitidos pela água, tendo-se constatado que esses vírus podem atingir longas distâncias da fonte de contaminação e permanecer infecciosos. A adsorção a materiais orgânicos e sedimentos protege os vírus da inativação e favorece seu transporte. Constatou-se que os moluscos filtradores (ostras, mexilhões, mariscos) concentram os vírus da água e, quando inadequadamente cozidos, podem transmitir a doença. Os padrões bacteriológicos que utilizam os índices de coliformes fecais como meio de monitoramento da qualidade da água provavelmente não refletem de maneira adequada o potencial de transmissão da doença viral.

GRUPO DOS RINOVÍRUS

Os rinovírus são os vírus causadores do resfriado comum. Trata-se dos agentes mais comumente isolados de pessoas com doença leve das vias respiratórias superiores. Em geral, são isolados das secreções nasais, mas também podem ser encontrados na garganta e em secreções orais. Esses vírus – assim como os coronavírus, adenovírus, enterovírus, vírus parainfluenza e vírus influenza – provocam infecções das vias respiratórias superiores, incluindo a síndrome do resfriado comum. Os rinovírus também são responsáveis por cerca de metade das exacerbações da asma.

Classificação

Os rinovírus humanos isolados são numerados sequencialmente. Mais de 150 tipos são conhecidos. Os isolados da mesma espécie partilham mais de 70% de identidade das sequências dentro de certas regiões codificantes de proteínas.

Os rinovírus humanos podem ser divididos em grupos receptores principais e menores. Os vírus dos grupos principais usam a molécula de adesão intercelular-1 (ICAM-1, do inglês *intercellular adhesion molecule-1*) como receptor, e os do grupo menor ligam-se à família de receptores da lipoproteína de baixa densidade (LDLR, do inglês *low-density lipoprotein receptor*).

Propriedades dos vírus

A. Propriedades gerais

Os rinovírus compartilham muitas características com outros enterovírus, mas diferem destes por terem uma densidade de flutuação em cloreto de césio de 1,40 g/mL e por serem acidolábeis. Os virions são instáveis abaixo de pH de 5,0 a 6,0, ocorrendo inativação

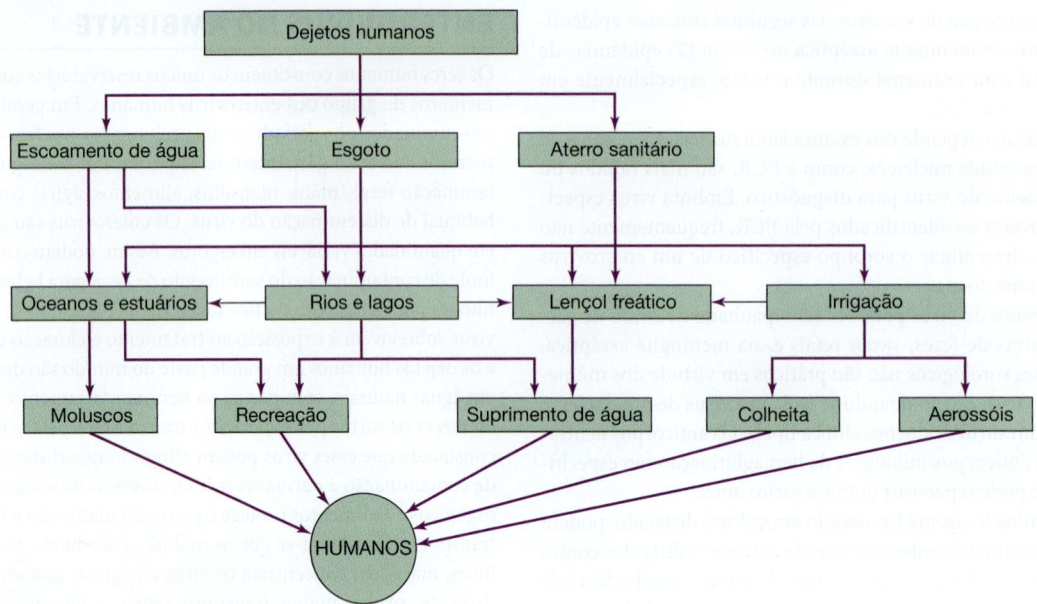

FIGURA 36-4   Vias de potencial transmissão de enterovírus no ambiente. (Reproduzida, com autorização, de Melnick JL, Gerba CP, Wallis C: Viruses in water. *Bull World Health Org* 1978;56:499.)

completa a pH de 3,0. Os rinovírus são mais termoestáveis que os enterovírus e podem sobreviver por horas em superfícies inertes.

A identidade da sequência dos nucleotídeos sobre o genoma completo é maior que 50% entre todos os rinovírus, bem como entre os enterovírus e os rinovírus. Existe maior ou menor identidade para determinadas regiões do genoma.

Em 2009, os genomas de todas as cepas conhecidas de rinovírus foram sequenciados, tendo-se definido as regiões conservadas e divergentes. Essas informações irão facilitar o conhecimento do potencial patogênico e o desenho de fármacos antivirais e vacinas.

B. Suscetibilidade dos animais e crescimento do vírus

Esses vírus são infecciosos apenas para seres humanos, gibões e chimpanzés. Eles podem ser cultivados em diversas linhagens celulares humanas, como WI-38 e MRC-5. Podem ser necessárias culturas de órgãos do epitélio traqueal do furão e de seres humanos para algumas cepas exigentes. A maioria apresenta melhor crescimento a 33 °C, uma temperatura semelhante à encontrada na nasofaringe dos seres humanos, do que a 37 °C.

C. Propriedades antigênicas

São conhecidos mais de 150 sorotipos. Os novos sorotipos baseiam-se na ausência de reatividade cruzada em testes de neutralização que utilizam antissoros policlonais. O rinovírus 87 foi reclassificado como enterovírus humano 68.

Patogênese e patologia

O vírus penetra no organismo através das vias respiratórias superiores. A presença de títulos elevados do vírus nas secreções nasais

– que já pode ser detectado 2 a 4 dias após a exposição – está associada à ocorrência de doença de gravidade máxima. Posteriormente, observa-se um declínio dos títulos, embora a doença persista. Em alguns casos, o vírus continua sendo detectável durante 3 semanas. Existe uma correlação direta entre a quantidade de vírus nas secreções e a gravidade da doença.

A replicação do vírus limita-se ao epitélio superficial da mucosa nasal. As biópsias revelam que as alterações histopatológicas limitam-se à submucosa e ao epitélio superficial, incluindo edema e infiltração celular discreta. A secreção nasal aumenta em quantidade e na sua concentração proteica.

Os rinovírus raramente causam infecções das vias respiratórias inferiores em indivíduos sadios, embora possam estar associados à maioria das exacerbações agudas de asma. Experimentos efetuados em condições controladas mostraram que o resfriamento, inclusive o uso de roupas úmidas, não provoca resfriado nem aumenta a suscetibilidade ao vírus. O calafrio constitui um sintoma inicial do resfriado comum.

Manifestações clínicas

O período de incubação é curto, de 2 a 4 dias, e em geral a doença aguda dura 7 dias, embora possa persistir uma tosse improdutiva durante 2 a 3 semanas. O adulto médio apresenta um ou dois episódios por ano. Os sintomas habituais em adultos consistem em espirros, obstrução e corrimento nasais e faringite. Outros sintomas podem consistir em cefaleia, tosse discreta, mal-estar e sensação de calafrio. Ocorre pouca ou nenhuma febre. As mucosas nasal e nasofaríngea tornam-se avermelhadas e edematosas. Não existe achado clínico distinto que permita o estabelecimento de um diagnóstico etiológico de resfriado comum causado por rinovírus *versus* resfriado comum provocado por outros vírus. A infecção bacteriana secundária pode induzir otite média aguda, sinusite, bronquite ou pneumonite, particularmente em crianças.

Imunidade

Verifica-se a produção de anticorpos neutralizantes contra o vírus infectante no soro e nas secreções da maioria das pessoas. Conforme o teste efetuado, as estimativas da frequência de resposta variam de 37% a mais de 90%.

São produzidos anticorpos em 7 a 21 dias após a infecção; o tempo para o aparecimento de anticorpos neutralizantes nas secreções nasais é idêntico ao dos anticorpos séricos. Em virtude de a recuperação da doença normalmente ocorrer antes da presença de anticorpos, parece que a recuperação não depende de anticorpos. Entretanto, eles podem ser responsáveis pela eliminação final da infecção. Os anticorpos séricos persistem por anos, mas seu título diminui.

Epidemiologia

A doença ocorre em todo o mundo. Nas regiões temperadas, as taxas de incidência são mais elevadas no início do outono e no final da primavera. As taxas de prevalência são mais baixas durante o verão. Os membros de comunidades isoladas formam grupos altamente suscetíveis.

Acredita-se que o vírus seja transmitido por contato próximo, por meio de secreções respiratórias contaminadas por vírus. Os dedos de um indivíduo com resfriado geralmente estão contaminados, e ocorre transmissão para pessoas suscetíveis por contato entre as mãos, entre as mãos e os olhos ou entre as mãos e algum objeto (p. ex., maçaneta da porta). Os rinovírus podem sobreviver durante horas em superfícies inertes contaminadas. A autoinoculação após a contaminação das mãos pode constituir uma forma de propagação mais importante do que as partículas transportadas pelo ar.

As taxas de infecção são mais elevadas entre lactentes e crianças em geral, diminuindo com a idade. A família constitui um importante local de disseminação dos rinovírus. Em geral, a introdução do vírus é atribuível a crianças de idades pré-escolar e escolar. As taxas de ataques secundários em famílias variam de 30 a 70%. As infecções em crianças são sintomáticas, enquanto as infecções em adultos são, com frequência, assintomáticas.

Em uma única comunidade, vários sorotipos de rinovírus causam surtos de doença em uma única estação, e diferentes sorotipos predominam durante estações diversas com doenças respiratórias diferentes. Existe geralmente um número limitado de sorotipos que causam doença em determinado momento.

Tratamento e controle

Não existe método de prevenção ou tratamento específicos. É pouco provável que seja desenvolvida uma vacina potente contra o rinovírus em virtude da dificuldade de crescimento do vírus até altos títulos em cultura, da imunidade transitória e da multiplicidade de sorotipos que causam o resfriado.

Acredita-se que os antivirais constituam uma medida de controle dos rinovírus mais provável em virtude dos problemas associados ao desenvolvimento de uma vacina. Muitos compostos eficazes *in vitro* não mostraram eficácia clínica.

GRUPO DOS PARECOVÍRUS

Este gênero foi definido na década de 1990 e contém 19 tipos, dos quais os tipos 1 e 2 foram originalmente classificados como ecovírus 22 e 23. Os parecovírus são altamente divergentes dos enterovírus; nenhuma sequência de proteína possui mais de 30% de identidade com as proteínas correspondentes dos outros picornavírus. O capsídeo contém três proteínas que, como a proteína precursora VP0, não sofrem clivagem.

As infecções por parecovírus são adquiridas com frequência na primeira infância. Os vírus se replicam nos tratos respiratório e gastrintestinal. Têm sido citados como causadores de doenças similares a doenças causadas por outros enterovírus, tais como doenças gastrintestinais e respiratórias leves, meningoencefalite e sepse neonatal.

O parecovírus humano do tipo 1 foi um dos 15 enterovírus mais comuns detectados de 2006 a 2008. Contudo, esse grupo não pode ser devidamente detectado por métodos moleculares específicos para detecção dos enterovírus, e, portanto, sua prevalência pode ser subestimada. Métodos específicos de PCR estão disponíveis para detectar os parecovírus em amostras de pacientes.

DOENÇA MÃO-PÉ-BOCA (AFTOVÍRUS DE BOVINOS)

Essa doença altamente infecciosa em animais de casco, como bovinos, ovinos, suínos e caprinos, é rara nos Estados Unidos, porém endêmica em outros países. Pode ser transmitida aos seres humanos por contato ou ingestão. Nos seres humanos, a doença é caracterizada por febre, salivação e vesiculação das membranas mucosas da orofaringe e da pele dos pés.

O vírus é um picornavírus típico e acidolábil (as partículas são instáveis a pH inferior a 6,8). Possui densidade de flutuação em cloreto de césio de 1,43 g/mL. Existem pelo menos 7 tipos, com mais de 50 subtipos.

Nos animais, a doença é altamente contagiosa nos estágios iniciais da infecção, quando ocorre viremia, e as vesículas na boca e nos pés sofrem ruptura, liberando grandes quantidades de vírus. O material excretado permanece infeccioso por longos períodos. Nos animais, a taxa de mortalidade geralmente é baixa, mas pode atingir 70%. Os animais infectados tornam-se produtores deficientes de leite e carne. Muitos bovinos atuam como focos de infecção por um período de até 8 meses. A imunidade após a infecção é de curta duração.

Uma variedade de animais mostra-se suscetível à infecção, e o vírus foi isolado de pelo menos 70 espécies de mamíferos. A doença típica pode ser reproduzida por inoculação dos vírus nos coxins plantares. Foram preparadas vacinas tratadas com formol de vírus em culturas de tecido. Todavia, essas vacinas não induzem imunidade duradoura. Estão sendo desenvolvidas novas vacinas com base na tecnologia do DNA recombinante.

Os métodos de controle da doença são determinados pelo seu elevado grau de contagiosidade e a resistência do vírus à inativação. Nos Estados Unidos, quando ocorrem focos de infecção, todos os animais expostos são sacrificados e suas carcaças são destruídas. Estabelece-se uma quarentena rigorosa, e a área só é considerada segura depois que todos os animais suscetíveis não desenvolvem sintomas durante um período de 30 dias. Outro método é a quarentena do rebanho e a vacinação de todos os animais não acometidos. Outros países vêm empregando com sucesso esquemas de vacinação sistemática. Alguns países (p. ex., Estados Unidos e Austrália) proíbem a importação de materiais potencialmente infectantes, como carne fresca, de modo que a doença foi eliminada nessas regiões.

RESUMO DO CAPÍTULO

- A família Picornaviridae é um grupo grande e formado por muitos membros.
- Os picornavírus são vírus pequenos e não envelopados de RNA de fita simples que são replicados no citoplasma.
- Cerca de 100 sorotipos de enterovírus e um adicional de 150 sorotipos de rinovírus foram identificados até o momento.
- Alguns dos principais patógenos humanos estão nessa família de vírus, incluindo os poliovírus, coxsackievírus, rinovírus e outros enterovírus.
- As doenças causadas por esses vírus incluem paralisia, meningite asséptica, pleurodinia, miocardite, hepatite, lesões cutâneas, doenças respiratórias, diarreia, febres, conjuntivite, resfriado comum e doenças infantis graves.
- Os rinovírus são os causadores do resfriado comum.
- A contaminação fecal é o mecanismo mais comum de disseminação; as fontes são água, alimentos, mãos e objetos contaminados.
- Os rinovírus são transmitidos por secreções respiratórias contaminadas, sendo a contaminação pelas mãos um importante meio de transmissão.
- A infecção subclínica é a condição mais comum causada pelos enterovírus.
- Nenhum reservatório animal é conhecido para os enterovírus humanos.
- Tanto vacinas atenuadas quanto inativadas contra pólio estão disponíveis.
- Um programa mundial para erradicação da poliomielite está em andamento.
- A febre aftosa, uma zoonose grave e altamente contagiosa, é causada por um picornavírus alocado no gênero *Aphthovirus* e que pode se manifestar nos seres humanos.

QUESTÕES DE REVISÃO

1. Qual das seguintes alternativas sobre os rinovírus é correta?

   (A) Existem três tipos antigênicos.
   (B) A amantadina protege contra infecção.
   (C) Esses vírus não sobrevivem em superfícies do ambiente.
   (D) São os mais frequentes agentes causadores do resfriado comum.
   (E) Partilham similaridades físico-químicas com o coronavírus.

2. Um homem de 26 anos de idade desenvolveu miopericardite com deficiência cardíaca congestiva leve que piorou nas últimas semanas. Foi diagnosticada uma infecção pelo coxsackievírus B5. Qual das seguintes síndromes clínicas não está associada a infecções pelo coxsackievírus?

   (A) Herpangina
   (B) Miocardite ou pericardite
   (C) Meningite asséptica
   (D) Conjuntivite hemorrágica aguda
   (E) Atrofia muscular progressiva pós-pólio

3. Um recém-nascido de 3 meses desenvolveu febre, agitação e choro incomum. Esses sintomas foram seguidos de aparente letargia. Ao exame físico, mostrou aparência normal, porém com respostas mínimas à estimulação. Foi feita uma punção lombar de líquido cerebrospinal, com 200 leucócitos/mL e predomínio de linfócitos. Foi diagnosticada meningite aguda asséptica, provavelmente causada por um enterovírus. Os enterovírus são caracterizados por:

   (A) Latência nos gânglios sensoriais e reativação primária nos pacientes imunocomprometidos.
   (B) Transmissão primária pela via orofecal.
   (C) Presença de uma enzima DNA-polimerase.
   (D) Entrada de células seguida de ligação ao receptor ICAM-1.
   (E) Variação e mudança antigênica.

4. As vacinas contra o picornavírus têm sido empregadas há algumas décadas na prevenção de doenças humanas. Qual das seguintes alternativas é correta?

   (A) As vacinas de poliovírus atenuadas produzem resistência no trato gastrintestinal.
   (B) Existe uma vacina de vírus inativado eficaz contra os três tipos principais de rinovírus.
   (C) A vacina atenuada contra o poliovírus induz imunidade protetora contra os vírus estreitamente relacionados com os coxsackievírus do tipo B.
   (D) Nenhuma das vacinas disponíveis contra enterovírus deve ser administrada a pacientes imunocomprometidos.
   (E) Nos Estados Unidos, somente a vacina atenuada contra o poliovírus é atualmente recomendada para uso.

5. Um mês após o início do período escolar de verão ter terminado, uma adolescente de 16 anos de idade desenvolveu febre, mialgia e cefaleia. Sabe-se que um surto de uma doença com sintomas semelhantes aos causados por um ecovírus está ocorrendo na comunidade. O(s) local(is) anatômico(s) primário(s) para multiplicação dos ecovírus no hospedeiro humano é(são) o(s):

   (A) Sistema muscular
   (B) Sistema nervoso central
   (C) Trato alimentar
   (D) Sistemas sanguíneo e linfático
   (E) Sistema respiratório

6. Qual das seguintes propriedades dos enterovírus não é compartilhada pelos rinovírus?

   (A) Genoma do RNA de fita simples
   (B) Produção de proteínas virais a partir da clivagem de uma poliproteína precursora
   (C) Resistência aos solventes lipídicos
   (D) Estabilidade a pH ácido (pH 3)
   (E) Simetria icosaédrica

7. Uma pessoa com asma sofreu uma exacerbação aguda com aumento de doença respiratória baixa. Um vírus foi isolado. Qual dos seguintes tipos virais é o mais provável de ter sido isolado?

   (A) Vírus parainfluenza
   (B) Parecovírus

(C)   Rinovírus

(D)   Vírus respiratório sincicial

(E)   Ecovírus

8.   O uso da vacina atenuada contra pólio foi substituído pela vacina inativada em muitos países. Qual das seguintes alternativas corresponde ao principal motivo para esse fato?

(A)   A vacina atenuada é mais cara que a vacina inativada.

(B)   Existe um risco maior de doença induzida pela vacina do que a doença induzida pelo vírus selvagem em áreas das quais o poliovírus tenha sido erradicado.

(C)   A vacina inativada requer dose única, enquanto a vacina oral exige várias doses.

(D)   As cepas de poliovírus circulantes têm mudado, e a vacina atenuada não é mais eficaz em muitos países.

9.   Surtos da doença mão-pé-boca, caracterizada por ulcerações orais e eritemas vesiculares, ocorrem e podem resultar em mortes de crianças. A doença é causada por:

(A)   Vírus da doença mão-pé-boca

(B)   Vírus da varíola

(C)   Enterovírus não poliovírus

(D)   Rinovírus

(E)   Vírus da rubéola

10.   Estudos epidemiológicos indicam que um grupo central de enterovírus está circulando constantemente nos Estados Unidos. Qual das seguintes alternativas é a mais correta?

(A)   Todos os membros do grupo central apresentam um padrão epidêmico de surtos da doença.

(B)   O grupo inclui cerca de metade dos enterovírus conhecidos.

(C)   A doença ocorre predominantemente em adolescentes e adultos.

(D)   Os membros do grupo são todos classificados como coxsackie-vírus A e B.

(E)   Esse grupo central determina a maioria das doenças causadas por enterovírus.

11.   As alternativas abaixo sobre os rinovírus estão corretas, *exceto*:

(A)   Os rinovírus são os principais agentes virais associados ao resfriado comum.

(B)   Os rinovírus se desenvolvem melhor entre 33 °C e 37 °C, assim causando infecções mais no trato respiratório superior do que no trato respiratório inferior.

(C)   Os rinovírus são membros da família Picornaviridae e se assemelham aos poliovírus em sua estrutura e replicação.

(D)   A imunidade atribuída pela vacina contra os rinovírus é excelente, uma vez que esse grupo apresenta um único sorotipo.

12.   Duas vacinas contra a pólio estão disponíveis: a oral (VOP) e a inativada (VIP). Em qual das seguintes situações a vacina VOP é mais indicada?

(A)   Vacinação infantil de rotina

(B)   Programa de vacinação em massa em áreas endêmicas

(C)   Imunização de adultos

(D)   Pacientes submetidos a terapias imunossupressoras

(E)   Familiares de indivíduos imunocomprometidos

13.   Qual das seguintes alternativas sobre a meningite causada por enterovírus está correta?

(A)   Vacinas estão geralmente disponíveis para prevenção dessa doença.

(B)   O principal sintoma é a paralisia muscular.

(C)   A transmissão geralmente é orofecal.

(D)   Os agentes causadores não sobrevivem bem no ambiente.

(E)   A recuperação é raramente completa.

14.   A principal dificuldade em controlar os rinovírus no trato respiratório superior por imunização é:

(A)   A baixa resposta imune sistêmica e local para esses vírus.

(B)   O grande número de sorotipos diferentes de rinovírus.

(C)   Os efeitos colaterais da vacinação.

(D)   A inabilidade de crescer o vírus em cultura de células.

15.   Todas as seguintes síndromes clínicas estão associadas à infecção por picornavírus, *exceto*:

(A)   Miocardite ou pericardite

(B)   Hepatite

(C)   Mononucleose

(D)   Meningite

Respostas

1. D	**6.** D	**11.** D
2. E	**7.** C	**12.** B
3. B	**8.** B	**13.** C
4. A	**9.** C	**14.** B
5. C	**10.** E	**15.** C

REFERÊNCIAS

Chumakov K, Ehrenfeld E: New generation of inactivated poliovirus vaccines for universal immunization after eradication of poliomyelitis. *Clin Infect Dis* 2008;47:1587.

Enterovirus surveillance—United States, 1970–2005. *MMWR Morb Mortal Wkly Rep* 2006;55(SS-8).

Greiniger AL, Naccache SN, Messacar K, et al: A novel outbreak enterovirus D68 strain associated with acute flaccid myelitis cases in the USA (2012-14): A retrospective cohort study. *Lancet Infect Dis* 2015;15:671.

Harvala H, Simmonds P: Human parechoviruses: Biology, epidemiology and clinical significance. *J Clin Virol* 2009;45:1.

Mahony JB: Detection of respiratory viruses by molecular methods. *Clin Microbiol Rev* 2008;21:716.

Pallansch M, Roos R: Enteroviruses: Polioviruses, coxsackieviruses, echoviruses, and newer enteroviruses. In Knipe DM, Howley PM (editors-in-chief). *Fields Virology*, 5th ed. Lippincott Williams & Wilkins, 2007.

Polio vaccines and polio immunization in the pre-eradication era: WHO position paper. *World Health Org Wkly Epidemiol Rec* 2010;85:213.

Turner RB, Couch RB: Rhinoviruses. In Knipe DM, Howley PM (editors-in-chief). *Fields Virology*, 5th ed. Lippincott Williams & Wilkins, 2007.

Whitton JL, Cornell CT, Feuer R: Host and virus determinants of picornavirus pathogenesis and tropism. *Nat Rev Microbiol* 2005;3:765.

Reovírus, rotavírus e calicivírus

Os reovírus são vírus de tamanho médio, com genoma RNA de fita dupla e segmentado. A família inclui os rotavírus humanos, que constituem a causa mais importante de gastrenterite infantil em todo o mundo (Figura 37-1). A gastrenterite aguda é uma doença muito comum, de grande impacto na saúde pública. Nos países em desenvolvimento, estima-se que a gastrenterite aguda seja responsável, anualmente, por até 1,3 milhão de mortes de crianças em idade pré-escolar, das quais os rotavírus são responsáveis por até cerca de 500.000 mortes. Nos Estados Unidos, a gastrenterite aguda é a segunda causa de doença em famílias depois das infecções respiratórias agudas.

Os calicivírus são vírus pequenos com um genoma RNA de fita simples. A família contém os norovírus, a principal causa de gastrenterite epidêmica não bacteriana no mundo. Os astrovírus também causam gastrenterites.

REOVÍRUS E ROTAVÍRUS

Na Tabela 37-1, é fornecida uma lista das propriedades importantes dos reovírus.

Estrutura e composição

Os virions medem 60 a 80 nm de diâmetro e têm dois capsídeos concêntricos, ambos icosaédricos. (Os rotavírus exibem uma estrutura em três camadas.) Não possuem envelope. As partículas virais com capsídeos únicos, que não têm o capsídeo externo, apresentam 50 a 60 nm de diâmetro. O núcleo das partículas mede 33 a 40 nm de diâmetro (Figura 37-2). A partícula com duplo capsídeo é a forma infecciosa completa do vírus.

O genoma dos reovírus consiste em RNA de fita dupla com 10 a 12 segmentos distintos, apresentando um genoma total de 16 a 27 kbp, dependendo do gênero. Os rotavírus contêm 11 segmentos genômicos, enquanto os ortorreovírus e os orbivírus exibem, cada qual, 10 segmentos, e os coltivírus, 12 segmentos. Os segmentos de RNA variam de tamanho, desde 680 bp (rotavírus) até 3.900 bp (ortorreovírus). O núcleo do virion contém várias enzimas necessárias à transcrição e ao encapamento dos RNAs virais.

Os rotavírus são estáveis ao aquecimento a 50 °C, a uma faixa de pH de 3 a 9, e a solventes lipídicos, tais como o clorofórmio; porém, são inativados por etanol a 95%, fenol e cloro. O tratamento limitado com enzimas proteolíticas aumenta a infecciosidade.

Classificação

A família **Reoviridae** é dividida em 15 gêneros. Quatro deles têm capacidade de infectar seres humanos: *Orthoreovirus*, *Rotavirus*, *Coltivirus* e *Orbivirus*. Esses gêneros podem ser inseridos em duas subfamílias: **Spinareovirinae**, contendo vírus com grandes espículas e 12 vértices por partícula (p. ex., *Orthoreovirus*), enquanto os vírus alocados na subfamília **Sedoreovirinae** aparentam ser mais lisos, com a ausência das projeções de superfície (p. ex., *Rotavirus*).

Existem pelo menos oito espécies ou grupos de rotavírus (A-H), dos quais três espécies (A, B, C) infectam humanos. As cepas de origens humana e animal podem exibir o mesmo sorotipo. Outros grupos de rotavírus e sorotipos são encontrados apenas em animais. São reconhecidos três sorotipos de reovírus, cerca de 100 sorotipos de orbivírus e dois de coltivírus.

Replicação dos reovírus

As partículas virais fixam-se a receptores específicos na superfície celular (Figura 37-3). A proteína de fixação celular dos reovírus é a hemaglutinina viral (proteína σ1), um componente menor do capsídeo externo.

Após fixação e penetração, ocorre o desnudamento das partículas virais em lisossomos no citoplasma da célula. Apenas o capsídeo externo do vírus é removido, e verifica-se a ativação de uma RNA-transcriptase associada ao núcleo. Essa RNA-transcriptase transcreve moléculas de mRNA da fita negativa de cada segmento de RNA de fita dupla do genoma contido no núcleo intacto. Existem sequências terminais curtas em ambas as extremidades dos segmentos de RNA conservadas entre todos os isolados de um determinado subgrupo. Essas sequências conservadas podem ser sinais de reconhecimento para a transcriptase viral. As moléculas funcionais de mRNA correspondem aos segmentos do genoma quanto a seu tamanho. A maior parte dos segmentos de RNA codifica uma única proteína, embora uns poucos (dependendo do vírus) codifiquem duas proteínas. Os núcleos de reovírus contêm as enzimas necessárias para transcrição, capeamento e extrusão dos mRNAs do núcleo, mantendo os segmentos de RNA de fita dupla no interior.

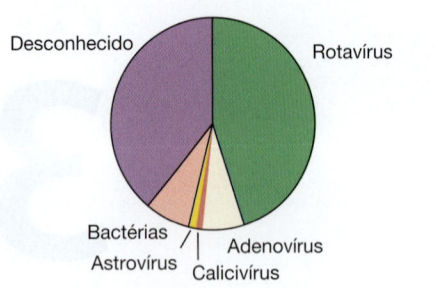

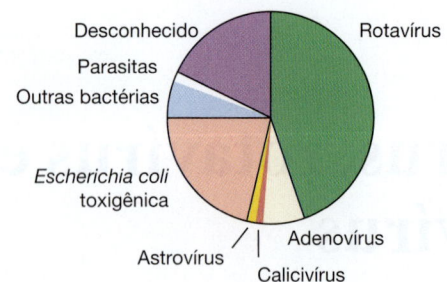

| A | Países desenvolvidos | B | Países em desenvolvimento |

FIGURA 37-1 Estimativa do papel dos agentes etiológicos em doenças diarreicas graves que exigem hospitalização de lactentes e crianças de pouca idade. **A:** Nos países desenvolvidos. **B:** Nos países em desenvolvimento. (Reproduzida de Kapikian AZ: Viral gastroenteritis. *JAMA* 1993;269:627.)

TABELA 37-1 Propriedades importantes dos reovírus

Virion: Icosaédrico, 60-80 nm de diâmetro, capsídeo duplo

Composição: RNA (15%), proteínas (85%)

Genoma: RNA de fita dupla, linear e segmentado (10-12 segmentos); tamanho total do genoma de 16-27 kbp

Proteínas: Nove proteínas estruturais; núcleo contendo diversas enzimas

Envelope: Ausente (verifica-se a presença de um pseudoenvelope transitório durante a morfogênese das partículas do rotavírus)

Replicação: Citoplasma; os virions não sofrem desnudamento completo

Características marcantes:

Ocorre recombinação genética facilmente
Os rotavírus são a principal causa de diarreia infantil
Os reovírus são bons modelos para estudos moleculares de patogênese viral

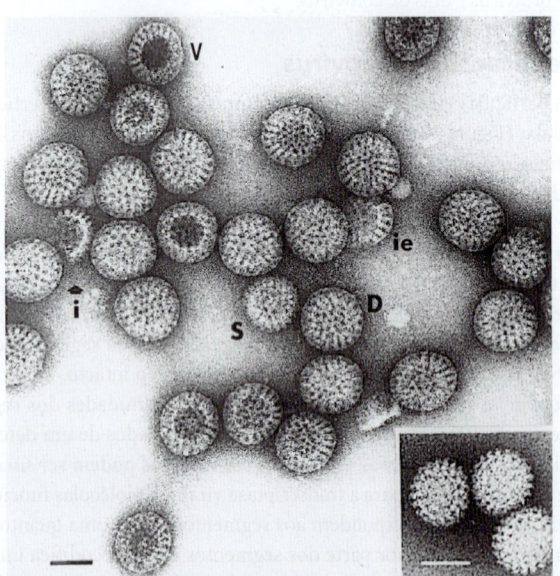

FIGURA 37-2 Micrografia eletrônica de uma preparação de coloração negativa de rotavírus humano. D, partículas com capsídeo duplo; S, partículas com capsídeo simples; V, capsídeos vazios; i, fragmento do capsídeo interno; ie, fragmentos de uma combinação de capsídeos interno e externo. **No detalhe:** Partículas com capsídeo simples obtidas mediante o tratamento da preparação do vírus com dodecil-sulfato de sódio. Barras, 50 nm. (Cortesia de J Esparza e F Gil.)

Uma vez excluídos do núcleo, os mRNAs são traduzidos em produtos gênicos primários. Algumas das transcrições completas são depositadas em capsídeos para formar partículas virais imaturas. Uma replicase viral é responsável pela síntese das fitas de sentido negativo para formar os segmentos de fita dupla do genoma. Essa replicação para formar uma progênie de RNA de fita dupla ocorre em estruturas do núcleo parcialmente completas. Os mecanismos que asseguram a organização do complemento correto dos segmentos do genoma em um núcleo viral em desenvolvimento permanecem desconhecidos. Entretanto, o reagrupamento do genoma ocorre facilmente em células coinfectadas com vírus diferentes de um mesmo subgrupo, dando surgimento a partículas virais contendo segmentos de RNA de diferentes cepas parentais. Os polipeptídeos virais provavelmente se auto-organizam para formar os capsídeos interno e externo.

Os reovírus produzem corpos de inclusão no citoplasma, onde são encontradas partículas virais. Essas fábricas virais estão estreitamente associadas a estruturas tubulares (microtúbulos e filamentos intermediários). A morfogênese dos rotavírus envolve o brotamento de partículas de capsídeo único no retículo endoplasmático rugoso. Os "pseudoenvelopes" assim adquiridos são, então, removidos e os capsídeos externos são acrescentados (Figura 37-3). Essa via incomum é utilizada devido à glicosilação da proteína principal do capsídeo externo.

A lise celular resulta na liberação da progênie dos virions.

ROTAVÍRUS

Os rotavírus constituem uma importante causa de doença diarreica em lactentes humanos e animais jovens, inclusive bezerros e leitões. Infecções em seres humanos e animais adultos também são comuns. Entre os rotavírus, destacam-se os agentes da diarreia infantil humana, da diarreia dos bezerros de Nebrasca, da diarreia epizoótica dos filhotes de camundongos e o vírus SA11 dos macacos.

Os rotavírus assemelham-se aos reovírus em sua morfologia e na estratégia de replicação.

Classificação e propriedades antigênicas

Os rotavírus foram classificados em oito espécies (A-H), com base em epítopos antigênicos e na sequência da proteína estrutural interna VP6. Os rotavírus do grupo A são os mais frequentes patógenos humanos. As proteínas do capsídeo externo, VP4 e

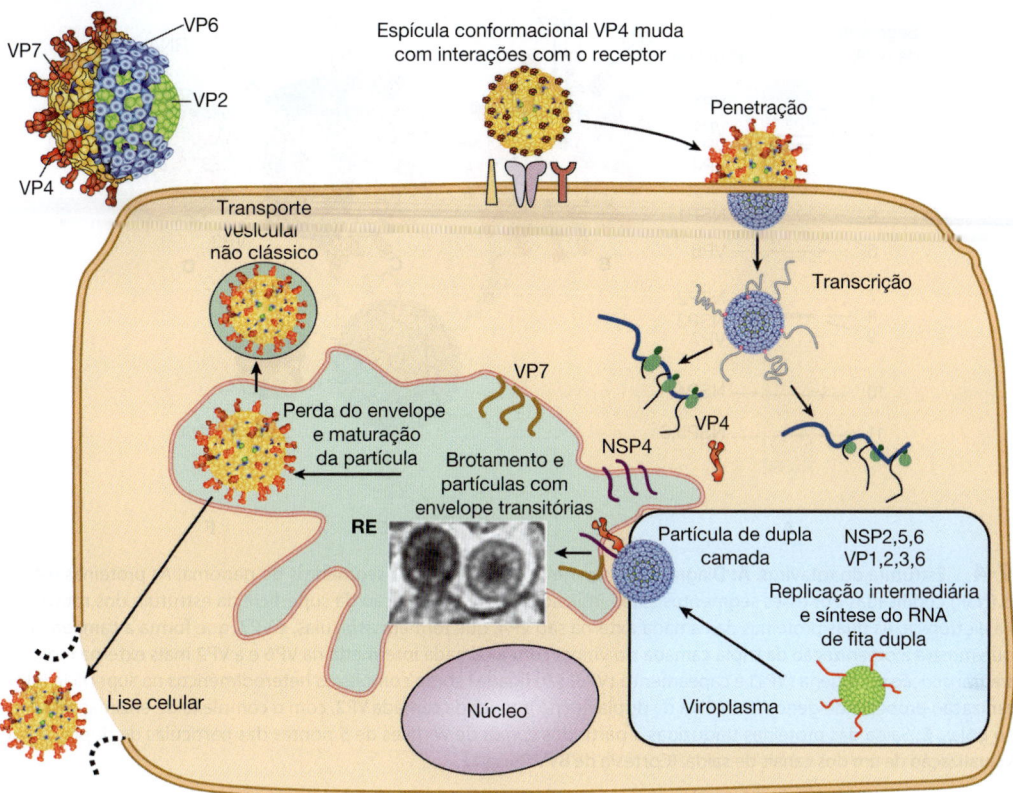

FIGURA 37-3   Visão geral do ciclo de infecção dos rotavírus. RE, retículo endoplasmático. (Cortesia de MK Estes.)

VP7, transportam epítopos importantes na atividade de neutralização, sendo a glicoproteína VP7 o antígeno predominante. Esses antígenos específicos do tipo diferenciam os rotavírus entre si, podendo ser demonstrados mediante testes de neutralização. Cinco sorotipos predominantes da espécie A de rotavírus (G1-G4, G9) são responsáveis pela maioria das doenças humanas. A distribuição de sorotipos difere geograficamente. Muitos sorotipos têm sido identificados entre os rotavírus humanos e animais. Alguns rotavírus animais e humanos compartilham uma especificidade de sorotipo. Assim, por exemplo, o vírus SA11 dos macacos é, do ponto de vista antigênico, muito semelhante ao sorotipo humano 3. Os produtos dos genes responsáveis pelas especificidades estruturais e antigênicas das proteínas dos rotavírus estão apresentados na Figura 37-4.

Os estudos epidemiológicos moleculares realizados analisaram vírus isolados com base em diferenças na migração dos 11 segmentos de genoma após a eletroforese do RNA em gel de poliacrilamida (Figura 37-5). Essas diferenças em eletroferótipos podem ser utilizadas para distinguir os vírus do grupo A daqueles outros grupos, mas não podem ser usadas para determinar sorotipos.

Suscetibilidade dos animais

Os rotavírus possuem ampla variedade de hospedeiros. A maioria dos rotavírus foi isolada de animais recém-nascidos com diarreia. Podem ocorrer infecções entre espécies em inoculações experimentais; todavia, ainda não foi esclarecido se ocorrem na natureza. Os recém-nascidos frequentemente exibem infecção subclínica, talvez em razão da presença de anticorpos maternos, enquanto a doença manifesta é mais comum em animais desmamados.

Propagação em cultura de células

Os rotavírus são agentes exigentes em termos de cultura. A maioria dos rotavírus humanos do grupo A pode ser cultivada se for efetuado um tratamento prévio com a enzima proteolítica tripsina e se forem incluídos baixos níveis dessa enzima no meio de cultura tecidual. A tripsina cliva uma proteína do capsídeo externo, facilitando o desnudamento. Foi cultivado um número muito pequeno de cepas de rotavírus não pertencentes ao grupo A.

Patogênese

Os rotavírus infectam as células das microvilosidades do intestino delgado (as mucosas gástrica e colônica são poupadas). Os vírus multiplicam-se no citoplasma dos enterócitos e lesam os mecanismos de transporte. Uma das proteínas codificadas pelo rotavírus, a NSP4, é uma enterotoxina viral que induz a secreção ao deflagrar uma via de transdução de sinais dependente de cálcio. As células lesadas podem descamar no lúmen intestinal, liberando grandes quantidades de vírus que aparecem nas fezes (até 10^{12} partículas por grama de fezes). Em geral, a excreção viral dura de 2 a 12 dias em pacientes sadios, mas pode ser prolongada naqueles com desnutrição ou imunocomprometidos. A diarreia provocada por rotavírus pode ser devida ao comprometimento da absorção de sódio e glicose, visto que as células lesadas nas microvilosidades são substituídas

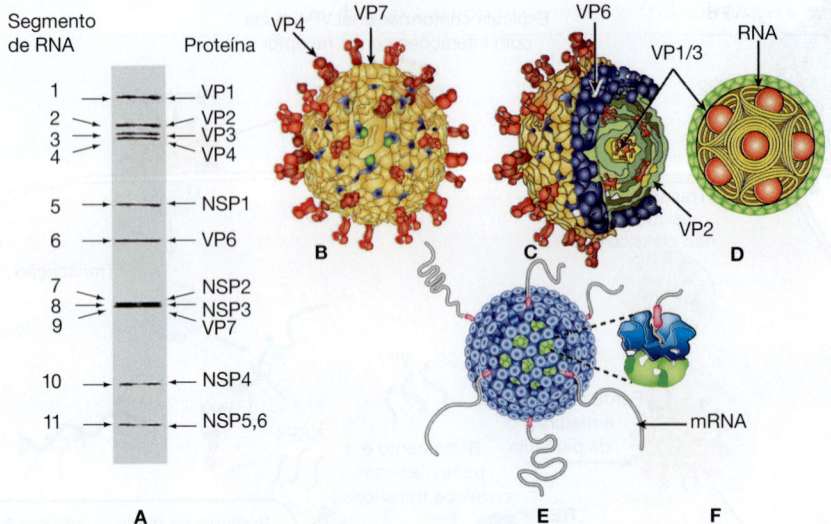

FIGURA 37-4   Estrutura do rotavírus. **A:** Diagrama de um gel que mostra os 11 segmentos do genoma. As proteínas estruturais (VP) e as não estruturais (NSP) codificadas por esses segmentos estão indicadas. **B:** Representação da superfície da estrutura dos rotavírus por análise de criomicroscopia eletrônica. As duas proteínas da camada externa são VP4, que formam espículas, e VP7, que forma a camada do capsídeo. **C:** Visão em corte que mostra a organização da tripla camada do virion, com a camada intermediária VP6 e a VP2 mais externa indicadas. As enzimas necessárias para transcrição endógena (VP1) e capeamento (VP3) são ligadas como complexos heterodiméricos na superfície interna da camada de VP2. **D:** Organização proposta do genoma do RNA de dupla fita no interior da camada VP2, com o complexo de enzimas de transcrição (VP1/3) indicadas como bolas. **E:** Saída das proteínas traduzidas a partir dos canais de vértices de 5 pontas das partículas de dupla camada ativamente transcritas. **F:** Visualização de um dos canais de saída. (Cortesia de BVV Prasad.)

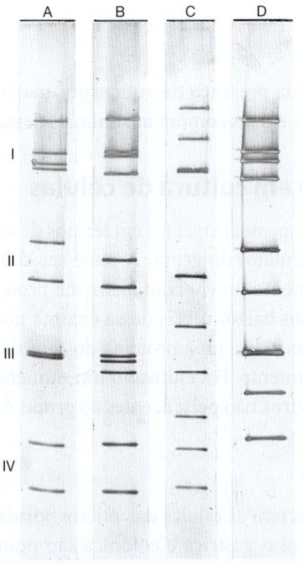

FIGURA 37-5   Perfis eletroforéticos de segmentos de RNA de rotavírus. Os RNAs virais foram submetidos à eletroforese em gel de poliacrilamida a 10% e visualizados mediante coloração por prata. São ilustrados diferentes grupos de rotavírus e padrões de RNA: um vírus grupo A de macaco (SA11; coluna A), um rotavírus humano do grupo A (coluna B), um vírus do grupo B causador de diarreia humana em adultos (coluna C) e um vírus do grupo A de coelho, que apresenta um padrão de RNA "curto" (coluna D). Os rotavírus contêm 11 segmentos de RNA do genoma, porém, algumas vezes, dois outros segmentos migram muito próximo uns dos outros, sendo difícil separá-los. (Fotografia cedida por T Tanaka e MK Estes.)

por células imaturas das criptas que não têm capacidade absortiva. Pode ser necessário um período de 3 a 8 semanas para restauração da função normal.

Manifestações clínicas e diagnóstico laboratorial

Os rotavírus são responsáveis pela grande proporção de casos de doença diarreica em lactentes e crianças em geral no mundo, mas não em adultos (Tabela 37-2). O período de incubação é de 1 a 3 dias. Os sintomas típicos consistem em diarreia aquosa, febre, dor abdominal e vômitos, resultando em desidratação.

Em lactentes e crianças em geral, a intensa perda de eletrólitos e líquidos pode ser fatal se não tratada. Os pacientes com doença mais leve apresentam sintomas durante 3 a 8 dias e, em seguida, recuperam-se por completo. Entretanto, a excreção viral nas fezes pode persistir até 50 dias após o início da diarreia. Ocorrem infecções assintomáticas com soroconversão. Em crianças imunodeficientes, os rotavírus podem causar doença grave e prolongada.

Os contatos adultos podem ser infectados, conforme se demonstra por soroconversão; todavia, raramente apresentam sintomas, e o vírus raramente é detectado nas fezes. Uma fonte comum de infecção consiste em contato com casos ocorridos em crianças. No entanto, já ocorreram epidemias de doença grave em adultos, particularmente em populações fechadas, como em uma enfermaria geriátrica. Na China e no Sudeste Asiático, rotavírus do grupo B foram implicados em grandes surtos de gastrenterite grave em adultos (Tabela 37-2).

O diagnóstico laboratorial baseia-se na demonstração do vírus em amostras de fezes coletadas no estágio inicial da doença e na

TABELA 37-2   Vírus associados à gastrenterite aguda em seres humanos

Vírus	Tamanho (nm)	Epidemiologia	Importante como causa de hospitalização
Rotavírus			
Grupo A	60-80	Causa isolada mais importante (viral ou bacteriana) de doença diarreica grave endêmica em crianças de pouca idade e lactentes no mundo inteiro (nos meses mais frios e nos climas temperados)	Sim
Grupo B	60-80	Surtos de doença diarreica em adultos e crianças na China e no Sudeste Asiático	Não
Grupo C	60-80	Casos esporádicos e surtos ocasionais de doença diarreica em crianças	Não
Adenovírus entéricos	70-90	O segundo agente viral mais importante da doença diarreica em crianças de pouca idade e lactentes no mundo inteiro	Sim
Calicivírus			
Norovírus	27-40	Importante causa de surtos de vômitos e doença diarreica em crianças de mais idade e adultos em famílias, comunidades e instituições; frequentemente associados à ingestão de alimentos	Não
Sapovírus	27-40	Casos esporádicos e surtos ocasionais de doença diarreica em lactentes, crianças de pouca idade e idosos	Não
Astrovírus	28-30	Casos esporádicos e surtos ocasionais de doença diarreica em lactentes, crianças de pouca idade e idosos	Não

Fonte: Kapikian AZ: Viral gastroenteritis. *JAMA* 1993;269:627.

elevação dos títulos de anticorpos. A presença do vírus em amostras de fezes é demonstrada por ensaio imunoenzimático e reação em cadeia da polimerase (PCR, de *polymerase chain reaction*). A genotipagem do ácido nucleico de rotavírus a partir de amostras de fezes por PCR é o método de detecção mais sensível.

Epidemiologia e imunidade

Os rotavírus constituem a causa mais importante no mundo de gastrenterite em crianças de pouca idade. As estimativas variam de 3 a 5 bilhões de episódios de diarreia anuais em crianças com menos de 5 anos de idade na África, Ásia e América Latina, resultando em até 1 milhão de mortes. Os países desenvolvidos apresentam elevada taxa de morbidade, porém baixa taxa de mortalidade. Tipicamente, até 50% dos casos de gastrenterite aguda em crianças hospitalizadas em todo o mundo são provocados por rotavírus.

Em geral, as infecções por rotavírus predominam durante o inverno. As infecções sintomáticas são mais comuns em crianças de 6 meses a 2 anos de idade, e a transmissão parece ocorrer por via orofecal. Infecções hospitalares são frequentes.

Os rotavírus são ubiquitários. Por volta dos 3 anos de idade, 90% das crianças apresentam anticorpos séricos contra um ou mais tipos. Essa elevada prevalência de anticorpos contra o rotavírus é mantida nos adultos, sugerindo reinfecções subclínicas pelo vírus. As reinfecções por rotavírus são comuns; foi demonstrado que crianças de até 2 anos de idade podem sofrer até cinco reinfecções. As infecções assintomáticas são mais comuns com reinfecções sucessivas. Os fatores imunológicos locais, como a IgA secretora ou a interferona, podem ser importantes na proteção contra infecção por rotavírus. As infecções assintomáticas são comuns em lactentes com menos de 6 meses de vida, período durante o qual deve haver proteção pelos anticorpos maternos adquiridos passivamente pelos recém-nascidos. Essa infecção neonatal não impede a ocorrência de reinfecção, mas pode proteger o indivíduo contra o desenvolvimento de doença grave em caso de reinfecção.

Tratamento e controle

O tratamento da gastrenterite é de suporte, objetivando corrigir a perda de água e eletrólitos que pode resultar em desidratação, acidose, choque e morte. O tratamento consiste em reposição de líquidos e restauração do equilíbrio eletrolítico por vias intravenosa ou oral, conforme possível. A rara mortalidade por diarreia infantil nos países desenvolvidos deve-se ao uso rotineiro de tratamento de reposição eficaz.

Em virtude da via de transmissão orofecal, o tratamento dos dejetos e a melhora das condições sanitárias constituem medidas de controle importantes.

Em 1998, uma vacina oral de rotavírus vivos atenuados foi aprovada nos Estados Unidos para vacinação de lactentes. Foi retirada após 1 ano devido a relatos de intussuscepção (bloqueio intestinal) como efeito colateral incomum, porém grave, associado à vacina. Em 2006 e em 2008, duas vacinas atenuadas foram licenciadas nos Estados Unidos. A primeira é uma vacina oral atenuada e pentavalente dirigida contra o rotavírus e feita a partir de vírus bovinos e humanos recombinantes; a segunda, uma vacina oral atenuada e monovalente derivada de rotavírus humano*. Semelhante a outras vacinas atenuadas, a imunização de indivíduos imunocomprometidos ou de seus familiares deve ser evitada, pois as cepas da vacina podem causar doenças nesses pacientes. Uma vacina segura e eficaz continua sendo a melhor maneira de se reduzir a carga mundial de doença causada por rotavírus.

REOVÍRUS

Os vírus desse gênero, extensamente estudados por biólogos moleculares, não causam doença humana conhecida.

---

*N. de T. No Brasil, a vacina atenuada monovalente está disponível no Programa Nacional de Imunização em duas doses (aos 2 e 4 meses de idade). Ambas se mostraram seguras e não parecem estar associadas à intussuscepção.

Classificação e propriedades antigênicas

Os reovírus são ubiquitários e apresentam uma variedade muito ampla de hospedeiros em mamíferos, aves e répteis. Foram isolados três tipos distintos, porém relacionados, de reovírus de muitas espécies, que podem ser demonstrados por testes de neutralização e de inibição da hemaglutinação. Os reovírus contêm uma hemaglutinina contra os eritrócitos bovinos ou eritrócitos humanos do tipo O.

Epidemiologia

Os reovírus causam muitas infecções inaparentes, visto que a maioria das pessoas apresenta anticorpos séricos no início da vida adulta. Os anticorpos também são encontrados em outras espécies. Os três tipos de reovírus foram isolados de crianças sadias, de crianças de pouca idade durante surtos de doença febril menor, de crianças com enterite ou doença respiratória branda e de chimpanzés com rinite epidêmica.

Estudos realizados em voluntários humanos não conseguiram demonstrar qualquer relação de causa e efeito bem definida entre reovírus e doença humana. Em voluntários inoculados, o reovírus é isolado mais facilmente das fezes do que do nariz ou da garganta.

Patogênese

Os reovírus tornaram-se importantes sistemas de modelo para o estudo da patogênese da infecção viral em nível molecular. Para infectar camundongos, são utilizados recombinantes definidos de dois reovírus com fenótipos patogênicos distintos. Em seguida, utiliza-se uma análise de segregação para associar aspectos particulares da patogênese com genes virais e produtos gênicos específicos. As propriedades patogênicas dos reovírus são determinadas primariamente pelas espécies de proteínas encontradas no capsídeo externo do virion.

ORBIVÍRUS E COLTIVÍRUS

Os orbivírus constituem um gênero dentro da família dos reovírus. Infectam comumente insetos, e muitos são transmitidos a vertebrados por insetos. São conhecidos cerca de 100 sorotipos. Nenhum desses vírus provoca doença clínica grave em seres humanos, embora possam causar febre baixa. Os patógenos animais importantes incluem o vírus da língua azul dos ovinos e o da doença equina africana. São detectados anticorpos dirigidos contra os orbivírus em muitos vertebrados, inclusive os seres humanos.

O genoma consiste em dez segmentos de RNA de fita dupla, com tamanho total do genoma de 18 kbp. O ciclo de replicação assemelha-se ao dos reovírus. Os orbivírus são sensíveis a pH baixo, ao contrário da estabilidade geral dos outros reovírus.

Os coltivírus são outra espécie dentro da família **Reoviridae**. O vírus tem 80 nm de diâmetro, e seu genoma consiste em 12 segmentos de RNA de fita dupla, totalizando cerca de 29 kbp. O vírus da febre do carrapato do Colorado, transmitido por carrapatos, é capaz de infectar seres humanos (ver Capítulo 38). É encontrado no sudoeste dos Estados Unidos e pode causar febre, erupção cutânea e sintomas sistêmicos em pacientes infectados.

TABELA 37-3   Propriedades importantes dos calicivírus

Virion: Icosaédrico, 27-40 nm de diâmetro, depressões em forma de taça na superfície do capsídeo

Genoma: RNA de fita simples, linear, sentido positivo, não segmentado; tamanho de 7,4-8,3 kb; contém o genoma ligado à proteína (VPg)

Proteínas: Polipeptídeos clivados a partir de uma poliproteína precursora; o capsídeo é composto por uma única proteína

Envelope: Ausente

Replicação: Citoplasma

Características marcantes:

Os norovírus são a principal causa das gastrenterites não bacterianas epidêmicas.

Os vírus humanos não são cultiváveis.

CALICIVÍRUS

Além dos rotavírus e adenovírus não cultiváveis, os membros da família **Caliciviridae** são agentes importantes de gastrenterite viral em seres humanos. Os membros mais significativos são os norovírus, dos quais o vírus mais significativo é o vírus Norwalk. Na Tabela 37-3, é fornecida uma lista das propriedades importantes dos calicivírus.

Classificação e propriedades antigênicas

Os calicivírus assemelham-se aos picornavírus, porém são ligeiramente maiores (27-40 nm) e contêm uma única proteína estrutural principal (Figura 37-6). Exibem morfologia distinta à microscopia eletrônica (Figura 37-7). A família Caliciviridae é dividida em cinco gêneros: *Norovirus*, que inclui o vírus Norwalk; *Sapovirus*, que inclui os vírus tipo Sapporo; *Nebovirus*, que inclui os vírus entéricos bovinos; *Lagovirus*, o vírus da doença hemorrágica do coelho; e *Vesivirus*, que inclui o vírus do exantema vesicular dos suínos, calicivírus felinos e os vírus marinhos, encontrados em pinípedes, peixes e baleias. Os dois primeiros gêneros contêm vírus humanos

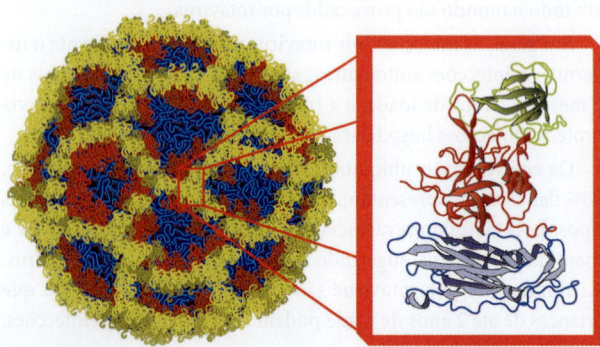

FIGURA 37-6 Estrutura em radiografia do capsídeo do vírus Norwalk (*à esquerda*). Ilustração da estrutura das subunidades do capsídeo (*à direita*). Os domínios S, P1 e P2 estão marcados em *azul, vermelho* e *amarelo*, respectivamente. (Cortesia de BVV Prasad.)

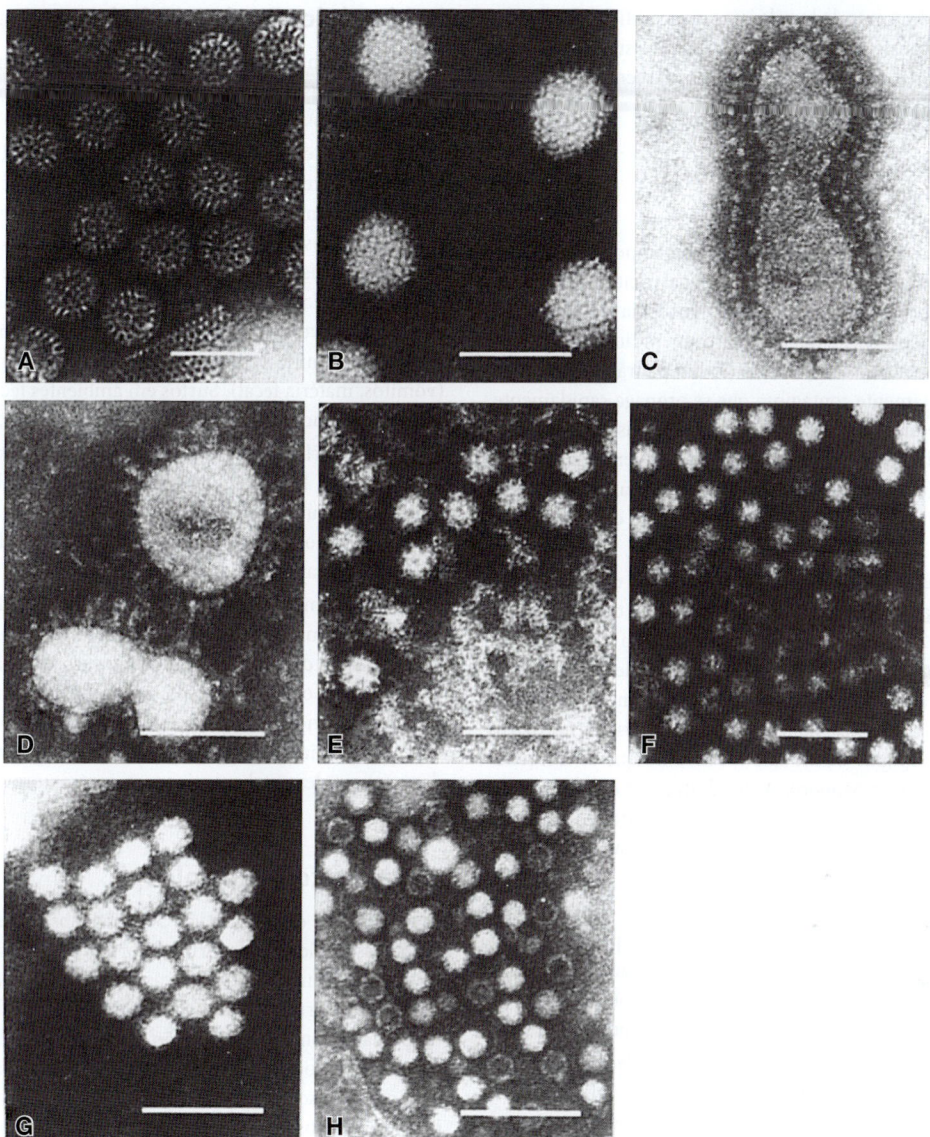

FIGURA 37-7   Micrografias eletrônicas de partículas virais encontradas em amostras de fezes de pacientes com gastrenterite. Esses vírus foram visualizados após coloração negativa. Os vírus específicos, com aumentos originais das micrografias, são os seguintes: **A:** Rotavírus (ampliada 185.000 ×). **B:** Adenovírus entérico (ampliada 234.000 ×). **C:** Coronavírus (ampliada 249.000 ×). **D:** Torovírus (coronavírus) (ampliada 249.000 ×). **E:** Calicivírus (ampliada 250.000 ×). **F:** Astrovírus (ampliada 196.000 ×). **G:** Vírus Norwalk (calicivírus) (ampliada 249.000 ×). **H:** Parvovírus (ampliada 249.000 ×). As micrografias eletrônicas em C a H foram originalmente cedidas por T Flewett; a micrografia E foi originalmente obtida de CR Madeley. Barras, 100 nm. (Reproduzida, com autorização, de Graham DY, Estes MK: Viral infections of the intestine. In Gitnick G, et al [editors]. *Principles and Practice of Gastroenterology and Hepatology.* Elsevier 1988;566.)

que não podem ser cultivados; os dois últimos contêm somente cepas de origem animal, que podem ser cultivadas *in vitro*. O vírus da doença hemorrágica do coelho foi introduzido em 1995 na Austrália como agente de controle biológico para reduzir a população de coelhos selvagens no país.

Os sorotipos humanos do calicivírus não estão definidos. Foram detectados vários genótipos de norovírus. Três genogrupos estão associados à gastrenterite humana, designados como GI, GII e GIV. Desde 2001, o genogrupo GII.4 tem sido associado aos surtos epidêmicos mais virulentos no mundo inteiro. Além disso, os norovírus parecem apresentar variação antigênica ao longo do tempo, provavelmente em resposta à pressão seletiva da imunidade da população.

Os receptores celulares para os norovírus são antígenos histossanguíneos que são expressos na mucosa do trato digestório.

A condição secretora controlada pelo gene que codifica para a enzima α-2-L-fucosiltransferase resulta em indivíduos suscetíveis à infecção por esses vírus, enquanto indivíduos não secretores tendem a ser resistentes ao vírus Norwalk.

Manifestações clínicas e diagnóstico laboratorial

Os norovírus (vírus Norwalk) são a causa mais importante da gastrenterite viral em adultos (Tabela 37-2). A gastrenterite não bacteriana epidêmica caracteriza-se por: (1) ausência de patógenos bacterianos; (2) gastrenterite de início e recuperação rápidos, com sinais sistêmicos relativamente leves; e (3) um padrão epidemiológico de doença altamente contagiosa que se propaga rapidamente, sem qualquer predileção em termos de idade ou distribuição geográfica. Foram utilizados vários termos descritivos em relatórios de diferentes surtos (p. ex., gastrenterite viral epidêmica, diarreia viral, doença dos vômitos do inverno), dependendo do quadro clínico predominante.

A gastrenterite causada pelo vírus Norwalk tem um período de incubação de 24 a 48 horas. O início é rápido, e o curso clínico é breve, durando 12 a 60 horas; os sintomas incluem diarreia, náuseas, vômitos, febre baixa, cólicas abdominais, cefaleia e mal-estar. A doença pode ser incapacitante durante a fase sintomática, mas raramente é necessária a hospitalização. As infecções por norovírus têm maior probabilidade de induzir vômitos do que as infecções causadas por vírus tipo Sapporo. A desidratação é a complicação mais comum em jovens e idosos. A disseminação viral pode persistir por até um mês. Não foi relatada qualquer sequela.

Experimentos realizados em voluntários mostraram que o aparecimento do vírus Norwalk coincide com a doença clínica. Verifica-se a produção de anticorpos durante a doença, que geralmente são protetores a curto prazo contra uma reinfecção pelo mesmo agente. A imunidade a longo prazo não exibe boa correlação com a presença de anticorpos séricos. Alguns voluntários podem ser reinfectados pelo mesmo vírus depois de cerca de 2 anos.

A reação em cadeia da polimerase com transcriptase reversa (RT-PCR, do inglês *reverse transcriptase-polymerase chain reaction*) é a técnica mais empregada para detecção de calicivírus humanos em amostras clínicas (fezes, vômitos) e amostras ambientais (alimento contaminado, água). Devido à diversidade genética entre as cepas em circulação, a escolha das sequências iniciadoras (*primers*) para a PCR é muito importante. Estima-se a presença de até 100 bilhões de cópias do genoma viral por grama de fezes no pico de eliminação viral (2-5 dias após infecção).

A microscopia eletrônica é empregada com frequência para detecção de partículas virais em amostras de fezes. No entanto, as partículas de norovírus geralmente estão presentes em baixa concentração (a menos que a amostra tenha sido coletada no pico da liberação viral) e são difíceis de serem identificadas. Esses vírus podem ser identificados por imunomicroscopia eletrônica (IME). O ensaio imunoadsorvente ligado à enzima (Elisa, do inglês *enzyme-linked immunosorbent assay*), baseado em partículas recombinantes do vírus, pode detectar anticorpos; um aumento do título de anticorpos IgG de 4 vezes ou mais nas fases aguda e de convalescença é indicativo de infecção recente. Entretanto, os reagentes não estão facilmente disponíveis, e os antígenos não são capazes de detectar resposta a todos os tipos antigênicos de norovírus.

Epidemiologia e imunidade

Os calicivírus humanos apresentam distribuição mundial. Os norovírus são a causa mais comum da gastrenterite não bacteriana nos Estados Unidos, com 21 milhões de casos anuais.

Esses vírus estão associados à maior frequência de surtos epidêmicos de gastrenterites relacionadas à água, a alimentos ou frutos do mar contaminados. Todos os grupos etários podem ser acometidos. Os surtos ocorrem durante o ano inteiro, com picos sazonais nos meses mais frios. A disseminação orofecal é provavelmente o modo primário de transmissão do vírus Norwalk. A maior parte dos surtos envolve transmissão por alimentos ou de pessoa para pessoa, via fômites ou aerossóis de fluidos corporais contaminados (vômitos, matéria fecal). Surtos em ambientes fechados, como cruzeiros marítimos e lares de idosos, são frequentes.

As características dos norovírus incluem baixa dose infecciosa (em torno de 10 partículas virais), relativa estabilidade no meio ambiente e inúmeros modos de transmissão. O vírus sobrevive a 10 ppm de hipoclorito e aquecimento a 60 °C, podendo ser mantido em ostras ao vapor.

Não existem ensaios de neutralização *in vitro* disponíveis para se estudar a imunidade. Estudos realizados com voluntários mostraram que cerca de 50% dos adultos são suscetíveis à doença. Os anticorpos contra o vírus Norwalk são produzidos em uma idade mais avançada da vida do que os anticorpos contra o rotavírus, que se desenvolvem na infância. Em países em desenvolvimento, a maioria das crianças desenvolve anticorpos contra norovírus aos 4 anos de idade.

Tratamento e controle

O tratamento é sintomático. A baixa dose infecciosa permite a transmissão eficiente do vírus. A correta antissepsia das mãos é provavelmente o método mais eficaz na prevenção da infecção e disseminação do vírus. Devido à natureza infecciosa das fezes, é preciso ter cuidado com sua eliminação. A desinfecção de pisos, assoalhos e banheiros pode ajudar a diminuir a disseminação viral. O cuidadoso manuseio dos alimentos é importante, visto que ocorrem inúmeros surtos transmitidos por alimentos. A purificação da água potável e da água das piscinas deve diminuir os surtos provocados pelo vírus Norwalk. Não existe vacina contra esses agentes virais.

ASTROVÍRUS

Os astrovírus têm cerca de 28 a 30 nm de diâmetro e exibem morfologia distinta, tipo estrela, à microscopia eletrônica (ver Figura 37-7F). Contêm RNA de fita simples, sentido positivo, de 6,4 a 7,4 kb de tamanho. A família **Astroviridae** possui dois gêneros; todos os astrovírus humanos são classificados no gênero *Mamastrovirus*. Ao menos oito sorotipos são reconhecidos por IME e neutralização.

Os astrovírus causam doenças diarreicas, podendo ser eliminados nas fezes em quantidades extraordinariamente grandes. Os vírus são transmitidos pela via orofecal a partir de água ou alimentos contaminados, contato entre pessoas ou superfícies contaminadas. São reconhecidos como patógenos para crianças, pacientes idosos em instituições de cuidado (casas geriátricas) e pessoas imunocomprometidas (ver Tabela 37-2). Podem ser eliminados durante longos períodos por hospedeiros imunocomprometidos.

Os astrovírus de origem animal são encontrados em uma variedade de mamíferos e aves e foram recentemente identificados em espécies de morcegos. Os testes clínicos de astrovírus geralmente não são realizados, mas a detecção pode ser realizada com métodos de microscopia eletrônica, antígeno ou R.T. PCR

RESUMO DO CAPÍTULO

- Os reovírus e os rotavírus são vírus não envelopados e de material genético composto por RNA segmentado de fita dupla.
- Os reovírus, até o momento, não estão associados a nenhuma patologia humana, porém são importantes modelos para estudos sobre patogênese molecular.
- Os rotavírus são os mais importantes agentes virais de diarreia em lactentes e em crianças de pouca idade no mundo inteiro.
- A recombinação genética no genoma dos rotavírus é comum.
- Os calicivírus são vírus pequenos não envelopados com um genoma RNA de fita simples não segmentado.
- O gênero *Norovirus* dos calicivírus é a principal causa de gastrenterites epidêmicas e não bacterianas no mundo.
- Os rotavírus e norovírus são transmitidos primariamente por contaminação orofecal e estão associados a surtos vinculados a alimentos e água contaminados.
- Estão disponíveis vacinas atenuadas orais contra o rotavírus que são seguras e produzem proteção prolongada; não há vacinas contra os norovírus.

QUESTÕES DE REVISÃO

1. Um homem de 36 anos de idade degustou um prato de ostras cruas. Vinte e quatro horas depois, ficou doente, com um início repentino de vômitos, diarreia e cefaleia. Constitui a causa mais provável da gastrenterite:

   (A) Astrovírus
   (B) Vírus da hepatite A
   (C) Vírus Norwalk
   (D) Rotavírus do grupo A
   (E) Ecovírus

2. Este vírus é a causa mais importante de gastrenterite em lactentes e crianças de pouca idade. Provoca infecções frequentemente graves e que podem ser de tratamento prolongado, especialmente em crianças.

   (A) Ecovírus
   (B) Vírus Norwalk
   (C) Rotavírus do grupo A
   (D) Orbivírus
   (E) Parvovírus

3. Um surto de gastrenterite epidêmica ocorreu em uma estação campestre de veraneio (hotel-fazenda), 24 horas após uma festa para as famílias hospedadas. Alguns desses visitantes ficaram doentes. Duas semanas depois, foram coletadas amostras da água para consumo, as quais apresentaram resultados negativos para a presença de coliformes. Qual a fonte mais provável do surto?

   (A) Mosquitos ou carrapatos, presentes em grande quantidade na região
   (B) Água contaminada servida durante a festa
   (C) Um córrego próximo usado para pescaria
   (D) Um dos familiares visitantes que estava desenvolvendo uma pneumonia
   (E) A piscina

4. Este agente de gastrenterite viral possui um genoma RNA de fita dupla segmentado e capsídeo com duplo envelope. De qual das famílias virais mostradas a seguir esse agente é membro?

   (A) Adenoviridae
   (B) Astroviridae
   (C) Caliciviridae
   (D) Reoviridae
   (E) Coronaviridae

5. O vírus Norwalk e o rotavírus são nitidamente diferentes. Entretanto, uma das características a seguir relacionada é comum a ambos. Qual é essa característica?

   (A) Seu modo de transmissão é orofecal.
   (B) Causam doenças principalmente em lactentes e crianças de pouca idade.
   (C) Geralmente induzem doença leve em crianças de pouca idade.
   (D) Os padrões de infecção não apresentam variação sazonal.
   (E) Têm genoma do RNA de fita dupla.

6. Como as infecções por rotavírus podem ser graves, uma vacina poderia ser benéfica. Qual das alternativas a seguir é a mais correta, com respeito a uma vacina contra o rotavírus?

   (A) Uma vacina inativada contra o rotavírus humano do grupo A está licenciada para uso nos Estados Unidos.
   (B) Vacinas atenuadas estão licenciadas para uso nos Estados Unidos.
   (C) O desenvolvimento de uma vacina é complicado devido à rápida variação antigênica do vírus.
   (D) Os fármacos antivirais disponíveis tornam a vacina desnecessária.
   (E) O desenvolvimento de uma vacina é complicado, pois o vírus não pode ser cultivado em cultura de células.

7. Os rotavírus e astrovírus partilham inúmeras características. Qual das características mostradas a seguir não é partilhada por estes vírus?

   (A) Existem vários sorotipos.
   (B) Podem causar gastrenterites em lactentes e crianças.
   (C) Podem causar gastrenterites em pacientes idosos institucionalizados.
   (D) Existe vacina atenuada disponível.
   (E) Rota de transmissão orofecal.

8. Um homem de 20 anos de idade esteve durante 3 semanas na Itália com outros colegas da faculdade. Um dia, abruptamente, ele manifestou sintomas de náuseas e vômitos, seguidos, após 5 horas, por dores abdominais e diarreia aquosa. Não foi observado aumento de temperatura. Qual dos seguintes vírus pode ser a possível causa da enfermidade apresentada pelo indivíduo?

   (A) Calicivírus
   (B) Rotavírus
   (C) Reovírus
   (D) Adenovírus
   (E) Astrovírus

9. Qual das alternativas seguintes sobre as gastrenterites por rotavírus está *incorreta*?

   (A) O nome do agente etiológico foi sugerido por sua aparência.
   (B) A maioria das 600.000 mortes atribuídas a esse vírus no mundo inteiro se deve à intensa desidratação.
   (C) A maioria dos casos ocorre em lactentes e crianças.
   (D) O agente viral infecta primariamente o estômago.
   (E) O agente viral é transmitido por contaminação orofecal.

10. A doença provocada pelo vírus Norwalk pode ser prevenida pelas seguintes ações, *exceto*:

    (A) Evitar o consumo de frutas *in natura*.
    (B) Uso de vacinas recombinantes e atenuadas.

(C) Boas práticas de antissepsia das mãos.

(D) Evitar o consumo de água que não seja mineral.

(E) Evitar o consumo de ostras cruas.

11. Qual das seguintes alternativas sobre os norovírus é *falsa*?

(A) Eles são responsáveis por metade dos casos de gastrenterites virais nos Estados Unidos.

(B) Eles podem ser responsáveis por gastrenterites epidêmicas.

(C) As manifestações clínicas duram cerca de 1 a 2 semanas.

(D) Vírus semelhantes estão disseminados entre animais marinhos.

(E) Eles tipicamente causam mais infecções em crianças e em adultos do que em lactentes.

12. Todas as alternativas sobre os rotavírus estão corretas, *exceto*:

(A) A vacina contra os rotavírus contém RNA-polimerase recombinante como imunógeno.

(B) Os rotavírus são uma causa comum de diarreia em crianças.

(C) Os rotavírus são transmitidos por via orofecal.

(D) Os rotavírus pertencem à família reovírus e seu genoma é formado por RNA segmentado de fita dupla.

Respostas

1. C	5. A	9. D
2. C	6. B	10. B
3. B	7. D	11. C
4. D	8. A	12. A

REFERÊNCIAS

Bresee JS, Nelson EA, Glass RI (guest editors): Rotavirus in Asia: Epidemiology, burden of disease, and current status of vaccines. *J Infect Dis* 2005;192 (Suppl 1). [Entire issue.]

Dennehy PH: Rotavirus vaccines: An overview. *Clin Microbiol Rev* 2008;21:198.

Estes MK, Kapikian AZ: Rotaviruses. In Knipe DM, Howley PM (editors-in-chief) *Fields Virology*, 5th ed. Lippincott Williams & Wilkins, 2007.

Green KY: *Caliciviridae*: The noroviruses. In Knipe DM, Howley PM (editors-in-chief). *Fields Virology*, 5th ed. Lippincott Williams & Wilkins, 2007.

McDonald SM, Patton JT: Assortment and packaging of the segmented rotavirus genome. *Trends Microbiol* 2011;19:136.

Monroe SS, Ando T, Glass RI (guest editors): International Workshop on Human Caliciviruses. *J Infect Dis* 2000;181(Suppl 12). [Entire issue.]

Prevention of rotavirus gastroenteritis among infants and children. Recommendations of the Advisory Committee on Immunization Practices (ACIP). *MMWR Morb Mortal Wkly Rep* 2009;58(RR-2).

Rotavirus infection in Africa: Epidemiology, burden of disease, and strain diversity. *J Infect Dis* 2010;202(Suppl 1). [Entire issue.]

Rotavirus vaccines: An update. *World Health Org Wkly Epidemiol Rec* 2009;84:533.

Updated norovirus outbreak management and disease prevention guidelines. *MMWR Morb Mortal Wkly Rep* 2011;60:1.

WHO position paper: Rotavirus vaccines. *World Health Org Wkly Epidemiol Rec* 2007;82:285.

Doenças virais transmitidas por artrópodes e roedores

Os **vírus transmitidos por artrópodes** (arbovírus) e os **vírus transmitidos por roedores** representam um grupo ecológico de vírus com ciclos de transmissão complexos que envolvem artrópodes ou roedores. Esses vírus têm características físico-químicas variadas e são classificados em famílias virais diversas.

Os arbovírus e os vírus transmitidos por roedores estão classificados entre as famílias **Arenaviridae**, **Bunyaviridae**, **Flaviviridae**, **Reoviridae** e **Togaviridae**. Os vírus da febre hemorrágica africana são classificados na família **Filoviridae** (Tabela 38-1, Figura 38-1). Várias das doenças aqui descritas são consideradas doenças infecciosas emergentes (ver Capítulo 29).

Os arbovírus são transmitidos por artrópodes hematófagos de um hospedeiro vertebrado para outro. O vetor adquire infecção por toda a vida pela ingestão de sangue de um vertebrado virêmico. Os vírus multiplicam-se nos tecidos do artrópode, sem qualquer sinal de doença ou lesão. Alguns arbovírus são mantidos na natureza por transmissão transovariana nos artrópodes.

As principais doenças causadas por arbovírus no mundo inteiro são: febre amarela, dengue, encefalite japonesa B, encefalite de St. Louis, encefalite equina do oeste e do leste, encefalite transmitida por carrapato, febre do Nilo Ocidental e a febre transmitida pelo mosquito-pólvora. Nos Estados Unidos*, as infecções mais importantes causadas por arbovírus são encefalite de La Crosse, febre do Nilo Ocidental, encefalite de St. Louis, encefalite equina do leste e do oeste.

As doenças virais transmitidas por roedores são mantidas na natureza por transmissão intraespécie ou interespécie direta de um roedor para outro, sem a participação de vetores artrópodes. Em geral, a infecção é persistente. Ocorre transmissão por contato com líquidos ou excreções corporais.

Entre as principais doenças virais transmitidas por roedores incluem-se as infecções por hantavírus, febre de Lassa e febres hemorrágicas da América do Sul. Nos Estados Unidos, as doenças virais mais importantes transmitidas pelos roedores são a síndrome pulmonar por hantavírus (SPH) e a febre do carrapato do Colorado. Também são consideradas as febres hemorrágicas africanas de Marburg e ebola. Seus hospedeiros reservatórios são desconhecidos, mas suspeita-se de roedores ou morcegos.

INFECÇÕES POR ARBOVÍRUS EM HUMANOS

Existem centenas de arbovírus, dos quais cerca de 100 são patógenos humanos conhecidos. Acredita-se que todos os arbovírus que infectam seres humanos sejam zoonóticos, sendo o ser humano um hospedeiro acidental que não desempenha papel importante na manutenção ou no ciclo de transmissão do vírus. As exceções são a febre amarela urbana e a dengue. Alguns dos ciclos naturais são simples e envolvem a infecção de um hospedeiro vertebrado não humano (mamífero ou ave), sendo a transmissão efetuada por uma espécie de mosquito ou carrapato (p. ex., febre amarela silvestre, febre transmitida pelo carrapato do Colorado). Entretanto, outros são mais complexos. Assim, por exemplo, as encefalites por picada de carrapato podem ocorrer após a ingestão de leite cru de cabras e vacas infectadas ao pastarem em locais infestados por carrapatos onde exista um ciclo carrapato-roedor.

Certos vírus algumas vezes foram nomeados de acordo com uma doença (dengue, febre amarela) ou em lembrança à área geográfica onde o vírus foi isolado pela primeira vez (encefalite de St. Louis, febre do Nilo Ocidental). Os arbovírus são encontrados em todas as zonas tropicais e temperadas, mas são mais prevalentes nos trópicos, com sua abundância de animais e artrópodes.

As doenças provocadas por arbovírus podem ser divididas em três síndromes clínicas: (1) febres do tipo indiferenciado, com ou sem exantema maculopapular, em geral benignas; (2) encefalite (inflamação do cérebro), frequentemente associada à elevada taxa de mortalidade; e (3) febres hemorrágicas, que também são frequentemente graves e fatais. Essas categorias são um tanto arbitrárias, e alguns arbovírus podem estar associados a mais de uma síndrome, como, por exemplo, a febre da dengue.

A síndrome clínica é determinada pelo grau de multiplicação do vírus e por sua localização predominante nos tecidos. Assim, os arbovírus podem causar doença febril discreta em alguns pacientes e encefalite ou diátese hemorrágica em outros. Notavelmente, o vírus zika pode passar pela placenta e infectar o tecido fetal, e por isso se tornou a principal causa de más formações congênitas nas regiões onde circula (ver adiante).

As infecções por arbovírus ocorrem em distribuições geográficas distintas e por diferentes padrões de vetores (Figura 38-2). Cada continente tende a apresentar seu próprio padrão de arbovírus, geralmente com nomes sugestivos, como, por exemplo, encefalite equina venezuelana, encefalite B japonesa, encefalite do Vale do Murray (Austrália). Muitas encefalites são infecções por alfavírus

TABELA 38-1   Classificação e propriedades de alguns vírus transmitidos por artrópodes e roedores

Classificação taxonômica	Membros importantes de arbovírus e vírus transmitidos por roedores	Propriedades virais
Arenaviridae		
Gênero *Arenavirus*	Novo Mundo: vírus Chapare, Guanarito, Junin, Machupo, Sabiá e Whitewater Arroyo. Velho Mundo: vírus de Lassa, Lujo e da coriomeningite linfocítica. Transmitidos por roedores.	Esféricos, 50 a 300 nm de diâmetro (média, 110-130 nm). Genoma: RNA de fita simples, de dois segmentos, de sentido negativo e de ambos os sentidos, com tamanho de 10 a 14 kb. O virion contém uma transcriptase. Quatro polipeptídeos principais. Envelope. Replicação: citoplasma. Montagem: incorporam partículas semelhantes a ribossomos, com brotamento a partir da membrana plasmática.
Bunyaviridae		
Gênero *Orthobunyavirus*	Vírus do Anopheles A e B, Bunyamwera, da encefalite da Califórnia, Guama, La Crosse, Oropouche e Turlock. Transmitidos por artrópodes (mosquitos).	Esféricos, 80 a 120 nm de diâmetro. Genoma: RNA de fita simples, de três segmentos, de sentido negativo ou ambos os sentidos, com 11 a 19 kb de tamanho total. O virion contém uma transcriptase. Quatro polipeptídeos principais. Envelope. Replicação: citoplasma. Montagem: brotamento no sistema de Golgi.
Gênero *Hantavirus*	Vírus Hantaan (febre hemorrágica da Coreia), vírus Seoul (febre hemorrágica com síndrome renal), vírus Sin Nombre (síndrome pulmonar por hantavírus). Transmitidos por roedores.	
Gênero *Nairovirus*	Vírus da febre hemorrágica do Congo-Crimeia, vírus da doença ovina de Nairóbi e vírus Sakhalin. Transmitidos por artrópodes (carrapatos).	
Gênero *Phlebovirus*	Vírus Heartland, Star Lone, da febre do Vale do Rift, da febre do mosquito-pólvora (*Phlebotomus*), da síndrome de febre severa com trombocitopenia (SFTSV, do inglês *severe fever with thrombocytopenia syndrome virus*) e vírus Uukuniemi. Transmitidos por artrópodes (mosquitos, mosquito-pólvora e carrapatos).	
Filoviridae		
Gênero *Marburgvirus*	Vírus Marburg	Filamentos longos, 80 nm de diâmetro × comprimento variável (> 10.000 nm), embora a maioria tenha tamanho médio de cerca de 1.000 nm. Genoma: RNA de fita simples, de sentido negativo, não segmentado, de 19 kb de tamanho. Sete polipeptídeos. Envelope. Replicação: citoplasma. Montagem: brotamento a partir da membrana celular.
Gênero *Ebolavirus*	Vírus ebola	
Flaviviridae		
Gênero *Flavivirus*	Vírus da encefalite brasileira (vírus Rocio), da dengue, da encefalite japonesa B, da doença da Floresta de Kyanasur, da encefalomielite *louping ill*, da encefalite do Vale do Murray, da febre hemorrágica de Omsk, Powassan, da encefalite de St. Louis, da febre do Nilo Ocidental, da febre amarela e da zika. Transmitidos por artrópodes (mosquitos, carrapatos).	Esféricos, 40 a 60 nm de diâmetro. Genoma: RNA de filamento simples e de sentido positivo, com 11 kb de tamanho. Genoma RNA infeccioso. Envelope. Três polipeptídeos estruturais, sendo dois glicosilados. Replicação: citoplasma. Montagem: no interior do retículo endoplasmático. Todos os vírus são sorologicamente relacionados.
Reoviridae		
Gênero *Coltivirus*	Vírus da febre do carrapato do Colorado. Transmitido por artrópodes (carrapatos, mosquitos).	Esféricos, 60 a 80 nm de diâmetro. Genoma: RNA de 10 a 12 segmentos de filamento duplo e linear, com tamanho total de 16 a 27 kb. Ausência de envelope. Dez a 12 polipeptídeos estruturais. Replicação e organização: citoplasma (ver Capítulo 37).
Gênero *Orbivirus*	Vírus da doença equina africana e vírus da língua azul. Transmitidos por artrópodes (mosquitos).	
Togaviridae		
Gênero *Alphavirus*	Vírus chikungunya, da encefalite equina do leste e do oeste e venezuelana, Mayaro, O'Nyong-nyong, do Rio Ross, da Floresta Semliki e Sindbis. Transmitidos por artrópodes (mosquitos).	Esféricos, 70 nm de diâmetro, nucleocapsídeo com 42 capsômeros. Genoma: RNA de fita simples e sentido positivo, tamanho de 11 a 12 kb. Envelope. Três ou quatro polipeptídeos estruturais principais, sendo dois glicosilados. Replicação: citoplasma. Montagem: brotamento através das membranas celulares do hospedeiro. Todos os vírus são sorologicamente relacionados.

e flavivírus disseminados por mosquitos, embora o grupo das encefalites da Califórnia seja causado por buniavírus. Em um determinado continente, podem existir mudanças na distribuição, dependendo dos hospedeiros virais e dos vetores de determinado ano.

Também pode haver grandes mudanças na distribuição viral para novas áreas com condições permissivas para transmissão posterior, conforme evidenciado pela introdução dos vírus do Nilo Ocidental, chikungunya e zika dos continentes do Velho para o Novo Mundo.

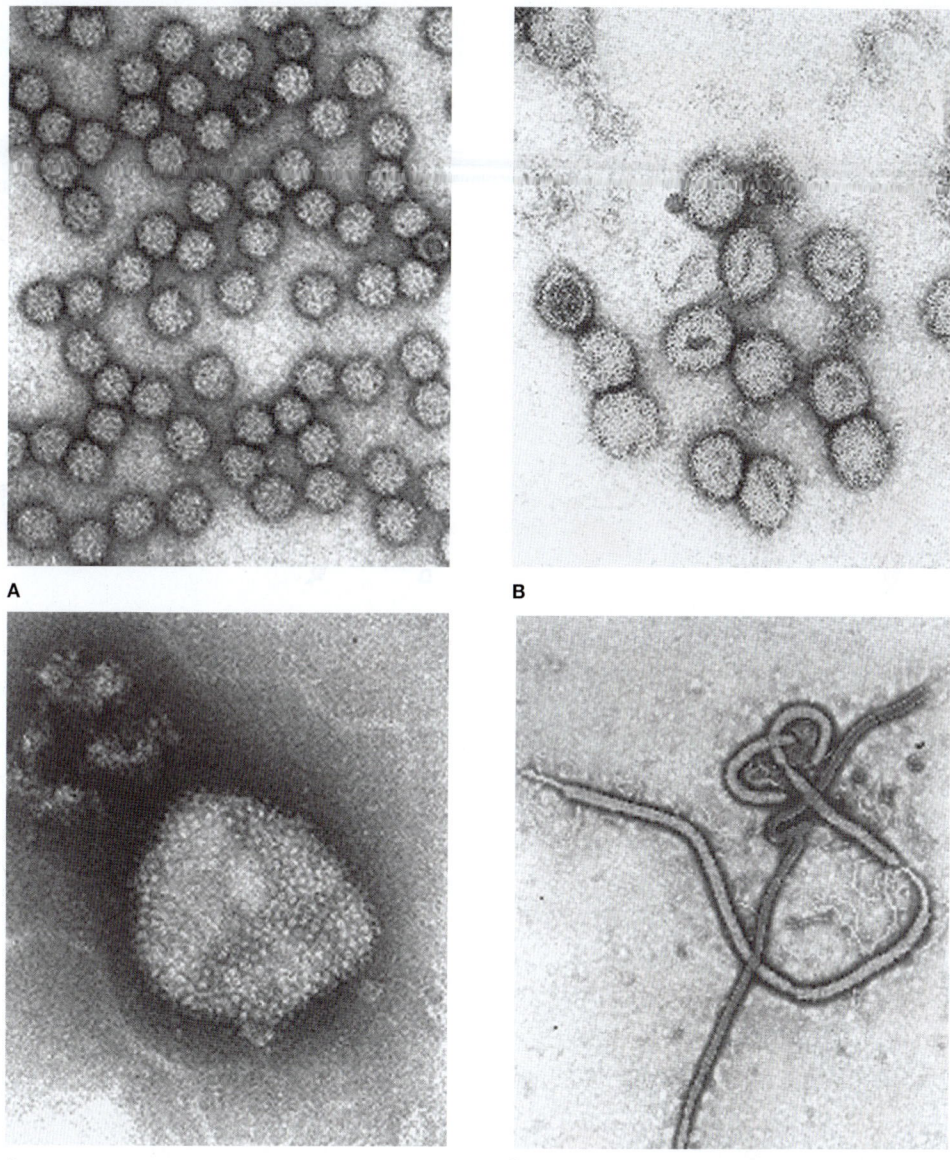

FIGURA 38-1 Micrografias eletrônicas típicas de arbovírus e vírus transmitidos por roedores. **A:** Vírus da Floresta Semliki (Togaviridae), um alfavírus. **B:** Membro representativo da família Bunyaviridae, vírus Uukuniemi. **C:** Vírus Tacaribe (Arenaviridae), um arenavírus. **D:** Vírus ebola (Filoviridae). (Cortesia de FA Murphy e EL Palmer.)

Diversos arbovírus causam infecções humanas significativas nos Estados Unidos (Tabela 38-2). O número de casos varia bastante de ano para ano.

ENCEFALITES POR TOGAVÍRUS E FLAVIVÍRUS

Classificação e propriedades dos togavírus e flavivírus

Na família Togaviridae, o gênero *Alphavirus* consiste em cerca de 30 vírus com 70 nm de diâmetro e genoma de RNA de fita simples e sentido positivo (ver Tabela 38-1). O envelope que reveste a partícula contém duas glicoproteínas (ver Figura 38-1). Com frequência, os alfavírus estabelecem infecções persistentes em mosquitos e são transmitidos entre vertebrados por mosquitos ou outros artrópodes hematófagos. Apresentam distribuição mundial. Todos os alfavírus são antigenicamente relacionados. Os vírus são inativados por pH ácido, calor, solventes orgânicos, detergentes, alvejantes, fenol, álcool a 70% e formaldeído. A maioria exibe capacidade de hemaglutinação. O vírus da rubéola, classificado em um gênero separado na família Togaviridae, não tem vetor artrópode e não é um arbovírus (ver Capítulo 40).

A família Flaviviridae consiste em cerca de 70 vírus de 40 a 60 nm de diâmetro, genoma de RNA de fita simples e de sentido positivo. Inicialmente, os flavivírus foram incluídos na família togavírus como "arbovírus do grupo B", mas foram transferidos para uma

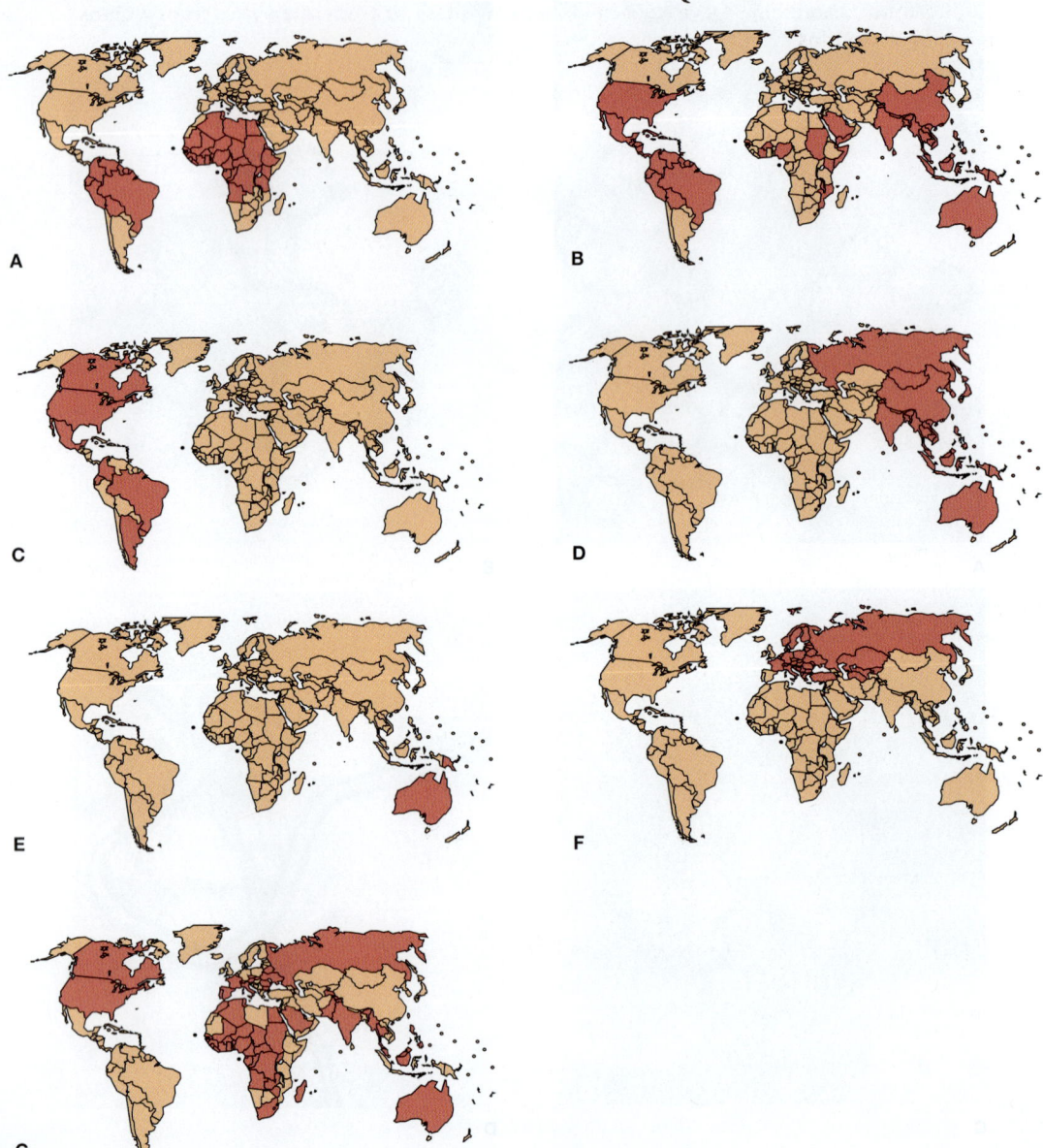

FIGURA 38-2   Distribuições conhecidas dos flavivírus causadores de doenças humanas. **A:** Vírus da febre amarela. **B:** Vírus da dengue. **C:** Vírus da encefalite de St. Louis. **D:** Vírus da encefalite japonesa B. **E:** Vírus da encefalite do Vale do Murray. **F:** Vírus da encefalite transmitida por carrapatos. **G:** Vírus do Nilo Ocidental. (Reproduzida, com autorização, de Monath TP, Tsai TF: Flaviviruses. In Richmann DD, Whitley RJ, Hayden FG [editors]. *Clinical Virology*, 2nd ed. Washington DC: ASM Press, 2002. ©2002 American Society for Microbiology. Nenhuma reprodução ou distribuição permitida sem prévia permissão da American Society for Microbiology).

família distinta devido a diferenças na organização do genoma viral. O envelope viral contém duas glicoproteínas. Alguns flavivírus são transmitidos entre vertebrados por mosquitos e carrapatos, enquanto outros são transmitidos entre roedores ou morcegos sem qualquer inseto vetor conhecido. Muitos apresentam distribuição mundial. Todos os flavivírus são relacionados antigenicamente. Os flavivírus são inativados de modo semelhante ao dos alfavírus, e muitos também exibem capacidade hemaglutinante. O vírus da hepatite C, classificado em um gênero separado na família Flaviviridae, não tem vetor artrópode e não é um arbovírus (ver Capítulo 35).

Replicação dos togavírus e flavivírus

O genoma de RNA dos alfavírus é de sentido positivo (Figura 38-3). Os mRNAs de comprimento genômico e subgenômico (26S) são produzidos durante a transcrição. A transcrição de comprimento genômico produz uma poliproteína precursora, que codifica as proteínas não estruturais (p. ex., replicase e transcriptase) necessárias para a replicação viral. O mRNA subgenômico codifica as proteínas estruturais. As proteínas são elaboradas por clivagem após a tradução. Os alfavírus replicam-se no citoplasma e maturam por brotamento dos nucleocapsídeos através da membrana plasmática.

TABELA 38-2 **Resumo das principais infecções humanas causadas por arbovírus e vírus transmitidos por roedores que ocorrem nos Estados Unidos**

Doenças[a]	Exposição	Distribuição	Vetores principais	Razão infecções: casos (incidência por idade)	Sequelas[b]	Taxa de mortalidade (%)
Encefalite equina do leste (*Alphavirus*)	Rural	Atlântico, litoral sudoeste	*Aedes, Culex*	10:1 (lactentes) 50:1 (indivíduos de meia-idade) 20:1 (idosos)	+	30-70
Encefalite equina do oeste (*Alphavirus*)	Rural	Pacífico, Montanhas Rochosas, Sudoeste	*Culex tarsalis, Aedes*	50:1 (< 5 anos) 1.000:1 (> 15 anos)	+	3-7
Encefalite equina venezuelana (*Alphavirus*)	Rural	Sul (também Américas do Sul e Central)	*Aedes, Psorophora, Culex*	25:1 (< 15 anos) 1.000:1 (> 15 anos)	±	Casos fatais são raros
Encefalite de St. Louis (*Flavivirus*)	Urbana-rural	Disseminada	*Culex*	800:1 (< 9 anos) 400:1 (9-59 anos) 85:1 (> 60 anos)	±	3-10 (< 65 anos), 30 (> 65 anos)
Febre do Nilo Ocidental (*Flavivirus*)	Urbana-rural	Disseminada	*Culex, Aedes, Anopheles*	5:1 (febre) 150:1 (encefalites)	±	3-15
Encefalite da Califórnia (La Crosse) (*Orthobunyavirus*)	Rural	Centro-norte, Atlântico, Sul	*Aedes triseriatus*	Relação desconhecida (maioria dos casos < 20 anos)	Raras	Cerca de 1%
Síndrome pulmonar por hantavírus (*Hantavirus*)	Rural	Sudoeste, Oeste	*Peromyscus maniculatus*[c]	15:1	Raras	30-40
Febre do carrapato do Colorado (*Coltivirus*)	Rural	Pacífico, Montanhas Rochosas	*Dermacentor andersoni*	Relação desconhecida (acomete todas as faixas etárias)	Raras	Casos fatais são raros

[a] É mostrado entre parênteses, após o nome da doença, o gênero no qual o(s) agente(s) viral(is) causador(es) está(ão) classificado(s). As famílias virais estão indicadas e descritas na Tabela 38-1.
[b] Sequelas: +, comuns; ±, ocasionais.
[c] Reservatório roedor; nenhum vetor.

Dados da sequência indicam que o vírus da encefalite equina do oeste é o recombinante genético do vírus da encefalite equina do leste e do vírus Sindbis.

O genoma de RNA dos flavivírus também tem sentido positivo. Durante a replicação viral, ocorre produção de uma grande proteína precursora a partir dos mRNAs de comprimento genômico; essa proteína é clivada por proteases do vírus e do hospedeiro, produzindo todas as proteínas virais, estruturais e não estruturais. Os flavivírus replicam-se no citoplasma, e a organização das partículas ocorre em vesículas intracelulares (Figura 38-4). A proliferação de membranas intracelulares é uma característica das células infectadas por flavivírus.

Propriedades antigênicas dos togavírus e flavivírus

Todos os alfavírus são antigenicamente relacionados. Devido aos determinantes antigênicos comuns, os vírus exibem reações cruzadas em técnicas de imunodiagnóstico. Os testes de inibição da hemaglutinação (IH), de ensaio imunoadsorvente ligado à enzima (Elisa, do inglês *enzyme–linked immunosorbent assay*) e de imunofluorescência (IF) definem oito complexos antigênicos ou sorotipos dos alfavírus. Quatro desses sorotipos são representados pelos vírus da encefalite equina do oeste, da encefalite equina do leste, da encefalite equina venezuelana e da Floresta de Semliki.

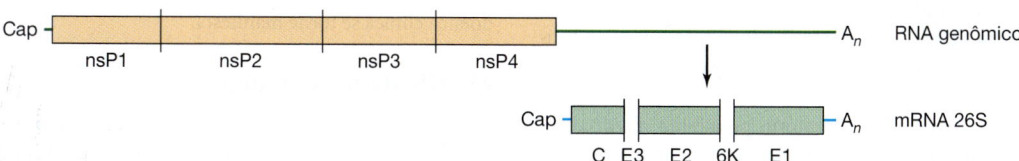

FIGURA 38-3 Organização genômica dos alfavírus. As proteínas não estruturais (nsP) são traduzidas a partir do RNA genômico em forma de poliproteína que é processada em 4 proteínas não estruturais por uma protease viral presente no nsP2. As proteínas estruturais são traduzidas a partir de um mRNA 26S subgenômico em forma de uma poliproteína que é processada por uma combinação de proteases virais e celulares em uma proteína do capsídeo (C), três glicoproteínas do envelope (E3, E2 e E1) e uma proteína associada à membrana, denominada 6K. Os componentes C, E2 e E1 constituem os principais componentes dos virions, que estão representados nas áreas sombreadas da figura. (Reproduzida, com autorização, de Strauss JH, Strauss EG, Kuhn RJ: Budding of alphaviruses. *Trends Microbiol* 1995;3:346.)

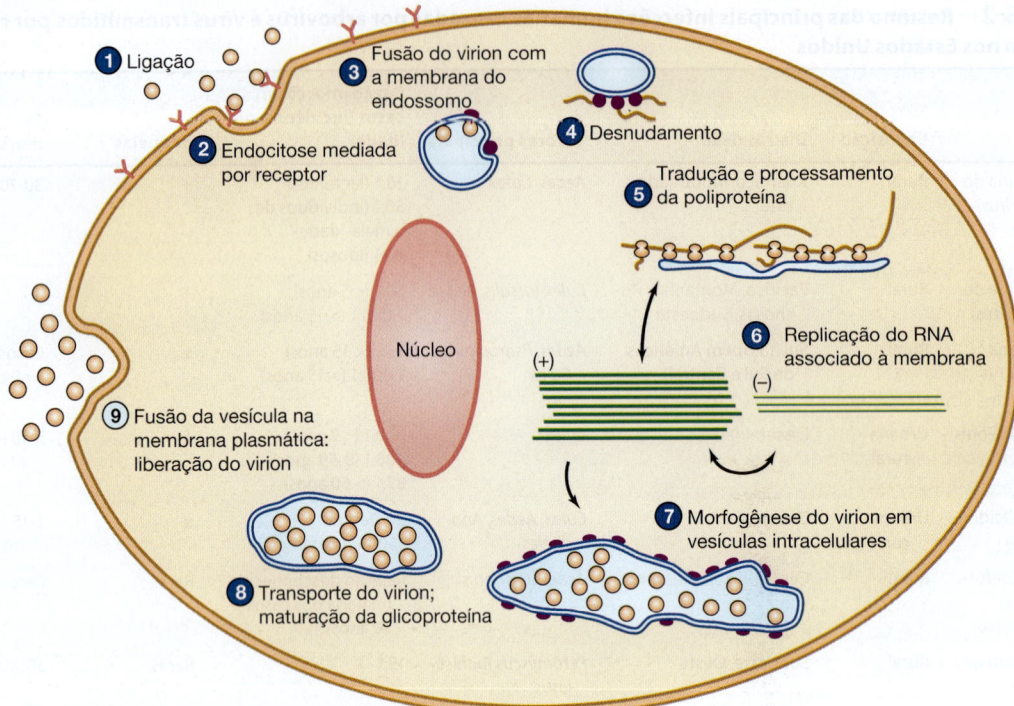

FIGURA 38-4   O ciclo de vida dos flavivírus. (Cortesia de CM Rice.)

A identificação de um vírus específico pode ser efetuada por meio de testes de neutralização. De modo semelhante, todos os flavivírus compartilham determinantes antigênicos. Até hoje, pelo menos oito complexos antigênicos foram identificados com base nos testes de neutralização para os alfavírus e dez sorocomplexos para os flavivírus. A proteína do envelope (E) é a hemaglutinina viral, que contém os determinantes específicos do grupo, do sorocomplexo e do tipo. As comparações das sequências do gene da glicoproteína E mostram que os vírus dentro de um sorocomplexo partilham 70% das sequências de aminoácidos, enquanto a homologia entre sorocomplexos é menor que 50%.

Patogênese e patologia

Em hospedeiros vertebrados suscetíveis, a multiplicação viral primária ocorre tanto em células mieloides quanto em células linfoides ou no endotélio vascular. A multiplicação no sistema nervoso central (SNC) depende da capacidade do vírus de ultrapassar a barreira hematencefálica e infectar as células nervosas. Na infecção natural em aves e mamíferos, uma infecção invisível é comum. A viremia ocorre por diversos dias, e o vetor artrópode adquire o vírus sugando o sangue nesse período (o primeiro passo para a disseminação para outros hospedeiros).

A doença em animais de laboratório possibilita maior compreensão da doença humana. Camundongos têm sido utilizados para o estudo da patogênese das encefalites. Após inoculação subcutânea, a replicação viral ocorre nos tecidos locais e nos linfonodos regionais. O vírus alcança a corrente sanguínea e se dissemina. Dependendo do agente específico, diferentes tecidos podem ser usados para a replicação viral, incluindo monócitos-macrófagos, células endoteliais, pulmões, fígado e músculos. O vírus cruza a barreira hematencefálica por mecanismos desconhecidos, talvez envolvendo os neurônios olfatórios ou células vasculares cerebrais, e se dissemina. A degeneração neuronal disseminada ocorre em todas as encefalites induzidas por arbovírus.

Em grande parte das infecções, o vírus é controlado antes de ocorrer a neuroinvasão. A invasão depende de muitos fatores, inclusive o nível de viremia, a formação genética do hospedeiro, a resposta imunológica inata e adaptativa e a virulência da linhagem viral. Seres humanos apresentam uma suscetibilidade dependente da idade para infecções do SNC, sendo lactentes e idosos mais suscetíveis.

As encefalites equinas são bifásicas nos cavalos. Na primeira fase (doença leve), o vírus multiplica-se no tecido não neural e pode ser detectado no sangue alguns dias antes do aparecimento dos primeiros sinais de comprometimento do SNC. Na segunda fase (doença grave), o vírus multiplica-se no cérebro, as células são lesionadas e destruídas, e a encefalite torna-se clinicamente nítida. São necessárias altas concentrações do vírus no tecido cerebral para que a doença clínica se torne manifesta.

Manifestações clínicas

Os períodos de incubação das encefalites variam de 4 a 21 dias. Infecções invisíveis são comuns. Algumas pessoas infectadas desenvolvem sintomas brandos de resfriado, enquanto outras desenvolvem encefalites. O início é súbito, com cefaleia intensa, calafrios, febre, náuseas, vômitos, dor generalizada e mal-estar. Em 24 a 48 horas, verifica-se o aparecimento de sonolência acentuada, e o paciente pode tornar-se torporoso. Nos casos graves, ocorrem confusão mental, tremores, convulsões e coma. A febre tem duração de 4 a 10 dias. A taxa de mortalidade nas encefalites varia (ver Tabela 38-2). Na encefalite japonesa B, a taxa de mortalidade nos grupos etários mais avançados pode atingir 80%. As sequelas podem ser brandas a graves e incluem deterioração mental, alterações de personalidade, paralisia, afasia e sinais cerebelares.

Diagnóstico laboratorial

A. Isolamento e detecção viral

O isolamento viral requer precauções apropriadas de biossegurança para se prevenirem infecções laboratoriais. O vírus é encontrado no sangue apenas no estágio inicial da infecção, em geral antes do aparecimento dos sintomas. Também pode ser encontrado no líquido cerebrospinal (LCS) e em amostras de tecido, dependendo do agente. Os alfavírus e os flavivírus geralmente são capazes de crescer em linhagens celulares comuns, como células Vero, BHK, HeLa e MRC-5. As linhagens de células de mosquitos são úteis. A inoculação intracerebral em camundongos ou hamsters recém-nascidos também pode ser usada para isolamento do vírus.

Existem testes de detecção do antígeno e de reação em cadeia da polimerase (PCR, do inglês *polymerase chain reaction*) disponíveis para detecção direta de RNA viral ou proteínas em amostras clínicas de algumas espécies de arbovírus. O emprego de anticorpos monoclonais específicos contra o vírus em ensaios de IF tem facilitado a identificação rápida do vírus em amostras clínicas.

B. Sorologia

Podem ser detectados anticorpos neutralizantes e anticorpos inibidores da hemaglutinação poucos dias após o início da doença. Anticorpos neutralizantes e inibidores da hemaglutinação persistem por anos. O teste de IH constitui o teste diagnóstico mais simples, porém identifica o grupo, e não o vírus causal específico. Os ensaios sorológicos mais sensíveis detectam imunoglobulina M (IgM) específica do vírus no soro e no líquido cerebrospinal por Elisa.

Para se estabelecer o diagnóstico, é necessário demonstrar uma elevação de quatro vezes ou mais dos títulos de anticorpos específicos durante a infecção. A primeira amostra de soro deve, se possível, ser coletada logo após o início da doença, devendo-se obter a segunda amostra em 2 a 3 semanas. Ao se estabelecer o diagnóstico, deve-se considerar a reatividade cruzada que ocorre entre alfavírus ou flavivírus. Após uma única infecção por um membro do grupo, pode-se verificar também a produção de anticorpos dirigidos contra outros membros. O diagnóstico sorológico torna-se difícil quando ocorre epidemia causada por um membro do grupo sorológico em uma região onde outro membro do grupo seja endêmico.

Imunidade

Acredita-se que a imunidade seja permanente após uma única infecção. As respostas imunológicas tanto humoral quanto celular são consideradas importantes na proteção e na recuperação da infecção. Nas áreas endêmicas, a população pode adquirir imunidade em consequência de infecções inaparentes. A proporção de indivíduos com anticorpos dirigidos contra o vírus local transmitido por artrópodes aumenta com a idade.

Devido à presença de antígenos comuns, a resposta à imunização ou à infecção por um dos vírus de determinado grupo pode ser modificada por exposição prévia a outro membro do mesmo grupo. Esse mecanismo pode ser importante para conferir proteção em uma comunidade contra epidemia causada por outro agente relacionado (p. ex., não ocorre encefalite japonesa B em áreas endêmicas para a febre do Nilo Ocidental).

Epidemiologia

Nas áreas altamente endêmicas, quase toda a população humana pode tornar-se infectada por um arbovírus, e a maioria das infecções é assintomática. As relações infecção-caso são altas entre grupos etários específicos para muitas infecções causadas por arbovírus (ver Tabela 38-2). A maior parte dos casos ocorre nos meses de verão no Hemisfério Norte, período em que os artrópodes estão mais ativos.

A disseminação global recente dos arbovírus foi bem documentada com seu surgimento nas regiões do Novo Mundo e das ilhas do Pacífico (Figura 38-5). A combinação de mosquitos vetores disponíveis com uma população "imunologicamente ingênua" (sem histórico de contato prévio, ou seja, sem imunidade adquirida) levou a grandes surtos desencadeados pelos vírus do Nilo Ocidental, chikungunya e zika nas Américas e no Caribe.

A. Vírus da encefalite equina do leste e do oeste

A encefalite equina do leste é a mais grave das encefalites arbovirais, com a mais alta taxa de mortalidade. As infecções são raras e esporádicas nos Estados Unidos, com uma média de cinco casos confirmados por ano. No caso da encefalite equina do oeste, a transmissão ocorre em percentual baixo no Oeste rural, onde as aves e os mosquitos *Culex tarsalis* estão envolvidos na manutenção do ciclo de vida do vírus. A média de infecções humanas é de 15 casos confirmados por ano. Entretanto, existem instâncias no passado (a mais recente em 1987) em que seres humanos e equinos se infectaram em níveis epidêmicos e epizoóticos. Os surtos também afetaram grandes áreas do oeste dos Estados Unidos e do Canadá.

B. Vírus da encefalite de St. Louis

Na América do Norte, o vírus da encefalite de St. Louis constitui a causa mais importante de encefalite epidêmica em seres humanos (ver Figura 38-2), tendo causado cerca de 10.000 casos e 1.000 mortes desde que foi reconhecido pela primeira vez, em 1933. As taxas de soroprevalência em geral são baixas, e a incidência da encefalite de St. Louis varia a cada ano nos Estados Unidos*. Existe atualmente uma média de 10 a 20 casos confirmados por ano. Menos de 1% das infecções virais é clinicamente aparente. É necessária a presença de mosquitos infectados para que possa ocorrer infecção humana, embora os fatores socioeconômicos e culturais (ar-condicionado, uso

---

*N. de T. No Brasil, a detecção desse vírus foi confirmada na região Norte (principalmente no estado do Pará). Em 2006, a cidade de Rio Preto (SP) registrou 6 casos de quadros febris "semelhantes à dengue" e de meningoencefalite provocados por coinfecção do vírus St. Louis com o vírus da dengue do tipo 3 (DENV-3, do inglês *dengue virus 3*). Fonte: Saint Louis Encephalitis Virus, Brazil. *Emerging Infectious Diseases*, 13(1), 176. https://dx.doi.org/10.3201/eid1301.060905.

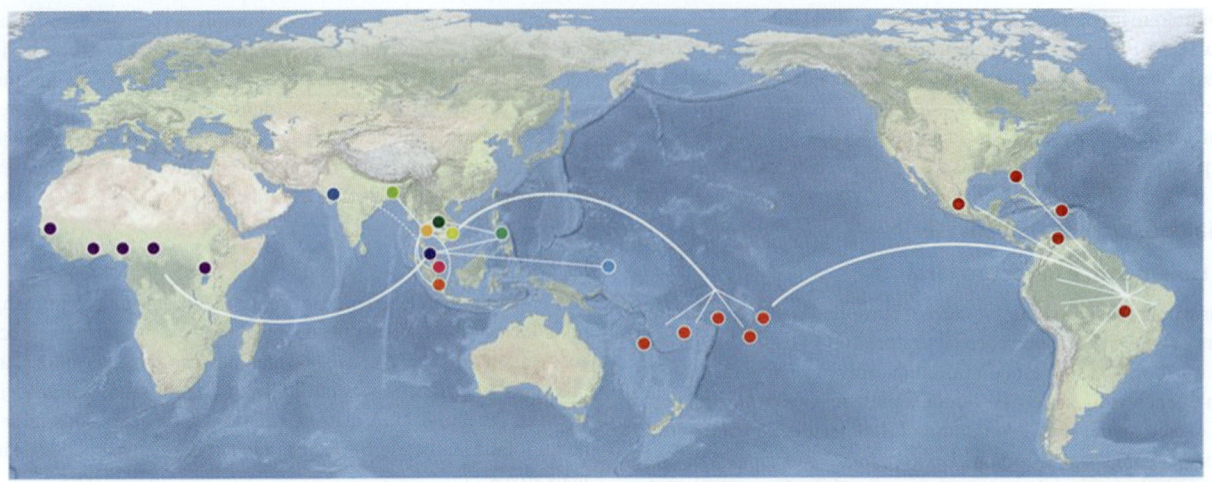

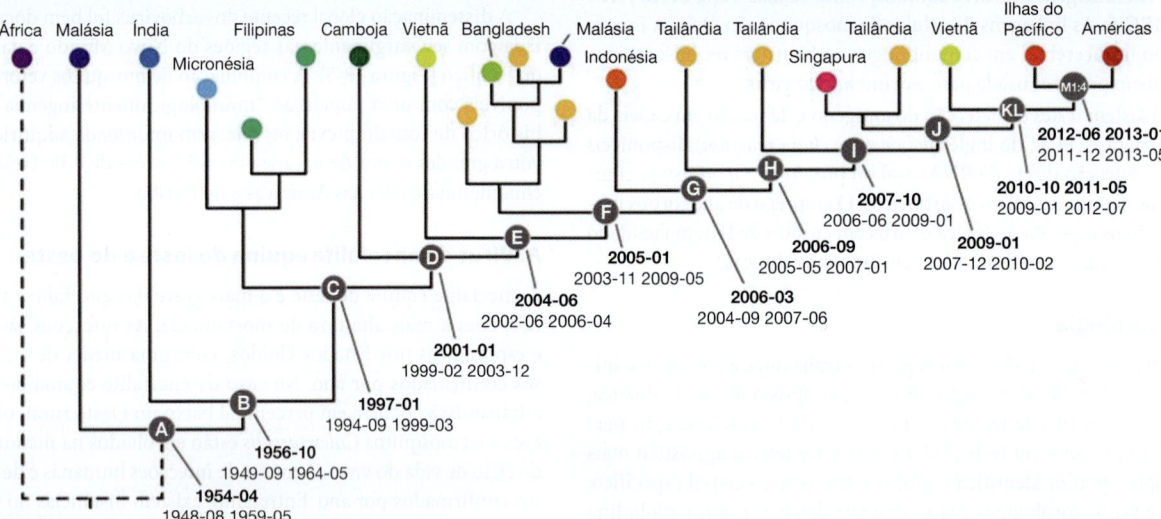

FIGURA 38-5 Propagação global do vírus zika determinada por sua filogenia viral. O vírus zika se disseminou da África para o Sudeste Asiá-tico na década de 1950, seguido por uma disseminação regional no final da década de 1990 e início de 2000. O aparecimento do vírus zika nas ilhas do Pacífico e nas Américas ocorreu em 2012-2013. A árvore filogenética mostra a relação do genoma viral e a data dos eventos de diversificação. (Reproduzida, com autorização, de Pettersson JH, Bohlin J, Dupont-Rouzeyrol M, et al. Re-visiting the evolution, dispersal and epidemiology of Zika virus in Asia. *Emerg Microbes Infect* 2018;7:79.)

de telas protetoras, controle dos mosquitos) afetem o grau de exposi-ção da população a esses vetores transportadores de vírus.

C. Vírus da febre do Nilo Ocidental

A febre do Nilo Ocidental é causada por um membro do complexo antigênico de flavivírus causadores da encefalite japonesa B. Ocor-re na Europa, no Oriente Médio, nos países integrantes da antiga União Soviética, no Sudeste Asiático e, mais recentemente, nos Estados Unidos. O surgimento inesperado na região da cidade de Nova York, em 1999, resultou em sete mortes e extensa mortalidade entre aves domésticas e exóticas. A análise das sequências dos iso-lados virais mostrou que eles eram originários do Oriente Médio e provavelmente cruzaram o Atlântico em uma ave, mosquito ou humano infectado.

Três anos após ter completado seu movimento transcontinental pelos Estados Unidos, a presença do vírus do Nilo Ocidental é de-tectada de forma permanente na região temperada da América do Norte*. O vírus do Nilo Ocidental já foi detectado em 48 estados americanos. É atualmente a principal causa de encefalites por arbo-vírus nos Estados Unidos. Outros arbovírus que causam doenças neuroinvasivas esporádicas nos Estados Unidos incluem o vírus La Crosse e os vírus da encefalite de St. Louis e Ocidental. Estima-se que cerca de 80% das infecções pelo vírus do Nilo Ocidental são assinto-máticas, com 20% causando a febre do Nilo Ocidental e menos de 1% causando doenças neuroinvasivas (meningite, encefalite ou paralisia aguda flácida). A encefalite fatal é mais comum em pessoas idosas. Uma deficiência genética resultando em uma variante não funcional

*N. de T. No Brasil, evidências sorológicas em equinos foram detectadas no ano de 2010 em Rio Branco (AC), em Poconé (MT) e em Maracaju (MS). Em 2014, foi registrado o primeiro caso humano de encefalite pelo vírus do Nilo Ocidental no Piauí. Mais recentemente, em 2019, o mesmo estado confirmou o segundo caso de encefalite por esse vírus. Fonte: Ministério da Saúde (http://www.saude.gov.br/saude-de-a-z/febre-do-nilo-ocidental).

do receptor de quimiocina CCR5 foi identificada como fator de risco para infecções sintomáticas pelo vírus do Nilo Ocidental. A epidemia pelo vírus do Nilo Ocidental de 2002 incluiu o primeiro caso documentado de transmissão entre pessoas por meio de transplante de órgão, transfusão de sangue, pelo útero e talvez pelo aleitamento materno. O rastreamento entre doadores de sangue para o vírus do Nilo Ocidental foi implementado nos Estados Unidos em 2003.

O vírus do Nilo Ocidental produz viremia e uma doença febril aguda e branda com linfadenopatia e erupção. O envolvimento transitório das meninges pode ocorrer durante o estágio agudo. Existe somente um tipo antigênico do vírus, e a imunidade é presumivelmente permanente.

Uma vacina contra o vírus do Nilo Ocidental para cavalos encontra-se disponível desde 2003. Não existe vacina humana. A prevenção da doença pelo vírus do Nilo Ocidental depende do controle e da proteção contra picadas do mosquito.

D. Vírus da encefalite japonesa B

A encefalite japonesa B constitui a principal causa de encefalite viral na Ásia (ver Figura 38-2). Anualmente, são registrados cerca de 50.000 casos na China, no Japão, na Coreia e no subcontinente indiano, com 10.000 mortes, principalmente entre crianças e idosos. A mortalidade pode ultrapassar os 30%. Ocorrem sequelas neurológicas e psiquiátricas em elevado percentual de sobreviventes (acima de 50%). Foram relatadas infecções durante o primeiro e o segundo trimestres de gravidez que levaram à morte do feto.

Os estudos de soroprevalência indicam haver uma exposição quase universal dos adultos ao vírus da encefalite japonesa B. A relação estimada entre infecções assintomáticas e sintomáticas é de 300:1. Até o momento, não há tratamento efetivo contra esse agente viral, porém há vacinas disponíveis na Ásia. Uma nova vacina inativada produzida em células Vero foi licenciada nos Estados Unidos em 2009.

E. Vírus chikungunya

Esse alfavírus, transmitido por mosquitos, pertence ao complexo antigênico da Floresta de Semliki. Reemergiu no Quênia em 2004, após período de eclipse de várias décadas, causando grandes surtos na Índia, no Sudeste Asiático e na região do Oceano Índico. Esse vírus também causou um surto na Itália em 2007. Casos esporádicos ocasionalmente são relatados em viajantes que retornam aos Estados Unidos. Em 2013, o vírus chikungunya se estabeleceu na região do Caribe e, desde então, se disseminou rapidamente pelas Américas do Sul e Central tropical*. Clinicamente, a infecção assemelha-se à dengue, mas tem maior probabilidade de causar febre alta, erupção cutânea e fortes dores nas articulações**; infecções assintomáticas são raras. Não há vacinas disponíveis comercialmente.

F. Vírus da encefalite do carrapato

Está associada a um flavivírus causador de encefalites na Europa, Rússia e nordeste da China. Cerca de 10.000 a 12.000 casos de doença são reportados a cada ano, e a maioria dos casos ocorre nos países Bálticos, na Eslovênia e na Rússia. Essa doença ocorre principalmente no início do verão, particularmente em indivíduos expostos aos carrapatos *Ixodes persulcatus* e *Ixodes ricinus*, em áreas de florestas durante atividades ao ar livre. Três subtipos virais causam doenças humanas: o europeu, o do extremo oriente e o siberiano, com o subtipo siberiano parecendo ser o mais virulento. Várias espécies de animais podem ser infectadas, e a transmissão entre seres humanos ainda não é comprovada.

Não há tratamento específico para essa encefalite. Medidas de proteção pessoais, tais como o uso de roupas apropriadas, podem ajudar a reduzir o risco de exposição ao vetor. Vacinas produzidas na Áustria, Alemanha e Rússia estão disponíveis e são baseadas exclusivamente nos subtipos europeu e siberiano.

G. Vírus zika

O vírus zika foi isolado pela primeira vez em 1947 em Uganda, com surtos esporádicos subsequentes sendo relatados na África tropical e no Sudeste Asiático. Em 2007, houve um grande surto de zika na Micronésia, seguido por outro surto na Polinésia Francesa em 2014, com evidências de transmissão transplacentária em mulheres grávidas. Em 2015, uma investigação sobre um surto de erupção cutânea no Nordeste do Brasil foi considerada causada pelo vírus zika. A introdução do vírus zika nesta nova área (Brasil) com uma população imunologicamente ingênua foi seguida por um grande surto em todo o país com relatos de microcefalia neonatal, levando à declaração de uma emergência nacional de saúde pública relacionada a defeitos congênitos em gestantes infectadas. O vírus zika continuou a se disseminar por toda a América do Sul tropical, América Central e Caribe, conforme a distribuição do seu principal vetor, o mosquito do gênero *Aedes*.

Esse vírus pode ser detectado no sangue, na urina e em outros fluidos corporais, incluindo sêmen, levando a uma potencial transmissão sexual. A maioria dos indivíduos infectados é assintomática, enquanto outros podem desenvolver erupção cutânea, artralgia, conjuntivite e febre. Os casos graves são raros; no entanto, o vírus pode atravessar a placenta durante a gravidez e infectar o tecido neuronal fetal, causando microcefalia e anormalidades neurológicas. O tratamento geralmente é de suporte, e o rastreamento está disponível para mulheres grávidas potencialmente expostas à infecção. A prevenção*** da exposição ao mosquito em regiões endêmicas é importante para reduzir as taxas de infecção.

Tratamento e controle

Não existe um tratamento específico para as infecções por arbovírus. O controle biológico do hospedeiro vertebrado é impraticável, especialmente quando muitos desses hospedeiros são aves selvagens. O método mais eficiente é o controle do artrópode, por

---

*N. de T. Em 2014, foi confirmada sua presença em Oiapoque (AP). Curiosamente, parece ter havido introduções de duas variantes virais nas Américas, pois o genótipo viral que foi isolado em Oiapoque e no Caribe não é o mesmo que o detectado posteriormente na Bahia. Em 2017, foram notificados 185.737 casos prováveis, com 151.966 confirmados. Dentre as regiões do Brasil, a região Nordeste apresentou o maior número de casos confirmados.
**N. de T. Os sintomas costumam persistir por 7 a 10 dias, mas a dor nas articulações pode durar meses ou anos e, em certos casos, converter-se em uma dor crônica incapacitante para algumas pessoas.

***N. de T. Apesar da existência de um único sorotipo do vírus zika ser apontada como uma "facilidade" vacinal, até o momento não há nenhuma vacina licenciada contra esse vírus. Várias estratégias vacinais já foram sugeridas, como o uso de partículas semelhantes a vírus (VLPs, do inglês *virus-like particles*), vírus inativados e atenuados, além de vacinas de DNA e de vírus quiméricos.

exemplo, por meio da remoção de hábitats e uso de inseticidas contra os mosquitos. Medidas pessoais incluem o uso de repelentes e de roupas protetoras, além de telas como barreiras nas janelas.

Diferentes vacinas inativadas eficazes foram desenvolvidas para proteção de cavalos contra encefalite equina do leste, do oeste e venezuelana. Uma vacina atenuada para a encefalite equina venezuelana está disponível para restringir epidemias entre cavalos. Essas vacinas não são usadas para imunização humana. Vacinas inativadas contra os vírus da encefalite do leste, do oeste e venezuelana estão disponíveis em caráter experimental apenas para indivíduos que trabalham especificamente com esses vírus em laboratórios de referência. Vacinas atenuadas e inativadas contra o vírus da encefalite japonesa B estão disponíveis para imunização humana em diferentes países asiáticos. Vacinas também estão disponíveis nos Estados Unidos para indivíduos em viagem a países endêmicos.

Ciclos de transmissão dos arbovírus entre vetor e hospedeiro

Ocorre infecção de seres humanos por vírus causadores de encefalites transmitidas por mosquitos quando um mosquito, ou outro artrópode, pica em primeiro lugar um animal infectado e, mais tarde, um ser humano.

As encefalites equinas do leste, do oeste e venezuelana são transmitidas por mosquitos do gênero *Culex* a cavalos ou seres humanos a partir de um ciclo mosquito-ave-mosquito (Figura 38-6). Os cavalos, assim como os seres humanos, não são hospedeiros essenciais para a manutenção do vírus. Tanto a encefalite equina do leste quanto a encefalite venezuelana são graves em cavalos, sendo que até 90% dos

animais acometidos vão a óbito. A encefalite equina do oeste epizoótica é menos fatal para os cavalos. Além disso, a encefalite equina do leste causa epizootias graves em certas aves de caça domésticas. Verifica-se também um ciclo mosquito-ave-mosquito na encefalite de St. Louis, na febre do Nilo Ocidental e na encefalite japonesa B. Os suínos constituem importantes hospedeiros do vírus da encefalite japonesa B. Os mosquitos permanecem infectados durante toda a vida (várias semanas a meses). Apenas a fêmea é hematófaga e pode alimentar-se e transmitir o vírus mais de uma vez. As células do intestino médio do mosquito constituem o local de multiplicação primária do vírus. Em seguida, ocorrem viremia e invasão dos órgãos (principalmente das glândulas salivares e do tecido nervoso), onde ocorre multiplicação viral secundária. O artrópode permanece sadio.

A infecção de morcegos insetívoros por arbovírus resulta em viremia de 6 a 12 dias de duração, sem qualquer doença ou alteração patológica no morcego. Enquanto a concentração de vírus está elevada, o morcego infectado pode infectar mosquitos, que são então capazes de transmitir a infecção a aves silvestres e aves domésticas, bem como a outros morcegos.

Existem também encefalites transmitidas por carrapatos. Esses artrópodes podem tornar-se infectados em qualquer estágio de sua metamorfose, e o vírus pode ser transmitido por via transovariana (Figura 38-7). O vírus é secretado no leite de cabras infectadas por longos períodos, de modo que a infecção pode ser transmitida a indivíduos que consomem leite não pasteurizado. O vírus da encefalite de Powassan foi o primeiro membro do complexo da encefalite russa de primavera-verão isolado na América do Norte. O primeiro caso fatal foi registrado no Canadá, em 1959. A infecção humana é rara.

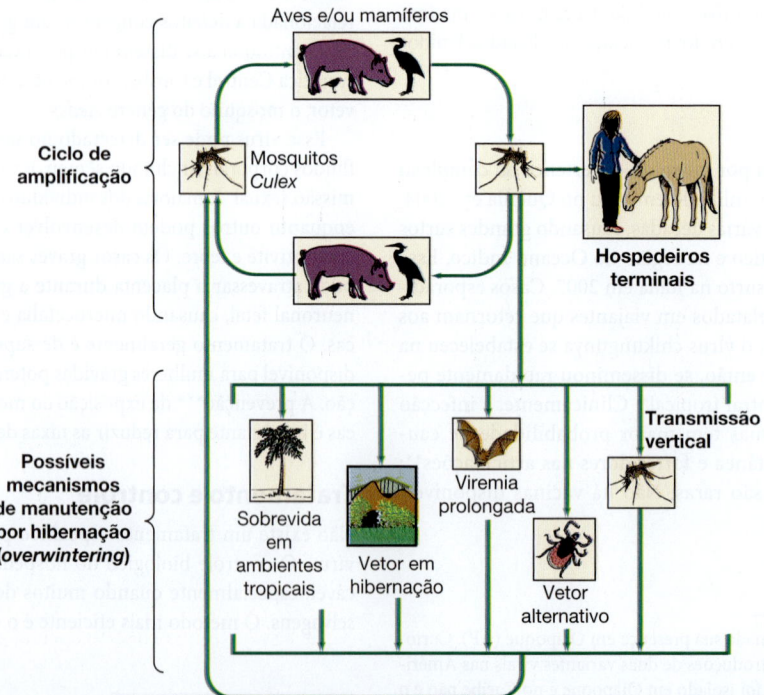

FIGURA 38-6 Ciclo geral de disseminação dos flavivírus causadores de encefalite transmitidos por mosquitos. A figura mostra a amplificação no verão e os possíveis mecanismos de persistência do vírus em seu vetor por períodos prolongados. Os seres humanos são hospedeiros terminais e, portanto, não contribuem para a perpetuação da transmissão do vírus. As aves silvestres constituem os hospedeiros virêmicos mais comuns, porém os suínos desempenham importante papel no caso do vírus da encefalite japonesa. O padrão apresentado aplica-se a muitos flavivírus, mas não para todos. (Adaptada, com autorização, de Monath TP, Heinz FX: Flaviviruses. In Fields BN, Knipe DM, Howley PM [editors-in-chief]. *Fields Virology*, 3rd ed. Lippincott-Raven, 1996.)

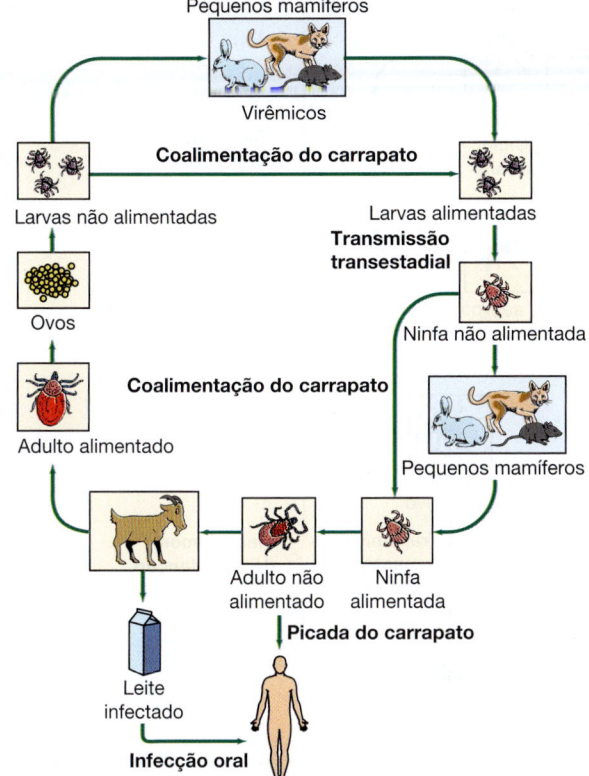

FIGURA 38-7 Ciclo de transmissão generalizada dos flavivírus transmitidos por carrapatos, mostrando os hospedeiros para os carrapatos nas formas larvar, de ninfa e adulta. O vírus passa por sucessivos estágios do carrapato durante a metamorfose (transmissão transestadial), bem como por via transovariana para a progênie de carrapatos adultos. Tanto os machos quanto as fêmeas dos carrapatos estão envolvidos na transmissão. O vírus da encefalite transmitido por carrapato pode ser transmitido para carrapatos não infectados que se alimentam em um hospedeiro vertebrado, sem a necessidade de infecção virêmica ativa do hospedeiro. (Reproduzida, com autorização, de Monath TP, Heinz FX: Flaviviruses. In Fields BN, Knipe DM, Howley PM [editors-in-chief]. *Fields Virology*, 3rd ed. Lippincott-Raven, 1996.)

Persistência dos arbovírus

A epidemiologia das encefalites transmitidas por artrópodes deve levar em consideração a manutenção e a disseminação dos vírus na natureza e na ausência de seres humanos. Foram isolados vírus de mosquitos e carrapatos, que atuam como reservatórios da infecção. Nos carrapatos, os vírus podem passar de uma geração para outra por via transovariana, e, nesses casos, o carrapato atua como verdadeiro reservatório do vírus e como seu vetor (ver Figura 38-7). Nos climas tropicais, onde existem populações de mosquitos durante o ano todo, o ciclo dos arbovírus ocorre continuamente entre mosquitos e animais reservatórios.

Nos climas temperados, o vírus pode ser reintroduzido a cada ano a partir de outros locais (p. ex., pela migração de aves provenientes de regiões tropicais), ou pode sobreviver ao inverno na mesma região. Mecanismos possíveis, mas não comprovados, de persistência dos arbovírus em seus vetores por períodos prolongados (hibernação) incluem (ver Figuras 38-6 e 38-7): (1) os mosquitos hibernantes, por ocasião de sua reaparição, podem reinfectar aves;

(2) o vírus pode permanecer latente durante o inverno em aves, mamíferos ou artrópodes; e (3) vertebrados de sangue frio (cobras, tartarugas, lagartos, jacarés, rãs) podem funcionar como reservatórios no inverno.

VÍRUS DA FEBRE AMARELA

O vírus da febre amarela é o membro protótipo da família Flaviviridae. Causa a febre amarela, uma doença febril aguda transmitida por mosquitos, que ocorre somente em regiões tropicais e subtropicais da América do Sul e na África (ver Figura 38-2). Os casos graves caracterizam-se por disfunção hepática, renal e hemorragia, com alta mortalidade.

Com base na análise de sequências genômicas, ao menos sete genótipos do vírus da febre amarela foram identificados, cinco na África e dois na América do Sul. Existe um único sorotipo.

O vírus da febre amarela multiplica-se em muitos tipos diferentes de animais e mosquitos, e cresce em ovos embrionados, culturas de células de embrião de galinha e linhagens celulares, incluindo as de macaco, humanas, de hamster e de mosquito.

Patogênese e patologia

O vírus é introduzido por um mosquito na pele, onde se multiplica. Propaga-se para linfonodos locais, fígado, baço, rins, medula óssea e miocárdio, onde pode persistir por vários dias. Encontra-se presente no sangue na fase inicial e durante a infecção.

As lesões da febre amarela são decorrentes da localização e da propagação do vírus em determinado órgão. Essas infecções podem resultar em lesões necróticas no fígado e nos rins. Também ocorrem mudanças degenerativas no baço, nos linfonodos e no coração. A doença grave caracteriza-se por hemorragia e colapso circulatório. A lesão viral ao miocárdio pode contribuir para o choque.

Manifestações clínicas

O período de incubação é de 3 a 6 dias. No início abrupto, o paciente apresenta febre, calafrios, fraqueza, mialgia, cefaleia e dor nas costas, seguidos de náuseas, vômitos e bradicardia. Durante esse período inicial, que dura vários dias, o paciente mostra-se virêmico e é uma fonte de infecção para mosquitos. A maioria dos pacientes pode recuperar-se nesse ponto, mas em cerca de 15% dos casos a doença progride para uma forma mais grave, com febre, icterícia, falência renal e manifestações hemorrágicas. Os vômitos podem estar escuros (pretos), com sangue alterado. Quando a doença progride para o estágio grave (falência hepatorrenal), a mortalidade é alta (20% ou mais), especialmente entre crianças de pouca idade e idosos. A morte ocorre entre o sétimo e o décimo dia da doença. A encefalite é rara.

Por outro lado, a infecção pode ser discreta ao ponto de não ser percebida. Independentemente da gravidade, não há sequelas, e os pacientes ou morrem ou se recuperam por completo.

Diagnóstico laboratorial
A. Detecção e isolamento do vírus

O antígeno viral ou o ácido nucleico podem ser identificados em amostras de tecidos por meio de testes de imuno-histoquímica, Elisa de captura de antígeno ou PCR. O vírus pode ser isolado do

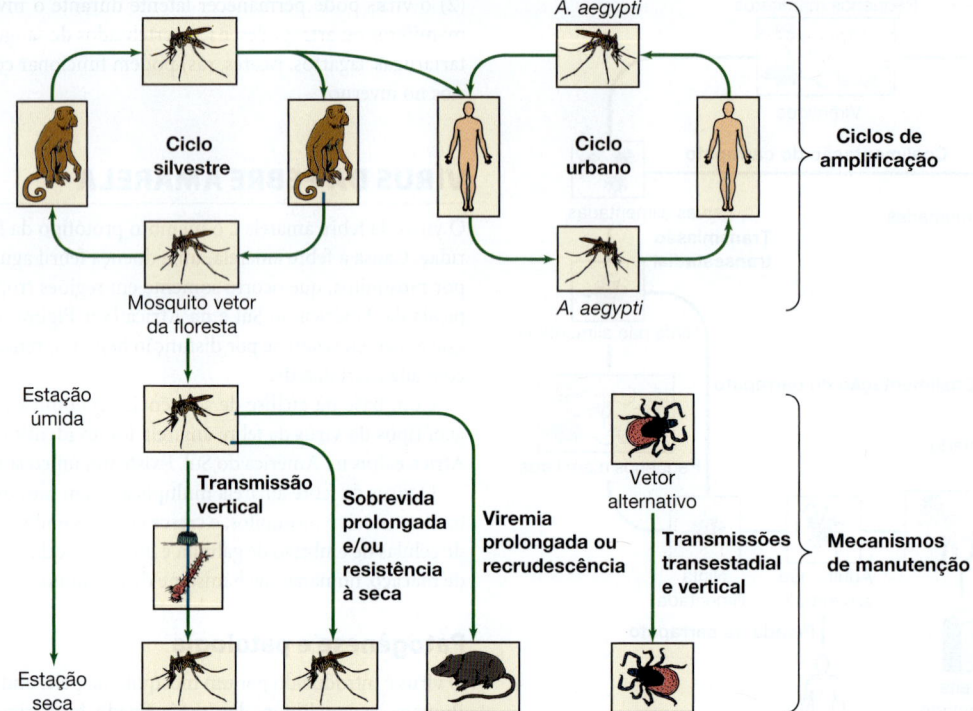

FIGURA 38-8 Ciclos de transmissão do vírus da febre amarela e do vírus da dengue. Esses vírus apresentam ciclos de manutenção enzo-óticos que envolvem vetores *Aedes* e primatas não humanos. Os vírus da dengue são transmitidos principalmente entre seres humanos e *Aedes aegypti* que se reproduzem em recipientes de água domésticos. No caso da febre amarela, a transmissão silvestre (floresta) é observada em toda a distribuição geográfica do vírus. Na América tropical, os casos de febre amarela em seres humanos são decorrentes do contato com mosquitos vetores das florestas, e não houve caso algum de febre amarela urbana (transmitida por *A. aegypti*) durante mais de 50 anos. Na África, os vetores silvestres são responsáveis pela transmissão do vírus entre macacos e entre seres humanos, com a frequente participação do *A. aegypti* em regiões urbanas e de savana seca. (Reproduzida, com autorização, de Monath TP, Heinz FX: Flaviviruses. In Fields BN, Knipe DM, Howley PM [editors-in--chief]. *Fields Virology*, 3rd ed. Lippincott-Raven, 1996.)

sangue nos primeiros 4 dias após o início ou no tecido *post mortem* por meio de inoculação intracerebral em camundongos ou pelo emprego de cultura de células.

B. Sorologia

Os anticorpos IgM aparecem durante a primeira semana de doença. A detecção de anticorpos IgM por Elisa (captura de antígeno) em uma única amostra fornece um diagnóstico presuntivo, com confirmação por aumento de 4 vezes ou mais nos títulos de anticorpos neutralizantes entre as fases aguda e convalescente nas amostras de soro. Os métodos sorológicos mais antigos, como a IH, foram substituídos em grande parte pelo Elisa. Os anticorpos específicos inibidores da hemaglutinação são os primeiros a aparecer, seguidos rapidamente de anticorpos contra outros flavivírus.

Imunidade

Os anticorpos neutralizantes desenvolvem-se em cerca de 1 semana e são responsáveis pela eliminação (depuração) viral. Os anticorpos neutralizantes perduram pela vida toda e fornecem completa proteção contra a doença. A demonstração de anticorpos neutralizantes é útil somente para se testar a imunidade contra a febre amarela.

Epidemiologia

São reconhecidos dois ciclos epidemiológicos principais de transmissão da febre amarela: (1) a febre amarela urbana e (2) a febre amarela silvestre (Figura 38-8). A febre amarela urbana envolve a transmissão de uma pessoa para outra pelo mosquito doméstico *Aedes*. No Hemisfério Ocidental e na África Ocidental, essa espécie é principalmente o *Aedes aegypti*, que se prolifera em água acumulada que acompanha os agrupamentos humanos. Nas áreas onde o *A. aegypti* foi eliminado ou suprimido, a febre amarela urbana desapareceu.

A febre amarela silvestre é principalmente uma doença de macacos. Na América do Sul e na África, é transmitida de um macaco para outro por mosquitos arbóreos (p. ex., *Haemagogus*, *Aedes*) que habitam a cobertura de florestas úmidas. A infecção em animais pode ser grave ou inaparente. O vírus multiplica-se em mosquitos, que permanecem infecciosos a vida inteira. Pessoas envolvidas em atividades com a floresta entram em contato com esses mosquitos e são infectadas.

A febre amarela não invadiu a Ásia, apesar de o vetor, *A. aegypti*, estar amplamente distribuído nesse continente.

A febre amarela continua a infectar e matar centenas de pessoas no mundo inteiro por falta de vacinação. Estima-se que, anualmente, a febre amarela atinja 200.000 pessoas, das quais cerca de 30.000 (15%) morrem*. A maior parte dos surtos (cerca de 90%) ocorre na África. As epidemias em geral ocorrem em uma típica zona de emergência para febre amarela: savana úmida e semiúmida, próxima de florestas tropicais onde o ciclo silvestre é mantido em uma grande população de macacos. Durante as epidemias africanas, a taxa de infecção varia de 20:1 a 2:1. Todos os grupos etários são suscetíveis.

Nas Américas, a febre amarela apresenta características epidemiológicas típicas do seu ciclo florestal: a maioria dos casos ocorre em homens de 15 a 45 anos que trabalham na agricultura ou em atividades florestais.

Tratamento, prevenção e controle

Não existe farmacoterapia antiviral.

Os programas de extermínio intenso dos mosquitos praticamente eliminaram a febre amarela urbana, principalmente na América do Sul, mas o controle do vetor é impraticável em muitas partes da África. O último surto de febre amarela relatado nos Estados Unidos ocorreu em 1905. Entretanto, com a velocidade dos modernos transportes aéreos, existe a ameaça de surto de febre amarela sempre que houver a presença de *A. aegypti*. A maioria dos países insiste no controle adequado dos mosquitos em aeronaves e na vacinação de todas as pessoas pelo menos 10 dias antes de sua entrada ou saída de uma zona endêmica.

A cepa 17D do vírus da febre amarela fornece uma excelente vacina atenuada. Durante uma série de passagens de uma linhagem pantrópica do vírus da febre amarela em cultura de células, foi obtida a cepa 17D, relativamente avirulenta. Essa linhagem perdeu sua capacidade de induzir doença viscerotrópica ou neurotrópica e tem sido utilizada como vacina nos últimos 70 anos.

A linhagem virulenta Asibi do vírus da febre amarela foi sequenciada, e sua sequência foi comparada com a da linhagem vacinal 17D, da qual foi extraída (17D derivada da linhagem Asibi). Essas duas linhagens foram separadas por mais de 240 passagens. Os dois genomas RNA (10.862 nucleotídeos de extensão) diferem em 68 posições, resultando em um total de 32 aminoácidos diferentes.

A vacina é preparada em ovos e apresentada em forma de pó desidratado. Trata-se de um vírus atenuado, que deve ser mantido sob refrigeração. Uma única dose produz boa resposta humoral em mais de 95% dos indivíduos vacinados, persistindo durante pelo menos 30 anos. Após a vacinação, o vírus multiplica-se e pode ser isolado do sangue antes do desenvolvimento de anticorpos.

A vacinação é contraindicada para crianças com menos de 9 meses de vida, pessoas durante a gravidez e pessoas com alergia a ovos ou com sistema imunológico alterado (p. ex., infecção pelo vírus da imunodeficiência humana [HIV, do inglês *human immunodeficiency virus*] com baixa contagem de linfócitos T CD4, tumor, transplante de órgãos).

A vacina 17D é segura**. Mais de 400 milhões de doses da vacina contra a febre amarela já foram administradas, e reações adversas são extremamente raras. Houve cerca de duas dezenas de casos no mundo inteiro de doença neurotrópica associada à vacina (encefalite pós-vacinal), a maior parte em crianças. Em 2000, foi descrita uma síndrome grave chamada doença viscerotrópica associada à vacina contra a febre amarela. Menos de 20 casos de falência múltipla de órgãos em pessoas vacinadas foram descritos.

A vacinação é a mais eficiente medida de prevenção contra a febre amarela, uma doença potencialmente grave com alta taxa de mortalidade e para a qual não existe tratamento.

VÍRUS DA DENGUE

A dengue (**febre quebra-ossos**), uma infecção causada por um flavivírus, é transmitida por mosquitos e caracterizada por febre, cefaleia grave, mialgia, artralgia, náuseas, vômitos, dores oculares e exantema. Uma forma grave da doença, a dengue hemorrágica/síndrome do choque por dengue, acomete principalmente crianças. A dengue é endêmica em mais de 100 países.

Manifestações clínicas

A doença clínica começa 4 a 7 dias (podendo ser 3-14 dias) após a picada do mosquito infectante. O início da febre pode ser súbito, ou podem ocorrer sintomas prodrômicos de mal-estar, calafrios e cefaleia. A dor surge rapidamente, sobretudo nas costas, nas articulações, nos músculos e nos globos oculares. A febre dura 2 a 7 dias, correspondendo ao pico da carga viral. A temperatura pode ceder em torno do terceiro dia e elevar-se novamente cerca de 5 a 8 dias após seu aparecimento. Dores musculares e dor nos ossos (daí o nome 'febre "quebra-ossos"') são características. Pode-se verificar o aparecimento de exantema no terceiro ou quarto dia, que pode durar 1 a 5 dias. Com frequência, ocorre aumento dos linfonodos. A febre clássica da dengue é uma doença autolimitada. A convalescença pode levar várias semanas, porém as complicações e a morte são raras. Especialmente em crianças de pouca idade, a dengue pode ser uma doença febril leve de curta duração.

Pode ocorrer uma síndrome mais grave – **febre hemorrágica da dengue/síndrome do choque da dengue** – em indivíduos (geralmente crianças) com anticorpos heterólogos preexistentes não neutralizantes devidos a uma infecção prévia com um vírus de sorotipo diferente. Apesar de os sintomas iniciais simularem a dengue normal, o estado do paciente se agrava. A característica-chave da patologia da febre hemorrágica da dengue é a vascularidade capilar

---

*N. de T. A partir da reemergência na região Centro-Oeste, em 2014, o vírus da febre amarela avançou progressivamente pelo território brasileiro, atingindo áreas com baixas coberturas vacinais e onde a vacinação não era recomendada. Os maiores surtos da história da febre amarela silvestre (FAS) no Brasil (desde que esse ciclo de transmissão foi descrito, na década de 1930) ocorreram nos anos de monitoramento de 2016/2017 e 2017/2018, quando foram registrados cerca de 2,1 mil casos e mais de 700 óbitos pela doença. No monitoramento 2019/2020, iniciado em julho/2019, detecções do vírus entre primatas não humanos (PNH) durante os meses que antecederam o verão, sobretudo em novembro e dezembro/2019, dão indícios de que sua dispersão pelos corredores ecológicos estimados a partir dos dados de ocorrência do período anterior se concretizará durante o período sazonal (dezembro a maio). Fonte: http://www.rets.epsjv.fiocruz.br/sites/default/files/arquivos/biblioteca/boletim-epidemiologico-svs-01.pdf.

**N. de T. Até o momento, existem seis vacinas anti-YFV (do inglês *yellow fever virus*, vírus da febre amarela) licenciadas pela Organização Mundial da Saúde (OMS) e que são baseadas em passagens celulares das três subcepas do YFV-17D: YFV-17D, YFV-17D-204 e YFV-17D-213. Entre essas, a vacina YFV-17D (passagem celular 286) é desenvolvida e distribuída pelo Bio-Manguinhos (Fiocruz), no Brasil.

aumentada com fuga do plasma para os espaços intersticiais e níveis de citocinas vasoativas aumentados. Isso pode levar alguns pacientes ao choque, representando um risco à vida.

Diagnóstico laboratorial

Dispõe-se de métodos baseados na reação em cadeia da polimerase com transcriptase reversa (RT-PCR, do inglês *reverse transcriptase-PCR*) para rápida identificação e sorotipagem do vírus da dengue em soros de fase aguda, abruptamente durante o período de febre. O isolamento do vírus é difícil. A abordagem corrente mais favorável é a inoculação de uma linhagem celular do mosquito com o soro do paciente, acoplado a ensaios de ácidos nucleicos para se identificar um vírus isolado.

O diagnóstico sorológico é complicado por reações cruzadas dos anticorpos IgG com antígenos heterólogos de outros flavivírus. Vários métodos estão disponíveis. Os mais utilizados atualmente são captura específica de IgM envelope/membrana (E/M) para a proteína viral, Elisa para IgG e o teste de IH. Os anticorpos IgM desenvolvem-se em poucos dias da doença. Anticorpos neutralizantes e inibidores da hemaglutinação surgem em uma semana após o início da febre da dengue. A análise pareada de soro da fase aguda e da convalescença para mostrar uma elevação significativa nos títulos de anticorpos é a evidência mais confiável de uma infecção ativa de dengue.

Imunidade

Existem quatro sorotipos do vírus que podem ser distinguidos por ensaios moleculares e por testes de neutralização. A infecção confere proteção duradoura contra o sorotipo causador da doença, mas a proteção cruzada contra outros sorotipos é de curta duração. A reinfecção por um vírus de sorotipo diferente após o primeiro episódio pode estar mais apta a causar doença grave (febre hemorrágica da dengue).

A patogênese da síndrome grave envolve anticorpos preexistentes contra a dengue. Acredita-se que os complexos de vírus-anticorpos sejam formados poucos dias após a segunda infecção da dengue, e que os anticorpos não neutralizantes promovam a infecção de maiores números de células mononucleares, seguida de liberação de citocinas, mediadores vasoativos e procoagulantes, resultando na coagulação intravascular disseminada observada na síndrome de febre hemorrágica. Reações cruzadas da resposta imunológica celular ao vírus da dengue também podem estar envolvidas.

Epidemiologia

O vírus da dengue está distribuído mundialmente em regiões tropicais (ver Figura 38-2). As regiões tropicais e subtropicais ao redor do mundo onde existem vetores do *Aedes* são áreas endêmicas. Nos últimos 20 anos, a dengue epidêmica emergiu como um problema no continente americano. Em 1995, mais de 200.000 casos de dengue e mais de 5.500 casos de dengue hemorrágica ocorreram nas Américas Central e do Sul. Os padrões variáveis da doença provavelmente estão relacionados com o crescimento da população urbana, com a superpopulação e com a ineficiência nos esforços de controle do mosquito.

Em 2008, a dengue foi a mais importante doença causada por arbovírus em seres humanos. Estima-se que ocorram 50 milhões ou mais de casos de dengue anualmente no mundo inteiro, com 400.000 casos de febre hemorrágica da dengue. Esta última é a principal causa de mortalidade infantil em diversos países asiáticos.

O risco de síndrome da febre hemorrágica da dengue é de cerca de 0,2% durante a primeira infecção por dengue, mas é pelo menos 10 vezes maior durante uma infecção por um segundo sorotipo de vírus da dengue. A taxa de fatalidade para febre hemorrágica da dengue pode alcançar 15%, mas pode ser reduzida a menos de 1% com o tratamento correto.

A razão entre infecções visíveis e invisíveis varia, mas pode ser de 15:1 para infecções primárias; a razão é mais baixa para infecções secundárias.

Em comunidades urbanas, as epidemias de dengue são explosivas e envolvem parcelas consideráveis da população. Iniciam-se geralmente durante a estação chuvosa, quando o mosquito vetor *A. aegypti* é abundante (ver Figura 38-8). O mosquito acasala-se em climas tropicais ou subtropicais em recipientes de água ou em plantas próximo a habitações humanas.

O *A. aegypti* é o mosquito vetor primário da dengue no Hemisfério Ocidental. A fêmea contrai o vírus ao picar um indivíduo virêmico. Depois de um período de 8 a 14 dias, os mosquitos tornam-se infectantes e provavelmente permanecem assim durante toda a vida (1-3 meses). Nos trópicos, a reprodução do mosquito durante todo o ano mantém a doença.

A Segunda Guerra Mundial foi responsável pela propagação da dengue do Sudeste Asiático para a região do Pacífico. Durante anos, somente o vírus da dengue tipo 2 esteve presente nas Américas. Então, em 1977, o vírus da dengue tipo 1 foi isolado pela primeira vez no Hemisfério Ocidental. Em 1981, o vírus da dengue tipo 4 foi identificado pela primeira vez no Hemisfério Ocidental, seguido, em 1994, pelo vírus da dengue do tipo 3*. Na atualidade, o vírus está disseminado por toda as Américas Central e do Sul, e a febre hemorrágica da dengue é endêmica em muitos países.

A dengue endêmica no Caribe e no México constitui uma ameaça constante para os Estados Unidos, onde os mosquitos *A. aegypti* prevalecem durante os meses de verão. Concomitantemente à atividade epidêmica aumentada da dengue nos trópicos, constatou-se um aumento no número de casos importados para os Estados Unidos. Em 2010, a dengue foi a principal causa de doença febril em viajantes retornando do Caribe, da América Latina e da Ásia. O primeiro caso de febre hemorrágica da dengue adquirido nos Estados Unidos ocorreu no sul do Texas, em 2005. Já no período entre 2009 e 2010, 28 casos locais de dengue foram reportados em Key West, Flórida.

Em 1985, foi descoberto no Texas o *Aedes albopictus*, um mosquito de origem asiática; em 1989, ele havia se propagado por todo o Sudeste dos Estados Unidos, onde prevalece o *A. aegypti*, o principal vetor do vírus da dengue. Ao contrário do *A. aegypti*, que não

---

*N. de T. No Brasil, após a reintrodução, em 1976, do vetor no país, a primeira epidemia por dengue é datada em 1981 na cidade de Boa Vista, Roraima, sendo também a primeira epidemia descrita no Brasil com a presença de dois sorotipos: o sorotipo 1 (DENV-1) e o DENV-4. Nos anos de 1986-1987, o DENV-1 foi introduzido no Rio de Janeiro, afetando mais de 1 milhão de indivíduos, e, em seguida, causando epidemias no Ceará (1986), em Alagoas (1986) e no estado de Pernambuco em 1987. O DENV-2 foi identificado pela primeira vez em 1990 no Rio de Janeiro, disseminando-se posteriormente para as demais regiões do país. O DENV-3 foi identificado pela primeira vez no Brasil em 2000, também no estado do Rio de Janeiro, causando, em 2002, um dos maiores surtos já relatados no país, com uma taxa de incidência de 472 casos por 100.000 habitantes e 91 óbitos. Em agosto de 2020, o Brasil já tinha registrado mais de 600 mil casos prováveis de dengue e 181 óbitos. Fonte: https://www.saude.gov.br/images/pdf/2020/August/06/Boletim-epidemiologico-SVS-31.pdf.

pode hibernar nos estados do Norte, o *A. albopictus* pode hibernar além da região norte, aumentando o risco de dengue epidêmica nos Estados Unidos.

Tratamento e controle

Não existe farmacoterapia antiviral. A febre hemorrágica da dengue pode ser tratada por terapia de reposição de líquidos. Não existem vacinas disponíveis*, mas alguns protótipos vacinais estão em desenvolvimento. O desenvolvimento de uma vacina é difícil**, pois esta deve fornecer proteção contra todos os quatro sorotipos do vírus. Anticorpos terapêuticos capazes de neutralizar múltiplos genótipos da dengue também estão em fase de desenvolvimento.

O controle depende de medidas de extermínio dos mosquitos, como, por exemplo, eliminação dos locais de reprodução e uso de inseticidas. A utilização de telas nas janelas e portas pode reduzir a exposição aos mosquitos.

ENCEFALITE POR BUNIAVÍRUS

A família Bunyaviridae contém mais de 300 vírus, transmitidos principalmente por artrópodes. Consistem em partículas esféricas que medem 80 a 120 nm, e contêm genoma RNA de fita simples, de sentido negativo ou de duplo sentido, com três segmentos e 11 a 19 kb de tamanho. O envelope é formado por duas glicoproteínas. Diversos membros causam encefalites transmitidas por mosquito para seres humanos e animais; outros causam febres hemorrágicas. A transmissão transovariana ocorre em alguns mosquitos. Alguns são transmitidos pelo mosquito-pólvora. A SPH é causada por um vírus transmitido por roedores. Os buniavírus são sensíveis à inativação por calor, detergentes, formaldeído e pH baixo, sendo que alguns causam hemaglutinação (ver Figura 38-1).

O complexo de vírus da encefalite da Califórnia compreende 14 vírus relacionados antigenicamente no gênero *Orthobunyavirus*. Estes incluem o vírus La Crosse, um patógeno humano significativo nos Estados Unidos (ver Tabela 38-2). O vírus La Crosse é uma importante causa de encefalite e meningite asséptica em crianças, particularmente no alto Meio-Oeste dos Estados Unidos. A maioria dos casos ocorre entre julho e setembro em crianças de até 16 anos de idade. Cerca de 80 a 100 dos casos de encefalite La Crosse são relatados por ano.

Esses vírus são transmitidos por vários mosquitos de florestas, principalmente o *Aedes triseriatus*. Os principais hospedeiros vertebrados são pequenos mamíferos, como esquilos, marmotas e coelhos. A infecção no homem é tangencial. Pode ocorrer hibernação dos ovos do mosquito vetor. O vírus é transmitido por via transovariana, e os mosquitos adultos que se desenvolvem dos ovos infectados podem transmitir o vírus pela picada.

N. de T. Em 2015, foi licenciada a primeira vacina contra dengue, a CYD--TVD (ChimeriVax-Dengue, Dengvaxia). Essa vacina foi aprovada em 19 países, apesar de ainda não fazer parte do programa nacional de vacinação de nenhum deles (OMS, 2017). Essa vacina apresentou uma imunogenicidade de 81,9% contra DENV-3, 90% contra DENV-4, 61,2% contra DENV-1 e uma ausência de eficácia vacinal estatisticamente significativa contra DENV-2 (59%) em ensaios de fase clínica III realizados na Ásia.

**N. de T. Além disso, há a possibilidade de que anticorpos resultantes de uma infecção prévia potencializem a infecção por um novo sorotipo, ocorrendo o chamado aumento de infecção dependente de anticorpo (ADE, do inglês *antibody dependent enhancement*).

O início da encefalite viral da Califórnia é abrupto, tipicamente com uma cefaleia grave, febre e, em alguns casos, vômitos e convulsões. Cerca de 50% dos pacientes desenvolvem convulsões, e a taxa de casos fatais é de cerca de 1%. Com menor frequência, ocorre apenas meningite asséptica. A doença dura 10 a 14 dias, embora a convalescença possa se prolongar. São raras as sequelas neurológicas. Existem muitas infecções para cada caso de encefalite. A confirmação sorológica por teste de IH, Elisa ou testes de neutralização é feita em amostras de pacientes em fase aguda e convalescentes.

DOENÇA VIRAL FEBRIL TRANSMITIDA PELO MOSQUITO-PÓLVORA

A febre do mosquito-pólvora é uma doença leve transmitida por insetos, comum em países da bacia do mar Mediterrâneo, bem como na Rússia, no Irã, no Paquistão, na Índia, no Panamá, no Brasil e em Trinidade. A febre do mosquito-pólvora (também denominada febre por flebótomo) é causada por um buniavírus do gênero *Phlebovirus* (ver Tabela 38-1).

A doença é transmitida pela fêmea do mosquito-pólvora (*Phlebotomus papatasi*), que mede apenas alguns milímetros. Nos trópicos, o mosquito-pólvora prevalece durante o ano todo. Nos climas mais frios, só ocorre durante as estações quentes. Ocorre transmissão transovariana.

Nas áreas endêmicas, a infecção é comum na infância. Quando adultos não imunizados (p. ex., tropas militares) chegam a essas regiões, podem ocorrer grandes surtos entre os recém-chegados, e em certas ocasiões a doença é confundida com a malária.

Nos seres humanos, a picada do flebótomo resulta em pequenas pápulas pruriginosas na pele que persistem por até 5 dias. A doença começa de modo abrupto depois de um período de incubação de 3 a 6 dias. O vírus é encontrado no sangue próximo à época de aparecimento dos sintomas. As manifestações clínicas consistem em cefaleia, mal-estar, náuseas, febre, fotofobia, rigidez de nuca e das costas, dor abdominal e leucopenia. Todos os pacientes se recuperam. Não existe tratamento específico.

Os flebótomos são mais comuns logo acima do solo. Em virtude de seu pequeno tamanho, podem passar pelas telas comuns e por mosquiteiros. O inseto alimenta-se principalmente à noite. A prevenção da doença em áreas endêmicas depende do uso de repelentes durante a noite e de inseticidas residuais em volta das habitações.

VÍRUS DA FEBRE DO VALE DO RIFT

O agente dessa doença, um buniavírus do gênero *Phlebovirus*, é um vírus zoonótico transmitido por mosquito, primariamente patogênico para animais domésticos. Os seres humanos são infectados secundariamente durante surtos epizoóticos em animais domésticos. A contaminação pode ocorrer entre trabalhadores de laboratório.

As epizoonoses ocorrem periodicamente após chuvas intensas que tornam possível o contato entre o vetor primário e o reservatório (mosquitos do gênero *Aedes*). A viremia em animais leva à infecção de outros vetores com transmissão colateral para humanos. A transmissão para humanos ocorre principalmente por contato com sangue e fluidos corporais do animal infectado e por picadas do mosquito.

Nos seres humanos, a doença em geral consiste em febre leve de curta duração. A recuperação é quase sempre completa.

As complicações incluem retinite, encefalite e febre hemorrágica. Pode haver perda permanente da visão (1-10% dos casos com retinite). Cerca de 1% dos pacientes infectados morre.

A febre do Vale do Rift ocorre na maior parte dos países da África Subsaariana. Em 1977, propagou-se para o Egito, onde provocou enormes perdas de ovinos e bovinos, com registro de milhares de casos humanos e 600 mortes. Ocorreram grandes surtos na África Ocidental em 1987 e na África Oriental em 1997. Os primeiros casos documentados da febre do Vale do Rift fora da África ocorreram em 2000 no Iêmen e na Arábia Saudita.

VÍRUS DA SÍNDROME DE FEBRE GRAVE COM TROMBOCITOPENIA

Esse vírus foi descoberto em 2010 como a causa de síndrome de febre severa com trombocitopenia no nordeste e no centro da China. A doença se manifesta por febre, trombocitopenia, leucopenia e enzimas hepáticas elevadas. Acredita-se que esse vírus seja transmitido por carrapatos, mas possa passar de pessoa para pessoa. Os seres humanos raramente são soropositivos; contudo, os animais domesticados costumam ser soropositivos, incluindo ovelhas, gado, porcos, cães, galinhas e até 80% das cabras. A infecção tem uma taxa de letalidade de 12%. O diagnóstico é baseado em sorologia ou PCR, usando regiões altamente conservadas dos três segmentos L, M e S do genoma viral.

VÍRUS HEARTLAND

Um novo *Phlebovirus* da família Bunyaviridae foi descoberto no Missouri em 2012 e denominado vírus Heartland. Oito casos humanos foram identificados no Missouri e no Tennessee, com um caso fatal. Os pacientes apresentaram febre, fadiga, anorexia, náusea ou diarreia e tiveram leucopenia, trombocitopenia e elevação das enzimas hepáticas. Acredita-se que os carrapatos-estrela solitária (*Lone Star ticks*) transmitam o vírus. Outro vírus do gênero *Phlebovirus* (vírus Lone Star), semelhante ao vírus Heartland, foi isolado de carrapatos-estrela solitária e pode infectar linhas de células humanas, mas nenhum caso em humanos foi relatado.

VÍRUS DA FEBRE DO CARRAPATO DO COLORADO

O vírus da febre do carrapato do Colorado é membro da família Reoviridae (ver Capítulo 37), sendo classificado no gênero *Coltivirus*. Outros membros da família Reoviridae incluem os vírus da doença equina africana e da língua azul dentro do gênero *Orbivirus*. Os rotavírus e ortorreovírus não têm vetores artrópodes.

A febre do carrapato do Colorado, também denominada febre das montanhas ou febre pelo carrapato, é uma doença febril leve, sem exantema, transmitida por um carrapato (ver Tabela 38-1). O vírus parece ser antigenicamente distinto de outros vírus conhecidos, e apenas um tipo antigênico é reconhecido.

A febre do carrapato do Colorado é uma doença febril branda, sem exantemas. O período de incubação é de 4 a 6 dias. A doença apresenta início súbito, com sensação de febre e mialgia. Os sintomas consistem em cefaleia, dores musculares e nas articulações, letargia, náuseas e vômitos. Em geral, a temperatura exibe uma curva difásica. Depois do primeiro episódio de 2 dias, o paciente pode sentir-se bem; entretanto, os sintomas reaparecem e persistem por mais 3 a 4 dias. A doença nos seres humanos é autolimitada (ver Tabela 38-2).

O vírus pode ser isolado do sangue total por inoculação de culturas de células. A viremia pode persistir por 4 semanas ou mais. Os testes de RT-PCR podem detectar o RNA viral em eritrócitos e no plasma. Na segunda semana de doença, aparecem anticorpos neutralizantes específicos, que podem ser detectados por testes de redução em placa. Outros testes sorológicos incluem o Elisa e testes com anticorpos fluorescentes. Acredita-se que uma única infecção seja capaz de produzir imunidade permanente.

A cada ano, surgem centenas de casos relatados de febre do carrapato do Colorado, mas acredita-se que eles representem apenas uma fração do total de casos. A febre do carrapato do Colorado limita-se às áreas de distribuição do carrapato da madeira (*Dermacentor andersoni*), principalmente nas regiões mais altas do oeste dos Estados Unidos e sudoeste do Canadá. Os pacientes relatam ter permanecido em uma área infestada por carrapatos antes do aparecimento dos sintomas. Os casos ocorrem principalmente em adultos do sexo masculino, que constitui o grupo de maior exposição aos carrapatos. O *D. andersoni* coletado na natureza pode transportar o vírus. Esse carrapato é um verdadeiro reservatório, e o vírus é transmitido por via transovariana pela fêmea adulta. Ocorre infecção natural em roedores, que funcionam como hospedeiros para os estágios imaturos do carrapato.

Não existe uma terapia específica. Pode-se prevenir a doença ao evitarem-se áreas infestadas por carrapatos e utilizando-se roupas protetoras ou repelentes químicos.

FEBRES HEMORRÁGICAS TRANSMITIDAS POR ROEDORES

As febres hemorrágicas zoonóticas transmitidas por roedores incluem as febres da Ásia (vírus Hantaan e de Seoul), da América do Sul (vírus Junin e Machupo) e da África (vírus de Lassa). Os hantavírus também causam a SPH nas Américas (p. ex., vírus Sin Nombre). Embora os reservatórios naturais dos vírus Marburg e ebola (febre hemorrágica africana) sejam desconhecidos, suspeita-se de que sejam mantidos por roedores ou morcegos. Os agentes causais são classificados como buniavírus, arenavírus e filovírus (ver Tabela 38-1).

DOENÇAS CAUSADAS POR BUNIAVÍRUS

Os hantavírus são classificados no gênero *Hantavirus* da família Bunyaviridae. Esses vírus são encontrados no mundo inteiro e provocam duas doenças humanas graves e frequentemente fatais: a febre hemorrágica com síndrome renal (FHSR) e a SPH. Estima-se que, no mundo inteiro, ocorram anualmente 100.000 a 200.000 casos de infecção por hantavírus. Existem vários hantavírus distintos, cada qual associado a um hospedeiro roedor específico. As infecções nos roedores são permanentes e não causam efeitos deletérios. A transmissão entre roedores parece ocorrer de forma horizontal, e a transmissão para seres humanos se dá por inalação de aerossóis de excrementos de roedores (urina, fezes, saliva). A presença de doenças associadas a hantavírus é determinada pela distribuição geográfica dos reservatórios de roedores.

Febre hemorrágica com síndrome renal

A FHSR é uma infecção viral aguda que provoca nefrite intersticial, podendo resultar em insuficiência renal aguda e falência renal nas formas graves da doença. Os vírus Hantaan e Dobrava causam doença grave que ocorre na Ásia, particularmente na China, Rússia e Coreia, e na Europa, principalmente nos Balcãs. Podem ocorrer hemorragia generalizada e choque, com taxa de mortalidade de 5 a 15%. Uma forma moderada de FHSR causada pelo vírus Seoul ocorre na Eurásia. Em uma forma clínica mais leve, chamada nefropatia epidêmica, que é causada pelo vírus Puumala e prevalece na Escandinávia, a nefrite geralmente sofre resolução sem qualquer complicação hemorrágica, e os casos fatais são raros (< 1%).

Sabe-se que os ratos urbanos são persistentemente infectados por hantavírus. Acredita-se que ratos em navios de frotas comerciais possam ter disseminado o hantavírus pelo mundo. Estudos sorológicos indicaram que os ratos marrons noruegueses nos Estados Unidos também são infectados com o vírus de Seoul. Foi observado que os ratos de laboratório infectados constituem uma fonte de surtos do vírus Hantaan em institutos científicos na Europa e na Ásia. Contudo, essas infecções não foram detectadas em ratos de laboratório criados nos Estados Unidos. Ocorreram infecções por hantavírus em indivíduos cujas ocupações exigem contato com ratos (p. ex., estivadores).

A FHSR é tratada por terapia de suporte. A prevenção depende do controle dos roedores e proteção contra exposição a material contaminado por esses animais.

Síndrome pulmonar por hantavírus

Em 1993, um surto de doença respiratória grave ocorreu nos Estados Unidos, atualmente denominada síndrome pulmonar por hantavírus (SPH). Descobriu-se que esse surto foi causado por um novo hantavírus (vírus Sin Nombre). Esse agente foi o primeiro hantavírus reconhecido como causador de doença na América do Norte e o primeiro a induzir primariamente uma síndrome de angústia respiratória do adulto. Desde então, foram detectados inúmeros hantavírus em roedores nas Américas do Norte, Central e do Sul (ver Tabela 38-2; Figura 38-9).

O camundongo-veado (*Peromyscus maniculatus*) é o principal roedor reservatório do vírus Sin Nombre. Esse camundongo está disseminado, e cerca de 10% dos animais testados mostraram evidências de infecção pelo vírus Sin Nombre. Outros hantavírus conhecidos causadores da SPH nos Estados Unidos incluem o vírus de Nova York, vírus do canal Black Creek e vírus Bayou, cada qual com diferentes hospedeiros roedores. A SPH é mais comum na América do Sul do que nos Estados Unidos. O vírus dos Andes é um hantavírus encontrado na Argentina e no Chile. O vírus Choclo foi identificado no Panamá.

As infecções por hantavírus não são comuns, e as infecções subclínicas parecem incomuns, particularmente pelo vírus Sin Nombre. A SPH geralmente é grave, com taxas de mortalidade relatadas de 30% ou mais. Essa taxa de casos-fatalidades é substancialmente mais alta do que as outras infecções causadas por hantavírus. A doença inicia-se com febre, cefaleia e mialgia, seguidas rapidamente de edema pulmonar progressivo, causando, com frequência,

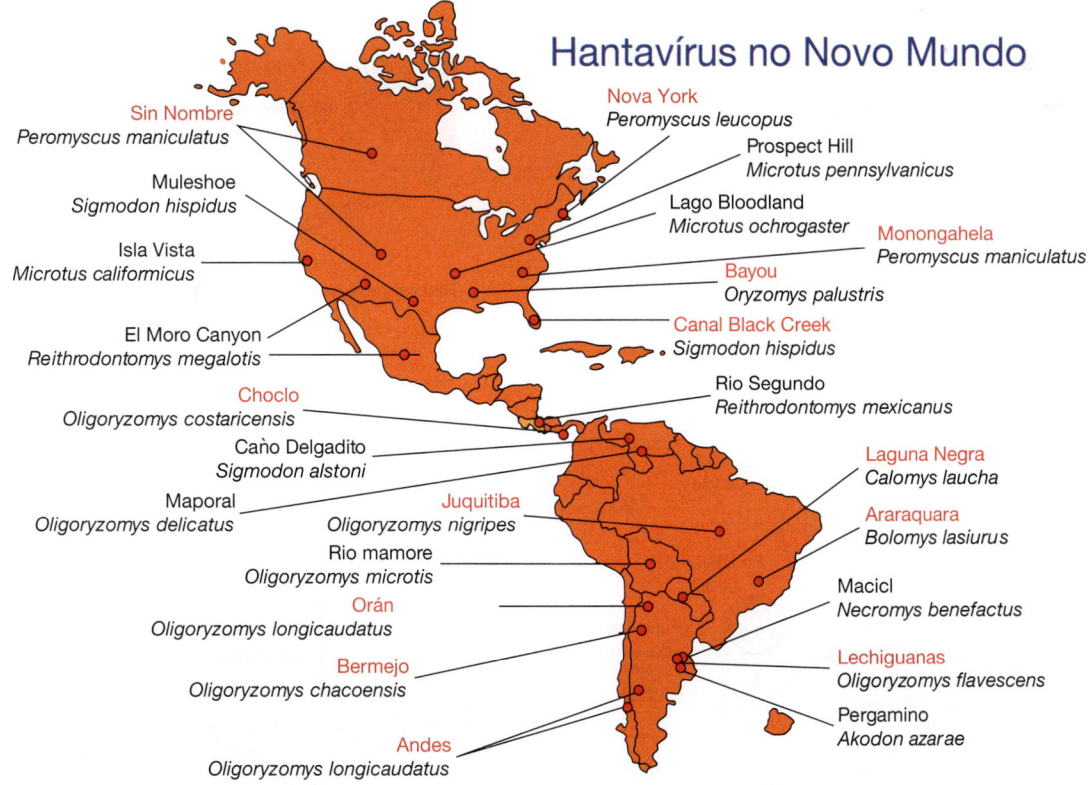

FIGURA 38-9 Distribuição geográfica dos hantavírus no Novo Mundo em relação aos seus vetores roedores (*em itálico*). Os hantavírus reconhecidos como patogênicos estão em *vermelho*. (Reproduzida, com autorização, de MacNeil A, Nichol ST, Spiropoulou CF: Hantavírus pulmonary syndrome. *Virus Res* 2011;162:138. Copyright Elsevier.)

comprometimento respiratório grave. Os pacientes não apresentam sinais de hemorragia. Os antígenos de hantavírus são detectados em células endoteliais e macrófagos nos pulmões, no coração, no baço e nos linfonodos. A patogênese da SPH envolve imparidade funcional do endotélio vascular. A transmissão de hantavírus entre pessoas raramente ocorre, embora tenha sido observada durante surtos de SPH causados pelo vírus dos Andes.

O diagnóstico laboratorial depende da detecção do ácido nucleico viral por RT-PCR, detecção de antígenos virais em tecidos fixados por imuno-histoquímica, ou detecção de anticorpos específicos pelo emprego de proteínas recombinantes. Um teste de Elisa para detecção de anticorpos IgM pode ser usado para o diagnóstico de infecções agudas. Um aumento de 4 vezes nos títulos de anticorpos IgG entre o soro da fase aguda e o da fase de convalescença é diagnóstico. Os anticorpos IgG são de longa duração. O isolamento de hantavírus é difícil e requer o uso de equipamentos de contenção.

O tratamento atual para a SPH consiste em manutenção de oxigenação adequada e suporte hemodinâmico. A ribavirina traz algum benefício como tratamento da SPH. Medidas preventivas estão baseadas no controle de roedores e em evitar o contato com estes e com seus fluidos e secreções. Deve-se tomar cuidado com a inalação de excrementos secos em aerossol quando se faz a limpeza de estruturas infestadas por roedores.

DOENÇAS CAUSADAS POR ARENAVÍRUS

Os arenavírus caracterizam-se por partículas pleomórficas que contêm um genoma de RNA segmentado, circundado por um envelope com grandes peplômeros claviformes, e medem 50 a 300 nm de diâmetro (média de 110-130 nm) (ver Figura 38-1). O genoma dos arenavírus consiste em duas moléculas de RNA de filamento simples, com organização genética dc duplo scntido incomum.

Com base nos dados da sequência genômica, os arenavírus estão divididos em vírus do Velho Mundo (p. ex., vírus de Lassa) e vírus do Novo Mundo. Estes estão subdivididos em três grupos, com o Grupo A incluindo o vírus Pichinde e o Grupo B contendo os vírus patogênicos humanos, como o vírus Machupo. Alguns isolados, tais como o vírus Whitewater Arroyo, parecem recombinantes entre as linhagens A e B do Novo Mundo.

Os arenavírus causam infecções crônicas em roedores. Cada vírus está associado, em geral, a uma única espécie de roedor. A distribuição geográfica de um dado arenavírus é determinada em parte pela faixa de seu roedor hospedeiro. O homem é infectado quando entra em contato com os excrementos desses roedores. Alguns vírus causam febre hemorrágica grave. Diversos arenavírus são conhecidos por infectar fetos e podem causar morte fetal em humanos.

Vários arenavírus causam doença humana, inclusive os vírus de Lassa, Junin, Machupo, Guanarito, Sabiá, Whitewater Arroyo e o vírus da coriomeningite linfocitária (CML) (ver Tabela 38-1). Como esses arenavírus são infecciosos por meio de aerossóis, é preciso ter muita cautela no processamento de amostras de roedores e seres humanos. São necessárias condições de alta segurança no laboratório. A transmissão de arenavírus no hospedeiro natural (roedor) pode ocorrer pelas rotas horizontal e vertical. Leite, saliva e urina podem estar envolvidos na transmissão. Acredita-se que os vetores artrópodes não estejam envolvidos.

Um ciclo de replicação generalizada é mostrado na Figura 38-10. Os ribossomos hospedeiros são encapsidados durante a

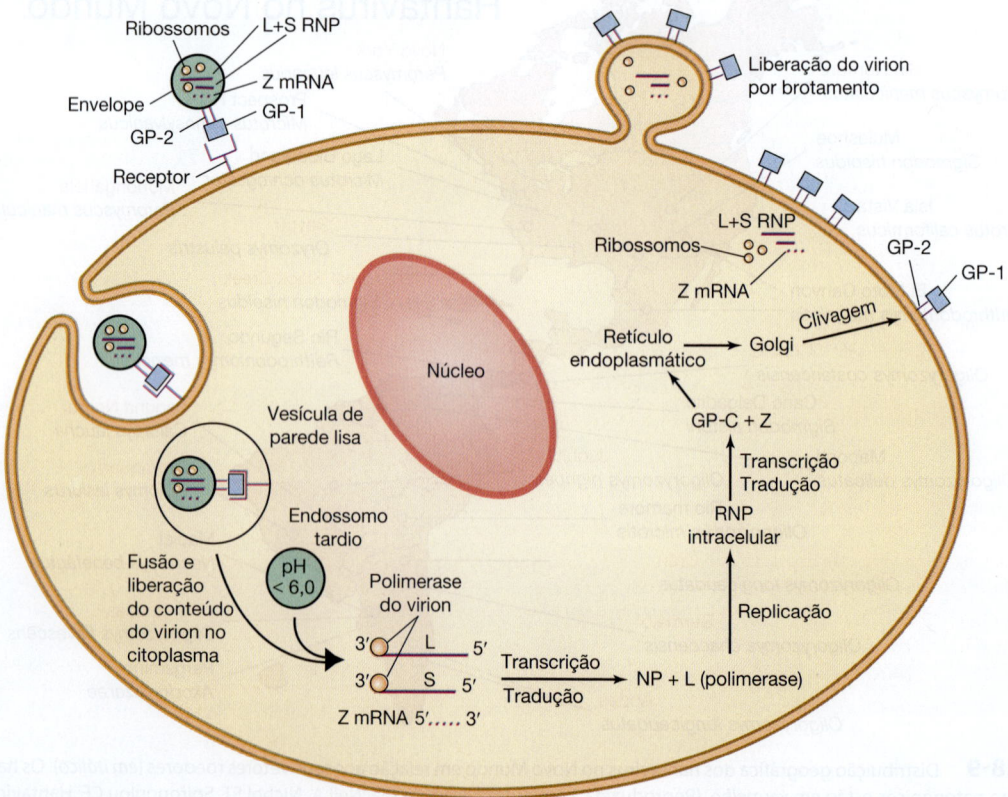

FIGURA 38-10 Ciclo de vida dos arenavírus. (Cortesia de PJ Southern.)

morfogênese das partículas virais. Os arenavírus não causam efeito citopático quando se replicam em cultura de células.

Vírus da febre de Lassa e vírus da febre hemorrágica de Lujo

Os primeiros casos reconhecidos de febre de Lassa ocorreram em 1969 entre americanos acampados na aldeia nigeriana de Lassa. O vírus de Lassa é altamente virulento: a taxa de mortalidade é de cerca de 15% para pacientes hospitalizados com febre de Lassa. No total, cerca de 1% das infecções por vírus de Lassa é fatal. Na África Ocidental, estima-se que os casos anuais possam alcançar centenas a milhares de infecções e 5.000 mortes. O vírus de Lassa é ativo em todos os países da África Ocidental situados entre o Senegal e a República do Congo. Os casos esporádicos identificados fora da área endêmica geralmente são importados, frequentemente de pessoas que retornam da África Ocidental.

O período de incubação para a febre de Lassa é de 1 a 3 semanas a partir do momento da exposição. A doença pode afetar muitos sistemas orgânicos, embora os sintomas possam variar em cada paciente. O início é gradual, com febre, vômitos, dor no peito e nas costas. A doença caracteriza-se por febre muito alta, úlceras na boca, dores musculares intensas, exantema cutâneo com hemorragias, pneumonia e lesões cardíacas e renais. A surdez é uma complicação comum, afetando cerca de 25% dos casos durante a recuperação; a perda auditiva é, com frequência, permanente.

As infecções pelo vírus de Lassa causam morte fetal em mais de 75% das mulheres grávidas. Durante o terceiro trimestre, a mortalidade materna aumenta (30%), e a mortalidade fetal é muito elevada (> 90%). Ocorrem também casos febris benignos.

O diagnóstico em geral envolve a detecção de anticorpos IgG e IgM por Elisa. A imuno-histoquímica pode ser usada para detecção de antígenos virais em necropsias. As sequências virais podem ser detectadas por meio de testes de RT-PCR em laboratórios de pesquisa.

Um rato doméstico (*Mastomys natalensis*) constitui o principal roedor reservatório do vírus de Lassa. As medidas de controle dos roedores constituem uma maneira de minimizar a propagação do vírus, mas frequentemente elas são impraticáveis em áreas endêmicas. O vírus pode ser transmitido por contato entre seres humanos. Quando o vírus se propaga dentro de um hospital, o contato humano constitui o modo de transmissão. Métodos meticulosos de enfermagem de barreira e precauções universais para evitar qualquer contato com sangue e líquidos orgânicos contaminados pelo vírus podem evitar a transmissão para os profissionais de saúde.

O antiviral ribavirina constitui o fármaco de escolha para a febre de Lassa e é mais eficaz quando administrado no início do processo patológico. Não existe vacina, embora uma vacina recombinante que expressa o gene da glicoproteína do vírus de Lassa seja capaz de induzir imunidade protetora em cobaias e em macacos.

O vírus Lujo foi identificado em 2008 como causa da febre hemorrágica na África do Sul. A fonte da infecção é desconhecida; foi transmitido de um paciente para três profissionais de saúde. Um quarto profissional de saúde, que foi subsequentemente infectado e tratado com ribavirina, foi o único que sobreviveu (taxa de mortalidade de 80%). Os roedores são considerados o hospedeiro primário, semelhante a outros arenavírus.

Febres hemorrágicas da América do Sul

Com base em estudos sorológicos e filogenéticos de RNA viral, todos os arenavírus da América do Sul são considerados membros do complexo Tacaribe. A maioria apresenta reservatórios roedores da subfamília Cricetinae. Os vírus tendem a prevalecer em determinada região e são limitados em sua distribuição. Foram descobertos inúmeros vírus, e os patógenos humanos graves incluem os vírus Junin, Machupo, Guanarito e Sabiá, estreitamente relacionados. O sangramento é mais comum na febre hemorrágica argentina (Junin) e em outras da América do Sul do que na febre de Lassa.

A **febre hemorrágica de Junin** (febre hemorrágica argentina) representa um importante problema de saúde pública em determinadas regiões agrícolas da Argentina. Foram notificados mais de 18.000 casos entre os anos 1958 e 1980, com taxa de mortalidade de 10 a 15% nos pacientes não tratados. Muitos casos continuam ocorrendo a cada ano. A doença exibe uma acentuada variação sazonal, e a infecção ocorre quase exclusivamente entre pessoas que trabalham em plantações de milho e de trigo, que são expostas ao roedor reservatório *Calomys musculinus*.

O vírus Junin provoca imunodepressão tanto humoral quanto celular; as mortes causadas pela febre hemorrágica de Junin podem estar relacionadas com uma incapacidade do hospedeiro de iniciar uma resposta imunológica celular. A administração de plasma humano da fase convalescente a pacientes durante a primeira semana da doença reduziu a taxa de mortalidade de 15 a 30% para 1%. Alguns desses pacientes desenvolvem uma síndrome neurológica autolimitada depois de 3 a 6 semanas. Uma vacina atenuada eficaz é usada para vacinar indivíduos de alto risco na América do Sul.

O primeiro surto de **febre hemorrágica de Machupo** (febre hemorrágica boliviana) foi identificado na Bolívia em 1962. Estima-se que 2.000 a 3.000 pessoas tenham sido acometidas pela doença, com taxa de mortalidade de 20%. Na Bolívia, foi implementado um programa de controle eficaz contra roedores, dirigido contra o *Calomys callosus*, o hospedeiro do vírus Machupo, o que reduziu acentuadamente o número de casos de febre hemorrágica pelo vírus Machupo.

O **vírus Guanarito** (o agente da **febre hemorrágica venezuelana**) foi identificado em 1990; a doença causada por ele apresenta uma taxa de mortalidade de cerca de 33%. Seu aparecimento foi associado ao desmatamento para construção de pequenas fazendas. O **vírus Sabiá*** foi isolado em 1990 de um caso fatal de febre hemorrágica no Brasil. Tanto o vírus Guanarito quanto o vírus Sabiá causam uma doença clínica que se assemelha à febre hemorrágica argentina e que provavelmente apresenta uma taxa de mortalidade semelhante.

Vírus da coriomeningite linfocítica

O vírus da coriomeningite linfocítica (CML) foi descoberto em 1933 e encontra-se disseminado na Europa e nos Estados Unidos. Seu vetor natural é o camundongo doméstico selvagem, *Mus musculus*. É endêmico em camundongos, mas pode também infectar outros roedores. Cerca de 5% dos camundongos nos Estados Unidos são portadores do vírus. Pode infectar cronicamente colônias

---

*N. de T. Na literatura, há pouquíssimos casos humanos de febre hemorrágica brasileira provocados pelo vírus Sabiá (gênero *Mammarenavirus*). Em janeiro de 2020, a Secretaria de Vigilância em Saúde (SVS) do Ministério da Saúde foi comunicada pela Secretaria de Saúde do Estado de São Paulo (SES/PSP) sobre um caso fatal confirmado de febre hemorrágica brasileira. A vítima foi um adulto, morador de Sorocaba (SP). O último caso fatal de infecção pelo vírus Sabiá havia sido descrito em 1999 em Espírito Santo do Pinhal (SP).

de camundongos ou *hamsters* e roedores criados como animais domésticos.

O vírus da CML é ocasionalmente transmitido aos seres humanos, presumivelmente via excrementos de camundongos. Não existem evidências de transmissão horizontal entre pessoas. A CML nos seres humanos é uma doença aguda que se manifesta por meningite asséptica ou doença sistêmica leve semelhante à influenza. Raramente se verifica a ocorrência de encefalomielite grave ou doença sistêmica fatal em pessoas saudáveis (a mortalidade é de menos de 1%). Muitas infecções são subclínicas. O período de incubação é de 1 a 2 semanas, e a doença dura 1 a 3 semanas.

As infecções pelo vírus da CML podem ser sérias em pessoas com o sistema imunológico em desequilíbrio. Em 2005, quatro receptores de transplante de órgãos sólidos nos Estados Unidos infectaram-se a partir de um doador comum de órgãos. Três dos quatro pacientes que receberam transplante morreram 23 a 27 dias após o transplante. Foi determinado que a fonte do vírus era um hamster doméstico adquirido pouco tempo antes pelo doador. O vírus da CML também pode ser transmitido verticalmente da mãe para o feto, e a infecção do feto no início da gravidez pode levar a defeitos sérios, tais como hidrocefalia, cegueira e morte fetal.

As infecções em geral são diagnosticadas de modo retrospectivo por sorologia por Elisa para anticorpos IgM e IgG. Outros testes diagnósticos incluem imuno-histoquímica na coloração de tecidos para antígenos virais, RT-PCR para detecção de ácidos nucleicos virais e cultura de células Vero. Estudos sorológicos em áreas urbanas têm mostrado que as taxas de infecções em humanos variam de 2 a 5%.

Estudos experimentais mostraram que, nos camundongos infectados por CML, a resposta imunológica pode ser protetora ou deletéria. É necessária a presença de células T para controlar a infecção, embora essas células também possam induzir doença imunologicamente mediada. O resultado depende da idade, do estado imunológico e da constituição genética do camundongo e da via de inoculação do vírus. Camundongos adultos infectados podem desenvolver uma doença rapidamente fatal devido à resposta inflamatória mediada por células T no cérebro. Os camundongos com infecção congênita ou neonatal não apresentam doença aguda, mas desenvolvem infecção persistente durante toda a vida. São incapazes de eliminar a infecção, visto que foram infectados antes da maturação do sistema imunológico celular. Esses camundongos podem apresentar uma acentuada resposta humoral, que pode levar ao aparecimento de complexos circulantes de antígenos-anticorpos virais e de doença por imunocomplexos.

DOENÇAS CAUSADAS POR FILOVÍRUS

Classificação e propriedades dos filovírus

Os filovírus são partículas pleomórficas que aparecem como longos filamentos ou formas peculiares de 80 nm de diâmetro (ver Figura 38-1). O tamanho das partículas é de 665 nm (Marburg) a 805 nm (ebola). Os dois filovírus conhecidos (vírus Marburg e ebola) são antigenicamente distintos e classificados em gêneros distintos (ver Tabela 38-1). Os quatro subtipos de vírus ebola (Zaire, Sudão, Reston, Costa do Marfim) diferem entre si em até 40% quanto a nucleotídeos, mas têm alguns epítopos em comum. Os subtipos parecem ser estáveis ao longo do tempo.

O grande genoma dos filovírus consiste em RNA de fita simples, não segmentado e de sentido negativo, com 19 kb de tamanho,

contendo sete genes (ver Figura 38-11). Uma estratégia de codificação inusitada observada no vírus ebola consiste na codificação da glicoproteína do envelope em duas estruturas de leitura, exigindo edição da transcrição ou expressão de deslocamento de tradução. A glicoproteína forma espículas na superfície viral em forma de trímeros de 10 nm de comprimento. Os virions são liberados por brotamento a partir da membrana plasmática.

Os filovírus são altamente virulentos e exigem medidas máximas de segurança (nível de biossegurança 4) para trabalho em laboratório. A infecciosidade dos filovírus é destruída por aquecimento durante 30 minutos a 60 °C, irradiação ultravioleta ou gama, solventes lipídicos, alvejantes e desinfetantes fenólicos. Os hospedeiros e vetores naturais são provavelmente morcegos frugívoros africanos.

Febres hemorrágicas africanas (vírus Marburg e ebola)

Os vírus Marburg e ebola são altamente virulentos em seres humanos e primatas não humanos, e as infecções geralmente resultam em morte. O período de incubação é de 3 a 9 dias para a doença de Marburg e 2 a 21 dias para o ebola. Provocam doenças agudas semelhantes, caracterizadas por febre, cefaleia, faringite e dor muscular, seguidas de dor abdominal, vômitos, diarreia e exantema, com sangramento tanto interno quanto externo, resultando frequentemente em choque e morte. Os filovírus possuem um tropismo pelas células macrofágicas, células dendríticas, fibroblastos intersticiais e células endoteliais. Verifica-se a presença de títulos muito elevados do vírus em muitos tecidos, inclusive fígado, baço, pulmões e rins, bem como no sangue e em outros líquidos. Esses vírus apresentam as maiores taxas de mortalidade (25-90%) de todas as febres hemorrágicas virais.

A doença causada pelo vírus Marburg foi reconhecida em 1967 entre funcionários de laboratório expostos a tecidos de macacos verdes africanos (*Cercopithecus aethiops)* importados pela Alemanha e Iugoslávia. Ocorreu transmissão da doença dos pacientes para a equipe médica, com elevada taxa de mortalidade. Os levantamentos de anticorpos indicaram a presença do vírus na África Oriental, provocando infecção em macacos e seres humanos. Os casos registrados da doença são raros, mas foram documentados surtos no Quênia, na África do Sul, República Democrática do Congo e, em 2005, em Angola. O vírus Marburg pode infectar porquinhos-da-índia, camundongos, hamsters, macacos e vários sistemas de culturas de células.

O vírus ebola foi descoberto em 1976, quando ocorreram duas epidemias graves de febre hemorrágica no Sudão e no Zaire (hoje República Democrática do Congo). Os surtos envolveram mais de 500 casos e pelo menos 400 mortes causadas por febre hemorrágica clínica. Em cada surto, a equipe hospitalar foi infectada em consequência do contato próximo e prolongado com pacientes ou com seu sangue ou excrementos. Esses subtipos do vírus ebola (Zaire, Sudão) são altamente virulentos. O tempo médio até a morte a partir do início dos sintomas é de 7 a 8 dias.

Surtos subsequentes de febre hemorrágica por ebola ocorreram em Uganda (2000), República do Congo (1995, 2001, 2002, 2018), Gabão (1994, 1996, 1997, 2002), África do Sul (1996) e Sudão (2004). As epidemias são frequentemente contidas pelo uso de métodos de enfermagem de barreira e treinamento da equipe hospitalar aliados a medidas restritas de quarentena.

O maior surto de ebola conhecido ocorreu na África Ocidental de 2014 a 2016, com mais de 28.000 casos e 11.000 mortes na

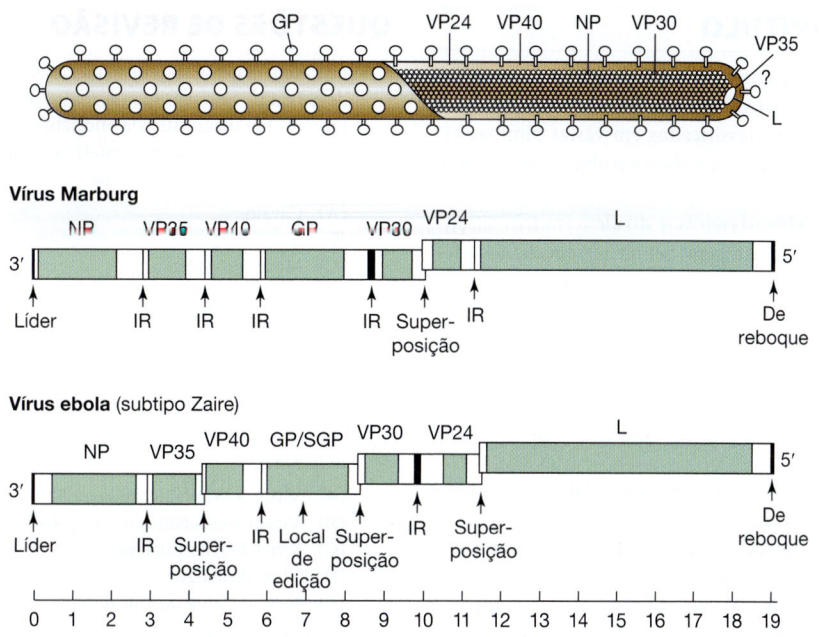

FIGURA 38-11 Estrutura do virion e organização do genoma dos filovírus. A figura mostra a organização do genoma do vírus Marburg e do subtipo Zaire do vírus ebola. O diagrama do virion mostra o RNA de fita simples e de sentido negativo circundado pelo nucleocapsídeo e envolvido em uma dupla membrana lipídica. As proteínas estruturais associadas ao nucleocapsídeo incluem a nucleoproteína (NP), VP30, VP35 e a polimerase (L). As proteínas associadas à membrana consistem na proteína da matriz (VP40), VP24 e GP (glicoproteína do peplômero). Os genes que codificam as proteínas estruturais estão identificados e representados de acordo com a escala nas estruturas do genoma. As *áreas sombreadas* indicam as regiões de codificação, enquanto as *áreas em branco* indicam as sequências não codificadoras. Os genes começam com um local de início da transcrição conservado e terminam com um local de interrupção da transcrição (poliadenilação); os genes adjacentes são separados uns dos outros por uma região intergênica ou estão superpostos uns aos outros. O local em que o A adicional é acrescentado ao gene *GP* durante a edição da transcrição está indicado no diagrama do vírus ebola. O produto gênico primário do gene *GP* do vírus ebola é a SGP, uma glicoproteína não estrutural secretada. Nas extremidades 3′ e 5′ dos genomas estão, respectivamente, as sequências líder e de reboque complementares. (Adaptada, com autorização, de Peters CJ, Sanchez A, Rollin PE, et al: Filoviridae: Marburg and Ebola viruses. In Fields BN, Knipe DM, Howley PM [editors-in--chief]. *Fields Virology*, 3rd ed. Lippincott-Raven, 1996.)

Guiné, na Libéria e em Serra Leoa. Posteriormente a esse surto, foram implementadas medidas de resposta a emergências internacionais e quarentena, eventualmente contendo o surto em junho de 2016. Casos importados foram identificados em outros sete países, com alguns casos de transmissão secundária no ambiente de saúde. O surto teve grandes impactos na economia regional e nos serviços de saúde, resultando em 8% de óbitos dos trabalhadores de saúde e em retrocessos no tratamento e controle de outras doenças.

As infecções causadas por filovírus parecem ser imunossupressoras. Os casos fatais revelam comprometimento da resposta imunológica humoral. Entretanto, aparecem anticorpos dirigidos contra os filovírus quando os pacientes se recuperam. Esses anticorpos são detectáveis por Elisa. Os antígenos virais no soro podem ser detectados por Elisa, proporcionando um rápido teste de rastreamento de amostras humanas. Os testes de RT-PCR também podem ser utilizados para amostras clínicas. A realização de testes para filovírus é perigosa, visto que o soro do paciente e outras amostras clínicas podem conter vírus altamente infectante. Esses testes só podem ser conduzidos em condições de biossegurança máxima. Os vírus recém-isolados podem ser cultivados em linhagens celulares, como linhagens de células de macaco Vero e MA-104.

É provável que os vírus Marburg e ebola tenham um hospedeiro reservatório, possivelmente o morcego-da-fruta, e sejam transmitidos apenas acidentalmente a humanos. Os macacos não são considerados hospedeiros-reservatórios, visto que a maior parte dos animais infectados morre muito rapidamente para sustentar a sobrevivência do vírus. As infecções humanas são altamente contagiosas para contatos humanos, geralmente por contato direto com o sangue ou fluidos corporais. Tipicamente, os surtos de infecções pelo vírus ebola estão associados à introdução do vírus na comunidade por uma pessoa infectada, seguida da disseminação de um indivíduo para os outros, frequentemente nos serviços de saúde.

Como os reservatórios naturais dos vírus Marburg e ebola permanecem desconhecidos, nenhuma atividade de controle pode ser organizada. O uso de sistemas de isolamento nos hospitais continua sendo a medida mais eficaz de controle dos surtos da doença provocada pelo vírus ebola. Técnicas estritas de barreira hospitalar devem ser implementadas. É preciso ter extremo cuidado com sangue, secreções, tecidos e excrementos infectados. As pessoas envolvidas no transporte e nos cuidados de primatas não humanos devem ser instruídas sobre os potenciais riscos da manipulação desses animais.

Não há terapias antivirais específicas disponíveis, embora tratamentos experimentais baseados em anticorpos estejam sob investigação. O tratamento é dirigido para manutenção da função renal e do balanço eletrolítico e combate à hemorragia e ao choque. Uma vacina experimental já está disponível e está sendo testada para eficácia como uma medida de controle de surto direcionada.

RESUMO DO CAPÍTULO

- Os arbovírus e os vírus transmitidos por roedores apresentam um complexo ciclo de transmissão envolvendo artrópodes ou roedores. Esses vírus são classificados em várias famílias virais (Arenaviridae, Bunyaviridae, Flaviviridae, Reoviridae e Togaviridae).

- As doenças causadas pelos arbovírus se dividem em três categorias gerais: doenças febris (em geral benignas), encefalites e febres hemorrágicas. As últimas duas categorias podem ser fatais.

- As principais doenças transmitidas por mosquitos são: febre amarela, dengue, chikungunya, encefalite japonesa B, encefalite equina, febre do Nilo Ocidental e zika.

- Todos os alfavírus, alocados na família Togaviridae, são antigenicamente relacionados; todos os flavivírus são antigenicamente relacionados.

- Infecções inaparentes são comuns com as encefalites virais, e raramente ocorre invasão neurológica.

- O ser humano é um hospedeiro acidental dos arbovírus e não é importante no ciclo de vida viral.

- O vírus do Nilo Ocidental é a principal causa de encefalite por arbovírus nos Estados Unidos.

- A vacina atenuada contra o vírus da febre amarela foi desenvolvida em 1930 e ainda é considerada segura e imunoprotetora.

- A dengue é uma doença autolimitada, porém a febre hemorrágica da dengue e a síndrome do choque da dengue são potencialmente fatais.

- A febre hemorrágica da dengue ocorre como infecção secundária pela presença de anticorpos preexistentes, a partir de uma infecção primária por um sorotipo viral diferente.

- A encefalite japonesa B em geral resulta em sequelas sérias, enquanto a febre amarela não resulta em sequelas.

- O vírus zika surgiu no Brasil em 2015 e causa microcefalia fetal durante infecção em gestantes.

- As infecções virais mais importantes que apresentam roedores como vetores são as infecções por hantavírus, a febre de Lassa e as febres hemorrágicas da América do Sul. Os prováveis hospedeiros reservatórios para os vírus das febres hemorrágicas africanas, Marburg e ebola, são morcegos e roedores.

- As febres hemorrágicas por roedores são causadas pelos buniavírus (hantavírus) e pelos arenavírus (febre de Lassa).

- O vírus Lassa está distribuído na África Ocidental. Cerca de 1% das infecções causadas por esse agente viral é fatal. As infecções intrauterinas frequentemente resultam em morte fetal.

- Os vírus Marburg e ebola (classificados como filovírus) são encontrados na África e são extremamente virulentos em humanos, com infecções frequentemente resultando em morte.

- A prevenção da maioria das infecções pelos arbovírus envolve, também, a proteção contra a exposição a mosquitos e carrapatos vetores, controle do vetor e uso de roupas protetoras e repelentes, além de evitar regiões infestadas.

QUESTÕES DE REVISÃO

1. Um homem de 74 anos de idade desenvolveu febre, mal-estar e dor de garganta, sintomas logo seguidos de náuseas, vômitos e, depois, estupor. Foi diagnosticada encefalite equina do oeste. O controle dessa doença em humanos pode ser alcançado pela erradicação de qual das seguintes alternativas?

   (A) Cavalos
   (B) Aves
   (C) Mosquito-pólvora
   (D) Mosquitos
   (E) Carrapatos

2. Um arbovírus comum no Oriente Médio, na África e no Sudeste Asiático apareceu pela primeira vez em Nova York em 1999. Em 2002, esse vírus já estava disseminado pelos Estados Unidos. Esse arbovírus, um membro do complexo antigênico da encefalite japonesa B, é o:

   (A) Vírus de encefalite japonesa B
   (B) Vírus da encefalite do carrapato
   (C) Vírus do Nilo Ocidental
   (D) Vírus da dengue
   (E) Vírus da febre do Vale do Rift

3. Qual das seguintes descrições ou afirmativas sobre a febre de Lassa está correta?

   (A) É encontrada na África Ocidental.
   (B) Não ocorre transmissão entre pessoas.
   (C) Raramente causa mortes ou complicações.
   (D) Ocorre por contato com o rato *Mastomys natalensis*.
   (E) Não existe fármaco eficaz para o tratamento da febre de Lassa.

4. Os arbovírus são transmitidos por artrópodes que se alimentam de sangue, de um hospedeiro vertebrado para outro. Os arbovírus são encontrados nas seguintes famílias virais, *exceto*:

   (A) Togaviridae
   (B) Flaviviridae
   (C) Bunyaviridae
   (D) Reoviridae
   (E) Arenaviridae

5. Um homem de 27 anos de idade desenvolveu febre, tremores, cefaleia e dor nas costas. Quatro dias depois, apresentou febre alta e icterícia. Foi diagnosticada febre amarela. Qual das seguintes alternativas a respeito da febre amarela está correta?

   (A) O vírus é transmitido por mosquitos culicídeos (*Culex*) na forma urbana da doença.
   (B) Os macacos na floresta são o principal reservatório do vírus da febre amarela.
   (C) A febre amarela com frequência deixa complicações duradouras.
   (D) Todas as infecções levam à doença aparente.
   (E) A ribavirina é a terapia específica.

6. Com relação ao caso da Questão 5, a febre amarela ocorre em qual(is) região(ões) do mundo?

   (A) Ásia
   (B) África e América do Sul
   (C) América do Norte

(D) África e Oriente Médio

(E) Em todo o mundo

7. As febres hemorrágicas africanas Marburg e ebola são doenças graves que com frequência levam à morte. Qual das seguintes alternativas é a mais correta a respeito do vírus ebola?

(A) Dissemina-se por contato com sangue ou outros fluidos do corpo.

(B) É transmitido por mosquitos.

(C) É um *Flavivirus*.

(D) Causa infecções, mas não causa doença em primatas não humanos.

(E) É antigenicamente relacionado com o vírus da febre de Lassa.

8. Qual dos seguintes grupos pode ser rotineiramente vacinado contra febre amarela sem considerações especiais de segurança?

(A) Crianças de menos de 9 meses de vida

(B) Mulheres grávidas

(C) Pessoas com o sistema imunológico comprometido

(D) Todas as alternativas acima

(E) Nenhuma das alternativas anteriores

9. Os hantavírus, que são considerados patógenos emergentes nos Estados Unidos, podem ser descritos por qual destas alternativas?

(A) São arenavírus.

(B) São facilmente transmitidos entre pessoas.

(C) Causam sintomas semelhantes aos do resfriado, seguidos rapidamente de falência respiratória aguda.

(D) São adquiridos por inalação de aerossóis da urina de veados.

(E) Mostram alta frequência de variação antigênica.

10. Qual população de pacientes é mais suscetível às principais complicações da infecção pelo zika?

(A) Crianças pequenas

(B) Mulheres grávidas

(C) Doadores de órgãos

(D) Pacientes imunodeficientes

(E) Idosos

11. Qual das seguintes alternativas sobre o vírus da dengue não é verdadeira?

(A) É a mais importante doença viral transmitida por mosquitos que afeta humanos.

(B) Tem distribuição mundial em regiões tropicais.

(C) Pode causar febre hemorrágica grave.

(D) Existe um único tipo antigênico.

(E) Uma forma da doença é caracterizada por aumento da permeabilidade vascular.

12. Qual das seguintes doenças, que ocorre nos Estados Unidos, carece de um vetor conhecido?

(A) Síndrome pulmonar por hantavírus

(B) Febre do Nilo Ocidental

(C) Encefalite de La Crosse

(D) Febre do carrapato do Colorado

(E) Encefalite de St. Louis

13. Todas as alternativas sobre os arbovírus são verdadeiras, *exceto*:

(A) A patogênese da dengue hemorrágica está relacionada com uma resposta imune heterotípica.

(B) Aves selvagens são os reservatórios para os vírus das encefalites, mas não para o vírus da febre amarela.

(C) Os carrapatos são os principais vetores tanto para os vírus da encefalite quanto para o vírus da febre amarela.

(D) Há uma vacina atenuada e uma vacina inativada que previnem de maneira eficiente a febre amarela.

14. Qual das seguintes alternativas sobre a febre amarela é *falsa*?

(A) Não há reservatório animal.

(B) O nome "amarela" é devido à icterícia apresentada pelos indivíduos infectados.

(C) Mosquitos são os hospedeiros biológicos naturais.

(D) Surtos podem vir a ocorrer nos Estados Unidos, uma vez que o vetor está presente.

(E) Uma vacina atenuada é amplamente usada na prevenção da doença.

15. Qual das seguintes alternativas sobre os hantavírus nos Estados Unidos está correta?

(A) São limitados aos estados do sudoeste.

(B) São transmitidos apenas pelo camundongo-veado.

(C) Infecções humanas podem ser fatais em cerca de 30%.

(D) Foram inicialmente identificados no início da década de 1970.

(E) São contraídos principalmente em cavernas de morcegos.

Respostas

1. D	**6.** B	**11.** D
2. C	**7.** A	**12.** A
3. D	**8.** E	**13.** C
4. E	**9.** C	**14.** A
5. B	**10.** B	**15.** C

REFERÊNCIAS

Briese T, Paweska JT, McMullan LK, et al: Genetic detection and characterization of Lujo virus, a new hemorrhagic fever-associated arenavirus from southern Africa. *PLoS Pathog* 2009;5:e1000455.

Brinton MA: The molecular biology of West Nile Virus: A new invader of the western hemisphere. *Annu Rev Microbiol* 2002;56:371.

Calisher CH, Childs JE, Field HE, et al: Bats: important reservoir hosts of emerging viruses. *Clin Microbiol Rev* 2006;19:531.

Centers for Disease Control and Prevention. Japanese Encephalitis Vaccines: Recommendations of the Advisory Committee on Immunization Practices. *MMWR* 2010;59(RR-1).

Centers for Disease Control and Prevention. Yellow Fever Vaccine: Recommendations of the Advisory Committee on Immunization Practices. *MMWR* 2010;59(RR-7).

Feldmann H, Geisbert T, Kawaoka Y (guest editors): Filoviruses: Recent advances and future challenges. *J Infect Dis* 2007;196 (Suppl 2). [Entire issue.]

Griffin DE: Alphaviruses. In Knipe DM, Howley PM (editors-in-chief) *Fields Virology*, 5th ed. Lippincott Williams & Wilkins, 2007.

Gubler DJ, Kuno G, Markoff L: Flaviviruses. In Knipe DM, Howley PM (editors-in-chief) *Fields Virology*, 5th ed. Lippincott Williams & Wilkins, 2007.

Japanese encephalitis vaccines: WHO position paper. *World Health Org Wkly Epidemiol Rec* 2006;81:331.

Li D: A highly pathogenic new bunyavirus emerged in China. *Emerg Microbes Infect* 2013;2:e1.

MacNeil A, Nichol ST, Spiropoulou CF: Hantavirus pulmonary syndrome. *Virus Res* 2011;162:138.

McMullan LK, Folk SM, Kelly AJ, et al: A new phlebovirus associated with severe febrile illness in Missouri. *N Engl J Med* 2012;367:834.

Rift Valley fever fact sheet. *World Health Org Wkly Epidemiol Rec* 2008;83:17.

Rothman AL: Immunity to dengue virus: a tale of original antigenic sin and tropical cytokine storms. *Nat Rev Immunol* 2011;11:532.

Shu PY, Huang JH: Current advances in dengue diagnosis. *Clin Diagn Lab Immunol* 2004;11:642.

Süss J: Epidemiology and ecology of TBE relevant to the production of effective vaccines. *Vaccine* 2003;21(Suppl 1):S19.

Swei A, Russell BJ, Naccache SN, et al: The genome sequence of Lone Star virus, a highly divergent bunyavirus found in the *Amblyomma americanum* tick. *PLoS One* 2013;8.

Vaccines against tick-borne encephalitis: WHO position paper. *World Health Org Wkly Epidemiol Rec* 2011;86:241.

Walter CT, Barr JN: Recent advances in the molecular and cellular biology of bunyaviruses. *J Gen Virol* 2011;92:2467.

Yellow fever vaccine: WHO position paper. *World Health Org Wkly Epidemiol Rec* 2003;78:349.

Zhao L, Zhai S, Wen H, et al: Severe fever with thrombocytopenia syndrome virus, Shandong Province, China. *Emerg Infect Dis* 2012;18:963.

Ortomixovírus (vírus influenza)

As doenças respiratórias são responsáveis por mais de metade das doenças agudas que ocorrem anualmente nos Estados Unidos. Os vírus da família **Orthomyxoviridae** (vírus influenza) constituem um importante determinante de morbidade e mortalidade causadas por doenças respiratórias, e algumas vezes ocorrem surtos de infecção em forma de epidemia mundial. A influenza já foi responsável por milhões de mortes no mundo inteiro. A mutabilidade e a elevada frequência do rearranjo genético, bem como as consequentes alterações antigênicas nas glicoproteínas da superfície viral, tornam os vírus influenza um verdadeiro desafio em termos de controle. Do ponto de vista antigênico, o vírus influenza tipo A é altamente variável, sendo responsável pela maioria dos casos de influenza epidêmica. O vírus influenza tipo B pode exibir alterações antigênicas, e por vezes provoca epidemias. O vírus influenza tipo C é antigenicamente estável e provoca apenas doença leve em indivíduos imunocompetentes.

PROPRIEDADES DOS ORTOMIXOVÍRUS

São conhecidos três tipos imunológicos de vírus influenza, designados pelas letras A, B e C. Verifica-se a contínua ocorrência de alterações antigênicas no grupo A dos vírus influenza e, em menor grau, no grupo B, enquanto o tipo C parece ser antigenicamente estável. São também conhecidas cepas do influenza A em aves aquáticas, frangos, patos, porcos, cavalos e focas. Do ponto de vista antigênico, algumas das cepas isoladas em animais assemelham-se a cepas encontradas na população humana.

As descrições a seguir baseiam-se no vírus influenza tipo A, o mais bem caracterizado (Tabela 39-1).

Estrutura e composição

Em geral, as partículas do vírus influenza são esféricas, com cerca de 80 a 120 nm de diâmetro, embora os virions possam exibir grande variação de tamanho (Figura 39-1).

Os genomas de RNA de fita simples e de sentido negativo dos vírus influenza A e B ocorrem em forma de oito segmentos distintos; os vírus influenza C contêm sete segmentos de RNA, carecendo do gene da neuraminidase. Os tamanhos e arranjos de codificação de proteínas são conhecidos para todos os segmentos (Tabela 39-2). A maioria dos segmentos codifica uma única proteína. Os primeiros 12 ou 13 nucleotídeos em cada extremidade de cada segmento

genômico são conservados entre os oito segmentos de RNA, sendo tais sequências importantes na transcrição viral.

As partículas virais do vírus influenza contêm nove proteínas estruturais diferentes. A nucleoproteína (NP) associa-se ao RNA viral para formar uma estrutura de ribonucleoproteína (RNP) de 9 nm de diâmetro que assume configuração helicoidal e forma o nucleocapsídeo viral. Três proteínas grandes (PB1, PB2 e PA) estão ligadas à RNP viral e são responsáveis pela transcrição e replicação do RNA. A proteína da matriz (M_1), que forma uma camada sob o envelope lipídico do vírus, é importante na morfogênese das partículas, constituindo um significativo componente do virion (cerca de 40% da proteína viral).

A partícula viral é circundada por um envelope lipídico derivado da célula. Duas glicoproteínas codificadas pelo vírus, a hemaglutinina (HA) e a neuraminidase (NA), são inseridas no envelope e expostas em forma de espículas de cerca de 10 nm de comprimento através da superfície da partícula. Essas duas glicoproteínas de superfície constituem os antígenos importantes que determinam a variação antigênica dos vírus influenza e a imunidade do hospedeiro. A HA representa cerca de 25% da proteína viral, e a NA, cerca de 5%. A proteína do canal iônico M_2 e a proteína NS_2 também são encontradas no envelope, porém existem apenas algumas cópias por partícula.

Devido à natureza segmentada do genoma, quando uma célula é coinfectada por dois vírus diferentes de determinado tipo, as misturas de segmentos dos genes parentais podem ser reunidas na progênie de virions. Esse fenômeno, denominado **reagrupamento genético**, pode resultar em alterações súbitas nos antígenos da superfície viral – uma propriedade que explica as características epidemiológicas da influenza e que constitui um problema significativo para o desenvolvimento de vacinas.

Os vírus influenza são relativamente resistentes in vitro, podendo ser conservados a 0 a 4 °C durante várias semanas sem perda da viabilidade. A infecciosidade é destruída por solventes lipídicos, desnaturantes proteicos, formaldeído e irradiação. Tanto a infecciosidade quanto a hemaglutinação são mais resistentes à inativação a pH alcalino do que a pH ácido.

Classificação e nomenclatura

O gênero *Influenzavirus A* contém cepas humanas e animais do influenza tipo A; o *Influenzavirus B* contém cepas humanas do tipo B;

TABELA 39-1 Propriedades importantes dos ortomixovírus[a]

Virion: Esférico, pleomórfico, com 80-120 nm de diâmetro (nucleocapsídeo helicoidal com 9 nm)

Composição: RNA (1%), proteínas (73%), lipídeos (20%), carboidratos (6%)

Genoma: RNA de fita simples, segmentado (8 moléculas), de sentido negativo, com tamanho total de 13,6 kb

Proteínas: Nove proteínas estruturais, uma não estrutural

Envelope: Contém as proteínas hemaglutinina (HA) e neuraminidase (NA) virais

Replicação: Transcrição nuclear; a região 5' do RNA celular funciona como molde (*primer*); maturação das partículas por brotamento da membrana plasmática

Características marcantes:
   O rearranjo genético é comum entre os membros do mesmo gênero.
   O vírus influenza causa epidemias globais.

[a]Descrição para o vírus influenza tipo A, gênero *Influenzavirus A*.

o *Influenzavirus C* contém vírus influenza tipo C de seres humanos e suínos.

As diferenças antigênicas exibidas por duas das proteínas estruturais internas, o nucleocapsídeo (NP) e as proteínas da matriz (M), são utilizadas para classificação dos vírus influenza em tipos A, B e C. Essas proteínas não possuem reatividade cruzada entre os três tipos. As variações antigênicas nas glicoproteínas de superfície, HA e NA, são utilizadas para a subtipagem dos vírus.

O sistema de nomenclatura padronizado para os vírus influenza isolados inclui as seguintes informações: tipo, hospedeiro de origem, origem geográfica, número da cepa e ano do isolamento. As descrições antigênicas da HA e da NA são fornecidas entre parênteses para o tipo A. O hospedeiro de origem não é indicado no caso dos vírus isolados em seres humanos, como, por exemplo, A/Hong Kong/03/68(H3N2), enquanto é indicado em outros casos, como, por exemplo, A/suíno/Iowa/15/30(H1N1).

Até hoje, foram isolados 18 subtipos de HA (H1-H18) e 11 subtipos de NA (N1-N11) em muitas combinações diferentes em seres humanos e animais.

A família Orthomyxoviridae também contém o gênero *Thogotovirus*, que até o momento não está associado a patologias humanas.

Estrutura e função da hemaglutinina

A proteína HA do vírus influenza liga as partículas virais a células suscetíveis e constitui o principal agente contra o qual são dirigidos os anticorpos neutralizantes (protetores). A variabilidade da HA é primariamente responsável pela contínua evolução de novas cepas e epidemias subsequentes de influenza. A hemaglutinina deve seu nome à sua capacidade de aglutinar eritrócitos em determinadas condições.

A sequência primária da HA contém 566 aminoácidos (Figura 39-2A). Uma sequência de sinal curta na extremidade aminoterminal insere o polipeptídeo no retículo endoplasmático; em seguida, o sinal é removido. A proteína HA é clivada em duas subunidades, HA1 e HA2, que permanecem estreitamente associadas por uma ligação dissulfeto. Uma extensão hidrofóbica próxima à extremidade carboxiterminal da HA2 fixa a molécula de HA à membrana, com uma pequena cauda hidrofílica que se estende para o citoplasma. São adicionados resíduos de oligossacarídeos em vários locais.

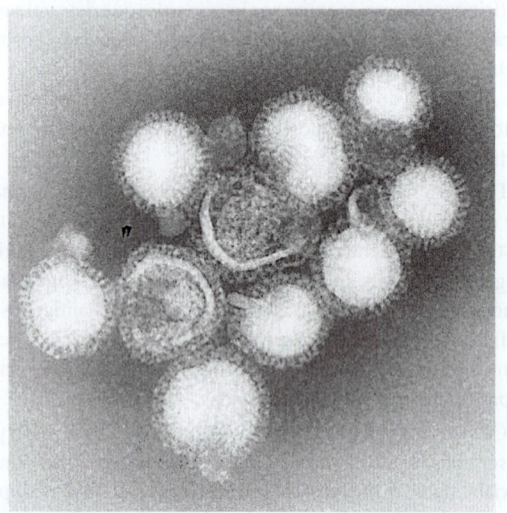

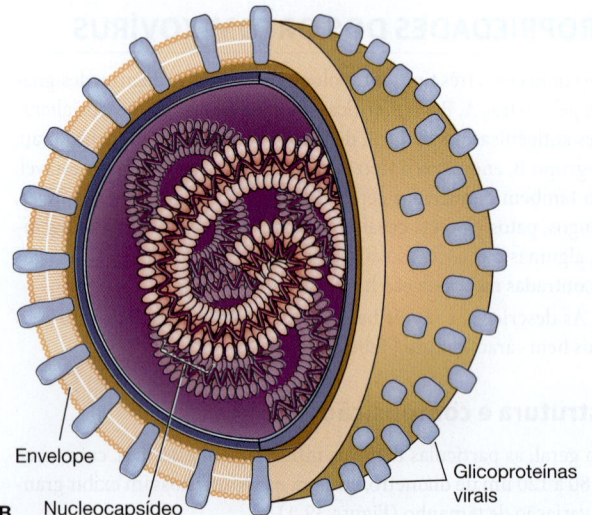

Envelope

Nucleocapsídeo

Glicoproteínas virais

FIGURA 39-1 Vírus influenza. **A:** Microscopia eletrônica do vírus influenza A/Hong Kong /1/68 (H3N2). Observe as formas pleomórficas e as projeções de glicoproteínas que revestem as superfícies das partículas (ampliada 315.000 ×). (Cortesia de FA Murphy e EL Palmer.) **B:** Visão esquemática do vírus influenza. As partículas virais possuem genomas segmentados, consistindo em 7 a 8 moléculas diferentes de RNA, cada uma revestida por proteínas de capsídeo, formando nucleocapsídeos helicoidais. As glicoproteínas virais (hemaglutinina e neuraminidase) fazem protrusões na forma de espículas através do envelope lipídico. (Reproduzida, com autorização, de Willey JM, Sherwood LM, Woolverton CJ: *Prescott, Harley and Klein's Microbiology*, 7th ed. McGraw Hill, 2008. © McGraw-Hill Education.)

TABELA 39-2   **Atribuições codificadas pelos segmentos do RNA do vírus influenza A**

Segmento do genoma		Polipeptídeo codificado			
Número[a]	Tamanho (número de nucleotídeos)	Designação	Peso molecular previsto[b]	Número aproximado de moléculas por virion	Função
1	2.341	PB2	85.700	30-60	Componentes de RNA-transcriptase
2	2.341	PB1	86.500		
3	2.233	PA	84.200		
4	1.778	HA	61.500	500	Hemaglutinina; trímero; glicoproteína de envelope; intermediação da ligação do vírus com as células; ativado por clivagem; atividade de fusão em pH ácido
5	1.565	NP	56.100	1.000	Associado ao RNA e às proteínas da polimerase; estrutura helicoidal; nucleocapsídeo
6	1.413	NA	50.000	100	Neuraminidase; tetrâmero; glicoproteína de envelope; enzima
7	1.027	M_1	27.800	3.000	Proteína de matriz; principal componente do virion; linhas no interior do envelope; envolvido na montagem; interage com RNPs e NS_2
		M_2	11.000	20-60	Membrana de proteína integral; canais de íons; essencial para o desnudamento viral; proveniente do mRNA emendado
8	890	NS_1	26.800	0	Não estrutural; alta abundância; inibe o *splicing* do pré-mRNA; reduz a resposta à interferona
		NS_2	14.200	130-200	Componente menor dos virions; exportação nuclear dos RNPs virais; proveniente do mRNA emendado

HA, hemaglutinina; M_1, proteína de matriz; M_2, proteína de membrana integral; NA, neuraminidase; NP, nucleoproteína; NS_1 e NS_2 são proteínas não estruturais; PB1, PB2 e PA são proteínas de atividade polimerase; RNP, ribonucleoproteína.
[a]Os segmentos de RNA estão numerados em ordem decrescente de tamanho.
[b]As massas moleculares das duas glicoproteínas HA e NA são aproximadamente 76.000 e 56.000, respectivamente, devido aos carboidratos adicionados.
Adaptada, com autorização, de Lamb RA, Krug RM: Orthomyxoviridae: The viruses and their replication. In Fields BN, Knipe DM, Howley PM (editors-in-chief). *Fields Virology*, 3rd ed. Lippincott-Raven, 1996.)

A estrutura tridimensional da proteína HA foi revelada por cristalografia de raios X. A molécula de HA é dobrada em uma estrutura complexa (Figura 39-2B). Cada dímero HA1 e HA2 ligado forma um pedículo alongado envolto por um grande glóbulo. A base do pedículo fixa a molécula na membrana. Cinco locais antigênicos na molécula de HA exibem mutações extensas. Esses locais ocorrem em regiões expostas sobre a superfície da estrutura; aparentemente, não são essenciais para a estabilidade da molécula e estão envolvidos na neutralização viral. Outras regiões da molécula de HA são conservadas em todos os vírus isolados, presumivelmente por serem necessárias para a molécula reter a sua estrutura e sua função.

A espícula de HA sobre a partícula viral é um trímero constituído por três dímeros HA1 e HA2 entrelaçados (Figura 39-2C). A trimerização confere à espícula maior estabilidade do que a que poderia ser obtida por um monômero. O local de ligação do receptor celular (local de fixação do vírus) é uma bolsa localizada no ápice de cada glóbulo grande. A bolsa é inacessível ao anticorpo.

A clivagem que separa HA1 e HA2 é necessária para que a partícula viral seja infecciosa e é mediada por proteases celulares. Os vírus influenza normalmente permanecem confinados às vias respiratórias, visto que as enzimas proteases que clivam a HA são abundantes apenas nesses locais. Foram observados exemplos de vírus mais virulentos que se adaptaram para utilizar uma enzima mais onipresente, como a plasmina, para clivar a HA e promover infecção disseminada das células. A extremidade aminoterminal de HA2, gerada por clivagem, é necessária à fusão do envelope viral com a membrana celular – etapa essencial no processo da infecção viral. A presença de pH baixo deflagra uma alteração estrutural que ativa a atividade de fusão.

Estrutura e função da neuraminidase

A antigenicidade da NA, a outra glicoproteína encontrada na superfície das partículas virais do influenza, também é importante na determinação do subtipo do vírus influenza isolado.

A espícula sobre a partícula viral é um tetrâmero composto por quatro monômeros idênticos (Figura 39-2D). Existe um pedículo delgado encabeçado por uma cabeça em forma de caixa. A NA possui um sítio catalítico no ápice de cada cabeça, de modo que cada espícula de NA contém quatro locais ativos.

A NA atua no final do ciclo de replicação viral. Trata-se de uma enzima sialidase que remove o ácido siálico dos glicoconjugados.

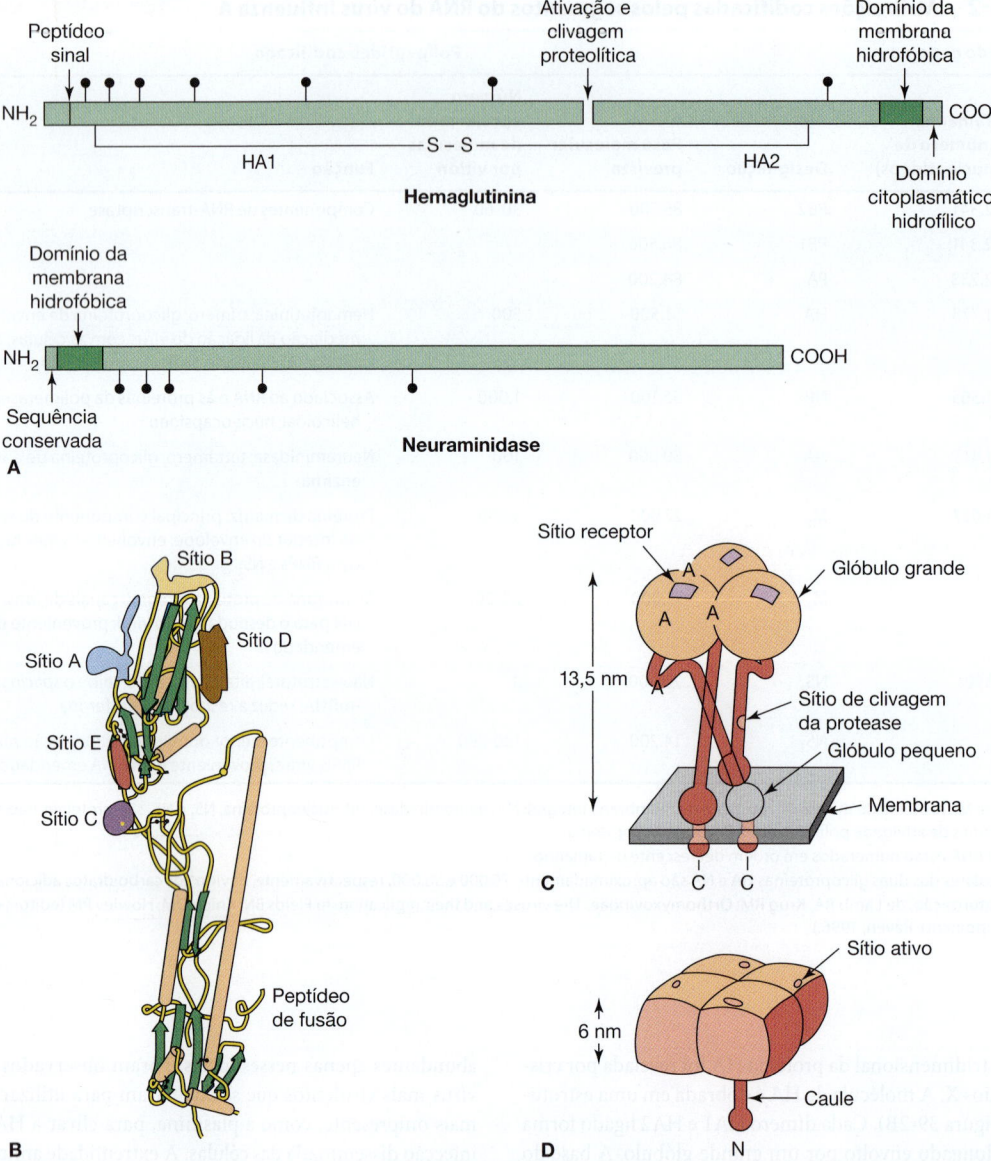

FIGURA 39-2   Glicoproteínas de superfície do vírus influenza: hemaglutinina (HA) e neuraminidase (NA). **A:** Estruturas primárias dos polipeptídeos de HA e NA. A clivagem da HA em HA1 e HA2 é necessária para que o vírus se torne infeccioso. A HA1 e a HA2 permanecem ligadas por uma ligação dissulfeto (S–S). Não ocorre clivagem pós-tradução com a NA. Os locais de ligação dos carboidratos (⬤) estão indicados. Os aminoácidos hidrofóbicos, que fixam as proteínas à membrana viral, localizam-se próximos à extremidade carboxiterminal da HA e à extremidade aminoterminal da NA. **B:** Dobramento dos polipeptídeos HA1 e HA2 em um monômero de HA. Cinco locais antigênicos principais (A a E) que sofrem alterações estão indicados como *áreas sombreadas*. A extremidade aminoterminal da HA2 proporciona a atividade de fusão (peptídeo de fusão). A partícula de fusão é mergulhada na molécula, até que seja exposta por uma alteração estrutural induzida pela presença de pH baixo. **C:** Estrutura do trímero da HA, tal como ocorre na partícula viral ou na superfície de células infectadas. A figura mostra alguns dos locais envolvidos na variação antigênica (A). Os resíduos carboxiterminais (C) projetam-se através da membrana. **D:** Estrutura do tetrâmero da NA. Cada molécula de NA exibe um local ativo em sua superfície superior. A região aminoterminal (N) dos polipeptídeos fixa o complexo na membrana. (Reproduzida, com autorização, de [A, B] Murphy BR, Webster RG: Influenza viruses, pp. 1185-1186, e [C, D] Kingsbury DW: Orthomyxo- and paramyxoviruses and their replication, pp. 1163 e 1172. In Fields BN [editor-in-chief] *Virology*. Raven Press, 1985.)

Facilita a liberação das partículas virais das superfícies das células infectadas durante o processo de brotamento e ajuda a evitar a autoagregação dos virions ao remover os resíduos do ácido siálico das glicoproteínas virais. É possível que a NA ajude o vírus a transpor a camada de mucina nas vias respiratórias para alcançar as células-alvo epiteliais.

Impulso antigênico e mudança antigênica

Os vírus influenza são notáveis pelas frequentes alterações antigênicas que ocorrem na HA e na NA. As variantes antigênicas dos vírus influenza têm uma vantagem seletiva sobre o vírus parental na presença de anticorpos dirigidos contra a cepa original. Esse fenômeno é responsável pelas características epidemiológicas peculiares

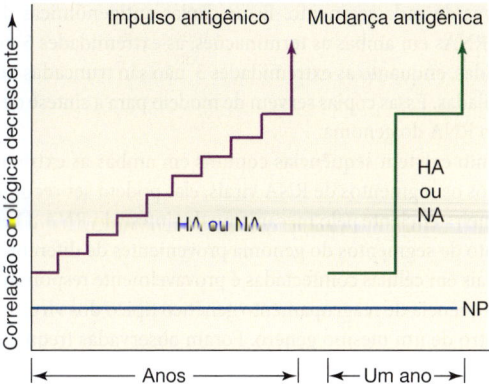

FIGURA 39-3   O impulso antigênico e a mudança antigênica são responsáveis por alterações antigênicas observadas nas duas glicoproteínas de superfície (hemaglutinina [HA] e neuraminidase [NA]) do vírus influenza. O impulso antigênico é uma alteração gradual da antigenicidade, devido a mutações puntiformes que afetam os principais locais antigênicos na glicoproteína. A mudança antigênica refere-se a uma alteração abrupta em decorrência de reagrupamento genético com uma cepa não relacionada. As alterações na HA e na NA ocorrem independentemente. As proteínas internas do vírus, como a nucleoproteína (NP), não sofrem alterações antigênicas.

da influenza. Outros agentes das vias respiratórias não exibem essa variação antigênica significativa.

Os dois antígenos de superfície do vírus influenza sofrem variação antigênica independentemente um do outro. As alterações antigênicas menores são denominadas **impulso antigênico** (*antigenic drift*), enquanto as alterações antigênicas maiores na HA ou na NA, denominadas **mudança antigênica** (*antigenic shift*), resultam no aparecimento de um novo subtipo (Figura 39-3). A mudança antigênica tem maior probabilidade de resultar em uma epidemia.

O **impulso antigênico** é causado pelo acúmulo de mutações puntiformes no gene, resultando em alterações dos aminoácidos na proteína. As alterações na sequência podem afetar os locais antigênicos na molécula, de modo que o virion consegue escapar ao reconhecimento pelo sistema imunológico do hospedeiro. O sistema imunológico não causa variação antigênica, mas funciona como a força de seleção que permite a expansão de novas variantes antigênicas. Uma variante deve sofrer duas ou mais mutações para que surja uma nova cepa epidemiologicamente significativa.

A **mudança antigênica** reflete alterações drásticas na sequência de uma proteína da superfície viral, causada pelo rearranjo genético entre os vírus da influenza humana, suína e aviária. Os vírus influenza B e C não exibem mudança antigênica, visto que existem poucos vírus relacionados em animais.

Replicação do vírus influenza

O ciclo de replicação do vírus influenza encontra-se resumido na Figura 39-4. O ciclo de multiplicação se desenrola rapidamente. Ocorrem a interrupção da síntese das proteínas da célula hospedeira cerca de 3 horas após a infecção, permitindo a tradução seletiva dos mRNAs virais. A nova progênie de vírus é produzida em 8 a 10 horas.

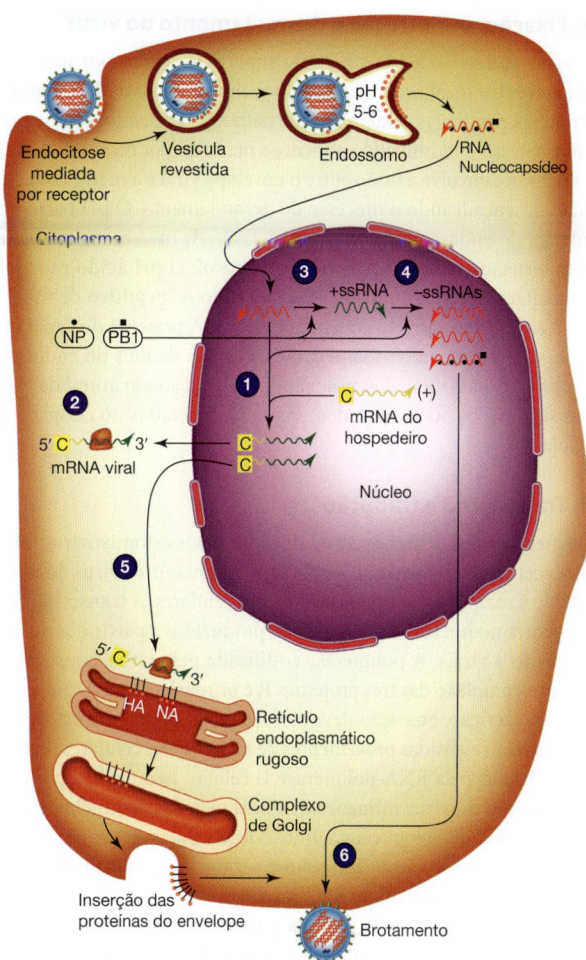

FIGURA 39-4   Diagrama esquemático do ciclo de vida do vírus influenza. Após a endocitose mediada por receptor, o complexo viral de ribonucleoproteínas é liberado no citoplasma e transportado para o núcleo, onde acontecem a replicação e a transcrição (1). Os mRNAs são exportados ao citoplasma para tradução. (2) Proteínas virais iniciais necessárias para replicação e transcrição, incluindo a nucleoproteína (NP) e a proteína polimerase (PB1), são transportadas de volta para o núcleo. A atividade RNA-polimerase da proteína PB1 sintetiza um RNA de fita simples e de sentido positivo (+ssRNA) a partir do genoma viral de sentido negativo (-ssRNA). (3) Esses moldes de +ssRNA são copiados pela atividade RNA-polimerase da proteína PB1. (4) Alguns desses novos segmentos do genoma servem como molde para a síntese de mais mRNA viral. Posteriormente no processo de infecção, eles tornam-se progênie viral. As moléculas de mRNA transcritas de alguns segmentos genômicos codificam para proteínas estruturas como a hemaglutinina (HA) e a neuraminidase (NA). Esses mensageiros são traduzidos por ribossomos associados ao retículo endoplasmático e transportados para membrana celular (5). Os segmentos do genoma viral são empacotados e ocorre o brotamento da progênie de virions (6). RE, retículo endoplasmático. (Reproduzida, com autorização, de Willey JM, Sherwood LM, Woolverton CJ (eds). *Prescott, Harley, & Klein´s Microbiology*. McGraw-Hill; 2008, p. 457. © McGraw-Hill Education.)

A. Fixação, penetração e desnudamento do vírus

O vírus fixa-se ao ácido siálico da superfície celular por meio do sítio receptor localizado no ápice do grande glóbulo da HA. Em seguida, as partículas virais são internalizadas em endossomos por um processo denominado endocitose mediada por receptor. A etapa seguinte envolve a fusão entre o envelope viral e a membrana celular, desencadeando o processo de desnudamento. O pH baixo no interior do endossomo é necessário à fusão da membrana mediada pelo vírus, que libera RNP virais no citosol. O pH ácido provoca uma alteração estrutural da HA, colocando o "peptídeo de fusão" HA2 em contato correto com a membrana. A proteína do canal iônico M_2 presente no virion permite a entrada de íons do endossomo na partícula viral, desencadeando a alteração estrutural da HA. Em seguida, os nucleocapsídeos virais são liberados no citoplasma celular.

B. Transcrição e tradução

Os mecanismos de transcrição utilizados pelos ortomixovírus diferem acentuadamente daqueles observados em outros vírus do RNA devido à maior participação das funções celulares. A transcrição viral ocorre no núcleo. Os mRNAs são produzidos a partir dos nucleocapsídeos virais. A polimerase codificada pelo vírus, constituída por um complexo das três proteínas P, é primariamente responsável pela transcrição. Sua ação deve ser orientada pelas terminações 5' metiladas e revestidas provenientes de transcrições celulares recém-sintetizadas pela RNA-polimerase II celular. Isso explica por que a replicação do vírus influenza é inibida pela dactinomicina e pela α-amanitina, que bloqueiam a transcrição celular, enquanto outros vírus do RNA não são afetados, uma vez que não utilizam transcrições celulares na síntese do RNA viral.

Seis dos segmentos do genoma produzem mRNAs monocistrônicos, traduzidos no citoplasma em seis proteínas virais. As duas outras transcrições sofrem junção, produzindo cada qual dois mRNAs traduzidos em diferentes quadros de leitura. Nas fases iniciais após a infecção, ocorre a síntese preferencial das proteínas NS_1 e NP. Em um estágio mais tardio, as proteínas estruturais são sintetizadas em alta velocidade. As duas glicoproteínas, HA e NA, são modificadas por meio da via secretora.

A proteína não estrutural NS1 do vírus influenza desempenha um papel pós-transcricional na regulação da expressão gênica viral e celular. A proteína NS_1 liga-se a sequências poli(A) e inibe a fixação pré-mRNA e a exportação nuclear de mRNA que sofreram junção, assegurando um reservatório de moléculas celulares doadoras para fornecer os *primers* revestidos necessários à síntese do mRNA viral. A proteína NS_2 interage com a proteína M_1 e está envolvida na exportação nuclear dos RNP virais.

C. Replicação do RNA viral

A replicação do genoma viral é efetuada pelas mesmas proteínas polimerases codificadas pelos vírus envolvidas na transcrição. Os mecanismos que regulam as funções alternativas de transcrição e replicação das mesmas proteínas estão relacionados com a abundância de uma ou mais proteínas do nucleocapsídeo viral.

A exemplo dos outros vírus de fita negativa, os modelos para a síntese do RNA viral permanecem recobertos com nucleoproteínas. Os únicos RNAs, totalmente livres são os mRNAs. A primeira etapa na replicação do genoma consiste na produção de cópias de fitas positivas de cada segmento. Essas cópias antigenômicas diferem dos mRNAs em ambas as terminações; as extremidades 5' não são revestidas, enquanto as extremidades 3' não são truncadas nem poliadeniladas. Essas cópias servem de modelo para a síntese de cópias fiéis do RNA do genoma.

Como existem sequências comuns em ambas as extremidades de todos os segmentos de RNA virais, elas podem ser reconhecidas de maneira eficiente pelo mecanismo de síntese do RNA. O entrelaçamento de segmentos do genoma provenientes de diferentes vírus parentais em células coinfectadas é provavelmente responsável pela alta frequência de reagrupamento genético típico dos vírus influenza dentro de um mesmo gênero. Foram observadas frequências de reagrupamento de até 40%.

D. Maturação

O vírus amadurece por brotamento a partir da superfície da célula. Os componentes virais chegam ao local de brotamento por diferentes vias. Os nucleocapsídeos são organizados no núcleo e migram para fora da superfície celular. As glicoproteínas HA e NA são sintetizadas no retículo endoplasmático, modificadas e organizadas em trímeros e tetrâmeros, respectivamente, e são inseridas na membrana plasmática. A proteína M_1 atua como ponte, ligando o nucleocapsídeo às extremidades citoplasmáticas das glicoproteínas. A progênie de virions brota para fora da célula. Durante essa sequência de eventos, a HA é clivada em HA1 e HA2 se a célula hospedeira tiver a enzima proteolítica apropriada. A NA remove os ácidos siálicos terminais das glicoproteínas da superfície celular e viral, facilitando a liberação das partículas virais da célula e impedindo sua agregação.

Muitas das partículas não são infecciosas. Algumas vezes, as partículas não formam capsídeos em torno de todo o complemento dos segmentos genômicos. Com frequência, um dos grandes segmentos de RNA está ausente. Essas partículas não infecciosas são capazes de provocar hemaglutinação, podendo interferir na replicação do vírus intacto.

Atualmente, dispõe-se de sistemas de genética reversos que permitem a geração de vírus influenza infecciosos a partir de cDNAs clonados de segmentos de RNA virais, permitindo que se realizem estudos funcionais e de mutagênese.

INFECÇÕES PELO VÍRUS INFLUENZA EM HUMANOS

Uma comparação dos vírus influenza A com outros vírus que infectam o trato respiratório humano é apresentada no Tabela 39-3. O vírus influenza é abordado aqui.

Patogênese e patologia

O vírus influenza propaga-se de uma pessoa para outra por meio de perdigotos ou por contato com mãos ou superfícies contaminadas. Algumas células do epitélio respiratório serão infectadas se as partículas virais depositadas não forem removidas pelo reflexo da tosse e escaparem à neutralização por anticorpos imunoglobulina A (IgA) específicos preexistentes ou à inativação por inibidores inespecíficos presentes nas secreções mucosas. A progênie de virions é rapidamente produzida e propaga-se para as células adjacentes, onde se repete o ciclo de replicação. A NA viral reduz a viscosidade

TABELA 39-3 Comparação dos vírus que infectam o trato respiratório humano

Vírus	Doença	Número de sorotipos	Imunidade duradoura contra a doença	Vacina disponível	Latência viral
Vírus do RNA					
Vírus influenza A	Influenza	Muitos	Não	+	–
Metapneumovírus humano	Crupe, bronquiolite	Diversos	Não	–	–
Vírus parainfluenza	Crupe	Muitos	Não	–	–
Vírus respiratório sincicial	Bronquiolite, pneumonia	2	Não	–	–
Vírus da rubéola	Rubéola	1	Sim	+	–
Vírus do sarampo	Sarampo	1	Sim	+	–
Vírus da caxumba	Parotidite, meningite	1	Sim	+	–
Rinovírus	Resfriado comum	Muitos	Não	–	–
Coronavírus	Resfriado comum	Muitos	Não	–	–
Coxsackievírus	Herpangina, pleurodinia	Muitos	Não	–	–
Vírus de DNA					
Herpes-vírus simples tipo 1	Gengivostomatite	1	Não	–	+
Vírus Epstein-Barr	Mononucleose infecciosa	1	Sim	–	+
Vírus varicela-zóster	Varicela, cobreiro	1	Sim[a]	+	+
Adenovírus	Faringite, pneumonia	Muitos	Não	–	+

[a]Imunidade duradoura contra as recidivas de varicela, mas não contra reativação do zóster (cobreiro).

da película de muco nas vias respiratórias, deixando os receptores de superfície celular expostos e promovendo a disseminação de líquido contendo vírus para as porções inferiores do trato. Em pouco tempo, muitas células nas vias respiratórias são infectadas e, por fim, destruídas.

O período de incubação desde o momento de exposição ao vírus até o aparecimento da doença varia de 1 a 4 dias, dependendo do tamanho da dose viral e do estado imunológico do hospedeiro. A disseminação viral começa no dia anterior ao aparecimento dos sintomas, atinge o pico em 24 horas e permanece elevada por 1 a 2 dias para, em seguida, declinar nos 5 dias seguintes. O vírus infeccioso é raramente isolado do sangue.

A interferona pode ser detectada nas secreções respiratórias cerca de 1 dia após o início da disseminação viral. Os vírus influenza são sensíveis aos efeitos antivirais da interferona, e acredita-se que a resposta imune inata contribua para a recuperação do hospedeiro. Não podem ser detectados anticorpos específicos nem respostas mediadas por células durante um período de 1 a 2 semanas.

As infecções pelo vírus influenza provocam destruição celular e descamação da mucosa superficial das vias respiratórias, mas não afetam a camada basal do epitélio. A regeneração completa da lesão celular provavelmente leva 1 mês. A lesão do epitélio das vias respiratórias pelo vírus reduz a resistência aos invasores bacterianos secundários, particularmente estafilococos, estreptococos e *Haemophilus influenzae*.

O edema e as infiltrações mononucleares que surgem em resposta à morte e à descamação celulares devido à replicação do vírus provavelmente são responsáveis pelos sintomas locais. Os sintomas sistêmicos e a febre associados à influenza provavelmente refletem a produção de citocinas.

Manifestações clínicas

O influenza ataca principalmente o trato respiratório superior. Isso constitui sério risco para pessoas idosas, crianças de pouca idade e pessoas com outras condições médicas subjacentes, como problemas pulmonares, renais ou cardíacos, diabetes, câncer ou imunossupressão.

A. Influenza sem complicações

Em geral, os sintomas clássicos de influenza surgem de modo abrupto, consistindo em calafrios, cefaleia e tosse seca, seguidos de febre alta, dores musculares generalizadas, mal-estar e anorexia. Em geral, a febre persiste por 3 a 5 dias, assim como os sintomas sistêmicos. Tipicamente, os sintomas respiratórios duram 3 a 4 dias. A tosse e a fraqueza podem persistir por 2 a 4 semanas após o desaparecimento dos principais sintomas. Podem ocorrer infecções leves ou assintomáticas. Esses sintomas podem ser induzidos por qualquer cepa do vírus influenza A ou B. Em contrapartida, o vírus influenza C raramente provoca a síndrome de influenza, manifestando-se em forma de resfriado comum. A coriza e a tosse podem persistir por várias semanas.

Em crianças, os sintomas clínicos de influenza assemelham-se aos observados em adultos, embora as crianças possam apresentar febre mais alta e maior incidência de manifestações gastrintestinais, como vômitos. Podem ocorrer convulsões febris. Os vírus influenza

A constituem uma importante causa de crupe, que pode ser grave, em crianças com menos de 1 ano de idade. Por fim, pode-se verificar o desenvolvimento de otite média.

Quando o influenza aparece na forma epidêmica, as manifestações clínicas são compatíveis o suficiente para que a doença possa ser diagnosticada. Os casos esporádicos não podem ser diagnosticados em bases clínicas, visto que as manifestações da doença não podem ser distinguidas daquelas induzidas por outros patógenos das vias respiratórias. Entretanto, esses outros agentes raramente causam pneumonia viral grave, que constitui uma complicação da infecção pelo vírus influenza A.

B. Pneumonia

Em geral, as complicações graves só ocorrem em idosos e indivíduos debilitados, particularmente os que apresentam doença crônica subjacente. A gravidez parece constituir um fator de risco para complicações pulmonares letais em algumas epidemias. O impacto letal de uma epidemia de influenza reflete-se no número excessivo de mortes por pneumonia e doenças cardiopulmonares.

A pneumonia como complicação das infecções pelo vírus influenza pode ser de etiologia viral, bacteriana secundária ou uma combinação das duas. O aumento da secreção de muco ajuda a transportar os agentes para as vias respiratórias inferiores. A infecção pelo vírus influenza aumenta a suscetibilidade dos pacientes à superinfecção bacteriana. Isso é atribuído à perda do processo de depuração ciliar, disfunção das células fagocíticas e fornecimento de um meio de cultura rico para crescimento bacteriano por meio do exsudato alveolar. Os patógenos bacterianos mais frequentes são *Staphylococcus aureus*, *Streptococcus pneumoniae* e *H. influenzae*.

A pneumonia viral-bacteriana combinada é cerca de 3 vezes mais comum do que a pneumonia primária pelo vírus influenza. Uma base molecular para o efeito sinérgico observado entre vírus e bactérias pode consistir na secreção, por algumas cepas do *S. aureus*, de uma protease que tem a capacidade de clivar a HA do vírus influenza, permitindo, assim, a produção de títulos muito mais elevados de vírus infecciosos nos pulmões.

C. Síndrome de Reye

É uma encefalopatia aguda de crianças e adolescentes que em geral ocorre entre os 2 e 16 anos de idade. A taxa de mortalidade é elevada (10-40%). Desconhece-se a causa da síndrome de Reye; entretanto, trata-se de uma complicação rara reconhecida de infecções causadas pelos vírus influenza B, influenza A e herpes-vírus varicela-zóster. Existe uma possível relação entre o uso de salicilato* e o desenvolvimento subsequente de síndrome de Reye. A incidência da síndrome diminuiu com a redução do uso de salicilatos em crianças com sintomas gripais.

Imunidade

A imunidade contra o vírus influenza é duradoura, porém específica do subtipo. Os anticorpos contra a HA e a NA são importantes na imunidade contra a influenza, enquanto os anticorpos dirigidos contra as proteínas codificadas pelo vírus não são protetores. A resistência ao desenvolvimento da infecção está relacionada com o anticorpo dirigido contra a HA, enquanto a redução da gravidade da doença e da capacidade de transmitir o vírus por contato está relacionada com anticorpos dirigidos contra a NA.

A proteção correlaciona-se tanto com anticorpos séricos quanto com anticorpos IgA secretores nas secreções nasais. O anticorpo secretor local provavelmente é importante na prevenção da infecção. Os anticorpos séricos persistem por muitos meses a anos, enquanto os anticorpos secretores são de curta duração (em geral, de alguns meses). O anticorpo também modifica a evolução da doença. Uma pessoa com baixos títulos de anticorpos pode ser infectada, mas irá apresentar uma forma leve da doença. A imunidade pode ser incompleta, uma vez que pode ocorrer reinfecção pelo mesmo vírus.

Os três tipos de vírus influenza não são relacionados do ponto de vista antigênico e, assim, não induzem nenhuma proteção cruzada. Quando um tipo viral sofre impulso antigênico, a pessoa com anticorpos preexistentes contra a cepa original pode contrair apenas infecção leve pela nova cepa. Infecções subsequentes ou imunizações reforçam a resposta por anticorpos para o primeiro subtipo de influenza experimentado anos antes, um fenômeno chamado "pecado original antigênico".

Acredita-se que o principal papel das respostas imunológicas celulares no influenza consista em remover a infecção estabelecida. As células T citotóxicas provocam a lise das células infectadas. A resposta dos linfócitos T citotóxicos exibe reatividade cruzada (são capazes de lisar células infectadas por qualquer subtipo de vírus), parecendo ser dirigida contra as proteínas internas (NP, M) e as glicoproteínas de superfície.

Diagnóstico laboratorial

As características clínicas das infecções respiratórias virais podem ser produzidas por muitos vírus diferentes. Por conseguinte, o diagnóstico de influenza baseia-se na identificação dos antígenos virais e do ácido nucleico viral em amostras, isolamento do vírus ou na demonstração de resposta imunológica específica pelo paciente.

Lavados e aspirados nasais e *swabs* de nasofaringe constituem as melhores amostras para os testes diagnósticos e devem ser obtidos até 3 dias após o aparecimento dos sintomas.

A. Reação em cadeia da polimerase

Testes rápidos baseados na detecção do RNA de influenza em amostras clínicas por meio da reação em cadeia da polimerase com transcriptase reversa (RT-PCR, do inglês *reverse transcriptase-polymerase chain reaction*) são os preferidos para o diagnóstico de influenza. A RT-PCR é rápida (< 1 dia), sensível e específica. Estão disponíveis tecnologias moleculares multiplex que visam à detecção rápida de múltiplos patógenos em um único teste.

B. Isolamento e identificação do vírus

A amostra a ser testada para o isolamento do vírus deve ser mantida a 4 °C até inoculação e cultura de células, visto que o congelamento e o descongelamento reduzem a capacidade de isolamento do vírus. Todavia, se o tempo de armazenamento ultrapassar 5 dias, a amostra deverá ser congelada a −70 °C.

---

*N. de T. Os salicilatos são uns dos medicamentos mais antigos disponíveis na medicina. A disponibilidade generalizada do ácido acetilsalicílico aumenta as possibilidades de toxicidade acidental e intencional. Esse fármaco é comumente utilizado na inflamação, antipirese, analgesia e artrite reumatoide.

Os procedimentos de cultura viral levam 3 a 10 dias. Classicamente, ovos embrionados e células renais primárias de macaco têm sido os métodos de isolamento de escolha para os vírus influenza, embora possam ser utilizadas algumas linhagens celulares contínuas. As culturas de células inoculadas são incubadas na ausência de soro, que pode conter fatores inibitórios virais inespecíficos, e na presença de tripsina, que cliva e ativa a HA, permitindo a propagação do vírus em replicação por toda a cultura.

As culturas de células podem ser testadas para a presença de vírus por hemadsorção 3 a 5 dias após a inoculação, ou o líquido da cultura pode ser examinado à procura do vírus depois de 5 a 7 dias por hemaglutinação ou imunofluorescência. Se os resultados forem negativos, deverá ser efetuada uma passagem para culturas frescas. Essa passagem pode ser necessária, visto que os vírus primários isolados são frequentemente exigentes e de crescimento lento.

Os vírus isolados podem ser identificados por inibição da hemaglutinação (IH), procedimento que permite a rápida determinação do tipo e do subtipo do vírus influenza. Para isso, devem-se utilizar soros de referência para as cepas atualmente prevalentes. A hemaglutinação pelo novo vírus isolado é inibida por antissoro contra o subtipo homólogo.

Para o rápido estabelecimento do diagnóstico, as culturas de células em lamínulas em frascos podem ser inoculadas e coradas 1 a 4 dias depois com anticorpos monoclonais contra agentes respiratórios. O cultivo viral também pode ser testado por RT-PCR para identificação de um agente cultivado.

É possível identificar o antígeno viral diretamente em células esfoliadas em aspirados nasais com o uso de anticorpos fluorescentes. Esse teste é rápido (leva poucas horas), mas não se mostra tão sensível quanto a PCR ou isolamento do vírus, não fornece detalhes completos sobre a cepa viral nem proporciona um vírus isolado capaz de ser caracterizado. Os testes rápidos de detecção do antígeno da influenza estão disponíveis comercialmente e levam menos de 15 minutos. No entanto, esses testes variam em sensibilidade e especificidade, e um resultado negativo não descarta a infecção por influenza.

C. Sorologia

Durante a infecção pelo vírus influenza, são produzidos anticorpos dirigidos contra diversas proteínas virais (HA, NA, NP e matriz). A resposta imunológica contra a glicoproteína HA está associada a uma resistência à infecção.

Os testes rotineiros para diagnóstico sorológico baseiam-se em IH e ensaio imunoadsorvente ligado à enzima (Elisa, do inglês *enzyme–linked immunosorbent assay*). São necessários soros pareados das fases aguda e convalescente, visto que os indivíduos normais em geral apresentam anticorpos contra o vírus influenza. Deve ocorrer uma elevação de 4 vezes ou mais nos títulos para indicar a presença de infecção pelo vírus influenza. Com frequência, os soros humanos contêm inibidores inespecíficos de mucoproteína que devem ser destruídos antes da realização do teste de IH.

O teste de IH só revela a cepa do vírus responsável pela infecção quando se dispõe do antígeno correto. Os testes de neutralização são mais específicos, constituindo o melhor método para previsão de suscetibilidade à infecção. Todavia, levam mais tempo e são de execução mais difícil do que outros testes. O teste de Elisa é mais sensível que os demais ensaios.

Podem surgir complicações na identificação da cepa do vírus influenza infectante pela resposta humoral do paciente devido às respostas anamnésicas que ocorrem com frequência.

Epidemiologia

O vírus influenza ocorre no mundo inteiro, causando surtos anuais de intensidade variável. Estima-se que epidemias anuais sazonais de influenza causem 3 a 5 milhões de casos de doença grave e 250.000 a 500.000 mortes no mundo. O impacto econômico dos surtos de influenza A são significativos pela morbidade associada às infecções. Os custos econômicos foram estimados em 10-60 milhões de dólares por milhão de pessoas em países industrializados, dependendo das proporções da epidemia.

Os três tipos de vírus influenza variam acentuadamente quanto a seus padrões epidemiológicos. O vírus influenza C é o menos importante; provoca doença respiratória esporádica e leve, mas não causa epidemias de influenza. Algumas vezes, o vírus influenza B provoca epidemias, enquanto o vírus influenza tipo A pode atravessar continentes e causar epidemias maciças em todo o mundo, denominadas pandemias.

A incidência do influenza atinge um pico durante o inverno. Nos Estados Unidos*, as epidemias de influenza em geral ocorrem de janeiro a abril (e de maio a agosto no Hemisfério Sul). Deve existir uma cadeia contínua de transmissão de uma pessoa para outra para a manutenção do vírus entre as epidemias. Pode-se detectar certa atividade viral em grandes centros populacionais durante o ano inteiro, o que indica que o vírus permanece endêmico na população, causando algumas infecções subclínicas ou menores.

A. Mudança antigênica

Aparecem surtos periódicos em decorrência de alterações antigênicas em uma ou em ambas as glicoproteínas da superfície do vírus. Quando o número de indivíduos suscetíveis em determinada população atinge um nível suficiente, uma nova cepa do vírus provoca epidemia. A alteração pode ser gradual (daí a expressão "impulso antigênico"), devido a mutações puntiformes que se manifestam por meio de alterações em locais antigênicos importantes da glicoproteína (ver Figura 39-3), ou ser drástica e abrupta (por isso a expressão "mudança antigênica"), em virtude do reagrupamento genético que ocorre durante a coinfecção por uma cepa não relacionada.

Os três tipos de vírus influenza exibem impulso antigênico. Entretanto, apenas o vírus influenza A sofre mudança antigênica, presumivelmente pelo fato de os tipos B e C serem restritos aos seres humanos, enquanto os vírus influenza A relacionados circulam em

---

*N. de T. No Brasil, as regiões Sudeste e Sul apresentam, respectivamente, as maiores quantidades de amostras positivas, com destaque para a maior circulação do influenza A (H1N1) pdm09 e do influenza B. Nas regiões Norte, Nordeste e Centro-Oeste, a maior circulação é de vírus sincicial respiratório (VSR). Quanto à distribuição dos vírus por faixa etária, entre os indivíduos menores de 10 anos, ocorre uma maior circulação de VSR e influenza B. Entre os indivíduos a partir de 10 anos, predomina a circulação dos vírus influenza A (H1N1) pdm09, influenza B e influenza (H3N2). Para maiores informações e esquema vacinal detalhado, consultar: https://sbim.org.br/images/files/notas-tecnicas/informe-tecnico-ms-campanha-influenza-2020-final.pdf.

populações de animais em geral e em aves. Essas cepas animais são responsáveis pela mudança antigênica mediante o reagrupamento genético dos genes das glicoproteínas. Foram isolados vírus influenza A de muitas aves aquáticas, particularmente patos; de aves domésticas, como perus, frangos, gansos e patos; de porcos e de cavalos; e de focas e baleias. Além disso, estudos de sorologia indicam uma alta prevalência de infecção pelo vírus influenza em gatos domésticos.

Os surtos epidêmicos ocorrem em ondas, embora não exista uma periodicidade regular na ocorrência de epidemias. A experiência de um determinado ano irá refletir na interface entre a extensão do impulso antigênico do vírus predominante e a diminuição da imunidade da população. O período entre as ondas epidêmicas de influenza A tende a ser de 2 a 3 anos; o período interepidêmico para o tipo B é mais longo (3-6 anos). A cada 10 a 40 anos, quando surge um novo subtipo de influenza A, ocorre uma pandemia. Os estudos de soroepidemiologia sugerem a causa das epidemias em 1890 (H2N8) e 1900 (H3N8), com confirmação virológica conhecida das epidemias em 1918 (H1N1), 1957 (H2N2) e 1968 (H3N2). O subtipo H1N1 ressurgiu em 1977, embora não se tenha desencadeado nenhuma epidemia.

No início de 2009, um novo vírus H1N1 de origem suína apareceu e foi o responsável pela pandemia observada na metade do ano. Trata-se de um recombinante quádruplo, contendo genes dos vírus suínos da América do Norte e Eurásia, bem como os vírus influenza humano e aviário. O vírus era facilmente transmissível entre seres humanos e disseminado globalmente, causando mais de 18.000 mortes. A gravidade da doença foi comparável à da gripe sazonal. O vírus pandêmico, denominado A (H1N1) pdm09, tornou-se um vírus influenza sazonal, circulando juntamente com outros vírus sazonais, e parece ter substituído o vírus da cepa H1N1 anteriormente em circulação.

A vigilância quanto a surtos de influenza é necessária para identificar o surgimento precoce de novas cepas, com o objetivo de preparar vacinas antes que ocorra uma epidemia. Tal vigilância é estendida para populações animais, especialmente aves, porcos e cavalos. O isolamento de um vírus com HA alterada no final da primavera, durante uma miniepidemia, sinaliza uma possível epidemia no inverno seguinte. Esse sinal de alarme, chamado "onda precursora", tem sido observado precedendo epidemias por influenza A e B.

B. Influenza aviária

As análises de sequência de vírus influenza A isolados de muitos hospedeiros em diferentes regiões do mundo sustentam a teoria de que todos os vírus influenza de mamíferos provêm do reservatório de influenza em aves. Dos 18 subtipos de HA encontrados em aves, apenas alguns foram transferidos para mamíferos (H1, H2, H3, H5, H7 e H9 em seres humanos; H1, H2 e H3 em suínos; e H3 e H7 em cavalos). Observa-se o mesmo padrão para a NA; são conhecidos 11 subtipos de NA em aves, dos quais apenas dois são encontrados nos seres humanos (N1 e N2).

A influenza (gripe) aviária varia desde infecções inaparentes a infecções altamente letais em galinhas e perus. A maioria das infecções pelo vírus influenza em patos é causada por cepas avirulentas. Os vírus influenza em patos multiplicam-se em células que revestem o trato intestinal e são eliminados em altas concentrações em material fecal na água, onde permanecem viáveis por vários dias ou semanas, especialmente a baixas temperaturas. É provável que a influenza das aves seja uma infecção transmitida pela água, migrando de aves silvestres para aves domésticas e porcos.

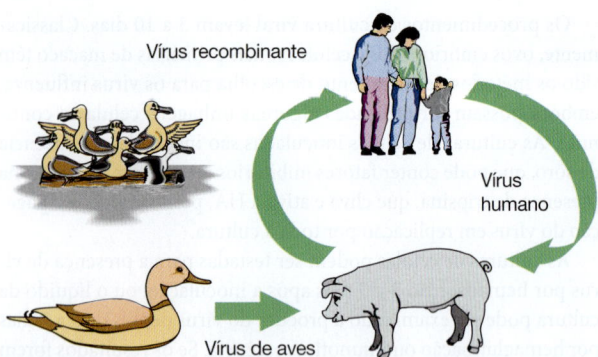

FIGURA 39-5 O porco pode atuar como hospedeiro intermediário para a geração dos vírus influenza por reagrupamento humano-ave com potencial pandêmico. (Reproduzida, com autorização, de Macmillan Publishers Ltd: Claas ECJ, Osterhaus ADME: New clues to the emergence of flu pandemics. *Nat Med* 1998;4:1122. Copyright © 1998.)

Até o momento, todas as cepas pandêmicas humanas eram recombinantes entre os vírus da influenza aviária e humana. As evidências sustentam o modelo de que os porcos servem como um compartimento de mistura para os recombinantes, pois suas células contêm receptores reconhecidos pelos vírus aviários e humanos (Figura 39-5). A linhagem pandêmica de 2009 foi um novo recombinante que continha genes virais de origem suína e genes de influenza de aves e humanos. As crianças em idade escolar são os vetores predominantes para a transmissão da influenza. A superlotação nas escolas favorece a transmissão do vírus por aerossol, e as crianças o carregam para suas casas e famílias.

Em 1997, em Hong Kong, ocorreu a primeira infecção documentada de seres humanos pelo vírus influenza A das aves (H5N1). A fonte consistiu em aves domésticas. Em 2006, a presença geográfica desse vírus influenza aviária altamente patogênico (H5N1) em aves domésticas e silvestres ampliou-se, incluindo muitos países na Ásia, Europa, África e Oriente Médio. Os surtos registrados foram maiores e mais graves. Dos cerca de 425 casos em humanos confirmados por exames de laboratório até maio de 2009, mais de metade foi constituída por casos fatais. Até então, os isolados de casos humanos contêm todos os segmentos gênicos do vírus aviário, indicando que, nessas infecções, o vírus aviário saltou diretamente das aves para o homem. Todas as evidências indicam que o contato próximo com aves doentes foi a fonte da infecção humana pelo H5N1. A preocupação é que, na presença de oportunidades suficientes, o vírus influenza aviária H5N1, altamente patogênico, irá adquirir habilidade para se disseminar de modo eficiente e se sustentar entre os seres humanos, tanto por recombinações como por mutações adaptativas. Isso pode resultar em uma pandemia devastadora. Outras cepas de influenza aviária foram encontradas em infecções humanas após exposição a aves, incluindo os vírus H7N9 e H9N2.

C. Reconstrução do vírus influenza de 1918

A tecnologia da PCR produziu fragmentos gênicos do vírus influenza a partir de amostras de tecido pulmonar preservadas de vítimas da epidemia de gripe espanhola de 1918. As sequências completas dos oito segmentos de RNA viral foram determinadas, indicando tratar-se de um vírus influenza A H1N1. Aparentemente, o vírus de 1918 não era um recombinante, e sim foi adquirido diretamente de uma fonte aviária que se adaptou aos seres humanos. Por meio de genética reversa, foi construído um vírus infeccioso contendo todos os segmentos gênicos do vírus pandêmico de 1918. Ao contrário dos vírus influenza comuns, o vírus de 1918 era altamente patogênico, sendo capaz de matar camundongos rapidamente. A HA 1918 e os genes da polimerase parecem ser os responsáveis pela alta virulência.

Prevenção e tratamento farmacológico

O cloridrato de amantadina e um análogo, a rimantadina, são inibidores do canal de íons M_2 para uso sistêmico no tratamento e na profilaxia da influenza A. Os inibidores da NA zanamivir e oseltamivir (ambos aprovados em 1999) e peramivir (aprovado em 2014) são úteis no tratamento tanto da influenza A quanto da B. Para máxima eficácia, esses fármacos devem ser administrados em uma fase muito inicial da doença. Vírus resistentes emergem com mais frequência durante a terapia com inibidores M_2 do que com os inibidores da NA, e com maior frequência em crianças do que em adultos. A resistência ao oseltamivir tem sido associada à mutação H275Y no gene da NA. Durante os anos de 2013 e 2014, todos as amostras do vírus influenza circulantes foram resistentes aos inibidores de M_2, porém a maioria era sensível aos inibidores da NA. Dependendo da suscetibilidade das cepas predominantemente circulantes, a subtipagem pode ser útil para determinar a terapia mais adequada.

Prevenção e controle por vacinas

As vacinas com vírus inativados constituem o principal modo de prevenção da influenza nos Estados Unidos. Entretanto, certas características dos vírus influenza dificultam sobremaneira a prevenção e o controle da doença por meio de imunização. As vacinas existentes tornam-se continuamente obsoletas, visto que os vírus sofrem impulso e mudança antigênicos. Os programas de vigilância por autoridades governamentais* e pela Organização Mundial de Saúde (OMS) monitoram constantemente os subtipos de vírus influenza que circulam pelo mundo, a fim de detectar imediatamente o aparecimento e a propagação de novas cepas.

A principal vantagem desse monitoramento seria o desenvolvimento de vacinas mais eficientes, que estimulem a produção de anticorpos circulantes contra muitos sorotipos de influenza.

Convém mencionar vários outros problemas. Embora a proteção possa alcançar 70 a 100% em adultos sadios, a frequência de proteção é baixa (30-60%) entre idosos e crianças menores. Em geral, as vacinas com vírus inativados não induzem a respostas imunológicas satisfatórias mediadas por células ou pela IgA local. A resposta imunológica é influenciada pelo fato de a pessoa ter sido "preparada" por exposição antigênica anterior a um vírus influenza A do mesmo subtipo.

A. Preparação de vacinas com vírus inativados

As vacinas com vírus influenza A e B inativados são aprovadas para uso parenteral em seres humanos. Os órgãos federais dos Estados

---

*N. de T. No Brasil, a rede de Laboratórios de Referência (LR) para Influenza é composta pelo Laboratório de Referência Nacional localizado na Fundação Oswaldo Cruz (Fiocruz), no Rio de Janeiro (RJ), e os dois Laboratórios de Referência Regional localizados no Instituto Adolfo Lutz (IAL), em São Paulo (SP) e no Instituto Evandro Chagas (IEC), em Ananindeua (PA). Esses três laboratórios são credenciados junto à OMS como centros de referência para influenza (NIC, do inglês *Nacional Influenza Center*) e fazem parte da rede global de vigilância da influenza.

Unidos e a OMS divulgam recomendações, todos os anos, sobre as cepas que devem ser incluídas nas vacinas. Em geral, a vacina consiste em uma mistura contendo um ou dois vírus tipos A e B das cepas isoladas nos surtos do inverno anterior.

Determinadas cepas selecionadas são cultivadas em ovos embrionados, sendo o substrato utilizado para produção de vacinas. Algumas vezes, os vírus isolados naturais crescem muito lentamente em ovos para permitir a produção de vacinas; nesses casos, efetua-se um reagrupamento no laboratório. Em seguida, o vírus com reagrupamento, que carrega os genes dos antígenos de superfície da vacina desejada com os genes de replicação provenientes de um vírus de laboratório adaptado a ovos, é utilizado para a produção de vacinas. Uma vacina baseada em células usando culturas de células animais tornou-se disponível em 2012, superando algumas limitações da produção baseada em ovos.

O vírus é coletado do líquido alantoide do ovo, purificado, concentrado por centrifugação por gradiente e inativado com formol ou β-propiolactona. A quantidade de HA é padronizada em cada dose de vacina (cerca de 15 µg de antígeno), porém a quantidade de NA não é padronizada, por ser mais lábil em condições de purificação e armazenamento. Cada dose de vacina contém o equivalente a cerca de 10 bilhões de partículas virais.

As vacinas consistem em preparações de vírus integral (WV, do inglês *whole virus*), subvirions (SV) ou antígenos de superfície. A vacina de WV contém o vírus intacto inativado; a vacina SV contém o vírus purificado, tratado com detergente; e as vacinas com antígeno de superfície contêm as glicoproteínas HA e NA purificadas. Todas essas vacinas são eficazes.

B. Preparação de vacinas de vírus atenuados

A vacina com vírus vivo precisa ser atenuada, de modo que não induza a doença que ela própria deve evitar. Tendo em vista a constante mudança dos vírus influenza na natureza e os extensos esforços laboratoriais necessários para atenuar um vírus virulento, a única estratégia viável consiste em planejar uma maneira de transferir genes atenuadores definidos de um vírus doador-mestre atenuado para cada novo vírus epidêmico ou pandêmico isolado.

Um vírus doador adaptado ao frio, capaz de crescer a 25 °C, mas não a 37 °C – a temperatura das vias respiratórias inferiores – pode replicar-se na nasofaringe, cuja temperatura é mais baixa (33 °C). Uma vacina de vírus influenza trivalente, atenuada, sensível à temperatura e administrada por aerossol nasal foi licenciada nos Estados Unidos em 2003. Essa foi a primeira vacina de vírus influenza atenuada aprovada nos Estados Unidos, bem como a primeira vacina de administração nasal administrada.

C. Uso de vacinas contra o influenza

A única contraindicação para a vacinação é um histórico de alergia à proteína do ovo, embora vacinas baseadas em células superem essa limitação. Como as cepas vacinais crescem em ovos, alguns antígenos proteicos do ovo estão presentes na vacina.

A vacinação anual contra a influenza é recomendada para todas as crianças de 6 meses a 18 anos e para grupos de alto risco. Isso inclui os indivíduos com maior risco de complicações associadas à infecção por influenza (aqueles com doenças cardíacas ou pulmonares crônicas, inclusive crianças com asma ou distúrbios metabólicos ou renais; residentes de enfermarias; pessoas infectadas pelo HIV; e pessoas com 65 anos ou mais), bem como indivíduos que possam transmitir influenza a grupos de alto risco (profissionais da área médica, profissionais que fazem acompanhamento domiciliar e outras pessoas do convívio domiciliar). A vacina intranasal de vírus atenuado não está sendo recomendada para indivíduos dos grupos de alto risco atualmente.

Prevenção pela higiene das mãos

Embora a transmissão ocorra principalmente por aerossóis, a transmissão pelas mãos é também potencialmente importante. Estudos mostraram que a lavagem das mãos com sabão e água ou a higienização das mãos com álcool em gel é altamente eficaz para reduzir a quantidade de vírus presentes nas mãos humanas.

RESUMO DO CAPÍTULO

- Os vírus influenza são os principais agentes virais respiratórios.
- O vírus influenza do tipo A apresenta elevada variação antigênica e causa a maioria das epidemias e todas as pandemias globais.
- O vírus influenza do tipo B pode apresentar variação antigênica e, assim, ser responsável por alguns casos epidêmicos.
- O vírus influenza do tipo C é antigenicamente mais estável.
- Cepas do vírus influenza do tipo A podem ser isoladas de aves aquáticas, patos, perus, porcos e cavalos.
- O genoma viral é formado por um RNA de sentido negativo de cadeia simples, composto por oito segmentos separados.
- As glicoproteínas de superfície hemaglutinina (HA) e neuraminidase (NA) estão associadas à antigenicidade viral e à imunidade do hospedeiro.
- Mudanças antigênicas sutis na HA e na NA, denominadas **impulso antigênico**, ocorrem aleatoriamente e são causadas pelo acúmulo de mutações pontuais.
- Mudanças antigênicas maiores na HA e na NA, denominadas **mudança antigênica**, resultam em um novo subtipo de vírus influenza e são causadas por rearranjo de segmentos do genoma dos vírus humanos e das aves.
- Uma vez que muitos vírus podem causar infecções respiratórias, o diagnóstico das infecções causadas pelo vírus influenza baseado na sintomatologia clínica não é confiável, necessitando de confirmação laboratorial.
- A imunidade contra o vírus influenza é duradoura, porém específica do subtipo. Somente anticorpos anti-HA e anti-NA são protetores.
- Há tanto vacinas inativadas quanto atenuadas, porém se tornam obsoletas constantemente, conforme novas variantes antigênicas do vírus influenza aparecem.
- Embora existam fármacos antivirais, o desenvolvimento de resistência é frequente, especialmente para os inibidores de canais de íons M_2.
- Os vírus influenza A aviários H5N1, H7N9 e H9N2 causam infecções humanas esporádicas, mas não adquiriram a capacidade de transmissão sustentada de humano para humano.

QUESTÕES DE REVISÃO

1. Qual das seguintes alternativas em relação à prevenção e ao tratamento da influenza está correta?

   (A) Não são recomendadas doses de reforço.
   (B) Os medicamentos que inibem a neuraminidase são ativos somente contra a influenza A.
   (C) Como ocorre com qualquer outra vacina atenuada, a vacina contra a influenza não deve ser administrada a mulheres grávidas.
   (D) A vacina contra a influenza contém diversos sorotipos do vírus.
   (E) As linhagens virais na vacina contra a influenza não variam de ano para ano.

2. Qual das seguintes alternativas sobre a neuraminidase do vírus influenza não é correta?

   (A) Está embebida na superfície externa do envelope viral.
   (B) Forma uma espícula composta por quatro monômeros idênticos, cada qual com atividade enzimática.
   (C) Facilita a liberação das partículas virais das células infectadas.
   (D) Baixa a viscosidade do filme mucoso no trato respiratório.
   (E) É antigenicamente similar entre todos os vírus influenza de mamíferos.

3. Qual das seguintes alternativas reflete a patogênese do influenza?

   (A) O vírus penetra no hospedeiro por perdigotos
   (B) A viremia é comum
   (C) O vírus com frequência estabelece infecções persistentes no pulmão
   (D) A pneumonia não está associada a infecções bacterianas secundárias
   (E) A infecção viral não mata as células no trato respiratório

4. Qual dos seguintes sintomas não é típico de influenza?

   (A) Febre
   (B) Dores musculares
   (C) Mal-estar
   (D) Tosse seca
   (E) Erupção cutânea

5. O antígeno (A, B ou C) específico do tipo do vírus influenza é encontrado em qual componente viral?

   (A) Hemaglutinina
   (B) Neuraminidase
   (C) Nucleocapsídeo
   (D) Complexo polimerase
   (E) Proteína principal não estrutural
   (F) Lipídeo do envelope viral

6. Uma paciente de 70 anos de idade, internada em uma enfermaria, recusou-se a tomar a vacina contra a influenza e desenvolveu posteriormente um quadro de influenza. Morreu de pneumonia aguda uma semana após ter contraído gripe. Qual das seguintes alternativas é a causa mais comum de pneumonia aguda pós-influenza?

   (A) *Legionella pneumophila*
   (B) *Staphylococcus aureus*
   (C) Sarampo
   (D) Citomegalovírus
   (E) *Listeria monocytogenes*

7. Qual das seguintes alternativas em relação ao impulso antigênico em vírus influenza está correta?

   (A) Resulta em grandes mudanças antigênicas.
   (B) Acontece somente no vírus influenza A.
   (C) Deve-se a mutações de fase no genoma viral.
   (D) Resulta em novos subtipos com o tempo.
   (E) Afeta predominantemente a proteína de matriz.

8. Um médico de 32 anos de idade apresentou sintomas gripais, como febre, dor de garganta, cefaleia e mialgia. Foi solicitada uma cultura para vírus a fim de se obter confirmação laboratorial do diagnóstico de influenza. Qual das seguintes alternativas seria a melhor amostra para o isolamento do vírus responsável por essa infecção?

   (A) Fezes
   (B) *Swab* de nasofaringe
   (C) Líquido vesicular
   (D) Sangue
   (E) Saliva

9. Qual das seguintes alternativas sobre o isolamento do vírus influenza está correta?

   (A) O diagnóstico de uma infecção por vírus influenza só pode ser feito pelo isolamento do vírus.
   (B) O isolamento do vírus influenza é feito com o emprego de camundongos neonatos.
   (C) O isolamento do vírus pode ajudar a determinar a epidemiologia da doença.
   (D) Os vírus influenza isolados crescem facilmente em cultura de células.

10. O principal reservatório para as variantes de mudança antigênica do vírus influenza parece ser constituído por:

    (A) Portadores humanos crônicos do vírus
    (B) Esgoto
    (C) Porcos, cavalos e galinhas
    (D) Mosquitos
    (E) Roedores

11. A influenza aviária H5N1, altamente patogênica (HPAI, do inglês *highly pathogenic avian influenza*), pode infectar seres humanos com uma alta taxa de mortalidade, mas ainda não resultou em pandemia. Qual das seguintes alternativas não é característica da HPAI?

    (A) Eficiente transmissão entre seres humanos
    (B) Presença de genes de influenza aviária
    (C) Eficiente infecção de aves domésticas
    (D) Genoma de RNA segmentado

12. Qual das seguintes alternativas sobre os testes diagnósticos para influenza é verdadeira?

    (A) Os sintomas clínicos distinguem confiavelmente a influenza de outras infecções respiratórias.
    (B) A cultura viral é o "padrão ouro" dos testes diagnósticos, pois é o ensaio mais rápido.
    (C) A resposta de anticorpos do paciente é altamente específica para a linhagem do vírus influenza infectante.
    (D) A RT-PCR é a técnica preferida em virtude de sua rapidez, sensibilidade e especificidade.

13. Todas as alternativas sobre mecanismo do "impulso antigênico" estão corretas, *exceto*:

    (A) Envolve a hemaglutinina (HA) e a neuraminidase (NA) viral.
    (B) As mutações são causadas pela RNA-polimerase viral.
    (C) Predomina na população hospedeira por pressão seletiva.

    (D) Envolve rearranjo entre os reservatórios humano, animal ou aviário.
    (E) Pode envolver genes que codificam proteínas estruturais e não estruturais.

14. Todas as alternativas sobre prevenção e tratamento contra o vírus influenza estão corretas, *exceto*:

    (A) Vacinas inativadas contêm o vírus H1N1, porém as vacinas atenuadas contêm o vírus H3N2.
    (B) É recomendada a administração da vacina a cada ano, devido ao impulso antigênico do agente viral.
    (C) O oseltamivir é um fármaco efetivo contra os vírus influenza do tipo A e do tipo B.
    (D) O principal antígeno vacinal que induz a produção de anticorpos protetores é a hemaglutinina (HA).

15. Todas as alternativas sobre a antigenicidade do vírus influenza do tipo A estão corretas, *exceto*:

    (A) As mudanças antigênicas, que são os principais mecanismos de mudança na antigenicidade, ocorrem de forma infrequente e são causadas por rearranjo de segmentos do genoma viral.
    (B) As mudanças antigênicas afetam tanto a hemaglutinina quanto a neuraminidase.
    (C) Epidemias mundiais causadas pelo vírus influenza do tipo A são causadas por mudanças antigênicas.
    (D) A proteína envolvida nos impulsos antigênicos é primariamente uma ribonucleoproteína interna.

16. Qual dos seguintes agentes infecciosos é a mais provável causa de pandemias?

    (A) Vírus influenza A
    (B) *Streptococcus pyogenes*
    (C) Vírus influenza B
    (D) Vírus respiratório sincicial
    (E) Vírus influenza C

Respostas

1.	D	7.	D	13.	D
2.	E	8.	B	14.	A
3.	A	9.	C	15.	D
4.	E	10.	C	16.	A
5.	C	11.	A		
6.	B	12.	D		

REFERÊNCIAS

Antiviral agents for the treatment and chemoprophylaxis of influenza. Recommendations of the Advisory Committee on Immunization Practices (ACIP). *MMWR Morb Mortal Wkly Rep* 2011;60:1.

Avian influenza fact sheet. *World Health Org Wkly Epidemiol Rec* 2006;81:129.

Gambotto A, Barratt-Boyes SM, de Jong MD, et al: Human infection with highly pathogenic H5N1 influenza virus. *Lancet* 2008;371:1464.

Horimoto T, Kawaoka Y: Influenza: Lessons from past pandemics, warnings from current incidents. *Nat Rev Microbiol* 2005;3:591.

Influenza vaccination of health-care personnel. Recommendations of the Healthcare Infection Control Practices Advisory Committee and the Advisory Committee on Immunization Practices. *MMWR Morb Mortal Wkly Rep* 2006;55(RR-2):1.

Medina RA, García-Sastre A: Influenza A viruses: New research developments. *Nat Rev Microbiol* 2011;9:590.

Neumann G, Noda T, Kawaoka Y: Emergence and pandemic potential of swine-origin H1N1 influenza virus. *Nature* 2009;459:931.

Olsen B, Munster VJ, Wallensten A, et al: Global patterns of influenza A virus in wild birds. *Science* 2006;312:384.

Palese P, Shaw ML: Orthomyxoviridae: The viruses and their replication. In Knipe DM, Howley PM (editors-in-chief) *Fields Virology*, 5th ed. Lippincott Williams & Wilkins, 2007.

Prevention and control of influenza with vaccines. Recommendations of the Advisory Committee on Immunization Practices (ACIP), 2010. *MMWR Morb Mortal Wkly Rep* 2010;59(RR-8):1.

Seasonal and pandemic influenza: At the crossroads, a global opportunity. *J Infect Dis* 2006;194(Suppl 2). [Entire issue.]

Special section: Novel 2009 influenza A H1N1 (swine variant). *J Clin Virol* 2009;45:169. [10 articles.]

Swerdlow DL, Finelli L, Bridges CB (guest editors): The 2009 H1N1 influenza pandemic: field and epidemiologic investigations. *Clin Infect Dis* 2011;52(Suppl 1). [Entire issue.]

Taubenberger JK, Morens DM (guest editors): Influenza. *Emerg Infect Dis* 2006;12:1. [Entire issue.]

Wright PF, Neumann G, Kawaoka Y: Orthomyxoviruses. In Knipe DM, Howley PM (editors-in-chief) *Fields Virology*, 5th ed. Lippincott Williams & Wilkins, 2007.

Paramixovírus e vírus da rubéola

Os paramixovírus abrangem os agentes mais importantes das infecções respiratórias de lactentes e crianças de pouca idade (vírus sincicial respiratório e vírus parainfluenza), bem como os agentes etiológicos de duas das doenças contagiosas mais comuns da infância (caxumba e sarampo). A Organização Mundial de Saúde (OMS) calcula que, anualmente, as infecções respiratórias agudas e as pneumonias sejam responsáveis pela morte de 4 milhões de crianças com menos de 5 anos. Os paramixovírus constituem os principais patógenos respiratórios nesse grupo etário.

Todos os membros da família **Paramyxoviridae** iniciam a infecção por meio das vias respiratórias. A replicação dos patógenos respiratórios limita-se ao epitélio respiratório, enquanto o sarampo e a caxumba disseminam-se por todo o organismo, provocando doença generalizada.

O vírus da rubéola, apesar de classificado como togavírus em virtude de suas propriedades químicas e físicas (ver Capítulo 29), pode ser considerado com os paramixovírus em termos epidemiológicos.

PROPRIEDADES DOS PARAMIXOVÍRUS

As principais propriedades dos paramixovírus são mostradas na Tabela 40-1.

Estrutura e composição

A morfologia dos **Paramyxoviridae** é pleomórfica, com partículas de 150 nm ou mais de diâmetro, chegando ocasionalmente a 700 nm. A Figura 40-1 mostra uma partícula típica. O envelope dos paramixovírus parece frágil, tornando as partículas virais lábeis a condições de armazenamento e sujeitas à deformação em micrografias eletrônicas.

O genoma viral consiste em RNA de fita simples linear, de sentido negativo, não segmentado, com cerca de 15 kb de tamanho (Figura 40-2). Como o genoma não é segmentado, não há possibilidade de rearranjo genético frequente, resultando em estabilidade antigênica.

A maior parte dos paramixovírus contém seis proteínas estruturais. Três proteínas são complexadas com o RNA viral – a nucleoproteína (N), que forma o nucleocapsídeo helicoidal (com 13 ou 18 nm de diâmetro) e representa a principal proteína interna, e outras duas grandes proteínas (designadas por P e L), que estão provavelmente envolvidas na atividade da polimerase viral que atua na transcrição e na replicação do RNA.

Três proteínas participam na formação do envelope viral. A proteína da matriz (M) localiza-se sob o envelope viral, exibe afinidade tanto pela N quanto pelas glicoproteínas da superfície viral e é importante na organização do virion. O nucleocapsídeo é circundado por um envelope lipídico repleto de espículas de 8 a 12 nm, constituído de duas glicoproteínas transmembrânicas diferentes. As atividades dessas lipoproteínas de superfície ajudam a diferenciar os vários gêneros da família Paramyxoviridae (Tabela 40-2). A glicoproteína maior (HN ou G) pode apresentar ou não atividades de hemaglutinação e de neuraminidase, sendo responsável pela fixação do vírus à célula hospedeira. É organizada em forma de tetrâmero no virion maduro. A outra glicoproteína (F) atua como mediador para a fusão da membrana e as atividades de hemolisina. Os pneumovírus e metapneumovírus parecem conter duas grandes proteínas de envelope (M2-1 e SH).

A Figura 40-3 mostra uma partícula típica de paramixovírus.

Classificação

A família Paramyxoviridae é dividida em duas subfamílias e sete gêneros, seis dos quais contêm patógenos humanos (Tabela 40-2). Os membros são, em sua maioria, monotípicos (i.e., consistem em um único sorotipo) e antigenicamente estáveis.

O gênero *Respirovirus* contém dois sorotipos dos vírus parainfluenza humanos, enquanto o gênero *Rubulavirus* abrange dois outros vírus parainfluenza, bem como o vírus da caxumba. Alguns vírus animais estão relacionados com as cepas humanas. O vírus Sendai dos camundongos, o primeiro vírus parainfluenza, isolado e atualmente reconhecido como causa de infecção comum em colônias de camundongos, é um subtipo do vírus humano tipo 1. O vírus da parainfluenza símio 5 (PIV5, do inglês *parainfluenza virus 5*), um contaminante comum de células primárias de macaco, é igual ao vírus parainfluenza canina tipo 2, enquanto o vírus da febre do gado bovino e do gado ovino é um subtipo do tipo 3. O vírus da doença de Newcastle, o protótipo do vírus parainfluenza de aves do gênero *Avulavirus*, também está relacionado com os vírus humanos.

Os membros de um determinado gênero compartilham determinantes antigênicos. Embora os vírus possam ser distinguidos antigenicamente mediante o uso de reagentes bem definidos, a hiperimunização estimula a formação de anticorpos de reação

TABELA 40-1 Propriedades importantes dos paramixovírus

Virion: Esférico, pleomórfico, com 150 nm ou mais de diâmetro (nucleo-capsídeo helicoidal de 13 ou 18 nm)

Composição: RNA (1%), proteínas (73%), lipídeos (20%), carboidratos (6%)

Genoma: RNA de fita simples, linear, não segmentado, de sentido nega-tivo e tamanho de cerca de 15 kb

Proteínas: 6 a 8 proteínas estruturais

Envelope: Contém a glicoproteína viral (G, H ou HN) (que às vezes apre-senta atividade de hemaglutinina ou neuraminidase) e glicoproteína de fusão (F); muito frágil

Replicação: Citoplasma; partículas brotam da membrana plasmática

Características marcantes:
Antigenicamente estável.
As partículas são lábeis, porém altamente infecciosas.

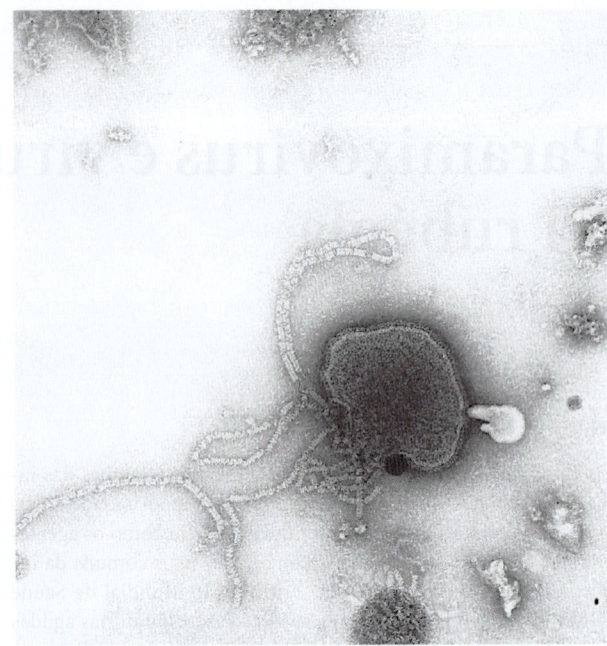

FIGURA 40-1 Ultraestrutura do vírus parainfluenza tipo 1. O virion sofreu ruptura parcial, mostrando o nucleocapsídeo. Podem-se observar projeções de superfície ao longo da borda da partícula. (Cortesia de FA Murphy e EL Palmer.)

cruzada, que reagem contra os quatro vírus parainfluenza, o da caxumba e o da doença de Newcastle. Essas respostas humorais heterotípicas, que incluem anticorpos dirigidos contra proteínas tanto internas quanto superficiais do vírus, são comumente observadas em indivíduos de idade mais avançada. Tal fenômeno dificulta a determinação do tipo infectante mais provável pelo diagnóstico sorológico. Todos os membros dos gêneros *Respirovirus* e *Rubula-virus* têm atividades de hemaglutinina e de neuraminidase, ambas

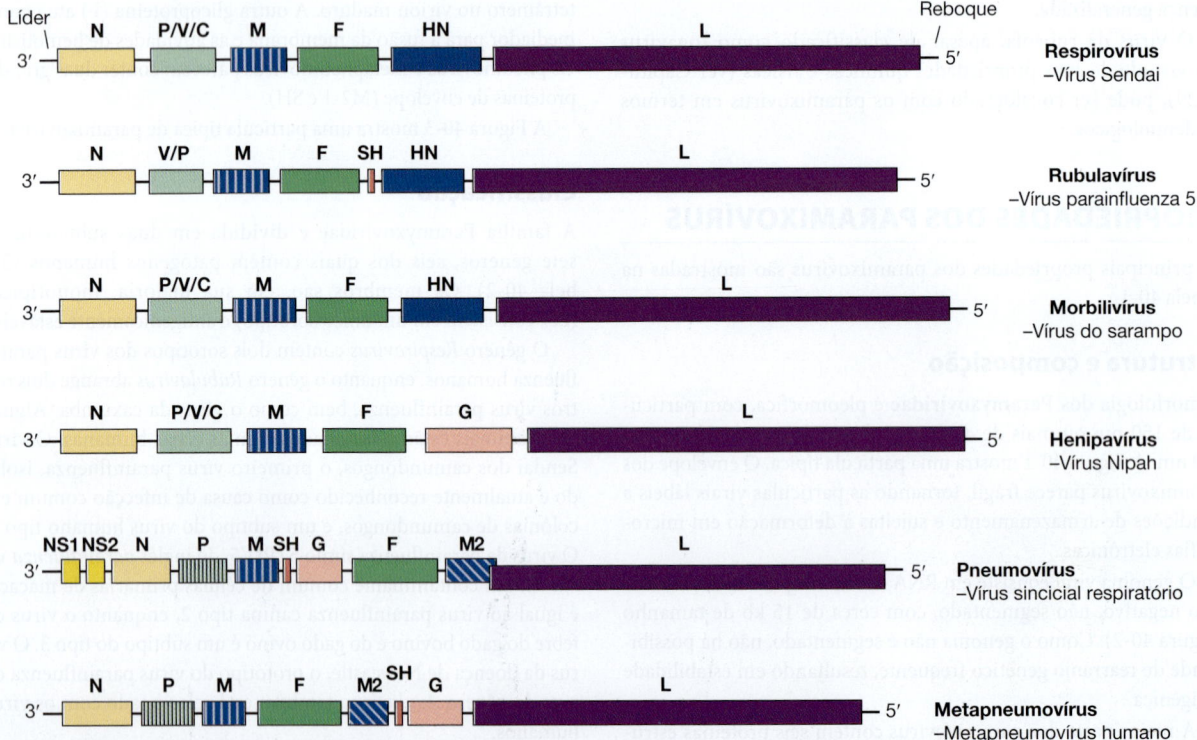

FIGURA 40-2 Mapa genético de membros representativos do gênero da família Paramyxoviridae. O tamanho dos genes (*retângulos*) está indicado aproximadamente de acordo com a escala. (Copyright GD Parks e RA Lamb, 2006.)

TABELA 40-2 Características dos gêneros nas subfamílias da família Paramyxoviridae

Propriedade	Paramyxovirinae				Pneumovirinae	
	Respirovirus	*Rubulavirus*	*Morbillivirus*	*Henipavirus*[a]	*Pneumovirus*	*Metapneumovirus*
Vírus humanos	Parainfluenza 1, 3	Caxumba, parainfluenza 2, 4a, 4b	Sarampo	Hendra, Nipah	Vírus sincicial respiratório	Metapneumovírus humano
Sorotipos	1 de cada	1 de cada	1	Desconhecidos	2	Diversos
Diâmetro do nucleocapsídeo (nm)	18	18	18	18	13	13
Fusão de membrana (proteína F)	+	+	+	+	+	+
Hemolisina[b]	+	+	+	Desconhecido	0	0
Hemaglutinina[c]	+	+	+	0	0	0
Hemadsorção	+	+	+	0	0	0
Neuraminidase[c]	+	+	0	0	0	0
Inclusões	C	C	N, C	C	C	C

C, citoplasma; N, núcleo.
[a] Paramixovírus zoonóticos.
[b] Atividade de hemolisina desempenhada pela glicoproteína F.
[c] Atividades de hemaglutinação e neuraminidase desempenhadas pela glicoproteína HN nos respirovírus e rubulavírus; a glicoproteína H do morbilivírus não possui atividade de neuraminidase; a glicoproteína G dos outros paramixovírus não possui nenhuma das atividades.

desempenhadas pela glicoproteína HN, bem como propriedades de fusão da membrana e de hemolisina, que constituem funções da proteína F.

O gênero *Morbillivirus* compreende o vírus do sarampo nos seres humanos, bem como o vírus da cinomose canina, o vírus da peste bovina e os morbilivírus aquáticos que infectam mamíferos marinhos. Tais vírus estão antigenicamente relacionados entre si, mas não com membros dos outros gêneros. A proteína F é

altamente conservada entre os morbilivírus, enquanto as proteínas HN/G exibem maior variabilidade. O vírus do sarampo tem atividade de hemaglutinina, mas carece de atividade de neuraminidase. O vírus do sarampo induz a formação de inclusões intranucleares, o que não ocorre com os outros paramixovírus.

O gênero *Henipavirus* contém paramixovírus zoonóticos capazes de infectar e causar doença em seres humanos. Os vírus Hendra e Nipah, presentes em morcegos frugívoros, são membros desse gênero. Esses vírus não apresentam atividade neuraminidase.

Os vírus sinciciais respiratórios (VSR) dos seres humanos e do gado bovino e o vírus da pneumonia dos camundongos pertencem ao gênero *Pneumovirus*. Existem duas cepas antigenicamente distintas do VSR em seres humanos, subgrupos A e B. A glicoproteína de superfície maior dos pneumovírus carece das atividades de hemaglutinina e de neuraminidase características dos respirovírus e dos rubulavírus, de modo que foi denominada proteína G. A proteína F do VSR exibe atividade de fusão da membrana, mas carece de atividade de hemolisina. Os novos patógenos respiratórios de seres humanos, os metapneumovírus humanos, são classificados no gênero *Metapneumovirus*.

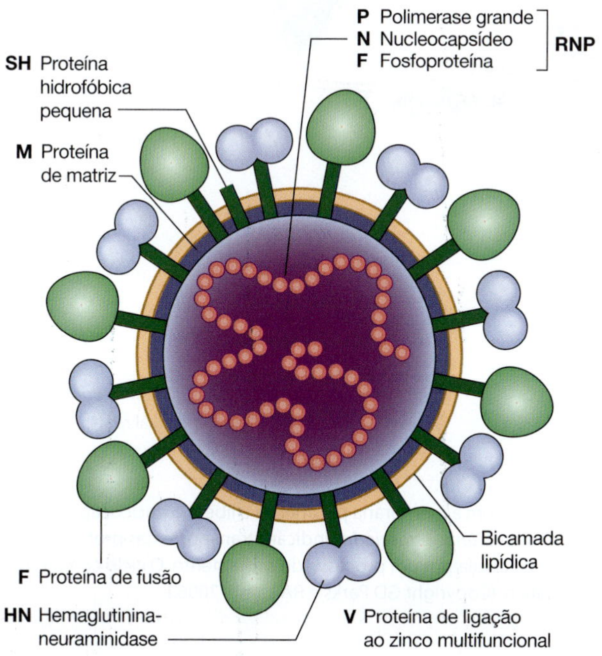

FIGURA 40-3 Diagrama esquemático de um paramixovírus que mostra os principais componentes (não desenhados de acordo com a escala). A matriz viral (M) está subjacente à bicamada lipídica. Inseridas na membrana viral, estão a glicoproteína de fixação com atividade de hemaglutinina-neuraminidase (HN) e a glicoproteína de fusão (F). Apenas alguns paramixovírus contêm a proteína SH. No interior do vírus, encontra-se o RNA do virion de fita negativa, envolto na proteína do nucleocapsídeo (N). Associadas ao nucleocapsídeo, estão as proteínas L e P, e esse complexo em seu conjunto apresenta atividade de RNA-transcriptase dependente do RNA. A proteína V é encontrada somente em virions de rubulavírus. (Copyright GD Parks e RA Lamb, 2006.)

Replicação dos paramixovírus

A Figura 40-4 ilustra o ciclo típico de replicação dos paramixovírus.

A. Fixação, penetração e desnudamento do vírus

Os paramixovírus fixam-se às células hospedeiras por meio da glicoproteína hemaglutinina (proteínas HN, H ou G). No caso do vírus do sarampo, o receptor é a molécula CD46 ou CD150 de membrana. Em seguida, o envelope do virion funde-se com a membrana celular por meio da ação da glicoproteína de fusão F_1, produto de clivagem. A proteína F_1 sofre um complexo rearranjo durante o processo viral de fusão com a membrana celular. Se o precursor F_0 não for clivado, não haverá atividade de fusão; nessa circunstância, não ocorrerá penetração do virion, e a partícula viral será incapaz de iniciar a infecção. A fusão por F_1 ocorre a pH neutro do ambiente extracelular, permitindo a liberação do nucleocapsídeo viral diretamente no interior da célula. Por conseguinte, os paramixovírus são capazes de evitar a internalização através dos endossomos.

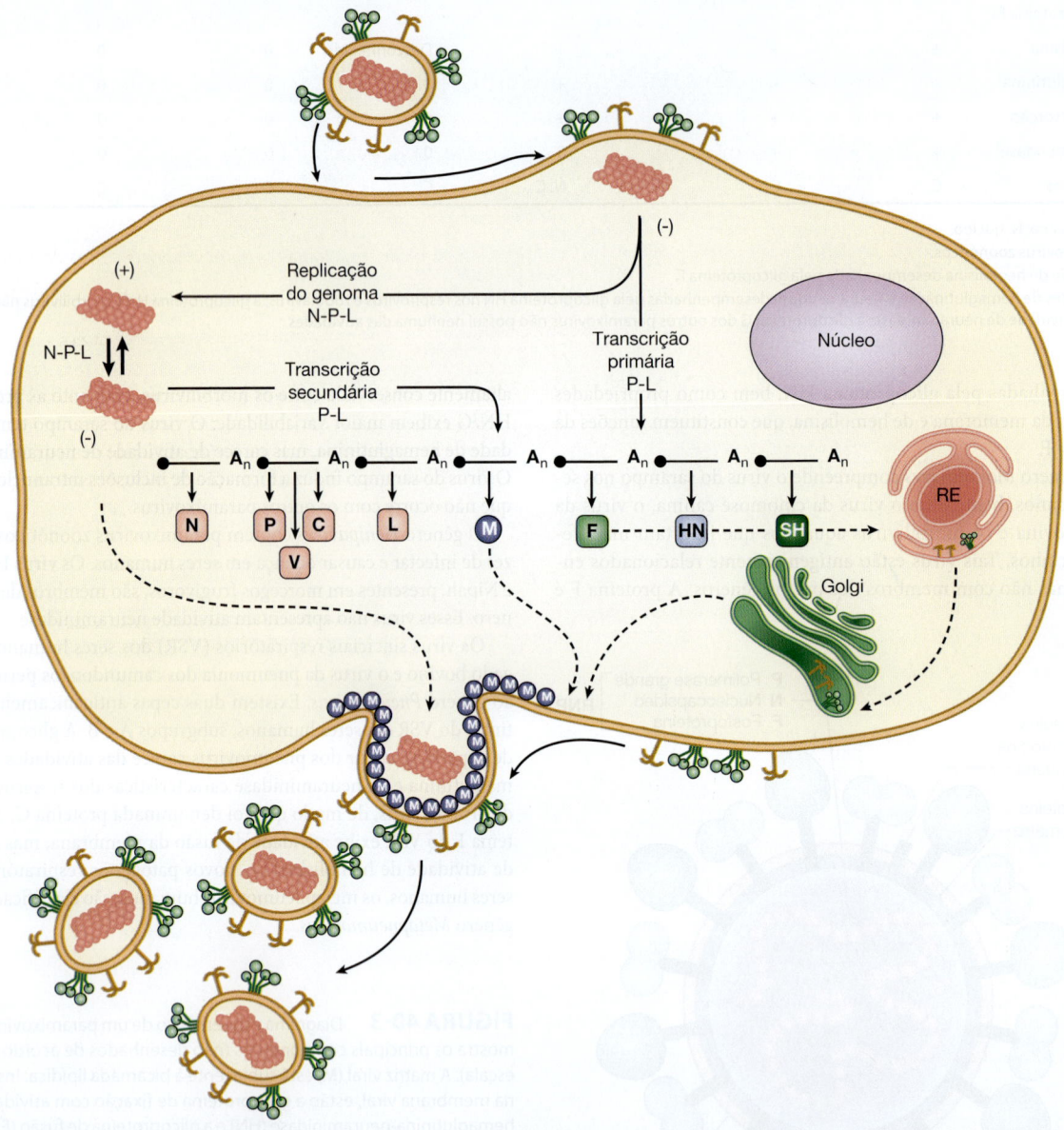

FIGURA 40-4   Ciclo vital de paramixovírus. A partícula viral infectante funde-se com a membrana plasmática e libera o nucleocapsídeo viral no citoplasma. As *linhas sólidas* representam a transcrição e a replicação do genoma. *As linhas tracejadas* indicam transporte das proteínas virais recém-sintetizadas para a membrana plasmática. A progênie de virions é liberada da célula por um processo de brotamento. O ciclo completo de replicação do paramixovírus ocorre no citoplasma celular. RE, retículo endoplasmático. (Copyright GD Parks e RA Lamb, 2006.)

B. Transcrição, tradução e replicação do RNA

Os paramixovírus contêm um genoma RNA de fita negativa não segmentado. As transcrições de mRNAs são efetuadas no citoplasma da célula pela RNA-polimerase viral. Não há necessidade de modelos exógenos, e, assim, o processo não depende das funções do núcleo da célula. Os mRNAs são muito menores que o genoma, e cada um deles representa um único gene. As sequências reguladoras da transcrição nos limites do gene assinalam o início e o término da transcrição. A posição de um gene com relação à extremidade 3' do genoma correlaciona-se com a eficiência da transcrição. A classe mais abundante de transcrições produzidas por uma célula infectada provém do gene N, situado mais próximo da extremidade 3' do genoma, enquanto a menos abundante é a do gene L, localizado na extremidade 5' (ver Figura 40-2).

As proteínas virais são sintetizadas no citoplasma, e a quantidade de cada produto gênico corresponde ao nível de transcrições de mRNA a partir desse gene. As glicoproteínas virais são sintetizadas e glicosiladas na via secretora.

O complexo proteico da polimerase viral (proteínas P e L) também é responsável pela replicação do genoma viral. Para a síntese bem-sucedida de um modelo intermediário antigenômico de fita positiva, o complexo da polimerase deve descartar os sinais de terminação dispersos nos limites dos genes. Em seguida, todo o genoma completo da progênie é copiado a partir do modelo antigenômico.

O genoma não segmentado dos paramixovírus não permite qualquer possibilidade de recombinação de segmentos gênicos (rearranjo genético), tão importante na história natural dos vírus influenza. As proteínas de superfície HN/H/G e F dos paramixovírus exibem variação antigênica mínima durante longos períodos. É surpreendente que não sofram mudança antigênica em consequência de mutações introduzidas durante a replicação, visto que as RNA-polimerases são propensas a erros. Uma possível explicação é que quase todos os aminoácidos nas estruturas primárias das glicoproteínas dos paramixovírus podem estar envolvidos em papéis estruturais ou funcionais, dando pouca oportunidade à ocorrência de substituições que não diminuiriam acentuadamente a viabilidade do vírus.

C. Maturação

O vírus amadurece por brotamento a partir da superfície celular. Os nucleocapsídeos da progênie são formados no citoplasma e migram para a superfície celular. São atraídos por locais na membrana plasmática repletos de espículas das glicoproteínas virais HN/H/G e F_0. A proteína M é essencial para a formação de partículas, provavelmente ao atuar na ligação do envelope viral ao nucleocapsídeo. Durante o brotamento, a maioria das proteínas da célula hospedeira é excluída da membrana.

A atividade neuraminidase da proteína HN dos vírus parainfluenza e do vírus da caxumba presumivelmente funciona evitando a autoagregação das partículas virais. Outros paramixovírus carecem de atividade de neuraminidase (ver Tabela 40-2).

Na presença de proteases específicas da célula hospedeira, as proteínas F_0 serão ativadas por clivagem. Em seguida, a proteína de fusão ativada induz a fusão de membranas celulares adjacentes com a consequente formação de grandes sincícios (Figura 40-5). A formação de sincício é uma resposta comum à infecção por paramixovírus. Verifica-se a formação regular de inclusões citoplasmáticas acidófilas (Figura 40-5). Acredita-se que as inclusões podem refletir locais de síntese viral, e foi constatado que elas contêm nucleocapsídeos e proteínas virais. O vírus do sarampo também produz inclusões intranucleares (Figura 40-5).

INFECÇÃO PELO VÍRUS PARAINFLUENZA

Os vírus parainfluenza são ubiquitários e provocam doenças respiratórias comuns em pessoas de todas as idades. Esses vírus constituem os principais patógenos de doença grave das vias respiratórias em lactentes e em crianças pequenas. Reinfecções com o vírus parainfluenza são comuns.

Patogênese e patologia

A replicação do vírus parainfluenza em hospedeiros imunocompetentes parece limitar-se ao epitélio respiratório. A viremia, quando ocorre, é incomum. A infecção pode acometer apenas o nariz e a garganta, resultando em uma síndrome de "resfriado comum". Entretanto, a infecção pode ser mais extensa e, particularmente no caso dos tipos 1 e 2, acometer a laringe e a parte superior da traqueia, resultando em crupe (laringotraqueobronquite). Crupe se caracteriza por obstrução respiratória decorrente de edema da laringe e das estruturas relacionadas. A infecção pode propagar-se mais profundamente até a parte inferior da traqueia e os brônquios, culminando em pneumonia ou bronquiolite, particularmente pelo vírus tipo 3, mas a uma frequência menor do que a observada para o VSR.

A presença do vírus parainfluenza ocorre durante cerca de 1 semana após o início da doença, podendo algumas crianças excretar o vírus alguns dias antes do aparecimento da doença. O tipo 3 pode ser excretado até 4 semanas após o início da doença primária. A proliferação persistente entre crianças facilita a disseminação da infecção. A disseminação viral prolongada pode ocorrer em crianças com o sistema imunológico comprometido e em adultos com doença pulmonar crônica.

Os fatores que determinam a gravidade da doença pelo vírus parainfluenza não estão bem esclarecidos, mas incluem propriedades tanto dos vírus quanto do hospedeiro, como: suscetibilidade da proteína à clivagem por diferentes proteases, produção de proteases pelas células do hospedeiro, o estado imunológico do paciente e a hiper-reatividade das vias respiratórias.

A produção de anticorpos imunoglobulina E (IgE) específicos do vírus durante a infecção primária é associada à doença grave. O mecanismo pode envolver a liberação de mediadores de inflamação que alteram as funções das vias respiratórias.

Manifestações clínicas

Na Tabela 30-5, foi apresentada a importância relativa dos vírus parainfluenza como causa de doenças respiratórias em diferentes

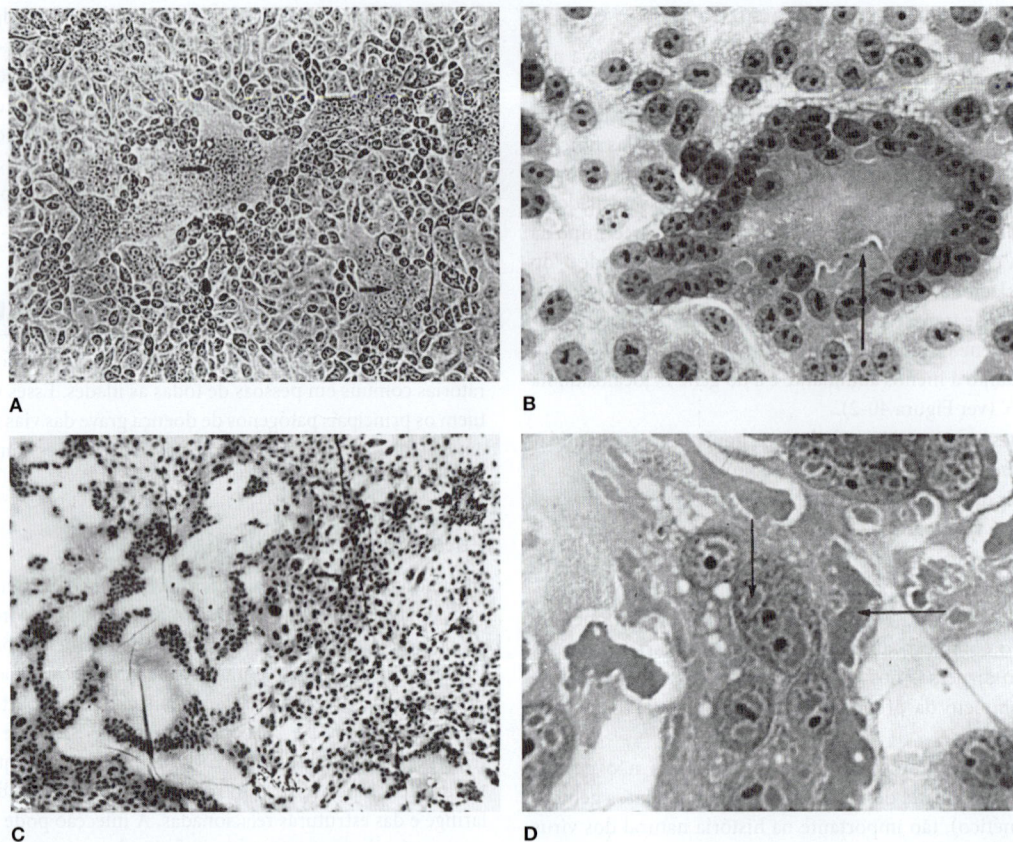

FIGURA 40-5 Formação sincicial induzida por paramixovírus. **A:** Vírus sincicial respiratório em células MA104 (não coradas; ampliada 100 ×). Os sincícios (*setas*) resultam da fusão das membranas plasmáticas; os núcleos acumulam-se no centro. **B:** Vírus sincicial respiratório em células HEp-2 (coloração por hematoxilina e eosina [H&E]; ampliada 400 ×). O sincício contém inúmeros núcleos e inclusões citoplasmáticas acidófilas (*setas*). **C:** Vírus do sarampo em células renais humanas (coloração por H&E; ampliada 30 ×). O enorme sincício contém centenas de núcleos. **D:** Vírus do sarampo em células renais humanas (coloração por H&E; ampliada 400 ×). A célula gigante multinuclear contém inclusões nucleares acidófilas (*seta vertical*) e inclusões citoplasmáticas (*seta horizontal*). (Utilizada com autorização de I Jack.)

grupos etários. Sua presença nas infecções do trato respiratório inferior em crianças é mostrada na Figura 40-6.

As infecções primárias em crianças de pouca idade resultam, em geral, em rinite e faringite, frequentemente com febre e certo grau de bronquite. Todavia, as crianças com infecções primárias causadas por vírus para influenza tipos 1, 2 ou 3 podem apresentar doença grave, que varia desde laringotraqueíte e crupe (particularmente no caso dos tipos 1 e 2) até bronquiolite e pneumonia (sobretudo com o tipo 3). A doença grave associada ao vírus tipo 3 é observada principalmente em lactentes com menos de 6 meses de vida, enquanto crupe ou laringotraqueobronquite têm maior probabilidade de ocorrer em crianças de mais idade, entre os 6 e os 18 meses. Mais de 50% das infecções iniciais com o vírus parainfluenza tipos 1, 2 e 3 resultam em doença febril. Estima-se que somente 2 a 3% desenvolvam crupe. O vírus parainfluenza tipo 4 não provoca doença grave mesmo na primeira infecção.

A complicação mais comum das infecções pelo vírus parainfluenza é a otite média.

Crianças e adultos imunocomprometidos são suscetíveis a infecções graves. As taxas de mortalidade das infecções pelo vírus parainfluenza em pacientes que sofreram transplante de medula óssea variam de 10 a 20%.

O vírus da doença de Newcastle é um paramixovírus de aves que produz pneumoencefalite em pintos e doença respiratória em aves mais velhas. Em seres humanos, pode provocar inflamação da conjuntiva. A recuperação é completa em 10 a 14 dias. Nos seres humanos, a infecção constitui uma doença ocupacional limitada a pessoas que trabalham manipulando aves infectadas.

Imunidade

Os vírus parainfluenza tipos 1, 2 e 3 são sorotipos distintos que perdem de maneira significativa a neutralização cruzada (ver Tabela 40-2). Praticamente todos os lactentes apresentam anticorpos maternos dirigidos contra os vírus no soro, mas esses anticorpos não impedem a infecção nem a doença. A reinfecção de crianças de mais idade e adultos também ocorre na presença de anticorpos produzidos durante uma infecção anterior. Entretanto, esses anticorpos modificam o curso da doença, pois as referidas reinfecções manifestam-se em geral apenas em forma de infecções afebris das vias respiratórias superiores (resfriados).

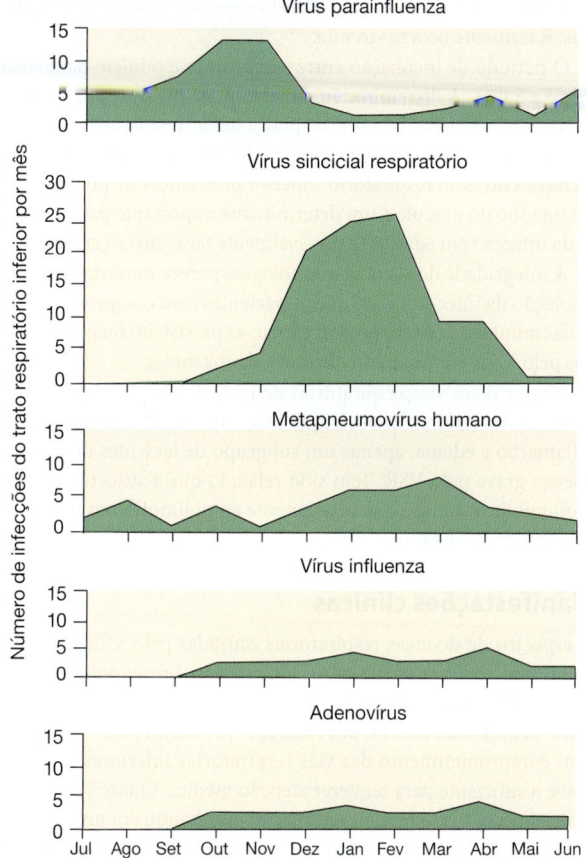

FIGURA 40-6 Padrões de infecção do trato respiratório inferior em crianças pequenas e lactentes por paramixovírus ou outros vírus. Dados de 25 anos de vigilância (1976-2001), acompanhando 2.009 crianças desde o nascimento até os 5 anos de idade. (Reproduzida, com autorização, de Williams JV, Harris PA, Tollefson SJ, et al: Human metapneumovirus and lower respiratory tract disease in otherwise healthy infants and children. *N Engl J Med* 2004;350:443–450. Copyright © 2004 Massachusetts Medical Society.)

A infecção natural estimula o aparecimento de anticorpos IgA nas secreções nasais, bem como resistência concomitante à reinfecção. Os anticorpos IgA secretores são os mais importantes para conferir proteção contra a reinfecção, porém desaparecem em poucos meses. Assim, as reinfecções são comuns mesmo em adultos.

Os anticorpos séricos são feitos contra as proteínas de superfície virais HN e F, mas seu papel na determinação da resistência é desconhecido. Conforme ocorrem reinfecções sucessivas, a resposta humoral torna-se menos específica devido aos determinantes antigênicos compartilhados pelos vírus parainfluenza e pelo vírus da caxumba. Isso dificulta o diagnóstico do paramixovírus específico associado a determinada infecção por ensaios sorológicos.

Diagnóstico laboratorial

Os testes de amplificação do ácido nucleico são os métodos de diagnóstico de escolha, pois apresentam boa sensibilidade, especificidade e rapidez e são capazes de detectar uma grande gama de vírus.

Métodos de detecção de antígenos também são úteis para diagnóstico rápido. A resposta imunológica à infecção inicial pelo vírus parainfluenza é específica do tipo. Entretanto, com infecções repetidas, a resposta torna-se menos específica, e as reações cruzadas estendem-se mesmo ao vírus da caxumba. O diagnóstico definitivo baseia-se no isolamento do vírus a partir de amostras apropriadas.

A. Detecção de ácidos nucleicos

A reação em cadeia da polimerase por transcriptase reversa (RT-PCR) pode ser usada para detecção do RNA viral a partir de lavado nasofaríngeo ou nasal, *swab* de orofaringe ou amostras do trato respiratório inferior, como fluido de lavado broncoalveolar. Análises de sequenciamento são úteis em estudos de epidemiologia molecular das infecções pelo vírus parainfluenza.

B. Detecção de antígeno

Os antígenos podem ser detectados em células esfoliadas da nasofaringe por testes de imunofluorescência direta ou indireta. Esses métodos são rápidos e simples de serem realizados, porém são menos sensíveis e detectam uma variedade de vírus menor.

C. Isolamento e identificação do vírus

Os métodos rápidos de cultura de células podem detectar um número de vírus respiratórios capazes de serem cultiváveis *in vitro*. Contudo, são mais lentos em fornecer resultados do que os testes de detecção do ácido nucleico ou de antígenos, e não são capazes de detectar facilmente infecções mistas. Uma linhagem celular contínua de rim de macaco, LLC-MK2, é apropriada para isolamento dos vírus parainfluenza. A inoculação imediata de amostras em culturas de células é importante para o isolamento bem-sucedido do vírus, uma vez que a infecciosidade viral declinará rapidamente se as amostras forem conservadas. Para o rápido estabelecimento do diagnóstico, as amostras devem ser inoculadas em células em crescimento sobre lamínulas em frascos (*shell vials*) e incubadas. Após 1 a 3 dias, as células devem ser fixadas e testadas por imunofluorescência. Outra maneira de se detectar a presença do vírus consiste em proceder à hemadsorção, utilizando eritrócitos de cobaia. Conforme a quantidade de vírus, podem ser necessários 10 dias ou mais de incubação a fim de que as culturas se tornem positivas para hemadsorção positiva. A cultura é necessária, caso um vírus isolado seja pretendido para fins de pesquisa.

D. Sorologia

O diagnóstico sorológico baseia-se em amostras de soro pareadas. É possível medir as respostas humorais utilizando testes de neutralização, inibição da hemaglutinação (IH) ou ensaio imunoadsorvente ligado à enzima (Elisa, do inglês *enzyme-linked immunosorbent assay*). Uma elevação nos títulos de 4 vezes ou mais indica infecção por vírus parainfluenza, bem como o surgimento de anticorpos IgM específicos. Entretanto, devido ao problema dos antígenos compartilhados, é impossível inferir com segurança o tipo viral específico envolvido.

Epidemiologia

Os vírus parainfluenza constituem a principal causa de doença das vias respiratórias inferiores em crianças de pouca idade (ver Figura 40-6) e exibem ampla distribuição geográfica. O tipo 3 é o mais prevalente, com cerca de dois terços das crianças infectadas durante o primeiro ano de vida, e praticamente todas apresentando anticorpos dirigidos contra o vírus tipo 3 aos 2 anos de idade. As infecções com os tipos 1 e 2 ocorrem a taxas baixas, alcançando prevalências de cerca de 75 e 60%, respectivamente, aos 5 anos de idade.

O tipo 3 é endêmico, com alguma elevação na primavera, enquanto os tipos 1 e 2 tendem a causar epidemias durante o outono ou o inverno, geralmente em ciclos de 2 anos.

As reinfecções são comuns em crianças e adultos e resultam em doenças leves das vias respiratórias superiores. Relata-se que 67% das crianças são reinfectadas com o vírus parainfluenza tipo 3 durante o segundo ano de vida. As reinfecções podem exigir a hospitalização dos adultos com doenças pulmonares crônicas (p. ex., asma).

Os vírus parainfluenza são transmitidos por contato direto entre pessoas ou por contato com aerossóis. O tipo 1 foi isolado de amostras de ar coletado das proximidades de pacientes infectados. A infecção pode ocorrer pela boca e pelos olhos.

Em geral, os vírus parainfluenza são introduzidos em um grupo de crianças em idade pré-escolar e, em seguida, propagam-se rapidamente de uma pessoa para outra. O período de incubação parece ser de 5 a 6 dias. O vírus tipo 3, em particular, geralmente infecta todos os indivíduos suscetíveis de uma população semifechada, como uma família ou um berçário, em um curto período. Os vírus parainfluenza representam causas problemáticas de infecção em enfermarias pediátricas em hospitais. Outras situações de alto risco incluem creches e escolas.

Tratamento e prevenção

São necessárias precauções com o isolamento para administrar os surtos hospitalares dos vírus parainfluenza. As normas consistem em restrição de visitas, isolamento dos pacientes infectados e lavagem das mãos pelos agentes de saúde.

O fármaco antiviral ribavirina foi usado com algum benefício no tratamento de pacientes imunocomprometidos com doença do trato respiratório inferior.

Não existe vacina disponível.

INFECÇÕES PELO VÍRUS SINCICIAL RESPIRATÓRIO

O VSR constitui a causa mais importante de doença das vias respiratórias inferiores em lactentes e crianças de pouca idade, superando geralmente os outros patógenos microbianos como causa da bronquiolite e pneumonia em lactentes com menos de 1 ano de idade. Estima-se que, nos Estados Unidos, esse vírus seja responsável por cerca de 25% das hospitalizações de crianças devido à doença respiratória.

Patogênese e patologia

A replicação do VSR ocorre inicialmente nas células epiteliais da nasofaringe. O vírus pode disseminar-se para as vias respiratórias inferiores e causar bronquiolite e pneumonia. Podem-se detectar antígenos virais no trato respiratório superior e nas células epiteliais. Raramente ocorre viremia.

O período de incubação entre a exposição e o início da doença é de 3 a 5 dias. A disseminação do vírus pode persistir por 1 a 3 semanas em lactentes e crianças de pouca idade, enquanto em adultos ocorre por apenas 1 a 2 dias. Altos títulos virais estão presentes nas secreções do trato respiratório superior de crianças de pouca idade. O tamanho do inóculo é um determinante importante para o sucesso da infecção em adultos (e possivelmente também em crianças).

A integridade do sistema imunológico parece importante para a resolução da infecção, visto que os pacientes com comprometimento da imunidade celular podem tornar-se persistentemente infectados pelo VSR, eliminando-o durante alguns meses.

Apesar de as vias respiratórias de lactentes recém-nascidos serem estreitas e sofrerem obstrução mais rápida em consequência de inflamação e edema, apenas um subgrupo de lactentes desenvolve doença grave pelo VSR. Tem sido relatado que a suscetibilidade à bronquiolite está ligada geneticamente ao polimorfismo nos genes da imunidade inata.

Manifestações clínicas

O espectro de doenças respiratórias causadas pelo VSR em bebês inclui infecção inaparente, resfriado comum, bronquiolite e pneumonia. A bronquiolite é uma síndrome clínica distinta associada a esses vírus. Cerca de 33% das infecções primárias pelo VSR envolvem comprometimento das vias respiratórias inferiores de forma grave o suficiente para requerer atenção médica. Quase 2% dos lactentes infectados requerem internação, resultando em uma estimativa de 75.000 a 125.000 hospitalizações por ano nos Estados Unidos, com um pico de ocorrência aos 2 a 3 meses de vida. Tem sido relatada uma elevada carga viral nas secreções respiratórias como indicativo de hospitalização prolongada.

A evolução dos sintomas pode ser muito rápida, culminando em morte. Com a disponibilidade das modernas unidades de tratamento intensivo pediátricas, a taxa de mortalidade em lactentes normais é baixa (cerca de 1% dos pacientes hospitalizados). Entretanto, se a infecção pelo VSR se sobrepuser a alguma doença preexistente, como cardiopatia congênita, a taxa de mortalidade poderá ser elevada.

É comum a ocorrência de reinfecção tanto em crianças quanto em adultos. Embora tenda a ser sintomática, em geral a doença limita-se às vias respiratórias superiores, lembrando um resfriado em indivíduos sadios.

As infecções pelo VSR respondem por cerca de 33% das infecções respiratórias em pacientes com transplante de medula óssea. Cerca de 50% dos adultos e crianças imunocomprometidos desenvolvem pneumonia, especialmente se a infecção ocorrer no período inicial do pós-transplante. As taxas de mortalidade relatadas variam de 20 a 80%.

As infecções em idosos podem causar sintomas similares aos do influenza. Pode ocorrer pneumonia. Estima-se que, em unidades de tratamento de longa duração, a prevalência do vírus sincicial respiratório apresente taxas de infecção de 5 a 10%, pneumonia em 10 a 20% dos infectados e taxas de mortalidade de 2 a 5%.

Crianças que sofreram bronquiolite e pneumonia pelo VSR quando lactentes e aparentemente se recuperaram por completo muitas vezes apresentam anormalidades da função pulmonar durante vários anos. Contudo, não foi constatada qualquer relação de causa e efeito entre as infecções pelo VSR e as anormalidades em longo prazo. É possível que certos indivíduos tenham alguns traços fisiológicos subjacentes que os predisponham a infecções graves pelo VSR e a outras doenças respiratórias.

O VSR constitui um importante agente etiológico de otite média. Estima-se que 30 a 50% dos episódios ocorridos durante o inverno em lactentes possam ser devidos à infecção pelo VSR.

Imunidade

Acredita-se que os níveis elevados de anticorpos neutralizantes transmitidos da mãe para o feto e que estão presentes durante os primeiros meses de vida sejam de suma importância na imunidade protetora contra doenças do trato respiratório inferior. A doença grave pelo VSR surge em lactentes de 2 a 4 meses, quando ocorre o declínio dos níveis de anticorpos maternos. Entretanto, a infecção primária e a reinfecção podem ocorrer na presença de anticorpos virais. Os anticorpos séricos neutralizantes parecem estar fortemente relacionados com imunidade contra doença do trato respiratório inferior, mas não do trato respiratório superior.

O VSR não constitui um indutor eficaz da interferona, diferentemente das infecções causadas pelos vírus influenza e parainfluenza, em que os níveis de interferona mostram-se elevados e correlacionam-se com o desaparecimento do vírus.

Verifica-se a produção de anticorpos tanto séricos quanto secretores em resposta à infecção pelo VSR. A infecção primária por um subgrupo induz anticorpos cruzados contra os vírus de outro subgrupo (ver Tabela 40-2). Os lactentes apresentam resposta mais baixa de anticorpos IgG e IgA secretores ao vírus sincicial respiratório do que as crianças maiores. A imunidade celular é importante na recuperação da infecção.

Foi observada uma associação entre o anticorpo IgE específico do vírus e a gravidade da doença. Por exemplo, há uma correlação entre os anticorpos IgE secretórios virais com a ocorrência de bronquiolite.

É evidente que a imunidade é apenas parcialmente eficaz e é frequentemente sobrepujada em condições naturais; as reinfecções são comuns, mas a gravidade da doença subsequente é diminuída.

Diagnóstico laboratorial

Os métodos descritos para o diagnóstico do vírus parainfluenza também são aplicáveis para o VSR. A detecção do VSR é uma forte evidência de que o vírus está envolvido na infecção corrente, uma vez que é raro de ser encontrado em indivíduos sadios. A detecção do RNA viral ou de antígenos virais em secreções respiratórias é o teste de escolha para o diagnóstico das infecções.

Uma elevada quantidade de partículas virais está presente em lavados nasais de crianças (10^3 a 10^8 unidades formadoras de placa mL)*, porém muito menor em amostras de adultos (< 100 unidades

---

*N. de T. O efeito citopático pode ser usado para quantificar partículas infecciosas virais pelo ensaio de formação de placas. As células são crescidas em uma superfície plana até formarem uma monocamada de células. A monocamada é, então, infectada com o vírus. O meio de cultura líquido é substituído por um meio semissólido, de forma que qualquer partícula viral produzida como resultado de uma infecção não possa ultrapassar os limites do local de sua produção. Uma placa é produzida quando uma partícula viral infecta uma célula, replica e depois mata a célula. As células que a rodeiam são infectadas pelo vírus recém replicado e também são mortas. Esse processo se repete várias vezes. As células são então coradas com um corante que cora apenas células vivas. As células mortas na placa não se coram e aparecem como áreas descoradas em um fundo de cor. Cada placa é resultado da infecção de uma célula por um vírus, seguida da replicação e espalhamento daquele vírus. Entretanto, os vírus que não matam células não produzem placas.

formadoras de placas/mL). Os testes de detecção de ácido nucleico são os métodos de preferência, sobretudo em amostras clínicas de indivíduos adultos que apresentam uma quantidade baixa de partículas virais. Tais testes também são úteis na subtipagem de isolados de VSR e para ensaios de variação genética em casos de surtos. A detecção de antígenos é muito menos sensível que a detecção de ácidos nucleicos.

O VSR pode ser isolado de secreções nasais. É extremamente lábil, e as amostras devem ser inoculadas imediatamente em cultura de células; o congelamento das amostras clínicas pode resultar em perda completa da infecciosidade. As linhagens celulares heteroploides humanas HeLa e HEp-2 são as mais sensíveis para isolamento do vírus. Em geral, a presença do VSR pode ser reconhecida pelo desenvolvimento de células gigantes e sincícios nas culturas inoculadas (ver Figura 40-5). Pode ser necessário um período de até 10 dias para o aparecimento dos efeitos citopáticos. O isolamento do VSR pode ser mais rápido com o uso de *shell vials* contendo culturas de tecidos em crescimento sobre lamínulas. Após 24 a 48 horas, as células são submetidas à imunofluorescência ou RT-PCR. O VSR difere dos outros paramixovírus, visto que não apresenta hemaglutinina; por conseguinte, os métodos diagnósticos não podem utilizar testes de hemaglutinação nem de hemadsorção.

Os anticorpos séricos podem ser detectados por uma variedade de métodos. Embora a dosagem dos níveis séricos de anticorpos seja importante para os estudos epidemiológicos, ela desempenha pequeno papel nas decisões clínicas.

Epidemiologia

O VSR exibe distribuição mundial e é reconhecido como principal patógeno pediátrico das vias respiratórias (ver Figura 40-6). Cerca de 70% das crianças são infectadas por volta de 1 ano de idade, e quase todas o são com até 2 anos de idade. Bronquiolite ou pneumonia graves têm maior probabilidade de afetar lactentes entre 6 semanas e 6 meses de vida, com incidência máxima aos 2 meses. O vírus pode ser isolado da maioria dos lactentes com menos de 6 meses de vida que sofrem de bronquiolite; todavia, quase nunca é isolado de lactentes sadios. As infecções pelo subgrupo A parecem causar doença mais grave do que as causadas pelo subgrupo B. O VSR é a causa mais comum de pneumonia viral em crianças de até 5 anos, mas também causa pneumonia em idosos e pessoas imunocomprometidas. A infecção pelo VSR em lactentes de mais idade e crianças resulta em infecção das vias respiratórias mais leve do que a observada em lactentes com menos de 6 meses de vida.

O VSR dissemina-se por gotículas (aerossóis) e por contato direto. Embora seja muito lábil, o vírus pode sobreviver em superfícies por até 6 horas. A principal porta de entrada no hospedeiro é através do nariz e dos olhos.

A reinfecção é frequente (apesar da presença de anticorpos específicos), porém os sintomas resultantes são os de infecção leve das vias respiratórias superiores (resfriado). Em famílias com caso identificado de infecção pelo VSR, é comum haver a propagação do vírus para irmãos e adultos.

O VSR propaga-se extensamente em crianças a cada ano durante o inverno. Embora o vírus persista durante o verão, os surtos tendem a ter seu pico em janeiro ou fevereiro no Hemisfério Norte. Nas áreas tropicais, as epidemias causadas pelo VSR podem coincidir com as estações chuvosas.

O VSR provoca infecções hospitalares em berçários e enfermarias pediátricas. A transmissão pode ocorrer por meio dos membros da equipe médica.

O VSR também pode causar doença sintomática em adultos jovens saudáveis em condições de superpovoamento (p. ex., recrutas militares em bases de treinamento). Em um estudo realizado em 2000, o VSR foi identificado em 11% dos recrutas com sintomas respiratórios, em comparação com a identificação de adenovírus (48%), vírus influenza (11%) e parainfluenza 3 (3%) em recrutas sintomáticos.

Tratamento e prevenção

O tratamento das infecções graves pelo VSR depende basicamente dos cuidados de suporte (p. ex., remoção das secreções e administração de oxigênio). O fármaco antiviral ribavirina foi aprovado para tratamento das doenças respiratórias do trato inferior causadas por VSR, especialmente em lactentes com alto risco de doença grave. O fármaco é administrado em aerossol por 3 a 6 dias. A ribavirina oral não tem utilidade para esses casos.

A administração de imunoglobulinas com títulos elevados de anticorpos contra o VSR proporciona benefício adicional. Anticorpos monoclonais humanizados* antivirais estão disponíveis.

Muito empenho tem sido dedicado a pesquisas que procuram desenvolver uma vacina contra o VSR. No final dos anos 1960, uma vacina do vírus inativado por formalina foi testada. Os pacientes vacinados desenvolveram altos títulos de anticorpos séricos não neutralizantes. Contudo, quando crianças imunizadas tiveram uma infecção subsequente pelo VSR selvagem, elas foram acometidas de doença do trato respiratório inferior muito mais grave do que a das crianças do grupo de controle. Tem sido sugerido que o tratamento com formalina destrói os epítopos protetores e/ou que, devido à perda da estimulação dos receptores tipo Toll, a vacina induz somente anticorpos de baixa avidez, que não são protetores. Não existe vacina no momento.

O VSR representa um problema especial no desenvolvimento de vacinas. A população-alvo (recém-nascidos) deveria ser imunizada logo após o nascimento para se garantir proteção no momento em que o risco de infecção pelo VSR é maior, mas produzir resposta imunológica protetora em idade tão precoce é difícil na presença de anticorpos maternos. Uma estratégia que está sendo testada é a imunização materna com uma vacina. O objetivo é assegurar a transferência para os lactentes de níveis protetores de anticorpos neutralizantes específicos do vírus que pudessem persistir por 3 a 5 meses, período de maior vulnerabilidade dos recém-nascidos à doença grave pelo VSR.

As medidas de controle necessárias, quando ocorrem surtos hospitalares, são as mesmas descritas anteriormente para o vírus parainfluenza (isolamento, lavagem das mãos e restrição de visitas).

---

*N. de T. O palivizumabe é um anticorpo monoclonal IgG_1 humanizado, direcionado para um epítopo no sítio antigênico A da proteína de fusão do VSR. Esse anticorpo monoclonal humanizado é composto por 95% de sequências de aminoácidos humanos e 5% de murinos. O palivizumabe apresenta atividade neutralizante e inibitória da fusão contra VSR. No Brasil, esse medicamento é aprovado para a prevenção de doença grave do trato respiratório inferior causada pelo VSR em pacientes pediátricos com alto risco de doença por VSR. Está indicado especificamente para crianças prematuras (idade gestacional < 35 semanas), crianças portadoras de displasia broncopulmonar sintomática e portadoras de cardiopatia congênita hemodinamicamente significativa com menos de 2 anos de idade.

INFECÇÕES PELO METAPNEUMOVÍRUS HUMANO

O metapneumovírus humano é um patógeno do trato respiratório descoberto em 2001. Foi detectado por meio de uma abordagem molecular em amostras clínicas de crianças com doenças respiratórias que apresentaram resultado negativo para os vírus respiratórios conhecidos. O metapneumovírus humano é capaz de causar uma ampla variedade de doenças respiratórias, desde sintomas brandos do trato respiratório superior até doença grave do trato respiratório inferior em todas faixas etárias. Em geral, os sintomas são similares aos causados pelo VSR.

Patogênese e patologia

O metapneumovírus humano infecta somente seres humanos e é semelhante ao metapneumovírus aviário, que causa rinotraqueíte em galinhas. Ele é composto por dois subgrupos e por pelo menos quatro linhagens genéticas. Essas linhagens virais estão distribuídas globalmente e podem circular ao mesmo tempo em uma região. Parece também que a linhagem predominante pode variar por localização geográfica e de ano para ano.

O período de incubação após infecção é de 4 a 9 dias. A duração da fase de eliminação do vírus é de cerca de 5 dias em crianças e de várias semanas em pacientes imunocomprometidos.

A replicação é limitada às células epiteliais respiratórias do hospedeiro infectado. O receptor de superfície celular para o metapneumovírus humano parece ser a integrina $\alpha v\beta 1$. Os efeitos citopáticos induzidos por esse vírus em células de linhagem contínua, tais como células renais de macaco (LLC-MK2), são semelhantes aos provocados pelo VSR.

Manifestações clínicas

O metapneumovírus humano está associado a uma variedade de sintomas no trato respiratório. Esses sintomas não podem ser distinguidos daqueles induzidos pelo VSR. Crianças em geral apresentam rinorreia, tosse, febre e podem desenvolver otite média aguda. Doenças do trato respiratório inferior podem ocorrer, incluindo bronquite, pneumonia, crupe e exacerbação de sintomas associados à asma. A bronquite em crianças parece ser menos frequentemente associada ao metapneumovírus do que ao VSR.

Os grupos de risco incluem, além das crianças, idosos e indivíduos imunocomprometidos. Muitas crianças hospitalizadas em razão do metapneumovírus apresentam condições crônicas subjacentes. Infecções graves podem ocorrer em indivíduos imunocomprometidos, tais como crianças e adultos com neoplasias ou transplantes de medula óssea, e em idosos institucionalizados.

Por outro lado, indivíduos adultos saudáveis tendem a desenvolver sintomas semelhantes aos de um resfriado ou gripe em resposta a infecções pelo metapneumovírus. Infecções assintomáticas nessa população são mais comuns com metapneumovírus do que as provocadas pelo vírus influenza ou pelo VSR.

Imunidade

A prevalência de anticorpos contra o metapneumovírus humano aumenta em crianças a partir de 6 meses de idade e chega a quase 100% aos 5 a 10 anos de idade. Apesar dos níveis elevados de anticorpos em adultos, reinfecções são comuns. É igualmente provável que haja uma imunidade cruzada limitada entre os diferentes sorotipos desse vírus e que a proteção mediada por esses anticorpos não seja suficiente para a prevenção da infecção.

Diagnóstico laboratorial

Os espécimes clínicos ideais para a detecção do metapneumovírus humano são o *swab* e o aspirado nasofaríngeo. Os ensaios de RT-PCR são os métodos de escolha. A detecção dos antígenos virais por imunofluorescência é mais sensível em amostras respiratórias de crianças, devido à carga viral mais alta, do que em amostras de adultos. A detecção de anticorpos no soro de pacientes é útil apenas para estudos de pesquisa.

Epidemiologia

Os metapneumovírus são vírus ubiquitários e apresentam distribuição global. A infecção ocorre em todas as faixas etárias, porém com predominância em crianças. Parece que as infecções pelo metapneumovírus humano em crianças pequenas são menos frequentes do que as causadas pelo VSR, porém mais frequentes do que as causadas pelo vírus parainfluenza (ver Figura 40-6). A maioria das infecções ocorre no final do inverno e início da primavera nos Estados Unidos. A idade média das crianças hospitalizadas infectadas pelo metapneumovírus é maior (6-12 meses) do que a média das infectadas pelo VSR (2-3 meses).

Diferentes sorotipos de metapneumovírus humano podem circular simultaneamente, com as cepas predominantes variando com a localização e ao longo do tempo.

Tratamento e prevenção

Não há terapia específica ou vacina disponível contra infecções pelo metapneumovírus.

INFECÇÕES PELO VÍRUS DA CAXUMBA

A caxumba é uma doença contagiosa aguda caracterizada por aumento não supurativo de uma ou de ambas as glândulas salivares. O vírus da caxumba causa em geral uma doença leve de infância, mas é comum ocorrerem complicações em adultos, como meningite e orquite. Mais de 33% de todas as infecções pelo vírus da caxumba são assintomáticas.

Patogênese e patologia

Os seres humanos são os únicos hospedeiros naturais do vírus da caxumba. Ocorre replicação primária nas células epiteliais do nariz e das vias respiratórias superiores. Em seguida, a viremia dissemina o vírus até as glândulas salivares e outros sistemas orgânicos importantes. O comprometimento da glândula parótida não constitui uma etapa obrigatória do processo infeccioso.

O período de incubação pode variar de 2 a 4 semanas, sendo, porém, tipicamente de cerca de 14 a 18 dias. O vírus é eliminado pela saliva cerca de 3 dias antes até 9 dias depois do início do edema das glândulas salivares. Aproximadamente 33% dos indivíduos infectados não apresentam sintomas óbvios (infecções inaparentes), mas mostram-se igualmente capazes de transmitir a infecção. É difícil controlar a transmissão da caxumba devido aos períodos variáveis de incubação, à presença do vírus na saliva antes do aparecimento dos sintomas clínicos e ao grande número de casos assintomáticos, porém infecciosos.

A caxumba é uma doença viral sistêmica com propensão a replicar-se em células epiteliais em vários órgãos viscerais. O vírus frequentemente infecta os rins, podendo ser detectado na urina da maioria dos pacientes. A eliminação do vírus na urina pode persistir por até 14 dias após o aparecimento dos sintomas clínicos. O sistema nervoso central (SNC) também é comumente infectado, podendo ser afetado na ausência de parotidite.

Manifestações clínicas

As manifestações clínicas da caxumba refletem a patogênese da infecção. Pelo menos 33% de todas as infecções pelo vírus da caxumba são subclínicas, inclusive a maior parte das infecções em crianças de até 2 anos de idade. A manifestação mais característica dos casos sintomáticos consiste em edema das glândulas salivares, que ocorre em cerca de 50% dos pacientes.

Existe um período prodrômico de mal-estar e anorexia, seguido de rápido aumento das glândulas parótidas, bem como de outras glândulas salivares. O edema pode limitar-se a uma glândula parótida, ou pode ocorrer aumento de uma glândula alguns dias antes de a outra tornar-se maior. O aumento glandular está associado à dor.

O envolvimento do SNC é comum (10-30% dos casos). A caxumba causa meningite asséptica e é mais comum no sexo masculino do que no feminino. Em geral, ocorre meningoencefalite 5 a 7 dias após a inflamação das glândulas salivares, mas até 50% dos pacientes não apresentam evidências clínicas de parotidite. A meningite é relatada em até 15% dos casos, e a encefalite, em menos de 0,3%. Em geral, os casos de meningite e meningoencefalite pelo vírus da caxumba sofrem resolução sem deixar sequelas, embora ocorra surdez unilateral em cerca de 5:100.000 casos. A taxa de mortalidade da encefalite pelo vírus da caxumba é de cerca de 1%.

Os testículos e os ovários podem ser acometidos, em particular depois da puberdade. Cerca de 20 a 50% dos indivíduos do sexo masculino infectados pelo vírus da caxumba desenvolvem orquite (frequentemente unilateral). Devido à falta de elasticidade da túnica albugínea, que não permite a ocorrência de edema do testículo inflamado, a complicação é extremamente dolorosa. Pode ocorrer atrofia testicular em consequência de necrose por compressão, mas raramente o processo resulta em esterilidade. A ooforite por caxumba ocorre em cerca de 5% das mulheres. A pancreatite é relatada em aproximadamente 4% dos casos.

Imunidade

A imunidade é permanente após uma única infecção. Existe apenas um tipo antigênico de vírus da caxumba, que não exibe variação antigênica significativa (ver Tabela 40-2).

Após a infecção natural, verifica-se o desenvolvimento no soro de anticorpos dirigidos contra a glicoproteína HN, a glicoproteína F e a proteína interna do nucleocapsídeo (NP). Os anticorpos contra a proteína NP aparecem mais cedo (3-7 dias após o surgimento dos sintomas clínicos), porém são transitórios e em geral desaparecem em 6 meses. Os anticorpos contra o antígeno HN surgem mais lentamente (cerca de 4 semanas após o início), mas persistem por vários anos.

Além disso, anticorpos contra o antígeno HN correlacionam-se bem com a imunidade. Acredita-se que mesmo infecções subclínicas possam resultar em imunidade permanente. Verifica-se também o desenvolvimento de resposta imunológica celular. A interferona é induzida em uma fase precoce da infecção pelo vírus da caxumba.

Em indivíduos imunes, os anticorpos IgA secretados na nasofaringe exibem atividade neutralizante.

A imunidade passiva é transferida da mãe para o filho; por conseguinte, é raro observar caxumba em lactentes com menos de 6 meses de vida.

Diagnóstico laboratorial

O diagnóstico de casos típicos em geral pode ser feito com base nas manifestações clínicas. Entretanto, outros agentes infecciosos, fármacos e outras condições podem causar sintomas semelhantes. Nos casos em que não há parotidite, os exames laboratoriais podem ser úteis para estabelecer o diagnóstico. Os testes incluem isolamento do vírus, detecção de ácido nucleico viral por RT-PCR, isolamento do agente viral e sorologia.

A. Detecção de ácidos nucleicos

A RT-PCR é um método muito sensível que pode detectar sequências genômicas do vírus da caxumba em amostras clínicas. Esse teste pode detectar o vírus em muitas amostras clínicas com resultados negativos para o isolamento do vírus. Além disso, pode identificar linhagens virais e fornecer informações úteis em estudos epidemiológicos.

B. Isolamento e identificação do vírus

As amostras clínicas mais apropriadas ao isolamento do vírus consistem em saliva, líquido cerebrospinal (LCS) e urina obtidos nos primeiros dias após o início da doença. O vírus pode ser isolado da urina durante até 2 semanas. Células renais de macacos são preferidas para isolamento do vírus. As amostras devem ser inoculadas pouco depois da coleta, uma vez que o vírus da caxumba é termolábil. Para o rápido estabelecimento do diagnóstico, a imunofluorescência com antissoro específico para o vírus da caxumba pode detectar antígenos em apenas 2 a 3 dias após a inoculação das culturas de células em frascos (*shell vials*).

Nos sistemas tradicionais de cultura, os efeitos citopáticos típicos do vírus da caxumba consistem em arredondamento das células e formação de células gigantes. Como nem todos os vírus primários isolados exibem a formação típica de sincícios, pode-se recorrer ao teste de hemadsorção para demonstrar a presença de um agente hemadsorvente 1 a 2 semanas após a inoculação.

C. Sorologia

A simples detecção de anticorpos contra caxumba não é um diagnóstico adequado da infecção. Contudo, o aumento de anticorpos pode ser demonstrado utilizando sorologia pareada*: um aumento de 4 vezes ou mais no título de anticorpos é evidência de infecção pelo vírus da caxumba. Em geral, efetua-se Elisa ou IH. Os anticorpos contra a proteína HN são neutralizantes.

O Elisa pode ser indicado para detectar anticorpos IgM específicos contra o vírus da caxumba ou anticorpos IgG também

---

*N. de T. A presença de IgG pode significar contato prévio com o vírus ou infecção recente, se for demonstrado aumento significativo (**conversão sorológica**) no título de anticorpos entre duas amostras de soro (**sorologia pareada**) coletadas com um intervalo de 15 a 20 dias.

específicos contra esse vírus. A IgM dirigida contra o vírus da caxumba é encontrada regularmente no estágio inicial da doença e raramente persiste por mais de 60 dias. Por conseguinte, a demonstração de IgM específica contra o vírus da caxumba, em soro obtido no estágio inicial da doença, sugere fortemente infecção recente. Os anticorpos heterotípicos induzidos por infecções causadas pelo vírus parainfluenza não exibem reação cruzada, no ensaio Elisa, à IgM contra o vírus da caxumba.

Epidemiologia

A caxumba ocorre de forma endêmica em todo o mundo. Aparecem casos durante todo o ano em climas quentes, e acontecem picos no inverno e na primavera em climas temperados. A caxumba é principalmente uma infecção de crianças, com maior incidência na faixa de 5 a 9 anos. Ocorrem surtos em locais onde a aglomeração de pessoas favorece a disseminação do vírus. Em crianças com menos de 5 anos de idade, a caxumba costuma provocar infecção das vias respiratórias superiores sem parotidite.

A caxumba é muito contagiosa, e a maioria dos indivíduos suscetíveis em uma casa irá contrair infecção a partir do membro infectado. O vírus é transmitido por contato direto, por perdigotos transportados pelo ar ou por fômites contaminados com saliva ou urina. É necessário haver contato mais íntimo para a transmissão da caxumba do que para a transmissão do sarampo ou da varicela.

As infecções pelo vírus da caxumba não são aparentes em cerca de 33% dos casos. Durante uma infecção inaparente, o paciente pode transmitir o vírus para outras pessoas. Os indivíduos com caxumba subclínica adquirem imunidade.

A taxa de mortalidade global da caxumba é baixa (1:10.000 casos nos Estados Unidos), e as mortes que ocorrem são causadas principalmente por encefalites.

A incidência de caxumba e complicações associadas vem declinando acentuadamente desde a introdução da vacina com vírus vivo. Em 1967, ano em que a vacina foi licenciada, houve cerca de 200.000 casos de caxumba (900 pacientes com encefalite) nos Estados Unidos. Em 2001 a 2003, ocorreram pouco menos de 300 casos de caxumba por ano.

Em 2006, ocorreu um surto de caxumba nos Estados Unidos que resultou em mais de 5.700 casos. Seis estados do Meio-Oeste relataram 84% dos casos. O surto começou em um campus universitário entre jovens adultos e se espalhou para todas as faixas etárias. Em 2009, um surto de caxumba ocorreu nos estados de Nova York e Nova Jersey, onde 88% dos afetados eram vacinados. O gene SH do vírus da caxumba é variável e permite a classificação das cepas virais conhecidas em 12 genotipos. Os vírus que causaram surtos entre 2006 e 2009 nos Estados Unidos foram identificados como pertencentes ao genotipo G. Um grande surto epidêmico ocorreu em 2004 no Reino Unido, acometendo mais de 56.000 indivíduos. Também foi associado aos vírus estritamente relacionados do genotipo G.

Tratamento, prevenção e controle

Não existe uma terapia específica para a caxumba.

A imunização por meio da vacina com vírus da caxumba atenuado constitui a melhor abordagem para se reduzirem as taxas de morbidade e mortalidade associadas à caxumba. As tentativas de minimizar a propagação do vírus durante um surto, mediante procedimentos de isolamento, são inúteis devido à elevada incidência de casos assintomáticos e ao grau de eliminação do vírus antes do aparecimento dos sintomas clínicos; entretanto, os estudantes e agentes de saúde que contraem caxumba devem ser afastados do seu meio até 5 dias após o início da parotidite.

Uma vacina eficaz com vírus atenuado, preparada em cultura de células de embrião de galinha, foi licenciada nos Estados Unidos em 1967. Essa vacina produz uma infecção subclínica e não transmissível. A vacina da caxumba está disponível em combinação com as vacinas com vírus atenuados de sarampo e rubéola (MMR, *measles, mumps, rubella*)*. As vacinas combinadas com vírus atenuados produzem anticorpos contra cada um dos vírus em cerca de 78 a 95% das pessoas vacinadas. Não ocorre aumento do risco de meningite asséptica após a vacinação com MMR. Outras vacinas de vírus atenuado contra caxumba foram desenvolvidas no Japão, na Rússia e na Suíça.

Duas doses da vacina MMR são recomendadas para o início do período escolar. Devido a uma epidemia de caxumba em 2006, foram publicadas recomendações atualizadas de vacinação para prevenção da transmissão de caxumba em grupos de alto risco de infecção. Devem ser administradas duas doses da vacina para os agentes de saúde nascidos antes de 1957 sem evidências de imunidade contra caxumba, e uma segunda dose da vacina deve ser considerada para quem recebeu somente a primeira dose.

---

*N. de T. Segundo o Programa Nacional de Imunizações (PNI), o esquema vacinal é realizado em duas doses. A primeira é dada aos 12 meses com a tríplice viral (sarampo, caxumba e rubéola), e a segunda é dada aos 15 meses com a tetraviral (que inclui os três vírus atenuados da tríplice mais o vírus da varicela).

INFECÇÕES PELO VÍRUS DO SARAMPO

O sarampo é uma doença altamente infecciosa e aguda, caracterizada por febre, sintomas respiratórios e exantema maculopapular. As complicações são comuns, podendo ser muito graves. A introdução de uma vacina eficaz com vírus vivo reduziu radicalmente a incidência dessa doença nos Estados Unidos; todavia, o sarampo continua sendo uma importante causa de mortalidade entre crianças de pouca idade em muitos países em desenvolvimento.

Patogênese e patologia

Os seres humanos são os únicos hospedeiros naturais do vírus do sarampo, embora inúmeras outras espécies, inclusive macacos, cães e camundongos, possam ser infectadas experimentalmente. A Figura 40-7 mostra a história natural da infecção pelo vírus do sarampo.

O vírus tem acesso ao corpo humano por meio das vias respiratórias, onde se multiplica localmente; em seguida, a infecção dissemina-se para o tecido linfoide regional, onde a multiplicação progride. A viremia primária dissemina o vírus, que se replica no sistema reticuloendotelial. Por fim, a viremia secundária dissemina o vírus para as superfícies epiteliais do corpo, como a pele, as vias respiratórias e a conjuntiva, onde ocorre replicação focal. O vírus do sarampo pode sofrer replicação em determinados linfócitos, o que favorece sua disseminação pelo organismo. São observadas células gigantes multinucleares com inclusões intranucleares nos tecidos linfoides de todo o corpo (linfonodos, tonsilas, apêndice). Os eventos descritos ocorrem durante o período de incubação, que tipicamente dura 8 a 15 dias, podendo perdurar por até 3 semanas em adultos.

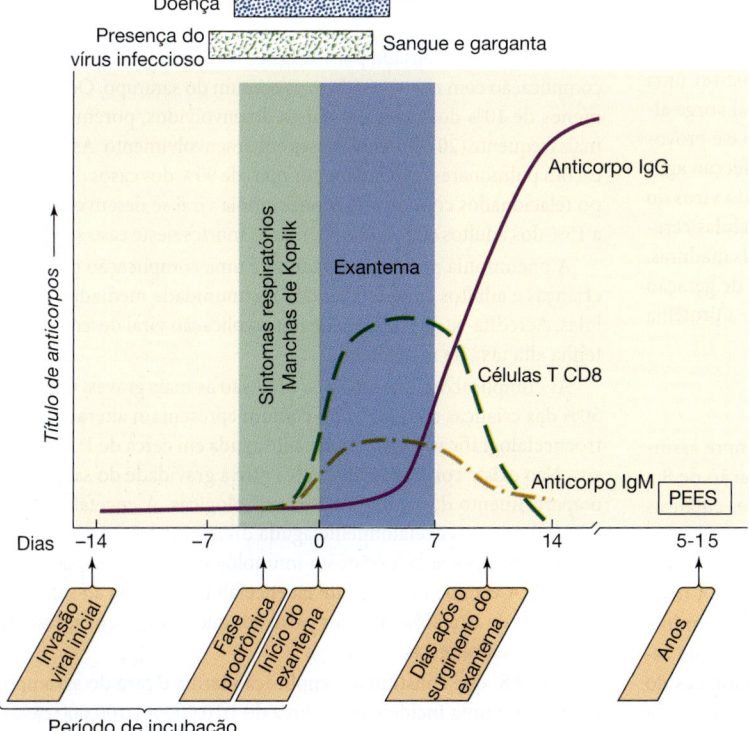

FIGURA 40-7 História natural da infecção do sarampo. A replicação viral começa no epitélio respiratório e propaga-se para os monócitos-macrófagos e as células endoteliais e epiteliais no sangue, baço, linfonodos, pulmões, timo, fígado e pele, bem como para a superfície mucosa dos tratos gastrintestinal, respiratório e geniturinário. A resposta imunológica específica do vírus é detectável quando aparece o exantema. A eliminação do vírus coincide aproximadamente com o desaparecimento do exantema. IgG, imunoglobulina G; IgM, imunoglobulina M; PEES, panencefalite esclerosante subaguda.

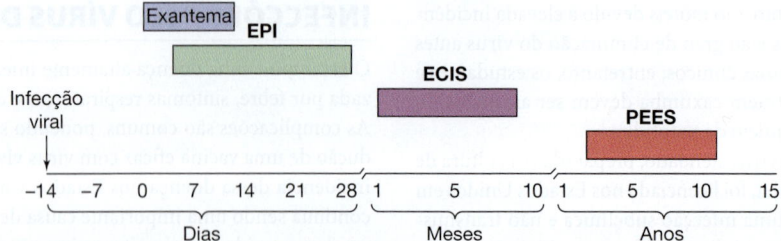

FIGURA 40-8   Evolução das complicações neurológicas do sarampo. Enquanto a encefalite ocorre em cerca de 1 a cada 1.000 casos de sarampo, a panencefalite esclerosante subaguda (PEES) é uma complicação tardia rara que se desenvolve em cerca de 1 a cada 300.000 casos. ECIS, encefalite por corpúsculos de inclusão do sarampo; EPI, encefalomielite pós-infecciosa (também conhecida como encefalite disseminada aguda). (Adaptada, com autorização, de Griffin DE, Bellini WJ: Measles virus. In Fields BN, Knipe DM, Howley PM [editors-in-chief]. *Fields Virology*, 3rd ed. Lippincott-Raven, 1996.)

Os pacientes infectados são contagiosos durante a fase prodrômica (2-4 dias) e nos primeiros 2 a 5 dias de exantema, quando o vírus é encontrado nas lágrimas, nas secreções nasais e da garganta, na urina e no sangue. A erupção maculopapular característica surge em torno do 14º dia, quando os anticorpos circulantes se tornam detectáveis, a viremia desaparece e a febre regride. O exantema resulta da interação das células T imunes com as células infectadas pelos vírus nos pequenos vasos sanguíneos, e dura cerca de 1 semana. (Em pacientes com deficiência da imunidade celular, não ocorre exantema.)

O envolvimento do SNC é comum no sarampo (Figura 40-8). Verifica-se o desenvolvimento de encefalite sintomática em cerca de 1:1.000 casos. Como o vírus infeccioso é raramente isolado do cérebro, foi sugerido que o mecanismo responsável por essa complicação consiste em reação autoimune. Em contrapartida, pode-se verificar o desenvolvimento de encefalite progressiva com corpos de inclusão em pacientes que apresentam deficiência da imunidade celular. O vírus em replicação ativa é encontrado no cérebro nessa forma habitualmente fatal da doença.

A panencefalite esclerosante subaguda (PEES) constitui uma complicação tardia e rara do sarampo. Essa doença fatal surge alguns anos após a infecção inicial pelo vírus do sarampo e é provocada pelo vírus que permanece no organismo após a infecção aguda. São encontradas grandes quantidades de antígenos do vírus do sarampo no interior dos corpúsculos de inclusão nas células cerebrais infectadas, embora ocorram poucas partículas virais maduras. A replicação viral encontra-se defeituosa devido à falta de geração de um ou mais produtos gênicos virais, frequentemente a proteína da matriz.

Manifestações clínicas

As infecções em hospedeiros não imunes são quase sempre assintomáticas. O sarampo apresenta um período de incubação de 8 a 15 dias a partir da exposição até o aparecimento das lesões cutâneas eruptivas.

A fase prodrômica caracteriza-se por febre, espirros, tosse, rinorreia, congestão dos olhos, manchas de Koplik e linfopenia. A tosse e a coriza refletem uma intensa reação inflamatória envolvendo a mucosa do trato respiratório. A conjuntivite está comumente associada à fotofobia. As manchas de Koplik – patognomônicas do sarampo – consistem em pequenas ulcerações branco-azuladas na

mucosa oral oposta aos molares inferiores. Essas manchas contêm células gigantes e antígenos virais e surgem um pouco antes do exantema. A febre e a tosse persistem até o aparecimento do exantema e então desaparecem em 1 a 2 dias. O exantema, que começa na cabeça e depois se dissemina progressivamente para o peito, o tronco e os membros, aparece em forma de maculopápulas discretas de coloração rosada que coalescem, formando manchas que se tornam acastanhadas em 5 a 10 dias. A erupção cutânea desaparece com a descamação. Os sintomas são mais pronunciados quando o exantema se encontra em sua fase máxima, porém desaparecem rapidamente depois dessa fase.

O sarampo modificado ocorre em pessoas parcialmente imunes, como lactentes com anticorpos maternos residuais. O período de incubação é prolongado, os sintomas prodrômicos mostram-se diminuídos, as manchas de Koplik em geral estão ausentes, e o exantema é discreto.

A complicação mais comum do sarampo é otite média (5-9% dos casos).

A pneumonia causada por infecções bacterianas secundárias é a complicação com risco de vida mais comum do sarampo. Ocorre em menos de 10% dos casos em países desenvolvidos, porém é muito mais frequente (20-80%) nos países em desenvolvimento. As complicações pulmonares respondem por mais de 90% dos casos de sarampo relacionados com morte. A pneumonia viral se desenvolve em 3 a 15% dos adultos com sarampo, mas as mortes neste caso são raras.

A pneumonia por células gigantes é uma complicação grave em crianças e adultos com deficiências na imunidade mediada por células. Acredita-se que decorra de uma replicação viral desenfreada e tenha alta taxa de mortalidade.

As complicações que afetam o SNC são as mais graves. Cerca de 50% das crianças com sarampo comum apresentam alterações eletroencefalográficas. Ocorre encefalite aguda em cerca de 1:1.000 casos. Não existe correlação aparente entre a gravidade do sarampo e o aparecimento das complicações neurológicas. A encefalomielite pós-infecciosa (encefalomielite aguda disseminada) é uma doença autoimune associada à resposta imunológica à proteína básica da mielina. A taxa de mortalidade na encefalite associada ao sarampo é de cerca de 10 a 20%. A maior parte dos que sobrevivem apresenta sequelas neurológicas.

A **PEES,** que constitui a complicação tardia e rara do sarampo, ocorre com uma incidência de cerca de 1:10.000 a 1:100.000 casos.

A doença começa de modo insidioso 5 a 15 anos após um caso de sarampo; caracteriza-se por deterioração mental progressiva, movimentos involuntários, rigidez muscular e coma. Geralmente, é fatal dentro de 1 a 3 anos após o início. Os pacientes com PEES exibem títulos elevados de anticorpos contra o vírus do sarampo no LCS e no soro, bem como vírus do sarampo defeituosos nas células cerebrais. Com o uso disseminado da vacina contra o sarampo, a PEES tornou-se menos comum.

Imunidade

Existe apenas um tipo antigênico de vírus do sarampo (ver Tabela 40-2). A infecção confere imunidade permanente. A maioria dos chamados "segundos ataques" representa erros no diagnóstico da primeira ou da segunda doença.

A presença de anticorpos humorais indica imunidade. A imunidade protetora é atribuída aos anticorpos neutralizantes contra a proteína H. Entretanto, a imunidade celular parece ser essencial para a eliminação do vírus e a proteção prolongada. Os pacientes com deficiência de imunoglobulinas recuperam-se do sarampo e resistem à reinfecção, enquanto os que apresentam imunodeficiências celulares respondem de modo muito precário quando contraem infecções pelo vírus do sarampo. O papel da imunidade das mucosas na resistência a infecções não é claro.

A resposta imunológica ao sarampo está envolvida na patogênese da doença. A inflamação local causa os sintomas prodrômicos, e a imunidade específica mediada por células desempenha um papel no desenvolvimento do exantema.

As infecções por sarampo causam imunossupressão – de maior importância no ramo do sistema imunológico mediado por células –, mas é identificada em todos os componentes. Isso está relacionado a infecções secundárias graves e pode persistir por meses após a infecção por sarampo.

Diagnóstico laboratorial

O sarampo típico é diagnosticado com segurança em bases clínicas. O diagnóstico laboratorial pode ser necessário para os casos de sarampo modificado ou atípico.

A. Detecção de antígenos e ácidos nucleicos

Os antígenos do sarampo podem ser detectados diretamente em células epiteliais de secreções respiratórias, nasofaringe, conjuntivas e urina. Os anticorpos para a nucleoproteína são úteis porque essa é a proteína viral mais abundante nas células infectadas.

A detecção do RNA viral por RT-PCR é um método sensível que pode ser aplicado a uma variedade de amostras clínicas para o diagnóstico de sarampo.

B. Isolamento e identificação do vírus

Swabs da nasofaringe e das conjuntivas, amostras de sangue, de secreções respiratórias e de urina obtidas do paciente durante o período febril constituem fontes apropriadas ao isolamento do vírus. Células renais de macacos ou de seres humanos ou uma linhagem celular linfoblastoide (B95-a) também são ideais para isolamento do vírus. O vírus do sarampo cresce lentamente, sendo necessários 7 a 10 dias para o aparecimento de efeitos citopáticos típicos

(células gigantes multinucleares contendo corpos de inclusão intranucleares e intracitoplasmáticos) (ver Figura 40-5). Entretanto, com o uso de cultura em frascos, os testes podem ser concluídos em 2 a 3 dias, empregando-se anticorpos com coloração fluorescente para detecção dos antígenos do sarampo nas culturas inoculadas. Contudo, o isolamento do vírus é tecnicamente difícil.

C. Sorologia

A confirmação sorológica da infecção pelo vírus do sarampo depende de uma elevação de 4 vezes ou mais nos títulos de anticorpos entre os soros das fases aguda e convalescente, ou da demonstração de anticorpos IgM específicos contra o vírus do sarampo em uma única amostra de soro coletada entre a primeira e a segunda semanas após o aparecimento do exantema. O Elisa, os testes de IH e os ensaios de neutralização podem ser utilizados para determinar os anticorpos contra o vírus do sarampo, mas o Elisa é o método mais prático.

Amostras de sangue seco em papel e fluidos orais parecem uma alternativa útil para o soro na detecção de anticorpos contra o sarampo em áreas onde as amostras de soro são difíceis de serem coletadas e manuseadas.

A maior parte da resposta imunológica é dirigida contra a nucleoproteína viral. Os pacientes com PEES exibem uma resposta humoral exagerada, com títulos 10 a 100 vezes superiores aos observados em soro típico da fase convalescente.

Epidemiologia

As principais características epidemiológicas do sarampo são: o vírus é altamente contagioso, existe um único sorotipo, não há reservatório animal, as infecções inaparentes são raras, e a infecção confere imunidade permanente. A prevalência e a incidência etária do sarampo estão relacionadas com densidade populacional, fatores econômicos e ambientais, e uso de uma vacina de vírus vivo eficaz.

A transmissão ocorre predominantemente por via respiratória (por inalação de perdigotos de secreções infectadas). Fômites não parecem exercer papel significativo na transmissão. A transmissão hematogênica transplacentária pode acontecer quando o sarampo ocorre durante a gravidez.

É requerido um suprimento contínuo de indivíduos suscetíveis para a persistência do vírus em determinada comunidade. É necessária uma população de quase 500.000 pessoas para manter o sarampo como doença endêmica; em comunidades menores, o vírus desaparece até ser reintroduzido por fontes externas após o acúmulo de um número expressivo de indivíduos não imunes.

O sarampo é endêmico no mundo inteiro. Em geral, as epidemias ocorrem de modo regular a cada 2 a 3 anos. O estado de imunidade da população constitui um fator determinante, e a doença surge quando existe um acúmulo de crianças suscetíveis. A gravidade de uma epidemia depende do número de indivíduos suscetíveis. Quando a doença é introduzida em comunidades isoladas onde não era endêmica, verifica-se o rápido aparecimento de epidemia, com taxas de acometimento de quase 100%. Todos os grupos etários desenvolvem sarampo clínico, e a taxa de mortalidade pode atingir 25%.

Nos países industrializados, o sarampo acomete crianças de 5 a 10 anos de idade, ao passo que, nos países em desenvolvimento, o vírus infecta comumente crianças com menos de 5 anos. O sarampo raramente provoca a morte de pessoas sadias em países desenvolvidos. Entretanto, nas crianças desnutridas de países em desenvolvimento, onde não se dispõe de assistência médica adequada, o sarampo constitui uma importante causa de mortalidade infantil. Quadros mais graves de sarampo, resultando em morte, são observados em indivíduos com distúrbios imunológicos, tais como infecção em estado avançado pelo vírus da imunodeficiência adquirida (HIV, do inglês *human immunodeficiency virus*). A OMS estimou que, em 2005, houve 30 a 40 milhões de casos e 530.000 mortes por sarampo no mundo. O sarampo é uma das maiores causas de mortalidade entre crianças de até 5 anos de idade, e mortes por sarampo ocorrem de maneira desproporcional na África e no Sudeste Asiático.

Em 2005, a OMS e o Fundo de Emergência Internacional das Nações Unidas para a Infância (Unicef) estabeleceram um plano de redução da mortalidade por sarampo por meio de campanhas de imunização e melhor cuidado clínico dos casos. Estima-se que, entre 2000 e 2008, o número de casos de mortes por sarampo tenha sido reduzido em mais de 75%.

Nos países de clima temperado, são observados casos de sarampo durante todo o ano. As epidemias tendem a ocorrer no fim do inverno e início da primavera.

Ocorreram 540 casos de sarampo nos Estados Unidos de 1997 a 2001, dos quais 67% eram importados (pessoas infectadas fora do país). Em um período de 8 anos (1996-2004), 117 passageiros com sarampo vindos do exterior (viagem por avião) foram considerados infecciosos com o vírus. Apesar da natureza altamente infecciosa do vírus, somente quatro casos de disseminação secundária foram identificados.

No ano 2000, o sarampo foi declarado erradicado nos Estados Unidos. No entanto, casos importados causaram múltiplos surtos, particularmente em comunidades com falha na vacinação contra o sarampo. Normalmente, são registrados cerca de 50 a 100 casos de sarampo por ano; entretanto, 23 surtos foram relatados em 2014, com mais de 600 casos. Para diminuir a transmissão do vírus do sarampo, as taxas de cobertura vacinal precisam ser superiores a 90%. Como a primeira dose da vacina é administrada entre 12 e 15 meses, bebês com menos de 1 ano correm um risco particular de complicações graves em comunidades com baixa cobertura vacinal contra o sarampo.

Tratamento, prevenção e controle

Nos países em desenvolvimento, o tratamento com vitamina A tem reduzido as taxas de mortalidade e morbidade. O vírus do sarampo também é suscetível *in vitro* à inibição pela ribavirina, porém nenhum estudo clínico comprovou a eficácia desse fármaco no tratamento do sarampo ou de suas complicações.

Existe uma vacina altamente eficaz e segura com vírus vivo atenuado do sarampo, disponível desde 1963. A vacina contra sarampo está disponível em forma monovalente, em combinação com a vacina atenuada contra a rubéola (MR); associada às vacinas contra caxumba e rubéola (MMR), ou associada às vacinas atenuadas contra caxumba, rubéola e varicela (MMRV). As vacinas contra o sarampo são derivadas da amostra Edmonston e conferem proteção contra todas as variantes selvagens do vírus do sarampo. O sarampo não foi erradicado no mundo todo devido à não vacinação de algumas crianças e a casos infrequentes de falha da vacina, porém já está erradicado nos Estados Unidos*.

Ocorrem reações clínicas discretas (febre ou exantema leve) em 2 a 5% das pessoas vacinadas, mas a excreção do vírus é mínima ou inexistente e não há transmissão. Verifica-se imunossupressão como no sarampo, mas de forma transitória e clinicamente insignificante. Os títulos de anticorpos tendem a ser menores do que após a infecção natural, porém estudos mostram que os anticorpos induzidos pela vacinação persistem por até 33 anos, indicando que a imunidade é provavelmente permanente.

Recomenda-se que todas as crianças, agentes de saúde e viajantes internacionais sejam vacinados. As contraindicações à vacinação incluem gravidez, alergia a ovos ou neomicina, imunocomprometimento (exceto devido à infecção pelo HIV) e administração recente de imunoglobulina.

O uso da vacina com vírus mortos de sarampo foi suspenso em 1970, visto que certas pessoas vacinadas ficaram sensibilizadas e desenvolveram sarampo atípico grave quando infectadas pelo vírus selvagem.

A quarentena não é uma medida efetiva de controle, pois a transmissão do sarampo ocorre durante a fase prodrômica.

Rinderpest (peste bovina)

A Rinderpest é a mais devastadora doença causada pelo vírus Rinderpest (vírus relacionado com o do sarampo) que acomete os bovinos. Em 2010, o vírus Rinderpest foi declarado erradicado mundialmente após um esforço global iniciado em 1994. Isso representou a primeira doença animal (e a segunda na história da humanidade após a varíola) a ser erradicada. Esse feito foi realizado por meio de programas de vacinação e de monitoramento em longo prazo dos rebanhos bovinos e da vida selvagem.

INFECÇÕES PELOS VÍRUS HENDRA E NIPAH

Dois paramixovírus zoonóticos que representam um novo gênero (*Henipavirus*) foram identificados no fim dos anos 1990 em surtos da doença na Australásia (ver Tabela 40-2). Um surto de encefalite grave na Malásia em 1998 e 1999 foi causado pelo vírus Nipah. Constatou-se elevada taxa de mortalidade (> 35%) entre mais de 250 casos, e os poucos sobreviventes apresentaram déficits neurológicos permanentes. Aparentemente, as infecções foram causadas por transmissão viral direta de porcos para seres humanos. Alguns pacientes (< 10%) podem desenvolver encefalite de início tardio meses até vários anos após uma infecção inicial pelo vírus Nipah.

---

*N. de T. Entre 29 de dezembro e 25 de abril de 2020, foram registrados 2.919 casos da doença, um número 23 vezes maior do que o verificado no mesmo período do ano anterior, quando foram notificadas 125 pessoas infectadas. Os dados revelam um aumento de 2.235%. Segundo o Ministério da Saúde brasileiro, em 2020 foram confirmados 338 casos de sarampo em 8 Unidades da Federação: São Paulo, 136 (40,4%); Rio de Janeiro, 93 (27,3%); Paraná, 64 (19,0%); Santa Catarina, 22 (6,5%); Rio Grande do Sul, 11 (3,3%); Pernambuco, 7 (2,0%); Pará, 4 (1,2%); e Alagoas, 1 (0,3%). Atualmente, 10 estados (incluindo Minas Gerais e Bahia com casos confirmados de 2019) estão com circulação ativa do vírus do sarampo. Esses dados demonstram uma epidemia de sarampo em curso, principalmente pela quebra do esquema vacinal.

O vírus Hendra – um vírus equino – é responsável pela morte de muitos cavalos e por alguns casos fatais em seres humanos na Austrália. Um surto equino em 2008 resultou em dois casos de encefalite em seres humanos pelo vírus Hendra, um dos quais foi fatal. Além disso, houve uma taxa de 10% de contaminação entre veterinários expostos a cavalos infectados.

Os morcegos frugívoros (raposas voadoras) são os portadores naturais tanto do vírus Nipah quanto do vírus Hendra. Mudanças ecológicas, incluindo práticas de uso da terra e da criação de animais, são provavelmente o motivo do surgimento dessas duas doenças infecciosas.

Ambos os vírus são uma preocupação de saúde pública devido à sua alta mortalidade, grande variedade de hospedeiros e habilidade de atravessar barreiras entre espécies. São classificados como patógenos de nível de biossegurança 4. Não existem vacinas disponíveis ou terapias específicas comprovadas.

INFECÇÕES PELO VÍRUS DA RUBÉOLA

A rubéola (sarampo alemão ou sarampo de 3 dias) é uma doença febril aguda, caracterizada por exantema e linfadenopatia, que acomete crianças e adultos jovens. Trata-se da forma mais leve dos exantemas virais comuns. Entretanto, a ocorrência da infecção no início da gravidez pode resultar em graves anormalidades do feto, incluindo malformações congênitas e deficiência intelectual. As consequências da rubéola *in utero* são descritas como síndrome de rubéola congênita.

Classificação

O vírus da rubéola, um membro da família **Togaviridae**, é o único membro do gênero *Rubivirus*. Embora suas características morfológicas e suas propriedades físico-químicas o incluam no grupo dos togavírus, o vírus da rubéola não é transmitido por artrópodes. A estrutura e a replicação dos togavírus são descritas no Capítulo 38.

Existe uma diversidade de sequência significativa entre os vírus de rubéola isolados. Eles estão correntemente classificados em dois grupos (clades) distantes entre si e nove genótipos.

Para maior clareza de apresentação, a rubéola pós-natal e a rubéola congênita são descritas separadamente.

RUBÉOLA PÓS-NATAL

Patogênese e patologia

As infecções neonatais, infantis e de adultos afetam a mucosa das vias respiratórias superiores. A rubéola apresenta um período de incubação de aproximadamente 12 dias ou mais. A replicação inicial do vírus provavelmente ocorre nas vias respiratórias, seguida de multiplicação nos linfonodos cervicais. A viremia, que surge depois de 7 a 9 dias, permanece até o desenvolvimento dos anticorpos, em torno do 13º ao 15º dia. A produção de anticorpos coincide com o aparecimento do exantema, sugerindo uma base imunológica para a erupção. Após o aparecimento do exantema, o vírus permanece detectável apenas na nasofaringe, onde pode persistir por várias semanas (Figura 40-9). Em 20 a 50% dos casos, a infecção primária é subclínica.

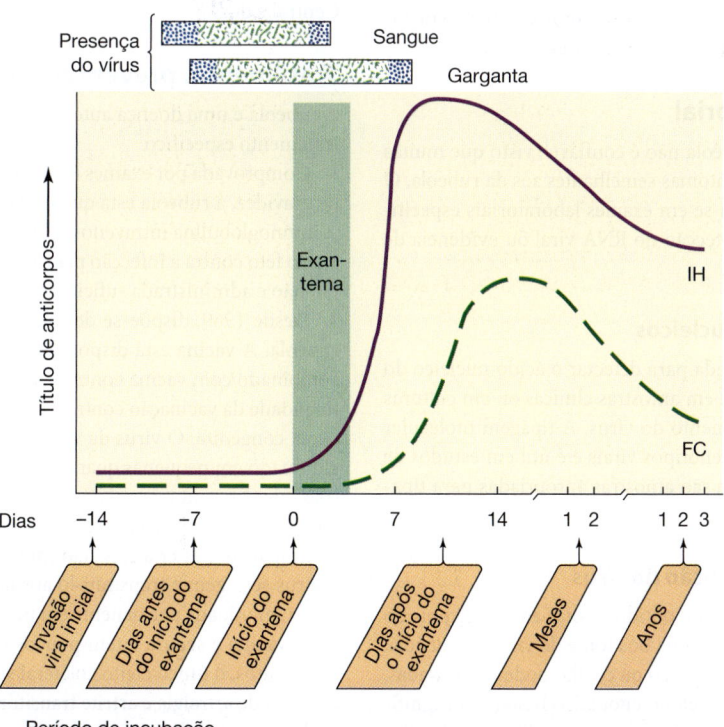

FIGURA 40-9 História natural da infecção primária pelo vírus da rubéola: produção do vírus e respostas humorais. FC, fixação do complemento; IH, inibição da hemaglutinação.

Manifestações clínicas

Em geral, a rubéola começa com mal-estar, febre baixa e erupção morbiliforme que aparece no mesmo dia. O exantema surge no rosto, estende-se pelo tronco e pelos membros e raramente dura mais de 3 dias. Não existe característica do exantema que seja patognomônica da rubéola. A não ser que ocorra epidemia, é difícil estabelecer o diagnóstico da doença clinicamente, devido à semelhança do exantema produzido por outros vírus (p. ex., enterovírus).

É comum observar a ocorrência de artralgia e artrite transitórias em adultos, especialmente em mulheres. Apesar de certas semelhanças, a artrite da rubéola não tem relação etiológica com a artrite reumatoide. As complicações, que são raras, consistem em púrpura trombocitopênica e encefalite. O vírus raramente consegue persistir no sítio intraocular, imunologicamente privilegiado, e em indivíduos imunocomprometidos.

Imunidade

Os anticorpos contra a rubéola aparecem no soro dos pacientes à medida que o exantema desaparece, com a rápida elevação dos títulos de anticorpos no decorrer de 1 a 3 semanas depois. Grande parte dos anticorpos iniciais consiste em anticorpos IgM que, em geral, não persistem por mais de 6 semanas após a doença. Os anticorpos IgM contra o vírus da rubéola, detectados em uma única amostra de soro obtida 2 semanas após o exantema, fornecem uma prova de infecção recente pelo vírus da rubéola. Em geral, os anticorpos IgG contra o vírus da rubéola persistem por toda a vida.

Um episódio da doença confere imunidade permanente, visto que existe apenas um tipo antigênico do vírus. Devido à natureza indefinida do exantema, uma história de "rubéola" não constitui indicador confiável de imunidade. As mães imunes transferem anticorpos aos filhos, que ficam protegidos durante 4 a 6 meses.

Diagnóstico laboratorial

O diagnóstico clínico de rubéola não é confiável, visto que muitas infecções virais produzem sintomas semelhantes aos da rubéola. O diagnóstico definitivo baseia-se em exames laboratoriais específicos (isolamento do vírus, detecção do RNA viral ou evidência de soroconversão).

A. Detecção de ácidos nucleicos

A RT-PCR pode ser empregada para detectar o ácido nucleico do vírus da rubéola diretamente em amostras clínicas ou em culturas de células usadas para isolamento do vírus. A tipagem molecular pode identificar subtipos e genótipos virais e é útil em estudos de vigilância. *Swabs* de garganta são amostras apropriadas para tipagem molecular.

B. Isolamento e identificação do vírus

Swabs de nasofaringe e garganta, obtidos 6 dias antes e depois do aparecimento de exantema, são uma boa fonte do vírus da rubéola. Várias linhagens celulares de macaco ou coelho podem ser usadas. O vírus da rubéola produz um efeito citopático bastante insignificante na maioria das linhagens celulares. Com a utilização de células cultivadas em frascos, os antígenos virais podem ser detectados por imunofluorescência 3 a 4 dias após a inoculação.

C. Sorologia

O teste de IH constitui uma prova sorológica padrão para rubéola. Entretanto, é necessário tratar previamente o soro para remover inibidores inespecíficos antes da realização do teste. O Elisa é preferido, pois não há necessidade de tratamento prévio do soro, podendo ser adaptado à detecção da IgM específica.

A detecção da IgG constitui uma evidência de imunidade, visto que existe apenas um sorotipo do vírus da rubéola. Para confirmar com precisão uma infecção recente pelo vírus da rubéola (de suma importância no caso de uma gestante), é preciso demonstrar uma elevação dos títulos de anticorpos entre duas amostras de soro coletadas a um intervalo de pelo menos 10 dias, ou detectar a presença de IgM específica contra o vírus da rubéola em uma única amostra.

Epidemiologia

A rubéola tem distribuição mundial. A infecção é observada durante todo o ano, com incidência máxima na primavera. Ocorrem epidemias a intervalos de 6 a 10 anos, com pandemias explosivas a cada 20 a 25 anos. A infecção é transmitida por via respiratória, porém a rubéola não é tão contagiosa quanto o sarampo.

Uma epidemia em nível mundial de rubéola ocorreu em 1962 a 1965. Houve mais de 12 milhões de casos nos Estados Unidos, resultando em 2.000 casos de encefalite, mais de 11.000 mortes fetais, 2.000 mortes neonatais e 20.000 crianças nascidas com síndrome congênita da rubéola. O impacto econômico dessa epidemia nos Estados Unidos foi estimado em 1,5 bilhão de dólares. O uso da vacina eliminou os casos de rubéola endêmica e epidêmica nos Estados Unidos em 2005. Um programa está sendo desenvolvido para eliminar a rubéola e a síndrome de rubéola congênita das Américas Central e do Sul.

Tratamento, prevenção e controle

A rubéola é uma doença autolimitada branda que não necessita de tratamento específico.

Comprovada por exames laboratoriais nos primeiros 3 a 4 meses de gravidez, a rubéola está quase sempre associada à infecção fetal. A imunoglobulina intravenosa (IgIV) administrada à mãe não protege o feto contra a infecção pelo vírus da rubéola, visto que, em geral, não é administrada suficientemente cedo para evitar a viremia.

Desde 1969, dispõe-se de vacinas com vírus vivo atenuado da rubéola. A vacina está disponível em forma de antígeno único ou combinado com vacina contra o sarampo e a caxumba. A principal finalidade da vacinação contra a rubéola é prevenir infecções de rubéola congênita. O vírus da vacina multiplica-se no organismo e é eliminado em pequenas quantidades, mas não se propaga para pessoas que têm contato com o indivíduo vacinado. As crianças vacinadas não representam ameaça para as mães suscetíveis e grávidas. Em contrapartida, as crianças não imunizadas podem levar para casa o vírus selvagem e transmiti-lo aos familiares suscetíveis. A vacina induz imunidade permanente em pelo menos 95% dos receptores.

A vacina é segura e tem poucos efeitos colaterais em crianças. Em adultos, o único efeito colateral significativo consiste no aparecimento de artralgia e artrite transitória em cerca de um quarto das mulheres vacinadas.

Nos Estados Unidos, a vacinação diminuiu a incidência de rubéola de cerca de 70.000 casos em 1969 para menos de 10 em 2004, casos que ocorreram predominantemente entre pessoas nascidas fora dos Estados Unidos. O vírus foi posteriormente declarado eliminado do país*. Estudos de custo-benefício realizados em países desenvolvidos e em países em desenvolvimento mostram que os benefícios da vacinação contra a rubéola superam os custos.

SÍNDROME DA RUBÉOLA CONGÊNITA

Patogênese e patologia

A viremia materna associada à infecção pelo vírus da rubéola durante a gravidez pode resultar em infecção da placenta e do feto. Apenas um número limitado de células fetais é infectado. Apesar de o vírus não destruir as células, a taxa de crescimento das células infectadas encontra-se reduzida, resultando em menor número de células nos órgãos acometidos por ocasião do nascimento. A infecção pode ocasionar distúrbio e hipoplasia no desenvolvimento do órgão, com consequentes anomalias estruturais no recém-nascido.

O momento da infecção fetal é o que determina a extensão do efeito teratogênico. Em geral, quanto mais precoce for a infecção durante a gravidez, maior será a lesão do feto. A infecção durante o primeiro trimestre de gravidez resulta em anomalias do lactente em cerca de 85% dos casos, enquanto se observam defeitos detectáveis em cerca de 16% dos lactentes que adquiriram a infecção durante o segundo trimestre. É raro haver defeitos congênitos quando a infecção materna ocorre depois de 20 semanas de gestação.

Infecções maternas inaparentes também podem causar essas anomalias. A infecção pelo vírus da rubéola também pode resultar em morte fetal e aborto espontâneo.

A infecção intrauterina pelo vírus da rubéola está associada à persistência crônica do vírus no recém-nascido. Por ocasião do nascimento, o vírus é facilmente detectado em secreções da faringe, em vários órgãos, no LCS, na urina e em *swabs* retais. A excreção do vírus pode persistir por 12 a 18 meses após o nascimento, porém o nível de eliminação diminui gradualmente com a idade.

Manifestações clínicas

O vírus da rubéola foi isolado de inúmeros órgãos e tipos celulares diferentes de lactentes infectados *in utero*, e a lesão induzida pelo vírus da rubéola dissemina-se de modo semelhante.

As manifestações clínicas da síndrome da rubéola congênita podem ser agrupadas em três grandes categorias: (1) efeitos transitórios em lactentes; (2) manifestações permanentes que podem ser evidentes por ocasião do nascimento ou ser reconhecidas durante o primeiro ano de vida; e (3) anomalias de desenvolvimento que aparecem e progridem durante a infância e a adolescência.

A tríade clássica da rubéola congênita consiste em cataratas, anormalidades cardíacas e surdez. Os lactentes também podem apresentar sintomas transitórios de atraso do crescimento, exantema, hepatoesplenomegalia, icterícia e meningoencefalite.

---

*N. de T. O último caso de rubéola no Brasil foi notificado em 2009. Contudo, a Organização Pan-Americana da Saúde/Organização Mundial da Saúde (OPAS/OMS) emitiu um alerta epidemiológico recentemente em relação ao risco de importação e reintrodução do vírus da rubéola. Segundo o relatório, Argentina e Chile já apresentaram casos confirmados da doença em 2019.

O comprometimento do SNC é mais global. A manifestação de desenvolvimento mais comum da rubéola congênita consiste em deficiência intelectual moderada a profunda. Em crianças em idade pré-escolar, surgem problemas de equilíbrio e capacidade motora. Os lactentes gravemente acometidos podem exigir institucionalização.

A panencefalite progressiva da rubéola, uma complicação rara que surge na segunda década de vida em crianças com rubéola congênita, consiste em grave deterioração neurológica que progride inevitavelmente para a morte.

Imunidade

Normalmente, o anticorpo materno contra o vírus da rubéola em forma de IgG é transferido para o lactente e desaparece gradualmente no decorrer de 6 meses. A demonstração de anticorpos da classe IgM contra o vírus da rubéola em lactentes é diagnóstica de rubéola congênita. Como os anticorpos IgM não atravessam a placenta, sua presença indica que foram sintetizados pelo lactente *in utero*. As crianças com rubéola congênita apresentam comprometimento da imunidade celular específica para o vírus da rubéola.

Tratamento, prevenção e controle

Não existe tratamento específico para a rubéola congênita. Pode-se fazer a prevenção pela imunização das crianças com a vacina contra a rubéola para assegurar a imunidade das mulheres em idade fértil.

RESUMO DO CAPÍTULO

- Os paramixovírus compreendem uma grande família; seis gêneros contêm patógenos humanos. Eles incluem os vírus parainfluenza, o metapneumovírus humano, o vírus sincicial respiratório (doenças respiratórias); o vírus da caxumba e do sarampo, o Hendra e o Nipah (encefalites zoonóticas).
- Os paramixovírus são vírus envelopados de RNA de sentido negativo e não segmentado. Todos são antigenicamente estáveis.
- Os paramixovírus são transmitidos pelo contato direto ou por aerossóis, e a infecção se inicia por meio do trato respiratório.
- Todo o ciclo da replicação viral dos paramixovírus ocorre no citoplasma da célula hospedeira.
- O vírus sincicial respiratório (VSR) é a principal causa de infecções virais do trato respiratório inferior em lactentes e crianças. Bronquiolite e pneumonia ocorrem de forma frequente em lactentes entre 6 semanas e 6 meses de vida. Idosos também são suscetíveis.
- O metapneumovírus humano é um novo patógeno respiratório que acomete crianças, idosos e indivíduos imunocomprometidos. A infecção apresenta sintomatologia clínica semelhante à observada na infecção VSR.
- Os vírus parainfluenza causam infecção respiratória em indivíduos de todas as idades, com manifestações mais graves em lactentes e crianças de pouca idade.
- A detecção do RNA e dos antígenos virais são os métodos de escolha para o diagnóstico das infecções virais respiratórias.
- A ribavirina é o fármaco de escolha para o tratamento das infecções respiratórias provocadas pelo VSR em lactentes.

- As reinfecções são comuns com os vírus respiratórios.
- A caxumba é uma doença sistêmica, e cerca de 50% das infecções causam comprometimento das glândulas salivares. Muitas infecções podem ser assintomáticas.
- O sarampo é uma doença extremamente contagiosa que provoca exantema cutâneo. Complicações mais graves incluem pneumonia e encefalite. Infecções assintomáticas são raras.
- Tanto o vírus da caxumba quanto o vírus do sarampo apresentam um único sorotipo. A infecção confere imunidade permanente.
- Não há vacinas disponíveis para os vírus parainfluenza, VSR e o metapneumovírus humano. Há vacinas disponíveis para os vírus da caxumba e do sarampo.
- Os vírus Hendra e Nipah são paramixovírus animais capazes de infectar humanos, provocando encefalites com taxa de mortalidade elevada. Não há tratamento específico para essas zoonoses.
- A rubéola (sarampo alemão) é classificada como um togavírus, porém não é transmitida por artrópodes. É um vírus exantemático de virulência moderada.
- As infecções pelo vírus da rubéola na fase inicial da gestação podem resultar em graves complicações fetais, incluindo morte. As crianças nascidas com rubéola congênita apresentam uma série de problemas físicos e anomalias desenvolvimentais.
- Uma vacina contra a rubéola está disponível. A rubéola congênita pode ser evitada por vacinação infantil, de modo que, na fase adulta, as gestantes estariam protegidas.

QUESTÕES DE REVISÃO

1. Um garoto de 4 anos de idade desenvolve doença febril aguda. O pediatra diagnostica caxumba. Qual órgão exibe sinais de caxumba com maior frequência?

    (A) Pulmões
    (B) Ovários
    (C) Glândulas parótidas
    (D) Pele
    (E) Testículos

2. Os paramixovírus são a mais importante causa das infecções respiratórias em crianças de pouca idade e lactentes. Qual das seguintes alternativas é característica dos paramixovírus?

    (A) O genoma é RNA de sentido negativo.
    (B) O envelope contém uma glicoproteína com atividade de fusão.
    (C) Os paramixovírus não sofrem rearranjo genético.
    (D) O ciclo de replicação ocorre no citoplasma de células suscetíveis.
    (E) O genoma é segmentado.

3. Um lactente de 2 meses de vida desenvolveu uma doença respiratória que o pediatra diagnosticou como bronquiolite. A causa mais provável é o:

    (A) Vírus parainfluenza tipo 4
    (B) Vírus sincicial respiratório
    (C) Vírus influenza
    (D) Metapneumovírus
    (E) Vírus do sarampo

4. Diversos paramixovírus podem causar pneumonia em crianças ou lactentes. Para qual dos seguintes paramixovírus existe uma vacina eficaz disponível que pode prevenir pneumonia?

    (A) Vírus parainfluenza tipo 1
    (B) Vírus do sarampo
    (C) Vírus sincicial respiratório

    (D) Vírus da caxumba
    (E) Metapneumovírus

5. Uma mulher de 27 anos de idade, com 2 meses de gravidez, desenvolve febre, mal-estar e artralgia. Um exantema maculopapular fino surge em sua face, no tronco e nas extremidades. É diagnosticada rubéola, e há uma preocupação de que o feto possa estar infectado, resultando em síndrome da rubéola congênita. Qual das seguintes alternativas sobre esta síndrome é a correta?

    (A) A doença pode ser prevenida por vacinação contra o sarampo em crianças em idade escolar.
    (B) Ocorrem anormalidades congênitas quando uma mulher grávida não imune é infectada em qualquer momento durante a gravidez.
    (C) A surdez é um defeito comum associado à síndrome da rubéola congênita.
    (D) Somente raras linhagens do vírus da rubéola são teratogênicas.
    (E) Nenhuma das respostas anteriores.

6. Uma criança de 5 anos de idade apresenta febre baixa, coriza, conjuntivite e manchas de Koplik. O médico pode concluir que:

    (A) A criança provavelmente não foi vacinada com a vacina tríplice viral.
    (B) A mãe da criança, que está grávida, corre o risco de infectar-se, e o feto corre o risco de desenvolver anomalias congênitas, inclusive deficiência intelectual.
    (C) A criança logo desenvolverá um exantema na face que irá durar 2 a 3 dias.
    (D) A criança deve ser imediatamente tratada com o fármaco antiviral ribavirina para minimizar a possibilidade de desenvolver encefalite aguda.

7. Os vírus parainfluenza são ubiquitários e causam doenças respiratórias em pessoas de todas as idades. Entretanto, reinfecções pelo vírus parainfluenza são comuns, pois:

    (A) Existem muitos tipos antigênicos do vírus parainfluenza, e a exposição a novas linhagens resulta em novas infecções.
    (B) As infecções no trato respiratório não estimulam resposta imunológica sistêmica.
    (C) Ocorre replicação viral limitada que não consegue estimular a produção de anticorpos.
    (D) O anticorpo IgA secretor no nariz tem meia-vida curta, desaparecendo poucos meses após a infecção.

8. Um menino de 20 meses de vida teve uma doença caracterizada por febre, irritabilidade, conjuntivite e exantema (*brick-red*) inicialmente na face, mas que depois se disseminou pelo corpo. Com 9 anos de idade, o garoto teve um início gradual de deterioração neurológica grave e generalizada. Foi diagnosticada panencefalite esclerosante subaguda (PEES). Qual das seguintes alternativas sobre a PEES é correta?

    (A) O vírus varicela-zóster defectivo está presente nas células cerebrais.
    (B) Um título elevado de anticorpos contra o vírus do sarampo é observado no líquido cerebrospinal.
    (C) A incidência da doença vem aumentando desde a introdução da vacina tríplice viral.
    (D) Ocorre deterioração cerebral rápida e progressiva.
    (E) A doença é uma rara complicação tardia da rubéola.

9. Qual dos seguintes paramixovírus possui uma glicoproteína de superfície HN sem atividade de hemaglutinina?

    (A) Vírus do sarampo
    (B) Vírus da caxumba
    (C) Vírus parainfluenza tipo 1
    (D) Vírus sincicial respiratório
    (E) Vírus da rubéola

10. Uma criança de 3 anos de idade desenvolve infecção respiratória viral aguda que requer hospitalização. Considera-se a terapia com ribavirina. A ribavirina foi aprovada para o tratamento de qual das seguintes situações?

    (A) Doenças do trato respiratório inferior decorrentes de infecção pelo virus sincicial respiratório em lactentes

    (B) Síndrome da rubéola congênita

    (C) Meningite asséptica causada por infecção pelo vírus da caxumba

    (D) Pneumonia causada pelo vírus do sarampo em adultos

    (E) Encefalite relacionada com o vírus Nipah

    (F) Todas as alternativas acima

11. Todas as seguintes alternativas sobre a vacina contra o sarampo estão corretas, *exceto*:

    (A) A vacina contém o vírus atenuado.

    (B) A vacina não é indicada para administração simultânea com a vacina contra a caxumba, devido à resposta imune não ser capaz de responder a dois tipos virais ao mesmo tempo.

    (C) O vírus da vacina contém apenas um único sorotipo.

    (D) A vacina não é indicada para administração antes dos 15 meses de vida, devido aos anticorpos maternos que podem prevenir a resposta imune do lactente.

12. Todas as seguintes alternativas sobre a rubéola estão corretas, *exceto*:

    (A) As complicações congênitas ocorrem principalmente quando a gestante é infectada durante o primeiro trimestre de gestação.

    (B) Mulheres que nunca tiveram rubéola devem, mesmo assim, ter anticorpos neutralizantes no soro

    (C) Em crianças de 6 anos de idade, a rubéola é uma infecção branda e autolimitada com poucas complicações

    (D) O aciclovir é efetivo no tratamento da síndrome da rubéola congênita

13. Todas as seguintes alternativas sobre a vacina contra a rubéola estão corretas, *exceto*:

    (A) A vacina previne a reinfecção, assim limitando a disseminação do vírus.

    (B) O imunógeno da vacina consiste no vírus da rubéola inativado.

    (C) A vacina induz a produção de anticorpos que previnem a disseminação do vírus por neutralização durante o estágio de viremia.

    (D) A incidência de ambas as formas da rubéola (infantil e congênita) diminuiu acentuadamente desde o advento da vacina.

14. Todas as seguintes alternativas sobre a caxumba estão corretas, *exceto*:

    (A) O vírus da caxumba é um paramixovírus de RNA de fita simples.

    (B) A meningite é uma complicação da caxumba.

    (C) A orquite por sarampo em crianças, antes da adolescência, pode resultar em esterilidade.

    (D) Durante a infecção, o vírus se dissemina por meio da circulação sanguínea (viremia) para vários órgãos internos.

15. Todas as seguintes alternativas sobre a panencefalite esclerosante subaguda estão corretas, *exceto*:

    (A) A imunossupressão é um fator predisponente.

    (B) Os agregados do nucleocapsídeo helical são encontrados nas células infectadas.

    (C) Um título elevado de anticorpos contra o vírus do sarampo é observado no líquido cerebrospinal.

    (D) Ocorre a deterioração progressiva e lenta das funções cerebrais.

16. Qual das seguintes evidências *melhor* corrobora para o diagnóstico da caxumba aguda?

    (A) Um resultado positivo para o teste cutâneo

    (B) O aumento de quatro vezes no título de anticorpos contra o vírus da caxumba

    (C) O histórico de exposição da criança ao vírus da caxumba

    (D) A orquite em homens jovens adultos

17. Qual das seguintes alternativas sobre a caxumba está *correta*?

    (A) Embora as glândulas salivares sejam o sítio alvo preferencial, os testículos, os ovários e o pâncreas podem ser infectados.

    (B) Em consequência da falta de uma vacina contra a caxumba, a imunidade passiva é a única forma de prevenção da doença.

    (C) O diagnóstico clínico é a única forma de identificação da caxumba, uma vez que o vírus não é cultivável e os testes sorológicos são inespecíficos.

    (D) Um segundo episódio de caxumba pode ocorrer devido à existência de dois sorotipos diferentes do vírus, que não induzem imunidade cruzada.

18. Qual das seguintes alternativas é mais provável de ser verdadeira para o sarampo do que para o sarampo alemão (rubéola)?

    (A) As manchas de Koplik estão presentes.

    (B) Causa defeitos congênitos.

    (C) Causa somente infecções brandas.

    (D) Os seres humanos são os únicos hospedeiros naturais.

    (E) Vacinas atenuadas estão disponíveis para a prevenção.

Respostas

1. C	**7.** D	**13.** B
2. E	**8.** B	**14.** C
3. B	**9.** D	**15.** A
4. B	**10.** A	**16.** B
5. C	**11.** B	**17.** A
6. A	**12.** D	**18.** A

REFERÊNCIAS

Calisher CH, Holmes KV, Dominguez SR, et al: Bats prove to be rich reservoirs for emerging viruses. *Microbe* 2008;3:521.

Delgado MF, Coviello S, Monsalvo AC, et al: Lack of antibody affinity maturation due to poor Toll-like receptor stimulation leads to enhanced respiratory syncytial virus disease. *Nat Med* 2009;15:34.

Eaton BT, Broder CC, Middleton D, et al: Hendra and Nipah viruses: Different and dangerous. *Nat Rev Microbiol* 2006;4:23.

Ginocchio CC, McAdam AJ: Current best practices for respiratory virus testing. *J Clin Microbiol* 2011;49:S44.

Henrickson KJ: Parainfluenza viruses. *Clin Microbiol Rev* 2003;16:242.

Lamb RA, Parks GD: Paramyxoviridae: The viruses and their replication. In Knipe DM, Howley PM (editors-in-chief). *Fields Virology*, 5th ed. Lippincott Williams & Wilkins, 2007.

Mahony JB: Detection of respiratory viruses by molecular methods. *Clin Microbiol Rev* 2008;21:716.

Measles vaccines: WHO position paper. *World Health Org Wkly Epidemiol Rec* 2009;84:349.

Mumps virus vaccines: WHO position paper. *World Health Org Wkly Epidemiol Rec* 2007;82:51.

Papenburg J, Boivin G: The distinguishing features of human metapneumovirus and respiratory syncytial virus. *Rev Med Virol* 2010;20:245.

Rubella vaccines: WHO position paper. *World Health Org Wkly Epidemiol Rec* 2011;86:301.

Schildgen V, van den Hoogen B, Fouchier R, et al: Human metapneumovirus: Lessons learned over the first decade. *Clin Microbiol Rev* 2011;24:734.

Tregoning JS, Schwarze J: Respiratory viral infections in infants: Causes, clinical symptoms, virology, and immunology. *Clin Microbiol Rev* 2010;23:74.

Coronavírus

Os coronavírus são grandes vírus envelopados de RNA. As variantes humanas estão associadas ao resfriado comum e às infecções do trato respiratório inferior e têm sido implicadas na gastrenterite nos lactentes. Novos coronavírus foram identificados como a causa da síndrome respiratória aguda grave (SARS, do inglês *severe acute respiratory syndrome*) e da síndrome respiratória do Oriente Médio (MERS, do inglês *Middle East respiratory syndrome*). Os coronavírus de animais causam doenças de importância econômica em animais domésticos. As variantes de animais inferiores estabelecem infecções persistentes em seus hospedeiros naturais. Devido à dificuldade de efetuar culturas, os vírus humanos são pouco caracterizados.

PROPRIEDADES DOS CORONAVÍRUS

As propriedades importantes dos coronavírus estão apresentadas na Tabela 41-1.

Estrutura e composição

Os coronavírus são partículas envelopadas, de 120 a 160 nm, que contêm um genoma não segmentado de RNA de fita simples de sentido positivo (27-32 kb), constituindo o maior genoma conhecido entre os vírus de RNA. Os genomas são poliadenilados na extremidade 3'. O RNA do genoma isolado é infeccioso. O nucleocapsídeo helicoidal tem 9 a 11 nm de diâmetro. Existem projeções em forma de clava ou de pétala, de 20 nm de comprimento, amplamente espaçadas sobre a superfície externa do envelope, lembrando uma coroa solar (Figura 41-1). As proteínas estruturais do vírus incluem uma proteína do nucleocapsídeo (N) fosforilada (50.000-60.000 Da), uma glicoproteína de membrana (M) (20.000-35.000 Da), que atua como proteína de matriz mergulhada na dupla camada lipídica do envelope, interagindo com o nucleocapsídeo, e a glicoproteína da espícula (S, de *spike*; 180.000-220.000 Da), que forma os peplômeros em forma de pétala. Alguns vírus, inclusive o coronavírus humano OC43 (HCoV-OC43), contêm uma terceira glicoproteína (HE; 65.000 Da), que provoca hemaglutinação e exibe atividade de acetilesterase.

A organização genômica de um coronavírus representativo é apresentada na Figura 41-2. A sequência dos genes das proteínas codificadas por todos os coronavírus é Pol-S-E-M-N-3'. Várias estruturas de leitura aberta que codificam proteínas não estruturais e a proteína HE diferem quanto ao número e à sequência dos genes entre os coronavírus. Os vírus SARS contêm um número comparativamente grande de genes intercalados para proteínas não estruturais na extremidade 3' do genoma.

Classificação

A Coronaviridae é uma das duas famílias, em conjunto com Arteriviridae, pertencentes à ordem Nidovirales. As características utilizadas para classificar os Coronaviridae consistem em morfologia das partículas, estratégia singular de replicação do RNA, organização do genoma e homologia da sequência dos nucleotídeos. Existem duas subfamílias (Coronavirinae e Torovirinae) e seis gêneros (*Alphacoronavirus*, *Betacoronavirus*, *Gammacoronavirus*, *Deltacoronavirus*, *Bafinivirus* e *Torovirus*) na família Coronaviridae. Os dois primeiros e o último gêneros apresentam vírus que provocam infecções humanas. Os vírus do gênero *Torovirus* são comuns em ungulados e parecem estar associados a doenças diarreicas.

Existem seis coronavírus que podem infectar humanos, os coronavírus alfa 229E e NL63 e os coronavírus beta OC43, HKU1, SARS-CoV* e MERS-CoV. Existem muitas outras variantes dos coronavírus que infectam animais; destas, grande parte infecta uma ou algumas espécies.

Replicação dos coronavírus

Já que os coronavírus humanos não crescem adequadamente em cultura de células, os detalhes acerca de sua replicação provêm de estudos com o vírus da hepatite murina, o qual é estreitamente relacionado com a cepa humana OC43 (Figura 41-3). O ciclo de replicação ocorre no citoplasma das células.

O vírus fixa-se a receptores nas células-alvo por meio das espículas de glicoproteína existentes no envelope viral (por meio de S ou HE). O receptor para o coronavírus humano 229E é a aminopeptidase N, enquanto o receptor funcional para o SARS-CoV é a

---

*N. de T. Atualmente, um novo vírus da família Coronaviridae, o coronavírus da síndrome respiratória aguda grave 2 (SARS-CoV2, de s*evere acute respiratory syndrome coronavirus 2*), despontou como o agente infeccioso responsável pela primeira grande pandemia do século XXI. Esse vírus, responsável pela Covid-19, pertence ao gênero *Betacoronavirus*.

TABELA 41-1 **Propriedades importantes dos coronavírus**

Virion: Esférico, com 120 a 160 nm de diâmetro, nucleocapsídeo helicoidal

Genoma: RNA de fita simples, linear, não segmentado, de sentido positivo, com 27 a 32 kb, revestido e poliadenilado, infeccioso

Proteínas: Duas glicoproteínas e uma fosfoproteína; alguns vírus contêm uma terceira glicoproteína (hemaglutinina esterase)

Envelope: Contém espículas grandes, amplamente espaçadas, em forma de clava ou de pétalas

Replicação: Citoplasma; as partículas maturam por brotamento no retículo endoplasmático e no complexo de Golgi

Características marcantes:
Provocam resfriados, SARS e MERS.
Exibem alta frequência de recombinação.
Crescimento difícil em cultura de células.

enzima conversora de angiotensina 2. Já o receptor* para MERS--CoV é a dipeptilpeptidase 4, também conhecida como CD26. Várias isoformas da família da glicoproteína relacionada com o antígeno carcinoembrionário atuam como receptores do coronavírus de camundongo. Em seguida, a partícula é internalizada, provavelmente por endocitose absortiva. A glicoproteína S pode causar a fusão do envelope viral com a membrana celular.

O primeiro evento após o desnudamento consiste na tradução do RNA do genoma viral para produzir uma RNA-polimerase dependente do RNA e específica do vírus. A polimerase viral transcreve todo o comprimento do RNA complementar (fita negativa) que serve como modelo para um conjunto de 5 a 7 mRNAs subgenômicos. Apenas a sequência gênica terminal 5′ de cada mRNA é traduzida. As cópias de comprimento total do RNA genômico também são transcritas a partir do RNA complementar.

As moléculas do RNA genômico recém-sintetizadas interagem, no citoplasma, com a proteína do nucleocapsídeo para formar nucleocapsídeos helicoidais. Existe um local de ligação preferido para a proteína N no RNA líder. Os nucleocapsídeos derivam através da membrana do retículo endoplasmático rugoso e do complexo de Golgi para áreas que contêm as glicoproteínas virais. Então, os virions maduros podem ser transportados em vesículas para a periferia da célula para saída ou podem ser liberados após a lise celular.

Aparentemente, os virions não são formados por brotamento na membrana plasmática. Pode-se observar muitas partículas no exterior das células infectadas, presumivelmente adsorvidas a essas células após a liberação do virion. Certos coronavírus induzem a fusão celular, mediada pela glicoproteína S e que exige pH de 6,5

---

*N. de T. O receptor para o SARS-CoV-2 é a enzima conversora da angiotensina 2 (ACE2, do inglês *angiotensin converting enzyme 2*). Essa molécula é mais abundante na superfície das células alveolares do tipo II dos pulmões. Contudo, outros tipos celulares também a expressam, resultando em um quadro clínico muito mais sistêmico do que um quadro puramente respiratório como o que se pensava inicialmente. Esse vírus pode infectar as células cardíacas, resultando em complicações cardiovasculares. Também pode causar danos gastrintestinais, uma vez que a ACE2 é expressa em abundância nas células do epitélio gástrico, duodenal e retal. Além disso, a entrada do vírus nas células é facilitada por duas outras proteínas: a enzima denominada serinoprotease transmembrana tipo II (TMPRSS2, do inglês *transmembrane serine protease* 2) e o receptor de neuropilina-1 (NRP1, do inglês *neuropilin 1*).

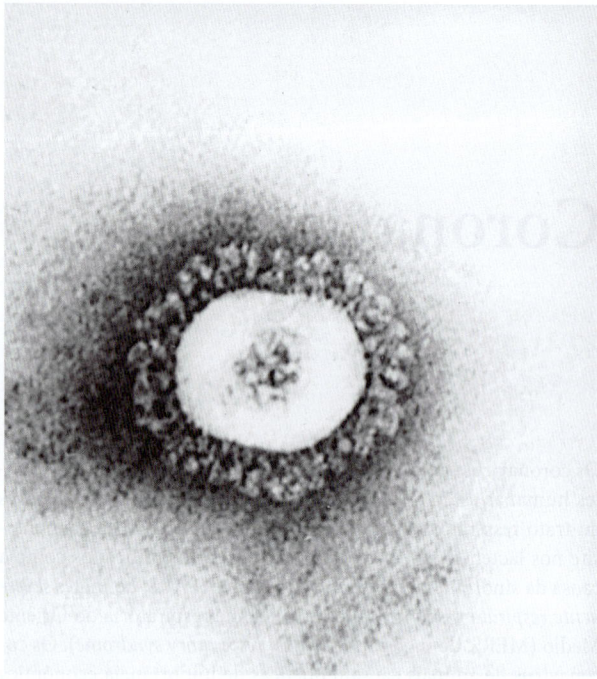

FIGURA 41-1 Coronavírus humano OC43. Observe as grandes espículas características e amplamente espaçadas que formam uma "coroa" ao redor do virion (ampliada 297.000 ×). (Cortesia de FA Murphy e EL Palmer.)

ou mais. Alguns coronavírus estabelecem infecções persistentes das células, em vez de serem citocidas.

Os coronavírus exibem alta frequência de mutação durante cada ciclo de replicação, incluindo a produção de alta incidência de mutações por deleção. Esses vírus também sofrem alta frequência de recombinação durante a replicação, o que é incomum para um vírus de RNA com genoma não segmentado e pode contribuir para a evolução de novas cepas virais.

INFECÇÕES PELO CORONAVÍRUS EM HUMANOS

Patogênese

Os coronavírus tendem a ser extremamente espécie-específicos. A maioria dos coronavírus de animais conhecidos exibe tropismo pelas células epiteliais das vias respiratórias ou do trato gastrintestinal. As infecções pelos coronavírus *in vivo* podem ser disseminadas (como a hepatite murina) ou localizadas. Em seres humanos, as infecções, em geral, se mantêm no trato respiratório superior.

Em contrapartida, a epidemia de SARS-CoV, em 2003, foi caracterizada por uma doença respiratória grave, incluindo pneumonia e falência respiratória progressiva. O vírus também pode ser detectado em outros órgãos (incluindo os rins, o fígado e o intestino delgado) e nas fezes. O vírus da SARS provavelmente originou-se de um hospedeiro não humano, mais provavelmente morcegos, e foi transmitido para humanos. Os morcegos chineses são os reservatórios naturais de coronavírus semelhantes ao vírus da SARS. Nas regiões rurais do sudeste da China, onde o surto se iniciou, pessoas, porcos e aves domésticas vivem em condições muito próximas e

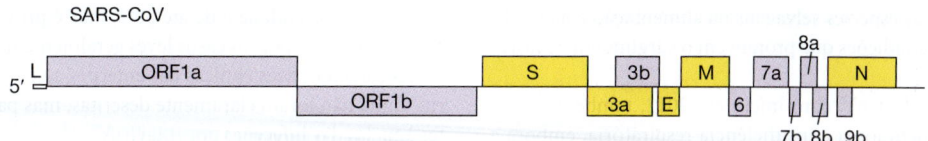

FIGURA 41-2 Organização genômica dos coronavírus. O genoma do coronavírus da SARS (SARS-CoV) possui cerca de 29,7 kb. Os quadros de fundo amarelo representam as fases de leitura aberta (ORFs, de *open reading frames*) que codificam para proteínas estruturais; os quadros de fundo acinzentado codificam proteínas não estruturais. As ORFs separadas dentro de cada gene são traduzidas a partir de uma fita simples de mRNA. S, espícula; E, envelope; M, transmembrana; N, nucleocapsídeo. Os produtos de clivagem da ORF1 são denominados nsp1–16 e incluem uma fosfatase, cisteína-proteinases, RNA-polimerase dependente de RNA, uma helicase e uma endoribonuclease. (Adaptada, com autorização, de Lai MMC, Perlman S, Anderson LJ: Coronaviridae. In Knipe DM, Howley PM [editors-in-chief]. *Fields Virology*, 5th ed. Lippincott Williams and Wilkins, 2007.)

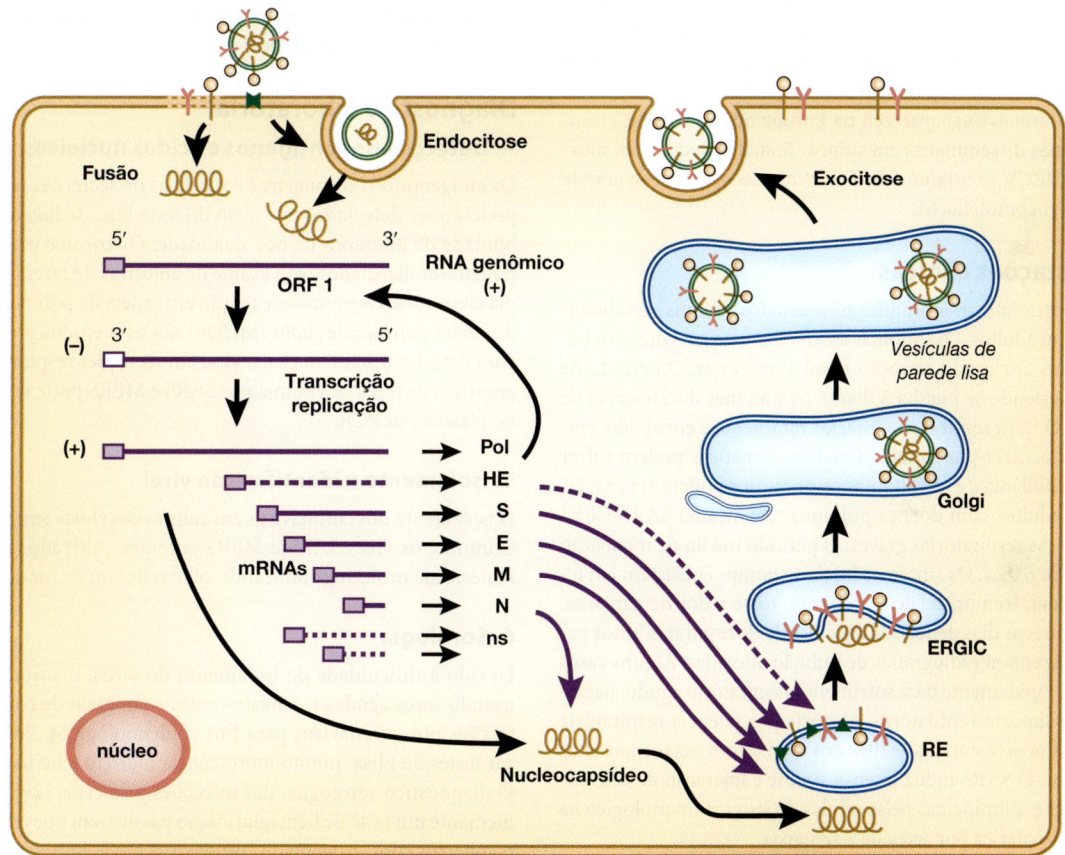

FIGURA 41-3 Ciclo de replicação do coronavírus. Os virions ligam-se às glicoproteínas específicas do receptor, ou glicanas, via proteína da espícula. A penetração e o desnudamento ocorrem por fusão mediada por proteínas S do envelope viral com a membrana plasmática ou com a membrana do endossomo. O gene 1 do RNA genômico viral é traduzido em uma poliproteína, que é processada para produzir o complexo replicase-transcriptase. O RNA genômico é usado como um molde para sintetizar RNAs de fita negativa, que são usados para sintetizar o genoma RNA em toda a sua extensão e os mRNAs subgenômicos. Cada mRNA é traduzido para produzir somente a proteína codificada pela extremidade 5' do mRNA, inclusive as proteínas não estruturais. A proteína N e o RNA genômico recém-sintetizado organizam-se para formar nucleocapsídeos helicoidais. A glicoproteína de membrana M é inserida no retículo endoplasmático (RE) e ancorada no complexo de Golgi (GIC). O nucleocapsídeo (N mais o RNA genômico) liga-se à proteína M no compartimento de brotamento (ERGIC). As proteínas E e M interagem para desencadear o brotamento de partículas virais, envolvendo o nucleocapsídeo. As glicoproteínas HE e S são glicosiladas e trimerizadas, associadas à proteína M, e são incorporadas às partículas do vírus em maturação. Os virions são liberados por fusão de vesículas com a membrana plasmática semelhante à exocitose. Os virions podem permanecer adsorvidos nas membranas plasmáticas das células infectadas. O ciclo completo da replicação do coronavírus ocorre no citoplasma. (Reproduzida, com autorização, de Lai MMC, Perlman S, Anderson LJ: Coronaviridae. In Knipe DM, Howley PM [editors-in-chief]. *Fields Virology*, 5th ed. Lippincott Williams and Wilkins, 2007.)

têm o hábito de usar espécies selvagens na alimentação e na medicina tradicional – condições que promovem o surgimento de novas linhagens virais.

O surto de MERS-CoV, com início em 2012, também foi caracterizado por pneumonia e insuficiência respiratória, embora a maioria dos pacientes que morreram apresentasse comorbidades. O MERS-CoV provavelmente se originou em morcegos e se disseminou em camelos, conforme demonstrado pela soropositividade em animais da região. É provável que o contato com morcegos ou camelos resulte em infecções humanas iniciais, que podem então ser transmitidas de pessoa para pessoa.

Suspeita-se de que os coronavírus causam gastrenterites em seres humanos. Existem vários modelos animais de coronavírus entéricos, inclusive o vírus da gastrenterite suína transmissível (TGEV, do inglês *transmissible gastroenteritis virus*). A doença, que acomete animais jovens, caracteriza-se por destruição das células epiteliais e pela perda da capacidade de absorção. É interessante assinalar que um novo coronavírus respiratório porcino (PRCV, do inglês *porcine respiratory coronavirus*) apareceu na Europa nos anos 1980, e causou epizootias disseminadas em suínos. A análise sequencial mostrou que o PRCV se originou do TGEV em decorrência de grande deleção na glicoproteína S1.

Manifestações clínicas

Os coronavírus humanos produzem "resfriados comuns", geralmente afebris, em adultos. Os sintomas assemelham-se aos causados pelos rinovírus, incluindo secreção nasal e mal-estar. O período de incubação estende-se por 2 a 5 dias, e os sintomas duram cerca de 1 semana. O trato respiratório inferior raramente é envolvido, embora possa ocorrer pneumonia. Crianças asmáticas podem sofrer ataques de sibilância, e os sintomas respiratórios podem ser exacerbados em adultos com doença pulmonar crônica. O SARS-CoV* causa doenças respiratórias graves. O período médio de incubação é de cerca de 6 dias. Os sintomas iniciais comuns consistem em febre, mal-estar, tremor, cefaleia, fraqueza, tosse e dor de garganta, seguidos, poucos dias depois, de dificuldade de respirar. Muitos pacientes apresentam radiografias de pulmão alteradas. Alguns casos progridem rapidamente para sofrimento respiratório agudo, necessitando de suporte ventilatório. A morte por falência respiratória progressiva ocorre em quase 10% dos casos, com taxas mais altas entre idosos. O SARS induz intensa síntese e liberação de diferentes citocinas e quimiocinas pelas células do sistema imunológico na circulação periférica por cerca de 2 semanas.

O MERS-CoV causa doenças respiratórias leves a graves em crianças e adultos. Pacientes com comorbidades são mais gravemente afetados, assim como os idosos. O período de incubação é de 2 a 13 dias, com doença prolongada em alguns casos levando à pneumonia e morte. Os achados laboratoriais incluem leucopenia, linfopenia, trombocitopenia e níveis elevados de lactato-desidrogenase.

---

*N. de T. A infecção causada por SARS-CoV-2 também apresenta alta mortalidade em uma pequena parcela da população infectada, especialmente em indivíduos idosos, imunodeprimidos, diabéticos, cardiopatas e hipertensos. Contudo, a maioria dos infectados é assintomática (podendo se apresentar como portador) ou apresenta sintomas leves a moderados, semelhantes ao estado gripal. O quadro clínico da Covid-19 na forma sistêmica mais grave é caracterizado por uma tempestade inflamatória de citocinas (*cytokine storm*), com alterações hematológicas e de coagulação que podem levar a dano tecidual grave e à morte.

A taxa de mortalidade é de até 30%, mas é provável que seja uma superestimativa, pois os casos leves geralmente não são relatados.

As características clínicas das enterites associadas aos coronavírus ainda não foram claramente descritas, mas parecem semelhantes àquelas das infecções por rotavírus.

Imunidade

A exemplo de outros vírus respiratórios, ocorre imunidade, embora não seja absoluta. A imunidade contra o antígeno existente na projeção superficial do vírus é provavelmente mais importante para a proteção. A resistência à reinfecção pode durar alguns anos, mas é comum a ocorrência de reinfecções por cepas semelhantes.

A maioria dos pacientes (> 95%) com SARS ou MERS desenvolve resposta humoral aos antígenos virais detectáveis por testes de imunofluorescência ou teste imunoenzimático (Elisa, do inglês *enzyme-linked immunosorbent assay*).

Diagnóstico laboratorial

A. Detecção dos antígenos e ácidos nucleicos

Os antígenos dos coronavírus em células de secreções respiratórias poderão ser detectados por meio do teste Elisa se houver disponibilidade de antissoro de boa qualidade. Os coronavírus entéricos podem ser detectados pelo exame de amostras de fezes à microscopia eletrônica. Os ensaios de reação em cadeia da polimerase (PCR, do inglês *polymerase chain reaction*) são os métodos preconizáveis para detectar o ácido nucleico viral em secreções respiratórias e em amostras de fezes. A viremia por SARS e MERS pode ser detectada no plasma por PCR.

B. Isolamento e identificação viral

O isolamento dos coronavírus em cultura de células tem sido difícil. Contudo, os vírus SARS e MERS já foram cultivados a partir de material da orofaringe utilizando células de rim de macaco Vero.

C. Sorologia

Devido à dificuldade de isolamento do vírus, o sorodiagnóstico usando soros agudos e convalescentes é um meio de confirmar infecções por coronavírus para fins epidemiológicos. Pode-se utilizar testes de Elisa, imunofluorescência indireta e hemaglutinação. O diagnóstico sorológico das infecções pela cepa 229E é possível mediante um teste de hemaglutinação passiva, em que os eritrócitos recobertos com antígeno de coronavírus são aglutinados por soros que contêm anticorpos.

Epidemiologia

Os coronavírus apresentam uma distribuição cosmopolita. Eles são a principal causa de doença respiratória em adultos durante alguns meses de inverno, quando a incidência de resfriados é alta, mas o isolamento de rinovírus ou outros vírus respiratórios é baixo. Esses organismos tendem a estar associados a surtos bem definidos.

Estima-se que os coronavírus causem 15 a 30% dos resfriados. A incidência de infecções por coronavírus muda bastante de um ano para outro, variando, em um estudo de 3 anos, de 1 a 35%.

Os anticorpos dirigidos contra os coronavírus respiratórios aparecem na infância, aumentam conforme a idade e são encontrados em mais de 90% dos adultos. Parece que a reinfecção com sintomas pode ocorrer após 1 ano. Contudo, os anticorpos para os coronavírus SARS e MERS são incomuns, sugerindo que eles não têm circulado amplamente em humanos.

Os coronavírus normalmente são associados à doença respiratória aguda em idosos, juntamente com os rinovírus, o vírus influenza e o vírus sincicial respiratório. A frequência das infecções por coronavírus é estimada em quase metade da frequência das infecções causadas pelo rinovírus e equivalente àquelas do vírus influenza e do vírus sincicial respiratório.

Os coronavírus são transmitidos pelo contato com gotículas respiratórias, superfícies contaminadas e fômites (objetos inanimados contaminados). Existe o risco de transmissão no ambiente de saúde, com surtos hospitalares documentados.

Um surto de SARS surgiu no sul da China no final de 2002, prolongando-se até meados de 2003, resultando em cerca de 8.000 casos em 29 países, com um total de 800 mortes (taxa de fatalidade de 9,6%)*. Em quase todos os casos, houve história de contato próximo com pacientes com SARS ou viagem recente para áreas onde foi relatada a ocorrência de SARS. As viagens aéreas internacionais permitiram a disseminação da SARS pelo mundo com uma velocidade sem precedentes. A experiência com a SARS mostrou que, em um mundo globalizado, um surto de doença infecciosa em qualquer lugar do globo pode colocar os outros países em risco.

Curiosamente, poucas pessoas foram identificadas como "superdisseminadoras", tendo cada uma delas infectado mais de 10 contatos. Superdisseminadores foram descritos para outras doenças, como rubéola, infecção pelo vírus Ebola e tuberculose, e provavelmente isso reflete uma determinada plêiade de hospedeiro, além de fatores ambientais e virais.

Em 2012, o MERS foi identificado como a causa de morte de um paciente com insuficiência respiratória na Arábia Saudita. Posteriormente, foi associado a vários surtos de doenças respiratórias em diversos países da Península Arábica. O vírus parece ser endêmico em morcegos e camelos da região. Viajantes infectados disseminaram o vírus em outros países, e este continua sendo um risco de transmissão por peregrinos que retornam do Hajj anual em Meca.

Pouco se sabe acerca da epidemiologia das infecções por coronavírus entéricos.

Tratamento, prevenção e controle

Não existe um tratamento aprovado nem vacina para infecções por coronavírus. Inibidores de proteases usados no tratamento das infecções pelo vírus da imunodeficiência humana (p. ex., lopinavir)

apresentam atividade *in vitro* contra o SARS. Vacinas para o SARS e o MERS estão em desenvolvimento**.

As medidas de controle que foram eficazes para bloquear a disseminação da SARS incluíram o isolamento dos pacientes, quarentena dos que haviam sido expostos e restrições de viagens, bem como o uso de luvas, máscaras, óculos e respiradores pelos agentes de saúde. Permanece uma grande suspeita de MERS-CoV em pacientes que retornam da Península Arábica, o que requer testes adequados e precauções de controle de infecção para evitar uma propagação futura.

RESUMO DO CAPÍTULO

- Os coronavírus são vírus envelopados de RNA de fita simples e de sentido positivo que contêm o maior genoma entre os vírus de RNA.
- Os coronavírus humanos geralmente causam o resfriado comum.
- Um novo coronavírus que se originou em um hospedeiro não humano causou um surto mundial de SARS em 2003.
- O MERS-CoV foi detectado pela primeira vez em 2012, e pode causar doenças respiratórias graves em alguns pacientes.
- Os coronavírus humanos são distribuídos em todo o mundo, com exceção dos vírus SARS e MERS.
- Não há tratamento ou vacinas disponíveis para os coronavírus.

QUESTÕES DE REVISÃO

1. Uma mulher de 63 anos de idade apresentou febre, cefaleia, mal-estar, mialgia e tosse. É início do inverno, estação dos vírus respiratórios, e o médico não sabe qual vírus está presente na comunidade. Qual dos seguintes vírus não é uma causa da doença respiratória aguda?

   (A) Vírus influenza
   (B) Adenovírus
   (C) Vírus sincicial respiratório
   (D) Coronavírus
   (E) Rotavírus

2. Com base na análise das sequências do genoma e testes sorológicos, a origem mais provável do coronavírus da SARS é a:

   (A) Recombinação entre um coronavírus humano e um coronavírus animal que originou outro vírus.

---

*N. de T. Em dezembro de 2019 e janeiro de 2020, casos atípicos de pneumonia (SARS-CoV-2) ocorreram em Wuhan, China. Esses indivíduos foram negativos para SARS-CoV por RT-qPCR a partir de lavagem broncoalveolar. Contudo, análises filogenéticas e de recombinação revelaram uma similaridade de 99,9% com a família Coronaviridae. Após a detecção desse novo vírus, o número de indivíduos contaminados na China cresceu exponencialmente, se disseminando para diversos países (principalmente Itália, Espanha, Inglaterra, Rússia, Estados Unidos, Índia e Brasil). Segundo a Organização Mundial da Saúde (OMS), até setembro de 2021, houve 225 milhões de casos mundiais confirmados de Covid-19, incluindo 4,6 milhões de mortes. No Brasil, o primeiro caso foi confirmado na cidade de São Paulo em 26 de fevereiro de 2020, sendo que o vírus se disseminou para todo o território nacional. Em setembro de 2021, o Brasil notificou 21 milhões de casos confirmados, com 586 mil mortes.

**N. de T. Vários tipos diferentes de vacinas para a Covid-19 foram desenvolvidas e incluem:
1) Vacinas de vírus inativados. Por exemplo, a empresa biofarmacêutica Sinovac, sediada em Pequim, é a desenvolvedora da vacina CoronaVac.
2) Vacinas de vetor viral, que usam um vírus que foi geneticamente modificado para não causar doenças. Por exemplo, a ChAdOx1 nCoV-19 (ou AZD1222), conhecida popularmente como "vacina de Oxford", é elaborada pela universidade de Oxford com colaboração da farmacêutica AstraZeneca. Essa vacina utiliza um adenovírus de chimpanzé geneticamente modificado que expressa uma glicoproteína da espícula de SARS-CoV2. A Fundação Oswaldo Cruz (Fiocruz) negociou um acordo com a AstraZeneca para a compra de lotes e de transferência de tecnologia.
3) Vacinas de ácidos nucleicos. Por exemplo, a vacina Pfizer-BioNTech COVID-19 (BNT162b2) apresenta um mRNA modificado (modRNA) que codifica a glicoproteína de espícula do SARS-CoV2. Para uma ótima revisão, acessar o link: https://www.ncbi.nlm.nih.gov/pmc/articles/PMC7423510/pdf/main.pdf.

(B) Passagem de um coronavírus animal para humanos.

(C) Mutação de um coronavírus humano que resultou em aumento da virulência.

(D) Aquisição de genes humanos por um coronavírus humano via recombinação que permitiu a evasão viral da resposta imune do hospedeiro.

3. A epidemia de SARS ocorrida de 2002 a 2003 resultou em muitos casos e mortes. Qual a rota primária de transmissão dos coronavírus humanos?

(A) Orofecal

(B) Respiratória

(C) Sanguínea

(D) Transplacentária

(E) Via sexual

4. As infecções por coronavírus em seres humanos geralmente causam uma síndrome gripal comum. Entretanto, um surto recente de SARS foi caracterizado por pneumonia e falência respiratória progressiva. A prevenção ou o tratamento dessas doenças podem ser obtidos por:

(A) Vacina de subunidade

(B) Vacina viva atenuada adaptada ao frio

(C) Fármaco antiviral amantadina

(D) Medidas de controle da infecção, como isolamento e uso de acessórios de proteção

(E) Antiviral aciclovir

5. Uma epidemia de infecção respiratória aguda de origem viral ocorreu entre idosos em uma casa de geriatria. Suspeita-se de que o vírus influenza e o coronavírus, que podem causar doenças respiratórias sérias em idosos, sejam a causa da epidemia. Qual das seguintes características é partilhada por esses vírus?

(A) Genoma segmentado

(B) Genoma de RNA infeccioso

(C) Alta frequência de recombinações durante a replicação

(D) Um único sorotipo infecta os humanos

(E) Genoma de sentido negativo

6. As seguintes alternativas são características comuns de coronavírus, *exceto* uma. Qual delas não está correta?

(A) Possuem antígenos cruzados com o vírus influenza.

(B) Contêm um dos maiores genomas entre os vírus de RNA.

(C) Podem causar gastrenterites.

(D) Apresentam distribuição mundial.

7. O coronavírus SARS compartilha algumas características com o coronavírus HCoV-OC43. Qual das seguintes afirmações é verdadeira para o SARS?

(A) Causa surtos anuais durante o inverno.

(B) É distribuído globalmente.

(C) Os indivíduos de alto risco para contrair o vírus incluem os profissionais de saúde.

(D) Os hospedeiros naturais são guaxinins.

8. Um viajante voltando de Meca, na Arábia Saudita, apresenta pneumonia, febre e tosse. Qual é o melhor teste para diagnosticar o coronavírus MERS?

(A) Ensaio de antígeno para coronavírus

(B) PCR para coronavírus humano

(C) PCR para MERS-CoV

(D) Cultura viral

9. Os fatores de risco para infecção grave por coronavírus MERS incluem:

(A) Exposição recente a camelo

(B) Infecção prévia por coronavírus

(C) Alergias sazonais

(D) Doença pulmonar obstrutiva crônica

Respostas

1. E	4. D	7. C
2. B	5. C	8. C
3. B	6. A	9. D

REFERÊNCIAS

Al-Tawfiq JA, Hinedi K, Ghandour J, et al: Middle East respiratory syndrome coronavirus: A case-control study of hospitalized patients. *Clin Infect Dis* 2014;59:160.

Anderson LJ, Tong S: Update on SARS research and other possibly zoonotic coronaviruses. *Int J Antimicrob Agents* 2010;36S:S21.

Baric RS, Hu Z (editors): SARS-CoV pathogenesis and replication. *Virus Res* 2008;133(Issue 1). [Entire issue.]

Booth TF, Kournikakis B, Bastien N, et al: Detection of airborne severe acute respiratory syndrome (SARS) coronavirus and environmental contamination in SARS outbreak units. *J Infect Dis* 2005;191:1472.

Cheng VCC, Lau SK, Woo PC, Yuen KY: Severe acute respiratory syndrome coronavirus as an agent of emerging and reemerging infection. *Clin Microbiol Rev* 2007;20:660.

Hui DSC, Chan PKS: Severe acute respiratory syndrome and coronavirus. *Infect Dis Clin North Am* 2010;24:619.

Lee N, Hui D, Wu A, et al: A major outbreak of severe acute respiratory syndrome in Hong Kong. *N Engl J Med* 2003;348:1986.

Mahony JB: Detection of respiratory viruses by molecular methods. *Clin Microbiol Rev* 2008;21:716.

Perlman S, Dandekar AA: Immunopathogenesis of coronavirus infections: Implications for SARS. *Nat Rev Immunol* 2005; 5:917.

Rota PA, Oberste MS, Monroe SS, et al: Characterization of a novel coronavirus associated with severe acute respiratory syndrome. *Science* 2003;300:1394.

van Boheemen S, de Graaf M, Lauber C, et al: Genomic characterization of a newly discovered coronavirus associated with acute respiratory distress syndrome in humans. *mBio* 2012;3:e00473.

Wong SSY, Yuen KY: The management of coronavirus infections with particular reference to SARS. *J Antimicrob Chemother* 2008;62:437.

Raiva, infecções por vírus lentos e doenças causadas por príons

Muitos vírus diferentes podem invadir o sistema nervoso central (SNC) e causar doença. Este capítulo discute a raiva (uma encefalite viral temida desde a antiguidade e que ainda hoje é uma doença incurável), as infecções causadas por vírus lentos e as encefalopatias espongiformes transmissíveis (distúrbios neurodegenerativos raros causados por agentes não convencionais denominados "príons").

RAIVA

A raiva é uma infecção aguda do SNC, quase sempre fatal. Em geral, o vírus é transmitido a seres humanos pela mordida de um animal raivoso. Embora o número de casos humanos seja pequeno, a raiva representa um importante problema de saúde pública devido à sua disseminação entre animais que atuam como reservatórios.

Propriedades dos vírus

A. Estrutura

O vírus da raiva é um rabdovírus com propriedades morfológicas e bioquímicas em comum com o vírus da estomatite vesiculosa do gado bovino e com diversos vírus de animais, plantas e insetos (Tabela 42-1). Os rabdovírus são partículas em forma de bastonete ou de projétil que medem 75 × 180 nm (Figura 42-1). As partículas são circundadas por um envelope membranoso dotado de espículas protuberantes de 10 nm de comprimento. Os peplômeros (espículas) são constituídos de trímeros da glicoproteína viral. No interior do envelope, existe um ribonucleocapsídeo. O genoma consiste em RNA de fita simples e de sentido negativo (12 kb; massa molecular [MM] de $4,6 \times 10^6$). Os virions contêm RNA-polimerase dependente do RNA. As partículas apresentam densidade de flutuação em CsCl de cerca de $1,19 \text{ g/cm}^3$ e massa molecular de 300 a 1.000×10^6.

B. Classificação

Os vírus são classificados na família **Rhabdoviridae**. Os vírus da raiva pertencem ao gênero *Lyssavirus*, enquanto os vírus semelhantes aos da estomatite vesiculosa são do gênero *Vesiculovírus*. Os rabdovírus encontram-se amplamente distribuídos na natureza, infectando vertebrados, invertebrados e plantas. O vírus da raiva é o principal rabdovírus clinicamente importante. Muitos dos rabdovírus de animais infectam insetos, o que não ocorre com o vírus da raiva.

C. Reações a agentes físicos e químicos

O vírus da raiva sobrevive ao armazenamento a 4 °C por semanas e a −70 °C por anos. É inativado pelo CO_2; logo, quando armazenado em gelo seco, deve ser mantido em frascos de vidro selados. Tal vírus é rapidamente destruído por exposição à radiação ultravioleta (UV) ou luz solar, pelo calor (1 h a 50 °C), por solventes lipídicos (éter, desoxicolato de sódio a 0,1%), pela tripsina, por detergentes e por extremos de pH.

D. Replicação viral

O ciclo de replicação do rabdovírus é apresentado na Figura 42-2. O vírus da raiva se adere às células por suas espículas de glicoproteína, onde o receptor de acetilcolina nicotínico pode atuar como receptor celular para esse vírus. O genoma RNA de fita simples é transcrito pela RNA-polimerase associada ao virion em cinco espécies de mRNA. O modelo para a transcrição é o RNA genômico em forma de ribonucleoproteína (RNP) (encapsulado pela proteína N e contendo a transcriptase viral). Os mRNAs monocistrônicos codificam as cinco proteínas do virion: o nucleocapsídeo (N), as proteínas polimerases (L, P), a matriz (M) e a glicoproteína (G). A RNP do genoma é o modelo para o RNA de sentido positivo complementar, responsável pela produção do RNA de sentido negativo da progênie. As mesmas proteínas virais atuam como polimerase para a replicação do RNA viral, bem como para a transcrição. A tradução é necessária à replicação, particularmente das proteínas virais N e P. O RNA genômico recém-replicado associa-se à transcriptase e à nucleoproteína do vírus, formando cernes de RNP no citoplasma. As partículas adquirem um envelope mediante brotamento através da membrana plasmática da célula hospedeira. A proteína da matriz viral forma uma camada no lado interno do envelope, enquanto a glicoproteína viral localiza-se na camada externa, onde forma as espículas.

E. Suscetibilidade animal e crescimento viral

O vírus da raiva apresenta ampla variedade de hospedeiros. Todos os animais de sangue quente, inclusive os seres humanos, podem ser infectados. A suscetibilidade varia entre as espécies de mamíferos, abrangendo desde os mais suscetíveis (raposas, coiotes, lobos) até os menos suscetíveis (gambás); os animais de suscetibilidade intermediária incluem doninhas, guaxinins e morcegos (Tabela 42-2). O vírus encontra-se amplamente distribuído nos animais infectados, particularmente no sistema nervoso, na saliva, na urina, na linfa, no leite e no sangue. A recuperação da infecção é rara, exceto em

TABELA 42-1 Propriedades importantes dos rabdovírus

Virion: Em forma de projétil, com 75 nm de diâmetro × 180 nm de comprimento

Composição: RNA (4%), proteínas (67%), lipídeos (26%), carboidratos (3%)

Genoma: RNA de fita simples, linear, não segmentado, de sentido negativo, MM de 4,6 milhões, 12 kb

Proteínas: Cinco proteínas principais; uma glicoproteína de envelope

Envelope: Presente

Replicação: Citoplasma; brotamento dos virions a partir da membrana citoplasmática

Características marcantes:
Ampla série de vírus com grande variedade de hospedeiros
O grupo inclui o mortal vírus da raiva

determinados morcegos, nos quais o vírus tornou-se peculiarmente adaptado às glândulas salivares. Os morcegos hematófagos podem transmitir o vírus durante meses sem apresentar quaisquer sinais de doença.

Quando recém-isoladas no laboratório, as cepas são denominadas vírus de rua, exibindo períodos de incubação longos e variáveis (em geral, 21-60 dias em cães), e produzindo regularmente corpos de inclusão intracitoplasmáticos. A passagem seriada de cérebro para cérebro em coelhos produz um vírus "fixo" que não se multiplica mais em tecidos extraneurais. Esse vírus fixo (ou mutante) multiplica-se rapidamente, sendo o período de incubação reduzido para 4 a 6 dias. Os corpos de inclusão mostram-se mais difíceis de serem detectados.

F. Propriedades antigênicas

Existe um único sorotipo do vírus da raiva. Entretanto, são observadas diferenças entre cepas isoladas de distintas espécies (guaxinins, raposas, doninhas, cães, morcegos) em áreas geográficas diversas. Essas cepas virais podem ser distinguidas por epítopos na nucleoproteína e na glicoproteína, reconhecidos por anticorpos monoclonais, bem como por sequências específicas de nucleotídeos. Existem pelo menos 7 variantes antigênicas encontradas em animais terrestres e em morcegos.

A glicoproteína G é um fator importante de patogenicidade e neuroinvasividade do vírus da raiva. Foram selecionados mutantes avirulentos do vírus da raiva por meio de determinados anticorpos monoclonais contra a glicoproteína viral. Uma substituição na posição 333 de um aminoácido da glicoproteína resulta em perda da virulência, indicando que esse local da proteína desempenha algum papel essencial na patogênese da doença.

As espículas purificadas que contêm a glicoproteína viral desencadeiam a produção de anticorpos neutralizantes em animais. Utiliza-se antissoro preparado contra o nucleocapsídeo purificado na imunofluorescência diagnóstica para a raiva.

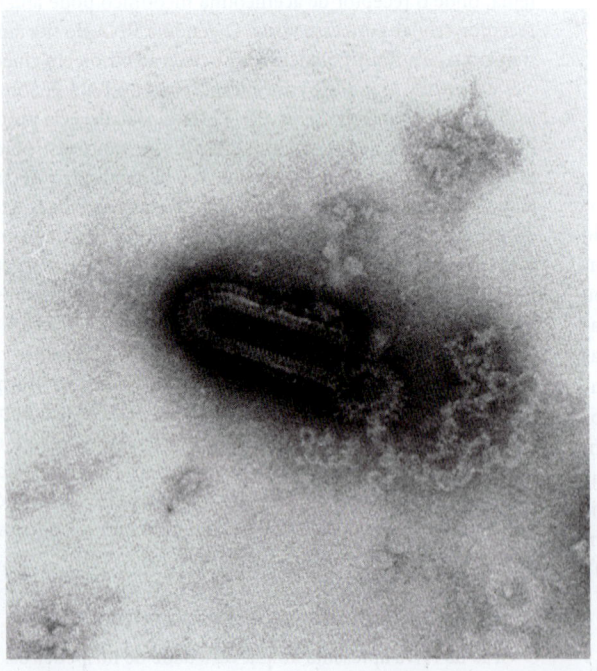

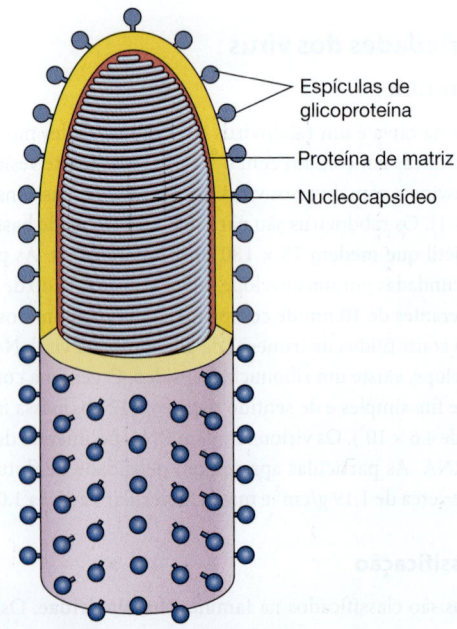

Espículas de glicoproteína

Proteína de matriz

Nucleocapsídeo

FIGURA 42-1 Estrutura dos rabdovírus. **A:** Micrografia eletrônica de partícula em forma de projétil, típica da família Rhabdoviridae (ampliada 100.000 ×). A figura mostra o vírus da estomatite vesiculosa corado negativamente com fosfotungstato de potássio. (Cortesia de RM McCombs, M Benyesh-Melnick e JP Brunschwig.) **B:** Ilustração esquemática do vírus da raiva mostrando as espículas de glicoproteína que se estendem a partir do envelope lipídico e que circundam o nucleocapsídeo interno e a proteína da matriz que reveste o envelope. O nucleocapsídeo compreende o genoma de RNA simples com nucleoproteína e as proteínas polimerases. (Reproduzida, com autorização, de Cowan MK, Talaro KP: *Microbiology. A Systems Approach*, 2nd ed. McGraw-Hill, 2009. © McGraw-Hill Education.)

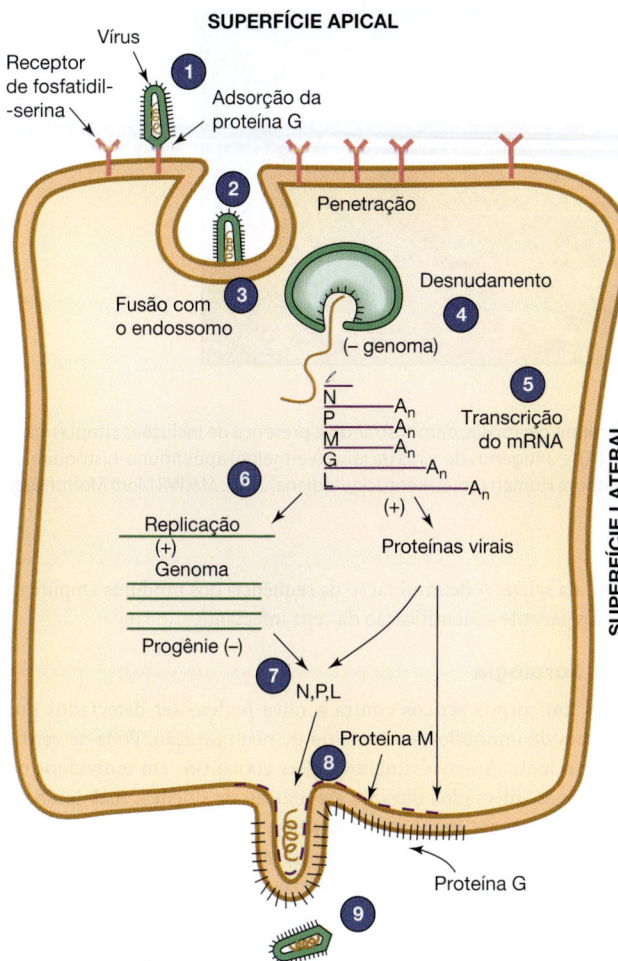

SUPERFÍCIE APICAL

Vírus

Receptor de fosfatidil--serina

Adsorção da proteína G

Penetração

Fusão com o endossomo

Desnudamento

(– genoma)

Transcrição do mRNA

Replicação
(+)
Genoma

Proteínas virais

Progênie (–)

N,P,L

Proteína M

Proteína G

SUPERFÍCIE BASAL

SUPERFÍCIE LATERAL

FIGURA 42-2 Etapas da replicação de um rabdovírus: (**1**) aderência do vírus; (**2**) penetração no interior de um endossomo; (**3**) fusão do vírus com a membrana endossômica, liberando o cerne no citoplasma; (**4**) desnudamento do nucleocapsídeo; (**5**) RNA genômico viral de sentido negativo transcrito em RNA de sentido positivo; (**6**) o RNA de sentido positivo atua como modelo para a síntese do genoma viral, e o mRNA dá origem às proteínas virais; (**7**) o RNA de sentido negativo incorpora-se aos nucleocapsídeos (N); (**8**) os nucleocapsídeos juntam-se à proteína da matriz (M) na superfície celular; (**9**) brotamento do vírus a partir da superfície celular. (Reproduzida, com autorização, de Levy JA, Fraenkel-Conrat H, Owens RA: *Virology*, 3rd ed. Prentice Hall, 1994.)

TABELA 42-2 **Suscetibilidade dos animais à raiva**

Muito alta	Alta	Moderada	Baixa
Raposas	*Hamsters*	Cães	Gambás
Coiotes	Doninhas	Carneiros	
Chacais	Guaxinins	Cabras	
Lobos	Gatos	Cavalos	
Ratos brancos	Morcegos	Primatas não	
	Coelhos	humanos	
	Bovinos		

Modificada, com autorização, de Baer GM, Bellini WJ, Fishbein DB: Rhabdoviruses. In Fields BN, Knipe DM (editors-in-chief). *Fields Virology*, 2nd ed. Raven Press, 1990.

Patogênese e patologia

O vírus da raiva multiplica-se no tecido muscular ou no tecido conectivo no local da inoculação e, em seguida, penetra nos nervos periféricos, nas junções neuromusculares e propaga-se pelos nervos até o SNC. Entretanto, também é possível que o vírus da raiva penetre diretamente no sistema nervoso sem replicação local. Esse organismo multiplica-se no SNC, resultando em uma encefalite progressiva. Ele pode, então, propagar-se através dos nervos periféricos para as glândulas salivares e outros tecidos. A glândula salivar submaxilar é o órgão que apresenta títulos mais elevados do vírus. Os outros órgãos onde o vírus da raiva foi encontrado incluem o pâncreas, os rins, o coração, a retina e a córnea. O vírus da raiva não foi isolado do sangue de indivíduos infectados.

A suscetibilidade à infecção e o período de incubação podem depender da idade, da constituição genética e do estado imunológico do hospedeiro, da cepa viral envolvida, da quantidade de inóculo, da gravidade das lacerações e da distância que o vírus deve percorrer de seu ponto de entrada até o SNC. As pessoas mordidas no rosto ou na cabeça apresentam maior taxa de ataque e período de incubação mais curto, enquanto aquelas mordidas nas pernas exibem menor taxa de mortalidade.

O vírus da raiva produz uma inclusão citoplasmática eosinofílica específica, denominada corpúsculo de Negri, nas células nervosas infectadas. Os corpúsculos de Negri são repletos de nucleocapsídeos virais. A presença dessas inclusões é patognomônica da raiva, embora não sejam observadas em pelo menos 20% dos casos. Por conseguinte, a ausência de corpúsculos de Negri não afasta a possibilidade de raiva como diagnóstico. A importância dos corpúsculos de Negri no diagnóstico da raiva diminuiu com o desenvolvimento de testes diagnósticos mais sensíveis de anticorpo fluorescente e de reação em cadeia da polimerase-transcriptase reversa (RT-PCR, de *reverse transcriptase polymerase chain reaction*).

Manifestações clínicas

A raiva é primariamente uma doença de animais inferiores, transmitida aos seres humanos por meio de mordidas de animais raivosos ou pelo contato com a saliva desses animais. A doença consiste em uma encefalite fulminante, aguda e fatal. Nos seres humanos, o período de incubação é de 1 a 3 meses, mas pode ser de apenas 1 semana ou de mais de 1 ano. Em geral, é mais curto em crianças do que em adultos. O espectro clínico pode ser dividido em três fases: fase prodrômica curta, fase neurológica aguda e coma. O pródromo, cuja duração é de 2 a 10 dias, pode apresentar qualquer um dos seguintes sintomas inespecíficos: mal-estar, anorexia, cefaleia, fotofobia, náuseas, vômitos, faringite e febre. Comumente, o paciente relata uma sensação anormal ao redor do local do ferimento.

Durante a fase neurológica aguda, que dura 2 a 7 dias, os pacientes exibem sinais de disfunção do sistema nervoso, como nervosismo, apreensão, alucinações e conduta anormal. Observa-se hiperatividade simpática generalizada, inclusive lacrimejamento, dilatação pupilar, bem como aumento da salivação e da sudorese. Uma grande parcela de pacientes apresenta hidrofobia (medo de água) ou aerofobia (medo quando se sente uma brisa de ar). O ato da deglutição precipita um espasmo doloroso dos músculos da garganta. Essa fase é seguida de crises convulsivas ou de coma e morte. A parada cardiorrespiratória constitui a principal causa de morte. Ocorre raiva paralítica em cerca de 30% dos pacientes, mais

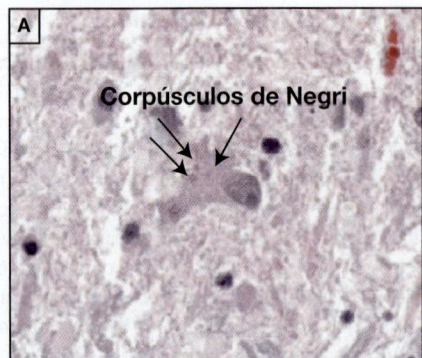
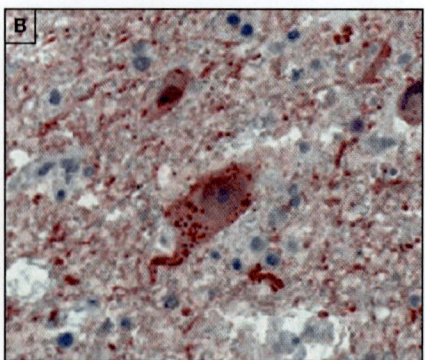

Foto/CDC

FIGURA 42-3 Exame de corte histopatológico de tecido do SNC a partir de necropsia, demonstrando a presença de inclusões citoplasmáticas neuronais (corpúsculo de Negri), após coloração de hematoxilina-eosina (**A**), e antígenos do vírus da raiva (vermelho) após imuno-histoquímica (**B**). Reproduzida, com autorização, do Centers for Disease Control and Prevention: Human rabies-Kentucky/Indiana, 2009. *MMWR Morb Mortal Wkly Rep* 2010;59:393.)

frequentemente nos infectados pelo vírus da raiva do morcego. A evolução da doença é mais lenta, e alguns pacientes sobrevivem 30 dias. Recuperação e sobrevida são extremamente raras.

Deve-se considerar a possibilidade de raiva em qualquer caso de encefalite ou mielite de causa desconhecida, mesmo na ausência de história de exposição, particularmente em uma pessoa que viveu ou viajou para fora dos Estados Unidos. A maioria dos casos de raiva nos Estados Unidos é observada em indivíduos sem exposição conhecida. Devido ao longo período de incubação, a pessoa pode esquecer um possível incidente de exposição. Além disso, os indivíduos infectados pelo vírus da raiva do morcego frequentemente não lembram de terem sido mordidos por um morcego.

O período de incubação habitual em cães varia de 3 a 8 semanas, mas pode ser curto, de apenas 10 dias. Do ponto de vista clínico, a doença em cães é dividida nas mesmas três fases da raiva humana.

Diagnóstico laboratorial

Não há testes laboratoriais para o diagnóstico da raiva humana antes do início dos sintomas clínicos. A raiva pode ser diagnosticada a partir de animais sacrificados por meio de testes diretos de anticorpos fluorescentes em tecido cerebral.

A. Antígenos ou ácidos nucleicos da raiva

Na atualidade, os tecidos infectados pelo vírus da raiva são identificados mais rápida e acuradamente por imunofluorescência ou por coloração com imunoperoxidase, utilizando-se anticorpos monoclonais antirrábicos. Uma amostra para biópsia normalmente é feita da pele do pescoço próxima ao couro cabeludo. Podem ser utilizadas preparações de impressões do cérebro ou do tecido da córnea.

O achado de corpúsculos de Negri no cérebro ou na medula espinal pode ser utilizado para estabelecer um diagnóstico patológico definitivo. Os corpúsculos de Negri são nitidamente demarcados, mais ou menos esféricos, com 2 a 10 μm de diâmetro, e exibem uma estrutura interna distinta, com grânulos basofílicos em uma matriz eosinofílica, contendo antígenos do vírus da raiva (Figura 42-3). Em geral, tanto os corpúsculos de Negri quanto o antígeno da raiva podem ser encontrados em animais ou seres humanos infectados pelo vírus da raiva, enquanto são raramente detectados em morcegos.

Pode-se recorrer ao teste de RT-PCR para amplificar partes do genoma do vírus da raiva em tecido cerebral fixado ou não fixado ou na saliva. A determinação da sequência dos produtos amplificados permite a identificação da cepa infectante.

B. Sorologia

Os anticorpos séricos contra a raiva podem ser detectados por testes de imunofluorescência ou de neutralização. Pode-se verificar o lento desenvolvimento desses anticorpos em indivíduos ou animais infectados durante a evolução da doença, mas também imediatamente após a vacinação com vacinas derivadas de células. Os anticorpos no líquido cerebrospinal (LCS) são produzidos em indivíduos infectados pela raiva, mas não em resposta à vacinação.

C. Isolamento viral

O tecido disponível é inoculado por via intracerebral em camundongos recém-nascidos. A infecção nos camundongos resulta em encefalite e morte. O SNC do animal inoculado é examinado à procura de corpúsculos de Negri e antígenos da raiva. Em laboratórios especializados, linhagens celulares de hamsters e camundongos podem ser inoculadas para o rápido crescimento (2–4 dias) do vírus da raiva; esse método é muito mais rápido que o isolamento do vírus em camundongos. O vírus isolado é identificado por testes de anticorpo fluorescente com antissoro específico. O isolamento do vírus leva muito tempo para ser realizado, por isso não tem utilidade para se tomar a decisão sobre a administração da vacina.

D. Observação animal

Todos os animais considerados "raivosos ou sob suspeita de raiva" (Tabela 42-3) devem ser imediatamente sacrificados para exame laboratorial dos tecidos neurais. Outros animais devem ser mantidos em observação durante 10 dias. Se esses animais apresentarem quaisquer sinais de encefalite, raiva ou comportamento anormal, eles deverão ser sacrificados de maneira humanitária, e os tecidos deverão ser examinados em laboratório. No entanto, se apresentarem aspecto normal após 10 dias, deverá ser tomada uma decisão em conjunto com as autoridades de saúde pública.

Imunidade e prevenção

Apenas um tipo antigênico de vírus da raiva é conhecido. Mais de 99% das infecções em seres humanos e mamíferos que apresentam sintomas são fatais. A sobrevida após o início dos sintomas da raiva

TABELA 42-3   Guia de profilaxia pós-exposição contra a raiva – Estados Unidos, 2008

As recomendações a seguir constituem apenas uma orientação. Ao aplicá-las, é preciso levar em consideração a espécie animal envolvida, as circunstâncias da mordida ou de outra exposição, o *status* de vacinação do animal e a presença de raiva na região. Observação: as autoridades locais de saúde pública oficiais devem ser consultadas se houver qualquer dúvida quanto à necessidade de profilaxia contra a raiva.

Tipo de animal	Avaliação do animal	Tratamento dos indivíduos expostos[a]
Doméstico		
Cães, gatos e furões	Saudável e disponível para 10 dias de observação	Nenhum, a não ser que o animal desenvolva sintomas de raiva
	Raivoso ou sob suspeita de raiva	Iniciar profilaxia imediatamente
	Desconhecida (o animal escapou)	Consultar as autoridades de saúde pública
Selvagem		
Doninhas, raposas, morcegos, guaxinins, coiotes e outros carnívoros	Considerar raivoso, a não ser que o animal seja comprovadamente negativo por testes laboratoriais	Considerar profilaxia imediata
Outros		
Gado, roedores e lagomorfos (coelhos e lebres)	Considerar cada caso individualmente. As autoridades de saúde pública oficiais devem ser consultadas sobre a necessidade de profilaxia contra a raiva. Mordidas de esquilos, hamsters, cobaias, gerbos, tâmias, ratos, camundongos e outros roedores, coelhos e lebres quase nunca exigem profilaxia antirrábica.	

[a]Profilaxia consiste em limpeza imediata da mordida ou do ferimento com água e sabão, administração da imunoglobulina contra o vírus da raiva e vacinação.
Reproduzida, com autorização, do Centers for Disease Control and Prevention: *MMWR Morb Mortal Wkly Rep* 2008;57(RR-3):1.

é extremamente rara. Por conseguinte, é essencial que os indivíduos de alto risco recebam imunização preventiva, que a natureza e o risco de qualquer exposição sejam avaliados, e que os indivíduos recebam profilaxia pós-exposição caso se acredite que a exposição tenha sido perigosa (Tabela 42-3)*. Como o tratamento não tem benefício algum após o início da doença clínica, é essencial iniciar imediatamente o tratamento pós-exposição. A profilaxia pós-exposição consiste em limpeza imediata e completa das feridas com sabão e água, administração de imunoglobulina antirrábica e esquema de vacinação.

A. Fisiopatologia da prevenção da raiva por vacina

É provável que seja necessária a amplificação do vírus no músculo, próximo ao local de inoculação, para que a concentração de vírus seja suficiente para provocar infecção do SNC. Nos casos em que a vacina imunogênica ou os anticorpos específicos podem ser administrados imediatamente, é possível reduzir a replicação do vírus, podendo-se evitar a invasão do SNC pelo vírus. A ação dos anticorpos administrados passivamente consiste em neutralizar parte dos vírus inoculados e reduzir a sua concentração no corpo, proporcionando tempo adicional para que a vacina possa estimular a produção ativa de anticorpos, a fim de evitar a invasão do SNC pelo vírus. A profilaxia bem-sucedida pós-exposição irá, portanto, prevenir o desenvolvimento de raiva clínica.

B. Tipos de vacina

Todas as vacinas para uso humano contêm apenas o vírus inativado da raiva. Nos Estados Unidos, dispõe-se de duas vacinas, embora várias outras sejam utilizadas em outros países. Ambas as vacinas antirrábicas disponíveis nos Estados Unidos são igualmente seguras e eficazes.

1. Vacina com células diploides humanas (HDCV, do inglês *human diploid cell vaccine*) – Para se obter uma suspensão do vírus da raiva isenta de proteínas estranhas e do sistema nervoso, o vírus da raiva é cultivado em linhagem celular diploide humana MRC-5**. A preparação com vírus da raiva é concentrada por ultrafiltração e inativada com β-propiolactona. Não foi relatada qualquer reação anafilática ou encefalítica grave. Tal vacina vem sendo utilizada nos Estados Unidos desde 1980.

2. Vacina de células do embrião de galinha purificado (PCEC, do inglês *purified chick embryo cell vaccine*) – Esta vacina é preparada a partir da cepa fixa do vírus da raiva Flury LEP cultivada em fibroblastos de frango. É inativada com β-propiolactona e purificada por centrifugação por gradiente. Tornou-se disponível nos Estados Unidos em 1997.

Uma vacina com vírus recombinante, constituída de vírus vacínia transportando o gene da glicoproteína de superfície do vírus

---

*N. de T. O Ministério da Saúde é responsável por adquirir e por distribuir às Secretarias Estaduais de Saúde os imunobiológicos necessários para a profilaxia da raiva humana no Brasil: vacina antirrábica humana de cultivo celular, soro antirrábico humano e imunoglobulina antirrábica humana. Atualmente, recomenda-se duas possíveis medidas de profilaxia antirrábica humana: a pré-exposição e a pós-exposição, após avaliação profissional. A profilaxia pré-exposição deve ser indicada para pessoas com risco de exposição permanente ao vírus da raiva durante atividades ocupacionais como as exercidas por médicos veterinários, biólogos, profissionais de laboratório de virologia e anatomopatologia para raiva, estudantes de medicina veterinária, zootecnia, biologia, agronomia, agrotécnica e áreas afins. Fonte: https://saude.gov.br/.

**N. de T. É uma vacina indicada para a imunização contra a raiva em humanos. A vacina é preparada a partir de vírus da raiva, cepa PM/WI 38-1503-3M, cultivados sobre células diploides humanas (fibroblastos humanos). A utilização da HDCV na prevenção da raiva humana abrange a profilaxia pré-exposição (vacinação preventiva) e a profilaxia pós-exposição (vacinação curativa). A administração adequada de HDCV visando à vacinação preventiva resulta em 100% de soroconversão. Os títulos de anticorpos neutralizantes obtidos são elevados e persistem por pelo menos 1 ano. O emprego de HDCV segundo o esquema preconizado para a vacinação curativa resulta no aparecimento de anticorpos a partir do 7º dia. Já no 14º dia, observa-se praticamente 100% de soroconversão. Os títulos de anticorpos protetores atingidos são consideravelmente mais elevados do que o mínimo requerido a nível internacional pela OMS (0,5 UI/mL). Contudo, há relatos de hipersensibilidade. Essa vacina não está sendo produzida atualmente no Brasil.

da raiva, tem imunizado com sucesso animais após administração oral. Essa vacina pode ser usada para a imunização de reservatórios animais de vida selvagem e de animais domésticos.

C. Tipos de anticorpo antirrábico

1. Imunoglobulina antirrábica humana (HRIG, do inglês *human rabies immune globulin*) – A HRIG é uma γ-globulina preparada por fracionamento em etanol a frio a partir do plasma de seres humanos hiperimunizados*. Ocorrem menos reações adversas à imunoglobulina antirrábica humana do que ao soro antirrábico equino.

2. Soro antirrábico equino – Trata-se do soro concentrado de cavalos hiperimunizados com o vírus da raiva. Tem sido utilizado em países onde a HRIG não está disponível.

D. Profilaxia pré-exposição

É indicada aos indivíduos com alto risco de contato com o vírus da raiva (pessoas que trabalham em laboratórios clínicos e de pesquisa, espeleólogos) ou com animais raivosos (veterinários, pessoas que trabalham com o controle de animais domésticos e selvagens). O objetivo consiste em alcançar um nível de anticorpos considerado protetor mediante a administração da vacina antes de qualquer exposição. Recomenda-se que os títulos de anticorpos dos indivíduos vacinados sejam monitorados periodicamente, com administração de reforço quando necessário.

E. Profilaxia pós-exposição

Embora sejam notificados poucos casos (0-5) de raiva humana nos Estados Unidos a cada ano, mais de 20.000 pessoas recebem anualmente alguma forma de tratamento para uma possível exposição a mordidas. A decisão quanto à administração de anticorpos antirrábicos ou vacina antirrábica, ou ambas, depende de diversos fatores: (1) da natureza do animal que mordeu (espécie, estado de saúde, doméstico ou selvagem) e de sua condição de vacinação, (2) da disponibilidade do animal para exame laboratorial (*todas* as mordidas de animais selvagens e morcegos exigem a administração de imunoglobulina e vacina antirrábicas), (3) da existência de raiva na região, (4) do tipo de ataque (provocado ou não), (5) da gravidade da mordida e da contaminação por saliva do animal, e (6) do aconselhamento das autoridades locais de saúde pública (Tabela 42-3). Os esquemas para profilaxia pós-exposição, envolvendo a administração de imunoglobulina e vacina antirrábicas, são fornecidos pelos Centers for Disease Control and Prevention (CDCs) e pelas autoridades estaduais de saúde pública.

Epidemiologia

A raiva é enzoótica em animais selvagens e domésticos. No mundo, ocorrem anualmente pelo menos 50.000 mortes causadas pelo vírus da raiva humana. Entretanto, em muitos países, a raiva não é relatada em sua totalidade. Quase todas as mortes por raiva (> 99%) ocorrem em países em desenvolvimento, sendo a Ásia responsável por cerca de 90% dos casos fatais. Nesses países, a raiva canina ainda é endêmica, e a maioria dos casos humanos ocorre em consequência da mordida de cães raivosos. Indivíduos de 5 a 15 anos de idade representam risco particular. Estima-se que 15 milhões de pessoas recebam anualmente profilaxia pós-exposição, principalmente na Índia e na China.

Nos Estados Unidos, no Canadá e na Europa Ocidental, onde a raiva canina** foi controlada, os cães são responsáveis por um número muito pequeno de casos. Com efeito, a raiva humana decorre de mordidas de animais selvagens (particularmente morcegos, guaxinins, doninhas e raposas) ou ocorre em viajantes mordidos por cães em outras partes do mundo. Na América Latina, a raiva transmitida por morcegos hematófagos constitui o problema mais grave no gado bovino. Nos Estados Unidos e em alguns outros países desenvolvidos, o aumento na incidência de raiva silvestre representa um risco muito maior para os seres humanos do que a raiva transmitida por cães ou gatos.

Principalmente devido ao controle sucessivo da raiva em cães domésticos, a incidência da raiva humana nos Estados Unidos declinou para pouco menos que 3 pessoas por ano durante as últimas duas décadas.

A análise antigênica com anticorpos monoclonais e com genotipagem por análise da sequência de nucleotídeos pode distinguir os vírus da raiva isolados de diferentes reservatórios animais. De 2000 a 2011, foram diagnosticados 32 casos de raiva humana nos Estados Unidos, onde mais de 95% dos casos foram comprovados devido ao vírus associado a morcegos***. Oito de nove pacientes com raiva adquirida fora dos Estados Unidos apresentaram cepas associadas a cães.

Nos Estados Unidos, os guaxinins representam um importante reservatório da raiva, sendo responsáveis por mais de metade dos casos registrados de raiva animal. Acredita-se que a raiva do guaxinim tenha sido introduzida na região média do Atlântico nos anos 1970, quando guaxinins infectados foram transportados para lá provenientes do Sudeste dos Estados Unidos, a fim de repor os estoques para caça. A raiva epizoótica do guaxinim propagou-se, e hoje está presente desde o Leste dos Estados Unidos até o Canadá.

Os morcegos representam um problema especial, uma vez que podem transportar o vírus da raiva apesar de estarem aparentemente sadios, excretá-lo na saliva, bem como transmiti-lo a outros animais e aos seres humanos. Entre os casos de raiva humana nos Estados Unidos atribuídos a variantes associadas a morcegos, a maioria foi causada pelas variantes do morcego de cabelo prateado (*Lasionycteris noctivagans*) e do morcego-pipistrela do leste. Entretanto, somente dois casos foram associados a história de mordida

---

*N. de T. A utilização do soro e/ou imunoglobulina antirrábica humana na imunização passiva tem como objetivo fornecer anticorpos neutralizantes no local de exposição, antes de o paciente começar a produzir os seus próprios anticorpos. Desse modo, deve ser administrada apenas uma vez, de preferência no ferimento ou na possível porta de entrada do vírus, a quantidade máxima possível, de forma imediata e concomitantemente com a primeira dose da vacina pós-exposição. No caso de o soro ou a imunoglobulina antirrábica não serem aplicados de forma concomitante com a 1ª dose de vacina antirrábica, só deverão ser administrados no máximo em até 7 dias após a aplicação da 1ª dose de vacina antirrábica.

**N. de T. No Brasil, o Programa Nacional de Profilaxia da Raiva (PNPR), criado em 1973, implantou, entre outras ações, a vacinação antirrábica canina e felina em todo o território nacional. Essa atividade resultou num decréscimo significativo nos casos de raiva naqueles animais, e com isso permitiu um controle da raiva urbana no país. Na série histórica de 1999 a 2017, o Brasil saiu de 1.200 cães positivos para raiva (em 1999) para 9 casos de raiva canina (em 2018), todos identificados como variantes de animais silvestres.

***N. de T. No Brasil, no período de 2010 a 2020, foram registrados 38 casos de raiva humana. Desses casos, 9 tiveram o cão como animal agressor; 20, morcegos; 4, primatas não humanos; 4, felinos; e em 1 deles não foi possível identificar o animal agressor. Fonte: https://saude.gov.br.

de morcego, visto que a maioria das exposições ao animal não é detectada. As cavernas habitadas por morcegos podem conter aerossóis do vírus da raiva, constituindo um risco para os espeleólogos. Morcegos frugívoros migratórios são encontrados em muitos países e constituem uma fonte de infecção para muitos animais e para o homem. A raiva do morcego pode ser importante no início de zoonoses terrestres em novas regiões. Na Austrália, considerada há muito tempo um continente isento de raiva, foi constatada, em 1996, a presença do vírus da raiva em morcegos frugívoros. Todas as pessoas mordidas por morcegos devem receber profilaxia pós-exposição contra a raiva.

A transmissão humana da raiva é muito rara. O único caso documentado de transmissão interpessoal envolve a raiva transmitida por transplante de córnea – as córneas eram de doadores que haviam morrido de doenças do SNC não diagnosticadas, e os receptores morreram de raiva 50 a 80 dias após o transplante. O primeiro caso documentado envolvendo transplante de órgãos sólidos ocorreu nos Estados Unidos, em 2004. O fígado e os rins de um único doador foram transplantados para três pacientes, os quais morreram após 5 a 7 semanas, por raiva confirmada. A transmissão provavelmente ocorreu via tecido neuronal dos órgãos transplantados, pois o vírus da raiva não se dissemina pelo sangue. Teoricamente, a raiva pode originar-se da saliva de um paciente que apresenta raiva, com a consequente exposição da equipe médica; entretanto, esse tipo de transmissão nunca foi documentado.

Tratamento e controle

Não existe tratamento bem-sucedido para a raiva clínica. A interferona, a ribavirina e outros fármacos não mostram efeitos benéficos. O tratamento sintomático pode prolongar a vida, porém a evolução é quase sempre fatal.

Historicamente, vários acontecimentos importantes contribuíram para o controle da raiva humana: o desenvolvimento de uma vacina antirrábica humana (1885), a descoberta dos corpúsculos de Negri para o estabelecimento do diagnóstico (1903), o uso de vacinas antirrábicas para cães (anos 1940), o acréscimo de imunoglobulina antirrábica a tratamentos com vacina pós-exposição em humanos (1954), o crescimento do vírus da raiva em células cultivadas (1958), e o desenvolvimento de testes diagnósticos de anticorpos fluorescentes (1959).

A vacinação pré-exposição é recomendada a todas as pessoas com alto risco de contato com animais raivosos, como veterinários, pessoas que cuidam de animais, certos funcionários de laboratório e espeleólogos. As pessoas que viajam para países em desenvolvimento, onde os programas de controle da raiva em animais domésticos não são ideais, devem receber profilaxia pré-exposição se planejam permanecer no país por mais de 30 dias. Todavia, a profilaxia pré-exposição não elimina a necessidade de profilaxia pós-exposição imediata se houver exposição à raiva.

Os países isolados (p. ex., a Grã-Bretanha), que não apresentam raiva em seus animais selvagens, podem estabelecer procedimentos de quarentena para cães e outros animais de estimação importados. Nos países onde existe raiva canina, os animais abandonados devem ser sacrificados, e a vacinação de cães e gatos domésticos deve ser obrigatória. Nos países onde ocorre raiva silvestre e o contato entre animais domésticos, de estimação e selvagens é inevitável, todos os animais domésticos e de estimação devem ser vacinados.

Uma vacina oral com vírus de vaccínia-glicoproteína recombinante da raiva (V-RG) mostrou-se eficaz no controle da raiva em raposas na Europa. Adicionada aos alimentos, a vacina oral está sendo utilizada para reduzir a raiva epizoótica em animais selvagens nos Estados Unidos.

Infecções emergentes por rabdovírus

Em 2009, um pequeno surto de febre hemorrágica viral na África central foi associado a um novo rabdovírus chamado Bas-Congo vírus (BASV). Dois pacientes morreram e dois profissionais de saúde sobreviveram, indicando potencial transmissão de pessoa para pessoa. O provável reservatório animal é desconhecido, e nenhum caso adicional foi identificado desde então.

DOENÇA DE BORNA

A doença de Borna, uma doença do SNC de cavalos e carneiros em certas áreas da Alemanha, manifesta-se por anormalidades comportamentais, geralmente levando à morte. Infiltrados celulares inflamatórios estão presentes no cérebro. A doença é imunomediada.

O vírus causador da doença de Borna (BDV) é um vírus envelopado, não segmentado, de fita negativa de RNA, da família **Bornaviridae** (Tabela 42-4). O BDV é um vírus novo entre os vírus de RNA de sentido negativo e não segmentado, visto que transcreve e replica seu genoma no núcleo, bem como utiliza a junção (*splicing*) do RNA para a regulação da expressão gênica. É altamente neurotrópico e estabelece infecções permanentes. Existe um único sorotipo reconhecido de BDV. Geralmente, os títulos de anticorpos neutralizantes, produzidos em espécies hospedeiras, são muito baixos.

Muitas espécies podem ser infectadas por bornavírus, inclusive os seres humanos. Os dados sorológicos e de RT-PCR sugerem que o BDV pode estar associado a transtornos neuropsiquiátricos em seres humanos, embora ainda não tenha sido estabelecido se o BDV está etiologicamente envolvido na fisiopatologia de certos transtornos mentais no ser humano.

INFECÇÕES POR VÍRUS LENTOS E DOENÇAS CAUSADAS POR PRÍONS

Algumas doenças degenerativas crônicas do SNC em seres humanos são causadas por infecções persistentes "lentas" ou crônicas por vírus clássicos. Entre elas, destacam-se a panencefalite esclerosante subaguda e a leucoencefalopatia multifocal progressiva. Outras

TABELA 42-4   **Propriedades importantes dos bornavírus**

Virion: Esférico, com 90 nm de diâmetro
Genoma: RNA de fita simples, linear, não segmentado, de sentido negativo, com 8,9 kb e MM de 3 milhões
Proteínas: Seis proteínas estruturais
Envelope: Presente
Replicação: No núcleo; local de maturação não identificado
Características marcantes: Ampla variedade de hospedeiros Neurotrópico Causa anormalidades de conduta neurológica

doenças, conhecidas como encefalites espongiformes transmissíveis, como o kuru e a doença de Creutzfeldt-Jakob (DCJ), são causadas por agentes transmissíveis não convencionais, denominados "príons" (Tabela 42-5). As doenças neurológicas progressivas provocadas por esses agentes podem ter períodos de incubação de anos antes do aparecimento das manifestações clínicas das infecções (Tabela 42-5).

Infecções por vírus lentos

A. Visna

O **vírus visna** e o **vírus da pneumonia progressiva (maedi)** são agentes estreitamente relacionados que provocam infecções de desenvolvimento lento em carneiros. Esses vírus são classificados como retrovírus (gênero *Lentivirus*; ver Capítulo 44).

O vírus visna infecta todos os órgãos do corpo de carneiros infectados. Entretanto, as alterações patológicas limitam-se principalmente ao cérebro, aos pulmões e ao sistema reticuloendotelial. Verifica-se o desenvolvimento de lesões inflamatórias do SNC logo após a infecção, mas em geral há um longo período de incubação (meses a anos) antes do aparecimento de sintomas neurológicos perceptíveis. A evolução da doença pode ser rápida (semanas) ou lenta (anos).

O vírus pode ser isolado durante a vida do animal, porém a expressão viral é restrita *in vivo*, de modo que estão presentes apenas quantidades mínimas de vírus infectante no hospedeiro. Ocorre variação antigênica durante as infecções persistentes em longo prazo. São observadas inúmeras mutações no gene estrutural que codifica as glicoproteínas do envelope viral. Os animais infectados desenvolvem anticorpos contra o vírus.

B. Panencefalite esclerosante subaguda

Trata-se de uma doença rara de jovens adultos, causada pelo vírus do sarampo, com lenta e progressiva desmielinização do SNC, culminando em morte (ver Capítulo 40). São produzidos grandes números de estruturas de nucleocapsídeos virais nos neurônios e nas células gliais. Verifica-se uma expressão restrita dos genes virais que codificam as proteínas do envelope, de modo que o vírus nas células neurais persistentemente infectadas carece das proteínas necessárias para a produção de partículas infecciosas. Os pacientes com panencefalite esclerosante subaguda apresentam títulos elevados de anticorpo contra o sarampo, à exceção do anticorpo contra a proteína M, frequentemente ausente. A eficiência reduzida de transcrição do vírus do sarampo em células cerebrais diferenciadas é importante na manutenção da infecção persistente, que resulta em panencefalite esclerosante subaguda.

C. Leucoencefalopatia multifocal progressiva

O vírus JC (JCV), um membro da família **Polyomaviridae** (ver Capítulo 43), é o agente etiológico da leucoencefalopatia multifocal progressiva, uma complicação do SNC que ocorre em alguns indivíduos imunossuprimidos. Apesar de extremamente rara, a doença pode ocorrer em uma proporção significativa (cerca de 5%) de pacientes com síndrome da imunodeficiência adquirida (Aids, do inglês *acquired immunodeficiency syndrome*). Entretanto, como os antivirais tornam a progressão das infecções pelo vírus da imunodeficiência humana (HIV, do inglês *human immunodeficiency virus*) mais lenta, poucos pacientes desenvolvem essa doença. A leucoencefalopatia multifocal progressiva é, também, uma complicação rara associada a algumas terapias com anticorpos monoclonais para doenças, como

TABELA 42-5   Doenças causadas por vírus lentos e príons

Doença	Agente	Hospedeiros	Período de incubação	Natureza da doença
Doenças em seres humanos				
Panencefalite esclerosante subaguda	Variante do vírus do sarampo	Seres humanos	2-20 anos	Panencefalite esclerosante crônica
Leucoencefalopatia multifocal progressiva	Poliomavírus, JCV	Seres humanos	Anos	Desmielinização do sistema nervoso central
Doença de Creutzfeldt-Jakob (DCJ)	Príon	Seres humanos, chimpanzés, macacos	Meses a anos	Encefalopatia espongiforme
Variante de DCJ[a]	Príon	Seres humanos, bovinos	Meses a anos	Encefalopatia espongiforme
Kuru	Príon	Seres humanos, chimpanzés, macacos	Meses a anos	Encefalopatia espongiforme
Doenças em animais				
Visna	Retrovírus	Carneiros	Meses a anos	Desmielinização do sistema nervoso central
Scrapie (paraplexia enzoótica dos ovinos)	Príon	Carneiros, cabras, camundongos, hamsters	Meses a anos	Encefalopatia espongiforme
Encefalopatia espongiforme bovina (EEB)	Príon	Bovinos	Meses a anos	Encefalopatia espongiforme
Encefalopatia transmissível das martas	Príon	Marta, outros animais	Meses	Encefalopatia espongiforme
Doença desgastante crônica	Príon	Mulas, veados e alces	Meses a anos	Encefalopatia espongiforme

JCV, vírus JC.
[a]Associada à exposição a material contaminado com encefalopatia espongiforme bovina.

a esclerose múltipla. A desmielinização do SNC dos pacientes com leucoencefalopatia multifocal progressiva resulta da reativação e replicação do JCV quando o indivíduo se encontra imunossuprimido.

Encefalopatias espongiformes transmissíveis (doenças causadas por príons)

As doenças degenerativas do SNC (o kuru, a DCJ, a síndrome de Gerstmann-Sträussler-Scheinker e a insônia familiar fatal de seres humanos, o *scrapie* de carneiros, a encefalopatia transmissível de martas, a encefalopatia espongiforme bovina (EEB) e a doença crônica dos cervos têm características patológicas semelhantes. Essas doenças são descritas como encefalopatias espongiformes transmissíveis. Os agentes etiológicos não são vírus convencionais, e a infecciosidade está associada à presença de material proteináceo desprovido de quantidades detectáveis de ácido nucleico. Utiliza-se o termo "**príon**" para designar essa nova classe de agentes.

Os diferentes tipos de príon parecem ter mecanismos comuns de patogênese. Existem barreiras de espécie para todas as encefalopatias espongiformes transmissíveis, porém alguns príons já cruzaram essas barreiras. Essas doenças estão associadas à aquisição de proteínas priônicas mal dobradas que podem causar dobramento incorreto e agregação de proteína priônica celular normal expressa no tecido cerebral.

Os príons mostram-se notavelmente resistentes aos meios padronizados de inativação. Eles são resistentes ao tratamento com formaldeído (3,7%), ureia (8 M), calor seco, fervura, etanol (50%), proteases, desoxicolato (5%) e radiação ionizante. Entretanto, mostram-se sensíveis ao fenol (90%), alvejante domiciliar, éter, NaOH (2 N), detergentes fortes (dodecil sulfato de sódio a 10%) e autoclavagem (1 h a 121 °C). O tiocianato de guanidina é altamente eficaz na descontaminação de materiais e instrumentos médicos.

Existem várias características distintivas dessas doenças por príons. Embora o agente etiológico possa ser isolado de outros órgãos, as doenças limitam-se ao sistema nervoso. As características básicas consistem em neurodegeneração e alterações espongiformes. Pode-se verificar a presença de placas amiloides. O início da doença clínica é precedido de um longo período de incubação (meses a décadas), seguido de doença progressiva crônica (semanas a anos). As doenças são sempre fatais, sem qualquer caso conhecido de remissão ou recuperação. O hospedeiro não apresenta resposta inflamatória nem resposta imunológica (os agentes parecem não ser antigênicos), a produção de interferona não é estimulada, e não há efeito sobre a função das células B ou T do hospedeiro. A imunossupressão do hospedeiro não exerce efeito algum sobre a patogênese. Entretanto, inflamação crônica induzida por outros fatores (vírus, bactéria, autoimunidade) pode afetar a patogênese das doenças por príon. Observa-se a acumulação de príons em órgãos com inflamação linfocítica crônica. Quando coincidem com nefrite, os príons são excretados na urina.

A. *Scrapie*

O *scrapie* apresenta acentuadas diferenças na suscetibilidade de diferentes raças de animais. A suscetibilidade à transmissão experimental do *scrapie* varia de 0 a mais de 80% em carneiros, enquanto as cabras exibem uma suscetibilidade de quase 100%. A transmissão do *scrapie* a camundongos e hamsters, nos quais o período de incubação é acentuadamente reduzido, facilitou o estudo da doença.

A infecciosidade pode ser isolada de tecidos linfoides no início da infecção, e o agente em títulos elevados é encontrado no cérebro,

na medula espinal e nos olhos (os únicos locais onde são observadas alterações patológicas). O príon está associado com a circulação de linfócitos B em carneiros infectados. A infectividade do príon também foi detectada no leite de ovelhas incubando o *scrapie* natural. Os títulos máximos de infecciosidade são alcançados no cérebro muito antes do aparecimento de sintomas neurológicos. A doença caracteriza-se pelo desenvolvimento de placas amiloides no SNC dos animais infectados. Essas áreas representam acúmulos extracelulares de proteínas, que se coram pelo vermelho Congo.

Uma proteína resistente à protease (com MM de 27.000 a 30.000 Da) pode ser purificada a partir do cérebro infectado por *scrapie*, sendo denominada proteína do príon PrP. As preparações que contêm somente PrP, na ausência de ácido nucleico detectável, são infecciosas. A PrP deriva de uma proteína maior codificada pelo hospedeiro, a PrP^{Sc}, que representa uma versão alterada de uma proteína celular normal (PrP^{C}), uma proteína de membrana ancorada por glicolipídeo. O nível de PrP^{Sc} mostra-se aumentado nos cérebros infectados, visto que a proteína se torna resistente à degradação. A suscetibilidade genética à infecção por *scrapie* está associada a mutações puntiformes no gene PrP^{C}, e os camundongos geneticamente alterados, resultando na ausência da proteína PrP^{C}, mostram-se resistentes ao *scrapie*. Foi proposto um modelo estrutural para a replicação do príon, em que a PrP^{Sc} forma um heterodímero com PrP^{C} e a dobra novamente, de modo que se torna semelhante à PrP^{Sc}. Especula-se que as "cepas" de príons refletem diferentes conformações de PrP^{Sc}. Nos últimos anos, vários estudos foram capazes de produzir príons sintéticos *in vitro* que causaram infecção quando inoculados *in vivo*, corroborando com a sugestão de que os príons sejam agentes infecciosos.

B. Kuru e a doença clássica de Creutzfeldt-Jakob (DCJ)

Kuru e a DCJ clássica são duas encefalopatias espongiformes humanas. Homogeneizados de cérebros de pacientes transmitiram ambas as doenças a primatas não humanos. O kuru só ocorre nas regiões montanhosas orientais da Nova Guiné, e propagou-se em decorrência do costume de canibalismo ritual de parentes mortos. Desde que esta prática cessou, a doença desapareceu. A DCJ em seres humanos desenvolve-se gradualmente, com demência progressiva, ataxia e mioclonias, levando à morte em 5 a 12 meses. Acredita-se que a DCJ esporádica seja causada pela transformação espontânea da proteína príon normal em príons anormais. Nos Estados Unidos e na Europa, ocorre DCJ esporádica com a frequência de cerca de 1 caso por 1 milhão de pessoas ao ano, envolvendo pacientes com mais de 50 anos de idade. A incidência estimada é de menos de 1 caso por 200 milhões de pessoas com menos de 30 anos de idade. Acredita-se que a DCJ esporádica seja causada pela transformação espontânea da proteína príon normal em príons anormais. Contudo, a nova forma variante da DCJ associada à encefalopatia espongiforme bovina (ver abaixo) afeta principalmente pessoas com menos de 30 anos.

As duas formas familiares de DCJ são a síndrome de Gerstmann-Sträussler-Scheinker e a insônia familiar fatal, doenças raras (10 a 15% dos casos de DCJ) que resultam da herança de mutações no gene *PrP*.

A DCJ iatrogênica foi transmitida acidentalmente por preparações contaminadas de hormônio do crescimento obtidas de hipófises de cadáveres de seres humanos, por transplante de córnea, por instrumentos cirúrgicos contaminados e enxertos de dura-máter de cadáveres de seres humanos utilizados para reparo cirúrgico de lesão cefálica. Aparentemente, os receptores de enxertos de dura-máter contaminados continuam apresentando alto risco de desenvolver DCJ durante mais de 20 anos após a realização do procedimento. Atualmente, não há dados sugestivos de transmissão da DCJ por sangue ou hemoderivados, embora esse potencial exista.

C. Encefalopatia espongiforme bovina (EEB) e nova variante DCJ

Uma doença semelhante ao *scrapie*, EEB ou "doença da vaca louca", surgiu em bovinos na Grã-Bretanha em 1986. Esse surto foi atribuído ao uso de rações para gado bovino que continham ossos contaminados de carcaças de carneiros infectados por *scrapie* e carcaças de gado infectado por EEB. O uso de tais rações foi proibido em 1988. A epidemia da "doença da vaca louca" atingiu seu pico na Grã-Bretanha em 1993. Estima-se que 1 milhão de cabeças de gado tenha sido infectado. Também foi constatada a ocorrência de EEB em outros países da Europa. Em 1996, foi reconhecida no Reino Unido uma nova forma variante da DCJ, que ocorreu em indivíduos mais jovens, exibindo características patológicas distintas semelhantes às observadas na EEB. Atualmente, é aceito que as novas formas variantes de DCJ e EEB são causadas por um agente comum, indicando que o agente da EEB infectou humanos. Até 2006, a nova variante da DCJ foi diagnosticada em cerca de 150 pessoas na Inglaterra, a maioria das quais foi a óbito. Um polimorfismo particular na sequência de aminoácidos da proteína priônica humana parece influenciar a suscetibilidade à doença.

D. Doença desgastante crônica

Uma doença semelhante ao *scrapie*, designada doença desgastante crônica, é encontrada em mulas, veados e alces nos Estados Unidos e no Canadá. É transmitida lateralmente com alta eficiência, mas não existem evidências de que tenha sido transmitida aos seres humanos. A infectividade foi detectada nas fezes de veados, antes do aparecimento da sintomatologia clínica. Essas proteínas infectantes estão presentes no solo e podem ser ingeridas por outros veados e alces.

E. Doença de Alzheimer

Existem algumas semelhanças neuropatológicas entre a DCJ e a doença de Alzheimer, inclusive o aparecimento de placas amiloides. Entretanto, a doença não foi transmitida experimentalmente a primatas ou roedores, e o material amiloide no cérebro de pacientes com a doença de Alzheimer não contém a proteína PrP^{Sc}.

RESUMO DO CAPÍTULO

- A raiva é uma encefalite viral quase sempre fatal uma vez que os sintomas aparecem. É causada por um vírus RNA classificado como rabdovírus.
- O ser humano é infectado com o vírus da raiva por meio da mordida de um animal contaminado. O período de incubação varia de 1 semana a mais de 1 ano.
- A maioria dos casos mundiais de morte por raiva ocorre na Ásia, e são ocasionados pela mordida de cães infectados. Nos Estados Unidos, a maioria dos casos humanos é adquirida de animais selvagens.

- Vacinas inativadas estão disponíveis para imunização humana; vacinas atenuadas, para imunização animal.
- Não há testes laboratoriais para o diagnóstico da raiva humana antes do início dos sintomas clínicos. Não existe tratamento bem-sucedido para a raiva clínica.
- A profilaxia pós-exposição consiste na administração de anticorpos contra o vírus da raiva, vacina antirrábica, ou ambas, seguida de exposição ao agente viral.
- A panencefalite esclerosante subaguda é uma doença rara, frequentemente fatal, que acomete o SNC e é causada pelo vírus do sarampo.
- A leucoencefalopatia multifocal progressiva é uma doença rara, frequentemente fatal, que acomete o SNC e é causada pelo vírus JC em indivíduos imunossuprimidos.
- As doenças causadas por príons (encefalopatias espongiformes transmissíveis) são causadas por proteínas infectantes.
- As doenças por príons humanas incluem kuru, DCJ e DCJ variante.
- Os príons são extremamente resistentes à inativação, inclusive por formaldeído, fervura e radiação. Eles podem ser inativados por autoclavação e hipoclorito.
- As doenças neurológicas progressivas podem apresentar um longo período de incubação que pode variar de meses a anos.

QUESTÕES DE REVISÃO

1. O vírus da raiva é rapidamente destruído por:

   (A) Radiação ultravioleta
   (B) Aquecimento a 56 °C durante 1 hora
   (C) Tratamento com éter
   (D) Tratamento com tripsina
   (E) Todas as alternativas anteriores

2. Os príons são facilmente destruídos por:

   (A) Radiação ionizante
   (B) Formaldeído
   (C) Ebulição
   (D) Proteases
   (E) Nenhuma das alternativas anteriores

3. A presença de corpos de inclusão citoplasmáticos eosinofílicos nos neurônios, chamados de corpúsculos de Negri, é característica de qual das seguintes infecções do sistema nervoso central?

   (A) Doença de Borna
   (B) Raiva
   (C) Panencefalite esclerosante subaguda
   (D) Nova variante da doença de Creutzfeldt-Jakob
   (E) Encefalite pós-vacinal

4. Qual das seguintes alternativas sobre as vacinas contra a raiva humana é verdadeira?

   (A) Contêm vírus da raiva atenuados.
   (B) Contêm vários tipos antigênicos do vírus da raiva.
   (C) Podem ser utilizadas no tratamento de casos clínicos de raiva.
   (D) Podem ser usadas para profilaxia pós-exposição.
   (E) Estão associadas à síndrome de Guillain-Barré.

5. Um homem de 22 anos de idade, residente em uma pequena cidade próxima de Londres (Inglaterra), aprecia comer bifes de carne bovina. Ele desenvolveu uma doença neurológica progressiva grave, caracterizada por sintomas psiquiátricos, sinais cerebelares e demência. É diagnosticada provável encefalite espongiforme bovina (EEB). Uma nova variante da doença de Creutzfeldt-Jakob em seres

humanos e a EEB parecem ser causadas pelo mesmo agente. Qual das seguintes alternativas é verdadeira sobre essas doenças?

(A) A imunossupressão do hospedeiro é um fator predisponente.

(B) Constitui distúrbio neurodegenerativo mediado pelo sistema imunológico.

(C) Ocorre um longo período de incubação (meses a anos) desde o tempo de exposição até o aparecimento dos sintomas.

(D) O agente só é isolado a partir do sistema nervoso central do hospedeiro infectado.

(E) A resposta por interferona persiste pelo período de incubação.

(F) Verifica-se um título elevado de resposta por anticorpos contra a proteína PrP^{Sc} do agente.

6. O vírus da raiva tem ampla capacidade de infectar os animais de sangue quente, inclusive os seres humanos. Qual das alternativas sobre a epidemiologia da raiva é verdadeira?

(A) A África responde pela maior parte dos casos fatais de raiva.

(B) As mordidas de cão causam a maior parte dos casos de raiva humana na Inglaterra.

(C) Os animais domésticos são a fonte da maioria dos casos de raiva humana nos Estados Unidos.

(D) A raiva transmitida de uma pessoa para outra ocorre entre agentes de saúde, com sérios riscos.

(E) A raiva transmitida por morcegos foi responsável pela maior parte dos casos de raiva humana nos Estados Unidos desde a década de 1990.

7. O agente infeccioso do *scrapie* pode ser detectado em placas amiloides do cérebro de ovelhas e de hamsters infectados. O genoma do agente infeccioso é caracterizado por qual dos seguintes tipos de ácido nucleico?

(A) RNA de fita simples, com sentido negativo

(B) RNA interferente de pequeno tamanho, o menor RNA infeccioso conhecido

(C) Cópia de DNA de genoma RNA, integrado no DNA mitocondrial

(D) DNA circular de fita simples

(E) Ácido nucleico não detectável

8. Um homem de 49 anos de idade consultou um neurologista 2 dias após sentir uma dor crescente no braço e parestesia. O neurologista diagnosticou neuropatia atípica. Os sintomas aumentaram, sendo acompanhados de espasmos na mão, bem como relaxamento do lado direito da face e do tronco. O paciente foi admitido no hospital 1 dia depois, apresentando disfagia, hipersalivação, agitação e espasmo muscular generalizado. Os sinais vitais e exames de sangue estavam normais, mas em poucas horas o paciente se tornou confuso. O neurologista consultado suspeitou de raiva. Foram administrados imunoglobulina, vacina contra a raiva e aciclovir. O paciente foi colocado sob ventilação mecânica no dia seguinte. Desenvolveu falência renal, morrendo 3 dias depois. Os resultados dos testes foram positivos para raiva. A esposa do paciente relatou que ele não fora mordido por cães ou animais selvagens. A mais provável explicação para a falha do tratamento é:

(A) O resultado do teste para raiva era falso-positivo, e o paciente não teve raiva.

(B) O tratamento foi iniciado após o aparecimento dos sintomas clínicos de raiva.

(C) A vacina era dirigida contra a raiva canina, e o paciente estava infectado com a raiva de morcegos.

(D) As imunoglobulinas contra a raiva não deveriam ser administradas, pois interferem na vacina.

(E) A interferona, e não o esquema de tratamento administrado, é o tratamento de escolha assim que os sintomas da raiva surgem.

9. Quais dos seguintes animais são citados com maior frequência como portadores da raiva nos Estados Unidos?

(A) Esquilos

(B) Guaxinins

(C) Coelhos

(D) Suínos

(E) Ratos

10. Um corredor relata uma "mordida não provocada" por um cão da vizinhança. O cão foi capturado pelas autoridades de controle animal local e parecia saudável. Qual é a ação apropriada?

(A) Confinar e observar o cão por 10 dias para sinais sugestivos de raiva.

(B) Iniciar a profilaxia de pós-exposição para a pessoa mordida.

(C) Submeter o animal imediatamente à eutanásia.

(D) Devido ao fato de a raiva canina ter sido eliminada nos Estados Unidos, mordidas de cão não são uma indicação de profilaxia pós-exposição, e nenhuma ação posterior é necessária.

(E) Testar o cão para anticorpos para a raiva.

11. A doença provocada por vírus lentos que apresenta a imunossupressão como importante predisposição em sua patogênese é:

(A) Leucoencefalopatia multifocal progressiva

(B) Panencefalite esclerosante subaguda

(C) Doença de Creutzfeldt-Jakob

(D) *Scrapie*

12. O *scrapie* e o kuru apresentam todas as seguintes características, *exceto*:

(A) Uma aparência histológica semelhante à encefalopatia espongiforme.

(B) São transmitidos por animais e associados a um longo período de incubação.

(C) Deterioração progressiva e lenta das funções neurológicas.

(D) Inclusões intranucleares proeminentes nos oligodendrócitos.

13. Um menino de 5 anos de idade teve seu dedo mordido por um cachorro. Seis semanas após a mordida, o menino apresentou febre, cefaleia, convulsões e alucinações. Qual é o melhor teste que pode ser realizado para confirmar o diagnóstico de raiva?

(A) Detecção de anticorpo antirrábico sérico

(B) Cultura viral do líquido cerebrospinal

(C) Imunofluorescência direta para antígenos virais em biópsia no tecido da nuca

(D) Biópsia cerebral

(E) Anticorpo antirrábico do líquido cerebrospinal

14. As seguintes alternativas sobre a raiva e o seu agente viral são corretas, *exceto*:

(A) O vírus apresenta uma lipoproteína de envelope e seu genoma é formado por RNA de fita simples.

(B) O vírus apresenta um único variante antigênico (sorotipo).

(C) Nos Estados Unidos, cães são os principais reservatórios para o vírus.

(D) O período de incubação em geral é longo (várias semanas).

15. Um homem de 20 anos de idade, que por vários anos recebeu injeções de hormônio de crescimento preparado a partir de glândulas pituitárias humanas, desenvolveu ataxia, dificuldade de fala e demência. Na necropsia, o tecido cerebral apresentou degradação neurológica disseminada, uma aparência espongiforme causada por diversos vacúolos entre as células e ausência de reação inflamatória ou de partículas virais. Qual o provável diagnóstico?

(A) Encefalite herpética

(B) Doença de Creutzfeldt-Jakob

(C) Panencefalite esclerosante subaguda

(D) Leucoencefalopatia multifocal progressiva

(E) Raiva

Respostas

1.	E	6.	E	11.	A
2.	E	7.	E	12.	D
3.	B	8.	B	13.	C
4.	D	9.	B	14.	C
5.	C	10.	A	15.	B

REFERÊNCIAS

Aguzzi A, Sigurdson C, Heikenwaelder M: Molecular mechanisms of prion pathogenesis. *Annu Rev Pathol* 2008;3:11.

Beisel CE, Morens DM: Variant Creutzfeldt-Jakob disease and the acquired and transmissible spongiform encephalopathies. *Clin Infect Dis* 2004;38:697.

Brew BJ, Davies NW, Cinque P, et al: Progressive multifocal leukoencephalopathy and other forms of JC virus disease. *Nat Rev Neurol* 2010;6:667.

Colby DW, Prusiner SB: De novo generation of prion strains. *Nat Rev Microbiol* 2011;9:771.

Compendium of animal rabies prevention and control, 2011. National Association of State Public Health Veterinarians, Inc. *MMWR Morb Mortal Wkly Rep* 2011;60(RR-6):1.

De Serres G, Dallaire F, Côte M, et al: Bat rabies in the United States and Canada from 1950 through 2007: Human cases with and without bat contact. *Clin Infect Dis* 2008;46:1329.

Grard JG, Fair JN, Lee D, et al: A novel rhabdovirus associated with acute hemorrhagic fever in central Africa. *PLoS Med* 2012;8:e1002924.

Human rabies prevention—United States, 2008. Recommendations of the Advisory Committee on Immunization Practices. *MMWR Morb Mortal Wkly Rep* 2008;57(RR-3):1.

Lipkin WI, Briese T, Hornig M: Borna disease virus—fact and fantasy. *Virus Res* 2011;162:162.

Lyles DS, Rupprecht CE: Rhabdoviridae. In Knipe DM, Howley PM (editors-in-chief). *Fields Virology*, 5th ed. Lippincott Williams and Wilkins, 2007.

Mabbott NA, MacPherson GG: Prions and their lethal journey to the brain. *Nat Rev Microbiol* 2006;4:201.

Priola SA: How animal prions cause disease in humans. *Microbe* 2008;3:568.

Rabies vaccines: WHO position paper. *Weekly Epidemiol Rec* 2010;85:309.

Rutala WA, Weber DJ: Creutzfeldt-Jakob disease: Recommendations for disinfection and sterilization. *Clin Infect Dis* 2001;32:1348.

43

Vírus oncogênicos humanos

Os vírus são fatores etiológicos no desenvolvimento de vários tipos de tumor humano, inclusive dois de maior importância no mundo – o câncer do colo do útero (cervical) e o câncer de fígado. Pelo menos 15 a 20% dos tumores humanos em todo o mundo têm uma etiologia viral. Na Tabela 43-1, é fornecida uma lista dos vírus fortemente associados a cânceres humanos, como o papilomavírus humano (HPV, do inglês *human papillomaviruses*), o vírus Epstein-Barr (EBV, de *Epstein-Barr virus*), o herpes-vírus humano tipo 8, o vírus da hepatite B, o vírus da hepatite C e dois retrovírus humanos, além de vários vírus candidatos a causadores de câncer humano. Novos vírus associados a câncer estão sendo descobertos pelo uso de técnicas moleculares. Muitos vírus são capazes de induzir tumores em animais, em consequência de infecção natural ou após inoculação experimental.

Os vírus animais são estudados com o objetivo de se descobrir de que maneira uma fração limitada de informação genética (de um ou alguns genes virais) é capaz de alterar profundamente o comportamento de crescimento das células, convertendo, por fim, uma célula normal em uma célula neoplásica. Esses estudos também revelam aspectos da regulação do crescimento nas células normais. Os vírus tumorais são agentes passíveis de induzir tumores quando infectam determinados animais. Já foram realizados diversos estudos que utilizam culturas de células animais em vez de animais intactos, por ser possível analisar eventos nos níveis celular e subcelular. Nessas células cultivadas, os vírus tumorais podem induzir "transformação". Contudo, os estudos em animais são essenciais para a investigação de muitas das etapas da carcinogênese, inclusive as complexas interações entre o vírus e o hospedeiro na formação de tumores.

Estudos com vírus tumorais de RNA revelaram o envolvimento de oncogenes celulares na neoplasia. Já os estudos com vírus tumorais de DNA indicaram uma função dos genes supressores tumorais celulares. Essas descobertas revolucionaram a biologia do câncer e forneceram um arcabouço conceitual para a base molecular da carcinogênese.

CARACTERÍSTICAS GERAIS DA CARCINOGÊNESE VIRAL

Os princípios gerais da carcinogênese viral encontram-se resumidos na Tabela 43-2.

Os vírus tumorais são de diferentes tipos

A exemplo de outros vírus, os vírus tumorais são classificados em diferentes famílias, de acordo com o ácido nucleico de seu genoma e as características biofísicas dos virions. Os vírus tumorais reconhecidos apresentam, em sua maioria, genoma DNA ou produzem um provírus do DNA após infecção celular (o vírus da hepatite C constitui uma exceção).

Os vírus tumorais de DNA são classificados entre os grupos dos papilomavírus, poliomavírus, adenovírus, herpes-vírus, hepadnavírus e poxvírus. Esses vírus codificam oncoproteínas virais importantes para a replicação do vírus, mas que também afetam as vias de controle do crescimento celular.

Já a maioria dos vírus tumorais de RNA pertence à família dos retrovírus, os quais possuem uma polimerase dirigida pelo RNA (transcriptase reversa) que produz uma cópia de DNA do genoma de RNA do vírus. A cópia de DNA (provírus) integra-se ao DNA da célula hospedeira infectada, e, a partir dessa cópia integrada, todas as proteínas do vírus são traduzidas.

Os vírus tumorais de RNA são de dois tipos gerais no que concerne à indução de tumores. Os vírus altamente oncogênicos (de transformação direta) apresentam um oncogene de origem celular. Os vírus fracamente oncogênicos (de transformação lenta) não contêm oncogene e induzem leucemias depois de longos períodos de incubação por mecanismos indiretos. Os dois retrovírus conhecidos que causam câncer em seres humanos atuam indiretamente. O vírus da hepatite C, um flavivírus, não gera provírus algum e parece induzir câncer de modo indireto.

Carcinogênese em várias etapas

A carcinogênese é um processo em várias etapas; isto é, devem ocorrer numerosas alterações genéticas para converter uma célula normal em maligna. Estágios intermediários foram identificados e designados por termos como "imortalizado", "hiperplásico" e "pré-neoplásico". Em geral, os tumores desenvolvem-se lentamente no decorrer de um longo período. A história natural dos cânceres humanos e animais sugere um processo de evolução celular em várias etapas, provavelmente envolvendo instabilidade genética celular e a seleção repetida de células raras, com alguma vantagem seletiva em termos de crescimento. Estima-se que o número de mutações subjacentes a esse processo varie de 5 a 8. As observações sugerem que a ativação de vários oncogenes celulares e a inativação de genes supressores tumorais estão envolvidas na evolução dos tumores independentemente da participação de um vírus.

Parece que o vírus tumoral atua, em geral, como cofator, sendo responsável por apenas algumas das etapas necessárias à produção de células malignas. Os vírus são necessários (mas não suficientes)

TABELA 43-1   Associação dos vírus com tumores humanos[a]

Família viral	Vírus	Câncer humano
Papillomaviridae	Papilomavírus humano	Tumores genitais Carcinoma de células escamosas Carcinoma de orofaringe
Herpesviridae	Vírus Epstein-Barr	Carcinoma de nasofaringe Linfoma de Burkitt Doença de Hodgkin Linfoma de células B
	Herpes-vírus humano tipo 8	Sarcoma de Kaposi Linfoma primário de efusão
Hepadnaviridae	Vírus da hepatite B	Carcinoma hepatocelular
Polyomaviridae	Vírus das células de Merkel	Carcinoma das células de Merkel
Retroviridae	Vírus do linfoma de células T humano	Leucemia de células T humana
	Vírus da imunodeficiência humana	Neoplasias relacionadas com a Aids
Flaviviridae	Vírus da hepatite C	Carcinoma hepatocelular

[a]Entre os candidatos virais associados a tumores humanos, inclui-se outros tipos de papilomavírus e poliomavírus.

ao desenvolvimento de tumores de etiologia viral. Com frequência, esses organismos atuam como iniciadores do processo neoplásico, podendo desempenhar esse papel por meio de diferentes mecanismos.

TABELA 43-2   Princípios da carcinogênese viral

1. Os vírus podem causar câncer em animais e em seres humanos
2. Com frequência, os vírus tumorais estabelecem infecções persistentes nos hospedeiros naturais
3. Os fatores do hospedeiro são importantes determinantes da oncogênese induzida por vírus
4. Os vírus raramente são carcinógenos completos
5. As infecções virais são mais comuns do que a formação de tumores relacionados com vírus
6. Em geral, ocorre um longo período de latência entre a infecção viral inicial e o surgimento do tumor
7. As linhagens virais podem diferir em seu potencial oncogênico
8. Os vírus podem ser agentes carcinogênicos de ação direta ou indireta
9. Os vírus oncogênicos modulam as vias de controle do crescimento das células
10. Os modelos animais podem revelar os mecanismos da carcinogênese viral
11. Em geral, existem marcadores virais presentes nas células tumorais
12. Um vírus pode estar associado a mais de um tipo de tumor

Reproduzida, com autorização, de Butel JS: Viral carcinogenesis: Revelation of molecular mechanisms and etiology of human disease. *Carcinogenesis* 2000; 21:405. Com permissão da Oxford University Press.

MECANISMOS MOLECULARES DA CARCINOGÊNESE

Oncogenes

"Oncogene" é um termo geral atribuído aos genes causadores de câncer. São observadas versões normais desses genes transformadores em células normais, denominadas proto-oncogenes.

A descoberta dos oncogenes celulares provém de estudos com retrovírus dotados de capacidade transformadora aguda. Foi observado que as células normais contêm cópias altamente relacionadas (mas não idênticas) de vários genes transformadores de retrovírus. Sequências celulares foram capturadas e incorporadas nos genomas dos retrovírus. A transdução dos genes celulares provavelmente foi um acidente, e a presença das sequências celulares não traz qualquer benefício para os vírus. Muitos outros oncogenes celulares conhecidos, que não se segregaram em retrovírus vetores, foram detectados com o uso de métodos moleculares.

Os oncogenes celulares são, em parte, responsáveis pela base molecular do câncer humano. Eles representam componentes individuais de vias complexas responsáveis pela regulação da proliferação, divisão e diferenciação celulares, bem como pela manutenção da integridade do genoma. A expressão incorreta de qualquer componente pode interromper essa regulação, resultando em crescimento descontrolado das células (câncer). Existem exemplos de proteína-quinases específicas da tirosina (p. ex., *src*), fatores de crescimento (o *sis* assemelha-se ao fator de crescimento humano derivado das plaquetas, um potente mitógeno para as células que se originam do tecido conectivo), receptores de fatores do crescimento que sofreram mutação (o *erb*-B é um receptor do fator de crescimento epidérmico truncado), proteínas de ligação do GTP (Ha-*ras*) e fatores de transcrição nuclear (*myc, jun*).

Os mecanismos moleculares responsáveis pela ativação de um proto-oncogene benigno e sua conversão em gene canceroso variam, mas todos envolvem uma lesão genética. O gene pode ser superexpresso, e esse efeito de dosagem do produto oncogene pode ser importante nas mudanças de crescimento celular. Esses mecanismos podem resultar em atividade constitutiva (perda da regulação normal), de modo que o gene é expresso no momento incorreto durante o ciclo celular ou em tipos inadequados de tecidos. As mutações podem alterar a interação cuidadosamente regulada de uma proteína do proto-oncogene com outras proteínas ou ácidos nucleicos. A inserção de um promotor retroviral adjacente a um oncogene celular pode resultar em maior expressão desse gene (i.e., "oncogênese por inserção de promotor"). A expressão de um gene celular também pode ser aumentada por meio da ação de sequências "intensificadoras" virais próximas.

Genes supressores tumorais

Uma segunda classe de genes de câncer humano está envolvida no desenvolvimento de tumores. Trata-se dos reguladores negativos do crescimento celular, conhecidos como genes supressores tumorais. Eles foram identificados devido à formação de complexos com oncoproteínas de certos vírus tumorais do DNA. É necessária a ocorrência de **inativação** ou perda funcional de ambos os alelos desse tipo de gene para a formação de tumores, ao contrário da **ativação**, que ocorre com os oncogenes celulares. O protótipo dessa classe inibitória de genes é o gene do retinoblastoma (*Rb*). A proteína Rb inibe a entrada de células na fase S ao ligar-se aos fatores-chave de transcrição que regulam a expressão dos genes da fase S. A função da proteína Rb normal é regulada por fosforilação. A perda de função do gene *Rb* está relacionada de modo causal com o desenvolvimento do retinoblastoma (um raro tumor ocular de crianças) e com outros tumores humanos.

Outro gene supressor tumoral de suma importância é o gene *p53*, o qual também bloqueia a progressão do ciclo celular. O *p53* atua como fator de transcrição e regula a síntese da proteína que inibe a função de certas quinases do ciclo celular. Além disso, induz apoptose em células com lesão em seu DNA. A perda da função do *p53* permite que as células com o DNA danificado progridam em seu ciclo celular, resultando em eventual acúmulo de mutações genéticas. O gene *p53* sofre mutação em mais da metade dos cânceres humanos.

INTERAÇÕES DOS VÍRUS TUMORAIS COM SEUS HOSPEDEIROS

Infecções persistentes

A patogênese de uma infecção viral e a resposta do hospedeiro são fatores essenciais para se compreender como um câncer pode se desenvolver a partir desses elementos básicos. Os vírus tumorais conhecidos estabelecem infecções persistentes e duradouras nos seres humanos. Devido a diferenças na suscetibilidade genética individual e nas respostas imunológicas do hospedeiro, os níveis de replicação viral e tropismos teciduais podem variar de uma pessoa para outra. Embora um número muito pequeno de células no hospedeiro possa ser infectado a dado momento, a cronicidade da infecção fornece uma oportunidade para a ocorrência de um evento raro que permite a sobrevida de uma célula com mecanismos de controle do crescimento modificados pelos vírus.

Respostas imunológicas do hospedeiro

Os vírus que estabelecem infecções persistentes precisam evitar sua detecção e seu reconhecimento pelo sistema imunológico, o que consequentemente eliminaria a infecção. Foram identificadas diferentes estratégias de evasão viral: 1) restrição da expressão de genes virais, tornando as células infectadas quase invisíveis para o hospedeiro (EBV em células B); 2) infecção de locais relativamente inacessíveis às respostas imunológicas (HPV na epiderme); 3) mutação de antígenos virais que permite escapar do reconhecimento dos anticorpos e das células T (vírus da imunodeficiência humana [HIV, do inglês *human immunodeficiency vírus*]); 4) modulação de moléculas do complexo principal de histocompatibilidade da classe I do hospedeiro em células infectadas (adenovírus, citomegalovírus); 5) inibição do processamento de antígenos (EBV); 6) infecção e supressão de células imunes essenciais (HIV).

Acredita-se que os mecanismos de vigilância imunológica do hospedeiro geralmente sejam capazes de eliminar as raras células neoplásicas passíveis de surgir em indivíduos normais infectados por vírus tumorais. Contudo, se o hospedeiro estiver imunossuprimido, as células cancerosas são mais capazes de proliferar e escapar ao controle imunológico do hospedeiro. Os receptores imunossuprimidos de transplante de órgãos e os indivíduos infectados pelo HIV correm maior risco de adquirir linfomas associados ao EBV e doenças relacionadas com o HPV. É possível que variações nas respostas imunológicas individuais possam contribuir para a suscetibilidade do hospedeiro normal a tumores induzidos por vírus.

Mecanismos de ação dos vírus que causam neoplasias humanas

Os vírus tumorais têm a capacidade de mediar alterações no comportamento celular mediante uma quantidade limitada de informação genética. Existem dois padrões gerais pelos quais isso pode ser obtido: o vírus tumoral introduz um novo "gene transformador" na célula (ação direta), ou o vírus altera a expressão de um gene ou de genes celulares preexistentes (ação indireta). Em ambos os casos, a célula perde o controle da regulação normal dos processos de crescimento. As vias de reparo do DNA frequentemente são afetadas, levando à instabilidade genética e a um fenótipo mutagênico.

Em geral, os vírus não se comportam como carcinógenos completos. Além das alterações mediadas por funções virais, são necessárias outras alterações para desorganizar as inúmeras vias de regulação e os pontos de controle nas células normais, permitindo a transformação completa de uma célula. Não existe uma forma singular de transformação subjacente à carcinogênese viral. Em nível molecular, os mecanismos oncogênicos dos vírus tumorais humanos são muito diversificados.

A transformação celular pode ser definida como uma alteração hereditária estável no controle do crescimento de células em cultura. Nenhum conjunto de características pode distinguir invariavelmente as células transformadas das células normais correspondentes. Na prática, a transformação é reconhecida pela aquisição, por parte das células, de alguma propriedade de crescimento não exibida pela célula original. A transformação em fenótipo maligno é reconhecida pela formação de tumor quando as células transformadas são inoculadas em animais de teste apropriados.

Os vírus tumorais de ação indireta não são capazes de transformar as células em cultura.

Suscetibilidade das células a infecções e transformações virais

Em nível celular, as células hospedeiras são permissivas ou não permissivas à replicação de determinado vírus. As células permissivas oferecem suporte ao crescimento do vírus e à produção da progênie viral, enquanto as células não permissivas não o fazem. Particularmente no caso dos vírus DNA, as células permissivas são mortas com frequência pela replicação viral e não são transformadas, a não ser que o ciclo de replicação viral que resulta em morte da célula hospedeira seja bloqueado de algum modo; já as células não permissivas podem ser transformadas. Entretanto, existem situações nas quais a replicação de um vírus DNA não lisa a célula hospedeira, e essas células podem ser transformadas. Contudo, a transformação é um evento raro. Uma propriedade característica dos vírus tumorais de RNA é o fato de não serem letais para as células nas quais sofrem replicação. Células que são permissivas para um vírus podem não ser para outro.

Nem todas as células dos hospedeiros naturais são suscetíveis à replicação viral ou à transformação ou a ambos os processos. Em sua maioria, os vírus tumorais exibem acentuada especificidade tecidual, propriedade que provavelmente reflete a presença variável de receptores de superfície para o vírus, a capacidade do vírus de provocar infecções disseminadas *versus* locais, ou fatores intracelulares necessários à expressão dos genes virais.

Alguns vírus estão associados a um único tipo de tumor, enquanto outros associam-se a vários tipos de tumor. Essas diferenças refletem os tropismos teciduais dos vírus.

Retenção do ácido nucleico do vírus tumoral na célula hospedeira

A alteração genética estável de uma célula normal em célula neoplásica geralmente requer a retenção de genes virais na célula. Com frequência, mas nem sempre, isso é obtido por integração de certos genes virais ao genoma da célula hospedeira. No caso dos vírus tumorais de DNA, uma porção do DNA do genoma viral pode integrar-se ao cromossomo da célula hospedeira. Algumas vezes, cópias epissômicas do genoma viral são mantidas nas células tumorais. No caso dos retrovírus, a cópia de DNA proviral do RNA viral é integrada ao DNA da célula hospedeira. As cópias de RNA do genoma do vírus da hepatite C não integradas são mantidas nas células tumorais.

Em alguns sistemas virais, as células transformadas por vírus podem liberar fatores de crescimento que afetam o fenótipo das células vizinhas não infectadas, contribuindo, assim, para a formação de um tumor. Também é possível que conforme as células tumorais acumulam mutações genéticas durante o crescimento do tumor, os genes virais necessários para conduzir a iniciação do tumor tornem-se desnecessários, e os marcadores virais sejam perdidos por algumas células.

VÍRUS TUMORAIS DE RNA

VÍRUS DA HEPATITE C

O vírus da hepatite C (ver Capítulo 35), um membro da família Flaviviridae, contém um genoma RNA de fita simples, com 9,4 kb de tamanho. Parece que a maioria das infecções se torna persistente, mesmo em adultos. A infecção crônica pelo vírus da hepatite C leva à inflamação crônica e à cirrose, sendo também considerada um fator causal no carcinoma hepatocelular. O desenvolvimento do carcinoma hepatocelular é provavelmente mediado por uma combinação do vírus e de mecanismos específicos do hospedeiro. Existem mais de 70 milhões de portadores crônicos do vírus da hepatite C, com 1 a 5% deles desenvolvendo carcinoma hepatocelular. Os novos tratamentos antivirais de ação direta para a hepatite C têm altas taxas de cura e podem prevenir o desenvolvimento de cirrose e carcinoma hepatocelular.

RETROVÍRUS

Os retrovírus contêm um genoma RNA e uma DNA-polimerase dirigida pelo RNA (transcriptase reversa). Os vírus tumorais de RNA pertencentes a essa família causam principalmente tumores do

TABELA 43-3   **Propriedades importantes dos retrovírus**
Virion: Esférico, com 80-110 nm de diâmetro, nucleoproteína helicoidal no interior de capsídeo icosaédrico
Composição: RNA (2%), proteína (cerca de 60%), lipídeo (cerca de 35%) e carboidrato (cerca de 3%)
Genoma: RNA de fita simples, linear, de sentido positivo, 7-11 kb, diploide; pode ser defectivo, pode carregar oncogenes
Proteínas: Enzima transcriptase reversa está contida no interior dos virions
Envelope: Presente
Replicação: A transcriptase reversa faz uma cópia do DNA a partir do RNA genômico; o DNA (provírus) integra-se ao cromossomo celular; o provírus é um modelo para o RNA viral
Maturação: Os virions brotam da membrana plasmática
Características marcantes: As infecções não matam as células Podem transduzir oncogenes celulares e ativar a expressão de genes celulares Os provírus continuam permanentemente associados às células e com frequência não são expressos Muitos membros são vírus tumorais

sistema reticuloendotelial e do sistema hematopoiético (leucemias, linfomas) ou do tecido conectivo (sarcomas).

As propriedades importantes dos retrovírus estão relacionadas na Tabela 43-3.

Estrutura e composição

O genoma dos retrovírus consiste em duas subunidades idênticas de RNA de fita simples e de sentido positivo, cada qual com um tamanho de 7 a 11 kb. A transcriptase reversa contida nas partículas virais é essencial para a replicação dos vírus.

As partículas de retrovírus contêm a ribonucleoproteína helicoidal dentro de um capsídeo icosaédrico circundado por membrana externa (envelope) contendo glicoproteínas e lipídeos. São encontrados antígenos específicos do tipo ou do subgrupo associados às glicoproteínas no envelope viral, codificados pelo gene *env*. Os antígenos específicos do grupo estão associados ao cerne do virion e são codificados pelo gene *gag*.

Com base na microscopia eletrônica, são conhecidas três classes morfológicas de partículas retrovirais extracelulares, bem como uma forma intracelular. Essas classes refletem processos ligeiramente diferentes de morfogênese por diversos retrovírus. A Figura 43-1 traz exemplos de cada uma delas.

As partículas tipo A só ocorrem de forma intracelular e não são infecciosas. As partículas intracitoplasmáticas do tipo A, de 75 nm de diâmetro, são precursoras dos vírus extracelulares tipo B. Os vírus tipo B, cujo diâmetro é de 100 a 130 nm, contêm um nucleoide excêntrico. O protótipo desse grupo é o vírus tumoral mamário de camundongo, que ocorre em cepas de "câncer mamário de alto grau" de camundongos consanguíneos e é encontrado em quantidades particularmente grandes no tecido mamário durante a lactação e no leite. Ele é prontamente transferido para camundongos lactentes, que posteriormente desenvolvem adenocarcinoma da

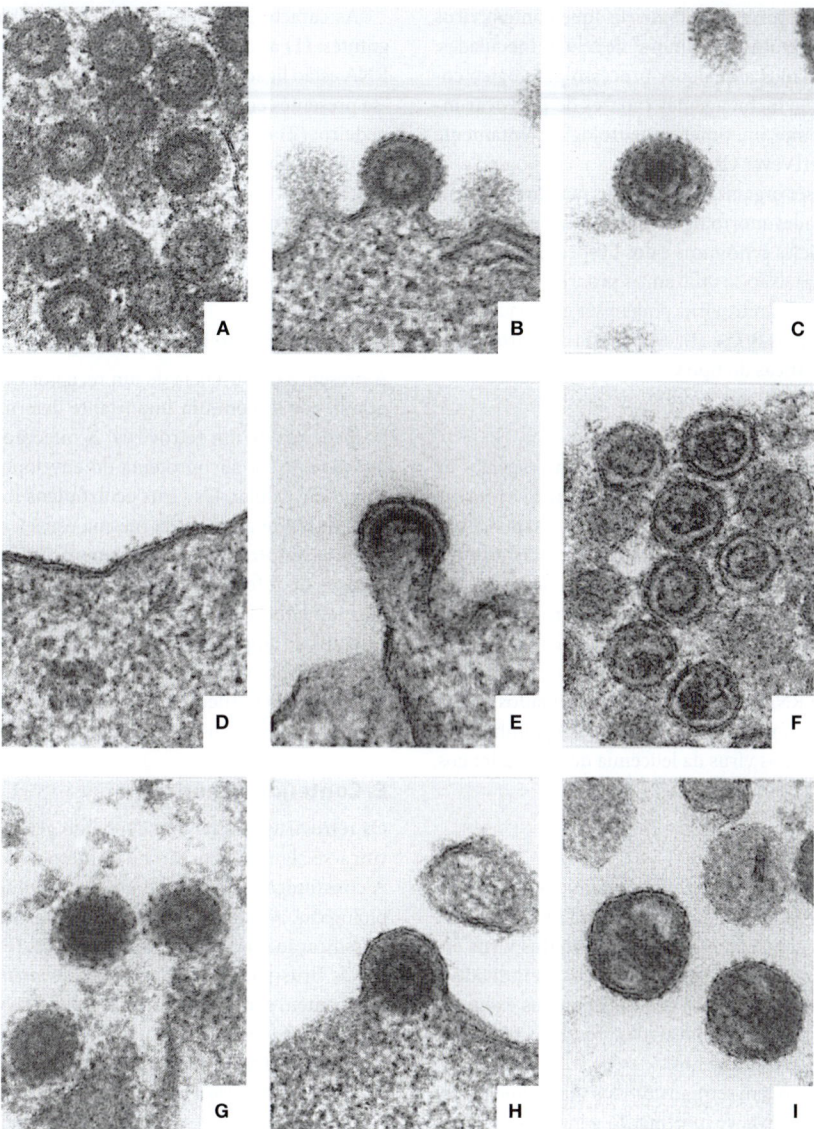

FIGURA 43-1 Morfologia comparativa dos retrovírus tipos A, B, C e D. **A:** Partículas tipo A intracitoplasmáticas (que representam o precursor imaturo do vírus tipo B em brotamento). **B:** Brotamento do vírus tipo B. **C:** Vírus tipo B maduro, extracelular. **D:** Ausência da forma intracitoplasmática morfologicamente reconhecível do vírus tipo C. **E:** Brotamento do vírus tipo C. **F:** Vírus tipo C maduro, extracelular. **G:** Partícula tipo A intracitoplasmática (que representa a forma precursora imatura do vírus tipo D). **H:** Brotamento do vírus tipo D. **I:** Vírus tipo D maduro, extracelular. Todas as micrografias estão aumentadas em aproximadamente 87.000 ×. Os cortes finos foram duplamente corados com acetato de uranil e citrato de chumbo. (Cortesia de D Fine e M Gonda.)

mama em altas taxas. Os vírus tipo C representam o maior grupo de retrovírus. As partículas têm 90 a 110 nm de diâmetro, e os nucleoides eletrondensos exibem localização central. Os vírus tipo C podem existir como entidades exógenas ou endógenas (veja a seguir). Os lentivírus também são vírus tipo C. Por fim, os retrovírus tipo D ainda não estão bem caracterizados. As partículas, cujo diâmetro é de 100 a 120 nm, contêm um nucleoide excêntrico e apresentam espículas superficiais mais curtas que as das partículas tipo B.

Classificação

A. Gênero

A família Retroviridae é dividida em sete *gêneros*: *Alpharetrovirus* (que contém os vírus da leucocitose aviária e os vírus do sarcoma), *Betaretrovirus* (vírus do tumor mamário de camundongos), *Gammaretrovirus* (vírus da leucemia de mamíferos e vírus do sarcoma), *Deltaretrovirus* (vírus T linfotrópico humano [HTLV, de *human T-lymphotrophic virus*] e vírus da leucemia bovina),

Epsilonretrovírus (vírus de peixes), *Spumavírus* (que contém vírus capazes de provocar degeneração "espumosa" de células inoculadas, mas que não estão associados a qualquer processo patológico conhecido) e *Lentivírus* (que inclui agentes capazes de provocar infecções crônicas com comprometimento neurológico lentamente progressivo, inclusive o HIV; ver Capítulo 44).

Os retrovírus podem ser organizados de várias maneiras, dependendo de suas propriedades morfológicas, biológicas e genéticas. As diferenças nas sequências genômicas e dos hospedeiros naturais são usadas com frequência. Não se utilizam as propriedades antigênicas com essa finalidade. Os retrovírus podem ser agrupados com base na sua morfologia (tipos B, C e D), e a maioria dos vírus isolados apresenta as características do tipo C.

B. Hospedeiro de origem

Foram isolados retrovírus de praticamente todas as espécies de vertebrados. As infecções naturais por um determinado vírus são geralmente limitadas a uma única espécie, embora possam ocorrer infecções naturais por meio de barreiras de espécies. Os vírus da mesma espécie de hospedeiro compartilham determinantes antigênicos específicos do grupo na proteína interna (do cerne) principal. Todos os vírus de mamíferos estão mais estreitamente relacionados entre si do que com os vírus de espécies aviárias.

Os vírus tumorais de RNA mais amplamente estudados em nível experimental consistem nos vírus do sarcoma de galinhas e de camundongos, bem como nos vírus da leucemia de camundongos, gatos, galinhas e seres humanos.

C. Exógenos ou endógenos

Os retrovírus exógenos propagam-se horizontalmente e comportam-se como agentes infecciosos típicos. Eles iniciam a infecção e a transformação apenas após contato. Ao contrário dos vírus endógenos, encontrados em todas as células de todos os indivíduos de determinada espécie, as sequências gênicas dos vírus exógenos são encontradas apenas nas células infectadas. Todos os retrovírus patogênicos parecem ser vírus exógenos.

Os retrovírus também podem ser transmitidos verticalmente por meio da linhagem germinativa. A informação genética viral, que representa uma parte constante da constituição genética de um organismo, é denominada "endógena". O provírus retroviral integrado comporta-se como um agregado de genes celulares e está sujeito ao controle regulador da célula. Em geral, esse controle celular resulta em repressão parcial ou completa da expressão dos genes virais. Sua localização no genoma celular e a presença de fatores de transcrição celular apropriados determinam, em grande parte, se (e quando) a expressão viral será ativada. É comum que células normais mantenham a infecção viral endógena em forma latente por longo tempo.

Muitos vertebrados, inclusive os seres humanos, possuem várias cópias de sequências endógenas de RNA viral. As sequências virais endógenas podem afetar os padrões de expressão de genes celulares. Os provírus endógenos dos vírus tumorais de mamíferos transportados por cepas consanguíneas de camundongos expressam atividades de superantígenos que influenciam os repertórios de células T dos animais.

Em geral, os vírus endógenos não são patogênicos para seus hospedeiros animais. Não induzem qualquer doença e são incapazes de transformar células em cultura. (Há exemplos de doença causada por replicação de vírus endógenos em cepas consanguíneas de camundongos.)

As características importantes dos vírus endógenos são as seguintes: (1) as cópias de DNA dos genomas dos vírus tumorais de RNA estão ligadas de modo covalente ao DNA celular e encontram-se presentes em todas as células germinativas e somáticas do hospedeiro; (2) os genomas virais endógenos são transmitidos geneticamente dos pais para a progênie; (3) o estado integrado impõe os genomas virais endógenos ao controle genético do hospedeiro; (4) o vírus endógeno pode ser induzido a sofrer replicação de modo espontâneo ou mediante tratamento com fatores extrínsecos (químicos).

D. Variedade de hospedeiros

A presença ou ausência de um receptor de superfície celular apropriado constituem um importante determinante na variedade de hospedeiros de um retrovírus. A infecção é iniciada por uma interação entre a glicoproteína do envelope viral e um receptor de superfície celular. Os vírus **ecotrópicos** infectam e só se replicam em células de animais da mesma espécie do hospedeiro original. Os vírus **anfotrópicos** exibem ampla variedade de hospedeiros (são capazes de infectar as células não apenas do hospedeiro natural, mas também de espécies heterólogas), visto que reconhecem um receptor de ampla distribuição. Os vírus **xenotrópicos** são capazes de se replicar em algumas células heterólogas (estranhas), mas não em células do hospedeiro natural. Muitos vírus endógenos apresentam variedades de hospedeiros xenotrópicos.

E. Conteúdo genético

Os retrovírus apresentam conteúdo genético simples; todavia, verifica-se alguma variação no número e no tipo de genes contidos. A constituição genética de um vírus influencia suas propriedades biológicas. A estrutura do genoma constitui uma forma valiosa de classificação dos vírus tumorais de RNA (Figura 43-2).

Os vírus-padrão da leucemia (*Alpharetrovírus* e *Gammaretrovírus*) contêm genes necessários à replicação viral: *gag*, que codifica as proteínas do cerne (antígenos específicos do grupo); *pro*, que codifica uma enzima protease; *pol*, que codifica a enzima transcriptase reversa (polimerase); e *env*, que codifica as glicoproteínas que formam projeções sobre o envelope da partícula. A sequência gênica em todos os retrovírus é 5'-*gag-pro-pol-env*-3'.

Alguns vírus, exemplificados pelos retrovírus humanos (*Deltaretrovírus* e *Lentivírus*), contêm genes "*downstream*" ao gene *env*. Um deles é o gene regulador de transativação (*tax* ou *tat*), o qual codifica uma proteína não estrutural que altera a transcrição ou a eficiência de tradução de outros genes virais. Os lentivírus, inclusive o HIV, possuem um genoma mais complexo e contêm vários outros genes acessórios (ver Capítulo 44).

Os retrovírus com uma dessas duas estruturas genômicas têm competência para a replicação (em células apropriadas). Como não possuem um gene transformador (*onc*), são incapazes de transformar células em cultura de tecido. Todavia, podem ter a capacidade de transformar células precursoras em tecidos hematopoiéticos *in vivo*.

Os retrovírus diretamente transformadores transportam um gene *onc*. Os genes transformadores transportados por vários vírus tumorais de RNA representam genes celulares adaptados para esses vírus em algum momento do passado distante e incorporados a seus genomas (ver Figura 43-2).

Tais vírus são altamente oncogênicos em animais hospedeiros apropriados e são capazes de transformar células em cultura.

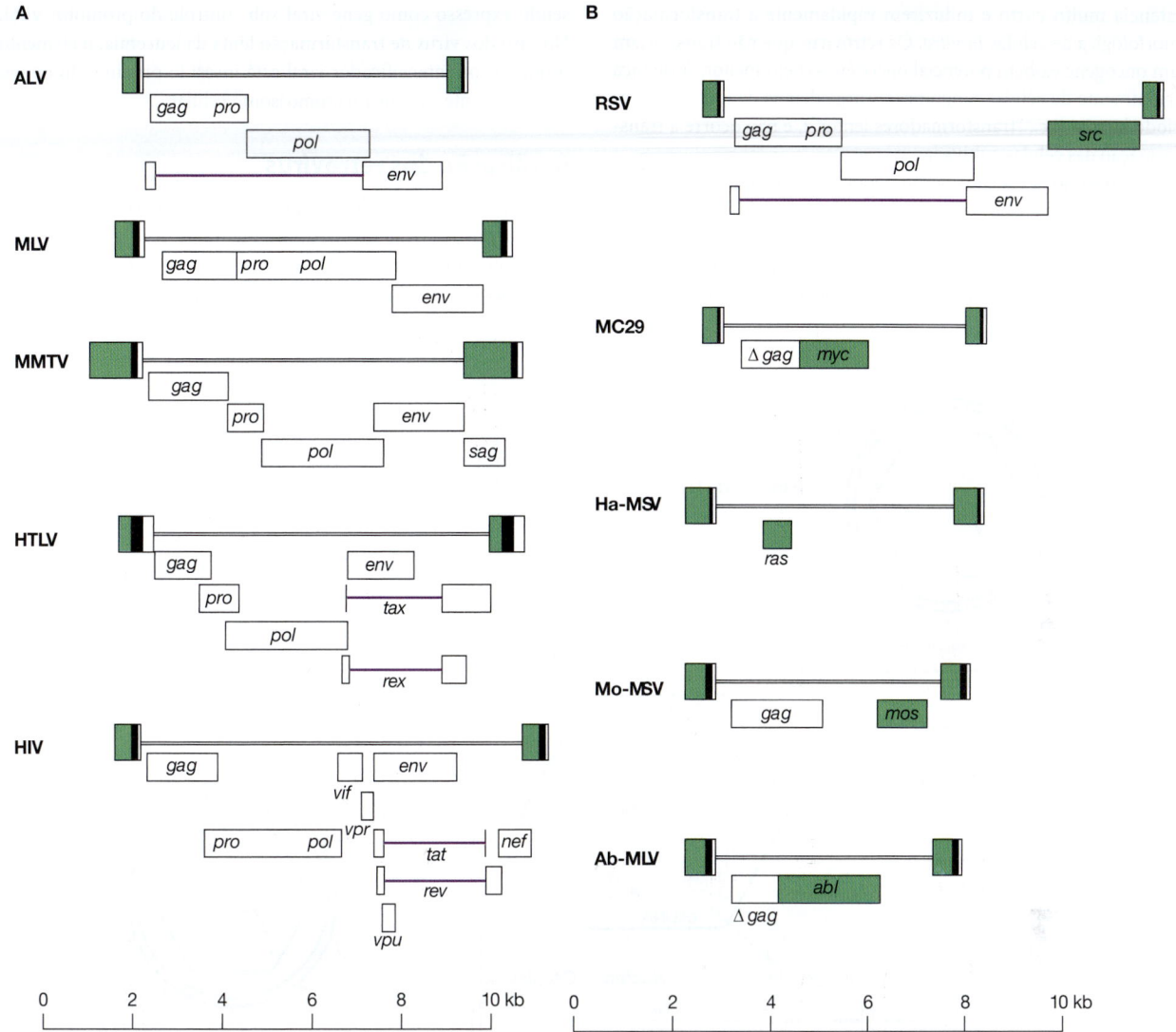

FIGURA 43-2 Organização genética de retrovírus representativos. **A:** Vírus não defeituosos, competentes para replicação. São apresentados exemplos de retrovírus com genomas simples e complexos. O retângulo vazado mostra a estrutura de leitura aberta (ORF, de *open reading frame*) para o gene indicado. Quando os retângulos são destacados verticalmente, suas estruturas de leitura são diferentes. As linhas horizontais que unem dois retângulos indicam que esse segmento apresenta junção. **Genomas simples:** ALV, vírus da leucose aviária (*avian leukosis virus, Alpharetrovirus*); MLV, vírus da leucemia murina (*murine leukemia virus, Gammaretrovirus*); MMTV, vírus do tumor mamário murino (*mouse mammary tumor virus, Betaretrovirus*). **Genomas complexos:** HIV-1, vírus da imunodeficiência humana do tipo 1 (*human immunodeficiency virus type 1, Lentivirus*); HTLV, vírus linfotrópico da célula T humana (*human T-lymphotropic virus, Deltaretrovirus*). **B:** Vírus que transportam oncogenes. São apresentados vários exemplos, com o oncogene sombreado; todos são defeituosos, à exceção do RSV. Ab-MLV, vírus da leucemia murina de Abelson (*Abelson murine leukemia virus*, oncogene *abl, Gammaretrovirus*); Ha-MSV, vírus do sarcoma murino de Harvey (*Harvey murine sarcoma virus*, oncogene *ras, Gammaretrovirus*); MC29, vírus da mielocitomatose aviária (*avian myelocytomatosis virus*, oncogene *myc, Alpharetrovirus*); Mo-MSV, vírus do sarcoma murino de Moloney (*Moloney murine sarcoma virus*, oncogene *mos, Gammaretrovirus*); RSV, vírus do sarcoma de Rous (*Rous sarcoma virus*, oncogene *src, Alpharetrovirus*). A escala para os tamanhos dos genomas é apresentada na parte inferior de cada painel. (Modificada, com autorização, de Vogt VM: Retroviral virions and genomes. In Coffin JM, Hughes SH, Varmus HE [editors]. *Retroviruses.* Cold Spring Harbor Laboratory Press, 1997.)

Com raras exceções, o acréscimo do DNA celular resulta em perda de porções do genoma viral. Em consequência, os vírus do sarcoma geralmente são deficientes quanto à sua capacidade de replicação, e a progênie viral só é produzida na presença de vírus auxiliares. Em geral, os vírus auxiliares são outros retrovírus (vírus de leucemia) que podem recombinar-se de diversas maneiras com os vírus defeituosos. Esses retrovírus transformadores defeituosos têm sido a fonte de muitos dos oncogenes celulares reconhecidos.

F. Potencial oncogênico

Os retrovírus que contêm oncogenes são altamente oncogênicos. Algumas vezes, são designados como agentes "transformadores agudos" por induzirem tumores *in vivo* depois de um período de latência muito curto e induzirem rapidamente a transformação morfológica de células *in vitro*. Os retrovírus que não transportam um oncogene exibem potencial oncogênico bem menor. A doença (geralmente de células sanguíneas) surge depois de um longo período latente (i.e., "transformadores lentos"), e não ocorre a transformação das células cultivadas.

Em resumo, a transformação neoplásica por retrovírus resulta de um gene celular normalmente expresso em níveis baixos e cuidadosamente regulados, tornando-se ativado e expresso de modo constitutivo. No caso dos vírus transformadores agudos, houve a inserção de um gene celular por recombinação no genoma viral,

sendo expresso como gene viral sob controle do promotor viral. No caso dos vírus de transformação lenta da leucemia, o elemento promotor ou intensificador viral está inserido próximo do ou em local adjacente ao gene no cromossomo celular.

Replicação dos retrovírus

Um esquema de um ciclo de replicação de retrovírus típico, representado por HTLV, é mostrado na Figura 43-3. O gene *pol* codifica a única polimerase (transcriptase reversa) que possui quatro atividades enzimáticas (protease, polimerase, RNase H e integrase).

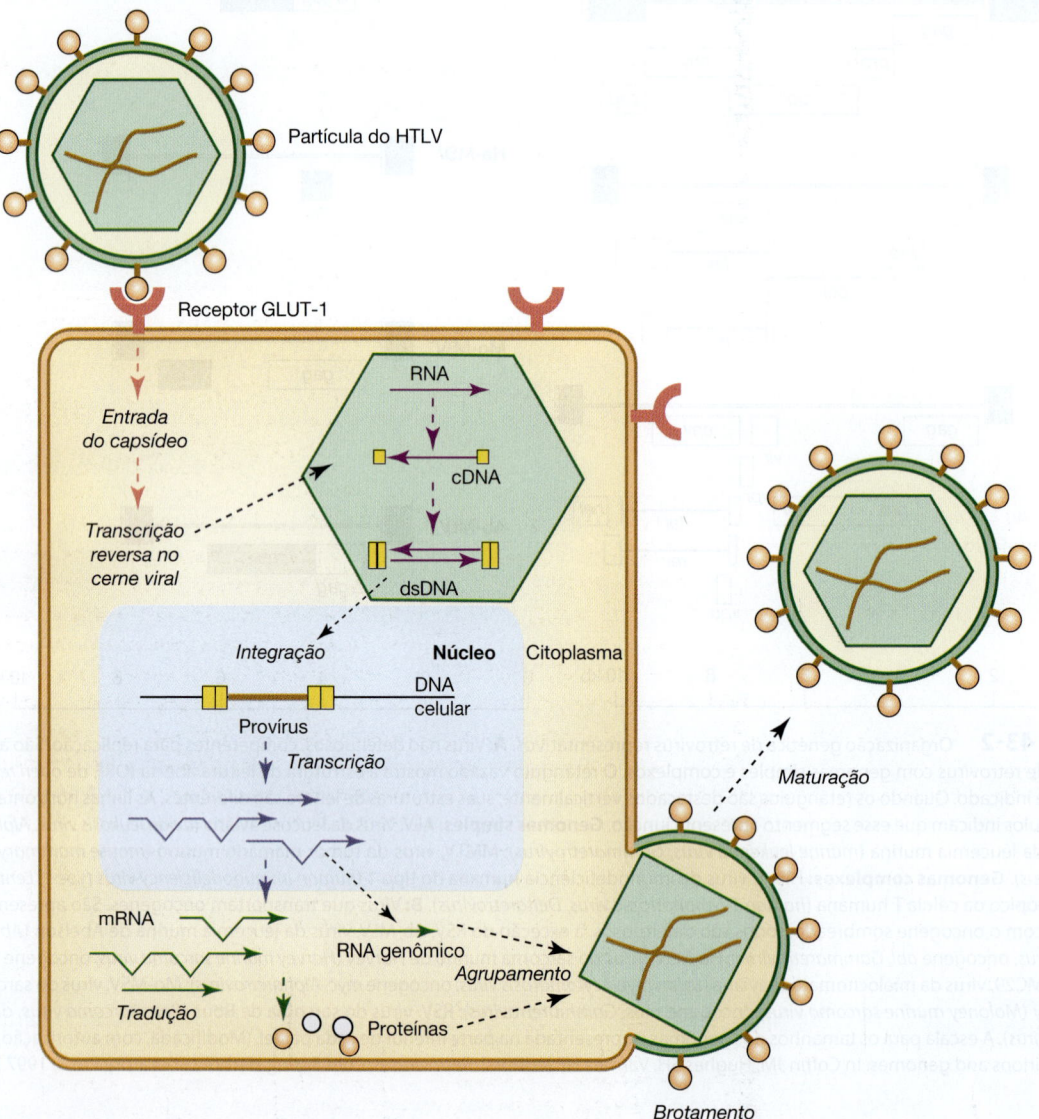

FIGURA 43-3 Visão geral do ciclo de replicação dos retrovírus HTLV. A partícula viral se adere a um receptor de superfície celular, e o capsídeo viral penetra na célula. A enzima viral, transcriptase reversa, produz uma cópia de DNA a partir do RNA genômico no interior do capsídeo no citoplasma. O DNA penetra no núcleo e é integrado de modo aleatório ao DNA celular, formando o provírus. O provírus integrado atua como modelo para a síntese de transcrições virais, algumas das quais serão colocadas no capsídeo como RNAs genômicos ou outros, e outras das quais irão servir como mRNAs. As proteínas virais são sintetizadas, ocorre a organização das proteínas e dos RNAs do genoma, e as partículas brotam a partir da célula. As proteínas do capsídeo são processadas proteoliticamente pela protease viral, produzindo os virions infecciosos maduros, o que é mostrado esquematicamente como a conversão do núcleo quadrado em um núcleo icosaédrico. (Cortesia de SJ Marriott.)

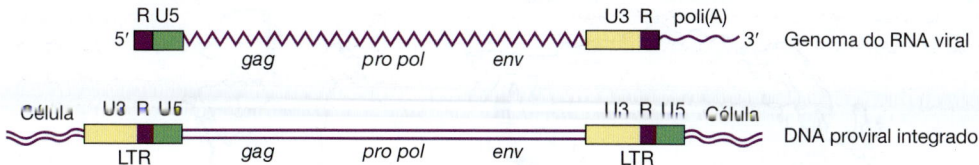

FIGURA 43-4 Comparação entre as estruturas do genoma de RNA dos retrovírus e as do DNA proviral integrado. A partícula viral contém duas cópias idênticas do genoma de RNA de fita simples. A extremidade 5' é revestida, enquanto a extremidade 3' é poliadenilada. Ocorre a repetição de uma sequência curta, R, em ambas as extremidades; as sequências únicas localizam-se próximo às extremidades 5' (U5) e 3' (U3). U3 contém sequências promotoras e intensificadoras. O DNA proviral integrado é flanqueado, em cada extremidade, pela estrutura de LTR gerada durante a síntese da cópia de DNA por transcrição reversa. Cada LTR contém sequências U3, R e U5. Os LTRs e as regiões codificantes do genoma do retrovírus não estão em escala.

Após adsorção e penetração das partículas virais nas células hospedeiras, o RNA viral atua como modelo para a síntese do DNA viral por ação da enzima viral transcriptase reversa, funcionando como uma DNA-polimerase dependente de RNA. Por meio de um processo complexo, ocorre a duplicação das sequências de ambas as extremidades do RNA viral, formando a longa repetição terminal localizada em cada extremidade do DNA viral (Figura 43-4). Essas repetições terminais longas são encontradas apenas no DNA viral. O DNA viral recém-formado integra-se ao DNA da célula hospedeira como provírus. A estrutura do provírus é constante, porém sua integração ao genoma da célula hospedeira pode ocorrer em diferentes locais. A orientação precisa do provírus após a integração é obtida por sequências específicas nas extremidades de ambas as repetições terminais longas.

Em seguida, os genomas virais da progênie podem ser transcritos a partir do DNA proviral em RNA viral. A sequência U3 na repetição terminal longa (LTR, do inglês *long terminal repeat*) contém um elemento promotor e um intensificador. O intensificador pode ajudar a conferir especificidade tecidual à expressão viral. O DNA proviral é transcrito pela enzima do hospedeiro, a RNA-polimerase II. As transcrições completas (com capsídeos e poliadeniladas) podem atuar como RNA genômico para a formação de capsídeo nos virions da progênie. Algumas transcrições sofrem junção, e os mRNA subgenômicos são traduzidos, produzindo proteínas precursoras virais modificadas e clivadas para formar os produtos proteicos finais.

Se o vírus tiver um gene transformador, o oncogene não desempenhará papel algum na replicação, o que se diferencia acentuadamente dos vírus tumorais de DNA, cujos genes transformadores também são genes de replicação viral essenciais.

As partículas virais organizam-se e emergem das células hospedeiras infectadas por brotamento a partir das membranas plasmáticas. Em seguida, a protease viral cliva as proteínas Gag e Pol da poliproteína precursora, produzindo um virion infeccioso maduro preparado para a transcrição reversa quando a célula seguinte for infectada.

Uma característica notável dos retrovírus é o fato de que não são citolíticos, ou seja, não destroem o interior das células nas quais se replicam. As exceções são os lentivírus, que podem ser citolíticos (ver Capítulo 44). O provírus permanece integrado ao DNA celular pelo resto da vida da célula. Não existe maneira conhecida de curar uma célula com infecção crônica por retrovírus.

Retrovírus humanos

A. Vírus humanos T linfotrópicos

Somente alguns poucos retrovírus estão associados a tumores humanos. Provavelmente, o grupo de retrovírus do HTLV existe em humanos há milhares de anos. O HTLV-1 foi estabelecido como agente etiológico de linfomas de células T de adultos (LTA), bem como de um distúrbio degenerativo do sistema nervoso denominado *paraparesia espástica tropical*. Além disso, esse vírus não transporta nenhum oncogene. Outros três vírus humanos (HTLV-2, HTLV-3 e HTLV-4) têm sido isolados, porém não conclusivamente associados a uma doença específica em seres humanos. O HTLV-1 e o HTLV-2 compartilham cerca de 65% de homologia e apresentam reações sorológicas cruzadas significativas.

Os vírus linfotrópicos humanos exibem acentuada afinidade pelas células T maduras. O HTLV-1 é expresso em níveis muito baixos nos indivíduos infectados. Parece que as sequências de promotor-intensificador virais na LTR podem responder a sinais associados à ativação e à proliferação das células T. Se for esse o caso, a replicação dos vírus pode estar ligada à replicação das células hospedeiras – estratégia que asseguraria a propagação eficiente do vírus.

Os retrovírus humanos são transreguladores (Figura 43-2). Transportam um gene, *tax*, cujo produto altera a expressão de outros genes virais. Acredita-se que os genes reguladores transativadores sejam necessários à replicação do vírus *in vivo* e possam contribuir para a oncogênese, visto que também modulam genes celulares que regulam o crescimento celular.

Existem diversos subtipos genéticos de HTLV-1, sendo os principais os subtipos A, B e C (estes não representam sorotipos distintos).

O vírus tem distribuição mundial, com uma estimativa de 20 milhões de indivíduos infectados. Grupos de doença associada ao HTLV são encontrados em determinadas regiões geográficas (Sul do Japão, Melanésia, bacia do Caribe e áreas das Américas Central e do Sul, bem como partes da África) (Figura 43-5). Embora menos de 1% dos indivíduos no mundo tenha anticorpos anti-HTLV-1, estima-se que até 5% da população em áreas endêmicas sejam soropositivos.

O LTA responde fracamente à terapia. A taxa de sobrevida em 5 anos dos pacientes com esse câncer é menor que 5%.

A transmissão do HTLV-1 parece envolver o vírus associado a células. A transmissão de mãe para criança por meio da amamentação é um modo importante. A eficiência da transmissão da mãe infectada para o lactente é estimada em 15 a 25%. Essas infecções

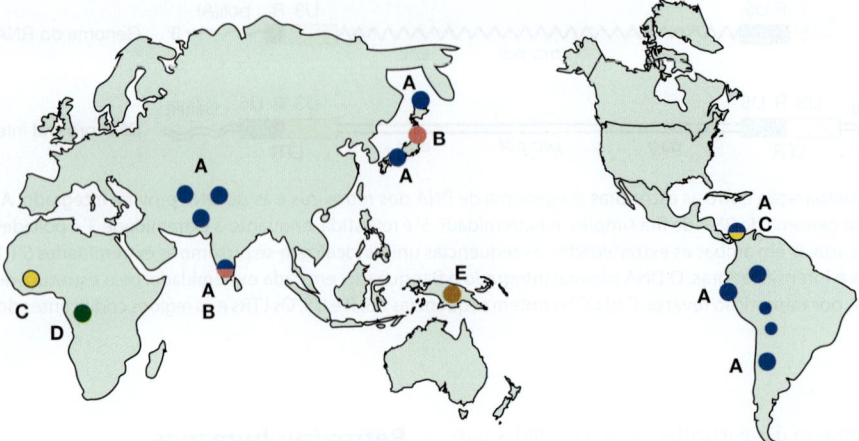

FIGURA 43-5   Os subtipos de HTLV-1 estão distribuídos geograficamente em focos endêmicos. **A:** Japão, Índia, Caribe e Andes. **B:** Japão e Índia. **C:** Oeste da África e Caribe. **D:** África Central. **E:** Papua-Nova Guiné. (Cortesia de N Mueller.)

precoces estão associadas a alto risco para LTA. A transfusão de sangue constitui uma forma efetiva de transmissão, assim como a prática de compartilhar agulhas contaminadas com sangue (usuários de drogas) e a relação sexual.

A soroepidemiologia associou a infecção pelo HTLV-1 a uma síndrome denominada *paraparesia espástica tropical/mielopatia associada ao HTLV-1* (HAM/TSP, do inglês *HTLV-1-associated myelo-pathy/tropical spastic paraparesis*). A principal manifestação clínica consiste no desenvolvimento de fraqueza progressiva das pernas e da parte inferior do corpo. A atividade mental do paciente permanece intacta. Considera-se que a síndrome de HAM/TSP tem nos trópicos a mesma magnitude e a mesma importância que a esclerose múltipla nos países ocidentais. Outras doenças associadas ao HTLV-1 incluem uveíte e dermatite infecciosa.

B. Vírus da imunodeficiência humana (HIV)

Um grupo de retrovírus humanos foi estabelecido como a causa da síndrome da imunodeficiência adquirida (Aids, do inglês *acquired immune deficiency syndrome*) (ver Capítulo 44). O HIV, que é classificado como lentivírus, é citolítico e não transformador. Entretanto, os pacientes com Aids apresentam elevado risco para diversos tipos de câncer devido à imunossupressão associada à infecção pelo HIV, incluindo os cânceres cervical, de cabeça e pescoço, hepático, oral, linfomas e sarcoma de Kaposi.

C. Outros

Os vírus símios espumosos do gênero *Spumavirus* são altamente prevalentes em primatas cativos não humanos. Os seres humanos ocupacionalmente expostos aos primatas podem ser infectados com vírus espumosos, mas essas infecções não resultaram em doença conhecida.

VÍRUS TUMORAIS DE DNA

Existem diferenças fundamentais entre os oncogenes dos vírus tumorais de DNA e RNA. Os genes transformadores transportados

por vírus tumorais de DNA codificam funções necessárias à replicação do vírus e não apresentam homólogos normais nas células. Em contrapartida, os retrovírus transportam oncogenes celulares transduzidos sem papel algum na replicação viral ou atuam por meio de mecanismos indiretos. As proteínas transformadoras dos vírus de DNA formam complexos com proteínas celulares normais, alterando a sua função. Para se compreender o mecanismo de ação das proteínas transformadoras dos vírus de DNA, é importante identificar os alvos celulares com os quais elas interagem. Na Tabela 43-4, são fornecidos exemplos dessas interações.

TABELA 43-4   Exemplos de oncoproteínas de vírus de DNA e interações com proteínas celulares[a]

Vírus	Oncoproteínas virais	Alvos celulares
Poliomavírus SV40	Antígeno T grande	p53, pRb
	Antígeno t pequeno	PP2A
Papilomavírus humano	E6	p53, DLG, MAGI-1, MUPP1
	E7	pRb
Papilomavírus bovino	E5	Receptor PDGFβ
Adenovírus	E1A	pRb
	E1B-55K	p53
Adenovírus 9	E4ORF1	DLG, MAGI-1, MUPP1
Herpes-vírus, EBV	LMP1	TRAFs

EBV, vírus Epstein-Barr; p53, produto do gene *p53*; PDGF, fator de crescimento derivado de plaquetas; PP2A, proteína fosfatase 2A; pRb, produto do gene retinoblastoma (*Rb*); TRAF, receptor associado ao fator de necrose tumoral.
[a]DLG, MAGI-1 e MUPP1, membros de uma família de proteínas celulares que contêm domínios PDZ*.
*N. de T. PDZ é um acrônimo que combina as primeiras letras de três proteínas (PSD95, DlgA e zo-1) que foram primeiramente descobertas com esse domínio. PDZ é um domínio estrutural, com cerca de 80 a 90 aminoácidos, encontrado em proteínas sinalizadoras de bactérias, leveduras, plantas e animais.

VÍRUS DA HEPATITE B

O vírus da hepatite B (ver Capítulo 35), um membro da família Hepadnaviridae, caracteriza-se por virions esféricos de 42 nm, com genoma circular de DNA de fita dupla (3,2 kbp). Além de provocar hepatite, o vírus da hepatite B constitui um fator de risco para o desenvolvimento de câncer hepático em seres humanos. Os estudos epidemiológicos e laboratoriais provaram que a infecção persistente pelo vírus da hepatite B constitui importante causa de hepatopatia crônica e desenvolvimento de carcinoma hepatocelular. As infecções pelo vírus da hepatite B que ocorrem em adultos geralmente têm resolução, enquanto as infecções primárias em recém-nascidos e crianças de pouca idade tendem a se tornar crônicas em até 90% dos casos. As infecções persistentes pelo vírus da hepatite B estabelecidas no início da vida estão associadas a maior risco de desenvolvimento posterior de carcinoma hepatocelular. O mecanismo de oncogênese permanece obscuro. A infecção viral persistente resulta em necrose, inflamação e regeneração hepática que, com o decorrer do tempo, levam ao desenvolvimento de cirrose; o carcinoma hepatocelular geralmente origina-se desses elementos de base. A proteína transativadora do vírus da hepatite B, a proteína X, é uma oncoproteína viral potencial. Um carcinógeno dietético, a aflatoxina, pode constituir um cofator no desenvolvimento de carcinoma hepatocelular, particularmente na África e na China.

Existem mais de 250 milhões de pessoas vivendo com infecção crônica de hepatite B em todo o mundo, com mais de 800.000 mortes anualmente devido à cirrose e ao carcinoma hepatocelular. O advento de uma vacina eficaz contra a hepatite B para prevenção da infecção primária aumenta a possibilidade de prevenção do carcinoma hepatocelular, particularmente nas regiões do mundo em que a infecção pelo vírus da hepatite B é hiperendêmica (p. ex., África, China e Sudeste Asiático). Após vinte anos do início de um programa universal de vacinação contra a hepatite B em Taiwan, as taxas de infecção viral em hepatite B crônica e as taxas de câncer de fígado foram nitidamente reduzidas.

As marmotas fornecem um excelente modelo para as infecções de seres humanos pelo vírus da hepatite B. Um vírus semelhante, o da hepatite da marmota, provoca infecções crônicas em marmotas tanto recém-nascidas quanto adultas, muitas das quais desenvolvem carcinomas hepatocelulares no decorrer de um período de 3 anos.

POLIOMAVÍRUS

As propriedades importantes dos poliomavírus estão listadas na Tabela 43-5.

Classificação

A família Polyomaviridae contém um único gênero designado *Polyomavirus*, que anteriormente fazia parte da família Papovaviridae (a qual não existe mais). Os poliomavírus são pequenos vírus (com diâmetro de 45 nm) com genoma circular de DNA de fita dupla (massa molecular [MM] de 3×10^6; 5 kbp) coberto por um capsídeo sem envelope, exibindo simetria icosaédrica (Figura 43-6). As histonas celulares são utilizadas para condensar o DNA viral no interior das partículas virais.

TABELA 43-5 **Propriedades importantes dos poliomavírus[a]**

Virion: Icosaédrico, 45 nm de diâmetro
Composição: DNA (10%), proteínas (90%)
Genoma: DNA de fita dupla, circular, 5 kbp
Proteínas: Três proteínas estruturais; as histonas celulares condensam o DNA do virion
Envelope: Ausente
Replicação: Núcleo
Características marcantes: Estimulam a síntese do DNA celular   As oncoproteínas virais interagem com proteínas supressoras de tumores celulares   São importantes modelos de vírus tumorais   Os vírus humanos podem causar doença neurológica e renal em humanos   Podem causar câncer humano

[a]Anteriormente classificados na família Papovaviridae.

Os poliomavírus são vírus simples contendo DNA que possuem uma quantidade limitada de informações genéticas (seis ou sete genes). Várias espécies foram identificadas, incluindo o vírus tumoral SV40 e outros conhecidos por infectar humanos (BK, JC, KI, WU, MCV, HPyV6, HPyV7, HPyV10 e TSV). Muitas espécies de mamíferos e algumas aves são portadoras de suas próprias espécies de poliomavírus.

Replicação dos poliomavírus

O genoma do poliomavírus contém regiões "iniciais" e "tardias" (Figura 43-7). A região inicial é expressa pouco depois da infecção

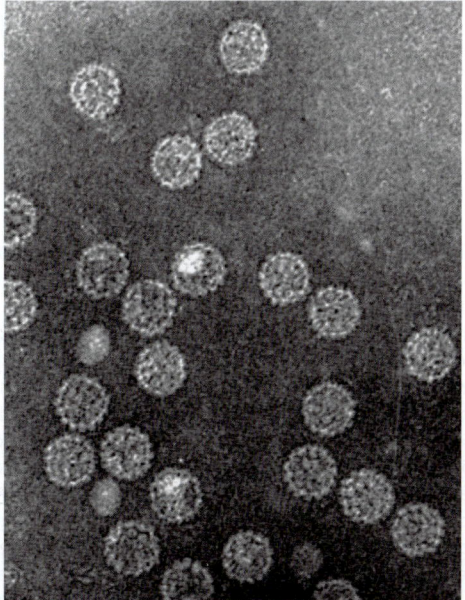

FIGURA 43-6 Poliomavírus SV40. Preparação purificada, corada negativamente com fosfotungstato (ampliada 150.000 ×). (Cortesia de S McGregor e H Mayor.)

das células; contém genes que codificam proteínas iniciais, como, por exemplo, o antígeno tumoral grande (T) do SV40, necessário à replicação do DNA viral em células permissivas, e o antígeno tumoral pequeno (t). O genoma do poliomavírus murino codifica três proteínas iniciais (antígenos T pequeno, médio e grande). Um ou dois dos antígenos T constituem os únicos produtos gênicos virais para a transformação das células. Geralmente, as proteínas transformadoras têm de ser sintetizadas continuamente para que as células permaneçam transformadas. A região tardia consiste em genes que codificam a síntese das proteínas de revestimento, que não atuam na transformação e, em geral, não são expressos nas células transformadas.

O antígeno T do SV40 interage com os produtos dos genes supressores tumorais celulares, p53 e membros da família pRb (Tabela 43-4). As interações do antígeno T com as proteínas celulares são importantes no ciclo de replicação do vírus. Essa formação complexa inativa funcionalmente as propriedades inibitórias de crescimento de pRb e p53, permitindo a entrada das células na fase S, de modo que possa haver a replicação do DNA viral. De forma semelhante, a inativação funcional das proteínas celulares pela ligação do antígeno T é essencial no processo de transformação mediado pelo vírus. Como a p53 identifica a ocorrência de lesão do DNA e bloqueia a progressão do ciclo celular ou inicia o processo de apoptose, a anulação de sua função resulta em acúmulo de células que expressam o antígeno T com mutações genômicas passíveis de promover crescimento tumorigênico.

Patogênese e patologia

Os poliomavírus humanos (BK e JC) estão amplamente distribuídos na população humana, conforme se comprova pela presença de anticorpos específicos no soro de 70 a 80% dos adultos. Em geral, ocorre infecção no início da infância. Ambos os vírus podem persistir nos rins e nos tecidos linfoides de indivíduos sadios após a infecção primária, podendo sofrer reativação quando a resposta imunológica do hospedeiro se encontra comprometida, como, por exemplo, em consequência de transplante renal, durante a gravidez ou em idade avançada. A reativação viral e eliminação pela urina são assintomáticas em pessoas imunocompetentes. Os vírus são isolados, com maior frequência, de pacientes imunocomprometidos, nos quais a doença pode ocorrer. Os vírus BK causam cistite hemorrágica em pacientes com transplante de medula óssea. Esses organismos são os causadores de nefropatia associada a poliomavírus em transplantados renais, uma doença séria que ocorre em cerca de 5% dos transplantados e cujos resultados no fracasso de transplantes é de até 50% nos pacientes acometidos. O vírus JC é a causa da leucoencefalopatia progressiva multifocal (LPM), uma doença fatal do cérebro que ocorre em algumas pessoas imunocomprometidas, especialmente naquelas com a imunidade mediada por células deprimidas, resultante de terapias imunossupressoras ou de infecção pelo HIV. A LPM acomete cerca de 5% dos pacientes com Aids. Os vírus BK e JC são antigenicamente distintos, mas ambos codificam um antígeno T que está relacionado ao antígeno T SV40 (antígeno T do vírus vacuolante símio 40). Esses vírus humanos podem transformar células de roedores e induzir tumores em *hamsters* recém-nascidos. Os vírus JC têm sido associados a tumores cerebrais humanos, mas seu papel etiológico ainda não foi bem estabelecido.

Os vírus KI e WU foram descobertos em 2007 em aspirados de nasofaringe de crianças com infecções respiratórias. O poliomavírus de células de Merkel foi identificado em 2008 em carcinomas de células de Merkel, tumores raros de pele de origem neuroendócrina. Estudos de soroprevalência sugerem que as infecções pelos vírus KI, WU e de células de Merkel são comuns e disseminadas, ocorrendo na infância. Os vírus HPyV6, HPyV7 e HPyV10 parecem ser constituintes da pele humana. O poliomavírus associado à tricodisplasia espinulosa (TSV, do inglês *trichodysplasia spinulosa–associated polyomavirus*) foi descoberto em lesões proliferativas da pele, o HPyV9 foi encontrado no sangue de pacientes imunossuprimidos, e o HPyV12 foi encontrado no tecido hepático. Outros poliomavírus foram encontrados nas fezes humanas, incluindo MWPyV (poliomavírus MW) e STL (Saint Louis poliomavírus). Devido a suas recentes descobertas, as informações sobre associações das doenças são limitadas.

O vírus das células de Merkel parece ser etiologicamente importante na maioria dos carcinomas relacionados com esse tipo celular. Além disso, em muitos tumores, o DNA desses vírus está clonalmente integrado à célula tumoral. A expressão oncogênica é

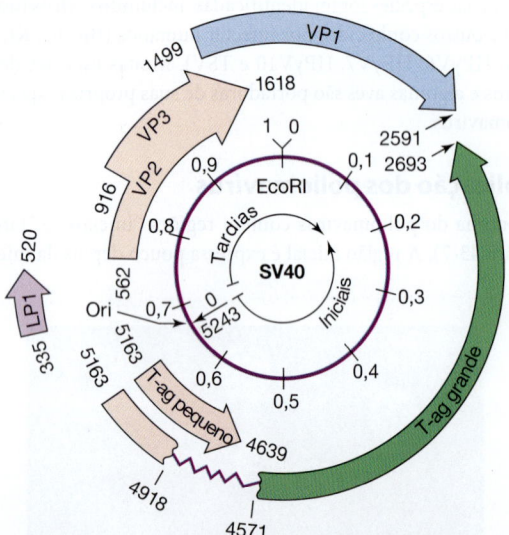

FIGURA 43-7 Mapa genético do poliomavírus SV40. O círculo espesso representa o genoma de DNA circular do SV40. O único sítio de restrição de *Eco*RI é mostrado no mapa como unidade 0/1. Os números dos nucleotídeos começam e terminam na origem (Ori) da replicação do DNA viral (0/5243). As setas mais largas indicam as estruturas de leitura abertas, que codificam as proteínas virais. As cabeças de seta apontam no sentido da transcrição. O início e o término de cada estrutura de leitura aberta estão indicados por números de nucleotídeos. Os vários sombreados mostram diferentes estruturas de leitura utilizadas para polipeptídeos virais diversos. Observe que o antígeno T (T-ag) é codificado por dois segmentos não contíguos no genoma. O genoma é dividido em regiões "iniciais" e "tardias", expressas antes e depois do início da replicação do DNA viral, respectivamente. Apenas a região inicial é expressa nas células transformadas. (Reproduzida, com autorização, de Butel JS, Jarvis DL: The plasma-membrane-associated form of SV40 large tumor antigen: Biochemical and biological properties. *Biochim Biophys Acta* 1986;865:171.)

necessária para o crescimento celular, e o genoma viral integrado previne sua própria replicação.

O SV40 se replica em certos tipos de célula de macacos e seres humanos, é altamente tumorigênico em camundongos transgênicos e hamsters, e pode transformar muitos tipos de célula em cultura. A indução de tumores no hospedeiro natural (o macaco rhesus) raramente é observada. O SV40 pode causar uma doença semelhante à LPM em macacos rhesus.

Lotes de vacinas de poliovírus mortos ou atenuados foram desenvolvidos em células de macacos contaminados com o SV40. Milhões de pessoas no mundo inteiro receberam essas vacinas contaminadas com o SV40 entre 1955 e 1963. Atualmente, o SV40 é detectado em seres humanos, inclusive indivíduos muito jovens que tenham sido expostos via vacinação. As evidências sugerem que esses organismos (e outros poliomavírus) podem ser transmitidos pela rota orofecal em humanos. A prevalência das infecções humanas pelo SV40 em humanos parece ser baixa.

O DNA do SV40 tem sido detectado em tipos selecionados de tumores humanos, inclusive tumores de cérebro, mesoteliomas, tumores de medula óssea e linfomas. O papel do SV40 na formação de cânceres humanos é ainda desconhecido.

A variedade de hospedeiros para o poliomavírus é muitas vezes restrita. Normalmente, uma única espécie pode ser infectada e apenas certos tipos de células dentro dessa espécie. As exceções são os poliomavírus SV40 de primatas e o vírus BK. O SV40 também pode infectar os seres humanos e células humanas, e o vírus BK pode infectar alguns macacos e células de macaco.

PAPILOMAVÍRUS

As propriedades importantes dos papilomavírus são listadas na Tabela 43-6.

Classificação

A família Papillomaviridae é uma família de vírus muito grande, dividida em 16 gêneros, cinco dos quais contêm membros que infectam os seres humanos (*Alphapapillomavirus*, *Betapapillomavirus*, *Gammapapillomavirus*, *Mupapapillomavirus* e *Nupapapillomavirus*). Os papilomavírus são antigos membros da família Papovaviridae. Embora os papilomavírus e os poliomavírus compartilhem semelhanças morfológicas, composição dos ácidos nucleicos e capacidade de transformação, as diferenças na organização do genoma e na biologia levam à sua separação em duas famílias distintas de vírus. Os papilomavírus têm diâmetro ligeiramente maior (55 nm) que os poliomavírus (45 nm) e contêm um genoma maior (8 kbp vs. 5 kbp). A organização do genoma dos papilomavírus é mais complexa (Figura 43-8). Existe uma ampla diversidade entre os papilomavírus. Visto que os testes de neutralização não podem ser feitos, uma vez que não existem testes de infectividade *in vitro*, os isolados de papilomavírus são classificados por critérios moleculares. Os "tipos" virais são pelo menos 10% dissimilares na sequência de seus genes L1. Quase 200 tipos distintos de HPV foram isolados.

Replicação dos papilomavírus

Os papilomavírus apresentam um alto tropismo por células epiteliais da pele e das mucosas. O ácido nucleico viral pode ser encontrado em células germinativas basais, porém os genes de expressão tardia (proteínas de capsídeo) estão restritos à camada superior de queratinócitos diferenciados (Figura 43-9). Os estágios do ciclo replicativo viral dependem de fatores específicos presentes em estados diferenciados na célula do hospedeiro. Essa forte dependência da replicação viral em estado diferenciado da célula hospedeira é responsável pelas dificuldades na propagação dos papilomavírus *in vitro*.

Patogênese e patologia

A transmissão da infecção viral ocorre por contato íntimo. As partículas virais são liberadas pela superfície das lesões de papilomavírus. É provável que microabrasões permitam a infecção da camada basal proliferativa das células para outros locais ou para diferentes hospedeiros.

Os papilomavírus causam infecções nos locais cutâneos e mucosos, levando, algumas vezes, ao desenvolvimento de diferentes tipos de verruga, como as verrugas de pele, verrugas plantares, verrugas chatas, verrugas anogenitais, papilomas de laringe e diversos cânceres, inclusive os de colo do útero, vulva, pênis e ânus, bem como um subgrupo de cânceres de cabeça e pescoço (Tabela 43-7). Os inúmeros tipos de isolados de HPV estão associados preferencialmente a certos tipos de lesão clínica, embora os padrões de distribuição não sejam absolutos. As infecções genitais por HPV são infecções sexualmente transmissíveis (ISTs) e representam a IST mais comum nos Estados Unidos. O câncer cervical é a segunda causa de câncer em mulheres no mundo inteiro (cerca de 500.000 novos casos anuais), sendo a principal causa de mortes por câncer em países em desenvolvimento.

Com base na ocorrência relativa de DNA viral em certos tipos de câncer, os tipos 16 e 18 de HPV são considerados de alto risco de câncer. Cerca de 16 outros tipos menos comuns são menos frequentemente associados a neoplasias, mas também são considerados de alto risco. Muitos tipos de HPV são considerados benignos.

TABELA 43-6 **Propriedades importantes dos papilomavírus**[a]

Virion: Icosaédrico, com 55 nm de diâmetro

Composição: DNA (10%), proteínas (90%)

Genoma: DNA de fita dupla, circular, 8 kbp

Proteínas: Duas proteínas estruturais; histonas celulares condensam o DNA no virion

Envelope: Ausente

Replicação: Núcleo

Características marcantes:
Estimulam a síntese do DNA celular
Estrita variedade de hospedeiros e tropismo tissular
Causa significativa de câncer em seres humanos, especialmente câncer cervical
As oncoproteínas virais interagem com proteínas supressoras de tumores celulares

[a]Anteriormente classificados na família Papovaviridae.

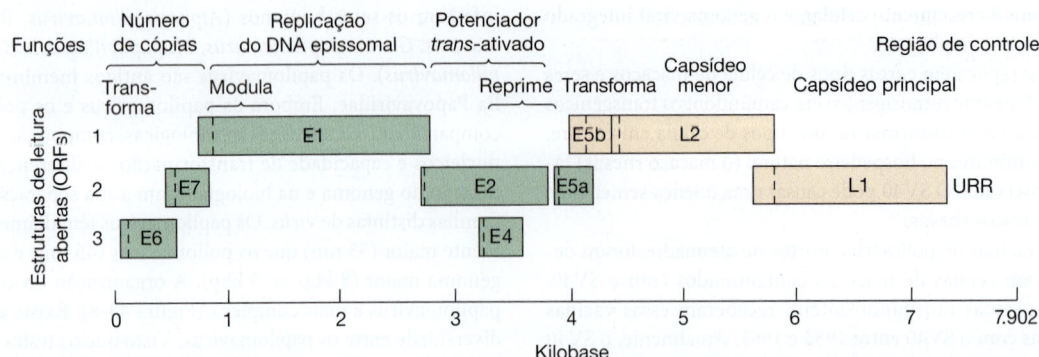

FIGURA 43-8 Mapa do genoma do papilomavírus humano (HPV-6, 7.902 pares de bases). O genoma do papilomavírus é circular; porém, é mostrado de modo linear na região reguladora proximal (URR, de *upstream regulatory region*). A URR contém a origem da replicação, bem como sequências intensificadoras e promotoras. A figura mostra as estruturas de leitura abertas iniciais (E1-E7) e tardias (L1, L2), bem como suas funções. Todas as estruturas de leitura abertas encontram-se na mesma fita do DNA viral. As funções biológicas são extrapoladas a partir de estudos do papilomavírus bovino. A organização do genoma do papilomavírus é muito mais complexa do que um poliomavírus típico (comparar com a Figura 43-7). (Reproduzida, com autorização, de Broker TR: Structure and genetic expression of papillomaviruses. *Obstet Gynecol Clin North Am* 1987;14:329. Copyright Elsevier.)

Cópias integradas do DNA viral estão normalmente presentes nas células do câncer cervical, embora o DNA do HPV seja geralmente não integrado (epissômico) em células não cancerosas ou em lesões pré-malignas. Os carcinomas de pele parecem abrigar genomas do HPV em um estado epissômico. As proteínas virais precoces E6 e E7 são sintetizadas no tecido canceroso. Existem proteínas transformantes do HPV, capazes de se complexar com Rb e p53, bem como com outras proteínas celulares (ver Tabela 43-4).

A conduta das lesões do HPV é influenciada por fatores imunológicos. Além disso, a imunidade mediada por células é importante. A maioria das infecções por HPV é eliminada e torna-se indetectável em 2 a 3 anos. Já o desenvolvimento de carcinomas associados ao HPV requer infecção persistente.

O câncer cervical se desenvolve lentamente, levando de anos a décadas. Acredita-se que muitos fatores estão envolvidos na progressão

até a malignidade; contudo, a infecção persistente com alto risco de HPV é um componente necessário ao processo (Figura 43-10).

Manifestações clínicas e epidemiologia

Um número estimado em 660 milhões de pessoas no mundo inteiro tem infecções genitais por HPV, a infecção viral mais comum do trato reprodutivo. Estima-se que 20 milhões de estadunidenses estejam infectados e cerca de 6 milhões de novas infecções ocorram anualmente nos Estados Unidos. O pico de incidência de infecções por HPV ocorre em adolescentes e jovens adultos com menos de 25 anos.

Admite-se que o HPV é o causador de cânceres anogenitais. Cerca de 99% dos casos de câncer cervical e cerca de 80% dos casos de câncer anal estão ligados a infecções genitais com HPV. Os papilomavírus ilustram o conceito de que as cepas virais naturais podem

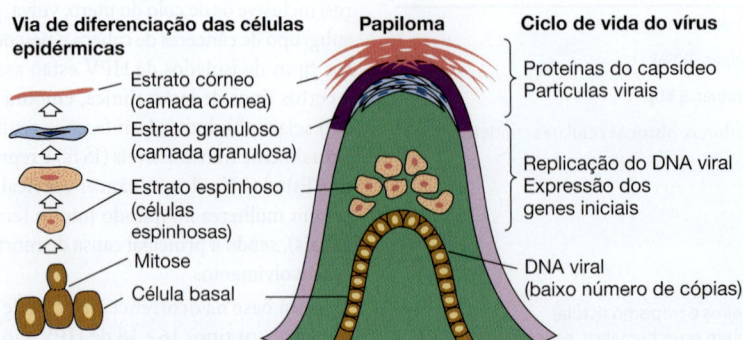

FIGURA 43-9 Representação esquemática de uma verruga cutânea (papiloma). O ciclo de vida dos papilomavírus está ligado à diferenciação das células epiteliais. A via de diferenciação terminal das células epidérmicas é mostrada à esquerda. Os eventos no ciclo de vida do vírus estão indicados à direita. Os eventos tardios na replicação viral (síntese da proteína do capsídeo e morfogênese do virion) só ocorrem nas células de diferenciação terminal. (Reproduzida, com autorização, de Butel JS: Papovaviruses. In Baron S. [editor] *Medical Microbiology*, 3rd ed. Churchill Livingstone, 1991.)

TABELA 43-7 Exemplos de associação de papilomavírus humano com lesões clínicas

Tipo de papilomavírus humano[a]	Lesão clínica	Potencial oncogênico suspeito
1	Verrugas plantares	Benignas
2, 4, 27, 57	Verrugas comuns de pele	Benignas
3, 10, 28, 49, 60, 76, 78	Lesões cutâneas	Baixo
5, 8, 9, 12, 17, 20, 36, 47	Epidermodisplasia verruciforme	Geralmente benignas, mas algumas progridem para malignidade
6, 11, 40, 42-44, 54, 61, 70, 72, 81	Condilomas anogenitais, papilomas de laringe, displasias e neoplasias intraepiteliais (sítios de mucosa)	Baixo
7	Verrugas das mãos dos açougueiros	Baixo
16, 18	Pode progredir para displasias de alto grau e carcinomas da mucosa genital, carcinomas de laringe e esôfago	Alta correlação com carcinoma genital e oral, especialmente o câncer cervical
30, 31, 33, 35, 39, 45, 51-53, 56, 58, 59, 66, 68, 73, 82	Pode progredir para displasias de alto grau e carcinomas da mucosa genital, carcinomas de laringe e esôfago. Correlação moderada com carcinomas genitais e orais, especialmente câncer cervical, considerados tipos de HPV de alto risco	Correlação moderada com carcinomas genitais e orais, especialmente câncer cervical, considerados tipos de HPV de alto risco

[a]Nem todos os tipos de papilomavírus estão listados.

diferir em seu potencial oncogênico. Embora muitos tipos diferentes de HPV causem infecções genitais, o HPV-16 ou o HPV-18 são encontrados com mais frequência em carcinomas cervicais, embora alguns tipos de câncer contenham DNA de outros tipos, como o HPV tipo 31 (ver Tabela 43-7). Estudos epidemiológicos indicam que o HPV-16 e o HPV-18 são responsáveis por mais de 70% dos cânceres cervicais, com o tipo 16 sendo o mais comum. As células HeLa (uma linhagem celular muito utilizada em cultura de células,

derivada, muitos anos atrás, de um carcinoma cervical) contêm DNA de HPV-18.

O câncer anal está associado à infecção de alto risco por HPV. Os pacientes imunocomprometidos são de risco, bem como os homens que praticam sexo com outros homens. Múltiplos tipos de HPV são comumente encontrados no canal anal de homens infectados pelo HIV. Os cânceres de orofaringe, um subgrupo dos carcinomas celulares escamosos de cabeça e pescoço, também estão

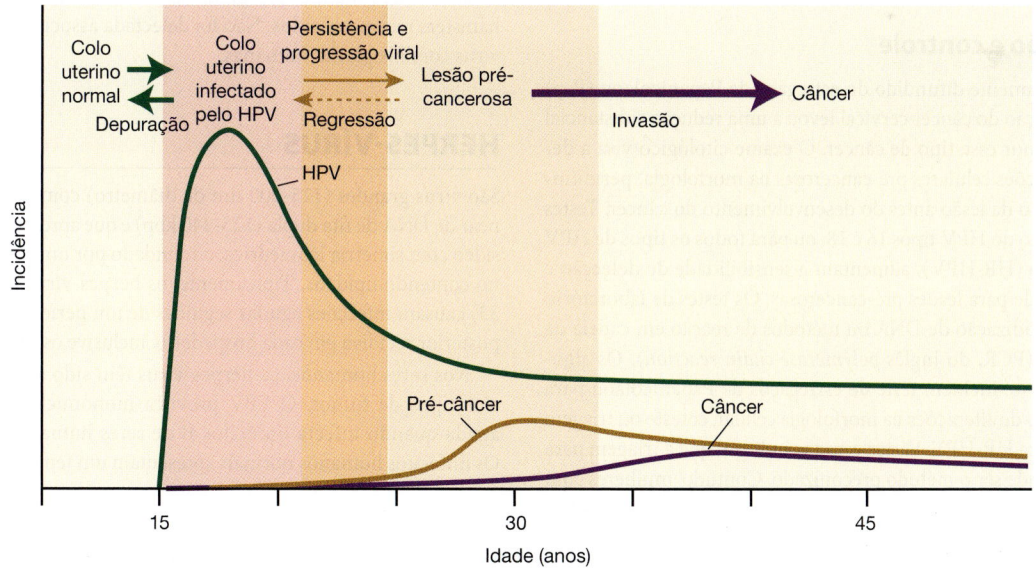

FIGURA 43-10 Relação entre infecção cervical por HPV, pré-câncer e câncer. A curva de HPV mostra a alta incidência de infecção logo após o início da atividade sexual e subsequente diminuição em virtude de muitas infecções serem autolimitadas e limpas. A curva de incidência pré-câncer ilustra o prazo entre a aquisição da infecção por HPV e o desenvolvimento de pré-câncer, e que somente um subgrupo de mulheres infectadas desenvolve lesões pré-malignas. A curva de incidência de câncer mostra um intervalo relativamente longo entre o pré-câncer e a progressão para câncer invasivo. (Reproduzida, com autorização, de Lowy DR, Schiller JT: Prophylactic human papillomavirus vaccines. *J Clin Invest* 2006;116:1167. Com permissão de Copyright Clearence Center, Inc. Modificada de Schiffman M, Castle PE: The promise of global cervical-cancer prevention. *N Engl J Med* 2005;353:2101.)

ligados a infecções por HPV, especialmente pelo tipo 16. Cerca de 25% dos cânceres de boca e de 35% dos de garganta estão associados ao HPV. As cavidades orais tanto de indivíduos HIV-positivos quanto de HIV-negativos apresentam uma abundância de diferentes tipos de HPV.

O papel do homem como portador de HPV e como vetor de transmissão de infecções está bem documentado; entretanto, a maioria das infecções penianas por HPV no homem é subclínica e não resulta em doença associada ao HPV.

As verrugas anogenitais são geralmente (90%) causadas por HPV de baixo risco dos tipos 6 e 11. Os papilomas de laringe em crianças, também chamados de *papilomatose respiratória recorrente*, são causados por HPV-6 e HPV-11, os mesmos vírus que causam os condilomas genitais benignos. A infecção é adquirida durante o nascimento, na passagem pelo canal vaginal de uma mãe que tenha verrugas genitais. Apesar de os papilomas de laringe serem raros, o crescimento pode obstruir a laringe, e eles precisam ser removidos repetidamente por processos cirúrgicos. Cerca de 3.000 casos de tal doença são diagnosticados anualmente, e até 3% das crianças infectadas morrem em decorrência desse quadro.

Existe uma alta prevalência do DNA do HPV na pele normal de adultos sadios. Aparentemente, essas infecções assintomáticas são adquiridas no início da infância. Uma grande multiplicidade de tipos de HPV é detectada na pele normal. Imagina-se que a transmissão ocorra por contato próximo com a criança, havendo alta concordância (cerca de 60%) entre os tipos detectados nas crianças e em suas mães.

Pacientes imunossuprimidos experimentam maior incidência de verrugas e câncer de colo de útero. Todos os cânceres associados ao HPV ocorrem com maior frequência em pessoas com HIV/Aids.

Prevenção e controle

O uso amplamente difundido do esfregaço de Papanicolaou (Pap) para a detecção do câncer cervical levou a uma redução substancial nas mortes por esse tipo de câncer. O exame citológico visa a detectar alterações celulares pré-cancerosas na morfologia, permitindo a remoção da lesão antes do desenvolvimento do câncer. Testes para detecção do HPV tipos 16 e 18, ou para todos os tipos de HPV de alto risco (HR-HPV), aumentam a sensibilidade de detecção e especificidade para lesões pré-cancerosas. Os testes de laboratório são por hibridização de DNA ou métodos de reação em cadeia da polimerase (PCR, do inglês *polymerase chain reaction*). Os algoritmos de teste incluem teste de esfregaços de Papanicolaou para identificação de alterações na morfologia celular, coteste ou triagem primária para HR-HPV. Vários estudos indicam que a triagem para HR-HPV pode ser o método preconizado. Contudo, mulheres com menos de 20 anos não devem ser testadas devido à eliminação frequente do HPV nas infecções iniciais.

Espera-se que as vacinas contra o HPV constituam uma forma custo-efetiva de redução das infecções anogenitais por HPV, da incidência de câncer cervical e da carga da doença associada ao HPV sobre os cuidados de saúde. Três vacinas contra o HPV, consistindo em partículas recombinantes semelhantes a vírus (VLPs, do inglês *virus-like particles*) não infecciosas e conjugadas com proteínas L1 do HPV, foram aprovadas nos Estados Unidos. A vacina bivalente (2007) contém os tipos 16 e 18, a vacina quadrivalente (2006) adiciona os tipos 6 e 11, e a vacina 9-valente (2014) adiciona os tipos 31, 33, 45, 52 e 58*. Todas as três vacinas são eficazes na prevenção de infecções persistentes pelos tipos de HPV direcionados e de desenvolvimento de lesões genitais pré-cancerosas relacionadas ao HPV. Contudo, não se mostram eficazes contra doença por HPV estabelecida. Adolescentes e mulheres jovens adultas foram a população-alvo inicial para a vacinação, com adolescentes e jovens adultos do sexo masculino recomendados para vacinação em 2011. Não se sabe a duração da imunidade conferida por essa vacina, mas parece que se estende por pelo menos 10 anos.

ADENOVÍRUS

Os adenovírus (ver Capítulo 32) compreendem um grande grupo de agentes amplamente distribuídos na natureza. Trata-se de vírus de tamanho médio, não envelopados, que contêm um genoma linear de DNA de fita dupla (26-45 kbp). A replicação é específica da espécie, ocorrendo nas células dos hospedeiros naturais. Os adenovírus infectam comumente os seres humanos, provocando doenças agudas leves, principalmente das vias respiratórias e do trato intestinal.

Os adenovírus são capazes de transformar células de roedores e de induzir a síntese de antígenos iniciais específicos do vírus que se localizam tanto no núcleo quanto no citoplasma das células transformadas. As proteínas iniciais E1A formam complexos com a proteína Rb celular, bem como com várias outras proteínas celulares. Outras proteínas iniciais, E1B e E4ORF1, ligam-se à p53 e a outras proteínas de sinalização celulares (ver Tabela 43-4). Os adenovírus constituem importantes modelos para o estudo dos mecanismos moleculares pelos quais os vírus tumorais de DNA interferem nos processos de controle do crescimento celular. Diferentes sorotipos de adenovírus manifestam graus variáveis de oncogenicidade em hamsters recém-nascidos. Não foi detectada associação dos adenovírus com neoplasias humanas.

HERPES-VÍRUS

São vírus grandes (125-200 nm de diâmetro) com um genoma linear de DNA de fita dupla (125-240 kbp) e que apresentam um capsídeo com simetria icosaédrica, circundado por um envelope externo contendo lipídeos. Tipicamente, os herpes-vírus (ver Capítulo 33) causam infecções agudas seguidas de um período de latência e posterior recidiva em cada hospedeiro, inclusive os seres humanos.

Nos seres humanos, os herpes-vírus têm sido associados a vários tipos de tumor. O EBV provoca mononucleose infecciosa aguda quando infecta linfócitos B de seres humanos suscetíveis. Os linfócitos humanos normais apresentam um tempo de sobrevida

---

*N. de T. A incorporação da vacina HPV (2013) no Calendário Nacional de Vacinação do Adolescente foi considerada uma estratégia de saúde pública, com o objetivo de reforçar as atuais ações de prevenção do câncer do colo do útero. O Ministério da Saúde adotou a vacina quadrivalente contra HPV, que confere proteção contra HPV de baixo risco (HPV 6 e 11) e de alto risco (HPV 16 e 18). Essa vacina previne infecções pelos tipos virais presentes na vacina e, consequentemente, o câncer do colo do útero, e reduz a carga da doença. Tem maior evidência de proteção e indicação para pessoas que nunca tiveram contato com o vírus. É administrada em 2 doses, com intervalo de 6 meses entre as doses, nas meninas de 9 a 14 anos de idade (14 anos, 11 meses e 29 dias) e nos meninos de 11 a 14 anos de idade (14 anos, 11 meses e 29 dias). Fonte: https://www.saude.gov.br.

limitado *in vitro*, porém o EBV é capaz de imortalizar esses linfócitos em linhagens de células linfoblásticas que crescem indefinidamente em cultura.

O EBV está etiologicamente ligado ao linfoma de Burkitt (um tumor mais comumente encontrado em crianças na África Central), ao carcinoma nasofaríngeo (mais comum em cantoneses chineses e nos Inuit do Alasca do que em outras populações), a distúrbios linfoproliferativos pós-transplante em hospedeiros imunocomprometidos e à doença de Hodgkin. Em geral, esses tumores contêm DNA do EBV (tanto na forma integrada quanto na epissômica) e antígenos virais.

O EBV codifica uma proteína oncogênica viral (LMP1) que imita um receptor de fator de crescimento ativado. A LMP1 é capaz de transformar os fibroblastos de roedores, e sua presença é essencial para a transformação dos linfócitos B (ver Tabela 43-4). São necessários vários antígenos nucleares codificados pelo EBV (EBNAs, de *EBV-encoded nuclear antigens*) para a imortalização das células B. O EBNA1 é a única proteína viral consistentemente expressa em células do linfoma de Burkitt. O EBV é muito bem-sucedido ao evitar a sua eliminação pelo sistema imunológico, o que pode ser devido, em parte, à função do EBNA1 na inibição do processamento de antígenos para permitir o escape das células infectadas à destruição pelos linfócitos T citotóxicos.

A malária pode representar um cofator para linfoma de Burkitt africano. A maioria desses tumores também apresenta translocações cromossômicas características entre o gene *c-myc* e os *loci* das imunoglobulinas, resultando em ativação constitutiva da expressão de *myc*. O consumo de peixe salgado ou seco pode constituir um fator dietético no carcinoma de nasofaringe relacionado ao EBV. Os distúrbios linfoproliferativos pós-transplante associados ao EBV são mais comuns em pacientes transplantados altamente imunossuprimidos e podem ser detectados mais cedo por meio da triagem de EBV no sangue.

O herpes-vírus associado ao sarcoma de Kaposi, também conhecido como *herpes-vírus humano 8* (KSHV/HHV8), não é tão onipresente quanto a maioria dos outros herpes-vírus humanos. Acredita-se que seja a causa do sarcoma de Kaposi, do linfoma primário de efusão e da doença multicêntrica de Castleman, um distúrbio linfoproliferativo. O KSHV tem vários genes relacionados com os genes regulatórios celulares capazes de estimular a proliferação celular e modificar os mecanismos de defesa do hospedeiro.

Alguns herpes-vírus estão associados a tumores em animais inferiores. A doença de Marek é uma doença linfoproliferativa de galinhas altamente contagiosa, que pode ser evitada por vacinação com uma cepa atenuada do vírus da doença de Marek. A prevenção do câncer por meio de vacinação nesse caso comprova ser o vírus o agente etiológico e sugere a possibilidade de uma abordagem semelhante na prevenção de tumores humanos com vírus como agente etiológico. Outros exemplos de tumores induzidos por herpes-vírus em animais são os linfomas de determinados tipos de macaco e adenocarcinomas de rãs. Os vírus de macacos provocam infecções inaparentes em seus hospedeiros naturais, porém induzem linfomas de células T malignos quando transmitidos a outras espécies de macacos.

POXVÍRUS

Os poxvírus (ver Capítulo 34) são vírus grandes em forma de tijolo, com genoma linear de DNA de fita dupla (130-375 kbp). O vírus

Yaba provoca tumores benignos (histiocitomas) em seus hospedeiros naturais, os macacos. O vírus do fibroma de Shope induz fibromas em alguns coelhos e tem a capacidade de alterar as células em cultura. O vírus do molusco contagioso produz pequenos crescimentos benignos em seres humanos. Pouco se sabe a respeito da natureza dessas doenças proliferativas.

COMO PROVAR QUE UM VÍRUS CAUSA CÂNCER HUMANO

É evidente que os vírus estão envolvidos na gênese de vários tipos de tumor humano. Em geral, é muito difícil comprovar uma relação causal entre um vírus e determinado tipo de câncer.

Se um vírus for o único agente etiológico de um câncer específico, a distribuição geográfica da infecção viral deverá coincidir com a do tumor; a presença de marcadores virais deve ser maior nos casos do que nos controles; e a infecção viral deve preceder o desenvolvimento do tumor. Pode ser difícil estabelecer esses critérios se outros fatores ambientais ou genéticos estiverem causando alguns casos do mesmo tipo de câncer. Somente nos casos em que a expressão contínua de uma função viral for necessária para manutenção da transformação é que os genes virais persistirão em todas as células tumorais. Se o vírus constituir uma etapa inicial na carcinogênese em várias etapas, poderá haver perda do genoma viral à medida que o tumor evoluir para estágios mais alterados. Em contrapartida, um vírus pode ser encontrado em frequente associação com um tumor, mas pode representar simplesmente um passageiro devido à sua afinidade pelo tipo celular.

Em geral, os vírus tumorais não se replicam nas células transformadas, de modo que é necessário utilizar métodos muito sensíveis, como a pesquisa de ácidos nucleicos ou proteínas virais nas células, para detectar a presença do vírus. Como as proteínas estruturais virais frequentemente não são expressas, as proteínas não estruturais codificadas pelo vírus podem constituir marcadores da presença do vírus.

A indução de tumores em animais de laboratório e a transformação de células humanas em cultura constituem boas evidências circunstanciais de que um vírus é tumorigênico. Esses sistemas podem fornecer modelos para análises moleculares do processo de transformação, mas não constituem uma prova de que o vírus provoca determinado câncer humano.

A prova mais definitiva de uma relação causal consiste na redução da incidência do tumor mediante a prevenção da infecção pelo vírus. Os métodos de intervenção devem ser eficazes para reduzir a ocorrência de câncer, mesmo se o vírus for apenas um dos diversos cofatores.

RESUMO DO CAPÍTULO

- Os vírus podem ser agentes desencadeadores para uma série de tipos de neoplasias humanas.
- Os vírus oncogênicos são alocados em diferentes famílias virais, incluem tanto vírus de RNA quanto vírus de DNA, e apresentam diversos mecanismos de oncogênese.
- Os vírus oncogênicos humanos incluem o vírus da hepatite B, vírus da hepatite C, papilomavírus, EBV, herpes-vírus humano 8, HTLVs e vírus da célula Merkel. O HIV também é considerado

um agente oncogênico devido à supressão imunológica associada à infecção pelo vírus.

- Existem vacinas eficazes contra o vírus da hepatite B e certos tipos de HPV de alto risco.
- Modelos animais e células de linhagem contínua são usados no estudo dos mecanismos de oncogênese viral.
- Estudos sobre esses vírus revelaram o papel da oncogênese celular, dos genes supressores tumorais no câncer e as bases moleculares da carcinogênese.
- Os vírus oncogênicos induzem infecções persistentes no hospedeiro, com longos períodos de latência entre a infecção inicial e o aparecimento do tumor.
- As infecções por vírus oncogênicos são muito mais comuns do que a formação de tumores relacionados com vírus.

QUESTÕES DE REVISÃO

1. Os vírus podem causar câncer em animais e seres humanos. Um princípio da carcinogênese viral é:

   (A) Os retrovírus causam a maior parte dos tipos de câncer humano.

   (B) Nem todas as infecções com vírus de câncer humano levam à formação de tumores.

   (C) Curtos períodos de latência transcorrem entre o tempo da infecção viral e o aparecimento de tumores.

   (D) Os modelos animais raramente preveem os mecanismos celulares do câncer em humanos.

   (E) Os fatores do hospedeiro são insignificantes em influenciar o desenvolvimento de câncer humano induzido por vírus.

2. Os oncogenes celulares representam genes ativados envolvidos no câncer. Uma segunda classe de genes de câncer está envolvida no desenvolvimento de câncer somente quando ambos os alelos de tal gene se encontram inativados. Esta segunda classe de genes é chamada de:

   (A) Proto-oncogenes

   (B) Genes do antígeno T

   (C) Genes supressores de tumor

   (D) Genes transduzidos

   (E) Genes silenciosos

3. Uma mulher de 38 anos de idade recebe diagnóstico de câncer cervical. Este câncer mostra-se comum no mundo inteiro e é uma infecção viral sexualmente transmissível. O(s) agente(s) causador(es) do câncer cervical humano é (são):

   (A) Vírus da hepatite C

   (B) Vírus da hepatite B

   (C) Papilomavírus humano, tipos de alto risco

   (D) Poliomavírus

   (E) Herpes-vírus

4. Os retrovírus codificam uma enzima chamada transcriptase reversa, cuja função é:

   (A) Atividade de DNase

   (B) Atividade de DNA-polimerase dependente de RNA

   (C) Atividade de RNA-polimerase dependente de DNA

   (D) Atividade de RNA-polimerase dependente de RNA

   (E) Atividade de topoisomerase

5. Dois meses após transplante renal, um homem de 47 anos de idade desenvolveu nefropatia. Até 5% dos pacientes que recebem transplante renal desenvolvem nefropatia. A causa viral de alguns casos de nefropatia é identificada como:

   (A) Poliomavírus BK

   (B) Papilomavírus humano, todos os tipos

   (C) Papilomavírus humano, tipos de baixo risco

   (D) Vírus da hepatite C

   (E) Citomegalovírus humano

6. O papilomavírus humano pode causar câncer nos seres humanos e está mais frequentemente associado a:

   (A) Pólipos retais

   (B) Câncer de mama

   (C) Câncer de próstata

   (D) Cânceres anogenitais

   (E) Mesoteliomas

7. Um vírus que causa câncer em seres humanos também está associado a um distúrbio do sistema nervoso chamado de paraparesia espástica tropical. Este vírus é o:

   (A) Poliomavírus JC

   (B) Poliomavírus SV40

   (C) Herpes-vírus simples

   (D) Vírus T linfotrópico humano

   (E) Vírus da imunodeficiência humana

8. Os poliomavírus codificam oncoproteínas chamadas de antígenos T. Estes produtos gênicos virais:

   (A) Não são necessários para a replicação viral.

   (B) Interagem com as proteínas celulares supressoras de tumores.

   (C) Funcionam para integrar o provírus no cromossomo celular.

   (D) Sofrem mutação rapidamente para permitir ao vírus escapar da ação do sistema imunológico do hospedeiro.

   (E) Não são capazes de transformar as células em cultura.

9. Os vírus que causam câncer são classificados em diversas famílias virais. Qual das seguintes famílias de vírus contém um vírus oncogênico humano com um genoma de RNA?

   (A) Adenoviridae

   (B) Herpesviridae

   (C) Hepadnaviridae

   (D) Papillomaviridae

   (E) Flaviviridae

10. Os papilomas de laringe em crianças geralmente são causados pelo mesmo tipo de vírus que provoca os condilomas genitais benignos. Estes vírus são:

    (A) Papilomavírus dos tipos 6 e 11

    (B) Poliomavírus JC

    (C) Vírus Epstein-Barr

    (D) Vírus do molusco contagioso

    (E) Papilomavírus dos tipos 16 e 18

11. Existem vacinas contra os tipos mais comuns de HPV de alto risco que causam infecções genitais, sendo indicadas para uso em quais das seguintes populações?

    (A) Todos os homens e mulheres adultos.

    (B) Todas as mulheres adultas.

    (C) Mulheres com lesões cervicais pré-cancerosas.

    (D) Adolescentes e jovens adultos, homens e mulheres.

    (E) Adolescentes e jovens adultos do sexo feminino.

12. Qual das seguintes alternativas melhor descreve as vacinas disponíveis contra HPV?

    (A) Vacinas de vírus atenuado
    (B) Vacinas de vírus recombinante
    (C) Vacinas de subunidades não infecciosas
    (D) Toxoide

13. Muitos retrovírus oncogênicos carregam oncogenes intimamente relacionados com os genes celulares normais denominados proto-oncogenes. Qual dessas seguintes afirmações sobre esses genes está *incorreta*?

    (A) Vários proto-oncogenes são encontrados na forma mutante em neoplasias humanas, o que torna pouco provável a etiologia viral na carcinogênese.
    (B) Vários vírus oncogênicos e seus proto-oncogenes progenitores codificam proteína-quinases específicas para tirosina.
    (C) Alguns proto-oncogenes codificam fatores e receptores de crescimento celular.
    (D) Os proto-oncogenes são intimamente relacionados a transpósons encontrados em bactérias.

Respostas

1.	B	6.	D	11.	D
2.	C	7.	D	12.	C
3.	C	8.	B	13.	D
4.	B	9.	E		
5.	A	10.	A		

REFERÊNCIAS

Brechot C (guest editor): Hepatocellular carcinoma. *Oncog Rev* 2006;25:3753. [Entire issue.]

Butel JS: Viral carcinogenesis: Revelation of molecular mechanisms and etiology of human disease. *Carcinogenesis* 2000;21:405.

Chang MH: Cancer prevention by vaccination against hepatitis B. *Recent Results Cancer Res* 2009;181:85.

Dalianis T, Ramqvist T, Andreasson K, et al: KI, WU and Merkel cell polyomaviruses: A new era for human polyomavirus research. *Semin Cancer Biol* 2009;19:270.

Gjoerup O, Chang Y: Update on human polyomaviruses and cancer. *Adv Cancer Res* 2010;106:1.

Goff SP: Retroviridae: The retroviruses and their replication. In Knipe DM, Howley PM (editors-in-chief). *Fields Virology*, 5th ed. Lippincott Williams & Wilkins, 2007.

Gonçalves DU, Proietti FA, Ribas JG, et al: Epidemiology, treatment, and prevention of human T-cell leukemia virus type 1-associated diseases. *Clin Microbiol Rev* 2010;23:577.

Howley PM, Lowy DR: Papillomaviruses. In Knipe DM, Howley PM (editors-in-chief). *Fields Virology*, 5th ed. Lippincott Williams & Wilkins, 2007.

Human papillomavirus vaccines. WHO position paper. *Wkly Epidemiol Rec* 2009;84:118.

Imperiale MJ, Major EO: Polyomaviruses. In Knipe DM, Howley PM (editors-in-chief). *Fields Virology*, 5th ed. Lippincott Williams & Wilkins, 2007.

Javier RT, Butel JS: The history of tumor virology. *Cancer Res* 2008;68:7693.

Jeang KT, Yoshida M (guest editors): HTLV-1 and adult T-cell leukemia: 25 years of research on the first human retrovirus. *Oncogene Rev* 2005;24:5923. [Entire issue.]

Jones-Engel L, May CC, Engel GA, et al: Diverse contexts of zoonotic transmission of simian foamy viruses in Asia. *Emerg Infect Dis* 2008;14:1200.

Kean JM, Rao S, Wang M, et al: Seroepidemiology of human polyomaviruses. *PLoS Pathog* 2009;5:e1000363.

Kutok JL, Wang F: Spectrum of Epstein-Barr virus-associated diseases. *Annu Rev Pathol* 2006;1:375.

Moody CA, Laimins LA: Human papillomavirus oncoproteins: Pathways to transformation. *Nat Rev Cancer* 2010;10:550.

Schiffman M, Castle PE, Jeronimo J, et al: Human papillomavirus and cervical cancer. *Lancet* 2007;370:890.

Shroyer KR, Dunn ST (editors): Update on molecular diagnostics for the detection of human papillomavirus. *J Clin Virol* 2009;45(Suppl 1):S1. [Entire issue.]

Tsai WL, Chung RT: Viral hepatocarcinogenesis. *Oncogene* 2010;29:2309.

Aids e lentivírus

Os tipos de vírus da imunodeficiência humana (HIV, do inglês *human immunodeficiency virus*), que derivam de lentivírus de primatas, são os agentes etiológicos da síndrome da imunodeficiência adquirida (Aids, do inglês *acquired immune deficiency syndrome*). A doença foi descrita pela primeira vez em 1981; o HIV-1 foi isolado no final de 1983. Desde então, a Aids transformou-se em uma epidemia mundial, expandindo seu alcance e sua magnitude conforme as infecções pelo HIV afetaram diferentes populações em regiões geográficas diversas. Atualmente, milhões de pessoas estão infectadas no mundo inteiro, devendo permanecer assim por toda a vida. Em uma década, a maioria dos indivíduos infectados pelo HIV, se não for tratada, irá desenvolver infecções oportunistas fatais em consequência das deficiências do sistema imunológico induzidas pelo HIV. A Aids representa um dos mais importantes problemas de saúde mundial no início do século XXI. O desenvolvimento da terapia antirretroviral altamente eficaz (HAART, do inglês *highly active antiretroviral therapy*) para a supressão crônica da replicação do HIV e prevenção da Aids tem sido uma das principais conquistas na medicina do HIV.

PROPRIEDADES DOS LENTIVÍRUS

As propriedades importantes dos lentivírus, membros de um gênero da família **Retroviridae**, encontram-se resumidas na Tabela 44-1.

Estrutura e composição

O HIV é um retrovírus do gênero *Lentivirus*, e exibe muitas das características físico-químicas dessa família (ver Capítulo 43). A característica morfológica singular do HIV consiste na presença de um nucleoide cilíndrico no virion maduro (Figura 44-1). O nucleoide cilíndrico diagnóstico é visível, em micrografias eletrônicas, nas partículas extracelulares cortadas no ângulo apropriado.

O genoma do RNA dos lentivírus é mais complexo que o dos retrovírus transformadores (Figura 44-2). Os lentivírus contêm quatro genes necessários à replicação de um retrovírus (*gap, pro, pol* e *env*) e seguem o padrão geral para replicação de retrovírus (ver Capítulo 43). Até 6 genes adicionais regulam a expressão viral e são importantes na patogênese da doença *in vivo*. Embora esses genes auxiliares exibam pouca homologia de sequência entre os lentivírus, suas funções são conservadas. (Os vírus de felinos e ungulados apresentam poucos genes acessórios.) Uma proteína de replicação da fase inicial, a proteína Tat, atua na "transativação", por meio da qual um produto gênico viral é envolvido na atividade de transcrição de outros genes virais. A transativação no HIV é altamente eficiente, podendo contribuir para a natureza virulenta das infecções pelo HIV. A proteína Rev é necessária à expressão das proteínas estruturais virais. Também facilita a exportação de transcrições virais não processadas do núcleo; as proteínas estruturais são traduzidas a partir de mRNA sem junção durante a fase tardia da replicação viral. A proteína Nef aumenta a infectividade viral, facilita a ativação das células T em repouso, bem como reprime a expressão de CD4 e do MHC da classe I. O gene *nef* é necessário para que o vírus da imunodeficiência de símios (SIV, do inglês *simian immunodeficiency virus*) seja patogênico em macacos. A proteína Vpr aumenta o transporte do complexo viral de pré-integração no núcleo e detém as células na fase G2 do ciclo celular. A proteína Vpu promove a degradação de CD4.

As células contêm proteínas antivirais intracelulares inibitórias conhecidas como fatores de restrição. Um tipo é APOBEC3G, uma citidina-desaminase que inibe a replicação do HIV. A proteína Vif promove a infectividade viral pela supressão dos efeitos de APOBEC3G. Outra proteína inibitória é a TRIM5α, que se liga na entrada de partículas retrovirais e as recruta para os proteassomos antes de boa parte da síntese do DNA viral ocorrer.

Os inúmeros HIV isolados não são idênticos, mas parecem englobar um espectro de vírus relacionados (ver Classificação). São encontradas populações heterogêneas de genomas virais em um mesmo indivíduo infectado. Essa heterogeneidade reflete as altas taxas de replicação viral e a taxa de erro elevada da transcriptase reversa viral. As regiões de maior divergência entre os diferentes vírus isolados localizam-se no gene *env*, que codifica as proteínas do envelope viral (Figura 44-3). O produto SU (gp120) do gene *env* contém domínios de ligação responsáveis pela fixação do vírus à molécula CD4 e correceptores, determina tropismos para os linfócitos e macrófagos, e apresenta os principais determinantes antigênicos que induzem a produção de anticorpos neutralizantes. A glicoproteína do HIV tem cinco regiões variáveis (V) que divergem entre os vírus isolados, sendo a região V3 importante na neutralização. O produto de *env*, TM (gp41), contém um domínio transmembrânico, que fixa a glicoproteína no envelope viral, e um domínio de fusão, que facilita a penetração do vírus nas células-alvo. A divergência no envelope do HIV complica os esforços no desenvolvimento de uma vacina eficaz contra a Aids.

Os lentivírus são vírus totalmente exógenos. Ao contrário dos retrovírus transformadores, o genoma dos lentivírus não contém quaisquer genes celulares conservados (ver Capítulo 43).

TABELA 44-1 Propriedades importantes dos lentivírus (retrovírus não oncogênicos)

Virion: Esférico, 80-100 nm de diâmetro, com cerne cilíndrico

Genoma: RNA de fita simples, linear, de sentido positivo, 9-10 kb, diploide; o genoma é mais complexo do que aqueles dos retrovírus oncogênicos e contém até 6 genes de replicação adicionais

Proteínas: A glicoproteína de envelope sofre variação antigênica; a enzima transcriptase reversa está contida no interior dos virions; a protease é necessária à produção de vírus infecciosos

Envelope: Presente

Replicação: A transcriptase reversa faz uma cópia do DNA a partir do RNA genômico; o DNA do provírus atua como molde para o RNA viral. É comum ocorrer variabilidade genética.

Maturação: Brotamento das partículas a partir da membrana plasmática

Características marcantes:
Os membros não são oncogênicos e podem ser citocidas
Infectam as células do sistema imunológico
Os provírus continuam permanentemente associados às células
A expressão viral é restrita em algumas células *in vivo*
Provocam doenças crônicas de progressão lenta
A replicação, em geral, é específica da espécie
O grupo inclui os agentes causadores da Aids

Os indivíduos tornam-se infectados em consequência da introdução do vírus a partir de fontes externas.

Classificação

Os lentivírus foram isolados de muitas espécies (Tabela 44-2), incluindo mais de 24 diferentes espécies de primatas africanos não humanos. Existem dois tipos distintos de vírus da Aids humana, o HIV-1 e o HIV-2, diferenciados com base na organização do genoma e em relações filogenéticas (evolutivas) com outros lentivírus de primatas. A divergência entre as sequências de HIV-1 e HIV-2 excede 50%.

Com base nas sequências do gene *env*, o HIV-1 compreende três grupos distintos de vírus (M, N e O). O grupo M predominante contém pelo menos 11 subtipos ou "clades" (A-K). Formas recombinantes do vírus também são encontradas na circulação dos seres humanos em diferentes regiões geográficas. De forma similar, 8 subtipos de HIV-2 (A-H) foram identificados. Em cada subtipo, observa-se extensa variabilidade. As clades genéticas não parecem corresponder a grupos de sorotipos de neutralização, e não há evidências de que os subtipos diferem quanto à biologia ou à patogênese.

Foram isolados inúmeros lentivírus de espécies primatas não humanas. Os lentivírus de primatas são divididos em seis linhagens

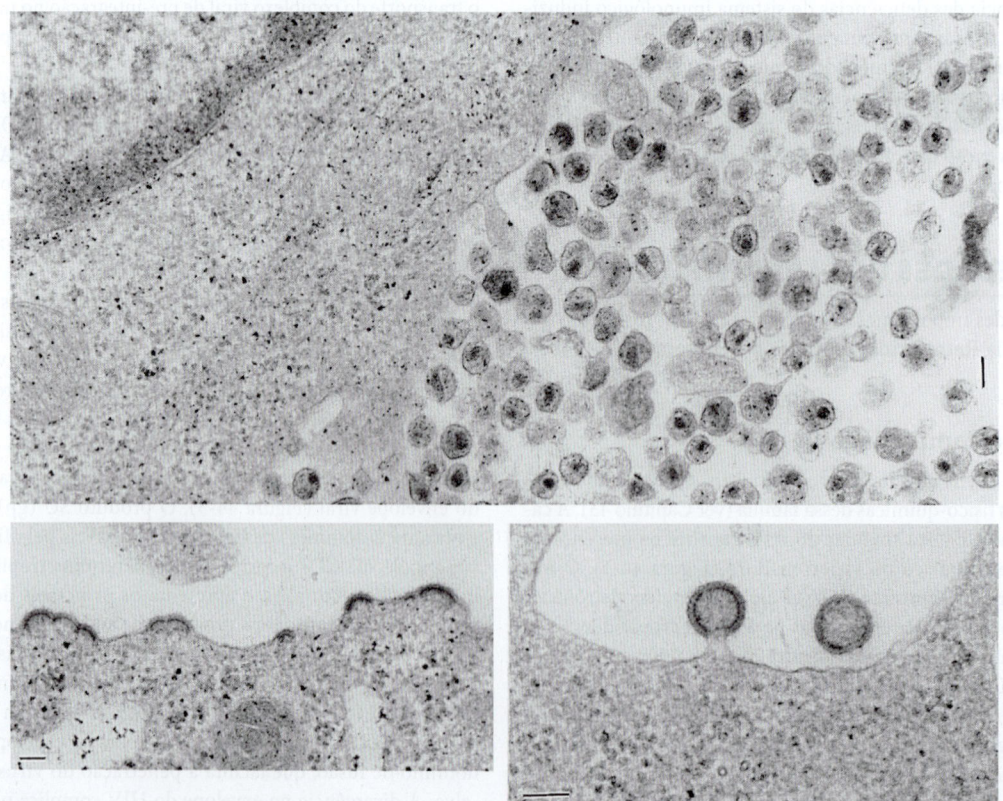

FIGURA 44-1 Micrografias eletrônicas de linfócitos infectados pelo HIV, mostrando um grande acúmulo de vírus recém-produzidos na superfície da célula (**parte superior**, ampliada 46.450 ×, barra = 100 nm). Vírus recém-formados brotando a partir da membrana citoplasmática (**parte inferior, à esquerda**, ampliada 49.000 ×, barra = 100 nm). Dois virions prestes a serem eliminados da superfície celular (**parte inferior, à direita**, ampliada 75.140 ×, barra = 100 nm).

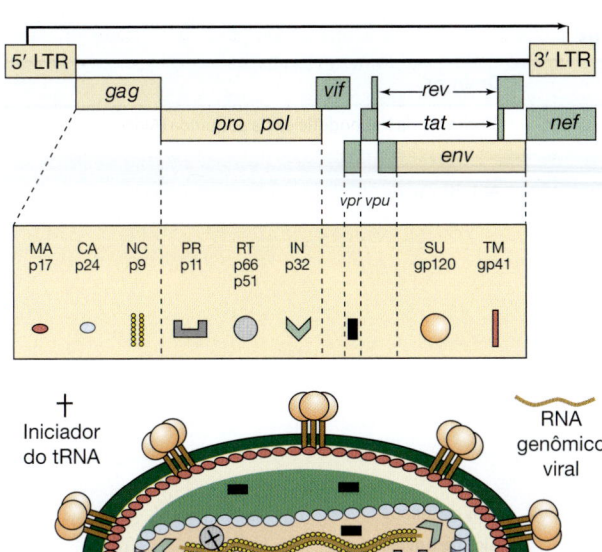

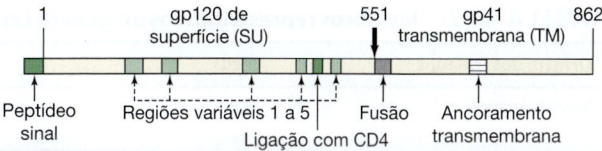

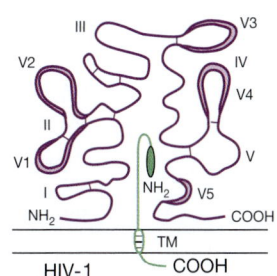

FIGURA 44-2 Genoma e estrutura do virion do HIV. O genoma do HIV-1 é apresentado na parte superior. As proteínas virais são sintetizadas em forma de poliproteínas precursoras (Gag-Pol [Pr160], Gag [Pr55] e Env [gp160]), enzimaticamente processadas para produzir proteínas do virion maduro. A Gag-Pol e a Gag são clivadas pela protease viral PR, produzindo as proteínas menores indicadas. A Env é clivada por uma PR celular, produzindo SU gp120 e TM gp41. As localizações das proteínas do virion na partícula viral estão indicadas por símbolos (parte inferior da figura). O HIV-2 e o SIV não possuem o gene *vpu*, mas contêm o gene *vpx*. (Reproduzida de Peterlin BM: *Molecular biology of HIV*. In Levy JA [editor]. *The Viruses*. Vol. 4: *The Retroviridae*. Plenum, 1995. Modificada de Luciw PA, Shacklett BL. *HIV: Molecular Organization, Pathogenicity and Treatment*. Morrow WJW, Haigwood NL [editors]. Elsevier, 1993.)

filogenéticas principais (Tabela 44-2). O SIV do mangabei cor de fuligem (um tipo de macaco da África Ocidental) e o HIV-2 são considerados variantes do mesmo vírus, assim como os vírus isolados do chimpanzé e o HIV-1. Os SIVs do macaco verde da África, do macaco *sykes*, do mandril e do macaco colobos representam linhagens discretas adicionais.

A organização dos genomas dos lentivírus de primatas (humanos e símios) é muito semelhante. Uma diferença está na presença de um gene *vpu* no HIV-1 e no vírus do chimpanzé, enquanto o HIV-2 e o grupo dos SIV$_{sm}$ apresentam um gene *vpx*. Outros isolados de SIV também não possuem nem o gene *vpu* nem o gene *vpx*. As sequências dos genes *gag* e *pol* são altamente conservadas. Existe uma significativa divergência entre os genes da glicoproteína do envelope. As sequências da porção proteica transmembrânica são mais conservadas do que as sequências externas da glicoproteína (o componente proteico exposto no exterior da partícula viral).

Os SIVs não parecem ser patogênicos em seus hospedeiros de origem (p. ex., chimpanzé, macaco verde da África ou mangabei cor

FIGURA 44-3 Proteínas do envelope do HIV. O polipeptídeo precursor gp160 é mostrado na parte superior. A subunidade gp120 encontra-se no lado externo da célula, enquanto a gp41 é uma proteína transmembrânica. Os domínios hipervariáveis na gp120 são designados por V1 a V5; as posições das ligações dissulfeto estão indicadas como linhas de conexão nas alças. As regiões importantes na subunidade gp41 constituem o domínio de fusão na extremidade aminoterminal e domínio transmembrânico (TM). As extremidades aminoterminal (NH$_2$) e carboxiterminal (COOH) estão indicadas para ambas as subunidades. (Reproduzida de Peterlin BM: *Molecular biology of HIV*. In Levy JA [editor]. *The Viruses*. Vol. 4: *The Retroviridae*. Plenum, 1995. Modificada de Myers G, et al. *Human Retroviruses and Aids 1993: A Compilation and Analysis of Nucleic Acid and Amino Acid Sequences*. Theoretical Biology and Biophysics Group T-10, Los Alamos National Library, Los Alamos, New Mexico.)

de fuligem); sabe-se que estas espécies são infectadas em seus hábitats naturais. Contudo, o SIV$_{cpz}$ (precursor do HIV-1) é patogênico em chimpanzés, causando patologia semelhante à Aids e morte prematura. Já os macacos rhesus não são naturalmente infectados na Ásia, porém mostram-se suscetíveis à indução da Aids dos símios por vários SIV isolados. O vírus isolado pela primeira vez de macacos rhesus cativos (SIV$_{mac}$) é a cepa do mangabei cor de fuligem/HIV-2.

Os lentivírus de animais não primatas estabelecem infecções persistentes, afetando diversas espécies animais. Esses vírus provocam doenças debilitantes crônicas e, algumas vezes, imunodeficiência. O agente protótipo, o vírus visna (também denominado vírus maedi), causa sintomas neurológicos ou pneumonia em carneiros na Islândia. Outros vírus provocam anemia infecciosa em cavalos, bem como artrite e encefalite em cabras. Os lentivírus felinos e bovinos podem causar imunodeficiência. Os lentivírus de animais não primatas não infectam quaisquer primatas, nem mesmo os seres humanos.

Origem da Aids

O HIV em seres humanos originou-se de infecções de espécies cruzadas por vírus de símios nas áreas rurais da África, provavelmente devido ao contato humano direto com sangue de primata infectado. A evidência atual é de que os correspondentes dos HIV-1 e HIV-2 de primatas foram transmitidos a seres humanos em várias (pelo menos sete) ocasiões diferentes. As análises de evolução de

TABELA 44-2   Membros representativos do gênero *Lentivirus*

Origem dos Isolados	Vírus	Doenças
Seres humanos	HIV-1[a]	Síndrome da imunodeficiência adquirida (Aids)
	HIV-2	
Primatas não humanos[b]		Aids de símios
Chimpanzé	SIV$_{cpz}$	
Mangabei cor de fuligem	SIV$_{sm}$	
Macaca[c]	SIV$_{mac}$	
Macaco verde africano	SIV$_{agm}$	
Macaco *sykes*	SIV$_{syk}$	
Mandril	SIV$_{mnd}$	
Macaco *l'Hoest*[c]	SIV$_{lhoest}$	
Macaco colobo	SIV$_{col}$	
Não primatas[d]		
Gatos	Vírus da imunodeficiência felina	Aids de felinos
Vacas	Vírus da imunodeficiência bovina	Aids de bovinos
Carneiros	Vírus visna/maedi	Pulmão, doença do sistema nervoso central
Equinos	Vírus da anemia infecciosa equina	Anemia
Caprinos	Vírus da artrite e encefalite caprinas	Artrite, encefalite

[a]As origens do HIV-1 e do HIV-2 foram transmissões entre espécies cruzadas do SIV$_{cpz}$ e do SIV$_{sm}$, respectivamente.
[b]A doença não é causada pelo SIV do hospedeiro de origem, mas requer a transmissão para uma espécie diferente de macaco (os macacos rhesus são mais suscetíveis à doença). Os macacos asiáticos (rhesus) não exibem evidências de infecção pelo SIV na natureza; o SIV$_{sm}$ provavelmente foi introduzido por acidente em macacos em cativeiro.
[c]O recuo indica que o vírus pertence à mesma linhagem filogenética do anterior.
[d]Os lentivírus de não primatas provocam doença nas espécies de origem.

sequências situam a introdução do SIV$_{cpz}$ em seres humanos, dando origem ao grupo M do HIV-1, em torno de 1930, embora algumas estimativas retrocedam essa data para 1908. Presumivelmente, tais transmissões ocorreram repetidamente, porém determinadas mudanças sociais, econômicas e comportamentais observadas em meados do século XX propiciaram circunstâncias que permitiram a expansão dessas infecções virais e seu estabelecimento definitivo nos seres humanos, atingindo proporções epidêmicas.

Desinfecção e inativação

O HIV é totalmente inativado (≥ 10^5 unidades de infecciosidade) mediante tratamento, durante 10 minutos na temperatura ambiente, com qualquer um dos seguintes agentes: desinfetante doméstico a 10%, etanol a 50%, isopropanol a 35%, detergente não iônico P-40 a 1%, Lysol a 0,5%, paraformaldeído a 0,5% ou peróxido de hidrogênio a 0,3%. O vírus também é inativado por extremos de pH (1,0 e 13,0). Quando o HIV está presente em sangue coagulado ou não coagulado em uma agulha ou seringa, é necessária a exposição a desinfetante não diluído durante pelo menos 30 segundos para sua inativação.

O vírus não é inativado por Tween 20 a 2,5%. Apesar de o paraformaldeído inativar o vírus livre em solução, não se sabe se ele penetra nos tecidos suficientemente para inativar todos os vírus que podem estar presentes em células cultivadas ou em amostras de tecido.

O HIV é rapidamente inativado em líquidos ou soro a 10% por aquecimento a 56 °C durante 10 minutos, porém o material proteináceo desidratado proporciona notável proteção. Os hemoderivados liofilizados precisam ser aquecidos a 68 °C durante 72 horas para garantir a inativação dos vírus contaminantes.

Sistemas de lentivírus de animais

Foram adquiridos conhecimentos sobre as características biológicas das infecções por lentivírus a partir de infecções experimentais, inclusive de carneiros pelo vírus visna (Tabela 44-2). Os padrões da doença natural variam entre as espécies, porém são reconhecidas certas características comuns.

1. Os vírus são transmitidos pela troca de líquidos orgânicos.
2. O vírus persiste indefinidamente no hospedeiro, embora possa estar presente em níveis muito baixos.
3. Os vírus apresentam elevada taxa de mutação, e ocorre seleção de diferentes mutantes em diferentes condições (fatores do hospedeiro, respostas imunológicas, tipos teciduais). Os hospedeiros infectados contêm grande quantidade de genomas virais estreitamente relacionados, conhecidos como quasispécies.
4. A infecção viral evolui lentamente por meio de estágios específicos. As células na linhagem dos macrófagos desempenham papel central na infecção. Os lentivírus diferem dos outros retrovírus pela sua capacidade de infectar células totalmente diferenciadas que não sofrem mais divisão. Entretanto, essas células precisam ser ativadas para que ocorra replicação viral, com a produção da progênie de vírus. O vírus está associado à célula nos monócitos e macrófagos, mas apenas cerca de uma célula por milhão é infectada. Os monócitos transportam o vírus pelo corpo em uma forma impossível de ser reconhecida pelo sistema imunológico, disseminando-o para outros tecidos. As cepas linfocitotrópicas do vírus tendem a causar infecções altamente produtivas, enquanto a replicação do vírus macrofagotrópico é restrita.

5. Podem ser necessários vários anos para haver desenvolvimento de doença. Em geral, os hospedeiros infectados produzem anticorpos que não eliminam a infecção, de modo que o vírus persiste durante toda a vida do hospedeiro. Periodicamente, surgem novas variantes antigênicas nos hospedeiros infectados, com a maioria das mutações ocorrendo nas glicoproteínas do envelope. Os sintomas clínicos podem se desenvolver a qualquer momento, mas a doença crônica geralmente se manifesta após meses ou anos de infecção. As exceções aos longos períodos de incubação para a doença causada por lentivírus incluem a Aids em crianças, a anemia infecciosa em cavalos e a encefalite em cabras jovens.

Os fatores do hospedeiro importantes na patogênese da doença são a idade (o indivíduo jovem corre maior risco), o estresse (que pode desencadear a doença), a genética (certas raças de animais são mais suscetíveis) e as infecções concomitantes (que podem exacerbar a doença ou facilitar a transmissão do vírus).

As doenças em ungulados (equinos, bovinos, ovinos e caprinos) não são complicadas por infecções oportunistas secundárias. O vírus da anemia infecciosa equina pode ser transmitido entre cavalos por meio de moscas mutucas hematófagas, constituindo o único lentivírus conhecido transmitido por um inseto vetor.

Os lentivírus de símios compartilham características moleculares e biológicas com o HIV, provocando uma doença semelhante à Aids em macacos rhesus. O modelo do SIV é importante para a compreensão da patogênese da doença e para o desenvolvimento de vacinas e estratégias de tratamento.

Receptores virais

Todos os lentivírus de primatas utilizam como receptor a molécula CD4, expressa nos macrófagos e linfócitos T. Além da molécula CD4, é necessário um segundo correceptor para a penetração do HIV-1 nas células. O segundo receptor é necessário para a fusão do vírus com a membrana celular. O vírus liga-se inicialmente à molécula CD4 e, em seguida, ao correceptor. Essas interações produzem alterações estruturais no envelope viral, ativando o peptídeo de fusão gp41 e deflagrando a fusão da membrana. Os receptores de quimiocina atuam como segundos receptores para o HIV-1. (As quimiocinas são fatores solúveis com propriedades quimioatraentes e de citocina.) O CCR5 (do inglês *C-C motif chemokine receptor 5*), o receptor para as quimiocinas RANTES (do inglês *Regulated upon Activation, Normal T cell Expressed and Secreted*), MIP-1α (do inglês *macrophage inflammatory protein* 1α) e MIP-1β é o correceptor predominante das cepas macrofagotrópicas do HIV-1. Já o CXCR4 (do inglês *C-X-C chemokine receptor type 4*), o receptor da quimiocina SDF-1 (do inglês *stromal cell-derived factor-1*), é o correceptor das cepas linfocitotrópicas do HIV-1. Os receptores de quimiocinas utilizados pelo HIV para penetração na célula são encontrados em linfócitos, macrófagos e timócitos, bem como em neurônios e células no cólon e no colo do útero. Os indivíduos que apresentam deleções homozigotas em CCR5 ou produzem formas mutantes da proteína podem estar protegidos contra a infecção pelo HIV-1; as mutações no promotor do gene CCR5 parecem retardar a evolução da doença. A necessidade de um correceptor para a fusão do HIV com as células proporciona novos alvos para as estratégias terapêuticas antivirais, tendo sido o primeiro inibidor de entrada do HIV licenciado nos Estados Unidos, em 2003.

Outra molécula, a integrina α4β7, parece funcionar como um receptor para o HIV nos intestinos. Uma lectina específica da célula dendrítica, DC-SIGN (também conhecida como CD209), parece ligar-se ao HIV-1, porém não medeia a entrada do vírus na célula. Na verdade, ela pode facilitar o transporte do HIV pelas células dendríticas até os órgãos linfoides, aumentando a infecção das células T.

INFECÇÕES PELO HIV EM HUMANOS

Patogênese e patologia

A. Resumo da evolução da infecção pelo HIV

A evolução típica da infecção pelo HIV não tratada estende-se por cerca de uma década (Figura 44-4). Os estágios consistem em infecção primária, disseminação do vírus para os órgãos linfoides, latência clínica, expressão elevada do HIV, doença clínica e morte. A duração entre a infecção primária e a evolução para doença clínica é, em média, de cerca de 10 anos. Nos casos não tratados, a morte geralmente ocorre 2 anos após o aparecimento dos sintomas clínicos.

Após a infecção primária, observa-se um período de 4 a 11 dias entre a infecção das mucosas e a viremia inicial. A viremia pode ser detectada durante cerca de 8 a 12 semanas. O vírus encontra-se amplamente disseminado por todo o corpo nessa fase, e os órgãos linfoides são invadidos. Em muitos pacientes (50-75%), verifica-se o desenvolvimento de uma síndrome semelhante à mononucleose aguda 3 a 6 semanas após a infecção primária. Nesse estágio inicial, observa-se uma queda significativa no número de células T CD4 circulantes. Uma resposta imunológica ao HIV ocorre 1 semana a 3 meses após a infecção, a viremia plasmática cai, e verifica-se um rebote nos níveis de células CD4$^+$. Entretanto, a resposta imunológica é incapaz de eliminar a infecção por completo, e as células infectadas pelo vírus persistem nos linfonodos.

Tal período de latência clínica pode estender-se por 10 anos ou mais. Durante esse período, verifica-se alto nível de replicação viral. Estima-se que 10 bilhões de partículas de HIV sejam produzidas e destruídas diariamente. A meia-vida do vírus no plasma é de cerca de 6 horas, e o ciclo de vida do vírus (desde o momento da infecção de uma célula até a produção de uma nova progênie de vírus que infectam outras células) é, em média, de 2,6 dias. Os linfócitos T CD4$^+$, os principais alvos responsáveis pela produção do vírus, parecem ter alta taxa de renovação similar. Uma vez infectado produtivamente, o linfócito CD4$^+$ apresenta meia-vida de cerca de 1,6 dia.

Estudos sobre diversidade viral têm demonstrado que, na maioria dos casos de transmissão sexual, uma única variante viral estabelece uma nova infecção. No início da infecção, as sequências virais são homogêneas, porém, em virtude da rápida proliferação viral e da taxa de erro inerente da transcriptase reversa do HIV, quasispécies de vírus se acumulam. Estima-se que todos os nucleotídeos no genoma do HIV provavelmente sofram mutações diárias.

Por fim, o paciente desenvolve sintomas constitucionais e doença clinicamente aparente, como infecções oportunistas ou neoplasias. Níveis mais elevados do vírus são facilmente detectados no plasma durante os estágios avançados da infecção. Em geral, o HIV encontrado em pacientes com doença de estágio avançado é muito mais virulento e citopático do que as cepas do vírus detectadas no início da infecção. Com frequência, a progressão para Aids é

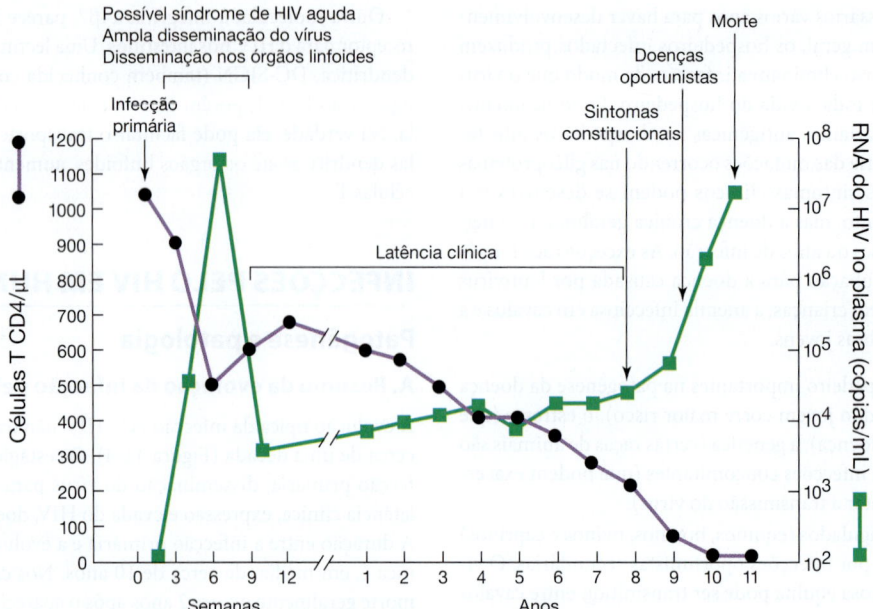

FIGURA 44-4   Evolução típica da infecção pelo HIV sem tratamento. Durante o período inicial após a infecção primária, ocorre ampla disseminação do vírus e acentuada redução do número de células T CD4 no sangue periférico. Surge uma resposta imunológica contra o HIV, com redução da viremia detectável, seguida de latência clínica prolongada. Os ensaios sensíveis para a determinação do RNA viral revelam a presença contínua do vírus no plasma. A contagem de células T CD4 continua a diminuir nos anos seguintes até atingir um nível crítico, abaixo do qual ocorre um risco significativo de doenças oportunistas. (Reproduzida, com autorização, de Fauci AS, Lane HC: Human immunodeficiency virus disease: AIDS and related disordes. In Longo DL, Fauci AS, Kasper DL, et al (editors). *Harrison's Principles of Internal Medicine*, 18th ed. McGraw-Hill, 2012. © McGraw-Hill Education.)

acompanhada de um desvio das cepas de HIV-1 monocitotrópicas ou macrofagotrópicas (M-trópicas) para variantes linfocitotrópicas (T-trópicas).

B. Linfócitos T CD4⁺, células de memória e latência

A característica essencial da infecção pelo HIV consiste na depleção dos linfócitos T auxiliares-indutores – resultado da replicação do HIV por essa população de linfócitos bem como da morte de células T não infectadas por mecanismos indiretos. As células T expressam o marcador fenotípico CD4 em sua superfície. A molécula CD4 é o principal receptor do HIV, tendo alta afinidade com o envelope do vírus. O correceptor do HIV nos linfócitos é o receptor de quimiocina CXCR4.

Na fase inicial da infecção, o HIV primário isolado é M-trópico. Entretanto, todas as cepas de HIV infectam os linfócitos T CD4 primários (mas não as linhagens de células T imortalizadas *in vitro*). Com a evolução da infecção, os vírus M-trópicos dominantes são substituídos por vírus T-trópicos. A adaptação laboratorial desses vírus primários isolados em linhagens de células T imortalizadas resulta em perda da capacidade de infectar os monócitos e macrófagos.

As consequências da disfunção das células T CD4⁺ causada pela infecção pelo HIV são devastadoras, uma vez que o linfócito T CD4⁺ desempenha papel fundamental na resposta imunológica humana. Essa célula é responsável, direta ou indiretamente, pela indução de ampla variedade de funções celulares linfoides e não linfoides. Tais efeitos incluem ativação dos macrófagos, indução de funções das células T citotóxicas, das células destruidoras naturais (NK, do inglês *natural killer*) e das células B, bem como secreção

de uma variedade de fatores solúveis que induzem o crescimento e a diferenciação das células linfoides e que afetam as células hematopoiéticas.

Em determinado momento, somente uma pequena fração de células T CD4 se mostra produtivamente infectada. Muitas células T infectadas são mortas, mas uma fração sobrevive e reverte para um estado de memória quiescente. Ocorre pouca ou nenhuma expressão dos genes virais nas células de memória, mas eles servem como reservatório latente, estável e de longa duração para o vírus. Menos de uma célula por milhão de células CD4 quiescentes abrigam o provírus HIV-1 latente em pacientes sob terapia antirretroviral (TARV). Mesmo após 10 anos de tratamento, os pacientes mostram poucas mudanças no tamanho do reservatório, pois o reservatório latente das células de memória infectadas diminui muito lentamente. Quando expostas ao antígeno ou quando a terapia com fármacos é interrompida, as células de memória tornam-se ativadas e liberam o vírus infeccioso. É possível que outros reservatórios insensíveis aos fármacos existam entre macrófagos, células hematopoiéticas germinativas ou neurônios.

É improvável que uma infecção pelo HIV possa ser eliminada. Se existissem 1 milhão de células de memória infectadas no corpo, seriam necessários cerca de 70 anos para a sua redução. Contudo, já houve relatos de curas aparentes. Por exemplo, um homem infectado pelo vírus HIV, na Alemanha, desenvolveu leucemia mieloide aguda e foi submetido a transplante de medula, em 2007. Após procedimento de aplasia medular por radioterapia, ele foi submetido a um transplante com células provenientes de um doador homozigoto para a mutação no receptor CCR5, que protegeu suas células da infecção pelo vírus HIV. O tratamento com antirretrovirais foi interrompido e a carga viral tornou-se indetectável. Esse fenômeno tem sido, desde então, profundamente analisado, na tentativa de desenvolver alternativas para eliminar reservatórios de infecções latentes em indivíduos infectados pelo vírus HIV.

C. Monócitos e macrófagos

Os monócitos e os macrófagos desempenham importante papel na disseminação e na patogênese da infecção pelo HIV. Determinados subgrupos de monócitos expressam o antígeno de superfície CD4 e, por conseguinte, ligam-se ao envelope do HIV. O correceptor do HIV nos monócitos e macrófagos é o receptor de quimiocina CCR5. No cérebro, os principais tipos celulares infectados pelo HIV parecem ser os monócitos e macrófagos, o que pode ter importantes consequências para o desenvolvimento das manifestações neuropsiquiátricas associadas à infecção pelo HIV.

As cepas de HIV macrofagotrópicas predominam logo após a infecção, sendo responsáveis por infecções iniciais mesmo quando a fonte de transmissão contém vírus tanto M-trópicos quanto T-trópicos.

Acredita-se que os monócitos e macrófagos atuem como importantes reservatórios do HIV no organismo. Diferente do linfócito T CD4$^+$, o monócito é relativamente refratário aos efeitos citopáticos do HIV, de modo que o vírus pode não apenas sobreviver nessa célula como também ser transportado para vários órgãos do organismo (como os pulmões e o cérebro). Os macrófagos infectados podem continuar a produzir vírus por um longo tempo.

D. Órgãos linfoides

Os órgãos linfoides desempenham papel central na infecção pelo HIV. Os linfócitos no sangue periférico representam apenas cerca de 2% do reservatório total de linfócitos, e o restante está localizado principalmente nos órgãos linfoides. É nos órgãos linfoides que são produzidas as respostas imunológicas específicas. A rede de células dendríticas foliculares nos centros germinativos dos linfonodos captura antígenos e estimula a resposta imunológica. Durante toda a evolução da infecção sem tratamento (mesmo no estágio de latência clínica), ocorre a replicação ativa do HIV nos tecidos linfoides. O microambiente do linfonodo é ideal para o estabelecimento e a disseminação da infecção pelo HIV. Ocorre a liberação de citocinas com a ativação de um grande reservatório de células T CD4$^+$ altamente suscetíveis à infecção pelo HIV. Com a evolução dos estágios avançados da doença pelo HIV, verifica-se desorganização da arquitetura dos linfonodos.

E. Coinfecções virais

São necessários sinais de ativação para o estabelecimento de infecção produtiva pelo HIV. No indivíduo infectado pelo HIV, uma ampla variedade de estímulos antigênicos *in vivo* parece atuar como ativadores celulares. Por exemplo, a infecção ativa por *Mycobacterium tuberculosis* aumenta significativamente a viremia plasmática. Os efeitos danosos do HIV ao sistema imunológico deixam os pacientes vulneráveis a muitos tipos de infecção. A Organização Mundial de Saúde (OMS) relata que a infecção pelo HIV aumenta o risco de se contrair tuberculose em mais de 20 vezes. Dos 9 milhões de novos casos de tuberculose ocorridos no mundo em 2007, estima-se que 15% ocorreram em pessoas infectadas com HIV.

Outras infecções virais concomitantes (pelo vírus Epstein-Barr, citomegalovírus, herpes-vírus simples ou vírus da hepatite B) podem atuar como cofatores da Aids. A coinfecção com o vírus da hepatite C, que ocorre em cerca de 15 a 30% dos casos de HIV nos Estados Unidos e com frequência resulta em doença hepática, é uma das principais causas de morbidade e mortalidade em pessoas infectadas pelo HIV. Verifica-se, também, alta prevalência de infecção por citomegalovírus em indivíduos HIV-positivos.

Pode ocorrer coinfecção com duas linhagens diferentes de HIV. Existem casos documentados de superinfecção com uma segunda linhagem em um indivíduo infectado pelo HIV, mesmo na presença de uma forte resposta por células CD8 contra a primeira linhagem. A superinfecção pelo HIV é considerada um evento raro.

Manifestações clínicas

Os sintomas da infecção aguda pelo HIV são inespecíficos, e incluem fadiga, erupção cutânea, cefaleia, náuseas e pesadelos. A Aids caracteriza-se por supressão pronunciada do sistema imunológico e pelo desenvolvimento de ampla variedade de infecções oportunistas graves ou neoplasias incomuns (particularmente o sarcoma de Kaposi). Em adultos, os sintomas mais graves são com frequência precedidos de um pródromo ("diarreia e emagrecimento"), que pode incluir fadiga, mal-estar, perda de peso, febre, dificuldade respiratória, diarreia crônica, placas brancas na língua (leucoplaquia pilosa, candidíase oral) e linfadenopatia. Os sintomas da doença no trato gastrintestinal, desde o esôfago até o cólon, constituem uma importante causa de debilidade. Na ausência de tratamento, o intervalo entre a infecção primária pelo HIV e o aparecimento da doença clínica em geral é longo em adultos, variando de 8 a 10 anos. Ocorre morte aproximadamente 2 anos mais tarde.

A. Carga viral no plasma

A quantidade de HIV no sangue (carga viral) tem valor significativo em termos de prognóstico. São observados ciclos contínuos de replicação viral e destruição celular em cada paciente, e o nível do vírus no sangue em estado de equilíbrio dinâmico (ponto de corte viral) varia de um indivíduo para outro durante o período assintomático. Esse nível reflete o número total de células ativamente infectadas e seu tamanho médio. Com efeito, uma única determinação da carga viral plasmática, após cerca de 6 meses da infecção, é capaz de prever o risco subsequente de desenvolvimento da Aids em homens depois de alguns anos de ausência de tratamento (Figura 44-5). Altos pontos de corte tendem a correlacionar-se com progressão rápida da doença e fraca resposta ao tratamento. Entretanto, dados recentes sugerem uma diferença nesse parâmetro em ambos os sexos. Em mulheres, a carga viral pode ser menos preditiva da progressão para Aids. Os níveis plasmáticos de RNA do HIV podem ser determinados por meio de uma variedade de ensaios comercialmente disponíveis. A carga viral plasmática parece constituir o melhor indicador da evolução clínica em longo prazo, enquanto as contagens de linfócitos CD4$^+$ representam o melhor indicador de risco em curto prazo de desenvolver infecção oportunista. As determinações da carga viral no plasma constituem um elemento fundamental na avaliação da eficácia da terapia com agentes antirretrovirais.

B. Aids pediátrica

As respostas dos recém-nascidos infectados são diferentes daquelas observadas em adultos infectados pelo HIV. A Aids pediátrica (adquirida de mães infectadas) em geral manifesta-se em forma de sintomas clínicos em torno dos 2 anos de idade, ocorrendo morte em

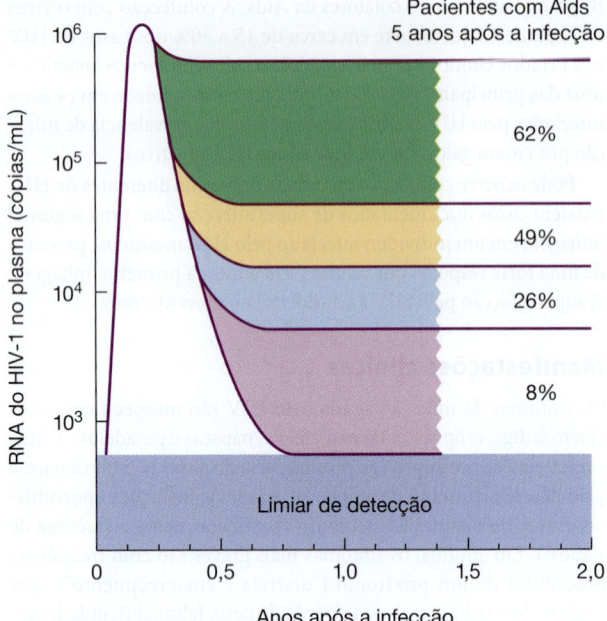

FIGURA 44-5 Valor prognóstico dos níveis de RNA do HIV-1 no plasma (carga viral). O ponto de ajuste virológico indica a evolução clínica em longo prazo. (Reproduzida, com autorização, de Ho DD: Viral counts count in HIV infection. *Science* 1996;272:1124. Reimpressa, com autorização, da AAAS.)

2 anos. O neonato mostra-se particularmente suscetível aos efeitos devastadores do HIV, visto que o sistema imunológico ainda não está desenvolvido por ocasião da infecção primária. As manifestações clínicas podem consistir em pneumonite intersticial linfoide, pneumonia, candidíase oral grave, encefalopatia, debilitação, linfadenopatia generalizada, sepse bacteriana, hepatoesplenomegalia, diarreia e atraso do crescimento.

As crianças com infecção perinatal adquirida pelo HIV-1, *se não forem tratadas*, apresentam prognóstico muito sombrio. Observa-se elevada taxa de evolução da doença nos primeiros anos de vida. A presença de altos níveis de carga plasmática do HIV-1 parece indicar alto risco de rápida evolução da doença em lactentes. O padrão de replicação viral nos lactentes difere do que se observa nos adultos. Em geral, os níveis de RNA viral mostram-se baixos ao nascimento, sugerindo uma infecção adquirida perto da época do parto. Em seguida, os níveis de RNA aumentam rapidamente nos primeiros 2 meses de vida, seguidos de lento declínio até 24 meses de idade, sugerindo que o sistema imunológico imaturo tem dificuldade de conter a infecção. Uma pequena porcentagem de lactentes (≤ 5%) exibe infecções transitórias pelo HIV, sugerindo que alguns lactentes são capazes de eliminar o vírus.

C. Doença neurológica

A ocorrência de disfunção neurológica é frequentemente observada em indivíduos infectados pelo HIV. Cerca de 40 a 90% dos pacientes têm sintomas neurológicos, e muitos apresentam anormalidades neuropatológicas observadas durante a necropsia.

Com frequência, ocorrem várias síndromes neurológicas distintas, como encefalite subaguda, mielopatia vacuolar, meningite asséptica e neuropatia periférica. O complexo de demência da

Aids, que constitui a síndrome neurológica mais comum, ocorre como manifestação tardia em 25 a 65% dos pacientes e caracteriza-se por memória deficiente, incapacidade de concentração, apatia, atraso psicomotor e alterações de comportamento. Outras doenças neurológicas associadas à infecção pelo HIV são toxoplasmose, criptococose, linfoma primário do sistema nervoso central (SNC) e leucoencefalopatia multifocal progressiva induzida pelo vírus JC. O tempo de sobrevida médio, a partir do início da demência grave, geralmente é inferior a 6 meses.

Os pacientes pediátricos com Aids também apresentam anormalidades neurológicas, que consistem em distúrbios convulsivos, perda progressiva dos marcos de desenvolvimento comportamental, encefalopatia, transtorno de déficit de atenção e atraso do desenvolvimento. Pode ocorrer encefalopatia pelo HIV em até 12% das crianças, geralmente acompanhada de imunodeficiência profunda. Os patógenos bacterianos predominam na Aids pediátrica como a causa mais comum de meningite.

Como muitas crianças que nascem soropositivas para o HIV vivem a adolescência e a vida adulta sob TARV, muitas apresentam alto risco de desenvolver transtornos psiquiátricos. Os problemas mais comuns são transtornos de ansiedade.

D. Infecções oportunistas

As causas predominantes de morbidade e mortalidade entre pacientes com infecção pelo HIV no estágio avançado consistem em infecções oportunistas, isto é, infecções graves induzidas por patógenos que raramente provocam doença grave em indivíduos imunocompetentes. De modo geral, as infecções oportunistas não ocorrem em pacientes infectados pelo HIV até que a contagem de células T CD4$^+$ tenha caído do nível normal, de cerca de 1.000 células/μL para menos de 200 células/μL. Com o desenvolvimento de tratamentos para alguns patógenos oportunistas comuns e o tratamento dos pacientes com Aids permitindo uma sobrevida mais prolongada, serão observadas mudanças no espectro das infecções oportunistas.

As infecções oportunistas mais comuns em pacientes com Aids não tratados são:

1. Protozoários: *Toxoplasma gondii*, *Isospora belli* e espécies de *Cryptosporidium*.
2. Fungos: *Candida albicans*, *Cryptococcus neoformans*, *Coccidioides immitis*, *Histoplasma capsulatum*, *Pneumocystis jiroveci*.
3. Bactérias: *Mycobacterium avium-intracellulare*, *M. tuberculosis*, *Listeria monocytogenes*, *Nocardia asteroides*, espécies de *Salmonella* e de *Streptococcus*.
4. Vírus: Citomegalovírus, herpes-vírus simples, vírus varicela-zóster, adenovírus, poliomavírus, vírus JC, vírus da hepatite B e vírus da hepatite C.

As infecções por herpes-vírus são comuns em pacientes com Aids, e inúmeros herpes-vírus são com frequência detectados na saliva. A retinite por citomegalovírus representa a complicação ocular grave mais comum da Aids.

E. Câncer

Os pacientes com Aids exibem acentuada predisposição ao desenvolvimento de câncer, outra consequência da imunossupressão. Os tipos de câncer associados à Aids são linfoma não Hodgkin (tipos sistêmicos e do SNC), sarcoma de Kaposi, câncer cervical e câncer anogenital. O DNA do vírus Epstein-Barr é encontrado na maioria dos casos de células B malignas, classificados como linfoma de Burkitt, e naqueles do SNC (entretanto, não é encontrado na maioria dos linfomas sistêmicos). O linfoma de Burkitt é 1.000 vezes mais comum em pacientes com Aids do que na população em geral.

O sarcoma de Kaposi é um tumor vascular, acredita-se que de origem endotelial, que aparece na pele, nas mucosas, nos linfonodos e em órgãos viscerais. Antes da observação desse tipo de neoplasia em pacientes com Aids, era considerado um câncer muito raro. Atualmente, o sarcoma de Kaposi é 20.000 vezes mais comum em pacientes com Aids sem tratamento do que na população em geral. O herpes-vírus associado ao sarcoma de Kaposi, ou HHV8, parece estar causalmente relacionado com o câncer (ver Capítulo 33). O câncer cervical é causado pelo alto risco de papilomavírus. O câncer anogenital também pode surgir em consequência de infecções concomitantes pelo papilomavírus humano (ver Capítulo 43).

A eficácia das terapias antirretrovirais tem resultado em forte redução da ocorrência do sarcoma de Kaposi, mas produz efeito menor na incidência de linfomas não Hodgkin em indivíduos infectados pelo HIV.

Como as pessoas infectadas pelo HIV vivem vidas mais longas devido à eficácia da TARV, elas estão desenvolvendo um amplo espectro de cânceres com maior frequência do que a população não infectada. Essas doenças malignas associadas ao HIV incluem câncer de cabeça e pescoço, câncer de pulmão, linfoma de Hodgkin, câncer de fígado, melanoma e câncer oral. Entretanto, não parece estar havendo aumento dos cânceres de mama, cólon ou próstata.

Imunidade

Os indivíduos infectados pelo HIV desenvolvem respostas tanto humorais quanto celulares contra os antígenos relacionados com o HIV. Logo após a infecção, verifica-se a produção de anticorpos dirigidos contra diversos antígenos virais (Tabela 44-3).

A maioria dos indivíduos infectados produz anticorpos neutralizantes contra o HIV, dirigidos contra a glicoproteína do envelope. Entretanto, os níveis da atividade neutralizante são baixos, sendo muitos anticorpos antienvelope não neutralizantes. Acredita-se que a densa glicosilação possa inibir a ligação dos anticorpos neutralizantes com a proteína do envelope. A glicoproteína do envelope mostra grande variabilidade em sua sequência. Essa variação natural pode permitir a evolução de populações sucessivas de vírus resistentes que escapam ao reconhecimento pela existência de anticorpos neutralizantes.

Os anticorpos neutralizantes podem ser medidos *in vitro* pela inibição da infecção de linhagens de linfócitos suscetíveis pelo HIV. A infecção viral é quantificada (1) pelo ensaio da transcriptase reversa, que mede a atividade enzimática das partículas de HIV liberadas, (2) por imunofluorescência indireta, que mede a porcentagem de células infectadas, e (3) por ensaios da reação em cadeia da polimerase com transcriptase reversa (RT-PCR, do inglês *reverse transcriptase polymerase chain reaction*) ou amplificação do DNA de cadeia ramificada (bDNA, de *branched DNA*), que medem os ácidos nucleicos do HIV.

Ocorrem respostas celulares dirigidas contra as proteínas do HIV. Os linfócitos T citotóxicos (CTLs) reconhecem os produtos dos genes *env*, *pol*, *gag* e *nef;* tal reatividade é mediada por linfócitos CD3-CD8 restritos do complexo principal de histocompatibilidade.

TABELA 44-3 Principais produtos gênicos do HIV úteis para o diagnóstico da infecção

Produto gênico[a]	Descrição
gp160[b]	Precursor das glicoproteínas do envelope
gp120[b]	Glicoproteína externa do envelope do virion, SU[c]
p66	Transcriptase reversa e RNase H do produto gênico da polimerase
p55	Precursor das proteínas do cerne, poliproteína do gene *gag*
p51	Transcriptase reversa, RT
gp41[b]	Glicoproteína transmembrânica do envelope, TM
p32	Integrase, IN
p24[b]	Proteína do cerne do nucleocapsídeo do virion, CA
p17	Proteína do cerne da matriz do virion, MA

[a]O número refere-se à massa molecular aproximada em quilodáltons.
[b]Os anticorpos contra essas proteínas virais são os mais comumente detectados.
[c]Abreviação de duas letras para a proteína viral.

Há reatividade específica do *env* em quase todos os indivíduos infectados, diminuindo com a evolução da doença. Foi também detectada uma atividade de células NK contra a gp120 do HIV-1.

Não estão claras quais respostas do hospedeiro são importantes para proporcionar proteção contra a infecção pelo HIV ou o desenvolvimento da doença. Um problema com o qual se depara a pesquisa de vacinas contra o HIV é o fato de que os correlatos da imunidade protetora não são conhecidos, inclusive a importância relativa das respostas imunológicas humorais e celulares.

Diagnóstico laboratorial

As evidências de infecção pelo HIV podem ser detectadas de três maneiras: (1) pelo isolamento do vírus; (2) pela determinação sorológica dos anticorpos antivirais; e (3) pela determinação do ácido nucleico ou dos antígenos virais.

A. Isolamento do vírus

O HIV pode ser cultivado a partir de linfócitos do sangue periférico (e, em certas ocasiões, de amostras obtidas de outros locais). O número de células infectadas circulantes varia de acordo com o estágio da doença (Figura 44-4). São observados títulos mais elevados do vírus no plasma e em células do sangue periférico de pacientes com Aids do que nos indivíduos assintomáticos. A magnitude da viremia plasmática parece constituir melhor correlato do estágio clínico da infecção pelo HIV do que a presença de qualquer anticorpo (Figura 44-6). A técnica mais sensível de isolamento do vírus consiste em cocultura da amostra com células mononucleares do sangue periférico não infectadas e estimuladas por mitógenos. Os HIVs primários isolados crescem muito lentamente em comparação com cepas adaptadas em laboratório. O crescimento do vírus é detectado ao se testar o líquido sobrenadante da cultura depois de cerca de 7 a 14 dias para a presença de atividade da transcriptase reversa viral ou de antígenos específicos do vírus (p24).

Na maioria dos indivíduos positivos para os anticorpos anti-HIV-1, é possível cultivar o vírus a partir de células sanguíneas. Todavia, as técnicas de isolamento do vírus são demoradas e

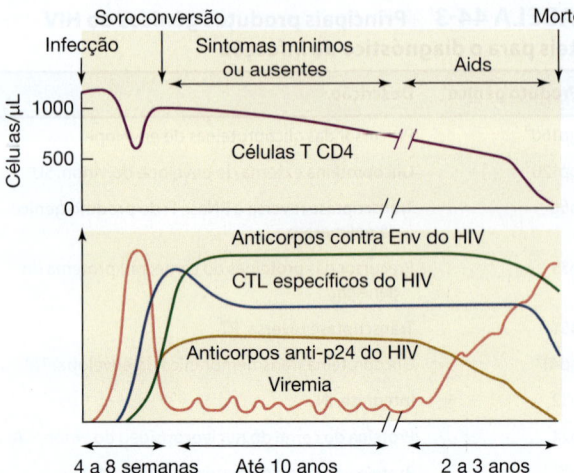

FIGURA 44-6 Padrão de respostas humorais do HIV relacionadas com a evolução da infecção pelo HIV. CTL, células T citotóxicas. (Reproduzida, com autorização, de Weiss RA: How does HIV cause AIDS? *Science* 1993;260:1273. Reimpressa, com autorização, da AAAS.)

trabalhosas e estão limitadas aos estudos de pesquisa. As técnicas de amplificação com a PCR são comumente utilizadas para a detecção do vírus em amostras clínicas.

B. Sorologia

Existem *kits* de testes comercialmente disponíveis para determinação dos anticorpos por ensaios imunoenzimáticos (Elisa, de *enzyme-linked immunosorbent assay*)*. Quando adequadamente executados, esses testes apresentam sensibilidade e especificidade que ultrapassam 98%. Quando se utilizam testes de anticorpos baseados no método Elisa para o rastreamento de populações com baixa prevalência de infecção pelo HIV (p. ex., doadores de sangue), a obtenção de um resultado positivo em uma amostra de soro deve ser confirmada por repetição do teste. Se o teste Elisa novamente executado for reativo, deverá ser efetuado um teste para confirmação ou deverão ser descartados resultados falso-positivos. O ensaio para confirmação mais amplamente utilizado é a técnica *Western blot*, que permite a detecção de anticorpos contra proteínas do HIV de pesos moleculares específicos. O critério para um teste positivo consiste na presença de duas bandas que correspondem a p24, gp41 e gp120/160. O *Western blot* pode ser indeterminado ou negativo no início da infecção pelo HIV, e a detecção do RNA do HIV é um meio alternativo para a confirmação do diagnóstico. A infecção com HIV-2 pode produzir resultados indeterminados de

Western blot para HIV-1 e requer um *Western blot* de HIV-2 separado para confirmação.

O padrão de resposta contra os antígenos virais específicos varia de acordo com o tempo e a evolução da Aids nos pacientes. Os anticorpos para as glicoproteínas do envelope (gp41, gp120, gp160) são mantidos, mas os anticorpos dirigidos contra as proteínas Gag (p17, p24, p55) declinam. O declínio dos anticorpos anti-p24 pode marcar o início dos sinais clínicos e outros marcadores imunológicos de progressão (Figura 44-6).

Testes simples e rápidos** para detecção de anticorpos anti-HIV estão disponíveis para uso em laboratórios mal-equipados para realização de testes Elisa e em serviços em que se necessita dos resultados em menor prazo. Os testes podem ser realizados no sangue ou em fluidos orais e são baseados em princípios como aglutinação de partículas ou reações de *immunodot*. Existem testes rápidos que podem detectar anticorpos anti-HIV em amostras de sangue total que não requerem processamento. Esses testes podem ser realizados fora dos laboratórios tradicionais. O tempo médio de soroconversão após a infecção é de 3 a 4 semanas. A maioria dos indivíduos infectados terá anticorpos detectáveis 6 a 12 semanas após a infecção, enquanto praticamente todos serão positivos em 6 meses. É muito raro haver infecção pelo HIV de mais de 6 meses de duração na ausência de resposta humoral detectável.

C. Detecção do ácido nucleico ou dos antígenos virais

Os testes de ácido nucleico de HIV (NAT, do inglês *nucleic acid testing*), como os testes RT-PCR, DNA-PCR e bDNA, são comumente usados para detectar ácido nucleico viral em amostras clínicas. O ensaio RT-PCR utiliza um método enzimático para amplificar o RNA do HIV, enquanto o ensaio do bDNA amplifica o RNA viral por meio de etapas em sequência de hibridização dos oligonucleotídeos. Esses testes de base molecular são muito sensíveis, formando o pilar para as determinações da carga viral no plasma. Os níveis de RNA do HIV constituem importantes marcadores de previsão da evolução da doença e fornecem uma valiosa ferramenta para monitoramento da eficácia das terapias antivirais. Sangue seco pode ser uma alternativa ao uso de plasma para o monitoramento viral em locais de poucos recursos.

O diagnóstico precoce da infecção por HIV em neonatos nascidos de mães infectadas pode ser realizado pela detecção do RNA de HIV-1 no plasma ou PCR de sangue total para detectar DNA cromossomicamente integrado (proviral). A presença de anticorpos maternos invalida os testes sorológicos para o fornecimento de dados.

Podem ser detectados baixos níveis de antígeno p24 do HIV-1 no plasma pouco depois da infecção, por meio do Elisa. Com fre-

---

*N. de T. Os ensaios de Elisa de 3ª geração utilizam antígenos recombinantes correspondentes ao gene *env* (gp41, gp120 e gp160) do HIV-1 (grupo O e grupo M) e do HIV-2 e ao gene *gag* (p24 do HIV-1), além de dois peptídeos sintéticos correspondentes ao envelope de ambos os tipos virais. Essa composição aumenta ainda mais a sensibilidade e a especificidade do teste, detectando níveis muito baixos de anticorpos dos isotipos IgM e IgG, além de peptídeos sintéticos de ambos os envelopes virais. Hoje, se emprega rotineiramente o Elisa de 4ª geração. Esse teste detecta simultaneamente anticorpos anti-HIV, como nos testes de 3ª geração, e o antígeno p24 que é utilizado como marcador presente em indivíduos com infecção recente, antes da soroconversão. Dessa maneira, reduzem a janela imunológica entre 4 a 9 dias, quando comparados com os testes de 3ª geração.

**N. de T. Os testes rápidos (TRs) são imunoensaios (IEs) simples que podem ser realizados em até 30 minutos. Como consequência do desenvolvimento e da disponibilidade de testes rápidos, o diagnóstico de HIV atualmente pode ser realizado em ambientes laboratoriais e não laboratoriais, permitindo ampliar o acesso ao diagnóstico. Existem vários formatos de TR, e os mais frequentemente utilizados são: dispositivos (ou tiras) de imunocromatografia (ou fluxo lateral), imunocromatografia de dupla migração (DPP), dispositivos de imunoconcentração e fase sólida. Tendo em vista que os TRs são desenvolvidos para detectar anticorpos anti-HIV em até 30 minutos, em comparação com o Elisa, que pode levar até 4 horas, os dispositivos são otimizados para acelerar a interação antígeno/anticorpo. Isso requer a utilização de uma maior concentração de antígeno e da detecção de complexo antígeno/anticorpo com reagentes sensíveis à cor, como, por exemplo, o ouro coloidal. Os testes rápidos são ideais para fornecer resultados no mesmo dia.

quência, o antígeno torna-se indetectável após a produção de anticorpos (devido à formação de complexo entre a proteína p24 e os anticorpos contra a p24), mas pode reaparecer em uma fase avançada da evolução da infecção, indicando um prognóstico sombrio. Os ensaios de diagnóstico de HIV de quarta geração que incluem a detecção de anticorpos do HIV e antígeno p24 podem diminuir o período de janela durante o qual os testes sorológicos anteriores não detectariam a infecção. Os testes de quinta geração mais recentes detectam e diferenciam simultaneamente o anticorpo do HIV-1, o anticorpo do HIV-2 e o antígeno p24. A detecção do antígeno p24 em indivíduos HIV-negativos para anticorpos é importante, porque os indivíduos nesse estágio são altamente virêmicos e podem transmitir infecções prontamente. O HIV-NAT reduz ainda mais o período de janela infecciosa e é comumente realizado em pacientes com suspeita de infecção aguda por HIV, profissionais de saúde expostos a ferimentos com agulhas e doadores de sangue.

D. Teste de resistência ao HIV

A genotipagem* do HIV é o método mais comum para determinar a resistência viral. É realizada sequenciando porções dos genes da transcriptase reversa e da protease para identificar mutações conhecidas por conferir resistência aos inibidores desses produtos gênicos. As mutações são identificadas como promotoras de resistência se permitirem a replicação viral na presença de fármacos ou se estiverem associadas a falhas no tratamento clínico. Os bancos de dados mantidos pela International AIDS Society e pela Universidade de Stanford são atualizados com as mutações de resistência recém--identificadas. O desenvolvimento de um esquema de tratamento ideal é complicado, exigindo conhecimento dos padrões de resistência viral, atividades dos medicamentos, efeitos colaterais e interações, e, normalmente, requer um especialista em tratamento de HIV.

Também estão disponíveis ensaios para avaliar a resistência à integrase do HIV e aos inibidores de fusão. O tropismo do correceptor é outro ensaio fenotípico para determinar se o vírus tem probabilidade de responder aos fármacos antagonistas do CCR5.

Os testes de resistência fenotípica envolvem o crescimento de vírus recombinantes na presença de fármacos antivirais. Os genes relevantes (transcriptase reversa, protease ou integrase) são clonados do vírus do paciente em uma cepa de HIV de laboratório, e a concentração do fármaco que inibe 50% da replicação viral (IC_{50}) é determinada. A proporção de IC_{50} do vírus do paciente para o valor de IC_{50} de referência indica a resistência dobrada ao medicamento testado.

---

*N. de T. Segundo o Protocolo Clínico e Diretrizes Terapêuticas para Manejo da Infecção pelo HIV em Adultos, a genotipagem do HIV é indicada nas seguintes situações, com seus respectivos critérios:
1 — PVHA (pessoas vivendo com HIV e Aids) em tratamento: a) Falha virológica — O critério para a realização do exame é a confirmação da falha virológica em coleta consecutiva de carga viral após intervalo de 4 semanas, com a última carga viral superior a 1.000 cópias/mL, e em uso regular de TARV por pelo menos seis meses.
2 — PVHA que ainda não iniciaram tratamento (genotipagem pré-tratamento): a) Pessoas que tenham se infectado com parceiro em uso de TARV (atual ou pregresso) — O critério para a realização do exame é a carga viral superior a 1.000 cópias/mL; b) Gestantes infectadas pelo HIV — O critério para a realização do exame é a carga viral superior a 1.000 cópias/mL; c) Crianças de até 12 anos — O critério para a realização do exame é a carga viral superior a 1.000 cópias/mL; d) Pacientes com diagnóstico de coinfecção de tuberculose e HIV.

O teste de resistência ao HIV é recomendado no momento do diagnóstico inicial e ao gerenciar falhas no tratamento ou uma redução da carga viral abaixo do ideal. Esse teste é o método padrão, mas o teste fenotípico pode ser útil em pacientes com padrões de mutação de resistência complexos.

Epidemiologia

A. Propagação mundial da Aids

A Aids foi descoberta pela primeira vez nos Estados Unidos, em 1981, como nova entidade patológica em homens homossexuais. Vinte anos depois, transformou-se em epidemia mundial que continua se expandindo. Estima-se que mais de 35 milhões de pessoas em todo o mundo estejam vivendo com HIV/Aids**, a maioria tendo sido infectada por contato heterossexual (Figura 44-7). Em 2009***, foi estimado que 1,8 milhão de pessoas morreram de Aids, ocorrendo 2,6 milhões de novas infecções pelo HIV, incluindo mais de 370.000 crianças, muitas das quais eram lactentes infectados no período perinatal. A OMS estimou que mais de 36 milhões de pessoas em todo o mundo morreram de Aids e mais de 16,6 milhões de crianças ficaram órfãs, 14 milhões destas vivendo na África Subsaariana.

A epidemia varia de acordo com a localização geográfica. Com base nos dados de 2009, a África Subsaariana deteve o maior número de infecções pelo HIV (Figura 44-7). Em certas cidades do continente, onde se verifica alta prevalência do HIV, 1 em cada 3 adultos está infectado pelo vírus. A epidemia parece ter se estabilizado, embora frequentemente em altos níveis. Grandes esforços estão sendo feitos para distribuir terapias antirretrovirais nos países mais afetados. As infecções propagaram-se também no Sul e no Sudeste Asiáticos (principalmente na Índia, China e Rússia). Como a Aids tende a atacar adultos e pessoas profissionalmente ativas na plenitude da vida, a epidemia da Aids está tendo efeitos devastadores sobre as estruturas social e econômica de alguns países.

Os vírus do grupo M são responsáveis pela maior parte das infecções pelo HIV-1 no mundo inteiro, mas a distribuição de subtipos varia. O subtipo C predomina no sul da África, o subtipo A, na África Ocidental, e o subtipo B, nos Estados Unidos, na Europa e na Austrália. O HIV-2 permanece localizado principalmente na África Ocidental.

A OMS estimou que, dos quase 2,7 milhões de novas infecções pelo HIV anualmente, 90% estejam sendo registrados nos países em desenvolvimento, onde a Aids é, em sua maior parte, uma doença de transmissão heterossexual, observando-se um número quase igual de casos em ambos os sexos.

Foi formulada a hipótese de que a rápida disseminação do HIV no mundo, na segunda parte do século XX, foi favorecida pela migração maciça de habitantes das áreas rurais para os centros

---

**N. de T. No Brasil, do ano de 2000 a junho de 2019, registrou-se um total de 756.586 casos de Aids. As regiões Sul e Centro-Oeste possuem maior proporção de casos oriundos do Sinan que o Norte, o Nordeste e o Sudeste. Chamam a atenção os estados do Pará e do Rio de Janeiro, com apenas 51,8% e 58,6% dos casos oriundos do Sinan, respectivamente. Fonte: Boletim Epidemiológico de HIV/Aids 2019, Ministério da Saúde.
***N. de T. Desde o início da epidemia de Aids (1980) até 31 de dezembro de 2018, foram notificados no Brasil 338.905 óbitos tendo o HIV/Aids como causa básica. A maior proporção desses óbitos ocorreu na região Sudeste (58,3%), seguida das regiões Sul (17,7%), Nordeste (13,6%), Centro-Oeste (5,3%) e Norte (5,1%) Fonte: Boletim Epidemiológico de HIV/Aids 2019, Ministério da Saúde.

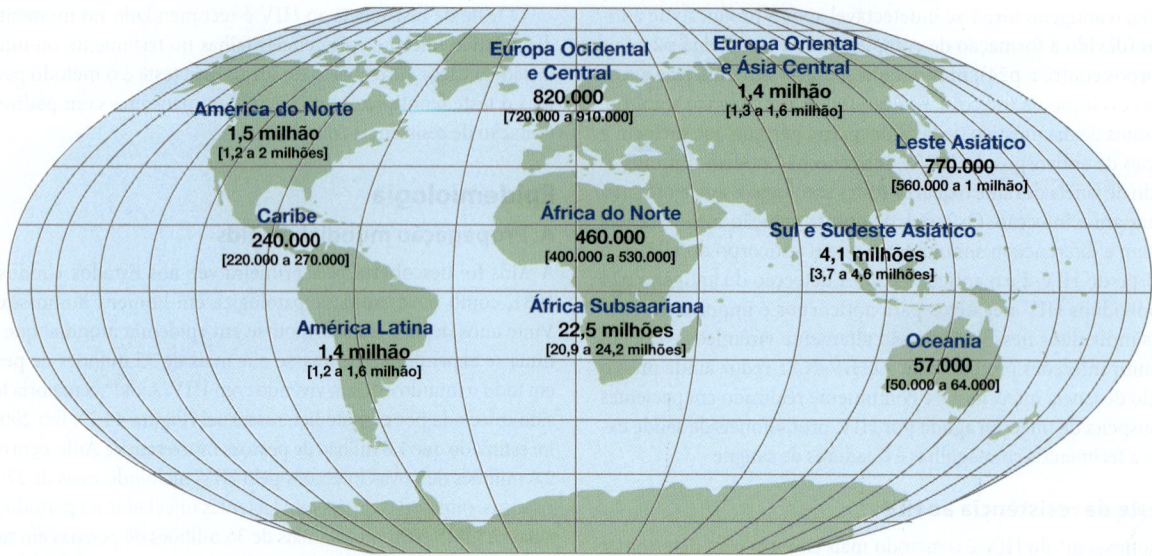

FIGURA 44-7 Estimativa de adultos e crianças vivendo com HIV/Aids, por continente ou região, em dezembro de 2009, totalizando 33,3 milhões. Estima-se que cerca de 1,8 milhão de pessoas tenham morrido de Aids em 2009. (Dados obtidos do Joint United Nations Program on HIV/Aids).

urbanos, associada ao movimento internacional de indivíduos infectados em consequência de conflitos civis, turismo e viagens de negócio.

B. Estados Unidos

A situação da epidemia da Aids nos Estados Unidos modificou-se desde 1981. A princípio, a maioria dos casos era observada em homens homossexuais. Em seguida, a doença foi identificada em pacientes com hemofilia e em usuários de drogas intravenosas. Em 2005, as minorias raciais e étnicas foram desproporcionalmente afetadas, respondendo por cerca de 66% dos casos relatados de HIV/Aids. A transmissão heterossexual tornou-se gradativamente mais comum, e cerca de 25% dos novos diagnósticos foram em mulheres. A maioria dos casos de aquisição heterossexual de Aids foi atribuída ao contato sexual com usuários de drogas injetáveis ou com um parceiro infectado pelo HIV. Apesar das recomendações dadas pelo Centers for Disease Control and Prevention (CDC) em 2006, para os testes de rastreamento do HIV serem parte da rotina de atendimento médico para pessoas com idade entre 13 e 64 anos, estima-se que, em 2011, 20% dos indivíduos que viviam com o HIV não tinham conhecimento de que estavam infectados.

Supõe-se que, no final de 2007, tenham ocorrido mais de 1,5 milhão de casos de HIV/Aids (dos quais cerca de 500.000 resultaram em morte). Mais de 1 milhão de pessoas estão vivendo com HIV/Aids nos Estados Unidos, e estima-se que ocorram 50.000 novos casos por ano. A taxa de mortalidade diminuiu pela primeira vez em 1996, refletindo o uso da terapia de combinação antirretroviral e a prevenção das infecções oportunistas secundárias (Figura 44-8).

A Aids pediátrica aumentou com o número de mulheres infectadas pelo HIV. Estima-se que 1.650 neonatos adquiriram o vírus em 1991, nos Estados Unidos. O número de novas infecções tem sido reduzido significativamente com a introdução, desde 1994, da terapia pré-natal, intraparto e neonatal com zidovudina (ver adiante). Das taxas de transmissão de 25 a 30% sem intervenção, o tratamento medicamentoso reduziu as taxas de transmissão para menos de 2%. A transmissão de mãe para filho continua a ocorrer devido às infecções pelo HIV não diagnosticadas em mães e à falta de tratamento médico.

O sucesso na redução da transmissão perinatal do HIV nos Estados Unidos estimulou esforços para reduzir essa via de infecção em outros países. Programas como o *President's Emergency Plan For AIDS Relief* (PEPFAR) melhoraram o acesso aos medicamentos e reduziram a transmissão materno-fetal em vários países, embora ainda haja muito a ser realizado. Em 2013, mais de 11 milhões de pessoas em países de baixa e média renda com HIV tiveram acesso à terapia antirretroviral.

C. Vias de transmissão

São encontrados altos títulos de HIV em dois fluidos corporais – sangue e sêmen. O HIV é transmitido durante o contato sexual (inclusive sexo orogenital), por exposição parenteral a sangue ou hemoderivados contaminados, e da mãe para o filho durante o período perinatal. A presença de outras infecções sexualmente transmissíveis, como sífilis, gonorreia ou herpes simples tipo 2, aumenta até 100 vezes o risco de transmissão sexual do HIV, uma vez que a inflamação e as úlceras facilitam a transferência do HIV através das barreiras mucosas. Os indivíduos assintomáticos mas positivos para o HIV podem transmitir o vírus. Desde a primeira descrição da Aids, a atividade homossexual promíscua foi reconhecida como importante fator de risco para a doença. O risco aumenta de acordo com o número de contatos sexuais com diferentes parceiros.

A transfusão de sangue ou hemoderivados infectados constitui uma via efetiva de transmissão do vírus. Assim, por exemplo, mais de 90% dos hemofílicos que receberam concentrados de fatores da coagulação contaminados nos Estados Unidos (antes da detecção do HIV) desenvolveram anticorpos anti-HIV. Os usuários de drogas injetáveis são comumente infectados pelo uso de agulhas contaminadas. O uso de drogas injetáveis responde por uma proporção substancial de novos casos de Aids.

São necessários testes cuidadosos para se assegurar um suprimento de sangue seguro. A OMS relatou que a doação de sangue por voluntários não remunerados é muito mais segura que a de

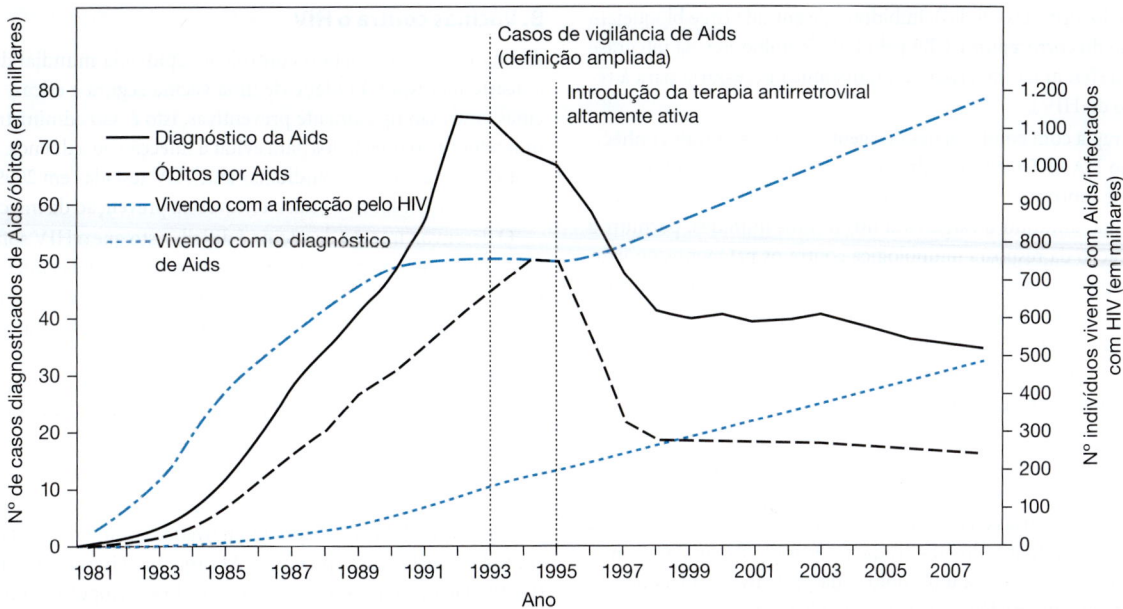

FIGURA 44-8 Número estimado de indivíduos vivendo com HIV/Aids e de óbitos causados por Aids nos Estados Unidos no período de 1981 a 2008 (Reproduzida, com autorização, do Centers for Disease Control and Prevention in HIV surveillance-United States, 1981–2008. *MMWR Morb Mortal Wkly Rep* 2011;60:689.)

doadores pagos. O uso de testes sorológicos e NAT para teste de doadores de sangue reduziu o risco de transmissão do HIV por meio de transfusão para menos de 1 em 1 milhão.

As taxas de transmissão da mãe para o lactente variam de 13 a 40% em mulheres não tratadas. Os lactentes podem tornar-se infectados no útero, durante o parto ou, mais comumente, pela amamentação. Na ausência de amamentação, cerca de 30% das infecções ocorrem no útero, e 70%, durante o parto. Os dados indicam que 33 a 50% das infecções perinatais pelo HIV na África são decorrentes da amamentação. Em geral, a transmissão durante a amamentação ocorre precocemente (em torno dos 6 meses de vida). As elevadas cargas virais na mãe constituem fator de risco para a transmissão.

Os profissionais de saúde têm sido infectados pelo HIV após picada de agulhas com sangue contaminado. O número de infecções é relativamente pequeno em comparação com o número de picadas de agulha envolvendo sangue contaminado (o risco estimado de transmissão é de cerca de 0,3%). O risco de transmissão é mais baixo em caso de exposição da mucosa ao sangue infectado (cerca de 0,09%). Isso contrasta com o risco de infecção pelo vírus da hepatite C por picada de agulha, que é de cerca de 1,8%, e de infecção pelo vírus da hepatite B, de 6 a 30%.

As vias de transmissão (sangue, sexo e nascimento) já descritas são responsáveis por quase todas as infecções pelo HIV. Entretanto, existe considerável preocupação quanto à possibilidade de haver outros tipos de transmissão em circunstâncias raras, como, por exemplo, contato "casual" com indivíduos infectados pelo HIV ou insetos vetores. Contudo, não há fortes evidências de transmissão do vírus nessas condições casuais.

Prevenção, tratamento e controle

A. Fármacos antivirais

Um número crescente de antivirais está sendo aprovado para tratamento da infecção pelo HIV (ver Tabela 44-4 e Capítulo 30).

As classes de fármacos abrangem os inibidores nucleosídeos e os não nucleosídeos da enzima viral transcriptase reversa, bem como os inibidores da enzima protease viral. Os inibidores da protease são antivirais potentes, visto que a atividade dessa enzima é absolutamente essencial para a produção do vírus infeccioso, sendo a enzima viral distinta das proteases das células humanas. Novas classes de fármacos incluem inibidores de fusão (que bloqueiam a

TABELA 44-4 Medicamentos contra HIV

Mecanismo de ação	Fármaco
Inibidores da transcriptase reversa análogos de nucleosídeo/nucleotídeo	Abacavir Didanosina Entricitabina Lamivudina Estavudina Tenofovir Zidovudina
Inibidores da transcriptase reversa não análogos de nucleosídeo	Delavirdina Efavirenz Etravirina Nevirapina Rilpivirina
Inibidores da protease	Atazanavir Darunavir Fosamprenavir Indinavir Nelfinavir Ritonavir Saquinavir Tipranavir
Inibidores de fusão	Enfuvirtida
Inibidores de entrada	Maraviroque
Inibidores da integrase	Dolutegravir Raltegravir

entrada do vírus nas células), inibidores de entrada (que bloqueiam a ligação do correceptor CCR5 pelo HIV) e inibidores da integrase (que interferem na integração cromossômica necessária para a replicação do HIV).

A terapia com combinações de agentes antirretrovirais conhecida como HAART tornou-se disponível em 1996. Com frequência, consegue suprimir a replicação viral abaixo dos limites de detecção no plasma, diminuir a carga viral nos tecidos linfoides, permitir a recuperação da resposta imunológica contra os patógenos oportunistas e prolongar a sobrevida do paciente. Entretanto, a HAART foi incapaz de curar a infecção pelo HIV-1. O vírus persiste em reservatórios de células de longa vida com infecção latente, inclusive células T CD4$^+$ de memória. Quando a HAART é interrompida ou ocorre falha do tratamento, verifica-se um efeito de rebote na produção do vírus.

Enquanto a monoterapia resulta em rápido aparecimento de mutantes de HIV resistentes a fármacos, a poliquimioterapia, que tem como alvo várias etapas da replicação viral, geralmente retarda a seleção de mutantes do HIV. Todavia, os mutantes que surgem e se mostram resistentes a um inibidor da protease com frequência também exibem resistência a outros inibidores da protease.

A transmissão de variantes resistentes a fármacos pode afetar o futuro das opções terapêuticas. Em 2004 e 2005, entre os pacientes com infecções pelo HIV recém-diagnosticadas, foram encontrados portadores de vírus com mutações resistentes a fármacos em 8 e 10% dos casos nos Estados Unidos e na Europa, respectivamente. Entre as crianças infectadas durante o nascimento nos Estados Unidos em 2002, 19% tinham vírus com mutações resistentes a fármacos.

Os resultados obtidos com a poliquimioterapia têm sido bem-sucedidos e vêm mudando o perfil da infecção pelo HIV para uma doença crônica e tratável. A prolongada supressão da replicação viral pode ser alcançada, permitindo a restauração da função imunológica, mas o tratamento precisa ser mantido pela vida toda e pode ocorrer resistência ao fármaco. Além disso, os atuais esquemas de fármacos frequentemente são caros, podem não ser tolerados por todos os pacientes, e podem apresentar efeitos colaterais (como a lipodistrofia). O mais grave é o fato de que a maioria dos indivíduos infectados em todo o mundo ainda não tem acesso a nenhum desses fármacos anti-HIV.

Estudos relatados em 2010 e 2011 mostraram que os medicamentos antirretrovirais, incluindo o tenofovir, podem ser altamente eficazes na prevenção da transmissão do HIV e de novas infecções. Assim, a profilaxia pré-exposição com fármacos de tratamento adiciona uma nova estratégia aos esforços de prevenção ao HIV.

A zidovudina (azidotimidina; AZT) pode reduzir significativamente a transmissão do HIV da mãe para o lactente. Um esquema de tratamento da mãe com AZT durante a gravidez e o parto, bem como do lactente após o nascimento, reduziu em 65 a 75% o risco de transmissão perinatal (de cerca de 25% para menos de 2%). Esse tratamento diminui a transmissão vertical em todos os níveis de carga viral materna. Constatou-se, também, que a administração de um esquema de AZT de menor duração em mães infectadas, ou um regime único de nevirapina, reduziu a transmissão em 50%, e mostrou-se seguro para uso nos países em desenvolvimento. Entretanto, as altas taxas de transmissão de HIV pelo aleitamento materno podem reduzir os benefícios do tratamento materno perinatal.

B. Vacinas contra o HIV

A maior esperança para o controle da epidemia mundial da Aids consiste na disponibilidade de uma vacina segura e eficaz. As vacinas virais são tipicamente preventivas, isto é, são administradas a indivíduos não infectados para evitar a infecção ou a doença. Entretanto, todas as vacinas candidatas anti-HIV testadas em 2009 mostraram-se ineficazes ou pouco eficazes na prevenção da infecção.

O desenvolvimento da vacina é difícil, visto que o HIV sofre mutação rapidamente, não se expressa em todas as células infectadas e não é totalmente eliminado pela resposta imunológica do hospedeiro após a infecção primária. Os HIVs isolados exibem acentuada variação, particularmente nos antígenos do envelope; essa variabilidade pode promover o aparecimento de mutantes resistentes à neutralização. Como os correlatos da imunidade protetora não são conhecidos, não se sabe ao certo quais respostas imunológicas celular e/ou humoral deverão ser desencadeadas pela vacina.

Devido à preocupação quanto à segurança, as vacinas produzidas a partir do HIV atenuado ou inativado, ou em vírus isolados de símios, são vistas com apreensão. As proteínas virais recombinantes (particularmente as das glicoproteínas do envelope) são prováveis candidatas, sejam administradas com adjuvantes ou com vetores virais heterólogos. Muitos métodos novos de vacinação também se encontram em fase de pesquisa. Estão sendo desenvolvidas abordagens de terapia gênica destinadas a obter uma "imunização intracelular", isto é, alterar geneticamente células-alvo de modo a torná-las resistentes ao HIV.

Um grande obstáculo ao desenvolvimento de uma vacina reside na falta de um modelo animal apropriado para o HIV. Os chimpanzés são os únicos animais suscetíveis ao HIV. Não apenas o suprimento é escasso, como também os chimpanzés desenvolvem apenas viremia e anticorpos, não apresentando imunodeficiência. O modelo de SIV de Macaca para a Aids de símios desenvolve a doença, mostrando-se útil para os estudos de desenvolvimento da vacina.

C. Microbicidas tópicos

Em muitos países do mundo, as mulheres compõem pelo menos 50% das pessoas que vivem com HIV/Aids, e a maioria infectou-se por meio de contato heterossexual. Estão sendo feitos esforços para o desenvolvimento de microbicidas tópicos seguros e eficazes para prevenir a transmissão sexual do HIV. Resultados promissores foram publicados em 2010, relatando que um gel vaginal contendo o antirretroviral tenofovir reduziu a contaminação pelo HIV em 39%.

D. Medidas de controle

Sem o controle obtido por fármacos ou vacinas, a única maneira de evitar a propagação epidêmica do HIV consiste em manter um estilo de vida capaz de minimizar ou eliminar os fatores de alto risco anteriormente discutidos. Não foi documentado caso algum em decorrência de exposições comuns, como espirros, tosse, compartilhamento de refeições ou outros contatos casuais.

Como o HIV pode ser transmitido pelo sangue, todos os doadores de sangue devem ser submetidos a testes para pesquisa de anticorpos. Os testes para anticorpos e NAT, quando adequadamente efetuados, podem detectar quase todos os portadores de HIV-1 e HIV-2. Nos locais com rastreamento disseminado dos doadores de sangue à procura de exposição ao vírus e rejeição do sangue contaminado, a transmissão do HIV por meio de transfusões praticamente desapareceu.

As autoridades de saúde pública recomendam que as pessoas notificadas como portadoras de infecção pelo HIV recebam as seguintes informações e conselhos:

1. Quase todas as pessoas permanecem infectadas por toda a vida e irão desenvolver a doença, se não tratadas.
2. Apesar de assintomáticos, esses indivíduos podem transmitir o HIV a outras pessoas. Aconselha-se a realização de avaliação médica e acompanhamento regulares.
3. Pessoas infectadas ou com comportamentos de alto risco devem evitar doar sangue, plasma, órgãos do corpo, outros tecidos ou esperma.
4. Existe o risco de infectar outras pessoas por meio de relação sexual (vaginal ou anal), contato orogenital ou compartilhamento de agulhas. A utilização constante e correta de preservativos pode reduzir a transmissão do vírus, embora a proteção não seja absoluta.
5. Escovas de dentes, lâminas de barbear e outros objetos de uso pessoal passíveis de serem contaminados com sangue não devem ser compartilhados.
6. Mulheres com parceiros sexuais soropositivos correm um risco maior de contrair o HIV. Se forem engravidar, o filho também irá correr um risco elevado de contrair HIV, se não tratado.
7. Após acidentes que resultam em sangramento, as superfícies contaminadas devem ser limpas com desinfetante doméstico diluído em água na proporção de 1:10.
8. Objetos que tenham perfurado a pele (p. ex., agulhas hipodérmicas e de acupuntura) devem ser esterilizados por autoclavagem antes de serem novamente utilizados ou devem ser descartados com segurança. Os instrumentos dentários devem ser esterilizados por calor entre o uso em um paciente e outro. Sempre que possível, devem-se utilizar agulhas e equipamentos descartáveis.
9. Ao procurarem assistência médica ou odontológica devido a alguma doença intercorrente, os indivíduos infectados devem informar os responsáveis pelo seu tratamento de que são soropositivos, de modo que se possa efetuar uma avaliação adequada e que sejam tomadas as precauções necessárias para evitar a transmissão.
10. O teste para anticorpo anti-HIV deve ser oferecido a pessoas que podem ter sido infectadas em decorrência de contato com indivíduos soropositivos (p. ex., parceiros sexuais, pessoas com as quais foram compartilhadas agulhas, lactentes nascidos de mães soropositivas).
11. A maioria das pessoas com teste positivo para o HIV não precisa mudar de emprego, a não ser que seu trabalho envolva um significativo potencial de exposição de outras pessoas ao seu sangue ou a outros líquidos corporais. Não há evidências de transmissão do HIV por manipulação de alimentos.
12. As pessoas soropositivas que trabalham na área de saúde e efetuam procedimentos invasivos ou apresentam lesões cutâneas devem tomar as precauções necessárias, semelhantes às recomendadas para os portadores do vírus da hepatite B, a fim de proteger os pacientes contra o risco de infecção.
13. As crianças com testes positivos devem frequentar a escola, visto que o contato casual entre crianças em idade escolar não está associado a risco.

E. Educação sanitária

Na ausência de vacina ou de tratamento, a prevenção de casos de Aids baseia-se no sucesso de projetos de educação envolvendo mudanças de comportamento. As mensagens educativas de saúde para o público em geral estão resumidas da seguinte maneira: (1) qualquer relação sexual (exceto a mutuamente monogâmica entre pessoas negativas para anticorpo anti-HIV) deve ser protegida com o uso de preservativo; (2) não se deve compartilhar agulhas ou seringas não esterilizadas; (3) todas as mulheres que foram potencialmente expostas devem fazer o teste para anticorpo anti-HIV antes de engravidar; se o teste for positivo, devem considerar a necessidade de evitar a gravidez; (4) as mães infectadas pelo HIV devem evitar amamentar o filho, a fim de reduzir a transmissão do vírus, se houver disponibilidade de opções alternativas e seguras de alimentação.

RESUMO DO CAPÍTULO

- O HIV causa a Aids, doença que foi primeiramente reconhecida em 1981.
- O HIV/Aids é hoje uma epidemia mundial. Dados mostram que mais de 35 milhões de indivíduos vivem com HIV/Aids.
- A maioria das infecções pelo HIV ocorre em países em desenvolvimento. Nesses países, muitas dessas infecções não são diagnosticadas e nem tratadas. O maior número de infecções por HIV está na África Subsaariana, seguida pelo Sul e Sudeste Asiático.
- O HIV é um lentivírus pertencente à família dos retrovírus.
- Os vírus HIV-1 e HIV-2 são derivados dos lentivírus de primatas comuns na África.
- O HIV é transmitido durante contato sexual, por meio de exposição parenteral com sangue e hemoderivados contaminados, e de mãe para lactente durante o período perinatal.
- Uma vez infectado, o indivíduo permanece nessa condição por toda sua vida.
- O vírus HIV usa a molécula de CD4 como receptor (que é expressa na superfície dos macrófagos e linfócitos) e usa os receptores de quimiocinas CCR5 (nos macrófagos) e CXR4 (nos linfócitos) como correceptores.
- O curso típico de uma infecção pelo HIV não tratada dura cerca de uma década. A morte do indivíduo ocorre em dois anos após o começo das manifestações clínicas (infecções oportunistas, neoplasias e manifestações neurológicas).
- Se não tratada, a infecção pediátrica pelo HIV evolui rapidamente.
- Durante a fase de latência clínica, há uma elevada replicação viral e um declínio do número dos linfócitos T CD4$^+$.
- Infecções latentes com pouca ou nenhuma expressão de genes virais ocorrem em um pequeno número de células de memória latentes em indivíduos infectados. Caso essas células se tornem ativadas, a replicação viral é retomada.
- Indivíduos infectados desenvolvem tanto resposta humoral quanto resposta de base celular contra antígenos do vírus HIV, porém a resposta imune não elimina completamente o vírus do organismo.
- A maior causa de morbidade e mortalidade entre os indivíduos infectados pelo HIV são as infecções oportunistas (raramente

observadas em indivíduos imunocompetentes) e os sintomas neurológicos, que, geralmente, ocorrem quando a contagem de linfócitos T CD4$^+$ fica abaixo de 200 células/μL.

- A terapia com diferentes fármacos antirretrovirais pode converter a infecção pelo HIV em doença crônica. O tratamento é mantido por toda a vida do indivíduo, é oneroso e apresenta diversos efeitos colaterais. Além disso, o uso contínuo predispõe a mutações no genoma viral, resultando em resistência a esses antirretrovirais.

- A quantidade de HIV no sangue (carga viral) é de valor prognóstico e é crucial para a monitoração da eficácia da terapia com o fármaco.

- As neoplasias características da Aids ocorrem em indivíduos não tratados e incluem o sarcoma de Kaposi, câncer cervical e linfoma não Hodgkin. Por outro lado, pacientes submetidos à terapia antirretroviral prolongada apresentam risco de desenvolverem neoplasias não associadas à Aids, incluindo neoplasias de cabeça e pescoço, hepáticas e orais.

- Fármacos antirretrovirais podem ser usados na prevenção da infecção viral.

- Até o momento, não há vacinas disponíveis contra o HIV.

QUESTÕES DE REVISÃO

1. O HIV-1 é classificado como um membro do gênero *Lentivirus* da família Retroviridae. Os lentivírus:

   (A) Contêm um genoma do DNA.
   (B) Causam tumores em camundongos.
   (C) Infectam as células do sistema imunológico.
   (D) Possuem sequências similares endógenas em células normais.
   (E) Causam doença neurológica de rápida progressão.

2. O HIV-1 codifica uma glicoproteína de envelope, a gp120. Esta proteína:

   (A) Causa a fusão de membrana.
   (B) Liga o correceptor viral na superfície da célula.
   (C) É altamente conservada entre diferentes isolados.
   (D) Não consegue produzir anticorpos neutralizantes.
   (E) Induz a produção de quimiocinas.

3. A Aids/HIV tornou-se uma epidemia mundial que continua a se expandir. A área geográfica com o maior número de pessoas infectadas pelo HIV depois da África Subsaariana é

   (A) Américas Central e do Sul, bem como Caribe
   (B) China
   (C) América do Norte
   (D) Sul e Sudeste da Ásia
   (E) Leste Europeu e Ásia Central

4. O curso típico de uma infecção pelo HIV não tratada estende-se por 10 anos ou mais. Geralmente, ocorre um longo intervalo (latência clínica) entre o período da infecção primária e o desenvolvimento da Aids. Durante esse período de latência clínica:

   (A) O HIV não é detectável no plasma.
   (B) As contagens de células CD4$^+$ permanecem inalteradas.
   (C) O vírus se replica a uma taxa muito baixa.
   (D) O vírus está presente nos órgãos linfoides.
   (E) Não são produzidos anticorpos neutralizantes.

5. Coinfecções virais ocorrem em indivíduos infectados pelo HIV-1, podendo contribuir para a morbidade e a mortalidade. A coinfecção mais comum em pessoas soropositivas para o HIV-1 nos Estados Unidos envolve o:

   (A) Vírus da hepatite C
   (B) Vírus da hepatite D
   (C) HIV-2
   (D) Vírus linfotrópico de células T humano
   (E) Herpes-vírus do sarcoma de Kaposi

6. Quais são os sintomas mais comuns de infecção aguda por HIV?

   (A) Erupção cutânea e faringite
   (B) Febre e mal-estar
   (C) Diarreia
   (D) Icterícia e hepatite
   (E) Mudanças neuropsiquiátricas e comportamentais

7. Uma enfermeira de 36 anos de idade feriu-se com agulha suja de sangue de um paciente HIV-positivo. Seis meses depois, o soro dela mostrou-se positivo em um teste Elisa, mostrou-se negativo pelo mesmo teste feito novamente, sendo negativo por *Western blot*. A enfermeira:

   (A) Provavelmente está infectada pelo HIV.
   (B) Encontra-se no período de janela entre a infecção aguda com o HIV e a soroconversão.
   (C) Provavelmente não está infectada pelo HIV.
   (D) Pode estar infectada com uma cepa multirresistente do HIV.
   (E) Pode estar em um longo período de não progressão.

8. Um homem de 41 anos de idade infectado pelo HIV, que se recusou a seguir a terapia antirretroviral, recebe diagnóstico de infecção por *P. jiroveci*. Este paciente:

   (A) Provavelmente teve uma contagem de células T CD4$^+$ abaixo de 200 células/μL.
   (B) Tem elevado risco de câncer de pulmão.
   (C) Não é mais um candidato para HAART.
   (D) Provavelmente está com um declínio dos níveis de viremia plasmática.
   (E) É incapaz de desenvolver demência nesse estágio.

9. Um homem de 48 anos de idade, HIV-positivo, com contagem de células T CD4 de 40 células/μL, queixa-se ao médico de perda de memória. Quatro meses depois, sofre paralisia e morre. A necropsia do cérebro revela desmielinização de muitos neurônios, e a microscopia eletrônica mostra aglomerados de partículas virais não envelopadas nos neurônios. A causa mais provável da doença é o:

   (A) Adenovírus tipo 12
   (B) Coxsackievírus B2
   (C) Parvovírus B19
   (D) Vírus Epstein-Barr
   (E) Vírus JC

10. A terapia antirretroviral altamente eficaz (HAART) para infecção pelo HIV em geral inclui um inibidor de protease, como o saquinavir. Um inibidor de protease

   (A) É efetivo contra o HIV-1, mas não contra o HIV-2.
   (B) Raramente dá origem a mutantes resistentes do HIV.
   (C) Inibe a última etapa da replicação viral.
   (D) Degrada os receptores CD4 das células.
   (E) Interfere na interação do vírus com o correceptor.

11. Em uma pessoa com infecção pelo HIV, os fluidos potencialmente infecciosos incluem todos os seguintes, *exceto*:

    (A) Sangue
    (B) Saliva visivelmente contaminada com sangue
    (C) Urina sem contaminação visível por sangue
    (D) Secreções genitais
    (E) Líquido amniótico

12. Das mais de 1 milhão de pessoas que, segundo se estimava, viviam com HIV nos Estados Unidos até o final de 2007, quantas não sabiam da existência de sua infecção?

    (A) 5%
    (B) 10%
    (C) 20%
    (D) 25%
    (E) 30%
    (F) 50%

13. Todas as afirmações sobre o HIV estão corretas, *exceto*:

    (A) Os testes de rastreamento para pesquisa de anticorpos são úteis na prevenção da transmissão do HIV por meio de transfusões sanguíneas.
    (B) As infecções oportunistas observadas na Aids são fundamentalmente decorrentes da perda da imunidade de base celular.
    (C) A zidovudina (azidotimidina) inibe a DNA-polimerase dependente de RNA.
    (D) A presença de anticorpos circulantes que neutralizam o vírus HIV é uma evidência de que o indivíduo está protegido contra a infecção viral.

14. A HAART não é ideal porque:

    (A) Não elimina a infecção latente pelo HIV.
    (B) Representa um custo muito alto para 90% dos indivíduos infectados.
    (C) Frequentemente, apresenta graves efeitos colaterais.
    (D) Alguns isolados do vírus HIV são resistentes à terapia.
    (E) Todas as opções anteriores.

15. Todas as afirmações sobre o HIV estão corretas, *exceto*:

    (A) A molécula CD4 na superfície das células T é um dos receptores para o vírus HIV.
    (B) Há uma considerável diversidade das glicoproteínas do envelope viral.
    (C) Um dos genes virais codifica para uma proteína que aumenta a atividade do promotor viral.
    (D) O maior problema com os testes para detecção de anticorpos contra o vírus HIV é a sua reação cruzada com o vírus HTLV-1.

Respostas

1. C	6. B	11. C
2. B	7. C	12. C
3. D	8. A	13. D
4. D	9. E	14. E
5. A	10. C	15. D

REFERÊNCIAS

Aberg JA, Kaplan JE, Libman H, et al: Primary care guidelines for the management of persons infected with human immunodeficiency virus: 2009 update by the HIV Medicine Association of the Infectious Diseases Society of America. *Clin Infect Dis* 2009;49:651.

Apetrei C, Robertson DL, Marx PA: The history of SIVs and AIDS: Epidemiology, phylogeny, and biology of isolates from naturally SIV infected non-human primates (NHP) in Africa. *Front Biosci* 2004;9:225.

Arens MQ (guest editor): Update on HIV diagnostic testing algorithms. *J Clin Virol* 2011;52(Suppl 1). [Entire issue.]

Desrosiers RC: Nonhuman lentiviruses. In Knipe DM, Howley PM (editors-in-chief). *Fields Virology*, 5th ed. Lippincott Williams and Wilkins, 2007.

Freed EO, Martin MA: HIVs and their replication. In Knipe DM, Howley PM (editors-in-chief). *Fields Virology*, 5th ed. Lippincott Williams and Wilkins, 2007.

Guidelines for the prevention and treatment of opportunistic infections among HIV-exposed and HIV-infected children. Recommendations from CDC, the National Institutes of Health, the HIV Medicine Association of the Infectious Diseases Society of America, the Pediatric Infectious Diseases Society, and the American Academy of Pediatrics. *MMWR Recomm Rep* 2009;58(No. RR-11).

Patel K, Hernán MA, Williams PL, et al: Long-term effectiveness of highly active antiretroviral therapy on the survival of children and adolescents with HIV infection: A 10-year follow-up study. *Clin Infect Dis* 2008;46:507.

Patrick MK, Johnston JB, Power C: Lentiviral neuropathogenesis: Comparative neuroinvasion, neurotropism, neurovirulence, and host neurosusceptibility. *J Virol* 2002;76:7923.

Paul ME, Schearer WT: Pediatric human immunodeficiency virus infection. In Leung DYM, Sampson HA, Geha RS, et al (editors). *Pediatric Allergy: Principles and Practice*. Mosby, 2003.

Primary HIV-1 infection. *J Infect Dis* 2010;202(Suppl 2). [Entire issue.]

Revised recommendations for HIV testing of adults, adolescents, and pregnant women in health-care settings. *MMWR Recomm Rep* 2006;55(RR-14):1.

Special issue: 25 years of HIV. *Trends Microbiol* 2008;16(No. 12). [Entire issue.]

Synergistic pandemics: Confronting the global HIV and tuberculosis epidemics. *Clin Infect Dis* 2010;50(Suppl 3). [Entire issue.]

Twenty-five years of HIV/AIDS—United States, 1981–2006. *MMWR Morb Mortal Wkly Rep* 2006;55(No. 21):585.

Updated U.S. Public Health Service guidelines for the management of occupational exposures to HIV and recommendations for postexposure prophylaxis. *MMWR Recomm Rep* 2005;54(RR-9):1.

Micologia médica

A micologia é o estudo dos fungos – organismos eucariotos que evoluíram paralelamente com o reino animal. Contudo, ao contrário dos animais, a maioria dos fungos é imóvel e possui uma rígida parede celular que envolve suas células. Ao contrário das plantas, não são fotossintéticos. Aproximadamente 80.000 espécies de fungos foram descritas, porém pouco mais de 400 têm importância médica e menos de 50 espécies são responsáveis por mais de 90% das infecções fúngicas em seres humanos e nos animais. Por outro lado, grande parte das espécies de fungos é benéfica para os seres humanos. São encontrados na natureza, sendo essenciais à degradação e reciclagem da matéria orgânica. Alguns fungos melhoram acentuadamente nossa qualidade de vida ao contribuir para a produção de alimentos e bebidas alcoólicas, como o queijo, o pão e a cerveja. Outros são importantes na medicina, fornecendo metabólitos secundários bioativos de grande utilidade, como os fármacos antibióticos (p. ex., penicilinas) e imunossupressores (p. ex., ciclosporina). Os fungos também foram explorados pela genética e pela biologia molecular como modelo de sistemas para a investigação de uma variedade de processos eucarióticos, incluindo o crescimento celular e desenvolvimento. De modo geral, exercem seu maior impacto econômico como fitopatógenos; a agricultura sofre enormes perdas anualmente em virtude de doenças fúngicas do arroz, do milho, de grãos e de outras plantas.

Como todos os eucariotos, as células fúngicas possuem pelo menos um núcleo e uma membrana nuclear, retículo endoplasmático, mitocôndrias e aparelho secretor. Em sua maioria, os fungos são aeróbios obrigatórios ou facultativos. Eles são quimiotróficos e secretam enzimas que degradam uma ampla variedade de substratos orgânicos em nutrientes solúveis, que em seguida são absorvidos passivamente ou capturados na célula por transporte ativo.

O termo **micoses** se refere às infecções causadas por determinados fungos. Muitos fungos patogênicos são exógenos, sendo a água, o solo e os resíduos orgânicos seus hábitats naturais. As micoses de maior incidência (a candidíase e a dermatofitose) são causadas por fungos que são componentes da microbiota normal, altamente adaptados à sobrevida no hospedeiro humano. Por conveniência didática, as micoses podem ser classificadas como superficiais, cutâneas, subcutâneas e sistêmicas, que invadem os órgãos internos (Tabela 45-1). As micoses sistêmicas podem ser causadas por fungos endêmicos (geralmente patógenos primários e geograficamente restritos) ou por fungos ubíquos, frequentemente patógenos oportunistas secundários. A classificação das micoses nessas categorias reflete sua porta habitual de entrada e local de comprometimento inicial. Contudo, existe considerável superposição, visto que as micoses sistêmicas podem frequentemente apresentar manifestações subcutâneas e vice-versa. Na maioria dos casos, os pacientes que desenvolvem infecções oportunistas são portadores de doenças subjacentes graves e apresentam comprometimento das defesas do hospedeiro. Entretanto, também ocorrem micoses sistêmicas primárias nesses pacientes, enquanto os fungos oportunistas igualmente podem infectar indivíduos imunocompetentes.

GLOSSÁRIO

Brotamento ou gemulação: Um mecanismo comum de reprodução assexuada, típico de leveduras. Durante a mitose, a parede celular parental projeta-se para fora e se torna aumentada para formar uma espécie de "broto" que contém o núcleo da progênie. A célula fúngica pode produzir brotos únicos ou múltiplos.

Conídios: Estruturas reprodutivas assexuadas (mitósporos) produzidas pela transformação de levedura vegetativa ou hifa, ou de célula conidiogênica especializada, que pode ser simples ou complexa e elaborada. Os conídios podem ser formados em hifas especializadas, denominadas **conidióforos**. Os **microconídios** são pequenos, enquanto os **macroconídios** são grandes ou multicelulares.

Artroconídios (artrósporos): Conídios que resultam da fragmentação de hifas (Figura 45-1).

Blastoconídios (blastósporos): Conídios produzidos por brotamento (p. ex., leveduras).

Clamidósporos (clamidoconídios): Grandes conídios geralmente esféricos, de paredes espessas, produzidos a partir de hifas terminais ou intercaladas.

Fialoconídios: Conídios produzidos por célula conidiogênica "em forma de vaso", denominada **fiálide** (p. ex., *Aspergillus fumigatus*; Figura 45-6).

Fungos demácios: Fungos cujas paredes celulares contêm melanina, que lhes confere uma pigmentação castanha a negra.

Fungos dimórficos: Apresentam duas formas de crescimento, como bolor e levedura, que se desenvolvem em diferentes condições de crescimento (p. ex., *Blastomyces dermatitidis*, que forma hifas *in vitro* e leveduras em tecidos).

Hifas: Filamentos tubulares e ramificados (2–10 μm de largura) de células fúngicas, que constituem a forma de crescimento do bolor. A maioria das hifas é separada por paredes transversais porosas ou **septos**, porém as hifas dos zigomicetos são tipicamente septadas de modo esparso. As hifas vegetativas ou de substrato fixam a colônia e absorvem nutrientes. As hifas aéreas projetam-se acima da colônia e exibem as estruturas reprodutivas.

Anamorfo (ou estádio mitospórico): É a designação dada em micologia à forma reprodutiva assexual ou mitótica de um fungo. São identificados com base nas estruturas reprodutivas assexuadas (i.e., mitósporos).

Bolor: Colônia de hifas ou micélios ou forma de crescimento.

Micélio: Massa ou emaranhado de hifas, colônia de bolores.

Teleomorfo (ou estádio meiospórico): Estado reprodutivo sexual de um fungo, que envolve plasmogamia, cariogamia e meiose.

Pseudo-hifas: Cadeias de brotamentos alongados ou blastoconídios. As septações entre as células estão contraídas.

Septo: Parede transversal das hifas, tipicamente perfurada.

Esporangiósporos: Estruturas assexuadas características da ordem Mucorales; trata-se dos esporos mitóticos produzidos dentro de um **esporângio** fechado, frequentemente sustentado por um **esporangióforo** (ver Figuras 45-2 e 45-3).

Esporo: Propágulo especializado com valor de sobrevida ampliado, como resistência a condições adversas ou características estruturais que promovem a dispersão. Os esporos podem resultar de reprodução assexuada (p. ex., conídios ou esporangiósporos) ou sexuada (ver adiante).

Esporo sexual: Durante a reprodução sexuada, células haploides de cepas compatíveis unem-se mediante um processo de plasmogamia, cariogamia e meiose.

Ascósporos: No filo Ascomycota, após a meiose, formam-se 4 a 8 meiósporos no interior de um **asco**.

Basidiósporos: No filo Basidiomycota, após a meiose, geralmente se formam quatro meiósporos sobre a superfície de uma estrutura especializada, denominada **basídio**, em forma de clava.

Zigósporos: Na ordem Mucorales, após a meiose, forma-se um grande **zigósporo** de parede espessa.

Leveduras: Células fúngicas unicelulares, esféricas a elipsoides (3-15 μm), que geralmente se reproduzem por brotamento.

Durante a infecção, a maioria dos pacientes desenvolve respostas imunológicas celulares e humorais significativas contra os antígenos fúngicos. Grande parte do aumento contínuo de micoses oportunistas pode ser atribuída a avanços médicos que prolongaram significativamente a sobrevida de pacientes com câncer, com síndrome da imunodeficiência adquirida (Aids, do inglês *acquired immunodeficiency syndrome*) e transplantes de órgãos sólidos. Como esses dados clínicos sugerem, as respostas imunes Th1 e Th17 são mecanismos críticos de defesa do hospedeiro para proteção natural contra micoses potencialmente fatais. Os fungos patogênicos não produzem toxinas potentes e os recursos da patogenicidade fúngica são complexos e poligênicos. Além disso, infecções experimentais mostram que as populações de uma espécie patogênica variam em sua virulência, estudos genéticos complementares identificaram vários genes que contribuem para a patogenicidade dos fungos.

Outro ponto importante é a dificuldade no tratamento da maioria das micoses. Por serem eucariotos, os fungos partilham muitos genes homólogos, produtos gênicos e vias metabólicas com seus hospedeiros humanos. Consequentemente, existem poucos alvos específicos para quimioterapia. No entanto, há um interesse crescente na busca de potenciais alvos terapêuticos, e novos antifúngicos estão se tornando disponíveis.

PROPRIEDADES GERAIS, VIRULÊNCIA E CLASSIFICAÇÃO DOS FUNGOS PATOGÊNICOS

Os fungos têm duas formas básicas de crescimento: **bolores** e **leveduras**. O crescimento na forma de bolor (ou mofo) ocorre pela produção de túbulos cilíndricos multicelulares ramificados

TABELA 45-1   Principais micoses e fungos causadores

Categoria	Micose	Agente etiológico (fungo)
Superficial	Pitiríase versicolor Tínea negra Piedra branca Piedra negra	Espécies de *Malassezia* *Hortaea werneckii* Espécies de *Trichosporon* *Piedraia hortae*
Cutânea	Dermatofitose Candidíase de pele, mucosa ou unhas	Espécies de *Microsporum* e *Trichophyton*, *Epidermophyton floccosum* *Candida albicans* e outras espécies de *Candida*
Subcutânea	Esporotricose Cromoblastomicose Micetoma Feoifomicose	*Sporothrix schenckii* *Phialophora verrucosa*, *Fonsecaea pedrosoi*, entre outros *Pseudallescheria boydii*, *Madurella mycetomatis*, entre outros *Exophiala*, *Bipolaris*, *Exserohilum*, entre outros bolores demácios
Endêmica (primária, sistêmica)	Coccidioidomicose Histoplasmose Blastomicose Paracoccidioidomicose	*Coccidioides posadasii* e *Coccidioides immitis* *Histoplasma capsulatum* *Blastomyces dermatitidis* *Paracoccidioides brasiliensis*
Oportunista	Candidíase sistêmica Criptococose Aspergilose Hialoifomicose Feoifomicose Mucormicose (zigomicose) Pneumonia por *Pneumocystis* Peniciliose	*C. albicans* e muitas outras espécies de *Candida* *Cryptococcus neoformans* e *Cryptococcus gattii* *Aspergillus fumigatus* e outras espécies de *Aspergillus* Espécies de *Fusarium*, *Paecilomyces*, *Trichosporon* e outros bolores hialinos *Cladophialophora bantiana*, espécies de *Alternaria*, *Cladosporium*, *Bipolaris*, *Exserohilum* e inúmeros outros bolores demácios Espécies de *Rhizopus*, *Lichtheimia*, *Cunninghamella* e outros membros da ordem Mucorales *Pneumocystis jirovecii* *Talaromyces marneffei*

denominados **hifas**, que variam em diâmetro de 2 a 10 μm. As hifas são estendidas pelo alongamento apical devido à produção de novo crescimento da parede celular nas pontas das hifas. A massa de hifas emaranhadas que se acumula durante o crescimento ativo é conhecida como **micélio**. Algumas hifas são divididas em células por paredes transversais ou **septos**, que tipicamente aparecem a intervalos regulares durante o crescimento das hifas. Contudo, membros da ordem Mucorales produzem hifas raramente septadas. As hifas vegetativas ou de substrato penetram no meio nutritivo e absorvem nutrientes. Em contrapartida, as hifas aéreas projetam-se acima da superfície do micélio e, em geral, apresentam as estruturas reprodutivas do fungo filamentoso. Quando um bolor é isolado de um espécime clínico, sua taxa de crescimento, aparência macroscópica e morfologia microscópica são suficientes para determinar seu gênero e espécie. As características fenotípicas mais úteis são a ontogenia e a morfologia de seus esporos reprodutivos assexuados, ou conídios (Figuras 45-2 a 45-8).

As leveduras são células isoladas, geralmente de forma esférica a elipsoide, cujo diâmetro varia de 3 a 15 μm. A maioria das leveduras se reproduz por brotamento, que é iniciado por uma protrusão lateral ou terminal do crescimento de uma nova parede celular que aumenta durante a mitose. Um ou mais núcleos replicados entram no broto nascente, que subsequentemente forma um septo e se separa da célula-mãe. Algumas espécies produzem brotamentos que não se desprendem, tornando-se alongados; a continuação do processo de brotamento produz uma cadeia de células alongadas de levedura, denominada **pseudo-hifa**. Em geral, as colônias de leveduras têm consistência mole, são opacas e de cor creme, com 1 a 3 mm de tamanho. As colônias e a morfologia microscópica de muitas espécies de leveduras parecem bastante semelhantes, mas podem ser identificadas por testes fisiológicos e algumas diferenças morfológicas importantes. Certas espécies de fungos, inclusive vários patógenos, são dimórficas e têm a capacidade de crescer em forma de levedura ou bolor dependendo das condições ambientais, como temperatura e disponibilidade de nutrientes.

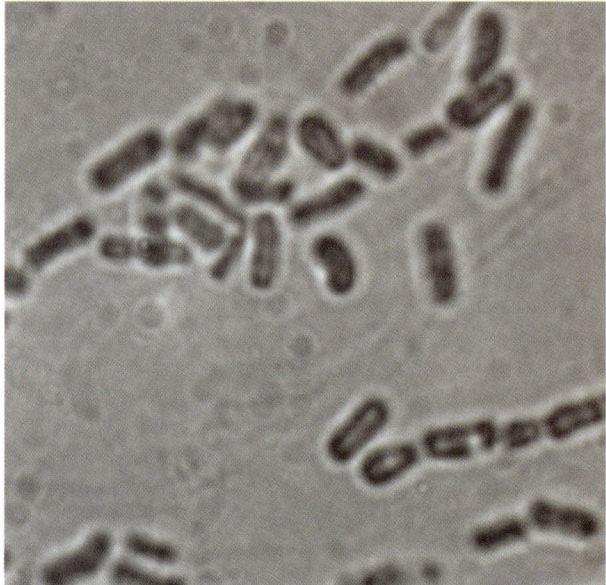

FIGURA 45-1   Artroconídio formado pela fragmentação de células de hifas em conídia compacta. Ampliada 400 ×.

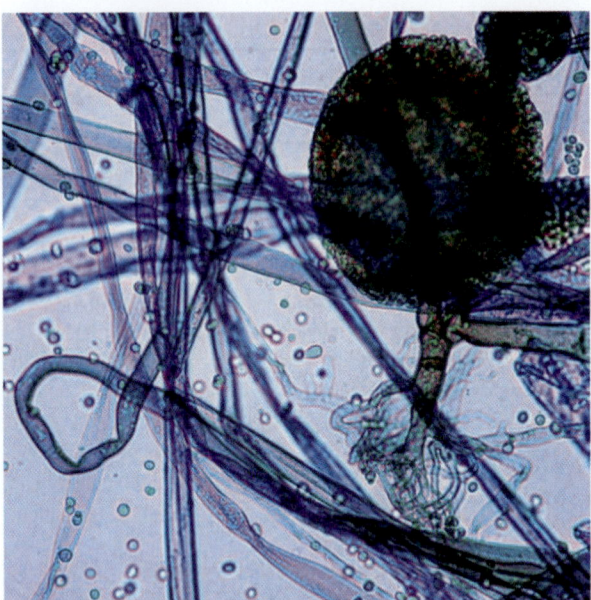

FIGURA 45-2 *Rhizopus*. O esporângio desse bolor liberou seus esporangiósporos, mas permanece ligado ao esporangióforo de suporte, e os rizoides estão aparentes na base do esporangióforo. Ampliada 200 ×.

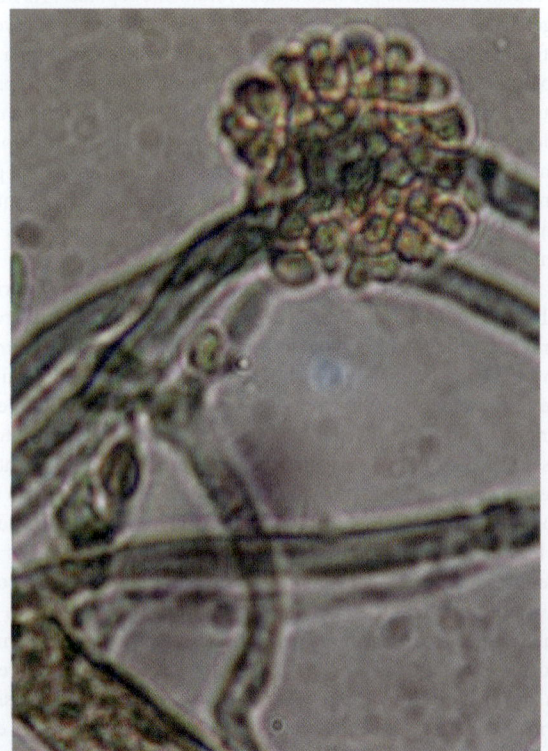

FIGURA 45-3 *Cunninghamella bertholletiae*. Seus esporangiósporos são produzidos dentro do esporângio, que está ligado a uma vesícula e é sustentado por um esporangióforo. Ampliada 400 ×.

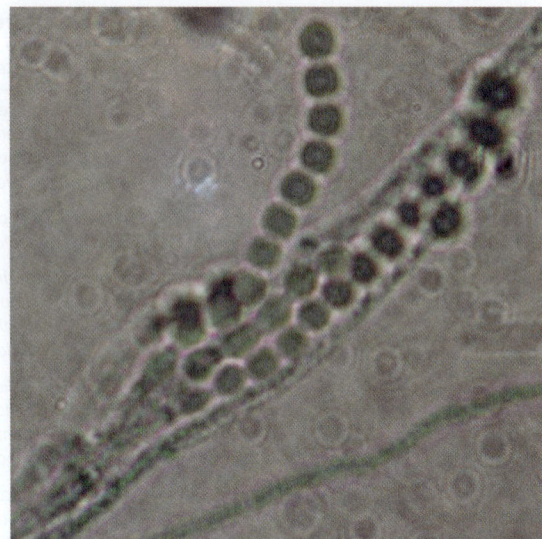

FIGURA 45-4 *Penicillium*. Cadeias de conídios são geradas por fiálides, que são sustentadas por um conidióforo ramificado. O conídio basal é o mais novo. Ampliada 400 ×.

O ciclo de vida dos fungos é marcadamente variado. Dependendo da espécie, a contagem cromossômica pode ser haploide ou diploide. Algumas espécies existem apenas por expansão clonal ou reprodução assexual, em que, exceto por mutações espontâneas, todas as células são clones genéticos. Muitas outras espécies são capazes de reprodução sexual, que pode ou não requerer indivíduos geneticamente diversos para reprodução e meiose. Tanto a reprodução assexual quanto a sexual resultam na produção de **esporos**, os quais aumentam a sobrevivência do fungo. Os esporos, geralmente, no estado de dormência, podem ser facilmente dispersos, tornam-se mais resistentes a condições adversas e germinam para a forma vegetativa quando as condições para crescimento se

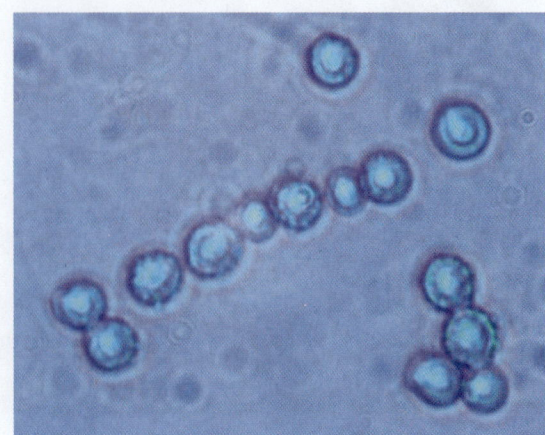

FIGURA 45-5 *Scopulariopsis*. A cadeia de conídios foi produzida por um anelídeo, que é outro tipo de célula conidiogênica. Ampliada 400 ×.

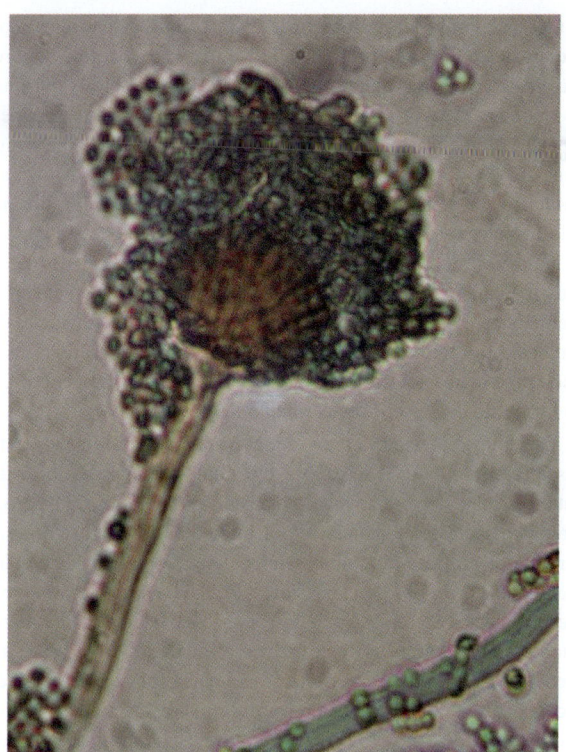

FIGURA 45-6 *A. fumigatus*. Formam-se fiálides no topo de uma vesícula intumescida na extremidade de um conidióforo longo. O conídio basal é o mais novo. Os conídios maduros apresentam paredes rugosas. Ampliada 400 ×.

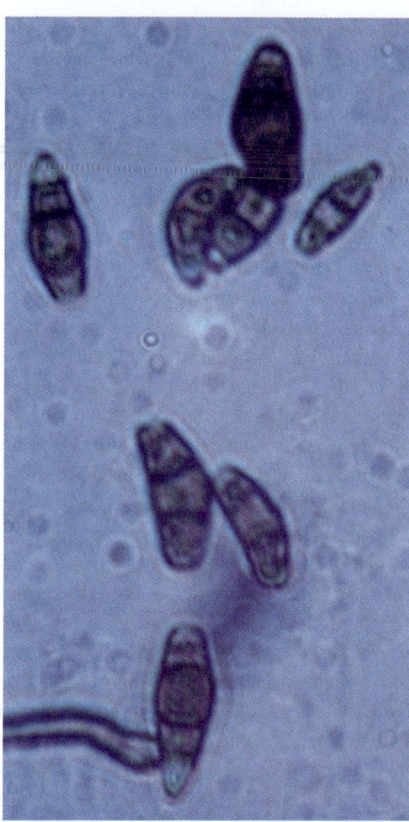

FIGURA 45-8 *Curvularia*. Bolores demácios que produzem macroconídios curvados característicos com grandes células centrais. Ampliada 400 ×.

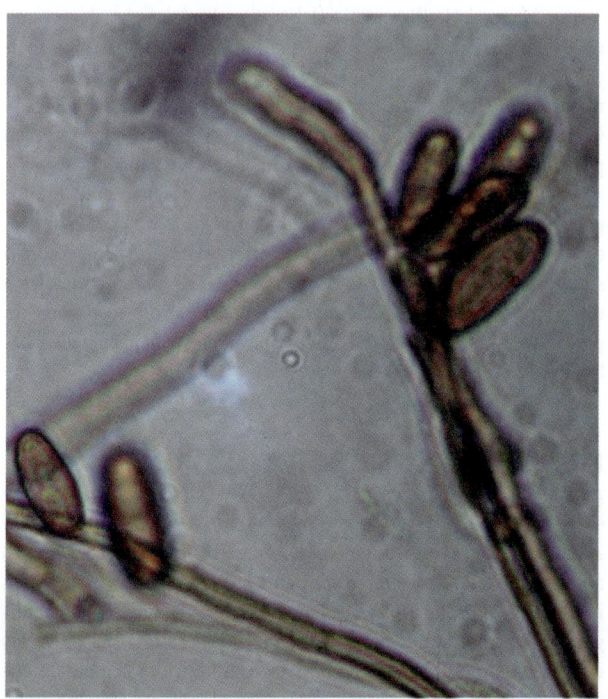

FIGURA 45-7 *Bipolaris*. Bolores demácios que produzem macroconídios característicos de parede espessa. Ampliada 400 ×.

mostram favoráveis. Os esporos gerados por reprodução assexuada ou sexuada são denominados anamórficos e teleomórficos, respectivamente. Assim como as células vegetativas, os esporos assexuados representam uma progênie mitótica (mitósporos) e geneticamente idêntica. Os fungos de importância clínica produzem dois tipos principais de esporos assexuados, os **conídios** (que são produzidos pela maioria dos fungos patogênicos) e os **esporangiósporos**, na ordem Mucorales (ver adiante e no Glossário). As características singulares dos esporos incluem sua ontogenia (alguns bolores produzem estruturas conidiogênicas complexas) e sua morfologia (tamanho, forma, textura, cor e constituição unicelular ou multicelular). Em alguns fungos, as células vegetativas podem transformar-se em conídios (p. ex., artroconídios e clamidósporos). Em outros, os conídios são produzidos por uma célula conidiogênica, como a fiálide, que pode ligar-se a uma hifa especializada, denominada conidióforo. Os esporangiósporos resultam da divisão mitótica e da produção de esporos no interior de uma estrutura em forma de saco, denominada esporângio, sustentada por um esporangióforo.

Certas propriedades fúngicas são essenciais, mas não necessariamente suficientes para a patogenicidade, como a capacidade de proliferar no hospedeiro mamífero. Muitos fatores de virulência evoluíram para permitir que os fungos patogênicos resistam aos ou escapem dos mecanismos de defesa e do ambiente estressante do hospedeiro. Alguns desses determinantes de virulência incluem transformações morfológicas, "alterações" genéticas de processos metabólicos em resposta ao ambiente do hospedeiro, produção de adesinas de superfície que se ligam a receptores presentes nas membranas da célula hospedeira, secreção de enzimas que clivam diferentes substratos do hospedeiro (p. ex., catalase, aspartil-proteinases e fosfolipases), componentes da parede celular que resistem à fagocitose (p. ex., α-(1,3)-glucana, melanina, a cápsula do *Cryptococcus*) e a formação de biofilmes. Exemplos específicos de várias micoses serão fornecidos adiante neste capítulo.

Os fungos possuem uma **parede celular** rígida essencial, que determina sua forma e os protege do estresse osmótico e ambiental. As paredes celulares são compostas, em grande parte, por camadas de carboidratos – cadeias longas de polissacarídeos – bem como glicoproteínas e lipídeos. Alguns polímeros de açúcares são encontrados na parede celular de muitos fungos, como a quitina (polímero não ramificado de β-1,4 *N*-acetilglicosamina [GlcNAc]), glucanas, que são polímeros de glicose (p. ex., α-1,3 glucana, β-1,3 glucana e β-1,6 glucana), e mananas, que são polímeros de manose (p. ex., α-1-6 manose). Esses componentes se ligam cruzadamente, formando uma matriz de parede celular em várias camadas. Além disso, outros polímeros podem ser únicos em diferentes espécies de fungos e podem ser úteis como critérios taxionômicos. Durante a infecção, as paredes celulares dos fungos exibem importantes propriedades biopatológicas. Os componentes de superfície da parede celular medeiam a aderência do fungo às células hospedeiras. Unidades específicas da parede celular dos fungos medeiam a ligação a receptores de reconhecimento de padrões em membranas das células hospedeiras, como receptores *Toll-like* (TLRs, de *Toll-like receptors*), que estimulam a resposta imune inata. As glucanas da parede celular e outros polissacarídeos podem ativar a cascata do complemento e provocar reação inflamatória. A maioria desses polissacarídeos é ineficientemente degradada pelo hospedeiro e pode ser detectada com corantes histológicos especiais. As paredes celulares liberam antígenos imunodominantes, que podem desencadear respostas imunológicas celulares e a produção de anticorpos diagnósticos. Além disso, algumas leveduras e bolores são descritos como **demácios**, porque suas paredes celulares contêm melanina, que confere um pigmento marrom ou preto à colônia do fungo. Em vários estudos, foi constatado que a melanina é um importante fator de virulência, por proteger esses fungos dos mecanismos de defesa do hospedeiro.

Taxonomia

Os fungos foram inicialmente classificados em filos com base principalmente em seus modos de reprodução sexual e dados fenotípicos. Esses métodos foram superados pela sistemática molecular, que reflete com mais precisão as relações filogenéticas. Há algumas ambiguidades sobre a divergência entre fungos, animais e seus ancestrais. Os fungos inferiores foram inicialmente alocados no filo Zygomycota, porém esses organismos mostraram ser polifiléticos*, sendo realocados em um novo filo denominado Glomeromycota,

com quatro subfilos e duas ordens de fungos zoopatogênicos, **Mucorales** e Entomophthorales. Por outro lado, os dois maiores filos, **Ascomycota** e **Basidiomycota**, são bem definidos por análises filogenéticas. Todos os três filos contêm leveduras, fungos e espécies dimórficas. O filo Ascomycota (ou ascomicetos) abrange mais de 60% dos fungos conhecidos e cerca de 85% dos patógenos humanos. Os demais fungos patogênicos são membros do filo Basidiomycota (basidiomicetos) ou da ordem Mucorales. Esses táxons de interesse médico e veterinário podem ser diferenciados pelos seus mecanismos de reprodução. A reprodução sexual normalmente ocorre quando amostras de uma espécie compatível são estimuladas por feromônios a sofrer plasmogamia, cariogamia (fusão nuclear) e meiose, resultando na troca de informações genéticas e na formação de esporos sexuais haploides.

Nos bolores pertencentes à ordem Mucorales, as hifas vegetativas apresentam poucas septações, o produto da reprodução sexual entre os isolados compatíveis com a reprodução é um zigósporo, e a reprodução assexuada ocorre por meio de esporângios, que são carregados em esporangióforos aéreos (ver Glossário). Exemplos incluem espécies dos gêneros *Rhizopus*, *Lichtheimia* e *Cunninghamella*. Entre os ascomicetos, a reprodução sexuada geralmente requer a fusão das amostras compatíveis e envolve a formação de um saco ou asco no qual ocorre a cariogamia e a meiose, produzindo ascósporos haploides. Eles se reproduzem assexuadamente com a produção de conídios. Os ascomicetos apresentam hifas septadas. A maioria das leveduras patogênicas (*Candida* e *Saccharomyces*) e de bolores (*Coccidioides*, *Blastomyces* e *Trichophyton*) são ascomicetos. Os basidiomicetos incluem os cogumelos, bem como espécies patogênicas do gênero *Cryptococcus*, *Malassezia*, *Trichosporon*, entre outros. A reprodução sexuada resulta na formação de hifas dicarióticas e quatro basidiósporos sustentados por um basídio em forma de clava. No diagnóstico laboratorial, várias abordagens são utilizadas para identificar isolados clínicos, incluindo características moleculares e fenotípicas (p. ex., sequências específicas de DNA, morfologia de estruturas reprodutivas e propriedades fisiológicas). Como os isolados clínicos quase sempre representam uma infecção por um único clone, esses organismos possuem reprodução assexuada quando isolados em laboratório. Consequentemente, muitos patógenos foram inicialmente classificados de acordo com suas estruturas reprodutivas assexuadas ou estados anamórficos, e com a subsequente descoberta de um ciclo sexual, tais táxons adquiriram um nome teleomórfico. Durante a evolução para se tornarem um patógeno de sucesso, alguns fungos aparentemente perderam a habilidade de reprodução sexual.

DIAGNÓSTICO LABORATORIAL DAS MICOSES

A grande maioria dos fungos evoluiu para residir em vários nichos ambientais onde crescem prontamente em substratos orgânicos adjacentes e são protegidos de condições adversas. Embora esses fungos exógenos sejam incapazes de penetrar nas superfícies intactas de hospedeiros saudáveis, eles podem ser adquiridos acidentalmente por exposição traumática a fungos residentes no solo, na água, no ar ou na vegetação. Uma vez que as células fúngicas rompem as superfícies cutâneas ou mucosas, como a pele ou o trato respiratório, urinário ou gastrintestinal, elas são contidas pelo sistema imune inato hospedeiro. Os fungos potencialmente patogênicos

---

*N. de T. Em filogenética, chama-se polifilético a um grupo que não inclui o ancestral comum de todos os indivíduos. Assim, os integrantes do grupo polifilético possuem vários ancestrais comuns, um para cada grupo monofilético. É um táxon definido por uma semelhança que não foi herdada de um antepassado comum. Trata-se de um termo da linguagem corrente que designa um conjunto de espécies que apresentam caracteres comuns, mas que agrupam clados de origens variadas.

devem ser capazes de crescer a 37 °C, adquirir nutrientes essenciais do hospedeiro e evitar a resposta imunológica. As poucas centenas de fungos ambientais com essas características representam apenas uma pequena porcentagem das espécies globais. Infelizmente, alguns fungos altamente prevalentes com essas características são capazes de causar infecções oportunistas e invasivas em pacientes imunossuprimidos (p. ex., *Aspergillus* e *Cryptococcus*). Em geral, as micoses mais prevalentes são causadas por fungos não invasivos, os dermatófitos, que se adaptaram para crescer na pele, nos cabelos ou nas unhas, e por espécies endógenas de *Candida* e *Malassezia*, que são membros da microbiota humana. Contudo, independentemente da sua origem, com exceção dos dermatófitos, os fungos patogênicos não são contagiosos, e a transmissão entre humanos ou animais é extremamente rara. Este capítulo descreve as micoses mais prevalentes, mas novos patógenos são relatados a cada ano. Há também uma breve descrição de dois mecanismos diferentes pelos quais os fungos podem causar doenças humanas – ingestão de toxinas fúngicas ou exposição a componentes da parede celular fúngica que provocam respostas alérgicas mediadas por IgE.

Em geral, os métodos mais definitivos para determinar o diagnóstico de uma infecção fúngica são a cultura do patógeno, o exame microscópico, a detecção de DNA fúngico específico da espécie e a sorologia. Como esses métodos variam em disponibilidade, especificidade, sensibilidade, metodologia e tempo de resposta, é prudente utilizar várias estratégias de diagnóstico.

A. Amostras

As amostras clínicas coletadas para microscopia e cultura são determinadas pelo local de infecção e pela condição do paciente. Todas as amostras devem ser obtidas por meio da técnica asséptica, especialmente com amostras de locais normalmente estéreis, como sangue, biópsias de tecido e líquido cerebrospinal (LCS). As amostras de locais não estéreis do corpo incluem lesões cutâneas e subcutâneas, *swabs* nasofaríngeos ou genitais, escarro, urina e feridas. Para minimizar o crescimento bacteriano, as amostras devem ser transportadas para o laboratório clínico em até 2 horas a partir da coleta. Sempre que houver suspeita de infecção fúngica, alerte o laboratório clínico, uma vez que há métodos de coloração e meios de cultura especiais disponíveis para a detecção de fungos patogênicos.

B. Exame microscópico

Uma ou duas gotas de uma amostra aquosa ou serosa, como escarro, urina, líquido espinal ou aspirado, podem ser colocadas em uma lâmina de vidro em uma gota de hidróxido de potássio (KOH) a 10 a 20%. Após adição de uma lamínula, a lâmina dever ser examinada ao microscópio com as objetivas de baixa e alta potência (450 ×). O KOH dissolve todas as células do tecido, sendo que as paredes celulares resistentes e altamente refratárias dos fungos se tornam mais visíveis. Esse procedimento também pode ser usado para examinar raspagens de pele ou amostras de tecido. A sensibilidade da solução de KOH é melhorada pela adição de calcofluorado branco (uma coloração inespecífica da parede celular fúngica que é visível com um microscópio fluorescente). A detecção de fungos em secreções mucopurulentas, exsudatos viscosos e em tecidos também pode ser realizada com preparações de KOH, por meio de aquecimento suave da lâmina para dissolver o excesso de restos de tecido e células inflamatórias. As células fúngicas também podem ser observadas em esfregaços de sangue, LCS e outras preparações tratadas com coloração de Gram ou Wright.

Em amostras de biópsia fixadas em formalina, os fungos podem ser detectados com a coloração histopatológica de hematoxilina e eosina (H&E) de rotina. No entanto, as colorações especializadas específicas para parede celular fúngica são mais sensíveis. As duas colorações mais comuns são coloração de metenamina de prata de Grocott-Gomori (GMS, do inglês *Gomori methenamine silver*) e coloração ácido periódico + reativo de Schiff (PAS, do inglês *periodic acid-Schiff*), que coram as paredes dos fungos de negro ou vermelho, respectivamente. Outros corantes especializados, como a coloração da cápsula para *Cryptococcus*, são descritos nas seções subsequentes.

Embora a sensibilidade dos exames microscópicos varie de acordo com o tipo de micose e pela extensão da infecção, esses exames podem ser realizados muito rapidamente, e geralmente são definitivos. No hospedeiro, a maioria dos fungos cresce como leveduras, hifas ou uma combinação de leveduras e pseudo-hifas. A Tabela 45-2 lista o espectro de estruturas fúngicas *in vivo*. Em muitos casos, os patógenos que estão presentes apenas como leveduras são suficientemente distintos em tamanho e forma para estabelecer um diagnóstico imediato. Contudo, em alguns casos, com base na observação microscópica do fungo (p. ex., hifas não septadas ou paredes celulares acastanhadas) e no tipo da amostra (p. ex., superficial ou sistêmico), a lista de possíveis agentes fúngicos é consideravelmente reduzida.

TABELA 45-2 Principais estruturas fúngicas observadas em exames microscópicos de amostras clínicas

Morfologia predominante	Micoses
Leveduras com brotamento único ou múltiplos brotamentos	Blastomicose, Histoplasmose, Paracoccidioidomicose, Peniciliose, Esporotricose
Leveduras capsuladas	Criptococose
Hifas septadas	Hialoifomicose (espécies de *Aspergillus, Fusarium, Geotrichum, Trichosporon*, entre outras)
Hifas septadas encontradas na pele ou nas unhas	Dermatofitose
Hifas não septadas	Mucormicose (espécies de *Rhizopus, Lichtheimia, Cunninghamella*, entre outras)
Hifas septadas e paredes celulares acastanhadas	Feoifomicose (espécies de *Bipolaris, Cladosporium, Curvularia, Exserohilum*, entre outras)
Leveduras e pseudo-hifas	Candidíase (espécies de *Candida*)
Leveduras e hifas em raspagens de pele	Pitiríase versicolor
Esférulas	Coccidioidomicose
Células escleróticas com paredes celulares acastanhadas	Cromoblastomicose
Grânulos de enxofre	Micetoma
Artroconídios nos cabelos	Dermatofitose
Conídios na cavidade pulmonar	Hialoifomicose (espécies de *Aspergillus, Fusarium*, entre outras)
Cistos (ascos) pulmonares	*Pneumocystis*

C. Cultura

Na maioria dos casos, a cultura é mais sensível do que o exame direto, e parte do material coletado para microscopia deve ser cultivada. O meio micológico tradicional, o ágar dextrose Sabouraud (SDA, do inglês *Sabouraud dextrose agar*), que contém glicose e peptona modificada (pH de 7,0), tem sido utilizado, visto que não favorece o crescimento de bactérias. As características morfológicas dos fungos utilizadas para sua identificação foram descritas com base no crescimento dos microrganismos em SDA. Entretanto, outros meios de cultura, como ágar inibidor de bolores (IMA, do inglês *inhibitory mold agar*), facilitam o isolamento dos fungos de amostras clínicas. Para o cultivo de fungos clínicos a partir de amostras não estéreis, são adicionados antibióticos antibacterianos (p. ex., gentamicina e cloranfenicol) e ciclo-heximida aos meios para inibir as bactérias e os bolores saprofíticos, respectivamente. Após a obtenção das culturas, o ágar batata dextrose estimula a produção de conídios.

Para hemoculturas, vários meios comerciais em caldos foram desenvolvidos para bactérias e/ou fungos. A maioria das espécies de levedura no sangue pode ser detectada e subcultivada a partir desses meios em 3 dias. No entanto, os bolores podem exigir várias semanas de incubação para se tornarem positivos, e, portanto, procedimentos especiais devem ser usados para otimizar seu isolamento. As leveduras crescem melhor a 37 °C, e os bolores, a 30 °C. Quando há suspeita de um fungo dimórfico, vários meios e temperaturas diferentes de incubação são recomendados. O método ideal para casos prováveis de fungemia é um tubo comercial de lise-centrifugação* (Isolator®) ao qual o sangue é adicionado diretamente. O tubo contém um anticoagulante e um detergente para lisar as células sanguíneas, liberando todas as células fúngicas fagocitadas, e o tubo é então centrifugado para sedimentar qualquer fungo. Após a remoção do sobrenadante, o sedimentado é suspenso, semeado em ágar específico e incubado. As culturas positivas para a maioria das leveduras ou dos bolores podem ser identificadas por características morfológicas e fisiológicas. Vários sistemas comerciais de microcultura para leveduras são capazes de gerar perfis de metabolização de substrato. Esses perfis podem ser comparados com grandes bancos de dados para identificar a maioria das espécies patogênicas de leveduras. Além disso, meios especializados estão disponíveis para auxiliar na rápida identificação de espécies de *Candida* (p. ex., CHROMagar®).

D. Sorologia

As próximas seções deste capítulo explicarão como a detecção de anticorpos ou antígenos específicos no soro ou no liquor pode fornecer informações úteis de diagnóstico e/ou prognóstico. Em pacientes imunocompetentes, testes positivos para a presença de anticorpos específicos podem confirmar o diagnóstico, e testes negativos podem excluir doença fúngica. No entanto, a interpretação de cada teste sorológico depende de sua sensibilidade, especificidade e valor preditivo positivo ou negativo na população de indivíduos testados.

E. Métodos moleculares

Um número crescente de laboratórios clínicos tem implementado métodos baseados na detecção de ácidos nucleicos, proteínas ou antígenos de fungos para identificar fungos patogênicos em amostras clínicas ou após sua recuperação em cultura. Várias abordagens foram publicadas, e sistemas *in-house* e comerciais estão disponíveis, mas nenhum foi amplamente adotado. Na próxima década, um ou mais desses métodos podem se tornar rotineiros, especialmente se puderem ser automatizados, fornecendo alternativas rápidas de detecção de vários organismos. Além disso, algumas plataformas têm potencial para uso em pontos de atendimento (POC, do inglês *point-of-care*). A maioria dos métodos baseados em DNA usa reação em cadeia da polimerase (PCR, do inglês *polymerase chain reaction*) para amplificar sequências específicas do DNA ribossômico fúngico ou de outros genes conservados. Ao comparar as sequências de DNA de um isolado clínico com bancos de dados de milhares de sequências de DNA, o gênero ou a espécie de um fungo desconhecido pode ser identificado. Essa abordagem tem sido usada para identificar culturas de centenas de fungos diferentes. Além disso, uma variedade de estudos utilizou a PCR para detectar DNA fúngico (principalmente *Candida* ou *Aspergillus*) no sangue e em outras amostras.

Sistemas comerciais automatizados para a identificação baseada em DNA de fungos patogênicos foram desenvolvidos por várias empresas, incluindo Luminex Molecular Diagnostics®, Gen-Probe®, LightCycler®, SeptiFast® e MicroSeq®. Para a detecção, esses sistemas normalmente usam sondas oligonucleotídicas que emitem um sinal amplificado por fluorescência, reagentes químicos ou imunoenzimáticos. Para detectar células fúngicas em preparações de lâmina, um *kit* de teste PNA-FISH® (hibridização *in situ* de peptídeo-ácido nucleico fluorescente) com sondas específicas para espécies pode ser utilizado.

Métodos de impressão digital baseados em DNA, como a tipagem de sequência *multilocus* (MLST, do inglês *multilocus sequence typing*), identificaram subpopulações filogenéticas de muitos fungos patogênicos, incluindo espécies de *Candida*, *Cryptococcus*, *Aspergillus* e *Coccidioides*. Alguns desses subgrupos moleculares são clinicamente relevantes, pois estão associados a diferenças na distribuição geográfica, suscetibilidade a fármacos antifúngicos, manifestações clínicas ou virulência. Outros subgrupos podem representar espécies crípticas que não podem ser diferenciadas por métodos fenotípicos.

Além disso, outro método molecular que está ganhando popularidade devido à sua aplicação em bactérias patogênicas e em fungos é a extração de proteínas microbianas, que são então submetidas à espectroscopia de massa. Os patógenos são identificados comparando seus padrões espectrais de proteínas com aqueles em bancos de dados de espécies testadas anteriormente. Com a facilidade de preparação da amostra e a disponibilidade comercial de plataformas automatizadas, a espectrometria de massa pela técnica de ionização por dessorção a *laser*, assistida por matriz seguida de análise por tempo de voo em sequência (MALDI-TOF MS, do inglês *matrix-assisted laser desorption ionization-time of flight mass spectrometry*) está se tornando mais acessível. Em vários estudos, a MALDI-TOF MS provou ser mais precisa e rápida do que os métodos de cultura convencionais. A maioria dos estudos iniciais focalizou na identificação de espécies de *Candida*, mas os bancos de dados foram expandidos para incluir centenas de outras espécies de fungos.

---

*N. de T. A lise-centrifugação tornou-se o método "padrão-ouro" para o isolamento de leveduras e fungos dimórficos do sangue periférico, devido à maior sensibilidade e rapidez, em comparação ao hemocultivo convencional.

Semelhante ao teste rápido para endotoxina, a cascata de coagulação da hemolinfa do caranguejo-ferradura (*Limulus*)* também é desencadeada pela parede celular do fungo β-(1,3)-D-glucana (Fungitell®). Esse polissacarídeo é eliminado durante a infecção, e sua coagulação da hemolinfa tem sido explorada para quantificar sua concentração no sangue e liquor. Os níveis de β-(1,3)-D-glucana de ≥ 80 pg/mL são positivos e associados a candidíase invasiva, aspergilose, patógenos dimórficos e outras micoses.

F. Teste de sensibilidade a antifúngicos

Após o diagnóstico de micose sistêmica, a quimioterapia antifúngica apropriada é iniciada. Conforme discutido no final deste capítulo, existem três classes principais de fármacos antifúngicos. Contudo, muitos fungos patogênicos são capazes de desenvolver resistência a esses medicamentos, e muitas vezes é necessário que o laboratório de microbiologia clínica avalie *in vitro* a suscetibilidade (ou resistência) do isolado fúngico do paciente em relação a um fármaco antifúngico específico. O *Clinical Laboratory Standards Institute* desenvolveu protocolos para teste *in vitro* da concentração inibitória mínima (CIM) de isolados de fungos patogênicos contra medicamentos aprovados. Por exemplo, um isolado de levedura clínica pode ser cultivado em caldo, suspenso em uma concentração padrão de unidades formadoras de colônia (CFU, do inglês *colony-forming units*) por mililitro, e colocado em poços de microtitulação contendo uma gama de concentrações de um antifúngico específico. Após incubação por 24 ou 48 horas, a menor concentração de fármaco (μg/mL) para inibir o crescimento é a CIM. Uma vez que a maioria dos medicamentos antifúngicos são fungistáticos em vez de fungicidas, a CIM é um guia útil para um tratamento eficaz. Para muitas combinações fungo-antifúngico, os pontos de corte da CIM foram desenvolvidos para designar as concentrações do medicamento como suscetível (S), intermediário (I ou S-DD, suscetível dependente da dose) ou resistente (R). No entanto, a eficácia *in vitro* de um medicamento nem sempre se correlaciona com sua eficácia no paciente. Existem métodos alternativos aprovados e *kits* comerciais para medir a CIM, como o Etest® (bioMérieux) e o Sensititre YeastOne® (Trek Diagnostics).

MICOSES SUPERFICIAIS

Infecções por *Malassezia*

A **pitiríase versicolor** é uma infecção crônica superficial altamente prevalente do estrato córneo causada por espécies de levedura lipofílica (*Malassezia*). Essas leveduras podem ser isoladas da pele e de couro cabeludo normais e são consideradas parte da microbiota cutânea. Logo, infecções são geralmente causadas por amostras endógenas. Atualmente, existem 14 espécies reconhecidas do gênero *Malassezia*, mas a grande maioria dos casos de pitiríase versicolor são causados por *Malassezia globosa*, *Malassezia furfur* ou *Malassezia sympodialis*. A infecção é caracterizada por máculas discretas, serpentinas, hiper ou hipopigmentadas que se desenvolvem na pele, geralmente no tórax, na parte superior das costas, nos braços ou no abdome. As lesões são crônicas e aparecem em forma de placas maculares de pele pigmentada que podem aumentar e coalescer, embora a descamação, inflamação e irritação sejam mínimas. Com efeito, essa condição comum representa, em grande parte, um problema estético. A pitiríase versicolor afeta todas as idades, e a incidência anual é de 5 a 8%. As condições predisponentes incluem o estado imunológico do paciente, fatores genéticos, e temperatura e umidade elevadas.

A maioria das espécies do gênero *Malassezia* requer lipídeos no meio para o seu crescimento. O diagnóstico é confirmado por exame microscópico direto de raspagens de pele infectada utilizando KOH. Observa-se no exame microscópico a presença de hifas curtas não ramificadas e células esféricas. As lesões também fluorescem sob a lâmpada de Wood**. A pitiríase versicolor é tratada com aplicações diárias de sulfeto de selênio. Os azóis tópicos ou orais também são eficazes. O objetivo do tratamento não é erradicar a *Malassezia* da pele, mas reduzir a população cutânea a níveis comensais.

As espécies do gênero *Malassezia* mencionadas acima, assim como a *Malassezia restricta*, foram apontadas como causas ou contribuintes para a dermatite seborreica (i.e., caspa). A etiologia é apoiada pela observação de que muitos casos são aliviados pelo tratamento com cetoconazol. Em situações raras, *Malassezia* pode causar fungemia oportunista em pacientes, geralmente lactentes, que recebem nutrição parenteral total, em decorrência de contaminação da emulsão de lipídeos. Na maioria dos casos, a fungemia é transitória e corrigida mediante a substituição do líquido e do cateter intravenoso. Além disso, outra manifestação menos comum da *Malassezia* é a foliculite.

Tínea negra

A tínea negra (ou tínea negra palmar) é uma infecção superficial crônica e assintomática do extrato córneo causada pelo fungo demácio *Hortaea* (*Exophiala*) *werneckii*. É mais prevalente em regiões costeiras quentes e entre mulheres jovens. As lesões aparecem como uma pigmentação escura (castanho-negra), frequentemente nas palmas das mãos. O exame microscópico de raspados da pele da periferia da lesão revela a presença de hifas septadas ramificadas e de células leveduriformes em brotamento, com paredes celulares melaninizadas. A tínea negra responde ao tratamento com soluções ceratolíticas, ácido salicílico ou antifúngicos azóis.

Piedra

A piedra negra é uma infecção nodular dos fios de cabelo causada por *Piedraia hortae* (Figura 45-9B). A piedra branca, decorrente da infecção por espécies do gênero *Trichosporon*, manifesta-se em forma de nódulos amarelados maiores e de consistência mais mole nos pelos (Figura 45-9A). Os pelos axilares e púbicos, a barba e os cabelos podem ser infectados. O tratamento para ambos os tipos consiste na remoção dos pelos infectados e na aplicação de um agente antifúngico tópico. A piedra é endêmica em países tropicais.

---

*N. de T. O teste do LAL é utilizado na determinação de endotoxinas bacterianas em produtos injetáveis. O princípio do teste baseia-se no processo de coagulação que ocorre com a hemolinfa do *Limulus polyphemus* (caranguejo-ferradura) na presença de lipopolissacarídeos (LPS). Os LPS são a maior fonte de pirogênio nos produtos injetáveis fabricados pela indústria farmacêutica.

**N. de T. A lâmpada de Wood é utilizada para determinar o grau e a extensão da lesão dermatológica, auxiliando o diagnóstico e a definição do tratamento. Por meio da irradiação luminosa emitida pela lâmpada de Wood, pode-se determinar se uma alteração hipercrômica encontra-se em nível epidérmico ou dérmico. A hiperpigmentação de nível epidérmico apresenta-se mais escura, enegrecida, e as manchas de nível dérmico são mais azuladas, permanecendo sem alteração ao exame com a luz de Wood.

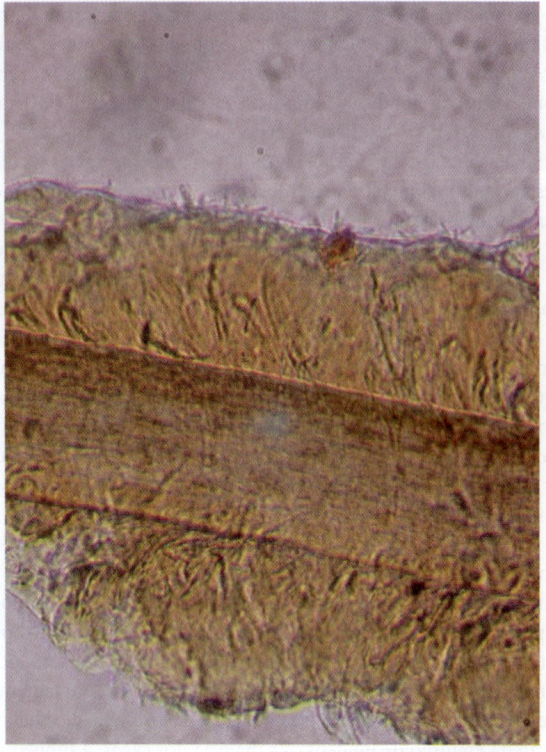

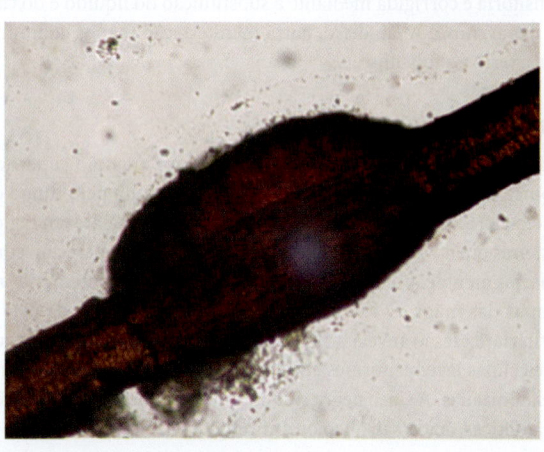

FIGURA 45-9 Piedra. **A:** Cabelo com piedra branca e nódulo devido ao crescimento do *Trichosporon*. Ampliada 200 ×. **B:** Cabelo com piedra negra e sólido nódulo escuro causado pelo crescimento de um bolor demácio, *P. hortae*. Ampliada 200 ×.

MICOSES CUTÂNEAS

Dermatofitose

As micoses cutâneas são causadas por fungos que só infectam o tecido ceratinizado (pele, cabelos e unhas). Entre os fungos, os mais importantes são os dermatófitos, um grupo de cerca de 40 fungos relacionados que pertencem a três gêneros: *Microsporum*, *Trichophyton* e *Epidermophyton*. Os dermatófitos provavelmente limitam-se à pele não viável, visto que a maioria é incapaz de crescer a 37 °C ou na presença de soro. As dermatofitoses estão entre as infecções

mais prevalentes no mundo. Embora possam ser persistentes e incômodas, raramente se mostram debilitantes ou potencialmente fatais, embora anualmente sejam gastos bilhões de dólares no seu tratamento. Por serem superficiais, as infecções dermatófitas já eram reconhecidas na antiguidade. Na pele, são diagnosticadas pela presença de hifas hialinas, septadas e ramificadas, ou cadeias de artroconídios. Em cultura, as várias espécies são estreitamente relacionadas, e sua identificação é frequentemente difícil. A espécie é determinada com base em diferenças sutis no aspecto das colônias e na morfologia microscópica, bem como em algumas exigências vitamínicas. Apesar de suas semelhanças na morfologia, nas necessidades nutricionais, nos antígenos de superfície e em outras características, muitas espécies apresentam ceratinases, elastases e outras enzimas que permitem um grande tropismo a um hospedeiro específico. A identificação de amostras intimamente relacionadas e de amostras associadas a surtos foi enormemente facilitada pela análise da sequência de DNA. As várias espécies dermatófitas capazes de reprodução sexuada produzem ascósporos e pertencem ao gênero teleomórfico *Arthroderma*.

Os dermatófitos são adquiridos por contato com solo contaminado ou com animais ou seres humanos infectados. Os dermatófitos são classificados como geofílicos, zoofílicos ou antropofílicos, dependendo de o hábitat normal ser o solo, animais ou seres humanos. Vários dermatófitos que normalmente residem no solo ou estão associados a determinadas espécies animais são também capazes de provocar infecções em seres humanos. Em geral, quando uma espécie que habita o solo evolui para um hospedeiro animal específico ou humano, ela perde a capacidade de produzir conídios assexuados e de se reproduzir sexualmente. As espécies antropofílicas, responsáveis pelo maior número de infecções humanas, causam infecções relativamente leves e crônicas em seres humanos, produzem poucos conídios em cultura e podem ser difíceis de erradicar. Já os dermatófitos geofílicos e zoofílicos, menos adaptados aos hospedeiros humanos, provocam mais infecções inflamatórias agudas, que tendem a sofrer resolução mais rápida.

Algumas espécies antropofílicas têm distribuição geográfica restrita, enquanto outras, como *Epidermophyton floccosum*, *Trichophyton mentagrophyte*s var. *interdigitale*, *Trichophyton rubrum* e *Trichophyton tonsurans*, são de distribuição mundial. A espécie geofílica mais comum que provoca infecções em seres humanos é o *Microsporum gypseum*. As espécies zoofíticas cosmopolitas (e seu hospedeiro natural) são o *Microsporum canis* (cães e gatos), *Microsporum gallinae* (aves domésticas), *Microsporum nanum* (suínos), *Trichophyton equinum* (equinos) e *Trichophyton verrucosum* (bovinos).

Morfologia e identificação

Os dermatófitos mais comuns são identificados pelo aspecto de suas colônias e pela morfologia microscópica após crescimento durante 2 semanas a 25 °C em SDA. As espécies de *Trichophyton*, que podem infectar os cabelos, a pele ou as unhas, desenvolvem macroconídios cilíndricos de parede lisa e microconídios característicos (Figura 45-10A). Dependendo da variedade, as colônias de *T. mentagrophytes* podem apresentar aspecto de algodão a granuloso; ambos os tipos exibem inúmeros agrupamentos de microconídios esféricos, semelhantes a cachos de uvas, nas ramificações terminais. Nos microrganismos isolados primários, é comum a observação de hifas espiraladas. A colônia típica do *T. rubrum* apresenta uma superfície branca com aspecto de algodão e um pigmento vermelho

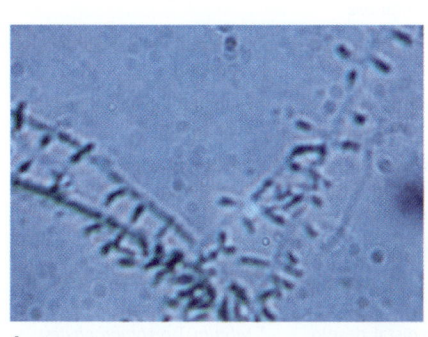
A

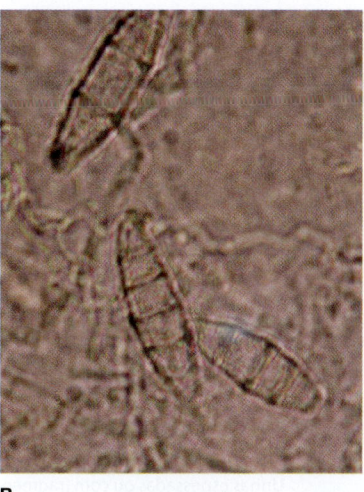
B

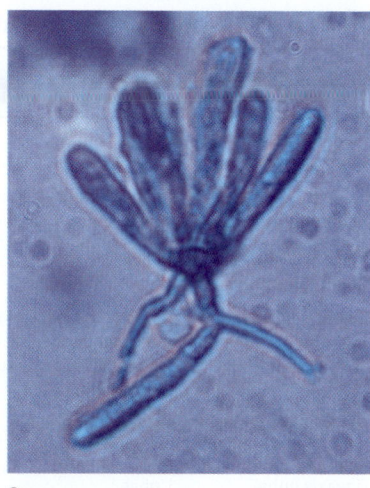
C

FIGURA 45-10 Exemplos de três gêneros de dermatófitos. **A:** *Trichophyton tonsurans* caracteriza-se pela produção de um microconídio alongado ligado a uma hifa de sustentação. **B:** *Microsporum gypseum* produz macroconídios individuais de parede fina e rugosa. **C:** *Epidermophyton floccosum* possui macroconídios em forma de bastão e de parede fina e lisa que aparecem tipicamente em pequenos aglomerados.

intenso não difusível quando observada do lado contrário. Os microconídios são pequenos e piriformes. O *T. tonsurans* forma uma colônia achatada, pulverulenta ou aveludada que se torna castanho--avermelhada do lado inverso. Em sua maioria, os microconídios são alongados (Figura 45-10A).

As espécies de *Microsporum* tendem a produzir macroconídios multicelulares distintos com paredes espinhosas (Figura 45-10B). Ambos os tipos de conídios são produzidos isoladamente nesses gêneros. O *M. canis* forma uma colônia com superfície algodonosa branca e cor amarela intensa do lado inverso; os macroconídios de parede espessa, com 8 a 15 células, frequentemente apresentam extremidades encurvadas ou em forma de gancho. O *M. gypseum* forma uma colônia pulverulenta acastanhada e inúmeros macroconídios de parede delgada, com 4 a 6 células. As espécies de *Microsporum* só infectam os pelos e a pele.

O *Epidermophyton floccosum*, o único patógeno nesse gênero, só produz macroconídios claviformes, de parede lisa, com 2 a 4 células, que aparecem em pequenos agrupamentos (Figura 45-10C). Em geral, as colônias são achatadas e de textura aveludada, com coloração castanha a verde-oliva. O *Epidermophyton floccosum* infecta a pele e as unhas, mas não os pelos.

Além da morfologia tanto macroscópica quanto microscópica, alguns testes nutricionais ou outros, como crescimento a 37 °C ou perfuração dos pelos *in vitro*, mostram-se úteis na diferenciação de certas espécies. Isolados atípicos geralmente podem ser identificados por ensaios de PCR.

Epidemiologia e imunidade

As infecções causadas por dermatófitos surgem na pele após traumatismo e contato. Existem evidências de que a suscetibilidade do hospedeiro pode ser aumentada pela umidade, pelo calor, pela química específica da pele, pela composição do sebo e do suor, pela pouca idade e por predisposição genética. A incidência é maior em climas quentes e úmidos, assim como em condições de aglomeração. Calçados favorecem o calor e a umidade, situação propícia à infecção dos pés. A fonte de infecção é o solo ou animais infectados,

no caso dos dermatófitos geofílicos e zoofílicos, respectivamente. As espécies antropofílicas podem ser transmitidas por contato direto ou fômites, como toalhas, roupas e boxes de chuveiros compartilhados, e outros exemplos semelhantes. Ao contrário de outras infecções fúngicas, os dermatófitos são contagiosos e frequentemente transmitidos pela exposição à pele descamada, unhas e cabelos contaminados por hifas ou conídios. Essas estruturas fúngicas podem permanecer viáveis por longo período nos fômites.

A **tricofitina** é uma preparação antigênica não purificada que pode ser utilizada para se detectar a ocorrência de hipersensibilidade do tipo imediato ou tardio a antígenos de dermatófitos. Muitos pacientes que apresentam infecções não inflamatórias crônicas por dermatófitos exibem respostas imunológicas celulares deficientes ao antígeno do dermatófito. Com frequência, esses pacientes são atópicos e apresentam hipersensibilidade do tipo imediato, assim como concentrações elevadas de IgE. No hospedeiro normal, a duração e a magnitude da imunidade à dermatofitose variam conforme o hospedeiro, o local e as espécies de fungo responsáveis pela infecção.

Manifestações clínicas

A infecção por dermatófitos era incorretamente denominada micose ou tínea, devido à ocorrência de lesões circulares elevadas, e, por convenção, foi mantida essa terminologia. As formas clínicas baseiam-se no local de comprometimento. Uma única espécie é capaz de provocar mais de um tipo de infecção clínica. Já uma única forma clínica, como a tínea do corpo, pode ser causada por mais de uma espécie de dermatófito. A Tabela 45-3 lista as etiologias das manifestações clínicas mais comuns. Muito raramente, os pacientes imunocomprometidos desenvolvem infecções sistêmicas por dermatófitos.

A. Tínea dos pés (pé de atleta)

A tínea dos pés (do latim *Tinea pedis*) é a mais prevalente das dermatofitoses. Em geral, ocorre como infecção crônica dos espaços interdigitais. Outras variedades são o tipo vesiculoso, o ulcerativo

TABELA 45-3 Algumas características clínicas das dermatofitoses

Doença cutânea	Localização das lesões	Manifestações clínicas	Fungos mais frequentemente associados
Tínea do corpo (em forma de anel)	Pele lisa e glabra	Placas circulares com bordas vesiculadas e avermelhadas, bem como descamação central. Pruriginosa	T. rubrum, E. floccosum
Tínea dos pés (pé de atleta)	Espaços interdigitais nos pés de pessoas que usam sapatos	Aguda: pruriginosa, vesiculosa e vermelha. Crônica: pruriginosa, descamação e fissuras	T. rubrum, T. mentagrophytes, E. floccosum
Tínea crural (coceira do jóquei)	Virilha	Lesão eritematosa na área intertriginosa. Pruriginosa	T. rubrum, T. mentagrophytes, E. floccosum
Tínea da cabeça	Couro cabeludo. Endótrix: fungo no interior da haste do pelo. Ectótrix: fungo na superfície do cabelo	Placas circulares de alopecia com pontas de cabelo curtas ou pelos fraturados no interior do folículo piloso. Ocorrência rara de quérion. Os pelos infectados por *Microsporum* fluorescem	T. mentagrophytes, M. canis, T. tonsurans
Tínea da barba	Pelos da barba	Lesão edematosa e eritematosa	T. mentagrophytes, T. rubrum, T. verrucosum
Tínea da unha (onicomicose)	Unhas	Unhas espessadas ou com fragmentação distal; despigmentadas, sem brilho. Geralmente associadas à tínea dos pés	T. rubrum, T. mentagrophytes, E. floccosum
Dermatofítide (reação id)	Em geral, nas superfícies laterais e flexoras dos dedos das mãos. Palmas. Qualquer local do corpo	Lesões vesiculares pruriginosas que podem vir a apresentar bolhas. Mais comumente associadas à tínea dos pés	Ausência de fungos na lesão. Pode tornar-se infectada secundariamente por bactérias

e o mocassim, com hiperceratose das plantas dos pés. De início, ocorre prurido entre os dedos, e verifica-se o desenvolvimento de pequenas vesículas que sofrem ruptura, liberando um líquido fino. A pele dos espaços interdigitais torna-se macerada e descama, enquanto aparecem fendas propensas a infecção bacteriana secundária. Quando a infecção fúngica se torna crônica, a descamação e as fendas na pele constituem as principais manifestações, acompanhadas de dor e prurido.

B. Tínea das unhas (onicomicose)

A tínea dos pés, quando prolongada, pode ser acompanhada de infecção ungueal – tínea das unhas (do latim *Tinea unguium*). Com a invasão das hifas, as unhas tornam-se amarelas, quebradiças, espessas e friáveis. Uma ou mais das unhas dos pés ou das mãos podem ser acometidas.

C. Tínea do corpo, tínea crural e tínea da mão

A dermatofitose da pele glabra do corpo geralmente dá origem às lesões anulares da tínea, com uma área central clara e descamativa, circundada por uma borda avermelhada que avança e pode ser seca ou vesiculosa. Os dermatófitos só crescem em tecido ceratinizado morto, porém os metabólitos, as enzimas e os antígenos do fungo difundem-se através das camadas viáveis da epiderme, causando eritema, formação de vesículas e prurido. As infecções causadas por dermatófitos geofílicos e zoofílicos formam produtos mais irritantes e são mais inflamatórias do que as espécies antropofílicas. À medida que as hifas amadurecem, frequentemente formam cadeias de artroconídios. As lesões sofrem expansão centrífuga, e o crescimento ativo das hifas ocorre na periferia, a região mais provável para a coleta de material para diagnóstico. A penetração do fungo no extrato córneo recém-formado das superfícies plantares e palmares mais espessas é responsável pelas infecções persistentes nesses locais.

Quando a infecção ocorre na região da virilha, é denominada tínea crural (do latim *Tinea cruris*) ou "coceira do jóquei". A maioria dessas infecções acomete homens e manifesta-se em forma de lesões secas e pruriginosas que frequentemente surgem no escroto e disseminam-se pela virilha. A tínea da mão (do latim *Tinea manus*) ocorre nas mãos ou nos dedos. As lesões secas e descamativas podem afetar uma ou ambas as mãos e um ou mais dedos.

D. Tínea do couro cabeludo e tínea da barba

A tínea da cabeça (do latim *Tinea capitis*) é a dermatofitose do couro cabeludo e dos cabelos. A infecção começa com a invasão da pele do couro cabeludo por hifas, com subsequente disseminação para a parede ceratinizada do folículo piloso. A infecção do couro cabeludo ocorre logo acima da raiz. As hifas crescem para baixo, na porção morta do cabelo e à mesma velocidade de crescimento do cabelo. A infecção resulta em placas circulares acinzentadas de alopecia, descamação e prurido. À medida que o cabelo cresce e sai do folículo, as hifas das espécies de *Microsporum* produzem uma cadeia de esporos que formam uma bainha ao redor da haste do cabelo (ectótrix), e que produzem uma fluorescência esverdeada a prateada quando os cabelos são examinados sob a lâmpada de Wood (365 nm). Em contrapartida, o *T. tonsurans*, que constitui a principal causa da tínea de "pontos negros" do couro cabeludo, produz esporos no interior da haste do cabelo (endótrix). Esses cabelos não fluorescem; tornam-se fracos e geralmente sofrem ruptura com facilidade no orifício folicular. Em crianças pré-puberais, a tínea do couro cabeludo epidêmica normalmente é autolimitada.

As espécies zoofíticas podem induzir uma grave reação inflamatória e de hipersensibilidade combinada, denominada **quérion**. Outra manifestação da tínea do couro cabeludo é o favo, uma infecção inflamatória aguda do folículo piloso causada pelo *T. schoenleinii*, que resulta na formação de escútulas (crostas) ao redor do folículo. Nos pelos com favo, as hifas não formam esporos, mas podem ser encontradas no interior da haste do cabelo. A tínea da barba (do latim *Tinea barbae*) afeta a região da barba. No caso de dermatófito zoofítico em particular, pode ocorrer uma reação altamente inflamatória, que se assemelha estreitamente à infecção piogênica.

E. Reação tricofítica

Durante a evolução da dermatofitose, o indivíduo pode tornar-se hipersensível a constituintes ou produtos do fungo, podendo desenvolver manifestações alérgicas, denominadas dermatofítides (em geral, vesículas), em outras partes do corpo (mais frequentemente nas mãos). O teste cutâneo com tricofitina é acentuadamente positivo nesses indivíduos.

Exames diagnósticos laboratoriais

A. Espécimes e examinação microscópica

As amostras consistem em raspados da pele e das unhas, juntamente com pelos ou cabelos arrancados das áreas afetadas. Em preparações de KOH da pele ou das unhas, independentemente da espécie infectante, são observadas hifas ramificadas ou cadeias de artroconídios (artrósporos) (Figura 45-11). Nos pelos, a maioria das espécies de *Microsporum* forma bainhas densas de esporos ao redor do pelo (**ectótrix**). Os esporos ectótrix de *Microsporum* emitem fluorescência sob a lâmpada de Wood em ambiente escuro. O *T. tonsurans* e o *T. violaceum* são reconhecidos pela produção de artroconídios no interior da haste do cabelo (**endótrix**).

B. Cultura

A identificação da espécie de dermatófito exige a realização de culturas. As amostras são inoculadas em ágar IMA ou SDA inclinados contendo ciclo-heximida e cloranfenicol para suprimir o crescimento de bolores e bactérias; em seguida, são incubadas durante 1 a 3 semanas à temperatura ambiente e examinadas em culturas de lâmina, se necessário. As espécies são identificadas com base na morfologia das colônias (velocidade de crescimento, textura da superfície e presença de qualquer pigmentação), morfologia

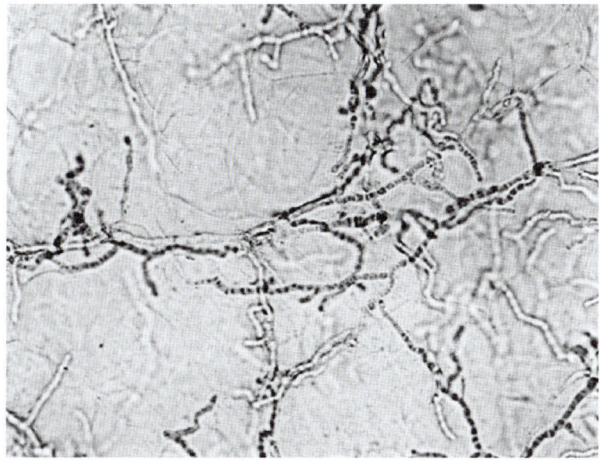

FIGURA 45-11 Dermatofitose. Microscopia da preparação com KOH de raspado cutâneo a partir da lesão micótica. As células epidérmicas são lisadas pelo KOH, revelando as ramificações das hifas septadas hialinas. 100 ×. (Reproduzida, com autorização, de Ryan KJ, Ray CG [editors]: *Sherris Medical Microbiology*, 5th ed. McGraw-Hill, 2010, p. 700. © McGraw-Hill Education.)

microscópica (macroconídios, microconídios) e, em alguns casos, exigências nutricionais.

Tratamento

A terapia consiste em remoção completa das estruturas epiteliais infectadas e mortas, assim como aplicação de antifúngico ou antibiótico tópico. Para evitar a reinfecção, a área deve ser mantida seca, evitando-se as fontes de infecção, como animais de estimação infectados ou locais de banho compartilhados.

As infecções do couro cabeludo são tratadas durante várias semanas com administração oral de griseofulvina ou terbinafina. O uso frequente de xampus e a aplicação de creme de miconazol ou outros antifúngicos tópicos podem ser eficazes quando efetuados durante várias semanas. Alternativamente, o cetoconazol e o itraconazol são bastante eficazes.

Para *Tinea corporis*, *Tinea pedis* e infecções relacionadas, os medicamentos mais eficazes são itraconazol e terbinafina. Entretanto, podem ser utilizadas diversas preparações tópicas, como nitrato de miconazol, tolnaftato e clotrimazol. Quando esses fármacos são aplicados durante pelo menos 2 a 4 semanas, as taxas de cura geralmente atingem 70 a 100%. O tratamento deve ser mantido durante 1 a 2 semanas após o desaparecimento das lesões. Para os casos problemáticos, pode-se administrar um tratamento de curta duração com griseofulvina oral.

As infecções das unhas são as mais difíceis de tratar e, com frequência, exigem meses de tratamento com itraconazol ou terbinafina por via oral, bem como a remoção cirúrgica da unha. As recidivas são comuns. Um novo imidazol tópico, o luliconazol, foi formulado para ter maior penetração na lâmina ungueal, demonstrando potente eficácia contra dermatófitos e onicomicose.

CONCEITOS-CHAVE: MICOSES SUPERFICIAIS E CUTÂNEAS

1. As micoses superficiais e cutâneas estão entre as doenças transmissíveis mais comuns.
2. A maioria das infecções fúngicas cutâneas e superficiais é causada pelas espécies de *Malassezia*, dermatófitos ou *Candida* (discutida adiante).
3. O crescimento dos dermatófitos é favorecido pela presença de soro e pela temperatura corporal; e esses fungos raramente estão envolvidos em infecções invasivas.
4. Os dermatófitos zoofílicos e geofílicos causam inflamação aguda que responde a tratamento tópico dentro de algumas semanas, e raramente há recidiva.
5. Os dermatófitos antropofílicos causam lesões crônicas e relativamente brandas, que podem necessitar de meses ou anos de tratamento, e frequentemente há recidiva.

MICOSES SUBCUTÂNEAS

Os fungos que provocam micoses subcutâneas normalmente residem no solo ou na vegetação. Penetram na pele ou no tecido subcutâneo por inoculação traumática com material contaminado. Por exemplo, um corte superficial ou um arranhão podem introduzir um bolor ambiental com a habilidade de infectar a derme exposta. Em geral, as lesões tornam-se granulomatosas e expandem-se lentamente a partir da área da implantação. A disseminação pelos vasos linfáticos que drenam a lesão é lenta, exceto na esporotricose. Em geral, essas micoses limitam-se aos tecidos subcutâneos; todavia, em raros casos, tornam-se sistêmicas e causam doença potencialmente fatal.

ESPOROTRICOSE

O *Sporothrix schenckii* é um fungo termicamente dimórfico que vive em vegetações e é associado a uma variedade de plantas – gramíneas, árvores, musgo esfagno, roseiras e outras horticulturas. À temperatura ambiente, cresce em forma de bolor, produzindo hifas septadas e ramificadas, bem como conídios. Nos tecidos ou *in vitro* a 35 a 37 °C, aparece como pequena levedura em brotamento. Após sua introdução traumática na pele, o *S. schenckii* provoca **esporotricose**, uma infecção granulomatosa crônica. Tipicamente, o episódio inicial é seguido de disseminação secundária, com o comprometimento dos vasos de drenagem linfáticos e linfonodos. Dois agentes etiológicos menos comuns de esporotricose foram identificados recentemente: o *Sporothrix brasiliensis*, que está associado a animais, e o *Sporothrix globosa*, associado à maioria dos casos não linfangíticos.

Morfologia e identificação

O *S. schenckii* cresce adequadamente em meios de ágar de rotina, e, à temperatura ambiente, as colônias jovens são de coloração negra e brilhantes, tornando-se enrugadas e felpudas com o envelhecimento. As cepas variam quanto à sua pigmentação, desde tonalidades de negro a acinzentadas e esbranquiçadas. O organismo produz hifas septadas e ramificadas, bem como pequenos conídios (3 a 5 µm) delicadamente agrupados nas extremidades dos conidióforos. Os isolados também podem formar conídios maiores diretamente a partir das hifas. O *S. schenckii* é termicamente dimórfico e, à temperatura de 35 °C em meio enriquecido, cresce em forma de pequenas células leveduriformes em brotamento, de forma variável, porém frequentemente fusiforme (cerca de 1-3 × 3-10 µm), conforme ilustra a Figura 45-12.

Estrutura antigênica

As suspensões de culturas em solução salina mortas pelo calor ou frações de carboidrato (**esporotriquina**) produzem resultados positivos em testes cutâneos tardios efetuados em seres humanos ou animais infectados. Foram desenvolvidos diversos testes sorológicos, e a maioria dos pacientes, bem como alguns indivíduos normais, apresenta anticorpos específicos ou de reatividade cruzada.

Patogênese e manifestações clínicas

Os conídios ou fragmentos de hifas de *S. schenckii* são introduzidos na pele em decorrência de traumatismo. Com frequência, os pacientes relatam história de traumatismo geralmente associado a atividades externas e plantas. Em geral, a lesão inicial é observada nas extremidades, mas pode surgir em qualquer local (as crianças frequentemente apresentam lesões faciais). Cerca de 75% dos casos são linfocutâneos, isto é, a lesão inicial desenvolve-se em forma de

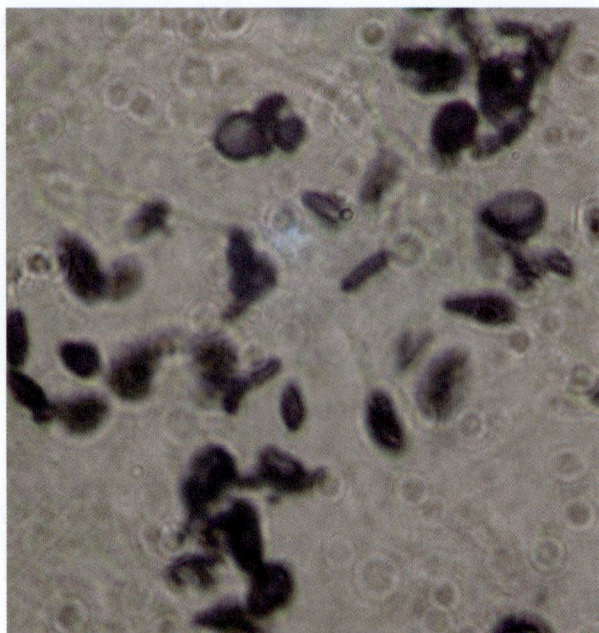

FIGURA 45-12   Esporotricose. Tecido cutâneo revelando células de levedura de *Sporothrix schenckii* esféricas (3-5 µm), pequenas, com brotamentos alongados, coradas em preto com corante metenamina-prata de Gomori (GMS). Ampliada 400 ×.

nódulo granulomatoso que pode evoluir para lesão necrótica ou ulcerativa. Durante esse período, os vasos linfáticos de drenagem tornam-se espessos e semelhantes a uma corda. Ao longo dos vasos linfáticos, são observados vários nódulos subcutâneos e abscessos.

A esporotricose consiste em um nódulo não linfático solitário, limitado e menos progressivo. A lesão fixa é mais comum em áreas endêmicas, como o México, onde há elevado nível de exposição e imunidade na população. A imunidade limita a propagação local da infecção.

Em geral, ocorre pouco comprometimento sistêmico associado a essas lesões, mas pode haver disseminação, particularmente em pacientes debilitados. Em raras ocasiões, ocorre esporotricose pulmonar primária em consequência da inalação de conídios. Essa manifestação imita a tuberculose cavitária crônica e tende a ocorrer em pacientes com comprometimento da imunidade celular.

Exames diagnósticos laboratoriais

A. Espécimes e examinação microscópica

Os espécimes consistem em material de biópsia ou exsudato de lesões granulomatosas ou ulcerativas. Embora as amostras possam ser examinadas diretamente com KOH ou corante calcofluorado branco, observa-se raramente a presença de leveduras. Mesmo que estejam dispersas no tecido, a sensibilidade dos cortes histopatológicos aumenta com o uso de corantes de rotina para paredes celulares fúngicas, como a metenamina de prata de Gomori, que cora a parede celular de negro, ou o ácido periódico de Schiff, que confere uma coloração vermelha às paredes celulares. Como alternativa, o fungo pode ser identificado por coloração com anticorpo fluorescente. As leveduras são esféricas a alongadas, com diâmetro de 3 a 5 μm.

Outra estrutura, denominada corpúsculo asteroide, é frequentemente observada em amostras de tecido, sobretudo em áreas endêmicas, como o México, a África do Sul e o Japão. No tecido corado por hematoxilina e eosina, o corpúsculo asteroide consiste em uma célula leveduriforme basofílica central, circundada por extensões de material eosinofílico que se irradiam e que consistem em deposições de complexos de antígeno-anticorpo e complemento.

B. Cultura

Constitui o método mais confiável para o estabelecimento do diagnóstico. As amostras são semeadas em IMA ou SDA contendo antibióticos antibacterianos e incubadas a 25 e 30 °C. A identificação é confirmada pelo crescimento do fungo a 35 °C e sua conversão à forma de levedura.

C. Sorologia

Altos títulos de anticorpos aglutinantes para suspensões de células leveduriformes ou para partículas de látex recobertas com antígeno são detectados no soro de pacientes infectados. Contudo, esses testes geralmente não são úteis, pois os títulos elevados não ocorrem no início do curso da doença. Além disso, indivíduos não infectados ou previamente expostos podem apresentar resultados falso-positivos.

Tratamento

Em alguns casos, a infecção é autolimitada. Embora a administração oral de solução saturada de iodeto de potássio em leite seja muito eficaz, dificilmente é tolerada por muitos pacientes. O tratamento de escolha consiste em itraconazol por via oral ou outro azol. Na presença de doença sistêmica, administra-se anfotericina B.

Epidemiologia e controle

O *S. schenckii* apresenta distribuição mundial, ocorrendo em estreita associação com plantas. Assim, por exemplo, os casos relatados foram associados a contato com musgo esfagno, espinhos de rosas, madeira em decomposição, palha, gramíneas e outras vegetações. Cerca de 75% dos casos são observados em homens devido à maior exposição ou a uma diferença na suscetibilidade ligada ao X. A incidência é maior entre pessoas que trabalham na agricultura, e a esporotricose é considerada um risco ocupacional para guardas-florestais, horticultores e indivíduos que têm ocupações semelhantes. A prevenção inclui medidas destinadas a minimizar a inoculação acidental, bem como o uso de fungicidas, quando apropriado, para o tratamento das madeiras. Os animais também são suscetíveis à esporotricose.

CROMOBLASTOMICOSE

A cromoblastomicose (cromomicose) é uma infecção micótica subcutânea geralmente causada por inoculação traumática de qualquer um dos cinco agentes fúngicos reconhecidos que residem no solo ou em vegetações. Todos são fungos demácios, com paredes

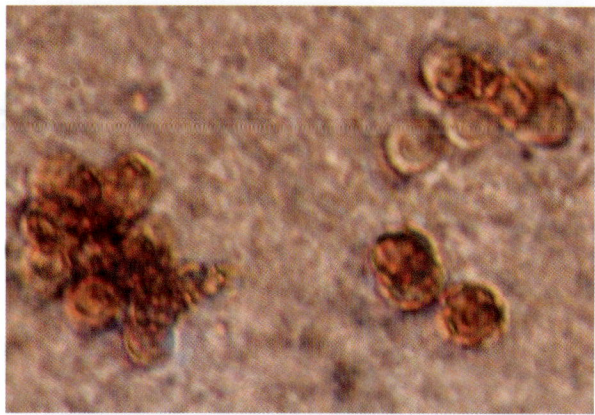

FIGURA 45-13 Cromoblastomicose. Células escleróticas (4-12 μm de diâmetro) melaninizadas diagnósticas estão evidentes nessa biópsia cutânea corada com hematoxilina e eosina (H&E). Ampliada 400 ×.

celulares melanizadas: *Phialophora verrucosa, Fonsecaea pedrosoi, Fonsecaea compacta, Rhinocladiella aquaspersa,* e *Cladophialophora carrionii.* A infecção é crônica e caracteriza-se pelo desenvolvimento lento de lesões granulomatosas progressivas que, com o decorrer do tempo, induzem hiperplasia do tecido epidérmico.

Morfologia e identificação

Os fungos demácios assemelham-se na sua pigmentação, na estrutura antigênica, na morfologia e nas propriedades fisiológicas. As colônias são compactas, de coloração acastanhado-escura a negra, e exibem uma superfície aveludada e frequentemente enrugada. Os agentes responsáveis pela cromoblastomicose são identificados com base na formação dos conídios. Nos tecidos, exibem aspecto semelhante, produzindo células esféricas de coloração marrom (com diâmetro de 4-12 μm) denominadas corpúsculos muriformes ou escleróticos, que se dividem por septação transversa. A forma de septos em diferentes planos com separação tardia pode dar origem a um aglomerado de 4 a 8 células (Figura 45-13). As células no interior das crostas superficiais ou exsudatos podem germinar, produzindo hifas septadas e ramificadas.

As culturas desses bolores demácios podem ser distinguidas da seguinte forma:

A. *P. verrucosa*

Os conídios são produzidos por fiálides em forma de frasco, tendo colaretes em forma de taça. Os conídios maduros, que são esféricos a ovais, são expelidos da fiálide, e em geral acumulam-se ao seu redor (Figura 45-14A).

B. *F. pedrosoi*

O gênero *Fonsecaea* é polimórfico. Os organismos isolados podem exibir (1) fiálides, (2) cadeias de blastoconídios, semelhantes às das espécies de *Cladosporium,* ou (3) formação de conídios simpodiais tipo *Rhinocladiella.* A maioria das cepas da *F. pedrosoi* forma cadeias curtas ramificadas de blastoconídios e conídios simpodiais (ver Figura 45-14B).

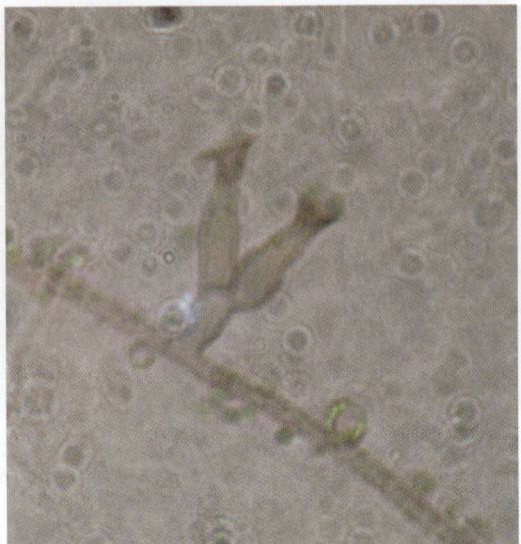

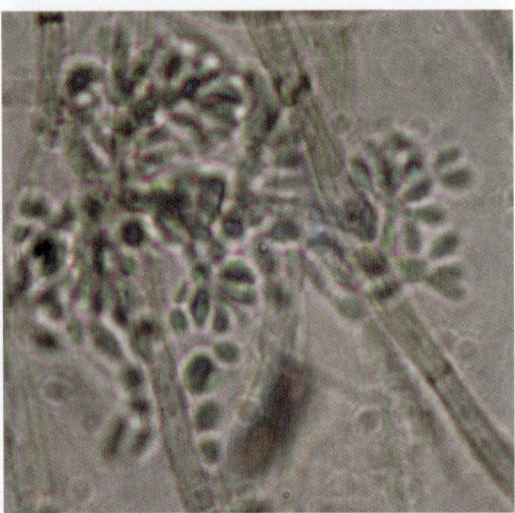

FIGURA 45-14 Identificação de conídios produzidos em cultura por dois dos agentes mais comuns da cromoblastomicose. **A:** *P. verrucosa* produz conídio a partir das fiálides em forma de vaso com colaretes. Ampliada 1.000 ×. **B:** *F. pedrosoi* geralmente apresenta cadeias ramificadas curtas de blastoconídios, bem como outros tipos de conidiogênese. Ampliada 1.000 ×.

C. *F. compacta*

Os blastoconídios produzidos por *F. compacta* são quase esféricos e dotados de uma base ampla que conecta os conídios. Essas estruturas são menores e mais compactas do que as da *F. pedrosoi*.

D. *R. aquaspersa*

Essa espécie produz conídios laterais ou terminais a partir de uma célula coniodiógena por um processo simpodial. Os conídios são elípticos ou em forma de clava.

E. *Cladophialophora (Cladosporium) carrionii*

As espécies de *Cladophialophora* e *Cladosporium* produzem cadeias ramificadas de conídios por brotamento distal (acropétalo). O conídio terminal de uma cadeia dá origem ao conídio seguinte por um processo de brotamento. As espécies são identificadas em virtude de diferenças no comprimento das cadeias, na forma e no tamanho dos conídios. O *C. carrionii* produz conidióforos alongados com longas cadeias ramificadas de conídios ovais.

Patogênese e manifestações clínicas

Os fungos são introduzidos na pele em decorrência de traumatismo, frequentemente nas pernas ou nos pés expostos. No decorrer de vários meses a anos, a lesão primária torna-se verrucosa, estendendo-se ao longo dos vasos linfáticos que drenam a área. Por fim, a área fica coberta de nódulos semelhantes a uma couve-flor, com abscessos crostosos. Na superfície verrucosa, são observadas pequenas ulcerações ou "pontos negros" de material hemopurulento. Em raras ocasiões, pode ocorrer elefantíase em consequência de infecção secundária, obstrução e fibrose dos canais linfáticos. A disseminação para outras partes do corpo é muito rara, embora possam ocorrer lesões-satélites devido à propagação linfática local ou à autoinoculação. Histologicamente, as lesões são granulomatosas, podendo ser observados corpúsculos escleróticos escuros no interior dos leucócitos ou de células gigantes.

Exames diagnósticos laboratoriais

Os raspados ou biópsias são colocados em KOH a 10% e examinados ao microscópio à procura de células esféricas e escuras. A detecção dos corpúsculos escleróticos é diagnóstica de cromoblastomicose, independentemente do agente etiológico. Os cortes histológicos revelam a presença de granulomas e extensa hiperplasia do tecido dérmico. As amostras devem ser cultivadas em IMA ou SDA com antibióticos. A espécie demácia é identificada pelas suas estruturas características de conídios, conforme foi descrito anteriormente. Existem muitos bolores demácios saprofíticos semelhantes, mas diferem das espécies patogênicas pela sua incapacidade de crescer a 37 °C e sua capacidade de digerir gelatina.

Tratamento

A excisão cirúrgica com amplas margens constitui o tratamento de escolha para as lesões pequenas. A quimioterapia com flucitosina ou itraconazol pode ser eficaz para as lesões maiores. A aplicação local de calor também é benéfica. É comum a ocorrência de recidiva.

Epidemiologia

A cromoblastomicose ocorre principalmente nos trópicos. Os fungos são saprófitas na natureza, ocorrendo provavelmente na vegetação e no solo. A doença afeta principalmente as pernas de pessoas que trabalham em fazendas com os pés descalços, após a introdução traumática do fungo. A cromoblastomicose não é contagiosa. O uso de calçados e a proteção das pernas provavelmente evitam a infecção.

FEOIFOMICOSE

Feoifomicose é um termo aplicado para definir infecções caracterizadas pela presença de hifas septadas com pigmentação escura em tecidos. Foram descritas infecções tanto cutâneas quanto sistêmicas. As formas clínicas variam desde cistos encapsulados solitários no tecido subcutâneo até sinusite e abscessos cerebrais. Mais de 100 espécies de bolores demácios foram associadas a vários tipos de infecção feoifomicótica. Todos são bolores exógenos que normalmente existem na natureza. Algumas das causas mais comuns da feoifomicose subcutânea são *Exophiala jeanselmei, Phialophora richardsiae, Bipolaris spicifera* e *Wangiella dermatitidis*. Tais espécies, bem como outras (p. ex., *Exserohilum rostratum*, espécies de *Alternaria* e de *Curvularia*), também podem ser implicadas na feoifomicose sistêmica. A incidência de feoifomicose e a variedade de patógenos aumentaram nos últimos anos em pacientes tanto imunocompetentes quanto imunocomprometidos.

Nos tecidos, as hifas são grandes (com 5-10 µm de diâmetro) e frequentemente deformadas e podem ser acompanhadas de células leveduriformes; entretanto, essas estruturas podem ser diferenciadas de outros fungos pela presença de melanina nas paredes celulares (Figura 45-15). As amostras são cultivadas em meios de rotina para fungos, a fim de se identificar o agente etiológico. Em geral, o fármaco de escolha para a feoifomicose subcutânea é o itraconazol ou a flucitosina. Os abscessos cerebrais são geralmente fatais; entretanto, quando identificados, devem ser tratados com anfotericina B e cirurgia. A principal causa da feoifomicose cerebral é a *C. bantiana*.

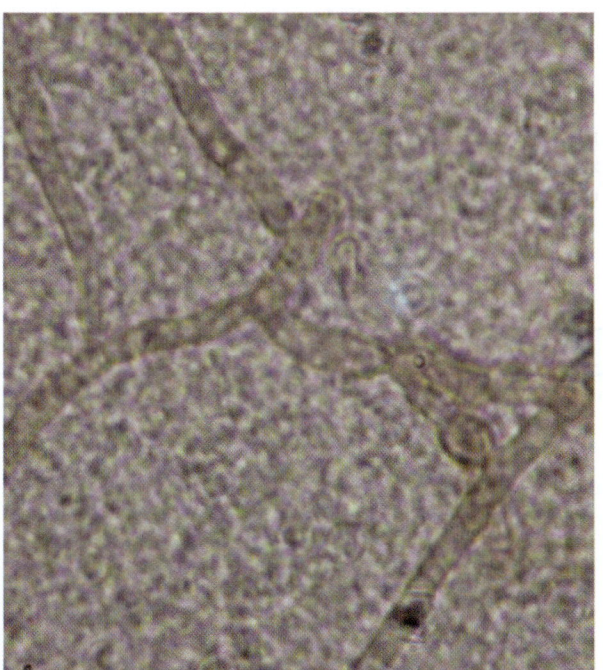

FIGURA 45-15   Feoifomicose. Hifas melaninizadas são observadas no tecido. Ampliada 400 ×.

MICETOMA

O micetoma é uma infecção subcutânea crônica induzida por inoculação traumática de várias espécies saprofíticas de fungos ou actinomicetos normalmente encontradas no solo. As manifestações clínicas que definem o micetoma consistem em edema local do tecido infectado com aparecimento de seios de drenagem, sinusite ou fístulas que contêm grânulos, os quais consistem em microcolônias do agente mergulhadas no material histológico. O **actinomicetoma** é um micetoma causado por actinomiceto, enquanto o **eumicetoma** (maduromicose, pé de Madura) é um micetoma causado por fungo. A história natural e as manifestações clínicas de ambos os tipos de micetoma são semelhantes, porém os actinomicetomas podem ser mais invasivos, disseminando-se do tecido subcutâneo para o músculo subjacente. Naturalmente, a terapia é diferente. O micetoma tem distribuição mundial, porém é observado em pessoas pobres que residem em áreas tropicais e usam roupas menos protetoras. Ocorre apenas esporadicamente fora dos trópicos, porém exibe prevalência particular na Índia, África e América Latina. Os actinomicetomas são discutidos no Capítulo 12.

Morfologia e identificação

Os agentes que causam o micetoma incluem, entre outros, *Pseudallescheria boydii* (anamorfa, *Scedosporium apiospermum*), *Madurella mycetomatis, Madurella grisea, Exophiala jeanselmei* e *Acremonium falciforme*. Nos Estados Unidos, a espécie prevalente é *P. boydii,* que é homotálica e tem a capacidade de produzir ascósporos em cultura. A *E. jeanselmei* e as espécies de *Madurella* são bolores demácios. Eles são identificados primariamente pelo modo de formação dos conídios. A *P. boydii* também pode causar pseudolesqueríase, infecção sistêmica observada em pacientes imunocomprometidos.

Nos tecidos, os grânulos de micetoma podem atingir até 2 mm de tamanho. A cor dos grânulos pode fornecer informações sobre o agente etiológico. Por exemplo, os grânulos do micetoma causado por *P. boydii* e *A. falciforme* são brancos, enquanto os da *M. grisea* e *E. jeanselmei* são negros, e o *M. mycetomatis* produz grânulos vermelho-escuros a negros. Esses grânulos são de consistência dura e contêm hifas septadas entrelaçadas (com 3-5 µm de largura). Tipicamente, as hifas são deformadas e aumentadas na periferia do grânulo.

Patogênese e manifestações clínicas

Verifica-se o desenvolvimento de micetoma após a inoculação traumática com solo contaminado com um dos agentes etiológicos. Os tecidos subcutâneos dos pés, dos membros inferiores, das mãos e áreas expostas são mais frequentemente acometidos. Qualquer que seja o agente etiológico, a patologia caracteriza-se por supuração, formação de abscessos granulomatosos e o aparecimento de seios de drenagem que contêm grânulos. Tal processo pode sofrer disseminação para o músculo e o osso contíguos. As lesões sem tratamento persistem por vários anos e expandem-se na profundidade e na periferia, provocando deformidade e perda da função.

Em casos muito raros, *P. boydii* pode disseminar-se no hospedeiro imunocomprometido ou provocar infecção de corpo estranho (p. ex., marca-passo cardíaco).

Exames diagnósticos laboratoriais

Os grânulos podem ser removidos do pus ou do material de biópsia para exame e cultura em meios apropriados. A cor, a textura e o tamanho dos grânulos, bem como a presença de hifas hialinas ou pigmentadas (ou de bactérias), são úteis para se estabelecer o agente causador. Os micetomas que drenam estão frequentemente superinfectados por estafilococos e estreptococos.

Tratamento

O tratamento do eumicetoma é difícil, consistindo em desbridamento ou excisão cirúrgica e quimioterapia. A infecção por *P. boydii* pode ser tratada com nistatina ou miconazol tópicos. Pode-se recomendar o uso de itraconazol, cetoconazol e mesmo anfotericina B para infecções causadas por *Madurella*, enquanto a flucitosina está indicada para *E. jeanselmei*. Os quimioterápicos devem ser administrados por longos períodos para que haja penetração adequada nessas lesões.

Epidemiologia e controle

Os microrganismos que causam o micetoma são encontrados no solo e na vegetação. Por conseguinte, as pessoas que trabalham em fazendas com os pés descalços são comumente expostas. A limpeza adequada das feridas e o uso de sapatos constituem medidas de controle razoáveis.

CONCEITOS-CHAVE: MICOSES SUBCUTÂNEAS

1. As micoses subcutâneas podem ser causadas por dezenas de fungos ambientais associados à vegetação e ao solo.
2. Essas infecções são geralmente adquiridas após pequenos cortes ou arranhões causados por introdução de solo ou debris de plantas (p. ex., lascas e espinhos) contendo o fungo patogênico. A infecção subsequente é crônica mas raramente se dissemina para tecidos mais profundos.

3. O *S. schenckii*, o agente etiológico da esporotricose, é um fungo dimórfico que apresenta crescimento hifal, mas no hospedeiro adquire um crescimento leveduriforme.
4. O diagnóstico das cromoblastomicoses se dá por observação microscópica de corpúsculos escleróticos esféricos e amarronzados (melanizados) no interior das lesões.
5. O diagnóstico das feoifomicoses é a presença de hifas septadas amarronzadas (melanizadas) no interior das lesões.
6. A característica típica de um micetoma é o edema localizado e a formação de fístulas que contêm grânulos compostos por hifas e tecido inflamatório (macrófagos ou fibrina).

MICOSES ENDÊMICAS

As quatro principais micoses (dimórficas) sistêmicas (coccidioidomicose, histoplasmose, blastomicose e paracoccidioidomicose) limitam-se geograficamente a áreas específicas de endemicidade. Os fungos que provocam a coccidioidomicose e histoplasmose são encontrados na natureza, em solo seco ou misturado com guano, respectivamente. Acredita-se que os agentes da blastomicose e da paracoccidioidomicose sejam encontrados na natureza, embora seus hábitats não tenham sido claramente estabelecidos. Cada uma dessas micoses é causada por um fungo termicamente dimórfico, e as infecções começam, em sua maioria, nos pulmões, após a inalação dos respectivos conídios. A maioria das infecções é assintomática ou branda, se resolvendo sem tratamento específico. Contudo, um pequeno número de indivíduos desenvolve infecções pulmonares que podem se disseminar para outros órgãos. Com raras exceções, essas micoses não são transmissíveis entre seres humanos e outros animais. A Tabela 45-4 traz um resumo e uma comparação de algumas das características essenciais de tais micoses sistêmicas ou profundas.

Para todas essas infecções, as defesas primárias do hospedeiro são exercidas pelos macrófagos alveolares, geralmente capazes de inativar os conídios e induzir uma resposta imunológica expressiva. Geralmente, esse processo leva a uma inflamação

TABELA 45-4   Resumo das micoses endêmicas[a]

Micose	Etiologia	Ecologia	Distribuição geográfica	Forma tecidual
Histoplasmose	*H. capsulatum*	Hábitats aviários e de morcegos (guano), solo alcalino	Global, endêmica nos vales dos rios Ohio, Missouri e Mississippi; África Central (var. *duboisii*)	Leveduras ovais, 2×4 µm, intracelular em macrófagos
Coccidioidomicose	*C. posadasii* ou *C. immitis*	Solo, roedores	Regiões semiáridas do sudoeste dos Estados Unidos, México e Américas Central e do Sul	Esférulas, 10 a 80 µm, contendo endósporos, 2 a 4 µm
Blastomicose	*B. dermatitidis*	Desconhecido (leito dos rios)	Vales dos rios Mississippi, Ohio e St. Lawrence, sudeste dos Estados Unidos	Leveduras de paredes espessas com bases amplas, geralmente únicas, com brotamentos, 8 a 15 µm
Paracoccidioidomicose	*P. brasiliensis*	Desconhecido (solo)	Américas Central e do Sul	Múltiplas leveduras com brotamento, grande, 15 a 30 µm

[a]Todas as quatro micoses endêmicas são causadas por fungos dimórficos que residem na natureza em forma de bolores, produzindo hifas hialinas septadas e conídios característicos. A infecção é adquirida por inalação de conídios. Com exceção da blastomicose, as evidências apontam para uma alta taxa de infecção nas regiões endêmicas. Mais de 90% das infecções ocorrem em indivíduos imunocompetentes, 75 a 90% em homens, e 60 a 95% são assintomáticas e autolimitadas ou latentes. A doença sintomática ocorre frequentemente em pacientes imunocomprometidos, inclusive aqueles com HIV/Aids.

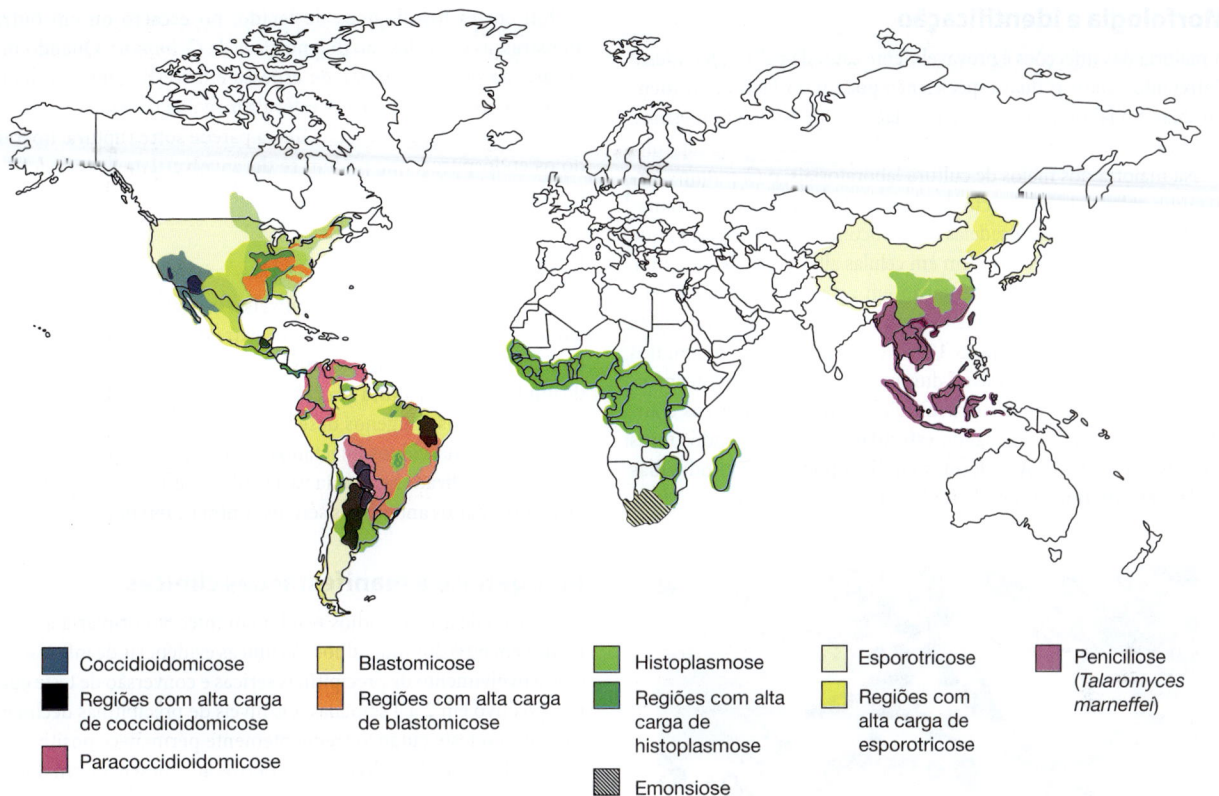

■ Coccidioidomicose	■ Blastomicose	■ Histoplasmose	■ Esporotricose	■ Peniciliose (*Talaromyces marneffei*)
■ Regiões com alta carga de coccidioidomicose	■ Regiões com alta carga de blastomicose	■ Regiões com alta carga de histoplasmose	■ Regiões com alta carga de esporotricose	
■ Paracoccidioidomicose		▨ Emonsiose		

FIGURA 45-16   Distribuição global de micoses endêmicas. Cada um é causado por um bolor ambiental dimórfico e sofre morfogênese dentro do hospedeiro. (Reproduzida, com autorização, de Lee PP, Lau Y-L: Cellular and molecular defects underlying invasive fungal infections–revelations from endemic mycoses. *Front Immunol* 2017;8:375.)

granulomatosa e à produção de anticorpos e imunidade mediada por células. A indução de citocinas Th1 (p. ex., interleucina 12, interferona-γ e fator de necrose tumoral α) irá amplificar as defesas celulares, ativando os macrófagos e aumentando sua atividade fungicida. Em hospedeiros imunocompetentes, essas respostas levam à resolução de lesões inflamatórias. Entretanto, granulomas residuais podem reter microrganismos dormentes com potencial para reativações subsequentes, constituindo uma forma latente da doença. Em áreas endêmicas para esses fungos, a maioria das infecções ocorre em indivíduos imunocomprometidos, mas as pessoas com a imunidade celular prejudicada, como os pacientes com HIV/Aids, correm maior risco de contrair infecções graves. As amostras mais patogênicas exibem uma grande variação em testes de patogenicidade realizados em laboratório. Nos agentes de micoses endêmicas, a virulência está associada à presença de α-glucana na parede celular, possivelmente por mascarar os padrões moleculares associados ao patógeno que desencadeiam uma resposta imune protetiva.

Nos últimos anos, dois outros fungos endêmicos dimórficos surgiram em pacientes com HIV/Aids – *Talaromyces marneffei* e *Emergomyces africanus*. Como o *T. marneffei* e o *E. africanus* foram originalmente identificados como membros de diferentes gêneros (*Penicillium* e *Emmonsia*, respectivamente), suas infecções são frequentemente chamadas de peniciliose e emonsiose. Essas infecções são descritas na seção Micoses oportunistas. A Figura 45-16 mostra

as áreas de endemicidade desses fungos. A esporotricose está incluída no mapa pela sua etiologia, o *S. schenckii*, que assim como outras espécies, apresenta dimorfismo térmico, crescendo como um bolor sapróbico na natureza a temperaturas de 25 a 30 °C, e mudando para a forma de levedura (ou esférulas em *Coccidioides*) à temperatura corporal dos mamíferos. No entanto, *S. schenckii* é encontrado em todo o mundo.

COCCIDIOIDOMICOSE

As coccidioidomicoses são causadas pelo *Coccidioides posadasii* ou pelo *Coccidioides immitis*. Esses fungos filogeneticamente próximos são identificados por análise genotípica e filogenética. Contudo, eles são fenotipicamente indistinguíveis, causam manifestações clínicas semelhantes, e não são diferenciados no laboratório clínico. A coccidioidomicose é uma infecção endêmica (geralmente, autolimitada) e bem circunscrita a regiões semiáridas do Sudeste dos Estados Unidos e Américas Central e do Sul. A infecção normalmente é autolimitada, e a disseminação é rara, mas sempre grave, e pode ser fatal. Os isolados clínicos e ambientais dos *Coccidioides* revelam que as duas espécies não são igualmente distribuídas nas regiões endêmicas. Embora haja alguma sobreposição, *C. immitis* é mais isolada na Califórnia, enquanto a *C. posadasii* predomina no Arizona, no Texas e na América do Sul.

Morfologia e identificação

A maioria das infecções é provavelmente causada pelo *C. posadasii*. Entretanto, como as duas espécies não podem ser facilmente identificadas em laboratório e as manifestações clínicas são as mesmas, somente o nome mais antigo e conhecido será usado neste capítulo.

Na maioria dos meios de cultura laboratoriais, o *C. immitis* forma uma colônia com aspecto de algodão, branca a castanho-amarelada. As hifas formam cadeias de artroconídios (artrósporos) que frequentemente se desenvolvem em células alternadas de uma hifa. Essas cadeias sofrem fragmentação em artroconídios, facilmente transportados pelo ar e que exibem alta resistência a condições ambientais adversas (Figura 45-17A). Esses pequenos artroconídios (3 × 6 μm) permanecem viáveis durante anos e são altamente infecciosos. Após inalados, os artroconídios tornam-se esféricos e aumentam de tamanho, formando **esférulas** que contêm endósporos (ver Figura 45-17B). As esférulas também podem ser produzidas em laboratório por cultura do fungo em meio complexo.

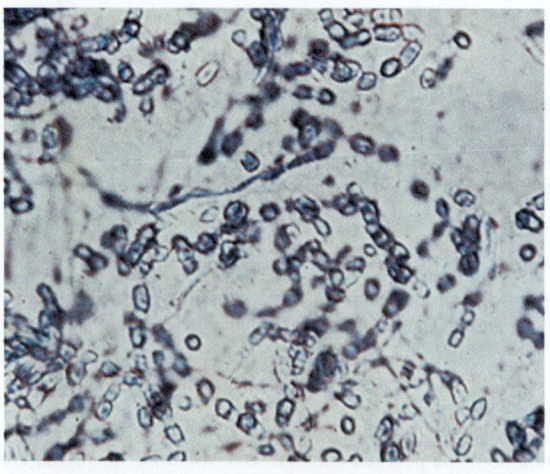

A

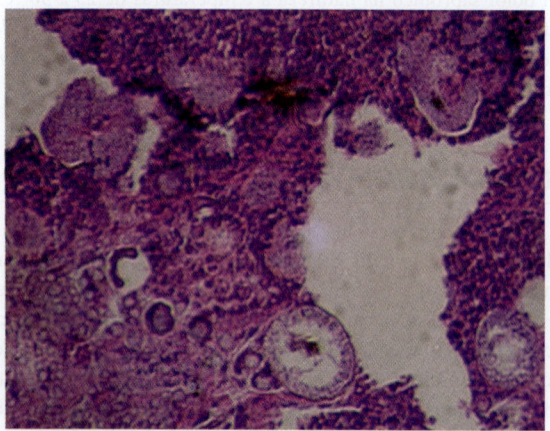

B

FIGURA 45-17 Espécies de *Coccidioides* e coccidioidomicose. **A:** Em cultura à temperatura ambiente, *C. posadasii* produz um artroconídio e hifas septadas hialinas. Ampliada 400 ×. **B:** Grandes esférulas contendo endósporos podem ser vistas nesta seção de tecido pulmonar. H&E, ampliada 200 ×.

Em cortes histológicos de tecido, no escarro ou em outras amostras, as esférulas são diagnósticas de *C. immitis*. Quando maduras, são dotadas de parede espessa e birrefringente, podendo atingir 80 μm de diâmetro. A esférula torna-se repleta de endósporos (2-5 μm de tamanho). Por fim, a parede sofre ruptura, liberando os endósporos, que podem se desenvolver em novas esférulas (Figura 45-17B).

Estrutura antigênica

Dois antígenos úteis estão disponíveis. A **coccidioidina** é uma preparação antigênica não purificada, extraída do filtrado de cultura líquida de micélios de *C. immitis*. A **esferulina** é produzida a partir de um filtrado de cultura em caldo de esférulas. Em doses padronizadas, ambos os antígenos desencadeiam reações cutâneas tardias positivas nos indivíduos infectados. Além disso, tais antígenos também foram utilizados em uma variedade de testes sorológicos a fim de determinar os anticorpos séricos contra *C. immitis*.

Patogênese e manifestações clínicas

A inalação de artroconídios resulta em infecção primária assintomática em 60% dos indivíduos. As únicas evidências de infecção são o desenvolvimento de precipitinas séricas e conversão de teste cutâneo positivo em 2 a 4 semanas. Os níveis de precipitinas declinam, enquanto o teste cutâneo frequentemente permanece positivo durante toda a vida do indivíduo. Os outros 40% desenvolvem doença autolimitada semelhante à influenza, com febre, mal-estar, tosse, artralgia e cefaleia. Essa condição é denominada **febre do vale**, febre do vale de San Joaquín ou reumatismo do deserto. Depois de 1 a 2 semanas, cerca de 15% desses pacientes desenvolvem reações de hipersensibilidade, que se manifestam em forma de exantema, eritema nodoso ou eritema multiforme. Ao exame radiográfico, os pacientes normalmente exibem adenopatia hilar juntamente com infiltrados pulmonares, pneumonia, derrames pleurais ou nódulos. Ocorrem resíduos pulmonares em cerca de 5% dos casos, geralmente em forma de nódulo solitário ou cavidade de paredes delgadas (Figura 45-18).

Em menos de 1% dos indivíduos infectados por *C. immitis*, verifica-se o desenvolvimento de coccidioidomicose secundária ou disseminada, frequentemente debilitante e potencialmente fatal. Os fatores de risco associados à coccidioidomicose sistêmica são hereditariedade, sexo, idade e comprometimento da imunidade celular. A doença é observada mais frequentemente em certos grupos raciais. Por ordem decrescente de risco, esses indivíduos são filipinos, estadunidenses negros, indígenas dos Estados Unidos, hispânicos e asiáticos. Existe claramente um componente genético na resposta imunológica ao *C. immitis*. Os indivíduos do sexo masculino são mais suscetíveis que os do sexo feminino, à exceção das mulheres grávidas, o que pode estar relacionado com diferenças na resposta imunológica ou a um efeito direto dos hormônios sexuais sobre o fungo. Por exemplo, o *C. immitis* tem proteínas de ligação de estrogênios, e seu crescimento é estimulado por níveis elevados de estradiol e progesterona. Jovens e idosos também correm risco maior. Devido à necessidade de resposta imunológica celular para uma resistência adequada, os pacientes com Aids e outras condições de imunossupressão celular correm risco de adquirir coccidioidomicose disseminada.

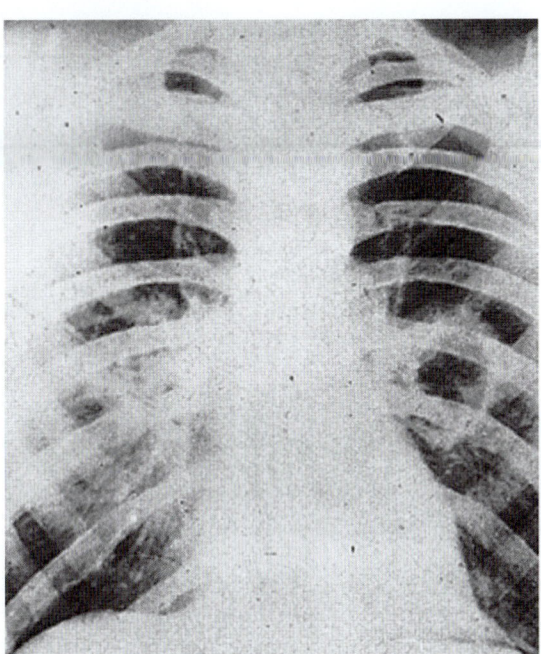

FIGURA 45-18 Radiografia de pulmão de um paciente com coccidioidomicose, revelando linfonodos hilares aumentados e uma cavidade no pulmão esquerdo.

Alguns indivíduos desenvolvem doença pulmonar crônica mas progressiva, com vários nódulos ou cavidades que aumentam de tamanho. Em geral, ocorre disseminação em até 1 ano após a infecção primária. As esférulas e os endósporos disseminam-se por extensão direta ou por via hematogênica. Pode haver o comprometimento de vários locais extrapulmonares, porém os órgãos acometidos com maior frequência são a pele, os ossos, as articulações e as meninges. Em cada uma dessas áreas do corpo, e em outras regiões, observam-se manifestações clínicas distintas associadas à infecção por *C. immitis*.

Ocorre disseminação quando a resposta imunológica é inadequada para conter os focos pulmonares. Na maioria dos indivíduos, a obtenção de um resultado positivo no teste cutâneo indica uma acentuada resposta imunológica celular e proteção contra a reinfecção. Entretanto, se esses indivíduos se tornarem imunocomprometidos em consequência do uso de agentes citotóxicos ou doença (p. ex., Aids), poderá ocorrer disseminação muitos anos após a infecção primária (doença por reativação). A coccidioidomicose em pacientes com Aids manifesta-se frequentemente em forma de pneumonite reticulonodular difusa rapidamente fatal. Devido à superposição radiológica observada entre essa doença e a pneumonia por *Pneumocystis*, bem como aos diferentes tratamentos empregados para essas duas entidades, é importante considerar a possibilidade de pneumonia por *Coccidioides* em pacientes com Aids. As hemoculturas são frequentemente positivas para *C. immitis*.

Ao exame histológico, as lesões causadas por *Coccidioides* contêm granulomas típicos, com células gigantes e supuração entremeada. Pode-se estabelecer o diagnóstico pelo achado de esférulas e endósporos. Frequentemente, a evolução clínica caracteriza-se por remissões e recidivas.

Exames diagnósticos laboratoriais

A. Espécimes e examinação microscópica

As amostras apropriadas para cultura consistem em escarro, exsudato de lesões cutâneas, LCS, sangue, urina e biópsia tecidual.

O material deve ser examinado quando recém-coletado (após centrifugação, se for necessária), à procura de esférulas típicas. O KOH ou o calcofluorado branco facilitam a detecção das esférulas e dos endósporos (ver Figura 45-17B). Essas estruturas são frequentemente encontradas em preparações histológicas coradas com hematoxilina e eosina (H&E), GMS ou PAS.

B. Cultura

As culturas em IMA ou ágar-sangue inclinado podem ser incubadas à temperatura ambiente ou a 37 °C. Os meios de cultura podem ser preparados com ou sem antibióticos antibacterianos e cicloeximida para inibir bactérias contaminantes ou bolores saprófíticos, respectivamente. Como os artroconídios são altamente infecciosos, as culturas sob suspeita só devem ser examinadas em condições de biossegurança (ver Figura 45-17A). A identificação deve ser confirmada pela detecção de um antígeno específico do *C. immitis*, por inoculação em animal ou uso de sonda de DNA específica.

C. Sorologia

No decorrer de 2 a 4 semanas após a infecção, podem ser detectados anticorpos IgM contra a coccidioidina no teste de aglutinação com látex. São detectados anticorpos IgG específicos por imunodifusão (ID) ou teste de fixação do complemento (FC). Com a resolução do episódio primário, esses anticorpos declinam em poucos meses. Já na coccidioidomicose disseminada, os títulos de anticorpos FC continuam aumentando. Títulos superiores a 1:32 indicam disseminação, e sua queda durante o tratamento sugere melhora (Figura 45-19 e Tabela 45-5). Entretanto, títulos de FC inferiores a 1:32 não

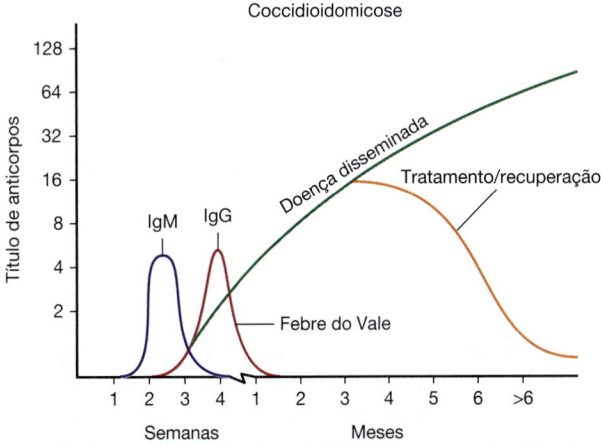

FIGURA 45-19 Nos pacientes sem Aids, os títulos de anticorpos IgG contra a coccidioidina são inversamente relacionados com a gravidade da coccidioidomicose. IgM, imunoglobulina M. (Reproduzida, com autorização, de Ryan KJ, Ray CG [editors]: *Sherris Medical Microbiology*, 5th ed. McGraw-Hill, 2010, p. 753. © McGraw-Hill Education.)

TABELA 45-5   Resumo dos testes sorológicos para anticorpos contra os fungos patogênicos dimórficos

Micose	Teste[a]	Antígeno[b]	Sensibilidade e valor Diagnóstico	Prognóstico[c]	Comentários
Coccidioidomicose	PT	C	Infecção primária em estágio inicial, 90% dos casos positivos	Ausente	
	FC	C	Título ≥ 1:32 = doença secundária	O título reflete a gravidade (exceto na doença meníngea)	Raramente ocorre reação cruzada à histoplasmina
	ID	C	> 90% dos casos são positivos, isto é, bandas F ou HL (ou ambas)		Mais específico que o teste FC
Histoplasmose	FC	H	≤ 84% dos casos são positivos (título ≥ 1:8)	Alteração de 4 vezes nos títulos	Reações cruzadas em pacientes com blastomicose, criptococose, aspergilose; os títulos podem ser reforçados por testes cutâneos com histoplasmina
	FC	Y	≤ 94% dos casos são positivos (título ≥ 1:8)	Alteração de 4 vezes nos títulos	Menos reações cruzadas do que com histoplasmina
	ID	H	≥ 85% dos casos são positivos, isto é, bandas M ou M e H	Perda de H	O teste cutâneo com histoplasmina pode reforçar a banda m, mais específico que o teste de FC
Blastomicose	FC	Por	< 50% dos casos são positivos; a reação ao antígeno homólogo é apenas diagnóstica	Alteração de 4 vezes nos títulos	Alta reatividade cruzada
	ID	Bcf	≤ 80% dos casos são positivos, isto é, banda A	Perda da banda A	Mais específico e sensível que o teste FC
	Elisa	A	≤ 90% dos casos são positivos (título ≥ 1:16)	Alteração nos títulos	92% de especificidade
Paracoccidioidomicose	FC	P	80 a 95% dos casos são positivos (título ≥ 1:8)	Alteração de 4 vezes nos títulos	Algumas reações cruzadas a baixos títulos em soros com aspergilose e candidíase
	ID	P	98% dos casos são positivos (bandas 1, 2, 3)	Perda de bandas	Banda 3 e banda m (para histoplasmina) são idênticas

[a] Testes: FC, fixação do complemento; ID, imunodifusão; PT, precipitina em tubo; Elisa, ensaio imunoenzimático.
[b] Antígenos: A, antígeno A de *B. dermatitidis*; Bcf, filtrado de cultura de células de levedura *B. dermatitidis*; Por, células de levedura de *B. dermatitidis*; C, coccidioidina; H, histoplasmina; P, filtrado de cultura de células de levedura *P. brasiliensis*; Y, células de levedura de *H. capsulatum*. Nos testes de imunodifusão, os anticorpos são detectados contra os seguintes antígenos específicos da espécie: *C. immitis*, F, HL; *H. capsulatum*, m e h; *B. dermatitidis*, A; *P. brasiliensis*, 1, 2 e 3.
[c] Alterações de 4 vezes nos títulos de fixação do complemento (p. ex., uma queda de 1:32 para 1:8) são consideradas significativas, assim como a perda do anticorpo de imunodifusão específico (tornando-se negativo).

excluem a possibilidade de coccidioidomicose. Com efeito, apenas 50% dos pacientes com meningite por *Coccidioides* apresentam níveis séricos elevados de anticorpos. Todavia, os níveis de anticorpos no LCS geralmente estão elevados. Esses testes sorológicos são frequentemente negativos em pacientes com Aids que apresentam coccidioidomicose.

D. Teste cutâneo

O teste cutâneo com coccidioidina atinge endurecimento máximo (≥ 5 mm de diâmetro) entre 24 e 48 horas após a injeção cutânea de 0,1 mL de diluição padronizada. Se os pacientes com doença disseminada se tornarem anérgicos, o teste cutâneo será negativo, indicando prognóstico muito sombrio. Podem ocorrer reações cruzadas com antígenos de outros fungos. A esferulina é mais sensível que a coccidioidina na detecção de indivíduos que reagem ao teste. As reações ao teste cutâneo tendem a diminuir o tamanho e a intensidade alguns anos após a infecção endêmica primária em indivíduos que residem em regiões endêmicas, mas o teste cutâneo

exerce um efeito de "rebote". Após a recuperação da infecção primária, observa-se habitualmente imunidade à reinfecção.

Tratamento

Na maioria dos indivíduos, a infecção primária sintomática é autolimitada, e eles só necessitam de tratamento de suporte, embora o itraconazol possa reduzir os sintomas. Entretanto, os pacientes que apresentam doença grave exigem tratamento com anfotericina B por via intravenosa. Esse esquema pode ser seguido por vários meses de terapia oral com cetoconazol ou itraconazol. Os casos de meningite por *Coccidioides* são tratados com fluconazol por via oral, que tem boa penetração no sistema nervoso central (SNC); entretanto, há necessidade de terapia a longo prazo, e foram relatadas recidivas. Os azóis não são mais eficazes que a anfotericina B, porém sua administração é mais fácil, e seu uso está associado a menos efeitos colaterais, que também são menos graves. As emulsões lipídicas mais recentes de anfotericina B deverão proporcionar doses mais altas com menor toxicidade. A ressecção cirúrgica das cavidades pulmonares algumas vezes é necessária e, com frequência, curativa.

Epidemiologia e controle

As áreas endêmicas de *Coccidioides* são regiões semiáridas, lembrando a Lower Sonoran Life Zone, como os estados do Sudoeste dos Estados Unidos, particularmente os vales de San Joaquín e Sacramento na Califórnia, bem como as regiões em torno de Tucson e Phoenix, no Arizona, o vale do Rio Grande e áreas semelhantes nas Américas Central e do Sul*. Nessas regiões, o *Coccidioides* pode ser isolado do solo e de roedores nativos**, e o nível de reatividade a testes cutâneos na população indica que muitos seres humanos já foram infectados. A taxa de infecção é maior durante os meses secos do verão e do outono, quando a poeira é mais abundante. As tempestades de poeira podem ser acompanhadas de alta incidência de infecção e doença. Durante uma epidemia de coccidioidomicose no vale de San Joaquín, na Califórnia, em 1991 a 1993, a taxa de coccidioidomicose aumentou mais de dez vezes. A maior precipitação durante os meses da primavera nesses anos foi sugerida como um estímulo ambiental. No entanto, desde 1998, a incidência aumentou mais dez vezes, e esse aumento não pode ser atribuído ao crescimento populacional ou à melhoria dos diagnósticos. Além disso, estudos recentes documentaram a disseminação da coccidioidomicose para os estados do noroeste, incluindo Washington, e em pacientes sem histórico de viagens para as áreas endêmicas.

A doença não é transmitida de uma pessoa para outra, e não há evidências de que os roedores infectados possam contribuir para sua propagação. É possível obter certo controle ao diminuir a quantidade de poeira, pavimentar as estradas e pistas de aeroportos, plantar grama ou arbustos e utilizar aerossóis de óleo.

HISTOPLASMOSE

O *Histoplasma capsulatum* é um saprófita dimórfico do solo que provoca histoplasmose, a infecção fúngica pulmonar mais prevalente em seres humanos e animais. Na natureza, o *H. capsulatum* cresce como bolor em associação com solo e hábitats aviários, enriquecidos por substratos alcalinos e nitrogenados no guano. O *H. capsulatum* e a histoplasmose, que decorre da inalação dos conídios, ocorrem no mundo inteiro. Entretanto, a incidência varia de modo considerável, sendo a maioria dos casos observada nos Estados Unidos. O *H. capsulatum* recebeu seu nome devido ao aspecto das células leveduriformes em cortes histopatológicos; todavia, não se trata de um protozoário e tampouco possui cápsula.

---

*N. de T. O nordeste brasileiro foi a última área endêmica reconhecida. Os dois primeiros casos da doença, no Brasil, foram identificados na década de 1970, em São Paulo e em Brasília, em pacientes procedentes da Bahia e do Piauí. No início dos anos 1990, após raros registros da doença, ela passou a ser identificada com maior frequência, seja na forma de casos isolados, seja na forma de pequenos "surtos" ou "microepidemias".

**N. de T. Outro problema no Brasil envolve a prática de caçar e desentocar tatus, ocasião em que se produz grande dispersão aérea de esporos infectantes do fungo, que são inalados pelos hospedeiros vítimas, envolvidos nesta atividade. No Brasil, em mais de 90% dos casos, a doença tem sido diagnosticada em indivíduos que realizaram caçadas a tatus (*Dasypus* sp.) com exposição à poeira do hábitat desses animais (tocas). Cães participantes das caçadas a tatus também adoecem com frequência.

Morfologia e identificação

A temperaturas abaixo de 37 °C, os microrganismos isolados de *H. capsulatum* frequentemente formam colônias de bolores de coloração marrom, embora o aspecto possa variar. Muitos microrganismos isolados crescem lentamente, e as amostras necessitam de um período de incubação de 4 a 12 semanas para o desenvolvimento das colônias. As hifas septadas e hialinas produzem microconídios (2-5 μm), bem como grandes macroconídios esféricos e de parede espessa, com projeções periféricas de material da parede celular (8-16 μm) (Figura 45-20B). Nos tecidos ou *in vitro*, em meio de cultura enriquecido a 37 °C, as hifas e os conídios transformam-se em pequenas células leveduriformes ovais (2 × 4 μm). Nos tecidos, as leveduras são tipicamente observadas no interior de macrófagos,

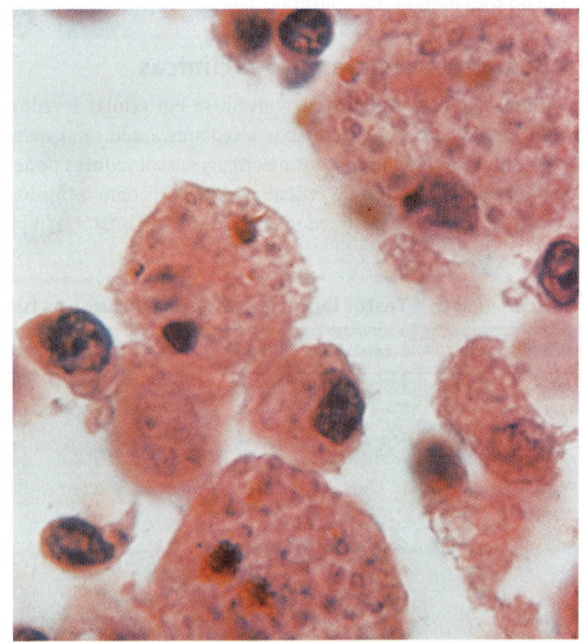

A

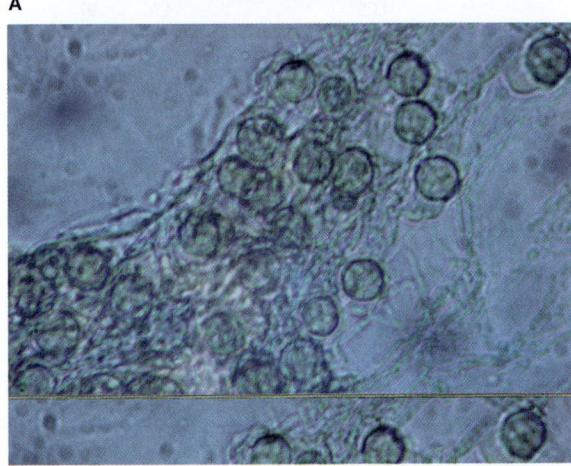

B

FIGURA 45-20 Histoplasmose e *H. capsulatum*. **A:** Células de levedura pequenas e ovais (2-4 μm) agrupadas dentro de macrófagos. Coloração de Giemsa. Ampliada 1.000 ×. **B:** Em cultura à temperatura ambiente, *H. capsulatum* produz hifas septadas hialinas contendo microconídios e grandes macroconídios esféricos. Ampliada 400 ×.

visto que o *H. capsulatum* é um parasita intracelular facultativo (Figura 45-20A). Em laboratório, com cepas de acasalamento apropriadas, é possível demonstrar um ciclo sexuado, produzindo *Ajellomyces capsulatus*, um estado teleomórfico que dá origem a ascósporos.

Estrutura antigênica

A **histoplasmina** é um antígeno obtido do filtrado não purificado (mas padronizado) de cultivo de micélio em caldo. Após infecção inicial, assintomática em mais de 95% dos indivíduos, obtém-se um resultado positivo no teste cutâneo do tipo tardio à histoplasmina. É possível medir sorologicamente os anticorpos dirigidos contra antígenos de levedura e do micélio (ver Tabela 45-5). Um antígeno polissacarídeo não caracterizado pode ser detectado sorologicamente no soro e em outras amostras (Tabela 45-6).

Patogênese e manifestações clínicas

Após inalação, os conídios desenvolvem-se em células leveduriformes, fagocitadas por macrófagos alveolares, onde são capazes de se multiplicar. No interior dos macrófagos, as leveduras podem disseminar-se para os tecidos reticuloendoteliais, como o fígado, o baço, a medula óssea e os linfonodos. A reação inflamatória inicial torna-se granulomatosa. Em mais de 95% dos casos, a resposta imunológica celular resultante leva à secreção de citocinas, que levam os macrófagos a inibir o crescimento intracelular das leveduras. Alguns indivíduos, como pessoas imunocompetentes que inalam um grande inóculo, desenvolvem histoplasmose pulmonar aguda, a qual consiste em uma síndrome autolimitada semelhante à influenza, com febre, calafrios, mialgias, cefaleia e tosse improdutiva. Ao exame radiográfico, a maioria dos pacientes apresenta linfadenopatia hilar e infiltrados ou nódulos pulmonares. Esses sintomas regridem de modo espontâneo sem tratamento, e os nódulos granulomatosos nos pulmões ou em outros locais cicatrizam com calcificação.

A histoplasmose pulmonar crônica, que ocorre mais frequentemente em homens, costuma ser um processo de reativação, a ativação de uma lesão dormente que pode ter sido adquirida há vários anos. Em geral, essa reativação é precipitada por lesão pulmonar, tal como enfisema.

Verifica-se o desenvolvimento de histoplasmose disseminada grave em uma pequena minoria de indivíduos infectados, particularmente lactentes, idosos e pacientes imunossuprimidos, inclusive aqueles com Aids. O sistema reticuloendotelial tem uma tendência particular a ser afetado, com linfadenopatia, aumento de tamanho do baço e do fígado, febre alta, anemia e taxa elevada de mortalidade na ausência de terapia antifúngica. Podem ocorrer úlceras

TABELA 45-6 Testes laboratoriais para antígenos fúngicos em espécimes clínicos

Micose	Espécime	Antígeno	Teste	Sensibilidade %	Especificidade %	Comentários
Histoplasmose	Soro, urina	HPA	Elisa	88-92	≤ 100	Reações cruzadas com outras micoses, sensibilidade mais alta em pacientes com Aids
Candidíase sistêmica	Soro	M	Elisa	52-62	86-93	Positivo ponto de corte > 0,5 ng/mL
		BDG	Coag	77-81	91-100	Reações cruzadas com outras micoses, com maior acurácia a partir de ≥ 80 pg/mL
Criptococose	Soro	GXM	LA, Elisa	90	95-100	Reações cruzadas com *Trichosporon*, *Stomatococcus* e *Capnocytophaga*
			LFA	87-91	87-100	
	LCS		LA, Elisa	97	86-100	
			LFA	99	99	
	Urina		LFA	70-80	92	Rápido, teste em 20 minutos
Aspergilose	Soro	BDG	Coag	55-95	71-96	Reações cruzadas com outras micoses, bacteriemia, com maior acurácia a partir de ≥ 80 pg/mL
		GM	Elisa	49-71	89-97	Reações cruzadas com outras micoses
		GP	LFA	82	98	Teste rápido qualitativo
	BAL	BDG	Coag	80	76	Ponto de corte ≥ 80 pg/mL
		GM	Elisa	70-90	94-98	Reações cruzadas com outras micoses
		GP	LFA	80	95	
Pneumocistose	Soro	BDG	Coag	95	86	Reações cruzadas com outras micoses, bacteriemia

Espécime: BAL, lavado broncoalveolar; LCS, líquido cerebrospinal.
Antígenos: BDG, parede celular 1,3-β-D-glucana; GM, galactomanana da parede celular; GP, glicoproteína secretada; GXM, glucuronoxilomanana capsular; HPA, antígeno polissacarídeo de *Histoplasma*; M, manana de *Candida*.
Testes: Coag, coagulação do *Limulus*; Elisa, ensaio imunoenzimático; LA, aglutinação do látex; LFA, teste de fluxo lateral.
Kits comerciais: HPA-EIA, Miravista®. BDG-Coag, M-EIA e GM-EIA, Fungitell®. LFA-GXM, IMMY®. M-EIA, GM-EIA e LFA-GP, Platelia®.
Avaliações clínicas de sensibilidade e especificidade envolvem pacientes com suscetibilidade a micoses invasivas.

mucocutâneas no nariz, na boca, na língua e no intestino. Nesses indivíduos, o estudo histológico revela áreas focais de necrose no interior de granulomas existentes em muitos órgãos. Pode-se verificar a presença de leveduras em macrófagos no sangue, no fígado, no baço e na medula óssea.

Exames diagnósticos laboratoriais

A. Espécimes e examinação microscópica

As amostras para cultura incluem escarro, urina, raspados de lesões superficiais, aspirado de medula óssea e células do creme leucocitário. Os esfregaços sanguíneos, as lâminas de medula óssea e as amostras de biópsia podem ser examinados ao microscópio. Na histoplasmose disseminada, a cultura de medula óssea é frequentemente positiva. As pequenas células ovoides podem ser observadas no interior dos macrófagos em cortes histológicos corados por corantes fúngicos, como GMS, PAS ou calcofluorado branco, ou em esfregaços de medula óssea ou de sangue corados pelo método de Giemsa (ver Figura 45-20A).

B. Cultura

As amostras são cultivadas em meios enriquecidos, como em ágar-sangue de glicose-cisteína a 37 °C e em ágar SDA e IMA a 25 a 30 °C. As culturas devem ser incubadas durante um período mínimo de 4 semanas. O laboratório deve ser notificado da suspeita de histoplasmose, visto que podem ser utilizados métodos especiais de hemocultura, como meio de lise-centrifugação ou meio de caldo para fungos, a fim de melhorar o isolamento do *H. capsulatum*. Uma vez que sua forma de bolor pode assemelhar-se a de vários fungos saprófitas, a identificação do *H. capsulatum* deve ser confirmada por conversão *in vitro* para forma de levedura, detecção de antígenos específicos ou PCR para sequências específicas de DNA.

C. Sorologia

Os testes de FC para anticorpos dirigidos contra a histoplasmina ou as células leveduriformes tornam-se positivos 2 a 5 semanas após a infecção. Os títulos de anticorpos FC aumentam durante a doença progressiva e, em seguida, declinam para níveis muito baixos quando a doença se torna inativa. Em caso de doença progressiva, os títulos de FC atingem 1:32 ou mais. Devido à possível ocorrência de reações cruzadas, os anticorpos contra outros antígenos fúngicos são rotineiramente testados. No teste de ID, são detectadas precipitinas contra dois antígenos específicos de *H. capsulatum*: a presença de anticorpos contra o antígeno H frequentemente indica histoplasmose ativa, enquanto os anticorpos contra o antígeno M podem surgir em decorrência de testes cutâneos repetidos ou exposição anterior (ver Tabela 45-5).

Um dos testes mais sensíveis consiste em um radioensaio ou ensaio imunoenzimático para o antígeno circulante do *H. capsulatum* (Tabela 45-6). Quase todos os pacientes com histoplasmose disseminada apresentam teste positivo para o antígeno no soro ou na urina. Os níveis de antígeno caem após tratamento bem-sucedido, porém reaparecem durante a recidiva. Apesar da ocorrência de reações cruzadas com outras micoses, esse teste para antígeno é mais sensível que os testes de anticorpos convencionais em pacientes com Aids acometidos de histoplasmose.

D. Teste cutâneo

O teste cutâneo com histoplasmina torna-se positivo pouco depois da infecção e assim permanece durante muitos anos. Pode tornar-se negativo na histoplasmose disseminada progressiva. A repetição do teste cutâneo estimula a produção de anticorpos séricos nos indivíduos sensíveis, interferindo na interpretação diagnóstica dos testes sorológicos.

Imunidade

Após a infecção inicial, a maioria dos indivíduos parece desenvolver alguma imunidade. A imunossupressão pode resultar em reativação e doença disseminada. Os pacientes com Aids podem desenvolver histoplasmose disseminada por reativação ou nova infecção.

Tratamento

O tratamento da histoplasmose pulmonar aguda consiste em terapia de suporte e repouso. O cetoconazol constitui o tratamento utilizado para infecções leves a moderadas. Na doença disseminada, o tratamento sistêmico com anfotericina B é frequentemente curativo, embora alguns pacientes possam necessitar de tratamento prolongado e monitoração à procura de recidivas. Normalmente, os pacientes com Aids sofrem recidiva apesar da terapia, que seria curativa em outros pacientes. Por conseguinte, os pacientes com Aids necessitam de terapia de manutenção com itraconazol.

Epidemiologia e controle

A incidência da histoplasmose é maior nos Estados Unidos*, onde as áreas endêmicas incluem os estados centrais e do Leste e, em particular, o vale do rio Ohio e partes do vale do rio Mississippi. Inúmeros surtos de histoplasmose aguda resultaram da exposição de muitas pessoas a grandes inóculos de conídios. Esses surtos ocorrem quando o *H. capsulatum* é perturbado em seu hábitat natural, ou seja, o solo misturado com fezes de aves (p. ex., galinheiros) ou guano de morcegos (cavernas)**. As aves não são infectadas, porém seus excrementos proporcionam condições ideais de cultura para o crescimento do fungo. Os conídios também são disseminados pelo vento e pela poeira. O maior surto urbano de histoplasmose ocorreu em Indianapolis, Estados Unidos.

Em algumas áreas altamente endêmicas, 80 a 90% dos habitantes apresentam teste cutâneo positivo no início da vida adulta. Muitos

---

*N. de T. No Brasil, casos esporádicos da doença e/ou infecção têm sido relatados em todas as regiões, especialmente nos estados de São Paulo, Rio de Janeiro, Minas Gerais, Mato Grosso, Rio Grande do Sul e, recentemente, Ceará.

**N. de T. A importância dos morcegos dentro da cadeia ecoepidemiológica do *H. capsulatum* está bem estudada e estabelecida. No Brasil, o isolamento de *H. capsulatum* a partir de solo de cavernas habitadas por morcegos foi relatado pela primeira vez em 1973, na cidade de Brasília. Desde então, vários casos de histoplasmose foram reportados tendo morcegos como grande fonte de contaminação.

exibem calcificações miliares nos pulmões. A histoplasmose não é transmissível de pessoa para pessoa. A aplicação de formaldeído no solo infectado, em forma de aerossol, pode destruir o *H. capsulatum*.

Na África, além do patógeno habitual, existe uma variante estável, o *H. capsulatum* var. *duboisii*, que provoca histoplasmose africana. Tal forma difere da doença habitual, causando menor comprometimento pulmonar e maior número de lesões cutâneas e ósseas com células gigantes abundantes que contêm as leveduras, as quais são maiores e mais esféricas.

BLASTOMICOSE

O *Blastomyces dermatitidis* é um fungo termicamente dimórfico que cresce em forma de bolor em cultura, produzindo hifas septadas hialinas e ramificadas, além de conídios. No hospedeiro ou a 37 °C, transforma-se em uma grande célula leveduriforme isolada em brotamento (Figura 45-21). O *B. dermatitidis* provoca blastomicose, uma infecção crônica com lesões granulomatosas e supurativas que

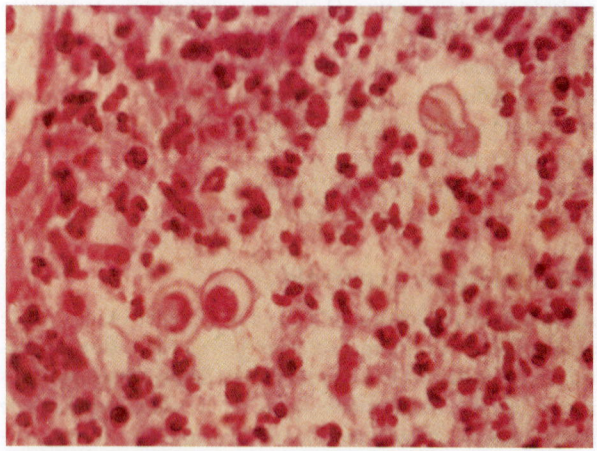

A

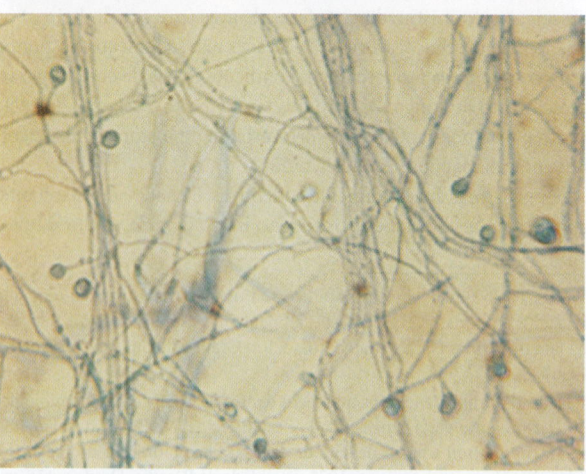

B

FIGURA 45-21 Blastomicose e *Blastomyces dermatitidis*. **A:** Observe as grandes células de levedura esféricas e de parede espessa (8-15 µm de diâmetro) nesta seção de um abscesso cutâneo. H&E, ampliada 400 ×. **B:** Em cultura à temperatura ambiente, *Blastomyces dermatitidis* produz conídios únicos e hifas septadas e hialinas. Ampliada 400 ×.

começa nos pulmões, a partir dos quais pode ocorrer disseminação para qualquer órgão, mas preferencialmente para a pele e os ossos. A doença foi denominada blastomicose norte-americana por ser endêmica e pelo fato de a maioria dos casos ocorrer nos Estados Unidos e no Canadá. Apesar dessa elevada prevalência na América do Norte, a blastomicose também foi documentada na África, América do Sul e Ásia (ver Figura 45-16). No entanto, a grande maioria dos casos ocorre no leste dos Estados Unidos, e entre cães e humanos.

Morfologia e identificação

Quando o *B. dermatitidis* cresce em SDA à temperatura ambiente, verifica-se o desenvolvimento de uma colônia branca ou acastanhada, com hifas ramificadas que apresentam conídios esféricos, ovoides ou piriformes (3-5 µm de diâmetro) sobre delicados conidióforos terminais ou laterais (Figura 45-21B). Além disso, pode haver a produção de clamidósporos maiores (7-18 µm). Em tecido ou cultura a 37 °C, *B. dermatitidis* cresce como uma levedura esférica de parede espessa, multinucleada (8-15 µm), que geralmente produz brotos únicos (Figura 45-21A). O brotamento e a levedura-mãe estão fixados à base ampla, e o broto frequentemente atinge o mesmo tamanho da levedura original antes de se desprender. As colônias de leveduras são enrugadas, cerosas e de consistência macia.

Estrutura antigênica

Os extratos de filtrados da cultura de *B. dermatitidis* contêm **blastomicina**, que provavelmente consiste em uma mistura de antígenos. Como reagente de teste cutâneo, a blastomicina carece de especificidade e sensibilidade. Com frequência, os pacientes são negativos ou perdem a sua reatividade, e são observadas falsas reações cruzadas positivas em indivíduos expostos a outros fungos. Por conseguinte, não foram conduzidas pesquisas da população com testes cutâneos para se determinar o nível de exposição. O valor diagnóstico da blastomicina como antígeno no teste de FC também é questionável devido à ocorrência comum de reações cruzadas; contudo, muitos pacientes com blastomicose disseminada apresentam títulos elevados de anticorpos FC. No teste de ID, com a utilização de antissoros de referência adsorvidos, é possível detectar anticorpos dirigidos contra um antígeno específico de *B. dermatitidis*, denominado antígeno A. O ensaio imunoenzimático para o antígeno A é mais confiável (ver Tabela 45-5). O motivo imunodominante provavelmente responsável pela produção de uma resposta imunológica celular protetora consiste, em parte, em uma proteína de superfície e secretada, chamada BAD.

Patogênese e manifestações clínicas

A infecção humana começa nos pulmões. Foram documentados casos leves e autolimitados, porém sua frequência é desconhecida, visto que não existe teste cutâneo ou sorológico adequado para se avaliar a infecção primária subclínica ou em fase de resolução. A manifestação clínica mais comum consiste em infiltrado pulmonar associado a uma variedade de sintomas indistinguíveis dos observados em outras infecções agudas das vias respiratórias inferiores (febre, mal-estar, sudorese noturna, tosse e mialgia). Os pacientes também podem apresentar pneumonia crônica. O exame histológico revela reação piogranulomatosa distinta, com neutrófilos e granulomas não caseosos. Quando ocorre disseminação, as lesões cutâneas nas superfícies expostas são mais comuns, podendo evoluir para granulomas verrucosos ulcerados, com bordas que avançam e uma região central de cicatrização. A borda é preenchida por microabscessos e apresenta um limite nítido e em declive. Ocorrem também lesões no osso, na genitália (próstata, epidídimo e testículo) e no SNC, enquanto outros locais são menos frequentemente acometidos. Embora os pacientes imunossuprimidos, inclusive indivíduos com Aids, possam desenvolver blastomicose, esta não é tão comum quanto outras micoses sistêmicas nesse grupo de pacientes.

Exames diagnósticos laboratoriais

As amostras para o diagnóstico, como escarro, pus, exsudatos, urina e biópsia das lesões, são submetidas ao exame microscópico. As preparações a fresco de amostras podem revelar brotos amplamente fixados em células leveduriformes de paredes espessas. Esses brotos também podem ser visualizados em cortes histológicos (ver Figura 45-21A). Em geral, as colônias são visíveis, no decorrer de 2 semanas, em ágar de Sabouraud ou em ágar-sangue enriquecido a 30 °C (ver Figura 45-21B). A identificação pode ser confirmada por conversão da levedura após cultura em meio enriquecido a 37 °C, extração e detecção do antígeno específico de *B. dermatitidis* ou sonda de DNA específica. Conforme indica a Tabela 45-5, é possível determinar os anticorpos por testes de FC e ID. No ensaio imunoenzimático (Elisa, do inglês *enzyme linked immunosorbent assay*), os títulos elevados de anticorpos dirigidos contra o antígeno A estão associados à infecção disseminada ou pulmonar progressiva. De modo geral, os testes sorológicos não são tão úteis para o diagnóstico de blastomicose quanto no caso das outras micoses endêmicas.

Tratamento

Os casos graves de blastomicose são tratados com anfotericina B. Em pacientes com lesões confinadas, um esquema de 6 meses de itraconazol é eficaz.

Epidemiologia

A blastomicose é uma infecção relativamente comum de cães (e, raramente, de outros animais) em áreas endêmicas. Não é transmissível por animais ou seres humanos. Diferentemente de *C. immitis* e *H. capsulatum*, o *B. dermatitidis* raramente (e de modo não reproduzível) foi isolado do ambiente, de forma que seu hábitat natural permanece desconhecido. Entretanto, a ocorrência de vários surtos pequenos associou o *B. dermatitidis* a bancos de rios rurais.

PARACOCCIDIOIDOMICOSE

O *Paracoccidioides brasiliensis* é o agente fúngico termicamente dimórfico da paracoccidioidomicose (blastomicose da América do Sul), que se limita a regiões endêmicas das Américas Central e do Sul (Figura 45-16).

Morfologia e identificação

As culturas de *P. brasiliensis* em forma de bolor crescem muito lentamente, produzindo clamidósporos e conídios. As características não são distintivas. A 36 °C, em meio de cultura enriquecido, o fungo forma grandes células leveduriformes com vários brotamentos

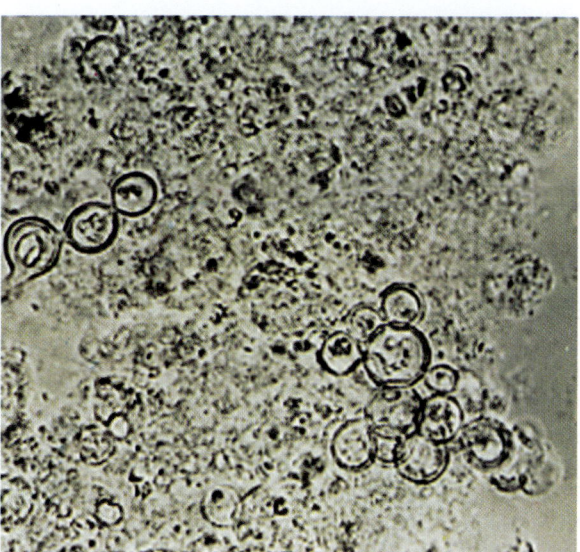

FIGURA 45-22 Paracoccidioidomicose. Inúmeros brotamentos grandes (15-30 μm) de células de leveduras são observados em lesão cutânea. KOH, ampliada 400 ×.

(de até 30 μm). As leveduras são maiores e apresentam paredes mais finas do que as do *B. dermatitidis*. Os brotos mostram-se fixados por estreita conexão (Figura 45-22).

Patogênese e manifestações clínicas

O *P. brasiliensis* é inalado, e as lesões iniciais aparecem nos pulmões. Depois de um período de dormência, que pode durar décadas, os granulomas pulmonares podem tornar-se ativos, resultando em disseminação ou doença pulmonar progressiva crônica. Em sua maioria, os pacientes têm 30 a 60 anos de idade, e mais de 90% são homens. Alguns pacientes (10% ou menos), geralmente com menos de 30 anos de idade, desenvolvem infecção progressiva aguda ou subaguda, com período de incubação mais curto. No caso habitual da paracoccidioidomicose crônica, as leveduras disseminam-se dos pulmões para outros órgãos, em particular para a pele e o tecido mucocutâneo, os linfonodos, baço, fígado, glândulas suprarrenais e outros locais. Muitos pacientes apresentam lesões dolorosas que afetam a mucosa oral. Em geral, a histologia revela granulomas com caseificação central ou microabscessos. Com frequência, as leveduras são detectadas em células gigantes ou visualizadas diretamente no exsudato de lesões mucocutâneas.

Foram conduzidas pesquisas com testes cutâneos em que se utilizou um extrato de antígeno, a **paracoccidioidina**, que pode exibir reação cruzada com a coccidioidina ou com a histoplasmina.

Exames diagnósticos laboratoriais

No escarro, em exsudatos, nas amostras de biópsia ou em outro material de lesões, as leveduras são frequentemente aparentes ao exame microscópico direto com KOH ou calcofluorado branco. As culturas em ágar SDA ou ágar com extrato de leveduras devem ser incubadas à temperatura ambiente, sendo os resultados confirmados por conversão em forma leveduriforme pelo crescimento *in vitro* a 36 °C. O teste sorológico é mais útil para o estabelecimento do diagnóstico. Os anticorpos dirigidos contra a paracoccidioidina podem ser determinados pelo teste de FC ou ID (ver Tabela 45-5).

Os indivíduos sadios em áreas endêmicas não apresentam anticorpos dirigidos contra o *P. brasiliensis*. Nos pacientes, os títulos tendem a correlacionar-se com a gravidade da doença.

Tratamento

O itraconazol parece mais eficaz contra a paracoccidioidomicose, porém o cetoconazol e sulfametoxazol-trimetoprima também são eficazes. A doença grave pode ser tratada com anfotericina B.

Epidemiologia

A paracoccidioidomicose ocorre principalmente em áreas rurais da América Latina*, sobretudo entre fazendeiros. As manifestações da doença são muito mais frequentes em homens do que em mulheres, embora ocorram infecção e reatividade a testes cutâneos igualmente em ambos os sexos. Como o *P. brasiliensis* raramente foi isolado na natureza, seu hábitat natural ainda não foi definido. A exemplo das outras micoses endêmicas, a paracoccidioidomicose não é contagiosa.

CONCEITOS-CHAVE: MICOSES ENDÊMICAS

1. As micoses endêmicas (coccidioidomicoses, histoplasmoses, blastomicoses e paracoccidioidomicoses) são caracterizadas por apresentarem áreas geográficas distintas de distribuição e por serem causadas por fungos filamentosos dimórficos ambientais.
2. Mais de 90% das micoses endêmicas são iniciadas pela inalação dos conídios do agente etiológico fúngico. Uma vez nos pulmões, os conídios se diferenciam em células leveduriformes (*Histoplasma capsulatum*, *Blastomyces dermatitidis* e *Paracoccidioides brasiliensis*) ou esferular (*Coccidioides*).
3. Em áreas endêmicas, as taxas de infecções por *Coccidioides*, *H. capsulatum* e *P. brasiliensis* são muito altas, porém aproximadamente 90% dos casos ocorrem em indivíduos imunocompetentes, sendo as infecções geralmente assintomáticas ou autolimitadas.
4. Indivíduos com comprometimento da imunidade de base celular têm risco significativamente maior de desenvolver infecções disseminadas (p. ex., pacientes que são imunodeficientes ou imunossuprimidos, soropositivos para HIV, com predisposição congênita, desnutridos, muito novos ou idosos).
5. Para todas as infecções endêmicas, a incidência de infecções disseminadas é significativamente maior em indivíduos do sexo masculino.
6. Testes sorológicos para pesquisa de anticorpos contra os fungos endêmicos apresentam valor de diagnóstico e de prognóstico.

---

*N. de T. A paracoccidioidomicose é a principal micose sistêmica no Brasil, com maior frequência nas regiões Sul, Sudeste e Centro-Oeste. A enfermidade é considerada um grave problema de saúde pública devido à existência de extensas áreas endêmicas associadas a importantes repercussões econômico-produtivas dos indivíduos acometidos.

MICOSES OPORTUNISTAS

Os pacientes com comprometimento das defesas do hospedeiro mostram-se suscetíveis a fungos onipresentes aos quais as pessoas sadias são expostas, mas geralmente são resistentes. Em muitos casos, o tipo de fungo e a história natural da infecção micótica são determinados pela condição predisponente subjacente do hospedeiro. Como membros da microbiota normal, a *Candida* e as leveduras relacionadas são oportunistas endógenos. Outras micoses oportunistas são causadas por fungos exógenos, geralmente encontrados no solo, na água e no ar. Serão abordados nesta seção os patógenos mais comuns e suas doenças associadas (candidíase, criptococose, aspergilose, mucormicoses, pneumonia por *Pneumocystis* e peniciliose). Contudo, conforme os avanços médicos no transplante de órgãos sólidos e células-tronco e no tratamento de câncer e outras doenças debilitantes continuam a prolongar a vida de pacientes com defesas do hospedeiro debilitadas, a incidência e a lista de espécies de fungos causando micoses oportunistas graves em indivíduos comprometidos continua a aumentar. Todos os anos, há novos relatos de infecções causadas por fungos ambientais que antes eram considerados não patogênicos. Para mais exemplos, consulte a discussão sobre Patógenos Emergentes. Nos pacientes com HIV/Aids, a suscetibilidade e a incidência das micoses oportunistas estão inversamente correlacionadas com a contagem de linfócitos CD4$^+$. Geralmente, pacientes com Aids com contagem menor que 200 células/μL são altamente suscetíveis a infecções fúngicas oportunistas.

CANDIDÍASE

Várias espécies de levedura do gênero *Candida* são capazes de provocar candidíase. Trata-se de membros da microbiota normal da pele, das mucosas e do trato gastrintestinal. As espécies de *Candida* colonizam as mucosas de todos os seres humanos durante ou logo após o nascimento, havendo sempre o risco de infecção endógena. A candidíase é a micose sistêmica mais comum, sendo os agentes mais frequentes *Candida albicans*, *Candida parapsilosis*, *Candida glabrata*, *Candida tropicalis*, *Candida guilliermondii* e *Candida dubliniensis*. O uso disseminado do fluconazol levou à emergência de mais espécies resistentes ao azol, como *C. glabrata*, *Candida krusei* e *Candida lusitaniae*. Mais alarmante é o surgimento global de uma espécie multirresistente, *Candida auris*, que é descrita posteriormente nesta seção. Como ilustrado na Tabela 45-1, as espécies de *Candida* causam tanto infecções cutâneas quanto doenças sistêmicas, essas manifestações clínicas apresentam mecanismos diferentes de patogênese. Além disso, existem várias outras formas clínicas de candidíase.

Morfologia e identificação

Em cultura ou nos tecidos, as espécies de *Candida* crescem em forma de levedura oval com brotamento (3-6 μm de tamanho). Além disso, formam **pseudo-hifas** quando os brotos continuam crescendo, mas não se desprendem, produzindo cadeias de células alongadas que sofrem constrição nos locais dos septos entre as células. Diferentemente de outras espécies de *Candida*, a *C. albicans* é dimórfica; além das leveduras e pseudo-hifas, também pode produzir hifas verdadeiras (Figura 45-23). Em meios de ágar ou em

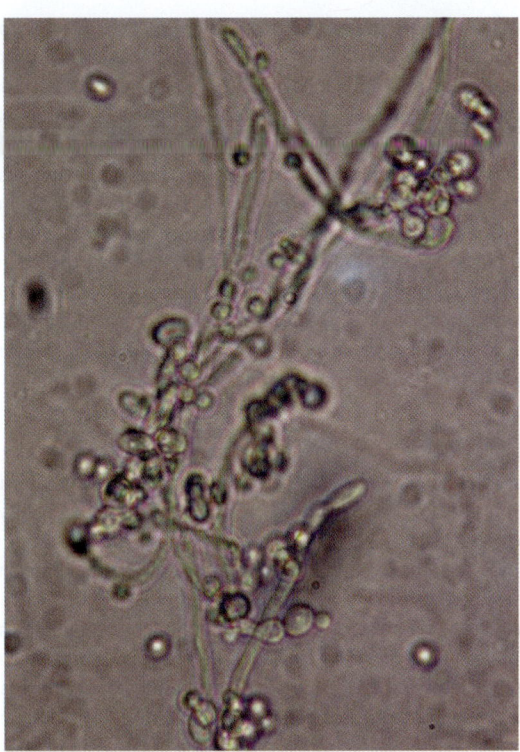

FIGURA 45-23 *C. albicans*. Células de levedura (blastoconídios), hifas e pseudo-hifas. Ampliada 400 ×.

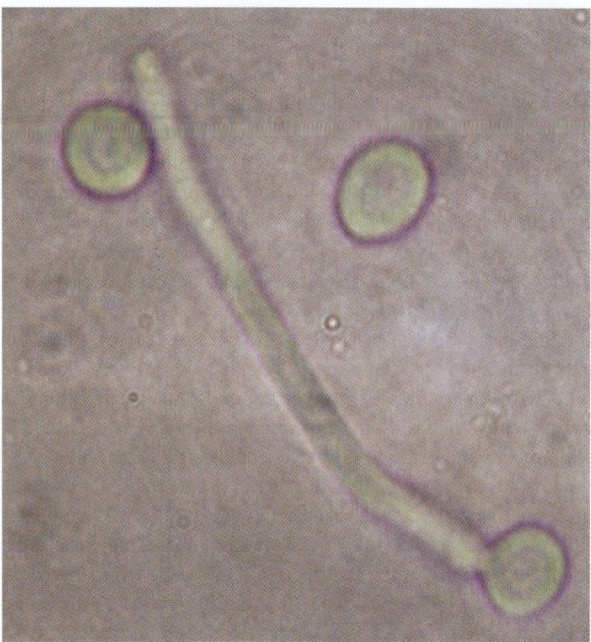

FIGURA 45-24 Tubo germinativo. Diferentemente de outras espécies de *Candida*, a *C. albicans* produz uma hifa verdadeira, bem como células de levedura com brotamento e pseudo-hifas. Após incubação em soro a 37 °C por 60 a 90 minutos em laboratório, amostras clínicas de *C. albicans* são estimuladas para formar hifas, e este processo é iniciado pela produção de tubos germinativos, os quais são mais delgados e uniformes do que as pseudo-hifas (ver Figura 45-22). Ampliada 1.000 ×.

24 horas a 37 °C ou à temperatura ambiente, as espécies de *Candida* formam colônias de coloração creme e consistência mole, com odor de levedo. As pseudo-hifas aparecem com crescimento submerso abaixo da superfície do ágar. Dois testes morfológicos simples distinguem a *C. albicans*, o patógeno mais comum, das outras espécies de *Candida*. Após incubação em soro durante cerca de 90 minutos a 37 °C, as células leveduriformes de *C. albicans* começam a formar hifas verdadeiras ou tubos germinativos (Figura 45-24), ao passo que, em meios nutricionalmente deficientes, a *C. albicans* produz grandes clamidósporos esféricos. Testes de fermentação de carboidratos podem ser usados para confirmar a identificação e especiar os isolados de *Candida* mais comuns, como *C. tropicalis*, *C. parapsilosis*, *C. guilliermondii*, *Candida kefyr*, *C. krusei* e *C. lusitaniae*. A *C. glabrata* é único entre as espécies de *Candida* a produzir células leveduriformes e nenhuma pseudo-hifa em meios de cultura de rotina.

Estrutura antigênica

O uso de antissoros adsorvidos definiu dois sorotipos de *C. albicans*: A (que inclui a *C. tropicalis*) e B. Durante o processo infeccioso, os componentes da parede celular (como mananas, glucanas, polissacarídeos, glicoproteínas e enzimas) são liberados. Essas macromoléculas desencadeiam uma resposta imune inata, além de uma resposta específica Th1, Th17 e Th2. Por exemplo, soros de pacientes com candidíase sistêmica contêm anticorpos detectáveis contra enolases, proteases secretoras, proteínas de choque térmico, entre outras proteínas do agente infeccioso.

Patogênese e patologia

A **candidíase cutânea** ou **mucosa** se estabelece em decorrência de aumento no número local de *Candida* e lesão da pele ou do epitélio, permitindo a invasão local por leveduras e pseudo-hifas. A histologia das lesões cutâneas ou mucocutâneas caracteriza-se por reações inflamatórias, que variam de abscessos piogênicos até granulomas crônicos. As lesões contêm quantidades abundantes de células leveduriformes em brotamento e pseudo-hifas. A administração de antibióticos antibacterianos de amplo espectro frequentemente promove grandes aumentos na população endógena de *Candida* no trato gastrintestinal, bem como na mucosa oral e vaginal. Ocorre **candidíase sistêmica** quando o microrganismo penetra na corrente sanguínea e as defesas fagocíticas inatas do hospedeiro são inadequadas para conter o crescimento e a disseminação das leveduras. As leveduras podem entrar na circulação atravessando a mucosa intestinal. Muitos casos nosocomiais são causados pela contaminação de cateteres intravenosos com *Candida*. Uma vez na circulação, a *Candida* pode infectar os rins, se aderir a próteses valvares cardíacas ou provocar infecções em quase qualquer parte do corpo (p. ex., artrite, meningite, endoftalmite). O mecanismo crítico de defesa do hospedeiro contra a candidíase sistêmica consiste em um número adequado de neutrófilos funcionais capazes de fagocitar e matar as células leveduriformes.

Como já mencionado, as células de *Candida* expressam polissacarídeos, proteínas que não somente estimulam as defesas do hospedeiro, como também facilitam a aderência e invasão do patógeno a células hospedeiras. A *C. albicans* e outras espécies de *Candida* produzem glicoproteínas de superfície com atividade aglutinante (ALS, do inglês *agglutinin-like sequence*). Algumas dessas moléculas são adesinas que se ligam a receptores do hospedeiro, mediando a aderência a células epiteliais e endoteliais. Os mecanismos de resposta imune inata incluem os receptores de reconhecimento de padrão (p. ex., lectinas, TLRs e receptores para manose de macrófagos), que se ligam aos padrões moleculares associados a patógenos. Um exemplo-chave é a dectina-1 do hospedeiro que se liga à β-1,3-glucana de *C. albicans* e de outros fungos, estimulando uma intensa resposta inflamatória. Essa resposta é caracterizada pela produção de citocinas, especialmente fator de necrose tumoral α (TNF-α), interferona γ (IFN-γ) e fator estimulador de colônia de granulócitos (GCSF, do inglês *granulocyte colony-stimulating factor*), que atuam ativando células efetoras como neutrófilos e monócitos. Esses leucócitos ativados, como os macrófagos, podem fagocitar e matar células de levedura ingeridas. Além disso, a ligação de β-glucana à dectina-1 na superfície das células dendríticas induz linfócitos Th17 a secretar IL-17. Os linfócitos Th17 diferem das células T e B. Elas são ativadas por mecanismos de defesa inatos, geralmente da mucosa, bem como por respostas imunes adaptativas.

Além da família de oito genes de adesão de ALS, muitos outros fatores de virulência foram identificados em *C. albicans* e outras espécies de *Candida*. Eles incluem 10 aspartil-proteinases secretadas (SAP, de *secreted aspartyl proteinases*) que são capazes de degradar as membranas da célula hospedeira e clivar imunoglobulinas. Outro fator de virulência é a fosfolipase (PLB1), que é secretada por leveduras e pseudo-hifas.

Esses fungos também adquiriram estratégias eficazes para escapar das defesas do hospedeiro. Devido à sua morfologia, as pseudo-hifas são difíceis de fagocitar. Em uma variedade de superfícies biológicas e protéticas, o acúmulo de leveduras e pseudo-hifas contribui para a formação de **biofilmes**. O biofilme fúngico é protegido por material de matriz extracelular que resiste à penetração de mediadores e células da resposta imune do hospedeiro e de fármacos antifúngicos.

Manifestações clínicas

A. Candidíase cutânea e de mucosa

Os fatores de risco associados à candidíase superficial consistem em Aids, gravidez, diabetes, idade (jovens ou idosos), anticoncepcionais orais e traumatismo (queimaduras, maceração da pele). A **candidíase oral** ("sapinho") pode ocorrer na língua, nos lábios, nas gengivas ou no palato. Trata-se de uma lesão pseudomembranosa esbranquiçada, focal a confluente, composta por células epiteliais, leveduras e pseudo-hifas. Verifica-se o desenvolvimento de candidíase oral na maioria dos pacientes com Aids. Outros fatores de risco incluem tratamento com corticosteroides ou antibióticos, níveis elevados de glicose e imunodeficiência celular. A invasão da mucosa vaginal por leveduras provoca **vulvovaginite**, caracterizada por irritação, prurido e corrimento vaginal. Com frequência, essa condição é precedida de certos fatores como diabetes, gravidez ou uso de antibacterianos que alteram a microbiota, a acidez local ou as secreções. Outras formas de **candidíase cutânea** incluem invasão da pele, que ocorre quando a pele está enfraquecida por trauma, queimaduras ou maceração.

A infecção intertriginosa ocorre em partes úmidas e quentes do corpo, como as axilas, a virilha e as dobras interglúteas e inframamárias; é mais comum em indivíduos obesos e diabéticos. Antes que os neonatos estabeleçam um microbioma equilibrado, eles são suscetíveis a assaduras extensas nas fraldas e infecções cutâneas causadas por *Candida*. As áreas infectadas tornam-se avermelhadas e úmidas, podendo surgir vesículas. A imersão prolongada em água resulta em comprometimento dos espaços interdigitais das mãos, sendo mais comum em donas de casa, cozinheiros e pessoas que manipulam vegetais e peixes. A invasão das unhas e da placa ungueal por *Candida* provoca **onicomicose**, um intumescimento eritematoso e doloroso da prega ungueal que se assemelha à paroníquia piogênica e que pode resultar em destruição da unha.

B. Candidíase sistêmica

A candidemia pode ser causada por cateteres de demora, cirurgia, consumo de drogas intravenosas, aspiração ou lesão da pele ou do trato gastrintestinal. Na maioria dos pacientes com defesas normais do hospedeiro, as leveduras são eliminadas, e a candidemia é transitória. Entretanto, os pacientes com comprometimento das defesas fagocíticas podem desenvolver lesões ocultas em qualquer parte do corpo, particularmente nos rins, na pele (lesões maculonodulares), nos olhos, no coração e nas meninges. A candidíase sistêmica está mais frequentemente associada à administração crônica de corticosteroides ou outros imunossupressores, a doenças hematológicas, como leucemia, linfoma e anemia aplásica, ou à doença granulomatosa crônica. Com frequência, a endocardite por *Candida* é precedida por deposição e crescimento de leveduras e pseudo-hifas em próteses ou em vegetações de valvas cardíacas e por formação de biofilmes recalcitrantes. Em geral, as infecções renais constituem uma manifestação sistêmica, enquanto as infecções das vias urinárias estão frequentemente associadas a cateteres de Foley, diabetes, gravidez e uso de antibióticos antibacterianos.

C. Candidíase mucocutânea crônica

A candidíase mucocutânea crônica (CMC) é uma manifestação clínica rara, mas distinta, caracterizada pela formação de lesões granulomatosas por candidíase em qualquer ou todas as superfícies cutâneas e/ou mucosas. Existem várias classificações de CMC com base na idade de início, endocrinopatia, predisposição genética e estado imunológico. As formas mais comuns apresentam-se na primeira infância e estão associadas à autoimunidade e ao hipoparatireoidismo. Os pacientes podem desenvolver lesões ceratíticas crônicas, elevadas e com crostas altamente desfigurantes na pele, na mucosa oral e no couro cabeludo. Muitos pacientes com candidíase mucocutânea crônica são incapazes de apresentar uma resposta Th17 eficiente para esse patógeno.

Exames diagnósticos laboratoriais

A. Espécimes e examinação microscópica

Os espécimes consistem em *swabs* e raspados de lesões superficiais, sangue, LCS, biópsias teciduais, urina, exsudato e material retirado de cateteres intravenosos.

Biópsias de tecidos, líquido cerebrospinal centrifugado e outras amostras podem ser examinados em esfregaços corados pelo

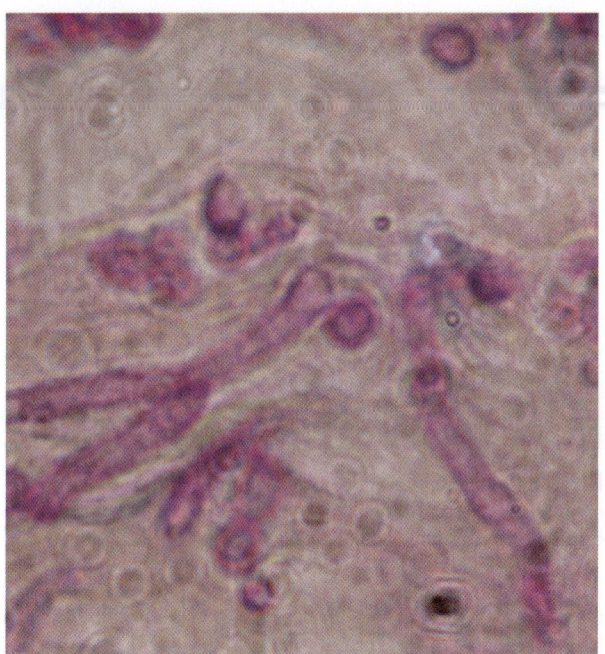

FIGURA 45-25   Candidíase. Leveduras e pseudo-hifas em tecido, coradas com ácido periódico de Schiff. Ampliada 1.000 ×.

método de Gram ou lâminas histopatológicas à procura de pseudo-hifas e células em brotamento (Figura 45-25). Os raspados de pele ou unha devem ser colocados inicialmente em uma gota de KOH a 10% e calcofluorado branco.

B. Cultura

Todas as amostras devem ser cultivadas em meios fúngicos ou bacteriológicos à temperatura ambiente ou a 37 °C. As colônias de leveduras devem ser examinadas à procura de pseudo-hifas (ver Figura 45-23). A *C. albicans* pode ser identificada pela produção de tubos germinativos (ver Figura 45-24) ou clamidósporos. Outros isolados de levedura são especiados fenotipicamente usando qualquer um dos vários *kits* comerciais para testar a assimilação metabólica de uma bateria de substratos orgânicos. O CHROMagar® é um meio comercial útil para a rápida identificação de várias espécies de *Candida* com base na ação enzimática de fungos em substratos cromogênicos do meio. Após incubação por 1 a 4 dias no CHROMagar®, as colônias de *C. albicans* são verdes; as de *C. tropicalis* são azuis; as de *C. glabrata* são roxo-escuras; e as de *C. parapsilosis, C. lusitaniae, C. guilliermondii* e *C. krusei* adquirem uma tonalidade rosada.

A interpretação das culturas positivas varia de acordo com a amostra. As culturas positivas de regiões do corpo normalmente estéreis são significativas. O valor de uma cultura de urina quantitativa para o estabelecimento do diagnóstico depende da integridade da amostra e do número de leveduras. Os cateteres de Foley contaminados podem resultar em culturas de urina "falso-positivas". As hemoculturas positivas podem refletir a presença de candidíase sistêmica ou candidemia transitória causada por uma via intravenosa contaminada. Infelizmente, apenas cerca de 50% das hemoculturas de pacientes com candidíase sistêmica são positivas. As culturas de escarro não têm valor, visto que as espécies de *Candida* fazem parte da microbiota oral. As culturas de lesões cutâneas são confirmatórias e distinguem a candidíase cutânea da dermatofitose ou de outra infecção.

C. Métodos moleculares

Em muitos laboratórios clínicos, as hemoculturas para *Candida* são aumentadas por PCR em tempo real com *primers* específicos para espécies, que são comumente desenhados a partir de sequências de genes de DNA ribossômico. A especificidade dos testes de DNA para candidemia é excelente, mas a sensibilidade pode ser comprometida por uma baixa concentração de células de levedura na amostra de sangue. Outro problema crucial é o método usado para extrair o DNA das células de levedura. O teste molecular ideal detectaria a candidemia no início do curso da infecção, antes que as leveduras desenvolvessem infecção crônica nos rins e em outros órgãos, quando as hemoculturas geralmente são negativas.

Culturas de leveduras, especialmente de espécies não *C. albicans*, geralmente levam vários dias para a identificação definitiva. Com sua facilidade de preparação e automação de amostras, a MALDI-TOF-MS se tornou um método rápido e popular de identificação de espécies de *Candida*, bem como de outros fungos e bactérias patogênicos.

D. Sorologia

Os anticorpos séricos e a imunidade celular podem ser demonstrados na maioria dos indivíduos em decorrência de exposição duradoura a *Candida*. Na candidíase sistêmica, pode haver elevação dos títulos de anticorpos contra vários antígenos de *Candida*, mas não existe critério bem definido para se estabelecer um diagnóstico sorológico. A detecção de manana circulante da parede celular, por meio de um teste de aglutinação com látex ou um ensaio imuno-enzimático, é muito mais específica, porém o teste carece de sensibilidade, visto que vários pacientes apresentam resultado positivo apenas transitório ou não desenvolvem títulos de antígenos detectáveis e significativos até um estágio tardio da doença. No entanto, um teste positivo pode ser muito útil (ver Tabela 45-6). O teste bioquímico para β-(1,3)-D-glucana circulante, descrito anteriormente neste capítulo, tornou-se amplamente usado para triagem de fungemia em pacientes de risco que frequentemente apresentam hemoculturas negativas. Embora o teste não seja específico para *Candida*, a maioria dos pacientes com infecção fúngica invasiva apresenta níveis séricos de β-glucana acima de 80 pg/mL. Os níveis normais são 10 a 40 pg/mL, e um teste negativo pode excluir doença micótica.

Imunidade

A base da resistência à candidíase é complexa e não está totalmente esclarecida. A resposta imune inata, especialmente neutrófilos circulantes, é crucial para a resistência à candidíase sistêmica. Vários antígenos polissacarídicos de *Candida* são reconhecidos por receptores de reconhecimento de padrão do hospedeiro (PRR, de *host pattern recognition receptors*), como a dectina-1, que se liga a β-(1,3)-glucana e β-(1,2)-manana, que se liga ao receptor *Toll-like-4*. Como observado acima, as respostas imunes mediadas por células são importantes para controlar a candidíase da mucosa.

A estimulação de linfócitos Th17 específicos dispara uma cascata de citocinas que ativam macrófagos, inflamação e aumentam a atividade fagocítica.

Tratamento

Em geral, o tratamento da candidíase oral e das outras formas mucocutâneas de candidíase consiste em nistatina tópica ou cetoconazol ou fluconazol orais. O desaparecimento das lesões cutâneas é acelerado pela eliminação dos fatores contribuintes, como umidade excessiva ou uso de antibacterianos. A candidíase sistêmica é tratada com anfotericina B, às vezes em combinação com flucitosina oral, fluconazol ou caspofungina. A candidíase mucocutânea crônica responde de modo satisfatório ao cetoconazol oral e a outros azóis, mas os pacientes apresentam um defeito genético de imunidade celular e com frequência necessitam de tratamento durante toda a vida.

Com frequência, é difícil estabelecer um diagnóstico precoce de candidíase sistêmica, visto que os sinais clínicos não são definitivos, e as hemoculturas muitas vezes se mostram negativas. Além disso, não existe um esquema profilático estabelecido para os pacientes que correm risco, embora o tratamento com um azol ou com um pequeno esquema de anfotericina B em baixas doses seja frequentemente indicado aos pacientes febris ou debilitados que apresentam imunocomprometimento e que não respondem à terapia antibacteriana (ver adiante).

Epidemiologia e controle

A medida preventiva mais importante consiste em evitar qualquer distúrbio no equilíbrio normal da microbiota e das defesas íntegras do hospedeiro. A candidíase não é contagiosa, visto que praticamente todas as pessoas normalmente abrigam o microrganismo. Contudo, estudos epidemiológicos moleculares têm documentado surtos nosocomiais de algumas amostras em indivíduos suscetíveis (p. ex., leucêmicos, transplantados, neonatos, indivíduos em terapia intensiva). As espécies de *Candida* são o quarto isolado de hemocultura mais comum, e a mortalidade atribuível varia de 30 a 40%.

CRIPTOCOCOSE

O *Cryptococcus neoformans* e *Cryptococcus gattii* são leveduras basidiomicéticas ambientais. Ao contrário de outros fungos patogênicos, esses organismos leveduriformes expressam uma grande cápsula polissacarídica (Figura 45-26). O *C. neoformans* está distribuído mundialmente na natureza, sendo isolado facilmente em fezes secas de pombos, assim como nos troncos de árvores e no solo. O *C. gattii* é menos comum e está tipicamente associado a árvores de áreas tropicais. Ambas as espécies causam criptococose, que ocorre após a inalação de células dessecadas de leveduras ou possivelmente por pequenos basidiósporos. Nos pulmões, essas leveduras neurotrópicas migram tipicamente para o SNC, onde causam meningoencefalites (Figura 45-27). Entretanto, também têm a capacidade de infectar muitos outros órgãos (p. ex., pele, olhos e próstata). O *C. neoformans* ocorre em pessoas imunocompetentes,

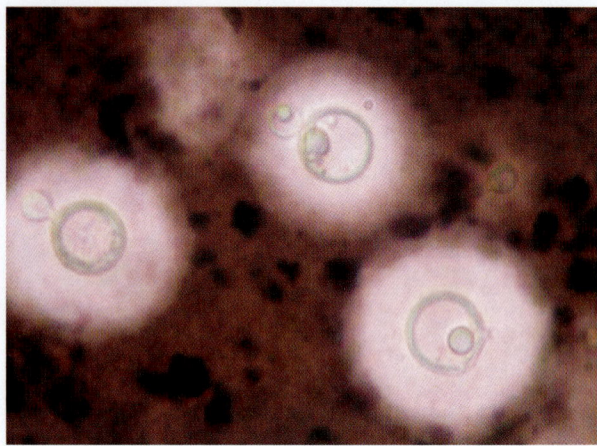

FIGURA 45-26 Criptococose. A cápsula de *Cryptococcus neoformans* está bem aparente nessa amostra de lavado pulmonar. Coloração de Giemsa. Ampliada 1.000 ×.

mas com maior frequência em pacientes com HIV/Aids, doenças hematogênicas e outras condições imunossupressoras. A criptococose causada por *C. gattii* é rara e geralmente associada a hospedeiros aparentemente normais. De modo geral, cerca de 1 milhão de novos casos de criptococose ocorrem anualmente, com um índice de mortalidade de 50%. Mais de 90% dessas infecções são causadas por *C. neoformans*. Embora *C. gattii* seja menos prevalente globalmente, na década passada houve um aumento dos surtos causados por esse microrganismo no Noroeste do Pacífico.

Morfologia e identificação

Em cultura, as espécies de *Cryptococcus* produzem colônias mucoides esbranquiçadas em 2 a 3 dias. Ao exame microscópico, em culturas ou material clínico, as células esféricas em brotamento (com 5-10 μm de diâmetro) são circundadas por uma cápsula espessa (ver Figura 45-26) que não sofre coloração. Todas as espécies de *Cryptococcus*, inclusive várias não patogênicas, são encapsuladas e apresentam urease. Entretanto, *C. neoformans* e *C. gattii* diferem das espécies não patogênicas de *Cryptococcus* pela capacidade de crescer a 37 °C e pela produção de lacase, uma fenol-oxidase que catalisa a formação de melanina a partir de substratos fenólicos apropriados (p. ex., catecolaminas). A cápsula e a lacase são fatores de virulência bem caracterizados. Os isolados clínicos podem ser identificados por demonstração da produção de lacase ou de um padrão específico de assimilação dos carboidratos. Os antissoros adsorvidos são definidos em cinco sorotipos (A-D e AD); as linhagens de *C. neoformans* podem possuir os sorotipos A, D ou AD; e os isolados de *C. gattii* podem ter sorotipos B ou C. Além de seus sorotipos capsulares, as duas espécies diferem quanto a seus genótipos, sua ecologia, algumas reações bioquímicas e manifestações clínicas. É possível demonstrar a reprodução sexuada do microrganismo em laboratório, e sua reprodução bem-sucedida leva à produção de micélios e basidiósporos. Os teleomorfos correspondentes das duas variedades são a *Filobasidiella neoformans* e *Filobasidiella bacillispora*.

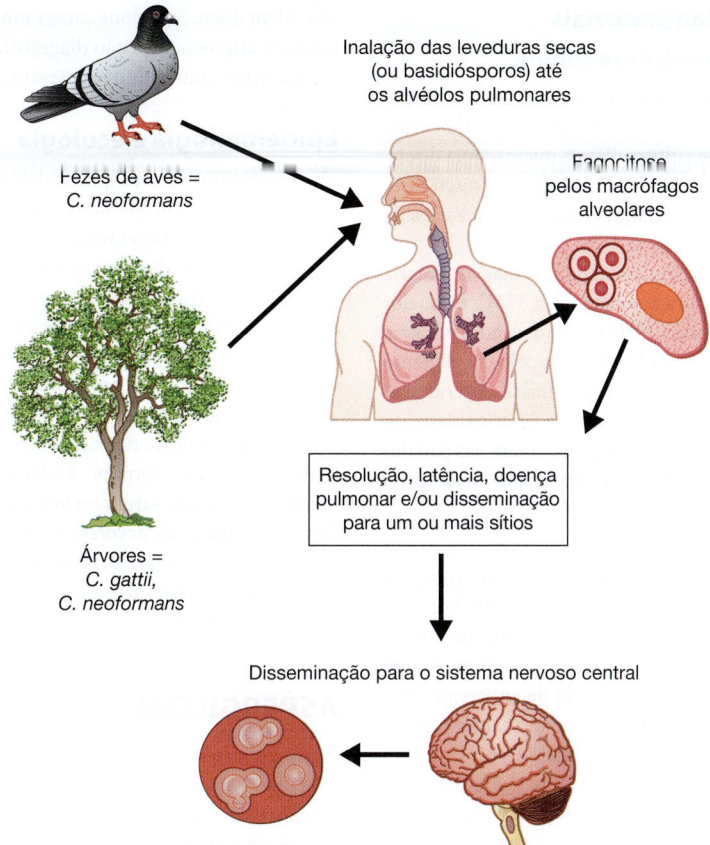

Inalação das leveduras secas
(ou basidiósporos) até
os alvéolos pulmonares

Fezes de aves =
C. neoformans

Fagocitose
pelos macrófagos
alveolares

Resolução, latência, doença
pulmonar e/ou disseminação
para um ou mais sítios

Árvores =
C. gattii,
C. neoformans

Disseminação para o sistema nervoso central

FIGURA 45-27   História natural da criptococose. (Reproduzida, com autorização, de Heitman J, Kozel TR, Kwon-Chung KJ, Perfect JR, et al [editors]: *Cryptococcus. From Human Pathogen to Model Yeast.* Washington, DC, ASM Press, 2011, Figure 1, p. 238. © 2011 American Society for Microbiology. Nenhuma reprodução ou distribuição adicional é permitida sem a permissão prévia por escrito da American Society for Microbiology.)

Estrutura antigênica

Os polissacarídeos capsulares, independentemente do sorotipo, exibem estrutura semelhante: trata-se de polímeros longos e não ramificados, constituídos de um arcabouço de polimanose de ligação α-1,3, com ramificações monoméricas de xilose e ácido glicurônico de ligação β. Durante a infecção, o polissacarídeo capsular, ou glucuronoxilomanana (GXM), é solubilizado em LCS, no soro ou na urina, podendo ser detectado por ensaio imunoenzimático ou aglutinação de partículas de látex recobertas com anticorpos dirigidos contra o polissacarídeo. Com o uso de controles apropriados, esse teste permite que se estabeleça o diagnóstico de criptococose. Além disso, podem-se determinar os anticorpos do paciente contra a cápsula, embora sua presença não seja utilizada no diagnóstico.

Patogênese

A infecção inicia após a inalação de células leveduriformes, que são secas, minimamente encapsuladas e facilmente aerossolizadas na natureza. A infecção pulmonar primária pode ser assintomática ou imitar infecção respiratória semelhante à influenza, frequentemente com resolução espontânea. Em pacientes imunocomprometidos, as leveduras podem multiplicar-se e propagar-se para outras partes do corpo, mas preferencialmente para o SNC, provocando meningoencefalite criptocócica (ver Figura 45-27). Outros locais comuns de disseminação são a pele, as glândulas suprarrenais, os ossos, os olhos e a próstata. A reação inflamatória geralmente é mínima ou granulomatosa.

Manifestações clínicas

A principal manifestação clínica é a meningite crônica, que pode assemelhar-se a um tumor cerebral, abscesso cerebral, doença degenerativa do SNC ou a qualquer meningite micobacteriana ou fúngica. A pressão do líquido cerebrospinal e os níveis de proteínas podem estar elevados, bem como a contagem de células, enquanto a concentração de glicose apresenta-se normal ou baixa. Os pacientes podem queixar-se de cefaleia, rigidez de nuca e desorientação. Além disso, podem ocorrer lesões na pele, nos pulmões ou em outros órgãos.

A evolução da meningite criptocócica pode flutuar durante longos períodos. Entretanto, os casos sem tratamento acabam sendo fatais. Cerca de 5 a 8% dos pacientes com Aids desenvolvem meningite criptocócica. A infecção não é transmitida de uma pessoa para outra.

Exames diagnósticos laboratoriais

A. Amostras, exame microscópico e cultura

As amostras incluem LCS, tecido, exsudatos, escarro, sangue, raspados cutâneos e urina. O LCS deve ser centrifugado antes do exame microscópico e da realização de cultura. Para a microscopia direta, as amostras devem ser examinadas em preparações a fresco diretamente e após mistura com tinta nanquim, que destaca a cápsula (ver Figura 45-26).

Verifica-se o crescimento de colônias em poucos dias na maioria dos meios de cultura à temperatura ambiente ou a 37 °C. Os meios que contêm cicloeximida inibem o *Cryptococcus*, devendo, por isso, ser evitados. As culturas podem ser identificadas pelo crescimento dos microrganismos a 37 °C e por detecção da urease. Alternativamente, em um substrato difenólico apropriado, a fenol-oxidase (ou lacase) do *C. neoformans* e do *C. gattii* produz melanina nas paredes celulares, de modo que as colônias adquirem um pigmento marrom.

B. Sorologia

Os testes para o GXM e antígeno capsular podem ser efetuados em amostras de LCS, urina e soro. O teste de aglutinação do látex em lâmina e os testes imunoenzimáticos (Elisa) para o antígeno criptocócico mostram-se positivos em 90% dos pacientes com meningite criptocócica. Com o tratamento eficaz, o título de antígenos cai – exceto em pacientes com Aids, que frequentemente mantêm títulos elevados de antígenos por longos períodos (Tabela 45-6). Um novo teste pata GXM é um teste rápido de fluxo lateral (LFA, do inglês *lateral flow assay*), no qual anticorpos monoclonais são empregados para a detecção do GXM no soro, no LCS ou na urina, com leitura em 20 minutos de incubação. Esse teste LFA tem sido amplamente utilizado como um rastreio de POC para criptococose na África Subsaariana.

Tratamento

A terapia de combinação com anfotericina B e flucitosina foi considerada o tratamento-padrão para meningite criptocócica, embora o benefício do acréscimo de flucitosina permaneça controverso. A anfotericina B (com ou sem flucitosina) é curativa na maioria dos pacientes não infectados pelo HIV/Aids. Pacientes com Aids e sem tratamento adequado quase sempre irão sofrer recidiva quando o uso de anfotericina B for interrompido, necessitando de terapia supressora permanente com fluconazol, o qual apresenta excelente penetração no SNC.

Os pacientes com HIV/Aids tratados com a terapia antirretroviral altamente ativa (HAART, do inglês *highly active antiretroviral therapy*) têm baixa incidência de criptococose, e os casos têm um prognóstico muito melhor. Entretanto, um terço desses pacientes com meningite criptocócica desenvolve **síndrome inflamatória de reconstituição imunológica*** (SIRI), o que agrava o quadro clínico. O diagnóstico, a patogênese e o tratamento da SIRI são problemáti-

cos. Além disso, SIRI pode causar uma reação paradoxal, revelando casos de criptococoses não diagnosticados. A SIRI também ocorre em pacientes com Aids que apresentam tuberculose.

Epidemiologia e ecologia

Os excrementos de aves (particularmente de pombos) favorecem o crescimento do *C. neoformans,* atuando como reservatório da infecção. O microrganismo cresce de modo exuberante em excrementos de pombos, embora estas aves não sejam infectadas. Além dos pacientes com Aids ou neoplasias hematológicas, aqueles mantidos sob corticosteroides mostram-se altamente suscetíveis à criptococose. Na região Subsaariana da África, o epicentro do HIV/Aids, o *C. neoformans* lidera os casos de meningite com uma estimativa de 1 milhão de novos casos e de 600.000 mortes por ano.

A grande maioria dos casos globais de criptococose é causada por *C. neoformans* (sorotipo A). No entanto, a espécie *C. gattii,* normalmente tropical, surgiu no noroeste do Pacífico, onde foi isolada de várias espécies de árvores, do solo e da água locais. Desde 2000, casos humanos e veterinários têm se expandido da Ilha de Vancouver para a Columbia Britânica continental, Washington, Oregon, Califórnia e Idaho.

ASPERGILOSE

A aspergilose representa um espectro de doenças que podem ser causadas por diversas espécies de *Aspergillus*. As espécies de *Aspergillus* são sapróbios onipresentes na natureza, e a aspergilose ocorre no mundo inteiro. O *A. fumigatus* é o patógeno humano mais comum, mas muitos outros, incluindo *Aspergillus flavus*, *Aspergillus niger*, *Aspergillus terreus* e *Aspergillus lentulus*, podem causar doença. Tais fungos produzem quantidades abundantes de pequenos conídios facilmente aerossolizados. Após a inalação desses conídios, os indivíduos atópicos frequentemente desenvolvem reações alérgicas graves aos antígenos dos conídios. Em pacientes imunocomprometidos (particularmente aqueles com leucemia, os submetidos a transplante de células-tronco e indivíduos em uso de corticosteroides), os conídios podem germinar, produzindo hifas que invadem os pulmões e outros tecidos.

Morfologia e identificação

As espécies de *Aspergillus* crescem rapidamente, produzindo hifas aéreas que exibem estruturas características de conídios: conidióforos longos com vesículas terminais sobre as quais as fiálides produzem cadeias basipetais de conídios (ver Figura 45-6). As espécies são identificadas de acordo com as diferenças morfológicas observadas nessas estruturas, como tamanho, forma, textura e cor dos conídios.

Patogênese

Nos pulmões, os macrófagos alveolares são capazes de fagocitar e destruir os conídios. Entretanto, os macrófagos de animais tratados com corticosteroides ou de pacientes imunocomprometidos apresentam capacidade reduzida de conter o inóculo. Nos pulmões, os conídios intumescem e germinam, produzindo hifas que tendem a invadir cavidades preexistentes (aspergiloma ou bola fúngica) ou vasos sanguíneos.

---

*N de T. A SIRI caracteriza-se por intensa e exacerbada resposta inflamatória, associada à reconstituição imune ocasionada pelo tratamento antirretroviral, cujas manifestações incluem a presença de infecções subclínicas, tumores e transtornos autoimunes. Os agentes infecciosos mais comumente relacionados com a SIRI incluem o herpes-zóster, o citomegalovírus (CMV), o *Mycobacterium tuberculosis* ou complexo *Mycobacterium avium*, e o *Cryptococcus neoformans*.

Manifestações clínicas

A. Formas alérgicas

Em alguns indivíduos atópicos, o desenvolvimento de anticorpos IgE contra os antígenos de superfície dos conídios de *Aspergillus* desencadeia uma reação asmática imediata em caso de exposição subsequente. Em outros, os conídios germinam, e as hifas colonizam a árvore brônquica sem invadir o parênquima pulmonar. Esse fenômeno é característico da **aspergilose broncopulmonar alérgica**, clinicamente definida pela ocorrência de asma, infiltrados recorrentes no tórax, eosinofilia e hipersensibilidade de testes cutâneos tipo I (imediata) e tipo III (Arthus) ao antígeno do *Aspergillus*. Muitos pacientes produzem escarro com o *Aspergillus* e precipitinas séricas. Esses indivíduos têm dificuldade de respirar, podendo desenvolver fibrose pulmonar permanente. Em hospedeiros normais expostos a doses maciças de conídios, pode-se verificar o desenvolvimento de **alveolite alérgica extrínseca**.

B. Aspergiloma e colonização extrapulmonar

Observa-se a formação de aspergiloma quando os conídios inalados penetram em uma cavidade preexistente, germinam e produzem quantidades abundantes de hifas no espaço pulmonar anormal. Os pacientes com doença cavitária anterior (p. ex., tuberculose, sarcoidose e enfisema) correm risco. Alguns pacientes são assintomáticos, enquanto outros apresentam tosse, dispneia, perda de peso, fadiga e hemoptise. Os casos de aspergiloma raramente tornam-se invasivos. As infecções não invasivas localizadas (colonização) por espécies de *Aspergillus* podem afetar os seios nasais, o canal auditivo, a córnea ou as unhas.

C. Aspergilose invasiva

Após a inalação e germinação dos conídios, ocorre doença invasiva em forma de processo pneumônico agudo com ou sem disseminação. Os pacientes que correm risco são aqueles que têm leucemia linfocítica ou mielógena e linfoma, receptores de transplante de células-tronco e, em particular, indivíduos em uso de corticosteroides. O risco é muito maior para pacientes que estejam recebendo transplantes alogênicos (mais do que transplantes autólogos) de células-tronco hematopoiéticas. Os pacientes com Aids e contagem de células T CD4 inferior a 50 células/µL também são predispostos a aspergilose invasiva. Os sintomas consistem em febre, tosse, dispneia e hemoptise. As hifas invadem o lúmen e a parede dos vasos sanguíneos, provocando trombose, infarto e necrose. A partir dos pulmões, a doença pode disseminar-se para o trato gastrintestinal, os rins, o fígado, o cérebro ou outros órgãos, originando abscessos e lesões necróticas. Na ausência de tratamento rápido, o prognóstico para os pacientes com aspergilose invasiva é ruim. Os indivíduos com doença subjacente menos grave podem desenvolver aspergilose pulmonar necrosante crônica, uma doença mais branda.

Exames diagnósticos laboratoriais

A. Amostras, exame microscópico e cultura

O escarro, outras amostras do trato respiratório ou a biópsia pulmonar fornecem amostras adequadas. As amostras de sangue raramente são positivas. Ao exame direto de amostra de escarro com KOH ou calcofluorado branco, ou em cortes histológicos, as hifas

de espécies de *Aspergillus* são hialinas, septadas, de largura uniforme (com cerca de 4 µm), tendo ramificação dicotômica (Figura 45-28). As espécies de *Aspergillus* crescem em poucos dias na maioria dos meios de cultura à temperatura ambiente. As espécies são identificadas de acordo com a morfologia das estruturas dos conídios (ver Figura 45-6).

B. Sorologia

O teste de ID para as precipitinas contra *A. fumigatus* fornece um resultado positivo em mais de 80% dos pacientes com aspergiloma ou formas alérgicas de aspergilose, mas os testes de anticorpos não são úteis para o estabelecimento do diagnóstico de aspergilose invasiva. Nesta última manifestação clínica, a realização de um teste sorológico para a galactomanana da parede celular circulante

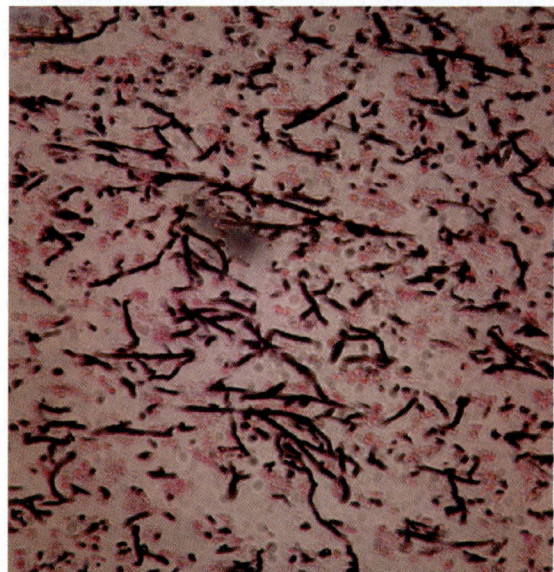

A

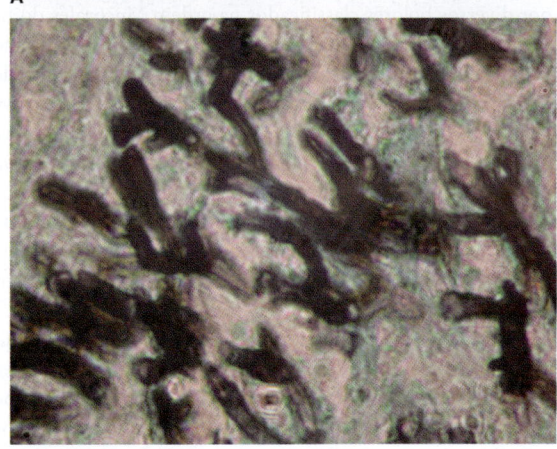

B

FIGURA 45-28   Aspergilose invasiva. **A:** Hifas septadas ramificadas, uniformes (cerca de 4 µm de largura) de *A. fumigatus* em tecido pulmonar corado com metenamina de prata de Gomori. Ampliada 400×. **B:** Preparação semelhante com coloração de Grocott. Ampliada 1.000×.

é diagnóstica, porém não inteiramente específica para aspergilose (ver Tabela 45-6). Além disso, para esse teste, a detecção de β-glucana também é útil no diagnóstico das aspergiloses invasivas, assim como para as candidíases.

Tratamento

O tratamento do aspergiloma consiste em itraconazol e anfotericina B, bem como cirurgia. A aspergilose invasiva exige a rápida administração de preparação nativa ou lipídica de anfotericina B ou voriconazol, geralmente suplementada com imunoterapia por citocinas (p. ex., fator estimulante de formação de colônias de granulócitos-macrófagos ou interferona γ). Cepas resistentes à anfotericina B do *A. terreus* e outras espécies, inclusive *A. flavus* e *A. lentulus*, surgiram em centros de tratamento de leucemias graves, e o posaconazol, um novo triazol, pode ser mais eficaz nessas infecções. As doenças pulmonares necrosantes crônicas menos graves podem ser tratadas com voriconazol ou itraconazol. As formas alérgicas de aspergilose são tratadas com corticosteroides ou cromoglicato dissódico.

Epidemiologia e controle

Para os indivíduos que correm risco de doença alérgica ou aspergilose invasiva, é necessário todo o empenho para evitar exposição a conídios de espécies de *Aspergillus*. Em sua maioria, as unidades de transplante de medula óssea empregam sistemas de ar-condicionado com filtração, monitoram os contaminantes transportados pelo ar nos quartos dos pacientes, reduzem as visitas e instituem outras medidas para isolar os pacientes e minimizar o risco de exposição aos conídios de *Aspergillus* e de outros bolores. Alguns pacientes sob risco de adquirir aspergilose invasiva recebem baixas doses profiláticas de anfotericina B ou itraconazol.

MUCORMICOSE

A mucormicose (zigomicose) é uma micose oportunista causada por diversos bolores classificados na ordem Mucorales do filo Glomerulomycota e subfilo Mucoromycotina, fungos sapróbios termotolerantes onipresentes. Os principais patógenos encontrados nesse grupo de fungos consistem em espécies dos gêneros *Rhizopus* (ver Figura 45-2), *Rhizomucor, Lichtheimia, Cunninghamella* (ver Figura 45-3), *Mucor* etc. A principal espécie é a *Rhizopus oryzae*. As condições que levam os pacientes a correrem risco são acidose (particularmente a associada ao diabetes melito), leucemia, linfoma, tratamento com corticosteroides, queimaduras graves, imunodeficiências e outras doenças debilitantes, assim como diálise com deferoxamina, um agente quelante do ferro.

A principal forma clínica é a mucormicose rinocerebral, que resulta da germinação dos esporangiósporos nas passagens nasais e da invasão dos vasos sanguíneos pelas hifas, causando trombose, infarto e necrose. A doença pode evoluir rapidamente, com invasão dos seios nasais, olhos, ossos cranianos e cérebro. Ocorre lesão dos vasos sanguíneos e dos nervos, e os pacientes desenvolvem edema da área facial acometida, exsudato nasal sanguinolento e celulite orbitária. A mucormicose torácica ocorre após a inalação dos esporangiósporos, com invasão do parênquima e da vasculatura pulmonares. Em ambos os locais, a necrose isquêmica provoca destruição tecidual maciça. Com menor frequência, tal processo é associado a curativos de feridas contaminados e a outras situações.

O exame direto ou a cultura da secreção nasal, das amostras de tecido ou do escarro revelam a presença de hifas largas (10-15 μm), tendo espessura desigual, ramificação irregular e septos esparsos (Figura 45-29). Esses fungos crescem rapidamente em meios laboratoriais, formando quantidades abundantes de colônias com aspecto de algodão. A identificação baseia-se nas estruturas dos esporângios. O tratamento consiste em desbridamento cirúrgico agressivo, administração rápida de anfotericina B e controle da doença subjacente. Muitos pacientes sobrevivem, mas pode-se observar efeitos residuais, como paralisia parcial da face ou perda de um olho.

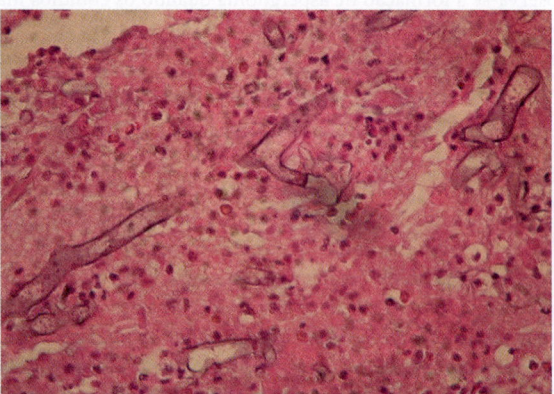

A

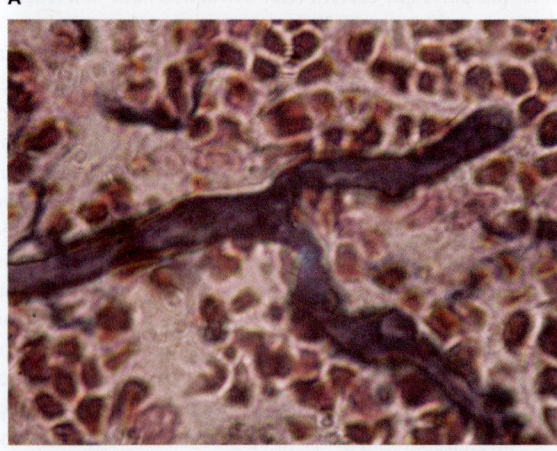

B

FIGURA 45-29 Mucormicose **A:** Hifas escassamente septadas, em forma de fita (10-15 μm de largura) de *Rhizopus oryzae* em tecido pulmonar. H&E, ampliada 400 ×. **(B)** Amostra histopatológica semelhante, corada com metenamina de prata de Gomori. Ampliada 1.000 ×.

PNEUMONIA POR *PNEUMOCYSTIS*

O *Pneumocystis jirovecii* provoca pneumonia em pacientes imunocomprometidos, mas a ocorrência de disseminação é rara. Por muito tempo, o *P. jirovecii* era considerado um protozoário. Contudo, estudos de biologia molecular comprovaram que se trata de um fungo com estreita relação com os ascomicetos. As espécies de *Pneumocystis* são encontradas nos pulmões de muitos mamíferos (ratos, camundongos, cães, gatos, doninhas e coelhos), porém raramente causam doença, a não ser que o hospedeiro esteja imunossuprimido. O *P. jirovecii* é a espécie humana, e a mais familiar, *Pneumocystis carinii*, é encontrada somente em ratos. Até a ocorrência da epidemia de Aids, a doença humana era limitada à pneumonite intersticial de plasmócitos em lactentes desnutridos e pacientes imunossuprimidos (terapia com corticosteroides, antineoplásicos e em receptores de transplante). Antes da introdução dos esquemas eficazes de quimioprofilaxia, constituía importante causa de morte entre os pacientes com Aids. A quimioprofilaxia resultou em notável redução da incidência de pneumonia; todavia, constatou-se um aumento das infecções em outros órgãos, principalmente o baço, os linfonodos e a medula óssea.

O *P. jirovecii* apresenta duas formas morfologicamente distintas: os trofozoítos de parede fina e os cistos, que têm paredes espessas, são esféricos a elípticos (4-6 μm) e contêm 4 a 8 núcleos. Os cistos podem ser corados com prata, azul de toluidina e calcofluorado branco. Na maioria das amostras clínicas, os trofozoítos e os cistos são encontrados em uma massa compacta, que provavelmente reflete o seu modo de crescimento no hospedeiro. O *P. jirovecii* contém uma glicoproteína de superfície que pode ser detectada no soro de indivíduos normais ou com doença aguda.

O *P. jirovecii* é um patógeno extracelular. O crescimento nos pulmões limita-se à camada de surfactante existente sobre o epitélio alveolar. Em pacientes sem Aids, a infiltração dos espaços alveolares por plasmócitos resulta em pneumonite intersticial de plasmócitos. Não há plasmócitos na pneumonia por *Pneumocystis* relacionada com a Aids. O bloqueio da interface de troca de oxigênio resulta em cianose.

Para se estabelecer o diagnóstico de pneumonia por *Pneumocystis*, as amostras de lavado broncoalveolar, biópsia de tecido pulmonar ou escarro induzido devem ser coradas e examinadas à procura de cistos ou trofozoítos. Os corantes apropriados são o método de Giemsa, azul de toluidina, metenamina de prata e calcofluorado branco. Dispõe-se de um anticorpo monoclonal específico para o exame fluorescente direto das amostras. É impossível cultivar o *Pneumocystis*. Apesar de não ser clinicamente útil, a sorologia tem sido utilizada para estabelecer a prevalência da infecção.

Na ausência de imunossupressão, o *P. jirovecii* não provoca doença. As evidências sorológicas sugerem que a maioria dos indivíduos é infectada no início da infância, e o microrganismo apresenta distribuição mundial. A imunidade celular presumivelmente desempenha papel predominante na resistência à doença, visto que os pacientes com Aids frequentemente exibem títulos significativos de anticorpos, e a pneumonia por *Pneumocystis* geralmente não é observada até que ocorra uma queda da contagem de linfócitos CD4$^+$ para menos de 400/μL. A maioria dos pacientes tem um teste positivo para 1,3-β-D-glucana (ver Tabela 45-6).

Os casos agudos de pneumonia por *Pneumocystis* são tratados com sulfametoxazol-trimetoprima ou isotionato de pentamidina. A profilaxia pode ser efetuada com sulfametoxazol-trimetoprima diariamente ou pentamidina inalada. Existem também outros fármacos disponíveis.

Não foi demonstrado reservatório natural algum, e é possível que o agente seja um membro obrigatório da microbiota normal. Os indivíduos que correm risco recebem quimioprofilaxia. O modo de infecção ainda não foi esclarecido, podendo ser possível a transmissão por aerossóis.

PENICILIOSE

A peniciliose é causada por um fungo dimórfico, *Talaromyces marneffei*, que originalmente se pensava ser uma espécie de *Penicillium*. O *T. marneffei* é encontrado em diversas regiões do Sudeste Asiático, inclusive o Sudeste da China, Tailândia, Vietnã, Indonésia, Hong Kong, Taiwan e o estado de Manipur na Índia (ver Figura 45-16). Nestas áreas endêmicas, *T. marneffei* foi isolado do solo, especialmente o solo associado a ratos do bambu e seus hábitats. À temperatura ambiente, as formas fúngicas (bolores) crescem rapidamente e desenvolvem colônias verde-amareladas com um pigmento vermelho difuso. As hifas septadas e ramificadas produzem conidióforos aéreos contendo fiálides e cadeias basipetais de conídios, similares às estruturas mostradas na Figura 45-4. Em tecido, as formas de hifas convertem-se em células semelhantes a leveduras, unicelulares (aproximadamente 2 × 6 μm) que se dividem por fissão. O principal risco para infecção é imunodeficiência em razão de HIV/Aids, tuberculose, tratamento com corticosteroide ou doenças linfoproliferativas. As manifestações clínicas incluem fungemia, lesões de pele e envolvimento sistêmico de vários órgãos, especialmente do sistema reticuloendotelial. Os sinais e sintomas iniciais são não específicos e podem incluir tosse, febre, fadiga, perda de peso e linfadenopatia. Entretanto, 70% dos pacientes, com ou sem Aids, desenvolvem pápulas cutâneas e subcutâneas, pústulas ou eritemas, os quais frequentemente são localizados na face. A partir de amostras de pele, sangue ou biópsia de tecidos, o diagnóstico pode ser estabelecido por observação microscópica de células de aspecto leveduriforme e culturas positivas. O tratamento geralmente implica o emprego de anfotericina B seguida de itraconazol. Sem tratamento, a mortalidade pode ultrapassar 90%.

OUTRAS MICOSES OPORTUNISTAS

Os indivíduos com comprometimento das defesas do hospedeiro são suscetíveis a infecções por milhares de bolores sapróbios existentes na natureza, que produzem esporos transportados pelo ar. Essas micoses oportunistas ocorrem com menos frequência que a candidíase, a aspergilose e a mucormicose, visto que os fungos são menos patogênicos. Os avanços na medicina têm resultado em um número cada vez maior de pacientes com imunocomprometimento grave, nos quais fungos normalmente não patogênicos podem tornar-se patógenos oportunistas. Infecções sistêmicas devastadoras já foram causadas por espécies de *Alternaria*, *Bipolaris*, *Curvularia*,

Fusarium, Paecilomyces e muitas outras. Alguns patógenos oportunistas são geograficamente limitados. Outro fator contribuinte é o uso crescente de antibióticos antifúngicos, que levou à seleção de espécies e cepas fúngicas resistentes.

Um exemplo de infecção fúngica oportunista por um fungo normalmente ambiental foi o relato de um surto por *Exserohilum rostratum* associado à infecção do SNC. O surto começou em setembro de 2012 e se espalhou pelos Estados Unidos. Ele foi causado por lotes contaminados de metilprednisolona formulados para injeção epidural. Os frascos de esteroides foram fornecidos por uma única empresa e estavam contaminados com o fungo demácio *E. rostratum*, causa rara de feoifomicose*. Quase 13.000 pacientes receberam as injeções e, de acordo com seu estado imunológico e com o tamanho aleatório do inóculo do fungo, muitos desenvolveram meningite crônica a aguda, abscessos cerebrais e outras manifestações. Ao longo de um período de meses, infecções foram documentadas em mais de 750 pacientes em 20 estados. O Centers for Disease Control and Prevention (CDC) desenvolveu rapidamente um teste de PCR para detectar o fungo em amostras de cultura negativa. Os pacientes foram tratados com anfotericina B, posaconazol e/ou isavuconazol, mas 63 pacientes morreram.

PATÓGENOS EMERGENTES

Como enfatizado anteriormente, um número relativamente pequeno de espécies é responsável pela maioria das infecções fúngicas, mas centenas de outros fungos normalmente ambientais têm causado doenças invasivas cada vez mais. Todos os anos, a comunidade médica e científica é desafiada pelo surgimento de novos fungos patogênicos. Como essas novas micoses geralmente envolvem pacientes imunocomprometidos ou debilitados, a conclusão razoável é que mais pessoas estão se tornando suscetíveis. No entanto, há evidências crescentes de que os fungos são tudo menos estáticos. Nas últimas décadas, o sequenciamento do genoma completo e outros métodos revelaram que os fungos têm vários mecanismos para desencadear mudanças genéticas rápidas. Os fungos patogênicos têm demonstrado uma plasticidade genética e fenotípica impressionante. Sob o estresse de escapar dos mecanismos de defesa do hospedeiro mamífero, esses fungos modulam positiva e negativamente a expressão de centenas de genes. Além da expressão gênica, os fungos podem alterar a ploidia e sofrer rearranjos cromossômicos. Durante uma infecção, essas mudanças "microevolutivas" frequentemente aumentam a patogenicidade, ajudam a evitar as respostas imunes do hospedeiro e resultam no aumento da resistência a fármacos antifúngicos. Dois exemplos recentes destacam esse fenômeno.

Em 2009, um aumento incomum de casos de candidemia foi relatado – muitos pacientes não responderam à quimioterapia antifúngica, a mortalidade foi alta e a levedura foi identificada incorretamente, pois apresentava padrões fenotípicos divergentes em comparação aos disponíveis para as espécies comumente associadas nos bancos de dados utilizados nos laboratórios clínicos usuais. Assim, um novo patógeno havia surgido, *Candida auris*, e a situação continuou a piorar. A *C. auris* se espalhou globalmente, e os isolados são intrinsecamente resistentes às três classes principais de fármacos antifúngicos, polienos, azóis e equinocandinas. Ao contrário de outras espécies infecciosas de *Candida*, a *C. auris* não faz parte do microbioma humano normal, mas uma vez exposta aos pacientes, ela coloniza rotineiramente a pele humana e o tecido da mucosa. Essa predisposição levou à transmissão por contato e surtos nosocomiais de doenças sistêmicas. Além disso, a *C. auris* também sobrevive por semanas em roupas, bancadas, equipamentos médicos e outros fômites. Como consequência, centenas de casos foram relatados em mais de 20 países nos cinco principais continentes. Hoje, é a principal causa de candidemia na Índia e na África do Sul, e mais de 250 casos foram relatados nos Estados Unidos. Em toda a Europa, de 2013 a 2017, ocorreram 620 casos de *C. auris* causando candidemia, outras manifestações clínicas ou colonização. Ao contrário de outras espécies de *Candida*, a *C. auris* pode crescer em altas concentrações de sal e a 42 °C. Pouco se sabe sobre sua origem, embora tenha sido isolada de peixes, água salgada e outros locais ambientais. Estudos de genotipagem sugerem que essa espécie surgiu de forma independente em quatro áreas geográficas diferentes. Parece ter desenvolvido vários mecanismos de resistência aos antifúngicos, que podem ter sido estimulados pela sua exposição a esses fármacos no ambiente. Ensaios de CIM de centenas de isolados de *C. auris* revelaram que 90% dos isolados eram resistentes ao fluconazol, até 30% eram resistentes à anfotericina B, e 2 a 5% eram resistentes às equinocandinas.

Por pelo menos três décadas, a *Emmonsia crescens* tem sido conhecida como um fungo dimórfico ambiental e causa rara de infecção invasiva, adquirida pela inalação de conídios transportados pelo ar. Nos tecidos do hospedeiro, *E. crescens* forma grandes adiasporos (adiaconídios) esféricos ($\leq$ 400 μm). Membros do gênero *Emmonsia* estão relacionados filogeneticamente a *Blastomyces* e *Histoplasma*. Todos os três patógenos dimórficos foram relatados na África (Figura 45-16). De 2008 a 2015, mais de 50 pacientes na África do Sul com HIV/Aids foram diagnosticados com infecções aparentes de *Emmonsia*. A maioria tinha acometimento pulmonar e cutâneo, e, apesar do tratamento com anfotericina B, a mortalidade foi de 48%. O tecido infectado não revelou grandes adiasporos, mas pequenas células de levedura ovoides com aproximadamente 2,9 × 1,6 μm; essa observação sinalizou o surgimento de um novo patógeno dimórfico, que foi subsequentemente confirmado por sequenciamento de DNA. Esse bolor foi atribuído a um novo gênero e denominado *Emergomyces africanus*. Em 2017, mais de 80 casos de infecção por *E. africanus* foram relatados, todos na África do Sul e quase exclusivamente em pacientes com HIV/Aids. As evidências sugerem uma associação ambiental com solo e infecção que ocorre por conídios transportados pelo ar. Os dados da CIM apoiam o tratamento com anfotericina B, itraconazol, voriconazol ou posaconazol, mas não com fluconazol. Assim, um novo bolor dimórfico letal emergiu em uma área geográfica altamente restrita.

---

*N de T. A feoifomicose consiste em infecções oportunistas, cutâneas e sistêmicas causadas por fungos demácios. A enfermidade é rara e geralmente afeta populações rurais das regiões tropicais das Américas, penetrando na pele por trauma com solução de continuidade. As evidências demonstram uma ocorrência maior nos pacientes imunocomprometidos. Clinicamente, são classificadas em superficial, cutânea, subcutânea e sistêmica. A forma cerebral constitui uma forma particular e pouco comum de feoifomicose.

CONCEITOS-CHAVE: MICOSES OPORTUNISTAS

1. As micoses oportunistas são causadas por fungos de distribuição global, sendo também membros da microbiota normal humana (p. ex., diferentes espécies de *Candida* ou de leveduras e bolores ambientais). Entre as diferentes categorias de infecções fúngicas, os fungos oportunistas apresentam a maior taxa de mortalidade e incidência, além de maior severidade.

2. A resposta inata do hospedeiro (p. ex., neutrófilos e monócitos) fornece uma proteção crucial para candidíase sistêmica, aspergilose invasiva e mucormicoses. Pacientes de risco incluem aqueles com discrasias hematológicas (p. ex., leucemias e neutropenias) e os submetidos a terapias imunossupressoras (p. ex., corticoides) ou fármacos citotóxicos.

3. A maioria dos indivíduos com HIV/Aids desenvolve candidíase de mucosa (p. ex., "sapinho" e esofaringite). Aqueles com contagem de CD4 menor que 100 células/μL apresentam maior risco de criptococose, pneumonia por *Pneumocystis*, aspergilose, peniciliose, micoses endêmicas e outras infecções.

4. O diagnóstico das aspergiloses invasivas ou de candidíases é dificultado, uma vez que as hemoculturas geralmente são negativas em pacientes com aspergilose, e menos de 50% são positivas em pacientes com candidíase sistêmica.

5. O sucesso do controle das micoses oportunistas envolve o diagnóstico precoce, o rápido início da terapia antifúngica e o monitoramento das condições clínicas e doenças subjacentes do paciente.

PROFILAXIA FÚNGICA

As micoses oportunistas estão aumentando entre os pacientes imunodeprimidos, especialmente naqueles com discrasias hematológicas (p. ex., leucemia), receptores de transplante de células-tronco e de órgãos sólidos, bem como pacientes que estejam recebendo fármacos citotóxicos e imunossupressores (p. ex., corticosteroides). Por exemplo, a incidência das micoses sistêmicas entre os pacientes com leucemia linfocítica ou mielógena, por exemplo, é de 5 a 20%, e entre os pacientes que recebem transplantes de células-tronco alogênicas, de 5 a 10%. Muitos desses pacientes de alto risco apresentam suas defesas inatas deprimidas, como redução no número ou na funcionalidade dos neutrófilos e monócitos circulantes. Além disso, os pacientes com Aids são altamente suscetíveis a uma variedade de micoses sistêmicas quando sua contagem de células CD4$^+$ cai abaixo de 100 células/μL.

A lista de patógenos invasores oportunistas inclui espécies de *Candida*, *Cryptococcus*, *Saccharomyces* e outras leveduras, *Aspergillus* e outros bolores ascomicetos (p. ex., *Fusarium*, *Paecilomyces* e *Scopulariopsis*), bolores demácios (p. ex., *Bipolaris*, *Phialophora*, *Cladosporium*) e os bolores da ordem Mucorales (*Rhizopus*). Como geralmente é difícil estabelecer um diagnóstico precoce definitivo no curso da infecção, muitos pacientes de alto risco são tratados empírica ou profilaticamente com fármacos antifúngicos. Entretanto, não existe um consenso universal sobre os critérios para administração de profilaxia antifúngica ou de um regime quimioterápico específico. Além disso, a maioria dos hospitais terciários desenvolveu seus próprios protocolos para administração de quimioterapia profilática antifúngica para os pacientes sob alto risco de micose invasiva. A maioria dos hospitais administra fluconazol oral, outros prescrevem um tratamento de curta duração com baixas doses de anfotericina B. Alguns dos critérios para administração de profilaxia antifúngica a um paciente com doença de base ou condição de alto risco são febre persistente que não responde a antibióticos, neutropenia por mais de 7 dias, observação de novos e inexplicáveis infiltrados pulmonares em exames radiográficos ou progressiva falência de órgãos sem explicação.

Com os avanços da genômica comparativa, permitiu-se o desenvolvimento de novas abordagens para o estudo das interações fungo-hospedeiro. As análises das sequências das amostras benignas e virulentas das espécies patogênicas permitiram a identificação de muitos genes e de vias metabólicas que são essenciais para a virulência. Essas informações permitiram o desenvolvimento de novas estratégias no combate das infecções fúngicas, tais como o bloqueio da aderência do patógeno a células hospedeiras ou a inibição *in vivo* da transformação dos fungos dimórficos. Estudos genéticos e de resposta imunológica a fungos têm identificado a assinatura de citocinas e biomarcadores inflamatórios, que caracterizam a resposta inata e adaptativa dos fungos invasivos.

HIPERSENSIBILIDADE AOS FUNGOS

Durante toda a vida, as vias respiratórias são expostas a conídios e esporos transportados pelo ar, provenientes de inúmeros fungos saprofíticos. Com frequência, essas partículas possuem potentes antígenos de superfície, capazes de estimular e desencadear reações alérgicas pronunciadas. Tais respostas de hipersensibilidade não exigem o crescimento nem mesmo a viabilidade do fungo indutor, embora em alguns casos (aspergilose broncopulmonar alérgica) possam ocorrer simultaneamente infecção e alergia. Dependendo do local de deposição do alergênio, o paciente pode apresentar rinite, asma brônquica, alveolite ou pneumonite generalizada. Os indivíduos atópicos são mais suscetíveis. O diagnóstico e a amplitude das reações de hipersensibilidade do paciente podem ser estabelecidos por teste cutâneo com extratos fúngicos. O tratamento pode consistir em prevenção contra exposição ao alergênio agressor, tratamento com corticosteroides e tentativa de dessensibilização do paciente.

A exposição do ar de ambientes fechados a muitos esporos fúngicos levou ao reconhecimento de uma condição chamada "síndrome do prédio doente", na qual materiais de construção úmidos, tais como madeiras e compensados, podem ser contaminados por bolores, permitindo o seu crescimento. A produção e a contaminação do ar em ambientes fechados com um grande número de conídios resultam em casos debilitantes de alergias sistêmicas ou reações tóxicas. Com frequência, a infestação por bolores é tão grande que se mostra difícil eliminá-la com fungicidas ou filtração, e muitos prédios precisam ser demolidos. Os bolores causadores desses casos geralmente são ascomicetos não infecciosos, como o *Stachybotrys*, *Cladosporium*, *Fusarium* entre outros.

MICOTOXINAS

Muitos fungos produzem substâncias venenosas, denominadas micotoxinas, que podem causar intoxicação e lesões agudas ou crônicas. As micotoxinas são metabólitos secundários, e seus efeitos não dependem da infecção nem da viabilidade do fungo. Os cogumelos (p. ex., espécies de *Amanita*) produzem uma variedade de micotoxinas, cuja ingestão resulta em doença relacionada com a dose, denominada **micetismo**. O cozimento tem pouco efeito sobre a potência dessas toxinas, que podem causar lesão grave ou fatal do fígado e dos rins. Outros fungos produzem substâncias mutagênicas e carcinogênicas que podem ser extremamente tóxicas para animais de laboratório. Uma das mais potentes é a **aflatoxina**, elaborada pelo *A. flavus* e por bolores relacionados, constituindo um contaminante frequente de amendoim, milho, cereais e outros alimentos.

QUIMIOTERAPIA ANTIFÚNGICA

É difícil encontrar alvos fúngicos apropriados, uma vez que os fungos, assim como os seres humanos, são microrganismos eucariotos. Muitos dos processos celulares e moleculares são semelhantes, e com frequência existe extensa homologia entre os genes e as proteínas. Em anos recentes, o número de fármacos antifúngicos aumentou, e outros compostos estão correntemente sob avaliação em estudos clínicos. A maioria apresenta uma ou mais limitações, como efeitos colaterais acentuados, estreito espectro antifúngico, pouca penetração em certos tecidos e desenvolvimento de fungos resistentes.

As classes de fármacos atualmente disponíveis consistem em polienos (anfotericina B e nistatina), que se ligam ao ergosterol na membrana celular; a flucitosina, um análogo da pirimidina; os azóis e outros inibidores da síntese do ergosterol, como as alilaminas; as equinocandinas, que inibem a síntese da β-glucana da parede celular; e a griseofulvina, que interfere na organização dos microtúbulos. Atualmente, estão sendo investigados os inibidores da síntese da parede celular, como a nicomicina, pradimicina e sordarina, que inibem o fator 2 de elongação.

A Tabela 45-7 traz um resumo dos fármacos disponíveis. Muitos dos novos quimioterápicos são variações da classe dos azóis de fármacos fungistáticos, tais como os triazóis (voriconazol e posaconazol). Estes fármacos e os novos compostos destinam-se a melhorar a eficácia antifúngica e a farmacocinética, bem como a reduzir os efeitos adversos. Nos casos em que a quimioterapia parece ser menos eficaz do que o esperado na dosagem usual recomendada, muitas vezes é necessário avaliar seu efeito no isolado fúngico do paciente *in vitro*. O laboratório pode usar métodos padronizados para determinar a CIM do medicamento contra o patógeno. Se a CIM exceder a dosagem tolerável do medicamento pelo paciente, o patógeno é considerado resistente. Embora a CIM e o resultado clínico nem sempre estejam bem correlacionados, pode-se desenvolver resistência fúngica no hospedeiro. Conforme observado anteriormente, certas espécies de fungos comumente exibem resistência intrínseca (*C. glabrata* e *C. krusei* ao fluconazol) ou são multirresistentes (*C. auris*). Os fungos desenvolveram vários mecanismos de aquisição de resistência a fármacos antifúngicos, incluindo bombas de efluxo que expelem o medicamento, superexpressão do alvo do medicamento (p. ex., ergosterol) e substituições de aminoácidos no alvo do medicamento, que dificultam a ligação.

Anfotericina B

A. Descrição

O principal antibiótico poliênico é a anfotericina B, um metabólito do *Streptomyces*, constituindo o fármaco mais eficaz para o tratamento das micoses sistêmicas graves. Tem amplo espectro, e é raro haver o desenvolvimento de resistência. O mecanismo de ação dos polienos envolve a formação de complexos com o ergosterol nas membranas celulares dos fungos, havendo a consequente lesão da membrana e extravasamento. A anfotericina B tem maior afinidade com o ergosterol do que com o colesterol, o esterol predominante nas membranas celulares dos mamíferos. O acondicionamento da anfotericina B em lipossomos e em emulsões lipídicas mostrou notável eficácia experimental, com resultados excelentes obtidos em estudos clínicos. As preparações lipídicas são menos tóxicas, permitindo o uso de maiores concentrações de anfotericina B.

Anfotericina B

B. Mecanismo de ação

A anfotericina B é administrada por via intravenosa em forma de micelas com desoxicolato de sódio dissolvido em solução de dextrose. Apesar de sua ampla distribuição nos tecidos, a anfotericina B penetra inadequadamente no LCS. O fármaco liga-se firmemente ao ergosterol presente na membrana celular. Essa interação altera a fluidez da membrana e talvez resulte na formação de poros na membrana, através dos quais ocorre a perda de íons e pequenas moléculas. Diferentemente da maioria dos outros antifúngicos, a anfotericina B é fungicida. As células dos mamíferos carecem de ergosterol, sendo relativamente resistentes a essas ações. Contudo, a anfotericina B liga-se fracamente ao colesterol nas membranas dos mamíferos, interação que pode explicar sua toxicidade. Em níveis baixos, exerce efeito imunoestimulante.

C. Indicações

A anfotericina B é um agente de amplo espectro com eficácia demonstrada contra a maioria das principais micoses sistêmicas, como a coccidioidomicose, blastomicose, histoplasmose, esporotricose, criptococose, aspergilose, mucormicose e candidíase. A resposta à anfotericina B é influenciada pela dose e pela velocidade de administração, pelo local da infecção micótica, pelo estado imunológico do paciente e pela suscetibilidade inerente do patógeno. A penetração nas articulações e no SNC é deficiente, recomendando-se a administração intratecal ou intra-articular para algumas infecções. A anfotericina B é utilizada, em combinação com a flucitosina, no tratamento da criptococose. Alguns fungos, como *Pseudallescheria boydii* e *Aspergillus terreus*, não respondem de modo satisfatório ao tratamento com anfotericina B.

TABELA 45-7 Comparação de fármacos antifúngicos comuns para tratamento de micoses sistêmicas

Classe e mecanismo	Fármaco	Via	Espectro	Indicações	Toxicidade	Comentários
Polienos: ligam-se ao ergosterol na membrana celular fúngica, modulação imunológica	Anfotericina B	IV	Largo	Mais sérias, micoses invasivas	Comum: nefrotoxicidade, reações de infusão agudas, febre, tremores, anemia, distúrbios eletrolíticos, muitos outros	Fungicida; a resistência é rara
	Anfotericina B em formulações lipídicas[a]	IV	Largo	Mais sérias, micoses invasivas	Diminuída nefrotoxicidade; outros efeitos colaterais	Distribuição tissular alterada
Antimetabólito: convertido em fluoruracila, interferindo na síntese de pirimidinas e RNA	Flucitosina	VO	Leveduras; bolores demácios	Candidíase, criptococose, feoifomicose	Distúrbios do trato GI (náuseas, vômitos e/ou diarreia), neuropatia, medula óssea	É comum resistência quando usada em monoterapia; altos níveis na urina e no LCR. Níveis terapêuticos do fármaco são monitorados com frequência
Azóis[b]: inibem a síntese do ergosterol; bloqueio do citocromo P450 dependente da desmetilação α-14 do lanosterol	Cetoconazol	VO, tópico	Limitado	Candidíase, dermatomicoses refratárias	Mudanças hormonais; hepatotoxicidade, distúrbios do trato GI, neuropatia	Baixa absorção oral
	Itraconazol	VO, IV	Largo	Micoses endêmicas, aspergilose, candidíase, criptococose, feoifomicose	Leve; distúrbios do trato gastrintestinal, hepatotoxicidade, neuropatia e medula óssea. Alerta de tarja preta devido ao risco de toxicidade cardíaca.	Baixa absorção, particularmente com cápsulas. A absorção é melhor se administrada em solução, mas ocorrem diarreias com mais frequência. Os níveis sanguíneos precisam ser monitorados
	Fluconazol	VO, IV	Limitado	Candidíase, criptococose	Comparativamente seguro; distúrbios do trato GI, tonturas, lesões cutâneas, outros	Excelente absorção; usado intensivamente para profilaxia e terapia empírica; ocorre resistência com *C. glabrata*, *C. krusei*
	Voriconazol	VO, IV	Largo	Aspergilose invasiva, candidíase, raros bolores, micoses endêmicas, criptococose rara, feoifomicose	Baixa; efeitos visuais transitórios em cerca de 30%, hepatotoxicidade, distúrbios do trato GI, eritema	Os níveis sanguíneos precisam ser monitorados
	Posaconazol	VO	Largo	Similar ao voriconazol, mais zigomicetos	Comparativamente seguro, distúrbios do trato GI, cefaleia, sonolência, tonturas, fadiga, hepatotoxicidade	Absorção variável. Aprovado para profilaxia em certos pacientes com câncer
Equinocandinas: perturbam a síntese da parede celular, inibem a 1,3 -β-D glucana-sintase	Caspofungina	IV	Limitado	Candidíase invasiva, aspergilose refratária	Segura, mínimas: distúrbios do trato GI, eritema, cefaleia	Usada para terapia empírica
	Micafungina	IV	Limitado	Candidíase esofagiana	Infrequente; febre	Usada para profilaxia
	Anidulafungina	IV	Limitado	Candidíase invasiva	Infrequente	

[a]Anfotericina B em dispersão coloidal; anfotericina B em complexo lipídico; e anfotericina B em lipossomas.
[b]Todos os azóis podem inibir as isoenzimas citocromo P450 do hospedeiro, e podem causar interações adversas com muitos outros fármacos.

D. Efeitos colaterais

Todos os pacientes apresentam reações adversas à anfotericina B, embora acentuadamente reduzidas com o uso das novas preparações lipídicas. Em geral, a administração intravenosa de anfotericina B é acompanhada de reações agudas, como febre, calafrios, dispneia e hipotensão. Esses efeitos geralmente podem ser aliviados pela administração anterior ou concomitante de hidrocortisona ou acetaminofeno. Durante a terapia, verifica-se o desenvolvimento de tolerância aos efeitos colaterais agudos.

Os efeitos colaterais crônicos geralmente resultam da nefrotoxicidade do fármaco. Ocorre quase sempre azotemia no paciente tratado com anfotericina B, sendo necessário proceder a uma rigorosa monitoração dos níveis séricos de creatinina e íons. Com frequência, observa-se a ocorrência de hipopotassemia, anemia, acidose tubular renal, cefaleia, náuseas e vômitos. Embora parte da nefrotoxicidade seja reversível, ocorre a redução permanente da função glomerular e tubular renal. Essa lesão pode estar correlacionada com a dose total de anfotericina B administrada. A toxicidade é bastante diminuída com formulações lipídicas de anfotericina.

Flucitosina

A. Descrição

A flucitosina (5-fluorocitosina) é um derivado fluorado da citosina. Trata-se de um antifúngico oral utilizado principalmente em associação com a anfotericina B no tratamento da criptococose ou da candidíase, sendo eficaz também contra muitas infecções por fungos demácios. Penetra adequadamente em todos os tecidos, inclusive no LCS.

Flucitosina

B. Mecanismo de ação

A flucitosina é transportada ativamente nas células fúngicas por uma permease. O fármaco é convertido pela enzima fúngica citosina-desaminase em 5-fluoruracila e incorporado ao monofosfato do ácido 5-fluorodeoxiuridílico, que interfere na atividade da timidilato-sintetase e na síntese do DNA. As células de mamíferos não têm citosina-desaminase, sendo, por isso, protegidas dos efeitos tóxicos da fluoruracila. Infelizmente, ocorre o rápido desenvolvimento de mutantes resistentes, que limitam a utilidade da flucitosina.

C. Indicações

A flucitosina é utilizada principalmente em associação com a anfotericina B no tratamento da criptococose e da candidíase. *In vitro*, atua de modo sinérgico com a anfotericina B contra esses microrganismos, e os estudos clínicos realizados sugerem um efeito benéfico de tal combinação, particularmente na meningite criptocócica.

Também se constatou que essa associação retarda ou limita o aparecimento de mutantes resistentes à flucitosina. A flucitosina em si mostra-se eficaz contra a cromoblastomicose e outras infecções por fungos demácios.

D. Efeitos colaterais

Enquanto a flucitosina em si provavelmente exibe pouca toxicidade para as células de mamíferos e é relativamente bem tolerada, sua conversão em fluoruracila resulta em um composto altamente tóxico, provavelmente responsável pelos principais efeitos colaterais. A administração prolongada de flucitosina resulta em supressão da medula óssea, queda dos cabelos e anormalidades da função hepática. A conversão da flucitosina em fluoruracila por bactérias entéricas pode causar colite. Os pacientes com Aids podem tornar-se suscetíveis à supressão da medula óssea pela flucitosina, de modo que os níveis séricos do fármaco devem ser rigorosamente monitorados.

Azóis

A. Descrição

Os fármacos azólicos têm uma estrutura de anel de cinco membros: os imidazóis têm dois átomos de nitrogênio não adjacentes, e os triazóis, três átomos de nitrogênio. Os imidazóis (p. ex., cetoconazol) e os triazóis (fluconazol e itraconazol) antifúngicos são fármacos orais utilizados no tratamento de ampla variedade de infecções fúngicas localizadas e sistêmicas (Figura 45-30). As indicações para seu uso ainda estão sendo avaliadas, porém esses agentes já suplantaram a anfotericina B em muitas micoses menos graves, uma vez que podem ser administrados por via oral e são menos tóxicos. Outros imidazóis, como o miconazol e o clotrimazol, são utilizados como agentes tópicos, e serão discutidos adiante.

Imidazol   **Triazol**

B. Mecanismo de ação

Os azóis interferem na síntese do ergosterol. Bloqueiam a 14-α-desmetilação do citocromo P450 dependente do lanosterol, um precursor do ergosterol nos fungos e do colesterol nas células dos mamíferos. Todavia, o citocromo P450 dos fungos é cerca de 100 a 1.000 vezes mais sensível aos azóis do que os sistemas dos mamíferos. Os vários azóis disponíveis foram planejados para melhorar a eficácia, a disponibilidade e a farmacocinética deles, bem como reduzir seus efeitos colaterais. Trata-se de agentes fungistáticos.

C. Indicações

As indicações para o uso de azóis antifúngicos deverão ser ampliadas à medida que forem obtidos os resultados de estudos de longa duração e novos azóis se tornarem disponíveis. A seguir, são fornecidas as indicações aceitas para o uso dos azóis antifúngicos.

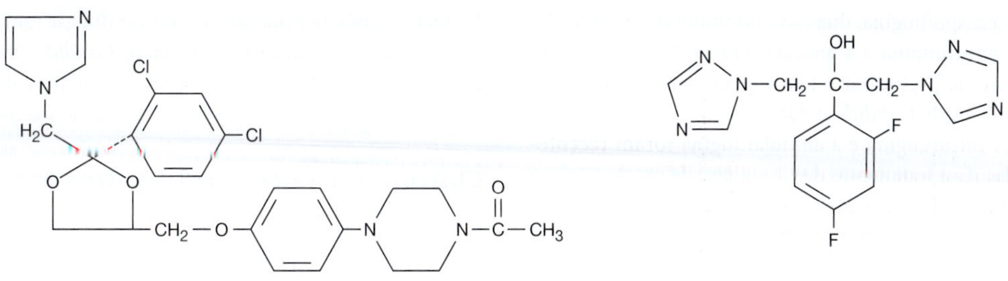

Cetoconazol   **Fluconazol**

FIGURA 45-30   Estruturas de azóis antifúngicos. (Reproduzida, com autorização, de Katzung BG [editor]: *Basic and Clinical Pharmacology*, 11th ed. McGraw-Hill, 2009. © McGraw-Hill Education.)

O cetoconazol mostra-se útil no tratamento de candidíase mucocutânea crônica, dermatofitose, blastomicose não meníngea, coccidioidomicose, paracoccidioidomicose e histoplasmose. Entre os vários azóis disponíveis, o fluconazol destaca-se pela sua maior capacidade de penetração no SNC; é utilizado como terapia de manutenção contra meningite criptocócica e coccidioide. A candidíase orofaríngea em pacientes com Aids e a candidemia em pacientes imunocompetentes também podem ser tratadas com fluconazol. O itraconazol é atualmente o agente de primeira escolha para histoplasmose e blastomicose, bem como para certos casos de coccidioidomicose, paracoccidioidomicose e aspergilose. Esse fármaco também se tem mostrado eficaz no tratamento da cromomicose e onicomicose causadas por dermatófitos e outros bolores. O voriconazol, que pode ser administrado por via oral ou intravenosa, exibe largo espectro de atividade contra muitos bolores e leveduras, especialmente aspergilose, fusariose, pseudalesqueríase e outros patógenos sistêmicos menos comuns. O mais recente triazol é o posaconazol, que possui largo espectro e demonstrou eficácia contra espécies de *Candida* resistentes ao fluconazol, aspergilose, mucormicose e outros fungos oportunistas invasivos. Esse fármaco também é bem tolerado.

D. Efeitos colaterais

Os efeitos colaterais dos azóis estão principalmente relacionados com a capacidade de inibir as enzimas do citocromo P450 dos mamíferos. O cetoconazol é o mais tóxico e, quando administrado em doses terapêuticas, pode inibir a síntese da testosterona e do cortisol, podendo causar uma variedade de efeitos reversíveis, como ginecomastia, diminuição da libido, impotência, irregularidade menstrual e, em certas ocasiões, insuficiência suprarrenal. O fluconazol e o itraconazol, em doses terapêuticas recomendadas, não provocam comprometimento significativo da esteroidogênese nos mamíferos. Todos os azóis antifúngicos podem causar elevações assintomáticas das provas de função hepática, bem como raros casos de hepatite. O voriconazol causa perturbações visuais reversíveis em cerca de 30% dos pacientes.

Como os azóis antifúngicos interagem com as enzimas P450, também responsáveis pelo metabolismo de fármacos, podem ocorrer algumas interações farmacológicas importantes. Pode-se observar um aumento das concentrações de azóis antifúngicos quando se administram isoniazida, fenitoína ou rifampicina. A terapia com azóis antifúngicos também pode resultar em níveis séricos maiores do que o esperado de ciclosporina, fenitoína, hipoglicemiantes orais, anticoagulantes, digoxina e, provavelmente, muitos outros fármacos. Pode ser necessário monitorar os níveis séricos de ambos os fármacos para se obter uma faixa terapêutica apropriada.

Equinocandinas

As equinocandinas são uma nova classe de agentes antifúngicos que perturbam a síntese do polissacarídeo da parede celular β-glucana por inibição da 1,3-β-glucana-sintase, rompendo a integridade da parede celular. O primeiro fármaco licenciado, caspofungina, mostrou eficácia contra aspergilose invasiva e candidíase sistêmica causadas por uma grande variedade de espécies de *Candida* (ver Figura 45-31). Esse agente intravenoso pode ser especialmente indicado para tratar aspergilose refratária. A caspofungina é bem tolerada.

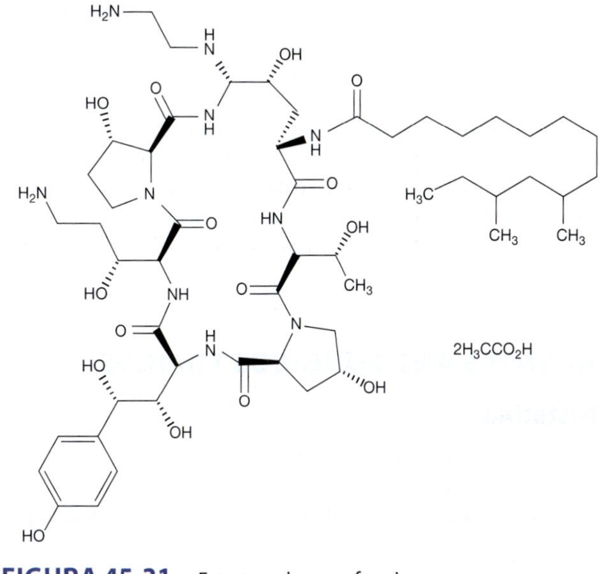

FIGURA 45-31   Estrutura da caspofungina.

Semelhantes à caspofungina, duas equinocandinas recentemente aprovadas, a micafungina e a anidulafungina, também atuam inibindo a síntese da β-glucana e têm espectro de atividade similar contra espécies de *Candida* e *Aspergillus*, bem como vários outros fungos. A micafungina e a anidulafungina foram recentemente licenciadas para tratamento da candidíase de esôfago e para profilaxia antifúngica dos pacientes que receberam transplante de células-tronco. Ambas parecem apresentar melhor farmacocinética e estabilidade *in vivo* que a caspofungina. Ensaios clínicos sugerem que serão úteis no tratamento das candidíases mucosal e sistêmica, aspergilose invasiva refratária e em combinação com a anfotericina B ou alguns dos novos triazóis.

Griseofulvina

A griseofulvina é um antibiótico administrado por via oral, obtido de uma espécie de *Penicillium*. É utilizada no tratamento das dermatofitoses, devendo ser administrada por longos períodos. O fármaco é pouco absorvido e concentrado no extrato córneo, onde inibe o crescimento das hifas, não exercendo efeito sobre os outros fungos.

Após administração oral, a griseofulvina distribui-se por todo o corpo, mas acumula-se nos tecidos ceratinizados. No interior do fungo, interage com os microtúbulos e afeta a função do fuso mitótico com a consequente inibição do crescimento. Apenas as hifas em crescimento ativo são afetadas. A griseofulvina mostra-se clinicamente útil para tratamento das infecções da pele, dos pelos e das unhas causadas por dermatófitos. Em geral, é necessária terapia oral durante várias semanas a meses. No geral, a griseofulvina é bem tolerada. O efeito colateral mais comum consiste em cefaleia, que geralmente desaparece sem a interrupção do uso do fármaco. Os efeitos colaterais observados com menor frequência são distúrbios gastrintestinais, sonolência e hepatotoxicidade.

Terbinafina

A terbinafina é um fármaco alilamina que bloqueia a síntese do ergosterol ao inibir a esqualeno-epoxidase. É administrada por via oral no tratamento das infecções causadas por dermatófitos. É muito eficaz no tratamento das infecções ungueais e outras dermatofitoses. Os efeitos colaterais não são comuns, mas consistem em distúrbio gastrintestinal, cefaleia, reações cutâneas e perda do paladar. Para o tratamento em longo prazo da tínea das unhas, a terbinafina (bem como o itraconazol e o fluconazol) pode ser administrada de modo intermitente, utilizando-se um protocolo de tratamento em pulsos.

AGENTES ANTIFÚNGICOS TÓPICOS

Nistatina

A nistatina é um antibiótico poliênico estruturalmente relacionado com a anfotericina B, tendo modo de ação semelhante. Pode ser utilizada no tratamento das infecções locais da boca e da vagina por *Candida*. Também pode suprimir a candidíase esofágica subclínica e o supercrescimento gastrintestinal de *Candida*. Não ocorre absorção sistêmica, e o fármaco não apresenta efeitos colaterais. Todavia, a nistatina é muito tóxica para administração parenteral.

Clotrimazol, miconazol e outros azóis

Uma variedade de azóis antifúngicos, excessivamente tóxicos para uso sistêmico, está disponível para administração tópica. O clotrimazol e o miconazol são apresentados em várias formulações. Econazol, butoconazol, tioconazol e terconazol também estão disponíveis. Todos esses fármacos parecem ter eficácia comparável.

Os azóis tópicos apresentam amplo espectro de atividade. A tínea dos pés, a tínea do corpo, a tínea crural, a tínea versicolor e a candidíase cutânea respondem de modo satisfatório à aplicação local de cremes ou pós. A candidíase vulvovaginal pode ser tratada com supositórios ou cremes vaginais. O clotrimazol também está disponível em forma de pastilha oral para o tratamento de candidíase oral e esofágica em pacientes imunocompetentes. Para o tratamento de infecções nas unhas, que muitas vezes são intratáveis, o novo azol tópico, o luliconazol, tem demonstrado eficácia significativa.

Outros antifúngicos tópicos

O tolnaftato e a naftifina são antifúngicos tópicos utilizados no tratamento de muitas infecções por dermatófitos e tínea versicolor. As formulações disponíveis consistem em cremes, pós e aerossóis. O ácido undecilênico está disponível em várias formulações para o tratamento da tínea dos pés e da tínea crural. Embora eficazes e bem tolerados, os azóis antifúngicos, a naftifina e o tolnaftato são mais eficazes. A aloprogina e o ciclopirox são outros agentes tópicos comumente utilizados em infecções causadas por dermatófitos.

CONCEITOS-CHAVE: QUIMIOTERAPIA ANTIFÚNGICA

1. A terapia efetiva depende da rápida identificação dos fungos, da administração do fármaco apropriado e do monitoramento das condições clínicas e doenças subjacentes do indivíduo.
2. Os fármacos fungicidas da classe dos polienos, como a anfotericina B, apresentam um largo espectro, e casos de resistência são raros. A toxicidade renal e outros efeitos colaterais devem ser monitorados e administrados.
3. Comparados aos polienos, os azóis são fungistáticos e apresentam um espectro estreito de atividade, porém têm menos toxicidade. O voriconazol e o posaconazol exibem um espectro antifúngico maior do que o cetoconazol, o itraconazol e o fluconazol.
4. As equinocandinas – caspofungina, micafungina e anidulafungina – são fármacos fungistáticos eficientes contra as diferentes espécies de *Candida*.

QUESTÕES DE REVISÃO

1. Qual das afirmativas a seguir, a respeito dos fungos, está correta?

   (A) Todos os fungos são capazes de crescer como leveduras ou bolor.
   (B) Embora sejam eucariotos, os fungos não possuem mitocôndrias.
   (C) Os fungos são fotossintéticos.
   (D) Os fungos possuem um ou mais núcleos e cromossomos.
   (E) Poucos fungos possuem membranas celulares.

2. Qual das afirmativas sobre o crescimento e a morfologia dos fungos está correta?

   (A) As pseudo-hifas são produzidas por todas as leveduras.
   (B) Os mofos produzem hifas que podem ou não ser separadas pela parede ou por septos.
   (C) Os conídios são produzidos por reprodução sexual.
   (D) A maior parte das leveduras reproduz-se por brotamento e perde paredes celulares.
   (E) A maior parte dos bolores dimórficos patogênicos produz hifas no hospedeiro e leveduras a 30 °C.

3. Qual das afirmativas a respeito da parede celular fúngica está correta?

   (A) Os principais componentes da parede celular fúngica são proteínas, tais como quitina, glucanas e mananas.
   (B) A parede celular não é essencial para a viabilidade ou a sobrevivência fúngica.
   (C) Os ligantes associados à parede celular de certos fungos intermedeiam a fixação às células do hospedeiro.
   (D) Os componentes da parede celular fúngica são os alvos das principais classes de antibióticos antifúngicos, como os polienos e os azóis.
   (E) Os componentes da parede celular fúngica raramente estimulam a resposta imunológica.

4. Um homem de 54 anos de idade desenvolveu cefaleia com piora progressiva, seguida de enfraquecimento gradual e progressivo do braço direito. Uma tomografia cerebral revelou lesão na parte esquerda do cérebro. Durante a cirurgia, foi encontrado um abscesso circundado por material granulomatoso. Secções do tecido e cultivo subsequente demonstraram hifas septadas com pigmentação escura, sugerindo feoifomicose, infecção que pode ser causada por uma espécie do gênero:

   (A) *Aspergillus*
   (B) *Cladophialophora*
   (C) *Coccidioides*
   (D) *Malassezia*
   (E) *Sporothrix*

5. Um homem de 35 anos de idade trabalha como fazendeiro em uma área tropical da África Ocidental. Ele desenvolveu uma pápula escamosa persistente na perna. Dez meses depois, surgiram novas lesões semelhantes a verrugas, progredindo lentamente para uma lesão com aspecto de couve-flor. Foi diagnosticada cromoblastomicose (cromomicose). Qual das afirmativas a respeito dessa doença é a mais correta?

   (A) No tecido, os microrganismos convertem-se em células esféricas que se reproduzem por fissão e exibem septações transversais.
   (B) Os agentes etiológicos são membros endógenos da microbiota de mamíferos e possuem parede celular com melanina.

   (C) A doença é causada por uma única espécie.
   (D) A maior parte das infecções é sistêmica.
   (E) A maior parte das infecções é aguda e regride espontaneamente.

6. Um homem de 42 anos de idade, HIV-positivo, originário do Vietnã e atualmente residindo em Tucson, Arizona, apresenta lesão ulcerativa dolorosa no lábio superior (queilite). Foi realizada uma biópsia, e o exame histopatológico (coloração eosina-hematoxilina) revelou estruturas esféricas (20-50 μm de diâmetro) com paredes celulares espessas e refratárias. Qual é a provável doença compatível com esse achado?

   (A) Infecção pelo *T. marneffei*
   (B) Criptococose
   (C) Blastomicose
   (D) Coccidioidomicose
   (E) Diagnóstico sem importância clínica

7. Um homem de 47 anos de idade, com diabetes melito mal controlado, apresentou corrimento nasal sanguinolento, edema facial e necrose no septo nasal. A cultura da secreção nasal apresentou espécies de *Rhizopus*. Qual a implicação mais importante desse achado?

   (A) Diagnóstico sem valor, pois esse fungo é um contaminante do ar.
   (B) Considerar o tratamento de mucormicose rinocerebral (zigomicose).
   (C) Fortemente sugestivo de cetoacidose.
   (D) Fortemente sugestivo de infecção pelo HIV.
   (E) O paciente foi exposto à contaminação por um fungo do ambiente.

8. Um garoto de 8 anos de idade desenvolveu lesão descamativa, pruriginosa e seca na perna. Qual é a significância do diagnóstico observado, de hifas não pigmentadas, septadas e com ramificações, em uma preparação de hidróxido de potássio/calcofluorado branco de um raspado de pele dessa lesão?

   (A) Cromoblastomicose
   (B) Dermatofitose
   (C) Feoifomicose
   (D) Esporotricose
   (E) Diagnóstico sem importância clínica

9. Qual das afirmativas sobre a epidemiologia da candidíase está correta?

   (A) Os pacientes que receberam transplante de medula óssea não apresentam risco de adquirir candidíase sistêmica.
   (B) Os pacientes com alterações ou baixo número de neutrófilos e monócitos não apresentam risco de adquirir candidíase sistêmica.
   (C) Os pacientes com qualquer forma de diabetes apresentam aior resistência à candidíase.
   (D) Os pacientes com Aids frequentemente desenvolvem candidíase mucocutânea, como o "sapinho" oral.
   (E) A gravidez baixa o risco de vaginite por espécies de *Candida*.

10. Qual das afirmativas sobre dermatofitose está correta?

   (A) As infecções crônicas estão associadas a dermatófitos zoofílicos, como o *M. canis*.
   (B) As infecções agudas estão associadas a dermatófitos zoofílicos, como o *M. canis*.

(C) As infecções crônicas estão associadas a dermatófitos antropofílicos, como o *M. canis*.

(D) As infecções agudas estão associadas a dermatófitos antropofílicos, como o *M. canis*.

11. Qual das afirmativas sobre a identificação laboratorial de fungos está correta?

(A) Geralmente, o *Histoplasma capsulatum* requer menos de 48 horas de incubação para as culturas se tornarem positivas.

(B) Como muitos fungos sapróbicos (não patogênicos) se assemelham a agentes micóticos dimórficos em cultura a 30 °C, a identificação de um fungo patogênico dimórfico precisa ser confirmada por conversão à forma tecidual *in vitro*, por detecção de antígenos específicos da espécie ou por análise da sequência do DNA.

(C) Os bolores são rotineiramente classificados em espécies por uma bateria de testes fisiológicos, como capacidade de assimilar vários açúcares.

(D) Um teste germinativo em tubo positivo fornece um rápido diagnóstico presuntivo de *C. glabrata*.

(E) As células em brotamento com pseudo-hifas abundantes são típicas do *P. jirovecii*.

12. Uma profissional do sexo de 28 anos do sul da Califórnia queixa-se de cefaleia, fraqueza e episódios de "lapsos de memória" durante as últimas 2 semanas. A punção lombar revelou glicose reduzida, proteínas elevadas e 450 leucócitos mononucleares por mililitro. O teste para o HIV deu resultado positivo. Sua história é compatível com meningite fúngica por *C. neoformans*, *C. posadasii* ou espécies de *Candida*. Qual dos seguintes testes é confirmatório?

(A) A meningite causada por *C. posadasii* pode ser confirmada por um teste de fixação de complemento do LCS para o antígeno capsular criptocócico.

(B) A meningite causada por *C. neoformans* pode ser confirmada por um teste de fixação de complemento do LCS para cocidioidina.

(C) A meningite causada por espécies de *Candida* pode ser confirmada pela observação microscópica de células de levedura ovais e pseudo-hifas no LCS.

(D) A meningite causada por *C. posadasii* pode ser confirmada por um teste cutâneo positivo para coccidioidina.

13. Qual das afirmativas sobre feoifomicose está correta?

(A) A infecção ocorre somente em pacientes imunocomprometidos.

(B) O tecido infectado apresenta hifas não pigmentadas, septadas e com ramificações.

(C) Os agentes causadores são membros da microbiota normal, podendo ser facilmente isolados da pele e das mucosas de pessoas sadias.

(D) A feoifomicose pode exibir diversas manifestações clínicas, como doença sistêmica ou subcutânea, assim como sinusite.

(E) Os casos raramente respondem ao tratamento com itraconazol.

14. Um homem de 37 anos de idade com Aids, vivendo atualmente em Indianápolis, Indiana, Estados Unidos, apresenta osteomielite no quadril esquerdo. Foi feita biópsia por aspirado de medula óssea, que revelou, em esfregaço corado com calcofluorado branco, uma variedade de células mielógenas, monócitos e macrófagos contendo inúmeras leveduras elípticas intracelulares com aproximadamente 2 × 4 μm. Qual é o diagnóstico mais provável?

(A) Blastomicose

(B) Candidíase

(C) Criptococose

(D) Histoplasmose

(E) Diagnóstico sem importância clínica

15. Um exame por hidróxido de potássio da amostra de escarro de paciente que recebeu transplante de coração e que tem febre e infiltrados pulmonares mostra células de levedura ovais com brotamentos e pseudo-hifas. Qual é a importância diagnóstica?

(A) Aspergilose

(B) Candidíase

(C) Hialoifomicose

(D) Feoifomicose

(E) Diagnóstico sem importância clínica

16. Um homem de meia-idade, residente no sul da Califórnia, recebeu um transplante de fígado. Durante os meses subsequentes, apresentou fadiga gradual, perda de peso, tosse, dispneia e um nódulo subcutâneo no nariz que não apresentava melhora. A radiografia de pulmão revelou linfadenopatia hilar e infiltrados difusos. Os exames diretos e culturas de amostras do pulmão foram negativos. Testes cutâneos com PPD, blastomicina, coccidioidina e histoplasmina também se mostraram negativos. Os resultados dos testes sorológicos foram os seguintes: negativo para o antígeno capsular criptocócico no sangue; positivo para o teste de imunodifusão de precipitinas no soro para o antígeno fúngico F e negativo em relação às precipitinas para os antígenos H, M e A. Testes séricos de fixação do complemento deram resultados negativos para *B. dermatitidis*, bem como para os antígenos dos micélios e levedura de *H. capsulatum*, mas deram títulos de 1:32 para coccidioidina. Qual das interpretações é a mais correta?

(A) Os achados clínicos e sorológicos são inconclusivos.

(B) Os achados clínicos e sorológicos são mais compatíveis com histoplasmose disseminada ativa.

(C) Os achados clínicos e sorológicos são mais compatíveis com blastomicose disseminada ativa.

(D) Os achados clínicos e sorológicos são mais compatíveis com coccidioidomicose disseminada ativa.

(E) Os achados clínicos e sorológicos excluem o diagnóstico de blastomicose, histoplasmose e coccidioidomicose.

17. Qual das afirmativas sobre a aspergilose está correta?

(A) Os pacientes com aspergilose broncopulmonar alérgica raramente apresentam eosinofilia.

(B) Os pacientes que estejam recebendo corticosteroides por via parenteral não correm risco de adquirir aspergilose invasiva.

(C) O diagnóstico de aspergilose pulmonar frequentemente é estabelecido pelo cultivo de *Aspergillus* a partir do escarro e do sangue.

(D) As manifestações clínicas de aspergilose incluem infecções locais nas orelhas, na córnea, nas unhas e nos sínus.

(E) Os pacientes com transplante de medula óssea não correm risco de adquirir aspergilose invasiva.

18. Qual das afirmativas sobre esporotricose está correta?

(A) O agente etiológico mais comum é a *Pseudallescheria boydii* (*Scedosporium apiospermum*).

(B) O agente etiológico é um fungo dimórfico.

(C) A ecologia do agente etiológico é desconhecida.

(D) A maioria dos casos é subcutânea e não linfoide.

(E) A maioria dos pacientes é imunocomprometida.

19. Um trabalhador de 24 anos de idade, HIV-negativo, imigrante da Colômbia, apresenta-se com lesão ulcerativa dolorosa na língua. A base da lesão foi raspada suavemente, e foi preparado um esfregaço em lâmina com calcofluorado branco-hidróxido de potássio, que

apresentou células de tecido, debris e diversas células de levedura grandes, esféricas e com vários brotamentos. Com base nessas observações, qual é o diagnóstico mais provável?

(A) Blastomicose

(B) Candidíase

(C) Coccidioidomicose

(D) Histoplasmose

(E) Paracoccidioidomicose

20. Qual das afirmativas sobre blastomicose está correta?

(A) Tal como outras micoses endêmicas, essa infecção ocorre igualmente em homens e mulheres.

(B) A infecção se inicia na pele, e o microrganismo geralmente se dissemina pelos pulmões, pela medula óssea, pelo trato geniturinário e por outros locais.

(C) A doença é endêmica em certas áreas da América do Sul.

(D) Em tecido, encontra-se uma célula de levedura única, grande e de paredes espessas, com conexões entre a levedura e os brotamentos.

(E) Todos os casos requerem tratamento com anfotericina B.

21. Qual das afirmativas sobre dermatofitose está correta?

(A) As infecções crônicas estão associadas a dermatófitos zoofílicos, como o *Trichophyton rubrum*.

(B) As infecções agudas estão associadas a dermatófitos zoofílicos, como o *T. rubrum*.

(C) As infecções crônicas estão associadas a dermatófitos antropofílicos, como o *T. rubrum*.

(D) As infecções agudas estão associadas a dermatófitos antropofílicos, como *T. rubrum*.

22. Qual das afirmativas sobre paracoccidioidomicose não está correta?

(A) O agente etiológico é um fungo dimórfico.

(B) A maioria dos pacientes adquire a infecção na América do Sul.

(C) Embora a infecção seja adquirida por inalação e seja iniciada nos pulmões, muitos pacientes desenvolvem lesões cutâneas e mucocutâneas.

(D) A maioria dos pacientes com doença ativa são homens.

(E) O agente etiológico apresenta resistência inerente à anfotericina B.

23. Um paciente que recebeu transplante renal desenvolveu candidíase hospitalar sistêmica, mas o patógeno isolado do paciente, *C. glabrata*, é resistente ao fluconazol. Uma alternativa razoável pode ser a administração oral de:

(A) Flucitosina

(B) Posaconazol

(C) Griseofulvina

(D) Anfotericina B

24. Qual dos seguintes fármacos antifúngicos não tem como alvo a biossíntese do ergosterol na membrana fúngica?

(A) Voriconazol

(B) Itraconazol

(C) Terbinafina

(D) Fluconazol

(E) Micafungina

25. Qual das seguintes leveduras patogênicas não é membro da microbiota normal humana?

(A) *C. tropicalis*

(B) *M. globosa*

(C) *C. neoformans*

(D) *C. glabrata*

(E) *C. albicans*

Respostas

1.	D	10.	B	19.	E
2.	B	11.	B	20.	D
3.	C	12.	C	21.	C
4.	D	13.	D	22.	E
5.	A	14.	D	23.	B
6.	D	15.	E	24.	E
7.	B	16.	D	25.	C
8.	B	17.	D		
9.	D	18.	B		

REFERÊNCIAS

Arvanitis M, Anagnostou T, Fuchs BB, Caliendo AM, et al: Molecular and nonmolecular diagnostic methods for invasive fungal infections. *Clin Microbiol Rev* 2014;27:490.

Chen SC-A, Meyer W, Sorrell TC: *Cryptococcus gattii* infections. *Clin Microbiol Rev* 2014;27:980.

Ferguson BJ (editor): Fungal rhinosinusitis: A spectrum of disease. *Otolaryngol Clin North Am* 2000;33:1.

Forsberg K, Woodworth K, Walters M, Berkow EL, et al: *Candida auris*: The recent emergence of a multidrug-resistant fungal pathogen. *Med Mycol* 2018.

Freedman M, Jackson BR, McCotter O, Benedick K: Coccidioidomycosis outbreaks, United States and worldwide, 1940–2015. *Emerg Infect Dis* 2018;24:417.

Heitman J, Kozel TR, Kwon-Chung KJ, Perfect JR, et al (editors): *Cryptococcus. From Human Pathogen to Model Yeast*. Washington, DC, ASM Press, 2011.

Jiang Y, Dukik K, Muñoz JF, Sigler L, et al: Phylogeny, ecology and taxonomy of systemic pathogens and their relatives in *Ajellomycetaceae* (*Onygenales*): *Blastomyces, Emergomyces, Emmonsia, Emmonsiellopsis*. *Fungal Divers* 2018;90:245.

Larone DH: *Medically Important Fungi. A Guide to Identification*. 5th ed, Washington, DC, ASM Press, 2011.

Latgé J-P, Steinbach WJ (editors): *Aspergillus fumigatus and Aspergillosis*. Washington, DC, ASM Press, 2008.

Lee PP, Lau YL: Cellular and molecular defects underlying invasive fungal infections–evelations from endemic mycoses. *Front Immunol* 2017;8:735.

Lopez-Bezerra LM, Mora-Montes HM, Zhang Y, Nino-Vega GA, et al: Sporotrichosis between 1898 and 2017: The evolution of knowledge on a changeable diseae and on emerging etiological agents *Med Mycol* 2018;56(Suppl 1):126.

McDermott AJ, Klein Helper T-cell responses and pulmonary fungal infections. *Immunology* 2018;155(2):155–163.

Merz WG, Hay RJ (editors): *Topley & Wilson's Microbiology and Microbial Infections*, 10th ed, 4th vol. *Medical Mycology*. London, Arnold, 2005.

Mitchell TG: Population genetics of pathogenic fungi in humans and other animals. In Xu J (editor): *Microbial Population Genetics*, Hethersett, UK, Horizon Scientific Press, 2010, pp. 139–158.

Mitchell TG, Verweij P, Hoepelman AIM: Opportunistic and systemic fungi. In Cohen J, Opal SM, Powderly WG (editors): *Infectious Diseases*, 3rd ed, 2nd vol. London, Mosby, 2010, pp. 1823–1852.

Moen MD, Lyseng-Williamson KA, Scott LJ: Liposomal amphotericin B: A review of its use as empirical therapy in febrile neutropenia and in the treatment of invasive fungal infections. *Drugs* 2009;69:361.

Perlin DS, Rautemaa-Richarson R, Alastruey-Izquierdo A: The global problem of antifungal resistance, prevalence, mechanisms, and management. *Lancet Infect Dis* 2018;17:e383.

Pfaller MA: Antifungal drug resistance: mechanisms, epidemiology, and consequences for treatment. *Am J Med* 2012;125:S3.

Pyrgos V, Shoham S, Walsh TJ: Pulmonary zygomycosis. *Semin Respir Crit Care Med* 2008;29:111.

Queiroz-Telles F, Esterre P, Perez-Blanco M, Vitale RG, et al: Chromoblastomycosis: An overview of clinical manifestations, diagnosis and treatment. *Med Mycol* 2009;47:3.

Reiss E, Shadomy HJ, Lyon III GM: *Fundamental Medical Mycology.* Hoboken, NJ. Wiley-Blackwell. 2012.

Revie NM, Iyer KR, Robbins N, Cowen LE: Antifungal drug resistance: Evolution, mechanisms and impact. *Curr Opin Microbiol* 2018; 45:70.

Richardson MD, Moore CB, Summerbell RC, Gupta AK: Superficial and subcutaneous fungal pathogens. In Cohen J, Opal SM, Powderly WG (editors): *Infectious Diseases*, 3rd ed, 2nd vol. London, Mosby, 2010, pp. 1853–1867.

Vallabhaneni S, Mody RK, Walker T, Chiller T: The global burden of fungal disease. *Infect Dis Clin North Am* 2016;30:1.

Parasitologia médica

Frequentemente, os parasitas humanos (protozoários e helmintos) não são reconhecidos como os nossos patógenos mais comuns e até onipresentes. Esses organismos são causas importantes de patologia e doenças humanas que rivalizam com outras importantes infecções mortais, como tuberculose, síndrome da imunodeficiência adquirida (Aids, do inglês *acquired immunodeficiency syndrome*), doenças diarreicas e infecções respiratórias inferiores. A Tabela 46-1 mostra a avaliação mais recente do impacto global de doenças parasitárias humanas na saúde pública, conforme determinado pelo Estudo de Impacto Global das Doenças 2016 (*Global Burden of Disease Study 2016*) (GBD 2016 *Causes of Death Collaborators*, 2017; GBD 2016 *Disease and Injury Incidence and Prevalence Collaborators*, 2017).

Juntas, as cinco principais causas de mortes parasitárias resultaram em mais de 750.000 mortes em 2016, com a maioria dessas mortes causada por malária (GBD 2016 *Causes of Death Collaborators*, 2017). Colocando esse número em perspectiva, as únicas doenças infecciosas específicas que superam a malária ou doenças parasitárias em geral são a tuberculose (1,213 milhão de mortes) e a Aids (1,033 milhão de mortes) (GBD 2016 *Causes of Death Collaborators*, 2017). No entanto, até mesmo essas estimativas para infecções parasitárias podem não considerar totalmente todas as mortes, visto que muitas das mortes por doenças renais e hepáticas resultantes da esquistossomose, ou por anemia resultante da ancilostomose, são frequentemente atribuídas a outras causas. Além disso, o número de pessoas que morrem de morte súbita ou insuficiência cardíaca por doença de Chagas anualmente pode ser muito maior do que se imaginava anteriormente (Herricks e colaboradores, 2017).

Outra característica marcante das doenças parasitárias é a constatação de que ocorrem predominantemente entre as pessoas que vivem na pobreza. Toda a população pobre do mundo é afetada ou pela malária ou por infecções por helmintos, causadas por três infecções por helmintos transmitidas pelo solo e esquistossomose (GBD 2016 *Disease and Injury Incidence and Prevalence Collaborators*, 2017). Juntas, essas infecções parasitárias causam mais de 60 milhões de anos de vida ajustados por incapacidade (DALYs, do inglês *disability-adjusted life years*), superiores aos índices da tuberculose e da Aids somados (GBD 2016 DALYs e HALE Collaborators, 2017). Outro problema das doenças parasitárias, além da sua morbidade e mortalidade, é o seu impacto na economia global. É reconhecido que as doenças parasitárias impedem as pessoas de escapar da pobreza devido aos seus efeitos na capacidade de trabalho produtivo humano e no desenvolvimento infantil (Hotez e colaboradores, 2009). Ainda estamos nos estágios iniciais da identificação do impacto financeiro provocado pelas doenças parasitárias, mas as evidências até agora indicam que é substancial e uma das principais razões para o ciclo intergeracional da pobreza*. Esse achado é especialmente relevante, dadas as evidências recentes de que as doenças parasitárias também estão disseminadas entre os pobres que vivem nas nações mais ricas, incluindo os Estados Unidos, países europeus e Austrália, onde causam disparidades de saúde significativas (Hotez, 2016).

Este capítulo apresenta um breve levantamento dos protozoários e helmintos parasitas de importância médica. Uma sinopse de cada parasita é fornecida em tabelas que são organizadas por sistema de órgão que está infectado (p. ex., no tecido intestinal e no sangue, infecções por protozoários intestinais; e no sangue e em tecidos, infecções helmínticas). Conceitos-chave são fornecidos no início das seções de protozoários e helmintos, para dar ao leitor um resumo dos paradigmas em parasitologia médica. As atualizações das informações fornecidas neste capítulo podem ser encontradas no *website* dos Centers for Disease Control and Prevention (CDC) (www.cdc.gov/ncidod/dpd).

---

*N. de T. A falta de infraestrutura e de serviços públicos básicos, a baixa renda, a baixa escolaridade, o analfabetismo, a desnutrição, as baixas condições de vida, a falta de emprego e de oportunidades produtivas, a alta fecundidade e mortalidade são outros possíveis elementos geradores desse ciclo intergeracional de pobreza.

TABELA 46-1 Classificação das doenças parasitárias humanas por óbito e por número de casos prevalentes ou incidentes, com base no Estudo de Impacto Global das Doenças de 2016

Classificação	Doença	Número de mortes (GBD 2016 Causes of Death Collaborators, 2017)
1	Malária	719.600
2	Leishmaniose visceral	13.700
3	Esquistossomose	10.100
4	Doença de Chagas	7.100
5	Ascaridíase	4.900
	Total para as cinco principais causas	755.400
Classificação	Doença	Números de casos prevalentes ou incidentes (GBD 2016 Disease and Injury Incidence and Prevalence Collaborators, 2017) e DALYs (medem a carga geral de doenças, expressos como o número de anos perdidos devido a problemas de saúde, incapacidade ou morte precoce) (GBD 2016 DALYs e HALE Collaborators, 2017)
1	Ascaridíase	800 milhões de casos prevalentes (1,3 milhão de DALYs)
2	Ancilostomose	451 milhões de casos prevalentes (1,7 milhão de DALYs)
3	Tricuríase	435 milhões de casos prevalentes (0,3 milhão de DALYs)
4	Malária	213 milhões de casos prevalentes (56,2 milhões de DALYs)
5	Esquistossomose	190 milhões de casos prevalentes (1,9 milhões de DALYs)
	Total para as cinco principais causas	> 2 bilhões de casos prevalentes ou incidentes (61,4 milhões de DALYs)

CLASSIFICAÇÃO DOS PARASITAS

Os parasitas abordados neste capítulo são divididos em dois grandes grupos: **protozoários** e **helmintos**.

Os **protozoários** são eucariotos unicelulares que compreendem um reino inteiro. A classificação dos protozoários em um grupo taxonômico é um processo contínuo, e seu *status* é, frequentemente, um estado de fluxo. Por essa razão, este capítulo separa os parasitas protozoários em quatro grupos tradicionais com base em seus modos de locomoção e reprodução: flagelados, amebas, esporozoários e ciliados. A Tabela 46-2 lista vários protozoários clinicamente importantes pelo órgão que infectam, o modo de infecção, o diagnóstico, o tratamento e a localização geográfica.

(1) Os **flagelados** têm um ou mais flagelos em chicote, e, em alguns casos, uma membrana ondulante (p. ex., tripanossomas). Incluem flagelados intestinais e do trato geniturinário (*Giardia* e *Trichomonas*, respectivamente) e flagelados de sangue e de tecido (*Trypanosoma* e *Leishmania*). (2) As **amebas** são normalmente ameboides e usam pseudópodes ou fluxo protoplasmático para movimentar-se. Em humanos, são representadas por espécies do gênero *Entamoeba*, *Naegleria* e *Acanthamoeba*. (3) Os **esporozoários** apresentam um ciclo de vida complexo, com alternância de fases reprodutiva sexuada e assexuada. Os parasitas humanos *Cryptosporidium*, *Cyclospora* e *Toxoplasma* e os parasitas da malária (espécies de *Plasmodium*) são todos parasitas intracelulares. (4) **Ciliados** são protozoários complexos dotados de cílios, distribuídos em linhas ou manchas, com dois tipos de núcleos em cada indivíduo. *Balantidium coli*, um ciliado gigante que habita os intestinos de seres humanos e porcos, é o único parasita humano representante deste grupo, e, como a doença é considerada rara, não será abordada neste capítulo.

Anteriormente listada com esporozoários, pois possuem filamentos polares dentro de um esporo, os **microsporídeos** compreendem mais de 1.000 espécies de parasitas intracelulares que infectam os invertebrados (principalmente insetos) e hospedeiros vertebrados. Nos seres humanos, os microsporídios são parasitas oportunistas de pacientes imunocomprometidos, inclusive aqueles submetidos à quimioterapia e a transplantes de órgãos.

Pneumocystis jirovecii foi considerado por muito tempo um parasita protozoário, mas foi demonstrado como membro do reino Fungi e realocado. Causa pneumonite de células plasmáticas intersticiais em indivíduos imunodeprimidos, sendo considerado um patógeno oportunista.

A maioria dos **helmintos parasitas** que infectam humanos pertencem a dois filos: Nematoda (vermes cilíndricos) e Platyhelminthes (vermes chatos).

(1) Os **nematódeos** estão entre os animais mais diversos e ricos em número de espécies. São alongados e cônicos em ambas as extremidades, arredondados na seção transversal, e não segmentados. Possuem apenas um conjunto de músculos longitudinais, o que lhes permite mover-se como um chicote, de forma penetrante; um sistema digestório completo, que está bem adaptado para a ingestão de conteúdo intestinal, células, sangue ou produtos de degradação celular do hospedeiro; e um sistema reprodutivo sexuado altamente desenvolvido. Apresentam uma dura cutícula (muda) durante o desenvolvimento de larvas para adultos, e os ovos e estágios larvais são bem adaptados para a sobrevivência no ambiente externo. A maioria das infecções humanas é adquirida pela ingestão de ovos ou de indivíduos no estágio larval, mas as infecções por nematódeos também podem ser adquiridas a partir de insetos vetores e penetração da pele. (2) Os **platelmintos** são vermes dorsoventralmente achatados em seção transversal e são hermafroditas, com algumas exceções. Todas as espécies de importância clínica pertencem a duas classes: **Trematoda** (vermes) e **Cestoda** (vermes em forma de fita).

TABELA 46-2 Resumo das infecções por protozoários por sistema de órgãos

Parasita/doença	Sítio da infecção	Mecanismo de infecção	Diagnóstico	Tratamento	Área geográfica
Protozoários intestinais					
Giardia lamblia (flagelado) Giardíase	Intestino delgado	Ingestão de cistos na água, não inativados pelo cloro	Exame de fezes para O&P; Elisa; ensaio DFA	Metronidazol ou nitazoxanida	Ubiquitário: campistas, estações de esqui, cães, animais selvagens, especialmente castores
Entamoeba histolytica (ameba) Amebíase	Cólon, fígado, outros órgãos	Ingestão de água ou alimentos contaminados por cistos de origem fecal ou transmissão oroanal	Exame de fezes para O&P e Elisa para antígenos e anticorpos	Iodoquinol (hidroxiquinolina), paromomicina; metronidazol para doença intestinal leve, moderada e grave	Mundial, onde ocorre contaminação fecal
Cryptosporidium (esporozoário) Criptosporidiose	Intestino delgado, trato respiratório	Ingestão de oocistos, contaminação fecal	Exame de fezes coloração álcool-ácida; Elisa; DFA	Nitazoxanida para indivíduos imunocompetentes	Ubiquitário, especialmente em áreas de criação de gado
Cyclospora (esporozoário) Ciclosporíase	Intestino delgado	Ingestão de água ou alimentos frescos contaminados por oocistos de origem fecal	Exame de fezes com coloração álcool-ácida, microscopia por fluorescência UV	Sulfametoxazol + trimetoprima	Mundial, trópicos e subtrópicos
Protozoários sexualmente transmissíveis					
Trichomonas vaginalis (flagelado) Tricomoníase	Vagina; em geral assintomática no homem	Trofozoítos transmitidos de pessoa para pessoa por relação sexual	Exame microscópico de corrimento, urina e raspado de tecido	Metronidazol para ambos os parceiros	Ubiquitário na população sexualmente ativa
Flagelados do sangue e tecidos					
Trypanosoma brucei rhodesiense Tripanossomíase do Leste da África, doença do sono	Sangue, linfa	Picada da tsé-tsé (dolorosa) lacera a pele e libera as formas tripomastigotas	Tripomastigotas (extracelulares) em esfregaços de sangue, LCS ou aspirado de linfonodo; sorologia (CATT)	Estágio hemolítico: Suramina Envolvimento tardio do SNC: Melarsoprol	África Oriental; os antílopes e corsas são os reservatórios animais para infecção humana
Trypanosoma brucei gambiense Tripanossomíase do Oeste da África, doença do sono	Sangue, linfa	Picada da tsé-tsé (dolorosa) lacera a pele e libera as formas tripomastigotas	Tripomastigotas (extracelulares) em esfregaços de sangue, LCS ou aspirado de linfonodo, sorologia (CATT)	Estágio hemolítico: pentamidina Envolvimento tardio do SNC: eflornitina	Oeste da África; vegetação próxima de rios; somente humanos (não zoonótica)
Trypanosoma cruzi Doença de Chagas	Amastigotas intracelulares; coração, gânglios parassimpáticos	Fezes do inseto liberadas durante a picada ou no olho; transfusão de sangue; transmissão transplacentária	Tripomastigotas (extracelulares) em esfregaços de sangue; PCR; amastigotas intracelulares em biópsias de tecidos; sorologia (CATT)	Benznidazol	Américas do Norte, Central e do Sul (insetos vivem no telhado de casas de pau a pique, barro seco)
Leishmania major *Leishmania tropica* Leishmaniose cutânea	Pele; ulcerações das bordas	O mosquito injeta promastigotas; amastigotas em macrófagos, monócitos	Biópsia de pele e bordas de úlceras; histopatologia; cultura do organismo, PCR	Estibogluconato de sódio, antimoniato de meglumina, miltefosina	Oriente Médio, Índia, Norte da África
Complexo *Leishmania mexicana* Leishmaniose tegumentar americana	Pele; ulcerações das bordas	O mosquito injeta promastigotas; amastigotas em macrófagos, monócitos	Biópsia de pele e bordas de úlceras; histopatologia; cultura do organismo, PCR	Estibogluconato de sódio, antimoniato de meglumina, miltefosina	México, América Central e do Sul; "úlceras de chiclero" nas orelhas de colhedores de chicle em Yucatán

(continua)

TABELA 46-2 Resumo das infecções por protozoários por sistema de órgãos (continuação)

Parasita/doença	Sítio da infecção	Mecanismo de infecção	Diagnóstico	Tratamento	Área geográfica
Leishmania aethiopica, *Leishmania mexicana pifanoi* Forma disseminada ou difusa da leishmaniose cutânea	Pele; anergia resultando em lesões não ulcerativas sobre o corpo inteiro	O mosquito injeta promastigotas; amastigotas em macrófagos, monócitos	Biópsia de pele e bordas de úlceras, histopatologia, cultura do organismo, PCR	Estibogluconato de sódio, antimoniato de meglumina, miltefosina	Etiópia, Venezuela
Complexo *Leishmania brasiliensis* Leishmaniose mucocutânea	Lesões de pele; pode destruir tecidos mucocutâneos na face e na boca	O mosquito injeta promastigotas; amastigotas em macrófagos, monócitos	Biópsia de pele e bordas de úlceras; histopatologia; cultura do organismo, PCR	Estibogluconato de sódio, antimoniato de meglumina, miltefosina	Brasil, Peru, Bolívia
Complexo *Leishmania donovani* Calazar, leishmaniose visceral		O mosquito injeta promastigotas; amastigotas nos macrófagos e monócitos do fígado, baço e medula óssea	Biópsia do baço, fígado e aspirado de medula óssea; histopatologia; cultura do organismo, PCR; sorologia	Anfotericina B (liposomal), estibogluconato de sódio, antimoniato de meglumina, miltefosina	Leishmaniose dérmica pós-calazar: Índia, Sudão, Sudão do Sul, Etiópia, Quênia, Brasil
Amebas teciduais					
Naegleria, Acanthamoeba, Balamuthia Meningoencefalite amebiana primária (*Entamoeba histolytica* – amebíase; ver protozoários intestinais)	Cérebro, medula espinal, olhos	Nado em lagos de água doce, rios, fontes termais; as amebas de vida livre penetram na membrana nasal, passam para o cérebro ou via ferimentos ou penetração pelos olhos (*Acanthamoeba*)	Trofozoíto no LCS; biópsia de tecidos; suspeita clínica baseada em história recente de nado ou mergulho em águas naturais quentes	Anfotericina B, miltefosina	Onde amebas de vida livre sobrevivem em sedimentos de fontes de água doce aquecida
Esporozoários do sangue e de tecidos					
Plasmodium vivax Malária	Intracelular em hemácias; hipnozoítos no fígado podem causar recidivas	A fêmea do mosquito *Anopheles* libera esporozoítos na corrente sanguínea. Os parasitas entram no fígado e passam para o sangue. Podem ocorrer recidivas	Esfregaços de sangue (fino e espesso). Estágio de anel em hemácias com manchas de Schüffner, RDTs	[a]*Vivax* não complicada: cloroquina mais primaquina (caso não haja resistência), caso contrário, quinina mais doxiciclina ou tetraciclina mais primaquina para recidiva	Ásia, América Central e co Sul, algumas áreas da África (raro na África Ocidental)
Plasmodium falciparum Malária	Intracelular em hemácias	A fêmea do mosquito *Anopheles* libera esporozoítos na corrente sanguínea; os parasitas entram no fígado e passam para o sangue; não ocorre recidiva	Esfregaços de sangue (fino e espesso). Gametócitos em forma de banana; duplo anel em hemácias, RDTs	[a]*Falciparum* não complicada: cloroquina (caso não haja resistência), caso contrário, arteméter/lumefantrina (Coartem, terapia de combinação à base de artemisinina, ACT)	Em todo o mundo em áreas tropicais e subtropicais
Plasmodium ovale Malária	Intracelular em hemácias; hipnozoítos no fígado podem causar recidivas	A fêmea do mosquito *Anopheles* libera esporozoítos na corrente sanguínea; os parasitas entram no fígado e daí passam para o sangue; podem ocorrer recidivas	Esfregaços de sangue (fino e espesso)	[a]Malária não complicada: cloroquina (caso não haja resistência); primaquina para recidivas	África Subsaariana, especialmente África Ocidental; Ilhas do Pacífico Ocidental
Plasmodium malariae Malária	Intracelular em hemácias; hipnozoítos no fígado podem causar recidivas	Penetra no fígado por inoculação na corrente sanguínea pelo mosquito infectado; não ocorre recidiva	Esfregaços de sangue (fino e espesso)	Cloroquina (caso não haja resistência)	Mundial

(continua)

TABELA 46-2 Resumo das infecções por protozoários por sistema de órgãos (continuação)

Parasita/doença	Sítio da infecção	Mecanismo de infecção	Diagnóstico	Tratamento	Área geográfica
Plasmodium knowlesi Malária em primatas	Intracelular em hemácias	A fêmea do mosquito *Anopheles* libera esporozoítos na corrente sanguínea. Os parasitas entram no fígado e passam para o sangue. Hipnozoítos ainda não foram encontrados	Esfregaços de sangue (fino e espesso)	Cloroquina (caso não haja resistência)	Sudeste Asiático
Babesia microti Babesiose	Intracelular em hemácias	Picada de inseto; transfusões de sangue	Esfregaços de sangue; formas tétrades ("Cruz de Malta") no interior das hemácias	Atovaquona mais azitromicina; clindamicina mais quinina	Estados Unidos, Europa
Toxoplasma gondii Toxoplasmose	Intracelular no SNC, na medula óssea	Ingestão de parasitas em carne malcozida; ingestão de oocistos das fezes de gatos; via transplacentária; por transfusão sanguínea	Sorologia (IgG e IgM)	Pirimetamina mais sulfadiazina	Mundial; áreas onde vivem gatos/felinos

Siglas: CATT, teste de aglutinação em cartão para tripanossomas; SNC, sistema nervoso central; LCS, líquido cerebrospinal; Elisa, ensaio imunoenzimático; O&P, ovos e parasitas; PCR, reação em cadeia da polimerase; IFA, ensaio de fluorescência indireta; RDTs, teste de diagnóstico rápido.

[a] As recomendações devem ser verificadas regularmente.

Para revisão sobre o tratamento da malária, ver Rosenthal PJ 2015.

Os **trematódeos** são tipicamente achatados e em forma de folha, com duas ventosas musculares. Têm um sistema digestório bifurcado e possuem músculos circulares e longitudinais; falta-lhes a cutícula característica dos nematódeos, mas possuem um epitélio sincicial. Os trematódeos são hermafroditas, com exceção dos esquistossomos (vermes do sangue), que têm vermes dos sexos masculino e feminino que existem acoplados um ao outro dentro dos pequenos vasos sanguíneos de seus hospedeiros.

O ciclo de vida dos trematódeos humanos é geralmente iniciado quando os ovos são depositados na água doce por meio de fezes ou urina. Os ovos incubam e desenvolvem-se, e liberam um miracídio ciliado, que infecta um caramujo hospedeiro que em geral é altamente específico para essa espécie de verme. Dentro do caramujo, o miracídio desenvolve-se em um esporocisto, que contém células germinais que, em última análise, desenvolvem-se na fase final das larvas – as cercárias. Estas nadam para fora do caracol e encistam-se como metacercárias em um segundo hospedeiro intermediário ou na vegetação, dependendo da espécie. A maioria das infecções por vermes é adquirida pela ingestão de metacercárias. As cercárias de esquistossomos, no entanto, penetram diretamente na pele de seus hospedeiros e não se encistam como as metacercárias.

Os **cestódeos**, ou tênias, são planos e possuem uma cadeia em forma de fita de segmentos (proglótides) dos sexos masculino e feminino, contendo estruturas reprodutivas. Os vermes adultos podem atingir 10 metros de comprimento e têm centenas de segmentos, cada qual liberando milhares de ovos. Na extremidade anterior de uma tênia adulta situa-se o escólex, que geralmente possui ventosas musculosas, ganchos ou estruturas que ajudam na sua capacidade de aderir à parede intestinal. Os vermes adultos não possuem boca nem intestino e absorvem seus nutrientes diretamente do hospedeiro através de seu tegumento.

O ciclo de vida dos cestódeos, assim como o dos trematódeos, é geralmente indireto (com um ou mais hospedeiros intermediários e uma série final). Os ovos são eliminados com as fezes e ingeridos por um hospedeiro intermediário (invertebrado, como a pulga, ou vertebrado, como um mamífero); as larvas desenvolvem-se em formas determinadas que são peculiares a cada espécie dentro do hospedeiro intermediário (p. ex., cisticercose, no caso da *Taenia solium*, ou cisto hidático com *Echinococcus granulosus*). As larvas dos cestódeos geralmente são ingeridas, e a larva se desenvolve em um verme adulto no intestino do hospedeiro definitivo.

INFECÇÕES POR PROTOZOÁRIOS INTESTINAIS

Uma sinopse das infecções por protozoários parasitas é apresentada na Tabela 46-2. Os principais conceitos relacionados com protozoários parasitas e os protozoários incluídos neste capítulo estão listados nas Tabelas 46-3 e 46-4.

GIARDIA LAMBLIA (FLAGELADO INTESTINAL)

Organismo

A **G. lamblia** (também conhecida como *Giardia duodenalis* ou *Giardia intestinalis*) é o agente causador da giardíase e o único

---

TABELA 46-3 **Conceitos-chave: protozoários parasitas**

Os protozoários parasitas abordados neste capítulo estão agrupados em flagelados, amebas, esporozoários e ciliados.

Os flagelados e amebas multiplicam-se por fissão binária; os esporozoários reproduzem-se por um processo conhecido como merogonia (também chamado de esquizogonia), no qual o núcleo replica previamente à citocinese.

Os esporozoários (*Cryptosporidium*, *Plasmodium*, *Toxoplasma*) também sofrem recombinação sexual, que leva à variação genômica e antigênica.

Os protozoários podem multiplicar-se rapidamente (em algumas horas) no hospedeiro e podem causar o rápido início dos sintomas.

As infecções intestinais são adquiridas pela ingestão de cistos (ou oocistos) resistentes do ambiente. As infecções da corrente sanguínea são mediadas por vetores.

As infecções por protozoários intracelulares (*Trypanosoma cruzi*, espécies de *Leishmania*, *Cryptosporidium*, *Toxoplasma* e *Plasmodium*) são difíceis de tratar, porque os fármacos precisam atravessar as membranas plasmáticas. Não existem vacinas disponíveis para nenhuma doença parasitária humana.

Infecções latentes ocorrem com *Toxoplasma* (os cistos do parasita nos tecidos são chamados de bradizoítos), *Plasmodium vivax* e *Plasmodium ovale* (parasitas no tecido hepático são chamados de hipnozoítos).

Em infecções disseminadas causadas por protozoários, febre e sintomas de gripe ocorrem e não são específicos.

Alguns protozoários parasitas são capazes de escapar da resposta imunológica do hospedeiro devido a suas características intracelulares e/ou por sofrerem variação antigênica.

TABELA 46-4 **Protozoários parasitas**

Protozoários intestinais

Giardia lamblia (flagelado)

Entamoeba histolytica (ameba)

Cryptosporidium hominis (esporozoário)

Cyclospora cayetanensis (esporozoário)

Infecções por protozoários sexualmente transmissíveis

Trichomonas vaginalis (flagelado)

Infecções por protozoários no sangue e nos tecidos

Flagelados

Trypanosoma brucei rhodesiense e *Trypanosoma brucei gambiense*

Trypanosoma cruzi

Leishmania donovani, *Leishmania tropica*, *Leishmania mexicana*

Amebas

Entamoeba histolytica (ver protozoários intestinais)

Naegleria fowleri e *Acanthamoeba castellanii*

Esporozoários

Plasmodium vivax, *Plasmodium falciparum*, *Plasmodium ovale* e *Plasmodium malariae*

Babesia microti

Toxoplasma gondii

Microsporídios

protozoário patogênico comum encontrado no duodeno e no jejuno de seres humanos. *Giardia* existe em duas formas: trofozoíto e cisto. O trofozoíto de *G. lamblia* é um organismo em forma de coração, com quatro pares de flagelos e cerca de 15 µm de comprimento (Figura 46-1A). Um grande disco côncavo sugador na face ventral ajuda o organismo a aderir às vilosidades intestinais. Assim que os parasitas passam para o cólon, normalmente encistam, e os cistos são eliminados nas fezes (Figura 46-1B). São elipsoides, de paredes espessas, altamente resistentes, e têm 8 a 14 µm de comprimento; contêm dois núcleos como formas imaturas e quatro como cistos maduros.

Patologia e patogênese

De forma geral, *G. lamblia* só é fracamente patogênica para humanos. Os cistos podem ser encontrados em grande quantidade nas fezes de pessoas inteiramente assintomáticas. Em algumas, no entanto, o grande número de parasitas aderidos à parede do intestino pode causar irritação e baixo grau de inflamação do duodeno ou da mucosa intestinal, com consequente diarreia aguda ou crônica associada a hipertrofia das criptas, atrofia ou achatamento das

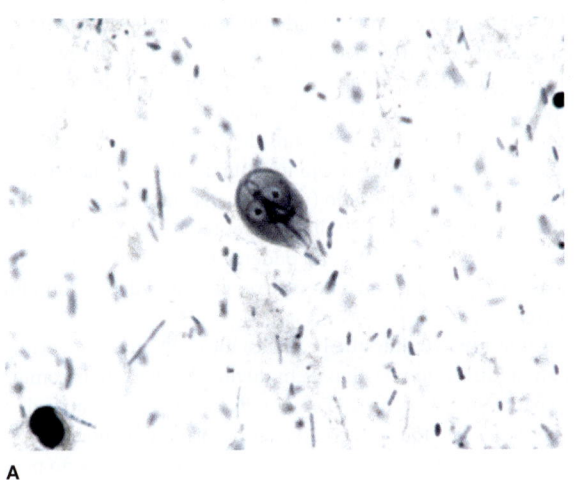

A

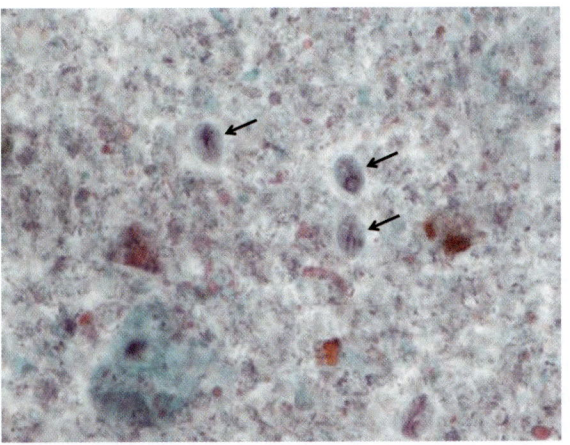

B

FIGURA 46-1 *Giardia lamblia.* **A:** Trofozoíto (12-15 µm). (Utilizada, com autorização, de Sullivan J: *A Color Atlas of Parasitology*, 8th ed. 2009.) **B:** Cisto (11-14 µm). (Cortesia de D. Petrovic, Microbiology Section, Clinical Laboratories, UCSF.)

vilosidades e danos às células epiteliais. As fezes podem ser aquosas, semissólidas, gordurosas, volumosas e de mau cheiro em vários momentos durante o curso da infecção. Os sintomas de mal-estar, fraqueza, perda ponderal, cólicas abdominais, distensão e flatulência podem continuar por longos períodos. A coleta de múltiplas amostras de fezes por vários dias é recomendada para aumentar a probabilidade de detecção de cistos nos esfregaços.

Epidemiologia

A *G. lamblia* ocorre em todo o mundo. Os seres humanos são infectados pela ingestão de água contaminada com fezes ou alimentos que contenham cistos de giárdia ou por contaminação fecal direta, que pode ocorrer em creches, campos de refugiados e em instituições, ou durante o sexo oroanal. Surtos epidêmicos têm sido relatados em estações de esqui nos Estados Unidos, onde a sobrecarga das instalações de esgoto ou de contaminação do abastecimento de água tem resultado em surtos repentinos de giardíase. Os cistos podem sobreviver na água por até 3 meses. Surtos entre campistas em áreas naturais sugerem que seres humanos podem ser infectados com várias giárdias de origem animal abrigadas por roedores, veados, bois, ovelhas, cavalos ou animais domésticos.

ENTAMOEBA HISTOLYTICA (AMEBA INTESTINAL E DE TECIDOS)

Organismo

Os cistos de *E. histolytica* estão presentes apenas no lúmen do cólon e em fezes moles ou formadas, e seu tamanho varia de 10 a 20 µm (Figura 46-2A). O cisto pode conter um vacúolo de glicogênio e corpos cromatoides (massas de ribonucleoproteína) com extremidades arredondadas características (ao contrário dos fragmentos cromatoides presentes no desenvolvimento de cistos de *Entamoeba coli*). A divisão nuclear ocorre dentro do cisto, resultando em um cisto quadrinucleado, com desaparecimento dos corpos cromatoides e vacúolos de glicogênio. O diagnóstico, na maioria dos casos, baseia-se nas características do cisto, uma vez que trofozoítos geralmente só aparecem em fezes diarreicas nos casos ativos e sobrevivem por poucas horas.

O trofozoíto ameboide é uma forma presente apenas em tecidos (Figura 46-2B). O citoplasma tem duas zonas, uma hialina na margem externa e uma região granular interna, que pode conter glóbulos vermelhos (patognomônicos), mas normalmente não contém nenhuma bactéria. A membrana nuclear é revestida por finos grânulos de cromatina regulares, com um pequeno corpo central (endossomo ou cariossomo).

Patologia e patogênese de amebas invasivas

Estima-se que cerca de 50 milhões de casos de doença invasiva ocorram a cada ano, com até 100.000 mortes (Marie and Petri, 2014). A doença surge quando os trofozoítos de *Entamoeba histolytica* invadem o epitélio intestinal e formam úlceras discretas, com uma região central do tamanho de uma cabeça de alfinete e bordas elevadas, pelas quais o muco, as células necróticas e as amebas podem passar. Os trofozoítos multiplicam-se e acumulam-se acima da mucosa muscular, muitas vezes espalhando-se lateralmente. Segue-se uma rápida multiplicação e propagação lateral das amebas, comprometendo a mucosa e produzindo uma úlcera primária

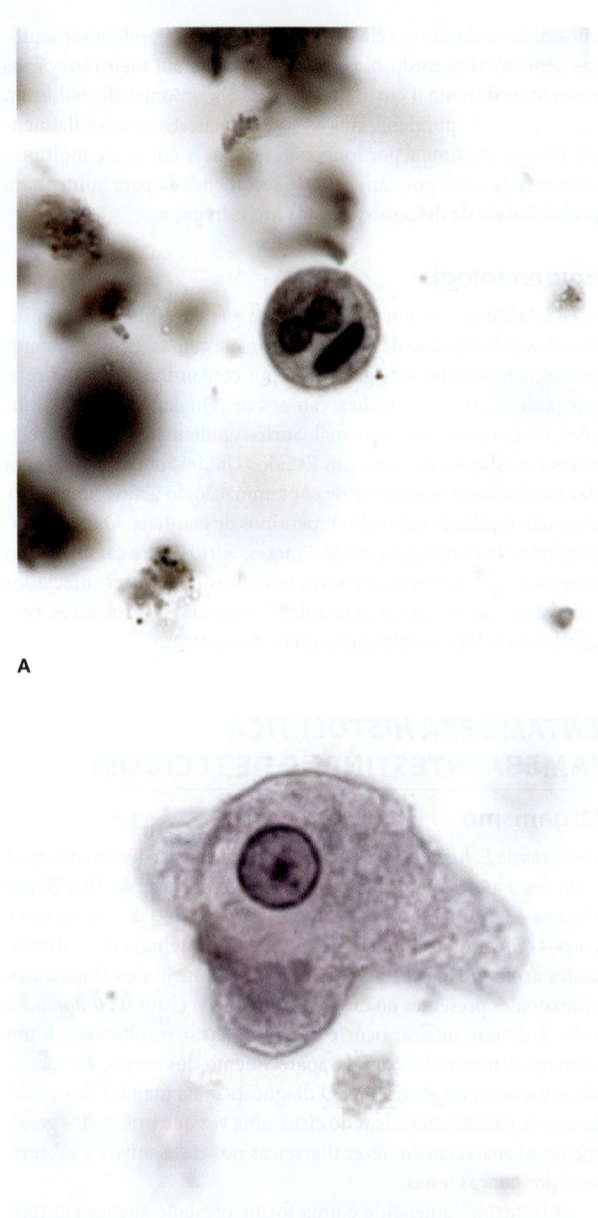

A

B

FIGURA 46-2 *Entamoeba histolytica.* **A:** Cisto (12-15 μm) com 2 (de 4) núcleos e um corpo cromatoide. **B:** Trofozoíto (10-20 μm). (Utilizada, com autorização, de Sullivan J: *A Color Atlas of Parasitology*, 8th ed. 2009.)

em forma de "balão", característica da amebíase: um pequeno ponto de entrada, seguido de um estreito pescoço através da mucosa ligada a um espaço alargado de necrose na submucosa. Em geral, não ocorre invasão bacteriana nesse momento, a reação celular é limitada, e o dano é causado por necrose lítica.

A disseminação posterior pode coalescer as colônias de amebas, comprometendo grandes áreas da superfície da mucosa. Os trofozoítos podem penetrar nas camadas musculares e, ocasionalmente,

na serosa, causando uma perfuração na cavidade peritoneal. O posterior alargamento da área de necrose produz alterações macroscópicas na úlcera, que pode desenvolver bordas peludas salientes, invasão bacteriana secundária e acúmulo de neutrófilos. Lesões intestinais secundárias podem desenvolver-se como extensões da lesão primária (geralmente no ceco, no apêndice ou na parte próxima do cólon ascendente). Os organismos podem migrar para a válvula ileocecal e para o terminal íleo, produzindo uma infecção crônica. O colo sigmoide e o reto são locais privilegiados para as lesões posteriores. Uma inflamação amebiana ou uma massa granulomatosa semelhante a um tumor (ameboma) podem se formar na parede intestinal, às vezes crescendo suficientemente para bloquear o lúmen intestinal.

Os fatores que determinam a invasão de amebas incluem os seguintes: o número de amebas ingeridas, a patogenicidade da cepa do parasita, fatores do hospedeiro, tais como motilidade intestinal e competência imunológica, e a presença de um número adequado de bactérias entéricas que aumentam o crescimento amebiano. A identificação rápida e correta das espécies de *Entamoeba* continua a ser um problema crítico. Os trofozoítos, especialmente com os glóbulos vermelhos no citoplasma, encontrados em fezes líquidas ou semiformadas, são patognomônicos.

Os sintomas variam muito, dependendo do local e da intensidade das lesões. Extrema sensibilidade abdominal, disenteria fulminante, desidratação e incapacitação ocorrem na doença grave. Na doença mais aguda, o início dos sintomas geralmente é gradual, e com frequência inclui episódios de diarreia, cólica abdominal, náuseas e vômitos e um desejo urgente de defecar. Mais frequentemente, haverá um período (uma semana, aproximadamente) de cãibras e de desconforto, falta de apetite e perda ponderal, com mal-estar geral. Os sintomas podem desenvolver-se dentro de 4 dias de exposição, podendo ocorrer até 1 ano depois, ou nunca ocorrer.

A infecção extraintestinal é metastática e raramente ocorre por extensão direta do intestino. Sem dúvida, a forma mais comum é a hepatite amebiana ou o abscesso do fígado (4% ou mais de infecções clínicas), que se acredita ser decorrente da microembolia causada por trofozoítos por meio do sistema de circulação portal. Supõe-se que a microembolia hepática com trofozoítos é um acompanhamento comum das lesões do intestino, mas que essas lesões focais difusas raramente progridem. Um verdadeiro abscesso amebiano é progressivo, não supurativo (a menos que secundariamente infectado) e destrutivo sem compressão e formação de uma parede. Os conteúdos são necróticos e bacteriologicamente estéreis, com as amebas ativas estando confinadas às paredes. Uma característica "pasta de anchova" é produzida no abscesso e vista na drenagem cirúrgica. Mais da metade dos pacientes com abscesso hepático amebiano não apresentam história de infecção intestinal, e, raramente, os abscessos amebianos ocorrem em outros lugares (p. ex., pulmão, cérebro e baço). Qualquer órgão ou tecido em contato com trofozoítos ativos pode tornar-se um local de invasão e abscesso. O abscesso hepático, geralmente mostrado como uma elevação da cúpula direita do diafragma, pode ser observado por ultrassonografia, tomografia computadorizada, ressonância magnética ou digitalização com radioisótopos. Os exames sorológicos, nesses casos, em geral são fortemente positivos.

OUTRAS AMEBAS INTESTINAIS

A *E. histolytica* invasiva ou patogênica é hoje considerada uma espécie distinta da *Entamoeba dispar*, uma espécie comensal não patogênica mais comum que habita o lúmen intestinal, sendo a denominação *E. histolytica* reservada apenas para a forma patogênica. A *E. dispar* e a relacionada *Entamoeba moshkovskii* são, com base em isoenzimas e análises genéticas e na reação em cadeia da polimerase (PCR, de *polymerase chain reaction*), espécies distintas, embora sejam microscopicamente idênticas. A *E. histolytica* deve ser diferenciada não só de *E. dispar* e *E. moshkovskii*, mas também de outros quatro organismos semelhantes a ameba que também são parasitas intestinais humanos: (1) *E. coli*, que é muito comum; (2) *Dientamoeba fragilis* (um flagelado), o único parasita intestinal além de *E. histolytica* que também é suspeito de causar diarreia e dispepsia, mas que é não invasivo; (3) *Iodamoeba bütschlii*; e (4) *Endolimax nana*. É necessária considerável experiência para se distinguir *E. histolytica* de outras formas, mas é preciso fazê-lo, porque o diagnóstico equivocado muitas vezes leva a tratamentos desnecessários, supertratamento ou falha no tratamento.

Kits de ensaios imunoenzimáticos (Elisa, do inglês *enzyme immunoassay*) estão disponíveis comercialmente para o diagnóstico sorológico de amebíase quando as fezes são frequentemente negativas. Os testes de Elisa para detectar o antígeno amebiano nas fezes também são sensíveis e específicos para *E. histolytica* e podem distinguir entre as infecções patogênicas e não patogênicas (Haque e colaboradores, 2003).

Epidemiologia

A *E. histolytica* ocorre no mundo todo, principalmente em países em desenvolvimento com condições sanitárias e de higiene precárias. As infecções são transmitidas por via orofecal; cistos são geralmente ingeridos por meio de água, vegetais e alimentos contaminados; moscas também estão ligadas à transmissão em áreas de poluição fecal. A maioria das infecções é assintomática, sendo os cistos assintomáticos uma fonte de contaminação para os surtos onde ocorrem vazamentos de esgoto no abastecimento de água ou falhas de saneamento (como em instituições de tratamento mental, de idosos, de crianças ou em prisões).

CRYPTOSPORIDIUM (ESPOROZOÁRIO INTESTINAL)

Organismo

As espécies de ***Cryptosporidium***, tipicamente *C. hominis*, podem infectar o intestino em pessoas imunodeprimidas (p. ex., indivíduos com Aids) e causar diarreia grave e intratável. São conhecidas há muito tempo como parasitas de roedores, aves, macacos rhesus, gado e outros herbívoros, e provavelmente foram uma causa não reconhecida de gastrenterite e diarreia autolimitadas e brandas em seres humanos. Oocistos medindo 4 a 5 μm são passados pelas fezes em grande número e são imediatamente infecciosos. Quando oocistos em alimentos e água contaminados são ingeridos, os esporozoítos desencistam-se e invadem as células intestinais; os parasitas

multiplicam-se assexuadamente no interior da porção apical das células intestinais, são liberados e infectam outras células intestinais, começando um novo ciclo. Também se reproduzem sexuadamente, formando microgamontes masculinos e macrogamontes femininos que se fundem e desenvolvem os oocistos.

Patologia e patogênese

Cryptosporidium habita a borda escovada das células da mucosa epitelial do trato gastrintestinal, especialmente a superfície das vilosidades do intestino delgado inferior (Figura 46-3A). A principal característica clínica da criptosporidiose é diarreia aquosa, geralmente leve e autolimitada (1-2 semanas) em pessoas normais, mas que pode ser grave e prolongada em pacientes imunocomprometidos, muito jovens ou idosos. O intestino delgado é o sítio mais comumente infectado, mas as infecções por *Cryptosporidium* também podem ser encontradas em outros órgãos, inclusive o trato digestório e os pulmões.

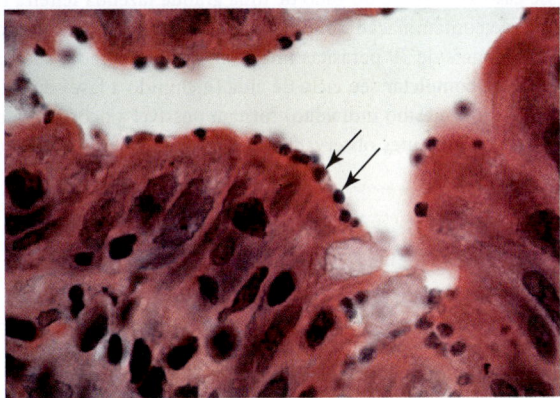

A

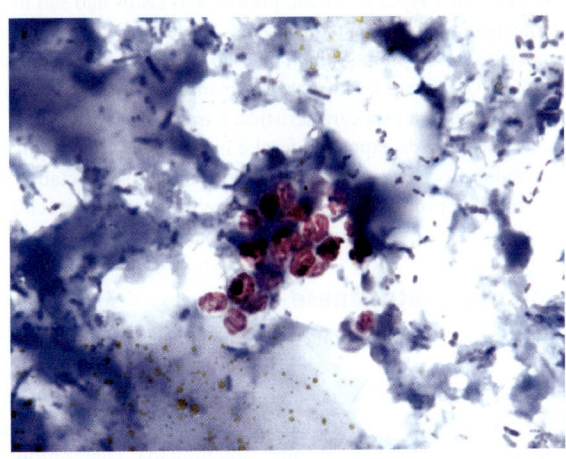

B

FIGURA 46-3 *Cryptosporidium*. **A:** Secção histológica de intestino com organismos (setas) na porção apical de células epiteliais. (Cortesia de Pathology, UCSF.) **B:** Oocistos (4-5 μm), coloração rosa em amostra de fezes corada modificadas com álcool-ácido. (Usada, com permissão, de Sullivan J: *A Color Atlas of Parasitology*, 8th ed. 2009.)

O diagnóstico depende da detecção de oocistos em amostras frescas de fezes. As técnicas de concentração de fezes usando uma coloração álcool-ácido-resistente modificada geralmente são necessárias (Figura 46-3B), e testes baseados em anticorpos monoclonais estão disponíveis para detectar níveis baixos de antígeno fecal.

Epidemiologia

O período de incubação da criptosporidiose é de 1 a 12 dias, e a doença é adquirida a partir de fezes humanas e de animais infectadas ou de água ou alimentos contaminados por fezes. Para pacientes de alto risco (imunocomprometidos, muito jovens ou idosos), é necessário evitar o contato com fezes de animais e observar sanitização cuidadosa. Os organismos estão disseminados e provavelmente infectam assintomaticamente uma parcela significativa da população humana. Surtos ocasionais, tais como o que ocorreu em Milwaukee, Estados Unidos, no início de 1993, que afetou mais de 400.000 pessoas, podem ser o resultado de proteção, tratamento ou filtração inadequados da água de grandes centros urbanos. Nesse caso, o estrume do gado de uma grande fazenda leiteira foi a fonte de contaminação do fornecimento de água. A capacidade de pouco mais de 30 parasitas iniciarem uma infecção e sua habilidade de completar seu ciclo de vida (incluindo a fase sexuada, dentro de um mesmo indivíduo) tornam possível a ocorrência de infecções fulminantes observadas com frequência em indivíduos imunossuprimidos.

CYCLOSPORA (ESPOROZOÁRIO INTESTINAL)

Organismo

O ciclo de vida de *Cyclospora* é similar ao do *Cryptosporidium* e parece envolver somente um único hospedeiro. *Cyclospora*, entretanto, difere de *Cryptosporidium*, porque seus cistos não são imediatamente infecciosos quando presentes nas fezes. Diferentemente dos oocistos de *Cryptosporidium*, que são infecciosos nas fezes, os oocistos de *Cyclospora* levam dias ou semanas para se tornarem infecciosos. Devido a essa característica, a transmissão direta entre pessoas por meio da exposição fecal é improvável. A ciclosporíase tem sido associada a fontes de água ou alimentos infectados de vários tipos de produtos frescos, inclusive framboesas, mesclun e manjericão, desde os anos 1990 (Ortega e Sanchez, 2010).

Patologia e patogênese

A arquitetura alterada das mucosas, com encurtamento das vilosidades intestinais devido a edema difuso e infiltração de células inflamatórias, leva à diarreia, anorexia, fadiga e perda ponderal. A duração dos sintomas entre pessoas não imunes e não tratadas é frequentemente prolongada, mas autolimitada, com sintomas remitente-recidivos permanecendo por várias semanas ou meses. O período de incubação para infecções por *Cyclospora* é de cerca de 1 semana, similar ao das infecções com *Cryptosporidium*. São necessárias requisições específicas para os testes laboratoriais de *Cyclospora* (o mesmo para *Cryptosporidium*) quando se analisam as fezes para a presença de oocistos (8-10 μm), que são álcool-ácido positivos (avermelhados). Ao contrário das infecções por

Cryptosporidium, as infecções por *Cyclospora* são tratáveis com sulfametoxazol-trimetoprima.

INFECÇÕES POR PROTOZOÁRIOS SEXUALMENTE TRANSMISSÍVEIS

TRICHOMONAS VAGINALIS (FLAGELADO GENITURINÁRIO)

Organismo

Trichomonas vaginalis existe somente como trofozoíto (não existe o estágio de cisto). Esse protozoário possui quatro flagelos livres que surgem a partir de um único caule e um quinto flagelo, que forma uma membrana ondulante. É piriforme, com aproximadamente 20 μm de comprimento e 10 μm de largura.

Patologia e patogênese

O *Trichomonas vaginalis* é sexualmente transmissível, e a maior parte das infecções é assintomática ou branda para ambos os sexos. Na mulher, a infecção é normalmente limitada à vulva, à vagina e ao colo do útero, geralmente não se estendendo ao útero. A superfície das mucosas pode estar sensível, inflamada, com erosão e revestida por um corrimento cor de creme ou amarelado. No homem, a próstata, as vesículas seminais e a uretra podem estar infectadas. Os sinais e sintomas na mulher, além de corrimento vaginal profuso, incluem sensibilidade local, prurido vulvar e sensação de queimação. Cerca de 10% dos homens infectados apresentam um corrimento uretral branco e fino. O período de incubação é de cerca de 5 a 28 dias.

Epidemiologia

O *T. vaginalis* é um parasita comum em homens e mulheres, mas a infecção é mais comum em mulheres do que em homens. Os lactentes podem ser infectados durante o nascimento. Nos Estados Unidos, estima-se que 3,7 milhões de pessoas tenham a infecção, mas apenas 30% se tornam sintomáticas. O controle das infecções por *T. vaginalis* sempre exige tratamento simultâneo de ambos os parceiros sexuais. Proteção mecânica (preservativo) deve ser utilizada durante a relação sexual até que a infecção tenha sido erradicada em ambos os parceiros.

PROTOZOÁRIOS DE INFECÇÕES DO SANGUE E TECIDOS

HEMOFLAGELADOS

Os hemoflagelados dos seres humanos incluem os gêneros ***Trypanosoma*** e ***Leishmania*** (Tabela 46-5). Existem dois tipos distintos de tripanossomas humanos: (1) africano, que causa a doença do sono e é transmitido pela mosca tsé-tsé (p. ex., *Glossina*) – *Trypanosoma brucei rhodesiense* e *Trypanosoma brucei gambiense*; e (2) americano, que causa a doença de Chagas e é transmitido por barbeiros (p. ex., *Triatoma*) – *Trypanosoma cruzi*. O gênero *Leishmania*,

TABELA 46-5 Comparação entre espécies de *Trypanosoma* e de *Leishmania*

Hemoflagelados	Doença	Vetor	Estágios em seres humanos
Trypanosoma brucei rhodesiense	Doença do sono africana (aguda)	Mosca tsé-tsé	Tripomastigotas no sangue
Trypanossoma brucei gambiense	Doença do sono africana (crônica)	Mosca tsé-tsé	Tripomastigotas no sangue
Trypanosoma cruzi	Doença de Chagas	Picada de barbeiro	Tripomastigotas no sangue; amastigotas intracelulares
Espécies de *Leishmania*	Leishmaniose cutânea, mucocutânea, visceral	Mosquito	Amastigotas intracelulares em macrófagos e monócitos

dividido em inúmeras espécies que infectam seres humanos, causa leishmaniose cutânea (botão oriental), mucocutânea (espúndia) e visceral (calazar). Todas essas infecções são transmitidas por flebotomíneos (*Phlebotomus* no Velho Mundo e *Lutzomyia* no Novo Mundo).

TRYPANOSOMA BRUCEI RHODESIENSE E TRYPANOSOMA BRUCEI GAMBIENSE (HEMOFLAGELADOS)

Organismos

Os parasitas do gênero *Trypanosoma* aparecem no sangue como tripomastigotas, com corpo alongado sustentando uma membrana ondulante lateral longitudinal e um flagelo que fica nas margens de livre circulação entre a borda da membrana e que emerge na extremidade anterior como uma extensão em forma de chicote (Figura 46-4). O cinetoplasto (DNA circular na única mitocôndria) é um corpo de coloração escura que se encontra imediatamente adjacente ao corpo basal do qual surge o flagelo. O ***Trypanossoma brucei rhodesiense***, *T. brucei gambiense* e *T. brucei brucei* (que causam uma doença do sono chamada nagana em gado de criação e animais de

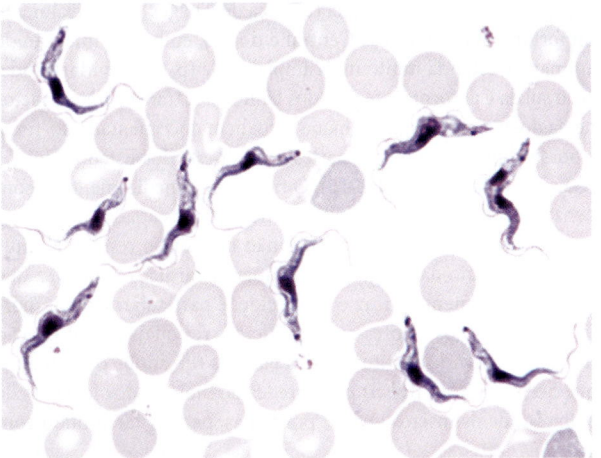

FIGURA 46-4 Tripomastigotas (14-35 μm) de *Trypanosoma brucei gambiense* (ou *Trypanosoma brucei rhodesiense*; na prática, indistinguíveis) em um esfregaço de sangue (hemácias = 8 μm). (Utilizada, com permissão, de Sullivan J: *A Color Atlas of Parasitology*, 8th ed. 2009.)

caça) são indistinguíveis morfologicamente, mas diferem bioquímica, ecológica e epidemiologicamente.

Patologia e patogênese

Os tripanossomas infectantes de *T. brucei gambiense* e *T. brucei rhodesiense* são introduzidos através da picada da mosca tsé-tsé e multiplicam-se no local da inoculação, causando endurecimento variável e inchaço (lesão primária), que pode evoluir para uma forma de cancro tripanossomal. As formas africanas multiplicam-se extracelularmente como tripomastigotas no sangue, bem como em tecidos linfoides. Disseminam-se para os gânglios linfáticos, para a corrente sanguínea e, em fases terminais, para o sistema nervoso central (SNC), onde produzem a síndrome típica da doença do sono: cansaço, dificuldade para comer, perda de tecido, inconsciência e morte.

O envolvimento do SNC é mais característico da tripanossomíase africana. O *T. brucei rhodesiense* aparece no líquido cerebrospinal (LCS) em cerca de 1 mês, e o *T. brucei gambiense*, em alguns meses, mas ambos estão presentes em pequenas quantidades. A infecção por *T. brucei rhodesiense* é crônica e leva à meningoencefalite progressiva difusa, seguindo para morte pela síndrome do sono geralmente em 1 a 2 anos. A infecção por *T. brucei rhodesiense* é mais rápida e fatal, produzindo sonolência e coma somente nas últimas semanas de uma infecção terminal. Os tripanossomas são transmissíveis através da placenta, e infecções congênitas ocorrem em áreas hiperendêmicas.

Os tripanossomas africanos do complexo *T. brucei* são notáveis, pois sofrem variação antigênica por meio de uma série de glicoproteínas de superfície controladas geneticamente, que revestem a superfície do organismo (glicoproteínas variantes de superfície [VSG, do inglês *variant surface glycoproteins*]). As sucessivas ondas de parasitas na corrente sanguínea são recobertas, cada qual, por uma camada distinta. Esse processo é devido a alterações geneticamente induzidas da glicoproteína de superfície. Ao produzir diferentes membranas de superfície antigênica, o parasita é capaz de evadir a resposta por anticorpos do hospedeiro. Cada população é reduzida, mas prontamente substituída por outro tipo antigênico antes que a anterior seja eliminada. Acredita-se que cada tripanossoma possua cerca de 1.000 genes VSG, um exemplo de expressão de genes em mosaico.

Epidemiologia

A tripanossomíase africana é restrita aos cinturões conhecidos da mosca tsé-tsé. O *T. brucei gambiense*, transmitido pela *Glossina palpalis*, uma mosca tsé-tsé presente nas margens dos rios, e por alguns outros vetores tsé-tsé presentes em florestas úmidas, estende-se da África Ocidental para a Central e causa uma infecção relativamente crônica, com progressivo envolvimento do SNC. O *T. brucei rhodesiense*, transmitido pela *Glossinu morsitans*, *Glossina pallidipes*, e *Glossina fuscipes*, ocorre nas savanas do Leste e Sudeste da África, com focos a oeste do Lago Vitória. Provoca um pequeno número de casos, mas é mais virulento. Os antílopes podem servir como reservatórios de *T. brucei rhodesiense*, enquanto os seres humanos são os principais reservatórios de *T. brucei gambiense*. O controle depende da procura, seguida de isolamento e tratamento dos pacientes com a doença; controle do movimento de pessoas dentro e fora dos cinturões da mosca; uso de inseticidas em veículos; e a instituição do controle da mosca, principalmente com inseticidas aéreos e pela alteração dos hábitats. O contato com os animais reservatórios é difícil de ser controlado, e o emprego de repelente de insetos é de pequeno valor contra picadas de mosca tsé-tsé.

TRYPANOSOMA CRUZI (HEMOFLAGELADO)

Organismo

O *Trypanosoma cruzi* apresenta três estágios de desenvolvimento: epimastigotas no vetor, tripomastigotas (na corrente sanguínea), e um estágio intracelular arredondado, o amastigota. As formas de *T. cruzi* no sangue estão presentes durante a fase inicial aguda e a intervalos, a partir daí, em menor número. São tripomastigotas típicos com um grande cinetoplasto terminal, arredondado em preparações coradas, mas são difíceis de distinguir morfologicamente do tripanossoma africano. As formas teciduais, que são mais comuns no músculo cardíaco, no fígado e no cérebro, desenvolvem-se como amastigotas que se multiplicam para formar uma colônia intracelular após a invasão da célula hospedeira ou fagocitose do parasita (Figura 46-5).

Patologia e patogênese

As formas infectantes do *T. cruzi* não passam para os seres humanos pela picada de insetos triatomíneos (que é o modo de entrada do *Trypanosoma rangeli* não patogênico), mas são introduzidos quando as fezes infectadas do inseto são esfregadas na conjuntiva, no local da picada, ou por uma ruptura na pele*. No local de entrada do *T. cruzi*, pode haver um nódulo inflamatório subcutâneo (chagoma). O inchaço unilateral das pálpebras (sinal de Romaña) é característico no início da doença, principalmente em crianças. A lesão primária é acompanhada de febre aguda, linfadenite regional e difusão para o sangue e tecidos. A doença de Chagas aguda também pode ser assintomática.

---

*N. de T. O *T. cruzi* também pode ser transmitido por transfusão de sangue ou durante a gravidez, da mãe contaminada para o filho. Outro modo de transmissão é pela ingestão de alimentos contaminados com vetores triturados ou com seus dejetos. Em ambientes desmatados ou alterados, também pode haver transmissão vetorial. Estima-se que existam aproximadamente 2 a 3 milhões de portadores da doença crônica no Brasil.

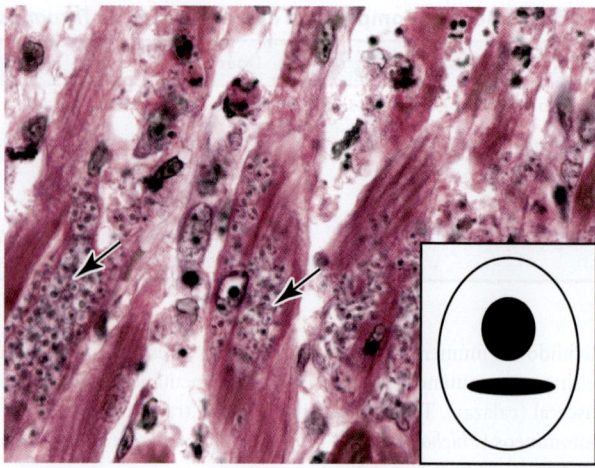

FIGURA 46-5 Colônias amastigotas de *Trypanossoma cruzi* (setas) em músculo cardíaco. Os amastigotas apresentam 1 a 3 µm de diâmetro nas secções de tecido. (Utilizada, com permissão, de Sullivan J: *A Color Atlas of Parasitology*, 8th ed. 2009.) Diagrama de um amastigota com a característica de "ponto" (núcleo) e "traço" (cinetoplasto).

No estágio crônico, a complicação mais grave é a cardiomiopatia chagásica associada à fibrose em resposta à presença de parasitas intracelulares no tecido cardíaco**. Quando ocorre fibrose no sistema de condução do coração, podem ocorrer arritmias que podem levar à morte súbita. A invasão ou destruição dos nervos do plexo nas paredes do trato alimentar provoca megaesôfago e megacolo, especialmente na doença de Chagas brasileira. Megaesôfago e megacolo estão ausentes na doença de Chagas colombiana, venezuelana e da América Central. O *T. rangeli*, das Américas Central e do Sul, infecta humanos sem causar doença, e deve, portanto, ser cuidadosamente diferenciado das espécies patogênicas.

Epidemiologia

A tripanossomíase americana (doença de Chagas) é especialmente importante nas Américas Central e do Sul, embora a infecção de animais se estenda muito mais amplamente (p. ex., até Maryland e até o sul da Califórnia, nos Estados Unidos). A transmissão autóctone da doença de Chagas humana já foi bem documentada no Texas e possivelmente em outras partes do sudoeste dos Estados Unidos (Garcia e colaboradores, 2015). O tratamento medicamentoso com benznidazol ou nifurtimox é eficaz nos estágios agudos da doença ou no início da fase crônica, mas não melhora o resultado clínico após o início da progressão da doença cardíaca. Uma vez que nenhum tratamento eficaz é conhecido, é particularmente importante controlar os vetores com inseticidas residuais e modificação no hábitat, como substituição das paredes (de adobe ou pau a pique no interior do Brasil) por paredes de tijolos e dos telhados de palha (onde os insetos vivem) por telhas, para evitar contato com

---

**N. de T. No Brasil, a cardiopatia da doença de Chagas é uma importante causa de morte entre adultos de 30 a 60 anos e uma grande causa de implante de marca-passo cardíaco e de transplante de coração.

reservatórios animais*. A doença de Chagas ocorre principalmente em pessoas de baixas condições socioeconômicas. Estima-se que 7 a 8 milhões de pessoas abriguem o parasita, e muitos desses indivíduos apresentem danos cardíacos, resultando em drástica redução da sua capacidade de trabalho e da sua expectativa de vida.

ESPÉCIES DE *LEISHMANIA* (HEMOFLAGELADOS)

Organismos

O mosquito transmite os promastigotas infectantes durante a picada. Os promastigotas rapidamente transformam-se em amastigotas após sofrerem fagocitose pelos macrófagos ou monócitos e multiplicam-se em seguida, preenchendo o citoplasma da célula. Ocorre uma explosão de células infectadas, e os parasitas liberados são novamente fagocitados. Esse processo é repetido, produzindo uma lesão cutânea ou infecção visceral, dependendo da espécie do parasita e da resposta do hospedeiro. Os amastigotas são ovoides e têm cerca de 2 a 3 μm de tamanho. O núcleo e o cinetoplasto, em forma de bastão e de coloração escura, podem ser vistos como um "ponto" e um "traço".

O gênero *Leishmania*, amplamente distribuído na natureza, tem um número de espécies que são quase idênticas morfologicamente. As características clínicas da doença são características diferenciadoras tradicionais, mas atualmente são reconhecidas muitas exceções. As leishmânias diferentes apresentam uma variedade de características clínicas e epidemiológicas que, por conveniência, são combinadas em três grupos clínicos: (1) **leishmaniose cutânea** (úlcera oriental, erupção de Bagdá, úlcera cutânea úmida inflamada, úlcera cutânea seca, úlceras de "chicleros", uta e outros nomes); (2) **leishmaniose mucocutânea** (espúndia); e (3) **leishmaniose visceral** (calazar – Hindi ou febre negra).

Existem diferenças entre as cepas em termos de virulência, tropismo tecidual e características biológicas e epidemiológicas, bem como nos critérios sorológicos e bioquímicos. Algumas espécies podem induzir síndromes diversas (p. ex., a leishmaniose visceral a partir de organismos de leishmaniose cutânea ou leishmaniose cutânea a partir de organismos da leishmaniose visceral). De modo semelhante, uma mesma condição clínica pode ser causada por diferentes agentes.

Patologia e patogênese

Leishmania tropica, *Leishmania major*, *Leishmania mexicana*, *Leishmania braziliensis* e outras **formas cutâneas** induzem uma lesão cutânea no local da inoculação pelo mosquito (leishmaniose cutânea, botão oriental, erupção de Delhi etc.) As camadas da derme são as primeiras afetadas, com infiltrado celular e proliferação intracelular de amastigotas e disseminação extracelular, até que a infecção penetra na epiderme e causa ulceração. Podem ser encontradas lesões-satélite (hipersensibilidade ou leishmaniose cutânea recidivante) que contêm pouco ou nenhum parasita, não respondem prontamente ao tratamento e induzem uma reação granulomatosa cicatrizante forte. Na Venezuela, a forma disseminada cutânea, causada por *L. mexicana pifanoi*, é conhecida. Na Etiópia, uma forma chamada *L. aethiopica* provoca leishmaniose cutânea disseminada, com uma lesão similar, não ulcerativa e com bolhas. Ambas as formas são tipicamente anérgicas e não reativas ao antígeno de teste cutâneo, contendo um grande número de parasitas nas bolhas dérmicas.

A *L. braziliensis braziliensis* causa **leishmaniose mucocutânea** ou **nasofaríngea** na América do Sul amazônica. É conhecida por muitas denominações locais. As lesões são de crescimento lento, mas extenso (às vezes, 5-10 cm). A partir desses locais, a migração parece ocorrer rapidamente para a superfície da mucosa da nasofaringe ou palatina, onde o crescimento não pode mais realizar-se durante anos. Depois de meses a mais de 20 anos, uma erosão implacável pode desenvolver-se, destruindo o septo nasal e as regiões vizinhas. Em alguns casos, a morte ocorre por asfixia devido ao bloqueio da traqueia, impossibilidade de se alimentar ou infecção respiratória. Este é o quadro clássico da espúndia (Figura 46-6), encontrada com maior frequência na bacia amazônica. No altiplano peruano, as características clínicas (uta) assemelham-se às do botão oriental. As infecções por *L. braziliensis guyanensis* frequentemente se espalham ao longo das vias linfáticas, onde aparecem como uma cadeia linear de lesões não ulcerativas. A infecção por *L. mexicana* é

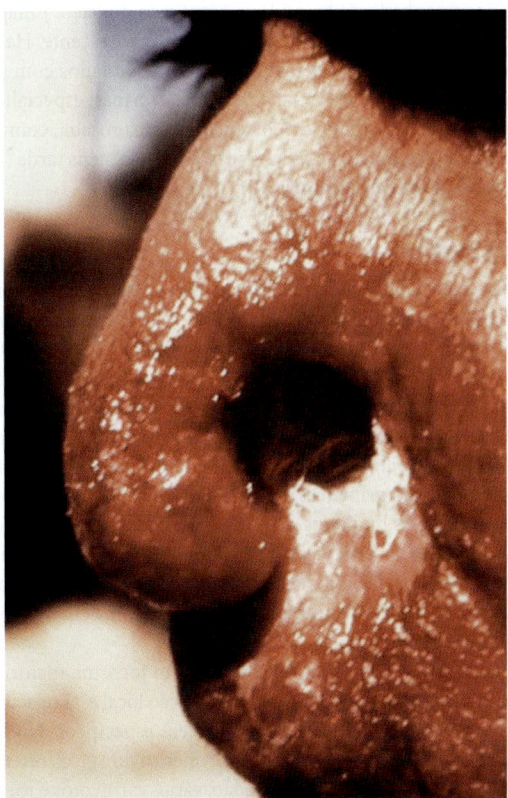

FIGURA 46-6   Paciente com espúndia causada por *L. braziliensis*. (Reproduzida, com autorização, de OMS/TDR.)

---

*N. de T. Hoje, o perfil epidemiológico da doença apresenta um novo cenário no Brasil, com a ocorrência de casos e surtos na Amazônia Legal por transmissão oral e vetorial (sem colonização e extradomiciliar). Com isso, evidenciam-se duas áreas geográficas onde os padrões de transmissão são diferenciados: a) a região originalmente de risco para a transmissão vetorial; b) a região da Amazônia Legal, onde a doença de Chagas não era reconhecida como problema de saúde pública. Fonte: Fiocruz (https://portal.fiocruz.br/).

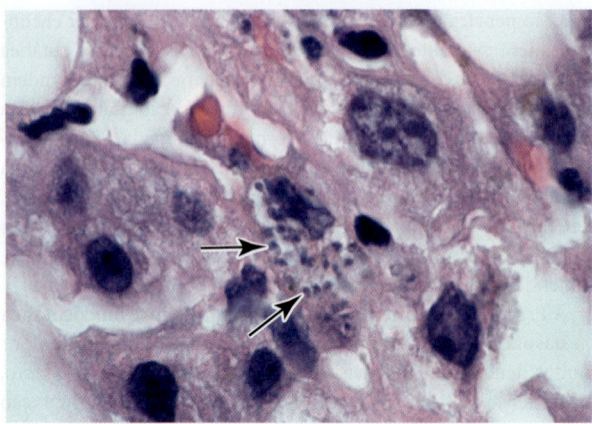

FIGURA 46-7 Amastigotas de *Leishmania donovani* (setas) de uma biópsia de fígado. (Cortesia de Pathology, UCSF.)

geralmente mais restrita a uma única lesão ulcerativa e indolor, que se cura em cerca de 1 ano, deixando uma cicatriz circular característica. No México e na Guatemala, frequentemente há envolvimento das orelhas (úlcera dos "chicleros"), em geral com uma infecção que ataca a cartilagem, sem ulcerações e com poucos parasitas.

A **Leishmania donovani**, que causa a **leishmaniose visceral** ou calazar, dissemina-se a partir do local da inoculação para multiplicar-se nas células reticuloendoteliais, especialmente macrófagos no baço, no fígado, em linfonodos e na medula óssea (Figura 46-7). Isso é acompanhado de hiperplasia acentuada do baço. Emagrecimento progressivo é acompanhado de fraqueza crescente. Há febre irregular, às vezes, com agitação. Os casos não tratados com sintomas de calazar em geral são fatais. Algumas formas, especialmente na Índia, desenvolvem uma recorrência cutânea rosada, com parasitas abundantes em vesículas cutâneas, 1 a 2 anos mais tarde (leishmaniose dérmica pós-calazar).

Epidemiologia

Estima-se que a prevalência de leishmaniose é de aproximadamente 4,8 milhões em todo o mundo (GBD 2016 Disease and Injury Incidence and Prevalence Collaborators, 2017) e 20.000 a 30.000 mortes ocorrem anualmente (WHO Leishmaniasis, 2018). O botão oriental ocorre principalmente na região do Mediterrâneo, no norte da África, no Oriente Médio e no Oriente Próximo. O tipo "úmido", causado por *L. major*, é rural, e os roedores que vivem em tocas são o reservatório principal; o tipo "seco", causado por *L. tropica*, é urbano, e os seres humanos são presumivelmente o único reservatório. Quanto ao *L. braziliensis*, existe um número de hospedeiros animais selvagens, mas aparentemente não há reservatórios em animais domésticos. Os flebotomíneos são os vetores envolvidos em todas as formas.

O *Leishmania donovani* é encontrado em focos na maioria dos países tropicais e subtropicais. Sua distribuição local está relacionada com a prevalência de vetores flebotomíneos específicos. No litoral do Mediterrâneo, na Ásia Central e na América do Sul, os reservatórios são canídeos silvestres; e, no Sudão, vários carnívoros e roedores silvestres são reservatórios de espécies endêmicas de calazar. O controle é feito pela destruição de criadouros e abate de cães, se for o caso, e pela proteção das pessoas contra picadas do mosquito.

ENTAMOEBA HISTOLYTICA (AMEBA DE TECIDOS)

NAEGLERIA FOWLERI, ACANTHAMOEBA CASTELLANII E BALAMUTHIA MANDRILLARIS (AMEBAS DE VIDA LIVRE)

Organismos

A meningoencefalite amebiana primária (PAM, do inglês *primary amebic meningoencephalitis*) e a encefalite amebiana granulomatosa (GAE, do inglês *granulomatous amebic encephalitis*) ocorrem na Europa e na América do Norte pela invasão amebiana do cérebro. As amebas de vida livre do solo **N. fowleri**, **A. castellanii**, **B. mandrillaris** e, possivelmente, espécies de *Hartmannella* têm sido implicadas. A maioria dos casos está associado a crianças após nadar e mergulhar em águas mornas contaminadas pelo solo (p. ex., em lagoas e rios). Os indivíduos também podem ser infectados após lavar os seios nasais com água contaminada utilizando higienizador nasal tipo *neti pot*.

Patologia e patogênese

As amebas, principalmente *N. fowleri*, entram pelo nariz e através da lâmina criviforme do osso etmoide, passando diretamente para o tecido cerebral, onde rapidamente formam ninhos de amebas que causam hemorragia e danos extensos, principalmente nas porções basais do cérebro e no cerebelo (Figura 46-8).

O período de incubação é de 1 a 14 dias. Os primeiros sintomas incluem cefaleia, febre, letargia, rinite, náuseas, vômitos e desorientação, e assemelham-se aos da meningite bacteriana aguda. Na maioria dos casos, os pacientes entram em coma e morrem dentro de uma semana. A chave para o diagnóstico é a suspeita clínica com base na história recente de nadar ou mergulhar em águas mornas.

A entrada da *Acanthamoeba* no SNC ocorre a partir de úlceras cutâneas ou penetração traumática, com o ceratite a partir de punção da superfície da córnea ou ulceração a partir de soro contaminado, usado com lentes de contato. A GAE é causada por

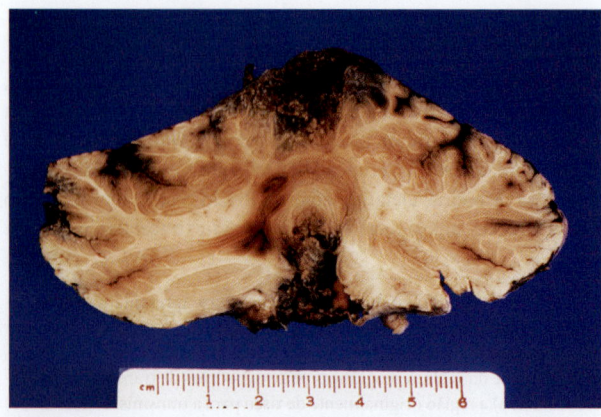

FIGURA 46-8 As áreas escuras do cerebelo são regiões de necrose causada por amebas *N. fowleri*. (Cortesia de Pathology, UCSF.)

Acanthamoeba e *Balamuthia*, e é frequentemente associada a indivíduos imunocomprometidos. A infecção do SNC a partir da lesão da pele pode ocorrer semanas ou meses depois. O termo GAE é utilizado para distingui-la da PAM por *Naegleria fowleri*. O tratamento com anfotericina B tem sido bem-sucedido em alguns casos, principalmente nas raras circunstâncias em que o diagnóstico pode ser feito rapidamente.

ESPÉCIES DE *PLASMODIUM* (ESPOROZOÁRIO SANGUÍNEO)

A malária é, de todas as doenças parasitárias, a que mais mata. Mais de 90% das mortes ocorrem na África Subsaariana. Em 2016, estimou-se que havia 216 milhões de casos de malária e cerca de 445.000 mortes (WHO World Malaria Report, 2017).

Organismos

Existem quatro espécies principais de *Plasmodium* que causam malária em humanos: ***Plasmodium vivax***, ***Plasmodium falciparum***, ***Plasmodium malariae*** e ***Plasmodium ovale***. O ***Plasmodium knowlesi***, que normalmente infecta macacos, é conhecido por causar malária zoonótica no Sudeste Asiático. As duas espécies mais comuns são *P. falciparum* e *P. vivax*, sendo *P. falciparum* a mais patogênica de todas. A transmissão para seres humanos ocorre por meio da picada do mosquito fêmea hematófago de *Anopheles* (Figura 46-9). As características morfológicas e de outras espécies estão resumidas na Tabela 46-6 e ilustradas nas Figuras 46-10 e 46-11A a C.

A infecção humana resulta da picada de um mosquito *Anopheles* fêmea infectado, através do qual os esporozoítos são injetados na corrente sanguínea. Os esporozoítos rapidamente (em geral, dentro de 1 hora) penetram nas células parenquimatosas do fígado, onde ocorre o primeiro estágio de desenvolvimento em humanos (fase exoeritrocítica do ciclo de vida). Posteriormente, inúmeras progênies assexuadas, os merozoítos, rompem-se e deixam as células do fígado, entram na corrente sanguínea e invadem as hemácias. Os merozoítos não retornam das células vermelhas do sangue para as células do fígado.

Os parasitas nas células vermelhas multiplicam-se de uma forma característica da espécie, saindo das células do hospedeiro de maneira sincrônica. Esse é o ciclo eritrocítico, com ninhadas sucessivas de merozoítos surgindo a intervalos de 48 horas (*P. vivax*, *P. falciparum* e *P. ovale*) ou a cada 72 horas (*P. malariae*). Durante os ciclos eritrocíticos, alguns merozoítos entram nas células vermelhas e tornam-se diferenciados como gametócitos masculinos ou femininos. O ciclo sexual, portanto, começa no hospedeiro vertebrado, mas, para a sua continuação para a fase esporogônica, os gametócitos devem ser retomados e ingeridos pelas fêmeas de *Anopheles* sugadoras de sangue.

Os *P. vivax* e *P. ovale* podem persistir em formas latentes, ou hipnozoítos, depois que os parasitas tiverem desaparecido do sangue periférico. O ressurgimento de uma infecção eritrocítica (recidiva) ocorre quando merozoítos de hipnozoítos saem do fígado, não são fagocitados na corrente sanguínea, e são bem-sucedidos no restabelecimento de uma infecção de células vermelhas. Sem tratamento, as infecções por *P. vivax* e *P. ovale* podem persistir como recaídas periódicas por até 5 anos.

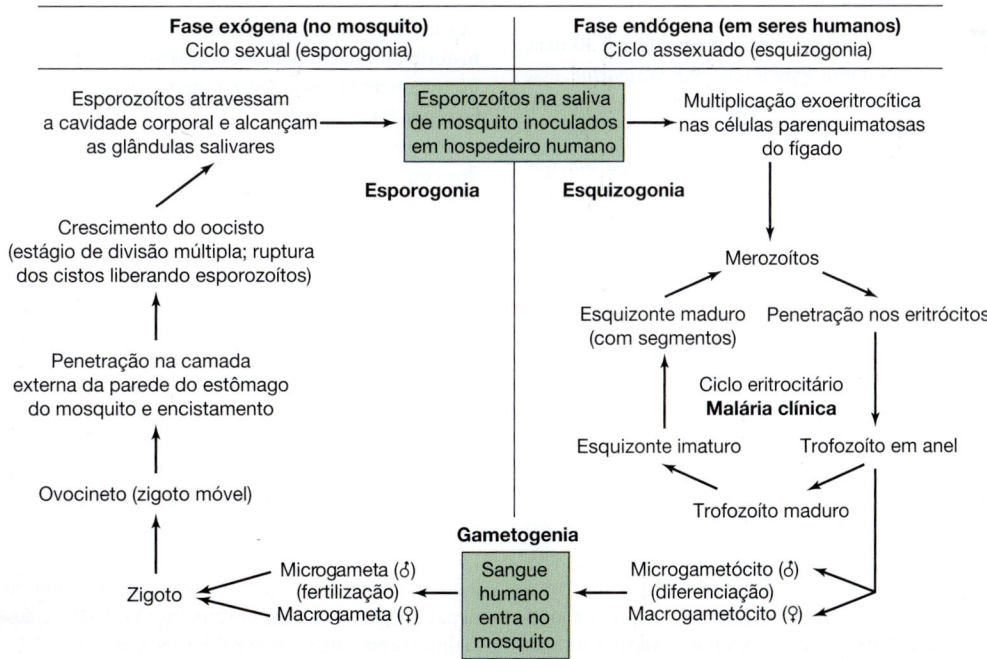

FIGURA 46-9 Ciclo de vida dos parasitas da malária. O ciclo contínuo ou a multiplicação tardia no fígado podem provocar recidivas periódicas durante vários anos (1-2 anos em *P. ovale* e 3-5 anos em *P. vivax*). A recidiva não ocorre com *P. falciparum*, embora possa haver um longo período pré-patente, resultando no aparecimento de sintomas iniciais até 6 meses ou mais após a exposição.

TABELA 46-6 Alguns aspectos característicos dos parasitas da malária em seres humanos (preparações coradas pelo método de Romanowsky)

	Plasmodium vivax	*Plasmodium falciparum*	*Plasmodium malariae*	*Plasmodium ovale*
Eritrócitos parasitados	De tamanho aumentado, pálido. Pontilhado fino (manchas de Schüffner). Invadem principalmente eritrócitos jovens e reticulócitos	Sem aumento de tamanho. Pontilhados grosseiros (fendas de Maurer). Invadem todos os eritrócitos, independentemente da idade	Sem aumento de tamanho. Ausência de pontilhados (exceto com corantes especiais). Invadem principalmente eritrócitos mais velhos	De tamanho aumentado, pálido. Granulações de Schüffner evidentes. Células frequentemente ovais, fimbriadas ou crenadas
Nível de parasitemia máxima usual	Até 30.000/μL de sangue	Pode exceder 200.000/μL; geralmente 50.000/μL	Menos de 10.000/μL	Menos de 10.000/μL
Trofozoítos em estágio de anel	Grandes anéis (1/3 a 1/2 do diâmetro do eritrócito). Em geral, um grânulo de cromatina. Anel delicado	Pequenos anéis (1/5 do diâmetro do eritrócito). Geralmente dois grânulos. É comum a ocorrência de múltiplas infecções. Anel delicado, pode aderir aos eritrócitos	Grandes anéis (1/3 do diâmetro do eritrócito). Geralmente um grânulo de cromatina. Anel espesso	Grandes anéis (1/3 do diâmetro do eritrócito). Geralmente um grânulo de cromatina. Anel espesso
Pigmento nos trofozoítos em desenvolvimento	Fino, castanho-claro, disperso	Grosseiro, preto, poucos agregados	Grosseiro, castanho-escuro, agregados dispersos, abundante	Grosseiro, amarelo-escuro, disperso
Trofozoítos maduros	Muito pleomórficos	Compactos e arredondados[a]	Formas em bastão ocasionais	Compactos e arredondados
Esquizontes maduros (com segmentos)	Mais de 12 merozoítos (14-24)	Geralmente mais de 12 merozoítos (8-32). Muito raros no sangue periférico[a]	Menos de 12 merozoítos grandes (6-12). Frequentemente em roseta	Menos de 12 merozoítos grandes (6-12). Frequentemente em roseta
Gametócitos	Redondos ou ovais	Em crescente	Redondos ou ovais	Redondos ou ovais
Distribuição no sangue periférico	Todas as formas	Somente anéis e crescentes (gametócitos)[a]	Todas as formas	Todas as formas

[a] Em geral, apenas os estágios de anel ou gametócitos são observados no sangue periférico infectado por *P. falciparum*; os parasitas tornam os eritrócitos viscosos, de modo que eles tendem a ser retidos nos leitos capilares profundos, exceto em infecções maciças e geralmente fatais.

Patologia e patogênese

O período de incubação da malária é geralmente de 9 a 30 dias, dependendo da espécie infectante. Para *P. vivax* e *P. falciparum*, esse período é geralmente de 10 a 15 dias, mas pode levar semanas ou meses. O período médio de incubação de *P. malariae* é de cerca de 28 dias. Deve-se sempre suspeitar de malária por *P. falciparum*, que pode ser fatal, se ocorrer febre, com ou sem outros sintomas, a qualquer momento entre 1 semana após a primeira possível exposição e 2 meses (ou até mais) após a última exposição possível. Os viajantes para áreas endêmicas devem ser avisados de que, se ficarem doentes com febre ou doença semelhante à gripe durante uma viagem ou depois de voltar para casa, eles devem procurar atendimento médico imediato e contar ao médico seu histórico de viagens.

As parasitemias por *P. vivax*, *P. malariae* e *P. ovale* são de grau relativamente baixo, principalmente porque os parasitas favorecem tanto hemácias jovens como velhas, mas não ambas. O *P. falciparum* invade hemácias de todas as idades, inclusive as células-tronco da eritropoiese na medula óssea, de modo que a parasitemia pode ser muito alta. O *P. falciparum* também provoca a aderência dos glóbulos vermelhos parasitados ao revestimento endotelial dos vasos sanguíneos, resultando em obstrução, trombose e isquemia local (Maier e colaboradores, 2008). As infecções por *P. falciparum* são, portanto, muito mais graves do que as outras, com uma taxa muito maior de complicações graves e frequentemente fatais (malária cerebral, hiperpirexia malárica, distúrbios gastrintestinais, malária álgida, febre hemoglobinúrica). A consideração de malária no diagnóstico diferencial em pacientes com uma apresentação sugestiva e história de viagem para áreas endêmicas é crucial, porque atrasos no tratamento podem levar a uma doença grave ou morte por malária por *P. falciparum*.

Paroxismos periódicos de malária estão intimamente relacionados com eventos na corrente sanguínea. Um calafrio inicial, com duração de 15 minutos a 1 hora, começa com a geração sincrônica de divisão de parasitas e ruptura das células hospedeiras (hemácias) e escape para o sangue. Náuseas, vômitos e dores de cabeça são comuns nesse período. O estágio febril que se segue, e que dura algumas horas, caracteriza-se por uma febre em picos, que frequentemente chega a 40 °C ou mais. Durante esse estágio, os parasitas invadem novas células vermelhas. O terceiro estágio, ou sudorese, conclui o episódio. A febre desaparece, o paciente adormece e acorda mais tarde, sentindo-se relativamente bem. Nos estágios iniciais da infecção, os ciclos são frequentemente assíncronos e o padrão de febre é irregular; mais tarde, os paroxismos podem ocorrer a intervalos regulares de 48 a 72 horas, embora a pirexia por *P. falciparum* possa durar 8 horas ou mais, podendo exceder os 41 °C. Conforme a doença progride, surgem esplenomegalia e, em menor extensão, hepatomegalia. Anemia normocítica também se desenvolve, especialmente em infecções por *P. falciparum*.

Anemia normocítica de gravidade variável pode ser detectada. Durante as crises, pode haver leucocitose transitória; posteriormente, desenvolve-se leucopenia, com um aumento relativo de células

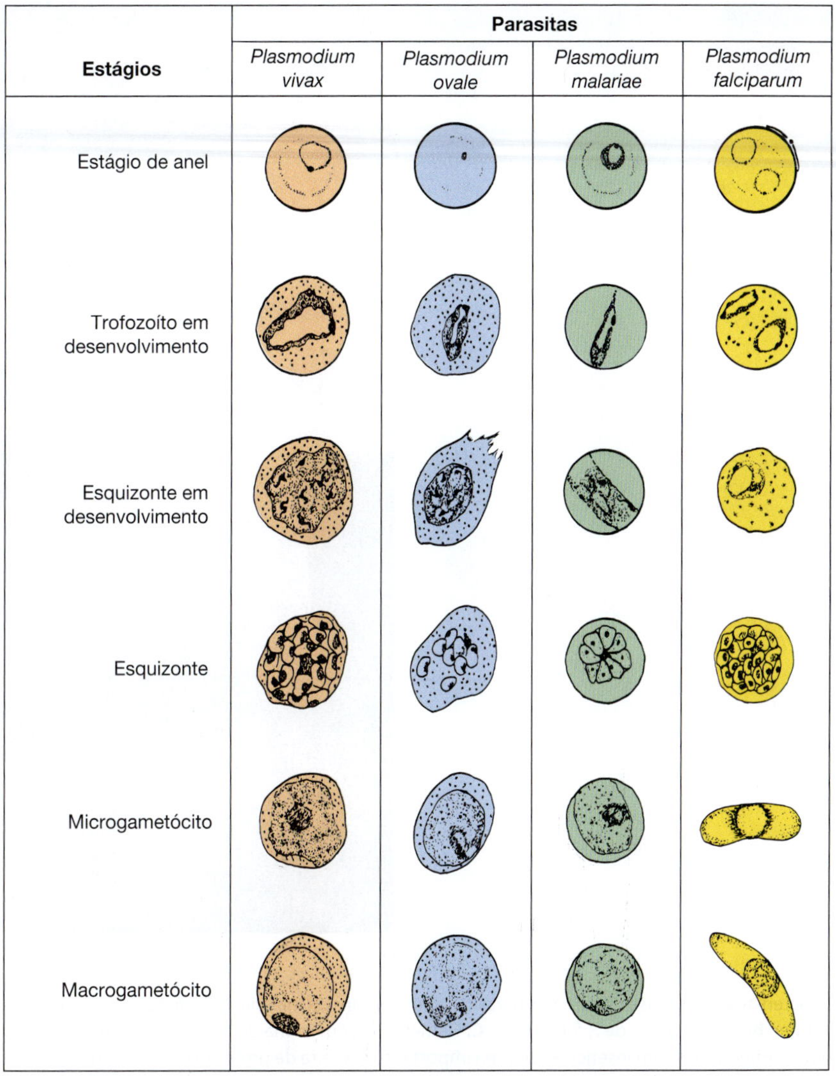

Estágios	Parasitas			
	Plasmodium vivax	*Plasmodium ovale*	*Plasmodium malariae*	*Plasmodium falciparum*
Estágio de anel				
Trofozoíto em desenvolvimento				
Esquizonte em desenvolvimento				
Esquizonte				
Microgametócito				
Macrogametócito				

FIGURA 46-10   Características morfológicas dos estágios de desenvolvimento dos parasitas da malária nos eritrócitos. Observe os pontos de Schüffner citoplasmáticos e as células hospedeiras aumentadas nas infecções por *P. vivax* e *P. ovale*, o trofozoíto em forma de bastonete frequentemente observado na infecção por *P. malariae*, e os pequenos anéis infectantes e frequentemente múltiplos, bem como os gametócitos em forma de banana nas infecções por *P. falciparum*. Em geral, os anéis e os gametócitos são observados apenas em esfregaços de sangue periférico de pacientes com infecção por *P. falciparum*. (Reproduzida, com autorização, de Goldsmith R, Heyneman D: *Tropical Medicine and Parasitology*. McGraw-Hill, 1989. © McGraw-Hill Education.)

mononucleares. Podem ocorrer resultados anormais nos testes de função hepática durante os ataques, que voltam ao normal com o tratamento ou recuperação espontânea. Em infecções graves por *P. falciparum*, o dano renal pode causar oligúria e o aparecimento de proteínas e células vermelhas na urina.

Epidemiologia e controle

O *P. vivax* e o *P. falciparum* são as espécies mais comuns encontradas nos trópicos e subtrópicos, sendo o *P. falciparum* encontrado predominantemente na África. O *P. vivax* tem uma distribuição mais ampla do que *P. falciparum*, uma vez que é capaz de sobreviver em altitudes mais elevadas e em climas mais frios no mosquito vetor. Embora esse protozoário possa ocorrer em toda a África, o risco

de infecção é consideravelmente menor devido à baixa frequência do receptor Duffy nos glóbulos vermelhos entre muitas populações africanas (Mendes e colaboradores, 2011).

Nos Estados Unidos, o CDC relatou aproximadamente 1.500 casos de malária em 2015, com *P. falciparum* e *P. vivax* compreendendo a maioria das infecções importadas de países nos quais a malária é endêmica (CDC Morbidity and Mortality Weekly Report, 2018).

Todas as formas de malária podem ser transmitidas por via transplacentária, por transfusão de sangue ou por agulhas compartilhadas entre usuários de drogas quando um deles está infectado. Tais casos não desenvolvem uma infecção do fígado; dessa maneira, não ocorre recidiva. A infecção natural (exceto transmissão

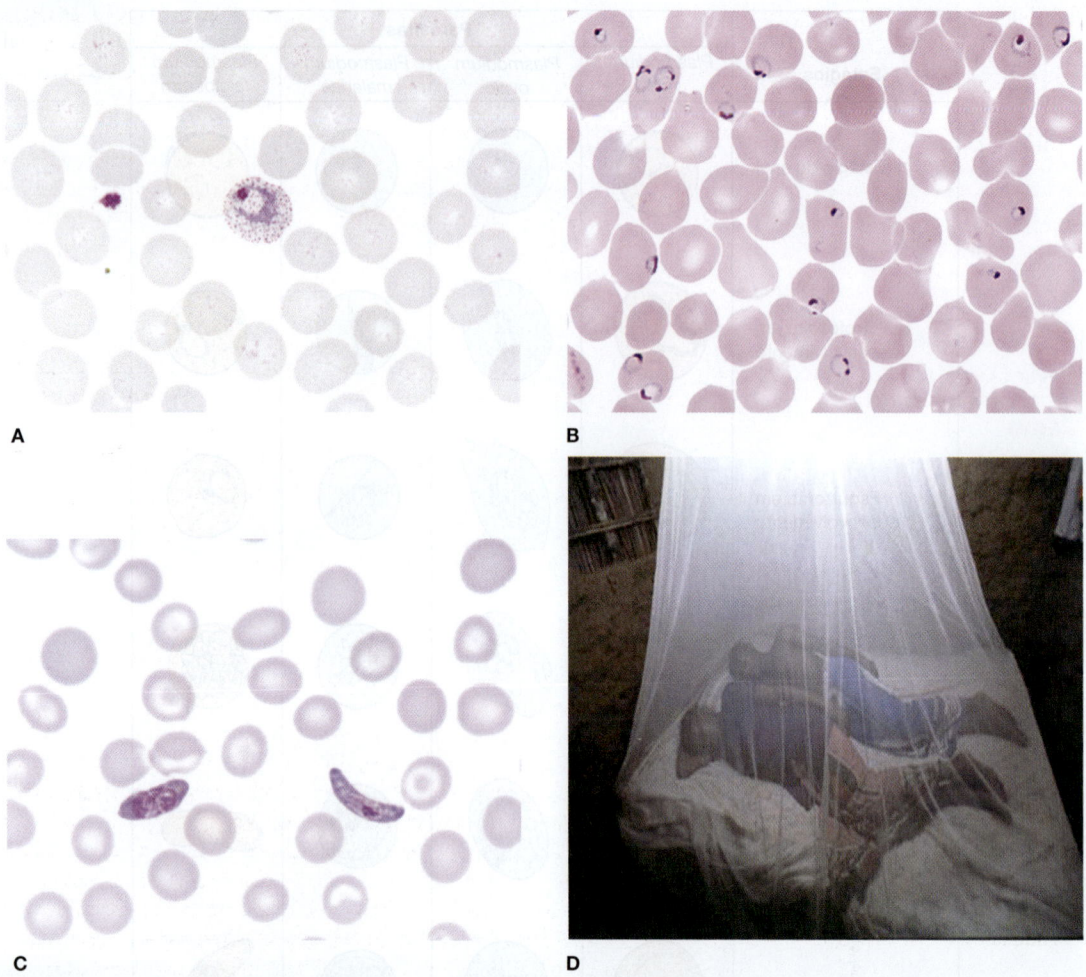

FIGURA 46-11 Características distintas entre os dois parasitas mais comuns da malária: **A:** Trofozoíto de *P. vivax* no interior de uma hemácia com granulações de Schüffner. **B:** Anéis duplos de *P. falciparum*. **C:** Gametócitos em forma de banana são observados em infecções típicas por *P. falciparum*. **D:** Redes de leito impregnadas com inseticida são uma importante maneira de proteção contra os mosquitos transmissores da malária. (**A-C:** Utilizadas, com autorização, de Sullivan J: *A Color Atlas of Parasitology*, 8th ed. 2009. **D:** Utilizada, com autorização, da biblioteca de imagens da OMS/TDR/Crump.)

transplacentária) só ocorre por meio da picada de um mosquito *Anopheles* fêmea infectado.

O controle da malária depende do controle do vetor (p. ex., eliminação de criadouros de mosquitos e inseticidas), da proteção pessoal contra mosquitos (p. ex., telas, redes tratadas com inseticida) (Figura 46-11D), do uso de roupas de proteção com mangas e calças compridas e repelentes, teste de diagnóstico, vigilância de doenças, tratamento adequado com terapias combinadas à base de artemisinina e e de terapias preventivas (especialmente em áreas de resistência a medicamentos) (CDC Treatment Guidelines, 2013). Uma vacina bem-sucedida contra a malária, usada em conjunto com outras intervenções, reduzirá muito a gravidade da doença e oferecerá esperança para uma eventual interrupção e eliminação em áreas definidas. Duas vacinas em testes clínicos são (1) a vacina de esporozoíto de *P. falciparum* (PfSPZ), que é uma vacina atenuada, purificada e criopreservada de esporozoítos irradiados de *P. falciparum* (Seder e colaboradores, 2013; Sissoko e colaboradores,

2017); e (2) a vacina da malária RTS, S/AS01, que é uma proteína circunsporozoíta recombinante (Gosling e von Seidlein, 2016; Olotu e colaboradores, 2016).

Para obter informações sobre profilaxia e tratamento, recomenda-se o encaminhamento às autoridades sanitárias para recomendações atuais.

BABESIA MICROTI (ESPOROZOÁRIO SANGUÍNEO)

A babesiose é uma infecção transmitida por carrapatos causada principalmente por ***Babesia microti***, que infecta as hemácias. A maioria das infecções em pacientes imunocompetentes é assintomática, mas, nas pessoas afetadas, a doença desenvolve-se em 7 a 10 dias após a picada do carrapato e caracteriza-se por mal-estar, anorexia, náuseas, fadiga, febre, sudorese, mialgia, artralgia e depressão.

A babesiose humana é mais grave em idosos do que em jovens, em pacientes esplenectomizados e em pacientes com Aids. A babesiose nesses indivíduos pode assemelhar-se à malária por *P. falciparum*, com febre alta, anemia hemolítica, hemoglobinúria, icterícia e falência renal; as infecções às vezes são fatais. *Babesia* pode ser confundida em seres humanos com *P. falciparum* em virtude de sua forma de anel em hemácias, e a presença de uma forma semelhante a uma "cruz-de-malta" na hemácia sem pigmento ou gametócitos é diagnóstica.

TOXOPLASMA GONDII (ESPOROZOÁRIO DE TECIDOS)

Organismo

O *Toxoplasma gondii* pertence ao grupo dos esporozoários e tem distribuição mundial, infectando uma ampla variedade de animais e aves. Os hospedeiros finais normais são estritamente os gatos e membros da família Felidae. Esses são os únicos hospedeiros nos quais o estágio sexuado de produção de oocistos de *Toxoplasma* pode se desenvolver.

Os organismos (tanto os esporozoítos de oocistos quanto os bradizoítos de cistos teciduais) invadem as células da mucosa do intestino delgado do gato, onde formam os esquizontes ou gametócitos. Após a fusão dos gametas sexuais, os oocistos desenvolvem-se, saindo da célula hospedeira para o lúmen intestinal do gato, passando para o exterior por meio das fezes. Os oocistos ambientalmente resistentes tornam-se infectantes após 1 a 5 dias. Quando os oocistos são ingeridos pelo gato, os parasitas repetem seus ciclos assexuado e sexuado. Se os oocistos forem ingeridos por hospedeiros intermediários, como certas aves, roedores e mamíferos, inclusive os seres humanos, os parasitas podem estabelecer uma infecção, mas só se reproduzem assexuadamente. Neste último caso, o oocisto se abre no duodeno (humano ou animal) e libera os esporozoítos, que passam através da parede intestinal e circulam pelo corpo, invadindo várias células, especialmente macrófagos, onde formam os trofozoítos, que se multiplicam e se rompem, espalhando a infecção para os linfonodos e outros órgãos. Essas células em forma decrescente que se multiplicam rapidamente (**taquizoítos**) iniciam o estágio agudo da doença. Posteriormente, penetram nas células nervosas, especialmente as do cérebro e dos olhos, onde se multiplicam lentamente (como bradizoítos) para formar cistos teciduais de repouso, iniciando o estágio crônico da doença. Os cistos de tecido (zoitocistos ou pseudocistos) são infectantes quando ingeridos por gatos (resultando no estágio sexuado no intestino com produção de oocistos); quando são ingeridos por outros animais, mais cistos teciduais são produzidos (assexuadamente).

Patologia e patogênese

Em seres humanos, o organismo causa toxoplasmose congênita ou pós-natal. A infecção congênita, que se desenvolve apenas quando as mães não imunes são infectadas durante a gravidez, é geralmente de grande gravidade. A toxoplasmose pós-natal geralmente é muito menos grave. A maioria das infecções humanas é assintomática. No entanto, infecções fatais fulminantes podem ocorrer em pacientes com Aids, presumivelmente por alteração de uma infecção crônica

para aguda. Diferentes graus da doença podem ocorrer em indivíduos imunossuprimidos, resultando em retinite ou coriorretinite, encefalite, pneumonite ou várias outras condições.

Os taquizoítos destroem diretamente as células e têm predileção pelas células do parênquima e do sistema reticuloendotelial. Os seres humanos são relativamente resistentes, mas uma infecção branda dos linfonodos, semelhante à mononucleose infecciosa, pode ocorrer. Quando um cisto de tecido se rompe, liberando numerosos bradizoítos, uma reação de hipersensibilidade local pode provocar inflamação, obstrução dos vasos sanguíneos e morte celular perto do cisto danificado.

A infecção congênita leva a natimortos, coriorretinite, calcificações intracerebrais, distúrbios psicomotores e hidrocefalia ou microcefalia. Nesses casos, a mãe foi infectada pela primeira vez durante a gravidez. A toxoplasmose pré-natal é uma das principais causas de cegueira e outros defeitos congênitos. A infecção durante o primeiro trimestre geralmente resulta em morte fetal ou grandes anomalias do SNC. As infecções no segundo e no terceiro trimestres podem provocar danos neurológicos menos graves, embora sejam muito mais comuns. As manifestações clínicas dessas infecções podem ser postergadas até o nascimento, e, às vezes, até a infância. Os problemas neurológicos ou dificuldades de aprendizagem podem ser causados pelos efeitos longamente postergados de toxoplasmose pré-natal tardia.

Epidemiologia

Sem dúvida, é importante, no controle, evitar o contato humano com fezes de gato, especialmente mulheres grávidas com testes sorológicos de resultados negativos. Uma vez que os oocistos geralmente levam 1 a 5 dias para se tornar infectantes, a troca diária do leito de gatos (e sua eliminação com segurança) pode impedir a transmissão. Uma fonte de exposição humana igualmente importante é a carne crua ou malcozida, na qual cistos infectantes do tecido são frequentemente encontrados. Os seres humanos (e outros mamíferos) podem ser infectados a partir de oocistos em fezes de gato ou de cistos teciduais em carne malcozida. O Departamento de Agricultura dos Estados Unidos (USDA, do inglês United States Department of Agriculture) recomenda congelar a carne a –20 °C por vários dias ou cozinhar a carne a 60 °C (aves a 70 °C) e permitir que a carne descanse por 3 minutos para evitar o risco de contaminação. A limpeza da cozinha, a lavagem das mãos após contato com carne crua e a ausência de gatos são essenciais durante a gravidez. A triagem sorológica para anticorpos imunoglobulinas IgG e IgM para *Toxoplasma* está disponível (Guerrant e colaboradores, 2006; Montoya e Remmington, 2008).

MICROSPORÍDIOS

Os **microsporídios** são um conjunto único de parasitas intracelulares caracterizados por um esporo unicelular que contém uma espécie de mola espiral com filamentos tubulares polares por meio da qual o esporoplasma é forçosamente descarregado em uma célula hospedeira. A identificação de espécies e gêneros é baseada em microscopia eletrônica para visualização da morfologia do esporo, dos núcleos e do filamento polar enrolado. A coloração tricrômica de azul modificada pode detectar microsporídios em amostras de urina, fezes e secreção nasofaríngea. Todas as classes de vertebrados (especialmente peixes) e muitos grupos de invertebrados (especialmente insetos) são infectados em praticamente todos os tecidos.

A transmissão se dá principalmente por ingestão de esporos nos alimentos ou na água. A transmissão transplacentária é comum. Poucos casos eram conhecidos entre os seres humanos, até que infecções sistêmicas, intestinais e oftalmológicas foram observadas em pacientes com Aids. Hoje, os microsporídios são cada vez mais reconhecidos como um grupo de parasitas oportunistas. São provavelmente disseminados, abundantes e não patogênicos em pessoas imunologicamente intactas, mas uma contínua ameaça para as pessoas imunocomprometidas. Às vezes, ocorrem juntamente com *Cryptosporidium* em pacientes com Aids.

Entre os indivíduos imunossuprimidos (principalmente pacientes com Aids), foram encontradas as seguintes infecções por microsporídios (Guerrant e colaboradores, 2006). Infecções oculares: *Encephalitozoon hellem*, *Vittaforma corneae* (*Nosema corneum*) e *Nosema ocularum*. Infecções intestinais: *Enterocytozoon bieneusi* e *Encephalitozoon intestinalis*. Não existe tratamento para infecções pelo *E. hellem*, *Encephalitozoon cuniculi*, *Pleistophora* sp., *Bracheola vesicularam*, *Bracheola* (*Nosema*) *algerae*, *Bracheola* (*Nosema*) *connori* ou *Trachipleistophora hominis*, que ocorrem principalmente em pacientes com Aids.

INFECÇÕES INTESTINAIS POR HELMINTOS

Os conceitos-chave para helmintos parasitas estão listados nas Tabelas 46-7 e 46-8. Um resumo das infecções por helmintos é apresentada na Tabela 46-9.

Estima-se que 800 milhões de pessoas em todo o mundo estejam infectadas com *Ascaris lumbricoides*, a lombriga gigante de humanos; mais de 450 milhões de pessoas estejam infectadas com a ancilostomose (*Ancylostoma duodenale* ou *Necator americanus*), e aproximadamente 400 milhões estejam infectadas com tricurídeo (*Trichuris trichiura*) (GBD 2016 Disease and Injury Incidence and Prevalence Collaborators, 2017).

A maioria das infecções intestinais por helmintos é relativamente benigna, exceto quando a carga de vermes é alta e o número de vermes adultos no intestino chega a centenas. Nessas infecções por vermes intestinais, o intestino geralmente abriga o estágio adulto do parasita, exceto para *Strongyloides*, *Trichinella* e *Taenia solium*, que não só residem no intestino como adultos como também possuem larvas capazes de migrar por todos os tecidos.

A maioria das infecções por nematódeos é adquirida por via orofecal, e os comportamentos humanos e a falta de saneamento e de higiene contribuem para a transmissão. No caso das três infecções intestinais mais comuns (tricurídeo, ancilostomose e ascaridíase), os ovos necessitam de incubação no solo por alguns dias ou semanas nos climas quentes e tropicais.

Hábitos alimentares de comer alimentos crus ou levemente cozidos contribuem para a maior parte das infecções por trematódeos e cestódeos. Essas infecções podem ser adquiridas pela ingestão de hospedeiros intermediários malcozidos, inclusive legumes, peixe, carne bovina e carne de porco. O cozimento completo e o congelamento matam os parasitas, evitando infecções de origem alimentar.

TABELA 46-7 **Conceitos-chave: helmintos parasitas**

Os helmintos parasitas abordados neste capítulo estão agrupados em nematódeos, trematódeos e cestódeos.
A maioria das infecções é adquirida pela ingestão de ovos ou estágio larval, com exceção dos ancilóstomos, oxiúros humanos e esquistossomos, cujas larvas penetram na pele, e as filárias, que são transmitidas por vetores.
De modo geral, a maioria das infecções intestinais por nematódeos e cestódeos envolve os estágios adultos e não é muito patogênica, exceto quando há muitos vermes. A maioria dessas patologias está associada ao estágio larval (p. ex., microfilárias e triquinas no caso de nematódeos; e cisticercos e cistos hidáticos no caso de cestódeos).
Nas infecções por trematódeos, a patologia geralmente está associada ao estágio adulto, uma vez que os vermes adultos são encontrados em tecidos humanos — por exemplo, trematódeos hepáticos e pulmonares (o estágio larval ocorre no hospedeiro animal ou em outras fontes). Uma exceção é o esquistossomo, cujos estágios adultos residem nos vasos sanguíneos e a patologia principal está associada aos ovos nos tecidos.
A eosinofilia é o ponto cardinal de uma infecção de tecidos por vermes parasitas.
As características patológicas dos nematódeos que infectam tecidos estão intrinsecamente associadas à resposta do hospedeiro. A elefantíase (alargamento e crescimento mórbido das pernas, dos seios e da genitália) é uma resposta imunopatológica à infecção de longa duração por *Wuchereria* ou *Brugia*.
A maioria dos helmintos não se reproduz por multiplicação assexuada no hospedeiro humano: um ovo ou uma larva produz um verme. A exceção é *Echinococcus granulosus*, que se multiplica assexuadamente dentro de cistos hidáticos.
O único helminto intracelular é a *Trichinella*, cujo estágio larval é intracelular no interior das células musculares (conhecidas como *nurse cells*).
A maioria dos vermes que habitam o lúmen intestinal é de fácil tratamento, enquanto vermes que habitam tecidos são mais difíceis de tratar com fármacos.
A gravidade da doença e os sintomas causados pelas infecções por helmintos geralmente estão associados a cargas elevadas de vermes (p. ex., ancilostomose e anemia).
Larva *migrans* é uma denominação empregada quando o estágio larval de um nematódeo que normalmente infecta um hospedeiro animal migra por tecidos humanos (p. ex., pele, vísceras e SNC). Uma forte resposta imunológica é desencadeada pelo verme migrante e induz a patologia. A larva *migrans* está associada a infecções zoonóticas, nas quais os animais são o hospedeiro normal e os seres humanos são acidentalmente infectados.
A combinação de baixo saneamento, condutas humanas e climas tropicais levam a uma alta prevalência de infecção por nematódeos "do solo" (*Ascaris*, tricurídeo, ancilóstomos).

Certos comportamentos humanos e a estreita associação com animais de estimação também são fatores que contribuem para a infecção por *Dipylidium caninum* e *Echinococccus granulosus*.

ENTEROBIUS VERMICULARIS (OXIÚRO – NEMATÓDEO INTESTINAL)

Organismo

As fêmeas de **enteróbios** (cerca de 10 mm de comprimento) possuem uma região delgada direcionada para a extremidade posterior.

TABELA 46-8 Helmintos parasitas

Infecções intestinais por helmintos

Nematódeos

   Enterobius vermicularis (oxiúro)

   Trichuris trichiura (tricurídeo)

   Ascaris lumbricoides (verme cilíndrico humano)

   Ancylostoma duodenale e *Necator americanus* (ancilóstomos humanos)

   Strongyloides stercoralis (oxiúro humano)

   Trichinella spiralis

Trematódeos

   Fasciolopsis buski (trematódeo intestinal gigante)

Cestódeos

   Taenia saginata (tênia do boi)

   Taenia solium (tênia do porco)

   Diphyllobothrium latum (tênia do peixe)

   Hymenolepis nana (tênia anã)

   Dipylidium caninum (tênia do cão)

Infecções sanguíneas e teciduais por helmintos

Nematódeos

   Wuchereria bancrofti (filariose linfática)

   Brugia malayi (filariose linfática)

   Onchocerca volvulus (cegueira do rio)

   Dracunculus medinensis (verme-da-guiné)

   Ancylostoma duodenale e *Necator americanus* (ancilóstomos)

   Strongyloides stercoralis (larva *currens* – ver Infecções intestinais por helmintos)

   Trichinella spiralis (triquinelose da larva – ver Infecções intestinais por helmintos)

   Larva *migrans* (Infecções zoonóticas por larvas de nematódeos)

   Ancylostoma caninum (ancilóstomos do cão)

   Anisakis simplex (verme do arenque)

   Toxocara canis (ascarídeo do cão)

   Baylisascaris procyonis (nematódeo do guaxinim)

Trematódeos

   Fasciola hepatica (trematódeo do fígado do carneiro)

   Clonorchis sinensis (trematódeo hepático chinês)

   Paragonimus westermani (trematódeo do pulmão)

   Schistosoma mansoni, Schistosoma japonicum, Schistosoma haematobium (trematódeos do sangue)

Cestódeos (infecções causadas pelos estágios larvais)

   Taenia solium (cisticercose/neurocisticercose – ver Infecções intestinais por helmintos)

   Echinococcus granulosus (cisto hidático)

Os machos têm cerca de 3 mm de comprimento e apresentam uma extremidade curva posterior (Figura 46-12A e B). Os enteróbios são encontrados em todo o mundo, mas são mais habituais em regiões de clima temperado do que em climas tropicais. São os helmintos muito comuns nos Estados Unidos e infectam principalmente crianças.

Patologia e patogênese

O principal sintoma associado a infecções por enteróbios é prurido anal, principalmente à noite, causado por uma reação de hipersensibilidade aos ovos que são depositados ao redor da região perianal por vermes fêmeas, que migram a partir do cólon à noite. Coçar a região anal promove a transmissão, uma vez que os ovos são altamente infecciosos horas após terem sido depositados (transmissão mão-boca). Ocorrem irritabilidade e fadiga pela perda do sono, mas a infecção é relativamente benigna.

Os ovos são obtidos por meio da técnica da fita adesiva pela manhã, antes da evacuação. A fita transparente é aplicada diretamente na região perianal, e em seguida colocada sobre uma lâmina de microscópio para ser examinada. Os ovos, em forma de bola de futebol americano, apresentam uma casca fina e têm aproximadamente 50 a 60 µm de comprimento (Figura 46-12C). As larvas infecciosas às vezes são visíveis no interior do ovo. Os pequenos vermes adultos podem ser vistos no exame parasitológico de fezes O&P (ovos e parasitas). Visto que os ovos são muito leves e altamente contagiosos, é importante que toalhas de uso pessoal e roupa de cama sejam lavadas em água quente para evitar reinfecção.

TRICHURIS TRICHIURA (TRICURÍDEO – NEMATÓDEO INTESTINAL)

Organismo

As fêmeas adultas do **verme em chicote** têm aproximadamente 30 a 50 mm de comprimento; os machos adultos são menores (Figuras 46-13A e B). A extremidade anterior dos vermes é fina, e a posterior, mais espessa, dando-lhe um aspecto de "chicote", daí o nome. Os vermes adultos habitam o cólon, onde machos e fêmeas se acasalam. As fêmeas liberam os ovos (Figura 46-13C) nas fezes, e os ovos se tornam infectantes após cerca de 3 semanas de incubação em solos úmidos e umbrosos. O ser humano adquire a infecção pela ingestão de alimentos contaminados com os ovos infectantes. Uma vez que os ovos são ingeridos, as larvas eclodem no intestino delgado, onde amadurecem e migram para o cólon.

Patologia e patogênese

As extremidades anteriores dos vermes alojam-se no interior da mucosa intestinal, causando pequenas hemorragias com a destruição das células da mucosa e infiltração inflamatória das células. As infecções com uma baixa carga parasitária geralmente são assintomáticas, mas as infecções de cargas moderada e pesada causam dor abdominal, distensão e diarreia. A infecção grave pode provocar diarreia profusa, sanguinolenta, cólicas, tenesmo e prolapso

TABELA 46-9   Resumo das infecções por helmintos por sistema de órgãos

Parasita/doença	Sítio da infecção	Mecanismo da infecção	Diagnóstico	Tratamento	Área geográfica
Nematódeos intestinais					
Enterobius vermicularis (Oxiúro)	Lúmen do ceco, cólon	Ingestão de ovos; autocontaminação	Teste da fita adesiva; microscopia para detecção de ovos	Pamoato de pirantel, mebendazol	Mundial, áreas temperadas
Trichuris trichiura (tricurídeo)	Ceco, cólon	Ingestão de ovos do solo ou alimentos contaminados com fezes	Exame de fezes para O&P (ovos)	Mebendazol, pamoato de pirantel, albendazol	Mundial, muito comum
Ascaris lumbricoides (Ascaridíase, verme cilíndrico comum)	Intestino delgado; larvas através dos pulmões	Ingestão de ovos do solo ou alimentos contaminados com fezes	Exame de fezes para O&P (ovos)	Albendazol, mebendazol	Mundial, muito comum
Ancylostoma duodenale, Necator americanus (Ancilóstomos humanos)	Intestino delgado; larvas através da pele, pulmões	Larvas no solo penetram através da pele	Exame de fezes para O&P (ovos)	Albendazol, mebendazol	Mundial, trópicos
Strongyloides stercoralis (Estrongiloidíase, oxiúro humano)	Intestino delgado; larvas através da pele, pulmões	Larvas no solo penetram a pele e (raramente) autorreinfecção interna	Exame de fezes, escarro, lavado brônquico para O&P (larvas); sorologia	Ivermectina, albendazol	Mundial, trópicos e subtrópicos
Trichinella spiralis (Triquinelose)	Adultos no intestino delgado por 1 a 4 meses; larvas encistadas no tecido muscular	Ingestão de carne infectada malcozida de porco ou outro animal	Sorologia e biópsia de músculo (larvas)	Albendazol (mais esteroides para sintomas graves)	Mundial
Trematódeo intestinal					
Fasciolopsis buski (Trematódeo intestinal gigante)	Intestino delgado	Ingestão de metacercárias encistadas na vegetação aquática	Exame de fezes para O&P (ovos)	Praziquantel	Leste e Sudeste Asiático
Cestódeos intestinais					
Taenia saginata (Tênia do boi)	Intestino delgado	Ingestão de cisticercos encistados em carne malcozida	Exame de fezes para O&P (segmentos de tênia)	Praziquantel	África, México, Estados Unidos, Argentina, Europa, lugares onde se come carne bovina
Taenia solium (Tênia do porco [ver também Cisticercose])	Intestino delgado	Ingestão de cisticercos encistados em carne de porco malcozida	Exame de fezes para O&P (segmentos de tênia)	Praziquantel	Mundial, onde se come carne de porco, especialmente México, Américas Central e do Sul, Filipinas, Sudeste Asiático
Diphyllobothrium latum (Tênia do peixe)	Intestino delgado	Ingestão de larvas encistadas em carne de peixe malcozida	Exame de fezes para O&P (ovos, segmentos de tênia)	Praziquantel	Mundial, onde se come peixe cru
Hymenolepis nana (Tênia anã)	Intestino delgado	Ingestão de ovos por meio de fezes ou água contaminados; autoinfecção pela rota orofecal	Exame de fezes para O&P (ovos, segmentos de tênia)	Praziquantel	Mundial
Dipylidium caninum (Tênia do cão)	Intestino delgado	Ingestão de larvas em pulgas	Exame de fezes para O&P (segmentos de tênia)	Praziquantel	Mundial

(continua)

TABELA 46-9 Resumo das infecções por helmintos por sistema de órgãos *(continuação)*

Parasita/doença	Sítio da infecção	Mecanismo da infecção	Diagnóstico	Tratamento	Área geográfica
Infecções teciduais por nematódeos					
Wuchereria bancrofti, Brugia malayi (Filariose linfática)	Vermes adultos em linfonodos e ductos linfáticos	Picada de mosquito transmite as larvas	Esfregaço de sangue para microfilárias	Dietilcarbamazina	Trópicos e subtrópicos. África Subsaariana, Sudeste Asiático, Pacífico Ocidental, Índia, América do Sul, Caribe
Onchocerca volvulus (Oncocerciase, cegueira dos rios africana)	Nódulos na pele em adultos	Picada da mosca negra transmite as larvas	Cortes na pele para microfilárias; nódulos subcutâneos	Ivermectina	África Subsaariana, focos limitados na América do Sul
Dracunculus medinensis (Verme-da-guiné)	Em adultos, na região subcutânea das pernas, dos tornozelos e dos pés	Ingestão de água contaminada com copépodes infectados	Verme em bolhas na pele	Remoção lenta do verme com auxílio de um bastão, remoção cirúrgica, tratamento da ferida	Quase erradicada, com exceção de poucos países da África Subsaariana
Infecções zoonóticas					
Ancylostoma caninum e outros vermes domésticos (Erupção deslizante [LMC])	Larvas de migração subcutânea; larvas geralmente morrem em 5 a 6 semanas	Contato com solo contaminado por fezes de cães ou gatos	Exame físico e histórico	Autolimitada; albendazol, ivermectina	Trópicos e subtrópicos
Anisakis simplex (Anisaquíase [LMJ])	Gastrintestinal: larvas no estômago ou na parede intestinal, raramente penetram as vísceras	Ingestão da larva em peixe cru ou malcozido	Endoscopia, radiologia, eosinofilia	Remoção cirúrgica ou endoscópica do verme	Em todo o mundo, onde as pessoas comem peixe cru ou mal-passado
Espécies de *Toxocara* (Nematódeos do cão e do gato [LMV, OLM, NLM])	As larvas migram para as vísceras, o fígado, o pulmão, os olhos e o cérebro	Ingestão de ovos em solo contaminado por fezes de cães ou gatos	Sorologia; eosinofilia	Albendazol, mebendazol	Mundial, áreas onde cães e gatos defecam
Baylisascaris procyonis (Nematódeo do guaxinim [VLM, OLM, NLM])	Vísceras, SNC: larvas migram para os olhos e o cérebro	Ingestão de ovos das fezes de guaxinim	Sorologia (CDC), eosinofilia, RM	Albendazol, mebendazol, corticosteroides	América do Norte, Europa, áreas onde os guaxinins defecam (latrinas de guaxinins)
Infecções teciduais por trematódeos					
Fasciola hepatica (Fascioliase, trematódeo do fígado de ovelhas)	Vermes adultos no fígado (ducto biliar, após migração através do parênquima)	Ingestão de metacercárias no agrião e em plantas aquáticas	Exame de fezes para O&P (ovos)	Triclabendazol	Mundial, especialmente em lugares de criação de ovelhas
Clonorchis sinensis (Clonorquíase, trematódeo hepático chinês)	Vermes adultos no fígado (ductos biliares)	Ingestão de metacercárias em peixe cru ou malcozido	Exame de fezes para O&P (ovos)	Praziquantel	China, Coreia, norte do Vietnã, Japão e Taiwan
Paragonimus westermani (Paragonimíase, trematódeo pulmonar)	Vermes adultos nos pulmões	Ingestão de metacercárias em caranguejos e outros crustáceos	Exame de fezes para O&P, escarro, lavado brônquico (ovos)	Praziquantel	Ásia Central, Américas do Norte e do Sul, África
Schistosoma mansoni (Bilharzia, trematódeo do sangue, esquistossomo)	Adultos em vasos venosos do intestino grosso, fígado	Cercárias (larvas) penetram pela pele em águas infestadas por caracóis infectados	Exame de fezes para O&P (ovos, segmentos de tênia)	Praziquantel	Da África ao Oriente Próximo, trópicos e subtrópicos, Américas do Sul e Caribe

(continua)

TABELA 46-9 Resumo das infecções por helmintos por sistema de órgãos *(continuação)*

Parasita/doença	Sítio da infecção	Mecanismo da infecção	Diagnóstico	Tratamento	Área geográfica
Schistosoma japonicum	Adultos em vasos venosos do intestino delgado, fígado	Cercárias (larvas) penetram pela pele em águas infestadas por caracóis infectados	Exame de fezes para O&P (ovos)	Praziquantel	China, Indonésia, Sudeste Asiático
Schistosoma haematobium	Adultos em vasos venosos da bexiga	Cercárias (larvas) penetram pela pele em águas infestadas por caracóis infectados	Urina para O&P (ovos, coluna terminal)	Praziquantel	África, Oriente Médio
Infecções de tecidos por cestódeos					
Taenia solium (larval) (Cisticercose, neurocisticer-cose [envolvimento do SNC])	Cisticercos na pele, no fígado, nos pulmões, nos rins, nos músculos, nos olhos, no cérebro	Ingestão de ovos via rota orofecal	Tomografias, RM, radiografias, sorologia	Excisão cirúrgica, albendazol, praziquantel, corticosteroides	Mundial, especialmente em áreas de criação de porcos
Echinococcus granulosus (larval) (Hidatidose, cisto hidático)	Cisto hidático no fígado, baço, pulmões, cérebro, peritônio	Contato com cães, raposas e outros canídeos; ovos nas fezes	Tomografias, RM, radiografias, sorologia	Albendazol, remoção cirúrgica	Mundial, especialmente em áreas de criação de ovelhas

LMC, larva *migrans* cutânea; LMN, larva *migrans* neural; LMO, larva *migrans* ocular; LMV, larva *migrans* visceral; SNC, sistema nervoso central; RM, ressonância magnética.

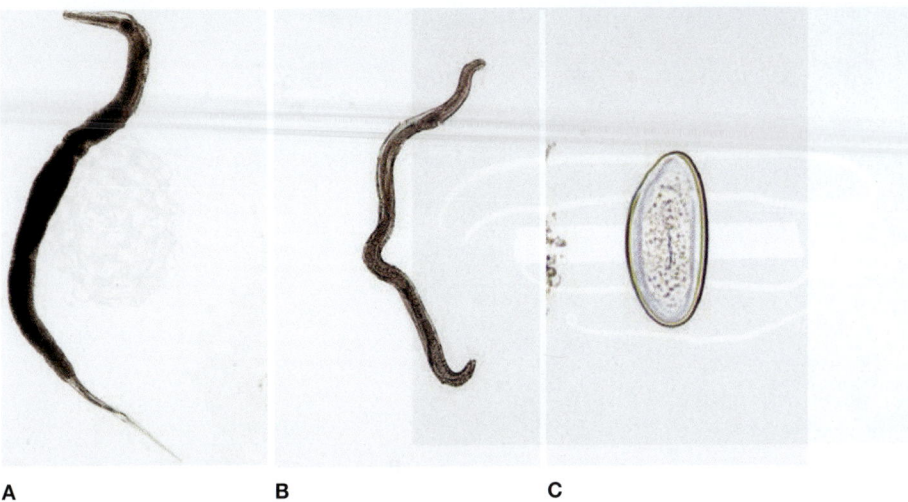

A   B   C

FIGURA 46-12   *Enterobius vermicularis*. **A:** Fêmea adulta (10 mm de comprimento). **B:** Macho adulto (3 mm de comprimento). **C:** Teste da fita adesiva revela um ovo (50-60 μm de comprimento) com uma larva infecciosa em seu interior. (Utilizada, com permissão, de Sullivan J: *A Color Atlas of Parasitology*, 8th ed. 2009.)

retal. Os vermes ocasionalmente podem migrar para o apêndice, causando apendicite.

ASCARIS LUMBRICOIDES (VERME CILÍNDRICO HUMANO – NEMATÓDEO INTESTINAL)

Organismo

Os **Ascaris** adultos são grandes: as fêmeas medem 20 a 50 cm, e os machos, 15 a 30 cm de comprimento (Figura 46-14A). O ser humano adquire a infecção após ingestão dos ovos; as larvas alcançam o duodeno, penetram através da mucosa, migram para o sistema circulatório, alojando-se nos capilares pulmonares, penetram nos alvéolos e migram dos bronquíolos para a traqueia e a faringe.

As larvas são deglutidas e retornam ao intestino e maturam, tornando-se vermes adultos. Após acasalamento, as fêmeas podem eliminar 200.000 ovos por dia, que são lançados nas fezes. Os ovos são infectantes após cerca de 1 mês no solo e são infecciosos por vários meses (Figura 46-14B).

Patologia e patogênese

Se estiverem presentes em número elevado, os vermes adultos podem provocar obstrução mecânica do intestino e dos canais biliares e pancreáticos. Os vermes tendem a migrar se forem administrados fármacos como anestésicos ou esteroides, o que leva à perfuração intestinal e peritonite, passagem dos vermes pelo ânus, vômitos e dor abdominal. A migração das larvas através dos pulmões induz uma resposta inflamatória (pneumonite), especialmente após uma segunda infecção, causando broncospasmo,

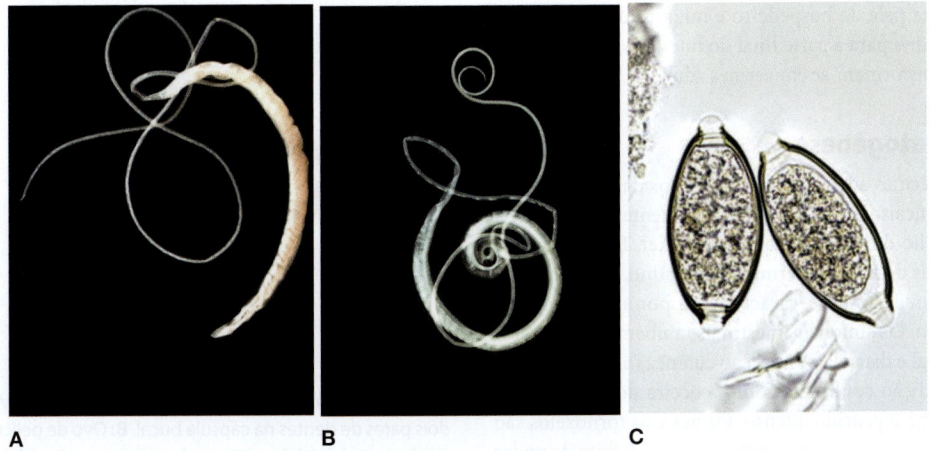

A   B   C

FIGURA 46-13   *Trichuris trichiura*. **A:** Tricurídeo fêmea adulta (30-50 mm de comprimento). **B:** Tricurídeo macho adulto (30-45 mm de comprimento). **C:** Ovos de tricurídeo (50 μm) com plugues polares distintos. (Utilizada, com permissão, de Sullivan J: *A Color Atlas of Parasitology*, 8th ed. 2009.)

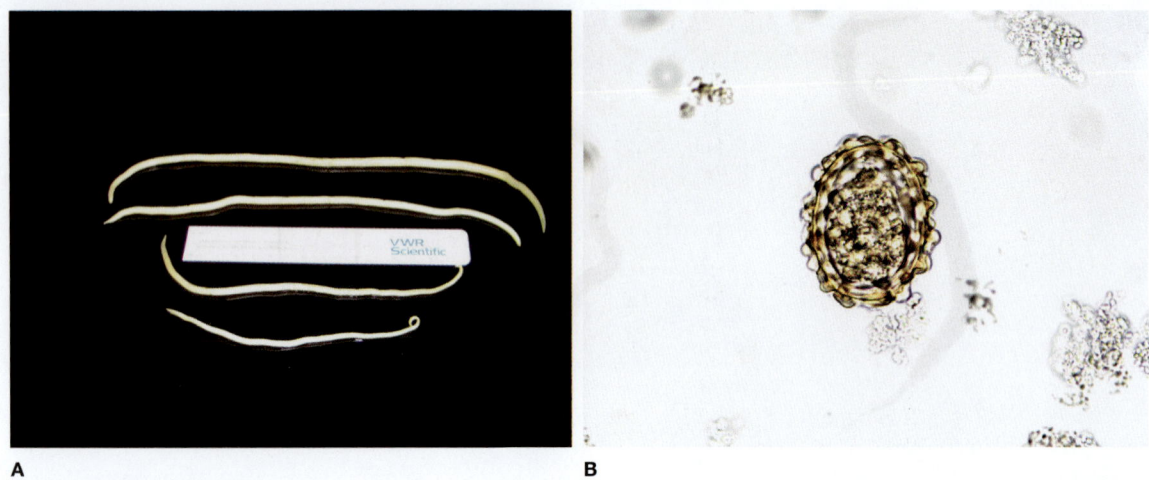

A   **B**

FIGURA 46-14 *Ascaris lumbricoides.* **A:** As fêmeas adultas são maiores que os machos adultos (comprimento da régua = 16 cm). **B:** Um ovo de *Ascaris* (55-75 µm) com protuberâncias características (mamilados). (Utilizada, com permissão, de Sullivan J: *A Color Atlas of Parasitology*, 8th ed. 2009.)

produção de muco e síndrome de Löeffler (tosse, eosinofilia e infiltrados pulmonares).

ANCYLOSTOMA DUODENALE E NECATOR AMERICANUS (ANCILÓSTOMOS HUMANOS – NEMATÓDEOS INTESTINAIS)

Organismo

As fêmeas de **ancilóstomos** têm aproximadamente 10 mm de comprimento; os machos são um pouco menores e são dotados de uma bolsa copulatória característica (região posterior terminal alargada), que é usada para copular com as fêmeas. As fêmeas podem liberar mais de 10.000 ovos por dia nas fezes, onde a larva nasce a partir do ovo dentro de um ou dois dias (Figura 46-15). As larvas podem sobreviver em solo úmido por algumas semanas, à espera de alguém descalço que passe pelo local onde ela se encontra. Essas larvas penetram na pele do hospedeiro e migram de maneira semelhante à do *Ascaris* para a parte final do intestino delgado, onde amadurecem e transformam-se em vermes adultos.

Patologia e patogênese

No intestino, os vermes adultos se fixam às vilosidades intestinais com seus dentes bucais (Figura 46-15) e se alimentam de sangue e tecido com o auxílio de anticoagulantes (Brooker, Bethony e Hotez, 2004). Algumas dezenas de vermes no intestino, ou até menos, podem causar a ancilostomose, caracterizada por anemia grave e deficiência de ferro. Os sintomas intestinais também incluem desconforto abdominal e diarreia. A infecção cutânea inicial pela larva provoca uma condição conhecida como "coceira do chão", caracterizada por eritema e prurido intenso. Os pés e os tornozelos são locais comuns de infecção devido à exposição pelo hábito de andar descalço.

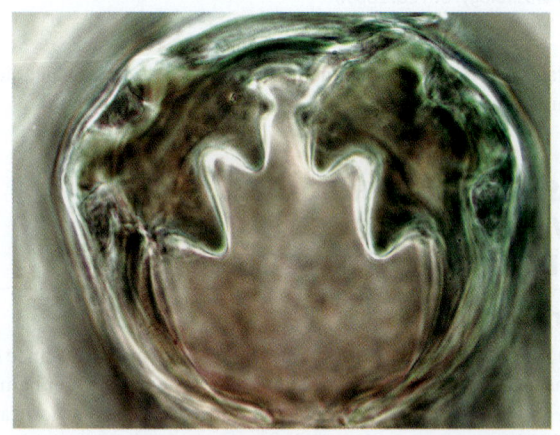

A

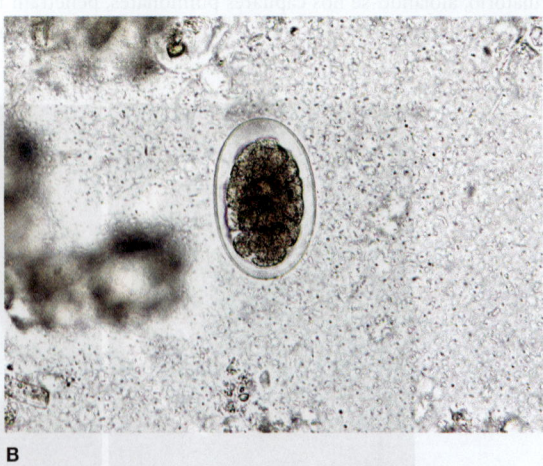

B

FIGURA 46-15 *Ancylostoma duodenale.* **A:** Verme adulto com dois pares de dentes na cápsula bucal. **B:** Ovo de película fina (60-75 µm) na clivagem inicial de um teste de ovos e parasita. (Utilizada, com permissão, de Sullivan J: *A Color Atlas of Parasitology*, 8th ed. 2009.)

STRONGYLOIDES STERCORALIS (NEMATÓDEO INTESTINAL E TECIDUAL)

Organismo

As fêmeas adultas (cerca de 2 mm de comprimento) de *Strongyloides stercoralis* que habitam o intestino são partenogênicas; ou seja, não precisam acasalar com os machos para se reproduzir. Elas depositam os ovos no intestino, e as larvas eclodem dos ovos e passam para as fezes. Essas larvas podem desenvolver-se em formas parasitárias ou em vermes machos e fêmeas de vida livre, que acasalam e produzem várias gerações de vermes no solo, um grande exemplo de adaptação evolutiva para sustentar a população. Em certas condições ambientais, tais como temperatura, as larvas dessas formas de vida livre podem evoluir para formas parasitárias. Assim, *S. stercoralis* tem uma adaptação evolucionária única, que pode reforçar bastante o seu sucesso reprodutivo.

Patologia e patogênese

De importância clínica, *Strongyloides* pode produzir uma reinfecção interna ou autorreinfecção se larvas recém-eclodidas não saírem do hospedeiro, mas, ao contrário, sofrerem suas mudas dentro do intestino. Essas larvas penetram no intestino, migram pelo sistema circulatório, entram nos pulmões (Figura 46-16) e no coração (similar à migração dos ancilóstomos ao penetrarem na pele), e desenvolvem-se em fêmeas parasitas no intestino. Esses nematódeos são capazes de manter uma infecção por muitos anos e, em caso de imunossupressão, podem produzir uma hiperinfecção, na qual ocorre uma infecção fulminante e fatal. Em infecções disseminadas, os sintomas e sinais clínicos envolvem principalmente o trato gastrintestinal (diarreia grave, dor abdominal, sangramento gastrintestinal, náuseas e vômitos), os pulmões (tosse, sibilos e hemoptise) e a pele (exantema, prurido, larva *currens*). As larvas que migram do intestino levam bactérias entéricas que podem causar infecções locais ou sepse, resultando em morte.

TRICHINELLA SPIRALIS (NEMATÓDEO INTESTINAL E TECIDUAL)

Organismo

O *Trichinella spiralis* é adquirido pela ingestão de carne de porco crua ou malcozida, infectada com o estágio larval desses nematódeos. No intestino delgado, as larvas transformam-se em vermes adultos, e, depois de acasalarem com os machos, as fêmeas liberam novas larvas. Estas penetram no intestino, circulam pelo sangue e acabam por encistar-se no tecido muscular. As fêmeas dos vermes adultos vivem por algumas semanas, e, depois da primeira semana de infecção, podem causar diarreia, dor abdominal e náuseas. Os sintomas intestinais são brandos e muitas vezes passam despercebidos.

Patologia e patogênese

Os principais sintomas da triquinelose são causados principalmente por larvas encistadas no tecido muscular (Figura 46-17). A fase de migração no tecido dura cerca de um mês, com febre alta, tosse e eosinofilia. À medida que as larvas se encistam, ocorrem edema e células inflamatórias (células polimorfonucleares e eosinófilos) infiltram-se nos tecidos. A calcificação, que pode ou não destruir as larvas, ocorre em 5 a 6 meses. Tecidos musculares altamente ativos, tais como o diafragma, músculos da língua, masseter, intercostais e extraoculares, são comumente infectados. Os indivíduos podem sofrer de mialgias e fraqueza, e a eosinofilia pode aumentar nos primeiros seis meses e, depois, diminuir.

A triquinelose é uma doença zoonótica. O humano adquire a infecção comendo carne crua ou malcozida (p. ex., porco, carne de urso ou salsichas caseiras), mas são um hospedeiro sem saída para essa infecção. O ciclo de vida é mantido em animais selvagens, como javalis e ursos, ou em animais domésticos, onde ocorre a transmissão de porco para porco.

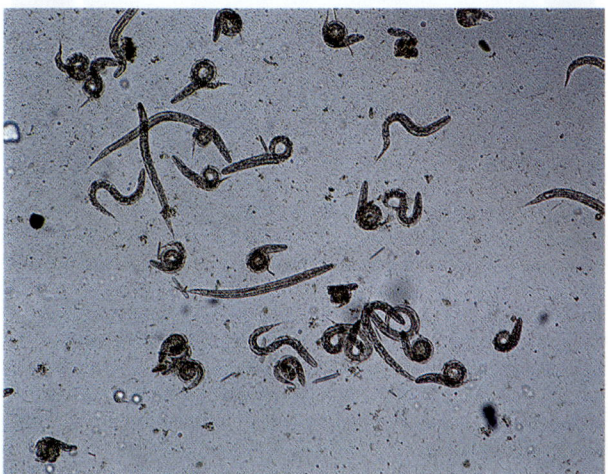

FIGURA 46-16 *Strongyloides stercoralis*, larvas de um lavado bronquiolar. (Cortesia de Norman Setijono, UCSF.)

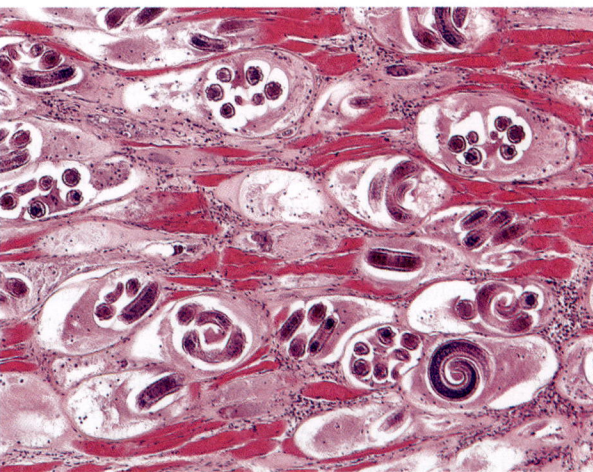

FIGURA 46-17 *Trichinella spiralis*, larvas encistadas no tecido muscular. (Utilizada, com permissão, de Sullivan J: *A Color Atlas of Parasitology*, 8th ed. 2009.)

FASCIOLOPSIS BUSKI (TREMATÓDEO INTESTINAL GIGANTE)

O *Fasciolopsis buski*, o verme gigante do intestino de seres humanos (e suínos), é encontrado na Ásia e tem 20 a 75 mm de comprimento. O estágio de metacercária larval encista na vegetação, como as castanhas-d'água ou *caltrops* vermelhos. As larvas são ingeridas cruas com a vegetação e, em seguida, saem do cisto e amadurecem no intestino. A maior parte das infecções é leve e assintomática, mas os danos causados pelos grandes vermes são ulceração, abscessos da parede intestinal, diarreia, dor abdominal e obstrução intestinal.

TAENIA SAGINATA (TÊNIA DO BOI – CESTÓDEO INTESTINAL) E *TAENIA SOLIUM* (TÊNIA DO PORCO – CESTÓDEO INTESTINAL DE TECIDOS)

Organismo

Se os seres humanos comerem carne bovina ou suína que contenha larvas semelhantes a bexigas, chamadas cisticercos, eles adquirem infecções por *Taenia saginata* e *Taenia solium*, respectivamente. Os cisticercos, que têm aproximadamente o tamanho de ervilhas, transformam-se em vermes adultos que podem atingir vários metros de comprimento no intestino. Os vermes adultos geralmente causam poucos problemas, e a maioria infectada é assintomática; os sintomas intestinais leves incluem diarreia e dor abdominal.

No intestino, os segmentos terminais contendo ovos rompem-se do verme adulto e passam para as fezes. Quando os ovos de fezes humanas são consumidos por gado bovino (*T. saginata*) ou por suínos (*T. solium*), as larvas eclodem dos ovos, migram e encistam como cisticercos em vários tecidos, inclusive no músculo de boi (carne bovina) ou no músculo de suíno (carne de porco). Os seres humanos são infectados quando comem carne crua ou malcozida contendo cisticercos. Estes, então, transformam-se em vermes adultos no intestino humano.

Patologia e patogênese

Uma diferença clinicamente significativa entre *T. saginata* e *T. solium* é que o ser humano pode ser o hospedeiro intermediário de *T. solium*, semelhante ao porco. Logo, se humanos ingerem ovos de *T. solium*, os cisticercos encistam em vários tecidos humanos, inclusive na pele, no músculo (Figura 46-18A), nos rins, no coração, no fígado e no cérebro (Figura 46-18B). Esta condição em seres humanos é conhecida como cisticercose, e os sintomas estão associados aos tecidos envolvidos (p. ex., diminuição da acuidade visual com oftalmocisticercose; na neurocisticercose, os sintomas são cefaleia, náuseas, vômitos, distúrbios mentais e convulsões causadas por cisticercos encistados no cérebro). Com a tênia da carne bovina *T. saginata*, os vermes adultos desenvolvem-se apenas em seres humanos, e os cisticercos de *T. saginata* não se desenvolvem em seres humanos (apenas no gado ou em outros herbívoros).

DIPHYLLOBOTHRIUM LATUM (TÊNIA GIGANTE DO PEIXE – CESTÓDEO INTESTINAL)

Organismo

O *Diphyllobothrium latum* atinge um tamanho enorme, às vezes ultrapassando 10 metros de comprimento. Os seres humanos adquirem a infecção quando comem peixe cru ou malcozido que

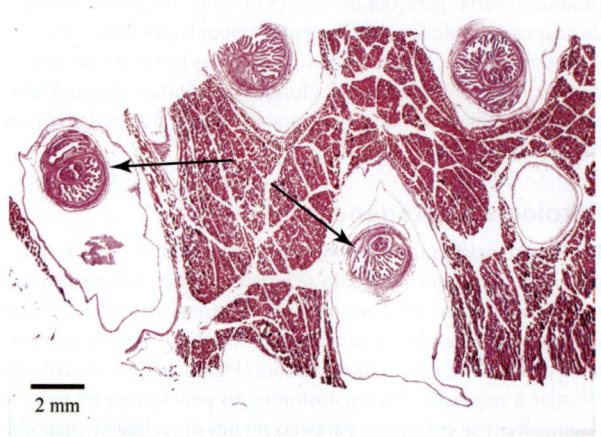

FIGURA 46-18   Cisticercose por *Taenia solium*. **A:** Diversos cisticercos (formas larvais) encistados no músculo. (Utilizada, com permissão, de Sullivan J: *A Color Atlas of Parasitology*, 8th ed. 2009.) **B:** Um cisticerco visto em uma ressonância magnética do cérebro. (Cortesia de Pathology, UCSF.)

esteja infectado com as larvas conhecidas como plerocercoides, que parecem grãos de arroz branco na carne do peixe. No intestino, o verme cresce rapidamente e desenvolve-se em uma cadeia de segmentos capazes de liberar mais de 1 milhão de ovos por dia.

Patologia e patogênese

As doenças causadas por esses vermes são principalmente vago desconforto abdominal e perda de apetite, levando à perda ponderal. O *D. latum* tem uma capacidade incomum de absorver vitamina B12, e a deficiência dessa vitamina pode causar vários níveis de anemia perniciosa.

HYMENOLEPIS NANA (TÊNIA ANÃ – CESTÓDEO INTESTINAL)

Organismo

O *Hymenolepis nana*, a tênia anã dos humanos (e roedores), tem apenas cerca de 4 cm de comprimento. Encontrada no mundo inteiro, é uma das infecções mais comuns por tênia em seres humanos, devido ao fato de que os ovos podem omitir a fase habitual de desenvolvimento normal em um inseto e infectar humanos diretamente a partir de ovos eliminados em fezes de outros seres humanos (ciclo de vida direto). Alternativamente, se o inseto que abriga a fase larval for comido inadvertidamente, as larvas se desenvolvem em vermes adultos nos seres humanos (ciclo de vida indireto). Os seres humanos podem ser infectados de ambas as maneiras.

Patologia e patogênese

Ocasionalmente, ocorrem infecções maciças, sobretudo em crianças, como resultado de autoinfecção interna quando os ovos eclodem no intestino sem sair deste. Além dessas circunstâncias de infecção extremamente pesada, a doença causada por esses vermes limita-se a pequenas perturbações intestinais.

DIPYLIDIUM CANINUM (TÊNIA DO CÃO – CESTÓDEO INTESTINAL)

O *D. caninum* é um cestódeo que acomete mais comumente canídeos, felídeos e donos de animais, especialmente crianças. Os vermes adultos habitam o intestino e liberam segmentos característicos de poros duplos contendo aglomerados de ovos nas fezes do hospedeiro (Figura 46-19). Os ovos são comidos pelas pulgas em fase larval, nas quais o parasita se desenvolve em sua fase larval. As pulgas adultas infectadas que ainda abrigam o parasita são, por sua vez, ingeridas por cães e gatos quando lambem o local em que as pulgas estão picando. Devido à sua estreita associação com seus animais de estimação, o ser humano pode adquirir a infecção, mas é frequentemente assintomático. Em crianças, a infecção pode causar diarreia e inquietação.

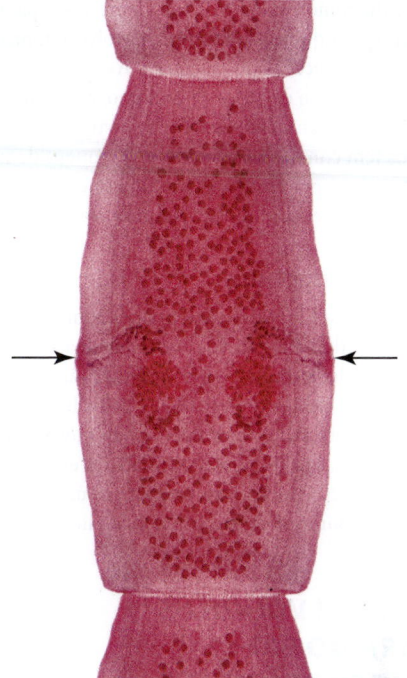

FIGURA 46-19   *Dipylidium caninum.* Segmento de verme em forma de fita (23 mm de comprimento × 8 mm de largura), em forma de semente de abóbora e que possui poros genitais característicos (setas) em ambos os lados. (Utilizada, com permissão, de Sullivan J: *A Color Atlas of Parasitology*, 8th ed. 2009.)

INFECÇÕES SANGUÍNEAS E TECIDUAIS POR HELMINTOS

WUCHERERIA BANCROFTI, BRUGIA MALAYI E BRUGIA TIMORI (FILARIOSE LINFÁTICA – NEMATÓDEOS TECIDUAIS)

Organismo

As filárias nematódeos *Wuchereria bancrofti*, *Brugia malayi*, *Brugia timori* e *Onchocerca volvulus* são vermes delgados e longos, cujas formas adultas são encontradas em tecidos. A filariose linfática é causada pelos vermes adultos de *W. bancrofti*, *B. malayi* e *B. timori*, afetando dezenas de milhões de pessoas em 73 países nos trópicos e subtrópicos da Ásia, África, Pacífico Ocidental e partes do Caribe e América do Sul. Vermes adultos (fêmeas com 8-10 cm de comprimento; machos com 3-4 cm de comprimento) são encontrados nos vasos linfáticos, onde a fêmea libera minúsculas larvas, chamadas de microfilárias, na linfa. As microfilárias são arrastadas para o sangue periférico, onde são encontradas durante períodos específicos do dia, dependendo dos hábitos alimentares do seu inseto vetor (conhecido como periodicidade). Como esses parasitas são transmitidos por mosquitos, a prevenção envolve, em primeiro lugar, proteção contra picadas do mosquito. As medidas de controle pessoal incluem o uso de redes de proteção, repelentes e roupas de proteção. Os programas atuais de administração em massa de medicamentos têm como objetivo reduzir o número de microfilárias circulantes no sangue humano, levando à interrupção da transmissão e até mesmo à eliminação em algumas áreas.

Patologia e patogênese

A invasão dos tecidos linfáticos pelos vermes adultos é a principal causa de reações inflamatórias e fibróticas. Os sinais e sintomas da infecção aguda incluem linfangite, com febre, gânglios linfáticos dolorosos, edema e inflamação espalhada pelos linfonodos afetados. Elefantíase é o nome do alargamento bruto mórbido dos membros, dos seios e dos órgãos genitais que ocorre em uma infecção crônica (Figura 46-20), sendo uma resposta imunopatológica aos vermes adultos maduros ou mortos nos tecidos linfáticos.

ONCHOCERCA VOLVULUS (CEGUEIRA DO RIO – NEMATÓDEO TECIDUAL)

A Organização Mundial de Saúde (OMS) estima que a prevalência global da oncocercose é de 18 milhões, e entre os indivíduos

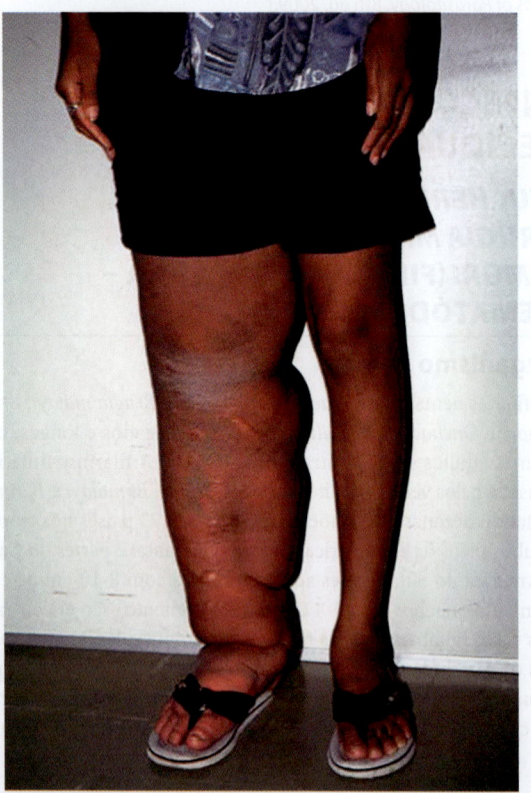

FIGURA 46-20   Mulher com filariose linfática. (Reproduzida, com autorização, da biblioteca de imagens da OMS/TDR/Crump.)

infectados, mais de 6 milhões de pessoas sofrem de coceira intensa, e 270.000 pessoas são cegas. A maioria das pessoas infectadas vive na África Ocidental e Central, mas a doença também é encontrada no Iêmen e em áreas limitadas das Américas.

Organismo

As infecções por ***Onchocerca volvulus*** são transmitidas quando moscas negras do gênero *Simulium* infectadas alimentam-se na pele humana. Essas moscas não perfuram os vasos sanguíneos com finos bucais delicados, como fazem os mosquitos. Em vez disso, a mosca negra infectada mói o tecido da pele e alimenta-se da poça de sangue e pele, onde as larvas de *Onchocerca* são liberadas. As larvas desenvolvem-se em vermes adultos (as fêmeas têm 33-50 cm de comprimento; os machos, 19-42 cm de comprimento) nos tecidos subcutâneos, onde se tornam encapsuladas com o tecido do hospedeiro e formam um nódulo (oncocercoma) de 1 a 5 cm de diâmetro (Figura 46-21). Os vermes adultos acasalam, e as fêmeas liberam microfilárias, que migram por dentro da pele. A mosca negra ingere as microfilárias durante sua picada, e as microfilárias se tornam larvas infectantes na mosca negra cerca de 1 semana depois. A mosca negra procria em rios caudalosos e em águas bem oxigenadas, daí o nome da doença: "cegueira dos rios".

Patologia e patogênese

Com *Onchocerca*, são as microfilárias liberadas dos vermes fêmeas que causam os danos mais graves. As microfilárias que migram, encontradas exclusivamente nos fluidos intersticiais da pele e dos tecidos subcutâneos (*não* na corrente sanguínea), causam alterações da pigmentação da pele e perda de fibras elásticas, provocando "virilha pendurada", outras alterações cutâneas, e prurido intenso, às vezes intratável e insuportável. Muito mais grave é a cegueira que afeta milhões de pessoas, principalmente na África (sobretudo em homens). A deficiência visual desenvolve-se ao longo de muitos anos pelo acúmulo de microfilárias no humor vítreo, uma vez que as microfilárias não são transmitidas pelo sangue e podem concentrar-se e permanecer nos fluidos do olho. Turvação da visão, fotofobia e, finalmente, danos à retina resultam em cegueira incurável.

DRACUNCULUS MEDINENSIS (VERME-DA-GUINÉ – NEMATÓDEO TECIDUAL)

Organismo

O verme-da-guiné, *Dracunculus medinensis*, apresenta um ciclo aquático por meio de copépodes ("pulgas-d'água", um grupo abundante de microcrustáceos aquáticos). Os copépodes ingerem as larvas liberadas de bolhas na pele humana que estouram quando imersas em água fria, espalhando inúmeras larvas. Os copépodes infectados são inadvertidamente ingeridos quando se bebe água infestada não tratada. Após um ano de circulação errante sistêmica no corpo, os vermes amadurecem e acasalam. As fêmeas então atravessam a pele – geralmente na parte inferior da perna, onde provocam bolhas que se formam entre o pé e o tornozelo. Qual melhor maneira de aliviar a dor e a irritação causadas pelas bolhas senão imergir

A

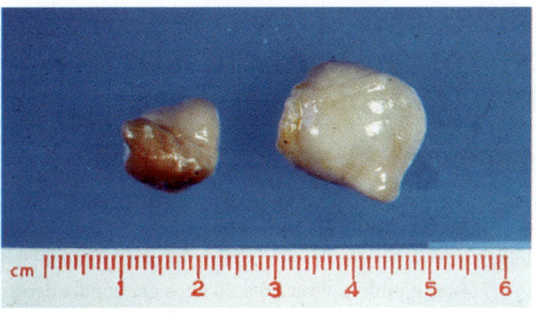

B

FIGURA 46-21 *Onchocerca volvulus.* **A:** Palpação de um nódulo subcutâneo. (Reproduzida, com autorização, da biblioteca de imagens da OMS/TDR/Crump.) **B:** Nódulos que foram removidos cirurgicamente contendo vermes adultos. (Cortesia de Pathology, UCSF.)

a perna em água fria? A água fria estimula o verme fêmea a liberar suas larvas, e o ciclo vital continua.

Patologia e patogênese

O *D. medinensis* induz uma ampla variedade de alterações patológicas, dependendo do local da infecção em adultos e da resposta do hospedeiro à presença do parasita ou à remoção do verme. A maioria das doenças causadas por vermes-da-guiné é resultado de infecções bacterianas secundárias. Essas infecções podem ser decorrentes de sepse no ponto de emergência da extremidade anterior do verme que sai das bolhas cutâneas. Os vermes adultos mortos (ou peças destes) na pele também podem iniciar infecção grave, levando à gangrena ou anafilaxia. Esses vermes são causas importantes de debilidade e perda econômica na África, onde os esforços de controle direcionados à erradicação estao em andamento, e a erradicação completa pode ser iminente.

LARVA MIGRANS (ZOONOSES POR LARVAS DE NEMATÓDEOS)

Organismos

Larva *migrans* ocorre quando os seres humanos são infectados por nematódeos que normalmente parasitam hospedeiros animais. Os seres humanos são um hospedeiro final; as larvas se degeneram, induzindo uma resposta imunológica aos vermes mortos ou que estão morrendo, e não se tornam reprodutivamente maduras no homem. Eosinofilia é uma característica comum, e os exames de fezes para ovos e parasitas não têm utilidade no diagnóstico. Existem diversas formas de larva *migrans*.

Patologia e patogênese

A larva *migrans* cutânea (LMC), também chamada de erupção rastejante, é adquirida quando a pele descoberta (muitas vezes, das mãos ou dos pés descalços) tem contato com larvas de *Ancylostoma caninum* (que causa a **ancilostomose canina**) presentes no solo. As larvas migram nas camadas epiteliais da pele, deixando nesta um traçado vermelho e pruriente. Os sinais da LMC são eritema e pápulas no local de entrada e traçados serpiginosos na pele.

A larva *migrans* visceral (LMV), ou *Anisakis*, tem os mamíferos marinhos (p. ex., focas, golfinhos e baleias) como hospedeiros normais. Essas larvas (de cerca de 15 mm de comprimento) são encontradas em hospedeiros intermediários, como o bacalhau, o arenque e o salmão, que, se forem ingeridos acidentalmente em pratos de peixe cru ou malcozido, podem invadir a mucosa do estômago ou tecido intestinal, causando fortes dores abdominais e cólicas que simulam as da apendicite ou da obstrução do intestino delgado. Granulomas eosinofílicos formam-se ao redor da larva no estômago ou nos tecidos intestinais, e as larvas podem migrar para tecidos fora do trato gastrintestinal.

Outros dois tipos de larva *migrans* são a larva *migrans* ocular (LMO) e a larva *migrans* neural (LMN). A ingestão de ovos do *Toxocara canis*, do *Toxocara cati* e do *Baylisascaris procyonis* pode causar LMV, LMO e LMN, respectivamente. As larvas eclodem dos ovos no intestino e migram por toda a circulação. As larvas instalam-se em tecidos variados, o que resulta na formação de granulomas em torno das larvas. Os sintomas da LMV incluem febre, hepatomegalia e eosinofilia. A LMO pode provocar deficiência visual e cegueira do olho afetado. A LMN pode levar a disfunções motoras graves e cegueira, e as infecções pelo nematódeo do guaxinim podem ser fatais (Gavin e colaboradores, 2006; Kazacos, 2016). A toxocaríase também pode promover mudanças mais sutis no cérebro, causando atrasos de desenvolvimento e cognitivos, especialmente entre crianças em desvantagem socioeconômica (Hotez, 2014).

CLONORCHIS SINENSIS (TREMATÓDEO HEPÁTICO CHINÊS), *FASCIOLA HEPATICA* (TREMATÓDEO DOS OVINOS), *PARAGONIMUS WESTERMANI* (TREMATÓDEO PULMONAR)

Organismos

Estima-se que mais de 980 milhões de pessoas do Sudeste Asiático e da região do Pacífico Ocidental estejam em risco de adquirir uma infecção transmitida por *Clonorchis, Opisthorchis, Fasciola* e *Paragonimus* (Keiser e Utzinger, 2009).

Quando o ser humano come alimentos malcozidos ou crus provenientes de áreas endêmicas, podem adquirir **Clonorchis** ou **Opisthorchis** pela ingestão de metacercárias encistadas em peixes de água doce (p. ex., na carpa), **Fasciola**, pela ingestão de metacercárias encistadas em vegetação aquática (p. ex., no agrião), e **Para-gonimus**, ao comerem crustáceos hospedeiros, como caranguejo ou lagosta de água doce (às vezes, caranguejo em saladas).

Patologia e patogênese

As metacercárias de **C. sinensis** (trematódeo hepático chinês) e de **Opisthorchis viverrini** (trematódeo hepático do Sudeste Asiático) excisam-se do intestino e migram para os ductos biliares, onde pode ser encontrada uma carga parasitária de 500 a 1.000 ou mais vermes adultos. Os trematódeos causam irritação mecânica dos ductos biliares, que resulta em fibrose e hiperplasia. Em infecções prolongadas, os vermes causam febre, calafrios, dor epigástrica e eosinofilia; colangite crônica que pode progredir para atrofia do parênquima hepático, fibrose portal e icterícia em razão de obstrução biliar e cirrose hepática. A clonorquíase e a opistorquíase também foram associadas ao câncer do ducto biliar (colangiocarcinoma).

A **F. hepatica** (verme do fígado de carneiros), comumente encontrada no fígado de ovinos, bovinos e outros herbívoros, penetra na parede intestinal, entra no celoma, invade o tecido hepático e passa a residir nos ductos biliares. A infecção aguda causa dor abdominal, febre intermitente, eosinofilia, mal-estar e perda ponderal em razão de danos hepáticos. A infecção crônica pode ser assintomática ou levar à obstrução intermitente do trato biliar.

As metacercárias do trematódeo do pulmão humano desencistam-se no intestino humano, e os vermes jovens migram para os pulmões, onde tornam-se encapsulados no tecido pulmonar (Figura 46-22). Os ovos lançados pelos vermes adultos sobem pela traqueia para a faringe, são expectorados ou ingeridos e passam, então, para as fezes. Os ovos no pulmão induzem uma resposta inflamatória com formação de granulomas ao redor dos ovos. Os vermes adultos no pulmão aparecem como nódulos branco-acinzentados, de aproximadamente 1 cm de tamanho dentro do pulmão, mas os vermes podem ser encontrados em sítios ectópicos (cérebro, fígado e na parede intestinal). Como os sintomas da tuberculose pulmonar são semelhantes aos da paragonimíase (tosse

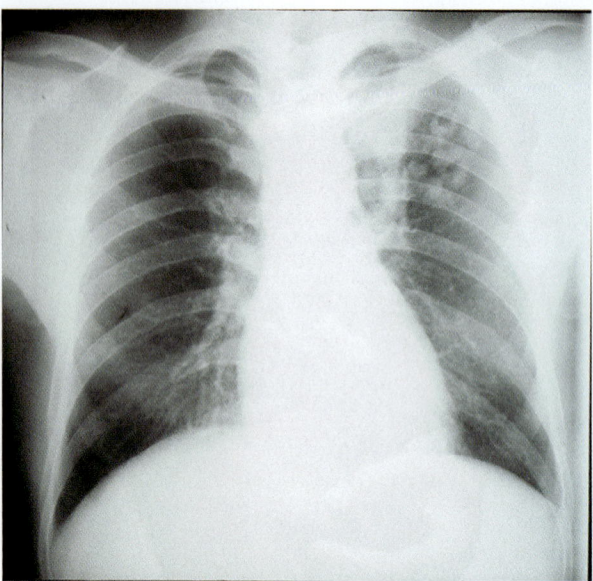

FIGURA 46-22   Vermes adultos de *Paragonimus westermani* são vistos no quadrante superior esquerdo dos pulmões em uma radiografia de pulmão. (Cortesia de Radiology, UCSF.)

e hemoptise), é importante considerar a infecção pelo verme de pulmão no diagnóstico diferencial.

SCHISTOSOMA MANSONI, SCHISTOSOMA JAPONICUM E *SCHISTOSOMA HAEMATOBIUM* (TREMATÓDEOS SANGUÍNEOS)

Organismos

Estima-se que mais de 200 milhões de pessoas em todo o mundo estejam infectadas com espécies de *Schistosoma*. Os vermes adultos são longos e finos (machos com 6-12 mm de comprimento; fêmeas com 7-17 mm) e podem viver 10 a 20 anos em cópula dentro do sistema venoso (Figura 46-23A) – **S. mansoni**: veias mesentéricas inferiores do intestino grosso; **S. japonicum**: veias mesentéricas inferiores e superiores do intestino delgado; **S. haematobium**: veias da bexiga.

Os seres humanos adquirem a infecção quando entram em contato com água infestada com cercárias infecciosas. As cercárias são atraídas pelo calor do corpo e pelos lipídeos da pele e penetram na pele exposta. Em 30 minutos, as cercárias penetram na epiderme e transformam-se em esquistossômulos, que passam para a circulação periférica, onde se tornam adultos no sistema hepatoportal ou no plexo venoso que envolve a bexiga. As fêmeas dos esquistossomos começam a liberar os ovos cerca de 5 a 8 semanas após a infecção.

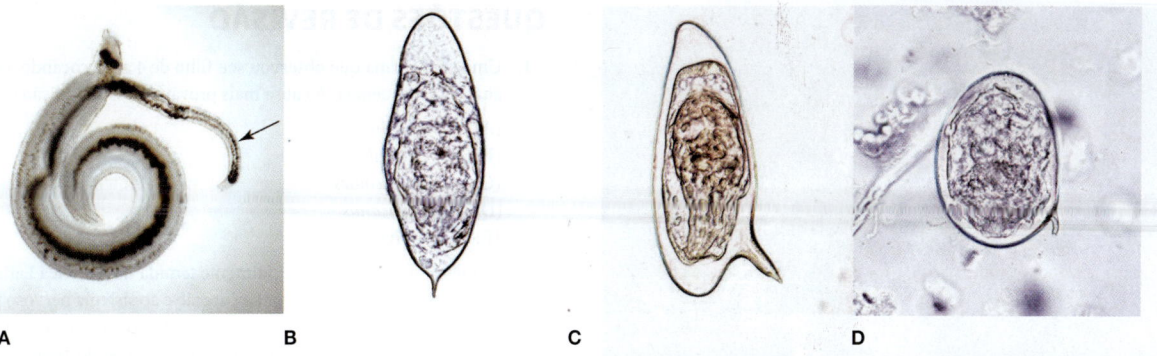

A   B   C   D

FIGURA 46-23 **A:** Vermes adultos de *Schistosoma mansoni* em cópula. O verme fêmea (seta) está contido dentro do canal ginecóforo do macho. (Cortesia de Conor Caffrey, UCSF.) **B:** Ovo de *Schistosoma mansoni* com espícula lateral (110-175 μm de comprimento × 45-70 μm de largura). **C:** Ovo de *Schistosoma haematobium* com espícula terminal (110-170 μm de comprimento × 40-70 μm de largura). **D:** Ovo de *Schistosoma japonicum* com pequena espícula (70-100 μm × 55-65 μm largura). (Utilizada, com autorização, de Sullivan J: *A Color Atlas of Parasitology*, 8th ed. 2009.)

Patologia e patogênese

A patologia mais significativa está associada aos ovos do esquistossomo, não aos vermes adultos. A fêmea do esquistossomo pode liberar centenas ou milhares de ovos por dia no sistema venoso. Quando os ovos são liberados, muitos são levados de volta à circulação e alojam-se no fígado (*S. mansoni* e *S. japonicum*) ou na bexiga (*S. haematobium*), enquanto os outros ovos são capazes de atingir o lúmen intestinal e passar para o exterior pelas fezes (*S. mansoni* e *S. japonicum*) ou pela urina (*S. haematobium*). Uma reação granulomatosa envolve os ovos e leva à fibrose do fígado com *S. mansoni* e *S. japonicum*. Em casos crônicos, o fluxo sanguíneo para o fígado é dificultado, o que causa hipertensão do sistema portal, acúmulo de ascite na cavidade abdominal, hepatoesplenomegalia e varizes de esôfago.

Nas infecções por *S. haematobium*, ocorre envolvimento do trato urinário: dor uretral, aumento da frequência urinária, disúria, hematúria e obstrução da bexiga, levando a infecções bacterianas secundárias. Também estão relacionadas ao carcinoma de células escamosas da bexiga (van Tong e colaboradores, 2016). Na África, o *S. haematobium* também demonstrou resultar em esquistossomose genital feminina, onde é um distúrbio ginecológico comum que causa dor, sangramento e estigma social, bem como aumento do risco de contrair HIV/Aids.

Em países endêmicos, os achados clínicos da esquistossomose aguda incluem erupção cutânea com prurido (coceira de nadador), que ocorre dentro de uma hora após as cercárias penetrarem na pele, seguida por dor de cabeça, calafrios, febre, diarreia e eosinofilia (conhecida como febre do caracol ou febre Katayama) 2 a 12 semanas após a exposição (CDC: Infectious Diseases Related To Travel).

O diagnóstico é feito por O&P: ovos de *S. mansoni* (espícula lateral) e *S. japonicum* (espícula pouco visível) nas fezes; ovos de *S. haematobium* (espícula terminal) na urina (Figura 46-23B-D).

INFECÇÕES DE TECIDO POR CESTÓDEOS (CAUSADAS PELO ESTÁGIO LARVAL)

TAENIA SOLIUM – CISTICERCOSE/ NEUROCISTICERCOSE

Ver *T. solium* na seção Infecções por helmintos intestinais.

ECHINOCOCCUS GRANULOSUS (CISTO HIDÁTICO)

Organismo

O ***Echinococcus granulosus*** é uma tênia pequena, de três segmentos, encontrada somente no intestino de cães e outros canídeos. Os ovos passam pelas fezes e são comidos por animais que pastam. Tal como ocorre com os vermes das carnes bovina e suína, as larvas nascem dos ovos, penetram no intestino e migram para vários tecidos, especialmente fígado, baço (Figura 46-24A), músculos e cérebro. Em vez do desenvolvimento de um cisticerco, como no caso das tênias de carne bovina e suína, a larva de *Echinococcus* desenvolve-se em um cisto cheio de líquido, chamado cisto hidático. O cisto contém um epitélio germinal em que milhares de futuras larvas (chamadas de protoescólex) se desenvolvem (Figura 46-24B). Dentro do cisto hidático, os protoescólex estão no interior de cápsulas. Se houver o rompimento do cisto hidático, as cápsulas podem sair do cisto, produzir metástases em outros locais, e evoluir para novos cistos hidáticos. Dessa forma, a ingestão de um único ovo pode originar vários cistos hidáticos, cada qual contendo várias cápsulas.

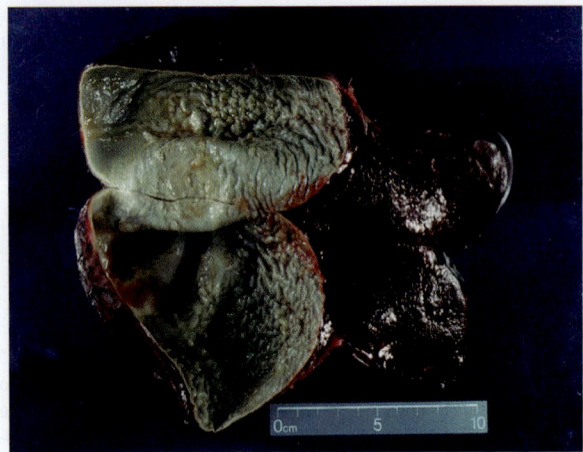

A

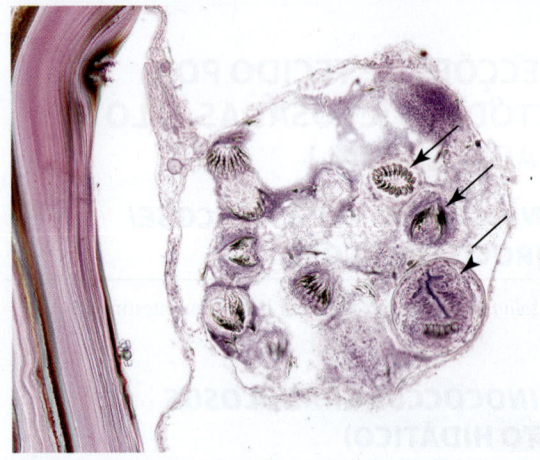

B

FIGURA 46-24   *Echinococcus granulosus.* **A:** Cisto hidático de 14 cm de um paciente esplenectomizado. (Cortesia de Pathology, UCSF.) **B:** Secção histológica de um cisto hidático mostrando vários protoescólex (setas) dentro de uma cápsula. (Utilizada, com autorização, de Sullivan J: *A Color Atlas of Parasitology*, 8th ed. 2009.)

O ser humano adquire os cistos hidáticos ingerindo ovos de *Echinococcus* nas fezes de cães. Cães ou outros canídeos adquirem o parasita comendo o estágio larval encontrado no cisto hidático.

Patologia e patogênese

O cisto hidático pode crescer cerca de 1 a 7 cm por ano, e os sintomas dependem da localização do cisto no corpo. O local mais comum é o fígado, onde compressão, atrofia, hipertensão do sistema portal por obstrução mecânica e cirrose podem ocorrer. Deve-se tomar extremo cuidado durante a remoção do cisto. Se o cisto se romper, o líquido hidático, altamente imunogênico, pode causar choque anafilático, e as cápsulas podem produzir metástases e formar novos cistos hidáticos.

QUESTÕES DE REVISÃO

1. Uma mãe afirma que observou seu filho de 4 anos coçando a região anal com frequência. A causa mais provável dessa condição é:

   (A) *T. vaginalis*
   (B) *E. vermicularis*
   (C) *A. lumbricoides*
   (D) *N. americanus*
   (E) *E. histolytica*

2. A doença de Chagas é especialmente temida na América Latina pelos danos que podem ocorrer ao coração e ao sistema nervoso parassimpático e pela falta de um medicamento eficaz para as fases posteriores sintomáticas. Seu paciente está planejando residir em um povoado da Venezuela por 1 a 2 anos. Qual das seguintes sugestões seria de especial valor para evitar a doença de Chagas?

   (A) Ferver ou tratar toda a água potável.
   (B) Dormir sob um mosquiteiro.
   (C) Não manter animais domésticos em casa.
   (D) Nunca andar descalço no complexo da vila.
   (E) Não comer alface ou outras hortaliças cruas nem frutas com casca.

3. Uma mulher sexualmente ativa de 24 anos de idade reclama de coceira vaginal. Para verificar seu diagnóstico tentativo de tricomoníase, você deve incluir um dos seguintes itens em seu prontuário:

   (A) Teste sorológico específico
   (B) Esfregaço fecal para ovos e parasitas
   (C) Lâmina fresca do fluido vaginal
   (D) Teste de Elisa do soro
   (E) Cultura de fezes

4. Você está trabalhando em uma clínica médica em uma zona rural da China e uma menina de 3 anos é trazida pela mãe. A criança apresenta-se emaciada, e, após o teste, descobre-se que tem um nível de hemoglobina de 5 g/dL. Pés e tornozelos estão inchados, e há uma erupção cutânea extensa nos pés, tornozelos e joelhos. A infecção parasítica que mais provavelmente causa a condição dessa criança é:

   (A) Esquistossomose
   (B) Dermatite por cercária
   (C) Ciclosporíase
   (D) Ancilostomose
   (E) Tricuríase
   (F) Ascaridíase

5. Os efeitos patológicos da filariose em seres humanos são causados pelos vermes adultos em todas as espécies, menos uma. Neste caso, o dano principal é causado por microfilárias de:

   (A) *B. malayi*
   (B) *Mansonella ozzardi*
   (C) *D. medinensis*
   (D) *W. bancrofti*
   (E) *O. volvulus*

6. Um jovem de 18 anos de idade reclama de dores abdominais, flatulência, evacuações frequentes de fezes moles e perda de energia. Ele retornou há um mês de uma viagem de 3 semanas, período em que acampou e fez caminhadas na base do Monte Everest, no Nepal. A viagem envolveu apenas caminhadas em altitudes elevadas, pois o ponto de partida, onde chegou e de onde partiu por via aérea, fica a uma altitude de 12.000 pés. Qual das seguintes alternativas é uma consideração importante para o diagnóstico?

(A) A exposição à radiação UV de alto nível.

(B) A origem e a purificação da água.

(C) O uso de repelente de insetos durante as caminhadas.

(D) A presença de animais domésticos no caminho.

(E) O grau de contato com moradores no caminho.

7. Qual dos seguintes testes diagnósticos deve ser solicitado para o paciente da Questão 6?

(A) Exame bacteriológico do sangue e da urina

(B) Testes seriados de esfregaços de fezes para ovos e parasitas

(C) Elisa ou testes sorológicos de hemaglutinação para malária

(D) Teste cutâneo para microfilárias

(E) Exame endoscópico para localização de vermes

8. O parasita que tem maior probabilidade de ser o agente causador da doença do paciente da Questão 6 é:

(A) *L. major*

(B) *P. vivax*

(C) *T. vaginalis*

(D) *Naegleria gruberi*

(E) *G. lamblia*

9. Foi relatado que vários aldeões de Papua-Nova Guiné, conhecidos por comerem carne de porco durante celebrações, estão sofrendo um surto de crises epilépticas. Uma das primeiras coisas que você deve investigar é:

(A) A prevalência de infecções por *Ascaris* na população

(B) A prevalência da esquistossomose na população

(C) A presença de *T. brucei gambiense* nos moradores

(D) A presença de cistos de *Giardia* na água potável

(E) A presença de *T. solium* nos porcos

10. Um turista de 32 anos viajou pelo Senegal durante 1 mês. Ao longo da viagem, nadou no Rio Gâmbia. Dois meses após seu retorno, começou a reclamar de dor intermitente na parte baixa do abdome, com disúria. Os resultados laboratoriais do exame de fezes revelaram ovos com um espinho terminal. Qual dos seguintes parasitas é a causa dos sintomas do paciente?

(A) *T. gondii*

(B) *S. mansoni*

(C) *S. haematobium*

(D) *A. lumbricoides*

(E) *T. solium*

11. Qual tipo de espécime foi coletado para análise laboratorial com base na resposta à questão anterior?

(A) Gota espessa

(B) Amostra de fezes

(C) Amostra de urina

(D) Sangue para sorologia

(E) Amostra de escarro

12. Uma jovem norte-americana de 23 anos de idade, previamente saudável, voltou recentemente de férias após visitar amigos no Arizona. Queixava-se de fortes dores de cabeça, via "luzes" e apresentava uma secreção nasal purulenta. Internada em um hospital com diagnóstico de meningite bacteriana, morreu 5 dias depois. Qual dos seguintes parasitas deve ser considerado no diagnóstico? Ela não tinha história prévia de viajar para fora dos Estados Unidos.

(A) *P. falciparum*

(B) *T. gondii*

(C) *S. stercoralis*

(D) *E. histolytica*

(E) *N. fowleri*

13. Como a jovem da questão anterior pode ter adquirido esse parasita?

(A) Ingerindo cistos ao beber água contaminada por fezes.

(B) Comendo peixe malcozido.

(C) Comendo carne de gado malcozida.

(D) Andando descalça no parque.

(E) Mantendo relações sexuais sem proteção.

(F) Sendo picada por um mosquito-pólvora.

(G) Mergulhando em uma fonte termal natural.

14. Um criador de ovelhas de 37 anos de idade da Austrália apresenta dor no quadrante superior direito e parece um pouco ictérico. O exame de fezes foi negativo para ovos e parasitas, mas a tomografia computadorizada do fígado revelou um cisto de 14 cm de largura, que parece conter líquido. Qual dos seguintes parasitas deve ser considerado?

(A) *T. gondii*

(B) *T. solium*

(C) *T. saginata*

(D) *C. sinensis*

(E) *S. mansoni*

(F) *E. granulosus*

(G) *P. westermani*

15. Uma mulher de 38 anos, aparentemente cansada, mas alerta, passou 6 meses como professora em uma escola de uma aldeia rural da Tailândia. Suas queixas principais incluem dor de cabeça frequente, náuseas e vômitos ocasionais e febre periódica. Você suspeita de malária, e de fato encontra parasitas nos glóbulos vermelhos em um esfregaço de sangue fino. Para descartar a forma perigosa de malária por *P. falciparum*, qual das seguintes opções *não* é consistente com um diagnóstico de malária por *P. falciparum* com base em um exame microscópico do esfregaço de sangue?

(A) Glóbulos vermelhos contendo trofozoítos com pontos de Schüffner

(B) Glóbulos vermelhos contendo > 1 parasita por hemácia

(C) Gametócitos em forma de banana ou em forma de crescente

(D) Parasitas dentro de glóbulos vermelhos de tamanho normal

(E) Parasitas com núcleos duplos

16. Fornecido um diagnóstico de malária por *P. falciparum* não complicada para a paciente da Questão 15, qual dos seguintes regimes de tratamento é apropriado quando a resistência à cloroquina é conhecida?

(A) Terapia de combinação à base de artemisinina oral

(B) Cloroquina oral

(C) Cloroquina intravenosa

(D) Proguanil oral

(E) Quinidina intravenosa

17. Fornecido o diagnóstico de *P. falciparum*, você deve informar à paciente da Questão 15 que:

(A) A recidiva ocorre com *P. vivax* e *P. ovale*, não *P. falciparum*, e, portanto, nenhum tratamento para hipnozoítos é necessário.

(B) A primaquina é usada para prevenir a recidiva de *P. falciparum*.

(C) Voltar aos trópicos pode ser perigoso, porque pode ter desenvolvido hipersensibilidade ao parasita.

(D) O uso de mosquiteiros tratados com inseticida em áreas endêmicas não é necessário, pois ela já tinha malária.

(E) Não é necessário que ela tome antimaláricos quando viaja para áreas endêmicas.

18. Um homem de 52 anos de idade, de volta de uma excursão na Índia e no Sudeste Asiático, teve diagnóstico de amebíase intestinal e foi tratado com sucesso com iodoquinol. Um mês depois, voltou ao

ambulatório queixando-se das seguintes condições, uma das quais é o resultado mais provável de amebíase sistêmica (embora a infecção intestinal pareça ter sido curada):

(A) Febre alta periódica
(B) Hematúria
(C) Fígado aumentado e sensível ao toque
(D) Lesão de pele drenando
(E) Baço aumentado e doloroso

Respostas

1. B	**7.** B	**13.** G
2. B	**8.** E	**14.** F
3. C	**9.** E	**15.** A
4. D	**10.** C	**16.** A
5. E	**11.** C	**17.** A
6. B	**12.** E	**18.** C

REFERÊNCIAS

Brooker S, Bethony J, Hotez PJ: Human hookworm infection in the 21st century. *Adv Parasitol* 2004;58:197.

Centers for Disease Control: Chapter 3 Infectious Diseases Related to Travel (https://wwwnc.cdc.gov/travel/yellowbook/2018/infectious-diseases-related-to-travel/schistosomiasis).

Centers for Disease Control and Prevention: Morbidity and Mortality Weekly Report: Malaria Surveillance—United States, 2015, May 4, 2018;67(7);1-28.

Centers for Disease Control and Prevention: Parasitic diseases (https://www.cdc.gov/ncidod/dpd/).

Centers for Disease Control and Prevention: Treatment Guidelines, Treatment of Malaria, July 2013:1–8 and Treatment Table (https://www.cdc.gov/malaria/resources/pdf/treatmenttable.pdf).

Drugs for parasitic infections. Treatment Guidelines from *The Medical Letter*, vol. 11 (Suppl), 2013.

Garcia MN, et al: Evidence of autochthonous Chagas disease in southeastern Texas. *Am J Trop Med Hyg.* 2015;92:325.

Gavin PJ, Kazacos KR, Shulman ST: Baylisascariasis. *Clin Microbiol Rev* 2005;18:703.

Goldsmith RS, Heyneman D (editors): *Tropical Medicine and Parasitology*. Appleton and Lange, 1989.

GBD 2016 Causes of Death Collaborators: Global, regional, and national age-specific mortality for 264 causes of death, 1980-2016: a systematic analysis for the Global Burden of Disease Study 2016. *Lancet* 2017;390:1151.

GBD 2016 Disease and Injury Incidence and Prevalence Collaborators: Global, regional, and national incidence, prevalence, and years lived with disability for 328 diseases and injuries for 195 countries, 1990-2016: a systematic analysis for the Global Burden of Disease Study 2016. *Lancet* 2017;390:1211.

GBD 2016 DALYs and HALE Collaborators: Global, regional, and national disability-adjusted life-years (DALYs) for 333 diseases and injuries

and healthy life expectancy (HALE) for 195 countries and territories, 1990-2016: a systematic analysis for the Global Burden of Disease Study 2016. *Lancet* 2017;390:1260.

Gosling R, von Seidlein L: The future of the RTS,S/AS01 malaria vaccine: an alternative development plan. *PLoS Med* 2016;13(4): e1001994.

Guerrant RL, Walker DH, Weller PF (editors): *Tropical Infectious Diseases Principles, Pathogens, and Practice*, 2nd ed. Churchill Livingstone. Elsevier, 2 vols, 2006.

Haque R, Huston CD, Hughes M, Petris WA Jr: Current concepts: Amebiasis. *N Engl J Med* 2003;348:1565.

Herricks JR, et al: The global burden of disease study 2013: What does it mean for the NTDs? *PLoS Negl Trop Dis* 2017;11(8):e0005424.

Hotez PJ, et al: Rescuing the bottom billion through control of neglected tropical diseases. *Lancet* 2009;373(9674):1570.

Hotez PJ: *Blue Marble Health: An Innovative Plan to Fight Diseases of the Poor amid Wealth*. Johns Hopkins University Press, 2016.

Hotez PJ: Neglected infections of poverty in the United States and their effects on the brain. *JAMA Psychiatry.* 2014;71:1099.

Kazacos, KR: *Baylisascaris Larva Migrans*. Abbott, RC, van Riper III, C (editors). USGS National Wildlife Health Center, Circular 1412, 2016.

Keiser J, Utzinger J: Food-borne trematodiasis. *Clin Microbiol Rev* 2009;22:466.

Maier AG, et al: Exported proteins required for virulence and rigidity of *Plasmodium falciparum*-infected human erythrocytes. *Cell* 2008;134:48.

Marie C and Petri Jr WA: Regulation of virulence of *Entamoeba histolytica*. *Ann Rev Microbiol* 2014;68:493.

Mendes C, et al: Duffy negative antigen is no longer a barrier to *Plasmodium vivax*—Molecular evidences from the African west coast (Angola and Equatorial Guinea). *PLoS Negl Trop Dis* 2011;5(6):e1192.

Montoya JG, Remmington JS: Management of *Toxoplasma gondii* infection during pregnancy. *Clin Infect Dis* 2008;47:554.

Olotu A, et al: Seven-year efficacy of RTS,S/AS01 malaria vaccine among young African children. *N Eng J Med* 2016;374:2519.

Ortega YR, Sanchez R: Update on *Cyclospora cayetanensis*, a food-borne and waterborne parasite. *Clin Microbiol Rev* 2010;23:218.

Rosenthal PJ: Chapter 52, Antiprotozoal drugs. In Katzung BG, Trevor AJ (editors). *Basic and Clinical Pharmacology*, 13th ed. Lange Medical Books/McGraw-Hill, 2015.

Seder RA, et al: Protection against malaria by intravenous immunization with a nonreplicating sporozoite vaccine. *Science* 2013;341:1359.

Sissoko MS, et al: Safety and efficacy of PfSPZ vaccine against *Plasmodium falciparum* via direct venous inoculation in healthy malaria-exposed adults in Mali: a randomized, double-blind phase 1 trial. *Lancet Inf Dis* 2017;17(5):498.

van Tong H, et al: Parasite infection, carcinogenesis and human malignancy. *EBioMed* 2017;15:12.

World Health Organization: Leishmaniasis 2018. (http://www.who.int/news-room/fact-sheets/detail/leishmaniasis).

World Health Organization: World Malaria Report 2017. (http://apps.who.int/iris/bitstream/handle/10665/259492/9789241565523-eng.pdf;jsessionid=DB27E7D83747DE385527A396653E7AC7?sequence=1).

C A P Í T U L O

47

Princípios do diagnóstico em microbiologia médica

A microbiologia médica diagnóstica ocupa-se do diagnóstico etiológico das infecções. Os procedimentos laboratoriais utilizados no diagnóstico de causas infecciosas em seres humanos consistem nos seguintes:

1. Identificação morfológica do agente etiológico em amostras ou cortes de tecidos corados (microscopia óptica e eletrônica).
2. Detecção do agente etiológico em amostras de pacientes por teste de antígeno (aglutinação de látex, testes imunoenzimáticos, etc.) ou teste de ácido nucleico (hibridização de ácido nucleico, reação em cadeia da polimerase [PCR, do inglês *polymerase chain reaction*], sequenciamento, etc.).
3. Isolamento e identificação do agente infeccioso em cultura. Teste de suscetibilidade do agente por métodos de cultura ou ácido nucleico, quando apropriado.
4. Demonstração das respostas imunológicas humorais ou celulares significativas a determinado agente infeccioso.

No campo das doenças infecciosas, os resultados dos exames laboratoriais dependem, em grande parte, da qualidade da amostra, do momento em que o material é coletado e transportado e dos cuidados com sua manipulação, bem como da capacidade técnica e da experiência da equipe laboratorial. Embora os médicos devam ser capazes de realizar alguns testes microbiológicos simples e cruciais (realizar montagens úmidas diretas de certas amostras, fazer um esfregaço com coloração de Gram e examiná-lo ao microscópio e semear uma placa de cultura), os detalhes técnicos dos procedimentos mais complexos devem ser deixados para microbiologistas treinados. Os médicos que tratam dos processos infecciosos devem saber como e quando coletar as amostras, quais os exames laboratoriais a serem solicitados e de que modo interpretar os resultados.

Este capítulo discute a microbiologia diagnóstica para as doenças causadas por bactérias, fungos e vírus. O diagnóstico das infecções parasitárias é discutido no Capítulo 46.

COMUNICAÇÃO ENTRE O MÉDICO E O LABORATÓRIO

O diagnóstico microbiológico abrange a caracterização de milhares de agentes que provocam doenças infecciosas ou estão associados a elas. As técnicas empregadas para caracterizar os agentes infecciosos variam consideravelmente, dependendo da síndrome clínica e do tipo de agente etiológico que está sendo investigado, seja um vírus, uma bactéria, um fungo ou outro parasita. Devido à grande variedade de testes disponíveis para o diagnóstico de doenças infecciosas e à necessidade de sua interpretação, as informações clínicas são muito mais importantes para a microbiologia diagnóstica do que para a bioquímica clínica ou para a hematologia. O médico deve estabelecer um diagnóstico presuntivo em vez de aguardar os resultados de laboratório. Ao solicitar os exames, deve notificar a equipe do laboratório sobre o diagnóstico presuntivo (tipo de infecção ou agentes infecciosos suspeitos). As amostras devem ser adequadamente rotuladas, incluindo-se dados clínicos, bem como os dados de identificação do paciente (ao menos dois métodos de identificação definitiva) e o nome do médico solicitante, além de informações pertinentes para contato.

Muitos microrganismos patogênicos crescem lentamente, podendo ser necessários dias ou mesmo semanas para seu isolamento e sua identificação. O tratamento não pode ser adiado até que esse processo tenha sido concluído. Após a obtenção das amostras adequadas e notificação do diagnóstico clínico presuntivo ao laboratório, o médico deve iniciar o tratamento farmacológico contra os microrganismos que se acredita serem responsáveis pela doença do paciente. Quando começa a obter os resultados, a equipe laboratorial deve passar a informação ao médico, que, então, poderá reavaliar o diagnóstico e a evolução clínica do paciente, bem como, talvez, efetuar mudanças no esquema terapêutico. Essa informação de "retroalimentação" do laboratório consiste em relatórios preliminares dos resultados obtidos em cada etapa de isolamento e identificação do agente etiológico.

DIAGNÓSTICO DAS INFECÇÕES BACTERIANAS E FÚNGICAS

Amostras

Em geral, o exame laboratorial inclui o estudo microscópico de material fresco não corado e corado, bem como a preparação de culturas em condições apropriadas ao crescimento de uma ampla variedade de microrganismos, inclusive o tipo de microrganismo mais provavelmente responsável pela infecção com base nos dados clínicos. Caso o microrganismo seja isolado, deve-se proceder à sua identificação completa. Os microrganismos isolados devem ser avaliados quanto à sua suscetibilidade aos antimicrobianos. Quando são isolados patógenos importantes antes de se iniciar o tratamento, pode ser conveniente efetuar exames laboratoriais de acompanhamento durante e após o tratamento.

A coleta correta da amostra constitui a etapa mais importante no diagnóstico de uma infecção, visto que os resultados dos exames diagnósticos para doenças infecciosas dependem da seleção, do momento e do método de coleta das amostras. As bactérias e os fungos crescem e morrem, mostram-se suscetíveis a inúmeras substâncias químicas e podem ser encontrados em diferentes sítios anatômicos, bem como diferentes líquidos e tecidos orgânicos durante a evolução da infecção. Como o isolamento do agente é de suma importância no estabelecimento de um diagnóstico, a amostra deve ser obtida do local que mais provavelmente abriga o agente em determinado estágio da doença, devendo ser manipulada de modo a favorecer a sobrevida e o crescimento do agente. Para cada tipo de amostra, são fornecidas sugestões de manipulação ideal nos parágrafos que se seguem, bem como na seção sobre o diagnóstico com base no local anatômico.

O isolamento de bactérias e fungos será de suma importância se o agente for isolado de um local normalmente desprovido de microrganismos (p. ex., de uma área normalmente estéril). Qualquer tipo de microrganismo cultivado a partir de amostras de sangue, líquido cerebrospinal (LCS), líquido articular, da cavidade peritoneal ou da cavidade pleural constitui um achado diagnóstico significativo. No entanto, muitas partes do corpo possuem uma microbiota normal (Capítulo 10) que pode ser alterada por influências endógenas ou exógenas. O isolamento de patógenos potenciais das vias respiratórias, do trato gastrintestinal ou geniturinário, de feridas ou da pele deve ser considerado no contexto da microbiota normal de cada local. Os dados microbiológicos devem ser correlacionados com as informações clínicas, para se fazer uma interpretação significativa e correta dos resultados.

Algumas regras gerais aplicam-se a todas as amostras:

1. A quantidade de material deve ser adequada.
2. A amostra deve ser representativa do processo infeccioso (p. ex., escarro, mas não saliva; pus da lesão subjacente, e não do trato fistuloso; *swab* da porção profunda, e não da superfície da ferida).
3. É preciso evitar contaminação da amostra, utilizando-se apenas equipamento estéril e técnicas assépticas.
4. A amostra deve ser levada ao laboratório e examinada imediatamente. O uso de meios especiais de transporte pode ser útil.

5. Devem-se obter amostras significativas para o diagnóstico de infecções bacterianas e fúngicas antes da administração de antimicrobianos. Se os antimicrobianos forem administrados antes da obtenção de amostras para exame microbiológico, poderá ser necessário interromper a terapia farmacológica e obter novas amostras após alguns dias.

O tipo de amostra a ser examinado é determinado pelo quadro clínico. Se os sinais e sintomas indicarem comprometimento de determinado sistema orgânico, as amostras deverão ser coletadas nesse local. Na ausência de sinais ou sintomas que indiquem a localização, devem-se, a princípio, obter repetidas amostras de sangue para cultura; em seguida, devem-se obter amostras de outros locais em sequência, dependendo, em parte, da probabilidade de comprometimento de determinado sistema orgânico no paciente e, em parte, da facilidade de obtenção das amostras.

Microscopia e coloração

O exame microscópico de amostras coradas ou não coradas constitui um método relativamente simples e de baixo custo, embora muito menos sensível que a cultura para detecção de pequenos números de bactérias. A amostra deve conter pelo menos 10^5 microrganismos por mililitro para que estes possam ser detectados em um esfregaço. A olho nu, o meio de cultura líquido contendo 10^5 microrganismos por mililitro não tem aspecto turvo. Nas amostras que contêm 10^2 a 10^3 microrganismos por mililitro, há crescimento em meios sólidos de culturas, enquanto as que contêm 10 ou menos bactérias por mililitro podem produzir crescimento em meios líquidos.

A coloração pelo método de Gram constitui um procedimento de grande utilidade no diagnóstico microbiológico. Quando há suspeita de infecção bacteriana, deve-se efetuar um esfregaço da maioria das amostras coletadas em lâminas, que, em seguida, devem ser coradas pelo método de Gram e examinadas ao microscópio. Na Tabela 47-1, apresentamos os materiais e o método de coloração de Gram. Ao exame microscópico, devem-se observar a reação de Gram (uma coloração púrpura-azulada indica microrganismos Gram-positivos, ao passo que a vermelha indica microrganismos Gram-negativos) e a morfologia das bactérias (forma: cocos, bastonetes, fusiformes ou outras; ver Capítulo 2). Além disso, a presença e a ausência de polimorfonucleares, bem como sua análise quantitativa, são importantes para confirmação de um processo inflamatório. Por outro lado, a presença de material que não parece inflamatório, como células epiteliais escamosas em amostras respiratórias ou em feridas em geral é útil para determinação da qualidade da amostra. O aspecto das bactérias em esfregaços corados pelo método de Gram não permite a identificação da espécie. O achado de cocos Gram-positivos em cadeias sugere espécies de estreptococos, embora não de forma definitiva. Já cocos Gram-positivos em grupos sugerem espécies de estafilococos. Os bastonetes Gram-negativos podem ser grandes, pequenos ou mesmo cocobacilares. Algumas bactérias Gram-positivas não viáveis podem exibir coloração Gram-negativa. Tipicamente, a morfologia bacteriana tem sido definida com a utilização de microrganismos que crescem em ágar. Entretanto, as bactérias nos líquidos ou tecidos corporais podem exibir morfologia altamente variável.

As amostras destinadas a exame à procura de micobactérias devem ser coradas para microrganismos álcool-ácido-resistente. A coloração fluorescente de auramina-rodamina é o método de coloração mais sensível para detecção de micobactérias em espécime

TABELA 47-1 Métodos de coloração de Gram e métodos álcool-ácido-resistentes

Coloração de Gram

(1) Fixar o esfregaço usando calor ou metanol.

(2) Cobrir o esfregaço com corante cristal violeta (10-30 segundos).

(3) Lavar com água. Não esfregar.

(4) Contracorar com soluto de lugol (iodo) (10-30 segundos).

(5) Lavar com água. Não esfregar.

(6) Descolorir o esfregaço com acetona-álcool a 30% (10-30 segundos, até que o corante não escorra mais da lâmina).

(7) Lavar com água. Não esfregar.

(8) Cobrir o esfregaço com corante safranina ou fucsina (10-30 segundos).

(9) Lavar com água e deixar secar.

Coloração álcool-ácida de Ziehl-Neelsen

(1) Fixar o esfregaço por aquecimento.

(2) Cobrir com carbolfucsina (ou fucsina fenicada), aquecer suavemente por 5 minutos diretamente sobre a chama (ou por 20 minutos em banho de água). Não deixar que as lâminas sequem e nem que o corante ferva.

(3) Enxaguar com água deionizada.

(4) Descorar em álcool-ácido-resistente 3% (etanol 95% e ácido clorídrico 3%), até que somente uma suave coloração rosa permaneça.

(5) Enxaguar com água.

(6) Contracorar por 1 minuto com azul de metileno de Löeffler.

(7) Lavar com água deionizada e deixar secar.

Coloração álcool-ácida de Kinyoun carbolfucsina

(1) Fórmula: 4 g de fucsina básica, 8 g de fenol, 20 mL de etanol a 95%, 100 mL de água destilada.

(2) Corar o esfregaço fixado por 3 minutos (não é necessário aquecimento) e seguir como na coloração de Ziehl-Neelsen.

clínico. Contudo, dois métodos não fluorescentes são mais utilizados na detecção desses microrganismos, a **coloração de Ziehl-Neelsen** ou a **coloração de Kinyoun** (Tabela 47-1). Essas colorações podem ser utilizadas como alternativas às colorações por fluorescência para micobactérias em laboratórios que não possuam microscópios de imunofluorescência (ver Capítulo 23). A **coloração com anticorpo imunofluorescente (IF)** mostra-se útil na identificação de muitos microrganismos. Procedimentos como esse são mais específicos que as outras técnicas de coloração, mas sua execução é mais trabalhosa. Os anticorpos marcados com fluoresceína em uso comum são preparados a partir de antissoros produzidos mediante a inoculação, em animais, de microrganismos integrais ou misturas complexas de antígenos. Os **anticorpos policlonais** assim produzidos podem reagir com múltiplos antígenos no microrganismo inoculado e exibir reação cruzada com antígenos de outros microrganismos ou, possivelmente, com células humanas na amostra. O controle da qualidade é importante para minimizar a coloração IF inespecífica. O uso de **anticorpos monoclonais** pode evitar o problema da coloração inespecífica. A coloração IF é muito valiosa para confirmar a presença de microrganismos específicos, como a *Bordetella pertussis* ou a *Legionella pneumophila*, em colônias isoladas em meios de cultura. O uso da coloração IF direta em amostras de pacientes é mais difícil e menos específico, sendo atualmente substituído por testes de amplificação do ácido nucleico (NAATs do inglês, *nucleic acid amplification techniques*).

Colorações como o calcofluorado branco, a metenamina de prata, Giemsa e, em certas ocasiões, o ácido periódico de Schiff (PAS, de *periodic acid-Schiff*) e outras são utilizadas para os tecidos e outras amostras nos quais existam fungos ou outros parasitas. Tais colorações não são específicas para determinados microrganismos, mas são capazes de definir estruturas, permitindo o uso de critérios

morfológicos para identificação. O calcofluorado branco liga-se à celulose e à quitina nas paredes celulares dos fungos, fluorescendo sob a luz ultravioleta (UV) de comprimento de onda longo. Pode-se demonstrar a morfologia diagnóstica da espécie (p. ex., esférulas com endósporos na infecção por *Coccidioides immitis*). Os cistos de *Pneumocystis jirovecii* são identificados morfologicamente em amostras coradas por prata. Utiliza-se o PAS para corar cortes histológicos quando há suspeita de infecção fúngica. Após o isolamento primário dos fungos, são utilizadas colorações, como o azul de lactofenol, para examinar o crescimento fúngico e identificar os microrganismos com base na sua morfologia.

As amostras a serem examinadas à procura de fungos podem ser analisadas sem coloração, após tratamento com solução de hidróxido de potássio a 10%, que rompe o tecido em torno dos micélios fúngicos, permitindo uma melhor visualização das hifas. Algumas vezes, a microscopia de contraste de fase mostra-se útil para o exame de amostras não coradas. Pode ser utilizada a microscopia de campo escuro para detectar o *Treponema pallidum* em material de lesões sifilíticas primárias ou secundárias ou outras espiroquetas, tais como *Leptospira*.

Sistemas de cultura

Para o diagnóstico bacteriológico, é necessário utilizar vários meios de cultura de rotina, particularmente quando os possíveis microrganismos incluem bactérias aeróbias, anaeróbias facultativas e anaeróbias obrigatórias. A Tabela 47-2 fornece uma lista das amostras e meios de cultura empregados para o diagnóstico das infecções bacterianas mais comuns. O meio de cultura padrão para amostras é o ágar-sangue, geralmente preparado com 5% de sangue de carneiro. A maioria dos microrganismos aeróbios e anaeróbios facultativos cresce em ágar-sangue. O ágar-chocolate, um meio que contém sangue aquecido com ou sem suplementos, é um segundo meio de cultura necessário. Alguns microrganismos que não crescem em ágar-sangue, como *Neisseria* e *Haemophilus* patogênicos, irão crescer em ágar-chocolate. Um meio de cultura seletivo para os bastonetes Gram-negativos entéricos (ágar de MacConkey ou ágar eosina de metileno [EMB]) constitui um terceiro tipo de meio de cultura empregado rotineiramente. Esses meios de cultura contêm indicadores que permitem a diferenciação de microrganismos fermentadores de lactose de microrganismos não fermentadores de lactose. As amostras a serem cultivadas para pesquisa de anaeróbios obrigatórios devem ser semeadas em pelo menos dois outros tipos de meio, como ágar ricamente suplementado, como o ágar para brucella com hemina e vitamina K, ou um meio seletivo contendo substâncias que inibem o crescimento dos bastonetes Gram-negativos entéricos e cocos Gram-positivos anaeróbios facultativos ou anaeróbios.

Muitos outros meios de cultura especializados são utilizados em bacteriologia diagnóstica, e sua escolha depende do diagnóstico clínico e do microrganismo sob suspeita. A equipe do laboratório seleciona os meios de cultura específicos com base nas informações fornecidas no pedido de cultura. Logo, utiliza-se um meio de cultura contendo carvão ativado ou meio de Bordet-Gengou recém-preparado para a cultura de *B. pertussis* no diagnóstico da coqueluche, enquanto para a cultura de *Vibrio cholerae*, *Corynebacterium diphtheriae*, *Neisseria gonorrhoeae* e espécies de *Campylobacter* são utilizados outros meios especiais. Para a cultura de micobactérias, são utilizados comumente meios sólidos e líquidos especializados. Esses meios de cultura podem conter inibidores de outras bactérias.

TABELA 47-2 Localização comum de infecções bacterianas

Doença	Amostra	Meios de cultura	Agentes etiológicos comuns	Achados microscópicos habituais	Comentários
Celulite cutânea	Biópsia por punção	BA, CA	Streptococcus pyogenes, Staphylococcus aureus	Cocos Gram-positivos	O microrganismo pode ser recuperado a partir de biópsia da borda do eritema
Impetigo	Pus, swab	BA, CA	S. pyogenes, S. aureus	Cocos Gram-positivos	Frequentemente apresenta microbicta da pele
Úlceras cutâneas profundas	Biópsia por punção; aspirado ou biópsia de tecido profundo	BA, CA, MAC/EMB, ANA	Microbiota mista	Microbiota mista	Frequentemente apresenta microbicta cutânea e do trato gastrintestinal em úlceras situadas abaixo da cintura pélvica
Meningite	LCS	BA, CA	Neisseria meningitidis	Diplococos Gram-negativos intracelulares	Adolescentes, adultos jovens
			Haemophilus influenzae	Pequenos cocobacilos Gram-negativos	Adolescentes, adultos jovens
			Streptococcus pneumoniae	Cocos Gram-positivos em pares	Adolescentes, adultos jovens
			Streptococcus do grupo B	Cocos Gram-positivos em pares e em cadeias	Neonatos
			Escherichia coli e outras espécies Enterobacteriaceae	Bastonetes Gram-negativos	Neonatos
			Listeria monocytogenes	Bastonetes Gram-positivos	Imunocomprometidos, mulheres grávidas, neonatos, β-hemolíticos
Abscesso cerebral	Pus	BA, CA, MAC/EMB, ANA	Infecção mista. Bastonetes e cocos Gram-positivos e Gram-negativos anaeróbios, cocos Gram-positivos aeróbios	Cocos Gram-positivos ou microbiota mista	A amostra deve ser obtida cirurgicamente e transportada em condições anaeróbias
Abscesso perioral	Pus	BA, CA, MAC/EMB, ANA	S. aureus, S. pyogenes, Actinomyces	Microbiota mista	Infecção bacteriana geralmente mista. Frequentemente apresenta microbiota oral
Faringites	Swab	BA, CA, meios de cultura específicos para Corynebacterium diphtheriae	S. pyogenes	Não recomendados	β-Hemolítico
			Corynebacterium diphtheriae	Não recomendados	Casos clinicamente suspeitos. Teste de toxicidade difteroide necessário
Coqueluche (pertússis)	Swab NP, lavagem/aspirado nasal, BAL	Ágar de Regan-Lowe	Bordetella pertussis	Não recomendados	O teste de anticorpo fluorescente identifica os microrganismos obtidos de cultura e ocasionalmente em esfregaços diretos. PCR é mais sensível do que a cultura
Epiglotite	Swab	BA, CA	H. influenzae	Em geral, não são úteis	H. influenzae faz parte da microbiota normal da nasofaringe
Pneumonia	Escarro, BAL	BA, CA, MAC/EMB	S. pneumoniae	Muitos PMNs, cocos Gram-positivos em pares ou cadeias; a presença de cápsula pode ser observada	S. pneumoniae faz parte da microbiota normal da nasofaringe. Hemoculturas positivas em 10 a 20% dos pacientes
			S. aureus	Cocos Gram-positivos em agregados	Causa incomum de pneumonia. Em geral, β-hemolítico e coagulase-positivo

(continua)

TABELA 47-2 Localização comum de infecções bacterianas (continuação)

Doença	Amostra	Meios de cultura	Agentes etiológicos comuns	Achados microscópicos habituais	Comentários
			Enterobacteriaceae e outros bastonetes Gram-negativos	Bastonetes Gram-negativos	Pneumonia nosocomial. Pneumonia por abuso alcoólico
		Adicionar ANA	Anaeróbios e aeróbios mistos	Microbiota mista do trato respiratório. Geralmente inúmeros PMNs	Pneumonia por aspiração, frequentemente associada à efusão/abscesso pleural
Empiema torácico	Líquido pleural	BA, CA, MAC/EMB, ANA	Iguais aos da pneumonia ou infecção por microbiota mista	Microbiota mista	Em geral, pneumonia. Microbiotas aeróbia e anaeróbia mistas provenientes da orofaringe
Abscesso hepático	Fluido de abscesso	BA, CA, MAC/EMB, ANA	Escherichia coli, Bacteroides fragilis, microbiota mista aeróbia ou anaeróbia	Bacilos Gram-negativos e microbiota mista	Comumente aeróbios e anaeróbios Gram-negativos entéricos; considerar infecção por Entamoeba histolytica
Colecistite	Bile	BA, CA, MAC/EMB, ANA	Bastonetes aeróbios entéricos Gram-negativos. Considerar Bacteroides fragilis	Bastonetes Gram-negativos	Em geral, bastonetes Gram-negativos provenientes do trato gastrintestinal
Abscesso abdominal ou perirretal	Fluido de abscesso	BA, CA, MAC/EMB, ANA	Microbiota gastrintestinal	Microbiota mista	Microbiota intestinal aeróbia e anaeróbia com maior frequência; crescimento de mais de 5 espécies
Febre entérica, febre tifóide	Sangue, fezes e urina	BA, CA, MAC/EMB, ágar entérico Hektoen	Salmonella enterica sorovar Typhi	Não recomendados	Amostras múltiplas devem ser cultivadas; lactose-negativa, H_2S-positiva
Enterite, enterocolite, diarreias bacterianas	Fezes	MAC/EMB, ágar entérico Hektoen, ágar Campylobacter	Espécies de Salmonella	A coloração pelo método de Gram ou a coloração por azul de metileno pode revelar a presença de PMNs	Lactose-negativa em ágar TSI inclinado: as salmonelas não tifoides produzem ácido e gás na base, no ápice alcalino e H_2S
			Espécies de Shigella	A coloração pelo método de Gram ou a coloração por azul de metileno pode revelar a presença de PMNs	Lactose-negativa em ágar TSI inclinado: as espécies de Shigella produzem reação alcalina na parte inclinada do tubo, base ácida sem gás
			Campylobacter jejuni	Bastonetes Gram-negativos em forma de "asa de gaivota" e, com frequência, presença de PMNs	Incubar a 42 °C. Colônias oxidase-positivas. O esfregaço revela bastonetes "em forma de asa de gaivota"
		Adicionar ágar TCBS	Vibrio cholerae	Não recomendados	Casos clinicamente suspeitos. Colônias amarelas em ágar TCBS. V. cholerae e oxidase-positiva
		Adicionar ágar TCBS	Outras espécies de Vibrio	Não recomendados	Diferenciar do V. cholerae por testes bioquímicos e cultura
		Adicionar ágar CIN	Yersinia enterocolitica	Não recomendados	O enriquecimento a 4 °C é útil. Incubar as culturas a 25 °C
Colite hemorrágica e síndrome hemolítico-urêmica	Fezes	MAC/EMB, ágar MacConkey sorbitol	E. coli O157:H7 e outros sorotipos	Não recomendados	Procurar por colônias sorbitol-negativas; tipar com antissoro para o antígeno O 157 e antígeno flagelar 7. Elisa ou PCR para toxinas do tipo Shiga são os testes de escolha.

(continua)

TABELA 47-2 Localização comum de infecções bacterianas (continuação)

Doença	Amostra	Meios de cultura	Agentes etiológicos comuns	Achados microscópicos habituais	Comentários
Infecção do trato urinário	Urina (amostra de jato médio com técnica asséptica ou amostra obtida por cateterização vesical ou aspiração suprapúbica)	BA, MAC/EMB	E. coli, espécies Enterobacteriaceae, outros bastonetes Gram-negativos	Bastonetes Gram-negativos visualizados no esfregaço corado de urina não centrifugada indica mais de 10^5 microrganismos/mL	Cultura semiquantitativa para carga bacteriana na urina. Bacilos Gram-negativos de E. Coli indol-positivos, outros requerem mais testes bioquímicos. A urinálise mostra leucócitos e/ou presença de nitrato
Uretrite/cervicite	Swab	BA, CA, ágar de Thayer-Martin modificado	Neisseria gonorrhoeae	Diplococos Gram-negativos no interior dos PMNs. Específicos para corrimento uretral em homens; menos confiáveis em mulheres	O esfregaço corado positivo é diagnóstico no homem. Os testes baseados na detecção do ácido nucleico são mais sensíveis do que a cultura
		Cultura raramente realizada	Chlamydia trachomatis	PMNs sem diplococos Gram-negativos associados	Os testes baseados na detecção do ácido nucleico são mais sensíveis do que a cultura
Úlceras genitais	Swab, aspirado de linfonodo	BA, CA, ágar de Thayer-Martin modificado	Haemophilus ducreyi (cancroide)	Microbiota mista	Difícil de cultivar, o diagnóstico geralmente é clínico
			Treponema pallidum (sífilis)	O exame de campo escuro ou com anticorpo fluorescente revela os espiroquetas, mas raramente está disponível	Cultura não é realizada. Diagnóstico feito sorologicamente (teste de reagina plasmática rápido [RPR], teste de laboratório de pesquisa de doenças venéreas [VDRL], testes de anticorpos treponêmicos específicos)
			C. trachomatis, sorovares de linfogranuloma venéreo (LGV)	PMNs sem diplococos Gram-negativos associados	Diagnóstico feito com testes de detecção do ácido nucleico para C. trachomatis, sorovares de LGV diagnosticados sorologicamente
Doença inflamatória pélvica	Swab cervical, aspirado pélvico	BA, CA, ágar de Thayer-Martin modificado	N. gonorrhoeae	PMNs com diplococos Gram-negativos associados. Pode haver microbiota mista	Os testes baseados na detecção do ácido nucleico são mais sensíveis do que a cultura
			C. trachomatis	PMNs sem diplococos Gram-negativos associados	Os testes baseados na detecção do ácido nucleico são mais sensíveis do que a cultura
		Adicionar ANA	Microbiota mista	Microbiota mista	Em geral, bactérias anaeróbias e aeróbias mistas
Artrite	Líquido sinovial	BA, CA	S. aureus	Cocos Gram-positivos em agregados	Coagulase-positivo, geralmente β-hemolítico
		Meio de Thayer-Martin modificado	N. gonorrhoeae	Diplococos Gram-negativos no interior ou sobre os PMNs	
		Adicionar ANA	Outros	Morfologia variável	Inclui Streptococcus, bastonetes Gram-negativos e anaeróbios

ANA, ágar anaeróbio (ágar para brucela); BA, ágar-sangue; BAL, líquido broncoalveolar; CA, ágar-chocolate; CIN, ágar cefsulodina-irgasan-novobiocina; Elisa, teste imunoenzimático; EMB, ágar eosina-azul de metileno; LCS, líquido cerebrospinal; MAC, ágar MacConkey; PMN, neutrófilo polimorfonuclear(leucócito); TCBS, ágar tiossulfato-citrato-sais biliares-sacarose; TSI, ágar ferro-açúcar triplo.

Como muitas micobactérias crescem lentamente, as culturas devem ser incubadas e examinadas periodicamente durante várias semanas (ver Capítulo 23).

As culturas em caldo em meios altamente enriquecidos são importantes para culturas de tecidos obtidos de biópsia e líquidos orgânicos, como o LCS. As culturas em caldo podem fornecer resultados positivos quando não há crescimento em meios sólidos, devido ao pequeno número de bactérias presente no inóculo (ver anteriormente).

Muitas leveduras crescem bem em ágar-sangue. Os fungos bifásicos e na fase de micélio crescem mais satisfatoriamente em meios específicos para fungos. O ágar de infusão cérebro-coração (BHI, de *brain-heart infusion*), com e sem antibióticos, e o ágar inibidor de fungos filamentosos substituíram, em grande parte, o uso tradicional do ágar-glicose de Sabouraud para o crescimento de fungos. Os meios de cultura preparados com materiais vegetais e de plantas, que constituem o hábitat natural de muitos fungos, também permitem o crescimento de muitos fungos causadores de infecções. As culturas para fungos são comumente realizadas em diferentes condições de cultivo, com algumas placas semeadas e incubadas a 25 a 30 °C e outras a 35 a 37 °C para distinguir fungos dimórficos. A Tabela 47-3 descreve as amostras e outros testes a serem usados para o diagnóstico de infecções fúngicas.

Além dos meios padrão e seletivos mencionados acima, estão disponíveis meios* que incorporam antibióticos e substratos de enzimas cromogênicas que conferem cor a organismos específicos de interesse, como *Staphylococcus aureus* resistente à meticilina e várias espécies de *Candida*, entre muitas outras. Esses meios, embora ainda caros, aumentam a sensibilidade inibindo a microbiota e permitindo que os patógenos de interesse sejam mais facilmente reconhecidos. Em geral, esses meios são principalmente utilizados para vigilância epidemiológica e para urinocultura.

Detecção de antígenos

Os sistemas imunológicos planejados para a detecção de antígenos de microrganismos podem ser utilizados no diagnóstico de infecções específicas. Os testes de imunofluorescência (testes de anticorpos fluorescentes diretos e indiretos) são uma forma de detecção de antígeno e são discutidos em seções separadas neste capítulo e nos capítulos sobre os microrganismos específicos.

Os **ensaios imunoenzimáticos (EIAs)**, ou o **ensaio imunoadsorvente ligado à enzima (Elisa,** do inglês *enzyme-linked immunosorbent assay*), e os testes de aglutinação são utilizados para detecção

de antígenos de agentes infecciosos presentes em amostras clínicas. Os princípios desses testes são considerados aqui de modo sucinto.

Existem muitas variações dos EIAs para detecção de antígenos. Uma forma comumente utilizada consiste na ligação de um anticorpo específico para o antígeno em questão aos orifícios de placas de microdiluição de plástico. A amostra que contém o antígeno é incubada nos orifícios, seguida de sua lavagem. Um segundo anticorpo para o antígeno, marcado com enzima, é utilizado para detectar o antígeno. O acréscimo do substrato para a enzima permite a detecção do antígeno ligado por meio de reação colorimétrica. Uma modificação significativa no EIA consiste no desenvolvimento de membranas imunocromatográficas para a detecção de antígenos. Neste formato, uma membrana de nitrocelulose é utilizada para absorver o antígeno presente na amostra. Uma reação colorimétrica ocorre diretamente na membrana com a adição sequencial do conjugado, seguida do substrato. Em alguns formatos, o antígeno é capturado pela ligação do anticorpo dirigido contra o antígeno. Tais ensaios têm a vantagem de serem rápidos e incluem, com frequência, um controle interno. Os EIAs são utilizados para detectar antígenos virais, bacterianos, clamidiais, fúngicos e de protozoários em uma variedade de tipos de amostras, como fezes, LCS, urina e amostras respiratórias. Os diversos exemplos são discutidos nos capítulos que tratam dos agentes etiológicos específicos.

Nos testes de aglutinação do látex, um anticorpo específico do antígeno (policlonal ou monoclonal) é fixado a partículas de látex. Quando se adiciona a amostra clínica a uma suspensão de partículas de látex, os anticorpos ligam-se aos antígenos presentes no microrganismo, formando uma estrutura semelhante a uma treliça, e ocorre aglutinação das partículas. A coaglutinação assemelha-se à aglutinação do látex, exceto quanto ao fato de que são utilizados estafilococos ricos em proteína A (cepa Cowan I) em vez de partículas de látex. A coaglutinação é menos útil para a detecção de antígenos em comparação com a aglutinação do látex. Contudo, é útil quando aplicada para a identificação de bactérias em culturas tais como *Streptococcus pneumoniae*, *Neisseria meningitidis*, *N. gonorrhoeae* e *Streptococcus* β-hemolíticos**.

Os testes de aglutinação do látex têm por objetivo principal a detecção de antígenos dos carboidratos de microrganismos encapsulados. A detecção de antígenos é utilizada mais frequentemente no diagnóstico de faringite por *Streptococcus* do grupo A. Em pacientes com síndrome da imunodeficiência adquirida (Aids, do inglês *acquired immunodeficiency syndrome*) ou outras doenças imunossupressoras, a detecção de antígeno criptocócico mostra-se útil no diagnóstico de meningite criptocócica.

A sensibilidade dos testes de aglutinação do látex no diagnóstico de meningite bacteriana não é superior à da coloração pelo método de Gram, de aproximadamente 100.000 bactérias por mililitro. Por esse motivo, não se recomenda o teste de aglutinação do látex para testes diretamente do LCS.

---

*N. de T. Em geral, esses meios apresentam substratos cromogênicos adicionados a uma base nutricionalmente rica, permitindo o crescimento dos microrganismos de interesse e a sua identificação presuntiva pela coloração apresentada de suas colônias no meio. Há várias formulações, mas o princípio básico é quase sempre o mesmo: liberação de radicais cromogênicos (colorido) após clivagem do seu sal incolor por uma via enzimática do microrganismo. As vias mais comumente exploradas são da β-galactosidase e β-glicoronidase. Como exemplos de meios cromogênicos, pode-se citar o CHROMagar® *Staphylococcus* e o ágar *S. aureus* ID. No CHROMagar®, o *S. aureus* apresenta colônias violetas, e outras bactérias, como *Staphylococcus epidermidis*, transparentes, azuis ou beges. Já no meio *S. aureus* ID, *S. aureus* apresenta colônias esverdeadas. É possível também detectar MARSA por esses meios pela adição de meticilina e oxacilina, como no caso do Blue choromogenic, onde as colônias de MARSA são azuis. Há também diferentes cromogênicos para detecção de *E. coli*, *Clostridium perfringens*, *Escherichia coli* O157H7 (sorbitol-negativo), *Listeria monocytogenes* e amostras produtoras de β-lactamase de espectro estendido (ESBL, de *extended-spectrum beta-lactamases*).

**N. de T. Além disso, os testes de aglutinação em látex podem ser utilizados para detecção de antígenos de *S. aureus*, por exemplo. Há testes comerciais que utilizam partículas de látex recobertas com fibrinogênio para detecção do fator de agregação na superfície de *S. aureus*. Porém, esse testes apresentam baixa sensibilidade, pois a cápsula polissacarídica pode mascarar o fator de agregação. Uma alternativa é a hemaglutinação passiva, utilizando-se eritrócitos de coelho sensibilizados com fibrinogênio para detecção do fator de ligação. Outro teste de látex consiste em uma mistura (2:1) de partículas de látex recobertas de fibrinogênio para detecção do fator de agregação e de IgG para detecção da proteína A e partículas de látex recobertas com anticorpo monoclonal contra polissacarídeo capsular dos sorotipos 5 e 8.

TABELA 47-3   Infecções fúngicas comuns e nocardiose: agentes, amostras e testes diagnósticos

Micoses invasivas (de localização profunda)

	Amostra	Teste	Observações
Aspergilose: *Aspergillus fumigatus*, outras espécies de *Aspergillus*			
Pulmonar	Escarro, BAL	Cultura, soro/BAL para ensaio imunoenzimático de detecção da galactomanana	Deve-se distinguir colonização de infecção.
Disseminada	Amostra de biópsia, sangue	Conforme indicado acima	O *Aspergillus* dificilmente cresce bem a partir do sangue de pacientes com infecção disseminada.
Blastomicose: *Blastomyces dermatitidis*			
Pulmonar	Escarro, BAL	Cultura, sorologia	Sorologia é útil para determinar a exposição. O diagnóstico definitivo requer cultura; as leveduras apresentam brotamento de base ampla.
Úlceras orais e cutâneas	Amostra de biópsia ou de *swab*	Cultura, sorologia	
Osso	Biópsia óssea	Cultura, sorologia	
Coccidioidomicose: *Coccidioides immitis*			
Pulmonar	Escarro, BAL	Cultura, sorologia	A sorologia geralmente é mais sensível do que a cultura. A imunod fusão positiva pode ser seguida por títulos de fixação de complementação; *C. immitis* pode crescer em culturas bacterianas de rotina e representar risco de exposição em laboratório.
Disseminada	Amostra de biópsia, LCS	Conforme indicado acima	
Histoplasmose: *Histoplasma capsulatum*			
Pulmonar	Escarro, BAL	Cultura, sorologia, teste de pesquisa de antígeno na urina	Sorologia útil para determinar a exposição. O diagnóstico definitivo requer cultura.
Disseminada	Medula óssea, amostra de biópsia	Conforme indicado acima	A patologia mostra pequenas formas de levedura intracelular diferenciadas de *Leishmania* pela ausência de cinetoplasto.
Nocardiose: Complexo *Nocardia asteroides* e outras espécies de *Nocardia*			
Pulmonar	Escarro, BAL	Coloração álcool-ácido-resistente modificada	Nocárdias são bactérias que clinicamente se comportam como fungos; bastonetes Gram-positivos filamentosos, fracamente álcool-ácido-resistente, ramificados.
Subcutânea	Aspirado ou biópsia do abscesso		
Cerebral	Material de abscesso cerebral		
Paracoccidioidomicose (blastomicose da América do Sul): *Paracoccidioides brasiliensis*			
	Amostra de biópsia	Cultura, sorologia	Sorologia útil para determinar a exposição. O diagnóstico definitivo requer cultura.
Esporotricose: *Sporothrix schenckii*			
Nódulos cutâneos e subcutâneos	Amostra de biópsia	Cultura, sorologia	Exposição ao solo e jardinagem.
Disseminada	Amostra de biópsia	Cultura, sorologia	

(continua)

TABELA 47-3 Infecções fúngicas comuns e nocardiose: agentes, amostras e testes diagnósticos (continuação)

	Amostra	Provas sorológicas e outros testes	Comentários
Zigomicose: espécies de *Rhizopus*, espécies de *Mucor*, outros			
Rinocerebral	Tecido naso-orbital	Cultura	Hifas não septadas observadas em cortes microscópicos.
Cutânea; pulmonar e disseminada	Escarro, BAL, amostra de biópsia	Cultura	
Infecções por levedura			
Candidíase: *Candida albicans* e outras espécies de *Candida*[a]			
Membrana mucosa	*Swab* oral e vaginal, amostra de biópsia	Cultura, microscopia a fresco de levedura	Candidíase vaginal diagnosticada clinicamente e por coloração de Gram (critérios de Nugent).
Pele	*Swab*, amostra de biópsia	Cultura	
Sistêmica	Sangue, amostra de biópsia, urina	Cultura	*Candida* e outras espécies de levedura crescem bem em culturas bacterianas de rotina.
Criptococose: *Cryptococcus neoformans*			
Pulmonar	Escarro, BAL	Cultura, pesquisa de antígenos criptocócicos	Mais comum em pacientes imunocomprometidos.
Meningite	LCS	Cultura, pesquisa de antígenos criptocócicos	
Disseminada	Medula óssea, osso, sangue, outros	Cultura, pesquisa de antígenos criptocócicos	
Infecções cutâneas primárias			
Dermatófitos: espécies de *Microsporum*, espécies de *Epidermophyton*, espécies de *Trichophyton*			
	Cabelo, pele, unhas de locais infectados	Cultura	Requer meios especializados para dermatófitos

[a]*Candida tropicalis*, *Candida parapsilosis*, *Candida glabrata* e outras espécies de *Candida*.
BAL, líquido broncoalveolar; LCS, líquido cerebrospinal.

Testes sorológicos

A detecção de anticorpos específicos para agentes infecciosos pode ser útil para o diagnóstico de infecções agudas ou crônicas e investigação epidemiológica das doenças infecciosas. Durante o curso da doença, a imunoglobulina M (IgM) é a primeira imunoglobulina a ser detectada, seguida pelo aparecimento de IgG. Deve-se ter cautela ao interpretar resultados positivos de IgM, pois esses ensaios podem resultar em reatividade cruzada, levando a resultados falso-positivos. A sorologia é mais útil quando os soros agudos e convalescentes são testados para mostrar aumentos nos títulos de anticorpos ao longo do tempo*.

Há uma variedade de ensaios sorológicos disponíveis, incluindo imunofluorescência direta, aglutinação, fixação de complemento (FC), EIA e diferentes formatos para Elisa. Existem também imunoensaios inespecíficos disponíveis, como o teste heterófilo** para mononucleose pelo vírus Epstein-Barr (EBV) e a reagina plasmática rápida para sífilis. Vários desses testes podem medir o título de anticorpos realizando diluições do soro do paciente para determinar o título mais baixo no qual a reatividade é observada.

Imunoensaios de *Western blot*

Esses ensaios são realizados para detectar anticorpos contra antígenos específicos de um determinado microrganismo. Esse método é baseado em separação eletroforética das principais proteínas do organismo em questão por eletroforese bidimensional*** em gel de agarose. Os microrganismos são rompidos mecânica ou quimicamente, e o solubilizado resultante do microrganismo contendo o antígeno é colocado em um gel de poliacrilamida. Uma corrente elétrica é aplicada, e as proteínas principais são separadas com base em seu tamanho (proteínas pequenas migram mais rápido). As bandas de proteínas são transferidas para fitas de nitrocelulose. Estas são incubadas com a amostra do paciente contendo anticorpo (geralmente soro), os anticorpos ligam-se às proteínas na fita e são detectados enzimaticamente

---

*N. de T. A presença de IgG pode significar contato prévio com um agente infeccioso, caso seja demonstrado um aumento significativo (**conversão sorológica**) no título de anticorpos entre duas amostras de soro (**sorologia pareada**), coletadas com um intervalo de 15 a 20 dias.

**N. de T. Os anticorpos heterófilos (AH) são imunoglobulinas produzidas em resposta a um antígeno não específico ou contra antígenos animais induzidos a partir de vacinas, contato ambiental ou determinadas doenças infecciosas e autoimunes. São quantificados pelo uso de vários testes de aglutinação em cartão (*monospot*). Entretanto, os anticorpos estão presentes em somente 50% dos pacientes com < 5 anos de idade e em cerca de 80 a 90% dos adolescentes e adultos com infecção primária por EBV com mononucleose infecciosa. Vale ressaltar que o teste de anticorpos heterófilos pode ser falso-positivo em pacientes com infecção grave pelo HIV. Os títulos de anticorpos heterófilos diminuem após a fase aguda da mononucleose infecciosa, podendo ser detectados até 9 meses após o início da doença. Caso a detecção desses anticorpos for negativa mesmo com suspeita clínica, deve-se detectar anticorpos para EBV. A existência de anticorpos IgM contra o antígeno do capsídeo viral (VCA) do EBV indica infecção primária por este vírus (esses anticorpos desaparecem 3 meses após a infecção). IgG VCA (EBV VCA-IgG) também se desenvolve no início da infecção primária por EBV, mas esses anticorpos persistem por toda a vida.

***N. de T. Nem sempre é necessária a realização de eletroforese bidimensional para a separação das proteínas antigênicas em *Western blot* para a detecção de anticorpos. Em muitos casos, somente a separação por tamanho em gel de poliacrilamida é suficiente para as finalidades de detecção dos anticorpos específicos do patógeno em questão.

de modo semelhante ao dos métodos de Elisa descritos anteriormente. Os testes de *Western blot* são usados como testes específicos para a infecção pelo vírus da imunodeficiência humana (HIV, do inglês *human immunodeficiency virus*) e doença de Lyme.

Diagnóstico molecular

A. Sondas (*probes*) de hibridização de ácido nucleico

O princípio básico dos primeiros testes de diagnóstico molecular é a hibridização de uma **sonda de ácido nucleico** caracterizada para uma sequência específica de ácido nucleico em uma amostra do teste, seguida de detecção do híbrido pareado. Assim, por exemplo, utiliza-se uma sonda de DNA de fita simples (ou de RNA) para detectar o RNA complementar ou o DNA desnaturado em uma amostra de teste. A sonda de ácido nucleico é tipicamente marcada com enzimas, substratos antigênicos, moléculas quimiluminescentes ou radioisótopos para facilitar a detecção do produto de hibridização. Ao selecionar cuidadosamente a sonda ou produzir um **oligonucleotídeo** específico e efetuar a hibridização em condições de extremo rigor, a detecção do ácido nucleico na amostra do teste pode ser extremamente específica. Esses testes atualmente são utilizados principalmente para a rápida confirmação de um patógeno após a detecção de seu crescimento (p. ex., a identificação de *Mycobacterium tuberculosis* em cultura utilizando sondas de DNA). A hibridização *in situ* envolve o uso de sondas de DNA ou RNA marcadas para detectar o ácido nucleico complementar em tecidos fixados em formalina ou embebidos em parafina, tecidos congelados ou preparações citológicas em lâminas. Tecnicamente, esse processo pode ser difícil, e geralmente é realizado em laboratórios de histologia, e não em laboratórios de microbiologia clínica. Entretanto, essa técnica tem aumentado o conhecimento da biologia de muitas doenças infecciosas, especialmente as hepatites e os vírus oncogênicos, sendo ainda útil no diagnóstico de doenças infecciosas. Uma nova técnica, que é uma modificação da hibridização *in situ*, faz uso de sondas de ácido nucleico ligadas a peptídeos. As sondas de peptídeos e ácidos nucleicos são sintetizadas de forma que a estrutura de açúcar e o fosfato do DNA (normalmente com carga negativa) sejam substituídos por uma unidade repetitiva de poliamida (carga neutra). Dessa forma, as bases nucleotídicas individuais podem ser ligadas a esse nova estrutura neutra, que permite a realização de hibridizações mais rápidas e específicas com os ácidos nucleicos complementares. Uma vez que são sintéticas, essas sondas não estão sujeitas à degradação por nucleases ou outras enzimas. Essas sondas podem ser usadas para detecção de *S. aureus*, *Enterococcus* spp., *Candida* spp. e alguns bacilos Gram-negativos em frascos de hemocultura positivos. A hibridização com sonda detectada por fluorescência é chamada de técnica de fluorescência de hibridização *in situ* de peptídeo de ácidos nucleicos (PNA-FISH, do inglês *peptide nucleic acid-fluorescence in situ hybridization*).

B. Identificação microbiana utilizando hibridização de sonda gênica ribossomal

Os genes do RNA ribossômico (rRNA) de cada espécie têm porções estáveis (conservadas) em suas sequências. A maioria dos ensaios tem como alvo o gene 16S rRNA bacteriano ou as regiões espaçadoras transcritas internas dos genes rRNA fúngicos. Existem muitas cópias desse gene em cada microrganismo. São adicionadas sondas marcadas específicas para a porção 16S do rRNA de uma espécie, e determina-se a quantidade do marcador sobre o híbrido de fita dupla. Essa técnica é amplamente utilizada para rápida identificação de inúmeros microrganismos. São exemplos as espécies mais comuns e importantes de *Mycobacterium*, *C. immitis*, *Histoplasma capsulatum* e outros microrganismos.

Os ensaios diagnósticos moleculares que utilizam a amplificação de ácidos nucleicos passaram a ser largamente utilizados e estão evoluindo rapidamente. Eles têm sido usados em uma variedade de tipos de amostras, incluindo espécimes diretos de pacientes, culturas positivas e microrganismos isolados. Estes sistemas de amplificação podem ser divididos em várias categorias básicas, descritas a seguir.

C. Sistemas de amplificação de alvos

Nesses ensaios, o DNA ou RNA-alvo são amplificados inúmeras vezes. A **PCR** é utilizada para amplificar quantidades extremamente pequenas de DNA específico em uma amostra clínica, permitindo a detecção do DNA que, de outro modo, estaria presente em quantidades diminutas. A PCR utiliza uma DNA-polimerase termoestável para produzir uma amplificação de 2 vezes do DNA-alvo a cada ciclo de temperatura. A PCR convencional utiliza três reações sequenciais (desnaturação, anelamento e extensão) da maneira relatada a seguir. O DNA extraído da amostra clínica, juntamente com *primers* de oligonucleotídeos específicos da sequência, nucleotídeos, DNA-polimerase termoestável e tampão, é aquecido a 90 a 95 °C para desnaturar (separar) as duas fitas do DNA-alvo. A temperatura na reação é reduzida, em geral, para 45 a 60 °C conforme os *primers* para permitir o anelamento dos *primers* ao DNA-alvo. Em seguida, cada *primer* é amplificado pela DNA-polimerase termoestável mediante o acréscimo de nucleotídeos complementares ao DNA-alvo, produzindo 2 vezes a amostra inicial. Depois, o ciclo é repetido 30 a 40 vezes para se obter uma amplificação do segmento do DNA-alvo de até 10^{10} vezes. O segmento amplificado pode ser observado em gel de eletroforese ou detectado pela análise *Southern blot*, por meio de sondas de DNA marcadas específicas para o segmento ou por uma variedade de técnicas comerciais. Mais recentemente, essas técnicas têm sido substituídas por protocolos de PCR em tempo real (ver adiante).

A PCR também pode ser efetuada em alvos de RNA, sendo denominada, nesse caso, **PCR com transcriptase reversa** (**RT-PCR**, do inglês *reverse transcriptase polymerase chain reaction*). A enzima transcriptase reversa é utilizada para transcrever o RNA em DNA complementar para amplificação.

Estão disponíveis comercialmente ensaios de PCR para identificação de um grande número de patógenos bacterianos e virais, tais como *Chlamydia trachomatis*, *N. gonorrhoeae*, *M. tuberculosis*, citomegalovírus (CMV), HIV-1, vírus da hepatite C, entre outros. Há muitos outros tipos de PCR desenvolvidos por laboratórios particulares para o diagnóstico de infecções. Esses ensaios constituem os testes de escolha para o diagnóstico de várias infecções, particularmente quando as técnicas tradicionais de cultura e detecção de antígenos não funcionam bem. São exemplos o exame do LCS para detecção do herpes-vírus simples (HSV) no diagnóstico de encefalite herpética e o exame do líquido do lavado de nasofaringe para o diagnóstico de infecção por *Bordetella pertussis* (coqueluche).

Quanto aos laboratórios que efetuam ensaios de PCR, é muito importante prevenir a contaminação dos reagentes ou das amostras com DNA-alvo do ambiente, o que pode obscurecer a distinção entre resultados verdadeiramente positivos e resultados falso-positivos em decorrência de contaminação.

D. Técnicas de amplificação de sinais

Esses ensaios intensificam o sinal ao amplificar o marcador (p. ex., fluorocromos, enzimas) ligado ao ácido nucleico-alvo. O sistema de **DNA ramificado** (**bDNA**, do inglês *branched DNA*) apresenta uma série de sondas primárias e uma sonda secundária ramificada marcada com enzima. Várias sondas de oligonucleotídeos específicas para o RNA (ou DNA) alvo são fixadas a uma superfície sólida como placa de microdiluição, sendo denominadas sondas de captação. Adiciona-se a amostra preparada, e as moléculas de RNA se ligam às sondas de captação sobre a placa de microdiluição. Sondas-alvo adicionais ligam-se ao alvo, mas não à placa. As sondas amplificadoras de bDNA ligadas a enzimas são adicionadas e se ligam às sondas-alvo. Adiciona-se um substrato quimiluminescente, e a luz emitida é medida para se quantificar a quantidade de RNA-alvo. São exemplos do uso desse tipo de ensaio a determinação quantitativa do HIV-1, a do vírus da hepatite C e a do vírus da hepatite B.

E. Métodos de amplificação: não baseados em PCR

Os sistemas de **amplificação mediada por transcrição** (**TMA**, do inglês *transcription-mediated amplification*) e de **amplificação baseada na sequência de ácidos nucleicos** (**NASBA**, do inglês *nucleic acid sequence-based amplification*) amplificam grandes quantidades de RNA em ensaios isotérmicos que utilizam coordenadamente as enzimas transcriptase reversa, RNase H e RNA-polimerase. Um *primer* de oligonucleotídeo, contendo o promotor da RNA-polimerase, liga-se ao alvo de RNA. A transcriptase reversa efetua uma cópia do cDNA de fita simples a partir do RNA. A RNase H destrói o RNA do híbrido RNA-cDNA, e um segundo *primer* une-se ao segmento de cDNA. A atividade de DNA-polimerase da transcriptase reversa dependente de DNA amplifica o DNA a partir do segundo *primer*, produzindo uma cópia do DNA de fita dupla, com RNA-polimerase íntegra. Em seguida, a RNA-polimerase produz inúmeras cópias do RNA de fita simples. A detecção de *C. trachomatis*, *N. gonorrhoeae* e *M. tuberculosis* e a quantificação da carga viral de HIV-1 são exemplos do uso desses tipos de ensaio.

Os **ensaios de deslocamento de fitas** (**SDA**, do inglês *strand displacement assays*) são ensaios de amplificação isotérmicos que utilizam a endonuclease de restrição e a DNA-polimerase. As endonucleases clivam o DNA em sequências específicas, permitindo que a DNA-polimerase inicie a replicação a partir das regiões da clivagem e simultaneamente abra as fitas clivadas. As fitas simples deslocadas servem, então, como modelos para amplificação adicional.

A **amplificação isotérmica de DNA mediada por *loop*** (**LAMP**, do inglês *loop-mediated isothermal amplification*) recebe esse nome devido ao fato do *amplicon* final conter múltiplos *loops* (repetições) da sequência-alvo. A reação é isotérmica e consiste na síntese da fita aberta de DNA, usando a DNA-polimerase *Bst** e quatro a seis pares de *primers*. Os produtos da amplificação podem ser detectados em tempo real pela precipitação do DNA com a adição de pirofosfato de magnésio; a reação cria uma turvação que pode ser observada visualmente ou por meio de um espectrofotômetro. O método é muito sensível, detectando um número menor do que 10 cópias das sequências-alvo por reação. Ensaios comerciais usando a tecnologia LAMP para a detecção de *Clostridium difficile* em

---

*N. de T. É uma enzima com atividade de deslocamento de fita e utiliza um conjunto de quatro primers desenhados a partir de seis segmentos específicos da sequência a ser amplificada.

amostras de fezes e para outros patógenos em uma variedade de tipos de espécimes estão disponíveis.

F. PCR em tempo real

Os avanços tecnológicos que levaram à "amplificação em tempo real" remodelaram as plataformas de amplificação dos ácidos nucleicos, aumentando a sensibilidade dos testes de amplificação e reduzindo drasticamente o potencial de contaminação. Os melhoramentos na química das reações de amplificação dos ácidos nucleicos resultaram em misturas de reação homogêneas nas quais compostos fluorogênicos estão presentes no mesmo tubo de reação onde ocorre a amplificação. Uma variedade de moléculas fluorogênicas é utilizada, tais como corantes não específicos, como o verde de SYBR, que se liga à fenda menor da fita dupla do DNA, e métodos específicos de detecção dos *amplicons*, por meio de sondas de oligonucleotídeos marcados com fluorescência, que podem ser classificados em três categorias: TaqMan* ou sondas de hidrólise; sondas de transferência de energia fluorescente (FRET, do inglês *fluorescence energy transfer*); e moléculas de *beacons* (faróis moleculares, ou sondas de faróis moleculares). O sinal dessas sondas é proporcional à quantidade de DNA da amostra presente na reação e é plotado contra o ciclo de PCR. O uso de um valor limiar de fluorescência (*threshold fluorescence*) permite a determinação de reações positivas e negativas. O sinal é medido por meio do tubo de reação fechado usando detectores fluorescentes. Assim, o ensaio é realizado em "tempo real". Como os tubos de reação não precisam ser abertos para analisar os produtos de PCR em um gel, existe menor risco de contaminação com os *amplicons* para uma próxima amplificação. Quando usados com uma curva padrão, os ensaios de PCR em tempo real podem ser quantitativos, permitindo a determinação da concentração do alvo analisado. Esses ensaios são comumente usados para quantificação da carga viral de HIV, vírus da hepatite C, vírus da hepatite B e CMV. O leitor deve consultar a referência de Persing e colaboradores para informações mais detalhadas sobre PCR em tempo real e outros métodos moleculares.

G. Sequenciamento do PCR

O produto de uma reação de PCR pode ser sequenciado e comparado a um banco de dados para identificação de organismos ou

de mutações específicas. Os *primers* de PCR são desenhados para hibridizar com regiões genômicas conservadas, com a sequência de interesse amplificada entre a inserção dos *primers*. Uma variedade de métodos de sequenciamento pode ser usada, mas uma discussão sobre eles está além do escopo necessário aqui.

Para a identificação bacteriana, o sequenciamento do gene 16S rRNA é comumente utilizado. Este gene possui regiões altamente conservadas intercaladas com sequências variáveis, tornando-o ideal para amplificar e diferenciar entre muitas espécies bacterianas. Outros alvos de genes conservados também são usados para identificação bacteriana, incluindo *rpoB*, *sodA* e *hsp65*. Da mesma forma, a identificação fúngica pode ser realizada usando sequenciamento de PCR do gene 28S rRNA e elementos espaçadores transcritos internos do gene RNA ribossômico.

O sequenciamento de PCR também é usado para tipagem de cepas e detecção de mutações de resistência específicas em vírus (consulte a seção Diagnóstico de infecções virais, abaixo). Seu uso está se expandindo para caracterização de genes em outros microrganismos, como a detecção de certas mutações** que causam resistência à rifampicina ou isoniazida em *M. tuberculosis*.

H. Microarranjos (*microarrays*)

Os microarranjos de ácido nucleico envolvem o uso de múltiplas sondas oligonucleotídicas para detectar a sequência-alvo complementar no DNA ou no RNA amplificado. Esses arranjos podem ter de dezenas a centenas de milhares de sondas (microarranjos de alta densidade) e produzir informações substanciais sobre a composição genética de microrganismos específicos. Amostras de pacientes ou isolados clínicos estão sujeitas à marcação de amplificação de DNA seguida por hibridização, lavagem e detecção de DNA marcado ligado a sondas específicas. Os microarranjos podem ser usados para detectar microrganismos diretamente de amostras de pacientes ou hemoculturas positivas, por meio do uso de alvos conservados, como sondas de DNA ribossômico 16S. Eles também podem fornecer perfis genéticos de organismos isolados, produzindo informações sobre o genótipo, fatores de virulência ou marcadores de resistência presentes no organismo.

I. Sequenciamento de alta vazão

O sequenciamento de alta vazão (também conhecido como sequenciamento de próxima geração ou de segunda geração) envolve o sequenciamento simultâneo de inúmeras moléculas de DNA (conhecido como biblioteca). A fonte da biblioteca pode ser um isolado de organismo ou uma amostra direta do paciente. Várias plataformas*** de instrumentos diferentes estão disponíveis e podem gerar

---

*N. de T. A tecnologia TaqMan® é uma variação das moléculas *beacons*. É usada para a detecção de sequências específicas nos fragmentos de DNA amplificados na PCR. A detecção e monitorização da atividade exonucleotídica 5″-3″ da Taq DNA-polimerase é fundamental nessa técnica, sendo utilizados para tal dois *primers* específicos de uma determinada sequência de DNA e uma sonda Taqman homóloga à região do fragmento de DNA entre os *primers*. A sonda apresenta, na extremidade 3″, uma molécula que aceita a energia da molécula-repórter e a dissipa na forma de luz ou calor, designada como *quencher*, e na extremidade 5″, um fluoróforo-repórter. A proximidade física da molécula-repórter e do *quencher* inicialmente reprime a detecção da fluorescência. Na fase de hibridação do PCR, as sondas irão se ligar à sequência-alvo com a qual apresentam uma total complementaridade. Posteriormente, as sondas TaqMan hibridizam e são detectadas pela enzima Taq DNA-polimerase, que as hidrolisam pela sua atividade exonucleotídica 5″-3″. Este processo conduz à separação do *quencher* da molécula-repórter, durante a extensão até um ponto onde pode ser detectado, ultrapassando o limiar CT. É possível, então, estabelecer uma relação inversa entre o número de moléculas de DNA iniciais na reação e o valor de CT, que é a base para os cálculos na PCR em tempo real. Essa técnica é mais específica que aquela que utiliza o SYBR e permite a detecção de múltiplos alvos em uma mesma reação. Contudo, é mais onerosa.

**N. de T. Ou, ainda, a análise de mutações no gene *mgrB*, que regula os sistemas enzimáticos de dois componentes PmrA/PmrB e PhoQ/PhoP associados à resistência de diferentes bactérias Gram-negativas às polimixinas.

***N. de T. Uma das plataformas amplamente utilizadas hoje é a plataforma da Illumina (HiSeq ou MiSeq), que consiste no sequenciamento baseado em síntese (SBS), no qual uma fita de DNA se liga a adaptadores presentes na placa (*Flowcell*), sendo amplificada clonalmente em fase sólida por PCR em ponte (*bridge* PCR), de maneira a permanecerem próximas, criando *clusters*, que irão conter, cada um deles, milhões de cópias do mesmo fragmento de DNA. Após aplicação de uma enzima de linearização, o DNA de fita dupla (dsDNA) é convertido em DNA de fita simples (ssDNA). Os DNAs contendo diferentes marcadores fluorescentes cliváveis e uma região bloqueadora removível são, então, adicionados à placa, permitindo a síntese da nova fita e o sequenciamento, realizado base a base.

de milhares a milhões de leituras de sequência por amostra. Os algoritmos bioinformáticos são então usados para classificar, montar e comparar a sequência com bancos de dados de organismos conhecidos. O sequenciamento de alta vazão pode ser usado para montar genomas de organismos inteiros, definir o microbioma, detectar agentes infecciosos ou procurar variantes de sequência de baixo nível, conhecidas como quasispécies. A comparação do banco de dados pode ser usada para classificar o subtipo de um microrganismo ou determinar a presença de marcadores de resistência ou virulência aos medicamentos.

Espectrometria de massa

A espectrometria de massa (MS, do inglês *mass spectrometry*), uma tecnologia usada para análise de proteínas ou de DNA, revolucionou a abordagem da identificação microbiológica nos laboratórios clínicos. A MS emprega métodos como radiação ionizante para quebra do material a ser analisado, formando partículas carregadas que são identificadas por diferentes métodos baseados na massa ou na razão massa-carga. A aplicação dessa ferramenta na microbiologia somente foi possível pelos avanços tecnológicos, tais como a espectrometria de massa pela técnica de ionização por dessorção a *laser*, assistida por matriz seguida de análise por tempo de voo em sequência (MALDI-TOF MS, do inglês *matrix-assisted laser desorption ionization-time of flight mass spectrometry*). Alguns desses métodos estão resumidamente descritos adiante.

A tecnologia de MassTag PCR permite incorporar, no *amplicon* final, uma reação de PCR, uma marcação (*tag*) de massa conhecida (há disponível comercialmente uma biblioteca de 64 *tags* de massa concedida). Após reações de PCR *multiplex*, as *tags* são liberadas por bombardeio de irradiação ultravioleta (UV) e analisadas por MS. A identificação dos alvos desejáveis é determinada pelo tamanho das *tags**.

A espectrometria de massa com ionização por *electrospray* acoplado à PCR (PCR-ESI-MS, do inglês *PCR electrospray ionization mass spectrometry*) usa um princípio único. Em linhas gerais, um conjunto de *primers* para PCR são utilizados para amplificação de regiões-chave no genoma microbiano. A reação de PCR *multiplex* é realizada em placa de microtitulação para análise de cada amostra, sendo que alguns poços contêm mais de um par de *primers*. Após a PCR, as placas de microtitulação são colocadas em um aparelho automatizado, e a análise por ESI-MS se inicia. O espectrômetro de massa é uma ferramenta analítica, que com alta acurácia quantifica os *amplicons*, com base na sua composição de A, G, C e T. A composição determinada é então comparada usando um banco de dados de *software* proprietário.

As duas técnicas descritas permitem uma detecção direta do ácido nucleico do microrganismo diretamente de uma amostra clínica sem necessidade de cultura, uma vez que usam reações de amplificação de PCR. Outra aplicação é usar a MALDI-TOF para identificação de bactérias e fungos isolados a partir de cultura microbiológica. Essas plataformas têm como alvo as proteínas ribossômicas altamente abundantes de bactérias e leveduras. O princípio básico de ambos os sistemas envolve a realização de um esfregaço fino do microrganismo isolado ou da amostra clínica em uma lâmina metálica, que é submetida a uma matriz ácida. Em seguida, a lâmina é colocada no aparelho em que a amostra clínica ou o isolado clínico são bombardeados por pulsos de *laser*. As pequenas moléculas adsorvidas e deionizadas são aceleradas dentro de um campo eletrostático, em um tubo de vácuo, até entrarem em contato com o detector do aparelho. As moléculas de diferentes massas e cargas "voam" com velocidades variadas ("tempo de voo"). Uma assinatura espectral, em geral na faixa de 1.000 a 20.000 de razão massa-carga (m/z), é gerada. Por fim, essa assinatura é comparada com a base de dados de cada aparelho para a determinação do gênero e da espécie do microrganismo. O leitor deve consultar a referência Patel para obter detalhes adicionais.

IMPORTÂNCIA DA MICROBIOTA NORMAL BACTERIANA E FÚNGICA

Certos microrganismos, como o *M. tuberculosis*, *Salmonella enterica* sorovar Typhi e espécies de *Brucella*, são considerados patógenos sempre que encontrados em pacientes. Contudo, muitas infecções são causadas por microrganismos que constituem membros permanentes ou transitórios da microbiota normal. Assim, por exemplo, a *E. coli* faz parte da microbiota gastrintestinal normal e constitui a causa mais comum de infecções do trato urinário. De forma semelhante, a grande maioria das infecções bacterianas mistas por anaeróbios é causada por microrganismos que são membros da microbiota normal.

O número relativo de microrganismos encontrados em uma cultura é importante quando membros da microbiota normal são responsáveis pela infecção. Sempre que inúmeros bastonetes Gram-negativos, como a *Klebsiella pneumoniae*, são encontrados em associação com algumas bactérias nasofaríngeas normais em cultura de escarro, há forte suspeita de que os bastonetes Gram-negativos sejam a causa da pneumonia, visto que normalmente não se encontram grandes números de bastonetes Gram-negativos no escarro ou na microbiota nasofaríngea; é necessário identificar e relatar os microrganismos. Em contrapartida, os abscessos abdominais costumam conter uma distribuição normal de microrganismos aeróbios, anaeróbios facultativos e anaeróbios obrigatórios representativos da microbiota gastrintestinal. Nesses casos, não se justifica a identificação de todas as espécies presentes, sendo mais apropriado relatar o achado de "microbiota gastrintestinal normal".

Leveduras em pequeno número comumente fazem parte da microbiota normal. Contudo, outros fungos normalmente não estão presentes, de modo que devem ser identificados e registrados. Os vírus geralmente não fazem parte da microbiota normal, conforme detectado em laboratórios de microbiologia diagnóstica, mas podem ser encontrados em indivíduos saudáveis, presumivelmente como agentes de infecções assintomáticas. Vírus latentes, como HSV ou CMV, ou vírus vaccínia, como poliovírus, podem ser detectados em casos assintomáticos. Em algumas partes do mundo, as amostras de fezes comumente exibem evidências de infecção parasitária sem a presença de sintomatologia clínica aparente. Portanto, a apresentação clínica da doença infecciosa, juntamente com o número relativo de microrganismos potencialmente patogênicos, é importante para estabelecer o diagnóstico correto.

Os membros da microbiota normal mais comumente encontrados em amostras de pacientes e que podem ser denominados "microbiota normal" são discutidos no Capítulo 10.

---

*N. de T. Por ser uma técnica rápida, sensível e econômica, tem sido usada para o diagnóstico diferencial das infecções respiratórias, bem como para o diagnóstico dos agentes causadores de meningoencefalites e doenças entéricas. Vários estudos confirmam a utilidade e a potencialidade da técnica para detectar rapidamente surtos, assim como na vigilância epidemiológica de patógenos virais e bacterianos.

AUXÍLIO DO LABORATÓRIO NA SELEÇÃO DA TERAPIA ANTIMICROBIANA

O antimicrobiano utilizado inicialmente no tratamento de uma infecção é escolhido com base na anamnese após o médico estar convencido de que existe alguma infecção e ter estabelecido um diagnóstico etiológico presuntivo com bases clínicas. De acordo com essa "melhor estimativa", pode-se selecionar os medicamentos que provavelmente sejam eficazes contra o(s) agente(s) suspeito(s) (ver Capítulo 28). Antes da administração de tais fármacos, é aconselhável a coleta de amostras clínicas para a detecção do agente etiológico em laboratório. Os resultados desses exames podem permitir o estreitamento dos antibióticos para a terapia direcionada (em oposição à ampla cobertura de Gram-positivos e Gram-negativos para sepse). A identificação de determinados microrganismos uniformemente suscetíveis a fármacos elimina a necessidade de testes adicionais e permite a seleção de fármacos de eficácia ótima com base apenas na experiência. Quando o perfil de resistência do microrganismo é variado, os testes de sensibilidade aos antimicrobianos podem orientar a escolha ideal do medicamento (ver Capítulo 28). O **teste de disco-difusão em ágar** mede a capacidade das bactérias de crescerem na superfície de uma placa de ágar na presença de discos de papel contendo antibióticos. O fármaco se difunde do disco para o ágar, inibindo o crescimento bacteriano em uma área circular ao redor do disco. O diâmetro dessa zona de inibição de crescimento é medido, e se correlaciona com a suscetibilidade do isolado sendo testado. A escolha dos antimicrobianos a serem incluídos em uma bateria rotineira de antibiograma deve basear-se nos padrões de suscetibilidade dos microrganismos isolados no laboratório, no tipo de infecção (adquirida na comunidade ou hospitalar), na fonte da infecção, bem como na análise do custo e da eficácia para a população de pacientes. O Clinical and Laboratory Standards Institute (CLSI)* fornece recomendações para quais

---

*N. de T. Atualmente, o Ministério da Saúde e a ANVISA recomendam o uso do BrCAST-EUCAST pelos Laboratórios de Microbiologia Clínica no Brasil. O sistema apresenta inúmeras vantagens sobre o CLSI, entre elas a não necessidade de pagamento anual de licença de uso. Pode-se listar outras vantagens: (1) o BrCAST-EUCAST tem guia de leitura e imagens nas tabelas de pontos de corte, que guiam o analista na leitura e interpretação de resultados de difícil interpretação. A interpretação do teste de sensibilidade de *S. pneumoniae*, por exemplo, é mais simples e reduz o uso de gradientes em fita no laboratório; (2) tem critérios para disco-difusão ao testar *Streptococcus Viridans* frente à penicilina, o que elimina a necessidade de uso de gradientes em fita, que têm maior custo; (3) tem um procedimento que permite a realização e interpretação do antibiograma por disco-difusão diretamente de hemoculturas positivas em 6 horas, o que possibilita ajuste precoce do tratamento a baixo custo; (4) tem manual para leitura dos testes de disco-difusão com imagens que permitem melhor elucidação das dúvidas e treinamento dos analistas; (5) tem pontos de corte para antimicrobianos de amplo uso no Brasil, a exemplo de tigeciclina, polimixina e teicoplanina, que são inexistentes (tigeciclina e polimixina) ou investigacional (teicoplanina) no CLSI; (6) a utilização de um único meio para testes de sensibilidade de *Streptococcus* e *Haemophilus* (água Mueller-Hinton [MHF] com sangue de cavalo e NAD) em contraste ao CLSI, que recomenda dois meios distintos (MHF com sangue de carneiro e *haemophilus test medium* [HTM]), o que aumenta o custo de controle de qualidade e chance de desperdício em função da validade dos insumos; (7) o BrCAST-EUCAST tem uma tabela de critérios interpretativos baseados em farmacodinâmica e farmacocinética, que permite a interpretação de testes de sensibilidade quando há solicitação médica e não há critérios interpretativos para determinada combinação microrganismo-antimicrobiano. Fonte: http://brcast.org.br/.

agentes testar com base no microrganismo isolado, o tipo de amostra e os critérios interpretativos (suscetível, intermediário ou resistente) com base no tamanho da zona medida.

Os tamanhos das zonas de inibição do crescimento variam de acordo com as características farmacológicas dos diferentes antimicrobianos. Assim, o tamanho da zona de um antimicrobiano não pode ser comparado ao da zona de outro antimicrobiano que atua sobre o mesmo microrganismo. Entretanto, para qualquer antimicrobiano, o tamanho da zona pode ser comparado com um padrão, contanto que o meio de cultura, o tamanho do inóculo e outras condições sejam cuidadosamente controladas, o que permite que se defina, para cada antimicrobiano, o diâmetro mínimo da zona de inibição que indica a "suscetibilidade" de determinado microrganismo isolado pela técnica de difusão em disco.

O teste do disco mede a capacidade dos antimicrobianos de inibirem o crescimento das bactérias *in vitro*. Os resultados se correlacionam razoavelmente bem com a resposta terapêutica nos processos infecciosos *in vivo* quando o sistema imunológico do indivíduo pode eliminar microrganismos infecciosos, mas podem ser menos correlacionados com a resposta em pacientes imunocomprometidos. A seleção da antibioticoterapia apropriada depende de fatores clínicos e bacterianos, como o uso de fármacos bactericidas em vez de bacteriostáticos para endocardite, ou fármacos que penetrarão na barreira hematoencefálica para infecções do sistema nervoso central (SNC) (ver Capítulo 28). Os testes de **concentração inibitória mínima** (**CIM**) medem a capacidade do organismo de crescer em cultura de caldo na presença de várias diluições de antibióticos. Consiste em um método que mede mais exatamente a concentração necessária de um antimicrobiano para inibir o crescimento de um inóculo padronizado em condições definidas. Utiliza-se um método de microdiluição semiautomático em que doses definidas do fármaco são dissolvidas em pequeno volume determinado de caldo e inoculadas com um número padronizado de microrganismos. O parâmetro de avaliação final, a CIM, é considerado o último caldo (menor concentração do antimicrobiano) que permanece límpido, ou seja, sem crescimento microbiano. A CIM fornece uma estimativa melhor da dose provável de antimicrobiano necessária para inibir o crescimento *in vivo*. Assim, ajuda a avaliar o esquema posológico necessário para o paciente. As diretrizes disponíveis no CLSI fornecem critérios interpretativos, definindo as cepas como resistentes, intermediárias ou suscetíveis a um determinado medicamento com base na CIM.

A CIM mostra apenas que o crescimento bacteriano é inibido nessa concentração de fármaco. Deve-se observar que ainda pode haver bactérias viáveis que podem se multiplicar quando o medicamento é removido. Os efeitos bactericidas podem ser estimados ao se repicar o caldo límpido em meios de cultura sólidos sem antimicrobianos. O resultado (p. ex., a redução das unidades formadoras de colônias em 99,9% abaixo do controle) é denominado **concentração bactericida mínima** (CBM).

Já que a terapia empírica deve ser disponibilizada antes que os testes de suscetibilidade estejam disponíveis, é recomendado pelo CLSI que os laboratórios publiquem anualmente os antibiogramas contendo os resultados dos testes de suscetibilidade em conjunto para determinadas combinações de microrganismo e antimicrobiano. Por exemplo, pode ser importante saber os β-lactâmicos mais ativos contra *Pseudomonas aeruginosa* entre os pacientes em UTI em um determinado hospital, bem como o agente que pode ser empregado quando um paciente desenvolve uma infecção enquanto está nessa unidade. Isso permite que a melhor terapia seja escolhida com base na suspeita clínica do microrganismo infectante e nas cepas circulantes locais conhecidas.

A escolha de um antimicrobiano bactericida ou de uma combinação de antimicrobianos para cada paciente pode ser orientada por testes laboratoriais especializados. Esses testes medem a taxa de morte (ensaio de morte por tempo) ou a proporção da população microbiana que é morta em um tempo fixo pelo soro do paciente (teste bactericida do soro). O teste de sinergia mede a capacidade dos fármacos de aumentar a morte bacteriana quando presentes em combinação; os medicamentos que apresentam sinergia podem ser mais eficazes quando administrados em conjunto para tratar infecções. Poucos laboratórios clínicos realizam esse tipo de teste especializado de suscetibilidade.

DIAGNÓSTICO DAS INFECÇÕES COM BASE NO SÍTIO ANATÔMICO

Feridas, tecidos, ossos, abscessos e fluidos

O estudo microscópico dos esfregaços e a cultura das amostras de feridas ou abscessos frequentemente fornecem indicações iniciais e importantes quanto à natureza do microrganismo infectante, ajudando, assim, na escolha dos antimicrobianos. As amostras das biópsias de tecido devem ser submetidas a exames microbiológico e histológico. Essas amostras para exame bacteriológico são mantidas sem fixadores e desinfetantes e são replicadas e cultivadas por uma variedade de métodos.

O pus em abscessos fechados e não drenados de tecidos moles frequentemente contém apenas um microrganismo como agente infectante; mais comumente, estafilococos, estreptococos ou bastonetes Gram-negativos entéricos. Isso também ocorre na osteomielite aguda, em que os microrganismos podem ser frequentemente cultivados a partir de amostras de sangue, antes de a infecção se tornar crônica. Múltiplos microrganismos são encontrados com frequência em abscessos abdominais e contíguos a mucosas, bem como em feridas abertas. Quando lesões profundas e supurativas, como as da osteomielite crônica, drenam em superfícies externas através de fístula, a microbiota da superfície através da qual a lesão drena não deve ser confundida com a da lesão profunda. Em vez disso, as amostras devem ser aspiradas do local primário da infecção através do tecido não infectado.

O exame bacteriológico do pus das lesões fechadas ou profundas deve incluir culturas por métodos anaeróbios. As bactérias anaeróbias (*Bacteroides*, *Fusobacterium*, entre outras) às vezes desempenham um papel etiológico essencial, e com frequência observam-se misturas de aeróbios e anaeróbios.

Os métodos empregados para culturas devem ser apropriados ao isolamento semiquantitativo de bactérias comuns, bem como de microrganismos especializados, inclusive micobactérias e fungos. A pele e a mucosa que sofreram erosão frequentemente constituem o local de infecções causadas por leveduras ou fungos. *Candida*, *Aspergillus* e outras leveduras ou fungos podem ser observados ao microscópio no exame de esfregaços ou raspados de áreas sob suspeita, podendo ser cultivados. O tratamento da amostra com KOH e calcofluorado branco aumenta as chances de observação de leveduras e fungos na amostra.

Os exsudatos coletados nos espaços pleural, peritoneal, pericardial ou sinovial devem ser aspirados com cuidadosa técnica asséptica. Se o material for francamente purulento, deverão ser efetuados diretamente esfregaços e culturas. Se o líquido for límpido, poderá ser centrifugado, e o sedimento poderá ser utilizado para esfregaços corados e culturas. O método de cultura empregado deve ser apropriado ao crescimento dos microrganismos sob suspeita em base clínica (p. ex., micobactérias e microrganismos anaeróbios, bem como das bactérias piogênicas comumente encontradas). Algumas amostras coagulam, podendo ser necessário utilizar um meio com anticoagulante. Os seguintes resultados bioquímicos e hematológicos são sugestivos de infecção: densidade superior a 1,018; conteúdo de proteína > 3 g/dL (resultando frequentemente em coagulação); e contagem de leucócitos > 500 a 1.000/μL. Os leucócitos polimorfonucleares (PMNs) predominam nas infecções piogênicas agudas sem tratamento, enquanto ocorre o predomínio de linfócitos ou monócitos nas infecções crônicas. Os transudatos decorrentes de crescimento neoplásico podem assemelhar-se macroscopicamente a exsudatos infecciosos, devido ao aspecto sanguinolento ou purulento, e à ocorrência de coagulação em repouso. O estudo citológico dos esfregaços ou de cortes de células centrifugadas pode demonstrar a natureza neoplásica do processo.

Sangue

Como a bacteriemia com frequência indica a existência de doença potencialmente fatal, sua detecção precoce é essencial. A hemocultura constitui o procedimento mais importante para a detecção de infecção sistêmica causada por bactérias. A hemocultura fornece informações valiosas à abordagem de pacientes febris e agudamente enfermos, com ou sem sinais e sintomas localizados, sendo essencial em qualquer paciente sob suspeita de endocardite infecciosa, mesmo que este não esteja aguda ou gravemente enfermo. Além de sua importância diagnóstica, o isolamento de um agente infeccioso do sangue proporciona ajuda inestimável na determinação da terapia antimicrobiana. Por conseguinte, todos os esforços devem ser feitos para isolar os microrganismos causais na bacteriemia.

Em indivíduos sadios, as amostras de sangue corretamente coletadas mostram-se estéreis. Embora microrganismos provenientes das microbiotas respiratória e gastrintestinal normais possam, em certas ocasiões, penetrar no sangue, são rapidamente removidos pelo sistema reticuloendotelial. Esses microrganismos transitórios raramente afetam a interpretação dos resultados das hemoculturas. Se uma hemocultura revelar a existência de microrganismos, tal fato será de suma importância clínica, contanto que possa ser excluída a possibilidade de contaminação. A contaminação das hemoculturas com microbiota normal da pele é mais comumente devida a erros na coleta do sangue. Logo, é indispensável seguir uma técnica apropriada na execução da hemocultura.

As regras listadas a seguir, quando aplicadas com rigor, permitem a obtenção de resultados confiáveis.

1. Utilizar técnica asséptica estrita. Usar luvas, que não precisam ser esterilizadas.
2. Aplicar um torniquete e localizar uma veia pelo tato. Liberar o torniquete enquanto a pele está sendo preparada.
3. Preparar a pele para punção venosa, limpando-a vigorosamente com álcool isopropílico a 70 a 95%. Ao utilizar tintura de iodo a 2% ou clorexidina a 2%, começar no local da punção venosa e limpar a pele em círculos concêntricos de diâmetro cada vez maior. Deixar a preparação antisséptica secar por pelo menos 30 segundos. Não tocar a pele após ela ter sido preparada.

4. Reaplicar o torniquete, efetuar a punção venosa e (para adultos) coletar cerca de 20 mL de sangue.
5. Colocar o sangue em recipientes de hemocultura rotulados para microrganismos aeróbios e anaeróbios.
6. Rotular adequadamente e transportar imediatamente as amostras para o laboratório.

Diversos fatores determinam se as hemoculturas irão produzir resultados positivos ou não: o volume de sangue cultivado, a diluição do sangue no meio de cultura, o uso de meios de cultura aeróbios e anaeróbios, bem como a duração da incubação. Para adultos, obtém-se habitualmente uma amostra de sangue de 20 mL, e coloca-se metade da amostra em um frasco de hemocultura aeróbia e a outra metade em um frasco para cultura anaeróbia, com o par de frascos constituindo uma única hemocultura. Os fabricantes comerciais de sistemas de hemocultura otimizam a composição do caldo, o volume e os agentes neutralizantes de antibióticos usados (carvão ativado ou grânulos de resina). Os sistemas automáticos de hemocultura utilizam uma variedade de métodos para detectar culturas positivas. Esses métodos automáticos permitem a monitoração frequente das culturas e a detecção mais precoce de culturas positivas. Os meios de cultura empregados em sistemas automatizados são mais ricos, e os sistemas de detecção são mais sensíveis que os sistemas convencionais, de modo que os sistemas automatizados de hemoculturas não precisam ser processados por mais de 5 dias. Em geral, os subcultivos são indicados somente quando o sistema indica que a cultura está positiva. Os sistemas manuais de hemoculturas tornaram-se obsoletos, e provavelmente só são empregados em países em desenvolvimento que não possuem recursos para adquirir sistemas automatizados. Nos sistemas manuais, os frascos de hemoculturas são examinados 2 ou 3 vezes/dia nos primeiros 2 dias e diariamente por 1 semana. No método manual, faz-se o subcultivo cego de todos os frascos de hemocultura no 2º e no 7º dias.

O número de amostras de sangue a serem coletadas para cultura e o período necessário para isso dependem, em parte, da gravidade da doença clínica. Nas infecções hiperagudas (p. ex., sepse por microrganismos Gram-negativos com choque ou sepse estafilocócica), é conveniente cultivar no mínimo duas amostras de sangue obtidas de diferentes locais anatômicos. Em outras infecções bacterêmicas (p. ex., endocardite subaguda), deve-se obter três amostras de sangue durante um período de 24 horas. Um total de três hemoculturas permite o crescimento de bactérias infectantes em mais de 95% dos pacientes com bacteriemia. Se as três culturas iniciais forem negativas e houver suspeita de abscesso oculto, febre de origem indeterminada ou alguma outra infecção obscura, deverão ser coletadas outras amostras de sangue para cultura quando possível, antes de se iniciar a terapia antimicrobiana.

É necessário determinar a importância de uma hemocultura positiva. Alguns critérios podem ser úteis para diferenciar amostras "verdadeiramente positivas" de amostras contaminadas. São eles:

1. O crescimento do mesmo microrganismo em culturas repetidas de amostras obtidas de diferentes locais anatômicos em momentos diferentes sugere fortemente a presença de bacteriemia verdadeira.
2. O crescimento de diferentes microrganismos em frascos de cultura diferentes sugere contaminação, mas em certas oca-

siões pode ocorrer após problemas clínicos, como feridas cirúrgicas e ruptura intestinal.

3. O crescimento da microbiota normal da pele (p. ex., *Staphylococcus* coagulase-negativa, difteroides [*Corynebacterium* e *Cutibacterium*] ou cocos Gram-positivos anaeróbios) em apenas uma de várias culturas sugere contaminação. O crescimento desses microrganismos em mais de uma cultura ou em amostras um paciente de alto risco, como um receptor de transplante de medula óssea imunocomprometido aumenta a probabilidade de bacteriemia clinicamente significativa.
4. É provável que ocorra o crescimento de microrganismos, como *Streptococcus* viridans ou *Enterococcus*, em hemoculturas de pacientes sob suspeita de endocardite, enquanto pode haver o crescimento de bastonetes Gram-negativos, como a *E. coli*, em hemoculturas de pacientes com sepse clínica por microrganismos Gram-negativos. Dessa forma, quando tais microrganismos "esperados" são encontrados, têm maior probabilidade de assumir importância etiológica.

As bactérias mais comumente identificadas em hemoculturas positivas são: *Staphylococcus*, (inclusive *S. aureus*), *Streptococcus* Viridans, *Enterococcus* (inclusive *Enterococcus faecalis*), bactérias Gram-negativas entéricas (inclusive *E. coli* e *K. pneumoniae*), *P. aeruginosa*, *S. pneumoniae*, *H. influenzae*, espécies de *Candida*, entre outras leveduras. Alguns fungos bifásicos, como o *H. capsulatum*, crescem em hemoculturas, porém muitos fungos raramente ou nunca são isolados do sangue. Em certas ocasiões, o CMV e o HSV podem ser cultivados a partir de amostras de sangue, mas a maioria dos vírus, as riquétsias e as clamídias não são cultivadas a partir do sangue. Os protozoários e helmintos parasitas não crescem em hemoculturas.

Na maioria dos tipos de bacteriemia, o exame direto dos esfregaços sanguíneos não é útil. O exame meticuloso de esfregaços do "creme leucocitário" obtido de sangue anticoagulado, corados pelo método de Gram, revela, em certas ocasiões, a presença de bactérias em pacientes com infecção por *S. aureus*, sepse por *Clostridium* ou febre recorrente. Em algumas infecções microbianas (p. ex., antraz, peste, febre recorrente, riquetsiose, leptospirose, espirilose e psitacose), a inoculação de sangue em animais de laboratório pode fornecer resultados positivos mais rapidamente que a cultura. Na prática, isso nunca é feito em laboratórios clínicos, e o diagnóstico pode ser feito por meios alternativos, como sorologia ou testes de amplificação de ácido nucleico.

Urina

O exame bacteriológico da urina é efetuado principalmente quando existem sinais ou sintomas sugestivos de infecção do trato urinário, insuficiência renal ou hipertensão. Deve ser feito sempre em indivíduos sob suspeita de infecção sistêmica ou febre de origem obscura. É recomendado para mulheres no primeiro trimestre de gravidez, para detecção de bacteriúria assintomática (BA).

A urina secretada pelo rim é estéril, a não ser que o rim esteja infectado. A urina não contaminada da bexiga também se mostra normalmente estéril. Contudo, a uretra contém uma microbiota normal, de modo que a urina normal eliminada contém um pequeno número de bactérias. Como é necessário distinguir os microrganismos contaminantes dos etiologicamente importantes, apenas o exame *quantitativo* da urina pode fornecer resultados significativos.

As etapas mostradas a seguir são essenciais para o exame adequado da urina.

A. Coleta adequada da amostra

A correta coleta da amostra constitui a etapa mais importante e mais difícil para a cultura de urina. As amostras satisfatórias de mulheres são problemáticas, podendo ser obtidas da seguinte maneira:

1. Ter à mão um recipiente estéril com tampa de rosca e duas a três compressas de gaze estéril embebidas em solução salina não bacteriostática (não são recomendados sabões de limpeza antibacterianos).
2. Afastar os lábios vulvares com dois dedos e mantê-los afastados durante o processo de limpeza e coleta. Lavar a área da uretra de frente para trás, em um só movimento, com as compressas embebidas em solução salina.
3. Iniciar a micção e, utilizando o recipiente, coletar uma amostra do jato médio. Rotular corretamente o recipiente.

Utiliza-se o mesmo método para a coleta de amostras em homens; em homens não circuncidados, o prepúcio deve ser mantido retraído.

O cateterismo está associado ao risco de introduzir microrganismos na bexiga, embora algumas vezes isso seja inevitável. Podem-se obter amostras separadas dos rins direito e esquerdo, assim como dos ureteres mediante o uso de um cateter na cistoscopia realizada pelo urologista. Uma vez colocado o cateter de longa permanência, com o sistema de coleta fechado, a urina deve ser obtida por aspiração estéril do cateter com agulha e seringa, e não do recipiente de coleta. Para resolver problemas de coleta, a urina pode ser aspirada de modo asséptico diretamente da bexiga cheia por punção suprapúbica da parede abdominal. Esse procedimento geralmente é realizado em lactentes.

Para a maioria dos exames, são suficientes 0,5 mL de urina ureteral ou 5 mL de urina eliminada. Devido à rápida multiplicação de muitos tipos de microrganismo na urina à temperatura ambiente ou corporal, as amostras de urina devem ser rapidamente entregues ao laboratório ou mantidas sob refrigeração, sem ultrapassar uma noite. De forma alternada, podem ser empregados meios de transporte contendo em sua composição ácido bórico, caso o espécime clínico não possa ser refrigerado.

B. Exame microscópico

Podem-se obter muitas informações com o simples exame microscópico da urina. Uma gota de urina fresca não centrifugada, colocada em lâmina, coberta com lamínula e examinada com luz de intensidade restrita com objetiva de grande aumento em microscópio comum pode revelar a presença de leucócitos, células epiteliais e bactérias se o número for superior a 10^5/mL. Finalmente, o achado de 10^5 microrganismos por mililitro em uma amostra de urina coletada adequadamente e examinada constitui forte evidência de infecção ativa das vias urinárias. O esfregaço de urina do jato médio não centrifugada, corado pelo método de Gram, quando indica a presença de bastonetes Gram-negativos, é diagnóstico de infecção do trato urinário.

A rápida centrifugação da urina sedimenta imediatamente os piócitos, que podem transportar bactérias, ajudando, assim, a estabelecer um diagnóstico microscópico de infecção. A presença de outros elementos formados no sedimento (ou a existência de proteinúria) é de pouca valia na identificação de infecção ativa das vias urinárias. Podem ocorrer piócitos na ausência de bactérias, mas pode-se verificar a presença de bacteriúria sem piúria. A observação de numerosas células epiteliais escamosas, lactobacilos ou microbiota mista na cultura sugere coleta incorreta da urina.

Algumas tiras reagentes para urina contêm leucócito-esterase e nitrito, que estabelecem a presença de células polimorfonucleares e bactérias, respectivamente, na urina. As reações positivas são fortemente sugestivas de infecção bacteriana do trato urinário, enquanto as reações negativas para ambas indicam uma baixa probabilidade de infecção do trato urinário, exceto para neonatos e pacientes imunocomprometidos.

C. Cultura

A cultura da urina, para ser significativa, deve ser efetuada de modo quantitativo. A urina corretamente coletada deve ser cultivada em quantidades determinadas em meios sólidos, e devem-se contar as colônias que aparecem após a incubação para que indiquem o número de bactérias por mililitro. O procedimento habitual consiste em espalhar 0,001 a 0,05 mL de urina não diluída em placas de ágar-sangue e outros meios sólidos para cultura quantitativa. Todos os meios de cultura devem ser incubados durante uma noite a 37 °C. Em seguida, a densidade de crescimento deve ser comparada com fotografias de diferentes densidades de crescimento de bactérias semelhantes, fornecendo dados semiquantitativos.

Na pielonefrite ativa, o número de bactérias na urina coletada por cateter ureteral é relativamente baixo. Enquanto se acumulam na bexiga, as bactérias multiplicam-se rapidamente e, em pouco tempo, atingem um número superior a 10^5/mL — bem mais do que poderia ocorrer como resultado de contaminação pela microbiota uretral ou da pele, ou pelo ar. Por conseguinte, existe um consenso de que, se forem cultivadas mais de 10^5 colônias/mL a partir de uma amostra de urina adequadamente coletada e cultivada, o resultado constituirá forte evidência de infecção ativa do trato urinário. A presença de mais de 10^5 bactérias do mesmo tipo por mililitro em duas amostras consecutivas estabelece o diagnóstico de infecção ativa do trato urinário com 95% de certeza. Se forem cultivadas menos bactérias, indica-se o exame repetido da urina para confirmar a presença de infecção.

O achado de menos de 10^4 bactérias/mL – incluindo alguns tipos diferentes de bactéria – sugere que os microrganismos provêm da microbiota normal e são contaminantes, geralmente em consequência de coleta inadequada da amostra. A presença de 10^4/mL de um único tipo de bastonete Gram-negativo entérico é fortemente sugestiva de infecção do trato urinário, em especial nos homens. Em certas ocasiões, mulheres jovens com disúria aguda e infecção das vias urinárias apresentam 10^2 a 10^3/mL. Se as culturas forem negativas, mas houver sinais clínicos de infecção das vias urinárias, deverá ser considerada a possibilidade de "síndrome uretral", obstrução ureteral, infecção gonocócica, tuberculose vesical ou outra doença.

Líquido cerebrospinal

A meningite ocupa posição de destaque entre as emergências clínicas, tornando essencial seu diagnóstico precoce, rápido e preciso.

O diagnóstico de meningite depende de um elevado índice de suspeita, da obtenção de amostras apropriadas e do exame imediato dessas amostras. Como o risco de morte ou de lesão irreversível é grande, a não ser que o tratamento seja iniciado imediatamente, raramente existe uma segunda chance para a obtenção de amostras pré-tratamento, que são essenciais para o diagnóstico etiológico específico e o tratamento ideal.

O problema diagnóstico mais urgente consiste em diferenciar a meningite bacteriana purulenta aguda da meningite "asséptica" e granulomatosa. Em geral, a decisão imediata baseia-se na contagem de células, na concentração de glicose e proteína do LCS, bem como nos resultados do exame microscópico à procura de microrganismos (ver Caso 1, Capítulo 48). A impressão inicial é modificada pelos resultados das culturas, das provas sorológicas, dos testes de amplificação de ácidos nucleicos e de outros procedimentos laboratoriais. Ao avaliar os resultados das determinações da glicose do LCS, deve-se considerar o nível simultâneo de glicemia. Em algumas neoplasias do SNC, o nível de glicose do LCS apresenta-se baixo.

A. Amostras

Tão logo haja suspeita de infecção do SNC, devem-se obter amostras de sangue para cultura e uma amostra de LCS. Para obtenção do LCS, deve-se proceder a uma punção lombar com técnica asséptica estrita, tendo cuidado para não comprimir a medula com a retirada muito rápida do líquido quando a pressão intracraniana estiver acentuadamente elevada. Em geral, o LCS é coletado em 3 ou 4 porções de 2 a 5 mL em tubos de ensaios esterilizados, o que permite a realização mais conveniente e confiável de exames para determinação dos diferentes valores necessários para se planejar a abordagem.

B. Exame microscópico

Os esfregaços são efetuados com o sedimento do LCS centrifugado. Recomenda-se utilizar uma centrífuga tipo *Cytospin*, porque concentra o material celular e as bactérias de maneira mais eficaz que a centrifugação comum. Os esfregaços são corados pelo método de Gram. O exame dos esfregaços corados com objetiva de imersão em óleo pode revelar a presença de diplococos Gram-negativos intracelulares (meningococos), diplococos Gram-negativos lanceolados intra e extracelulares (pneumococos) ou pequenos bastonetes Gram-negativos (*H. influenzae* ou bastonetes Gram-negativos entéricos).

C. Detecção de antígenos

É possível detectar o antígeno criptocócico no LCS pelo teste de aglutinação do látex ou EIAs. Os testes de detecção de antígenos bacterianos caíram em desuso, pois não são mais sensíveis do que a coloração de Gram de rotina.

D. Cultura

Os métodos de cultura utilizados devem favorecer o crescimento dos microrganismos mais comumente encontrados na meningite. O ágar-sangue de carneiro e o ágar-chocolate juntos propiciam o crescimento de quase todos os fungos e bactérias que causam meningite. O diagnóstico de meningite tuberculosa exige a realização de culturas em meios especiais (ver Tabela 47-2 e Capítulo 23). Os vírus que causam meningite asséptica ou meningoencefalite, como HSV, enterovírus, vírus JC e caxumba, podem ser melhor detectados por métodos de amplificação de ácido nucleico.

E. Exame de acompanhamento do LCS

A normalização do nível de glicose e da contagem de células do LCS constitui uma boa evidência de tratamento adequado. A resposta clínica é de suma importância.

Secreções respiratórias

Com frequência, os sinais e sintomas indicam o comprometimento de determinada área das vias respiratórias, sendo as amostras coletadas de acordo com esses locais. Ao interpretar os resultados de laboratório, é necessário considerar a microbiota normal da área em que foi coletada a amostra.

A. Amostras

1. Garganta – Os casos de "dor de garganta" são causados, em sua maioria, por infecção viral. Apenas 5 a 10% das "dores de garganta" em adultos e 15 a 20% em crianças estão associados a infecções bacterianas. O achado de exsudato amarelado folicular ou de membrana acinzentada deve levantar a suspeita de infecção por *Streptococcus* β-hemolíticos do grupo A de Lancefield, difteria e infecção por gonococos, fusoespiroquetas ou *Candida*. Esses sinais também podem ser observados na mononucleose infecciosa e nas infecções por adenovírus e outros vírus.

Devem ser obtidos *swabs* de garganta de cada região amigdaliana, bem como da parede faríngea posterior, sem tocar na língua e na mucosa bucal. A microbiota normal da garganta inclui inúmeros *Streptococcus* Viridans, espécies de *Neisseria*, difteroides, *Staphylococcus*, pequenos bastonetes Gram-negativos e muitos outros microrganismos. O exame microscópico de esfregaços de *swabs* de garganta é de pouca valia nas infecções estreptocócicas, visto que todos os indivíduos abrigam na garganta um predomínio de *Streptococcus*.

As culturas de *swabs* de garganta são mais confiáveis quando o material é inoculado imediatamente após a coleta. Podem-se utilizar meios de cultura seletivos para os estreptococos com o objetivo de cultivar microrganismo *Streptococcus* do grupo A. Ao semear o material em meios seletivos para os *Streptococcus* ou em placas de ágar-sangue, é fundamental espalhar minuciosamente um pequeno inóculo e evitar supercrescimento da microbiota normal, o que pode ser feito facilmente tocando uma pequena área da placa com o *swab* e utilizando um segundo aplicador esterilizado (ou uma alça bacteriológica esterilizada) para semear a placa a partir dessa área. A detecção de colônias β-hemolíticas é facilitada ao se cortar o ágar (para reduzir a tensão de oxigênio) e incubar a placa durante 2 dias a 37 °C.

Nas duas últimas décadas, uma variedade de testes de detecção de antígenos, métodos com sondas e testes de amplificação de ácidos nucleicos foi desenvolvida para melhorar a detecção de *Streptococcus pyogenes* de *swabs* de garganta em pacientes com faringite estreptocócica aguda. É importante que o usuário perceba que somente *S. pyogenes* será detectado ou excluído por esses testes, e, portanto, eles não podem ser utilizados para o diagnóstico da faringite bacteriana causada por outros patógenos. As recomendações atuais indicam a realização de cultura em certos pacientes com suspeita de infecções de garganta por *Streptococcus* do grupo A, particularmente no ambiente pediátrico, que apresentam resultados de teste rápido negativos, a menos que os testes rápidos tenham se mostrado tão sensíveis quanto os métodos de cultura.

2. Nasofaringe – *Swabs* de nasofaringe são mais comumente usados no diagnóstico de infecções virais respiratórias. A coqueluche é diagnosticada pela cultura de *B. pertussis* de lavados nasofaríngeos ou nasais ou por amplificação do DNA da *B. pertussis* mediante amostra por PCR.

3. Ouvido médio – Raramente são obtidas amostras do ouvido médio devido à necessidade de punção do tímpano. Na otite média aguda, 30 a 50% dos casos de líquido aspirado são bacteriologicamente estéreis. As bactérias isoladas com maior frequência são *S. pneumoniae*, *H. influenzae*, *Moraxella catarrhalis* e *Streptococcus* hemolíticos.

4. Trato respiratório inferior – As secreções brônquicas e pulmonares de exsudatos são frequentemente analisadas por meio de exame do escarro. O aspecto mais enganoso do exame do escarro é a contaminação quase inevitável com a saliva e a microbiota oral. Logo, o achado de *Candida*, *S. aureus* ou até mesmo *S. pneumoniae* no escarro de um paciente com pneumonite não tem qualquer significado etiológico, a não ser que seja corroborado pelo quadro clínico. As amostras de escarro, para serem significativas, devem ser expectoradas das vias respiratórias inferiores e ser visivelmente distintas da saliva. O escarro pode ser induzido por inalação de aerossol de solução salina hipertônica aquecida durante alguns minutos. Na pneumonia acompanhada de efusão pleural, o líquido pleural pode conter os microrganismos causais, sendo, portanto, mais confiável que o escarro. Se houver suspeita de tuberculose, os lavados gástricos (escarro deglutido) poderão revelar microrganismos quando o material expectorado não for obtido, como, por exemplo, em pacientes pediátricos.

5. Aspirado traqueal, broncoscopia, biópsia pulmonar, lavado broncoalveolar – A microbiota nessas amostras frequentemente reflete, de modo acurado, os processos existentes nas vias respiratórias inferiores. Podem ser necessárias amostras obtidas por broncoscopia para o diagnóstico da pneumonia por *Pneumocystis* ou infecção causada por *Legionella* ou outros microrganismos. As amostras de lavado broncoalveolar são particularmente úteis em pacientes imunocomprometidos com pneumonia difusa.

B. Exame microscópico

Os esfregaços de partículas ou grânulos purulentos do escarro corados pelo método de Gram ou pelo método álcool-ácido-resistente podem revelar microrganismos causais e PMNs. A presença de inúmeras células epiteliais escamosas sugere contaminação pesada com saliva, e tais amostras serão rejeitadas para cultura; um grande número de PMNs sugere um exsudato purulento de infecção.

C. Cultura

Os meios utilizados para culturas de escarro devem ser apropriados para o crescimento de bactérias (p. ex., *S. pneumoniae* e *K. pneumoniae*), fungos (p. ex., *C. immitis*), micobactérias (p. ex., *M. tuberculosis*) e outros microrganismos. As amostras obtidas por broncoscopia e biópsia pulmonar também devem ser semeadas por outros meios de cultura (p. ex., para anaeróbios, *Legionella* e outros microrganismos). Deve-se estimar a prevalência relativa dos diferentes microrganismos na amostra. Apenas o achado de um microrganismo predominante ou o isolamento simultâneo de um microrganismo do escarro e do sangue podem estabelecer claramente o seu papel no processo pneumônico ou supurativo. Além disso, laboratórios de hospitais que apresentam muitos pacientes transplantados com frequência possuem um abrangente algoritmo para espécimes que são obtidas por broncoscopia, incluindo uma variedade de métodos, como os NAATs e outras técnicas para ampla detecção de diferentes possíveis patógenos.

Amostras do trato gastrintestinal

Os sintomas agudos relacionados ao trato gastrintestinal, sobretudo náuseas, vômitos e diarreia, são comumente atribuídos à infecção. Na verdade, a maioria desses sintomas é causada por intolerância a alimentos ou bebidas, enterotoxinas, medicamentos ou doenças sistêmicas.

Muitos casos de diarreia infecciosa aguda são causados por vírus que não podem crescer em cultura de tecido. No entanto, inúmeros vírus que podem crescer em cultura (p. ex., adenovírus e enterovírus) podem multiplicar-se no intestino sem causar sintomas gastrintestinais. De modo semelhante, alguns patógenos bacterianos entéricos podem persistir no intestino após infecção aguda. Por conseguinte, pode ser difícil atribuir alguma importância a um agente bacteriano ou viral cultivado a partir de amostras de fezes, particularmente na presença de doença subaguda ou crônica.

Essas considerações não devem desestimular o médico no seu empenho por obter o isolamento laboratorial de microrganismos entéricos, mas constituir apenas um aviso de que existem algumas dificuldades comuns na interpretação dos resultados.

O intestino grosso tem uma microbiota bacteriana normal extraordinariamente grande. Os microrganismos mais prevalentes são anaeróbios (*Bacteroides*, bastonetes Gram-positivos e cocos Gram-positivos), microrganismos Gram-negativos entéricos e *E. faecalis*. Qualquer tentativa de isolar bactérias patogênicas das fezes requer a separação dos patógenos da microbiota normal, geralmente com o uso de meios seletivos diferenciais e culturas de enriquecimento. As causas importantes das gastrenterites agudas incluem vírus, toxinas (de *Staphylococcus*, *Clostridium*, *Vibrio*, *E. coli* toxigênica), *Shigella*, *Salmonella* e *Campylobacter*. A importância relativa desses grupos de microrganismos difere acentuadamente em diversas partes do mundo.

A. Amostras

Fezes e *swabs* retais constituem as amostras obtidas com mais facilidade. A bile coletada por drenagem duodenal pode revelar infecção do trato biliar. É preciso observar a presença de sangue, muco ou helmintos no exame macroscópico da infecção. O achado de leucócitos em suspensões de amostras de fezes examinadas ao microscópio ou a detecção de leucócitos derivados da proteína lactoferrina constituem formas úteis de diferenciar as diarreias infecciosas invasivas das não invasivas. Devem-se utilizar técnicas especiais para investigar protozoários e helmintos parasitas, bem como seus ovos.

B. Cultura

As amostras são suspensas em caldo e cultivadas em meios comuns, bem como em meios diferenciais (p. ex., ágar MacConkey, ágar EMB), para permitir a separação dos bastonetes Gram-negativos que não fermentam a lactose de outras bactérias entéricas que fermentam esse carboidrato. Se houver suspeita de infecção por *Salmonella*, a amostra também deverá ser semeada em meio de cultura enriquecido (p. ex., caldo F com selenito) durante 18 horas antes de ser semeada em meios de cultura diferenciais (p. ex., meio entérico Hektoen ou ágar *Salmonella-Shigella*). É mais provável o isolamento da *Yersinia enterocolitica* após o armazenamento de suspensões fecais durante 2 semanas a 4 °C, mas esse microrganismo também pode ser isolado em ágar yersinia ou *Salmonella-Shigella* incubado a 25 °C. O crescimento de *Vibrio* é melhor em ágar-sacarose com sais biliares, tiossulfato e citrato (ágar TCBS). As espécies de *Campylobacter* termófilas (*C. jejuni*, *C. coli* e *C. lari*) podem ser isoladas em ágar campylobacter ou em meio seletivo de Skirrow, com incubação a 40 a 42 °C em CO_2 a 10% e acentuada redução da tensão de O_2. As colônias bacterianas são identificadas por métodos bacteriológicos padronizados ou MALDI-TOF MS. A aglutinação de bactérias de colônias suspeitas com antissoro misturado específico constitui frequentemente o método mais rápido para se estabelecer a presença de salmonelas ou shigelas no trato intestinal.

C. Métodos não baseados em cultura

Testes EIAs para a detecção de patógenos entéricos específicos, diretamente nas fezes ou para a confirmação do crescimento em caldo ou meio sólido, estão disponíveis. Esses testes que detectam as toxinas de Shiga 1 a 2 em casos suspeitos de colites causadas por *E. coli* êntero-hemorrágica (também chamada de *E. coli* produtora de toxina Shiga, ou STEC) estão disponíveis e são superiores à cultura. Também estão disponíveis Elisa para a detecção direta de patógenos virais, como rotavírus, adenovírus 40, 41 e norovírus; patógenos bacterianos como *C. jejuni*; e protozoários como *Giardia lamblia*, *Cryptosporidium parvum* e *Entamoeba histolytica*. O desempenho desses testes é variável. Painéis de teste de ácido nucleico estão disponíveis para a detecção direta de patógenos gastrintestinais nas fezes. Os requisitos das amostras e os microrganismos presentes em cada painel variam de acordo com o fabricante.

Os parasitas intestinais e seus ovos são detectados por meio de exame microscópico repetido de amostras fecais frescas. As amostras requerem manuseio especial no laboratório, e várias amostras podem ser necessárias para diagnosticar infecções de baixo nível (ver Capítulo 46). Testes para detecção do ácido nucleico também estão disponíveis para alguns parasitas.

Infecções sexualmente transmissíveis

As causas do corrimento genital da uretrite em homens são o *N. gonorrhoeae*, *C. trachomatis* e *Ureaplasma urealyticum*. Em mulheres, a endocervicite é causada por *N. gonorrhoeae* e *C. trachomatis*. As lesões genitais associadas a doenças em ambos os sexos são frequentemente causadas pelo herpes-vírus, menos comumente pelo *T. pallidum* (sífilis) ou *Haemophilus ducreyi* (cancroide), incomumente pelo *C. trachomatis* (linfogranuloma venéreo) e raramente pelo *K. granulomatis* (granuloma inguinal). Cada uma dessas doenças apresenta história natural e evolução das lesões características, embora uma possa imitar a outra. O diagnóstico laboratorial da maioria das referidas infecções é considerado em outra parte deste livro. São descritos adiante alguns exames diagnósticos que se encontram resumidos na Tabela 47-2.

A. Gonorreia

Esfregaço corado de exsudato uretral ou cervical que mostre a presença de diplococos Gram-negativos intracelulares é fortemente sugestivo de gonorreia. A sensibilidade é de cerca de 90% para o homem e de 50% para a mulher – assim, para as mulheres, são recomendados o exame de cultura ou os testes de amplificação dos ácidos nucleicos. O exsudato, o *swab* retal ou o *swab* de garganta devem ser semeados imediatamente em meios de cultura especiais para o crescimento de *N. gonorrhoeae*. Métodos moleculares para detectar o DNA de *N. gonorrhoeae* em exsudatos uretrais ou cervicais ou na urina são mais sensíveis que a cultura.

B. Infecções genitais por *Chlamydia*

Ver a seção sobre o diagnóstico das infecções por clamídias, adiante neste capítulo.

C. Herpes genital

Ver o Capítulo 33, bem como a seção sobre o diagnóstico das infecções virais, adiante neste capítulo.

D. Sífilis

O exame do líquido tecidual coletado na base do cancro, em campo escuro ou por imunofluorescência, pode revelar a presença do *T. pallidum* típico, porém esse teste raramente está clinicamente disponível. As provas sorológicas para a sífilis tornam-se positivas 3 a 6 semanas após a infecção. A positividade do teste de floculação (p. ex., VDRL ou RPR) exige confirmação. A infecção sifilítica é comprovada por um resultado positivo no teste de imunofluorescência indireta para anticorpos treponêmicos (p. ex., FTA-ABS [do inglês *fluorescent treponemal antibody, absorbed*], teste de aglutinação por partícula conjugada com *T. pallidum* [TP-PA, do inglês *T. pallidum particle agglutination test*) ou novo EIA com revelação quimiluminescente (ver Capítulo 24).

E. Cancroide

Em geral, os esfregaços de uma lesão supurativa revelam microbiota bacteriana mista. Os *swabs* de lesões devem ser cultivados em dois ou três meios seletivos para *H. ducreyi* a 33 °C. As provas sorológicas não são úteis. A cultura é apenas cerca de 50% sensível, portanto, o diagnóstico e o tratamento costumam ser feitos empiricamente com base em uma apresentação típica. Os ensaios moleculares são usados em alguns laboratórios de referência ou de pesquisa.

F. Granuloma inguinal

O *K. granulomatis* (anteriormente, *K. Calymmatobacterium*), o agente etiológico dessa lesão proliferativa, granulomatosa e de consistência dura, pode ser cultivado em meios bacteriológicos complexos. Entretanto, a cultura é raramente efetuada, uma vez que sua execução bem-sucedida se mostra muito difícil. A demonstração histológica de "corpúsculos de Donovan" intracelulares em material de biópsia confirma com maior frequência a impressão clínica. As provas sorológicas não são úteis. Os ensaios moleculares são usados em alguns laboratórios de referência ou de pesquisa.

G. Vaginose/vaginite

A vaginose bacteriana associada à *Gardnerella vaginalis* ou *Mobiluncus* (ver Capítulo 21 e Capítulo 48, Caso 13) é diagnosticada por meio de exame por inspeção do corrimento vaginal. O corrimento (1) é acinzentado e às vezes espumoso, (2) apresenta pH acima de 4,6, (3) contém uma amina ("odor de peixe") quando alcalinizado com hidróxido de potássio, e (4) possui "células indicadoras" (*clue cells*), que consistem em grandes células epiteliais recobertas com bastonetes Gram-negativos ou Gram-lábeis. São utilizadas observações semelhantes para o diagnóstico da infecção por *Trichomonas vaginalis* (ver Capítulo 46). Os microrganismos móveis podem ser visualizados em preparações a fresco ou cultivados a partir da amostra do corrimento genital. Sondas genéticas e, mais recentemente, NAATs são muito mais sensíveis do que os procedimentos a fresco. A vaginite causada por *Candida albicans* é diagnosticada pelo achado da levedura ou das pseudo-hifas em preparação de hidróxido de potássio do corrimento vaginal ou por cultura.

INFECÇÕES ANAERÓBIAS

A maioria das bactérias que compõem a microbiota humana normal é constituída de anaeróbios. Quando deslocados de seus locais normais em tecidos ou espaços corporais, os anaeróbios podem provocar doença. Certas características são sugestivas de infecções por anaeróbios: (1) com frequência, são contíguas a uma superfície mucosa; (2) tendem a envolver misturas de microrganismos; (3) tendem a formar infecções em espaços fechados, em forma de abscessos isolados (pulmonar, cerebral, pleural, peritoneal, pélvico) ou infiltrando-se através das camadas teciduais; (4) o pus das infecções por anaeróbios frequentemente tem odor fétido; (5) a maioria dos anaeróbios de importância patogênica, à exceção de *Bacteroides* e algumas espécies de *Prevotella*, é altamente suscetível à penicilina G; (6) as infecções por anaeróbios são favorecidas por redução do suprimento sanguíneo, presença de tecido necrótico e baixo potencial de oxirredução – fatores que também interferem na liberação dos antimicrobianos; (7) é fundamental utilizar métodos essenciais de coleta, meios de transporte, bem como técnicas e meios anaeróbios sensíveis para isolar esses microrganismos. Caso contrário, o exame bacteriológico pode ser negativo ou revelar apenas aeróbios casuais. (Ver também Capítulo 21.)

Os locais abordados a seguir constituem importantes pontos de infecção por anaeróbios.

Trato respiratório

As infecções periodontais, os abscessos periorais, a sinusite e a mastoidite podem ser causadas predominantemente por *Prevotella melaninogenica*, *Fusobacterium* e *Peptostreptococcus*. A aspiração do conteúdo da cavidade oral para os pulmões pode resultar em pneumonia necrosante, abscesso pulmonar e empiema. Os antimicrobianos e a drenagem postural ou cirúrgica são essenciais para o tratamento.

Sistema nervoso central

Os anaeróbios raramente provocam meningite, mas constituem causas comuns de abscesso cerebral, empiema subdural e tromboflebite séptica. Em geral, os microrganismos originam-se no trato respiratório e disseminam-se para o cérebro por extensão ou por via hematogênica.

Infecções intra-abdominais e pélvicas

A microbiota do cólon consiste predominantemente em anaeróbios, 10^{11} bactérias/g de fezes. O *Bacteroides fragilis* e as espécies de *Clostridium* e *Peptostreptococcus* desempenham importante papel na formação de abscessos em decorrência de perfuração intestinal. A *Prevotella bivia* e a *Prevotella disiens* são importantes nos abscessos pélvicos que se originam nos órgãos genitais femininos. A exemplo do *B. fragilis*, essas espécies costumam ser relativamente resistentes à penicilina. Com isso, devem-se utilizar clindamicina, metronidazol ou um outro agente eficaz.

Infecções cutâneas e dos tecidos moles

As bactérias anaeróbias e aeróbias frequentemente se unem para formar infecções sinérgicas (gangrena, fascite necrosante, celulite). As formas mais importantes de tratamento consistem em drenagem cirúrgica, excisão e melhora da circulação, enquanto os antimicrobianos atuam como adjuvantes. Em geral, é difícil apontar determinado microrganismo como responsável pela lesão progressiva devido à participação habitual de misturas de microrganismos.

DIAGNÓSTICO DAS INFECÇÕES POR *CHLAMYDIA*

Embora *C. trachomatis*, *C. pneumoniae* e *C. psittaci* sejam bactérias, elas são parasitas intracelulares obrigatórios. As culturas e outros testes diagnósticos para as clamídias exigem procedimentos muito semelhantes aos utilizados em laboratórios de virologia diagnóstica em vez dos empregados em laboratórios de bacteriologia e micologia. Por conseguinte, o diagnóstico das infecções causadas por clamídias é discutido em uma seção distinta deste capítulo. O diagnóstico laboratorial das infecções por clamídias também é considerado no Capítulo 27.

Amostras

No caso das infecções oculares e genitais por *C. trachomatis*, as amostras para exame direto ou cultura devem ser coletadas de locais infectados por meio de raspados ou *swabs* vigorosos da superfície epitelial atingida. As culturas de secreções purulentas não são adequadas, devendo o material purulento ser retirado antes da obtenção da amostra. Logo, no caso da conjuntivite de inclusão, obtém-se um raspado conjuntival; na presença de uretrite, obtém-se um *swab* de alguns centímetros para dentro da uretra; para a cervicite, a amostra é obtida da superfície de células colunares do canal endocervical. *Swabs* ou amostras de urina podem ser usados para testes de amplificação dos ácidos nucleicos. Quando há suspeita de infecção do trato genital superior em mulheres, os raspados do endométrio fornecem uma boa amostra. O líquido obtido por culdocentese ou aspiração da tuba uterina tem baixa taxa de isolamento de *C. trachomatis* em cultura.

Para *C. pneumoniae*, utilizam-se amostras de *swab* da nasofaringe (e não da garganta).

Para linfogranuloma venéreo, os aspirados dos bubões ou nódulos flutuantes constituem a melhor amostra para cultura.

Para psitacose, cultura de escarro, sangue ou material de biópsia podem conter *C. psittaci*. Esses testes não são feitos rotineiramente em laboratórios clínicos, pois requerem métodos especializados, além de haver risco para o pessoal de laboratório.

Os *swabs*, os raspados e as amostras de tecido devem ser colocados em meios de transporte. Um meio útil contém 0,2 mol/L de sacarose em tampão de fosfato de 0,02 M, pH de 7,0 a 7,2, com 5% de soro fetal bovino. O meio de transporte deve conter antibióticos para suprimir outras bactérias diferentes das espécies de *Chlamydia*. A gentamicina (10 µg/mL), a vancomicina (100 µg/mL) e a anfotericina B (4 µg/mL) podem ser utilizadas em combinação, visto que não inibem as clamídias. Se não for possível processar rapidamente as amostras, elas poderão ser refrigeradas por 24 horas;

caso contrário, deverão ser congeladas a –60 °C ou a temperaturas mais baixas até serem processadas.

Microscopia e coloração

O exame citológico só é importante e útil no exame de raspados conjuntivais para se estabelecer o diagnóstico de conjuntivite de inclusão e tracoma por *C. trachomatis*. Podem-se observar inclusões intracitoplasmáticas típicas, classicamente em amostras coradas pelo método de Giemsa. Podem-se utilizar anticorpos monoclonais conjugados com fluoresceína para o exame direto de amostras do trato genital e amostras oculares; todavia, não são tão sensíveis quanto as culturas de clamídias ou os testes diagnósticos moleculares.

Cultura

Quando solicitada cultura, recomendam-se técnicas de cultura de células para isolamento das espécies de *Chlamydia*. Em geral, a cultura de células para *C. trachomatis* e *C. psittaci* envolve a inoculação das amostras clínicas em células de McCoy tratadas com cicloeximida, enquanto a *C. pneumoniae* exige células HL ou HEP-2 pré-tratadas. Para detecção de *C. trachomatis*, recorre-se à imunofluorescência, à coloração pelo método de Giemsa ou à coloração por iodo para a pesquisa de inclusões intracitoplasmáticas. As técnicas imunofluorescentes são as mais sensíveis das três colorações, mas exigem reagentes de IF especiais e microscopia. O método de Giemsa mostra-se mais sensível que o iodo, porém o exame microscópico é mais difícil.

As inclusões de *C. trachomatis* coram-se pelo iodo, o que não ocorre com as inclusões de *C. pneumoniae* e *C. psittaci* (ver Capítulo 27). Essas duas espécies são distinguidas de *C. trachomatis* por suas respostas diferentes à coloração por iodo e suscetibilidade à sulfonamida. A *C. pneumoniae* em cultura pode ser detectada com o uso de anticorpo monoclonal específico do gênero ou, melhor ainda, de anticorpo monoclonal específico da espécie. As técnicas sorológicas para diferenciação das espécies não são práticas, embora *C. trachomatis* possa ser tipada pelo método de microimunofluorescência.

Detecção de antígenos e hibridização do ácido nucleico

Os ensaios imunoenzimáticos não são mais preconizados para a detecção dos antígenos de clamídia em amostras do trato genital de pacientes com infecção sexualmente transmissível. As técnicas NAATs são mais sensíveis para clamídia (ver adiante) e estão substituindo o Elisa. Os testes de anticorpos fluorescentes diretos (AFD) continuam sendo usados para alguns espécimes de sítios não genitais, como a conjuntiva de neonatos. Os testes de amplificação de ácido nucleico, como a PCR, amplificação mediada por transcrição (TMA, do inglês *transcription-mediated amplification*) ou amplificação por deslocamento de fita (SDA, do inglês *strand displacement amplification*), estão disponíveis. Esses testes são muito mais sensíveis do que os testes de cultura e outros testes de não amplificação e têm alta especificidade (ver Capítulo 27).

Sorologia

O teste de fixação do complemento é amplamente utilizado no diagnóstico de psitacose. O diagnóstico sorológico das infecções por clamídias é discutido no Capítulo 27.

O método de microimunofluorescência é mais sensível que o teste de FC para a determinação dos anticorpos dirigidos contra as clamídias. O título de anticorpos IgG pode ser diagnóstico quando se verifica uma elevação de 4 vezes nos títulos em amostras de soro das fases aguda e convalescente. Todavia, pode ser difícil demonstrar uma elevação dos títulos de IgG devido aos títulos elevados na população sexualmente ativa. A determinação dos anticorpos IgM é particularmente útil no diagnóstico de pneumonia por *C. trachomatis* em neonatos. Os lactentes nascidos de mães com infecções por clamídias apresentam anticorpos séricos IgG contra as clamídias provenientes da circulação materna. Os lactentes com infecções oculares ou das vias respiratórias superiores apresentam baixos títulos de IgM anticlamídia, enquanto os lactentes com pneumonia por clamídia exibem títulos de IgM contra as clamídias de 1:32 ou mais.

DIAGNÓSTICO DAS INFECÇÕES VIRAIS

O diagnóstico virológico exige uma comunicação entre o médico e o laboratório, e depende da qualidade das amostras e das informações fornecidas ao laboratório.

A escolha dos métodos para confirmação laboratorial de infecção viral depende do estágio da doença (Tabela 47-4). Os testes com anticorpos exigem amostras obtidas a intervalos apropriados, e o diagnóstico só é confirmado na convalescença. O isolamento do vírus, a detecção de antígenos ou os NAATs são necessários (1) quando ocorrem novas epidemias, como a influenza; (2) quando as provas sorológicas não são úteis; e (3) quando a mesma doença clínica pode ser causada por muitos agentes diferentes. Por exemplo, a meningite asséptica (não bacteriana) pode ser causada por muitos vírus diferentes; de modo semelhante, as síndromes respiratórias podem ser causadas por inúmeros vírus, bem como por micoplasmas e outros agentes.

Os métodos diagnósticos baseados em NAATs têm substituído algumas abordagens que utilizam culturas de vírus. Entretanto, não mudará a necessidade da coleta apropriada de amostras e interpretação dos testes. Além disso, haverá situações em que será conveniente o isolamento do agente infeccioso.

TABELA 47-4 **Relação do estágio da doença com a presença viral e com o aparecimento de anticorpos específicos**

Estágio ou período da doença	Vírus detectável no material testado	Anticorpo específico demonstrável[a]
Incubação	Raramente	Ausente
Pródromo	Ocasionalmente	Ausente
Início	Frequentemente	Ocasionalmente (IgM)
Fase aguda	Frequentemente	Frequentemente (IgM, algumas vezes IgG)
Recuperação	Raramente	Frequentemente (IgM, IgG)
Convalescença	Muito raramente	Frequentemente (somente IgG)

[a]O anticorpo pode ser detectado em uma fase muito precoce em indivíduos previamente vacinados.

TABELA 47-5 Infecções virais: agentes, amostras e testes diagnósticos

Síndrome e vírus	Amostra	Sistema de detecção	Comentários
Doenças respiratórias			
Vírus influenza	Swab nasofaríngeo, BAL	Cultura de células, AFD, teste rápido, PCR	Testes rápidos de antígenos menos sensíveis, PCR mais sensível
Vírus parainfluenza	Swab nasofaríngeo, BAL	Cultura de células, AFD, PCR	PCR mais sensível
Vírus respiratório sincicial	Swab nasofaríngeo, BAL	Cultura de célula, AFD, teste rápido, PCR	Testes rápidos de antígenos menos sensíveis, PCR mais sensível
Adenovírus	Swab nasofaríngeo, BAL, fezes, swab da conjuntiva	Cultura de células, AFD, PCR, EIA para adenovírus entérico	Muitos sorotipos não são cultiváveis, PCR mais sensível
Doenças febris			
Dengue, outras arboviroses	Soro, LCS, amostras de necropsia, vetor (mosquito Aedes)	Cultura de células, sorologia, PCR	Muitos vírus desse grupo são altamente infecciosos e facilmente transmitidos aos laboratoristas. Alguns devem ser estudados apenas em laboratórios de nível de biossegurança 3/4
Febres hemorrágicas			
Encefalite			
Arbovírus	Soro, LCS, swab de nasofaringe	Camundongos lactentes, cultura de células, PCR	Muitos vírus desse grupo são altamente infecciosos e facilmente transmitidos aos laboratoristas; alguns devem ser estudados apenas em laboratórios de nível de biossegurança 3/4
Enterovírus	LCS, swab de orofaringe, fezes	Cultura de células, PCR	A cultura de orofaringe ou fezes pode ser usada como evidência de infecção em pessoas sintomáticas; PCR mais sensível
Vírus da raiva	Saliva, necropsia cerebral, necropsia cutânea (pele da nuca)	PCR, DIF	Tratamento baseado em sintomas clínicos
Herpes-vírus	LCS	Cultura de células, PCR	PCR mais sensível, cultura não recomendada
Meningite			
Enterovírus	LCS	Cultura de células, PCR	PCR mais sensível, cultura não recomendada
Vírus da caxumba	LCS, swab de nasofaringe, urina	Cultura de células, PCR	PCR mais sensível
Mononucleose infecciosa			
Vírus Epstein-Barr	Sangue, swab de nasofaringe	Anticorpos heterófilos (monospot), PCR, sorologia	Teste monospot usado para diagnosticar infecção aguda; PCR usado para monitorar distúrbios linfoproliferativos pós-transplante
Citomegalovírus	Sangue, urina, swab de garganta	Cultura de células, cultura em frasco (shell vial), detecção de antígenos, PCR	Cultura em frasco mais rápido do que a cultura de rotina PCR usado para monitorar pacientes transplantados para reativação
Hepatite			
Vírus da hepatite A	Soro, fezes	Sorologia, PCR	Sorologia para IgM é usada para diagnóstico de infecção aguda
Vírus da hepatite B	Soro	Sorologia, PCR	Sorologia usada para diagnóstico de infecção, qPCR usado para monitoramento do paciente
Vírus da hepatite C	Soro	Sorologia, PCR	Sorologia usada para diagnóstico de infecção, qPCR usado para monitoramento do paciente
Vírus da hepatite D	Soro	Sorologia, PCR	Somente é capaz de ser replicado na presença do vírus da hepatite B

(continua)

TABELA 47-5 Infecções virais: agentes, amostras e testes diagnósticos (continuação)

Síndrome e vírus	Amostra	Sistema de detecção	Comentários
Enterite			
Rotavírus	Fezes	Teste de antígeno, PCR	
Agente Norwalk, calicivírus, astrovírus	Fezes	PCR	
Exantemas			
Vírus varicela-zóster	Fluido de vesículas	Cultura de células, AFD, PCR	AFD e PCR mais sensíveis que cultura
Vírus do sarampo	Swab de nasofaringe, sangue e urina	Cultura de células, AFD, PCR	PCR mais sensível
Vírus da rubéola	Swab de nasofaringe, sangue e urina	Cultura de células, sorologia, PCR	Sorologia usada na gravidez, PCR mais sensível para doença aguda
Vírus da varíola do macaco, vírus da varíola bovina e vírus tanapox	Fluido de vesículas	Cultura de células, PCR, microscopia eletrônica	Testes realizados somente em laboratórios de saúde pública (referência)
Herpes-vírus simples	Vesículas, geralmente orais ou genitais	Cultura de células, AFD, PCR	Em geral, as culturas tornam-se positivas em 24-72 h; AFD e PCR são mais sensíveis
Parvovírus	Sangue	Sorologia, PCR	
Parotidite			
Vírus da caxumba	Swab de nasofaringe, urina	Cultura de células, PCR, sorologia	Sorologia útil para determinar o status vacinal, PCR mais sensível para infecção aguda
Anomalias congênitas			
Citomegalovírus	Urina, swab de orofaringe, líquido amniótico, sangue	Cultura de células, cultura em frasco (shell vial), PCR	
Rubéola	Swab de orofaringe, LCS, sangue	Cultura de células, sorologia, PCR	Sorologia usada para determinar a exposição durante a gravidez
Conjuntivite			
Herpes simples	Swabs da conjuntiva	Cultura de células, cultura em frasco (shell vial), PCR	PCR mais sensível
Herpes-zóster	Swabs da conjuntiva	AFD, PCR	
Adenovírus	Swabs da conjuntiva	Cultura de células, PCR	
Enterovírus	Swabs da conjuntiva	Cultura de células, PCR	
Aids (síndrome da imunodeficiência adquirida)			
Vírus da imunodeficiência humana	Sangue	Sorologia, PCR	Diagnóstico feito por sorologia ou testes combinados de antígeno-anticorpo; qPCR usado para monitoramento de paciente
Infecções por papovavírus			
Papovavírus JC humano	LCS, tecido cerebral	PCR	
Papovavírus BK humano	Sangue, urina	PCR	qPCR usado para monitoramento de pacientes renais transplantados

BAL, fluido de lavagem broncoalveolar; LCS, líquido cerebrospinal; AFD, anticorpo fluorescente direto; PCR, reação em cadeia da polimerase; qPCR, reação em cadeia da polimerase quantitativa.

O isolamento de um vírus pode não estabelecer a etiologia de determinada doença. É preciso considerar muitos outros fatores. Alguns vírus persistem no hospedeiro humano por longos períodos, de modo que o isolamento de herpes-vírus, poliovírus, ecovírus ou coxsackievírus de um paciente com doença não diagnosticada não comprova ser o vírus a causa da doença. É necessário estabelecer padrões clínicos e epidemiológicos consistentes para que se possa definir se um determinado agente é responsável pelo quadro clínico específico.

Muitos vírus não são facilmente isolados durante os primeiros dias da doença. As amostras a serem utilizadas para isolamento do vírus estão relacionadas na Tabela 47-5. A correlação entre o isolamento do vírus e a presença de anticorpos ajuda a estabelecer o diagnóstico, mas isso raramente é realizado.

As amostras podem ser refrigeradas por até 24 horas antes da realização de culturas dos vírus, à exceção do vírus sincicial respiratório e de alguns outros vírus. Caso contrário, o material deverá ser congelado (de preferência a –60 °C ou a temperaturas mais baixas) se houver qualquer demora no transporte para o laboratório. As amostras que não devem ser congeladas são (1) o sangue total coletado para determinação dos anticorpos, a partir do qual o soro deve ser separado antes do congelamento; e (2) o tecido para cultura de células ou órgãos, que deve ser conservado a 4 °C e transportado imediatamente ao laboratório.

Os vírus nas doenças respiratórias são encontrados em secreções nasais ou faríngeas. O vírus pode ser demonstrado no líquido de garganta ou em raspados da base de erupções vesiculares. Nas infecções oculares, o vírus pode ser detectado em *swabs* ou raspados conjuntivais, bem como nas lágrimas. Em geral, as encefalites são diagnosticadas mais facilmente por métodos de amplificação de ácidos nucleicos ou por métodos sorológicos. Os arbovírus e os herpes-vírus não costumam ser isolados do LCS. Entretanto, o tecido cerebral de pacientes com encefalite viral pode apresentar o vírus causal. Em doenças associadas a enterovírus, como doença do SNC, pericardite aguda e miocardite, os vírus podem ser isolados das fezes, de *swabs* de garganta ou do LCS. Entretanto, como foi previamente discutido, os NAATs são o método de preferência para detecção de enterovírus no LCS. Os testes com anticorpos fluorescentes diretos são tão sensíveis quanto a cultura para detecção de infecções das vias respiratórias por vírus sincicial respiratório, vírus influenza A e B, vírus parainfluenza e adenovírus. Esses testes fornecem resultados poucas horas após a coleta da amostra, em comparação com a necessidade de vários dias para a cultura de vírus. Contudo, esses testes de detecção rápida estão sendo substituídos por PCR em tempo real e por técnicas de microarranjo que permitem a detecção simultânea de diferentes agentes virais de interesse.

Exame direto do material clínico: microscopia e coloração

As doenças virais para as quais o exame microscópico direto de impressões ou de esfregaços mostrou-se útil são a raiva, a infecção pelo herpes-vírus simples e a infecção pelo vírus varicela-zóster. A coloração de antígenos virais por imunofluorescência em um esfregaço cerebral ou impressões corneanas do animal raivoso ou da pele da nuca de seres humanos constitui o método de escolha para o diagnóstico rotineiro de raiva.

Cultura de vírus

A. Preparação dos inóculos

Os líquidos isentos de bactérias, como o LCS, o sangue total, o plasma ou o creme leucocitário, podem ser inoculados em culturas de células diretamente ou após diluição com solução de fosfato tamponada (pH de 7,6). Em geral, a inoculação em ovos embrionados ou em animais para o isolamento de vírus só é efetuada em laboratórios especializados.

O tecido é lavado em meios de cultura ou água esterilizada, cortado em pequenos fragmentos com tesoura, e macerado para se obter uma pasta homogênea. Adiciona-se diluente em quantidade suficiente para obter uma concentração de 10 a 20% (peso/volume). Essa suspensão pode ser centrifugada a baixa velocidade para sedimentar os restos celulares insolúveis. O líquido sobrenadante pode ser inoculado; se houver bactérias, elas são eliminadas conforme se discutirá adiante.

Os tecidos também podem ser submetidos à ação da tripsina, e a suspensão celular resultante pode (1) ser inoculada em monocamada de células de cultura de tecido existente ou (2) cocultivada com outra suspensão de células comprovadamente isenta de vírus.

Se o material a ser testado contiver bactérias (lavado de orofaringe, fezes, urina, tecido infectado ou insetos), elas deverão ser inativadas ou removidas antes da inoculação.

1. Agentes bactericidas – Os antibióticos são comumente utilizados em combinação com a centrifugação diferencial (ver adiante).

2. Métodos mecânicos
a. Filtros – Filtros de membrana do tipo *Millipore* de acetato de celulose ou material inerte semelhante são preferidos com tamanho de poro de 20 μm para excluir bactérias.

b. Centrifugação diferencial – Trata-se de um método conveniente para remoção de muitas bactérias de preparações com contaminação maciça de vírus pequenos. As bactérias são sedimentadas a baixas velocidades que não sedimentam os vírus. Em seguida, efetua-se uma centrifugação a alta velocidade para sedimentar o vírus. Depois, o sedimento contendo o vírus é novamente suspenso em um pequeno volume.

B. Cultivo em cultura de células

As técnicas de cultivo de células estão sendo substituídas por métodos de detecção de antígenos e por NAATs. Entretanto, elas ainda são úteis e utilizadas em laboratórios públicos, de virologia clínica, e pesquisa. Quando os vírus se multiplicam em cultura de células, produzem efeitos biológicos (p. ex., alterações citopáticas, interferência viral e produção de hemaglutinina), permitindo a identificação do agente.

As culturas em tubo de ensaio são preparadas pelo acréscimo de células suspensas em 1 a 2 mL de líquido nutriente contendo soluções salinas balanceadas e vários fatores de crescimento (em geral, soro, glicose, aminoácidos e vitaminas). As células de natureza fibroblástica ou epitelial ligam-se e crescem na parede do tubo de ensaio, onde podem ser examinadas com a ajuda de um microscópio de baixo aumento.

No caso de muitos vírus, o crescimento do agente é acompanhado da degeneração dessas células (Figura 47-1). Alguns vírus

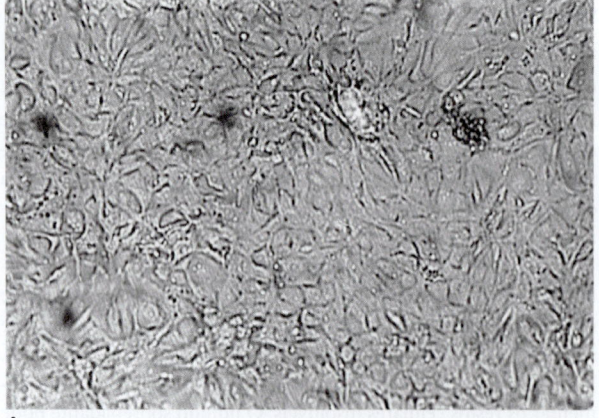

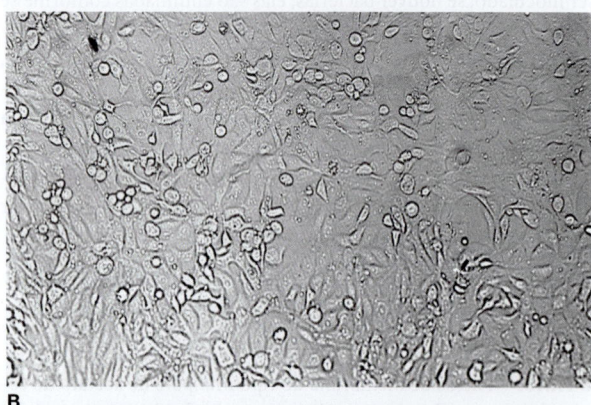

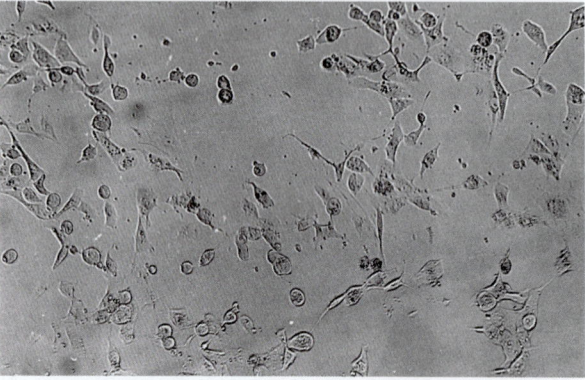

FIGURA 47-1 **Exemplos de efeito citopático viral em cultura de células. A:** Monocamada de células renais normais de macaco
não coradas em cultura (ampliada 120 ×). **B:** Cultura de células renais
de macaco não coradas, mostrando o estágio inicial dos efeitos citopáticos típicos da infecção por enterovírus (ampliada 120 ×). Cerca de
25% das células na cultura exibem efeitos citopáticos, indicando multiplicação viral (efeitos citopáticos 1+). **C:** Cultura de células renais de
macaco não coradas, ilustrando efeitos citopáticos mais avançados
do enterovírus (efeitos citopáticos 3+ a 4+) (ampliada 120 ×). Quase
100% das células estão afetadas, e a maior parte da camada de células
desprendeu-se da parede do tubo de cultura.

produzem efeito citopático (ECP) característico em cultura de células (tumefação, retração, células arredondadas, formação de sincícios e de agregados), permitindo o estabelecimento de um rápido
diagnóstico presuntivo quando a síndrome clínica é conhecida.

Assim, por exemplo, o vírus sincicial respiratório tipicamente produz células gigantes multinucleadas (sincícios), enquanto os adenovírus produzem aglomerados de grandes células redondas, semelhantes a cachos de uvas. Alguns vírus (p. ex., vírus da rubéola) não
produzem alterações citopáticas diretas, mas podem ser detectados
pela sua interferência no efeito citopático de um segundo vírus (interferência viral). Os vírus influenza e alguns paramixovírus podem
ser detectados em 24 a 48 horas mediante o acréscimo de eritrócitos
às culturas infectadas. Os vírus que estão amadurecendo na membrana celular produzem uma hemaglutinina que permite a adsorção
dos eritrócitos à superfície celular (hemadsorção). A identidade de
um isolado viral é estabelecida com antissoros específicos do tipo
que inibem o crescimento viral ou reagem com antígenos virais.

Alguns vírus apresentam multiplicação lenta ou são difíceis de
cultivar. Em vez da cultura, são empregados testes alternativos para
diagnosticar tais infecções (ver adiante).

C. Culturas em tubos (cultura enriquecida por centrifugação)

O método de cultura enriquecida por centrifugação (*shell vial*) permite a rápida detecção de vírus em amostras clínicas. Ele foi adaptado para diversos vírus, como o CMV e o vírus varicela-zóster.
Assim, por exemplo, é possível detectar o CMV em 18 a 24 horas,
em comparação com o período necessário de 2 a 4 semanas para a
cultura clássica de células. As sensibilidades da cultura em tubos e
da cultura clássica de células para o CMV são comparáveis. Monocamadas de linhagem celular apropriada (p. ex., células MRC-5 para
o CMV) crescem em lamínulas, em tubos de 15 × 45 mm. Após a
inoculação da amostra, os tubos são centrifugados a 700 rpm durante 40 minutos à temperatura ambiente para permitir a aderência
das partículas virais às células. Os frascos são incubados a 37 °C
por 16 a 24 horas, fixados e incubados com anticorpos monoclonais específicos para uma proteína nuclear de CMV que está presente no início da cultura. São empregados métodos de coloração
de anticorpos diretos ou indiretos, bem como a microscopia de
fluorescência, para determinar as culturas positivas. São incluídos
tubos de controle tanto positivos quanto negativos em cada teste.
Uma modificação da técnica de cultura em tubos foi desenvolvida
para permitir a recuperação simultânea e a detecção de múltiplos
vírus respiratórios com o uso de células R-Mix. Um frasco contém
duas linhagens celulares (mix), tais como células de carcinoma de
pulmão humano A549 e fibroblastos de pulmão de marta Mv1Lu.
O laboratório deverá fazer a inoculação nos dois frascos. Após 18 a
24 horas de incubação, um frasco é corado com o emprego de um
conjunto de anticorpos imunofluorescentes que detectam todos os
vírus respiratórios comuns. Se a coloração for positiva, as células
presentes no segundo frasco são raspadas, inoculadas em oito lâminas e então coradas com anticorpos monoclonais reagentes que
detectam vírus específicos. Não são obtidos vírus isolados quando
se emprega a técnica dos tubos. Se houver necessidade de isolamento do vírus para testes de sensibilidade a antivirais, deve-se recorrer
à técnica clássica de cultura de células.

Sistema enzimático de indução de vírus (ELVIS)

O sistema enzimático de indução de vírus (ELVIS, do inglês *enzyme-linked virus-inducible system*) usa uma linha celular proprie-
tária para detectar herpes-vírus simples em cultura. Uma linhagem celular renal de hamsters recém-nascidos foi geneticamente

modificada, usando uma sequência promotora do gene *UL97* do herpes-vírus e o gene *LacZ* de *E. coli*. Quando o herpes-vírus está presente na amostra clínica, ele ativa o promotor UL97, que, por sua vez, ativa o gene *LacZ* para produção da enzima β-galactosidase. Assim, quando o substrato para essa enzima é adicionado, uma coloração azulada é produzida, indicando a presença do agente viral. O tipo de HSV pode ser definido adicionando na cultura positiva anticorpos monoclonais que detectem o herpes-vírus I ou o herpes-vírus II.

Detecção de antígenos

A detecção de antígenos virais é amplamente utilizada no diagnóstico virológico. Existem *kits* disponíveis comercialmente para a detecção de muitos vírus, como os herpes-vírus I e II, influenza A e B, vírus sincicial respiratório, adenovírus, vírus parainfluenza, rotavírus e citomegalovírus. São empregados múltiplos tipos de ensaio, como EIA, AFD, fluorescência indireta, aglutinação em látex etc. As vantagens desses processos são que eles permitem a detecção de vírus de difícil crescimento em cultura de células (p. ex., rotavírus, vírus da hepatite A) ou que crescem muito lentamente (p. ex., CMVs). Em geral, os testes de detecção de antígenos para vírus são menos sensíveis que a cultura viral e os NAATs. Como discutido anteriormente, esses testes têm sido substituídos por testes moleculares.

Imunomicroscopia eletrônica

Os vírus que não podem ser detectados por técnicas convencionais podem ser observados à imunomicroscopia eletrônica (IME). Os complexos de antígeno-anticorpo ou os agregados formados entre partículas virais em suspensão são produzidos pela presença de anticorpos no antissoro adicionado e são detectados mais facilmente e com maior segurança do que as partículas virais isoladas. A IME é utilizada para a detecção de vírus que causam enterite e diarreia; em geral, esses vírus não podem ser cultivados por cultura viral de rotina.

Amplificação e detecção de ácidos nucleicos

Uma grande variedade de testes está disponível comercialmente para detectar ou amplificar os ácidos nucleicos virais. Tais procedimentos estão rapidamente se tornando padrões para o diagnóstico virológico, suplantando os métodos tradicionais de cultura viral e detecção de antígenos. Os métodos incluem PCR, RT-PCR e outros métodos proprietários (consulte a seção anterior sobre Diagnóstico molecular). Esses procedimentos permitem a detecção e a quantificação dos vírus. Os dados dos testes quantitativos são usados para guiar a terapia antiviral em várias doenças virais.

Sequenciamento dos ácidos nucleicos

A sequência de vírus pode ser determinada e usada para caracterizar a cepa particular que infecta um paciente. Essas informações são usadas para prever a resistência aos medicamentos para certos vírus, como HIV, hepatite C e CMV. A sequência do gene viral é comparada a bancos de dados especializados contendo mutações de resistência conhecidas, definidas por meio de cultura *in vitro* ou falhas de tratamento clínico, e é gerado um relatório do provável padrão de resistência para o vírus. Esse teste é útil quando o mecanismo de resistência aos medicamentos é conhecido e há opções de tratamento alternativas disponíveis para cepas resistentes.

Medição da resposta imunológica na infecção viral

Tipicamente, a infecção viral desencadeia respostas imunológicas dirigidas contra um ou mais antígenos virais. Em geral, verifica-se o desenvolvimento de respostas celulares e humorais, de modo que a avaliação de uma delas pode ser utilizada para se estabelecer o diagnóstico de infecção viral. A imunidade celular pode ser avaliada por hipersensibilidade dérmica, transformação linfocítica e testes de citotoxicidade. As respostas imunológicas humorais têm maior importância para o diagnóstico. Os anticorpos da classe IgM aparecem inicialmente, seguidos dos anticorpos IgG. Os anticorpos IgM desaparecem em várias semanas, enquanto os anticorpos IgG persistem durante muitos anos. O diagnóstico de infecção viral é estabelecido sorologicamente pela demonstração de elevação dos títulos de anticorpos contra o vírus ou pela demonstração de anticorpos antivirais da classe IgM (ver Capítulo 8). Os métodos empregados consistem no teste de neutralização, teste de FC, teste de inibição da hemaglutinação (IH) e teste de IF, hemaglutinação passiva e imunodifusão.

A determinação dos anticorpos por diferentes métodos não fornece necessariamente resultados paralelos. Os anticorpos detectados pelo teste de FC são encontrados na presença de infecção por enterovírus e no período convalescente, mas não persistem. Os anticorpos detectados pelo teste de neutralização também aparecem durante a infecção e persistem por muitos anos. A avaliação dos anticorpos por vários métodos em indivíduos ou grupos de indivíduos fornece informações diagnósticas, bem como dados sobre as características epidemiológicas da doença.

Os testes sorológicos para o diagnóstico viral são mais úteis quando o vírus apresenta um longo período de incubação prévio ao aparecimento de manifestações clínicas. Uma lista parcial de tais vírus inclui o EBV, o vírus da hepatite e o HIV. Em geral, os testes para detecção de anticorpos para esses vírus são o primeiro passo no diagnóstico e podem, na maioria dos casos, ser seguidos por NAATs que são usados para avaliação dos níveis de circulação viral como uma estimativa do nível de infecção e/ou resposta a terapias antivirais específicas. Outra importante utilidade dos testes sorológicos é na avaliação do *status* da imunidade por vacinação, da própria vulnerabilidade ou exposição prévia a um vírus e do potencial de reativação no contexto de imunossupressão ou no transplante de órgãos.

Os algoritmos para diagnóstico de infecções virais mudaram à medida que novos ensaios com desempenho aprimorado se tornaram disponíveis. Um bom exemplo disso é a evolução do teste diagnóstico de HIV. Os imunoensaios de HIV progrediram ao longo de várias gerações de testes que aumentaram a sensibilidade e a especificidade. Os ensaios de quarta geração adicionaram a detecção do antígeno p24 do HIV para permitir a identificação precoce de infecções. Antes de 2014, o diagnóstico de HIV exigia a confirmação dos resultados positivos da sorologia por *Western blot*, que envolve a ligação dos anticorpos séricos do paciente às proteínas do HIV separadas por eletroforese de proteínas. Os padrões específicos de ligação do anticorpo determinam um *Western blot* positivo, negativo ou indeterminado. Os testes de HIV de quinta geração detectam e diferenciam anticorpos para HIV-1 e HIV-2 e o antígeno p24. Os testes de HIV de quarta geração seguidos por um ensaio para diferenciar o HIV-1 do anticorpo do HIV-2 ou os testes de quinta geração podem produzir um diagnóstico sem *Western blot*. Resultados indeterminados são investigados usando testes NAAT do HIV.

O algoritmo de teste de HIV atual é altamente sensível e específico e pode identificar infecções precoces antes do desenvolvimento de anticorpos do paciente. A triagem universal para HIV tem sido recomendada em adultos e adolescentes, com repetição do teste em mulheres grávidas e pacientes de alto risco, a fim de reduzir a transmissão geral do HIV.

QUESTÕES DE REVISÃO

1. Uma mulher de 47 anos de idade recebeu um transplante de medula óssea como parte do tratamento de leucemia mieloide crônica. Durante sua internação no hospital, teve um cateter venoso central instalado para administração de fluidos. Logo antes do transplante, a paciente apresentou uma contagem de leucócitos baixa. Desenvolveu febre, e foram realizadas hemoculturas. Qual dos seguintes cenários sugere que as culturas de sangue positivas resultaram de um contaminante?

   (A) Duas culturas de sangue venoso periférico positivas para *S. aureus*

   (B) Duas culturas de sangue venoso periférico positivas para *S. epidermidis* com duas culturas coletadas do cateter central também positivas para *S. epidermidis*

   (C) Uma cultura positiva de sangue venoso periférico e uma positiva do cateter central para *E. coli*

   (D) Uma cultura de sangue do cateter central positiva para espécies de *Corynebacterium* e duas de sangue periférico negativas.

   (E) Duas culturas do cateter central positivas para *C. albicans*

2. Dois dias atrás, um jovem de 22 anos de idade retornou de uma viagem de duas semanas pelo México. Desenvolveu uma diarreia em 24 horas. Qual das seguintes alternativas não irá estabelecer a etiologia dessa diarreia?

   (A) Cultura de fezes para *Salmonella, Shigella* e *Campylobacter*

   (B) Cultura de fezes para o rotavírus e vírus tipo Norwalk

   (C) Ensaio imunoenzimático nas fezes para o antígeno de *G. lamblia*

   (D) Exame das fezes para *E. histolytica*

3. Um homem de 37 anos de idade viajou para o Peru durante o período da epidemia de cólera. Um dia após seu retorno, desenvolveu diarreia aquosa grave. Para melhorar o isolamento do *V. cholerae* das fezes, o laboratório precisa incluir:

   (A) Semeadura em ágar de MacConkey

   (B) Semeadura em ágar-sangue para *Campylobacter*

   (C) Ágar tiossulfato, citrato, sais biliares e sacarose

   (D) Semeadura em ágar-sulfito de bismuto

   (E) Semeadura em ágar Hektoen

4. Um homem de 42 anos de idade sabe que está com HIV/Aids. Qual das seguintes alternativas é o método mais apropriado para se acompanhar o progresso com a terapia altamente ativa com antirretrovirais (HAART)?

   (A) Determinação da carga viral

   (B) Acompanhamento do nível de anticorpos anti-HIV-1

   (C) Emprego do *Western blot* para acessar os níveis de anticorpos anti-P24

   (D) Culturas repetidas do sangue para o HIV-1 a fim de determinar quando as culturas irão se tornar negativas

   (E) Genotipagem do HIV-1 para determinar a suscetibilidade aos antirretrovirais

5. Uma criança de 2 anos de idade desenvolve diarreia. Suspeita-se de infecção por rotavírus. Qual das seguintes alternativas pode ser útil para se diagnosticar infecção por rotavírus?

   (A) Coloração com anticorpo fluorescente em amostras de fezes

   (B) Microscopia óptica para detectar células de mucosa com efeito citopático

   (C) Detecção de antígenos virais nas fezes por Elisa

   (D) Cultura viral

6. Qual das seguintes alternativas é apropriada para determinação do diagnóstico etiológico em infecções?

   (A) Cultura e identificação do agente etiológico

   (B) Utilização de NAAT para detectar genes patógeno-específicos em amostras dos pacientes

   (C) Demonstração de resposta imunológica significativa por anticorpos ou celular para um agente infeccioso

   (D) Identificação morfológica do agente em colorações de amostras ou secções de tecidos por microscopia óptica ou eletrônica

   (E) Detecção do antígeno para o agente etiológico por ensaio imunológico

   (F) Todas as alternativas acima

7. Uma mulher de 45 anos de idade é admitida em um hospital devido a febre, perda de 6 kg e murmúrio cardíaco recente. É diagnosticada uma provável endocardite. Quantas hemoculturas devem ser feitas, e durante qual período, para fornecer evidências de infecção bacteriana específica em uma endocardite?

   (A) Uma

   (B) Duas no intervalo de 10 minutos

   (C) Três em 2 horas

   (D) Três em 24 horas

   (E) Seis em 3 dias

8. Um garoto de 4 anos de idade desenvolve diarreia sanguinolenta. Suspeita-se de colite hemorrágica por *Escherichia coli* O157:H7. Qual meio deve ser semeado para auxiliar a equipe do laboratório a fazer o diagnóstico dessa infecção?

   (A) Ágar-sangue

   (B) Ágar MacConkey-sorbitol

   (C) Ágar entérico Hektoen

   (D) Ágar CIN (cefsulodina, irgasan e novobiocina)

   (E) Ágar tiossulfato, citrato, sais biliares e sacarose

9. Um paciente de 5 anos de idade que recebeu transplante renal e que está sendo tratado com ciclosporina desenvolve um distúrbio linfoproliferativo. Qual dos seguintes vírus é o mais provável responsável por esse distúrbio?

   (A) Citomegalovírus

   (B) Herpes-vírus simples

   (C) Coxsackievírus B

   (D) Vírus da hepatite B

   (E) Vírus Epstein-Barr

10. Todas as alternativas indicadas a seguir são apropriadas para o uso de testes sorológicos para vírus, *exceto*:

    (A) Como uma indicação de suscetibilidade a uma infecção viral em particular.

    (B) Para o diagnóstico quando o vírus tem um longo período de incubação.

    (C) Para fins de rastreamento.

    (D) Para confirmação de uma infecção viral.

    (E) Para monitorar a resposta ao tratamento.

11. Em agosto, um menino de 2 anos de idade apresentou febre alta, cefaleia, perturbação mental e rigidez de nuca. O exame físico confirmou a presença de febre, rigidez leve da nuca e que, embora a criança esteja irritada e levemente sonolenta, ela pode ser despertada e está tomando alguns líquidos por via oral. Os parâmetros do LCS mostraram 60 μg/dL de proteínas, 40 μg/dL de glicose e um total de 200 leucócitos, predominantemente mononucleares. A causa mais provável da infecção dessa criança é:

   (A) Bacteriana
   (B) Viral
   (C) Protozoária
   (D) Fúngica
   (E) Micobacteriana

12. No caso da questão anterior, o teste mais útil para se fazer um diagnóstico rápido e definitivo do agente causador mais provável é:

   (A) Um teste de antígeno para *S. pneumoniae*
   (B) Um teste de aglutinação em látex para o antígeno criptocócico
   (C) Um teste de amplificação de ácidos nucleicos para detecção de RNA viral
   (D) Cultura em meio seletivo combinada com um teste de sonda para confirmação
   (E) Um esfregaço do líquido cerebrospinal corado por Giemsa

13. O teste de suscetibilidade pelo método da concentração inibitória mínima (CIM), em oposição à difusão em disco, é preferido para todos os seguintes tipos de infecção, *exceto*:

   (A) Infecções do trato urinário
   (B) Endocardite
   (C) Osteomielite
   (D) Bacteriemia em paciente neutropênico
   (E) Meningite bacteriana

14. A vaginose bacteriana é mais bem diagnosticada por todos os seguintes métodos, *exceto*:

   (A) Medida do pH vaginal
   (B) Detecção de odor de peixe quando a descarga é alcalinizada com KOH
   (C) Cultivo bacteriano para aeróbios e anaeróbios
   (D) Exame de esfregaço corado por Gram para "células-alvo"

15. Um homem de 45 anos dá entrada no pronto-socorro com história de tosse produtiva de expectoração com sangue e febre há 3 dias. A coloração de Gram do escarro mostrou muitos glóbulos brancos e diplococos Gram-positivos. O mais provável agente causador desse quadro é:

   (A) *S. aureus*
   (B) *S. pneumoniae*
   (C) *M. pneumoniae*
   (D) *K. pneumoniae*

16. 16. Quantos microrganismos devem estar presentes em uma amostra límpida de urina para ser considerado indicativo de infecção?

   (A) $> 10^2$ UFC/mL
   (B) $> 10^3$ UFC/mL
   (C) $> 10^4$ UFC/mL
   (D) $> 10^5$ UFC/mL

17. Os contaminantes comuns de hemoculturas incluem:

   (A) Bastonetes Gram-negativos
   (B) *Staphylococcus* coagulase-negativo
   (C) *S. aureus*
   (D) Anaeróbios

18. Qual das seguintes amostras geralmente não contém anaeróbios?

   (A) Aspirados de seio maxilar infectado
   (B) *Swab* de orofaringe de um paciente com dor de garganta
   (C) Líquido cerebrospinal de um paciente com meningite
   (D) Expectoração de escarro de um paciente com pneumonia adquirida na comunidade

19. A proporção de bactérias resistentes a antibióticos aumentou junto com o uso generalizado de antibióticos. Isso se deve ao fato de que os antibióticos:

   (A) São instáveis *in vivo*.
   (B) Atuam como agentes de seleção para microrganismos resistentes.
   (C) São principalmente bacteriostáticos *in vivo*.
   (D) São potentes agentes mutagênicos.

Respostas

1. D	8. B	15. B
2. B	9. E	16. D
3. C	10. E	17. B
4. A	11. B	18. C
5. C	12. C	19. B
6. F	13. A	
7. D	14. C	

REFERÊNCIAS

Baron EK, Miller JM, Weinstein MP, et al: A guide to utilization of the microbiology laboratory for diagnosis of infectious diseases: 2013 recommendations by the Infectious Diseases Society of America and the American Society for Microbiology (ASM). *Clin Infect Dis* 2013;57:e22–e121.

Centers for Disease Control and Prevention and Association of Public Health Laboratories: Laboratory testing for the diagnosis of HIV infection: Updated recommendations. Available as http://stacks.cdc.gov/view/cdc/23447. Published June 27, 2014.

Forbes BA, Sahm DF, Weissfeld AS (editors): *Bailey and Scott's Diagnostic Microbiology*, 14th ed. ASM Press, 2017.

Griffith BP, Campbell S, Caliendo AM: Human immunodeficiency viruses. In Versalovic J, Carroll KC, Funke G, et al (editors). *Manual of Clinical Microbiology*, 10th ed. ASM Press, 2011.

Nolte FS, Caliendo AM: Molecular microbiology. In Versalovic J, Carroll KC, Funke G, et al (editors): *Manual of Clinical Microbiology*, 11th ed. ASM Press, 2015.

Patel R: Matrix-assisted laser desorption ionization-time of flight mass spectrometry in clinical microbiology. *Clin Infect Dis* 2013;57:564–572.

Persing D, Tenover FC, Hayden RT, et al (editors): *Molecular Microbiology: Diagnostic Principles and Practice*, 3rd ed. ASM Press, 2016.

Winn W, Allen S, Janda W, et al (editors): *Koneman's Color Atlas and Textbook of Diagnostic Microbiology*, 7th ed. Lippincott Williams & Wilkins, 2017.

Casos e correlações clínicas

O diagnóstico e o tratamento das doenças infecciosas exigem uma compreensão das manifestações clínicas apresentadas pelo paciente, bem como um conhecimento da microbiologia. Muitas infecções manifestam-se por uma variedade de sinais e sintomas focais e sistêmicos que, nos casos típicos, são altamente sugestivos do diagnóstico, embora a doença possa ser causada por vários microrganismos diferentes. O estabelecimento de um diagnóstico clínico, com confirmação laboratorial subsequente, faz parte da arte da medicina. Este capítulo descreve 22 casos e fornece breves comentários sobre o diagnóstico diferencial e sobre o tratamento das infecções envolvidas.

O leitor pode consultar os capítulos anteriores para caracterização dos microrganismos, bem como o Capítulo 47 para informações sobre testes de diagnóstico em microbiologia, além de livros de medicina e de doenças infecciosas para informações mais completas acerca das entidades clínicas.

SISTEMA NERVOSO CENTRAL

CASO 1: MENINGITE

Uma menina de 3 anos de idade foi levada pelos pais ao serviço de emergência devido à ocorrência de febre e perda de apetite nas últimas 24 horas, assim como a dificuldade de acordá-la nas últimas 2 horas. A história de desenvolvimento da criança foi normal desde o nascimento. Frequentou uma creche e apresentou história clínica de vários episódios de supostas infecções virais semelhantes às de outras crianças na creche. As imunizações estavam em dia.

Manifestações clínicas

A temperatura era de 39,5 °C, pulso de 130/min e respiração de 24/min. A pressão arterial era de 110/60 mmHg.

O exame físico revelou uma criança bem desenvolvida e bem nutrida, com peso e altura normais e com sonolência anormal.

Quando seu pescoço foi fletido passivamente, ocorreu também flexão das pernas (sinal de Brudzinski positivo*, sugerindo irritação das meninges). O exame oftalmoscópico não demonstrou papiledema, indicando ausência de elevação da pressão intracraniana. O restante do exame físico mostrou-se normal.

Exames laboratoriais

Minutos depois, foi obtida uma amostra de sangue para cultura e outros exames laboratoriais, sendo estabelecida uma via intravenosa. A paciente foi submetida à punção lombar em menos de 30 minutos após a chegada à emergência. A pressão de abertura foi de 350 mmHg (elevada) de líquido cerebrospinal (LCS), o qual apresentou aspecto turvo. Foram coletados vários tubos de LCS para cultura, contagem celular e testes químicos. Um dos tubos foi levado imediatamente ao laboratório para coloração pelo método de Gram, a qual revelou inúmeras células polimorfonucleares (PMNs) com diplococos Gram-negativos associados a células (intracelulares) sugestivos de *Neisseria meningitidis* (Capítulo 20).

Os exames bioquímicos estavam normais. O hematócrito também se mostrou normal. A contagem de leucócitos foi de 25.000/μL (acentuadamente elevada), com 88% de PMN e contagem absoluta de PMN de 22.000/μL (bastante elevada), 6% de linfócitos e 6% de monócitos. O LCS apresentou 5.000 PMN/μL (normal: 0-5 linfócitos/μL). O LCS apresentava proteinúria de 100 mg/dL (elevada), com nível de glicose de 15 mg/dL (baixo, caracterizando hipoglicorraquia) – dados compatíveis com meningite bacteriana**. Nas hemoculturas e nas culturas do LCS, houve o crescimento de *N. meningitidis* do sorogrupo B.

---

*N. de T. A rigidez de nuca deve ser testada em caso de suspeita de meningite. É observada a incapacidade do paciente em realizar a flexão do pescoço ou quando apresenta flexão do joelho ou quadril em resposta ao movimento forçado do pescoço (sinal de Brudzinski). Ambos sugerem irritação meníngea, que pode ser ainda investigada pela presença de resistência ou dor em membro inferior quando o joelho é estendido após flexão do quadril (sinal de Kernig).

**N. de T. A hipoglicorraquia tem grande importância no diagnóstico diferencial em neurologia, ocorrendo em processos meningíticos sépticos bacterianos e fúngicos e em tumores malignos do SNC, na meningopatia leucêmica e em alguns casos de neurocisticercose.

Tratamento

A terapia intravenosa com cefotaxima foi iniciada 35 a 40 minutos após a chegada da criança, e também foi administrada dexametasona. A paciente respondeu positivamente à antibioticoterapia por 7 dias, se recuperando sem sequelas. Outros exames neurológicos e testes de audição foram planejados para o futuro. Foi administrada rifampicina de forma profilática a todas as crianças que frequentavam a mesma creche.

Comentários

As características clínicas da meningite bacteriana variam de acordo com a idade do paciente. Em crianças de mais idade e adultos, a meningite bacteriana manifesta-se com febre, cefaleia, vômitos, fotofobia, alteração do estado mental, variando desde sonolência até coma, e sinais neurológicos, variando desde anormalidades da função dos nervos cranianos até convulsões. Entretanto, alguns sinais sutis, como febre e letargia, são compatíveis com meningite, particularmente em crianças. A meningite é considerada aguda na presença de sinais e sintomas de menos de 24 horas de duração e subaguda com sinais e sintomas presentes durante 1 a 7 dias. Indica-se a realização de punção lombar com exame do LCS em todos os casos sob suspeita de meningite.

A meningite aguda é causada com maior frequência por algumas espécies de bactérias (Tabela 48-1): *Streptococcus* do sorogrupo B de Lancefield (*Streptococcus agalactiae*) (Capítulo 14) e *Escherichia coli* (Capítulo 15) em neonatos; *Haemophilus influenzae* (Capítulo 18) em crianças não vacinadas de 6 meses a 6 anos de idade; *N. meningitidis* em crianças, adolescentes não vacinados e adultos jovens; e *Streptococcus pneumoniae* (Capítulo 14) ocasionalmente em crianças e com crescente incidência em indivíduos de meia--idade e idosos. Muitas outras espécies de microrganismos causam meningite com menor frequência. A *Listeria monocytogenes* (Capítulo 12) provoca meningite em pacientes imunossuprimidos e indivíduos normais. A levedura *Cryptococcus neoformans* (Capítulo 45) constitui a causa mais comum de meningite em pacientes com síndrome da imunodeficiência adquirida (Aids, do inglês

acquired immunodeficiency syndrome) e pode provocar meningite em outros pacientes imunossuprimidos, bem como em indivíduos normais. A meningite causada por *Listeria* ou *Cryptococcus* pode ser aguda ou de início insidioso. Os bacilos Gram-negativos provocam meningite em pacientes com traumatismo encefálico agudo e naqueles submetidos à neurocirurgia ou em recém-nascidos (amostras encapsuladas de *E. coli*). O *S. pneumoniae* é detectado na meningite recorrente em pacientes com fraturas de crânio basilares. O *Mycobacterium tuberculosis* (Capítulo 23) pode ter início lento (forma crônica; > 7 dias) em indivíduos imunologicamente normais, porém progride mais rapidamente (forma subaguda) em indivíduos imunossuprimidos, como pacientes com Aids. As espécies de *Naegleria* (Capítulo 46), que são amebas de vida livre, provocam algumas vezes meningite em indivíduos com história recente de natação em águas doces mornas. Em geral, os vírus (Capítulos 30, 33 e 36) causam meningite mais leve do que as bactérias. Os vírus que mais comumente provocam meningite são os enterovírus (ecovírus e coxsackievírus) e o vírus da caxumba.

O diagnóstico de meningite exige elevado grau de suspeita quando ocorrem sinais e sintomas apropriados, devendo-se efetuar uma punção lombar sem demora, seguida de exame do LCS. Tipicamente, os achados no LCS incluem contagens de leucócitos na faixa de centenas a milhares por microlitro (PMNs em caso de meningite bacteriana aguda e linfócitos em casos de meningites tuberculosa e viral); glicose < 40 mg/dL ou de menos de 50% das concentrações séricas; e proteína > 100 mg/dL (Tabela 48-2). Na meningite bacteriana, a coloração do sedimento citocentrifugado do LCS pelo método de Gram revela a presença de PMNs e morfologia bacteriana compatível com a espécie subsequentemente cultivada: *N. meningitidis*, diplococos Gram-negativos intracelulares; *H. influenzae*, pequenos cocobacilos Gram-negativos; e *Streptococcus* do sorogrupo B e *S. pneumoniae*, Gram-positivos em pares ou em cadeias. Devem-se efetuar hemoculturas juntamente com as culturas do LCS.

A meningite bacteriana aguda é fatal se não for tratada. A terapia inicial para as meningites bacterianas em crianças com menos

TABELA 48-1 Causas comuns de meningite

Microrganismo	Faixa etária	Comentários	Capítulo(s)
Streptococcus do sorogrupo B (*S. agalactiae*)	Neonatos de até 3 meses	Cerca de 25% das mães são portadoras vaginais de *Streptococcus* do grupo B. A profilaxia com ampicilina durante o trabalho de parto em mulheres com alto risco (ruptura prolongada de membranas, febre, etc.) ou sabidamente portadoras reduz a incidência de infecções em neonatos.	14
E. coli	Neonatos	Geralmente possuem o antígeno K1.	15
L. monocytogenes	Neonatos, idosos, crianças e adultos imunocomprometidos	Comum em pacientes com deficiência de imunidade celular.	12
H. influenzae	Crianças de 6 meses a 5 anos de idade	A disseminação do uso de vacina reduziu bastante a incidência de meningite por *H. influenzae* em crianças.	18
N. meningitidis	De lactentes até crianças de 5 anos e adultos jovens	Vacinas polissacarídeas contra os sorotipos A, C, Y e W135 são usadas em áreas epidêmicas e em associação com surtos.	20
S. pneumoniae	Todas as faixas etárias, maior incidência em idosos	Ocorre frequentemente com pneumonia; também ocorre com mastoidite, sinusite e fraturas basilares do crânio. Vacina 13-valente disponível.	14
C. neoformans	Pacientes com Aids	Causa frequente de meningite em pacientes com Aids.	45

TABELA 48-2 Achados típicos no LCS em várias doenças do SNC

Diagnóstico	Células (por µL)	Glicose (mg/dL)	Proteína (mg/dL)	Pressão de abertura
Normal[a]	0-5 linfócitos	45 85	15-45	70-100 mm H₂O
Meningite bacteriana (purulenta)[b]	200-20.000 PMNs	Baixa (< 45)	Alta (> 50)	+ + + +
Meningite granulomatosa (micobacteriana, fúngica)[b,c]	100-1.000, principalmente linfócitos	Baixa (< 45)	Alta (> 50)	+ + +
Meningite asséptica, viral ou meningoencefalite[c,d]	100-1.000, principalmente linfócitos	Normal	Moderadamente alta (> 50)	Normal a +
Meningite por espiroquetas (sífilis, leptospirose)[c]	25-2.000, principalmente linfócitos	Normal ou baixa	Alta (> 50)	+
Reação "na vizinhança"[e]	Aumento variável	Normal	Normal ou elevada	Variável

[a]O nível de glicose no LCS deve ser considerado em relação ao nível de glicemia. Normalmente, o nível de glicose do LCS é 20 a 30 mg/dL inferior ao nível de glicemia ou 50 a 70% do valor normal da glicemia.
[b]Microrganismos em esfregaço ou cultura de LCS.
[c]Pode haver predomínio de PMNs no estágio inicial.
[d]Isolamento precoce do vírus do LCS; NAAT positivo; elevação dos títulos de anticorpos em amostras pareadas de soro.
[e]Pode ocorrer na mastoidite, abscesso cerebral, abscesso epidural, sinusite, trombo séptico, tumor cerebral; cultura de LCS geralmente negativa.

de 1 mês de vida deve incluir terapia parenteral de eficácia comprovada contra os microrganismos indicados na Tabela 48-1, incluindo a *L. monocytogenes*. Ampicilina mais cefotaxima ou ceftriaxona com ou sem gentamicina ou ampicilina em combinação com um aminoglicosídeo são recomendadas. Para indivíduos de 1 mês a 18 anos de vida, assim como para adultos com mais de 50 anos, a terapia indicada é vancomicina mais uma cefalosporina de terceira geração devido à prevalência de *S. pneumoniae* multirresistentes, relatos de aumentos de concentração inibitória mínima (CIM) para a penicilina em meningococos e a prevalência da produção de β-lactamases com o *H. influenzae*. Como os adultos com mais de 50 anos também são suscetíveis a *L. monocytogenes*, recomenda-se adição de ampicilina ao regime de tratamento de crianças de mais idade e adultos aos tratamentos listados anteriormente.

Existem evidências disponíveis que corroboram a administração adjuvante de dexametasona 10 a 20 minutos antes ou concomitantemente à primeira dose do antimicrobiano para crianças com meningite por *H. influenzae* e para adultos com meningite pneumocócica com a continuação dos esteroides durante os primeiros 2 a 4 dias de terapia.

Diversas vacinas estão atualmente disponíveis e são recomendadas para prevenção das causas mais graves de meningite bacteriana. A vacina conjugada contra o *H. influenzae* tipo B e a vacina pneumocócica 13-valente conjugada fazem parte atualmente dos esquemas rotineiros de vacinação de crianças e neonatos. A vacina pneumocócica polissacarídica 23-valente é recomendada para prevenção de doença pneumocócica invasiva em certos grupos de alto risco com idade superior a 2 anos. Esses grupos incluem os idosos e aqueles que têm doenças crônicas subjacentes, tais como doença cardiovascular, diabetes melito, problemas pulmonares crônicos, perda de LCS e asplenia, entre outras. A vacinação com uma das duas vacinas meningocócicas conjugadas quadrivalentes disponíveis é atualmente recomendada para todos os adolescentes saudáveis de 11 ou 12 anos de idade, com uma dose de reforço aos 16 anos, e para pessoas de 2 a 55 anos em risco, como viajantes para áreas endêmicas, pacientes esplênicos e pacientes com deficiências

de complemento. Para adultos com mais de 55 anos, a vacina meningocócica polissacarídica está recomendada atualmente, enquanto se aguarda a avaliação da vacina conjugada para esses grupos etários.

REFERÊNCIAS

Brouwer MC, McIntyre P, Prasad K, et al: Corticosteroids for acute bacterial meningitis. *Cochrane Database Syst Rev* 2013; Jun 4; 6:CD00440.

Kim KS: Acute bacterial meningitis in infants and children. *Lancet Infect Dis* 2010;10:32.

Tunkel AR, Hartman BJ, Kaplan SL, et al: Practice guidelines for the management of bacterial meningitis. *Clin Infect Dis* 2004;39:1267.

Van de Beek D, de Gans J, Tunkel AR, et al: Community acquired bacterial meningitis in adults. *N Engl J Med* 2006; 354:44.

CASO 2: ABSCESSO CEREBRAL

Um homem de 57 anos de idade chegou ao hospital com convulsões. Três semanas antes, apresentou cefaleia bifrontal aliviada com analgésicos. A cefaleia sofreu recidiva várias vezes, inclusive uma na véspera do dia em que foi internado. Na manhã de sua internação, apresentou convulsões focais com movimentos involuntários no lado direito do rosto e no braço direito. Enquanto se encontrava na sala de emergência, teve uma convulsão generalizada, controlada com lorazepam, fenitoína e fenobarbital intravenosos. A história relatada pela esposa do paciente revelou que ele fora submetido à extração dentária e fizera uma ponte cerca de 5 semanas antes. O paciente não fuma, bebe apenas socialmente e não está tomando medicação alguma. O restante da história não forneceu qualquer dado útil.

Manifestações clínicas

A temperatura era de 37 °C, pulso de 110/min e respiração de 18/min. A pressão arterial era de 140/80 mmHg.

Ao exame físico, o paciente apresentou-se sonolento, com diminuição do tempo de atenção. Moveu todos os membros, porém com menos amplitude no braço direito do que no esquerdo. Constatou-se ligeiro embaçamento do disco óptico esquerdo, sugerindo uma possível elevação da pressão intracraniana. O restante do exame físico mostrou-se normal.

Achados laboratoriais e de imagem

Todos os testes laboratoriais foram normais, como a hemoglobina, o hematócrito, a contagem de leucócitos, a contagem diferencial, os eletrólitos séricos, a ureia sanguínea, a creatinina sérica, o exame de urina, a radiografia de tórax e o eletrocardiograma (ECG). Não foi feita punção lombar, e o LCS não foi examinado devido à possibilidade de elevação da pressão intracraniana causada por lesão expansiva. As hemoculturas foram negativas. A tomografia computadorizada (TC) da cabeça revelou lesão localizada de 1,5 cm no hemisfério parietal esquerdo, sugerindo abscesso cerebral.

Tratamento

O paciente foi submetido à intervenção neurocirúrgica com drenagem da lesão, totalmente removida. A cultura do material necrótico da lesão revelou *Prevotella melaninogenica* (Capítulo 21) e *Streptococcus anginosus* (Capítulo 14). O exame patológico do tecido indicou que a lesão tinha várias semanas. O paciente recebeu antibioticoterapia durante 6 semanas. Não apresentou mais convulsões e não teve qualquer déficit neurológico subsequente. Um ano mais tarde, os anticonvulsivantes foram suspensos, e a TC de acompanhamento mostrou-se negativa.

Comentários

O abscesso cerebral é uma infecção bacteriana piogênica localizada no interior do parênquima cerebral. As principais manifestações clínicas estão mais relacionadas com a presença de massa invasiva no cérebro do que com os sinais e sintomas clássicos de infecção. Assim, os pacientes costumam apresentar cefaleia e alteração do estado mental, progredindo para letargia ou coma. Em menos de 50% dos pacientes, ocorrem achados neurológicos focais relacionados com a localização do abscesso; cerca de 33% apresentam convulsões, e menos de 50% têm febre. Em certas ocasiões, os pacientes exibem sinais e sintomas sugestivos de meningite aguda. De início, o médico deve diferenciar o abscesso cerebral de outros processos do SNC, incluindo neoplasias primárias ou metastáticas, abscessos subdurais ou epidurais, infecções virais (encefalite por herpes simples), meningite, acidente vascular encefálico e uma variedade de outras doenças.

Os fatores predisponentes importantes associados à formação de abscesso cerebral incluem infecções em locais distantes com bacteriemia, como endocardite, infecções pulmonares ou outras infecções ocultas. Além disso, podem ocorrer abscessos cerebrais por disseminação de locais contíguos de infecção, como orelha média, mastoide ou seios, ou após infecções dentárias ou procedimentos dentários. A ruptura das barreiras de proteção, como no caso de neurocirurgia ou após trauma penetrante, é outro fator. Finalmente, os agentes imunossupressores ou condições imunossupressoras, como o vírus da imunodeficiência humana (HIV, do inglês *human immunodeficiency virus*), também são importantes. Entretanto, 20% dos pacientes com abscessos cerebrais não exibem qualquer fator predisponente discernível.

O abscesso cerebral pode ser causado por uma única espécie bacteriana, mas mais frequentemente as infecções são polimicrobianas. Entre as bactérias facultativas e aeróbias, os *Streptococcus* do grupo viridans (incluindo cepas não hemolíticas, α e β-hemolíticas, grupo do *S. anginosus, Streptococcus mitis*, etc.; ver Capítulo 14) são os mais comuns, sendo observados em 33 a 50% dos pacientes. O *Staphylococcus aureus* (Capítulo 13) é isolado em 10 a 15% dos casos e, quando presente, constitui frequentemente o único microrganismo isolado. Os bastonetes Gram-negativos entéricos ocorrem em cerca de 25% dos casos, frequentemente em culturas mistas. Muitas outras bactérias facultativas ou aeróbias (p. ex., *S. pneumoniae, Nocardia* sp., *M. tuberculosis* e outras micobactérias não tuberculosas) também são encontradas em abscessos cerebrais. São observadas bactérias anaeróbias em 50% ou mais dos pacientes (Capítulo 21). O *Peptostreptococcus* é o microrganismo mais comum, seguido do *Bacteroides* e de espécies de *Prevotella*. O *Fusobacterium, Actinomyces* e *Eubacterium* são menos comuns, seguidos de outros anaeróbios. Os fungos (Capítulo 45) são verificados quase exclusivamente em pacientes imunocomprometidos. Espécies de *Candida* são os fungos mais prevalentes, porém a frequência de bolores oportunistas, como espécies de *Aspergillus* e *Scedosporium apiospermum*, está aumentando. Fungos dimórficos, tais como o *Coccidioides immitis,* também podem causar abscesso cerebral. O *C. neoformans* é um importante patógeno nos pacientes com Aids. Os parasitas (Capítulo 46) responsáveis por abscessos cerebrais incluem o *Toxoplasma gondii*, o protozoário mais comum nesses casos, especialmente entre pacientes com Aids, a neurocisticercose (forma larval do *Taenia solium*), *Entamoeba histolytica*, espécies de *Schistosoma* e *Paragonimus*.

Em geral, a punção lombar para coleta de LCS não está indicada aos pacientes com abscesso cerebral (ou outras lesões expansivas no cérebro). O aumento da pressão intracraniana torna o procedimento potencialmente fatal, visto que a herniação do cérebro por meio do tentório do cerebelo pode resultar em compressão do mesencéfalo. Os achados no LCS não são específicos de abscesso cerebral: verifica-se, com frequência, a presença de leucócitos, predominantemente células mononucleares; o nível de glicose pode estar moderadamente baixo, e a concentração de proteína, elevada. Logo, se houver suspeita de abscesso cerebral na ausência de febre e sinais sugestivos de meningite aguda, o médico deverá efetuar uma TC. Tipicamente, os abscessos cerebrais exibem captação do material de contraste com realce anelar na TC, embora achados semelhantes possam ser obtidos em pacientes com tumores cerebrais e outras doenças. A ressonância magnética (RM) pode ser útil para diferenciar entre abscessos e tumores cerebrais. A diferenciação definitiva entre abscesso e tumor cerebral é efetuada mediante exame patológico e cultura de tecido da lesão obtido por procedimento neurocirúrgico.

Os abscessos cerebrais sem tratamento são fatais. A excisão cirúrgica constitui a terapia inicial e permite o estabelecimento do diagnóstico de abscesso cerebral. A punção com agulha por meio de uma técnica estereotáxica constitui uma alternativa à excisão cirúrgica. A antibioticoterapia deve ser parenteral e incluir penicilina G em altas doses para os *Streptococcus* e vários anaeróbios, metronidazol para os anaeróbios resistentes à penicilina G, mais uma cefalosporina de terceira geração para os bastonetes Gram-negativos entéricos. Vancomicina ou outro agente específico contra *S. aureus* deverão ser incluídos na terapia inicial se o paciente tiver endocardite, bacteriemia estafilocócica comprovada, ou se o abscesso revelar a presença de *Staphylococcus*. Pode-se instituir uma antibioticoterapia inicial em vez de proceder à cirurgia em alguns pacientes com abscessos cerebrais pequenos (< 2 cm), múltiplos ou de difícil acesso cirúrgico; todavia, a ocorrência de deterioração das funções neurológicas indica necessidade de cirurgia. Uma vez obtidos os resultados de cultura do material do abscesso, a antibioticoterapia inicial deve ser modificada, utilizando-se agentes específicos contra as bactérias isoladas da lesão. A antibioticoterapia deve ser mantida durante pelo menos 3 a 4 semanas, quando o paciente é submetido a excisão cirúrgica, ou durante 8 semanas ou mais nos casos em que não se faz a cirurgia. Em geral, as causas não bacterianas do abscesso cerebral exigem diagnóstico definitivo e terapia específica. Os esteroides para diminuir o intumescimento só deverão ser utilizados se houver um efeito expansivo.

REFERÊNCIAS

Bernardini GL: Diagnosis and management of brain abscess and subdural empyema. *Curr Neurol Neurosci Rep* 2004;4:448.

Brouwer MC, Tunkel AR, McKhann II GM, et al: Brain abscess. *N Engl J Med* 2014;371:447–456.

Tunkel AR: Brain abscess. In Bennett JE, Dolin R, Blaser MJ (editors). *Mandell, Douglas, and Bennett's Principles and Practice of Infectious Diseases*, 8th ed. Philadelphia, Elsevier, 2015.

Yogev R, Bar-Meir M: Management of brain abscesses in children. *Pediatr Infect Dis* 2004;23:157.

SISTEMA RESPIRATÓRIO

CASO 3: PNEUMONIA BACTERIANA

Um homem de 35 anos de idade foi encaminhado à sala de emergência devido à ocorrência de febre e dor no lado esquerdo do tórax ao tossir. Cinco dias antes, apareceram sinais de infecção viral das vias respiratórias superiores com dor de garganta, coriza e aumento da tosse. Na véspera, apresentou dor torácica no lado esquerdo ao tossir e respirar profundamente. Doze horas antes de chegar à sala de emergência, foi acordado por intenso calafrio, tremor e sudorese. A anamnese revelou que o paciente consome quantidades moderadas a maciças de álcool e fuma um maço de cigarros por dia há cerca de 17 anos. O paciente trabalha como mecânico de automóveis. Ele tinha história de duas hospitalizações anteriores, incluindo uma há 4 anos por abstinência de álcool.

Manifestações clínicas

A temperatura era de 39 °C, pulso de 130/min e respiração de 28/min. A pressão arterial era de 120/80 mmHg.

O exame físico revelou um homem com peso ligeiramente acima do normal e tosse frequente, colocando a mão sobre o lado esquerdo do tórax ao tossir. O escarro, produzido em pequena quantidade, é espesso e cor de ferrugem. O exame do tórax revelou movimentos normais do diafragma. Constatou-se endurecimento à percussão na parte posterolateral esquerda do tórax, sugerindo a consolidação do pulmão. Foram percebidos sons respiratórios

tubulares (brônquicos) na mesma área, juntamente com sons crepitantes secos (estertores), compatíveis com consolidação pulmonar e presença de muco viscoso nas vias respiratórias. O restante do exame físico mostrou-se normal.

Achados laboratoriais e de imagem

As radiografias de tórax mostraram consolidação densa do lado inferior esquerdo, compatível com pneumonia bacteriana. O hematócrito foi de 45% (normal). A contagem de leucócitos atingiu 16.000/μL (acentuadamente elevada), com 80% de PMNs e contagem absoluta de PMN de 12.800/μL (bastante elevada)*, 12% de linfócitos e 8% de monócitos. Os testes de química sanguínea, inclusive os eletrólitos, mostraram-se normais. O escarro era espesso, amarelo a ferruginoso e de aspecto purulento. A coloração de uma amostra de escarro pelo método de Gram revelou numerosos PMNs e diplococos Gram-positivos com forma lanceolada. Após 24 horas, as hemoculturas tornaram-se positivas para *S. pneumoniae* (Capítulo 14). As culturas do escarro revelaram numerosos *S. pneumoniae* e algumas colônias de *H. influenzae* (Capítulo 18).

Tratamento

O diagnóstico inicial foi de pneumonia bacteriana, provavelmente pneumocócica. A terapia com penicilina G aquosa parenteral foi iniciada com base em dados locais que mostraram pouca resistência à penicilina entre os pneumococos. O paciente também recebeu fluidos parenterais. Em 48 horas, houve a normalização da temperatura, e o paciente passou a eliminar grandes quantidades de escarro purulento. A penicilina G foi mantida durante 7 dias. Houve resolução da consolidação pulmonar no acompanhamento feito 4 semanas após a internação do paciente.

CASO 4: PNEUMONIA VIRAL

Uma mulher de 68 anos apresentou queixas de tosse, coriza, febre e mialgia os últimos 3 dias. A tosse piorou recentemente, e a paciente passou a apresentar dispneia e fadiga. Ela havia visitado recentemente seus netos, um dos quais apresentava quadro típico de resfriado com coriza.

Seu histórico médico anterior inclui diagnóstico de lúpus, para o qual ela toma medicamentos imunossupressores. Não há histórico de vacinação recente.

---

*N. de T. Frequentemente, é também observado no hemograma um **desvio à esquerda**. Quando os neutrófilos ainda estão em fase de desenvolvimento, são chamados de bastões. Já os neutrófilos maduros são chamados de segmentados. Quando um indivíduo desenvolve uma infecção bacteriana, a medula óssea aumenta a produção e a liberação de neutrófilos para a corrente sanguínea (resultando em leucocitose). Como esse processo é acelerado, leucócitos ainda jovens (bastões) são liberados, não esperando o tempo normal de maturação. A presença de um percentual maior desses bastões, associada a uma leucocitose com neutrofilia, sugere fortemente a existência de uma infecção aguda. A denominação de desvio à esquerda deriva do fato de os laboratórios clínicos apresentarem no hemograma uma listagem dos diferentes tipos de leucócitos, colocando seus valores um ao lado do outro. Como os bastões costumam estar à esquerda na lista, quando há um aumento do seu número, é dito que há um desvio para a esquerda no hemograma.

Manifestações clínicas

A temperatura era de 39 °C, pulso de 110/min, respiração de 30/min e saturação de oxigênio de 89% no ar ambiente. A pressão arterial era de 115/70 mmHg. A paciente parecia apresentar dificuldade respiratória moderada, com tosse frequente. Foram ouvidos estertores[*] bilaterais em ambos os campos pulmonares. O restante do exame físico foi normal.

Achados laboratoriais e de imagem

As radiografias de tórax revelaram infiltrados pulmonares intersticiais bilaterais e difusos. A gasometria arterial revelou uma PO$_2$ de 60 mmHg com 91% de saturação da hemoglobina. O hematócrito, a contagem de leucócitos, os eletrólitos séricos e as provas de função hepática mostraram-se normais. Um *swab* de nasofaringe enviado para teste de reação em cadeia de polimerase (PCR, de *polymerase chain reaction*) foi positivo para influenza A. A subsequente tipagem resultou em influenza A, subtipo H3N2. A cultura bacteriana de escarro cresceu microbiota oral normal sem patógenos respiratórios identificados.

Tratamento e evolução hospitalar

A paciente foi hospitalizada e submetida à oxigenoterapia, com melhora da hipóxia. Foi administrado oseltamivir oral. Nos dias seguintes, seu estado respiratório melhorou, e ela recebeu alta para atendimento domiciliar no terceiro dia.

Comentários

A **pneumonia bacteriana aguda** manifesta-se comumente em forma de início abrupto de calafrios e febre, tosse e, com frequência, **dor torácica pleurítica**. A tosse é frequentemente produtiva, com **escarro purulento**, mas muitos pacientes com pneumonia não se mostram adequadamente hidratados nem produzem escarro até que recebam líquidos, conforme se observou nesse caso. Ocorre dor torácica pleurítica quando o processo inflamatório da pneumonia afeta o revestimento pleural do pulmão e a cavidade torácica; o movimento da pleura, que ocorre com a tosse ou respiração profunda, provoca dor localizada. Os pacientes com pneumonia aguda têm aspecto doente e, em geral, apresentam taquipneia (respiração acelerada), bem como taquicardia (frequência cardíaca rápida). Muitos pacientes com pneumonia apresentam fatores predisponentes (insuficiência cardíaca congestiva, doença pulmonar obstrutiva crônica, etc.) que sofrem exacerbação antes do desenvolvimento da pneumonia ou em associação com esta.

Os achados ao exame físico estão associados à **consolidação do tecido pulmonar**, muco purulento (**escarro**) nas vias respiratórias e, em alguns pacientes, líquido na cavidade torácica. À percussão, verifica-se endurecimento sobre a área de consolidação (ou de líquido). Quando ocorre consolidação, as pequenas vias respiratórias fecham-se, de modo que apenas as grandes vias respiratórias permanecem abertas. À ausculta, percebem-se sons respiratórios tubulares sobre a área. Se houver o bloqueio de todas as vias respiratórias, nenhum som respiratório será audível. Os sons crepitantes secos (estertores) ou crepitações à ausculta indicam a presença de líquido ou muco nas vias respiratórias; esses sons podem mudar quando o paciente tosse.

A **pneumonia viral** caracteriza-se por inflamação intersticial do tecido pulmonar e formação de membrana hialina nos espaços alveolares, frequentemente acompanhada de bronquiolite e descamação das células ciliadas das pequenas vias respiratórias, com inflamação peribrônquica. Os vírus que mais comumente provocam pneumonia são o sincicial respiratório, parainfluenza (geralmente, o tipo 3), influenza, adenovírus, metapneumovírus, o vírus do sarampo e o vírus varicela-zóster (Capítulos 32, 39 e 40). O citomegalovírus (Capítulo 33) causa pneumonia em pacientes submetidos a transplante de medula óssea alogênica e a transplante de órgãos sólidos; o vírus varicela-zóster também pode causar pneumonia nesses pacientes. Patógenos virais emergentes, como o MERS-coronavírus, podem causar manifestações clínicas que mimetizam os patógenos respiratórios virais mais comuns (Capítulo 41). Muitos outros agentes infecciosos (bem como agentes não infecciosos) podem causar pneumonia intersticial, com ou sem consolidação focal do pulmão. Entre os exemplos, destacam-se *Legionella pneumophila* (Capítulo 22), *Mycoplasma pneumoniae* (Capítulo 25) e *Pneumocystis jirovecii* (Capítulo 45). Os achados físicos ao exame de tórax na pneumonia viral são frequentemente limitados; muitas vezes, apenas estertores são audíveis à ausculta. Alguns dos vírus provocam erupções características que podem ser úteis para indicar o diagnóstico. As radiografias de tórax revelam infiltrados intersticiais bilaterais e difusos. Pode-se verificar a presença de áreas focais de consolidação. O tratamento de suporte, como oxigenoterapia, e a quimioterapia antiviral específica, quando possível, são importantes.

A **pneumonia adquirida na comunidade** (**CAP**, do inglês *community-acquired pneumonia*) é definida como uma infecção pulmonar aguda em pessoas que não foram hospitalizadas recentemente ou foram, de outra forma, expostas a um centro de saúde. As causas mais comuns de CAP são *S. pneumoniae* (Capítulo 14), *H. influenzae* (Capítulo 18), *Moraxella catarrhalis* (Capítulo 16), *S. aureus* (Capítulo 13) e, menos comumente, certos bacilos Gram-negativos, estes ocorrendo com mais frequência em pacientes com doença pulmonar crônica. Os dados sobre a frequência de patógenos "atípicos", ou seja, *M. pneumoniae* (Capítulo 25), *L. pneumophila* (Capítulo 22) e *Chlamydia pneumoniae* (Capítulo 27) variam (Tabela 48-3), mas estes devem ser considerados na escolha da antibioticoterapia empírica. As **infecções pulmonares pleurais causadas por bactérias anaeróbias mistas** estão associadas a fatores predisponentes, como doença periodontal, convulsões, estupor ou coma e aspiração de bactérias da orofaringe para o pulmão. Nas infecções anaeróbias mistas, ocorrem pneumonia, abscessos pulmonares e infecção do espaço pleural (empiema** ou pus na cavidade torácica).

A **pneumonia associada a cuidados de saúde** (**HCAP**, do inglês *health care-associated pneumonia*) é uma categoria de infecção criada em 2005 para distinguir indivíduos na comunidade com hospitalização recente, que se encontram em instalações de cuidados de longa duração ou que frequentemente têm exposição a ambientes de cuidados de saúde (como clínicas de hemodiálise) e que correm o risco de adquirir os mesmos tipos de patógenos multirresistentes que são vistos entre pacientes hospitalizados (HAP, de *hospitalized patients*) e pacientes que estão em suporte ventilatório

---

[*]N. de T. Estertores (roncos) são ruídos pulmonares anormais causados pela passagem de ar por vias aéreas estreitas ou cheias de fluidos.

**N. de T. Empiema é uma coleção de pus dentro de uma cavidade natural (p. ex., empiema da cavidade pleural [empiema pleural, também conhecido como piotórax], empiema subdural [coleção de pus entre a dura-máter e aracnoides subjacentes], entre outras). Deve ser diferenciado de abscesso (coleção de pus em uma cavidade recém-formada).

TABELA 48-3 Características e tratamento de algumas pneumonias

Microrganismo	Contexto clínico	Esfregaços de escarro corados pelo método de Gram	Radiografia do tórax[a]	Exames laboratoriais	Complicações	Terapia antimicrobiana de escolha[b]	Capítulo(s)
S. pneumoniae	Doença cardiopulmonar crônica. Ocorre após infecções das vias respiratórias superiores	Diplococos Gram-positivos	Consolidação lobar	Esfregaço de escarro corado pelo método de Gram; hemocultura; cultura do líquido pleural; antígeno urinário	Bacteriemia, meningite, endocardite, pericardite, empiema	Penicilina G (ou V, via oral); fluoroquinolonas ou vancomicina para cepas de alta resistência à penicilina	4
H. influenzae	Doença cardiopulmonar crônica. Ocorre após infecções das vias respiratórias superiores	Pequenos cocobacilos Gram-negativos	Consolidação lobar	Cultura do escarro, hemocultura, cultura do líquido pleural	Empiema, endocardite	Ampicilina (ou amoxicilina) se for β-lactamase-negativo: cefotaxima ou ceftriaxona	18
S. aureus	Epidemias de influenza; hospitalar	Cocos Gram-positivos em agregados	Infiltrados focais	Cultura do escarro, hemocultura, cultura do líquido pleural	Empiema, cavitação	Nafcilina[c]	13
K. pneumoniae	Uso abusivo de álcool, diabetes melito, hospitalar	Bastonetes Gram-negativos encapsulados	Consolidação lobar	Cultura do escarro, hemocultura, cultura do líquido pleural	Cavitação, empiema	Uma cefalosporina de 3ª ou 4ª geração. Para infecção grave[d], adicionar gentamicina ou tobramicina	15
E. coli	Hospitalar, raramente adquirida na comunidade	Bastonetes Gram-negativos	Infiltrados focais, derrame pleural	Cultura do escarro, hemocultura, cultura do líquido pleural	Empiema	Uma cefalosporina de 3ª geração[d]	15
P. aeruginosa	Hospitalar, fibrose cística	Bastonetes Gram-negativos	Infiltrados focais, cavitação	Cultura de escarro, hemocultura	Cavitação	Cefalosporina antipseudomonas ou carbapenêmico ou β-lactâmico inibidor de β-lactamase, como piperacilina/tazobactam mais um aminoglicosídeo	16
Anaeróbios	Aspiração, periodontite	Microbiota mista	Infiltrados focais em zonas pulmonares dependentes	Cultura do líquido pleural ou material obtido por aspiração transtorácica; broncoscopia com amostra protegida	Pneumonia necrosante, abscesso, empiema	Clindamicina	11, 20, 48
M. pneumoniae	Adultos jovens; verão e outono	PMNs e monócitos; nenhum patógeno bacteriano	Infiltrados focais extensos	Títulos de fixação do complemento[e]; PCR; os títulos de aglutininas frias séricas não são úteis, visto que carecem de sensibilidade e especificidade	Erupções cutâneas, miringite bolhosa; anemia hemolítica	Eritromicina, azitromicina ou claritromicina, doxiciclina, fluoroquinolones	25

(continua)

TABELA 48-3 **Características e tratamento de algumas pneumonias** *(continuação)*

Microrganismo	Contexto clínico	Esfregaços de escarro corados pelo método de Gram	Radiografia do tórax[a]	Exames laboratoriais	Complicações	Terapia antimicrobiana de escolha[b]	Capítulo(s)
Espécies de *Legionella*	Verão e outono. Exposição a locais de construção, fontes de água, ar-condicionado contaminados. Adquiridas na comunidade ou hospitalares	Poucos PMNs; ausência de bactérias	Consolidação focal ou lobar	Título de anticorpos imunofluorescentes[e]; cultura de escarro ou amostra de tecidos[f]; antígeno urinário para *Legionella* (somente para o sorogrupo 1 *L. pneumophila*); PCR	Empiema, cavitação, endocardite, pericardite	Azitromicina ou claritromicina, com ou sem rifampicina; fluoroquinolonas	22
C. pneumoniae	Clinicamente similar à pneumonia por *M. pneumoniae*, mas os sintomas prodrômicos têm maior duração (até 2 semanas), é comum a ocorrência de faringite com rouquidão; pneumonia leve em adolescentes e adultos jovens	Inespecífico	Infiltrado subsegmentar, menos proeminente do que na pneumonia por *M. pneumoniae*; consolidação rara	O isolamento do microrganismo é muito difícil. Os estudos de microimunofluorescência são os testes recomendados	A reinfecção em adultos de mais idade com DPOC subjacente ou insuficiência cardíaca pode ser grave ou mesmo fatal	Doxiciclina, eritromicina, claritromicina, fluoroquinolonas	27
M. catarrhalis	Doença pulmonar preexistente; indivíduos idosos; terapia com corticosteroides ou agentes imunossupressores	Diplococos Gram-negativos	Infiltrados focais; consolidação lobar ocasional	Coloração de Gram e cultura de escarro ou de aspirado brônquico	Raramente, derrames pleurais e bacteriemia	Sulfametoxazol-trimetoprima ou amoxicilina-ácido clavulânico ou cefalosporina de 2ª ou 3ª geração	20
P. jirovecii	Aids, terapia imunossupressora	Não é útil para o estabelecimento do diagnóstico	Infiltrados intersticiais e alveolares difusos. Infiltrados apicais ou do lobo superior em pacientes que recebem pentamidina em aerossol	Cistos e trofozoítos de *P. jirovecii* em coloração do escarro ou do líquido do BAL pelas colorações metenamina de prata ou Giemsa, pesquisa de anticorpo imunofluorescente direto no BAL	Pneumotórax, insuficiência respiratória, SARA, morte	Sulfametoxazol-trimetoprima, isetionato de pentamidina	45

Aids, síndrome da imunodeficiência adquirida; BAL, lavado broncoalveolar; DPOC, doença pulmonar obstrutiva crônica; PCR, reação em cadeia da polimerase; PMNs, leucócitos polimorfonucleares; SARA, síndrome da angústia respiratória aguda.

[a] Os achados radiográficos carecem de especificidade.
[b] O teste de sensibilidade aos antimicrobianos deve orientar a terapia.
[c] As infecções causadas por *S. aureus* resistente à nafcilina (oxacilina) são tratadas com vancomicina.
[d] Microrganismos produtores de β-lactamase de largo espectro e carbapenemases podem complicar o tratamento.
[e] É necessária uma elevação de 4 vezes nos títulos para ser diagnóstica.
[f] São necessários meios de cultivo seletivos.

(VAP, do inglês *ventilator support*]). Os microrganismos associados a essa infecção são bastante diferentes das etiologias da CAP. As HCAP, HAP e VAP são frequentemente causadas por bacilos Gram-negativos entéricos multirresistentes (p. ex., *E. coli*, *K. pneumoniae* e *Enterobacter* sp. [Capítulo 15]) e *Pseudomonas aeruginosa* (Capítulo 16); *S. aureus* (Capítulo 13) e *Legionella* (Capítulo 22) também podem causar pneumonia adquirida no hospital. Fungos, inclusive o *Histoplasma capsulatum*, *C. immitis* e *C. neoformans* (Capítulo 45), podem causar **CAP**. As espécies de *Candida* e *Aspergillus* (Capítulo 45) podem estar associadas a infecções hospitalares.

As contagens de células sanguíneas em pacientes com pneumonia geralmente revelam leucocitose com o aumento das células PMNs. A radiografia de tórax revela infiltrados segmentares ou lobares. Podem-se observar cavidades, sobretudo nas infecções anaeróbias mistas ou na pneumonia causada por *S. aureus* ou por *Streptococcus* do grupo A. Além disso, podem-se observar derrames pleurais que, quando presentes, podem indicar a necessidade de toracocentese, visando à obtenção de líquido para contagens celulares e cultura, bem como conduta terapêutica, no caso de empiema pleural (piotórax ou pleurite purulenta). As hemoculturas devem ser feitas em todos os pacientes internados no hospital com pneumonia aguda, embora a detecção seja variável (p. ex., 20-25% com *S. pneumoniae* ou muito menos na doença causada por *H. influenzae*). Além disso, o escarro, quando disponível, também deve ser obtido para cultura.

A maioria dos pacientes com pneumonia bacteriana e muitos pacientes com pneumonia de outras etiologias apresentam escarro mucopurulento. O escarro ferruginoso sugere comprometimento alveolar e está associado à pneumonia pneumocócica, embora também possa ser observado na presença de outros microrganismos. O escarro de odor fétido sugere infecção anaeróbia mista. Deve-se separar uma porção purulenta do escarro para coloração pelo método de Gram e exame microscópico. Uma amostra adequada de escarro deve ter mais de 25 células PMNs e menos de 10 células epiteliais por campo de pequeno aumento (ampliado 100 ×). Tradicionalmente, o exame microscópico do escarro tem sido utilizado para ajudar a definir a etiologia da pneumonia. Entretanto, pode ser difícil diferenciar os microrganismos que fazem parte da microbiota orofaríngea normal dos que provocam pneumonia. O achado de numerosos diplococos Gram-positivos com forma lanceolada sugere fortemente a presença de *S. pneumoniae*, mas os *Streptococcus* que fazem parte da microbiota da orofaringe podem exibir o mesmo aspecto. O principal valor dos esfregaços de escarro corados consiste na detecção de microrganismos cuja presença não é esperada (p. ex., inúmeras células PMNs juntamente com inúmeros bacilos Gram-negativos, sugerindo bacilos entéricos ou *Pseudomonas*, ou numerosos cocos Gram-positivos em cachos, sugerindo *Staphylococcus*). As culturas de escarro têm muitas das mesmas desvantagens associadas aos esfregaços. Pode ser difícil diferenciar a microbiota normal colonizadora dos agentes etiológicos associados à pneumonia.

A verdadeira demonstração da causa da pneumonia é obtida a partir de um conjunto limitado de amostras: hemocultura positiva em um paciente com pneumonia sem nenhuma infecção passível de causar confusão; cultura positiva do líquido pleural ou do aspirado pulmonar direto; e detecção de antígenos circulantes de determinado microrganismo sem infecção passível de causar confusão (p. ex., antígeno urinário contra *S. pneumoniae* ou *L. pneumophila*). A broncoscopia é utilizada, frequentemente, visando à obtenção de material para estudos diagnósticos em pacientes muito doentes com pneumonia e é recomendada para as pneumonias em agentes de saúde e hospedeiros imunocomprometidos. A cultura quantitativa bacteriana, realizada com uma cuidadosa coleta do lavado broncoalveolar (BAL, do inglês *bronchoalveolar lavage*) usando 10^4 unidades formadoras de colônias (UFC)/mL de um patógeno específico com ponto de corte (*cut-off*) para significância clínica, é útil para se estabelecer uma etiologia de pneumonia bacteriana em pacientes não previamente tratados com antibióticos. A broncoscopia com BAL pode também evidenciar um patógeno não bacteriano, como um fungo filamentoso ou patógeno viral em pacientes de alto risco.

Vários métodos *multiplex* comerciais de amplificação do ácido nucleico estão agora disponíveis para auxiliar no diagnóstico de pneumonia viral e da pneumonia causada por patógenos atípicos, como *M. pneumoniae* e *C. pneumoniae*. Outras plataformas específicas para a detecção de CAP e HCAP estão em desenvolvimento.

Nos Estados Unidos, diversas sociedades profissionais estabeleceram normas práticas para o diagnóstico, bem como tratamento empírico e definitivo das pneumonias comunitárias, associadas a centros de tratamento e à ventilação. Para os pacientes com pneumonias comunitárias, um macrolídio, fluoroquinolona ou doxiciclina é recomendado em monoterapia para pacientes previamente sadios. Um macrolídio mais um β-lactâmico ou uma fluoroquinolona em monoterapia são recomendados para tratamento empírico inicial de pacientes ambulatoriais nos quais a resistência é um problema e para pacientes que necessitam de hospitalização. Caso se suspeite de *Legionella*, amoxicilina-clavulanato com adição de azitromicina é sugerida para pacientes ambulatoriais. Fluoroquinolonas, como levofloxacina ou moxifloxacina, devem ser reservadas para pacientes com doença pulmonar predisponente ou outras comorbidades. Os esquemas terapêuticos devem ser modificados nos casos em que a etiologia tenha sido estabelecida e a suscetibilidade do agente causador seja conhecida. Nos casos HCAP, a resistência a múltiplos fármacos é, frequentemente, o maior problema, podendo ser necessária a terapia antipseudomonas com cefalosporinas de terceira geração, carbapenêmicos ou β-lactâmicos/inibidores de β-lactamases em associação ou não com aminoglicosídeos. Mais recentemente, o aumento na prevalência de microrganismos multirresistentes, como *K. pneumoniae* resistente aos carbapenêmicos e o *A. baumannii* resistente a todos os antimicrobianos, exceto colistina, desafia essas recomendações e contribui para o aumento da mortalidade.

REFERÊNCIAS

American Thoracic Society, Infectious Diseases Society of America: Guidelines for the management of adults with hospital-acquired, ventilator-associated, and healthcare-associated pneumonia. *Am J Respir Crit Care Med* 2005;171:388.

Anand N, Kolleff MH: The alphabet soup of pneumonia: CAP, HAP, HCAP, NHAP, and VAP. *Semin Respir Crit Care Med* 2009;30:3.

Labelle A, Kollef MH: Healthcare-associated pneumonia: approach to management. *Clin Chest Med* 2011;32:507–515.

Mandell LA, Wunderink RG, Anzueto A, et al: Infectious Diseases Society of America/American Thoracic Society consensus guidelines on the management of community-acquired pneumonia in adults. *Clin Infect Dis* 2007;44:527.

Musher DM, Thorner AR: Community-acquired pneumonia. *N Engl J Med* 2014;371:17.

SISTEMA CARDÍACO

CASO 5: ENDOCARDITE

Uma mulher de 45 anos de idade foi internada devido à febre, dispneia e perda ponderal. Surgiram calafrios, sudorese e anorexia 6 semanas antes de sua internação, cuja intensidade aumentou até o momento de ser internada. Apareceu dor persistente nas costas 4 semanas antes da internação. A dispneia de esforço, que ocorria depois de andar os três quarteirões habituais, passou a ser percebida após caminhar um quarteirão. Por ocasião de sua internação, a paciente relatou uma perda de peso de 5 kg.

Na infância, teve febre reumática, quando apresentou edema das articulações e febre, ficando acamada por 3 meses. Posteriormente, se ouvia um sopro cardíaco.

Manifestações clínicas

A temperatura era de 38 °C, pulso de 90/min e respiração de 18/min. A pressão arterial era de 130/80 mmHg.

O exame físico revelou uma mulher com peso moderadamente acima do ideal, ativa e orientada. Começou a apresentar dificuldade respiratória enquanto estava subindo dois lances de escada. O exame dos olhos revelou mancha de Roth (mancha branca redonda circundada por hemorragia) na retina do olho direito. Foram observadas petéquias na conjuntiva de ambos os olhos. A cabeça e o pescoço apresentaram-se normais sob os demais aspectos. Foram observadas hemorragias subungueais em dois dedos da mão direita e em um dedo da mão esquerda. Foi constatada a presença de nódulos de Osler (pequenas lesões vermelhas ou purpúreas da pele, elevadas e hipersensíveis) nos coxins de um dedo da mão e um dedo do pé. O tamanho do coração mostrou-se normal à percussão. À ausculta, foi percebido um sopro diastólico de tonalidade grave com estenose da valva mitral; no lado esquerdo do tórax, ouviu-se um estalido de abertura no alto da valva mitral. O exame do abdome foi difícil devido à obesidade. Foi observada esplenomegalia. O restante do exame físico mostrou-se normal.

Achados laboratoriais e de imagem

As radiografias de tórax revelaram um coração de tamanho normal e pulmões normais. No ECG, foi observado ritmo sinusal normal com ondas P largas (condução atrial). A ecocardiografia mostrou aumento do átrio esquerdo, espessamento dos folhetos valvares mitrais e vegetação no folheto posterior. O hematócrito foi de 29% (baixo). A contagem de leucócitos atingiu 9.800/μL (normal alta), com 68% de PMNs (contagem elevada), 24% de linfócitos e 8% de monócitos. A velocidade de hemossedimentação (VHS) foi de 68mm/h (alta). Os testes de química sanguínea, inclusive eletrólitos e provas de função renal, mostraram-se normais. Foram obtidas três hemoculturas no dia da internação; 1 dia depois, as três mostraram-se positivas para cocos Gram-positivos em cadeias, identificados como *Streptococcus* do grupo Viridans e, posteriormente, *Streptococcus sanguinis* (Capítulo 14).

Tratamento

Foi estabelecido o diagnóstico de endocardite da valva mitral. Foi iniciado o tratamento com penicilina G, bem como gentamicina por via intravenosa, e continuado por duas semanas. A paciente tornou-se afebril 3 dias após o início da terapia. Após tratamento bem-sucedido da endocardite, foi encaminhada para tratamento por longo prazo da cardiopatia.

Comentários

Os sinais e sintomas de **endocardite** são muito variados, visto que qualquer sistema orgânico pode ser secundariamente (ou primariamente) afetado. Ocorrem febre em 80 a 90% dos pacientes, calafrios em 50%, anorexia e perda ponderal em cerca de 25%, assim como lesões cutâneas em aproximadamente 25%. É muito comum a observação de sintomas inespecíficos, como cefaleia, dor nas costas, tosse e artralgia. Até 25% dos pacientes com endocardite apresentam sinais neurológicos ou acidentes vasculares encefálicos secundários a êmbolos de **vegetações valvares cardíacas**. Em 10 a 20% dos casos, ocorrem dores nas costas, torácica e abdominal. Tipicamente, os achados físicos incluem febre em 90 a 95% dos pacientes, **sopro cardíaco** em 80 a 90% com novo sopro cardíaco ou mudança do sopro cardíaco em cerca de 15%, bem como esplenomegalia e lesões cutâneas em aproximadamente 50%. Muitos outros sintomas e achados físicos estão diretamente relacionados com as complicações da infecção metastática e da embolização das vegetações.

Os *Streptococcus* e os *Staphylococcus* são responsáveis por cerca de 80% dos casos de endocardite. Os *Streptococcus* do grupo Viridans de várias espécies (p. ex, *S. sanguinis*, *S. salivarius*, *S. mutans*, *S. bovis*; Capítulo 14) são os mais comuns, seguidos dos *Enterococcus* (p. ex., *E. faecalis*) e outras espécies de *Streptococcus*. Em geral, os *Streptococcus* causam endocardite em valvas cardíacas anormais. O percentual das infecções causadas por *Staphylococcus* está aumentando devido à diminuição dos casos associados à febre reumática e ao aumento de infecções associadas aos cuidados de saúde. O *S. aureus* representa 20 a 25% dos casos adquiridos na comunidade. Esse percentual aumenta consideravelmente no casos associados aos cuidados de saúde (ver Hoen e colaboradores). Já o *S. epidermidis* corresponde a cerca de 5% das infecções de origem comunidade e a cerca de 15% dos casos associados aos cuidados de saúde (Capítulo 13). O *S. aureus*, que pode infectar valvas cardíacas normais, é comum em usuários de drogas intravenosas e causa doença mais rapidamente progressiva dos que os *Streptococcus*. O *S. epidermidis* constitui uma das principais causas de endocardite em próteses valvares e raramente infecta valvas nativas. Os bacilos Gram-negativos (Capítulos 15 e 18) correspondem a cerca de 5% dos casos, e as leveduras, como *Candida albicans* (Capítulo 45), em cerca de 3%. Patógenos emergentes, como espécies de *Bartonella* (Capítulo 22) e *Tropheryma whipplei* (Capítulo 22), têm sido relatados com maior frequência. Muitas outras bactérias (na verdade, qualquer espécie de bactéria) podem provocar endocardite, sendo que, em uma pequena porcentagem de casos, as culturas são negativas.

A história e o exame físico constituem procedimentos diagnósticos importantes. O diagnóstico é fortemente sugerido por hemoculturas repetidamente positivas na ausência de outro local de infecção. A ecocardiografia pode constituir um procedimento adjuvante muito útil. A presença de vegetações em um paciente com febre inexplicada sugere fortemente a presença de endocardite.

A antibioticoterapia é essencial, visto que a endocardite não tratada é fatal. Deve-se utilizar antibióticos bactericidas. A escolha dos antibióticos irá depender do microrganismo infectante: recomenda-se penicilina G associada à gentamicina durante 2 semanas para os *Streptococcus* do grupo viridans e durante 6 semanas para os *Enterococcus* suscetíveis. A vancomicina é o fármaco de escolha para as cepas resistentes à penicilina. A resistência a múltiplos fármacos entre os *Enterococcus* pode requerer o emprego de novos agentes, como linezolida e daptomicina, com base nos dados de sensibilidade (antibiograma). O *S. aureus* é tratado com penicilinas resistentes à penicilinase (p. ex., nafcilina), frequentemente, em associação com gentamicina para os primeiros 5 dias de tratamento. A vancomicina substitui os β-lactâmicos nos casos de *Staphylococcus* resistentes à meticilina/oxacilina (MRSA). A daptomicina é recomendada para infecções por MRSA do lado direito do coração e pode ser útil também para doenças do lado esquerdo. A duração do tratamento para as endocardites estafilocócicas é de 6 semanas. Outras bactérias diferentes dos *Streptococcus* e dos *Staphylococcus* são tratadas com antibióticos de atividade comprovada com base do teste de disco-difusão em ágar. A cirurgia com substituição da válvula é necessária quando a regurgitação valvar (p. ex., regurgitação aórtica) resulta em insuficiência cardíaca aguda, mesmo quando há infecção ativa, e para controlar a infecção que não responde ao tratamento médico (como pode ocorrer com fungos e patógenos Gram-negativos). Outras indicações importantes para a cirurgia são a disseminação contígua da infecção para o seio de Valsalva* ou abscessos resultantes e êmbolos de prevenção devido a grandes vegetações.

REFERÊNCIAS

Baddour LM, Wilson WR, Bayer AS, et al: Infective endocarditis: Diagnosis, antimicrobial therapy, and management of complications. A statement for healthcare professionals from the Committee on Rheumatic Fever, Endocarditis, and Kawasaki Disease, Council on Cardiovascular Disease in the Young, and the Councils on Clinical Cardiology, Stroke, and Cardiovascular Surgery and Anesthesia, American Heart Association: Endorsed by the Infectious Diseases Society of America. *Circulation* 2005;111:e394; reference to these includes Correction, *Circulation* 2005;112:2373. (Executive Summary, *Circulation* 2005;111:3167, Correction, *Circulation* 2005;112:2374). Accessed at http://circ.ahajournals.org/cgi/content/full/111/23/e394.

Hoen B, Duval X: Infective endocarditis. *N Engl J Med* 2013;368:1425–1433.

---

*N. de T. O aneurisma do seio de Valsalva é um distúrbio cardíaco incomum, associado à separação ou à falta de fusão entre a camada média da aorta e o anel fibroso da valva aórtica. É, em geral, um defeito congênito, porém pode ser adquirido por trauma, infecções, doenças degenerativas, doenças inflamatórias sistêmicas e distúrbios de tecido conectivo.

ABDOME

CASO 6: PERITONITE E ABSCESSOS

Um estudante de 18 anos de idade foi internado devido a febre e dor abdominal. Estava sentindo-se bem até 3 dias antes da internação, quando surgiram dor abdominal difusa e vômitos após a refeição noturna. A dor persistiu por toda a noite e agravou-se na manhã seguinte. Foi examinado na sala de emergência, onde se constatou hipersensibilidade abdominal. As radiografias de tórax e abdome foram normais. A contagem de leucócitos foi de 24.000/µL, e outros exames laboratoriais, inclusive provas de funções hepática, pancreática e renal, mostraram-se normais. O paciente teve alta, porém a dor abdominal e os vômitos intermitentes persistiram, ocorrendo febre de 38 °C. O paciente foi internado no 3° dia de doença.

Não foi obtida história de uso de medicações, abuso de drogas ou álcool, traumatismo ou infecções, e a história familiar mostrou-se negativa.

Manifestações clínicas

A temperatura era de 38 °C, pulso de 100/min e respiração de 24/min. A pressão arterial era de 110/70 mmHg.

O exame físico revelou um jovem de desenvolvimento normal, com aspecto agudamente enfermo, queixando-se de dor abdominal difusa. Os exames de tórax e cardíaco mostraram-se normais. Constatou-se ligeira distensão do abdome. À palpação, o paciente apresentou hipersensibilidade periumbilical difusa e do quadrante inferior direito, com defesa muscular (rigidez muscular à palpação). Houve evidências sugestivas de massa no quadrante inferior direito. Os sons intestinais foram infrequentes.

Achados laboratoriais e de imagem

O hematócrito foi de 45% (normal), e a contagem de leucócitos, de 20.000/µL (acentuadamente elevada), com 90% de células PMNs (acentuadamente elevada) e 12% de linfócitos. O nível sérico de amilase (teste para pancreatite) foi normal. Os eletrólitos e as provas de funções hepática e renal também foram normais. As radiografias de tórax e abdome mostraram-se normais, apesar da observação de várias alças distendidas do intestino delgado. A TC de abdome revelou a existência de coleção de líquido no quadrante inferior direito com extensão na pelve.

Tratamento

O paciente foi levado para a sala de cirurgia. No ato cirúrgico, foi encontrado um apêndice perfurado com grande abscesso periapendicilar estendendo-se na pelve. O apêndice foi removido, e foram evacuados do abscesso cerca de 300 mL de líquido de odor fétido, sendo colocados drenos. O paciente foi tratado com ertapeném durante duas semanas. Os drenos foram trocados diariamente e totalmente removidos uma semana após a cirurgia. A cultura do líquido do abscesso revelou pelo menos seis espécies de bactérias, inclusive *E. coli* (Capítulo 15), *Bacteroides fragilis* (Capítulo 21), *Streptococcus* Viridans e *Enterococcus* (microbiota gastrintestinal normal). O paciente recuperou-se sem maiores problemas.

Comentários

A dor constitui a manifestação primária habitual de **peritonite** e formação de **abscesso intra-abdominal**. A localização e a intensidade da dor estão relacionadas com a doença primária das vísceras abdominais. A perfuração de úlcera péptica produz rapidamente dor epigástrica que logo se propaga por todo o abdome, com o extravasamento do conteúdo gástrico. A ruptura do apêndice ou do divertículo do colo sigmoide frequentemente resulta em dor mais localizada no quadrante inferior direito ou no esquerdo, respectivamente, associada à peritonite focal e formação de abscesso. A dor é acompanhada de náuseas, vômitos, anorexia e febre.

Os sinais e sintomas após o extravasamento agudo do conteúdo intestinal no abdome tendem a ocorrer em duas fases. A primeira consiste no estágio de peritonite, com dor aguda associada à infecção por *E. coli* e outras bactérias anaeróbias facultativas; ocorre nos primeiros 1 a 2 dias e, se não for tratada, está associada a elevada taxa de mortalidade. O segundo estágio consiste na formação de abscesso associada à infecção por *B. fragilis* e outras bactérias anaeróbias obrigatórias.

O exame físico durante a fase aguda revela rigidez abdominal e hipersensibilidade difusa ou local. Com frequência, a hipersensibilidade é pronunciada quando se libera a palpação do abdome; o processo é denominado **hipersensibilidade de rebote**. Posteriormente, ocorrem distensão abdominal e perda da motilidade intestinal (**íleo paralítico**).

As bactérias que compõem a **microbiota gastrintestinal normal** (Capítulo 10) constituem a causa da peritonite aguda e de abscessos associados à ruptura intestinal: *E. coli* e outros bastonetes Gram-negativos entéricos, *Enterococcus*, *Streptococcus* Viridans, *B. fragilis* e outros bastonetes Gram-negativos anaeróbios, além de cocos e bastonetes Gram-positivos anaeróbios de várias espécies.

A história e o exame físico constituem importantes etapas iniciais para o estabelecimento do diagnóstico, a fim de se determinar a natureza aguda e a localização do problema. Os exames laboratoriais, como contagens de leucócitos, fornecem resultados anormais inespecíficos ou ajudam a descartar certas doenças, como pancreatite, conforme se observou neste caso. As radiografias de abdome constituem um auxiliar muito útil para o diagnóstico, e podem revelar a presença de coleções de gás e de líquido nos intestinos grosso e delgado. Informações mais definitivas indicando anormalidades focais são obtidas usando tomografias computadorizadas com contraste. Na presença de líquido, a punção com agulha e a cultura do material estabelecem o diagnóstico de infecção, mas não definem o processo mórbido subjacente.

A cirurgia, que pode ser necessária para se estabelecer um diagnóstico definitivo etiológico, constitui, ao mesmo tempo, a etapa definitiva na terapia. O processo mórbido subjacente (como intestino gangrenoso ou ruptura de apêndice) pode ser corrigido, e a

infecção localizada, drenada. Os antimicrobianos constituem uma importante terapia adjuvante. A escolha dos fármacos deve incluir um antimicrobiano ativo contra os bastonetes Gram-negativos entéricos, um agente ativo contra os *Enterococcus* e os *Streptococcus*, assim como um terceiro contra os bastonetes anaeróbios Gram-negativos frequentemente resistentes à penicilina G. Foram descritos muitos esquemas, um dos mais usados consiste em gentamicina, ampicilina e metronidazol. Contudo, ele tem sido substituído pela piperacilina + tazobactam e ertapeném.

CASO 7: GASTRENTERITE

Quatro membros de uma família procuraram o hospital devido à ocorrência de diarreia e febre que apareceram 6 a 12 horas antes. O pai tinha 28 anos de idade, a mãe, 24 anos, e os filhos, 6 e 4 anos. Dois dias antes, a família compareceu a uma reunião familiar em um parque, onde a comida foi preparada por outro parente que havia se recuperado recentemente de uma doença semelhante na semana anterior. Outra criança da família, de 8 meses de vida, não fez a mesma refeição e permaneceu bem. Cerca de 36 horas depois de comerem, as crianças apresentaram cólicas abdominais, febre e diarreia aquosa, sintomas que persistiram por 12 horas, e a diarreia tornou-se sanguinolenta em ambas as crianças. Os pais apresentaram sintomas semelhantes 6 e 8 horas antes, mas não tiveram sangue visível nas fezes.

Os pais afirmaram que várias outras pessoas que compareceram ao evento apresentavam doenças semelhantes.

Manifestações clínicas

Ao exame físico, a temperatura das crianças era de 39 a 39,5 °C, e a dos pais, de 38 °C. Todos apresentaram taquicardia e aspecto agudamente enfermo. Ambas as crianças se mostraram desidratadas.

Exames laboratoriais

As contagens de leucócitos variaram de 12.000 a 16.000/μL, com 55 a 76% de células PMNs. Foram observados numerosos leucócitos em preparações úmidas de fezes. As fezes das crianças mostraram-se macroscopicamente sanguinolentas e mucoides. As culturas das amostras fecais de cada um dos pais desenvolveram, subsequentemente, *Shigella flexneri* (Capítulo 15).

Tratamento

Ambas as crianças foram internadas, recebendo líquidos e ampicilina por via intravenosa. Os pais foram tratados de modo ambulatorial, com líquidos e ciprofloxacino por via oral. Todos se recuperaram sem maiores problemas. A vigilância sanitária determinou que o responsável pelo surto era o familiar que preparou a alimentação.

Comentários

Os principais achados clínicos das infecções gastrintestinais consistem em náuseas, vômitos, dor abdominal, diarreia e febre. Os sintomas predominantes dependem do agente etiológico e do fato de tal agente ser toxigênico ou invasivo ou ambos. Quando existem toxinas pré-formadas no alimento, frequentemente estão associadas a náuseas e vômitos. Por exemplo, *S. aureus* (Capítulo 13) e *Bacillus cereus* (Capítulo 11) produzem **enterotoxinas** nos alimentos; poucas horas depois da ingestão do alimento, ocorrem náuseas e vômitos, assim como, em grau muito menor, diarreia. Os microrganismos que produzem enterotoxinas afetam a porção proximal do intestino delgado e tendem a provocar **diarreia aquosa** (p. ex., *E. coli* enterotoxigênica [Capítulo 15], *Vibrio cholerae* [Capítulo 17]). Certos agentes, como os rotavírus, o norovírus (Capítulo 37) e a *Giardia lamblia* (*G. duodenalis* [Capítulo 46]), provocam diarreia aquosa em virtude de irritação ou destruição da mucosa. As bactérias invasivas ou produtoras de toxina infectam o cólon e provocam dor abdominal, diarreia frequente (quase sempre com sangue e muco), febre e desidratação, como nesse caso; tal conjunto de sinais e sintomas é conhecido como disenteria. Os microrganismos que causam disenteria incluem muitos sorotipos de *Salmonella*, *Shigella*, *Campylobacter jejuni* (Capítulo 17), *E. coli* enteroinvasiva, *Clostridium difficile* (Capítulo 11) e *E. histolytica* (Capítulo 46). A **febre entérica** é uma infecção potencialmente fatal, caracterizada por febre, cefaleia e sintomas abdominais variáveis, e é causada por *Salmonella enterica* sorovar Typhi (Capítulo 15) (bem como por *Salmonella enterica* sorovar Paratyphi A e B, além de *Salmonella enterica* sorovar Choleraesuis) e *Yersinia enterocolitica* (Capítulo 19). A Tabela 48-4 fornece uma lista dos agentes que comumente provocam gastrenterites invasiva e não invasiva induzidas por toxinas e infecções gastrintestinais.

As infecções gastrintestinais são muito comuns, sobretudo nos países em desenvolvimento, onde a taxa de mortalidade associada é elevada em lactentes e crianças de pouca idade. A prevenção em nível de saúde pública, mediante a adoção de higiene adequada, suprimento de água e alimentos em boas condições, é de suma importância.

O agente etiológico é identificado apenas em uma pequena porcentagem de casos mediante cultura de fezes ou ensaio imunoadsorvente ligado à enzima (Elisa, do inglês *enzyme–linked immunosorbent assay*). É provável que isso mude com a implementação de painéis de amplificação de ácido nucleico de base ampla que podem detectar simultaneamente bactérias, vírus e infecções por protozoários com sensibilidade aprimorada. Alguns desses painéis detectam patógenos que não são rotineiramente procurados em laboratórios clínicos, como *E. coli* enterotoxigênica (ETEC) e *E. coli* enteropatogênica (EPEC) (Capítulo 15). Encontrar leucócitos em células fecais úmidas é altamente sugestivo de infecção por um patógeno invasivo, mas também pode ser observado em causas não infecciosas de colite, como doença inflamatória intestinal.

A manutenção de uma hidratação adequada constitui o aspecto mais importante do tratamento, particularmente em lactentes e crianças pequenas. A terapia antimicrobiana é necessária

no tratamento da febre entérica (**febre tifoide**) e reduz a duração dos sintomas nas infecções causadas por *Shigella*, *Campylobacter* e *V. cholerae*, porém prolonga os sintomas e a eliminação fecal de *Salmonella*.

Não existe terapia específica para a infecção causada por rotavírus, a causa viral mais comum da diarreia, porém há uma vacina disponível para prevenção, geralmente usada por indivíduos em viagem a regiões endêmicas.

REFERÊNCIAS

Dennehy PH: Viral gastroenteritis in children. *Pediatr Infect Dis J* 2011;30:63.
Dupont HL: Approach to the patient with infectious colitis. *Curr Opin Gastroenterol* 2012;28:39–46.
DuPont HL: Acute infectious diarrhea in immunocompetent adults. *N Engl J Med* 2014;370:1532–1541.
Guerrant RL, Van Gilder T, Steiner TS, et al: Practice guidelines for the management of infectious diarrhea. *Clin Infect Dis* 2001;32:331.
Marcos LA, Dupont HL: Advances in defining etiology and new therapeutic approaches in acute diarrhea. *J Infect* 2007;55:385.
Patel MM, Hall AJ, Vinje J, et al: Noroviruses: A comprehensive review. *J Clin Virol* 2009;44:1.

TRATO URINÁRIO

CASO 8: INFECÇÃO VESICAL AGUDA SEM COMPLICAÇÕES

Uma mulher de 21 anos de idade procurou o serviço de saúde com história de crescente frequência urinária com 2 dias de duração, juntamente com urgência e disúria. A urina havia se tornado rosada ou sanguinolenta cerca de 12 horas antes. A paciente não tem história pregressa de infecção das vias urinárias. Recentemente, tornou-se sexualmente ativa e estava utilizando diafragma, bem como espermicida.

Manifestações clínicas

A temperatura era de 37 °C, pulso de 105/min e respiração de 18/min. A pressão arterial era de 105/70 mmHg.

Ao exame físico, o único achado anormal foi hipersensibilidade leve à palpação profunda na área suprapúbica.

Exames laboratoriais

Os exames laboratoriais revelaram ligeira elevação da contagem de leucócitos, da ordem de 13.000/μL, com 66% de PMNs, também elevados. Os níveis de ureia sanguínea, bem como os níveis séricos de creatinina, glicose e eletrólitos, estavam normais. O sedimento urinário revelou inúmeros leucócitos, contagem moderada de

TABELA 48-4 Agentes etiológicos comuns da gastrenterite

Microrganismo	Período de incubação	Sinais e sintomas	Epidemiologia	Patogênese	Manifestações clínicas	Capítulo(s)
S. aureus	1 a 8 horas (raramente, até 18 horas)	Náuseas e vômitos	Os Staphylococcus crescem em carnes, laticínios e outros alimentos, produzindo enterotoxina.	A enterotoxina atua sobre os receptores no intestino, que transmitem os impulsos nervosos para os centros bulbares que controlam os vômitos.	Muito comum, início abrupto, com vômitos intensos por até 24 horas, recuperação regular em 24 a 48 horas. Ocorre em pessoas que ingerem o mesmo alimento. Em geral, não há necessidade de tratamento, exceto para restaurar líquidos e eletrólitos.	13
B. cereus	2 a 16 horas	Vômitos ou diarreias	Arroz cozido reaquecido é um veículo comum.	Enterotoxina formada em alimentos ou no intestino devido ao crescimento de B. cereus.	Com período de incubação de 2 a 8 horas, principalmente vômitos. Com período de incubação de 8 a 16 horas, principalmente diarreia.	11
Clostridium perfringens	8 a 16 horas	Diarreia aquosa	Os Clostridium crescem em pratos de carne reaquecidos. Ingestão de grandes números.	A enterotoxina produzida durante a esporulação no intestino provoca hipersecreção.	Início abrupto de diarreia profusa; às vezes ocorrem vômitos. Em geral, recuperação sem tratamento em 1 a 4 dias. Numerosos Clostridium em culturas de amostras do alimento e das fezes de pacientes.	11
Clostridium botulinum	18 a 24 horas	Paralisia	C. botulinum cresce em alimento anaeróbio e produz toxina.	A toxina absorvida pelo intestino bloqueia a acetilcolina na junção neuromuscular.	Diplopia, disfagia, disfonia, dificuldade respiratória. O tratamento exige suporte ventilatório e administração de antitoxina. O diagnóstico é confirmado pelo achado de toxina no sangue ou nas fezes.	11
E. coli (enterotoxigênica; ETEC)	24 a 72 horas	Diarreia aquosa	A causa mais comum da "diarreia do viajante".	A ETEC no intestino produz enterotoxinas[a] termolábeis (TL) ou termoestáveis (TE), que causam hipersecreção no intestino delgado.	Em geral, início abrupto de diarreia. A ocorrência de vômitos é rara. Infecção grave em recém-nascidos. Em adultos, geralmente é autolimitada em 1 a 3 dias.	9, 15
E. coli (enteroinvasiva; EIEC)	48 a 72 horas	Disenteria	Surtos ocasionais de disenteria; causa infrequente de infecção esporádica.	Invasão inflamatória da mucosa colônica, semelhante à shigelose. As EIEC estão estreitamente relacionadas com Shigella.	Diarreia sanguinolenta aguda com mal-estar, cefaleia, febre alta e dor abdominal. Doença grave em crianças malnutridas. Presença de leucócitos nas fezes.	9, 15
E. coli (produtora da toxina Shiga; STEC)	24 a 72 horas	Diarreia aquosa e sanguinolenta	Diarreia sanguinolenta associada ao consumo de hambúrgueres inadequadamente cozidos em restaurantes de fast-food.	A STEC produz a toxina Vero (semelhante à Shiga). Frequentemente, sorotipo O157:H7.	Provoca diarreia sanguinolenta, colite hemorrágica e a maioria dos casos de síndrome urêmico-hemolítica. Cultura de fezes para a E. coli sorbitol-negativo e sorotipos isolados com antissoros para O157:H7. Outros sorotipos podem ser detectados pela produção de toxina por meio de um ensaio imunoenzimático que contém anticorpos contra toxinas semelhantes à Shiga.	9, 15
E. coli (enteropatogênica; EPEC)	Início lento	Diarreia aquosa	Causa comum de diarreia em neonatos nos países em desenvolvimento. Classicamente, provoca diarreia epidêmica em berçários, com elevadas taxas de mortalidade; na atualidade é menos comum nos países desenvolvidos.	A EPEC se adere às células da mucosa epitelial e provoca alterações citoesqueléticas, podendo invadir as células. Diferente de outras E.coli que são enteroaderentes ou enteroagregativas e que provocam diarreia.	Início insidioso de 3 a 6 dias com apatia, alimentação precária e diarreia. Em geral, duram 5 a 15 dias. A desidratação, o desequilíbrio eletrolítico e outras complicações podem levar à morte. A terapia antimicrobiana é importante.	9, 15

(continua)

TABELA 48-4   Agentes etiológicos comuns da gastrenterite   (continuação)

Microrganismo	Período de incubação	Sinais e sintomas	Epidemiologia	Patogênese	Manifestações clínicas	Capítulo(s)
V. parahaemolyticus	6 a 96 horas	Diarreia aquosa	Os microrganismos crescem em frutos do mar e no intestino, e produzem toxina ou invadem.	A toxina causa hipersecreção; os vibriões invadem o epitélio; as fezes podem ser sanguinolentas.	Início abrupto de diarreia em grupos de pessoas que consumiram o mesmo alimento, particularmente caranguejo e outros frutos do mar. Em geral, a recuperação é completa em 1 a 3 dias. As culturas de amostras do alimento e de fezes são positivas.	17
V. cholerae	24 a 72 horas	Diarreia aquosa	Os microrganismos crescem no intestino, produzindo toxina.	A toxina^a provoca hipersecreção no intestino delgado. Dose infectante > 10^5 microrganismos.	Início abrupto de diarreia líquida em áreas endêmicas. Exige a reposição imediata de líquidos e eletrólitos por vias intravenosa ou oral. As culturas de fezes são positivas. Usar meio seletivo.	9, 18
Espécies de Shigella (casos leves)	24 a 72 horas	Disenteria	Os microrganismos crescem no epitélio intestinal superficial.	Os microrganismos invadem as células epiteliais; presença de sangue, muco e PMN nas fezes. Dose infectante < 10^3 microrganismos.	Início abrupto de diarreia; podem ocorrer sangue e pus nas fezes, cólicas, tenesmo e letargia. Presença de leucócitos nas fezes. As culturas de fezes são positivas. Com frequência, leve e autolimitada. Restaurar líquidos.	15
S. dysenteriae tipo 1 (bacilo de Shiga)	24 a 72 horas	Disenteria, diarreia sanguinolenta	Provoca surtos em países em desenvolvimento.	Produz citotoxina e neurotoxina.	Diarreia sanguinolenta grave em crianças em países em desenvolvimento; taxa de mortalidade elevada. Rara nos Estados Unidos.	15
Espécies de Salmonella	8 a 48 horas	Disenteria	Os microrganismos crescem no intestino. Não produzem toxina.	Infecção superficial do intestino, com pouca invasão. Dose infectante > 10^5 microrganismos.	Início gradual ou abrupto de diarreia e febre baixa. Presença de leucócitos nas fezes. As culturas de fezes são positivas. Nenhum agente antimicrobiano, a não ser que haja suspeita de disseminação sistêmica. É frequente o estado de portador prolongado.	15
S. enterica sorovar Typhi (S. enterica sorovar Paratyphi A e B; S. enterica sorovar Choleraesuis)	10 a 14 dias	Febre entérica	O ser humano é o único reservatório de S. enterica sorovar Typhi.	Invade a mucosa intestinal e multiplica-se nos macrófagos, nos folículos linfoides intestinais; entra pelos nódulos mesentéricos, passa para o sangue e dissemina-se.	Início insidioso de mal-estar, anorexia, mialgias e cefaleia; febre alta remitente; pode haver prisão de ventre ou diarreia. Hepatoesplenomegalia em cerca de 50% dos pacientes. Diagnóstico por cultura para S. enterica sorovar Typhi a partir de sangue, fezes ou de outro local. Antibioticoterapia é importante.	15
Y. enterocolitica	4 a 7 dias	Febre entérica	Transmissão orofecal. Transmissão por alimentos contaminados. Animais infectados.	Gastrenterite ou adenite mesentérica. Bacteriemia ocasional. Toxina produzida ocasionalmente.	Dor abdominal grave, diarreia, febre; PMNs e sangue nas fezes; poliartrite, eritema nodoso, especialmente em crianças. Armazenar amostras de fezes a 4°C antes da semeadura (cultivo).	19
C. difficile	Dias ou semanas após a antibioticoterapia	Disenteria	Colite pseudomembranosa associada a antibióticos.	Produz enterotoxina (toxina A) e citotoxina (toxina B), que causa diarreia e necrose das células epiteliais.	Início abrupto de diarreia sanguinolenta e febre. Toxina presente nas fezes. Tipicamente, os pacientes receberam antibióticos nos dias ou semanas precedentes.	11
C. jejuni	2 a 10 dias	Disenteria	Infecção pela via oral por meio dos alimentos, animais de estimação. O microrganismo cresce no intestino delgado.	Invasão da mucosa. Produção de toxina incerta.	Febre, diarreia, PMN e sangue fresco nas fezes, especialmente em crianças. Geralmente autolimitada. São necessários meios especiais para cultura a 42°C. Os pacientes geralmente se recuperam em 5 a 8 dias.	17

(continua)

TABELA 48-4 Agentes etiológicos comuns da gastrenterite (continuação)

Microrganismo	Período de incubação	Sinais e sintomas	Epidemiologia	Patogênese	Manifestações clínicas	Capítulo(s)
Rotavírus	48 a 96 horas	Diarreia aquosa, vômitos, febre baixa	Este vírus constitui a principal causa da doença diarreica em lactentes e crianças de pouca idade no mundo inteiro.	Induz alterações histopatológicas nas células da mucosa intestinal	Em geral, o distúrbio abdominal e a diarreia são precedidos de febre e vômitos. Ocorre morte em lactentes nos países em desenvolvimento, após desidratação e desequilíbrio eletrolítico. A evolução típica é de 3 a 9 dias. O diagnóstico é estabelecido pela detecção do antígeno de rotavírus por Elisa em amostras de fezes	37
Norovírus	24 a 48 horas	Diarreia aquosa, vômitos	Principal causa de diarreia epidêmica, especialmente em lugares fechados, como cruzeiros marítimos; alta taxa de ataque secundária.	Induz alterações histopatológicas na mucosa intestinal, como o fechamento de microvilosidades	Início abrupto de dor abdominal seguida de náuseas, vômitos e diarreia. Podem ocorrer febre baixa; mal-estar, mialgias e cefaleia são descritos. A evolução típica é de 2 a 3 dias. Diagnóstico por RT-PCR	37
G. lamblia	1 a 2 semanas	Diarreia aquosa	Parasita intestinal mais comumente identificado. Patógeno frequente em surtos de diarreia transmitida pela água.	Interação complexa e pouco compreendida do parasita com as células da mucosa e a resposta imunológica do paciente	Diarreia autolimitada em 1 a 3 semanas; os sintomas de diarreia intermitente, má absorção e perda de peso podem persistir por 6 meses. O diagnóstico é estabelecido pelo achado de trofozoítos ou cistos nas fezes ou no conteúdo duodenal, ou pela detecção do antígeno de *Giardia* por Elisa em amostras de fezes	46
E. histolytica	Início gradual em 1 a 3 semanas	Disenteria	Maior prevalência nos países em desenvolvimento; 10% da população mundial podem estar infectados.	Invade a mucosa colônica e provoca lise das células, incluindo leucócitos	Diarreia, dor abdominal, perda ponderal e febre são comuns. Pode causar inúmeras complicações, inclusive colite fulminante, perfuração e abscesso hepático. O diagnóstico é estabelecido pelo achado de trofozoítos ou cistos nas fezes	46

ᵃA toxina do cólera e a toxina termolábil de *E. coli* estimulam a atividade adenililciclase, aumentando a concentração de AMPc no intestino, com consequente secreção de cloreto e água, bem como reabsorção reduzida de sódio. A toxina termoestável de *E. coli* ativa a guanililciclase intestinal, resultando em hipersecreção.

eritrócitos e grande número de bactérias sugestivas de infecção do trato urinário. A cultura produziu mais de 10^5 UFC/mL de *E. coli* (diagnóstica de infecção das vias urinárias). Não foram efetuados testes de sensibilidade a antimicrobianos.

Tratamento

A paciente foi curada em 3 dias de terapia com sulfametoxazol--trimetoprima por via oral.

Comentários

Ver adiante.

CASO 9: INFECÇÃO COMPLICADA DO TRATO URINÁRIO

Um homem de 67 anos de idade apresentou febre e choque 3 dias após ressecção transuretral da próstata aumentada. Duas semanas antes, tivera obstrução urinária com retenção decorrente do aumento prostático; foi estabelecido o diagnóstico de hipertrofia prostática benigna. Foi necessário proceder ao cateterismo da bexiga. Após a cirurgia, foi fixado um cateter vesical de longa permanência a um sistema de drenagem fechado, mantido no local. Dois dias após a cirurgia, o paciente apresentou febre de 38 °C; no terceiro dia pós-operatório, tornou-se confuso e desorientado, tendo calafrios com tremores.

Manifestações clínicas

A temperatura era de 39 °C, pulso de 120/min e respiração de 24/min. A pressão arterial era de 90/40 mmHg.

Ao exame físico, o paciente soube dizer seu nome, mas mostrou-se desorientado quanto ao tempo e ao espaço. O coração, os pulmões e o abdome estavam normais. Foi constatada ligeira hipersensibilidade costovertebral sobre a área do rim esquerdo.

Exames laboratoriais

Os exames laboratoriais revelaram hematócrito e hemoglobina normais, porém com contagem elevada de leucócitos, da ordem de 18.000/µL, com 85% de PMNs (contagem acentuadamente elevada). Os níveis sanguíneos de ureia e os níveis séricos de creatinina, glicose e eletrólitos mostraram-se normais. Foi obtida uma amostra de urina do cateter com a utilização de agulha e seringa. O sedimento urinário apresentou numerosos leucócitos, alguns eritrócitos e numerosas bactérias, indicando infecção do trato urinário. A cultura de urina produziu mais de 10^5 UFC/mL de *E. coli* (Capítulo 15), confirmando o diagnóstico de infecção do trato urinário. Na hemocultura, houve também o crescimento de *E. coli*, que se mostrou suscetível às cefalosporinas de terceira geração, porém resistente a gentamicina, fluoroquinolonas e sulfametoxazol-trimetoprima.

Tratamento e evolução hospitalar

O paciente apresentou infecção do trato urinário associada ao cateter vesical. Presume-se que o rim esquerdo tenha sido acometido com base na hipersensibilidade do ângulo costovertebral esquerdo. O paciente também apresentou bacteriemia secundária com choque (às vezes, denominada sepse e choque por microrganismos Gram-negativos). Foi tratado com líquidos e antibióticos intravenosos, e recuperou-se. A mesma cepa de *E. coli* foi isolada de outros pacientes no hospital, indicando disseminação hospitalar da bactéria.

Comentários

As infecções do trato urinário podem afetar apenas as vias inferiores ou tanto as vias inferiores quanto as superiores. Utiliza-se o termo **cistite** para descrever a infecção da bexiga com sinais e sintomas de disúria, urgência e frequência, conforme se observou no Caso 8. Utiliza-se o termo **pielonefrite** para descrever a infecção do trato urinário superior, frequentemente com dor e hipersensibilidade no flanco, acompanhadas de disúria, urgência e frequência, conforme se observou no Caso 9. A cistite e a pielonefrite manifestam-se, frequentemente, em forma de doenças agudas; entretanto, é comum a ocorrência de infecções recorrentes ou crônicas.

Em geral, a presença de 10^5 ou mais UFC/mL na urina é aceita como indicador de bacteriúria significativa, embora os pacientes possam ser sintomáticos ou assintomáticos. Algumas mulheres jovens apresentam disúria e outros sintomas de cistite com menos de 10^5 UFC/mL de urina. Nessas mulheres, a presença de apenas 10^3 UFC/mL de bastonetes Gram-negativos pode indicar bacteriúria significativa.

A prevalência de bacteriúria é de 1 a 2% em meninas de idade escolar, 1 a 3% em mulheres não grávidas e 3 a 8% durante a gravidez. A prevalência de bacteriúria aumenta com a idade, e a relação de infecção entre ambos os sexos se torna quase igual. Depois dos 70 anos de idade, 20 a 30% ou mais das mulheres e 10% ou mais dos homens apresentam bacteriúria. Ocorrem rotineiramente infecções do trato urinário superior em pacientes com cateteres de longa permanência, mesmo com cuidados ótimos e utilização de sistemas de drenagem fechados: 50% depois de 4 a 5 dias, 75% depois de 7 a 9 dias e 100% depois de 2 semanas. A atividade sexual e o uso de espermicida aumentam o risco de infecção do trato urinário em mulheres jovens.

A *E. coli* (Capítulo 15) é responsável por 80 a 90% das infecções bacterianas não complicadas agudas das vias urinárias inferiores (cistite) em mulheres jovens. Outras bactérias entéricas e *Staphylococcus saprophyticus* (Capítulo 13) provocam a maioria das demais infecções vesicais com culturas positivas nesse grupo de pacientes. Algumas mulheres jovens com disúria aguda sugestiva de cistite apresentam culturas urinárias negativas para bactérias. Em tais circunstâncias, devem-se considerar testes seletivos para *Neisseria gonorrhoeae* (Capítulo 20) e *Chlamydia trachomatis* (Capítulo 27), bem como uma avaliação para infecção pelo herpes-vírus simples.

Nas infecções complicadas do trato urinário superior, na presença de anormalidade anatômica ou cateterismo crônico, o espectro de bactérias infectantes é maior do que nos casos não complicados. Com frequência, verifica-se a presença de *E. coli*, porém muitas outras espécies de outros bastonetes Gram-negativos (p. ex., *Klebsiella*,

Proteus e *Enterobacter* [Capítulo 15], além de *Pseudomonas* [Capítulo 16]), *Enterococcus* e *Staphylococcus* também são comuns. Em muitos casos, são identificadas duas ou mais espécies, e as bactérias costumam mostrar-se resistentes aos antimicrobianos administrados em associação com a terapia anterior. Nesse cenário, o paciente provavelmente estava infectado com um clone global de *E. coli* produtora de β-lactamases de espectro estendido (ESBL) (CTX-M15), ST131 (Capítulo 15).

A presença de leucócitos na urina é altamente sugestiva, mas não específica, de infecção bacteriana do trato urinário superior. Leucócitos podem ser detectados mediante o exame microscópico do sedimento urinário ou, indiretamente, pela detecção da esterase leucocitária em tiras reagentes. Verifica-se também a presença de eritrócitos ao exame microscópico do sedimento urinário ou indiretamente pela detecção de hemoglobina em tiras reagentes. A proteinúria igualmente é detectada com tiras reagentes. A observação de bactérias na urina não centrifugada, corada pelo método de Gram, sugere fortemente a existência de 10^5 ou mais bactérias por mililitro de urina.

A presença de bacteriúria é confirmada pela cultura quantitativa da urina por qualquer um de vários métodos. Um método utilizado com frequência consiste em efetuar uma cultura de urina utilizando alça bacteriológica calibrada para liberar 0,01 ou 0,001 mL, seguida de contagem do número de colônias que crescem.

Em geral, a cistite aguda sem complicações é causada por *E. coli* suscetível a concentrações facilmente alcançáveis na urina de antibióticos, apropriados ao tratamento das infecções do trato urinário. Logo, na presença dessa infecção em mulheres jovens, raramente é necessário proceder à identificação definitiva do microrganismo e a testes de sensibilidade. Esses casos podem ser tratados com dose única de antibiótico apropriado (baseado no teste de antibiograma). Entretanto, um tratamento de 3 a 5 dias resulta em menor taxa de recidiva. Os agentes típicos usados incluem sulfametoxazol-trimetoprima, nitrofurantoína ou fosfomicina. A pielonefrite é tratada com 10 a 14 dias de antibioticoterapia. As infecções recorrentes ou complicadas do trato urinário superior são mais bem tratadas com antibióticos de comprovada atividade contra as bactérias infectantes; indicam-se a identificação definitiva do microrganismo e a realização de testes de sensibilidade. A terapia durante 14 dias mostra-se apropriada, devendo ser estendida para 14 a 21 dias, se houver recidiva. As pacientes com infecções complicadas do trato urinário superior devem ser avaliadas à procura de anormalidades anatômicas, cálculos etc.

REFERÊNCIAS

Chenoweth CE, Gould CV, Saint S: Diagnosis, management, and prevention of catheter-associated urinary infections. *Infect Dis Clin N Am* 2014;28:105–119.

Grigoryan L, Trautner BW, Gupta K: Diagnosis and management of urinary tract infections in the outpatient setting. *JAMA* 2014;312:1677–1684.

Gupta K, Hooton TM, Naber KG, et al: International clinical practice guidelines for the treatment of acute uncomplicated cystitis and pyelonephritis in women. A 2010 update by the Infectious Diseases Society of America and the European Society for Microbiology and Infectious Diseases. *Clin Infect Dis* 2011;52:e103.

Neal DE Jr: Complicated urinary tract infections. *Urol Clin North Am* 2008;35:13.

OSSOS E TECIDOS MOLES

CASO 10: OSTEOMIELITE

Um homem de 34 anos de idade sofreu fratura exposta no terço médio da tíbia e da fíbula quando seu veículo motorizado de três rodas perdeu o equilíbrio e caiu sobre ele. Levado a um hospital, foi imediatamente para a sala de cirurgia. A ferida foi limpa e desbridada, a fratura reduzida, e o osso alinhado. Foram colocadas placas de metal para transpor a fratura, alinhá-la e mantê-la no lugar, sendo colocados grampos através da pele e do osso proximal, bem como distalmente à fratura para permitir a imobilização da perna. Um dia depois da cirurgia, a perna ainda estava bastante edemaciada; constatou-se a presença de moderada quantidade de drenagem serosa no curativo. Dois dias depois, a perna ainda permanecia inchada e vermelha, exigindo abertura da ferida cirúrgica. As culturas do pus da ferida produziram *S. aureus* (Capítulo 13) resistente à penicilina G, porém suscetível à nafcilina. O paciente foi tratado com nafcilina intravenosa durante 10 dias, e verificou-se a redução do edema e da vermelhidão. Três semanas depois, começou a drenar pus de uma pequena abertura na ferida. As culturas novamente produziram *S. aureus*. A exploração da abertura revelou um trato sinusal até o local da fratura. A radiografia da perna mostrou alinhamento inadequado da fratura. Foi estabelecido o diagnóstico de osteomielite, e o paciente retornou à sala de operação, onde o local da fratura foi debridado com a remoção dos tecidos mole e ósseo necróticos; os grampos e as placas também foram removidos. Foram efetuados enxertos ósseos. A fratura foi imobilizada por fixação externa. As culturas obtidas durante a cirurgia produziram *S. aureus*. O paciente foi tratado com nafcilina intravenosa durante 1 mês, seguida de dicloxacilina oral por mais 3 meses. A ferida cicatrizou lentamente, e ocorreu a lenta consolidação da fratura. Depois de 6 meses, não houve mais evidência radiológica de osteomielite, e o paciente foi capaz de sustentar peso na perna.

Comentários

Ocorre osteomielite após **disseminação hematogênica** de bactérias patogênicas de um local distante de infecção para o osso ou, como no caso descrito, por inoculação direta do osso e do tecido mole, como a que pode ocorrer na presença de fratura exposta ou de local contíguo de infecção do tecido mole. Os principais sintomas consistem em febre e dor no local infectado; pode ocorrer edema, vermelhidão e, em certas ocasiões, secreção. Todavia, os achados físicos dependem altamente da localização anatômica da infecção. Assim, por exemplo, a osteomielite da coluna pode manifestar-se em forma de febre, dor nas costas e sinais de abscesso paraespinal. A infecção do quadril pode apresentar febre com dor ao movimento e redução da amplitude de movimento. Em crianças, o início da osteomielite após a disseminação hematogênica de bactérias pode ser muito súbito, ao passo que, em adultos, a sua instalação pode ser mais lenta. Algumas vezes, a osteomielite é considerada crônica ou de longa duração. Entretanto, o espectro clínico da osteomielite é amplo, e a distinção entre a forma aguda e a crônica pode não ser evidente clinicamente nem ao exame morfológico do tecido.

O *S. aureus* (Capítulo 13) constitui o principal agente responsável pela osteomielite em 60 a 70% dos casos (90% em crianças), causando infecção após disseminação hematogênica ou inoculação direta. As cepas comunitárias de *S. aureus* resistentes à meticilina (MRSA) que possuem a leucocidina de Panton-Valentine causam osteomielite hematogênica aguda, afetando múltiplos locais, frequentemente em associação com complicações vasculares. Os *Streptococcus* causam osteomielite em cerca de 10% dos casos, enquanto os bastonetes Gram-negativos entéricos (p. ex., *E. coli*) e outras bactérias, como *P. aeruginosa* (Capítulo 16), respondem por 20 a 30% dos casos. A *Kingella kingae* (Capítulo 16) é um agente etiológico comum em lactentes e crianças menores de 4 anos. As bactérias anaeróbias (p. ex., espécies de *Bacteroides* [Capítulo 21]) também são comuns, particularmente na osteomielite dos ossos dos pés associada ao diabetes e a úlceras do pé. Qualquer bactéria capaz de provocar infecção em seres humanos já foi associada à osteomielite.

O diagnóstico definitivo da etiologia da osteomielite exige a cultura de uma amostra obtida na cirurgia ou por aspiração do osso ou do periósteo com agulha através do tecido mole não infectado. A cultura do pus da abertura de um trato sinusal de drenagem ou da ferida superficial associada à osteomielite costuma ser positiva para bactérias não presentes no osso. Frequentemente, as hemoculturas são positivas na presença de sinais e sintomas sistêmicos (febre, perda de peso, elevação da contagem de leucócitos, velocidade de hemossedimentação elevada).

No início da evolução da osteomielite, as radiografias do local infectado são negativas. Em geral, os achados iniciais, observados em radiografias, consistem em edema do tecido mole, perda dos planos teciduais e desmineralização do osso. Duas a três semanas após o início, aparecem erosões ósseas e sinais de periostite. As cintilografias ósseas com imagem por radionuclídeos apresentam uma sensibilidade de cerca de 90%; tornam-se positivas poucos dias após a instalação do processo e são particularmente úteis para localizar a infecção, bem como determinar a existência de múltiplos locais de infecção. Contudo, as cintilografias ósseas não distinguem entre fratura, osteonecrose (conforme se observa na anemia falciforme) e infecção. A TC e a RM também são sensíveis e particularmente úteis para se determinar o grau de comprometimento do tecido mole.

A terapia antimicrobiana e o desbridamento cirúrgico constituem a base do tratamento da osteomielite. O antimicrobiano específico deve ser selecionado após a cultura de amostra adequadamente obtida e realização dos testes de suscetibilidade, devendo ser mantido por 6 a 8 semanas ou mais, dependendo da infecção. Deve-se recorrer à cirurgia para remover qualquer osso necrótico e sequestros presentes. A imobilização dos membros infectados e a fixação das fraturas constituem importantes aspectos do tratamento.

REFERÊNCIAS

Calhoun JH, Manring MM: Adult osteomyelitis. *Infect Dis Clin North Am* 2005;19:265.

Peltola H, Paakkonen M: Acute osteomyelitis in children. *N Engl J Med* 2014;370:352–360.

CASO 11: GANGRENA GASOSA

Um jovem de 22 anos de idade caiu da motocicleta e sofreu fratura exposta do fêmur esquerdo, com graves lacerações e lesão por esmagamento da coxa, bem como lesões menos extensas dos tecidos moles em outras partes do corpo. Foi rapidamente transportado até o hospital e imediatamente levado para a sala de cirurgia, onde a fratura foi reduzida e as feridas, debridadas. Por ocasião da internação, os resultados dos exames incluíram hematócrito de 45% e nível de hemoglobina de 15 g/dL. A evolução pós-operatória imediata não apresentou problema; entretanto, depois de 24 horas, o paciente queixou-se de intensa dor na coxa. Constatou-se a presença de febre. A dor e o edema da coxa aumentaram rapidamente.

Manifestações clínicas e evolução

A temperatura era de 40 °C, pulso de 150/min e respiração de 28/min. A pressão arterial era de 80/40 mmHg.

O exame físico revelou um jovem agudamente enfermo, em estado de choque e delirante. A coxa esquerda mostrava-se acentuadamente inchada e fria ao toque. Foi constatada a presença de grandes áreas equimóticas perto da ferida, com secreção serosa da ferida. Havia crepitação, indicando gás no tecido da coxa. A radiografia também revelou a presença de gás nos planos teciduais da coxa. Foi estabelecido o diagnóstico de gangrena gasosa, e o paciente foi levado à sala de cirurgia para extenso desbridamento de emergência do tecido necrótico. Durante a cirurgia, o hematócrito caiu para 27%, e o nível de hemoglobina, para 11 g/dL; o soro adquiriu cor vermelho-acastanhada, indicando hemólise com hemoglobina livre na circulação. As culturas anaeróbias da amostra obtida na cirurgia produziram *Clostridium perfringens* (Capítulos 11 e 21). O paciente desenvolveu insuficiência renal e cardíaca, vindo a falecer 3 dias após o acidente.

Comentários

O Caso 11 ilustra uma ocorrência clássica de gangrena gasosa por *Clostridium*. O *C. perfringens* (ou, em certas ocasiões, outras espécies de *Clostridium*, como *C. septicum* e *C. histolyticum*) é introduzido na ferida traumática a partir do ambiente. Esses microrganismos são discutidos nos Capítulos 11 e 21. O tecido necrótico e corpos estranhos fornecem um ambiente anaeróbio apropriado à multiplicação dos microrganismos. Depois de um período de incubação habitual de 2 a 3 dias, mas, algumas vezes, de apenas 8 a 12 horas, verifica-se o início agudo de dor, cuja intensidade aumenta rapidamente em associação com choque e delírio. O membro ou a ferida exibem hipersensibilidade, edema tenso e secreção serossanguinolenta. Com frequência, verifica-se crepitação. A pele perto da ferida apresenta-se pálida, mas torna-se rapidamente pigmentada, e formam-se vesículas repletas de líquido na pele circundante. Aparecem áreas de necrose negra na pele. Nos casos graves, a evolução é rápida.

Em pacientes como esse, a coloração do líquido de uma vesícula ou do aspirado de tecido pelo método de Gram revela grandes bastonetes Gram-positivos com extremidades rombudas, altamente sugestivos de infecção por *Clostridium*. Leucócitos PMNs são raros. A cultura anaeróbia fornece a confirmação laboratorial definitiva. O diagnóstico diferencial de gangrena gasosa por *Clostridium* inclui mionecrose estreptocócica anaeróbia e fascite necrosante. Essas doenças clinicamente sobrepostas podem ser diferenciadas da gangrena gasosa de *Clostridium* pela coloração de Gram e cultura de espécimes apropriados.

As radiografias do local infectado revelam a presença de gás nos planos fasciais. Os exames laboratoriais anormais incluem hematócrito baixo. O nível de hemoglobina pode estar baixo ou normal, mesmo quando o hematócrito se encontra baixo, indicando hemólise e hemoglobina circulante livre. Em geral, ocorre leucocitose.

Tratamento

A cirurgia extensa com remoção de todo o tecido morto e infectado é necessária como procedimento para salvar a vida do paciente. Penicilina G constitui o antibiótico de escolha. A antitoxina não tem a menor valia. O oxigênio hiperbárico* pode ser utilizado em centros com experiência e equipamentos adequados. Quando ocorrem choque e hemoglobina livre circulante, é comum haver o desenvolvimento de insuficiência renal e outras complicações, tornando o prognóstico sombrio.

REFERÊNCIAS

Stevens DL, Aldape MJ, Bryant AE: Life-threatening clostridial infections. *Anaerobe* 2012;18:254–259.

INFECÇÕES SEXUALMENTE TRANSMISSÍVEIS

CASO 12: URETRITE, ENDOCERVICITE E DOENÇA INFLAMATÓRIA PÉLVICA

Uma jovem de 19 anos de idade procurou a clínica devido à ocorrência de dor na parte inferior do abdome, de 2 dias de duração, e corrimento vaginal amarelado observado pela primeira vez há 4 dias, por ocasião do último dia do período menstrual. A paciente tivera relação com dois parceiros no mês anterior, e com um novo parceiro 10 dias antes de comparecer à clínica.

*N. de T. A oxigenoterapia hiperbárica consiste na respiração de oxigênio puro sob pressão maior que 1 atmosfera e no interior de uma câmara hiperbárica. O aumento da pressão ambiente faz com que uma maior quantidade de oxigênio seja dissolvida no plasma e, consequentemente, nos tecidos, estimulando a cicatrização e a angiogênese. Apresenta também efeito bactericida. É utilizado como tratamento auxiliar nos casos de infecções cutâneas e partes moles (celulites, fascites, piomiosites) e infecções ósseas (osteomielites).

Manifestações clínicas

A temperatura era de 37,5 °C, com normalidade dos outros sinais vitais. O exame físico revelou corrimento mucopurulento amarelado do orifício cervical. Foi constatada hipersensibilidade moderada na parte inferior esquerda do abdome. O exame pélvico bimanual revelou hipersensibilidade ao movimento cervical e hipersensibilidade dos anexos mais intensa no lado esquerdo do que no direito.

Exames laboratoriais

Um teste de amplificação dos ácidos nucleicos (NAATs, do inglês *nucleic acid amplification tests*), que detecta tanto *N. gonorrhoeae* (Capítulo 20) quanto *C. trachomatis* (Capítulo 27), foi realizado a partir de *swab* cervical, sendo positivo para *C. trachomatis*.

Tratamento

Foi estabelecido o diagnóstico de doença inflamatória pélvica (DIP). A paciente foi tratada em base ambulatorial com dose única intramuscular de ceftriaxona mais doxiciclina durante 2 semanas. Seus dois parceiros compareceram à clínica e foram tratados.

Comentários

Em homens, o corrimento uretral é classificado como **uretrite gonocócica**, causada por *N. gonorrhoeae*, ou **uretrite não gonocócica**, causada, geralmente, por *C. trachomatis* (15-55% dos casos), *Ureaplasma urealyticum* (20-40% dos casos), *Mycoplasma genitalium* e, raramente, por *Trichomonas vaginalis* (Capítulo 46). O diagnóstico baseia-se na presença ou ausência de diplococos Gram-negativos intracelulares na coloração de uma amostra do corrimento uretral. Todos os pacientes com uretrite devem ser testados por métodos de amplificação dos ácidos nucleicos para *C. trachomatis* e *N. gonorrhoeae*. Com frequência, utiliza-se a ceftriaxona para tratamento da uretrite gonocócica, embora as quinolonas possam ser utilizadas em áreas que relatam baixa resistência. Doxiciclina ou azitromicina são usadas para tratar as uretrites não gonocócicas. Recomenda-se fortemente que homens com infecção gonocócica também sejam tratados para infecção causada por *Chlamydia* devido à provável presença de ambas as infecções.

Em mulheres, o diagnóstico diferencial de **endocervicite (cervicite mucopurulenta)** inclui gonorreia e infecção causada por *C. trachomatis*. O diagnóstico é estabelecido com base na cultura da secreção endocervical e NAATs para detecção simultânea de *N. gonorrhoeae* e de *C. trachomatis*. O tratamento para *N. gonorrhoeae* e *C. trachomatis* é recomendado. Os tratamentos recomendados são os mesmos anteriormente mencionados para uretrite.

A **doença inflamatória pélvica (DIP)**, também denominada **salpingite**, consiste em inflamação do útero, das tubas uterinas e dos tecidos dos anexos não associada à cirurgia ou gravidez. A DIP representa uma importante consequência da infecção endocervical por *N. gonorrhoeae* e *C. trachomatis*, e bem mais de metade dos casos é provocada por um ou por ambos os microrganismos. A incidência de DIP gonocócica apresenta-se elevada em populações residentes no centro das cidades, enquanto a DIP causada por *Chlamydia* é mais comum em estudantes universitárias e populações mais afluentes. Outras causas bacterianas comuns da DIP incluem microrganismos entéricos e bactérias anaeróbias associadas à vaginose bacteriana. O sintoma inicial comum consiste em dor na parte inferior do abdome. Com frequência, ocorrem corrimento vaginal anormal, sangramento uterino, disúria, coito doloroso, náuseas, vômitos e febre. A principal complicação da DIP consiste em infertilidade decorrente da oclusão das tubas uterinas. Estima-se que 8% das mulheres tornam-se inférteis depois de um episódio de DIP; 19,5%, depois de dois episódios; e 40%, depois de três ou mais episódios. Deve-se considerar o diagnóstico clínico de DIP em qualquer mulher de idade reprodutiva que apresente dor pélvica. Com frequência, as pacientes apresentam achados físicos clássicos, além dos sinais e sintomas de apresentação, como dor na parte inferior do abdome, movimento cervical e hipersensibilidade dos anexos. Pode-se confirmar o diagnóstico clínico por visualização laparoscópica do útero e das tubas uterinas, mas esse procedimento não é prático, sendo raramente efetuado. Além disso, apenas cerca de 66% das mulheres com diagnóstico clínico de DIP apresentam a doença quando as tubas uterinas e o útero são visualizados. O diagnóstico diferencial deve incluir gravidez ectópica e apendicite, bem como outras doenças. Em pacientes com DIP, recomenda-se, frequentemente, a hospitalização com terapia intravenosa para reduzir a possibilidade de infertilidade. Os esquemas farmacológicos em pacientes internadas consistem em cefoxitina e doxiciclina ou gentamicina e clindamicina. Os esquemas ambulatoriais consistem em cefoxitina ou ceftriaxona em doses únicas mais doxiciclina, ou ofloxacino mais metronidazol.

REFERÊNCIAS

Centers for Disease Control and Prevention: Sexually transmitted diseases treatment guidelines, 2011. *MMWR Morb Mortal Wkly Rep* 2010;59(RR-12):1.

Centers for Disease Control and Prevention: Recommendations for the laboratory-based detection of *Chlamydia trachomatis* and *Neisseria gonorrhoeae*—2014. *MMWR Morb Mortal Wkly Rep* 2014;63:1–24.

Mitchell C, Prabhu M: Pelvic inflammatory disease: current concepts in pathogenesis, diagnosis and treatment. *Infect Dis Clin N Am* 2013;27:793–809.

CASO 13: VAGINOSE E VAGINITE

Uma mulher de 28 anos de idade procurou a clínica devido à ocorrência de corrimento vaginal cinza-esbranquiçado de odor desagradável, percebido pela primeira vez há 6 dias. A paciente é sexualmente ativa com um único parceiro que ela conheceu no mês anterior.

Manifestações clínicas

O exame físico revelou corrimento cinza-esbranquiçado fino e homogêneo, aderente à parede vaginal. Não foi constatada secreção do orifício cervical. O exame pélvico bimanual foi normal, assim como o restante do exame físico.

Exames laboratoriais

O pH do líquido vaginal foi de 5,5 (normal: < 4,5). Quando foi adicionado KOH ao líquido vaginal em uma lâmina, tornou-se possível perceber odor semelhante ao da amina (odor de peixe). O exame direto a fresco do líquido revelou inúmeras células epiteliais com bactérias aderentes (células indicadoras — *clue cells*). Não foram observadas células PMNs. O diagnóstico foi de vaginose bacteriana.

Tratamento

O metronidazol, administrado 2 vezes ao dia durante 7 dias, resultou em rápido desaparecimento do distúrbio. Foi decidido não tratar o parceiro sexual, a não ser que a paciente sofresse recidiva da vaginose.

Comentários

A vaginose bacteriana deve ser diferenciada do corrimento vaginal normal, bem como da vaginite por *Trichomonas vaginalis* e vulvovaginite por *Candida albicans* (Tabela 48-5). Essas doenças são

TABELA 48-5 **Vaginite e vaginose bacterianas**

	Normal	Vaginose bacteriana	Vaginite por *T. vaginalis*	Vulvovaginite por *C. albicans*
Sintomas primários	Ausente	Corrimento, odor fétido, podendo ocorrer prurido	Corrimento, odor fétido, podendo ocorrer prurido	Corrimento, prurido, queimação da pele vulvar
Corrimento vaginal	Discreto, branco, floculento	Abundante, fino, homogêneo, branco, acinzentado, aderente	Abundante, amarelo, esverdeado, espumoso, aderente; petéquias cervicais frequentes	Abundante, branco, coalhado como "queijo *cottage*"
pH	< 4,5	> 4,5	> 4,5	≤ 4,5
Odor	Ausente	Comum, de peixe	Pode estar presente, de peixe	Ausente
Microscopia	Células epiteliais com lactobacilos	Células indicadoras com bacilos aderentes, ausência de PMNs	*Trichomonas* móveis, PMNs abundantes	Preparação com KOH, que revela presença de leveduras em brotamento e pseudo-hifas
Tratamento	Ausente	Metronidazol oral ou tópico	Metronidazol oral	Antifúngico azólico tópico

muito comuns, ocorrendo em cerca de 20% das mulheres que procuram assistência ginecológica. A maioria das mulheres apresenta pelo menos um episódio de vaginite ou de vaginose durante os anos reprodutivos.

A vaginose bacteriana é assim denominada devido à ausência de células PMNs na secreção vaginal, isto é, a doença não constitui um processo inflamatório. Em associação com infecção por *Gardnerella vaginalis* (Capítulo 22), verifica-se redução no número de lactobacilos da microbiota vaginal normal, e ocorre elevação do pH vaginal. Concomitantemente, há proliferação excessiva de *G. vaginalis* e bactérias anaeróbias vaginais, produzindo o corrimento que contém amina, de odor fétido. Além de *G. vaginalis*, bastonetes Gram-negativos curvos do gênero *Mobiluncus* também foram associados à vaginose bacteriana. Essas bactérias curvas podem ser observadas em colorações do corrimento vaginal pelo método de Gram.

O *T. vaginalis* (Capítulo 46) é um protozoário flagelado. A vaginite por *T. vaginalis* é mais bem diagnosticada por exame a fresco do líquido vaginal mostrando as tricômonas móveis, ligeiramente maiores que as células PMNs. Como as tricômonas perdem a motilidade quando resfriadas, é mais apropriado utilizar solução salina, lâminas e lamínulas aquecidas (37 °C) quando forem feitas preparações a fresco, que devem ser examinadas prontamente. Os novos métodos de diagnóstico são muito mais sensíveis que as preparações a fresco, e pelo menos um NAAT foi recentemente aprovado nos Estados Unidos.

A **vulvovaginite por *Candida*** ocorre frequentemente após antibioticoterapia para infecção bacteriana. Os antibióticos diminuem a microbiota genital normal, permitindo a proliferação das leveduras, com o surgimento de sintomas. Por conseguinte, a vulvovaginite por *Candida* não é, na verdade, uma infecção sexualmente transmissível.

REFERÊNCIAS

Meites E: Trichomoniasis: The "neglected" sexually transmitted disease. *Infect Dis Clin North Am* 2013;27:755–764.

Nyirjesy P: Vulvovaginal candidiasis and bacterial vaginosis. *Infect Dis Clin North Am* 2008;22:637.

Wendel KA, Workowski KA: Trichomoniasis: challenges to appropriate management. *Clin Infect Dis* 2007;44 Suppl 3:S123.

CASO 14: ÚLCERAS GENITAIS

Um jovem de 21 anos de idade procurou a clínica com queixa principal de úlcera no pênis. A lesão apareceu há cerca de 3 semanas, em forma de pápula, evoluindo lentamente até formar uma úlcera. Era indolor, e o paciente não percebeu nenhum pus ou secreção da úlcera.

O paciente fora examinado anteriormente devido a uma infecção sexualmente transmissível, e houve suspeita de uso de medicamento para melhorar o desempenho sexual.

Manifestações clínicas

A temperatura era de 37 °C, pulso de 80/min e respiração de 16/min. A pressão arterial era de 110/80 mmHg. Foi observada uma úlcera de 1 cm no lado esquerdo da haste peniana. A úlcera apresentava base limpa, bordas elevadas com endurecimento moderado. Constatou-se ausência de dor à palpação. Os linfonodos inguinais esquerdos, de 1 a 1,5 cm de diâmetro, estavam palpáveis.

Exames laboratoriais

A lesão peniana foi suavemente limpa com solução salina e gaze. Em seguida, foi obtida uma pequena quantidade de exsudato claro da base da lesão, e a amostra foi colocada em lâmina e examinada à microscopia de campo escuro. Foram observados múltiplos espiroquetas. A prova sorológica de rastreamento com reagina plasmática rápida (RPR) para sífilis foi positiva em uma diluição de 1:8. O teste de anticorpo treponêmico fluorescente absorvido (FTA-ABS) específico para treponema, com objetivo de confirmação, também foi positivo.

Tratamento e acompanhamento

O paciente foi tratado com dose única de penicilina benzatina. Seis meses depois, o teste com RPR tornou-se negativo, porém a persistência do teste FTA-ABS positivo era esperada durante toda a vida do paciente.

O paciente citou cinco parceiras com as quais tivera relação sexual no mês anterior à consulta. Três dessas mulheres foram localizadas pelos investigadores de saúde pública. Duas tiveram provas sorológicas positivas para sífilis e foram tratadas. As duas mulheres que não foram localizadas haviam se mudado para endereço desconhecido em outras cidades.

Comentários

As três principais doenças com úlceras genitais são a **sífilis**, o **herpes genital** e o **cancroide** (Tabela 48-6).

Duas outras doenças ulcerosas genitais muito menos comuns são a lesão inicial do **linfogranuloma venéreo**, causado por certos sorovares de *C. trachomatis* (Capítulo 27) e o raro **granuloma inguinal** (donovanose), causado por *Klebsiella granulomatis*. O linfogranuloma venéreo é uma doença sistêmica com febre, mal-estar e linfadenopatia. Pode-se verificar a presença de bubões inguinais. Em geral, o diagnóstico é estabelecido por testes sorológicos e NAATs. Entretanto, a cultura a partir do pus aspirado de um bubão inguinal pode ser positiva para *C. trachomatis*. Alguns laboratórios de referência desenvolveram ensaios de *multiplex*, para detecção simultânea de diferentes patógenos que causam úlceras genitais, porém não estão plenamente disponíveis.

Novas abordagens para o diagnóstico da sífilis incluem a implementação de algoritmos "reversos". Isso envolve a triagem de pacientes com um dos testes treponêmicos mais novos e mais sensíveis (testes Elisa ou quimiluminescentes mais recentes), seguido pelo teste de amostras positivas com um teste não treponêmico, como o teste de RPR. Se o RPR for negativo, um segundo ensaio treponêmico é realizado. As vantagens do algoritmo reverso são que ele permite a automação dos testes, removendo a interpretação

TABELA 48-6   **Principais doenças com úlceras genitais: sífilis, herpes e cancroide[a]**

	Sífilis primária	Herpes genital (lesões iniciais)	Cancroide
Agente etiológico[b]	*Treponema pallidum*	Herpes-vírus simples	*Haemophilus ducreyi*
Período de incubação	3 semanas (10-90 dias)	2-7 dias	3-5 dias
Manifestação clínica usual	Pápula ligeiramente hipersensível que ulcera no decorrer de 1 a várias semanas	Dor pronunciada na área genital; pápulas que ulceram em 3 a 6 dias. É comum a ocorrência de febre, cefaleia, mal-estar e adenopatia inguinal	Pápula hipersensível que ulcera em 24 horas
Testes diagnósticos	Exame do exsudato do cancro em campo escuro; provas sorológicas	Cultura de vírus de células basais e fluido de lesão vesicular; coloração direta de anticorpo fluorescente; testes de amplificação de ácido nucleico; sorologia	Cultura de *H. ducreyi* em pelo menos dois tipos de meio enriquecidos contendo vancomicina e incubados a 33 °C
Sequelas a longo prazo	Sífilis secundária com lesões muco-cutâneas; sífilis terciária	Herpes genital recorrente	Bubão inguinal
Tratamento	Penicilina G benzatina, doxiciclina se houver alergia à penicilina	Aciclovir ou fanciclovir ou valaciclovir	Ceftriaxona ou azitromicina ou eritromicina ou ciprofloxacino

[a]Fonte: Sexually transmitted diseases treatment guidelines. *MMWR Morb Mortal Wkly Rep* 2010;59(RR-12):1–116.
[b]O teste de HIV deve ser realizado em pacientes com úlcera genital causada por este patógeno.

subjetiva, e é mais preciso na detecção de pacientes com doença precoce ou sífilis tardia/latente (ver Tong e colaboradores). Outros citam a grande desvantagem de que mais pacientes podem fazer a triagem positiva sem a doença, o que poderia levar a um tratamento inicial excessivo ou a um acompanhamento médico extenso (ver revisão de Binnicker).

REFERÊNCIAS

Binnicker MJ: Which algorithm should be used to screen for syphilis? *Curr Opin Infect Dis* 2012;25:79–85.
Tong ML, Lin LR, Liu LL, et al: Analysis of 3 algorithms for syphilis serodiagnosis and implications for clinical management. *Clin Infect Dis* 2014;58:1116–1124.

INFECÇÕES POR *MYCOBACTERIUM TUBERCULOSIS*

CASO 15: TUBERCULOSE PULMONAR

Um homem de 64 anos de idade foi internado com história de fraqueza progressiva e perda de peso de 13 kg em 5 meses. Além disso, apresentava febre, calafrios e tosse crônica, produzindo escarro amarelado, às vezes, com raias de sangue.

O paciente consumia álcool em grande quantidade e vivia em uma pensão próxima ao bar que ele frequentava. Nos últimos 45 anos, vinha fumando um maço de cigarros por dia.

O paciente não apresentou história clínica de tuberculose nem registro de testes cutâneos anteriores para tuberculose ou radiografias de tórax anormais, não havendo exposição conhecida à tuberculose.

Manifestações clínicas

A temperatura era de 39 °C, pulso de 110/min, respiração de 32/min e a pressão arterial era de 120/80 mmHg. Ele era um homem alto e magro com dentição precária, porém o restante dos exames da cabeça e do pescoço foram normais. No exame de tórax, foram percebidas muitas crepitações nos campos pulmonares superiores. O restante do exame físico foi normal.

Achados laboratoriais e de imagem

O hematócrito foi de 30% (baixo), e a contagem de leucócitos, de 9.600/µL. As concentrações de eletrólitos e outros exames do sangue foram normais. O teste para anticorpo contra o HIV-1 foi negativo. A radiografia de tórax revelou infiltrados cavitários extensos em ambos os lobos superiores. O teste tuberculínico foi negativo, assim como testes cutâneos com antígenos do vírus da caxumba e de *Candida*, indicando anergia.

Foi obtida imediatamente uma amostra de escarro e efetuada uma coloração álcool-ácido-resistente antes de se proceder à concentração do escarro. Foram observadas inúmeras bactérias álcool-ácido-resistentes no esfregaço. A cultura do escarro concentrado e descontaminado foi positiva para bactérias álcool-ácido-resistentes depois de um período de incubação de 14 dias; dois dias depois, foi identificada a presença de *Mycobacterium tuberculosis* por sonda molecular. O antibiograma dos microrganismos revelou suscetibilidade à isoniazida, rifampicina, pirazinamida, etambutol e estreptomicina.

Tratamento e evolução hospitalar

O paciente foi tratado com isoniazida, rifampicina, pirazinamida e etambutol durante 2 meses, sendo este esquema seguido da administração de isoniazida e rifampicina 2 vezes por semana durante 7 meses, com observação direta. As culturas de escarro de acompanhamento foram negativas para *M. tuberculosis*.

Durante a hospitalização, o paciente foi isolado e utilizou máscara o tempo todo. Todavia, antes de se proceder ao isolamento e de se fornecer a máscara, um estudante de medicina e um médico residente foram expostos ao paciente. O médico residente apresentou conversão do teste tuberculínico e recebeu profilaxia com isoniazida durante 9 meses.

Procurou-se encontrar os contatos íntimos do paciente. Ao todo, foram detectadas 34 pessoas com testes tuberculínicos positivos. Os indivíduos de 35 anos de idade ou menos receberam profilaxia com isoniazida durante 1 ano, enquanto aqueles com mais de 35 anos foram submetidos a radiografias de tórax periódicas para acompanhamento. Dois casos de tuberculose ativa também foram diagnosticados e tratados. Os *M. tuberculosis* isolados dos dois pacientes foram idênticos ao microrganismo isolado do paciente por meio de genotipagem.

CASO 16: TUBERCULOSE MILIAR DISSEMINADA

Uma mulher asiática de 31 anos de idade foi internada com história clínica de 7 semanas de mal-estar crescente, mialgia, tosse improdutiva e dificuldade respiratória. Diariamente, apresentava febre de 38 a 39 °C e sofreu recentemente uma perda ponderal de 5 kg. Foi administrada uma cefalosporina oral, sem qualquer efeito.

A história clínica pregressa da paciente revelou que ela emigrou das Filipinas aos 24 anos de idade, tendo uma radiografia de tórax negativa nessa ocasião. A avó da paciente morreu de tuberculose quando ela ainda era criança, e a paciente não soube dizer se teve contato com essa avó. A paciente recebeu vacina BCG quando criança. Atualmente, está vivendo com parentes que mantêm uma pensão para cerca de 30 idosos.

Manifestações clínicas

A temperatura era de 39 °C, o pulso de 100/min, a respiração de 20/min e a pressão arterial era de 120/80 mmHg. O exame físico revelou linfonodos cervicais e axilares ligeiramente aumentados. A ausculta pulmonar foi normal. O médico não conseguiu palpar o baço; o fígado apresentou tamanho normal à percussão, e não havia linfadenopatia evidente.

Achados laboratoriais e de imagem

A hemoglobina foi de 8,3 g/dL (normal: 12-15,5 g/dL), e o hematócrito, de 27% (normal: 36-46%). O esfregaço de sangue periférico revelou a presença de eritrócitos microcíticos hipocrômicos, compatível com infecção crônica ou anemia ferropriva. A contagem de plaquetas foi de 50.000/μL (normal: 140.000-450.000/μL). A contagem de leucócitos foi de 7.000/μL (normal), com contagem diferencial normal. Constatou-se um prolongamento moderado do tempo de protrombina, enquanto o tempo de tromboplastina parcial mostrou-se ligeiramente prolongado, sugerindo coagulopatia de doença hepática. As provas de função hepática incluíram níveis de aspartato aminotransferase (AST) de 140 U/L (normal: 10-40 U/L),

alanina aminotransferase (ALT) de 105 U/L (normal: 5-35 U/L), bilirrubina de 2 mg/dL (2 vezes o valor normal) e fosfatase alcalina de 100 U/L (normal: 36-122 U/L). O nível sérico de albumina foi de 1,7 g/dL (normal: 3,4-5 g/dL). A creatinina, a ureia sanguínea e os eletrólitos mostraram-se normais. O exame de urina revelou alguns eritrócitos e leucócitos. Duas hemoculturas de rotina foram negativas. As culturas de escarro e de urina produziram pequenas quantidades de microbiota normal.

Os testes sorológicos para HIV-1, anticorpo e antígeno do vírus da hepatite B, coccidioidomicose, leptospirose, brucelose, *Mycoplasma*, doença de Lyme e febre Q foram negativos. Não foi realizado teste tuberculínico devido à vacinação prévia com BCG. Além disso, a radiografia do tórax foi normal e a TC abdominal foi negativa.

Tratamento e evolução hospitalar

Durante os primeiros dias de hospitalização, a paciente apresentou dificuldade respiratória progressiva e angústia respiratória. Uma nova radiografia de tórax revelou infiltrados intersticiais e laterais. Foi estabelecido o diagnóstico de síndrome da angústia respiratória do adulto. O nível de hemoglobina foi de 10,6 g/dL, e a contagem de leucócitos, de 4.900/μL. A gasometria arterial revelou pH de 7,38, PO_2 de 50 mmHg (baixa) e PCO_2 de 32 mmHg. A paciente recebeu oxigenoterapia e foi intubada (durante 4 dias). Foi efetuado um BAL. O líquido do lavado foi negativo na cultura de rotina, e a coloração álcool-ácido-resistente também foi negativa. Uma segunda TC do abdome revelou fígado de aspecto normal, porém com linfadenopatia periaórtica e esplenomegalia leve. A paciente foi submetida à laparoscopia com biópsia hepática e de medula óssea.

Tanto a biópsia hepática quanto a da medula óssea revelaram a existência de granulomas com células gigantes, verificando-se também bacilos álcool-ácido-resistentes. (Foram observadas reservas abundantes de ferro, indicando que a anemia era causada por infecção crônica, não por deficiência de ferro.) A paciente recebeu isoniazida, rifampicina, pirazinamida e etambutol. As radiografias de tórax continuaram a revelar infiltrados difusos, porém foi constatada melhora. A febre diminuiu, e a paciente apresentou melhora generalizada.

Entre 19 e 21 dias de incubação, as culturas de amostras das biópsias de fígado e de medula óssea, bem como do líquido do lavado, tornaram-se positivas para bacilos álcool-ácido-resistentes, identificados como *M. tuberculosis* por sonda molecular. As micobactérias mostraram-se suscetíveis a todos os fármacos administrados à paciente. O esquema de quatro fármacos foi mantido durante 2 meses até a obtenção dos resultados dos testes de suscetibilidade. Em seguida, a paciente foi mantida com isoniazida e rifampicina por um período adicional de 10 meses, no total de 1 ano de tratamento.

Todos os parentes e as pessoas idosas que viviam com a paciente foram submetidos a testes cutâneos para tuberculose. Foram também efetuadas radiografias de tórax das pessoas com testes cutâneos positivos e daquelas que apresentavam história recente de tosse ou perda ponderal. Foram encontradas três pessoas com testes tuberculínicos positivos. Nenhuma apresentou tuberculose ativa. Para as pessoas que viviam junto com a paciente e as que apresentaram testes positivos, foi oferecida antibioticoterapia profilática com isoniazida. Suspeitou-se de que a paciente tivera reativação da tuberculose com disseminação hematogênica, acometendo os pulmões, o fígado, os linfonodos e, possivelmente, os rins.

Comentários

Calcula-se que cerca de 33% da população mundial tenham tuberculose, e que, anualmente, cerca de 3 milhões morrem da doença. Nos Estados Unidos, foi alcançada uma baixa incidência da tuberculose, de 9,4 casos por 100.000 habitantes, em meados da década de 1980. Essa incidência aumentou ligeiramente no final da referida década; todavia, desde 1992, foi constatado um novo declínio. A taxa mais baixa (e registrada mais recentemente) de 3 casos por 100.000 habitantes (9.582 casos) foi registrada em 2013, representando um declínio na taxa de 6.1% desde 2012 (http://www.cdc.gov/tb/statistics/default.htm). Nos Estados Unidos, a tuberculose acomete mais comumente populações de baixa condição socioeconômica: pessoas pobres das regiões urbanas, pessoas desabrigadas, emigrantes camponeses, alcoolistas e usuários de drogas intravenosas. Aproximadamente metade dos casos ocorreu em indivíduos imigrantes. A incidência de tuberculose pode ser muito alta em determinados grupos e regiões geográficas (p. ex., usuários de drogas intravenosas HIV-positivos no Leste dos Estados Unidos e pacientes haitianos com Aids). A tuberculose em indivíduos idosos geralmente é decorrente de uma reativação de infecção anterior, enquanto a doença em crianças indica transmissão ativa do *M. tuberculosis*. Cerca de 80% dos casos em crianças ocorrem em minorias étnicas. Entretanto, a tuberculose ativa é mais frequentemente diagnosticada em adultos jovens, muitas vezes em associação com a infecção pelo HIV-1. A ocorrência concomitante de tuberculose e infecção pelo HIV-1 é particularmente importante nos países em desenvolvimento. Na África, milhões de pessoas apresentam ambas as infecções. Existe muita preocupação quanto à disseminação da tuberculose resistente a múltiplos fármacos na Rússia.

A transmissão da tuberculose de um paciente para outra pessoa ocorre por meio de perdigotos infecciosos produzidos durante a tosse, o espirro ou a fala. Os principais fatores na transmissão da infecção são o grau e a duração do contato, bem como a infecciosidade do paciente. Em geral, menos de 50% dos contatos de casos ativos tornam-se infectados, conforme determinado por conversão dos testes tuberculínicos. Os pacientes geralmente se tornam não infecciosos 2 semanas após o início da terapia. Uma vez infectados, 3 a 4% dos indivíduos desenvolvem tuberculose ativa no primeiro ano e cerca de 10%, em uma fase posterior. Os grupos etários em que a infecção tem maior probabilidade de provocar doença ativa são crianças, indivíduos de 15 a 25 anos e indivíduos idosos.

O **teste tuberculínico** é efetuado pela injeção subcutânea de 5 unidades de tuberculina (UT) de derivado proteico purificado (DPP), utilizando-se uma agulha de número 26 ou 27. Efetua-se a leitura da reação em 48 a 72 horas, e a positividade do teste consiste no aparecimento de endurecimento de 10 mm ou mais; a presença de eritema não é considerada um fator determinante de um teste positivo. Entre os indivíduos que desenvolvem endurecimento de 10 mm, 90% apresentam infecção por *M. tuberculosis*, enquanto praticamente todos os indivíduos com endurecimento de mais de 15 mm são infectados. Os resultados falso-positivos são causados por infecção por micobactérias não tuberculosas

(p. ex., *Mycobacterium kansasii*). Os resultados falso-negativos são decorrentes de doença generalizada em pacientes com tuberculose ou da presença de imunossupressão. Alternativas para o teste de tuberculina são os **ensaios de liberação de interferona-γ** (ver Capítulo 23). Esses ensaios são particularmente úteis no reconhecimento de indivíduos que receberam a vacinação com a BCG. O uso desses ensaios para o diagnóstico da tuberculose em pacientes imunocomprometidos ou anérgicos está sob investigação.

A infecção **primária** por *M. tuberculosis* em crianças caracteriza-se por infiltrados nos campos pulmonares médios ou inferiores e linfadenopatia hilar nas radiografias de tórax. Adolescentes e adultos podem apresentar um quadro semelhante na infecção primária; entretanto, a infecção costuma evoluir rapidamente para a **doença cavitária apical.** No indivíduo idoso, a tuberculose pode manifestar-se de modo inespecífico em forma de pneumonia lobar inferior. A presença de doença cavitária apical sugere fortemente tuberculose (cujo diagnóstico diferencial inclui histoplasmose). Contudo, a tuberculose pode imitar outras doenças quando partes dos pulmões, além dos ápices, estão infectadas. A tuberculose pulmonar crônica pode ser decorrente da reativação de infecção endógena ou reinfecção exógena.

A **tuberculose extrapulmonar**, que ocorre em menos de 20% dos casos, é mais comum em pacientes com Aids, podendo ser muito grave e mesmo potencialmente fatal. O método mais comum de propagação é por disseminação hematogênica por ocasião da infecção primária ou, com menor frequência, a partir de focos pulmonares crônicos ou outros focos. Pode ocorrer extensão direta da infecção nos espaços pleural, pericárdico ou peritoneal, podendo haver invasão do trato gastrintestinal em consequência da deglutição de secreções infectadas. Em pacientes com Aids, diferentemente de outros pacientes, é comum a ocorrência concomitante de doença pulmonar e extrapulmonar. As principais formas extrapulmonares da tuberculose (por ordem aproximadamente decrescente de frequência) são as seguintes: linfática, pleural, geniturinária, óssea e articular, disseminada (miliar), meníngea e peritoneal. Todavia, qualquer órgão pode ser infectado por *M. tuberculosis*, devendo-se considerar a possibilidade de tuberculose no diagnóstico diferencial de muitas outras doenças.

Os dois principais fármacos utilizados no tratamento da tuberculose são a **isoniazida** (**INH**) e a **rifampicina** (**RIF**). Os outros fármacos de primeira linha são a **pirazinamida** (**PZA**) e o **etambutol** (**EMB**). Existem vários fármacos de segunda linha mais tóxicos, menos eficazes ou ambos, de modo que só deverão ser utilizados quando as circunstâncias exigirem sua prescrição (p. ex., falha do tratamento com fármacos-padrões, resistência a múltiplos fármacos). Existem diversos regimes aprovados para tratamento do *M. tuberculosis* sensível aos antimicrobianos, em crianças e adultos. A maioria dos clínicos prefere os tratamentos de 6 meses. A fase inicial de um tratamento de 6 meses para adultos deve consistir em um período de 2 meses com INH, RIF, PZA e EMB. A terapia ótima é diretamente observada em 5 dias por semana. A fase de continuação do tratamento deve consistir em INH mais RIF administradas por no mínimo 4 meses. A fase de continuação deve ser estendida por mais 3 meses para os pacientes que tenham cavitação nas radiografias de pulmão inicial ou de acompanhamento e apresentem culturas positivas durante os 2 meses iniciais de tratamento.

Recomendam-se 9 meses de tratamento se a PZA não puder ser incluída no regime inicial, ou se o isolado for resistente à PZA. Um esquema de tratamento consistindo em INH, RIF e EMB deve ser administrado durante os 2 meses iniciais, seguidos por INH e RIF por 7 meses administrados diariamente ou 2 vezes por semana. A suscetibilidade ou a resistência à INH e à RIF constituem fatores importantes na escolha dos fármacos apropriados e no estabelecimento da duração do tratamento. Nos pacientes que não seguem o esquema, também é importante a observação direta da terapia.

REFERÊNCIAS

American Thoracic Society, Centers for Disease Control and Prevention, and Infectious Diseases Society of America: Treatment of tuberculosis. *MMWR Morb Mortal Wkly Rep* 2003;52(RR11):1.

Centers for Disease Control and Prevention: Recommendations for use of isoniazid-rifapentine regimen with direct observation to treat latent *Mycobacterium tuberculosis* infection. *MMWR Morb Mortal Wkly Rep* 2011;60:1650.

Centers for Disease Control and Prevention. Reported tuberculosis in the United States, 2010. http://www.cdc.gov/tb/statistics/reports/2010/pdf/report2010.pdf.

LoBue P: Extensively drug-resistant tuberculosis. *Curr Opin Infect Dis* 2009;22:167.

Yew WW, Sotgiu G, Migliori GB. Update in tuberculosis and nontuberculous mycobacterial disease 2010. ´Am J Respir Crit Care Med 2011;184:180.

COMPLEXO *MYCOBACTERIUM AVIUM*

CASO 17: INFECÇÃO DISSEMINADA PELO COMPLEXO *MYCOBACTERIUM AVIUM* (MAC)

Um homem de 44 anos de idade apresentou história de várias semanas de febre intermitente, acompanhada algumas vezes de calafrios com tremores. Apresentava aumento da frequência das evacuações, sem diarreia franca, porém com cólicas e dor abdominal ocasionais. O paciente não se queixou de cefaleia nem de tosse. Perdera cerca de 5 kg do peso corporal. O restante da história clínica foi negativo.

Dez anos antes da doença atual, o paciente correu risco de adquirir infecção pelo HIV em virtude de suas atividades. Nunca efetuara qualquer teste laboratorial para determinação do HIV.

Manifestações clínicas

A temperatura era de 38 °C, pulso de 90/min e respiração de 18/min. A pressão arterial era de 110/70 mmHg. O paciente não apresentava aspecto agudamente enfermo. A ponta do baço mostrava-se palpável no quadrante abdominal superior esquerdo, 3 centímetros abaixo das costelas (sugerindo esplenomegalia). Não foi constatada a presença de hepatomegalia e linfadenopatia, nem havia qualquer sinal neurológico ou meníngeo. O restante do exame físico mostrou-se normal.

Achados laboratoriais e de imagem

A contagem de leucócitos do paciente mostrou-se estável em 3.000/µL (abaixo do normal). O hematócrito foi de 29% (abaixo do normal). A contagem de células T CD4$^+$ foi de 75 células/µL (normal: 425-1.650/µL).

O painel químico só foi notável com relação ao nível de fosfatase alcalina de 210 U/L (normal: 36-122 U/L). A avaliação sobre a etiologia da febre revelou exame de urina normal, hemoculturas de rotina negativas e radiografia de tórax normal. O teste para antígeno criptocócico sérico foi negativo. Foram obtidas duas hemoculturas para micobactérias, que se tornaram positivas em 10 a 12 dias. Três dias depois, o microrganismo foi identificado por sonda molecular como complexo *Mycobacterium avium* (MAC).

O paciente foi testado para HIV-1/2 por meio de Elisa de quarta geração, que incorpora testes combinados de anticorpos/antígenos. O ensaio deu positivo, e foi realizado um teste de carga viral por PCR com transcriptase reversa (RT–PCR, do inglês *reverse transcriptase polymerase chain reaction*), com valor elevado de 300.000 cópias/mL.

Tratamento e acompanhamento

Foi instituído um esquema de três fármacos para o MAC: claritromicina, etambutol e ciprofloxacino. O paciente relatou uma sensação aumentada de bem-estar com acentuada redução da febre e da sudorese, bem como aumento do apetite. Concomitantemente, recebeu **terapia antirretroviral altamente ativa** (HAART, do inglês *highly active antiretroviral therapy*). Três fármacos foram empregados: efavirenz, tenofovir e emtricitabina (todos inibidores não nucleosídeos da transcriptase reversa), formulados em um único comprimido. Durante o acompanhamento de 4 meses após o início da terapia antirretroviral, o ensaio da carga viral de RNA do HIV revelou níveis indetectáveis do vírus, e a contagem de células T CD4$^+$ foi de 250 células/µL.

Comentários sobre a infecção pelo HIV-1 e Aids

O período de incubação entre a exposição e o início da doença aguda pelo HIV é tipicamente de 2 a 4 semanas. A maioria dos indivíduos desenvolve doença aguda de 2 a 6 semanas de duração. Os sinais e sintomas comuns consistem em febre (97%), adenopatia (77%), faringite (73%), erupção cutânea (70%) e mialgia ou artralgia. A erupção, eritematosa e não pruriginosa, consiste em lesões maculopapulares (ligeiramente elevadas) de 5 a 10 milímetros de diâmetro, geralmente na face ou no tronco. Contudo, o exantema pode ser observado nos membros ou nas palmas e plantas, ou pode ser generalizado. As úlceras na boca constituem uma característica distinta da infecção primária pelo HIV. A doença aguda foi descrita como "semelhante à mononucleose", embora seja, na verdade, uma síndrome distinta.

Os anticorpos IgM contra o HIV-1 aparecem 2 semanas após a infecção primária e precedem a produção de anticorpos IgG, que se tornam detectáveis em poucas semanas. A detecção do RNA do HIV no início da evolução da infecção é motivo de grande preocupação para os bancos de sangue, a fim de evitar a transfusão de sangue soronegativo HIV-positivo.

A Aids constitui a principal complicação da infecção pelo HIV. De acordo com o Centers for Disease Control and Prevention (CDC), é definida como contagem de células CD4 inferior a 200 células/μL ou a presença de infecções oportunistas graves, neoplasias ou outras manifestações com risco de vida, independentemente da contagem de CD4. As infecções sugestivas de Aids estão listadas na Tabela 48-7. Os tumores que definem a Aids incluem o linfoma primário do cérebro, o linfoma de Burkitt ou imunoblástico e o carcinoma cervical invasivo em mulheres, além do sarcoma de Kaposi. A encefalopatia pelo HIV com comprometimento das funções cognitivas ou motoras e doença debilitante pelo HIV (perda ponderal > 10% e mais de 1 mês de diarreia ou fraqueza e febre) também são condições que definem a Aids.

Os pacientes infectados pelo HIV podem apresentar sinais e sintomas relacionados com um ou mais sistemas orgânicos. Na Tabela 48-8, fornecemos uma lista das infecções oportunistas comuns de

TABELA 48-7   Resumo das infecções que definem a Aids, seu tratamento e profilaxia

Infecção que define a Aids	Tipos de infecção	Tratamento	Profilaxia ou manutenção
Vírus			
Citomegalovírus (CMV)	Retinite, colite, esofagite, pneumonia, viremia	Valganciclovir oral e ganciclovir em implante intraocular (retinite), ganciclovir intravenoso, foscarnete, fanciclovir (oral e genital)	Ganciclovir oral ou intravenoso
Vírus Epstein-Barr	Alto grau de células B, linfomas não Hodgkin	Terapia citotóxica em altas doses seguida de HAART	
Herpes simples	Úlceras cutâneas, de orofaringe ou brônquicas; proctite	Aciclovir, foscarnete	Aciclovir, fanciclovir, valaciclovir
Vírus JC	Leucoencefalopatia multifocal progressiva		
Herpes-vírus humano 8 (herpes-vírus associado ao sarcoma de Kaposi)	Sarcoma de Kaposi		
Bactérias			
Complexo *M. avium*	Disseminada ou extrapulmonar	Em geral, são utilizados dois a quatro fármacos: claritromicina ou azitromicina e etambutol ou rifabutina ou ciprofloxacino ou rifampicina	Claritromicina ou azitromicina
M. kansasii, outras micobactérias não tuberculosas	Disseminada ou extrapulmonar	De acordo com os padrões de suscetibilidade estabelecidos	
M. tuberculosis	Qualquer local: pulmonar, linfadenite, disseminada	Isoniazida, rifampicina, pirazinamida e etambutol (outros fármacos de acordo com os testes de suscetibilidade) durante 2 meses. Manter a isoniazida e a rifampicina durante pelo menos mais 4 meses	Evitar a transmissão mediante boas práticas de controle de infecções. Isoniazida para testes cutâneos de tuberculina positivos (≥ 5 mm)
Infecções bacterianas piogênicas recorrentes	≥ 2 episódios em 2 anos e < 13 anos de idade; ≥ 2 episódios de pneumonia em 1 ano e qualquer idade: *S. pneumoniae, Streptococcus pyogenes, S. agalactiae*, outras espécies de *Streptococcus, H. influenzae, S. aureus*	De acordo com a espécie	
Espécies de *Salmonella*	Bacteriemia	Cefalosporina de terceira geração, ciprofloxacino	Ciprofloxacino
P. jirovecii	Pneumonia	Sulfametoxazol-trimetoprima; isetionato de pentamidina; trimetrexato mais leucovorina com ou sem dapsona; clindamicina mais primaquina	Sulfametoxazol-trimetoprima; dapsona com ou sem pirimetamina mais leucovorina; isetionato de pentamidina em aerossol, atovaquona

(continua)

TABELA 48-7 **Resumo das infecções que definem a Aids, seu tratamento e profilaxia** *(continuação)*

Infecção que define a Aids	Tipos de infecção	Tratamento	Profilaxia ou manutenção
Fungos			
C. albicans	Esofagite, traqueobronquite; também de orofaringe, vaginite	Anfotericina B, fluconazol, outros	Fluconazol
C. neoformans	Meningite disseminada; também pulmonar	Anfotericina B e flucitosina, fluconazol e flucitosina	Fluconazol
H. capsulatum	Extrapulmonar; também pulmonar	Anfotericina B, itraconazol	Itraconazol
C. immitis	Extrapulmonar; também pulmonar	Anfotericina B	Itraconazol ou fluconazol orais
Protozoários			
T. gondii	Encefalite, disseminada	Pirimetamina mais sulfadiazina e leucovorina; pirimetamina e clindamicina mais ácido fólico	Sulfametoxazol-trimetoprima ou pirimetamina-dapsona; atovaquona com ou sem pirimetamina mais leucovorina
Cryptosporidium	Diarreia durante ≤ 1 mês	HAART eficaz pode resultar em resposta clínica; nitazoxanida, paromomicina	
Espécies de Isospora	Diarreia durante ≤ 1 mês	Sulfametoxazol-trimetoprima	Sulfametoxazol-trimetoprima

HAART, terapia antirretroviral altamente ativa.

TABELA 48-8 **Complicações comuns em pacientes com infecção pelo HIV**

Local	Complicação e etiologia	Comentários
Geral	Linfadenopatia generalizada progressiva	Ocorre em 50 a 70% dos indivíduos após infecção primária pelo HIV; deve ser diferenciada de numerosas doenças que podem causar linfadenopatia
Sistema nervoso	Encefalopatia pelo HIV; demência da Aids	Perda da memória de curto prazo; dificuldade de organização das atividades diárias; falta de atenção
	Toxoplasmose cerebral; T. gondii	Comprometimento multifocal do cérebro é comum, produzindo amplo espectro de doença clínica: alteração do *status* mental, convulsões, fraqueza motora, anormalidades sensoriais, disfunção cerebelar etc.
	Meningite criptocócica; C. neoformans	Com frequência, apresenta início insidioso com febre, cefaleia e mal-estar
	Leucoencefalopatia multifocal progressiva; vírus JC	Início de déficits neurológicos focais no decorrer de semanas
	Citomegalovírus	Encefalite, polirradiculopatia, mononeurite múltipla
	Linfoma primário do SNC	Início de déficits neurológicos focais no decorrer de semanas
Olhos	Citomegalovírus	Retinite
Pele	Sarcoma de Kaposi: herpes-vírus humano 8 (sarcoma de Kaposi associado ao herpes-vírus)	Nódulos cutâneos firmes e palpáveis de 0,5 a 2 cm de diâmetro; inicialmente podem ser menores e, mais tarde, confluentes, com grandes massas tumorais; são tipicamente violáceos; podem ser hiperpigmentados em pessoas de pele escura; podem afetar muitos sistemas orgânicos
	Foliculite estafilocócica: S. aureus	Infecção dos folículos pilosos na região central do tronco, da virilha ou do rosto
	Herpes-zóster: vírus da varicela-zóster	Vesículas em uma base eritematosa em uma distribuição dermatômica
	Úlceras herpéticas: herpes-vírus simples	Vesículas agrupadas sobre uma base eritematosa que evoluem rapidamente para úlceras; geralmente na face, nas mãos ou nas áreas genitais
	Angiomatose bacilar: *Bartonella henselae, Bartonella quintana*	Pápula vermelha que cresce, com eritema circulante; aspecto clínico similar ao do sarcoma de Kaposi, mas histologicamente muito diferente
	Vírus do molusco contagioso	Pápulas discretas em forma de cúpula, cor da pele, peroladas, ou nódulos frequentemente umbilicados. Em geral, aparecem ao longo da linha da barba. Pode ocorrer infecção grave e prolongada em pacientes com HIV

(continua)

TABELA 48-8 Complicações comuns em pacientes com infecção pelo HIV (*continuação*)

Local	Complicação e etiologia	Comentários
Boca	Candidíase oral: *C. albicans*	Placas vermelhas e lisas no palato mole ou no palato duro. Podem formar pseudomembranas
	Leucoplaquia pilosa: provavelmente devida ao vírus Epstein-Barr	Espessamento da mucosa oral, frequentemente com dobras verticais ou corrugações
	Gengivite e periodontite	Gengiva avermelhada, úlceras necrosantes ao redor dos dentes
	Úlceras orais: herpes-vírus simples, vírus varicela-zóster, citomegalovírus e muitos outros agentes infecciosos	Podem aparecer em forma de vesículas recorrentes que formam úlceras
	Sarcoma de Kaposi	Lesões purpúreo-avermelhadas mais frequentes no palato
Gastrintestinal	Esofagite: *C. albicans*, citomegalovírus, herpes-vírus simples	Manifesta-se em forma de deglutição difícil e dolorosa
	Gastrite: citomegalovírus	Náuseas, vômitos, saciedade precoce, anorexia
	Enterocolite: *Salmonella, Cryptosporidium, Isospora,* microsporídios, *Giardia, E. histolytica* e muitos outros agentes	Muito comum; diarreia, cólica e dores abdominais
	Proctocolite: *N. gonorrhoeae, C. trachomatis, T. pallidum, Campylobacter,* herpes simples, citomegalovírus	Dor retal
Pulmões	Pneumonia intersticial ou consolidativa: muitos tumores e inúmeras espécies de bactérias, fungos, vírus e protozoários podem provocar doença pulmonar em pacientes infectados pelo HIV	O início pode ser lento ou rápido, com febre, tosse e dispneia; o diagnóstico é frequentemente estabelecido por broncoscopia com lavado alveolar brônquico
Trato genital	Candidíase vaginal: *C. albicans*	Corrimento anormal semelhante a leite coalhado com vermelhidão e prurido vulvar; comum em mulheres infectadas pelo HIV
	Verrugas genitais: papilomavírus humano	Podem ser graves em pacientes infectados pelo HIV
	Carcinoma invasivo: papilomavírus humano	São comuns células atípicas no exame de Papanicolaou, inclusive carcinoma, em mulheres infectadas pelo HIV; câncer retal em homens
	Doença inflamatória pélvica	Mais comum e mais grave em mulheres infectadas pelo HIV do que em outras mulheres
	Herpes genital: herpes-vírus simples	Frequentemente recorrente e mais grave em indivíduos infectados pelo HIV do que em outras pessoas
	Sífilis: *T. pallidum*	A sífilis é uma doença muito mais progressiva em pacientes infectados pelo HIV do que em outras pessoas; pode estar associada ao desenvolvimento acelerado de neurossífilis

acordo com seu local anatômico. Tipicamente, a avaliação dos pacientes que podem apresentar infecção pelo HIV ou Aids baseia-se nas histórias clínica e epidemiológica de possível exposição, juntamente com a avaliação diagnóstica da doença manifesta de acordo com o local acometido.

Os conhecimentos acerca da terapia com agentes anti-HIV estão mudando com muita rapidez, de modo que todas as recomendações relativas à terapia com agentes anti-HIV devem ser consideradas provisórias. A profilaxia pós-exposição com agentes anti-HIV mostra-se eficaz, e o tratamento da infecção primária pelo HIV também pode ter implicações favoráveis para o prognóstico. Muitos fatores influem na decisão de iniciar o tratamento com agentes anti-HIV, inclusive a taxa de redução da contagem de células CD4$^+$ e os níveis sanguíneos de RNA do HIV. Os fármacos utilizados no tratamento da infecção pelo HIV são discutidos no Capítulo 30. Vários esquemas terapêuticos podem ser escolhidos. A HAART melhorou sobremaneira a vida e o prognóstico de muitos pacientes com Aids. A resposta ao tratamento deve ser monitorada pelo acompanhamento da carga viral e para testes em relação à resistência quando a resposta clínica for baixa. Quando a contagem de células CD4$^+$ cai para menos de 200/μL, deve-se iniciar profilaxia contra infecção por *P. jirovecii*. A profilaxia para outras infecções oportunistas (ver Tabela 48-7) também pode ser conveniente.

REFERÊNCIAS

Centers for Disease Control and Prevention: Detection of Acute HIV infection in two evaluations of a new HIV diagnostic testing algorithm—United States, 2011–2013. *MMWR Morb Mortal Wkly Rep* 2013;62:489.

Drugs for HIV infection. *Med Lett* 2014;12(138):7.

Gunthard HF, Aberg JA, Eron JJ, et al: Antiretroviral treatment of adult HIV infection: 2014 recommendations of the International Antiviral Society—USA panel. *JAMA* 2014;312:410.

Selik RM, Mokotoff ED, Branson B, et al: Revised surveillance case definition for HIV infection—United States, 2014. *MMWR Recomm Rep* 2014;63:1.

Taylor BS, Sobieszczyk ME, McCutchan FE, Hammer SM: The challenge of HIV-subtype diversity. *N Engl J Med* 2008;358:1590.

INFECÇÕES EM PACIENTES SUBMETIDOS A TRANSPLANTES

CASO 18: TRANSPLANTE HEPÁTICO CAUSADO POR HCV

Um homem de 61 anos de idade foi submetido a transplante de fígado ortotópico em decorrência de uma cirrose causada pelo vírus da hepatite C (HCV). Ele adquiriu o HCV em decorrência de transfusão de sangue durante cirurgia de derivação coronária 10 anos antes da manifestação da hepatopatia. A doença hepática foi diagnosticada 2 anos antes da realização do transplante de fígado ortotópico, quando apresentou sangramento de varizes esofágicas. O sangramento foi finalmente controlado. Entretanto, o paciente posteriormente desenvolveu ascite e encefalopatia hepática, controladas apenas em parte com tratamento clínico. Além disso, tinha diabetes dependente de insulina. Na época de sua avaliação inicial, 4 meses antes do transplante, as provas de função hepática revelaram níveis de AST de 43 U/L (normal: 10-40 U/L), ALT de 42 U/L (normal: 36-122 U/L), bilirrubina de 2,9 mg/dL (normal: 0,1-1,2 mg/dL), albumina de 2,6 g/dL (normal: 3,4-5 g/dL) e prolongamento do tempo de protrombina com relação normalizada internacional (RNI) de 1,8. O anti-HCV foi positivo no teste de Elisa. O HCV era de genótipo 1. O paciente não respondeu à terapia com interferona-α mais ribavirina após 12 meses de tratamento. As dosagens de carga viral foram superiores a 500.000 UI/mL.

O transplante de fígado ortotópico foi realizado sem qualquer dificuldade. A reconstrução biliar foi feita por coledocostomia (anastomose primária do ducto colédoco do doador com o do receptor) com a colocação de um tubo em T para drenagem externa da bile durante a cicatrização da anastomose. No decorrer do exame do explante, foi descoberto incidentalmente um carcinoma hepatocelular. O paciente recebeu tacrolimo intravenoso (para reduzir a rejeição) em forma de infusão contínua durante 24 horas, bem como corticosteroides para imunossupressão (que também ajudam a evitar a rejeição). O tacrolimo passou para via oral no segundo dia. Foi administrado ganciclovir intravenoso do primeiro ao sétimo dias para profilaxia contra infecção por citomegalovírus (hepatite e pneumonia); após a interrupção do ganciclovir, foram administradas altas doses de aciclovir por via oral 4 vezes ao dia durante 3 meses, como profilaxia contínua contra a infecção por citomegalovírus. Administrou-se, também, sulfametoxazol-trimetoprima via oral 2 vezes por semana como profilaxia contra pneumonia por *P. jirovecii*.

A função do aloenxerto foi estabelecida imediatamente após o transplante. No sétimo dia, os níveis de AST foram de 40 U/L; de fosfatase alcalina, 138 U/L (normal: 36-122 U/L); e de bilirrubina, 6,2 mg/dL. O diagnóstico diferencial da anormalidade da função hepática incluiu lesão durante a preservação do fígado entre a doação e o transplante, trombose da artéria hepática e, raramente, hepatite por herpes simples. A biópsia hepática no sétimo dia revelou lesão durante a preservação.

O paciente teve alta no 12º dia com tacrolimo e prednisona via oral, para ajudar a evitar rejeição. No 21º dia, uma biópsia hepática não revelou qualquer evidência de rejeição celular, e as provas de função hepática foram excelentes: AST, 18 U/L; fosfatase alcalina, 96 U/L; e bilirrubina, 2 mg/L. O nível sérico de creatinina foi de 2,2 mg/dL (normal: 0,5-1,4 mg/dL), e a dose de tacrolimo via oral foi reduzida. No 28º dia, houve elevação nos resultados das provas de função hepática: AST, 296 U/L; fosfatase alcalina, 497 U/L; e bilirrubina, 7 mg/dL. O diagnóstico diferencial da anormalidade da função hepática consistiu em rejeição celular aguda e obstrução biliar. Havia também a possibilidade de hepatite por citomegalovírus; todavia, essa condição geralmente ocorre depois do 35º dia, e o paciente havia recebido profilaxia contra citomegalovírus. A biópsia hepática revelou rejeição celular aguda.

O paciente foi tratado com duas doses intravenosas de metil-prednisolona, seguida de prednisona via oral. O nível sanguíneo de tacrolimo estava dentro da faixa terapêutica. Uma biópsia hepática de acompanhamento, realizada depois de 2 semanas, revelou ligeira alteração gordurosa, porém sem nenhuma rejeição. O nível de AST foi de 15 U/L; de fosfatase alcalina, de 245 U/L; e de bilirrubina, de 1,6 mg/dL.

Um mês depois (ou seja, 2,5 meses após o transplante), houve nova elevação dos níveis de AST para 155 U/L, porém a fosfatase alcalina permaneceu inalterada em 178 U/L. A biópsia mostrou alteração gordurosa moderada, necrose dos hepatócitos lobulares e discreta inflamação portal compatível com infecção por hepatite C pós-transplante ou resolução da rejeição. O ensaio de PCR para o RNA do HCV não foi efetuado, visto que o resultado seria positivo e teria valor prognóstico limitado. A impressão clínica foi de hepatite C recorrente. O tacrolimo e a prednisona foram mantidos. Nos 6 meses seguintes, houve normalização das provas de função hepática.

No sexto mês após o transplante, o tubo em T foi removido do sistema de drenagem biliar. O paciente imediatamente apresentou dor abdominal difusa e intensa. A cultura da bile revelou *E. coli* e *Enterococcus faecium* resistente à vancomicina. A impressão clínica foi de drenagem biliar no abdome. O paciente foi tratado com ceftriaxona e linezolida. Foi efetuada uma colangiopancreatografia retrógrada endoscópica (CPRE) com esfincterotomia para melhorar o fluxo biliar. O paciente teve alta 2 dias depois.

Oito meses após o transplante, o paciente apresentou edema subcutâneo generalizado (anasarca) e erupção nos membros inferiores. As provas de função hepática mostraram-se ligeiramente anormais. Tanto o hematócrito quanto a contagem de leucócitos foram normais. O nível sanguíneo de ureia foi de 54 mg/dL (normal: 10-24 mg/dL), enquanto a creatinina sérica foi de 2,8 mg/dL (normal: 0,6-1,2 mg/dL). O exame de urina revelou a presença de proteínas 4+ e mais de 50 eritrócitos por campo de grande aumento. A biópsia cutânea mostrou vasculite leucocitoclástica*. Foi estabelecido o diagnóstico de crioglobulinemia.

---

*N. de T. As vasculites podem ser definidas como uma inflamação dos vasos sanguíneos e são doenças autoimunes. Majoritariamente, têm etiologia idiopática, porém, em alguns casos, são descritas como secundárias a medicamentos, infecções, distúrbios linfoproliferativos, neoplasias, doenças do tecido conjuntivo e doenças inflamatórias.

Quatro anos após o transplante, as provas de função hepática do paciente permaneceram normais, à exceção de ligeira elevação intermitente dos níveis de AST e ALT. As biópsias hepáticas de acompanhamento revelaram alteração gordurosa moderada grave com inflamação portal leve tendo células mononucleares. Quando comparado com outros receptores de transplante de fígado, o paciente corre maior risco de desenvolver cirrose e sofrer perda do enxerto.

Comentários

Nos pacientes submetidos a transplante, as infecções mais significativas e potencialmente fatais ocorrem nos primeiros meses após o transplante. Os fatores já presentes antes da realização do transplante podem ser importantes. A doença subjacente pode contribuir para suscetibilidade à infecção. O paciente pode não apresentar imunidade específica (p. ex., pode nunca ter sido exposto ao citomegalovírus), porém o órgão transplantado pode ser de um doador positivo para o citomegalovírus, ou uma transfusão de sangue pode transmitir o vírus. O paciente pode ter alguma infecção latente, passível de se tornar ativa durante o período de imunossupressão que ocorre após o transplante. São exemplos as infecções pelo herpes-vírus simples, vírus varicela-zóster, citomegalovírus e outras, inclusive a tuberculose.

O principal fator que determina a infecção é o tipo de transplante: fígado, coração, pulmão, rim e assim por diante. A duração e a complexidade do procedimento cirúrgico também são importantes. As infecções tendem a afetar o órgão transplantado ou ocorrer em associação com o órgão. Em pacientes submetidos a transplante de fígado, a cirurgia é complexa, podendo levar muitas horas. O tipo de drenagem biliar estabelecido representa um importante determinante na infecção abdominal. A conexão direta do trato biliar do doador com o intestino delgado do receptor (coledocojejunostomia) predispõe mais a infecção das vias biliares do que a conexão do trato biliar do doador com o trato biliar existente do receptor. Os pacientes submetidos a transplante de fígado cuja cirurgia leva 5 a 10 horas apresentam, em média, um episódio de infecção após o transplante, enquanto aqueles cuja cirurgia dura mais de 25 horas apresentam, em média, três episódios. Os pacientes submetidos a transplante de fígado estão sujeitos ao desenvolvimento de hepatite e pneumonia por citomegalovírus. Os receptores de transplante de coração e pulmão são propensos a adquirir pneumonia por citomegalovírus. O ganciclovir, quando administrado no início do período pós-transplante, mostra-se eficaz para reduzir o impacto da doença por citomegalovírus após transplante. Outros fármacos frequentemente administrados como profilaxia para infecção pós-transplante são: aciclovir para herpes simples e varicela-zóster; sulfametoxazol-trimetoprima para pneumonia por *Pneumocystis*; anfotericina B ou outro antifúngico para infecções fúngicas, principalmente candidíase e aspergilose; isoniazida para tuberculose; e uma cefalosporina de terceira geração ou outros antibióticos para infecções bacterianas. Os antibióticos são frequentemente administrados antes, no decorrer, ou pouco depois da cirurgia para evitar infecções da ferida e outras infecções diretamente associadas ao procedimento.

A terapia imunossupressora em pacientes submetidos a transplante também predispõe a infecções. Os corticosteroides em altas doses, administrados para ajudar a evitar rejeição ou doença do enxerto *versus* hospedeiro, inibem a proliferação de células T, a imunidade dependente de células T e a expressão dos genes das citocinas,

exercendo, portanto, efeitos importantes sobre a imunidade celular, a formação de anticorpos e a inflamação. Os pacientes que recebem altas doses de corticosteroides estão cada vez mais sujeitos a contrair infecções fúngicas e outras infecções. A ciclosporina, um peptídeo, e o tacrolimo, um macrolídio, atuam sobre a função das células T, impedindo a rejeição. Além disso, são utilizados outros imunossupressores e soro antilinfocitário. Em conjunto, os imunossupressores podem proporcionar o ambiente em que ocorrem infecções em receptores de transplante.

REFERÊNCIAS

Fishman JA, Issa NC: Infection in organ transplantation. *Infect Dis Clin North Am* 2010;24:273.

Freifeld AG, Bow EJ, Sepkowitz KA, et al: Clinical practice guideline for the use of antimicrobial agents in neutropenic patients with cancer: 2010 update by the infectious diseases society of America. *Clin Infect Dis* 2011;52:e56–e93.

CASO 19: TRANSPLANTE DE MEDULA ÓSSEA

Um homem de 30 anos de idade com leucemia mielógena crônica foi submetido a transplante de medula óssea alogênico de um irmão doador HLA-tipado (*human leukocyte antigen*). Antes do transplante, o paciente recebeu irradiação corporal total e altas doses de ciclofosfamida para destruir permanentemente a leucemia, as células hematopoiéticas e as células linfoides.

A primeira complicação infecciosa surgiu 10 dias após o transplante, antes da pega do enxerto. O paciente apresentou mucosite, enterite e neutropenia grave, com contagem de leucócitos de 100 células/µL (normal: 3.400-10.000 células/µL). Estava recebendo profilaxia com ceftazidima, fluconazol, aciclovir e sulfametoxazol-trimetoprima. Entretanto, apresentou febre de 39 °C e aspecto doente. A impressão clínica foi de provável sepse bacteriana relacionada com a neutropenia, sendo a boca ou o trato gastrintestinal as fontes mais prováveis. Outra possibilidade considerada foi de infecção da via central utilizada para terapia intravenosa. Também se suspeitou de infecção fúngica por *Candida* no sangue ou pneumonia por *Aspergillus*. Todavia, essas infecções geralmente ocorrem mais tarde após o transplante de medula óssea alogênico. Foi iniciada terapia com ciclosporina e pequenas doses de prednisona pouco depois do transplante de medula óssea, a fim de prevenir o desenvolvimento da doença do enxerto *versus* hospedeiro, que predispõe o indivíduo a outras infecções oportunistas. Contudo, essas infecções também têm menor probabilidade de ocorrer nas primeiras semanas após o transplante.

Quando a condição do paciente se agravou no décimo dia após o transplante, foi considerada a possibilidade de infecção bacteriana. Foi efetuada uma hemocultura, tendo sido modificada a cobertura antibiótica para microrganismos Gram-negativos, sendo a ceftazidima substituída pelo meropeném. Foi adicionada vancomicina enquanto se aguardavam os resultados da hemocultura. Além disso, o fluconazol foi substituído pelo voriconazol. No 12º dia, a hemocultura tornou-se positiva para *Streptococcus* do grupo Viridans. Houve melhora do paciente. A antibioticoterapia foi mantida até ocorrer uma elevação da contagem de leucócitos superior a 1.000/µL.

O paciente teve alta para cuidados domiciliares 30 dias após o transplante. Havia ocorrido incorporação do órgão transplantado, e o paciente já não apresentava neutropenia, porém estava recebendo terapia com ciclosporina e prednisona para doença leve do enxerto *versus* hospedeiro.

Sessenta dias após o transplante, o paciente apresentou febre, náuseas, dor epigástrica intensa e diarreia. A suspeita clínica foi de enterite por citomegalovírus ou de agravamento da doença do enxerto *versus* hospedeiro afetando o trato gastrintestinal. Entre o 30º e o 60º dias, a terapia com ciclosporina e prednisona foi gradualmente reduzida devido à estabilidade da doença. No 60º dia, o paciente foi internado e examinado por endoscopia gastrintestinal superior e inferior. Foram observadas lesões da mucosa compatíveis com infecção por citomegalovírus e feitas biópsias. Ao exame histológico, foi constatada a presença de grandes corpúsculos de inclusão intranucleares, compatíveis com infecção por citomegalovírus. As culturas mostraram-se positivas para citomegalovírus. O paciente foi tratado com ganciclovir e recuperou-se.

O paciente mostrou-se bem até o 120º dia, quando apresentou anormalidades nas provas de função hepática e diarreia. Foi estabelecido o diagnóstico de agravamento da doença do enxerto *versus* hospedeiro por meio de colonoscopia. As doses de ciclosporina e prednisona foram aumentadas.

Cinco meses após o transplante, o paciente apresentou febre e tosse, sendo detectados múltiplos infiltrados pulmonares. O diagnóstico mais provável foi de pneumonia fúngica, provavelmente causada por espécies de *Aspergillus*, embora houvesse também a possibilidade de pneumonia por *P. jirovecii* e pneumonia viral. O paciente foi submetido à broncoscopia com lavado e biópsia transbrônquica. As culturas do tecido de biópsia resultaram no crescimento de *Aspergillus fumigatus*. O paciente foi tratado com voriconazol. Esse tratamento foi mantido por 2 semanas no hospital e, em seguida, diariamente em base ambulatorial por um período adicional de mais 3 semanas. As doses de ciclosporina e de prednisona também foram reduzidas.

O paciente recuperou-se das infecções oportunistas 300 dias após o transplante. Houve melhora da doença do enxerto *versus* hospedeiro, e as doses de ciclosporina e de prednisona foram gradualmente reduzidas, sendo, por fim, suspensas. A leucemia mielógena crônica permanece em remissão. O paciente retornou ao trabalho 330 dias após o transplante de medula óssea.

Comentários

Os pacientes submetidos a transplante de medula óssea recebem quimioterapia e radioterapia ablativas para destruir o sistema hematopoiético e o sistema imunológico. Em consequência, ocorrem neutropenia grave e imunidade celular anormal até o enxerto da medula transplantada. Devido à neutropenia, os pacientes submetidos a transplante de medula óssea correm risco particularmente alto de contrair infecções, em comparação com os pacientes que recebem transplantes de órgãos sólidos e não apresentam neutropenia. Os pacientes submetidos a transplante de medula óssea alogênica também correm risco de desenvolver doença do enxerto *versus* hospedeiro, o que não se verifica em indivíduos com transplante de medula óssea autóloga (que recebem a sua própria medula óssea ou células primordiais coletadas previamente). A terapia imunossupressora utilizada para controlar a doença do enxerto *versus* hospedeiro também contribui para alto risco de infecção nesses pacientes.

As infecções e o momento de sua provável ocorrência estão relacionados na Figura 48-1. Durante o primeiro mês após o transplante, ocorre incorporação do enxerto, e verificam-se neutropenia grave e lesão das superfícies mucosas em decorrência da quimioterapia e da radioterapia administradas antes do transplante. Os pacientes correm maior risco de adquirir infecções causadas por bactérias Gram-negativas e Gram-positivas, que frequentemente fazem parte da microbiota normal da pele, do trato gastrintestinal e das vias respiratórias. Nessa época, pode ocorrer também infecção recorrente pelo herpes-vírus simples.

Nos segundo e terceiro meses após ter ocorrido incorporação do enxerto, os pacientes apresentam comprometimento persistente da imunidade humoral e da celular, o qual é mais grave e persistente nos pacientes com doença do enxerto *versus* hospedeiro aguda. As principais infecções são pneumonia intersticial (cerca de 50% dos casos provocados por citomegalovírus), pneumonia por *Aspergillus*, bacteriemia, candidemia e infecções virais das vias respiratórias.

Três meses após o transplante, observa-se recuperação gradual da imunidade tanto humoral quanto celular. Essa reconstituição leva 1 a 2 anos, mas pode ser significativamente afetada pela presença da doença crônica do enxerto *versus* hospedeiro. Os pacientes correm risco de infecções pelo vírus varicela-zóster e infecções das vias respiratórias, geralmente causadas por bactérias encapsuladas, como *S. pneumoniae* (Capítulo 14) e *H. influenzae* (Capítulo 18).

Utiliza-se rotineiramente a terapia antimicrobiana profilática em pacientes submetidos a transplante de medula óssea. Administra-se o combinado sulfametoxazol-trimetoprima durante 6 meses ou no decorrer do período de imunossupressão para evitar a ocorrência de pneumonia por *Pneumocystis*. O aciclovir é administrado desde o momento do transplante até o enxerto, para evitar infecção pelo herpes-vírus simples. O ganciclovir por via intravenosa é frequentemente administrado logo após o transplante, seguido de aciclovir ou de ganciclovir por via oral para ajudar a evitar doença grave por citomegalovírus; o uso dessa profilaxia varia conforme a presença de evidências de infecção anterior por citomegalovírus no doador, no receptor ou em ambos. As fluoroquinolonas ou as cefalosporinas de terceira geração podem ser administradas durante o período de enxerto para ajudar a evitar a ocorrência de infecções bacterianas. Agentes antifúngicos (p. ex., fluconazol, voriconazol ou equinocandinas), dependendo da presença de doença enxerto *versus* hospedeiro, podem ser usados como profilaxia para doenças fúngicas. O uso de vancomicina para evitar infecções por bactérias Gram-positivas é controverso, em parte devido à seleção potencial de infecção por *Enterococcus* resistentes a esse fármaco. Após a normalização da função do sistema imunológico, deve-se considerar a reimunização do paciente com toxoides tetânico e diftérico, vacinas pneumocócicas ou de polissacarídeos de *H. influenzae* e vacinas com vírus inativos (p. ex., poliomielite, influenza).

REFERÊNCIAS

Safdar A, Armstrong D: Infections in patients with hematologic neoplasms and hematopoietic stem cell transplantation: Neutropenia, humoral and splenic defects. *Clin Infect Dis* 2011;53:798–806.

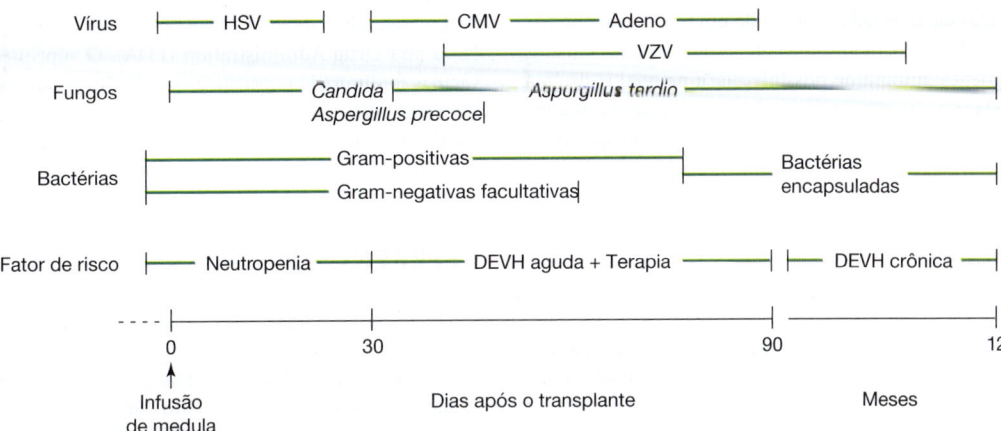

FIGURA 48-1   Fatores de risco predisponentes e alta incidência de infecções por tempo, após transplante de medula óssea no ser humano. CMV, citomegalovírus; HSV, vírus herpes simples; VZV, vírus varicela-zóster; DEVH, doença do enxerto *versus* hospedeiro. (Modificada, com autorização, de Abeloff MD, Armitage JO, Niederhuber JE et al.; Clinical Oncology, 4th ed. Copyright Elsevier, 2008.)

Wingard JR, Hsu J, Hiemenz JW: Hematopoietic stem cell transplantation: An overview of infection risks and epidemiology. *Infect Dis Clin North Am* 2010;24:257.

Young JH, Weisdorf DJ: Infections in recipients of hematopoietic stem cell transplantation. In Bennett JE, Dolin R, Blaser MJ (editors). *Mandell, Douglas, and Bennett's Principles and Practice of Infectious Diseases,* 8th ed. Philadelphia: Elsevier Saunders, 2015, p. 3425.

INFECÇÕES EMERGENTES

Os casos a seguir discutem novas infecções emergentes. Em tais eventos, a prioridade é dada ao diagnóstico, isolamento e tratamento dos indivíduos infectados e ao monitoramento da disseminação, contenção e controle da população em risco.

CASO 20: VÍRUS ZIKA, BRASIL, 2015

Em março de 2015, um surto de erupção cutânea febril foi identificado no Nordeste do Brasil, ocasionado pelo vírus zika, que não tinha sido visto anteriormente naquela região. A epidemia viral se disseminou rapidamente e foi associada a defeitos fetais e anomalias cerebrais congênitas em mulheres grávidas.

Um surto de doença febril com erupção cutânea foi relatado no Nordeste do Brasil em 2015. Nos 3 meses seguintes, foram reportados quase 7.000 casos no nordeste do Brasil, sendo que a maioria deles foi leve e com recuperação clínica espontânea. Os testes iniciais mostraram reatividade sorológica para dengue em cerca de 15% dos pacientes, mas dois meses depois os casos foram confirmados como infecção pelo vírus zika, que não havia sido observada anteriormente nas Américas. Devido às condições favoráveis de transmissão, incluindo a presença do vetor ativo (*Aedes aegypti*) e uma população

imunologicamente suscetível, o vírus se disseminou rapidamente pela região tropical da América do Sul, América Central e Caribe. Mais de 200.000 casos foram notificados no Brasil até o final de 2016.

Em outubro de 2015, houve relatos de um aumento incomum na microcefalia em neonatos, o que estava epidemiologicamente associado à infecção pelo vírus zika durante a gravidez. Estudos posteriores demonstraram a presença desse microrganismo no líquido amniótico e nos tecidos fetais em casos afetados*. Diretrizes foram emitidas para mulheres grávidas para evitar a exposição ao mosquito nas áreas geográficas envolvidas e para testar mulheres grávidas que haviam sido potencialmente expostas. A transmissão ocorre principalmente por picadas de mosquitos, mas o vírus também pode ser encontrado no sêmen e nas transfusões de sangue.

O vírus zika é um flavivírus que foi descrito pela primeira vez na África em 1947 e foi associado a surtos regionais esporádicos de erupções cutâneas febris (Capítulo 38). Em 2007, o vírus se disseminou da África para a Ásia com um grande surto na ilha de Yap, no Pacífico, seguida por outras ilhas do Pacífico em 2013 a 2014. A caracterização genômica mostrou que o vírus zika estava presente no Brasil já em 2013, e estava relacionado a cepas circulantes nas ilhas

---

*N. de T. A conclusão preliminar da investigação, que apontava a possibilidade de relação das microcefalias com a infecção pelo vírus zika durante a gestação, foi recebida com ceticismo pela comunidade científica brasileira e mundial, uma vez que tal associação nunca tinha sido observada. Mais do que isso, a própria ocorrência de uma epidemia de microcefalia era alvo de muitos questionamentos. A suspeita passou a ser evidência inegável pela detecção de material genético do vírus em materiais biológicos e pesquisas desenvolvidas por vários laboratórios que ampliavam o conhecimento sobre o agente em circulação no Brasil. Uma médica e pesquisadora de Campina Grande, na Paraíba, colheu líquido amniótico de gestantes sob seus cuidados. Ela havia observado alterações em exames de ultrassonografia e obteve respaldo laboratorial da Fiocruz. Foi identificado material genético do vírus zika em dois casos. Em seguida, o laboratório do Instituto Evandro Chagas, no Pará, obteve resultados positivos em análise de materiais (sangue e outros tecidos obtidos de cérebro, baço, rim etc.) coletados de um recém-nascido, que morreu pouco tempo depois do nascimento, no Ceará. O bebê tinha microcefalia e alterações articulares importantes. Fonte: http://bvsms.saude.gov.br/.

do Pacífico. Embora a doença clínica causada por esse microrganismo seja leve em adultos, foi demonstrado que ele causa anormalidades fetais, especialmente defeitos cerebrais e microcefalia quando mulheres grávidas são infectadas, sobretudo durante o primeiro trimestre. O vírus zika também foi associado à síndrome de Guillain-Barré, uma doença autoimune pós-infecciosa na qual o sistema imunológico ataca o sistema nervoso. O vírus zika agora está estabelecido quase globalmente em áreas tropicais e subtropicais e é uma preocupação constante, especialmente durante a gravidez.

REFERÊNCIAS

Kindhauser MK, Allen T, Frank V, et al: Zika: The origin and spread of a mosquito-borne virus. *Bull World Health Org* 2016;94:675–686.

Lowe R, Barcellos C, Brasil P, et al: The Zika virus epidemic in Brazil: From discovery to future implications. *Int J Environ Res Public Health* 2018;15:96.

Musso D, Gubler DJ: Zika virus. *Clin Microbiol Rev* 2016;29:487–524.

CASO 21: PANDEMIA DE INFLUENZA H1N1, 2009

Em 2009, foi detectado que um grupo de doença respiratória febril no sul da Califórnia era causado por uma nova cepa do influenza A. O vírus era um rearranjo quádruplo, com segmentos de genoma de origem suína norte-americana, suína euroasiática, aviária e humana. O vírus se disseminou rapidamente e se tornou uma pandemia global, substituindo outros vírus da influenza do tipo H1 circulantes na população humana.

Em abril de 2009, dois pacientes pediátricos desenvolveram infecção respiratória e foram testados como parte de um projeto de vigilância laboratorial para tipagem viral. Estudos demonstraram que esse vírus apresenta uma combinação única de genes nunca vistos em pessoas ou animais com homologia mais próxima para os vírus da gripe suína circulantes. Em decorrência a esse fato, foi originalmente denominado "vírus influenza A de origem suína", mas mais tarde foi descoberto que era um produto de vários eventos de rearranjo com segmentos do genoma de origem suína norte-americana, suína euroasiática, aviária e humana.

A gripe H1N1 de 2009 se disseminou rapidamente, e em junho de 2009 foi declarada uma pandemia global. A sazonalidade desse surto foi incomum para os vírus da gripe, pois se disseminou durante a primavera e o verão, em vez de ao final do outono e inverno. Provavelmente, isso ocorreu devido à ausência de imunidade na população, facilitando a disseminação viral. Nos anos seguintes, estabeleceu sazonalidade normal para o vírus influenza. A infecção por esse vírus foi mais grave e causou mais complicações em mulheres grávidas e em indivíduos imunocomprometidos do que as cepas circulantes anteriores. Era sensível aos inibidores da neuraminidase (oseltamivir e zanamivir).

Muitos testes de laboratório baseados na detecção do antígeno viral não tiveram um bom desempenho para o diagnóstico da gripe H1N1 de 2009 e foram posteriormente interrompidos. Os testes moleculares e de PCR direcionados ao gene da matriz conservada

tiveram melhor desempenho para a detecção viral, mas novos ensaios tiveram que ser desenvolvidos para detectar os segmentos H1 e N1 para tipagem viral.

Em setembro de 2009, quatro vacinas foram aprovadas pela Food and Drug Administration (FDA). O suprimento inicial de vacinas foi limitado e restrito a populações de alto risco. Nos dois anos seguintes, a gripe H1N1 de 2009 substituiu amplamente a cepa circulante anterior da gripe H1, e agora é estabelecida como uma das cepas circulantes da gripe sazonal.

REFERÊNCIAS

Ginsberg M, Hopkins J, Maroufi A, et al: Swine influenza A (H1N1) infection in two children – southern California, March-April 2009. MMWR 2009;58:400–402.

Neumann G, Noda T, Kawaoka Y: Emergence and pandemic potential of swine-origin H1N1 influenza virus. *Nat* 2009;459:931–939.

Sullivan SJ, Jacobson RM, Dowdle WR, et al: 2009 H1N1 influenza. *Mayo Clin Proc* 2010;85:64–76.

CASO 22: SURTO DE EBOLA, ÁFRICA OCIDENTAL, 2014-2016

Em 21 de março de 2014, o Ministério da Saúde da Guiné relatou um surto entre 49 pessoas de uma doença caracterizada por febre, diarreia e vômito com uma taxa de letalidade de 59%. As amostras testadas no Instituto Pasteur da França foram positivas para o vírus ebola (espécie Zaire Ebola vírus).

Em 30 de março, mais casos foram relatados na vizinha Libéria, e, em Serra Leoa, em maio. Em 18 de junho, foi relatado o maior surto provocado pelo vírus ebola já documentado, com 528 casos e 337 mortes (taxa de mortalidade de 64%), desencadeando uma resposta internacional de saúde pública.

Os casos foram caracterizados por início súbito de febre e mal-estar com cefaleia, mialgia, vômitos e diarreia. Cerca de 30 a 50% dos pacientes apresentaram sintomas hemorrágicos. O período de incubação desse vírus geralmente é de 8 a 10 dias, mas pode variar de 2 a 21 dias. Pacientes com doença grave desenvolvem trombocitopenia, sangramento e insuficiência de múltiplos órgãos, causando choque e morte.

Embora a espécie hospedeira definitiva não tenha sido identificada, evidências apoiam os morcegos frugívoros como um possível reservatório. O vírus inicialmente é transferido para humanos após o contato com animais selvagens infectados e, em seguida, é transmitido de pessoa a pessoa por meio do contato direto com fluidos corporais, como sangue, urina, suor, sêmen e leite materno. Partículas virais podem ser detectadas no sêmen até 61 dias após o início da doença até a convalescência. Acredita-se que muitos pacientes na África tenham se infectado após contato próximo com parentes falecidos por meio das práticas tradicionais de sepultamento.

O diagnóstico é feito por meio da detecção do antígeno do vírus ebola, RNA ou anticorpos no sangue. O atendimento ao paciente é de suporte, com reposição agressiva de fluidos e eletrólitos. Embora nenhuma vacina estivesse disponível durante o surto de 2014 a 2016, várias vacinas candidatas foram desenvolvidas. Posteriormente, uma vacina experimental demonstrou ser eficaz na prevenção da doença e aprovada para casos de vacinação e durante surtos de ebola. Ela foi implementada pela primeira vez durante um surto de ebola em 2018, na República Democrática do Congo, e contribuiu substancialmente para a contenção da disseminação viral.

O surto de ebola de 2014 a 2016 atingiu o pico de transmissão em outubro de 2014, com quase 7.000 casos relatados. As medidas de controle de surtos foram aprimoradas com quarentena obrigatória e eliminação de corpos infectados, rastreamento intensivo e esforços de monitoramento e fornecimento internacional de suprimentos médicos e treinamento. Os voos internacionais da região do surto instituíram a triagem de passageiros para febre e sintomas associados. Essas medidas reduziram substancialmente o número de novos casos, particularmente nas áreas mais afetadas na Libéria e na Serra Leoa. Contudo, novos casos foram notificados até março de 2016, antes que o surto fosse oficialmente declarado encerrado.

Casos importados foram notificados na Nigéria, no Senegal, nos Estados Unidos, na Espanha, na Itália, em Mali e no Reino Unido. Na Nigéria, a transmissão localizada levou a 20 casos, mas a disseminação subsequente no país foi interrompida. Embora o risco de mais pacientes infectados entrando nos Estados Unidos fosse baixo, os profissionais de saúde foram alertados para detecção de sinais e sintomas da doença em viajantes que retornavam das regiões do surto, com isolamento estrito dos casos suspeitos.

A combinação de uma nova doença viral altamente virulenta com uma população imunologicamente ingênua e disseminação sustentada de pessoa para pessoa é extremamente preocupante e representa um risco substancial para a saúde global. Além disso, os recursos médicos limitados dos países afetados tornam extremamente difícil tratar os pacientes e interromper a transmissão. A resposta a qualquer surto de ebola requer cooperação regional e internacional de alto nível, com o fornecimento de especialistas em resposta a surtos, profissionais de saúde treinados, vacinas e equipamentos de proteção individual e outros suprimentos médicos. A falha em conter este ou outros surtos semelhantes pode levar a uma epidemia generalizada com consequências devastadoras.

REFERÊNCIAS

Centers for Disease Control and Prevention: Ebola hemorrhagic fever website: http://www.cdc.gov/vhf/ebola/index.html.

Dixon MG, Schafer IJ: Ebola viral disease outbreak–West Africa, 2014. *MMWR Morb Mort Wkly Rep* 2014;63:548.

Índice

Nota: Números de páginas seguidos por *f* ou *t* denotam figuras ou tabelas, respectivamente.

α-Cetoglutarato, 84, 84*f*, 87*f*
α-Hemólise, 215, 216*t*, 223-224
α-Lactamases, 380-381, 381*t*
α-Sinucleína, 4
β-(1,3)-D-Glucano, 680-681, 702-703, 709
β-Defensina, 128
β-Hemólise, 215, 216*t*
   grupo C ou G, estreptococos, 222-223
   Streptococcus agalactiae, 222
   Streptococcus anginosus, grupo, 223
   Streptococcus pyogenes, 217, 218*f*, 219
β-Lactamase, inibidores da, 380, 391, 401
β-Lactamases, 206, 380, 398
β-Lactamases de espectro aumentado
   (ESBLs), 380
β-Lactâmicos, antibióticos. *Ver também*
fármacos específicos
   agentes infecciosos tratados com,
      394*t*-396*t*
   alteração da síntese de peptidoglicanos,
      93-95, 94*f*
   mecanismo de ação, 380-381
   mecanismos de resistência, 380-381, 381*t*,
      384
   terapia combinada usando, 391

A

ABC (cassete de ligação de ATP), transporte,
   20
ABC, sistema de secreção, 165
Abdome
   actinomicose do, 309
   estudos de casos
      gastrenterite, 798-799, 800*t*-802*t*
      peritonite e abscessos, 797-798
   infecções anaeróbias, 776
Abiotrophia defectiva, 224
Abiotrophia, espécies de, 231*t*
Abortiva, infecção, 426
Abscesso
   amebiano, 728-729
   Bacteroides fragilis, 310-311
   cerebral, 689, 760*t*, 789-791
   diagnóstico laboratorial, 760*t*-761*t*, 770
   diagnóstico microbiológico, 770
   estafilococos, 209, 211

   hepático, 728-729
   intra-abdominal, 797-798
   perioral, 760*t*
Absorção, 388-389
   penicilinas, 398
   quinolonas, 408
Acanthamoeba, 3, 722, 724*t*
Acanthamoeba castellanii, 734-735
Acetato, crescimento com, 84-86, 87*f*, 88*f*, 89*f*
Acetil-CoA, 84-86, 87*f*, 88*f*, 89*f*
Aciclovir, 450*t*, 451
   para EBV, 489
   para HSV, 481
   para pacientes transplantados, 818
   para VZV, 486
Ácidas, colorações, 38
Ácido 3-indolepropiônico (IPA), 172
Ácido benzoico, 61*t*, 64
Ácido cetodesoxioctanoico (KDO), 28
Ácido clavulânico, 380
Ácido desoxirribonucleico (DNA)
   amplificação, 766-767, 782 (*Ver também*
      Testes de amplificação do ácido nucleico;
      Reação em cadeia da polimerase)
   clonado
      análise, 123-124
      caracterização, 120-123, 123*f*
      criação, 119-120, 121*f*
      manipulação, 124-125
   complementar, 123
   dano
      por biocidas, 63
      por peróxido de hidrogênio, 74
   de vírus tumorais, 638
   definição, 105
   descoberta, 105, 106*f*
   em mitocôndrias e cloroplastos, 108
   estrutura, 105, 107*f*
   fragmentos
      clonagem, 119-120, 121*f*
      preparação, 119
      separação, 119, 120*f*
   microarranjos, 768
   mutações afetando, 114-115
   ramificado, 767
   repetitivo, 108

   replicação
      agentes antimicrobianos inibindo,
         382-383
      bacteriana, 110
      fago, 110-111
      viral, 428-429, 428*t*, 429*t*, 430*t*
   sequenciamento (*Ver* DNA,
      sequenciamento)
   transcrição (*Ver* Transcrição)
   transferência, 111-114, 112*f*, 113*f*, 114*f*
   viral, 421-422
Ácido diaminopimélico, 24, 92, 93*f*
Ácido dipicolínico, 92, 93*f*
Ácido láctico, 96, 98*f*, 99*f*, 100*t*
Ácido lipoteicoico (LTA), 25-26, 26*f*, 160, 217
Ácido nalidíxico, 407, 407*f*, 409
Ácido oxolínico, 407
Ácido peracético, 61*t*
Ácido periódico de Schiff (PAS), 679,
   686-687, 759
Ácido poli-β-hidroxibutírico (PHB), 17-18,
   18*f*
Ácido propiônico, 61*t*, 64
Ácido ribonucleico (RNA), 105-106, 107*f*
   amplificação, 766-767, 782 (*Ver também*
      Testes de amplificação do ácido nucleico;
      reação em cadeia da polimerase)
   clones expressando, 123-124
   de vírus tumorais, 638
   microarranjos, 768
   papéis da transcrição e tradução, 115-116,
      116*f*
   replicação do vírus influenza, 586
   replicação do vírus paramixovírus, 599
   sequenciamento, 48, 48*f*, 52-53
   viral, 421-422
Ácido teicoico da membrana, 25
Ácido teicoico da parede, 25
Ácido teicurônico, 26
Ácido undecilênico, 716
Acidófilos, 72
Ácidos micólicos, 30
Ácidos nucleicos, 105-106, 107*f*
   agentes antimicrobianos inibindo a síntese
      de, 383-384
   de vírus tumorais, 638

em genoma eucariótico, 107-108

em genoma procariótico, 108-109, 108*t*, 109*t*

virais, 108*t*, 109-110, 109*f*, 421-422

Ácidos orgânicos, ação antimicrobiana, 61*t*, 64

Ácidos teicoicos, 24-26, 26*f*

de estafilococos, 207

Acinetobacter, 253, 258-259

fármacos de escolha para, 394*t*

Acinetobacter baumannii, 253, 258-259, 380

Acinetobacter iwoffii, 258

Acinetobacter nosocomialis, 258

Acinetobacter pittii, 258

Acinetobacter radioresistens, 258

Acinetobacter ursingii, 258

Aconselhamento genético, 123

Acremonium falciforme, 689

Actina, 14*f*, 15

Actinomicetoma, 689

Actinomicetos, 8, 689

Actinomicose cervicofacial, 309

Actinomicose torácica, 309

Actinomyces, 195, 308*t*, 309, 310*f*, 311*t*

fármacos de escolha para, 395*t*

Actinomyces gerencseriae, 309

Actinomyces israelii, 309

Actinomyces naeslundii, 310*f*

Adefovir, 450*t*, 526

Adenilato ciclase, toxina (ACT), 279

Adenina, 105, 107*f*

Adenoviridae (adenovírus), 415*t*, 416*f*, 417, 430*t*, 587*t*

associados a câncer, 467, 644*t*, 650

classificação, 463, 465*f*

entéricos, 551*t*, 553*f*

estrutura e composição, 463, 464*f*, 465*f*

infecções humanas por

achados clínicos, 467-468

epidemiologia, 469-470

imunidade, 468

testes laboratoriais diagnósticos, 468-469, 779*t*-780*t*

propriedades importantes, 463, 464*t*

replicação, 463-466, 466*f*, 467*f*

suscetibilidade animal e transformação de células, 467

terapia genética usando, 466-467

patogênese, 467

tratamento, prevenção e controle, 470

Adesão

bacteriana, 155

viral, 427-428

adenovírus, 464

paramixovírus, 598-599

poxvírus, 500, 502*f*

vírus influenza, 586

Adesão, fatores de, 159-160

Adesão, moléculas de, 144, 145*t*

Adesinas, 35

Adjuvantes, 132

Aeração, cultura, 73-74, 74*f*

Aeróbias, bactérias, 51, 307

Aeróbios, microrganismos, 4, 73-74, 74*f*, 307

Aeróbios obrigatórios, 73, 74*f*

Aerococcus, 231, 231*t*

Aeromonas, 266-267

Aerotaxia, 35

Aerotolerantes, anaeróbios, 73-74, 74*f*

AF, testes. *Ver* Anticorpo fluorescente, testes

AFD. *Ver* Anticorpo fluorescente direto

Aflatoxina, 712

Ágar, 72, 75, 76*t*

para diagnóstico laboratorial, 759, 760*t*-762*t*, 763

Ágar anaeróbio, 759, 760*t*-762*t*

Ágar chocolate, 76*t*, 759, 760*t*-762*t*

Ágar EMB (eosina azul de metileno), 75, 759, 760*t*-762*t*

Ágar inibidor de bolores (IMA), 680, 685, 687-688, 697

Ágar nutriente, 76*t*

Ágar para brucelas, 759, 760*t*-762*t*

Ágar-sangue, 76*t*, 699, 759, 760*t*-762*t*, 763

Agente delta, 3. *Ver também* Hepatite D, vírus

Agentes antimicrobianos tópicos, 393, 393*t*

Agentes físicos, biocidas agindo como, 63

Agentes químicos biocidas, 61*t*-62*t*, 63-64

Aggregatibacter, 275, 276*t*, 278

Aggregatibacter aphrophilus, 275, 276*t*, 278

Aggregatibacter segnis, 275, 276*t*

Aglutinação, testes de, 763

para brucelose, 282-283

para criptococose, 706

para salmonelose, 248-249

agr (regulador de gene acessório), 208-209

Agrobacterium tumefaciens, 23

Agrupamentos celulares, 40

Água

contaminação por enterovírus, 541

Legionella pneumophila, contaminação, 318

Salmonella, contaminação, 250

Vibrio cholerae, contaminação, 261, 263, 265

Aichi, vírus, 531

Aids pediátrica, 662, 666-669

Aids. *Ver* Síndrome da imunodeficiência adquirida

Ajellomyces capsulatus, 696

Alça antiterminador, 117, 118*f*

Alça de pausa, 117, 118*f*

Alça de terminação, 117, 118*f*

Alcalófilos, 72

Álcoois, ação antimicrobiana dos, 61*t*, 63-64

Álcool-ácido-resistentes, colorações, 39

micobactérias, 323, 325*f*

para diagnóstico de infecção, 759, 759*t*

Álcool-ácido-resistentes, paredes celulares, 30

Aldeídos, ação antimicrobiana dos, 61*t*, 64

Alelos, 113

Alergia, 146-147

aspergilose e, 707

fungos e, 711

penicilina, 399

reação à tricofitina, 685

Alfa-beta (αβ), TCRs, 140

Alfatoxina, 162, 190

Alfavírus, 418, 558*t*, 559, 559*f*, 561*t*

achados clínicos, 563

diagnóstico laboratorial, 563

epidemiologia, 563-565, 564*f*

propriedades antigênicas, 561-562

replicação, 560-561, 561*f*, 562*f*

Algas, 2, 7-8, 8*f*

Alginato, 255

Alilaminas, 712

Alpharetrovirus, 639-640, 641*f*

ALS (sequência semelhante à da aglutinina), glicoproteínas de superfície, 702

Alternaria, 675*t*, 710

Alveolite alérgica extrínseca, 707

Alzheimer, doença de, 632

Amantadina, 450*t*, 451, 591

Amastigotos, 732, 733

Ambiente

atividade antimicrobiana, 387-388

cepas recombinantes patogênicas, 124-125

crescimento microbiano

controle, 59-61, 60*t*, 61*t*-62*t*

fatores afetando, 71-74, 73*f*, 74*f*

enterovírus, 541, 542*f*

Ambiente natural, sobrevivência de microrganismos, 55

Amblyomma americanum, 362

Amebas, 8

classificação, 722

de vida livre, 734-735, 734*f*

intestinais, 727-729, 728*f*

Amebíase, 723*t*-724*t*

Amicacina, 394*t*-396*t*, 406

Amiloide, 3

Aminoglicosídeos, 406-407

agentes infecciosos tratados com, 394*t*-396*t*

mecanismo de ação, 382

mecanismos de resistência, 382, 384

resistência dos enterococos, 229

Amônia, assimilação de, 90-91, 92*f*

Amonificação, 70

Amostras naturais, métodos de cultura, 75

Amoxicilina, 397*f*, 398-399

para *Borrelia burgdorferi*, 346

para *Helicobacter pylori*, 271

Ampicilina, 397*f*, 399

para *Listeria monocytogenes*, 201

para meningite bacteriana, 788-789

para *Streptococcus agalactiae*, 222

resistência de enterococos, 229

Amplificação
  ácido nucleico, 766-767, 782 (*Ver também*
    Testes de amplificação do ácido nucleico;
    Reação em cadeia da polimerase)
  métodos de cultura para, 75
  para diagnóstico laboratorial
    DNA ou RNA, 766-767, 782
    métodos não baseados em PCR, 767
    PCR em tempo real, 767-768
    sequenciamento por PCR, 768
    técnicas de sinal, 767
Amplificação isotérmica mediada por alça
  (LAMP), 767
Amplificação mediada por transcrição
  (TMA), 767
Anabolismo, 81, 82*f*
Anaeróbios facultativos, 73, 74*f*, 307-308
  bactérias, 51
  em infecções anaeróbias, 310-311
Anaeróbios, microrganismos, 4, 73-74, 74*f*, 307
Anaeróbios obrigatórios, 73, 74*f*, 307
Anaerococcus spp., 310
Anafilotoxinas, 142
Análise de restrição de endonuclease, 47
Análise de sequência repetitiva, 47-48
Análise genômica, 47
Análise VNTR de múltiplos *loci* (MLVA), 48
Análogos nucleosídeos, 449, 667, 667*t*
Análogos nucleotídeos, 449, 667, 667*t*
Anammox, reação, 71
Anamorfo, 674
Anaplasma, 357, 358*t*, 361-362
Anaplasma phagocytophilum, 358*t*, 361-362
Anaplasmose, 358*t*
Ancilóstomos, 740, 746-747, 746*f*
  cães, 751
Ancylostoma caninum, 751
Ancylostoma duodenale, 740, 746-747, 746*f*
Andes, vírus, 573, 573*f*
Anéis equatoriais, 31, 31*f*
Anelídeos, 676*f*
Anelloviridae, 415*t*, 417
Anemia
  Bartonella bacilliformis, 318-319
  com malária, 737
Anfítrico, arranjo de flagelos, 32
Anfotericina B, 690, 694-695, 699, 704, 706,
  708, 711-712, 713*t*, 714
Angiomatose bacilar, 157, 318-320
Anidridos, ligações, 69
Anidulafungina, 713*t*, 716
Anisakis, 751
Antagonismo, 391
Antagonismo antimicrobiano, 391
Antagonismo químico por biocidas, 63
Antagonistas, 63
Antibiogramas, 390
Antibióticos, 60*t*. *Ver também classes e*
  fármacos específicos
    alteração na síntese de peptidoglicanos
    por, 93-95, 94*f*

alvos de topoisomerase, 110
Candida e, 389
Clostridium difficile e, 191-192, 389
descoberta, 379
microbiota intestinal normal e, 178
quimioprofilaxia, 391
  desinfetantes e, 393, 393*t*
  em cirurgia, 392-393
  em pessoas com suscetibilidade
    aumentada, 392
  em pessoas com suscetibilidade normal
    expostas a patógenos específicos, 392
  para pacientes transplantados, 818-819
reações virais a, 426
seleção de, 390, 769-770
terapia combinada
  desvantagens, 391
  indicações, 390-391
  mecanismos, 391
testes de suscetibilidade (*Ver* Testes de
  suscetibilidade)
uso indiscriminado, 390
Anticódon, 115, 116*f*
Anticorpo fluorescente (AF), testes, 12,
  149-150, 763
  Bordetella pertussis, 279
  Borrelia burgdorferi, 345-346
  clamídias, 372, 369
  raiva, vírus da, 626, 626*f*
  Rickettsia spp., 357, 359
  Treponema pallidum, 341
Anticorpo fluorescente direto (AFD), 149
  Chlamydia trachomatis, 372
Anticorpo fluorescente indireto (IFA), 150
  para *Borrelia burgdorferi*, 345-346
  para *Rickettsia* spp., 357, 359
Anticorpo imunofluorescente (IF), coloração,
  759
Anticorpo treponêmico fluorescente
  absorvido (FTA-ABS), teste, 341-342
Anticorpos, 127
  na imunidade adaptativa, 131, 132*f*, 135
    classes de, 137-138, 138*f*
    estrutura e função, 136-137, 136*f*, 137*t*
    formas de imunidade e, 140
    funções protetoras, 139-140
    genes e geração de diversidade, 138-139
    respostas de, 139, 139*f*
  na imunidade inata, 128-129
Anticorpos bloqueadores, 282
Anticorpos, ensaios de avaliação, 149-150.
  Ver também Sorologia
    Helicobacter pylori, 270-271
Anticorpos monoclonais, 136
  coloração imunofluorescente, 759
Anticorpos policlonais, 136
  coloração imunofluorescente, 759
Antiestreptolisina O (ASLO), 219
Antígeno central da hepatite B (HBcAg), 511,
  512*t*, 514*f*, 519, 520*f*, 520*t*
Antígeno de proteção (AP), 184-185

Antígeno de superfície da hepatite B
  (HBsAg), 511-515, 512*t*, 513*f*, 514*f*, 519,
  520*f*, 520*t*
Antígeno e da hepatite B (HBeAg), 512*t*, 513,
  513*f*, 519, 520*f*, 520*t*
Antígeno leucocitário humano (HLA), 133,
  133*t*, 135*f*
Antígenos, 127
  Blastomyces dermatitidis, 698
  Bordetella pertussis, 279
  Borrelia spp., 343, 345
  brucelas, 281
  Campylobacter jejuni, 268
  Candida spp., 701
  clamídias, 368-369
  Coccidioides spp., 692
  Coxiella burnetii, 362-363
  criptococose, 705
  EBV, 486-487
  enterobactérias, 237-238
  estafilococos, 207
  estreptococos, 218
  Haemophilus influenzae, 275
  Legionella pneumophila, 315
  Leptospira spp., 347
  Listeria monocytogenes, 200
  micoplasma, 352
  na imunidade adaptativa, 131
    BCRs para, 135-136
    MHC e, 132-133, 133*t*, 134*f*, 135*f*
    processamento e apresentação, 133-135,
      134*f*, 135*f*
    reconhecimento, 132
    TCRs para, 140-141
  na imunidade inata, 128-129
  Neisseria gonorrhoeae, 296-299, 298*f*
  Neisseria meningitidis, 297, 301-302
  pneumococos, 225, 226*f*
  poliovírus, 535
  Pseudomonas aeruginosa, 255
  Rickettsia e *Orientia* spp., 357, 359
  rinovírus, 542
  rotavírus, 548-549, 550*f*
  salmonelas, 237, 245-246, 246*t*
  shigelas, 237, 243, 243*t*
  togavírus e flavivírus, 561-562
  Treponema pallidum, 339-340
  Vibrio cholerae, 262
  virais, 422-423
  vírus da raiva, 624
  vírus influenza, 584-585, 585*f*, 588-590
  Yersinia pestis, 289-290
Antígenos de fase 1, 238
Antígenos de fase 2, 238
Antígenos de grupo específicos, 368-369
Antígenos de grupos específicos, 368-369
Antígenos específicos de espécies, 369
Antígenos específicos de sorovariantes, 369
Antígenos plasmídeos de invasão, 160
Anti-HAV, 512*t*, 518-519, 519*f*, 519*t*
Anti-HBc, 512*t*, 519, 520*f*, 520*t*

Anti-HBe, 512*t*, 519, 520*f*, 520*t*

Anti-HBs, 512*t*, 519, 520*f*, 520*t*

Anti-HCV, 512*t*, 519, 519*t*, 521*f*

Anti-histamínicos, fármacos, 146

Antiporte, 20, 21*f*

Antissépticos, 60*t*

    agentes comumente usados, 61*t*-62*t*, 393, 393*t*

    urinários, 409

Antissépticos urinários, 409

Antitoxina

    para botulismo, 188

    para *Clostridium perfringens*, 191

    para difteria, 198

    para tétano, 189

Antraz, 157, 183. *Ver também Bacillus anthracis*

    achados clínicos, 184-185

    epidemiologia, prevenção e controle, 186

    testes laboratoriais diagnósticos para, 185

    tratamento, 185-186

    vacina, 185

Antraz cutâneo, 183-185

Antraz gastrintestinal, 183-184

    Cryptosporidium em, 729-730

AP (antígeno protetor), 184-185

APC (células apresentadoras de antígenos), 131, 133, 134*f*, 135*f*

Aphthovirus, 531-532, 543-544

Aplasia eritrocitária pura, 459*f*, 459*t*, 460

Arbecacina, 406

Arbovírus, 418, 433, 557-558, 559*f*, 561*t*, 779*t*

    classificação e propriedades, 558*t*

    distribuição, 560*f*

    encefalite por flavivírus, 558*t*, 559-567, 560*f*, 561*f*, 562*f*, 564*f*, 566*f*, 567*f*

    encefalite por togavírus, 558*t*, 559-567, 561*f*, 562*f*, 564*f*, 566*f*, 567*f*

    Heartland, vírus, 572

    vírus da dengue, 557, 560*f*, 568*f*, 569-570, 779*t*

    vírus da encefalite bunyavírus, 570-571

    vírus da febre amarela, 557, 560*f*, 567-569, 568*f*

    vírus da febre do carrapato do Colorado, 557, 561*t*, 572

    vírus da febre do mosquito-palha, 571

    vírus da febre do vale Rift, 571

Arcanobacterium haemolyticum, 196*t*, 199

Archaebacteria, 7

    eubactérias em comparação, 49, 51-52, 52*t*

    membranas celulares de, 20

    microrganismos classificados como, 52, 52*t*

    na microbiota cutânea normal, 174

    na microbiota gastrintestinal normal, 177

    na microbiota oral normal, 176

    paredes celulares de, 30

    respiração, 99-100

    sequenciamento do RNA ribossômico, 48, 48*f*

Arenaviridae (arenavírus), 415*t*, 416*f*, 418-419, 557, 559*f*

    classificação e propriedades, 558*t*

    febres hemorrágicas transmitidas por roedores, 574-576, 574*f*

Arginina, 92, 93*f*, 98

Arranhadura do gato, doença da, 318-319

Arrhenius, gráfico de, 73, 73*f*

Arsfenaminas, 379

Arthroderma, 682

Arthus, reação de, 147

Artrite, diagnóstico laboratorial, 762*t*

Artroconídios, 674, 675*f*, 682, 685, 685*f*, 692-693

Artrópodes

    doença transmitida por camundongos, 358*t*, 359-360

    doença transmitida por carrapatos (*Ver* carrapatos, doenças transmitidas por)

    doença transmitida por piolhos, 357, 358*t*, 359-360

    doença transmitida por pulgas, 289-291, 357, 358*t*, 359-360

Artrósporos, 674, 685, 685*f*, 692

Ascaridíase, 740

Ascaris lumbricoides, 740, 745-746, 746*f*

Asco, 674

Ascomicetos, 8, 678, 711

Ascomycota, 678

Ascósporos, 674, 689

ASLO (antiestreptolisina O), 219

Asparagina, 92, 93*f*

Aspartato, 92, 93*f*

Aspergillus, 679*t*, 706-707, 711, 716

Aspergillus flavus, 706, 708, 712

Aspergillus fumigatus, 675*t*, 677*f*, 696*t*, 706-708, 707*f*, 764*t*

Aspergillus lentulus, 706, 708

Aspergillus niger, 706

Aspergillus terreus, 706, 708, 714

Aspergiloma, 707

Aspergilose, 675*t*, 696*t*, 706-708, 707*f*, 764*t*

Aspergilose broncopulmonar alérgica, 707

Aspergilose invasiva, 707-708, 707*f*

Aspiração transtraqueal, 774

Asséptico, 59, 60*t*

Assimilação redutora, 89

Astroviridae (astrovírus), 415*t*, 416*f*, 418, 551*t*, 553*f*, 554-555, 780*t*

Atenuação, 117, 118*f*

Ativação

    de esporos, 38

    de genes, 636-637

Ativadora, proteína, 117

Atividade *in vitro* de agentes antimicrobianos

    fatores afetando, 387

    mensuração, 387-388, 769-770

Atividade *in vivo* de agentes antimicrobianos

    relações fármaco-patógeno, 388-389

    relações hospedeiro-patógeno, 389

Atopia, 146

ATP. *Ver* Trifosfato de adenosina

Atrofia de múltiplos sistemas, 4

Atrofia muscular pós-poliomielite, 536

Atrofia muscular progressiva pós-poliomielite, 536

Autoindutores, 5

Autolisinas, 30

Autótrofos, 70, 86

Aves

    Campylobacter, contaminação, 268

    influenza, vírus, 589-590, 590*f*

    salmonela, contaminação, 250

Azitromicina, 403

    mecanismo de ação, 382

    para *Chlamydia trachomatis*, 372

    para infecção por MAC, 332

    para micoplasmas, 353

    para *Neisseria gonorrhoeae*, 301

    para salmonelas, 249

    para shigelas, 245

    para tracomas, 370

Azóis, 681, 685, 688-690, 695, 699, 704, 706, 708, 711-712, 713*t*, 714-716, 715*f*

Azotobacter spp., 75

AZT (zidovudina), 450*t*, 666, 668

Aztreonam, 380-381, 401

B

B19, vírus, 457-461, 458*f*, 458*t*, 459*f*, 459*t*, 460*f*

Babesia microti, 725*t*, 738-739

Babesiose, 725*t*

Bacillus, 184-186, 184*f*

    endosporos de, 36-38, 36*f*

    fármacos de escolha, 395*t*

    microrganismos típicos, cultura e características do crescimento, 183

    morfologia e identificação, 183

Bacillus anthracis

    achados clínicos, 184-185

    cápsula, 32, 33*f*

    epidemiologia, prevenção e controle, 186

    fármacos de escolha, 395*t*

    fatores de virulência, 158*t*

    patogênese, 183-184, 184*f*

    patologia, 184

    resistência e imunidade, 185

    transmissão, 157

    tratamento, 185-186

Bacillus Calmette-Guérin (BCG), vacinação, 328, 331-332, 811

Bacillus cereus, 183, 186, 395*t*, 800*t*

Bacillus megaterium, 18*f*

Bacillus subtilis, 19*f*, 31, 31*f*, 183

Bacillus thuringiensis, 183

Bacitracina, 405

    agentes infecciosos tratados com, 394*t*-396*t*

alteração na síntese de peptideoglicanos, 94f

para *Streptococcus pyogenes*, 217

Bactérias, 7. *Ver também espécies específicas*

arquebactérias comparadas com, 19, 51-52, 52t

cápsula e glicocálice, 32, 32t, 33f

classificação, 6

métodos de identificação, 43-46, 45f, 45t, 52-53

principais categorias e grupos, 48-52, 50t-51t, 51f, 52f, 52t

sistemas, 45f, 46-48, 46f, 48f, 49f

taxonomia, 43, 44t, 46-48, 46f, 48f, 49f, 53

crescimento

biocidas e, 61-65, 61t-62t, 65f, 65t

controle ambiental, 59-61, 60t, 61t-62t

cultura fechada (*batch*), 57-58, 57f, 57t

em ambiente natural, 55

em biofilmes, 58-59

exigências, 69

exponencial, 56-57, 56f

fatores ambientais afetando, 71-74, 73f, 74f

manutenção de células em fase exponencial, 58

mensuração, 55-56, 56t

metabolismo, 81, 82f

predição, 56-57, 56f

cultura (*Ver* Cultura)

desenvolvidas geneticamente, 124-125

diversidade genética, 46

divisão celular, 39-40

endosporos, 36-38, 36f, 37f

envelope celular, 19

estruturas citoplasmáticas, 17-19, 17f, 18f, 19f

fímbrias de, 35-36, 36f

flagelos, 32-35, 33f, 34f, 35f

genoma, 108-109, 108t, 109t

identificação

causadores de doença, 156-157, 156t

métodos sem cultura para patógenos, 52-53

métodos usados, 43-46, 45f, 45t

testes imunológicos, 44-46, 149-150

isolamento

em cultura pura, 76-78, 77f

métodos para, 75, 76f, 76t

lisogênicas, 110

membrana celular

agentes antimicrobianos que inibem, 381-382

estrutura, 19-20, 19f

função, 20-23, 21f, 22f

métodos de coloração para, 38-39, 39f, 40f, 758-759, 759t, 760t-762t

microrganismos classificados como, 51-52, 51f, 52f

na microbiota normal (*Ver* Microbiota normal)

nucleoide de, 16-17, 17f

parede celular, 23f, 24t

agentes antimicrobianos inibindo, 379-381, 381t

álcool-ácido-resistente, 30

camada de peptidoglicano, 23-24, 25f

camadas da superfície cristalina, 30

crescimento, 30-31, 31f

defeituosa ou ausente, 31, 51-52, 52f, 351-354, 353f

enzimas aderidas, 30

Gram-negativa, 23, 24t, 26-30, 27f, 28f, 29f

Gram-positiva, 23-26, 24t, 26f

protoplastos, esferoplastos e formas em L, 31

replicação do DNA, 110

ribotipagem, 48, 49f

sequenciamento de RNA ribossômico, 48, 48f

identificação de patógenos usando, 52-53

sequenciamento do DNA, 46-48

taxonomia

atualizações, 53

baseada em ácidos nucleicos, 47-48, 48f, 49f

como vocabulário de microbiologia médica, 43, 44t

numérica, 46-47, 46f

transferência de DNA entre, 111-114, 112f, 113f, 114f

vírus infectando (*Ver* Bacteriófagos)

Bactérias anaeróbias, 51

em infecções humanas, 307

anaeróbios Gram-negativos, 308-309, 308t

anaeróbios Gram-positivos, 308t, 309-310, 310f

diagnóstico, 311-312, 776

natureza polimicrobiana, 311, 311t

patogênese, 310-311

pneumonia, 793t

tratamento, 312

vaginose bacteriana, 309

fisiologia e condições de crescimento, 307-308

infecções pleuropulmonares com, 792, 795

Bactérias comedoras de carne, 219

Bactérias fototróficas, 51

Bactérias lisogênicas, 110

Bactérias não fototróficas, 51

Bactericidas, 60t, 61

Bacteriemia, 158

estreptocócica, 219, 224

meningocócica, 302

salmonela, 247, 247t, 249

Vibrio vulnificus, 265-266

Bacteriófagos, 109-110, 109f

diversidade genética e, 46

genes de virulência transferidos por, 158, 158t

replicação do DNA em, 110-111

transdução por, 113-114

Bacteriostáticos, 60t, 61

Bacteroides

endotoxina de, 163

fármacos de escolha para, 394t

Bacteroides fragilis, grupo, 178, 307-308, 308t, 310-312, 311t

Bacteroides thetaiotaomicron, 308

Bainha externa de espiroquetas, 339, 340f

Bairnsdale, úlcera de, 323

Balamuthia, 724t

Balamuthia mandrillaris, 734-735

Balantidium coli, 722

Bartonella, 318

Bartonella alsatica, 318

Bartonella bacilliformis, 318-319

Bartonella elizabethae, 318

Bartonella henselae, 53, 157, 318-320

Bartonella koehlerae, 318

Bartonella quintana, 318-320

Bartonella vinsonii, 318

Bas-Congo, vírus, 629

Bases complementares, 105, 107f

Bases de DNA, 105, 107f

Basídio, 674

Basidiomicetos, 8, 678

Basidiosporos, 674, 704

Basófilos, 129

Baylisascaris procyonis, 751

Bayou, vírus, 573, 573f

BCG (bacilo Calmette-Guérin), vacinação, 328, 331-332, 811

BCRs (receptores de células B), 135-136

Bdellovibrio bacteriovorus, 30

bDNA (DNA ramificado), 767

BDV (vírus da doença de Borna), 629

Benzalcônio, cloreto de, 62t

Benzilpenicilina. *Ver* Penicilina G

Benznidazol, 732

Bergey's Manual of Systematic Bacteriology, 48-49, 50t-51t, 51

Beta-retrovírus, 639, 641f

Biblioteca, 120

Biguanidas, 61t, 64

Biocidas

agentes comumente usados, 61t-62t

cinética dependente de tempo e concentração, 64-65, 65f

definição, 60t, 61

mecanismos de ação

específicos, 63-64

gerais, 61-63

reversão, 65, 65t

Biofilme dental, 175-176

Biofilmes

crescimento em, 58-59

formação, 5
  papel do glicocálice em, 32
  placa dentária (*Ver* Placa dentária)
  virulência bacteriana e, 167
Biologia molecular, 1
Biópsia pulmonar, 774
Bioquímica, 1
Biossíntese
  funções da membrana celular em, 23
  metabolismo e, 81, 82*f*
  vias
    precursores de glutamato e aspartato, 92, 93*f*
    síntese de grânulos alimentares de reserva, 95
    síntese de lipopolissacarídeos, 95, 95*f*
    síntese de peptideoglicanos, 92-95, 94*f*
    síntese de polímeros capsulares extracelulares, 95
Bioterrorismo, agentes de
  antraz, 183-184
  Burkholderia spp., 257
  Francisella tularensis, 284
  varíola, 499, 502-503
  vírus, 433
  Yersinia pestis, 289, 291
Bipolaris, 675*t*, 677*f*, 679*t*, 710-711
Bipolaris spicifera, 689
Bisfenóis, 61*t*, 64
BK, vírus, 645-647, 780*t*
Black Creek Canal, vírus do, 573, 573*f*
Black piedra, 675*t*, 681, 682*f*
Blastoconídeos, 674, 687
Blastomicina, 698
Blastomicose, 675*t*, 679*t*, 690, 690*t*, 691*f*, 694*t*, 698-699, 698*f*, 764*t*
Blastomyces dermatitidis, 675*t*, 690*t*, 698-699, 698*f*, 764*t*
Blastosporos, 674
Boca, microbiota normal, 174-177, 175*f*
Bocavírus, 457-461
Boceprevir, 450*t*, 526
Bolor limoso, 2, 8-9, 9*f*
Bolores, 8, 674-675
  água, 7
  limo (*Ver* Bolor limoso)
Bolores aquáticos, 7
Bordetella bronchiseptica, 278, 280
Bordetella hinzii, 278
Bordetella holmesii, 278
Bordetella parapertussis, 278, 280
Bordetella pertussis
  achados clínicos, 279
  epidemiologia, prevenção e controle, 280
  estrutura antigênica, patogênese e patologia, 279
  imunidade, 280
  morfologia e identificação, 278-279
  natureza clonal, 158
  sistemas de secreção, 23
  testes laboratoriais diagnósticos, 279-280

  tratamento, 280
  virulência, 159, 279
Bordetella trematum, 278
Bordetellae, 278
Borna, vírus da doença de (BDV), 629
Bornaviridae (bornavírus), 415*t*, 416*f*, 419, 629, 629*t*
Borrelia, 339
  na doença de Lyme, 344-346
  na febre recorrente, 343-344, 343*f*
Borrelia afzelii, 344
Borrelia burgdorferi, 17
  epidemiologia, prevenção e controle, 346
  estrutura antigênica e variação, 345
  fármacos de escolha, 396*t*
  imunidade, 346
  morfologia e identificação, 344-345
  patogênese e achados clínico, 345
  testes laboratoriais diagnósticos, 345-346
  tratamento, 346
Borrelia garinii, 344
Borrelia hermsii, 343
Borrelia miyamotoi, 343-344
Borrelia recurrentis, 165, 343, 396*t*
Botulismo, 162, 186
  achados clínicos, 188
  epidemiologia, prevenção e controle, 188
  patogênese, 187-188
  testes laboratoriais diagnósticos, 188
  tratamento, 188
Botulismo infantil, 187-188
Bovinos
  antraz em, 183
  brucelas em, 281-283
  Cryptosporidium hominis em, 729
  doença mão-pé-boca em, 531-532, 543-544
  EEB em, 3, 5*t*, 630*t*, 632
  Trichophyton verrucosum em, 682
  vírus rinderpest, 610
Bracheola algerae, 740
Bracheola connori, 740
Bracheola vesicularam, 740
Brill-Zinsser, doença de, 358*t*, 360-361
Brometo de etídio, 119
Broncoscopia, 774
Bronquiolite
  metapneumovírus, 604
  vírus parainfluenza, 600
  VSR, 602-603
Brotamento
  fúngico, 647-676
  viral, 422, 422*f*, 430
Brucelas
  achados clínicos, 282
  epidemiologia, prevenção e controle, 283
  estrutura antigênica, 281
  fármacos de escolha, 394*t*
  imunidade, 283
  morfologia e identificação, 281

  patogênese e patologia, 281
  testes laboratoriais diagnósticos, 282-283
  tratamento, 283
Brucella abortus, 281-282
Brucella canis, 281-282
Brucella melitensis, 17, 281-282
Brucella suis, 281
Brucelose, 281-283
Brugia malayi, 749-750, 750*f*
Brugia timori, 749-750, 750*f*
Bunyaviridae (buniavírus), 415*t*, 416*f*, 419, 430*t*, 557, 559*f*
  classificação e propriedades, 558*t*
  febres hemorrágicas transmitidas por roedores, 572-574, 573*f*
  vírus da encefalite, 570-571
  vírus da febre do vale de Rift, 571
  vírus da febre transmitida por mosquito-palha, 571
  vírus heartland, 572
Burkholderia, 253
Burkholderia cepacian, complexo, 257-258
Burkholderia gladioli, 253, 258
Burkholderia mallei, 253, 256-257, 395*t*
Burkholderia pseudomallei, 253, 256-257, 395*t*
Burkitt, linfoma de, 487, 650-651
Buruli, úlcera de, 323
Butoconazol, 716
BvgA, óperon, 279
BvgS, óperon, 279

C

Cabras
  antraz em, 183
  brucelas em, 281-283
Cadeias pesadas, 136-137, 136*f*, 137*t*
Cães
  ancilóstomos em, 751
  blastomicose em, 699
  Bordetella bronchiseptica em, 278, 280
  brucela em, 281-283
  cestódeos em, 749, 749*f*
  cisto hidático em, 753-754, 754*f*
  Microsporum canis em, 682
  nematódeos em, 740
  vírus da raiva em, 624, 626, 627*t*, 628-629
Calazar, 724*t*, 731*t*, 733-734
Caldos de culturas, 763
  para *Mycobacterium tuberculosis*, 325
Caliciviridae (calicivírus), 415*t*, 416*f*, 418, 547, 551*t*, 780*t*
  achados clínicos e diagnóstico laboratorial, 554
  classificação e propriedades antigênicas, 552-554, 552*f*, 553*f*
  epidemiologia e imunidade, 554
  propriedades importantes, 552, 552*t*
  tratamento e controle, 554

Calor
ação antimicrobiana, 63
reações virais, 425
Calvin, ciclo de, 86-88, 90*f*
Camada celular epitelial, 127-128
Camada de muco, 32
Camada S, 30
Camadas da superfície de células
eucarióticas, 14*f*, 15-16
Camadas de superfície cristalina, 30
Caminhada cromossômica, 123
Campo em microscopia, 11
Campylobacter, 261, 267
transmissão, 157
Campylobacter coli, 268
Campylobacter fetus, 267-268
Campylobacter jejuni, 261
achados clínicos, 268, 802*t*
epidemiologia e controle, 268
estrutura antigênica e toxinas, 268
fármacos de escolha, 394*t*
morfologia e identificação, 267-268, 267*f*
patogênese e patologia, 268
testes laboratoriais diagnósticos, 268
Campylobacter upsaliensis, 267-268
Canamicina, 394*t*-396*t*, 406
Câncer
associado ao HIV, 644, 663
imunodeficiência causada por, 148
imunologia tumoral e, 148-149, 637-638
infecções por herpes-vírus, 475, 636*t*
EBV, 486-489, 644*t*, 650-651
HHV-8, 494, 651
papel do adenovírus, 467, 644*t*, 650
terapia genética e adenovírus, 467
vírus da hepatite, 516-518, 636*t*, 638, 645
Câncer anogenital, HPV em, 647-650, 649*f*, 649*t*
Câncer de colo uterino, 635, 647-650, 649*f*, 649*t*
Câncer hepático, 516-518, 636*t*, 638, 645
Câncer orofaríngeo, HPV em, 649-650
Câncer, vírus
carcinogênese
características gerais, 635, 636*t*
mecanismos moleculares, 636-637
interações hospedeiro-vírus, 637-638
mecanismos de ação, 637
prova de relação causal para, 651
tipos, 635
vírus de DNA e tumores, 644, 644*t*
adenovírus, 467, 644*t*, 650
HBV, 636*t*, 645
Herpes-vírus, 475, 486-489, 494, 636*t*, 644*t*, 650-651
papilomavírus (*Ver* Papillomaviridae)
poliomavírus, 636*t*, 645-647, 645*f*, 645*t*, 646*f*
poxvírus, 651
vírus de RNA e tumores
HCV, 636*t*, 638

retrovírus, 635, 636*t*, 638-644, 638*t*, 639*f*, 641*f*, 642*f*, 643*f*, 644*f*
Cancro, 340
Cancroide, 278, 776, 808, 809*t*
Candida, 675*t*, 679*t*, 711, 716
diagnóstico laboratorial, 765*t*
estrutura antigênica, 701
morfologia e identificação, 700-701, 701*f*
patogênese e patologia, 701-702
testes laboratoriais, 696*t*, 702-703, 703*f*
Candida albicans, 675*t*, 700-703, 701*f*, 765*t*, 776
infecções definidoras de Aids, 814*t*
vulvovaginite, 807-808, 807*t*
Candida auris, 700, 710, 712
Candida dubliniensis, 700
Candida glabrata, 700-701, 703, 712
Candida guilliermondii, 700-701, 703
Candida kefyr, 701
Candida krusei, 700-701, 703, 712
Candida lusitaniae, 700-701, 703
Candida parapsilosis, 700-701, 703
Candida tropicalis, 700-701, 703
Candidemia, 710
Candidíase, 675*t*, 679*t*
achados clínicos, 702
antibióticos e, 389
diagnóstico laboratorial, 765*t*
epidemiologia e controle, 704
estudo de caso, 807-808, 807*t*
imunidade, 703-704
infecções definidoras da Aids, 814*t*
patogênese e patologia, 701-702
prevalência, 679
testes laboratoriais diagnósticos, 696*t*, 702-703, 703*f*
tratamento, 704, 714-716
Candidíase, 702
Candidíase cutânea, 675*t*, 701-702, 716
Candidíase mucocutânea crônica (CMC), 702
Candidíase mucosa, 675*t*, 701-702
Candidíase sistêmica, 675*t*, 701-702
CAP (proteína de ligação ao AMP cíclico), 117-118
Capnocytophaga spp., 176
Capsídeo, 413, 414*f*
Capsômeros, 413, 414*f*
Cápsula
bacteriana, 32, 32*t*, 33*f*
Bacteroides fragilis, 311
classificação de estreptococos baseada na, 215
Haemophilus influenzae, 275-276
síntese de polímeros, 95
Streptococcus pneumoniae, 225
Streptococcus pyogenes, 217
Carbapenemase, produtores de, 240, 242, 380
Carbapenêmicos, 401
agentes infecciosos tratados com, 394*t*-396*t*
mecanismos de resistência, 380

Carbenicilina, 399
Carboxissomos, 17*f*, 18
Carcinogênese
características gerais, 635, 636*t*
mecanismos moleculares, 636-637
processo em múltiplas etapas, 635-636
Carcinoma hepatocelular, 516-518, 636*t*, 638, 645
Carcinoma nasofaríngeo, 487
Cardiovírus, 531
Carga viral, HIV, 661-662, 662*f*
Cáries, 175-177, 175*f*
Cariogamia, 678
Carne
Campylobacter, contaminação por, 268
Salmonella, contaminação por, 250
Cascata do complemento, 163
Caspa, 681
Caspofungina, 704, 713*t*, 715-716, 715*f*
Cassete de ligação de ATP (ABC), transporte, 20
Catabolismo, 81, 82*f*
Catalase, 15, 74, 307
identificação de bactérias usando, 44, 45*f*
produção em estafilococos, 205, 207
Catalase, teste, 210
Catalase-negativa, cocos Gram-positivos
enterococos (*Ver* Enterococos)
estreptococos (*Ver* Estreptococos)
não estreptococos, 230-231, 231*t*
Cavalos
antraz em, 183
Trichophyton equinum, 682
vírus influenza em, 589-590
Cavidade oral, microbiota normal, 174-177, 175*f*
Caxumba, vírus da, 587*t*, 595-596, 597*t*
achados clínicos, 605
diagnóstico laboratorial, 606, 779*t*-780*t*
epidemiologia, 606
imunidade, 605-606
isolamento e identificação, 606
patogênese e patologia, 605
tratamento, prevenção e controle, 607
vacina, 606-607
CBM (concentração bactericida mínima), 770
CCDA (citotoxicidade celular dependente de anticorpos), 129, 140
CCR5, 659, 661
CD4, linfócitos T, 131, 141, 142*f*
infecção pelo HIV, 148, 659-661, 660*f*
CD8, linfócitos T, 131, 141
cDNA (DNA complementar), 123
CE (corpo elementar), 367-368, 368*f*
Cefadroxila, 399
Cefalexina, 399
Cefalosporinas. *Ver também fármacos específicos*
agentes infecciosos tratados com, 394*t*-396*t*

efeitos adversos, 401
estrutura, 399, 399f
mecanismo de ação, 380
mecanismos de resistência, 380-381, 381t, 384
primeira geração, 399-400, 400t
quarta geração, 400-401, 400t
segunda geração, 400, 400t
terceira geração, 400, 400t
Cefazolina, 400
Cefditoreno, 400
Cefepima, 400
Cefixima, 301
Cefoperazona, 400
Cefotaxima, 380, 400, 788
Cefotetano, 400
Cefoxitina, 400
Cefpiroma, 400
Cefradina, 399
Ceftarolina, 210-211, 400, 401
Ceftazidima, 380, 400, 401
Ceftizoxima, 400
Ceftobiprol, 400-401
Ceftolozana, 401
Ceftriaxona, 400
   para *Borrelia burgdorferi*, 346
   para meningite bacteriana, 788
   para *Neisseria gonorrhoeae*, 301
   para *Shigella*, 245
   resistência antimicrobiana, 380
Cegueira dos rios, 750, 751f
Células apresentadoras de antígenos (APC), 131, 133, 134f, 135f
Células B, 131, 132f, 135-137, 136f, 137t, 138f
   infecção por EBV, 486-489, 650-651
Células de memória na infecção por HIV, 660-661, 660f
Células dendríticas, 129
Células diploides, 7, 107
Células linfoides inatas (ILCs), 129-130
Células não permissivas, 426
Células permissivas, 426
Células T, 131, 132f, 140-141, 142f
   ativação de células B, 136
   avaliação, 150
   citocinas no desenvolvimento de, 144
   HHV-6, infecção de, 493
   HHV-7, infecção de, 494
   HIV, infecção de, 148, 659-661, 660f
   HTLV, infecção de, 643-644
   reconhecimento de antígenos, 132-135, 134f, 135f
Células T efetoras, 141, 142f
Células T reguladoras (T reg), 141, 142f
Celulite, 219, 760t
Centrifugação, cultura por, 782
Cepas recombinantes de alta frequência (Hfr), 109, 113, 113f
Ceras, 30
Ceratina, 15

Ceratoconjuntivite
   adenovírus, 468-470
   Chlamydia trachomatis, 370-371
   HSV, 479
Cercárias, 726
Cervicite
   Chlamydia trachomatis, 371
   diagnóstico laboratorial, 762t, 775-776
   estudo de caso, 806-807
Cervicite mucopurulenta, 806
Cestódeos, 726, 741t
   Diphyllobothrium latum, 749
   Dipylidium caninum, 740, 749, 749f
   Echinococcus granulosus, 753-754, 754f
   Hymenolepis nana, 749
   Taenia saginata, 748, 748f
   Taenia solium, 748, 748f
Cetoconazol, 681, 685, 690, 704, 713t, 714-715, 715f
Cetolídeos, 382, 403-404
Cetrimida, 62t
Chagas, doença de, 723t, 731t, 732-733
Chaperona, 22
Chaves dicotômicas, 45f, 46
Chicleros, úlcera de, 733-734
Chikungunya, 557-558, 565
Chlamydia
   ciclo de desenvolvimento, 367, 368f
   classificação, 369-370, 369t
   crescimento e metabolismo, 369
   diagnóstico laboratorial, 777-778
   estrutura antigênica, 368-369
   estrutura e composição química, 367-368
   interações parasitárias, 6
   propriedades de coloração, 368, 368f
   relação hospedeiro-parasita, 369
Chlamydia pneumoniae, 367-370, 369t, 794t
   fármacos de escolha, 396t
   infecções respiratórias, 373-374
Chlamydia psittaci, 367-370, 369t, 374-376, 396t
Chlamydia trachomatis, 367-369, 368f, 369t
   estudo de caso, 806-807
   fármacos de escolha, 396t
   infecções
      infecções genitais e conjuntivite de inclusão, 371-372, 806-807
      linfogranuloma venéreo, 372-373, 808, 809t
      pneumonia neonatal, 372
      tracoma, 370-371
   tratamento, 301
   virulência, 160
Choclo, vírus, 573, 573f
Choque pelo frio, 73
Cianobactérias, 4, 7, 17, 101
Ciclo do ácido tricarboxílico, 84-85, 88f
Ciclopirox, 716
Ciclos de transmissão hospedeiro-vetor, encefalite por arbovírus, 566, 566f, 567f
Ciclosporíase, 723t, 730

Ciclosporina, 817-818
Ciclosserina, 94f
Cidofovir, 450t, 493, 505
Cilastatina, 401
Ciliados, 8, 722
Cílios, 16, 16f
CIM (concentração inibitória mínima), 681, 769-770
Cinetoplasto, 731
Cinoxacina, 407
Ciprofloxacino, 407, 407f
   para *Bacillus anthracis*, 185
   para *Bacillus cereus*, 186
   para *Shigella*, 245
   para *Yersinia pestis*, 291
Cirrose, 516-518
Cirurgia, quimioprofilaxia antimicrobiana, 392-393
Cisticercos, 748
Cisticercose, 748
Cistite, 803-804
Cisto hidático, 726, 753-754, 754f
Citocinas
   aplicações clínicas, 146
   classificação e funções, 144, 145t
   na imunidade adaptativa, 131, 132f
   na imunidade inata, 128-131
   no desenvolvimento de células imunológicas e defesa do hospedeiro, 144
Citoesqueleto
   de células eucarióticas, 14f, 15
   de células procarióticas, 19, 19f
Citólise, 142
Citolisinas, 164
Citomegalovírus (CMV), 144, 473, 475t
   efeitos citopáticos, 477f, 489, 489f
   infecções definidoras da Aids, 813t
   infecções humanas, 475
      achados clínicos, 491-492
      diagnóstico laboratorial, 492, 779t-780t
      epidemiologia, 492-493
      imunidade, 492
      patogênese e patologia, 489-491, 490f, 491f
      propriedades virais, 489, 489f
      tratamento e controle, 493
   isolamento, 492
   pós-transplante, 816-818
Citometria de fluxo, 150
Citosina, 105, 107f
Citostoma, 8
Citotoxicidade celular dependente de anticorpos (CCDA), 129, 140
Citotoxina traqueal, 279
Citrobacter koseri, 241
Citrobacter, 236t, 237, 241
CIVD (coagulação intravascular disseminada), 163
Cladophialophora bantiana, 675t
Cladophialophora carrionii, 687-688
Cladosporium, 675t, 679t, 711

Clamidoconídios, 674

Clamidosporos, 674, 698

Claritromicina, 403
  mecanismo de ação, 382
  para *Helicobacter pylori*, 271
  para infecção por MAC, 332

Classificação, 6

Clindamicina, 404
  agentes infecciosos tratados com, 394t-396t
  mecanismo de ação, 382
  para *Bacillus cereus*, 186
  para infecções anaeróbias, 312

Clones
  amplificação, 75
  análise, 123-124
  DNA, 119
  em comunidades procarióticas, 5
  em surtos infecciosos, 46

Clonorchis sinensis, 752

Cloranfenicol, 402-403
  agentes infecciosos tratados com, 394t-396t
  mecanismo de ação, 383

Clorexidina, 61t, 64

Cloro, ação antimicrobiana de compostos de, 61t, 64

Cloroplastos
  como endossimbiontes, 6, 15
  DNA em, 108
  estrutura, 14f, 15

Clorossomos, 17

Clostridium, 183, 188-192, 190f, 308t, 310, 311t
  fármacos de escolha, 395t
  morfologia e identificação, 186-187, 187f
  microrganismos típicos, cultura, formas de colônias e características de crescimento, 186-187, 187f

Clostridium botulinum
  achados clínicos, 188
  epidemiologia, prevenção e controle, 188
  gastrenterite, 800t
  patogênese, 187-188
  testes laboratoriais diagnósticos, 188
  toxinas produzidas, 162, 187-188
  tratamento, 188
  virulência, 157, 158t, 162

Clostridium difficile, 178, 191-192, 389, 802t

Clostridium histolyticum, 191

Clostridium novyi, 191

Clostridium perfringens, 190f, 192
  achados clínicos, 190-191
  estudo de caso, 805-806
  formas de colônias, 187
  gastrenterite, 800t
  patogênese, 190
  prevenção e controle, 191
  testes laboratoriais diagnósticos, 191
  toxinas produzidas, 190

tratamento, 191
  virulência, 157, 162, 164

Clostridium septicum, 187, 190-191

Clostridium sordellii, 190, 192

Clostridium tetani
  achados clínicos, 189
  controle, 189
  diagnóstico, 189
  formas de colônias, 187
  patogênese, 189
  prevenção e tratamento, 189
  toxina produzida, 162, 188-189
  virulência, 157, 161-162

Clotrimazol, 685, 714-715, 716

Cloxacilina, 397f, 399

CMC (candidíase mucocutânea crônica), 702

CMV. *Ver* Citomegalovírus

Coaglutinação, 207, 763

Coagulação intravascular disseminada (CIVD), 163

Coagulase, teste, 210

Coagulase-negativos, estafilococos, 205, 207-208

Coagulase-positivos, estafilococos, 205, 207-208

Coanócitos, 8

Cobertura, endosporos, 38

Cobreiro, 475, 482-486, 483f, 484f, 485f

Coccidioides immitis, 675t, 690-695, 690t, 692f, 764t, 814t

Coccidioides posadasii, 675t, 690-695, 690t, 692f

Coccidioidina, 692

Coccidioidina, teste cutâneo, 692-694

Coccidioidomicose, 679t, 690-691, 690t, 691f
  diagnóstico laboratorial, 764t
  epidemiologia e controle, 695
  estrutura antigênica, 692
  morfologia e identificação, 692, 692f
  patogênese e achados clínicos, 692-693, 693f
  testes laboratoriais diagnósticos, 693-694, 693f, 694t
  tratamento, 694-695

Coceira do jóquei, 684t

Cocos Gram-positivos não estreptocócicos catalase-negativos, 230-231, 231t

Códon, 115, 116f

Colagenase, 164

Colecistite, 761t

Cólera, 45, 114, 157-158, 162-163
  achados clínicos, 263
  epidemiologia, prevenção e controle, 264-265
  patogênese e patologia, 263
  testes laboratoriais diagnósticos, 263-264
  toxinas encontradas, 159, 263
  tratamento, 264
  Vibrio cholerae, cepas causando, 262
  Vibrio cholerae, morfologia e identificação, 261-262, 262f

Coleta e preparo de amostras
  Aspergillus spp., 707
  Bordetella pertussis, 279
  Borrelia spp., 344-345
  brucelas, 282
  Campylobacter jejuni, 268
  Candida spp., 702-703, 703f
  Chlamydia spp., 371, 777
  Coccidioides spp., 693
  Cryptococcus spp., 704f, 706
  dermatofitose, 685, 685f
  Enterobacteriaceae, 242
  estafilococos, 210
  estreptococos, 221
  Francisella tularensis, 284
  Haemophilus influenzae, 276
  Helicobacter pylori, 270
  Histoplasma capsulatum, 697
  LCS, 773
  Legionella pneumophila, 317
  Leptospira spp., 347
  micoplasma, 352
  micoses, 679
  Mycobacterium tuberculosis, 328-329
  Neisseria spp., 299, 302
  para diagnóstico laboratorial
    doença viral, 778, 779t-780t, 781
    infecções bacterianas, 758
    micoses, 679, 758
    rotulagem, 757
  Pseudomonas aeruginosa, 256
  salmonela, 247-248
  sangue, 770-772
  secreções respiratórias, 773-774
  shigela, 243-244
  Sporothrix schenckii, 686-687
  trato gastrintestinal, 774-775
  Treponema pallidum, 339-340
  urina, 772
  Vibrio cholerae, 263
  Yersinia spp., 290, 292

Colistina, 405-406
  agentes infecciosos tratados com, 394t-396t
  resistência antimicrobiana, 381

Colite pseudomembranosa, 186, 191-192

Cólon, microbiota normal, 177

Coloração capsular, 39

Coloração negativa, 39

Colorações básicas, 38

Colorações fluorescentes, 323, 325f, 759

Colorado, vírus da febre do carrapato do, 557, 561t, 572

Coltivírus, 552, 558t, 561t, 572

Comensais, 167, 171

Compatibilidade, plasmídeos, 111

Competência para transformação, 114

Complementação viral, 432

Complexo de histocompatibilidade principal (MHC), 132-133, 133t, 134f, 135f

Componentes da superfície microbiana que reconhecem as moléculas de adesão da matriz (MSCRAMMs), 207

Compostos de amônia quaternária, 62t, 64

Compostos de prata, ação antimicrobiana, 61t, 64

Compostos iodados, ação antimicrobiana, 61t, 64

Comunidades procarióticas, 5-6, 6f

Concentração, agentes microbianos, 388-389

Concentração bactericida mínima (CBM), 770

Concentração de biomassa, 56-57, 56f

Concentração de íon hidrogênio, culturas, 72

Concentração inibitória mínima (CIM), 681, 769-770

Concentração microbiana, mensuração, 55-56, 56t

Condições não permissivas, 431

Condições permissivas, 431

Conidióforo, 674, 676f, 677f, 706

Conídios, 674-675, 675f, 676f, 677, 677f, 698

Conídios simpodiais, 687

Conjugação, 111-113, 112f, 113f, 114f

Conjuntiva, microbiota normal, 179

Conjuntivite
  adenovírus, 468-470
  Chlamydia trachomatis, 370-372
  enterovírus, 540
  Haemophilus aegyptius, 277
  HSV, 479

Conjuntivite da piscina, 468-470

Conjuntivite de inclusão, *Chlamydia trachomatis*, 371-372

Conjuntivite de inclusão neonatal, 371-372

Conjuntivite hemorrágica aguda, 540

Conservantes
  agentes comumente usados, 61t-62t
  definição, 60t

Consolidação pulmonar, 792

Consórcios, 5

Contagem celular, 55, 56t

Contagem de células viáveis, 55, 56t

Contração, 35

Contraste, na microscopia, 11

Contraste por interferência diferencial (DIC), microscopia, 12

Controle fino, 101

Controle grosseiro, 101

Controle negativo, 117

Controle positivo, 117

Conversão de genes, 111

Cooperatividade enzimática, 101

Coqueluche (pertússis), 278-280, 760t

Coriomeningite linfocitária (LCM), vírus da, 575-576

Coronaviridae (coronavírus), 415t, 416f, 419, 553f, 587t
  achados clínicos, 620
  classificação, 617
  diagnóstico laboratorial, 620

epidemiologia, 620-621

estrutura e composição, 617, 618f, 619f

imunidade, 620

isolamento e identificação, 620

patogênese, 618

propriedades importantes, 617, 618t

replicação, 617-618, 619f

tratamento, prevenção e controle, 621

Coronavírus respiratório porcino (PRCV), 618

Corpo asteroide, 687

Corpo elementar (CE), 367-368, 368f

Corpo reticulado (CR), 367-368, 368f

Corpos de inclusão, 17-18, 18f
  síntese, 95
  virais, 423-424

Corpos escleróticos, 687

Corpos muriformes, 687

Córtex, endosporos, 38

Corticosteroides, pós-transplantes, 816-818

Corynebacterium, 18, 195-199, 196f, 196t

Corynebacterium diphtheriae, 195, 196t
  achados clínicos, 197-198
  epidemiologia, prevenção e controle, 198-199
  fármacos de escolha, 395t
  morfologia e identificação, 196-197, 196f
  patogênese, 197
  patologia, 197
  resistência e imunidade, 198
  testes diagnósticos laboratoriais, 198
  tratamento, 198
  virulência, 158t, 159-160, 162, 167

Corynebacterium jeikeium, 395t

Corynebacterium pseudotuberculosis, 199

Corynebacterium ulcerans, 199

Cotransdução, 114

Coxiella burnetii, 357, 358t, 362-363

CR (corpo reticulado), 367-368, 368f

Crescimento de microrganismos
  biocidas e, 61-65, 61t-62t, 65f, 65t
  controle ambiental, 59-61, 60t, 61t-62t
  em biofilmes, 58-59
  em culturas fechadas, 57-58, 57f, 57t
  exigências, 69
  exponencial, 56-57, 56f
  fatores ambientais afetando, 71-74, 73f, 74f
  manutenção de células em fase exponencial, 58
  mensuração, 55-56, 56t
  metabolismo e, 81, 82f
  no ambiente natural, 55
  predição, 56-57, 56f

Crescimento equilibrado, 58

Crescimento exponencial, 56-57, 56f

Crescimento externo de esporos, 38

Creutzfeldt-Jakob, doença de (DCJ), 3-4, 5t, 630t, 631-632

Criptococose, 675t, 679t, 696f, 704-706, 704f, 705f
  diagnóstico laboratorial, 765t

em meningite, 788t

infecções definidoras da Aids, 814t

Criptosporidiose, 723t, 729-730

Crise aplásica transitória, 459f, 459t, 460-461

Cristalino, 11

Cristas, 15

Cromatóforos, 17

Cromoblastomicose, 675t, 679t, 687-688, 687f, 688f

Cromomicose, 687-688, 687f, 688f

Cromossomos
  replicação, 110
  transferência, 113, 114f
  procarióticos, 4, 17, 17f, 108
  eucarióticos, 7, 14, 107

Cronobacter, 237, 241

Crupe, 599-600

Cryptococcus gattii, 675t, 704-706, 704f, 711

Cryptococcus neoformans, 675t, 704-706, 704f, 711, 765t, 788t, 814t

Cryptosporidium, 722, 723t, 729-730, 729f, 814t

Cryptosporidium hominis, 729

CSLM (microscopia confocal por varredura a *laser*), 13, 13f

CTX-M, enzimas, 380

Cultura
  amostra gastrintestinal, 774-775
  Bacillus spp., 183
  Bordetella pertussis, 278-279
  Borrelia spp., 343, 345
  brucela, 281-282
  Campylobacter jejuni, 267-268
  Candida spp., 703
  Chlamydia spp., 370, 372-373, 374, 375, 777
  Clostridium spp., 187
  CMV, 492
  Coccidioides spp., 692f, 693
  crescimento exponencial, 56-57, 56f
  Cryptococcus spp., 706
  curva de crescimento em sistema fechado, 57-58, 57f, 57t
  dermatofitose, 685
  diagnóstico laboratorial usando
    doença viral, 778, 781-782, 781f
    infecções bacterianas, 759, 760t-762t, 763, 764t-765t
    micoses, 680, 759, 763, 764t-765t
  Enterobacteriaceae, 235-236, 242
  Escherichia coli, 75, 235-236
  estafilococos, 205, 206f, 210
  exigências para crescimento, 69
  fatores ambientais afetando o crescimento, 71-74, 73f, 74f
  fontes de energia metabólica, 69-70
  Francisella tularensis, 284
  Haemophilus influenzae, 275, 277
  Helicobacter pylori, 269-270
  Histoplasma capsulatum, 697
  HSV, 481

LCS, 773
Legionella pneumophila, 315, 317
Leptospira spp., 347
Listeria monocytogenes, 200
meio de crescimento usado (*Ver Meio de*
  crescimento)
métodos, 74-78, 76*f*, 76*t*, 77*f*
micobactérias, 323, 325, 329-330, 763
micoplasma, 351-352
micoses, 680
Neisseria spp., 75, 295-296, 300, 302-303
nutrição para, 70-72, 70*t*, 72*f*
poliovírus, 535
Pseudomonas aeruginosa, 253-256, 254*f*
Rickettsia e *Orientia* spp., 357
rinovírus, 542
rotavírus, 549
salmonela, 248, 248*f*
sangue, 770-772
secreções respiratórias, 774
Shigella, 243, 244, 244*f*
Sporothrix schenckii, 687
Streptococcus pneumoniae, 225, 227
Streptococcus pyogenes, 217, 218*f*, 221
Treponema pallidum, 339
urina, 772-773
Vibrio cholerae, 261-263, 262*f*
vírus da caxumba, 606
vírus da rubéola, 612
vírus do sarampo, 609
vírus influenza, 588-589
vírus parainfluenza, 601
vírus, 423-424, 423*f*, 778, 781-782, 781*f*
Yersinia spp., 291-292
Cultura celular, cultivo viral em, 781-782,
  781*f*
Cultura enriquecida, 75, 76*f*
  para salmonela, 248
Cultura enriquecida por centrifugação, 782
Cultura fechada (*batch*), curva de
  crescimento em, 57-58, 57*f*, 57*t*
Cultura pura, 76-78, 77*f*
Cunninghamella, 675*t*, 678, 679*t*, 708
Cunninghamella bertholletiae, 676*f*
Curva de crescimento, 57-58, 57*f*, 57*t*
Curva padrão, 55
Curvularia, 677*f*, 679*t*, 710
Curvularia bantiana, 689
Cutibacterium, 308*t*, 309-310, 311*t*
Cutibacterium acnes, 309-310, 311*t*
CXCR4, 659-660
Cyclospora, 722, 723*t*, 730

D

Dalbavancina, 211, 394*t*-396*t*, 405
Dapsona, 409
  agentes infecciosos tratados com,
    394*t*-396*t*
  para hanseníase, 334-335

Daptomicina, 404-405
  agentes infecciosos tratados com,
    394*t*-396*t*
  mecanismo de ação, 381-382
  para endocardite, 797
  para enterococos, 229-230
  para estafilococos, 211
DCJ (doença de Creutzfeldt-Jakob), 3-4, 5*t*,
  630*t*, 631-632
DCJ variante, 630*t*, 632
Dectina-1, 702-703
Dedo de baleia, 201
Dedo de foca, 201
Defensinas, 128
Deformina, 319
Deleções, 114-115
Delta, retrovírus, 639-640, 641*f*
Dengue, vírus, 557, 560*f*, 568*f*
  achados clínicos, 569
  diagnóstico laboratorial, 569-570, 779*t*
  epidemiologia, 570
  imunidade, 570
  tratamento e controle, 570
Densidade de biomassa, 55-56
Densovirinae, 457
Derivação da hexose monofosfato, 82, 86*f*
Derivado proteico purificado (PPD), para
  teste cutâneo com tuberculina, 327
Dermatite, 681
Dermatite seborreica, 681
Dermatófitos, 681-682, 684
Dermatófitos antropofílicos, 684
Dermatófitos geofílicos, 684
Dermatófitos zoofílicos, 684
Dermatofitoses, 675*t*, 679*t*
  achados clínicos, 683-685, 684*t*
  diagnóstico laboratorial, 765*t*
  distribuição, 682
  epidemiologia e imunidade, 683
  fungos envolvidos, 681-682
  morfologia e identificação, 682-683, 683*f*
  prevalência, 682
  testes laboratoriais diagnósticos, 685
  tratamento, 685
Dermatofitoses, 682, 684-685, 684*t*
Desinfecção, 59, 60*t*, 61
  agentes comumente usados, 61*t*-62*t*, 393,
    393*t*
  para HIV, 658
Desmina, 15
Desnitrificação, 71
Desnudamento viral, 427-428
  adenovírus, 464
  influenza, vírus, 586
  paramixovírus, 598-599
  poxvírus, 500, 502*f*
Desoxirribonucleases estreptocócicas, 218
Despolimerases, 88
Desrepressão, 110-111

Detecção de antígeno
  Chlamydia spp., 777
  diagnóstico laboratorial com
    para doença viral, 782
    para infecções bacterianas, 763
    para micoses, 763
  EIA (*Ver* Imunoensaio enzimático)
  Haemophilus influenzae, 276
  Helicobacter pylori, 270*t*, 271
  HIV, 664-665
  no LCS, 773
  Streptococcus pyogenes, 221
  testes imunofluorescentes (*Ver* Testes
    imunofluorescentes)
Detergentes, reações virais, 426
Determinantes de resistência à colistina
  móveis (*mcr*), 381
Deuteromicetos, 8
Dexametasona, 789
DGC (doença granulomatosa crônica), 148
Diagnóstico molecular para infecções
  bacterianas
    16S rRNA, sondas, 766
    métodos de amplificação não baseados em
      PCR, 767
    microarranjos, 768
    PCR em tempo real, 767-768
    sequenciamento de alta vazão, 768
    sequenciamento por PCR, 768
    sistemas de amplificação alvos, 766-767
    sondas de ácidos nucleicos, 766
    técnicas de amplificação de sinal, 767
Diarreia aquosa, 799, 800*t*-802*t*
Diarreia associada a antibióticos, 192
Diarreia do viajante, 239, 242
Diarreia. *Ver também* Gastrenterite
  aquosa, 799, 800*t*-802*t*
  associada a antibióticos, 192
Dibecacina, 406
DIC (contraste por interferência diferencial),
  microscopia, 12
Dicloxacilina, 397*f*, 399
Didanosina, 450*t*
Dientamoeba fragilis, 729
Diferenciação, 36
Difteria, 162, 195-196, 196*t*
  achados clínicos, 197-198
  epidemiologia, prevenção e controle,
    198-199
  patogênese, 197
  patologia, 197
  resistência e imunidade, 198
  testes laboratoriais diagnósticos, 198
  tratamento, 198
Difusão facilitada, 20
Difusão simples, 20
Digestões duplas, 120
Digestões únicas, 120
Diluição, 78
Dineína, 16, 16*f*
Dinoflagelados, 7-8, 8*f*

Dióxido de carbono, crescimento com, 86-88, 90f

DIP. *Ver* Doença inflamatória pélvica

Diphyllobothrium latum, 749

Dipicolinato de cálcio, 38

Diploides parciais, 113

Dipylidium caninum, 740, 749, 749f

Disenteria, 242-245, 800t-802t

Disseminação hematogênica, 804

Dissimilação de nitrato e nitrito, 71

Distribuição de fármacos, 388-389, 398

Distúrbio linfoproliferativo pós-transplante (PTLD), 487-488, 650-651

Distúrbios autoimunes, 147

Diversidade biológica, 1
  classificação bacteriana e, 46

Diversidade genética, 46

Divisão celular, 39-40

DMI (doença meningocócica invasiva), 302

DNA, bases do, 105, 107f

DNA clonado
  análise, 123-124
  caracterização, 120-123, 123f
  criação, 119-120, 121f
  manipulação, 124-125

DNA complementar (cDNA), 123

DNA, fragmentos
  clonagem, 119-120, 121f
  preparação, 119
  separação, 119, 120f

DNA genômico, análise de restrição de endonuclease usando, 47

DNA ramificado (bDNA), 767

DNA recombinante, 105

DNA repetitivo, 108

DNA satélite, 47

DNA, sequenciamento, 122-123, 123f
  alta vazão, 768
  análise de restrição de endonuclease usando, 47
  análise de sequência repetitiva usando, 47-48
  análise genômica usando, 47
  diversidade genética, 46
  para diagnóstico laboratorial, 768

DNA, vírus de
  causadores de tumores, 644, 644t
    adenovírus, 467, 644t, 650
    HBV, 636t, 645
    Herpes-vírus, 475, 486-489, 494, 636t, 644t, 650-651
    papilomavírus (*Ver* Papillomaviridae)
    poliomavíus, 636t, 644t, 645-647, 645f, 645t, 646f
    poxvírus, 651
  estratégias de replicação, 428-429, 428t, 430t
  famílias, 415t, 416f, 417-418
  origem evolutiva, 414

DNA. *Ver* Ácido desoxirribonucleico

DNT (toxina dermonecrótica), 279

Dobrava, vírus, 572

Doença cardíaca
  endocardite
    estreptocócica, 223-224
    estudo de caso, 796-797
    por *Candida*, 702
    quimioprofilaxia antimicrobiana, 392
    quimioprofilaxia antimicrobiana, 392
    vírus coxsackie, 539

Doença cavitária, 811

Doença clínica viral, 437-438

Doença consumptiva crônica, 630t, 632

Doença do sono, 723t, 731, 731t

Doença generalizada de lactentes, 539

Doença granulomatosa crônica (DGC), 148

Doença hepática
  diagnóstico laboratorial, 761t
  hepatite (*Ver* Hepatite)

Doença inflamatória pélvica (DIP)
  Chlamydia trachomatis em, 371, 806-807
  diagnóstico laboratorial, 762t
  estudo de caso, 806-807

Doença linfoproliferativa
  EBV em, 486-489, 650-651
  HHV-6 em, 493

Doença maligna. *Ver* Câncer

Doença meningocócica invasiva (DMI), 302

Doença orofaríngea, HSV, 475, 479, 479f

Doença periodontal, 176

Doença pós-estreptocócica
  febre reumática, 217-218, 220-222
  glomerulonefrite, 147, 220

Doenças febris indiferenciadas
  arbovírus, 557
  vírus coxsackie, 539

Doenças infecciosas emergentes, 420, 433, 629
  estudos de casos
    Ebola, vírus, 820-821
    pandemia de influenza H1N1 de 2009, 820
    Zika, vírus, 819-820

Doenças transmitidas por ácaros, 358t, 359-360

Doenças transmitidas por carrapatos
  Ehrlichia e *Anaplasma*, infecções por, 357, 358t, 361-362
  febre do carrapato do Colorado, 557, 561t, 572
  febre recorrente, 343-344
  Lyme, doença de, 344-346
  Q, febre, 358t, 362-363
  Rickettsia e *Orientia*, infecções por, 357-361, 358t

Doenças transmitidas por piolhos, 357, 358t, 359-360

Doenças transmitidas por pulgas
  tifo, 357, 358t, 359-360
  Yersinia pestis, 289-291

Doenças virais, 2. *Ver também doenças específicas*
  diagnóstico, 447-449, 448f
  microbiologia diagnóstica, 778t, 779t-780t
    amplificação e detecção de ácidos nucleicos, 782
    cultura, 778, 781-782, 781f
    detecção de antígeno, 782
    ELVIS, 782
    IME, 782
    mensuração da resposta imune, 783
    microscopia e coloração, 778
    sequenciamento de ácidos nucleicos, 782-783
  patogênese
    diagnóstico de infecções, 447-449, 448f
    disseminação viral e tropismo celular, 437-438, 440f, 441t
    eliminação viral, 439, 442f
    entrada e replicação primária, 437, 439t
    idade do hospedeiro, 447
    infecções congênitas, 446-447, 447f, 447t
    infecções cutâneas, 446
    infecções do SNC, 446
    infecções do trato gastrintestinal, 444
    infecções respiratórias agudas, 443-444, 445t
    lesão celular e doença clínica, 438
    persistência viral, 442-443, 444f, 445f
    recuperação da infecção, 438-439
    resposta imune do hospedeiro, 441-442, 443f, 443t
  prevenção e tratamento
    quimioterapia antiviral, 426, 449-451, 450t
    vacinação, 430, 451-454, 451f, 452t, 453f, 453t
  princípios, 437, 438f, 438t

Domínios, 137

Donovanose, 240, 776, 808

Dor torácica pleurítica, 792

Dor torácica, pneumonia com, 792

Doripeném, 401

Doxiciclina, 402
  para *Bacillus anthracis*, 185
  para *Borrelia burgdorferi*, 346
  para *Chlamydia psittaci*, 375
  para *Chlamydia trachomatis*, 372-373
  para erlicbioses, 362
  para febre Q, 363
  para infecções por *Rickettsia* e *Orientia*, 360
  para *Neisseria gonorrhoeae*, 301
  para *Yersinia pestis*, 291

Dracunculus medinensis, 750-751

E

E. coli enteroaderente (EAEC), 240

E. coli enteroinvasiva (EIEC), 240

E. coli enteropatogênica (EPEC), 239
E. coli enterotoxigênica (ETEC), 239
E. coli produtora de toxina Shiga (STEC), 239-240
EAEC (*E. coli* enteroaderente), 240
EAG (encefalite amebiana granulomatosa), 734-735
Ebola, vírus, 559*f*, 576-577, 577*f*, 820-821
EBV. *Ver* Epstein-Barr, vírus
Echinococcus granulosus, 726, 740, 753-754, 754*f*
Ecologia, 1
    viral, 432-433
Econazol, 716
Ecovírus, 532, 534*t*
    achados clínicos, 538*t*, 540-541
    diagnóstico laboratorial, 541
    epidemiologia e controle, 541
Ectima gangrenoso, 255
Eczema herpético, 480
Educação em saúde para prevenção de HIV, 669
Edwardsiella spp., 236*t*, 237
EEB (encefalopatia espongiforme bovina), 3, 5*t*, 630*t*, 632
Efeito pós-antibiótico, 389
Efetores, 81, 101
Ehrlichia, 357, 358*t*, 361-362
Ehrlichia chaffeensis, 157, 358*t*, 361-362
Ehrlichia ewingii, 358*t*, 361-362
EIA. *Ver* Imunoensaio enzimático
EIEC (*E. coli* enteroinvasiva), 240
Elementos de inserção, 109
Elementos genéticos móveis, 158, 158*t*
Eletroforese
    gel, 119, 120*f*
    proteína e imunofixação, 150
Eletroforese em gel de campo pulsado (PFGE), 47, 119
Eletroporação, 120
Eliminação, no modelo de dano-resposta, 167
Eliminação viral, 439, 442*f*
Elisa (ensaio imunoadsorvente ligado à enzima), 763
ELVIS (sistema induzível por vírus ligado à enzima), 782
EMB. *Ver* Etambutol
Embden-Meyerhof, via, 96, 97*f*, 100*t*
Emergomyces africanus, 691
Emmonsia africanus, 710
Emmonsia crescens, 710
Emonsiose, 691, 691*f*
Empiema, 761*t*
Encefalite. *Ver também* Meningoencefalite
    arbovírus, 557-558, 779*t*
        buniavírus, 570-571
        flavivírus, 558*t*, 559-567, 560*f*, 561*f*, 562*f*, 564*f*, 566*f*, 567*f*
        togavírus, 558*t*, 559-567, 561*f*, 562*f*, 564*f*, 566*f*, 567*f*

enterovírus, 540
    HIV, 662
    HSV, 480
    Nipah e Hendra, vírus, 610
    raiva, vírus da, 625-626
    vírus do sarampo, 608-609, 608*f*, 630, 630*t*
Encefalite amebiana granulomatosa (EAG), 734-735
Encefalite equina do Leste, 561*t*, 562-563, 565-566
Encefalite equina do Oeste, 561*t*, 562-563, 565-566
Encefalite equina venezuelana, 561*t*, 562, 565-566
Encefalomiocardite de roedores, vírus, 532
Encefalopatia espongiforme bovina (EEB), 3, 5*t*, 630*t*, 632
Encefalopatia hepática, 518
Encefalopatias espongiformes transmissíveis, 629-632, 630*t*
Encephalitozoon cuniculi, 740
Encephalitozoon hellem, 740
Encephalitozoon intestinalis, 740
Endocardite
    estreptocócica, 223-224, 796-797
    estudo de caso, 796-797
    por *Candida*, 702
    quimioprofilaxia antimicrobiana, 392
Endocardite aguda, 224
Endocardite subaguda estreptocócica, 224
Endocervicite, 806
Endoflagelos, 339, 340*f*
Endolimax nana, 729
Endosporos, 36-38, 36*f*, 37*f*
    coloração, 39, 40*f*
Endossimbiose, 6, 15
Endotoxina, 28-29
    Shigella, 243
    virulência bacteriana e, 161*t*, 163
Enfuvirtida, 449, 450*t*
Engenharia genética, 105
    análise de DNA, RNA ou clones expressando proteínas, 123-124
    caracterização do DNA clonado, 120-123, 123*f*
    clonagem de fragmentos de DNA, 119-120, 121*f*, 122*f*
    manipulação de DNA clonado, 124-125
    mutagênese direcionada a sítios, 119, 123, 124*f*
    preparação de fragmentos de DNA, 119
    separação de fragmentos de DNA, 119, 120*f*
Ensaio baseado na amplificação da sequência do ácido nucleico (NASBA), 767
Ensaio de fluxo lateral (LFA), 706
Ensaio em placa, 424
Ensaio imunoadsorvente ligado à enzima (Elisa), 763
Ensaios celulares, 150
Ensaios de deslocamento de fitas (SDA), 767

Ensaios de liberação de interferona-γ (IGRAs), 328, 811
Entamoeba, 722
Entamoeba dispar, 729
Entamoeba histolytica, 15, 723*t*, 724*t*, 727-729, 728*f*, 802*t*
Entamoeba moshkovskii, 729
Entecavir, 450*t*, 526
Enterobacter
    doenças causadas por, 241
    fármacos de escolha, 394*t*
    morfologia e identificação, 235-237, 236*t*
Enterobacter aerogenes, 236*t*, 237, 241
Enterobacter cloacae, 236*t*, 241
Enterobacter sakazakii, 241
Enterobacteriaceae
    classificação, 235
    doenças causadas por microrganismos que não *Salmonella* ou *Shigella*, 238
        epidemiologia, prevenção e controle, 242
        imunidade, 242
        patogênese e achados clínicos, 238-241
        testes laboratoriais diagnósticos, 242
        tratamento, 242
    doenças causadas por salmonela (*Ver Salmonella*)
    doenças causadas por shigela (*Ver Shigella*)
    estrutura antigênica, 237-238
    morfologia e identificação
        características de crescimento, 236-237, 236*t*, 237*f*
        cultura, 235-236, 242
        microrganismos típicos, 235, 236*f*
    resistência antibiótica, 240-242, 380-381, 386
    toxinas e enzimas, 238
Enterobius, 741, 742*t*, 745*f*
Enterobius vermicularis, 741, 742*t*, 745*f*
Enterococcus casseliflavus, 228-229
Enterococcus faecalis, 159*t*, 228-230, 231*t*, 394*t*
Enterococcus faecium, 228-230, 230*f*, 231*t*, 386, 394*t*
Enterococcus gallinarum, 228-229
Enterococcus raffinosus, 228
Enterococos, 215, 231*t*
    achados clínicos, 228-229
    epidemiologia, prevenção e controle, 230
    morfologia e identificação, 228
    patogênese e patologia, 228
    resistência antibiótica, 229-230, 230*f*, 386
    tratamento e resistência antibiótica, 229-230, 230*f*
    virulência, 228
Enterococos resistentes à vancomicina (VRE), 386
Enterocolite
    diagnóstico laboratorial, 761*t*
    salmonela, 247, 247*t*, 249
    Yersinia enterocolitica, 291-293

Enterocytozoon bieneusi, 740

Enterotoxina termoestável (ST), 239

Enterotoxina termolábil (LT), 239

Enterotoxinas, 162-163, 799

    Clostridium difficile, 191

    Clostridium perfringens, 190

    Escherichia coli, 239-240

    estafilococos, 163, 208

    rotavírus, 549

    Vibrio cholerae, 159, 263

Enterovírus, 779t-780t

    ambiental, 541, 542f

    classificação, 531-532, 534t

    ecovírus, 532, 534t, 538t, 540-541

    estrutura e composição, 531, 533f, 534f

    poliovírus, 531-537, 534t, 538t

    replicação, 532, 535f

    vírus coxsackie, 532, 534t, 537-540, 538t

Entner-Doudoroff, via, 96, 98f, 99f

Envelope

    HIV, 655-657, 657f

    viral, 413, 414f, 422, 422f

Envelope celular, 19

Enxofre, em células procarióticas, 18, 18f

Enxofre, grânulos, 309, 310f

Enzimas

    alostéricas, 101, 102f

    biocidas agindo, 62-63

    estafilococos, 207-208

    inativação, 103

    modificação covalente, 101

    paredes celulares bacterianas afetadas, 30

    regulação, 101-103, 102f

    restrição, 105, 111, 119

    Streptococcus pyogenes, 218-219

    virais, 421

    virulência bacteriana, 164

Enzimas de degradação tecidual, 164

Eosina azul de metileno (EMB), ágar, 75, 759, 760t-762t

Eosinofilia, 740t, 751

Eosinófilos, 129

EPEC (*E. coli* enteropatogênica), 239

Epidermophyton, 681-682

Epidermophyton floccosum, 675t, 682, 683f, 684t

Epididimite, 371

Epiglote, 760t

Epimastigotas, 732

Epissomos, 108

Épsilon, toxina, 190

Epsilonretrovirus, 639

Epstein-Barr, vírus (EBV), 144, 473, 475t

    antígenos, 486-487

    biologia, 486

    câncer associado, 486-489, 644t, 650-651

    e coinfecção com HIV, 487, 661

    imunodeficiência causada por, 148

    infecções definidoras da Aids, 813t

    infecções humanas, 475

        achados clínicos, 487

        diagnóstico laboratorial, 488, 488f, 779t

        epidemiologia, 488

        imunidade, 487

        patogênese e patologia, 487

        prevenção, tratamento e controle, 488-489

        propriedades virais, 486-487

        reativação da latência, 487

    isolamento, 488

Equinocandinas, 704, 712, 713t, 715-716, 715f

Erisipelas, 219

Erisipeloide, 201

Eritema infeccioso, 457, 459f, 459t, 460-461, 460f

Eritema migrans, 344-345

Eritromicina, 403-404

    mecanismo de ação, 382

    mecanismos de resistência, 384

    microbiota intestinal normal, 178

    para *Bordetella pertussis*, 280

    para *Chlamydia trachomatis*, 372-373

    para *Listeria monocytogenes*, 201

    para micoplasmas, 353

    para *Streptococcus pyogenes*, 221-222

Erliquiose granulocitotrópica humana (EGH), 358t, 361-362

Erliquiose monocitotrópica humana (EMH), 157, 358t, 361-362

Ertapeném, 401

Erwinia spp., 236t

Erysipelothrix rhusiopathiae, 195, 196t, 201

ESBLs (β-lactamases de espectro estendido), 380

Escarro

    amostras, 774

    na pneumonia, 792, 795

Escarro purulento, 792, 795

Escherichia coli

    classificação, 43

    como anaeróbio facultativo em infecções anaeróbias, 308, 310-311

    cultura, 75, 235-236

    doenças causadas por, 238-240, 242

    Entamoeba histolytica, comparação com, 729

    epidemiologia, prevenção e controle, 242

    estrutura antigênica, 237-238

    expressão genética, 117-118

    fagos, 109f, 110

    fármacos de escolha, 394t

    fímbrias, 36, 36f, 160

    gastrenterite, 239-240, 242, 800t-801t

    genoma, 105

    ITUs, 238, 799, 803-804

    LPS, 28, 29f

    membrana externa, 27-28, 27f, 28f

    micrografias, 13, 17f

morfologia e identificação, 235-237, 236f, 236t

na meningite bacteriana, 788t

parede celular, 31, 31f

pneumonia, 793t

postulados de Koch, 156-157

síntese de peptidoglicanos, 94f

sistemas de secreção, 22-23

toxinas, 239-240

transferência de DNA, 113, 113f

tratamento, 242

virulência, 157, 158t, 159t, 160, 164-165

Escotocromogênios, 329, 329t

Escútulas, 684

Esferoplastos, 30, 31, 379

Esférulas, 629f, 692

Esferulina, 692

Espaço periplasmático, 27f, 30

Espécies

    análise genômica, 47

    eucarióticas, 7

Espectinomicina, 407

    agentes infecciosos tratados com, 394t-396t

    Neisseria gonorrhoeae, resistência, 300-301

Espectrometria de massa (MS), 768-769

espectrometria de massa por ionização e dessorção a *laser* assistida por matriz – *time of flight* (MALDI-TOF-MS), 680, 703

Espinareovirinae, 547

Espiroquetas

    Borrelia spp., 339, 343-346, 343f

    Leptospira spp., 339, 346-348

    Treponema pallidum, 11, 12f, 156, 339-341, 340f

Esporângio, 674, 676f, 677

Esporangióforo, 674, 676f, 677, 678

Esporangiola, 676f

Esporangiosporos, 674, 676f, 677, 708

Esporocisto, 726

Esporoplasma, 739-740

Esporos, 6, 36-38, 36f, 37f, 674, 677

Esporos assexuados, 676-677

Esporos, coloração, 39, 40f, 51

Esporos sexuais, 674-675, 677

Esporotricose, 675t, 679t, 686-687, 686f, 691f

    diagnóstico laboratorial, 764t

Esporotriquina, 686

Esporozoários, 8

    classificação, 722

    intestinais, 723t, 729-730, 729f

    sangue, 724t-725t

        Babesia microti, 738-739

        Plasmodium spp., 735-738, 735f, 736t, 737f, 738f

    teciduais, 724t-725t, 739

Esporozoários sanguíneos, 724t-725t

    Babesia microti, 738-739

    Plasmodium spp., 735-738, 735f, 736t, 737f, 738f

Esporozoários teciduais, *Toxoplasma gondii*, 725*t*, 739
Esporozoítos, 735
Esporulação, 36-38, 37*f*
Espúndia, 733, 733*f*
Esquilo voador do Sul, 360
Esquistossomos, 726
Estafilococos
   achados clínicos, 209-210
   em endocardite, 796-797
   enzimas e toxinas, 162-163, 207-208
   epidemiologia e controle, 211-212
   estrutura antigênica, 207
   fármacos de escolha, 394*t*
   morfologia e identificação, 205-207, 206*f*
   osteomielite, 209, 211, 804-805
   patogênese, 208
   patologia, 209
   resistência a antibióticos, 206-207, 210-211, 385-386
   testes laboratoriais diagnósticos, 210
   tratamento, 210-211
   virulência, 157, 159*t*, 162-164, 167, 207-209
Estavudina, 450*t*
Esterilidade, *Chlamydia trachomatis* causando, 371
Esterilização
   agentes comumente usados, 61*t*-62*t*
   calor, 63
   definição, 59, 60*t*, 61
Estômago, microbiota normal, 177
Estreptococos dependentes de piridoxal, 224, 231*t*
Estreptococos não hemolíticos, 215, 216*t*, 223
Estreptococos nutricionalmente variantes (NVS), 224, 231*t*
Estreptococos piogênicos, 215, 216*t*
Estreptococos. *Ver também grupos específicos*
   classificação, 215-217, 216*t*
   em endocardite, 223-224, 796-797
   em meningite bacteriana, 788*t*
   fármacos de escolha, 394*t*
   virulência, 158, 160, 164-165, 217-218, 225
Estreptograminas, 405
   agentes infecciosos tratados com, 394*t*-396*t*
   mecanismo de ação, 383
Estreptolisina O, 164, 219
Estreptolisina S, 164, 219
Estreptomicina, 406-407
   agentes infecciosos tratados com, 394*t*-396*t*
   mecanismo de ação, 382
   para *Mycobacterium tuberculosis*, 386
   para *Yersinia pestis*, 291
   resistência de enterococos, 229
Estreptoquinase, 164, 218
Estrutura celular
   alterações morfológicas durante o crescimento, 39-40

eucariótica, 13-16, 14*f*, 16*f*
métodos de coloração para bactérias, 38-39, 39*f*, 40*f*
microscopia, 11-13, 12*f*, 13*f*, 14*f*
procariótica
   cápsula e glicocálice, 32, 32*t*, 33*f*
   endosporos, 36-38, 36*f*, 37*f*
   envelope celular, 19
   estruturas citoplasmáticas, 17-19, 17*f*, 18*f*, 19*f*
   fímbrias, 35-36, 36*f*
   flagelos, 32-35, 33*f*, 34*f*, 35*f*
   membrana plasmática, 19-23, 19*f*, 21*f*, 22*f*
   nucleoide, 16-17, 17*f*
   parede celular, 23-31, 23*f*, 24*t*, 25*f*, 26*f*, 27*f*, 28*f*, 29*f*, 31*f*
Estruturas citoplasmáticas
   em eucariotas, 14-15, 14*f*
   em procariotas, 17-19, 17*f*, 18*f*, 19*f*
Estruturas secundárias em formato de alça, 117, 118*f*
Etambutol (EMB), 410
   para infecção por MAC, 332
   para *Mycobacterium tuberculosis*, 330, 386, 811-812
Etanol
   ação antimicrobiana, 61*t*, 63-64
   vias de fermentação produzindo, 96, 98*f*, 99*f*, 100*t*
ETEC (*E. coli* enterotoxigênica), 239
Éter, suscetibilidade viral, 415*t*, 426
Eubactérias. *Ver também* Bactérias
   arqueobactérias comparadas com, 49, 51-52, 52*t*
   microrganismos classificados como, 51-52, 51*f*, 52*f*
Eucariontes amitocondriados, 15
Eucariotas
   estrutura celular, 13-16, 14*f*, 16*f*
   fungos (*Ver* Fungos)
   expressão de genes, 115-117, 116*f*
   genoma, 107-108
   procariotas em comparação, 2
   sequenciamento de RNA ribossômico, 48, 48*f*
   protozoários, 2, 8, 722
   evolução, 6-7
   algas, 2, 7-8, 8*f*
   bolores, 2, 8-9, 9*f*
Eumicetoma, 689
Evolução
   de microrganismos, 1-2
      eucariotas, 6-8
      procariotas, 5
   de vírus, 414
Exame de amostras naturais, 75
Exantema
   coxsackie, vírus, 539
   doença viral, 446
   HIV, 812

molusco contagioso, 506-508, 508*f*
Rickettsia, infecções por, 359
rubéola, vírus da, 611-612, 611*f*
sarampo, vírus do, 607-610, 607*f*, 608*f*
vaccínia, vírus, 505, 505*f*
varíola, 503, 504*f*
VZV, 482-486, 483*f*, 484*f*, 485*f*
Zika, vírus, 819-820
Exantema súbito, 475, 493-494
Excreção de fármacos
   penicilinas, 398
   quinolonas, 408
Exoenzima S, 255
Exoenzima T, 255
Exoenzima U, 255
Exoenzima Y, 255
Exoenzimas hidrolíticas, 21-23, 22*f*
Éxons, 116
Exophiala jeanselmei, 675*t*, 689-690
Exophiala werneckii, 675*t*, 681
Exósporo, 38
Exotoxina A, 255
Exotoxinas
   Shigella, 243
   virulência bacteriana, 161-163, 161*t*
Exotoxinas pirogênicas, 162
   estreptocócicas, 218-219
Exotoxinas pirogênicas estreptocócicas (Spe), 218-219
Expressão de genes, 115-116, 116*f*
   agentes antimicrobianos inibindo, 382-383
   regulação, 117-119, 118*f*
   virais, 428-429, 428*t*, 429*t*, 430*t*
Exserohilum rostratum, 675*t*, 679*t*, 689, 710
Extremidades aderentes, 119

F

Fagócitos, 128-129
Fagocitose, 8
   de patógenos, 129, 164
   invasão do hospedeiro, 160-161
   papel de anticorpos, 129, 139
Fagocitose por enrolamento, 161
Fagos filamentares, 110
Fagos líticos, 109-111
Fagos T pares, 109*f*, 110
Fagos temperados, 110
Fagos. *Ver* Bacteriófagos
Fagossomos, 129
Famílias virais, 414
   contendo DNA, 415*t*, 416*f*, 417-418
   contendo RNA, 415*t*, 416*f*, 418-420
Faringe, coleta de amostra, 773-774
Faringite
   diagnóstico laboratorial, 760*t*
   estreptocócica, 219-220
Fasciola hepatica, 752
Fasciolopsis buski, 748
Fascite necrosante, 219

Fase de latência da curva de crescimento, 57, 57f, 57t

Fase de morte da curva de crescimento, 57f, 57t, 58

Fase de vapor, esterilizantes, 62t, 64

Fase esporogônica, 735

Fase estacionária da curva de crescimento, 57f, 57t, 58

Fase exponencial da curva de crescimento, 57-58, 57f, 57t

Fator corda, 326

Fator de agregação, 207

Fator de crescimento transformador beta (TGF-β), 144, 145t

Fator de disseminação, 208

Fator de edema (FE), 184

Fator letal (LF), 184

Fatores antifagocíticos, 164

Fatores de crescimento, 71-72, 72f, 144, 145t

Fatores de fertilidade, 113

Fatores de necrose tumoral (TNFs), 128, 144, 145t, 146

Favo, 684

Fbp (proteína de ligação férrica), 297

FC. *Ver* Fixação do complemento

FE. *Ver* Fator de edema

Febre, 130. *Ver também* Doenças febris indiferenciadas
    LPS produzindo, 163

Febre amarela silvestre, 557, 568, 568f

Febre amarela urbana, 557, 568-569, 568f

Febre amarela, vírus da, 557, 560f
    achados clínicos, 567
    diagnóstico laboratorial, 567-568
    epidemiologia, 568-569, 568f
    imunidade, 568
    patogênese e patologia, 567
    tratamento, prevenção e controle, 569

Febre da mordedura do rato, 320

Febre das trincheiras, 318, 320

Febre entérica, 799, 800t-802t
    diagnóstico laboratorial, 761t
    salmonela, 246-247, 247t, 249-250

Febre escarlatina, 219-220

Febre hemorrágica argentina, 575

Febre hemorrágica boliviana, 575

Febre hemorrágica da dengue, 569-570

Febre hemorrágica venezuelana, 575

Febre maculosa brasileira, 358t, 359, 361

Febre maculosa das Montanhas Rochosas (FMMR), 357, 358t, 359-361

Febre maculosa do Mediterrâneo, 358t, 359, 361

Febre ondulante, 281-283

Febre puerperal estreptocócica, 219

Febre quebra-ossos, 569-570

Febre recorrente, 343-344, 343f

Febre reumática pós-estreptocócica, 217-218, 220-222

Febre tifoide, 246-247, 247t, 249-250, 799
    diagnóstico laboratorial, 761t

Febres bolhosas, 475, 479, 479f

Febres hemorrágicas
    africanas, 576-577, 577f
    arbovírus, 557
    dengue, 569-570
    rabdovírus, 629
    sul-americanas, 575
    transmitidas por roedores
        arenavírus, doenças de, 574-576, 574f
        buniavírus, doenças de, 572-574, 573f
        filovírus, doenças de, 576-577, 577f

Febres hemorrágicas com síndrome renal (FHSR), 572-573

Fenóis, 62t, 64

Fenótipos, 105, 431
    resistência a vancomicina, 229

Feoifomicose, 675t, 679t, 689, 689f, 710

Feridas
    agentes antimicrobianos tópicos, 393, 393t
    botulismo, 187-188
    gangrene gasosa (*Ver* Gangrena gasosa)
    microbiologia diagnóstica, 770

Fermentação, 4, 69-70, 96-98, 97f, 98f, 99f, 100t

Fermentação da glicose, 96, 97f, 98f, 99f

Fermentações de carboidratos, 96-97, 97f, 98f, 99f, 100t

Feromonas, 5

Ferro
    transporte, 21
    virulência bacteriana e, 166-167

Ferro, deficiência, 167

FHSR (febres hemorrágicas com síndrome renal), 572-573

Fiálides, 674, 676f, 677, 677f, 687

Fialoconídios, 674

Fibrinolisina, 164, 218

Fibrose cística, 167, 255, 257-258

Ficomicetos, 8

Filamentos intermediários, 14f, 15

Filariose linfática, 749-750, 750f

Filobasidiella bacillispora, 704

Filobasidiella neoformans, 704

Filópodes, 200

Filoviridae (filovírus), 415t, 416f, 420, 557, 559f
    classificação e propriedades, 558t, 576
    febres hemorrágicas transmitidas por roedores, 576-577, 577f

Fímbrias, 35-36, 36f, 160-161
    Neisseria gonorrhoeae, 297, 299

Finegoldia spp., 310

Fissão binária, 39-40, 56, 69

Fita de codificação, 105

Fita modelo, 105

Fitas antiparalelas, 105

FITC (isotiocianato de fluoresceína), 12

Fixação do complemento (FC)
    blastomicose, 698
    clamídia, 369, 777-778

coccidioidomicose, 693
    histoplasmose, 694t, 697

Flagelados, 8
    classificação, 722
    geniturinários, 723t, 730
    intestinais, 727, 727f
    sangue (*Ver* Flagelados no sangue)

Flagelados no sangue, 723t-724t, 730-731
    Leishmania spp., 733-734, 733f, 734f
    Trypanosoma brucei rhodesiense e *Trypanosoma brucei gambiense*, 730-731, 731-732, 731f
    Trypanosoma cruzi, 732-733, 732f

Flagelina, 33

Flagelos
    de células procarióticas, 32-35, 33f, 34f, 35f
    de células eucarióticas, 16, 16f

Flagelos, coloração, 39, 39f

Flaviviridae (flavivírus), 415t, 416f, 418, 430t, 561t
    encefalite por arbovírus
        achados clínicos, 563
        ciclos de transmissão hospedeiro-vetor, 566, 566f, 567f
        classificação e propriedades, 558t, 559-560
        diagnóstico laboratorial, 563
        distribuição, 560f
        epidemiologia, 563-565, 564f
        hibernação, 566-567
        imunidade, 563
        patogênese e patologia, 562
        propriedades antigênicas, 561-562
        replicação, 560-561, 561f, 562f
        tratamento e controle, 565-566
    febre amarela, vírus da, 557, 560f, 567-569, 568f
    HCV (*Ver* Hepatite C, vírus)

Flucitosina, 688-690, 704, 706, 712, 713t, 714

Flucloxacilina, 397f

Fluconazol, 695, 704, 706, 711, 713t, 714-715, 715f

Fluidos, microbiologia diagnóstica, 770

Fluorescência, 11

Fluorocromos, 11-12

Fluoroquinolonas
    absorção e excreção, 408
    agentes infecciosos tratados com, 394t-396t
    efeitos colaterais, 408
    estrutura, 407, 407f
    mecanismo de ação, 383, 408
    Neisseria gonorrhoeae, resistência, 300-301
    uso clínico, 408

FMMR (febre maculosa das Montanhas Rochosas), 357, 358t, 359-361

Foliculite, 681

Fonsecaea compacta, 687-688

Fonsecaea pedrosoi, 675t, 687, 688f

Fonte pontual de disseminação, 46

Fontes de carbono, culturas, 70, 72

Fontes de enxofre em culturas, 71-72
Fontes minerais, cultura, 71-72
Força iônica, cultura, 74
Força motriz de próton, 20, 69, 95
Força motriz do sódio, 20
Forma replicativa, 367
Formaldeído, 61t-62t, 64, 426
Forquilha de replicação, 110
Forssman, antígeno, 26
Foscarnete, 450t, 451, 493
Fosfocetolase, 96, 98f
Fosfoenolpiruvato, 20
    como metabólito focal, 82-84, 83f, 86f
    em vias de fermentação, 96, 97f
Fosfomicina, 409
Fosforilação de substrato, 69, 82-83, 95-96.
    Ver também Fermentação
Fosforilação oxidativa, 21
Fósforo, fontes em cultura, 71-72
Fosfotransferase, 21
Fotocromogênios, 329, 329t
Foto-heterotrofos, 101
Fotolitotrofos, 101
Fotossíntese bacteriana, 70, 100-101
Fototaxia, 35
Fragmentos de DNA
    clonagem, 119-120, 121f
    preparação, 119
    separação, 119, 120f
Fragmentos de restrição, 105
    clonagem, 119-120, 121f
    preparação, 119
    separação, 119, 120f
Francisella novicida, 283
Francisella philomiragia, 283
Francisella tularensis
    morfologia e identificação, 283-284, 284f
    patogênese e achados clínicos, 284
    prevenção e controle, 284-285
    testes laboratoriais diagnósticos, 284
    tratamento, 284
Frio, reações virais, 425
Frutos do mar
    contaminação por enterovírus, 541
    contaminação por salmonela, 250
    contaminação por Vibrio
      parahaemolyticus, 265
    intoxicação paralítica por, 8
FTA-ABS (anticorpo treponêmico
    fluorescente adsorvido), teste, 341-342
Funções de barreira, imunidade inata,
    127-128
Fungos, 2, 8, 673. *Ver também espécies específicas*
    ciclo vital, 676-677
    classificação, 674-678, 675t
    diagnóstico de infecção, 679-681, 679t
    hipersensibilidade, 711
    micotoxinas, 711-712
    profilaxia antifúngica, 711
    propriedades, 678

quimioterapias antifúngicas, 712, 713t,
    714-716, 715f
taxonomia, 678
virulência, 678
Fungos demaciáceos, 674, 675t, 677f, 678,
    687, 689
Fungos dimórficos, 674
Furúnculo, 209, 211
Fusão nuclear, 678
Fusarium, 675t, 679t, 710-711
Fusobacterium, 308-309, 308t, 311, 311t
Fusobacterium necrophorum, 308-309, 311
Fusobacterium nucleatum, 308-309, 311t

G

G6PD. *Ver* Glicose 6-fosfato
Galactomanana, 708
Gama-delta (γδ), TCRs, 140
Gamaretrovírus, 639-640, 641f
Gametas, 7
Gametócitos, 735
Ganciclovir, 450t, 451
    para CMV, 493
    para pacientes transplantados, 818
Gangrena estreptocócica, 219
Gangrena gasosa, 162, 186, 190f
    achados clínicos, 190-191
    estudo de caso, 805-806
    patogênese, 190
    prevenção e controle, 191
    testes laboratoriais diagnósticos, 191
    toxinas envolvidas, 190
    tratamento, 191
Gardnerella vaginalis, 309, 776, 808
Gastrenterite
    Aeromonas spp., 266-267
    astrovírus, 551t, 553f, 554-555
    calicivírus, 551t, 552-554, 553f
    Campylobacter jejuni, 267-268, 802t
    causas comuns, 800t-802t
    Clostridium botulinum, 800t
    Clostridium difficile, 191-192, 389, 802t
    Clostridium perfringens, 800t
    cólera (*Ver* Cólera)
    coronavírus, 618, 620-621
    coxsackie, vírus, 539
    diagnóstico laboratorial, 761t
    Entamoeba histolytica, 802t
    Escherichia coli, 239-240, 242, 800t-801t
    estudo de caso, 798-799, 800t-802t
    exotoxinas associadas, 162-163
    Giardia lamblia, 802t
    norovírus, 547, 802t
    papel estimado de agentes etiológicos, 548f
    rotavírus, 547, 548f, 550-551, 551t, 802t
    salmonela, 247, 247t, 249, 801t
    shigela, 242-245, 801t
    Staphylococcus aureus, 800t
    Vibrio spp., 265, 801t

viral, 444, 551t
Yersinia enterocolitica, 291-293, 802t
Gastrite, 268-269
Gatifloxacino, 407f
Gatos
    Microsporum canis em, 682
    nematódeos em, 740
Gemella spp., 231, 231t
Gene dominante, 107
Gene recessivo, 107
Generalização, 1
Gêneros virais, 414
Genes, 105
    alelos, 113
    ativação, 636-637
    housekeeping, 108
    imunoglobulina, 138-139
    inativação, 636-637
    oncogenes, 636
        EBV, 450
        retrovirais, 641-642
    recessivos e dominantes, 107
    supressão tumoral, 636-637
    virulência, 108, 156t, 157
    transmissão, 158, 158t
Genética, 1, 105
    ácidos nucleicos (*Ver* Ácidos nucleicos)
    expressão genética, 115-116, 116f
        agentes antimicrobianos inibindo,
          382-383
        regulação, 117-119, 118f
        viral, 428-429, 428t, 429t, 430t
    mutação e rearranjo genético, 114-115
    Neisseria gonorrhoeae, 297-299
    replicação do DNA
        agentes antimicrobianos inibindo,
          382-383
        bacteriana, 110
        fago, 110-111
        viral, 428-429, 428t, 429t, 430t
    transferência de DNA, 111-114, 112f, 113f,
      114f
    viral, 430
        complementação e mistura fenotípica,
          432
        interferência, 432
        mapeamento do genoma, 431
        mutações, 431
        recombinação, 431-432
        vetores, 432
        vírus defeituosos, 431
Gengivite, 176
Gengivoestomatite, 475, 479, 479f
Genitália, microbiota normal, 172t, 178
Genoma
    definição, 107, 431
    eucariótico, 107-108
    procariótico, 108-109, 108t, 109t
    Treponema pallidum, 339

viral, 108*t*, 109-110, 109*f*, 421-422, 431
  coronavírus, 618, 619*f*
    HBV, 513, 514*f*
    HCV, 515, 515*f*
    Herpes-vírus, 473, 474*f*
    HIV, 655-657, 657*f*
    papilomavírus, 647, 648*f*
    paramixovírus, 595, 596*f*
    picornavírus, 531, 534*f*
    poliomavírus, 646, 646*f*
    raiva, 623
    retrovírus, 638, 640-641, 641*f*
    vírus influenza, 581, 582*f*, 583*t*
Genômica, 158-159, 158*t*, 159*t*
Genótipos, 105, 431
  resistência à vancomicina, 229
Gentamicina, 406
  agentes infecciosos tratados com,
    394*t*-396*t*
  para endocardite, 797
  para *Listeria monocytogenes*, 201
  para meningite bacteriana, 788
  para *Yersinia pestis*, 291
  resistência em enterococos, 229
Germe, tubo de, 701, 701*f*
Germinação, esporos, 36, 38
Gerstmann-Sträussler-Scheinker, doença de,
  3, 5*t*, 631
Gestação
  CMV em, 489-493, 490*f*, 491*f*
  parvovírus B19 em, 459*f*, 459*t*, 460
  rubeola, vírus em, 613
  Zika, vírus em, 557-558, 564*f*, 565,
    819-820
Ghon, lesão de, 327
Giardia, 722
Giardia duodenalis, 727
Giardia intestinalis, 727
Giardia lamblia, 15, 723*t*, 727, 727*f*, 802*t*
Giardíase, 723*t*, 727
Glicilciclinas, 402
  agentes infecciosos tratados com,
    394*t*-396*t*
  mecanismo de ação, 382-383
Glicocálice, 32, 32*t*, 33*f*
Glicogênio, 18
Glicopeptídeos, 404-405
  agentes infecciosos tratados com,
    394*t*-396*t*
Glicoproteínas de superfície variantes
  (VSGs), 731-732
Glicoproteínas virais, 422-423
  HIV, 655-657, 657*f*
  retrovirais, 640
  vírus influenza, 581-585, 584*f*, 585*f*, 588
Glicose 6-fosfato (G6PD)
  como metabólito focal, 81-82, 83*f*, 84*f*,
    85*f*, 86*f*
  em vias de fermentação, 96, 97*f*, 99*f*
Glicose e sais, 76*t*
Glioxilato, ciclo, 89*f*

Glomerulonefrite aguda pós-estreptocócica,
  147, 220
Glomerulonefrite pós-estreptocócica, 147,
  220
Glucuronoxilomanana (GXM), 705-706
Glutamato, 92, 93*f*
Glutamina, 92, 93*f*
Glutaraldeído, 61*t*, 64
Golgi, complexo de, 14*f*, 15
Gomas, 340
Gomori, metenamina de prata (GMS), 679,
  686
Goniautoxina, 8
Gonococos. *Ver Neisseria gonorrhoeae*
Gonorreia, 156
  diagnóstico laboratorial, 775
  em uretrite, estudo de caso, 806
  epidemiologia, prevenção e controle, 301
  Neisseria gonorrhoeae, genética e estrutura
    antigênica, 296-299, 298*f*
  Neisseria gonorrhoeae, morfologia e
    identificação, 295-296, 296*f*, 296*t*
  patogênese, patologia e achados clínicos,
    299
  testes laboratoriais diagnósticos, 299-300
  tratamento, 300-301
Gonyaulax spp., 7-8
Gram, coloração, 6, 38-39
  Bacillus anthracis, 185
  Campylobacter jejuni, 267*f*
  Clostridium spp., 187, 187*f*
  diagnóstico laboratorial usando, 758, 759*t*,
    760*t*-762*t*
  Escherichia coli, 236*f*
  estafilococos, 205, 206*f*, 210
  Francisella tularensis, 283, 284*f*
  Haemophilus influenzae, 276, 276*f*
  Legionella pneumophila, 315, 316*f*
  Mycobacterium tuberculosis, 323
  Neisseria gonorrhoeae, 296*f*
  Pseudomonas aeruginosa, 253, 254*f*
  Streptococcus pneumoniae, 224, 225*f*, 227
  Streptococcus pyogenes, 217, 217*f*
  Vibrio cholerae, 262*f*
Gram-negativas, bactérias, 51, 51*f*
  LPS (endotoxina) de, 161*t*, 163
  paredes celulares, 23, 24*t*, 26-30, 27*f*, 28*f*,
    29*f*
  sistemas de secreção, 21-23, 22*f*, 165, 166*t*
Gram-negativos, anaeróbios, 308-309, 308*t*
Gram-positivas, bactérias, 51
  paredes celulares, 23-26, 24*t*, 26*f*
  peptidoglicano, 163-164
  sistemas de secreção, 21-23, 22*f*, 165, 166*t*
Gram-positivos, anaeróbios, 308*t*, 309-310,
  310*f*
Granulicatella adiacens, 224, 231*t*
Granulicatella elegans, 224, 231*t*
Granulocitopenia, 392
Granulócitos, 129
Granuloma de aquário, 333

Granuloma inguinal, 240, 776, 808
Granulomatose infantisséptica, 200-201
Grânulos, 17-18, 18*f*
  síntese, 95
Grânulos de alimento, 17-18, 18*f*
  síntese, 95
Grânulos de volutina, 18
Grânulos metacromáticos, 18
Gravidez ectópica, 371
Griffith, experimento, 105, 106*f*
Griseofulvina, 685, 712, 716
Grupo A, estreptococos, 147, 162, 215, 216*t*.
  Ver também Streptococcus pyogenes
  fármacos de escolha, 394*t*
  virulência, 160, 164-165
Grupo B, estreptococos, 215, 216*t*, 222
  em meningite bacteriana, 788*t*
  fármacos de escolha, 394*t*
  na vagina, 178
Grupo C, estreptococos, 215, 216*t*, 222-223,
  394*t*
Grupo D, estreptococos, 215, 216*t*, 223, 228
Grupo da febre maculosa, *Rickettsia*, 357,
  358*t*, 359-361
Grupo de transição, *Rickettsia*, 357, 358*t*, 359
Grupo E, estreptococos, 215, 223
Grupo F, estreptococos, 215, 216*t*, 223
Grupo G, estreptococos, 215, 216*t*, 222-223,
  394*t*
Grupo H, estreptococos, 215, 223
Guanarito, vírus, 575
Guanidina, 105, 107*f*
Guiné, verme da, 750-751
GXM (glucuronoxilomanana), 705-706
Gymnodinium spp., 8*f*

H

H, antígenos, 33, 238
H8, proteína, 297
HA. *Ver* Hemaglutinina
HAART (terapia antirretroviral altamente
  ativa), 655, 667-668, 667*t*, 812
Haemophilus, 275, 276*t*, 278
  fármacos de escolha, 395*t*
Haemophilus aegyptius, 277-278
Haemophilus aphrophilus, 275, 278
Haemophilus b, vacina conjugada, 277
Haemophilus ducreyi, 275, 276*t*, 278, 776,
  808, 809*t*
Haemophilus haemolyticus, 275, 276*t*, 278
Haemophilus influenzae
  achados clínicos, 276
  em meningite bacteriana, 788*t*
  epidemiologia, prevenção e controle, 277
  estrutura antigênica, 275
  imunidade, 277
  morfologia e identificação, 275, 276*t*
  patogênese, 275-276
  pneumonia, 158, 225, 227, 793*t*

testes laboratoriais diagnósticos, 276-277, 276f
tratamento, 277
Haemophilus parahaemolyticus, 275, 276t
Haemophilus parainfluenzae, 275, 276t, 278
Haemophilus paraphrophilus, 275, 278
Halófilos, 74
Halogênio, agentes liberadores de, 61t, 64
Haloprogina, 716
Hansen, doença de. *Ver* Hanseníase
Hanseníase, 156, 323, 334-335
Hanseníase lepromatosa, 334
Hanseníase tuberculoide, 334
Hantaan, vírus, 572
Hantavírus, 572-574, 573f
Haploides, células
    eucarióticas, 7, 108
    procarióticas, 4, 17, 108
Haplótipo, 133
Haptenos, 131
Hartmannella, 734
HAV. *Ver* Hepatite A, vírus da
HBcAg (antígeno central da hepatite B), 511, 512t, 514f, 519, 520f, 520t
HBeAg (antígeno e da hepatite B), 512t, 513, 513f, 519, 520f, 520t
HBsAg (antígenos de superfície da hepatite B), 511-515, 512t, 513f, 514f, 519, 520f, 520t
HBV. *Ver* Hepatite B, vírus da
HCV. *Ver* Hepatite C, vírus da
HDCV (vacina de células diploides humanas), vírus da raiva, 627
HDV. *Ver* Hepatite D, vírus da
Heartland, vírus de, 572
Helicobacter pylori, 177, 261, 268
    achados clínicos, 270
    epidemiologia e controle, 271
    fármacos de escolha, 395t
    imunidade, 271
    morfologia e identificação, 269
    patogênese e patologia, 269
    sistemas de secreção, 23
    testes laboratoriais diagnósticos, 270-271, 270t
    tratamento, 271
Helmintos
    classificação, 722, 726
    conceitos principais, 740t
    infecções intestinais, 740 (*Ver também* Infecções helmínticas intestinais)
    infecções teciduais (*Ver* Infecções helmínticas teciduais)
    larva migrans, 740t, 751-752
parasitas, 722, 740t, 741t
Hemadsorção, 423, 423f
Hemaglutinina (HA), 581
    estrutura e função, 582-583, 584f
    impulso e mudança antigênica, 584-585, 585f, 588
Hemaglutinina filamentar, 279
Hemolinfa, 680-681

Hemólise, 44
    classificação de estreptococos baseada em, 215, 216t
Hemolisinas, 164
    Bordetella pertussis, 279
    estafilocócicas, 208
    estreptocócicas, 219
Hendra, vírus, 597, 597t, 610-611
Henipavirus, 596f, 597, 597t
Hepadnaviridae, 415t, 416f, 417, 430t
    HBV (*Ver* Hepatite B, vírus da)
    propriedades importantes, 511, 513t
Hepatite, 516
    amebiana, 728
    viral
        associada a câncer, 516-518, 636t, 638, 645
Hepatite A, vírus da (HAV)
    achados clínicos, 516-518, 517t, 518t
    características laboratoriais, 518-519, 519f, 519t, 779t
    epidemiologia, 522-524, 523f
    interações vírus-hospedeiro, 522
    nomenclatura, 512t
    prevenção e controle, 526-527
    propriedades importantes, 511, 512t, 513f
    vacina, 526-527
Hepatite B, vírus da (HBV)
    achados clínicos, 516-518, 517t, 518t
    câncer associado a, 636t, 645
    características laboratoriais, 519, 520f, 520t, 779t
    epidemiologia, 523f, 524-525
    estrutura e composição, 511-515, 513f, 514f
    interações vírus-hospedeiro, 522
    nomenclatura, 512t
    patologia, 516
    prevenção e controle, 527
    propriedades importantes, 511, 512t, 513t
    replicação, 515, 515f
    tratamento, 525-526
    vacina, 124, 527, 645
Hepatite C, vírus da (HCV), 511
    achados clínicos, 516-518, 517t
    câncer associado a, 636t, 638
    características laboratoriais, 519, 519t, 521f, 779t
    epidemiologia, 524f, 525
    interações vírus-hospedeiro, 522
    nomenclatura, 512t
    patologia, 516
    prevenção e controle, 527
    propriedades importantes, 512t, 515-516, 515f
    transplante hepático, 816-817
    tratamento, 526
Hepatite D, vírus da (HDV), 3, 431, 511
    achados clínicos, 518
    características laboratoriais, 519, 519t, 521, 521f, 779t

epidemiologia, 525
nomenclatura, 512t
patologia, 516
prevenção e controle, 527
propriedades importantes, 512t, 516
Hepatite E, vírus da (HEV), 511
    nomenclatura, 512t
    propriedades importantes, 512t, 516
Hepatite fulminante, 518
Hepatite viral
    achados clínicos, 516-518, 517t, 518t
    características laboratoriais, 518-522, 519t, 519f, 520f, 520t, 521f, 779t
    coinfecção com HIV, 522, 524-526, 661
    epidemiologia, 522-525, 523f, 524f
    interações vírus-hospedeiro, 522
    patologia, 516
    prevenção e controle, 526-527
    propriedades importantes, 511-516, 512t, 513f, 513t, 514f, 515f
    tratamento, 525-526
Hepeviridae, 415t, 416f, 418
Herança vertical, 111
Hereditariedade, 105
Herpangina, 539
Herpes B, vírus, 473-474, 494-495
Herpes do gladiador, 480
Herpes neonatal, 480-481
Herpes traumático, 480
Herpesviridae (herpes-vírus), 134, 415t, 416f, 417, 423f, 430t, 779t
    câncer associado a, 475, 486-489, 494, 636t, 644t, 650-651
    classificação, 473-474, 475t
    estrutura e composição, 473, 474f
    infecções humanas
        CMV (*Ver* Citomegalovírus)
        EBV (*Ver* Epstein-Barr, vírus)
        herpes B, vírus, 473-474, 494-495
        HHV-6, 473-475, 475t, 493
        HHV-7, 473-475, 475t, 494
        HHV-8, 157, 473-475, 475t, 494, 651, 813t
        HSV (*Ver* Herpes-vírus simples)
        VZV (*Ver* Varicela-zóster, vírus)
    infecções latentes, 443, 444f
    propriedades importantes, 473, 474t
    replicação, 474-475, 476f, 477f
Herpes-vírus associado ao sarcoma de Kaposi (KSHV), 473-475, 475t, 494, 651, 813t
Herpes-vírus humano 6 (HHV-6), 473-475, 475t, 493
Herpes-vírus humano 7 (HHV-7), 473-475, 475t, 494
Herpes-vírus humano 8 (HHV-8), 157, 473-475, 475t, 494, 651, 813t
Herpes-vírus simples (HSV), 143, 473-474, 475t, 476f
    citopatologia, 477f, 481
    diagnóstico laboratorial, 775

estudo de caso, 808, 809*t*
infecções definidoras da Aids, 813*t*
infecções humanas, 475
   achados clínicos, 479-480, 479*f*
   diagnóstico laboratorial, 480-481, 780*t*
   epidemiologia, 481
   imunidade, 480
   latente, 478-479
   patogênese e patologia, 477-479
   primárias, 477-478
   tipo 1 e tipo 2, propriedades virais,
     476-477, 478*t*
   tratamento, prevenção e controle,
     481-482
  infecções latentes, 443, 444*f*
  isolamento e identificação, 481
  replicação, 474-475, 476*f*, 477*f*
Herpes-zóster, 475, 482-486, 483*f*, 484*f*, 485*f*
Heterogeneidade antigênica
  de bactérias, 165
  Neisseria gonorrhoeae, 297-299
Heterolactato, fermentação, 96, 98*f*, 99*f*
Heteropolímeros, 32
Heterotróficos quimiossintéticos, 51
Heterotrofos, 8, 51-52, 70
Heterotrofos facultativos, 52
HEV. *Ver* Hepatite E, vírus da
Hexaclorofeno, 61*t*, 64
Hfr, cepas. *Ver* Cepas recombinantes de alta
  frequência
HHV-6 (herpes-vírus humano 6), 473-475,
  475*t*, 493
HHV-7 (herpes-vírus humano 7), 473-475,
  475*t*, 494
HHV-8 (herpes-vírus humano 8), 157,
  473-475, 475*t*, 494, 651, 813*t*
Hialina, 698
Hialo-hifomicose, 675*t*, 679*t*
Hialuronidase
  estreptocócica, 218
  produção estafilocócica, 208
Hialuronidases, 164
Hibridização, 119, 120, 122*f*, 123-124
Hidrogenossomos, 15
Hidropsia fetal, 459*f*, 459*t*, 460
Hifas, 674-675, 675*f*, 679*t*, 707
Higiene das mãos, 592
Hiperceratose, 684
Hipersensibilidade, 146-148
  a bacilos da tuberculose, 147-148, 327
  a fungos, 711
  a penicilinas, 399
Hipersensibilidade celular, 147-148
Hipersensibilidade de contato, 147
Hipersensibilidade de rebote, 798
Hipersensibilidade imediata, 146-147
Hipersensibilidade por imunocomplexos, 147
Hipersensibilidade tardia, 147-148
Hipersensibilidade tipo I, 146-147
Hipersensibilidade tipo II, 147
Hipersensibilidade tipo III, 147

Hipersensibilidade tipo IV, 147-148
Hipertermófilos, 73, 73*f*
Hipnozoítos, 735-736
Hipoglicemia, 163
Hipotensão, 163
Hipótese, 1
Histamina, 146
Histonas, 14
Histoplasma capsulatum, 675*t*, 690*t*, 695-696,
  695*f*, 764*t*, 814*t*
Histoplasma capsulatum var *duboisii*, 698
Histoplasmina, 696
Histoplasmina, teste cutâneo, 697
Histoplasmose, 675*t*, 679*t*, 690, 690*t*, 691*f*
  diagnóstico laboratorial, 764*t*
  epidemiologia e controle, 697-698
  estrutura antigênica, 694*t*, 696, 696*t*
  imunidade, 697
  infecções definidoras da Aids, 814*t*
  morfologia e identificação, 695-696, 695*f*
  patogênese e achados clínicos, 696-697
  testes laboratoriais diagnósticos, 697
  tratamento, 697
HIV, infecção neonatal, 662, 666-669
HIV. *Ver* Vírus da imunodeficiência humana
HLA (antígeno leucocitário humano), 133,
  133*t*, 135*f*
HMP (Projeto Microbioma Humano), 171
Homólogos, 107
Homopolímeros, 32
Hopanoides, 19-20, 19*f*
Hormônios sexuais, coccidioidomicose e,
  692-693
Hortaea werneckii, 675*t*, 681
Hospedeiro
  ampla gama de plasmídeos, 5
  disseminação de micobactérias, 327
  em infecções virais, 2
    adenovírus, 466, 467*f*
    ciclos de transmissão de arbovírus, 566,
      566*f*, 567*f*
    CMV, 489-492, 490*f*
    disseminação no, 437-438, 440*f*, 441*t*
    eliminação pelo, 439, 442*f*
    entrada, 437, 439*t*
    hepatite por vírus, 522
    idade, 447
    lesão celular, 438
    recuperação, 438-439
    resposta imune, 441-442, 443*f*, 443*t*
    retrovírus, 640
    vírus tumorais, 637-638
  em parasitismo, 1
  invasão bacteriana, 160-161
  no modelo de dano-resposta, 167
HPV (papilomavírus humano), 119, 647-650,
  648*f*, 649*f*, 649*t*
HRIG (imunoglobulina antirrábica humana),
  628
HSV. *Ver* Herpes-vírus simples

HTLV (vírus linfotrópico de células T
  humanas), 636*t*, 641*f*, 642-644, 642*f*, 643*f*,
  644*f*
Hymenolepis nana, 749

I

IBPs (inibidores da bomba de prótons), 271
Icterícia, 517, 522
Id, reação, 684*t*
ID. *Ver* Imunodifusão
IDCG (imunodeficiência combinada grave),
  148
Identificação de bactérias. *Ver também*
  bactérias específicas
  causadoras de doenças, 156-157, 156*t*
  métodos sem cultura para patogênicas,
    52-53
  métodos usados, 43-46, 45*f*, 45*t*
  testes imunológicos, 44-46, 149-150
IF (anticorpo imunofluorescente) coloração,
  759
IFA. *Ver* Anticorpo fluorescente indireto
IFNs. *Ver* Interferonas
Ig. *Ver* Imunoglobulina
IgA, 138
IgA1 proteases, 164, 297
IgB (imunoglobulina botulínica), 188
IgD, 138
IgE, 138
IgG, 136*f*, 137
IgHB (imunogobulina da hepatite B), 527
IgIVA (imunoglobulina intravenosa contra
  antraz), 185-186
IgM, 138, 138*f*
IGRAs (ensaio de liberação de interferona-γ),
  328, 811
IH (inibição da hemaglutinação), 589
ILCs (células linfoides inatas), 129-130
Íleo paralítico, 798
Ilhas de patogenicidade (PAIs), 108, 114,
  158-159, 159*t*, 208
ILs. *Ver* Interleucinas
IMA (ágar inibidor de bolores), 680, 685,
  687-688, 697
IME (imunomicroscopia eletrônica), 782
Imidazol, 685
Imipeném, 401
Immunoblot, 123, 150
  diagnóstico laboratorial usando, 766
  para *Borrelia burgdorferi*, 346
Impetigo, 220
  diagnóstico laboratorial, 760*t*
Impulso antigênico, vírus influenza, 584-585,
  585*f*, 588-590
Imunidade adaptativa, 127
  anticorpos em, 131, 132*f*, 135
    classes de imunoglobulinas, 137-138,
      138*f*
    estrutura e função das imunoglobulinas,
      136-137, 136*f*, 137*t*

formas de imunidade e, 140

funções protetoras, 139-140

genes de imunoglobulinas e geração de diversidade, 138-139

respostas, 139, 139*f*

antígenos em, 131

BCRs para, 135-136

MHC e, 132-133, 133*t*, 134*f*, 135*f*

processamento e apresentação de, 133-135, 134*f*, 135*f*

reconhecimento de, 132

TCRs para, 140-141

base celular de, 131

imunidade inata comparada com, 131*t*

infecções virais e, 441-443

linfócitos B, 131, 132*f*, 135-137, 136*f*, 137*t*, 138*f*

infecção por EBV, 486-489, 650-651

linfócitos T (*Ver* Linfócitos T)

Imunidade ativa, 140

Imunidade ativa comparada com passiva, 140

Imunidade celular, 140-141

Imunidade de rebanho, 453

Imunidade inata

funções de barreira, 127-128

imunidade adaptativa comparada, 131*t*

infecções virais e, 441, 443*f*, 443*t*

mecanismos, 128-131

Imunidade passiva, 140

Imunodeficiência combinada grave (IDCG), 148

Imunodeficiências, 148

Imunodeficiências primárias, 148

Imunodeficiências secundárias, 148

Imunodifusão (ID)

blastomicose, 698

coccidioidomicose, 693

Imunoensaio enzimático (EIA), 149, 763

amebíase, 729

amostras gastrintestinais, 774-775

blastomicose, 699

Borrelia burgdorferi, 345-346

brucela, 283

Chlamydia spp., 372, 777

criptococose, 706

HIV, 664

Mycobacterium tuberculosis, 328

Treponema pallidum, 342

Imunoensaios, 149-150. *Ver também* Imunoensaio enzimático (EIA)

diagnóstico laboratorial, 763, 766

Imunofluorescência, 12

Imunogenes, 131-132

Imunoglobulina (Ig), 135

classes de, 137-138, 138*f*

estrutura e função, 136-137, 136*f*, 137*t*

formas de imunidade e, 140

funções protetoras, 139-140

genes e geração de diversidade, 138-139

respostas, 139, 139*f*

Imunoglobulina antirrábica humana (HRIG), 628

Imunoglobulina antivaricela-zóster (VariZIG), 485-486

Imunoglobulina botulínica (IgB), 188

Imunoglobulina da hepatite B (IgHB), 527

Imunoglobulina de hepatite, 512*t*, 527

Imunoglobulina intravenosa para antraz (IgIVA), 185-186

Imunoglobulina tetânica, 189

Imunologia

citocinas

aplicações clínicas, 146

classificação e funções, 144, 145*t*

na imunidade adaptativa, 131, 132*f*

na imunidade inata, 128-131

no desenvolvimento de células imunes e defesa do hospedeiro, 144

formas de imunidade, 140

hipersensibilidade, 146-148

imunidade adaptativa (*Ver* Imunidade adaptativa)

imunidade inata

funções de barreira, 127-128

imunidade adaptativa comparada com, 131*t*

infecções virais, 441, 443*f*, 443*t*

mecanismos, 128-131

microbioma e, 146

resposta imune (*Ver* Resposta imune)

sistema do complemento, 130, 141

deficiências e evasão de patógenos, 144

efeitos biológicos, 142

LPS, ativação, 163

MBL, via, 142-143, 142*f*

via alternativa, 142-143, 142*f*

via clássica, 142-143, 142*f*

testagem diagnóstica, 149-150

tumor, 148-149, 637-638

Imunologia tumoral, 148-149, 637-638

Imunomicroscopia eletrônica (IEM), 782

Inalação de antraz, 183-185

Inativação

de enzimas, 103

de genes, 636-637

de HIV, 658

de vírus, 426

Inativação fotodinâmica, 426

Inc (incompatibilidade), grupos, 111

Inclusões, clamídias, 367-368, 368*f*

Incompatibilidade (Inc), grupos, 111

Índice antimicrobiano, 65*t*

Índice de Perfil Analítico (API), 46, 46*f*

Indinavir, 450*t*

Indutor, 117

Infecção, 155

bacteriana (*Ver* Infecção bacteriana)

diretrizes para estabelecimento da causa, 156-157, 156*t*

imunodeficiência causada, 148

no modelo de dano-resposta, 167

processo, 158

produtiva comparada com abortiva, 426

transmissão, 157

Infecção bacteriana. *Ver também infecções específicas*

diagnóstico laboratorial

amostras para, 758

cultura, 759, 760*t*-762*t*, 763, 764*t*-765*t*

detecção de antígenos, 763

diagnóstico molecular, 766-768

espectrometria de massa, 768-769

microbiota normal, 769

microscopia e coloração, 758-759, 759*t*, 760*t*-762*t*

testagem sorológica, 763, 766

Western blot, imunoensaios, 766

patogênese, 155

fatores de virulência, 159-167, 161*t*, 166*t*

genômica e, 158-159, 158*t*, 159*t*

identificação de bactérias causadoras de doenças, 156-157, 156*t*

modelo de dano-resposta para, 167

processo infeccioso, 158

transmissão de infecção, 157

postulados de Koch, 156-157, 156*t*

Infecção crônica

no modelo de dano-resposta, 167

viral, 442-443, 444*f*, 445*f*

Infecção fúngica. *Ver* Micoses

Infecção intra-abdominal anaeróbia, 776

Infecção pélvica por anaeróbios, 776

Infecção persistente

no modelo de dano-resposta, 167

viral, 442-443, 444*f*, 445*f*

vírus tumorais, 637

Infecção transmitida por alimentos

Bacillus cereus, 186

Clostridium botulinum, 187-188

Clostridium perfringens, 190-191

Escherichia coli, 239-240

estafilococos, 205, 208-209

exotoxinas associadas, 162-163

Listeria monocytogenes, 199-201, 200*f*

salmonela, 245-247, 247*t*, 249-250

Infecção vesical, 799, 803-804

Infecção viral aguda, 442-444, 445*f*, 445*t*

Infecção viral latente, 426, 442-443, 444*f*, 445*f*

herpes-vírus, 443, 444*f*

HIV, 660-661, 660*f*

Infecção viral produtiva, 426

Infecções cutâneas

anaeróbias, 776

antraz, 183-185

candidíase, 675*t*, 701-702, 716

dermatofitoses (*Ver* Dermatofitoses)

diagnóstico laboratorial, 760*t*

estafilocócicas, 209, 211

estreptocócicas, 219-220

HPV, 647-650, 648*f*, 649*t*

HSV, 480

leishmaniose, 723t-724t, 731t, 733

micoses subcutâneas (Ver Micoses subcutâneas)

Vibrio vulnificus, 265-266

virais, 446

Infecções de tecidos moles

anaeróbias, 776

celulite, 219, 760t

estudo de caso, 805-806

Infecções do trato gastrintestinal. *Ver também* Gastrenterite

anaeróbias, 776

diagnóstico laboratorial, 761t-762t, 774-775

estudos de casos, 798-799, 800t-802t

virais, 444, 468

Infecções do trato respiratório. *Ver também* Resfriado comum; Pneumonia

anaeróbias, 776

caxumba, vírus da, 605-607

diagnóstico laboratorial, 760t-761t

estudos de casos, 791-795, 793t-794t

quimioprofilaxia antimicrobiana contra, 392

sarampo, vírus do, 607-610, 607f, 608f

virais, 443-444, 445t

adenovírus, 467-470, 587t

comparação, 587t

coronavírus, 617-618, 620-621

coxsackie, vírus, 539, 587t

influenza, vírus, 581, 586-589, 587t

metapneumovírus, 604-605

para vírus da influenza, 599-602, 601f

rinovírus, 542-543, 587t

rubéola, vírus da, 611-612, 611f

VSR, 602-604

Infecções do trato urinário (ITUs)

diagnóstico laboratorial, 762t

enterocócicas, 228

Escherichia coli, 238, 799, 803-804

estudos de casos

infecção complicada, 803-804

infecção vesical não complicada, 799, 803-804

Proteus spp., 241

quimioprofilaxia antimicrobiana contra, 392

Infecções genitais

Chlamydia trachomatis, 371-372, 806-807

diagnóstico laboratorial, 762t, 775-776

gonocócicas (Ver Gonorreia)

Haemophilus ducreyi, 275, 276t, 278

HPV, 647-650, 648f, 649f, 649t

HSV, 475, 479-482, 775, 808, 809t

micoplasma, 352-354

sífilis (Ver Sífilis)

úlceras, 808, 809t

Infecções helmínticas intestinais, 740, 742t

cestódeos

Diphyllobothrium latum, 749

Dipylidium caninum, 740, 749, 749f

Echinococcus granulosus, 753-754, 754f

Hymenolepis nana, 749

Taenia saginata, 748, 748f

Taenia solium, 748, 748f

nematódeos

ancilóstomos, 746-747, 746f

Ascaris lumbricoides, 745-746, 746f

Enterobius vermicularis, 741

Strongyloides stercoralis, 747, 747f

Trichinella spiralis, 747-748, 747f

Trichuris trichiura, 741, 745, 745f

trematódeos, *Fasciolopsis buski*, 748

Infecções invasivas, *Clostridium* spp., 190-191, 190f

Infecções nosocomiais

Acinetobacter spp., 258-259

Stenotrophomonas maltophilia, 258

Infecções oculares. *Ver também* Conjuntivite

adenovírus, 468-470

agentes antimicrobianos tópicos, 393, 393t

Bacillus cereus, 186

Infecções oportunistas

em HIV, 662-663

em pacientes transplantados, 816-819, 819f

fungemia, 681

quimioterapia antimicrobiana contra, 392

Infecções ósseas

microbiologia diagnóstica para, 770

osteomielite

estafilococos, 209, 211

estudo de caso, 804-805

Infecções por protozoários

amebas de vida livre, 734-735, 734f

amebas teciduais, 724t

conceitos principais, 726t

esporozoários sanguíneos, 724t-725t (Ver também Esporozoários sanguíneos)

esporozoários teciduais, 724t-725t, 739

flagelados sanguíneos (Ver Flagelados sanguíneos)

intestinais (Ver Infecções protozoárias intestinais)

microsporídios, 722, 739-740

por sistema orgânico, 723t-725t

sexualmente transmissíveis, 723t, 730

Infecções protozoárias intestinais, 723t

Cryptosporidium, 729-730, 729f

Cyclospora, 730

Entamoeba dispar, 729

Entamoeba histolytica, 15, 727-729, 728f

Giardia lamblia, 15, 727, 727f

Infecções sexualmente transmissíveis. *Ver também doenças específicas*

diagnóstico laboratorial, 775-778

estudos de casos

úlceras genitais, 808, 809t

uretrite, endocervicite e doença inflamatória pélvica, 806-807

vaginose e vaginite, 807-808, 807t

infecções por protozoários, 723t, 730

Infecções teciduais por helmintos

nematódeos

Dracunculus medinensis, 750-751

filariose linfática, 749-750, 750f

Onchocerca volvulus, 750, 751f

Strongyloides stercoralis, 747, 747f

Trichinella spiralis, 747-748, 747f

trematódeos, 752, 752f

trematódeos sanguíneos, 752-753, 753f

Infecções ungueais, 684-685, 684t, 716

Infecções virais congênitas, 446-447, 447f, 447t

CMV, 489-493, 490f, 491f

Infecções virais inaparentes, 443, 445f

Infecções virais lentas, 629-630, 630t

Infecções virais perinatais, 446-447, 447f, 447t

CMV, 489-493, 490f, 491f

HIV, 662, 666-669

parvovírus B19, 459f, 459t, 460

Infecções virais subclínicas, 443, 445f

Inflamação

atividade antimicrobiana, 389

mediadores, 130-131

Influenza aviária, 590, 590f

Influenza suína, 590, 590f

Influenza, vírus

brotamento, 422, 422f

classificação e nomenclatura, 581-582

estrutura e composição, 581, 582f, 583t

estrutura e função de hemaglutinina, 582-583, 584f

impulso antigênico e mudança antigênica, 584-585, 585f, 588-590

infecções humanas

achados clínicos, 587-588

aviária, 590, 590f

diagnóstico laboratorial, 588-589, 779t

epidemiologia, 589-590, 590f

estudo de casos emergentes, 820

imunidade, 588

patogênese e patologia, 586-587

prevenção e tratamento, 591-592

trato respiratório, 581, 586-589, 587t

vírus de 1918, 590

isolamento e identificação, 588-589

neuraminidase, estrutura e função, 583-584, 584f

propriedades importantes, 581, 582t

replicação, 585-586, 585f

vacinas, 588, 591

Ingestão, fagócitos, 128

INH. *Ver* Isoniazida

Inibição competitiva, 65t

Inibição de hemaglutinação (IH), 589

Inibição por retroalimentação, 101, 102f

Inibidores da bomba de prótons (IBPs), 271

Inibidores da entrada, 667, 667t

Inibidores da fusão, 449, 667, 667t

Inibidores da protease, 449, 667-668, 667*t*

Inibidores da transcriptase reversa, 449, 667, 667*t*

Iniciação de esporos, 38

Injeção de antraz, 183-185

Inóculo, atividade antimicrobiana e, 307

Inserções, 114-115

Insônia familiar fatal, 3, 5*t*, 631

Integrase, inibidores da, 449, 667, 667*t*

Interconversões de carboidratos, 81-82, 83*f*, 84*f*, 85*f*, 86*f*

Interferência bacteriana, 172, 178

Interferência de partículas virais defeituosas, 431

Interferência viral, 432

Interferonas (IFNs), 128-131, 144, 145*t*, 146, 148

    em infecções virais, 441, 443*f*, 443*t*

    peguiladas, 450*t*, 526

Interleucinas (ILs), 128-130, 144, 145*t*, 146

Internalinas, 161

Internalinas A e B, 200

Intoxicação por frutos do mar paralisante, 8

Íntrons, 7, 108, 116

Invasão, 155, 160-161

Iodamoeba bütschlii, 729

Iodeto de potássio, 687

IPA (ácido 3-indolepropiônico), 172

Isolados de campo, 431

Isolados primários, 431

Isoniazida (INH), 328, 330-331, 386, 409-410, 811-812

Isoprenoides, 20

Isopropanol, ação antimicrobiana, 61*t*, 64

Isospora, 814*t*

Isotiocianato de fluoresceína (FITC), 12

Itraconazol, 685, 688-690, 695, 699, 708, 713*t*, 714-715

ITUs. *Ver* Infecções do trato urinário

Ixodes, carrapatos, 343-346

J

JC, vírus, 630, 630*t*, 645-647, 780*t*, 813*t*

Junin, febre hemorrágica, 575

K

K, antígenos, 237-238

K. pneumoniae, carbapenemases (KPC), 380

Kaposi, sarcoma de, 157, 663

Kbp (pares de quilobases), 105

KDO (ácido cetodesoxioctanóico), 28

KI, vírus, 646

Kinyoun, coloração de, 759, 759*t*

Klebsiella

    doenças causadas, 240-241

    estrutura antigênica, 237-238

    morfologia e identificação, 235-237, 236*t*

Klebsiella granulomatis, 240, 776, 808, 809*t*

Klebsiella oxytoca, 240

Klebsiella pneumoniae, 236*t*, 240-241, 793*t*

    fármacos de escolha, 395*t*

    resistência antibiótica, 380

Koch, postulados de, 156-157, 156*t*

Koch, postulados moleculares de, 156*t*, 157

Koch-Weeks, bacilo de, 277

Koplik, manchas de, 608

KPC (*K. pneumoniae*, carbapenemases), 380

KSHV (herpes-vírus associado ao sarcoma de Kaposi), 473-475, 475*t*, 494, 651, 813*t*

K-U, estreptococos, 215, 223

Kuru, 3, 5*t*, 630*t*, 631-632

L

L (leves), cadeias, 136-137, 136*f*

L, formas, 31

    semelhantes a micoplasmas, 51

La Crosse, vírus, 561*t*, 564, 571

Laboratório

    comunicação do médico com, 757-758

    questões de segurança, 425

Laboratório de imunologia clínica, 149-150

Lacase, 704, 706

Lactentes, doença generalizada, 539

Lactobacillus, 195, 231, 231*t*

Lactobacillus acidophilus, 178

Lactococcus, 231

Lactoferrina, 21

Lady Windermere, síndrome de, 332

Lâminas

    Borrelia spp., 344-345

    Campylobacter jejuni, 268

    Chlamydia pneumoniae, 374

    Chlamydia trachomatis, 373

    enterobactérias, 242

    estafilococos, 210

    estreptococos, 221

    Helicobacter pylori, 270

    Legionella pneumophila, 317

    Mycobacterium tuberculosis, 329

    Neisseria gonorrhoeae, 299-300

    pneumococos, 227

    Pseudomonas aeruginosa, 256

    Vibrio cholerae, 263

    VZV, 485, 485*f*

    Yersinia pestis em, 290-291

Laminina, 15

Lamivudina, 450*t*, 526

LAMP (amplificação isotérmica mediada por alça), 767

Lancefield, grupos, 215, 216*t*

Larva migrans, 740*t*, 751-752

Larva migrans cutânea (LMC), 751

Larva migrans ocular (OLM), 751-752

Larva migrans visceral (LMV), 751

Larvas, 747, 747*f*

Lassa, febre de, 574-575

Látex, testes de aglutinação, 706, 763

Lavado broncoalveolar, 774

LCS. *Ver* Líquido cerebrospinal

Lecitinase, 162, 164, 190

Lectina de ligação da manose (MBL), via, 142-143, 142*f*

Legionários, doença dos, 315-318, 316*f*

Legionella, 315, 316*t*, 395*t*

Legionella micdadei, 315, 316*t*

Legionella pneumophila, 12, 75

    achados clínicos, 317

    antígenos e produtos celulares, 315

    biofilmes, 58

    epidemiologia e controle, 318

    imunidade, 317

    laboratórios diagnósticos, 317

    morfologia e identificação, 315, 316*f*, 316*t*

    patogênese e patologia, 315-316

    pneumonia, 315-318, 316*f*, 794*t*

    tratamento, 317-318

    virulência, 160, 316

Leishmania aethiopica, 724*t*, 733

Leishmania braziliensis, 724*t*, 733-734

Leishmania braziliensis braziliensis, 733

Leishmania braziliensis guyanensis, 733

Leishmania donovani, 724*t*, 734, 734*f*

Leishmania major, 723*t*, 733-734

Leishmania mexicana, 723*t*, 733

Leishmania mexicana pifanoi, 724*t*, 733

Leishmania spp., 722, 731*t*, 733-734, 733*f*, 734*f*

Leishmania tropica, 723*t*, 733-734

Leishmaniose, 723*t*-724*t*, 731*t*, 733-734, 733*f*

Leishmaniose cutânea, 723*t*-724*t*, 731*t*, 733

Leishmaniose mucocutânea, 724*t*, 731*t*, 733-734, 733*f*

Leishmaniose visceral, 724*t*, 731*t*, 733-734

Leite

    contaminação por brucelas, 283

    contaminação por salmonelas, 250

Lemierre, doença de, 308, 311

Lente objetiva, 11

Lentivirus, 639-640, 641*f*, 643

    classificação, 656-657, 658*t*

    desinfecção e inativação, 658

    estrutura e composição, 655-656, 656*f*, 657*f*

    HIV (*Ver* Vírus da imunodeficiência humana)

    origem, 658

    propriedades importantes, 655, 656*t*

    receptores, 659

    sistemas animais, 658-659

Lentivírus animais, sistemas, 658-659

Lentivírus de primatas, 655-657, 658*t*

Leptospira, 339, 346

    epidemiologia, prevenção e controle, 348

    estrutura antigênica, 347

    fármacos de escolha, 396*t*

    imunidade, 348

    morfologia e identificação, 347

    patogênese e achados clínicos, 347

    testes laboratoriais diagnósticos, 347-348

    tratamento, 348

Leptospirose, 346-348
Lesões micobacterianas exsudativas, 326-327
Lesões micobacterianas produtivas, 326-327
Lesões micobacterianas proliferativas, 326-327
Leucemia, vírus, 638-641, 639f
  HTLV, 636t, 641f, 642-644, 642f, 643f, 644f
Leucemia-linfoma de células T do adulto (LTA), 643-644
Leucocidinas, 164, 208
Leucoencefalopatia multifocal progressiva, 630, 630t, 646
Leuconostoc spp., 231, 231t
Leucopenia, 163
Leucoplasia pilosa oral, 487
Leucotrienos, 130, 146
Leveduras, 8, 674-676, 679t, 711, 765t
Leves (L), cadeias, 136-137, 136f
Levofloxacino, 407f
LF (fator letal), 184
LFA (ensaio de fluxo lateral), 706
LGV (linfogranuloma venéreo), 372-373, 808
Liberação viral, 429-430
Ligação, 110
Limpeza, 60t
Lincomicina, 404
  agentes infecciosos tratados com, 394t-396t
  mecanismo de ação, 382
Lincosamidas, 382
Linezolida, 405
  agentes infecciosos tratados com, 394t-396t
  mecanismo de ação, 383
  para endocardite, 797
  para enterococos, 229-230
  para estafilococos, 211
Linfogranuloma venéreo (LGV), 372-373, 808
Linfoma, 486-489, 650-651
Lip (H8), proteína, 297
Lipídio A, 28-29, 29f
Lipídios
  micobacterianos, 326
  virais, 422, 422f
Lipoglicopeptídeos, 404-405
  agentes infecciosos tratados com, 394t-396t
Lipo-oligossacarídeos (LOS), 29, 163
  Neisseria gonorrhoeae, 297, 298f
Lipopeptídeos, 404-405
  agentes infecciosos tratados com, 394t-396t
Lipopolissacarídeos (LPS)
  Bacteroides fragilis, 311
  de paredes celulares Gram-negativas, 26, 27f, 28-29, 29f
  efeitos fisiopatológicos, 161t, 163
  Neisseria gonorrhoeae, 297, 298f
  Neisseria meningitidis, 297, 301-302
  síntese, 95, 95f

Lipoproteína de paredes celulares
  Gram-negativas, 27f, 29-30
Líquens, 1, 2f
Líquido cerebrospinal (LCS)
  achados típicos em infecções do SNC, 788, 789t
  micoses e, 679, 680
  microbiologia diagnóstica, 773
  Trypanosoma brucei, 731
Lise medidas pelo complemento, 139
Lisina, 92, 93f
Lisossomos, 14f, 15
Lisozimas, 30
Listeria, 195, 196t, 199-201, 200f
Listeria monocytogenes, 73, 195, 196t, 199
  achados clínicos, 200-201
  classificação antigênica, 200
  cultura e características de crescimento, 200
  em meningite bacteriana, 788t
  fármacos de escolha, 395t
  morfologia e identificação, 200, 200f
  patogênese, 200
  virulência, 159, 161, 167
LMC (larva migrans cutânea), 751
LMV (larva migrans visceral), 751
Löeffler, síndrome de, 746
Lofotríquio, arranjo de flagelos, 32, 33f
Lone Star, vírus, 572
Lopinavir, 450t
LOS. *Ver* Lipo-oligossacarídeos
LPS. *Ver* Lipopolissacarídeos
LT (enterotoxina termolábil), 239
LTA (ácido lipoteicoico), 25-26, 26f, 160, 217
Lujo, vírus, 575
Luliconazol, 685, 716
Lyme, doença de, 344-346
Lyssavirus, 623

M

M, proteína, 218
M. avium, complexo. *Ver Mycobacterium avium-intracellulare*
M13, fago, 110
MAC. *Ver Mycobacterium avium-intracellulare*
Macaca, macacos, herpes-vírus B, 473-474, 494-495
Macacos do Velho Mundo, herpes-vírus B, 473-474, 494-495
Macacos, herpes-vírus B de, 473-474, 494-495
MacConkey, ágar, 76t, 759, 760t-762t
Machupo, febre hemorrágica de, 575
Machupo, vírus, 574
Macroconídia, 674, 677f, 682-683, 683f, 695
Macrófagos, 129, 661
Macrolídeos
  agentes infecciosos tratados com, 394t-396t, 403-404
  mecanismo de ação, 382

Madurella grisea, 689-690
Madurella mycetomatis, 675t, 689-690
Maduromicose, 689
Maedi, vírus, 629-630, 630t, 657
Magnetossomos, 18
Magnetotaxia, 18
Malária
  EBV, infecção com, 651
  epidemiologia e controle, 737-738, 738f
  microrganismos, 724t-725t, 735-736, 735f, 736t, 737f, 738f
  patologia e patogênese, 736-737
Malassezia furfur, 681
Malassezia globosa, 681
Malassezia restricta, 681
Malassezia spp., 675t, 679, 681
Malassezia sympodialis, 681
MALDI-TOF-MS (espectrometria de massa por ionização e dessorção a *laser* assistida por matriz – *time of flight*), 680, 703
Malta, febre de, 281-283
Mananas, 678, 701, 703
Mandíbula protuberante, 309
Mão-pé-boca, doença, 531-532, 539-540
MAP (meningoencefalite amebiana primária), 724t, 734-735
Mapa genético, 113

Mapeamento de restrição, 120-121
Maraviroque, 450t
Marburg, vírus, 576-577, 577f
Maré vermelha, 7-8
Marek, doença do vírus, 651
Matriz mitocondrial, 15
Maturação, vírus, 2-3
  adenovírus, 466
  paramixovírus, 599
  poxvírus, 501
  vírus influenza, 586
Maxam-Gilbert, técnica de, 122
MBL (lectina de ligação da manose), via da, 142-143, 142f
mcr (determinantes de resistência à colistina móveis), 381
MDA-5 (proteína associada à diferenciação do melanoma 5), 128
MDR-TB (tuberculose resistente a múltiplos fármacos), 331, 386
Médico, comunicação com o laboratório de diagnóstico, 757-758
Megavirus, 3
Meio de ágar semissintético para *Mycobacterium tuberculosis*, 323, 325
Meio de crescimento, 43-44
  atividade antimicrobiana, 387
  fatores ambientais afetando, 71-74, 73f, 74f
  nutrição em, 70-72, 70t, 72f
  para amplificação, 75
  para diagnóstico laboratorial, 759, 760t-762t, 763
  para exame de amostras naturais, 75

para fungos, 680, 685, 687-688, 697, 763

para isolamento, 75, 76f, 76t

para salmonela, 248, 248f

Meio definido, 72

Meios à base de ovo para *Mycobacterium tuberculosis*, 325

Meios complexos, 44

Meios diferenciais, 44, 75, 76t

para salmonela, 248, 248f

Meios não seletivos, 44

Meios seletivos, 44, 75, 76t

para salmonela, 248, 248f

Melanina, 678, 689, 704, 706

Melioidose, 256-257

Membrana celular

agentes antimicrobianos inibindo, 381-382

biocidas alterando, 61-62

de células eucarióticas, 13-15, 14f

de células procarióticas

estrutura, 19-20, 19f

função, 20-23, 21f, 22f

Membrana citoplasmática bacteriana

estrutura, 19-20, 19f

função, 20-23, 21f, 22f

Membrana externa de bactérias

Gram-negativas, 26-28, 27f, 28f

Membrana nuclear, 14, 14f, 16

Membrana plasmática

de células eucarióticas, 13-15, 14f

de células procarióticas

estrutura, 19-20, 19f

função, 20-23, 21f, 22f

Membranas mucosas

agentes antimicrobianos tópicos, 393, 393t

microbiologia diagnóstica, 770

Meningite

asséptica

caxumba, vírus da, 605

coxsackie, vírus, 539

ecovírus, 540

poliovírus, 536

causas comuns, 788, 788t

criptocócica, 705-706

diagnóstico laboratorial, 760t

enterocócica, 229

enterovírus, 536, 539-540

Escherichia coli, 240

estudo de caso, 787-789, 788t, 789t

Haemophilus influenzae, 275-277

HSV, 480

Leptospira, 347

Listeria monocytogenes, 201

meningocócica, 158, 302-303

por coccidioides, 695

Meningococemia, 302

Meningococos. *Ver Neisseria meningitidis*

Meningoencefalite

amebiana primária, 724t, 734-735

criptocócica, 705, 705f

Trypanosoma brucei gambiense, 731

Mercúrio, compostos, 61t

Merkel, poliomavírus de células de, 646-647

Merodiploides, 113

Meropeném, 401

Merozoítos, 735

MERS (síndrome respiratória do Oriente Médio), 617-618, 620-621

Mesófilos, 52, 73, 73f

Metabolismo

atividade antimicrobiana, 387-388

biossíntese e, 81, 82f

crescimento e, 81, 82f

fontes de energia, 69-70

metabólitos focais

formação de α-cetoglutarato a partir do piruvato, 84, 84f, 87f

formação e utilização de fosfoenolpiruvato, 82-84, 83f, 86f

formação e utilização do oxaloacetato, 84, 84f, 88f

interconversão glicose 6-fosfato e carboidrato, 81-82, 83f, 84f, 85f, 86f

padrões de geração de energia, 95

fermentação, 4, 69-70, 96-98, 97f, 98f, 99f, 100t

fotossíntese, 70, 100-101

respiração, 70, 98-100, 100f

regulação, 101-103, 102f

vias de assimilação

assimilação de nitrogênio, 89-91, 91f, 92f

Calvin, ciclo de, 86-88, 90f

crescimento com acetato, 84-86, 87f, 88f, 89f

depolimerases, 88

oxigenases, 88, 91f

vias redutoras, 89

vias de biossíntese

precursores glutamato e aspartato, 92, 93f

síntese de grânulos alimentares de reserva, 95

síntese de lipopolissacarídeos, 95, 95f

síntese de peptidoglicanos, 92-95, 94f

síntese de polímeros capsulares extracelulares, 95

Metabolismo vetorial, 20, 96

Metabólitos focais

α-cetoglutarato, 84, 84f, 87f

fosfoenolpiruvato, 82-84, 83f, 86f

glicose 6-fosfato, 81-82, 83f, 84f, 85f, 86f

oxaloacetato, 84, 84f, 88f

Metacercárias, 726, 752

Metais pesados, derivados de, 61t, 64

Metanogênese, 99-100

Metanogênicos, 99-100

Metapneumovírus, 587t, 596f, 597t, 598, 604-605

Metapneumovirus, 596f, 597t, 598

Metenamina de prata, 686, 759

Metenamina, hipurato, 409

Metenamina, mandelato, 409

Methanobrevibacter smithii, 177

Methanosphaera stadtmanae, 177

Meticilina, 206, 210-211, 399

Metionina, 92, 93f

Metissazona, 505

Método de difusão para medir a atividade antimicrobiana, 387-388, 769-770

Método de diluição para medir a atividade antimicrobiana, 387

Método de semeadura em profundidade, 76-77, 77f

Método de terminação didesóxi, 122, 123f

Métodos de coloração

em microscopia de campo luminoso, 11

fluorescente, 323, 325f, 759

na microscopia eletrônica, 13

na microscopia por fluorescência, 11-12

para bactérias, 38

coloração álcool-ácido-resistente, 39, 323, 325f, 759, 759t

coloração da cápsula, 39

coloração de flagelos, 39, 39f

coloração negativa, 39

diagnóstico laboratorial usando, 758-759, 759t, 760t-762t

Gram (*Ver* Gram, coloração de)

Mycobacterium tuberculosis, 323, 325f

para clamídias, 368, 368f, 777

para esporos, 39, 40f

para nucleoides, 39

para micoses

diagnóstico laboratorial usando, 679, 679t, 758-759, 759t

esporotricose, 686-687

para vírus, 420

diagnóstico laboratorial usando, 778

raiva, vírus da, 626, 626f

Metronidazol, 409

agentes infecciosos tratados com, 394t-396t

microbiota intestinal normal, 178

para abscesso cerebral, 790-791

para infecções anaeróbias, 309, 312

MHA-TP (micro-hemaglutinação para *T. pallidum*), teste, 341

MHC (complexo de histocompatibilidade principal), 132-133, 133t, 134f, 135f

MHC classe I, proteína, 133, 135f

MHC classe II, compartimento, 133

Micafungina, 713t, 716

Micélios, 8, 674-675

Micetismo, 712

Micetoma, 679t, 689-690

Micobactérias, 195, 323, 324t-325t

coinfecção com HIV, 330-333, 661, 811-813, 813t, 815

cultura, 323, 325, 329-330, 763

fármacos usados para tratar, 396t, 409-411

infecções definidoras da Aids, 813*t*
patogenicidade, 326
Runyon, classificação, 329*t*
Micobactérias não tuberculosas (MNT), 323, 326
Miconazol, nitrato de, 685, 714-715, 716
Micoplasmas
  achados clínicos, 353-354
  epidemiologia, prevenção e controle, 353-354
  estrutura antigênica, 352
  fármacos de escolha, 396*t*
  interações parasíticas, 6
  morfologia e identificação, 351-352
  paredes celulares, 31, 51-52, 52*f*, 351-354, 353*f*
  patogênese, 352-353, 353*f*
  testes laboratoriais diagnósticos, 352-354
  tratamento, 353-354
Micoses, 673
  cutâneas, 675*t*, 681-685
  diagnóstico laboratorial
    amostras, 679, 758
    cultura, 680, 759, 763, 764*t*-765*t*
    detecção de antígenos, 763
    diagnóstico molecular, 680-681, 766-768
    espectrometria de massa, 768-769
    microbiota normal, 769
    microscopia e coloração, 679, 679*t*, 758-759, 759*t*
    sorologia, 680, 763, 764*t*-765*t*, 766
    teste de suscetibilidade a antifúngicos, 681, 769-770
    Western blot, imunoensaios, 766
  endêmicas, 675*t*, 690-691, 690*t*, 691*f* (*Ver também* Micoses endêmicas)
  oportunistas, 675*t*, 700 (*Ver também* Micoses oportunistas)
  profilaxia antifúngica, 711, 819
  quimioterapias antifúngicas (*Ver* Quimioterapia antifúngica)
  subcutâneas, 675*t*, 685-686 (*Ver também* Micoses subcutâneas)
  superficiais, 675*t*, 681
Micoses endêmicas, 675*t*, 690-691, 690*t*, 691*f*
  blastomicose, 690, 690*t*, 691*f*, 694*t*, 698-699, 698*f*, 764*t*
  coccidioidomicose (*Ver* Coccidioidomicose)
  histoplasmose (*Ver* Histoplasmose)
  paracoccidioidomicose, 690, 690*t*, 691*f*, 694*t*, 699-700, 699*f*, 764*t*
Micoses oportunistas, 675*t*, 700
  adicionais, 709-710
  aspergilose, 696*t*, 706-708, 707*f*, 764*t*
  candidíase (*Ver* Candidíase)
  criptococose, 696*t*, 704-706, 704*f*, 705*f*, 765*t*, 788*t*, 814*t*
  mucormicose, 708-709, 708*f*
  patógenos emergentes, 710

peniciliose, 691, 691*f*, 709
Pneumocystis, pneumonia, 675*t*, 709, 794*t*, 813*t*
Micoses subcutâneas, 675*t*, 685
  cromoblastomicose, 687-688, 687*f*, 688*f*
  esporotricose, 686-687, 686*f*
  feoifomicose, 689, 689*f*, 710
  micetoma, 689-690
Micoses superficiais, 675*t*, 681
Microaerófilos, 73, 74*f*
Microarranjos, 768
Microarranjos de ácidos nucleicos, 768
Microbicidas tópicos para HIV, 668
Microbiologia
  definição, 1
  diagnóstica (*Ver* Microbiologia diagnóstica)
  princípios biológicos ilustrados, 1-2, 2*f*
Microbiologia diagnóstica, 757
  comunicação entre médico e laboratório, 757-758
  para doenças virais, 778*t*, 779*t*-780*t*
    amplificação e detecção de ácido nucleico, 782
    cultura, 778, 781-782, 781*f*
    detecção de antígenos, 782
    ELVIS, 782
    IME, 782
    mensuração da resposta imune, 783
    microscopia e coloração, 778
    sequenciamento de ácido nucleico, 782-783
  para infecções anaeróbias, 776
  para infecções bacterianas
    amostras, 758
    cultura, 759, 760*t*-762*t*, 763, 764*t*-765*t*
    detecção de antígenos, 763
    diagnóstico molecular, 766-768
    espectrometria de massa, 768-769
    microbiota normal, 769
    microscopia e coloração, 758-759, 759*t*, 760*t*-762*t*
    testagem sorológica, 763, 766
    Western blot, imunoensaios, 766
  para infecções por clamídia, 777-778
  para micoses
    amostras, 679, 758
    cultura, 680, 759, 763, 764*t*-765*t*
    detecção de antígenos, 763
    diagnóstico molecular, 680-681, 766-768
    espectrometria de massa, 768-769
    microbiota normal, 769
    microscopia e coloração, 679, 679*t*, 758-759, 759*t*
    sorologia, 680, 763, 764*t*-765*t*, 766
    teste de suscetibilidade a antifúngicos, 681, 769-770
    Western blot, imunoensaios, 766
  para seleção da terapia antimicrobiana, 769-770

por sítio anatômico de infecção
    amostras do trato gastrintestinal, 774-775
    ferimentos, tecidos, ossos, abscessos e fluidos, 770
    infecções sexualmente transmissíveis, 775-776
    LCS, 773
    sangue, 770-772
    secreções respiratórias, 773-774
    urina, 772-773
Microbioma, 75, 146, 171
Microbiota intestinal, 172*t*, 177-178, 798
Microbiota normal, 156-157
  atividade antimicrobiana, 389
  da boca, 174-177, 175*f*
  da conjuntiva, 179
  da pele, 172-174, 172*t*, 173*f*
  da uretra, 178
  da vagina, 178
  de placenta e útero, 178
  definição, 171
  diagnóstico laboratorial, 769
  do trato intestinal, 172*t*, 177-178, 798
  do trato respiratório superior, 172*t*, 174-175
  papel da microbiota residente, 171-172, 172*t*
  Projeto Microbioma Humano e, 171
Microbiota residente, 171-172, 172*t*
Microbiota transitória, 171
Micrococcus, 205
Microconídios, 674, 682-683, 683*f*, 695
Microfilamentos, 14*f*, 15
Micro-hemaglutinação para *T. pallidum* (MHA-TP), teste, 341
Microimunofluorescência (MIF), clamídias, 369
Microrganismos, 1-2
  crescimento (*Ver* Crescimento)
  isolamento
    em cultura pura, 76-78, 77*f*
    métodos, 75, 76*f*, 76*t*
  morte
    biocidas, 61-65, 61*t*-62*t*, 65*f*, 65*t*
    definição e mensuração, 59, 60*f*
  sobrevivência em ambiente natural, 55
Microrganismos fastidiosos, 75
Microrganismos microaerófilos, 51
Microrganismos monofiléticos, 8
Microrganismos parafiléticos, 7
Microrganismos polifiléticos, 8
Microscopia
  Aspergillus spp., 707, 707*f*
  Blastomyces dermatitidis, 699
  Candida spp., 702-703, 703*f*
  Chlamydia spp., 777
  Coccidioides spp., 692*f*, 693
  Cryptococcus spp., 704*f*, 706
  dermatofitose, 685, 685*f*

diagnóstico laboratorial
  doença viral, 778
  infecções bacterianas, 758-759, 759*t*, 760*t*-762*t*
  micoses, 679, 679*t*, 758-759, 759*t*
  elétron, 12-13, 12*f*, 13*f*
  Histoplasma capsulatum, 697
  identificação de bactérias usando, 44
  IME, 782
  LCS, 773
  Leptospira spp., 347
  óptica, 11-12, 12*f*
  secreções respiratórias, 774
  sonda de varredura, 13, 14*f*
  Sporothrix schenckii, 686-687
  Treponema pallidum, 341
  urina, 772
Microscopia com fluorescência, 11-12, 12*f*
Microscopia confocal por varredura a *laser* (CSLM), 13, 13*f*
Microscopia de campo claro, 11
Microscopia de campo escuro, 11, 12*f*
  Leptospira spp., 347
  Treponema pallidum, 341
Microscopia de contraste de fase, 11, 12*f*
Microscopia de força atômica, 13, 14*f*
Microscopia de transmissão eletrônica (TEM), 13
Microscopia de varredura por tunelamento, 13
Microscopia eletrônica, 12-13, 12*f*, 13*f*
Microscopia óptica, 11-12, 12*f*
Microscopia por sonda de varredura, 13, 14*f*
Microsporídios, 722, 739-740
Microsporum, 675*t*, 681-685
Microsporum canis, 682, 684*t*
Microsporum gallinae, 682
Microsporum gypseum, 682, 683*f*
Microsporum nanum, 682
Microtúbulos, 14*f*, 15-16, 16*f*
MIF (microimunofluorescência), clamídias, 369
Migração de fagócitos, 128
Mimetismo molecular, 442
Mimivírus, 3
Minociclina, 402
Miocardite, 539
Mionecrose, 190
Miracídio, 726
Mistura fenotípica viral, 432
Mitis-Sanguinis, grupo, 216*t*
Mitocôndria
  como endossimbiontes, 6, 15
  DNA em, 108
  estrutura, 14*f*, 15
  ribossomos de, 117
Mitossomos, 15
MLST (tipagem de sequência multilocus), 680
Modelo dano-resposta, 167
Modelo para sequenciamento de DNA, 122

Modificação covalente, 101
Moléculas de reconhecimento de antígenos, 132
Molluscipoxvirus, 499, 501*t*
Molusco contagioso, 501*t*, 506-500, 500*f*
MOMP (proteína principal da membrana externa), 367
Monobactâmicos, 394*t*-396*t*, 401
Monócitos, 129, 661
Mononucleose infecciosa, 475
  CMV, 491
  EBV, 486-489, 488*f*
Monossomos, 382
Monotríquio, arranjo de flagelos, 32, 33*f*
Moraxella catarrhalis, 295, 296*t*, 303, 394*t*, 794*t*
Morbillivirus, 596*f*, 597, 597*t*
Morcegos, vírus da raiva em, 623-624, 626, 627*t*, 628
Morfogênese viral, 429-430
Morganella morganii, 236*t*, 237, 241
Mormo, 257
Morte
  de microrganismos
    biocidas e, 61-65, 61*t*-62*t*, 65*f*, 65*t*
    definição e mensuração, 59, 60*f*
  no modelo de dano-resposta, 167
Mórulas, 362
Mosquito-palha, 731, 731*t*, 733-734
Mosquitos, malária e, 735, 735*f*, 737-738
Moxifloxacino, 407*f*
mRNA. *Ver* RNA mensageiro
MRSA. *Ver S. aureus* resistente à meticilina
MS (espectrometria de massa), 768-769
Muco, 128
Mucopeptídeo, 23
Mucor, 708
Mucorales, 675*t*, 678, 708, 711
Mucormicose, 675*t*, 679*t*, 708-709, 708*f*
Mucormicose rinocerebral, 708
Mucoromicotina, 708
Mudança antigênica, vírus influenza, 584-585, 585*f*, 588-590
Multiplex, ensaios, 149
Mupirocina, 212
Mureína, 23
Mutação de sentido trocado (*frameshift*), 115
Mutação genética, 115
Mutação supressora, 115
Mutações, 107
  espontâneas, 114-115
  inserção, 109
  mutagênicos causando, 115
  reversão e supressão, 115
  virais, 431
Mutações de sentido errado, 115
Mutações sem sentido, 115
Mutagênese dirigida a sítios, 119, 123, 124*f*
Mutagênicos, 115
Mutagênicos físicos, 115
Mutagênicos químicos, 115

Mutans, grupo, 216*t*
Mutualismo, 1, 2*f*, 171-172
Mycobacterium abscessus, 324*t*, 333
Mycobacterium africanum, 324*t*
Mycobacterium avium-intracellulare (*M. avium*, complexo, MAC), 323, 324*t*, 329-330, 332
  estudo de caso, 812, 813*t*-814*t*, 814*t*-815*t*, 815
  fármacos de escolha, 396*t*
  infecções definidoras da Aids, 813*t*
Mycobacterium bovis, 324*t*, 326
Mycobacterium chelonae, 324*t*, 333, 396*t*
Mycobacterium fortuitum, 324*t*, 326, 333, 396*t*
Mycobacterium genavense, 324*t*, 334
Mycobacterium gordonae, 325*t*, 330
Mycobacterium haemophilum, 324*t*, 334
Mycobacterium immunogenum, 324*t*
Mycobacterium kansasii, 324*t*, 326, 330, 333
  fármacos de escolha, 396*t*
  infecções definidoras da Aids, 813*t*
Mycobacterium leprae, 323, 324*t*
  achados clínicos, 334
  diagnóstico, 334
  epidemiologia, prevenção e controle, 334-335
  fármacos de escolha, 396*t*
  Koch, postulados, 156
  tratamento, 334
Mycobacterium malmoense, 324*t*, 334
Mycobacterium marinum, 324*t*, 333
Mycobacterium mucogenicum, 324*t*
Mycobacterium nonchromogenicum, 324*t*
Mycobacterium scrofulaceum, 324*t*, 333
Mycobacterium simiae, 324*t*
Mycobacterium szulgai, 324*t*
Mycobacterium tuberculosis, 12, 324*t*
  achados clínicos, 328
  coinfecção com HIV, 330-333, 661, 811-813, 813*t*, 815
  constituintes, 326
  epidemiologia, 331
  estudos de casos
    tuberculose miliar disseminada, 810-812
    tuberculose pulmonar, 809-810
  fármacos de escolha, 396*t*
  imunidade e hipersensibilidade, 147-148, 327
  infecção primária e reativação, 327
  infecções definidoras da Aids, 813*t*
  morfologia e identificação
    características de crescimento, 325
    cultura, 323, 325, 329-330
    microrganismos típicos, 323, 325*f*
    patogenicidade, 326
    reação a agentes físicos e químicos, 326
    variação, 326
  patogênese, 326
  patologia, 326-327

prevenção e controle, 331-332

resistência antimicrobiana, 330-331, 386

teste de tuberculina, 147-148, 327-328, 811

testes laboratoriais diagnósticos, 328-330, 329*t*

tratamento, 330-331, 396*t*, 409-411, 811-812

virulência, 157, 165, 326

Mycobacterium ulcerans, 323, 324*t*, 333

Mycobacterium xenopi, 324*t*

Mycoplasma genitalium, 4, 351-354

Mycoplasma hominis, 351-352, 354

Mycoplasma pneumoniae, 31, 351-354, 353*f*, 793*t*

N

NA. *Ver* Neuraminidase

NAATs. *Ver* Testes de amplificação do ácido nucleico

NAD⁺ (nicotinamida adenina dinucleotídeo), 82, 85*f*, 86*f*, 87*f*, 88*f*, 89*f*, 90*f*, 91*f*, 92*f*, 96, 97*f*, 98, 98*f*, 99*f*, 100*f*, 101

NADP⁺ (nicotinamida adenina dinucleotídeo fosfato), 82, 90*f*, 92*f*, 99, 101

Naegleria, 722, 724*t*

Naegleria fowleri, 734-735, 735*f*

Nafcilina, 397*f*, 399

resistência de estafilococos à, 206-207, 210-211

Naftifina, 716

Nagana, 731

Não cromogênios, 329, 329*t*

Não genética, reativação, 500

Não patogênicos, 155, 157

NASBA (ensaio baseado na amplificação da sequência de ácidos nucleicos), 767

Nasofaringe

microbiota normal, 172*t*, 174-175

coleta de amostra, 774

Natural killer (NK), células, 129-130

Necator americanus, 740, 746-747, 746*f*

Nefelometria, 150

Nefropatia epidêmica, 572

Negri, corpo de, 625-626, 626*f*

Neisseria cinerea, 295, 296*t*, 303

Neisseria elongata, 295, 296*t*

Neisseria flavescens, 295, 296*t*, 303

Neisseria gonorrhoeae

cultura, 75, 295-296, 300

diagnóstico laboratorial, 775

epidemiologia, prevenção e controle, 301

estrutura antigênica, 296-299, 298*f*

fármacos de escolha, 394*t*

heterogeneidade antigênica e genética, 297-299

imunidade, 300

Koch, postulados, 156

morfologia e identificação, 295-296, 296*f*, 296*t*

patogênese, patologia e achados clínicos, 299

resistência a antibióticos, 299-301, 385

sistemas de secreção, 23

testes laboratoriais diagnósticos, 299-300

tratamento, 300-301

virulência, 160-161, 164-165, 167, 297, 298*f*

Neisseria lactamica, 295, 296*t*, 303

Neisseria meningitidis

em meningite bacteriana, estudo de caso, 787-789, 788*t*, 789*t*

epidemiologia, prevenção e controle, 303

estrutura antigênica, 297, 301-302

fármacos de escolha, 394*t*

imunidade, 302-303

morfologia e identificação, 295, 296*t*

patogênese, patologia e achados clínicos, 302

resistência a antibióticos, 385

testes laboratoriais diagnósticos, 302

tratamento, 303

virulência, 158, 165, 301-302

Neisseria mucosa, 296*t*, 303

Neisseria polysaccharea, 296*t*

Neisseria sicca, 295, 296*t*, 303

Neisseria subflava, 295, 296*t*, 303

Neisseriaceae, 295, 296*f*, 296*t*

Nematódeos, 722, 726, 741*t*

conceitos principais, 740*t*

infecções com, 740

intestinais, 742*t*

ancilóstomos, 746-747, 746*f*

Ascaris lumbricoides, 745-746, 746*f*

Enterobius vermicularis, 741

Trichuris trichiura, 741, 745, 745*f*

intestinais e teciduais

Strongyloides stercoralis, 747, 747*f*

Trichinella spiralis, 747-748, 747*f*

teciduais

Dracunculus medinensis, 750-751

filariose linfática, 749-750, 750*f*

Onchocerca volvulus, 750, 751*f*

Nematódeos, 740, 745-746, 746*f*

cães e gatos, 740

guaxinim, 751

Neomicina, 406

agentes infecciosos tratados com, 394*t*-396*t*

microbiota intestinal normal, 178

Netilmicina, 394*t*-396*t*, 406-407

Neuraminidase (NA), 581

estrutura e função, 583-584, 584*f*

impulso antigênico e mudança antigênica, 584-585, 585*f*, 588

Neurossífilis, 341-342

Neurotoxinas, 7-8

Neutralófilos, 72

Neutrófilos, 129

Nevirapina, 450*t*

Nevralgia pós-herpética, 484-486, 484*f*

New York, vírus, 573, 573*f*

Newcastle, vírus da doença de, 595-596, 600

Nicomicina, 712

Nicotinamida adenina dinucleotídeo (NAD⁺), 82, 85*f*, 86*f*, 87*f*, 88*f*, 89*f*, 90*f*, 91*f*, 92*f*, 96, 97*f*, 98, 98*f*, 99*f*, 100*f*, 101

Nicotinamida adenina dinucleotídeo fosfato (NADP⁺), 82, 90*f*, 92*f*, 99, 101

Nifurtimox, 732

Nipah, vírus, 596*f*, 597, 597*t*, 610-611

Nistatina, 704, 712, 716

Nitrato, assimilação, 71

Nitrito, assimilação, 71

Nitrofurantoína, 409

Nitrogenase, complexo da enzima, 89-90, 91*f*

Nitrogênio, assimilação, 89-91, 91*f*, 92*f*

Nitrogênio, fixação, 70, 89-90, 91*f*

Nitrogênio, fontes em culturas, 70-72, 70*t*

NK (*natural killer*), células, 129-130

Nocardia, 195, 196*t*, 202, 764*t*

diagnóstico laboratorial, 764*t*

fármacos de escolha, 396*t*

Nocardia brasiliensis, 202

Nomenclatura, 43

Norfloxacino, 407, 407*f*

Norovírus, 547, 551*t*, 552-554, 552*f*, 553*f*, 780*t*, 802*t*

Northern blots, 123

Norwalk, vírus, 552-554, 552*f*, 553*f*, 780*t*

Nosema algerae, 740

Nosema connori, 740

Nosema corneum, 740

Nosema ocularum, 740

NTM (micobactérias não tuberculosas), 323, 326

Núcleo

de endosporos, 38

de LPS, 28, 29*f*

Núcleo, 13-14, 14*f*

Nucleocapsídeo, 413, 414*f*

Nucleoide, 4

coloração, 39

estrutura, 16-17, 17*f*

Nucléolo, 14, 14*f*

Nucleotídeos, 105

inserções ou deleções, 115

Número variável de repetições em *tandem* (VNTRs), 47-48

Nutrição para cultura

fatores de crescimento, 71-72, 72*f*

fontes de carbono, 70, 72

fontes de enxofre, 71-72

fontes de fósforo, 71-72

fontes de nitrogênio, 70-72, 70*t*

fontes minerais, 71-72

O

O, antígenos, 28-29, 29*f*

Enterobacteriaceae, 237

Shigella, 243

Observação do animal, vírus da raiva, 626-627, 627t

Ofloxacino, 407f

Oftalmia gonocócica neonatal, 299, 301

Oligossacárídeos derivados da membrana, 30

onc, gene retroviral, 640-641, 641f

Onchocerca volvulus, 750, 751f

Oncogenes, 636
  EBV, 450
  retrovirais, 641-642

Oncogênese celular, 636

Onicomicose, 684-685, 684t, 702

Oocistos, 729-730, 739

Operador, 117

Óperons, 116-117
  VanA, 230, 230f

Opisthorchis viverrini, 752

Opsonização, 129, 139, 142

Optoquina, 224, 226f

Orbivírus, 552, 558t

Orelha, coleta de amostra, 774

Orelha média, coleta de amostras, 774

Orf, vírus, 501f, 501t, 506, 507f

Organelas de motilidade
  de células eucarióticas, 16, 16f
  de células procarióticas, 32-35, 33f, 34f, 35f

Órgãos linfoides na infecção pelo HIV, 661

ori (origem), sítio, 110

Orientia, 357, 358t
  achados clínicos, 359
  antígenos e sorologia, 357, 359
  epidemiologia, 360
  imunidade, 359
  morfologia e identificação, 357
  ocorrência geográfica, 360-361
  ocorrência sazonal, 361
  patologia, 359
  prevenção e controle, 361
  testes laboratoriais diagnósticos, 359-360
  tratamento, 360

Orientia tsutsugamushi, 358t, 359-360

Origem (*ori*), sítio, 110

Originalidade da hipótese científica, 1

Oritavancina, 211, 394t-396t, 405

Ornithodoros, carrapatos, 343-344

Ornitose, 374-375

Oroya, febre, 318-319

Orquite, 605

Orthomixoviridae (ortomixovírus), 415t, 416f, 419, 429t, 430t, 581, 582t. *Ver também* Vírus influenza

Ortopoxvírus, 499, 500f, 501t

Oseltamivir, 450t, 451, 591

Osmófilos, 74

Osmotrofia, 8

Osteomielite
  estafilococos, 209, 211, 804-805
  estudo de caso, 804-805

Ostras, *Vibrio vulnificus* contaminando, 265-266

Ovelhas
  antraz em, 183
  scrapie em, 3, 3f, 5t, 630t, 631
  vírus visna em, 629-630, 630t, 657

Ovos, contaminação por salmonela, 250

Oxacilina, 206, 210, 397f, 399

Oxaloacetato, 84, 84f, 88f

Oxazolidinonas, 405
  agentes infecciosos tratados com, 394t-396t
  mecanismo de ação, 383

Oxidase, teste da, 44

Óxido de etileno, 62t

Oxigenases, 88, 91f

Oxigênio, cultura, 73-74, 74f

Ozena, 241

Ozônio, ação antimicrobiana, 61t

P

p53, gene, 637

PAC (pneumonia adquirida na comunidade), 792, 795

Pacientes imunocomprometidos
  adenovírus em, 468-470
  aspergilose, 706-707
  coccidioidomicose em, 693
  histoplasmose em, 696-697
  infecções por herpes-vírus em, 475
    CMV, 489-492
    EBV, 487
    HHV-8, 494
    HSV, 480
    VZV, 482, 484
  pacientes transplantados, 816-819
  parvovírus B19 em, 459f, 459t, 460
  Pneumocystis jiroveci em, 722
  quimioprofilaxia antimicrobiana, 392

Padrões metabólicos para geração de energia, 95
  fermentação, 4, 69-70, 96-98, 97f, 98f, 99f, 100t
  fotossíntese, 70, 100-101
  respiração, 70, 98-100, 100f

Paecilomyces, 675t, 710-711

PAIs. *Ver* Ilhas de patogenicidade

Panarício herpético, 480

PANDAS (distúrbios neuropsiquiátricos pós-estreptocócicos autoimunes associados com estreptococos), 220-221

Panencefalite esclerosante subaguda (PEES), 608-609, 608f, 630, 630t

Panencefalite progressiva por rubéola, 613

Panton-Valentine, leucocidina (PVL), 208

Papanicolau (Pap), esfregaço, 650

Papillomaviridae (papilomavírus), 415t, 416f, 417, 636t, 644t
  achados clínicos e epidemiologia, 648-650
  classificação, 647, 648f
  patogênese e patologia, 647-648, 649f, 649t
  prevenção e controle, 650

propriedades importantes, 647, 647t
replicação, 647, 648f

Papilomas laríngeos, 650

Papilomatose respiratória recorrente, 650

Papilomavírus humano (HPV), 119, 647-650, 648f, 649f, 649t

Paracoccidioides brasiliensis, 675t, 690t, 764t

Paracoccidioidomicose, 675t, 679t, 690, 690t, 691f, 694t, 699-700, 699f
  diagnóstico laboratorial, 764t

Paragonimus westermani, 752, 752f

Parainfluenza, vírus, 587t, 595-596, 596f, 597t
  achados clínicos, 600, 601f
  diagnóstico laboratorial, 601-602, 779t
  epidemiologia, 602
  imunidade, 600-601
  isolamento e identificação, 601
  patogênese e patologia, 599
  tratamento e prevenção, 602

Paralisia, enterovírus, 540-541

Paralisia flácida aguda, 541

Paralisia infantil, 537

Paramyxoviridae (paramixovírus), 415t, 416f, 419-420, 423f, 429t, 430t
  caxumba, vírus da, 587t, 595-596, 597t, 605-607, 779t-780t
  classificação, 595-598, 597t
  estrutura e composição, 595, 596f, 597f, 597t
  Hendra, vírus, 597, 597t, 610-611
  metapneumovírus, 587t, 596f, 597t, 598, 604-605
  Nipah, vírus, 596f, 597, 597t, 610-611
  parainfluenza, vírus (*Ver* Parainfluenza, vírus)
  propriedades importantes, 595, 596t
  replicação, 598-599, 598f, 600f
  sarampo, vírus do (*Ver* Sarampo, vírus do)
  VSR (*Ver* Vírus sincicial respiratório)

Paraparesia espástica tropical, 643-644

Parapoxvirus, 499, 501f, 501t

Parasitas
  classificação, 722, 726
  classificação de doenças, 722t
  eucarióticos, 7-8
  procarióticos, 6

Parasitismo, 1

Parecovírus, 531-532, 534t, 538t, 543

Parede celular
  agentes antimicrobianos inibindo a, 379-381, 381t
  ausência em bactérias, 31, 51-52, 52f, 351-354, 353f
  biocidas alterando, 61-62
  clamídias, 367
  de células eucarióticas, 14f, 16
  de células procarióticas, 23f, 24t
    aderência de enzimas, 30
    álcool-ácido-resistentes, 30
    arqueias, 30

ausência em células, 31

camada de peptidoglicanos, 23-24, 25f

camadas de superfície cristalina, 30

crescimento, 30-31, 31f

Gram-negativas, 23, 24t, 26-30, 27f, 28f, 29f

Gram-positivas, 23-26, 24t, 26f

protoplastos, esferoplastos e formas L, 31

de fungos, 678

Parede de esporos, 38

Pares de quilobases (kbp), 105

Parinaud, síndrome oculoglandular de, 319

Paromomicina, 406

Parvoviridae (parvovírus), 415t, 416f, 417, 430t

classificação, 457

estrutura e composição, 457, 458f, 553f

infecções humanas

achados clínicos, 460, 460f

epidemiologia, prevenção e controle, 461

patogênese e patologia, 457-460, 458f, 459f, 459t

testes laboratoriais diagnósticos, 461, 780t

tratamento, 461

propriedades importantes, 457, 458t

replicação, 457

Parvovirinae, 457

Parvovírus B19, 457-461, 458f, 458t, 459f, 459t, 460f

PAS (Schiff, ácido periódico de), 679, 686-687, 759

PASS (pneumonia associada aos serviços de saúde), 792, 795

Pássaros. *Ver também* Aves

Chlamydia psittaci em, 374-376

Microsporum gallinae em, 682

vírus influenza em, 589-590, 590f

Pasteurella, 289

Pasteurella multocida, 289, 293

Pasteurização, 59, 60t, 61

Patogênese

de doenças virais

diagnóstico de infecções, 447-449, 448f

disseminação viral e tropismo celular, 437-438, 440f, 441t

eliminação viral, 439, 442f

entrada e replicação primária, 437, 439t

idade do hospedeiro, 447

infecções congênitas, 446-447, 447f, 447t

infecções cutâneas, 446

infecções do SNC, 446

infecções do trato gastrintestinal, 444

infecções respiratórias agudas, 443-444, 445t

lesão celular e doença clínica, 438

persistência viral, 442-443, 444f, 445f

recuperação da infecção, 438-439

resposta imune do hospedeiro, 441-442, 443f, 443t

de infecções bacterianas, 155

fatores de virulência, 159-167, 161t, 166t

genômica, 158-159, 158t, 159t

identificação de bactérias causadoras de doenças, 156-157, 156t

modelo de dano-resposta, 167

processo infeccioso, 158

transmissão de infecção, 157

de infecções fúngicas, 678

Patogenicidade, 155

intracelular, 164-165

Patógenos, 155, 157

evasão do sistema complemento, 144

fagocitose, 129, 164

intracelulares obrigatórios, 367

métodos sem cultura para identificação, 52-53

no modelo de dano-resposta, 167

quimioprofilaxia antimicrobiana para pessoas expostas, 392

recombinantes, 124-125

relação do fármaco com, 388-389

relação do hospedeiro com (*Ver* Relações hospedeiro-patógeno)

transmissão, 157

Patógenos oportunistas, 155, 157

PBPs (proteínas de ligação às penicilinas), 93, 94f, 380, 398

PCR em tempo real, 124, 767-768

PCR. *Ver* Reação em cadeia da polimerase

PCV13, vacina, 228

Pé de atleta, 683-684, 684t

Pecado original antigênico, 588

Pediococcus spp., 231, 231t

PEES (panencefalite esclerosante subaguda), 608-609, 608f, 630, 630t

Pele

agentes antimicrobianos tópicos, 393, 393t

funções de barreira, 128

microbiota normal, 172-174, 172t, 173f

Peliose hepática, 320

Pelos, infecções de, 684-685, 684t

Penetração viral, 427-428

adenovírus, 464

influenza, vírus, 586

paramixovírus, 598-599

poxvírus, 500, 502f

Penicilina G, 393, 397f, 398

para abscesso cerebral, 790-791

para endocardite, 797

para *Erysipelothrix rhusiopathiae*, 201

para gangrena gasosa, 806

para infecções anaeróbias, 312

para *Neisseria meningitidis*, 302

para *Streptococcus pneumoniae*, 227

para *Streptococcus pyogenes*, 221-222

Penicilina G benzatina, 398

Penicilina V, 398

Penicilinas, 147, 393. *Ver também fármacos específicos*

absorção, distribuição e excreção, 398

agentes infecciosos tratados com, 394t-396t

descoberta, 379

efeitos colaterais, 399

estrutura, 397-398, 397f

mecanismo de ação, 93-95, 94f, 380, 398

para actinomicose, 309

para *Clostridium perfringens*, 191

para *Clostridium tetani*, 189

para estafilococos, 211

para sífilis, 339, 342

resistência

enterococos, 229

estafilococos, 206, 210-211, 385-386

mecanismos, 380-381, 381t, 384, 398

micoplasma, 351, 353

Neisseria gonorrhoeae, 299-300

usos clínicos, 398-399

Peniciliose, 675t, 679t, 691, 691f, 709

Penicillium, 676f

Peplômeros, 413

Peptidoglicano

alvo de agentes antimicrobianos, 379-381, 381t

de estafilococos, 207

efeitos fisiopatológicos, 163-164

em paredes de células bacterianas, 23-24, 25f

síntese, 92-95, 94f

Peptidiltransferase, 115-116

Peptococcus, 308t

Peptococcus niger, 310

Peptoniphilus, 308t, 310

Peptostreptococcus, 224, 308t, 310, 311t

Peramivir, 591

Período de eclipse, 426

Periodontite crônica, 176

Peritonite, 797-798

Peritríquio, arranjo de flagelos, 32, 33f

Permeabilidade da membrana citoplasmática de bactérias, 20-21, 21f

Peróxido de hidrogênio, 61t-62t, 64, 74

Peroxigênios, 61t, 64

Peroxissomos, 14f, 15

Pertússis, 278-280, 760t

Pertússis, toxina, 279

Peste, 157, 289-291, 290f

Peste bubônica, 290

Peste pneumônica, 290-291

Peste septicêmica, 290

PFGE (eletroforese em gel de campo pulsado), 47, 119

PfSPZ (vacina de esporozoíto de *Plasmodium falciparum*), 738

PH

atividade antimicrobiana, 387

cultura, 72

reações virais, 425

PHB (ácido poli-β-hidroxibutírico), 17-18, 18*f*
Phialophora richardsiae, 689, 711
Phialophora verrucosa, 675*t*, 687, 688*f*, 711
Phlebotomus, febre, 571
Pichinde, vírus, 574
Picobirnaviridae, 416*f*, 418
Picornaviridae (picornavírus), 415*t*, 416*f*, 418, 429*t*, 430*t*
    classificação, 531-532, 534*t*
    enterovírus (*Ver* Enterovírus)
    estrutura e composição, 531, 533*f*, 534*f*
    HAV (*Ver* Hepatite A, vírus da)
    parecovírus, 531-532, 534*t*, 538*t*, 543
    propriedades importantes, 531, 532*t*
    replicação, 532, 535*f*
    rinovírus (*Ver* Rinovírus)
    vírus da doença mão-pé-boca, 531-532, 543-544
Piedra, 675*t*, 681, 682*f*
Piedra branca, 675*t*, 681, 682*f*
Piedraia hortae, 675*t*, 681, 682*f*
Pielonefrite, 803-804
Pilinas, 35
Piocianina, 254, 254*f*
Pioderma estreptocócico, 220
Piomelanina, 254
Piorrubina, 254
Pioverdina, 254, 254*f*
Piperacilina, 399
Pirazinamida (PZA), 330, 411, 811-812
Pirimetamina, 383-384
Pirimidinas, 92, 93*f*
Piruvato
    em interconversões de metabólitos focais, 82-84, 83*f*, 86*f*, 87*f*
    em vias de fermentação, 96-97, 97*f*, 98*f*, 99*f*
Pitiríase versicolor, 675*t*, 679*t*, 681
Placa dental
    biofilmes, 58, 175-177, 175*f*
    microbiota bucal normal, 175-177, 175*f*
    papel do glicocálice, 32
Placenta, microbiota normal, 178
Planctomicetos, 16
Plasmídeos, 105, 108-109, 109*t*
    diversidade genética, 46
    gama de hospedeiros, 5
    genes de virulência transferidos, 158, 158*t*
    Neisseria gonorrhoeae, 299
    recombinantes, 120, 121*f*
    replicação, 110
    resistência a fármacos, 6, 380, 385
    transferência, 111-114, 112*f*, 113*f*, 114*f*
Plasmídeos, análise, 47
Plasmídeos autotransmissíveis, 112, 112*f*
Plasmídeos de resistência aos fármacos, 6, 380, 385
Plasmídeos, DNA, 47
Plasmídeos, incompatibilidade, 111
Plasmídeos recombinantes, 120, 121*f*

Plasmodium, 722
    características, 735-736, 735*f*, 736*t*, 737*f*, 738*f*
Plasmodium, 8-9, 8*f*
Plasmodium falciparum, 724*t*
    características, 735-736, 735*f*, 736*t*, 737*f*, 738*f*
    epidemiologia e controle, 737-738, 738*f*
    patologia e patogênese, 736-737
Plasmodium knowlesi, 725*t*, 735
Plasmodium malariae, 725*t*
    características, 735-736, 735*f*, 736*t*, 737*f*
    patologia e patogênese, 736-737
Plasmodium ovale, 725*t*
    características, 735-736, 735*f*, 736*t*, 737*f*
    patologia e patogênese, 736-737
Plasmodium vivax, 724*t*
    características, 735-736, 735*f*, 736*t*, 737*f*, 738*f*
    epidemiologia e controle, 737-738, 738*f*
    patologia e patogênese, 736-737
Plasmogamia, 678
Platelmintos, 726
Pleistophora, 740
Plerocercoides, 749
Plesiomonas, 235
Pleurodinia, 539
Pneumococos. *Ver Streptococcus pneumoniae*
Pneumocystis, 696*t*
Pneumocystis carinii, 709
Pneumocystis jiroveci, 53, 409, 675*t*, 709, 722, 794*t*
    infecções definidoras da Aids, 813*t*
Pneumocystis, pneumonia, 675*t*, 679*t*, 709, 794*t*, 813*t*
Pneumonia
    adenovírus, 468-469
    atípica, 353-354, 353*f*
    Chlamydia pneumoniae, 373-374, 794*t*
    Chlamydia psittaci, 374-376
    Chlamydia trachomatis, 372
    coronavírus, 618, 620
    diagnóstico laboratorial, 761*t*
    Escherichia coli, 793*t*
    estreptocócica, 220
    estudos de casos, 791-795, 793*t*-794*t*
    Haemophilus influenzae, 793*t*
    influenza, vírus, 588
    Klebsiella spp., 240, 793*t*
    Legionella pneumophila, 315-318, 316*f*, 794*t*
    micoplasma, 351-354, 353*f*, 793*t*
    Moraxella catarrhalis, 794*t*
    parainfluenza, vírus, 600
    pneumocócica, 158, 225, 227, 793*t*
    Pneumocystis, 675*t*, 679*t*, 709, 794*t*, 813*t*
    Pseudomonas aeruginosa, 255, 793*t*
    quimioprofilaxia antimicrobiana, 392
    sarampo, vírus do, 608
    Staphylococcus aureus, 793*t*
    VSR, 602-603

Pneumonia adquirida na comunidade (PAC), 792, 795
Pneumonia associada aos serviços de saúde (PASS), 792, 795
Pneumonia bacteriana aguda, 792
Pneumonia neonatal, 372
Pneumonite, 746
Pneumonite de células plasmáticas intersticiais, 722
Pneumovirus, 596*f*, 597*t*, 598
Poder de resolução, 11
Polienos, 690, 694-695, 699, 704, 706, 708, 711-712, 713*t*, 714
Polifosfato, 18
Polímeros capsulares extracelulares, 32, 32*t*, 33*f*, 95
Polimixina B, 381
Polimixinas, 405-406
    agentes infecciosos tratados com, 394*t*-396*t*
    mecanismo de ação, 381-382
    mecanismos de resistência, 384
Poliomielite, 531-532, 535-537, 540
Poliomielite paralítica, 536-537
Poliovírus, 531-532
    achados clínicos, 535-536, 538*t*
    diagnóstico laboratorial, 536
    epidemiologia, 536-537
    erradicação global, 536
    imunidade, 536
    patogênese e patologia, 535
    prevenção e controle, 537
    propriedades, 533-535, 534*t*
    vacina, 537
Polissacarídeos
    Bacteroides fragilis, 311
    classificação de estreptococos baseada em, 215
    de fungos, 678
    em paredes de células bacterianas, 26
    Haemophilus influenzae, 275
    micobacterianos, 326
Polissomos, 382
Polyomaviridae (poliomavírus), 415*t*, 416*f*, 417, 430*t*
    associado a câncer, 636*t*, 644*t*
        classificação, 645, 645*f*
        patogênese e patologia, 646-647
        propriedades importantes, 645, 645*t*
        replicação, 646, 646*f*
    classificação, 645, 645*f*
    JC, vírus, 630, 630*t*, 645-647, 780*t*, 813*t*
    propriedades importantes, 645, 645*t*
Pontiac, febre de, 317
Pontos de verificação imune, 149
Por, proteínas, 297, 301-302
Porcos
    coronavírus em, 618
    Microsporum nanum, 682
    vírus influenza em, 589-590, 590*f*
Porinas, 26-27, 27*f*, 28*f*

Porphyromonas, 308
Porphyromonas gingivalis, 176
Portador, 155-156
Portas de entrada, 157
Posaconazol, 708, 712, 713*t*, 715
Powassan, vírus da encefalite de, 566
Poxviridae (poxvírus), 130, 144, 415*t*, 416*f*, 417-418, 430*t*
  câncer associado, 651
  classificação, 499-500, 501*f*, 501*t*
  estrutura e composição, 499, 500*f*
  infecções humanas
    molusco contagioso, 506-508, 508*f*
    orf, vírus, 506, 507*f*
    tanapox e yaba, vírus tumorais de macacos, 508-509, 508*f*, 780*t*
    varíola bovina, 506, 507*f*, 780*t*
    varíola bubalina, 506
    varíola de macacos, 506, 780*t*
    varíola e vaccínia, 502-505, 504*f*, 505*f*, 780*t*
  isolamento e identificação, 504-505
  propriedades importantes, 499, 500*t*
  replicação, 500-502, 502*f*
PPD (derivado proteico purificado), para teste cutâneo com tuberculina, 327
PPSV23, vacina, 228
Pradimicina, 712
PRCV (coronavírus respiratório porcino), 618
Precauções-padrão, 526
Pressão osmótica, cultura, 74
Previsão, 1
Prevotella, 307-308, 308*t*, 311*t*, 312, 394*t*
Prevotella bivia, 178, 308, 312
Prevotella disiens, 178, 308, 312
Prevotella melaninogenica, 307-308, 308*t*, 311*t*, 312
Príons, 3-4, 3*f*, 4*f*, 5*t*, 420, 443, 631
Príons, doenças de, 3-4, 3*f*, 5*t*, 629-632, 630*t*
Procariotas
  arqueobactérias (*Ver* Arqueobactérias)
  bactérias (*Ver* Bactérias)
  classificação, 6-7
  comunidades, 5-6, 6*f*
  diversidade, 4
  estrutura celular
    cápsula e glicocálice, 32, 32*t*, 33*f*
    endosporos, 36-38, 36*f*, 37*f*
    envelope celular, 19
    estruturas citoplasmáticas, 17-19, 17*f*, 18*f*, 19*f*
    fímbrias, 35-36, 36*f*
    flagelos, 32-35, 33*f*, 34*f*, 35*f*
    membrana plasmática, 19-23, 19*f*, 21*f*, 22*f*
    nucleoide, 16-17, 17*f*
    parede celular, 23-31, 23*f*, 24*t*, 25*f*, 26*f*, 27*f*, 28*f*, 29*f*, 31*f*
  eucariotas em comparação, 2
  expressão de genes, 115-119, 116*f*, 118*f*

genoma, 108-109, 108*t*, 109*t*
  métodos de coloração, 38-39, 39*f*, 40*f*
Procedimentos dentários, quimioprofilaxia antimicrobiana, 392
Produtos lácteos
  contaminação por brucela, 283
  contaminação por salmonela, 250
Pró-fagos, 109-111
Profilaxia antifúngica, 711
Profilaxia pós-exposição, vírus da raiva, 627-629, 627*t*
Profilaxia pré-exposição
  HIV, 668
  raiva, vírus da, 628-629
Profilaxia. *Ver* Quimioprofilaxia
Proglotes, 726
Projeto Microbioma Humano (PMH), 171
Prolina, 92, 93*f*
Promastigotos, 733
Promotores, 105, 117
Propionibacterium spp., 195, 309
Prostaglandinas, 130, 146
Protease retroviral, 640
Proteassomo, 134
Proteína A, 207
Proteína associada à diferenciação do melanoma 5 (MDA-5), 128
Proteína de ligação férrica (Fbp), 297
Proteína III, 297
Proteína ligadora do AMP cíclico (CAP), 117-118
Proteína principal da membrana externa (MOMP), 367
Proteína priônica (PrP), 3, 4*f*
Proteína repressora, 117
Proteínas
  acessórias, 15
  agentes antimicrobianos inibindo a síntese, 382-383
  clones expressando, 123-124
  desnaturação, 62
  micobacterianas, 326
  secreção bacteriana, 21-23, 22*f*, 165, 166*t*
  virais, 421
Proteínas acessórias, 15
Proteínas associadas à opacidade (Opa), 161, 297, 299, 301-302
Proteínas de canal, 20
Proteínas de ligação, 20
Proteínas de ligação às penicilinas (PBPs), 93, 94*f*, 380, 398
Proteínas de patogenicidade, 21-23, 22*f*, 165, 166*t*
Proteus, 236*t*, 237, 237*f*
  doenças causadas por, 241
  fármacos de escolha, 395*t*
Proteus mirabilis, 237*f*, 241, 395*t*
Proteus vulgaris, 33*f*, 241, 395*t*
Protistas, 7-9, 8*f*, 9*f*
Protômero, 413
Proto-oncogenes, 636

Protoplastos, 30, 31, 379
Prototecose, 8
Prototheca wickerhamii, 8
Prototheca zopfii, 8
Protozoários, 2, 8, 722
Protozoários parasitas, 722, 726*t*. *Ver também* Infecções por protozoários
Providencia, 236*t*, 237, 241
Provírus, 2, 109
PrP (proteína priônica), 3, 4*f*
PRR (receptores de reconhecimento de padrão), 174, 703
Pseudallescheria, 689
Pseudallescheria boydii, 675*t*, 689-690, 714
Pseudo-hifas, 674, 676, 679*t*, 700, 701*f*
Pseudomonas, 253
Pseudomonas aeruginosa
  achados clínicos, 255
  biofilmes de, 58
  epidemiologia e controle, 256
  estrutura antigênica e toxinas, 255
  fármacos de escolha, 395*t*
  membrana externa, 26-27
  morfologia e identificação, 253-255, 254*f*
  patogênese, 255
  pneumonia, 255, 793*t*
  resistência a antibióticos, 380
  sistemas de secreção, 22-23, 165
  testes laboratoriais diagnósticos, 256
  tratamento, 256
  virulência, 165, 167, 255
Pseudomureína, 30
Pseudópodes, 8
Pseudovaríola bovina, 499, 501*t*, 506, 507*f*
Pseudovírions, 431
Psicrófilas, 72-73, 73*f*
Psicrotróficos, 73, 73*f*
Psitacose, 374-376
Pus, 770
Puumala, vírus, 572
PVL (leucocidina Panton-Valentine), 208
PZA (pirazinamida), 330, 411, 811-812

Q

Q, febre, 358*t*, 362-363
Quasiespécies, 46
Quellung, reação de, 225, 226*f*, 227
Quérion, 684-685
Quimiocinas, 130, 136, 144, 145*t*
  em infecções virais, 441, 443*f*, 443*t*
Quimiocinas, receptores de, 659
Quimiolitotróficos, 52, 70, 98-99
Quimioprofilaxia
  antifúngica, 711, 819
  antimicrobiana, 391
    desinfetantes e, 393, 393*t*
    em cirurgia, 392-393
    em pessoas de suscetibilidade aumentada, 392

em pessoas de suscetibilidade normal expostas a patógenos específicos, 392

para pacientes transplantados, 818-819

Quimiostato, 58

Quimiotaxia, 21, 34, 130

ativação do complemento, 142

fagócitos, 128

funções da membrana celular na, 23

Quimioterapia antifúngica, 674, 712, 713*t*, 714-716, 715*f*

atividade *in vivo*

inibição da função da membrana celular, 381-382

inibição da síntese da parede celular, 379-381, 381*t*

inibição da síntese de ácidos nucleicos, 383-384

inibição da síntese de proteínas, 382-383

relação fármaco-patógeno e, 388-389

relação hospedeiro-patógeno e, 389

toxicidade seletiva, 379

para pacientes transplantados, 819

resistência a (*Ver também* Resistência aos antibióticos)

implicações clínicas, 385-386

limitação, 385

mecanismos, 380-384, 381*t*

origens, 384-385

resistência cruzada, 385

testes de suscetibilidade, 681, 769-770

Quimioterapia antimicrobiana. *Ver também* Antibióticos; classes e fármacos específicos

atividade *in vitro*

fatores afetando, 387

mensuração, 387-388, 769-770

biocidas (*Ver* Biocidas)

descoberta, 379

mecanismo de ação

uso clínico

quimioprofilaxia, 391-393, 393*t*, 818-819

seleção de antibióticos, 390, 769-770

terapia combinada, 390-391

uso indiscriminado de antibióticos, 390

Quimioterapia antiviral, 426, 450*t*

análogos de nucleosídeos e nucleotídeos, 449, 667, 667*t*

inibidores da fusão, 449, 667, 667*t*

inibidores da integrase, 449, 667, 667*t*

inibidores da protease, 449, 667-668, 667*t*

inibidores da transcriptase reversa, 449, 667, 667*t*

para HIV, 655, 667-668, 667*t*, 812

Quinolonas, 110

absorção e excreção, 408

agentes infecciosos tratados com, 394*t*-396*t*

efeitos colaterais, 408

estrutura, 407, 407*f*

mecanismo de ação, 383, 408

uso clínico, 408

Quinta doença, 457, 459*f*, 459*t*, 460-461, 460*f*

Quintana, febre, 318, 320

Quinupristina-dalfopristina, 405

mecanismo de ação, 383

para enterococos, 229-230

para estafilococos, 211

Quitina, 678

Quitridiomicetos, 8

Quorum sensing, 5, 6*f*, 58, 209

R

Radiação

ação antimicrobiana, 63

reações virais, 425-426

Radiação ultravioleta (UV)

ação antimicrobiana, 63

reações virais, 425-426

Radiografia da coccidioidomicose, 692, 693*f*

Raiva, vírus da

classificação, 623

diagnóstico laboratorial, 626-627, 779*t*

epidemiologia, 628-629

estrutura, 623, 624*f*

imunidade e prevenção, 627-628, 627*t*

isolamento, 626

observação do animal, 626-627, 627*t*

patogênese e patologia, 625

propriedades antigênicas, 624

reações físicas e químicas, 623

replicação, 623, 625*f*

suscetibilidade do animal e crescimento, 623-624, 625*t*

tratamento e controle, 629

Raltegravir, 449, 450*t*

Raxibacumabe, 185

Rb, gene, 637

RE (retículo endoplasmático), 14*f*, 15

RE liso, 14*f*, 15

RE rugoso, 14*f*, 15

Reação em cadeia da polimerase (PCR), 105

Candida spp., 703

caxumba, vírus da, 606

CMV, 492

coronavírus, 620

coxsackie, vírus, 539

EBV, 488

HIV, 664

HSV, 480-481

influenza, vírus, 588

micoses, 680

para diagnóstico laboratorial, 766-768

raiva, vírus da, 626

rubéola, vírus da, 612

sarampo, vírus do, 609

tempo real, 124, 767-768

Reação tricofítica, 685

Reações anafiláticas, 146-147

Reagina plasmática rápida (RPR), teste para sífilis, 341

Reagina sérica não aquecida (USR), teste, 341

Reagina sifilítica, 340-341

Reagrupamento genético, vírus influenza, 581, 584-585, 585*f*, 588-590

Rearranjo de genes, 114-115

Rearranjos, 114-115

Reativação de tuberculose, 327, 810-812

Receptor de células T (TCR), 131-133, 135*f*, 140-141

Receptores de células B (BCRs), 135-136

Receptores de reconhecimento de padrões (PRR), 174, 703

Receptores de superfície celular para vírus, 438

Receptores semelhantes a Toll (TLRs), 128, 703

Recombinação

bacteriana, 111

viral, 431-432

Recombinação, 432

influenza, vírus, 581, 584-585, 585*f*, 588-590

Recombinação homóloga, 111

Recombinação não homóloga, 111

Redução assimiladora de nitrato, 71

Redução assimiladora de nitrito, 71

Regan-Lowe, ágar, 760*t*

Regiões constantes, 137

Regiões hipervariáveis, 137

Regiões variáveis, 137

Regulador gene acessório (*agr*), 208-209

Relações fármaco-patógenos, 388-389

Relações filogenéticas, 7

Relações hospedeiro-patógeno

atividade antimicrobiana, 389

clamídias, 369

Reoviridae (reovírus), 415*t*, 416*f*, 418, 429*t*, 430*t*, 551, 557

classificação, 547, 558*t*

coltivírus, 552

epidemiologia, 552

estrutura e composição, 547, 548*f*

orbivírus, 552

orbivírus e coltivírus, 552, 558*t*, 561*t*, 572

patogênese, 552

propriedades importantes, 547, 548*t*, 558*t*

Reovirus, gênero, 551-552

replicação, 547-548, 549*f*

rotavírus (*Ver* Rotavírus)

Reparo de combinação imprópria, 115

Replicação

DNA

agentes antimicrobianos inibindo, 382-383

bacteriano, 110

fago, 110-111

viral, 428-429, 428*t*, 429*t*, 430*t*

viral (*Ver* Replicação viral)

Replicação bidirecional, 110

Replicação semiconservadora, 110

Replicação vegetativa, 110-111

Replicação viral, 110-111, 426, 427*f*
  adenovírus, 463-466, 466*f*, 467*f*
  coronavírus, 617-618, 619*f*
  expressão do genoma e síntese de
    componentes virais, 428-429, 428*t*, 429*t*,
    430*t*
  flavivírus e togavírus, 560-561, 561*f*, 562*f*
  HBV, 515, 515*f*
  herpes-vírus, 474-475, 476*f*, 477*f*
  influenza, vírus, 585-586, 585*f*
  ligação, penetração e desnudamento,
    427-428
  morfogênese e liberação, 429-430
  papilomavírus, 647, 648*f*
  paramixovírus, 598-599, 598*f*, 600*f*
  parvovírus, 457
  picornavírus, 532, 535*f*
  polomavírus, 646, 646*f*
  poxvírus, 500-502, 502*f*
  primária, 437, 439*t*
  rabdovírus, 623, 625*f*
  reovírus, 547-548, 549*f*
  retrovírus, 642-643, 642*f*, 643*f*
Réplicons, 108
Repressão, 117
Repressão catabólica, 21
Resfriado comum
  coronavírus, 617, 620
  rinovírus, 542-543
  vírus coxsackie, 539
  vírus influenza, 587
  vírus parainfluenza, 599
  VSR, 602
Resistência a antibióticos
  Acinetobacter spp., 259
  Burkholderia pseudomallei, 257
  cromossômica, 384-385
  Enterobacteriaceae, 240-242, 380-381, 386
  enterococos, 229-230, 230*f*, 386
  estafilococos, 206-207, 210-211, 385-386
  extracromossômica, 384-385
  Klebsiella spp., 240, 242, 380
  lactobacilos, 231
  mecanismos de, 380-381, 381*t*, 398
  micoplasmas, 351, 353
  Mycobacterium tuberculosis, 330-331, 386
  Neisseria gonorrhoeae, 299-301, 385
  Neisseria meningitidis, 385
  origem genética, 384
  origem não genética, 384
  Pediococcus e *Leuconostoc* spp., 231
  pneumococos, 227, 386
  Pseudomonas aeruginosa, 256
  uso indiscriminado de antibióticos e, 390
  Vibrio cholerae, 264
Resistência cromossômica, 384-385
Resistência cruzada, 385
Resistência intrínseca, 229
Respiração, 70, 98-100, 100*f*
Respiração anaeróbia, 99-100

Respirovirus, 595-597, 596*f*, 597*t*
Resposta de choque térmico, 73
Resposta imune, 127. *Ver também* Imunidade
  adaptativa; Imunidade inata
  à candidíase, 701
  à coccidioidomicose, 692-693
  a vírus tumorais, 637
  atividade antimicrobiana, 389
  avaliação, 150
  defeitos na, 148
  em infecções virais, 441-442, 443*f*, 443*t*
    mensuração, 783
  identificação de bactérias causadoras de
    doenças, 156
  mediada por anticorpos, 131
  mediada por células, 131
Resposta imune celular, 131
Resposta imune mediada por anticorpos, 131
Resposta tecidual, atividade antimicrobiana
  e, 389
Retículo endoplasmático (RE), 14*f*, 15
Reto, microbiota normal, 172*t*, 177
Retroviridae (retrovírus), 415*t*, 416*f*, 419,
  429*t*, 430*t*
  associado a câncer, 635
    classificação, 639-642, 641*f*
    estrutura e composição, 638-639, 639*f*
    HTLV, 636*t*, 641*f*, 642-644, 642*f*, 643*f*,
      644*f*
    potencial oncogênico, 641-642
    propriedades importantes, 638, 638*t*
    replicação, 642-643, 642*f*, 643*f*
  classificação, 639-642, 641*f*
  lentivírus, 639-640, 641*f*, 643
    classificação, 656-657, 658*t*
    desinfecção e inativação, 658
    estrutura e composição, 655-656, 656*f*,
      657*f*
    HIV (*Ver* Vírus da imunodeficiência
      humana)
    origem, 658
    propriedades importantes, 655, 656*t*
    receptores, 659
    sistemas animais, 658-659
  propriedades importantes, 638, 638*t*
  transformação, 431, 635, 640-642, 641*f*
  visna, vírus, 629-630, 630*t*, 657
Retrovírus endógenos, 640
Retrovírus exógenos, 640
Retrovírus transformadores, 431, 635,
  640-642, 641*f*
Reumatismo do deserto, 692
Reversão de mutações, 115
Reversão fenotípica, 115
Reversão genotípica, 115
Reye, síndrome de, 588
RFLP (polimorfismo de comprimento do
  fragmento restrição), 123
Rhabdoviridae (rabdovírus), 415*t*, 416*f*, 419,
  429*t*, 430*t*. *Ver também* Raiva, vírus da
  classificação, 623

infecções emergentes, 629
  propriedades importantes, 623, 624*f*, 624*t*
  replicação, 623, 625*f*
Rhinocladiella aquaspersa, 687-688
Rhizomucor, 708
Rhizopus, 675*t*, 676*f*, 678, 679*t*, 708, 711
Rhizopus oryzae, 708, 708*f*
Rhodococcus equi, 195, 196*t*, 201-202
Ribavirina, 450*t*
  para febre de Lassa, 575
  para HCV, 526
  para síndrome pulmonar por hantavírus,
    574
  para vírus parainfluenza, 602
  para VSR, 603
Ribossomos, 106, 107*f*, 115-116, 116*f*
  agentes antimicrobianos inibindo, 382-383
  em eucariotas, 14-15, 14*f*, 117
  em procariotas, 18-19, 117
Ribotipagem, 48, 49*f*
Ribozimas, 106, 115
Ribulosebisfosfato-carboxilase, 18
Rickettsia, 358*t*
  achados clínicos, 359
  antígenos e sorologia, 357, 359
  epidemiologia, 360
  fármacos de escolha, 396*t*
  imunidade, 359
  interações parasíticas, 6
  morfologia e identificação, 357
  ocorrência geográfica, 360-361
  ocorrência sazonal, 361
  patologia, 359
  prevenção e controle, 361
  testes laboratoriais diagnósticos, 359-360
  tratamento, 360
Rickettsia akari, 358*t*, 359-360
Rickettsia australis, 358*t*
Rickettsia conorii, 358*t*
Rickettsia prowazekii, 357, 358*t*, 359-360
Rickettsia rickettsii, 357, 358*t*, 359-360
Rickettsia sibirica, 358*t*
Rickettsia typhi, 358*t*, 359-360
Rifabutina, 410
Rifamicinas, 410-411
Rifampicina (RIF), 410
  mecanismo de ação, 383
  para estafilococos, 212
  para *Mycobacterium tuberculosis*, 386,
    811-812
Rifapentina, 328, 330, 410-411
Rifaximina, 410
Rift, vírus da febre do vale do, 571
RIG-1, helicases tipo, 128
Rimantadina, 451, 591
Rinderpest, vírus, 610
Rinoscleroma, 241
Rinovírus, 587*t*
  achados clínicos, 543
  classificação, 531-532, 534*t*, 541-542

epidemiologia, 543

estrutura e composição, 531, 533f, 534f

imunidade, 543

patogênese e patologia, 542

propriedades, 542

replicação, 532, 535f

tratamento e controle, 543

Riquetsiose variceliforme, 358t, 359-361

Ritonavir, 450t

Rmp, proteína, 297

RNA mensageiro (mRNA), 106, 115-116, 116f

    síntese viral, 428-429, 428t, 429t, 430t

RNA-polimerases, 428, 500, 599

RNA ribossômico (rRNA), 106, 107f, 115-116, 116f

RNA, vírus de

    causadores de tumores

        HCV, 636t, 638

        retrovírus, 635, 636t, 638-644, 638t, 639f, 641f, 642f, 643f, 644f

    estratégias de replicação, 428-429, 428t, 429t, 430t

    famílias, 415t, 416f, 418-420

    origem evolutiva, 414

RNA. *Ver* Ácido ribonucleico

RNAs de transferência (tRNAs), 106, 115-116, 116f

Roedores

    Pneumocystis carinii, 709

    Rickettsia e *Orientia* spp. em, 360

    Yersinia pestis em, 289-291

Roséola infantil, 475, 493-494

Rotavírus

    achados clínicos e diagnóstico laboratorial, 550-551, 551t, 780t

    classificação, 547-549, 550f

    cultura, 549

    epidemiologia e imunidade, 551

    estrutura e composição, 547, 548f, 553f

    gastrenterite causada por, 547, 548f, 802t

    patogênese, 549-550

    propriedades antigênicas, 548-549, 550f

    replicação, 547-548, 549f

    suscetibilidade animal, 549

    tratamento e controle, 551

Rothia dentocariosa, 176

Rothia mucilaginosa, 231

RPA (vacina de PA recombinante), 185

RPR (reagina plasmática rápida) teste para sífilis, 341

rRNA (RNA ribossômico), 106, 107f, 115-116, 116f

Rubéola, 144, 587t, 595-597, 596f, 597t, 599, 600f

    achados clínicos, 608-609

    diagnóstico laboratorial, 609, 780t

    epidemiologia, 609-610

    imunidade, 609

    patogênese e patologia, 607-608, 607f, 608f

PEES, 608-609, 608f, 630, 630t

    tratamento, prevenção e controle, 610

Rubéola, vírus da, 587t, 595

    classificação, 611

    pós-natal

        achados clínicos, 611-612

        diagnóstico laboratorial, 612, 780t

        epidemiologia, 612

        imunidade, 612

        patogênese e patologia, 611, 611f

        tratamento, prevenção e controle, 612-613

    síndrome da rubéola congênita, 613

    vacina, 612-613

Rubulavirus, 595-597, 596f, 597t

Runyon, classificação de micobactérias, 329t

S

S. aureus de resistência intermediária à vancomicina (VISA), 206

S. aureus resistente à meticilina (MRSA), 206, 210-212, 385-386

    em infecções de ferida pós-operatórias, 393

    fármacos de escolha, 394t

S. aureus resistente à vancomicina (VRSA), 206

Sabia, vírus, 575

Sabin, vacina, 537

Sabouraud, ágar com dextrose (SDA), 680, 685, 687-688, 697-699

Saccharomyces, 711

Sais, estabilização viral com, 425

Salicilatos, síndrome de Reye, 588

Salivarius, grupo, 216t

Salk, vacina, 537

Salmonella

    classificação, 245-246, 246t

    epidemiologia, prevenção e controle, 249-250

    estrutura antigênica, 237, 245-246, 246t

    fármacos de escolha, 395t

    imunidade, 249

    infecções definidoras da Aids, 813t

    LPS de, 28-29, 29f

    morfologia e identificação, 235-237, 236t, 245

    patogênese e achados clínicos, 246-247, 247t, 801t

    portadores, 250

    resistência a antibióticos, 386

    testes laboratoriais diagnósticos, 247-249, 248f

    tratamento, 249

    variação, 246

    virulência, 157, 160

Salmonella Arizona, subgrupo, 236t, 237

Salmonella bongori, 245

Salmonella choleraesuis, 247

Salmonella Dublin, 247

Salmonella enterica, 245-246, 246t

Salmonella enteritidis, 246-247, 246t

Salmonella newington, 95f

Salmonella paratyphi, 246-247, 246t, 249

Salmonella typhi, 237, 245-247, 246t, 249, 801t

Salmonella typhimurium, 245-247, 246t

    ilhas de patogenicidade, 159t

    mapa genético, 113

    membrana externa, 27

    resistência a antibióticos, 386

Salpingite, 354, 806-807

San Joaquín, febre do vale de, 692

Sanger, método de, 122, 123f

Sangue, microbiologia diagnóstica, 770-772

Sanitização, 60t

Sapovírus, 551t, 552-554

Saquinavir, 450t

Sarampo de 3 dias, 611-613, 611f

Sarampo, vírus do, 144, 587t, 595-597, 596f, 597t, 599, 600f

    achados clínicos, 608-609

    diagnóstico laboratorial, 609, 780t

    epidemiologia, 609-610

    imunidade, 609

    isolamento e identificação, 609

    patogênese e patologia, 607-608, 607f, 608f

    PEES, 608-609, 608f, 630, 630t

    tratamento, prevenção e controle, 610

    vacina, 610

Sarcoma, vírus do, 638-642, 639f, 641f

SARS (síndrome respiratória aguda grave), 617-618, 620-621

Saxitoxina, 8

Schistosoma haematobium, 752-753, 753f

Schistosoma japonicum, 752-753, 753f

Schistosoma mansoni, 752-753, 753f

Scopulariopsis, 676f, 711

Scrapie, 3, 3f, 5t, 630t, 631

SCVs (variantes de colônias pequenas), 207

SDA (Sabouraud, ágar com dextrose), 680, 685, 687-688, 697-699

sec, via, 22, 22f, 165, 166t

Secreções respiratórias, microbiologia diagnóstica, 773-774

Sedoreovirinae, 547

Segurança laboratorial, 425

Seleção clonal, 135

Seleção natural, 1-2

Semeadura, 76-78, 77f

Semliki, vírus da floresta de, 559f, 562

Sendai, vírus, 595, 596f

Sensores microbianos, 128

Separação de fragmentos de DNA, 119, 120f

Sepse

    Escherichia coli, 240

    estreptocócica, 219

Séptico, 60t

Septo

    em divisão de célula bacteriana, 40

    em fungos, 674-675

Sequência de sinal, 22

Sequência semelhante à da aglutinina (ALS), glicoproteínas de superfície, 702

Sequência-líder, 22, 117, 118f

Sequenciamento de ácido nucleico
DNA, 122-123, 123f
alta vazão, 768
análise de restrição da endonuclease usando, 47
análise de sequências repetitivas usando, 47-48
análise genômica usando, 47
diversidade genética, 46
para diagnóstico laboratorial, 768, 782-783
RNA, 48, 48f, 52-53, 768, 782-783

Sequenciamento de alta vazão, 768

Sequenciamento de RNA ribossômico, 48, 48f, 52-53

Sequências ativadoras, 116

Sequências de captação, 114

Serratia, 236t, 237
doença causada por, 241
fármacos de escolha, 395t

Serratia marcescens, 241

Seul, vírus de, 572

Shigella
achados clínicos, 243, 801t
epidemiologia, prevenção e controle, 245
estrutura antigênica, 237, 243, 243t
fármacos de escolha, 395t
imunidade, 244
morfologia e identificação, 235-237, 236t, 242-243, 243t
patogênese e patologia, 243
resistência a antibióticos, 386
testes laboratoriais diagnósticos, 243-244, 244f
toxinas, 243
tratamento, 244-245
virulência, 158t, 160

Shigella boydii, 243, 243t

Shigella dysenteriae, 243, 243t, 245, 801t

Shigella flexneri, 243, 243t, 245

Shigella sonnei, 236t, 243, 243t, 245

Sialiltransferase, 29

Sideróforos, 21, 71

Sífilis, 156
diagnóstico laboratorial, 776
epidemiologia, prevenção e controle, 341
estudo de caso, 808, 809t
imunidade, 341
patogênese, patologia e achados clínicos, 340
testes laboratoriais diagnósticos, 340-341
tratamento, 341, 379
Treponema pallidum, estrutura antigênica, 339-340
Treponema pallidum, morfologia e identificação, 339, 340f

Sífilis congênita, 340, 342

Sigma, fatores, 37

Simbiontes, 167

Simbiose, 1, 6

Simeprevir, 450t

Simetria cúbica viral, 420-421

Simetria helicoidal viral, 421

Simetria viral, 414f, 420-421

Simporte, 20, 21f

Sin Nombre, vírus, 157, 573, 573f

Sincício, 599, 600f

Síndrome, 437

Síndrome da imunodeficiência adquirida (Aids), 655. *Ver também* Vírus da imunodeficiência humana
câncer associado a, 644, 663
coccidioidomicose com, 692-693
criptococose com, 706
doença neurológica em, 662
histoplasmose com, 697
infecções definidoras da, 812-813, 813t-814t, 815
infecções oportunísticas em, 662-663
microsporidíase com, 740
origem, 658
pediátrica, 662, 666-669

Síndrome da pele escaldada, 209

Síndrome da rubéola congênita, 613

Síndrome de choque tóxico estreptocócico, 219

Síndrome do choque por dengue, 569-570

Síndrome do choque tóxico
estafilocócico, 162, 208-210
estreptocócico, 219-220

Síndrome hemolítico-urêmica, 762t

Síndrome inflamatória de reconstituição imune (SIRI), 706

Síndrome pulmonar de hantavírus (SPH), 157, 561t, 573-574, 573f

Síndrome respiratória aguda grave (SARS), 617-618, 620-621

Síndrome respiratória do Oriente Médio (MERS), 617-618, 620-621

Sinergismo, 391

Sinergismo antimicrobiano, 391

Síntese dirigida por um modelo, 81

Síntese química de oligonucleotídeos, 122-123

SIRI (síndrome inflamatória de reconstituição imune), 706

Sisomicina, 406

Sistema complemento, 130, 141
deficiências e evasão de patógenos, 144
efeitos biológicos, 142
LPS e ativação, 163
via alternativa, 142-143, 142f
via clássica, 142-143, 142f
via da MBL, 142-143, 142f

Sistema de secreção tipo 1, 165, 166t

Sistema de secreção tipo 3, 165, 166t

Sistema de secreção tipo 4, 165, 166t

Sistema de secreção tipo 5, 165, 166t

Sistema de secreção tipo 6, 165, 166t

Sistema de secreção tipo 7, 165, 166t

Sistema dependente de contato, 23

Sistema estático, 47

Sistema induzível por vírus ligado à enzima (ELVIS), 782

Sistema nervoso central (SNC), infecção do
abscesso cerebral, 689, 760t, 789-791
achados no LCS, 788, 789t
anaeróbia, 776
encefalopatias espongiformes transmissíveis, 629-632, 630t
estudos de casos
abscesso cerebral, 789-791
meningite, 787-789, 788t, 789t
HIV, 662
meningite (*Ver* Meningite)
Trypanosoma brucei, 731
viral, 446 (*Ver também* Encefalite)
Borna, doença de, 629
infecções virais lentas, 629-630, 630t
vírus da raiva, 623-629, 624f, 625f, 625t, 627t

Sistemas de secreção bacterianos, 21-23, 22f, 165, 166t

Sistemas de transporte bacterianos, 20-21, 21f

SNC, infecção do. *Ver* Sistema nervosa central, infecção do

Sobrevida de microrganismos no ambiente natural, 55

SOD (superóxido-dismutase), 74, 307

Sofosbuvir, 450t, 526

Sondas, 119, 120, 122f, 123-124, 680
para diagnóstico laboratorial, 766
para micobactérias, 329-330

Sondas de ácidos nucleicos, 119, 120, 122f, 123-124, 680
para diagnóstico laboratorial, 766
para micobactérias, 329-330

Sondas de oligonucleotídeos, 680, 766

Sondas de RNA ribossômico, 766

Sopro cardíaco, 796

Sordarina, 712

Soro antirrábico equino, 628

Soro não aquecido em vermelho de toluidina (TRUST), 341

Sorogrupos, 44-46

Sorologia
adenovírus, 469
Aspergillus fumigatus, 696t, 708
Borrelia spp., 344-346
Candida spp., 696t, 703
caxumba, vírus da, 606
Chlamydia spp., 370, 372-374, 375, 777-778
CMV, 492
Coccidioides spp., 693, 693f, 694t
coronavírus, 620
coxsackie, vírus, 539-540
Cryptococcus spp., 706

diagnóstico laboratorial usando
 para doença viral, 783
 para infecções bacterianas, 763, 766
 para micoses, 680, 763, 764t-765t, 766
EBV, 488, 488f
febre amarela, vírus da, 568
HAV, 512t, 518-519, 519f, 519t
HBV, 512t, 519, 520f, 520t
HCV, 512t, 519, 519t, 521f
HDV, 512t, 519, 519t, 521, 521f
Histoplasma capsulatum, 694t, 697
HIV, 664
HSV, 481
influenza, vírus, 589
Legionella pneumophila, 317
Leptospira spp., 347-348
micoplasma, 352-353
micoses, 680
Neisseria spp., 300, 302
 para sífilis, 341-342
parainfluenza, vírus, 601-602
poxvírus, 505
raiva, vírus da, 626
Rickettsia e *Orientia* spp., 357, 359-360
rubeola, vírus da, 612
salmonela, 248-249
sarampo, vírus do, 609
Sporothrix schenckii, 687
togavírus e flavivírus, 563
Sorotipos, 44-46
 Bordetella pertussis, 279-280
 brucela, 282
 estafilococos, 210
 Francisella tularensis, 284
 Listeria monocytogenes, 200
 salmonela, 245-246, 246t
 Streptococcus pyogenes, 221
 Vibrio cholerae, 262
Sorovariantes, 44-46
 clamídias, 369
SOS, resposta, 115
Southern blot, análise, 48, 49f
Southern blots, 123
Spe (exotoxinas pirogênicas estreptocócicas), 218-219
SPH (síndrome pulmonar de hantavírus), 157, 561t, 573-574, 573f
Spirillum serpens, 33f
Sporothrix brasiliensis, 686
Sporothrix globosa, 686
Sporothrix schenckii, 675t, 686-687, 686f, 691f, 764t
Spumavirus, 639-640, 644
ST (enterotoxina termoestável), 239
St. Louis, encefalite de, 557, 560f, 561t, 563-566
Staphylococcus aureus
 achados clínicos, 209-210
 biofilmes de, 58
 classificação, 44, 45f

controle, 212
cultura, 205, 206f, 210
em abscesso cerebral, 790-791
em endocardite, 796-797
em infecções de feridas pós-operatórias, 393
enzimas e toxinas, 162-163, 207-208
estrutura antigênica, 207
fármacos de escolha, 394t
gastrenterite, 800t
MEV de, 12f
osteomielite, 209, 211, 804-805
parede celular, 31, 31f
patologia, 209
pneumonia, 793t
resistência a antibióticos, 206-207, 210-211, 385-386
síntese de peptideoglicanos, 93, 94f
testes laboratoriais diagnósticos, 210
tratamento, 210-211
variação, 207
virulência, 157, 159t, 162-164, 167, 207-209
Staphylococcus epidermidis, 205, 208, 210-211
 classificação, 44, 45f
 virulência, 167
Staphylococcus hominis, 205
Staphylococcus lugdunensis, 205-206, 208, 210
Staphylococcus saccharolyticus, 205
Staphylococcus saprophyticus, 205, 208, 210
Staphylococcus warneri, 205
STEC (*E. coli* produtora de toxina Shiga), 239-240
Stenotrophomonas maltophilia, 253, 258
Streptobacillus moniliformis, 320
Streptococcus agalactiae, 215, 216t, 222, 788t
Streptococcus alactolyticus, 223
Streptococcus anginosus, 216t, 223
Streptococcus bovis, grupo, 216t, 223
Streptococcus canis, 223
Streptococcus constellatus, 216t, 223
Streptococcus dysgalactiae, 215, 216t
Streptococcus equinus, 223
Streptococcus gallolyticus, 223
Streptococcus infantarius, 223
Streptococcus intermedius, 216t, 223
Streptococcus mitis, grupo, 216t, 223-224
Streptococcus mutans, 32, 176, 223
Streptococcus pneumoniae, 215, 216t
 achados clínicos, 227
 em meningite bacteriana, 788t
 epidemiologia, prevenção e controle, 227
 estrutura antigênica, 225, 226f
 fármacos de escolha, 394t
 Griffith, experimento, 105, 106f
 imunidade, 227
 morfologia e identificação, 224-225, 225f, 226f
 parede celular, 26, 31, 31f
 patogênese, 225-227
 patologia, 227

pneumonia, 793t
resistência a antibióticos, 227, 386
resistência natural, 225-227
testes laboratoriais diagnósticos, 227
tipos, 225
tratamento, 227
virulência, 158, 164, 225
Streptococcus pyogenes, 215, 216t
 epidemiologia, prevenção e controle, 222
 estrutura antigênica, 218
 fármacos de escolha, 394t
 imunidade contra, 221
 morfologia e identificação, 217-218, 217f, 218f
 parede celular, 26
 patogênese e achados clínicos, 219-221
 testes laboratoriais diagnósticos, 221
 toxinas e enzimas, 218-219
 tratamento, 221
 virulência, 160, 164, 217-218
Streptococcus salivarius, 223
Streptococcus sanguis, 176, 796
Streptococcus viridans, 216t, 217, 223-224
 em abscesso cerebral, 790-791
 em endocardite, 796-797
 em microbiota normal, 172, 174
 fármacos de escolha, 394t
Streptomyces coelicolor, 4, 17
Strongyloides stercoralis, 747, 747f
Subclones, 120
Subfamílias virais, 415
Substância grupo-específica, 215, 216t
Substituição de bases, 114-115
Subtipagem, 45-46
Subunidade viral, 413
Sulfametoxazol, 408
Sulfametoxazol-trimetoprima, 709
 para *Burkholderia pseudomallei*, 257
 para *Listeria monocytogenes*, 201
 para nocardiose, 202
 resistência de enterococos, 230
 sinergismo antimicrobiano, 391
Sulfonamidas, 408
 agentes infecciosos tratados com, 394t-396t
 descoberta, 379
 efeitos colaterais, 409
 mecanismo de ação, 383
 mecanismos de resistência, 384, 409
 suscetibilidade de clamídias, 369t, 370
Superantígenos, 134-135, 135f, 156
 estafilocócicos, 208
 estreptocócicos, 219
Superespiral, 105
Superóxido-dismutase (SOD), 74, 307
Supressão de mutações, 115
Supressão extragênica, 115
Supressão intragênica, 115
Suscetibilidade animal
 adenovírus, 467

EBV, 487
poliovírus, 535
rinovírus, 542
rotavírus, 549
vírus da raiva, 623-624, 625t
Suscetibilidade do hospedeiro, 439
SV40, vírus, 645-647, 645f, 646f

T

T. pallidum, teste de hemaglutinação (TPHA), 341
T. pallidum-teste de aglutinação de partículas (TP-PA), 341
Tacaribe, vírus, 559f
Tacrolimo, pós-transplante, 816-817
Taenia saginata, 748, 748f
Taenia solium, 726, 748, 748f
Talaromyces marneffei, 675t, 691, 709
Tanapox, 501t, 508-509, 508f, 780t
Taquizoítos, 739
tat, via, 22, 22f
Tatus, *Mycobacterium leprae* em, 334-335
Taxa de crescimento constante, 56-57, 56f
Taxonomia
atualizações, 53
baseada em ácido nucleico, 47-48, 48f, 49f
como vocabulário de microbiologia médica, 43, 44t
numérica, 46-47, 46f
vírus, 414-417, 415t, 416f
Tazobactam, 380, 399, 401
TB. *Ver* Tuberculose
TCBS (tiossulfato-citrato-sais biliares-sucrose), ágar, 261-262, 262f, 761t
Tecidos, microbiologia diagnóstica, 770
Técnica da placa estriada, 77-78, 77f
Técnica de semeadura por espalhamento, 78
Técnicas de amplificação de sinal, 767
Tedizolida, 405
Tedizolida, fosfato de, 211, 383
Teicoplanina, 404
agentes infecciosos tratados com, 394t-396t
resistência de enterococos, 229-230
Telaprevir, 450t, 526
Telavancina, 394t-396t, 405
Telbivudina, 450t, 526
Teleomorfo, 674, 696, 704
Telitromicina, 403-404
TEM (microscopia de transmissão eletrônica), 13
Temperatura
atividade antimicrobiana e, 387
para cultivo, 72-73, 73f
reações virais a, 425
Tempestade de citocinas, 135
Tempo de duplicação, 56
Tempo de geração, 56
Tênia de porcos, 748, 748f
Tênia do boi, 748, 748f

Tênias, 726
anãs, 749
cisto hidático, 753-754, 754f
de cães, 749, 749f
do boi e do porco, 748, 748f
gigantes dos peixes, 749
Tenofovir, 450t, 526, 668
Terapia antibiótica empírica, 390
Terapia antirretroviral altamente ativa (HAART), 655, 667-668, 667t, 812
Terapia combinada
antimicrobianos
desvantagens, 391
indicações, 390-391
mecanismos, 391
para HIV, 667-668, 667t
Terapia genética, 466-467
Terapia imunossupressora para pacientes transplantados, 816-818
Terbinafina, 685, 716
Terconazol, 716
Terminação (*ter*), locais de, 110
Terminações coesivas, 110, 119
Terminador Rho-independente, 117, 118f
Termófilos, 73, 73f
Teste cutâneo
blastomicina, 698
coccidioidina, 692-694
histoplasmina, 697
tuberculina, 147-148, 327-328, 811
Teste cutâneo com tuberculina, 147-148, 327-328, 811
Teste de aglutinação e diluição em tubo, 248-249
Teste de anticorpos treponêmicos, 341-342
Teste de difusão em disco, 387-388, 769-770
Teste epsilométrico, 388
Teste respiratório com ureia, 270t, 271
Testes bioquímicos
classificação estreptocócica baseada em, 215-217
identificação de bactérias usando, 44, 45f, 45t
taxonomia numérica usando, 46-47, 46f
Testes de amplificação de ácidos nucleicos (NAATs)
Bordetella pertussis, 279
Borrelia burgdorferi, 345
Chlamydia spp., 371, 373, 374, 777
Enterobacteriaceae, 242
HIV, 664
micoplasma, 353
Mycobacterium tuberculosis, 330
Neisseria gonorrhoeae, 300
para diagnóstico laboratorial, 766-768
parainfluenza, vírus, 600
salmonela, 249
shigela, 244
Streptococcus pneumoniae, 227
Testes de edema capsular, 225, 226f, 227

Testes de resistência
CMV, 492
HIV, 665
Testes de suscetibilidade
a antibióticos
Enterobacteriaceae, 242
estafilococos, 210
fatores afetando a atividade antimicrobiana, 387
mensuração da atividade antimicrobiana, 387-388, 769-770
Mycobacterium tuberculosis, 330
Pseudomonas aeruginosa, 256
seleção do antibiótico usando, 390, 769-770
a antifúngicos, 681, 769-770
Testes imunofluorescentes, 12, 149-150, 763
Bordetella pertussis, 279
Borrelia burgdorferi, 345-346
Chlamydia spp., 372, 777
clamídias, 369
Rickettsia spp., 357, 359
Treponema pallidum, 341
vírus da raiva, 626, 626f
Testes imunológicos, identificação de bactérias usando, 44-46, 149-150
Testes não treponêmicos, 341
Tétano, 59, 61, 161-162, 186, 188
achados clínicos, 189
controle, 189
diagnóstico, 189
patogênese, 189
prevenção e tratamento, 189
Tetanospasmina, 162, 188-189
Tetraciclinas, 401
agentes infecciosos tratados com, 394t-396t
efeitos colaterais, 402
mecanismo de ação, 382, 402
para *Chlamydia trachomatis,* 372
para estafilococos, 211
para micoplasmas, 353
para *Vibrio cholerae,* 264
resistência, 402
mecanismos, 382, 384
Neisseria gonorrhoeae, 299-300
Tfh, células, 141, 142f
TGEV (vírus de gastrenterite transmissível), 618
TGF-β (fator de crescimento transformador beta), 144, 145t
Th1, células, 141, 142f, 701
Th17, células, 141, 142f, 701-702
Th2, células, 141, 142f, 701
Thaumarchaeota, 174
Thayer-Martin, ágar, 75, 76t, 762t
Thermus aquaticus, 52
THG (transferência horizontal de genes), 111, 114
Ticarcilina, 397f
Tifo, 357, 358t, 359-361

Tifo endêmico, 358t, 359-361
Tifo epidêmico, 358t, 359-361
Tifo murino, 358t, 359-361
Tifo rural, 358t, 359-361
Tigeciclina, 102
  mecanismo de ação, 382-383
  para enterococos, 230
Tilacoides
  em eucariotas, 14f, 15
  em procariotas, 17, 17f
Timina, 105, 107f
Tínea crural, 684, 684t, 716
Tínea da barba, 684-685, 684t
Tínea da mão, 684
Tínea da unha, 684-685, 684t
Tínea do corpo, 684-685, 684t, 716
Tínea do couro cabeludo, 684-685, 684t
Tínea do pé, 683-685, 684t, 716
Tínea negra, 675t, 681
Tínea versicolor, 716
Tioconazol, 716
Tiossulfato-citrato-sais biliares -sucrose
  (TCBS), ágar, 261-262, 262f, 761t
Tipagem de sequência multilocus (MLST),
  680
Tiro de espingarda (shotgunning), 123
TLRs. Ver Receptor semelhante ao Toll
TMA (amplificação mediada
  pró-transcrição), 767
TMF (transplante de microbiota fecal), 178
TNFs (fatores de necrose tumoral), 128, 144,
  145t, 146
Tobramicina, 394t-396t, 406
Togaviridae (togavírus), 415t, 416f, 418, 429t,
  430t, 557, 559f
  encefalite por arbovírus
    achados clínicos, 563
    ciclos de transmissão hospedeiro-vetor,
      566, 566f, 567f
    classificação e propriedades, 558t,
      559-560
    diagnóstico laboratorial, 563
    epidemiologia, 563-565, 564f
    hibernação, 566-567
    imunidade, 563
    patogênese e patologia, 562
    propriedades antigênicas, 561-562
    replicação, 560-561, 561f, 562f
    tratamento e controle, 565-566
  rubéola, vírus da, 587t, 595, 611-613, 611f,
    780t
Tolerância, 381
  em estafilococos, 206-207
Tolnaftato, 685, 716
TonB, 27
Topoisomerases, 110
Torovírus, 553f
Toxicidade seletiva
  antimicrobianos, 379
  antivirais, 449
Toxigenicidade, 156

Toxina 1 da síndrome do choque tóxico
  (TSST-1), 162, 208
Toxina botulínica, 162, 187-188
Toxina dermonecrótica (DNT), 279
Toxina diftérica, 159, 162, 167, 196-199
Toxina teta, 190
Toxinas
  antraz, 184
  Bacillus cereus, 186
  botulínica, 162, 187-188
  Campylobacter jejuni, 268
  Clostridium difficile, 191
  Clostridium perfringens, 190
  colérica, 159, 263
  diftérica, 159, 162, 167, 196-199
  dinoflagelados, 7-8
  Enterobacteriaceae, 238
  Escherichia coli, 239-240
  estafilococos, 162-163, 207-208
  Helicobacter pylori, 269
  neutralização de anticorpos, 139
  pertússis, 279
  Pseudomonas aeruginosa, 255
  rotavírus, 549
  secreção bacteriana, 165, 166t
  shigela, 243
  Streptococcus pyogenes, 218-219
  tetanospasmina, 162, 188-189
  virulência bacteriana, 161-164, 161t
Toxinas esfoliativas, 208
Toxocara canis, 751
Toxocara cati, 751
Toxocaríase, 752
Toxoides, 161-162
Toxoplasma, 722
Toxoplasma gondii, 725t, 739, 814t
Toxoplasmose, 725t, 738
Toxoplasmose pré-natal, 738
TPHA (hemaglutinação para T. pallidum),
  teste, 341
TP-PA (T. pallidum-aglutinação de
  partículas), teste, 341
Trachipleistophora hominis, 740
Tracoma, 370-371
Tradução, 106, 115-116, 116f
  agentes antimicrobianos inibindo a,
    382-383
  influenza, vírus, 586
  paramixovírus, 599
Transaminação, 91
Transativação do HIV, 655
Transcrição, 106, 115
  agentes antimicrobianos inibindo, 382-383
  regulação, 117-119, 118f
  viral, 428-429, 428t, 429t, 430t
    influenza, vírus, 586
    paramixovírus, 599
Transcriptase reversa, 638, 640, 642-643,
  642f, 643f
  em HIV, 655
Transcriptase reversa, PCR, 767

Transdução, 111, 113-114
Transdução sensorial, 35
Transferência de genes
  mecanismos, 111-114, 112f, 113f, 114f
  restrição e outras limitações, 111
Transferência horizontal de genes (THG),
  111, 114
Transferrina, 21
Transformação, 111, 114
  adenovírus, 467
  forçada, 120
  genes de virulência transferidos, 158
  por vírus tumorais, 635, 637-638
Translocação de grupo, 20-21
Transmissão
  de genes de virulência, 158, 158t
  de HIV, 667
  de infecção, 157
Transpeptidação, inibição de reações, 380
Transplante
  de fígado, 816-817
  de medula óssea, 817-819, 819f
Transplante de microbiota fecal (TMF), 178
Transporte acoplado a íons, 20, 21f
Transporte ativo, 20, 21f
Transporte de elétrons, 21
Transporte passivo, 20
Transposases, 109
Transpósons, 109
  genes de virulência transferidos por, 158
  resistência à vancomicina transferida por,
    230, 230f
Trato gastrintestinal, microbiota normal,
  172t, 177-178, 798
Trato respiratório
  coleta de amostra, 773-774
  microbiota normal, 172t, 174-175
Trematódeo intestinal gigante, 748
Trematódeos, 726
  hepáticos, 752, 752f
  pulmonares, 752, 752f
  sanguíneos, 752-753, 753f
Trematódeos, 726, 740t, 741t
  Fasciolopsis buski, 748
  teciduais, 752, 752f
Treonina, 92, 93f
Treponema, 339, 340f
Treponema pallidum, 11, 12f
  diagnóstico laboratorial, 776
  epidemiologia, prevenção e controle, 341
  estrutura antigênica, 339-340
  estudo de caso, 808, 809t
  fármacos de escolha, 396t
  imunidade, 341
  Koch, postulados de, 156
  morfologia e identificação, 339, 340f
  patogênese, patologia e achados clínicos,
    340
  testes laboratoriais diagnósticos, 340-341
  tratamento, 341

Treponema pertenue, 396t

Triatomíneos, 731, 731t

Trichinella spiralis, 747-748, 747f

Trichomonas, 722

Trichomonas vaginalis, 12f, 15, 723t, 730, 776, 807-808, 807t

Trichophyton, 681-682

Trichophyton equinum, 682

Trichophyton mentagrophytes var. *interdigitale,* 682, 684t

Trichophyton rubrum, 682, 684t

Trichophyton schoenleinii, 684-685

Trichophyton tonsurans, 682-685, 683f, 684t

Trichophyton verrucosum, 682, 684t

Trichophyton violaceum, 685

Trichosporon, 675t, 679t, 681, 682f

Trichuris trichiura, 740, 741, 742t, 745, 745f

Tricofitina, 683, 685

Tricomoníase, 723t

Tricurídeo, 740, 742t

Trifluridina, 450t

Trifosfato de adenosina (ATP), 69-70, 81, 82f
vias metabólicas produtoras, 95-101, 97f, 98f, 99f, 100f, 100t

Trimetoprima, 408
agentes infecciosos tratados com, 394t-396t
efeitos colaterais, 409
mecanismo de ação, 383-384
mecanismos de resistência, 384, 409

Trimetrexato, 394t-396t, 409

Tripanossomíase, 723t, 731t, 732-733

Tripanossomíase do Leste Africano, 723t, 731t

Tripomastigotos, 731, 732

Triquinelose, 748

tRNAs (RNAs de transferência), 106, 115-116, 116f

Troca de classe, imunoglobulinas, 139

Tropheryma whipplei, 53, 157, 320-321

Tropismo, 2
viral, 437-438, 440f, 441t

Tropismo viral, 437-438, 440f, 441t

TRUST (soro não aquecido em vermelho de toluidina), 341

Trypanosoma, 722

Trypanosoma brucei brucei, 731

Trypanosoma brucei gambiense, 723t, 731-732, 731f, 731t

Trypanosoma brucei rhodesiense, 723t, 731-732, 731f, 731t

Trypanosoma cruzi, 723t, 731t, 732-733, 732f

Tsé-tsé, mosca, 731-732, 731t

TSST-1 (toxina 1 da síndrome do choque tóxico), 162, 208

Tubérculos, 327

Tuberculose (TB), 146, 157
achados clínicos, 328
coinfecção com HIV, 330-333, 661, 811-813, 813t, 815
epidemiologia, 331

estudos de casos
pulmonar, 809-810
tuberculose miliar disseminada, 810-812
imunidade e hipersensibilidade, 147-148, 327
infecção primária e reativação, 327
Mycobacterium tuberculosis, constituintes, 326
Mycobacterium tuberculosis, morfologia e identificação, 323, 325-326, 325f, 329-330
patogênese, 326
patologia, 326-327
prevenção e controle, 331-332
teste cutâneo para, 147-148, 327-328, 811
teste tuberculínico, 147-148, 327-328, 811
testes laboratoriais diagnósticos, 328-330, 329t
tratamento, 330-331, 811-812

Tuberculose extensamente resistente a fármacos (XDR), 331, 386

Tuberculose extrapulmonar, 811

Tuberculose miliar disseminada, 810-812

Tuberculose pulmonar, 809-810

Tuberculose resistente a múltiplos fármacos (MDR-TB), 331, 386

Tubulina, 15-16

Tularemia, 283-285, 284f

Turbidez, 55

U

Úlceras
diagnóstico laboratorial, 760t-762t
genitais, 808, 809t
Helicobacter pylori, 268-270
Mycobacterium ulcerans, 323, 333

Unidades estruturais virais, 413

Uniporte, 20, 21f

Uracila, 105

Ureaplasma urealyticum, 351-352, 354

Urease, 269-271, 270t

Uretra, microbiota normal, 178

Uretrite
Chlamydia trachomatis, 371, 806
diagnóstico laboratorial, 762t, 775-776
estudo de caso, 806-807
gonocócica (*Ver* Gonorreia)
micoplasma, 352-354

Uretrite não gonocócica, 806
Chlamydia trachomatis, 371
micoplasma, 352-354

Urina, microbiologia diagnóstica, 772-773

Útero, microbiota normal, 178

Uukuniemi, vírus, 559f

UV, radiação. *Ver* Radiação ultravioleta

V

Vaccínia, vírus, 500f, 780t
classificação, 499, 501t
complicações, 505, 505f

infecções em humanos
patogênese e patologia, 503
varíola em comparação, 503
replicação, 500-502, 502f
vacinação para varíola com, 499, 502-505, 505f

Vacina com células diploides humanas (HDCV), vírus da raiva, 627

Vacina de células do embrião de galinha purificado (PCEC), vírus da raiva, 627

Vacina de esporozoíto de Plasmodium falciparum (PfSPZ), 738

Vacina de PA recombinante (rPA), 185

Vacinação
adenovírus, 470
antraz, 185
BCG, 328, 331-332, 811
caxumba, vírus da, 606-607
Coxiella burnetii, 363
difteria, 198-199
doença mão-pé-boca bovina, 544
encefalite arboviral, 565-566
engenharia genética aplicada, 124
Francisella tularensis, 285
genética e, 430
Haemophilus influenzae, 277
HAV, 526-527
HBV, 124, 527, 645
HCV, 527
HIV, 668
HPV, 650
HSV, 482
imunidade ativa conferida pela, 140
imunogenicidade, 132
influenza, vírus, 588, 591
meningite bacteriana, 789
meningocócica, 302-303
pertússis, 280
pneumocócica, 227-228
poliovírus, 537
prospectos futuros, 453-454
raiva, vírus da, 627-629, 627t
rotavírus, 551
rubéola, vírus da, 612-613
sarampo, vírus do, 610
tétano, 189
tifoide, 250
toxoides, 161-162
uso adequado, 453
vacinas com vírus mortos, 452, 453t
vacinas com vírus vivos atenuados, 452, 453f, 453t
varíola, 499, 502-505, 505f
Vibrio cholerae, 265
viral, 451, 451f, 452t
vírus da febre amarela, 569
VSR, 603
VZV, 485-486
Yersinia pestis, 291

Vacinais de vírus inativados, vírus influenza, 591

Vacinas com vírus mortos, 452, 453*t*

Vacinas com vírus vivos, 452, 453*f*, 453*t*
  vírus influenza, 591

Vacinas de vírus vivo atenuado, 452, 453*f*, 453*t*

Vagina, microbiota normal, 178

Vaginite, 702
  diagnóstico laboratorial, 776
  estudo de caso, 807-808, 807*t*

Vaginose, 178
  bactérias anaeróbias, 309
  diagnóstico laboratorial, 776
  estudo de caso, 807-808, 807*t*

Valaciclovir, 450*t*, 481

VanA, óperon, 230, 230*f*

Vancomicina, 404
  agentes infecciosos tratados com, 394*t*-396*t*
  Lactococcus, Aerococcus e *Gemella,* suscetibilidade, 231
  mecanismo de ação, 381
  para abscesso cerebral, 790-791
  para *Bacillus cereus*, 186
  para endocardite, 797
  para estafilococos, 211
  para meningite bacteriana, 788-789
  para pacientes transplantados, 819
  para *Streptococcus pneumoniae*, 227
  Pediococcus e *Leuconostoc,* resistência, 231
  peptidoglicano, alteração da síntese, 94*f*
  resistência de enterococos, 229-230, 230*f*
  resistência de estafilococos, 206, 211, 386
  resistência de lactobacilos, 231

Variação antigênica, 36

Variantes de colônias pequenas (SCVs), 207

Varicela, 475, 482-486, 483*f*, 484*f*, 485*f*

Varicela-zóster, vírus (VZV), 473, 475*t*
  efeitos citopáticos, 477*f*
  infecções em humanos, 475
    achados clínicos, 482-484, 483*f*, 484*f*
    diagnóstico laboratorial, 485, 485*f*, 780*t*
    epidemiologia, 485, 485*f*
    imunidade, 484-485
    patogênese e patologia, 482
    prevenção e controle, 486
    propriedades virais, 482
    tratamento, 485-486
  infecções latentes, 443, 444*f*

Varíola, 144
  achados clínicos, 503, 504*f*
  classificação, 499, 501*t*
  controle e erradicação, 502-503
  diagnóstico laboratorial, 504-505
  epidemiologia, 505
  imunidade, 503-504
  isolamento e identificação, 504-505
  patogênese e patologia, 503
  tratamento, 505
  vacinação, 499, 502-505, 505*f*
  vírus vaccínia em comparação, 503

Varíola bovina, 499, 501*t*, 502-503, 506, 507*f*, 780*t*

Varíola dos búfalos, 501*t*, 503, 506

Varíola dos coelhos, 503

Varíola dos macacos, 499, 501*t*, 506, 780*t*

VariZIG (imunoglobulina antivaricela-zóster), 485-486

VDRL (Venereal Disease Research Laboratory), teste, 341

Vegetações em valvas cardíacas, 796

Verme do arenque, 751

Verruga peruana, 318-319

Verrugas, HPV, 647-650, 648*f*, 649*t*

Vesiculovirus, 623

Vetor, 119, 121*f*
  ciclos de transmissão do hospedeiro com encefalite arboviral, 566, 566*f*, 567*f*
  viral, 432

Via alternativa, sistema do complemento, 142-143, 142*f*

Via clássica, sistema do complemento, 142-143, 142*f*

Vias assimiladoras
  depolimerases, 88
  crescimento com acetato, 84-86, 87*f*, 88*f*, 89*f*
  assimilação de nitrogênio, 89-91, 91*f*, 92*f*
  vias de redução, 89
  Calvin, ciclo de, 86-88, 90*f*
  oxigenases, 88, 91*f*

Viáveis, mas não cultiváveis (VMNC), 58

Vibrio, 261, 262*t*

Vibrio cholerae, 17, 262*t*
  achados clínicos, 263, 801*t*
  classificação, 45
  enterotoxinas, 159, 263
  epidemiologia, prevenção e controle, 264-265
  estrutura antigênica e classificação biológica, 262
  fármacos de escolha, 395*t*
  ilhas de patogenicidade, 114
  imunidade, 264
  morfologia e identificação, 261-262, 262*f*
  patogênese e patologia, 263
  testes laboratoriais diagnósticos, 263-264
  tratamento, 264
  virulência, 157-159, 158*t*, 159*t*, 162-163, 165

Vibrio metschnikovii, 33*f*

Vibrio parahaemolyticus, 261, 262*t*, 265-266, 801*t*

Vibrio vulnificus, 261, 262*t*, 265-266

Vidarabina, 450*t*, 481

Viremia, 437

Vírion, 413-414, 414*f*

Virófagos, 2

Viroides, 3, 5*t*, 420

Virulência
  bacteriana, 155-156
    biofilmes, 167

enzimas, 164
    fatores antifagocíticos, 164
    fatores de aderência, 159-160
    heterogeneidade antigênica, 165
    invasão de células e tecidos do hospedeiro, 160-161
    necessidade de ferro, 166-167
    patogenicidade intracelular, 164-165
    regulação, 159
    sistemas de secreção, 165, 166*t*
    toxinas, 161-164, 161*t*
  fúngica, 678
  viral, 437

Vírus, 2-3, 5*t*. *Ver também vírus específicos*
  causador de câncer (*Ver* Vírus de câncer)
  classificação
    base, 414
    famílias contendo DNA, 415*t*, 416*f*, 417-418
    famílias contendo RNA, 415*t*, 416*f*, 418-420
    sistema de taxonomia universal, 414-417, 415*t*, 416*f*
  como agente de bioterrorismo, 433
  composição química
    ácido nucleico, 421-422
    envelope lipídico, 422, 422*f*
    glicoproteínas, 422-423
    proteínas, 421
  cultura, 423-424, 423*f*, 778, 781-782, 781*f*
  defeituoso, 413, 426, 431
  definições, 413-414, 413*f*
  detecção, 423, 423*f*
  ecologia, 432-433
  emergente, 420, 433, 629, 819-821
  estabilização, 425
  estrutura
    simetria, 414*f*, 420-421
    tamanho, 415*t*, 416*f*, 421
  genética, 430
    complementação e mistura fenotípica, 432
    interferência, 432
    mapeamento do genoma, 431
    mutações, 431
    recombinação, 431-432
    vetores, 432
    vírus defeituosos, 431
  genoma, 108*t*, 109-110, 109*f*, 421-422, 431
    coronavírus, 618, 619*f*
    HBV, 513, 514*f*
    HCV, 515, 515*f*
    herpes-vírus, 473, 474*f*
    HIV, 655-657, 657*f*
    influenza, vírus, 581, 582*f*, 583*t*
    papilomavírus, 647, 648*f*
    paramixovírus, 595, 596*f*
    picornavírus, 531, 534*f*
    poliomavírus, 646, 646*f*
    raiva, 623
    retrovírus, 638, 640-641, 641*f*

história natural, 432-433
identificação, 425
imunodeficiência causada por, 148
inativação, 426
interações, 431-432
neutralização de anticorpos, 139
origem evolutiva, 414
purificação, 424-425
quantificação, 424
reações físicas e químicas
  agentes antibacterianos, 426
  detergentes, 426
  éter, 415*t*, 426
  formaldeído, 426
  inativação fotodinâmica, 426
  métodos comuns de inativação, 426
  pH, 425
  radiação, 425-426
  sais, 425
  temperatura, 425
replicação (*Ver* Replicação viral)
resposta à IFN, 130
segurança laboratorial, 425
taxonomia, 414-417, 415*t*, 416*f*
transmissão, 432-433
Vírus anfotrópicos, 640
Vírus coxsackie, 532, 587*t*
achados clínicos, 537, 538*t*, 539
diagnóstico laboratorial, 539-540
epidemiologia e controle, 540
isolamento, 539
patogênese e patologia, 539
propriedades, 534*t*, 538
Vírus da doença mão-pé-boca bovina,
531-532, 543-544
Vírus da encefalite da Califórnia, complexo,
561*t*, 564, 571
Vírus da encefalite japonesa B, 560*f*, 563,
565-566
Vírus da encefalite transmitido por carrapato,
557, 560*f*, 565-567, 567*f*
Vírus da febre do Oeste do Nilo, 557-558,
560*f*, 561*t*, 564-566
Vírus da gastrenterite transmissível (TGEV),
618
Vírus da imunodeficiência dos símios (SIV),
655-657, 658*t*
Vírus da imunodeficiência humana (HIV),
128, 134, 148
achados clínicos
  Aids em pediatria, 662
  câncer, 644, 663
  carga viral plasmática, 661-662, 662*f*
  doença neurológica, 662
  infecções oportunistas, 662-663
câncer associado com, 644, 663
classificação, 656-657, 658*t*

coinfecção micobacteriana, 330-333, 661,
811-813, 813*t*, 815
complicações em pacientes com, 813,
814*t*-815*t*
desinfecção e inativação, 658
diagnóstico laboratorial, 663, 780*t*, 783
  isolamento do vírus, 664, 664*f*
  sorologia, 664
  teste de ácido nucleico e detecção de
    antígenos, 664-665
  testes de resistência, 665
EBV, coinfecção, 487, 661
epidemiologia
  Estados Unidos, 666-667, 666*f*
  mundo, 665-666, 665*f*
  vias de transmissão, 667
estrutura e composição, 655-656, 656*f*,
  657*f*
genoma, 640, 641*f*
HHV-8, coinfecção, 494
imunidade, 663, 663*t*
infecções definidoras da Aids, 812-813,
813*t*-814*t*, 815
leucoencefalopatia multifocal progressiva,
630
micoses endêmicas, 691
molusco contagioso, coinfecção, 508
origem, 658
patogênese e patologia
  células T CD4, células de memória e
    papéis de latência, 659-661, 660*f*
  coinfecções virais, 661
  evolução da infecção, 659-660, 660*f*
  papéis de monócitos e macrófagos, 661
  papéis de órgãos linfoides, 661
prevenção, tratamento e controle
  educação em saúde, 669
  fármacos antivirais, 655, 667-668, 667*t*,
    812
  medidas de controle, 668-669
  microbicidas tópicos, 668
  vacinação, 668
propriedades importantes, 655, 656*t*
quimioprofilaxia antimicrobiana, 392
quimioterapia antiviral, 449
receptores, 659
sistemas de lentivírus animais, 658-659
vírus da hepatite, coinfecção, 522, 524-526,
661
vírus do sarampo, coinfecção, 610
Vírus da síndrome de febre com
trombocitopenia grave, 571
Vírus de fita negativa (polaridade negativa),
428
Vírus de pneumonia progressiva, 629-630
Vírus defeituoso, 413, 426, 431
Vírus ecotrópicos, 640
Vírus linfotrópico de células T humanas
(HTLV), 636*t*, 641*f*, 642-644, 642*f*, 643*f*, 644*f*

Vírus patogênicos, 437
Vírus satélites adenoassociados, 431
Vírus selvagem, 431
Vírus sincicial respiratório (VSR), 587*t*, 595,
596*f*, 597*t*, 598, 600*f*
achados clínicos, 602-603
diagnóstico laboratorial, 603, 779*t*
epidemiologia, 603-604
imunidade, 603
patogênese e patologia, 602
tratamento e prevenção, 604
Vírus transmitidos por artrópodes. *Ver*
Arbovírus
Vírus transmitidos por mosquitos
dengue, 557, 560*f*, 568*f*, 569-570
encefalite por arbovírus, 557-558, 560*f*,
  561*t*, 563-567, 566*f*
encefalite por buniavírus, 570-571
febre amarela, 557, 560*f*, 567-569, 568*f*
Rift, vírus da febre do vale do, 571
Vírus transmitidos por roedores, 418, 557,
559*f*, 561*t*
classificação e propriedades, 558*t*
febres hemorrágicas
  doença por arenavírus, 574-576, 574*f*
  doença por buniavírus, 572-574, 573*f*
  doença por filovírus, 576-577, 577*f*
Vírus tumorais
carcinogênese
  características gerais, 635, 636*t*
  mecanismos moleculares, 636-637
interações hospedeiro-vírus, 637-638
mecanismos de ação, 637
prova de relação causal, 651
tipos, 635
vírus de DNA, 644, 644*t*
  adenovírus, 467, 644*t*, 650
  HBV, 636*t*, 645
  herpes-vírus, 475, 486-489, 494, 636*t*,
    644*t*, 650-651
  papilomavírus (*Ver* Papilomaviridae)
  poliomavírus, 636*t*, 645-647, 645*f*, 645*t*,
    646*f*
  poxvírus, 651
vírus de RNA
  HCV, 636*t*, 638
  retrovírus, 635, 636*t*, 638-644, 638*t*,
    639*f*, 641*f*, 642*f*, 643*f*, 644*f*
Vírus tumoral mamário de camundongo,
638-639, 641*f*
Vírus tumoral Yaba dos macacos, 501*t*,
508-509, 508*f*, 651
VISA (*S. aureus* com resistência
intermediária à vancomicina), 206
Visna, vírus, 629-630, 630*t*, 657
Vitamina A, 610
Vittaforma corneae, 740
Voriconazol, 708, 712, 713*t*, 714-715